心理学考研一本通

——普心、社会、发展、教育篇

（第二版）

陈　泉　许　冰　主编

中国石化出版社

内 容 提 要

《心理学考研一本通——普心、社会、发展、教育篇》是针对心理学考研中的四个重要学科即普通心理学、社会心理学、发展心理学和教育心理学进行编写的。本书以考点和考法为线索进行梳理：从历年真题中总结出考点，并将考点归类；又从考点中总结出各种考法，让考生彻底了解这个考点的各种出题思路，同时通过详尽的解析及答题过程掌握对应的解题方法，最后再通过真题练习，达到学练结合，帮助考生彻底掌握这四个学科。另外，针对发展和教育的综合知识，补充专题讲解；对社会心理学的知识点章节分类进行二次加工，力求知识点清晰明了，减少考生在看书时的混乱感受。

本书主要适用于心理学考研人群。

图书在版编目（CIP）数据

心理学考研一本通：普心、社会、发展、教育篇 / 陈泉，许冰主编．—2 版．—北京：中国石化出版社，2022.7（2025. 4 重印）

ISBN 978-7-5114-6764-5

Ⅰ．①心… Ⅱ．①陈…②许… Ⅲ．①心理学－研究生－入学考试－自学参考资料 Ⅳ．①B84

中国版本图书馆 CIP 数据核字（2022）第 113419 号

中国石化出版社出版发行

地址：北京市东城区安定门外大街 58 号

邮编：100011　电话：（010）57512500

发行部电话：（010）57512575

http://www.sinopec-press.com

E-mail:press@sinopec.com

北京艾普海德印刷有限公司印刷

全国各地新华书店经销

*

889 × 1194 毫米 16 开本 29.5 印张 1713 千字

2022 年 7 月第 2 版　2025 年 4 月第 2 次印刷

定价：128.00 元

本书编委会

主　编　陈　泉　许　冰

编　委　许　念（湖南师范大学）

王　哲（东北师范大学）

郑　杨（武汉体育学院）

前言

心理学是一个神秘而又充满魅力的学科，有人因为《读心神探》的精彩呈现，加入心理学领域的学习，也有人因为《梦的解析》的深不可测，开始了对心理学的探索。有人的地方就有心理学，心理学作为一个跟人类幸福密切相关的学科，逐渐成为考研人选择的热门专业。

在心理学专业的学习当中，普通心理学、社会心理学、发展心理学与教育心理学这四门学科不仅在考研中所占比例极大，且在日常生活中也有广泛的应用。

在日常生活中，我们时时刻刻都在进行着感觉、知觉、记忆和思维，但是你知道其心理学原理是什么吗？你知道它们有哪些规律吗？这些问题你可以在普通心理学中找到答案；而发展心理学为我们揭示了人从受精卵到衰老直至死亡的心理特点和心理规律，教育心理学为我们揭示了教育和学习过程中的许多规律，发展心理学与教育心理学可以帮助我们更好地认识孩子，了解孩子不同阶段的发展特点，至于社会心理学则为我们揭示了我们在与人的交往之中许多有趣的心理现象，比如从众效应、首因效应、群体极化等等，了解这些效应背后的心理机制可以帮助我们更好地适应群体生活，更好地与人相处。

而在考研中，普通心理学（又被称为心理学导论）作为心理学的入门学科，是心理学考研的必考科目，也是考试分值占比最多的科目，甚至很多院校对普通心理学的考查分值高达100多分（总分300分）；发展心理学与教育心理学虽不是所有院校都必考的科目，但也是心理学考研12个考试科目中考查频率仅次于普通心理学的科目，由于发展和教育之间联系紧密，因此常常联合考查，其分值差不多也能达到70分左右；社会心理学与我们的生活最息息相关，虽然312统考对社会心理学的考查分值较低（10分左右），但是很多自命题院校对于社会心理学的考查分值较大，常常也能达到50分左右。

这四个科目，不仅内容繁多，理论理解难度大，而且知识点容易混淆。如何在短短的考研复习中吃透这些科目的知识点，无论对于本专业还是跨专业的同学，都是一道难关。因此，我们研究了312统考以及近40所自主命题院校的历年真题，综合了市面上主流的参考教材，编写了这本书，希望能够帮助考生轻松学习这四个科目。

前言

本书包含普通心理学、社会心理学、发展心理学和教育心理学四个科目的内容，每个章节按照三部分的内容进行编排：第一部分是“考研基础必备”，让学生掌握扎实的理论基础，在短时间内吃透核心考点；第二部分是“考研考法突破”，让考生清楚该知识点会以何种形式进行考查，同时配以各个学校考研真题进行举例，让考生掌握解题思路和答题技巧；第三部分是“考研考法实战”，通过配备对应考点的习题，强化考生应试技能，迅速提高考试分数。

本书立足于解决考生在心理学考研中关于普通心理学等常规科目知识点繁多杂乱的问题，作为一本对知识点精确讲解、对考点精准把握、对考法深刻剖析的教材，它不仅可作为心理学考研的教辅书，也可作为广大心理学爱好者真正了解心理学以及学好心理学的参考书。

本书在编著的过程中，广泛吸收了广大考生、学员与同仁的意见，得到了许多学校研究生的帮助，包括湖南师范大学的许念、广州大学的许冰、武汉体育学院的郑杨以及东北师范大学的王哲，还有很多为我们提供各大院校真题的研究生，在此一并感谢。由于时间和精力的关系，本书第二次出版，难免有不足之处，还希望读者理解并批评指正。在未来的时间，逸学考研依然秉承为考生负责的态度，出版更加优秀的教辅书，助力更多考生成功考入自己理想的院校。

陈　泉

目录

普通心理学

社会心理学

发展心理学

教育心理学

普通心理学

《普通心理学》或者叫作《心理学导论》是心理学的入门教材。本科是心理学专业的学生，大学里面上的第一堂课，就是来自《普通心理学》的内容，意味着这本书是带领我们进入心理学大门的入门教材，也是我们学习其他科目的基础。

《普通心理学》主体包含四个部分的内容：第一部分是心理学概述；第二部分是心理的生理基础；第三部分是心理过程，心理过程包括了认知过程、情绪情感过程和意志过程，也就是我们所理解的知情意；第四部分是个性心理，个性心理指的是每个个体所具有的心理现象，个性心理包括了个体的倾向性和个体心理特征，比如动机和需要、能力和人格。心理过程和个性心理是共性和个性的关系。

《普通心理学》主流的参考书包括有以下几本：《普通心理学》，彭聃龄著，北京师范大学出版社；《心理学导论》，梁宁建著，上海教育出版社；《心理学导论》，黄希庭著，人民教育出版社；《心理学与生活》，津巴多著，人民邮电出版社。这四本教材主体内容是一致的，都包括了四个主要部分的内容——概述、生理基础、心理过程和个体心理，但是每本书又有所差别。首先，它们在编排逻辑上是不一样的。彭聃龄老师的《普通心理学》，主体内容是从认知加工的角度来进行内容编排的，分成三编——信息加工、行为调控、人的心理特性，最后有一编是活动与发展，这也是《普通心理学》独有的内容。梁宁建老师的《心理学导论》是按照传统的二分法来进行主体内容编排的，主体分为三编——认知活动、情意过程、人格差异，最后一编心理健康和社会心理，是这本书独有的内容。黄希庭老师的《心理导论》是按照动态的角度来对主体内容进行编排的，分为心理倾向、心理过程、心理特性。这本书在前面介绍了心理的起源和本性以及心理的生物基础和环境基础，这是这本书独有的内容。津巴多老师的《心理学与生活》这本书是内容最多最丰富的一本，它包含了心理过程、毕生发展、心理障碍、心理治疗、社会心理。其次，四本教材的表述风格也有所差异，《心理学与生活》这本书是国外教材，国外教材的显著优点在于，对于概念的解释非常通俗易懂，也有大量的生活案例来对概念进行解读；不足的地方在于，如果要写考试的答案，需要大家自己去组织语言。彭聃龄老师的《普通心理学》，概念最为精简，语言最为精确，因此也是大部分院校考试选用的一本教材。梁宁建老师的《心理学导论》，相比于彭聃龄老师的《普通心理学》，内容解释得更为详细，也有很多的生活实例，因此在考试当中，有很多题目的材料皆源于这本教材。黄希庭老师的《心理学导论》，由于翻译的关系，很多概念表述得非常专业化，因此对于跨专业的同学，第一次看这本书的话，估计会比较痛苦，有些语言也有些拗口，难以理解（这是跨专业同学反馈的观点）。本书在编辑过程中，以彭聃龄老师的第五版《普通心理学》为主，以其他版本教材的重要知识点进行补充。

普通心理学的学习方法：

（1）理解教材知识。这是我们学习《普通心理学》的第一步，也是非常关键的一步。《普通心理学》中所涉及的概念也是其他科目的基础，如果不对教材的概念进行理解，就更不要谈论记忆和使用了。理解教材知识不仅要知道知识点的含义，也要知道知识点的原理以及如何运用这个知识点，也就是我们需要知道这个知识点讲的是什么、为什么、怎么样。总而言之，教材上的概念是书面化的表述，然而心理学当中的很多概念都是跟我们的生活息息相关的，因此我们要结合生活实例和具体实践，对知识点进行重新加工，形成自己的理解。

（2）形成知识网络。在学习《普通心理学》的过程中，我们需要打开思路，从整体上去把握这本书，同时需要不断地反思和总结，形成整本书的知识网络。形成知识网络，可以通过逻辑框架法。也就是说，把这本书的编排逻辑理清楚，你就能知道这本书所包含的内容。这样的话，整本书的章节就可以深深地印在你的脑海里。同理，我们也可以把每个章节的逻辑框架理清楚。

（3）构建学科思维。每个学科都有其自身的一些特点，就像我们在解答某些政治主观题的时候，就会按照政治的学科特点，用政治化的语言去回答。因此，在学习《普通心理学》的时候，我们也要有意地去构建心理学的学科思维。

构建学科思维，用心理学思维看待问题。很多学生在看到《普通心理学》每章都有很多理论，而且很多理论观点说法不一，就会很疑惑，到底听谁的。不同的理论流派的观点也不一样，到底谁说的才是正确的。在心理学当中，没有是非和黑白之分，没有谁是绝对正确的，也没有谁是绝对错误的，你眼见也不一定为实。不同的理论流派，不同的心理学家，他们都是从不同的角度去解读这种现象，给我们提供的是不同的看问题的视角。也正因为如此，我们才能从多方面多角度地去理解这个世界，这也是心理学的魅力之处。因此，我们在学习的时候，要具有批判性的思维，既看到它的合理之处，也要看到不足之处。

构建学科思维，用心理学方法学习。《普通心理学》本身是一部学习的宝典指南，它会介绍我们怎么感觉到事物的存在，又是如何对事物赋予意义的，我们的意识和注意有哪几种状态，人的注意力为什么会分散。什么是记忆，短时记忆如何转化为长时记忆，人类遗忘的规律又是什么，人类思考的方式有哪些，如何解决问题，我们的情绪是怎么产生的，你的动机如何影响你的行为。大家如果对这些内容有了深刻的理解，就能感受到每一个内容都跟你的学习息息相关。你怎么理解教材，你怎么记忆知识点，你怎么思考问题，你的情绪和你的动机怎么影响你的学习效率，这些都跟你的学习有关。因此，你如果能把《普通心理学》中的内容学以致用，就会让你的学习事半功倍。

构建学科思维，将心理学知识应用于实践。心理学是研究人的心理现象的科学，这就意味着有人的地方就有心理学。因此，在把导论上学的内容应用于实践，你就能将其内化成你自己的东西，使其深入你的骨髓。当学完了感觉适应，你就会知道，如果你每天给一位女生送花，她就会慢慢适应你的存在，把你送花当成一种理所当然。当学会了需求层次论，你就可以理解为什么有些人就喜欢诗和远方的生活方式，而有些人就喜欢为梦想而拼搏的生活方式，每个人的需求不同。当学习了能力的不同种类，你就知道每个人的能力是不一样的，不能纯粹地用智力分数来定义每个人的能力。当学习了人格的内容，你就能理解每个人有不同的行为方式。

构建学科思维，联系其他学科进行学习。《普通心理学》是其他分支学科的基础，其知识点与其他分支学科均有所联系，因此我们在学习的时候联系记忆，可以减少许多的负担。（1）感觉、知觉、注意和记忆等章节的内容与实验心理学有大量的重复，两者结合起来学习，将有助于你理解并记忆相应的理论和实验；（2）研究流派与西方心理学史、人格与人格心理学、学习与教育心理学、毕生发展与发展心理学的内容均一致，如果你的考试科目里有这些科目，那么相应章节的内容可以直接忽略。

总之，学习《普通心理学》，通过理解教材知识，形成知识网络，构建学科思维，是一个从理解到内化再到升华的过程。

第一章 心理学的研究对象和方法

自古以来，人类在探索自然界奥秘的同时，也在不断地探索人类自身的奥秘，特别是心灵的奥秘。在探索的过程中，我们采用科学的方法形成了一门独立的学科——心理学，那心理学研究的是什么？心理学的研究是怎么进行的呢？本章首先介绍心理学的研究对象、任务和方法，其次介绍心理学采用了哪些科学的方法进行研究，最后介绍心理学的一些主要研究取向及主要的流派。本章涉及的知识点比较基础，主要研究方法及主要流派较为重要，考查频率较高，因此在复习过程中要给予重视。

第一节 心理学的研究对象

研究真题，明确考况

考试要求	统考		自主命题	
	考题	考查点	考题	考查点
心理学的研究对象	2013	单选：心理现象，心理过程	北京大学，2000 河南大学，2010/2019 南京师范大学，2014/2016/2021 西南大学，2015/2017 华南师范大学，2012 华东师范大学，2015 天津师范大学，2017 东北师范大学，2017 福建师范大学，2014 四川师范大学，2016 广州大学，2014/2015 电子科技大学，2010/2011/2014 宁波大学，2021	单选：心理现象，心理过程，个性心理

考点 1 心理学的研究对象

考研基础必备

心理学是研究心理现象的科学（心理学是研究人的行为和心理活动规律的科学）。心理学既研究动物的心理，也研究人的心理，而以人的心理现象为主要的研究对象。人的心理现象包括心理过程和个性心理两个部分（见表 1–1）。

表 1–1 人的心理现象划分

心理过程	认知过程	指人认识客观事物的过程，或者对信息进行加工处理的过程，是人由表及里、由现象到本质地反映客观事物的本质及其内在联系的心理活动。认知过程包括感觉、知觉、记忆、想象、思维、语言等
	情绪情感过程	指人脑对客观事物是否满足自身物质和精神需要而产生的态度体验，它是人对客观事物要求的反映，包括喜、怒、哀、乐、爱、憎、惧等
	意志过程	指人自觉地确定目的，克服内部和外部困难，力求实现预定目的的心理过程
个性心理（人格）	心理动力	指人对客观事物的态度及活动对象的选择与趋向，是人从事活动的指向性和基本动力，包括需要、动机、兴趣、价值观等
	心理特征	指人在心理过程中形成的稳定而经常表现出来的心理特点，是个体多种心理特点的独特结合，集中反映了一个人的心理面貌，主要包括能力、气质和性格

知情意三者之间关系：认知过程是情感、意志过程的基础；同样，只有在认知和情感的基础上，人才能自觉地进行意志行动；反过来，情感、意志过程又对认知产生巨大的影响，成为调节和控制认知活动的一种内在因素。

心理过程与人格间的关系：没有心理过程，人格就无法形成；反之，人格又反作用于人的心理过程。首先，心理动力与心理过程相互作用，人的心理过程总是在某种心理动力的推动下进行的。其次，心理特征是通过心理过程形成和表现出来的，而已形成的心理特征又会影响和制约人的心理过程。

考研考法突破

考法 1 心理学的定义

通过选择题或名词解释考查心理学的定义。一般对某个学科的定义都是通过阐述其研究对象来进行定义的，因此大家记住心理学的研究对象即可。心理学是研究心理现象的科学，也可以说心理学是研究人的行为和心理活动规律的科学。

例 1：（华中师范大学，2018）单选：下列哪一种是对现代心理学最确切的定义？（　　）。

A. 对于无意识行为的实验研究

B. 对异常社会事件的科学处理

C. 对行为和心理过程的科学研究

D. 对行为的实证研究

【解析】心理不同于行为，又和行为有着密切的关系。心理支配行为，又通过行为表现出来。因此心理学有时又被认为是研究行为和心理过程的科学。因此选择 C 选项，ABD 选项都只是心理学研究对象的一个方面。

参考答案：C

例 2：（辽宁师范大学，2011/2013；苏州大学，2012）名词解释：心理学。

参考答案：心理学是研究心理现象的科学，也可以说心理学是研究人的行为和心理活动规律的科学。心理学既研究动物的心理，也研究人的心理，而以人的心理现象为主要的研究对象。人的心理现象包括心理过程和个性心理两个部分

考法 2 心理学的研究对象

通过选择题或名词解释考查心理学的研究对象，主要是人的心理现象的内容。该考法考查频率较高，大家需要牢记并区分人的心理现象的划分。关于人的心理现象的划分，不同的教材划分得有所不同，本书主要采用的是梁宁建老师的《心理学导论》的划分方式，大家按照自己目标院校的参考教材来学习记忆即可。

例 3：（统考，2013；天津师范大学，2017）单选：心理过程是人脑能动地反映客观事物的过程，它包括（　　）。

A. 认知、情感、行为　　B. 感觉、知觉、行为

C. 情感、行为、意志　　D. 认知、情感、意志

【解析】心理过程包括认知过程、情绪情感过程和意志过程，即知情意，因此答案选 D。

参考答案：D

例 4：（江西师范大学，2012）单选：心理特性包括两个方面，即能力和（　　）。

A. 认知　　B. 情绪　　C. 动机　　D. 人格

【解析】人们稳固而经常出现的心理特性叫个性心理特性或个性。心理特性包括能力和人格两个方面。

参考答案：D

例 5：（西南大学，2011；宁波大学，2021）名词解释：心理过程

参考答案：心理过程是指在客观事物作用下，在一定时间内大脑反映客观事物的过程，即人的心理活动发生、发展的过程，包括认知过程、情绪情感过程和意志过程。

考研考法实战 答案见 D1 页

1.（华东师范大学，2015）单选：研究心理活动及其发生、发展规律的科学是（　　）。

A. 心理　B. 心理现象　C. 心理学　D. 心理过程

2.（西南大学，2017）单选：以下属于个体稳定的心理现象的是（　　）。

A. 心理过程　B. 心理状态　C. 心理特征　D. 意识

3.（广州大学，2015）单选：下列选项中，哪项完整地表达了心理过程的内容？（　　）

A. 认识过程、情绪和情感过程

B. 情绪、情感和意志过程

C. 认识过程、情绪情感过程和意志过程

D. 个性、情绪情感过程和认识过程

4.（福建师范大学，2013）单选：人对客观事物是否满足自身物质和精神上的需要而产生的主观体验是指（　　）。

A. 情绪情感　B. 认识　C. 意志　D. 个性

5.（南京师范大学，2021）单选：下面不属于个性倾向性的是（　　）。

A. 动机　B. 价值观　C. 性格　D. 兴趣

第二节 心理学的研究方法

研究真题，明确考况

考试要求	统考		自主命题	
	考题	考查点	考题	考查点
1. 观察法	2007 2012	单选：观察法的概念	吉林大学，2011 江西师范大学，2015	单选：观察法的概念
	2018	简答：观察法的概念及优缺点	中央财经大学，2016	
2. 实验法	2013 2020	单选：实验法创始人	华中师范大学，2017	单选：实验法的优缺点
			西北师范大学，2016	简答：实验法的概念和优缺点
3. 测验法	2007	单选：测验法的概念	吉林大学，2012	单选：测验法的概念
			江西师范大学，2013	单选：测验法的创始人
			北京大学，2015	简答：测验法的概念
4. 调查法	2007	单选：调查法的概念	江西师范大学，2015	单选：调查法的概念
			东北师范大学，2013 湖南师范大学，2013	论述：调查法的概念及优缺点
5. 个案法	2007 2009	单选：个案法的概念	苏州大学，2015	单选：个案法的概念
			西北师范大学，2017	名词解释：个案法的概念

考点 1 心理学主要的研究方法

考研基础必备

心理学主要的研究方法包括观察法、实验法、测验法、调查法和个案法等（见表 1–2）。

表 1–2 心理学主要的研究方法

方法	定义	优点	缺点
观察法	在自然条件下，对表现心理现象的外部活动进行有系统、有计划的观察，从中发现心理现象产生和发展的规律性	适用范围广； 操作简单； 结果真实	无法重复； 无法揭示因果关系； 过程难以控制； 观察者效应
实验法	在控制条件下对某种心理现象进行观察的方法，分为实验室实验法和自然实验法	可重复验证； 可揭示因果关系； 过程可控	期望效应； 环境人为性，生态效度低
测验法	用一套预先经过标准化的问题（量表）来测量某种心理品质	量化程度高； 便于统计处理； 编制严密，目的明确	灵活性较差； 有些心理内容无法统一量化标准； 不能确定因果关系
调查法	以提问的方式（问卷调查或晤谈法）要求被调查者就某个问题表达自己的态度或意见	收集信息快； 调查范围广； 可以了解被调查对象的整体特征	不能确定因果关系； 不够严谨； 受研究者主观影响
个案法	在详细观察和正式的心理学测验的基础上，对特定的个体进行详细的描述	区分个体差异； 具有实践性	缺乏普遍性，不一定有代表性； 不能确定因果关系； 受研究者主观影响

考研考法突破

考法 1 心理学主要的研究方法

该考法常通过选择题、名词解释及简答论述题考查几种主要的研究方法的内容。大家可根据表 1–2 来对比记忆各种研究方法的定义及优缺点。关于心理学的研究方法，各个学科中均有所讲述，大家可以综合学习记忆。

例 1：（江西师范大学，2015）单选：当需要了解行为的自然状态或对一些隐秘行为进行研究时，最好采用（　　）。

A. 观察法　B. 调查法　C. 实验法　D. 测验法

【解析】观察法不进行实验操作或控制，可以保持被观察者的自然状态。

参考答案：A

例 2：（华中师范大学，2017）单选：能够获得因果关系的研究方法是（　　）。

A. 观察法　B. 实验法　C. 个案法　D. 访谈法

【解析】心理学相关研究方法中只有实验法可以得出因果关系，其余方法只能得出相关关系。

参考答案：B

例 3：（南开大学，2017）名词解释：间接观察法

参考答案：间接观察法是通过对实物的观察，来追索和了解过去所发生的事情，故又称为“实物观察法”。该方法的调查人员作为“旁观者”的身份，以周围事物作为间接观察的对象，对被调查对象进行观察，主要优点是观察的时间、空间极大地扩展，却没有实感，缺乏亲身感受。

例 4：（北京大学，2015）简答题：简要说明心理学研究的主要方法。

【解析】本题考查心理学研究的主要方法，分别从其定义及优缺点来进行回答即可。

参考答案：（1）观察法：

①定义：在自然条件下，对表现心理现象的外部活动进行有系统、有计划的观察，从中发现心理现象产生和发展的规律性。

②优点：适用范围广；操作简单；结果真实。

③缺点：无法重复；无法揭示因果关系；过程难以控制；观察者效应。

（2）测验法：

①定义：用一套预先经过标准化的问题（量表）来测量某种心理品质。

②优点：量化程度高；便于统计处理；编制严密，目的明确。

③缺点：灵活性较差；有些心理内容无法统一量化标准；不能确定因果关系。

（3）实验法：

①定义：在控制条件下对某种心理现象进行观察的方法，分为实验室实验法和自然实验法。

②优点：可重复验证；可揭示因果关系；过程可控。

③缺点：期望效应；环境人为性，生态效度低。

（4）个案法：

①定义：在详细观察和正式的心理学测验的基础上，对特定的个体进行详细的描述。

②优点：区分个体差异；具有实践性。

③缺点：缺乏普遍性，不一定有代表性；不能确定因果关系；受研究者主观影响。

（5）调查法：

①定义：以提问的方式（问卷调查或晤谈法）要求被调查者就某个问题发表自己的态度或意见。

②优点：收集信息快，调查范围广，可以了解被调查对象的整体特征。

③缺点：不能确定因果关系，不够严谨，受研究者主观影响。

例 5：（统考，2007）单选：通过搜集和分析某人过去和现在有关方面的资料，以推知其行为原因的方法是（　　）。

A. 调查法　B. 个案法　C. 测验法　D. 观察法

【解析】个案法是指对某个人进行深入而详尽的观察与研究，以便发现影响某种行为和心理现象的原因。

参考答案：B

例 6：（首都师范大学，2013）名词解释：心理测验法

【解析】本题直接从概念、分类及优缺点进行作答即可。

参考答案：心理测验法是根据已标准化的实验工具（如量表），引发和刺激被测试者的反应，所引发的反应结果由被测试者自己或他人记录，然后通过一定的方法进行处理，予以量化，描绘行为的轨迹，并对其结果进行分析。

这种方法的最大特点是，对被测试者的心理现象或心理品质进行定量分析，具有很强的科学性。心理测试主要包括以下几种形式：智力测验、人格测验、心理健康测验、

职业能力测验、职业兴趣测验以及创造力测验。

考研考法实战 答案见 D1 页

1.（吉林师范大学，2011）单选：在控制条件下对某种心理现象进行观察的方法叫（　　）。

A. 实验法　B. 观察法　C. 测量法　D. 个案法

2.（华南师范大学，2013）名词解释：现场实验法。

3.（中国科学院心理研究所，2015）论述：用实例分析两种心理学常用的研究方法，以及它们的优缺点。

4.（统考，2018）简答：什么是观察法？它有何优缺点。

第三节　主要的心理学流派

研究真题，明确考况

考试要求	统考		自主命题	
	考题	考查点	考题	考查点
1. 构造主义	2007	单选：构造主义研究方法	西南大学，2016/2018	单选：构造主义研究方法
			福建师范大学，2013	单选：构造主义代表人物
	2014	单选：构造主义研究对象	西南大学，2016 中央财经大学，2018	单选：构造主义研究对象
2. 机能主义	2009	单选：机能主义代表人物	西南大学，2016	单选：机能主义研究对象
			云南师范大学，2012	单选：机能主义代表人物
3. 行为主义	2008	单选：行为主义研究对象	华中师范大学，2016/2017	单选：行为主义研究方法
	2011	论述：各流派对比	南京师范大学，2013/2015/2016 江西师范大学，2016 华东师范大学，2020	单选：行为主义理论观点及代表人物
4. 格式塔心理学	2007 2010 2020	单选：格式塔学派研究方法	四川大学，2017	名词解释：格式塔心理学
		单选：格式塔学派代表人物	西南大学，2014	单选：格式塔心理学理论观点
5. 精神分析学派	2011	论述：流派对比	西南大学，2015	单选：精神分析理论观点
	2014	单选：精神分析理论观点	中央财经大学，2015	单选：精神分析代表人物
6. 人本主义学派	2008	单选：人本主义研究方法	华中师范大学，2011/2015 江西师范大学，2015 华南师范大学，2020	单选：人本主义的理论观点
	2015	单选：人本主义理论观点	西南大学，2012/2014 苏州大学，2016 华南师范大学，2020	简答：人本主义的理论观点

考点 1　心理学的主要流派

考研基础必备

心理学的主要流派见表 1–3。

表 1–3　心理学流派的主要内容

流派	代表人物	焦点问题	研究方法	主要观点	评价
构造主义	冯特 铁钦纳	意识经验的内容	实验条件下的内省方法	①主张心理学应该研究人们的直接经验； ②把经验分为感觉、意象和激情状态三种元素； ③强调意识的构成成分	贡献：使心理学走上实验研究的道路，成为一门独立科学。 局限：纯内省，严重脱离实际
机能主义	詹姆斯 杜威 安吉尔	意识的作用和功能	内省法	①从生物进化论的视角重新解释人的意识，在主体与环境的关系下理解行为，并把意识看成是一个川流不息的过程； ②强调意识的作用和功能； ③重视心理学的实际应用	贡献：受美国实用主义哲学的影响，重视心理学的实际运用，推动了美国心理学面向实际的发展

续表

流派	代表人物	焦点问题	研究方法	主要观点	评价
行为主义	华生 斯金纳 班杜拉	作为行动与动作的行为	实验法	①主张研究行为，行为遵循 S–R 公式； ②研究目的应该是寻找预测和控制行为的途径； ③行为是在环境因素影响下学习的结果； ④反对内省，主张实验法	贡献：强调研究的客观性，促使心理学研究严谨、科学。 局限：否认意识研究的重要性，主张过于极端
格式塔	韦特海默 考夫卡 柯勒	意识经验的组织	实验法	①反对元素分析，强调结构分析（关系），认为人们对关系的认识是从知觉开始的； ②把人的意识看作一个整体，认为部分相加不等于整体，整体先于部分而存在，并且制约着部分； ③重视心理学实验	贡献：对于思维、知觉等的研究很有意义，促进认知心理学的兴起。 局限：带有主观唯心的色彩
精神分析	弗洛伊德 阿德勒 埃里克森 荣格	无意识心理	自由联想 释梦 个案法 生活史法	①重视异常行为分析，理论多来源于治疗精神病的临床经验； ②强调心理学应该研究无意识现象； ③强调童年经验对人格形成的影响； ④泛性观点	贡献：重视动机和无意识现象的研究。 局限：过分强调无意识，早期泛性观点是错误的

考研考法突破

考法 1　各心理学流派的代表人物

该考法多以选择题考查各个流派的代表人物是谁，考生要准确识记每个流派所对应的代表人物，切勿混淆。

例 1：（福建师范大学，2013）单选：构造主义的代表人物有（　　）。

A. 詹姆斯、杜威　　B. 冯特、铁钦纳

C. 华生、斯金纳　　D. 弗洛伊德、埃里克森

【解析】构造主义的代表人物有冯特、铁钦纳，詹姆斯和杜威是机能主义的代表人物，华生和斯金纳是行为主义的代表人物，弗洛伊德和埃里克森是精神分析的代表人物。

参考答案：B

例 2：（四川师范大学，2015）单选：精神分析学派的代表人物是（　　）。

A. 马斯洛　B. 斯金纳　C. 冯特　D. 弗洛伊德

【解析】马斯洛是人本主义的代表人物，斯金纳是行为主义的代表人物，冯特是构造主义的代表人物，弗洛伊德是精神分析的代表人物，因此本题选 D。

参考答案：D

考法 2　各心理学流派的具体内容

该考法常通过选择题、简答论述题考查各个流派的具体内容，包括其基本观点、研究方法、贡献和局限等。大家要注意区分不同流派的主要观点，切勿混淆。

例 3：（统考，2008）单选：强调心理学不应该以意识为主要研究对象的学派是（　　）。

A. 构造主义　　B. 机能主义

C. 人本主义　　D. 行为主义

【解析】行为主义流派认为心理学家需要研究的只有那些可以被观察、预见、最终可以被科学工作者控制的行为。

参考答案：D

例 4：（华中师范大学，2011）单选：批评精神分析论是伤残心理学，批评行为主义是幼稚心理学的学派是（　　）。

A. 认知学派　　B. 机能主义

C. 人本主义　　D. 完形心理学

【解析】该题考查的是心理学的主要流派，人本主义心理学批判精神分析论是伤残心理学，因为其是以精神病患者的心理现象为基础的；人本主义心理学家批评行为主义是幼稚心理学，因为其以动物和儿童心理现象为基础。

参考答案：C

例 5：（统考，2011；上海交通大学，2015）论述：比较构造构主义、行为主义和精神分析学派的主要研究内容、研究方法和主要观点，并说明各学派对心理学发展的主要贡献。

【解析】：解答此类题型应注意题干要求有逻辑地进行回答。

参考答案：（1）各学派研究的内容、方法和主要观点：

①构造主义的代表人物是冯特和铁钦纳。它强调研究意识经验及其构成成分；认为意识由感觉、意象和激情三种元素组成，主张心理学应该研究人们的直接经验；把经验分为感觉、意象和激情状态三种元素；强调意识的构成成分。

②行为主义的代表人物是华生、斯金纳、班杜拉。它强调研究作为行动与动作的行为，主张研究行为，行为遵循 S–R 公式；研究目的应该是寻找预测和控制行为的途径；行为是在环境因素影响下学习的结果；反对内省，主张实验法。

③精神分析学派的代表人物是弗洛伊德、阿德勒、埃里克森、荣格。它强调研究无意识心理；主张采用临床观察（如自由联想、梦的分析）等方法解释由本能和生物驱力产生的行为，重视异常行为分析，理论多来源于治疗精神病的临床经验；强调心理学应该研究无意识现象；强调童年经验对人格形成的影响。

（2）各学派对心理学发展的主要贡献：

①构造主义作为科学心理学的第一个流派，使心理学走上实验研究的道路，成为一门独立科学。②行为主义推动了心理的客观研究，扩大了心理学的研究领域，促进了心理学应用于实际生活。③精神分析学派重视动机和无意识现象的研究，开拓了潜意识研究的新领域，深化了对人格发展动力的研究，促进了心理治疗等诸多领域的发展。

考研考法实战 答案见 D1 页

1.（华东师范大学，2011；华中师范大学，2018）单

选：下列哪种搭配有误？（　　）

A. 冯特——构造主义　B. 华生——行为主义

C. 詹姆斯——格式塔　D. 弗洛伊德——精神分析

2.（华中师范大学，2016）单选：主张心理学是一门科学，科学的研究只限于以客观的方法处理客观的资料的学派是（　　）。

A. 结构主义　B. 机能主义　C. 人本主义　D. 行为主义

3.（西南大学，2014）单选：卡尔·罗杰斯是位（　　）的心理学家。

A. 人本主义　B. 精神分析

C. 认知心理学　D. 行为主义

第四节　当代心理学的研究取向

研究真题，明确考况

考试要求	统考		自主命题	
	考题	考察点	考题	考察点
各个取向的内容	2021	单选：临床心理学的任务	华中师范大学，2022 四川大学，2021	单选：认知学派基本观点 简答：理论和观点

考点 1　当代心理学的研究取向

（一）生理心理学

1. 主要观点

把生理学看成是描述和解释心理功能的基本手段，认为我们所有的高级心理机能（如知觉、记忆、注意、语言、思维和情绪等）都和生理功能，特别是脑的功能有密切关系。

2. 研究方法：临床法、局部切除法、电刺激法、生物化学法和脑成像法

3. 评价

贡献：各种脑成像技术的广泛应用与认知神经科学的研究，对探讨视觉、听觉等基本认知过程和语言、情绪等高级心理过程的脑机制发挥了巨大的作用。

（二）行为主义学派

1. 代表人物：斯金纳、托尔曼

2. 主要观点

主张研究行为，行为遵循 S–R 公式；研究目的应该是寻找预测和控制行为的途径；行为是在环境因素影响下学习的结果。

3. 研究方法：实验法等

4. 评价

贡献：强调研究的客观性，促使心理学研究严谨科学。

局限：否认意识研究的重要性，主张过于极端。

（三）精神分析学派

1. 代表人物：弗洛伊德、荣格、阿德勒

2. 主要观点

行为的原因是强大的内部力量驱使和激发的。这种力量主要来自本能，是一种潜意识。一个心理健康的人，本我、自我和超我的成长都是正常的，特别是自我成长至关重要，他能使自己的本我力量通过合适的方式得到释放。推动人的行为的动力是人的欲望或动机，特别是性欲的冲动，这种冲动受到压抑就会产生精神疾病。可以通过对梦的解析等方法发现被压抑的欲望和冲动，并加以疏导，精神疾病就可以得到治疗。

3. 研究方法：释梦，自由联想等

4. 评价

贡献：对精神病学和临床心理学的影响深远；重视潜意识的研究。

局限：过分强调无意识的作用，泛性论，研究对象为异常人群。

（四）认知学派

1. 代表人物：奈瑟、西蒙、纽维尔

2. 发展历程

① 1967 年，美国心理学家奈塞尔发表《认知心理学》一书，标志着现代认知心理学的诞生。

②认知心理学与神经科学的结合产生了认知神经科学。

3. 主要观点

关注人脑所发生的心理事件，用信息加工的观点和术语来解释人的认知过程，即把人脑比作电脑，认为认知历程包括：信息的接受、存储和运用。

4. 研究方法：反应时，口头报告等

5. 评价

要把认识过程统一起来，而且要用认知观点研究和说明情绪、动机、个性等方面，有望成为 21 世纪心理学的主流。

（五）人本主义学派和积极心理学

1. 代表人物：马斯洛、罗杰斯

2. 主要观点

①人本主义强调以人为本，尊重和重视个人的基本需要、尊重和重视自我。

②关注个体和团体的积极因素，如积极人格、积极情感和积极的社会组织系统等；心理学的目标应该是促进个体的发展，社会的繁荣和幸福，并预防问题的产生；在研究方法上，接受人本主义心理学的现象学方法和实验心理学的实证研究方法。

3. 研究方法：观察、条件反射、测验等

4. 评价

贡献：促进了自我意识的深入研究。

局限：用语和表述具有模糊性和主观性，很难对其下操作定义。

（六）进化心理学

1. 主要观点

强调自然选择对人类普遍行为倾向的塑造作用，认为人类的心理机制也是自然选择的结果，如果某一种行为倾向有助于个体的生存，那么这种行为倾向就会被自然选择，并且通过基因遗传保留下来。

考研考法突破

考法 1　当代心理学的研究取向

该考法多以选择题、简答题、论述题等形式考查每种研究取向的主要观点，考生要准确熟记和区分不同研究取向的侧重点。

例 1：（华中师范大学，2022）单选：下列哪一个心理学观点把人脑比喻作计算机，认为人类可以接收外界刺激数据从而产生一定的行为？（　　）

A. 格式塔心理学　　B. 认知心理学

C. 进化心理学　　D. 功能主义心理学

【解析】认知心理学将人脑比作计算机，他们认为认知是指感觉输入受到转换、简约、加工、存储、提取和使用的全部过程。

参考答案：B

考研考法实战

答案见 D1 页

1.（统考，2021）单选：应用心理学原理、方法，诊断和治疗个体的心理障碍，改善个体的行为模式的心理学分支是（　　）。

A. 积极心理学　　B. 健康心理学

C. 临床心理学　　D. 变态心理学

2.（四川大学，2021）简答：简述进化心理学的理论和观点。

章节考点　综合训练

答案见 D1 页

一、单项选择题

1.（统考，2012）下列选项中，属于心理状态的是（　　）。

A. 感觉　B. 想象　C. 注意　D. 记忆

2.（北京大学，2000）心理学研究（　　）。

A. 灵魂　B. 行为

C. 行为与意识　D. 躯体与神经

3.（统考，2008）现代心理学诞生和发展的两个重要历史渊源是哲学和（　　）。

A. 生理学　B. 社会学　C. 人类学　D. 物理学

4.（统考，2010）下列心理学派与其代表人物，正确匹配的是（　　）。

A. 机能主义——冯特　B. 格式塔——铁钦纳

C. 人本主义——罗杰斯　D. 构造主义——詹姆斯

5.（电子科技大学，2010）人脑对客观事物的属性及其规律的反映称之为（　　）。

A. 情感过程　B. 认识过程

C. 意志过程　D. 个性

6.（电子科技大学，2014）以下哪一个心理现象是人类特有的？（　　）

A. 记忆　B. 感知觉　C. 意识　D. 思维

7.（电子科技大学，2010/2011）普通心理学是一门研究（　　）的学科。

A. 心理的发生发展　B. 社会对心理制约

C. 心理现象产生机制　D. 正常成人一般心理规律

8.（福建师范大学，2018）意识是一个连续的过程，它的作用就是使有机体适应环境。支持这种说法的学派是（　　）。

A. 构造主义学派　B. 行为主义学派

C. 机能主义学派　D. 格式塔心理学

9.（广州大学，2013）冯特于（　　）年在德国莱比锡大学建立了世界上第一个心理学实验室，这标志着科学心理学的建立。

A. 1879　B. 1840　C. 1856　D. 1905

10.（广州大学，2016）似动现象研究的重要意义在于确立了一种新的观点，标志着（　　）的建立。

A. 格式塔心理学　B. 意动心理学

C. 精神分析　D. 机能心理学

11.（南京师范大学，2012）心理学家（　　）把意识区分为意识和无意识。

A. 华生　B. 冯特　C. 弗洛伊德　D. 巴普洛夫

12.（南京师范大学，2015）反对内省、主张用实验方法研究可观察的行为的心理学流派是（　　）。

A. 构造主义　B. 机能主义

C. 行为主义　D. 格式塔心理学

13.（南京师范大学，2016）行为主义心理学的创始人是（　　）。

A. 亚里士多德　B. 华生

C. 冯特　D. 詹姆斯

14.（华东师范大学，2012）"格式塔"的概念适用于解释（　　）的组织原理。

A. 学习　B. 动机　C. 情绪　D. 知觉

15.（四川师范大学，2017）1879 年，德国的（　　）在莱比锡大学创立了第一个心理实验室。

A. 马斯洛　B. 斯金纳　C. 冯特　D. 弗洛伊德

16.（西南大学，2016）在心理学研究中，反对把意识分为元素，强调把心理看作整体，组织意义的学派是（　　）。

A. 机能主义　B. 行为主义

C. 格式塔学派　D. 精神分析学派

17.（西南大学，2017）（　　）是人类心理产生的决定性条件。

A. 认知　B. 人类文化　C. 情绪　D. 生活

18.（浙江理工大学，2016）认为"整体大于部分之和"反对元素分析的心理学流派是（　　）。

A. 精神分析　B. 构造主义　C. 行为主义　D. 格式塔

19.（浙江理工大学，2016）人本主义的代表人物是（　　）。

A. 斯金纳　B. 弗洛伊德　C. 华生　D. 马斯洛

20.（华东师范大学，2020）于 1890 年出版有史以来第一本心理学教科书《心理学原理》的是（　　）。
A. 威廉·冯特　B. 威廉·詹姆斯
C. 弗洛伊德　D. 马斯洛

21.（统考，2020）下列选项中，心理学家与其所属的学派搭配正确的是（　　）。
A. 苛勒——行为主义　B. 詹姆斯——构造主义
C. 华生——完形主义　D. 罗杰斯——人本主义

22.（统考，2022）在严格控制条件下，使用 fMRI 技术研究不同任务引起的大脑皮层区域的激活情况，这种研究方法属于（　　）。
A. 测验法　B. 观察法
C. 调查法　D. 实验法

23.（华中师范大学，2021）主张心理学研究的任务就是了解构成意识的元素，进而探求这些基本元素如何合成复杂的意识经验的学派是（　　）。
A. 行为主义　B. 结构主义
C. 人本主义　D. 机能主义

24.（北京师范大学，2021）认为人的所有行为都是由环境刺激引起的流派是（　　）。
A. 行为主义流派　B. 认知流派
C. 精神分析　D. 人本主义流派

25.（华南师范大学，2022）把自己的理论称为“第三势力”的心理学学派是（　　）。
A. 结构主义心理学　B. 精神分析心理学
C. 行为主义心理学　D. 人本主义心理学

26.（北京师范大学，2020）关于心理学的研究目的表述错误的是（　　）。
A. 现象　B. 解释　C. 控制　D. 预测

27.（北京师范大学，2021）心理学家试图对人的减肥产生影响，体现心理学的哪个目的？（　　）
A. 对行为的描述　B. 对行为的解释
C. 对行为的预测　D. 对行为的控制

28.（统考，2022）《论灵魂》是一部古老的著作，它总结了当时西方人对心理的认识，其作者是（　　）。
A. 柏拉图　B. 苏格拉底
C. 亚里士多德　D. 笛卡尔

29.（华东师范大学，2021）1917 年建立中国第一个心理学实验室的是（　　）。
A. 陈大齐　B. 张耀翔　C. 潘菽　D. 汪敬熙

二、简答题

1.（北京科技大学，2010）心理学研究的基本问题有哪些？
2.（北京科技大学，2012）心理学有哪些研究领域？
3.（曲阜大学，2011）列举并简介心理学的主要研究方法。
4.（天津师范大学，2012；浙江师范大学，2016）试说明五个心理学流派的主要代表人物和主张。
5.（清华大学，2021）问卷法的优缺点。
6.（郑州大学，2021）心理学的基本任务。
7.（广西师范大学，2021）谈谈你对心理学学科性质的理解。
8.（东北师范大学，2022）实验法和观察法的区别是什么？

三、论述题

1.（华南师范大学，2017）心理学是怎样产生的？现代自然科学在心理学产生中有什么作用？
2.（四川师范大学，2021）在当代心理学的研究取向中，表述一种你所熟悉的，并说明这种取向上的应用心理发展现状和未来。

第二章 心理的神经生理机制

近 30 年来，由于神经科学、认知神经、电生理学和生物化学等的飞速发展，各种现代技术的突飞猛进，人们对神经系统的结构和功能有了许多崭新的认识，这对现代心理学的发展产生了深刻的影响。本章简单介绍脑和神经系统的最一般的知识，首先介绍神经系统的进化，其次介绍神经系统的结构和功能（包括周围神经系统和中枢神经系统的结构和功能），最后介绍了各种不同的脑学说，特别是当代影响最大的机能系统学说。本章中的大脑的分区及功能、脑机能学说尤其是机能系统说考查频率较高，在复习过程中应该重视对相关知识点的理解记忆。

第一节 神经元

研究真题，明确考况

考试要求	统考		自主命题	
	考题	考查点	考题	考查点
1. 神经元和胶质细胞	2009 2012	单选：神经元的结构和功能	首都师范大学，2015 河南大学，2012	名词解释：神经元
2. 神经冲动的传递	2018 2020	单选：神经冲动的传递	南京师范大学，2015 福建师范大学，2019 广州大学，2013	单选：神经冲动的传递

考点 1 神经元和胶质细胞

考研基础必备

1. 神经元

神经元即神经细胞，是神经系统结构和功能的单位。它的基本作用是接收和传送信息。

1）神经元的结构

神经元由胞体、树突和轴突三部分组成（见图 2-1）；树突负责接受刺激，将神经冲动传向胞体；胞体负责整合信息；轴突是将神经冲动从胞体传出，到达与它相联系的各种细胞。

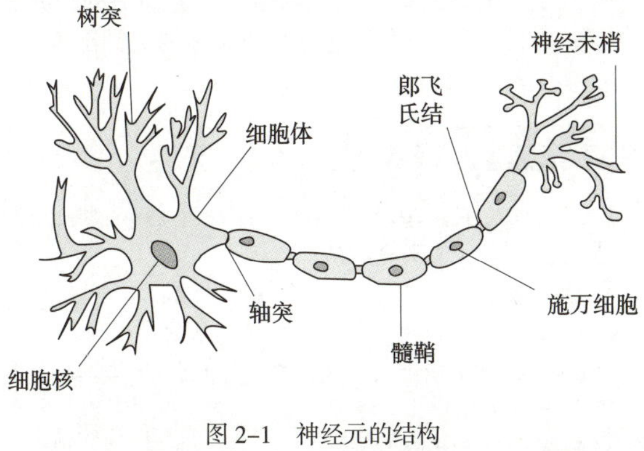

图 2-1 神经元的结构

2）神经元的种类

按神经元突起数目可分为：单极神经元、双极神经元、多极神经元。

按神经元的功能可分为：感觉神经元（传入神经元）、运动神经元（传出神经元）、联络神经元（中间神经元）。

2. 胶质细胞

神经元与神经元之间存在大量胶质细胞，总数在 1000 亿个以上。神经胶质细胞的作用：

①为神经元的生长提供线路和支架；

②在神经元的周围形成绝缘层（髓鞘），使神经冲动得以快速传递；

③给神经元输送营养；

④清除神经元之间多余的神经递质。

考研考法突破

考法 1 神经元的功能、结构和种类

该考法通常以选择题、名词解释来考查神经元的相关内容。考生需要注意三方面的内容：一方面是神经元的功能，即神经系统结构和功能的最小单位；第二方面是神经元的结构，以及每个结构的作用；最后一方面是神经元的种类，主要是按功能来划分的。

例 1：（统考，2009；中国科学院心理研究所，2014；天津师范大学，2017）单选：神经元结构中具有信息整合功能的部位是（　　）。

A. 树突　　B. 胞体　　C. 突触　　D. 轴突

【解析】神经元由胞体、树突和轴突三部分组成。胞体——整合信息；树突——接受刺激；轴突——传出神经冲动。

参考答案：B

例 2：（天津师范大学，2017）多选：根据机能的不同，神经元可以分为（　　）。

A. 感觉神经元　　B. 运动神经元
C. 联络神经元　　D. 激活神经元

【解析】按功能来划分，神经元可分为：感觉神经元（传入神经元）、运动神经元（传出神经元）、联络神经元（中间神经元）。

参考答案：ABC

例 3：（首都师范大学，2015）名词解释：神经元

【解析】本题可从神经元的定义及功能上进行回答。

参考答案：神经元是构成神经系统结构和功能的基本单位。神经元是具有长突起的细胞，它由细胞体和细胞突起构成，在突触处与其他神经元相联系，或延伸至肌纤维或腺体细胞。

考研考法实战 答案见 D4 页

1.（统考，2012）单选：神经系统最小的功能单位是（　　）。

A. 突触　B. 轴突　C. 神经元　D. 胞体

2.（华南师范大学，2012/2015；南京师范大学，2015）单选：在神经元的各组成部分中，用来接收其他神经元信息的是（　　）。

A. 细胞体　B. 轴突　C. 突触　D. 树突

3.（广州大学，2018）单选：以下不属于神经元组成部分的是（　　）

A. 胞体　B. 树突　C. 轴突　D. 髓鞘

考点 2　神经冲动的传递

考研基础必备

1. 神经冲动

神经冲动：当任何一种刺激（机械的、热的、化学的或电的）作用于神经时，神经元就会由比较静息的状态转化为比较活动的状态。

静息电位：当神经元处于静息状态时测到的电位变化（外正内负，电压相差 70 毫伏），叫静息电位。神经细胞膜内外存在大量的离子，膜外主要是钠离子（Na^+）和氯离子（Cl^-），膜内主要是钾离子（K^+）和带负电荷的大分子有机物。在静息状态下，细胞膜对 K^+ 有较大的通透性，对 Na^+ 的通透性很差，结果就是 K^+ 经过离子通道外流，而 Na^+ 则被挡在膜外，致使膜内外出现电位差，膜内比膜外略带负电。这就是静息电位。

动作电位：当神经受到刺激时，细胞膜的通透性迅速发生变化，Na^+ 通道临时打开，Na^+ 被泵入细胞膜内部，使膜内正电荷迅速上升，并高于膜外电位。这一电位变化过程叫动作电位。

2. 神经冲动的传导方式

1）神经冲动的电传导

电传导是指神经冲动在同一细胞内的传导，它与动作电位具有密切关系。神经冲动的传导服从于“全或无”的法则。神经元反应的强弱不随外界刺激的强弱而改变，这种特性使信息在传递途中不会变得越来越弱。

2）神经冲动的化学传导

神经元之间的联系是通过突触进行和实现的，神经冲动在突触间的传递是借助神经递质来完成的。以化学物质为媒介的突触传递，是脑内神经元信号传递的主要方式。

考研考法突破

考法 1　神经冲动

该考法常通过选择题、名词解释和简答题考查神经冲动的定义以及静息电位和动作电位的相关内容。该考法的考查频率不高，大家可根据自己院校的要求来选择是否记忆。

例 4：（南京大学，2015）单选：神经元的静息电位为（　　）。

A. 外正内负，电压相差 70 毫伏
B. 外负内正，电压相差 70 毫伏
C. 外正内负，电压相差 75 毫伏
D. 外负内正，电压相差 75 毫伏

【解析】当神经元处于静息状态时测到的电位变化（外正内负，电压相差 70 毫伏），叫静息电位。

参考答案：A

例 5：（湖南师范大学，2018；陕西师范大学，2021）名词解释：动作电位

参考答案：当神经受到刺激时，细胞膜的通透性迅速发生变化，Na^+ 通道临时打开，Na^+ 被泵入细胞膜内部，使膜内正电荷迅速上升，并高于膜外电位。这一电位变化过程叫动作电位。

考法 2　神经冲动的传导方式

该考法常通过选择题考查神经冲动的传导方式，考生需注意区分两种传导方式：同一细胞内的传导是电传导，细胞间的传导是化学传导。

例 6：（南京师范大学，2015）单选：神经冲动在神经元之间的传递是通过（　　）来实现的。

A. 树突　B. 轴突　C. 髓鞘　D. 突触

【解析】树突具有接受刺激并将冲动传入细胞体的功能，轴突的主要功能是将神经冲动由胞体传至其他神经元或效应细胞。突触是一个神经元的冲动传到另一个神经元或传到另一细胞间的相互接触的结构。突触是神经元之间在功能上发生联系的部位，也是信息传递的关键部位。

参考答案：D

考研考法实战 答案见 D4 页

1.（广州大学，2013）单选：神经冲动在突触间的传递，是通过（　　）来完成的。

A. 神经递质　　B. 神经纤维
C. 神经电反应　　D. 神经信号

2.（统考，2018）单选：神经冲动的传导形式有（　　）。

A. 化学传导和声传导
B. 电传导和光传导
C. 化学传导和电传导
D. 光传导和热传导

3.（河南大学，2016）简答题：静息电位是怎样产生的？

第二节　神经系统

研究真题，明确考况

考试要求	统考		自主命题	
	考题	考查点	考题	考查点
1. 外周神经系统	无	无	华中师范大学，2016	单选：植物神经系统
			南京师范大学，2016	单选：躯体神经系统
2. 中枢神经系统	2013 2014	单选：中枢神经系统功能	西南大学，2016 河南大学，2019	单选：中枢神经系统的组成
	2015 2020	多选：中枢神经系统组成	福建师范大学，2015 中央财经大学，2019 华东师范大学，2020 西北师范大学，2020	单选：中枢神经系统的功能
3. 大脑的分区及其机能	2021 2009 2015 2020	单选：大脑皮层的分区及机能	南京师范大学，2021 北京师范大学，2012 华东师范大学，2012/2020/2022 中央财经大学，2016/2019 华中师范大学，2022	单选：大脑皮层的分区及机能
	2007 2008	单选：大脑两半球的一侧优势	广州大学，2016/2018 四川师范大学，2022 北京师范大学，2021	单选：大脑两半球的一侧优势

考点 1　外周神经系统

考研基础必备

外周神经系统由两部分组成：躯体神经系统和自主神经系统。

1. 躯体神经系统

躯体神经系统分成脊神经和脑神经，脊神经有 31 对，脑神经有 12 对。

2. 自主神经系统

自主神经系统也叫植物性神经系统。自主神经系统由交感神经和副交感神经两个部分组成。

交感神经和副交感神经在功能上具有拮抗性质。交感神经是机体应付紧急情况的机构，当人们挣扎、搏斗、恐惧或愤怒时，交感神经马上发生作用，它加速心脏的跳动；下令肝脏释放更多的血糖，使肌肉得以利用；暂时减缓或停止消化器官的活动，从而动员全身力量以应付危机。而副交感神经的作用则相反，它起着平衡作用，抑制体内各器官的过度兴奋，使它们获得必要的休息。

交感神经和副交感神经不受或很少受到中枢神经系统的支配，表现为人不能随意地控制内脏活动。但是，人们通过特殊的训练，可以在一定程度上控制这些脏器的活动，如调节体温的升降等。

考研考法突破

考法 1　自主神经系统

此考点多以单选形式出现，考查自主神经系统的作用，复习过程中注意将自主神经系统与躯体神经系统进行区分。

例 1：（华中师范大学，2016）单选：由自主神经控制的生理变化属于（　　）。

A. 非意识（nonconscious）　B. 前意识（preconscious）

C. 无意识（unconscious）　D. 潜意识（subconscious）

【解析】身体内部有一些生理变化，如脑电活动、心跳等，是受自主神经系统所支配的生理活动，属于非意识的范畴。我们可能会觉知到这些活动的效应，但对活动本身是不会觉知到的。无意识是相对意识而言的，它指的是个体没有觉察到的心理活动和心理过程。常见的无意识现象有三种：无意识行为、对刺激的无意识、盲视。

参考答案：A

考法 2　躯体神经系统

本考点与自主神经系统相同，多以单选形式出现，需将其与自主神经系统对比理解记忆。

例 2：（南京师范大学，2016）单选：支配面部表情、姿态表情和声调表情等随意运动的神经系统是（　　）。

A. 躯体神经系统　　B. 中枢神经系统

C. 边缘神经系统　　D. 大脑神经系统

【解析】表达情绪状态的面部表情、姿态表情和声调表情是由躯体神经系统支配的随意运动实现的。躯体神经系统支配着躯干、四肢以及面部肌肉的活动，因此它是表情活动的生理基础。

参考答案：A

考研考法实战 答案见 D4 页

1.（南京师范大学，2013）单选：路人看到小偷，非常生气，准备抓住他，这时（　　）会立刻激活。

A. 交感神经系统　　B. 副交感神经系统

C. 脊神经　　D. 脑神经

考点2 中枢神经系统

考研基础必备

中枢神经系统包括脊髓和脑。

1. 脊髓

脊髓是中枢神经系统的低级部位，位于脊髓管内。脊髓的主要作用有两点：

①脊髓是脑和周围神经的桥梁；

②脊髓可以完成一些简单的反射活动，如膝跳反射、肘反射、跟腱反射等。在正常情况下，这些反射是可以不受脑的支配的。

2. 脑干

脑干包括延脑、桥脑和中脑。

1）延脑

延脑在脊髓上方，背侧覆盖着小脑，是一个狭长的结构，全长4cm左右。和有机体的基本生命活动有密切关系，它支配呼吸、排泄、吞咽、肠胃等活动，因而又叫“生命中枢”。

2）桥脑

桥脑在延脑的上方，位于延脑与中脑之间，是中枢神经与周围神经之间传递信息的必经之地。它对人的睡眠具有调节和控制的作用。

3）中脑

中脑位于丘脑底部，小脑和桥脑之间。中脑是视觉以及听觉的反射中枢。

4）网状结构

在脑干各段的广大区域，有一种由白质与灰质交织混杂的结构，叫网状结构或网状系统，主要包括延髓的中央部位、桥脑的被盖和中脑部分。网状结构按功能可分成上行网状结构和下行网状结构两个部分。上行网状结构也叫上行激活系统，它控制着机体的觉醒或意识状态，与保持大脑皮层的兴奋性、维持注意状态有着密切的关系。下行网状结构也叫下行激活系统，它对肌肉紧张有易化和抑制两种作用，即加强或减弱肌肉的活动状态。

3. 间脑

间脑由丘脑和下丘脑共同组成。

1）丘脑

丘脑是个中继站。除嗅觉外，所有来自外界感官的输入信息，都通过这里再导向大脑皮层，从而产生视、听、触、味等感觉。丘脑是网状结构的一部分，因而对控制睡眠和觉醒也有重要意义。

2）下丘脑

下丘脑是调节交感神经和副交感神经的主要皮下中枢，对维持体内平衡、新陈代谢等有着重要作用，也对控制内分泌腺的活动有着重要意义。下丘脑在情绪产生中也有着重要的作用。

4. 小脑

小脑在脑干背面，分左右两半球，其作用主要是协助大脑维持身体的平衡与协调动作。小脑损伤会出现痉挛、运动失调，使人丧失简单的运动能力，也可能导致口吃、阅读障碍等。

5. 边缘系统

边缘系统包括扣带回、海马回、海马沟、附近的大脑皮层（如额叶眶部、岛叶、颞根、海马及齿状回），以及丘脑、丘脑下部、中脑内侧被盖等。

边缘系统的作用主要有：

①边缘系统与动物的本能活动有关；

②边缘系统特别是海马在记忆功能中有着重要作用；

③边缘系统中的杏仁核对情绪控制和情绪记忆具有一定作用；

④扣带回与注意力密切相关。

考研考法突破

考法1 中枢神经系统的功能

本考点常常以选择形式出现，中枢神经系统中的各组成成分有着不同的功能，在回答此类问题时，需将中枢神经系统中各个组成成分功能对比理解记忆。

例3：（统考，2014）单选：被称为“生命中枢”的脑组织是（　　）。

A. 小脑　　B. 中脑　　C. 前脑　　D. 延脑

【解析】小脑的作用主要是协助大脑维持身体的平衡与协调；中脑是视觉以及听觉的反射中枢；前脑在解剖学上的结构包括端脑和间脑，是人脑最大的区域，分为两个半球，并各分为四个脑叶，即枕叶、顶叶、颞叶和额叶；延脑和有机体的基本生命活动有着密切关系，它支配呼吸、排泄、吞咽、肠胃等活动，因而又叫“生命中枢”。

参考答案：D

考法2 中枢神经系统的组成

本考点多以选择形式出现，需将中枢系统的组成牢记于心。

例4：（统考，2015）多选：人脑结构中属于边缘系统的有（　　）。

A. 海马　　B. 杏仁核

C. 扣带回　　D. 小脑

【解析】神经系统分为外周神经系统和中枢神经系统，中枢神经系统中的边缘系统有海马、杏仁核、扣带回。

参考答案：ABC

考研考法实战 答案见D4页

1.（福建师范大学，2015）单选：被称为调节“植物性神经”，对维持体内平衡、控制内分泌腺的活动有重要意义的是（　　）。

A. 网状结构　　B. 边缘系统

C. 小脑　　D. 下丘脑

2.（统考，2013）单选：当不小心被针扎的时候，你的手会立刻缩回来。完成该反射活动的神经中枢主要是（　　）。

A. 脊髓　　B. 大脑　　C. 丘脑　　D. 小脑

3.（华南师范大学，2020）单选：在脑干中，对人的睡眠具有调节作用的是（　　）。

A. 延脑　　B. 桥脑　　C. 中脑　　D. 丘脑

考点3　大脑的分区及机能

考研基础必备

1. 大脑皮层的分区及机能

1）初级感觉区

①视觉区：位于顶枕裂后面的枕叶内，属布鲁德曼的第17区，它接受在光刺激的作用下由眼睛输入的神经冲动，产生初级形式的视觉，如对光的觉察等。

②听觉区：位于颞叶的颞横回处，属布鲁德曼的第41、42区，它接受在声音的作用下由耳朵传入的神经冲动，产生初级形式的听觉，如对声音的觉察等。

③机体感觉区：位于中央沟后面的一条狭长区域内，属布鲁德曼的第1、2、3区。它接受由皮肤、肌肉和内脏器官传入的感觉信号，产生触压、温度、痛、运动和内脏等感觉。

躯干、四肢在体感区的投射关系是左右交叉、上下倒置的；身体各部位投射面积的大小取决于它们在功能上的重要程度。

2）初级运动区

躯体运动区位于中央前回和旁中央小叶的前部，属布鲁德曼第4区。它的主要功能是发出动作指令，支配和调节身体在空间的位置、姿势及身体各部分的运动。

运动区和身体各部位的关系也是左右交叉、上下倒置的；投射面积的大小也取决于它们在功能上的重要程度。

3）联合区

人类的大脑皮层还有范围很广、具有整合或联合功能的一些脑区，称联合区。它和各种高级心理机能有着密切的关系。联合区可分成感觉联合区、运动联合区和前额联合区。

语言是联合区的重要功能，它与许多脑区有关（见表2–1）。

①布洛卡区：在左半球额叶的后下方，靠近外侧裂处，即布鲁德曼的第44、45区，是一个言语运动区，该区域受损会引起运动性失语症。这种病人说话不流利，话语中常常遗漏功能词，因而形成“电报式”语言。

②威尔尼克区：在颞叶上方，靠近枕叶处，有一个言语听觉中枢，它与理解口语有关，该区域受损将引起听觉性失语症。病人不理解口语单词，不能重复他刚刚听到的句子，也不能完成听写活动。

③角回：在顶枕叶交界处，含有一个言语视觉中枢，这个区域受损，将出现理解书面语言障碍，病人看不懂文字材料，产生视觉失语症或失读症。

表2–1　语言联合区总结

区域名称	位置	功能	损伤症	症状表现
布洛卡区	左半球额叶处	言语运动中枢	运动性失语症（表达性失语症）	看得懂、听得懂，不能流利地说。
威尔尼克区	左半球颞叶颞上回处	言语听觉中枢	接受性失语症（语言失认症）	可以流利地说，听不懂他人的话，不能说出有意义的句子。
角回	顶–枕叶交界处	言语视觉中枢	视觉性失语症（语义性失语症）	听得懂，说得流利，但看不懂。

2. 大脑两半球的一侧优势

大脑的两半球在结构和功能上都有明显的差异。

从功能来说，在正常情况下，大脑两半球是协同活动的。进入大脑任何一侧的信息会迅速地经过胼胝体传达到另一侧，做出统一的反应。

斯佩里通过割裂脑（切断胼胝体）研究发现，左右半球在功能上是不平衡的。大脑左半球主要负责言语、阅读、书写、数学运算和逻辑推理等；右半球在知觉物体的空间关系、情绪、欣赏音乐和艺术等方面有着主要作用。

割裂脑实验：大脑的左半球和右半球是通过胼胝体连接起来的，割裂脑实验就是医生因为某些治疗目的把被试的胼胝体切断了，被试的两半球的信息不能相互传递了，故两半球的功能被分开了。本来割裂脑实验是用来控制癫痫病人发病次数的，但是后来心理学家用割裂脑人的研究为我们提供了理解大脑半球功能的钥匙。

实验原理：被试注视一个点，如屏幕中间的一个黑点。然后在该点的左边或者右边出现一个刺激，由于视觉交叉的特点（左侧视野的信息传递到大脑右半球，右侧视野的信息都传递到左半球），就能向病人的左脑或者右脑传递信息。但是因为割裂脑手术将脑袋两个半球的传递通道——胼胝体切断了，所以大脑两边就不能信息共享、不能通话了，这样就可以分别对两个大脑半球进行检查和测验。大脑两半球功能的一侧化，并不是绝对的。许多研究发现，右半球在语言理解中同样起着重要作用。

考研考法突破

考法1　大脑皮层的分区

该考法通常以选择题的形式进行考查，主要考查各个区处于大脑皮层的部位，大家要注意区分记忆，切记混淆。

例5：（统考，2011/2014；南京大学，2015；中央财经大学，2019）单选：初级视觉区、初级听觉区、躯体感觉区、言语运动区在大脑皮层的部位依次是（　　）。

A. 顶叶，额叶，颞叶，枕叶

B. 顶叶，枕叶，颞叶，额叶

C. 枕叶，额叶，顶叶，颞叶

D. 枕叶，颞叶，顶叶，额叶

【解析】初级视觉区在枕叶，初级听觉区在颞叶，躯体感觉区在顶叶，言语运动区在额叶。

参考答案：D

例6：（华中师范大学，2018）单选：躯体运动的大脑皮层区主要分布在（　　）。

A. 中央后回　　B. 颞叶

C. 中央前回　　D. 额下回

【解析】躯体运动区位于中央前回和旁中央小叶的前部，属布鲁德曼第4区。

参考答案：C

考法2　语言联合区的功能

常通过选择题、论述题考查三个语言联合区的功能，考生需要特别注意区分三个区域受损分别造成哪种语言障碍。

例7：（统考，2007）单选：某患者发音器官正常，但说话困难，出现“电报式”言语，其病变可能发生在（　　）。

A. 威尔尼克区　　B. 布洛卡区
C. 潘菲尔德区　　D. 角回

【解析】人类的言语中枢具有非常复杂的脑机制，大多数言语活动都需要不同的大脑皮层的整合作用。研究表明，与言语活动相关联的大脑皮层中枢有布洛卡区、威尔尼克区和角回。A 项，威尔尼克区是言语听觉中枢，B 项，布洛卡区是言语运动中枢；C 项，潘菲尔德在用电刺激法研究颞叶时发现，记忆可能定位在颞叶。D 项，角回是言语视觉中枢。题目中的患者发音器官正常，但说话困难，其病变主要是发生在布洛卡区受到损伤而引起的“布洛卡失语症”，它主要表现为吐字困难，说话勉强，语句不清，即“电报句”。

参考答案：B

考法 3　考查大脑两半球的一侧优势

大脑两半球的单侧优势是较为重要的考点之一，考法多以选择形式出现。考生一方面要掌握斯佩里的割裂脑实验，另一方面要着重掌握大脑左右半球的功能。

例 8：（统考，2007）单选：有关大脑两半球功能单侧化的研究表明，大多数人的言语活动中枢在（　　）。

A. 杏仁核　　B. 边缘系统
C. 大脑左半球　　D. 大脑右半球

【解析】：在通常情况下，大脑都是由两半球协调的，信息通过胼胝体相互传递。

斯佩里通过割裂脑研究发现：左半球主要负责言语、阅读、书写、数学运算和逻辑推理等；右半球负责知觉物体的空间关系、情绪、音乐和艺术欣赏、舞蹈雕塑等方面。正常情况下，两半球既分工又联合活动，完成复杂的活动。

参考答案：C

考研考法实战 答案见 D4 页

1.（华东师范大学，2012）单选：（　　）是言语活动无关的大脑皮层机能区。

A. 布洛卡区　　B. 威尔尼克区
C. 角回　　D. 下颞叶

2.（南京师范大学，2013）单选：在语言加工中，（　　）和视听通道的联合密切相关。

A. 角回　　B. 布洛卡区
C. 威尔尼克区　　D. 弓形束

3.（统考，2008）单选：通过裂脑人研究来揭示大脑两半球功能单侧化的科学家是（　　）。

A. 布洛卡（P. Broca）
B. 拉什利（K. S. Lashley）
C. 斯佩里（R. Sperry）
D. 威尔尼克（C. Wernicke）

4.（统考，2020）单选：人类的视觉中枢位于（　　）。

A. 额叶　　B. 顶叶　　C. 颞叶　　D. 枕叶

5.（华东师范大学，2012）单选：听觉神经中枢位于大脑（　　）。

A. 枕叶　　B. 颞叶　　C. 额叶　　D. 顶叶

第三节　脑功能学说

研究真题，明确考况

考试要求	统考		自主命题	
	考题	考查点	考题	考查点
1. 定位说	2017	单选：定位说应用	江西师范大学，2012	单选：定位说内容
2. 整体说	2007	单选：整体说内容	西南大学，2016	单选：整体说内容
3. 机能系统说	2008 2018	单选：机能系统说内容	南京师范大学，2013 陕西师范大学，2021	单选：机能系统说内容
4. 模块说	无	无	苏州大学，2017	论述：模块说内容
5. 神经网络学说	无	无	南京师范大学，2013	论述：各脑机能学说

考点 1　定位说

考研基础必备

脑功能的定位说开始于加尔和斯柏兹姆提出的颅相说，认为大脑的不同区域分别负责着不同的心理机能，加尔将颅骨的外部特征与行为的某些方面联系起来。颅相说在许多方面是不科学的。首先，他们列举的许多官能没有精确的定义，也无法进行定义；其次，颅骨的某些外部特征与皮层的发育程度不是严格对应的。但颅相学推动了脑功能定位的研究。

真正的定位理论开始于对失语症病人的研究，布洛卡区的发现、威尔尼克区的发现以及潘菲尔德的电刺激法都使人们相信定位说。随着记忆定位的发现，定位说进一步发展。

考研考法突破

考法 1　考查定位说的主要内容

此考法多以单选形式出现，考查定位说的具体含义，复习的过程中，需将定位说的具体内容理解并记忆。

例 1：（江西师范大学，2012）单选：潘菲尔德（Penfiele，1963）在医治严重癫痫病人时，进行了开颅手术，开颅后他用微电极刺激患者大脑皮层的颞叶，引起了病人对往事鲜明的回忆。这一研究支持了记忆脑学说的（　　）。

A. 整合论　　B. 定位论

C. SPI 理论　　D. 反响回路论

【解析】本题考查记忆的脑学说。记忆的脑学说主要有拉背里的整合理论，布洛卡提出的定位论，以及记忆的 SPI 理论。整合论认为记忆是整个大脑活动的结果，得到"细胞集合"理论支持。定位论认为记忆的脑机能是由大脑的特定区域负责的，研究支持包括：潘菲尔德对癫痫病人开颅手术时用微电极刺激病人大脑皮层引起病人对往事的鲜明回忆，鲁里亚发现平层下组织如丘脑下部组织（透明隔、乳头体）及部分边缘系统与记忆的密切联系，麦克高夫用猴子实验发现前额区与记忆的关联等。图尔文（Tulving）的 SPI 理论试图将记忆系统和记忆过程统合到一个更综合的框架中，并假定存在 5 种主要的记忆或记忆系统——程序记忆系统、知觉表征系统、语义记忆系统、初级记忆系统和情境记忆系统，并假定这些系统的编码是串行的（Serial），存储是并行的（Parallel），提取是独立的（Independent）。

参考答案：B

考点 2　整体说

考研基础必备

19 世纪中叶，弗罗伦斯通过实验提出整体说。弗罗伦斯发现，切除动物一部分皮层导致的行为损伤，经过一段时间可以得到修复。动物行为损伤的程度与切除大脑皮层的大小有关，而与特定的部位无关。但他使用的是动物被试，不能和人类相比。

20 世纪中叶，拉什利的研究支持了整体说。他用脑损伤技术对白鼠进行了走迷宫实验。结果发现，切除部分大脑皮层，动物的习惯形成受到影响。这种影响与切除部位无关，而与切除面积有关。拉什利由此提出了两条重要的活动原理：均势原理和总体活动原理。均势原理：指大脑皮层的各部位几乎以均等的程度对学习发生作用。总体活动原理：指大脑是以总体发生作用的，学习活动的效率与大脑损伤的面积大小有关，与损伤部位无关。

考研考法突破

考法 1　整体说的内容

与之前的定位说相似，考查频率较低，可直接以选择形式考查其内容。

例 2：（统考，2007）单选：根据拉什利（K. S. Lashley）的脑功能"整体说"，学习活动的效率与大脑受损伤的面积及部位之间的关系是（　　）。

A. 与面积大小成反比，与部位无关

B. 与面积大小成正比，与部位无关

C. 与面积大小成反比，与部位有关

D. 与面积大小成正比，与部位有关

【解析】整体说认为大脑是以总体发生作用的，大脑的不同部位对心理功能产生同等程度的影响。弗罗伦斯采用局部毁损法发现，功能的丧失和皮层切除的大小有关，与特定部位无关。拉什利提出了均势原理（大脑皮层的各个部分几乎以均等的程度对学习发生作用）和总体活动原理（大脑以总体发生作用，学习活动的效率与大脑受损伤的面积大小成反比，与受损的部位无关）。

参考答案：A

考点 3　机能系统说

考研基础必备

鲁利亚根据脑损伤的病人的研究，把脑分成以下三个互相紧密联系的机能系统：

1. 第一机能系统，即调节激活与维持觉醒状态的机能系统，也叫动力系统

它由脑干网状结构和边缘系统等组成。它的基本功能是保持大脑皮层的一般觉醒状态，提高它的"兴奋性"和"感觉性"，并实现对行为的自我调节。

2. 第二机能系统是信息接受、加工和储存的系统

它位于大脑皮层的后部，包括皮层的枕叶、颞叶和顶叶以及相应的皮层下组织。它的基本作用是接受来自内、外部的各种刺激（包括听觉、视觉、一般机体感觉），对它们进行加工（分析与综合），并把它们保存下来。

3. 第三机能系统也叫行为调节系统，是编制行为程序、调节和控制行为的系统

它包括额叶的广大脑区。当这些脑区受到破坏时，患者将产生不同形式的行为障碍。例如，有的研究证明，前额皮层受到损伤的病人，将丧失计划与组织行动的能力，不能将行为的结果与原有计划、目的进行对照，也不能矫正自己的行为。

鲁利亚认为，人的各种行为和心理活动是三个机能系统相互作用、协同活动的结果。其中每个机能系统又起各自不同的作用。鲁利亚的研究，特别是关于心理机能定位的研究，丰富和发展了高级神经活动的理论，引起了各国心理学家和生理学家的普遍重视。

考研考法突破

考法 1　考查机能系统说的内容

本考点是脑机能学说中考查最多的，也是当代影响最大的脑机能学说，因此常常以选择、简答的形式考查其内容，在复习过程中要将其理论内容理解记忆。

例 3：（南京师范大学，2013）单选：（　　）提出了机能系统学说。

A. 加尔　B. 拉什利　C. 鲁利亚　D. 弗罗伦斯

【解析】加尔提出了脑机能的定位说，拉什利和弗罗伦斯提出的是脑机能的整体说，只有鲁利亚提出了机能系统学说。

参考答案：C

例 4：（天津师范大学，2017；陕西师范大学，2021）简答：简述脑的机能系统学说。

参考答案：鲁利亚根据脑损伤的病人的研究，把脑分成以下三个互相紧密联系的机能系统：

①第一机能系统，即调节激活与维持觉醒状态的机能系统，也叫动力系统，由脑干网状结构和边缘系统等组成。它的基本功能是保持大脑皮层的一般觉醒状态，提高它的"兴奋性"和"感觉性"，并实现对行为的自我调节。

②第二机能系统是信息接受、加工和储存的系统，位于大脑皮层的后部，包括皮层的枕叶、颞叶和顶叶以及相应的皮层下组织。它的基本作用是接受来自内、外部的各种刺激（包括听觉、视觉、一般机体感觉），对它们进行加工（分析与综合），并把它们保存下来。

③第三机能系统也叫行为调节系统，是编制行为程序、调节和控制行为的系统，包括额叶的广大脑区。当这些脑区受到破坏时，患者将产生不同形式的行为障碍。例如，有的研究证明，前额皮层受到损伤的病人，将丧失计划与组织行动的能力，不能将行为的结果与原有计划、目的进行对照，也不能矫正自己的行为。

鲁利亚认为，人的各种行为和心理活动是三个机能系统相互作用、协同活动的结果。其中每个机能系统又起各自不同的作用。鲁利亚的研究，特别是关于心理机能定位的研究，丰富和发展了高级神经活动的理论，引起了各国心理学家和生理学家的普遍重视。

考研考法实战 答案见 D4 页

1.（统考，2018）单选：根据鲁利亚的观点，由边缘系统与脑干网状结构等组成的机能系统是（　　）。

A. 平衡系统

B. 调节系统

C. 动力系统

D. 信息接受、加工和存储系统

2.（统考，2007）多选：鲁利亚提出，脑的机能系统包括（　　）。

A. 动力系统

B. 平衡系统

C. 调节系统

D. 信息接受、加工和存储系

考点 4　模块说

考研基础必备

模块说认为，人脑在结构和功能上是由高度专门化并相对独立的模块组成的。这些模块复杂而巧妙的结合，是实现复杂而精细的认知功能的基础。

认知神经科学许多新的研究成果，都支持了模块学说。例如，在视觉研究的领域发现，猴子的视觉与 31 个脑区有关；颜色、运动和形状知觉是两大功能模块，它们之间的精细分工和合作，是视觉的神经基础。

考研考法突破

考法 1　模块说的内容

此考点考查频率较低，几乎没有单独考查，因此记住该学说主要内容并能与其他学说进行区分即可。

例 5：简述脑功能的机能模块说。

【解析】此类题型可从定义及基本观点角度进行回答。

参考答案：（1）机能模块说：是 20 世纪 80 年代中期在认知科学和认知神经科学中出现的一种重要理论。

（2）基本观点：人脑在结构和功能上是由高度专门化并相对独立的模块组成的；这些模块复杂而巧妙的结合，是实现复杂而精细的认知功能的基础。

（3）认知神经科学许多新的研究成果，都支持了模块学说。例如，在视觉研究的领域发现，猴子的视觉与 31 个脑区有关；颜色、运动和形状知觉是两大功能模块，它们之间的精细分工和合作，是视觉的神经基础。

考点 5　神经网络学说

考研基础必备

神经网络学说认为，大量神经元之间交互连接组成复杂的网络体系，这种连接的牢固性因反复使用而增强，因失用而减弱。各种心理活动，特别是一些高级复杂的认知活动（如记忆、语言、面孔识别等），都是由不同脑区协同活动构成的神经网络实现的，而这些脑区可以经由不同神经网络参与不同的认知活动，并在这些认知活动中发挥不同的作用。

人类习得性运动就是在发育过程中，反复实践，通过成功与失败的经验，在中枢神经系统中逐渐形成优化的神经网络，对运动进行程序化控制。这种程序化控制包括在某项运动中对参与运动的肌肉进行选择和分工，并设定肌肉收缩顺序、速度和力量等。程序化使得复杂的运动控制变得简单和具有自发性；反复的实践促使神经网络或运动控制程序不断优化，形成节能而高效的运动模式。

考研考法突破

考法 1　考查神经网络学说内容

此考点考查频率较低，复习时记住该学说主要内容，能与其他学说进行区分即可。

例 6：（河北师范大学，2018）简答：脑功能神经网络学说。

【解析】本题考查脑功能神经网络学说，有逻辑地进行回答即可。

参考答案：神经网络学说认为，大量神经元之间交互连接组成复杂的网络体系，这种连接的牢固性因反复使用而增强，因失用而减弱。各种心理活动，特别是一些高级复杂的认知活动（如记忆、语言、面孔识别等），都是由不同脑区协同活动构成的神经网络实现的，而这些脑区可以经由不同神经网络参与不同的认知活动，并在这些认知活动中发挥不同的作用。

人类习得性运动就是在发育过程中，反复实践，通过成功与失败的经验，在中枢神经系统中逐渐形成优化的神经网络，对运动进行程序化控制，这种程序化控制包括在某项运动中对参与运动的肌肉进行选择和分工，并设定肌肉收缩顺序、速度和力量等。程序化使得复杂的运动控制变得简单和具有自发性；反复的实践促使神经网络或运动控制程序不断优化，形成节能而高效的运动模式。

综合问题 1　各学说对比及其概念理解

综合点　结合各学说对比进行考查

将多种不同的脑机能学说同时进行对比考查，需要考生掌握各学说的主要内容。

例 7：（苏州大学，2017）论述：试述大脑机能的整体说和机能模块说。

【解析】本题考查大脑机能整体说及机能模块说的内容，将其主要理论观点写出即可。

参考答案：整体说认为大脑是以总体发生作用的，大脑的不同部位对心理功能产生同等程度的影响。弗罗伦斯采用局部毁损法发现，功能的丧失和皮层切除的大小有关，与特定部位无关。拉什利提出了均势原理（大脑皮层的各个部分几乎以均等的程度对学习发生作用）和总体活动原理（大脑以总体发生作用，学习活动的效率与大脑受损伤的面积大小成反比，与受损的部位无关）。

机能模块说是指人脑在结构和功能上是由高度专门化并相对独立的模块组成，这些模块的结合是实现复杂而精细的认知功能的基础。不同的模块有不同的功能，模块的结合保证着认知功能的完整。模块结合实现高级认知。

考研考法实战 答案见 D4 页

1.（华南师范大学，2015；广州大学，2022）简答：有关脑功能，当前主要有哪些学说？

章节考点　综合训练

答案见 D5 页

一、单项选择题

1.（统考，2017）主管躯体运动的脑区位于（　　）。
A. 额叶　B. 枕叶　C. 颞叶　D. 顶叶

2.（广州大学，2015）大脑皮层枕叶损伤将会引起（　　）。
A. 听觉损伤　B. 运动障碍
C. 视觉障碍　D. 温度觉丧失

3.（统考，2012；广州大学，2017）大脑两半球之间传递信息的神经纤维结构是（　　）。
A. 杏仁核　B. 内囊　C. 边缘系统　D. 胼胝体

4.（统考，2014/2015；广州大学，2017；南京师范大学，2015）下列选项中，与有机体的呼吸、吞咽、排泄等基本生命活动有密切联系的是（　　）。
A. 桥脑　B. 中脑　C. 延脑　D. 间脑

5.（广州大学，2016）研究表明大脑两半球机能是不对称的，其右半球占优势的功能是（　　）。
A. 言语功能　B. 数学计算功能
C. 空间形象知觉功能　D. 抽象思维功能

6.（复旦大学，2015/2017；华东师范大学，2014）所谓“裂脑人”指的是其大脑中的（　　）部分被切断。
A. 前额叶　B. 胼胝体　C. 颞叶　D. 顶叶

7.（统考，2020）神经冲动在一个神经元内部的传导方式是（　　）。
A. 声传导　B. 光传导　C. 电传导　D. 化学传导

8.（浙江理工大学，2016）人的神经系统分为周围神经系统和（　　）两大部分。
A. 中枢神经系统　B. 躯体神经系统
C. 内脏神经系统　D. 脑

9.（华东师范大学，2020）在情绪控制和情绪记忆形成中起重要作用的是（　　）。
A. 杏仁核　B. 海马　C. 纹状体　D. 前额叶

10.（统考，2017）某人的大脑受到意外损伤后不能理解口语，依据机能定位理论，其大脑左半球损伤的区域可能是（　　）。
A. 额下回　B. 颞上回
C. 中央后回　D. 顶、枕叶交界处

11.（统考，2015）一个病人听觉器官正常，但不能理解口语。该患者受损伤的脑区域是（　　）。
A. 布洛卡区　B. 威尔尼克区
C. 艾克斯勒区　D. 运动区

12.（南京师范大学，2013）“电报声”语言下面哪种脑区受损造成的（　　）。
A. 威尔尼克区　B. 布洛卡区
C. 言语视觉中枢　D. 初级运动区

13.（电子科技大学，2011；福建师范大学，2013）位于大脑左半球的布洛卡区受到损伤会发生（　　）
A. 运动失语症　B. 接受性失语症
C. 不能书写　D. 失读症

14.（福建师范大学，2017/2019）与言语理解有关的大脑区域是（　　）。
A. 布洛卡区　B. 威尔尼克区
C. 海马　D. 杏仁核

15.（福建师范大学，2016）患有（　　）的病人，阅读、理解和书写不受影响，但是发音困难，说法缓慢而费力。

A. 运动性失语症　B. 语言失认症
C. 接收性失语症　D. 听－视失语症

16.（南京师范大学，2015）可实现视觉与听觉的跨通道联合，可将书面语言和口语相互转换的脑区是（　　）。
A. 布洛卡区　B. 角回　C. 威尔尼克区　D. 额叶

17.（广州大学，2019）下列说法中错误的是（　　）。
A. 布洛卡区病变引起的失语症通常称为运动性失语症
B. 威尔尼克区病变会引起接受性失语症
C. 角回损伤将会引起表达性失语症
D. 语言活动主要是大脑左半球的功能

18.（南京大学，2015）当问到一位病人与牙医预约的情况时，病人迟疑地回答："是的……星期一……爸爸和迪克……星期三……9 点钟……10 点钟……大夫……和……牙齿"。基于这样的话语模式，可以推断该病人可能哪部分脑区出现病变？（　　）
A. 布洛卡区　B. 威尔尼克区
C. 角回　D. 颞极

19.（华中师范大学，2022）有一位因车祸受伤的年轻病人，临床诊断左侧脑区受损，其能够流畅进行口语表达并极少出现语法错误，但是对于别人基于口语提出的问题却很难理解。该病人最有可能是以下哪个脑区受损？（　　）
A. 威尔尼克区　B. 躯体感觉区
C. 布洛卡区　D. 前顶叶区

20.（南京师范大学，2021）一位病人说出的话不合语法，请问他患的是（　　）。
A. 威尔尼克失语症　B. 布洛卡失语症
C. 完全性失语症　D. 命名性失语症

21.（福建师范大学，2021）大脑语言运动区位于脑左半球（　　）后下方。
A. 额叶　B. 颞叶　C. 枕叶　D. 顶叶

22.（统考，2021）被称为记忆之门的脑组织是（　　）。
A. 延髓　B. 中脑　C. 海马　D. 下丘脑

23.（统考，2021）损伤边缘系统最有可能影响的机能是（　　）。
A. 听觉　B. 运动　C. 情绪　D. 睡眠

24.（华东师范大学，2022）目前认为，在人类认知控制中起关键作用的脑区是（　　）。
A. 边缘系统　B. 小脑　C. 内侧额叶　D. 前额叶

25.（南京师范大学，2021）具有思维和动机功能的脑区是（　　）。
A. 颞叶　B. 顶叶　C. 枕叶　D. 额叶

26.（华东师范大学，2021）一位失语症患者表现为命名障碍，表达不顺畅，但是语言理解能力相对较好。可以推断这位患者的脑功能异常主要发生在（　　）。
A. 威尔尼克区　B. 布洛卡区
C. 中央前回　D. 中央后回

27.（北京师范大学，2021）相比大脑左半球，下列活动中在大脑右半球更具有优势的活动是（　　）。
A. 逻辑推理　B. 艺术绘画　C. 言语　D. 数学运算

28.（华南师范大学，2022）在视觉研究领域发现，猴子的视觉与 31 个脑区有关。该发现支持了脑功能的（　　）。
A. 定位说　B. 整体说　C. 机能系统说　D. 模块说

二、多选题

1.（统考，2021）关于大脑皮层联合区的表述正确的是（　　）。
A. 联合区不接受感觉系统的直接输入
B. 联合区和各种高级的心理机能有密切相关
C. 联合区可以分成感觉联合区、运动联合区、前额联合区
D. 从系统发生上来看，联合区是大脑皮层进化较早的一些脑区

2.（四川师范大学，2022）大脑左半球主要负责（　　）。
A. 言语　B. 阅读　C. 数学运算
D. 逻辑推理　E. 空间知觉

三、名词解释

1.（湖南师范大学，2014）大脑两半球的一侧优势。
2.（苏州大学，2015；南开大学，2011/2013）反射弧。
3.（重庆师范大学，2011；广西师范大学，2021）中枢神经系统。
4.（华南师范大学，2020）网状系统。
5.（西北师范大学，2020）边缘系统。
6.（陕西师范大学，2022）割裂脑。
7.（中国人民大学，2021）髓鞘。

四、简答题

1.（西北大学，2011）简述突触的结构和功能。
2.（苏州大学，2017）大脑皮层感觉中枢的特点及机能。
3.（浙江工商大学，2021）什么叫作边缘系统？它在人的心理与行为活动中有什么重要的作用？
4.（广西师范大学，2021）简述大脑皮层的各个分区。

五、论述题

1.（北京师范大学，2002）试述大脑皮层几个主要的语言区及其语言功能。
2.（华中师范大学，2022）请结合具体实例阐述裂脑人研究过程以及该研究对于深入理解大脑半球功能偏侧化的意义。

第三章 感 觉

感觉是人类觉察信息、认识世界的门户，人对各种事物的活动都是从感觉开始的，感觉是呈现于感觉器官的、未经整合的信息。本章首先介绍了感觉的含义及一些常见的感觉现象；接着介绍了视觉、听觉及一些其他感觉。本章的内容较为重要，其中相关的概念考查次数较多，在复习过程中需引起重视。

第一节 感觉的一般概念

研究真题，明确考况

考试要求	统考		自主命题	
	考题	考查点	考题	考查点
1. 感觉含义及现象	2011 2012 2015	单选：感觉现象	北京师范大学 2011	名词解释：感觉定义
			江西师范大学，2012 西北师范大学，2017	单选：感觉定义及现象
2. 近刺激和远刺激	2010 2013	单选：刺激指标	华中师范大学，2016 西南大学，2015	多选：刺激的含义
3. 感觉编码	无	无	苏州大学，2016 吉林大学，2014	名词解释：感觉编码
4. 感受性和感觉阈限	2011 2013 2014 2018	单选 / 多选：感觉阈限测量	江西师范大学，2013/2015 南京师范大学，2015 华中师范大学，2016 天津师范大学，2021 中央财经大学，2021	单选：感觉阈限测量 名词解释：感受性和感觉阈限 名词解释：韦伦定律

考点 1 感觉概述

考研基础必备

1. 感觉的含义及种类

感觉是人脑对事物的个别属性的认识。包括：视觉、听觉、味觉、嗅觉、肤觉、平衡觉、内脏觉和动觉等。

感觉的分类见表 3–1。

表 3–1 感觉的种类

分类依据	种类	定义
感受器不同	外部感觉	视觉、听觉、嗅觉、味觉、皮肤感觉，主要感受来自外界的刺激
	内部感觉	平衡觉、运动觉、内脏感觉，主要感受来自身体内部的刺激

2. 感觉的作用

①感觉提供了内外环境的信息；

②感觉保证了机体与环境的信息平衡；

③感觉是一切较高级、较复杂的认识活动的基础，也是人的全部心理现象的基础。

3. 常见的感觉现象

1）感觉适应

在同一感受器中，由于刺激的持续作用或一系列刺激的连续作用，导致对刺激的感受性的变化，结果可以是感受性的升高或降低。

2）感觉后像

在刺激停止作用后，感觉印象仍暂留一段时间的现象，后像有正负之分。

3）感觉对比

感受器不同部位接受不同刺激，对某个部位的强刺激会抑制其他邻近部位的反应，不同部位的反应差别被加强的现象。

4）不同感觉的相互作用（联觉）

此种感觉通道受到刺激而引起彼种感觉通道产生感觉或感受性发生变化的现象。

考研考法突破

考法 1 感觉的含义及作用

该考点常以单选的形式出现，人对各种事物的认知活动都是从感觉开始的。在复习此考点时，考生可将感觉的含义与知觉的含义对比进行记忆。

例 1：（江西师范大学，2012）单选：被认为是一切较高级、较复杂的心理现象的基础，也是人类全部心理现象的基础的是（　　）。

A. 感觉　　B. 注意　　C. 知觉　　D. 记忆

【解析】本题考查感觉对人们生活和工作的重要意义。感觉虽然很简单，却很重要。首先，感觉提供了内外环境的信息；其次，感觉保证了机体和环境的信息平衡；最后，感觉是一切较高级、较复杂的心理现象的基础，是人的全部心理现象的基础。

参考答案：A

考法 2　常见的感觉现象

此考法是常见考法，考查频率较高，常以选择题、名词解释、简答题出现，因此考生应该高度重视，常见的几种感觉现象要注意进行区分。

例 2：（统考，2011）单选："甜蜜的嗓音""温暖的色彩"，这些感觉现象是（　　）。

A. 适应　　B. 对比　　C. 后像　　D. 联觉

【解析】感觉适应：在同一感受器中，由于刺激的持续作用或一系列刺激的连续作用，导致对刺激的感受性的变化，结果可以是感受性的升高或降低。感觉对比：感受器不同部位接受不同刺激，对某个部位的强刺激会抑制其他邻近部位的反应，不同部位的反应差别被加强的现象。感觉后像：在刺激停止作用后，感觉印象仍暂留一段时间的现象，后像有正负之分。不同感觉的相互作用（联觉）：此种感觉通道受到刺激而引起彼种感觉通道产生感觉或感受性发生变化的现象。

参考答案：D

例 3：（四川师范大学，2019；重庆师范大学，2019；深圳大学，2022）名词解释：感觉适应。

【解析】本题考查常见的感觉现象中的感觉适应的概念。

参考答案：在同一感受器中，由于刺激的持续作用或一系列刺激的连续作用，导致对刺激的感受性的变化，结果可以是感受性的升高或降低。

例 4：（上海交通大学，2015）简答：用感觉的相互作用理论，解释重感冒的人为何食之无味。

【解析】本题考查常见的感觉现象中的感觉相互作用及联觉的含义及其应用。

参考答案：①某种感觉器官受到刺激而对其他感觉器官的感受性造成影响，使其感受性提高或降低，这种现象称为不同感觉的相互作用。

②味道不完全取决于味觉，也受嗅觉的影响。味觉和嗅觉紧密联系在一起相互作用。味觉受到食物气味的影响，当感冒时，我们不能感觉到食物的气味，就会食而无味。

考研考法实战 答案见 D7 页

1.（首都师范大学，2012；西北师范大学，2017）名词解释：感觉。

2.（统考，2015）单选："马赫带"反映的感觉现象是（　　）。

A. 感觉适应　　B. 感觉补偿
C. 感觉融合　　D. 感觉对比

考点 2　近刺激和远刺激

考研基础必备

考夫卡把刺激分成近刺激和远刺激两种。

近刺激是指直接作用于感觉器官的刺激，如物体在视网膜上的投影等。近刺激是感觉器官直接接受到的刺激，它每时每刻都在变化。

远刺激是指来自物体本身的刺激，如一定波长的光线、一定频率的空气振动等。远刺激是属于物体自身的，因而不会有很大变化。

考研考法突破

考法 1　近刺激和远刺激的内容

该考法考查频率不高，可能会以选择题形式出现，考生将刺激含义、分类简单了解记忆即可。

例 5：（华中师范大学，2016）多选：下列叙述中正确的是（　　）。

A. 知觉任务就是从近距刺激辨认远距刺激

B. 视网膜上的像是近距刺激

C. 感觉水平上的单一的图像在知觉辨认水平上只有一种解释

D. 错觉的存在表明知觉系统并不能够完美地完成从近距刺激复原远距离刺激

【解析】A 中远距刺激是环境中的物理客体，近距刺激是由远距刺激决定的感觉活动的模式，知觉的主要计算任务可以看成是根据近距刺激中的信息来确定远距刺激；B 中，视网膜上的像属于近距刺激；C 中，知觉理解具有模糊性，因为感觉水平上的单一的图像在知觉辨认水平上有多种解释，例如两可图形；D，错觉的存在表明知觉系统并不能够完美地完成从近距刺激复原远距刺激。

参考答案：ABD

考点 3　感觉的编码

考研基础必备

1. 感觉编码的定义

编码是指将一种能量转化为另一种能量，或者将一种符号系统转化为另一种符号系统。我们的神经系统不能直接加工外界输入的物理能量或化学能量，如光波和声音。这些能量必须经过感官的换能作用，才能转化为神经系统能够接受的神经能或神经冲动。这个过程也就是我们所说的感觉编码。

2. 感觉编码的理论

1）神经特殊能量学说

缪勒最早研究了感觉编码问题，并提出神经特殊能量说，他认为各种感觉神经具有自己特殊的能量，它们在性质上是互相区别的。每种感觉神经只能产生一种感觉，而不能产生另外的感觉，如视神经受到刺激产生视觉、听神经受到刺激产生听觉等。

缪勒的学说有其合理之处，但是他认为感觉不取决于刺激的性质，而取决于感觉神经的性质，这是错误的。

2）特异化理论

该理论主张，不同性质的感觉是由不同的神经元来传递信息的。有些神经元传递红色信息，有些神经元传递甜味信息，当这些神经元分别被激活时，神经系统把它们的激活分别解释为“红”和“甜”。

> 近年来的研究发现，在不同的感觉系统中，神经系统同时采用了特异性编码和模式编码。

3）模式理论或模块理论

该理论认为，编码是由整组神经元的激活模式引起的。红光不仅引起某种神经元的激活，而且引起相应的一组神经元的激活，只不过某种神经元的激活程度较大，而其他神经元的激活程度较小。整组神经元的激活模式才产生了红色的感觉。

考研考法突破

考法 1　感觉编码的含义及理论

该考法考查频率较低，通过名词解释或简答题考查感觉编码的含义及其理论，大家可根据自己院校的考试情况选择性地理解记忆。

例 6：（苏州大学，2016；吉林大学，2014；宁波大学，2021）名词解释：感觉编码。

【解析】本题直接回忆感觉编码含义即可。

参考答案：我们的神经系统不能直接加工外界输入的物理能量和化学能量，这些能量必须经过感官的换能作用，才能转化为神经系统能够接受的神经能或神经冲动。这个过程就是我们说的感觉编码。

考研考法实战 答案见 D8 页

1.（东北师范大学，2015）简答：最早研究感觉编码是哪位生理学家，他的观点是什么？近年来关于感觉编码的代表性理论有哪些？

考点 4　刺激强度与感觉大小的关系——感受性与感觉阈限

考研基础必备

1. 绝对感受性与绝对感觉阈限

刚刚能引起感觉的最小刺激量，叫绝对感觉阈限（absolute thresholds）；而人的感官觉察这种微弱刺激的能力，叫绝对感受性（absolute sensitivity）。绝对感受性可以用绝对感觉阈限来衡量。

绝对感受性与绝对感觉阈限在数值上成反比关系，用公式表示为：$E=1/R$。在这个公式中，E 代表绝对感受性，R 代表绝对感觉阈限。

2. 差别感受性和差别感觉阈限

刚刚能引起差别感觉的刺激物间的最小差异量，叫差别阈限（difference threshold）或最小可觉差（just-noticeable difference，简称 JND）。对这一最小差异量的感觉能力，叫差别感受性（difference sensitivity）。

差别感受性与差别阈限在数值上也成反比关系。

3. 刺激强度与感觉大小的关系

1）韦伯定律

韦伯发现：为了引起差别感觉，刺激的增量与原刺激量之间存在着某种关系。这种关系可用以下公式来表示：

$$K=\Delta I/I$$

其中，I 为标准刺激的强度或原刺激量；ΔI 为引起差别感觉的刺激增量，即 JND；K 为一个常数。这个公式叫韦伯定律。对不同感觉来说，K 的数值不同，即韦伯分数不同。韦伯分数越小，感觉越敏锐。

韦伯定律只适用于中等强度的刺激，韦伯分数只有在中等强度的刺激下才是一个常数；刺激过强或过弱，比值都会发生改变。

2）对数定律

费希纳在韦伯研究的基础上，进一步探讨了刺激强度与感觉强度的关系。他认为最小可觉差（JND）在主观上都相等。因此，任何感觉的大小都可由在阈限上增加的最小可觉差来决定。根据这个假定，费希纳在感觉大小和刺激强度之间推导出一种数学关系式：

$$P=K\log I$$

这就是费希纳的对数定律。其中 K 为常数，I 为刺激量，P 为感觉量。公式表明，当刺激强度按几何级数增加时，感觉强度只按算术级数上升。

费希纳定律提供了度量感觉大小的一个量表，对许多实践部门有重要意义。但是该定律只有在中等强度的刺激时才适用。

3）幂定律

美国心理学家斯蒂文斯用数量估计法研究了刺激强度与感觉大小的关系。他认为，心理量并不随物理量对数的上升而上升的，而是与物理量的幂成正比。这种关系可用数学式表示为：

$$P=KI^n$$

P 为感觉的大小，I 是指刺激的物理量，K 和 n 是被评定的某类经验的常定特征。这就是斯蒂文斯的幂定律。

斯蒂文斯的幂定律同样具有理论和实践的意义。在理论上，它说明对刺激大小的主观尺度可以根据刺激的物理强度的乘方来标定。在实践上，它可以为某些工程计算提供依据。但是，用数量估计法所得到的幂定律，依赖于被试正确使用数字来恰当地标记其心理感觉量，因此可能受到被试反应偏向的影响。

考研考法突破

考法 1　感受性与感觉阈限

该考法常通过选择题和名词解释来进行考查，考生一方面要注意感受性与感觉阈限的关系（反比关系），另一方面要注意区分绝对感觉阈限与差别感觉阈限、绝对感受性与差别感受性之间的不同。该考法以及考法 2 在实验心理学中也有考查，大家可以结合实验心理学进行理解学习。

例 7：（华东师范大学，2015；广州大学，2015/2016）单选：绝对感觉阈限是指（　　）。

A. 能够觉察出最小刺激量的能力

B. 刚刚能引起感觉的最小刺激量

C. 能够觉察出刺激最小差别的能力

D. 刚刚能引起差别感觉的最小差别量

【解析】绝对感受阈限是指刚刚能引起感觉的最小刺激量。

参考答案：B

例 8：（江西师范大学，2013/2016；四川师范大学，2017；西南大学，2014）单选：感觉阈限与感受性之间的关系是（　　）。

A. 正比关系　B. 反比关系　C. 对数关系　D. 常数值

【解析】本题考查了感觉阈限与感受性的关系。感觉阈限，用于测量感觉系统感受性大小的指标，用刚能引起感觉的刺激量来表示。感受性是感觉系统对刺激物的感觉能力，它是感觉系统功能的基本指标，可用感觉阈限来衡量。所以两者是反比的关系。

参考答案：B

例 9：（华东师范大学，2013；苏州大学，2011）名词解释：绝对感觉阈限。

【解析】本题考查绝对感觉阈限的含义。

参考答案：刚刚能引起感觉的最小刺激量，叫绝对感觉阈限。而人能够觉察这种微弱刺激的能力叫绝对感受性。例如，把一个非常轻的物体慢慢地放在被试的手掌上，被试不会有感觉，但如果一次次地稍稍增加其重量，并达到一定数量时，就会引起被试的感觉反应。这个刚能引起感觉的最小刺激量称为绝对感觉阈限。

考法 2　刺激强度与感觉大小的关系

该考法考查频率非常高，常通过选择题、名词解释和简答题考查三个定律的主要内容。该考点是重要知识点，在复习的过程中大家应该引起高度重视。

例 10：（西南大学，2016）单选：关于感觉差别阈限，费希纳发展韦伯定律的基本假设是（　　）。

A. 韦伯系数是一个常数

B. 每个最小可觉差在主观上相等

C. 仅在中度刺激范围内有效

D. 不同感觉系统韦伯系数差别大

【解析】费希纳在韦伯研究的基础上，进一步探讨了刺激强度与感觉强度的关系，他认为最小可觉差（JND）在主观上都相等。

参考答案：B

例 11：（中山大学，2004）单选：当姗姗以 40 分贝的强度来听音乐时，她至少要把她的立体声录音机调到 44 分贝才能感觉到音量有所增加。根据这一点，请你预测，当姗姗以 80 分贝的强度来听音乐时，她至少要增加多少分贝才能听到音乐的播放强度有所变化？（　　）

A.2 分贝　　B.4 分贝

C.8 分贝　　D. 需要提供更多信息才能决定

【解析】本题考查刺激强度与感觉大小的关系。韦伯发现：为了引起差别感觉，刺激的增量与原刺激量之间存在着某种关系。这种关系可用以下公式来表示：$K=\Delta I/I$，其中 I 为标准刺激的强度或原刺激量；ΔI 为引起差别感觉的刺激增量，即 JND；K 为一个常数。这个公式叫韦伯定律。对不同感觉来说，K 的数值不同，即韦伯分数不同。韦伯分数越小，感觉越敏锐。K=1.1=44/40=88/80。

参考答案：C

例 12：（辽宁师范大学，2013）简答：简述韦伯定律的主要内容。

【解析】本题考查韦伯定律的内容，按点回答即可。

参考答案：韦伯发现：为了引起差别感觉，刺激的增量与原刺激量之间存在着某种关系。这种关系可用以下公式来表示：

$$K=\Delta I/I$$

其中，I 为标准刺激的强度或原刺激量；ΔI 为引起差别感觉的刺激增量，即 JND；K 为一个常数。这个公式叫韦伯定律。对不同感觉来说，K 的数值不同，即韦伯分数不同。韦伯分数越小，感觉越敏锐。

韦伯定律只适用于中等强度的刺激，韦伯分数只有在中等强度的刺激下才是一个常数；刺激过强或过弱，比值都会发生改变。

考研考法实战 答案见 D8 页

1.（江西师范大学，2015）单选：费希纳提出了（　　）之间关系符合对数定律。

A. 感受性与感觉阈限

B. 绝对感受性与绝对感觉阈限

C. 差别感受性与差别感觉阈限

D. 心理量与物理量

2.（华中师范大学，2013；华东师范大学，2019）单选：对同类刺激最小差异量的感觉能力是（　　）。

A. 差别感受阈限　　B. 差别感受性

C. 绝对感觉阈限　　D. 绝对感受性

3.（华中师范大学，2018）单选：如果一种感觉量与相应物理量的双对数坐标图上呈直线函数关系，那么这种心理量 – 物理量的关系符合（　　）。

A. 费希纳定律　　B. 斯蒂文森定律

C. 韦伯定律　　D. 倒 U 型定律

4.（西南大学，2017；华南师范大学，2013；天津师范大学，2021）名词解释：差别感受性与差别感觉阈限。

第二节　视觉

研究真题，明确考况

考试要求	统考		自主命题	
	考题	考查点	考题	考查点
1. 视觉刺激	2009	单选：光的波长	中国科学院心理研究所，2016	简答：视觉刺激
2. 视觉生理机制	2013 2017 2021	单选：视锥细胞和视杆细胞 单选：视觉通路	福建师范大学，2016 中央财经大学，2019 华东师范大学，2020/2021	单选：视锥细胞和视杆细胞

续表

考试要求	统考		自主命题	
	考题	考查点	考题	考查点
3. 视觉基本现象	2008 2012 2015 2020 2022	单选：视觉基本现象	北京大学，2011 南京师范大学，2016；深圳大学，2021 吉林大学，2011 华中师范大学，2016 浙江师范大学，2020 西南大学，2020 湖南师范大学，2021	单选：视觉基本现象 论述：视觉理论

考点 1　视觉刺激

考研基础必备

视觉主要由光刺激作用于人眼所产生。光是具有一定频率和波长的电磁辐射，可见光的波长范围是 380~780nm。紫光处于短波的末端，橙红光处于长波的末端。以可见光波的长短为序，人类感觉到的颜色依次为红、橙、黄、绿、青、蓝、紫。

考研考法突破

考法 1　单色光的波长

通过选择题考查单色光的波长的顺序。该考法出现频率较低，大家简单了解即可。

例 1：（统考，2009）单选：以可见光波的长短为序，人类感觉到的颜色依次为（　　）。

A. 红黄绿紫　　B. 红绿黄蓝

C. 紫红黄蓝　　D. 红紫蓝绿

【解析】特定物理波长的光线产生特定的颜色感觉。紫光处于短波的末端，橙红光处于长波的末端。以可见光波的长短为序，人类感觉到的颜色依次为红、橙、黄、绿、青、蓝、紫。

参考答案：A

考点 2　视觉的生理机制

考研基础必备

1. 眼球（折光）

眼球内容物包括晶状体、房水和玻璃体，这三种屈光介质加上角膜便构成了眼睛的屈光系统。

2. 视网膜的构造和换能作用

视网膜是眼球的光敏感层。第一层是视锥细胞和视杆细胞（见表 3–2），第二层有双极细胞和其他细胞，第三层有神经节细胞，它们的轴突组成视神经。

表 3–2　视杆细胞与视锥细胞的比较

细胞类别	形态	分布	功能
视杆细胞	细长，棒状	中央凹周围	夜视器官，感受物体的明暗
视锥细胞	短粗，锥状	中央凹	昼视器官，感受物体的细节和颜色

3. 视觉传导机制

传导机制由三级神经元实现：一是视网膜双极细胞；二是神经节细胞，由视神经节发出的神经纤维在视交叉处实现交叉，传到丘脑的外侧膝状体；三是神经元的纤维从外侧膝状体发出，终于大脑枕叶的纹状区。

4. 视觉中枢机制

视觉感受野是指视网膜上一定区域或范围，当它受刺激时，能激活视觉系统中与这个区域有联系的各层神经细胞的活动，这个区域就是这些神经细胞的感受野。

特征觉察器是指视觉系统的高级神经元能够对呈现在视网膜上的、具有某种特性的刺激做出反应。

侧抑制：相近的神经元彼此之间发生的抑制作用，即在某个神经元受到刺激而产生兴奋时，再刺激相近的神经元，则后者所发生的兴奋对前者产生的抑制作用。也就是说，侧抑制是指相邻的感受器之间能够互相抑制的现象。

5. 两条通路

（1）腹侧通路：从枕叶的初级视皮层到颞下回，主要负责处理颜色和物体形状的信息，称为“what”系统。

（2）背侧通路：从枕叶到顶叶，主要负责处理运动、空间、位置的信息，因而也被称为“where”系统。

考研考法突破

考法 1　视锥细胞及视杆细胞

此考点是重要知识点，考查频率较高，常以选择及简答形式考查，主要考查视锥细胞及视杆细胞的特点及两者的对比。

例 2：（统考，2017；南京师范大学，2016；西南大学，2016）单选：下列有关视觉感受器的表述，正确的是（　　）。

A. 锥体细胞的数量多于棒体细胞的数量

B. 视网膜边缘存在大量的锥体细胞

C. 锥体细胞对颜色敏感

D. 棒体细胞对明度不敏感

【解析】视杆细胞：有 1.2 亿个，细长，呈棒形，分布在除中央凹以外的地方，是夜视器官，在昏暗照明条件下起作用，感受物体的明暗。

视锥细胞：有600万个，短粗，呈锥形，分布在中央凹，是昼视器官，在中等和强的照明条件下起作用，感受物体的细节和颜色。

参考答案：C

例3：（上海交通大学，2017）简答：棒体细胞和锥体细胞的区别。

【解析】本题考查棒体细胞和锥体细胞的区别。

参考答案：棒体细胞是只在昏暗的光线下起作用的一类细胞，是夜视细胞，一般区分的是明暗，对细节区分不强。

锥体细胞是大脑皮层的主要投射神经元，分为大、中、小三型。锥体细胞呈锥形，从锥体形的尖端所发出的一条较粗的突起称为主树突，该突起伸向皮质的表层，并沿途不断发出许多小的树突分支。

棒体细胞和锥体细胞共同作用引起视觉：当光线作用于视感受器时，锥体细胞和棒体细胞中的化学物质的分子结构发生了变化，即感光物质——视紫红质的分解和合成。分解和合成时所释放的能量，激起感受细胞发放视神经冲动，从而引起相应的视觉。

棒体细胞和锥体细胞的区别主要有三个方面：

（1）形态上具有明显的区别：锥体细胞为粗短锥形，棒体细胞为细长棒形。

（2）在视网膜上的分布也不同：视网膜上对光最敏感的区域中央凹只有锥体细胞没有棒体细胞；离开中央凹，棒体细胞数目急剧增加。在视网膜的边缘，只有少量的锥体细胞。在中央凹附近，有一个对光不敏感的区域叫盲点，来自视网膜的视神经节细胞的神经纤维在这里聚合成视神经。

（3）功能不同：棒体细胞是夜视器官，在昏暗的照明条件下起作用，主要感受物体的明、暗；锥体细胞是昼视器官，在中等和强的照明条件下起作用，主要感受物体的细节和颜色。

考法2　视觉的中枢机制

通过选择题和名词解释考查视觉的中枢机制中视觉感受野和侧抑制的相关内容。其中侧抑制可用于解释马赫带现象，大家需要注意该知识点。

例4：（东北师范大学，2017）单选：外侧膝状体细胞感受野的区域形状为（　　）。

A. 同心圆　　B. 矩形

C. 椭圆形　　D. 立方柱

【解析】外侧膝状体细胞感受野的区域形状为同心圆。

参考答案：A

例5：（北京师范大学，1996；湖南师范大学，2008）名词解释：侧抑制。

【解析】本题考查侧抑制现象。

参考答案：相近的神经元彼此之间发生的抑制作用，即在某个神经元受到刺激而产生兴奋时，再刺激相近的神经元，则后者所发生的兴奋对前者产生的抑制作用。也就是说，侧抑制是指相邻的感受器之间能够互相抑制的现象。

考研考法实战

答案见D8页

1.（统考，2018）单选：当个体在弱光条件下直接观察物体时，往往看不清楚，但稍微移动一下物体，使其成像在视网膜边缘，则会看得清楚些。产生这种现象的原因是（　　）。

A. 视网膜边缘棒体细胞更多

B. 视网膜边缘锥体细胞更多

C. 视网膜中央凹对弱光最敏感

D. 视网膜边缘对强光最敏感

2.（统考，2014）单选：视觉中枢单个细胞的感受野与外侧膝状体单个细胞的感受野相比，两者的关系是（　　）。

A. 前者大　　B. 前者小

C. 两者相等　　D. 不确定

3.（统考，2008；福建师范大学，2017）单选：视觉感受野位于（　　）。

A. 外侧膝状体　　B. 额叶

C. 视网膜　　D. 视觉皮层

4.（天津师范大学，2011）名词解释：视觉感受野。

考点3　视觉的基本现象

考研基础必备

1. 明度

明度是眼睛对光源和物体表面的明暗程度的感觉，主要是由光线强弱决定的一种视觉经验。

普肯耶现象：当人们从视锥视觉（昼视觉）向视杆视觉（夜视觉）转变时，人眼对光谱的最大感受性将向短波方向移动，因而出现了明度的变化，称之为普肯耶现象。例如，在阳光照射下，红花与蓝花可能显得同样亮，而当夜幕降临时，蓝花似乎比红花更亮些。

2. 颜色

1）颜色的三个基本特性

①色调：主要取决于光的波长。

②明度：指颜色的明暗程度，取决于照明的强度和物体表面的反射系数。

③饱和度：指某种颜色的纯、杂程度或鲜明程度。

2）颜色混合

颜色混合有两种：色光混合和颜料混合。

色光混合是一种加法过程。三原色是红、绿、蓝，其定律有：补色律、间色律、代替律。

①补色律：任何一种颜色与其互补色的适当比例相混合而产生白色或灰色，那么混合的两种颜色称为互补色。例如，红色和青绿色。

②间色律：任何两种非补色相混合，产生一种新的混合或介于两者之间的中间色。例如，蓝色和红色混合得到紫色，红色和黄色混合得到橙色等。

③代替律：任何不同颜色的光混合产生的颜色相同的混合色，可以相互替代，即两个颜色中任何一个都可以用不同的颜色混合产生相同的颜色来替代，并达到相同的视觉效果。例如，A色＋B色＝C色，若X色＋Y色＝B色，则混合可以替换为A色＋（X色＋Y色）=C色，替代的视觉效果是相同的。

颜料混合是一种减法过程。三原色是黄、青、品红。

3）色觉缺陷

色觉缺陷包括色弱和色盲。

①色弱：对三种波长的感受性均低于正常人。

②色盲：分为全色盲和局部色盲。全色盲只能看到灰色和白色，全色盲患者一般缺乏视锥细胞。

4）色觉理论

①三色说。

托马斯·杨假定，人的视网膜有三种不同的感受器，每种感受器只对光谱的一个特殊成分敏感。当它们分别受到不同波长的光刺激时，就会产生不同的颜色经验。

赫尔姆霍茨认为每种感受器都对波长的光有反应，但红色感受器对长波更敏感，绿色感受器对中波更敏感，蓝色感受器对短波更敏感。因此，当光刺激作用于眼睛时，将在三种感受器中引起不同的兴奋。各种颜色经验是由不同感受器按相应的比例活动而产生的。三色说的缺陷在于，该理论无法解释红绿色盲和颜色负后像。

②对立过程理论。

黑林提出了四色说，这是对立过程理论的前身。黑林认为，视网膜存在着三对视素：黑—白视素、红—绿视素、黄—蓝视素。他们在光刺激的作用下表现为对抗的过程，即同化作用和异化作用。

> 在视网膜水平上存在着三种锥体细胞，颜色视觉遵循三色说；而在视觉系统更高的水平上存在着功能对立的细胞，颜色视觉遵循四色说。两种理论都有其各自道理。

3. 视觉中的空间特性

1）视觉对比

视觉对比是由光刺激在空间上的不同分布引起的视觉经验，可以分为明暗对比和颜色对比。

①明暗对比：由光强在空间上的不同分布造成。当某个物体反射的光量相同时，由于周围物体的明度不同，可以产生不同的明度经验，这种现象叫作明度的对比效应。

②颜色对比：一个物体的颜色会受到它周围物体颜色的影响而发生色调的变化。对比使物体的色调向着背景颜色的补色方向变化。

2）边界突出与马赫带

马赫带指人们在明暗变化的边界上，常常在亮区看到一条更亮的光带，而在暗区看到一条更暗的线条。马赫带不是由于刺激能量的实际分布，而是由于神经网络对视觉信息进行加工的结果。可以用侧抑制来解释马赫带的产生。

3）视敏度

视敏度指视觉系统分辨最小物体或物体细节的能力，医学上称之为视力。

视敏度的大小通常用视角大小来表示。所谓视角，即物体通过眼睛节点所形成的夹角。视角大小取决于物体的大小及物体离眼睛的距离。视敏度一般可以分为最小可见敏度、游标视敏度和最小间隔敏度三种。

①最小可见敏度：视觉系统能够分辨最小物体的能力。

②游标视敏度：用游标来测定，要求被试能够分辨两条线段的相对移动。

③最小间隔敏度：视觉系统区别物体间最小间隔的能力。

4. 视觉中的时间特性

1）视觉适应

视觉适应是由于刺激物的持续作用而引起的感受性的变化。在视觉范围内，可分为暗适应和明适应。

①暗适应：照明停止或由亮处转入暗处时视觉感受性提高的时间过程。视杆细胞和视锥细胞都参与暗适应过程。早期的暗适应是由视锥细胞与视杆细胞共同完成的。之后，视锥细胞完成暗适应过程，只有视杆细胞继续起作用。整个暗适应持续 30~40 分钟。

②明适应：照明开始或由暗处转入亮处时人眼感受性下降的时间过程。明适应的时间很短暂，5 分钟左右，明适应就全部完成了。

2）后像

刺激物对感受器的作用停止以后，感觉现象并没有立即消失，它能保留短暂时间，这种现象叫作后像。

后像分为两种：正后像和负后像。后像的品质与刺激物相同叫作正后像；后像的品质与刺激物相反，叫作负后像。颜色视觉的后像一般为负后像。

3）闪光融合

当我们看到一个间歇频率较低的闪光时，会有明暗交替的闪烁感觉，当断续的闪光间歇频率增加时，人们看到的将不再是闪烁的光，而是稳定的连续的光，这种现象叫作闪光融合。

刚刚能引起融合感觉的刺激的最小频率，叫作闪光融合临界频率或闪烁临界频率，它表现了视觉系统分辨时间能力的极限。

4）视觉掩蔽

在某种时间条件下，当一个闪光出现在另一个闪光之后，这个闪光能影响到对前一个闪光的觉察，这种效应称为视觉掩蔽。视觉掩蔽除了光的掩蔽之外，还有图形掩蔽和视觉噪音掩蔽等。

考研考法突破

考法 1　颜色的基本特性

通过选择题考查颜色的三个基本特性。考生一方面要掌握有哪三个特性——色调、明度和饱和度，另一方面要掌握每个特性取决于哪些因素。

例 6：（南京师范大学，2013/2014）单选：不属于颜色感觉特性的是（　　）。

A. 色调　　B. 饱和度

C. 亮度　　D. 色环

【解析】：颜色具有三个特性，即色调、明度和饱和度。

参考答案：D

考法 2　色觉理论

该考法常通过选择题、名词解释和简答题考查色觉理论的主要内容。大家要掌握三色说和四色说的主要观点及其关系。

例 7：（华中师范大学，2016）单选：不能够解释红绿色盲的颜色视觉理论是（　　）。

A. 三色说 / 三原色理论（trichromatic theory）

B. 相对过程论（opponent-process theory）

C. 二阶段色觉理论（two-stage color theory）

D. 三阶段色觉理论（three-stage color theory）

【解析】三色说不能解释红绿色盲。红绿色盲的患者把光谱的短波部分看成蓝色，长波部分看成黄色，因而没有红绿经验。按三色理论，这种患者应该缺乏感红和感绿的视锥细胞。由于三色理论假定黄是由红、绿混合产生的，因此，缺乏感红和感绿装置的病人，不应该具有黄色经验，这和病人的实际色觉经验是不符合的。

参考答案：A

例 8：（西北师范大学，2015；陕西师范大学，2021）简答：简述三色说的基本观点。

【解析】本题考查视觉的理论——三色说的基本含义。

参考答案：托马斯·杨假定，人的视网膜有三种不同的感受器，每种感受器只对光谱的一个特殊成分敏感。当它们分别受到不同波长的光刺激时，就会产生不同的颜色经验。

赫尔姆霍茨认为每种感受器都对波长的光有反应，但红色感受器对长波更敏感，绿色感受器对中波更敏感，蓝色感受器对短波更敏感。因此，当光刺激作用于眼睛时，将在三种感受器中引起不同的兴奋。各种颜色经验是由不同感受器按相应的比例活动而产生的。三色说的缺陷在于，该理论无法解释红绿色盲和颜色负后像。

考法 3　视觉的基本现象

通过选择题、名词解释和简答论述题考查视觉中的各种现象。由于视觉的基本现象中的每个点几乎都会考查，这里就不再一一单独归纳考法，考生需要全面掌握每一种现象的相关内容。

例 9：（南京师范大学，2014）单选：马赫带可以用（　　）来解释。

A. 明暗对比　　B. 侧抑制
C. 暗适应　　D. 视觉感受野

【解析】：马赫带是指人们在明暗变化的边界上，常常在亮区看到一个更亮的光带，在暗区看到一条更暗的线条。我们可以用侧抑制来解释马赫带现象，由于相邻细胞间存在侧抑制的现象，来自明暗交界处亮区的一侧的抑制大于来自暗区一侧的抑制，因而使暗区的边界显得更暗；同样，来自明暗交界处暗区一侧的抑制小于亮区一侧的抑制，因而使亮区的边界显得更亮。

参考答案：B

例 10：（中央财经大学，2016）简答：简述视觉适应的含义并举例说明其基本表现。

【解析】：本题考查视觉适应的相关知识点。

参考答案：视觉适应是视觉器官的感觉随外界亮度的刺激而变化的过程，分为暗适应和明适应。

（1）暗适应是指照明停止或由亮处转入暗处时视觉感受性提高的时间过程。例如，我们从阳光照射的室外进入电影院，或在夜晚由明亮的室内走到室外，都会发生暗适应过程。

（2）明适应与暗适应相反，是指照明开始或由暗处转入亮处时人眼感受性下降的时间过程。当我们看完电影，从电影院出来时，开始觉得光线耀眼，但很快就恢复了正常状态。

例 11：（吉林大学，2011/2016）简答：视觉中的时间因素。

【解析】：本题考查的是视觉中的时间因素，有视觉适应、后像、闪光融合、视觉掩蔽。

参考答案：视觉适应：由于刺激物的持续作用而引起的感受性的变化。在视觉范围内，可分为暗适应和明适应。暗适应是指照明停止或由亮处转入暗处时视觉感受性提高的时间过程。视杆细胞和视锥细胞都参与暗适应过程。早期的暗适应是由视锥细胞与视杆细胞共同完成的。之后，视锥细胞完成暗适应过程，只有视杆细胞继续起作用。整个暗适应持续 30~40 分钟。明适应是指照明开始或由暗处转入亮处时人眼感受性下降的时间过程。明适应的时间很短暂，5 分钟左右，明适应就全部完成了。

后像：刺激物对感受器的作用停止以后，感觉现象并没有立即消失，它能保留短暂时间，这种现象叫作后像。

后像分为两种：正后像和负后像。后像的品质与刺激物相同叫作正后像；后像的品质与刺激物相反，叫作负后像。颜色视觉的后像一般为负后像。

闪光融合：当我们看到一个间歇频率较低的闪光时，会有明暗交替的闪烁感觉，当断续的闪光间歇频率增加时，人们看到的将不再是闪烁的光，而是稳定的连续的光，这种现象叫作闪光融合。

刚刚能引起融合感觉的刺激的最小频率，叫闪光融合临界频率或闪烁临界频率，它表现了视觉系统分辨时间能力的极限。

视觉掩蔽：在某种时间条件下，当一个闪光出现在另一个闪光之后，这个闪光能影响到对前一个闪光的觉察，这种效应称为视觉掩蔽。视觉掩蔽除了光的掩蔽之外，还有图形掩蔽和视觉噪音掩蔽等。

考研考法实战 答案见 D8 页

1.（北京师范大学，2011）简答：什么是马赫带（marchland），如何解释？

2.（吉林大学，2011）单选：当照明停止或由亮处转入暗处时，视觉感受性提高的时间过程被称为（　　）。

A. 明适应　　B. 暗适应
C. 光感应　　D. 视融

3.（统考，2015）单选：在阳光照射下，红花与蓝花可能显得同样亮；而当夜幕降临时，蓝花似乎比红花更亮些。造成这种现象的原因是（　　）。

A. 棒体细胞是夜视细胞，对波长较短的光具有较高感受性

B. 棒体细胞是明视细胞，对波长较长的光具有较高感受性

C. 锥体细胞是夜视细胞，对波长较长的光具有较高感受性

D. 锥体细胞是明视细胞，对波长较短的光具有较高感受性

4.（统考，2008；西南大学，2019）单选：颜色视觉的三个基本属性是（　　）。

A. 色调、波长、照度
B. 色调、明度、照度
C. 波长、明度、饱和度
D. 色调、明度、饱和度

5.（统考，2022）多选：全色盲患者能够看到的颜色有（　　）。

A. 红色　　B. 绿色　　C. 灰色　　D. 白色

第三节　听觉

研究真题，明确考况

考试要求	统考		自主命题	
	考题	考查点	考题	考查点
1. 听觉刺激	2009	单选：声音的特性	华中师范大学，2017；北京师范大学，2016；东北师范大学，2016	单选 / 多选：声音的特性
2. 听觉生理机制	2016	单选：生理机制	华东师范大学，2012	单选：听觉传导生理机制
3. 听觉的基本现象	2014	单选：听觉基本理论 多选：听觉的基本现象	吉林大学，2011 天津师范大学，2017 华中师范大学，2021	单选：听觉的基本现象 单选：听觉理论

考点 1　听觉刺激

考研基础必备

声波是听觉的适宜刺激，它是由物体振动产生的。声波通过空气传递给人耳，并在人耳中产生听觉。

声波的物理性质包括频率、振幅和波形，分别决定了听觉的基本特性：音调、音响和音色。

人的听觉的频率范围为 16 ~20000Hz。其中 1000~4000Hz 是人耳最敏感的区域。

考研考法突破

考法 1　声波的物理性质与听觉的基本特性的关系

该考法多以选择的形式考查，考生记住声波的三个物理性质与听觉的基本特性的一一对应关系即可。

例 1：（华中师范大学，2017）单选：声波的物理特性频率、振幅和波形依次决定了听觉的（　　）。

A. 音响、音调和音色　　B. 音调、音响和音色

C. 音色、音响和音调　　D. 音色、音调和音响

【解析】音调主要是由声波的频率决定的听觉特性，一般来说，声波振动频率越大，听起来音调越高，反之越低。响度是指声音的强弱程度，主要由声波的振幅决定。振幅越大，声音的响度也越大，反之越低。音色是指声音的特色，由声波的波形决定。

参考答案：B

考法 2　人耳听觉的频率范围

该考法以选择题和判断题进行考查，考查人耳的听觉的频率范围以及最敏感的频率范围，该考法的出现频率较低，考生简单识记即可。

例 2：（统考，2009）单选：人耳最敏感的声音频率范围是（　　）。

A. 16~20000Hz　　B. 50~5000Hz

C. 300~5000Hz　　D. 1000~4000Hz

【解析】人的听觉的频率范围为 16~20000Hz，其中 1000~4000Hz 是人耳最敏感的区域。

参考答案：D

考研考法实战

答案见 D8 页

1.（统考，2009）多选：声音的听觉属性有（　　）。

A. 音频　　B. 音调　　C. 音响　　D. 音色

2.（云南师范大学，2012）判断：可听声波的范围为 200~20000Hz。（　　）

考点 2　听觉的生理机制

考研基础必备

耳朵由外耳、中耳和内耳组成。

①外耳包括耳廓和外耳道，主要作用是收集声音。

②中耳由鼓膜、三块听小骨（锤骨、砧骨和镫骨）、卵圆窗和正圆窗组成。当声音从外耳道传至鼓膜时，引起鼓膜的机械振动，鼓膜的运动带动三块听小骨，把声音传至卵圆窗，引起内耳淋巴液的振动。

③内耳由前庭、半规管和耳蜗组成。耳蜗是人耳的听觉器官，前庭和半规管与听觉无关，是一种平衡器官，起平衡作用。声波通过液体作用于耳蜗内基底膜时，基底膜上柯蒂氏中的毛细胞（听觉感受器）引起兴奋，产生动作电位，此时声波的机械振动转化为神经冲动，通过听神经将声音传向大脑中枢产生听觉。

考研考法突破

考法 1　人耳的构造及其功能

通过选择题考查人耳的构造及其功能。该考法考查频率较低，大家简要了解即可。

例 3：（统考，2016）单选：在声音传导的过程中，中耳三块听小骨把声音最终传递到（　　）。

A. 科蒂氏器　　B. 正圆窗

C. 卵圆窗　　D. 前庭器官

【解析】当声音从外耳道传至鼓膜时，引起鼓膜的机械振动，鼓膜的运动带动三块听小骨，把声音传至卵圆窗。

参考答案：C

考研考法实战 答案见 D8 页

1.（中山大学，2011）单选：耳朵的哪一个部分与保持平衡有关？（　　）

A. the cochlea　　B. the basilar membrane

C. the semicircular canals　　D. the ossicles

2.（华东师范大学，2020）单选：声音信号在耳朵的（　　）处转化为神经信号进而传导到大脑。

A. 鼓膜　B. 耳蜗基底膜　C. 半规管　D. 网状膜

考点 3　听觉的基本现象

考研基础必备

1. 音调

音调主要是由声波频率决定的听觉特性。音调不仅取决于频率的高低，还受到声音的持续时间、声音强度和复合音的音调等的影响。

1）频率理论（frequency theory）

也叫电话理论。这是 1886 年由物理学家拉瑟福德提出的一种理论。这种理论认为，内耳的基底膜是和镫骨按相同频率运动的。振动的数量与声音的原有频率相适应。如果我们听到一种频率低的声音，连接卵圆窗的镫骨每次振动次数较少，因而使基底膜的振动次数也较少。如果声音的频率提高，镫骨和基底膜都将发生较快的振动。

人们很快发现，频率理论难以解释人耳对声音频率的分析。人耳基底膜不能做每秒 1000 次以上的快速运动，这和人耳能够接受超过 1000Hz 的声音是不符合的。

2）共鸣理论（resonance theory）

也叫位置理论，由赫尔姆霍茨提出。该理论认为，由于基底膜的横纤维长短不同，靠近蜗底较窄，靠近蜗顶较宽，因而就像一部竖琴的琴弦一样，能够对不同频率的声音产生共鸣。声音刺激的频率高，短纤维发生共鸣；声音刺激的频率低，长纤维发生共鸣。人耳基底膜约有 24000 条横纤维，它们分别对不同频率的声音进行反应。基底膜的振动引起听觉细胞的兴奋，因而产生高低不同的音调。

人耳能够接受的频率范围 16~20000Hz，最高频率与最低频率之比为 1000 : 1，而基底膜上横纤维的长短之比仅为 10 : 1。可见，横纤维的长短与频率的高低之间并不对应。

3）行波理论（traveling wave theory）

冯·贝克西发展了赫尔姆霍兹的共鸣说的合理部分，提出了新的位置理论——行波理论。该理论认为，声波传到人耳将引起整个基底膜的振动。振动从耳蜗底部开始，逐渐向蜗顶推进，振动的幅度也随着逐渐增高。振动运行到基底膜的某一部位，振幅达到最大值，然后停止前进而消失。随着外来声音频率的不同，基底膜最大振幅所在的部位也不同。声音频率低，最大振幅接近蜗顶；频率高，最大振幅接近蜗底（镫骨处），从而实现了对不同频率的分析。

> 有人认为，当声音频率低于500Hz时，频率理论是对的；当声音频率高于500Hz时，位置理论是正确的。

行波理论正确描述了 500Hz 以上的声音引起的基底膜的运动，但难以解释 500Hz 以下的声音对基底膜的影响。

4）神经齐射理论（neural volleying theory）

20 世纪 40 年代末，韦弗尔提出了神经齐射理论。这个学说认为，当声音频率低于 400Hz 以下时，听神经个别纤维的发放频率是和声音频率对应的。声音频率提高，个别神经纤维无法单独对它做出反应。在这种情况下，神经纤维将按齐射原则发生作用。个别纤维具有较低的发放频率，它们联合“齐射”就可反应频率较高的声音。

用齐射原则可以对 5000Hz 以下的声音进行频率分析。声音频率超过 5000Hz，位置理论是对频率进行编码的唯一基础。

2. 声音的掩蔽

一个声音由于同时起作用的其他声音的干扰而使听觉阈限上升，称为声音的掩蔽。声音的掩蔽依赖于声音的频率、掩蔽音的强度、掩蔽音与被掩蔽音的间隔时间等。

声音掩蔽有以下几种：

①纯音掩蔽：用一个纯音作为掩蔽音，观察它对不同频率的其他声音的影响；

②噪音对纯音的掩蔽；

③纯音和噪音对语音的掩蔽。

关于纯音掩蔽的研究表明：掩蔽音强度提高，掩蔽效果随之增加；掩蔽音对于频率相近声音影响最大；低频对高频的掩蔽效果大于高频对低频的掩蔽效果。

关于噪音掩蔽的研究表明：当噪音强度低时，各种纯音的阈限差别很大；当噪音强度高时，各种纯音的阈限差别很小。

另外，掩蔽分为实时掩蔽和异步掩蔽。前面提到的是实时掩蔽。异步掩蔽又分为前导掩蔽和后滞掩蔽。前导掩蔽是指掩蔽音后出现，它对前面的声音的掩蔽。后滞掩蔽是指掩蔽音先出现，它对后面的声音的掩蔽。一般来说，前导掩蔽很短，只有 5~20ms，而之后掩蔽可以持续 50~200ms。对于前导掩蔽或后滞掩蔽来说，掩蔽声强度增加，并不产生掩蔽量的相应增加，掩蔽效果和两个声音在时间上的接近有紧密关系。另外，单耳掩蔽效果显而易见要强于双耳掩蔽的效果。

考研考法突破

考法 1　听觉的基本理论

通过选择题、简答题考查听觉的基本理论。考生需要注意掌握几种理论的主要内容及其之间的关系。

例 4：（统考，2014）单选：听觉的行波理论认为，不同频率的声音，最大振幅在基底膜上的部位不同。低频声波最大振幅接近的耳蜗部位是（　　）。

A. 底部　B. 顶部　C. 中部　D. 下部

【解析】生理学家冯·贝克西发展了共鸣说的合理成分，提出了新的位置理论。他认为，声波传到人耳，将引起整个基底膜的振动，振动从耳蜗底部开始，逐渐向蜗顶推进，振动的幅度也随着逐渐增高。振动运行到基底膜的某一部位，振幅达到最大值，然后停止前进而消失。声音频率低，最大振幅接近蜗顶；频率高，接近蜗底，这样人耳就实现了对不同频率的分析。该理论解释 500Hz 以上的声音。

参考答案：B

例 5：（河南大学，2017）简答：简述共鸣理论。

参考答案：共鸣理论也叫位置理论。由赫尔姆霍茨提出。该理论认为，由于基底膜的横纤维长短不同，靠近蜗底较窄，靠近蜗顶较宽，因而就像一部竖琴的琴弦一样，能够对不同频率的声音产生共鸣。声音刺激的频率高，短纤维发生共鸣；声音刺激的频率低，长纤维发生共鸣。人耳基底膜约有 24000 条横纤维，它们分别对不同频率的声音进行反应。基底膜的振动引起听觉细胞的兴奋，因而产生高低不同的音调。

人耳能够接受的频率范围 16~20000Hz（注：书上这个地方写的是 20~20000Hz，与前文不符。综合其他版本参考书，我们认为 16~20000Hz 更为恰当），最高频率与最低频率之比为 1000 : 1，而基底膜上横纤维的长短之比仅为 10 : 1。可见，横纤维的长短与频率的高低之间并不对应。

考法 2 听觉的掩蔽

此考法多以选择题形式出现，在复习过程中需要仔细对比各种不同的掩蔽进行理解记忆。

例 6：（吉林大学，2011）单选：一个声音由于同时起作用的其他声音的干扰而使听觉阈限上升的现象被称为（ ）。

A. 共鸣效应 B. 行波效应

C. 声音掩蔽 D. 声波共振

【解析】声音掩蔽是指一个声音的听觉阈限因另一个声音的存在而上升的现象。共鸣效应是指一个物体振动时，另一个物体也随之振动的现象。

参考答案：C

考研考法实战 答案见 D8 页

1.（中山大学，2005）单选：根据关于听觉的位置理论（place theory），检测音高与下列哪一过程相对应？（ ）

A. 特定的毛细胞受到刺激

B. 基底膜的特定位置发生振动

C. 整个耳蜗以与刺激耳朵的声音一致的频率发生振动

D. 听小骨的不同运动模式

2.（统考，2014）多选：一个声音的听觉阈值因另一个声音的出现而提高的现象称为听觉遮蔽，其特点有（ ）。

A. 白噪音的掩蔽效果与纯音相同

B. 单耳掩蔽作用比双耳掩蔽的作用显著

C. 掩蔽声音强度增加不导致掩蔽量的相应增加

D. 被遮蔽声音在时间上越接近遮蔽声，阈值提高越大

3.（天津师范大学，2017）单选：噪音强度与掩蔽作用的函数关系是（ ）。

A. 噪音越大，掩蔽作用越小

B. 噪音越大，掩蔽作用越大

C. 噪音水平与掩蔽作用呈倒 U 关系

D. 噪音对掩蔽作用没有影响

第四节 其他感觉

研究真题，明确考况

考试要求	统考		自主命题	
	考题	考查点	考题	考查点
其他感觉	2019	单选：其他感觉含义	吉林大学，2012 江西师范大学，2013 华南师范大学，2017	单选：其他感觉含义 简答：肤觉的意义

考点 1 其他感觉

考研基础必备

1. 皮肤感觉

肤觉是由刺激作用于皮肤引起的感觉，有四种基本形态：触觉、冷觉、温觉和痛觉。肤觉对人类的正常生活和工作有重要意义。人们对事物的空间特性的认识和触觉分不开。

2. 嗅觉和味觉

嗅觉是由有气味的挥发性（气体）物质引起的。这种物质作用于鼻腔上部黏膜中的嗅细胞，产生神经兴奋，经嗅束传至嗅觉的皮层部位——海马回、沟内，因而产生嗅觉。

味觉的适宜刺激是溶于水的化学物质，味觉器官是口腔内的味觉细胞。人的味觉有甜、咸、苦、酸四种。

3. 动觉

动觉也叫运动感觉，它反映身体各部分的位置、运动以及肌肉的紧张程度，是内部感觉的一种重要形态。动觉感受器存在于肌肉组织、肌腱、韧带和关节中。

4. 平衡觉

平衡觉也叫静觉，它是由人体做加速度或减速度的直线运动或旋转运动时所引起的。平衡觉的感受器位于内耳的前庭器官，包括半规管和前庭两部分。

5. 内脏感觉

内脏感觉也叫机体觉，是由内脏的活动作用于脏器壁上的感受器产生的。这些感受器把内脏的活动及其变化的信息传入中枢，并产生饥渴、饱胀、便意、恶心、疼痛等感觉。

考研考法突破

考法 1 其他感觉的主要内容

此考法多以选择形式出现，偶尔以简答进行考查，考

查几种其他感觉的定义等主要内容。有几个容易混淆的点需要考生特别注意一下，一是痛觉属于皮肤感觉不属于内脏感觉，二是辣味属于痛觉不属于味觉。

例 1：（吉林大学，2012）多选：人体的内部感觉主要包括（　　）。

A. 味觉　　B. 动觉　　C. 平衡觉　　D. 痛觉

E. 内脏感觉

【解析】内部感觉：反映机体内部状态和内部变化的感觉，包括动觉、平衡觉和内脏感觉。

参考答案：BCE

例 2：（江西师范大学，2013）单选：下面哪一类感觉不属于皮肤感觉？（　　）

A. 触压觉　　B. 机体觉　　C. 温度觉　　D. 痛觉

【解析】本题考查感觉的相关概念。触压觉，由非均匀分布的压力在皮肤上引起的感觉；机体觉，也叫内脏感觉，是由内脏的活动作用于脏器壁上的感受器产生的，是一种内部感觉不是皮肤感觉；温度觉，指对皮肤表面温度变化的感觉；痛觉，皮肤下各层中的自由神经末梢对痛觉刺激的感受。

参考答案：B

考研考法实战 答案见 D9 页

1.（统考，2019）单选：甜味感受器主要分布在（　　）。

A. 舌尖　　B. 舌根

C. 舌两侧前部　　D. 舌两侧后部

2.（四川师范大学，2013）单选：在下列选项中，不属于肤觉的有（　　）。

A. 痛觉　　B. 温度觉　　C. 触觉　　D. 压觉

3.（西南大学，2014）单选：痛觉的生物意义在于（　　）。

A. 它可以增强一个人的意志力

B. 它使我们感到生活的真实

C. 它能使我们更加适应环境

D. 它对机体具有保护性的作用

章节考点　综合训练

答案见 D9 页

一、单项选择题

1.（统考，2013；江西师范大学，2013）在下列选项中，不属于基本味觉的是（　　）。

A. 酸　　B. 甜　　C. 苦　　D. 辣

2.（统考，2017）一种色光与另外一种色光混合产生白色或灰色。解释这种色光混合现象的规律称为（　　）。

A. 间色律　　B. 代替律　　C. 补色律　　D. 对比律

3.（统考，2015；福建师范大学，2016）关于视锥细胞，下面哪个说法是错误的？（　　）

A. 是夜视器官，在昏暗的照明条件下起作用

B. 主要分布在视网膜的中央凹

C. 可以感受物体的细节和颜色

D. 视锥细胞中存在三种不同的视觉色素

4.（广州大学，2016）觉察出最小刺激量的能力称为（　　）。

A. 差别感受性　　B. 最小可觉差

C. 绝对感受性　　D. 绝对感觉阈限

5.（广州大学，2017）“入芝兰之室，久而不闻其香”描述的是（　　）。

A. 适应现象　　B. 听觉适应　　C. 嗅觉刺激　　D. 味觉刺激

6.（广州大学，2018）以下不属于外部感觉的是（　　）。

A. 视觉　　B. 听觉　　C. 运动觉　　D. 味觉

7.（华中师范大学，2016）下列叙述中正确的是（　　）。

A. 色光混色是相减混色、颜料混色是相加混色，色光混色与颜料混色的三原色互为补色

B. 色光混色是相加混色、颜料混色是相减混色，色光混色与颜料混色的三原色互为补色

C. 色光混色是相减混色、颜料混色是相加混色，色光混色与颜料混色的三原色相同

D. 色光混色是相加混色、颜料混色是相减混色，色光混色与颜料混色的三原色相同

8.（华中师范大学，2015）关于韦伯定律，正确的说法是（　　）。

A. 韦伯分数越大，说明感觉越敏锐

B. 不同感觉的韦伯分数相同

C. 韦伯分数的意义在于能够比较不同感觉之间的敏锐度

D. 韦伯定律适用于任何强度的刺激

9.（华中师范大学，2015）下列说法中哪一项是错误的？（　　）

A. 锥体细胞数量少，是昼视细胞

B. 杆状细胞是夜视细胞，在昏暗的照明条件下起作用

C. 锥体细胞分布在中央凹附近，中央凹只有锥体没有棒体细胞

D. 杆状细胞主要感受颜色和细节，锥体细胞主要感受明暗

10.（南京师范大学，2014；福建师范大学，2013）对高速转动的电风扇，我们看不清每扇叶片的形状，这是由于（　　）的缘故。

A. 视觉适应　B. 视觉后像　C. 闪光融合　D. 视觉掩蔽

11.（统考，2020）下列有关暗适应与明适应时间的描述，正确的是（　　）。

A. 暗适应时间更长　　B. 明适应时间更长

C. 两者时间相同　　D. 两者无可比性

12.（南京师范大学，2017）放在白色背景上的灰色正方形比放在黑色背景上的灰色正方形要暗得多，这是感觉的（　　）。

A. 对比　　B. 适应　　C. 联觉　　D. 后像

13.（华东师范大学，2011）根据听觉位置理论观点，高音区位于耳蜗的（　　）。

A. 顶部　　B. 中部　　C. 上部　　D. 底部

14.（苏州大学，2015）感觉绝对性是指（　　）。

A. 人的感受能力

B. 刚刚能觉察到刺激的能力

C. 刚刚能觉察到刺激的变化能力

D. 人感受事物的敏感性

15.（西南大学，2015）人类对颜色的视觉具有色调、明度、饱和度三种特性。这些特性是分别由光波的物理特性决定的。下列匹配错误的是（　　）。

A. 色调——光的强度　B. 明度——光的强度
C. 色调——光的波长　D. 饱和度——光波的成分

16.（西南大学，2015）内脏感觉的特点是（　　）。
A. 感觉精确，分辨力好　B. 感觉精确，分辨力差
C. 感觉不精确，分辨力好　D. 感觉不精确，分辨力差

17.（浙江理工大学，2015）视网膜中央凹比周边的视网膜（　　）。
A. 视锥细胞密度大，视敏度高
B. 视锥细胞密度小，视敏度差
C. 视杆细胞密度大，视敏度高
D. 视杆细胞密度大，视敏度差

18.（华中师范大学，2021）主要感受颜色和细节的是（　　）。
A. 锥体细胞　B. 杆状细胞　C. 夜视细胞　D. 色觉细胞

19.（华东师范大学，2020）视网膜分布着几种不同的视锥细胞，它们对不同波长的光进行响应。这一生理结构支持颜色视觉的（　　）理论。
A. 频率说　B. 地点说　C. 三原色　D. 拮抗加工

20.（统考，2021）在刺激的持续作用下，人的感受性发生变化的现象称为（　　）。
A. 闪光融合　B. 视觉后效　C. 感觉对比　D. 感觉适应

21.（北京师范大学，2019）在充满香味的房间中停留一段时间，人的嗅觉发生变化的规律是（　　）。
A. 感受性提高，感觉阈限降低
B. 感受性降低，感觉阈限提高
C. 感受性降低，感觉阈限降低
D. 感受性提高，感觉阈限提高

22.（华东师范大学，2022）"这杯饮料不够甜，希望增加一点糖分。"这里说的增加量使得个体刚好能分辨出甜度差异。这个增加量是味觉的（　　）。
A. 差别阈限　B. 绝对阈限　C. 感觉适应　D. 感觉增强

23.（华东师范大学，2021）视觉加工过程中的盲点与（　　）有关。
A. 晶状体调节能力变弱　B. 视神经占据视网膜某位点
C. 学习知识时未进行关注　D. 记忆的选择性遗忘

24.（统考，2021）视觉加工"What 通路"是指（　　）。
A. 枕叶－顶叶通路　B. 枕叶－颞叶通路
C. 枕叶－额叶通路　D. 枕叶－颞叶－额叶通路

25.（四川师范大学，2022）视觉的明适应是人眼感受性发生了什么过程？（　　）
A. 下降　B. 上升
C. 不变　D. 先上升后下降

26.（北京林业大学，2021）在暗适应过程中，视网膜最活跃的部位是哪里？（　　）
A. 锥体细胞　B. 杆体细胞　C. 单极细胞　D. 双极细胞

27.（统考，2022）下列心理现象中，可以用视觉系统的侧抑制作用解释的是（　　）。
A. 马赫带现象　B. 普肯耶现象
C. 闪光融合　D. 视觉掩蔽

28.（北京林业大学，2021）描述声音大小的属性是（　　）。
A. 音高　B. 响度　C. 音色　D. 明度

29.（华中师范大学，2021）以下不属于音调知觉理论的是（　　）。
A. 地点说　B. 过程对立说
C. 频率说　D. 齐射说

二、名词解释

1.（东北师范大学，2018；华南师范大学，2021）普肯野现象（光谱光效率函数）。
2.（南京师范大学，2011；湖南师范大学，2009；南开大学，2014）感觉阈限。
3.（南京师范大学，2014；华东师范大学，2013；广西师范大学，2021）绝对阈限。
4.（湖南师范大学，2017）视觉适应。
5.（南京师范大学，2012）感觉补偿。
6.（浙江师范大学，2020）暗适应和明适应。
7.（山东师范大学，2020；浙江师范大学，2020）视觉后像。
8.（西南大学，2020）感觉对比。
9.（陕西师范大学，2021；中央财经大学，2022）视觉掩蔽。
10.（浙江工商大学，2021）马赫带与暗适应。
11.（山东师范大学，2020；深圳大学，2021）后像。
12.（沈阳师范大学，2019）声音的掩蔽。
13.（郑州大学，2021；中央财经大学，2021）韦伯定理。
14.（西北师范大学，2022）对数定律。

三、简答题

1.（湖南师范大学，2012）简述颜色视觉中加色法与减色法的异同。
2.（华东师范大学，2014）简述感觉剥夺实验以及感觉对人的正常心理活动的重要意义。
3.（华南师范大学，2017）简述皮肤觉在人类生活中的意义。
4.（中山大学，2011）阐述关于音调知觉（pitch perception）的两种理论：地点说（place theory）和频率说（frequency theory），并且解决它们之间的矛盾。
5.（重庆师范大学，2021）简述感觉的基本规律。

四、论述题

1.（天津师范大学，2011；湖南师范大学，2021）论述颜色视觉的两个理论。

第四章 知觉

第四章 知 觉

前一章我们已经了解到了，我们所处的环境中充满了光波和声波，但是，这并不是我们体验世界的方式。我们看到的不是光波，而是墙上的海报；你听到的不是声波，而是广播中的音乐。感觉只是"演出"的开始，还需要更多的东西才能使刺激变得有意义。知觉是一系列组织并解释外界客体和事件产生的感觉信息的加工过程，这些加工过程提供额外的解释，成功地为你在环境中导航。本章知识点较为重要，考点较多，其中知觉的特性考查次数较多，需引起重视。

第一节 知觉的一般概念

研究真题，明确考况

考试要求	统考		自主命题	
	考题	考查点	考题	考查点
1. 知觉的概述	2011 2017 2018	单选：知觉含义	首都师范大学，2014 西北师范大学，2014	简答：感觉和知觉
			华中师范大学，2012 苏州大学，2015	单选：知觉的理解
2. 知觉的加工	2008 2013	单选：知觉加工模式	吉林大学，2011 苏州大学，2016 南京师范大学，2016/2021	简答：知觉加工模式
3. 知觉的分类	2015	单选：知觉种类	苏州大学，2016 吉林大学，2014 陕西师范大学，2022	名词解释：知觉种类

考点 1 知觉的概述

考研基础必备

1. 知觉的含义与作用

人通过感官得到了外部世界的信息。这些信息经过头脑的加工（综合与解释），产生了对事物整体的认识，并了解它的意义，这就是知觉（perception）。换句话说，知觉是客观事物直接作用于感官而在头脑中产生的对事物整体的认识。

知觉的作用：觉察、分辨、确认。

2. 知觉与感觉的关系

1）知觉与感觉的区别

知觉是对事物整体属性的认识，而感觉是对个别属性的反映，感觉是知觉的基础，但知觉不是感觉的简单相加。具体来说：

第一，感觉和知觉所反映的具体内容不同。感觉是人脑对客观事物个别属性的反映，知觉是人脑对事物整体的反映。

第二，感觉是介于心理和生理之间的活动，它的产生主要来自感觉器官的生理活动以及客观刺激的物理特性，相同的客观刺激会引起相同的感觉；而知觉则是在感觉的基础上对事物的各种属性加以综合和解释的生理活动过程，知觉的反映要借助人的主观因素的参与。

第三，从生理基础来看，感觉是单一分析器活动的结果，而知觉是多种分析器协同活动的结果。

2）感觉和知觉的联系

第一，感觉是知觉的有机组成部分，是知觉产生的前提和基础。

第二，它们都是客观事物直接作用于感觉器官，在头脑中产生的对当前事物的直接反映，离开了当前事物的直接影响，便不可能产生任何感觉或知觉。

第三，感觉和知觉密不可分，感觉只是在新生儿中才有的，而在儿童和成年人实际的心理活动中，单纯的感觉是很少有的，总是以知觉的形式来反映事物。

考研考法突破

考法 1 知觉的含义及其与感觉的关系

通过选择题、名词解释考查知觉和感觉的含义及其关系。

例 1：（统考，2018）单选：下列关于感觉和知觉关系的表述，错误的是（ ）。

A. 知觉以感觉为基础

B. 知觉是个别感觉信息的累加

C. 知觉与感觉都是脑对直接作用于感官的事物的反映

D. 感觉是对事物个别属性的反映，知觉是对事物整体属性的反映

【解析】：知觉是对事物整体属性的认识，而感觉是对个别属性的反映，感觉是知觉的基础，但知觉不是感觉的简单相加。

参考答案：B

例 2：（西北师范大学，2011/2014；云南师范大学，2015；苏州大学，2015；福建师范大学，2014/2019）简

答：试述感觉和知觉的关系。

【解析】：先分别回答感觉和知觉的定义，再回答其区别和联系。

参考答案：知觉是客观事物直接作用于感官而在头脑中产生的对事物整体的认识。感觉是人脑对事物的个别属性的认识。

（1）知觉与感觉的区别：知觉是对事物整体属性的认识，而感觉是对个别属性的反映，感觉是知觉的基础，但知觉不是感觉的简单相加。具体来说：

第一，感觉和知觉所反映的具体内容不同。感觉是人脑对客观事物个别属性的反映，知觉是人脑对事物整体的反映。

第二，感觉是介于心理和生理之间的活动，它的产生主要来自感觉器官的生理活动以及客观刺激的物理特性，相同的客观刺激会引起相同的感觉；而知觉则是在感觉的基础上对事物的各种属性加以综合和解释的生理活动过程，知觉的反映要借助人的主观因素的参与。

第三，从生理基础来看，感觉是单一分析器活动的结果，而知觉是多种分析器协同活动的结果。

（2）感觉和知觉的联系：

第一，感觉是知觉的有机组成部分，是知觉产生的前提和基础。

第二，它们都是客观事物直接作用于感觉器官，在头脑中产生的对当前事物的直接反映，离开了当前事物的直接影响，便不可能产生任何感觉或知觉。

第三，感觉和知觉密不可分，感觉只是在新生儿中才有的，而在儿童和成年人实际的心理活动中，单纯的感觉是很少有的，总是以知觉的形式来反映事物。

考研考法实战 答案见 D11 页

1.（华中师范大学，2012）单选：将物理能量转换成大脑能够识别的神经编码的过程是（　　）。

A. 感觉　　B. 知觉组织

C. 辨认与识别　　D. 知觉加工

2.（四川师范大学，2022）多选：知觉作为一种活动、过程，包含了以下哪些互相联系的作用（　　）。

A. 觉察　B. 分辨　C. 确认

D. 综合　E. 概括

3.（重庆师范大学，2012；华南师范大学，2015；沈阳师范大学，2021）名词解释：知觉。

考点 2　知觉中的自下而上和自上而下的加工

考研基础必备

知觉依赖于直接作用于感官的刺激物的特性，对这些特性的加工叫自下而上的加工或数据驱动加工。

知觉还依赖于感知的主体，即具体的人。人的知觉系统不仅要加工由外部输入的信息，而且要加工在头脑中已经储存的信息，后面这种加工叫自上而下的加工或概念驱动加工。

一般而言，在知觉活动中，非感觉信息越多，所需要的感觉信息就越少，自上而下的加工占优势；相反，非感觉信息少，就需要越多的感觉信息，自下而上的加工就占优势，两者是根据信息的多少和熟悉程度等因素协同作用的。

考研考法突破

考法 1　知觉的两种加工方式

常通过选择题和简答题考查知觉的两种加工方式。考生一方面需要掌握两种加工方式的定义，并且能够分析出某一事例属于哪种加工方式；另一方面需要掌握两种加工方式的关系。

例 3：（吉林大学，2011）多选：人的知觉系统在头脑中加工已经储存信息的过程被称为（　　）。

A. 自下而上的加工　　B. 自上而下的加工

C. 数据驱动加工　　D. 概念驱动加工

E. 再认性加工

【解析】人的知觉系统不仅要加工由外部输入的信息，而且要加工在头脑中已经储存的信息，后面这种加工叫自上而下的加工或概念驱动加工。

参考答案：BD

例 4：（南京师范大学，2016；华中师范大学，2017）单选：形状知觉依赖于物体的原始特征和线条朝向，表明大脑的加工是（　　）的。

A. 自上而下　B. 自下而上　C. 自左向右　D. 自右向左

【解析】知觉依赖于直接作用于感官的刺激物的特性，对这些特性的加工叫自下而上的加工或数据驱动加工。物体的原始特征和线条朝向都属于刺激物的特性，属于自下而上的加工。

参考答案：B

考研考法实战 答案见 D12 页

1.（统考，2008）单选：小张去车站接一位陌生客人，他的预期会影响对这位客人的辨认。这种知觉的加工方式主要是（　　）。

A. “全或无”加工　　B. 颉颃加工

C. 自上而下的加工　　D. 自下而上的加工

2.（东南大学，2015；苏州大学，2016；福建师范大学，2018/2020）简答：自上而下和自下而上的认知加工过程比较。

考点 3　知觉的分类

考研基础必备

1. 根据知觉起主导作用的感官的特性分类

知觉可分为视知觉、听知觉、触知觉、嗅知觉、味知觉等。

2. 根据人脑所认识的事物特性分类

可以把知觉分成空间知觉、时间知觉和运动知觉。

①空间知觉处理物体的大小、形状、方位和距离的信息；
②时间知觉处理事物的延续性和顺序性；
③运动知觉处理物体在空间的位移等。

3. 根据知觉中意识参与的程度分类

知觉可以分为阈上知觉和阈下知觉。

考研考法突破

考法 1　知觉的种类

该考点出现频率不是很高，在复习的过程中将各种知觉的含义理解即可。

例 5：（统考，2015）单选：下列选项中，将明暗和阴影作为重要线索的知觉是（　　）。

A. 形状知觉　　B. 大小知觉
C. 深度知觉　　D. 颜色知觉

【解析】深度知觉是关于物体远近距离或深度的知觉，也叫距离知觉。知觉深度是根据外部环境和机体内部的许多线索进行的，包括单眼视觉线索、双眼视觉线索（双眼视差）、非视觉线索（眼的调节、双眼视轴的辐合）等。其中，单眼视觉线索包括物体大小、物体的掩蔽或重叠、阴影、线条透视、空气透视（看远近不同的物体，清晰度不同）、运动视差等。

参考答案：C

考研考法实战 答案见 D12 页

1.（南京师范大学，2017）单选：有些病人丧失了对视觉经验的觉知能力，却能够利用残余的视觉系统进行定位，这说明（　　）在发挥作用。

A. 空间知觉　B. 运动知觉　C. 阈下知觉　D. 距离知觉

第二节　知觉的特性

研究真题，明确考况

考试要求	统考		自主命题	
	考题	考查点	考题	考查点
1. 知觉理解性	2012 2018 2021	单选：理解性含义	四川大学，2012 西南大学，2015	单选：理解性含义
			首都师范大学，2015	简答：知觉理解性
2. 知觉整体性	2018	单选：整体性含义	西南大学，2016	单选：整体性含义
			首都师范大学，2012	简答：知觉整体性
3. 知觉选择性	2018	单选：选择性含义	苏州大学，2011 首都师范大学，2016	单选：知觉选择性
4. 知觉恒常性	2009 2012 2018	单选：恒常性含义	北京师范大学，2014 四川师范大学，2017	单选：知觉恒常性
			西北师范大学，2014 南开大学，2018 华东师范大学，2020 山东师范大学，2019 深圳大学，2020	简答：知觉恒常性

考点 1　知觉理解性

考研基础必备

1. 概念

知觉的理解性是人在知觉过程中，不是被动地把知觉对象的特点登记下来，而会以过去的知识经验为依据，对知觉对象做出某种解释，使它具有一定的意义。

2. 影响因素

①个体以往的经验；
②词语的作用；
③个人的动机与期望、情绪与兴趣以及定势等。

3. 作用

①理解帮助对象从背景中分出；
②理解有助于知觉的整体性；
③理解能产生知觉期待和预测。

考研考法突破

考法 1　知觉理解性的内涵

常通过选择题、名词解释和简答题考查知觉理解性的相关内容。知觉的四个特性属于高频考点，考生要在理解四个特性的定义的基础之上，结合实例进行对比记忆，要做到能够准确辨别某一事例属于知觉的哪一特性。

例 1：（统考，2012）单选：当人们第一次看到右图时，往往只看到一些凌乱的斑点。经提示这是一幅骑士骑马图后，人们就觉得像所提示的内容。这主要体现的知觉特性是（　　）。

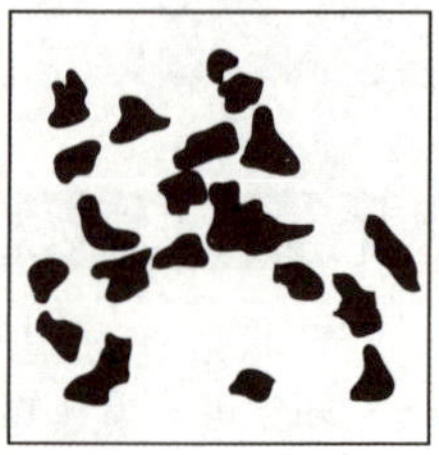

A. 知觉整体性　　B. 知觉理解性
C. 知觉恒常性　　D. 知觉选择性

【解析】本题考查了知觉的特性。知觉恒常性：当客观条件在一定范围内改变时，我们的知觉映像在相当程度上却保持着它的稳定性。知觉选择性：个体根据自己的需要与兴趣，有目的地把某些刺激信息或刺激的某些方面作为知觉对象而把其他事物作为背景进行组织加工的过程。知觉理解性：人们以已有的知识经验为基础去理解和解释事物，并用词语加标志的特性，以使它具有一定的意义。知觉的整体性：把个别属性、个别部分综合成整体的能力。题目中经提示后觉得就像是骑马图，体现了理解性。

参考答案：B

例 2：（重庆师范大学，2007；首都师范大学，2015）名词解释：知觉理解性。

【解析】本题考查了知觉的理解性的定义，可在答其定义的基础之上，答出其影响因素和作用。

参考答案：知觉的理解性是人在知觉过程中，不是被动地把知觉对象的特点登记下来，而会以过去的知识经验为依据，对知觉对象做出某种解释，使它具有一定的意义。影响知觉理解性的主要因素有：（1）个体以往的经验；（2）词语的作用；（3）个人的动机与期望、情绪与兴趣以及定势等。知觉理解性的作用有：（1）理解帮助对象从背景中分出；（2）理解有助于知觉的整体性；（3）理解能产生知觉期待和预测。

考研考法实战 答案见 D12 页

1.（电子科技大学，2011）单选：以过去经验来对知觉对象作出某种解释，使其具有某种意义的特性被称为（　　）。

A. 知觉的整体性　　B. 知觉的恒常性
C. 知觉的选择性　　D. 知觉的理解性

2.（统考，2007；福建师范大学，2013；天津师范大学，2017）单选：“外行看热闹，内行看门道”体现了知觉的（　　）。

A. 选择性　B. 整体性　C. 恒常性　D. 理解性

3.（华中师范大学，2015）单选：当我们注视天上的云朵和斑驳的墙壁的时候，有时会觉得看到的是山川河流和人物、动物的图案，这一现象体现了知觉的（　　）。

A. 恒常性　B. 整体性　C. 理解性　D. 选择性

4.（南开大学，2016）简答：简述人的认知经验对知觉的影响。

考点 2　知觉整体性

考研基础必备

1. 概念

整体性是人的知觉系统具有把个别属性、个别部分综合成整体的能力。

2. 影响因素

①刺激物的结构（空间分布和时间分布）；

②个体的知识经验。

3. 作用

知觉的整体性大大提高了人们知觉事物的能力。但由于整体性的作用，人们有时会忽略部分或细节的特征，这是由于整体知觉抑制了个别成分的知觉。

考研考法突破

考法 1　知觉整体性的内涵

通过选择题、名词解释和简答论述题考查知觉整体性的相关内容。

例 3：（统考，2017）单选：作者在校对自己的文稿时，对错字“熟视无睹”。这反映的知觉特性主要是（　　）。

A. 恒常性　B. 选择性　C. 整体性　D. 理解性

【解析】本题要注意区分知觉的理解性和整体性。两者关键区别在于：理解性以个体经验为依据，存在较大的个体差异，也就是说每个人对同一事物的知觉是不一样的；而整体性在不同个体间具有同质性，也就是说人们一般都倾向于从整体对事物进行知觉加工。由于本题题干说的是“作者校对自己的文稿”，作者本人对自己的作品是相当熟悉的，他对这份文稿的知识经验不同于其他人，因此，在这种情况下对错字“熟视无睹”主要是由于知觉的理解性。

参考答案：D

例 4：（苏州大学，2013）简答：简述知觉的整体性并举例说明。

【解析】：本题考查知觉的整体性。结合例子回答即可。

参考答案：整体性是人的知觉系统具有把个别属性、个别部分综合成整体的能力。由于知觉的整体性，人们有时会忽略部分或细节的特征。比如，做文字校对工作的人，由于对整个文句的感知，有时难以发现句中个别漏字或误写的字，这就是由于整体知觉抑制了个别成分的知觉。

知觉的整体性是知觉的积极性和主动性的一个重要方面。它不仅依赖于刺激物的结构，即刺激物的空间分布和时间分布，而且依赖于个体的知识经验。一个不熟悉外文单词的人，他对单词的知觉只能是一个字母一个字母地进行。相反，一个熟悉外文单词的人，他把每个单词都知觉为一个整体。知觉的整体性大大地提高了人们知觉事物的能力。比如我们对一辆快速驶来的汽车，最先看到的是汽车的整体，然后才是它的各种细节。

考研考法实战 答案见 D12 页

1.（华中师范大学，2016）单选：主观轮廓的存在主要体现了知觉的（　　）。

A. 整体性　B. 选择性　C. 理解性　D. 恒常性

2.（河北师范大学，2016）论述：试述勒温的整体优先现象以及其实验过程。

考点 3　知觉选择性

考研基础必备

1. 概念

选择性是人在知觉客观世界时，总是有选择地把少数事物当成知觉的对象，而把其他事物当成知觉的背景，以便更清晰地感知一定的事物和对象。

2. 影响因素

（1）客观因素

①对象和背景间的差异；②对象的活动性；③对象的特征；

（2）主观因素

①机体有无明确目的或积极态度；②知觉定势；③知觉者的兴趣爱好。

知觉定势是指人们对一个物体的知觉往往受到前后相继出现的物体的影响，前者直接影响到后者的知觉，产生了的对后者知觉的准备状态，是一种自上而下的过程。

考研考法突破

考法 1　知觉选择性的内涵

通过选择题、名词解释和简答题考查知觉选择性的内涵，考生需要关注一下注意在知觉选择性中的作用。

例 5：（统考，2018）单选：学生很容易在作业本上看到教师用红笔写下的评语。这体现的知觉特性是（　　）。

A. 知觉整体性　　B. 知觉理解性

C. 知觉恒常性　　D. 知觉选择性

【解析】本题考查了知觉的特性。知觉恒常性：当客观条件在一定范围内改变时，我们的知觉映像在相当程度上却保持着它的稳定性。知觉选择性：个体根据自己的需要与兴趣，有目的地把某些刺激信息或刺激的某些方面作为知觉对象而把其他事物作为背景进行组织加工的过程。知觉理解性：人们以已有的知识经验为基础去理解和解释事物，并用词语加标志的特性，以使它具有一定的意义。知觉的整体性：把个别属性、个别部分综合成整体的能力。题目中学生很容易在作业本上看到教师用红笔写下的评语，体现了选择性。

参考答案：D

例 6：（首都师范大学，2016）简答：请联系知觉选择性来分析注意对心理活动的影响。

【解析】本题考查知觉选择性的应用，可以先对知觉选择性进行解释，结合题意分析。

参考答案：知觉的选择性是指，人们在知觉客观世界时，总是有选择地把少数事物当成知觉的对象，而把其他事物当成知觉的背景，以便清晰地感知一定事物与现象。如在课堂上，教师的声音成为学生知觉的对象，而周围环境中的其他声音便成为知觉背景。在这个意义上，知觉过程是从背景中分出对象的过程。

知觉的对象从背景中分离，与注意的选择性有关。当注意指向某种事物的时候，这种事物便成为知觉对象，而其他事物便成为知觉的背景。当注意从一个对象转向另一个对象时，原来的知觉对象就成为背景，而原来的背景就成为知觉的对象。因此，支配注意选择性的规律，也就是知觉的对象从背景中分离出来的规律。

考研考法实战 答案见 D12 页

1.（苏州大学，2011）名词解释：知觉的选择性。

2.（统考，2013；华东师范大学，2018）单选："鹤立鸡群"中的"鹤"和"万绿丛中一点红"中的"红"容易被人们知觉到，这种现象所体现的知觉特性是（　　）。

A. 整体性　　B. 选择性

C. 理解性　　D. 恒常性

3.（广州大学，2016/2018）单选：两可图形反映出人对事物知觉的（　　）。

A. 整体性　　B. 选择性

C. 恒常性　　D. 理解性

4.（广州大学，2016）单选：知觉选择性产生的原因主要是（　　）。

A. 为避免产生错觉

B. 感觉通道容量的限制

C. 主体理解知觉对象的需要

D. 主体为了分析知觉的对象

考点 4　知觉恒常性

考研基础必备

1. 概念

恒常性是物理刺激变化而知觉保持稳定。

2. 分类

①形状恒常性：从不同角度观察同一物体时，物体在视网膜上投射的形状是不断变化的，但我们知觉到的物体形状并没有表现出很大变化。

②大小恒常性：机体对物体大小的知觉经验不因物体距离的远近所构成的视网膜视像大小而有所变化的现象。

③明度（视亮度）恒常性：在照明条件改变时，物体的相对明度或视亮度保持不变的现象。

④颜色恒常性：一个有颜色的物体在色光照明下，我们知觉到它的表面颜色并不受色光照明的严重影响，保持相对不变的现象。

⑤方向恒常性：人不随身体部位或视像方向改变而感知物体实际方位的知觉特性。

考研考法突破

考法 1　知觉恒常性的概念

通过选择题、名词解释和简答题等考查知觉恒常性的概念。知觉恒常性是知觉的四个特性中考查频率更高的考点，大家要重点关注。

例 7：（北京林业大学，2021）单选：物体的刺激一直在发生变化，但是它的形状和大小并没有较大的改变，这体现了知觉的什么特点？（　　）

A. 知觉的恒常性　　B. 知觉的理解性

C. 知识的选择性　　D. 知识的整体性

【解析】A 选项，恒常性是当知觉的客观条件在一定范围内改变时，我们的知觉映像在相当程度上却保持着它的稳定性；B 选项，理解性是指人在知觉过程中，不是被动将知觉对象的特点登记下来，而是以过去的知识经验为依据，对知觉对象做出解释，使它具有一定意义；C 选项，选择性是指人在知觉客观世界时，总是有选择性地把少数事物当成知觉的对象，而把其他事物当成知觉的背景，以便更清晰地感知一定的事物与对象；D 选项，整体性是指人的知觉系统具有把个别属性、个别部分综合成整体的能力。本题中，“刺激一直在发生变化，但是形状和大小并没有较大的改变”，这体现的是知觉的恒常性。

参考答案：A

考法2 知觉恒常性的种类

通过选择题和名词解释、简答题考查知觉恒常性的种类。考生要结合实例去理解记忆几种主要的恒常性的概念及区别。

例8：（统考，2009）单选：从高楼顶上看街道上的行人，尽管看上去很小，但人们不会把他们都看作是小孩。这种现象体现的主要知觉特性是（ ）。

A. 大小恒常性　　B. 形状恒常性

C. 方向恒常性　　D. 明度恒常性

【解析】本题考查知觉恒常性的种类，大小恒常性是指尽管物体在视网膜映像的大小在变，但看上去它的大小基本不变；形状恒常性是指人在观察熟悉物体时，当其观察角度发生变化而导致视网膜上的映像发生改变时，其原本的形状知觉保持相对不变的知觉特征；方向恒常性是指在视网膜上成像变化时，识别真实图形方向的能力；明度恒常性是指当照明条件改变时，人知觉到的物体的相对明度保持不变的知觉特性。

参考答案：A

例9：（北京科技大学，2014）简答：什么是知觉恒常性？知觉恒常性有哪些种类？

【解析】本题考查知觉恒常性。

参考答案：知觉恒常性是物理刺激变化而知觉保持稳定。可以分为以下几类：

（1）形状恒常性：从不同角度观察同一物体时，物体在视网膜上投射的形状是不断变化的，但我们知觉到的物体形状并没有表现出很大变化。

（2）大小恒常性：指机体对物体大小的知觉经验不因物体距离的远近所构成的视网膜视像大小而有所变化的现象。

（3）明度（视亮度）恒常性：在照明条件改变时，物体的相对明度或视亮度保持不变的现象。

（4）颜色恒常性：一个有颜色的物体在色光照明下，我们知觉到它的表面颜色并不受色光照明的严重影响，保持相对不变的现象。

（5）方向恒常性：人不随身体部位或视像方向改变而感知物体实际方位的知觉特性。

考研考法实战 答案见D12页

1.（复旦大学，2017）单选：一个人离我们很远，我们却不会以为他是侏儒。这是因为知觉的（ ）。

A. 选择性　B. 理解性　C. 整体性　D. 恒常性

2.（西南大学，2015）单选：无论在中午或傍晚，香蕉总是被看成黄色，这由于（ ）所致。

A. 知觉适应　　B. 明度恒常性

C. 知觉的理解性　　D. 颜色恒常性

3.（华东师范大学，2021）单选：知觉恒常性种类不包括（ ）。

A. 大小恒常性　　B. 形状恒常性

C. 亮度恒常性　　D. 运动恒常性

4.（北京大学，2012）简答：什么是知觉恒常性？举例说明恒常性在知觉过程中的意义。

第三节 空间知觉

研究真题，明确考况

考试要求	统考		自主命题	
	考题	考查点	考题	考查点
1. 形状知觉	2015	单选：形状知觉含义	苏州大学，2016 北京师范大学，2016 南京师范大学，2016	单选：形状知觉含义
2. 大小知觉	2015	单选：大小知觉含义	华东师范大学，2012	单选：大小知觉含义
3. 深度和距离知觉	2007 2012	单选：深度知觉含义	吉林大学，2011 天津师范大学，2017	单选：深度知觉的含义
	2010 2015	多选：深度知觉的线索	北京师范大学，2012 华东师范大学，2012 湖南师范大学，2014 陕西师范大学，2022	单选：深度知觉的影响因素
4. 方位定向	2017 2022	多选：方位知觉特性	吉林大学，2012 江西师范大学，2015	单选：方位知觉含义

考点1 形状知觉

考研基础必备

1. 概念

形状知觉就是对物体形状的整体认识，是视觉、触觉、动觉协同活动的结果。形状是物体所有属性中最重要的属性。

2. 形状的特征分析

许多心理学家认为，对形状的识别开始于对原始特征的分析与检测。这些原始特征包括点、线条、角度、朝向和运动等。视觉系统对这些特征的检测是自动的，无须意识的努力。对图形的原始特征的分析，是由视觉系统的特征检测器来完成的。

3. 轮廓与图形

1）轮廓的掩蔽或图形掩蔽

指一个物体的轮廓，不仅受空间上邻近的其他物体轮廓的影响，而且也受时间上前后出现的物体轮廓的影响。它说明人们在知觉物体形状时，轮廓的形成是需要时间的。

2）主观轮廓或错觉轮廓

当客观上不存在刺激的梯度变化时，人们在一片同质的视野中也能看到轮廓。主观轮廓表现了视觉系统的一个特点：当视野中出现不完整因素时，视觉系统就倾向于把它们整合起来，变成比较简单、稳定、正规化的图形。也有人认为，主观轮廓是由于明度对比产生的。

3）图形组织的一些原则

邻近性、相似性、对称性、良好连续、共同命运、封闭、线条方向和简单性。

4. 形状识别

形状识别是指人们利用已有的知识经验和当前获得的信息，确定知觉到的形状是什么。这是比特征分析更高的一个阶段。人对形状的识别不仅依赖于当前输入的信息，而且依赖于人们已有的知识和经验。当人们期待某形状时，这种知觉期待将易化对形状的识别。

5. 注意在形状知觉中的作用

特征捆绑问题：在神经科学和心理学中，人脑是如何将不同的特征联合在一起的问题，是形状知觉中的重要问题。

现代的一些研究认为，在特征整合中，注意起着非常重要的作用。在没有注意参加时，特征可能是游离的，因而可能出现错误的结合；在注意的参与下，人们可能知觉到事物的整体。

6. 眼动与形状知觉

在形状知觉中，眼动具有重要的意义。眼动可分为两大类：一类是微小的、不随意的眼动，如微跳、漂移、生理震颤；另一类是随意的、较大的眼动，如眼跳和追踪等。

考研考法突破

考法 1　形状知觉的定义

通过名词解释考查形状知觉的定义。该考法出现频率较低，理解识记即可。

例 1：（湖南师范大学，2015）名词解释：形状知觉。

参考答案：形状知觉就是对物体形状的整体认识，是视觉、触觉、动觉协同活动的结果。形状是物体所有属性中最重要的属性。

考法 2　轮廓与主观轮廓

通过选择题和名词解释考查轮廓与主观轮廓的内容。

例 2：（南京师范大学，2014）单选：轮廓是形状知觉所需信息的载体，信息量较大的是（　　）。

A. 虚线的部分　　B. 轮廓线清晰的部分

C. 平直的部分　　D. 弯曲较大的部分

【解析】在图形中，轮廓代表了图形及其背景的一个分界面，它是在视野中邻近的成分出现明度或颜色的突然变化时出现的。人们在知觉物体形状时，轮廓的形成是需要时间的。当视野中出现不完整因素时，视觉系统就倾向于把它们完整起来，变成比较简单、稳定、正规化的图形，形状越不容易识别其信息量就越大，比较四个选项，选择 A。

参考答案：A

例 3：（湖南师范大学，2010/2015）名词解释：主观轮廓。

参考答案：主观轮廓是指当客观上不存在刺激的梯度变化时，人们在一片同质的视野中也能看到轮廓。主观轮廓表现了视觉系统的一个特点：当视野中出现不完整因素时，视觉系统就倾向于把它们整合起来，变成比较简单、稳定、正规化的图形。也有人认为，主观轮廓是由于明度对比产生的。

考法 3　考查图形组织的基本原则

通过选择题和简答题考查图形组织的基本原则。考生可结合实例来对比记忆每一种原则，既要能够判断某一事例属于哪种原则，也要能够识记每一种原则的要点。

例 4：（西南大学，2015）单选：在空间上彼此接近的刺激物更容易被知觉为一个整体，例如，同样的 6 个●排成不同的空间模式，●● ●● ●●更倾向于被组织成三组，而●●● ●●●倾向于被组织成两组。这种现象体现了知觉整体性中的（　　）。

A. 同域原则　　B. 邻近原则

C. 连续性原则　　D. 好图形原则

【解析】邻近原则是指在空间上彼此接近的刺激物更容易被知觉为一个整体，题干中的表述，符合邻近原则。

参考答案：B

考研考法实战 答案见 D13 页

1.（南京大学，2015）多选：当客观上不存在刺激的梯度变化时，人在一片同质的视野中也能看到轮廓，这种轮廓叫作（　　）。

A. 侧抑制轮廓　　B. 同质轮廓

C. 主观轮廓　　D. 错觉轮廓

2.（统考，2007）单选：把下图知觉为圆形时，遵循的知觉组织原则是（　　）。

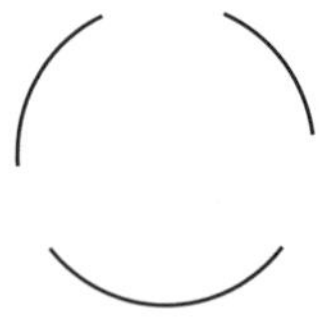

A. 闭合原则　　B. 连续原则

C. 相似原则　　D. 视轴辐合

3.（统考，2008）单选：观众把篮球比赛中穿着不同服装的运动员相应地归为不同的球队，这体现了知觉组织的（　　）。

A. 对称性原则　　B. 邻近性原则

C. 连续性原则　　D. 相似性原则

考点 2 大小知觉

考研基础必备

1. 概念

大小知觉指对物体大小的整体认识。

我们知觉的物体大小与物体在视网膜上投影的大小有关系。视像的大小服从于几何投影的规律。用公式表示为：$a=A/D$

a 是视像的大小，A 是物体的大小，D 是指对象与眼睛的距离。

2. 大小－距离不变假设。

在距离相等时，视像大，说明物体大；视像小，说明物体小。在视像恒定时，距离大，说明物体大；距离小，说明物体小。也就是说，人们在知觉物体大小时，不自觉地解决了大小与距离的关系，即 $A=a\times D$。这就是大小－距离不变假设。

3. 大小知觉的影响因素

①对物体的熟悉度；②邻近物体的大小对比；③体态变化对大小知觉也有一定影响。

考研考法突破

考法 1 大小－距离不变假设

通过名词解释考查大小－距离不变假设。关于大小知觉的考查频率较低，大家重点关注一下大小－距离不变假设的定义即可。

例 5：（东北师范大学，2018）名词解释：大小－距离关系不变假设。

参考答案：在距离相等时，视像大，说明物体大；视像小，说明物体小。在视像恒定时，距离大，说明物体大；距离小，说明物体小。也就是说，人们在知觉物体大小时，不自觉地解决了大小与距离的关系，即 $A=a\times D$。这就是大小－距离不变假设。

考研考法实战 答案见 D13 页

1. 简答：简述大小知觉及其影响因素。

考点 3 深度和距离知觉

考研基础必备

深度和距离知觉涉及三维空间的知觉，即不仅能够知觉物体的高和宽，而且能够知觉物体的距离、深度、凹凸等。

人们知觉物体的深度和距离依赖于一系列线索，如肌肉线索、单眼线索和双眼线索。其中，双眼视差有重要作用。

1. 肌肉线索（生理线索）

包括：水晶体的调节和双眼视轴的辐合两种。调节对分辨深度和距离的作用较小，只在一到两米的范围内有效，且不是特别精确。辐合是双眼的机能，物体近，辐合角大，物体远，辐合角小。辐合在深度知觉中的作用较大。

2. 单眼视觉线索

指用一只眼睛就能感受的深度线索，包括：

①对象重叠（遮挡）：物体相互遮挡是判断物体前后关系的重要条件。

②线条透视：两条向远方伸延的平行线看来趋于接近，就是线条透视。

③空气透视：物体反射的光线在传送过程中是有变化的，其中包括空气的过滤作用和由它引起的光线的散射。结果，远处物体显得模糊，细节不如近物清晰。

④相对高度：在其他条件相等时，视野中两个物体相对位置较高的那一个，就显得远些。

⑤纹理梯度（结构级差）：视野中的物体在视网膜上的投影大小和投影密度发生有层次的变化。

⑥运动级差和运动透视等：当观察者与周围环境中的物体相对运动时（包括观察者移动自己的头部，或观察者随运动着的物体而移动），远近不同的物体在运动速度和运动方向上将出现差异。一般来说，近处物体看上去移动得快，方向相反；远处物体移动较慢，方向相同。这就是运动视差。当观察者向前移动时，视野中的景物也会连续活动，近处物体流动的速度大，远处物体流动的速度小，这种现象叫运动透视。

3. 双眼视觉线索

双眼视差是深度知觉的主要线索。当人看远近不同的平面物体时，由于两眼相距 65mm，两眼视像便不完全落到对应部位，这时左眼看物体的左边多些，右眼看物体的右边多些，但都偏向鼻侧。这样，不在同一平面上的物体在两眼视网膜上的成像就有了差异，这一差异便称为双眼视差。因为双眼比单眼有更多的深度线索可以参照，所以根据以往资料和生活实际，均可得到单眼的深度知觉准确性差于双眼。当距离超过 1300 米时，两眼视差为零，对判断距离和深度便不起作用了。

考研考法突破

考法 1 考查深度知觉的线索

通过选择题、名词解释和简答题等考查深度知觉的线索。该考法考查频率很高，大家需要重点掌握。考生不仅要能够准确识记每一种线索的定义，还要在识记定义的基础上结合实例进行辨别记忆。

例 6：（统考，2007，东北师范大学，2017；福建师范大学，2017）单选：下列选项中，不属于深度知觉单眼线索的是（　　）。

A. 空气透视　　B. 结构梯度

C. 运动视差　　D. 视轴辐合

【解析】人眼在观看不同距离的物体时，会出现调节和辐合等一系列变化，对人们分辨物体的距离有一定的意义。视轴辐合属于双眼线索，ABC 都属于单眼线索。

参考答案：D

例 7：（华南师范大学，2020）名词解释：运动视差。

参考答案：当观察者与周围环境中的物体相对做平行运动时（包括观察者移动自己的头部，或观察者随运动着的物体移动），近处物体看上去移动得快，方向相反；远处物体移动较慢，方向相同。这就是运动视差。

考研考法实战 答案见 D13 页

1.（南京师范大学，2015）单选：在深度知觉和距离知觉中，视野中的物体在视网膜上的投影大小和投影密度发生有层次的变化，这是（　　）。

A. 线条透视　　B. 纹理梯度

C. 空气透视　　D. 对象重叠

2.（山东师范大学，2012）简答：简述深度知觉与距离知觉的线索。

考点 4　方位定向

考研基础必备

方位知觉是指对物体的空间关系、位置和对有机体自身所在空间位置的知觉。动物和人都具有方位定向的能力。人主要靠视觉和听觉来定向，触摸觉、动觉、平衡觉等起补充作用。

听觉方位定向能力主要来自两耳听觉的差异，包括时间差、强度差和位相差，其定向规律有：

①来自人体左右耳两侧的声音最容易定位，很少发生辨认混乱；

②当确定声音来自前方，人对前方水平线上的声音辨认最准确；

③人对来自上下方向或前后方向的声音容易混淆；

④如果以两耳连线的中点为定点作一圆锥，则圆锥面上各点发出的声音容易混淆。

考研考法突破

考法 1　考查方位定向的含义及听觉方位定向的线索

通过选择题考查方位定向的含义及其线索，主要记住听觉方位定向的三个线索即可。

例 8：（吉林大学，2012）单选：人对物体的空间关系、位置和对机体自身所在空间位置的知觉叫（　　）。

A. 形状知觉　　B. 视觉掩蔽

C. 方位定向　　D. 视觉适应

【解析】形状知觉是空间知觉的一种，是人们对物体形状特性的认识。方向定位是人对物体的空间关系、位置和对机体自身所在空间位置的知觉。

参考答案：C

例 9：（东北师范大学，2017）多选：两耳进行声音定向的主要线索包括（　　）。

A. 时间差　B. 强度差　C. 位相差　D. 速度差

【解析】两耳进行声音定向的主要线索包括时间差、强度差、位相差。

参考答案：ABC

考研考法实战 答案见 D13 页

1.（华东师范大学，2011）单选：造成双耳声音刺激的时间差别、强度差别、声波位相差别的原因是（　　）。

A. 双耳线索　　B. 空间定位线索

C. 单耳线索　　D. 双耳距离差

2.（统考，2010）单选：个体对单个声源方向进行判断需要利用双耳线索。下列选项中，不属于双耳线索的是（　　）。

A. 强度差　　B. 时间差

C. 速度差　　D. 周相差

第四节　时间知觉、运动知觉和错觉

研究真题，明确考况

考试要求	统考		自主命题	
	考题	考查点	考题	考查点
1. 时间知觉	2011 2019	简答：时间知觉及其影响因素	上海交通大学，2015 山东师范大学，2018	名词解释 / 简答：时间知觉
			苏州大学，2015 南京大学，2020	简答：时间知觉影响因素
2. 运动知觉	2013 2020	单选：似动现象含义	吉林大学，2011 江西师范大学，2014 华南师范大学，2020/2022 湖南师范大学，2020	单 / 多选：似动现象含义
			华东师范大学，2012 西南大学，2015 华东师范大学，2015	简答：似动现象含义
3. 错觉	2009 2015	单选：错觉类型	华东师范大学，2012 华南师范大学，2015 湖南师范大学，2016 首都师范大学，2020	单选：错觉类型

考点 1　时间知觉

考研基础必备

1. 概念

时间知觉是对客观现象运动的延续性和顺序性等时间特性的知觉。时间知觉主要包括时序知觉、时距知觉和时间点知觉。

2. 时间知觉的形式

对时间的分辨，对时间的确认，对持续时间的估量，对时间的预测。

3. 时间知觉的依据

根据自然界的周期性现象；根据有机体各种节律性的活动；借助计时工具，如日晷。

4. 影响时间知觉的各种因素

①感觉通道：听觉 > 触觉 > 视觉。

②一定时间内事件的数量和性质（数量多，性质复杂，时间短；回忆往事时则相反）。

③人的兴趣与情绪。

④时间间隔越大，人对时间估计的误差就越大。一般而言，对于时间间隔主观估计最准确的间隔时间是 1 秒。

考研考法突破

考法 1　时间知觉的含义

通过选择题考查时间知觉的定义。该考法考查频率较低，理解识记其定义及内容即可。

例 1：（统考，2019）单选：下列有关时间知觉的表述，错误的是（　　）。

A. 情绪、动机影响时间知觉

B. 时间知觉需要以某种客观现象作为参照

C. 时间知觉是对客观事物连续性和顺序性的知觉

D. 回忆往事时，同样一段时间，经历越丰富觉得时间越短

【解析】本题考查时间知觉的含义；感觉通道的性质；一定时间内事件发生的数量和性质；人的态度和兴趣都会对时间知觉产生影响，在回忆往事时，同样一段时间，经历越丰富觉得时间越长。

参考答案：D

考法 2　时间知觉的影响因素

通过选择题和简答题考查时间知觉的影响因素，其中以简答题出现的频率较高。考生需在记住四个影响因素的基础之上，能够扩展详细叙述每个因素的影响。

例 2：（统考，2011；苏州大学，2015；南京大学，2020）简答：简述时间知觉及其影响因素。

【解析】本题考查时间知觉的含义及其影响因素，认真审题按要求回答出时间知觉含义及影响因素即可。

参考答案：我们知觉到客观事物和事件的连续性和顺序性，就是时间知觉。时间知觉有四种形式：对时间的分辨、对时间的确认、对持续时间的估量、对时间的预测。影响时间知觉的因素有：

（1）感觉通道的性质。在判断时间的精确性方面，听觉最好，触觉其次，视觉最差。

（2）一定时间内事件发生的数量和性质。在一定时间内，事件发生的数量越多，性质越复杂，人们倾向于把时间估计得较短；而事件的数量少，性质简单，人们倾向于把时间估计得较长。回忆往事的时候则恰恰相反。

（3）人的兴趣和情绪。人们对自己感兴趣的东西，会觉得时间过得快，出现对时间的估计不足。相反，对厌恶的、无所谓的事情会觉得时间过得慢，出现时间的高估。在期待某种事物时，会觉得时间过得很慢；相反，对不愿意出现的事物，会觉得时间过得快等。

（4）时间间隔越大，人对时间估计的误差就越大。一般而言，对于时间间隔主观估计最准确的间隔时间是 1 秒。

考研考法实战 答案见 D14 页

1.（东北师范大学，2017）单选：在时间知觉的准确性上，研究表明最好的感觉通道为（　　）。

A. 视觉　　B. 听觉　　C. 触觉　　D. 嗅觉

2.（四川师范大学，2018）单选：时间知觉不包括（　　）。

A. 时序知觉　　B. 时距知觉

C. 时间点知觉　　D. 距离知觉

3.（东北师范大学，2017；四川师范大学，2018）多选：影响时间知觉精确性的因素包括（　　）。

A. 感觉通道的性质

B. 一定时间内，事件及发生的数量与性质

C. 人的兴趣和情绪

D. 人的年龄

考点 2　运动知觉

考研基础必备

1. 概念

物体的运动特性直接作用于人脑，为人们所认识，就是运动知觉。运动知觉分为真动知觉和似动知觉。

2. 网像运动系统

当一个运动着的物体移过视网膜时，它将依次刺激网膜上的一系列感受器，并使相邻感受器受到连续的激发，从而提供了运动的信息，这种运动系统叫网像运动系统。

3. 头－眼运动系统

为了知觉到运动，人们需要具有关于自身运动的一种特殊形式的信息，即由中枢神经系统发出的动作指令。这种信息与视网膜映像汇合在一起，共同决定着人们的运动知觉。人们不仅得到来自视网膜映象流的视觉信息，而且也得到了来自中枢动作指令的非视觉信息。这两种信息相互抵消，人们看到的物体就是静止的了。这种运动系统就是头－眼运动系统。

4. 真正运动知觉与似动

1）真正运动

指物体按特定速度或加速度，从一处向另一处做连续的位移。由此引起的知觉就是真正运动的知觉。

2）似动

指在一定的时间和空间条件下，人们在静止的物体间看到了运动，或者在没有连续位移的地方看到了连续的运动。似动的主要形式有动景运动、诱发运动、自主运动和运动后效等。

①动景运动：当两个刺激物按一定空间间隔和时间间隔相继呈现时，我们会看到一个刺激物向另一个刺激物的运动，这就是动景运动，也叫最佳运动或 Phi 运动。

②诱发运动：由于一个物体的运动使得其相邻的一个静止的物体产生运动的现象，叫诱发运动。

③自主运动：在暗室中，如果你点燃一支烟，并注视这个光点，一会儿你就会看到这个光点似乎在运动，这就是自主运动。

④运动后效：在注视向一个方向运动的物体之后，如果将注视点转向静止的物体，会看到静止的物体似乎是朝着相反方向运动，这就是运动后效。

考研考法突破

考法 1　运动知觉的定义

通过名词解释考查运动知觉的定义。该考法出现频率较低，考生识记理解即可。

例 3：（曲阜大学，2011；苏州大学，2013）名词解释：运动知觉。

参考答案：物体的运动特性直接作用于人脑，为人们所认识，就是运动知觉。运动知觉分为真动知觉和似动知觉。

考法 2　似动的含义及种类

通过选择题、名词解释和简答题考查似动及其四种形式的含义。考生需要在识记其定义的基础上，结合具体事例区分记忆。

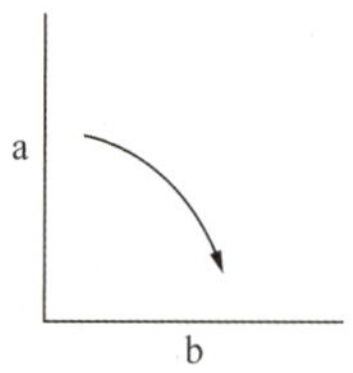

例 4：（统考，2013）单选：先给被试呈现线段 a，待其消失 60 毫秒后，再呈现线段 b，人们会看到线段 a 向线段 b 移动，这种现象被称为（　　）。

A. 诱发运动　　B. 动景运动

C. 自主运动　　D. 运动后效

【解析】似动的主要形式有动景运动、诱发运动、自主运动和运动后效。当两个刺激物按一定空间间隔和时间间隔相继呈现时，我们会看到从一个刺激物向另一个刺激物的连续运动，这是动景运动。由一个物体的运动使其相邻的一个静止的物体产生运动的印象，叫诱发运动。我们把眼睛静止不动地盯着屏幕上的一个固定光点，不一会儿会发现光点飘忽移动起来，这种固定光点的似动现象叫自主运动现象，也叫游动效应。在注视向一个方向运动的物体之后，如果将注视点转向静止的物体，那么会看到静止的物体似乎朝相反的方向运动，这是运动后效。

参考答案：B

例 5：（吉林大学，2011）单选：在一定的时间和空间条件下，人们在静止的物体间看到了运动，这种心理现象是（　　）。

A. 幻觉　　B. 错觉　　C. 似动　　D. 知觉

【解析】似动是指在一定的时间和空间条件下，人们在静止的物体间看到了运动，或者在没有连续位移的地方看到了连续的运动。

参考答案：C

考研考法实战 答案见 D14 页

1.（华东师范大学，2012）单选：暗室中有两个相隔一定距离的光点以一定时间间隔先后发光，人会知觉到光点的连续运动，这种现象被称为（　　）。

A. 潘佐错觉　　B. Phi 现象

C. 月亮错觉　　D. 诱发运动现象

2.（东北师范大学，2017）单选："月亮在云中穿行"是哪一种运动知觉现象？（　　）

A. 诱发运动　　B. 动景运动

C. 自主运动　　D. 运动后效

3.（湖南师范大学，2020）名词解释：运动知觉的诱动

4.（吉林大学，2013；天津师范大学，2014）简答：请简要回答似动有哪几种主要形式。

考点 3　错觉

考研基础必备

1. 错觉概述

1）概念

错觉是对客观事物的一种不正确的、歪曲的知觉。错觉可以发生在视觉方面，也可以发生在其他知觉方面。我们的知觉有时不能正确地反映外界事物的特性，而出现种种歪曲，这种现象都叫作错觉现象。

2）意义

研究错觉的成因有助于揭示人们正常知觉客观世界的规律，研究错觉还有实践的意义，它有助于消除错觉对人类实践活动的不利影响；也可以利用某些错觉为人类服务。

2. 错觉的种类

常见的错觉有大小错觉、形状和方向错觉、倾斜错觉、运动错觉、时间错觉等。

①大小错觉：

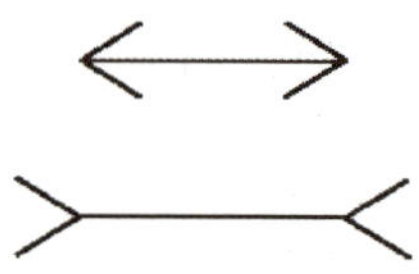

缪勒—莱耶错觉（箭行错觉）：两条原本等长的线条，因两端箭头的朝向不同而看起来箭头朝内的线条比箭头朝外的线条要短些。

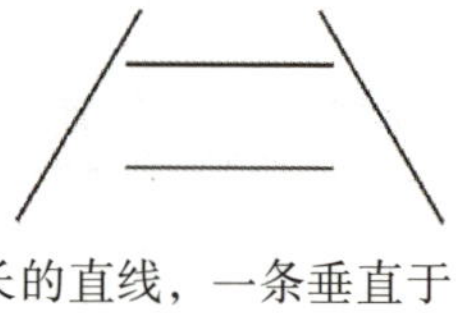

潘佐错觉（铁轨错觉）：在两条辐合线的中间有两条等长的直线，结果上面一条直线看上去比下面一条直线长些。

垂直－水平错觉：是指两条等长的直线，一条垂直于另一条的中点，那么垂直线看上去比水平线要

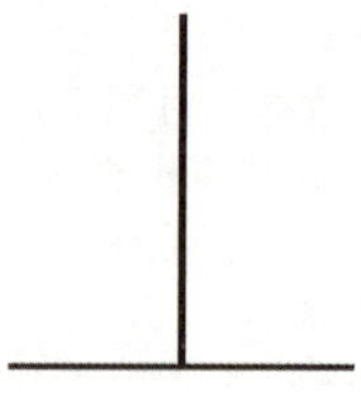

贾斯特罗错觉：两个完全一样的扇形环，当按上下排列时，因对比而看起来上面的扇形环小些，而下面的扇形环要大些的错觉现象。

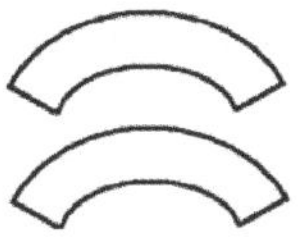

多尔波也夫错觉：是指两个面积相等的圆形，一个在小圆的包围中，另一个在大圆的包围中，结果前者显大，后者显小。

月亮错觉：月亮在视网膜上的视像同样大小，但在接近地平线附近时看起来显得大些，而在头顶上时则看起来显得小些。

②形状和方向错觉：

佐尔拉错觉：当一组平行线被不同方向的斜线所截时，看起来它失去了平行线的特征。

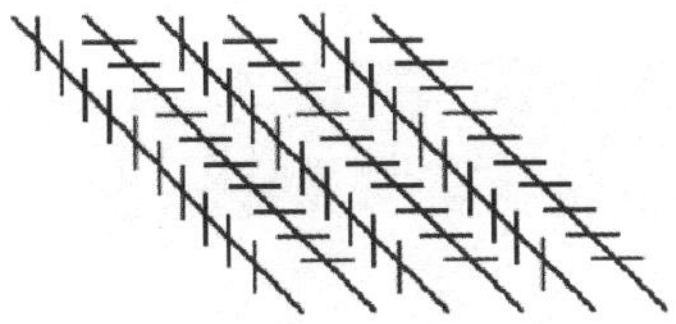

冯特错觉：两条平行线由于附加线段的影响，使中间显得窄而两端显得宽，直线好像是弯曲的。

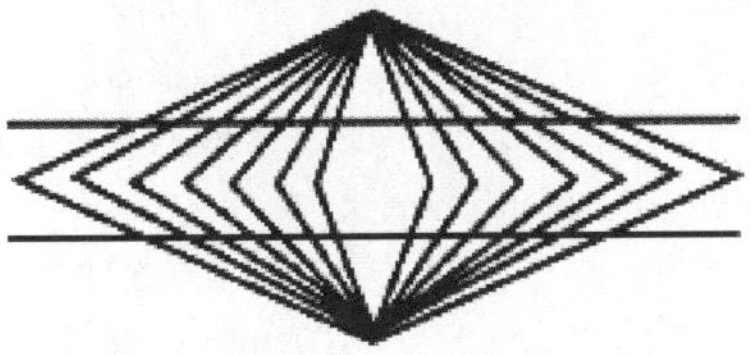

爱因斯坦错觉：一个正方形和圆形看起来正方形非正方，圆并非圆。

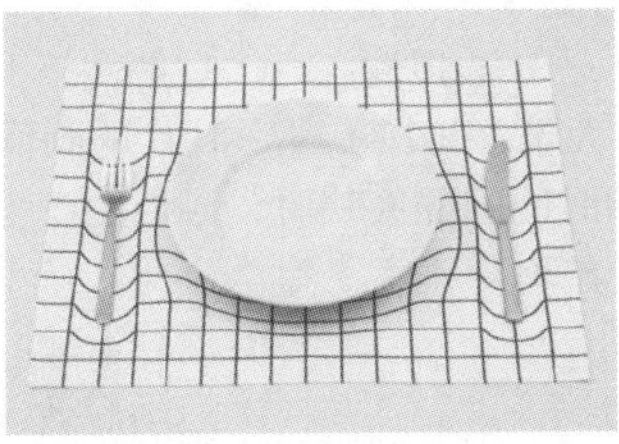

③螺旋错觉：一圈圈的弧看起来是一个螺旋，其实他们是由一组同心圆构成的。背景上带有方向的小单元格让人产生螺旋上升的错觉。

④运动错觉：当我们的目光注视图上的某一个圆时，会觉得其他的圆在转动，其实这些圆环都是一些静态图片。

⑤明暗错觉：也叫赫尔曼格栅。在图上交叉处看到灰点，但仔细看并不存在。更为有趣的是，看到此图，用眼睛环视它，你可以看到那些交叉点放出火花。

3. 人为什么会有错觉

（1）有人认为，当人们知觉某些几何图形时，眼睛运动的方向和范围会发生变化，因而引起知觉的错误。以垂直－水平错觉为例，眼睛做垂直运动比做水平运动困难，因而垂直线会比水平线看上去长些。

（2）也有人认为，观察者把自己认同于图形的某部分，并将自己的情感投射到图形上面，因而引起视觉变形。例如，在箭形错觉中，由于向外的箭头使人在情绪上体验为扩张，其间的线段因而显得较长，而向内的线段在情绪上体验为收缩，其间的线段因而觉得较短。

（3）还有人认为，由于图形通过透视暗示着深度，因而导致图形大小知觉的变化。以潘佐错觉为例，两条斜线提供的线条透视暗示着距离的不同，上方的水平线看上去远些，因而显得长，下方的水平线看上去近些，因而显得短。

但是，这些解释都只适用于某种错觉，而无法解释其他的错觉。直到今天，还没有一种解释适合于所有的错觉现象。

考研考法突破

考法 1　错觉的含义

通过选择题、名词解释考查错觉的含义。该考法比较简单，识记其定义即可。

例 6：（湖南师范大学，2016；首都师范大学，2020）名词解释：错觉。

【解析】该题考查错觉的含义。

参考答案：错觉是对客观事物的一种不正确的、歪曲的知觉。错觉可以发生在视觉方面，也可以发生在其他知觉方面。我们的知觉有时不能正确地反映外界事物的特性，而出现种种歪曲，这种现象都叫作错觉现象。

考法 2　错觉的种类

通过选择题、名词解释和简答题考查错觉的种类。考生要掌握每一类错觉中的具体错觉有哪些，且能够判断某一情况属于具体哪种错觉。

例 7：（四川师范大学，2017）单选：月亮在天边时显大，而在天顶时显小，这是（　　）造成的。

A. 运动错觉　　B. 形状错觉

C. 明暗错觉　　D. 大小错觉

【解析】月亮在天边时显大，而在天顶时显小，这是月亮错觉造成的，它属于大小错觉的一种。

参考答案：D

例 8：（南京大学，2014）多选：以下哪种错觉属于大小错觉？（　　）

A. 缪勒－莱耶错觉　　B. 潘佐错觉

C. 月亮错觉　　D. 爱因斯坦错觉

【解析】大小错觉包括缪勒－莱耶错觉、潘佐错觉、垂直－水平错觉、贾斯特罗错觉、月亮错觉。爱因斯坦错觉属于方向和形状错觉。

参考答案：ABC

考法 3　错觉产生的原因

此考法多以简答的形式出现，考查错觉产生的原因。

例 9：（河南大学，2007）简答：人为什么会产生错觉？

【解析】：该题考查错觉产生的原因。

参考答案：（1）有人认为，当人们知觉某些几何图形时，眼睛运动的方向和范围会发生变化，因而引起知觉的错误。以垂直－水平错觉为例，眼睛做垂直运动比做水平运动困难，因而垂直线会比水平线看上去长些。

（2）也有人认为，观察者把自己认同于图形的某部分，并将自己的情感投射到图形上面，因而引起视觉变形。例如，在箭形错觉中，由于向外的箭头使人在情绪上体验为扩张，其间的线段因而显得较长，而向内的线段在情绪上体验为收缩，其间的线段因而觉得较短。

（3）还有人认为，由于图形通过透视暗示着深度，因而导致图形大小知觉的变化。以潘佐错觉为例，两条斜线提供的线条透视暗示着距离的不同，上方的水平线看上去远些，因而显得长，下方的水平线看上去近些，因而显得短。

但是，这些解释都只适用于某种错觉，而无法解释其他的错觉。直到今天，还没有一种解释适合于所有的错觉现象。

考研考法实战

答案见 D14 页

1.（广州大学，2017）单选：在特定条件下，对客观事物产生带有某种倾向的歪曲的心理现象叫作（　　）。

A. 幻觉　B. 联觉　C. 错觉　D. 统觉

2.（江西师范大学，2015）单选：一条直线的中部被遮盖住了，看起来其两端就不像在一条直线上了，这属于（　　）。

A. 大小错觉　　B. 方向错觉

C. 线条弯曲错觉　　D. 线段长短错觉

3.（广州大学，2013）名词解释：月亮错觉。

4.（吉林大学，2015）简答：错觉的含义及其种类。

章节考点　综合训练

答案见 D14 页

一、单项选择题

1.（统考，2009/2012；华东师范大学，2011；广州大学，2016）立体电影利用的知觉原理主要是（　　）。

A. 运动视差　B. 纹理梯度　C. 线条透视　D. 双眼视差

2.（统考，2013；华东师范大学，2017）下列选项中，属于深度知觉双眼线索的是（　　）。

A. 线条透视　B. 视轴辐合　C. 运动视差　D. 纹理梯度

3.（统考，2015）远处行驶的汽车看起来很小，但人们并不认为汽车变小了，这体现的知觉特征是（　　）。

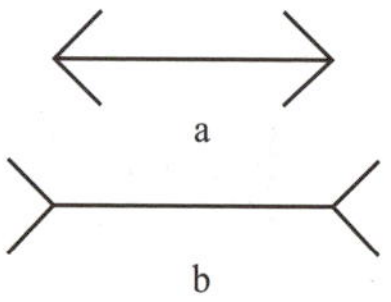

A. 恒常性　B. 整体性

C. 理解性　D. 选择性

4.（统考，2015）上图所示的是两条长度相等的线段，但 b 线段显得比 a 线段长。这种现象是（　　）。

A. 缪勒－莱耶错觉　　B. 贾斯特罗错觉

C. 波根多夫错觉　　D. 多尔波也夫错觉

5.（统考，2016）右图所示的向日葵近疏远密，它所反映的距离知觉线索是（　　）。

A. 空气透视

B. 线条透视

C. 纹理梯度

D. 对象重叠

6.（统考，2020）当驾驶飞机在机场降落时，飞行员会发现前方的景物似乎朝自己运动，近处快，远处慢。这种现象被称为（　　）。

A. 线条透视　　B. 空气透视

C. 运动透视　　D. 对象重叠

7.（统考，2007，东北师范大学，2017；福建师范大学，2017）下列选项中，不属于深度知觉单眼线索的是（　　）。

A. 空气透视　　B. 结构梯度

C. 运动视差　　D. 视轴辐合

8.（天津师范大学，2017）小明经常根据自己过去经验来认识当前刺激，这种知觉特性是（　　）。

A. 知觉整体性　　B. 知觉恒常性

C. 知觉理解性　　D. 知觉选择性

9.（统考，2010）一件白衬衫在灯光昏暗的房间里和在阳光明媚的户外亮度不同，但是人们仍然将其直觉为白衬衫。这种知觉特性是（　　）。

A. 整体性　B 选择性　C. 理解性　D. 恒常性

10.（福建师范大学，2013）电影胶片的画面是静止的，可当以一定的时间间隔放映时，人们便产生连续运动的知觉，这种现象称为（　　）。

A. 动景运动　　B. 诱导运动

C. 自主运动　　D. 运动后效

11.（福建师范大学，2017）两辆公交车并排地在等红灯，而你正坐在其中一辆公交车内。红灯变绿灯时，另外一辆公交车比你坐的那辆车要先启动。这时，你会觉得你坐的这辆车向后运动了。这种现象是（　　）。

A. 动景运动　　B. 诱发运动

C. 运动后效　　D. 自主运动

12.（广州大学，2013）下面不属于同类的是（　　）。

A. 月亮错觉　　B. 运动后效

C. 瀑布错觉　　D. 螺旋后效

13.（华中师范大学，2017）知觉定势属于（　　）。

A. 自上而下加工　　B. 自下而上加工

C. 平行加工　　D. 系列加工

14.（南京师范大学，2015）在暗室注视一个静止的光点，产生光点摆动的知觉，这是（ ）。
A. 真动 B. 动景运动
C. 诱导运动 D. 自主运动

15.（南京师范大学，2016）知觉的对象能够从背景中分离出来，是因为（ ）。
A. 知觉的整体属性 B. 知觉的个别属性
C. 注意的选择性 D. 感觉的感受性

16.（西南大学，2017）正常情况下，人们产生深度知觉的最重要来源是（ ）
A. 单眼线索 B. 视轴辐合
C. 双眼视差 D. 晶体调节

17.（西南大学，2014）知觉的基本特性有（ ）
A. 整体性、对象性、恒常性、理解性
B. 直观性、间接性、恒常性、概括性
C. 直观性、整体性、可操作性、间接性
D. 逼真性、可操作性、选择性、理解性

18.（西南大学，2015）“日初出大如车盖而日中则如盘盂”所描述的现象，被称为（ ）。
A. 视差 B. 错觉 C. 知觉 D. 似动

19.（华东师范大学，2020）虽然足球在视网膜上的成像不断变大，但我们把它知觉为是一个大小不变的足球正在向我们靠近，这一现象体现了知觉的（ ）。
A. 整体性 B. 选择性 C. 恒常性 D. 理解性

20.（西南大学，2015）电影、卡通片的制作采用的是以下哪个理论的观点？（ ）
A. 自主运动 B. 动景运动
C. 诱导运动 D. 运动后效

21.（南京师范大学，2013；北京师范大学，2019）“窥一斑而见全豹”所描述的人的知觉特征是（ ）
A. 整体性 B. 选择性 C. 理解性 D. 恒常性

22.（华南师范大学，2022）由于一个物体的运动使其相邻的一个静止物体产生运动的印象，叫作（ ）。
A. 动景运动 B. 自主运动 C. 诱发运动 D. 相对运动

23.（统考，2021）下列现象中，支持格式塔学派的观点的是（ ）。
A. 动景运动 B. 真正运动 C. 自主运动 D. 运动后效

24.（统考，2022）下列选项中，不属于人耳对声音进行定向的物理线索的是（ ）。
A. 时间差 B. 强度差 C. 相位差 D. 音色差

二、名词解释

1.（华东师范大学，2014）双眼视差。
2.（华东师范大学，2015；华南师范大学，2012；江西师范大学，2021）似动知觉。
3.（山东师范大学，2021）知觉自上而下的加工。
4.（陕西师范大学，2022）阈下知觉。
5.（陕西师范大学，2021；广州大学，2022）负启动效应。
6.（天津大学，2021）时间知觉。
7.（中国人民大学，2021）知觉定势。
8.（山东师范大学，2019；西北师范大学，2022）知觉恒常性。
9.（沈阳师范大学，2020）运动后效。
10.（广州外语外贸大学，2021）动景运动。
11.（华中师范大学，2021）知觉的特征。

三、简答题

1.（统考，2011；苏州大学，2015；南京大学，2020；四川师范大学，2021）简述时间知觉及其影响因素。
2.（北京大学，2016；南京大学，2020；北京师范大学，2021）简述知觉的组织原则。
3.（华中师范大学，2012；华东师范大学，2012；陕西师范大学，2022）简述深度知觉的线索。
4.（辽宁师范大学，2021）举例说明理解在知觉中的作用。
5.（重庆师范大学，2021；深圳大学，2022）简述知觉概念和特征。
6.（统考，2021）“仁者见仁、智者见智”体现了知觉的什么特性？这一特性在知觉中的作用有哪些？
7.（宁波大学，2021；南京师范大学，2021）请举例说明何为自上而下和自下而上的加工。

四、论述题

1.（西南大学，2016）在现实生活中，我们会出现将A物看成B物的错认现象，试应用知觉的信息加工机制的知识来解释诸如将书籍看成盒子等错认现象。
（1）论述知觉的信息加工机制。
（2）请应用知觉的信息加工机制的知识来解释现实生活中错认东西的现象。

第五章 意识和注意

在课堂上，尽管老师讲得眉飞色舞，你却“心猿意马”，直到下课，也不知道老师讲了什么；在你专心思考问题时，你根本没有听到或听懂别人对你说的话；另外，在早晨刷牙的时候，你无端想起去年发生的一件事情，思绪也随之像脱缰的野马，瞬间转换了无数个念头。这些经历就是不同的意识状态。本章将对意识的一些基本现象、理论做简单介绍，主要内容包括意识的基本概念、意识的几种基本状态及与意识状态密切相关的注意现象。本章中的意识及注意的相关理论考查频率较高，在复习过程中，理论部分相关知识点需引起高度重视。

第一节 意识的一般问题

研究真题，明确考况

考试要求	统考		自主命题	
	考题	考查点	考题	考查点
1. 意识的含义及种类	2011	多选：意识的种类	北京大学，2014 复旦大学，2016 华南师范大学，2016	单选：意识的种类
			华中师范大学，2017	单选：意识的含义
	2014 2018	单选：意识的种类	北京大学，2018 华中师范大学，2021	论述：意识加工 单选：意识的功能
2. 意识的功能	无	无	苏州大学，2011	名词解释：意识
3. 无意识现象	2013	多选：无意识现象	西南大学，2012 山东师范大学，2013 四川师范大学，2015 中国科学院心理研究所，2016 首都师范大学，2020	单选：无意识现象

考点 1 意识的概述

考研基础必备

1. 意识的概念

意识是心理的过程和属性。一般来说，意识可以看成是觉醒状态下的觉知，包括对客体的觉知和把自己与其他个体相区分的觉知。就心理状态而言，“意识”意味着清醒、警觉、注意集中等。就心理内容而言，“意识”包括可用语言报告出的一些东西，如对幸福的体验、对周围环境的知觉等。在行为水平上，“意识”意味着受意愿支配的动作或活动，与自动化的动作相反。

2. 意识概念本身很复杂，它可以从不同的角度进行理解

①意识是一种觉知，即觉察到外部事物的存在、某些内部状态和觉察到时间的延续性和空间的广延性。

②意识是一种高级的心理功能，意识对个体的身心系统起统合、管理和调控的作用。

③意识是一种心理状态。

3. 意识的种类

①意识：能被主体觉知到的部分。

②前意识：保持在人脑中的过去的经验在一瞬间没有被意识到，但随时可以进入意识，成为意识的一部分。

③无意识（潜意识）：相对于意识而言，指个体不曾察觉到或无法察觉到内心的心理活动和心理过程。

4. 意识的功能

意识对人类的生存有重要的作用，表现在以下几个方面：

①通过限制人们的注意，减少不断输入的刺激能量；

②使人们依据知觉的组织规律，把连续不断的经验划分为客体（空间模式）和事件（时间模式）；

③使我们能利用过去的记忆对现实输入的信息做出最佳的判断和行为。

考研考法突破

考法 1　意识的含义及功能

此考点常以单选及名词解释形式出现，考查意识的含义及功能，在复习过程中将意识的含义理解记忆即可。可将意识与无意识对比进行理解。

例 1：（华中师范大学，2017）单选：以下哪种说法不是心理学意义上的“意识”？（　　）

A. 意识是对环境的感觉和知觉

B. 意识是选择性注意

C. 意识是内部指向觉察

D. 意识是被压抑的记忆

【解析】本题直接回忆意识内容并选择即可。ABC 均为心理学意义上的“意识”。意识是能被个体觉知到的部分，而不是被压抑的记忆。

参考答案：D

例 2：（苏州大学，2011；吉林大学，2014；西北师范大学，2018）名词解释：意识。

【解析】本题考查意识的概念，将意识的概念回答出即可。

参考答案：意识是心理的过程和属性。一般来说，意识可以看成是觉醒状态下的觉知，包括对客体的觉知和把自己与其他个体相区分的觉知。就心理状态而言，“意识”意味着清醒、警觉、注意集中等。就心理内容而言，“意识”包括可用语言报告出的一些东西，如对幸福的体验、对周围环境的知觉等。在行为水平上，“意识”意味着受意愿支配的动作或活动，与自动化的动作相反。

考研考法实战 答案见 D17 页

1.（江西师范大学，2015）单选：觉醒状态下的觉知，指的是（　　）。

A. 意识　　B. 认识　　C. 注意　　D. 知觉

2.（南京师范大学，2012）单选：心理学家（　　）把意识区分为意识和无意识。

A. 华生　　B. 冯特　　C. 弗洛伊德　D. 巴甫洛夫

3.（西南大学，2019）单选：在当前未被意识到，必要时能意识到的经验处于（　　）。

A. 焦点意识　　B. 下意识

C. 前意识　　D. 潜意识

考点 2　无意识现象

考研基础必备

1. 无意识现象的含义

无意识是相对于意识而言的，是个体不曾觉察到的心理活动和过程。按照精神分析学派弗洛伊德的观点，无意识包括大量的观念、愿望、想法等，这些观念和愿望因为和社会道德存在冲突而被压抑，不能出现于意识中。

2. 常见的无意识现象

①无意识行为：自动化了的行为和习惯，是没有经过主观分析判断而做出的一种本能行为。常见的无意识行为包括睡眠、梦和幻觉以及边看电影边吃瓜子等。

②对刺激的无意识：没有察觉到刺激对他们行为产生的影响。

③盲视：由脑损伤引起的对刺激的无意识。

考研考法突破

考法 1　无意识的含义

本考法一般比较直接，常以名词解释及简答题形式出现，复习过程中将无意识与意识对比理解记忆即可。

例 3：（西南大学，2012）名词解释：意识与无意识。

【解析】本题直接从意识及无意识的概念、种类及两者之间的关系进行作答即可。

参考答案：意识是心理的过程和属性。一般来说，意识可以看成是觉醒状态下的觉知，包括对客体的觉知和把自己与其他个体相区分的觉知。就心理状态而言，“意识”意味着清醒、警觉、注意集中等。就心理内容而言，“意识”包括可用语言报告出的一些东西，如对幸福的体验、对周围环境的知觉等。在行为水平上，“意识”意味着受意愿支配的动作或活动，与自动化的动作相反。

无意识是相对于意识而言的，是个体不曾觉察到的心理活动和过程。按照精神分析学派弗洛伊德的观点，无意识包括大量的观念、愿望、想法等，这些观念和愿望因为和社会道德存在冲突而被压抑，不能出现于意识中。

考法 2　无意识现象

此考点常以选择的形式考查无意识现象，在复习过程中，需理解记忆无意识的含义及常见的无意识现象。

例 4：（四川师范大学，2018）单选：以下不属于无意识现象的是（　　）。

A. 自动化了的行为

B. 没有觉察到对自己行为产生影响的事件

C. 分配性注意

D. 盲视

【解析】常见的无意识现象有无意识行为、对刺激的无意识及盲视，分配性注意属于意识层面的认知过程。

参考答案：C

考研考法实战 答案见 D17 页

1.（辽宁师范大学，2014；重庆师范大学，2022）名词解释：潜意识。

2.（中国科学院心理研究所，2016）简答：在一项研究中，恒河猴 Helen 枕叶额叶交界区域被损毁了，它的眼睛仍然完好。许多时候，Helen 似乎失去了视觉，它走路跌跌撞撞，几次掉进湖中。然而在一些特定情形下，Helen 的表现似乎和视觉正常的猴子一样。它似乎可以探知环境中物体的存在和位置，甚至似乎知道这些物体的朝向和运动轨迹。比如，它甚至会用手抓活的蟑螂并把它们捏死。Helen 的表现被称作什么现象？为何它会有如此矛盾的表现？请利用所学的视觉神经系统的知识进行分析。

第二节 几种不同的意识状态

研究真题，明确考况

考试要求	统考		自主命题	
	考题	考查点	考题	考查点
1. 睡眠	2008 2014 2016 2018 2021	单选：睡眠阶段特征	南京大学，2015 复旦大学，2016 西南大学，2016 南开大学，2018 四川师范大学，2017 北京师范大学，2014	单选：睡眠阶段特征
	2012	简答：睡眠阶段	天津师范大学，2013 华中师范大学，2016 华东师范大学，2020	简答：睡眠阶段
2. 梦	2012	简答：梦的理论	华中师范大学，2012 西南大学，2015	单选：梦的理论解释
			华东师范大学，2016 福建师范大学，2016 山东师范大学，2017 上海交通大学，2016	简答：梦的理论解释
3. 催眠	2022	单选：催眠状态	西南大学，2015 东北师范大学，2017 北京师范大学，2021	单选：催眠的含义 单选：容易催眠的人的特征

考点 1 睡眠

考研基础必备

1. 睡眠的功能

1）功能恢复理论

修整、恢复大脑与身体功能。工作了一天，身体和脑都需要休息。有人提出，快速眼动睡眠对心理健康很重要。随年龄的增长，个体的快速眼动睡眠量越来越少。

2）生态学理论

减少个体能量消耗和避免伤害。我们的祖先晚上躲在山洞里，为了减少能量消耗和避免伤害，进化后就演变成周期变化的一个环节。

2. 睡眠的阶段

整个睡眠包括四个阶段和快速眼动睡眠阶段，我们的睡眠存在一个生物节律，即在 90~100 分钟的时间内经历一个有 5 个不同阶段的周期（见表 5–1）。剥夺人的快速眼动睡眠后，让其重新入睡，其快速眼动睡眠通常会增加。

表 5–1 睡眠阶段

对比项目	第一阶段	第二阶段	第三阶段	第四阶段	快速眼动睡眠阶段
脑电波	混合的、频率和波幅都较低的脑电波，α 波	出现睡眠锭	脑电波的频率会继续降低，波幅变大，出现 δ 波及“睡眠锭”	更大更慢的纯 δ 波	与个体在清醒状态时的脑电波很相似，β 波；δ 波消失，高频率、低波幅的脑电波出现

续表

对比项目	第一阶段	第二阶段	第三阶段	第四阶段	快速眼动睡眠阶段
身体状况	身体放松，呼吸变慢，很容易被唤醒	身体放松，较难被唤醒	身体继续放松，血压、体温、心跳下降，更难被唤醒	深度睡眠，很难唤醒，个体肌肉进一步放松，身体功能的各项指标变慢，梦游、梦呓、尿床等发生在此	睡眠者的眼球开始快速左右上下移动，而且通常伴随着梦境
持续时间	10 分钟	20 分钟	40 分钟	越来越短	越来越长

考研考法突破

考法 1 睡眠的阶段

通过选择题、简答题考查睡眠的各个阶段的特征，在复习过程中，需将睡眠各个阶段中的脑电波、持续时间及身体状况进行对比记忆。

例 1：（南京师范大学，2016）单选：发生在睡眠第二阶段的睡眠锭（sleep spindles）大约持续（　　）分钟。

A. 10　　B. 20　　C. 40　　D. 60

【解析】该题考查睡眠的持续时间，根据脑电图的研究，将睡眠的周期分为四个阶段，另外再加上快速眼动睡眠阶段。睡眠第二阶段的睡眠锭大约持续 20 分钟。

参考答案：B

例 2：（西南大学，2016）单选：随着年龄的增长，个体快速眼动睡眠时间（　　）。

A. 越来越多　　B. 越来越少

C. 呈 U 型　　D. 呈倒 U 型

【解析】随着年龄的增长，睡眠时间越来越少，快速眼动时间也越来越少。

参考答案：B

例 3：（上海交通大学，2016；天津师范大学，2013）简答：根据脑电波的变化，睡眠分为几个阶段，各个阶段的特点是什么？

【解析】本题考查睡眠的阶段及各个阶段的特点。睡眠包括四个阶段和快速眼动睡眠阶段，睡眠存在生物节律，90~100 分钟的时间内经历五个阶段。

参考答案：（1）在第一阶段，脑成分主要为混合的、频率和波幅都较低的脑电波。在这个阶段，个体处于浅睡状态，身体放松，呼吸变慢，但很容易被外部的刺激惊醒，其持续时间约 10 分钟。

（2）在第二阶段，偶尔会出现一种短暂爆发的，频率高、波幅大的脑电波，称为睡眠锭。在这一阶段，个体较难被唤醒，其持续时间约为 20 分钟。

（3）在第三阶段，脑电的频率会继续降低，波幅变大，出现 δ 波，有时也会有“睡眠锭”。个体的身体继续放松，血压、体温、心跳下降，更难被唤醒。第三阶段大约持续 40 分钟。

（4）第四阶段，当大多数脑电波开始呈现为 δ 波时，表明已进入睡眠的第四阶段，即为深度睡眠阶段。在这个阶段，个体的肌肉进一步放松，身体功能的各项指标变慢，有时发生梦游、梦呓、尿床等。

（5）快速眼动睡眠。这时候脑的生理电活动迅速改变，δ 波消失，高频率、低波幅的脑电波出现，与个体在清醒状态时的脑电活动很相似。睡眠者的眼球开始快速做左右上下运动，而且通常伴随着栩栩如生的梦境。

考法 2　睡眠的功能

本考点单独考查频率较低，通常会与梦的相关知识点结合进行考查，复习过程中将睡眠功能理解即可。

例 4：（华中师范大学，2016）单选：下面关于睡眠与梦的说法错误是（　　）。

A. 快波睡眠随着年龄的增大而减少

B. 睡眠剥夺实验说明，睡眠对于集中注意力、保持情绪正常等方面没有影响

C. 剥夺快速动眼阶段的睡眠使得以后几天里此类睡眠增加

D. 梦话或梦呓也在沉睡阶段发生，因此与做梦无关

【解析】睡眠剥夺实验说明睡眠会影响人们的情绪、记忆、生理功能和行为等。

参考答案：B

考研考法实战 答案见 D17 页

1.（南京师范大学，2015）单选：在睡眠过程中，会出现一种短暂爆发的，频率高、波幅大的脑电波，称为（　　）。

A. 睡眠锭　　B. 慢波睡眠

C. 快速眼动睡眠　　D. 深度睡眠

2.（华中师范大学，2017）单选：下面关于睡眠剥夺实验结果的表述中不正确的是（　　）。

A. 睡眠对于集中注意力没有影响

B. 睡眠对于保持情绪正常有影响

C. 8 天将近 200 小时不睡觉，身心功能并无异常

D. 11 天不能睡觉，在智力测验上也没有受到影响

3.（华中师范大学，2017）单选：你的室友睡得很沉，脑波频率很慢，为 0.5~2 个周期每秒，而振幅却达到最大。你的室友正处在睡眠的哪个阶段？（　　）

A. REM　B. 第一阶段　C. 第四阶段　D. 第二阶段

4.（华东师范大学，2020）单选：以下哪一项不是快速眼动睡眠期的主要特征？（　　）。

A. 眼睛快速转动　　B. 出现睡眠纺锤波

C. 肌肉完全放松　　D. 揭示梦的开始

5.（西南大学，2021）论述：结合睡眠的功能，阐述睡眠与心理健康的关系。

考点 2　梦

考研基础必备

1. 含义

梦一般发生在快速眼动阶段，即在睡眠中产生想象的影像、声音、思考或感觉；其特点是无意性、被动性以及梦境的离奇与怪诞。

2. 对梦的解释的三种观点

①精神分析认为，梦是压抑着的潜意识的冲动或者愿望的反映。

②生理学观点认为，梦的本质是某种刺激引起的一些神经细胞活动的结果，是我们对脑神经随机活动的主观体验。

③认知观点认为，梦的功能是将个体的知觉和行为经验重新编码和整合，使之转化为符号化、可意识的知识，如一些较难的数学题有时候会在一觉睡醒后突然找到解题方法。

考研考法突破

考法 1　考查梦的解释

此考点通常与弗洛伊德理论相结合以简答题形式进行考查，可结合弗洛伊德相关理论进行复习。弗洛伊德相关理论为重要知识点。

例 5：（统考，2012）简答：简述弗洛伊德无意识理论及对梦的解释。

【解析】：本题直接将弗洛伊德无意识理论及梦的理论回答出即可。

参考答案：

（1）弗洛伊德无意识理论的主要观点：

人的意识分为意识、无意识（潜意识）和前意识三个层面。意识是对自己身心状态及事物的觉知状态；无意识是个体不能觉察到的心理活动；前意识是介于意识和无意识之间的过渡层面。在三者之中，弗洛伊德特别强调无意

识的作用，并且把它与意识的作用对立起来。

（2）弗洛伊德无意识理论对梦的解释：

梦是无意识中被压抑的欲望得到满足的重要途径之一。这些欲望主要是人的性本能和攻击本能的反映。在清醒状态下，由于这些冲动和愿望不被社会伦理道德接受，因而受到压抑和控制，无法出现在意识中。而在睡眠时，意识的警惕性有所放松，这些冲动和愿望就会在梦中以改头换面的形式表达出来。梦的解释需要从显性梦境回溯到隐性梦境，梦中的符号和隐喻既有特殊性，又有普遍性。

考法 2　考查梦出现的阶段

通过选择题考查梦出现的阶段，本考法一般与睡眠阶段相结合进行考查，在复习过程中结合睡眠阶段进行理解记忆。该考法的考查频率很高，但是十分简单，只需记住梦出现在快速眼动睡眠阶段即可。

例 6：（华东师范大学，2011；西南大学，2019）单选：心理学的研究表明，在整个睡眠中，梦境一般发生在（　　）。

A. 快速眼动睡眠　　B. β 波为主的睡眠

C. δ 波为主的睡眠　　D. θ 波为主的睡眠

【解析】该题考查睡眠这一意识状态中梦境出现的阶段。可将各种脑电波的特点与睡眠的阶段结合起来记忆。根据脑电图的研究，将睡眠的周期分为四个阶段，另外再加上快速眼动阶段，其中梦境主要出现在快速眼动睡眠阶段。

参考答案：A

考研考法实战 答案见 D18 页

1.（华中师范大学，2011）单选：认为一定数量的刺激对于维持脑和神经系统的正常功能是必要的，在睡眠时，由于刺激减少，神经系统会产生一些随机活动的是（　　）。

A. 激活 – 整合模式　　B. 梦的认知理论

C. 精神分析理论　　D. 完形心理学

2.（广州大学，2018）单选：伴随栩栩如生的梦境发生在睡眠的哪个阶段？（　　）

A. 浅睡阶段　　B. “睡眠锭”阶段

C. 慢波睡眠阶段　　D. 快速眼动睡眠阶段

考点 3　催眠

考研基础必备

1. 含义

催眠是另一种意识状态，在此状态下，人们会轻易地对暗示做出反应。催眠时的脑电特征与个体在清醒状态时是相似的。

2. 容易被催眠的人的特征

①经常做情节生动的白日梦；

②想象力丰富；

③容易沉浸于眼前或想象中的场景；

④依赖性强，经常寻求他人的指点；

⑤对催眠的作用深信不疑。

3. 催眠的理论解释

1）社会认知或角色扮演的观点

这一观点认为，催眠并不神秘或奇怪，它的作用只是反映了催眠师和被催眠者之间的一种特殊的关系。一般来说，被催眠的人事先对催眠已有所了解，知道催眠后会发生什么。在催眠中，他们只是扮演了一个特殊的社会角色——被催眠的人。这个角色意味着将无条件地接受催眠师的指挥。由于是角色的要求，被催眠的人在进入催眠状态后，就倾向于顺从催眠师的指示，做出特定的行为或产生特定的感受。

2）意识功能分离的观点

这种观点认为，人的意识有执行和监督两种基本功能：执行功能可以使我们控制和规范自己的行为；监督功能可以使我们观察自己的行为。在正常情况下，意识的这两种功能是连在一起的，但是催眠可以使两种功能之间的联系断开。通过分离这两种基本的意识功能，可以达到催眠的效果。在催眠条件下，个体进入一种特殊的意识状态，其执行功能正常，并接受催眠师的指令，而监督功能不起作用。

考研考法突破

考法 1　催眠的含义及特点

通过选择题考查催眠的含义以及催眠状态的特点。

例 7：（四川师范大学，2017）单选：催眠是一种特殊的（　　）状态。

A. 意识　　B. 无意识　　C. 睡眠　　D. 幻想

【解析】催眠是另一种意识状态，在此状态下，人们会轻易地对暗示做出反应。

参考答案：A

考法 2　催眠的理论解释

通过简答题考查催眠的理论解释。该考法考查频率较低，大家根据自己目标院校的真题考查情况选择性学习记忆即可。

例 8：（西南大学，2019）简答：简述希尔加德提出的关于催眠的意识分离论。

【解析】本题考查催眠的相关理论解释。

参考答案：人的意识有执行和监督两种基本功能：执行功能可以使我们控制和规范自己的行为；监督功能可以使我们观察自己的行为。在正常情况下，意识的这两种功能是连在一起的，但是催眠可以使两种功能之间的联系断开。通过分离这两种基本的意识功能，可以达到催眠的效果。在催眠条件下，个体进入一种特殊的意识状态，其执行功能正常，并接受催眠师的指令，而监督功能不起作用。

考研考法实战 答案见 D18 页

1.（西南大学，2015）单选：下列关于催眠的说法中，错误的是（　　）。

A. 催眠是一种意识状态

B. 催眠时脑电活动与个体清醒时一样

C. 催眠与睡眠状态相同

D. 容易受暗示的人容易被催眠

2.（华东师范大学，2016）单选：催眠的效果主要取决于（　　）。

A. 催眠师的能力　　B. 被催眠者的可催眠性

C. 情境　　D. 时间

3.（东北师范大学，2017）单选：通过催眠有可能实现效果是（　　）。

A. 增强体力　　　　B. 止痛
C. 提高记忆力　　　D. 出现睡眠形式脑电波

4.（东北师范大学，2017）多选：对催眠恰当的理解是（　　）。

A. 催眠即是一种变相睡眠
B. 制约催眠的重要因素为不可催眠性
C. 被催眠者对暗示有特殊的反应能力
D. 催眠技术的应用可有效地减少疼痛

5.（北京科技大学，2012/2013）简答：什么是催眠，如何解释催眠现象？

第三节　注意的一般概述

研究真题，明确考况

考试要求	统考		自主命题	
	考题	考查点	考题	考查点
1. 注意含义	2014	单选：注意含义	四川师范大学，2016	单选：注意含义
2. 注意品质	2009 2012 2013 2017	单选：注意品质	西南大学，2016 华东师范大学，2011/2013/2014 江西师范大学，2012/2015 南京师范大学，2015 华东师范大学，2020	单选：注意的品质
	2010	简答：注意品质	山东师范大学，2013 华东师范大学，2015	简答：注意品质
3. 注意种类	2007 2013 2022	单选：注意种类 简答：不随意注意的特点	西南大学，2014/2015 南京师范大学，2014 华东师范大学，2013 深圳大学，2022 华南师范大学，2016 天津师范大学，2017 首都师范大学，2020	单选：注意种类 名词解释：注意种类
			首都师范大学，2017/2020	简答：注意的种类

考点 1　注意的概述

考研基础必备

1. 注意的含义

注意是一种心理状态，是心理活动或意识对一定对象的指向和集中，具有指向性和集中性的特点。

2. 注意和意识的关系

1）区别

注意不是意识，注意是心理活动而意识是心理体验；与意识相比，注意更为主动和容易控制。

2）联系

两者密不可分；当人们处于注意状态时，意识内容比较清晰；人的注意所指向的内容一般处于意识活动的中心，因此对于注意指向的内容，人的意识比较清晰。

3. 注意的功能

1）选择功能

对信息进行选择：选择重要的信息，排除无关信息的干扰。

2）整合功能

在注意状态下人们才能将物体的个别特征信息进行加工整合为一个完整的物体。

3）维持功能

注意能使得个体的心理活动集中在被选择的对象上，直到活动达到目的为止。

4）调节和监督功能

注意能使人根据环境特点，觉察事物的变化，调节心理与行为相适应，使个体能及时发现错误并给予修正。

4. 注意的品质（见表 5–2）

表 5–2　注意的品质

品质	定义	影响因素
注意广度	注意的广度也叫注意的范围，是指在同一时间内能清楚地把握对象的数量。 广度：7±2 个组块	对象的特点； 活动任务或知识经验； 注意策略
注意的稳定性	注意的稳定性是指对同一对象或同一活动上注意所能持续的时间，其相反的状态是注意的分散。注意起伏是指注意力表现出时高时低的周期性节律	对象本身的特点； 个人对待活动的态度； 活动的目的或任务

续表

品质	定义	影响因素
注意的分配	注意的分配是指在同一时间内把注意指向于不同的对象	人对活动的熟练程度；新事物的性质和意义；神经过程的灵活性
注意转移	根据新的任务，主动地把注意从一个对象转移到另一个对象或由一种活动转移到另一种活动的现象	原来注意的紧张程度；新任务的性质；神经过程的灵活性

考研考法突破

考法 1　注意的含义

此考法常以选择题和名词解释的形式出现，复习过程中将注意的含义理解记忆即可。

例 1：（四川师范大学，2016；南京师范大学，2015）单选：注意是心理活动或意识对一定对象的（　　）。

A. 指向　　B. 集中

C. 指向和集中　　D. 反映

【解析】注意是一种心理状态，是心理活动或意识对一定对象的指向和集中，具有指向性和集中性的特点。

参考答案：C

考法 2　注意与意识的关系

通过简答题考查注意与意识的关系。该考法出现频率较低，在理解其定义的基础上掌握其联系和区别即可。

例 2：（东北师范大学，2018）简答：注意与意识的区别与联系是怎样的？

【解析】：本题考查注意和意识的关系。

参考答案：

区别：

①概念的内涵不同。注意是一种心理活动或“心理动作”；而意识主要是一种心理内容或体验。②两者的功能不同。注意提供了这样一种机制，决定什么东西可以成为意识的内容，而什么东西不可以。只有被注意到的内外刺激，才能被个体所觉察，进而内产生意识。

联系：

①在可控制的意识状态容下，注意集中，意识清晰。②在自动化的意识状态下，注意很少，意识参与也少。③在白日梦状态下，人的意识内容不断变化，注意极少。④在睡眠状态下，即无意识状态，注意基本停止。

考法 3　注意的功能

通过简答题考查注意的四个功能。在识记其四个功能的基础上进行回答即可。作答简答题的时候，对于每个要点要做简要的叙述。

例 3：（北京科技大学，2011）简答：结合自己的理解，谈谈注意在日常生活、工作和学习中的重要作用。

【解析】本题考查注意的功能。

参考答案：注意在我们的生活学习中都起着重要的作用，注意的功能有以下四种：

选择功能：对信息进行选择。选择重要的信息，排除无关信息的干扰。我们经常需要在众多的信息中选择注意对我们有用的一些信息。

整合功能：在注意状态下人们才能将物体的个别特征信息进行加工整合为一个完整的物体。将个别特征整合我们才能更好地知觉到事物。

维持功能：注意能使得个体的心理活动集中在被选择的对象上，直到活动达到目的为止。

调节和监督功能：注意能使人根据环境特点，觉察事物的变化，调节心理与行为相适应，使个体能及时发现错误并给予修正。

考法 4　注意的品质

此考法多以选择题和简答题形式考查。简答题考查比较简单，直接叙述其四个品质的内容即可，选择题中考查比较灵活，需要考生结合实例灵活运用。

例 4：（江西师范大学，2015）单选：在同一时间内把注意指向不同对象，同时做几种不同活动，这种注意被称为（　　）。

A. 注意转移　　B. 注意分配

C. 注意分散　　D. 注意动摇

【解析】注意的分配是在同一时间内，将注意指向两种或以上的对象（眼观六路，耳听八方），是后天学习和训练的结果。注意的分配可以通过作业双任务来检测。

参考答案：B

例 5：（统考，2014）多选：影响注意广度的因素有（　　）。

A. 知觉对象的特点　　B. 活动任务

C. 神经过程的灵活性　　D. 知识经验

【解析】本题旨在考查考生对注意品质的理解和掌握。注意广度就是注意的范围，是指人在同一时间内所能清楚地把握的对象数量。个体的背景知识、活动的任务要求以及注意对象的特点都会影响注意广度。没有研究表明神经过程的灵活性和注意广度有关。因此本题选 ABD。

参考答案：ABD

例 6：（南京师范大学，2015/2017）单选：学生在课堂上一边听讲，一边记笔记，这是（　　）。

A. 注意的分配　　B. 注意的保持

C. 注意的选择　　D. 注意的转移

【解析】注意分配是指在同一时间内把注意分配到不同的对象上。注意转移是指有目的地、及时地把注意从一个对象转移到另一个对象。注意区分这两个概念。

参考答案：A

考研考法实战 答案见 D18 页

1.（江西师范大学，2016）单选：下面不属于描述注意的词汇是（　　）。

A. 聚精会神　　B. 三心二意

C. 专心致志　　D. 持之以恒

2.（四川师范大学，2015；西南大学，2014）单选：工人操作机器时，可以眼、耳、手并用，这属于（　　）的体现。

A. 注意广度　　B. 注意转移

C. 注意分配　　D. 注意分散

3.（华东师范大学，2014）单选：一个上午的课堂教学中，往往安排不同的课程内容，这体现了注意的（　　）。

A. 注意的广度　　B. 注意的稳定性

C. 注意的转移　　D. 注意的分配

4.（统考，2021）多选：影响注意转移难易和速度的主要因素有（　　）。

A. 神经过程的灵活性

B. 新的事物的性质和意义

C. 原来活动吸引注意的强度
D. 活动之间关系的密切程度
5.（北京师范大学，2005；北京林业大学，2021；山西大学，2021）简答：注意具有哪些功能？
6.（东南大学，2016）论述：心理与行为，意识与无意识的关系。

考点 2 注意的种类

考研基础必备

1. 根据产生和保持时有无目的性和意志努力程度的不同，注意可分为（见表 5–3）：

表 5–3 注意的分类（1）

种类	目的	意志努力	影响因素	举例
不随意注意（无意注意）	没有	不需要	刺激物特点，人的状态	上课的同学注意到迟到的同学进教室
随意注意（有意注意）	有	需要	活动目的与任务、兴趣、活动组织、过去经验、人格	专心地做题目
随意后注意（有意后注意）	有	不需要	对活动本身的兴趣	妈妈一边织毛衣一边看电视

2. 根据功能的不同，注意可分为（见表 5–4）：

表 5–4 注意的分类（2）

种类	含义	功能	研究方法
选择性注意	个体在同时呈现的两种或两种以上的刺激中选择一种进行注意，而忽略另外的刺激	选择、忽略	双耳分听，负启动效应
持续性注意	注意在一定时间内保持在某个客体或活动上，也叫注意的稳定性	对于事物特征的精细加工与整合	警戒作业
分配性注意	个体在同一时间内同时对两种或两种以上的刺激进行注意，或将注意分配到不同的活动中	完成复杂任务	双作业操作

考研考法突破

考法 1 不同种类注意的含义及区分

通过选择题、名词解释考查某种注意类型的含义，或通过简答题综合考查注意的每种类型。选择题考查得比较灵活，通常是结合例子进行考查，需要考生在理解每种注意类型的定义的基础上灵活运用。

例 7：（西南大学，2014/2016）单选：注意可分为（　　）。
A. 无意注意、有意注意、不随意注意
B. 无意注意、有意注意、有意后注意
C. 随意注意、有意注意、不随意注意
D. 无意注意、有意注意、随意后注意

【解析】注意分为三类，（1）无意注意是没有预定目的的，不需要意志努力就能维持的注意，又叫不随意注意；（2）有意注意是有预定目的，需要付出一定意志努力才能维持的注意，又叫随意注意；（3）有意后注意是一种既有目的，又无须意志努力的注意，又叫随意后注意。

参考答案：B

例 8：（南京师范大学，2014）单选：突然的敲门声，打断人的思路，属于（　　）。
A. 随意注意　　B. 不随意注意
C. 随意后注意　　D. 注意的动摇

【解析】不随意注意指没有预定目的，也不需要意志努力的注意，与题中举例一致。随意注意指有预定目的，并需要一定意志努力的注意。随意后注意是注意的一种特殊形式，是指有自觉目的但不需意志努力的注意。注意的动摇（起伏）是指注意在短暂时间内的起伏波动。

参考答案：B

例 9：（湖南师范大学，2011/2020）名词解释：持续性注意。

参考答案：持续性注意是指注意在一定时间内保持在某个客体或活动上，也叫注意的稳定性。

例 10：（首都师范大学，2017）简答：简述注意的概念与种类。

【解析】本题考查对注意的概念及种类，先回答注意的概念，再根据注意的分类标准回答出不同注意即可。

参考答案：注意是心理活动或意识对一定对象的指向和集中。注意不是一个独立的心理过程，但是它总伴随着其他心理过程而发生。注意具有指向性和集中性，并且注意的指向性和集中性是密不可分、相互影响的。人在高度集中注意时，注意指向的范围就会缩小。注意的基本功能在于选择信息，使之处于心理活动或意识的中心，以便能够被有效地记录、加工和处理。

根据产生和保持时有无目的性和意志努力程度的不同，注意分为不随意注意、随意注意和随意后注意。

不随意注意也叫无意注意，是指事先没有预定目的、不需要意志努力的注意。在不随意注意情况下，人们对要注意的事物没有任何准备，也没有明确的认识任务。不随意注意是一种比较低级的注意形式，是消极被动的注意，是人和动物都有的一种注意形式。

随意注意也叫有意注意，是一种有预定目的，需要一定意志努力的注意。它是一种积极、主动的注意形式，是人类所特有的。

随意后注意兼具有不随意注意和随意注意的某些特征。它与一定的目的、任务相联系，类似于随意注意，但是又不需要意志的努力，因此又类似于不随意注意。它是在随意注意的基础上发展起来的。随意注意的通常表现是，喜欢上某件事情，并沉浸其中因此，对活动本身的直接兴趣是培养随意后注意的关键。

根据功能的不同，注意分为选择性注意、持续性注意、分配性注意。

选择性注意是指个体在同时呈现的两种或两种以上的刺激中选择一种进行注意，而忽略另外的刺激。持续性注意是指，注意在一定时间内保持在某个客体或活动上，也叫注意的稳定性。分配性注意是指，个体在同一时间内同时对两种或两种以上的刺激进行注意，或将注意分配到不同的活动中。

考法 2　不同种类注意的影响因素

此考法多以选择题和简答题形式考查，考查我们对不同种类注意的影响因素的记忆。

例 11：(统考，2013）多选：影响有意注意的因素有（　　）。

A. 活动目的和任务　　B. 间接兴趣

C. 活动组织　　D. 人格特征

【解析】有意注意又叫随意注意，随意注意的影响因素有：活动目的与任务、兴趣、活动组织、过去经验、人格。因此，ABCD 均能对随意注意产生影响。

参考答案：ABCD

例 12：（浙江师范大学，2013）简答：简述无意注意的影响因素。

【解析】本题考查无意注意的影响因素。

参考答案：不随意注意也叫无意注意，是指事先没有预定目的，不需要意志努力的注意。在不随意注意情况下，人们对要注意的事物没有任何准备，也没有明确的认识任务。不随意注意是一种比较低级的注意形式，是消极被动的注意，是人和动物都有的一种注意形式，刺激物特点，人的状态都会对无意注意产生影响。

刺激物的特点包括刺激物的强度、刺激物的新异性、刺激物的运动变化和刺激物的对比性等。

人的状态包括个人的需要和兴趣、情绪情感状态、个人的期待等。

考法 3　不同种类注意的研究方法

通过选择题考查不同类型的注意的研究方法，该考法在实验心理学中也会有所涉及，大家可结合学习。

例 13：（江西师范大学，2013；华东师范大学，2013）单选：研究者通常通过什么任务来研究注意的分配性？（　　）

A. “双耳分听实验”　　B. “警戒作业”

C. “双作业操作实验”　　D. “速度实验”

【解析】本题考查了注意分配的任务。双耳分听实验是指，给被试的两耳同时呈现两种材料，让被试大声追随从一个耳朵听到的材料，并检查被试从另一耳所获得的信息。双作业操作实验是让被试执行两个明显不同的任务，然后研究者来评估这两个任务间相互影响的程度，通过使任务相互竞争来揭示注意的特性。

参考答案：C

考研考法实战

答案见 D19 页

1.（西南大学，2015）多选：根据注意的目的性以及是否需要意志努力，可以将注意分为（　　）。

A. 不随意注意　　B. 随意注意

C. 选择性注意　　D. 随意后注意

2.（吉林大学，2012）单选：有预定目的、需要一定意志努力的注意是（　　）。

A. 随意注意　　B. 随意后注意

C. 不随意注意　　D. 选择性注意

3.（统考，2007）单选：上课时，学生被突然飞进的小鸟吸引，这种心理现象是（　　）。

A. 随意注意　　B. 不随意注意

C. 随意前注意　　D. 随意后注意

4.（统考，2013）单选：下列方法中，通常用来测量持续注意的是（　　）。

A. 警戒作业　　B. 双作业操作

C. 双耳分听　　D. 负启动

第四节　注意的生理机制和认知理论

研究真题，明确考况

考试要求	统考		自主命题	
	考题	考查点	考题	考查点
1. 注意的神经生理机制	无	无	南京师范大学，2016	单选：注意生理机制
			吉林大学，2013/2016	名词解释：朝向反射
			福建师范大学，2014	简答：注意的外部表现
2. 注意的认知理论	2008 2013	单选：注意的认知理论	南京师范大学，2016/2017/2019 华南师范大学，2016 西南大学，2016/2017	单选：注意选择认知理论
	2007	多选：注意的认知理论	西南大学，2015	单选：注意分配认知理论
			北京大学，2015 苏州大学，2016 东北师范大学，2015 南京师范大学，2017 上海师范大学，2014 中央财经大学，2019 深圳大学，2020/2022	简答：注意的认知理论
	2009 2020	论述：注意的认知理论	南京师范大学，2014	论述：注意的认知理论

考点 1 注意的神经生理机制

考研基础必备

1. 注意的生理机制

1）朝向反射

由新异刺激物引起的，是注意的最初生理机制（人和动物共有）。朝向反射是一种较复杂的反射，包括身体的一系列变化，比如动物把感官朝向刺激物，正在进行的活动受到压抑，四肢的血管收缩，头部血管舒张，心率变慢，出现深呼吸、瞳孔扩张等。

2）脑干网状结构

网状结构不传递环境中的特定信息，但是负责维持大脑觉醒，保证大脑能有效加工特定信号。

3）边缘系统

边缘系统是一个功能系统，存在“注意神经元”，负责对新旧刺激进行选择，如果边缘系统损坏会出现高度分心现象。

4）大脑皮层

是产生注意的最高部位，大脑皮层有调节和控制皮下组织的功能，并主动调节行动，对信息进行选择。如果皮层额叶损伤会表现出对新异刺激过分敏感。

2. 注意的生理指标

注意的生理指标有很多，心跳、血管血流量、呼吸率、内分泌腺分泌量、皮肤电反应、瞳孔大小以及脑电的变化等都可以作为注意的生理指标。

①肾上腺素分泌量的变化。集中注意时，肾上腺素的分泌量增加。

②瞳孔直径的变化。在一项研究中，当被试力图记住一列数字时，其瞳孔直径变大。

③诱发电位的变化。关联负变化（CNV）是一种与注意活动密切相关的脑诱发电位，P300 被认为是分心的一个指标。

3. 注意的外部表现

注意的外部表现主要体现在以下几个方面：无关运动停止，朝向刺激物，肢体收缩，出现深呼吸，瞳孔扩张等。

考研考法突破

考法 1 注意的生理机制及指标

以选择题和名词解释考查注意的生理机制和生理指标，考查频率较低，根据自己目标院校的历年真题考查情况选择性理解记忆即可。

例 1：（南京师范大学，2016）单选：由情境的新异性所引起的一种复杂而又特殊的反射称作（　　）。

A. 条件反射　　B. 吸引反射

C. 操作反射　　D. 朝向反射

【解析】朝向反射是由新异刺激物引起的，是注意的最初生理机制（人和动物共有）。朝向反射是一种较复杂的反射，包括身体的一系列变化，比如动物把感官朝向刺激物，正在进行的活动受到压抑，四肢的血管收缩，头部血管舒张，心率变慢，出现深呼吸、瞳孔扩张等。

参考答案：D

例 2：（西南大学，2016）多选：注意的生理指标是（　　）。

A. 肾上腺素分泌量　　B. 呼吸节律

C. 瞳孔直径　　D. 诱发电位

E. 皮肤电反应

【解析】注意的生理指标有很多，心跳、血管血流量、呼吸率、内分泌腺分泌量、皮肤电反应、瞳孔大小以及脑电的变化等都可以作为注意的生理指标。

参考答案：ABCDE

考法 2 考查注意的外部表现

本考点较为简单，考查频率较低，复习过程中将注意的外部表现理解记忆即可，通常会结合其他相关考点共同进行考查。

例 3：（福建师范大学，2014）简答：列举注意有哪些外部表现？应该如何保持有意注意？

【解析】本题可从注意的外部表现、有意注意的概念及有意注意的影响因素进行回答。

参考答案：注意的外部表现主要体现在以下几个方面：无关运动停止，朝向刺激物，肢体收缩，出现深呼吸，瞳孔扩张等。

有意注意指有预定目的，并需要一定意志努力的注意。有意注意是注意的一种积极、主动的形式。有意注意也叫随意注意，保持有意注意，我们可以考虑以下几方面：

①对注意目的与任务的依从性：有意注意是一种有预定目的的注意。目的越明确、越具体，随意注意越易于引起和维持。

②对兴趣的依从性：生动有趣的事物容易引起有意注意。对活动结果的间接兴趣能够维持人们稳定而集中的注意。

③对活动组织的依从性：有意注意的引起和维持还和活动是否正确组织有关。有些人养成了良好的工作习惯和生活习惯，起居饮食很有规律。这样在规定的工作时间内，他能全神贯注地工作。把智力活动与某些外部活动结合起来，也有利于注意的维持。

④对过去经验的依从性：有意注意受到过去知识经验的制约。一方面，人们对自己所熟悉的事物和活动，可以自动地进行加工和操作，无须特别集中的注意；另一方面，人们想要在活动中维持自己的注意，又和他们的知识经验有一定关系。

⑤对人格的依从性：具有顽强、坚毅性格特点的人，比较容易使自己的注意服从于当前的目的与任务；相反，意志薄弱、害怕困难的人，不可能有良好的有意注意。

考研考法实战 答案见 D19 页

1.（吉林大学，2013）名词解释：朝向反射。

2.（西南大学，2019）单选：集中注意时，肾上腺素的分泌（　　）。

A. 增加　　B. 减少

C. 不变　　D. 不确定

考点2 注意的认知理论

考研基础必备

1. 注意选择的认知理论

观点聚焦在对信息的选择在哪个阶段。

1）过滤器理论

英国心理学家布罗德本特（Broadbent）根据双耳分听的一系列实验结果，提出了解释注意的选择作用的过滤器理论。该理论主要观点有如下几点：

第一，神经系统加工信息的容量是有限的，不可能对所有的感觉刺激进行加工。

第二，当信息通过各种感觉通道进入神经系统时，要先经过一个过滤机制。

第三，过滤器对信息进行选择，只选择较少的信息进入高级分析，其他信息被完全阻断在外。过滤器的工作方式是“全或无”的。

2）衰减理论

该理论由特瑞斯曼提出。其前两项内容跟过滤器理论一致（也就是这两个理论的共同点），区别在于第三条，当信息通过过滤装置时，不被注意的非追随信息只是在强度上减弱了，而不是完全消失。不同刺激的激活阈限是不同的，当刺激对被试有意义的时候，激活阈限低，当出现在非追随耳时，容易被人们察觉。比如出现你的名字或你喜欢的明星的名字。

3）后期选择理论

由多伊奇提出，诺尔曼完善。他们认为，输入的信息在进入过滤装置前已经受到了充分的分析，然后才进入过滤装置，过滤器不在于选择知觉刺激，而在于对刺激的反应，选择是发生在后期加工阶段。选择标准是对人的重要性。也就是说，重要的反应，不重要的不反应。

4）多阶段选择理论

约翰斯顿等人认为，选择过程在不同的加工阶段都有可能发生。选择之前的加工阶段越多，需要的认知资源也就越多，且依赖于当前的任务要求。

2. 注意分配的认知理论

观点聚焦在注意是如何协调不同的认知任务与认知活动。

1）认知资源理论

卡内曼提出，主要观点有如下几点：

第一，注意可以看作一组对刺激进行归类和识别的认知资源或认知能力。

第二，这些认知资源是有限的。

第三，对刺激的识别随刺激的复杂度占用相应的资源。刺激越复杂占用资源越多，当资源完全被占时，新刺激不能得到加工。

2）双加工理论

由谢夫林提出，主要观点有如下几点：

第一，人类的认知加工有两类：自动化加工和受意识控制的加工。

第二，自动化加工不受认知资源的限制，不需要注意的参与。

第三，受意识控制的加工受资源的限制，需要注意的参与，并且经过一定练习后，可转变为自动加工。

考研考法突破

考法1 考查注意选择过程的信息加工阶段

此考点多以选择题形式出现，考查注意选择的认知理论关于注意选择过程的信息加工阶段，在复习过程中应注意对比过滤器理论、衰减理论、后期选择理论及多阶段选择理论的异同。

例4：（统考，2007）多选：强调注意选择过程发生在信息加工某个特定阶段的理论有（　　）。

A. 过滤器理论　　B. 衰减理论

C. 后期选择理论　　D. 认知资源理论

【解析】注意选择的认知理论有过滤器理论、衰减理论、后期选择理论及多阶段选择理论，其观点聚焦在对信息的选择在哪个阶段。注意分配的认知理论有认知资源理论和双加工理论，其观点聚焦在注意如何协调不同的认知任务与认知活动。因此，本题排除D选项，ABC符合题意。

参考答案：ABC

例5：（南京师范大学，2016）单选：强调外界信息最早得以分析的选择性注意理论是（　　）。

A. 过滤器理论　　B. 衰减理论

C. 后期选择理论　　D. 多阶段选择理论

【解析】过滤器理论和衰减理论认为，信息经过过滤或者衰减，再进入中枢神经系统，接受进一步的加工。后期选择理论认为，所有输入的信息在进入过滤或衰减装置之前已受到充分的分析，然后才进入过滤或衰减装置。多阶段选择理论认为，选择过程在不同的加工阶段中都可能发生。

参考答案：C

考法2 考查注意选择的认知理论

通过选择题和简答题考查注意选择的认知理论的主要观点。考生不仅要熟记每个理论的主要观点，还要对比记忆每个理论之间的异同。

例6：（华东师范大学，2012）单选：注意过滤器是按照（　　）原则进行信息加工的。

A. 全或无　　B. 逐步增加

C. 并行加工　　D. 串行加工

【解析】该题考查注意理论的理解。布罗德本特提出的过滤器理论认为神经系统在加工信息的容量方面是有限的，只有一部分信息能够完全通过，另一部分则无法通过接受加工。对注意的其他理论也需要掌握它们的实验过程、假设和结论。

参考答案：A

例7：（深圳大学，2020）简答：请简述注意的过滤器理论。

参考答案：英国心理学家布罗德本特（Broadbent）根据双耳分听的一系列实验结果，提出了解释注意的选择作用的过滤器理论。该理论主要观点有如下几点：

第一，神经系统加工信息的容量是有限的，不可能对所有的感觉刺激进行加工。

第二，当信息通过各种感觉通道进入神经系统时，要先经过一个过滤机制。

第三，过滤器对信息进行选择，只选择较少的信息进入高级分析，其他信息被完全阻断在外。过滤器的工作方式是“全或无”的。

考法 3 考查注意分配的认知理论

通过选择题和简答论述题考查注意分配的认知理论的主要内容。

例 8：（西南大学，2015）单选：一边骑自行车，一边还可以欣赏路边风景，可以用下列哪种理论来解释？（　　）

A. 过滤器理论　　B. 衰减理论
C. 双加工理论　　D. 认知资源理论

【解析】谢夫林等人提出的双加工理论认为：人的认知加工有自动化和受意识控制的加工两类。前者不受认知资源的限制，不需要注意，可以自动化地进行；后者则受认知资源的限制，需要注意的参与，可以随环境的变化而不断进行调整。

参考答案：C

例 9：（统考，2009；陕西师范大学，2021；广州大学，2021）论述：阐述注意分配的认知资源理论和双加工理论，并分别用生活中的实例加以说明。

【解析】该题考查注意理论的理解记忆。先将理论知识分点回答再进行举例即可。

参考答案：（1）认知资源理论：

①注意的认知资源分配理论是由卡内曼（1973）最初提出的。该理论把注意看作心理资源，认为注意是一种有限的认知资源，注意的有限性不是过滤器作用的结果，而是受到了从事操作的有限心理资源的限制。注意的功能就是资源分配，因此该理论称为资源分配理论。另外，该理论认为，对刺激的加工需要占用认知资源，刺激越复杂或加工越复杂，占用的认知资源越多。

②输入刺激本身并不自动地占用认知资源，在认知系统内，有一个机制负责资源的分配。人对认知资源的分配是灵活的，人可以根据情境把认知资源分配到重要的新异刺激上。

③举例：在日常生活中可以见到，人们能顺利地同时进行两种活动，如一边看书，一边听音乐；或者一边骑自行车，一边与人谈话。但是，如果让售货员一面与顾客交谈，一面计算货款，那么他们就会感到很大困难。如果一种活动耗费的认知资源较少，就可以同时做其他的活动，否则只能完成一种活动，甚至一种活动也完成不好。

（2）双加工理论：

①谢夫林等人认为，认知加工分为自动化加工和受意识控制的加工。自动化加工不受认知资源的限制，是自动化进行的；自动化加工发生比较快，形成之后加工过程较难改变。受意识控制的加工受认知资源的限制，需要注意的参与，可以随环境的变化而不断进行调整。

②举例：学生上课时努力听教师讲课，属于控制性加工；学生打字时可以盲打且速度较快，就是自动加工。

考研考法实战 答案见 D19 页

1.（华南师范大学，2016）单选：能解释鸡尾酒会现象的注意理论是（　　）。

A. 过滤器模型　　B. 衰减模型
C. 反应选择模型　　D. 资源分配模型

2.（中央财经大学，2017；统考，2020）论述：论述注意的过滤器理论和衰减理论及二者的异同。

章节考点　综合训练

答案见 D19 页

一、单项选择题

1.（统考，2015）下列选项中，能够引起随意注意的主要原因是（　　）。

A. 刺激物的新颖性　　B. 刺激物的强度
C. 刺激物的运动变化　　D. 对注意任务的依从性

2.（统考，2016）剥夺人的快速眼动睡眠后，让其重新入睡，其快速眼动睡眠通常会（　　）。

A. 增加　B. 消失　C. 减少　D. 没有变化

3.（统考，2017）学生上完一节音乐课后，很快准备下一节语文课。这反映的注意品质是（　　）。

A. 注意分配　　B. 注意稳定
C. 注意转移　　D. 注意保持

4.（统考，2018）一个学生在解题时，被其他同学谈论的奇闻逸事吸引。这种注意是（　　）。

A. 随意注意　　B. 不随意注意
C. 随意后注意　　D. 随意前注意

5.（统考，2018）在睡眠的第二阶段中，间或出现的频率高、波幅大的脑电波是（　　）。

A. α 波　B. β 波　C. δ 波　D. 纺锤波

6.（统考，2019）快速眼动睡眠阶段脑电波的特点是（　　）。

A. 低频率、高波幅　　B. 低频率、低波幅
C. 高频率、高波幅　　D. 高频率、低波幅

7.（福建师范大学，2013）下列关于梦的说法，正确的是（　　）。

A. 通常在慢波睡眠阶段出现
B. 具有连续性
C. 是可以预见的一种现象
D. 是一种正常的生理和心理现象

8.（四川师范大学，2022）学生在课堂上一边听讲、一边记笔记，这是（　　）。

A. 选择性注意　　B. 分配性注意
C. 持续性注意　　D. 动摇性注意

9.（广州大学，2016/2018）以下反映注意分配的是（　　）。

A. 自拉自唱
B. 吃完饭看书
C. 自言自语
D. 同一张图能看到两种不同结果

10.（西南大学，2019）被催眠者处在一种（　　）状态。

A. 睡眠　　B. 清醒
C. 警觉　　D. 高度受暗示性

11.（华中师范大学，2017）鸡尾酒会效应体现了（　　）。

A. 注意集中性　　B. 注意分散性
C. 注意重要性　　D. 注意选择性

12.（华中师范大学，2011）在人的一生中，快波睡眠的时间在整个睡眠中所占的比例随年龄的增加而（　　）。
A. 增加　　B. 减少
C. 不变　　D. 先减少后增加

13.（南京大学，2014）"一心可以二用"现象是因为注意特性的（　　）。
A. 多样性　B. 持续性　C. 恒常性　D. 分配性

14.（南京大学，2015）对选择性注意的研究可以采用（　　）。
A. 过滤器实验　　B. 双耳分听实验
C. 干扰注意实验　　D. 启动实验

15.（西南大学，2015）新颖独特、强烈的刺激物引起的注意属于（　　）。
A. 不随意注意　　B. 随意注意
C. 选择性注意　　D. 持续性注意

16.（南京师范大学，2013）学习时想开小差是注意的（　　）。
A. 分散　B. 转移　C. 动摇　D. 起伏

17.（南京师范大学，2014）突然的敲门声，打断人的思路，属于（　　）。
A. 随意注意　　B. 不随意注意
C. 随意后注意　　D. 注意的动摇

18.（西南大学，2019）下列活动中，不属于注意的外部表现的是（　　）。
A. 目不转睛　　B. 瞠目结舌
C. 屏息　　D. 无关活动停止

19.（南京师范大学，2017）强调认知资源分配在注意加工中作用的理论是（　　）。
A. 过滤器理论　　B. 衰减理论
C. 选择理论　　D. 双加工理论

20.（华东师范大学，2011）"眼观六路，耳听八方"的注意品质是（　　）。
A. 注意的广度　　B. 注意的转移
C. 注意的分配　　D. 注意的稳定性

21.（中央财经大学，2019）学生可以一边背单词，一边听音乐，能够解释这种现象的适当理论是（　　）。
A. 衰减理论　　B. 过滤器理论
C. 反应选择理论　　D. 认知资源理论

22.（华东师范大学，2013）"一边开车，一边收听新闻"，这种现象是（　　）。
A. 注意的转移　　B. 注意的稳定性
C. 注意的分配　　D. 注意的选择性

23.（华东师范大学，2020）你在图书馆看书，窗外突然一声巨响，你不由自主地望向窗外。这是哪种注意类型？（　　）
A. 有意注意　　B. 随意注意
C. 刺激驱动捕获　　D. 目标指向选择

24.（华南师范大学，2016）有预定目的但不需要意志努力就能维持的注意是（　　）。
A. 无意注意　　B. 有意注意
C. 有意后注意　　D. 有意前注意

25.（华中师范大学，2021）以下不属于意识功能的是（　　）。
A. 限制　B. 觉知　C. 计划与控制　D. 选择储存

26.（南京师范大学，2021）成年个体睡眠的平均周期是（　　）。
A. 1.5 小时　B. 8 小时　C. 12 小时　D. 24 小时

27.（北京师范大学，2020）梦一般发生在睡眠的（　　）。
A. 第一阶段　　B. 第二阶段
C. 深度睡眠阶段　　D. 快速眼动阶段

28.（统考，2021）下列有关睡眠的表述，不正确的是（　　）。
A. 深度睡眠时期的脑电波主要是德尔塔（δ）波
B. 深度睡眠的时间在前半夜多于后半夜
C. 大多数的快速眼动睡眠发生于睡眠的后期
D. 深度睡眠阶段后马上进入快速眼动睡眠阶段

29.（统考，2022）下列关于个体进入催眠状态的表述中，错误的是（　　）。
A. 进入睡眠状态
B. 主动性反应降低
C. 受暗示程度较高
D. 与在清醒状态下记录到的脑电波相似

30.（北京师范大学，2021）容易催眠的人最不可能具备哪些特征（　　）。
A. 想象力丰富　　B. 对催眠的作用深信不疑
C. 很难接受他人的暗示　　D. 很容易相信他人的话

31.（华东师范大学，2022）哪怕外面雷电交加，你依然将目光专注在书本上。这一注意现象为（　　）。
A. 无意注意　　B. 转向注意
C. 目标选择指向　　D. 刺激驱动捕获

32.（北京师范大学，2019）即使小明全神贯注听英语，他也可以听见有人在附近喊他的名字，最能解释该现象的理论是（　　）。
A. 过滤器理论　　B. 衰减理论
C. 后期选择理论　　D. 多阶段模型

二、名词解释

1.（广州大学，2015；浙江师范大学，2020）快速眼动睡眠。
2.（湖南师范大学，2013/2014；西北师范大学，2017；天津师范大学，2021；中央财经大学，2021）选择性注意。
3.（湖南师范大学，2016；南京师范大学，2021）返回抑制。
4.（苏州大学，2011/2014；天津师范大学，2016；重庆师范大学，2013）注意。
5.（重庆师范大学，2020）内源性注意。
6.（吉林大学，2020）注意转移。
7.（天津大学，2021）认知双加工理论。
8.（沈阳师范大学，2020）分配性注意。
9.（吉林大学，2021）注意起伏。
10.（华南师范大学，2021）特征整合。
11.（深圳大学，2022）有意后注意。

三、简答题

1.（北京大学，2017；沈阳师范大学，2019）简述注意衰减模型。
2.（统考，2010；华东师范大学，2015）什么是注意？举例说明注意的品质？
3.（天津大学，2019）简述注意的认知资源有关理论。
4.（福建师范大学，2016）简述什么是无意识，并举例说明。
5.（广州大学，2017）试说明有意注意、无意注意和有意后注意的特点和关系。
6.（华中师范大学，2016）请用相关的研究和理论说明梦（境）是有意识的还是无意识的。
7.（华中师范大学，2016）简述催眠状态下的心理特征。
8.（河北师范大学，2022）简述注意的双加工理论
9.（四川大学，2021）简述意识的三个水平。
10.（浙江工商大学，2021）简述梦的认知观点。

11.（深圳大学，2022）简述鸡尾酒会效应及其反映的注意理论。

12.（统考，2022）假如你为某品牌汽车参加车展设计一个展台，你将在设计中如何运用不随意注意的原理来吸引观众。

13.（河南大学，2021）“一心二用”在什么条件下能成立？在什么条件下不能成立？

四、综合题

1.（福建师范大学，2015/2017；陕西师范大学，2021）请阐述注意的过滤器理论、衰减理论、后期选择理论和多阶段选择理论有关注意的选择的观点，并比较各自的差异。

2.（首都师范大学，2020）什么是不随意注意，产生不随意注意的原因有哪些？

第六章 记 忆

一张纸被折叠后，会留下一道印痕；一个铁钉被磁铁吸引后，会带有微弱的磁性；一粒石子掉进一潭静水，会在水面泛起阵阵涟漪。记忆就是过去经历过的事情在大脑这块特殊物质上留下的痕迹，只不过在形式和内容上复杂得多。本章要介绍的就是记忆这种有趣的心理现象，首先介绍什么是记忆，接着介绍记忆的神经生理机制，最后介绍几种不同的记忆系统。本章中应注意各个记忆阶段的对比，将不同种类记忆对比进行理解记忆，其中短时记忆考查频率较高。

第一节 记忆的一般概念

研究真题，明确考况

考试要求	统考		自主命题	
	考题	考查点	考题	考查点
1. 记忆的概念	2010 2012 2013	单选：记忆概念	江西师范大学，2015 西南大学，2014	单选 / 多选：记忆的过程
			北京科技大学，2010 苏州大学，2010/2012	简答：记忆的过程
			南京师范大学，2011 西北师范大学，2013 四川师范大学，2017	名词解释：记忆
2. 记忆分类	2006 2009 2015 2016 2020	单 / 多选：记忆种类	南京师范大学，2012/2016 四川师范大学，2022 西南大学，2015 华东师范大学，2016/2021/2022 华中师范大学，2015/2018 广州大学，2013/2016/2018 浙江理工大学，2016	单选：记忆种类
			四川大学，2012 天津师范大学，2019	简答：记忆种类
3. 记忆神经生理机制	2010	多选：记忆神经机制	江西师范大学，2012/2014 福建师范大学，2018	单选：记忆的神经生理机制

考点 1 记忆的概念

考研基础必备

1. 记忆的定义

记忆是在头脑中积累和保存个体经验的心理过程。用信息加工的术语来讲，记忆就是人脑对外界输入的信息进行编码、存储和提取的过程。

2. 记忆的过程

记忆是一个过程，它是在一定的时间内展开的，可以区分为前后联系的一些阶段。编码（识记）、存储（保持）和提取（回忆或再认）是记忆的三个基本过程，任何外界信息必须经过这些过程。

1）编码

编码是人获得个体经验的过程，相当于记忆中的“记”的阶段。在记忆的过程中，编码有不同的层次或水平，主要有视觉的、听觉的和语义的编码，不同的编码方式对记忆有不同的影响。

2）存储

存储是把感知过的事物、体验过的情感、做过的动作、思考过的问题等，以一定的形式保持在人的头脑中。知识的存储有时也叫知识的表征，它可以是事物的图像，也可以是一系列概念或命题。

3）提取

提取是指从记忆中查找已有信息的过程，是记忆过程的最后一个阶段，相当于记忆中“忆”的阶段。再认和回忆是提取的基本形式。记忆的好坏是通过信息的提取表现出来的。

考研考法突破

考法 1 记忆的定义

通过名词解释直接考查记忆的定义。另外在简答论述题中，如果提到了记忆，在回答时也要对记忆做名词解释。

例 1：（南京师范大学，2011；西北师范大学，2013；四川师范大学，2017）名词解释：记忆。

【解析】：本题考查记忆的含义，先将记忆含义答出再适当举例即可。

参考答案：记忆是在头脑中积累和保存个体经验的心理过程。用信息加工的术语来讲，记忆就是人脑对外界输入的信息进行编码、存储和提取的过程。人们感知过的事情，思考过的问题，体验过的情感或从事过的活动会在人们头脑中留下不同程度的印象，其中有一部分作为经验能保留相当长的时间，在一定条件下还能恢复，这就是记忆。例如，分别多年的老朋友，不在我们眼前时，我们仍能想起他的音容笑貌、言谈举止，当再次见到他时还能认得出来。

考法 2 记忆的过程

该考法一般会以单选或简答形式出现。记忆的过程包括编码（识记）、存储（保持）和提取（回忆或再认）。

例 2：（江西师范大学，2015）单选：记忆过程的三个基本环节是（　　）。

A. 保持、回忆、遗忘

B. 再认、回忆、遗忘

C. 识记、保持、回忆或再认

D. 保持、记忆、遗忘

【解析】记忆过程包括编码、存储和提取的过程。识记对应于编码过程，保持对应于存储过程，回忆或再认对应于提取过程。

参考答案：C

例 3：（北京科技大学，2010；苏州大学，2010/2012）简答：简述记忆过程及其相互关系。

【解析】本题考查记忆的过程，答题时将记忆过程按点回答上即可。

参考答案：记忆是在头脑中积累和保存个体经验的心理过程。用信息加工的术语来讲，记忆就是人脑对外界输入的信息进行编码、存储和提取的过程。

编码：人们获得个体经验的过程，或者说是对外界信息进行形式转换的过程。在整个记忆系统中，编码有不同的层次或水平，而且是以不同的形式存在着的。信息编码又是一个开展的过程，它包括对外界信息进行反复的感知、思考、体验和操作。新的信息必须与人的已有的知识结构形成联系，并融入旧的知识结构中，才能获得和巩固。但是，在某些情况下，当事物与人们的需要、兴趣、情感密切联系时，尽管只经历一次，人们也能牢固地记住它。

存储是把感知过的事物、体验过的情感、做过的动作、思考过的问题等，以一定的形式保持在人们的头脑中。知识的存储有时也叫作知识的表征，它可以是事物的图像，也可以是一系列概念和命题。存储是信息编码和提取的中间环节，它在记忆过程中有着重要的作用，没有信息的存储就没有记忆。

提取是指从记忆中查找已有信息的过程，是记忆过程的最后一个阶段。再认和回忆是提取的基本形式。记忆的好坏通过信息的提取表现出来。

考研考法实战 答案见 D23 页

1.（西南大学，2014）多选：记忆过程包括识记、保持和（ ）三个阶段。

A. 再现　　B. 再认　　C. 回忆　　D. 自由回忆

考点 2 记忆的分类

考研基础必备

记忆可以从不同角度进行分类（见表 6–1）。

表 6–1 记忆的种类

依据	分类	含　义
信息保持时间	感觉记忆	指当客观刺激停止作用后，感觉信息在一个极短的时间内被保存下来，又称作感觉登记或瞬时记忆。它是记忆系统的开始阶段，存储时间为 0.25~4 秒
	短时记忆	是感觉记忆和长时记忆的中间阶段，保持时间为 5 秒 ~1 分钟。它的容量有限，为 7±2 个组块
	长时记忆	指信息经过充分的和有一定深度的加工后，在头脑中长时间保留下来。这是一种永久性的存储，保存时间在 1 分钟以上，直至终生；容量没有限制。闪光灯效应：由于印象深刻而一次性获得长时记忆的现象
长时记忆储存的内容	情景记忆	指人根据时空关系对某个时间的记忆，这种记忆与个人的亲身经历分不开
	语义记忆	指人对一般知识和规律的记忆，与时间、地点无关

续表

依据	分类	含　义
意识的参与程度	内隐记忆	指在个体无法意识的情况下，过去经验对当前作业产生的无意识的影响，又叫自动的无意识记忆
	外显记忆	指在意识的控制下，过去经验对当前作业产生的影响，又叫受意识控制的记忆
信息加工和储存方式	陈述性记忆	关于“是什么”的记忆，指对有关事实和事件的记忆，可以通过语言传授一次性获得，提取需要意识的参与
	程序性记忆	关于“如何做”的记忆，指如何做事情的记忆，包括对知觉技能、认知技能和运动技能的记忆。需要多次尝试才能获得，不需要意识的参与
记忆的具体内容	形象记忆	指人以感知过的事物形象为内容的记忆，以表象的形式储存
	情绪记忆	以曾体验过的情绪情感为内容，并以亲身感受和深切体验为形式的记忆
	逻辑记忆	又称语词逻辑记忆、意义记忆，指人对客观事物之间的关系，以及客观事物本身的意义和性质，使用概念、判断、推理等为内容的记忆
	动作记忆	又称运动记忆，指以过去从事和做过的身体运动、动作及其系统为内容的记忆

考研考法突破

考法 1　记忆的分类

常通过选择题、名词解释和简答题考查记忆的分类。考生要结合表 6–1 对记忆的不同划分以及每种划分下的记忆的定义进行理解记忆。在选择题中，常常以某一例子来让考生判断属于哪种记忆，因此考生在学习时要注意书上的例子。

例 4：（广州大学，2013；浙江理工大学，2016）单选：记忆可分为（　　）、短时记忆和长时记忆。

A. 抽象记忆　　B. 形象记忆
C. 情绪记忆　　D. 感觉记忆

【解析】根据信息保持时间，可以将记忆分为感觉记忆、短时记忆和长时记忆。

参考答案：D

例 5：（南京师范大学，2012）单选：对一次朋友间聚会的记忆属于（　　）。

A. 陈述性记忆　　B. 程序性记忆
C. 情景记忆　　D. 语义记忆

【解析】陈述性记忆：指有关事实和事件的记忆，通过语言传授而一次性获得。程序性记忆：指如何做事情的记忆或者掌握技能的记忆。情景记忆：指对人们亲身经历过的、在一定时间和地点发生的事件或情景的记忆。语义记忆：指人们对一般知识和规律的记忆，与特殊的地点、时间无关。

参考答案：C

例 6：（吉林大学，2011）单选：记忆系统在对外界信息进行进一步加工之前的暂时登记被称作是（　　）。

A. 无意注意　　B. 感觉记忆
C. 短时记忆　　D. 有意注意

【解析】一切输入记忆系统的信息，首先必须通过感觉器官的活动产生感觉知觉。当引起感觉知觉的刺激物不再继续呈现时，其作用仍能继续保持一个极短的时间。这种短暂的保持就是感觉记忆。

参考答案：B

例 7：（天津师范大学，2019）名词解释：感觉记忆。

【解析】从其含义、存储时间、容量和编码方式等方面进行回答即可。

参考答案：感觉记忆指当客观刺激停止作用后，感觉信息在一个极短的时间内被保存下来，又称作感觉登记或瞬时记忆。它是记忆系统的开始阶段，存储时间为 0.25~4 秒。

感觉记忆的编码形式主要依赖于刺激物的物理特征，具有鲜明的形象性。感觉记忆有较大的容量，其中大部分信息因为来不及加工而迅速消退，只有一部分信息由于注意而得到进一步加工，并进入短时记忆。图像记忆是指视觉器官能识别刺激的形象特征，能保持一个生动的视觉图像，它是感觉记忆的一种主要编码形式。除此之外，听觉通道也存在感觉记忆。听觉的感觉记忆编码形式被称为声像记忆。

考研考法实战

答案见 D23 页

1.（西南大学，2015）单选：经过练习形成的运动机能的记忆是（　　）。

A. 陈述性记忆　　B. 程序性记忆
C. 情景记忆　　D. 语义记忆

2.（华东师范大学，2016）单选：骑自行车、游泳属于（　　）。

A. 语义记忆　　B. 情景记忆
C. 陈述性记忆　　D. 程序性记忆

3.（广州大学，2016/2018）单选：一位目睹巴黎 11·13 事件的妇女到现在头脑中还经常浮现出那悲惨的一幕。这属于（　　）。

A. 形象记忆　　B. 情景记忆
C. 情绪记忆　　D. 动作记忆

4.（南京师范大学，2016）单选：情景记忆和语义记忆是对（　　）进行的分类。

A. 短时记忆　　B. 长时记忆
C. 内隐记忆　　D. 外显记忆

5.（浙江理工大学，2016）单选：在个体无法意识的情况下，过去经验对当前作业产生的无意识的影响，有时又叫自动的无意识记忆。这种记忆是（　　）。

A. 程序性记忆　　B. 情景记忆
C. 外显记忆　　D. 内隐记忆

6.（山东师范大学，2019；深圳大学，2021）名词解释：程序性记忆和陈述性记忆。

考点 3　记忆的神经生理机制

考研基础必备

记忆的神经生理机制见表 6–2。

表 6–2　记忆的神经生理机制

脑学说	整合论	拉什利，“细胞集合”理论
	定位论	布洛卡、潘菲尔德、鲁利亚、麦克高夫、科恩 记忆与大脑的一些特定区域有关，不同类型的记忆产生于大脑的不同部位
	SPI 理论	图尔文 人类记忆存在五个主要的记忆系统（程序记忆、知觉表征、语义记忆、初级记忆、情景记忆） 三个假设（编码串行、存储并行、提取独立）
细胞机制	反响回路说	在神经系统中，大脑皮层和皮层下组织之间存在某种闭合的神经环路，证明了短时记忆（白鼠跳台实验）
	突触结构说	记忆的神经生物基础包含着神经突触持久性的改变，是短时记忆向长时记忆过渡
	长时程增强作用	海马在形成长时记忆过程中起到重要作用
生化机制	记忆分子说	RNA 和 DNA 是记忆的化学分子载体，神经元的电活动不仅会引起神经元突触结构的变化，还会导致神经元内部生物化学的变化
	激素说	激素能够使大脑更好地注意当前输入

考研考法突破

考法 1　记忆的神经生理机制

通过选择题、名词解释考查记忆的神经生理机制的内容。整合论和定位论的内容在第一章脑学说部分已经学习过，因此这里重点关注 SPI 理论；另外需要注意反响回路和几个与记忆有关的脑区的功能。

例 8：（福建师范大学，2018）单选：与工作记忆执行控制有关的大脑区域是（　　）。

A. 杏仁核　　B. 前额叶皮层

C. 海马　　D. 颞上回

【解析】大脑的工作记忆，位于前额叶皮层，它与执行控制有密切联系。

参考答案：B

考研考法实战 答案见 D23 页

1.（统考，2010）多选：根据记忆的 SPI 理论，记忆系统的特点有（　　）。

A. 串行编码　B. 并行存储　C. 独立提取　D. 渐进遗忘

2.（江西师范大学，2012/2014）单选：短时记忆的脑机制是（　　）。

A. 突触结构　　B. 反响回路

C. 长时增强作用　　D. 核糖核酸

第二节　感觉记忆

研究真题，明确考况

考试要求	统考		自主命题	
	考题	考查点	考题	考查点
1. 感觉记忆的编码	2008 2014 2021	单选：感觉记忆编码	福建师范大学，2014	单选：感觉记忆编码
			南京师范大学，2014/2016 南京大学，2015 北京师范大学，2020	单选：部分报告法
			天津师范大学，2011 湖南师范大学，2015	简答：部分报告法
2. 感觉记忆的存储和转换	2015	单选：感觉记忆加工	江西师范大学，2012 华东师范大学，2016 南京师范大学，2014 华中师范大学，2021	单选：感觉记忆加工
			天津师范大学，2011	简答：感觉记忆加工
3. 感觉记忆的特征	2017	单选：感觉记忆特征	南京师范大学，2016	单选：感觉记忆特征

考点 1　感觉记忆的编码

考研基础必备

感觉记忆的编码形式主要依赖于信息的物理特征。

1. 图像记忆（斯伯林）

图像记忆是指视觉器官能识别刺激的形象特征，并保持一个生动的视觉图像，它是感觉记忆的一种主要编码形式。

1）整体报告法

实验过程：同时呈现 3、4、6、9 等若干个数字，呈现时间是 50ms，数字呈现后，立即要求被试尽量多地把数字再现出来。

实验结果：当呈现的数字数量低于 4 个时，被试可以全部正确地报告出来；当数字数量增加到 5 个以上时，被试的平均正确率为 4.5。

实验结论：斯伯林设想，在感觉记忆中所保持的信息可能比报告的多些，只是由于方法的限制未能检查出来。

2）局部报告法（部分报告法）

实验过程：按 4 个一排，一共 3 排的方式向被试呈现 12 个英文字母，呈现时间仍为 50ms，其中每排字母都和一种声音联系，如上排用高音、中排用中音、下排用低音。要求被试在字母呈现后，根据声音信号，对相应一排的字母做出报告。

实验结果：感觉记忆容量达到平均 9 个项目。

实验结论：存在一种感觉记忆，它有相当大容量，保持时间极其短暂，很快会消失。

2. 声像记忆（莫瑞）

声像记忆是听觉系统对刺激信息的瞬间保持，或叫声响记忆。莫瑞设计了“四人耳实验”，采用部分报告法，即在一个房间的 4 个角落放置了 4 个扬声器，被试坐在房间中间可以从 4 个不同的声源听到声音，并且区分出声音发出的位置。

结果表明：部分报告法的成绩要优于整体报告法，说明听觉系统中存在着感觉记忆。听觉的感觉记忆编码形式被称为声像记忆。

考研考法突破

考法 1 感觉记忆的编码特点

通过选择题考查感觉记忆的编码特点。该考法考查频率较低，识记即可。

例 1：（福建师范大学，2014）单选：瞬时记忆多以下列哪种形式编码？（　　）

A. 鲜明的形象　　B. 听觉

C. 语义　　D. 语音

【解析】瞬时记忆即感觉记忆，感觉记忆的编码形式主要依赖于信息的物理特征，即主要以刺激鲜明的形象进行编码。

参考答案：A

考法 2 部分报告法

通过选择题和简答题考查部分报告法实验，考生需要掌握其实验过程、实验结果和实验结论。

例 2：（南京师范大学，2016）单选：斯伯林研究图像记忆所运用的方式是（　　）。

A. 部分报告法　　B. 整体报告法

C.ERP 报告法　　D.PET 报告法

【解析】图像记忆是感觉记忆的一种主要编码形式，是指视觉器官能识别刺激的形象特征，能保持一个生动的视觉图像。斯伯林利用部分报告法证明了感觉记忆的存在，并证实了视觉器官的这种编码能力。

参考答案：A

考研考法实战 答案见 D23 页

1.（南京师范大学，2014；南京大学，2015）单选：斯伯林采用局部报告法证明了下列哪种记忆的存在（　　）。

A. 语义记忆　　B. 局部记忆

C. 感觉记忆　　D. 内隐记忆

2.（天津师范大学，2011；湖南师范大学，2015）简答：简述斯伯林的部分报告法实验，该实验说明了什么？

考点 2 感觉记忆的存储和转换

考研基础必备

1. 感觉记忆的存储

感觉记忆的存储时间为 0.25~4。

达尔文等人研究发现，声像记忆的容量要比图像记忆小，平均只有 5 个左右；声像记忆的保持时间要比图像记忆长，可以达到 4 秒。

2. 感觉记忆向短时记忆的转换

研究表明，感觉记忆中只有能够引起个体注意并被及时识别的信息，才有机会进入短时记忆。相反，那些没有受到注意的信息，由于没有转换到短时记忆，很快就消失了。

考研考法突破

考法 1 感觉记忆的存储时间

通过选择题直接考查感觉记忆的存储时间，识记即可。

> 温馨提示：感觉记忆的存储时间在不同的教材上表述有所差异，比如彭聃龄的修订版教材上面写的是0.25～2秒。大家以自己院校的参考教材上面的表述为准即可。

例 3：（江西师范大学，2012）单选：感觉记忆是记忆系统的开始阶段，所储存的信息可维持的时间为（　　）。

A. 0.1~1 秒　B. 0.2~2 秒　C. 0.25~2 秒　D. 0.25~5 秒

【解析】以彭聃龄老师修订版的《普通心理学》为依据，感觉记忆的存储时间为 0.25~2 秒。

参考答案：C

考法 2 感觉记忆向短时记忆的转换

通过选择题考查感觉记忆向短时记忆转换的方式，考生只需记住是注意即可。

例 4：（华东师范大学，2016）单选：感觉记忆需要经过（　　）进入短时记忆。

A. 注意　B. 检索　C. 复述　D. 提取

【解析】研究表明，感觉记忆中只有能够引起个体注意并被及时识别的信息，才有机会进入短时记忆。相反，那些没有受到注意的信息，由于没有转换到短时记忆，很快就消失了。

参考答案：A

考研考法实战 答案见 D23 页

1.（南京师范大学，2014）单选：保持时间为 0.25~2 秒钟立即消失的记忆为（　　）。

A. 瞬时记忆　　B. 短时记忆

C. 长时记忆　　D. 无意识记忆

2.（北京师范大学，2021）单选：光线照了 1 秒之后还对图像留下了短暂记忆是（　　）。

A. 感觉记忆　B. 短时记忆　C. 长时记忆　D. 知觉记忆

综合问题 感觉记忆的特征

考研基础必备

①信息都是以物理特征编码，有鲜明的形象性。

②容量较大。由感受器的解剖生理特点决定，进入感受器的信息几乎都能被登记，储存量大于被利用的量。

③信息保持时间极短，为 0.25~4 秒。

④感觉记忆中只有能够引起个体注意并被识别的信息，才有机会进入短时记忆。

考研考法突破

综合点 综合考查感觉记忆的特征

通过简答题综合考查感觉记忆的特征。分别从感觉记忆的编码形式、存储时间、容量等方面来进行回答即可。该考法单独考查的频率较低，一般结合短时记忆和长时记忆一起考查。

例5：（西南大学，2016）简答：简述感觉记忆的特点和功能。

参考答案：感觉记忆是记忆系统的一种，刺激作用于感觉器官所引起的短暂记忆。

（1）信息都是以物理特征编码，有鲜明的形象性。

（2）容量较大。由感受器的解剖生理特点决定，进入感受器的信息几乎都能被登记，储存量大于被利用的量。

（3）信息保持时间极短，为0.25~4s。

（4）感觉记忆中只有能够引起个体注意并被识别的信息，才有机会进入短时记忆。

第三节 短时记忆

研究真题，明确考况

考试要求	统考		自主命题	
	考题	考查点	考题	考查点
1. 短时记忆的编码方式及其影响因素	2012	简答：短时记忆的编码方式及其影响因素	西南大学，2016 南京师范大学，2015/2016 南京大学，2014 江西师范大学，2015	单选：短时记忆的编码方式及其影响因素
	2015	单选：短时记忆的编码方式	上海交通大学，2017 四川师范大学，2019	简答：短时记忆的编码方式
2. 短时记忆的容量	2010	单选：短时记忆容量	四川师范大学，2015/2017 南京大学，2015 华东师范大学，2012/2019	单选：短时记忆容量
3. 短时记忆信息的存储和遗忘	2016	单选：短时记忆存储	南京师范大学，2016	单选：短时记忆存储
			北京师范大学，2014 华中师范大学，2017	单选：短时记忆遗忘
			吉林大学，2016 湖南师范大学，2013	简答：短时记忆遗忘
4. 短时记忆信息的提取	2016	简答：短时记忆信息的提取	广州大学，2016 西南大学，2016 华中师范大学，2017 天津师范大学，2017	单选：短时记忆信息的提取
			江西师范大学，2012	简答：短时记忆信息的提取
5. 工作记忆	2017	多选：工作记忆	西南大学，2017 华东师范大学，2011 华南师范大学，2016	单选：工作记忆含义
			山东师范大学，2012 华南师范大学，2017 陕西师范大学，2021	名词解释 / 简答：工作记忆的概念与构成

考点1 短时记忆的编码方式及其影响因素

考研基础必备

1. 编码方式

短时记忆的编码形式分为视觉编码和听觉编码。后来有研究表明，短时记忆中的信息编码，还有语义编码。

1）听觉编码实验

实验者：康拉德。

实验过程：用视觉方式依次呈现B、C、P、T、V、F等辅音字母，要求被试严格按顺序进行回忆。

实验结果：在视觉呈现条件下，发音相似的字母（如B和V）容易发生混淆，而形状相似的字母之间（如E和F）很少发生混淆。

实验结论：听觉编码是短时记忆的一种主要编码方式。

2）视觉编码实验

实验者：波斯纳。

自变量：字母对（AA，Aa）；呈现间隔时间（0s、0.5s、

1s、2s）

实验过程：在不同的时间间隔条件下，分别给被试呈现两个字母，要求被试判断这两个字母是否相同并按键做出反应，记录被试的反应时。

实验结果：在两个字母同时呈现时，AA 对的反应时小于 Aa 对；随着两个字母的时间间隔增加，AA 对的反应时急剧增加，但 Aa 对的反应时则没有发生大的变化。并且 AA 对和 Aa 对的反应时的差也逐渐缩小，当时间间隔达到 2 秒时，这个差别就已经很小了。

实验结论：在短时记忆信息的听觉编码之前，存在着一个短暂的视觉编码阶段。

2. 影响因素

1）觉醒状态

即大脑皮层的兴奋水平，它直接影响到记忆编码的效果。

2）加工深度

对词表的字母检索和语义评定的任务，证明了加工深度对短时记忆编码的影响。

3）组块

对记忆的内容组块化或者扩大每一个组块包含的信息量可以提高记忆的编码效果。

考研考法突破

考法 1　短时记忆的编码方式

通过选择题考查短时记忆的编码方式。该考法比较简单，只要记住短时记忆的编码方式有视觉编码和听觉编码，以听觉编码为主即可。

例 1：（南京师范大学，2015）单选：在视觉呈现条件下，发音相似的字母容易发生混淆，而形状相似的字母之间很少发生混淆，这说明短时记忆的一种主要编码形式是（　　）

A. 视觉编码　B. 听觉编码　C. 语义编码　D. 图像编码

【解析】题干描述的是康拉德的听觉编码的实验结果，该实验结果说明短时记忆的编码的主要方式是听觉编码。

参考答案：B

例 2：（西南大学，2016）多选：短时记忆编码方式是（　　）。

A. 视觉编码　B. 听觉编码　C. 语义编码

D. 感觉编码　E. 知觉编码

【解析】短时记忆的编码形式分为视觉编码和听觉编码。后来有研究表明，短时记忆中的信息编码，还有语义编码。

参考答案：ABC

考法 2　短时记忆编码的影响因素

通过选择题和简答题考查短时记忆编码的影响因素，比较简单，理解记忆即可。

例 3：（统考，2015）多选：影响短时记忆编码的因素（　　）。

A. 气质类型　B. 组块

C. 加工深度　D. 觉醒状态

【解析】短时记忆编码的效果受到许多因素的影响，包括以下几个因素：（1）觉醒状态；（2）加工深度；（3）组块。

参考答案：BCD

例 4：（统考，2012；上海交通大学，2017；四川师范大学，2019）简答：什么是短时记忆？影响短时记忆编码的因素有哪些？

【解析】本题较为简单，考查短时记忆的含义及影响因素，根据题意要求回答即可。

参考答案：短时记忆是感觉记忆和长时记忆的中间阶段，保持时间为 5 秒 ~1 分钟。它的容量有限，为 7±2 个组块。

短时记忆的编码方式分为视觉编码和听觉编码，其中以听觉编码为主。影响其编码的因素有很多，主要有：

（1）觉醒状态：大脑皮层的兴奋水平，它直接影响到记忆编码的效果。

（2）加工深度：对词表的字母检索和语义评定的任务，证明了加工深度对短时记忆编码的影响。

（3）组块：对记忆的内容组块化或者扩大每一个组块包含的信息量可以提高记忆的编码效果。

考研考法实战 答案见 D23 页

1.（南京大学，2014；江西师范大学，2015；南京师范大学，2016）单选：现有研究表明，记忆材料在短时记忆的主要编码形式是（　　）。

A. 形象编码　B. 听觉编码

C. 语义编码　D. 视觉编码

2.（吉林大学，2011）多选：影响短时记忆编码效果的因素主要包括（　　）。

A. 组块　B. 复述　C. 觉醒状态

D. 加工深度　E. 遗忘

考点 2　短时记忆的容量

考研基础必备

短时记忆的突出特点是其容量的有限性，为 7±2 个组块。

在编码过程中，将较小的单元归并成一个较大单元的过程叫组块化。组块可以是一个数字、字母、音节，也可以是一个单词、短语或句子。组块的大小随个人的经验不同有所不同。因此，可以利用已有的知识经验，通过扩大组块的信息量来达到增加记忆容量的目的。

考研考法突破

考法 1　短时记忆的容量

通过选择题和名词解释考查短时记忆的容量的内容，主要掌握两个要点，一个是 7±2，一个是组块的含义。

例 5：（统考，2010；四川师范大学，2015/2017；南京大学，2015；华东师范大学，2012/2019）单选：短时记忆信息容量的组块为（　　）

A. 5±2　B. 6±2　C. 7±2　D. 8±2

【解析】短时记忆突出特点是其容量的有限性，为 7±2 个组块。

参考答案：C

例 6：（广州大学，2018；华东师范大学，2013）名词解释：组块。

参考答案：在编码过程中，将较小的单元归并成一个较大单元的过程叫组块化。组块可以是一个数字、字母、音节，也可以是一个单词、短语或句子。组块的大小随个人的经验不同有所不同。

考研考法实战 答案见 D23 页

1.（广州大学，2016）单选：短时记忆容量有限，为了使其包含更多的信息，可采用的方式是（　　）。

A. 感觉登记　　B. 注意
C. 组块　　D. 复述

考点 3　短时记忆信息的存储和遗忘

考研基础必备

1. 复述

复述是短时记忆存储的有效方法。

复述分为机械复述或保持性复述（不断简单重复）和精细复述（对信息进行分析后与经验形成联系）。

克瑞科和沃金斯通过研究表明简单的机械复述并不能取得很好的记忆效果。

蔡斯等人关于 B.F. 的个案说明，精细复述是短时记忆存储的重要条件。

2. 短时记忆的遗忘进程

实验：皮德森夫妇的“干扰作业法”或“分心法”即 Peterson–Peterson 法。

步骤：要求被试记住以听觉方式呈现的 3 个字母，为了防止复述，在呈现之后让被试对一个数字进行连续减 3 的计算，直到主试发出信号再回忆刚才呈现的 3 个字母。

实验说明：短时记忆信息存储时间很短，如得不到复述，将会迅速遗忘。

3. 短时记忆的遗忘——干扰还是消退

关于短时记忆遗忘的原因，主要存在两种观点：

一种观点认为，短时记忆的遗忘是由于信息痕迹的自然消退。这一假说认为，记忆痕迹得不到复述强化，其强度随时间的流逝而减弱，导致自然衰退，也可能是被某种目前还不清楚的生理过程浸蚀，像海滩上的脚印被海浪冲刷掉一样。

另一种观点则认为，遗忘是由于短时记忆中的信息受到其他无关信息的干扰。这一假说认为，储存在短时记忆中的信息受其他信息的干扰而导致遗忘，尤其是新进入的较强的信息把原有的较弱的信息排挤掉而造成遗忘。

沃和诺尔曼利用一个设计巧妙的实验将“消退”和“干扰”这两个因素分离开来。

实验：沃和诺尔曼的“探测法”。

实验过程：让被试听由若干个数字组成的数字系列，在数字序列呈现后，伴随着一个声音信号呈现一个探测数字，这个数字曾经在前面出现过一次。被试的任务就是回忆在探测数字后边是什么数字。从回忆数字到探测数字之间是间隔数字，呈现这些间隔数字所需要的时间为间隔时间。一种呈现速度是快速的，每秒 4 个；另一种是慢速的，每秒 1 个。

若支持消退说，回忆正确率随着时间间隔的延长而减少。若支持干扰说，回忆正确率随着间隔数字的增加而减少。

实验结果：在快、慢两种呈现速度下，被试回忆正确率都随间隔数字的增加而减少，而不受间隔时间的影响。

实验结论：支持干扰说，说明短时记忆的遗忘主要是由干扰信息引起的。

考研考法突破

考法 1　短时记忆的复述

通过选择题考查短时记忆的复述的内容。掌握两类复述及其意义即可。

例 7：（南京师范大学，2016）单选：短时记忆的复述包括（　　）。

A. 机械复述和精细复述　　B. 图式复述和文字复述
C. 信息复述和刺激复述　　D. 知觉复述和形象复述

【解析】复述是短时记忆信息存储的有效方法，分为两种：一种是机械复述或保持性复述，另一种是精细复述。

参考答案：A

考法 2　短时记忆的遗忘

此考法多以选择题及简答形式考查，考查我们对短时记忆的遗忘的记忆，是高频考点，在做此类知识点考题时需要将其中理论观点理解记忆。

例 8：（东北师范大学，2017）短时记忆遗忘主要原因是（　　）。

A. 消退说　　B. 干扰说
C. 压抑说　　D. 线索提取失败说

【解析】沃和诺尔曼的研究表明，短时记忆的遗忘主要是由干扰信息引起的。

参考答案：B

例 9：（吉林大学，2016）简答：短时记忆为什么会遗忘？

【解析】本题考查短时记忆的遗忘。

参考答案：短时记忆是指人对信息的短暂保持和容量有限的记忆，是感觉记忆到长时记忆的中间阶段。短时记忆的容量有限，存储的时间也很短暂。在没有复述的情况下，短时记忆可以将信息保持 15~30 秒，即如果短时记忆中的信息得不到复述，将会被迅速遗忘。

关于短时记忆遗忘的原因，主要存在两种观点：

一种观点认为，短时记忆的遗忘是由于信息痕迹的自然消退。这一假说认为，记忆痕迹得不到复述强化，其强度随时间的流逝而减弱，导致自然衰退，也可能是被某种目前还不清楚的生理过程浸蚀，像海滩上的脚印被海浪冲刷掉一样。另一种观点则认为，遗忘是由于短时记忆中的信息受到其他无关信息的干扰。这一假说认为，储存在短时记忆中的信息受其他信息的干扰而导致遗忘，尤其是新进入的较强的信息把原有的较弱的信息排挤掉而造成遗忘。

沃和诺尔曼利用一个设计巧妙的实验将“消退”和“干扰”这两个因素分离开来。根据记忆消退说，保持的信息将随时间间隔的延长而减少，而根据干扰说，保持的信息随插入的数字的增加而减少。为了检验哪种假说更有理，诺尔曼等人采用了两种数字呈现速度：快速呈现为每秒 4 个数字，慢速呈现为每秒 1 个数字。结果发现，在快、慢两种呈现速度下，被试回忆正确率都随间隔数字的增加而减少，而不受间隔时间的影响。这一结果支持了干扰说，说明短时记忆的遗忘主要是由干扰信息引起的。

考研考法实战 答案见 D23 页

1.（广州大学，2014/2015；四川师范大学，2013）单选：短时记忆中的信息进入长时记忆的条件是（　　）。

A. 注意　　B. 提取　　C. 复述　　D. 衰退

2.（东北师范大学，2017）多选：短时记忆信息存储方式包括（　　）。

A. 机械复述　　B. 精细复述

C. 记忆术　　D. 读心术

3.（东南大学，2017）简答：简述短时记忆干扰学说的实验（沃和托尔曼实验）。

考点 4　短时记忆信息的提取

考研基础必备

实验：斯腾伯格“加法反应时”的研究。

实验过程：给被试呈现 1~6 个不等的数字系列，之后马上再呈现一个探测数字，要求被试判断探测数字刚才是否出现过，并做出肯定或否定的反应。

实验假设：

①平行扫描。同时对短时记忆中保存的所有项目进行提取。

②自动停止系列扫描。对项目逐个进行提取，一旦找到目标项目就停止查找，即采用系列搜索的方法，从头至尾扫描，直到搜索到目标项目为止。

③完全系列扫描。对全部项目进行完全的检索，然后做出判断。

实验结论：短时记忆中的项目的提取是完全系列扫描。

考研考法突破

考法 1　短时记忆信息的提取

此考法考查频率较高，常以单选及简答形式进行考查。在复习过程中，考生需将短时记忆信息提取相关知识理解记忆。

例 10：（四川师范大学，2022）单选：短时记忆的信息提取主要是通过（　　）。

A. 平行扫描　　B. 自动停止系列扫描

C. 完全扫描　　D 完全系列扫描

【解析】斯腾伯格“加法反应时”的研究表明短时记忆中的项目的提取是完全系列扫描，即对全部项目进行完全的检索，然后做出判断。

参考答案：D

例 11：（江西师范大学，2012；统考，2016）简答：简述斯腾伯格关于短时记忆信息提取的研究假设及结论。

【解析】本题考查斯滕伯格关于短时记忆信息提取的研究，理解他的研究思路是重点。

参考答案：（1）实验过程：给被试呈现 1~6 个不等的数字系列，之后马上再呈现一个探测数字，要求被试判断探测数字刚才是否出现过，并做出肯定或否定的反应。

（2）实验假设：

①平行扫描。同时对短时记忆中保存的所有项目进行提取。

②自动停止系列扫描。对项目逐个进行提取，一旦找到目标项目就停止查找，即采用系列搜索的方法，从头至尾扫描，直到搜索到目标项目为止。

③完全系列扫描。对全部项目进行完全的检索，然后做出判断。

（3）实验结论：短时记忆中的项目的提取是完全系列扫描。

考研考法实战 答案见 D24 页

1.（四川师范大学，2017）单选：斯腾伯格认为，短时记忆中个体对项目的提取方式不包括（　　）。

A. 平行扫描　　B. 自动停止系列扫描

C. 完全系列扫描　　D. 垂直扫描

2.（南京师范大学，2015；苏州大学，2011）单选：在研究短时记忆信息提取方式时，斯腾伯格（Sternberg）采用的研究方法是（　　）。

A. 选择反应时　　B. 辨别反应时

C. 加法反应时　　D. 减法反应时

综合问题　短时记忆的特征

考研基础必备

①信息保持时间很短，一般不超过 1 分钟。

②以听觉编码为主，也存在视觉和语义编码

③容量有限，一般为 7 ± 2 个组块。

④短时记忆的信息是有意识的、可操作的。

⑤复述是短时记忆中的信息进入长时记忆的途径。

考研考法突破

综合点　综合考查短时记忆的特征

通过选择题和简答题综合考查短时记忆的特征。分别从短时记忆的存储时间、容量、编码等方面进行掌握记忆即可。

例 12：（北京师范大学，2016；华中师范大学，2017；南京师范大学，2018；福建师范大学，2020）简答：简述短时记忆的特点。

【解析】本题考查短时记忆的特点。

参考答案：短时记忆是指人对信息的短暂保持和容量有限的记忆，是感觉记忆到长时记忆的中间阶段。

主要特点：

（1）保持时间：保持的时间大约为 1 分钟。

（2）编码方式：以听觉编码为主，也存在视觉和语义编码。

（3）存储容量：信息容量为 7 ± 2 组块。

（4）短时记忆的存储和遗忘特点：短时记忆中的信息只有通过复述才能转入长时记忆，精细复述的效果要好于机械复述。如果短时记忆中的信息得不到复述，将会迅速被遗忘。

（5）短时记忆的信息提取特点：斯腾伯格的研究表明，短时记忆中项目的提取是完全系列扫描。

考研考法实战 答案见 D24 页

1.（华中师范大学，2013）单选：关于短时记忆，错误的说法是（　　）。

A. 短时记忆具有明确的意识

B. 短时记忆的容量是 5~9 个字母

C. 短时记忆代表心理上的现在

D. 短时记忆的编码，声码优先

2.（北京师范大学，2020）单选：机械复述和精细复述的主要区别是（　　）。

A. 复述材料的数量不同

B. 复述材料的性质不同

C. 复述材料花费的时间不同

D. 个体知识、经验参与的程度不同

考点 5　工作记忆

考研基础必备

1. 工作记忆的含义

短时记忆包括直接记忆和工作记忆两个成分。直接记忆是指输入的刺激没有经过进一步的加工编码，仅在脑中短暂存储，但信息容量非常有限。

工作记忆是指在信息加工过程中，对信息进行暂时存储和加工的、容量有限的记忆系统。

测定方法：阅读广度测验和双任务实验（其基本假设是：如果两个任务同时使用某一个成分，那么两个任务的成绩都将不会理想；如果两个任务同时使用不同成分，那么两个任务的成绩应该同分别完成两个任务一样好）。

2. 工作记忆分为四个子系统

巴德利和希奇提出工作记忆是由多个成分组成的加工系统，它包括语音环路、视觉－空间模板、情景缓冲器和中央执行系统四个成分。

中央执行系统是一个注意资源有限的控制系统，是工作记忆中最重要的成分，主管工作记忆中信息的流动方式，完成对存储信息的各种执行加工。功能主要有：协调语音回路和视觉空间模板活动；注意资源的分配与控制；选择性的注意以及转换策略。

语音环路用于处理以语音为基础的信息，以串行方式加工，通过语音编码对信息进行加工和存储。由语音存储（保存语音的信息，保持时间非常短暂，大约两秒之内衰退）和发音复述（有助于不断加强要消退的记忆痕迹，使语音信息保持下来；有助于把视觉形式的信息转化为听觉形式的语音信息，从而使其进入语音存储）两个部分组成。

视觉－空间模板用于处理视觉和空间的信息。主要负责暂时存储视觉、空间信息，还处理视觉和空间的映像，容量有限，主要以表象形式对视觉和空间信息进行加工（干扰范式提供证据）。

情景缓冲器就是用来整合视觉、空间信息和言语信息的一个成分，容量有限，用于整合来自语音环路和视觉空间模板的信息，与长时记忆相连。

考研考法突破

考法 1　工作记忆的含义

此考点多以选择题和名词解释的形式出现，也会有与其他记忆种类结合以简答或论述形式考查。针对此类考查方式在复习过程中，考生需将各个记忆种类对比记忆，考试答题过程中对比清楚即可。

例 13：（华东师范大学，2011；西南大学，2017）单选：在记忆系统中，具有加工处理信息和存储信息双重功能的记忆是（　　）。

A. 工作记忆　B. 感觉记忆　C. 短时记忆　D. 长时记忆

【解析】该题考查工作记忆的概念。工作记忆是指信息加工过程中对信息进行暂时存储和加工的、容量有限的记忆系统。同时要区分三种记忆的功能，感觉记忆只是在对外界信息进行加工前的暂时的存储，短时记忆的功能是暂时地存储信息，以使信息进入长时记忆。处于工作状态的短时记忆就是工作记忆。

参考答案：A

例 14：（湖南师范大学，2014；华中师范大学，2018；华南师范大学，2017；天津师范大学，2015）名词解释：工作记忆。

【解析】本题考查工作记忆的概念。

参考答案：工作记忆是指信息加工过程中，对信息进行暂时存储和加工的、容量有限的记忆系统，它在对刺激信息加工处理的同时，又将信息加以存储，具有双重功能。巴德利等人认为工作记忆并不是一个单一的成分，而是由多个成分组成的加工系统，它包括语音环路、视觉－空间模板、情景缓冲器和中央执行系统四个成分。

考法 2　工作记忆的子系统

此考法多以选择题及简答形式考查，考查我们对工作记忆子系统的记忆。在做此类知识点考题时，需要将其中理论观点理解记忆。

例 15：（统考，2017）多选：工作记忆的组成成分有（　　）。

A. 语音环路　　B. 唤醒系统

C. 视觉－空间模板　　D. 中央执行系统

【解析】巴德利等人认为工作记忆并不是一个单一的成分，而是由多个成分组成的加工系统，它包括语音环路、视觉－空间模板、情景缓冲器和中央执行系统四个成分。

参考答案：ACD

例 16：（山东师范大学，2012；东北师范大学，2015；南京大学，2017）简答：简述工作记忆的概念及结构。

【解析】本题考查工作记忆的概念。

参考答案：工作记忆是指信息加工过程中，对信息进行暂时存储和加工的、容量有限的记忆系统。测定方法：阅读广度测验和双任务实验（其基本假设是：如果两个任务同时使用某一个成分，那么两个任务的成绩都将不会理想；如果两个任务同时使用不同成分，那么两个任务的成绩应该同分别完成两个任务一样好）。

巴德利和希奇提出工作记忆是由多个成分组成的加工系统，它包括语音环路、视觉－空间模板、情景缓冲器和中央执行系统四个成分。

（1）中央执行系统：是一个注意资源有限的控制系统，

是工作记忆中最重要的成分，主管工作记忆中信息的流动方式，完成对存储信息的各种执行加工。功能主要有：协调语音回路和视觉空间模板活动；注意资源的分配与控制；选择性的注意以及转换策略。

（2）语音环路：用于处理以语音为基础的信息，以串行方式加工，通过语音编码对信息进行加工和存储。由语音存储（保存语音的信息，保持时间非常短暂，大约两秒之内衰退）和发音复述（有助于不断加强要消退的记忆痕迹，使语音信息保持下来；有助于把视觉形式的信息转化为听觉形式的语音信息，从而使其进入语音存储）两个部分组成。（康拉德的实验：词长效应）

（3）视觉－空间模板：用于处理视觉和空间的信息。主要负责暂时存储视觉、空间信息，还处理视觉和空间的映像，容量有限，主要以表象形式对视觉和空间信息进行加工（干扰范式提供证据）。

（4）情景缓冲器：用来整合视觉、空间信息和言语信息的一个成分，容量有限，用于整合来自语音环路和视觉空间模板的信息，与长时记忆相连。

考研考法实战 答案见 D24 页

1.（华南师范大学，2016）单选：下列不属于工作记忆特征的是（　　）。

A. 信息容量有限

B. 信息保存时间很短，不复述最长不超过 1 分钟

C. 遗忘进程先快后慢

D. 通过复述可以保持信息并把信息转入长时记忆

2.（统考，2021）单选：医生能够一边询问患者病情，一边书写病历。医生书写病历时主要借助的记忆类型是（　　）。

A. 内隐记忆　　B. 情景记忆

C. 程序性记忆　　D. 工作记忆

3.（南京师范大学，2021）单选：复述是巴德利工作记忆模型中哪个模型的主要成分（　　）。

A. 语音环路　　B. 视觉空间模板

C. 中央执行器　　D. 情节缓冲器

4.（上海交通大学，2016）简答：请简述什么是工作记忆，请简述巴德利的工作记忆理论。

第四节　长时记忆与内隐记忆

研究真题，明确考况

考试要求	统考		自主命题	
	考题	考查点	考题	考查点
1. 长时记忆的编码	2008 2015	单选：长时记忆编码方式	南京大学，2014 江西师范大学，2012/2013 东北师范大学，2021	单选：长时记忆编码方式 简答：编码方式和影响因素
2. 长时记忆的信息存储和提取	2019	单选：长时记忆的信息存储和提取	东北师范大学，2017 北京师范大学，2002 西南大学，2015 华中师范大学，2013 复旦大学，2015	单选：长时记忆的信息存储和提取
3. 长时记忆的遗忘	2011 2022	单选：长时记忆的遗忘 简答：遗忘相关理论	吉林大学，2011；华南师范大学，2022	名词解释：遗忘 / 前摄抑制
			广州大学，2016/2019 南京大学，2014 南京师范大学，2012 北京师范大学，2022	单选：长时记忆的遗忘
			华东师范大学，2013 广州大学，2013 浙江理工大学，2016	论述：艾宾浩斯遗忘曲线
4. 内隐记忆	2007 2017	单选：内隐记忆	吉林大学，2011 上海师范大学，2015 西南大学，2020；陕西师范大学，2021	单选：内隐记忆 名词解释：内隐记忆
			江西师范大学，2014 上海师范大学，2015/2016/2017	简答：内隐记忆

考点 1　长时记忆的编码

考研基础必备

长时记忆的信息编码就是把新的信息纳入已有的知识框架内，或者把一些分散的信息单元组合成一个新的知识框架。

1. 编码形式

1）按语义类别编码

长时记忆主要采用的是语义编码，记忆语词概念时总是按照语义关系进行归类（自动把“狗”整合进动物类）。

2）以语言特点为中介进行编码

借助语言的某些特点，如语义、发音、字形等，对当前输入的某些信息进行编码，使其成为可以储存的东西，利用语言的音韵和节律等特点。

3）其他编码形式

主观组织、形象化、记忆表象等其他形式。主观组织能将分离的项目构成一个有联系的整体，从而提高记忆效率。

2. 影响长时记忆编码的因素

编码时的意识状态（通常有意加工效果优于自动编码，自动编码与无意识过程相关）；加工深度（大多数情况下有意识记的效果比机械识记效果好）。

考研考法突破

考法 1　考查长时记忆的编码方式

通过选择题考查长时记忆的编码方式，记住长时记忆主要的编码方式是语义编码即可。

例 1：（统考，2008）单选：长时记忆最主要的编码方式是（　　）。

A. 视觉编码　　B. 听觉编码

C. 语义编码　　D. 形象编码

【解析】长时记忆主要采用语义编码，记忆语词概念时总是按照语义关系进行归类。

参考答案：C

考法 2　考查长时记忆编码的影响因素

此考法多以选择题形式考查，考查我们对长时记忆编码的影响因素的记忆。在做此类知识点考题时，需要将其中影响因素理解记忆。

例 2：（南京大学，2014）多选：影响长时记忆编码效果的因素包括（　　）。

A. 觉醒状态　　B. 加工深度

C. 意识状态　　D. 组块

【解析】影响长时记忆编码的主要因素包括：编码时的意识状态：有意编码的效果优于自动编码的效果；加工深度：加工深度越大，记忆效果越好。

参考答案：BC

考研考法实战 答案见 D24 页

1.（江西师范大学，2012）单选：下面哪一类记忆的信息编码方式包括语义类别编码（　　）。

A. 短时记忆　　B. 长时记忆

C. 工作记忆　　D. 瞬时记忆

2.（江西师范大学，2013）单选：在记忆乘法、珠算口诀时采用的编码方式为（　　）。

A. 按语义关系编码

B. 利用语言的音韵和节律编码

C. 采用主观组织加工材料

D. 使用字形编码

考点 2　长时记忆的信息存储和提取

考研基础必备

1. 信息存储的动态变化（消退、概括化、完整化、具体化）

长时记忆的信息存储是一个动态过程，会随着时间的推移在质和量两方面发生变化。

质的方面：内容概括化（细节忽略了），内容完整化（更加合理和有意义），内容具体化（夸张或突出），卡密克尔和巴特莱特的实验。

量的方面：存储信息的数量随着时间的迁移而逐渐下降。

记忆恢复现象（巴拉德）是指，学习某种材料后间隔一段时间所测量到的保持量，比学习后立即测量的保持量要高。不过随着年龄的增长逐渐消失了（是海马长时程增强作用的体现）。

2. 信息存储的条件与方法

①组织有效的复习（复习要及时；正确分配复习时间，分散优于集中；阅读与重现交替；注意排除前后材料的影响）。

②利用外部记忆手段。

③注意脑的健康和用脑卫生。

3. 长时记忆的信息提取

长时记忆的信息提取有再认和回忆两种基本形式。

1）再认

再认是指人们对感知过、思考过或体验过的事物，当它再度呈现时，仍能认识的心理过程。分为感知和思维两种水平，感知是迅速直接的，思维还要依赖于再认的线索。

影响因素有：材料的性质和数量；再认的时间间隔；思维活动的积极性；个人的期待；人格特征。

2）回忆

回忆是过去的经验在人们的头脑中重新出现的过程。回忆通常以联想为基础。

影响回忆的因素：联想是回忆的基础；定势和兴趣直接影响回忆的方向和效果；表象和词语的双重搜索可提高完整性与准确性；暗示和再认有助于提取；干扰。

舌尖现象是指明明知道而当时又回忆不起来的现象。克服的简便方法就是当时停止回忆，经过一段时间后再回忆，这时要回忆的事物可能就会很容易想起来。

3）再认与回忆的比较

两者的信息提取方式在本质上没有区别。再认比回忆简单、容易。再认比回忆出现得早。

4）信息提取的线索

情境依存性的记忆：提取时的情境和编码时的情境越相似，越有助于记忆的现象。（编码特殊性原则）

状态依存性的记忆：提取信息时的生理或者心理状态和编码时的状态越相似，越有助于记忆的现象。即在心情好的情况下，人们往往回忆出更多美好的往事；而在心情不好时，人们往往更多回忆起不愉快的时间。

考研考法突破

考法 1 考查长时记忆的存储

长时记忆的存储通常以选择、简答形式进行考查，考查频率较高，但考查方式较为简单，在复习过程中将相关知识点理解记忆即可。

例 3：（东北师范大学，2017）多选：长时记忆信息的存储是一个动态过程，其内容的变化表现在以下方面（　　）。

A. 内容更加简略和概括

B. 内容更加完善和合理、有意义

C. 内容更加具体，或者夸张和突出

D. 有时出现记忆恢复现象

【解析】长时记忆信息存储的动态变化表现在：内容概括化（细节忽略了），内容完整化（更加合理和有意义），内容具体化（夸张或突出），有时会有记忆恢复现象。

参考答案：ABCD

例 4：（北京师范大学，2002）简答：人的长时记忆内容是否是事实的真实再现？为什么？

【解析】本题考查长时记忆的存储与提取。

参考答案：人的信息存储是动态变化的，长时记忆的信息存储是一个动态过程，会随着时间的推移在质和量两方面发生变化。

质的方面：内容概括化（细节忽略了），内容完整化（更加合理和有意义），内容具体化（夸张或突出），卡密克尔和巴特莱特的实验。

量的方面：存储信息的数量随着时间的迁移而逐渐下降。

因此在过了一段时间后，我们对信息的记忆并非事实的真实再现。

考法 2 长时记忆的信息提取

此考点考查频率较高，常以单选及简答形式进行考查，在复习过程中需将长时记忆信息提取相关知识理解记忆。

例 5：（西南大学，2015）单选：当过去感知过、思考过或体验过的事物重新出现时，我们能够识别出来的心理现象叫（　　）。

A. 再认　　B. 回忆　　C. 联想　　D. 再现

【解析】从大脑中提取知识和经验的过程叫回忆，又叫再现；识记过的材料不能回忆，但在它重现时却能有一种熟悉感，并能确认是自己接触过的材料，这个过程叫再认。

参考答案：A

例 6：（统考，2019）单选：在一项实验中，先让潜水员在海滩上或者在水下学习一些单词，然后再检测其记忆效果。其中一组被试的测验环境与学习环境一样，另一组的测验环境与学习环境不同。结果发现，前者的测验成绩优于后者。能够较好解释这种现象的是（　　）。

A. 编码的特异性　　B. 信息的易提取性

C. 状态依存性效应　　D. 逆行性遗忘

【解析】编码的特异性是指提取时的情境和编码时的情境越相似，越有助于记忆的现象。

参考答案：A

考研考法实战 答案见 D24 页

1.（华中师范大学，2013）单选：储存于长时记忆中的知识属于（　　）。

A. 非意识（nonconscious）　B. 前意识（preconscious）

C. 无意识（unconscious）　D. 潜意识（subconscious）

2.（复旦大学，2015）单选：当你重返中学母校时，沿着校园踱步想到很多当年往事。这说明记忆的（　　）。

A. "情景线索"提取效应　B. 回忆的后摄干扰效应

C. 记忆痕迹衰退效应　D. 动机性遗忘效应

3.（湖南师范大学，2020）简答：长时记忆信息储存的动态变化过程。

考点 3 长时记忆的遗忘

考研基础必备

1. 遗忘的含义

识记的内容不能保持或提取时有困难的现象就是遗忘。能再认不能回忆叫不完全遗忘；不能再认也不能回忆叫完全遗忘；一时不能再认或回忆叫临时性遗忘（舌尖现象）；永久不能再认或回忆叫永久性遗忘。

2. 遗忘曲线

德国著名的心理学家艾宾浩斯对记忆保持量的变化进行了系统研究，他将实验结果绘成艾宾浩斯遗忘曲线。他以无意义音节为记忆材料，以再学法的节省率作为保持量的指标。

结果发现，学习后的不同时间里保持量是不同的，刚学完时保持量最大，学后短时间保持量急剧下降，然后渐渐稳定地下降，最后接近稳定。遗忘在时间上先快后慢，在数量上先多后少。

3. 遗忘理论

1）衰退说

衰退说认为，对材料的识记会在大脑皮层留下痕迹，遗忘是由于这些痕迹得不到强化而逐渐减弱以至消失所致。衰退说强调生理活动过程对记忆痕迹的影响。一种解释是，记忆在人脑中形成暂时神经联系，这种联系在神经系统中留下痕迹，如得不到强化，则消退而遗忘。另一种解释是，遗忘是由于记忆痕迹受到脑内代谢物质的消磨而逐渐消退造成的。这种说法容易被人们接受，但很难用实验证实。

2）干扰说（系列位置效应）

干扰说认为，遗忘是因为学习和记忆之间受到其他刺激的干扰所致。一旦干扰被排除，记忆就能恢复，记忆并未发生任何变化。可用前摄抑制和倒摄抑制来说明。

前摄抑制是先前学习的材料对识记和回忆后的学习材料的干扰作用。

倒摄抑制是指后学习的材料对识记和回忆先前学习的材料的干扰作用。

系列位置效应是指中间部位同时受到两种抑制影响，因而识记与回忆较为困难。

若前后学习的材料完全相同，后学习即是复习，不产生倒摄抑制。在学习材料由完全相同到完全不同逐步变化时，倒摄抑制开始逐渐增加。材料的相似性达到了一定程度，抑制作用最大，以后又逐渐减弱，到了先后识记的材料完全不同时，抑制效果最小。

3）压抑说（动机抑制理论）

压抑理论认为，遗忘是由于情绪或动机的压抑作用引起的。有些经验进入人的意识会使人产生痛苦的体验，因此被压抑到无意识中，一旦这种压抑解除，记忆就能恢复。这种现象首先是由弗洛伊德在临床实践中发现的。

4）提取失败（线索依赖性理论）

该理论认为，储存在长时记忆中的信息是永远不会丢失的，我们之所以对一些事情想不起来，是因为提取有关信息时没有找到适当的提取线索。

图尔文认为遗忘有两种可能：

①可能是信息从记忆系统中消失了，这是痕迹依赖性遗忘。

②线索依赖性遗忘。这得到了图尔文等人的实验证实，因为识记项目与上下文、情境联系在一起加工编码，若提供的线索与上下文、情境越相似，那么回忆动机越好。

4. 影响遗忘的因素

1）时间

2）识记材料的性质与数量

熟练的动作和形象的材料遗忘得慢，有意义的材料比无意义的遗忘得要慢得多；在学习程度相等的情况下，识记材料越多，忘得越快。

3）学习的程度

对材料的识记没有一次能达到无误背诵的标准，称为低度学习，容易遗忘；若达到恰能成诵之后再继续学习一段时间，就叫过度学习。适当的过度学习比恰能背诵时的记忆效果要好些。

4）识记材料的系列位置

近因效应是指最后呈现的材料容易回忆，遗忘较少；

首因效应是指最先呈现的材料易回忆，遗忘较少。

系列位置效应是指材料首尾部分容易保持，中间部分容易遗忘。

5）识记者的态度

不占重要地位的，不引起人们兴趣的，不符合个人需要的，容易忘记。

考研考法突破

考法 1　遗忘的含义

该考法单独考查的频率较低，常与相关知识点共同考查，在复习过程中理解记忆即可。

例 7：（吉林大学，2011）名词解释：遗忘。

【解析】本题考查遗忘的含义。

参考答案：遗忘是识记过的材料不能回忆也不能再认，或者发生错误的回忆或再认的现象。遗忘分为不完全遗忘和完全遗忘、临时性遗忘和永久性遗忘。

考法 2　艾宾浩斯遗忘曲线

通过选择题、名词解释、简答论述等题型考查艾宾浩斯遗忘曲线的相关内容。该考法的考查频率很高，大家要全面掌握。

例 8：（华东师范大学，2013；广州大学，2013；浙江理工大学，2016）论述：试述艾宾浩斯遗忘曲线，并结合自身实际，谈谈在生活中如何避免遗忘。

【解析】本题考查艾宾浩斯遗忘曲线，先将相关知识点答出再进行举例即可。

参考答案：德国心理学家艾宾浩斯对遗忘现象做了系统的研究，他用无意义的音节作为记忆的材料，把实验数据绘制成一条曲线，称为艾宾浩斯遗忘曲线。曲线表明了遗忘发展的一般规律：遗忘的过程不是均衡的，不是固定的一天丢掉几个，转天又丢几个，而是在记忆的最初阶段遗忘的速度很快，后来就逐渐减慢了，到了相当长的时间之后，几乎就不再遗忘了，这就是遗忘的发展规律，即“先快后慢”的原则。遗忘曲线告诉人们在学习中的遗忘是有规律的，遗忘的进程很快，并且先快后慢。观察曲线，你会发现，学得的知识在一天后，如不抓紧复习，就只剩下原来的25%。随着时间的推移，遗忘的速度减慢，遗忘的数量也就减少。有人做过一个实验，两组学生学习一段课文，甲组在学习后不复习，一天后记忆率36%，一周后只剩13%。乙组按艾宾浩斯记忆规律复习，一天后保持记忆率98%，一周后保持86%。乙组的记忆率明显高于甲组。以小学生背语文课文为例：小学生背会课文后，在5分钟后重复一遍，20分钟后再重复一遍，1小时后，12小时后，1天后，2天后，5天后，8天后，14天后就会记得很牢。

如何避免遗忘：

（1）组织有效的复习，复习要及时，正确分配复习时间，阅读与重现交替进行，注意排除前后材料的干扰；

（2）利用外部记忆手段；

（3）注意脑的健康和用脑卫生

例 9：（统考，2011）单选：根据艾宾浩斯遗忘曲线，为了取得最好的记忆效果，个体对初次识记的无意义材料进行复习的时间应在识记后（　　）。

A. 1 小时内　　B. 2~12 小时

C. 13~24 小时　　D. 24 小时后

【解析】根据艾宾浩斯遗忘曲线可知，想要取得最好的记忆效果，应该在识记后的1小时内进行复习。

参考答案：A

例 10：（广州大学，2016；南京大学，2014；南京师范大学，2012）单选：最早对遗忘进行实证性研究，并提出著名遗忘曲线的心理学家是（　　）。

A. 冯特　B. 巴甫洛夫　C. 韦伯　D. 艾宾浩斯

【解析】艾宾浩斯创造无意义音节、完全记忆法和节省法对高级心理过程的记忆首次进行实验研究，并对记忆做了定量的分析。他首次发现保持与遗忘的规律，即学习后经过的时间越长保持越少，遗忘速度呈先快后慢的趋势，并绘制出记忆遗忘曲线。

参考答案：D

考法 3　遗忘的理论

通过选择题、名词解释和简答题考查遗忘的相关理论。该考法的考查频率很高，选择题和名词解释主要考查系列位置效应的相关内容，简答题则综合考查遗忘的原因。因此，考生需要全面掌握遗忘的四个理论的要点。

例 11：（西南大学，2014；南京大学，2015；江西师范大学，2016）单选：后面学习材料对于已学过的学习材料的影响，这称为（　　）。

A. 前摄抑制　　B. 倒摄抑制
C. 正向抑制　　D. 负向抑制

【解析】本题考查记忆的干扰说以及系列位置效应。前摄抑制是先学习的材料对识记和回忆后学习的材料的干扰作用，倒摄抑制是后学习的材料对识记和记忆先学习材料的干扰作用。

参考答案：B

例 12：（北京大学，2017；四川师范大学，2018；天津师范大学，2021）论述 / 简答：序列位置效应是什么？它是如何产生的？

参考答案：（1）序列位置效应是指在回忆系列材料时，材料顺序对记忆效果的影响。

比如：自由回忆测验。先呈现一系列项目，大约 2s 一个项目。当最后一个项目呈现完毕后，要求被试回忆呈现的项目，可以不按照呈现顺序回忆。当把回忆结果以项目呈现顺序为横坐标，以正确回忆率为纵坐标作图，就会获得系列位置曲线。

系列位置效应的内容包括：

①首因效应：最先呈现的材料比较容易回忆，遗忘较少；

②近因效应：最后呈现的材料最容易记忆，遗忘最少；

③中间部分的内容最容易遗忘。

（2）①系列位置效应是在研究双重机能实验中产生的。

该实验的假设认为：近因效应来自短时储存，而首因效应来自长时储存。

实验结果显示：某些自变量影响首因效应和渐近线，但不影响近因效应。有些自变量影响近因效应，但不影响首因效应和渐近线。提供了系列位置曲线中的机能双重分离的证据。

②除此之外，还有倒摄抑制和前摄抑制的影响。

即倒摄抑制：后面学习的材料对学习的材料的保持和回忆起干扰作用。

前摄抑制：前面学习的材料对后面材料的干扰作用。

因此会产生系列位置效应也和该原因有关。

考法 4　考查遗忘的影响因素

此考点较为重要，常以选择题和简答形式进行考查，在复习过程中注意将遗忘的进程与遗忘的理论与之相结合进行复习即可。

例 13：（华南师范大学，2015；天津大学，2021；福建师范大学，2021）简答：简述长时记忆的遗忘进程及其影响因素。

【解析】本题考查长时记忆的遗忘及其影响因素。

参考答案：长时记忆是指储存时间在一分钟以上的记忆。艾宾浩斯以无意义音节为材料，用节省法证明，遗忘的进程是先快后慢的。遗忘在学习开始之后立刻开始，保持和遗忘都是时间的函数；遗忘的过程最初很快，以后逐渐缓慢。艾宾浩斯遗忘曲线是以间隔的时间为横坐标，以保存量为纵坐标，画出的曲线呈负加速型（这个曲线就叫保持曲线）；若以遗忘的数量为纵坐标，画出的曲线应为遗忘曲线，它是正加速型的。

遗忘的进程受到以下因素的影响：

（1）识记材料的性质和数量：遗忘速度从无意义材料、有意义材料到熟练的动作依次减慢；同等难度的材料，识记的项目越多，遗忘越快。

（2）识记材料的系列位置：材料在系列里所处的位置对记忆效果的影响叫系列位置效应，它表现为系列末尾的材料记忆的效果最好（近因效应），其次是前边呈现的材料（首因效应），中间的材料记忆效果最差。

（3）识记者的态度：不占重要地位的、不引起人们兴趣的、不符合一个人需要的事情容易出现遗忘。

（4）学习的程度：依低度学习、达到学会的标准、过度学习的顺序，遗忘速度逐渐减慢。

（5）时间因素：根据艾宾浩斯的研究，遗忘的过程最初很快，以后逐渐缓慢。

例 14：（西南大学，2015）多选：影响遗忘的因素包括（　　）。

A. 识记材料的性质和数量
B. 识记材料的系列位置
C. 识记者的态度
D. 识记方法

【解析】影响遗忘的因素：（1）识记材料的性质和数量，遗忘速度以无意义材料、有意义材料和熟练的动作依次减慢；同等难度的材料，识记的项目越多，忘得越快。（2）学习的程度，低度学习、达到学会的标准、过度学习的顺序遗忘速度逐渐减慢。（3）识记材料的系列位置：材料在系列里所处的位置对记忆效果的影响叫系列位置效应，它表现为系列末尾的材料记忆的效果最好（称为近因放应），其次是前边呈现的材料（称为首因效应），中间的材料记忆的效果最差。（4）识记者的态度，识记者对识记材料的需要、兴趣等，对遗忘的快慢也有一定的影响。识记方法也会影响遗忘，精细加工记忆更深刻，不容易忘记。

参考答案：ABCD

考研考法实战

答案见 D25 页

1.（浙江理工大学，2017）单选：用无意义音节进行记忆研究的首创者和遗忘曲线最先提出者是（　　）。

A. 巴甫洛夫　　B. 艾宾浩斯
C. 詹金斯　　D. 弗洛姆

2.（江西师范大学，2012；福建师范大学，2018）单选：一般来说，学习材料的中间部分记忆效果较差，产生这一现象的原因是（　　）。

A. 双重抑制　　B. 前摄抑制
C. 倒摄抑制　　D. 干扰抑制

3.（广州大学，2015）单选：学习一种比较复杂的材料，其开头部分往往遗忘较少，这是因为没有受到（　　）的影响。

A. 前摄抑制　　B. 倒摄抑制
C. 分化抑制　　D. 消退抑制

4.（广州大学，2019）单选：对系列呈现的学习材料进行自由回忆时，首先呈现的材料遗忘少，这种现象称为（　　）。

A. 首因效应　　B. 启动效应
C. 词优效应　　D. 近因效应

5.（西南大学，2017）多选：引起遗忘的原因可能是（　　）

A. 记忆痕迹衰退
B. 其他刺激干扰
C. 对不愉快经验的自我压抑

D. 没有良好的提取线索

6.（南京师范大学，2016）论述：试分析影响长时记忆信息存储与遗忘的因素，并谈谈有效存储、减少遗忘的策略。

考点 4 内隐记忆

考研基础必备

1. 内隐记忆的含义

内隐记忆是指在不需要特定的过去经验进行有意识回忆的测验中表现出来的一种记忆形式，它的表现就是先前获得的经验无意识地影响了后来的作业成绩。内隐记忆的特点是，人们没有意识到自己有这种记忆，也没有有意识地提取它，但它在特定的作业中表现出来。

2. 内隐记忆与外显记忆的关系（两种记忆的分离）

1）加工深度

研究发现，对刺激项目的加工深度并不影响被试的内隐记忆效果，而对外显记忆则有十分明显的影响。

2）保持时间

在外显记忆的研究中，人们都发现回忆量会随着学习和测验之间时间间隔的延长而逐渐减少。但是，内隐记忆在这方面则表现出完全不同的特点，内隐记忆随时间延长而发生的消退要比外显记忆慢得多。

3）记忆负荷量

外显记忆成绩随着所学词汇数目的增加而逐渐下降，而内隐记忆成绩则不受词汇数目增加的影响。记忆的项目越多，越不容易记住，这是记忆的一种普遍现象。但是研究表明，这一规律仅适用于外显记忆，而内隐记忆则不然。

4）呈现方式

加考比等人在研究中发现，以听觉形式呈现的刺激在以视觉形式进行测验时，这种感觉通道的改变会严重影响内隐记忆的作业成绩，而对外显记忆的效果没有影响。

5）干扰因素

外显记忆很容易受到其他无关信息的干扰，前摄抑制和倒摄抑制现象的存在很好地说明了这点，但是内隐记忆不受影响。

考研考法突破

考法 1 内隐记忆和外显记忆的测量方法

考点较为重要，为高频考点，在复习过程中应将内隐记忆及相关理论共同理解记忆。

例 15：（吉林大学，2011；上海师范大学，2015；天津师范大学，2011）单选：词干补笔的方法主要用于测量（　　）。

A. 外显记忆　　B. 感觉记忆

C. 内隐记忆　　D. 长时记忆

【解析】内隐记忆的测量方法包括词干补笔、残词补笔和知觉辨认，模糊与辨认。

参考答案：C

例 16：（上海师范大学，2017）简答：什么是外显记忆和内隐记忆，怎么测量？

【解析】本题考查内隐记忆与外显记忆的区别，先将内隐记忆与外显记忆的概念回答出来，再回答两者的联系与区别，最后将测量方式进行回答即可。

参考答案：（1）内隐记忆是指过去经验对当前活动无意识的影响；外显记忆是指过去经验对当前活动有意识的影响。

（2）内隐记忆的测量方法：

①词干补笔。词干补笔是指，被试学习一系列单词之后，测验时提供单词的前几个字母，让被试补齐其余几个字母而构成一个有意义的词。补笔的另一种形式为残词补全，是让被试学过一系列词之后，把缺的字母补上使其变成有意义的词。

②知觉辨认。在实验中，先让被试学习一系列的词，然后要求在速示条件下对学过的词以及另外一些没有学过的词进行辨认。另一种是模糊字辨认，是指在测验时所呈现词的字母很模糊，要求被试辨认是什么字。

（3）外显记忆的测量方法：

①自由回忆。先呈现一系列项目让被试尽可能多地记住。与系列回忆不同的是，在这里被试无须按顺序回忆出来，只要回忆出材料即可。

②再认法。向被试同时呈现学习过的材料和未学习过的干扰材料，让他们判断是否是先前学习或记忆过的，以此来考查先前学习过的材料是否能够被正确地觉察出来。

考法 2 内隐记忆和外显记忆的区别

此考法多以选择题和简答形式进行考查，为高频考点，在复习过程中应注意将内隐记忆与外显记忆对比进行理解记忆。

例 17：（统考，2017）单选：下列变量中，影响内隐记忆但不影响外显记忆的是（　　）。

A. 年龄　　B. 注意

C. 加工水平　　D. 感觉通道转换

【解析】内隐记忆有如下特点：（1）加工深度不影响内隐记忆；（2）内隐记忆随时间延长而发生的消退要比外显记忆慢得多；（3）记忆项目数量增多不会使内隐记忆效果下降；（4）感觉通道的改变会严重影响内隐记忆的作业成绩；（5）干扰因素对内隐记忆的影响不大。

参考答案：D

考研考法实战 答案见 D25 页

1.（江西师范大学，2014）单选：假设你每天在公交车站等车，有一天你突然发现车站的广告牌更换了新的内容。这属于什么记忆现象？（　　）

A 机械记忆　　B. 形象记忆

C. 内隐记忆　　D. 外显记忆

2.（上海师范大学，2015/2016）简答：阐述内隐记忆及其测量方式。

3.（北京师范大学，2003；华东师范大学，2011；深圳大学，2020；广州大学，2021）简答：简述内隐记忆和外显记忆的含义及主要区别。

综合问题 感觉记忆、短时记忆、长时记忆对比及其概念

考研基础必备

阿特金森和谢夫林提出记忆的三级记忆模型，记忆由感觉记忆、短时记忆和长时记忆三个子系统或三个阶段组成（见表6–3）。

三者的关系：信息首先进入感觉记忆，其中那些引起个体注意的感觉信息才会进入短时记忆；在短时记忆中存储的信息经过复述，存储到长时记忆中；而保存在长时记忆中的信息在需要时又会被提取出来，进入短时记忆中。

表 6–3 感觉记忆、短时记忆与长时记忆的比较

记忆类型	保持时间	信息加工	存储与提取	特征	影响编码因素
感觉记忆	0.25~4s	图像记忆（视） 声像记忆（听）	注意	鲜明形象性； 信息保持时间极短； 容量较大； 痕迹容易衰退，传输与衰退取决于注意	—
短时记忆	5s~1min	听觉编码（主） 视觉编码 语义编码	组块与复述；信息提取方式是完全系列扫描	保存时间短；容量有限（7±2个单元）；信息可以被意识到；其信息通过复述可转入长时记忆系统	觉醒状态 组块 加工深度
长时记忆	>1min	语义类别编码、以语言特点为中介编码、主观组织	组织有效复习；利用外部手段；注意脑的健康和卫生；提取方式是再认和回忆	记忆容量无限；保持时间长	意识状态， 加工深度

考研考法突破

综合点 感觉记忆、短时记忆和长时记忆的特点

综合考查三种记忆的特点，或两两对比考查，或三个一起考查，需要考生综合理解每一个记忆系统的特点。

例 18：（华东师范大学，2014）简答：简述记忆信息加工过程中的三个记忆过程及其特征。

【解析】本题可从记忆信息加工过程上进行回答。

参考答案：记忆活动是由感觉记忆、短时记忆、长时记忆三个相互联系的记忆系统组成的。这三个记忆系统在信息的储存时间、信息的编码方式、记忆的容量等方面都有各自不同的特点；同时，三个系统的信息加工水平是不同的，感觉记忆的信息加工水平最低，长时记忆的信息加工水平最高。信息的长期保持是在一定的条件下，将信息由感觉记忆转入短时记忆，再由短时记忆转入长时记忆。

（1）感觉记忆：

通过感觉获得的信息在大脑中都要保存一个极短的时间。这就是感觉记忆，又称瞬时记忆或感觉记忆。在感觉记忆中，信息保持的时间为0.25~4s；信息的编码是以信息所具有的物理特性来进行的，具有鲜明的形象性。不同内容的感觉记忆，其容量有一定的差异，例如，视觉信息的记忆容量大于听觉信息的记忆容量。一般认为，感觉记忆的容量比短时记忆大。感觉记忆中保存的信息如果没有受到注意，就会很快丧失；如果受到注意，它就进入了短时记忆系统进行保存。

（2）短时记忆：

在注意的条件下，将有关信息只短暂地呈现一次（信息呈现的时间一般为1s），对这种当前信息的记忆叫作短时记忆。短时记忆所加工的信息有两个来源，其一是感觉记忆中的信息因受到注意而进入短时记忆的，其二是为了解决当前的问题而从长时记忆中提取出来，暂时存放在短时记忆中的。在短时记忆中，信息的保存时间为5s~1min；信息的编码方式以言语的听觉形式为主，也存在视觉编码和语义编码。短时记忆的容量相当有限，一般为7±2个组块。组块是短时记忆信息加工的单位，它可以是字母、单词、句子甚至更大的单位。每一个单位的内部是由非常熟悉的内容组成的。可见，短时记忆的容量实际上取决于组块的大小。也有人认为，如果组块较大，则短时记忆的容量只有四五个组块。短时记忆中的信息经过复述，就进入了长时记忆；如果得不到复述，就会随时间而自动消退。

（3）长时记忆：

长时记忆是对经过深入加工的信息的记忆。长时记忆保存的时间很长，可以是一分钟，也可以是几个小时、几天、几年，甚至是终生的。它的信息主要来自短时记忆阶段加以复述的内容，也有由于印象深刻一次形成的。长时记忆的容量似乎是无限的，它的信息是以有组织的状态被储存起来的。有词语和表象两种信息组织方式，即言语编码和表象编码。言语编码是通过词来加工信息，按意义、语法关系、系统分类等方法把言语材料组成组块，以帮助记忆。表象编码是利用视形象、声音、味觉和触觉形象组织材料来帮助记忆。

考研考法实战

答案见D25页

1.（西南大学，2016）多选：以下哪些特点是感觉记忆和长时记忆没有而短时记忆独有的？（　　）

A. 对信息进行有意识的加工

B. 储存的信息相对较少

C. 信息保持时间很短

D. 其储存的信息是我们觉察不到的

2.（南京师范大学，2012；北京师范大学，2006；河北师范大学，2021）论述：请从保持时间、容量和编码方式三个方面概述感觉记忆、短时记忆和长时记忆的特征。

章节考点　综合训练

答案见 D26 页

一、单项选择题

1.（统考，2020）下列选项中，属于程序性记忆的是（　　）。
A. 记住了韦伯定律
B. 对情绪体验的记忆
C. 掌握了骑自行车的技能
D. 回想第一次上台演讲的情景

2.（统考，2017）小王先学习了汉语拼音，随后学习英语，在使用拼音录入汉字时经常会混淆拼音和英语。产生这种干扰的原因是（　　）。
A. 前摄抑制　B. 倒摄抑制
C. 记忆重构　D. 记忆恢复

3.（统考，2018）一位老人回到阔别已久的家乡，当他走到村头小桥时，触景生情，想起了童年往事。这个例子主要说明的是（　　）。
A. 痕迹衰退对于回忆的影响
B. 倒摄抑制对于回忆的影响
C. 提取线索对于回忆的影响
D. 动机性遗忘对于回忆的影响

4.（广州大学，2018；统考，2010；江西师范大学，2015）单选：信息在一个极短的时间内被保存下来，其存储时间为 0.25~4 秒，这是（　　）。
A. 感觉记忆　B. 短时记忆　C. 工作记忆　D. 长时记忆

5.（统考，2019）系列位置效应被看作是支持短时记忆和长时记忆划分的证据。如果在实验中加快单词系列中每个单词的呈现速度，最可能的结果是（　　）。
A. 对首因和近因效应都有影响
B. 对首因和近因效应都没有影响
C. 对近因效应有影响，对首因效应没有影响
D. 对首因效应有影响，对近因效应没有影响

6.（浙江理工大学，2016）记忆过程按时间划分包括三种记忆：长时记忆、短时记忆和（　　）。
A. 程序性记忆　B. 情景记忆
C. 感觉记忆　D. 内隐记忆

7.（福建师范大学，2015）学习后立即睡觉，保持的效果往往比学习后继续活动保持的效果更好，这是由于（　　）。
A. 过度学习　B. 记忆的恢复现象
C. 无倒摄抑制的影响　D. 无前摄抑制的影响

8.（广州大学，2015）艾宾浩斯于 1885 年发表了（　　）一书，这是他用实验法研究高级心理过程的结果。
A.《论灵魂》　B.《论记忆》
C.《民族心理学》　D.《社会心理学》

9.（西南大学，2015）早晨起床后，背诵外语单词效果好的一个重要原因是没有（　　）。
A. 超限抑制　B. 倒摄抑制　C. 延缓抑制　D. 前摄抑制

10.（华中师范大学，2018）你记得昨天午餐吃什么，这是（　　）的例子。
A. 内隐记忆　B. 语义记忆　C. 短时记忆　D. 情景记忆

11.（华中师范大学，2014）对病前不能够回忆的不重要的东西都回忆起来了，这属于（　　）
A. 虚构　B. 遗忘　C. 记忆增强　D. 错构

12.（华中师范大学，2015）关于父亲送我上大学的记忆是（　　）。
A. 陈述性记忆中的语意记忆
B. 陈述性记忆中的情景记忆
C. 程序性记忆中的语意记忆
D. 程序性记忆中的情景记忆

13.（中央财经大学，2019）将物体的物理特性在头脑中登记的过程属于（　　）。
A. 长时记忆　B. 感觉记忆　C. 短时记忆　D. 外显记忆

14.（南京大学，2014）干扰会造成长时记忆的遗忘，干扰可分为（　　）。
A. 前摄抑制和倒摄抑制两种
B. 前干扰和后干扰两种
C. 前摄抑制、中摄抑制和倒摄抑制三种
D. 前干扰、中干扰和后干扰三种

15.（南京师范大学，2015/2016）最能够解释前摄抑制和倒摄抑制现象的记忆学说是（　　）。
A. 衰退说　B. 干扰说
C. 压抑说　D. 提取失败说

16.（华东师范大学，2012）在有关记忆的实验研究中，发明无意义音节的著名心理学家是（　　）。
A. 韦伯（Weber）　B. 艾宾浩斯（Ebbinghaus）
C. 冯特（Wundt）　D. 斯波林（Sperling）

17.（华东师范大学，2019）当儿童学习字母表时，他们先能复述“A，B，C，D……”和“W，X，Y，Z”，而不是中间的字母，这是因为（　　）。
A. 前摄抑制　B. 系列位置效应
C. 逆向干扰　D. 过度学习

18.（西南大学，2014）系列位置效应的一般表现是（　　）材料记得好。
A. 前边　B. 中间　C. 后边　D. 两头

19.（西南大学，2014）艾宾浩斯在研究记忆与遗忘规律时采用的记忆材料是（　　）。
A. 人工概念　B. 自然的句子
C. 自然的单词　D. 无意义音节

20.（华东师范大学，2020）不能获得受伤之后事件的新的记忆，这一现象被称为（　　）。
A. 顺行性遗忘　B. 逆行性遗忘
C. 前摄干扰　D. 后前摄干扰

21.（四川师范大学，2022）通过不断练习，掌握了游泳的技能，真正学会了游泳，这时的记忆是（　　）。
A. 程序性记忆　B. 陈述性记忆
C. 情景性记忆　D. 外显性记忆

22.（华东师范大学，2021）一名多年没有登台表演的舞者，再次随着音乐跳起了舞蹈，虽然她表示已经记不清舞蹈动作了。这一描述属于（　　）。
A. 语义记忆　B. 情景记忆
C. 映像记忆　D. 程序性记忆

23.（北京师范大学，2019）“打网球”的动作记忆属于（　　）。
A. 陈述性记忆　B. 语义记忆
C. 情景记忆　D. 程序性记忆

24.（华东师范大学，2022）如果一位穿袈裟的师傅突然走进大学课堂，同学们一定很惊讶。这是因为此场景是与同学们的经验起冲突了。与这一现象最相关的是（　　）。

A. 语义记忆　　B. 情景记忆

C. 程序性记忆　　D. 内隐记忆

25.（统考，2021）感觉记忆中的信息编码方式主要是（　　）。

A. 命题编码　　B. 语义编码

C. 数字顺序编码　　D. 物理特征编码

26.（华中师范大学，2021）在感觉记忆容量的研究中，运用部分报告法得到的（视）感觉记忆容量是（　　）。

A. 9 个字母　　B. 9 个单元

C. 4~5 个字母　　D. 4~5 个单元

27.（北京师范大学，2020）部分报告法主要研究的是（　　）。

A. 工作记忆　B. 映像记忆　C. 短时记忆　D. 长时记忆

28.（北京师范大学，2020）在艾宾浩斯的记忆实验中，研究者没有使用的是（　　）。

A. 机械复述法　　B. 节省法

C. 无意义音节　　D. 非言语材料

29.（华中师范大学，2022）以下哪个概念不属于长时记忆的结构？（　　）

A. 图式　B. 原型　C. 概念　D. 复述

二、名词解释

1.（西南大学，2020；深圳大学，2020；陕西师范大学，2021）内隐记忆。

2.（北京师范大学，2001；广州大学，2018）情景记忆。

3.（华中师范大学，2015；福建师范大学，2013，广州大学，2015）倒摄抑制。

4.（湖南师范大学，2015；深圳大学，2022；华南师范大学，2022）前摄抑制。

5.（华中师范大学，2011；南京师范大学，2015/2017）系列位置效应。

6.（南京大学，2019）前瞻记忆。

7.（山东师范大学，2017）外显记忆。

8.（首都师范大学，2020）舌尖现象。

9.（吉林大学，2021）动机性遗忘。

10.（陕西师范大学，2021）工作记忆模型。

11.（西南民族大学，2021）感觉记忆。

12.（广西师范大学，2021）短时记忆。

13.（西南大学，2022）反响回路。

三、简答题

1.（湖南师范大学，2018）简述短时记忆与工作记忆的关系。

2.（华中师范大学，2011）举例说明情景关联记忆和编码特定原则。

3.（东北师范大学，2020；深圳大学，2021）简述如何提高记忆效果。

4.（吉林大学，2020）简述干扰说如何解释遗忘现象。

5.（吉林大学，2021；浙江师范大学，2022）简述艾宾浩斯的记忆研究，并谈一谈启示。

6.（山东师范大学，2021）简述长时记忆储存的动态变化。

7.（河南大学，2021）如何正确组织复习？

8.（山东师范大学，2020）短时记忆编码方式。

9.（河南大学，2021）什么是记忆？记忆包括哪几个基本环节？

四、论述题

1.（东北师范大学，2021）长时记忆的编码和影响因素。

2.（统考，2022）小张期末考试成绩不理想。在考试时，有些知识由于平时没有及时复习而遗忘了；有些知识由于混淆而不能准确回答考题；有些知识明明记住了，但就是想不起来。请用三个遗忘的相关学说对小张的遗忘现象进行解释。

五、综合题

1.（北京师范大学，2005；东北师范大学，2014/2017；东南大学，2016）简要说明内隐记忆的特点，你认为研究内隐记忆有什么重要意义？

2.（湖南师范大学，2020）试述 Atkinson 、Shiffrin 多重存储记忆模型（感觉 / 短时 / 长时存储记忆）的特点。

3.（华南师范大学，2014；深圳大学，2021）试述人类长时记忆遗忘的原因。

4.（天津师范大学，2014）画图说明遗忘曲线，并说明影响遗忘的因素，阐述解释遗忘的理论。

第七章 思 维

人不仅能认识事物和现象的外部联系，而且能认识事物和现象的内在联系与规律。本章首先介绍思维的一般概念和思维的种类，然后介绍思维的基本单位：表象和概念。表象是人在头脑中出现的关于事物的形象，概念是有组织地储存在我们头脑中的。其次，再逐一介绍推理、问题解决和决策等思维过程。本章中的考点相对较多，在复习过程中应引起高度重视。

第一节 思维的一般概念

研究真题，明确考况

考试要求	统考		自主命题	
	考题	考查点	考题	考查点
1. 思维含义	无	无	南京师范大学，2013 吉林大学，2012 东北师范大学，2016	单选：思维的含义
			湖南师范大学，2014 东北师范大学，2016	简答：思维的含义及种类
2. 思维特征	2011	单选：思维特征	吉林大学，2011 华东师范大学，2013 华东师范大学，2019 广州大学，2016/2018	单选：思维的特征
			山东师范大学，2011	简答：思维的特征
3. 思维种类	2013 2020	单选：思维种类	四川师范大学，2017 西南大学，2016 四川师范大学，2015 苏州大学，2012 江西师范大学，2012 南京师范大学，2015	单选：思维的种类
			南京师范大学，2016 西北师范大学，2017	名词解释：思维种类
4. 思维过程	无	无	广州大学，2015	单选：思维过程
			南京师范大学，2016 首都师范大学，2013	简答：思维的过程

考点 1 思维的含义

考研基础必备

思维是借助语言、表象或动作实现的对客观事物概括的和间接的认识，是认识的高级形式。它能揭示事物的本质特征和内部联系，并主要表现在概念形成、问题解决和决策等活动中。

思维与感觉、知觉虽然都是人脑对客观事物的反映，但它们对客观事物的认识存在着根本区别。感觉和知觉反映的是客观事物的个别属性、整体特征、表面现象和外部联系，是认识活动的低级阶段，是思维的基础和依据；思维能揭示事物的本质特征和内部联系，并主要表现在概念形成和问题解决的活动中，是认识活动的高级阶段。

考研考法突破

考法 1 思维的含义

该考点一般会以单选形式出现，也会与其他相关考点共同出现以简答形式进行考查。考生要掌握思维的含义，并能够理解思维跟感知觉之间的关系。

例 1：（吉林大学，2012）单选：人们借助语言、表情或动作实现的对客观事物的概括或间接的认知活动是（　　）。

A. 知觉　　B. 思维　　C. 记忆　　D. 注意

【解析】知觉是客观事物直接作用于感官而在头脑中产生的对事物整体的认识。思维是借助语言、表象或动作实现的对客观事物概括的和间接的认识，是认识的高级形式。记忆是个体在头脑中积累和保存个体经验的心理过程。注意是心理活动或意识对一定对象的指向与集中。

参考答案：B

例 2：（东北师范大学，2016）名词解释：思维。

【解析】本题考察思维的含义。

参考答案：思维是借助语言、表象或动作实现的对客观事物概括的和间接的认识，是认识的高级形式。它能揭示事物的本质特征和内部联系，并主要表现在概念形成、问题解决和决策等活动中。

例 3：（东北师范大学，2017）单选：不属于高级水平的认知过程是（　　）。

A. 问题解决　B. 语言使用　C. 推理　D. 知觉

【解析】本题考查思维与感知觉的关系。问题解决、语言使用、推理属于思维活动，是认识的高级形式。

参考答案：D

考研考法实战 答案见 D30 页

1.（南京师范大学，2013）单选：（　　）不属于思维所依赖的心理结构。

A. 概念　B. 图式　C. 心理映像　D. 感觉

2.（福建师范大学，2021）单选：使人们的认识实现从现象到本质、从感性到理性飞跃的认知过程是（　）。

A. 知觉　B 注意　C. 记忆　D. 思维

考点 2　思维的特征

考研基础必备

1. 概括性

概括性是指人们在大量感性材料的基础上，把一类事物的共同特征和规律抽取出来，加以概括。概括在人们的思维活动中有着重要的作用，它使人们的认识活动摆脱了具体事物的局限性和对事物的直接依赖关系，也是人们形成概念的前提，还是思维活动能迅速进行迁移的基础。

2. 间接性

间接性是指人们借助于一定的媒介和知识经验对客观事物进行间接的认识。当客观事物不直接作用于人的感官时，借助于一定的媒介，通过概念、判断和推理形式，仍能把握客观事物的本质特征和内在联系。正是由于思维的间接性，我们心理学人才可以通过可观测的行为来研究不可直接观测的内在心理活动，也正是由于思维的间接性，才有了现代认知心理学的发展。

3. 思维是经验的改组

思维是一种探索和发现新事物的心理过程。思维常常指向事物的新特征和新关系，这就需要人们对头脑中已有的知识不断进行更新和改组。从地心说到日心说再到现代的宇宙理论，正是一代代科学家和研究者在不断获得的知识经验上进行改组而获得的。

考研考法突破

考法 1　思维的特征

该考点为高频考点，可以以多种形式进行考查，考生要理解掌握思维每个特征的含义。尤其要注意区分“概括性”和“间接性”，“概括性”突出强调“总结”，而“间接性”突出强调“推断”要注意分析题意。

例 4：（统考，2011）单选：天空出现朝霞，就会下雨；天空出现晚霞，就会放晴。人们由此得出“朝霞不出门，晚霞行千里”的结论。这主要体现的思维特征是（　　）。

A. 间接性　B. 抽象性　C. 概括性　D. 理解性

【解析】思维的概括性是指人们在大量感性材料的基础上，把一类事物共同的特征和规律抽取出来，加以概括。一切公式、定律等规律性的认识，都是对共性的概括。题干得出相关结论体现思维的概括性，因此选 C。

参考答案：C

例 5：（山东师范大学，2011）简答：试述思维及其特征。

【解析】本题考查思维及其特征，较为简单，先回答思维的含义，再回答其特征即可。

参考答案：思维是借助语言、表象和动作实现的对客观事物概括的和间接的认识，是认识的高级形式。它能揭示事物的本质特征和内部联系，并主要表现在概念形成和问题解决的活动中。思维具有如下特征：

（1）概括性。思维的概括性是指人们在大量感性材料的基础上，把一类事物共同的特征和规律抽取出来，加以概括。例如，我们认为“凡正常运行的计算机都有中央处理器”，这种思维就概括了“正常运行的计算机”这一事物的共同特征。概括在人的思维活动中有着重要的作用，它使人们的认识活动摆脱了具体事物的局限性和对事物的直接依赖，这不仅扩大了人们认识的范围，也加深了人们对事物的了解。

（2）间接性。思维的间接性是指人们借助于一定的媒介和一定的知识经验对客观事物进行间接的认识。例如，人们还没有真正搞清宇宙形成的奥秘，但人们可以根据宇宙中存在的种种现象以及相关的知识经验来推测它的形成。思维的间接性使得人们能够超越感知觉所提供的信息，认识那些没有直接作用于人的感官的事物和属性，从而揭示事物的本质和规律。

（3）思维是对经验的改组。思维是一个探索和发现新事物的心理过程。它常常指向事物的新特征和新关系，这就需要人们对头脑中已有的知识经验不断进行更新和改组，并且思维常常是由一定的问题情景引起的，并表现为试图解决这些问题，所以思维不是简单地再现经验，而是对已有的知识经验进行改组、重建的过程。

考研考法实战 答案见 D30 页

1.（华东师范大学，2013）单选：“夜来风雨声，花落知多少”反应思维的（　　）。

A. 概括性　B. 深刻性　C. 独立性　D. 间接性

2.（吉林大学，2011）多选：思维活动具有的特性包括（　　）。

A. 概括性　B. 直接性　C. 间接性　D. 经验改组　E. 静止性

3.（江西师范大学，2012）单选：人们认为“凡正常运行的计算机都有中央处理器”，这反映的思维特征是（　　）。

A. 指向性　B. 集中性　C. 间接性　D. 概括性

4.（广州大学，2016）单选：下面可以体现思维的概括性的有（　　）。

A. 把事物的各部分和属性结合起来，形成一个整体

B. 把事物加以对比，确定它们的相同点和不同点

C. 从一类事物中抽取出共同属性，形成抽象的认识

D. 在头脑中把两个事物联系起来，求同存异

考点 3　思维的种类

考研基础必备

根据不同分类依据，思维的分类形式不同，见表 7–1。

表 7–1　思维的种类

分类依据	种类名称	概念
思维任务的性质、内容和解决问题的方法	直观动作思维	又称实践思维，它们面临的思维任务具有直观的形式，解决问题的方式依赖于实际的动作
	形象思维	人们利用头脑中的具体形象来解决问题。艺术家更多地运用形象思维
	逻辑思维	当人们面对理论性质的任务，并要运用概念、判断、推理等形式来解决问题时运用的思维。人类思维的典型形式
思维的来源和判断依据	经验思维	人们凭借日常生活经验进行的思维活动。产生片面性
	理论思维	根据科学的概念和论断，判断某一事物，解决某一问题
思维活动的特点	直觉思维	迅速理解做出判断的思维活动，是一种直接的领悟性的思维活动，具有快速性、跳跃性等特点
	分析思维	即逻辑思维。遵循严密的逻辑规律，经过逐步推导，最后得出合乎逻辑的正确答案
思维的指向性	辐合思维	搜集或综合信息知识，运用逻辑规律，缩小解答范围，直到找到最合适的解答
	发散思维	沿着不同的方向思考，重新组织当前的信息和记忆系统中储存的信息，产生出大量、独特的新思想
思维的创造性	常规性思维	人们运用已获得的知识经验，按现成的方案和程序直接解决问题
	创造性思维	重新组织已有的知识经验，提出新的方案或程序，并创造出新的思维成果和思维活动。人类思维的高级形式

考研考法突破

考法 1　思维的种类

该考点考试形式比较灵活，常以选择、名词解释和简答出现，复习过程中需对比理解并记忆各类思维。

例 6：（四川师范大学，2017）单选：当自行车不能正常骑行时，人们通常会检查自行车的相应部件，找出故障进行修理。这种思维活动是（　　）。

A. 直观动作思维　　B. 形象思维

C. 抽象思维　　D. 逻辑思维

【解析】本题考查不同思维种类的含义。直观动作思维又称实践思维，解决问题的方式依赖于实践的动作。自行车不能骑了，找出故障进行修理，这种通过实际操作解决直观具体问题的思维活动，就是直观动作思维。

参考答案：A

例 7：（江西师范大学，2012）单选：学龄前儿童根据日常生活观察，认为“果实是可食的植物”“鸟是会飞的动物”，这些都属于（　　）。

A. 实践思维　　B. 形象思维

C. 经验思维　　D. 直觉思维

【解析】本题考查不同思维种类的含义。人们凭借日常生活经验进行的思维活动叫作经验思维。学龄儿童根据他们的经验，认为果实是可食用的植物，鸟是会飞的动物，都属于经验思维。

参考答案：C

例 8：（西南大学，2016；四川师范大学，2015；苏州大学，2012）单选：在解答数学题时能“一题多解”，这属于（　　）。

A. 求同思维　　B. 再现思维

C. 辐合思维　　D. 发散思维

【解析】一题多解，演绎推理，沿着多方向、多通道求异地解答问题称发散思维，也称求异思维。

参考答案：D

例 9：（南京师范大学，2016；西北师范大学，2017）名词解释：辐合思维。

【解析】本题可从思维的内容上进行回答。

参考答案：辐合思维是指将与问题有关的信息聚合起来，寻找一个正确答案的思维形式，又称求同思维。当问题只有一个正确答案，或只有一个最好的解决方案时，才会发生辐合思维。与辐合思维相对应的是发散思维。

考研考法实战 答案见 D30 页

1.（统考，2013）单选：爱因斯坦说：“在我的思维结构中，书面的或口头的文字似乎不起任何作用，作为思维元素的心理的东西是一些记号和有一定明晰程度的意象，由我随意地再生和组合。”这段话所体现的主要思维种类（　　）。

A. 动作思维　　B. 形象思维

C. 抽象思维　　D. 常规思维

2.（南京师范大学，2015）单选：沿着不同的方向思考，重新组织当前的信息和记忆系统中存储的信息，这是（　　）。

A. 直觉思维　　B. 辐合思维

C. 发散思维　　D. 分析思维

3.（中央财经大学，2019）单选：人们会依据头脑中的认知地图寻找道路，这种思维属于（　　）。

A. 形象思维　　B. 逻辑思维

C. 动作思维　　D. 创造思维

4.（西南大学，2017）单选：借助直观动作来解决问题

属于（ ）。

A. 动作思维　　B. 形象思维

C. 抽象思维　　D. 直觉思维

5.（江西师范大学，2015）单选：将思维划分为动作思维、形象思维和抽象思维的依据是（ ）。

A. 探索答案的不同方向

B. 是否具有创造性

C. 思维的品质

D. 思维的凭借物

6.（湖南师范大学，2014）简答：简述思维的含义及其种类。

考点 4　思维的过程

考研基础必备

思维的过程包括分析与综合、比较、抽象与概括。

1. 分析与综合是思维的基本过程

①分析：在头脑中把事物的整体分解为各个部分和各个属性的思维过程（如说明一篇文章各个段落的段落大意）。分析是在人的知识经验指导下进行的，知识经验越丰富，一个人的分析能力就越强。

②综合：在头脑中把事物的各个部分、各个特征、各种属性结合起来，了解它们的联系，形成一个整体（说明文章的中心思想）。

分析和综合是辩证的统一，两者是统一思维过程中既紧密联系又反向活动不可分割的两个方面。人的思维过程包括三个基本环节：综合—分析—再综合。

2. 比较

在人脑中确定客观事物之间异同及其关系的思维过程（如指出企鹅与鸵鸟的区别与联系）。

3. 抽象与概括

①抽象：在分析、综合和比较的基础上，在思想中抽取出同类客观事物具有的本质特征，舍弃个别的、非本质特征的思维过程（如鸟的概念为“脊椎动物的一类，温血卵生，用肺呼吸，几乎全身有羽毛，后肢能行走，前肢变为翅，大多数能飞”）。

②概括：在比较和抽象的基础上，在脑中把抽象出来的客观事物的共同的本质特征或本质属性综合起来，并推广到同类事物上去的思维过程（如铁、铜、铝等均能导电，推出“金属能导电”这一结论）。

考研考法突破

考法 1　思维的过程

该考点一般会以单选、名词解释或简答形式出现。复习过程中需将思维过程理解记忆。

例 10：（广州大学，2015）单选：思维最基本的过程是（ ）。

A. 分析与综合　　B. 比较与分类

C. 抽象与概括　　D. 系统化与具体化

【解析】本题考查思维的过程。思维的过程包括分析与综合、比较、抽象与概括。分析与综合是思维的基本过程。

参考答案：A

考研考法实战 答案见 D31 页

1.（南京师范大学，2016）简答：简述思维的过程。

第二节　表象

研究真题，明确考况

考试要求	统考		自主命题	
	考题	考查点	考题	考查点
1. 表象含义	2018	单选：表象的含义	吉林大学，2011 北京师范大学，2016 华东师范大学，2015	单选：表象的含义
2. 表象特征	2008 2015	单选：表象的特征	西南大学，2014 福建师范大学，2019 江西师范大学，2013 南京师范大学，2014 西南大学，2017	单选：表象的特征
3. 表象种类	2017	单选：表象的种类	吉林大学，2014	名词解释：表象
4. 表象的作用	无	无	华东师范大学，2011 江西师范大学，2012 北京科技大学，2013	单选：表象的作用

考点 1　表象的含义

考研基础必备

表象是事物不在面前时，人们在头脑中出现的关于事物的形象。从信息加工的角度来讲，表象是指当前不存在的物体或事件的一种知识表征，这种表征具有鲜明的形象性（闭上眼睛能随意想出苹果、手机、电脑等形象）。

考研考法突破

考法 1　表象的含义

此考点多以选择题或名词解释题形式出现，考生要理解掌握表象的含义，并能跟想象、记忆等概念相区分。

例 1：（吉林大学，2011）单选：当事物不在面前时，人们在头脑中出现的关于事物的形象是（　　）。

A. 遗觉象　　B. 正后像　　C. 负后像　　D. 表象

【解析】本题考查表象的含义。当事物不在面前时，人们在头脑中出现的关于事物的形象是指表象。

参考答案：D

例 2：（吉林大学，2014；福建师范大学，2013；苏州大学，2012）名词解释：表象。

【解析】本题考查表象的含义。

参考答案：表象是指当事物不在面前时，人们在头脑中出现的关于事物的形象。

考研考法实战 答案见 D31 页

1.（华东师范大学，2015）单选：人脑中呈现已感知过的事物的形象是（　　）。

A. 表象　　B. 想象　　C. 记忆　　D. 幻想

2.（北京师范大学，2016）单选：我们外出旅游时，通常会在大脑中记住自己所在的野外环境和宾馆之间的地理位置。这种存储在大脑中的空间方位，我们称之为（　　）。

A. 知觉　　B. 表象　　C. 感觉　　D. 注意

3.（江西师范大学，2012）单选：从信息加工的角度来讲，被看作是对物体或事件的一种知识表征，并且这种表征具有鲜明形象性特点的心理现象是（　　）。

A. 表象　　B. 思维　　C. 概念　　D. 问题解决

考点 2　表象的特征

考研基础必备

表象的特征有直观性、概括性、可操作性。

1. 直观性

直观性是指表象以生动具体的形象在头脑中表现。表象是在知觉的基础上产生的，但表象又与知觉形象有区别。知觉的形象鲜明生动，表象的形象比较暗淡模糊；知觉的形象持久稳定，表象不稳定、易变动。在儿童中可能产生一种“遗觉像”：给儿童呈现一张内容复杂的图像，30 秒后移开图像，让儿童观察灰色屏幕，此时儿童仍会“看见”同样一张清晰的图片，甚至能描述图片中的细节，犹如图片仍在眼前一样。

2. 概括性

表象是人们多次知觉的结果，它不表征事物的个别特征，而表征事物的大体轮廓和主要特征，因此表象具有抽象性，是关于某个事物或某类事物的概括形象（“手机”的表象很可能只是一个模糊的长方体形象）。

3. 可操作性

人们可以在头脑中对表象进行操作（我们可以在头脑中对一个立方体多角度翻转）。库泊等人的一项研究中，每次给被试呈现一个旋转角度不同的字母 R（见图 7–1），呈现的字母有时是正写的，有时是反写的。被试的任务是判断字母是正写的还是反写的。结果表明，当字母垂直时（0° 或 360°），反应时最短，随着旋转角度的增加，反应时也随着增加，当字母旋转 180° 时，反应时最长。结果说明，被试在完成任务时，对表象进行了心理操作，即他们倾向于把倾斜的字母在头脑中旋转到直立的位置，然后再做出判断。同时说明，人们可以借助表象进行形象思维。

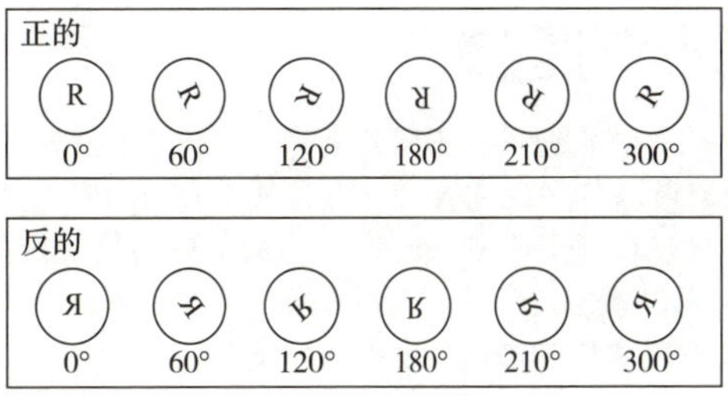

图 7–1　心理旋转实验的字母图形

考研考法突破

考法 1　表象的特征

此考点多以选择题或简答题形式出现，考查表象的特征。在复习过程中，需将各个表象特征对比理解，考试答题过程中对比清楚即可。

例 3：（福建师范大学，2019）单选：下列选项中不属于表象特征的是（　　）。

A. 可操作性　B. 形象性　　C. 概括性　　D. 直观性

【解析】表象的特征有直观性、概括性、可操作性。

参考答案：B

例 4：（统考，2019；广州大学，2021；四川师范大学，2017）简答：简述表象的含义及特征。

【解析】本题考查表象的含义及特征。

参考答案：表象是事物不在面前时，人们在头脑中出现的关于事物的形象。表象具有如下特征：

（1）直观性：表象以生动具体的形象在头脑中表现。在儿童中可能产生一种“遗觉像”。

（2）概括性：表象是人们多次知觉的结果，它不表征事物的个别特征，而表征事物的大体轮廓和主要特征，因此表象具有抽象性，是关于某个事物或某类事物的概括形象。

（3）可操作性：人们可以在头脑中对表象进行操作。库泊的“心理旋转”实验证明了表象的可操作性。

考法 2 心理旋转实验

此考点为高频考点，既可以以选择题形式出现，也会以简答或论述形式考查。在复习过程中，需将心理旋转实验的实验逻辑及实验结果理解并记忆。

例 5：（四川师范大学，2012；北京师范大学，2019）单选：谢帕德（R. N. Shepard）和库柏（L. A. Cooper）的“心理旋转”实验主要说明了表象具有（　　）。

A. 概括性　B. 可变通性　C. 可操作性　D. 稳定性

【解析】库伯等人的“心理旋转”实验证明了表象的可操作性，在研究中，每次给被试呈现一个旋转角度不同的R，要求被试判断字母是正还是反。结果表明，被试在完成任务时，对表象进行了心理操作，把倾斜的字母在头脑中旋转到直立的位置再进行判断。

参考答案：C

例 6：（统考，2015）简答：简述心理旋转现象及其实验逻辑。

【解析】本题考查心理旋转现象，在复习过程中需将心理旋转实验及其实验逻辑记忆。

参考答案：（1）心理旋转现象：心理旋转是指通过心理操作（不靠实际操作）将所知觉到的对象予以旋转，从而获得正确知觉经验的心理历程。

（2）心理旋转实验的逻辑：

心理旋转实验的逻辑是减法反应时逻辑：假设有两个任务，它们除了被知觉对象需要心理旋转的角度不同外，别无差异。两者反应时之差就是通过心理旋转来消除两者角度差所需的时间。如发现两个任务的反应时确有差异，而且这种差异和两个任务之间的角度差呈正比关系，就可证明心理旋转的确存在。

考研考法实战 答案见 D31 页

1.（江西师范大学，2013）单选：心理旋转实验证明表象具有什么特性？（　　）

A. 直观性　B. 稳定性　C. 概括性　D. 可操作性

2.（西南大学，2017）多选：表象在知觉的基础上产生，但比知觉更（　　）。

A. 具体　B. 清晰　C. 形象　D. 概括

3.（北京师范大学，2020）单选：在谢帕德（R. Shepard）的心理旋转实验中，研究者没有关注的是（　　）。

A. 视觉表象　B. 心理表征

C. 情绪　D. 表象的可操作性

考点 3 表象的种类

考研基础必备

1. 按照感觉通道的不同分类

表象可以分为视觉表象（想起某个人的面容）、听觉表象（有时候在街上听到一首歌，事后脑中会反复出现一段旋律）、运动表象（三步上篮的动作）。

2. 按照表象的创造程度不同分类

表象可以分为记忆表象和想象表象。记忆表象：在记忆中保持的客观事物的形象（心上人的音容笑貌）。想象表象：在头脑中对记忆形象进行加工改组后形成的新形象。这些形象可能我们从未看到过，或者世界上还不存在，因而具有新颖性（自己登上火星的场景）。

考研考法突破

考法 1 表象的种类

此考点多以选择题形式出现，考查对各种表象的含义的理解。在复习过程中，需将各个表象对比记忆，考试答题过程中对比清楚即可。

例 7：（统考，2017）单选：人脑中出现的“天宫二号”发射升空的景象主要是（　　）。

A. 触觉表象　B. 动觉表象

C. 听觉表象　D. 视觉表象

【解析】根据表象形成时占主导的感觉通道不同，表象分为视觉表象、听觉表象、动觉表象、嗅觉表象、味觉表象和触觉表象等。视觉表象是在人脑中出现感知过的具有视觉特征（颜色、形状、大小等）的形象。视觉表象一般比较鲜明，而且是经常发生的表象形式。

参考答案：D

考研考法实战 答案见 D31 页

1.（统考，2022）单选：“朝辞白帝彩云间，千里江陵一日还；两岸猿声啼不住，轻舟已过万重山”，读者根据诗中的描述在脑中出现的形象是（　　）。

A. 记忆表象　B. 遗觉表象

C. 想象表象　D. 感觉表象

2.（重庆师范大学，2007）名词解释：记忆表象。

考点 4 表象在思维中的作用

考研基础必备

①表象为概念的形成提供了感性基础，并有利于对事物进行概括的认识。

②表象促进问题的解决。

考研考法突破

考法 1 表象的作用

该考法常以选择或简答形式出现，考生理解并掌握表象的作用。

例 8：（华东师范大学，2011）单选：感知到思维的中介是（　　）。

A. 记忆　　B. 注意　　C. 表象　　D. 想象

【解析】表象的内容来源于感知觉，又为思维的形成提供了进一步的材料，它介于二者之间。表象摆脱了感知觉的局限，打破了人的认识受当前事物直接作用的制约，为概括的形成奠定了感性基础。

参考答案：C

例 9：（北京科技大学，2013；中央财经大学，2021）简答：表象在思维中的作用有哪些？

【解析】本题考查表象在思维中的作用。

参考答案：（1）表象为概念的形成提供了感性基础，并有利于对事物进行概括的认识。

（2）表象促进问题的解决。

第三节　概念

研究真题，明确考况

考试要求	统考		自主命题	
	考题	考查点	考题	考查点
1. 概念含义	无	无	南京大学，2014 西南大学，2014	单选：概念含义
2. 概念种类	2010 2012	单选：概念种类	西南大学，2016 江西师范大学，2014 首都师范大学，2012	单选：概念种类
			湖南师范大学，2015	名词解释：人工概念
3. 概念结构	无	无	华东师范大学，2011 中国科学院心理研究所，2017	单选：概念结构理论
			东北师范大学，2017	简答：概念结构理论
4. 概念形成	2009	多选：概念形成	江西师范大学，2012 南京师范大学，2015/2021	单选：概念形成
			吉林大学，2013 东北师范大学，2015	简答：概念的形成
5. 概念掌握	2010 2012 2014	论述：概念学习	西南大学，2015 江西师范大学，2013	单选：概念学习

考点 1　概念的含义

考研基础必备

概念是具有共同属性的一类事物的总称。每一个概念包括外延和内涵两个部分，内涵是概念所反映的事物的本质属性，外延是概念的范围。

概念的内涵就是概念对事物的特有属性的反映。外延是具有概念所反映的特有属性的那些具体的事物。概念的内涵增加，外延就变小了。

概念与词联系紧密，但又不是一一对应的关系。比如，“医生”和“大夫”两个不同的词表达了同一概念，但“千金”一词既可以表示“很多钱”的意思也可以表示“女儿”的概念。

考研考法突破

考法 1　概念的含义

此考点多以选择题及名词解释形式出现，在复习过程中，将概念的含义理解记忆即可。

例 1：（南京大学，2014）单选：概念所包含的事物的本质属性称为概念的（　　）。

A. 内涵　　B. 外延

C. 本质　　D. 含义

【解析】概念是具有共同属性的一类事物的总称。每一个概念包括外延和内涵两个部分，内涵是概念所反映的事物的本质属性，外延是概念的范围。

参考答案：A

考研考法实战 答案见 D31 页

1.（西南大学，2014）多选：概念是（　　）。

A. 思维活动的结果和产物

B. 人脑对客观事物本质属性的反映

C. 以词为基本单位的符号系统

D. 思维活动借以进行的单元

2.（西北师范大学，2022）简答：概念中内涵和外延的关系。

考点 2 概念的种类

考研基础必备

概念可以从不同角度进行划分（见表 7–2）。

表 7–2 概念的种类

分类依据	种类	定义
抽象与概括程度	具体概念	按事物的外在属性形成的概念
	抽象概念	按事物本质、内在属性形成的概念
反映事物属性的数量及相互关系	合取概念	根据一类事物中单个或多个相同属性形成的概念，它们在概念中必须同时存在，缺一不可，如毛笔
	析取概念	根据不同的标准，结合单个或多个属性形成的概念，如好学生
	关系概念	根据事物之间的关系形成的概念，如上下、左右
形成的自然性	自然概念	人类历史过程中自然形成的概念
	人工概念	实验室条件下人为制造的一种概念
科学性	前科学概念	通过日常生活而不是专门的教学活动获得的概念
	科学概念	通过专门的教学活动和学习过程掌握的概念

考研考法突破

考法 1 概念的种类

此考点多以选择题或名词解释形式出现，考查对各种概念的含义的理解，在复习过程中，需将各个概念对比记忆，考试答题过程中对比清楚即可。

例 2：（西南大学，2016）单选：一类事物中的多个属性在概念中必须同时存在的是（ ）

A. 合取概念　　B. 析取概念

C. 关系概念　　D. 抽象概念

【解析】合取概念是根据一类事物中单个或多个相同属性形成的概念，它们在概念中必须同时存在，缺一不可。比如，“毛笔”这个概念必须同时具有两个属性，即“用毛制作的”和“写字的工具”。而析取概念是根据不同的标准，结合单个或多个属性所形成的概念。例如，“好学生”这个概念可以结合各种属性，像“好好学习、成绩好、热爱集体和关心他人”等。

参考答案：A

例 3：（湖南师范大学，2015）名词解释：自然概念。

【解析】本题考查自然概念的含义。

参考答案：在人类历史发展过程中自然形成的概念。自然概念的内涵和外延是由事物自身的特征决定的。

考研考法实战 答案见 D31 页

1.（统考，2010）单选：要求幼儿对香蕉、苹果、皮球、口琴等进行分类，幼儿将苹果与皮球归为一类，香蕉与口琴归为一类。由此表明，他们所具有的概念种类是（ ）。

A. 具体概念　　B. 抽象概念

C. 合取概念　　D. 人工概念

2.（江西师范大学，2013）单选：在教学过程中有计划地使学生熟悉有关概念的内涵，这类概念称为（ ）。

A. 科学概念　　B. 日常概念

C. 人工概念　　D. 本质概念

3.（苏州大学，2021）简答：简述概念的分类。

考点 3 概念的结构

考研基础必备

概念的结构是指概念的构成因素及它们之间的关系，以下是几种有关概念结构的理论。

1. 层次网络模型

①层次网络模型是由柯林斯等人针对言语理解的计算机模拟提出的，后来被用来说明概念的结构。

②在这个理论中，概念是以结点的形式存储在概念网络中，每个概念具有一定的特征，这些特征实际上也是概念。各类属概念按照逻辑的上下位关系组成概念的网络，概念之间的关系用连线来表示。在网络中，层次越高的概念，其抽象概括的水平越高。每个概念特征实行分级存储，即在每一层概念的结点上，只存储该概念的独有特征，而同层各概念共有的特征，存储在上一层的概念结点上。

2. 激活扩散模型

柯林斯等人在层次网络模型上提出的。认为各种概念组成了一个相互联系的概念网络。连线的长短表示概念联系的紧密程度，连线越短，概念间的联系越紧密。另一个重要特色是，它假定当一个概念被加工时，其意义激活会自动传递到相关的概念，使得相关概念的意义也得到激活，而且激活的强度随着传递的距离的增加或传递时间的延长而降低。

3. 特征表理论

①特征表理论是由波纳等人提出的。

②这个理论把概念的语义特征分解为定义性特征和特异性特征。定义性特征是定义一个概念所必须具备的特征，它相当于概念的本质特征。特异性特征是具有描述功能的特征，它相当于概念的非本质特征。特征表理论认为，概念的结构由概念的定义性特征和整合这些特征的规则构成。这些规则也称概念规则，它包括肯定、否定、合取、析取、条件等。概念的定义性特征和规则相互结合就构成了各种不同性质的概念。

4. 原型模型

①原型模型主要是由茹什等人提出来的。

②茹什在一系列实验中发现，在要求被试进行范畴判断（如海棠是花吗）时，对范畴中典型成员（如苹果是水果吗）比对非典型成员（如龙眼是水果吗）的判断时间快。

茹什认为概念主要是以原型来表征的。所谓原型是指范畴中最能代表该范畴的典型成员。从概念结构来讲，原型理论认为，概念是由原型加上与原型特征有相似性的成员来组成的。

考研考法突破

考法 1　概念结构理论的理解

此考点多以选择题形式出现，考查对概念结构理论的理解，在复习过程中，需将各个概念结构理论对比记忆。

例 4：（华东师范大学，2011）单选：语义层次网络中的基本单元是（　　）。

A. 概念　　B. 判断　　C. 推理　　D. 归类

【解析】该题考查的主要是概念结构理论中的层次网络模型。该模型是由柯林斯提出来的，主要是用来说明概念的结构。该模型中概念是以节点的形式存储在概念网络中，而每个概念的特征实行分级存储，概念是最基本的存储单位。

参考答案：A

例 5：（云南师范大学，2016）简答：简述概念的层次网络模型。

【解析】本题考查层次网络模型的内容

参考答案：①层次网络模型是由柯林斯等人针对言语理解的计算机模拟提出的，后来被用来说明概念的结构。

②在这个理论中，概念是以结点的形式存储在概念网络中，每个概念具有一定的特征，这些特征实际上也是概念。各类属概念按照逻辑的上下位关系组成概念的网络，概念之间的关系用连线来表示。在网络中，层次越高的概念，其抽象概括的水平越高。每个概念特征实行分级存储，即在每一层概念的结点上，只存储该概念的独有特征，而同层各概念共有的特征，存储在上一层的概念结点上。

考研考法实战 答案见 D32 页

1.（中国科学院心理研究所，2017）单选：关于层次网络模型，说法错误的是（　　）。

A. 概念以节点的形式储存在概念网络中

B. 每个节点上只有该节点独有的特点

C. 节点有定义性节点和概念性节点

D. 层次越低抽象层次越低

2.（南京大学，2015）单选：根据层次网络模型，下列哪项陈述正确？（　　）

A. 判断“金丝雀是鸟”比判断“金丝雀是动物”的反应时快

B. 判断“金丝雀是鸟”比判断“金丝雀是动物”的反应时慢

C. 判断“金丝雀是鸟”比判断“金丝雀是动物”的反应时慢一倍

D. 判断“金丝雀是鸟”比判断“金丝雀是动物”的反应时快一倍

3.（东北师范大学，2017；华南师范大学，2021）简答：概念结构理论有哪些？简述这些理论的主要观点。

4.（广州大学，2022）简答：请简述概念的层次网络模型和激活扩散模型的区别和共同点。

考点 4　概念的形成

考研基础必备

概念形成是指个体以直接经验为基础，从许多同类事物的不同例证中独立发现和获得客观事物的共同特征的过程。

1. 概念形成阶段

概念形成一般包括抽象化、类化、辨别三个阶段。

抽象化：对具体事物各种特征和属性进行抽象。

类化：个体对客观事物的各种属性及其特征进行归类。

辨别：对客观事物属性或特征之间差异的认识。

2. 概念形成的理论

1）假设检验说

布鲁纳通过人工概念形成的实验（见图 7-2），认为概念形成的过程是不断提出假设、验证假设的过程，在假设形成和验证过程中都采用了某种策略。

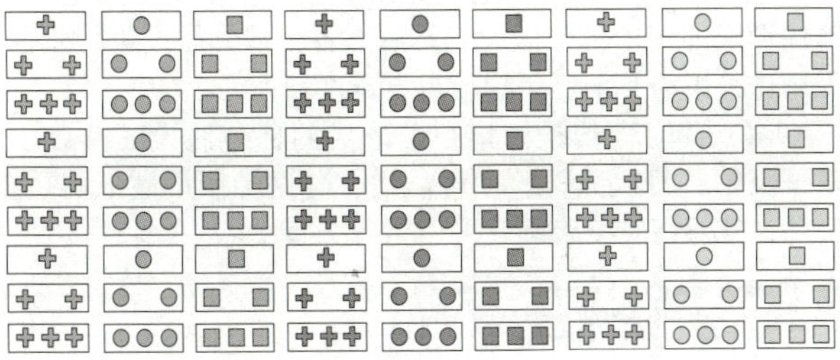

图 7-2　布鲁纳等人关于概念形成的实验材料

2）样例学习说

茹什认为，自然概念的形成以样例学习为主，即在掌握自然概念时，不是掌握它的一个或者几个本质特征，而是对概念样例的学习，在记忆中有代表性的一个或者几个样例就是概念的存在形式（如鸟在人脑中的概念是以麻雀这一样例来表征的）。

3）内隐学习说

里伯等人认为，一些抽象概念的复杂结构是在无意识的内隐学习中获得的。里伯等人的实验说明，当刺激结构高度复杂时，采用比较被动的、无意识的学习方式可能有效。

4）社会实践说

奥苏贝尔认为，概念是在不断的社会实践中发展起来的。

5）共同要素说

赫尔认为，概念的形成是将一类概念的共同特征抽取出来，并对它们做出反应的过程。

3. 概念形成的策略（布鲁纳提出）

1）保守性聚焦

指把第一个肯定实例（聚焦点）包含的全部属性都看作未知概念的有关属性而建立假设（整体假设），然后每次只改变其中一个属性或特征来对这个假设进行检验。如果改变这个属性或特征的实例被证实为肯定实例，那么这个属性就是未知概念的无关属性；相反，如果改变这个属性后的实例被证明否定实例，那么这个属性就是未知概念的有关属性。

2）冒险性聚焦

指把第一个肯定实例包含的全部属性都看作未知概念的有关属性或特征而建立的假设，同时改变一个以上的属性来检验这个假设。这种策略带有冒险性，不能保证一定成功，但又可能在较短时间内发现概念。

3）同时性扫描

是指根据第一个肯定实例所包含的属性形成的多个部分假设，然后对各个部分假设进行验证。采用这种策略，记忆负担较重，难度较大。

4）继时性扫描

指在已形成的部分假设的基础上，根据反馈，每次只检验一种假设，若这种假设被证明是正确的，就保留它，否则就采用另一个假设。

此处注意，保守性聚焦策略和冒险性聚焦策略都是只形成一个假设，而同时性扫描和继时性扫描策略都是形成多个部分假设。相对而言，保守性聚焦策略每次只形成一个假设，检验一个属性或特征，是一种更为有效的概念形成策略（见表 7–3）。

表 7–3　概念形成策略的比较

只形成一种假设		形成多个部分假设	
只改变一个属性	改变多个属性	同时检验多个假设	每次只检验一种假设
保守性聚焦	冒险性聚焦	同时性扫描	继时性扫描

考研考法突破

考法 1　概念形成的过程

此考点考查频率较低，多以选择题形式出现，考查概念形成的过程。在复习过程中，将概念形成的过程理解并记忆即可。

例 6：（统考，2009）多选：一般认为，一个概念的形成包含的阶段有（　　）。

A. 下定义　B. 类化　C. 抽象化　D. 辨别

【解析】概念形成一般包括抽象化、类化、辨别三个阶段。

参考答案：BCD

例 7：（吉林大学，2013）简答：什么是概念形成?

【解析】本题考查概念形成的概念，考法直接，将概念形成概念回答出即可。

参考答案：概念形成是指个体以直接经验为基础，从许多同类事物的不同例证中独立发现和获得客观事物的共同特征的过程。在概念形成过程中，人们以感觉、知觉和表象为基础，通过分析综合、抽象概括等思维活动，从个别到一般，从具体到抽象，逐步把握一类事物的本质。这个过程实质上是一个学习过程，也是一种重要的思维活动。

考法 2　概念形成的理论

此考法多以选择题及简答题形式考查，考查我们对概念形成的理论观点的记忆，在做此类知识点考题时需要将其中理论观点理解记忆。

例 8：（南京师范大学，2014）单选：布鲁纳等人的人工概念的形成理论中，概念形成的过程是（　　）的过程。

A. 假设检验　　B. 把握共同元素

C. 内隐学习　　D. 语言中介

【解析】布鲁纳等人认为，人工概念的形成过程是假设检验的过程。

参考答案：A

例 9：（天津师范大学，2016）论述：什么是概念？阐述概念形成的假设检验说和样例学习说。

【解析】本题考查概念的含义及概念形成的理论。

参考答案：概念是具有共同属性的一类事物的总称。每一个概念包括外延和内涵两个部分，内涵是概念所反映的事物的本质属性，外延是概念的范围。

（1）假设检验说：布鲁纳认为概念形成的过程是不断提出假设、验证假设的过程，在假设形成和验证过程中都采用了某种策略。

（2）样例学习说：茹什认为，自然概念的形成以样例学习为主，即在掌握自然概念时，不是掌握它的一个或者几个本质特征，而是对概念样例的学习，在记忆中有代表性的一个或者几个样例就是概念的存在形式。

考法 3　概念形成的策略

此考法多以选择题及简答题形式考查，考查我们对概念形成的策略的记忆，在做此类知识点考题时需要将其中理论观点对比理解记忆。

例 10：（统考，2014）单选：在概念形成的策略中，记忆负担最轻的是（　　）。

A. 保守性聚焦　　B. 冒险性聚焦

C. 同时性扫描　　D. 继时性扫描

【解析】保守性聚焦策略和冒险性聚焦策略都是只形成一个假设，而同时性扫描和继时性扫描策略都是形成多个部分假设。相对而言，保守性聚焦策略每次只形成一个假设，检验一个属性或特征，是一种更为有效的概念形成策略。

参考答案：A

例 11：（华南师范大学，2019）简答：简述概念形成的策略。

【解析】本题考查概念形成的策略。

参考答案：（1）保守性聚焦：指把第一个肯定实例（聚焦点）包含的全部属性都看作未知概念的有关属性而建立假设（整体假设），然后每次只改变其中一个属性或特征来对这个假设进行检验。如果改变这个属性或特征的实例被证实为肯定实例，那么这个属性就是未知概念的无关属性；相反，如果改变这个属性后的实例被证明否定实例，那么这个属性就是未知概念的有关属性。

（2）冒险性聚焦：指把第一个肯定实例包含的全部属性都看作未知概念的有关属性或特征而建立的假设，同时改变一个以上的属性来检验这个假设。这种策略带有冒险性，不能保证一定成功，但又可能在较短时间内发现概念。

（3）同时性扫描：是指根据第一个肯定实例所包含的属性形成的多个部分假设，然后对各个部分假设进行验证。采用这种策略，记忆负担较重，难度较大。

（4）继时性扫描：指在已形成的部分假设的基础上，根据反馈，每次只检验一种假设，若这种假设被证明是正确的，就保留它，否则就采用另一个假设。

考研考法实战 答案见 D32 页

1.（江西师范大学，2012）单选：概念的形成是一个复杂的过程，在概念形成中人们通常会采用一些策略。把第一个肯定实例所包含的全部属性都看作未知概念的有关属性，但同时改变焦点卡片上一个以上的属性。这种策略是（　　）。

A. 保守性聚焦　　B. 冒险性聚焦

C. 同时性扫描　　D. 继时性扫描

2.（南京师范大学，2015）单选：在概念形成中，人们会根据第一个肯定实例所包含的部分属性形成多个部分假设，然后同时对各个假设进行检验这种策略称为（　　）。

A. 保守性聚焦　　B. 继时性扫描

C. 冒险性聚焦　　D. 同时性扫描

考点 5　概念的掌握

考研基础必备

1. 概念掌握的含义

概念掌握是个体掌握同类事物或现象共同的本质特征或属性及其内在联系的过程。概念掌握涉及新概念与人脑中原有概念之间的联系和差异，它是概念的同化过程。这个过程依赖两个方面的条件：一是学习者认知结构中必须具有同化新概念的相关信息，二是呈现概念表述是否清晰。

2. 概念掌握的学习模式

1）类属学习

个体把新概念纳入自己认知结构的相关部分，使它们之间相互作用并建立联系的过程，包括派生类属学习和相关类属学习两种形式。派生类属学习和相关类属学习的区别：在于学习之后原有观念是否发生本质属性的改变。

派生类属学习：新的学习内容仅仅是学生已有的命题的一个例证，或是能从原有命题中直接派生出来的。

相关类属学习：新学习的观念类属于原有的具有较高概括性的观念，但新观念并非完全蕴含于原有观念之中，也不能为原有观念所代表。

派生类属学习是将新知识纳入旧知识中，原有的概念或命题只是得到证实或说明，本质未变；而相关类属学习是将新知识归属于原有的概念或命题时，原有的概念或命题便得到了扩充、深化、限定或精确化。

2）总括学习

指在若干已有的从属概念的基础上再学习一个上位概念（如掌握了“蔬菜”“水果”“肉类”等概念的基础上再学习更高一级的概念“食物”）。

3）并列结合学习

指新知识与学习者认知结构中原有观念的概括层次相同，两者既非上位关系也非下位关系。

3. 影响概念掌握的因素（材料、学习者、下定义、科学概念）

1）学习材料的影响

概念的属性或特征会影响个体概念的掌握，尤其复杂概念，具有较多属性和特征，因此比较难以掌握（笔者总是混淆 rom 和 ram）。研究表明，具有特征图里的客观事物（房子、脸）要比具有空间特征图例的（圆、各种形状）容易识别，而抽象图形就很难识别；当概念的有关具体特征或属性越鲜明突出，就越容易掌握。

2）学习者自身的因素

学习者自身的知识、经验、年龄、性别、智力、动机、情绪、疲劳程度等个体差异，以及由此产生的学习策略等，都会影响概念的掌握（笔者的奶奶就很难理解“微信”和“飞信”的区别）。

3）下定义

只用简洁明了的语言表述概念内涵的过程，是构成概念和掌握概念的重要环节，适时地下定义将有利于知识的系统化，进而有利于理解和存储（在教学中，教师能否适时下定义会对学生概念掌握产生很大影响）。

4）科学概念的理解

掌握科学概念是学生学习的重要内容和学习任务，掌握科学概念的过程受到许多因素的影响。教师在教授科学概念过程中应应用多重手段使学生掌握好科学概念，形成科学体系，并提供实践机会让学生得以运用，进而深化掌握水平。

考研考法突破

考法 1　概念掌握的学习模式

此考法多以选择题形式考查，考查我们对概念掌握的学习模式的记忆，在做此类知识点考题时将各类学习模式理解记忆即可。

例 12：（统考，2010）单选：学生在已掌握“力”概念的基础上，再来学习“重力”的概念。这种学习属于（　　）。

A. 派生类属学习

B. 相关类属学习

C. 并列结合学习

D. 总括学习

【解析】先学习“力”，再学习“重力”是类属学习。类属学习包括派生类属学习和相关类属学习两种形式。派生类属学习：新的学习内容仅仅是学生已有的、包摄面较广的命题的一个例证，或是能从原有命题中直接派生出来的。相关性归属学习：新学习的观念类属于原有的具有较高概括性的观念，但新观念并非完全蕴含于原有观念之中，也不能为原有观念所代表。

参考答案：A

考研考法实战 答案见 D32 页

1.（江西师范大学，2013）单选：学生在已经掌握“哺乳动物”概念的基础上，再学习关于鲸的特征认识，这种学习属于（　　）。

A. 派生类属学习

B. 相关类属学习

C. 并列结合学习

D. 总括学习

第四节 推理

研究真题，明确考况

考试要求	统考		自主命题	
	考题	考查点	考题	考查点
1. 推理含义	2008	单选：推理含义	江西师范大学，2013/2016	单选：推理含义
2. 推理种类	2015 2017	单选：推理种类	华东师范大学，2011/2020 吉林大学，2011 江西师范大学，2015 东北师范大学，2014	单选：推理种类
	2016 2018 2021	单选：错误推理 单选：证实倾向	西南大学，2012/2016 西北师范大学，2015/2020 深圳大学，2022 西北师范大学，2021	名词解释：推理 / 推理种类 简答：归纳推理和演绎推理的区别

考点 1 推理的含义及分类

考研基础必备

1. 推理的含义

推理是指从具体事物归纳出一般规律（归纳推理），或者根据一般原理推出新结论的思维过程（演绎推理）。

2. 正确推理的两个条件

①前提要真实；

②推理的形式要符合逻辑规则。

3. 演绎推理的种类

1）三段论推理

由两个假设真实的前提和一个可能符合也可能不符合这两个前提的结论组成（大前提、小前提和结论）。但实际上总会出现一些不正确的结论，例如，所有的 A 都不是 B，所有的 B 都是 C，因此，所有的 A 都不是 C，这个论断实际上是错误的。造成推理错误的理论有：

①气氛效应理论：伍德沃斯等人认为，在三段论中，前提所使用的逻辑量词（所有，一些等）产生了一种“气氛”，使人们容易接受包含有同一逻辑量词的结论。

②换位理论：查普曼等人认为，人们的推理是合乎逻辑的。三段论中发生的错误是由于人们错误地解释了前提。

③心理模型理论：约翰逊 - 莱尔德等人认为，推理过程实际上是创建并检验心理模型的过程。推理过程中的错误是由于人们对前提的信息加工不充分，或者说受工作记忆容量的限制，没有考虑更多的心理模型造成的。

2）线性推理（关系推理）

认为所给予的两个前提说明了三个逻辑项之间的可传递关系（如小明家有三个孩子，老大叫大毛，老二叫二毛，老三叫什么）。

休腾洛切尔等人认为，线性推理的前提是以表象的方式复现在人脑中，并按一定的空间系列进行操作，即人们把前提结合成统一的视觉形象，把一些项目按大小想象为自上而下的垂直排列或自左向右的水平排列，这样三个逻辑项之间的关系就可以从这个空间系列中的相对位置来判定。

克拉克等人认为，线性推理前提不是由表象来表征的，而是由命题来表征的。在线性推理时，人们首先把前提转换成命题形式。

3）条件推理

人们利用条件性命题进行的推理。在条件推理中，人们发现了一个有趣的现象，就是人们倾向于证实某种假设或规则，而很少去证伪它们，这种现象称为证实倾向。

以沃森的“四卡片选择作业”为例。在实验中，他给被试看四张卡片，卡片的一面写有字母，另一面写有数字（E、F、4、7）。同时，主试给被试提出一个规则“若卡片的一面是元音字母，则另一面为偶数”要求被试说出为证实这一规则的真伪，必须翻看哪些卡片。结果发现，只有约 4% 的人做出了正确的选择，即认为应该翻看卡片：E 和 7。

格瑞格斯等人的研究：喝啤酒、喝可乐、16、22，要证实的规则是“若有人喝啤酒，则该人的年龄必须超过 19 岁”

结果表明，采用这种与被试生活经验相关的材料，有高达 74.1% 的被试做出了正确的选择。

考研考法突破

考法 1 推理的种类

该考点一般会以单选、名词解释形式出现，因此复习过程中需要对比记忆各种推理种类。

例 1：（统考，2017；华东师范大学，2011）单选：根据“哺乳类动物都是胎生的”“鲸鱼是哺乳类动物”，推论出“鲸鱼是胎生”的结论，这种推理是（　　）。

A. 演绎推理　　B. 归纳推理

C. 三段论推理　　D. 条件推理

【解析】该题考查推理的类型。归纳推理是从具体事物或现象中归纳出一般规律的推理，演绎推理是根据一般原理推出新结论的思维活动。该题先给出了一般原理即哺乳类动物都是胎生的，由此得出“鲸鱼是胎生”，符合演绎推理一般到特殊的定义。

参考答案：A

例 2：（西北师范大学，2015）名词解释：条件推理。

【解析】本题可从条件推理的内容上进行回答。

参考答案：条件推理：人们利用条件性命题进行的推理。人们在条件推理中，存在一种对规则进行证实的倾向。一种观点认为，证实倾向是由于材料的抽象性、人工性导致的。

考法 2　错误推理的解释

该考点一般会以单选形式出现，因此复习过程中需牢记各个理论对于错误推理的解释。

例 3：（统考，2016）单选：进行三段论推理时，有时会出现错误的结论。例如，“有些哲学家是诗人，有些诗人是画家，所以有些哲学家是画家”。伍德沃斯（R. S. Woodworth）对这种错误推理的解释是（　　）。

A. 前提逻辑量词产生的气氛影响人们的结论

B. 没有根据前提建立更多的心理模型

C. 在推理中过程中没有集中注意力

D. 个体错误地解释了前提

【解析】伍德沃斯等人就人们在三段论推理中会犯错提出了他们的看法，认为在三段论中，前提所使用的逻辑量词（所有，一些等）产生了一种“气氛”，使人们容易接受包含有同一逻辑量词的结论。也就是说，两个全称的前提使人倾向于得出全称的结论，两个特称的前提使人倾向于得出特称的结论，两个肯定的前提使人倾向于得出肯定的结论，两个否定的前提使人倾向于得出否定的结论。而一个全称前提和一个特称前提，使人倾向于得出特称结论。本题中两个特城的前提“有些……”和“有些……”，容易使人得出特称的结论“有些……”。

参考答案：A

例 4：（北京师范大学，1996）名词解释：推理中的气氛效应

【解析】本题考查气氛效应的含义。

参考答案：伍德沃斯等人认为，在三段论中，前提所使用的逻辑量词（所有，一些等）产生了一种“气氛”，使人们容易接受包含有同一逻辑量词的结论。

考研考法实战 答案见 D32 页

1.（吉林大学，2011）单选：从具体事物总结出一般规律的思维活动是（　　）。

A. 演绎推理　B. 线性推理　C. 归纳推理　D. 条件推理

2.（江西师范大学，2015；西南大学，2011）单选：从基于逻辑规则的前提中得出结论，这种推理方式被称为（　　）。

A. 演绎推理　B. 归纳推理　C. 判断　D. 决策

3.（四川师范大学，2018）单选：“如果明天下雨，球赛就停止”，这属于（　　）。

A. 三段论推理　B. 线性推理

C. 条件推理　D. 类比推理

4.（统考，2015）单选：“小赵比小王聪明，小王比小李聪明”，据此得出“小赵最聪明”的结论。该推理属于（　　）。

A. 演绎推理　B. 归纳推理　C. 类比推理　D. 概率推理

第五节　问题解决

研究真题，明确考况

考试要求	统考		自主命题	
	考题	考查点	考题	考查点
1. 问题解决含义、过程	2013	单选：问题解决种类	南京大学，2014	单选：问题解决含义
			西南大学，2015	单选：问题解决过程
			华南师范大学，2016	简答：问题解决过程
2. 问题解决的策略	2007 2020 2022	单选：问题解决策略	北京师范大学，2011 重庆师范大学，2020	简答：问题解决策略
			华东师范大学，2011 江西师范大学，2012 华南师范大学，2020	单选：问题解决策略
3. 问题解决影响因素	2008 2014 2019 2021	单选：问题解决影响的因素	北京师范大学，2016 华中师范大学，2013 南京师范大学，2021	单选：问题解决的影响因素
			湖南师范大学，2015 华东师范大学，2016 深圳大学，2020 首都师范大学，2020 西北师范大学，2020	简答：问题解决影响的因素
4. 创造性思维的含义、特征	无	无	南京师范大学，2011 山东师范大学，2018	名词解释：创造性思维
			江西师范大学，2014	简答：创造性思维的特征
			西南大学，2015 江西师范大学，2016 福建师范大学，2018	单选：创造性思维的过程
5. 创造性思维的心理成分	2011	单选：想象的含义	吉林大学，2012	单选：想象的含义
	2007 2014 2017 2021	单选：想象的种类	江西师范大学，2012	单选：想象的功能
			华东师范大学，2014 山西大学，2021	单选：想象的过程

考点 1 问题解决的含义与基本过程

考研基础必备

1. 问题解决的含义

问题解决是由一定的情境引起的，按照一定的目标，应用各种认知活动、技能等，经过一系列的思维操作，使问题得以解决的过程。问题解决是思维活动的方式之一。个体运用各种认知活动、技能等，经过一系列心理活动阶段，达到目标状态的过程就是问题解决。

2. 问题的种类

①根据问题的明确程度，可以分为界定清晰的问题和界定含糊的问题。界定清晰的问题是指初始状态、目标状态以及由初始状态如何达到目标状态的一系列过程都很清楚的问题（如“怎样做一个好学生”就是一个界定含糊的问题）。

②根据在问题解决时，问题解决者是否有对手，可分为对抗性问题与非对抗性问题（下棋、打牌、网络游戏等都是对抗性问题；一般情况下，做数学题、写论文等都属于非对抗性问题）。

③根据在问题解决时，解题者具有的相关知识的多少，问题又分为语义丰富的问题和语义贫乏的问题。

3. 通用问题解决者模型

关于问题解决的过程，纽威尔和西蒙提出了“通用问题解决者模型”。他们用问题空间的概念说明问题解决的过程。

问题空间是指问题解决者对所要解决的问题的一切可能的认识状态，包括对问题的初始状态和目标状态的认识，以及如何由初始状态转化为目标状态的认识等。他们认为，问题解决就是对问题空间进行搜索，以找到一条从问题的初始状态到达目标状态的通路。

4. 问题解决的具体心理过程分为 4 个阶段。

①发现问题：认识到问题的存在，并产生解决问题的需要和动机。

②分析问题：找出问题的要求和条件，发现它们之间的联系与关系，把握问题的实质，确定解决问题的方向。

③提出假设：提出解决问题的方案、策略或途径。

④验证假设：通过实际活动或思维操作验证所提出的假设是否可以真正解决问题，达到目的。

问题解决的各个阶段并非完全遵循这一顺序，当验证假设阶段发现某一假设不能解决问题时，思维过程直接再次进入分析问题或提出假设阶段，重新进行问题解决过程。

考研考法突破

考法 1 问题解决的含义

该考点一般会以单选形式出现，因此复习过程中需牢记问题解决的定义及其内涵。

例 1：（南京大学，2014；西南大学，2016）单选：在问题空间中进行搜索，以便从问题的初始状态达到目标状态的思维过程叫（　　）。

A. 概念形成　　B. 问题解决

C. 发散思维　　D. 创造思维

【解析】在问题空间搜索，从问题的初始状态达到目标状态的思维过程叫问题解决。

参考答案：B

例 2：（天津师范大学，2019；山东师范大学，2021；陕西师范大学，2022）名词解释：问题解决。

【解析】本题考查问题解决的含义。

参考答案：问题解决是由一定的情境引起的，按照一定的目标，应用各种认知活动、技能等，经过一系列的思维操作，使问题得以解决的过程。问题解决是思维活动的方式之一。个体运用各种认知活动、技能等，经过一系列心理活动阶段，达到目标状态的过程就是问题解决。

考法 2 问题的种类

该考点一般会以单选或简答形式出现，复习过程中需对不同种类的问题理解并记忆。

例 3：（统考，2013；浙江理工大学，2015）单选：属于界定清晰的问题（well-defined problem）是（　　）。

A. 如何成为一名优秀教师

B. 怎样读好一本书

C. 如何根据已知条件解应用题

D. 怎样教育子女成才

【解析】根据问题的明确程度，可以分为界定清晰的问题和界定含糊的问题。界定清晰的问题时指初始状态、目标状态以及由初始状态如何达到目标状态的一系列过程都很清楚的问题（如“如何根据已知条件解应用题”就是一个界定清晰的问题）。

参考答案：C

考法 3 问题解决的过程

该考点一般会以单选或者简答的形式出现，因此复习过程中需牢记问题解决的过程。

例 4：（华南师范大学，2016）简答：试述问题解决的过程。

【解析】本题考查问题解决的过程，按题意将问题解决过程及影响因素回答出即可。

参考答案：

问题解决是由一定的情景引起的，按照一定的目标，应用各种认知活动、技能等，经过一系列的思维操作，使问题得以解决的过程。

问题解决的具体心理过程分为 4 个阶段：

①发现问题：认识到问题的存在，并产生解决问题的需要和动机。

②分析问题：找出问题的要求和条件，发现它们之间的联系与关系，把握问题的实质，确定解决问题的方向。

③提出假设：提出解决问题的方案、策略或途径。

④验证假设：通过实际活动或思维操作验证所提出的假设是否可以真正解决问题，达到目的。

问题解决的各个阶段并非完全遵循这一顺序，当验证假设阶段发现某一假设不能解决问题时，思维过程直接再次进入分析问题或提出假设阶段，重新进行问题解决过程。

考研考法实战 答案见 D33 页

1.（西南大学，2015）单选：问题解决的过程包括发现问题、理解问题、提出假设和（　　）。

A. 思维程序　　B. 调查研究

C. 验证假设　　D. 论证假设

2.（吉林大学，2011；山东师范大学，2011；苏州大学，2010）名词解释：问题解决。

考点2　问题解决的策略

考研基础必备

问题解决的策略是在解决问题的过程中，搜索问题空间、选择算法系列时运用的策略总称。心理学中把问题解决的策略分为两类：算法策略和启发式策略。

1. 算法策略

就是把解决问题的方法一一进行尝试，最终找到解决问题的答案。采用算法策略的优点是，它能够保证问题的解决，但是采用这种策略在解决某些问题时需要大量的尝试，因此费时费力，而且当问题复杂、问题空间很大时，人们很难依靠这种策略来解决问题。另外，有些问题也许没有现成的算法或尚未发现其算法，对这种问题算法策略将是无效的（穷举法，忘记行李箱的密码时经常从000开始尝试，直至打开行李箱，最多尝试1000次肯定能打开）。

2. 启发式策略

是人根据一定的经验，在问题空间内进行较少的搜索，以达到问题解决的一种方法。启发法不能完全保证问题解决的成功，但用这种方法解决问题较省时省力。启发式策略具体可分为以下几类：

1）手段－目的分析

将需要达到的问题状态分成若干子目标，通过实现一系列的子目标最终达到总的目标。但有时人们为达到目的，不得不暂时扩大目标与初始状态的差异，以便最终达到目标，如汉诺塔问题。

2）爬山法

采用一定方法逐步降低初始状态和目标状态的距离，以达到问题解决的一种方法。

3）逆向搜索策略

从问题的目标状态开始搜索直到找到通往初始状态的通路或者方法。更适合解决那些从初始状态到目标状态只有少数通路的问题。

4）选择性策略

指根据已知的信息和某些有关规则，选择问题解决的突破口，并从突破中获得更多信息，以便进一步搜索直到解决问题。这种方法从已知条件中搜索出更接近问题解决答案的方法，消除了大量盲目尝试，是解决问题一种很有效的策略。

5）类比迁移策略

指把个体先前解决问题的信息抽取出来并应用到解决问题上的策略。

考研考法突破

考法1　问题解决的策略

该考点为高频考点，可以以多种形式考查，考生需要理解并记忆每种策略的含义和优缺点。

例5：（统考，2007）多选：问题解决过程中常用的启发式策略有（　　）。

A. 手段—目的分析　　B. 爬山法

C. 算法　　D. 逆向搜索

【解析】问题解决过程中常用的启发式策略有手段－目的分析、爬山法、逆向搜索、选择性策略及类比迁移策略。

参考答案：ABD

例6：（浙江理工大学，2015）单选：从问题的目标状态开始搜索直至找到解决问题的方法的问题解决策略是（　　）

A. 手段－目的分析　　B. 爬山法

C. 逆向分析　　D. 简化计划法

【解析】逆向搜索策略：从问题的目标状态开始搜索直到找到通往初始状态的通路或者方法。更适合解决那些从初始状态到目标状态只有少数通路的问题。

参考答案：C

例7：（统考，2016）多选：相对于问题解决的算法策略，启发式策略的优点主要有（　　）。

A. 保证问题的解决　　B. 节省时间

C. 解决问题尝试的次数少　　D. 受定势影响小

【解析】启发式策略是人根据一定的经验，在问题空间内进行较少的搜索，以达到问题解决的一种方法。启发法不能完全保证问题解决的成功，但用这种方法解决问题较省时省力。

参考答案：BC

例8：（北京师范大学，2011）简答：什么是问题解决中的算法式和启发式策略，请加以比较分析。

【解析】本题可从问题解决策略的内容上进行回答。

参考答案：

（1）算法式策略：

算法式策略是在问题空间中随机搜索所有可能解决问题的方法，直至选择一种有效的方法解决问题，即把解决问题的方法一一进行尝试，最终找到解决问题的答案。

（2）启发式策略：

启发法是人根据一定的经验，在问题空间内进行较少的搜索，以达到问题解决的一种方法。常用的启发策略有爬山法、手段－目的分析法、逆向搜索。

（3）两者的区别：

算法式策略可以保证问题得到解决，但这种方法耗费时间精力，当问题复杂、问题空间很大时，人们很难依靠这种策略来解决问题。而启发法不能完全保证问题解决的成功，但用这种方法解决问题较省时省力。

考研考法实战

答案见D33页

1.（江西师范大学，2012）单选：采用一定的方法逐步降低初始状态和目标状态的距离，以达到问题解决。这种方法被称为问题解决中的（　　）。

A. 手段－目的分析　　B. 算法

C. 逆向搜索　　D. 爬山法

2.（华中师范大学，2019）多选：下列哪些策略能使问题解决相对高效地进行，却不总是能够取得成功？（　　）

A. 逆推　　B. 寻找类比

C. 把大问题分解为小问题　　D. 算法

3.（南京师范大学，2017）单选：在问题解决中，（　　）需要搜索尽可能多的办法。

A. 算法策略　　B. 手段－目的分析

C. 逆向搜索策略　　D. 爬山法

4.（南京大学，2017；江西师范大学，2012）单选：解决汉诺塔问题，一般采用问题解决的哪种策略？（　　）

A. 手段－目的分析　　B. 逆向搜索
C. 爬山法　　D. 算法策略

5.（广州大学，2016/2018）单选：在解决问题的过程中，专家与新手的区别在于（　　）。

A. 知识组织方式　　B. 智商
C. 成就动机　　D. 情商

6.（福建师范大学，2016；苏州大学，2019）简答：简述问题解决中常用的策略。

考点 3　影响问题解决的因素

考研基础必备

问题解决受到许多因素的限制，既有社会因素和自然因素，也有客观因素和心理因素。问题解决除了受策略、知识等因素影响外，还受到其他心理因素的影响：

1. 知识经验在问题解决中的作用

①专家与新手在知识数量上的差异；

②专家与新手在知识组织方式上的差异。

2. 无关信息的影响

在问题解决中，有些信息与要解决的问题没有关系，但人们容易受到这种无关信息的影响，从而妨碍问题的解决。

3. 问题表征的方式

问题表征的方式不同对问题解决有很大影响，甚至会阻碍问题的解决。

4. 定势

定势是指重复先前的心理操作所引起的对活动的准备状态，也叫心向。类似于迁移的影响，既有正面的也有负面的影响（对创造性思维来讲，更多是要打破定势）。

原型：对解决问题有启示作用的相类似事物。

迁移：一种学习对另一种学习所产生的影响。

变式：在呈现某一事物时，交替变更它所存在的形式，使该事物的非本质特征不断地变化。

5. 功能固着

功能固着是指个体在解决问题时只看到某事物通常的功能，看不到它可能存在的其他方面的功能，从而干扰问题解决的思维活动。功能固着是一种将某种物体的功能固定化的心理倾向（如将锤子固着为用于捶打的工具这一功能上，看不到它能够压纸、防身等功能）。

6. 动机

动机强度与问题解决效率之间的关系呈倒“U”形曲线，中等强度的动机最利于问题的解决，超过一定水平反而会降低问题解决的效率。

7. 情绪

紧张、惶恐、烦躁、压抑等负面情绪会阻碍问题解决的效率，而乐观、愉悦、轻松的情绪状态有助于激发人的潜能。

8. 人际关系

人处在一个复杂的社会中，解决问题不仅受到个人心理因素的影响，也受到人们之间相互关系的影响。人总是处在一个个社会团体中，团体内的相互协作和互相帮助，可以使问题得以快速解决；相反，互不信任、人际关系紧张则会妨碍问题的解决。

9. 人格特征

能否顺利解决问题与一个人的人格特征有着密切关系。

考研考法突破

考法 1　问题解决影响因素

该考点一般会以单选、名词解释或简答形式出现，属于高频考点，因此复习过程中需牢记问题解决影响因素。

例 9：（南京师范大学，2018；四川师范大学，2016；西南大学，2012；北京师范大学，2019；浙江师范大学，2022）简答：影响问题解决的因素主要有哪些？

【解析】本题考查问题解决的影响因素，按题意进行回答即可。

参考答案：问题解决受到许多因素的限制，既有社会因素和自然因素，也有客观因素和心理因素。问题解决除了受策略、知识等因素影响外，还受到其他心理因素的影响：

（1）知识经验在问题解决中的作用，专家和新手在解决问题中的差异体现的就是知识经验在问题解决中的作用。

（2）无关信息的影响：在问题解决中，有些信息与要解决的问题没有关系，但人们容易受到这种无关信息的影响，从而妨碍问题的解决。

（3）问题表征的方式：问题表征的方式不同对问题解决有很大影响，甚至会阻碍问题的解决。

（4）定势：定势是指重复先前的心理操作所引起的对活动的准备状态，也叫心向。类似于迁移的影响，既有正面的也有负面的影响（对创造性思维来讲，更多是要打破定势）。

（5）功能固着：功能固着是指个体在解决问题时只看到某事物通常的功能，看不到它可能存在的其他方面的功能，从而干扰问题解决的思维活动。功能固着是一种将某种物体的功能固定化的心理倾向。

（6）动机：动机强度与问题解决效率之间的关系呈倒“U”形曲线，中等强度的动机最利于问题的解决，超过一定水平反而会降低问题解决的效率。

（7）情绪：紧张、惶恐、烦躁、压抑等负面情绪会阻碍问题解决的效率，而乐观、愉悦、轻松的情绪状态有助于激发人的潜能。

（8）人际关系：人处在一个复杂的社会中，解决问题不仅受到个人心理因素的影响，也受到人们之间相互关系的影响。人总是处在一个个社会团体中，团体内的相互协作和互相帮助，可以使问题得以快速解决；相反，互不信任、人际关系紧张则会妨碍问题的解决。

（9）人格特征：能否顺利解决问题与一个人的人格特征有着密切关系。

考法 2　功能固着的含义

该考法常见于选择和名词解释题中，考生理解掌握功能固着的含义即可。

例 10：（统考，2016）单选：小明嚼口香糖玩耍时，不慎将 10 元纸币掉到狭缝里。几经尝试，自己无法用手将其取出。最后在别人建议下，他用口香糖将其粘出。小明在开始时没有采用这样的方法解决问题，主要的影响因素是（　　）。

A. 功能固着　　B. 原型启发
C. 动机　　D. 知识的表征

【解析】本题考查功能固着的含义。功能固着是一种从物体的正常功能的角度思考物体的定势，也就是人们把某种功能赋予某种物体的倾向性。本题中小明开始只将口香糖作为食物，而不能将其作为一种黏性的工具，就是受到功能固着的影响。因此本题选 A。

参考答案：A

例 11：（西北师范大学，2011；郑州大学，2021）名词解释：功能固着。

【解析】本题考查功能固着的含义。

参考答案：功能固着是指个体在解决问题时只看到某事物通常的功能，看不到它可能存在的其他方面的功能，从而干扰问题解决的思维活动。功能固着是一种将某种物体的功能固定化的心理倾向。

考法 3　定势的含义及作用

该考法常见于选择及名词解释题中，考生要理解掌握定势的含义以及作用。

例 12：（广州大学，2015/2021；湖南师范大学，2013；天津师范大学，2014）名词解释：定势。

【解析】本题考查定势的含义。

参考答案：定势是指重复先前的心理操作所引起的对活动的准备状态。

例 13：（四川师范大学，2015）单选：心理定势对解决问题具有（　　）。

A. 积极作用　　B. 消极作用

C. 既有积极也有消极作用　　D. 没有作用

【解析】本题考查定势对问题解决的作用。定势对解决问题既有积极作用也有消极作用。因此本题选 C。

参考答案：C

考研考法实战

答案见 D33 页

1.（华中师范大学，2013）单选：卢钦斯的量水实验说明了（　　）对问题解决的影响。

A. 定势　　B. 功能固着　　C. 变式　　D. 人格

2.（四川师范大学，2013）单选：看到砖头用于建筑的功能之后，就想不到它还有其他特殊功用，这种心理现象是（　　）。

A. 知识表征　B. 原型启发　C. 心理定势　D. 功能固着

3.（江西师范大学，2012）单选：问题解决除受策略、知识等因素影响外，还受其他心理因素的影响。重复先前的心理操作所引起的对活动的准备状态，其影响可能是积极也可能是消极的，这一因素被称为（　　）。

A. 知识表征方式　　B. 功能固着

C. 定势　　D. 动机

4.（统考，2022）单选：小李办公桌上有一颗螺丝松了，在找不到螺丝刀的情况下，他并没有想到用桌子上的一把水果刀来拧紧螺丝，这反映的影响问题解决的因素是（　　）。

A. 功能固着　　B. 原型启发

C. 动机水平　　D. 知识表征方式

5.（北京师范大学，2021）单选：以下经典故事中可以体现功能固着的故事是（　　）。

A. 河内塔问题　　B. 蜡烛问题

C. 传教士过河　　D. 八皇后问题

考点 4　创造性思维含义及其特征

考研基础必备

1. 创造性思维的含义

创造性思维是人们以独特的方法解决问题，并产生首创的、具有社会价值的认知成果的认知活动过程（人之所以为人的一个重要特性）。

2. 创造性思维的特征

创造性思维主要有四个方面的特征：

1）新颖性

创造性思维不仅要遵循一般思维活动的规律，而且要另辟路径，超越甚至否定传统思维活动模式，冲破原有观念的束缚，提出具有重大社会价值、前所未有的独特的思维成果（爱因斯坦的相对论，弗洛伊德创建的精神分析，毕昇发明的活字印刷术）。

2）发散思维与聚合思维的有机结合

由于发散思维具有变通性、流畅性和独特性等特点，可以打破原有思维模式，产生新颖独特的思想，因而是创造性思维的主要心理成分。但发散思维不能离开聚合思维单独发生作用，必须通过聚合思维依据一定标准，从众多选择中寻找最佳解决方案。

3）创造性想象的积极参与

由于创造性想象可以弥补问题解决时有关事实的不足或尚未发现的细节或某些环节，提供未知事物的新形象，从而使创造性思维成果具体化，这是创造性思维的重要环节。

4）灵感状态

灵感状态是创造性活动的典型特征之一。灵感是指人在创造性活动过程中出现的认知飞跃的一种心理状态（科勒的黑猩猩顿悟），是人集中全部精力解决问题时，因偶然因素的触发而突然出现的顿悟现象。但灵感并不是个体的心血来潮，若没有个体巨大的劳作基础，是不可能有灵感出现的（天才 =99% 的汗水 +1% 的灵感）。

3. 创造性思维的基本过程

①准备期：积累有关知识经验，搜集相关材料。

②酝酿期：对问题和资料进行深入的探索和思考。

③明朗期：新思想、新观念、新形象产生的时期，又叫作灵感期。

④验证期：对新思想或新观念进行验证补充和修正，使其趋于完善。

4. 影响创造性思维的因素

①酝酿：长时间思索仍未找到答案，往往休息一会儿就能找到。此时的休息有助于打破定势和功能固着，从而形成新的想法 。

②社会因素：社会惰化和社会助长。

考研考法突破

考法 1　创造性思维的含义与特征

该考点一般会以名词解释、简答形式出现，复习过程中需牢记创造性思维的含义与特征。

例 14：（南京师范大学，2011；四川师范大学，2016）名词解释：创造性思维。

【解析】本题直接回忆创造性思维含义并回答即可。

参考答案：创造性思维是重新组织已有的知识经验，提出新的方案或程序，并创造出新的思维成果的思维活动。创造性思维是人类思维的高级形式。创造性思维是多种思维的综合表现，它既是发散思维与辐合思维的结合，也是直觉思维与分析思维的结合，它包含理论思维，又离不开创造想象等心理过程。

例 15：（江西师范大学，2014；苏州大学，2017）简答：创造性思维包括哪些特点？分析如何提升个体思维的创造性。

【解析】本题针对创造性思维特点进行回答即可。

参考答案：思维是借助语言、表象或动作实现的、对客观事物概括的和间接的认识，是认识的高级形式。创造性思维是人们应用新颖的方式解决问题，并能产生新的、有社会价值的产品的心理过程。创造性思维的特征包括：

①新颖性是创造性思维最本质的特征；

②创造性思维是发散思维与聚合思维相结合的产物；

③创造性想象的积极参与是创造性思维的重要环节；

④灵感状态是创造性思维活动的又一典型特征。

提升个体思维的创造性可以从以下几个方面入手：

（1）培养发散思维：

所谓发散思维，是指倘若一个问题可能有多种答案，那就以这个问题为中心，思考的方向往外散发，找出适当的答案越多越好，而不是只找一个正确的答案。人在这种思维中，可左冲右突，在所适合的各种答案中充分表现出思维的创造性成分。

（2）发展直觉思维：

所谓直觉思维，是指不经过一步一步分析而突如其来的领悟或理解。很多心理学家认为，它是创造性思维活跃的一种表现，它是发明创造的先导，也是百思不解之后突然获得的硕果，在创造发明的过程中具有重要的地位。

（3）培养思维的流畅性、灵活性和独创性：

流畅性、灵活性、独创性是创造力的三个因素。流畅性是针对刺激能很流畅地做出反应的能力。灵活性是指随机应变的能力。独创性是指对刺激做出不寻常的反应，具有新奇的成分。这三性是建筑在广泛的知识的基础之上的。

（4）培养强烈的求知欲：

古希腊哲学家柏拉图和亚里士多德都说过，哲学的起源乃是人类对自然界和人类自己所有存在的惊奇。他们认为：积极的创造性思维，往往是在人们感到“惊奇’时，在情感上燃烧起来对这个问题追根究底的强烈的探索兴趣时开始的。因此要激发自己创造性学习的欲望，首先就必须使自己具有强烈的求知欲。

（5）展开“幻想”的翅膀：

想象力是人类运用储存在大脑中的信息进行综合分析、推断和设想的思维能力。在思维过程中，如果没有想象的参与，思考就难以进行。特别是创造想象，它是由思维调节的。

爱因斯坦说过：“想象力比知识更重要，因为知识是有限的，而想象力概括着世界的一切，推动着进步，并且是知识进化的源泉。”爱因斯坦的“狭义相对论”就是从他幼时幻想人跟着光线跑，并能努力赶上它开始的。世界上第一架飞机，就是从人们幻想造出飞鸟的翅膀而开始的。幻想不仅能引导我们发现新的事物，而且还能激发我们做出新的努力、探索，去进行创造性劳动。

考法 2　创造性思维的过程

该考点一般会以单选形式出现，因此复习过程中需牢记创造性思维的过程。要注意跟问题解决的过程区分开来。

例 16：（江西师范大学，2016）多选：通常认为，创造性过程或者说创造性解决问题的过程有（　　）。

A. 准备阶段　　B. 酝酿阶段

C. 验证阶段　　D. 豁然开朗阶段

【解析】本题考查了“四阶段”理论。美国心理学家华莱士 1926 年出版了《思想的艺术》，他在该书中通过对许多创造发明家的自述经验的研究，提出了创造性思维过程的四个阶段——准备、酝酿、启发和检验的有名理论。

参考答案：ABCD

例 17：（广州大学，2016；中国人民公安大学，2003）简答：简述创造性思维的概念及基本过程。

【解析】本题考查创造性思维的概念及其基本过程。

参考答案：创造性思维是人们以独特的方法解决问题，并产生首创的具有社会价值的认知成果的认知活动过程。

创造性思维的基本过程

（1）准备期：积累有关知识经验，搜集相关材料。

（2）酝酿期：对问题和资料进行深入的探索和思考。

（3）明朗期：新思想、新观念、新形象产生的时期，又叫作灵感期。

（4）验证期：对新思想或新观念进行验证补充和修正，使其趋于完善。

考研考法实战

答案见 D34 页

1.（西南大学，2015）单选：创造性思维的四个阶段包括（　　）。

A. 发现问题、分析问题、提出假设和验证假设

B. 准备、酝酿、豁朗和验证

C. 掌握感性材料、运用变化、提出假设和验证假设

D. 发现问题、准备、酝酿和豁朗

2.（四川师范大学，2015）单选：创造思维中能对问题提出超乎寻常的新颖独特的见解的思维特征是（　　）。

A. 流畅性　B. 变通性　C. 新颖性　D. 独特性

3.（广州大学，2015；重庆师范大学，2021）论述：试述创造性思维的概念及基本过程，谈谈如何培养学生的创造性思维。

考点 5　创造性的心理成分及其测量

考研基础必备

1. 想象

1）想象的含义

想象是对头脑中已有的表象进行加工改造，形成新形象的过程。这是一种高级的认识活动。形象性和新颖性是想象活动的基本特点。

2）想象的功能

①想象具有预见的作用：能预见活动的结果，指导人们活动进行的方向。

②想象具有补充知识经验的作用：在实际生活中，有许多事物是人们不可以直接感知的，但是人们通过想象可以补充这种知识经验的不足。

③想象还有代替作用：需要不能实际满足时，就可以利用想象获得满足。

④想象对机体的生理活动也有调节作用。

3）想象的综合过程

①黏合：人们把客观事物中从未被结合过的属性、特征、部分在头脑中结合在一起而形成新的形象，例如美人鱼。

②夸张：又称为强调，通过改变客观事物的正常特点，或突出某些特点而略去另一些特点在头脑中形成新的形象，例如大人国。

③典型化：根据一类事物的共同特征创造新形象的过程。它是文学、艺术创作的重要方式。

4）想象的种类

①按照想象活动是否具有目的性，可以区分为无意想象和有意想象。

无意想象是一种没有预定目的、不自觉地产生的想象。它是当人们的意识减弱时，在某种刺激的作用下，不由自主地想象某种事物的过程。

有意想象是按一定目的自觉进行的想象。

②在有意想象中，根据想象内容的新颖程度和形成方式的不同，可分为再造想象、创造想象和幻想。

再造想象：根据言语的描述或图样的示意，在人脑中形成相应的新形象的过程。

创造想象：在创造活动中，根据一定的目的、任务，在人脑中独立地创造出新形象的过程。

幻想：指向未来，并与个人愿望相联系的想象，它是创造想象的特殊形式。

2. 辐合思维与发散思维

吉尔福特把思维分为辐合思维和发散思维两种，并认为发散思维是创造性的主要成分。他还设计了发散生成测验来测量创造性。

在测验中，用发散思维的流畅性、变通性、独特性的好坏来衡量创造性的高低。

①流畅性是指单位时间内发散项目的数量。创造性高的人能在短时间内想出数量较多的项目，即反应迅速而众多。

②变通性是指发散项目的范围或维度。吉尔福特通过非常规用途测验来测量发散思维的变通性。

③独特性是指对问题能提出超乎寻常的、独特新颖的见解。吉尔福特采用“命题测验”来测试人的思维的独特性。

除发散思维外，辐合思维也是创造性的一个组成部分。因为仅有发散思维，人们不可能从众多的方案中选择出最合理的方案。

3. 远距离联想能力

远距离联想能力是在彼此相距很远的概念间看出其关系的能力。它也是创造性的一种构成成分。远距离联想能力高的人能够根据某些标准把互不相关的概念联系起来，形成一种新的联想。

4. 与创造性相关的非智力因素

创造性不仅受智力因素的影响，而且还受一系列非智力因素的影响。例如人的坚持性、自信心、意志力等对创造性有重要的影响。此外，责任感、勤奋、热情、善于想象、兴趣广泛、独立性等非智力因素也是创造性的重要心理成分。

考研考法突破

考法 1　想象的概念

该考法常见于选择和名词解释，考生需要掌握想象的概念并跟其他相关概念进行区分理解。

例 18：（吉林大学，2012）单选：个体对头脑中已有的表象进行加工改造，形成新形象的过程是（　　）。

A. 想象　　B. 正后象　　C. 负后象　　D. 遗觉象

【解析】想象是对头脑中已有的表象进行加工改造，形成新形象的过程。这是一种高级的认识活动。形象性和新颖性是想象活动的基本特点。

参考答案：A

例 19：（苏州大学，2017；沈阳师范大学，2019；西北师范大学，2011）名词解释：想象。

【解析】本题考查想象的含义。

参考答案：想象是对头脑中已有的表象进行加工改造，形成新形象的过程。这是一种高级的认识活动。形象性和新颖性是想象活动的基本特点。

考法 2　想象的功能

此考法常见于选择和简答，考生需要掌握想象具有的功能。

例 20：（统考，2011）单选：小明在游戏中把凳子当马骑。这种活动反应的想象功能是（　　）。

A. 再造　　B. 补充　　C. 替代　　D. 预见

【解析】想象的代替作用是指，需要不能实际满足时，就可以利用想象获得满足。

参考答案：C

考法 3　考查想象的过程

该考点一般会以单选或简答形式出现，考生需要理解掌握想象每个过程的含义。

例 21：（江西师范大学，2012）单选：想象过程是对形象的分析综合过程，它的综合有多种形式。其中根据一类事物的共同特征创造新形象的过程，是文学、艺术创作的重要方式，这指的是（　　）。

A. 黏合　　B. 夸张　　C. 典型化　　D. 联想

【解析】本题考查想象的综合过程的几种形式。想象过程是对形象的分析综合过程，它的综合有以下几种独特的形式：（1）黏合，是把客观事物中从未结合过的属性、特征、部分在头脑中结合在一起而形成新的形象，如美人鱼、猪八戒、飞马等；（2）夸张，夸张又称为强调，这是通过改变客观事物的正常特点，或者突出某些特点而略去另一些特点在头脑中形成新的形象，例如千手佛、九头鸟、小人国等；（3）典型化，是根据一类事物的共同特征创造新形象的过程。它是文学、艺术创作的重要方式。（4）联想，由一个事物想到另一事物，也可以创造新的形象。想象联想不同于记忆联想，它的活动方向服从于创作时占优势的情绪、思想和意图。

参考答案：C

考法 4　想象的种类

该考点为高频考点，一般会以单选或名词解释形式出现，复习过程中需将各种想象对比理解记忆。尤其要注意区分“再造想象”和“创造想象”，“再造想象”是根据别人的描述，再次形成新形象“创造想象”是独立创造新形象。

例 22：（统考，2007）单选：小张阅读《西游记》时，根据文字描述在脑中呈现出孙悟空形象，这是（　　）。

A. 创造想象　　B. 再造想象
C. 无意想象　　D. 幻想

【解析】再造想象是根据言语的描述或图样的示意，在人脑中形成相应的新形象的过程。

参考答案：B

例 23：（华东师范大学，2014）单选：阅读鲁迅先生的《孔乙己》时，脑中出现穿长衫、站着喝酒的人物形象，这属于（　　）。

A. 幻想　　B. 表象
C. 再造想象　　D. 创造性想象

【解析】本题考查了想象的种类。根据语言的表述或非语言的描绘（阅读《孔乙己》），在头脑中形成有关事物的形象的想象（人物形象），就是再造想象。幻想：指向未来并与个人愿望相联系的想象。创造性想象：根据一定的目的、任务，在人脑中独立创造出新形象的过程。表象：事物不在面前时，人们在头脑中出现的关于事物的形象。

参考答案：C

考法 5　辐合思维与发散思维

该考点一般会以单选、名词解释形式出现，复习过程中需牢记辐合思维与发散思维含义以及发散思维的特征及测验方式。

例 24：（四川师范大学，2022）多选：发散思维具有以下哪些特点？（　　）

A. 新颖性　　B. 创新性　　C. 独特性
D. 流畅性　　E. 变通性

【解析】在测验中，用发散思维的流畅性、变通性、独特性的好坏来衡量创造性的高低。①流畅性是指单位时间内发散项目的数量。创造性高的人能在短时间内想出数量较多的项目，即反应迅速而众多。②变通性是指发散项目的范围或维度。吉尔福特通过非常规用途测验来测量发散思维的变通性。③独特性是指对问题能提出超乎寻常的、独特新颖的见解。

参考答案：CDE

考研考法实战 答案见 D34 页

1.（统考，2014）多选：想象对表象进行加工改造的形式有（　　）。

A. 黏合　　B. 内化　　C. 典型化　　D. 夸张

2.（统考，2017）多选：下列选项中，属于有意想象的有（　　）。

A. 创造想象　　B. 再造想象
C. 幻想　　D. 表象

3.（云南师范大学，2012）单选：（　　）是没有预定目的、不由自主地产生的想象。

A. 再造想象　　B. 不随意想象
C. 创造想象　　D. 空想

4.（南京师范大学，2013）单选：吴承恩创造出“孙悟空”这个形象，属于（　　）。

A. 无意想象　　B. 创造想象
C. 幻想　　D. 再造想象

5.（广州大学，2017）单选：下列事例属于再造想象的是（　　）。

A. 鲁迅塑造新的文学人物形象
B. 建筑工人根据蓝图想出的建筑物的形状
C. 发明家创制了一台新机器
D. 小明长大想当科学家

6.（华南师范大学，2022）单选：在发散思维测验中，单位时间发散项目的数量，叫作（　　）。

A. 流畅性　　B. 变通性　　C. 独特性　　D. 灵活性

7.（北京师范大学，1994，福建师范大学，2014）名词解释：功能固着与变通。

8.（华南师范大学，2017；陕西师范大学，2022）简答：什么是创造性？有哪些心理成分？

第六节　决策

研究真题，明确考况

考试要求	统考		自主命题	
	考题	考查点	考题	考查点
1. 决策含义	无	无	湖南师范大学，2016	名词解释：决策
			陕西师范大学，2015	判断题：决策含义
2. 决策的理性观	2011	单选：决策理性观	北京大学，2011 华中师范大学，2012	单选：决策的理性观
			南京大学，2014 东北师范大学，2015	名词解释：前景理论

考点 1　决策的含义

考研基础必备

决策是指在几种备选的方案中进行选择的过程。决策可分为确定性决策和风险决策。

确定性决策：在确定的条件下，对备选的方案做出选择的过程。

风险决策：在不确定的条件下做出选择的过程。

考研考法突破

考法 1 决策的含义

该考点一般会以名词解释形式出现，复习过程中需牢记决策的含义。

例 1：（湖南师范大学，2016）名词解释：决策。

【解析】本题直接回忆决策含义即可。

参考答案：决策是在备选项之间做出选择，选择和拒绝可用的选项的过程。可分为确定性决策和风险决策。确定性决策是在确定的条件下，对备选的方案做出选择的过程。风险决策是在不确定的条件下做出选择的过程。

考点 2 决策的理性观

考研基础必备

1. 古典决策理论

1）观点

认为决策者具有完全的理性能力，总是追求个人利益的最大化。

2）内容

①知道要解决的问题和达到的目标；

②能得到所有相关的信息；

③对解决问题的方案“无所不知”；

④深知各方案实施后的结果，并能对这些结果进行评价；

⑤能够追求最优的方案。

（3）缺点

古典决策理论是建立在“经济人假设”的基础上，没有考虑人的认知因素在决策过程中的作用，提到的主要内容也难以实现。

2. 行为决策理论

1）提出者：西蒙

2）观点

①决策是对行动目标与手段的探索、判断、评价，直至最后选择的过程。

②决策者的理性是有限的理性。

③决策的标准是满意性原则：个体并不考虑所有可能的选项及其可能的结果，而是仅仅考虑几个选项，一旦满意就会立即停止搜索。

④人们解决问题的有效方法是靠以往的经验，即采取启发法，而不是采用严格建立在数理逻辑推理基础上的。

3. 决策过程理论

1）期望效用理论

①提出者：冯·诺依曼和摩根斯坦。

②观点：

认为期望效用值可用公式来表示：$EU=\Sigma P_i \times U(X_i)$。其中，$U(X)$ 只是结果 i 的效用，P 是指时间 X_i 发生的客观概率。

后来的研究者发现，人们的实际决策并非完全遵循期望效用理论的观点。

2）前景理论

①提出者：卡尼曼。

②观点：大多数人在面临获得的时候是风险规避的；而在面临损失的时候是风险偏好的。提出了损失厌恶的概念，即人们对损失比对获得更敏感。

③人在决策时采用的启发策略有代表性启发、易得性启发和锚定与调整启发法。

a. 代表性启发

人们估计事件发生的概率时，受它与其所属总体的基本特性相似性程度的影响，样本和总体的原型越相似，就越容易被归入该总体。

b. 易得性启发法

人们倾向于根据事件或者现象在记忆中获得的难易程度来评估其概率的现象，即根据事件或现象在记忆中是否容易提取到来做判断和决策。

c. 锚定和调整启发法

人们根据给定的信息做出最初的估计后，根据当前的问题对最初的估计做出调整，但是调整的幅度不大。这里最初的估计值相当于锚定，以后的调整是在锚定基础上的微调。

考研考法突破

考法 1 决策的理论

此考法可以以多种形式进行考查，考生需要将决策相关的理论按照提出者—理论观点—优缺点进行对比理解记忆。

例 2：（北京大学，2011）单选：Herbert Simon 所提出的决策模型被称为（　　）。

A. 有限理性模型　　B. 期望效用模型

C. 前景理论　　D. 知觉理论

【解析】赫伯特·西蒙提出了满意标准和有限理性标准，用“社会人”取代“经济人”，拓展了决策理论的 研究领域，产生有限理性决策理论。它认为人的理性是处于完全理性和完全非理性之间的一种有限理性。

参考答案：A

例 3：（华东师范大学，2020）单选：根据决策的框架性理论，人们在面对损失时，往往是（　　）。

A. 规避风险　　B. 偏好风险

C. 关注利益　　D. 忽视利益

【解析】大多数人在面临获得的时候是风险规避的；而在面临损失的时候是风险偏好的。卡尼曼提出了损失厌恶的概念，即人们对损失比对获得更敏感。

参考答案：B

例 4：（东北师范大学，2015；中央财经大学，2021；苏州大学，2021）名词解释：决策的前景理论。

【解析】本题可从决策的前景理论上进行回答。

参考答案：①提出者：卡尼曼。

②观点：大多数人在面临获得的时候是风险规避的；而在面临损失的时候是风险偏好的。提出了损失厌恶的概念，即人们对损失比对获得更敏感。

③人在决策时采用的启发策略有代表性启发、易得性启发和锚定与调整启发法。

考法 2 决策的启发策略

该考法常见于选择、名词解释和简答题当中，考生要理解掌握每种策略的含义。

例 5：（南京大学，2015）单选：在问及“英文中以 R 开头的单词多，还是以 R 是第三个字母的单词多”时，人们通常会认为以 R 开头的单词多。这种判断的成因更多是基于以下哪种启发式策略？（　　）

A. 代表性启发　　B. 易得性启发
C. 锚定式启发　　D. 调整性启发

【解析】人们倾向于根据事件或者现象在记忆中获得的难易程度来评估其概率的现象，即根据事件或现象在记忆中是否容易提取到来做判断和决策。使用的是易得性启发。

参考答案：B

例 6：（华中师范大学，2016）名词解释：代表性启发法。

【解析】本题考查对代表性启发的理解。

参考答案：代表性启发法是指人们估计事件发生的概率时，受它与其所属总体的基本特性相似性程度的影响，样本和总体的原型越相似，就越容易被归入该总体。

例 7：（南京大学，2014；东北师范大学，2022）简答：根据卡尼曼等的研究，人在决策时采用的启发式策略有哪些？

【解析】本题考查对启发式策略的理解记忆。

参考答案：人在决策时采用的启发策略有代表性启发、易得性启发和锚定与调整启发法。

a. 代表性启发

人们估计事件发生的概率时，受它与其所属总体的基本特性相似性程度的影响，样本和总体的原型越相似，就越容易被归入该总体。

b. 易得性启发法

人们倾向于根据事件或者现象在记忆中获得的难易程度来评估其概率的现象，即根据事件或现象在记忆中是否容易提取到来做判断和决策。

c. 锚定和调整启发法

人们根据给定的信息做出最初的估计后，根据当前的问题对最初的估计做出调整，但是调整的幅度不大。这里最初的估计值相当于锚定，以后的调整是在锚定基础上的微调。

考研考法实战 答案见 D35 页

1.（华中师范大学，2012）单选：看电视的内容不同对其他公民财产估计也不同属于（　　）。

A. 代表性启发　　B. 锚定启发
C. 框架效应　　D. 可取性启发

2.（中山大学，2004）单选：当人们因为媒体的过分渲染而高估暴力犯罪率时，他们正在运用下述那种策略进行决策？（　　）

A. 可获取启发式策略（availability heuristic）
B. 代表性启发式策略（representativeness heuristic）
C. 整体决策模型（holistic decision model）
D. 逐步减少特征策略（elimination by aspects strategy）

3.（中央财经大学，2017）单选：人们根据当前信息或事件与其认为的典型信息或事件的相似程度进行判断，这种认知启发方式被称为（　　）。

A. 可用性启发　　B. 表征性启发
C. 调整性启发　　D. 锚定启发

4.（统考，2021）单选：选修心理学课程的学生中，70 名是教育学专业的，30 名是心理学专业的。当该课程老师遇见王丽，他猜王丽有 90% 的可能是心理学的考生，因为王丽穿着印有弗洛伊德画像的 T 恤。该老师做出这一判断是基于（　　）。

A. 基础概率　　B. 算法策略
C. 代表性启发　　D. 锚定－调整启发

5.（北京师范大学，2021）单选：如果提到可乐，大多数人第一个想到的就是可口可乐，这属于（　　）。

A. 代表性启发法　　B. 锚定法
C. 算法策略　　D. 基础率法

章节考点　综合训练

答案见 D35 页

一、单项选择题

1.（统考，2018）在布鲁纳的概念形成研究中，个体把第一个肯定实例所包含的全部属性都看作是未知概念的有关属性，以后每次只改变其中的一个属性，检验该属性与未知概念的关系，进而形成概念。这种概念形成的策略是（　　）。

A. 保守性聚焦　　B. 冒险性聚焦
C. 同时性扫描　　D. 继时性扫描

2.（统考，2018）儿童观看《喜羊羊和灰太狼》动画片后，头脑中浮现的“灰太狼”形象是（　　）。

A. 幻想　　B. 表象　　C. 图式　　D. 创造想象

3.（统考，2019）要成功解决“用 6 根火柴排列成 4 个等边三角形”这一问题（答案见下图），需要克服的消极影响是（　　）。

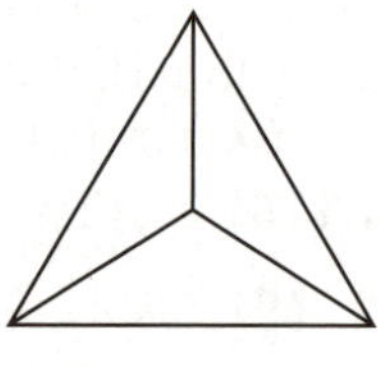

A. 定势　　B. 原型启发
C. 功能固着　　D. 无关信息

4.（统考，2007）在人工概念形成过程中，有人每次采用一种假设，逐次进行检验，保留正确的假设，放弃错误的假设，最后得出正确的结论。根据布鲁纳的研究，这个人使用的策略是（　　）。

A. 保守性聚集　　B. 冒险性聚集
C. 同时性扫描　　D. 继时性扫描

5.（统考，2009；江西师范大学，2016）诵读“月落乌啼霜满天，江枫渔火对愁眠”诗句时，脑中浮现出相关形象的过程是（　　）。

A. 创造想象　B. 无意想象　C. 再造想象　D. 幻想

6.（统考，2009；广州大学，2017）通常把对解决问题有启示作用的相关似事物称为（　　）。

A. 原型　　B. 定势　　C. 迁移　　D. 变式

7.（电子科技大学，2014）“中国好室友”属于哪一种概念分类？（　　）

A. 合取概念　B. 析取概念　C. 具体概念　D. 关系概念

8.（东北师范大学，2017）不属于高级水平的认知过程是（　　）。

A. 问题解决　B. 语言使用　C. 推理　　D. 知觉

9.（福建师范大学，2014）瓦特看到蒸汽能把壶盖顶起来受到启发而找到解决问题的途径和方法叫（　　）。
A. 原型启发的作用　B. 学习迁移的作用
C. 定势发挥了作用　D. 功能固定性的作用
10.（福建师范大学，2018）创造性思维的核心是（　　）。
A. 经验思维　B. 逻辑思维　C. 发散思维　D. 聚合思维
11.（南京师范大学，2017）人们根据已知的信息，利用熟悉的规则解决问题，产生合乎逻辑的结论，这种有条理的思维方式是（　　）。
A. 发散思维　B. 概念思维　C. 直觉思维　D. 辐合思维
12.（华中师范大学，2015）杜克的蜡烛问题说明了（　　）对问题解决的影响。
A. 定势　B. 功能固着　C. 变式　D. 人格
13.（华中师范大学，2017）人们通常认为飞机比汽车危险，这是基于（　　）做出的判断。
A 代表性启发　B. 可用性启发
C. 锚定启发　D. 框架效应
14.（南京师范大学，2015）人们创造童话中的形象，如美人鱼、猪八戒、飞马等，所依据的想象综合形式是（　　）。
A. 黏合　B. 夸张　C. 典型化　D. 联想
15.（南京师范大学，2015）如果明天下雨，球赛就停止。这种推理属于（　　）。
A. 三段论推理　B. 线性推理　C. 条件推理　D. 关系推理
16.（南京师范大学，2015）在问题解决过程中，（　　）策略需要尝试问题空间中所有可能的方法。
A. 算法　B. 手段－目的分析
C. 逆向搜索　D. 爬山
17.（南京师范大学，2017）功能固着是（　　）。
A. 以生动形象的记忆作为我们判断的基础倾向
B. 归于灵感出现的倾向
C. 无法从一个新的角度看的问题的倾向
D. 判断事件以我们的心理图像出现的可能性的法则
18.（南京师范大学，2015）在概念形成中，人们会根据第一个肯定实例所包含的部分属性形成多个部分假设，这种策略称为（　　）。
A. 保守性聚焦　B. 继时性扫描
C. 冒险性聚焦　D. 同时性扫描
19.（华东师范大学，2013）“夜来风雨声，花落知多少”，反映了思维的（　　）。
A. 概括性　B. 深刻性　C. 独立性　D. 间接性
20.（华东师范大学，2019）构成知识基本成分的思维形式是（　　）。
A. 概念　B. 判断　C. 推理　D. 语词
21.（天津师范大学，2017）思维的基本特征是（　　）。
A. 概括性和理解性　B. 概括性和直接性
C. 理解性和归纳性　D. 概括性和间接性
22.（西南大学，2018）最能说明概念的典型实例是（　　）。
A. 样板　B. 原型　C. 范畴　D. 变式
23.（西南大学，2014）对于以往感知过而当前又不在眼前的事物的心理浮现称为（　　）。
A. 后象　B. 假象　C. 表象　D. 想象
24.（西南大学，2014）已有的知识经验对解决新问题的影响叫作（　　）。
A. 启发　B. 干扰　C. 抑制　D. 迁移
25.（西南大学，2015）不能保证问题解决一定成功，但是比较省时省力的问题解决策略是（　　）。
A. 启发式　B. 算法式
C. 手段目的分析　D. 逆向搜索法
26.（四川师范大学，2015）每次看见“月晕”就要刮风，“潮湿”就要下雨，即得“月晕而风，础润而雨”的结论，这属于思维的哪种特性？（　　）
A. 抽象性　B. 概括性　C. 间接性　D. 情景性
27.（南京师范大学，2016）在问题解决过程中尤其强调运用熟悉的规则的思维是（　　）思维。
A. 逻辑　B. 分析　C. 辐合　D. 创造
28.（南京大学，2014；江西师范大学，2014）算法策略和启发式策略是（　　）。
A. 通用的问题解决策略　B. 解决数学问题的策略
C. 制作人工概念的办法　D. 形象思维的具体策略
29.（广州大学，2016，2018）与抽象思维关系密切的因素是（　　）。
A. 表象　B. 图形　C. 动作　D. 语言
30.（福建师范大学，2013）朗诵“飞流直下三千尺，疑是银河落九天”诗句时，脑中浮现相关形象的心理活动属于（　　）。
A. 再造想象　B. 创造想象　C. 幻想　D. 无意想象
31.（华南师范大学，2020）把将要判断的事物记忆中的典型事例进行类化，根据两者相似性将事物归于典型事例的范畴认知策略是（　　）。
A. 理性启发　B. 可得行启发
C. 代表性启发　D. 定点调整启发
32.（统考，2020）为了解决问题，个体在问题空间中根据一定规则或程序搜索所有可能的解决方法，这种策略是（　　）。
A. 逆向搜索策略　B. 爬山法
C. 手段－目的分析策略　D. 算法策略
33.（统考，2020）当运用代表性启发法进行判断时，人们往往忽略了（　　）。
A. 概率信息　B. 性别角色　C. 权威　D. 自我
34.（华东师范大学，2020）她回忆起与她隔壁学校的男生先后谈过的三次失败的恋爱，不禁感慨“隔壁出渣男”。在这里她最可能使用（　　）。
A. 归纳性推理　B. 演绎性推理
C. 代表性启发　D. 可得性启发
35.（北京师范大学，2016）当我们遇到难以解决的问题时，有时候会突然产生解决问题的灵感，找到问题解决的方法，这种现象称为（　　）。
A. 思维定式　B. 顿悟　C. 酝酿效应　D. 功能固着
36.（南京师范大学，2021）苛勒实验中，黑猩猩成功地取到了天花板上的香蕉，反映出的问题解决策略是（　　）。
A. 算法式　B. 顿悟
C. 探式搜索　D. 手段－目的分析
37.（南京师范大学，2021）布鲁纳的人工概念实验设计了81张图片，分为4个维度（图形形状/颜色/数量/图形边框数量），每个维度有3种属性，如圆形、正方形、十字形，概念“红色圆形”外延是（　　）。
A. 9　B. 18　C. 27　D. 45
38.（福建师范大学，2020）心理学家布鲁纳认为人们在产生新的想法和论证想法并解决问题时主要使用的思维形式有所不同，分别是（　　）。
A. 经验思维和理论思维　B. 直觉思维和分析思维
C. 辐合思维和发散思维　D. 常规思维和创造思维
39.（统考，2021）沃森的（Watson）的“四卡片选择作业”

通常用来研究（　　）。

A. 气氛效应　　B. 证实倾向

C. 概念形成　　D. 问题解决策略

二、多项选择题

1.（东北师范大学，2017）表象具有如下特点（　　）。

A. 直观性　B. 概括性　C. 可操作性　D. 创造性

2.（四川师范大学，2013）在下列选项中，属于有意想象的有（　　）。

A. 再造性想象　　B. 不随意想象

C. 创造性想象　　D. 幻想

3.（西南大学，2018）下列属于思维的创造者的特点是（　　）。

A. 思维的变通性　　B. 思维的独特性

C. 思维的敏捷性　　D. 思维的流畅性

4.（统考，2020）吉尔福特认为，评价发散性思维的维度有（　　）。

A. 逻辑性　B. 流畅性　C. 变通性　D. 独特性

5.（统考，2022）下列选项中，采用算法解决策略的有（　　）。

A. 根据自己的经验下象棋

B. 根据公式和已知条件解题

C. 尝试所有的数码组合开密码锁

D. 在图书馆按照编目查找某本书籍

6.（统考，2021）关于定势的表述，正确的是（　　）。

A. 定势是心理活动的准备状态

B. 定势有时有助于较快地解决问题

C. 定势表现为沿用以前的方法解决问题

D. 定势有助于发现更好的问题解决方法

三、名词解释

1.（东北师范大学，2014；陕西师范大学，2012）问题表征。

2.（湖南师范大学，2015）自然概念。

3.（苏州大学，2011）表象思维。

4.（河南大学，2001）直觉思维和分析思维。

5.（河南大学，2004/2005）表象和想象。

6.（深圳大学，2020；首都师范大学，2020；西北师范大学，2020）思维定势。

7.（华中师范大学，2021）锚定启发。

8.（浙江工商大学，2021；山东师范大学，2020）辐合思维与发散思维。

9.（沈阳师范大学，2021）推理。

10.（天津大学，2021）激活扩散模型。

11.（山西大学，2021）无意想象。

12.（深圳大学，2021）概念。

13.（深圳大学，2022）线性推理。

四、简答题

1.（南京大学，2019）简述发散性思维的特点。

2.（南京师范大学，2012）举例说明定势对解决问题的影响。

3.（华南师范大学，2019）简述问题解决的过程与模式。

4.（河南大学，2009）简述想象的功能。

5.（河南大学，2011）简述想象的综合形式。

6.（西北师范大学，2020；深圳大学，2021）简述归纳推理和演绎推理区别。

7.（河北师范大学，2020；重庆师范大学，2022）简述问题的启发式策略，并任意举一例进行说明。

8.（浙江工商大学，2021）简述前景理论的主要三个观点以及三个典型的启发式策略。并请举一例说明。

五、论述题

1.（重庆师范大学，2020；辽宁师范大学，2021）结合影响问题解决的因素，阐述怎样促进问题解决。

第八章 语 言

语言是一种社会现象，在人类文明和个体智慧的发展中起重要的作用。本章将首先介绍什么是语言，其次讨论语言的神经生理机制，再次讨论人们是如何理解和产生语言的。本章内容各个院校考查的频率相对较低，在复习本章内容时，语言的神经生理机制部分可结合第二章内容学习。

第一节 语言的一般概念

研究真题，明确考况

考试要求	统考		自主命题	
	考题	考查点	考题	考查点
1. 语言 / 言语的含义	2015 2016 2019	单选：语言内涵	江西师范大学，2014 广州大学，2018 河南大学，2000/2002	单选：语言的含义
2. 语言结构	2011 2015	单选：语言结构	吉林大学，2011	单选：语言结构
			南京师范大学，2013 福建师范大学，2017 西北师范大学，2020	单选：转换生成语法理论 名词解释：转换生成理论
3. 语言种类	2009 2012 2014	单选：语言种类	江西师范大学，2013 福建师范大学，2021	单选：语言种类
			四川师范大学，2015 天津师范大学，2012 南京师范大学，2015	

考点 1 语言及言语

考研基础必备

1. 语言的概念及其特征

1）概念

语言是一种社会现象，是人类通过高度结构化的声音组合，或通过书写符号、手势等构成的一种符号系统，同时又是一种运用这种符号系统来交流思想的行为。语言的基本结构材料是词。词是一种符号，它标志着一定的事物。词按一定的语法规则结合在一起，构成短语和句子，为人类提供了最重要、最有效的交际工具。

2）语言的特征

①创造性：人们使用有限数量的词语和组合这些词语的规则，便能产生或理解无限数量的语句，这些语句可能是他们从未说过或听过的。语言的创造性还说明，语言是人类独有的一种能力。

②结构性：语言受到一定规则的约束，只有符合一定规则的语言，才是人们在交往时可以接受的语言。

③意义性：语言中的一个词或一句话，都有一定的含义。这种意义性使得人们能够相互理解、相互交流。语言的意义性和语言符号的任意性是结合在一起的。语言符号与其所代表的意义之间没有必然的、逻辑的联系。

④指代性：语言的各种成分都指代一定的事物或抽象的概念。

⑤社会性与个体性：语言是个体运用语言符号进行的交际活动，具有社会性。语言同时又是一种个体的行为，和个体生存与发展分不开，因而具有个体的特点。

（3）言语的功能

交际功能：指人与人之间通过言语活动交流思想、传递信息、表达感情的过程。它是语言最重要、最基本的功能。

符号功能：指言语中的词总是标志客观事物的一定对象或者现象。

概括功能：言语不仅标志客观事物的个别对象或现象，还可以标示某类事物的许多现象。

2. 语言与言语的联系与区别

①语言是以词为单位，以语法为构词规则的符号系统；是一种社会现象，例如汉语、英语就是不同的语言；是语言学的研究对象。

②言语是运用语言工具进行思考和社会交往的行为过

程，通过言语活动过程来理解对方语言和利用语言表达自己的思想和感情的过程，言语是一种心理活动；我们平时利用英语、汉语等语言进行交流的过程就是言语；言语是心理学的研究对象。

③言语离不开语言。言语以语言为载体，个体只有遵循语言词汇和语法规则，才能正确地表达自己的思想和情感。语言离不开言语。任何一种语言都必须通过人们的言语活动才能发挥它的交际功能，称为“活着的语言”。语言的发展、完善、更新、淘汰，都离不开人们实际的言语活动。如果某种语言不再被人们用于交际，就会逐渐从社会中消失。

考研考法突破

考法 1　语言的含义及特征

该考法常见于选择或简答题当中，考生要理解掌握语言的含义及每个特征所代表的含义。

例 1：（统考，2016）单选：下列选项中，不属于语言的特征的是（　　）。

A. 具有社会性

B. 具有句法规则

C. 有限的词语能产生无限的语句

D. 词语与其所代表的意义的联系是必然的

【解析】本题旨在考查考生对语言特征的理解和掌握。语言具有的特性包括社会性、结构性（语言具有句法规则等）以及创造性（人们使用有限的词汇生成大量句子）等。本题选项 D 与语言的意义性相矛盾，语言符号与其所代表的意义之间没有必然的、逻辑的联系。因此本题选 D。

参考答案：D

例 2：（广州大学，2018）单选：有人说话慢慢吞吞、一板一眼；有人说话很急，像放连珠炮。这属于语言的（　　）特征。

A. 结构性　B. 意义性　C. 指代性　D. 个体性

【解析】本题考查考生对语言每个特征含义的理解。题中所述：有人说话慢慢吞吞，有人说话很急，体现的是语言具有个体的特点。因此本题选 D。

参考答案：D

例 3：（北京科技大学，2013/2014）简答：简述语言的含义及其特征。

【解析】本题考查语言的含义及特征。

参考答案：（1）语言的含义：语言是一种社会现象，是人类通过高度结构化的声音组合，或通过书写符号、手势等构成的一种符号系统，同时又是一种运用这种符号系统来交流思想的行为。语言的基本结构材料是词。词是一种符号，它标志着一定的事物。词按一定的语法规则结合在一起，构成短语和句子，为人类提供了最重要、最有效的交际工具。

（2）语言的特征：

①创造性：人们使用有限数量的词语和组合这些词语的规则，便能产生或理解无限数量的语句，这些语句可能是他们从未说过或听过的。语言的创造性还说明，语言是人类独有的一种能力。

②结构性：语言受到一定规则的约束，只有符合一定规则的语言，才是人们在交往时可以接受的语言。

③意义性：语言中的一个词或一句话，都有一定的含义。这种意义性使得人们能够相互理解、相互交流。语言的意义性和语言符号的任意性是结合在一起的。语言符号与其所代表的意义之间没有必然的、逻辑的联系。

④指代性：语言的各种成分都指代一定的事物或抽象的概念。

⑤社会性与个体性：语言是个体运用语言符号进行的交际活动，具有社会性。语言同时又是一种个体的行为，和个体生存与发展分不开，因而具有个体的特点。

考法 2　语言和言语的关系

本考法可以以选择和简答形式出现，要求考生能够理解并掌握语言和言语二者的关系。

例 4：（江西师范大学，2014）单选：下列说法中表述不正确的是（　　）。

A. 语言是心理学的研究对象

B. 言语是心理学的研究对象

C. 语言是一种符号系统

D. 言语是运用语言的过程

【解析】语言是一种符号系统，是一种社会现象，例如汉语、英语就是不同的语言；这是语言学的研究对象；言语是一种心理现象，我们平时利用英语、汉语等语言进行交流的过程就是言语，言语是心理学的研究对象。因此本题选 A。

参考答案：A

例 5：（重庆师范大学，2020）简答：简述语言和言语的区别与联系。

【解析】本题考查语言和言语的关系。

参考答案：（1）语言和言语的区别：①语言是以词为单位，以语法为构词规则的符号系统；是一种社会现象，例如汉语、英语就是不同的语言；是语言学的研究对象。②言语是运用语言工具进行思考和社会交往的行为过程，通过言语活动过程来理解对方语言和利用语言表达自己的思想和感情的过程，言语是一种心理活动；我们平时利用英语、汉语等语言进行交流的过程就是言语；言语是心理学的研究对象。

（2）语言和言语的联系：言语离不开语言。言语以语言为载体，个体只有遵循语言词汇和语法规则，才能正确地表达自己的思想和情感。语言离不开言语。任何一种语言都必须通过人们的言语活动才能发挥它的交际功能，称为“活着的语言”。语言的发展、完善、更新、淘汰，都离不开人们实际的言语活动。如果某种语言不再被人们用于交际，就会逐渐从社会中消失。

考研考法实战 答案见 D39 页

1.（统考，2019）多选：关于语言的特征，下列表述正确的有（　　）。

A. 语言中每一句话都具有一定的含义，体现了语言的意义性

B. 个人说话的内容受到他人的影响，体现了语言的个体性

C. 任何语言均有语音、构词和句法的规则，体现了语言的结构性

D. 使用有限数量的词语，产生无限数量的语句，体现了语言的创造性

2.（河南大学，2002）论述：什么是语言？它有哪些特征？研究语言有什么重要意义？

考点2 语言的结构

考研基础必备

1. 语言是按层次结构组织起来的

语言表达的基本形式是句子。在句子的下面可分为词、语素和音位等不同层次。每个层次又都包含一定的语言成分和将这些成分组织起来的语言规则，如语音规则、构词规则、句法规则等。人们按照这些规则可以将音位组成语素，然后由语素组成单词，再由单词组成句子。

音位是能够区分意义的最小语音单位；语素是语言中最小的音义结合单位，是词的组成要素；词是语言中可以独立运用的最小单位；句子是独立表达比较完整语义的语言结构单位。

2. 乔姆斯基的转换生成语法理论

任何一个语句都包含两个层次的结构：表层结构和深层结构。表层结构是指我们实际上所听到或看到的语句形式，或说话时所发出的声音以及书写时所采用的书面形式；而深层结构是指说话者试图表达的句子的意思。表层结构决定句子的形式，深层结构决定句子的意义。

同一个深层结构可以用不同的表层结构来体现，在表达同一意义时，可以采用不同的表达方式。一个表层结构也可包含两个或更多的深层结构。在这种情况下，语句就会出现歧义。歧义是语言的一种普遍现象。从深层结构到表层结构的转换，是通过转换规则来实现的。转换规则是说明句子的深层结构与表层结构转换关系的规则。不同语言的句话规则有共性也有差异性。

考研考法突破

考法1 语言的结构

该考点一般会以选择题形式出现，考生需要掌握语言所包含的结构，以及每个结构在语言当中的作用。

例6：（统考，2011）单选：可以独立表达比较完整语义的语言结构单位是（ ）。

A. 音位 B. 语素 C. 词 D. 句子

【解析】本题考查的是语言结构。句子是独立表达比较完整语义的语言结构单位。

参考答案：D

例7：（统考，2015）单选：下列关于语言的表述，错误的是（ ）。

A. 语言是人际交流中使用的符号系统

B. 音位是语言中可独立运用的最小单位

C. 有限的词语和规则可以产生无限的语句

D. 音位能被组合成语素，语素能被组合成词语

【解析】本题考查语言每个结构的意义。词是语言中可以独立运用的最小单位，在日常口语和书面语的交际过程中，人们可以自由使用的单位都是词。

参考答案：B

考法2 乔姆斯基的转换生成语法理论

该考点为重要知识点，考生要掌握乔姆斯基的转换生成语法理论的重要观点。

例8：（南京师范大学，2013）单选：“语言获得装置”的提出者是（ ）。

A. 米勒 B. 华生 C. 乔姆斯基 D. 摩尔

【解析】语言获得装置是乔姆斯基提出的语言装置理论，来说明其语言天赋的观点。他认为人类的认知结构中，存有一种与生俱来的语言习得装置，使人们不需要经过刻意教导，就能轻易获得语言。

参考答案：C

例9：（西北师范大学，2020）名词解释：语言获得装置。

【解析】本题考查乔姆斯基理论中的重要名词。

参考答案：语言获得装置是由乔姆斯基提出。他认为人类的认知结构中，存有一种与生俱来的语言习得装置，使人们不需要经过刻意教导，就能轻易获得语言。

考研考法实战 答案见D39页

1.（华东师范大学，2015）单选：一些心理学家认为，任何一门自然语言均是一个由可能是结构良好的句子构成的巨大集合。依照这种观点，语言学习必然包含学习（ ）。

A. 形成和理解话语的产生规则

B. 构成独立短语的单词组合

C. 诸如疑问句和祈使句等句子类型

D. 由语法上许可的各类单词构成的具体句子

2.（福建师范大学，2017）单选：（ ）是语言中最小的音义结合单位。

A. 音位 B. 语素 C. 词素 D. 句子

3.（天津师范大学，2012）名词解释：LAD。

考点3 语言的种类

考研基础必备

按照语言活动分类，可以把言语分为外部言语和内部言语（见表8-1）。

1. 外部言语

外部言语是指用来与他人进行交际的言语，表现为外显的、他人看得见或听得见的语音或文字符号的言语，包括口头言语和书面言语。

1）口头语言

口头言语指在大脑言语运动中枢的调节和控制下，个

表8-1 语言的种类及特征

	语言的分类			
	内部语言	外部语言		
		口头语言		书面语言
特征		对话语言	独白语言	
	隐蔽性、简约性	合作性 情境性 简略性 反应性	独自性 开展性 有计划	展开性 随意性 计划性

体的发音器官发出的旨在面对面与他人交谈或演讲的表达思想和感情的言语活动，简单地说，就是他人能够听得见的言语。口头言语占有极其重要的地位。口头言语包括对话言语和独白言语。

①对话言语指由两个或几个人直接进行交际的言语活动（聊天、座谈、谈判……）。一般认为，对话语言是一种最基本的语言形式，其他形式的口语和书面语言都是在对话语言的基础上发展起来的。对话言语具有合作性、情境性、简略性、反应性四个特点。

②独白言语指由个人独自进行，与叙述思想、情感相联系的，较长而连贯的言语活动，如演讲、授课、做报告等（"滔滔不绝"一词常形容的是独白言语）。独白言语的特点有独自性、开展性、有准备、有计划。

2）书面语言

书面言语是指一个人借助文字来表达自己的思想或通过阅读来接受别人语言的影响的言语活动。书面言语是在口头言语的基础上发展出的。书面言语具有三个基本特征：展开性、随意性、计划性。

2. 内部言语

内部语言是一种自问自答或不出声的语言活动。内部言语与逻辑思维、独立思考、自觉行动等具有密切联系，具有隐蔽性和简约性两大特点。内部言语是在外部言语的基础上发展起来的。在一定条件下，内部言语和外部言语可以相互转化。

考研考法突破

考法1　语言的种类

该考点常以选择题和名词解释题出现，在复习过程中需将不同种类的语言对比理解并记忆。

例10：（统考，2012）单选：一名5岁儿童向怀里抱着的布娃娃讲妈妈曾给她讲过的故事，这种言语活动属于（　　）。

A. 对话言语　B. 独白言语　C. 语言获得　D. 语言理解

【解析】独白言语指由个人独自进行，与叙述思想、情感相联系的，较长而连贯的言语活动，如演讲、授课、作报告等。

参考答案：B

例11：（统考，2014）单选：独白言语属于（　　）。

A. 对话言语　B. 书面言语　C. 外部言语　D. 内部言语

【解析】本题考查语言的分类。独白言语是个人独自进行的，与叙述思想情感联系的，较长而连贯的语言，它表现为报告、讲演、讲课等形式。因此它属于外部言语。因此本题选C。

参考答案：C

考法2　不同种类语言的特点

例12：（江西师范大学，2013）多选：书面语言具有的特性是（　　）。

A. 反应性　B. 随意性　C. 计划性　D. 简略性

【解析】本题考查书面语言的特征。书面语言具有展开性、随意性和计划性。因此本题选BC。反应性和简略性属于对话语言的特点。

参考答案：BC

例13：（统考，2009）单选：展开性程度最高的言语形式是（　　）。

A. 独白言语　B. 对话言语　C. 书面言语　D. 内部言语

【解析】本题考查书面言语的特点。书面语言具有开展性的特点，因此本题选C。

参考答案：C

例14：（统考，2013）简答：简述内部言语的含义及特点。

【解析】本题考查内部语言的含义及特点

参考答案：内部语言是一种自问自答或不出声的语言活动。内部言语与逻辑思维、独立思考、自觉行动等具有密切联系，具有隐蔽性和简约性两大特点。内部言语是在外部言语的基础上发展起来的，在一定条件下，内部言语和外部言语可以相互转化。

①隐蔽性：内部言语是一种不出声的言语，它以语音隐蔽性为显著特点。

②简略性：内部言语不是用来直接交际的，因此具有不连贯、不完整、不受语法规则约束的特点。

考研考法实战 答案见D39页

1.（吉林大学，2011）单选：一种自问自答或不出声的语言活动是（　　）。

A. 独白语言　B. 内部语言　C. 对话语言　D. 书面语言

2.（西南大学，2016）单选：言语活动形式包括（　　）。

A. 人工言语和自然言语　B. 外部言语和内部言语

C. 方言和普通话　D. 身体言语和口头言语

3.（南京师范大学，2015）单选：专家做报告时所使用的语言是（　　）。

A. 对话语言　B. 独白语言　C. 书面语言　D. 交流语言

第二节　语言理解

研究真题，明确考况

考试要求	统考		自主命题	
	考题	考查点	考题	考查点
1. 语言理解	2018	单选：语言理解	东北师范大学，2017 南京师范大学，2016 西南大学，2016 广州大学，2019	单选：语言理解
2. 言语理解	2008 2010 2021	单选：言语理解	河南大学，2000 南京师范大学，2016 东北师范大学，2018	简答：言语理解及其影响因素

续表

考试要求	统考		自主命题	
	考题	考查点	考题	考查点
3. 阅读理解	2010 2016 2018	单选：阅读理解	吉林大学，2012 首都师范大学，2020	单选：阅读理解

考点 1　语言理解

考研基础必备

语言理解是指人们借助于听觉或视觉的语言材料，在头脑中主动、积极地建构意义的过程。理解语言依赖于人们已有的知识和经验。人们的知识和经验不同，对同一语言材料的理解也会有很大的差别。根据输入通道的不同，语言理解可以分成言语理解（听觉输入）和阅读理解（视觉输入）。

考研考法突破

考法 1　语言理解的含义

例 1：（西南大学，2016）单选：人们借助于听觉或视觉的语言材料，在头脑中建构意义的过程叫（　　）。

A. 语言理解　B. 语言知觉　C. 词汇理解　D. 句子理解

【解析】本题考查语言理解的含义。语言理解是指人们借助于听觉或视觉的语言材料，在头脑中主动、积极地建构意义的过程。

参考答案：A

考点 2　言语理解及影响因素

考研基础必备

言语理解是借助于听觉输入的语言材料（语音）建构意义的过程。因此，言语理解开始于语音知觉，有时也叫言语知觉，是指人们对语音的识别过程。

1. 语音的物理性质

语音具有某些物理属性，如音调、音强、音长与音色。

2. 音位

音位大致分为两大类：元音和辅音。

3. 影响言语理解的因素

①语音类似性：由于音位具有区别性特征，因此正确感知这些特征是分辨不同音位的重要条件。两个音节共同包含的特征越多，就越容易混淆。

②语音强度：当语音强度为 5dB 时，可觉察语音的存在，但不能分辨；强度增加，词的清晰度增高；当强度为 70dB 时，清晰度达 100%；强度超过 130dB 时，则会引起不舒服，甚至产生压痛感觉。

③噪音掩蔽：当语音比噪音的强度大 100 倍时，噪音对语音的可懂度没有影响；当语音与噪音强度相等时，可懂度为 50%。

④语境：语言交际的环境。从广义上说，它是指语言活动出现的具体情境，包括说话的场合、社会环境、时代背景等；从狭义上说，语境是指书面语言的上下文和口语的前言后语等。人们对语音的知觉常受到语境的影响。

⑤句法、语义的作用：米勒等人的研究表明，在言语知觉中，语义和语法的信息对提高语言的可懂度有重要的作用。

考研考法突破

考法 1　言语理解的含义及影响因素

此考法常见于选择和简答当中，考生需要理解掌握言语理解的含义及影响因素

例 2：（河南大学，2000）简答：什么是言语的理解？影响言语理解的因素是什么？

【解析】本题考查言语理解的含义及影响因素。

参考答案：（1）言语理解的含义：言语理解是借助于听觉输入的语言材料（语音）建构意义的过程。因此，言语理解开始于语音知觉，有时也叫言语知觉，是指人们对语音的识别过程。

（2）影响言语理解的因素：

①语音类似性：由于音位具有区别性特征，因此正确感知这些特征是分辨不同音位的重要条件。两个音节共同包含的特征越多，就越容易混淆。

②语音强度：当语音强度为 5dB 时，可觉察语音的存在，但不能分辨；强度增加，词的清晰度增高；当强度为 70dB 时，清晰度达 100%；强度超过 130dB 时，则会引起不舒服，甚至产生压痛感觉。

③噪音掩蔽：当语音比噪音的强度大 100 倍时，噪音对语音的可懂度没有影响；当语音与噪音强度相等时，可懂度为 50%。

④语境：语言交际的环境。从广义上说，它是指语言活动出现的具体情境，包括说话的场合、社会环境、时代背景等；从狭义上说，语境是指书面语言的上下文和口语的前言后语等。人们对语音的知觉常受到语境的影响。

⑤句法、语义的作用：米勒等人的研究表明，在言语知觉中，语义和语法的信息对提高语言的可懂度有重要的作用。

例 3：（南京师范大学，2016）单选：语境能够帮助人们迅速、准确理解语言，是因为语境可以（　　）。

A. 定位语言意义　　B. 解释词汇意义

C. 进行语义解释　　D. 提供背景知识

【解析】本题考查影响言语理解的因素：语境的作用。

语境是指语言交际的环境，可以提供语言的背景知识。因此本题选 D。

参考答案：D

考研考法实战 答案见 D39 页

1.（东北师范大学，2017）单选："句子的本意"与说话者表达的语义是有区别的，影响对"说话者表达的语义"理解最重要因素是（　　）。

A. 语音　　B. 词频　　C. 语境　　D. 句式

2.（广州大学，2019）单选：下列哪个选项不属于语音的物理性质？（　　）

A. 音调　　B. 音强　　C. 音律　　D. 音色

3.（统考，2022）多选：下列选项中，影响语音知觉的因素有（　　）。

A. 语音相似性　　B. 语音强度

C. 噪音强度　　D. 语境

考点 3　阅读理解

考研基础必备

1. 阅读理解

阅读理解是在视觉输入的文字材料的基础上建构意义的过程。根据加工的水平，阅读理解可以分为词汇理解、句子理解和篇章理解。

1）词汇理解

词汇理解也叫词汇识别，指通过对词性的感知通达词汇意义的过程。影响词汇理解的因素主要有以下几个方面：

①字母长度或笔画数量：词长效应是指在词的使用频率相同的条件下，一个词所包含的字母越长，识别时间越长。而在汉字识别中，识别的时间随着笔画数量的增加而增长。

②单词的部位信息和字形结构信息：其中首尾字母在单词辨认中有重要的作用，保留汉字的上半部有利于汉字的识别。有研究表明，速示条件下，汉字的类型结构影响再认的难易程度，其中，左右结构最容易再认。

③正字法规则：正字法规则是使文字的拼写合乎标准的方法。任何一种文字都有正字法规则。正字法规则是人们识别字词时必须依靠的一种内隐知识，字词识别不仅要依靠对笔画、部件或字母的检测，而且要检测这些成分的结合规则。

④字词的使用频率与词汇习得年龄：单词的使用频率可以影响言语理解。福斯特认为，在心理词典中，词的基本组织原则是单词频率，使用频率高的单词在心理词典中处于"前面"的位置，因而容易被搜索到。早期习得的词汇比晚期习得的词语要容易加工，这是词汇习得的年龄效应。

⑤语义特征：黑诺等人的研究发现，在词汇判断任务中，意义较多的词比意义较少的词更容易识别，这是多义词的识别优势效应。

⑥语境：单个单词，在句子或者课文语境中的单词，它们的识别阈限不一样。语境提供的信息可以促进或者抑制对单词的识别。

2）句子理解

句子理解是在字词理解的基础上，通过对组成句子的各成分的句法分析和语义分析，获得句子语义的过程。句子理解受到以下因素的影响：

①句子的类型：实验证明，验证句子的时间依次为真肯定句＜假肯定句＜假否定句＜真否定句（从肯定到否定需要更多的时间去验证）。

②句法分析与语义分析：句法分析决定人们对句子的切分方式不同，因此产生对句子的不同理解（妈妈亲了我爸爸也亲了我）；在理解句子时，需要用到语义知识，不符合语义的句子通常不能理解（"人吃饭"符合语义知识，而"饭吃人"不符合语义知识，因此引起理解上的困难）。

3）篇章理解

篇章理解是语言理解的最高水平，它是在理解字词、句子的基础上，运用推理、整合等方式揭示篇章意义的过程。影响篇章理解的因素如下：

①推理：在已有的信息上增加信息或对课文的不同成分建立连结。

②语境：语境能使读者头脑中已有的知识和当前话语的信息很好地整合起来，促进对课文的理解。既包括文字形式，也包括图画等其他形式。

③图式和策略：当故事按故事图式组成时，人们较易理解，相反，如果将故事的图式打乱，对故事的理解就困难一些。阅读策略可以促进篇章阅读的理解。

考研考法突破

考法 1　词汇理解的含义及影响因素

本考法常见于选择、简答和论述，考生需理解并掌握词汇理解的含义及每个影响因素代表的含义。

例 4：（统考，2008）多选：影响汉字理解的因素有（　　）。

A. 正字法规则　　B. 笔画数量

C. 字形结构　　D. 语音

【解析】本题考查词汇理解的影响因素。词汇理解的影响因素包括：字母长度或笔画数量、单词的部位信息和字形结构信息、正字法规则、字词的使用频率与词汇习得年龄、语义特征、语境。语音是言语理解的影响因素。因此本题选 ABC

参考答案：ABC

例 5：（首都师范大学，2020；山东师范大学，2021）简答：词汇理解的影响因素有哪些？

【解析】本题考查词汇理解的影响因素。

参考答案：影响词汇理解的因素主要有以下几个方面：

①字母长度或笔画数量：词长效应是指在词的使用频率相同的条件下，一个词所包含的字母越长，识别时间越长。而在汉字识别中，识别的时间随着笔画数量的增加而增长。

②单词的部位信息和字形结构信息：其中首尾字母在单词辨认中有重要的作用，保留汉字的上半部有利于汉字的识别。有研究表明，速示条件下，汉字的类型结构影响再认的难易程度，其中，左右结构最容易再认。

③正字法规则：正字法规则是使文字的拼写合乎标准的方法。任何一种文字都有正字法规则。正字法规则是人们识别字词时必须依靠的一种内隐知识，字词识别不仅要依靠对笔画、部件或字母的检测，而且要检测这些成分的

结合规则。

④字词的使用频率与词汇习得年龄：单词的使用频率可以影响言语理解。福斯特认为，在心理词典中，词的基本组织原则是单词频率，使用频率高的单词在心理词典中处于“前面”的位置，因而容易被搜索到。早期习得的词汇比晚期习得的词语要容易加工，这是词汇习得的年龄效应。

⑤语义特征：黑诺等人的研究发现，在词汇判断任务中，意义较多的词比意义较少的词更容易识别，这是多义词的识别优势效应。

⑥语境：单个单词，在句子或者课文语境中的单词，它们的识别阈限不一样。语境提供的信息可以促进或者抑制对单词的识别。

考法 2　考查句子理解的含义及影响因素

此考法多以选择题形式考查句子理解的含义，也会以简答或名词解释形式考查句子理解的影响因素。

例 6：（统考，2018）简答：简述句子理解的含义及影响因素。

【解析】本题考查句子理解的含义及影响因素，按要求回答即可。

参考答案：

（1）句子理解的含义：在字词理解的基础上，通过对组成句子的各成分的句法分析和语义分析，获得句子语义的过程。

（2）句子理解受到以下因素的影响：

①句子的类型：实验证明，验证句子的时间依次为，真肯定句＜假肯定句＜假否定句＜真否定句（从肯定到否定需要更多的时间去验证）。

②句法分析与语义分析：句法分析决定人们对句子的切分方式不同，因此产生对句子的不同理解；在理解句子时，需要用到语义知识，不符合语义的句子通常不能理解。

考研考法实战 答案见 D39 页

1.（统考，2010）单选：不同的笔画和部件必须按照一定的方式结合起来，才能构成汉字。这一影响词汇理解的因素是（　　）。

A. 单词的部位信息　　B. 正字法规则

C. 字词的使用频率　　D. 字形结构

2.（河南大学，2010）多选：影响句子理解的因素的主要有（　　）。

A. 句子类型　B. 词序　C. 语境　D. 句法分析

E. 语义分析

第三节　语言的产生

研究真题，明确考况

考试要求	统考		自主命题	
	考题	考查点	考题	考查点
1. 语言产生	2012 2016	单选：语言产生阶段 / 障碍	无	无

考点 1　语言产生

考研基础必备

语言产生也叫语言表达，是指人们通过发音器官或手的活动把所要表达的思想说出来写出来或用手势表达出来的过程，包括言语产生（口语）、书写产生（书面语）和手势语三种形式。

语言产生阶段：

①弗朗琴七阶段：选择需要表达的意思、为分句选择句法结构、把内容词插入句法结构中、指定出词的词法形式、指定出代表分句的音位、选择运动要求和发出分句。

②安德森三阶段：构造阶段（根据目的确定要表达的思想）、转化阶段（运用句法规则将思想转换成语言的形式）、执行阶段（将语言形式的信息说出或写出）。

③德尔四加工水平：语义、句法、构词法、语音。

④勒韦三阶段：概念化阶段、公式化阶段、发音阶段。

考研考法突破

考法 1　考查语言产生阶段

此考点是普心第四版和修订版上面的内容，在普心第五版当中已经删除。

例 1：（统考，2012）单选：安德森（J. R. Anderson）提出了语言产生的三阶段模型，该模型认为语言产生的阶段包括（　　）。

A. 构造、转化、执行

B. 概念化、公式化、发音

C. 构造、转化、发音

D. 概念化、公式化、执行

【解析】安德森三阶段：构造阶段（根据目的确定要表达的思想）、转化阶段（运用句法规则将思想转换成语言的形式）、执行阶段（将语言形式的信息说出或写出）。

参考答案：A

考研考法实战 答案见 D39 页

1.（统考，2016）单选：一般认为，口吃属于（　　）。

A. 语言理解障碍　　B. 语言产生障碍

C. 语言知觉障碍　　D. 语义加工障碍

章节考点　综合训练

答案见D39页

一、单项选择题

1.（统考，2007）演讲采用的言语形式主要是（　　）。
A. 书面言语　　B. 内部言语
C. 对话言语　　D. 独白言语

2.（福建师范大学，2021）座谈采用的言语形式主要是（　　）。
A. 书面言语　　B. 内部言语
C. 对话言语　　D. 独白言语

3.（统考，2021）“说英语和说汉语的人对世界有不同的知觉”，持该种观点的学者是（　　）。
A. 沃尔夫　　B. 乔姆斯基
C. 西蒙　　D. 图尔文

4.（南京师范大学，2014）人的语言中枢主要定位于（　　）。
A. 左侧大脑半球　　B. 右侧大脑半球
C. 小脑　　D. 丘脑

5.（南京师范大学，2016）直接参与由言语指示引起的激活状态的神经系统是（　　）。
A. 脑干　　B. 边缘系统
C. 大脑皮层　　D. 额叶

6.（统考，2021）关于语音知觉，下列表述中不正确的是（　　）。
A. 噪音影响语音知觉
B. 语音类似性影响语音知觉
C. 语音强度影响语音知觉
D. “音位恢复”效应说明语音强度对语音知觉有影响

7.（统考，2022）人们通过发音器官或手的活动，把所要表述的想法说出来、写出来或用手势表达出来，这一过程称为（　　）。
A. 语言理解　　B. 语言产生　　C. 言语表征　　D. 言语理解

8.（北京师范大学，2019）人们使用有限数量的词语和合并这些词语的规则，便可说出无限数量的语句，这体现了语言的（　　）。
A. 创造性　　B. 意义性　　C. 指代性　　D. 社会性

9.（南京大学，2015）以下哪个是可以独立地表达比较完整语义的语言结构单位？（　　）
A. 语音　　B. 词汇　　C. 句子　　D. 句法

10.（南京师范大学，2017）分辨语音、形成语义和语言的理解密切相关的脑区是（　　）
A. 布洛卡区　　B. 威尔尼克区
C. 角回　　D. 额叶

11.（浙江理工大学，2016）言语运动中枢，亦即控制我们讲话的脑区主要是（　　）
A. 布洛卡区　　B. 威尔尼克区
C. 海马　　D. 顶叶

二、名词解释

1.（浙江工商大学，2021）语言理解与图式。
2.（重庆师范大学，2022）内部语言。

三、简答题

1.（东北师范大学，2018）影响言语理解的各种因素有哪些？
2.（广州大学，2015）大脑皮层的语言区有哪些？损失这些区域将引起哪种形式的失语症？
3.（云南师范大学，2016）什么是内部言语？它有何特点？
4.（中国科学院心理研究所，2017）简述词汇辨别的概念和影响因素。

第九章 动机、需要与意志

“动机”顾名思义是指人的行为的内在动力。人为什么对某些事情有兴趣，而对另一些事情没有兴趣？是什么力量使他们在十分艰难困苦的条件下，仍然继续坚持学习和工作？这些都是研究动机时需要探讨的问题。本章先论述了动机的含义及功能，然后介绍了人类各种不同的动机及相关的动机理论；再介绍了需要的含义及种类以及需要层次理论，最后介绍了意志的含义及其品质。本章动机理论及需要层次理论考查频率较高，需引起高度重视。

第一节 动机

研究真题，明确考况

考试要求	统考		自主命题	
	考题	考查点	考题	考查点
1. 动机含义	2007	单选：动机含义	苏州大学，2013 华东师范大学，2011	单选：动机的含义
	2009	多选：动机功能	广州大学，2019	单选：动机的功能
2. 动机种类	2014 2017	单选：动机种类	吉林大学，2011 华东师范大学，2019 北京师范大学，2021	单选：动机种类
			湖南师范大学，2016	名词解释：动机种类
3. 动机与行为效率的关系	2007 2016	单选：动机与行为效率的关系	北京师范大学，2014 华东师范大学，2012	单选：动机与行为效率的关系
			华南师范大学，2014 南京师范大学，2012	简答：动机与作业的关系

考点 1 动机概述

考研基础必备

1. 动机的含义

动机是由目标或对象引导、激发和维持个体活动的内在心理过程或内部动力。需要（推力）和诱因（拉力）分别是动机产生的内部和外部因素，但需要产生的却不一定都是动机，只有当需要推动人去活动，并把活动方向引向某一目标时，才称为动机。动机的产生必定需要一个外部对象。

2. 动机的功能

1）激活功能

具有发动行为的作用，能推动个体产生某种活动，使个体由静止状态转向活动状态。动机激活力量的大小，取决于动机的性质和强度。一般认为，中等强度的动机有利于任务的完成。

2）指向功能

将行为指向一定的对象或目标。动机不一样，个体活动的方向和所追求的目标是不一样的。

3）维持和调整功能

表现在行为的坚持性，行为产生后能否坚持下去也受到动机的影响。动机的维持作用是由个体的活动与其所预期的目标的一致程度来决定的。

考研考法突破

考法 1 考查动机的含义及功能

该考点一般以选择、名词解释或简答形式出现，在复习过程中，需牢记动机的含义以及理解每种功能的含义。

例 1：（福建师范大学，2019）名词解释：动机。

【解析】本题考查动机的含义。

参考答案：动机是由目标或对象引导、激发和维持个体活动的内在心理过程或内部动力。

例 2：（统考，2009）多选：动机的功能有（　　）。

A. 指向功能　B. 激发功能　C. 维持功能　D. 调节功能

【解析】动机的功能有激活功能、指向功能和维持和调整功能。

参考答案：ABCD

例 3：（华东师范大学，2018）简答：简述动机及其功能。

【解析】本题考查动机的含义及功能。

参考答案：动机是由目标或对象引导、激发和维持个体活动的内在心理过程或内部动力。动机具有以下几个功能：

（1）激活功能：具有发动行为的作用，能推动个体产生某种活动，使个体由静止状态转向活动状态。动机激活力量的大小，取决于动机的性质和强度。一般认为，中等强度的动机有利于任务的完成。

（2）指向功能：将行为指向一定的对象或目标。动机不一样，个体活动的方向和所追求的目标是不一样的。

（3）维持和调整功能：表现在行为的坚持性，行为产生后能否坚持下去也受到动机的影响。动机的维持作用是由个体的活动与其所预期的目标的一致程度来决定的。

考研考法实战 答案见 D41 页

1.（华东师范大学，2011）单选：激发个体动机的直接原因是（　　）。

A. 需要　B. 兴趣　C. 爱好　D. 好奇心

2.（广州大学，2019）单选：下列哪个不属于动机的功能？（　　）

A. 激活　B. 指向

C. 维持和调整功能　D. 诱因

3.（西南大学，2016）单选：（　　）是激发和维持个体活动，并引导活动朝向目标的心理频向或动力。

A. 需要　B. 动机　C. 兴趣　D. 爱好

4.（中科院，2014）单选：在学习动机的支配下，你可能会去教室或图书馆，这体现了动机的什么功能（　　）。

A. 维持功能　B. 指向功能　C. 激励功能　D. 调节功能

5.（深圳大学，2020）名词解释：动机。

考点 2　动机的种类

考研基础必备

1. 生理性动机（驱力）

也称为基本动机，它是为了维持生命所必须满足的动机，以有机体自身的生物学需要为基础，如饥饿、渴、性欲等。

2. 社会性动机

是以人的社会文化需要为基础的动机，如权力动机、交往动机、成就动机、认识的需要等，兴趣和爱好也都是社会性动机。是维持和推动个体活动以达到一定目标的内在动力。

1）兴趣

①人们探究某种事物或从事某种活动的心理倾向，以认识或探索外界的需要为基础，是推动人们认识事物、探求真理的重要动机。

②兴趣有直接的也有间接的，有个体的（个体长期指向一定客体、活动和知识领域，相对稳定的兴趣）也有情景的（由环境中的某一事物突然激发的兴趣）。

③兴趣的品质有兴趣的广度、兴趣的中心、兴趣的稳定性和兴趣的效能。

④爱好：当兴趣不是指向认识的对象，而是指向某种活动时，这种动机叫爱好。

2）成就动机

是指人们希望从事对他有重要意义的、有一定困难的、具有挑战性的活动，在活动中能取得完满的优异的成绩，并超过他人的动机。

研究发现，在两个人的智商大体相同的情况下，成就动机高的人比成就动机低的人在活动中成功的可能性一般都要高一些；成就动机的高低还影响到人们对职业的选择；成就动机低的人，愿意选择风险较小、独立决策较少的职业；而成就动机高的人爱毛遂自荐，喜欢担任富于开创性的工作。人的成就动机还推动人们去争取一定的社会、政治地位，在团体中受到尊重，享受权利与履行义务，因而和权利动机有着密切的联系。

阿特金森的成就动机观点（梁宁建版）：

阿特金森的成就动机观点是一种期望价值观，他认为动机水平依赖一个人对目标的评价，以及对达到目标可能性的估计。

阿特金森和麦克莱兰通过实验发现，在工作任务的选择上：高成就动机的人会选择比较适中的任务，低成就动机的人会选择过难或过易的任务。

3）权力动机

人们具有的某种支配和影响他人以及周围环境的内在驱力。从个体行为的目标上，权力动机可以分为个人化权力动机和社会化权力动机。具有个人化权力动机的个体，寻求权力的目的是满足个人的私欲或利益。具有社会化权力动机的个体，寻求权力是为了他人。

4）交往动机

是在交往需要的基础上发展起来的一种重要的社会性动机。人的交往动机反映了劳动和人类社会生活的要求；依赖个体的交往经验。

5）学习动机

是人类的一种重要的社会性动机，是直接推动学生进行学习的内部动力。学习动机的主要内容是知识价值观、学习兴趣、学习能力感和成就归因。

学习动机具有激发、指向和调节的功能。学习动机能激发个体产生某一学习行为，对学习行为起着推动作用。学习动机能使个体的学习行为指向某一具体目标，对学习起着导向作用。此外，学习动机还能调节个体学习行为的强度、时间和方向。

3. 内在动机和外在动机

1）内在动机

是指个体因对活动或工作过程感到满足而加强其继续这种活动或工作的内在动力。内在动机是在没有任何外部奖赏的情况下产生的，是从活动或工作本身中产生的。

2）外在动机

是指影响或控制个体行为的外在因素或力量。外在动机不是从对行为活动或工作本身的满足中产生的，而是由行为活动或工作中获得的奖赏引起的。

考研考法突破

考法 1　考查生理性动机

此考法常见于选择和名词解释题当中，考生需要掌握生理性动机的含义以及哪些是属于生理性动机。

例 4：（福建师范大学，2015）单选：下列哪一种动机不属于生理性动机？（　　）

A. 饥饿　B. 性　C. 睡眠　D. 学习

【解析】本题考查生理性动机包括的内容。生理性动机是为了维持生命所必须满足的动机，以有机体自身的生物学需要为基础，如饥饿、渴、性欲等。

参考答案：D

例 5：（湖南师范大学，2016）名词解释：生理动机。

【解析】本题考查生理动机，较为简单，按要求回答即可。

参考答案：生理动机也可称为基本动机，它是为了维持生命所必须满足的动机，以有机体自身的生物学需要为基础，如饥、渴、缺氧、疼痛、母性、性欲、睡眠、排泄等，都是生理性动机。

考法 2　考查社会性动机

此考法常见于选择和名词解释题当中，考生要能够根据题目描述区分出属于哪一种类型的社会性动机，也要能够完整表述每种社会性动机的含义。社会性动机里，对于成就动机考查得比较多，尤其是阿特金森关于成就动机的研究结论，考生要能够理解成就动机对人的行为的影响。

例 6：（吉林大学，2011）单选：人们具有的某种支配和影响他人以及周围，环境的内在驱力是（　　）。

A. 权力动机　B. 成就动机　C. 社交动机　D. 管理动机

【解析】本题考查的是社会性动机不同种类的含义。人们具有的某种支配和影响他人以及周围环境的内在驱力是指权力动机，因此本题选 A。

参考答案：A

例 7：单选：根据阿特金森（J. W. Atkinson）的成就动机理论，高成就动机者在面对不同难度的任务时，倾向选择的任务难度是（　　）。

A. 低难度　B. 较低难度　C. 中等难度　D. 高难度

【解析】本题考查阿特金森的成就动机的研究，在工作任务的选择上：高成就动机的人会选择比较适中的任务。

参考答案：C

例 8：（湖南师范大学，2020；清华大学，2022）名词解释：成就动机。

【解析】本题考查成就动机的含义。

参考答案：成就动机是指人们希望从事对他有重要意义的、有一定困难的、具有挑战性的活动，在活动中能取得完满的优异的成绩，并超过他人的动机。

考法 3　考查内在动机和外在动机

这种考法常见于选择或名词解释中，考生要能够区分内在动机和外在动机。

例 9：（统考，2017）多选：下列选项中，属于内部动机的有（　　）。

A. 对工作的好奇　　B. 获取丰厚报酬

C. 避免受到惩罚　　D. 对学习的兴趣

【解析】本题考查内部动机和外部动机的含义的区别。内部动机是人们对事物本身的兴趣所引起的动机；外部动机是人们受外部诱因引起的动机。内部动机的满足产生于活动之内，而外部动机的满足产生于活动之外，对工作的好奇、学习的兴趣都是指向活动本身，属于内部动机。因此本题选 AD.

参考答案：AD

例 10：（首都师范大学，2020）名词解释：内部动机。

【解析】本题考查内部动机的含义。

参考答案：内在动机是指个体因对活动或工作过程感到满足而加强其继续这种活动或工作的内在动力。内在动机是在没有任何外部奖赏的情况下产生的，是从活动或工作本身中产生的。

考研考法实战 答案见 D41 页

1.（中山大学，2018）单选：那些渴求成就感的人会选择（　　）的任务，因为在这样的任务中，成功概率和成功的激励价值形成恰当的组合，最能强化成就感。

A. moderately easy　　B. extremely easy

C. extremely difficult　　D. moderately difficult

2.（华东师范大学，2019）单选：通过努力学习来避免失败的动机是（　　）。

A. 外在动机　B. 内在动机　C. 本能动机　D. 驱力动机

3.（江西师范大学，2015）单选：按照需要产生的根源，可把动机划分为（　　）。

A. 内在动机和外在动机

B. 有意识动机和无意识动机

C. 生理性动机和社会性动机

D. 原始动机和习得动机

4.（中山大学，2005）单选：动机的期望－价值理论（expectancy-value models）认为，人的行为是下述哪两者之间达成某种平衡的结果？（　　）

A. 奖赏额度与所需努力之间

B. 成功的机会与激励物的价值之间

C. 个人对目标的认识与现实之间

D. 一个人内驱力的强度与奖赏额度之间

5.（统考，2019）单选：一位科研人员希望发表更多高质量的学术论文，这种动机属于（　　）。

A. 权力动机　B. 利他动机　C. 交往动机　D. 成就动机

6.（河南大学，2004）名词解释：交往动机。

7.（浙江工商大学，2021）名词解释：成就动机与权力动机。

考点 3　动机与行为效率的关系

考研基础必备

动机和工作效率的关系主要表现在动机强度与工作效率的关系上。耶克斯和道德森的研究表明，各种活动都存在着一个最佳的动机水平，称为耶克斯和道德森定律。

①动机和行为效率之间不是一种线性关系，而是倒 U 形曲线，中等强度的动机最有利于任务的完成，也就是说，动机强度处于中等水平时，工作效率最高。

②动机的最佳水平随任务的性质的不同而不同。

③在比较容易的任务中，工作效率随动机的提高而上升，随任务难度的增加，动机水平有逐渐下降的趋势。也就是说，在难度较大的任务中，较低的动机水平有利于任务的完成。“怯场”现象主要是由动机过强造成的。

考研考法突破

考法 1　动机与行为效率的关系

该考法形式比较灵活，在选择题当中可以考查考生对于动机与行为效率关系的描述，考生要能够判别；名词解释题一般以耶克斯和道德森定律要求考生来对动机与行为效率进行解释；在简答题当中，考生要能够完整论述动机与行为效率的关系，同时能够结合实践分析。

例 11：（北京师范大学，2014）单选：根据动机水平影响工作效率，下面说法正确的是（　　）。

A. 简单任务和复杂任务都需要低动机水平

B. 简单任务和复杂任务都需要高动机水平

C. 简单任务需要高动机水平，复杂任务需要低动机水平

D. 简单任务需要低动机水平，复杂任务需要高动机水平

【解析】耶克斯和道德 · 森定律显示了动机强度与工作效率的关系：动机强度与工作效率之间的关系不是一种线性关系，而是倒 U 形曲线，中等强度的动机最有利于任务的完成；动机的最佳水平随任务性质的不同而不同；在难度较大的任务中，较低的动机水平有利于任务的完成。

参考答案：C

例 12：（上海师范大学，2019；陕西师范大学，2021）名词解释：耶克斯 – 道德森定律。

【解析】本题考查耶克斯 – 道德森定律的含义。

参考答案：耶克斯和道德森的研究表明，各种活动都存在着一个最佳的动机水平，称为耶克斯和道德森定律。

（1）动机和行为效率之间不是一种线性关系，而是倒 U 形曲线，中等强度的动机最有利于任务的完成，也就是说，动机强度处于中等水平时，工作效率最高。

（2）动机的最佳水平随任务的性质的不同而不同。

（3）在比较容易的任务中，工作效率随动机的提高而上升，随任务难度的增加，动机水平有逐渐下降的趋势。

例 13：（华南师范大学，2014；山东师范大学，2021）简答：简述动机强度与作业绩效的关系。

【解析】本题考查动机与行为效率的关系。

参考答案：动机强度与作业绩效之间的关系可以用耶克斯 – 道德森定律来说明：

（1）动机与工作效率的关系主要表现在动机强度与工作效率的关系上。心理学的研究表明，动机强度与工作效率之间的关系不是一种线性关系，而是倒 U 形曲线关系。

（2）中等强度的动机最有利于任务的完成。

（3）各种活动都存在一个最佳的动机水平。动机的最佳水平随任务性质的不同而不同。在比较容易的任务中，工作效率随动机的提高而上升；随着任务难度的增加，动机的最佳水平有逐渐下降的趋势。

考研考法实战 答案见 D41 页

1.（华东师范大学，2012）单选：动机水平与问题解决效率的关系是________关系。

A. 直线　　B. U 形　　C. 倒 U 形　　D. S 形

2.（统考，2007）多选：耶克斯吉道德森定律表明，各种活动都具有最佳动机水平，而且动机最佳水平随任务难度的不同而有差异，具体表现为（　　）。

A. 在低难度任务中，处于较高动机水平的工作效率最高

B. 在中等难度任务中，处于中等动机水平的工作效率最高

C. 在高难度任务中，处于较低动机水平的工作效率最高

D. 在高难度任务中，动机水平的高低与工作效率无关

第二节　动机的理论

研究真题，明确考况

考试要求	统考		自主命题	
	考题	考查点	考题	考查点
1. 本能论	无	无	北京大学，2011 南京师范大学，2015 中山大学，2009	单选：本能论
2. 驱力理论	2018	单选：驱力理论	南京大学，2014 河南大学，2002 西南大学，2017	单选 / 名词解释：驱力理论
4. 诱因理论	2007	单选：诱因理论	北京师范大学，1997/2016 南京师范大学，2014	单选 / 简答：诱因理论
5. 认知理论	2015 2017 2020 2021	单选：期待价值理论 / 成就目标理论 多选：自我决定理论 简答：归因理论	华东师范大学，2011 深圳大学，2020 南开大学，2017 中央财经大学，2016 首都师范大学，2020 华南师范大学，2020 福建师范大学，2019 南京大学，2020	单选 / 名词解释 / 案例分析：归因理论 简答：自我决定理论 单选 / 名词解释：成就目标理论
6. 理论综合	无	无	南京师范大学，2015 北京师范大学，2004/2005 天津师范大学，2015 电子科技大学，2014	简答 / 论述：动机理论

考点 1 本能论

考研基础必备

本能是在进化过程中形成、由遗传固定下来的一种不学而能的行为模式，是人类行为的原动力。本能论在动机心理学中曾一度占统治地位。

美国心理学家詹姆斯提出，人的行为依赖于本能的指引，人除了具有与动物一样的生物本能外，还具有社会本能，如爱、社交、同情、诚实等。

本能论最著名的鼓吹者是美国心理学家麦独孤。他系统地提出了动机的本能理论，认为人类的所有行为都是以本能为基础的；本能是人类一切思想和行为的基本源泉和动力；本能具有能量、行为和目标指向三个成分。

弗洛伊德的精神分析理论，建立在本能论的基础上，认为人类最基本的本能是生的本能与死的本能，他们是人类行为的两种基本动力。

20 世纪 20 年代末，本能论开始受到人们的怀疑与批评。它不能确切地解释行为的原因。本能论对人类行为的解释是一种循环论证的过程，另外，本能论列举的许多本能行为实际上是在学习、经验及文化的影响下形成的。

考研考法突破

考法 1 本能论

该考点一般会以单选形式出现。考生要掌握本能论的代表人物以及理论观点。

例 1：（北京大学，2011）单选：麦独孤用（　　）解释人类的社会行为。

A. 认知过程　　B. 学习

C. 本能　　D. 社会影响

【解析】麦独孤是本能论者，他认为人类有 14~18 种主要本能以及与之相应的情绪，各种情绪结合而发展起来就是情操，情操加上理想观念，便产生意志力。

参考答案：C

考研考法实战 答案见 D41 页

1.（南京师范大学，2015）单选：鼓吹动机源于人的本能的心理学家是（　　）。

A. 麦独孤　　B. 赫尔

C. 海德　　D. 班杜拉

2.（中山大学，2009）单选：有关动机的本能理论的一个缺点是（　　）。

A. 过于强调认知因素的作用

B. 过于强调环境的作用

C. 只适用于动物行为

D. 没有解释人类行为，而只是简单地提及这些行为

3.（天津大学，2020）名词解释：动机的本能理论。

考点 2 驱力理论

考研基础必备

由于本能论在解释人类行为时产生了困难，20 世纪 20 年代伍德沃斯提出了行为因果机制的驱力概念，以代替本能概念。所谓驱力是指个体由生理需要所引起的一种紧张状态，它能激发或驱动个体行为以满足需要，消除紧张，从而恢复机体的平衡状态。

赫尔提出了驱力减少理论：

①他假定个体要生存就有需要。需要产生驱力。驱力是一种动机结构，它供给机体的力量或能量，使需要得到满足，进而减少驱力。赫尔的理论适用于解释生物的机能。

②赫尔又提出，人类的行为主要是由习惯来支配的，而不是由生物驱力支配的。

③他强调经验和学习在驱力形成中的作用，认为学习对机体适应环境有重要意义。驱力给行为提供能量，而习惯决定着行为的方向。

④赫尔认为，有些驱力来自内部刺激，不需要习得，称为原始驱力；有些驱力来自外部刺激，是通过学习得到的，称为获得性驱力。

⑤赫尔认为，驱力（D）、习惯强度（H）共同决定了个体的有效行为潜能（P），它们的相互关系可以表示为：$P=D\times H$

⑥评价：驱力减少理论不能解释另一些行为，比如：什么力量激发了过量的强制性的进食行为？为什么一个人可以通宵达旦地工作？为什么政治家在监狱里可以绝食数日？因为在这些行为中，人的驱力不是减少，而是增加了。

考研考法突破

考法 1 驱力理论

该考点一般会以单选或简答形式出现，复习过程中需将驱力理论理解记忆。

例 2：（统考，2018）单选：动机的本能理论和驱动理论共同强调的是（　　）。

A. 环境因素　B. 社会因素　C. 生物因素　D. 认知因素

【解析】本能理论认为人的行为是由本能决定的，伍德沃斯提出的行为因果机制的驱力概念，以代替本能概念。

参考答案：C

考法 2 驱力的含义

此考法常见于选择和名词解释题中，考生要掌握驱力的含义，并能够跟诱因、动机和需要等概念相区分。

例 3：（南京大学，2014）单选：由生理需要引起的，推动个体进入恢复机体内部平衡的唤醒状态叫（　　）。

A. 驱力　　B. 诱因　　C. 情绪　　D. 兴趣

【解析】本题考查驱力和诱因的区别。驱力是指个体由生理需要所引起的一种紧张状态，它能激发或驱动个体行为以满足需要，消除紧张，从而恢复机体的平衡状态。诱因指能满足个体需要的刺激物，它具有激发或诱使个体朝向目标的作用。

参考答案：A

例 4：（河南大学，2002）名词解释：驱力

【解析】本题考查驱力的含义。

参考答案：驱力是由伍德沃斯提出的，驱力是指个体由生理需要所引起的一种紧张状态，它能激发或驱动个体行为以满足需要，消除紧张，从而恢复机体的平衡状态。

考研考法实战 答案见 D41 页

1.（西南大学，2017）单选：动机的内驱力降低理论的提出者是（　　）。

A. 赫尔　　B. 麦独孤　　C. 柏林　　D. 德西

考点 3　唤醒理论

考研基础必备

赫布和柏林等人提出了唤醒理论。

这一理论认为，人们总是被唤醒，并维持着生理激活的一种最佳水平，不是太高，也不是太低。对唤醒水平的偏好是决定个体行为的一个因素。一般来讲，个体偏好中等强度的刺激水平，因为它能引起最佳的唤醒水平，而对于过低或过高的刺激，个体是不喜欢的。

唤醒理论提出了三个原理：

第一个原理是人们偏好最佳的唤醒水平。第二个原理是简化原理，即重复进行刺激能使唤醒水平降低。第三个原理是个人经验对于偏好的影响。研究表明，富有经验的个体偏好于复杂的刺激。经验也能够帮助个体更好地组织刺激。

考点 4　诱因理论

考研基础必备

诱因指能满足个体需要的刺激物，它具有激发或诱使个体朝向目标的作用。诱因可以是物质的也可以是复杂的时间和情境。

赫尔接受了诱因这一变量，把它作为行为的决定因素之一。在驱力减少理论公式里面加入诱因（K）这个变量，公式变为 $P=D\times H\times K$

诱因与驱力是分开的，诱因是由外在目标激发的，只有当它变成个体内在的需要时，才能推动个体的行为，并具有持久的推动力。

考研考法突破

考法 1　考查诱因理论

该考点一般会以单选形式出现。复习过程中需将诱因理论理解记忆，并能跟其他理论相区分。

例 5：（北京师范大学，2016）单选："漂亮的时装会引起人的购买欲，挑战性的任务会激发人的成就需要"。这是哪种动机观？（　　）

A. 本能理论　B. 驱力理论　C. 唤醒理论　D. 诱因理论

【解析】诱因指能满足个体需要的刺激物，它具有激发或诱使个体朝向目标的作用。例如，诱人的美食激发人的进食欲望；漂亮的时装引起人的购买欲；挑战性的任务激发人的成就需要。诱因可以是物质的，如食物、时装等；也可以是复杂的事件和情境，如获得名誉、地位等。

参考答案：D

考法 2　考查诱因的含义

此考法常见于选择题当中，考生要能够掌握诱因的含义，并能够理解跟动机和需要等概念之间的关系。

例 6：（南京师范大学，2014）单选：具有激发或诱使个体朝向目标的作用的刺激物称为（　　）。

A. 诱因　　B. 动机　　C. 需要　　D. 态度

【解析】本题考查诱因、动机和需要之间的关系。

（1）动机是由一种目标或对象所引导、激发和维持个体活动的内在心理过程或内部动力。动机是人的行为的内在动力，构成人类大部分行为的基础。（2）引发动机的内在条件是需要，需要是有机体内部的一种不平衡状态，它表现为有机体对内部环境或外部生活条件的一种稳定的要求，并成为有机体活动的源泉。这种不平衡状态包括生理的和心理的不平衡。动机是在需要的基础上产生的。（3）引起动机的外在条件是能够满足需要的事物，它们经常诱发动机，所以被称为诱因。诱因指能满足个体需要的刺激物，它具有激发或诱使个体朝向目标的作用。当个体的需要在强度上达到一定程度并有诱因存在时，就产生了动机。

参考答案：A

考研考法实战 答案见 D41 页

1.（统考，2007）单选：引发动机的外在条件是（　　）。

A. 诱因　　B. 需要　　C. 兴趣　　D. 信念

2.（福建师范大学，2020）单选：强调外在环境在引发行为中的作用的动机理论是（　　）。

A. 本能理论　B. 驱力理论　C. 唤醒理论　D. 诱因理论

3.（北京师范大学，1997）简答：动机与诱因的关系。

考点 5　动机的认知理论

考研基础必备

现代认知理论认为，个体对来自外界的信息经过编码、存储、提取和输出等加工过程，在头脑中形成了各种不同的观念。这些观念在刺激和行为间起中介作用，它们既能

引起行为，又能改变行为。在这个意义上，认知具有动机的功能。

1. 期待价值理论

动机的期待价值理论是早期的一种动机认知理论，这种理论将达到目标的期待作为行为的决定因素。

新行为主义者托尔曼在动物实验的基础上提出，行为的产生不是由于强化，而是由于个体对一个目标的期待。托尔曼将期待定义为刺激与刺激的联系（S1–S2）或反应和刺激的联系（S1–R–S2）。期待是重要的，它能帮助个体获得目标。

2. 动机的归因理论

1）海德

① 20 世纪 60 年代，心理学家用因果关系推论的方法，从人们行为的结果寻求行为的内在动力因素，称之为归因。

海德是归因理论的开拓者，假设人类有两种强烈的需要：第一种是理解周围世界的需要，第二种是控制周围环境的需要。人们几乎每时每刻都在有意无意地进行着归因活动。

②海德指出，当人们在工作和学习中体验到成功或失败时，会寻找成功或失败的原因。一般来说，人会把行为的原因归结为内部原因和外部原因两种。内部原因是指存在于个体本身的因素，如能力、努力、兴趣、态度等。外部原因是指环境因素，如任务难度、外部的奖励与惩罚、运气等。

2）韦纳

①韦纳的动机归因理论，证明了成功和失败的因果归因是成就活动过程的中心要素。韦纳也把成就行为的归因划分为内部原因和外部原因，同时把“稳定性”作为一个新的维度，把行为原因分为稳定的和不稳定的，如能力、任务难度是稳定的，而努力和运气是不稳定的。之后韦纳又增加了一个可控性维度，即该原因是否能够为个人所掌控，形成了归因的三维模型。

②韦纳提出，如果现在的结果和过去的结果不同，人们一般归因于不稳定的因素，如努力和运气等；如果现在的结果与过去的结果一致，人们一般归因于稳定的因素，如任务难度和能力等。这种归因会使人们对下一次的行为结果产生预期。

③韦纳发现，归因会使人出现情绪反应。如果把成就行为归结为内部原因，在成功时会感到满意和自豪，在失败时会感到内疚和羞愧。但是，如果把成就行为归结为外部原因，不论成功还是失败，都不会产生太突然的情绪反应。

3. 自我决定理论

自我决定理论是由美国心理学家德西提出的。这种理论强调自我在动机过程中的能动作用，认为自我决定是一种关于经验选择的人类机能品质，它组成内在的动机。自我决定是人的一种选择能力。自我决定是在充分认识个人需要和环境信息的基础上，个体对行动所做出的自由的选择。

自我决定论的基本观点：

自我决定不仅是个体的一种能力，而且也是个体的一种需要。

自我决定理论将人类行为区分为两大类：自我决定行为和非自我决定行为。自我决定行为基于对人的需要的认识，其特点是设计和选择行为。这种行为在于满足人的需要。

非自我决定行为没有真正的选择。它受外在刺激的控制，因而是无动机的。

4. 自我功效论

班杜拉的自我功效论是另一种动机的认知理论。

他认为，人对行为的决策是主动的，人的认知变量如期待、注意和评价等在行为决策中起着重要的作用。其中期待是决定行为的先行因素，强化的效果存在于期待奖赏或惩罚之中，是一种期待强化。

班杜拉把期待分为结果期待和效果期待两种。

①结果期待是指个体对自己行为结果的估计或强化。

②效果期待是指个体对自己是否有能力来完成某一行为的推测和判断，这种推测和判断就是个体的自我效能感。班杜拉认为自我效能感的高低，直接决定个体进行某种活动时的动机水平。班杜拉强调自我效能感是成就活动的一个重要维度。

③班杜拉等人研究指出，自我效能感对行为活动具有五方面作用。

第一，决定人对活动的选择。

第二，影响对活动的坚持性。

第三，影响人在困难面前的态度。

第四，影响新行为的获得和习得行为的表现。

第五，影响活动时的情绪。

④个体自我效能的形成有四个来源：个体自身行为的成败经验、替代性经验、言语劝说、情绪唤醒。

5. 成就目标理论

20 世纪 80 年代，尼科尔斯和德韦克等人将成就目标概念引入成就动机领域。平崔克认为成就目标是一种有组织的信念系统，反映了个体对成就任务的一种普遍取向，与目的、胜任、成功、能力、努力、错误和成就标准有关。成就目标是个体对自己所从事的成就活动的目的和意义的知觉。

成就目标理论把成就目标分为两种类型：一种是掌握目标，个体的目标定位在掌握知识和提高能力上，认为达到了上述目标就是成功。个体对自己的评价往往依据任务标准和自我标准。另一种是成绩目标，个体的目标定位在好名次和好成绩上，认为只有赢了才算成功。

研究发现，不同的成就目标对应着不同的动机和行为模式。具有掌握目标的个体，往往会采取主动、积极的行为，如选择适当的具有挑战性的任务，并使用深层的加工策略等；而具有成绩目标的个体，往往有较高的焦虑水平，有时不敢接受挑战性的任务，遇到困难有时容易退缩。

考研考法突破

考法 1　考查期待价值理论

该考法常见于选择和简答题当中，考生要理解期待价值理论的观点。

例 7：（统考，2015）单选：托尔曼有关动机的观点是（　　）。

A. 对达到目标的期待是个体行为的决定因素

B. 本能是人类一切思想和行为的动力

C. 自我效能感决定个体的动机水平

D. 诱因和驱力共同决定个体行为

【解析】托尔曼的观点是期待价值理论，是动机认知理论中的一种，该理论将达到目标的期待作为行为的决定因素。选项 B 是动机理论中的本能理论的观点，代表人物有詹姆斯、麦独孤等。选项 C 是自我效能感理论的观点，提出者是班杜拉。选项 D 是诱因理论的观点，赫尔先提出驱力理论后又提出诱因理论，认为诱因是个体行为的一种能源，它促使个体去追求目标，但是诱因和驱力是分不开的，诱因是个体外在目标所激发的，只有当它变成个体内在的需要时，才能推动个体的行为，并具有持久的推动力。因此本题选 A。

参考答案：A

考法 2　考查归因理论

此考法考试形式灵活，既可以以选择题考查考生对于归因每个维度的理解，要求考生判断属于归因的哪个维度，又可以以简答形式要求考生完整论述归因理论的内容，同时还可以结合生活实际，要求考生利用归因理论分析归因方式。

例8：（华东师范大学，2011）单选：在归因过程中，我们通常认为机遇是（　　）。

A. 内在的稳定的因素　　B. 外在的稳定的因素

C. 内在的不稳定的因素　　D. 外在的不稳定的因素

【解析】该题考查归因理论。维纳将归因的维度分为控制点（内、外控）、稳定性（稳定、不稳定）、可控性（可控、不可控），其中机遇是外在的不稳定的因素。

参考答案：D

例9：（深圳大学，2020）名词解释：外部归因。

【解析】本题考查归因理论中的外部归因。

参考答案：外部归因是归因理论中的一种类型，与内部归因相对应。这种推论方式认为，个体之所以出现某种行为，其原因与其所处的情境有关，并假设大多数人在同样情境下也会做出同样的反应。

例如，当看到一位父亲对其孩子破口大骂时，我们可以认为，这位父亲之所以破口大骂，是因为他看到孩子过马路时没有注意来往的车辆，十分危险，这是外部归因。用外部归因，我们对这位父亲会有一定的同情和理解。

例10：（统考，2017）简答：试用维纳（B. Weiner）归因理论分析能力和运气的归因属性

【解析】本题考查维纳的归因理论。

参考答案：（1）维纳把归因的维度划分为内部归因和外部归因、稳定性归因和不稳定归因、可控制归因和不可控归因等三个维度。

（2）归因的内外维度影响个体对成败的情绪体验稳定性维度影响个体对未来成败的预期，可控性维度影响个体今后努力学习的行为。

（3）能力是稳定内在且不可控制的属性，运气是不稳定、外在且不可控的属性。

考法3　考查自我决定理论

该考法常见于选择和简答当中，考生要能够理解自我决定理论的内涵，并能结合生活实际进行分析。

例11：（统考，2015）多选：根据自我决定理论，下列学习行为受外部动机支配的有（　　）。

A. 打破砂锅问到底　　B. 为中华繁荣富强而读书

C. 亲其师而信其道　　D. 为避免父母惩罚而读书

【解析】本题旨在考查考生对学习动机理论的理解和掌握。根据动机的动力来源可以将动机分为外部动机和内部动机。外部动机是指由学习结果或学习活动以外的因素作为学习的目标而引发的推动学生学习的动力。内部动机是指由学习活动本身作为学习目标而引发的推动学生学习的动力。本题中，选项A打破砂锅问到底说明学习者将学习目标锁定在要解决的问题上，涉及的学习动机是内部动机。选项B为中华繁荣富强而读书，学习目标指向学习内容之外——国家的繁荣富强，涉及的动机是外部动机。选项C亲其师而信其道，学习者学习的动力不在学习内容——道，而在于老师，因此涉及的动机是外部学习动机。选项D为避免父母惩罚而读书，其学习动机也不在学习内容本身。涉及的动机属于外部动机。因此本题选BCD。

参考答案：BCD

例12：（华南师范大学，2020）简答：简述动机自我决定理论的主要观点。

【解析】：本题考查自我决定理论的内容。

参考答案：（1）自我决定理论是由美国心理学家德西提出的。这种理论强调自我在动机过程中的能动作用，认为自我决定是一种关于经验选择的人类机能品质，它组成内在的动机。自我决定是人的一种选择能力。自我决定是在充分认识个人需要和环境信息的基础上，个体对行动所做出的自由的选择。

（2）自我决定论的基本观点：

自我决定不仅是个体的一种能力，而且也是个体的一种需要。

自我决定理论将人类行为区分为两大类：自我决定行为和非自我决定行为。自我决定行为基于对人的需要的认识，其特点是设计和选择行为。这种行为在于满足人的需要。

非自我决定行为没有真正的选择。它受外在刺激的控制，因而是无动机的。

考法4　考查成就目标理论

该考法常见于选择和简答当中，考生需要掌握成就目标理论的观点。

例13：（福建师范大学，2019）单选：成就目标理论把成就目标分为（　　）。

A. 掌握目标和成绩目标

B. 任务目标、自我目标和他人目标

C. 最高目标和最低目标

D. 现有目标和发展目标

【解析】本题考查成就目标理论对于成就目标的分类。成就目标理论把成就目标分为两种类型，一种是掌握目标，个体的目标定位在掌握知识和提高能力上，认为达到了上述目标就是成功。另一种是成绩目标，个体的目标定位在好名次和好成绩上，认为只有赢了才算成功。

参考答案：A

例14：多选：根据成就目标理论，评价“成功”的标准有（　　）。

A. 任务标准　B. 价值标准　C. 自我标准　D. 他人标准

【解析】本题考查考生对成就目标理论的了解和掌握。20世纪80年代，尼克尔斯和德韦克提出成就目标理论。该理论建构了评价“成功”的标准和原则，主要有3个：①任务标准：主要看个体是否达到了活动的要求。②自我标准：主要看个体现在是否比自己以前做得好。③他人标准：主要看个体是否比群体中的其他人做得好。因此本题选ACD。

参考答案：ACD

例15：（南京大学，2020）名词解释：成就目标。

【解析】本题考查成就目标的含义。

参考答案：尼科尔斯和德韦克等人将成就目标概念引入成就动机领域。平崔克认为成就目标是一种有组织的信念系统，反映了个体对成就任务的一种普遍取向，与目的、胜任、成功、能力、努力、错误和成就标准有关。成就目标是个体对自己所从事的成就活动的目的和意义的知觉。

考研考法实战

答案见D41页

1.（统考，2020）单选：根据维纳（B. Weiner）的归因理论，能力的归因属性是（　　）

A. 内部、稳定、可控　　B. 外部、不稳定、可控

C. 内部、稳定、不可控　　D. 外部、不稳定、不可控

2.（南开大学，2017）名词解释：归因。

3.（中央财经大学，2016）简答：简述凯利（H. H. Kelley）的三维归因理论。

4.（广州大学，2022）简答：成就目标理论。

考点 6 逆转理论

考研基础必备

阿普特尔与他的同事提出了一个新的动机理论。认为人们的心理需要是对立的，概括起来有四对相反的元状态，即目的—超越目的、顺从—逆反、控制—同情、自我中心—他人取向，进而有不同的动机模式。每种动机状态都是按相反方向对应排列的。在当前任务中，每对动机的两种状态中只有一种能被激活。

逆转理论试图解释人类的动机状态是如何从一端向另一端转化的。

综合问题 各种动机理论

综合考法 1 综合考查动机理论

例 16：（南京师范大学，2015）简答：请简要总结动机理论。

【解析】解答此类题按题干要求分点有逻辑地回答即可。

参考答案：（1）本能论：

该理论的代表人物有詹姆斯、麦独孤、洛伦茨和弗洛伊德，其中，麦独孤是本能论最著名的鼓吹者。该理论认为人的行为是由本能决定的。

（2）驱力理论：

该理论的代表人物有伍德沃斯和赫尔。伍德沃斯提出了行为因果机制的驱力概念，以代替本能概念。赫尔提出了驱力减少理论。赫尔认为，驱力（D）、习惯强度（H）共同决定了个体的有效行为潜能（P），它们的相互关系可以表示为：P=D×H。

（3）唤醒理论：

人类的活动常常不是为了减少驱力，而是要增加驱力。针对人类的这种行为，赫布和柏林等人提出了唤醒理论。这一理论认为，人们总是被唤醒，并维持着生理激活的一种最佳水平，不是太高，也不是太低。对唤醒水平的偏好是决定个体行为的一个因素。

（4）诱因理论：

诱因指能满足个体需要的刺激物，它具有激发或诱使个体朝向目标的作用。诱因有积极和消极之分，有吸引力的刺激物称为积极诱因；个体回避的刺激物称为消极诱因。赫尔在驱力理论的基础上，接受了诱因这一变量，把它作为行为的决定因素之一，他修改了自己的公式，在其中增加了诱因动机（K）：P=D×H×K。

（5）动机的认知理论：

个体对来自外界信息的加工，在头脑里形成了各种观念，这些观念在刺激和行为间起着中介的作用，它能引起行为，也能改变行为，因而，认知具有动机的功能。动机的认知理论有期待价值理论、动机的归因理论、自我决定理论、自我功效论和成就目标理论。

（6）逆转理论：

阿普特尔等人提出逆转理论，他们认为人们的心理需要是对立的，概括起来有四对相反的元状态。每对动机状态都是按相反方向对应排列的，在当前任务中每对动机的两种状态中只有一种能被激活。

考研考法实战 答案见 D42 页

1.（天津师范大学，2015）论述：试阐述动机的本能理论、驱力理论、唤醒理论和诱因理论的基本观点。

2.（天津大学，2021；中央财经大学，2022）简答：简述动机的认知理论的主要观点。

第三节 需要

研究真题，明确考况

考试要求	统考		自主命题	
	考题	考查点	考题	考查点
1. 需要的含义	无	无	南京师范大学，2014	单选：需要的含义
			西南大学，2014	多选：需要的内涵
2. 需要的种类	2007	单选：需要种类	南京大学，2014	单选：需要的种类
			湖南师范大学，2015	名词解释：需要种类
3. 需要层次理论	2007 2008 2012 2013 2015	单选：需要层次理论	湖南师范大学，2013 华东师范大学，2014 华南师范大学，2016 华中师范大学，2011/2013/2014 深圳大学，2022	单选／名词解释：需要层次理论
	2009	论述：需要层次理论	北京大学，2018 华东师范大学，2013	论述：需要层次理论

考点 1　需要的含义

考研基础必备

需要是有机体内部的一种不平衡状态，它表现为有机体对内部环境或外部生活条件的一种稳定的要求，并成为有机体活动的源泉。这种不平衡状态包括生理的和心理的不平衡。

需要是由个体对某种客观事物的要求引起的，这种要求可能来自有机体的内部，也可能来自个体所处的环境。需要总是指向能满足某种需要的客体或事件，即追求某种客体，并从客体中得到满足。没有客体、没有对象、不指向任何事物的需要是不存在的。

需要是个体活动的基本动力，是个体行为动力的重要源泉。人的各种活动或行为，都是在需要的推动下进行的。

考研考法突破

考法 1　考查需要的含义

此考点经常以选择及名词解释出现，考生需要理解掌握需要的含义。

例 1：（南京师范大学，2014）单选：由于缺乏状态而导致的自动平衡倾向叫作（　　）。

A. 需要　B. 兴趣　C. 动机　D. 价值观

【解析】：需要是有机体内部的一种不平衡状态，表现为有机体对内部环境或外部生活条件的一种稳定的要求，并成为有机体活动的源泉。

参考答案：A

例 2：（河南大学，2011）名词解释：需要。

【解析】本题考查需要的含义。

参考答案：需要是有机体内部的一种不平衡状态，它表现为有机体对内部环境或外部生活条件的一种稳定的要求，并成为有机体活动的源泉。这种不平衡状态包括生理的和心理的不平衡。

考研考法实战

答案见 D42 页

1.（西南大学，2014）多选：需要（　　）。

A. 是对有机体内部不平衡状态的反映

B. 表现为有机体对内外环境条件的欲求

C. 是人对客观外界事物的态度的体验

D. 是顺利有效地完成某种活动必须具备的心理条件

2.（福建师范大学，2020）单选："人为财死，鸟为食亡"这句话反映了人的需要具有（　　）。

A. 整体性　B. 选择性　C. 层次性　D. 动力性

考点 2　需要的种类

考研基础必备

人的需要是多种多样的，按起源可分为自然需要和社会需要，按指向的对象可分为物质需要和精神需要。

1. 自然需要和社会需要

①自然需要也称生物学需要，它包括饮食、运动、休息、睡眠、排泄、配偶、嗣后等需要。由机体内部某些生理的不平衡状态引起，对有机体维持生命、延续后代有重要意义。

②社会需要是人类特有的需要，如劳动的需要、交往的需要、成就的需要、社会赞许的需要、求知的需要等。这些需要反映了人类社会的要求，对维系人类社会生活、推动社会进步有重要作用。

2. 物质需要与精神需要

①物质需要指向社会的物质产品，并以占有这些产品而获得满足。

②精神需要指向社会的各种精神产品，这些需要是通过占有某些精神产品而得到满足。

考点 3　需要的层次理论

考研基础必备

1. 需要的层次理论

马斯洛认为，人的需要是由以下五个等级构成的，由低到高依次为：

生理的需要：人对食物、水分、空气、睡眠、性等的需要。它们是最重要也是最有力量的需要，必须首先给予满足。

安全的需要：人们对稳定、安全、受保护、有秩序、能免除恐惧和焦虑等的需求。婴幼儿由于无力应付环境中的不安全因素，他们的安全需要显得尤其强烈。

归属和爱的需要：个体感到缺乏朋友、爱人、子女，渴望与人建立一种充满感情的关系，渴望在其群体和家庭中拥有地位的需要。

尊重的需要：包括自尊和希望受到别人尊重。自尊需要的满足会使人相信自己的力量和价值，使他们在生活中变得更有能力，更有创造力。

自我实现的需要：人们追求实现自己的能力或潜能，并使之完善化。后来马斯洛又把自我实现的需要细分为认知需要、审美需要和自我实现的需要。

认知需要包括求知、理解、探索和好奇，是人具有的学习和发展的愿望以及探索新异事物与未知事物的愿望。

审美需要表现为人们追求对称、秩序、和谐、完善的事物。

2. 五个层次间的关系：

①人的需要是与生俱来的。需要是相互联系，彼此影响的，只有在低级需要基本得到满足之后，较高层次的需要才会产生。

②在某一特定的时间和条件下往往有多种需要，但有一种占优势，它决定人们的行为，婴儿期生理需要占优势，青少年期尊重需要开始占优势，青年中期、晚期自我实现的需要占优势。

③一种需要得到满足后，其作用就逐渐减弱，另一种需要就上升为优势需要，成为行为的新动力。

④新的需要的产生经历了一个从无到有、从弱到强、逐步演进的波浪式前进的过程。

3. 马斯洛的需要层次理论的优缺点

马斯洛的需要层次理论有其积极的一面，也有不足之处。

优点：①他指出人的需要是由低级到高级发展起来的，这在一定程度上符合人类发展的一般规律；②人只有在低级需要得到一定满足才可产生高一级的需要，可以解释一些社会现象；③需要层次理论对于调动人的积极性，更好地激励人努力工作有着重要的现实意义。

不足：①需要层次理论强调需要是天生的，模糊了人类生物需要和社会需要的差别；②强调没有低级需要就不会产生高级需要，却未认识到高级需要对低级需要的调节作用。

考研考法突破

考法 1　考查需要层次理论每种需要的含义

此考法常见于选择题和名词解释题中，考生要理解并掌握每种需要所代表的含义。

例 3：（统考，2008）单选："音乐家必须去创造音乐，画家必须作画，诗人必须写诗……一个人要成为他能够成为的那个人，就必须真实地面对自己。"根据马斯洛的观点，这段话体现了人具有（　　）。

A. 归属与爱的需要　　B. 尊重的需要

C. 自我实现的需要　　D. 安全的需要

【解析】马斯洛认为，人的需要是由以下五个等级构成的，由低到高依次为：生理的需要、安全的需要、归属和爱的需要、尊重的需要、自我实现的需要。自我实现的需要是指人们追求实现自己的能力或潜能，并使之完善化。

参考答案：C

例 4：（河南大学，2018）名词解释：自我实现需要。

【解析】本题考查自我实现需要的含义。

参考答案：马斯洛认为，人的需要是由以下五个等级构成的：生理的需要、安全的需要、归属和爱的需要、尊重的需要、自我实现的需要。自我实现需要是指人们追求实现自己的能力或潜能，并使之完善化。后来马斯洛又把自我实现的需要细分为认知需要、审美需要和自我实现的需要。

考法 2　考查需要层次理论每种需要之间的关系

该考法以选择或简答形式出现，考生需要理解各种需要之间的关系。

例 5：（统考，2007）单选："仓廪实而知礼节，衣食足而知荣辱。"这句话反映了人的需要具有（　　）。

A. 整体性　B. 选择性　C. 层次性　D. 动力性

【解析】马斯洛认为人的需要是由五个等级构成的，人的需要是与生俱来的。需要是相互联系，彼此影响的，只有在低级需要基本得到满足之后，较高层次的需要才会产生。

参考答案：C

例 6：（江西师范大学，2016）单选："忙碌为充肚子饥，刚得饭饱又思衣。恰得衣食两样足，家中缺少美貌妻。"上述观点反映的是（　　）。

A. 自我实现的需要

B. 审美的需要

C. 低一层需要基本满足后，会降低对人的影响，使人去追求高一层的需要

D. 人既有基本的社会性需要又有高级的社会性需要

【解析】本题考查马斯洛需要层次理论需要之间的关系。马斯洛的需要层次理论认为，只有在低级需要基本得到满足之后，较高层次的需要才会产生。一种需要得到满足后，其作用就逐渐减弱，另一种需要就上升为优势需要，成为行为的新动力。

参考答案：C

考法 3　综合考查需要层次理论的内容及评价

该考法常见于简答和论述当中，考生需要联系生活实际理解掌握需要层次理论，并对其进行优缺点的评价。

例 7：（北京大学，2018；广州大学，2021）论述：举例说明和评述需要层次理论。

【解析】本题考查马斯洛需要层次理论。

参考答案：需要是有机体内的一种不平衡状态，它表现为有机体对内部环境或外部生活条件的一种稳定的要求，并成为有机体活动的源泉。

（1）需要层次理论：是由马斯洛提出的，主要内容如下：

①人的需求由以下五个等级构成：生理的需要、安全的需要、归属和爱的需要、尊重的需要、自我实现的需要。比如饿、渴是生理的基本需求；成人之后会寻找伴侣是爱的需求；入职一个公司并希望晋升，或者成家立业是归属需求和自我实现的需求；希望和别人保持良好的人际关系是尊重的需求等等。

②这五种需要都是人的最基本的需要。这些需要都是天生的、与生俱来的。

③需要的层次越低，它的力量和潜力越大，随需要层次的上升，需要的力量相应减弱。

比如我们身体疲惫的时候没办法为了谨慎而通宵工作，必须先得到充足的休息。

④在高级需要出现之前，必须先满足低级需要，但只要部分满足即可。

（2）评价：

马斯洛的需要层次理论有其积极的一面，也有不足之处。

优点：①他指出人的需要是由低级到高级发展起来的，这在一定程度上符合人类发展的一般规律；②人只有在低级需要得到一定满足才可产生高一级的需要，可以解释一些社会现象；③需要层次理论对于调动人的积极性，更好地激励人努力工作有着重要的现实意义。

不足：①需要层次理论强调需要是天生的，模糊了人类生物需要和社会需要的差别；②强调没有低级需要就不会产生高级需要，却未认识到高级需要对低级需要的调节作用。

考研考法实战

答案见 D42 页

1.（统考，2012）单选：根据马斯洛的需要层次理论，人的需要从低级到高级的正确排序（　　）。

A. 生理、安全、尊重的需要、归属与爱、自我实现

B. 生理、安全、归属与爱、尊重、自我实现

C. 生理、归属与爱、安全、尊重、自我实现

D. 生理、归属与爱、尊重、安全、自我实现

2.（统考，2013）单选：按照马斯洛的观点，个体在感到未来不可预测、组织结构不稳定以及社会秩序受到威胁时，该个体所产生的主要需要是（　　）。

A. 生理需要　　B. 安全需要

C. 归属与爱的需要　　D. 尊重的需要

3.（福建师范大学，2019）单选：一个大学生花了500元去看画展。有人问他："花这么多钱值不值？"他说："值"。从动机理论来看，其行为宜用（　　）理论解释。

A. 高层次需求说　　B. 驱力说

C. 成就动机说　　D. 强化说

4.（江西师范大学，2014）单选：根据马斯洛的需要层次理论，以下哪类需要的层次最高？（　　）

A. 生理需要　　B. 安全需要

C. 归属和爱的需要　　D. 自我实现的需要

5.（北京师范大学，2021）单选：比安全需求更高的一级是（　　）。

A. 尊重的需要　　B. 自我实现的需要

C. 爱与归属的需要　　D. 生理需要

6.（华东师范大学，2013；北京林业大学，2020；广西师范大学，2021）简答：简述马斯洛的需要层次理论。

第四节 意志

研究真题，明确考况

考试要求	统考		自主命题	
	考题	考查点	考题	考查点
1. 意志的含义	2014	单选：意志过程	南京大学，2014 华东师范大学，2012	单选：意志含义
2. 意志行动中的动机冲突	2008	单选：意志行动中的动机冲突	华东师范大学，2014 四川师范大学，2013 陕西师范大学，2016 天津师范大学，2017	单选：意志行动中的动机冲突
3. 意志的品质	2009	单选：意志的品质	南京师范大学，2013 吉林大学，2012	单选：意志的品质

考点1 意志的概述

考研基础必备

1. 意志的含义

意志是有意识地支配、调节行为，通过克服困难，以实现预定目的的心理过程。

2. 意志的特征

1）目的性

意志行动是有目的的行动，自觉的目的性是人的意志行动的前提，这是人与动物间的本质区别。

2）坚韧性

这一特性是与克服困难相联系的，一个人遇到困难所采取的态度与克服困难的能力，是衡量人的意志力强弱的客观标准，克服困难是意志行动的核心。

3）随意性

有些动作是与生俱来的，是不由自主的无意识动作，称不随意运动。意志行动必然是随意运动，随意运动是意志行动的基础。

3. 意志行动过程

意志通过行动表现出来，意志行动可分为两个阶段。

采取决定阶段：该阶段要在思想上权衡行动的动机（动机冲突阶段，决定要干什么）、确定目的（抓主要抓重点，决定先从哪方面入手）、选择方法（方法是否高效？是否符合道德标准？）并做出行动的决定。

执行决定阶段：该阶段要执行意志准备阶段所做出的决定。人们需要反复修订自己的行动方案，审定自己的行动目标，检查自己的方法和手段，使之与目标的实现更接近，是一个不断克服困难的过程，也是一个不断接受成败考验的过程。执行决定阶段是意志行动的关键阶段。

考研考法突破

考法1 考查意志的含义

此考法常见于选择和名词解释当中，考生需要理解掌握意志的含义

例1：（华东师范大学，2012）单选：一个人自觉地确定目的，并根据目的来支配、调节自己的行动，克服各种困难，从而实现目的的心理过程是（　　）。

A. 情绪　　B. 意志　　C. 思维　　D. 知觉

【解析】本题考查意志的含义。意志是有意识地支配、调节行为，通过克服困难，以实现预定目的的心理过程。

参考答案：B

考法2 考查意志的特征

此考点多以选择题和简答的形式出现，在复习过程中，将意志的特征理解记忆即可。

例2：（统考，2014）单选：下列选项中，不属于意志行动特征的是（　　）。

A. 预定目的　B. 克服困难　C. 随意运动　D. 习惯活动

【解析】意志的特征有：

（1）目的性：意志行动是有目的的行动，自觉的目的性是人的意志行动的前提，这是人与动物间的本质区别。

（2）坚韧性：这一特性是与克服困难相联系的，一个人遇到困难所采取的态度与克服困难的能力，是衡量人的意志力强弱的客观标准，克服困难是意志行动的核心。（3）随意性：有些动作是与生俱来的，是不由自主的无意识动作，称不随意运动。意志行动必然是随意运动，随意运动是意志行动的基础。

参考答案：D

例 3：（南开大学，2014）简答：意志行为的基本特征有哪些？

【解析】本题考查意志行动的特征。

参考答案：意志行为的基本特征有：

（1）目的性：意志行动是有目的的行动，自觉的目的性是人的意志行动的前提，这是人与动物间的本质区别。

（2）坚韧性：这一特性是与克服困难相联系的，一个人遇到困难所采取的态度与克服困难的能力，是衡量人的意志力强弱的客观标准，克服困难是意志行动的核心。

（3）随意性：有些动作是与生俱来的，是不由自主的无意识动作，称不随意运动。意志行动必然是随意运动，随意运动是意志行动的基础。

考研考法实战 答案见 D43 页

1.（南京大学，2014）单选：意志行为准备阶段的主要任务是（　　）。

A. 在思想上确立行动目的，选择行动的方案

B. 克服那些妨碍达到既定目标的动机和行为

C. 不断审视行动计划

D. 坚定地执行既定的计划

2.（西南大学，2015）单选：意志的特征不包括（　　）。

A. 目的性　B. 随意运动　C. 克服困难　D. 盲目性

考点 2　意志行动中的冲突

考研基础必备

由于在意志行动中人们常常具有两个以上的目标，而这些目标不可能同时实现，因而促使了意志行动中的目标冲突或动机斗争。

1. 动机冲突的种类

1）双趋冲突

当两种或两种以上目标同时吸引着人们，但只能选择其中一种目标时产生的冲突，如鱼和熊掌二者不可兼得，二舍其一。

2）双避冲突

当两种或两种以上的目标都是人们力图回避的事物，而他们又只能回避其中一种目标时，就产生冲突，如不做作业就要挨骂。

3）趋避矛盾

对一种目标同时兼具好恶两种情感，如追求一个女生想表达自己的爱慕之情又害怕被拒绝。

4）多重趋避冲突

一个人面对两个及两个以上的目标，且每一个目标又分别具有两方面不同的情感，如想参加六级考试，又害怕失败，想加入社团又害怕耽误太多学习时间。

2. 冲突的结构模型

为了说明不同冲突的性质和作用，德国心理学家勒温提出了描述冲突的结构模型。这些模型包含了四个重要的概念：

①效价：物体或活动的积极特性或消极特性。

②向量：向量驱使个体朝向或离开有效价的物体。

③运动：当情境中出现单一的驱力（接近的或回避的）时，个体所采取的行动方式。

④生活空间或场：每次冲突发生的疆界。在回避－回避型冲突中，疆界有重要意义。如果没有它的限制，个体就可能完全回避整个的情境，即离开生活空间，而没有任何反应。

考研考法突破

考法 1　考查意志行动中的动机冲突

此考点可以以多种形式出现，在选择题中会考查对各种动机冲突的含义的理解，在简答题中考查动机冲突的类型在复习过程中，需将各个概念对比记忆。

例 4：（华东师范大学，2014）单选：一个学生既想参加演讲比赛，锻炼自己，又害怕讲不好受人讥笑，这时他面临的冲突情境属于（　　）。

A. 双趋冲突　　　　B. 双避冲突

C. 趋避冲突　　　　D. 多重趋避冲突

【解析】既想参加比赛又害怕被别人讥笑是属于同一个物体既有利又有害，属于趋避冲突。趋避冲突是指同一物体对人们既有吸引力，又有排斥力。

参考答案：C

例 5：（河南大学，2013）名词解释：回避－回避型冲突

【解析】本题考查双避冲突的含义。

参考答案：回避－回避型冲突又叫双避冲突，是指当两种或两种以上的目标都是人们力图回避的事物，而他们又只能回避其中一种目标时，就产生冲突，如不做作业就要挨骂。

例 6：（南开大学，2013）简答：用生活事例分析说明动机冲突的几种形式。

【解析】本题考查动机冲突的几种形式，考生需举例说明。

参考答案：动机冲突分为以下几种类型：

（1）双趋冲突：当两种或两种以上目标同时吸引着人们，但只能选择其中一种目标时产生的冲突，如鱼和熊掌二者不可兼得，二舍其一。

（2）双避冲突：当两种或两种以上的目标都是人们力图回避的事物，而他们又只能回避其中一种目标时，就产生冲突，如不做作业就要挨骂。

（3）趋避矛盾：对一种目标同时兼具好恶两种情感，如追求一个女生想表达自己的爱慕之情又害怕被拒绝。

（4）多重趋避冲突：一个人面对两个及两个以上的目标，且每一个目标又分别具有两方面不同的情感，如想参加六级考试，又害怕失败，想加入社团又害怕耽误太多学习时间。

考法 2　考查冲突结构模型

此考法考查频率相对较低，常见于选择和简答题当中，

考生掌握冲突结构模型的四个概念即可。

例 7：（广州大学，2015/2016）简答：什么是冲突？说明冲突结构模型的四个概念。

【解析】本题考查冲突的含义及冲突结构模型。

参考答案：（1）冲突是指由于在意志行动中人们常常具有两个以上的目标，而这些目标不可能同时实现，因而促使了意志行动中的目标冲突或动机斗争。

（2）为了说明不同冲突的性质和作用，德国心理学家勒温提出了描述冲突的结构模型。这些模型包含了四个重要的概念：

①效价：物体或活动的积极特性或消极特性。

②向量：向量驱使个体朝向或离开有效价的物体。

③运动：当情境中出现单一的驱力（接近的或回避的）时，个体所采取的行动方式。

④生活空间或场：每次冲突发生的疆界。在回避－回避型冲突中，疆界有重要意义。如果没有它的限制，个体就可能完全回避整个的情境，即离开生活空间，而没有任何反应。

考研考法实战 答案见 D43 页

1.（四川师范大学，2013）单选：有个别学生不喜欢念书，但又怕父母责备和老师批评，这种心理冲突是（　　）。

A. 双趋冲突　　B. 双避冲突
C. 趋避冲突　　D. 多重趋避冲突

2.（天津师范大学，2017）单选：小明既想参加演讲比赛，又害怕讲不好受同学讥笑，此时他面临的冲突情境是（　　）。

A. 双趋冲突　　B. 双避冲突
C. 趋避冲突　　D. 多重趋避冲突

3.（广州大学，2017）单选："患病既不想吃苦药，又不想打针"是（　　）。

A. 双趋式冲突　　B. 双避式冲突
C. 趋避式冲突　　D. 多重趋避冲突

4.（广州大学，2015）单选：看到一条招工广告，工作地点离家较近，但不利的条件是需要周末上班，这时的心理冲突属于（　　）。

A. 双趋式冲突　　B. 双避式冲突
C. 趋避式冲突　　D. 多重趋避性的冲突

5.（苏州大学，2015）简答：意志行动中的冲突及其类型。

6.（陕西师范大学，2016）案例分析题：某职员，面临公司给出的三个选择，比较纠结，陷入混乱中。

（1）该职员的冲突类型是什么？

（2）如何解决这一冲突？

（3）除了他面临的这一冲突外，还有什么类型的冲突？

考点 3　意志的品质

考研基础必备

意志品质是由个体意志行为特点构成的稳定的心理特性的总和。

1. 独立性（自觉性）

人不屈服于周围人的压力，不随波逐流，能根据自己的认识与信念，独立采取决定执行决定。其反面独断性（乱独立），表现为置他人的意见于不顾，不考虑具体情况一意孤行，不是独立性的表现。独立性的反面还有受暗示性（不独立）。

2. 坚定性（顽强性）

表现为长时间地相信自己决定的合理性，并坚持不懈地克服困难，为执行决定而努力。其反面是动摇性（不坚定），即遇到困难就怀疑预定目的，不加分析便放弃对目标的追求。坚定性的反面还有顽固性（执拗），以行动的盲目性为特征，他们不能根据变化了的形势灵活地采取对策，也不能放弃那些明显已经不合理的决定。

3. 果断性

果断性表现为能及时采取有充分根据的决定，并在深思熟虑的基础上去实现它们。与优柔寡断和草率决定相反。而草率决定是指对事情缺乏深思熟虑，不顾后果而草率行事，也不属果断的决策。

4. 自制性

指善于掌握和支配自己行动的能力，是意志的抑制功能。采取决定阶段，它表现为能够周密地思考，不为环境中各种诱因左右，执行决定时，则表现为克服各种内外的干扰，把决定贯彻到底。自制力还表现为对自己情绪状态的调节。其反面是任性（为所欲为）、懦弱（无法面对恐惧）。

5. 意志品质的培养（梁宁建版）

1）加强目的性教育，注意培养道德情感

人的意志行动是为了实现自己预定的目标，培养一个人的优良的意志品质。

2）组织实践活动，以取得意志锻炼的直接经验

实现意志行动的决定是意志行动的关键，也是锻炼一个人意志品质的重要环节。意志是在克服困难中体现，并在克服困难的过程中提高其意志力水平

考研考法突破

考法 1　考查意志的品质

此考点多以选择题形式出现，考生需要理解每种意志品质的含义，并能一一对应地掌握相反的意志品质。

例 8：（南京师范大学，2013）单选："他制订了许多个计划，但是一个又一个地被自己否决了。眼看离最后期限的时日不多了，他变得焦躁不安，后悔与坚强有力的父亲闹翻……"，这里描写的任务主要是缺乏意志的（　　）。

A. 独立性　B 坚定性　C. 果断性　D. 自制力

【解析】意志的果断性表现为有能力及时采取有充分根据的决定，并且在深思熟虑的基础上去实现这些决定。题目所述没有能力去实现这些决定，很显然是缺乏果断性。

参考答案：C

例 9：（统考，2009）单选：与自制力相对立的意志品质是（　　）。

A. 任性　B. 犹豫　C. 独断　D. 执拗

【解析】自制力指善于掌握和支配自己行动的能力，是意志的抑制功能。自制力还表现为对自己情绪状态的调节。其反面是任性（为所欲为）、懦弱（无法面对恐惧）。

参考答案：A

例 10：（河南大学，2009）简答：举例说明意志的基本品质。

【解析】本题考查意志的品质。

参考答案：意志品质是由个体意志行为特点构成的稳定的心理特性的总和。

（1）独立性（自觉性）：

人不屈服于周围人的压力，不随波逐流，能根据自己的认识与信念，独立采取决定执行决定。其反面独断性（乱独立），表现为置他人的意见于不顾，不考虑具体情况一意孤行，不是独立性的表现。独立性的反面还有受暗示性（不独立）。

（2）坚定性（顽强性）：

表现为长时间地相信自己决定的合理性，并坚持不懈地克服困难，为执行决定而努力。其反面是动摇性（不坚定），即遇到困难就怀疑预定目的，不加分析便放弃对目标的追求。坚定性的反面还有顽固性（执拗），以行动的盲目性为特征，他们不能根据变化了的形势灵活地采取对策，也不能放弃那些明显已经不合理的决定。

（3）果断性：

果断性表现为能及时采取有充分根据的决定，并在深思熟虑的基础上去实现它们。与优柔寡断和草率决定相反。而草率决定是指对事情缺乏深思熟虑，不顾后果而草率行事，也不属果断的决策。

（4）自制性：

指善于掌握和支配自己行动的能力，是意志的抑制功能。采取决定阶段，它表现为能够周密地思考，不为环境中各种诱因左右，执行决定时，则表现为克服各种内外的干扰，把决定贯彻到底。自制力还表现为对自己情绪状态的调节。其反面是任性（为所欲为）、懦弱（无法面对恐惧）。

考研考法实战 答案见 D43 页

1.（吉林大学，2012）多选：人的意志品质主要包括（　　）。

A. 独立性　B. 果断性　C. 灵活性　D. 自制力
E. 坚定性

2.（南京师范大学，2013）单选："富贵不能淫，贫贱不能移，威武不能屈"是意志（　　）的表现。

A. 独立性　B. 坚定性　C. 果断性　D. 自制力

3.（广州大学，2017）单选：意志品质的首要品质是（　　）。

A. 自制力　B. 坚持性　C. 果断性　D. 自觉性

4.（江西师范大学，2014）单选：以下哪个不属于对意志品质的表述？（　　）

A. 自觉性　B. 果断性　C. 开放性　D. 坚持性

5.（河南大学，2012）简答：如何培养意志品质？

第五节　价值观

研究真题，明确考况

考试要求	统考		自主命题	
	考题	考查点	考题	考查点
1. 价值观	无	无	重庆师范大学，2007/2010 西南大学，2011	名词解释：价值观

考点 1　价值观

考研基础必备

1. 定义

价值观是指个体按照客观事物对其自身及社会的意义或重要性进行评价和选择的原则、信念与标准。

价值观是一个人思想意识的核心，对个人的思想与行为具有导向与调节作用。

动机是个体行为调节系统的一个组成部分，其中价值观起着核心的作用。价值观决定着动机的性质、方向和强度。

2. 价值观的特征

①主观性：根据个人内心的尺度进行衡量和评价。

②选择性：个体开始有意识地选择符合自己的评价标准。

③稳定性：个人的价值观形成之后往往不易改变，具有相当的稳定性。

④社会历史性：在不同历史时代、不同生活环境中形成的价值观是不同的。

3. 罗克奇根据工具－目标维度把价值观分为工具性价值观和终极性价值观

工具性价值观是以个体的行为方式为工具，如有礼貌、负责任、有自制能力等，进而获取社会的认可。

终极性价值观是个体以一种行为方式谋求许多终极目的，如社会认可、自由、平等等。

4. 价值观的表现形式

①兴趣（初级形式）：人认识需要心理表现，优先注意、带有积极情绪色彩。

②信念（核心层次）：人对于生活准则的某些观念抱有坚定的确信感和深刻的信任感的意识倾向。

③理想（未来形式）：符合客观规律并同奋斗目标相联系的想象。

考研考法突破

考法 1 考查价值观的含义

这个考点大多数院校不怎么考，此考法常见于选择及名词解释题中，有考过此考点院校的考生要理解掌握价值观的含义。

例 1：（重庆师范大学，2007）名词解释：价值观。

【解析】本题考查价值观的含义。

参考答案：价值观是指个体按照客观事物对其自身及社会的意义或重要性进行评价和选择的原则、信念与标准。

价值观是一个人思想意识的核心，对个人的思想与行为具有导向与调节作用。

考法 2 考查价值观的表现形式

这种考法一般以选择和简答题出现，考生掌握价值观的几种表现形式即可。

例 2：（重庆师范大学，2010）简答：价值观主要表现形式。

【解析】本题考查价值观的表现形式。

参考答案：价值观的表现形式：

①兴趣（初级形式）：人认识需要心理表现，优先注意、带有积极情绪色彩。

②信念（核心层次）：人对于生活准则的某些观念抱有坚定的确信感和深刻的信任感的意识倾向。

③理想（未来形式）：符合客观规律并同奋斗目标相联系的想象。

考法 3 考查需要、动机和价值观之间的关系

该考法常以选择和简答题进行考查，考生需要理解需要、动机和价值观之间的关系。

例 3：（西南大学，2011）简答：简述需要、动机与价值观的关系。

【解析】本题考查需要、动机和价值观的关系。

参考答案：

（1）需要是有机体内部的一种不平衡状态，它表现为有机体对内部环境或外部生活条件的一种稳定的要求，并成为有机体活动的源泉。这种不平衡状态包括生理的和心理的不平衡。

（2）动机是由一种目标或对象所引导、激发和维持个体活动的内在心理过程或内部动力。动机是人的行为的内在动力，构成人类大部分行为的基础。

（3）价值观是指个体按照客观事物对其自身及社会的意义或重要性进行评价和选择的原则、信念与标准。价值观是一个人思想意识的核心，对个人的思想与行为具有导向与调节作用。价值观的主要表现形式有兴趣、信念和理想。

（4）需要、动机、价值观之间的关系：

①需要是动机产生的基础。当某种需要没有得到满足时，它会推动人们去寻找满足需要的对象，从而产生活动的动机。需要会引起有机体的自动调节机制的活动，这还不是行动的动机，当需要推动人们去活动，并把活动引向某一目标时，需要就成为人的动机。需要作为人的积极性的重要源泉，它是激发人们进行各种活动的内部动力。

②价值观对动机的调节和控制有直接影响，同时价值观也会影响人对事物的需要，进而影响对行为的调节。个体把目标的价值看得越高，有目标激发的动机就越强，在活动中发挥的力量就越大；相反，个体认为目标的价值不大，由此激发的力量就越小。也就是说，动机是个体行为调节系统的一个组成部分，其中价值观起着核心的作用。价值观决定着动机的性质、方向和强度。

章节考点　综合训练

答案见 D44 页

一、单项选择题

1.（统考，2015）小张在填报高考志愿时，有两所学校可选择。其中，一所是名牌大学，但专业不理想；另一所是一般大学，但专业理想。小张犹豫不决，这种动机冲突是（　　）。

A. 双趋式冲突　　B. 双避式冲突

C. 趋避式冲突　　D. 多重趋避式冲突

2.（统考，2016）外部动机和内部动机不是相互对立的，学习动机激发的重点在于外部动机的不断内化。持这一观点的动机理论是（　　）。

A. 成败归因理论　　B. 成就目标理论

C. 自我价值理论　　D. 自我决定理论

3.（统考，2018）有两所幼儿园可供家长选择，一所幼儿园离家远，但设施条件很好；另一所幼儿园离家近，但设施条件一般。家长在做决定时犹豫不决，这种动机冲突是（　　）。

A. 双趋冲突　　B. 趋避冲突

C. 双避冲突　　D. 多重趋避冲突

4.（福建师范大学，2014）根据耶基斯－多德森定律，下列关于学习动机与学习效果的关系描述正确的是（　　）。

A. 学习动机越强，学习效果就一定越好

B. 任务容易时，中等偏高的动机水平学习效果最好

C. 任务较难时，高动机水平学习效果最好

D. 以上均不正确

5.（华中师范大学，2017）既不想学习又怕考试不及格反映了（　　）冲突。

A. 双避　　B. 双趋　　C. 趋避　　D. 多重趋避

6.（华中师范大学，2018）追求成功动机占主导地位的个体，最喜欢从事哪种性质的任务？（　　）

A. 低难度　　B. 中难度　　C. 高难度　　D. 中高难度

7.（南京大学，2014）马斯洛把较低层次、与个体的生命攸关的需要称为（　　）

A. 生长需要　　B. 获得性需要

C. 缺失性需要　　D. 基础性需要

8.（南京师范大学，2016）如果一个人不屈服于社会的压力，不随波逐流，说明这个人的意志具有（　　）。

A. 独立性　　B. 果断性　　C. 坚定性　　D. 自制力

9.（统考，2020）下列有关“需要”的表述，不正确的是（　　）。

A. 需要具有社会性

B. 需要是个体动机产生的基础

C. 需要是个体行为积极性的源泉

D. 需要是生理或心理的平衡状态

10.（西南大学，2016）与易暗示性相反的意志品质是（　　）。

A. 独立性　B. 坚定性　C. 果断性　D. 自制力

11.（西南大学，2019）弗罗姆动机强度公式认定主观期望概率为 0.5 时最强，其理论假设是（　　）。

A. 效价与期望成反比　B. 效价与期望成正比

C. 效价与期望无关　D. 效价与期望相同

12.（西南大学，2014）激发和维持个体进行活动，并导致该活动朝向某一目标的心理倾向叫（　　）。

A. 需要　B. 动机　C. 兴趣　D. 爱好

13.（西南大学，2015）人们希望从事对他有意义的、有一定困难的、具有挑战性的活动，在活动中能够取得完满的结果和优异成绩，并能超过他人的动机叫（　　）。

A. 成就动机　B. 社会动机　C. 交往动机　D. 权利动机

14.（华东师范大学，2020）根据马斯洛的观点，在满足归属与爱的需要前，要努力去满足（　　）的需要。

A. 自我实现　B. 尊重　C. 自信　D. 生理

15.（华南师范大学，2020）在马斯洛的需要层次理论中，以下属于缺失需要的是（　　）。

A 结交朋友　B 要求稳定　C 追求爱情　D 获得尊重

16.（西南大学，2017）意志的控制作用是通过对行动的（　　）实现的。

A. 约束与突破　B. 抗争与克制

C. 激励与克制　D. 约束与抗争

17.（浙江理工大学，2017）根据耶克斯 – 多德森定律，困难作业，最佳动机水平（　　）。

A. 适中　B. 偏低　C. 偏高　D. 不定

18.（广州大学，2018）动机水平适中，最容易激发学习动机的理论为（　　）。

A. 成就动机理论　B. 耶克斯 – 多德森定律

C. 成就结构理论　D. 强化理论

19.（广州大学，2016）内驱力其实就是（　　）。

A. 生理性动机　B. 社会性动机

C. 外部动机　D. 内部动机

20.（云南师范大学，2012）（　　）是指能激起有机体的定向行为，并能满足某种需要的外部条件。

A. 本能　B. 诱因　C. 需要　D. 内驱力

21.（统考，2011）按照耶克斯 – 多德森定律，在描述唤醒水平与绩效水平之间的关系时，必须说明（　　）。

A. 任务难度　B. 任务参与　C. 被试年龄　D. 被试性别

22.（福建师范大学，2021）人们具有攒钱的倾向。根据马斯洛的观点，这体现了人具有（　　）。

A. 归属与爱的需要　B. 尊重的需要

C. 自我实现的需要　D. 安全的需要

23.（统考，2021）根据动机的成就目标理论，下列说法不正确的是（　　）。

A. 成就目标可分为掌握目标和成绩目标

B. 成就目标不同个体有不同的能力观

C. 具有掌握目标的个体往往具有较高的焦虑水平

D. 不同的成就目标对应不同的动机和行为模式

24.（北京师范大学，2021）属于外在不稳定因素是（　　）。

A. 能力　B. 运气　C. 努力　D. 任务难度

25.（北京师范大学，2021）× × 一读研究生就和导师表示，要好好做学问，多多在 × × 期刊上发文章，争取以后读博，是（　　）。

A. 成就动机　B. 社会动机　C. 需求动机　D. 工作动机

26.（北京师范大学，2019）根据韦纳的归因理论，努力属于影响成败的（　　）因素。

A. 内部、稳定、不可控　B. 内部、不稳定、可控

C. 外部、不稳定、不可控　D. 外部、稳定、可控

27.（华中师范大学，2022）对于饥饿的研究发现，以下哪个选项不是饥饿感产生的主要因素？（　　）

A. 胃部收缩　B. 血糖变化　C. 胰岛素　D. 下丘脑

二、多项选择题

1.（统考，2013）下列选项中属于趋 – 避动机冲突的有（　　）。

A. 进退维谷　B. 忠孝难以两全

C. 爱吃巧克力却担心发胖　D. 想请人帮忙又怕被拒绝

2.（统考，2019）根据耶克斯 – 多德森（Yerkes–Dodson）定律，下列表述正确的有（　　）。

A. 动机强度水平对问题解决有重要影响

B. 动机强度水平与操作绩效间的关系大致呈倒“U”形曲线

C. 在解决简单问题时，较低的动机水平会带来最佳操作绩效

D. 在解决复杂问题时，较高的动机水平会带来最佳操作绩效

三、名词解释

1.（深圳大学，2020）马斯洛需要层次理论。

2.（重庆师范大学，2007；陕西师范大学，2021）双趋冲突。

3.（湖南师范大学，2015；南京师范大学，2012）成就需要。

4.（鲁东大学，2021）兴趣。

四、简答题

1.（南开大学，2014）简述意志行为的特征。

2.（南开大学，2017）试述个体挫折反应的主要表现以及增强挫折承受力的方法。

3.（辽宁师范大学，2021；广州大学，2022）韦纳的归因理论在海德的基础上做了怎样的改进？

五、论述题

1.（统考，2010）简述马斯洛的需要层次理论，并就下图马斯洛需要层次演进图（图中 ABC 表示不同的心理发展时期）说明几种需要之间的关系。

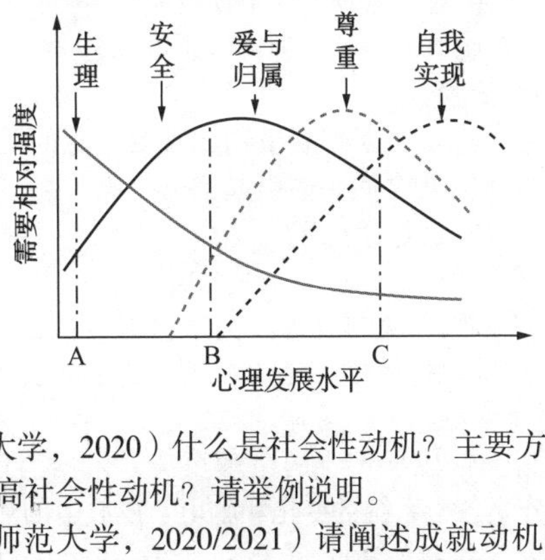

2.（吉林大学，2020）什么是社会性动机？主要方面有些？如何提高社会性动机？请举例说明。

3.（福建师范大学，2020/2021）请阐述成就动机理论，并结合具体事例说明如何培养孩子的成就动机。

第十章 情绪与情感

我们的生活充满着情绪，有时欣喜若狂，有时焦虑不安，有时孤独恐惧，有时满腔怒火，有时悲痛欲绝，有时舒适愉快等。这一切使我们的生活时而阳光灿烂，时而阴霾密布，时而晦涩呆板，形成了一个纷繁复杂的心理世界。本章首先介绍了情绪的性质、功能、维度及其基本类别；接着介绍情绪的神经生物学机制；然后介绍了几种主要的表情；最后介绍了情绪理论和情绪调节等。本章中情绪的理论是重要知识点，考查频率较高，复习过程中需引起高度重视。

第一节 情绪的一般概念

研究真题，明确考况

考试要求	统考		自主命题	
	考题	考查点	考题	考查点
1. 情绪和情感的概述	2008	单选：情绪的功能	南京师范大学，2012	单选：情绪的含义
	2010	多选：情绪的含义	西南大学，2016 吉林大学，2014	单选：情绪的维度
2. 情绪和情感的种类	2008 2010	单选：情绪和情感的种类	南京师范大学，2014 四川师范大学，2022	单选：情绪和情感种类
	2017	简答：情绪的种类	上海交通大学，2015	简答：情绪的种类
3. 表情	2019	单选：表情的种类	湖南师范大学，2012 天津师范大学，2012	名词解释：表情
			西南大学，2015； 湖南师范大学，2016	单选：表情的种类

考点1 情绪和情感概述

考研基础必备

1. 情绪和情感的含义

情绪和情感是人对客观事物的态度体验和相应的行为反应。情绪和情感是以个体的愿望和需要为中介的一种心理活动，是人脑对客观现实的主观反应。

情绪和情感具有以下三种特点（或成分）：

1）主观体验

情绪和情感不是对客观事物和现象本身的反映，而是由客观与主体需要之间关系引起的喜、怒、哀、乐等主观感受，是心理层面上的表现。

2）外部表现

即我们平时所说的表情，包括面部表情、姿态表情、语调表情，是情绪和情感状态在外部行为上的表现。

3）生理唤醒

指情绪和情感所产生的生理反应，包括消化、呼吸、循环、内分泌各个系统的变化和脑电、皮肤电的活动变化。

2. 情绪和情感的功能

1）适应功能

情绪和情感是有机体适应生存和发展的一种重要方式。在婴儿阶段，个体不具备独立生存的能力，通过情绪来向主要照顾者传达信息，获得帮助从而适应环境；情绪和情感的根本意义在于适应社会环境。

2）动机功能

情绪和情感是动机的源泉之一，它可以激励人的活动，提高人的活动效率。如遇到灾难时会产生恐惧情绪，增加了人求生的动机。

3）组织功能

情绪和情感作为脑内的一个检测系统，对其他心理活动具有组织的作用。积极情绪具有协调作用，消极情绪具有瓦解和破坏的作用，中等强度的积极情绪，有利于提高认知活动的效果（高兴时天是蓝的，沮丧时天是灰的）。

4）社会功能（信号功能）

情绪和情感在人际间具有传递信息、沟通思想的功能，主要通过表情来实现。如参加面试时，面试官的微笑可能表示对你回答的赞许，而皱眉则是怀疑的表现。

3. 情绪和情感的关系

情绪和情感曾合称为感情，综合反映人的情感状态以及愿望、需要等主观感受体验。

1）情绪与情感的区别

①从需要角度来看，情绪通常与个体的生理需要相联系，是人和动物都有的；情感则通常与人的社会性需要相联系，是人特有的，是一种复杂而又稳定的社会体验，如

爱国心、荣誉感、求知欲等。

②从发生角度看，情绪是个体随着情境的变化以及需要满足状况而发生相应的改变，受情境影响较大；情感是个体的内心体验和感受，具有深刻社会意义的心理体验。

③从稳定性角度来看，情绪具有情境性和短暂性的特点，情感则具有较大的稳定性和持久性，不会随情境的改变而改变。

④从表现方式来看，情绪具有明显的外部表现和冲动性（愤怒时暴跳如雷，高兴时手舞足蹈）；情感则具有内敛性，一般处在人的意识支配下（就像球迷对球队的热爱）。

2）情绪与情感的联系

一方面，情感离不开情绪，稳定的情感是在情绪的基础上形成的，并通过情绪反应来表达；另一方面，情绪也离不开情感，情感的深度决定着情绪的表现强度，情感的性质决定了在一定情境下情绪表现的形式。情绪是情感的外部表现形式，情感是情绪的本质内容。

4. 情绪的维度与两极性

1）情绪的维度和两极性的含义

情绪的维度是指情绪所固有的某些特征，主要指情绪的动力性、激动性、强度和紧张度等方面。这些特征的变化幅度又具有两极性，每个特征都存在两种对立的状态。

①情绪的动力性有增力和减力两极

一般地讲，需要得到满足时，产生的积极情绪是增力的，可提高人的活力；需要得不到满足时，产生的消极情绪是减力的，会降低人的活动能力。

②情绪的激动性有激动与平静两极

激动是一种强烈的、外显的情绪状态，如激怒、狂喜、极度恐惧等，它是由一些重要的事件引起的。平静是指一种平稳安静的情绪状态，它是人们正常生活、学习和工作时的基本情绪状态，也是基本的工作条件。

③情绪的强度有强、弱两极

在情绪的强弱之间还有各种不同的强度，如在微愠到狂怒之间还有愤怒、大怒和暴怒等。情绪强度的大小取决于情绪事件对于个体意义的大小。

④情绪还有紧张和轻松两极

情绪的紧张程度取决于个体面对的情境的紧迫性，个体心理的准备状态以及应变能力。如果情境比较复杂，个体心理准备不足而且应变能力比较差，人们往往容易紧张，甚至不知所措。如果情境不太紧急，个体心理准备比较充分，应变能力比较强，人就不会紧张，而会觉得比较轻松自如。

2）情绪维度的理论

①三维理论

19 世纪末，冯特提出了情绪的三维理论，认为情绪是由三个维度组成的，即愉快—不愉快、激动—平静、紧张—松弛。每一种具体情绪分布在三个维度的两极之间的不同位置上。他的这种看法为情绪的维度理论奠定了基础。

施洛伯格根据面部表情的研究提出，情绪的维度有愉快—不愉快、注意—拒绝和激活水平三个维度，建立了一个三维模式图。

普拉切克提出，情绪具有强度、相似性和两极性等三个维度，并用一个倒锥体来说明三个维度之间的关系。锥体截面划分为 8 种原始情绪，相邻的情绪是相似的，对角位置的情绪是对立的，锥体自下而上表明情绪由弱到强的变化。

②四维理论

美国著名心理学家伊扎德提出了情绪的四维理论，认为情绪有愉快度、紧张度、激动度和确信度等四个维度。愉快度表示主观体验的享乐色调，紧张度表示情绪的生理激活水平，激动度表示个体情绪出现的突然性，确信度表示个体能胜任、能承受的程度。

考研考法突破

考法 1　考查情绪和情感的含义

该考法一般以选择或名词解释形式出现，考生需要掌握情绪的含义，并理解情绪三个成分之间的关系。

例 1：（南京师范大学，2012）单选：下列心理现象中属于情绪活动的是（　　）。

A. 记忆　　B. 想象　　C. 知觉　　D. 嫉妒

【解析】情绪和情感是人对客观事物的态度体验和相应的行为反应。情绪和情感是以个体的愿望和需要为中介的一种心理活动，是人脑对客观现实的主观反应。

参考答案：D

例 2：（中山大学，2017）单选：情绪的基本成分是（　　）。

A. 交感激活、副交感抑制、认知标签

B. 身体姿势、面部表达、心理驱力

C. 表情行为、生理唤醒、主观体验

D. 认知、情感、行为

【解析】本题考查情绪的三个成分：主观体验、外部表现和生理唤醒。

参考答案：C

例 3：（四川师范大学，2017；重庆师范大学，2013；广西师范大学，2021）名词解释：情绪。

【解析】本题考查情绪的概念。

参考答案：情绪和情感是人对客观事物的态度体验和相应的行为反应。情绪和情感是以个体的愿望和需要为中介的一种心理活动，是人脑对客观现实的主观反应。

考法 2　考查情绪和情感的功能

此考法可以以多种形式进行考查，考生需要理解并掌握情绪和情感每种功能的含义，并能结合生活实例进行分析。

例 4：（统考，2008）多选：情绪和情感的功能有（　　）。

A. 适应功能　B. 动机功能　C. 组织功能　D. 信号功能

【解析】情绪情感的功能有适应动能、动机功能和组织和社会（信号）功能。

参考答案：ABCD

例 5：（广州大学，2013）论述：什么是情绪？情绪有什么功能？举例说明情绪的功能。

【解析】本题考查情绪的含义以及情绪的功能。

参考答案：（1）情绪是人对客观事物的态度体验及相应的行为反应。它反映的是客观外界事物与主体需要之间的关系。人的情绪、情感总是和一定的刺激情景相联系。情绪是以个体的愿望和需要为中介的一种心理活动。情绪是由独特的主观体验、外部表现和生理唤醒等三种成分组成主观体验，是个体对不同的情绪和情感状态产生积极的或者消极的自我感受。

（2）情绪的功能：

①适应功能：有机体在生存和发展的过程中，有多种适应方式，情绪是有机体适应生存和发展的一种重要方式。比如刚出生的婴儿不具备独立的生存能力和言语交际能力，主要依赖情绪来传递信息，与成人进行交流，得到成人的抚养。

②动机功能：情绪是动机的源泉之一，是动机系统的

一个基本成分，它能够激励人的活动，提高人的活动效率。如人们在缺氧的情况下，产生了补充氧气的生理需要，这种生理驱力可能没有足够的力量去激励行为，但是，这时人们产生的恐慌感和急迫感就会放大和增强内驱力，使之成为行为的强大动力。

③组织作用：情绪作为脑内的一个检测系统，对其他心理活动具有组织的作用，这种作用表现为积极情绪的协调作用和消极情绪的破坏、瓦解作用。当人们处在积极、乐观的情绪状态时，易注意事物美好的一方面，其行为比较开放，愿意接纳外界的事物。而当人们处在消极的情绪状态时，容易失望、悲观，放弃自己的愿望，有时甚至产生攻击性行为。

④信号功能：情绪在人际间具有传递信息、沟通思想的功能，这种功能是通过情绪的外部表现，即表情来实现的，表情是思想的信号，在许多场合，只能通过表情来传递信息，如用微笑表示赞赏，用点头表示默认等。

考法 3　考查情绪和情感的关系

该考点常与其他相关考点共同出现以简答形式进行考查，因此复习过程中需牢记情绪和情感的区别和联系。

例 6：（南京师范大学，2013）简答：情绪和情感的区别和联系是什么？

【解析】考查情绪和情感的区别和联系。

参考答案：情绪和情感曾合称为感情，综合反映人的情感状态以及愿望、需要等主观感受体验。

（1）情绪与情感的区别：

①从需要角度来看，情绪通常与个体的生理需要相联系，是人和动物都有的；情感则通常与人的社会性需要相联系，是人特有的，是一种复杂而又稳定的社会体验，如爱国心、荣誉感、求知欲等。

②从发生角度来看，情绪是个体随着情境的变化以及需要满足状况而发生相应的改变，受情境影响较大；情感是个体的内心体验和感受，具有深刻社会意义的心理体验。

③从稳定性角度来看，情绪具有情境性和短暂性的特点，情感则具有较大的稳定性和持久性，不会随情境的改变而改变。

④从表现方式来看，情绪具有明显的外部表现和冲动性（愤怒时暴跳如雷，高兴时手舞足蹈）；情感则具有内敛性，一般处在人的意识支配下（就像球迷对球队的热爱）。

（2）情绪与情感的联系：

一方面，情感离不开情绪，稳定的情感是在情绪的基础上形成的，并通过情绪反应来表达；另一方面，情绪也离不开情感，情感的深度决定着情绪的表现强度，情感的性质决定了在一定情境下情绪表现的形式。情绪是情感的外部表现形式，情感是情绪的本质内容。

考法 4　考查情绪维度和两极性的含义

此考法常见于选择和简答题中，考生需要掌握情绪维度和两极性的含义。

例 7：（南京大学，2014）单选：有爱就有恨，有喜悦就有悲伤；有紧张就有轻松，说明情绪和情感（　　）。

A. 两极对立的特性　　B. 具有不可调和的特性

C. 两极是不相容的　　D. 两极是绝对对立的

【解析】情绪的维度是指情绪所固有的某些特征，主要指情绪的动力性、激动性、强度和紧张度等方面。这些特征的变化幅度又具有两极性，每个特征都存在两种对立的状态。例如有爱就有恨、有喜悦就有悲伤等等。

参考答案：A

例 8：（吉林大学，2014；东北师范大学，2021）简答：什么是情绪的维度和两极性？

【解析】本题考查情绪的维度和两极性相关概念理解。

参考答案：情绪的维度是指情绪所固有的某些特征，主要指情绪的动力性、激动性、强度和紧张度等方面。这些特征的变化幅度又具有两极性，每个特征都存在两种对立的状态。

①情绪的动力性有增力和减力两极：

一般地讲，需要得到满足时，产生的积极情绪是增力的，可提高人的活力；需要得不到满足时，产生的消极情绪是减力的，会降低人的活动能力。

②情绪的激动性有激动与平静两极：

激动是一种强烈的、外显的情绪状态，如激怒、狂喜、极度恐惧等，它是由一些重要的事件引起的。平静是指一种平稳安静的情绪状态，它是人们正常生活、学习和工作时的基本情绪状态，也是基本的工作条件。

③情绪的强度有强、弱两极：

在情绪的强弱之间还有各种不同的强度，如在微愠到狂怒之间还有愤怒、大怒和暴怒等。情绪强度的大小取决于情绪事件对于个体意义的大小。

④情绪还有紧张和轻松两极：

情绪的紧张程度取决于个体面对的情境的紧迫性，个体心理的准备状态以及应变能力。如果情境比较复杂，个体心理准备不足而且应变能力比较差，人们往往容易紧张，甚至不知所措。如果情境不太紧急，个体心理准备比较充分，应变能力比较强，人就不会紧张，而会觉得比较轻松自如。

考法 5　考查情绪维度的理论

该考点一般以选择题形式出现，考生要能够区分不同心理学家对于情绪维度的划分，切勿记混。

例 9：（统考，2007）单选：普拉切克认为情绪的三个维度是（　　）。

A. 愉快—不愉快、紧张—松弛、激动—平静

B. 愉快—不愉快、注意—拒绝、激活水平

C. 强度、相似性、两极性

D. 愉快度、紧张度、确信度

【解析】普拉切克认为情绪的三个维度强度、相似度、两极性。

参考答案：C

例 10：（河北师范大学，2008）单选：美国著名心理学家伊扎德提出了情绪的四维理论不包括以下哪个（　　）。

A. 愉悦度　B. 紧张度　C. 相似度　D. 确信度

【解析】伊扎德认为情绪有四个维度愉快度、紧张度、激动度和确信度。

参考答案：C

考研考法实战

答案见 D46 页

1.（西南大学，2016）单选：冯特提出的情绪的三维理论不包含（　　）。

A. 愉快—不愉快　　B. 激动—平静

C. 注意—拒绝　　D. 紧张—松弛

2.（中科院，2016）单选：人在积极心态时，人容易接受好的东西，情绪坏的时候，容易描述坏的东西，请问情绪具有（　　）。

A. 组织功能　B. 信号功能　C. 适应功能　D. 动机功能

3.（中科院，2014）单选：普拉切克的情绪维度中的几个维度是（　　）。

A. 愉快－不愉快、激动－平静、紧张－松弛

B. 愉快－不愉快、注意－拒绝、激活水平

C. 强度、相似性、两极性

D. 愉快度、紧张度、激动度、确信度

4.（统考，2021）单选：下列情绪维度中，由冯特提出的是（　　）。

A. 紧张度，唤醒度，强度

B. 紧张度，确信度，强度

C. 愉悦度，相似度，唤醒度

D. 愉快度，紧张度，激动度

5.（华南师范大学，2012；华东师范大学，2021）简答：简述情绪情感的功能有哪些。

6.（河南大学，2006）名词解释：情绪的三维理论和四维理论。

7.（统考，2020）简答：请简述情绪和情感的区别和联系。

考点 2　情绪和情感的种类

考研基础必备

1. 情绪的种类

情绪可以从不同角度进行划分，在《礼记》中提出“七情”，即喜、怒、哀、惧、爱、恶、欲。

1）生物进化角度划分

从生物进化角度来划分，情绪可以分为基本情绪和复合情绪。基本情绪为快乐、愤怒、悲哀、恐惧。

伊扎德用因素分析法提出有 11 种基本情绪：兴趣、惊奇、痛苦、厌恶、愉快、愤怒、恐惧、悲伤、害羞、轻蔑、自罪感。

罗素提出情绪的环形模式：情绪可以划分为两个维度，即愉快度（愉快—不愉快）和强度（中等强度—高等强度）。

基本情绪又可分为积极情绪和消极情绪。积极情绪是与接近行为相伴随产生的情绪，具有支持应对、缓解压力、恢复被压力消耗的资源三个重要的适应功能；消极情绪是与回避行为相伴随产生的情绪，适度的消极情绪有时是有益的，如适度的焦虑，能提高工作效率和学习效果。

2）情绪状态分类

情绪状态是指在某种时间或情境的影响下，在一定时间内所产生的某种情绪，分为心境、激情、应激三类。

①心境：比较平静而持久的情绪状态。心境具有弥漫性，不是关于某一事物的特定体验，而是以同样的态度体验对待一切事物（得知自己高考录取后，一段时间内心情都很愉悦）。

②激情：一种强烈的、爆发性的、为时短促的情绪状态，往往伴随着生理变化和明显的外部行为表现（怒发冲冠）。激情状态下人往往出现“意识狭窄”现象，认识活动的范围缩小，理智分析能力受到抑制，自我控制能力减弱，进而使人的行为失去控制，进而做出一些鲁莽的事情。

③应激：人对某种意外的环境刺激所做出的适应性反应，包括动员、阻抗和衰竭三个阶段。在应激状态下，会引起机体的一系列生物性反应，这些变化有助于适应急剧变化的环境刺激，维护机体功能的完整性，长时间处于应激状态对人的健康不利。

2. 情感的种类

情感是同人的社会性需要相联系的主观体验，是人类特有的心理现象之一，主要有道德感、理智感、美感。

1）道德感

根据一定的道德标准在评价人的思想、意图和行为所产生的主观体验。道德属于社会历史范畴，不同时代、不同民族、不同阶段具有不同的道德评价标准。当自己的言行符合社会道德规范和标准，就会产生肯定性情感体验，如自豪、骄傲等，相反则产生否定性情感体验，如羞愧、内疚等。

2）理智感

在智力活动的过程中，在认识和评价事物时所产生的情感体验（人的好奇心、对所谓“真相”的质疑，对科学的信仰等都属于理智感）。

3）美感

个体根据审美标准评价事物时的主观感受和获得理解的精神愉悦的体验（听喜欢的歌时的愉悦）。

除了以上三种情感类型，热情也是一种情感。热情是个体对人、事、物等肯定、强烈、稳固而深厚的情感体验。

考研考法突破

考法 1　考查基本情绪

此考法常见于选择题，考生要注意四种基本情绪主要是为快乐、愤怒、悲哀、恐惧，注意跟伊扎德的情绪分类区分。

例 11：（华东师范大学，2020）单选：以下不是基本情绪类型的是（　　）。

A. 快乐　　B. 愤怒　　C. 悲伤　　D. 焦虑

【解析】本题考查基本情绪的分类。基本情绪主要是为快乐、愤怒、悲哀、恐惧

参考答案：D

例 12：（重庆师范大学，2012；深圳大学，2020）名词解释：基本情绪。

【解析】本题考查基本情绪的含义。

参考答案：从生物进化角度来划分，情绪可以分为基本情绪和复合情绪。基本情绪为快乐、愤怒、悲哀、恐惧。基本情绪又可分为积极情绪和消极情绪。积极情绪是与接近行为相伴随产生的情绪，具有支持应对、缓解压力、恢复被压力消耗的资源三个重要的适应功能；消极情绪是与回避行为相伴随产生的情绪，适度的消极情绪有时是有益的，如适度的焦虑，能提高工作效率和学习效果。

考法 2　考查情绪的种类

该考法可以以多种形式进行考查，既可以以选择题或者名词解释题考查考生对于每种情绪分类的特点的理解，也可以以简答或者论述的形式考查情绪所包含的种类。

例 13：（统考，2008）单选：当获悉北京取得 2008 年奥运会主办权时，人们欣喜若狂。此时的情绪状态是（　　）。

A. 心境　　B. 激情　　C. 应激　　D. 热情

【解析】情绪状态是指在某种时间或情境的影响下，在

一定时间内所产生的某种情绪，分为心境、激情、应激三类。心境：指比较平静而持久的情绪状态。激情：一种强烈的、爆发性的、为时短促的情绪状态，往往伴随着生理变化和明显的外部行为表现。应激：人对某种意外的环境刺激所做出的适应性反应，包括动员、阻抗和衰竭三个阶段。

参考答案：B

例 14：（湖南师范大学，2012；华中师范大学，2016）名词解释：心境。

【解析】本题考查心境的含义。

参考答案：心境：比较平静而持久的情绪状态。心境具有弥漫性，不是关于某一事物的特定体验，而是以同样的态度体验对待一切事物。

例 15：（统考，2009）简答：简述心境、激情和应激的含义及特点。

【解析】本题考查心境、激情和应激的含义及特点。

参考答案：情绪状态是指在某种时间或情境的影响下，在一定时间内所产生的某种情绪，分为心境、激情、应激三类。

①心境：比较平静而持久的情绪状态。心境具有弥漫性，不是关于某一事物的特定体验，而是以同样的态度体验对待一切事物。

②激情：一种强烈的、爆发性的、为时短促的情绪状态，往往伴随着生理变化和明显的外部行为表现。激情状态下人往往出现“意识狭窄”现象，认识活动的范围缩小，理智分析能力受到抑制，自我控制能力减弱，进而使人的行为失去控制，进而做出一些鲁莽的事情。

③应激：人对某种意外的环境刺激所做出的适应性反应，包括动员、阻抗和衰竭三个阶段。在应激状态下，会引起机体的一系列生物性反应，这些变化有助于适应急剧变化的环境刺激，维护机体功能的完整性，长时间处于应激状态对人的健康不利。

考法 3　考查应激及一般适应综合征

此考法常见于名词解释和简答题。考生需要掌握应激的含义以及一般适应综合征的表现。

例 16：（上海师范大学，2016/2019；广州大学，2022）名词解释：应激。

【解析】本题考查应激的含义。

参考答案：应激是指人对某种意外的环境刺激所做出的适应性反应。

例 17：（统考，2017）简答：简述应激状态下“一般适应综合征”的阶段及其表现。

【解析】本题考查应激状态，较为简单，按要求回答即可。

参考答案：

（1）塞里（H. Selye）把一般适应综合征分为警觉、阻抗、衰竭三个阶段。

（2）警觉阶段：交感神经兴奋，肾上腺素分泌增加，有机体处于适应性防御状态。阻抗阶段：心率、呼吸加快，血糖升高，充分调动人体的潜能。衰竭阶段：引起机体紧张的刺激源持续存在，适应性储存能量耗尽，出现适应性的疾病。

考法 4　考查情感的种类

该考点为高频考点，常以单选形式出现，在复习过程中需理解并牢记情感的种类。

例 18：（统考，2010）单选：下列选项中，不属于理智感的是（　　）。

A. 探求新事物的好奇心

B. 百思不得其解时的困惑

C. 对教师观点的质疑

D. 欣赏自然景色时的心旷神怡

【解析】理智感：在智力活动的过程中，在认识和评价事物时所产生的情感体验（人的好奇心、对所谓“真相”的质疑，对科学的信仰等都属于理智感）。

参考答案：D

考研考法实战 答案见 D47 页

1.（统考，2010）单选：伊扎德认为，个体生来就有的情绪反应是（　　）。

A. 愉快和不愉快

B. 爱、怒和怕

C. 惊奇、苦恼、厌恶、微笑和兴趣

D. 愉快、惊奇、厌恶、痛苦、愤怒和悲伤

2.（南京师范大学，2014）单选：出乎意料的危险导致身心的高度紧张状态叫作（　　）。

A. 激情　B. 情调　C. 应激　D. 心境

3.（北京师范大学，2020；统考，2022）单选：根据艾克曼（P.EKman）的研究，人类的基本情绪不包括（　　）。

A. 愤怒　B. 悔恨　C. 恐惧　D. 惊奇

4.（云南师范大学，2012）单选：（　　）是一种比较微弱的而在较长时间里持续存在的情绪状态。

A. 应激　B. 心情　C. 心境　D. 激情

5.（南京师范大学，2014）单选：情绪分类的环形模式提出情绪有两个维度，即（　　）。

A. 激动度和确信度　B. 紧张度和保持度

C. 愉快度和强度　D. 愉快度和保持度

6.（江西师范大学，2013）多选：以下属于情感现象的是（　　）。

A. 对艺术作品的欣赏　B. 对祖国的热爱

C. 助人为乐的幸福感　D. 考试通过的喜悦

7.（河南大学，2002）名词解释：道德感和理智感。

考点 3　表情

考研基础必备

1. 表情的含义

表情是个体在情绪和情感状态下生理和心理以及外部行为上表现的变化或活动，即情绪和情感的外部表现。表情具有生物适应的价值，但又明显地受到社会文化、风俗习惯的重要影响，具有后天习得的性质。

2. 表情的种类

表情可以分为面部表情、姿态表情、语调表情。其中，姿态表情又分为身体表情和手势表情。

1）面部表情

通过眼部肌肉、颜面肌肉和口部肌肉的变化来表现各种情绪状态。艾克曼的实验证明，眼睛对表达忧伤最为重要，口部对表达快乐与厌恶最重要，前额提供惊奇的信号。

经过研究证明，人具有六种基本的基本表情，即快乐、厌恶、惊奇、悲哀、愤怒、恐惧（见图 9–1）。

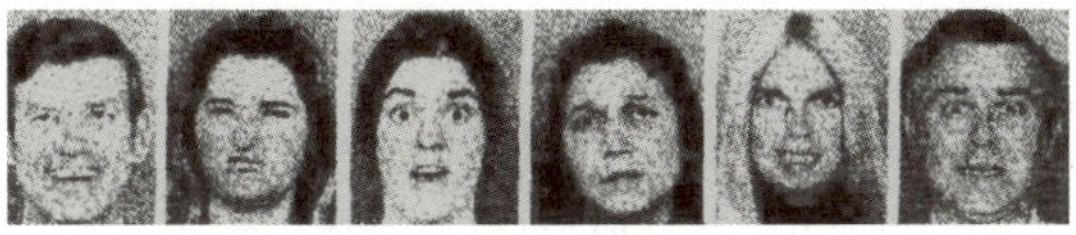

图 9–1　不同的面部表情

2）姿态表情

又称为身段表情，指除面部之外其他身体部位表达的情绪动作。身段表情分为身体表情和手势表情两类。

①身体表情：个体在不同情绪状态下，身体表情各不相同，身体表情是一个人表达情绪状态的重要方式之一（听相声时乐得捧腹大笑，受到惊吓时浑身战栗，紧张时的坐立不安）。

②手势表情：手势通常和言语一起使用，表达赞成或者反对、接纳或者拒绝、喜欢还是厌恶等态度和思想。手势通常是通过学习习得的，不仅存在个别差异，而且存在民族和团体的差异（不同文化中表示“ok”的手势是不同的）。

3）语调表情

除面部表情、姿态表情以外，语音、语调表情也是表达情绪的重要形式（朗朗笑声表达愉快，呻吟表达痛苦，吼叫表达愤怒等）。

3. 文化与表情（黄希庭版）

1）表情具有先天遗传性

情绪表现具有先天遗传模式，我们的情绪表现有着许多原始的印记，显示了某些生存价值的遗传模式；有些面部表情似乎全世界都是一样的，代表着相同的意义，而与个人的文化背景无关。

2）面部表情是最敏感的情绪发生器和显示器

3）表情具有社会制约性

基本情绪的表现具有先天遗传性，但它们具体的表露受社会文化因素的制约；情绪越复杂，这种影响就越明显。不同文化背景的人，尽管其基本情绪都有一致的面部表情，但是在情绪表达上表现出程度上的不同。

考研考法突破

考法 1　考查表情的含义

该考点常见于名词解释题，考生记住表情的含义即可。

例 19：（湖南师范大学，2012）名词解释：情绪与表情。

【解析】本题考查情绪与表情的含义，按要求回答即可。

参考答案：情绪是指伴随着认知和意识过程产生的对外界事物态度的体验，是人脑对客观外界事物与主体需求之间关系的反应，是以个体需要为中介的一种心理活动。表情是情绪的主观体验的外部表现模式。人的表情主要有三种方式：面部表情、语言声调表情和身体姿态表情。

考法 2　考查表情的种类

该考点常以单选或名词解释形式出现，在复习过程中，考生需要掌握表情有哪些种类，以及每种表情的作用。

例 20：（西南大学，2015）单选：一般地，表达情绪的最主要的表情形式是（　　）。

A. 面部表情　　B. 身段表情

C. 语调表情　　D. 手势表情

【解析】面部表情是情绪在面部的表现，是情绪表达的主要形式；言语表情是情绪在语言的音调和节奏速度等方面的表现；身段表情是情绪在身体姿态和动作上的表现。

参考答案：A

例 21：（山东师范大学，2018）名词解释：身段表情。

【解析】本题考查身段表情的含义。

参考答案：姿态表情又称为身段表情，指除面部之外其他身体部位表达的情绪动作。身段表情分为身体表情和手势表情两类。

考法 3　考查文化与表情

此考法常见于选择或简答当中，考生需要理解文化与表情的关系。

例 22：（南京大学，2014）单选：关于表情，下列说法中正确的是（　　）。

A. 全人类都是共同的

B. 不同文化背景下的人是完全不同的

C. 人人都不同的

D. 有些是全人类共有的，有一些是不同文化背景下有差异的

【解析】表情是个体在情绪和情感状态下生理和心理以及外部行为上表现的变化或活动，即情绪和情感的外部表现。表情具有生物适应的价值，但又明显地受到社会文化、风俗习惯的重要影响，具有后天习得的性质。

参考答案：D

例 23：（湖南师范大学，2016）简答：试述人类面部表情普遍性的主要内容。

【解析】本题考查面部表情普遍性的相关知识。

参考答案：（1）面部表情指通过眼部肌肉、颜面肌肉和口部肌肉的变化来表现各种情绪状态。其中，人的眼睛是最善于传情的，不同的眼神可以表达人的各种不同的情绪和情感，例如，高兴和兴奋时“眉开眼笑”，气愤时“怒目而视”，恐惧时“目瞪口呆”，悲伤时“两眼无光”，惊奇时“双目凝视”等；口部肌肉的变化也是表现情绪的重要线索，例如，憎恨时“咬牙切齿”，紧张时“张口结舌”。艾克曼的实验表明，人脸的不同部门具有不同的表情作用，例如，眼睛对表达忧伤最重要，口部对表达快乐与厌恶最重要，而前额能提供惊奇的信号，眼睛、嘴和前额等对表达愤怒情绪很重要。

（2）达尔文在《人类和动物的情绪表情》一书认为，不同的面部表情是天生的、固有的，并且能为全人类所理解。当代的一些研究者为上述观点提供了有力的支持。艾克曼等人对来自 10 个不同国家和地区（纽约、新几内亚、阿根廷、婆罗洲、巴西和日本等）的被试呈现了 30 张不同情绪面孔的照片，结构表明被试在识别这些情绪的照片时出现了高度的一致性。

（3）全世界范围内可识别的表情是：高兴、惊奇、生气、厌恶、害怕、悲伤、轻蔑。不同文化中的人们对于通过表情进行交流的方式具有一致性。不管文化差异、种族、性别或教育，人们都会以相同的方式表达基本情绪，同时可以根据他人的面部表情来推断他们正在体验的情绪。然而，并不是所有的表情都具有文化的普遍性，只有七种基本表情在不同文化中具有普遍性。文化差异会为情绪的适宜性建立不同的标准。

例 24：（重庆师范大学，2022）论述：结合实例，谈谈你对表情的先天遗传性和社会制约性的理解。

【解析】本题考查文化与表情的关系，属于黄希庭导论部分的内容，大家在刚开始复习普心时可作为补充内容简单了解，之后是否需要记忆该知识点以自己对应学校的参考书为准。

【参考答案】

（1）表情具有先天遗传性。情绪表现具有先天遗传模式，我们的情绪表现有着许多原始的印记，显示了某些生存价值的遗传模式；有些面部表情似乎全世界都是一样的，代表着相同的意义，而与个人的文化背景无关。比如，中国和外国人在辨认某些表情上具有一致性，未受到文化背景的影响。

（2）表情具有社会制约性。基本情绪的表现具有先天遗传性，但它们具体的表露受社会文化因素的制约；情绪越复杂，这种影响就越明显。不同文化背景的人，尽管其基本情绪都有一致的面部表情，但是在情绪表达上表现出程度上的不同。

考研考法实战 答案见 D47 页

1.（天津师范大学，2012）名词解释：表情。

2.（四川大学，2012）简答：举例说明文化对情绪表达的影响。

第二节　情绪与脑

研究真题，明确考况

考试要求	统考		自主命题	
	考题	考查点	考题	考查点
1. 情绪的脑中枢机制	无	无	四川大学，2015	名词解释：情绪偏侧化
			中国科学院心理研究所，2017	简答：情绪的脑中枢机制
2. 情绪的外周神经机制	无	无	南京师范大学，2016 湖南师范大学，2016	单选：情绪外周神经机制

考点 1　情绪的脑中枢机制

考研基础必备

研究表明，情绪是由大脑中的神经元回路所控制的，由这些回路整合加工情绪信息，产生情绪行为。包括前额皮层、杏仁核、海马、前部扣带回、腹侧纹状体等。

近年来的研究表明，有两种基本的情绪系统——趋近系统和退缩系统。趋近系统促进与趋近有关的积极感情，如愉悦、兴趣等；退缩系统帮助有机体从厌恶刺激源撤退，产生消极情绪，如厌恶和恐惧等。

1. 前额皮层

前额皮层（PFC）的各个部分与情绪有关，左 PFC 与趋近系统和积极情感有关，右 PFC 与退缩系统和消极情感有关。

2. 杏仁核

杏仁核对识别和产生消极感情有重要作用，在厌恶学习中也很重要。

3. 海马和前部扣带回

海马在情绪行为的背景调节中起关键作用（海马病变会表现出不适宜的情绪反应，如在一起观看《生活大爆炸》时，其他人在笑，病变者却在哭）。

前部扣带回在情绪反应中也有重要作用。扣带回前下部主要与情绪加工有关，扣带回后上部主要与认知功能有关。

4. 网状结构

网状结构对维持大脑皮层兴奋水平、保证机体处于清醒状态有重要意义，是生理唤醒的必要条件。研究表明，抑郁症患者的症状可能和网状结构的机能减弱或者破坏有关。

5. 大脑皮层功能的一侧化与情绪

积极情绪定位在大脑左半球，消极情绪定位在右半球。

考研考法突破

考法 1　考查情绪的脑中枢机制

此考点多以选择题形式出现，在复习过程中，将情绪的脑中枢机制理解记忆即可。

例 1：（中山大学，2014）单选：关于杏仁核（amygdala）在情绪调节中的作用的研究主要是集中在哪一种情绪上？（　　）

A. fear　B. sadness　C. surprise　D. happiness

【解析】：杏仁核对识别和产生消极感情有重要作用，如恐惧、愤怒和焦虑等，因此本题选择 A。

参考答案：A

例 2：（北京大学，2000）单选：下列哪个结构和情绪关系最小？（　　）

A. 外侧膝状体　B. 边缘叶
C. 扣带回　D. 丘脑

【解析】前额皮层（PFC）的各个部分与情绪有关，左 PFC 与趋近系统和积极情感有关，右 PFC 与退缩系统和消极情感有关。前部扣带回在情绪反应中也有重要作用。扣带回前下部主要与情绪加工有关，扣带回后上部主要与认知功能有关。网状结构对维持大脑皮层兴奋水平、保证机体处于清醒状态有重要意义，是生理唤醒的必要条件。

参考答案：A

例 3：（中国科学院心理研究所，2017）：简答：简述情绪的脑中枢机制。

【解析】本题考查情绪的脑中枢机制。

参考答案：情绪与大脑的许多部位有关，包括：前额皮层（PFC）、下丘脑、杏仁核、海马、前部扣带回、腹侧纹状体等。其中 PFC 分为背侧 PFC、腹内侧 PFC、眶额皮层。PFC 的机能具有不对称性，左侧 PFC 与趋近系统和积极情感有关，右侧 PFC 与退缩系统和消极情感有关。下丘脑后区是产生愤怒反应必不可少的区域，也与恐惧等逃避反应相关联。如果下丘脑被破坏，动物不能表现出充分协调的愤怒反应。下丘脑中也存在着“快乐中枢”。杏仁核对知觉和产生消极感情有重要作用，在厌恶学习中也很重要，与警觉也有关。杏仁核损伤导致病人不能识别恐惧的表情；双侧杏仁核损伤的病人对恐惧和愤怒的声音识别有困难，对厌恶刺激也无反应，证明杏仁核对识别威胁或危险线索是重要的。切除杏仁核可以降低动物的凶暴情绪反应。海马损伤导致个体在不适当的背景中表现出情绪行为。网状结构是情绪唤醒的前提。

考研考法实战 答案见 D47 页

1.（东北师范大学，2017）单选：下列哪个结构和情绪关系最小？（　　）

A. 外侧膝状体　　B. 边缘系统

C. 杏仁核　　D. 下丘脑

2.（北京师范大学，2020）单选：在情绪记忆的形成和提取中起关键作用的是（　　）。

A. 纹状体　　B. 脑岛

C. 前额叶皮层　　D. 杏仁核

3.（四川大学，2015）名词解释：情绪偏侧化。

考点 2　情绪的外周神经机制

考研基础必备

1. 情绪与自主神经系统

自主神经系统包括交感神经系统和副交感神经系统。交感神经系统引起兴奋活动，副交感神经系统引起抑制活动。在情绪活动时，交感神经系统开始活动（紧张时，面颊绯红、心跳加快）；在情绪活动后，副交感神经系统恢复活动（心率平缓，血压降低）。

2. 情绪与分泌系统

不同的情绪状态会引起内外腺体的变化，从而影响了激素分泌量的变化，这种变化可以作为判定某种情绪状态的客观指标。在特定的情绪状态下，外部腺体的活动会产生相应的变化。

3. 情绪与躯体神经系统

情绪的外部表现即面部表情、姿态表情和语调表情都是由躯体神经系统所支配的随意性活动。

考研考法突破

考法 1　考查情绪的外周神经机制

此考点多以选择题形式出现，在复习过程中，将情绪的外周神经机制理解记忆即可。

例 4：（南京师范大学，2016）单选：支配面部表情、姿态表情和声调表情等随意运动的神经系统是（　　）。

A. 躯体神经系统　　B. 中枢神经系统

C. 边缘神经系统　　D. 大脑神经系统

【解析】表达情绪状态的面部表情、姿态表情和声调表情是由躯体神经系统支配的随意运动实现的。躯体神经系统支配着躯干、四肢以及面部肌肉的活动，因此，它是表情活动的生理基础。

参考答案：A

考研考法实战 答案见 D48 页

1.（浙江理工大学，2016）单选：以下最能影响情绪的神经中枢是（　　）。

A. 枕叶　　B. 中央前回　　C. 顶叶　　D. 边缘系统

2.（浙江理工大学，2017）单选：情绪活动时，主要是（　　）开始活动。

A. 交感神经系统　　B. 副交感神经系统

C. 中枢神经系统　　D. 外周神经系统

3.（湖南师范大学，2016）简答：试论述情绪的外周机制，并进一步阐述外周机制在情绪产生中具有什么作用？

第三节　情绪理论

研究真题，明确考况

考试要求	统考		自主命题	
	考题	考查点	考题	考查点
1. 早期情绪理论	2007 2008 2012 2015 2018	单选：早期情绪理论	南京师范大学，2014 华东师范大学，2012/2014/2022 华中师范大学，2013 苏州大学，2011/2014	单选：早期情绪理论
2. 情绪认知理论	2012 2022	单选：情绪认知理论	江西师范大学，2014/2015 华中师范大学，2022 南京师范大学，2014	单选：情绪认知理论
			西南大学，2015	简答：情绪认知理论
3. 动机 – 分化理论	2009	单选：动机 – 分化理论	北京大学，2012 上海师范大学，2015 南京师范大学，2013 福建师范大学，2021	简答：动机 – 分化理论

考点 1　早期的情绪理论

考研基础必备

1. 詹姆斯—兰格理论

美国心理学家詹姆斯和丹麦生理学家兰格分别提出了观点基本相似的情绪理论。

他们都强调情绪的产生是植物性神经系统活动的产物。①詹姆斯认为情绪是对身体变化的知觉。在他看来，悲伤由哭泣引起，而愤怒由打斗而致。②兰格认为情绪是内脏活动的结果，特别强调情绪与血管变化的关系。③两者的基本观点都是认为情绪刺激引起身体的生理反应，而生理反应进一步导致情绪体验的产生。

詹姆斯－兰格理论提出了情绪与机体生理变化与情绪发生的直接联系，强调了自主神经系统在情绪产生中的作用。但是他们却忽视了中枢神经系统对情绪的调节和控制。

2. 坎农－巴德理论

情绪的中枢不在外周神经系统，而在中枢神经系统的丘脑。

进一步描述了这一神经系统活动的过程，由外界刺激引起感觉器官的神经冲动，通过内导神经，传至丘脑，再由丘脑同时向上、向下发出神经冲动，向上传至大脑，产生情绪的主观体验，向下传至交感神经，引起机体的生理变化，使个体的生理进入应激状态。

情绪体验和生理变化是同时发生的，它们都受丘脑的控制。坎农的情绪学说得到巴德的支持和发展，故后人称坎农的情绪理论为坎农－巴德学说。

坎农－巴德学说看到了中枢神经系统和脑在情绪产生中的作用，但并没有说明认知因素在情绪中的调节和控制作用。

考研考法突破

考法 1　考查詹姆斯－兰格理论

本考法可以以多种形式进行考查，考生需要掌握詹姆斯－兰格理论的观点，同时理解它的理论逻辑，并能结合生活实际进行分析。

例 1：（统考，2007）单选：小徐骑车经过路口，突然蹿出一个小孩，他急忙刹车。停车后，心怦怦乱跳，并出了一身冷汗，这时他才感到“太可怕了”。这种现象所支持的情绪理论是（　　）。

A. 詹姆斯－兰格理论

B. 坎农－巴德理论

C. 阿诺德“评定－兴奋”理论

D. 沙赫特“认知－评价”理论

【解析】詹姆斯－兰格理论认为，情绪产生时，先有引起个体反应的刺激，引起个体的生理或身体的反应，如身体器官、内脏和肌肉的反射性变化，从而引起了情绪体验。

参考答案：A

例 2：（华东师范大学，2017；辽宁师范大学，2021）简答：詹姆斯－兰格理论，并列举生活中的例子说明。

【解析】本题考查对情绪理论中詹姆斯兰格的理解。

参考答案：

美国心理学家詹姆斯和丹麦生理学家兰格分别提出了观点基本相似的情绪理论。

①詹姆斯认为情绪是对身体变化的知觉。在他看来，悲伤由哭泣引起，而愤怒由打斗而致。

②兰格认为情绪是内脏活动的结果，特别强调情绪与血管变化的关系。

③两者的基本观点都是认为情绪刺激引起身体的生理反应，而生理反应进一步导致情绪体验的产生。

詹姆斯－兰格理论提出了情绪与机体生理变化与情绪发生的直接联系，强调了自主神经系统在情绪产生中的作用。但是他们却忽视了中枢神经系统对情绪的调节和控制。例如：生活中，你骑着单车听着音乐去学校的路上，突然路口跑出来一只小猫，你赶紧刹车，停车以后感觉到手心冒汗，心怦怦乱跳，这时才感觉到刚刚太可怕了，这种刺激引起生理反应导致情绪体验的产生，正是詹姆斯兰格情绪理论的观点。

考法 2　考查坎农－巴德理论

这种考法可以以多种形式考查，考生不仅要掌握坎农－巴德的理论观点，而且要理解理论的逻辑，并能结合生活实际分析。

例 3：（统考，2008）单选：强调丘脑在情绪中有重要作用的理论是（　　）。

A. 詹姆斯－兰格情绪理论　　B. 坎农－巴德情绪理论

C. 沙赫特的情绪理论　　D. 阿诺德的情绪理论

【解析】坎农－巴德理论认为，情绪的中心不在外周神经系统，而在中枢神经系统的丘脑。由外界刺激引起感觉器官的神经从动，通过内导神经，传至丘脑；再由丘脑同时向上向下发出神经冲动，向上传至大脑皮层，引起情绪的主观体验，向下传至交感神经，引起机体的生理变化。

参考答案：B

例 4：（湖南师范大学，2020；西北师范大学，2020）简答：简述坎农－巴德情绪理论。

【解析】本题考查坎农－巴德情绪理论的内容。

参考答案：坎农－巴德情绪理论认为：

（1）情绪的中枢不在外周神经系统，而在中枢神经系统的丘脑。

（2）进一步描述了这一神经系统活动的过程，由外界刺激引起感觉器官的神经冲动，通过内导神经，传至丘脑，再由丘脑同时向上、向下发出神经冲动，向上传至大脑，产生情绪的主观体验，向下传至交感神经，引起机体的生理变化，使个体的生理进入应激状态。

（3）情绪体验和生理变化是同时发生的，它们都受丘脑的控制。坎农的情绪学说得到巴德的支持和发展，故后人称坎农的情绪理论为坎农－巴德学说。

（4）坎农－巴德学说看到了中枢神经系统和脑在情绪产生中的作用，但并没有说明认知因素在情绪中的调节和控制作用。

考法 3　考查早期情绪理论的对比

本考法常见于简答和论述题，要注意的是早期理论主要是詹姆斯－兰格情绪理论和坎农巴德情绪理论，外周情绪理论一般指的就是詹姆斯－兰格理论。考生需要掌握詹姆斯－兰格情绪理论和坎农巴德情绪理论的异同点。

例 5：（中山大学，2005）单选：根据 James–Lange

理论，关于情绪的意识体验（　　）生理唤醒；而根据 Cannon–Bard 理论，关于情绪的意识体验（　　）生理唤醒。

A. 先于；后于　　B. 同步于；先于

C. 后于；同步于　　D. 后于；先于

【解析】James–Lange 认为情绪刺激引起身体的生理反应，而生理反应进一步导致情绪体验的产生。Cannon–Bard 认为情绪体验和生理变化是同时发生的，它们都受丘脑的控制。

参考答案：C

例 6：（中山大学，2006）简答：今天是阿美二十岁的生日。同学朋友一起为她开了一个热闹的生日 party。大家都为阿美准备了精美的生日礼物。他们一起唱歌、跳舞、说笑，最后一起吃生日蛋糕。阿美非常开心。她看起来兴高采烈，欢乐的笑声时时响起。请分别用以下两个经典的情绪理论来分析 / 解释阿美的快乐心情：（1）James & Lange 的情绪理论；（2）Canon–Bard 的情绪理论。

【解析】本题考查对 James & Lange 的情绪理论及 Canon–Bard 的情绪理论的理解。

参考答案：詹姆斯 – 兰格理论认为，情绪产生时，先有引起个体反应的刺激，引起个体的生理或身体的反应，如身体器官、内脏和肌肉的反射性变化，从而引起了情绪体验。詹姆斯认为情绪是对身体变化的觉知。兰格认为情绪是内脏活动的结果，特别与血管活动变化有关。詹姆斯 – 兰格理论看到了情绪与机体变化的直接关系，这是其可取的一面；但他们片面强调植物性神经系统的作用，忽视了中枢神经系统的调节、控制作用，这是他们受到质疑的一面。在詹姆斯 – 兰格理论看来，阿美的朋友为他准备的生日 Party，引起了阿美的生理变化，如心脏的跳动、血液循环的加快，阿美对于自己的这种生理变化解释为自己非常开心，因而产生快乐的心情。

坎农 – 巴德理论认为，情绪的中心不在外周神经系统，而在中枢神经系统的丘脑。由外界刺激引起感觉器官的神经冲动，通过内导神经，传至丘脑；再由丘脑同时向上向下发出神经冲动，向上传至大脑皮层，引起情绪的主观体验，向下传至交感神经，引起机体的生理变化。坎农 – 巴德学说看到了中枢神经系统和脑在情绪产生中的作用，但并没有说明认知因素在情绪中的调节和控制作用。

在坎农 – 巴德看来，阿美的朋友为她准备的生日 Party，这个刺激传导到丘脑，丘脑将这种刺激，向上传导到大脑皮层，产生快乐的体验，向下传导到交感神经，引起阿美心跳加快，血液循环加速的生理变化，这种生理的变化和主观体验是同时进行的。

考研考法实战 答案见 D48 页

1.（统考，2015）单选：小王开车行驶在马路上，突然从路边蹿出一条狗，此时他顾不上多想，迅速转动方向盘并急刹车。停车之后，他才感到自己的心怦怦乱跳，呼吸急促，觉得害怕，能够较好地解释该现象的情绪理论是（　　）。

A. 詹姆斯 – 兰格理论

B. 坎农 – 巴德学说

C. 阿诺德的“评定 – 兴奋”学说

D. 情绪的动机 – 分化理论

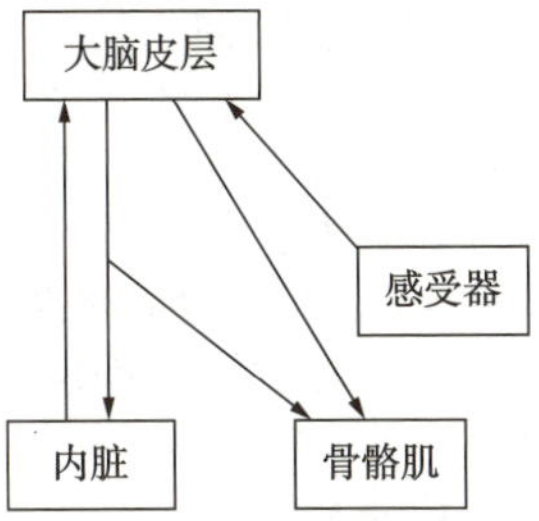

2.（统考，2018）单选：通常右图所表示的情绪理论是（　　）。

A. 阿诺德 – 拉扎勒斯情绪认识理论

B. 詹姆斯 – 兰格情绪理论

C. 坎农 – 巴德情绪理论

D. 沙赫特・辛格情绪理论

3.（华东师范大学，2014）单选：“一个人是因为哭了才发愁，因为动手打了才生气，因为发抖才害怕”。这是（　　）的情绪理论。

A. 詹姆斯 – 兰格　　B. 坎农 – 巴德

C. 认知 – 评价　　D. 动机—分化

4.（统考，2022）单选：下列选项中，支持詹姆斯兰格理论的是（　　）。

A. 脊髓受损伤患者的情绪体验强度降低

B. 药物引起的生理变化不会导致情绪的产生

C. 机体上的生理变化在各种情绪状态下差异不大

D. 植物性神经系统支配的机体变化缓慢

考点 2　情绪的认知理论

考研基础必备

1. 阿诺德的“评定 – 兴奋”说

评定 – 兴奋说认为，刺激情景并不直接决定情绪的性质，从刺激出现到情绪的产生，要经过对刺激的估量和评价，情绪产生的基本过程是刺激情景—评估—情绪。同一刺激情景，由于对它的评估不同，会产生不同的情绪反应。情绪的产生是大脑皮层和皮下组织协同活动的结果，大脑皮层兴奋是情绪行为的最重要条件。

2. 沙赫特 – 辛格情绪理论

美国心理学家沙赫特和辛格提出对于特定的情绪来说，有三个因素是必不可少的。

①个体必须体验到高度的生理唤醒，如心率加快、手出汗、胃收缩、呼吸急促等。

②个体必须对生理状态的变化进行认知性唤醒。

③相应的环境因素。

实验证明，情绪状态是由认知过程期望、生理状态和环境因素在大脑皮层中整合的结果。环境中的刺激因素，通过感受器向大脑皮层输入外界信息；生理因素通过内部器官、骨骼肌的活动，向大脑输入生理状态的信息；认知过程是对过去经验的回忆和对当前情景的评估。三方面信息在大脑皮层的整合作用下才产生了情绪。将上述理论转化为一个工作系统，即情绪唤醒模型。这个工作系统包括三个亚系统：

第一个亚系统：对来自环境的输入信息的知觉分析。

第二个亚系统：在长期生活经验中建立起来的对外部影响的内部模式，包括过去、现在和对未来的期望。

第三个亚系统：现实情境的知觉分析与基于过去经验的认知加工间的比较系统，称为认知比较器，它带有庞大的生化系统和神经系统的激活机构，并与效应器官相联系。

3. 拉扎勒斯的认知－评价理论

拉扎勒斯认为，情绪是人与环境相互作用的产物，在情绪活动中，人不仅接受环境中的刺激事件对自己的影响，同时要调节自己对于刺激的反应。在情绪活动中，人们需要不断地评价刺激事件与自身的关系，有三个层次的评价：初评价（确认刺激事件与自己是否有利害关系及程度）、次评价（对自己反应行为的调节和控制）、再评价（对自己的情绪和行为反应的有效性和适宜性的评价）。

考研考法突破

考法 1　考查阿诺德的“评定－兴奋”说

该考法可以以多种形式考察，考生需要理解并掌握阿诺德的“评定－兴奋”说的理论观点，并能跟其他理论相区分。

例 7：（江西师范大学，2014）单选：为什么人在森林里遇到熊会害怕，但在动物园里看到熊不会害怕？以下说法不正确的是（　　）。

A. 人对森林里的熊和动物园的熊的认识是不一样的

B. 人对熊的情绪不仅仅因熊引起，还综合了对周围其他信息的分析

C. 森林里的熊长得更凶，动物园里的熊长得更可爱

D. 人在森林里看到熊比较意外，在动物国里看到熊是早有期待

【解析】该题考查情绪理论。阿诺德的评定－兴奋说认为刺激情景并不直接决定情绪的性质，中间要经过对刺激的估量和评价。情绪产生的基本过程是刺激情景—评估—情绪。人们会在看到森林里的熊和动物园里的熊后对这两个刺激情景进行分析评估。

参考答案：C

例 8：（河北师范大学，2011/2019）简答：阿诺德的情绪认知理论。

【解析】本题考查阿诺德的情绪理论的内容。

参考答案：评定－兴奋说认为，刺激情景并不直接决定情绪的性质，从刺激出现到情绪的产生，要经过对刺激的估量和评价，情绪产生的基本过程是刺激情景—评估—情绪。同一刺激情景，由于对它的评估不同，会产生不同的情绪反应。情绪的产生是大脑皮层和皮下组织协同活动的结果，大脑皮层兴奋是情绪行为的最重要条件。

考法 2　考查沙赫特－辛格情绪理论

本考法可以以多种形式进行考查，考生要理解沙赫特－辛格情绪理论的内容，并能够理解沙赫特－辛格情绪理论的来源，也就是他针对情绪理论所做的经典实验。

例 9：（统考，2012）单选：在沙赫特和辛格的情绪唤醒模型中，对情绪产生起关键作用的因素是（　　）。

A. 注意　　B. 认知　　C. 生理变化　D. 情境

【解析】沙赫特和辛格认为，对于特定的情绪，有三个因素是必不可少的：第一，个体必须体验到高度的生理唤醒（心率加快、手出汗、呼吸急促等）；第二，个体必须对生理状态的变化进行认知性的唤醒；第三，相应的环境因素。认知对情绪产生起关键的作用。

参考答案：B

例 10：（华中师范大学，2015；广州外语外贸大学，2021）论述：描述沙赫特认知评价情绪理论的有关实验及实验结果和解释。

【解析】本题考查沙赫特情绪理论的实验。

参考答案：沙赫特和辛格提出，情绪状态是由认知过程（期望）、生理状态和环境因素在大脑皮层中整合的结果。

他们通过一个实验研究来检验这个假设。把自愿当被试的若干大学生分成三组，给他们注射同一种药物，并告诉被试注射的是一种维生素，目的是研究这种维生素对视觉可能发生的作用。但实际上注射的是肾上腺素，一种对情绪具有广泛影响的激素，因此三组被试都处于一种典型的生理激活状态。然后，主试向三组被试说明注射后可能产生的反应，并做了不同的解释：告诉第一组被试，注射后将会出现心悸、手颤抖、脸发烧等现象（这是注射肾上腺素的反应）；告诉第二组被试，注射药物后，身上会发抖，手脚有点发麻，没有别的反应；对第三组被试不做任何说明。

接着把注射药物后的三组被试分成两组，让其分别进入预先设计好的两种实验环境里休息；一种是惹人发笑的愉快环境（让人做滑稽表演）；另一种是惹人发怒的情景（强调被试回答烦琐问题，并强词夺理横加指责）。根据主试的观察和被试的自我报告结果，第二组和第三组被试在愉快环境中显示出愉快情绪，在愤怒情绪中显示出愤怒情绪；而第一组被试则没有愉快或愤怒的表现和体验。如果情绪体验是由内部刺激引起的生理激活状态决定的，那么三组被试注射的都是肾上腺素，引起的生理状态应该相同，情绪表现和体验也应该相同，如果情绪是由环境决定的，那么不论哪组被试，进入愉快环境中就应表现出愉快情绪，进入愤怒环境中就应表现出愤怒情绪。

实验证明，人对生理反应的认知和了解决定了最后的情绪经验。这个结论并不否定生理变化和环境因素对情绪产生的作用。事实上，情绪状态是由认知过程（期望）、生理状态和环境因素在大脑皮层中整合的结果。

考法 3　考查拉扎勒斯的认知－评价理论

这种考法可以以多种形式考查，在复习过程中，考生要理解并掌握拉扎勒斯的认知－评价理论，并能与其他情绪理论对比理解。

例 11：（华东师范大学，2011）单选：强调“知识和经验是左右自己情绪体验与感受的主要因素”观点的情绪理论是（　　）。

A. 坎农－巴德的情绪理论

B. 詹姆斯－朗格理论

C. 阿诺德－拉扎勒斯的认知—评价情绪理论

D. 沙赫特－辛格的情绪三因素理论

【解析】该题考查情绪理论。题中给出“知识和经验是左右自己情绪体验与感受的主要因素”，指出了认知的作用，首先排除了 AB 两项，而 D 项沙赫特－辛格的情绪三因素理论强调情绪是认知过程、生理状态和环境因素共同作用的结果，强调个体在当前情境下，对于自己生理唤醒的认知。因此不是单纯地受到知识和经验的影响。

参考答案：C

例 12：（华南师范大学，2014；广州大学，2021）论述：试述拉扎勒斯的情绪认知－评价理论的内容，并谈谈该理论对情绪研究有何启示。

【解析】本题考查对拉扎勒斯的情绪认知－评价理论的理解。

参考答案：

（1）认知－评价理论的主要观点：

拉扎勒斯的认知－评价理论认为情绪是人和环境相互作用的产物，在情绪活动中，人不仅接受环境中的刺激事件对自己的影响，同时要调节自己对于刺激的反应。情绪

是个体对环境事件知觉到有害或有益的反应。在情绪活动中，人们需要不断地评价刺激事件与自身的关系。具体来讲，有三个层次的评价：初评价、次评价和再评价。

初评价是指人确认刺激事件与自己是否有利害关系，以及这种关系的程度。

次评价是指人对自己反应行为的调节和控制，它主要涉及人们能否控制刺激事件，以及控制的程度，也就是一种控制判断。

再评价是指人对自己的情绪和行为反应的有效性和适宜性的评价，实际上是一种反馈性行为。

（2）认知－评价理论的发展意义：

①认知－评价理论端正了西方传统心理学和哲学把情绪和理智看为绝对对立、互相排斥的观念；

②认知－评价理论认为情绪深受社会文化的影响，这种影响在任何社会都是通过对情景事件的认知评价而发生的。比如视错觉的敏感性、疼痛的生理心理反应，都可能有个人和民族的差异。人们由于认识的不同，情绪体验也有所不同。这种不同甚至从情绪性概念中得到体现。

③该理论大大提高了对情绪复杂性的认识，把情绪和认知联系起来的观念开阔了人们的思路，也开辟了认知研究和情绪研究的新领域。特别是，它为情绪理论和实验研究的进一步发展起到界碑的作用。

考研考法实战 答案见 D48 页

1.（南京师范大学，2014）单选：沙赫特认为，情绪是多种因素共同作用的结果，其中起决定作用的是（　　）。

A. 外界环境刺激　　B. 机体生理变化

C. 中枢系统活动　　D. 认知过程

2.（江西师范大学，2015）单选：美国心理学家阿诺德提出的情绪理论是（　　）。

A. 机体知觉理论　　B. 丘脑情绪理论

C. 认识－评价说　　D. 动机－分化理论

3.（电子科技大学，2010/2011）单选：美国心理学家沙赫特认为，情绪的产生是外界环境刺激、机体的生理变化和认识过程三者相互作用的结果，而（　　）又起着决定的作用。

A. 外界环境刺激　　B. 机制的生理变化

C. 认知过程　　D. 丘脑

4.（统考，2014）单选：下列情绪理论中，强调对生理唤醒进行认知解释的是（　　）。

A. 沙赫特－辛格的情绪理论

B. 詹姆斯－兰格的情绪理论

C. 阿诺德的情绪理论

D. 伊扎德的情绪理论

5.（北京师范大学，2019）单选：面对同样的考试，有些人紧张，有些很平静，最能解释这一现象的情绪理论是（　　）提出的。

A. 詹姆斯－兰格　　B. 坎农－巴德

C. 阿诺德　　D. 伊扎德

考点 3　情绪的动机－分化理论

考研基础必备

情绪的动机－分化理论以伊扎德为代表。此理论的主要内容有：

情绪是分化的，存在着具有不同体验的独立情绪，这些独立的情绪都具有动机特征。

情绪在人格系统中的地位和作用：情绪包含着神经生理、神经肌肉的表情行为、情感体验等三个子系统，它们相互作用、联结，并与情绪系统以外的认知、行为等人格子系统建立联系。情绪是人格系统的组成部分，也是人格系统的核心动力。

情绪系统的功能：情绪的分化是进化过程的产物，具有灵活多样的适应功能，在有机体的适应和生存上起着核心的作用。

考研考法突破

考法 1　考查情绪的动机－分化理论

此考法常见于简答或论述当中，考生需要理解掌握情绪－动机分化理论。

例 13：（上海师范大学，2015）简答：结合情绪理论，说明情绪、需要、动机的关系。

【解析】本题考查情绪、需要与动机的关系，可用伊扎德的情绪理论进行回答。

参考答案：（1）含义：

①情绪：是人对客观事物的态度体验及相应的行为反应。它反映的是客观外界事物与主体需要之间的关系。人的情绪、情感总是和一定的刺激情景相联系。情绪是由独特的主观体验、外部表现和生理唤醒等三种成分组成主观体验，是个体对不同的情绪和情感状态产生积极的或者消极的自我感受。情绪是动机的源泉之一，可以激励人的活动，提高人的活动效率。

②需要：需要是有机体内部的一种不平衡状态，这种不平衡状态包括生理的和心理的不平衡。是由个体对某种客观事物的要求引起的。没有客体、没有对象、不指向任何事物的需要是不存在的。需要是个体活动的基本动力，是动机产生的内部条件，是个体行为动力的重要源泉。

③动机：动机是由一种目标或对象所引导、激发和维持个体活动的内在心理过程或内部动力。动机是构成人类大部分行为的基础。动机的基础是人类的各种需要，在各种需要的基础上，形成了人的不同动机。

（2）三者的关系：

伊扎德的情绪动机－分化理论认为，情绪是分化的，存在着不同体验的独立情绪，这些独立的情绪都具有动机特征。在伊扎德看来，情绪是一种基本的动机系统，情绪的主观体验是动机作用的心理机构，各种情绪是驱动有机体采取行动的动机力量。

综上所述，情绪是以个体的愿望和需要为中介的一种心理活动，当个体存在某种需要，这种需要一旦产生，就成为一种强烈的刺激，从而引发起动机，而动机得到满足时，便会产生积极的情绪，反之则会产生消极的情绪体验。

综合问题 1 各情绪理论对比

综合考法 1 各情绪理论的侧重点

这种考法的形式比较灵活。既可以以选择题考查各个理论的内容，也可以以简答或论述题考察不同理论的异同。

例 14：（南京师范大学，2013）单选：强调情绪的发生是由外界环境刺激、机体的生理变化和对外界环境刺激的认识过程三者相互作用的结果的情绪理论被称为（ ）。

A. 坎农－巴德学说　　B. 伊扎德的情绪理论

C. 詹姆斯－兰格理论　　D. 沙赫特－辛格的情绪理论

【解析】沙赫特－辛格的情绪理论强调情绪的发生是由外界环境刺激、机体的生理变化和对外界环境刺激的认识过程三者相互作用的结果。

参考答案：D

例 15：（上海师范大学，2013）论述：分析詹姆斯－兰格的情绪理论，坎农－巴德的情绪学说，沙赫特的认知评价理论，然后结合案例进行比较异同。

【解析】本题考查情绪理论的理解。

参考答案：（1）詹姆斯－兰格理论：

詹姆斯－兰格理论认为，情绪产生时，先有引起个体反应的刺激，引起个体的生理或身体的反应，如身体器官、内脏和肌肉的反射性变化，从而引起了情绪体验。詹姆斯认为情绪是对身体变化的觉知（由于哭泣而悲伤，由于打斗而愤怒）。兰格认为情绪是内脏活动的结果，特别与血管活动变化有关。詹姆斯－兰格理论看到了情绪与机体变化的直接关系，这是其可取的一面；但他们片面强调植物性神经系统的作用，忽视了中枢神经系统的调节、控制作用，这是他们受到质疑的一面。

（2）坎农－巴德理论情绪：

坎农－巴德理论认为，情绪的中心不在外周神经系统，而在中枢神经系统的丘脑。由外界刺激引起感觉器官的神经从动，通过内导神经，传至丘脑；再由丘脑同时向上向下发出神经冲动，向上传至大脑皮层，引起情绪的主观体验，向下传至交感神经，引起机体的生理变化。坎农－巴德学说看到了中枢神经系统和脑在情绪产生中的作用，但并没有说明认知因素在情绪中的调节和控制作用。

（3）沙赫特的认知评价理论：

该理论由美国心理学家沙赫特和辛格在 20 世纪 60 年代提出，沙赫特和辛格认为，对于特定的情绪，有三个因素是必不可少的：第一，个体必须体验到高度的生理唤醒（如心率加快、手出汗、呼吸急促等）；第二，个体必须对生理状态的变化进行认知性的唤醒；第三，相应的环境因素。沙赫特和辛格进行了实验研究，提出情绪唤醒模型。

情绪唤醒模型这个工作系统包括三个亚系统。第一个亚系统：对来自环境的输入信息的知觉分析。第二个亚系统：在长期生活经验中建立起来的对外部影响的内部模式，包括过去、现在和对将来的期望。第三个亚系统：现实情景的知觉分析与基于过去经验的认知加工间的比较系统，称为认知比较器，它带有庞大的生化系统和神经系统的激活机构，并与效应器官相联系。

这个情绪唤醒模型的核心部分是认知，通过认知比较器把当前的现实刺激与存储在记忆中的过去经验进行比较，当知觉分析与认知加工间出现不匹配时，认知比较器就产生信息，动员一系列的生化和神经机制，释放化学物质，改变脑的神经激活状态，使身体适应当前情境的要求，这时情绪就被唤醒了。沙赫特和辛格理论又可称为认知－生理结合说。

综合考法 2 情绪与其他心理现象的关系

此考法常见于简答或论述题，考生要能够掌握情绪与认知之间的关系。

例 16：（四川大学，2016）简答：概述情绪对认知活动的影响。

【解析】本题考查情绪与其他心理现象的关系。

参考答案：情绪与认知的关系一直是心理学家关注的焦点。阿诺德认为只有在生理激活与认知－评价相结合时，情绪才能发生；沙赫特和辛格提出环境、认知和生理激活三因素论，明确指出，单独环境因素或生理因素均不能引起情绪，只有认知的参与、认知对环境因素以及生理唤醒的评价过程，才是情绪的机制。但是，情绪与认知的多种结构如何互相影响而起作用，研究者并没有达成一致的共识。总的来说，人们普遍认为，认知影响情绪，反过来，情绪也会影响认知。以下将举例阐述情绪对认知活动的影响：

（1）情绪调节与认知调节密切相关：

道奇等人认为，情绪系统和认知系统是信息加工过程中的两个子系统，情绪可以是信息加工过程的启动状态，也可以是信息加工的背景。道奇等人进一步提出，良好的认知调节包含以下步骤：通过知觉或再认唤醒需要调节的情绪；解释情绪唤醒的原因和认识改变情绪的方式和途径；做出改变情绪的决定和设定目标；产生适当的个体力所能及的调节反应；对反应进行一定的评价，尤其是评价这些反应是否达到目标；将调节付诸实践。

（2）情绪会引发与当前认知任务无关的情绪活动，增加工作记忆负荷，从而扰乱当前的任务执行过程：

“认知资源占用说”认为，无论是正性情绪还是负性情绪，都会引发与当前认知任务无关的思维活动，这些思维活动会占用认知资源。由于认知资源是有限的，因此，当认知任务，特别是执行控制任务本身需要较多的认知资源参与时，正性情绪和负性情绪引发的这些思维活动会占用有限的认知资源，进而损害任务表现。

（3）情绪对认知灵活性有重要影响：

Dreisbach 等人的研究发现正性情绪能够降低认知加工的固着性，增强对新异刺激的敏感度，从而促进认知灵活性。

（4）不同享乐色调的情绪状态对认知的影响：

一般来说，正情绪享乐度高，使人容易接受外界事物并容易引起对事物的兴趣，可以协调、组织认知活动，负情绪的基本享乐色调是不愉快并具有高强度的紧张维量，个体因为高度紧张而引起行动上的抑制，会破坏、瓦解和阻断认知活动。

（5）情绪强度对学习效果的影响：

不同的情绪唤醒水平就是情绪的强度，也同样会影响一个人的认知过程。耶基斯－多德森定律揭示了情绪唤醒水平与认知操作效果之间的关系。该定律认为，当我们在进行认知操作活动时，情绪强度不宜过高和过低，而应保持适中的水平，并且这一适中点还应根据认知操作活动难度作相应调整，认知操作活动的难度大时，适中点低些，难度小时，适中点高些，这样才能积极地发挥情绪对智力操作过程的调节功能。

（6）心境一致性效果与状态依赖性效果：

心境一致性效果指不同的情绪或心境能选择性地提高与心境一致的材料的学习或记忆效果。例如，个体高兴时，对高兴的材料的学习效果，比对悲伤的学习材料的学习效果更佳。状态依赖性效果是指学习和回忆时，具有相同的心境比具有不同的心境，记忆效果更好。例如，当学习和回忆都在高兴的情绪状态下进行，或者学习和回忆都在悲伤的情绪下进行，与学习是在高兴的情绪下进行，而回忆是在悲伤的情绪下进行相比，前两者的记忆效果会更好。

（7）情绪导致选择性加工：

研究表明，不同的情绪背景会导致我们选择性地对某一类信息进行注意、记忆、思维和判断。例如，焦虑的人对危险和威胁显得特别警惕，而悲伤或抑郁的人倾向于回忆过去的消极事件。

例 17：（深圳大学，2020）论述：请结合生活中的例子，谈谈如何理解情绪是认知过程、生理状态和环境共同作用的结合。

【解析】本题考查对情绪理论的理解应用。

参考答案：美国心理学家沙赫特和辛格提出对于特定的情绪来说，有三个因素是必不可少的。

（1）个体必须体验到高度的生理唤醒，如心率加快、手出汗、胃收缩、呼吸急促等。

（2）个体必须对生理状态的变化进行认知性唤醒。

（3）相应的环境因素。

（4）例如一个人在晚上走在路上突然遇到一条大灰狼，大灰狼迎面走来，这时候你额头冒汗，心跳加速；你环顾四周，竟然没有一个人，你把这种心理状态解释为自己害怕了，这里有危险。而如果是白天在动物园遇到大灰狼，我们不会有这样的反应，是因为我们能够对自己的生理唤醒状态结合环境的因素进行解释。

考研考法实战 答案见 D48 页

1.（华东师范大学，2012）论述：如何理解人的情绪生理反应、情绪主观体验以及两者的关系？

2.（湖南师范大学，2008/2009/2013）简答：情绪过程与认知过程的关系。

3.（深圳大学，2020）论述：请根据自己的经验和理解谈谈情绪和动机的关系。

第四节 情绪的调节

研究真题，明确考况

考试要求	统考		自主命题	
	考题	考查点	考题	考查点
1. 情绪调节	无	无	南京师范大学，2016 首都师范大学，2016	名词解释：情绪调节
			四川师范大学，2016 西南大学，2022	简答：情绪调节策略 论述：结合情绪理论提出情绪管理策略

考点 1 情绪调节

考研基础必备

1. 情绪调节的含义

情绪调节是个体管理和改变自己或他人情绪的过程。情绪调节有以下几个方面：

①具体情绪的调节：包括积极情绪的调节和消极情绪的调节。

②唤醒水平的调节：管理情绪体验和行为，使之处于适度的水平。

③情绪成分的调节：调节情绪的生理反应、主观体验和表情行为。

2. 情绪调节的特征

①情绪调节的恒定性；

②情绪调节过程的等级组织；

③情绪调节的个体差异和文化差异。

3. 情绪调节的基本类型

①从情绪调节过程的来源分类，可以分为内部调节和外部调节。

②根据情绪的不同特点可分为修正调节、维持调节和增强调节。

③原因调节和反应调节。

④良好调节和不良调节。

4. 情绪调节的过程

格罗斯的情绪调节过程模型：格鲁斯认为情绪调节是在情绪发生过程中展开的，在情绪发生的不同阶段，会产生不同的情绪调节，据此，他提出了情绪调节的过程模型。依据鲁斯的情绪调节模型，在情绪发生过程中每一个阶段都会有情绪调节，即情境选择、情境修正、注意分配、认知改变、反应调整。

1）情境选择

情境选择指个体对自己将要遭遇的人和事做出回避的或接近的选择，从而对可能产生的情绪做出一定的控制，情境的选择并不是随机的行为，它往往反映了个体对适当环境的一个选择，可能是有意识的，也可能是无意的。当个体已处于某种情绪诱发的情境中，对情境反应调节发生在情绪激活之后，是指通过增强、减少、延长或缩短反应等策略对情绪进行调整，即使对情绪做出一定修改，仍然可能对情绪进行调节。

2）情境修正

情境修正是通过改变和修正诱发情绪的情境的某一个方面和特点，而使情绪发生改变的努力和策略。例如，面对一个吵架的邻居，可以有三种解决方法：离开、忍受和制止。假如采取制止的方式，前去要求减弱噪声，就是情境修正的调节策略。情境的选择和情境的修正需要个体去改变所处的环境。然而，在不改变情境的前提下，调节情绪也是有可能的，因为每种情境也存在着不同的方面，并具有不同的意义，这样个体可以通过调整自己的注意和认识来改变情绪的产生过程。

3）注意分配

注意分配是通过转移注意和有选择地注意，对同一情境中的多方面进行注意上的调配，例如仅注意某一方面而忽视其他方面，就是对注意的调配。分心是将注意集中与情绪无关的方面，或将注意从目前的情境中转移开。专心是对情境中的某一方面长时间地集中注意，这时候个体可以创造一种自我维持的状态，如情绪专注是注意力集中在情感体验和这些情绪的结果上。

4）认知改变

认知调节是通过改变认识而进行的情绪调节的努力。情绪的产生需要个体对知觉到的情境赋予意义，并评估自己应付和管理该情境的能力。每一种情境元素都可以有多种意义，存在多种认识，对不同意义的确定和选择，可以改变情绪产生的过程从而调节情绪。从情境的选择到认知改变，反映情绪调节所产生的信息加工过程的不断深入。

5）反应调整

反应调整是指情绪已经被激发以后，对情绪反应趋势如心理体验、行为表达、生理反应等施加影响，表现为降低或增强情绪反应的行为表达。如果别人踩了你的脚，他没有表示歉意，尽管你很生气，但你会努力控制自己的愤怒情绪，就属于降低性的反应调整。如果你的情绪被一个热烈的群众性公益活动场合激起，增强了你的热情，这就是增强性的反应调整。

5. 情绪调节的维度

①生理调节；②情绪体验调节；③行为调节；④认知调节；⑤人际调节。

6. 情绪调节的策略

①回避和接近策略：也叫情境选择策略，它是通过选择有利情境、回避不利情境来实现的。

②控制和修正策略：通过改变情境中各种不利的情绪事件来实现的，通过控制情境来控制情绪的过程或结果。

③注意转换策略：包括分心和专注两种策略。

④认知重评策略：个体通过改变对情绪事件的理解和评价而进行情绪调节。

⑤表达抑制策略：抑制将要发生或正在发生的表情，调动自我控制能力，启动自我控制过程以抑制自己的情绪行为，是反应调节的一种策略。

⑥合理表达策略：采用恰当的表情，是情绪调节最为关键的策略。改变自己的不利情绪，如把愤怒转化为笑，把悲伤转为动力。也被称为情绪转换策略。

7. 情绪调节与身心健康

良好的调节能促进身心健康，而情绪失调不利于身心健康。例如，长期压抑悲伤和哭泣容易引起呼吸系统的疾病，抑制容易引起癌症，不表达情绪会加速癌症的恶化，压抑愤怒与心血疾病、高血压的发病率有着密切联系，因此，探讨情绪调节过程与健康的关系应该是研究情绪调节的一个重要方面。

考研考法突破

考法 1　考查情绪调节的含义

此考点考查频率不高，多以选择题及名词解释形式出现，在复习过程中，将情绪调节的含义理解记忆即可。

例 1：（首都师范大学，2014）名词解释：情绪调节。

【解析】本题考查情绪调节的内涵。

参考答案：情绪调节是每个人管理和改变自己或他人情绪的过程。情绪调节有以下几个方面：具体情绪的调节、唤醒水平的调节、情绪成分的调节。

考法 2　考查情绪调节的类型

此考法常见于选择或简答，考生掌握情绪调节的类型即可。

例 2：（河南大学，2016）简答：情绪调节的类型。

【解析】本题考查情绪调节的类型。

参考答案：情绪调节根据不同的分类标准，有不同的分类：

（1）内部调节和外部调节

从情绪调节过程的来源分类，可以分为内部调节和外部调节。

（2）修正调节、维持调节和增强调节

根据情绪的不同特点可分为修正调节、维持调节和增强调节。

（3）原因调节和反应调节。

（4）良好调节和不良调节。

考法 3　考查格罗斯的情绪调节模型

该考法常见于选择和简答题当中，考生需要掌握格罗斯情绪调节模型的几个阶段，并能结合实际进行分析。

例 3：（南京大学，2015）单选：根据格罗斯（Gross）的情绪调节的过程模型，以下哪个属于关注反应的调节策略？（　　）

A. 表达抑制　　B. 情境选择

C. 认知重评　　D. 注意转换

【解析】格罗斯认为情绪调节是在情绪发生过程中展开的，在情绪发生的不同阶段，会产生不同的情绪调节，据此，他提出了情绪调节的过程模型。依据格罗斯的情绪调节模型，在情绪发生过程中每一个阶段都会有情绪调节，即情境选择、情境修正、注意分配、认知改变、反应调整。反应调整是指情绪已经被激发以后，对情绪反应趋势如心理体验、行为表达、生理反应等施加影响，表现为降低或增强情绪反应的行为表达。如果别人踩了你的脚，他没有表示歉意，尽管你很生气，但你会努力控制自己的愤怒情绪，就属于降低性的反应调整。如果你的情绪被一个热烈的群众性公益活动场合激起，增强了你的热情，这就是增强性的反应调整。

参考答案：A

例 4：（东北师范大学，2015；天津大学，2021）论述：结合实例说明如何根据格罗斯（Gross）的情绪调节过程模型对情绪进行调节。

【解析】本题考查对格罗斯（Gross）的情绪调节过程模型的理解。

参考答案：格罗斯认为情绪调节是在情绪发生过程中展开的，在情绪发生的不同阶段，会产生不同的情绪调节，据此，他提出了情绪调节的过程模型。依据格罗斯的情绪调节模型，在情绪发生过程中每一个阶段都会有情绪调节，即情境选择、情境修正、注意分配、认知改变、反应调整。

（1）情境选择：

情境选择指个体对自己将要遭遇的人和事做出回避的或接近的选择，从而对可能产生的情绪做出一定的控制，情境的选择并不是随机的行为，它往往反映了个体对适当环境的一个选择，可能是有意识的，也可能是无意的。当个体已处于某种情绪诱发的情境中，对情境反应调节发生在情绪激活之后，是指通过增强、减少、延长或缩短反应等策略对情绪进行调整，即使对情绪做出一定修改，仍然可能对情绪进行调节。

（2）情境修正：

情境修正是通过改变和修正诱发情绪的情境的某一个方面和特点，而使情绪发生改变的努力和策略。例如，面对一个吵架的邻居，可以有三种解决方法：离开、忍受和制止。假如采取制止的方式，前去要求减弱噪声，就是情境修正的调节策略。情境的选择和情境的修正需要个体去改变所处的环境。然而，在不改变情境的前提下，调节情绪也是有可能的，因为每种情境也存在着不同的方面，并具有不同的意义，这样个体可以通过调整自己的注意和认识来改变情绪的产生过程。

（3）注意分配：

注意分配是通过转移注意和有选择地注意，对同一情境中的多方面进行注意上的调配，例如仅注意某一方面而忽视其他方面，就是对注意的调配。分心是将注意集中与情绪无关的方面，或将注意从目前的情境中转移开。专心是对情境中的某一方面长时间地集中注意，这时候个体可以创造一种自我维持的状态，如情绪专注是注意力集中在情感体验和这些情绪的结果上。

（4）认知改变：

认知调节是通过改变认识而进行的情绪调节的努力。情绪的产生需要个体对知觉到的情境赋予意义，并评估自己应付和管理该情境的能力。每一种情境元素都可以有多种意义，存在多种认识，对不同意义的确定和选择，可以改变情绪产生的过程从而调节情绪。从情境的选择到认知改变，反映情绪调节所产生的信息加工过程的不断深入。

（5）反应调整：

反应调整是指情绪已经被激发以后，对情绪反应趋势如心理体验、行为表达、生理反应等施加影响，表现为降低或增强情绪反应的行为表达。如果别人踩了你的脚，他没有表示歉意，尽管你很生气，但你会努力控制自己的愤怒情绪，就属于降低性的反应调整。如果你的情绪被一个热烈的群众性公益活动场合激起，增强了你的热情，这就是增强性的反应调整。

考研考法实战 答案见 D49 页

1.（广州大学，2015/2016）简答：什么是情绪调节？试述情绪调节的原理、类型和意义。

2.（四川师范大学，2016/2022；深圳大学，2022）简答：简述情绪调节的策略。

章节考点　综合训练

答案见 D49 页

一、单项选择题

1.（统考，2011）针对同一事件或现象，不同的人会产生不同的情绪体验。如在极度缺水的情况下，对于半杯水，甲觉得“还有半杯水，很高兴”；乙觉得“只有半杯水了，真痛苦”。这一现象反映的情绪特征是（　　）。

A. 主观性　B. 感染性　C. 情境性　D. 两极性

2.（统考，2011）在情绪研究中，研究者长期以来争论的主要问题是（　　）。

A. 情绪的产生是否与生理活动有关
B. 情绪是否具有动机功能
C. 情绪和认知是否相互独立
D. 基本面部表情是否具有跨文化的一致性

3.（统考，2018）在情绪反应中，与愤怒情绪产生关系最密切的神经中枢是（　　）。

A. 杏仁核　B. 小脑　C. 桥脑　D. 延脑

4.（统考，2019）人在高兴时眉开眼笑、愤怒时双目圆瞪。这些表情是（　　）。

A. 身段表情　B. 姿态表情　C. 面部表情　D. 言语表情

5.（广州大学，2015）情绪的功能包括（　　）。

A. 适应功能、动机功能、组织功能、信号功能
B. 调节功能、动机功能、组织功能、信号功能
C. 适应功能、动机功能、组织功能、控制功能
D. 调节功能、动机功能、组织功能、信号功能

6.（华中师范大学，2019）下列哪个现象体现的是情绪的动机功能？（　　）

A. 某人微笑时你会靠近
B. 缺氧时产生恐慌感
C. 情绪一致性加工效应
D. 情绪有利于人更好地生存与发展

7.（华中师范大学，2013）认为“人是因为笑所以才快乐，因为哭所以才伤心，因为战栗而恐惧”的情绪理论是（　　）。

A. 詹姆斯－兰格理论　B. 坎农－巴德理论
C. 认知评价理论　D. 认知理论

8.（南京大学，2015）詹姆斯－兰格理论认为（　　）。

A. 先产生情绪，而后才有机体的生理变化
B. 情绪体验和生理变化同时发生
C. 先有机体的生理变化，而后才有情绪
D. 人可以只产生情绪没有生理变化

9.（南京大学，2015）积极的情绪和情感可以调节和促进活动，消极的情绪和情感则可破坏和瓦解活动，说明情绪和情感具有（　　）。

A. 适应功能　B. 动机功能
C. 组织功能　D. 信号功能

10.（南京师范大学，2013）“赏心悦目”感属于情感中的（　　）。
A. 道德感　B. 美感　C. 理智感　D. 正义感

11.（南京师范大学，2013）“情绪体验弱，能冷静对待现实，易用意志控制情绪”描述的是性格的（　　）。
A. 认知特征　B. 情感特征　C. 意志特征　D. 态度特征

12.（福建师范大学，2021）单选：“乐极生悲”反映的情绪特征是（　　）。
A. 主观性　B. 感染性　C. 情境性　D. 两极性

13.（中央财经大学，2016）当获悉自己的球队获得冠军时，队员们欣喜若狂，此时的情绪状态是（　　）。
A. 激动　B. 喜悦　C. 激情　D. 心境

14.（华南师范大学，2012）对偏见、迷信、谬误的憎恨，属于（　　）。
A. 道德感　B. 理智感　C. 美感　D. 激情

15.（西南大学，2017）俗话说，“人逢喜事精神爽”，这种情绪状态属于（　　）。
A. 情调　B. 心境　C. 激情　D. 应激

16.（西南大学，2014）一般认为原始的情绪包括（　　）。
A. 激动与平静　B. 高兴与悲哀
C. 喜、怒、哀、乐　D. 喜、怒、哀、惧

17.（西南大学，2014）人在探索未知事件中，所产生的惊奇感、苦闷感属于（　　）。
A. 道德感　B. 理智感　C. 美感　D. 责任感

18.（西南大学，2015）在日常生活的交流中我们可以用微笑表示赞赏，用点头表示默认，这体现了情绪的（　　）。
A. 动机功能　B. 信号功能　C. 组织功能　D. 适应功能

19.（华东师范大学，2020）吊桥效应即当一个人提心吊胆地经过吊桥时，会不由自主地心跳加快，如果此时遇到心仪对象，那你对心仪对象的感觉会比平时更加强烈。能较好地解释此现象的情绪理论是（　　）。
A. 身体反应理论　B. 中枢主义理论
C. 动机分化理论　D. 认识评价理论

20.（东北师范大学，2017）当事人知道自己处于危险境地时，骤然间增加的恐惧感与紧张感放大和增强了自己逃脱险境的驱力，这主要体现了情绪的何种功能（　　）。
A. 适应功能　B. 动机功能　C. 组织功能　D. 社交功能

21.（福建师范大学，2013）山林里的老虎会让人产生恐惧感，但关在动物园的老虎却不会引起人的恐惧，这说明以下哪种因素在情绪产生中起了重要作用？（　　）
A. 刺激情境　B. 生理唤醒　C. 认知评价　D. 动机状态

22.（福建师范大学，2014）“优者见之则优，喜者见之则喜。”这是受一个人的（　　）影响所致。
A. 激情　B. 心境　C. 热情　D. 应激

23.（福建师范大学，2016）詹姆斯－兰格的情绪理论主要强调的是（　　）在情绪产生中的作用。
A. 中枢神经系统　B. 植物性神经系统
C. 认知评价　D. 动机水平

24.（广州大学，2017）“感时花溅泪，恨别鸟惊心”反映的情堵状态是（　　）
A. 心境　B. 激情　C. 应激　D. 焦虑

25.（广州大学，2016，2018）以下关于情绪和情感的说法中错误的是（　　）。
A. 以人的需要为中介，反映的是客观世界与主体需要之间的关系
B. 有其外部表现形式，包括面部表情、身体表情和动作表情
C. 是主体的一种主观感受，或者说是他的一种内心体验
D. 都会产生生理上的激活水平，不同的情绪情感的生理反应模式是不同的

26.（南京师范大学，2017）人在遇到危险时会产生恐惧、害怕等情绪，这说明情绪具有（　　）功能。
A. 适应　B. 表达　C. 组织　D. 社会

27.（南京师范大学，2017）典型的情绪状态不包含（　　）。
A. 心境　B. 激情　C. 应激　D. 兴趣

28.（复旦大学，2015）最准确的情绪识别线索经常是（　　）
A. 面部表情　B. 肢体语言　C. 生理反应　D. 主观报告

29.（华南师范大学，2019）人类的四种基本情绪包括（　　）
A. 欣喜、愤怒、悲哀、快乐
B. 喜爱、仇恨、愤怒、惊讶
C. 愤怒、快乐、恐惧、悲哀
D. 悲哀、快乐、惊讶、同情

30.（四川师范大学，2013）愤怒时“怒目圆睁”，狂喜时“手舞足蹈”，悲痛时“号啕大哭”，这种情绪状态是（　　）。
A. 激情　B. 应激　C. 心境　D. 心情

31.（四川师范大学，2018）提出情绪就是对身体变化的知觉的是（　　）。
A. 坎农　B. 詹姆斯　C. 阿诺德　D. 沙赫特

32.（天津师范大学，2017）小明骑车经过路口，突然蹿出一个小狗，他急忙刹车。停车后，心怦怦乱跳，并出了一身冷汗，这时他才感到“太可怕了”。这种现象所支持的情绪理论是（　　）。
A. 詹姆斯－兰格理论
B. 坎农－巴德理论
C. 阿诺德“评定－兴奋”理论
D. 沙赫特“认知－评价”理论

33.（福建师范大学，2013）下列哪个实验支持了情绪是认知过程、生理状态和环境因素共同作用的结果？（　　）
A. 华生的小艾尔伯特恐惧实验
B. 沙赫特－辛格的情绪系列实验
C. 阿诺德的情绪认知评估实验
D. 哈罗的恒河猴依恋实验

34.（四川师范大学，2022）突如其来的危险带来的异常恐惧，这种情绪状态是（　　）。
A. 心境　B. 激情　C. 应激　D. 激动

35.（华中师范大学，2022）个体首先体验到身体和生理的唤醒，然后才对特定的身体反应进行解释，继而有情绪体验。以上这个现象可以用下列哪个理论观点解释？（　　）
A. 坎农－巴德理论　B. 詹姆斯－兰格理论
C. 情绪 ABC 理论　D. 情绪的双因素理论

36.（华东师范大学，2022）外界刺激引发大脑活动后会产生生理唤醒和情绪体验，这两个反应之间没有因果关系。这一观点属于（　　）。
A. 身体反应理论　B. 中枢主义理论
C. 动机分化　D. 认知评价理论

37.（福建师范大学，2020）情绪和情感的心理内容是指（　　）。

A 认知评价　B 主观体验　C. 生理唤醒　D. 表情

二、多项选择题

1.（统考，2012）表情主要包括（　　）。

A. 面部表情　B. 躯体表情　C. 手势表情　D. 言语表情

2.（南京大学，2014）普拉切克（Plutchik）认为情绪的维度包括（　　）。

A. 强度　B. 相似性　C. 紧张度　D. 两极性

3.（西南大学，2014）人们知觉自己情绪的线索包括（　　）。

A. 生理唤起　B. 认识判断　C. 自愿行为　D. 公开行为　E. 他人评价

4.（西南大学，2015）以下与情绪态度有关的错觉包括（　　）。

A. 一日三秋　B. 风声鹤唳
C. 时间过得太慢　D. 光阴似箭

5.（统考，2022）拉扎勒斯的认知评价理论认为，评价包含（　　）。

A. 初评价　B. 次评价　C. 再评价　D. 终评价

三、名词解释

1.（南京师范大学，2012；陕西师范大学，2011/2022）应激。
2.（华中师范大学，2016；湖南师范大学，2012）心境。
3.（华中师范大学，2016）情绪劳动。
4.（南京师范大学，2016）情绪调节。
5.（山东师范大学，2018）言语表情。
6.（沈阳师范大学，2020；山东师范大学，2021）激情。
7.（天津大学，2021）情绪的动机分化理论。
8.（天津大学，2020）认知重评策略。

四、简答题

1.（苏州大学，2011；华东师范大学，2017）简述詹姆斯－兰格理论，并列举生活中的例子说明。
2.（北京林业大学，2020）简述心境、激情和应激的区别。
3.（复旦大学，2021；陕西师范大学，2021；华中师范大学，2022）请结合实例，阐述情绪的认知评价理论。
4.（统考，2021）新冠肺炎暴发期间，有人心慌，睡不好觉；有人容易盲从，听信谣言；有人疯狂抢购某些商品，出门后戴多层口罩，回家后不断洗手，请用应激的相关知识分析这些现象？
5.（福建师范大学，2021）请简述情绪动机－分化理论。
6.（山西大学，2021）简述表情的分类和功能。

五、论述题

1.（南京师范大学，2015）典型的情绪会结合评估、生理变化、体验、表达以及行为。请结合情绪理论谈一谈，从认知角度理解情绪的独特之处，认知视角如何理解情绪对个体心理与行为的影响。
2.（天津师范大学，2012）试论述沙赫特的两因素情绪理论和情绪唤醒模型。
3.（江西师范大学，2021）好的情绪有利于身心的调节，而消极的情绪不利于身心的调节，根据自身经验，说明情绪调节的定义和特征。
4.（广西师范大学，2021）论述大学生情绪调节的合理方法（至少 3 种）。
5.（内蒙古师范大学，2022）公司进行年底业绩考核，王强认为其他同事超过了自己，并会对自己进行不好的评价，联想到自己在之前公司表现良好，于是感到沮丧，想要换工作。小李认为自己在这一年能力有很大提升，并且在公司能够学习很多本领，他感到振奋，并告诉自己继续努力。请用情绪认知评定理论和成就理论分析王强和小李的心理状态产生原因。
6.（西南大学，2022）结合情绪理论阐述情绪产生的机制，并提出情绪管理的策略。

六、综合题

（统考，2016）根据下面的案例，应用动机的成就目标理论及情绪的“评定－兴奋”说，分析王刚和李强针对同一销售业绩产生不同反应的原因。

王刚和李强同是某跨国公司的新职员，在年终考核中他们取得了同样的销售业绩。王刚很沮丧，因为一些同事的业绩超过了他，联想到自己在先前公司中的骄人成绩，以及现在同事可能对他的消极评价，更是烦闷。他决定离开公司，找一个能够发挥自己能力的公司，争取销售业绩超过他人。而李强并不沮丧，他认为学到了许多营销的新知识，能力有了进一步的提高，而且工作很有挑战性。他决定在公司里继续努力，争取在下一年度取得更好的销售业绩。

第十一章 能 力

能力是人们经常挂在嘴边的一个词儿。如有人聪慧、有人笨拙；有人拥有出色的音乐才华，有人则极具组织才能；有人一生成就非凡，有人却碌碌无为等。本章首先介绍能力的科学概念，其次介绍能力的种类及结构，然后介绍了能力的理论，接着简要介绍了情绪智力及其相关的研究，最后介绍了能力的发展。通过本章的学习，我们能够更准确更科学地理解能力的实质，分析自己或他人的能力特点，更合理地使用能力，进而更有效地发展和发挥自己和他人的能力。本章中能力的理论部分考查频率较高，复习过程中需引起高度重视。

第一节 能力概述

研究真题，明确考况

考试要求	统考		自主命题	
	考题	考查点	考题	考查点
1. 能力含义	2007	单选：能力含义	华东师范大学，2012	单选：能力的含义
			重庆师范大学，2010	名词解释：能力
3. 能力与知识、技能	2010	单选：知识技能	南京大学，2014 南京师范大学，2014	单选：能力与知识、技能
4. 能力的种类	2010 2011 2012 2022	单选：能力种类 多选：流体智力	福建师范大学，2014/2015/2017 南京师范大学，2012/2014 西南大学，2014/2015/2017 华中师范大学，2011/2014 华东师范大学，2011/2014	单选：能力的种类
	2013	论述：情绪智力	首都师范大学，2016 湖南师范大学，2011 华东师范大学，2014	简答：能力种类

考点 1 能力的含义

考研基础必备

能力是一种心理特征，是顺利实现某种活动的心理条件。

能力包括两方面的内容：一方面是个体在某项任务或活动上现有的成就水平，因而人们已经学会的知识和技能就代表了他的能力；另一方面是容纳、接受或保留事物的可能性，即个体具有的潜力和可能性。

能力表现在个体所从事的各种活动中，并在活动中得到发展。

能力的产生与发展是与人类的社会生活分不开的。

考研考法突破

考法 1 考查能力的含义

该考点一般以选择或名词解释形式出现，考生需要掌握能力的含义。

例 1：（华东师范大学，2012）单选：顺利并有效率地完成某种活动所必须具备的个性心理特征是（　　）。

A. 能力　B. 智力　C. 技能　D. 知识

【解析】能力是直接影响活动效率，保证活动任务得以顺利完成的个性心理特征。

参考答案：A

考研考法实战 答案见 D53 页

1.（重庆师范大学，2010）名词解释：能力。

考点2　能力、才能和天才

考研基础必备

才能：人们要完成某种活动，往往需要多种能力的结合，这些能力相互结合，才能保证活动的顺利进行，这种结合在一起的能力就叫才能。

天才：能力的高度发展称天才。天才是能力的独特结合，它使人能够顺利地、独立地、创造性地完成某些复杂的活动，天才往往聚合着多种高度发展的能力。

需要指出的是，某种单一能力即使达到很高的发展水平，也不能被称为天才，仅能被称为“偏才”。

考研考法突破

考法1　考查能力、才能和天才的含义

该考点考查频率较低，考生需要理解能力、才能和天才的关系。

例2：单选：下列关于能力、才能和天才关系的表述，错误的是（　　）。

A. 多种能力结合在一起构成才能

B. 天才是能力的高度发展的结果

C. 天才是能力的独特结合

D. 天才是天生的

【解析】能力的高度发展称天才。天才是能力的独特结合，它使人能够顺利地、独立地、创造性地完成某些复杂的活动，天才往往聚合着多种高度发展的能力。

参考答案：D

考点3　能力与知识、技能的关系

考研基础必备

知识是人们所掌握的改造自然和改造社会的历史经验，即人脑对客观事物的主观表征。

技能是指人们通过练习而获得的动作方式和动作系统，可分为操作技能和心智技能。

能力不是知识、技能本身，它是知识掌握和技能形成过程中表现出来的心理特性。

三者关系：

1）区别

①能力、知识和技能属于不同范畴。能力是个体顺利完成某种活动所必需的个性心理特征，会经常、稳定地表现出来，属于个性心理特征的范畴。知识是人的心理活动过程的范畴，技能是个体在获得知识的基础上，运用某种活动的方式，技能是心理活动方式的范畴。

②能力、知识和技能具有不同的概括水平。知识和技能虽具有概括性，但对某些知识或某种具体技能来说，仍比较具体；而能力是对人的心理活动过程、活动方式和知识活动获得的概括，相对来说较为抽象。

③能力、知识和技能的发展水平不同步。相对来说，知识的获得要快些；技能需要有个练习过程；能力的形成与发展比知识获得和技能掌握要晚些。另外，在不同人身上可能具备相同水平的知识、技能，但能力却不一定相同。

2）联系

①能力是在掌握知识和技能的过程中形成和发展起来的，依赖知识、技能的获得。

②能力是获得和掌握知识与技能的前提，又是获得和掌握知识与技能的结果。人如果不具备必要的能力，就无法获得知识、形成技能。能力决定着知识掌握、技能形成的速度和巩固程度，也影响着对知识、技能的运用。

③能力的高低影响知识和技能的水平。

④技能是知识转化为能力的中间环节，知识和能力又是掌握技能的前提，技能的形成和发展有助于知识的获得和巩固。

考研考法突破

考法1　考查能力与知识、技能的关系

该考点一般会以单选或简答形式出现，复习过程中需将能力与知识、技能的关系理解记忆。

例3：（统考，2010）单选：下列关于能力发展与知识获得特点的表述，正确的是（　　）。

A. 能力发展慢，知识获得慢

B. 能力发展慢，知识获得快

C. 能力发展快，知识获得快

D. 能力发展快，知识获得慢

【解析】相对来说，知识的获得要快些；能力的形成与发展比知识获得要晚些。

参考答案：B

例4：（南京师范大学，2014）简答：什么是能力？能力与知识、技能的关系是什么？

【解析】本题考查能力、知识和技能的关系。

参考答案：

（1）能力是一种心理特征，是顺利实现某种活动的心理条件。知识是人们所掌握的改造自然和改造社会的历史经验，即人脑对客观事物的主观表征。技能是指人们通过练习而获得的动作方式和动作系统，可分为操作技能和心智技能。

（2）能力、知识、技能的区别：

①能力、知识和技能属于不同范畴。能力是个体顺利完成某种活动所必需的个性心理特征，会经常、稳定地表现出来，属于个性心理特征的范畴。知识是人的心理活动过程的范畴，技能是个体在获得知识的基础上，运用某种活动的方式，技能是心理活动方式的范畴。

②能力、知识和技能具有不同的概括水平。知识和技能虽具有概括性，但对某些知识或某种具体技能来说，仍比较具体；而能力是对人的心理活动过程、活动方式和知识活动获得的概括，相对来说较为抽象。

③能力、知识和技能的发展水平不同步。相对来说，知识的获得要快些；技能需要有个练习过程；能力的形成与发展比知识获得和技能掌握要晚些。另外，在不同人身

上可能具备相同水平的知识、技能，但能力却不一定相同。

（3）能力、知识、技能的联系：

①能力是在掌握知识和技能的过程中形成和发展起来的，依赖知识、技能的获得。

②能力是获得和掌握知识与技能的前提，又是获得和掌握知识与技能的结果。人如果不具备必要的能力，就无法获得知识、形成技能。能力决定着知识掌握、技能形成的速度和巩固程度，也影响着对知识、技能的运用。

③能力的高低影响知识和技能的水平。

④技能是知识转化为能力的中间环节，知识和能力又是掌握技能的前提，技能的形成和发展有助于知识的获得和巩固

考研考法实战 答案见 D53 页

1.（南京大学，2014）单选：能力和知识、技能的关系表现在（ ）。

A. 能力就是知识和技能

B. 能力包括知识和技能

C. 能力是掌握知识和技能的前提

D. 知识和技能水平一样的人能力也一样

考点 4 能力的种类

考研基础必备

1. 一般能力与特殊能力

一般能力：又称普通能力，在不同种类的活动中表现出来的能力，如观察力、记忆力、抽象概括能力、想象力、创造力等，其中抽象概括能力是一般能力的核心。一般能力也就是我们平常所说的智力。

特殊能力：在某种专业活动中表现出来的能力，是顺利完成某种专业活动的心理条件，如画家的色彩鉴别力等。一个人可以同时拥有多种特殊能力，但是只有其中某种特殊能力占优势。

一般能力与特殊能力的关系：

一般能力与特殊能力的关系是十分密切的。一方面，一般能力是特殊能力的重要组成部分，是特殊能力的基础；另一方面，特殊能力的发展有助于一般能力的发展。

2. 模仿能力和创造能力

模仿能力：又称再造能力，是指通过观察别人的行为和活动来仿效他人的言谈举止，然后以相同方式做出反应的能力。

创造能力：个体不受成规的束缚而能够灵活运用知识经验，产生新思想，或发现和创造新事物的能力，有独特性、变通性和流畅性三种特征。

模仿力与创造力的关系：

模仿力和创造力是两种不同的能力，动物只能模仿，但不会创造。模仿只能按现成的方式解决问题，而创造力能提供解决问题的新方式与新途径。两者又有密切的联系，人们常常是先模仿，然后再进行创造。模仿也可以说是创造的前提和基础。

3. 流体能力与晶体能力

卡特尔把智力的构成区分为流体智力和晶体智力两大类。

流体能力：即流体智力，在信息加工和问题解决过程中表现出来的能力，在新的情境中能够随机应变，解决目前无固定答案问题的能力。与个体基本心理能力有关，它几乎参与到个体的一切活动之中，如知觉、记忆、运算速度、推理能力、认知、类比、归纳演绎、对关系的认识、形成抽象概念的能力等。它较少地依赖于文化和知识的内容，而取决于个人的禀赋，即先天因素，很少受后天文化教育的影响。一般人 20 岁以后流体能力达到顶峰，30 岁开始下降，流体能力属于人类的基本能力，个体差异受教育文化影响较少，在编制适用于不同文化的所谓文化公平测验时，多以流体能力作为不同文化背景下智力比较的基础。

晶体能力：一个人所获得语言、数学等知识的能力，解决存在有固定答案的问题的能力，即可以依靠对资料信息的记忆、辨认和理解来解决问题的能力。它取决于后天学习和社会文化，晶体智力在一生中一直发展，25 岁后发展较平缓。

4. 认知能力、操作能力和社交能力

认知能力：人脑加工、储存和提取信息的能力，即我们一般所讲的智力，也就是一般能力。

操作能力：人们操作肢体、工具等以完成各项活动的能力。

社交能力：个体运用适当交往技巧增进与他人心理关系的能力，如组织管理能力、言语感染力、判断决策能力、调解纠纷能力等。

5. 情绪理解、控制和利用能力

1）情绪智力概念

萨洛维和梅耶认为情绪智力是指“精确的知觉、评估和表达情绪能力；利用情感促进思维的能力；理解情绪和情绪知识的能力；调节情绪、促进情绪和智力发展的能力”。也就是说，情绪智力是一种能力，包括认识情绪意义和它们关系的能力。他们还认为，情绪智力是横跨认知系统和情绪系统的操作，这种操作是以整体的方式进行的。

2）情绪智力的理论

梅耶和萨洛维提出了情绪智力的四维模型，该模型认为，情绪智力有四个维度：第一个维度就是情绪知觉和情绪识别，包括来自情绪系统的认知信息和输入信息；第二个维度是情绪对思维的促进作用，包括使用情绪促进认知加工；第三个维度是对情绪的理解和推理，包括对情绪认知加工和进一步着眼于问题解决的情绪信息加工；第四个维度是情绪管理，它关系到情绪的自我管理和其他人的情绪管理。这个模型主要采用信息加工理论作为情绪智力的理论基础。

3）情商

情商是情绪商数的简称，它代表了一个的情绪智力的指数。第一个使用 EQ 这个名词的人是巴昂。

戈尔曼针对职场的工作表现，提出了工作 EQ 的架构。戈尔曼的工作 EQ 内容共有 4 大项：自我察觉；自我管理；社交察觉；人际关系管理。

测量工作 EQ 的目前广泛使用的量表是情绪胜任力问卷（ECI），共 110 个题目。

考研考法突破

考法 1 考查不同种类能力的含义

此考法既可以以选择题形式考查考生对于不同种类能力

含义的理解，又可以以名词解释或简答题形式考查能力的种类。这里要注意的是，我们说的智力指的就是一般能力。

例 5：(统考，2010) 单选：通常认为，一般能力的核心成分是（   ）。

A. 观察能力 B. 记忆能力 C. 思维能力 D. 想象能力

【解析】一般能力：又称普通能力，在不同种类的活动中表现出来的能力，如观察力、记忆力、抽象概括能力、想象力、创造力等，其中抽象概括能力是一般能力的核心。一般能力也就是我们平常所说的智力。

参考答案：C

例 6：(西南大学，2015) 单选：智力通常是指一种（   ）。

A. 思维能力 B. 理解能力 C. 特殊能力 D. 一般能力

【解析】本题考查对一般能力的理解。一般能力也就是我们平常所说的智力。

参考答案：D

例 7：(湖南师范大学，2013/2009) 名词解释：一般能力。

【解析】本题考查一般能力的含义。

参考答案：一般能力：又称普通能力，在不同种类的活动中表现出来的能力，如观察力、记忆力、抽象概括能力、想象力、创造力等，其中抽象概括能力是一般能力的核心。一般能力也就是我们平常所说的智力。

考法 2 考查情绪智力的理论

此考法常以选择或论述形式出现，考生需要掌握情绪智力包含的内容，并能结合生活实践分析。

例 8：(统考，2013) 论述：在现实生活中人们经常可以发现，智商高的人在婚姻关系、子女养育、职场适应等方面并不一定成功。请根据萨罗维和梅耶的“情绪智力”观点加以分析与阐述。

【解析】本题考查情绪智力的理论。

参考答案：(1) 智力通常叫智慧，也叫智能。是人们认识客观事物并运用知识解决实际问题的能力。智力包括多个方面，如观察力、记忆力、想象力、分析判断能力、思维能力，应变能力等。智力的高低通常用智力商数来表示，是用以标示智力发展水平。

(2) 萨洛维和梅耶认为情绪智力是指“精确的知觉、评估和表达情绪能力；利用情感促进思维的能力；理解情绪和情绪知识的能力；调节情绪、促进情绪和智力发展的能力”。也就是说，情绪智力是一种能力，包括认识情绪意义和它们关系的能力。他们还认为，情绪智力是横跨认知系统和情绪系统的操作，这种操作是以整体的方式进行的。

(3) 题干中的智商高的人在婚姻关系、子女养育、职场适应等方面不一定成功，此处的智商指的推理、计划、问题解决、抽象思维、理解复杂思想、快速学习和从经验中学习等能力，这种智商高并不代表是情绪智力高，所以才会出现这种智商高但是人际关系处理中能力不强的现象。

考研考法实战

答案见 D53 页

1. (统考，2011) 单选：小张喜欢做新颖和有价值的事情，而且经常能够提出一些与众不同的观点。他所表现出来的能力是（   ）。

A. 一般能力 B. 特殊能力 C. 创造能力 D. 分析能力

2. (中央财经大学，2017) 单选：下列能力属于晶体智力的是（   ）。

A. 形成抽象概念的能力　B. 发现复杂关系的能力
C. 演绎推理能力　D. 获得语言知识的能力

3 (首都师范大学，2016) 简答：简述能力的种类。

4. (湖南师范大学，2011；华中师范大学，2022) 名词解释：情绪智力。

5. (南京大学，2020；广州大学，2021；西北师范大学，2022) 名词解释：流体智力。

第二节 智力理论

研究真题，明确考况

考试要求	统考		自主命题	
	考题	考查点	考题	考查点
1. 智力因素说	2008	单选：智力因素说	北京大学，2011 西南大学，2011/2016 陕西师范大学，2016 华东师范大学，2021 南京师范大学，2014	单选：智力因素说
			湖南师范大学，2017	简答：能力二因素理论
2. 智力结构理论	2007 2015	单选：三维结构模型	吉林大学，2011 南京师范大学，2016	单选：智力结构理论
3. 智力的信息加工理论	2009 2012 2013 2015 2016	多选：智力信息的加工理论	江西师范大学，2015 南京师范大学，2016 华东师范大学，2012 华中师范大学，2013/2022	单选：智力信息加工理论 单选：三元智力理论
	2017 2018	论述：三元智力理论	山东师范大学，2015 陕西师范大学，2012	简答/论述：智力信息加工的理论
	2015 2020	单选：多元智力的内容	山东师范大学，2015 陕西师范大学，2012	论述：多元智力的基本观点和对教学实践的影响 论述：多元智力的理论观点并评价

考点 1　智力因素说

考研基础必备

1. 独立因素说

桑代克提出了该理论，并认为人的能力是由许多独立的成分和因素构成的。不同的能力和不同的因素是彼此没有关系的，能力的发展只是单个能力的独立发展。

这一学说的提出马上遭到人们的批评，研究发现，人们在完成不同认知作业时，他们所获得的成绩具有明显相关。这说明各种能力并不是完全独立的。

2. 二因素说

1）理论观点

斯皮尔曼使用因素分析法研究后提出，能力是由一般因素和特殊因素两种因素构成的。

一般因素也称 G 因素，是人的基本的心理潜能，是决定一个人能力高低的主要因素。

特殊因素也称 S 因素，是保证人们完成特定作业或活动所必需的能力。

完成任何一种作业时，都有两种因素共同参加，活动中包含的 G 因素越多，各种作业成绩的正相关也就越高。相反，包含 S 因素越多，成绩的正相关就越低。个体间差异决定于个体 G 因素量是多少。

2）评价

斯皮尔曼二因素理论对理解能力结构有重要启发，区分一般因素与特殊因素，为研究一般能力与特殊能力的实质及其相互关系，制定测量方法奠定了基础。但是，他将一般因素与特殊因素绝对对立起来，没有看到二者之间的关系，不太科学。

3. 群因素理论

该理论是美国心理学家瑟斯顿提出来的。他反对二因素理论，认为个体的能力应该包括多种平等的基本能力因素，这些基本能力因素的不同组合便构成每个人独特的能力整体，它采用因素分析方法，提出 7 种基本心理能力。

①词语理解：理解语词含义的能力。

②语词流畅：迅速、正确地进行词义联想的能力。

③数字运算：迅速正确进行计算的能力。

④空间关系：方位辨别及空间关系判断的能力。

⑤联想记忆：机械记忆能力。

⑥知觉速度：借助知觉迅速辨别事物异同的能力。

⑦一般推理：根据经验做出归纳推理的能力。

瑟斯顿根据上述 7 种能力编制了基本心理能力测验，分别测量这些因素，结果发现各种基本心理能力并不是彼此独立的，它们之间存在不同程度的相关。瑟斯顿在其后来的理论中修改了关于各因素相互独立的看法，提出了二阶因素的概念，即在彼此相关的第一阶因素的基础上再度进行因素分析，提取高阶的共同因素，这样群因素就与二因素论趋于融合了。

4. 因素分析理论

卡特尔认为，智力是个体最重要的能力特质，能力特质是决定个体能否解决疑难问题的基本因素。卡特尔在因素分析中发现了普遍智力因素不是一种，而是两种，即流体智力和晶体智力。流体智力是晶体智力的基础。

考研考法突破

考法 1　考查二因素说

此考点多以选择或简答形式出现。考生需要掌握二因素的含义，并能理解二因素之间的关系。

例 1：（北京大学，2011）单选：斯皮尔曼提出的智力理论包括（　　）。

A. 流体智力和晶体智力

B. G 因素和 S 因素

C. 言语能力和操作能力

D. 分析能力、创造能力和实践能力

【解析】因素分析之父英国心理学家斯皮尔曼于 1904 年提出的智力结构二因素，认为人类智力包含 G 因素（一般因素）和 S 因素（特殊因素）。

参考答案：B

例 2：（西南大学，2016）单选：根据斯皮尔曼提出的智力二因素说，活动中包括的一般因素越多（　　）。

A. 各种作业成绩的正相关越高

B. 各种作业成绩的正相关越低

C. 各种作业成绩之间相互独立

D. 各种作业成绩取决于特殊因素，而与一般因素无关

【解析】二因素说是斯皮尔曼的智力结构理论，认为智力由一般因素和特殊因素构成。一般因素是完成任何活动都必备的共同因素，特殊因素是完成某种活动必备的特有因素。斯皮尔曼认为，活动中包含的 G 因素越多，各种作业的相关程度越高；相反，S 因素越多，成绩的正相关越低。

参考答案：A

考法 2　考查群因素理论

此考点常以选择或简答形式出现，考生要掌握群因素理论所包含的内容。

例 3：（沈阳师范大学，2021）简答：简述瑟斯顿的能力理论。

【解析】本题考查群因素理论。

参考答案：瑟斯顿否认了 G 因素和 S 因素的存在，认为智力是由 7 种基本能力或原始能力构成的，采用了因素分析法，提出了这 7 种基本心理能力分别是：语词理解（V）、语词流畅（W）、数字运算（N）、空间关系（S）、联想记忆（M）、知觉速度（P）和一般推理（R）。

瑟斯顿在其后来的理论中修改了关于各因素之间独立性的看法，提出了二阶因素的概念，即在彼此相关的第一阶因素的基础上，再度进行因素分析，提取高阶的共同因素，这样群因素论就与二因素论趋于融合了。

考法 3　考查因素分析理论

卡特尔的因素分析理论，在发展心理学也属于重点内容，考生需要掌握因素分析包括的内容以及二者的发展趋势。

例 4：（陕西师范大学，2016）画图：画出卡特尔的液体智力与晶体智力变化图。

【解析】本题考查卡特尔的液体智力与晶体智力。

参考答案：

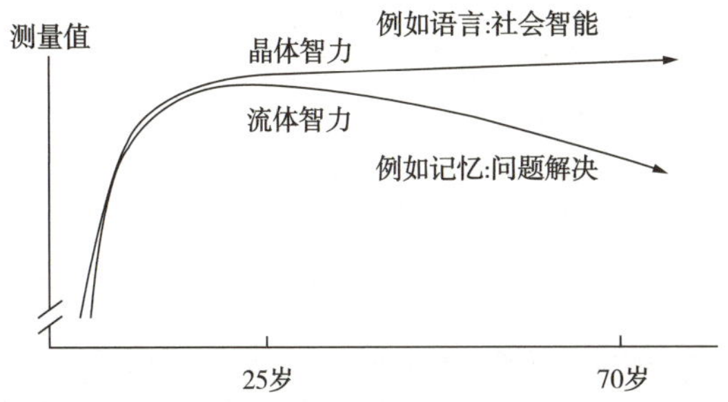

例 5：（四川师范大学，2018；陕西师范大学，2021）名词解释：液体智力。

【解析】本题考查液体智力的含义。

参考答案：卡特尔将智力分为液体智力和晶体智力。液体智力是指在信息加工和问题解决过程中所表现出来的能力，如对关系的认识，类比、演绎推理能力，形成抽象概念的能力等。它较少地依赖于文化和知识的内容，而决定于个人的禀赋，与年龄的发展密切相关，一般在 20 岁以后达到顶峰，30 岁后随年龄的增长而降低。

考研考法实战 答案见 D54 页

1.（南京师范大学，2014）单选：提出智力二因素理论的是（　　）。

A. 比奈－西蒙　　B. 推孟
C. 斯皮尔曼　　D. 韦克斯勒

2.（西南大学，2011）单选：按照卡特尔（R.B.Cattell）的观点，属经验习得的智力是（　　）。

A. 晶态智力　　B. 内容智力
C. 泛文化智力　　D. 液态智力

3.（湖南师范大学，2017）简答：简述斯皮尔曼的能力二因素理论。

考点 2　智力结构理论

考研基础必备

1. 吉尔福特的三维结构模型

吉尔福特认为智力应当包括三个维度：内容、操作和产物。

1）智力活动的内容

包括听觉、视觉、符号（字母、数字及其他符号）、语义（语言的意义概念）和行为（本人及别人的行为）五类，它们是智力活动的对象或材料。

2）智力操作

指智力活动的过程，它是由上述种种对象或材料引起的，包括认知（理解、再认）、记忆（保持）、发散思维（对一个问题寻找多种答案或思想）、聚合思维（对一个问题寻找最好、最适当、最普通的答案）和评价（对一个人的思维品质做出某种决定）。

3）智力活动的产品

运用智力操作得到的结果，这些结果可以按单元计算，也可以分类处理，也可以表现为关系、转换、系统以及应用。

由于三个维度和多种形式的存在，人的智力可以在理论上分为 5×5×6=150 种。

2. 层次结构理论

弗农（Vernon）继承和发展了斯皮尔曼的二因素说，认为智力不是由彼此无关的群因素构成的，提出智力的结构是按层次排列的，智力最高层次是一般因素 G；第二层次分为两大因素群，即言语和教育方面的因素以及操作和机械方面的因素，叫大因素群；第三层次为小因素群，包括言语理解、数量、机械信息、空间能力、手工操作等；第四层次为特殊因素 S，即各种各样的特殊能力。弗农的能力层次结构理论像生物分类学的分类系统那样来设想能力的结构。

考研考法突破

考法 1　考查吉尔福特的三维结构模型

这种考法常见于与选择题或者简答题当中，考生需要掌握三维结构模型的内容。

例 6：（吉林大学，2011）单选：能力的“三维结构模型”的提出者是（　　）。

A. 吉尔福特　　B. 斯腾伯格
C. 艾宾浩斯　　D. 弗洛伊德

【解析】吉尔福特根据智力测验研究结果的因素分析法，否认 G 因素的存在，坚持智力因素的独立性。他认为，智力可以区分为三个维度，提出了“三维结构模型”。

参考答案：A

例 7：（统考，2015/2022）单选：下图所示的吉尔福特的智力三维结构模型中，a、b、c 分别代表（　　）。

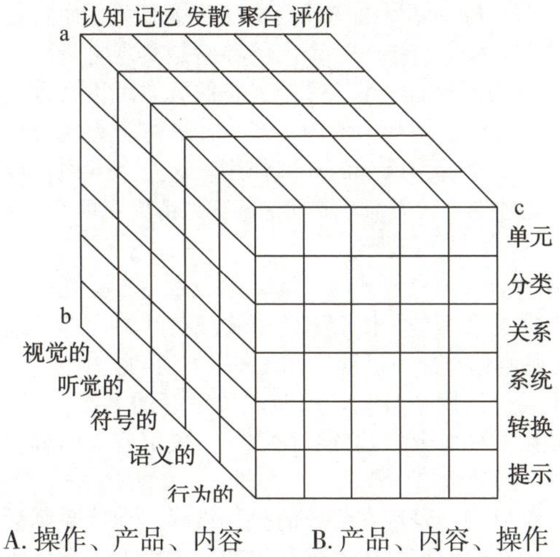

A. 操作、产品、内容　　B. 产品、内容、操作
C. 内容、操作、产品　　D. 操作、内容、产品

【解析】吉尔福特认为智力可以区分为三个维度。内容：包括听觉的、视觉的、符号的、语义的、行为的这 5 个因素，是智力活动的对象或材料。操作：包括认知、记忆、发散思维、聚合思维、评价这 5 个因素，是智力活动的过程。产物：包括单元、类别、关系、转换、系统、蕴含这 6 个因素，是智力操作所得的结果

参考答案：D

例 8：（四川大学，2013）简答：简述吉尔福德智力结构模型的基本内容。

【解析】本题考查吉尔福特三维结构模型的内容。

参考答案：吉尔福特认为智力应当包括三个维度：内容、操作和产物。

（1）智力活动的内容：

包括听觉、视觉、符号（字母、数字及其他符号）、语义（语言的意义概念）和行为（本人及别人的行为）五类，它们是智力活动的对象或材料。

（2）智力操作：

指智力活动的过程，它是由上述种种对象或材料引起的，包括认知（理解、再认）、记忆（保持）、发散思维（对一个问题寻找多种答案或思想）、聚合思维（对一个问题寻找最好、最适当、最普通的答案）和评价（对一个人的思维品质做出某种决定）。

（3）智力活动的产品：

运用智力操作得到的结果，这些结果可以按单元计算，也可以分类处理，也可以表现为关系、转换、系统以及应用。

由于三个维度和多种形式的存在，人的智力可以在理论上分为 5×5×6=150 种。

考法 2　考查层次结构理论

此考点考查对理论的理解，在复习过程中，将层次结构理论理解记忆即可。

例 9：简答：简述弗农的智力层次结构理论。

【解析】：本题考查层次结构理论。

参考答案：弗农（Vernon）继承和发展了斯皮尔曼的二因素说，认为智力不是由彼此无关的群因素构成的，提出智力的结构是按层次排列的，智力最高层次是一般因素 G；第二层次分为两大因素群，即言语和教育方面的因素以及操作和机械方面的因素，叫大因素群；第三层次为小因素群，包括言语理解、数量、机械信息、空间能力、手工操作等；第四层次为特殊因素 S，即各种各样的特殊能力。

考研考法实战 答案见 D54 页

1.（南京师范大学，2016）单选：强调能力是包含多种成分的复杂结构的理论提出者是（　　）。

A. 桑代克　B. 斯皮尔曼　C. 吉尔福特　D. 斯滕伯格

考点 3　智力的信息加工理论

考研基础必备

信息加工理论把人的能力和智力看成一个过程，它由不同阶段组成，并由某些更高的决策过程组织起来。

1. 智力三元理论

斯腾伯格认为，人的智力活动总是在一定社会文化背景下发生发展的，不同文化条件下判断智力活动的标准不同，但是，相同的智力活动的内在心理机制是相同的。智力活动不但与个体所处的社会文化环境有关，而且也与其内在的心理机制有关，一个人的经验是实现自身内心世界与外部环境之间的纽带。一个完备的智力理论必须说明智力的三个方面，即智力的内在成分，这些智力成分与经验的关系，以及智力成分的外部作用。这三个方面构成了智力成分亚理论、智力经验亚理论和智力情境亚理论：

1）智力成分亚理论

阐明个体智力与其内在活动的关系，主要处理个体内部的心理关系，是个体对客体事物或符号的内部表征进行操作的基本信息加工过程，表现在以下活动之中：

元成分：用于计划、控制和决策等的高级执行过程，元成分在三种成分中起核心作用，它决定着人们解决问题时所使用的策略。

操作成分：表现在任务的执行过程，指接受刺激，将信息保持在短时记忆中并进行比较，它负责执行元成分的决策。

知识获得成分：用于获取和保持新信息的过程。它负责接受新刺激，做出判断与反应，以及对新信息进行编码和存储，包括学习、保持和迁移成分。

2）智力的经验亚理论

阐明个体智力与其经验之间的关系，主要处理个体解决新问题，以及随着经验的增加而将这种认知活动自动化的能力。

3）智力情境亚理论

阐明个体智力与其环境之间的关系，主要处理个体与外部环境之间的关系，含有个体适应、塑造及选择环境的能力。

适应：人们通过发展有用技能和行为使自己适应环境的能力。

选择：人们在环境中找到自己适当位置的能力。

塑造：如果个人不能或不能很好地适应他所在的环境或不能选择一个新环境，智力活动可能对环境本身进行塑造。

成功智力（successful intelligence）是一种用以达到人生中主要目标的智力，对现实生活的影响举足轻重。成功智力包括分析性智力、创造性智力和实践性智力三个方面。

分析性智力涉及解决问题和判定思维成果的质量，强调比较、判断、评估等分析思维能力；

创造性智力涉及发现、创造、想象和假设等创造思维的能力；

实践性智力涉及解决实际生活中问题的能力，包括使用、运用及应用知识的能力。

成功智力是一个有机整体，用分析性智力发现好的解决办法，用创造性智力找对问题，用实践性智力来解决实际问题，只有这三个方面协调、平衡时才最为有效。

2. 智力 PASS 模型

纳格利尔里和戴斯提出的 PASS 模型是建立在鲁利亚的机能系统学说的基础之上的。

有人依此编制了标准化 PASS 测验。

PASS 是指“计划—注意—同时性加工—继时性加工”，它包含了三层认知系统和四种认知过程。其中注意系统又称注意－唤醒系统（第一机能系统），它是整个系统的基础；同时性加工和继时性加工统称为信息加工系统（第二机能系统），处于中间层次；计划系统处于最高层次（第三机能系统），负责监督、管理、调节其他心理过程。三个系统之间有一种动态的联系，注意、信息加工和计划之间是相互作用和相互影响的。计划过程需要充分的唤醒状态，以使注意能够集中，进而促使计划的产生。信息加工和计划过程也密不可分，现实生活中的任务往往能以不同的方式进行编码，个体如何选择加工方式需要计划功能的参与，所以同时性和继时性加工都会受到计划功能的影响。

3. 多元智力理论

加德纳认为智力的内涵是多元的，是一个复杂的系统。智力 8 种相对独立的智力成分构成：①言语智力（运用言语能力），②逻辑 - 数学智力（数学运算与逻辑能力），③空间智力（辨别方向之类的，大脑右半球），④音乐智力（对声音的辨别和韵律的表达能力，大脑右半球），⑤运动智力（操作身体的能力，大脑运动神经皮层），⑥人际智力（与人交往的能力，大脑前额叶），⑦自知智力（认识自己的能力，大脑前额叶），⑧自然智力（各种认识和感知世界的能力）。每种智力都是一个单独的功能系统，这些系统相互作用，产生外显的智力行为。

考研考法突破

考法 1　考查智力三元理论

此考点为高频考点，需引起高度重视，考题中能以选择题、简答题、论述题形式出现，在复习过程中，需将智力三元理论理解记忆。

例 10：（江西师范大学，2015）单选：提出三元智力理论的是（　　）。

A. 卡特尔　B. 加德纳　C. 斯腾伯格　D. 吉尔福特

【解析】斯腾伯格认为，人的智力活动总是在一定社会文化背景下发生发展的，不同文化条件下判断智力活动的标准不同，但是，相同的智力活动的内在心理机制是相同的。一个完备的智力理论必须说明智力的三个方面，即智力的内在成分，这些智力成分与经验的关系，以及智力成分的外部作用。这三个方面构成了智力成分亚理论、智力经验亚理论和智力情境亚理论。

参考答案：C

例 11：（天津师范大学，2011；浙江师范大学，2022）论述：论述斯腾伯格的智力三元论。

【解析】本题考查斯腾伯格的智力三元论。

参考答案：斯滕伯格的智力三元论认为：智力由三个方面构成，①智力的内在成分——智力成分亚理论：智力的三种过程为元成分、操作成分和知识获得成分，元成分用于计划、控制和决策的高级执行过程；操作成分负责执行元成分的决策，表现在任务的执行过程中；知识获得成分指获取和保存信息的过程。其中元成分起着核心作用，它决定人们解决问题时所使用的策略。这一亚理论阐述智力的内在成分，解释人的分析能力。②智力成分与经验的关系——智力经验亚理论：智力包括两种能力，即处理新任务新环境要求的能力和信息加工过程自动化的能力。这一亚理论阐述智力成分的外部作用，解释人的创造能力。③智力成分的外部作用——智力情景亚理论：智力是指获得与情境拟合的心理活动，智力表现为有目的地适应环境、塑造环境和选择新环境的能力，统称情景智力。这一亚理论阐述智力成分与经验的关系，解释人的实践能力。

考法 2　考查成功智力

此考法常见于选择及名词解释当中，考生需要理解成功智力的概念，以及成功智力包含的三种成分的含义。

例 12：（统考，2012）单选：某学生学业成绩名列前茅，但其他方面却表现平平。根据斯滕伯格的成功智力理论，该学生在校期间表现优异的智力是（　　）。

A. 分析性智力　　B. 创造性智力

C. 实践性智力　　D. 综合性智力

【解析】本题考查的是成功智力三种成分的理解。成功智力是一种用以达到人生中主要目标的智力，对现实生活的影响举足轻重。成功智力包括分析性智力、创造性智力和实践性智力三个方面。（1）分析性智力涉及解决问题和判定思维成果的质量，强调比较、判断、评估等分析思维能力；（2）创造性智力涉及发现、创造、想象和假设等创造思维的能力；（3）实践性智力涉及解决实际生活中问题的能力，包括使用、运用及应用知识的能力。在学校成绩很好属于分析性智力。

参考答案：A

例 13：（河南大学，2010）多选：斯滕博格提出的成功智力包括的主要成分有（　　）。

A. 操作性智力　　B. 社会性智力

C. 分析性智力　　D. 创造性智力

E. 实践性智力

【解析】本题考查成功智力包括的成分。斯滕伯格认为成功智力包括分析性智力、创造性智力和实践性智力三个方面。因此本题 CDE

参考答案：CDE

考法 3　考查智力 PASS 模型

此考点多以选择题或者简答题形式出现，考生需要掌握 PASS 模型的内容以及它们内部之间的层次关系。

例 14：（南京师范大学，2016）单选：提出智力的 PASS 理论的心理学家是（　　）。

A. 斯皮尔曼　B. 桑代克　C. 戴斯　D. 卡特尔

【解析】该题考查能力的理论。戴斯提出了 PASS 模型，该模型主要是指计划—注意—同时型加工—继性加工。它包含了三层认知系统和四种认知过程。桑代克的独立因素说、斯皮尔曼的二因素说（一般因素和特殊因素）、加德纳的多元智力理论都属于能力的因素说。斯滕伯格的智力三元论和戴斯的 PASS 模型属于能力的信息加工理论，吉尔福特的三维结构模型和弗农的层次结构理论属于能力的结构理论。

参考答案：C

例 15：（河南大学，2009；陕西师范大学，2021）名词解释：智力的 PASS 模型

【解析】：本题考察智力的 PASS 模型

参考答案：PASS 是指“计划—注意—同时性加工—继时性加工”，它包含了对应着鲁利亚机能系统说的三层认知系统的四种认知过程。

其中注意系统又称注意 - 唤醒系统（第一机能系统），它是整个系统的基础；同时性加工和继时性加工统称为信息加工系统（第二机能系统），处于中间层次；计划系统处于最高层次（第三机能系统），负责监督、管理、调节其他心理过程。三个系统间呈动态联系，相互影响，协调合作，保证了一切智力活动的进行。三种机能单元相互联系，同时又有自己不同的机能，从而各自保持相对独立，但三种机能都依赖个体的知识。

考法 4　考查多元智力理论

这种考法可以以多种形式进行考查，既可以以选择题考察多元智力理论包括的是哪几种智力，也可以以简答或论述的形式要求考生利用多元智力理论结合生活实践进行

分析。

例 16：（统考，2015）多选：根据加德纳的观点，多元智力有（　　）。

A. 一般智力和特殊智力

B. 社交智力和自知智力

C. 音乐智力，运动智力和自然智力

D. 言语智力，逻辑－数学智力和空间智力

【解析】加德纳认为智力的内涵是多元的，是一个复杂的系统。智力 8 种相对独立的智力成分构成：①言语智力（运用言语能力），②逻辑－数学智力（数学运算与逻辑能力），③空间智力（辨别方向之类的，大脑右半球），④音乐智力（对声音的辨别和韵律的表达能力，大脑右半球），⑤运动智力（操作身体的能力，大脑运动神经皮层），⑥人际智力（与人交往的能力，大脑前额叶），⑦自知智力（认识自己的能力，大脑前额叶），⑧自然智力（各种认识和感知世界的能力）。

参考答案：BCD

例 17：（山东师范大学，2015；四川师范大学，2022；华中师范大学，2022）论述：试述多元智力理论的基本观点和对教学实践的影响。

【解析】本题考查多元智力理论的基本观点及应用。按要求回答即可。

参考答案：（1）多元智力理论的基本观点：

美国心理学家加德纳认为，智力的内涵是多元的，它由八种相对独立的智力成分所构成。每种智力都是一个单独的功能系统，这些系统可以相互作用，产生外显的智力行为。这八种成分分别是：

①音乐智力：包括对声音的辨别和韵律表达的能力，如作曲。大脑的右半球对音乐的感知和创造起重要的作用。研究表明，脑损伤会造成人的“失歌症”或是音乐能力的丧失。

②运动智力：包括支配身体完成精密工作的能力，如打篮球。身体运动由大脑运动神经皮层控制，大脑的每一个半球都控制或支配对侧身体的运动。

③人际智力：包括与人交往且能和睦相处的能力，比如理解别人的行为、动机或情绪。大脑前额叶在人际关系的知觉和处理方面起主要作用，这一区域受到损伤，虽然不会影响个体解决其他问题的能力，但会引起性格的很大变化。

④空间智力：包括认识环境、辨别方向的能力，比如查阅地图等。大脑右半球掌管空间位置的判断。大脑的右后部受伤的病人，会失去辨别方向的能力，易于迷路，其辨别面孔和关注细节的能力明显减弱。

⑤言语智力：包括阅读、写文章或小说以及日常会话的能力。大脑的“布洛卡区”负责产生合乎语法的句子。这个区域受到损伤的人，能够很好地理解单词和句子，但不能将单词组成句子。

⑥逻辑－数学智力：包括数学运算与逻辑思考的能力，比如做数学证明题及逻辑推理。

⑦自然智力：包括认识、感知自然界事物的各种能力，如敏锐地觉知周围环境的改变，善于将自然界中看似无关的基本元素有机地联系起来，对生物和环境感兴趣，向往自然，关心环境和濒临物种等。

⑧自知智力：包括认识自己并选择自己生活方向的能力。像社交智力一样，大脑额叶对自知智力也起着重要作用。

（2）多元智力理论对教学实践的影响：

在教学实践中，多元智能理论的产生为我们提供了新的看问题方法，给我们很多启示。

首先，使我们转变旧的观念。多元智能理论提供了一种更完备的智能，使人们在教育目标上展现出更广阔的视野。既然人有八种智能，而每类智能又并非均衡发展、齐头并进的，我们教育工作者和家长的任务就在于如何创设活动情景，提供表现机会，主动发现每个孩子潜能和不足，创造条件，因势利导，扬长避短，鼓励尖子人才脱颖而出。

其次，提高教育的适应性。既然我们的教育面对的是活生生的人，每个人都有潜在的智能、求知的渴望、上进的心向，我们的教育就应该认真研究，如何从每个学生不同的智能结构、兴趣爱好和学习方式出发，选择与之相适应的教育内容、教育方式和方法。对每个孩子的潜能与不足进行诊断，在此基础上制订个别教育计划，结合每个孩子的最近发展区来制定学习目标和有针对性的措施，然后根据目标达成度来进行个别评价和修订计划。

再次，提倡教师要因材施教，推动教育民主化进程。多元智能理论“承认存在许多不同的、相互独立的能力，承认不同的人具有不同的认知能力和认知方式”，强调教师应该给每个儿童均等的发展机会。多元智能理论教育我们，所有的学生都很聪明，只不过他们聪明的方式不同。每个人都以各种方式与世界联系着，因此每个人都有能力运用以上不同的学习形式。但是，任何人都有其适合的典型学习形式。正视差异善待差异，是推进教育民主化进程的重要前提。

考研考法实战 答案见 D54 页

1.（华东师范大学，2012）单选：提出智力的 PASS 理论的心理学家是（　　）。

A. 斯皮尔曼　B. 桑代克　C. 戴斯　D. 卡特尔

2.（华中师范大学，2013）单选：认为智力是在某种文化环境的价值标准之下，个体用以解决问题与生产创造所需的能力的心理学家是（　　）。

A. 弗南（Vernon）　B. 吉尔福特（Guilford）

C. 卡特尔（Cattell）　D. 加德纳（Gardner）

3.（陕西师范大学，2012；广州大学，2021；深圳大学，2021）论述：试述加德纳的多元智力理论的主要观点，对其理论的评价。

综合问题 1　各智力理论理解及评价

综合考法 1　不同智力理论的对比

此考法常见于选择题或论述题中，考生需要掌握不同智力理论的观点，同时将不同理论进行对比记忆。

例 18：（江西师范大学，2014）单选：以下叙述不正确的是（　　）。

A. 斯皮尔曼认为智力是一种普遍而概括的能力

B. 瑟斯顿认为智力包含一群不相关的原始能力

C. 吉尔福特建立了智力的三维结构模型

D. 卡特尔用词汇测验语词理解能力

【解析】斯皮尔曼认为，能力是由一般因素 G 和特殊因素 S 两个部分构成的，A 选项叙述不正确；美国心理学家塞斯顿认为，任何智力活动都是由许多彼此互不相关的原始因素共同起作用的结果，B 选项正确；美国心理学家吉尔福特于 20 世纪 60 年代提出了智力结构的理论，C 选项正确；美国心理学家卡特尔等人主张智力由两种成分构成，一种是流体智力，另一种是晶体智力，D 选项正确。

参考答案：A

例 19：（苏州大学，2015）简答：简述心理学有关的智力的主要理论。

【解析】本题考查智力主要理论，按要求回答即可。

参考答案：智力的主要理论包括：智力结构的传统理论和智力结构的新理论。

1. 智力结构的传统理论：

（1）二因素论：斯皮尔曼根据人们完成智力任务时成绩的相关程度，提出能力由两种因素组成：一种是一般能力或一般因素，简称 G 因素，代表人的基本心理潜能，是决定一个人能力高低的主要因素。另一种是特殊能力或特殊因素，简称 S 因素，它是人们完成某些特定的任务或活动所必需的。

（2）群因素论：瑟斯顿采用因素分析方法，在统计了 56 个不同测验结果的基础上，提出了 7 种基本心理能力：①语词理解；②语词流畅；③数字运算；④空间关系间关系判断的；⑤联想记忆；⑥知觉速度；⑦一般推理。

（3）三维结构模型：吉尔福特认为，智力应当包括三个维度，即内容、操作和产物。①智力活动的内容包括听觉、视觉、符号、语义、行为。它们是智力活动的对象或材料。②操作智力指智力活动的过程，它是由上述种种对象或材料引起的。包括认知、记忆、发散思维、聚合思维、评价。③智力活动的产物是指运用上述智力操作所得到的结果。这些结果可以按单元计算，可以按类别处理，也可以表现为关系、系统、转换和应用。

2. 智力结构的新理论：

（1）多元智力理论，它是由加德纳提出的。加德纳认为，智力的内涵是多元的，它由 8 种相对独立的智力成分构成，每一种智力依据某一社会对它的需要、奖赏以及它对社会的作用，其价值也不同。包括言语智力、逻辑－数学智力、空间智力、音乐智力、运动智力、人际智力、自知智力、自然智力。

（2）智力的三元论。斯腾伯格提出了智力的三元理论。一个完备的智力理论必须说明智力的三个方面，即智力的内在成分，这些智力与经验的关系，以及智力成分的外部作用。这三个方面构成了智力成分亚理论、智力情境亚理论和智力经验亚理论。

（3）智力的 PASS 模型。PASS 是指“计划—注意—同时性加工—继时性加工”。它包含了三个认知系统和四种认知过程。其中注意系统又称注意－唤醒系统，它是整个系统的基础；同时性加工和继时性加工统称为信息加工系统，处于中间层次；计划系统处于最高层次。三个系统协调合作，保证了一切智力活动的运行。

例 20：（河南大学，2018）论述：比较智力三元论与智力 PASS 模型的区别。

【解析】本题考查对智力理论的理解。

参考答案：斯腾伯格认为，人的智力活动总是在一定社会文化背景下发生发展的，不同文化条件下判断智力活动的标准不同，但是，相同的智力活动的内在心理机制是相同的。智力活动不但与个体所处的社会文化环境有关，而且也与其内在的心理机制有关，一个人的经验是实现自身内心世界与外部环境之间的纽带。一个完备的智力理论必须说明智力的三个方面，即智力的内在成分，这些智力成分与经验的关系，以及智力成分的外部作用。这三个方面构成了智力成分亚理论、智力经验亚理论和智力情境亚理论。

● 智力成分亚理论：阐明个体智力与其内在活动的关系，主要处理个体内部的心理关系，是个体对客体事物或符号的内部表征进行操作的基本信息加工过程，表现在以下活动之中：

元成分：用于计划、控制和决策等的高级执行过程，元成分在三种成分中起核心作用，它决定着人们解决问题时所使用的策略。

操作成分：表现在任务的执行过程，指接受刺激，将信息保持在短时记忆中并进行比较，它负责执行元成分的决策。

知识获得成分：用于获取和保持新信息的过程。它负责接受新刺激，做出判断与反应，以及对新信息进行编码和存储，包括学习、保持和迁移成分。

● 智力的经验亚理论：阐明个体智力与其经验之间的关系，主要处理个体解决新问题，以及随着经验的增加而将这种认知活动自动化的能力。

● 智力情境亚理论：阐明个体智力与其环境之间的关系，主要处理个体与外部环境之间的关系，含有个体适应、塑造及选择环境的能力。

纳格利尔里和戴斯提出的 PASS 模型是建立在鲁利亚的机能系统学说的基础之上的。

有人依此编制了标准化 PASS 测验。

PASS 是指“计划—注意—同时性加工—继时性加工”，它包含了三层认知系统和四种认知过程。其中注意系统又称注意－唤醒系统（第一机能系统），它是整个系统的基础；同时性加工和继时性加工统称为信息加工系统（第二机能系统），处于中间层次；计划系统处于最高层次（第三机能系统），负责监督、管理、调节其他心理过程。三个系统之间有一种动态的联系，注意、信息加工和计划之间是相互作用和相互影响的。计划过程需要充分的唤醒状态，以使注意能够集中，进而促使计划的产生。信息加工和计划过程也密不可分，现实生活中的任务往往能以不同的方式进行编码，个体如何选择加工方式需要计划功能的参与，所以同时性和继时性加工都会受到计划功能的影响。

考研考法实战 答案见 D55 页

1.（东北师范大学，2011）论述：试评述关于智力的理论，并分析智力理论在智力研究中的主要贡献是什么。

第三节 能力的测量

研究真题，明确考况

考试要求	统考		自主命题	
	考题	考查点	考题	考查点
1. 能力测验	2007	单选：能力测验	西南大学，2015/2016 福建师范大学，2013 东北师范大学，2018 湖南师范大学，2016 华中师范大学，2022	单选：名词解释：能力测验 单选：智商计算

考点 1 能力测验

考研基础必备

1. 一般能力测验

智力测验主要是通过测量来衡量人的智力水平高低的科学方法，智力测验是对个体能力的一种综合测定。

1）比内－西蒙智力量表

①世界上第一个正式的心理测验；

②首创了心理年龄的概念。

2）斯坦福－比奈智力量表

是一种年龄量表，以年龄作为测量智力的标尺，规定某个年龄应该达到的某一智力水平。

比率智商：最大的改变是将原来表示智力高低的心理年龄改用智力商数来表示，是一个人的心理年龄与他实足年龄的比值。

$$\text{智商(IQ)}=\frac{\text{心理年龄(MA)}}{\text{实足年龄(CA)}}\times 100$$

智商是心理年龄除以实足年龄的得数，所以智商为 100 者，智力相当于他的同龄人的一般水平，高于 100，表明智力较佳；低于 100，表明智力较差。在一般人口中，智商呈正态分布，即中等水平的居多数，两极端的为少数。

3）韦克斯勒智力量表

分为三种：韦氏成人智力量表、韦氏儿童智力量表、韦氏学前儿童智力量表

韦氏量表包含了言语和操作两个分量表，韦氏量表不仅可以测量出智力的一般水平，而且可以测量出智力的不同侧面，分别得出言语智商和操作智商。

韦氏智力量表最大的特点是采用了离差智商：所谓离差智商就是用标准分数来表示的智商，即让每一个被试和他同龄的人相比。

$$IQ=\frac{15\times(x-\bar{X})}{S}+100$$

x 为某一年龄组的被试测验的原始分数，$\bar{X}$ 是该年龄团体的平均分数，S 是团体分数的标准差，$(x-\bar{X})/S$ 是标准分数，它是一种以标准差为单位的相对量数。

2. 特殊能力测验和创造力测验

1）特殊能力测验测验

可以确定不同个体在某一特殊能力方面具有的水平，对个体的职业定向、选拔与安排专门人才，尤其对特殊儿童的发现和培养具有重要的现实意义。

2）创造力测验

创造力测验测验与智力测验的区别主要是：智力测验有固定的答案，测量的结果主要反映个人的记忆、理解和一般推理能力。创造力测验不强调对现成知识的记忆与理解，而强调思维的流畅性、变通性与超乎寻常的独特性，问题的答案也非唯一的和固定的。不同创造力测验中所用到的一些例子：不寻常用途、后果猜测、故事结尾、非直接联想、词的联想。

许多研究表明，智商与创造力分数之间的相关较低，但存在正相关。高智商并不能保证高度的创造力，而低智商的人肯定在创造力的测验上得分低。

考研考法突破

考法 1 考查比内－西蒙智力量表

此考法常见于选择题，考生需要掌握比内－西蒙智力量表的相关内容。

例 1：（统考，2007）单选：世界上第一个智力量表是（　　）。

A. 比纳－西蒙智力量表　B. 斯坦福－比纳量表
C. 韦克斯勒智力量表　D. 瑞文推理测验

【解析】世界上第一个智力量表——比纳－西蒙量表是 1905 年法国心理学家比纳和医生西蒙编制的，后进行了两次修订。

参考答案：A

考法 2 考查斯坦福－比奈智力量表

此考法常见于选择题，考生需要掌握比率智商的含义以及计算方式。

例 2：（统考，2016）单选：根据比率智商的计算公式，如一个孩子的心理年龄与生理年龄一致，则其智商是（　　）。

A. 50　B. 75　C. 100　D. 125

【解析】本题考查比率智商的计算。比率智商公式为：智商＝（智力年龄 / 实际年龄）×100，当智力年龄与实际年龄一致时，智商应为 100。因此本题选 C。

参考答案：C

考法 3 考查韦克斯勒智力量表

此考法可以以多种形式进行考查，韦克斯勒智力量表

包括的分量表以及离差智商的概念，是常考的内容。

例 3：（西南大学，2016）单选：最先使用离差智商的智力量表是（　　）。

A. 比奈－西蒙智力量表　　B. 斯坦福比奈量表

C. 韦克斯勒量表　　D. 瑞文推理测验

【解析】最先使用离差智商的智力量表是韦克斯勒量表。

参考答案：C

例 4：（华东师范大学，2012）单选：离差智商的计算公式是（　　）

A. IQ= 智力年龄 / 实足年龄 ×100

B. IQ= 实足年龄 / 智力年龄 ×100

C. IQ=（$x-\overline{X}$）/s

D. IQ=100+15Z

【解析】本题考查离差智商的计算公式。离差智商计算公式为 IQ=100+15Z。

参考答案：D

考研考法实战 答案见 D55 页

1.（西南大学，2015）单选：离差智商是指（　　）。

A. 一个人的智力实际达到的年龄水平

B. 个体的智力在其同龄人中的相对位置

C. 个体的智力年龄与实际年龄之间的关系

D. 随着个体实际年龄变化而变化的智商分数

2.（福建师范大学，2013）单选：韦氏儿童智力量表适用于下列哪个年龄段的儿童（　　）。

A. 4~18　　B. 6~16　　C. 6~18　　D. 4~16

3.（东北师范大学，2018；湖南师范大学，2016）名词解释：离差智商。

第四节　能力形成与发展的个体差异

研究真题，明确考况

考试要求	统考		自主命题	
	考题	考查点	考题	考查点
1. 智力发展的一般趋势	无	无	华东师范大学，2012	单选：智力发展一般趋势
			东北师范大学，2018 南京大学，2014	简答：智力发展一般趋势
2. 智力发展的差异性	2007	简答：智力发展差异	南京师范大学，2016	单选：智力发展差异
			中央财经大学，2017 南京师范大学，2018	简答：智力发展差异
3. 影响智力发展的因素	无	无	华南师范大学，2013 首都师范大学，2017 南京师范大学，2021	简答：影响智力发展因素

考点 1　智力发展的一般趋势

考研基础必备

①童年期和少年期是某些能力发展的关键期。从三四岁到十二三岁，个体智力的发展几乎等速（出生到 5 岁发展最快；4 岁—50%；8 岁—80%；12 岁—100%），以后随年龄增长而减速，且趋于缓和。

②人的总体智力在 18~25 岁达到顶峰，但智力的不同成分达到顶峰的时间是不同的。

③成年期是智力发展的最稳定时期，二十五六岁到四十岁间，人们常完成富有创造性的活动。

④人的流体智力在 30 岁左右即中年之后开始有下降趋势，但晶体智力一生都在发展。

⑤智力的发展趋势存在个体差异。能力高的发展快，达到高峰时间晚。能力低的发展慢，达到高峰的时间早。

考研考法突破

考法 1　考查智力发展的一般趋势

此考点为高频考点，多以选择题及简答题形式出现，考生在复习过程中需要掌握智力发展趋势的具体内容。

例 1：（华东师范大学，2012）单选：个体智力的发展不是等速的，一般是（　　）。

A. 先慢后快　　B. 先快后慢

C. 加速发展　　D. 减速发展

【解析】智力发展的一般趋势是个体智力在青少年和儿童时期发展速度几乎与年龄等速，往后的阶段慢慢变慢速度。

参考答案：B

例 2：（东北师范大学，2018；广州大学，2022；重庆师范大学，2022）论述：能力发展的一般趋势是怎样的？

【解析】本题考查能力发展的一般趋势，按题意将发展的一般趋势回答出即可。

参考答案：

（1）童年期和少年期是某些能力发展的关键期。从三四岁到十二三岁，个体智力的发展几乎等速（出生到 5 岁发展最快；4 岁—50%；8 岁—80%；12 岁—100%），以后随年龄增长而减速，且趋于缓和。

（2）人的总体智力在18~25岁达到顶峰，但智力的不同成分达到顶峰的时间是不同的。

（3）成年期是智力发展的最稳定时期，二十五六岁到四十岁间，人们常完成富有创造性的活动。

（4）人的流体智力在30岁左右即中年之后开始有下降趋势，但晶体智力一生都在发展。

（5）智力的发展趋势存在个体差异。能力高的发展快，达到高峰时间晚。能力低的发展慢，达到高峰的时间早。

考点2　智力发展的差异性

考研基础必备

个体差异是指个体在成长过程中因受遗传和环境的交互影响而使不同个体间在身心特征上显示出来的差异现象。

1. 智力发展水平的差异

智力在全人口中表现为正态分布。智力的高度发展（智商大于140）叫超常；智商在70分以下者为智能不足（韦氏：≥130即极优秀）。智能不足是各种心理能力的低下，而不是某种心理过程的缺陷，其明显特征是智力低下或社会适应不良。

2. 智力表现早晚的差异

有些人智力表现较早，很小时就显露出卓越的才华，这种人叫早慧、人才早熟或能力的早期表现，在艺术领域比较常见。与早慧相反的是大器晚成，指智力的充分发展在较晚的年龄才表现出来。

3. 智力结构的差异

智力成分的不同结合以及不同能力的组合，就构成了结构上的差异，如有人擅长形象思维，有人擅长抽象思维。

4. 智力的性别差异

这种差异一般反映在特殊智力因素中，如语言能力通常女性比男性占优势，推理能力、空间知觉能力通常男性比女性占优势等。

考研考法突破

考法1　考查智力发展的差异性

这种考点可以以多种形式进行考查，既可以以选择题考察每种差异的具体表现，又可以以简答题考查智力发展差异性的全部内容。

例3：（南京师范大学，2016）单选："大器晚成"所表现的是人智力发展中的（　　）。

A. 水平差异　B. 结构差异　C. 早晚差异　D. 性别差异

【解析】人的能力的充分发挥有早有晚。有些人的能力表现较早，年轻时就显露出卓越的才华，这叫"人才早熟"；另一种情况是智力的充分发展在较晚的年龄才表现出来，叫作"大器晚成"。

参考答案：C

例4：（统考，2007；广州大学，2022）简答：简要说明能力发展的个体差异。

【解析】本题考查能力发展的个体差异。

参考答案：个体差异是指个体在成长过程中因受遗传与环境的交互影响，使不同个体之间在身心特征上所显示的批次不同的现象。

（1）能力发展水平的差异。能力有高低差异，呈正态分布，如有人是智力超常者，有人是智力不足者。

（2）能力发展的类型差异。能力按照不同的方式结合起来，表现出类型或结构上的差异。正如加德纳的多元智力理论所论述的，有人在空间智力方面表现优异，有人在音乐智力方面表现优异。

（3）能力发展的早晚差异。有的人能力表现较早，有的人能力表现较晚。如有人早慧，有人大器晚成。

考研考法实战 答案见D55页

1.（中央财经大学，2017）简述：简述能力发展个体差异的主要表现。

考点3　影响智力发展的因素

考研基础必备

1. 遗传的作用

血缘关系接近的人在智力发展水平上确有接近的趋势。遗传对能力的影响主要表现在身体素质上，身体素质是能力发展的前提，但不是决定因素。

2. 环境与教育的作用

产前环境：胎儿的营养状况、母亲的怀孕年龄、情况等会影响他们脑细胞的数量进而影响其智力。

早期经验：丰富的环境刺激有利于儿童能力的发展，母亲的抚爱能增强其安全感。

学校教育：教学内容的选择，教学过程的合理安排，教学方法的恰当运用等都对儿童智力发展有显著影响。

3. 实践活动的影响

外部条件对人发生作用必须通过人本身的实践，人的各种能力是在社会实践活动中最终形成的。人的能力还和他们所从事的职业活动相联系，不同的职业活动对不同的人们提出不同的要求。

4. 人的主观能动性的影响

能力的提高离不开人的努力，即人的主观能动性。坚强的意志对能力的发展也有重要的意义。

总之，遗传、环境和主观努力在能力发展中的作用是缺一不可的，能力的形成与发展依赖于多种因素的交互作用。

考研考法突破

考法1　考查影响智力发展的因素

此考点多以主观题形式出现，在复习过程中，考生需要全面掌握影响因素。

例5：（华南师范大学，2013）论述：什么是能力？评述影响能力形成与发展的因素。

【解析】本题考查能力的含义及影响能力形成与发展的

因素。

参考答案：

一般认为，能力是一种心理特征，是顺利实现某种活动的心理条件。能力同时包含了两方面的内容：个体已经学会的知识和技能，个体具有的潜力和可能性。能力的影响因素包括：

（1）遗传作用：

一切生物的后代和前代之间在形态结构和生理特征上，总要表现出某些相似的特征。这种把生物具有的性状，相对稳定地传给后代的现象叫遗传。血缘关系接近的人在智力发展水平上确实有接近的趋势。心理学家一般认为，遗传对能力的影响主要表现在身体素质上，良好的身体素质是能力发展的自然前提，但不起决定作用。

（2）环境和教育对能力形成的影响：

①产前环境的影响：胎儿在出生之前生活在母体的环境中，这种环境对胎儿的生长发育以及出生后智力的发展，都有重要的影响。母亲怀孕的年龄常常影响到儿童智力的正常发展，年龄越大越危险；怀孕期间母体营养不良，不仅会严重影响胎儿脑细胞数量的增加，而且还会造成流产、死胎等现象；母亲服药、患病等。

②早期经验的作用：从出生到青少年时期，是个人生长发育的时期，也是能力发展的重要时期。丰富的环境刺激有利于儿童能力的发展，母亲的爱抚能增强儿童的安全感，有安全感的孩子喜欢探索环境，而探索环境是能力发展的前提。

③学校教育的作用：课堂教学的正确组织有利于学生能力的发展，另外，吸引学生参加课外科技小组、绘画小组、体操小组等，丰富校内外生活内容，也有利于学生能力的发展。

（3）实践活动的影响：

人的各种能力是在社会实践活动中最终形成起来的。离开了实践活动，即使有良好的素质、环境和教育，能力也难以形成和发展起来。由于实践的性质不同，实践的广度和深度不同，形成了各种不同的能力。坚持不懈地参加某种社会实践，相应能力就能得到高度发展。

（4）人的主观能动性的影响：

能力的提高离不开人的主观努力，人的能力的发展与其他心理品质的发展分不开。高尔基指出：才能不是别的什么东西，而是对事业的热爱。华罗庚说："根据我自己的体会，所谓天才就是坚持不懈的努力。"能力发展还依赖于自我分析与自我评价的能力。

考研考法实战 答案见 D55 页

1.（首都师范大学，2017）论述：我国唐朝的王勃少年时就写了《滕王阁序》，但齐白石 40 岁时才显露出绘画才能；智商只有 30 的舟舟，经常到剧团排练厅，耳濡目染加之练习，成为了"天才乐队指挥"；英国学者高尔顿调查了父母都有艺术才能的 30 个家庭，这些家庭的子女中有艺术才能的占 64%，而一般家庭的子女中也有 21% 的人艺术才能突出。请分析上述事例中所体现的能力发展特点的影响因素。

章节考点　综合训练

答案见 D56 页

一、单项选择题

1.（统考，2020）有关智能发展的一般趋势，表述不正确的是（　　）。
A. 能力发展水平存在个体差异
B. 流体智力在人的一生中不断提高
C. 智力不同成分达到顶峰的时间不同
D. 青少年期是某些能力发展最重要的时期

2.（统考，2012）下列选项中，属于晶体智力的是（　　）。
A. 形成抽象概念的能力　B. 发现复杂关系的能力
C. 理解词汇的能力　D. 知觉的速度

3.（统考，2016）在智力的 PASS 模型中，处于最高层次的认知过程是（　　）。
A. 注意　B. 计划
C. 同时性加工　D. 继时性加工

4.（统考，2009）在完成自由命题的作文时，一位中学生选择作文题目，确定写作提纲，并评价自己写出的作文是否符合要求。根据斯腾伯格的三元智力理论，完成这项活动主要依赖的智力是（　　）。
A. 经验性智力　B. 成分性智力
C. 情境性智力　D. 实践性智力

5.（西南大学，2014）卡特尔认为晶态智力是（　　）
A. 一个人生来就能进行智力活动的能力
B. 液态智力演变而来的
C. 通过学习语言和其他经验发展起来的
D. 个性心理特征决定的

6.（南京师范大学，2014）根据能力在人的一生中的不同发展趋势以及能力和先天禀赋与社会文化因素的关系，可以把能力分成（　　）。
A. 一般能力和特殊能力　B. 液体能力与晶体能力
C. 模仿能力与创造能力　D. 认知能力与操作能力

7.（南京师范大学，2012）按照心理学家卡特尔的观点，那种在学习新知识和解决新异问题时起作用的能力属于（　　）。
A. 一般能力　B. 特殊能力
C. 流体智力　D. 晶体智力

8.（南京师范大学，2015）加德纳（Gardner）的智力多元理论强调能力的（　　）。
A. 因素　B. 结构　C. 过程　D. 结果

9.（华东师范大学，2011）主要依赖文化教育影响和个体对资料的记忆、辨认和理解等知觉经验来解决问题的能力是（　　）。
A. 空间智力　B. 晶态智力　C. 液态智力　D. 言语智力

10.（华东师范大学，2015）按斯腾伯格的三元智力理论，情境智力指的是（　　）。
A. 在需要体力的情境中的功能
B. 理解单词与其所指情境之间的关系
C. 思维的灵活性
D. 日常实践情境中的功能

11.（四川师范大学，2015）下列能力中，（　　）是一般能力。
A. 写作能力　B. 曲调感　C. 节奏感　D. 记忆力

12.（四川师范大学，2017）多元智力理论的提出者是（　　）。
A. 加德纳　B. 柯尔伯特
C. 斯腾伯格　D. 斯皮尔曼

13.（中央财经大学，2019）斯皮尔曼的双因素说认为能力包括（ ）。
A. 成分因素和元成分因素　B. 知识因素和技能因素
C. 一般因素和特殊因素　D. 语言因素和操作因素

14.（中央财经大学，2018）斯腾伯格的智力“三元论”中的“三元”不包括（ ）。
A. 语言智力　B. 成分智力
C. 经验智力　D. 情境智力

15.（统考，2020）提出多元智力理论的心理学家是（　　）
A. 斯皮尔曼　B. 吉尔福特
C. 斯滕伯格　D. 加德纳

16.（华东师范大学，2021）斯皮尔曼智力理论中的 S 因素对应于（　　）。
A. 一般能力　B. 社交能力　C. 认知能力　D. 特殊能力

17.（华中师范大学，2022）根据斯滕伯格的智力三因素理论，以下哪个成分不属于智力的成分？（　　）
A. 知识获得　B. 元认知　C. 信息加工　D. 操作

18.（华中师范大学，2022）研究通过智力测验测查一个 8 岁儿童的智商。已知该儿童的测验原始分数 50 分，其所在年龄组的平均数为 40，标准差为 10，如果根据原始分进行换算，其所在的年龄组为 10 岁组。如果使用离差智商进行计算，该儿童的智商应该为（　　）。
A. 115　B. 125　C. 110　D. 100

19.（统考，2021）能解释“白痴天才”现象的能力理论是（　　）。
A. 二因素理论　B. 三元智力理论
C. 多元智力理论　D. 智力 PASS 模型

二、多项选择题

1.（统考，2013）PASS 智力模型中包括的系统有（　　）。
A. 注意 - 唤醒系统　B. 编码 - 加工系统
C. 执行系统　D. 计划系统

2.（统考，2016）根据斯滕伯格（R. Sternberg）智力成分亚理论，智力包括的成分有（　　）。
A. 经验成分　B. 操作成分
C. 知识获得成分　D. 元成分

3.（南京大学，2014）斯腾伯格所提出智力三元理论包括（　　）。
A. 智力实践亚理论　B. 智力情境亚理论
C. 经验亚理论　D. 智力成分亚理论

4.（华中师范大学，2017）以下哪些针对斯滕伯格三元智力模型的表述是正确的？（　　）
A. 斯滕伯格的三元理论提出了三种智力：分析智力、创造性智力和实践智力
B. 分析智力相当于我们通常认为的逻辑能力，它使我们能解决问题、获得新知识，但分析智力并不必然是成功的最佳预测源
C. 创造性智力被界定为处理新异环境和从经验中获益的能力
D. 实践智力，或称“街头智慧”指人们在适应非典型环境过程中获得的一种特殊技能

5.（统考，2022）以下属于流体智力的是（　　）。
A. 词的理解力　B. 对事物关系的认识
C. 类比和演绎推理　D. 抽象概念的形成

三、名词解释

1.（北京大学，2004；北京师范大学，2004；南京师范大学，2016）情绪智力。
2.（福建师范大学，2019；西北师范大学，2016；江西师范大学，2014）流体智力。
3.（苏州大学，2011/2013；西北师范大学，2017）智力。
4.（深圳大学，2021；中央财经大学，2022；广州大学，2022）晶体智力。
5.（郑州大学，2021）三元智力理论。
6.（西南民族大学，2021）智商。
7.（华中师范大学，2021）G 因素。

四、简答题

1.（南京师范大学，2015；上海师范大学，2015）斯滕伯格的三元智力理论和传统智力理论相比，有何不同？
2.（北京师范大学，2019）简述流体智力与晶体智力的含义及其各自的影响因素。
3.（陕西师范大学，2022）简述梅耶、萨洛维的情绪智力模型。

五、论述题

1.（统考，2017）在日常生活中，智力测验得分高的人并不一定事业成功。请用斯腾伯格的成功智力理论和加德纳的多元智力理论对 这一现象加以分析。
2.（华中师范大学，2012）结合加德纳的多元智力理论和斯滕伯格的成功智力理论，解读当今中国的应试教育和“高分低能”现象。
3.（河南大学，2021）述评比率智商和离差智商测验方法。
4.（南京师范大学，2021）如何证明遗传或环境对个体能力发展的影响。

六、分析题

1.（山西大学，2021）请结合能力的原因和条件，论述如何培养人的能力。

第十二章 人 格

当我们阅读《红楼梦》的时候，宝玉的多情和反叛，黛玉的抑郁和聪慧，各具风采、独具特色的形象一定让你印象深刻。在现实生活中，我们也能发现性格迥异的人，有的人活泼开朗，有的人冲动莽撞，有的人畏惧退缩，有的人公而忘私，有的人自私自利；有的人性情温柔……所有的这些心理差异就是人格差异的表现。本章先界定了人格及其基本特性，然后描述了人格的基本成分，介绍了几种人格理论，接着从人格在认知加工方式上的差异角度介绍了几种认知方式，最后介绍了人格的成因。本章知识点较为重要，考点较多，其中人格理论考查次数较多，需引起重视。

第一节 人格的一般概念

研究真题，明确考况

考试要求	统考		自主命题	
	考题	考查点	考题	考查点
1. 人格的含义	无	无	华南师范大学，2015	名词解释：人格
			广州大学，2017	单选：人格的含义
2. 人格的特征	2016	单选：人格特征	西南大学，2018 东北师范大学，2016	简答：人格的特征
			四川师范大学，2015 福建师范大学，2016	单选：人格特征
3. 人格的结构	无	无	吉林大学，2011 湖南师范大学，2012	简答：人格的结构
（1）气质	2020	单选：气质类型	广州大学，2018 南京大学，2014 湖南师范大学，2018	单选：气质的含义 名词解释：气质
（2）性格的含义与特征	2007 2010	单选：性格的含义及其特征	湖南师范大学，2017 华南师范大学，2015	名词解释：性格 单选：性格的特征
（3）性格与气质的关系	2007 2017 2021	单选：性格与气质的关系	华东师范大学，2011 西南大学，2014/2015	单选：性格与气质的关系

考点 1 人格的含义

考研基础必备

人格是构成一个人思想、情感及行为的特有模式。是一个复杂的结构系统，包含了一个人区别于他人的稳定而统一的心理品质。主要包括气质、性格、认知风格、自我调控等方面。

考研考法突破

考法 1 考查人格的含义

该考点一般会以名词解释及单选形式出现，因此复习过程中需牢记人格的含义。

例 1：（华南师范大学，2015）名词解释：人格。

【解析】本题考查人格的概念，将人格的含义及特征回答出即可。

参考答案：人格是构成一个人的思想、情感及行为的特有的统合模式，这个独特模式包含了一个人区别于他人的稳定而统一的心理品质。人格有以下四个特征：独特性、稳定性、统合性和功能性。

考研考法实战 答案见 D59 页

1.（中山大学，2004）单选：下述关于人格的描述哪一个最为准确？（　　）

A. 人格稳定性受到性别与社会经济地位的影响

B. 在整个成人期，人格在整体上会发生系统性改变

C. 在青春期后，人格保持非常稳定

D. 成人期人格兼有稳定和变化两重特征

考点 2 人格的特征

考研基础必备

1. 独特性

一个人的人格是在遗传、成熟和环境、教育等先天与后天因素的交互作用下形成的。不同的遗传、生存及教育环境，塑造了形形色色的心理特点。

2. 稳定性

偶然的心理特征不能称为人格，人格的稳定性指在各种场合都表现出稳定的特性，但随着自身的成熟和环境的改变，人格也会或多或少发生一些改变。江山易改，秉性难移，说的就是人格的稳定性。

3. 统合性

人格是由多种成分构成的一个有机整体，具有内在的一致性，受自我意识的调控。人格的统合性是心理健康的重要指标。

4. 功能性

人格在一定程度上会影响一个人的生活方式，甚至会决定某些人的命运，因而是人生成败的根源之一。

考研考法突破

考法 1 考查人格的特征

此考法既可以以选择题的形式考查各个特征的含义的理解，也可以直接以简答的形式考查人格的特征内容，因此考生需全面掌握人格特征的内容。

例 2：（统考，2016）多选：人格的特征有（　　）。

A. 独特性　B. 稳定性　C. 整体性　D. 功能性

【解析】人格的特征有独特性、稳定性、整体性及功能性。

参考答案：ABCD

例 3：（西南大学，2018；南京师范大学，2011；四川师范大学，2021）简答：简述人格的基本特征。

【解析】人格的特征有独特性、稳定性、整体性及功能性。

参考答案：（1）独特性：一个人的人格是在遗传、成熟和环境、教育等先天与后天因素的交互作用下形成的。不同的遗传、生存及教育环境，塑造了形形色色的心理特点。

（2）稳定性：偶然的心理特征不能称为人格，人格的稳定性指在各种场合都表现出稳定的特性，但随着自身的成熟和环境的改变，人格也会或多或少发生一些改变。江山易改，秉性难移，说的就是人格的稳定性。

（3）统合性（整体性）：人格是由多种成分构成的一个有机整体，具有内在的一致性，受自我意识的调控。人格的统合性是心理健康的重要指标。

（4）功能性：人格在一定程度上会影响一个人的生活方式，甚至会决定某些人的命运，因而是人生成败的根源之一。

考研考法实战 答案见 D59 页

1.（四川师范大学，2015）单选：“人心不同，各如其面”，这句话突出了人格的（　　）。

A. 稳定性　B. 独特性　C. 整合性　D. 功能性

2.（福建师范大学，2016）单选：“江山易改，本性难移”说明人格具有（　　）。

A. 独特性　B. 稳定性　C. 统合性　D. 功能性

考点 3 人格的结构

考研基础必备

1. 气质

气质是表现在心理活动的强度、速度、灵活性与指向性等方面的一种稳定的心理特征，即我们平时所说的脾气、秉性。人的气质差异是先天形成的，受神经系统活动过程的特性制约。气质是人的天性，无好坏之分，不能决定人的社会价值，不直接具有社会道德评价含义，不能决定一个人的成就。

2. 性格

1）性格的含义

性格是一种与社会相关最密切的人格特征，性格含有许多社会道德含义。性格代表了人们对现实和周围世界的态度，并表现在他的言谈举止中。性格表现了一个人的品德，受人的价值观、人生观、世界观的影响。性格是在后天社会环境中逐渐形成的，是最核心的人格差异。性格有好坏之分，能最直接地反映出一个人的道德风貌。性格是在社会生活中逐渐形成的，同时也受生物学因素的影响。

2）性格的特征（梁宁建版）

人的性格是由各种特征构成的，但这些特征并非杂乱堆积而成，而是有序组织在一起。这个结构包括：

①态度特征：人在对现实环境的稳定态度方面表现出来的个别差异，是性格特征中最重要的组成部分。包括对社会、集体、他人的态度特征；对劳动、工作和学习的态度特征，对自己的态度特征。

②意志特征：人在自觉调节自己的行为的方式与控制水平、目标明确程度以及在处理紧急问题表现出来的性格差异。

③情绪特征：人在情绪情感活动中经常表现出来的强度、稳定性、持久性以及主导心境等方面的特征。

④理智特征：人在感知、记忆和思维等认知活动过程中表现出来的性格特征。

3）气质和性格的关系

①气质和性格的区别：

第一，气质是先天的，一般在个体的早期阶段就会表现出来，主要体现为神经类型的自然表现。性格是后天的，是人在活动中与社会环境相互作用的产物，反映了人的社会性。

第二，气质的变化较慢，可塑性较小，性格的可塑性较大，环境对性格的塑造作用是明显的，即使已经形成的性格是稳定的，但改变要容易些。

第三，气质所指的典型行为是它的动力特征，而与行为内容无关，因而气质无好坏、善恶之分，不具有道德评价的意义。性格关乎行为的内容，表现为个体与社会环境的关系，因而具有好坏、善恶之分，有道德评价的意义

②气质和性格的联系：

首先，气质会影响性格的形成。其次，气质可以按照自己的动力方式渲染性格特征，从而使性格特征具有独特的色彩。最后，气质还会影响性格特征形成或改造的速度。

3. 自我调控系统

自我调控系统是人格中的内控系统或自控系统，具有自我认知、自我体验、自我控制三个子系统，其作用是对人格的各种成分进行调控，保证人格的完整、统一与和谐。

1）自我认知

自我认知是对自己的洞察和理解，包括自我观察和自我评价。自我观察是指对自己的感知、思想和意向等方面的觉察；自我评价是指对自己的想法、期望、行为及人格特征的判断与评估，这是自我调节的重要条件。

2）自我体验

自我体验是伴随自我认识而产生的内心体验，是自我意识在情感上的表现。当一个人对自己做积极的评价时，会产生自尊感；做消极的评价时，会产生自卑感。

3）自我控制

自我控制是自我意识在行为上的表现，是实现自我意识调节的最后环节 。自我控制包括自我监控、自我激励、自我教育等成分。

考研考法突破

考法 1　考查气质的含义

此考点多以选择题及名词解释形式出现，在复习过程中，将气质的含义理解记忆即可。

例 4：（南京大学，2014）单选：心理活动表现在强度、速度、稳定性和灵活性等方面的动力性质的心理特征，这被称为（　　）。

A. 个性　　B. 气质　　C. 性格　　D. 人格

【解析】气质是表现在心理活动的强度、速度、灵活性与指向性等方面的一种稳定的心理特征，即我们平时所说的脾气、秉性。

参考答案：B

例 5：（湖南师范大学，2018；天津师范大学，2021；深圳大学，2021）名词解释：气质。

【解析】本题考查气质的含义。

参考答案：气质是表现在心理活动的强度、速度、灵活性与指向性等方面的一种稳定的心理特征，即我们平时所说的脾气、秉性。人的气质差异是先天形成的，受神经系统活动过程的特性制约。气质是人的天性，无好坏之分，不能决定人的社会价值，不直接具有社会道德评价含义，不能决定一个人的成就。

考法 2　考查性格的含义

此考点多以选择题形式出现，在复习过程中，将性格理解记忆即可。

例 6：（统考，2007）单选：人格的核心成分是（　　）。

A. 气质　　B. 能力　　C. 性格　　D. 意志

【解析】性格表现了一个人的品德，受人的价值观、人生观、世界观的影响。性格是在后天社会环境中逐渐形成的，是最核心的人格差异。

参考答案：C

考法 3　考查性格的特征

此考法常见于选择题中，考生要对性格的四个特征的含义进行理解记忆。

例 7：（华南师范大学，2015）单选：自尊、自信或者自负、自卑，反映了性格的（　　）。

A. 态度特征　B. 意志特征　C. 情绪特征　D. 认知特征

【解析】本题考查对性格态度特征的理解。态度特征是指人在对现实环境的稳定态度方面表现出来的个别差异，是性格特征中最重要的组成部分。包括对社会、集体、他人的态度特征；对劳动、工作和学习的态度特征，对自己的态度特征。对自己的态度特征包括积极和消极的两个方面。积极的表现为谦虚、谨慎、自尊、自信、朴实无华等。消极的表现为骄傲、自负、自卑、腼腆等。

参考答案：A

例 8：（河南大学，2001）简答：什么是性格？简要说明性格的结构和动力性质。

【解析】本题考查对性格的理解。

参考答案：性格是一种与社会相关最密切的人格特征，性格含有许多社会道德含义。性格代表了人们对现实和周围世界的态度，并表现在他的言谈举止中。性格表现了一个人的品德，受人的价值观、人生观、世界观的影响。性格是在后天社会环境中逐渐形成的，是最核心的人格差异。性格有好坏之分，能最直接地反映出一个人的道德风貌。性格是在社会生活中逐渐形成的，同时也受生物学因素的影响。

人的性格是由各种特征构成的，但这些特征并非杂乱堆积而成，而是有序组织在一起。这个结构包括：

①态度特征：人在对现实环境的稳定态度方面表现出来的个别差异，是性格特征中最重要的组成部分。包括对社会、集体、他人的态度特征；对劳动、工作和学习的态度特征，对自己的态度特征。

②意志特征：人在自觉调节自己的行为的方式与控制水平、目标明确程度以及在处理紧急问题表现出来的性格差异。

③情绪特征：人在情绪情感活动中经常表现出来的强度、稳定性、持久性以及主导心境等方面的特征。

④理智特征：人在感知、记忆和思维等认知活动过程中表现出来的性格特征。

考法 4　考查性格与气质的关系

此考法常见于选择或简答当中，考生要理解性格和气质的异同。

例 9：（华东师范大学，2011）单选：下列对性格与气质相互关系的表述，不正确的是（　　）。

A. 不同气质类型的人，可形成某些相同的性格特征

B. 气质不能够影响性格形成与发展的速度

C. 性格在某种程度上可以掩盖和改造气质

D. 性格对气质具有明显的影响

【解析】气质会影响性格的形成，气质会影响性格特征形成或改造的速度，因此 B 选项是错误的。

参考答案：B

例 10：（西南大学，2014；重庆师范大学，2022）简答：简述性格和气质的区别和联系。

【解析】本题考查性格和气质的区别和联系。先分别阐述概念，再回答区别和联系。

参考答案：

（1）气质

气质是表现在心理活动的强度、速度、灵活性与指向

性等方面的一种稳定的心理特征，即我们平时所说的脾气、秉性。人的气质差异是先天形成的，受神经系统活动过程的特性制约。气质是人的天性，无好坏之分，不能决定人的社会价值，不直接具有社会道德评价含义，不能决定一个人的成就。

（2）性格

性格是一种与社会相关最密切的人格特征，性格含有许多社会道德含义。性格代表了人们对现实和周围世界的态度，并表现在他的言谈举止中。性格表现了一个人的品德，受人的价值观、人生观、世界观的影响。性格是在后天社会环境中逐渐形成的，是最核心的人格差异。性格有好坏之分，能最直接地反映出一个人的道德风貌。性格是在社会生活中逐渐形成的，同时也受生物学因素的影响。

（3）气质和性格的区别：

第一，气质是先天的，一般在个体的早期阶段就会表现出来，主要体现为神经类型的自然表现。性格是后天的，是人在活动中与社会环境相互作用的产物，反映了人的社会性。

第二，气质的变化较慢，可塑性较小，性格的可塑性较大，环境对性格的塑造作用是明显的，即使已经形成的性格是稳定的，但改变要容易些。

第三，气质所指的典型行为是它的动力特征，而与行为内容无关，因而气质无好坏、善恶之分，不具有道德评价的意义。性格关乎行为的内容，表现为个体与社会环境的关系，因而具有好坏、善恶之分，有道德评价的意义

（4）气质和性格的联系：

首先，气质会影响性格的形成。其次，气质可以按照自己的动力方式渲染性格特征，从而使性格特征具有独特的色彩。最后，气质还会影响性格特征形成或改造的速度

考法 5 考查人格的结构

该考点一般会以单选及简答的形式出现，考生不仅要知道人格结构所包含的几个成分是什么，同时要知道每个人格结构的地位和作用，因此考生对于这部分知识点要全盘掌握。

例 11：（广州大学，2015）单选：（　　）是人格中最重要的心理特征，是人格中最本质、最核心的部分，是区别一个人与众不同、明显的和主要的差别所在。

A. 气质　　B. 能力

C. 性格　　D. 自我调控系统

【解析】本题考查人格结构当中每个成分的作用。性格是在后天社会环境中逐渐形成的，是最核心的人格差异。性格有好坏之分，能最直接地反映出一个人的道德风貌。

参考答案：C

例 12：（湖南师范大学，2012）简答：人格结构包含哪些因素？

【解析】本题考查人格的结构，将人格结构包含的因素回答出即可。

参考答案：人格包含气质、性格及自我调控系统。

（1）气质

气质是表现在心理活动的强度、速度、灵活性与指向性等方面的一种稳定的心理特征，即我们平时所说的脾气、秉性。人的气质差异是先天形成的，受神经系统活动过程的特性制约。气质是人的天性，无好坏之分，不能决定人的社会价值，不直接具有社会道德评价含义，不能决定一个人的成就。

（2）性格

性格是一种与社会相关最密切的人格特征，性格含有许多社会道德含义。性格代表了人们对现实和周围世界的态度，并表现在他的言谈举止中。性格表现了一个人的品德，受人的价值观、人生观、世界观的影响。性格是在后天社会环境中逐渐形成的，是最核心的人格差异。性格有好坏之分，能最直接地反映出一个人的道德风貌。性格是在社会生活中逐渐形成的，同时也受生物学因素的影响。

（3）自我调控系统

自我调控系统是人格中的内控系统或自控系统，具有自我认知、自我体验、自我控制三个子系统，其作用是对人格的各种成分进行调控，保证人格的完整、统一与和谐。

①自我认知。自我认知是对自己的洞察和理解，包括自我观察和自我评价。自我观察是指对自己的感知、思想和意向等方面的觉察；自我评价是指对自己的想法、期望、行为及人格特征的判断与评估，这是自我调节的重要条件。

②自我体验。自我体验是伴随自我认识而产生的内心体验，是自我意识在情感上的表现。当一个人对自己做积极的评价时，会产生自尊感；做消极的评价时，会产生自卑感。

③自我控制。自我控制是自我意识在行为上的表现，是实现自我意识调节的最后环节 。自我控制包括自我监控、自我激励、自我教育等成分。

考法 6 考查人格与认知和情绪的关系

此考法常见于选择和简答题中，考生需要结合人格与认知和情绪的关系来解答。

例 13：（河南大学，2007）论述：试分析人格的心理结构，并说明人格与认知和情绪的关系。

【解析】本题考查人格与认知和情绪的关系。

参考答案：（1）人格包含气质、性格及自我调控系统

①气质是表现在心理活动的强度、速度、灵活性与指向性等方面的一种稳定的心理特征，即我们平时所说的脾气、秉性。

②性格是一种与社会相关最密切的人格特征，性格含有许多社会道德含义。性格代表了人们对现实和周围世界的态度，并表现在他的行为举止中。

③自我调控系统是人格中的内控系统或自控系统，具有自我认知、自我体验、自我控制三个子系统，其作用是对人格的各种成分进行调控，保证人格的完整、统一与和谐。

（2）人格与认知和情绪的关系

认知是指人认识客观事物的过程，情绪是指人脑对客观事物是否满足自身需要而产生的态度体验，人格是指一个人区别于他人的心理特征的总称。认知是情绪产生的基础，情绪又会反作用于认知过程，人的人格是在认知的过程中产生和表现出来的，人格又调节着人脑信息加工的过程，并赋予这些过程以个体的特色。总之，认知、情绪和人格是个体心理现象的三个方面，是心理学的主要研究对象，是互相联系、互相依存的关系。

考研考法实战 答案见 D59 页

1.（广州大学，2018）单选：关于气质的说法中不正确的有（　　）。

A. 气质的差异是先天的，但在一定条件下也可以改变

B. 气质没有好坏之分

C. 气质不直接具有道德评价意义

D. 气质可以决定人的社会价值

2.（统考，2007）单选：有关性格与气质关系的表述，不正确的是（　　）。

A. 气质可塑性小，性格可塑性大

B. 气质有好坏之分，性格无优劣差别

C. 气质不具有道德评价含义，性格可具有道德评价含义

D. 气质更多地具有先天性的特点，性格更多地受社会生活条件影响

3.（南京大学，2015）单选：以下哪项是对气质的正确陈述？（　　）

A. 气质决定人的道德发展水平

B. 气质有好坏之分

C. 人的气质是在社会生活中逐渐形成的

D. 人的气质差异是先天形成的

4.（统考，2010）多选：性格结构包括的特征有（　　）。

A. 性格的态度特征　　B. 性格的理智特征

C. 性格的情绪特征　　D. 性格的意志特征

5.（广州外语外贸大学，2021）名词解释：自我控制系统。

6.（东北师范大学，2015）简答：人格中的控制系统是什么？包括哪些成分？

第二节　人格理论

研究真题，明确考况

考试要求	统考		自主命题	
	考题	考查点	考题	考查点
1. 特质理论	2007 2015 2018 2020	单选：人格特质理论	湖南师范大学，2012 江西师范大学，2015	单选：人格特质理论
	2009	简答：人格特质理论	北京大学，2011	简答：人格特质理论
2. 类型理论	2014	单选：人格类型理论	南京大学，2014 华东师范大学，2016 华东师范大学，2012	简答：人格类型理论
3. 整合理论	2011	单选：人格整合理论	南京师范大学，2013 西南大学，2014 湖南师范大学，2013	单选：人格整合理论

考点 1　特质理论

考研基础必备

特质理论认为特质是决定个体行为的基本特征，是人格的有效组成元素，也是评测人格常用的基本单位。特质论主要用来描述个体间的人格差异。

1. 奥尔波特的特质理论

奥尔波特把特质分为共同特质和个人特质。

共同特质是指在某一社会文化形态下，大多数人或一个群体所共有的相同的特质。

个人特质是指个体身上所独具的特质。个人特质又有三个不同层次：

①首要特质：一个人最典型、最核心的概括性的特质，影响人各方面行为。

②中心特质：构成个体独特性的几个重要特质，每个人身上都有 5~10 个中心特质。

③次要特质：个体的一些不太重要的特质，特殊情况下才会表现出来。

2. 卡特尔的人格特质理论

卡特尔受元素周期表的启发，用因素分析法对人格特质进行了分析，提出了人格特质的结构理论模型。模型分成四层，即个别特质和共同特质，表面特质和根源特质，体质特质和环境特质，动力特质、能力特质和气质特质。

①表面特质指从外部行为能直接观察到的特质；根源特质是指那些相互联系并以相同原因为其基础的行为特质。表面特质和根源特质既可能是个别的特质，也可能是共同的特质；它们是人格层次中最重要的一层。

②根源特质又可区分为体质特质和环境特质两类。体质特质由先天的生物因素决定，如兴奋性、情绪稳定性等。环境特质则由后天的环境因素所决定，如焦虑、有恒性等。

③动力特质是指具有动力特征的特质，它使人趋向某一风格，包括生理驱力、态度和情操。能力特质是决定人如何有效完成预定目标的特质，包括流体智力和晶体智力。气质特质是决定一个人情绪反应的速度与强度的特质。

3. 大五人格理论

塔佩斯等运用词汇学的方法对卡特尔的特质变量进行了再分析，发现了五个相对稳定的因素。之后许多学者进一步验证了“五种特质”的模型，形成了著名的五因素模

型（FFM），又称大五模型。这五个因素是：

外倾性：表现出热情、社交、果断、活跃、冒险、乐观等特质。

宜人性：具有信任、直率、利他、依从、谦虚、移情等特质。

责任心：显示了胜任、公正、条理、尽职、成就、自律、谨慎、克制等特质。

神经质或情绪稳定性：具有焦虑、敌对、压抑、自我意识、冲动、脆弱等特质。

开放性：具有想象、审美、情感丰富、求异、创造、智能等特质。

这五个特质的头一个字母构成了“OCEAN”一词，代表了“人格的海洋”。1989 年麦克雷和可斯塔编制了“大五人格因素测定量表”（NEO-PI-R）。

4. 大七人格理论

特里根和 Waller 率先提出人格的七个维度包括正情绪性、负价、正价、负情绪性、可靠性、适宜性、因袭性。

考研考法突破

考法 1　考查奥尔波特人格理论

此考点为高频考点，多以选择题及简答形式出现，考生需要掌握奥尔波特人格理论所包含的内容以及每种特质的含义。

例 1：（统考，2007；四川师范大学，2022）多选：奥尔波特的特质理论将人格特质分为共同特质和个人特质，其中个人特质包括（　　）。

A. 中心特质　B. 首要特质　C. 根源特质　D. 次要特质

【解析】奥尔波特的特质理论将人格特质分为共同特质和个人特质，其中个人特质包括首要特质、中心特质和次要特质。根源特质是卡特尔的内容。因此排除 C 选项。

参考答案：ABD

例 2：（南京师范大学，2015）单选：一个人最典型的特质，比如说林黛玉多愁善感，从奥尔波特关于特质的区分来看，这是在指（　　）。

A. 共同特质　B. 首要特质　C. 中心特质　D. 次要特质

【解析】本题考查对奥尔波特每种特质含义的理解。奥尔波特将特质分为共同特质和个人特质，个人特质分为首要特质、中心特质和次要特质。首要特质是一个人最典型、最核心的概括性的特质，影响人各方面行为。林黛玉的多愁善感是她最典型的特质，因此属于首要特质。

参考答案：B

例 3：（统考，2009；华东师范大学，2021）简答：简述奥尔波特的人格特质理论。

【解析】本题考查对奥尔波特人格特质理论的理解记忆。

参考答案：奥尔波特把特质分为共同特质和个人特质。

共同特质是指在某一社会文化形态下，大多数人或一个群体所共有的相同的特质。

个人特质是指个体身上所独具的特质。个人特质又有三个不同层次：

（1）首要特质：一个人最典型、最核心的概括性的特质，影响人各方面行为。

（2）中心特质：构成个体独特性的几个重要特质，每个人身上都有 5~10 个中心特质。

（3）次要特质：个体的一些不太重要的特质，特殊情况下才会表现出来。

考法 2　考查卡特尔人格理论

此考点多以选择题及简答形式出现，在复习过程中，将卡特尔人格理论理解记忆即可，同时要注意与奥尔波特的理论进行对比，切勿记混。

例 4：（统考，2018）多选：在下列选项中，属于卡特尔人格特质分类的有（　　）。

A. 根源特质　　B. 情绪特质

C. 表面特质　　D. 理智特质

【解析】本题考查卡特尔的人格特质理论，卡特尔用因素分析法对人格特质进行了分析，把人格分为四层：即个别特质和共同特质，表面特质和根源特质，体质特质和环境特质，动力特质、能力特质和气质特质。

参考答案：AC

例 5：（西北师范大学，2016；浙江师范大学，2011）简答：简述卡特尔的人格特质理论。

【解析】本题考查卡特尔的人格特质理论的内容。

参考答案：卡特尔受元素周期表的启发，用因素分析法对人格特质进行了分析，提出了人格特质的结构理论模型。模型分成四层，即个别特质和共同特质，表面特质和根源特质，体质特质和环境特质，动力特质、能力特质和气质特质。

（1）表面特质指从外部行为能直接观察到的特质；根源特质是指那些相互联系并以相同原因为其基础的行为特质。表面特质和根源特质既可能是个别的特质，也可能是共同的特质；它们是人格层次中最重要的一层。

（2）根源特质又可区分为体质特质和环境特质两类。体质特质由先天的生物因素决定，如兴奋性、情绪稳定性等。环境特质则由后天的环境因素所决定，如焦虑、有恒性等。

（3）动力特质是指具有动力特征的特质，它使人趋向某一风格，包括生理驱力、态度和情操。能力特质是决定人如何有效完成预定目标的特质，包括流体智力和晶体智力。气质特质是决定一个人情绪反应的速度与强度的特质。

考法 3　考查大五人格理论

此考点为高频考点，既可以以选择题考查五因素指的是哪五个因素，也可以考查每个因素所包含的具体内涵。五因素可以用：神人外开心（做神仙的人格外开心）来联想记忆。同时也可以以简答或论述的形式考查大五模型的内容。

例 6：（统考，2007）单选：“大五”人格结构模型中的五个因素是外倾性、开放性、情绪稳定性、宜人性和（　　）。

A. 习俗性　　B. 自制性　　C. 责任心　　D. 特异性

【解析】塔佩斯用词汇学方法对卡特尔的特质进行再分析，探究出最稳定的五个因素：外倾性、开放性、情绪稳定性、宜人性、责任心。

参考答案：C

例 7：（统考，2015）论述：五因素模型（大五人格理论）是当代重要的人格理论，请回答下列问题：

（1）五因素模型属于哪种类型的人格理论？

（2）简要概述五因素模型的形成过程。

（3）说明五因素模型的具体内容。

（4）下图是一项关于五因素模型的纵向研究结果。试分析该图并据此说明人格的稳定性与可变性。

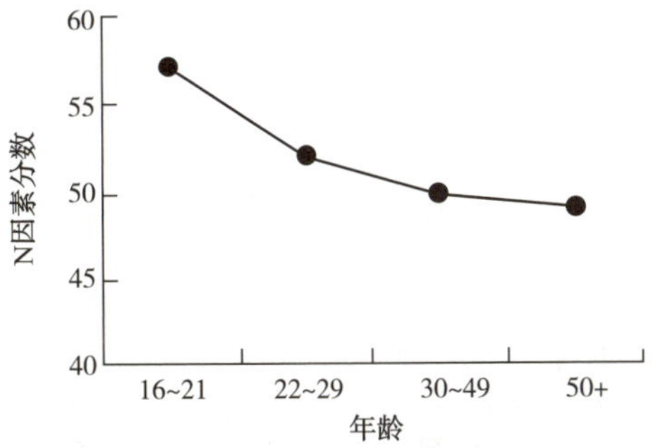

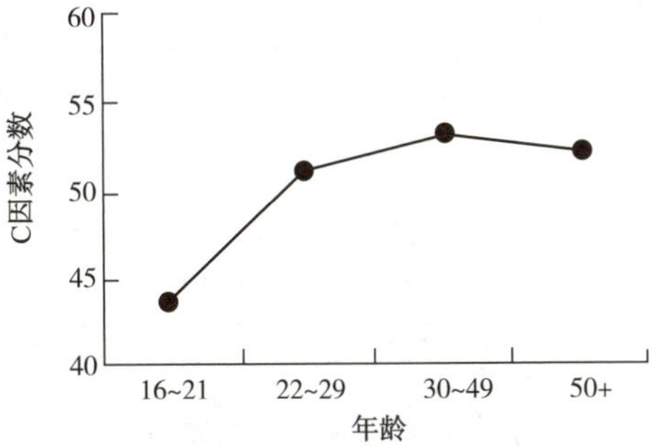

【解析】本题考查大五人格理论的相关内容。

参考答案：（1）五因素模型所属的人格理论：特质理论。

（2）五因素模型的形成过程：塔佩斯等运用词汇学的方法对卡特尔提出的根源特质变量进行了再分析，发现了五个相对稳定的因素。以后许多学者进一步验证了五种特质的模型，形成了著名的五因素模型。

（3）五因素模型的内容

外倾性：表现出热情、社交、果断、活跃、冒险、乐观等特质。

宜人性：具有信任、直率、利他、依从、谦虚、移情等特质。

责任心：显示了胜任、公正、条理、尽职、成就、自律、谨慎、克制等特质。

神经质或情绪稳定性：具有焦虑、敌对、压抑、自我意识、冲动、脆弱等特质。

开放性：具有想象、审美、情感丰富、求异、创造、智能等特质。

（4）对研究结果的分析

N（神经质）因素的得分随着年龄的增长而降低，C（责任心）因素的得分随着年龄的增长而提高，但随后都趋于稳定。这说明，人格既具有稳定性，也具有可变性。

考研考法实战 答案见 D59 页

1.（湖南师范大学，2012）名词解释：首要特质。

2.（江西师范大学，2015）单选：把人格特质分为个人特质和共同特质的心理学家是（　　）。

A. 卡特尔　B. 艾森克　C. 奥尔波特　D. 马斯洛

3.（北京大学，2011）单选：大五人格理论不涉及下列哪个因素？（　　）

A. 宜人性　B. 开放性　C. 尽责性　D. 灵活性

4.（云南师范大学，2012）单选：（　　）是人格特质论的创始人。

A. 弗洛伊德　B. 卡特尔　C. 艾森克　D. 奥尔波特

5.（华东师范大学，2019）单选：下列正确表述“大五”人格因素的是（　　）。

A. 责任心、宜人性、正性情绪、负性情绪、开放性

B. 外向性、宜人性、正性情绪、开放性、情绪稳定性

C. 宜人性、负性情绪、习俗性、情绪稳定性、开放性

D. 开放性、外向性、责任心、宜人性、情绪稳定性

考点 2　类型理论

考研基础必备

人格类型理论主要用来描述群体间人格差异。

1. 单一类型理论

人格类型是依据一群人是否有某一特殊人格来确定的。弗兰克·法利提出 T 型人格，认为 T 型人格是一种好冒险、爱刺激的人格特征。

1）依据冒险行为的性质（积极性质与消极性质）

他又将 T 型人格分为 T+ 型和 T- 型两种，当冒险行为朝向健康、积极、创造性和建设性的方向发展时，就是 T+ 型人格，有这种人格的人喜爱漂流、赛车等运动项目。当冒险行为具有破坏性质时，就是 T- 型人格。这种人有酗酒、吸毒、暴力犯罪等反社会行为。

2）T+ 型人格依据活动的特点进一步分为体格 T+ 型和智力 T+ 型

极限运动员代表了体格 T+ 型，这种运动员通过身体运动（如攀岩、登山等）来实现追求新奇、不断刷新纪录的动机。

而一些科学家或思想家代表了智力 T+ 型，他们的冒险精神主要表现在科学技术的探新上。

2. 对立类型理论

认为人格类型包含了以某一人格维度的两个相反方向。

1）A–B 型人格（福利曼和罗斯曼提出）

近几年，人们在研究人格和工作压力的关系时常常使用这种人格类型。

① A 型人格。性情急躁，缺乏耐性；成就欲较高，上进心强，有苦干精神，做事认真，动作敏捷，但做事匆忙，社会适应性差，属于不安定性人格，易患冠心病（典型人物如张飞）。

② B 型人格。B 型人格的特点是：性情不愠不火、举止稳当，对工作和生活的满足感强，喜欢慢步调的生活节奏，在需要审慎思考和耐心的工作中，B 型人往往比 A 型人表现好（如唐僧）。

2）内 – 外向人格（荣格提出）

瑞士著名人格心理学家荣格依据“心理倾向”来划分人格类型，最先提出了内 – 外倾人格类型学说。

荣格认为，当一个人的兴趣和关注点指向外部客体时，就是外倾人格；而当一个人的兴趣和关注点指向主体时，就是内倾人格。任何人都具有内倾和外倾两种特征，但是其中一种可能表现出优势。

①外倾人格的特点是：注重外部世界、情感表露在外、热情奔放、当机立断、独立自主、善于交往、行动快捷、有时轻率。

②内倾人格的特点是：自我剖析、做事谨慎、深思熟虑、疑虑困惑、交往面窄、有时适应困难。

荣格认为，人的心理活动有思维、感情、感觉和直觉这四种基本功能。结合两种心理倾向可以构成八种人格类型：

①外倾思维型：这种人尊重客观规律和伦理法则，不感情用事。

②外倾感情型：这种人对事物的评价往往感情用事，容易凭主观判断来衡量外界事物的价值。

③外倾感觉型：这种人以具体事物为出发点，容易凭借感觉来估量生活的价值，遇事不假思索，随波逐流，但善于应付现实。

④外倾直觉型：这种人以主观态度探求各种现象，不接受过去的经验，只憧憬未来，容易悲观失望。

⑤内倾思维型：这种人不关心外部价值，以主观观念决定自己的思想，感情冷淡，好独断，偏执，易被人误解。

⑥内倾感情型：这种人情绪稳定，不露声色。

⑦内倾感觉型：这种人不能深入到事物的内部，在自己与事物之间常插入自己的感觉。

⑧内倾直觉型：这种人不关心外界事物，脱离实际，好幻想。

3. 多元类型理论

多元类型理论认为人格类型是由几种不同质的人格特征构成的。

1）气质类型学说

气质说源于古希腊医生希波克拉底的体液说，他认为人体内有四种液体：黏液、黄胆汁、黑胆汁、血液。这四种体液的比例不同，形成了四种不同类型的人。约500年后，罗马医生盖伦进一步确定了气质类型，提出人的四种气质类型是胆汁质、多血质、黏液质、抑郁质。

现代的气质学说仍将气质分为四种典型的类型。

①胆汁质：这种类型的人情绪体验强烈、爆发迅猛、平息快速，思维灵活但粗枝大叶，精力旺盛、争强好斗、勇敢果断，为人热情直率、朴实真诚、表里如一，行动敏捷、生气勃勃、刚毅顽强，但他们遇事常欠思考，鲁莽冒失，易感情用事，刚愎自用。

②多血质：这种类型的人情感丰富、外露但不稳定，思维敏捷但不求甚解，活泼好动、热情大方、善于交往但交情浅薄，行动敏捷、适应力强，他们的弱点是缺乏耐心和毅力，稳定性差，见异思迁。

③黏液质：这种类型的人情绪平稳、表情平淡，思维灵活性略差，但考虑问题细致而周到，安稳沉重、踏踏实实、沉默寡言、喜欢沉思，自制力强、耐受力高、内刚外柔，交往适度、交情深厚，但他们的行为主动性较差，缺乏生气，行动迟缓。

④抑郁质：这种类型的人情绪体验深刻、细腻持久，情绪抑郁、多愁善感，思维敏锐、想象力丰富，不善交际、孤僻离群，踏实稳重、自制力强，但他们的举止缓慢，软弱胆小，优柔寡断。

巴甫洛夫用高级神经活动类型说解释气质的生理基础。他依据神经过程的基本特性，即兴奋过程和抑制过程的强度、平衡性和灵活性，划分了四种类型。

高级神经活动过程	高级神经活动类型	气质类型	行为特点
强、不平衡	不可遏制型	胆汁质	攻击性强，易兴奋，不易约束，不可抑制
强、平衡、灵活	活泼型	多血质	活泼好动，反应灵活，好交际
强、平衡、不灵活	安静型	黏液质	安静，坚定，迟缓，有节制，不好交际
弱	抑制型	抑郁质	胆小猥琐，消极防御反应强

2）性格类型说

德国心理学家斯普兰格依据人类社会文化生活的六种形态，将人划分为六种性格类型。不同的性格类型具有不同的价值观成分。这六种类型是：

①经济型：这种类型的人注重实效，其生活目的是追求利润和获得财富。

②理论型：这种类型的人具有探究世界的兴趣，能客观而冷静地观察事物，力图把握事物的本质，尊重事物的合理性，重视科学探索，以追求真理为人生的目的。

③审美型：这种类型的人对现实生活不太关注，富有想象力，追求美感，以感受事物的美作为人生的价值

④权力型：这种类型的人倾向于权力意识和权力享受，支配性强，其全部的生活价值和最高的人生目标就在于满足自己的权力欲望，得到某种权力和地位。

⑤社会型：这种类型的人能关心他人，献身社会，助人为乐，以奉献社会为人生追求的最高目标。

⑥宗教型：这种类型的人信奉宗教，相信神的存在，把信仰视为人生的最高价值。

奥尔波特依据这种划分编制了“价值观研究量表”。

3）阴阳五行说

我国春秋战国时期著名医书《内经》按阴阳强弱，把人分为太阴、少阴、太阳、少阳、阴阳平和五种类型：①太阴之人：多阴无阳，其人格特征是悲观、失望、内省、孤独、保守、谨慎。②少阴之人：多阴少阳，其人格特征是冷淡、沉静、节制、稳健、戒备、细心、深藏不露、善辨是非、嫉妒心强、自制力强、耐受性高。③太阳之人：多阳无阴，其人格特征是勇敢刚毅、坚持己见、激昂进取、傲慢暴躁。④少阳之人：多阴少阳，其人格特征是外露、乐观、机智、随和。⑤阴阳平和：阴阳气和，其人格特征是态度从容、平静自如、尊严、谨慎、适应性强、稳定而不乱。

阴阳五行说与神经类型说、气质类型说的比较

学说	气质类型				
阴阳五行说	太阳之人	少阳之人	阴阳平和	少阴之人	太阴之人
神经类型说	兴奋型	中间型			抑制型
气质类型说	胆汁质	多血质		黏液质	抑郁质

4）霍兰德的分类

将性格分为：实际型、调查型、艺术型、社会型、企业型、传统型。

实际型的人具有重时间、直率、随和、不爱社交、节俭、稳定、坚定等特征。调查型的人具有分析、好奇、思想内向、聪明、精确、富有理解力等特征。艺术型的人具有感情丰富、爱想象、富有创造性等特征。社会型的人具有爱社交、友好、慷慨、乐于助人、活跃、合作等特征。企业型的人具有爱冒风险、外向、乐观、爱社交、健谈、喜欢领导他人等特征。传统型的人具有条理性、随和、自我约束、友好、务实、拘谨、保守等特征。

考研考法突破

考法1　考查A–B型人格

此考点多以选择或者名词解释题形式出现，考生要掌握A型人格的含义以及表现。

例8：（统考，2014）单选：小张性情急躁，成就动机水平高，具有很强的时间紧迫感和竞争意识，他的人格类

型属于（　　）。

A. T+ 型　B. T– 型　C. A 型　D. B 型

【解析】A 型人格：性情急躁，缺乏耐性；成就欲较高，上进心强，有苦干精神，做事认真，动作敏捷，但做事匆忙，社会适应性差，属于不安定性人格，易患冠心病。

参考答案：C

例 9：（华东师范大学，2016）名词解释：A 型人格。

【解析】本题考查 A 型人格的含义

参考答案：A 型人格是由福利曼和罗斯曼提出，近几年，人们在研究人格和工作压力的关系时常常使用这种人格类型。A 型人格的表现：性情急躁，缺乏耐性；成就欲较高，上进心强，有苦干精神，做事认真，动作敏捷，但做事匆忙，社会适应性差，属于不安定性人格，易患冠心病。

考法 2　荣格的内外倾人格

此考法可以以多种形式进行考查，既可以以选择题考察对内外倾的理解，也可以以简答考查荣格的八种人格类型，同时考生还需注意荣格的人格类型的应用。

例 10：（南京大学，2014）单选：荣格把兴趣和关注指向于内部的人格类型叫（　　）。

A. 外显性　B. 内隐型　C. 外向型　D. 内向型

【解析】荣格认为，当一个人的兴趣和关注点指向外部客体时，就是外倾人格；而当一个人的兴趣和关注点指向主体时，就是内倾人格。任何人都具有内倾和外倾两种特征，但是其中一种可能表现出优势。

参考答案：D

例 11：（北京师范大学，1994）名词解释：内倾与外倾。

【解析】本题主要考查荣格的内外倾的划分。

参考答案：瑞士著名人格心理学家荣格依据“心理倾向”来划分人格类型，最先提出了内 – 外倾人格类型学说。荣格认为，当一个人的兴趣和关注点指向外部客体时，就是外倾人格；而当一个人的兴趣和关注点指向主体时，就是内倾人格。任何人都具有内倾和外倾两种特征，但是其中一种可能表现出优势。

①外倾人格的特点是：注重外部世界、情感表露在外、热情奔放、当机立断、独立自主、善于交往、行动快捷、有时轻率。

②内倾人格的特点是：自我剖析、做事谨慎、深思熟虑、疑虑困惑、交往面窄、有时适应困难。

考法 3　体液说

此考法常见于选择题，考生需要理解不同类型的表现，考试中会描述某一气质类型的表现，要求考生判断属于哪种气质类型。大多考生容易将胆汁质和多血质混淆，胆汁质相比于多血质，主要是不平衡。

例 12：（南京师范大学，2012）单选：《水浒传》里李逵脾气暴躁，气力过人，为人耿直，李逵的气质属于（　　）。

A. 胆汁质　B. 多血质　C. 黏液质　D. 抑郁质

【解析】气质为胆汁质的这种人情绪体验强烈、爆发迅猛、平息快速。思维灵活但粗枝大叶，精力旺盛、争强好斗、勇敢果断，为人热情直率、朴实真诚、表里如一，行动敏捷、生气勃勃、耿直顽固；但这种人遇事常欠思量，鲁莽冒失，易感情用事，刚愎自用。根据题意可知，李逵的气质属于典型的胆汁质。

参考答案：A

例 13：（广州大学，2014，2015；西南大学，2015）单选：某人直率、热情、精力旺盛、脾气急躁、情绪兴奋性高、容易冲动、反应迅速、心境变幻剧烈、具有外倾性。据此我们可判断其气质类型是（　　）。

A. 胆汁质　B. 多血质　C. 黏液质　D. 抑郁质

【解析】胆汁质：情绪体验强烈、爆发迅速、平息快速，思维灵活但粗枝大叶，精力旺盛、争强好斗、勇敢果断，为人热情直率、朴实真诚、表里如一，行动敏捷、生机勃勃：但是遇事欠思量，鲁莽行事，易感情用事与刚愎自用。

参考答案：A

考法 4　巴甫洛夫的高级神经类型学说

此考法常见于选择题，考试需要掌握巴甫洛夫高级神经类型学说包括的四种类型，考试当中尤其喜欢将体液说和高级神经活动类型说结合起来考查，因此考生一定要将二者的对应关系牢固掌握。

例 14：（西南大学，2011）单选：从高级神经活动类型与气质的关系看，兴奋型相当于（　　）。

A. 胆汁质　B. 多血质　C. 黏液质　D. 抑郁质

【解析】考查高级神经活动类型与气质的对应关系。巴甫洛夫根据神经系统的基本特性，即兴奋过程和抑制过程的强度、平衡性和灵活性，划分了四种类型：兴奋型、活泼型、安静型、抑制型。兴奋型相当于胆汁质，活泼型相当于多血质，安静型相当于黏液质，抑制型相当于抑郁质。

参考答案：A

例 15：（西南大学，2013；广州大学，2021）简答：简述巴甫洛夫气质的高级神经机制观点。

【解析】本题考查巴甫洛夫气质的高级神经机制。

参考答案：巴甫洛夫用高级神经活动类型说解释气质的生理基础。他依据神经过程的基本特性，即兴奋过程和抑制过程的强度、平衡性和灵活性，划分了四种类型，即①不可遏制型：强而不平衡（胆汁质）；②活泼型：强、平衡且灵活（多血质）；③安静型：强、平衡而不灵活（黏液质）；④抑制型：弱（抑郁质）。

考法 5　阴阳五行说

此考法常见于选择题中，一般院校考查相对较少，考生需要掌握五行中与现代气质类型学说的对应类型即可。

例 16：（南京师范大学，2014）单选：阴阳五行说中的“太阳之人”与（　　）相对应。

A. 胆汁质　B. 多血质　C. 黏液质　D. 抑郁质

【解析】阴阳五行说中的“太阳之人”与胆汁质相对应。

参考答案：A

例 17：（南京师范大学，2017）单选：阴阳五行说中的“太阴之人”与（　　）相对应。

A. 胆汁质　B. 多血质　C. 黏液质　D. 抑郁质

【解析】阴阳五行说中的“太阴之人”与抑郁质相对应。

参考答案：D

考法 6　霍兰德职业性格测试理论

此考法常见于选择和简答题当中，考生需要掌握霍兰职业性格测试理论的相关内容以及指导意义。

例 18：（华东师范大学，2012）单选：提出性格—职业匹配理论的心理学家是（　　）。

A. 弗洛姆　B. 斯普兰格　C. 霍兰　D. 卡特尔

【解析】霍兰提出性格－职业匹配理论，为职业性格测验做出很大的贡献。

参考答案：C

例 19：（北京大学，2016）论述：请结合霍兰德（Holland）职业兴趣理论的内容和基本原理。谈一谈该理论对个体生涯发展和企业员工管理的意义和作用。

【解析】本题考查对霍兰德（Holland）职业兴趣理论理解。

参考答案：（1）霍兰德职业兴趣理论的基本原理：

霍兰德认为人的性格类型、兴趣与职业测验密切相关，兴趣是人们活动的巨大动力，凡是具有职业兴趣的职业，都可以提高人们的积极性，促使人们积极愉快地从事该职业，且职业兴趣与人格之间存在很高的正相关。

（2）霍兰德职业兴趣理论的内容：

霍兰德职业兴趣理论将个体的职业兴趣类型分为以下六种：

①企业型：共同特征是追求权力、权威和物质财富，具有领导才能。典型职业是项目经理、销售人员、营销管理人员、政府官员、企业领导、法官、律师。

②常规型：共同特点是尊重权威和规章制度，喜欢按计划办事，细心、有条理，习惯接受他人的指挥和领导，自己不谋求领导职务。典型职业是秘书、办公室人员、记事员等等。

③现实型：共同精点是愿意使用工具从事操作性工作，动手能力强，做事手脚灵活，动作协调。典型职业是计算机硬件人员、摄影师、木匠、厨师、技工、修理工等等。

④调研型：共同特点是思想家而非实干家，抽象思维能力强，求知欲强，肯动脑，善思考，不愿动手。典型职业是科学研究人员、教师、工程师、电脑编程人员、医生、系统分析员。

⑤艺术型：共同特点是有创造力，乐于创造新颖、与众不同的成果，渴望表现自己的个性，实现自身的价值。典型职业是演员、导演、艺术设计师、雕刻家、建筑师等等。

（3）职业兴趣理论的意义和作用：

①个体生涯方面：霍兰德的类型理论可以使当事人迅速地、有系统地而且有所依据地在一个特定的职业群里进行探索活动。它提供和个人兴趣相近而内容互有关联的一群职业，而不是仅仅冒险地去建议个人选择一种特殊的职业或工作。

②企业员工管理方面：企业在招募新员工时，如果能够坚持以霍兰德的职业兴趣理论为指导，不仅可以招募到适合本企业的人才，还可以在招聘工作中减少盲目性，通过职业兴趣的测试，企业还可以给予新员工最适合的工作环境，以期最大限度地在工作中发挥他们的聪明才干。

考研考法实战 答案见 D59 页

1.（北京师范大学，2014）单选：根据巴甫洛夫的高级神经功能学说，强、平衡、不灵活是针对（　　）人格气质。

A. 多血质　B. 胆汁质　C. 黏液质　D. 抑郁型

2.（华中师范大学，2013）单选：黛玉的气质类型属于（　　）。

A. 多血质　B. 胆汁质　C. 抑郁质　D. 黏液质

3.（华中师范大学，2011）单选：下面哪一项是 A 型人格行为的例子（　　）。

A. 容忍别人的过错

B. 与别人合作实现目标

C. 在医生办公室一边接受治疗一边给客户打电话

D. 向一个不服从的孩子解释他的行为为什么不应该

4.（东北师范大学，2017）单选：弗里德曼将人格类型划分为“A 型与 B 型”，其中“A 型”易患（　　）。

A. 心脏病　B. 焦虑症　C. 忧郁症　D. 癌症

5.（统考，2018；统考，2007）单选：根据巴甫洛夫的观点，与黏液质这一气质类型相对应的高级神经活动类型是（　　）。

A. 兴奋型　B. 活泼型　C. 安静型　D. 抑制型

6.（统考，2008；西南大学，2014）单选：与多血质气质类型相对应的高级神经活动过程的基本特征表现为（　　）。

A. 强、不平衡　　B. 强、平衡、灵活

C. 强、平衡、不灵活　　D. 弱

考点 3　整合理论

考研基础必备

特质理论强调个体间的人格差异，描述了人格的量的差异，显示了下位层面的人格差异。类型理论强调群体间的人格差异，描述了人格的质的差异，显示了上位层面的人格差异。二者从不同角度描绘了人格的复杂结构。与上面两种理论相比，整合理论则将以上两种理论的特点综合起来，更全面地描述了人格的结构。

1. 艾森克人格问卷的理论模型。

他根据因素分析的方法提出了三因素模型，这三个因素是：

①外倾性，表现为内外倾的差异。

②神经质，表现为情绪稳定性的差异。

③精神质，指人格特征是正面还是负面。

艾森克编制了用来测量这三个因子的工具：艾森克人格问卷（简称 EPQ），包含四个量表：内外倾量表、神经质量表、精神质量表和说谎量表。

EPQ 除了可以在三个维度上解释被试的人格特征外，还可将外倾性（内向与外向）和神经质（稳定与不稳定）两个维度作垂直交叉分析，这样就可以得到四种典型的人格类型。

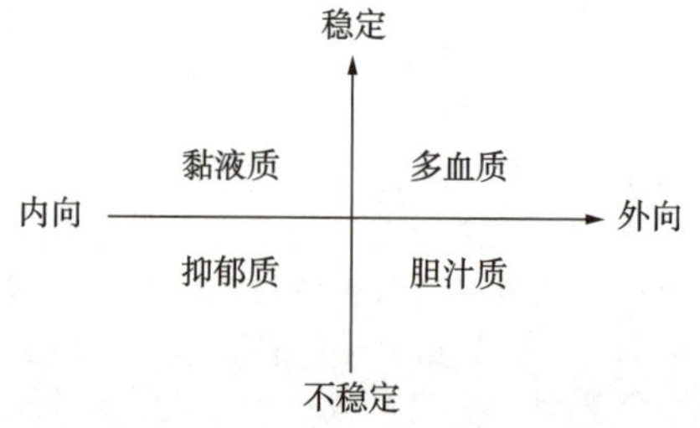

2. 艾森克提出了人格结构的四层次模型：

①模型的最下层“特殊反应层”是日常观察到的反应，偶然性与随机性较大，属误差因子。

②上一层“习惯反应层”是由反复进行的日常反应形

成的，常与某一情境下的行为有关，属特殊因子。

③再上一层是特质层，是由习惯反应形成的，具有比较强的概括性，属群因子。

④最上层是类型层，由特质形成，影响范围很大，属一般因子。

考研考法突破

考法 1　艾森克的人格特质理论

此考法常见于选择或简答，对于艾森克的人格特质理论，考生需要全盘掌握。

例 20：（南京师范大学，2013）单选：艾森克的“三因素模型”不包括（　　）。

A. 外倾性　B. 内倾性　C. 精神质　D. 神经质

【解析】艾森克的“三因素模型”是人格的现代特质理论。其主要观点有：三因素包括外倾性，表现为内外倾的差异；神经质，表现为情绪稳定性的差异；精神质，表现为孤独、冷酷、敌视、怪异等偏于负面的人格特质。

参考答案：B

例 21：（湖南师范大学，2011）简答：评述艾森克（Hans J.Eysenck）人格整合理论。

【解析】本题考查对艾森克的人格整合理论的理解。

参考答案：

艾森克提出了人格结构的四层次模型：

①模型的最下层“特殊反应层”是日常观察到的反应，偶然性与随机性较大，属误差因子。

②上一层“习惯反应层”是由反复进行的日常反应形成的，常与某一情境下的行为有关，属特殊因子。

③再上一层是特质层，是由习惯反应形成的，具有比较强的概括性，属群因子。

④最上层是类型层，由特质形成，影响范围很大，属一般因子。

艾森克的人格结构理论将类型理论与特征理论有机结合起来，使两种理论的特点互为补充，因而能更全面、更系统、更富有层次性地描述一个人的人格。

考法 2　艾森克三因素模型与现代四种气质类型学说的关系

此考法常见于选择题，考生需要理解艾森克三因素模型与现代四种气质类型学说的一一对应关系。

例 22：（统考，2011）：单选：与艾森克提出的稳定外倾人格类型相对应的气质类型是（　　）。

A. 胆汁质　B. 多血质　C. 黏液质　D. 抑郁质

【解析】本题旨在考查考生对艾森克气质类型的掌握情况。艾森克用外倾性（内倾、外倾）、神经质倾向（情绪稳定、情绪不稳定）和精神质（表现为孤独、冷酷、敌视、怪异等偏于负面的人格特征）三个因素来描述不同的人格。EPQ 除了可以在三个维度上解释被试的人格特征外，还可将外倾性（内向与外向）和神经质（稳定与不稳定）两个维度作垂直交叉分析，这样就可以得到四种典型的人格类型。不稳定 - 内向对应的是抑郁质的气质类型，不稳定 - 外向对应的是胆汁质的气质类型，稳定 - 内向对应的是黏液质的气质类型，稳定 - 外向对应的是多血质的气质类型。故本题应选 B。

参考答案：B

考研考法实战 答案见 D59 页

1.（西南大学，2014）单选：艾森克人格理论属于人格结构的（　　）。

A. 动力理论　B. 特质理论　C. 类型理论　D. 神经理论

2.（华东师范大学，2019）单选：从精神质，外倾性，神经质三个维度对人格进行评定的心理学家是（　　）。

A. 卡特尔　B. 奥尔波特　C. 艾森克　D. 荣格

3.（南京大学，2014）单选：艾森克认为人格的维度包括（　　）。

A. 内外倾、情绪的稳定性和精神质

B. 共同特质和个别特质、表面特质和根源特质

C. 内外倾、神经质和精神质

D. 共同特质和个人特质、首要特质、中心特质和次要特质

4.（湖南师范大学，2013）简答：简述艾森克 PEN 模型中的人格维度及其生物学基础。

综合考点

综合考法 1　对各种人格理论的理解

此考法常见于简答或论述当中，既可以考查不同类型的人格理论的对比，比如特质理论和类型理论的异同，也可以考查每种具体人格理论的对比，比如奥尔波特和卡特尔理论的对比。因此考生在学习时，要注意综合对比。

例 23：（浙江师范大学，2013）比较奥尔波特和卡特尔人格特质理论？

【解析】本题考查对奥尔波特和卡特尔人格特质理论的理解。

参考答案：奥尔波特首次提出了人格特质理论。他把人格特质分为两类：一类是共同特质，指在某一社会文化形态下，大多数人或一个群体所具有的、相同的特质。一类是个人特质，指个体身上所独具的特质。个人特质依其在生活中的作用又可分为三种：首要特质，这是一个人最典型、最有概括性的特质；中心特质，这是构成个体独特性的几个重要的特质；次要特质，这是个体的一些不太重要的特质，往往具有在特殊的情况下才会表现出来。

卡特尔用因素分析法对人格特质进行了分析，提出了基于人格特质的一个理论模型。模型分成四层：个别特质和共同特质为第一层次；表面特质和根源特质为第二层次，它们是人格层次中最重要的一层；体质特质和环境特质为第三层次；动力特质、能力特质和气质特质为第四层次。

考研考法实战 答案见 D60 页

1.（东北师范大学，2020）论述：人格特质理论与类型理论的异同点。

2.（天津师范大学，2013）简答：试述奥尔波特、卡特尔和艾森克的特质理论。

第三节 认知风格

研究真题，明确考况

考试要求	统考		自主命题	
	考题	考查点	考题	考查点
1. 认知风格	2013 2016	单选：认知风格	江西师范大学，2015 湖南师范大学，2014 首都师范大学，2017 西南大学，2014 中央财经大学，2021	单选：认知风格 论述：根据认知风格因材施教

考点1 认知风格

考研基础必备

认知风格也叫认知方式，是个体所偏爱使用的信息加工方式。认知风格便是人格差异在认知方式上的反映。认知风格和认知能力的区别：①能力是成就水平，而风格是认知方式；②能力是人们能达到的最高水平，而风格是典型行为；③能力有高低之分，而风格没有好坏之分。

1. 场独立型—场依存型

威特金在垂直视知觉的一系列研究中，发现了认知方式的个体差异，即场独立性和场依存性的差异。这种差异主要表现在人对外部环境（“场”）的不同依赖程度上。

场独立型的人在信息加工时对内在参照有较大的依赖倾向，他们的心理分化水平较高，在加工信息时，主要依据内在标准或内在参照，与人交往时也很少能体察入微。

场依存型的人在加工信息时，对外在参照有较大的依赖倾向，他们的心理分化水平较低，处理问题时往往依赖于“场”，与别人交往时较能考虑到对方的感受。

用隐蔽图形或镶嵌图形测验可以有效地测量场独立型和场依存型的人格差异。测验图形是由一种比较复杂的图形构成的，其中隐藏着一个简单的图像。测验时，要求被试迅速地从复杂图形中找出简单的图形。

场独立型与场依存型这一人格差异存在于心理活动的各个方面，没有好坏之分。

场独立型的人认知改组的能力强，在认知中具有优势；而场依存型的人社会技能高，在人际交往中具有优势。

从学习来看，在解决需要灵活思考的问题上，场独立型的人有优势，他们善于抓住问题的关键性成分，能灵活地运用已有的知识来解决问题。而场依存型的人在解决熟悉的问题时，不会发生困难，但让他们运用已有的知识去解决没有遇到过的问题时，则难于应付，缺乏灵活性。

场独立型的人对自然科学知识更感兴趣；而场依存型的人更喜欢社会定向的学科与知识。

2. 冲动型—沉思型

卡根等人区分了两种不同的认知风格：冲动型与沉思型，它们的差异主要表现在对问题的思考速度上。

冲动型的特点是：反应快，但精确性差。具有这种认知风格的人面对问题时总是急于求成，不能全面细致地分析问题的各种可能性，不管正确与否就急于表达出来，有时甚至没有弄清楚问题的要求，就开始解答问题。他们使用的信息加工策略多为整体性策略。当学习任务要求做整体性解释时，成绩较好。

沉思型的特点是：反应慢，但精确性高。具有这种认知风格的人，总是把问题考虑周全以后再做反应，他们看重解决问题的质量，而不是速度。但是当他们回答熟悉的，比较简单的问题时，反应也比较快。这种人在加工信息时多采用细节性策略，在需要对细节进行分析时，他们的学习成绩较好。

在元认知知识、认知策略和学习能力上，两种认知风格都存在差异。卡根等人还设计了“匹配熟悉图形测验”来鉴别这种认知类型。

3. 同时型—继时型

达斯等人根据脑功能的研究，区分了同时型与继时型两种认知风格。他们认为，左脑优势的个体表现出继时型的加工风格，而右脑优势的个体表现出同时型的加工风格。

继时型认知风格的特点是：在解决问题时，能一步一步地分析问题，每一个步骤只考虑一种假设或一种属性，提出的假设在时间上有明显的前后顺序，第一个假设成立后再检验第二个假设，解决问题的过程像链条一样，一环扣一环，直到找到问题的答案。言语操作和记忆都属于继时型加工。一般来说，女性擅长继时型加工，这可能是女孩的记忆和语言能力比男孩好的原因之一。

同时型认知风格的特点是：在解决问题时，采取宽视野的方式，同时考虑多种假设，并兼顾到解决问题的各种可能性。其解决问题的方式是发散式的，许多数学操作、空间问题的操作都要依赖于这种同时型的加工方式。这也可能是男孩在数学能力与空间能力方面优于女孩子的原因之一。

同时型和继时型是认知风格的差异，而不是加工水平的差异。但是，当学习方式与认知方风格相匹配时，不同认知风格的优势就能显示出来。

考研考法突破

考法1 考查认知风格

这种考法在考试当中，可以以选择题或者名词解释题考查考生对于认知风格含义的理解，也可以在简答或论述当中，考查考生对于每种认知风格类型划分的内容。

例1：（福建师范大学，2017）单选：有些人总是把问题考虑周全以后再做出反应，他们看重解决问题的质量而不是速度，这是一种（　　）的认知风格。

A. 场独立型　B. 场依存型　C. 沉思型　　D. 冲动型

【解析】本题考查对认知风格类型的判别。沉思型的特点是：反应慢，但精确性高。具有这种认知风格的人，总是把问题考虑周全以后再做反应，他们看重解决问题的质量，而不是速度。

参考答案：C

例 2：（首都师范大学，2017）名词解释：认知风格。

【解析】本题考查认知风格的含义。

参考答案：认知风格也叫认知方式，是个体所偏爱使用的信息加工方式。认知风格便是人格差异在认知方式上的反映。认知风格按不同的划分标准有不同的类型，如场依存型和场独立型、冲动型和沉思型等。人在认知风格上的差异，具有一定的稳定性，但是认知风格并没有高低优劣之分。

例 3：（中央财经大学，2015；宁波大学，2021；苏州大学；2021）简答：简述个体在认知风格上可能存在的差异。

【解析】本题考查认知风格的含义以及每种认知风格的差异表现。

参考答案：认知风格也叫认知方式，是个体所偏爱使用的信息加工方式。认知风格便是人格差异在认知方式上的反映。认知风格按不同的划分标准有不同的类型

（1）场独立型—场依存型：

威特金在垂直视知觉的一系列研究中，发现了认知方式的个体差异，即场独立型和场依存型的差异。这种差异主要表现在人对外部环境（“场”）的不同依赖程度上。

场独立型的人在信息加工时对内在参照有较大的依赖倾向，他们的心理分化水平较高，在加工信息时，主要依据内在标准或内在参照，与人交往时也很少能体察入微。

场依存型的人在加工信息时，对外在参照有较大的依赖倾向，他们的心理分化水平较低，处理问题时往往依赖于“场”，与别人交往时较能考虑到对方的感受。

用隐蔽图形或镶嵌图形测验可以有效地测量场独立型和场依存型的人格差异。

（2）冲动型—沉思型：

卡根等人区分了两种不同的认知风格：冲动型与沉思型，它们的差异主要表现在对问题的思考速度上。

冲动型的特点是：反应快，但精确性差。具有这种认知风格的人面对问题时总是急于求成，不能全面细致地分析问题的各种可能性，不管正确与否就急于表达出来，有时甚至没有弄清楚问题的要求，就开始解答问题。他们使用的信息加工策略多为整体性策略。当学习任务要求做整体性解释时，成绩较好。

沉思型的特点是：反应慢，但精确性高。具有这种认知风格的人，总是把问题考虑周全以后再做反应，他们看重解决问题的质量，而不是速度。但是当他们回答熟悉的，比较简单的问题时，反应也比较快。这种人在加工信息时多采用细节性策略，在需要对细节进行分析时，他们的学习成绩较好。可以用匹配熟悉图形来鉴别冲动性与沉思性。

（3）同时型—继时型：

达斯等人根据脑功能的研究，区分了同时型与继时型两种认知风格。他们认为，左脑优势的个体表现出继时型的加工风格，而右脑优势的个体表现出同时型的加工风格。

继时性认知风格的特点是：在解决问题时，能一步一步地分析问题，每一个步骤只考虑一种假设或一种属性，提出的假设在时间上有明显的前后顺序，第一个假设成立后再检验第二个假设，解决问题的过程像链条一样，一环扣一环，直到找到问题的答案。言语操作和记忆都属于继时型加工。一般来说，女性擅长继时型加工，这可能是女孩的记忆和语言能力比男孩好的原因之一。

同时型认知风格的特点是：在解决问题时，采取宽视野的方式，同时考虑多种假设，并兼顾到解决问题的各种可能性。其解决问题的方式是发散式的，许多数学操作、空间问题的操作都要依赖于这种同时型的加工方式。这也可能是男孩在数学能力与空间能力方面优于女孩子的原因之一。

考法 2　考查威特金的场独立型—场依存型

此考法可以以选择题考查场独立型—场依存型的含义理解，也可以以简答题考查两种认知风格的表现。

例 4：（江西师范大学，2015）单选：以下哪类认知方式是美国心理学家威特金提出的两种认知方式之一？（　　）

A. 冲动型　B. 沉思型　C. 场独立型　D. 外倾型

【解析】威特金把认知方式分为两种类型场依存型和场独立型。

参考答案：C

例 5：（湖南师范大学，2014；河北师范大学，2021）简答：简述场独立型—场依存型认知方式的性质及其测量方法。

【解析】本题考查认知风格的含义，按题意将场独立型—场依存型认知方式的性质及其测量方法回答即可。

参考答案：威特金在垂直视知觉的一系列研究中，发现了认知方式的个体差异，即场独立型和场依存型的差异。这种差异主要表现在人对外部环境（“场”）的不同依赖程度上。

场独立型的人在信息加工时对内在参照有较大的依赖倾向，他们的心理分化水平较高，在加工信息时，主要依据内在标准或内在参照，与人交往时也很少能体察入微。

场依存型的人在加工信息时，对外在参照有较大的依赖倾向，他们的心理分化水平较低，处理问题时往往依赖于“场”，与别人交往时较能考虑到对方的感受。

用隐蔽图形或镶嵌图形测验可以有效地测量场独立型和场依存型的人格差异。测验图形是由一种比较复杂的图形构成的，其中隐藏着一个简单的图像。测验时，要求被试迅速地从复杂图形中找出简单的图形。

场独立型与场依存型这一人格差异存在于心理活动的各个方面，没有好坏之分。

场独立型的人认知改组的能力强，在认知中具有优势；而场依存型的人社会技能高，在人际交往中具有优势。

考研考法实战 答案见 D60 页

1.（西南大学，2014）多选：从个体在认知加工中对客观环境提供线索的依赖程度看个体的认知风格可以分为（　　）。

A. 场独立型　B. 场依存型　C. 抽象型　　D. 冲动型

E. 沉思型

2.（统考，2012）单选：根据人对问题思考的速度的差异，卡根（J. Kagan）等将认知风格类型划分为（　　）。

A. 场独立型与场依存型　　B. 冲动型与沉思型

C. 同时型与继时型　　D. 整体加工与部分加工

3.（统考，2013）单选：一个人在信息加工中对内在参

照有较大的依赖倾向，较少受外部环境信息的干扰，与人交往时不善于觉察细节。这种认知风格属于（　　）。

A. 场依存型　　B. 场独立型

C. 冲动型　　D. 理智型

4.（河南大学，2005）简答：比较继时型认知风格和同时型认知风格。

第四节 人格测验

研究真题，明确考况

考试要求	统考		自主命题	
	考题	考查点	考题	考查点
1. 人格测验	2013 2016	单选：测验类型	东北师范大学，2017 福建师范大学，2015	单选：主题统觉测验 简答：投射测验及其优缺点

考点 1 人格测验

考研基础必备

1. 自陈量表

自陈量表是让被试按自己的意见，对自己的人格特质进行评价的一种方法。自陈量表通常也称为人格量表。自称量表通常是由一系列问题组成，一个问题陈述一种行为，要求被试按照自己的真实情形来回答。

1）明尼苏达多相人格测验

明尼苏达多相人格测验（MMPI）是由美国明尼苏达大学教授哈萨威和麦克金里于 1942 年所编制的，可鉴别强迫症、偏执狂、精神分裂症、抑郁性精神病等。

量表包括十个临床量表：疑病（Hs），抑郁（D），癔症（Hy），精神变态（Pd），男性化 / 女性化（Mf），偏执（Pa），精神衰弱（Pt），精神分裂症（So），轻躁狂（Ma），社会内向（Si）。另外还有四个效度量表：说谎分数（L）、诈病分数（F）、校正分数（K）、疑问分数（Q）。

2）爱德华个人兴趣量表

爱德华个人兴趣量表（EPPS）是由美国心理学家爱德华于 1953 年编制，并以美国心理学家莫瑞所列举的人类 15 种需要为基础，由此构成了 15 个分量表：成就需要、顺从需要、秩序需要、表现需要、自主需要、亲和需要、自省需要、求助需要、支配需要、谦虚需要、助人需要、变通需要、坚毅需要、性爱需要、攻击需要。整个量表共 225 个题目，每个题目通常包括两个以“我”为开头的陈述句，用“强迫选择法”要求被试从两者中按照自己的喜好选出其中的一个。

3）自陈量表的优缺点

优点：题目数固定，题目内容具体而清楚，因此施测简单、计分方便。

缺点：因编制时缺乏客观校标，效度不易建立；而且测验内容多属于情绪、态度等方面的问题，每个人对同一问题常常会因时空的改变而选择不同的答案；另外，使用这个方法时，还难免出现反应的偏向。

2. 投射测验

投射测验是以弗洛伊德精神分析的人格理论为依据建构的。投射测验一般由若干个意义模糊的刺激组成，被试可仍加解释，使自己的动机、态度、感情以及性格等在不知不觉中反映出来，然后由主试将其反应加以分析，就可以推论出若干人格特性。

1）罗夏克墨渍测验

罗夏克墨渍测验是由瑞士精神医学家罗夏克于 1921 年设计的，测验材料共包括十张墨渍卡片。其中五张为彩色图形，另五张为黑白图形。施测时每次按顺序给被试呈现一张，同时问被试：你看到了什么，这可能是什么东西，或它使你想到了什么，允许被试自己转动图片从不同的角度去看。通过分析被试做出反应时所使用的墨渍部位、反应依据、反应内容等，来挖掘被试潜藏的无意识动机和欲望。

2）主题统觉测验

主题统觉测验是由美国心理学家莫瑞编制的。全套测验由 30 张模棱两可的图片构成，另有一张空白图片，图片内容多为人物，也有部分景物。不过每张图片中至少有一个人物在内。测验时，每次给被试一张图片，让他根据所看到的内容编出一个故事。故事的内容不受限制，但必须回答以下四个问题：图中发生了什么事情，为什么会出现这种情境，图中的人物正在想些什么，故事的结局会怎样。

3）投射测验的优缺点

优点：弹性大，被试可在不受限制的条件下，随意做出反应。由于投射测验使用墨渍图或其他图片，因而便于对没有阅读能力的人进行测验。目前，投射测验广泛应用于精神医学的临床诊断方面。

缺点：评分缺乏客观标准，对测验的结果难以进行解释。其次，这种测验对特定行为不能提供较好的预测。由于投射测验适合于个别施测，因而要花费大量的时间，这一点不如自陈量表法优越。

3. 情境测验

情境测验就是主试在某种情境下观察被试的行为反应，进而了解其人格特点。

包括性格教育测验和情境压力测验。

4. 自我概念测验

在测量自我概念时，了解个人对自己的看法，了解个人的"自我接受"和"自尊"程序，比较现实我、社会我及理论我三者之间的关系。包括形容词列表法和Q分类法和WAI方法。

考研考法突破

考法1　考查人格测验的方法

此考法常见于简答或论述中，考生需要掌握人格测验的方法以及优缺点。

例1：（东北师范大学，2017）单选：主题统觉测验属于（　　）。

A. 情境测验　　B. 自陈测验

C. 自我概念测验　　D. 投射测验

【解析】主题统觉测验属于投射测验，是由美国心理学家莫瑞编制的。全套测验由30张模棱两可的图片构成，另有一张空白图片，图片内容多为人物，也有部分景物。不过每张图片中至少有一个人物在内。测验时，每次给被试一张图片，让他根据所看到的内容编出一个故事。故事的内容不受限制，但必须回答以下四个问题：图中发生了什么事情，为什么会出现这种情境，图中的人物正在想些什么，故事的结局会怎样。

参考答案：D

例2：（南开大学，2019）名词解释：主题统觉测验。

【解析】本题考查对主题统觉测验的理解。

参考答案：主题统觉测验属于投射测验，是由美国心理学家莫瑞编制的。全套测验由30张模棱两可的图片构成，另有一张空白图片，图片内容多为人物，也有部分景物。不过每张图片中至少有一个人物在内。测验时，每次给被试一张图片，让他根据所看到的内容编出一个故事。故事的内容不受限制，但必须回答以下四个问题：图中发生了什么事情，为什么会出现这种情境，图中的人物正在想些什么，故事的结局会怎样。

例3：（中山大学，2003）简答：请叙述常用人格测验方法。

【解析】本题考查常用人格测验方法。

参考答案：常用人格测验方法包括如下几种：

①自陈量表是让被试按自己的意见，对自己的人格特质进行评价的一种方法。自陈量表通常也称为人格量表。自称量表通常是由一系列问题组成，一个问题陈述一种行为，要求被试按照自己的真实情形来回答。

②投射测验是以弗洛伊德精神分析的人格理论为依据建构的。投射测验一般由若干个意义模糊的刺激组成，被试可任意解释，使自己的动机、态度、感情以及性格等在不知不觉中反映出来，然后由主试将其反应加以分析，就可以推论出若干人格特性。

③情境测验就是主试在某种情境下观察被试的行为反应，进而了解其人格特点。包括性格教育测验和情境压力测验。

④自我概念测验包括形容词列表法和Q分类法和WAI方法。

考研考法实战 答案见D61页

1.（福建师范大学，2019）单选：罗夏克墨迹测验属于（　　）。

A. 自陈测验　　B. 情境测验

C. 评定测验　　D. 投射测验

2.（华东师范大学，2021）单选：常见的人格自陈问卷不包括（　　）。

A. MMPI　　B. 16PF　　C. EPQ　　D. PASS

3.（南开大学，2017）名词解释：自陈量表。

4.（福建师范大学，2015）简答：简述投射测验及其优缺点。

第五节　人格成因

研究真题，明确考况

考试要求	统考		自主命题	
	考题	考查点	考题	考查点
1. 人格成因	2008	论述：人格成因	东北师范大学，2012 四川师范大学，2015	论述：人格成因

考点1　影响人格形成与发展的因素

考研基础必备

1. 生物遗传因素

双生子研究是研究人格遗传因素的最好方法。

高特斯曼提出了研究双生子的原则：同卵双生子具有相同的基因，他们之间的任何差异都可归结为环境因素的作用。异卵双生子的基因虽然不同，但在环境上有许多相似性，如出生顺序、母亲年龄等，因此也提供了环境控制的可能性。完整研究这两种双生子，就可以看出不同环境对相同基因的影响，或者是相同环境下不同基因的表现。后来的研究也证明，环境在人格的形成中起了重要作用，但遗传也显示了较大作用。根据现有的研究，遗传对人格的作用表现在以下几个方面：

①遗传是人格不可缺少的影响因素。

②遗传因素对人格的作用程度随人格特质的不同而

异。通常在智力、气质这些与生物因素相关较大的特质上，遗传因素的作用较重要；而在价值观、信念、性格等与社会因素关系紧密的特质上，后天环境的作用可能更重要。

③人格的发展是遗传与环境两种因素交互作用的结果。

2. 社会文化因素

每个人都处在特定的社会文化环境中，文化对人格的影响是极为重要的。社会文化塑造了社会成员的人格特征，使其成员的人格结构朝着相似性的方向发展，这种相似性具有维系社会稳定的功能，又使得每个人能稳固地“嵌入”在整个文化形态里。

社会文化对人格的影响力因文化而异，这要看社会对顺应的要求是否严格。越严格，其影响力越大。影响力的强弱也要看行为的社会意义，对于社会意义不大的行为，社会容许较大的变异，而对社会意义十分重要的行为，就不容许有太大的变异；如果一个人极端偏离其社会文化所要求的人格特质，不能融入社会文化环境中，就可能被视为行为偏差或患有心理疾病。

社会文化对人格具有塑造功能，这表现在不同文化的民族有其固有的民族性格。例如，米德等人研究了新几内亚的三个民族的人格特征，这三个民族居住在不同自然环境中，有着不同的社会文化背景。他们在民族性格上的差异，显示了社会文化环境和自然环境对人格的影响。

3. 家庭环境因素

家庭是社会的细胞，家庭成员间不仅有其自然的遗传因素，也有其社会的“遗传”因素。这种社会遗传因素主要表现为家庭对子女的教育作用。

研究人格的家庭成因，重点在于探讨家庭的差异和不同的教养方式对人格发展和人格差异的影响。研究发现：

在权威型的教养方式下，孩子容易形成消极、被动、依赖、服从、懦弱，做事缺乏主动性，甚至会形成不诚实的人格特征。

在放纵型教养方式下，孩子多表现为任性、幼稚、自私、野蛮、无礼、独立性差、唯我独尊、蛮横无理、胡闹等。

在民主型的教养方式下，孩子能形成一些积极的人格品质，如活泼、快乐、直爽、自立、彬彬有礼、善于交往、富于合作、思想活跃等。

由此可见，家庭确实是“人类性格的工厂”，它塑造了人们不同的人格特质。

4. 早期童年经验

“早期的亲子关系定出了行为模式，塑造出一切日后行为”。这是麦肯依有关早期童年经验对人格影响力的一个总结。

人格发展的确受到童年经验的影响，幸福的童年有利于儿童发展健康的人格，不幸的童年也会使儿童形成不良的人格。但二者不存在一一对应的关系，溺爱可能使孩子形成不良的人格特点，逆境也可能磨炼出孩子坚强的性格。早期经验不能单独对人格起决定作用，它与其他因素共同决定着人格的形成与发展。

5. 学校教育因素

学校是一种有目的、有计划地向学生施加影响的教育场所。教师、学生、同学、班集体等都是学校教育的元素。

教师对学生人格的发展具有指导定向的作用。特别是教师既是学校宗旨的执行者，又是学生评价言行的标准。教师的言传身教对学生产生着巨大影响，研究发现：在性情冷酷、刻板、专横的老师所管辖的班集体中，学生的欺骗行为增多；在友好、民主的教师气氛区中，学生欺骗减少。在专制型、放任型和民主型的管理风格下，学生表现出不同的人格特点。学校是同龄群体会聚的场所，同伴群体对学生人格具有巨大的影响。班集体是学校的基本团体组织，班集体的特点、要求、舆论和评价对于学生人格的发展具有“弃恶扬善”的作用。

6. 自然物理因素

生态环境、气候条件、空间拥挤程度等这些物理因素都会影响到人格的形成和发展。一个著名的研究实例是，贝里关于阿拉斯加州的爱斯基摩人和非洲的特姆尼人的比较研究，较好地说明了生态环境对人格的影响。

另外，气温也会提高人的某些人格特征的出现频率。如热天会使人烦躁不安，对他人采取负面的反应，发生反社会行为。世界上炎热的地方，也是攻击行为较多的地方。自然环境对人格不起决定性作用，在不同的物理环境中，人可以表现出不同的行为特点。

总之，人格是遗传与环境交互作用的结果。在人格的形成过程中，各个因素对人格的形成与发展起到了不同的作用。遗传决定了人格发展的可能性，环境决定了人格发展的现实性，教育是环境因素中最重要的部分。

7. 自我调控因素

自我调控系统是人格发展的内部因素，它保证着人格的完整统一与和谐。

综上所述，人格是遗传与环境交互作用的结果。在人格的形成过程中，各个因素对人格的形成与发展起到了不同的作用。遗传决定了人格发展的可能性，环境决定了人格发展的现实性，教育是环境因素中最重要的部分。

考研考法突破

考法 1　考查影响人格形成与发展的因素

此考点为高频考点，多以主观题形式出现，在复习过程中，将影响人格形成与发展的因素对比理解记忆即可。

例 1：（广西师范大学，2021；河北师范大学，2022）简答：简述影响人格形成与发展的主要因素。

【解析】本题考查影响人格形成和发展的主要因素，按要求回答即可。

参考答案：（1）生物遗传因素：

遗传是人格发展的生物前提，遗传因素对人格的作用程度随人格特质的不同而异。通常在智力、气质这些与生物因素相关较大的气质上，遗传因素的作用较重要，而在价值观、信念、性格等社会因素关系紧密的特质上，后天环境的作用可能更重要。人格的发展是遗传与环境的交互作用的结果。

（2）家庭环境和教养方式：

不同的家庭教养方式对孩子的人格特征具有不同的影响。在权威型教养方式、放纵型教养方式和民主型教养方式中，一般认为，民主型教养方式对孩子的人格发展具有积极的影响。

（3）童年早期经验：

人格发展受到童年经验的影响，幸福的童年有利于儿童发展健康的人格，不幸的童年也会使儿童形成不良的人格特点。早期经验对人格的影响不是绝对的，不能单独对人格起作用，它与其他因素共同决定着人格的形成和发展。

（4）学校教育因素：

教师对学生人格的发展具有指导定向的作用。学校是同龄群体汇聚的场所，同伴群体对学生人格具有巨大的影响。

（5）社会文化因素：

社会文化塑造了社会成员的人格特征，使其成员的人格结构朝着相似性的方向发展，这种相似性具有维系社会稳定的功能。社会文化对人格的塑造造就了不同文化的民族有其固有的民族性格。

（6）自然物理因素：

生态环境、气候条件、空间拥挤程度等这些物理因素都会影响到人格的形成和发展。

（7）自我调控系统：

人格的自我调控系统是人格发展的内部因素，自我调控系统是对人格各个成分进行调控，保证人格的完整统一与和谐。

考研考法实战 答案见 D61 页

1.（东北师范大学，2012）论述：试述影响人格形成与发展的因素，具体分析这些因素对人格的作用是什么。

章节考点　综合训练

答案见 D61 页

一、单项选择题

1.（统考，2013）小莉活泼好动、热情大方、行动敏捷、适应力强，但她做事缺乏耐心和毅力，稳定性差。由此可以判断她的气质类型是（　　）。

A. 胆汁质　B. 多血质　C. 黏液质　D. 抑郁质

2.（统考，2019）东方人比较含蓄，西方人比较直率。根据奥尔波特的人格理论，这种某一群体所具有的特质称为（　　）。

A. 共同特质　B. 首要特质
C. 中心特质　D. 次要特质

3.（统考，2008）诚实或虚伪、勇敢或怯懦、谦虚或骄傲、勤劳或懒惰等描述的是个体的（　　）。

A. 性格特征　B. 能力特征
C. 气质特征　D. 认知特征

4.（福建师范大学，2014）巴甫洛夫根据实验结果把高级神经活动划分下列哪种类型（　　）

A. 胆汁质、多血质、黏液质和抑郁质
B. 矮胖型、瘦弱型、强壮型和发育异常型
C. 兴奋型、活泼型、安静型和抑制型
D. 甲状腺型、垂体腺型、肾上腺型和性腺型

5.（华中师范大学，2017）张飞具有暴躁、冲动、刚愎自用等反映其独特性的特质，这些特质可以看作是（　　）。

A. 共同　B. 首要　C. 中心　D. 次要特质

6.（华中师范大学，2014）多血质人格类型属于（　　）。

A. 内向，情绪稳定型　B. 外向，情绪稳定型
C. 内向，情绪不稳定型　D. 外向，情绪不稳定型

7.（华中师范大学，2015）下列不属于五因素模型的人格维度是（　　）。

A. 尽责性　B. 随和性　C. 神经质　D. 外向性

8.（南京师范大学，2012）人格的表现绝非静水一潭，各种人格结构的组合千变万化，这反映出人格的（　　）。

A. 独特性　B. 稳定性　C. 统合性　D. 复杂性

9.（南京师范大学，2013）安静型的高级神经活动类型主要与（　　）的气质对应。

A. 多血质　B. 胆汁质　C. 抑郁质　D. 黏液质

10.（南京师范大学，2013）表情平淡、自制力强、耐受力高，思维灵活性不高属于（　　）。

A. 胆汁质　B. 多血质　C. 黏液质　D. 抑郁质

11.（南京师范大学，2013）多血质的神经过程的特征是（　　）。

A. 强、不平衡　B. 强、平衡、不灵活
C. 强、平衡、灵活　D. 弱

12.（西南大学，2016）艾森克人格三位理论中包括外倾性－内倾性、神经质和（　　）。

A. 宜人性　B. 责任心　C. 开放性　D. 精神质

13.（西南大学，2014）艾森克人格理论属于人格结构的（　　）。

A. 动力理论　B. 特质理论
C. 类型理论　D. 神经理论

14.（西南大学，2015）“三岁看大，七岁看老”体现了人格的（　　）。

A. 整体性　B. 稳定性　C. 独特性　D. 社会性

15.（西南大学，2015）“人生自古谁无死，留取丹心照汗青。”文天祥对南宋的忠诚被后人所敬仰。此处“忠”是文天祥的个人特质中的（　　）。

A. 首要特质　B. 主要特质
C. 中心特质　D. 次要特质

16.（四川师范大学，2015）气质的主要生理基础是（　　）。

A. 血型　B. 激素
C. 高级神经活动类型　D. 体型

17.（四川师范大学，2015）“活泼好动”是下列哪种表现？（　　）

A. 能力　B. 兴趣　C. 性格　D. 气质

18.（浙江理工大学，2016）卡特尔 16PF 量表是基于以下哪种理论开发的？（　　）

A. 人格特质理论　B. 人格类型理论
C. 人格大五理论　D. 精神分析人格理论

19.（南京大学，2015）与艾森克提出的情绪稳定且外倾的人格类型相对应的气质类型是（　　）

A. 胆汁质　B. 多血质　C. 黏液质　D. 抑郁质

20.（华东师范大学，2020）罗夏墨迹测验所基于的防御机制是（　　）。

A. 压抑　B. 否认　C. 投射　D. 替代

21.（华东师范大学，2020）把人格分为个人特质和共同特质的心理学家是（　　）。

A. 奥尔波特　B. 吉尔福特
C. 卡特尔　D. 勒温

22.（统考，2020）以“思维敏捷但粗枝大叶，热情直率但急躁冲动”为特征的气质类型是（　　）。

A. 胆汁质　B. 多血质　C. 抑郁质　D. 黏液质

23.（华南师范大学，2020）下列属于卡特尔人格理论中的动力特质是（　　）。

A. 辅助　B. 习惯　C. 防御机制　D. 情绪

24.（统考，2020）艾森克把人格的基本维度分为（　　）。
A. 内外向、神经质、精神质
B. 内外向、神经质、开放性
C. 内外向、感受性、耐受性
D. 内外向、敏捷性、冲动性

25.（华南师范大学，2020）强不平衡的高级神经活动类型对应的气质类型是（　　）。
A. 胆汁质　B. 抑郁质　C. 黏液质　D 多血质

26.（中央财经大学，2017）卡特尔 16 种人格因素调查表测量的是（　　）。
A. 首要特质　B. 表面特质
C. 根源特质　D. 气质特质

27.（华南师范大学，2020）中国古代人格心理学思想中，持性善论的观点的思想家是（　　）。
A. 告子　B. 孟子　C. 董仲舒　D 杨雄

28.（福建师范大学，2017）流体智力和晶体智力是一种（　　）。
A. 首要特质　B. 动力特质
C. 能力特质　D. 气质特质

29.（四川师范大学，2015）单选：有的学生平时易受暗示，属从于权威，按照他人的意见办事，不善于适应紧急情况，这类学生的性格类型属于（　　）。
A. 场依存型占优势　B. 场独立型占优势
C. 情感型　D. 内倾型

30.（南京大学，2014）黏液质的神经过程的基本特性是（　　）。
A. 强、不平衡　B. 弱、平衡、灵活
C. 强、平衡、不灵活　D. 弱

31.（四川师范大学，2022）情绪谨慎、和平、平静是哪种气质的特质？（　　）。
A. 黏液质　B. 多血质　C. 胆汁质　D. 抑郁质

32.（福建师范大学，2021）小王在看电影迟到被拒绝入场时，不作任何争辩，安静等待下一场，他的气质类型最有可能是（　　）。
A. 多血质　B. 胆汁质　C. 抑郁质　D. 黏液质

33.（统考，2021）有关气质和性格的关系，下列表述正确的是（　　）。
A. 气质影响性格的形成　B. 性格是气质形成的基础
C. 气质和性格的本质相同　D. 气质和性格均不可改变

二、多项选择题

1.（统考，2014）艾森克提出的人格基本维度有（　　）。
A. 外倾性　B. 开放性　C. 神经质　D. 精神质

三、名词解释

1.（华中师范大学，2019）共同特质。
2.（上海师范大学，2017）多血质。
3.（西北师范大学，2012）生活风格。
4.（河南大学，2014；首都师范大学，2020）特质。
5.（山东师范大学，2019；浙江工商大学，2021）气质与性格。
6.（江西师范大学，2021）场独立 – 场依存。
7.（吉林大学，2020）投射测验。
8.（西南民族大学，2021）人格测验。

四、简答题

1.（南京大学，2020）简述人格的特征。
2.（东北师范大学，2021）简述 A–B 类型理论。

五、论述题

1.（华东师范大学，2015）2013 年 4 月，复旦大学发生了一起耸人听闻的投毒案，林某某和黄某本是室友，但犯罪嫌疑人林某某因水费负担问题，产生矛盾，便在饮水机中投毒，致受害人黄某死亡。这一现象让我们思考健康的人格品质的重要性。请用心理学的知识分析影响人格的因素，以及如何培养青少年健全的人格品质。
2.（天津师范大学，2016）什么是人格的特征理论？试述评奥尔波特和塔佩斯的特质理论。
3.（中央财经大学，2021）根据认知风格，说明如何因材施教。

第十三章 学 习

学习是人类和其他动物最重要的一种活动，也是有机体适应环境的一个必要条件。有机体生活在不断变化的复杂环境中，只有通过学习来经常调节自己的行为，才能与环境保持平衡。本章先介绍了学习的概念及种类，再将学习的理论进行了阐述，最后对学习的规律进行简单的介绍。本章内容跟教育心理学的内容高度重合，因此建议大家跟教育心理学一起结合学习。

第一节 学习的一般概念

研究真题，明确考况

考试要求	统考		自主命题	
	考题	考查点	考题	考查点
1. 学习概述	2008 2017	单选：学习的含义	苏州大学，2011	名词解释：学习
			华东师范大学，2013 华南师范大学，2019 北京师范大学，2021	单选：学习的含义
2. 学习的分类	2010	单选：学习的种类	西南大学，2014 四川师范大学，2017	单选：学习的种类
	2018	简答：接受学习与发现学习	苏州大学，2013 南京师范大学，2013	简答：学习的种类

考点 1 学习概述

考研基础必备

1. 学习的含义

学习指由于经验而导致行为或行为潜能比较持久的变化的过程。有三层含义：

第一，学习是以行为或行为潜能的改变为标志的。第二，学习是有机体获得新的个体行为经验的过程。经过学习，有机体将出现某些可观察的行为变化，可以完成一些以前无法完成的事情。第三，学习引起的行为变化是相对持久的。无论是外显的行为变化还是行为潜能的变化，只有行为改变的持续时间较长，才可以称为学习。

2. 学习的作用

学习作为有机体适应环境的一种活动，能保证有机体为了生存与环境取得平衡（如语言的学习）；

学习能有效促进身体的成熟与发展（学习舞蹈的人身体柔韧性要强于普通人）；

学习能激发大脑的发展，提升大脑潜力，从而促进个体心理的不断发展（想想爱因斯坦）。

考研考法突破

考法 1 考查学习的含义

该考点一般会以选择或名词解释的形式出现，考查考生对于学习含义的理解。

例 1：（统考，2008）多选：下列选项中，属于学习现象的有（ ）。

A. 见贤思齐　　B. 望梅止渴

C. 蜘蛛结网　　D. 谈虎色变

【解析】学习是由于经验所引起的行为或心理的比较持久的变化，经验包括直接经验和间接经验。蜘蛛结网是生物本能的体现，不是由经验造就的。ABD 中的行为或心理改变，均是由于经验引起的持久变化，望梅止渴和谈虎色变都是形成了条件反射的结果，见贤思齐则是观察学习的结果。

参考答案：ABD

考研考法实战 答案见 D64 页

1.（统考，2017）单选：关于学习的含义，错误的表述是（ ）。

A. 人与动物都需要学习

B. 学习就是有机体的行为改变

C. 学习是有机体获得经验的过程

D. 学习是有机体对环境的适应过程

2.（河南大学，2021；华中师范大学，2021）名词解释：学习。

第二节 学习理论

研究真题，明确考况

考试要求	统考		自主命题	
	考题	考查点	考题	考查点
1. 学习的联结理论	2007 2015 2018	单选：学习联结理论	北京大学，2011 西南大学，2016 华东师范大学，2014 华中师范大学，2016/2021 江西师范大学，2013	单选：学习的联结理论
	2007	简答：学习联结理论	南开大学，2015 华中师范大学，2013 广州大学，2022	简答：学习的联结理论 论述：结合实例分析联结理论
2. 学习的认知理论	2014	单选：学习认知理论	南京师范大学，2015/2016 四川大学，2015 复旦大学，2017 华中师范大学，2022	简答：学习的认知理论 单选：学习的认知理论
3. 学习的建构理论	2011 2012 2017	单选：学习建构理论	南京大学，2013 西南师范大学，2014 华东师范大学，2013	单选：学习的建构理论

考点1 学习的联结理论

考研基础必备

1. 经典条件作用

1）经典条件反射的形成

①无条件反射：食物吃到嘴里，引起唾液分泌增加，这是自然的生理反应，不需要学习。

②条件反射：饲养员的脚步声与狗的唾液分泌增加没有必然的联系，但当脚步声与食物多次同时出现后，由此引发的唾液分泌反应。

2）经典条件反射的规律

①习得：在条件刺激与无条件刺激之间建立联结的过程叫条件反射的习得过程。

②消退：条件反射形成以后，如果得不到强化，条件反应会逐渐削弱，直至消失。

③泛化与分化：泛化指在条件反射形成后的初期，另外一些类似的刺激也会引起条件反射；分化指对事物的差异的反应。

④二级条件作用：在已经形成的条件反射的基础上，如果将条件刺激用作无条件刺激，使它与另一个中性刺激伴随出现，就能建立一种新的条件反射。

2. 操作性条件作用

1）桑代克的尝试——错误学习理论

学习的实质是通过“尝试”在一定的情境与特定的反应之间建立某种联结。在尝试中，个体会犯很多错误，通过环境给予的反馈，个体放弃错误的尝试而保留正确的尝试，从而建立起正确的联结，这就是学习。正强化会促进行为，而负强化或惩罚会削弱行为，这就是效果律，效果律也是学习的基本定律。

2）斯金纳的操作性条件作用

①斯金纳通过“斯金纳箱”的研究发现，存在两种类型的学习，一类是由刺激情境引发的反应，称之为应答性反应，与经典性条件作用类似；另一类是操作性反应，它不是由刺激情境引发的，而是有机体的自发行为。

②斯金纳区分了两种类型的强化：正强化与负强化。

当环境中某种刺激增加而行为反应出现的概率也增加时，这种刺激是正强化物，这种现象就是正强化。当环境中某种刺激减少而行为反应出现的概率增加时，此种刺激就是负强化物，这种现象就是负强化。

惩罚是个体在一种行为发生后随即出现厌恶事件，从而导致该行为出现率下降的现象。惩罚有两种类型：一种是在行为之后施加厌恶事件，称为正惩罚。另一种是在行为之后取消正强化，称为负惩罚。

③强化的类型包括：连续强化和间隔强化、固定比例强化和变化比例强化、固定时间强化和变化时间强化。

连续强化指每次行为之后都给予强化；间隔强化指间隔一定时间或比例才给予强化。

固定比例强化指间隔一定的次数给予强化；变化比例强化指每两次强化之间间隔的反应次数是变化不定的。

固定时间强化指间隔一定的时间给予强化，而变化时间强化指强化之间间隔的时间是变化的。

3. 经典条件作用和操作性条件作用的区别

	经典条件反射	操作条件反射
反应性质	反射性、不随意	自主性、随意
强化	发生在反应之前	发生在反应之后
学习者角色	被动学习	主动学习
学习性质	中性刺激通过与无条件刺激建立联系而成为条件刺激	特定反应结果决定这一反应再次发生的可能性
习得期望	预期在条件刺激之后将出现无条件刺激	预期自己的反应将产生特定的结果

考研考法突破

考法 1 考查经典条件作用

此考点为高频考点，考生需要掌握经典条件作用的提出者、实验过程以及揭示的基本规律。

例 1：（北京大学，2011）单选：下列哪种方式不是巴甫洛夫经典条件学习的基本形式（　　）。

A. 阳性强化　B. 惩罚　　C. 行为塑造　D. 消退

【解析】巴甫洛夫的条件反射实验解释了条件反射的形成和建立，利用了阳性强化原理，即原来并不能引起某种本能反射的中性刺激物（铃声、灯光），由于总是伴随某个能引起该本能反射的刺激物出现（食物），如此重复后，这个中性刺激也能引起该本能反射，从而使行为得到塑造，形成条件反射。当条件反射建立后，不再出现无条件刺激（食物），继续给以条件刺激，条件反应的强度就会下降，便产生了消退。

参考答案：B

例 2：（华中师范大学，2013/2021；湖南师范大学，2021）简答：简述经典条件反射的建立过程。

【解析】本题考查对经典条件反射的建立过程的理解记忆。

参考答案：巴甫洛夫是最早提出经典性条件反射的人。他在研究消化现象时，观察了狗的唾液分泌，即对食物的一种反应特征。他的实验方法是，把食物显示给狗，并测量其唾液分泌。在这个过程中，他发现如果随同食物反复给一个中性刺激，即一个并不自动引起唾液分泌的刺激，如铃响，这狗就会逐渐“学会”在只有铃响但没有食物的情况下分泌唾液。一个原是中性的刺激与一个原来就能引起某种反应的刺激相结合，而使动物学会对那个中性刺激做出反应，这就是经典性条件反射的基本内容。

建立过程：第一，在条件反射形成前，作为无条件刺激物（US）的食物，引起无条件反射（UR），即流唾液，但作为中性刺激物（US）的铃声，并不能引起条件反射。第二，在条件反射形成过程中，铃声与食物同时出现，使铃声（CS）与流唾液（UR）相联系。第三，联系了的条件反射已经形成，此时可以不需要食物（US），仅有铃声即会引起唾液分泌，即中性刺激又多次结合有效刺激，使有机体形成条件反应。

考法 2 考查操作性条件作用

此考法可以以多种形式进行考查，考生需要掌握操作性条件作用的提出者、实验过程、基本规律以及具体应用。

例 3：（西南大学，2016）单选：程序教学的学习理论基础是（　　）。

A. 经典性条件反射理论　　B. 操作性条件反射理论

C. 认知结构－发现理论　　D. 认知结构－同化理论

【解析】：斯金纳在行为主义学派中第一个提出了较系统的教学理论——程序教学理论。他认为，应该以操作性条件作用和积极强化为原则来安排教学的程序。

参考答案：B

例 4：（华东师范大学，2014；华中师范大学，2022）名词解释：操作性条件反射。

【解析】本题考查对操作性条件反射概念的理解记忆。

参考答案：操作性条件反射这一概念，是斯金纳新行为主义学习理论的核心。操作条件反射是指在一定刺激情境中，个体某种反应结果能满足其某种需要，以后这种操作及活动得到强化而形成的条件反射，也称为工具性条件反射，操作性条件反射的基本原理是个体学会把反应与活动结果联系在一起的过程，以及被强化了的行为再次发生。

考法 3 考查经典条件作用和操作条件作用的异同

此考法常见于简答或者论述当中，考生可以掌握二者的异同点。

例 5：（南开大学，2015；广西师范大学，2021）论述：经典条件反射和操作性条件反射的异同。

经典条件反射：最早由巴甫洛夫提出。巴甫洛夫在研究狗的唾液分泌实验时发现，一个中性刺激（铃声）与无条件刺激（食物）多次结合后，原是中性的刺激也能引起条件反射。

操作性条件反射：斯金纳通过小白鼠按压杠杆的实验发现，小白鼠按压杠杆得到事物的行为受到行为结果的强化，因此斯金纳区分了两种类型的学习：一种是应答性反应，与经典条件作用类似；另一种是操作性反应，是有机体的自发行为。在日常生活中，人的绝大多数行为都是操作性行为。影响行为再次出现的关键因素是强化。

相同点：

（1）两者实质都是刺激与反应联结的形式。

（2）两者形成的关键都需要通过强化。不同的强化方式效果不同，因此它们在本质上是相同的，都依赖于强化。

（3）有关条件反射的一些基本规律（消退、恢复等）对两者都起作用。

不同点：

（1）就条件反射发生的实质（刺激与反应之间的关系），经典条件反射的顺序是“无条件刺激”在“反应”之前；而操作条件反射相反，“反应”在前，“无条件刺激”在后。

（2）从个体反应性质来看，经典条件反射是反射性的、不随意的反应，操作性条件反应是自主性、随意的反应。

（3）从条件反射来看，经典条件反射中条件是诱发性行为，是被动的，是反应性行为；而操作条件反射中条件则属于自发性行为，是主动的，是操作性行为。

（4）从学习性质来看，经典条件反射中性刺激通过与无条件刺激建立联系而成为条件刺激；操作条件反射中特定反应结果决定这一反应再次发生的可能性。

（5）从习得期望来看，经典条件反射中动物往往是被动接受刺激，而在形成操作条件反射过程中，动物是自由活动的，通过自身的主动操作来达到目的。

考研考法实战 答案见 D64 页

1.（华中师范大学，2016）单选：下列有关学习叙述中正确的是（　　）。

A. 经典条件学习和操作条件学习都是有意识学习

B. 根据斯金纳操作条件作用律（强化律），如果一个操作发生后，接着呈现一个强化刺激，那么这个 S–R 联结强度就增强

C. 阳性（正）强化是奖励，阴性（负）强化是惩罚

D. 在操作条件反射中，斯金纳实验箱中的大白鼠学会的是有效的反应行为

2.（江西师范大学，2013）单选：斯金纳提出操作条件反射，他认为塑造行为的关键是（　　）。

A. 试误　　B. 顿悟　　C. 强化　　D. 模仿

3.（统考，2007；河北师范大学，2022）简答：试根据斯金纳的理论，简述正强化、负强化、惩罚三者之间的区别。

考点 2　学习的认知理论

考研基础必备

认知心理学家认为，要关心刺激 – 反应的中间过程，即刺激怎样引起反应和学习行为的内在机制是什么？

1. 格式塔的学习理论——顿悟学习

苛勒深入研究了猩猩解决问题的行为，苛勒发现猩猩取香蕉是突然学会解决问题。

苛勒认为，用“知觉重组”可以解释这种学习：猩猩突然发现了箱子与香蕉之间的关系，它在认知结构中将已有的知识经验进行了重新组合，因而找到了解决问题的新方法。

苛勒把这种学习叫作顿悟学习。

在顿悟学习中，个体学到的东西不是刺激和反应间的一个特定的联系，而是手段和目的间的一种认知关系；所以学习是一种完形的过程，它是通过学习者对情境的重新组织来实现的。

为什么会出现顿悟呢?

①顿悟依赖于情境，当答案的基本部分与当前情境的关系较易觉察时，才容易出现顿悟；

②顿悟产生后，可以重复出现；

③在一种情境中产生的顿悟可以迁移到新的场合。

2. 托尔曼的认知学习理论

托尔曼强调刺激 – 反应的中介变量。认知就是行为的中介变量。所以托尔曼的行为主义称为“认知 – 行为”主义。托尔曼把个体内在认知活动作为学习的重要因素，并把学习看作是个体有目的地对刺激做出反应的过程。

托尔曼认为一个完整的行为应包括三个方面：①由外部环境或内部生理状态所激发；②经过某些中介变量；③由此表现出的行为和反应。

1）认知地图

托尔曼认为认知地图是关于某一局部环境的综合表象，它不仅包括事件的简单顺序，而且包括方向、距离甚至时间关系等。托尔曼设计了白鼠位置学习实验。

位置学习就是根据对情境的认知，在当前情境与达到目的的手段、途径间建立起一个完整的符号系统。

2）潜伏学习

潜伏学习是指个体在学习期间，学习效果没有显现外部行为的学习过程。通过实验，托尔曼认为，学习不仅需要知识，而且要有目标。如果没有目标，学习就可能表现不出来，其结果不一定体现在外显的行为中。

考研考法突破

考法 1　考查格式塔的学习理论——顿悟学习

此考法可以以多种形式进行考查，考生需要理解顿悟学习是谁通过一个什么样的实验提出来的，这个理论的基本观点是什么。

例 6：（南京师范大学，2016）单选：心理对原来知觉情景的改造，突然找到问题解决的方法的心理现象叫作（　　）。

A. 似动现象　B. 干扰现象　C. 顿悟现象　D. 衰退现象

【解析】顿悟说认为，当人遇到问题时，会重组问题情境的当前结构，以弥补问题的缺口，以达到新的完形，从而联想起一种可行的解决方案。这一过程的突出特点是顿悟，即对问题情境的突然领悟。

参考答案：C

例 7：（四川大学，2015）名词解释：顿悟学习。

【解析】本题考查对顿悟的理解，将顿悟的概念回答即可。

参考答案：苛勒认为学习不是盲目的尝试，而是对情境认知后的顿悟。顿悟是自发地对某种情境中各刺激间的关系的豁然领会。在他的一个实验中，把饥饿的苏丹（苛勒最聪明的黑猩猩）放进笼子里，笼外放置香蕉，笼内放着一粗一细两根竹竿。香蕉被放到苏丹用任何一根竹竿都不能够到的地方，但如果把两根竹竿连在一起就能够到。当苏丹经过几次失败之后，表现很失望。随后它又捡起这两根竹竿仔细观察，最后终于发现连接两根竹竿可以够到香蕉。顿悟说认为，当人遇到问题时，会重组问题情境的当前结构，以弥补问题的缺口，以达到新的完形，从而联想起一种可行的解决方案。这一过程的突出特点是顿悟，即对问题情境的突然领悟。

考法 2　考查托尔曼的认知学习理论

这种考法常见于选择或简答当中，考生需要掌握托尔曼认知学习理论的观点，以及理论当中涉及的认知地图、位置学习、潜伏学习这些重要的概念。

例 8：（南京师范大学，2015）单选：（　　）是托尔曼的认知学习理论所特有的。

A. 条件反射　B. 问题解决　C. 顿悟　　D. 认知地图

【解析】托尔曼认为学习者所学得的不是动作系列，而是预期（或目的）与符号间的联系或预期的证实，并以证实原则来代替强化。其认为行为是整体的、有目的的，学习者必须对学习情境的符号与图形（或完形）产生“认识的完形”，构建认知地图。因此其理论又称为目的行为主义或符号完形论。

参考答案：D

考研考法实战 答案见 D65 页

1.（统考，2020）单选：桑代克提出“尝试 – 错误”学

习在性质上属于（　　）。

A. 经典性条件反射　　B. 操作性条件反射

C. 观察学习　　D. 顿悟学习

2.（吉林大学，2014）简答：什么是认知地图以及它对动物学习的影响？

考点 3　建构主义的学习理论

考研基础必备

知识不是对现实的准确表征，它只是一种解释、一种假设；知识不是问题的最终答案，它会随着人类的进步而不断得到改造；

学习过程不是由教师向学生传递知识的过程，而是学生主动建构知识的过程；

建构主义者强调，学习者在日常生活和以往的学习中，已经形成了丰富的经验。

考研考法突破

考法 1　考查建构主义学习理论

此考点多以选择题及简答形式出现，这一块的知识点在教育心理学当中属于重点内容，因此考生可以以教育心理学上面的内容为主要参考复习。

例 9：（统考，2011）：简答：简述建构主义的学习观的基本内容。

【解析】本题考查建构主义学习理论，将建构主义学习理论中学习观回答出即可。

参考答案：（1）学习的主动建构性。学习不是从外界吸收知识的过程，而是学习者建构知识的过程，每个学习者都在自己原有的知识经验基础上建构自己的理解。

（2）学习的社会互动性。学习是通过对某种社会文化的参与而内化相关的知识和技能、掌握有关的工具的过程，这一过程常需要通过学习共同体的合作互动来完成。

（3）学习的情境性。知识是不可能脱离活动情境而抽象地存在的，学习应该与情境化的社会实践活动结合起来。知识存在于具体的、情境性的、可感知的活动之中。

考研考法实战 答案见 D65 页

1.（统考，2012）单选：认知学习理论建构主义学习理论的基本共性是强调（　　）。

A. 先前经验对新的学习的影响

B. 真实情境对学习的价值

C. 社会互动是学习的决定因素

D. 师生关系对于学习的促进

2.（统考，2012）多选：下列学习与教学方式中，社会建构主义倡导的有（　　）。

A. 支架式教学　　B. 认知学徒制

C. 同伴辅导　　D. 合作学习

第三节　学习的规律

研究真题，明确考况

考试要求	统考		自主命题	
	考题	考查点	考题	考查点
1. 练习及其在学习中的作用			南京师范大学，2014 浙江理工大学，2016	单选：练习的作用
2. 学习的迁移	2007 2012 2017	单选：学习的迁移	北京师范大学，2016 华南师范大学，2019 四川师范大学，2015 吉林大学，2020	单选：学习的迁移 名词解释：学习迁移
			四川师范大学，2017	简答：学习的迁移

考点 1　练习及其在学习中的作用

考研基础必备

1. 练习的含义

练习是指在反馈的参与下，反复多次地进行一种学习，包括重复和反馈。

2. 练习曲线

是用图解的形式来表现练习期间学习效率的变化。

3. 练习进程的特点

①练习成绩随练习的进程而逐步提高；

②练习进程中存在高原现象；
③练习进程是不均匀的；
④练习中存在个别差异。

4. 提高练习效率的条件

①确定练习的目标；
②灵活应用整体练习和分解练习；
③恰当安排练习时间；
④练习中必须有反馈；
⑤影响练习成绩的其他心理因素。

考研考法突破

考法 1 考查练习及其在学习中的作用

此考点多以选择题形式出现，在复习过程中，将练习及其在学习中的作用理解记忆即可。

例 1：（南京师范大学，2014）单选：学习程度对保持和遗忘有较大影响，实验证明，既不产生疲劳又使保持的效果最佳的过度学习为（ ）。

A. 100% B. 150% C. 200% D. 80%

【解析】考查过度学习的量，过度学习的最佳程度是 150%。

参考答案：B

考研考法实战 答案见 D65 页

1.（浙江理工大学，2016）多选：桑代克学习律的学习原则是（ ）。

A. 准备律 B. 练习律 C. 效果律 D. 强化律

考点 2 学习的迁移

考研基础必备

1. 含义

人们在一种情境中所获得的知识或技能，可以影响到随后学习的另一种知识或技能。

2. 迁移的种类

1）正迁移和负迁移

已经掌握的知识或技能对学习新知识或技能的积极影响叫正迁移。已经掌握的知识或技能对学习新知识或技能的消极影响叫负迁移。

2）近迁移和远迁移

先前学习的情境与后来学习的情境虽有所区别，但非常相似时产生的迁移，叫作近迁移。先前学习的情境与后来学习的情境虽有联系，却有很大区别时产生的迁移，叫作远迁移。

3）有意迁移和无意迁移

学习者在学习过程中有意识地进行抽象概括和反思总结，寻找当前情境与新情境的联系和相似性，从而在新情境下产生的迁移，叫作有意迁移。学习者在学习过程中没有有意识地进行总结和反思，而只是对学习情境的表面特征产生自动化反应，在新情境下原有的概念、机能产生自动化的迁移，叫作无意迁移。

3. 学习迁移的理论

1）经典理论

①形式训练说：起源于古希腊罗马，认为各种官能可以像训练肌肉一样通过练习增加力量（能力），记忆的官能通过记忆的训练而得到增强，推理和想象的官能则通过推理和想象增强。

②相同元素说：该理论由桑代克、伍德沃斯提出，他们认为只有在原先的学习情境与新的学习情境有相同要素时，原先的学习才有可能迁移到新的学习中去。而且迁移的程度取决于这两种情境相同要素的多寡。也就是说相同要素越多，迁移程度越高，相同要素越少，迁移程度越低。

③概括化理论（经验泛化说）：贾德研究了原则和概括性的迁移，认为在经验中学到的原理原则是迁移发生的主要原因，并且做了水下打靶实验（A 组先学习水下折光原理后进行练习，B 组只进行练习，结果在各种情境中都是 A 组成绩好）。

2）现代理论

①奥苏伯尔的认知迁移理论：奥苏伯尔于 1968 年在有意义言语学习理论的基础上提出了认知结构迁移理论。这一理论认为，一切有意义的学习都是在原有认知结构的基础上产生的，不受原有认知结构影响的有意义学习是不存在的。一切有意义的学习必然包括迁移，迁移是以认知结构为中介进行的，先前学习所获得的新经验，通过影响原有认知结构的有关特征影响新学习。

所谓认知结构，就是学生头脑里的知识结构，是学生头脑中全部观念的内容和组织，是影响学习和迁移的重要因素。个人认知结构在内容和组织方面的特征，称为认知结构变量，主要包括可利用性、可辨别性和稳定性。原有的认知结构就是通过这三个变量对新知识的学习产生影响。

4. 学习迁移的促进

整合学科内容（注意各门学科的横向联系）；加强知识联系（新旧和简繁知识的联系）；强调总结概括；重视学习策略（掌握概括化认知策略和元认知策略）；培养迁移意识（老师要注意对学生的反馈，使学生形成关于学习的积极态度）。

此外，还要结合年龄特点，创设和改造学校的环境和气氛，增加学校对学生的吸引力，避免不良情绪和反应定势。

5. 迁移的作用

迁移与培养学生解决问题能力和创造性密切相关，是习得经验得以概括化、系统化的有效途径，是能力与品德形成的关键环节。

认清迁移的实质与规律对教材的选择和编排、教学方法的选择以及教学过程的组织都有重要的实践意义和理论意义。而且，充分认识迁移发生的规律，也有助于教师把迁移实践中积累的教学经验迁移到新的教学中去。

考研考法突破

考法 1 考查迁移的含义和种类

此考点为高频考点，多以选择题形式出现，在复习过程中，将迁移含义和种类理解即可。

例 2：（北京师范大学，2016）单选：当之前学习的一种认知技能促进另一种认知技能的学习时，我们称这种学习的促进作用为（　　）。

A. 负迁移　　B. 首因效应

C. 近因效应　　D. 正迁移

【解析】：正迁移是指一种学习对另一种学习起到积极的促进作用，但只有在两个领域使用相同的事实、规则和模式，也就是说相同的知识范围时才存在。

参考答案：D

考法 2　考查迁移的理论

此考点为高频考点，多以选择题形式出现，在复习过程中，需将迁移的理论理解记忆。

例 3：（统考，2007）单选：奥苏伯尔认为，影响知识学习的三个主要认知结构变量有稳定性和（　　）。

A. 可利用性、清晰性　　B. 可利用性、灵活性

C. 可辨别性、清晰性　　D. 可辨别性、可利用性

【解析】奥苏伯尔于 1968 年在有意义言语学习理论的基础上提出了认知结构迁移理论。这一理论认为，一切有意义的学习都是在原有认知结构的基础上产生的，不受原有认知结构影响的有意义学习是不存在的。一切有意义的学习必然包括迁移，迁移是以认知结构为中介进行的，先前学习所获得的新经验，通过影响原有认知结构的有关特征影响新学习。

所谓认知结构，就是学生头脑里的知识结构，是学生头脑中全部观念的内容和组织，是影响学习和迁移的重要因素。个人认知结构在内容和组织方面的特征，称为认知结构变量，主要包括可利用性、可辨别性和稳定性。原有的认知结构就是通过这三个变量对新知识的学习产生影响。

参考答案：D

例 4：（统考，2012）简答：简述学习迁移的形式训练说及其对教育的影响。

【解析】本题考查学习的迁移理论，按要求回答即可。

参考答案：（1）形式训练说的基本观点

形式训练说以官能心理学为基础。人类的心理由观察、注意、记忆、思维、想象等许多不同的心理官能构成。这些官能就像人的肌肉一样，可以通过训练得到增强。训练和改进各种心理官能是教学的重要目标，教育的任务就是改善学生的各种官能，而改善以后的官能就能自动地迁移到其他的学习活动之中。

（2）形式训练说对教育的影响

按照形式训练说的观点，传递知识没有训练官能重要，知识的价值仅在于作为训练官能的材料。学校开设的学科，不必重视其实用价值，关键是看其对官能的训练价值。该学说导致了学校教育忽视教学内容及其应用价值的不良倾向。同时，形式训练说缺乏足够的实验依据和现实依据，其对迁移的解释是从唯心主义的观点出发的。

考研考法实战

答案见 D65 页

1.（统考，2007）单选：提出学习迁移概括化理论的心理学家是（　　）。

A. 贾德　　B. 苛勒　　C. 伍德沃斯　　D. 鲁宾斯坦

章节考点　综合训练

答案见 D65 页

一、单项选择题

1.（统考，2013）学生在了解了长方形面积公式、三角形面积公式及面积相加性原理后，形成了梯形面积的计算公式。按加涅的学习分类标准，这种学习属于（　　）。

A. 辨别学习　　B. 概念学习

C. 规则学习　　D. 高级规则学习

2.（统考，2013）对认知学习理论的发展做出巨大贡献的托尔曼所提出的主要概念是（　　）。

A. 内部强化　　B. 外部强化

C. 替代强化　　D. 自我强化

3.（华中师范大学，2017）下列学习理论观点中不是由心理学家班杜拉提出的是（　　）。

A. 接受学习　　B. 认知地图

C. 潜在学习　　D. 观察学习

4.（四川师范大学，2017）根据迁移的性质不同和影响效果的不同，可分为（　　）。

A. 正迁移与负迁移　　B. 顺向迁移与逆向迁移

C. 水平迁移与垂直迁移　　D. 一般迁移与具体迁移

5.（南京师范大学，2012）把饥饿的猫放入迷箱，箱子的门用几道门锁起来，猫对栏杆反复地咬抓踢，最后碰巧把门打开，吃到了放在箱子外面的食物，这里，猫的行为属于（　　）。

A. 探试搜索　　B. 动作思维

C. 手段目的分析　　D. 尝试错误

6.（南京师范大学，2013）根据加涅（Gagne），小孩子看见穿白大褂的护士就会表现出恐惧，这种学习属于（　　）。

A. 信号学习　　B. 刺激 – 反应学习

C. 辨别学习　　D. 概念学习

7.（南京师范大学，2013）（　　）是托尔曼（Tolman）的认知学习理论所特有的。

A. 条件反射　　B. 问题解决

C. 顿悟　　D. 认知地图

8.（华东师范大学，2013）“一朝被蛇咬，十年怕井绳”这种心理属于（　　）。

A. 长时记忆　　B. 条件反射

C. 顿悟学习　　D. 观察学习

9.（四川师范大学，2015）将符号所代表的新知识与学者认知结构中应有的适当观念建立起非人为的和实质性的联系属于（　　）。

A. 机械学习　　B. 意义学习

C. 接受学习　　D. 发现学习

10.（华南师范大学，2019）在内容和难度上相似的两种学习之间的迁移属于（　　）。

A. 横向迁移　　B. 纵向迁移

C. 顺向迁移　　D. 逆向迁移

11.（四川师范大学，2015）一种学习对另一种学习起干扰或抑制作用，被称为（　　）。

A. 正迁移　　B. 负迁移

C. 顺向迁移　　D. 逆向迁移

12.（华中师范大学，2021）狗听到音叉的声音会转头注意听，音叉的声音相对于狗转头注意的行为而言属于（　　）。

A. 条件刺激　　B. 无条件刺激

C. 无条件反射　　D. 条件反射

13.（华中师范大学，2022）学习是对环境中信息建构和理解的“认知地图”，这一概念是谁提出的？（　　）

A. 巴普洛夫　B. 科勒　C. 托尔曼　D. 班杜拉

14.（华东师范大学，2022）为了让你尽量少睡懒觉，只要你睡到十点还不起床，你妈妈做家务就特别吵。你妈妈很可能是采用了操作性条件作用中的（　　）。

A. 正强化　B. 负强化　C. 正惩罚　D. 负惩罚

15.（北京林业大学，2021）小明不想听到父母吵架，所以每次都出去打游戏，体现了什么行为机制？（　　）

A. 正强化　　B. 负强化

C. 惩罚　　D. 定时强化作用

16.（北京师范大学，2021）哪个现象可以说明学习？（　　）。

A. 近朱者赤，近墨者黑

B. 蜜蜂跳 8 字舞

C. 人喝咖啡提神

D. 男生进入青春期之后，嗓音变得很低沉

二、多项选择题

1.（统考，2013）下列学习与教学方式中，不属于建构主义学习理论倡导的有（　　）。

A. 情境学习　　B. 接受学习

C. 个别化教学　　D. 支架式教学

2. 知识迁移的理论主要有（　　）。

A. 认知迁移理论　　B. 关系转换理论

C. 概括化理论　　D. 共同因素说

E. 形成训练说

三、名词解释

1.（华南师范大学，2016；浙江工商大学，2021）正强化与负强化。

2.（吉林大学，2020）学习迁移。

3.（广州大学，2022）条件反射法。

4.（华中师范大学，2022）刺激的泛化与辨别。

5.（深圳大学，2021）效果律。

6.（江西师范大学，2021）尝试－错误理论。

四、简答题

1.（天津师范大学，2013）什么是正、负强化和正、负惩罚？试举例说明。

2.（四川师范大学，2021）人和动物学习的本质区别。

五、论述题

1.（吉林大学，2021）论述科勒的顿悟研究，以及相关理论。

2.（广州大学，2022）结合实例分析学习的经典条件反应理论和操作条件反应理论。

3.（北京师范大学，2021）改变行为的发生频率需要用到操作性条件反应，就要考虑到正强化、负强化、正惩罚、负惩罚。如果一个狗狗喜欢咬拖鞋，不喜欢玩具，狗狗的主人通过怎样的操作可以让狗狗喜欢玩具，不再咬拖鞋？

4.（北京师范大学，2020）阐述经典条件反射的形成机制，并用其解释一种心理现象。

5.（华中师范大学，2021）大量研究表明，吸毒者在熟悉环境中会出现药物耐药性，而在新的环境中会出现过量吸食的风险，请用经典性条件反射进行解释。

六、综合分析题

1.（重庆师范大学，2022）在训练海豚的过程中，训练师提着装满小鱼的桶，嘴里叼着口哨。一只幼小的海豚在游泳，无意中伸出头来，训练师立马吹响口哨，并扔出小鱼。慢慢地，只要海豚想吃鱼就会把头伸出水面。经过一段时间，无论海豚是否伸出水面，训练师既不吹口哨，也不给小鱼。直到有一次，一只海豚跳出水面，训练师立马吹口哨，并扔出小鱼。经常一段时间的训练，环环相扣，海豚终于学会了跳出水面顶皮球。

（1）训练海豚体现了怎么样的基本原理。

（2）你认为，在海豚学习的过程中，最重要的操作是什么？

（3）如果用该原理对个人的行为进行塑造，请结合具体的例子写出操作步骤。

社会心理学

1. 科目概述

社会心理学是在社会学与心理学之间形成的一个边缘学科，是一门研究社会相互作用背景下个体和群体的社会心理、社会行为及其发展规律的科学，旨在科学地描述、解释、预测和控制人的社会心理与社会行为。作为心理学的重要基础分支之一，社会心理学与人格心理学、实验心理学、认知心理学并称为心理学的四大支柱，在当今的心理学体系中具有重要的地位。

社会心理学在心理学考研中也具有重要地位。从学科内容来说，社会心理学的考查面精而广，不但重要的心理学概念众多，所涉考查面也相对较广，同时所涉内容与我们的日常生活息息相关；从考研的角度来说，社会心理学在大部分自命题院校的考试中往往会占据到较大的比值。从备考复习的角度而言，得益于这一学科与日常生活的密切联系，社会心理学的备考难度相对于普通心理学、实验心理学等理论性较强的学科而言较低，在备考与复习中能够打好基础，并联系经典研究与生活实例对考点知识点加以理解，即可较好地了解、掌握这一科目。

2. 学科内容

《社会心理学》是心理学考研专业课科目中知识点较多，所涉范围较广，且与一部分其他专业课科目内容存在一定关联的科目。在心理学 312 统考大纲中，《社会心理学》的内容仅作为《心理学导论》科目中的一个部分出现，涉及社会思维（社会态度、社会知觉与判断、行为归因等方面）、社会影响（说服、从众与服从、群体相互作用等方面）以及社会关系（人际关系的吸引、形成与沟通过程等方面）、应用社会心理学等部分，考查的范围较小，形式相对简单，且分值占比较低。但对于自命题院校而言，对《社会心理学》的考查范围会更广、更细致，考查形式更灵活多变，且由于不同版本的《社会心理学》教材对知识点介绍思路、内容详略程度均有所不同。因此建议同学们通过参考目标院校往年考情，在社会心理学学科的学习上给予更多的重视。本书根据国内热门心理学考研院校近 10 年来的心理学考研真题，以金盛华版《社会心理学》为主要参考，其余版本为辅助补充整理知识点，可帮助同学们快速掌握社会心理学学科在心理学考研中主要的考查侧重点。

3. 学习方法

《社会心理学》科目的学习要点具体而言包括如下几方面：

根据目标院校历年考情确定学习方向，摸清学习侧重点是开始本科目学习的首要任务；

社会心理学知识点涉及面广，应建立与完善知识点网络，对学科内容的学习详略得当、有的放矢。

我们在这里所说的社会心理学涉及面广主要包括两个方面。

一方面是指社会心理学的考查面广，社会心理学所涉及的研究范畴包括人的社会心理发展、社会认知与社会知觉、社会关系中的社会互动、社会影响以及应用社会心理学等等，可以说有社会现象的地方就有社会心理学。这些社会心理现象经过大量研究的探讨与解释，大都形成了较为完整的知识体系，在考研实战中也会通过多种题型进行有针对性的考查。例如通过选择、名词解释等“小”题型考查社会心理学概念的定义，通过简答题考查对某一具体社会心理学理论内容、社会心理现象成因与影响因素的掌握，通过论述与案例分析这类“大”题型考查社会心理学的实际运用，且此方面的特点有较为明显的规律可循。

另一方面是指社会心理学与其他科目的联系较广，有些同学在本科目的学习中会发现，社会心理学中的内容似乎在其他科目中也有所体现，甚至是相互重合的，例如社会心理学中的社会思维相关章节的内容与发展心理学有所联系，人际关系和社会影响相关章节的内容与管理心理学有所联系，对社会心理现象的一系列理论解释与普通心理学/咨询心理学（或称心理咨询原理与技术）有所联系。因此在本科目的学习中，可以适当地与其他科目进行联合复习，同时在进行“刷题”练习时也要注意那些融合了包括社会心理学在内的多个科目内容的题目。

社会心理学的考查内容与生活联系十分紧密，可联系实际进行学习，帮助理解与记忆。

最后，在社会心理学的学习过程中，建议通过联系生活实例来帮助理解知识点、记忆知识点。我们在前面已经提及过，部分院校十分注重考查社会心理学理论的实际运用，例如中央财经大学，每年都有一道分值极为可观的案例分析题考查社会心理学理论的实际运用，并且并不局限于某一考点，而是会通过提出多个子问题来考查多个部分的内容。这就要求考生在日常的学习中不但需要牢记相关知识点的内容，还要对理论内容融会贯通，能够游刃有余地为解决实际问题提出可行性建议（类似的院校还有西南大学、湖南师范大学、天津师范大学等，不一一介绍）。对此，我们建议在社会心理学的学习中要在"理论联系实际"的同时"利用实际来理解理论"，这一过程不但有利于帮助我们更有效率地完成对大量枯燥知识点的理解与掌握，也有助于我们积累足够拓展知识，为应对各种可能出现的考查形式做好最全的准备。

4. 参考教材

相对于其他科目而言，社会心理学教材的版本较多，针对心理学考研，主要推荐如下几本社会心理学参考用书，目标院校有指定参考教材的，应优先以指定教材为主，其余版本教材作为补充。

①金盛华，《社会心理学》（第 2 版），高等教育出版社

这版教材最大的特点就是，知识点的覆盖面广，对知识点基本内容以及相关主题研究的介绍较为全面，在一些考研论坛曾有研友评论称"如果有什么知识点找不到，那就去金盛华版本的社心里找找"。若所报考的目标院校并未明确指定参考书目，或是需要在指定教材之外选取补充，这一版本的《社会心理学》将是最优选之一。

②侯玉波，《社会心理学》（第 4 版），北京大学出版社

北京大学等部分院校指定参考书。内容丰富、结构清晰，对知识点的介绍简洁明了是这版教材的特点，同时教材中以专题专栏的形式详细地介绍了大量国内外重要的社会心理学研究，非常有助于扩展知识的积累。

目标院校为北京大学、312 统考院校以及将该教材作为指定参考书目的院校，以及复习开始得较晚、需要快速搭建知识点的同学可以选择这一版教材。

③全国 13 所高等院校《社心心理学》编写组，《社会心理学》（第 4 版），南开大学出版社

该版教材内容较为全面，在知识点呈现、阅读与复习体验上也相对较为友好，并且同样通过专栏的形式提供了大量的拓展知识。

作为由南开大学社会学系牵头、乐国安教授领衔负责总体编写工作的教材，这版教材是目标院校为南开大学的同学必选参考书之一，同时也有部分院校（例如吉林大学）会在真题中直接以该书中知识点的原始提法作为考题进行考查，考生可根据历年真题考情进行取舍。

④乐国安，《社会心理学》（第 2 版），中国人民大学出版社

乐国安教授的这版《社会心理学》可以视为 13 所院校编写组版本《社会心理学》的姊妹篇，两版教材特点类似，但乐国安版《社会心理学》的内容更加丰富，对知识点的介绍更加完善，也具有良好的备考复习体验。

⑤郑雪，《社会心理学》，暨南大学出版社

热门院校华南师范大学 347 科目指定参考书，内容比较基础、扎实，同时对民族文化与民族心理、社会变迁中的社会心理现象有翔实的介绍。目标院校历年真题中涉及了相关考点，以及报考华南师范大学 347 科目的同学可将此版教材作为主要参考用书。

此外，该版《社会心理学》中对部分知识点的提法与其他版本教材有所不同，将这版教材作为辅助补充使用的同学在复习中应注意这一问题。

⑥崔丽娟、才源源，《社会心理学——解读生活，诠释社会》，华东师范大学出版社

热门院校华东师范大学 347 科目指定参考书，作者崔丽娟教授目前任中国社会心理学会副会长，这版教材内容丰富、逻辑紧密、结构清晰紧凑，同时对大众社会心理、应用社会心理学部分的内容做了详细的介绍，可作为系统化复习而使用。

⑦ David G.Myers（著），侯玉波、乐国安、张智勇等（译）《社会心理学》（第 11 版），人民邮电出版社

经典外文教材的中译本，阅读体验良好，书中包含非常多的国外研究成果，但作为考研备考书而言难以快速地提炼出考点，一般建议将该版《社会心理学》作为中文教材的扩充，在复习时间充裕的情况下配合国内教材一同使用。此外，北京师范大学学硕自命题考试的内容涉及该教材的外文原版，目标为北师大学硕的同学可通过此教材辅助复习。

在接下来的学习过程中，如果你发现书籍有错误或者有异议的地方，可以扫描右边的二维码填写问卷告知我们，我们会及时核对并在"心理学考研一本通交流群"中进行勘误说明，你可以扫描右边的二维码进群获得勘误文档，更有逸学教研老师答疑解惑。

错误收集问卷

心理学考研一本通交流群

第一章　社会心理学概论

本章的内容主要包括社会心理学的定义、主要的研究内容（研究范畴）、社会心理学的发展进程，以及不同理论导向下的社会心理学理论。

本章的复习重点主要在两方面，其一是要结合本书与教材，对社会心理学的发展进程有大致的了解，并对发展过程中出现的重要人物、事件以及意义加以记忆。这部分的知识点较为琐碎，主要以选择、判断等客观题形式进行考查。其二是形成对各类社会心理学理论基本内容的大致了解。这部分的知识点常通过选择、名词解释等题型考查不同理论所提出的重要心理学概念，或是通过简答题直接考查对理论内容的掌握情况。

第一节　社会心理学及其发展

研究真题，明确考况

考试要求	统考		自主命题	
	考题	考查点	考题	考查点
1. 社会心理学的定义与研究范畴	无	无	陕西师范大学，2012 南京师范大学，2013/2014	判断：社会心理学的研究范畴 选择 / 简答：社会心理学的定义
2. 社会心理学的发展	2016	选择：重要人物与历史事件	北京大学，2011 华东师范大学，2014 北京大学，2013 苏州大学，2018 中央财经大学，2017/2018	选择：重要人物与历史事件 简答：重要人物、事件的历史意义 选择：社会心理学现状与趋势
3. 社会心理学的研究取向	无	无	陕西师范大学，2011 华东师范大学，2015	简答：两种研究取向的内容

考点 1　社会心理学的定义与研究范畴

考研基础必备

1. 国外研究者对社会心理学的定义

由于学术文化和学术范式的不同，不同背景的社会心理学家提出了许多不同的定义，其中主要的几种观点有：

弗里德曼（Freedman）认为，社会心理学是系统地研究社会行为的科学；

奥尔波特（Allport，1924）认为，社会心理学是科学研究人的思想、情感和行为怎样受到真实的、想象的和隐含的他人存在的影响的学科，主要研究人的社会行为与社会意识；

迈尔斯（Myers）认为，社会心理学是研究人们相互理解、相互影响和相互关系的科学。

2. 我国研究者对社会心理学的定义

社会心理学是对人的社会心理和社会行为规律进行系统研究的科学。其中，人包括个体也包括群体，社会心理与行为是指个体或群体在特定社会文化环境中对社会影响所做出的内隐和外显的反应（全国 13 所高等院校《社会心理学》编写组）；

侯玉波（2007）认为，社会心理学是研究个体和群体的社会心理、社会行为及其发展规律的科学；

郑雪认为，社会心理学是研究在社会情景中的个体或群体的社会心理、社会行为和社会互动的一门心理科学；

金盛华认为，社会心理学是研究社会相互作用背景中人的社会行为及其心理根据的科学，社会心理学包含人的社会心理与行为、人际相互作用和社会影响三个主要构成部分。

3. 社会心理学的研究范畴

一般来说，社会心理学的研究范畴（或称研究范围、研究对象）可以分为社会心理发展、社会认知、社会互动、社会影响以及应用社会心理学五个部分，每一研究部分的内容如下：

①社会心理发展：人的社会化过程、人的态度形成与改变过程、态度的测量等。

②社会认知：社会知觉、刻板印象、自我意识与自我概念、价值取向、社会动机等。

③社会互动：人际关系、人际沟通、人际吸引、亲社会行为与助人行为、攻击与侵犯行为等。

④社会影响：从众、服从与依从、劝导与态度改变、群体影响、合作竞争与冲突等。

⑤应用社会心理学：社会心理学领域的相关知识在各类社会生活情景中的实际运用。

考研考法突破

考法 1 社会心理学的定义

这一考点可能在选择、判断题中以过度强调、断章取义等方式设置干扰选项，或是在选择题中对定义进行引申，考查考生是否对定义能够灵活掌握和变通。

此外，还常通过名词解释直接考查社会心理学的定义，由于不同的作者在各自主编的教材中均对社会心理学的定义做出了自己的总结，因此对于此类题型建议考生以院校指定教材中的定义为准。

例 1：（陕西师范大学，2012）判断：社会心理学的研究对象主要是群体的社会心理。（　　）

【解析】社会心理学是对人的社会心理和社会行为进行系统研究的科学。这里所说的人，既包括个体也包括群体。

参考答案：错误

考研考法实战 答案见 D68 页

1.（西南大学，2010）单选：美国心理学家奥尔波特（1924）认为社会心理学的研究对象是（　　）。

A. 人际关系　　B. 行为和态度

C. 人际关系和态度　　D. 社会行为和社会意识

2.（吉林大学，2012）单选：关于社会心理学的研究范畴，不包括以下哪个层面（　　）。

A. 群体心理

B. 个体社会心理和社会行为

C. 个体心理

D. 应用社会心理学

考点 2 社会心理学的发展历程

考研基础必备

1. 社会心理学的发展历史

社会心理学的发展历程一般被划分为三个阶段（见表 1-1）：思想孕育时期（思想积累阶段）、形成时期（产生阶段）和确立时期（快速发展阶段）。这三个阶段也分别被称为“哲学思辨阶段”“经验描述阶段”“实证分析阶段”。

表 1-1　社会心理学的发展

时期	背景	代表人物与贡献	历史意义
思想积累阶段（哲学思辨阶段）	古希腊时期至 19 世纪上半叶，哲学家们用权威思想解释人们的社会行为	①苏格拉底、柏拉图（思想后继者康德、歌德、卢梭等）：人性受社会环境影响，教育和制度可以改变人性。 ②亚里士多德：认为人性由生物本能决定，难以改变。 ③孔子：认为人们对人的社会知觉和评价具有相对性。 ④老子：内心和外表的矛盾长存	各个时期的哲学家都有闪烁社会心理学思想光芒的观点流传后世，丰富了社会心理学的思想积累，为社会心理学的诞生建立基础
产生阶段（经验描述阶段）	19 世纪中叶至 20 世纪初期间，欧洲资本主义上升，资产阶级建立政权； 资产阶级革命解放生产力，社会科学得以发展； 新的社会问题，例如城市问题、管理问题、劳资问题等相继出现，亟待解决； 德国民族心理学、法国群众心理学、英国本能心理学以及美国工业心理学的研究作为理论来源推动了社会心理学的形成	①德国人拉扎勒斯、斯坦达尔作为民族心理学创始人，创办《民族心理学和语言学杂志》，发表《民族心理学序言》，标志着社会心理学进入经验描述阶段；舍夫勒首次使用了“社会心理学”一词；冯特著《民族心理学》。 ②法国群众心理学代表人物塔尔德著《模仿论》，试图用模仿来解释社会行为。这一流派的代表人物还有迪尔凯姆、古斯塔夫黎明。 ③ 1908 年，英国心理学家麦孤独著《社会心理学导论》，他提出“本能是一切社会行为的基础”；同年，美国社会学家罗斯著《社会心理学》。这两本著作的出现标志着社会心理学的正式诞生。 ④特里普利特采用科学实验的方法，发现他人在场影响自行车赛车手的竞赛表现。美国社会心理学家奥尔波特受此启发开启了一系列关于“社会促进”的研究，并在 1924 年出版《社会心理学》，标志着实验社会心理学的诞生。奥尔波特也被称为“实验社会心理学的创始人”，他提出社会心理学应研究个人的社会行为与社会意识，强调不存在群体心理问题	社会学与心理学先后从哲学母体中脱离而生之后，社会心理学作为二者之间形成的边缘学科，正式成为一门独立的科学。 奥尔波特采用实验法进行了大量的实证研究，促使社会心理学从描述性研究转向实证性研究，从理论研究转变为应用研究，成为一门真正意义上的“科学”。 由此，社会心理学的发展开始进入“实证分析阶段”
快速发展阶段（实证分析阶段）	20 世纪 20~60 年代，社会心理学获得了充分的发展，研究范围涉及人们社会行为的各方各面，并且在 50~60 年代出现了一系列重要的社会心理学理论。 同时，社会心理学的发展也受到整个心理学发展趋势的影响，60 年代后的认知心理学、后现代主义心理学也影响着社会心理学的发展	认知社会心理学阶段的两次革命： ①第一次认知革命：源于格式塔心理学和勒温的场论，此阶段出现了大量社会心理学理论，包括奥斯古德的一致性理论、麦奎尔的认知相符理论、费斯廷格的认知失调理论、海德和纽科姆的平衡理论、海德和凯利的归因理论等。 ②第二次认知革命：促使了话语心理学的出现，为社会心理学解释人和世界提供了新的视角	社会心理学快速发展，研究范围不断扩大，许多重要的理论被提出，其研究结果影响到人们生活的方方面面

2. 社会心理学的现状（见表 1–2）与趋势（见表 1–3）

表 1–2　社会心理学的现状

美国	注重社会认知、社会影响、人际交往与合作等基本问题的研究，也注重自我概念、助人行为、态度改变、动机与价值观、应用社会心理学等应用性问题的研究。 以实证主义、实用主义为哲学基础，注重实验室研究。其中：实验社会心理学占主导地位，属美国心理学会，权威期刊包括《人格和社会心理学杂志》《实验社会心理进展》； 以符号互动论和心理社会学为辅，属美国社会学会，权威期刊包括《社会心理学季刊》《美国社会学评论》
欧洲	20 世纪 60 年代后，欧洲与美国的社会心理学并称为“主流社会心理学”。 注重研究个体内过程、人际过程、群体过程与群际过程； 注重对理论的研究探索，主张应在研究社会问题的过程中建立理论； 权威期刊包括《欧洲社会心理学杂志》《欧洲社会心理学专著丛书》《欧洲社会心理学研究丛书》《欧洲社会心理学评论》。 产生的经典理论模型和研究技术包括：社会认同理论、社会表征理论、少数人影响、话语分析等
我国	研究主要集中在社会心理学理论体系建立、社会心理学基本理论探索、人际交往理论研究、价值取向研究以及应用社会心理学方向的研究，部分研究者注重探索中国人社会心理的独特性； 重要期刊：中国社会心理学会会刊《社会心理研究》（学会内刊）

表 1–3　社会心理学的发展趋势（引自金盛华《社会心理学》）

社会心理学发展趋势	1. 各种心理学努力寻求统一； 2. 实证主义与人文主义的研究方法并用； 3. 世界化和本土化相兼容； 4. 各种研究取向进一步综合； 5. 话语心理学可能促使社会心理学深化

考研考法突破

考法 1　重要人物事件、历史地位的匹配

在社会心理学的发展进程这一考点中，每一阶段重要历史人物与事件在真题中的出现频率较高，常通过选择题、判断题等形式考查单个知识点。

例 2：（华东师范大学，2014）单选：麦孤独的第一本社会心理学著作主要是从（　　）解释人的社会心理和行为。

A. 本能　B. 社会控制　C. 群体影响　D. 社会文化

【解析】1908 年，英国心理学家麦独孤著《社会心理学导论》，他提出“本能是一切社会行为的基础”。

参考答案：A

考法 2　重要人物事件的历史意义

这一考法通常以简答题的形式，考查对重要人物事件与历史贡献的总体掌握。对此种考法，首先应当准确答出具体的人物以及历史事件，进而对其历史贡献进行简要叙述。

例 3：（北京大学，2013）简答：简述特里普利特（Triplett）和麦独孤（Mcdougall）对社会心理学的贡献。

【解析】本题同时考查了两位重要的心理学家对社会心理学的贡献，首先应当关注到两位心理学家所做贡献是否在某一线索上存在连续性，按照该线索分别回答两位心理学家的相关历史事件，以及对社会心理学发展的意义。

参考答案：1908 年，英国心理学家麦独孤于 10 月出版了《社会心理学导论》，这一著作与美国社会学家罗斯于同年 6 月出版的《社会心理学》共同被认为象征着社会心理学从社会学与心理学领域中独立出来，成为一门独立的学科。尽管如此，社会心理学仍然没有完全脱离哲学母体中思辨和抽象的特征，缺乏实证研究的基础，它仍无法被称为一门“科学”。

而特里普利特（Triplett）以自行车赛车手为研究对象，进行了第一个社会促进方面的实证研究。他发现，当有观众在场时，自行车运动员的竞赛表现会受到观众的影响。这一实验结果开创了社会心理学实证研究的基础，推动了科学社会心理学（或实验社会心理学）的发展。同时，这一研究启发了被誉为科学社会心理学创始人的美国心理学家奥尔波特，后者随后进行了一系列的实证研究，并于 1924 年出版了以实验为基础的《社会心理学》，宣告了社会心理学作为一门科学的历史正式开始。

考法 3　社会心理学的现状与趋势

一般通过选择题考查一些结论性的、记忆性的知识点，在复习中仅需简要记忆即可。该考法所涉内容在金盛华版《社会心理学》中详细介绍，目标院校以该版教材为参考书的同学在复习中可根据历年考情选择性复习。

例 4：（中央财经大学，2017）单选：属于欧洲社会心理学经典理论的是（　　）。

A. 社会学习理论　B. 社会交换理论
C. 符号互动理论　D. 社会认同理论

【解析】欧洲社会心理学产生的经典理论模型和研究技术主要包括社会认同理论、少数人影响、社会表征理论、话语分析等。

参考答案：D

考研考法实战 答案见 D68 页

1.（312 统考，2016）单选：最早的社会心理学实验是（　　）。

A. 社会比较实验　B. 监狱模拟实验
C. 从众实验　D. 社会助长实验

2.（中央财经大学，2018）单选：目前美国社会心理学占主导地位的仍然是（　　）。

A. 理论社会心理学　B. 应用社会心理学
C. 实验社会心理学　D. 文化社会心理学

3.（西南大学，2010）多选：奥尔波特在《社会心理学》中指出：社会心理学研究（　　）。

A. 群体意识　B. 个人的社会行为
C. 社会交互作用　D. 社会意识

4.（苏州大学，2018）简答：简述社会心理学各发展阶段的主要内容及特点。

考点 3　社会心理学的两种研究取向

考研基础必备

社会心理学是在社会学与心理学两个学科之间诞生的边缘学科，其导致了两种不同的研究取向出现——社会学取向与心理学取向。两种研究取向中，前者从宏观的角度

探讨社会对人的影响，后者则从个体角度出发探究环境影响下个体如何主动做出反应来适应环境，两种研究取向的区别见表 1–4：

表 1–4　心理学取向与社会学取向的区别

比较项目	社会心理学的心理学取向	社会心理学的社会学取向
强调的重点	个体变量	团体或社会
理解行为的途径	分析心理状态、认知过程、人格等	分析社会学变量，如角色、地位
首要目标	预测行为	描述行为
研究方法	以实验为主，兼调查研究	调查研究与观察法

考研考法突破

考法 1　两种研究取向的内容

对该考点的考查较为少见。一方面可以通过选择题、简答题考查其中一种研究取向的特点、代表理论等；另一方面可通过简答或论述题直接考查两种研究取向的区别与关联。在复习中，应注意辨析两种研究取向之间的差异，并通过对应取向的代表性社会心理学理论加以记忆。

例 5：（陕西师范大学，2011）论述：结合实例分析两种研究取向的社会心理学的差异。

【解析】作为论述题，题干信息体现出了三个考点：1. 社会心理学两种研究取向的产生；2. 两种研究取向的差异；3. 结合实例进一步加以分析。据此分点作答即可。

参考答案：

社会心理学是在社会学和心理学分别脱离哲学母体之后，又从这两门学科中诞生的一门边缘学科，前苏联社会心理学家安德列耶娃将这两门学科比喻为社会心理学的“双亲”。社会心理学在形成过程的初始便受到两种不同学科的影响，因此出现了“社会学取向的社会心理学”和“心理学取向的社会心理学”两种截然不同的研究取向。

两种研究取向的差异是十分显著的，具体体现在四个方面：①强调的重点不同：心理学强调个体，而社会学则强调团体或社会。②理解行为的途径：心理学分析心理状态、人格等，社会学分析社会变量如地位、角色等。③首要目标：心理学是预测行为，社会学则是描述行为。④方法：心理学以实验为主，兼调查；社会学的主要方法则是调查和参与观察。

例如，特里普利特关于“自行车赛车手的竞赛表现”以及奥尔波特随后进行的一系列关于社会促进的实验就是典型的心理学取向的研究。通过实验法进行的实证研究强化了社会心理学研究的客观性和科学性，但其过分依赖于实证研究方法以及从中所引发的问题也成为心理学取向的缺陷；而社会学取向对于宏观社会心理层面的侧重以及其所擅长的调查法在很大程度上弥补了心理学取向的不足，例如斯托弗基于1949 年根据对美军人员素质和心理状况的调查，提出了“相对剥夺”的心理学概念，就是典型的社会学取向的研究。这两种不同取向的研究相互对立，又彼此借鉴共同发展。侯玉波（2007）指出，两种研究取向在选择研究问题、解释结果以及使用方法等方面都具有一定共同之处，并且随着学科交叉的深入，两种取向的研究也有相互融合的趋势。

［拓展阅读：沈杰 . 社会心理学中两种研究取向的历史作用及其综合趋势［J］. 社会科学辑刊 1996（03），27–32.］

考研考法实战 答案见 D68 页

1.（华东师范大学，2015）单选：下列属于心理学取向的社会心理学理论是（　　）。

A. 社会角色理论　　B. 社会交换理论

C. 社会认知理论　　D. 社会互动理论

第二节　社会心理学理论

研究真题，明确考况

考试要求	统考		自主命题	
	考题	考查点	考题	考查点
1. 强化导向的社会心理学理论	无	无	四川大学，2021 西南大学，2010/2015 湖南师范大学，2013 华南师范大学，2013	选择 / 简答：社会交换理论 选择 / 简答：观察学习理论
2. 认知导向的社会心理学理论	无	无	湖南师范大学，2011/2022 北京大学，2014 南京师范大学，2015/2017 中央财经大学，2022	选择 / 简答：认知导向的社会心理学理论
3. 角色理论	无	无	西南大学，2011 陕西师范大学，2011 南开大学，2011/2015	选择 / 名解 / 简答：角色理论的重要概念

考点 1　强化导向的社会心理学理论

考研基础必备

强化导向的社会心理学理论主要从学习的角度看待和研究人的心理与行为，主要包括社会学习理论与社会交换理论。

1. 社会学习理论

社会学习理论由班杜拉提出，这一理论重视注意线索对行为和内在心理过程的作用，强调思想与行为之间的相互作用。班杜拉在这一理论中提出观察学习的概念，认为强化在行为学习的过程中只产生促进作用，而不是引起学习的因素，个体在观察学习的过程中，不必直接做出反应，也不一定需要亲自体验强化，只通过观察他人在一定环境下的行为与其受到的强化就能完成学习。按照他的观点，观察学习包含如下四个过程：

1）注意过程

注意过程决定着在大量的榜样影响中选择什么作为观察的对象，并决定着从正在进行的榜样活动中抽取哪些信息。

2）保持过程

记住他们从榜样情境了解的行为，所观察的行为在记忆中以符号的形式表征。

个体使用两种表征系统——表象和言语。

3）动作复制过程

复制从榜样情境中所观察到的行为。班杜拉认为，个体对榜样行为的再现过程可以划分为：反应的认知组织，反应的发起和监控，以及在信息反馈基础上的精炼。自我效能感是影响复制过程的一个重要因素。

4）强化和动机过程

个体表现出他们所观察到的行为而受到外部强化、替代强化或自我强化，从而获得行为与结果因果关系的认知与经验，形成具有自我评价、预期或自我调节功能的动机系统。

动机是观察学习的关键因素，观察者之所以模仿榜样的行为是因为他们相信这样做能增加被强化的机会。

社会学习理论关注于社会行为、学习、强化以及实验室方面的研究，代表着近代心理学发展的一大主流。但是，社会学习理论的缺点在于借用了认知概念却没有揭示导致认知活动结果的过程与条件，因此受到一些研究者的批评。

2. 社会交换理论

社会交换理论认为社会中的任何事物都有特定的价格，社会活动的实质是人与人之间相互等价地给予或回报彼此间所需要的事物。这一理论的主要代表人物有霍曼斯、布劳、埃默森等。

霍曼斯提出了六项社会交换理论的基本命题：

①成功命题：行为重复的频率决定于行为获得奖赏的频率和及时性。

②刺激命题：相同刺激将带来相同或相似行为后果，现有刺激与过去引发特定行为的刺激越接近，则引发同样行为的可能性越大。

③价值命题：一种行为后果对一个人价值越大，则行为对个人的奖赏也越高。

④剥夺－满足命题：剥夺指某人在得到某一特定奖赏后所经历时间的长度。满足则是一个人在刚刚过去时间里得到的奖赏，足以使他不再马上需要更多奖赏的状态。

⑤攻击－赞同命题：行为没有得到预期奖赏或者受到未预期的惩罚，则个体可能被激怒，使行为的方向是攻击。

⑥理性命题：人们的行为选择会同时考虑价值和成功的可能性。

社会交换是社会生活得以生存发展的基础，社会交换理论为解释社会现象提供了理论框架，但其理论和方法忽视个人内在价值取向等因素对交换关系的影响，具有简单实证主义、心理还原主义的倾向，其理论解释力也较为局限。

补充：

社会交换理论指出的人际关系公平原则（侯玉波版《社会心理学》，2020年312统考考查点）

社会交换理论认为，只有在人们觉得社会关系公平时才能得到最大的满足。社会交换理论指出，人们会使用以下原则来决定人际关系是否公平：

①均等原则：人际关系中每个人得到同样的利益。

②各取所需原则：将每个人的需求纳入考虑的范围，根据每个人特殊的需求决定给他什么样的好处。

③平等原则：每个人获得的利益与贡献成正比，付出得多获得好处也应该多。

考研考法突破

考法1　强化导向的社会心理学理论

该考法内容的考查较为灵活，可通过选择、判断、填空等题型直接考查理论的提出者、所属流派或间接通过创设某一情境或举出某一事例考查理论基本内容与实际情况的匹配，通过简答题直接考查理论的基本内容，以及通过论述题考查理论基本内容的实际应用（后同，本节相同类型的考点介绍中不再赘述）。

例1：（312统考，2011）单选：根据社会交换理论，无偿献血属于（　　）。

A. 本能的亲社会行为　　B. 纯粹的利他行为

C. 纯粹的利己行为　　D. 间接的互惠行为

【解析】社会交换理论认为社会中的任何事物都有特定的价格，社会活动的实质是人与人之间相互等价地给予或回报彼此间所需要的事物。根据这一原则可以直接定位D选项“互惠行为”。A选项，用本能来解释社会行为是精神分析理论的主张，B、C选项为干扰项。

参考答案：D

考法2　观察学习的过程

社会学习理论是从斯金纳为代表的新行为主义学派中产生的，真正意义上的社会学习理论就是班杜拉提出的理论，也称观察学习理论。观察学习的定义与基本过程是这一理论的核心，常通过名词解释直接考查其定义与四个基本过程的名称，通过选择题要求判断符合观察学习的实例，或是通过简答、论述考查基本过程的含义与实际应用。

例2：（华南师范大学，2013）简答：简述观察学习的过程。

【解析】对出自某一特定心理学理论的心理概念的简述，首先要回答出其所属理论的流派、发展渊源或提出者，进而用简短的总结性话语简述所考查理论的基本概念，最后再分点叙述该理论的子知识点。

参考答案：观察学习的概念源自班杜拉在他1977年提出的社会学习理论中，是指人们仅仅通过观察别人（榜样）的行为就能学会某种行为，又称为替代学习、模仿学习。观察学习有下列四个基本过程：

（1）注意过程：注意过程决定着在大量的榜样影响中选择什么作为观察的对象，并决定着从正在进行的榜样活动中抽取哪些信息。

（2）保持过程：记住他们从榜样情境了解的行为，所观察的行为在记忆中以符号的形式表征。个体使用两种表征系统——表象和言语。

（3）动作复制过程：复制从榜样情境中所观察到的行为。班杜拉认为，个体对榜样行为的再现过程可以划分为：反应的认知组织，反应的发起和监控，以及在信息反馈基础上的精炼。自我效能感是影响复制过程的一个重要因素。

（4）强化和动机过程：个体表现出他们所观察到的行为而受到外部强化、替代强化或自我强化，从而获得行为与结果因果关系的认知与经验，形成具有自我评价、预期或自我调节功能的动机系统。

考研考法实战 答案见 D68 页

1.（西南大学，2015）单选：社会交换论的创始人是（　　）。

A. 班杜拉　B. 勒温　C. 霍曼斯　D. 费斯廷格

2.（西南大学，2010）单选：认为人的一切社会行为都是在社会环境影响下，通过对示范行为的观察学习而得以形成、提高或加以改变的。这个理论是（　　）。

A. 刺激反应理论　B. 模仿理论

C. 社会学习理论　D. 社会交换理论

3.（312 统考，2020）单选：用社会交换理论来判定某种人际关系是否公平时，需遵循的原则不包括（　　）。

A. 均等原则　B. 匹配原则　C. 平等原则　D. 各取所需

4.（湖南师范大学，2013）简答：简述社会交换理论的内容与评价。

考点 2　认知导向的社会心理学理论

考研基础必备

认知导向的社会心理学理论主张通过人的认知过程解释社会行为，这一理论认为，人的行为取决于人对社会情境的知觉和加工过程。这类理论主要包括认知失调理论、图式理论、认同理论、社会同一性理论以及自我类化理论。

1. 认知失调理论

认知失调理论最初由费斯廷格提出，该理论认为，当各认知因素之间出现“不协调”的关系时，认知主体就会产生认知失调，进而产生心理压力，促使个人改变观念或行为以减少失调。

认知失调通常在“逻辑的违背”“文化价值的冲突”“观念层次的冲突”“新旧经验的矛盾”四种情况下出现；

认知失调的程度取决于每一认知元素对个人生活的重要性以及个体失调认知数目与协调认知数目的相对比例。涉及的认知因素对个体而言越重要、失调的认知数目占比越高，认知失调的程度越大；

当认知失调出现时，个体产生的焦虑与肯定自我的倾向会推动减少失调的行为产生，主要的减少或消除认知失调的途径有“改变行为”“改变态度，使其符合个体行为”“引进新的认知因素，消除原有认知因素的失调关系”等。

2. 图式理论

图式是通过认知经验发展起来的关于特定事物或概念的认知结构。

图式理论认为，图式能够稳定地将新的经验和过去的经验连接起来，从而快速地处理大量信息；并且，由于人类的记忆具有随时间推移重构的特性，人们会倾向于用与已有的图式相一致的信息来填补记忆信息出现的空白；同时，图式也会影响着人们对他人或其他社会实体做出推论，例如“刻板印象与偏见”，就与个体已有经验中存在的图式的激活有关。

图式理论是社会心理学开始逐渐融合信息加工认知心理学观点的体现，相比传统社会心理学强调通过行为来预测社会心理现象相比，图式加工的观点开始探讨人类大脑内部的信息加工过程，揭示个体或群体根据已有知识解释外界新信息的方法和过程。

3. 认同理论

认同理论从符号互动论中发展而来。传统的符号互动论认为，个体在社会情境中的行为认同和解释过程建构了社会本身，个体也可以按照其所期望的方式，对其所处的情境自由地进行认同选择。

认同理论的三个核心要素：

（1）社会：人们的认同过程构建了社会本身，在社会被个体的认同所建构的同时，个体也从建构的社会中得到反馈，并改变自己既有的行为方式；

（2）自我：自我也是通过认同过程形成的，个体通过角色获得认同自身；

（3）认同：群体认同、角色认同和个体认同直接影响人们在社会情境中的行为走向。

4. 社会同一性理论

也称社会认同理论，由英国社会心理学家塔基菲尔在认同理论基础上，通过“最低限度群体实验”的结论提出。这一理论的基本观点是，社会分类、群际比较及人们对积极社会同一性的追求，是群体冲突和群际歧视产生的根源。其中，社会同一性是个体自我概念的一部分，来源于个体对自己作为某个或某些社会群体成员身份的认识，以及附加在这种成员身份之上的价值和情感方面的意义。

塔基菲尔认为，个体总是努力追求一种积极的社会同一性，由于社会群体可能具有积极价值也可能具有消极价值，当个体通过群际比较发现自己所属的群体优于另一群体，则能够体验到积极的社会同一性；当两个群体同样好，或是另一群体优于自己所属群体时，个体为了满足追求积极自我评价的需要，则会在群际比较的过程中出现“内群体偏爱”效应。

社会同一性理论首次将社会比较区分为人际社会比较和群际社会比较两种不同过程，并且明确将同一性区分为个人同一性和社会同一性两种自我觉知水平，这一理论还提出了“集体自尊”的概念，并且表现出与美国主流认知社会心理学的不同，被认为是欧洲本土化心理学最重要的成果之一。

5. 自我类化理论

塔基菲尔等人在社会同一性的基础上进一步提出了自我类化理论，他们认为，在群体中人们的个人同一性会让位于社会同一性。

1）自我类化理论的主要内容

在一般情况下，个人同一性令个体将自己认同为独特的个体（有独特的个性、喜好、技能、态度与观点）对他人做出反应。当处于群体情境中，个体有可能突出地表现自己的个人同一性，也有可能将自己看作社会群体的一部分并认为自己具有该群体的群体特征。这一过程就是从个人认同到社会认同的转变。

2）自我类化理论的重要观点

类化：当我们知觉事物时，往往先根据一些简单的原则（例如人、事物与原型的相似性），将事物进行归类。通过简单的类化，人们对他人和事物的认知过程得以简化。

塔基菲尔认为，类化会使类别内的相似性和类别间的差异性在知觉上都得到加强。

社会类化：个体在产生社会知觉时，主观上将自己归属于某个群体的过程，其结果导致个体在认知水平上扩大了群体间的差异，缩小了群体内成员之间的差异。

去个体化（去个人化）：个人在群体中自我同一性意识下降，自我评价和控制水平降低的现象。在群体中，一旦去个性化状态出现，个人的行为会较少受自己的个性支配，责任意识会明显丧失，而倾向于跟随整个群体的状态。

考研考法突破

考法 1　认知导向的社会心理学理论

同考点 1 部分内容。

例 3：（湖南师范大学，2010；北京大学，2014；山东师范大学，2019；浙江师范大学，2020）简答：请举例说明费斯廷格的认知失调理论。

【解析】费斯廷格的认知失调理论是认知导向的社会心理学理论中重要程度较高的考查点，常以简答、论述的形式考查理论基本内容与实际应用。本题要求举例说明该理论，可以先简述其理论基本假设，再以同一事例分别解释认知失调的条件、程度与减少途径。

参考答案：认知失调理论由费斯廷格提出，认为当个体的各认知因素之间出现不协调的关系时，个体就会产生认知失调进而导致心理压力，促其改变认知或行为以减少不协调认知带来的焦虑。

认知失调通常在“逻辑的违背”“文化价值的冲突”“观念层次的冲突”“新旧经验的矛盾”等情况下出现，且涉及的认知因素对个体而言越重要、失调的认知数目占比越高，认知失调的程度越大。例如，当一个反对吸烟，或是正在戒烟的人在聚会中碍于面子要同朋友一起吸烟，新旧经验的矛盾就会引发认知失调。若此人对吸烟危害的认知越强烈，持“吸烟会直接致癌且吸烟带来的损伤不可逆”的观念，他的认知失调程度会明显大于那些认为“小吸怡情，大吸伤身”的人。

当认知失调出现时，个体产生的焦虑与肯定自我的倾向会推动减少失调的行为产生，通过“改变行为”“改变态度，使其符合个体行为”“引进新的认知因素，消除原有认知因素的失调关系”等途径减少或消除认知失调。例如这位戒烟者面临被迫吸烟引发的认知失调时，可能会在心里告诉自己“我吸到口腔就吐出来，不进入呼吸道，有害物质的作用就会小一些 / 我只吸一口，不影响戒烟”（改变认知），或是借故离开（改变行为），这就是通过改变认知或改变行为来消除认知失调的方式。

例 4：（吉林大学，2020）论述：“谁都说俺们家乡好”，这一句话的社会心理学理论是什么？

【解析】认同理论是认知导向的社会心理学理论中重要程度不太高的考查点，可能会以简答、论述的形式考查理论基本内容。本题可以先点明该俗语的社会心理学理论是认同理论，再说明该理论的基本内容，且结合该俗语进行阐述。

参考答案：“谁都说俺们家乡好”，这一句话的社会心理学理论是认同理论。认同理论从符号互动论中发展而来。传统的符号互动论认为，个体在社会情境中的行为认同和解释过程建构了社会本身，个体也可以按照其所期望的方式，对其所处的情境自由地进行认同选择。

认同理论的三个核心要素：

（1）社会：人们的认同过程构建了社会本身，在社会被个体的认同所建构的同时，个体也从建构的社会中得到反馈，并改变自己既有的行为方式；

（2）自我：自我也是通过认同过程形成的，个体通过角色获得认同自身；

（3）认同：群体认同、角色认同和个体认同直接影响人们在社会情境中的行为走向。

考法 2　不同理论的关系辨析

认知导向的社会心理学理论中存在两种同源的理论，即社会同一性理论与自我类化理论。社会同一性理论源自认同理论，自我类化理论源于社会同一性理论，有可能以辨析异同的形式进行考查。

例 5：（南京师范大学，2015）简答：请区分社会同一性理论与自我类化理论这两个理论。

【解析】如题，题目要求区分两种理论，可以分别从理论的提出、理论的假设、理论内容所关注的重点等方面来区分两个理论的不同。

参考答案：社会同一性理论又称社会认同理论，由英国社会心理学家塔吉菲尔在认同理论的基础上提出。之后塔吉菲尔、特纳和其同事根据“群体对个人影响”的课题研究结果，在社会同一性理论的基础上提出了自我类化理论。

二者在理论来源与研究侧重点上有所不同，前者以认同理论为基础延伸提出，侧重群际行为；后者以社会同一性理论为基础提出，探究群体与社会类化对个人的影响。前者为后者的理论基石，但其研究的侧重点不同。

考研考法实战 答案见 D68 页

1.（南京师范大学，2017）单选：与社会同一性理论不同的是，自我类化理论更强调（　　）方面。

A. 认知　B. 行为　C. 情感　D. 态度

2.（华东师范大学，2015）单选：认知失调理论的提出者是（　　）。

A. 斯腾伯格　B. 米德　C. 海德　D. 费斯廷格

3.（四川大学，2018）判断：费斯廷格于 1957 年提出，当两种认知或认知与行为不协调时，为了保持一致，态度将发生变化。（　　）

4.（湖南师范大学，2011）简答：图式在社会认知中有何作用？

考点 3　角色理论

角色理论是一种试图从人的社会角色属性解释社会心理和行为的产生、变化的社会心理学理论取向。角色理论的理论体系源于符号相互作用论（社会学来源）、结构功能论（人类学来源）以及角色扮演技术（心理学来源）。

1. 角色理论的主要内容

这一理论认为，人作为社会结构中的一个成员，社会环境和其周围人群发生的直接的和间接的、外显的和内隐的、真实的和想象的联系，会在个人态度和行为的各个层次上发生相互作用。

角色理论强调社会环境对行为的定向作用，同时也重视个人可能的角色创造，因而被称为“社会有限决定论”。该理论通过比拟戏剧，较为完整地考虑到了现实社会行为的整个系统，并将宏观的社会因素和微观的个人因素贯穿到一起，因此具有特殊的价值和地位。

2. 角色理论的重要概念

角色（社会角色）：一定社会身份所要求的一般行为方式及其内在的态度和价值观基础。

角色冲突：个人不能同时满足对其有意义的多种角色期望而履行不同角色时所出现的矛盾心态。

角色间冲突：个体不同角色之间互不相容时产生的冲突。社会环境对行为的定向作用。

角色内冲突：同一种身份存在不同的角色期望所引发的角色冲突。

角色创造：行为超出一般角色模式，拓展既有角色行为范围的过程。

角色偏常：一个人行为和心理准备长时间偏离社会期望，形成与自己社会身份不相适应的行为和心态结构。

镜像自我：从他人的表情和态度中看到的自我。

角色获得：能够按照社会期望形成自我并在这个框架中行动。

考研考法突破

考法 1　角色理论的重要概念

如金盛华版本《社会心理学》教材中的介绍，角色理论是一种从多种来源的概念演化、发展起来的分析取向，这一理论取向中的重要概念则通过选择、判断、名词解释等形式出现，或是与社会心理的其他部分知识做联合考查。

例 6：（山东师范大学，2011/ 南开大学，2015/ 西北师范大学，2018）名词解释：社会角色。

【解析】直接作答即可。

参考答案：社会角色是一定社会身份所要求的一般行为方式与内在的态度和价值观基础。

例 7：（西南大学，2015）单选：自古所谓“忠孝不能两全”，是典型的（　　）。

A. 角色偏常　　B. 角色适应

C. 角色失调　　D. 角色冲突

【解析】角色冲突是指个人不能同时满足对其有意义的多种角色期望而履行不同角色时出现的矛盾心态。军人需要同时扮演“国家战士”与“儿子”两种不同的角色，在服役期间可能会遇到“服从国家命令”与“侍奉父母”之间的冲突，即“忠孝两难全”，这一情况下个体不能同时满足两种角色而产生冲突，即角色冲突。

参考答案：D

考研考法实战 答案见 D69 页

1.（陕西师范大学，2011）名词解释：角色冲突。

2.（陕西师范大学，2012）名词解释：角色理论。

3.（南开大学，2011）简答：简述角色冲突及其表现形式。

章节考点　综合训练

答案见 D69 页

一、单项选择题

1. 霍兰德认为社会心理学的历史按顺序可划分为（　　）等三个阶段。
   A. 经验描述、实证分析与哲学思辨
   B. 哲学思辨、经验描述与实证分析
   C. 哲学思辨、实证分析与经验描述
   D. 实证分析、经验描述与哲学思辨
2.（华东师范大学，2015）最早以社会心理现象作为讨论的中心课题的理论流派是（　　）。
   A. 德国的民族心理学
   B. 法国的群众心理学
   C. 英国的本能心理学
   D. 中国的本土心理学
3.（南京师范大学，2014）学术界一般认为现代社会心理学之父是（　　）。
   A. 奥尔波特　　B. 勒温
   C. 特里普利特　　D. 麦独孤
4.（南京师范大学，2015）社会交换理论忽视（　　）因素在社会交换过程中的作用。
   A. 承诺　　B. 情感
   C. 个人内在价值　　D. 信任
5.（南京师范大学，2016）社会心理学的图式是指通过认知经验发展起来的关于特定事物或概念的（　　）。
   A. 认知倾向　　B. 认知阶段
   C. 认知结构　　D. 认知过程
6.（云南师范大学，2012）社会学习理论对强化做了新的解释，认为强化除了外部强化，还包括（　　）。
   A. 期待强化与结果强化
   B. 直接强化与替代强化
   C. 直接强化与自我强化
   D. 替代强化与自我强化
7.（四川师范大学，2022）社会交换理论的提出者是（　　）。
   A. 塔吉菲尔（Tajfel）　　B. 费斯廷格
   C. 班杜拉　　D. 霍曼斯

二、名词解释

1.（四川师范大学，2015；西北师范大学，2015；浙江师范大学，2016；南京师范大学，2014）图式。
2.（南开大学，2014）角色偏差。
3.（南开大学，2016）角色内冲突。
4.（四川大学，2021）社会交换理论。

三、简答题

1.（浙江师范大学，2020）简述费斯廷格的认知失调理论。
2.（湖南师范大学，2010）请阐述角色理论及其实际应用价值。
3.（中央财经大学，2022）减少消除认知失调途径有哪些。

四、论述题

1.（吉林大学，2012）在“非典”期间，人们由于对 SARS 的认识不足，产生了种种不良的认知和态度，例如，有人认为自己已经大难临头，整天提心吊胆，忧心忡忡；有些人由于高度紧张，恐惧而出现了失眠、自言自语等精神症状；一些人更是出现了严重的精神障碍。请运用认知失调理论观点来对此种情况加以解析。

五、分析题

1.（湖南师范大学，2022）材料：张三每天要吸 40 支香烟，但是他又坚信“吸烟有可能导致肺癌”，就这样每天活在纠结中，即一方面知道吸烟会导致肺癌，一方面又仍然吸烟，心里很是不安，他想努力改变这一处境。

（1）张三所处的状态可以用哪一社会认知理论解释？

（2）说明这一理论的主要观点（关键假设）。

（3）张三怎样才能减少或消除这一困境？

第二章 社会化

本章的内容主要包括社会化的概念、社会化的主要内容、社会化的影响因素以及社会化的心理机制。

本章的复习重点主要有两方面。其一是本章有较多的社会心理学专有名词，容易以选择、判断或名词解释等客观题形式进行考查，这部分的知识点比较分散但相对比较基础，难度较低。其二是对社会化的影响因素、心理机制进行的考查，常通过简答、论述或是案例分析题的形式考查对知识点的理解以及应用，对于这部分内容，在复习中主要以理解为主，并能够结合实际进行论述。

第一节 社会化的概念与内容

研究真题，明确考况

考试要求	统考		自主命题	
	考题	考查点	考题	考查点
1. 社会化概述	无	无	南京师范大学，2015/2017 苏州大学，2017 南开大学，2018 深圳大学，2022	选择 / 名词解释：社会化的定义 简答：社会化与个性化的关系
2. 社会化的主要内容	无	无	山东师范大学，2012 南京师范大学，2013 西南大学，2016	选择：社会化的主要内容 选择：语言社会化的重要地位
3. 成人社会化	2012	选择：成人社会化	吉林大学，2011 华东师范大学，2014 南京师范大学，2017	选择：成人社会化的内容 选择：再社会化的内容

考点 1 社会化概述

考研基础必备

1. 社会化的定义

社会化是个体在社会的影响下，通过与社会的交互作用，学习社会知识、掌握社会技能、建立社会经验，并通过自身不断选择和建构，形成一定的社会认可的心理－行为模式，成为社会成员的过程。

社会化的过程可以是自觉、积极主动的，也可以是不自觉、消极被动的，可以是有意识地实现的，也可以是在无意识下潜移默化完成的。

社会化是一个持续终生的过程，社会化的历程可以分为儿童期社会化、青年－青春期社会化、成人期社会化与再社会化。

2. 社会化与个性化的关系

个性化是指个体在特定社会条件影响下，在实现社会化的同时形成个人心理－行为倾向独特性的过程。个性化与社会化的关系包括如下几点：

①个性化是与社会化相对的概念。社会化强调个体的社会共同性，个性化强调个体的独特性。

②个性化与社会化是同步进行、同时实现的。个体在社会化的过程中，除了有与群体相对一致的社会生活外，也拥有独特的、难以被系统化的生活，这使个体在社会化的同时也获得个性化。

③个性化和社会化是两个相互影响的双向互动的过程，是一个过程中的两个方面。二者在个体发展过程中的结合，是两种相互并列的发展目标，而不是两个对立的发展方向。二者相伴随的原因在于，社会在引领个体社会化的过程中，实际上不可能使每一个体获得完全相同的经验，个体在被社会化的同时已经建立了与他人相区别的个性化经验。并且，个体与社会环境的相互作用具有能动性与选择性，个体因自己不同于他人的独特社会生活经历、内在体验而产生个性化。

④社会化与个性化过程是相互影响、不可分割的统一体。一个社会如果只允许社会化的存在而扼杀个性化时，则会出现“过度社会化”效应，导致长期在一种水平上简单重复，缺少革命性成就；如果过度强调个性化而忽视社会化，则会出现“社会化不足”现象，导致社会失去应有的连续脉络，因缺乏凝聚社会的共同性基础而失范和分崩离析。

3. 社会化的历程

①儿童期的社会化。在生命的早期，儿童通过与父母、学校、外部世界等社会环境的交互初步完成语言、自我概念、人格倾向、思维能力的发展。

②青春期与青年期的社会化。这一时期的社会化过程以预期社会化的形式出现，是个体通过“预演”来完成为未来角色做准备的社会学习过程；

③成人社会化与再社会化（详细内容见考点3）。

考研考法突破

考法1　社会化的定义

属于较为简单基础的知识点，常通过选择、名词解释进行考查，准确记忆其定义即可。

例1：（湖南师范大学，2011；西南大学，2011；四川师范大学，2011/2014/2017）名词解释：社会化。

【解析】直接答出社会化的定义即可。

参考答案：社会化是个体在社会的影响下，通过与社会的交互作用，学习社会知识、掌握社会技能、建立社会经验，并通过自身不断选择和建构，形成一定的社会认可的心理－行为模式，成为社会成员的过程。

考法2　社会化与个性化的关系

常以简答题的形式出现，抓住知识点核心，分点作答即可。

例2：（南开大学，2018）简答：简述社会化和个性化的关系。

【解析】直接回答社会化与个性化的定义，并分点作答二者的关系即可。

参考答案：社会化是个体在社会的影响下，通过与社会的交互作用，形成一定的社会认可的心理－行为模式，成为社会成员的过程；个性化是指个体在特定社会条件影响下，在实现社会化的同时形成个人心理－行为倾向独特性的过程。

社会化与个性化之间具有密切的联系，主要体现在如下几个方面：

（1）二者是相对的概念，前者强调个体社会共同性，后者强调个体独特性。

（2）二者同步进行、同时实现，由于个体除了有与群体一致的社会生活外，也有自己独特的生活，因此个体在社会化的同时也获得了个性化。

（3）二者相互影响、双向互动，是一个过程中的两个方面。由于在社会化的过程中每个个体不可能获得完全相同的经验，故个体在被社会化的同时已经建立了与他人相区别的个性化经验。并且，个体与社会环境的相互作用具有能动性与选择性，个体因自己不同于他人的独特社会生活经历、内在体验而产生个性化。

（4）二者是相互影响、不可分割的统一体，社会如果只允许社会化的存在而扼杀个性化时，则会出现“过度社会化”效应，导致长期在一种水平上简单重复，缺少革命性成就；如果过度强调个性化而忽视社会化，则会出现“社会化不足”现象，导致社会失去应有的连续脉络，因缺乏凝聚社会的共同性基础而失范和分崩离析。

考法3　社会化的历程

通过选择、判断题考查社会化的历程。由于不同版本教材对社会化历程的描述有所出入，因此在复习中可根据院校指定参考书或往年真题考情有选择性地进行复习。

例3：（陕西师范大学，2016）判断：初级社会化是指为未来角色及未来的社会生活做准备的社会学习过程。

【解析】为未来角色及未来的社会生活做准备的社会学习过程是指预期社会化的过程。

参考答案：错误

考研考法实战 答案见D70页

1. 单选：社会化是个体由自然人成长、发展为（　　）的过程。

A. 心理健全的人　　B. 成年人

C. 合格社会成员　　D. 社会人

2.（南京师范大学，2015）单选：有关社会化和个性化认识正确的是（　　）。

A. 个性化与社会化是在人生的不同发展阶段实现的

B. 个性化与社会化彼此互不影响

C. 如果社会过于强调社会化，那么社会发展依然具有独特性和创造性

D. 如果社会过于强调个性化，那么社会容易失范和分崩离析

考点2　社会化的主要内容

考研基础必备

社会化包括的内容主要有政治社会化、语言社会化、道德社会化、性别角色社会化等。

1. 政治社会化

政治社会化是个体逐步接受与获取被现有政治制度所肯定和施行的政治行为取向与行为模式的发展过程。政治社会化的目的是将个人培养成受现行政治制度所肯定的合格公民，是一般社会化的核心。

2. 语言社会化

语言社会化是指儿童或语言初学者通过语言的学习实现社会化的过程，它包括两个方面的含义：其一是语言本身的社会化，单纯指语言本身的发展；其二是应用语言达到社会化，指以语言发展为手段的思维与情感的发展。

语言社会化在社会化的目标中具有特殊地位。语言是人们理解别人和令自己为别人所理解的工具。人的社会化过程是从掌握语言开始的，其他一切社会化目标也都是以语言社会化为前提的。个体在多大程度上掌握了一种社会的语言，也就在多大程度上获得了社会化。

3. 道德社会化与法律社会化

当人们认同和接受某种道德规范，并使自己的行为遵循这些社会道德规范时，就实现了道德社会化；人们建立法治观念并自觉按照法规约束行为时，就实现了法律社会化。简单来说，将特定社会所肯定的道德规范、法律法规逐渐内化的过程就是道德与法律社会化。

4. 性别角色社会化

性别角色是特定社会或群体按照人的男女性别规定的不同行为模式。

性别角色社会化是个体学习自己所属文化所规定的性别角色的过程。

性别角色分化的因素包括三点：

①性别角色的形成与社会分工不同有关。人们根据社会分工延伸出的要求形成了有关性别角色的社会规范，社会又反过来用已形成的规范来要求后代，使行为规范得以保持。

②性别角色的形成与社会文化有关。人类学家米德的跨文化研究指出，性别角色特征是通过各种文化中的性别行为模式的学习、模仿和认同后形成的。

③性别角色的形成与生物学因素有关。伊格斯认为，生物学的基础造成男女体力上的性别分化，这一结果使男女两性分别开始学习对应性别角色相应的技巧与信念，并体现出该角色所要求的行为。

考研考法突破

考法 1 社会化的主要内容

社会化所包含的主要内容就是具体到某一特定功能的社会化，同社会化的定义一样也属于较基础的考点，可能通过名词解释直接考查，或是作为干扰选项在选择题中出现。

例 4：名词解释：政治社会化。

【解析】直接回答出政治社会化的定义即可。

参考答案：政治社会化是个体逐步接受与获取被现有政治制度所肯定和施行的政治行为取向与行为模式的发展过程。政治社会化的目的是将个人培养成受现行政治制度所肯定的合格公民，是一般社会化的核心。

考法 2 语言社会化的地位

在社会化的内容中，语言社会化的重要地位是相对常见的考查点，并且会通过变化题干信息来进行灵活考查。在复习中应牢记语言社会化的定义以及重要地位，在遇到相似题目时谨慎判断，果断作答。

例 5：（南京师范大学，2013/2014）单选：个体的全部社会化是以（　　）条件的。

A. 早期社会化　　B. 语言社会化
C. 性别社会化　　D. 道德社会化

【解析】以选择题的形式考查了语言社会化在个体发展中的重要地位，可以直接通过题干描述定位答案，语言是人们理解别人和令自己为别人所理解的工具。人的社会化过程是从掌握语言开始的，个体在多大程度上掌握了一种社会的语言，也就在多大程度上获得了社会化。

参考答案：B

考研考法实战 答案见 D70 页

1.（西南大学，2016）单选：个体社会化最重要的目标是（　　）。

A. 政治社会化　　B. 道德社会化
C. 性别角色社会化　　D. 语言社会化

2. 名词解释：道德与法律社会化。

考点 3 成人社会化与再社会化

考研基础必备

1. 成人社会化

成人社会化是指在基本社会化的基础上，为适应社会文化环境的变化及其所要求的角色重构，而在承担正式社会责任后进行的延伸性的社会知识、技能、价值观念和行为规范的学习过程。

成人社会化的内容主要包括：

①进一步接受社会的深层文化传统和生活经验，继续学习生产、生活所需的知识与技能；

②接受新的价值观念和社会行为模式；

③确立相应的人生目标与价值观念。

补充：

1. 成人社会化的文化反哺机制

文化反哺是指在急剧的文化变迁时代所发生的年长一代向年轻一代进行广泛文化吸收的过程，是成人社会化的一种重要机制，也是一种反向的社会化。

文化反哺机制产生的原因：

①社会变迁加快，各种新事物、新规则层出不穷，成人对现实生活的理解力下降；

②成人既有的知识、经验反而可能会在某种程度上阻碍成人了解、接纳新事物，从而影响他们适应新的生活方式。

2. 相互社会化（交互社会化）

在个体发展的过程中，父母是影响儿童社会化的重要因素，但是这种影响不是单向的，儿童会通过他们自己的方式影响或促进父母的再社会化，这就是相互社会化的过程。

2. 再社会化

再社会化是指由于个体原来学习的价值标准和行为规范不能适应新情况，个体需要通过吸收新的角色、价值或知识来建立新价值观念与行为模式，确立新生活目标的过程。

古德曼把再社会化分为两种：

①自愿的再社会化（非强制性社会化），例如个体移民、离家时，为适应新的社会文化与生活方式，主动以新的价值观念和行为模式取代旧的价值观念与行为模式；

②非自愿的再社会化（强制性社会化），例如对待监狱中的罪犯，通过全面控制机构使个体与过去完全隔离，并对其日常活动施加控制以进行全面改造。

考研考法突破

考法 1 成人社会化的内容

成人社会化是个体社会化历程中的一个环节，对知识点的考查也较为基础，主要通过名词解释题直接考查定义，或通过选择题考查对成人社会化所包含内容的理解。

例 6：（湖南师范大学，2016）名词解释：相互社会化。

【解析】直接作答即可。

参考答案：在个体发展的过程中，父母是影响儿童社会化的重要因素，但是这种影响不是单向的，儿童会通过他们自己的方式影响或促进父母的再社会化，这就是相互社会化的过程。

例 7：（华南师范大学，2020）单选：在“急剧变迁时代，年长一辈向年轻一辈进行文化吸收的现象”是（　　）。

A. 角色适应　B. 文化反哺　C. 文化导向　D. 角色获得

【解析】在“急剧变迁时代，年长一辈向年轻一辈进行文化吸收的现象”是成人社会化中的文化反哺现象。

参考答案：B

考法 2　再社会化的内容

再社会化是个体社会化历程中的一个环节，对知识点的考查也较为基础，主要通过名词解释题直接考查定义，或通过选择题考查对再社会化所包含内容的理解。

例 8：（吉林大学，2011）单选：移民国外所伴随而来的个体社会化过程属于（　　）。

A. 初级社会化　　B. 预期社会化

C. 再社会化　　D. 继续社会化

【解析】例题考查具体情况下的社会化过程。移民国外的个体为了适应新的社会文化与生活方式，主动进行改变，例如移民到四川的美国人逐渐养成了吃火锅的爱好。这是一种非强制性的再社会化过程。

参考答案：C

考研考法实战 答案见 D70 页

1.（312 统考，2014）单选：在家庭生活中，盈盈的父母在某种程度上接纳了她目前对音乐的喜爱，而盈盈也认同了父母关于学业成绩重要性的看法。这个例证所体现的发展现象是（　　）。

A. 同步现象　　B. 再社会化

C. 相互社会化　　D. 远端－近端发展

第二节　社会化的影响因素与心理机制

研究真题，明确考况

考试要求	统考		自主命题	
	考题	考查点	考题	考查点
1. 社会化的影响因素	无	无	四川师范大学，2017 苏州大学，2019	简答 / 论述：社会化的影响因素
2. 社会化的心理机制	无	无	湖南师范大学，2014 西南大学，2015 南京师范大学，2017	选择 / 名解 / 简答：社会化的心理机制

考点 1　社会化的影响因素

考研基础必备

个体的社会化进程受到生物遗传因素与社会文化因素的双重影响。其中，遗传因素是人社会化的潜在基础和自然前提，社会文化则起着决定性的作用。

影响个体社会化的环境因素主要有如下几个方面：

1. 社会文化

社会文化包含了在某一特定群体或社会的生活中形成的并为其成员所共有的生存方式的总和，包括价值观、信仰、艺术、法律、生活态度、行为准则以及相应的物质表现形式等。

文化对个体社会化的作用表现在三个方面：

①文化为个体提供社会化的规范；

②“文化培养人们对身份、地位的认同”

③“文化造就人的心理和人格模式”。

2. 家庭

儿童期的社会化是个体社会化进程的第一个阶段，因此家庭是个体社会化的起点。

家庭对儿童社会化产生重要影响的原因有三点：

①童年期是个体一生中社会化的关键期；

②童年期儿童对家庭的依赖最强；

③家庭是最早的社会关系，也是社会结构中的一个基本单位，各种社会关系通过家庭的中介作用反射到儿童身上。

鲍默林德认为，父母教养方式对儿童社会化有着重要影响，她将父母教养方式分为专断型、容忍型和权威型。三种教养方式在对待子女的态度和训导方法等方面各不相同，因而对儿童早期发展也有各种性质不同的影响。

3. 同辈群体

同辈群体是一个由地位、年龄、兴趣、爱好、价值观等大体相同或相近的人组成的关系亲密的非正式群体。在个体进入青春期之后，同辈群体对个体社会化的影响开始逐渐重要，甚至能够远超家庭因素的影响。同辈群体这一因素有如下几个特点：

①同辈群体是一种非正式的群体，由个人自由选择，往往有较高的心理认同感；

②同辈群体有自己的价值标准、交往方式等，构成独特的亚文化群体；

③同辈群体社会化极少带有强制性，其影响效果往往在自然而然中实现；

④同辈群体中的交往对象也是儿童进行社会比较时的参照对象，是儿童自我概念形成中的重要一环。

4. 学校

学校的作用是从正面将社会规范、道德价值观、知识与技能传授给新一代人，当儿童进入学龄期，学校就取代家庭上升到对其社会化影响的首要地位。

学校对个体社会化的影响主要体现在“学校文化的影响”与“教师威信和教师期望”两个方面。其中：

①学校文化对社会化的影响形式主要包括物质文化、制度文化和精神文化三种形态；

②教师威信对社会化的影响主要体现在，有威信的教师能够通过自己的言行、思想活动，把伦理原则、道德标准具体化，使学生在富有形象性、感染性和现实性的具体事例中受到教育，从而实现他们的社会化；

③教师期望对学生社会化的影响主要通过“皮格马利翁效应”实现。

5. 大众媒体

大众媒体在现代社会已经成为人们生活结构的一个有机构成部分，并在某种程度上改变了人们的生活方式，对人的社会化产生深刻影响。

大众媒体主要以电视、报刊、图书、电影、网络等方式为主要的传播媒介，它为人们提供了各种不同的角色模式、角色评价、价值标准以及行为规范，对个体社会化起到潜移默化的作用。

考研考法突破

考法 1　社会化的影响因素

社会化的影响因素是社会化这一部分较为重要、考查比重也较高的知识点，往往通过选择、简答、论述题直接考查各种社会化影响因素，或是要求结合实际，通过该知识点的内容为解决实际问题提出建议。

例 1：（四川师范大学，2022）多选：社会化的影响源包括（　　）

A. 文化的影响　　B. 家族的特殊作用

C. 同辈群体的作用　　D. 学校的作用

E. 媒体的作用

【解析】社会化的影响因素包括文化社会文化、家庭、同辈群体、学校和大众媒体。

参考答案：ABCDE

例 2：（四川师范大学，2017）论述：什么是社会化？教师如何影响学生的社会化过程？

【解析】例题以论述的形式考查社会化的定义，并直接考查社会化影响因素中学校教育与教师教育对学生社会化过程的影响。解题时可以先回答社会化的定义，并简要阐述在学校教育阶段个体所处的社会化历程，引出第二问的回答，最后结合实际举例作答。

参考答案：

社会化是个体在社会的影响下，通过与社会的交互作用，形成一定的社会认可的心理－行为模式，成为社会成员的过程。

个体在儿童期、青春期与青少年期的社会化进程中都会在一定程度上受到教师的影响。

一方面，教师的威信会对学生的社会化产生影响。有威信的教师能够通过自己的言行、思想活动，把社会规则与道德标准具体化，从而更好地实现学生的道德社会化进程；有威信的教师容易得到学生的信任，学生更乐于接受他们的要求与评价，并作为认同的对象对其行为举止加以效仿。

另一方面，教师对学生的期望也会影响到学生的社会化过程，这一影响可能会通过个体在青春期至成年早期的预期社会化、成人社会化最终得到体现。

例如，经典的“罗森塔尔教育实验”就体现了教师期望对个体未来发展的影响。在这一实验中，罗森塔尔随机选取了几位学生，并且告知他们的教师这几位学生具有巨大的潜力，能够成为成功人士，这令教师开始对这些学生抱有较高的期待，这种期待影响着学生们的学习动机水平，使他们按照教师所期望的那样获得了良性发展。

（可结合其他的相关的经典教育典故作为实际范例进行作答，言之有理即可。）

考研考法实战 答案见 D70 页

1.（苏州大学，2019）简答：简述社会化的主要影响因素。

考点 2　社会化的心理机制

考研基础必备

社会化的心理机制主要包括“社会角色引导”“社会比较”“社会学习”以及“亚社会认同”四个方面。

1. 社会角色引导机制

角色是一定社会身份所要求的一般行为方式以及理解事物的态度和价值观。个体的社会环境和社会生活与其担任的社会角色相一致，并依据社会对相应角色的要求与期待而被系统化。个人学习扮演社会角色，并按照社会对个人的角色期望确定自己的努力方向，从而使社会结构得以维持和发展。

2. 社会比较机制

随着个体自我意识水平不断提高，自我评价需要越来越强，任何具有自我意识的人，都需要评价自己的状态，并确定自己和周围世界的关系，这种将自身状态与他人状态进行比较以获得自我评价的过程即社会比较。在许多情况下，社会比较是获得社会性自我评价的唯一途径。

3. 社会学习机制

社会化不只取决于行为实践，观察学习经验以及相关的心理机制对人的社会化过程也起着十分重要的作用。班杜拉认为个人可以通过观察他人的行为和后果来学习各种行为、行为规范和行为方式。直接强化、替代强化和自我强化都对人的社会化有作用。但随着个体自我意识的不断发展，自我强化会逐渐成为社会化经验中具有自我引导性质的重要机制。

4. 亚社会认同机制

亚社会指相对于宏观大社会的直接社会环境，有时也指对应于较大社会背景中的较小社会背景。作为个体的首属群体和个体社会化的直接背景，个体会首先以亚社会为出发点，并在其被要求、期望和奖惩的环境中被引导。

考研考法突破

考法 1　社会化的心理机制

社会化的心理机制的考查频率相对于本章节其他考点而言较低，考查形式也较为基础，可通过选择题考查某一种社会化的心理机制，也可通过简答、论述考查对社会化心理机制的总体掌握。

例 3：（南京师范大学，2017）单选：班杜拉认为，随着自我意识的增强和自我评价标准的形成，（　　）逐渐成为引导个体社会化的重要机制。

A. 直接强化　　B. 替代强化

C. 观察学习　　D. 自我强化

【解析】例题直接考查了社会化心理机制中，社会学习机制的主要支持者班杜拉对社会学习中自我强化在社会化进程中重要作用的阐述。班杜拉认为，随着自我意识的增强，自我强化会逐渐成为社会化经验中具有自我引导性质的重要机制。

参考答案：D

考研考法实战 答案见 D70 页

1.（湖南师范大学，2014；西南大学，2015）简答：简述社会化的心理机制。

章节考点　综合训练

答案见 D71 页

一、单项选择题

1.（华东师范大学，2014）罪犯在监狱中的改造属于下列哪类？（　　）

A. 早期社会化　　B. 预期社会化

C. 发展社会化　　D. 再社会化

2.（南京师范大学，2017）社会化的核心是学习，而学习的核心是（　　）。

A. 掌握语言　B. 自我强化　C. 道德规范　D. 个性发展

3.（中央财经大学，2017/2018）一切社会化目标的实现所依赖的前提是（　　）。

A. 语言社会化　　B. 政治社会化

C. 道德社会化　　D. 性别角色社会化

4.（南京师范大学，2021）性别角色社会化过程的实质是角色期待和（　　）。

A. 道德完善　　B. 人格形成

C. 心理成熟　　D. 角色分化

二、名词解释

1. 个性化。

2. 预期社会化。

3. 性别角色。

4.（西南大学，2008；湖南师范大学，2010；华东师范大学，2015）社会比较。

5.（中央财经大学，2022）再社会化。

6.（深圳大学，2022；中央财经大学，2021；吉林大学，2021）社会化。

三、简答题

1. 简述成人社会化中的文化反哺机制。

2. 简述社会化发展的进程。

3.（内蒙古师范大学，2021）举例说出社会化的表现与内容。

四、论述题

1. 试述在个体社会化过程中，可结合哪些因素预防青少年攻击行为的习得。

2.（吉林大学，2021）社会化和个性化的关系。

第三章 态 度

本章的内容主要包括态度的基本概念、态度的形成、劝导与态度改变。

本章的内容大体上可以划分为两大块：其一是态度相关概念的解释；其二是态度形成与改变的过程及其影响因素。前一部分的知识点较为基础，考查形式也较为简单，多通过选择、名词解释等题型以考查具体概念为主；后一部分的知识涉及大量的理论，在复习中除了需要对理论内容有较为良好的理解之外，还需要在复习中多注意将理论联系实际，能够为解决生活中与态度相关的实际问题提出可行性建议。

第一节 态度的概念

研究真题，明确考况

考试要求	统考		自主命题	
	考题	考查点	考题	考查点
1. 态度的定义、维度与构成要素	无	无	天津师范大学，2011 华中师范大学，2014/2019 南京师范大学，2015 华南师范大学，2012 湖南师范大学，2008/2011 中央财经大学，2017	选择 / 名词解释：态度的定义、维度 选择 / 名词解释：态度的构成要素
2. 态度的测量	无	无	江西师范大学，2013	选择：内隐联系测验
3. 态度与行为的关系	无	无	湖南师范大学，2013/2017 四川大学，2015~2017/2019	判断 / 简答：态度与行为的分离与一致 名解 / 判断：态度与行为关系的理论

考点 1 态度的定义、维度与构成要素

考研基础必备

1. 态度的定义

态度是社会心理学中一项重要的研究课题，不同的研究者对态度的定义有所不同。例如，

美国心理学家奥尔波特（Allport）认为，态度是一种心理的或神经的准备状态，对个人的反应具有指导性或动力性的影响。

弗里德曼（Freedman）认为，态度是个体对某一特定事物、观念或他人稳定的由认知、情感和行为倾向组成的心理倾向。

总的来说，态度是个人对特定对象持有的具有一定观念基础的评价性的、持久的反应倾向。

2. 态度的维度

态度包含如下几个维度：

1）指向

即人们对于态度对象是肯定指向还是否定指向。

2）强度

即态度积极或消极的程度，某种特定态度在肯定指向或否定指向上的程度。

3）深度

指态度主体在一种态度对象上的卷入水平，如个体对某一问题的态度与其自身的相关程度或重要性。

4）向中度

指一种态度在个人态度系统和相关的价值系统中接近核心价值的程度。

5）外显度

指态度主体在一种态度上所表现的外露程度。

3. 态度的构成要素

弗里德曼认为，态度由三个彼此相互关联的要素构成——认知、情感和行动。

认知成分指人们对于一定态度对象或态度客体的知识、观念、意象或概念，以及在此基础上形成的具有倾向性的思维方式，具有倾向性和组织性。

情感成分是指个人对于一定态度对象的体验，如接纳或拒绝、热情或冷漠等，是态度的核心与关键。情感倾向有认知因素的直接支持，是态度情感体验与一般情感体验的最大差别。

行动成分有两方面含义：一是态度作为一种心理准备状态和反应倾向，其行为成分会影响人们对特定态度对象的反应；二是态度具有特定的意动效应。

态度的这三种成分在一定程度上存在不协调和不一致，三者并不一定彼此相互对应。研究发现，情感和行为倾向的相关程度高于认知与情感、认知与行为倾向的相关程度。在三种成分中，认知成分的独立程度较高，与其他成分之

间的相互影响也较小。

考研考法突破

考法 1　态度的定义与维度

本考点的内容主要以选择、判断等客观题的形式出现，考查态度的定义与维度。

例 1：（南京师范大学，2015）单选：态度主体在一种态度对象上的卷入水平称为（　　）。

A. 指向　B. 强度　C. 深度　D. 向中性

【解析】直接考查了态度的子维度的定义，态度主体在一种态度对象上的卷入水平称为深度。

参考答案：C

例 2：（华南师范大学，2022）单选：态度的积极或消极的程度是指态度的（　　）。

A. 指向性　B. 强度　C. 深度　D. 向中度

【解析】态度的强度即态度积极或消极的程度，某种特定态度在肯定指向或否定指向上的程度。

参考答案：B

考法 2　态度的构成要素

本考点的内容主要以选择、简答题等题型出现，考查态度的构成要素。

例 3：（中央财经大学，2017/ 华中师范大学，2019）简答：简述态度的构成要素或成分。

【解析】本题考查态度的构成要素，先解释态度的概念，然后分点对态度构成要素进行简要介绍即可。

参考答案：

态度是指个人对特定对象持有的，具有一定观念基础的评价性的、持久的反应倾向。

弗里德曼认为，态度是个体对某一特定事物、观念或他人稳定的由认知、情感和行为倾向组成的心理倾向。由认知、情感和行动三个彼此相互关联的要素构成：

（1）认知成分指人们对于一定态度对象或态度客体的知识、观念、意象或概念，以及在此基础上形成的具有倾向性的思维方式，具有倾向性和组织性。

（2）情感成分是指个人对于一定态度对象的体验，如接纳或拒绝、热情或冷漠等，是态度的核心与关键。情感倾向有认知因素的直接支持，是态度情感体验与一般情感体验的最重要区别之一。

（3）行动成分有两方面含义：一是态度作为一种心理准备状态和反应倾向，其行为成分会影响人们对特定态度对象的反应；二是态度具有特定的意动效应。

态度的这三种成分在一定程度上存在不协调和不一致，三者并不一定彼此相互对应。研究发现，情感和行为倾向的相关程度高于认知与情感、认知与行为倾向的相关程度。在三种成分中，认知成分的独立程度较高，与其他成分之间的相互影响也较小。

考研考法实战 答案见 D72 页

1.（华南师范大学，2012）单选：在个体态度的心理成分中，起基础作用的是（　　）。

A. 情感　B. 认知　C. 外显行为　D. 行为倾向

2.（华中师范大学，2021）单选：下列不属于态度的心理成分的是（　　）。

A. 认知成分　B. 评价成分

C. 情感成分　D. 行为倾向成分

3.（湖南师范大学，2008/2011；天津师范大学，2011）名词解释：态度。

考点 2　态度的测量

考研基础必备

态度测量是评价人们对于特定事物态度水平的手段或方法，常用的态度测量方法有如下几类：

1. 瑟斯通量表

由瑟斯通、凯夫等人编制，是一种等距量表。

优点在于：每题都有态度强度上的明确定义，符合生活实际；将每题得分在态度强度的意义上汇聚成一个态度总分；被测者易于反应；易于计分。

缺点在于：编制的过程较为复杂；题目以肯定性描述为主，难以发现被试任意性的习惯反应，容易使测量的真实性受到损害。

2. 李克特量表

是由心理学家李克特最初编制的一种总加量表，相对于瑟斯通量表而言更加简便。

优点在于，编制简单，各题目之间一致性较高。

缺点在于，对态度的变化没有瑟斯通量表敏感，测量结果的准确性依赖被试的反应倾向。

3. 语义差异量表

由奥斯古德等人编制并发展，是等级量表的另外一种形式，使用了成对的两极性形容词来评价态度对象。语义差异量表具有两个方面的优点：

一方面在于，考虑到了实际生活中人们对一定对象的评价不简单是完全肯定或否定的，因而对评价的强度进行了分化；

另一方面，量表的编制过程简单，不需要过多的专业化知识。

4. 投射测验

投射测验是一类间接性的测量方法。这一测验方法在测试过程中向被试提供一些刺激，让被试在不受限制的情况下自由联想并报告出来，通过分析被试联想的内容来推测其态度与性格。

5. 实证测验

也称行为反应测量，包括距离测量和生理反应测量两种方法。

6. 内隐态度的测验

内隐态度是指对个人当前认知、情感和行为反应产生影响的过去经验和态度所形成的无意识痕迹。

格林沃德人最早开始对内隐态度的研究，内隐态度的测量方法主要包括启动技术和内隐联想测验（IAT）等，其原理是心理学中的“启动效应”，即先前呈现的刺激对随后出现的刺激或与其相关的某种刺激进行加工时所产生的易化反应。

考研考法突破

考法 1 测量方法的概念

态度的测量方法这一考点，在社会心理学的复习中只需要理解不同测量方法的基本概念与原理，能够将某一具体的、特定的测验形式与测量方法进行对应，能够结合题目所给的条件选用适当的测验方法即可。

例 4：单选：给学生一张画着一位男孩坐在阳台看书的图片，不同成就动机的学生联想的故事明显不同。这是哪一种态度测验工具？（　　）

A. 李凯特量表　　B. 瑟斯通量表

C. 投射测验　　D. 内隐态度测验

【解析】给学生一张画有开放性含义的图片，根据其自由联想的内容确定测验结果，这是一类投射测验。

参考答案：C

考研考法实战 答案见 D72 页

1.（江西师范大学，2013）单选：内隐联想测验是对什么问题进行测量？（　　）

A. 内隐社会认知　　B. 内隐记忆

C. 无意识现象　　D. 无意识推理

2.（华南师范大学，2020）单选：内隐态度是（　　）。

A. 自动化　B. 可控制的　C. 意识性的　D. 不可测的

考点 3　态度与行为的关系

考研基础必备

态度与行为之间的关系，特别是态度能否有效地预测行为，受到了社会心理学研究者们的关注。

1. 态度与行为的分离与一致

拉皮埃尔根据其实验结果，对“态度预测行为”的命题提出了挑战（拉皮埃尔挑战实验）；社会心理学家威克尔认为，态度可能同外显行为关系甚微甚至没有关系。

而美国人盖洛普通过民意测验成功地预测了美国总统大选的结果，证明了态度与行为之间存在一致性。

佩因罗德总结了态度与行为之间的三点关系：①总的态度预言总的行为；②具体态度预言具体行为；③态度测量和行为的间隔时间越短，态度与行为的一致性越高。

2. 影响态度与行为一致性的因素

态度与行为之间的关系非常复杂，二者一致性的程度受到许多因素影响，包括：

①行为本身可否实施；②态度指向的目标是否与行为目标一致；③情境是否会制约态度行为发生；④时间因素；⑤态度本身的因素；⑥态度与行为的特异性水平；⑦个体个性品质。

3. 态度与行为关系的理论

1）合理行动理论

合理行动理论认为，行为是理性思考的结果，在行为发生的过程中个体会考虑各种行为方案，评价各种结果，然后才做出行动与否的决定。

个体对行为的态度（人们对某种行为完全持正面的或负面的评价）与个体的主观标准规范（人们对别人会赞成或不赞成某种行为的感知）共同决定了个体的行为意向，行为意向进一步决定了外显行为的发生。

2）双重态度模型

格林沃德等人于 1995 年提出了内隐社会认知与内隐态度的概念。

内隐态度是指对个人当前认知、情感和行为反应产生影响的过去经验和态度所形成的无意识痕迹。

威尔逊在其理论基础上提出了双重态度模型，认为内隐态度和外显态度的分离是导致态度与行为不一致的重要原因。

3）自我价值定向理论

自我价值定向理论认为，在外在情境压力相对稳定的情况下，一种态度与具体行为之间一致性的高低，或对具体行为影响作用的大小取决于这一态度的向中度如何；态度的向中度越高，有关的行为对个人的意义也就越重要，这种态度对行为的决定作用也越大，情境的相对影响也越小。

当态度的向中度很高但行为却与态度不一致时，则会出现较强的心理冲突，产生较大的抗拒不一致行为的力量。反之，当态度的向中度较低且行为与态度不一致时，心理冲突所产生的抗拒力量较小，情境因素会使态度对行为的影响作用表现在行为的方式上而非行为的指向上。

例如在拉皮埃尔的实验中，对于接待员而言，显示自己的敬业素养并保证正常的工作显然更加重要，这使得他们做出了与态度不相符合的行为指向，而更多地将态度体现在了他们的行为方式上。

考研考法突破

考法 1 态度与行为关系的理论

主要考查对态度与行为的关系、影响因素及其理论解释的理解，考查题型灵活多变，在复习中应更多地以理解为主。

例 5：（四川大学，2017）判断：当针对具体行为时，态度能更好地预测行为。

【解析】佩因罗德总结了态度与行为之间的三点关系：（1）总的态度预言总的行为；（2）具体态度预言具体行为；（3）态度测量和行为的间隔时间越短，态度与行为的一致性越高。因此，当针对具体行为时，态度能更好预测行为。

参考答案：正确

例 6：（四川大学，2016）判断：对事物和环境先有态度，才有行动。

【解析】态度与行为一致性的合理行动理论认为，行为意向决定了外显行为的发生，而对行为的态度与主观规范共同决定了个体的行为意向；自我价值定向理论认为，行为不仅受到态度的影响，还受到情境压力的影响，因此不存在简单的“态度决定行为”的问题。应当研究“态度与行为指向的一致性”“态度对行为的影响”“态度与行为的相互作用”以及“态度在什么条件下决定行为”等命题。综上所述，题干的表述错误。

参考答案：错误

考研考法实战 答案见 D72 页

1.（湖南师范大学，2017）名词解释：双重态度。

2.（四川大学，2015）判断：改变一个人的态度就会改变一个人的行为。

3.（西南大学，2011；四川大学，2019）简答：在什么样的情形下，态度对行为的预测是有效的？

4.（湖南师范大学，2013）简答：简述合理行动理论。

第二节　态度的形成与功能

研究真题，明确考况

考试要求	统考		自主命题	
	考题	考查点	考题	考查点
1. 态度的形成	无	无	湖南师范大学，2009/2018 华南师范大学，2013	简答：态度形成的理论
2. 态度的功能	无	无	南京师范大学，2018	简答：态度的功能

考点 1　态度的形成

考研基础必备

1. 学习经验与态度的形成

个体所持有的各种态度都是在后天的社会生活环境中通过学习而逐渐形成的，态度的习得通过联结、强化以及观察学习获得。

学习理论者们认为，个人的经历以及与这些经验相联系的情绪体验导致了态度的产生和发展。根据学习理论原理，环境刺激的重复可使人对一定事物产生较为稳定的态度体验，如果新的刺激与既有态度的对象相联系，那么新刺激也可引起同样的态度体验。

在态度的学习过程中，强化是影响态度学习的重要因素，人们对某种对象的态度得到了积极强化，则强化所产生的积极情绪会同态度对象形成更紧密的联系，从而使一种态度得到加强；反之，惩罚或挫折所产生的消极情绪会使人形成对某一事物的消极态度。

社会学习理论认为，模仿性的观察学习也是人们态度获得的重要途径。班杜拉通过实验研究确认，外在的奖惩直接施加在态度主体的其他类同对象身上也具有替代性的奖惩作用。此外，个体的自我强化也影响态度的形成与发展。

2. 情感因素在态度形成中的作用

研究表明，人们对他人的态度形成与情感有紧密的关系，以情感为基础的态度，其来源是各种各样的，包括人们的价值观与价值取向、人们的感觉反应与审美反应。

曝光效应是情感有关的态度形成的有力证据，是指人们对其他人或事物的态度随着接触次数的增加而变得更加积极的一种现象。

3. 认知因素在态度形成中的作用

认知因素对态度的形成有重要的作用。计划行为理论（侯玉波版《社会心理学》中提法为“有计划的行为理论”）认为，人类的有意识行为取决于人们的态度、自身的主观规范以及人们所知觉到的控制感（见图 3–1）。

指向行为的态度由两个因素决定：一是人们对行为结果的信念；二是对这些信念的评价。

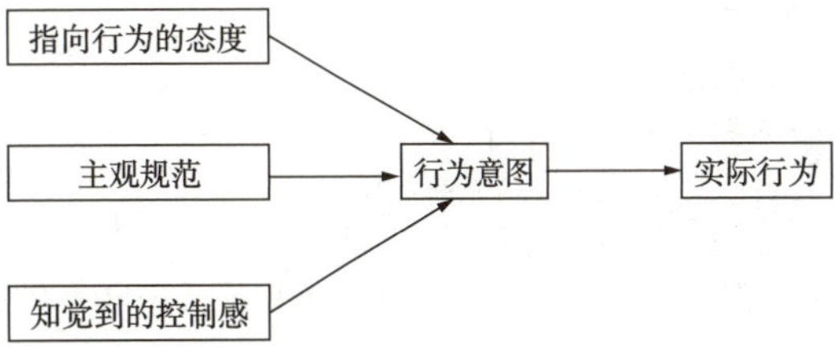

图 3–1　计划行为理论模型

主观规范是指一个人对来自他人的社会压力的知觉，即该不该做出这样的行为的考虑，由两方面因素决定：一是感受到的其他重要的人的期望；二是遵从这些期望的动机。

知觉到的控制感是指人们对完成行为是困难或容易的知觉。研究指出，只有人们对完成行为有控制感的时候，态度才有可能影响行为。

4. 影响态度形成的因素

1）需要的满足和情绪性经验

对于能够满足或者能够帮助自己实现目的的对象，人们倾向于产生积极情绪体验，产生肯定态度，反之，则产生否定态度。

2）知识

知识影响人们态度的形成，也可以使已经形成的态度改变。

3）家庭

父母会通过各种途径，包括认知态度、行为方式以及教养方式，影响儿童态度的形成。

4）群体参照

是指人们在价值取向上或行为方式上认同自己所属或所选择的群体，其作用是为人们提供社会同一性和自我评价的判断。群体参照会影响个体的态度形成与行为反应。

5）文化因素

文化作为人们的社会化的大背景，深刻地影响到人们态度的形成。

6）遗传因素与性别作用

基因对认知能力和情绪方面的作用显著，遗传决定了多种态度；在日常生活中，人们发现，男女对同一问题的态度具有相当大的差距。

考研考法突破

考法 1 态度形成的理论

态度形成的理论解释是态度形成这一部分的重要考点，包括态度形成的行为主义理论观点、认知理论观点（特别是计划行为理论）以及情感因素观点，常通过简答题的形式出现，在该考法的复习中以理论内容的理解与总结为主，根据题目的要求从不同理论的角度作答。

例 1：（湖南师范大学，2009/2018）简答：简述计划行为理论。

【解析】本题考查了计划行为理论对态度形成过程的解释，对这一理论的提出者、发展基础、主要理论内容等方面进行简要叙述即可。

参考答案：社会心理学家们认为，认知因素对态度形成具有重要作用，Ajzen 在理性行为理论的基础上提出计划行为理论，该理论认为人类的有意识行为取决于人们的态度、自身的主观规范以及人们所知觉到的控制感。

其中，指向行为的态度由人们对行为结果的信念与他们对这些信念的评价决定；主观规范是指一个人对来自他人的社会压力的知觉，即该不该做出这样的行为的考虑，由“感受到的重要他人的期望”与“遵从这些期望的动机”两方面因素决定；知觉到的控制感是指人们对完成行为是困难或容易的知觉，只有人们对完成行为有控制感的时候，态度才有可能影响行为。

考研考法实战 答案见 D72 页

1.（华南师范大学，2013）论述：何谓态度？评述态度形成的主要理论。

2.（四川师范大学，2022）论述：影响态度形成的主要因素是哪些。

考点 2 态度的功能

考研基础必备

强调态度心理功能的研究者认为，态度是为一定心理目的服务的，人们选择持有什么样的态度取决于态度对象对个人的意义。态度的功能有如下几点：

1. 工具性、调整性和功利性功能

这一功能使人们总尽力发展能给自己带来最大利益的态度。

2. 自我防御功能

这一功能使人们倾向于选择有利于自我防御的态度，这能够帮助人们减少焦虑，并使情绪冲突转移方向；态度的自我防御功能还表现在自我价值保护方面，即自我保护效应。

3. 价值表现功能

不同于自我防御功能，态度的价值表现功能使人们可以主动地表现自己。人们在日常生活中通过表明自己的态度、积极参加某个隶属群体、给予他人实际帮助等方式来显示自己的社会价值。

4. 认识功能

人为了适应周围世界，必须达到对周围世界的了解和控制；态度发挥着引导我们了解世界各个方面的导向系统的作用。

5. 对社会理解的影响

态度作为心理准备状态，一经形成就影响到人们关注事物的方式及对事物的理解。当人们对一个现象没有全面充分的了解时，其态度会倾向于根据社会公众导向的积极意义而产生态度评价。

6. 记忆过滤效应

既有的态度使人在内部信息加工上有自我服务的倾向，人们更容易记住符合自己态度的东西且记住后不容易遗忘，反之对不符合自己态度的东西不易记住且容易遗忘，态度对于记忆的这种选择作用被称为态度的过滤效应。

态度会对人们内部信息加工过程产生影响，作为心理准备状态的态度会对个体的信息加工过程产生制约，自动过滤掉不利于自己的信息。

7. 激励作用

人们对于一种事物的态度越积极、越强烈，态度自身涉及的问题越重要，人们对有关事物采取行动的内驱力也越大。

考研考法突破

考法 1 考查态度的功能

对态度功能的考查在考试中出现频次相对较少，一般以名词解释或简答的形式出现，考查态度功能的基本内容与其在实际生活中的具体体现，复习中以理解为主，对出现的重要概念加以记忆即可。

例 2：（吉林大学，2021）名词解释：态度的效用功能

【解析】直接答出态度的效用功能即可。

参考答案：态度的效用功能也叫适应功能，这种功能使得人们寻求酬赏与他人的赞许，形成那些与他人要求一致并与奖励联系在一起的态度，而避免那些与惩罚相联系的态度。如孩子们对父母的态度就是适应功能的最好表现。

例 3：（南京师范大学，2018）简答：简述态度的社会功能。

【解析】本题考查了态度的社会功能，直接根据态度的不同功能分点进行简述即可。

参考答案：强调态度的心理功能的研究者们认为，态度是为一定的心理目的服务的，态度的社会功能主要体现在如下几个方面：

（1）工具性、调整性和功利性功能：这一功能使人们总尽力发展能给自己带来最大利益的态度。

（2）自我防御功能：这一功能使人们倾向于选择有利于自我防御的态度，这能够帮助人们减少焦虑，并使情绪冲突转移方向，并保护自我价值。

（3）价值表现功能：这一功能体现在态度使人们主动表现自己以展示自己的社会价值。

（4）认识功能：这一功能体现在，态度引导个体了解世界各个方面的导向系统，帮助人们认识世界、适应世界、

达到对周围世界的了解和控制。

（5）对社会理解的影响：态度会影响人们关注事物的方式及对事物的理解。

（6）记忆过滤效应：态度具有过滤作用，作为心理准备状态的态度会对个体的信息加工过程产生制约，自动过滤掉不利于自己的信息。

（7）激励作用：态度具有动机激励的作用，人们对于一种事物的态度越积极、越强烈，态度自身涉及的问题越重要，人们对有关事物采取行动的内驱力也越大。

考研考法实战 答案见 D73 页

1. 名词解释：记忆过滤效应。

第三节　劝导与态度改变

研究真题，明确考况

考试要求	统考		自主命题	
	考题	考查点	考题	考查点
1. 劝导与态度改变过程	无	无	湖南师范大学，2008/2013/2014 华东师范大学，2014	名解：劝导与态度改变的模型
2. 态度改变与说服理论	无	无	湖南师范大学，2016/2017；中央财经大学，2022；华南师范大学，2022 西南大学，2011 苏州大学，2018	名解、简答、论述：态度改变与说服的理论
3. 影响态度改变的因素	无	无	西南大学，2008/2009 湖南师范大学，2012/2017	简答、论述：影响态度改变的因素
4. 态度防卫与保护	无	无	湖南师范大学，2012/2016/2018	名解：态度改变的自我防卫策略
5. 态度改变的方法	无	无	南京师范大学，2015 湖南师范大学，2012/2013	选择 / 名解：态度改变的方法

考点 1　劝导与态度改变的过程

考研基础必备

劝导过程是他人通过各种方式、途径引导我们态度改变的过程，劝导过程模型包括：

1. 霍夫兰的劝导模型

这一模型（见图 3–2）认为，影响态度改变的外部刺激主要包括劝导者、劝导信息和情境，内部因素则主要是态度主体自身的特点，这些因素各自不同的特点会影响劝导的效果。

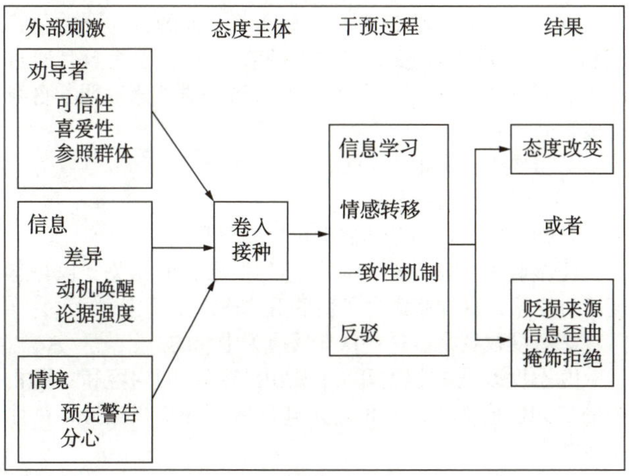

图 3–2　霍夫兰的劝导模型
（摘自金盛华《社会心理学》）

2. 精加工似然模型

精加工似然模型认为，根据信息接收者对信息进行加工的动机（个人相关性）和能力（认知能力）的不同，存在着两种不同的说服路线，即中心路线和边缘路线（见表 3–1）。

表 3–1　态度改变的两种路线比较
（摘自金盛华《社会心理学》）

路线	路线特点	态度改变过程中的影响因素	态度改变的效果
边缘路线	接收者依据外部线索而不是通过积极思考信息本身的内容	宣传说服者变量，如可信性和吸引力；信息表面特征；宣传说服次数	态度改变微弱而短暂，根据态度较难推测其行为
中心路线	接收者对信息内容反应积极并做认知加工	信息接收者的认知反应；信息接收者的逻辑判断；宣传说服的质量	态度改变相对强烈，较持久，可由态度预测其行为

说服的中心路线的发生条件是，接收者认为信息有趣、重要或者与个人有关，而且没有外界干扰。在这种情况下，个体会对信息进行深入细致的理性加工，在认为信息合情合理后才被说服并表现出态度改变。

边缘路线则在接收者认为，信息枯燥与个人无关或者存在外界干扰时发生。个体在无法对信息进行理性的思索与细致加工的情况下，直接接受说服线索而发生态度改变。

3. 态度改变的睡眠者效应

凯尔曼和霍夫兰通过实验研究提出了睡眠者效应。

睡眠者效应是指在劝导与说服过程中，随着时间推移，高可信的信息源所产生的态度改变量逐渐减少，由低可信性传递者造成的态度的改变量随着时间的推移而明显增加的效应。

这一效应提示我们任何来源的沟通信息，最终都会对人们产生态度改变的效果。

考研考法突破

考法 1 劝导与态度改变的模型

劝导与态度改变的模型的内容常通过简答题的形式出现，直接考查理论模型的基本内容，复习中以理解为主，了解劝导模型与精加工似然模型的基本理论内容，针对理论内容中所提及的重要概念加以记忆即可。

例 1：（中央财经大学，2018/ 山东师范大学，2019/ 湖南师范大学，2016/2020）简答：简述精细加工可能性模型。

【解析】精细加工可能性模型即佩蒂和卡斯泊的精加工似然模型（ELM），从理论内容的提出者、理论的基本内容，中心路线与劝导路线的区别三个方面分点作答即可。

参考答案：为了解释人们受到劝导而产生态度改变过程中的认知加工问题，佩蒂和卡斯泊提出了态度改变的精加工似然模型。这一模型认为，根据信息接收者对信息进行加工的动机和能力的不同，存在着中心路线和边缘路线两种不同说服路线。

中心路线是接收者在没有外界干扰的情况下，或是接受有趣、重要或与个人相关的信息时，会对信息进行深入细致的理性加工，在认为信息合情合理后才被说服并表现出态度改变。此时的态度改变过程受接收者的认知反应、逻辑判断以及说服的质量影响，态度的改变较强烈、持久。

边缘路线是接收者在存在外界干扰的情况下，或是接受枯燥无聊的信息时，不会对信息进行理性的思索与细致加工，而直接接受说服线索而发生态度改变。此时的态度改变过程受说服者的特征、信息特征以及说服次数影响，态度的改变微弱而短暂。

考研考法实战 答案见 D73 页

1.（湖南师范大学，2013）名词解释：劝说的中心路径。

2.（华南师范大学，2014）简答：简述态度改变的说服模型。

考点 2 态度改变与说服的理论

考研基础必备

态度改变是在一定的社会影响下，在既有态度背景上形成新的态度的过程，其本质是个人的继续社会化。关于态度改变与说服的理论有如下几种：

1. 态度分阶段变化理论

凯尔曼通过分析典型的态度变化例证，提出态度变化是分三个阶段实现的，这三个阶段包括依从、认同和内化。

1）依从

依从是指人们由于外在压力，为了达到一个更重要的目标，而改变自己的态度反应或表面行为。依从是最为表面的、权宜的态度改变，其目的是在表面上显示出与他人的一致。

2）认同

认同是指个人的自我同一性与他人或群体存在依赖关系，或者说个人情感上存在与别人或群体的密切联系，从而接受某些观念、态度或行为方式。

不同于依从，在认同阶段态度的变化是自愿的而不是被迫的，并且认同性的态度变化不是简单的表面态度反应的变化，而是有感情因素的改变，并开始涉及态度的认知因素。

3）内化

内化是指个人获得新的自觉的认知信念，并以这种信念评判自己的价值时所发生的完全的态度改变。内化性的态度改变是一种新价值观的获得，是态度改变中的最深刻层次。

2. 平衡理论

平衡理论由海德提出，海德认为相互联系的事物组成了一个单元或系统。如果单元内各个方面的动力特征都是相同的，则它处于平衡状态，不存在引发变化的压力。如果单元内各成分不能协同存在，则单元处于不平衡状态。状态不平衡的单元内会存在压力，使认知组织发生变化，以实现平衡状态。

海德提出了一个著名的“P—O—X”模型来体现平衡理论的基本原则。模型中的 P 代表认知主体；O 为与 P 发生联系的另一个人；X 则为与 P 或 O 发生联系的另一个任意对象。当模型中的三个符号相乘为正号时，系统是处于平衡状态的；当模型中的三个符号相乘为负号时，系统是处于不平衡状态的。

3. 自我知觉理论和自我确认理论

1）自我知觉理论

按照自我知觉理论的观点，人们通过观察自己的行为及出现的情境来推断自己的态度，并且人可以通过观察自己的行为来对态度进行冷静、理性的加工。

2）自我确认理论

自我确认理论是斯蒂尔从自我同一性的角度提出的，他认为人们并不总是特别在意他们认知之间的一致性，而是很介意维持他们的自我价值。

在认知不协调状态下，与态度不一致的行为会威胁人们将自己看成理性或诚实个人的观点，于是他们会通过改变自己态度以和自己的行为相一致的方式来证明其自我价值。

4. 认知反应路径与信息加工模型

1）认知反应路径

认知反应路径的基本假设包含如下几点：

①接收者主动地将说服信息与他已有的相关知识与态度产生联系，这样就产生了新的看法或认知反应；

②态度改变是以这些认知反应为中介的；

③态度改变的程度和方向是由与信息的内容和立场相关的认知反应效价决定的，认知反应分为积极支持、负性反对和中立三种；

④某一信息激起的积极支持反应比例越大，负性反对反应比例越小，态度朝着信息的方向做出的改变越大。

2）双加工模型

双加工模型从努力与非努力认知加工两个路线出发研究说服过程。柴肯的启发－系统模型是主要的双加工模型之一。

启发－系统模型根据个体在加工中付出努力的多少，将加工方式分为努力的系统加工和非努力的启发加工。其中，系统加工反映了对信息的全面、仔细、深思熟虑地分析与加工，需要较高的认知能力和动机水平才能进行；启发加工是以认知启发策略——仅仅凭经验的方法，而非仔细分析相关信息的基础上做出的判断。

启发－系统模型认为，人们在加工信息时，总是尽可能以最小的努力来获得认知判断的最大把握。柴肯等人通过研究提出了态度改变的信息加工充分性原则，他们认为人们在做出态度改变时总是尽可能地获得充分的把握，充分性由充分阈值和实际信心决定，当实际信心低于充分阈值，个体会被驱动去加工信息，差距越大越有可能进行系统加工，差距越小越可能只进行启发加工。

启发－系统模型认为，个体总是使用各种动机来指导其信息加工，主要动机包括精确性动机、防御性动机和表现性动机。其中，精确性动机驱动个体去坚持有效反映真实和客观现实的态度；防御性动机驱动个体保护其重要的价值和自我信念；表现性动机则驱使个体为了给他人留下好的印象或者与他人友好相处而认同他人的态度。

3）联结－命题评价模型

高隆斯基提出的联结－命题评价模型，认为内隐态度改变和外显态度改变是两种不同的心理过程，二者存在不同的作用模式，且二者之间也会相互影响。

其中，内隐态度的潜在心理机制是联结加工，联结评价与模型激活是联结加工的重要过程；内隐态度改变的原因是联结结构的改变与激活模式的改变。

外显态度的潜在心理机制是命题加工，思维系统将联结记忆中输入的信息转换成命题，然后通过演绎推理来评价命题的有效性。外显态度改变是由于“联结评价本身的改变”“相关命题的变化”以及“演绎推理时协调策略的选择不同”所导致的。

考研考法突破

考法 1　态度改变的理论

与态度形成的理论相比，态度改变与说服的理论更加重要，考查的频次也相对更多，考查的题型同样以简答、论述为主，直接考查对理论基本内容的掌握。

例 2：（湖南师范大学，2013）简答：简述凯尔曼关于态度形成及变化的阶段。

【解析】本题直接考查了凯尔曼的态度分阶段变化理论，从态度变化的阶段、每个阶段的心理过程与特点两方面进行作答即可。

参考答案：凯尔曼通过分析典型的态度变化例证，提出态度变化是分三个阶段实现的，这三个阶段包括依从、认同和内化。

依从是指人们由于外在压力，为了达到一个更重要的目标，而改变自己的态度反应或表面行为。是态度变化的第一个阶段，是最为表面的、权宜的态度改变，其目的是在表面上显示出与他人的一致。

认同是指个人的自我同一性或个人情感上与他人或群体存在依赖关系，因而接受某些观念、态度或行为方式。是态度变化的第二阶段，这一阶段个体开始自愿产生态度上的变化，开始有感情因素与认知因素的改变。

内化是指个人获得新的自觉的认知信念，并以这种信念评判自己的价值时所发生的完全的态度改变。这一阶段是态度改变中的最深刻层次，内化性的态度改变代表新价值观的获得。

考研考法实战 答案见 D73 页

1.（西南大学，2007/2011；江西师范大学，2012）简答：简述海德的 P–O–X 模型。

考点 3　影响态度改变的因素

考研基础必备

1. 态度系统的自身特性。

态度系统自身对于态度改变的影响主要包括如下几个方面：

1）态度强度

态度强度越大，理性的理由也越充分可靠，态度改变起来越困难。

2）态度的向中度

态度的向中度越高，其对于个人的意义就越重要，相应的认知与情感支持越多，改变起来也越困难。

3）态度深度

即态度的卷入度，卷入是一种动机状态，卷入度越深，态度改变越难。

2. 态度主体特性

一切的态度改变都在态度主体上发生，因此态度主体的特征在态度改变中有重要作用。主要包括如下几个方面：

1）个体差异

包括年龄、性别、智力、人格特征、认知需要、自我防卫倾向与知识背景。

2）心情

个体具有良好的心情时更容易接受他人的劝导而产生态度的改变。

3）承诺

已经有承诺的态度比没有承诺的态度更难受到外部劝导影响而改变。

4）态度主体与群体的关系

首先，个体对群体成员身份的重视程度影响态度改变；其次，个人在群体中的地位影响态度变化；最后，个人对群体的看法或评价影响态度改变。

3. 劝导说服力

在态度改变的过程中，劝导信息的特点也会影响劝导的说服力，进而影响态度的改变。主要包括如下五个方面：

1）劝导传达者的特点

劝导传达者的专长与可靠性所带来的可信性越高、吸引力越强、与态度主体的相似性越高，劝导过程则越容易引发态度的改变。

2）说服信息的特点

包括说服信息与态度主体原有态度的差异、说服信息唤起的恐惧情绪两方面。说服信息与态度主体原有态度的差异处于适中水平时最容易引发态度改变，而信息唤起的恐惧情况造成的影响则取决于“事件严重性”“事件发生的可能性”“做出改变的有效性”与“自我效能感”四个方面的交互作用。

3）信息呈现的方式

包括说服信息呈现的顺序、说服所运用的媒体、所提供的单面论据与双面论据以及信息结论的给定方式。

4）说服信息的重复

说服信息的重复会提高强有力信息的说服力，降低无力信息的说服力。

5）论点的有效性

论点有效性对劝导说服力的影响依赖于人们对说服信息的卷入度。

4. 劝导情境的作用

1）分心

分心会降低强有力信息的说服力，提高无力信息的说服力。

2）情境的强化作用

说服信息与一些积极的强化刺激联系起来，说服信息的作用会得到提高。

考研考法突破

考法 1　态度改变的影响因素

这一考点主要通过简答、论述题型，考查态度改变影响因素的具体方面、某一特定影响因素的影响方式。需要注意的是，态度改变的影响因素较多，且每一方面都可以进一步细化出若干小点，在复习中可以通过联系实际事例来帮助记忆。

例 3：（西南大学，2008）简答：信息源的哪些因素会影响说服的效果？

【解析】本题考查信息源对说服效果的影响，对应考点中的劝导说服力对态度改变的影响，确定所考查的知识点之后，从劝导者的特点、说服信息等方面分点分别作答。

参考答案：在通过劝导与说服的方式促使他人态度改变的过程中，劝导者的特点和劝导信息的特点都会影响劝导的说服力，从而影响说服的效果。

劝导信息传达者的特点对说服效果的影响体现在三个方面——劝导者的可信性、传达者的吸引力以及与态度主体的相似性，其中劝导者的可信性包括劝导者在相关领域的专长与可靠性。社会心理学的研究认为，劝导者的可信性越高、吸引力越强，与态度主体越相似，说服的效果越好。

说服信息的特点对说服效果的影响体现在两个方面——说服信息与态度主体原有态度的差异和信息所唤起的恐惧情绪。说服信息与态度主体原有态度的差异处于适中水平时最容易引发态度改变。罗杰斯提出的保护动机理论认为，信息唤起的恐惧情绪是否能有效地产生态度改变，取决于多个因素之间的交互作用。

此外，信息的呈现方式不同、信息的重复出现以及说服信息论点的有效性也会在一定程度上影响说服的效果。

考研考法实战 答案见 D73 页

1.（华中师范大学，2013）论述：哪些因素会影响劝说宣传的效果？回想一个你试图劝说别人（或者被别人劝说）的经历，结果如何？试用有关“社会态度”的知识，分析这次态度为什么会成功（或者失败）。

考点 4　态度防卫与保护

考研基础必备

态度是理性且与个体价值观密切相连的，因此人们面对态度改变的压力时，会产生对态度改变的防卫倾向。

1. 态度的自我防卫及其策略

1）自我防卫倾向

下列三个方面的心理倾向会使人们拒绝接受他人的影响。

①抗拒反应：当人们感受到自己被别人操纵时心理上会出现自发的抵抗，维持自我控制。

②心理惯性：人们的心理活动总是遵循着费力最小原则。

③保留面子：人们为了维护自己的尊严，需要保持一个不轻易受到影响的形象。

2）态度改变的自我防卫策略

个体常通过运用自我防卫策略来应对态度改变的压力，主要包括如下几点：

①笼统拒绝策略：个体面临态度改变的压力时，最为简单的解决方法就是表现出不相信、不信服，直接笼统拒绝所接收到的信息。

②贬损来源策略：个体可以通过某种方式来断定信息的来源不可信或者具有消极性质，以此缓解压力。

③歪曲信息策略：歪曲或者误解传达的信息，以减少其与自己见解之间的差异。

④论点辩驳策略：人们通过强调自己立场的长处与证据，指出传达信息的不足与根据的缺乏，可以增加自己观点的可信性，降低传达信息的可靠性，从而减少态度改变的压力。

⑤合理化作用策略：通过减少认知失调感，使自己的态度与行为合理化以减少心理压力。

⑥其他心理防御方式：如通过投射、转移等心理防御机制应付态度改变的情境压力。

2. 预先警告

在劝导时，事先透露劝导的企图，可能会给接收者创设发展反对论点的机会，从而极大地增强对态度改变的抵制，但有时预先警告还可能有反作用，对于没有卷入这一主题的参与者，它可能会促进态度发生改变。

因此，针对预先警告的双面性，要想达到预先警告对态度改变的抵制作用，需要首先让参与者处于一种高卷入的状态中。

3. 态度的接种效应

麦奎尔将医学中“接种”的概念引入态度改变中，认为当一个人已有的态度如果从未接触过相反的论点并与之交锋过时，为了预防态度被说服，抵制态度改变，需要对态度进行接种，这一过程即为态度接种。

态度接种的过程包括三个步骤：

首先，告知接收者将要面对态度攻击，这一步有利于激活接收者的防御机制，从而为抵制即将到来的攻击做出各种准备。

接着，给予轻度的攻击，这会使接收者感到一种威胁，从而迫使他进行更为仔细、全面的思考，并主动产生自己的想法和行为。

最后，使接收者主动反击说服信息，接收者反击说服信息的主动性越强，原有的态度就会越稳定。

此外，态度接种对青少年抵制同辈影响具有一定作用。进入青春期，同辈群体开始成为青少年重要的社会支持与认同来源，可以通过对态度的接种，预防青少年受同辈影响而形成一系列的不良行为（例如抽烟、喝酒等）。

考研考法突破

考法 1　态度的防卫与保护

这一考点主要通过选择、名词解释、简答题单独考查某一具体的态度防卫与保护形式的基本内容或核心概念。复习中需要注意对预先警告、态度接种效应的定义与作用，还需要对态度改变的自我防卫策略有所理解，能够联系实际加以概括。

例 4：（湖南师范大学，2012/2016）简答：简述态度改变的自我防卫策略。

【解析】本题考查态度改变的自我防卫策略，可以先通过简述态度改变中自我防卫倾向的产生作为回答的引出，随后分点简要叙述几类主要的自我防卫策略，也可视情况结合实例加以说明。

参考答案：社会心理学的研究发现，当个体感受到自己被别人操纵而失去自我控制、个体没有感受到态度改变的必要性以及个体需要维护自己的尊严以保持一个不轻易受影响的形象时，个体会尽力维护个人的原有态度，拒绝受到别人影响，这一现象就是态度改变的防卫倾向。

人们常常采用各种自我防卫策略来应对态度改变的压力，主要有如下几种：

（1）笼统拒绝策略：表现出不相信、不信服，直接笼统拒绝所接收到的信息。

（2）贬损来源策略：通过某种方式来断定信息的来源不可信或者具有消极性质，以此缓解压力。

（3）歪曲信息策略：歪曲或者误解传达的信息，以减少其与自己见解之间的差异。

（4）论点辩驳策略：人们通过强调自己立场的长处与证据，指出传达信息的不足与根据的缺乏，可以增加自己观点的可信性，降低传达信息的可靠性，从而减少态度改变的压力。

（5）合理化作用策略：通过减少认知失调感，使自己的态度与行为合理化以减少心理压力，例如对于“吸烟有害健康”的观点，一些人以“吸烟帮助提高生理与心理的唤醒水平，提高工作效率”的理由给予吸烟合理的理由，以减少认知失调感。

（6）其他防御方式：如通过投射、转移等心理防御机制应付态度改变的情境压力。

考研考法实战

答案见 D74 页

1.（湖南师范大学，2018）名词解释：态度接种。

2.（西南大学，2014）多选：人们抵制态度改变的方法包括（　　）。

A. 恢复认知失调　　B. 贬损信息源

C. 歪曲信息　　D. 改变行为

E 掩盖拒绝

考点 5　态度改变的方法

考研基础必备

态度的改变受到多方面因素的影响，系统的态度改变过程需要考虑多方面问题。

1. 信息影响力的提升

态度改变需要尽可能选择高可信与高吸引力的传达者来提供有关信息。

2. 态度防卫的回避

传达者可以通过“使自己的立场靠拢信息接受者”“适当分散信息接受者的注意力”“惠待”的方式，以弱化态度主体的自我防卫倾向。

3. 参照群体的引导

人的社会性决定了他们必然与他人或群体发生联系，而这些联系对个体的态度改变起到了重要作用，因此可以利用个人与他人或群体的关系来改变个人的有关态度。

个人对群体的认同、群体成员必须按照群体规定去做的社会压力、群体的权威性以及群体与个人的关系等，都会促使个人选择与群体一致的态度与行为。

4. 过度理由效应

这一概念从认知失调理论中衍生而来，过度理由效应是指附加的外部理由取代了人们行为原有的内在理由而成为行为支持力量，从而使行为由内部控制转向外部控制的现象。可以通过利用外部的附加理由达到改变他人态度的目的。

5. 行为改变的态度改变作用

1）诱导服从

当个体做出了与内心的态度不相一致的行为时，如果没有其他附加的理由可以解释这一行为的话，个体就只能通过态度改变来减少自己的不协调感。

2）角色扮演

角色扮演是扭转人们日常生活中顽固态度与行为的很好方法。当生活变化使人们的行为出现变化时，人们的态度也会出现相应的改变，新的生活经验必将导致新态度的形成。

考研考法突破

考法 1　态度的改变

这一考点的内容实际上是对本章前述四个考点的总结与综合，往往通过简答或论述题的形式，考查理论内容在实际问题解决中的应用，可以将本考点与其他考点内容相互结合，或是以其他考点的内容作为本考点的补充与拓展进行复习。此外，一些重要的社会心理学概念也常通过名词解释题进行考查，例如过度理由效应，对这些重要概念的复习也应当加以注意。

例 5：（天津师范大学，2015）论述：谈谈如何运用社会心理学关于态度改变的研究成果做好思想政治工作。

【解析】本题考查对态度改变方法的实际运用，在解题过程中可先有选择性地简要叙述态度改变的过程与理论、影响劝导与态度改变的因素等知识点内容，最后以态度改变的方法为核心，围绕各类态度改变的方法结合实际进行论述。

参考答案：思想政治工作是指一定的阶级和政治集团，为实现一定的政治目标，有目的地对人们施加意识形态的影响，以转变人们的思想和指导人们行动的社会行为，在思想政治工作的过程中往往涉及劝导与态度改变的过程。

通过劝导而使个体产生态度改变的过程中，会受到许多因素的影响。

首先，劝导的过程必须有一个劝导信息的来源，即劝导者。劝导者的专业性、可靠性、吸引力以及与态度主体的相似性会影响到劝导的效果。

其次，劝导信息的特点，包括劝导信息的差异性、劝导信息带来的恐惧情绪、劝导信息的呈现方式、劝导论点的有效性以及劝导信息的出现频率也会影响到劝导的效果。

最后还需要注意的是，被劝导者的因素，例如被劝导者原有态度的特征、人格特点、态度主体与所在群体的关系以及持有的态度防卫机制都会影响到劝导的效果。

综上所述，以高校学生思想政治工作为例，可以通过提高劝导信息的影响、弱化态度主体的自我防卫倾向以防止态度主体因感受到外部压力而产生抗拒、利用参照群体的引导改变个体态度以及过度理由效应开展思想政治工作：

具体来说，例如：

可以通过提高劝导信息的影响力、弱化态度主体的自我防卫倾向、提供参照群体的引导来开展思想政治工作。根据这一点，负责开展思政工作的教师应当注重所传递信息对于学生的影响力，在开展思想政治工作时要因事而化、因时而进、因势而新，遵循学生的成长规律，并利用受学生欢迎的新媒体技术来提供信息。例如，可以采用微信公众号、微博、有影响力的新闻媒体客户端平台，开展线上思想政治工作，也可以邀请知名校友、思政工作专家教授、重要社会事件的一线工作者（例如在抗击疫情中有突出表现的榜样个人）开展相关讲座，以提高思想政治工作的亲和力、针对性，满足学生成长发展需求和期待。

也可以利用过度理由效应，通过外部附加理由来为开展思想政治工作打开突破口。根据这一点，思想政治工作者可以通过给学生设立一定的物质与精神奖励（例如入党名额、奖学金、荣誉表彰、学分代偿）等，在注意奖励力度与频率的基础上，对思想进步、成熟的学生进行奖励，提高他们参与到思想政治教育中来的积极性。与此同时，也要注重思想教育与价值引领。通过合适的教育方法，在潜移默化中帮助学生构建起良好的价值观念体系，引导学生逐渐开始自主、自发、自觉地接受思想政治教育，不断提高思想水平。

（根据上述内容，结合实际情况或是自身经历论述，言之有理即可。）

考研考法实战 答案见 D74 页

1.（西南大学，2011；湖南师范大学，2012/2013）名词解释：过度理由效应。

2.（天津师范大学，2015）单选：下列诸方法中，（　　）无法有效地改变态度。

A. 提升信息的影响力

B. 分散个体的注意从而减弱其自我防御倾向

C. 由群体的规范引导群体成员的行为

D. 坚持个体行为原有的内在理由

章节考点　综合训练

答案见 D74 页

一、单项选择题

1.（中央财经大学，2015）过度理由效应是指附加的外部理由取代了人们行为原有的内在理由而成为行为支持力量的现象，这一概念衍生于（　　）。

A. 海德的平衡理论　　B. 纽科姆的认知均衡理论
C. 凯利的归因理论　　D. 费斯廷格的认知失调理论

2.（吉林大学，2012）下列关于态度的认知、情感、行为三种成分之间关系，表述错误的是（　　）。

A. 态度构成中的这三因素之间总是协调一致的

B. 在态度体系中，三者相互联系，相互作用

C. 情感和行为倾向的相关程度高于认知与情感和认知与行为倾向的相关程度

D. 三种成分中，认知成分的独立程度最高，与其他两种成分的相互影响也相应较小

3.（江西师范大学，2012）由霍夫兰（Hovland）提出的有关态度改变的理论称为（　　）。

A. 合作模型　B. 竞争模型　C. 说服模型　D. 利他模型

4.（中央财经大学，2016）态度主体在一种态度对象上的卷入水平，被称为态度的（　　）。

A. 强度　B. 向中度　C. 深度　D. 外显度

5.（四川师范大学，2022）奥斯古德（Osgood）发展起来的测量态度的等级量表是（　　）。

A. 语义差异量表　　B. 投射测验
C. 内隐态度测验　　D. 态度的实证测定

6.（四川师范大学，2022）一种态度在个人态度系统和相关的价值系统中接近核心价值的程度是态度的哪个维度（　　）。

A. 指向　B. 强度　C. 深度　D. 向中度

7.（华中师范大学，2021）人们因为演讲者的魅力或专家身份而被说服，这是通过（　　）途径实现的态度改变。

A. 中心　B. 外周　C. 外显　D. 内隐

二、名词解释

1.（华南师范大学，2020）内隐态度。

2.（湖南师范大学，2014；陕西师范大学，2022）睡眠者效应。

3.（西南大学，2009；湖南师范大学，2020）参照群体。

三、简答题

1.（湖南师范大学，2012/2016）简述态度的自我防卫与

策略。

2.（西南大学，2009）恐惧唤起对态度改变的作用。

3.（中央财经大学，2021）态度的维度。

4.（西南大学，2021）简述态度有哪些主要功能？

5.（西北师范大学，2021；深圳大学，2022）简述说服的途径。

6.（华南师范大学，2022）影响说服效果的主要因素有哪些？

四、论述题

1.（西南大学，2007）在20世纪30年代，美国社会心理学家拉皮尔曾进行过一项著名的有关态度与行为关系的现场研究，并得出了态度与行为并无关联的结论。你的看法是怎样的。

2.（中央财经大学，2022）试述劝导和态度改变的精加工似然模型，并举例说明这一理论在广告宣传中的应用。

3.（福建师范大学，2020）论述态度改变的平衡理论（P–O–X模型），并举例说明。

第四章 社会知觉

本章的内容包括社会知觉与其相关概念、印象的形成与印象管理、社会知觉偏差及其影响因素和内隐社会认知。

本章节中的复习侧重点分为两个方面。一方面，本章有较多的重要社会心理学概念，主要分布在社会知觉与其相关概念、主要的社会知觉偏差两个部分，常通过选择题与名词解释进行考查；另一方面，总体印象形成的模式也是较为常见的考点，考查形式多变，可通过选择、名词解释、简答的形式出现，但考查的深度较浅，在复习中需要对涉及的几类印象形成模式的基本内容有所了解，并能够通过实例对比不同形成模式之间的差别。

第一节 社会知觉概述

研究真题，明确考况

考试要求	统考		自主命题	
	考题	考查点	考题	考查点
1. 社会知觉与相关概念	无	无	西南大学，2011 南京师范大学，2016 山东师范大学，2015 天津师范大学，2015 华南师范大学，2013	名解：社会知觉及其相关概念的定义 简答：社会认知与个体健康
2. 主要的社会知觉偏差	无	无	北京师范大学，2014 湖南师范大学，2010–2014 山东师范大学，2016/2020 华南师范大学，2016/2022 中央财经大学，2015 四川大学，2017/2018	选择 / 名解：社会知觉偏差的内容 名解 / 简答 / 论述：社会知觉偏差的实例

考点 1 社会知觉与相关概念

考研基础必备

1. 社会认知

社会认知是指个体与他人在交往过程中，观察、了解他人并形成判断的一种心理活动。

社会认知包含关于特定社会对象的全部认识过程，包括社会知觉、社会推理、对自身、他人与世界的认识、态度的形成等等，是社会知觉的上位概念。

社会认知对个体健康会产生影响，消极的社会认知使人们体验更多的寂寞和抑郁、更高的焦虑水平，容易导致一系列的心理健康疾病。

2. 社会知觉

社会知觉是指人对各种社会性的人或事物形成的直接的整体印象，主要是对人的知觉。

根据知觉对象的不同，可以将社会知觉分为“对自我的知觉”“对他人的知觉”以及“对人际的知觉”。

3. 社会推理

社会推理是指个人根据一定的信息线索，对信息进行整合和解释，形成关于作为对象的特定人（或群体）的或是特定事件的结论过程。

考研考法突破

考法 1 社会知觉及其相关概念的定义

社会知觉与其相关概念部分的知识点较为基础，常通过选择、名词解释直接考查其定义。

例 1：（南京师范大学，2016）名词解释：社会推理。

【解析】直接考查社会推理的定义，可在解释社会推理的定义之外，简要提及社会推理与社会知觉的关系。

参考答案：社会推理是个人根据一定的信息线索，对信息进行整合和解释，形成关于作为对象的特定人（或群体）的或是特定事件的结论过程。社会推理与社会知觉密切相关，社会推理的结果会影响到社会知觉的形成。

考法 2 社会认知与个体健康的关系

这一考法较为少见，主要通过简答题的形式，考查社会认知的相关概念，包括社会认知对个体健康的影响。

例 2：（山东师范大学，2015）简答：简述社会认知对个体健康的影响。

【解析】直接考查了社会认知对个体健康的影响，作答时先回答社会认知的定义，之后再简要叙述不同方面的影响结果，可以适当结合生活实例进行作答。

参考答案：社会认知是指个体与他人在交往过程中，观察、了解他人并形成判断的一种心理活动，包含关于特定社会对象的全部认识过程，包括社会知觉、社会推理、对自身、他人与世界的认识、态度的形成等等。

社会认知的结果涉及个体日常生活的方方面面，会对个体的健康产生影响。消极的社会认知会使个体体验到过多的寂寞感、抑郁感，引发更高的认知焦虑水平，进而导致各类生理心理疾病。健康心理学的研究表明，人们对自己情绪和紧张的认知与疾病的产生有密切的联系，负性情绪引发的紧张若不能得到正确的认知，有可能导致神经系统与免疫系统的受损。

合理的、积极的社会认知，有利于个体处理人际关系、减轻焦虑、进行合理的归因等。研究表明，乐观的生活态度以及对社会生活事件的乐观解释是人们身体健康的条件之一。

考研考法实战 答案见 D76 页

1.（华南师范大学，2013；天津师范大学，2015）名词解释：社会认知。

考点 2　主要的社会知觉偏差

考研基础必备

1. 首因效应与近因效应

1）首因效应

在总体印象形成上，最初获得的信息比后来获得的信息影响更大，进而第一印象在一定程度上主导了总体印象形成的现象。

2）近因效应

在总体印象形成上，新近获得的信息比原来获得的信息影响更大的现象。

2. 晕轮效应

也叫成见效应、光圈效应，是指对一个人形成了某种印象后，这种印象会影响对其他特质的判断，人们会习惯以与这种印象相一致的方式去评估其所有的特点。

晕轮效应可以进一步分为正晕轮效应与负晕轮效应，平时我们提到的晕轮效应大多是指正晕轮，即评价者对他人多种特质的评价受某一特质高分印象的影响而普遍高；负晕轮效应又称扫帚星效应，指评价者对他人多种特质的评价受某一特质低分印象的影响而普遍低的现象。

3. 预言自动实现效应：

是指对一种情境的最初错误解释，会引起某种预料的行为，使错误的观念成为现实的现象。预言自动实现效应的经典证明是罗森塔尔发现的“期望效应”，即皮格马力翁效应。

4. 认知启发导致的社会知觉误差

认知启发是指人在社会认知中并不对关于他人所有信息进行感知，而是倾向于感知那些最明显、对形成判断最必要的信息的现象。认知启发也是人们社会认知过程中常见的决策法则。在面对不确定事件的判断时，人们常采用如下几种启发法：

表征性启发：根据当前信息或事件与其认为的典型信息或事件的相似程度进行判断。

可用性启发：哪些信息容易被回忆和联想，人们就倾向于根据哪些信息进行判断。

基础比例信息：根据在总体中不同类别的成员所占比例的信息来判断。

锚定与调整性启发：先抓住某个锚定点，然后逐渐调整，最终得出结论的判断方法。这种启发适合对模糊信息进行评价。

5. 正性偏差与负性效应

正性偏差是指人们在评价他人时对他人的正性评价超过负性评价的倾向。

负性效应是指人们在印象形成的过程中，消极信息的作用大于积极信息作用的倾向，并且人们根据消极信息所形成的印象很难改变。

6. 造成社会知觉偏差的其他因素

1）情绪

知觉者情绪状况直接影响印象形成过程中的信息选择与解释，因而影响印象准确性。

2）投射作用

投射作用导致个体在知觉他人时会歪曲其特点，把自身具有的特点投射到对方身上；或是使个体更准确地评价同自己类似的人。

3）内隐人格（隐含人格理论）

人们在成长过程中会形成自己独特的人格理论，每个人对人都有不同于别人的独特理解，人们通过认识他人占重要位置的个性品质来推断这个人所具有其他品质。但人们通过内隐人格去推测人的品质时，往往会出现偏差，同时不同的人由于其具有的内隐人格不同，他们对同一个人形成的印象也会有所不同。

4）对被知觉者的熟悉与个人情感卷入

人与人之间更熟悉并不能增加印象判断的准确性，反而会降低其准确性。随着个人情感卷入的增加，人们信息选择和理解的客观性会下降，从而使人们的印象判断精确性变差。

考研考法突破

考法 1　社会知觉偏差的内容

常见的社会知觉偏差是本章节较为多见，也是较重要的基础考点，常通过名词解释直接考查某一种社会知觉偏差的定义。

例 3：（山东师范大学，2020）名词解释：晕轮与负晕轮。

【解析】本题考查晕轮效应的概念，需要注意的是题干信息中出现了晕轮与负晕轮两个概念，需要分别进行作答。

参考答案：晕轮效应是指对一个人形成了某种印象后，这种印象会影响对其他特质的判断，人们会习惯以与这种印象相一致的方式去评估其所有的特点的现象。

晕轮有正晕轮与负晕轮之分。正晕轮效应是指评价者对他人多种特质的评价受某一特质高分印象的影响而普遍高；负晕轮效应又称扫帚星效应，指评价者对他人多种特质的评价受某一特质低分印象的影响而普遍低的现象。

考法 2 社会知觉偏差的生活实例

通过选择题、简答题，考查社会知觉偏差的生活实例，针对该考法，在复习社会知觉偏差的概念时应注意联系生活实例进行记忆。

例 4：（北京师范大学，2014）单选：现实生活中，许多女性都以自我相貌的参照来判断他人是否漂亮这一课题中，自变量是（　　）。

A. 印象管理　　B. 代表性启发

C. 可得性启发　　D. 参照点与调整性启发

【解析】本题考查社会知觉偏差中，关于社会知觉的认知启发法。以自我相貌为参照来判断其他人是否漂亮，是先以自己的相貌为锚定点，然后逐渐调整得出结论，属于锚定（或称参照点）与调整型启发。

参考答案：D

例 5：（吉林大学，2011）单选：在日常生活中，人们看到年轻貌美的异性会不由自主地赋予他（她）们以各种美好的品质，这种现象在社会心理学中称为（　　）。

A. 首因效应　B. 近因效应　C. 光环作用　D. 刻板印象

【解析】光环作用，即晕轮效应，是指对一个人形成了某种印象后，这种印象会影响对其他特质的判断，人们会习惯以与这种印象相一致的方式去评估其所有的特点。题干中对年轻貌美异性容易形成具有美好品质的印象，符合晕轮效应的定义。

参考答案：C

考研考法实战 答案见 D76 页

1.（湖南师范大学，2012~2014）名词解释：自我实现的预言（预言自动实现效应）。

2.（湖南师范大学，2013/2014）名词解释：认知启发。

3.（湖南师范大学，2012/2016）名词解释：锚定与调整性启发。

4.（复旦大学，2017）单选："我家邻居大爷抽烟，但也活到 80 岁，所以抽烟不会有害于健康"这个判断用的经验法则属于（　　）。

A. 可获得性启发　　B. 代表性启发

C. 锚定启发式　　D. 框架效应

5.（四川大学，2018）判断：内隐人格理论是指主张个体通常在不知不觉中形成关于他人心理和行为假设的理论。认为个体会刻板地认为别人的人格品质都是相互关联的，一旦了解其中的一种品质就可以推知其他品质及其行为表现。

6.（浙江师范大学，2020）论述：社会知觉及社会知觉中的认知偏差。

第二节　内隐社会认知

研究真题，明确考况

考试要求	统考		自主命题	
	考题	考查点	考题	考查点
1. 内隐社会认知的概念	无	无	南京师范大学，2015	选择：内隐社会认知的概念
2. 内隐社会认知的研究方法	无	无	南京师范大学，2016	简答：内隐社会认知的研究方法

考点 1　内隐社会认知的概念

考研基础必备

内隐社会认知是指在社会认知过程中的一些个体不能回忆的经验，这些经验对个体的行为和判断具有潜在影响作用，是更深层的、复杂的社会认知活动。

内隐社会认知的研究包括内隐社会知觉、内隐刻板印象、内隐自尊与内隐归因等等。

内隐社会认知具有以下特征：

①社会性：内隐社会认知包含社会历史意义和文化内涵。

②积淀性：内隐社会认知是社会历史事件和生活经验长期积累的结果。

③无意识性：内隐社会认知是自动、无意识的操作过程。

④启动性：内隐社会认知是旧有的经验和认知对当前的认知加工产生影响的现象。

考研考法突破

考法 1　内隐社会认知的概念

直接通过选择或名词解释考查内隐社会认知的定义、特征等概念

例 1：（南京师范大学，2015）单选：内隐社会认知的特征是（　　）。

A. 个体的　　B. 暂时的

C. 启动性的　　D. 意识性的

【解析】直接考查了内隐社会认知的特点，内隐社会认知具有社会性、无意识性、沉积性以及启动性四个特点。

参考答案：C

考研考法实战 答案见 D77 页

1.（南开大学，2019）名词解释：内隐社会认知。

考点2　内隐社会认知的研究方法

考研基础必备

内隐社会认知的研究方法主要有如下几种：

①投射测验。

②补笔法：被试学习一系列单词后，给被试提供缺笔词，要求被试把想到的单词写出。

③阈下条件法：先在极短时间呈现有感情色彩的刺激物，然后呈现中性刺激物，测查被试是否对后出现的中性刺激出现了情感性的反应判断。

④反应时法：通过完成任务的反应时差异来考查是否出现了内隐社会认知效应。

⑤内隐联想测验

内隐联想测验（IAT）由格林沃德提出，是一组计算机化的分类任务，以反应时差异为指标来衡量概念间内在的联系强度，从而间接反映个体的内隐心理倾向。其方法学基础是心理学中的启动效应，即指先前呈现的刺激，对随后出现的刺激或与其相关的某种刺激进行加工时所产生的易化现象。

在IAT测验中，要求被试对目标概念与属性概念做出同一反应，完成两类任务的反应时差异称为IAT效应，IAT效应是目前衡量概念间联系程度的关键指标。

考研考法突破

考法1　内隐社会认知的研究方法

通过选择、论述题直接考查内隐社会认知的研究方法。

例2：（南京师范大学，2016）论述：联系实例论述内隐社会认知的研究方法。

【解析】本题直接通过论述题考查了内隐社会认知的研究方法，先回答内隐社会认知的定义，之后通过举例或是罗列相关研究对内隐社会认知的相关研究方法，特别是内隐联想测验进行论述。

参考答案：内隐社会认知是指在社会认知过程中的一些个体不能回忆的经验，这些经验对个体的行为和判断具有潜在影响作用，是更深层的、复杂的社会认知活动。由于内隐社会认知的活动脱离了意识的监控，直接测量法已无法证明内隐认知过程的存在，因此内隐社会认知研究所采用的是间接测量的技术和方法。

早期的投射测验法是研究内隐社会认知很好的方法，通过采用某种方法绕过受访者的心理防御，在他们不防备的情况下探测其真实想法。如让被试根据一幅抽象的图片、照片或抽象的刺激讲故事或进行联想式描述，可以获得被试本人不自觉的内隐心理内容。

后来发展起来的内隐社会认知的研究方法还有如下几种：

①补笔法：在被试学习一系列单词后，主试给被试提供单词的缺笔词，要求被试把心中想到的单词填写出来，吉尔伯特用补笔法揭示了内隐种族刻板印象的存在。

②阈下条件法：主试给被试迅速呈现一组富有感情色彩（愉快/不愉快）的刺激物，然后呈现中性刺激物，测查其是否对原来的中性刺激做出了情感性判断。

③反应时法：由被试完成判断任务的反应时差异，来考查其内隐社会认知效应。

④内隐联想测验：

20世纪，格林沃德提出了一种全新的内隐社会认知研究方法——内隐联想测验（IAT）。IAT测验是一组计算机化的分类任务，以反应时差异为指标来衡量概念间内在的联系强度，从而间接反映个体的内隐心理倾向，其方法学基础是心理学中的启动效应——先前呈现的刺激，对随后出现的刺激或与其相关的某种刺激进行加工时所产生的易化现象。在IAT测验中，要求被试对目标概念与属性概念做出同一反应，完成两类任务的反应时差异称为IAT效应，IAT效应是目前衡量概念间联系程度的关键指标。

考研考法实战

答案见D77页

1.（南开大学，2013）名词解释：内隐联想测验法。

2.（南京师范大学，2017）单选：用（　　）无法更好地测量到内隐社会认知。

A. 观察法　　B. 补笔法

C. 阈下条件法　　D. 反应时法

第三节　印象形成与印象管理

研究真题，明确考况

考试要求	统考		自主命题	
	考题	考查点	考题	考查点
1. 印象形成与总体印象形成模式	无	无	西南大学，2014 西南大学，2016	选择：印象的形成 选择：总体印象的形成模式
2. 印象管理与相关概念	无	无	华东师范大学，2014/2017 北京大学，2011 南京师范大学，2016 山东师范大学，2013 西北师范大学，2022	选择：印象管理的识别 选择：自我监控 名词解释/简答：印象管理

考点 1 印象形成与总体印象形成模式

考研基础必备

1. 印象的形成

印象是指人在最初遇到新的社会情境时，主观上按照自己已有经验为基础的理解，将情境中的人或事物进行归类所形成的对有关人或事物的概念，是社会知觉过程的结果。

印象形成是指对于别人或事物进行归类，明确其对于我们的意义，使我们的行为获得明确定向的过程。

第一印象是指在与陌生人的交往过程中，在极其有限信息基础上形成的有关对方的最初印象。第一印象中最重要有力的维度是好恶评价。

个体在印象形成的过程中存在信息选择倾向。

在自然特征上，个体倾向根据人们的性别、种族与外表吸引力对他人进行归类；在社会特征上，个体倾向根据人们的所属群体与社会角色对他人进行归类；在心理特征上，个体倾向根据人们的人际关系与智力特征对他人进行归类。

2. 总体印象的形成模式

人在获得各种信息的同时，会按照保持逻辑一致性和情感一致性的原则，将各种信息综合起来，形成一个总体的印象。不同的研究者对总体印象的形成模式提出了不同的信息加工处理模型（见表 4–1）。

表 4–1 总体印象的形成模式

模型	代表人物	主要内容
加法模式	费希本（1964）	一个人在肯定评价上的特征越多、强度越大，给人的总体印象也越好，越容易被接纳，反之，消极评价越多、印象越差，越难为人们接受
平均模式	安德森（1965）	安德森发现，印象形成并不简单地将人们各个特征的评价分值进行累加，而是通过将各个特征的分值加以平均，然后根据平均值来形成对一个人的总体印象
加权平均模式	安德森（1968）	在总体印象形成时，并不只考虑积极特征，消极特征的多少以及特征自身的明显程度，还逻辑地考虑每一个特征的重要性。首先按照总体评价中的重要性，确定出每一个特征的权数，然后再将权数与每一个特征自身的明显度相乘，最后累加、平均
中心品质理论	凯利阿希	人们在总体印象形成中，并不平等地看待各个特征的重要性，某些特征比另一些特征更能影响人们的总体印象。 中心品质是指在总体印象形成中，直接影响人们对人的其他特征评价的特征。凯利等人认为，热情–冷漠是影响人们印象形成的中心品质

考研考法突破

考法 1 印象形成的概念

通过选择、名词解释等题型，直接考查印象形成与相关概念的定义。

例 1：（西南大学，2014）单选：第一印象形成中最重要的维度是（ ）。

A. 力量　B. 活动向度　C. 好恶评价　D. 智慧

【解析】本题考查第一印象的概念。第一印象是指在与陌生人的交往过程中，在极其有限信息基础上形成的有关对方的最初印象。第一印象中最有力的是个体对对方的喜好程度的评价，即好恶评价。

参考答案：C

考法 2 总体印象形成模式的内容

通过选择或简答题的形式考查总体印象形成的模式，在复习中除了对总体印象形成模式的基本内容有所了解，还需要能够通过生活实例辅助解释。

例 2：（西南大学，2016）单选：对于教师人们认为品德占 40%，专业知识 30%，相貌 20%……而对于演员就认为品德占 20%，专业知识 30%，相貌 40%……这属于印象形成的（ ）。

A. 加法模式　B. 平均模式

C. 加权平均模式　D. 中心品质模式

【解析】题目通过描述具体的生活实例，考查总体印象形成模式的基本内容。对于教师和演员，人们对其形成印象的过程中认为不同的品质所占的重要程度有所不同，符合加权平均模式的解释。

参考答案：C

考研考法实战 答案见 D77 页

1.（江西师范大学，2012）简答：简述凯利关于总体印象形成的“中心品质”实验研究。

考点 2 印象管理与相关概念

考研基础必备

印象管理是指一个人通过一定的方法去影响别人对自己的印象，使别人所形成的印象符合自己的期望的过程。其作用在于帮助个体适应社会或是伪装自己，迷惑他人。

印象管理与印象形成既有联系也有区别，印象形成是信息的输入，形成有关别人的印象。

印象管理则是信息的输出，对别人的印象形成过程发挥影响。

印象管理的识别是指在交往中分辨交往对象的印象管理策略，了解其真实动机和面貌。

自我监控在过程上即印象管理，是指个人为适应环境或符合他人的期望所进行的自我行为调整。

考研考法突破

考法 1　印象管理与相关概念的定义

通常由选择、名词解释或是简答题的形式，考查印象管理的定义与概念。

例 3：（北京大学，2011）单选：人们在与他人的交往中，通过观察他人自我表演的线索来对自己的自我表演加以控制的过程叫作（　　）。

A. 印象管理　B. 自我确认　C. 自我检控　D. 自证预言

【解析】通过观察他人自我表演的线索来对自己的自我表演加以控制，这一行为是个体为了适应环境或符合他人期望而做出的。题干描述符合自我监控（也称自我检控）的描述。

参考答案：C

考研考法实战 答案见 D77 页

1.（南开大学，2015）名词解释：印象管理。

2.（南京师范大学，2016）单选：印象管理的识别就是在分辨交往对象时注重了解其（　　）。

A. 认知和情感特征　　B. 能力和智力水平

C. 真实动机和面貌　　D. 交往和性格特征

考点 3　自我表现策略

考研基础必备

自我表现是一种自觉的印象管理过程，人们在生活中有意识地按照一个模式表现自己，以便给别人留下期望的印象，借此达到目的。

1. 建立良好的第一印象

给别人留下良好的第一印象是自我表现的良好开端。

社会心理学家艾根提出了自我表现的 SOLER 模式，即“坐时面对别人”“姿势自然开放”“身体微微前倾”“目光接触”和“放松”。

卡内基总结出给人留下良好第一印象的六条途径，分别是：“真诚地对别人感兴趣”“微笑”“多提别人名字”“做一个耐心的倾听者，鼓励别人谈他们自己”“谈论别人感兴趣的话题”“以真诚的方式让别人感到自身很重要”。

2. 自我提升与自我表露

自我提升是通过一个人的行为或讲述自己积极事件来使别人相信自己能力的一种策略。

自我表露是指个体与他人交往时自愿地在他人面前展示自己的行为、倾诉自己的思想。

3. 特殊的自我表现策略

包括奉迎、恫吓、自我抬高、显示、恳求等。

此外，在进行自我表现时，还应当注意遵从一定的原则，包括：

①角色获得。站在别人的立场体验别人的角色，了解别人在交往情境中的期望与情感。

②相互支持。自我表现时必须不侵犯他人尊严。

考研考法突破

考法 1　自我表现策略的内容与原则

该考点属于较为少见的考点，可能通过选择、名词解释与简答题考查自我表现的定义、策略以及原则。在复习中作为补充考点选择性复习即可。

例 4：简答：什么是自我表现？主要的自我表现策略有哪些？

【解析】本题考查了自我表现的定义以及如何进行良好的自我表现。根据题干要求分点作答即可。

参考答案：自我表现是一种自觉的印象管理过程，人们通过自我表现。有意识地按照某个模式表现自己，以借此给别人留下符合其期望的印象。

在自我表现中，首先应当受到重视的就是给别人留下良好的第一印象。社会心理学家艾根与卡内基分别总结了通过自我表现建立良好第一印象的方法，包括 SOLER 模型等。

其次，可以通过自我提升使自己看起来更具备某些能力，通过恰当的自我表露给人一种较为积极的“公开自我”形象。

此外，人们还经常使用一些特殊的方法来给别人留下深刻的印象，社会心理学家琼斯将人们主要的特殊自我表现策略总结为五个方面，分别是“奉迎”“恫吓”“自我抬高”“显示”以及“恳求”。

考研考法实战 答案见 D77 页

1. 名词解释：SOLER 模型。

章节考点　综合训练

答案见 D77 页

一、单项选择题

1.（中央财经大学，2015）关于总体印象形成的模式，凯利在实验的基础上提出了（　　）。

A. 加法模式　　B. 平均模式

C. 加权平均模式　　D. 中心品质理论

2.（中央财经大学，2018）心理学家费希本认为，人们的总体印象形成首先遵循（　　）。

A. 平均模式　　B. 加权平均模式

C. 加法模式　　D. 中心品质模式

3.（华中师范大学，2011）研究者在对大学生的认知活动进行研究时发现，那些被大学生形容为很聪明的认知对象同时还可能被形容为友好的，但很少被形容为自我中心的。这种情况意味着（　　）起了作用。

A. 晕轮效应　　B. 刻板印象

C. 积极偏见　　D. 隐含人格理论

4.（南京师范大学，2015）（　　）反映了信息呈现的顺序对社会知觉的影响。

A. 首因效应　　B. 晕轮效应

C. 预言自动实现　　D. 表征性启发

5.（中央财经大学，2016）社会心理学研究发现，外表有吸引力的人，他 / 她的其他特质也会因此得到更好的评价，这种现象被称为（　　）。

A. 晕轮效应　　B. 首因效应

C. 投射效应　　D. 定势效应

6.（四川师范大学，2022）发现一个人有非常恶劣的品质，于是他的优点人们看不见了或者看到优点也朝坏处想，这种现象称为（　　）

A. 预言自动实现效应　　B. 晕轮效应

C. 首因效应　　D. 近因效应

7.（北京师范大学，2019）在被告知“女性不擅长数学”后，女性在随后的数学任务中表现更差，这种现象是（　　）。

A. 性别偏见　　B. 刻板印象威胁

C. 自我实现预言　　D. 自我证实倾向

8.（北京师范大学，2019）“一俊遮百丑”是以下哪种效应的体现？（　　）

A. 慈悲效应　　B. 扫把星效应

C. 晕轮效应　　D. 好心情效应

9.（华南师范大学，2022）社会心理学把“人们在进行数值判断时，常受到一个起始值的影响，把它作为判断的出发点，而且随后的调整会尽量与这个起始值接近”的认知策略称为（　　）

A. 代表性启发　　B. 易得性启发

C. 锚定启发　　D. 获得性启发

二、名词解释

1.（湖南师范大学，2011）中心特征。

2.（河南大学，2006；华南师范大学，2014）近因效应。

3.（山东师范大学，2019）正性偏差。

4.（山东师范大学，2020）晕轮效应与负晕轮效应。

5.（湖南师范大学，2010~2012；山东师范大学，2012）首因效应。

6.（南京师范大学，2018；吉林大学，2020）社会知觉。

7.（四川大学，2021）皮革马利翁效应。

8.（西北师范大学，2022；吉林大学，2021）印象管理。

9.（天津大学，2021）自我提升。

10.（中央财经大学，2022）角色获得。

三、简答题

1.（华东师范大学，2017）简述个人印象管理的优缺点。

2.（北京大学，2017）什么是社会知觉？社会知觉过程遵循哪些原则？

3.（四川大学，2017）简述内隐人格理论。

四、论述题

1.（北京大学，2013；中央财经大学，2015）结合实例说明常见的社会知觉偏差。

2.（西南大学，2022）依据下列材料，阐述相关问题：

同一个青年，同样打扮新潮、花衬衣、格子裤、戴巨大的蛤蟆镜。第一个女士看到他时，他正在弯腰全力地帮助一位先生拾捡满地飞扬的文件。等他终于完成帮助别人的行动，直起身来跟他所帮助的人道别时，这女士终于看到他的全部装扮。她的印象是：这个青年时尚、充满绅士风度、形象潇洒。等到他转过一个街角，迎面碰到第二个见到他的女士时，女士对他的印象是：装扮怪异、流里流气、形象恐怖。为什么同一个人会在不同的人眼中被看出大相径庭的印象？

（1）请根据上面的材料，说明这种社会心理现象属于什么心理现象？该心理现象的具体解释是什么？

（2）请对该社会心理现象容易出现的偏差效应进行简单分析，并剖析其心理机制，列举相关的研究或实例来进行说明。

（3）结合自己的工作和生活实际，谈谈如何预防该社会心理现象的偏差效应？

第五章 刻板印象与归因

本章的内容主要包括刻板印象、偏见与歧视、归因理论与归因偏差等

本章节的知识点中，刻板印象、偏见与歧视的产生与消除，归因理论中海德、韦纳与凯利的归因理论均是社会心理学科目中非常常见的考查内容，且考查形式多、考查面广，可通过选择、判断、名词解释等题型考查重要概念的定义或理论的基本内容，也多见于通过简答、论述、案例分析与应用题等题型，考查考生将理论联系实际，为解释社会现象、解决社会问题提出合理建议的能力。因此在复习中，一方面需要注重本章节一些重要的、易混淆概念的定义与生活实例；另一方面应当多通过生活实例辅助理解理论的内容，同时适当增加论述、案例分析题等“大题”题型的练习量，养成良好的答题习惯与拓展知识储备。

第一节 刻板印象、偏见与歧视

研究真题，明确考况

考试要求	统考		自主命题	
	考题	考查点	考题	考查点
1. 刻板印象、偏见与歧视的概念	无	无	湖南师范大学，2011~2014 华中师范大学，2018/2019 华东师范大学，2017 浙江师范大学，2018 华南师范大学，2020	名解 / 选择：刻板印象、偏见与歧视的定义 简答：刻板印象、偏见与歧视的联系
2. 刻板印象的作用	无	无	湖南师范大学，2012 北京大学，2016 西北师范大学，2019	简答：刻板印象的作用
3. 刻板印象、偏见与歧视的产生与消除	无	无	中央财经大学，2015 天津师范大学，2011 华南师范大学，2021	简答 / 论述：刻板印象、偏见与歧视的消除

考点 1 刻板印象、偏见与歧视的概念

考研基础必备

1. 刻板印象与其相关概念

刻板印象也称类属性思维，是指人们通过整合有关信息及个人经验形成的一种针对特定对象的既定认知模式。不同于偏见与歧视，刻板印象既可以是错误的，也可以是正确的。

性别刻板印象是指人们关于男女行为差异的相对稳固的、倾向性的信念和看法。

地域和种族刻板印象是指知觉者关于某个地区人群或某一种族人群的刻板印象。二者区别在于地域刻板印象以地域来划分，而种族刻板印象一般根据遗传决定的身体形态来划分。

2. 偏见与歧视

偏见是指人们不以客观事实为根据建立的对特定的人或事物的情感色彩明显的倾向性态度。偏见往往是消极的态度倾向，且带有鲜明的情感色彩。

歧视是指不平等地看待和对待某个特定对象，其核心是将特定对象看得比自己低劣，并使自己的压迫、强制、剥夺对方的行动合理化，造成社会地位、经济地位的不平等。

偏见和歧视使人对于特定对象的认知与行为过程带有定向明确的倾向性模式，并造成人际沟通和情感融合的障碍，同时这种障碍会进一步反过来加强偏见与歧视。

3. 刻板印象、偏见与歧视的联系

刻板印象、偏见和歧视都是对特定群体或其成员的倾向性态度，虽然三者通常以消极形式出现，但偏见也有可能表现出正面的偏爱。

三者分别与态度的三种成分相对应——刻板印象重于认知成分，偏见重于情感成分，歧视重于行为成分。

刻板印象往往是偏见与歧视的认知基础，例如性别刻板印象作为带偏向的知觉倾向，可以直接导致性别歧视行为的产生。

考研考法突破

考法 1 刻板印象、偏见与歧视的定义

该考点较为基础，一般通过选择、名词解释直接考查相关概念的定义。

例 1：（华中师范大学，2014；南京师范大学，2019）名词解释：偏见。

【解析】考查偏见的定义，直接作答即可。

参考答案：偏见是指人们不以客观事实为根据建立的对特定的人或事物的情感色彩明显的倾向性态度。

例 2：（华南师范大学，2020）单选：社会心理学把人们通过整合个人信息及有关经验形成一种针对特定对象的界定的认知模式称为（　　）。

A. 刻板印象　B. 偏见　　C. 歧视　　D. 固着

【解析】题干信息所表述的是刻板印象的定义。

参考答案：A

考法 2　刻板印象、偏见与歧视的关联

该考点较为基础，一般通过简答题考查刻板印象、偏见与歧视及其相关概念的定义联系。

例 3：（浙江师范大学，2018；西北师范大学，2022）简答：解释刻板印象、偏见和歧视并说明其联系。解释“污名化”并举例。

【解析】本题考查了刻板印象、偏见与歧视的定义及三者之间的联系。作答时首先分别解释三个概念的定义，再简要回答三者之间的联系，最后根据题干要求，结合三个概念的定义对“污名化”举出生活实例即可。“污名化”的定义一般不作为社会心理学的考点出现，复习时可不必深究，作为扩展知识点即可。

参考答案：

刻板印象指人们通过整合有关信息及个人经验形成的针对特定对象的既定认知模式；

偏见指人们不以客观事实为根据建立的对特定人或事物的情感色彩明显的倾向性态度；

歧视通常以刻板印象为根据，指不平等地看待和对待某个特定对象，核心是将特定对象看得比自己低劣，并使压迫、强制、剥夺对方的行动合理化，造成社会经济地位的不平等。

三者的主要联系在于：

①刻板印象作为偏见与歧视的认知基础，可引发偏见与歧视的产生；

②它们都是对特定群体或其成员的一种倾向性态度，通常以消极的形式出现，分别对应态度的认知、情感和行为倾向三种成分。

污名化是指一个群体将消极特征强加于另一个群体的动态过程，是对群体负面特征的刻板印象，例如有人在网上宣传“黑人都四肢发达头脑简单”，就是对黑种人的污名化过程。实际上，黑人中也不乏高知识高学历分子，一些黑人精英运动员也是商业大亨。一些人通过强加消极特征，向大众塑造了这两类人群的负面刻板印象，最后导致种族歧视的出现。

考研考法实战 答案见 D79 页

1.（湖南师范大学，2014）名词解释：性别刻板印象。

2.（江西师范大学，2014）简答：简述社会关系中偏见的概念及其特征。

3.（南京师范大学，2017）单选：富人往往给人留下有能力、竞争的印象，而穷人则给人留下热情、友好的印象，这反映了人们在进行社会知觉时表现出（　　）。

A. 刻板　　B. 原型　　C. 歧视　　D. 偏见

4.（华东师范大学，2012）单选：人们对人或事物所持有的一套比较笼统、概括、固定的看法，并以这种看法作为评价人或事物的依据是（　　）。

A. 首因效应　　B. 近因效应

C. 晕轮效应　　D. 刻板印象效应

考点 2　刻板印象的作用

考研基础必备

刻板印象的作用有如下几点：

①通过影响印象的形成，形成对某一特定群体的期望，引发“预言自动实现效应”。

②同化效应：即刻板印象的激活使个体产生与刻板印象一致的行为。

③刻板印象威胁：消极的自我刻板印象会导致个体完成任务的水平降低，原因是个体在消极刻板印象的情境中，害怕自己印证了消极的刻板印象从而产生了压力感。

④念动论：如果刻板印象中包含了某些行为的信息，则刻板印象的激活很可能导致相应行为自动启动。

⑤简化认知过程、节约认知资源，使个体快速形成关于特定对象的概念。但同时刻板印象也具有过分概括化、过度简化或夸大群体特点、忽略成员个体差异性的特性，这些特点导致社会认知偏差，也是偏见和歧视的认知基础；

⑥“僵化性”与“对抗相反信息的能力”。人们为了保持刻板印象与客体的一致性，会更倾向于关注证实他们刻板印象的信息、忽略与期望不一致的信息，并在此基础上进行选择性记忆。

考研考法突破

考法 1　刻板印象的作用

这一考法一般通过简答题的形式，考查刻板印象的作用及相关概念的定义。

例 4：（北京大学，2016；北京师范大学，2021）简答：举例说明什么是刻板印象威胁。

【解析】题目考查刻板印象的作用中关于刻板印象威胁的定义，并要求举例进行说明。作答时首先回答刻板印象威胁的定义，之后再根据回答的内容举例即可。

参考答案：刻板印象威胁是指消极自我刻板印象的激活，会导致个体完成任务的水平降低，原因是个体害怕自己印证消极的刻板印象从而产生了压力感。在任何消极刻板印象的情景中，个体都可能产生这种压力感。

例如：心理学家 Spencer，Steele 和 Quinn 在实验中给学生一个难度非常高的数学测验，这些男女大学生具有相同的数学背景。当告诉学生这个测验没有性别差异，不会对任何群体刻板形象做评价时，女生的成绩始终与男生相同。一旦告诉学生存在性别差异，女生就会戏剧性地使得这种刻板印象得以验证。当遇到难度很大的题目受挫时，她们明显地感到格外担忧，并影响到了她们的成绩。

考研考法实战 答案见 D79 页

1.（湖南师范大学，2012；西北师范大学，2019/2020）简答：简述刻板印象的作用。

考研基础必备

1. 刻板印象的成因

①社会认同理论

该理论认为刻板印象是社会分类和比较的结果，人们倾向于以一定的标准将人进行归类，使信息的提取和运用结构化。个体通过社会分类区分出所属群体（内群体）和无关群体（外群体），通过对人群进行分类，可以容易推知外群体、内群体和自身有关的信息。

研究认为，刻板印象的产生与内－外群体效应的出现相关。由于人们倾向于维护积极的自我认知和自我价值感，因此在主观上会更愿意坚持所属群体的赞许性评估，即内群体偏爱现象；当人们进行内外群体之间的比较时，则出现外群体贬抑现象。

②弱势群体的社会认同

与社会认同理论不同，有关弱势群体的研究发现，个体对某一外群体有更积极的刻板印象，即外群体偏向；而对内群体却存有消极的刻版印象，即内群体贬损。

后续的研究在此基础上出现了系统公平化理论，该理论认为：外群体偏向是人们理论化地使用观念和社会判断既存的不平等形式。弱势群体成员心理上接受了社会主流文化对社会结构或地位差异的定位，并倾向于顺从这种安排。

2. 刻板印象的改变

刻板印象虽然具有稳定性，但并非一成不变，可以通过一定的方法促成刻板印象的改变

①让个体直接接触不符合原有刻板印象的群体成员；

②通过媒体信息影响受众的刻板印象；

③呈现反刻板印象的描述信息。

3. 偏见与歧视的成因

①社会化历程。个体社会化的过程中可能会吸收并内化传统文化中存在的偏见。

②认知因素。刻板印象对偏见与歧视的形成有发展作用，并且已形成的偏见与歧视会使信息加工系统中刻板印象被更多地激活与证实，再进一步导致偏见与歧视的发生。

③动机因素。知觉者的紧张情绪或潜在的需要可能导致偏见与歧视的产生。

④社会分层。自然差别与社会差别导致社会分层，不同社会阶层群体的内群体身份意识导致了对外群体的偏见与歧视的产生。

4. 偏见与歧视的消除

①对抗刻板印象：通过有意识地控制，降低刻板印象的影响。

②平等接触：进行群体内接触有利于减少由缺少平等接触形成的刻板印象。

③创造消除偏见的环境：偏见是后天习得的，可以从减少学习偏见的机会入手。

此外，立法反对基于种族、性别、宗教和其他因素的歧视，也有助于减少偏见和歧视。

考研考法突破

考法 1 考查刻板印象、偏见与歧视形成与消除的内容及实际运用

对刻板印象、偏见与歧视的产生与消除（或改变）的考查往往同时出现、相互联系，通过简答题或论述题考查对这一知识点内容的掌握和联系实际为解决问题提出建议的能力。

例 5：（中央财经大学，2015）案例分析。

【案例】

某网站曾于 2012 年推出一项“中国男人调查”。仅两个多月的时间，得到了 2500 多万网友的关注，并有 109 万男性网友、56 万女性网友参与了投票。在分析“男性喜欢的女人，是什么样的？”这一问题的回答时发现，超过一半（58.4%）的被试认为男性喜欢的女人类型是善良、顾家、孝顺、漂亮、顺从。相比较而言，只有 3.7% 的人认为男性“喜欢工作能力强会赚钱的女人”。（根据《中国妇女报》相关报道整理。）

【问题】

请根据刻板印象研究的相关理论和实证结果分析性别刻板印象产生的原因及机制，并提出构建两性平等、消除性别歧视的途径和策略。

【解析】本题考查性别刻板印象的形成与消除性别歧视的途径与策略，可以分三步进行回答，首先介绍性别刻板印象的概念与形成机制，其次结合材料所给信息解释性别歧视的概念与形成机制，最后联系实际提出具有可操作性的建议。由于本题属于案例分析题，应当注意联系知识点、材料内容以及相关主题的研究成果进行论述，言之有理即可。

参考答案：

（1）性别刻板印象的形成：

刻板印象是指人们通过整合有关信息及个人经验形成的一种对特定对象的既定认知模式。社会认同理论认为，刻板印象的产生可能是社会分类和比较的结果，人们总是倾向于按一定的标准将人进行归类，使得信息的提取和运用结构化。

性别刻板印象是指人们关于男女行为差异的相对稳固的、倾向性的信念和看法。性别刻板印象的产生源于性别角色的分化：生物学的基础造成了男女两性在体力上的性别分化，社会化的过程使男女两性在不同的劳动生活中，获得了不同的经验，分工的差异使得男女两性在人格倾向和地位上的分化。

（2）性别歧视的形成：

歧视是指不平等地看待和对待某个特定对象，其核心是使自己的压迫、强制剥夺对方的行动合理化，造成被歧视对象社会地位与经济地位的不平等，中国传统文化中的男强女弱、男尊女卑就是一种对女性的性别歧视。歧视的成因包括社会化历程、认知因素、动机因素以及社会的分层等。

材料中提及“男性更喜欢善良、顾家、孝顺、顺从的女性”而非“工作能力强会赚钱的女性”的现象，一方面是由于在已形成的性别刻板印象中，由于男女的体力分化，男性被认为更倾向于获得社会权利和物质权利，女性则被认为期望有养育后代的能力。大多数男性认为“赚钱和能力强”应当是属于男性的特征，在生活交往中具备这些能力的女性可能会导致男性积极的自我认知和自我价值感遭到破坏，因此大多数男性会更喜欢“善良温柔且顺从”的女性。另一方面，这也在一定程度上反映了现代社会存在的性别歧视。时蓉华的研究表明，现代社会的发展使妇女的社会地位不升反降低（时蓉华，1998）。在性别歧视的形

成过程中男性通过赋予能力强的女性“不被喜欢”的特点，以使男女目前的不平等的社会地位与经济地位合理化。

（3）性别歧视的消除策略：

减少偏见与歧视最直接的方法就是改变性别刻板印象以消除偏见与歧视的认知基础。研究表明，让大众直接接触不符合原有刻板印象的群体成员、通过媒体信息影响受众的刻板印象或频繁呈现反刻板印象的描述信息对刻板印象的改变具有很大影响，例如让男女交换工作角色，制作有关女性工程师、法官、男性教师、护士的电视节目等，均有助于打破性别刻板印象。

此外，还可以通过鼓励大众与刻板印象群体进行平等接触与沟通，创造消除偏见与歧视的环境、社会立法防止性别歧视行为出现等方式来消除性别歧视。

（结合本考点的知识点内容，联系实际进行论述，可不限于参考答案，言之有理即可。）

考研考法实战 答案见 D79 页

1.（湖南师范大学，2012）简答：偏见形成的原因有哪些？谈谈我国如何消除性别偏见。

第二节 归因与归因理论

研究真题，明确考况

考试要求	统考		自主命题	
	考题	考查点	考题	考查点
1. 归因与相关概念	无	无	天津师范大学，2014 华中师范大学，2018 华东师范大学，2019	选择：归因的定义 名解：归因理论 / 归因风格
2. 归因理论	2008/2011/2013/2014/2017/2018/2021	选择 / 简答：韦纳的归因理论 论述：归因理论进行案例分析	北京师范大学，2012/2014 福建师范大学，2013/2016 深圳大学，2021 江西师范大学，2013/2016/2017 南京师范大学，2014/2017 四川师范大学，2016/2017/2022 华南师范大学，2012/2016 天津师范大学，2013 湖南师范大学，2013/2015/2020 山东师范大学，2017	选择 / 简答 / 论述 / 案例分析：归因理论的基本内容 简答 / 论述 / 案例分析：归因理论的实际应用 简答：不同归因理论的比较

考点 1 归因与相关概念

考研基础必备

归因是指根据有关的外部信息、线索判断人的内在状态，或依据外在行为表现推测行为原因的过程。

心理学家根据各种研究所提出的有关归因问题的不同概念与观点，统称为归因理论。

归因风格是指个体在长期的归因过程中形成的比较稳定的归因倾向。

阿布拉姆森将归因风格划分为抑郁型和乐观型两种：抑郁型归因风格倾向于把消极事件归于内部、稳定和整体的因素上，把积极的事件归于外部的、不稳定和局部的因素上；乐观型归因风格则与其相反。

考研考法突破

考法 1 归因的定义

直接通过选择或名词解释考查归因与其相关概念的定义

例 1：（华中师范大学，2011）单选：个体根据有关信息、线索对行为原因进行推测与判断的过程是（　　）。

A. 社会动机　　B. 社会态度
C. 归因　　D. 社会行为

【解析】直接考查了归因的定义，个体根据有关信息、线索对行为原因进行推测与判断的过程即归因。

参考答案：C

考研考法实战 答案见 D79 页

1.（天津师范大学，2014）名词解释：行为归因。

2.（华东师范大学，2019）单选：个体根据有关信息、线索对行为推测与判断的过程是（　　）。

A. 归因　　B. 社会态度
C. 社会动机　　D. 社会行为

考研基础必备

1. 海德的归因理论

海德是最早研究归因理论的学者，他将行为的原因分为个人内部因素（人格、品质、动机、能力等）和外部环境因素（任务的难度、运气、天气等）。在个体的归因过程中，如果将行为归因于内部因素，称为本性归因；如果将行为归因于外部因素，称为情境归因；若将行为同时归因于这两个方面，则称为综合归因。

个体的任何行为都既有内部原因也有外部原因，是内外两个方面因素共同作用的结果，只有先弄清楚根本原因是内在还是外在，才可以更有效地对行为进行控制。

此外，海德还指出，人们在归因的时候常使用两种原则：

①共变原则：某个特定的原因在不同情境下和某个特定结果相联系，该原因不存在时该结果也不出现，则可以把结果归因于此原因。

②排除原则：若内外因素中某一方面的原因足以解释事件，就可以排除另一方面的原因。

2. 相应推断理论

该理论由琼斯和戴维斯在海德归因理论的基础上提出，他们认为行为和引起行为的因素与个体某些重要的稳定特点相对应，所谓相应推断就是指由人的外显行为来推断其内在动机和人格特质的过程。

他们认为，人们在做相应推断的过程，会受到以下因素的影响：

①行为结果的严重性。行为结果越严重，对原因的推断就比较困难。

②社会赞许性。行为越被社会赞许，对原因的推断越困难。

③非共同性效应。非共同性因素越少，相应推断的可靠性越高。

④选择自由性。若某一行为是行为者自由选择的，则此行为应与内部品质相关联。

3. 韦纳的动机归因理论（成败归因理论）

韦纳提出了归因的三个维度，分别是：成败是由于内在因素还是外在因素（控制点）；决定成败的是经常发生的还是偶尔发生的（稳定性）；行为动因能否为行动者个人所控制（可控性），归因模式的不同会影响个体对未来行为的预测。在三个维度中，稳定性是较为重要的维度。

韦纳根据成败归因的三个维度总结出了六种个体分析成败的主要原因，如表 5–1 所示：

表 5–1　韦纳的动机归因理论

因素	内部				外部			
	稳定		不稳定		稳定		不稳定	
	可控	不可控	可控	不可控	可控	不可控	可控	不可控
个人能力		√						
努力程度			√					
运气好坏								√
任务难度						√		
身心状态				√				
他人影响								√

4. 凯利的三维归因理论

凯利借鉴了海德理论中的共变原则提出了该理论，他认为，人们对任何事件的归因都是通过刺激客体、行为主体以及环境背景三个方面的信息的协变来得出结论的。在这一过程中，人们通常从下列三个方面来进行考虑：

①一致性信息：其他人也如此吗？

②一贯性信息：这个人经常如此吗？

③独特性信息：此人是只对这个刺激以这种方式反应，而不对其他刺激有同样的反应？

此外，他还指出人们在归因过程中会使用折扣原则，即特定原因产生特定结果的作用将会由于其他可能的原因而削弱。

凯利提出的归因理论通过严密的逻辑分析模式，对人们归因过程的分析和解释得比较细致合理，但也正是由于这一理论过分强调归因逻辑性，是理想化的模式，脱离了一般人归因活动的实际。

5. 异常条件聚焦模型

希尔顿和斯拉格斯基认为，人们在进行归因时主要借助逆向标准和对照标准来推断。

①逆向标准，是当人们寻找结果的原因的时候，会反过来询问如果没有这种原因，那么这种结果是否还会产生。

②对照标准，是人们把目标事件与没有发生该事件的背景事件进行对照，以直接确定目标事件的原因。

异常条件聚焦模型认为，归因过程有两个步骤，一是通过逆向标准确定事件产生的必要条件；二是通过对照标准确定所有的必要条件中属于异常的条件。也就是说，逆向标准帮我们了解事件、行为发生的必要条件，对照标准从必要条件中确定充分条件。

异常条件聚焦模型的优点在于，不需要进行凯利理论中的复杂条件匹配，归因过程也不仅限于三个维度之中，其理论解释更加符合实际情况。

考研考法突破

考法 1　归因理论的基本内容

归因理论部分的内容，尤其是海德、韦纳以及凯利的归因理论是本章节的重点，也是社会心理学部分最常见的考查点之一。这一考法可通过选择题、判断、简答、论述题的形式考查对归因理论基本内容的掌握。

例 2：（统考，2014）单选：根据维纳的归因理论，属于稳定、内在、不可控的因素是（　　）。

A. 努力　　B. 运气　　C. 能力　　D. 任务难度

【解析】本题考查韦纳动机归因理论的基本内容，按照韦纳的分类，能力属于稳定、内在且不可控的因素。

参考答案：C

例 3：（统考，2017；华中师范大学，2022）简答：韦纳的归因理论。

【解析】本题考查韦纳动机归因理论的基本内容，直接作答即可。

参考答案：韦纳提出了归因的三个维度，分别是：成败是由于内在因素还是外在因素（控制点）；决定成败的是经常发生的还是偶尔发生的（稳定性）；行为动因能否为行动者个人所控制（可控性）。

韦纳根据成败归因的三个维度总结出了六种个体分析成败的主要原因，分别为能力（内在、稳定、不可控）、努力（内在、不稳定、可控）、运气与他人影响（外在、不稳定、不可控）、任务难度（外在、稳定、不可控）、身心状态（内在、不稳定、不可控）等，归因模式的不同会影响个体对未来行为的预测以及后续的行为。例如，若人们将行为动因归为可控制的（如努力），意味着行动者可以通过主观努力改变行为及其后果，人们就更有可能通过自身努力来尝试让事件的结果更符合自己的期望。

考法 2　不同归因理论的比较

通过简答、论述题，同时考查两个（或以上）归因理论的内容，并要求进行比较。该考法对考生的要求相对较高，需要在掌握不同归因理论基本内容的基础上，进一步掌握不同理论的地位、历史意义以及优缺点，并进行对比。

例 4：（湖南师范大学，2020）简答：比较凯利的三维归因理论和异常条件聚焦模型归因。

【解析】本题考查了凯利的归因理论以及希尔顿等人提出的异常条件聚焦模型，可先简要叙述两个理论的基本内容，之后再对两个理论进行评价与比较。对理论内容掌握较为良好的情况下，也可以通过列表等方式逐步对比两理论的内容，言之有理即可。

参考答案：

（1）凯利的三维归因理论：

凯利借鉴了海德理论中的共变原则提出了该理论，他认为，人们对任何事件的归因都是通过刺激客体、行为主体以及环境背景三个方面的信息的协变来得出结论的。在这一过程中，人们通过“一致性信息”“一贯性信息”以及“独特性信息”三个方面信息的协变来得出结论。此外，凯利还指出人们在归因过程中会使用折扣原则，即特定原因产生特定结果的作用将会由于其他可能的原因而削弱。

凯利提出的归因理论通过严密的逻辑分析模式，对人们归因过程的分析和解释得比较细致合理，但也正是由于这一理论过分强调归因逻辑性，是理想化的模式，脱离了一般人归因活动的实际。

（2）异常条件聚焦模型：

希尔顿和斯拉格斯基提出了异常条件聚焦模型，他们认为人们在进行归因时主要借助逆向标准和对照标准来推断。其中，逆向标准是当人们寻找结果的原因的时候，会反过来询问如果没有这种原因，那么这种结果是否还会产生；对照标准，是人们把目标事件与没有发生该事件的背景事件进行对照，以直接确定目标事件的原因。

人们通过逆向标准了解事件、行为发生的必要条件，再通过对照标准从必要条件中确定充分条件。

异常条件聚焦模型的优点在于，不需要进行凯利理论中的复杂条件匹配，归因过程也不限于三个维度之中，其理论解释更加符合实际情况。

考研考法实战

答案见 D79 页

1.（南京大学，2015；华中师范大学，2016）单选：根据归因理论的相关研究，任务难度属于什么因素（　　）。

A. 稳定的、外在的和可控的因素

B. 稳定的、外在的和不可控的因素

C. 不稳定的、外在的和不可控的因素

D. 不稳定的、外在的和可控的因素

2.（华中师范大学，2017）单选：根据韦纳的归因理论，稳定的、内在的、不可控的因素是（　　）。

A. 任务难度　　B. 努力程度

C. 运气好坏　　D. 能力高低

3.（南京师范大学，2015；江西师范大学，2016）单选：在学习如何在生活中面对成功和失败时，要指导学生正确地归因，强调内部、不稳定和可控制的因素是（　　）。

A. 任务难度　　B. 运气

C. 能力　　D. 努力

4.（华中师范大学，2016；山东师范大学，2017）简答：简述海德归因理论和韦纳归因理论的观点。

第三节　归因偏差

研究真题，明确考况

考试要求	统考		自主命题	
	考题	考查点	考题	考查点
1. 归因偏差的内容	2012	选择：自我服务偏差	华东师范大学，2013/2016 南京师范大学，2015 湖南师范大学，2012/2015 华中师范大学，2016/2019 西北师范大学，2011/2016 西南大学，2011 江西师范大学，2016 东北师范大学，2016 上海师范大学，2021	选择 / 名解 / 判断 / 简答 / 论述：归因偏差的内容

考研基础必备

1. 基本归因偏差

基本归因偏差是指对他人行为进行归因时，往往将行为归因为内部稳定的个性特征，低估了情境因素的作用。

夸特龙以归因过程的双级梯模型来解释基本归因偏差，认为人们不由自主地、自动化地先做出内在归因，第二步才可能有意识地、选择性地做出情境归因，这时候才有可能把内在归因打折扣；而有时，人们会停止在第一步而不做出第二步。

基本归因偏差有时表现为活动者－观察者效应，人们作为评价者对他人行为进行归因时倾向于稳定的内部归因，而自我评价时则倾向于外部的归因。

2. 活动者－观察者效应

活动者－观察者效应是指行动者对自身行为归因不同于他人对同一行为归因的现象。

产生这种归因偏差可能有两个原因：

①着眼点不同：行动者很难对自身的行为进行深入的直接的观察，而由于外在的情境因素很容易观察到，它们成为知觉的对象。观察者则更多地把注意力放在行动者身上，因此行动者的个人特质就成为主要知觉对象。这种知觉对象的不同，导致了归因的不同。

②信息来源不同：行动者对自己过去的行为、当时的情绪状态、态度和能力非常清楚，因此会把自己的行为归因于某些短暂的因素；而观察者对此并不一定了解，他们就会假定行动者当前的行为和过去的行为方式是一致的，因此会归因于内在因素。

3. 自我服务偏差与自我中心偏差

自我服务偏差是指，人们倾向于把别人的成功和自己的失败归于外部因素，而别人的失败和自己的成功归于内部因素的现象。

自我服务偏差的产生可能有以下原因：

①自己在活动中的作用和贡献更容易被注意；

②回忆自己的作用和贡献比回忆别人的要容易，因此会觉得自己做得比别人多；

③接受信息的差异可能导致我们认为自己的作用大，从而会低估他人的作用；

④某些动力因素的存在促使了自我服务偏差。

4. 其他因素导致的归因偏差

性别导致的动机、观念、环境、所涉及的个体利益等因素也会导致归因偏差。

考研考法突破

考法 1　归因偏差的内容

归因偏差是本章节常见的考查点，考查范围较广，可通过选择、名词解释、简答题，直接考查归因偏差的定义、成因以及知识点的相关内容

例 1：（南京师范大学，2015）单选：人们倾向于把别人的成功和自己的失败归于外部因素，而别人的失败和自己的成功归于内部因素，这称为（　　）。

A. 基本归因偏差　　B. 相应推断错误

C. 活动者－观察者效应　　D. 自我服务偏差

【解析】基本归因偏差是指在对他人行为进行归因时倾向做内在归因而忽略情境因素造成的归因偏差；相应推断是指由人的外显行为来推断内在动机和人格特质，相应推断过程错误不属于归因偏差的范畴；活动－观察者效应是指行动者对自身行为的归因不同于他人对同一行为的归因的现象。题干描述的是自我服务偏差的定义。

参考答案：D

例 2：（华中师范大学，2021）单选：站在行为者与旁观者的不同角度，人们倾向于对自身行为做（　　），对他人行为做（　　）。

A. 内归因，外归因　　B. 外归因，内归因

C. 内归因，内归因　　D、外归因，外归因

【解析】活动者－观察者效应是指行动者对自身行为归因不同于他人对同一行为归因的现象。产生这种归因偏差可能有两个原因：①着眼点不同：行动者很难对自身的行为进行深入的直接的观察，而由于外在的情境因素很容易观察到，它们成为知觉的对象。观察者则更多地把注意力放在行动者身上，因此行动者的个人特质就成为主要知觉对象。这种知觉对象的不同，导致了归因的不同。②信息来源不同：行动者对自己过去的行为、当时的情绪状态、态度和能力非常清楚，因此会把自己的行为归因于某些短暂的因素；而观察者对此并不一定了解，他们就会假定行动者当前的行为和过去的行为方式是一致的，因此会归因于内在因素。因此，人们倾向于对自身行为做外归因，对他人行为做内归因。

参考答案：B

考法 2　归因偏差在生活实例中的应用分析

通过选择或简答题的形式考查归因偏差在生活实例中的应用，在复习中除了对归因偏差的基本内容有所了解，还需要能够通过生活实例辅助解释。

例 3：（陕西师范大学，2011）案例分析：1994 年，一位在美国留学的中国博士生认为受到导师的不公正待遇，开枪杀死了导师和学校其他几位教师；而另一位底特律的美国邮递员认为受到了上司的不公正对待，开枪杀死了上司和几位在场者。莫里斯等人分析了英文报纸和中文报纸对这两件相似惨案的报道，发现英文报纸几乎完全集中在对两位谋杀者的消极心理和个性因素的推论上，而中文报纸的推测则集中在情境、背景以及可能在工作中发生的社会因素方面。通过调查了中、美大学生如何解释这两件惨案之后，得出结论：中国大学生更加偏爱情境归因，美国大学生更偏爱于个性归因。这种归因倾向无论是对于底特律邮递员还是对于中国留学生都是一样的。

请分析当地报纸和被访问的大学生在归因时存在什么偏差，解释该归因偏差，并分析如何解释中英文报纸和中、美大学生的归因差异。

【解析】本题通过案例分析题的形式考查了基本归因偏差的概念，首先介绍基本归因偏差的定义，之后结合材料内容作答即可。

参考答案：

当地报纸和当地大学生在归因时犯了基本归因错误。基本归因错误是归因偏差的一种，是指观察者倾向于把行为者本身看作是其行为的起因，而忽视了外在因素可能产生的影响。犯这种错误的原因与两方面的因素有关：

一是人们总有一种对自己活动结果负责的信念，所以更多地从内因去评价结果；二是因为情景中的行动者比其他因素更突出，所以人们把原因归于行动者而忽略情境背景。

海德首次提出了归因一词，并给出了两个最为基本的原因：个人方面的原因和环境方面的原因。学者们开展了一系列的跨文化归因研究，发现中英报纸和中美大学生就具有不同的归因偏向，不同思维方式、个人主义－集体主义及不同自我建构等文化因素影响不同归因模式，西方国家的人倾向于使用个体因素来解释事件，而亚洲集体主义国家的人更多地做出情景归因。此外归因的双重过程（双极梯模型）也会影响最后的归因结果。

考研考法实战 答案见 D80 页

1.（陕西师范大学，2012）判断：基本归因偏差是指个体对自身行为的归因于个人特性方面的原因。(　　)

2.（四川大学，2016）判断：基本归因错误是指当后果积极时将其归结为自己行为造成，后果消极时将其归结为环境因素造成。(　　)

3.（华中师范大学，2015）单选：自我服务偏差的主要成因是（　　）。

A. 利用认知捷径　　B. 团体极化
C. 维持和保护自尊　　D. 可得性启发

4.（华东师范大学，2013）单选：基本归因错误是指（　　）。

A. 行为者和观察者对成败的归因不同
B. 是否涉及自身利益时归因会有不同
C. 将行为归因为态度或人格等内在物质而忽略外在因素
D. 将自然现象等做拟人化归因

5.（西南大学，2007；湖南师范大学，2020）名词解释：自我归因偏差（自我服务偏差）。

6.（湖南师范大学，2014；山东师范大学，2014；江西师范大学，2016）简答：简述人们在归因中的偏差及其影响因素。

章节考点　综合训练

答案见 D80 页

一、单项选择题

1.（北京师范大学，2014）海德归因理论区分了（　　）。
A. 内归因与外归因　　B. 社会归因与非社会归因
C. 共同结果与非共同结果　　D. 因果归因与相关归因

2.（华东师范大学，2015）下列不属于维纳归因理论的特点是（　　）。
A. 对应推论　　B. 成败归因
C. 内外因素　　D. 稳定不稳定因素

3.（华中师范大学，2014）根据当事人与旁观者的差异，我们最有可能（　　）。
A. 对自身行为做个人归因，对他人行为做环境归因
B. 对自身行为做环境归因，对他人行为做个人归因
C. 对自身和他人行为都做个人归因
D. 对自身和他人行为都做环境归因

4.（南京师范大学，2015）在整合信息和已有经验的基础上，人们会对特定对象形成一种既定认知模式，称为（　　）。
A. 刻板印象　B. 图式　C. 原型　D. 偏见

5.（华南师范大学，2013）有些人相信事件的发生与否取决于自己的行为，有些人则相信好事和坏事都是由运气决定的。这表现出（　　）的差异。
A. 合理　B. 投射　C. 控制点　D. 应对策略

6.（西南大学，2009）夫妻双方往往各自都认为自己对家庭的贡献比对方大，这种现象叫作（　　）。
A. 积极性偏差　　B. 后视偏差
C. 虚假一致偏差　　D. 自我中心偏差

7.（江西师范大学，2016）人们通常认为美国人民主、乐观、开放，在其中发挥效应的是（　　）。
A. 首因效应　　B. 对比效应
C. 社会刻板效应　　D. 晕轮效应

8.（四川师范大学，2022）一个人把他获得的成功归功于个人的努力，这种归因是（　　）
A. 可控的、内部的、稳定的
B. 可控的、内部的、不稳定的
C. 不可控的、内部的、稳定的
D. 不可控的、内部的、不稳定的

9.（华中师范大学，2021）我们对某个群体的概括而固定的看法，称为（　　）。
A. 整体印象　B. 印象形成　C. 刻板印象　D. 第一印象

10.（华中师范大学，2021）小明在某次考试中失败了，他认为是考试难度造成的。这种归因方式属于（　　）归因。
A. 外部－稳定　　B. 内部－稳定
C. 外部－不稳定　　D. 内部－不稳定

11.（统考，2021）根据维纳的归因理论，运气属于（　　）
A. 内部、稳定、不可控因素
B. 内部、不稳定、可控因素
C. 外部、稳定、不可控因素
D. 外部、不稳定、不可控因素

12.（北京师范大学，2019）基本归因偏差指的是对行为的原因归因倾向于忽略情境的作用，而将其归因于（　　）。
A. 群体　B. 团体　C. 个人　D. 他人

二、名词解释

1.（北京师范大学，1998）内群体偏见。

2.（华东师范大学，2017；浙江师范大学，2020；陕西师范大学，2021）刻板印象。

3.（华东师范大学，2016；中央财经大学，2021）基本归因偏差（基本归因错误）。

4.（湖南师范大学，2012/2017）活动者－观察者效应。

5.（南开大学，2017；曲阜师范大学，2021）归因。

6.（山东师范大学，2020）自利偏差。

7.（上海师范大学，2021）自证预言。

三、简答题

1.（云南师范大学，2011）简述归因的原则。

2.（湖南师范大学，2015）简述琼斯和戴维斯的相应推断理论。

3.（华中师范大学，2018）简述归因风格是如何影响行

为的。

4.（宁波大学，2021）简述偏见和歧视的区别和联系。

5.（中央财经大学，2021）偏见和歧视的减少方法。

6.（华东师范大学，2021）归因有哪些基本维度？常见的归因偏差有哪些？

7.（北京师范大学，2020；福建师范大学，2021）什么是基本归因错误？请举出一个生活中的例子。

四、论述题

1.（华东师范大学，2020；山东师范大学，2021；天津师范大学，2021）偏见的形成有哪些因素？偏见造成的后果？如何克服偏见？

2.（湖南师范大学，2010/2011）试论述凯利（Kelley，E. E.）的归因理论 / 三度理论。

3.（深圳大学，2021）海德的归因理论。

4.（福建师范大学，2021）当看到好照片时，人们通常的反应是“真不错，你用的是什么相机”；当看到烂照片时，人们则往往会笑话拍摄者水平很臭。请详细论述，这反映了一种什么样的心理现象？我们应该如何避免这种现象？

5.（统考，2021）请阅读材料并结合凯利的三维归因理论回答问题：刘某被立案调查，在纪检委人员找其谈话后，让其交代问题，他千方百计为自己的贪腐行为辩解：一会说自己是被冤枉的，一会说虽然收受贿赂，是因为无法推脱的人情。在纪检委人员展示了其犯罪的证据之后，他又抵赖说目前的社会情形下，不得不这样做。

（1）请结合案例阐述凯利归因理论的主要观点，并说明刘某是怎样对自己的违法行为进行归因的？

（2）依据凯利的理论，在怎样的条件下，才能让刘某将其行为归因于自身的因素？

6.（华南师范大学，2021）用社会心理学分析，突然的新型冠状病毒，造成的偏见歧视，有什么好的克服方法？

第六章 自我概念

本章的内容主要包括自我概念的相关理论与内容、自我概念的形成与发展、自尊与自我效能感等。

本章节的知识点中，自我概念的内容、理论与功能是社会心理学的常见考查点，容易通过选择题、名词解释考查一些重要的社会心理学概念，或是通过简答题要求学生对自我概念的相关内容和功能做简要叙述，在复习中应当对自我有关的心理学概念、心理学理论进行系统性的学习并注意区分较相似的概念。此外，本章第二节与第三节所涉及自我概念的形成与发展、自尊与自我效能感的知识点容易以简答、论述、案例分析等题型考查理论知识的实际应用，这部分知识点在社会心理学的教材中介绍得较为简略，在复习中可以作为联合考点，与发展心理学、教育心理学的有关内容结合共同复习。

第一节 自我与自我概念

研究真题，明确考况

考试要求	统考		自主命题	
	考题	考查点	考题	考查点
1. 自我概念及其内容	无	无	华东师范大学，2011 南京师范大学，2017 四川大学，2018 苏州大学，2011 湖南师范大学，2020	名解 / 简答：自我概念 名解 / 选择：自我概念的内容
2. 自我的相关理论	无	无	吉林大学，2011/2012 浙江师范大学，2014	选择 / 简答：自我理论
3. 自我概念的功能	无	无	湖南师范大学，2015 江西师范大学，2016	选择 / 简答：自我概念的功能

考点1 自我概念及其内容

考研基础必备

1. 自我概念

自我，也称自我概念、自我意识、自我观念等，是指个人关于自身的认识和观念，或个人对自己存在的意识、对自己以及自己与周围事物关系的意识。它包含“自我认知”“自我情感（或自我体验）”以及“自我意向（自我控制）”三个方面。

自我觉察也称自我觉知，指自己把自己当作考察对象，认识自己的一切的过程，或是发动并维持自我意识活动过程的自我注意状态。自我觉知会受到个性因素与环境因素的影响。

2. 自我的内容

①物质我、社会我和心理我

詹姆斯将自我分为“主体我”和“客体我”两部分。主体我指主动地体验世界的自我；客体我指人们对于自己的各种看法，可进一步分为物质我、社会我和心理我。其中：

物质我是指与自我有关的人或物体、自己身体各组成部分等生理物质的意识；

社会我是指个体对隶属于某一时代、国家、民族等的意识，以及对自己在所属群体中的地位、对自己拥有的家庭与亲友关系的意识；

心理我指对自己智力、性格、兴趣、爱好、动机等方面心理特点的意识。

②现实自我和理想自我

罗杰斯提出了现实自我和理想自我的概念。

现实自我指个人对自己受环境熏陶陶冶，在与环境的相互作用中所表现出的总和的现实状况和实际行为的意识；

理想自我指个体经由理想或为满足内心需要而在意念中建立的有关自己的理想化形象。

理想自我与真实自我越接近，个人就越感觉到幸福和满足，反之则造成不愉快和不满足。

③可能自我和动态自我

马库斯提出了自我图式理论来解释自我概念，并在此基础上提出了可能自我和动态自我的概念。

自我图式是指自我概念的组成要素，是个体有关自己某些具体的能力与特征的认知。

可能自我是指基于自我图式而指向未来的自我概念；动态自我是指在某一特定时刻的自我概念。

④其他划分

施耐德与坎贝尔将自我划分为实用自我和原则自我；罗森伯格将自我划分为现有自我、期望自我和表现自我；布什等人根据自我觉知的注意关注点的不同，将自我划分为内在自我觉知和公众自我觉知。

考研考法突破

考法1　自我与自我相关概念的定义

该考法一般通过选择、名词解释题直接考查对自我与自我相关概念定义的掌握与理解。

例1：（华东师范大学，2011）单选：在意向上表现为追求智慧、能力的发展和追求理想、信仰的自我意识属于（　　）。

A. 生理自我　B. 物质自我　C. 社会自我　D. 心理自我

【解析】本题考查了詹姆斯对自我概念的划分。詹姆斯将自我概念分为主体我和客体我，其中客体我包含生理自我（也称物质自我）、社会自我以及心理自我，三种客体我接受主体我的认识和评价，并通过使个体产生积极或消极的自我体验进而形成自我追求。题干信息中，个体智能、兴趣、理想的自我意识对应的是心理自我。

参考答案：D

考研考法实战 答案见D83页

1.（西南大学，2010/2011）名词解释：社会自我。

2.（四川大学，2018）名词解释：自我体验。

3.（南开大学，2014；苏州大学，2014；四川师范大学，2015）名词解释：自我概念/自我意识。

4.（南京师范大学，2017）单选：将自我区分为可能自我与动态自我的是（　　）。

A. 伯恩斯　B. 罗杰斯　C. 马科斯　D. 米德

5.（苏州大学，2011）简答：简述自我的基本概念。

考点2　自我的相关理论

考研基础必备

1. 詹姆斯的自我理论

詹姆斯最早开始对自我概念的研究，他将自我分为“主体我”和“客体我”，客体我又由物质我、社会我和心理我三个要素构成。他指出，客体我的三个要素都接受主体我的认识和评价，对自己形成满意或不满意的判断，并由此产生积极或消极的自我体验，进而形成自我追求；主体我要求客体我努力保持自己的优势，以受到社会与他人的尊重和赞赏。

2. 米德的自我理论

米德从社会整体及社会和个体的互动的视角来定义自我，按照符号相互作用论的思想解释自我及其形成和发展，其理论强调了自我的社会生成性和对情境的能动反应性，对认识自我的产生和发展具有重要价值。该理论的主要观点有三点：

①自我的主客体分化

主体我是自我主动、自主的部分，客体我是自我结构性的稳定部分；客体我引导主体我的活动，而主体我又定义和扩展客体我，二者相辅相成的动态过程就是自我的活动和发展。

②影响自我的两类他人

影响自我的他人有两类：一是概化他人，即社会文化整体；二是重要他人，即影响个人生活和人格成长的中心人物。来自重要他人的评价和态度，会逐渐形成个人自我的重要部分。

③自我形成和发展的三个阶段

准备阶段：原始的自我尚不能运用符号，只能无意识地模仿他人。

游戏阶段：儿童用游戏扮演不同的重要他人角色，学习其态度和观念，并学会从对方角度看待自己。

社会角色扮演阶段：儿童扮演概化他人的角色，将他人行为综合为整体印象，从概化他人角度衡量自己的行为，遵守游戏规则，社会的价值观、态度、规范内化于个体，形成自我。

3. 弗洛伊德的自我理论

弗洛伊德在精神分析理论中提出了其关于自我的独特的概念。他将自我分为：本我（代表本能需要）、自我（引导本我用社会能接受的方式满足需要）和超我（代表良心与社会道德规范）三个部分。

按照弗洛伊德的理论，如果本我与超我的冲突不能再被压抑，就会出现两个方面的结果：一是出现精神疾病，二是人在痛苦的挣扎中实现人性的升华。

4. 沙利文的人际关系学说

人际关系学说强调自我发展的社会、人际关系基础，特别强调早期的母婴关系。该学说认为自我的发展来自与他人接触时所体验的感受，以及对他人评价的反映性评价或感知。与愉快经验相联系的“好我”、与痛苦和安全受到威胁相联系的“坏我”，以及和难以容忍的焦虑相联系的“非我”或被拒绝的自我部分，都是人际关系经验的产物。

5. 罗杰斯的自我概念理论

罗杰斯认为，自我概念是个人现象场中与个人自身有关的内容，是个人自我知觉的组织系统和看待自身的方式，对一个人的个性与行为具有重要意义的，不是真实自我，而是自我概念。自我概念控制并综合着对环境知觉的意义，高度决定着个人对环境的反应。

罗杰斯认为自我概念有四个特点：

①自我概念是对自己的知觉，它遵循知觉的一般原理。

②自我概念是有组织的、连贯的、有联系的知觉模型。

③自我不是指存在于我们头脑中的另一个人，而是能表征的自我经验。

④自我虽然也包括潜意识的东西，但主要是由有意识的或可以进入意识的东西构成的，通常可以为人所觉察。

考研考法突破

考法1　自我概念理论的基本内容

该考法一般通过选择或简答题形式，考查对某一自我概念理论基本内容的理解和掌握。

例2：（吉林大学，2011）单选：米德将自我意识的发展分为三个阶段，这三个阶段按其形成的顺序依次为（　　）。

A. 游戏阶段、博弈阶段、玩耍阶段

B. 博弈阶段、玩耍阶段、游戏阶段

C. 玩耍阶段、游戏阶段、博弈阶段

D. 玩耍阶段、博弈阶段、游戏阶段

【解析】本题考查米德的自我概念的理论。米德认为，自我的形成和发展可以分为三个阶段，先后依次为准备阶段（玩耍阶段）、游戏阶段以及社会角色扮演阶段（博弈阶段）。三个阶段的提法因教材的不同有所差异，复习时可以参考书目为准。

参考答案：C

考研考法实战 答案见 D83 页

1.（吉林大学，2012）单选："自我意识"概念首次提出是在（　　）。

A. 詹姆斯（W. James）著的《心理学原理》

B. 弗洛伊德（S. Freud）著的《集体心理学和自我分析》

C. 米德（J. Mead）著的《意识、自我与社会》

D. 霍妮（K. Horney）著的《自我的挣扎》

2.（浙江师范大学，2014）简答：简述罗杰斯对自我的解释。

考点 3　自我概念的功能

考研基础必备

伯恩斯首先对前人关于自我概念的研究进行了综合，提出了自我概念的结构图，并论述了自我概念的心理作用。

1. 自我一致性维持功能

一致性维持功能是指，自我概念使人保持内在一致性，个人需要按照保持自我看法一致性的方式行动。

2. 经验解释

经验解释功能是指，自我概念具有经验解析系统的作用，同样的经验对个人具有怎样的意义取决于个人在怎样的自我概念背景下做出评价。同自我一致性维持功能一样，经验解释功能使人倾向于按照与自我概念相一致的方式来解释自己的行为。

3. 期望定向

自我概念的期望定向功能指人们对情境和自己行为的期望是受自我概念引导的。在各种不同的情境中，人们对于事情发生的期待和自己在情境中如何行为，都高度决定于自己的自我概念。

考研考法突破

考法 1　自我概念的功能

该考点的考查较为简单，一般通过选择题或简答题直接考查自我概念的功能，复习中能够准确记忆其三项主要的功能，作答时能结合相关研究简要说明更佳。

例 3：（湖南师范大学，2015）简答：简述伯恩斯关于自我概念的功能。

【解析】本题直接考查伯恩斯提出的关于自我概念的功能，分点简要作答即可，可适当举出相关研究作为补充。

参考答案：

伯恩斯认为，自我概念的功能包括三个方面，分别是"自我一致性维持功能""经验解释功能"以及"期望定向功能"。

一致性维持功能体现在个体的自我概念是相对稳定且与行为相一致的，人们会倾向做出与自我概念相一致的行为。例如，失足青少年往往具有消极的自我概念，他们会给自己打上"坏孩子"的标签，这使得他们会放松对自我行为的约束，具有严重的不良行为倾向。

经验解释功能体现在，同样的经验对不同个体的意义取决于他们在其自我概念背景下所做出的评价，人们倾向于按照与自我概念相一致的方式来解释自己的行为。当个体既有的自我概念积极时，特定经验会与积极的自我评定联系在一起，使之产生积极的自我评价，反之则产生消极的自我评价。例如梅德维克的研究发现，奥运会上银牌得主的情绪体验往往比铜牌得主更消极，这是因为银牌得主往往认为自己只需要再努力一点就可以得到金牌，"虽胜尤败"让他们的喜悦体验反而不如铜牌获得者。

自我概念的期望定向功能指人们对情境和自己行为的期望是受自我概念引导的。在各种不同的情境中，人们对于事情发生的期待和自己在情境中如何行为，都高度决定于自己的自我概念。儿童自我概念的相关研究发现，差生的成绩落后是由于自己期待得到的结果，这导致学习对他们不再具有应有的吸引力，他们也不再愿意学习。

考研考法实战 答案见 D83 页

1.（江西师范大学，2016）多选：自我概念的功能有（　　）。

A. 维持自我一致性　　B. 经验解释

C. 期望定向　　D. 维持自尊

第二节　自我概念的形成

研究真题，明确考况

考试要求	统考		自主命题	
	考题	考查点	考题	考查点
1. 自我概念的形成与发展	无	无	吉林大学，2011 华东师范大学，2011 四川大学，2012 西南大学，2009	选择：自我概念的形成与发展 判断：自我知觉理论 简答：自我概念发展的影响因素 / 自我知觉理论

考研基础必备

1. 自我意识的发生与发展

自我意识的发生的标志主要有三点：①物—我知觉分化；②人—我知觉分化；③个体开始掌握有关自我的词。此外，自我意识的发生还与生理和心理能力的发展有关。

生理与认知能力的成熟和发展只是形成自我意识的前提，自我意识的发展依赖于个体参与社会生活以及与他人相互作用。库利提出的“镜中我”概念就是在与他人交往过程中，个人根据他人对本人的反映和评价产生的自我观念。

埃里克森的心理发展理论认为，人的一生要经历八个发展阶段，每一发展阶段都有相对应的危机与矛盾，前一阶段矛盾的解决是后一阶段开始发展的基础，个体的自我意识与自我概念在这一过程中不断地发展。

2. 影响自我意识形成和发展的社会因素

①社会经济地位；②社会文化环境；③家庭；④角色扮演；⑤他人的评价；⑥参照群体。

3. 自我知觉理论

自我知觉理论的提出者贝姆认为，与个人通过别人的行为来认识别人的特征的机制一样，个体对自己态度、感情和其他内在状态的认识，也存在根据自己的外显行为和该行为发生的环境而进行推断的机制。个体是通过对自己的外显行为及行为发生的环境进行功能分析来获得自我知觉的。

自我知觉理论也被用于解释态度的形成与改变。认为人们通过观察自己的行为及出现的情境来推断自己的态度，并且通过观察自己的行为来对态度进行冷静、理性的加工。

考研考法突破

考法1 自我意识的发生与发展

社会心理学对该考法的内容的考查较为基础，也较为少见，在复习中对自我意识发生的三个标志、镜中我的概念有所了解，注意自我意识的发生与发展的不同即可。

该考点考法的详细内容主要属于发展心理学的考查点，有余力的条件下可以结合该科目相关教材进行复习。

例1：（吉林大学，2011）多选：自我意识发生或形成的标志主要有（　　）。

A. “物—我”感觉分化

B. “物—我”知觉分化

C. “人—我”感觉分化

D. “人—我”知觉分化

E. 有关自我词的掌握

【解析】本题考查了自我意识的发生标志，包括物—我知觉分化、人—我知觉分化、个体开始掌握有关自我的词三个。

参考答案：BDE

考法2 影响自我意识形成发展的社会因素

社会心理学对该考法内容的考查较为少见，仅小部分院校有所考查，其详细内容主要属于发展心理学的考查点，在复习中结合目标院校的参考书目与历年考情有选择性地复习即可。

例2：（吉林大学，2011）简答：简述影响自我意识形成和发展的社会因素有哪些？

【解析】本题考查影响自我意识形成与发展的社会因素，分点进行简要叙述即可。

参考答案：影响自我意识形成和发展的社会因素包括：

（1）社会经济地位。社会经济地位是由社会经济关系决定的个人的社会身份和地位，通常社会经济地位对自我意识有两方面作用。一是影响有关自我隶属于某一阶级、阶层的社会自我意识，从而决定自我的政治意识和政治态度；二是影响个体心理自我意识的发展水平，

（2）社会文化环境。社会文化包括政治、经济、国家的宣传体系、宗教团体、风俗、习惯传统以及生产力发展水平等。在同一文化背景下生活的人们，可能形成共同的自我意识成分。

（3）家庭。个体最早的社会环境是家庭，家庭对个体自我意识的形成、发展起着关键性作用。在家庭教育的过程中，父母属于“重要他人”，是文化的传递者，通过对儿童行为的奖惩来影响其自我意识的形成。

（4）角色扮演。角色指与某种社会身份相称的行为规范的集合。角色扮演则指个体依据这种行为规范集合去行使自己的权力，履行自己的义务。个体角色扮演成功，易于形成自信、自尊的自我意识，能促使更高的成就意识的发展，形成熟练地扮演“一般人”的能力，使自己更能适应社会环境。反之，角色扮演者就会常常经历理想自我与现实自我的角色意识冲突，体验到焦虑、紧张，使自我意识的同一性受损，或导致社会适应不良，引发心理疾患。

（5）他人的评价。我们的大多数有关自己的信息都来源于他人，是对他人评价的反映。他人评价对自我意识形成具有重要作用。

（6）参照群体。参照群体指目标、规范、价值被个体作为行动指南，用以约束、调整自己行为的群体。研究表明，参照群体的信念和价值观是个体自我观念的重要来源。个体常常根据参照群体的价值取向定义自己，形成自我观念。

考法3 对自我知觉理论内容的掌握与理解

这一考法较为灵活，一般会以选择、判断题的形式，以自我知觉理论内容的不同提法或推断延伸，考查对自我知觉理论主要观点的理解。

例3：（四川大学，2012）判断：自我知觉理论认为态度的形成和改变源于行为活动。

【解析】自我知觉理论认为人们对自己态度、情感和其他内在状态的认识是根据自己的外显行为和行为发生的环境进行推断的，人们也可以通过观察自己的行为及出现的情境来推断自己的态度，并对态度进行加工。题干信息符合自我知觉理论的观点。

参考答案：正确

考研考法实战 答案见D83页

1.（湖南师范大学，2010）名词解释：镜像自我。

2.（华东师范大学，2011）辨析：儿童在1岁时会使用第一人称称呼自己，表明儿童自我意识的形成。请辨析。

3.（吉林大学，2012）单选：个体自我概念发展的核心机制是（　　）。

A. 生理的成熟和发展
B. 对有关自我词的掌握和理解
C. 自我觉知的提高与他人评价
D. 认知能力的提高和与他人的相互作用

4.（西南大学，2009）简答：简述贝姆的自我知觉理论。

第三节 自尊

研究真题，明确考况

考试要求	统考		自主命题	
	考题	考查点	考题	考查点
1. 自尊概述	无	无	江西师范大学，2012/2015 陕西师范大学，2011 上海师范大学，2016 苏州大学，2013 上海师范大学，2018	选择 / 名词解释：自尊的定义 论述：提高自尊的途径
2. 自我差距、自我提高与自我确认	无	无	江西师范大学，2016 吉林大学，2012 南京师范大学，2017 北京大学，2011	选择 / 判断：自我差距、自我提高与自我确认的定义
3. 自我效能与习得无助	2009/2017/2018	选择 / 简答：自我效能的影响因素	华东师范大学，2014/2019 天津师范大学，2013/2016 西南大学，2018 湖南师范大学，2018/2021	名解 / 选择 / 简答 / 案例分析：自我效能与习得无助 案例分析：提高自尊的途径

考点 1 自尊概述

考研基础必备

1. 自尊的定义

自尊是指个体对自己整体状况的满意水平，可以是积极的也可以是消极的，并具有跨时间和情境的一致性。

自我价值定向理论认为，自尊是个人按照一定价值标准对自己进行价值评判获得的自我价值感。

詹姆斯认为，自尊即个体的成就感，取决于个体在实现其设定目标的过程中成功或失败的感受。他还提出了经典的自尊公式：自尊 = 成功 / 抱负。

自尊是行为的动力，对身心健康具有决定性作用；马斯洛认为，自尊需要的满足会使人相信自己的力量和机制，使人们在生活中变得更有能力，更富有创造性。

2. 自尊的结构

不同学者对自尊的结构提出了不同的解析。

波普认为自尊由知觉的自我和理想的自我构成，并指出自尊具体体现在“社会方面的自尊”“学业自我效能方面的自尊”“家庭方面的自尊”“身体意象方面的自尊”以及“整体自尊”。

张静认为，自尊由自我效能（自我胜任）、自我悦纳（自爱）组成。

黄希庭认为，自尊可以分为总体自尊、一般自尊和特殊自尊。

3. 影响自尊的环境与经验因素

人在不同发展时期，影响自尊的主导因素是不一样的：家庭是影响儿童自尊的主导因素，随着儿童在学校的学习生活时间越来越长，学校因素逐渐占据主导地位，当个体的主体意识逐渐成熟时，影响自尊的因素就更加复杂。总的来说，影响自尊的因素有如下几点：

①父母教养方式。民主型教养方式有利于儿童高自尊的形成，专制型教养方式导致较低的自尊水平。

②学业成绩。学业成绩影响教师、学校、家长和社会对学生的整体评价，从而影响学生的自尊水平的高低。

③个人经验。不同的个体经验会影响个体的自尊水平。

4. 自尊的测量

被较为广泛使用的自尊的测量工具有两种：

①罗森伯格自尊量表——测量总体自尊；

②得克萨斯社会行为调查量表——测量社交自尊。

考研考法突破

考法 1 考查自尊的定义

该考法一般通过选择、名词解释题直接考查自尊的定义。

例 1：（四川师范大学，2022）单选：个体对自己整体状况的满意水平是（　　）。

A. 自尊　　B. 自我确认　C. 自我知觉　D. 自我概念

【解析】自尊是指个体对自己整体状况的满意水平，可以是积极的也可以是消极的，并具有跨时间和情境的一致性。

参考答案：A

考法 2 自尊的测量方法

该考法较为少见，通过选择、判断题考查自尊量表的使用，或是在实验设计题中，考查自尊量表的选用。通常侧重考查心理测量方面知识的自命题院校出现该考法考题的概率较大，在复习中可结合历年考情简要了解。

例 2：（陕西师范大学，2011）判断：自尊量表（SES）中第八题："我希望我能为自己赢得多的尊重。"应采用正向记分。（ ）

【解析】本题考查罗森伯格自尊量表的使用，若对该量表已有了解，容易得出自尊量表中此题为反向计分。此外亦可从题目内容中进行推断，"希望能为自己赢得更多自尊"，从侧面可以体现出，若该题得分高，则表示受测者认为自己受到的尊重不足，因此应反向计分。

参考答案：错误

考研考法实战 答案见 D84 页

1.（苏州大学，2013；上海师范大学，2016）名词解释：自尊。

2.（江西师范大学，2015）单选：詹姆斯（1890）关于自尊的经典公式是（ ）。

A. 自尊 = 成功 / 自信　　B. 自尊 = 抱负 / 成功

C. 自尊 = 自信 / 抱负　　D. 自尊 = 成功 / 抱负

3.（四川大学，2019；东北师范大学，2020）论述：自尊及其影响因素。

考点 2　自我差距、自我提高与自我确认

考研基础必备

1. 自我差距

自我差距是希金斯等人提出的一种自我导向理论，这种自我导向代表个体要达到的标准。这理论首先提出了三种自我成分：实际自我、理想自我及应该自我。

实际自我指个体实际知觉到的主体自我；理想自我是个体想要成为的人，它激励个人实现自己的抱负；应该自我是个体认为自己应该成为的人，它引导个体尽职尽责尽义务。

理想自我和应该自我都是起导向作用的非现实自我知觉，因而被合称为自我导向或自我标准。希金斯等将自我差异定义为实际自我与自我导向之间的差距，并指出自我差异是一种有情绪意义的、较为稳定的认知结构。

2. 自我提高与自我确认

自我提高指个体用一种有利于对自己做出正面评价的方式，收集解释有关自我的信息。

自我确认指人们注意和寻找那些与自我概念相符合的信息的倾向。

二者通常共同产生提高自尊的作用。

考研考法突破

考法 1　自我差距、自我提高与自我确认的定义

通过选择、名词解释题直接考查自我差距、自我提高与自我确认的定义。

例 3：（江西师范大学，2016）单选：个体寻找和解释情境，以证实自我概念的过程指的是（ ）。

A. 自我提升　B. 自我知觉　C. 自我意识　D. 自我确认

【解析】本题考查自我确认的定义，"个体寻找和解释情境，以证实自我概念的过程"是自我确认定义的同义提法。

参考答案：D

考研考法实战 答案见 D84 页

1.（吉林大学，2012）名词解释：自我增强。

2.（南京师范大学，2017）单选：根据自我导向理论，自我差距或自我差异是（ ）与自我导向之间的差距。

A. 实际自我　B. 理想自我　C. 应该自我　D. 期望自我

3.（北京大学，2011）判断：Higgins 提出的自我差异理论认为，个体知觉到的自我包含两个部分：理想自我和实际自我。（ ）

考点 3　自我效能与习得性无助

考研基础必备

1. 自我效能的定义

自我效能是指一个人感到自己能够胜任和有效的感觉和主观判断。

这一概念的提出者班杜拉指出，自我效能的影响因素包括直接经验、替代经验、情绪唤起、言语说服四个方面。

此外，控制点也是影响自我效能感的重要因素。

2. 控制点理论

控制点这一概念是心理学家罗特提出的，是指人们关于影响自己行为和结果的力量位置的看法。

控制点理论分为两种类型：内部控制与外部控制。内部控制特征的人相信，自己所从事的活动和结果是由自身内部因素决定的，自己的能力和努力控制事态发展，奖励是由个人行为决定；外部控制特征的人认为，自己受命运、运气、机遇和他人的摆布，外部因素主宰自己的行为，奖励出现不由自己决定。

一般来说，内部控制者具有较高的成就动机，外部控制者的成就动机较低。

3. 习得性无助

习得无助是指人或动物面对反复出现的不好的事件，感到难以控制，从而学会了放弃和感到无望的现象。

自我控制感是克服习得无助的重要途径。其中自我决定可以使人增加自我控制感，进而减少习得无助。在强调自我决定的积极作用时需要注意，完全的自由和自我决定可能转化为一种负担。过多的选择可能使人麻痹。

4. 自我效能感的行为效应

自我效能感对行为的作用主要有如下三个方面：

①影响行为选择；②影响努力付出和坚持；③影响思维方式和情感方式。

考研考法突破

考法 1　自我效能与习得无助的定义

社会心理学科目中，本考点的内容一般通过选择、名词解释进行考查。所涉及的知识点会在教育心理学中与动机有关的章节中以更加多样的形式做灵活考查，因此在部分社会心理学教材中可能未有体现，在复习中可以结合这两个科目的内容进行补充、复习。

例 4：（华东师范大学，2019）单选：班杜拉认为，个体对自己是否能够成功地进行某一成就行为的主观判断是（　　）。

A. 自我意识　　B. 自我效能

C. 自我实现　　D. 自我归因

【解析】本题考查自我效能的定义，题干表述的信息是自我效能感的定义。

参考答案：B

例 5：（天津师范大学，2021）名词解释：控制点。

【解析】直接答出控制点的定义即可。

参考答案：控制点这一概念是心理学家罗特提出的，是指人们关于影响自己行为和结果的力量位置的看法。控制点理论分为两种类型：内部控制与外部控制。

例 6：（中央财经大学，2017）单选：首次在动物实验中发现“习得性无助”现象的是（　　）。

A. 罗特　　B 巴甫洛夫　C. 斯金纳　　D. 塞利格曼

【解析】本题考查习得性无助概念的提出，塞利格曼最初通过动物实验，提出了习得性无助的概念。

参考答案：D

考法 2　自我效能感的影响因素

社会心理学科目中，本考点的内容一般通过选择、简答题进行考查。所涉及的知识点会在普通心理学、教育心理学与动机相关章节中以更加多样的形式做灵活考查，因此在部分社会心理学教材中可能未有体现，在复习中可以从两个科目教材的内容中进行补充，结合复习。

例 7：（312 统考，2018）多选：班杜拉认为，影响自我效能感的因素有（　　）。

A. 直接经验　B. 替代经验　C. 言语说服　D. 情绪唤起

【解析】本题考查自我效能的影响因素，班杜拉指出，影响自我效能感的因素有直接经验、替代经验、言语说服以及情绪唤起四个方面。

参考答案：ABCD

考研考法实战 答案见 D84 页

1.（华南师范大学，2016）单选：当我们面对一个特定任务时，对自己胜任能力的评价，称之为（　　）。

A. 自我关注　B. 自我控制　C. 自我效能　D. 自我图示

2.（中央财经大学，2015）单选：20 世纪五六十年代提出控制点理论的是美国心理学家（　　）。

A. 罗特　　B. 韦纳　　C. 琼斯　　D. 戴维斯

3.（312 统考，2009）简答：什么是自我效能感？影响自我效能感的主要因素有哪些？

综合问题 1　提高自尊的方法与途径

综合点 1　提高自尊的方法与途径

该综合点主要考查本章节三个考点的内容，以简答或论述题的形式，要求考生在简述或结合实际论述如何提高或培养个体的自尊，如果考查培养特定群体的自尊水平，还会涉及部分有关自我的理论、自我概念的功能以及自我概念发展的相关知识点。

例 8：（上海师范大学，2018）简答：自尊的含义与功能，怎么提高青少年自尊？

【解析】本题考查自尊的含义与功能，以及提高青少年自尊的方法，先回答自尊的含义与功能，再结合影响自尊的环境与经验因素、自我提高、自我效能感等知识点进行简要叙述，言之有理即可。

参考答案：

（1）自尊的含义与功能：

自尊是指个体对自己整体状况的满意水平，可以是积极的也可以是消极的，并具有跨时间和情境的一致性。自我价值理论认为，自尊是个人按照一定的价值标准对自己进行价值评判后获得的自我价值感。

自尊是行为的动力，对身心健康具有决定性作用，高自尊者能够树立合适的目标，以自我提高的心态来利用反馈，并成功地应付困难情境；马斯洛认为，自尊需要的满足会使人相信自己的力量和机制，使人们在生活中变得更有能力，更富有创造性。

（2）提高青少年自尊的方法：

对于青少年而言，影响自尊的主要因素包括父母教养的方式、学业成绩以及个体经验等方面，合适的父母教养方式、有价值的成功经验、良好的学业成绩以及健康的学业评价模式都能够帮助青少年建立良好的、高水平的自尊。简单来说，可以从如下几个方面着手：

①从家庭因素入手，保证合适的教养方式：

研究表明，民主型教养方式有利于儿童高自尊的形成，专制型教养方式导致较低的自尊水平，家庭环境是影响青少年自尊的因素之一，父母采用正确的教养方式对待青少年，能够帮助青少年建立其高水平的自尊。

②从学校角度入手，建立合理的学业评价模式：

学业成绩会在一定程度上，通过教师、家长和社会对学生的整体评价来影响青少年的自尊，成绩较好的学生往往能够从学校层面得到更积极的整体评价，从而使他们的自尊水平得到提高。因此，可以通过帮助青少年取得良好的学业成绩，同时建立健全合理、健康的学业评价模式，帮助青少年在学校从老师、同学方面获得更多的积极评价来提高他们的自尊。

③从个人角度入手，帮助青少年建立自我效能感：

自尊作为个人内心的感受，意味着不同的个体经历会影响个体的自尊水平，可以通过帮助积累有价值的成功经验，帮助青少年建立高水平的自我效能感，来提高其自尊水平。另外，积极的自我概念也与高水平的自尊有关，帮助青少年掌握合理的自我提高技巧，通过用有利于对自己做出正面评价的方式收集并解释有关自我的信息，帮助青少年对自己产生较高的评价，也有助于自尊的提高。

考研考法实战 答案见 D84 页

1.（西南大学，2018）案例分析：小馨从小在城镇里，在自己的学校是佼佼者，被别人羡慕，学习好，人缘也很好。后来升入重点高中，感受到和城市学生的差距，发现自己只能成绩中上，城市同学的英语从小学，自己英语口语不如城市同学，城市同学从小看书多，见多识广，经济和物质水平就更不用说，努力也无法改变，没有共同话题，无法融入，于是将自己封闭起来，拒绝交流，慢慢地同学以为她刻苦学习，也渐渐疏远她。

问题：

（1）指出小馨的心理问题，如何改变小馨的自卑心理；

（2）阐述自己对自尊和自我效能感的认识，并说明如何提升自尊和自我效能感；

（3）结合案例运用归因理论说明如何消除自卑心理。

章节考点　综合训练

答案见 D84 页

一、单项选择题

1.（吉林大学，2011）社会心理学意义上的自我意识包含三种成分，它们分别是（　　）。

A. 自我觉知、自我情感、自我评价

B. 自我评价、自我情感、自我意向

C. 自我认知、自我情感、自我控制

D. 自我认知、自我表现、自我意向

2.（华东师范大学，2015）人们所持有泛化的关于事件是否受控于自己的预期称作（　　）。

A. 可能自我　B. 控制点　C. 理想自我　D. 控制错觉

3.（南京师范大学，2015）个体所取得的成就是（　　）的重要信息来源。

A. 自我概念　B. 自我知觉　C. 自我效能　D. 自尊

4.（华东师范大学，2011）社会心理学意义上的自我觉知指的是（　　）。

A. 发动并维持自我意识活动过程的高度集中的自我注意状态

B. 个体对自身状况所作的肯定或否定的判断

C. 影响自我意识形成、方向或目标的心理加工过程

D. 对自己身心状况、人—我关系的认知、情感以及由此而产生的意向

5.（福建师范大学，2016）外控型的个体对于自己的成功进行归因时最有可能归为（　　）。

A. 能力　B. 努力　C. 态度　D. 运气

6.（四川师范大学，2022）以下理论中不属于自我概念的相关理论的是（　　）。

A. 詹姆斯的自我理论

B. 埃里克森的自我同一性危机理论

C. 沙利文的人际关系学说

D. 马斯洛的自我实现理论

7.（华中师范大学，2021）根据研究结果，（　　）在东亚文化中比在北美文化中更普遍。

A. 基本归因偏差　B. 互依型自我

C. 归因偏差　D. 分析性思维

8.（四川师范大学，2022）个体用一种有利于对自己做出正面评价的方式，收集和解释有关自我的信息，属于（　　）

A. 自我知觉　B. 自我确证

C. 自我提高　D. 自我效能感

9.（四川师范大学，2022）个体保持自我价值的确立和稳定，心理活动的各个方向都有一种防止自我价值遭到否定的优势心理倾向，指的是（　　）

A. 自我价值定向　B. 自我价值感

C. 自我价值支持　D. 自我价值保护

10.（华中师范大学，2021）下列不属于自我认识的途径是（　　）。

A. 内省　B. 他人评价　C. 社会比较　D. 群体冲突

二、名词解释

1.（苏州大学，2015）自我图式。

2.（华东师范大学，2014；鲁东大学，2021）习得性无助。

3.（吉林大学，2015）心理自我。

4.（首都师范大学，2014；西南大学，2018；西北师范大学，2020）自我效能感。

5.（吉林大学，2020）自我一致性。

6.（华中师范大学，2022；西南大学，2021）自我参照效应。

7.（天津师范大学，2021）控制点。

8.（广西师范大学，2021）自我意识。

9.（华南师范大学，2021；湖南师范大学，2022）自我确认。

三、简答题

1.（湖南师范大学，2011/2012）控制点理论的主要内容有哪些？

2.（山东师范大学，2017）简述自我提升和自我确认的概念，并说明它们对自我的意义。

3.（湖南师范大学，2021）自我效能感与自尊的不同。

四、论述题

1.（湖南师范大学，2020）试述米德的自我理论。

五、案例分析

1.（湖南师范大学，2018）材料：将被试分为三组，第一组的被试处于有噪音的环境中，当他们做出反应噪音就停止，第二组的被试也处于有噪音的环境中，但是不管他们怎么反应噪音都不停止，第三组被试处于没有噪音的环境中。

然后，将三组被试置于一个有噪音的箱子中，箱子两边都有按钮，按一边的时候噪音不会消失，按另一边的时候噪音消失。结果第一组和第三组的被试都成功地关掉了噪音，而第二组的被试一直只按一边的按钮，没能成功地关掉噪音。

问：这反映了什么心理现象，以及心理现象的表现状况？

第七章 人际沟通、人际关系与人际吸引

本章的内容主要包括人际关系、人际吸引以及人际沟通三部分。

本章的知识点中，除了部分较为基础的概念会以客观题形式进行考查外，大部分考查的是对知识点的理解与归纳总结能力。例如通过选择题、判断题考查对人际沟通的分类、人际吸引影响因素（或人际吸引规则）、人际关系的原则等知识点的理解与具体体现；通过简答、论述题考查对人际沟通的功能、人际吸引影响因素（或人际吸引规则）、爱情理论、人际关系发展过程的总体性掌握。此外，部分考查案例分析题的院校也会通过该题型考查本章节知识点的实际应用。

总的来说，人际沟通、人际关系与人际吸引是三部分相互联系的内容，其知识点在一定程度上前后关联，因此在复习中可以按照自己的复习习惯对这三部分的知识点进行一定的梳理、归纳与总结来提高复习效果。

第一节 人际沟通

研究真题，明确考况

考试要求	统考		自主命题	
	考题	考查点	考题	考查点
1. 人际沟通的概念	无	无	陕西师范大学，2012/2013 吉林大学，2011 苏州大学，2016 南京师范大学，2015 西北师范大学，2015	名解 / 判断 / 选择：人际沟通的定义 简答：人际沟通的结构 简答：人际沟通的功能
2. 沟通的分类	无	无	南京师范大学，2015 陕西师范大学，2014/2016 江西师范大学，2012	选择 / 判断：沟通的分类
3. 人际沟通的障碍	无	无	吉林大学，2011/2012/2014	选择 / 多选 / 简答：人际沟通的障碍
4. 人际距离	无	无	南京师范大学，2016/2017 陕西师范大学，2014 西南大学，2015	选择 / 判断：人际距离

考点 1 人际沟通的概念

考研基础必备

1. 人际沟通的定义

人际沟通是社会中人与人之间传递信息、沟通思想和交流情感的过程，简单来说，人际沟通就是人与人之间的信息交流过程。

人际沟通的意义在于，沟通为个体身心发展提供必需的信息资源，人们凭借沟通交换信息并建立与维持相互关系，同时沟通也是自我概念形成的途径。

2. 人际沟通的结构

巴克尔通过沟通的过程与结构要素图描述了沟通过程的七个要素：

①信息源，即沟通过程中的信息发出者；

②信息，即沟通传递的内容；

③信息通道，信息从信息发送者到接受者之间的信息载体；

④信息接受者，即沟通过程中接受信息的人；

⑤反馈，沟通中信息的接受者不断地将沟通的结果再回送给发出者，使其进一步调整沟通动作，从而形成一个沟通的回路，这个过程就是反馈；

⑥障碍，指会给沟通过程中增加困难或使双方没能很好地完成沟通的因素；

⑦背景 / 环境，即沟通过程发生的背景或环境，包括物理背景、心理背景、社会背景与文化背景。任何形式的沟通，都要受到各种环境因素的影响。

3. 人际沟通的功能

人际沟通的功能可以归纳为如下三个方面：

①协调作用：体现在两个方面。其一是协调情感，使沟通者的心理得到某些满足；其二是协调动作，即从沟通的信息中调节自己的行为。

②保健作用：人际沟通是人类特有的需求，人际沟通的需求是否得到满足会影响个体的身心健康。

③形成和发展社会心理的作用：人的社会心理是在同他人的人际沟通中逐渐形成和发展起来的，社会心理现象

和规律以交流信息为前提。

考研考法突破

考法 1 人际沟通的定义

通过选择、判断、名词解释题直接考查人际沟通的定义。

例 1：（陕西师范大学，2012）判断：人际沟通的过程就是信息交流的过程。（ ）

【解析】人际沟通就是人与人之间的信息交流的过程。

参考答案：正确

考法 2 人际沟通的结构

通过简答题直接考查人际沟通的过程与构成沟通结构的要素。

例 2：（南京师范大学，2015）简答：简要回答沟通过程的基本要素及其关系。

【解析】回答出沟通过程中信息的传递以及构成沟通结构的七个要素，并分别进行简要说明即可。

参考答案：

巴克尔描述了沟通过程的七个基本要素，分别是：

①信息源，即沟通过程中的信息发出者；

②信息，即沟通传递的内容，信息发出者将其进行编码转换成各种别人可觉察到的信号（如语言、声音、文字等），将其传递给信息接受者；

③信息通道，信息从信息发送者到接受者之间的信息载体，例如耳朵和嘴就是视听信息的信息通道；

④信息接受者，即沟通过程中接受信息的人；

⑤反馈，沟通中信息的接受者不断地将沟通的结果再回送给发出者，使其进一步调整沟通动作，从而形成一个沟通的回路，这个过程就是反馈。反馈可以分为正反馈和负反馈、模糊反馈、自我反馈等；

⑥障碍，指会给沟通过程中增加困难或使双方没能很好地完成沟通的因素；

⑦背景 / 环境，即沟通过程发生的背景或环境，包括物理背景、心理背景、社会背景与文化背景。任何形式的沟通，都要受到各种环境因素的影响。

沟通是信息交流的过程，信息发出者先将沟通信息编码转化成各种信号形式，信息通过传递媒介传送到信息接受者处，信息接受者再对收到的信息进行解码或进行反馈，这就实现了信息在个体之间的传递。此外，沟通背景与沟通中的障碍都会对沟通的过程造成影响。

考法 3 人际沟通的功能

通过简答题直接考查人际沟通功能的内容。

例 3：（西北师范大学，2015）简答：简述人际沟通的功能。

【解析】人际沟通的功能包括协调作用、保健作用以及形成和发展社会心理作用，分点进行简要叙述即可。

参考答案：

人际沟通的功能可以归纳为如下三个方面：

①协调作用：体现在两个方面。其一是协调情感，使沟通者的心理得到某些满足；其二是协调动作，即从沟通的信息中调节自己的行为。人们在人际沟通过程中表达自己的观点，提出对他人的要求，解决之间存在的冲突。

②保健作用：人际沟通是人类特有的需求，人际沟通的需求是否得到满足会影响个体的身心健康。例如对于空巢老人群体而言，人际沟通的缺乏往往使得他们的幸福感减弱，并且容易出现身心疾病。

③形成和发展社会心理的作用：人的社会心理是在同他人的人际沟通中逐渐形成和发展起来的，社会心理现象和规律以交流信息为前提。例如，如果缺乏足够的人际沟通，个体的社会化进程就无法正常进行。

考研考法实战 答案见 D86 页

1.（苏州大学，2018）名词解释：人际沟通。

2.（吉林大学，2011）单选：社会心理学认为，人际沟通是（ ）。

A. 人与人之间的联系过程　　B. 人们面对面的交流

C. 人际关系的表现形式　　D. 双向沟通

考点 2 沟通的分类

考研基础必备

按照不同的划分标准，可以将沟通分为不同类型（见表 7–1）。

表 7–1 沟通的分类

分类	含义
语言沟通与非语言沟通	语言沟通是借助语言符号实现的沟通； 非语言沟通是借助于目光、表情、体态、声调、空间距离等实现的沟通
口语沟通与书面沟通	口语沟通是指借助于口头语言实现的沟通； 书面沟通即借助于书面文字材料实现的信息交流
有意沟通与无意沟通	有意沟通指的是有特定的目的，并且经过一定的专门准备的沟通； 无意沟通指的是虽然双方是进行信息交流的过程，但沟通双方可能并没有意识到沟通已发生，在无意识状态下发生的沟通

续表

分类	含义
正式沟通与非正式沟通	正式沟通是在正式社交情境中发生的沟通，如会议、演讲等； 非正式沟通是在非正式社会情境中发生的信息交流，例如聚会、小道消息等
个人内沟通与人际沟通	个人内沟通是个体在与他人沟通前先在内部产生的自我沟通过程，体现为对沟通的准备或是独自的自我沟通； 人际沟通即为人与人之间的信息交流过程
群体沟通与大众沟通	群体沟通可以分为小群体沟通、公众沟通与组织沟通。其中，小群体沟通还可以分为轮式、环式、链式、Y 式、全通道式五种不同的沟通网络结构，分别有不同的沟通特性； 大众沟通指通过广播、电视、计算机等媒介实现的信息交流
新兴沟通类型	包括电子邮件、即时通信工具、电子通勤、超感沟通等

考研考法突破

考法 1 具体类型沟通与生活实例的对应

常以选择、判断题形式，通过给出生活实例，考查对不同类型沟通的理解。在复习该考点时可以结合生活实际帮助巩固记忆。

例 4：（南京师范大学，2015）单选：通过广播、电视、报刊等传播媒介实现的信息交流称为（　　）。

A. 言语沟通　B. 公众沟通　C. 书面沟通　D. 大众沟通

【解析】本题直接考查大众沟通的主要形式，广播电视与报刊为媒介的信息交流不属于言语沟通与书面沟通，公众沟通是群体沟通的形式，例如演讲者与听众的沟通，且在这一过程中演讲者掌握对沟通过程的控制力，但听众也会积极参与沟通。因此选 D。

参考答案：D

考法 2 具体类型沟通的特点

通过选择、判断题形式，考查某一具体类型沟通方式的特点，这一考法在社会心理学学科的考查中并不常见，主要在管理心理学关于组织沟通相关章节中考查，复习中可以作为补充，在有余力的情况下选择性复习。

例 5：（陕西师范大学，2014）判断：在正式的沟通网络中，圆形沟通最快，轮形沟通其次，而链形沟通最慢。（　　）。

【解析】本题考查小群体沟通的网络结构，在不同的沟通网络结构中，轮式沟通最快、圆形沟通最慢。

参考答案：错误

考研考法实战 答案见 D86 页

1.（江西师范大学，2012）单选：有特定目的，并且经过一定的专门准备的沟通叫作（　　）。

A. 书面沟通　B. 有意沟通　C. 正式沟通　D. 无意沟通

2.（陕西师范大学，2016）判断：小道消息属于非正式的沟通群体，簇型是通过一连串的人将小道消息传播给最终的接收者。（　　）

考点 3 人际沟通的障碍

考研基础必备

人际沟通中存在的障碍会影响人际沟通的质量，主要的人际沟通障碍有如下几方面：

①物理环境障碍。是指人们所处的沟通环境中存在的障碍，例如环境中的噪音、沟通环境的整洁度、沟通时的气候条件等。

②个人障碍。个体的情绪、知觉等个性倾向和个性心理特征所造成的沟通障碍。

③文化与语义障碍。指不同文化所导致的社会风俗、语言不通、非语词符号的理解所造成的沟通障碍。

④组织结构障碍。由于社会组织过于庞大、臃肿导致人际沟通的中间环节过多，沟通信息在传递过程中的损耗所造成的沟通障碍。

⑤社会心理障碍。对人际沟通的恐惧、人际交往能力不足而导致的沟通障碍。

⑥地位障碍。由于社会地位、宗教、职业等差异导致的沟通障碍。

考研考法突破

考法 1 人际沟通障碍的内容

通过选择题、简答题考查常见的人际沟通障碍的种类与具体体现的功能。

例 6：（吉林大学，2011）多选：在现实生活中，人际沟通受到诸多消极因素的影响，导致沟通过程受到阻碍，这些因素包括（　　）。

A. 地位障碍　　B. 组织结构障碍

C. 文化背景障碍　　D. 个性障碍

E. 社会心理障碍

【解析】本题直接考查人际沟通障碍的种类，选项中均属于导致人际沟通受阻的因素。

参考答案：ABCDE

考研考法实战 答案见 D86 页

1.（吉林大学，2012）单选："隔行如隔山"造成的人际沟通障碍，属于人际沟通障碍中的（　　）。

A. 社会心理障碍　　B. 个性障碍

C. 文化障碍　　D. 地位障碍

2.（南开大学，2012；吉林大学，2014）简答：简述主要的人际沟通障碍。

考点 4 人际距离

考研基础必备

爱德华·霍尔将日常生活中人与人的空间距离分为四类，分别是亲密距离、个人距离、社交距离和公共距离，每一种距离又有近范围与远范围之分。

1. 亲密距离

仅限在情感高度密切联系的人之间使用。亲密距离的近范围就是身体的直接接触，远范围为 0.15~0.45 米。

2. 个人距离

是朋友间进行沟通的适当距离。个人距离的近范围为 0.45~0.76 米，远范围为 0.76~1.22 米。

3. 社交距离

亲密 / 个人距离一般用于非正式社交场合，而社交距离用于正式的社交场合。社交距离的近范围为 1.22~2.13 米，远范围为 2.13~3.65 米。

4. 公共距离

公开演说时演说者与听众保持的距离。公共距离的近范围为 3.65~7.62 米，远范围为 7.62 米以上。

考研考法突破

考法 1　人际距离

通过选择题、判断题考查某一类人际距离的定义与距离值。

例 7：（西南大学，2015）单选：朋友间的适当距离一般为（　　）。

A. 亲密距离　B. 个人距离　C. 公众距离　D. 社会距离

【解析】本题考查个人距离的定义，个人距离是朋友之间进行沟通的适当距离。

参考答案：B

例 8：（陕西师范大学，2014）判断：社会距离是一般的社会交往时常保持的距离，在 3.6~7.6 米之间。（　　）

【解析】本题考查社会距离的定义及范围，社会距离用于正式社交场合，是一般社会交往时常保持的距离，其近范围是 1.22~2.13 米，远范围是 2.13~3.65 米。3.6~7.6 米是公共距离的近范围，因此题干信息错误。

参考答案：错误

考研考法实战 答案见 D86 页

1.（南京师范大学，2017）单选：心理学研究建议，个人距离保持在（　　）米之间。

A. 0.15~0.45　　B. 0.45~1.22

C. 1.22~3.65　　D. 3.65~7.62

2.（南京师范大学，2016）单选：爱德华・霍尔将日常生活中人与人之间的距离分为亲密距离、个人距离、社交距离和（　　）。

A. 生理距离　B. 文化距离　C. 公共距离　D. 私人距离

第二节　人际吸引

研究真题，明确考况

考试要求	统考		自主命题	
	考题	考查点	考题	考查点
1. 人际吸引的影响因素	2018	多选：人际吸引的影响因素	苏州大学，2018 华东师范大学，2016/2022 南京师范大学，2017 陕西师范大学，2012 西南大学，2008	选择 / 名解 / 简答 / 案例分析：人际吸引的影响因素
2. 爱情	2012	多选：爱情三角形理论	西南大学，2015 吉林大学，2011 南京师范大学，2017 北京师范大学，2014	选择：罗密欧与朱丽叶效应 选择：爱情的类型 选择 / 简答：爱情三角形理论

考点 1　人际吸引的影响因素

考研基础必备

人际吸引是人与人之间的相互接纳与喜欢。人际吸引的规则，也是影响人际吸引的主要因素。主要有以下几个方面：

1. 熟悉效应与邻近效应

熟悉本身可以增加一个人对某种对象的喜欢。熟悉效应，也称为曝光效应，是指一个人仅仅经常在我们面前出现便能增强我们对他的喜欢。熟悉效应会受所接触对象的性质影响，熟悉增加了个体对正面与中性对象的喜欢水平，而对反面对象则没有影响。

邻近效应是指一种居住位置越近的人之间关系越亲密的现象。对这一现象的主要解释有四种：①接近性增加了熟悉程度；②接近性常常和相似性联系在一起；③人们能从居住接近的人身上以相对较少的代价获得社会性报酬；④基于认知一致性，如果和我们住在一起或者一起工作的人是我们不喜欢的，会引起我们心理上的焦虑。

2. 个人特征

①才能。才能与被人喜欢的程度，在一定限度内成正比例关系，才能越高，越受人喜欢。超出这个范围，其才能所造成的压力就成了主要的作用因素，使人倾向于逃避或拒绝。

此外，小小的错误会使有才能的人的吸引力更增加一层，这被称为“犯错误效应”。

②美貌与外在吸引力

外貌魅力会引发明显的辐射效应，使人们对高魅力者的判断具有明显的倾向性。有吸引力的人被认为拥有与外貌毫不相干的优秀品质。但是，如果人们感到有魅力的人在滥用自己的美貌则会反过来倾向于对他们实施更为严厉的惩罚。

③个性品质

个性品质对人际吸引的影响很大，而且这种吸引比较稳定和持久。我们喜欢具有积极个性品质的人而讨厌具有消极个性品质的人。在诸多个性品质中人们最强调真诚的品质。

3. 相似性与互补性

诸如道德观念、宗教信仰、社会地位、教育程度等方面的相似性都影响人际吸引。相似性能引起喜欢，喜欢也能使双方在关系的发展中逐渐产生相似性。

互补性是指双方在交往时产生的互相满足的心理状态。人际吸引中的互补因素，往往在感情较深的朋友，夫妻间发生作用；另外一种互补的情况是他人的某一特点满足了自己的理想，从而增加了其对这个人喜欢的程度，这不是严格意义的互补，而是补偿作用。

相似性与互补性有时是协同的，并且在不同的情况下，相似性与互补性具有不同的作用。

考研考法突破

考法 1　人际吸引规则的主要内容

通过选择、简答题或案例分析题考查人际吸引规则的主要内容。

例 1：（苏州大学，2018；华中师范大学，2022）简答：简述人际吸引的影响因素。

【解析】本题考查了人际吸引的影响因素，即人际吸引的规则。包括熟悉与邻近效应（熟悉性、接近性）、相似性、互补性以及个人特征，分点简要作答即可。

参考答案：

人际吸引是人与人之间的相互接纳与喜欢，影响人际吸引的主要因素有以下几个方面：

（1）熟悉效应与邻近效应：

熟悉效应，也称为曝光效应，是指一个人仅仅经常在我们面前出现便能增强我们对他的喜欢。但这种熟悉引起喜欢的作用会受所接触对象的性质影响，熟悉增加了个体对正面与中性对象的喜欢水平，而对反面对象则没有影响。

邻近效应是指一种居住位置越近的人之间关系越亲密的现象。

（2）个人特征：

影响人际吸引的个人特征包括个性品质、才能、外貌与外在吸引力等。

外貌魅力会引发明显的辐射效应，使人们对高魅力者的判断具有明显的倾向性。但是，如果人们感到有魅力的人在滥用自己的美貌则会反过来倾向于对他们实施更为严厉的惩罚。

才能与被人喜欢的程度在一定限度内成正比，才能越高越受喜欢，但超出程度过高时才能会对他人造成一定的压力，使人倾向于逃避，因此，有才能但偶尔会犯小错误的人的吸引力会更增加一层。

个性品质对人际吸引的影响很大，而且这种吸引比较稳定和持久。我们喜欢具有积极个性品质的人而讨厌具有消极个性品质的人。

（3）相似性与互补性：

诸如道德观念、宗教信仰、社会地位、教育程度等方面的相似性都影响人际吸引，相似性能引起喜欢，喜欢也能使双方在关系的发展中逐渐产生相似性。

互补性是指双方在交往时产生的互相满足的心理状态，人际吸引中的互补因素，往往在感情较深的朋友，夫妻间发生作用；另外一种情况是他人的某一特点满足了自己的理想，从而增加了其对这个人喜欢的程度，这不是严格意义的互补，而是补偿作用。

例 2：（华东师范大学，2016）单选：在阿伦森实验中，（　　）的个体人际吸引力最高。

A. 能力差不犯错　　B. 能力差又犯错
C. 能力强不犯错　　D. 能力强但犯错

【解析】本题考查了人际吸引规则中的个人特征因素。阿伦森通过实验证明了个人特征对人际吸引的影响。他发现，才能与被人喜欢的程度在一定限度内成正比，才能越高越受喜欢，但超出程度过高时才能会对他人造成一定的压力，使人倾向于逃避，因此，有才能但偶尔会犯小错误的人的吸引力会更增加一层，这被称为“犯错误效应”。故选择 D

参考答案：D

考研考法实战 答案见 D86 页

1.（南京师范大学，2017）单选：如果我们对某个对象熟悉了，那么我们会发现我们更加喜欢这个对象。这种现象称为（　　）。

A. 纯粹接触效应　　B. 中心特质效应
C. 犯错误效应　　D. 辐射效应

2.（西南大学，2008）单选：物以类聚，人以群分就是强调（　　）对人际吸引的重要性。

A. 接近性　B. 熟悉性　C. 相似性　D. 互补性

3.（陕西师范大学，2012）案例分析：实验者招募了四名女性作为实验研究协助者，前测结果表明她们具有相等的吸引力。然后让她们以学生身份去上社会心理学的课，但她们不会与教授或其他学生交谈，只是走进教室安静地坐在第一排，让所有人都能看见她们。每个女助手的出勤不同，在一个学期中分别上了 1 次、5 次、10 次和 15 次课。学期末，研究者向班上学生播放这些女助手的幻灯片，让他们对这些女性的吸引力做出评分。结果发现被看到次数越多的女性越受大家喜欢。

请分析这个实验证明了影响人际吸引的什么效应，该效应的含义是什么，影响因素有哪些？

考点 2　爱情

考研基础必备

1. 爱情三角形理论

斯腾伯格提出了爱情三角理论，他认为所有的爱情都应含有三因素：亲密、激情、承诺。其中亲密指彼此依附亲近的感觉，是爱情的情感成分；激情包括强烈的情感以及社会需求，是爱情的动机成分；承诺是指与对方相守的意愿及决定，是爱情的认知成分。

这三个要素分别代表了爱情的三个顶点，三角形的面积越大，代表爱情的程度越深；若三角形的形状越不像正三角形，则表示三要素中的一个要素被特别凸显，这种爱情越不均衡。如图 7-1 所示。

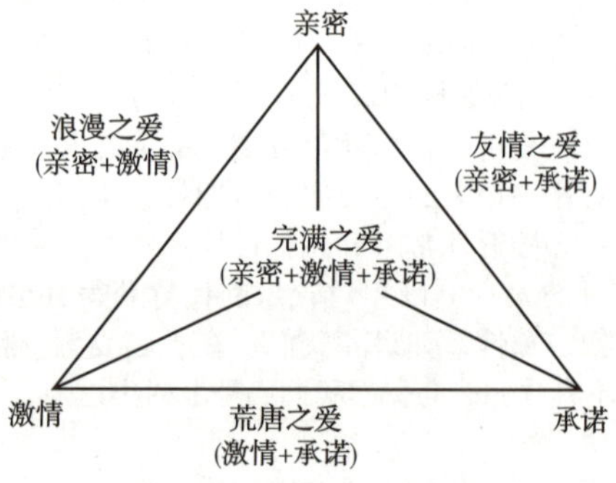

图 7-1　爱情三角形理论

根据三种成分在爱情中的有无，斯腾伯格指出了八种不同类型的爱情关系，分别为：无爱（不占任何一种成分）、喜欢（仅有亲密成分）、迷恋（仅有激情成分）、空洞的爱（仅有承诺成分）、浪漫的爱（亲密＋激情）、友情的爱（亲密＋承诺）、荒唐的爱（激情＋承诺）、完美的爱（三种成分的结合）。

2. 爱情的类型

约翰·李将爱情划分为六种不同的爱情类型：

①情欲之爱：一见钟情式的爱。

②游戏之爱：将爱情视作游戏。

③友情之爱：从友情中演变而来，缓慢发展的爱。

④现实之爱：讲求实际，站在现实角度选择恋人的爱。

⑤激情之爱：对情人有强烈依赖和占有欲，因对方情绪变化而影响自己情绪的爱。

⑥奉献之爱：无私地、给予式的爱情，为爱人付出不计回报的爱。

3. 爱情中的罗密欧与朱丽叶效应

罗密欧与朱丽叶效应是指在恋爱中，如果出现干扰恋爱双方爱情关系的外在力量，恋爱的双方情感反而会有所加强，恋爱关系也更加牢固的现象。

考研考法突破

考法 1　爱情三角形理论的内容

通过选择、简答题直接考查爱情三角形理论的基本内容。

例 3：（北京师范大学，2014；华中师范大学，2021；天津大学，2020）简答：简述斯腾伯格的爱情三角理论。

【解析】本题考查爱情三角形理论的基本内容，分别从爱情的三要素、三种要素不同占比而延伸出的八类爱情进行作答。

参考答案：

斯腾伯格提出的爱情三角理论认为，爱情主要由亲密、激情和承诺三种成分（要素）组成。这三要素分别代表了爱情三角形的三个顶点，三角形的面积越大，代表爱情的程度越深。若形状越不像正三角形，则表示三要素中的其中一个要素被特别凸显，这种爱情越不均衡。

亲密指彼此依附亲近的感觉，是爱情的情感成分，通过自我揭露，沟通内心感受和提供情绪上、物质上的支持来达成；激情包括强烈的情感以及社会需求，如思念、害羞、羡慕、兴奋等，是爱情的动机成分；承诺是指与对方相守的意愿及决定，能传达承诺成分的行动有誓约、忠实、共渡难关、订婚、结婚等，是爱情的认知成分。三种成分的稳定性是不同的，承诺的稳定性最高，激情的稳定性较低但短期效果强，亲密也有较长期的效果。随着相处的时间增加及互动方式的改变，三种成分也会有所改变。

由于亲密、激情和承诺这三种成分在爱情中所占的比例会不断变动，斯腾伯格指出了八种不同类型的爱情关系，分别为：无爱（不占任何一种成分）、喜欢（仅有亲密成分）、迷恋（仅有激情成分）、空洞的爱（仅有承诺成分）、浪漫的爱（亲密＋激情）、友情的爱（亲密＋承诺）、荒唐的爱（激情＋承诺）、完美的爱（三种成分的结合）。

考法 2　爱情的类型

通过选择题考查约翰李所划分的爱情类型的具体体现。

例 4：（西南大学，2015）单选：为了房、车、家世等而进行的恋爱，属于（　　）。

A. 浪漫之爱　B. 友情之爱　C. 现实之爱　D. 游戏之爱

【解析】本题考查约翰·李对爱情类型的划分，为了房、车和家世而进行的恋爱，属于站在现实角度上选择伴侣的爱，是一种现实之爱。

参考答案：C

考法 3　罗密欧与朱丽叶效应

通过选择、名词解释题直接考查罗密欧与朱丽叶效应的含义，在复习中可适当对该效应的发生机制进行简要了解，以备考查。

例 5：（南京师范大学，2015）单选：罗密欧与朱丽叶效应反映了（　　）。

A. 纯粹的接触便可以使得人际吸引更加牢固

B. 对彼此越是熟悉，人际吸引越加牢固

C. 才能与美貌增加人际吸引

D. 由于外在干扰而使得人际吸引更加牢固

【解析】罗密欧与朱丽叶效应是指在恋爱中，如果出现干扰恋爱双方爱情关系的外在力量，恋爱的双方情感反而会有所加强，恋爱关系也更加牢固的现象。D 项符合其定义。

参考答案：D

考研考法实战 答案见 D86 页

1.（312 统考，2012）多选：在斯腾伯格的爱情理论中，其基本要素包括（　　）。

A. 信任　　B. 亲密　　C. 激情　　D. 承诺

2.（吉林大学，2011）单选：爱情三角形理论认为，人类爱情包含三种成分；亲密，激情和承诺。这个理论是由下列哪位心理学家提出的？（　　）

A. 弗罗姆　B. 鲁宾　　C. 斯腾伯格　D. 阿伦森

第三节　人际关系

研究真题，明确考况

考试要求	统考		自主命题	
	考题	考查点	考题	考查点
1. 人际关系的概念	2016	选择：人际关系的测量 / 人际关系与自我展露	天津师范大学，2012/2013 南京师范大学，2014 北京师范大学，2011	名解：人际关系的定义 选择：人际关系的定义 / 人际关系与自我展露
2. 人际关系的发展过程	无	无	湖南师范大学，2010 南京师范大学，2014	简答 / 论述：人际关系的发展阶段
3. 人际关系的原则	无	无	西南大学，2010/2014	选择 / 简答：人际关系的原则
4. 改善人际关系的训练	无	无	南京师范大学，2016	选择 / 论述：改善人际关系的训练

考点 1　人际关系的概念

考研基础必备

1. 人际关系的定义

人际关系是人们在共同活动中彼此为寻求满足各种需要而建立起的相互间的心理关系，具有个体性、直接性与可感性、情感性的特征（乐国安 / 十三所高校联合编写组）。

人际关系是人们在人际交往过程中所结成的心理关系，表现在人们对他人的影响与依赖（侯玉波）。

人际关系是指人与人之间通过直接交往形成起来的相互之间的情感联系（金盛华）。

2. 人际关系与自我展露

自我展露是指个体把有关自己的信息告诉他人，与他人共享自己内心的感受和信息。

自我展露是发展人际关系最常用也最有效的方法

社会渗透理论指出，与他人交往时，人们在自我展露的时候应遵循相互性规范，即自己的展露水平与他人展露水平相对应，过度的自我展露反而会使他人产生对人际交往的排斥。

3. 人际关系的测量

人际关系的测量方法包括社会测量法、参照测量法以及人际关系测验。

考研考法突破

考法 1　人际关系的定义

通过名词解释、选择题考查人际关系的定义。由于不同的作者在各自主编的教材中均对人际关系的定义做出了自己的总结，因此对于此类题型建议考生以院校指定教材中的定义为准。

例 1：（天津师范大学，2012/2013；湖南师范大学，2013）名词解释：人际关系。

【解析】直接答出人际关系的定义即可，可适当简要介绍人际关系的特征作为补充。

参考答案：人际关系是指人与人之间通过直接交往形成起来的相互之间的情感联系，具有个体性、直接性与可感性、情感性三个方面的特征。

考法 2　人际关系与自我展露的关系

该考法较为少见，312 统考与少部分自命题院校有所考查，一般通过选择题考查人际关系中自我展露的相关内容，可结合历年考情简要进行复习。

例 2：（312 统考，2016）单选：人们在自我表露时候通常遵循的原则是（　　）。

A. 相互性原则　　B. 折扣原则

C. 公平性原则　　D. 自我监控原则

【解析】本题考查人际关系中的自我表露。社会渗透理论指出，人们在自我表露的时候通常遵循相互性原则，即个体的自我表露水平应当与交往对象的自我表露水平相对应。

参考答案：A

考研考法实战 答案见 D86 页

1.（南京师范大学，2014）单选：人际关系是人与人在沟通与交往中建立起来的直接的（　　）的联系。

A. 心理上　B. 行为上　C. 价值观上　D. 利益上

2.（北京师范大学，2011）单选：奥尔特曼（I. Altman）提出的“社会渗透理论”，人们在自我展露的时候常常遵循（　　）。

A. 公平性原则　　B. 互惠性原则

C. 交换性原则　　D. 相互性原则

考点 2　人际关系的发展过程

考研基础必备

1. 人际关系的发展（见表 7–2）

表 7–2　人际关系的发展

阶段	内容
交往定向阶段	①注意、抉择、初步接触；谈话生疏，只做礼貌性客套谈话，以致互动不丰富（关系的产生与营造）。 ②浅层的自我暴露；无关紧要的话题
情感探索阶段	又称实验阶段，开始探索彼此个性，行为较自然而平顺，对表面化话题会比较开放（关系更进一步的跳板）
感情交流阶段	①开始有较深的情感卷入，谈论一些相对私密性的话题； ②双方已日渐熟识，且能相互影响，交谈内容丰富而有趣，彼此相互吸引，行动一致，心灵相通（关系行为是同步的）
稳定交往阶段	双方沟通已达极致，看法一致，可以允许对方进入自己高度私密的个人领域（关系达到最隐密的部分）

2. 人际关系的破裂（见表 7–3）

表 7–3　人际关系的破裂

阶段	内容
分歧	分歧意味着人际关系双方不同点扩大，心理距离增加，彼此接纳性下降
收敛	关系出现裂痕，沟通减少
冷漠	交往双方放弃增进沟通的努力，人际气氛变得冷淡
逃避	随着关系恶化，交往双方互相回避，特别避免只有两个人的无所适从的窘境
终止	关系的终止可能是立即完成的，也可能拖延很久

3. 人际关系破裂的预防

①相信一切冲突都可以理性而建设性地获得解决；

②客观地了解冲突的原因；

③具体地描述冲突；

④向别人核对自己有关冲突的观念是否客观；

⑤提出可能的解决冲突的办法；

⑥对提出的办法逐一进行评价，筛选出最佳解决途径，最佳方法必须对双方都有益；

⑦尝试使用选择出的最佳办法；

⑧评估实现最佳方案的实际效应，并按照给双方带来最大利益和有利于良好人际关系维持的原则给予修正。

考研考法突破

考法 1　人际关系的发展

通过简答、论述题考查人际关系的发展阶段。

例 3：（湖南师范大学，2010）简答：简述人际关系建立与发展的基本过程。

【解析】本题考查人际关系建立与发展的基本过程，按照人际关系发展过程的顺序分点简要作答即可。

参考答案：

奥尔特曼和泰勒认为，人际关系的形成与发展大致要经历四个阶段：

①交往定向阶段：这一阶段涉及交往对象的选择，包含着对交往对象的注意、抉择和初步沟通等多方面的心理活动。

②情感探索阶段：这一阶段交往双方开始探索彼此在哪些方面可以建立信任和真实的情感联系。

③感情交流阶段：这一阶段双方在生活领域中涉及的人际关系安全感和信任感得到确立，双方关系的性质开始出现实质性变化。

④稳定交往阶段：这一阶段交往双方心理上的相容性进一步增加，开始允许对方进入自己高度私密性的个人领域。但许多人难以达到这一阶段，仅仅是在第三阶段的同一水平上不断重复。

考研考法实战 答案见 D87 页

1.（南京师范大学，2014）论述：论述人际关系发展的阶段。

考点 3　人际关系的原则

考研基础必备

人际关系的相关原则如表 7–4 所示。

表 7–4　人际关系的原则

原则	主要内容
真诚原则	真诚使人们对于与自己交往的人对自己怎样行为有明确的预见性，因而更容易建立其安全感和信任感；
交互原则	人们希望通过人际交往寻求自我价值的确立和情绪安全感，这会引导人们在社会交往中表现自己，并处处期待别人首先接纳、喜欢自己； 人们有着保护自己心理平衡的稳定倾向，都要求自身同他人的关系保持某种适当性、合理性，并据此使自己的行为及与别人的关系得到解释； 当个体得到别人的接纳和支持时，个体会感到“应该”报以友好，同样地当个体对他人做出友好行为时，也期望他人做出相应的回答
功利原则（平等原则）	人际交往的本质是社会交换，“费力最小原则”是人类行为基本原则之一； 增值交换与减值交换：价值取向不同，引导着人际交往中不同的社会交换机制
自我价值保护原则	自我价值保护倾向：根据自我价值定向理论，保护自我价值不受威胁和提高自我价值，是个人先定的优势心理倾向。 人际吸引水平增减规律（得失效应）：在人际吸引中，我们对他人的喜欢不仅取决于他人是否喜欢我们，还取决于喜欢程度、性质（喜欢或讨厌）的变化。 保护他人的自我价值，才可能被别人接受和赢得别人
情境控制原则	情境控制：情境不明确或不能达到对情境的把握，会引起机体的强烈焦虑。 寻求平等与自由：只有处在平等、自由的人际情境中，人才能真正达到自我控制，获得充分的安全感

考研考法突破

考法 1　人际关系原则的内容

通过简答题、论述题直接考查人际关系原则的基本内容。

例 4：（西南大学，2014）简答：简述人际关系的基本原则。

【解析】本题考查人际关系的基本原则，对五个人际关系原则进行分点简要作答即可。

参考答案：

人际关系，是指人们在各种具体的社会领域中，通过人与人之间的交往建立起心理上的联系，它反映在群体活动中，人们相互之间的情感距离和相互关系。人际交往有以下原则：

（1）真诚原则。真诚的品质与交往方式，在人际交往中具有尤其特殊的地位。真诚使人们对于与自己交往的人对自己怎样行为有明确的预见性，因而更容易建立其安全感和信任感。

（2）交互原则。交往中他人的评价是自我价值的重要来源。社会心理学家强调，我们在人际交往、人际关系的确立与维持当中，必须首先遵循交互原则。在交往过程中相互重视、相互支持。

（3）功利原则。人际关系的交互原则所强调的是人际交往行为倾向的相互对应。在日常生活中，人与人之间的交往更多的时候都不只需要倾向的相互一致，还需要保持交换的对等。根据人际交往的交互原则，人际交换中回报与付出应当是对应的。“费力最小原则”是人类行为的基本原则之一，即人都有用最小付出换取最大回报的倾向，因此商界人们会讨价还价，走路会倾向于走捷径。人际交往的本质是社会交换，有增值交换和减值交换。

（4）自我价值保护原则。根据自我价值定向理论，保护自我价值不受威胁和提高自我价值，是个人先定的优势心理倾向。大量的社会心理学研究证明，任何一个人，其心理活动的各个方面，从知觉信息的选择到内部信息的加工，从对行为的解释到人际交往，都具有明显的自我价值保护倾向。

（5）情境控制原则。人具有情境控制需要，要保证在交往中能够实现对情境的自我控制并保持表现自己的自由。

考法 2　人际关系原则的实际表现

通过选择、判断题考查某一类人际关系原则的实际表现。

例 5：（西南大学，2010）单选：“爱人者，人恒爱之；敬人者，人恒敬之。”体现的人际关系原则是（　　）。

A. 交互原则　　B. 功利原则

C. 自我价值保护　　D. 增减原则

【解析】本题考查人际关系原则中的交互原则，当个体得到别人的接纳和支持时，个体会感到“应该”报以友好，同样地当个体对他人做出友好行为时，也期望他人做出相应的回答。即爱人者，人恒爱之；敬人者，人恒敬之。

参考答案：A

考研考法实战 答案见 D87 页

1.（西南大学，2008）单选：无论怎样亲密的关系，我们都不能一味地只利用而不“投资”。这说明了人际关系的（　　）。

A. 交互原则　　B. 功利原则
C. 自我价值保护原则　　D. 增减原则

2. 单选：对肯定自我价值的他人，个体对其认同和接纳，并反过来予以肯定与支持。这一现象说明了（　　）。

A. 人际关系的相互性原则
B. 人际关系的自我价值保护原则
C. 人际关系的交换性原则
D. 人际关系的平等性原则

考点 4　改善人际关系的训练

考研基础必备

1. 人际敏感性训练

敏感性训练是一种团体训练技术，最普遍的方式是训练团体或称 T 组。通常由 5 到 15 人组成，包括一名心理学家。训练期限可以是一至四周，活动方式主要是语言交流。培训小组主要以非指导性的方式为参与者提供真实体验“此时此地”的情境。参与者也会在没有社会角色限制的条件下，通过各个成员所提供的多角度的见解，学会准确掌握、理解和评价别人的情绪状态和行为的意义，并在别人真实的反馈调节中，做出正确而为别人所接纳，同时又对人际关系起积极作用的反应。

2. 角色扮演

角色扮演是一种常用的训练技术。它是通过充当或扮演某种角色，去体验、了解和领会别人的内心世界，理解自己反应的适当性，由此来增加扮演者的自我意识水平、移情能力，并改变其过去的行为方式，使之更适合于自己的社会角色，从而获得新的社交技能。

在人际关系方面，角色扮演方法可以直接帮助人们改善双方相互作用的状况，最终有效地改善彼此之间的关系。

考研考法突破

考法 1　改善人际关系的训练

对该考点的考查较为少见，有可能通过选择题直接考查训练方法的概念、类型，通过简答题考查训练方法的主要内容，或是与其他知识点相结合以论述、案例分析题考查训练方法的实际运用。在复习中可结合历年考情，有选择性地进行复习。

例 6：（南京师范大学，2016）单选：改善人际关系的训练主要有人际敏感性训练和（　　）。

A. 印象管理　　B. 自我表露
C. 角色扮演　　D. 团体协作

【解析】本题考查改善人际关系训练的主要方法，包括人际敏感性训练与角色扮演。

参考答案：C

考研考法实战 答案见 D87 页

1.（西南大学，2017）论述：举例说明如何对该大学生进行人际关系改善的训练。

章节考点　综合训练

答案见 D87 页

一、单项选择题

1.（华东师范大学，2014）在陌生人交往的最初阶段，（　　）是增进人际交往的重要因素？

A. 互补性　B. 接近性　C. 相似性　D. 熟悉性

2.（312 统考，2014）美国心理学家莫里诺提出的社会测量法主要用于测量（　　）。

A. 人际关系　B. 组织关系　C. 组织　D. 组织地位

3.（南京师范大学，2014）影响人际吸引的最重要的人格品质是（　　）。

A. 智慧　B. 真诚　C. 热情　D. 幽默

4.（华东师范大学，2021）根据斯滕伯格的爱情三元素理论，恋人之间相互了解、坦诚分享，充满安全感的情感维度属于（　　）。

A. 激情　B. 信任　C. 真诚　D. 亲密

5.（北京师范大学，2021）哪种人不会被喜欢（　　）。

A. 缺乏身体魅力的　B. 物理距离近
C. 对方喜欢自己　D. 彼此相似性高

6.（统考，2022）按照社会渗透理论，与一个刚认识的人进行交往时应遵守的规范是（　　）。

A. 相互性规范　　B. 一致性规范
C. 互补性规范　　D. 连续性规范

二、名词解释

1.（西南大学，2011）人际吸引。
2.（西南大学，2009）外貌的辐射效应。
3.（南京师范大学，2016）社会测量法。
4.（华东师范大学，2020）单纯接触效应。

三、简答题

1.（北京师范大学，2016）至少说明三条人际吸引规则并简单描述。
2.（辽宁师范大学，2014）人际沟通的心理功能有哪些？
3.（吉林大学，2020）简述中国人人际关系的特点是什么，并举例说明。
4.（吉林大学，2021）为什么真诚是最受欢迎的人际交往品质？
5.（华东师范大学，2022）我们最喜欢的人是对我们的喜欢水平不断增加的人，这是人际吸引的什么原则？请简述这一原则。

四、论述题

1.（湖南师范大学，2012）请举例分析说明，在人际沟通中，为什么要有非语词符号的沟通。

2.（上海师范大学，2021）简述影响人际关系的建立和发展的因素。

3.（四川大学，2021）论述影响友谊和吸引的因素。

五、案例分析

1.（陕西师范大学，2013）案例：研究者在麻省理工学院学生公寓进行了一项社会心理实验，研究者将入住的学生随机分配到样式相同的单元房里，住户开始彼此并不熟悉。一段时间后，调查发现，住户们与住在附近的人交往更多，更容易成为朋友。在同一层楼上，被提到愿意与住户进行交往的人中，隔壁住户占了41%，隔一扇门的邻居占了21%，而在走廊尽头的住户中，只有10%的被提到。即使在物理距离相同情况下，住在同一楼层的住户与住在不同楼层的住户相比更容易成为朋友。

请分析：

（1）该案例证实了人际吸引中的什么影响因素？

（2）该效应的含义是什么？

（3）用社会心理学的相关原理解释该效应的形成机制？

第八章 助人行为与侵犯行为

本章的内容主要包括助人行为与侵犯行为的概念、产生原因和理论解释、影响因素以及助人行为培养与侵犯行为的控制方法。

本章的知识点是社会心理学的重点部分之一，不仅会通过选择、名词解释考查对重要心理学概念的定义，还常通过简答、论述、案例分析等大分值题型考查对知识点的掌握、理解以及实际运用，且各考点之间承上启下，会在同一道题目中做联合考查。本章节的知识点考查形式相对较为固定，容易掌握答题规律，例如“论述助人行为的产生原因 / 影响因素 / 理论解释，并结合材料或联系实际给出促进助人行为 / 控制侵犯行为的方法”，在复习的过程中可根据自己的记忆习惯整理思维导图，同时在学有余力的前提下阅读文献、了解与本章节内容相关的社会热点事件作为拓展。

第一节 助人行为

研究真题，明确考况

考试要求	统考		自主命题	
	考题	考查点	考题	考查点
1. 助人行为、利他行为与亲社会行为	无	无	天津师范大学，2019 华中师范大学，2011 上海师范大学，2017 江西师范大学，2012 华南师范大学，2020	名解 / 选择：助人行为 / 利他行为 / 亲社会行为
2. 助人行为的原因	无	无	南京师范大学，2015/2016 湖南师范大学，2011/2015 华东师范大学，2022	选择 / 简答 / 论述：助人行为的原因 名解：规范激活理论
3. 责任分散现象	2013/2016	选择 / 多选：责任分散与旁观者效应	华南师范大学，2018/2021 西北师范大学，2017 上海师范大学，2019 西南大学，2016 湖南师范大学，2010/2014	名解 / 简答 / 论述：责任分散与旁观者效应 简答：社会作用力理论 案例分析：责任分散现象的实例分析
4. 助人行为的影响因素	无	无	西南大学，2008 东北师范大学，2014/2016 湖南师范大学，2013	简答：助人行为的影响因素
5. 助人行为的决策过程	无	无	湖南师范大学，2011/2013 西南大学，2009	简答 / 论述：助人行为的决策过程
6. 助人行为的促进	无	无	中央财经大学，2016 湖南师范大学，2014	简答 / 论述 / 案例分析：助人行为的促进

考点 1 助人行为、利他行为与亲社会行为

考研基础必备

亲社会行为是指一切符合社会期望而对他人、群体或社会有益的行为，包括分享、捐献、合作、助人行为等。简单来说，亲社会行为就是指一切有益于他人和社会的行为。

助人行为是指以特定的个人或群体为对象的亲社会行为，或泛指一切有利于他人的行为。

根据助人行为的动机性质，又可以分为两类：①在毫无回报的期待下，个人出于自愿而不计较外部利益地帮助他人的行为，即利他行为；②具有个人意图的，出于自己的利益，期待得到回报的助人行为。

亲社会行为、助人行为与利他行为之间是一个包含的关系（见图 8-1），整体上看三者都是有关对社会有利的行为的描述，行为越向利他行为靠近，个人的目的就越少，社会的目的就越多。

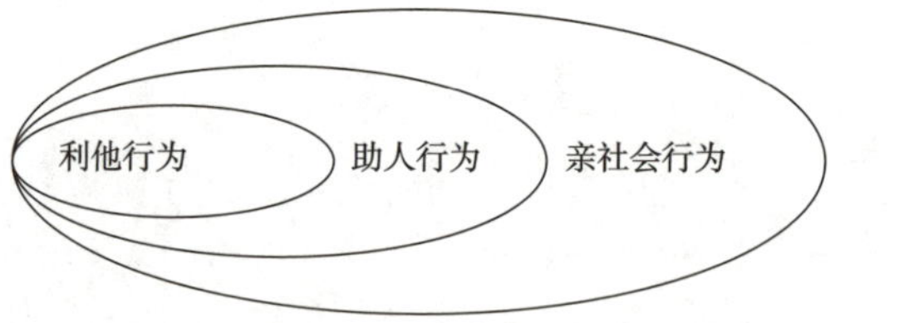

图 8-1 亲社会行为、助人行为和利他行为的关系（Krebs，1994）

来源：引自金盛华《社会心理学》。

考研考法突破

考法1 亲社会行为、助人行为与利他行为的定义

通过选择、名词解释题直接考查对亲社会行为、助人行为或利他行为定义的掌握，在复习中应当结合 Krebs 对三类行为关系的描述区分记忆三者的定义。

例1：（西南大学，2011；湖南师范大学，2012；浙江师范大学，2012/2013/2019；苏州大学，2014；西北师范大学，2015；四川师范大学，2017；天津师范大学，2019；曲阜师范大学，2021）名词解释：亲社会行为。

【解析】本题考查亲社会行为的定义，直接作答即可。

参考答案：亲社会行为是指一切符合社会期望而对他人、群体或社会有益的行为，包括分享、捐献、合作、助人行为等。简单来说，亲社会行为就是指一切有益于他人和社会的行为。

例2：（江西师范大学，2012）单选：利他行为是一种帮助他人的亲社会行为，其关键内涵在于（　　）。

A. 不期望任何回报　　B. 希望有回报

C. 想给别人留下好印象　　D. 想获得好名声

【解析】本题考查了利他行为的关键内涵，实际上是考查对利他行为与亲社会行为定义的掌握。从二者的定义中可以推断出，利他行为强调出于自愿、不计较外部利益、无回报期待地帮助他人的行为。因此选 A。

参考答案：A

考研考法实战 答案见 D89 页

1.（华中师范大学，2011；上海师范大学，2017/2021）名词解释：利他行为。

2.（南京师范大学，2017）单选：个人目的最少而社会目的最多的行为是（　　）。

A. 亲社会行为　　B. 助人行为

C. 利他行为　　D. 三者无差别

考点2 助人行为的原因

考研基础必备

1. 社会生物学的观点

社会生物学假设，助人行为是人的先天特性，助人行为具有遗传机制。

社会生物学家威尔逊（Wilson）通过对动物的长期观察说明利他行为是动物的一种以自我牺牲换取族群的生存机会的本能；Trivers 则从相互性角度阐述社会生物学观点，认为只有双向的或相互的利他行为才可作为生物学上的基础，并认为个体利他行为的潜在成本，必须经由得到来自他人帮助的可能性所抵消；Knafo 等人的研究则表明，亲社会行为的发展过程中存在着遗传与环境因素的交互作用。

2. 社会交换论的观点

社会交换论认为，人与人之间的相互作用本质上是个人在试图获得最大利益的同时付出尽可能少的代价的社会交换过程。因此人们在助人行为中也试图追求最大收益和最小的付出。

这一理论的支持者福阿和格根（Foa、Gergen）等人认为，人们在做出亲社会行为之前，往往要先对自己、对别人及对社会背景做出估价，考虑助人行为是否能够给自己带来快乐或减少自己的痛苦，不仅外在奖励可以有积极强化作用，个人自己内在的自我奖励也可以有同样的效应。

社会交换论观点的合理之处在于，它强调了助人行为是一个双向互动的过程，即帮助了别人的行为，也会给帮助者回馈积极的自我观念。

3. 社会规范论的观点

社会规范论认为，助人行为与利他行为是遍布于整个社会的行为，它们在人类历史的发展中逐渐成为社会规范的一部分。这一理论认为有如下几种规范影响助人行为：

1）交互性规范

古尔德纳（Gouldner）提出，交互性规范是人类道德准则中最普遍的成分，Myers 认为交互性规范是支配社会交换、保持社会关系中得失平衡的一个基本原则。这一规范是指，人们的助人行为应该是相互的，人应当帮助对自己有善意的人，当别人帮助我们时，会在心理上激起我们回报的压力，迫使我们以同样方式对待对方，从而表现出亲社会的行为。

2）社会责任规范

伯科威茨（Berkowitz）提出了社会责任规范的概念，是指社会期待人们去帮助需要帮助的人，人们也有义务和责任去帮助那些需要帮助的人。

3）内化的社会规范

施瓦茨提出“规范激活理论”，认为内化的社会规范的激活会引发人们对他人的道德义务感，个体道德义务感的激活、对亲社会行为的代价与后果的评估都会影响个体是否做出亲社会行为。

4）社会公平规范

人们会帮助那些值得帮助的人，没有助人行为并非责任感的缺失和违背交互性规范，而是认为对方不值得被帮助。

社会规范论更强调社会对助人行为的引导作用，从更高的角度解释了助人行为的发生。

4. 进化心理学的观点

进化心理学指出，生命的本质就是使基因存活下来，我们的基因驱使我们采用某些方法取得最大限度的生存机会。虽然生存与竞争会使自私的基因得以流传，但人类进化的成功依旧源于合作——人类会表现出克服自私的多重机制，包括：

①亲缘选择：基因使个体更加关爱拥有自己同样基因的亲属。

②直接与间接的互惠：互惠是为了群体的生存，个体帮助他人是因为期待在日后得到回报，如果受惠者不做出互惠行为则会被认为是骗子、背叛者而得到惩罚。

③群体选择：当群体之间竞争时，相互支持的群体会比其他群体存在得更长久。

5. 学习理论的观点

学习理论认为，个体在成长过程中有关助人行为规范的掌握是学习的结果，儿童在成长过程中通过强化和模仿习得父母与他人的助人行为。

6. 纯粹的利他主义

巴特森（Batson）认为，人们助人行为的原因有时是纯粹的利他主义。

考研考法突破

考法 1 助人行为的原因

通过选择题、简答题、论述题直接考查助人行为原因的理论解释。在复习中应以理解为主，掌握助人行为原因的几种主要理论解释的基本观点即可。

例 3：（湖南师范大学，2015；南京师范大学，2016；中央财经大学，2019；华南师范大学，2021；西南大学，2022）简答：简述助人行为的原因。

【解析】本题考查助人行为的原因，首先简要回答助人行为的定义，之后根据不同理论对助人行为产生的原因的观点分点简要作答即可。

参考答案：助人行为是指以特定的个人或群体为对象的亲社会行为，或泛指一切有利于他人的行为。根据助人行为的动机性质，可以分为利他行为与出于个人利益、期待回报的助人行为。对于助人行为的原因，有下列几种不同的观点：

（1）社会生物学的观点。这一观点认为，助人行为是人的先天特性，来自于人类的基因，并且助人行为具有遗传机制。

（2）社会交换论的观点。这一观点强调了助人行为是一个双向互动的过程，即帮助了别人的行为，也会给帮助者回馈积极的自我观念。这一观点的支持者认为，人与人之间的相互作用本质上是个人在试图获得最大利益的同时付出尽可能少的代价的社会交换过程。因此人们在助人行为中也试图追求最大收益和最小的付出。

（3）社会规范论的观点。社会规范论认为，助人行为与利他行为是遍布于整个社会的行为，它们在人类历史的发展中逐渐成为社会规范的一部分。而在各类社会规范中，交互性规范是人类道德准则中最普遍的成分，这一规范是指，人们的助人行为应该是相互的，人应当帮助对自己有善意的人，当别人帮助我们时，会在心理上激起我们回报的压力，迫使我们以同样方式对待对方，从而表现出亲社会行为。

（4）进化心理学的观点。进化心理学指出，生命的本质就是使基因存活下来，我们的基因驱使我们采用某些方法取得最大限度的生存机会。虽然生存与竞争会使自私的基因得以流传，但人类进化的成功依旧源于合作——人类会表现出克服自私的多重机制，包括亲缘选择、互惠以及群体选择。

（5）学习理论的观点。这一观点认为，个体在成长过程中有关助人行为规范的掌握是学习的结果，儿童在成长过程中通过强化和模仿习得父母与他人的助人行为。

（6）纯粹的利他主义。Batson 认为，人们助人行为的原因有时是纯粹的利他主义。

考研考法实战 答案见 D89 页

1.（南京师范大学，2015）单选：强调道德准则在助人行为中作用的理论观点是（　　）。

A. 社会生物学解释　　B. 社会交换理论

C. 社会规范论观点　　D. 进化心理学解释

2.（江西师范大学，2013）论述：请采用社会交换理论来解释利他行为，并谈谈如何在社会发展利他行为。

考点 3 责任分散现象

考研基础必备

1. 责任分散与旁观者效应

在紧急情况下，由于其他人存在时，人们不大可能去帮助他人，现场的旁观者越多，帮助的可能性越小，同时给予帮助前的延迟时间越长的现象被称为旁观者效应。

拉特纳和达利（Latane、Darley）假设出现这一现象的原因是助人者人数的增加导致了单人责任感的降低，即责任分散。二人设计了一系列实验研究，验证了责任分散假设。

该现象的产生原因与责任分散、情境的不明确性以及评价恐惧有关。

2. 社会作用力理论

社会作用力理论源于勒温的团体动力学理论，该理论由拉特纳提出，他提出了一系列理论原则来解释个人在应急情境中的助人行为以及日常生活中一般的群体影响个人的社会影响机制。这一理论从社会影响的角度更为细致地解释了他人在场造成责任分散的原因。

①社会作用力分散法则：在一个社会力场中，对于一个特定的社会影响源，接受其影响的人越多，这个影响源对某一目标人的作用力就越小。

②社会作用力心理社会法则：时间因素是影响社会作用力的重要因素，影响源数目的增加虽然使整个社会力场的作用力增加，但与最初出现的影响源所发挥的作用力相比，后出现的影响源发挥的作用力会逐渐递减。

③社会作用力乘法原则：也称为倍增效应、电灯泡效应，指影响源作用于目标靶个体时，该个体体验到的作用力是社会源强度、接近性和影响源数量乘积的函数。影响源的数量越多，影响力越大，影响作用越直接，个体所受到的社会作用力也就越强。

考研考法突破

考法 1 旁观者效应的概念

通过选择题、名词解释或简答题考查旁观者效应的定义与对此概念的理解。

例 4：（华南师范大学，2018/2020；统考，2021）简答：简述旁观者效应的产生原因。

【解析】本题考查旁观者效应，分别对这一概念定义、产生原因进行简要回答即可。

参考答案：

旁观者效应是指由于其他人存在时，人们不大可能去帮助他人，现场的旁观者越多，帮助的可能性越小，同时给予帮助前的延迟时间越长的现象。

心理学家拉特纳和达利（Latane & Darley）最初提出了旁观者效应的概念，并提出这一现象的原因是责任分散，二人通过紧急报警实验、紧急助人实验与不幸女士实验等一系列的实验研究验证了责任分散假设。

总的来说，该现象的产生原因与紧急情境下的责任扩散、情境不明确性及评价恐惧有关。

责任分散是指发生某种紧急事件时，若有他人在场则在场者提供帮助的责任感会减小。

情境不确定性的影响体现在，当个体在面对模糊情境下无法确定对方是否真的处于需要帮助的紧急状态时，会以周围人的反应作为对事件紧急程度的判定标准，此时若其他人表现出漠视，个体也会因此误判事件的紧急程度从而延迟或放弃采取行动。

评价恐惧是指，如果人们知道别人正在注视着自己，就会做倾向于以受大家欢迎的方式表现自我，在紧急情境中，人们会尽量避免在他人都保持冷静的情况下表现出慌张与担心。

例 5：（312 统考，2016）多选：在利他行为研究中，影响旁观者效应的因素有（　　）。

A. 责任分散　　B. 时间压力

C. 评价恐惧　　D. 情境的不确定性

【解析】本题考查旁观者效应的影响因素，即旁观者效应的产生原因。在题目给出的选项中，除时间压力之外，其余三项都是旁观者效应的产生原因。

参考答案：ACD

考法 2　责任分散现象的实例分析

通过论述、案例分析题结合相关案例要求考生依据相关知识点对案例进行分析，以此考查对本考点知识点内容的掌握。

例 6：（西南大学，2016）案例分析：结合以下案例分析回答下列问题：

案例一：武汉市一位 88 岁的老人在菜市场上摔倒后，围观者不少却无一人上前扶他一把。

案例二：女子晕倒在地铁站口 50 分钟无人扶，最终死亡。

（1）案例揭示的是什么社会心理现象？

（2）这种社会心理现象产生的原因是什么？

【解析】本题考查责任分散与旁观者效应，根据案例内容结合旁观者效应的定义与产生原因进行作答。

参考答案：

（1）案例揭示的是旁观者效应，是指由于其他人存在时，人们不大可能去帮助他人，现场的旁观者越多，帮助的可能性越小，同时给予帮助前的延迟时间越长的现象。

（2）该现象的产生原因与紧急情境下的责任扩散、情境不明确性及评价恐惧有关。

责任分散是指发生某种紧急事件时，助人者人数的增加会导致个人责任感的降低。两个案例中的老人、女子晕倒在人流量较大的菜市场与地铁口，旁观者人数的增加导致了每个人的个人责任感降低，从而导致老人与女子长时间没有得到帮助；

情境不确定性的影响体现在，当个体在面对模糊情境下无法确定对方是否真的处于需要帮助的紧急状态时，会以周围人的反应作为对事件紧急程度的判定标准，此时若其他人表现出漠视，个体也会因此误判事件的紧急程度从而延迟或放弃采取行动。例如在案例二中，地铁口的路人由于情境的不确定性，在短时间内无法及时地准确判断事件的紧急程度，此时若周围的路人也行色匆匆没有关注到晕倒的女子，那么那些注意到女子晕倒的人也会因为其他路人所表现出“无所谓”而错判事件的紧急程度。

评价恐惧是指，如果人们知道别人正在注视着自己，就会做倾向于以受大家欢迎的方式表现自我，在紧急情境中，人们会尽量避免在他人都保持冷静的情况下表现出慌张与担心。例如在案例一中，虽然围观者众多，但大部分人都倾向于在他人面前表现得沉着冷静，而非慌张、急于采取措施，于是老人晕倒这一紧急事件被解释成了非紧急事件，围观者都持观望态度而无人主动地伸出援手。

（也可从社会作用力理论或其他相关知识点角度解释，结合案例论述，不限于参考答案内容，言之有理即可。）

考法 3　社会作用力理论

通过选择、简答直接考查社会作用力理论的基本内容。

例 7：（南京师范大学，2017）单选：拉特纳的社会作用力理论渊源于（　　）。

A. 团体动力学理论　　B. 社会交换理论

C. 社会规范理论　　D. 进化心理学理论

【解析】本题考查社会作用力理论基本内容，社会作用力理论由拉特纳提出，该理论渊源于勒温的团体动力学理论。

参考答案：A

考研考法实战 答案见 D89 页

1.（南开大学，2013；湖南师范大学，2015；上海师范大学，2019；山东师范大学，2019）名词解释：旁观者效应。

2.（312 统考，2013）单选：他人在场减少了人们在紧急情况下采取干预措施的可能性，产生这种现象的主要原因是（　　）。

A. 从众　B. 社会比较　C. 社会学习　D. 责任分散

3.（湖南师范大学，2010/2014）简答：简述社会作用力理论。

4.（华东师范大学，2013；西北师范大学，2017）论述：举例说明旁观者效应与责任分散。

考点 4　助人行为的影响因素

考研基础必备

1. 求助者的特点

1）性别

如果潜在助人者为男子，则女性不幸者比男性更容易获得帮助。如果助人者为女性，则男女不幸者得到帮助的可能性是同等的。

2）相似性

相似性越高，越容易获得帮助。

3）外部特征

受助者的外部形象会影响人们的助人意愿。一个有魅力的求助者比那些缺乏魅力的人得到更多的帮助，这种魅力不仅仅包括人的长相，也包括人的穿着打扮。

4）人格特征

我们更愿意帮助那些看起来善良友好的人、没有伤害过我们的人，更愿意帮助那些是由于外在不可控的原因而使得自己陷入无助状态的人，而不太愿意帮助那些因内在可决定的理由而使得自己面临困境的人。

5）受助者的感觉

不同的情况下，受助者会产生不同的情感反应，当助人行为对受助者的自尊具有高威胁时，受助者会感到沮丧，产生消极情感反应；当助人行为对受助者的自尊威胁较低时，则会有相对积极的情感反应。

2. 助人者特征

1）年龄与性别

一般认为，随着年龄的增长，助人意愿应该是不断增强的。这种趋势和人的道德发展水平是有关的；在陌生人需要帮助而又有潜在危险的情境中，男性更可能提供帮助；但在较为安全的情境中，女性提供帮助的比例稍稍大一些。

2）认知特点

对当前所处情境的认知、人际责任归因风格以及助人者对自我的认知会影响着助人者的行为方式。

3）个性特点

个性特点的很多方面都影响到助人行为。

4）心境

好心境使人更愿意帮助别人；对于儿童，坏心境会减少他们的助人行动；而对于成人，坏心境则可以增加助人行为。

5）道德推理

道德推理和亲社会行为有正相关。也就是说，道德推理水平越高，越容易做出亲社会行为。

3. 情境因素

1）自然环境与社会环境

人们较有可能在晴朗的天气里帮助他人；由于大城市的特征容易导致责任分散，因此相比乡镇与农村，大城市的人有较少的助人行为；不同的文化导致了成人对儿童助人行为的不同教导，最终导致了不同文化的人们助人行为的不同。

2）时间压力与助人代价

时间压力越大，人们对身边不幸者提供帮助的可能性就越小。匆忙的条件，增加了人们助人的代价，从而使人帮助别人的可能性减小。

3）情境性的内疚与补偿

内疚是一种行动与自身社会角色不相符合时自我否定性的消极情感体验。为了寻求个人自我价值的肯定，个人出现内疚体验后，会设法去消除内疚。

消除内疚的途径有三种，包括：直接弥补引发内疚的行为过失，做出其他与过失行为无关的好的举动来抵消不好的行动，承担不愉快的事情或付出某种代价来惩罚自己的错误。

考研考法突破

考法1 助人行为的影响因素

通过简答、论述题考查助人行为的影响因素。需要注意的是，该考法有可能会一次性考查全部助人行为的影响因素，也有可能会从不同的角度切入来考查，例如灵活调整提法，考查助人行为的内、外部影响因素。在本考点的复习中，可以在理解与掌握知识点的基础上，通过绘制表格与思维导图的方式巩固记忆。

例8：（西南大学，2008）简答：简述心境和情感与助人行为的关系。

【解析】本题考查助人行为影响因素中，心境与情感对助人行为的影响，分点作答即可。

参考答案：

助人行为是指以特定的个人或群体为对象的亲社会行为，或泛指一切有利于他人的行为。心境与情感在一定程度上与助人行为有关。

（1）心境与助人行为的关系：

心境是一种使人的情感体验附带某种情绪色彩的、强度微弱且较为持久的情绪状态。心境对助人行为的影响较为复杂。

一般认为，好心境使人更愿意帮助别人。而坏心境对于助人行为的影响则取决于更多的因素，例如对于儿童，坏心境会减少他们的助人行动，而对于成人，坏心境则可以增加助人行为。

（2）情感与助人行为的关系：

情感方面，人们的内疚情感也与助人行为有一定的关联。

内疚是一种行动与自身社会角色不相符合时自我否定性的消极情感体验。为了寻求个人自我价值的肯定，个人出现内疚体验后，会设法去消除内疚。

消除内疚的途径有三种，包括：直接弥补引发内疚的行为过失，做出其他与过失行为无关的好的举动来抵消不好的行动，承担不愉快的事情或付出某种代价来惩罚自己的错误。

此外，也有研究表明，个人困扰与个体的共情能力也会增加人们助人行为的倾向。

例9：（西北师范大学，2012；东北师范大学，2014）简答：试举例说明亲社会行为的外部影响因素。

【解析】本题考查亲社会行为（助人与利他行为）的外部因素。应当区分、筛选出亲社会行为（助人与利他行为）的影响因素中的外部因素后再分点进行简要作答。

参考答案：

亲社会行为是指一切符合社会期望而对他人、群体或社会有益的行为，包括分享、捐献、合作、助人等。简单来说，亲社会行为就是指一切有益于他人和社会的行为。

亲社会行为的外部影响因素主要包括情境因素中的自然与社会环境因素、时间压力因素、助人代价因素等。

（1）自然环境与社会环境：

生活中的天气、噪音等自然环境会影响亲社会行为的出现。一般来说，令人厌恶、烦躁的环境容易导致侵犯行为的增加，而舒适温暖的环境则能够增加亲社会行为的可能性。

在社会文化方面，不同的文化导致了成人对儿童助人行为的不同教导，最终导致了不同文化群体助人行为的不同。例如俗语说“人人为我，我为人人”“各人自扫门前雪，不管他人瓦上霜”就是社会文化导向的不同导致了亲社会行为的不同。

（2）时间压力与助人代价：

时间压力越大，人们对身边不幸者提供帮助的可能性就越小。匆忙的条件，增加了人们助人的代价，从而使人帮助别人的可能性减小。

（3）情境中的旁观者：

在亲社会行为的外部影响因素中，旁观者的数量也会影响个体亲社会行为的产生。拉特纳和达利（Latane & Darley）认为，情境中的旁观者或潜在助人者数量的增加可能会导致个人责任感的降低，从而减少助人行为发生的可能性，其原因主要在于责任分散、情境的不确定性以及评价焦虑。例如有研究发现，相较于大城市的人，小城镇和农村的人有更多的助人行为，这有可能是因为大城市的人口密度特征导致了责任的分散。

考研考法实战 答案见D90页

1.（南京师范大学，2012）单选：如果旁观者把一次不幸的行为归因于（　　）因素时，不幸者获得救助的可能性会降低。

A. 稳定性　B. 不稳定性　C. 可控性　D. 不可控性

2.（东北师范大学，2016）简答：试举例说明影响亲社会行为的内部因素。

3.（湖南师范大学，2013）简答：简述影响助人行为的情境因素。

4.（湖南师范大学，2016）论述：一个研究表明，一个有魅力的求助者比那些缺乏魅力的人得到更多帮助。另一项研究表明，6~12 岁的儿童随着年龄的增长，助人行为也会增多。第三个研究表明，当没有其他人可以帮助处于危难之中的当事人时，个体更愿意表现出助人行为。

这三个研究结果说明了什么？试用助人行为的相关知识加以论述。

考点 5　助人行为的决策过程

考研基础必备

1. 助人行为的决策过程

助人行为的决策过程包含三个步骤：

1）帮助需求察觉

一个人是否对一个需要帮助的人伸出援助之手，首先取决于他是否意识到了对方需要帮助，个人独自一人比在群体情境中更容易注意到周围环境中特殊事件的发生；此外，埃森伯格认为，这一过程受个体因素和个体对特定情境的解释的影响。

2）助人意图的确定

这一过程可以通过如下两种方式进行：在紧急情况下，时间紧迫，这时情感因素起主导作用；在非紧急情况下，个体的认知因素和人格特质可能起主要作用。

3）采取有效的救助措施

当你明确应该采取助人行为时，会评价自己是否有能力和用什么方式帮助，然后才会对事件进行直接干预。

2. 拉特纳与达利的干预模式

拉特纳和达利描述了个人在紧急状况下决定是否进行干预的五个认知阶段。

①注意：旁观者注意到发生的事件。

②解释：个体将事件解释为紧急事件，开始意识到他人需要帮助。若此时个体将事件解释为非紧急事件，则不采取行动。

③决定：个体开始考虑是否要帮助处于紧急情况中的他人，决定自己是否有责任采取助人行为。

④选择：个体决定采取助人行为并选择合适的形式和具体做法。

⑤履行：干预模式的最后一个阶段，将助人行为付诸行动。

在该模式中的每一个阶段都有许多的社会因素影响个体的决策，如果在某一个阶段个体做出否定的回答，那么干预过程则中断，个体也不会做出帮助行动。

考研考法突破

考法 1　助人行为的决策过程

通过简答、论述题考查助人行为的决策过程。

例 10：（湖南师范大学，2011/2016）论述：论述 Latane 和 Darley 紧急情况下的干预模式。

【解析】本题考查助人行为的决策过程，直接对助人行为的决策过程与拉特纳与达利提出的干预模式进行论述即可。

参考答案：

助人的决策过程包括帮助需求察觉、助人意图确定以及采取有效救助措施三个阶段。拉特纳和达利通过对责任分散现象的研究发现，日常生活中的助人行为，不是一个简单的全有或全无的过程，而是需要经过一个复杂的、多步骤的决策序列。

二者认为，个体在紧急情况下决定是否采取干预措施，需要经过下列五个阶段：

1. 注意：旁观者注意到发生的事件。

2. 解释：个体将事件解释为紧急事件，开始意识到他人需要帮助。若此时个体将事件解释为非紧急事件，则不采取行动。

3. 决定：个体开始考虑是否要帮助处于紧急情况中的他人，决定自己是否有责任采取助人行为。

4. 选择：个体决定采取助人行为并选择合适的形式和具体做法。

5. 履行：干预模式的最后一个阶段，将助人行为付诸行动。

拉特纳和达利还指出，每一个阶段中都有许多因素影响个体的决策，若个体在任一阶段做出否定的判断，则不会做出帮助行为。

考研考法实战

答案见 D91 页

1.（西南大学，2009；湖南师范大学，2013）简答：简述助人行为的决策过程。

考点 6　助人行为的促进

考研基础必备

可以通过一些方法促进人们的助人行为。

1. 明确责任与增加互动

明确责任帮助人们正确解释事件，从而增加责任的明确性，助人的可能性；

直接人际相互作用明显增加人们的助人行为。

2. 示范作用

包括现场的示范作用与大众媒体的示范作用。观察有助人行为的榜样人物会促进助人行为，在大众媒体中出现的亲社会榜样对人们的影响作用大于反社会的榜样。

3. 助人情感倾向的培养

包括移情能力的培养与动机提升。

移情是对他人情绪的理解而唤起自己的与此相一致的

情绪状态的过程，属于人际交往中情感的相互作用。研究表明，移情增加了助人和其他亲社会行为，是亲社会行为的促进因素；

动机提升是用引导人们内在动机的方法，使人们以充分的内在理由来促进有益的行为。

4. 助人技能的学习

心理学家斯陶布（Staub）认为，助人行为有两个关键因素：一是对不幸者的状态进行设身处地的设想和体验的能力，即移情能力；二是掌握如何帮助别人的知识或技能。训练儿童的移情能力与助人的知识技能，可以培养儿童的助人行为。

5. 价值取向的教育

价值取向是指在社会化的过程中，逐渐形成的较为稳定的评价事物的标准和态度，是个体信仰、价值、行为标准和规范的总和。就助人行为的产生来说，其最直接的根源还是助人者的价值取向。改变个人的现有价值观可增进亲社会行为。

考研考法突破

考法 1　助人行为的促进

通过简答、论述题考查助人行为的培养途径、促进助人行为的措施。该考点的考查形式一般会与本章节其他考点一同出现，以论述、案例分析等题型进行联合考查，进行单独考查的情况相对而言较少。

例 11：（湖南师范大学，2014）论述：我们应该如何提高人们的助人意识进而增加助人行为？

【解析】本题考查促进助人行为的措施，作答时注意题干限定信息“通过提高助人意识增加助人行为”。

参考答案：

助人行为是指以特定的个人或群体为对象的亲社会行为，或泛指一切有利于他人的行为，助人行为的增加有利于社会的和谐稳定与健康发展，可以通过如下方法提高人们的助人意识进而增加助人行为。

（1）塑造亲社会的价值取向：

价值取向是指在社会化的过程中，逐渐形成的较为稳定的评价事物的标准和态度，是个体信仰、价值、行为标准和规范的总和。就助人行为的产生来说，其最直接的根源还是助人者的价值取向，这种内在的主导因素支配着其他助人行为的外在因素，帮助个体建立亲社会的价值观可增加助人行为。

（2）培养助人的情感倾向：

可以通过培养个体的移情能力来提高人们的助人意识。移情是对他人情绪的理解而唤起自己的与此相一致的情绪状态的过程。研究表明，移情增加了助人和其他的亲社会行为，是助人行为的重要促进因素。

此外，还可以提升助人行为的内部动机来提高人们的助人意识。通过引导人们动机的方法，使人们以内在理由来解释自己助人行为的产生，能够避免过度理由效应对利他的助人行为倾向的削弱，形成更强的助人意识，从而增加助人行为。

（3）提高责任感与学习助人技能：

根据助人行为的决策过程我们可知，个体的责任感以及助人的能力是决策过程中重要的两个环节。因此，可以通过指导人们在他人处于紧急情况下做出正确的事件解释、通过训练人们实践助人行为的技能、强化人们关于助人行为的责任感，能够有效地提高助人行为。

（作为论述题，在作答时可不受限于题干信息，结合助人行为的相关知识、理论进行论述，在贴合题意的基础上进行论述，言之有理即可。）

考研考法实战

对助人行为促进手段的考查一般会结合其他考点进行考查，故本考点考研考法实战参考本节综合问题部分即可。

综合问题 1　助人行为的产生与促进

从真题考查的角度来看，本综合点包括本章节所有考点。本综合点在考查形式上较为类似，一般以论述、案例分析题形式，要求考生对题干信息（或案例材料）中的助人行为进行分析（可涉及考点 1~5 中的一个或多个考点），并在此基础上提出培养与促进助人行为的方法与具体措施，故未做进一步的拆分，作为综合问题进行介绍。

在复习中应注意本节知识点内容的前后联系，在掌握单个考点知识内容的基础上，进一步综合理解记忆。在进行本综合点所属考题的作答时，可不受限于题干信息，在贴合题意的基础上结合本节所有考点的相关内容进行分析，根据分析结果结合助人行为的促进方法进行作答。

考研考法突破

例 12：（北京师范大学，2015）案例分析：2014 年 8 月 9 日晚 9 时 34 分，在上海地铁 2 号线上，一名男性外籍乘客在列车即将驶进金科路站时，突然缓缓倒向身体的右侧，随后几秒，整个上半身都倒在座位上，因为列车刹车减速，很快又翻倒在车厢中间的地上。从网上曝光的监控画面来看，在这位外籍乘客倒地后，坐在他对面作为目睹这一过程的 5 名乘客没有上前查看，而是第一时间起身躲开，跑到相邻车厢中。据称当时有人喊“出事了”，又造成后续车厢内其他乘客的恐慌，待列车停靠后，乘客们纷纷冲出车厢。于是，令人尴尬的画面出现了：在地铁的某一节车厢内，一名外籍乘客孤零零地躺在地上。

消息一出，很快引发热议，媒体纷纷报道，打出了“上海：老外地铁晕倒，乘客秒闪”“上海地铁一老外晕倒，3 节车厢乘客 10 秒钟跑光”的标题，诸多网友也加入了讨论，很多网友化身为批判者：“一个人晕倒重重地摔在地上，从人性本能来看，肯定是应该扶一下，发生这一幕只能说旁人冷漠到了极致。”

请根据以上材料从社会心理学的角度进行分析：

（1）事发当时无人援助的原因有哪些？

（2）近年来类似事件时有发生，有人总结“愤怒的总是网友，冷漠的总是路人”，你如何看待网上的见义勇为者并未出现在现实中？

（3）你认为可以从哪些途径入手，鼓励人们做出助人行为？

【解析】本题的三个子问题分别考查了助人行为的责任分散现象 / 旁观者效应、助人行为的影响因素以及促进助人行为的方法。结合案例材料内容分点作答即可。

参考答案：

（1）事发当时无人援助的原因有哪些？

首先，事发当时无人援助的原因有可能是责任分散。责任分散是指在一个突然事件中，旁观者越多，每个人承担的责任越少，当旁观者数量增加时，亲社会行为发生的可能性减少。在车厢中，旁观的乘客较多，部分乘客会有"我不救，总会有其他人出来相助"的想法，由于责任分散，所以车厢中迟迟没人主动给予受困的外国乘客帮助。

其次，根据材料内容，首先目击的5名乘客先慌张跑开，接着有人大喊"出事了"，在拥挤的地铁这一较为模糊、难以确定的情况下，人们可能出现了从众的行为，使得其他乘客的行为向与多数人一致的方向变化，这也可能是事发时无人援助的原因。

此外，根据进化心理学的原理，由于人类的助人行为存在亲缘与群体选择的机制，人们会更倾向于关爱拥有自己同样基因的亲属以及与自己相似的群体，这也是人们没有向晕倒的老外施以援手的潜在原因之一。

（2）近年来类似事件时有发生，有人总结"愤怒的总是网友，冷漠的总是路人"，你如何看待网上的见义勇为者并未出现在现实中？

网络舆论为舆论的一种特殊表现形态，在其传播的内容、传播主体、传播方式等方面还具有自身独有的特性，其自身独有的特性是"网上的见义勇为者并未出现在现实中"的促成因素。

首先，网络舆论具有内容的丰富性。互联网有着海量的信息存储和容纳能力，其加快了舆论形成的广度与速度，能方便地传递和汇总各类信息，从而使得网络舆论的内容包罗万象，异常丰富。这促使网友在网上表达"见义勇为"的机会增多。

其次，网络舆论具有主体的匿名性。在现实生活中，人们的社会身份和角色往往是真实和公开的，而在互联网这个相对虚拟的环境中，人们则可以隐匿掉自己的姓名、年龄、学历、职业等信息和现实社会中的身份，以匿名和虚拟的身份从多种角度充分表露自己的各种观点和情感。在网络匿名性的"保护"下，网友往往不需顾虑太多，不需要承受其他的行为后果，但在地铁上，同时由于助人行为代价的未知以及大多数人处于时间匆忙的状态，在现场的人们有可能表达出与实际行为一致或不一致的各种观点和情感；

最后，网络舆论具有信息的难控性，网络在为人们提供了自由表达平台的同时，也造成了舆论信息的多元性和难控性。在这种难以控制的情况下，人们可能会出现"从众"行为，许多网民为了保持与网络上大多数网民群体的一致，会忽略自身的真实想法而倾向于做出与多数人一致的行为。

（3）你认为可以从哪些途径入手，鼓励人们做出助人行为？

可以通过如下途径鼓励人们作出助人行为：

①明确责任与增加互动。明确责任帮助人们正确解释事件，从而增加责任的明确性，助人可能性；直接人际相互作用明显增加人们的助人行为。

②示范作用，包括现场的示范作用与大众媒体的示范作用。观察有助人行为的榜样人物会促进助人行为，在大众媒体中出现的亲社会榜样对人们的影响作用大于反社会的榜样。

③助人情感倾向的培养，包括移情能力的培养与动机提升。

移情是对他人情绪的理解而唤起自己的与此相一致的情绪状态的过程，属于人际交往中情感的相互作用。研究表明，移情增加了助人和其他亲社会行为，是亲社会行为的促进因素；动机提升是用引导人们内在动机的方法，使人们以充分的内在理由来促进有益的行为。

④助人技能的学习。心理学家Staub认为，助人行为有两个关键因素：一是对不幸者的状态进行设身处地的设想和体验的能力，即移情能力；二是掌握如何帮助别人的知识或技能。通过训练儿童的移情能力与助人的知识技能，可以培养儿童的助人行为。

⑤价值取向的教育。价值取向是指在社会化的过程中，逐渐形成的较为稳定的评价事物的标准和态度，是个体信仰、价值、行为标准和规范的总和。就助人行为的产生来说，其最直接的根源还是助人者的价值取向。改变个人的现有价值观可增进亲社会行为。

（结合本章节相关内容进行分析、论述，可不限于参考答案内容，言之有理即可。）

考研考法实战 答案见D91页

1.（中央财经大学，2016；四川大学，2018）论述：结合实际论述助人行为发生的影响因素及促进助人行为的有效策略（谈谈如何培养与促进亲社会行为？）。

第二节　侵犯行为

研究真题，明确考况

考试要求	统考		自主命题	
	考题	考查点	考题	考查点
1. 侵犯行为的概念	无	无	华南师范大学，2017 西北师范大学，2018 吉林大学，2011~2013 华东师范大学，2012 苏州大学，2012	选择 / 名词解释：侵犯行为的定义 选择 / 名词解释：侵犯行为的分类
2. 侵犯行为的原因	2014	选择：侵犯行为的原因	北京师范大学，2014 江西师范大学，2016 西北师范大学，2018 湖南师范大学，2018 复旦大学，2018	选择 / 简答 / 论述：侵犯 行为的原因

续表

考试要求	统考		自主命题	
	考题	考查点	考题	考查点
3. 影响侵犯行为的因素	无	无	北京师范大学，2014 湖南师范大学，2014 中央财经大学，2017 华南师范大学，2015 四川师范大学，2022	简答 / 论述：影响侵犯行为的因素
4. 侵犯行为的控制	无	无	天津师范大学，2014 北京师范大学，2016 西南大学，2017 华南师范大学，2019	简答 / 论述：侵犯行为的形成与控制

考点 1　侵犯行为的概念

考研基础必备

1. 侵犯行为的定义

侵犯行为是一种有意违背社会规范的、有动机的伤害他人的行动，这种伤害行动可以是实际造成伤害的行动或语言，也可以是旨在伤害而未能实现的行为。简单来说，侵犯行为就是任何试图伤害和危害他人的行为。

判定一种行为是否属于侵犯行为可以从下列三个方面来判断：

①社会评价：这一行为是否违背社会规范，是否属于反社会的行为。

②伤害意图：有伤害意图但是没有造成实际伤害的行为也属于侵犯行为，但无意间造成的伤害不能被归纳为侵犯行为。

③伤害行为：有实际的造成伤害和可能造成的伤害的行为或语言。

此外，还有一种亲社会的侵犯行为，是指符合道德标准的侵犯行为，虽有潜在伤害性但符合社会要求，其意义在一定程度上是积极的且目的不在于伤害。也有研究者认为并不存在亲社会侵犯行为，例如金盛华认为，所谓的亲社会侵犯实际上是社会目的指向的攻击行为。

2. 侵犯的分类

根据不同的标准，侵犯行为被划分为不同的类型：

①根据侵犯的方式不同，可以划分为言语侵犯和动作侵犯。

②根据侵犯的动机不同，可以划分为报复性侵犯和工具性侵犯。

③根据侵犯的指向性不同，可以划分为公然侵犯与关系侵犯。

④根据侵犯行为是否违反社会准则，可以划分为亲社会侵犯行为和反社会的侵犯行为。在二者之间，既不违背社会规范，又不属于为社会规范服务所必需的是被认可的侵犯行为。

考研考法突破

考法 1　侵犯行为的定义

通过选择、名词解释考查对侵犯行为的定义的掌握与理解。

例 1：（华南师范大学，2017；西北师范大学，2018；宁波大学，2021）名词解释：侵犯行为。

【解析】本题考查了侵犯行为的概念，可以从侵犯行为的定义、要素两方面作答。

参考答案：

侵犯行为是一种有意违背社会规范的、有动机的伤害他人的行动，这种伤害行动可以是实际造成伤害的行动或语言，也可以是旨在伤害而未能实现的行为。可以依据侵犯行为的三要素，即社会评价、伤害意图与伤害行为，来判定某一行为是否属于侵犯行为。

例 2：（南京师范大学，2016）单选：判断一种行为是否属于侵犯的关键特征是伤害意图和（　　）。

A. 道德评价　B. 后果评价　C. 医学评价　D. 社会评价

【解析】本题考查了侵犯行为的关键要素。侵犯行为有伤害意图、伤害行为以及社会评价三个要素，这三要素也是判断一个行为是否属于侵犯行为的关键特征。

参考答案：D

考法 2　侵犯行为的分类

通过选择题考查侵犯行为的分类，以及对不同类型侵犯行为的理解。在复习中了解不同类型侵犯行为的概念，能够判断具体行为属于哪一种侵犯行为即可。

例 3：（吉林大学，2012）单选：检法人员抓强盗、调查贪污、惩治罪犯等行为，属于（　　）。

A. 非侵犯行为　　B. 亲社会的侵犯行为

C. 反社会的侵犯行为　　D. 被认可的侵犯行为

【解析】本题考查了亲社会侵犯行为的概念，亲社会的侵犯行为是指符合道德标准的侵犯行为，虽有潜在伤害性但符合社会要求，其意义在一定程度上是积极的且目的不在于伤害。执法人员抓强盗等行为属于亲社会的侵犯行为。

参考答案：B

考研考法实战 答案见 D91 页

1.（吉林大学，2013）名词解释：亲社会侵犯行为。

2.（华东师范大学，2011/2012）单选：父母训斥自己孩子的行为是（　　）。

A. 亲社会的侵犯行为　　B. 反社会的侵犯行为

C. 被认可的侵犯行为　　D. 不是侵犯行为

3.（吉林大学，2011）单选：某人为了正当防卫而击伤歹徒，这一行为属于（　　）。

A. 报复性侵犯行为　　B. 反社会的侵犯行为

C. 亲社会的侵犯行为　　D. 被认可的侵犯行为

考点 2　侵犯行为的原因

考研基础必备

关于侵犯的成因主要有两个方面的解释，一种是以生物学理论、本能理论为代表，倾向于从生物学机制解释侵犯行为，认为侵犯的原因在于其内在因素。另一种以社会学习理论、挫折 - 侵犯理论为代表，关注侵犯的外部因素作用。

1. 本能理论

侵犯的本能理论认为，侵犯是一种本能，靠遗传获得。

弗洛伊德（Freud）认为侵犯是一种破坏性的行为。他提出了两种本能——生本能（性的本能）与死本能（侵犯的本能）。死本能本来是一种对内自我的破坏倾向，但生的本能与其对立，会将死的本能推离自我推向他人，即将破坏的力量转向外部，以侵犯的形式表现出来。因此，弗洛伊德指出可以通过体育竞技等社会许可的替代性侵犯方式达成死本能的疏泄，降低毁灭欲望。

本能理论的另一支持者洛伦茨（Lorenz）认为侵犯是一种适应性的行为，是具有生物保护意义的生的本能的体现，对物种的延续非常重要，动物通过侵犯行为释放出本能来保证自己种族或后代的生存和延续。

2. 生物学理论

侵犯的生物学理论的研究者们认为，侵犯行为与个体的特定脑区、血液中的复合胺、睾丸激素以及基因有关。

主流的社会心理学认为，生物学因素最好理解为环境刺激与侵犯行为之间的中介或调节变量。具体而言，一方面，个体的基因会影响其生理结构，生理因素影响个人与环境的互动方式，进而影响个人对社会的看法与形成有关攻击行为的认知脚本；另一方面，个体的生理特性、人格特质等因素会影响环境对他的反馈，暴躁易怒者比较容易被环境排斥，进而引发更多的敌意与侵犯行为。

3. 多拉德和米勒（Dollard、Miller）的挫折 - 侵犯理论

挫折是指为实现某种目标努力时遭受干扰、破坏致使需求不能得到满足时的情绪状态。

（1）最初的观点

在挫折 - 侵犯理论最初的观点中，多拉德认为侵犯永远是挫折的一种后果，侵犯行为的发生总以挫折的存在为条件。二者是一对一的因果关系；个体受到的挫折感越大，引发侵犯行为越强；当因为各种情形导致侵犯不能够直接实施在引发挫折感的对象上时，会出现替代性的侵犯（包括侵犯对象的替代和侵犯类型的替代）。

（2）修正的观点

后续的研究者对挫折侵犯理论进行了一系列的修正，米勒修正了该理论的后半部分，认为挫折可能引起一系列的不同反应，不一定导致侵犯行为，但侵犯行为一定是挫折的一种结果，二者是一对多的关系。

伯科威茨（Berkowitz）等人拓展了这一理论，认为除了挫折之外，任何负面的情绪都能引发侵犯。他们提出了侵犯线索和武器效应的概念：侵犯线索是指那些伴随着引发挫折的对象和侵犯行为出现的刺激物，只有当环境中出现侵犯线索时，侵犯才会出现；武器效应是指武器能够增强侵犯行为的现象。

4. 社会学习理论

社会学习理论的提出者班杜拉认为，侵犯是直接经验和观察学习的结果。

强化是侵犯行为习得的机制之一，儿童通过强化习得侵犯行为，并且强化的模式会对将来的侵犯行为起决定作用；观察学习是侵犯习得的另一机制，儿童可以通过观察与模仿习得侵犯行为，并且儿童模仿不同的榜样时程度不同。儿童更倾向于模仿同性别、地位较高的榜样，更倾向于模仿合理的侵犯行为而非无理的侵犯行为。

考研考法突破

考法 1　侵犯行为的原因

通过选择题、简答题、论述题直接考查侵犯行为原因的理论解释。在复习中应以理解为主，掌握侵犯行为原因的几种主要理论解释的基本观点即可。

例 4：（北京师范大学，2014）单选：班杜拉在 20 世纪 60 年代进行一系列儿童侵犯行为的研究表明，人类侵犯源于（　　）。

A. 死亡本能　B. 好战本能　C. 社会学习　D.A 型人格

【解析】本题考查社会学习理论对侵犯行为原因的解释。班杜拉认为，儿童的侵犯行为是后天习得的，与本能等生物学因素无关，侵犯行为是直接经验与观察学习的结果。

参考答案：C

例 5：（西北师范大学，2018）简答：请用社会学习理论解释侵犯行为。

【解析】本题考查社会学习理论对侵犯行为原因的解释。从理论的主要内容、社会学习理论在解释侵犯行为方面的贡献两方面进行作答。

参考答案：

社会学习理论的提出者班杜拉认为，侵犯是直接经验和观察学习的结果。

强化是侵犯行为习得的机制之一，儿童通过强化习得侵犯行为，并且强化的模式会对将来的侵犯行为起决定作用；观察学习是侵犯习得的另一机制，儿童可以通过观察与模仿习得侵犯行为，并且儿童模仿不同的榜样时程度不同。儿童更倾向于模仿同性别、地位较高的榜样，更倾向于模仿合理的侵犯行为而非无理的侵犯行为。

社会学习理论的贡献在于，它对习得的侵犯行为和实际出现的侵犯行为之间做出了重要区分；解释了挫折 - 侵犯理论所无法回答的问题——人类侵犯行为的多样性；并且研究者根据其理论内容，为减少侵犯行为提出了可行性的建议。

考研考法实战

答案见 D91 页

1.（312 统考，2014）单选：情境线索容易引发侵犯行为。支持这一观点的研究是（　　）。

A. 习性学实验　　B. 恒河猴实验
C. 武器效应实验　　D. 社会学习实验

2.（江西师范大学，2016）单选：能阐释攻击行为的理论是（　　）。

A. 精神分析理论　　B. 认知发展理论
C. 社会学习理论　　D. 社会交换理论

3.（湖南师范大学，2018）简答：简述有关侵犯行为的本能理论。

4.（南开大学，2013；深圳大学，2021；山西大学，2021）简答：简述挫折－侵犯理论。

5.（复旦大学，2018）论述：在游戏的虚拟世界中，很多玩家发现他们在游戏中所控制的角色（化身）会影响其在现实世界中的行为。如暴力游戏中的暴力行为会增加玩家在现实中的攻击行为，赛车游戏中的危险驾驶行为会影响玩家在现实中的冒险行为。请结合所学过的心理学理论对该现象进行分析。

考点 3　影响侵犯行为的因素

考研基础必备

1. 影响侵犯行为的个人因素

1）人格因素

心理学家 Glass、Strube 提出了相对应的两种人格特质——A 型人格与 B 型人格。研究者们发现，相对 B 型人格的个体，A 型人格的个体更具竞争性，能为成功而奋斗，常有时间紧迫感，在对待挫折情境时更容易产生攻击性和敌意。

2）敌意归因偏差

归因对侵犯产生的过程有重要影响。敌意归因偏差是指在情况不明的状况下，会将对方的动机或意图视为有敌意的倾向。当个体出现敌意归因偏差时，会有更大的可能性做出报复性的侵犯行为。

3）性别

由于生理因素、社会化与社会角色认同的形成过程方面的原因，男性与女性的侵犯行为的强度与形式有所不同，男性往往表现出比女性更强的侵犯行为，男性更加公开地表现出侵犯行为，而女性倾向于偷偷摸摸地进行攻击。

4）道德发展水平与自我控制

个人的道德发展水平越高，自我控制能力越强，出现侵犯行为的概率就越小。

2. 影响侵犯行为的情境因素

1）高温

温度越高，被试体验到更多恶意，人们会出现更多的侵犯念头，但是气温超过某一临界点之后，温度进一步地升高会减少侵犯行为。即温度与侵犯行为之间的相关关系呈倒 U 曲线形。

2）酒精和药物

酒精与药物会在某种程度上导致侵犯行为，但其作用的方向取决于药物的种类、剂量的大小以及被试的状态。

3）唤醒水平

一方面，生理唤醒本身会进一步激发、维持或强化个体当前的行为倾向；另一方面，若一个人错误地将自己的唤醒归咎为他人引起，则由其他刺激引起的敌意就会指向该人。

4）去个性化

去个性化是指个人在群体中自身同一性意识下降，自我评价和控制水平降低的现象。去个性化出现时，个体更容易跟随整个群体的状态，也更容易出现侵犯行为。

3. 影响侵犯行为的社会因素

1）文化与侵犯

文化规定了侵犯行为的表达方式。

2）媒体暴力

媒体暴力是指大众媒体（包括电影、电视、报纸杂志、网络等等）刊登的暴力内容对人们的正常生活造成负性影响的现象。许多研究者认为，观看媒体暴力会增加观众的侵犯行为。

3）暴力视频游戏

暴力视频已经被证明与侵犯行为、违法行为的出现有正相关关系。

考研考法突破

考法 1　影响侵犯行为的因素

通过选择、简答题或论述题考查侵犯行为的影响因素。同助人行为的影响因素类似，该考法也有可能会从不同的角度切入来考查，复习时应注重结合实例进行理解与记忆。

例 6：（北京师范大学，2014）单选：西方社会心理学家发现季节变换会影响人们的侵犯行为，如侵犯更多发生在（　　）。

A. 春　　B. 夏　　C. 秋　　D. 冬

【解析】本题考查影响侵犯行为的情境因素，高温会在一定程度上增加个体的侵犯性，产生更多的侵犯行为，例如，夏天天气炎热时，人们更容易发怒，更易产生侵犯行为。

参考答案：B

例 7：（华南师范大学，2015；福建师范大学，2021）简答：影响侵犯行为的主要因素有哪些？

【解析】本题考查影响侵犯行为的因素，从个人因素、情境因素与社会因素三个方面分点作答即可。

参考答案：

侵犯行为是一种有意违背社会规范的、有动机的伤害他人的行动，这种伤害行动可以是实际造成伤害的行动或语言，也可以是旨在伤害而未能实现的行为。

侵犯行为的影响因素包括个人因素、情境因素以及社会因素三个方面：

（1）影响侵犯行为的个人因素

包括人格因素、敌意归因偏差、性别以及道德发展水平与自我控制等。

①人格因素。相对 B 型人格的个体，A 型人格的个体更具竞争性，能为成功而奋斗，常有时间紧迫感，在对待挫折情境时更容易产生攻击性和敌意。

②敌意归因偏差。归因对侵犯产生的过程有重要影响。当个体出现敌意归因偏差时，会有更大的可能性做出报复性的侵犯行为。

③性别。由于生理因素、社会化与社会角色认同的形成过程方面的原因，男性与女性的侵犯行为表现出不同的强度与表现形式，例如男性往往表现出比女性更强的侵犯行为、更加公开地表现出侵犯行为。

④道德发展水平与自我控制。个人的道德发展水平越高，自我控制能力越强，出现侵犯行为的概率就越小。

（2）影响侵犯行为的情境因素

①高温。温度与侵犯行为之间的相关关系接近倒 U 曲线形。

②酒精和药物。酒精与药物会在某种程度上导致侵犯行为，但其作用的方向取决于药物的种类、剂量的大小以

及被试的状态。

③唤醒水平。一方面，生理唤醒本身会进一步激发、维持或强化个体当前的行为倾向；另一方面，若一个人错误地将自己的唤醒归咎为他人引起，则由其他刺激引起的敌意就会指向该人；

④去个性化。去个性化现象出现时，个体更容易跟随整个群体的状态，也更容易出现侵犯行为。

（3）影响侵犯行为的社会因素

①文化与侵犯。文化规定了侵犯行为的表达方式。

②媒体暴力。观看媒体暴力会增加观众的侵犯行为。

③暴力视频游戏。暴力视频已经被证明与侵犯行为、违法行为的出现有正相关关系。

考研考法实战 答案见 D92 页

1.（中央财经大学，2015）单选：个体在群体中自身同一性意识下降，自我评价和控制水平降低的现象称之为（　　）。

A. 去抑制　B. 去权威　C. 去个性化　D. 榜样效应

2.（西南大学，2010）单选：一个平时遵纪守法的人，在动乱时混在人群中焚烧车辆，这种行为可以从（　　）中得到较好的解释。

A. 群体极化　B. 去个性化　C. 角色混乱　D. 责任分散

3.（中央财经大学，2017）论述：结合实例说明影响侵犯行为的因素。

考点 4　侵犯行为的控制

考研基础必备

可以通过如下措施预防与控制侵犯行为：

1. 移情能力的培养

移情包括两个方面：一是识别和感受他人的情绪、情感状态；二是能在更高级的意义上接受他人的情绪、情感。

2. 成熟个性培养

个性成熟者的自我意识和控制水平较高，对别人进行侵犯的可能性也比较小。

人们在社会生活中也会逐渐习得一些对侵犯行为的抑制，例如社会规范的习得、痛苦线索引发的情绪唤起以及对报复的畏惧等。

3. 宣泄

根据本能理论的观点，若能够使不良情绪得以合理宣泄，就可以减小其侵犯性的强度，攻击行为也会随之减弱。需要注意的是，宣泄是针对已经产生了对一定对象的侵犯准备而言的，对于未产生侵犯准备的人，想象或观察侵犯行为的实施可能反而会更增加侵犯的危险性。

4. 社会公平的建立

社会公平的建立有利于减少相对剥夺感从而减少个体负性情绪与挫折的体验，这有助于减少抢劫、绑架、破坏等侵犯行为与反社会行为。

考研考法突破

考法 1　侵犯行为的控制方法

通过简答、论述题形式考查侵犯行为的控制方法。简答题常直接考查侵犯行为控制方法的内容，通过论述题进行考查时常与侵犯行为的原因、影响侵犯行为的因素部分的知识点作联合考查（详见本节综合考点）。

例 8：（苏州大学，2015；华南师范大学，2019）简答：什么是侵犯？如何消除和控制侵犯？

【解析】本题考查侵犯行为的定义与控制方法，直接分点进行简要作答即可。

参考答案：

侵犯，即侵犯行为，是一种有意违背社会规范的、有动机的伤害他人的行动，这种伤害行动可以是实际造成伤害的行动或语言，也可以是旨在伤害而未能实现的行为。简单来说，侵犯行为就是任何试图伤害和危害他人的行为。

具体来说，可以通过如下措施预防与控制侵犯行为：

①移情能力的培养

移情包括两个方面：一是识别和感受他人的情绪、情感状态；二是能在更高级的意义上接受他人的情绪、情感。

②成熟个性培养

个性成熟者的自我意识和控制水平较高，对别人进行侵犯的可能性也比较小。

人们在社会生活中也会逐渐习得一些对侵犯行为的抑制，例如社会规范的习得、痛苦线索引发的情绪唤起以及对报复的畏惧等。

③宣泄

根据本能理论的观点，若能够使不良情绪得以合理宣泄，就可以减小其侵犯性的强度，攻击行为也会随之减弱。需要注意的是，宣泄是针对已经产生了对一定对象的侵犯准备而言的，对于未产生侵犯准备的人，想象或观察侵犯行为的实施，可能反而会更增加侵犯的危险性。

④社会公平的建立

社会公平的建立有利于减少相对剥夺感从而减少个体负性情绪与挫折的体验，这有助于减少抢劫、绑架、破坏等侵犯行为与反社会行为。

考研考法实战 答案见 D92 页

1.（天津师范大学，2013）论述：请谈谈如何预防和控制攻击行为。

综合问题 1　侵犯行为的形成与控制

类似第一节综合问题 1，本综合点包括本章节所有考点，在考查形式上，一般以论述、案例分析题形式，要求考生对题干信息（或案例材料）中的侵犯行为进行分析（可涉及考点 1~3 中的一个或多个考点），并在此基础上提出预防与控制侵犯行为的方法与具体措施。解题与复习思路同第一节综合问题 1，不再过多介绍。

考研考法突破

例 9：（西南大学，2017）论述：社会学习理论、侵犯线索理论和挫折－侵犯理论对媒体暴力的作用提出了不同的看法，你的观点是什么？请列举事实或数据来证实自己的观点，并通过具体案例阐述：现实生活中，我们如何来控制和预防侵犯行为？

【解析】本题考查了侵犯行为的原因、侵犯行为影响因素中的媒体暴力以及侵犯行为的控制三方面的内容。分点作答即可。

参考答案：

媒体暴力是指大众媒体传达的暴力内容对人们的正常生活造成的负面影响的现象，是引发侵犯行为的重要社会因素。关于媒体暴力与侵犯性的关系，社会学习理论、侵犯线索理论和挫折－侵犯理论分别有不同的观点。

（1）不同理论对媒体暴力的看法：

挫折－侵犯理论认为，挫折与侵犯行为之间存在因果关系。当个体做出侵犯行为，或是模拟侵犯行为时，挫折所带来的精神上的引发侵犯行为的能力就得到了宣泄，就降低了将来出现侵犯行为的可能性，因此媒体暴力是解决侵犯行为的良方。

社会学习理论和侵犯线索理论认为，目睹暴力行为并不是一种宣泄，而会导致更多的侵犯行为。社会学习理论认为，强化与观察学习是侵犯行为习得的重要机制，大众媒体上的暴力行为，包括暴力内容与色情内容这类较为典型的侵犯行为和拳击赛这类被认可的侵犯行为，都会被观众当作榜样来模仿，从而提高人们做出侵犯行为的可能性。侵犯线索理论认为，媒体暴力也是一种侵犯线索，当媒体暴力频繁出现在观众眼前，就会引发人们产生侵犯行为。

（对媒体暴力的观点可结合侵犯行为的不同理论，根据自己的理解作答。）

（2）侵犯行为的预防与控制：

可以通过如下几方面的措施预防与控制侵犯行为：

①减少媒体暴力带来的影响。

根据社会学习理论，侵犯行为的形成机制是强化与观察学习，且这一机制对儿童和青少年侵犯行为的形成尤为重要。侵犯线索理论认为，媒体暴力相当于一种侵犯线索，长时间暴露在媒体暴力下的观众更容易出现侵犯行为。因此，国家应当对大众媒体的播出内容加以管控，通过分级制度、净网行动等方式控制媒体暴力对大众的影响，对不良的媒体节目下架取消播出，对血腥暴力元素过多的电子视频游戏予以管控，以此来预防、控制侵犯行为的出现。

②通过合理的宣泄途径释放压力。

根据挫折－侵犯理论，侵犯行为的出现是由挫折感导致的，个体感受到的挫折感越大，产生的侵犯行为越强。本能理论认为，侵犯行为与个体的本能有关。因此通过合理的、被社会认可的方式，例如中高强度的、具有对抗性的体育运动，释放宣泄侵犯性的精神能力，能够有效减少侵犯行为出现的可能性。已有许多体育运动心理学领域的研究表明，个体的体育锻炼活动量与心理压力、心理健康水平之间存在联系，适当水平的体育锻炼有利于减少压力和塑造积极健康的心理健康状态。

③建立完善的社会公平体系。

相对剥夺理论认为，当个体体验到严重的相对剥夺感时，其心理意义与挫折相当，此时个体容易体验到一系列的负面情绪，导致侵犯行为的出现。一些被认为具有“报复社会”性质的抢劫、绑架行为常与社会分配的不公平有关。例如，2010 年 3 月 22 日，福建南平一名男子在上午 7 时，在当地一所小学校门口持刀杀死了 8 名小学生。犯罪嫌疑人受审时称其杀人动机是受到了不公平的待遇，因此产生“报复社会”的念头。因此，完善社会公平体系有助于减少此类侵犯行为的产生。

（结合理论内容与生活实际进行论述，言之有理即可。）

考研考法实战

答案见 D93 页

1.（西北大学，2012；天津师范大学，2013/2014）论述：社会心理学对攻击（侵犯）行为主要有哪些理论解释？试对这些理论进行对比分析，并谈谈它们对控制和减少青少年的侵犯行为有哪些启发意义（论述侵犯行为的理论解释，谈谈如何减少控制侵犯行为）。

章节考点　综合训练

答案见 D93 页

一、单项选择题

1.（南京师范大学，2017）强调侵犯具有本能性的理论是（　　）。

A. 精神分析观点　　B. 挫折－侵犯理论

C. 替代性侵犯　　D. 社会学习理论

2.（南京师范大学，2015）根据侵犯的指向性，可将侵犯区分为（　　）。

A. 公然侵犯和关系侵犯　　B. 报复性侵犯和工具性侵犯

C. 言语侵犯和动作侵犯　　D. 关系侵犯和动作侵犯

3.（吉林大学，2011）对侵犯行为成因持挫折－侵犯理论取向的社会心理学家们，各自都有着不尽相同的理论假设概述，请选出下列心理学家与其理论匹配完全正确的是（　　）。

A. 多拉德——“一对一关系”；米勒——“一对多关系”；伯科威茨——“多对一关系”

B. 伯科威茨——“一对一关系”；多拉德——“一对多关系”；米勒——“多对一关系”

C. 米勒——“一对一关系”；伯科威茨——“一对多关系”；多拉德——“多对一关系”

D. 伯科威茨——“一对一关系”；米勒——“一对多关系”；多拉德——“多对一关系”

4.（312 统考，2017）认为儿童的侵犯行为是通过替代强化而获得的理论是（　　）。

A. 生态系统理论　　B. 社会学习理论

C. 知觉学习理论　　D. 条件反射学说

5.（312 统考，2011）根据社会交换理论，无偿献血属于（　　）。

A. 本能的亲社会行为　　B. 纯粹的利他行为

C. 纯粹的利己行为　　D. 间接的互惠行为

6.（西南大学，2009）侵犯是对内的自我破坏力量向外部的转化，这是一种（　　）。
A. 精神分析观点　　B. 习性学观点
C. 挫折－侵犯观点　　D. 社会学习观点

7.（南京师范大学，2012）巴特森等人的研究表明，如果用钱来奖励人的助人行为，结果会（　　）。
A. 长时间地增加人们的助人行为
B. 暂时增加人们的助人行为
C. 抑制人们的助人动机
D. 使人在下一次的助人行为中索取更高的报酬

8.（北京师范大学，2014）假设一起谋杀案中，有 26 名目击者，但是没有一人做出反应，包括报警，这一现象是（　　）的例证。
A. 移情　　B. 旁观者效应
C. 寄生虫效应　　D. 社会惰化

9.（南京师范大学，2012）如果在一个较大规模的群体中，群体的气氛比较激动，加上天黑所产生的匿名化条件，结果很容易产生（　　）现象。
A. 去个体化　B. 社会助长　C. 群体极化　D. 群体思维

10.（北京师范大学，2019）以下哪种效应属于去个体化的表现？（　　）
A. 犯错误效应　　B. 群体极化
C. 匿名制服　　D. 武器效应

二、名词解释

1.（苏州大学，2016）挫折。
2.（华南师范大学，2017；西北师范大学，2018）亲社会行为与侵犯行为。
3.（湖南师范大学，2011）规范激活理论。
4.（南开大学，2013；重庆师范大学，2022）去个性化。
5.（山东师范大学，2021）敌对性侵犯和工具性侵犯。
6.（华南师范大学，2021）责任扩散。

三、简答题

1.（西北师范大学，2016）报复性攻击行为和工具性攻击行为的异同？
2.（华东师范大学，2019）为什么在紧急情况下，由于其他人在场，不仅不会使个体的利他行为增强，反而会抑制个体的利他行为，从而产生了集体坐视不救的“旁观者效应”？
3.（北京师范大学，2016）人与人为什么要相互攻击？请简述攻击和侵犯行为的社会心理学理论。
4.（辽宁师范大学，2021）简述责任分散理论。
5.（四川师范大学，2022）简述影响侵犯行为的社会因素。

四、论述题

1.（四川大学，2017）结合相关理论和现实现象，论述网络使用对亲社会行为的影响。
2.（复旦大学，2021）示威游行中的人们会做出打砸烧抢，请应用心理学理论分析解释这一现象。
3.（吉林大学，2020）社会上有一种现象，看球赛之后输了一方的球迷会做出一些自己之前不敢想象的事，例如放火、砸商店，这种现象是什么？所发生的原因是什么？
4.（四川师范大学，2021）人的攻击行为的原因。
5.（华东师范大学，2022）亲社会行为是指有利于他人或整个社会的行为。请根据亲社会行为的内涵回答下列问题：
（1）请阐述亲社会行为和利他行为的联系。
（2）试分别从社会交换理论和社会规范理论解释亲社会行为的动因。
（3）“旁观者越多，越不会轻易给予帮助”，表述了一种什么现象？试回答产生这种现象的原因。
6.（华中师范大学，2021）社会心理学如何解释亲社会行为？请结合你的工作经历或生活实例，谈谈如何培养亲社会行为。
7.（西北师范大学，2022）用社会交换理论解释助人行为产生的原因。

五、案例分析

1.（山东师范大学，2013）请仔细阅读以下案例，分析案例中群殴事件发生的影响因素。
案例：第 21 届亚洲男篮锦标赛小组赛中国队同黎巴嫩队的比赛结束之后，中国队的 7 号张成和黎巴嫩队的 4 号埃尔度米亚蒂发生冲突，双方扭打在一起，但被拉开。这时，中国队的刘玉栋和黎巴嫩的中锋瓦格尔又在中圈附近发生冲突，瓦格尔随即倒地。紧接着，两队的其他球员也动起手来，球场陷入混乱。
2.（浙江师范大学，2014）2013 年 6 月 7 日 18 时 20 分许，厦门市一辆 BRT 快速公交车在行驶过程中突然发生起火事故。截至 6 月 8 日上午，事故已造成 47 人死亡，34 人因伤住院，其中 16 人重伤。此事件的犯罪嫌疑人陈水总是厦门市人，其家坐落在厦门最古老的城区，居住条件恶劣，而且陈水总从 2009 年开始生病后咳嗽不止，由于家境贫困，陈水总自己研读中医书籍自己配药吃。陈水总脾气暴躁，常因小事与人发生争执。近年来办理退休手续未能如愿，同时个人生活境遇较差，因此对社会怀恨在心，疯狂报复社会。
请你结合这一案例从社会心理学攻击性理论谈谈侵犯行为爆发的原因。
3.（辽宁师范大学，2021）运用多种心理学知识和理论来解释分析，哪些因素能促进公益网站上的助人行为？

第九章 社会影响

社会影响是由于社会压力而发生的个人行为与态度朝着社会占优势的方向变化的过程。

本章的内容包含社会影响中“从众、服从与依从”“群体相互作用”以及“合作与竞争”三个部分。

本章知识点的学习与复习需要注意三个方面：其一，本章节所涉及的重要心理学概念 / 心理学现象较多，例如群体影响中的社会惰化、社会助长与社会抑制，群体决策中的群体极化与冒险转移现象，以及从众、依从与服从部分的多种依从诱导策略等，考查形式简单，常结合生活实例进行考查，在本章节的考点中属于较为重要的基础知识点；其二，本章节所涉及的心理学现象的产生原因与影响因素也是常见的考查点，一般通过简答直接考查，或是作为综合性论述题与案例分析题的子问题与解题关键性知识点进行考查，这一部分的知识点可以通过结合生活实例进行理解、练习与考点相关的案例分析题来加以记忆；其三，从大部分院校的真题来看，第三节合作与竞争部分知识点的考查相对较少，覆盖面较小，且内容与管理心理学科目中“群体心理与行为”部分的知识点有所重合，在复习中可以结合目标院校往年真题考查情况有选择性地进行复习。

总体来说，本章节所涉知识点的考查较为基础，难度较低，在复习中应通过系统地记忆与理解，保证这一部分知识点的得分。

第一节 从众、依从与服从

研究真题，明确考况

考试要求	统考		自主命题	
	考题	考查点	考题	考查点
1. 从众、依从与服从的概念	无	无	华东师范大学，2011 南京师范大学，2015 华中师范大学，2012 苏州大学，2011/2012 西北师范大学，2013/2017	选择 / 名解 / 简答：从众、依从与服从的概念
2. 从众与服从的经典实验	2014，2017，2022	选择：阿希的从众实验	东北师范大学，2017/2021 吉林大学，2011 南开大学，2013	选择 / 简答 / 论述：从众的经典实验 简答：米尔格莱姆服从实验
3. 从众与服从的原因及影响因素	2019	多选：从众的原因	南京师范大学，2015 浙江师范大学，2017 北京师范大学，2014 上海师范大学，2017/2019	选择 / 简答 / 论述：从众与服从的原因 选择 / 简答 / 论述：从众与服从的影响因素
4. 依从的原因与依从诱导策略	2017	选择：依从诱导策略	复旦大学，2017 湖南师范大学，2017 华南师范大学，2018 山东师范大学，2017	选择 / 名解 / 简答：依从诱导策略 简答：依从的原因与依从诱导策略

考点 1 从众、依从与服从的概念

考研基础必备

1. 从众的定义与类型

从众是指个人的观念与行为由于群体直接或隐含的压力向与多数人一致的方向变化的现象。其本质是个体受到某种社会影响力作用后所产生的适应性行为。

根据从众行为与个人内在态度的一致性，可以将从众分为：

①真从众：外显行为与群体保持一致，内心看法也认同于群体的从众。

②权宜从众：外显行为与群体保持一致，但内心并不完全认可群体看法的从众。

③不从众：从众的对立面，个体在群体中不被群体意见左右，保持自我原有选择的行为。

2. 依从的定义

依从，或称顺从，指人因为他人的期望压力而接受他人请求，行为符合别人期望的现象。

莫里亚蒂（Moriarty）提出了被动依从的概念，是指人平静地屈从于不合理要求或苛求条件的现象。

3. 服从的定义

服从是指个体或群体在权威命令下，迫于直接或规范的压力而做出命令指定行为的现象。

4. 三者的联系与区别

联系：从众、依从与服从行为都是由于他人或群体影响而引发的，属于个体或群体受到社会影响而行为向外在影响力量方向靠拢的现象。

区别：三者的核心区别在于压力源（或外在力量）和行为动机（或出发点）不同。具体而言有如下几点：

1）从众与依从的区别

从众行为的影响源并不针对特定对象施加影响，从众行为是个体在群体压力之下的自我跟从行为；依从行为的影响源是有意对行为者施加直接或隐含的影响。

2）服从与从众、依从的区别

服从行为的引发具有强制性，服从的理由是外在的，命令者与服从者之间通常有规定性的或强迫性的社会角色联系。从众与依从行为中，影响源与行为者之间没有规定性的或强迫性的社会联系，从众者和依从者必须有一定的认同或寻找到自身行为的理由才会跟从外部影响行动。

考研考法突破

考法 1　从众、依从与服从的概念

通过名词解释、选择题考查对从众、依从与服从的概念与理解。

例 1：（华东师范大学，2011）单选：个体在群体压力下，在认知、判断、信息与行为等方面自愿与群体中多数人保持一致的现象称为（　　）。

A. 从众　　B. 归因　　C. 沟通　　D. 角色

【解析】题干信息体现的现象是从众，该提法出自崔丽娟版、十三所高校联合编写组版等版本的《社会心理学》。此外，通过排除法也可以快速定位答案。

参考答案：A

例 2：（南京师范大学，2015）单选：个体因为他人的期望压力而接受其请求，行为符合他人期望的现象称为（　　）。

A. 从众　　B. 依从　　C. 服从　　D. 妥协

【解析】题干信息描述的是依从的定义。

参考答案：B

考研考法实战 答案见 D98 页

1.（辽宁师范大学，2011；湖南师范大学，2011；华中师范大学，2012；苏州大学，2011、2012；西北师范大学，2013；天津师范大学，2016；首都师范大学，2020）名词解释：从众。

2.（西北师范大学，2013/2014/2017）名词解释：服从。

3.（西南大学，2010）单选：个体受团体压力影响，在心理上和行为上表现出与团体内大多数人保持一致的现象叫（　　）。

A. 同化　　B. 服从　　C. 从众　　D. 内化

考点 2　从众与服从的经典实验

考研基础必备

从众的主要经典实验研究包括谢里夫的团体规范形成研究、阿希的从众实验；服从的经典实验研究有米尔格莱姆的权威 - 服从实验。

1. 谢里夫的规范形成研究

谢里夫（Sherif）最早开始了对从众现象的研究，他利用知觉错觉中的自主运动现象研究大学生被试们对光点移动的判断情况。

在实验中，随机地将每三个被试分为一组，被试在黑暗环境下盯着静止不动的光点，观察光点一段时间后让被试判断光点运动的距离。由于非心理学专业大学生没有自主运动错觉的知识，所以会做出各种各样的判断。

实验步骤重复多次，每次光点出现和移动的形式有所不同。在每一次实验结束后，主试要求每组被试将自己的结果告诉其他组的被试。结果发现，随着实验的不断进行，不同组被试的判断结果逐渐趋于一致。谢里夫认为被试们的判断形成了一个共同的标准，是由于团体规范的建立，这种规范制约了每个人的行为和信念。

2. 阿希的从众实验

阿希（Asch）通过实验研究了群体压力下的从众现象。

在实验中，他让一位真被试（实验目的对真被试单盲）与另外 6~8 位助手扮演的假被试一起坐在桌旁，随后实验开始，主试依次向被试呈现 50 套两张一组的卡片，每组卡片的其中一张上画有一条直线（标准直线），另一张画有三条直线（其中一条与标准直线同样长），要求被试按照各自编号依次回答（真被试的序号靠在最后几位），选择出与第一张图片上的标准直线一样长的那条线（如图 9-1 所示）。在开始的几组卡片的选择中，每个成员都按照真实情况作答，在若干组比较之后，实验助手们（假被试）开始故意给出错误答案，此时真被试就需要面临选择，是相信自己的判断还是跟随多数的小组成员判断。

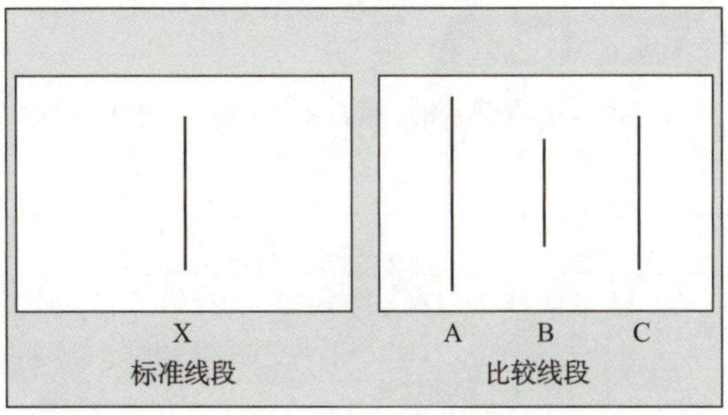

图 9-1　阿希的从众实验（引自黄希庭《心理学导论》）

实验结果发现，个体在单独判断时正确率较高，但是在跟随假被试一起做出错误判断的总比率达到全部反应的 37%，75% 的被试至少有过一次从众的行为，5% 的被试甚至在所有的误导试次均跟随小组给出了错误答案。

阿希将从众实验的结果归纳为三点：①被试把他人反应作为参考框架，发生知觉歪曲；②被试虽然意识到自己的判断与他人不同，但认为多数人比自己更加正确，发生判断歪曲；③被试明知其他人都错了，却跟随了错误判断，发生了行为歪曲。

3. 米尔格莱姆的权威－服从实验

米尔格莱姆（Milgram）通过实验对服从进行了实证研究。

他通过广告从社会群体中招募 40 名志愿者，告知被试开展的是一项关于惩罚对学习效果的影响，他将被试与实验助手（假被试）两两配对进行实验，并在真被试不知情的情况下，通过暗中操作抽签的方式“随机”地让真被试抽签成为教师，助手（假被试）成为学生。

实验开始后，研究者告知被试的任务是教学生学习词语配对，并即时检查学习效果。在记忆之后，教师读出刺激词，学生通过按键在四个选项中选择一个，如果回答错误，教师就要用电击器惩罚学生。电击器的电压在 12~450V 不等，对应着 30 个电键，最高电压的电键上还附带明显标记。当学生的错误数量不断累加，研究者会以实验需要为由要求真被试不断加强电压。

实验的结果发现，总共有 14 名被试最终在 300~375V 的电压下开始拒绝执行继续增加电压，占总数的 35%。但 65% 的被试一直服从实验者的指示，将实验一直进行到最后，直至电压加至最高的 450 V。

研究者们将服从实验结果的产生原因归结为四个方面：①责任归于权威；②任务被常规化；③相信权威宣称的主张和动机；④步步为营，落入陷阱。

考研考法突破

考法 1　从众的经典实验

通过选择、简答题考查从众实验的内容。需要注意的是，不同版本、不同科目的教材在介绍从众与服从的三个经典实验时会有所不同，在复习中切勿深究细节，以掌握实验的大致流程与结果解释为佳。

例 3：（统考，2014）单选：在阿希的从众实验中，要求被试完成的任务是（　　）。

A. 深度知觉判断　　B. 运动知觉判断

C. 颜色知觉判断　　D. 线段知觉判断

【解析】阿希通过实验的方法研究了从众现象，在他的实验中，被试被要求完成线段知觉的判断任务。

参考答案：D

考法 2　服从的经典实验

通过选择、简答题考查服从实验的内容。

例 4：（西南大学，2018）多选：研究结果表明，导致服从的重要因素有（　　）。

A. 责任归于权威

B. 任务被常规化

C. 相信权威宣称的主张和动机

D. 步步为营，落入陷阱

【解析】本题考查米尔格莱姆实验结果的推论，选项提法来自黄希庭版《心理学导论》，以该教材作为指定书目，且考试内容中包括社会心理学科目相关考点院校的考生，可以此作为服从实验的拓展知识点记忆。

参考答案：ABCD

考研考法实战 答案见 D98 页

1.（312 统考，2017）单选：依据阿希的从众实验，在每一次观察中对被试的安排是（　　）。

A. 均为真被试　　B. 真被试多于假被试

C. 真被试与假被试一样多　　D. 真被试少于假被试

2.（吉林大学，2011）多选：通过对被试实施线条长短判断的从众实验研究，阿希将被试做出错误选择的原因归纳为三类（　　）。

A. 知觉歪曲　　B. 记忆歪曲

C. 判断歪曲　　D. 情感歪曲

E. 行为歪曲

3.（四川大学，2012）判断：阿希效应说明，人们之所以从众是因为缺乏相应的信息。（　　）

4.（东北师范大学，2017）论述：试述从众的经典实验理论。

考点 3　从众与服从的原因及影响因素

考研基础必备

从众的原因及影响因素如表 9-1 所示，服从的原因及影响因素如表 9-2 所示。

表 9-1　从众的原因及影响因素

	从众
原因	从众的原因 / 动机分为如下几方面： ①行为参照：当人们由于知识储备与经验背景缺乏而不能肯定地做出选择时，人们可能会将多数人选择的行为作为参照系统来引导自己做出选择。 ②偏离恐惧：由于恐惧面临来自群体的压力或制裁，人们避免表现出偏离群体。 ③人际适应：人们为了在人际交往中获得肯定、建立良好的人际关系，而在必要的时候改变自己的行为和态度，以保持和大多数人一致。 此外，多伊奇和杰拉德（Deutsch & Gerard）将从众的原因归结为如下两方面： 规范性社会影响：人们有渴望被接受的需要，希望获得他人的赞同，并避免其他人的反对。人们为获得社会接纳而改变自己的行为方式，使其符合群体规范。 信息化的社会影响：人们有确认真实情况的需要，而他人的行为通常能提供重要信息，个体把他人视为知道行为的信息来源而顺应其行为

从众	
影响因素	1. 群体影响 （1）群体自身的一致性。群体自身的一致性是构成群体压力的最重要因素之一，很多从众行为是由于个体为了与群体保持一致而产生的。 （2）群体的凝聚力。群体的凝聚力越高，个体对群体的依赖性就越强，越容易对自己所属群体有强烈的认同感。 （3）群体规模。在一定范围内，群体规模越大，引起的从众率也越高。 2. 情境因素 （1）刺激物的性质。人们更容易对模棱两可的刺激物判断做出从众反应。 （2）个人地位。因其在群体中的地位不同而不同，权威者易于赢得地位较低的个体的依赖。 （3）时间因素。群体交互作用过程中的不同阶段对从众行为的影响不同，交互作用的早期阶段更易从众，到了后期，为了巩固自己的地位而不易从众。 3. 个体因素 （1）个性特质差异。情绪不稳定、智力较低、意志较薄弱的个体更易从众。 （2）性别差异。男女在从众行为上表现出的差异还没有一个一致的结论。 （3）年龄差异。随着年龄增长从众行为下降。 （4）个人的自我卷入水平。人们在意见表达后，在相关选择上的自我卷入水平会有实质的增加，由此直接导致从众性的降低。 4. 教育与文化的倾向 （1）教育水平。若个体有广泛的知识背景和较高的教育水平，从众行为比例也会有所下降。 （2）文化背景。文化价值观影响从众，集体主义倾向的国家和强调个人独立的国家的人不同。

表 9–2　服从的原因及影响因素

服从	
原因	①合法权利。社会赋予了卷入社会角色关系的一方更多的影响力，从而使另一方认为自己有服从的义务。 ②责任转移。米尔格莱姆的实验证明了责任转移的推论，他认为出现服从现象的原因是被试在行为归因上，将行为的责任转移给了实验者。
影响因素	①命令者权威。人们更容易接受具有权威者的命令，并做出服从行为。 ②他人支持。社会支持显著增加了人们对权威的反抗和拒绝。 ③行为后果反馈。行为后果的反馈越直接、越充分，人们服从权威、做出伤害别人行为的可能性就越小。 ④执行者个人特征。道德水平越高，越倾向于按照自己的独立价值观行事，拒绝服从权威而去伤害别人；不同民族和不同文化背景的人们在服从行为上表现有所不同。

考研考法突破

考法 1　从众与服从的原因

通过选择、简答题、论述题考查从众与服从的原因。

例 5：（南京师范大学，2015）单选：研究证实，（　　）和责任转移可以导致服从产生。

A. 社会规范　　B. 自我卷入水平

C. 合法权利　　D. 喜爱与熟悉

【解析】本题考查服从产生的原因。研究表明，合法权利与责任转移是服从出现的原因。

参考答案：C

例 6：（南京师范大学，2012；东北师范大学，2013；北京大学，2014；北京师范大学，2014；天津师范大学，2014；华中师范大学，2015；西北师范大学，2015；湖南师范大学，2015/2016；浙江师范大学，2017）简答：什么是从众？简述从众产生的原因。

【解析】本题考查从众行为产生的原因，先介绍从众行为的定义，之后分点简述从众行为的原因即可。

参考答案：

从众是指个人的观念与行为由于群体直接或隐含的压力向与多数人一致的方向变化的现象。其本质是个体受到某种社会影响力作用后所产生的适应性行为。

从众行为的产生原因主要有如下几点：

①行为参照：当人们由于知识储备与经验背景缺乏而不能肯定地做出选择时，人们可能会将多数人选择的行为作为参照系统来引导自己做出选择。

②偏离恐惧：由于恐惧面临来自群体的压力或制裁，人们避免表现出偏离群体。

③人际适应：人们为了在人际交往中获得肯定、建立良好的人际关系，而在必要的时候改变自己的行为和态度，以保持和大多数人一致。

此外，多伊奇和杰拉德将从众的原因归结为如下两方面：

①规范性社会影响：人们有渴望被接受的需要，希望获得他人的赞同，并避免其他人的反对。人们为获得社会接纳而改变自己的行为方式，使其符合群体规范。

②信息化的社会影响：人们有确认真实情况的需要，而他人的行为通常能提供重要信息，个体把他人视为知道行为的信息来源而顺应其行为。

考法 2　从众与服从的影响因素

通过简答题、论述题考查从众与服从的影响因素。

例 7：（重庆师范大学，2020）简答：简述影响服从的因素。

【解析】本题考查服从的影响因素，分点作答即可。

参考答案：

服从是指个体或群体在权威命令下，迫于直接或规范的压力而做出命令指定行为的现象。服从的影响因素有如下几点：

（1）命令者权威。人们更容易接受具有权威者的命令，并作出服从行为。

（2）他人支持。社会支持显著增加了人们对权威的反抗和拒绝。

（3）行为后果反馈。行为后果的反馈越直接，越充分，人们服从权威、做出伤害别人行为的可能性就越小。

（4）执行者个人特征：

①道德水平越高，越倾向于按照自己的独立价值观行

事，拒绝服从权威而去伤害别人。

②不同民族和不同文化背景的人们在服从行为上表现有所不同。

考法 3　同时考查从众、服从的原因和影响因素

该考法一般通过简答题、论述题进行考查，一般通过两至三个子问题考查从众、服从的原因和影响因素。

例 8：（四川大学，2012；上海师范大学，2017；重庆师范大学，2017）论述：描述米尔格兰姆的服从实验并解释服从产生的原因和影响因素。

【解析】本题考查了服从实验的内容、服从行为的原因以及影响因素，分点作答即可。

参考答案：

（1）米尔格莱姆的服从实验：

米尔格莱姆（Milgram）通过实验对服从进行了实证研究。他通过广告从社会群体中招募 40 名志愿者，告知被试开展的是一项关于惩罚对学习效果的影响，他将被试与实验助手（假被试）两两配对进行实验，并在真被试不知情的情况下，通过暗中操作抽签的方式“随机”地让真被试抽签成为教师，助手（假被试）成为学生。之后主试告知被试的任务是教学生学习词语配对，并通过电击作为惩罚手段检查学习效果。随着学生的错误数量不断累加，研究者会以实验需要为由要求真被试不断加强电压。实验的结果发现，总共有 14 名被试最终在 300~375V 的电压下开始拒绝执行继续增加电压，占总数的 35%。但 65% 的被试一直服从实验者的指示，将实验一直进行到最后，直至电压加至最高的 450 V。

（2）服从行为的原因：

米尔格莱姆以及其他的研究者通过一系列后续实验的研究结果，认为服从的原因包括合法权利以及责任转移两方面：

一方面，社会赋予了卷入社会角色关系的一方更多的影响力，从而使另一方认为自己有服从的义务。例如在斯坦福监狱实验中，由于一部分被试被指定扮演“犯人”的角色，因此会对于扮演看守的被试的明显不合理指令也加以服从。另一方面，米尔格莱姆的实验证明了责任转移的推论，他认为出现服从现象的原因是被试在行为归因上，将行为的责任转移给了实验者。

（3）服从行为的影响因素：

服从行为的影响因素包括如下几点：

①命令者权威。

人们更容易接受具有权威者的命令，并做出服从行为。例如在米尔格莱姆服从实验的后续实验中研究者们发现，当发出指令的实验主试是耶鲁大学教授时，被试服从命令的概率远高于一般公司的负责人。

②他人支持。

社会支持显著增加了人们对权威的反抗和拒绝。米尔格莱姆在原有实验的基础上，添加了两名假被试一同参与实验，并让假被试分别在 150V 电压与 210V 时假装拒绝服从。结果发现，当有共同参与实验的他人反抗权威者命令时，其余被试跟随着一同反抗的可能性会有所提高。

③行为后果反馈。

行为后果的反馈越直接、越充分，人们服从权威、做出伤害别人行为的可能性就越小。米尔格莱姆在后续的实验中，采用了不同方式向被试反馈了“被电击者”的痛苦。研究结果发现，当造成了严重行为后果的反馈越直接、越充分时，人们服从权威者命令的可能性就越小。

④执行者个人特征。

执行者的道德水平越高，越倾向于按照自己的独立价值观行事，拒绝服从权威而去伤害别人。此外，不同民族和不同文化背景的人们在服从行为上表现有所不同。

考研考法实战 答案见 D98 页

1.（312 统考，2019）多选：导致从众的主要原因有（　　）。

A. 群体的压力　　B. 信息的不充分

C. 行为的选择性　　D. 群体规范的影响

2.（江西师范大学，2014）单选：关于从众行为的原因，以下表述不正确的是（　　）。

A. 寻求行为参照　　B. 避免对偏离的恐惧

C. 追求成功　　D. 群体凝聚力

3.（北京师范大学，2015）单选：从众的一个重要原因是（　　）。

A. 文化的影响　　B. 群体思维

C. 群体压力　　D. 自我设障

4.（江西师范大学，2016）单选：服从产生的原因是（　　）。

A. 责任分散　　B. 责任转移

C. 匿名性　　D. 自我意识减低

5.（四川师范大学，2022）多选：从众的动机分为（　　）。

A. 行为参照　B. 偏离恐惧　C. 人际适应

D. 遗传因素　E. 群体的凝聚力

考点 4　依从的原因与依从诱导策略

考研基础必备

依从的原因如表 9–3 所示，主要的依从诱导策略如表 9–4 所示。

表 9–3　依从的原因

潜在损失危机	一种东西有失去的潜在可能性，会使人们给予更积极的评价，也容易产生依从行为
互惠心理	人类文化价值中最具有普遍性的规范是互惠，这个规范使个体有回报的压力
喜爱和熟悉	当请求来自一个自己喜欢的对象或自己熟悉的和有积极评价的对象时，依从更易发生
情感	人体的情绪、情感体验与其外在请求的反应是互相作用的
合理原因	当请求者能给其请求一个合理的解释时，出现依从的可能性更大

表 9-4 主要的依从诱导策略

策略	内容
登门槛效应	在提出一个较大要求之前，先提出一个小的要求，一段时间后再提出一个较大的要求，此时别人对较大要求的接受性增大的现象
留面子效应	互惠让步技术。指在提出一个很大的要求被拒绝之后，再提出一个较小的要求，此时小要求被满足的可能性增大的现象
低球技术	提出一个小的要求被满足后，随即提出一个较大的要求
最低要求启动策略	用最低要求的方式来请求别人做出捐助行为，是一种有效的启动别人善意捐助行为的策略。主要方法就是提出一个很小的要求，使得对方基本上不好拒绝，然后利用个体期望维护自我良好形象的心理，获得请求的成功，使个体产生依从行为
折扣技巧	提出一个较大的要求，在对方拒绝之前及时“打折扣”或是给予其他的好处，能够有效降低对方拒绝初始大要求的可能性
过度理由效应	过度理由效应是指附加的外部理由取代了人们行为原有的内在理由而成为行为支持力量，从而行为由内部控制转向外部控制的现象。可以通过外在理由取代人们行为原有的内在理由，以此达到诱导依从的目的

考研考法突破

考法 1 依从诱导策略

通过选择、简答考查主要的依从诱导策略的内容。其中，选择题一般通过给出具体的某一种依从诱导策略的定义，或是以生活实例设问，要求匹配选择出相应的依从诱导策略；而简答题则要求分点介绍主要的几种依从诱导策略并举例说明。

例 9：（统考，2017；中央财经大学，2019）单选：先提出一个小要求，对方接受后不久，再提出一个大要求，此时大要求被满足的可能性会增加。这种策略是（　　）。

A. 折扣策略　　B. 登门槛策略

C. 留面子策略　　D. 滚雪球策略

【解析】本题考查依从策略中的登门槛效应，或称得寸进尺效应，是指在提出一个较大的要求之前，先提出一个小要求，此时在对方已经接受小要求的基础上，会更有可能满足大的要求。

参考答案：B

例 10：（湖南师范大学，2017）简答：依从的诱导策略有哪些？

【解析】本题考查主要的依从诱导策略，分点进行简要回答即可。

参考答案：

可以通过一些依从诱导的策略增加他人出现依从行为，同意请求的可能性。这些依从诱导策略主要有：

（1）登门槛效应。是指在提出一个较大要求之前，先提出一个小的要求，在他人满足该要求后，对较大要求的接受性增大的现象。

（2）留面子效应。也称互惠让步技术。这一技术与登门槛效应相反，是指在提出一个很大的要求被拒绝之后，再提出一个较小的要求，此时小要求被满足的可能性增大的现象。

（3）低球技术。是指先提出一个小的要求被满足后，随即提出一个较大的要求，此时他人接受较大要求的可能性增加的现象。低球技术与登门槛技术类似，主要差别就在于，登门槛技术是在满足小要求后，过一段时间再提出较高要求，而低球技术则是直接提出较大要求。

（4）最低要求启动策略。用最低要求的方式来请求别人做出捐助行为，是一种有效的启动别人善意捐助行为的策略。其方法就是提出一个很小的要求，使得对方基本上不好拒绝，然后利用个体期望维护自我良好形象的心理，获得请求的成功，使个体产生依从行为。

（5）折扣技巧。提出一个较大的要求，在对方拒绝之前及时“打折扣”或是给予其他的好处，能够有效降低对方拒绝初始大要求的可能性。

考法 2 同时考查依从的原因与依从诱导策略的内容

一般通过简答题，以二至三个子问题考查依从的定义、原因以及依从诱导策略的内容，有时依从的原因可单独通过选择或简答题的形式考查，但单独出现的情况较少，因此不做单独列出。

例 11：（华南师范大学，2018）简答：什么是顺从？简述影响顺从的因素与促进顺从技术。

【解析】顺从即依从的同义提法，根据题干要求分点作答即可。

参考答案：

顺从即依从，是指个体因为他人的期望压力而接受他人请求，行为符合别人期望的现象。

影响顺从的因素包括如下几点：

（1）潜在损失危机。一种东西有失去的潜在可能性，会使人们给予更积极的评价，也容易产生依从行为。

（2）互惠心理。人类文化价值中最具有普遍性的规范是互惠。该规范使个体有回报的压力。

（3）喜爱和熟悉。当请求来自一个自己喜欢的对象或自己熟悉的和有积极评价的对象时，依从更易发生。

（4）情感。人体的情绪、情感体验与其外在请求的反应是互相作用的。

（5）合理原因。当请求者能给其请求一个合理的解释时，出现依从的可能性更大。

促进顺从的技术主要包括登门槛效应、留面子效应、低球技术、折扣技术以及最低要求启动策略等：

（1）登门槛效应。在提出一个较大要求之前，先提出一个小的要求，一段时间后再提出一个较大的要求，此时别人对较大要求的接受性增大的现象。

（2）留面子效应，互惠让步技术。指在提出一个很大的要求被拒绝之后，再提出一个较小的要求，此时小要求被满足的可能性增大的现象。

（3）低球技术。提出一个小的要求被满足后，随即提出一个较大的要求。

（4）折扣技巧。提出一个较大的要求，在对方拒绝之前及时“打折扣”或是给予其他的好处，能够有效降低对方拒绝初始大要求的可能性。

（5）最低要求启动策略。用最低要求的方式来请求别人做出捐助行为，是一种有效的启动别人善意捐助行为的策略。主要方法就是提出一个很小的要求，使得对方基本上不好拒绝，然后利用个体期望维护自我良好形象的心理，获得请求的成功，使个体产生依从行为。

考研考法实战 答案见 D98 页

1.（复旦大学，2017）单选：先向对方提出一个很大的要求，遭到拒绝后，紧接着提一个小的要求，这时候小要求被满足的可能性会增加。这种技巧叫（　　）。

A. 折扣　B. 登门槛　C. 门面效应　D. 滚雪球

2.（山东师范大学，2017）简答：请简述顺从的概念，并列举三种增加顺从的技巧。

第二节　群体相互作用

研究真题，明确考况

考试要求	统考		自主命题	
	考题	考查点	考题	考查点
1. 群体的概念	无	无	陕西师范大学，2012 中央财经大学，2015 江西师范大学，2012 陕西师范大学，2012/2013	选择 / 判断：群体的类型
2. 社会惰化、社会助长与社会抑制	2015	简答：社会助长与社会惰化的概念	华中师范大学，2022 北京师范大学，2014 华南师范大学，2016 复旦大学，2015 湖南师范大学，2017 西北师范大学，2016 深圳大学，2022	选择 / 简答：社会惰化、社会助长与社会抑制的概念 简答 / 论述：社会惰化、社会助长与社会抑制的原因
3. 群体决策过程	2013	选择：群体思维的原因	苏州大学，2018/2019 华东师范大学，2012 四川大学，2014/2017 湖南师范大学，2011	选择 / 名解 / 判断：群体思维、群体极化与冒险转移的概念 选择 / 简答：群体思维、群体极化与冒险转移的原因

考点 1　群体的概念

考研基础必备

1. 群体的定义

群体是指两个或两个以上相互依赖和相互作用的个体，为了某个共同的目标而结合在一起的彼此之间具有情感联系的人群。

群体的核心是成员之间彼此有直接接触和交流，并发生相互之间交叉影响和情感上的认同感，形成“我们”的概念和归属。

2. 群体的特征

①共同目标。这是群体形成的先决条件和原因，也是群体的重要特征。

②结构和规范。一个群体有其正式的或内隐的由地位和角色关系所构成的社会结构，群体还会形成一定的准则，群体成员之间的互动和开展活动会受到这些群体规则的约束。

③归属感和交互作用。归属感会形成群体的凝聚力，使成员对于群体在心理上依赖。

群体成员在群体内部会发生一定的交互作用，相互影响。

3. 群体的类型

1）首属群体和次属群体

首属群体是个人直接生活在其中，与群体成员有充分的直接交往和亲密人际关系的群体，主要在形成个体的社会性和思想观念方面起初始作用，如家庭、同学。

次属群体指按照一定规范建立起来的，有明确社会结构的群体，如学校、企业。其规模一般比首属群体大，结构也较为严密，群体成员有明确的社会分工。

2）正式群体和非正式群体

正式群体是指组织结构确定、角色分配明确的群体。在正式群体中，成员的地位、角色有比较明确的规定，人员之间有明确的权利和义务规范。

非正式群体是指成员依照各自喜好自发形成的，没有明确角色分化和权利义务规定的群体，一般形成于正式的工作情境之外。

3）成员群体和参照群体

成员群体是指个体为某个群体正式成员的群体，在这个群体中成员归属于这个群体，对这个群体有较高的认同度。

海曼把个体实际上没有参加但接受其规范的群体称为参照群体。按照参照群体的性质可以进一步将其划分为正参照群体和负参照群体。

4）大群体与小群体

小群体指人数较少，成员间有面对面直接接触与互动的群体，数量为 2~50 人，如夫妻、家庭成员等。

大群体是指人数众多、成员间只以间接方式联系在一起，无直接社会交往与互动的群体。

5）面对面群体与虚拟群体

成员之间通过面对面的交往，形成一定的交互作用和沟通发生彼此的影响，并在一定的规范指导下，完成一定的目标任务。这种以直接接触为基础运行的群体称为面对面群体。

虚拟群体是指群体成员之间分布于不同的物理位置，可以跨地域、跨时间、跨越组织甚至国家界限，通过计算机网络通信技术进行沟通而形成的一种群体形式。

考研考法突破

考法1　群体的类型

通过选择、判断题考查不同类型群体的定义或生活实例。在复习中除了记忆划分群体的标准、不同类型群体的定义之外，还需了解每一种群体对应的生活实例。

例1：（陕西师范大学，2012）判断：二人群体属于小群体，成员之间的关系是简单的面对面的关系，三人群体属于大群体，成员之间的关系具有了一定的匿名性和隐私性。（　　）

【解析】本题考查小群体和大群体的概念。小群体是指人数较少，成员间有面对面直接接触与互动的群体，一般人数为2~50人，2人群体（例如夫妻）与3人群体都属于小群体，两者的区别在于是否有直接的面对面接触和社会交互。

参考答案：错误

例2：（中央财经大学，2015）单选：美国心理学家海曼将个体在实际上没有参加，但接受其规范的群体称之为（　　）。

A. 参照群体　　B. 成员群体
C. 次属群体　　D. 非正式群体

【解析】本题考查参照群体与成员群体的概念，海曼发现了参照群体现象，把实际上没有参加但接受其规范的群体称为参照群体。

参考答案：A

考研考法实战 答案见D99页

1.（江西师范大学，2012）单选：成员依照各自的喜好自发形成的，没有明确角色分工和权利义务规定的群体称为（　　）。

A. 成员群体　　B. 正式群体
C. 参照群体　　D. 非正式群体

2.（陕西师范大学，2012）判断：同辈群体是一个非正式群体，带有一定的强制性。（　　）

3.（陕西师范大学，2013）判断：同乡会属于自发产生的、无明确规章的、成员的地位和角色、权利和义务都不确定的群体，因此是非正式群体。（　　）

考点2　社会惰化、社会助长与社会抑制

考研基础必备

1. 社会助长与社会抑制

1）社会助长与社会抑制的定义

社会助长也称社会促进，指个人对别人的意识，包括别人在场、与别人一起活动或是在电子监控存在的情况下所带来的行为效率的提高。

社会抑制也称社会干扰、社会阻碍，是指他人在场非但不能提高行为绩效，反而还会降低绩效的社会干扰现象。

2）社会助长与社会抑制的心理机制

①优势反应强化说。

扎荣克（Zajonc）提出了优势反应强化说（社会助长驱动理论），优势反应是指个体那些已经学习和掌握得相当熟练，不假思索就可以表现出来的习惯动作，或指个体在特定情境下最有可能产生的反应。扎荣克认为单纯的他人在场增加了个体的唤醒水平和驱力，进而增加了个体采取优势反应的可能性，抑制了正确的但是还未成为优势反应的行为出现的概率。

②评价－竞争观。

一些研究者认为，观众的评价是形成社会助长与社会干扰的重要原因，个体在成长过程中因不断受到他人评价，因此他人在场激发了个体对自己行为的被评价意识，提高了动机水平，随之产生的评价焦虑，使个体在进行简单任务时更加努力，在复杂任务时行为绩效下降。

③分散－冲突模型。

桑德斯和巴伦（Sanders & Baron）提出了该理论，他们认为，他人的存在会作为一种干扰造成个体注意的分散与转移，由此产生两种基本趋势之间的冲突——个体是注意任务还是注意观众，这一冲突导致了唤醒水平与驱力的增长。此时，如果当前任务要求的是个体的优势反应，则会提高行为绩效，反之则会降低行为绩效

④生理心理反应模式与认知解释。

生理心理反应模式认为，他人在场时存在两种冲突的反应模式——激励或威胁，当个体有足够资源应对任务时会激发激励模式，反之当没有足够资源应对时，则激发威胁模式。

认知角度的解释认为，人们在社会任务中的绩效由“行为者对自己的预期”“执行相似任务的他人通过社会比较传递给行为者的潜在评价”这两个因素共同决定，简单任务导致高预期，产生社会促进，困难任务导致低预期，产生社会干扰。

2. 社会惰化

1）社会惰化的定义

社会惰化也称社会懈怠、社会逍遥，指群体一起完成一件事情时，个人所付出的努力比单独完成时偏少的现象。

2）社会惰化的心理机制

①当群体成员认为他们个人对群体的贡献无法被识别时，容易产生社会惰化。

②群体成员缺乏对群体的认同感导致社会惰化的产生。

③卡饶和威廉姆斯（Karau & Williams）提出集体努力模型，总结个体努力工作的三个条件——个体相信努力会有好成绩、个体相信努力工作会被认可、个体重视所得到的奖励，并指出，随着个体结合成群体进行工作时，由于其他成员加入使得个体付出与所得都变得不再确定时，社会惰化便会发生。

考研考法突破

考法 1 社会助长与社会抑制、社会惰化的概念

通过名词解释、选择题、简答题考查社会助长、社会抑制与社会惰化的概念，三者是相互联系的概念，有时可能会在同一道题目中共同考查。

例 3：（北京师范大学，2014）简答：举例说明社会助长与社会惰化。

【解析】本题考查社会助长与社会惰化的概念，分点回答社会助长与社会惰化的定义并举例即可。

参考答案：

社会助长也称社会促进，指个人对别人的意识，包括别人在场、与别人一起活动或是在电子监控存在的情况下所带来的行为效率的提高。

有时人们会发现，在正式的体育竞赛或面临重要的面试时，由于旁人在场，个体能够发挥出更好的行为表现，这就是社会助长现象。但有时在类似的情况下，旁人在场非但不能提高行为绩效，反而还会降低绩效，这被称为社会干扰或社会抑制现象。

社会惰化也称社会懈怠、社会逍遥，指群体一起完成一件事情时，个人所付出的努力比单独完成时偏少的现象。寓言故事中“一个和尚挑水喝，三个和尚没水喝”就是一种社会惰化现象。

例 4：（华南师范大学，2016/ 江西师范大学，2016）单选：运动员进行比赛，如果旁边有观众加油，运动员发挥得更好了，这种现象属于（　　）。

A. 服从　B. 从众　C. 社会干扰　D. 社会助长

【解析】社会助长是指个体在别人在场、与别人一起活动或是在电子监控存在的情况下行为效率提高的现象。运动员受到观众鼓舞而发挥得更好属于社会助长现象。

参考答案：D

例 5：（复旦大学，2015；中央财经大学，2016）单选：工人们一起工作比独自工作所付出的努力更少，这种现象被称为（　　）。

A. 社会致弱　B. 群体极化　C. 社会助长　D. 群体思维

【解析】社会致弱即社会惰化的同义提法，指群体一起完成一件事情时，个人所付出的努力比单独完成时偏少的现象。在未知社会致弱定义的情况下，也可以用排除法解题。群体极化是指群体成员中原已存在的倾向性得到加强，使一种观点或态度从原来的群体平均水平加强到具有支配性地位的现象；群体思维是一种群体决策时的倾向性思维方式，是群体极化的一种表现；社会助长是当他人在场时工作效率提高的现象。故选 A。

参考答案：A

考法 2 社会助长与社会抑制、社会惰化的心理机制

通过简答或论述题考查社会助长、社会抑制与社会惰化的原因 / 心理机制。

例 6：（东南大学，2015）简答：试用社会心理学原理解释“一个和尚挑水喝，两个和尚抬水喝，三个和尚没水喝”的现象。

【解析】本题考查社会惰化的心理机制，通过题干所给信息答出社会惰化的定义，之后对其心理机制（形成原因）进行分点作答即可。

参考答案：

“一个和尚挑水喝，两个和尚抬水喝，三个和尚没水喝”所体现的社会心理学概念是社会惰化。社会惰化是指群体一起完成一件事情时，个人所付出的努力比单独完成时偏少的现象。

社会惰化现象的产生原因有如下三个方面：

①当群体成员认为他们个人对群体的贡献无法被识别时，容易产生社会惰化。

②群体成员缺乏对群体的认同感导致社会惰化的产生。

③卡饶和威廉姆斯（Karau & Williams）提出集体努力模型，总结个体努力工作的三个条件——个体相信努力会有好成绩、个体相信努力工作会被认可、个体重视所得到的奖励，并指出，随着个体结合成群体进行工作时，由于其他成员加入使得个体付出与所得都变得不再确定时，社会惰化便会发生。

考研考法实战 答案见 D99 页

1.（湖南师范大学，2011/2016；南开大学，2017）名词解释：社会阻抑（social inhibition）/ 社会抑制。

2.（江西师范大学，2016）单选：人们在有他人旁观的情况下工作表现比自己单独进行时更好，这种现象是（　　）。

A. 社会助长　　B. 社会懈怠

C. 去个性化　　D. 从众

3.（西南大学，2009；华东师范大学，2012）单选：当个人的活动由于有其他人同时参加或者有其他人在场旁观而使其活动效率降低的现象称为（　　）。

A. 社会抑制　B. 社会促进　C. 社会扩散　D. 群体极化

4.（312 统考，2015）简答：什么是社会助长与社会惰化？简要比较二者的异同。

5.（西北师范大学，2016）简答：用优势强化说解释社会助长和社会阻碍产生的原因。

考点 3 群体决策过程

考研基础必备

1. 群体决策过程中的群体极化

群体极化是指群体成员中原已存在的倾向性得到加强，使一种观点或态度从原来的群体平均水平，加强到具有支配性地位的现象。

对于群体极化的解释主要有两种观点：

①信息的作用：当群体中一种观点获得最大程度认可的时候，这种观点会对其他群体成员造成影响，使一种观点在群体中被极化。

②社会比较理论的观点：通过群体讨论，人们与别人比较他们的观点，比较的结果是其中一方转变自己的观点，最终使观点看上去和其他成员的观点一样极端。

③两种观点的整合：整合观点认为，社会比较和信息的共同作用促使了群体极化的发生，社会比较促使人们强化所持观点的论据信息，而论据信息使得呈现者更加坚定，

同时也影响其他成员的意见，导致群体极化出现。

2. 群体决策过程中的群体思维

群体思维指的是一种群体决策时的倾向性思维方式，是群体极化的一种表现。

詹尼斯（Janis）提出了群体思维模型，认为群体思维是“当人们深深卷入一个高凝聚力群体时具有的一种思维模式，成员努力获得一致意见的动机超越了现实地考虑其他行动方案的动机”。

群体思维的发生原因有两个关键因素：一是群体成员有相似的背景、利益与价值观，导致群体处于高凝聚状态；二是群体规范要求成员以支持群体决策的方式支持群体的地位。

3. 群体决策过程中的冒险转移现象

群体决策时可能会因为群体极化导致决策失误，其中一个可能的原因就是与个体决策相比，群体决策时决定更倾向于冒险，这种群体决策比个人决策更具有冒险性的现象，称为“冒险转移”。

造成冒险转移现象的原因主要有以下几个方面：

①群体成员形成的心理支持氛围。群体成员之间的亲密关系会增大冒险转移现象发生的概率，群体成员之间的熟悉使得他们更加开放和大胆，促使其提出具有冒险性的观点。

②责任分散。在群体中个体往往会有互相依赖和推脱的倾向，尤其是群体中不具重要地位的个体，更容易产生责任分散的倾向，使人们的冒险性得到鼓励；另一种责任分散的情境是，当高凝聚力群体做决策时，群体中相互支持和鼓励勇敢的倾向也会导致冒险性转移。

③社会文化鼓励勇敢的普遍价值取向。这种价值取向使人们倾向于对高冒险性有较高的社会评价。

考研考法突破

考法 1　群体极化、群体思维与冒险转移的定义

通过名词解释、选择题考查群体极化、群体思维与冒险转移的概念，在复习时不仅要记忆三个概念的定义，还要能够依据具体事例来加以区分。

例 7：（湖南师范大学，2012；苏州大学，2018/2019）名词解释：群体思维。

【解析】直接答出群体思维的定义即可。

参考答案：群体思维指的是一种群体决策时的倾向性思维方式，是群体极化的一种表现。詹尼斯认为群体思维是当“人们深深卷入一个高凝聚力群体时具有的一种思维模式，成员努力获得一致意见的动机超越了现实地考虑其他行动方案的动机”。

例 8：（华东师范大学，2012）单选：群体成员中原已存在的倾向性得到加强，使一种观点或态度从原来的群体水平，加强到具有支配性的现象，称为（　　）。

A. 群体思维　B. 冒险转移　C 社会扩散　D. 群体极化

【解析】题干信息是群体极化的定义。

参考答案：D

考法 2　群体极化、群体思维与冒险转移的原因

通过选择、简答题考查群体极化、群体思维与冒险转移的发生机制 / 产生原因。

例 9：（312 统考，2013）单选：下列几种群体中，容易出现群体思维的是（　　）。

A. 高凝聚力的群体　　B. 低凝聚力的群体

C. 民主的群体　　D. 放任的群体

【解析】本题考查群体思维的发生原因，群体思维的发生原因有两点：一是群体成员处于高凝聚力状态，二是群体规范要求群体成员通过支持群体决策的方式维护群体地位。高凝聚力的群体在进行决策时，人们的思维会高度倾向于寻求一致，以致对其他变通行动路线的现实性评价受到压制。故选 A。

参考答案：A

例 10：（湖南师范大学，2011/2020）简答：在群体决策过程中，为什么会出现冒险转移现象？

【解析】本题考查群体决策中冒险转移现象的发生原因，先答出冒险转移现象的定义，之后对发生原因分点作答。

参考答案：

群体决策时可能会因为群体极化导致决策失误，其中一个可能的原因就是与个体决策相比，群体决策时决定更倾向于冒险，这种群体决策比个人决策更具有冒险性的现象，称为“冒险转移”。

造成冒险转移现象的原因主要有以下几个方面：

（1）群体成员形成的心理支持氛围。群体成员之间的亲密关系会增大冒险转移现象发生的概率，群体成员之间的熟悉使得他们更加开放和大胆，促使其提出具有冒险性的观点。

（2）责任分散。在群体中个体往往会有互相依赖和推脱的倾向，尤其是群体中不具重要地位的个体，更容易产生责任分散的倾向，使人们的冒险性得到鼓励；另一种责任分散的情境是，当高凝聚力群体做决策时，群体中相互支持和鼓励勇敢的倾向也会导致冒险性转移。

（3）社会文化鼓励勇敢的普遍价值取向。这种价值取向使人们倾向于对高冒险性有较高的社会评价。

考研考法实战 答案见 D99 页

1.（南京师范大学，2015/2017）单选：凝聚力高的群体成员在进行决策时，他们的思维往往高度倾向于寻求一致，从而压制其他可行的方案，这种现象是（　　）的一种表现。

A. 社会助长　B. 社会惰化　C. 群体极化　D. 冒险转移

2.（华东师范大学，2015）单选：下列关于“群体极化”的正确表述是（　　）。

A. 个体决策更具极端性

B. 其结果通常是冒险转移

C. 并不普遍

D. 群体讨论会使大家的意见折中

3.（湖南师范大学，2011/2017）名词解释：冒险转移。

4.（四川大学，2017）判断：群体极化指在群体决策中，少数派的意见被忽略。（　　）

5.（湖南师范大学，2011；四川大学，2014；华中师范大学，2021）简答：群体极化的原因有哪些？

第三节 合作与竞争

研究真题，明确考况

考试要求	统考		自主命题	
	考题	考查点	考题	考查点
1. 合作与竞争的概念	2013，选择	合作与竞争的概念	华东师范大学，2013 江西师范大学，2013 西南大学，2011	选择 / 名解：合作与竞争的概念
2. 社会两难问题	无	无	南京师范大学，2015/2017	选择 / 名解 / 简答：社会两难情境

考点 1 合作与竞争的概念

考研基础必备

合作是指不同个体为了共同的目标而协同活动，促使某种既有利于自己，又有利于他人的结果得以实现的行为或意向。

竞争则是与合作相对立的概念，指不同的个体为同一个目标展开争夺，促使某种只有利于自己的结果得以实现的行为或意向。

囚徒困境问题：以囚徒困境为基础的研究发现，双方如果合作，各自的获益最大，但合作的基础在于相互的信任。

合作与竞争的原因包括四个方面：①自我利益的最大化；②相互依赖；③情感与承诺；④攻击本能（主要是竞争的原因）。

考研考法突破

考法 1 合作与竞争的概念

主要通过选择、名词解释题考查合作与竞争的定义以及囚徒困境问题。

例 1：（华东师范大学，2013）单选：囚徒困境等研究表明，如果没有特殊诱导，人们的行为倾向于彼此（　　）。

A. 合作　　B. 竞争　　C. 依赖　　D. 排斥

【解析】以囚徒困境为基础的研究发现，双方如果合作，各自的获益最大。但在没有特殊诱导的情况下，由于双方之间并不信任，因此即使双方都认识到可以互惠，也不会采取合作。

参考答案：B

例 2：（312 统考，2013）单选：以囚徒困境为基础的研究发现，双方如果合作，各自的获益最大，但合作的基础是（　　）。

A. 熟悉　　B. 理解　　C. 竞争　　D. 信任

【解析】以囚徒困境为基础的研究发现，双方如果合作，各自的获益最大，但合作的基础在于相互的信任。

参考答案：D

考研考法实战 答案见 D100 页

1.（西南大学，2011）名词解释：合作。

2.（江西师范大学，2013）单选：不同个体为了共同目标展开协同活动，以促使双方有利的结果得以实现的行为是（　　）。

A. 冲突　　B. 竞争　　C. 合作　　D. 威胁

考点 2 社会两难问题

考研基础必备

社会两难情境是个体利益和群体利益发生冲突的一种情境。当群体中每个成员的选择都倾向于对自己有利，而个人的选择累积起来的后果最终会对群体成员（包括选择者本人）不利时，就出现了社会两难情境。

社会两难情境可以分为公共资源两难和公共福利两难两种类型。

在社会两难情境中，个体选择了自己的短期利益，但从长远来看，包括本人在内的群体成员的利益最终会被损害。例如，在集体聚餐时，由于餐费分摊，每个人都选择点很贵的食物，但是从结果来看，如果每个人都这么做，那么最终群体所要承担的餐费就会非常大，这就是所谓的“搭便车效应”。

可以通过如下方法避免搭便车效应：

①改变奖惩结构；②规范提醒；③营造有利气氛；④强化成员联系；⑤增进成员之间的沟通。

考研考法突破

考法 1 社会两难情境

通过选择、简答题考查社会两难情境的概念。该考点仅部分院校考查，可以根据目标院校往年考查情况，选择性复习。

例 3：（南京师范大学，2015）单选：在社会两难情境中，（　　）这一策略能够使得自己个人获得最好的结果。

A. 单方背叛，而其他人合作

B. 所有人都背叛

C. 单方合作，而其他人背叛

D. 所有人都合作

【解析】本题考查社会两难情境的概念。在社会两难的情境中，单方背叛而其他人合作能够使自己获得最好的结果。例如，在搭便车效应的点菜问题上，其他人都配合地不点昂贵的菜，而个体自己单方背叛点了昂贵的菜，这时个体自己就能得到好的结果，而其他成员受损。

参考答案：A

考研考法实战 答案见 D100 页

1.（南京师范大学，2017）简答：什么是社会两难情境，如何避免社会两难情境中的“搭便车效应”？

章节考点　综合训练

答案见 D100 页

一、单项选择题

1.（中山大学，2017）社会促进被定义为（　　）的倾向。
A. 由于有很强的社会和谐愿望而忽视了批判思维
B. 当有他人在场时操作熟练的任务时效率更高
C. 在群体情境中失去自我约束
D. 由于前面顺从了他人一个小的请求，进而顺从他人更大的请求

2.（西南大学，2016）当个体先接受一个小的要求后，为保持形象一致性，他更可能接受一项更大、更不合理的要求，这是一种（　　）。
A. 门面效应　　B. 宽大效应
C. 观众效应　　D. 登门槛效应

3.（北京师范大学，2014；华南师范大学，2016；江西师范大学，2016）在正式比赛时，由于其他运动员和众多观众在场，一位专业长跑运动员，取得了比他平时训练更好的成绩，这一现象是（　　）的例证。
A. 团体思维　　B. 团体极化
C. 社会助长　　D. 社会惰化

4.（南京师范大学，2017）在社会两难情境中，能够使得所有人的结果都更好的选择策略是（　　）。
A. 单方合作，而其他人背叛
B. 单方背叛，而其他人合作
C. 所有人都合作
D. 所有人都背叛

5.（华东师范大学，2020）谢里夫（1936）利用游动错觉研究的社会心理现象是（　　）。
A. 依从　　B. 顺从　　C. 从众　　D. 服从

6.（华中师范大学，2013）下列哪种现象不属于社会影响？（　　）
A. 从众　　B. 说服　　C. 归因　　D. 暗示

7.（西南大学，2010；华中师范大学，2011；浙江理工大学，2016）“一个和尚有水吃，两个和尚抬水吃，三个和尚没水吃”这是一种（　　）。
A. 从众　　B. 社会抑制
C. 观众效应　　D. 社会懈怠

8.（华东师范大学，2012）阿希实验揭示了（　　）社会现象。
A. 服从　　B. 去个性化
C. 从众　　D. 自我知觉

9.（南京师范大学，2016）由于社会压力而发生的个人行为与态度朝社会占优势方向变化的过程称作（　　）。
A. 社会影响　　B. 社会同化
C. 社会角色　　D. 社会态度

10.（华南师范大学，2012）根据社会心理学研究，在做自己不擅长的工作时，有他人在场，会产生（　　）。
A. 社会助长　　B. 社会惰化
C. 社会抑制　　D. 社会退化

11.（四川师范大学，2022）个体或群体在权威命令之下，迫于直接的或规范的压力而做出命令指定行为的现象称为（　　）。
A. 同化　　B. 从众　　C. 依从　　D. 服从

12.（福建师范大学，2020）先提出一个很小的要求，等他人满足该要求后，再向其提出一个较大的要求，此时对方满足较大要求的可能性也增加，这种策略称为（　　）。
A. 以退为进效应　　B. 登门槛效应
C. 折扣技巧　　D. 门前技巧

13.（统考，2022）对个人服从权威现象进行了经典实验研究的心理学家是（　　）。
A. 阿希　　B. 津巴多
C. 谢里夫　　D. 米尔格拉姆

14.（华南师范大学，2022）群体极化一般出现于（　　）。
A. 高凝聚力群体　　B. 中凝聚力群体
C. 低凝聚力群体　　D. 任何群体

15.（北京师范大学，2020）以下不利于形成群体思维的条件是（　　）。
A. 领导直接操纵　　B. 脱离专家
C. 凝聚力强　　D. 鼓励异议

16.（华南师范大学，2022）下面属于首属群体的是（　　）。
A. 家庭　　B. 学校　　C. 邻居　　D. 企业

二、名词解释

1.（湖南师范大学，2010）“门面”效应。

2.（湖南师范大学，2008/2013；山东师范大学，2019）登门槛技术。

3.（陕西师范大学，2012；四川大学，2016；山东师范大学，2017）社会懈怠。

4.（南京师范大学，2017）社会两难情境。

5.（西南大学，2009；湖南师范大学，2020）参照群体。

6.（湖南师范大学，2020）偏离恐惧。

7.（西南大学，2011；华南师范大学，2013；湖南师范大学，2014；南开大学，2016；重庆师范大学，2017/2020；苏州大学，2017）社会促进。

8.（南开大学，2018；中央财经大学，2021；天津师范大学，2021；西北师范大学，2022）群体极化。

9.（吉林大学，2020）得寸进尺效应。

10.（吉林大学，2021）滚雪球技巧。

11.（山东师范大学，2021）门前技巧。

12.（中央财经大学，2022）竞争心理优势。
13.（华中师范大学，2021）从众。
14.（华中师范大学，2022）群体思维。
15.（宁波大学，2021）信息性社会影响。

三、简答题

1.（北京大学，2013；北京师范大学，2021）请解释社会懈怠的概念及其影响因素，并举例说明如何在工作中降低这种现象的发生。
2.（湖南师范大学，2020）简述冒险转移的原因。
3.（浙江工商大学，2021）简述群体决策中的“小集团思想”。
4.（陕西师范大学，2021）简述群体决策的优缺点。
5.（陕西师范大学，2022）简述从众心理及影响从众心理的因素。
6.（深圳大学，2021）简述规范性从众和信息性从众的差异与相同。
7.（北京师范大学，2020）简述从众的原因。
8.（东北师范大学，2021）阿希的实验简述证明了什么问题？试举生活实例进行说明。

四、论述题

1.（南开大学，2013）试介绍米尔格拉姆的惩罚服从实验。
2.（吉林大学，2021）论述从众、依从、服从的关系和区别。
3.（山东师范大学，2022）试述团体决策的一般问题和团体决策的方法。
4.（华东师范大学，2021）论述关于不同类型从众行为的经典研究，以及从众的心理机制。
5.（广州外语外贸大学，2021）请论述合作与竞争的关系以及所采用的策略。
6.（华中师范大学，2022）联系生活实际，谈谈如何有效地减少社会懈怠。

五、案例分析

1.（中央财经大学，2016）【案例材料】日本“尿布大王”多川博在创业之初，他创办的是一家生产销售雨衣、游泳帽、防雨斗篷、卫生带、尿布等日用橡胶制品的综合性企业。但是由于公司泛泛经营，没有特色，销量很不稳定，曾一度面临倒闭的困境。在一个偶然的机会，多川博从一份人口普查表中发现，日本每年出生约250万婴儿，如果每个婴儿用两条尿布，一年就需要500万条。于是，他决定放弃尿布以外的产品，实行尿布专业化生产。尿布生产出来了，而且是采用新科技、新材料，质量上乘。公司花了大量的精力去宣传产品的优点，希望引起市场的轰动，但是在试卖之初，基本上无人问津，生意十分冷清，几乎到了无法继续经营的地步。多川博万分焦急，经过苦思冥想，他终于想出了一个好办法。他让自己的员工假扮成客户，排成长队来购买自己的尿布。一时间，公司店面门庭若市，几排长长的队伍引起了行人的好奇：“这里在卖什么？”“什么商品这么畅销，吸引这么多人？”如此，也就营造了一种尿布旺销的热闹氛围，于是吸引了越来越多的顾客争相购买。随着产品不断销售，人们逐步认可了这种尿布。后来，多川博公司生产的尿布还出口他国，在世界各地也都畅销开来。（根据当当网相关资料整理。）
（1）多川博的销售策略利用了消费者的哪种心理现象？关于这种心理现象，社会心理学研究已获得了哪些规律性的认识？
（2）请从商家视角分析如何正确有效地利用消费者的这些心理规律制定营销策略。
（3）请从消费者视角分析如何有效避免商家制定的这类营销策略可能给自己带来的损失。
2.（深圳大学，2022）“一个和尚挑水喝，两个和尚抬水喝，三个和尚没水喝”反映了什么心理现象？
3.（北京师范大学，2020）阅读以下案例材料。
2018年12月，国家语言资源监测与研究中心发布“2018年度十大网络用语”，“锦鲤”一词高居榜首。锦鲤本是一种高档观赏鱼，近年来突然走红网络，引发一股“拜锦鲤”热潮。人们纷纷在社交媒体上转发或发布带有锦鲤图案或字样的内容，以期达到“转运”“祈愿”“保佑”的目的。2018年10月，某商家开展抽奖活动，中奖者被封“中国锦鲤”，引发超过300万次转发，成为一次现象级营销。根据材料，结合社会心理学相关知识，回答以下问题：
（1）列举一个与材料中“拜锦鲤”相类似的心理现象。
（2）基于社会心理学原理，分析“拜锦鲤”流行的心理原因。
4.（北京师范大学，2019）阅读以下案例材料。
一位女士在逛商场时遇到一位美容店的推销员，她说今天有个免费面部护理活动，请该女士到店体验，女士进店后由一位美容师负责开始护理，美容师不断称赞女顾客气质佳，两人相谈甚欢，女顾客欣然购买了美容师推荐的一款价值200元的护肤品。美容师声称该产品原价300元，她动用了个人权限向店长申请了特别折扣。护肤结束后，美容师又建议女顾客办理该店的储值卡，女顾客有所犹豫，美容师补充称，限时今天且限量100位储值满3000元即享8折优惠，并拿出顾客登记本，上面可以看到诸多已办卡的顾客信息，且编号已经到第92位，女顾客随即接受。
根据材料，结合社会心理学相关知识，回答以下问题：
（1）推销员和美容师为获取顾客依从使用了哪些策略？
（2）这些策略背后的心理学原理分别是什么？

发展心理学

发展心理学主要研究个体从受精卵开始到出生、成熟直至衰老的生命全程中心理发生发展的特点和规律。

发展心理学这个科目，目前市面上的版本主要有以下几种:《发展心理学》林崇德主编，人民教育出版社;《儿童发展心理学》桑标主编，高等教育出版社;《儿童青少年发展心理学》周宗奎主编，华中师范大学出版社;《发展心理学》张向葵主编，教育科学出版社。这四本书里面，内容最丰富的是林崇德老师版本的教材，这也是无论统考还是自主命题院校都会选择使用的一本参考书，因此本书也是以林崇德老师的《发展心理学》为主要参考进行编写，同时补充其他参考教材当中重要的知识点。

在发展心理学的学习当中，重要理论，要总结对比。

发展心理学当中第二章就是介绍的各个理论。用一章的内容去介绍相关理论，由此可见，这些理论对于发展心理学当中的重要性。相关理论的重要内容，需要记忆，大家都心知肚明，但是我们在学习的时候，不能只止步于书本，还要高于书本。比如为什么会提出这个理论？这个理论能解决什么问题？在实际生活当中又有什么指导作用？不同理论之间的联系和区别又是什么？这些是我们在学习的时候，也是要去思考的问题。知其然还要知其所以然，方能以不变的知识应万变的考法。

在发展心理学的学习当中，阶段特点，要抓住关键。

发展心理学讲述人的一生的发展。虽然我们知道每个年龄阶段都是从生理发展、认知发展和社会性发展这三个方面去阐述，但是不同的发展阶段，发展的侧重点又是不一样的，因此，我们在把握共性的时候，也要掌握每个阶段发展的特性。比如 0~3 岁婴儿期是生理发育最迅速的时期，也是个体心理发展最迅速的时期; 3~6 岁幼儿期是儿童大脑发育最快的时期; 6~12 岁儿童期是儿童心理发展的一个重要转折时期，12~18 岁青少年期，青春期是个体生长发育的第二个高峰期。婴儿依恋的发展、幼儿游戏的发展、儿童学习的发展、青少年期情绪的发展，这些每个时期的关键发展点、标志性事件，是我们在学习的时候需要具有高度的敏感性。

在发展心理学的学习当中，其他学科，要触类旁通。

发展心理学作为心理学大家庭当中的一员，它不是独立的，与其他学科也是紧密相连的，因此我们在学习的时候也需要结合其他学科一起来学习。发展心理学当中有很多的理论，其实在普通心理学上都有讲过，当然可能有些理论的表述或者内容不一样。这是因为，不同的科目出发点不一样，发展心理学只会从人生的发展这个方向去阐述这个理论，因此我们在学习的时候，要把理论相结合起来学习。同时，发展心理学当中有很多经典的实验，这也需要大家用实验心理学的逻辑和思维去思考这些经典的实验。最后，发展心理学与教育心理学是不可分割的两个科目，了解不同年龄阶段的发展特点，也是为了我们的学校教育和家庭教育能够更安全和顺利地度过每个阶段，因此我们在学习的过程中，一定要学以致用。

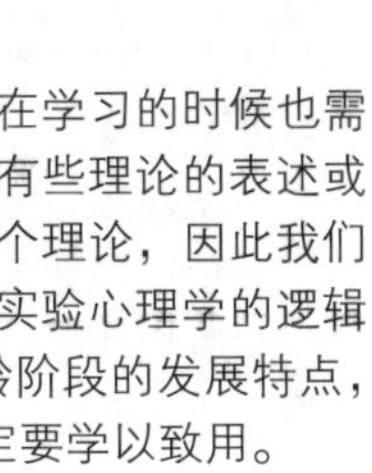

在接下来的学习过程中，如果你发现书籍有错误或者有异议的地方，可以扫描右边的二维码填写问卷告知我们，我们会及时核对并在“心理学考研一本通交流群”中进行勘误说明，你可以扫描右边的二维码进群获得勘误文档，更有逸学教研老师答疑解惑。

错误收集问卷

心理学考研一本通交流群

第一章 绪 论

本章首先介绍发展心理学的基本概念，说明种系心理发展和个体心理发展的内容及关系，简要论述心理发展的基本原理和年龄特征。其次，从儿童心理学的诞生、发展到发展心理学的问世，阐述发展心理学的历史。再次，介绍发展心理学研究的几种研究设计，说明不同研究设计的优缺点。最后，探讨发展心理学当中永恒的话题——遗传和环境的关系。

第一节 发展心理学的界说

研究真题，明确考况

考试要求	统考		自主命题	
	考题	考查点	考题	考查点
1. 发展的含义	无	无	北京师范大学，2015	单选：发展的含义
2. 发展心理学的含义	无	无	北京师范大学，2001/2014 西南大学，2022	单选：发展心理学的含义 简答：心理的种系发展和个体发展的关系 名词解释：种系发展
3. 发展心理学的研究内容	2007 2019	单选：年龄阶段划分的标准；心理学家的发展观	江西师范大学，2015 四川师范大学，2017/2022 南京师范大学，2014/2017 浙江理工大学，2017	单选：发展心理学研究的两个问题；年龄阶段划分的标准 单选：心理发展的基本原理

考点 1 发展的含义

考研基础必备

发展，有多种含义，一般人们理解为泛指某种事物的增长、变化和进步。

人的发展指的是人类身心的生长和变化，不同年龄阶段的人有不同的生理和心理特点。

考研考法突破

考法 1 考查对发展含义的理解

此考法常见于选择题，考查考生对“发展”含义的理解。这里要注意的是，发展心理学当中讲的发展侧重于不同年龄阶段所表现出的生理和心理的特点，既包括每个年龄阶段的获得也包括每个年龄阶段的丧失。

例 1：（北京师范大学，2015）“发展”是指个体生命全程中的心理与行为系统的变化和持续性，下面哪项不属于“发展”的概念（　　）。

A. 儿童会说单词到会说句子　　B. 七坐八爬

C. 性别意识的建立　　D. 情绪的波动

【解析】本题考查的是对发展含义的理解。人的发展指的是人类身心的生长和变化，不同年龄阶段的人有不同的生理和心理特点，选项 A 体现了儿童言语的发展；选项 B 体现了儿童动作的发展；选项 C 体现了儿童社会性的发展；选项 D 体现人的情绪变化，属于一种心理状态，具有短暂性，而非持续性，并不符合发展的概念。因此本题应该选 D。

参考答案：D

考点 2 发展心理学的含义

考研基础必备

1. 发展心理学的含义

发展心理学研究个体从受精卵开始到出生、成熟直至衰老的生命全程中心理发生发展的特点和规律，简而言之，研究毕生心理发展的特点和规律。

人的身心在生命进程中表现出量和质两方面的变化，且与年龄有密切的联系，既表现出连续性又表现出发展的阶段性，形成年龄特征。发展心理学研究各种心理活动的年龄特征。具体地说，发展心理学研究心理发展的年龄特征，包括两个主要部分和四个有关方面：

1）两个主要部分

一是人的认知发展的年龄特征，认知包括感觉、知觉、记忆、思维、想象等。思维的年龄特征是其中最主要的一环。二是社会性发展的年龄特征，社会性包括兴趣、动机、情感、价值观、自我意识、能力、性格等，性格的年龄特征的研究是其中最主要的一环。

2）四个有关方面

心理发展的社会生活和教育条件、生理因素的发展、动作和活动的发展、言语发展。

2. 种系心理发展和个体心理发展的关系

心理的种系发展指的是从动物到人类，特别是原始人类的进化过程中，心理的发生和发展的过程。这个过程包括两个过程：一个是动物心理的进化过程，一个是人类心理的进化过程。前者研究的是从低级动物到高级的类人猿的心理是怎样发生的，又是怎样在适应自然的情况下逐渐从低级形态（受刺激性）向高级形态（思维的萌芽）发展的。后者主要研究原始人类，即从类人猿到文明人类的心理、意识的发生和发展。人类心理是由动物心理发展起来的，它与动物心理既有联系，又有本质的区别。

心理的个体发展研究的是个体从受精卵开始到出生、成熟直至衰老的生命全程中心理发生、发展的特点和规律，简而言之就是研究毕生心理发展的特点和规律。

由此可见，这两个概念的区别在于：心理的种系发展包括的范围更广泛，而心理的个体发展概念的范围只是前者的一部分。种系发展虽不同于个体发展，但不能因此从根本上否定个体心理发展在一定程度上重复着从动物到人类的心理发展史，因为个体发展史和种系发展史有着一定的联系。因此，将个体发展史和种系发展史完全等同的观点是错误的，但是从根本上否定这两个发展史有一定的重复性也是不对的。个体心理发展和种系心理发展既有联系，又有本质的区别。

发展心理学的含义有广义和狭义之分，广义的发展心理学是研究种系和个体心理发生发展的科学，狭义的发展心理学就是个体发展心理学，因此心理的种系发展和心理的个体发展都属于发展心理学的研究范畴。

考研考法突破

考法 1　考查发展心理学的含义

这种考法常见于选择题中，直接考查发展心理学的含义，考生需理解发展心理学研究的是个体生命全程中心理发生发展的特点和规律。这句话里面包含两个重要的点：第一，时间上强调的是生命全程，也就是从受精卵到死亡整个人生的过程；第二，强调研究的是各个时期的年龄特征和所体现出来的原理和规律。

例 2：（北京师范大学，2014）单选：发展心理学研究的是（　　）。

A. 儿童心理发展的特征和规律

B. 成年个体心理发展的特征和规律

C. 个体毕生心理发展和规律

D. 教育领域的发展和规律

【解析】本题考查的是发展心理学的研究对象。发展心理学是研究个体从受精卵开始到出生、成熟直至衰老的生命全程中心理发生发展的特点和规律，简而言之，研究毕生心理发展的特点和规律。A 和 B 选项没有体现生命全程，D 选项限定在教育领域且没有体现年龄特征。因此本题应该选 C。

参考答案：C

考法 2　考查心理的种系发展和个体发展的关系

这种考法多以简答或者论述来进行考查，考生需理解发展心理学的广义和狭义之分。广义上的发展心理学包括了种系心理发展（种系发展包括动物心理学或比较心理学和民族心理学）和个体心理发展，而狭义的发展心理学就是指的个体心理发展。

例 3：（北京师范大学，2001）简答：“心理的种系发展”与“心理的个体发展”这两个概念的区别与联系是什么？

【解析】本题考查的是考生对于心理的种系发展和心理的个体发展这两个概念的理解，考生需分别论述二者的含义，再从整体上介绍二者的关系。

参考答案：

心理的种系发展指的是从动物到人类，特别是原始人类的进化过程中，心理的发生和发展的过程。这个过程包括两个过程：一个是动物心理的进化过程，一个是人类心理的进化过程。前者研究的是从低级动物到高级的类人猿的心理是怎样发生的，又是怎样在适应自然的情况下逐渐从低级形态（受刺激性）向高级形态（思维的萌芽）发展的。后者主要研究原始人类，即从类人猿到文明人类的心理、意识的发生和发展。人类心理是由动物心理发展起来的，它与动物心理既有联系，又有本质的区别。

心理的个体发展研究的是个体从受精卵开始到出生、成熟直至衰老的生命全程中心理发生、发展的特点和规律，简而言之就是研究毕生心理发展的特点和规律。

由此可见，这两个概念的区别在于：心理的种系发展包括的范围更广泛，而心理的个体发展概念的范围只是前者的一部分。种系发展虽不同于个体发展，但不能因此从根本上否定个体心理发展在一定程度上重复着从动物到人类的心理发展史，因为个体发展史和种系发展史有着一定的联系。因此，将个体发展史和种系发展史完全等同的观点是错误的，但是从根本上否定这两个发展史有一定的重复性也是不对的。

发展心理学的含义有广义和狭义之分，广义的发展心理学是研究种系和个体心理发生发展的科学，狭义的发展心理学就是个体心理的发展，因此心理的种系发展和心理的个体发展都属于发展心理学的研究范畴。

考研考法实战 答案见 D106 页

1.（四川师范大学，2022）单选：发展心理学主要是研究个体以下哪个心理发展的趋势（　　）。

A. 毕生　　　　B. 出生到成熟

C. 社会性　　　D. 人格

2. 单选：儿童发展心理学是研究（　　）的科学。

A. 儿童心理发展规律

B. 儿童各年龄阶段的心理特征

C. 儿童心理发展的规律和年龄特征

D. 儿童个体心理发展

考点 3　发展心理学的研究内容

考研基础必备

发展心理学的研究主要涉及两个问题：一个是有关心理发展原理或规律的理论问题，另一个是个体发展各年龄阶段的心理特征问题。

1. 心理发展的基本原理

在人类发展基本原理或规律这个问题上，各个心理学派别之间的争论可以归纳为五点：

第一，人类心理与行为是先天的还是后天的；第二，人类对于环境是主动的还是被动的；第三，人类心理发展是分阶段的还是连续的，是量变还是质变的统一；第四，人类心理发展是普遍的还是特殊的，是多样的还是固定的；第五，发展的终点是开放的（发展变化能持续下去）还是有最终目标的。

2. 生命全程心理发展的年龄特征

1）年龄阶段的划分标准

①生理发展：伯曼以内分泌腺为分期标准。

②智力发展：皮亚杰以思维发展为分期标准。

③个性发展：艾里克森对人格发展阶段进行划分。

④活动特点：艾利康宁和达维多夫对心理发展阶段进行划分。

2）年龄特征的研究

①个体心理的年龄特征是心理发展的各个阶段中形成的一般特征（带有普遍性）、典型特征（具有代表性）或本质特征（表示有一定的性质）。

②在一定的条件下，心理发展的年龄特征是相对稳定的，同时又可以随着社会生活和教育条件等文化背景的改变而有一定程度的改变。

③心理现象是复杂的，所以心理发展既指心理整体的综合发展，又指各种心理现象的发展。

3）生命全程心理发展阶段划分（见表 1–1）

表 1–1　生命全程不同阶段的划分

年龄（岁）	划分期	现代学制阶段
出生 ~1 个月	新生儿期	
1 个月 ~1 岁	乳儿期	托儿所
1~3 岁	婴儿期	
3~6、7 岁	幼儿期（童年早期 / 学前期）	幼儿园
6、7~11、12 岁	童年期（童年中期 / 学龄初期）	小学
11、12~14、15 岁	少年期（童年晚期 / 学龄中期）	初中
14、15~17、18 岁	青年期（青年早期 / 学龄晚期）	高中
18~25 岁	成年早期（青年中期）	大学
25~35 岁	成年早期（青年晚期）	
35~60 岁	成年中期（中年期）	
60 岁以后	成年晚期（老年期）	

考研考法突破

考法 1　考查发展心理学研究的两个问题

此考法常见于选择题中，考生需掌握发展心理学研究的两个问题所包含的内容，认真审题即可作答。

例 4：（南京师范大学，2014）单选：发展心理学主要是研究（　　）。

A. 认知发展规律　　B. 心理的种族发展

C. 心理的种系发展　　D. 心理发展的规律

【解析】本题考查发展心理学的研究任务的第一个问题。发展心理学的研究主要涉及两个问题：一个是有关心理发展原理或规律的理论问题，另一个是个体发展各年龄阶段的心理特征问题。认知发展规律属于心理发展规律的一个方面；心理的种族发展主要是民族心理学的研究内容，主要研究人类历史发展过程中的心理发展；心理的种系发展包括动物心理学和民族心理学的内容。一般教材上讲的发展心理学更多指的是狭义的发展心理学的含义，也就是研究个体心理的发展。因此本题选 D。

参考答案：D

例 5：（四川师范大学，2017）单选：发展心理学的研究包括（　　）两个主要部分。

A. 儿童心理和成人心理

B. 生理机制和心理现象

C. 思维发展和言语发展

D. 心理发展的基本原理和生命全程心理发展阶段的年龄特征

【解析】本题考查发展心理学研究的内容。发展心理学的研究主要涉及两个问题：一个是有关心理发展原理或规律的理论问题，另一个是个体发展各年龄阶段的心理特征问题。因此本题选 D。

参考答案：D

考法 2　考查心理发展的原理

此考法常见于选择题中，考生需要理解。心理发展的五个原理也是各个派别之间争论集中的焦点，同时要能够清楚现在对心理发展的主流观点，比如现在倾向于认为心理发展是先天和后天共同影响，发展的过程是连续性和阶段性的统一，发展具有不平衡性。

例 6：（浙江理工大学，2017）多选：儿童心理发展呈现出以下特征（　　）。

A. 发展过程呈现出阶段性

B. 发展是阶段性和连续性的统一

C. 发展是匀速的

D. 发展不是匀速的

【解析】本题考查心理发展的基本原理。儿童心理发展的特征遵循心理发展的基本原理，在发展的过程中呈现连续性，在年龄上呈现阶段性，发展是阶段性和连续性的统一，因此选项 A 和 B 正确；由于人的发展受多种因素的影响，因此发展不是匀速的，选项 D 正确。因此本题选 ABD。

参考答案：ABD

例 7：（江西师范大学，2015）单选：人类心理发展进程表现为（　　）。

A. 只有连续性，没有阶段性

B. 只有阶段性，没有连续性

C. 既无连续性，又无阶段性

D. 既有连续性，又有阶段性

【解析】本题考查心理发展的基本原理。人类心理发展进程遵循心理发展的基本原理，在发展的过程中呈现连续性，在年龄上呈现阶段性，既有连续性，又有阶段性。因此本题选 D。

参考答案：D

考法 3　考查年龄阶段划分的标准

这种考法主要以选择题为主，考生需记住不同心理学家划分年龄阶段的标准。

例 8：（统考，2007）单选：艾里康宁和达维多夫划分儿童年龄阶段的标准是（　　）。

A. 生理发育　B. 智力发展　C. 个性特征　D. 活动特点

【解析】本题考查艾里康宁和达维多夫对年龄阶段的划分标准。艾利康宁和达维多夫以活动特点为分期标准对年龄阶段进行划分。因此本题选 D。

参考答案：D

考研考法实战

答案见 D106 页

1.（统考，2019）单选：发展心理学家劳拉认为：所有儿童在智力发展过程中都会经历同样的阶段，儿童之间会有差异，聪明的父母会生出聪明的孩子；只要儿童面临疑难或挑战，其才能就会显现出来。劳拉所持的发展观是（　　）。

A. 连续观、教养观和被动观
B. 阶段观、天性观和主动观
C. 阶段观、天性观和被动观
D. 连续观、教养观和主动观

2.（南京师范大学，2017）单选：以个性发展特征来划分人生阶段的是（　　）。

A. 柏曼（Berman）　　B. 皮亚杰（Piaget）
C. 埃里克森（Erikson）　　D. 桑代克（Thorndike）

3.（福建师范大学，2014）单选：个体在不同的年龄阶段表现出身心发展不同的总体特征及主要矛盾，面临着不同的发展任务，这表明身心发展具有（　　）。

A. 顺序性　B. 不平衡性　C. 互补性　D. 阶段性

4.（四川师范大学，2022）多选：在人类发展的基本规律上，各种心理学派别之间的主要争论表现在（　　）。

A. 遗传与环境的作用　　B. 内因与外因的作用
C. 阶段性与连续性　　D. 物质性与精神性
E. 自我教育和学校教育

第二节　发展心理学的变迁

研究真题，明确考况

考试要求	统考		自主命题	
	考题	考查点	考题	考查点
1. 科学儿童心理学的诞生和演变	2018	单选：科学儿童心理学的诞生	江西师范大学，2012 云南师范大学，2012 四川师范大学，2013 北京师范大学，2014 江西师范大学，2015 南京师范大学，2017 华中师范大学，2019	单选：科学儿童心理学的诞生
2. 从儿童发展到个体毕生全程发展的研究	2008 2012 2022	单选：心理学家对发展心理学的贡献	北京大学，2004 西南大学，2008 四川师范大学，2022 苏州大学，2016 华中师范大学，2017/2022 福建师范大学，2019	单选：心理学家对发展心理学的贡献；发展心理学的演变过程 简答：发展心理学的演变过程
3. 发展心理学中国化			四川师范大学，2022 南京师范大学，2021	论述：如何开展发展心理学的本土化研究 论述：建立中国发展心理学的理解

考点 1　科学儿童心理学的诞生和演变

考研基础必备

1. 科学儿童心理学的诞生

德国生理学家和实验心理学家普莱尔是儿童心理学的创始人。他对自己的孩子从出生到 3 岁每天进行系统观察，有时也进行一些实验性的观察，最后把这些观察记录整理成一本有名的著作《儿童心理》，于 1882 年出版。这本书被公认是第一部科学的、系统的儿童心理学著作。

2. 科学儿童心理学的演变

西方儿童心理学的产生、形成、演变和发展分为四个阶段：

19 世纪后期之前为准备时期。在近代社会发展、近代自然科学等的推动下，经过许多科学家对儿童研究的促进，科学儿童心理学终于在 19 世纪后期诞生了。

从 1882 年至第一次世界大战是西方儿童心理学形成时期，即在欧洲和美国出现一批心理学家，开始用观察和实验方法来研究儿童心理发展。

两次世界大战之间是西方儿童心理学的分化和发展时期。不同观点、不同风格的儿童心理学著作大量出版，专门的儿童心理学刊物的大量发行，大学里儿童心理学课程的开设，各种儿童心理学研究组织的建立，儿童心理学达到比较成熟的阶段。

第二次世界大战之后是西方儿童心理学的演变和增新时期，主要表现在：理论观点的演变、在具体研究工作上的演变。

考研考法突破

考法 1　考查科学儿童心理学的诞生

科学心理学的诞生作为标志性事件，是考试中经常考查的内容，常以单选题的形式出现，考生需按照“时间—人物—著作—意义：1882 年—普莱尔—《儿童心理》—第一部科学系统的儿童心理学著作”这样的顺序掌握。

例 1：（统考，2018）单选：普莱尔（W. Preyer）奠定科学儿童心理学基石的代表作是（　　）。

A.《一个婴儿的传略》　　B.《儿童心理》
C.《科学儿童心理学》　　D.《儿童心理之研究》

【解析】本题考查普莱尔的代表作。德国生理学家和实验心理学家普莱尔是儿童心理学的创始人。他对自己的孩子从出生到3岁每天进行系统观察，有时也进行一些实验性的观察，最后把这些观察记录整理成一本有名的著作《儿童心理》，于1882年出版。这本书是第一部科学的、系统的儿童心理学著作。因此本题选B。

参考答案：B

考研考法实战 答案见D106页

1.（江西师范大学，2012）单选：科学儿童心理学诞生的标志是（　　）。

A. 普莱尔出版《儿童心理》

B. 达尔文写成《一个婴儿的传略》

C. 美国《心理学年鉴》用“发展心理学”作章名

D. 霍尔出版《青少年心理学》

考点2　从儿童发展到个体毕生全程发展的研究

考研基础必备

1. 霍尔将儿童心理学研究的年龄范围扩大到青春期

霍尔是“美国儿童心理学之父”，建立了美国第一个心理学实验室，创办了美国第一个心理学杂志《美国心理学杂志》，撰写了世界上第一部青少年心理学著作《青少年心理学》，他将儿童心理学研究的年龄范围扩大到青春期。

霍尔提出个体心理发展的“复演说”，认为儿童心理的发展复演了种系发展的过程，产前的发展复演了动物进化的过程，在出生之后个体心理的发展则复演了人类进化的过程。

霍尔是最早正式研究老年心理的心理学家，出版了《衰老：人的后半生》，但是他没有明确提出心理学要研究个体一生全程的发展。

2. 精神分析学派对个体一生全程的发展率先做了研究

精神分析学派心理学家荣格是最早对成年期心理发展进行研究的心理学家。提出了前半生和后半生分期的观点；重视“中年危机”；论述老年心理，特别是临终前的心理。

埃里克森在荣格研究的基础上，将精神分析创始人弗洛伊德的年龄阶段划分到青春期，扩充到老年期。

3. 发展心理学的问世

美国心理学家霍林沃思最先提出要追求人的心理发展全貌，而不是满足于孤立地研究儿童心理，并于1927年出版了《发展心理学概论》一书，这是世界上第一部发展心理学著作。与此同时，另一位美国心理学家古迪纳夫也提出同样的观点，他认为要了解人的心理，必须全面研究影响产生心理的各种条件和因素，要把心理看作持续不断发展变化的过程。

从1957年开始，美国《心理学年鉴》用“发展心理学”作章名，代替了惯用的“儿童心理学”。发展心理学也在这近20年的广泛研究中获得迅速发展。

20世纪六七十年代，以德国的巴尔特斯等人为代表的一批心理学家提出了毕生发展的思想，注重对生命全程或毕生发展的研究。

4. 中国的发展心理学

中国的发展心理学由西方传入，但在西方传入之前，我国就有了心理学、发展心理学的思想。比如我国古代关于先天与后天在心理发展上的作用，有孟子的性善论、荀子的性恶论；关于毕生发展的年龄特征提法也不少，最有名的是孔子的思想。陈鹤琴是我国最早的儿童心理学家。1962年，朱智贤出版了新中国第一部儿童心理学教材《儿童心理学》。

考研考法突破

考法1　考查心理学家对发展心理学的贡献

心理学家对发展心理学的贡献，需要一一对应进行记忆，考试中常以单选的形式出现，考生最好用表格的形式归纳好每个心理学家的观点，切勿记混。

例2：（统考/聊城大学/西南大学，2008/2012/2008）单选：霍尔（G.S.Hall）提出的解释儿童心理发展的理论是（　　）。

A. 白板说　　B. 复演说

C. 进化说　　D. 成熟势力说

【解析】本题考查霍尔的贡献。霍尔提出个体心理发展的“复演说”，认为儿童心理的发展复演了种系发展的过程，产前的发展复演了动物进化的过程，在出生之后个体心理的发展则复演了人类进化的过程，认为“儿童乃是成人之父”。白板说是洛克的观点，进化说是达尔文的观点，成熟势力说是格赛尔的观点。因此本题选B。

参考答案：B

例3：（统考，2012）单选：下列关于心理学家对发展心理学贡献的表述，不正确的是（　　）。

A. 荣格最先开展对个体毕生发展的研究

B. 霍尔将儿童心理学研究范围扩大到青春期

C. 普莱尔出版《儿童心理》，创立科学的儿童心理学

D. 皮亚杰以活动特点为标准将心理发展划分为四个阶段

【解析】本题旨在考查心理学家的贡献。皮亚杰以儿童认知特点为依据将儿童的发展划分为四个阶段，即感知运算阶段、前运算阶段、具体运算阶段、形式运算阶段。以活动特点作为心理发展分期标准的是艾利康宁和达维多夫。故本题选D。

参考答案：D

考法2　考查发展心理学的演变过程

此法多见于简答或者论述，发展心理学的演变过程包括科学儿童心理学的诞生和从儿童发展到个体毕生全程发展的研究两个时间段，考生记住相关内容即可正确作答。

例4：（苏州大学/北京大学，2016/2004）简答：简述从儿童心理学到发展心理学经历的演变过程。

【解析】本题从发展心理学中心理学家的贡献和历史的演变过程进行解答。

参考答案：科学儿童心理学诞生于19世纪后半期。德国生理学家和实验心理学家普莱尔是儿童心理学的创始人。他对自己的孩子从出生到3岁每天进行系统观察，有时也进行一些实验性的观察，最后把这些观察记录整理成一本有名的著作《儿童心理》，于1882年出版。这本书是第一部科学的、系统的儿童心理学著作。

西方儿童心理学的产生、形成、演变和发展分为四个阶段：第一阶段（19世纪之前）是西方儿童心理学形成的准备期；第二阶段（从1882年至第一次世界大战）是西方

儿童心理学的形成时期；第三阶段（一战至二战期间）是西方儿童心理学的分化和发展时期；第四阶段（二战以后）是西方儿童心理学的演变和发展时期。

从儿童心理学到发展心理学有一个演变过程。首先，霍尔将儿童心理学研究的年龄范围扩大到青春期；其次，精神分析学派对个体一生全程的发展率先做了研究；最后，发展心理学的问世及其研究的扩展。一般认为发展心理学诞生的标志为 1957 年，美国《心理学年鉴》用“发展心理学”作章名，代替了惯用的“儿童心理学”。

考研考法实战 答案见 D106 页

1.（华中师范大学，2022）单选：将儿童心理学研究的年龄范围扩大到青春期的是（　　）。

A. 普莱尔　B. 鲍德温　C. 荣格　D. 霍尔

2.（华中师范大学，2017）单选：儿童心理学达到相当成熟的时期是（　　）。

A. 19 世纪之前

B. 从 1882 年至第一次世界大战

C. 两次世界大战之间

D. 第二次世界大战以后

考点 3　发展心理学的中国化

考研基础必备

1. 发展心理学研究中国化在四个层次上的突破

杨国枢教授从四个层次讨论了心理学研究中国化的方向和尝试：①重新验证国外的研究发现；②研究国人的重要与特有现象；③修改或创立概念与理论；④改变旧方法，设计新方法。

2. 开展发展心理学的本土化研究的基本途径

（1）开展发展心理学的本土化研究的基本途径是：摄取 - 选择 - 中国化。

（2）对外国的发展心理学资料，我们应当摄取其中的营养，用以发展自身；在摄取外国的要素时，不能全盘照搬，要适当地加以选择，批判性地吸收。在学习和研究时，要取其所长，去其所短。在研究中国发展心理学的时候，应加入中国式的想法和看法，使中国的国情不知不觉地融于自己的研究，并且在理论和实践上推陈出新、有所突破。

（3）发展心理学研究中国化的目的，并不是要建立“中国发展心理学”。即使我们有时也提出要建设中国特色的发展心理学，也绝非要开创一种“本土发展心理学”。发展心理学是一门科学，要为世界心理科学做贡献。然而，这和提出发展心理学中国化的设想并不矛盾。因为心理学研究的本土化，主要是指各国的心理学工作者在研究工作中做到从研究者本位出发，准确地发现国人心理活动的特点及规律。只有这样，才能彻底揭示不同文化背景下人类心理的相同点和相异点，为世界心理学的发展做出贡献。今天，心理学或发展心理学研究的中国化不是太多了，而是太少了，我们要大力提倡中国化。中国心理学家应该对世界心理学做出创新和贡献。

考研考法突破

考法 1　考查发展心理学中国化的理解

此考法常见于简答或论述中，考生需要掌握发展心理学中国化的基本途径以及对于中国化的理解，这是一个比较大的问题，考生也可以阅读相关文献，扩充对于这个内容的理解。

例 5：（四川师范大学，2022）论述：试论如何开展发展心理学的本土化研究。

【解析】本题考查考生对于发展心理学中国化的基本途径的理解和掌握。

参考答案：（1）杨国枢教授从四个层次讨论了心理学研究中国化的方向和尝试：①重新验证国外的研究发现；②研究国人的重要与特有现象；③修改或创立概念与理论；④改变旧方法，设计新方法。

（2）开展发展心理学的本土化研究的基本途径是：摄取 - 选择 - 中国化。对外国的发展心理学资料，我们应当摄取其中的营养，用以发展自身；在摄取外国的要素时，不能全盘照搬，要适当地加以选择，批判性地吸收。在学习和研究时，要取其所长，去其所短。在研究中国发展心理学的时候，应加入中国式的想法和看法，使中国的国情不知不觉地融于自己的研究，并且在理论和实践上推陈出新、有所突破。

考研考法实战 答案见 D106 页

1.（南京师范大学，2021）有人说，发展心理学研究中国化的目的，是为了“建立中国发展心理学”，请围绕发展心理学中国化的基本途径，谈谈你对这个问题的理解。

第三节　发展心理学的研究设计

研究真题，明确考况

考试要求	统考		自主命题	
	考题	考查点	考题	考查点
1. 发展心理学研究概述	无	无	天津师范大学，2016	简答：发展心理学研究的原则

续表

考试要求	统考		自主命题	
	考题	考查点	考题	考查点
2. 横断设计、纵向设计、聚合交叉设计	2015	单选：横断设计、纵向设计和聚合交叉设计的含义	苏州大学，2011/2019 华中师范大学，2022 北京师范大学，2014 深圳大学，2022 东北师范大学，2014/2017 山东师范大学，2015 浙江理工大学，2017 福建师范大学，2018/2019 华东师范大学，2016/2019 西北师范大学，2021	单选：横断设计、纵向设计和聚合交叉设计的含义、优缺点 简答：横断设计、纵向设计和聚合交叉设计的含义、优缺点 论述：横断设计、纵向设计和聚合交叉设计的含义、优缺点；具体的研究设计方案 名词解释：同辈效应，纵向设计
3. 微观发生学设计	无	无	南京师范大学，2017 湖南师范大学，2021	单选：微观发生学设计的定义 名词解释：微观发生学设计
4. 双生子设计	无	无	浙江师范大学，2011 华中师范大学，2011 湖南师范大学，2014	名词解释：双生子设计 简答：双生子设计的优缺点
5. 发展心理学研究方法的新趋势	无	无	江西师范大学，2016 苏州大学，2018	简答：研究方法新趋势

考点 1　发展心理学研究概述

考研基础必备

1. 发展心理学研究的功能

描述研究对象的特点和发展状况是发展心理学研究最基本的目的。

解释是对发展心理现象的活动过程与特点的形成原因、发展变化以及相互关系等做出说明。

预测是根据研究形成的某一科学理论，通过一系列的逻辑推理，对研究对象以后的发展变化和在特定情境中的反应做出推断。

控制是发展心理学研究的最高目标。

上述四个功能具有层次递进的关系，正确的描述是合理解释变量间关系的基础，只有合理的解释才能产生准确的预测，根据正确的解释和预测才能进行有效而符合预期目的的控制。

2. 发展心理学研究的特殊性

1）年龄是一个特殊的自变量

年龄是不可以进行人为操纵的变量，只有通过相关方法加以改变、操作。正因如此，发展心理学研究在得出结论时，不能将因变量的变化完全归于年龄。

历法年龄又称实际年龄，是按出生后实际生活的年数和月数计算的年龄。生理年龄是指以人体的组织、器官、结构系统、生理机能的生长和成熟程度为指标的年龄。心理年龄是指某年龄大部分个体能达到的心理发展水平。

2）研究对象的年龄跨度大

从新生儿到老年，都是发展心理学的研究对象。由于年龄的差距，研究者在研究方法上和具体研究方法的选择上需要考虑不同方法的年龄适应性。

3. 发展心理学研究的原则

1）客观性原则

坚持客观的标准，对每个被试的心理与行为表现，对每个数据和个案，都要做出实事求是的具体分析，决不从“预期”出发。

2）特殊性原则

考虑心理发展的特殊事实和个别差异，考虑到发展的不平衡性、研究中的片面性和表面性，注意全面地分析心理发展的问题。

3）教育性原则

发展心理学研究必须从伦理学角度出发，认真考虑是否有利于被试的身心健康，有利于促进被试的心理发展。

4）生态化原则

在真实的社会环境、学校环境和家庭环境中研究被试的心理发展与变化，才能保证发展心理学的研究结果有较高的价值。

考研考法突破

考法 1　考查发展心理学研究的功能

这种考法常见于选择题及简答题中，考生需理解四个功能的层次递进关系，先描述再解释接着预测最后是控制。

例 1：单选：发展心理学研究的主要功能根据层次递进的顺序排列是（　　）。

A. 描述、解释、预测、控制

B. 控制、解释、描述、预测

C. 解释、描述、控制、预测

D. 描述、预测、控制、解释

【解析】本题考查发展心理学研究的功能。发展心理学研究的四个功能具有层次递进的关系，正确的描述是合理解释变量间关系的基础，只有合理的解释才能产生准确的预测，根据正确的解释和预测才能进行有效而符合预期目的的控制。因此本题选 A。

参考答案：A

考法 2　考查发展心理学研究的原则

这种考法常见于简答题中，考查发展心理学研究的四个原则，考生只要叙述出四个原则的内容即可。

例 2：（天津师范大学，2016）简答：发展心理学的研究原则

【解析】本题考查发展心理学研究的原则。

参考答案：发展心理学研究的原则（1）客观性原则：坚持客观的标准，对每个被试的心理与行为表现，对每个数据和个案，都要做出实事求是的具体分析，决不从“预期”出发。（2）特殊性原则：考虑心理发展的特殊事实和个别差异，考虑到发展的不平衡性、研究中的片面性和表面性，注意全面地分析心理发展的问题。（3）教育性原则：发展心理学研究必须从伦理学角度出发，认真考虑是否有利于被试的身心健康，有利于促进被试的心理发展。（4）生态化原则：在真实的社会环境、学校环境和家庭环境中研究被试的心理发展与变化，才能保证发展心理学的研究结果有较高的价值。

考点 2　横断设计、纵向设计、聚合交叉设计

考研基础必备

	横断设计	纵向设计	聚合交叉设计
定义	是在某一特定的时间，同时对不同年龄的被试进行比较的研究设计	对同一研究对象在不同的年龄或阶段进行长期反复观测的研究设计，故也叫作追踪研究设计	将横断研究设计和纵向研究设计融合在一起的研究设计。在这种设计中，研究者选择不同年龄的群体为研究对象，在短时间内重复观察这些对象
优势	①可同时研究较大样本 ②可在较短时间内收集大量数据资料 ③省钱省时省力	能系统地、详尽地了解心理发展的连续过程和从量变到质变的规律	①克服横断研究设计和纵向研究设计各自不足之处，吸取各自的长处。既能使我们掌握心理发展的连续过程及特点，又能够进行大面积的测查。 ②采用静态和动态相结合的原则，缩短了长期追踪的研究时间
局限性	①缺乏系统连续性 ②难以确定因果关系，有同辈效应。同辈效应指由于个体出生在特定时期并成长在特定历史情境中所带来的对个体发展研究的干扰效应。 ③取样程序复杂	①被试随时间逐渐流失 ②反复测量引起被试情绪变化，影响数据可靠性 ③研究周期长，过程中无关变量增多	取样复杂，研究方法烦琐

考研考法突破

考法 1　考查横断设计、纵向设计和聚合交叉设计的含义

这种考法常见于选择题中，直接考查横断设计、纵向设计和聚合交叉设计的含义，或者用一个研究设计的案例，要求考生识别属于哪种设计类型。

例 3：（华东师范大学 / 浙江理工大学，2019/2017）单选：同一时间内，对不同年龄组被试进行观察、测验或实验，以探究心理发展的研究设计是（　　）。

A. 纵向设计　　B. 横断设计

C. 双生子设计　　D. 聚合交叉设计

【解析】本题考查横断设计的含义。在同一时间内，对某一年龄或几个年龄的被试心理发展水平进行测查并进行比较的研究设计是横断设计，因此本题选 B。

参考答案：B

例 4：（华中师范大学 / 天津师范大学 / 苏州大学，2013/2016/2017）横断设计。

【解析】本题考查横断设计的含义。

参考答案：横断设计是指在同一时间内，对某一年龄或几个年龄的被试心理发展水平进行测查并进行比较的研究设计。

考法 2　考查横断设计、纵向设计和聚合交叉设计的优缺点

这种考法常见于选择题和简答题中，考生在对比理解的基础上进行记忆，即可正确作答。

例 5：（北京师范大学，2014）单选：纵向设计的局限不包括（　　）。

A. 不利于了解心理发展连续过程

B. 样本随时间流失

C. 反复测量影响数据可靠性

D. 长期追踪无关变量增多

【解析】本题从纵向设计的局限性进行解答。纵向设计的局限性包括：被试随时间逐渐流失；反复测量引起被试情绪变化，影响数据可靠性；研究周期长，过程中无关变量增多。因此本题选 A。

参考答案：A

例 6：（湖南师范大学，2014）简答：比较纵向设计和横向设计的优缺点。

【解析】本题首先回答纵向设计和横向设计的含义，然后论述其优缺点。

参考答案：（1）纵向设计是指对同一研究对象在不同的年龄或阶段进行长期反复观测的研究设计，故也叫作追踪研究设计。优势是能系统地了解心理发展的连续过程和量变、质变的规律。局限性是被试随时间逐渐流失；反复测量引起被试情绪变化，影响数据可靠性；研究周期长，过程中无关变量增多。

横断设计是指在同一时间内，对某一年龄或几个年龄的被试心理发展水平进行测查并进行比较。优势是可同时研究较大样本；可在较短时间内收集大量数据资料；省钱

省时省力。局限性是缺乏系统连续性；难以确定因果关系，有同辈效应；取样程序复杂。

例 7：（山东师范大学，2015）简答：什么是聚合交叉设计？发展心理学研究者为什么重视聚合交叉设计？

【解析】本题从聚合交叉设计的特点进行解答。

参考答案：（1）聚合交叉设计是将横断研究设计和纵向研究设计融合在一起的研究设计。在这种设计中，研究者选择不同年龄的群体为研究对象，在短时间内重复观察这些对象。

（2）发展心理学研究者日益重视聚合交叉设计，是因为与横断研究设计和纵向研究设计相比，聚合交叉设计具有这两种研究设计单独无法取得的效果。第一，它克服了横断研究设计和纵向研究设计各自不足之处，吸取了它们各自的长处。这种方法既具有纵向研究设计系统、详尽的特点，使我们能掌握心理发展的连续过程及特点，又具有横断研究设计能够进行大面积测查的特点，克服了纵向研究设计样本少、受时间限制等问题。第二，该设计采用静态和动态相结合的原则，缩短了长期追踪的研究时间。因此，把横断研究设计和纵向研究设计结合起来，采用聚合交叉设计，可以使两种方法取长补短，使发展心理学研究充分考虑到发展过程的复杂性，同时兼顾教育与发展的关系。

考法 3 考查具体的研究设计方案

此种考法有一定的难度，需要考生针对题目要求，根据不同的研究设计特点，给出具体的研究设计方案，因此考生不仅要理解三种研究设计的原理，更要灵活运用。

例 8：（东北师范大学，2017）综合题：什么是聚合交叉设计？试实施一个聚合交叉设计研究绘本阅读对幼儿语言能力发展的影响（注：也可以用聚合交叉设计，针对某个问题进行研究设计）。要求：基础阐述清晰，研究过程完整。

【解析】本题考查聚合交叉设计的方案，需要结合聚合交叉设计的特点，灵活运用。

参考答案：（1）聚合交叉设计是将横断研究设计和纵向研究设计融合在一起的设计。在这种设计中，研究者选择不同年龄的群体为研究对象，在短时间内重复观察这些对象。

（2）实验设计：

①被试：随机选取 3 岁、4 岁、5 岁、6 岁幼儿各 60 名，男女各半，并将各年龄组的儿童随机分成两组。

②实验流程：首先采用量表对所有幼儿的语言能力进行测量，保证所有幼儿的语言能力均一致，然后对一组儿童进行绘本阅读，另一组儿童正常发展。每年对所有幼儿的语言能力进行测量，直到幼儿到达 7 岁为止。

具体测量时间见下表：

2018	3 岁	4 岁	5 岁	6 岁	7 岁
2019	4	5	6	7	
2020	5	6	7		
2021	6	7			
2022	7				

③数据分析：

纵向比较：首先可以计算出绘本阅读组儿童的语言能力的发展情况；然后计算出普通发展儿童的语言能力的发展情况；再比较两组儿童的发展情况是否一致，就可以判断绘本阅读是否会对幼儿的语言能力发展有影响。

横向比较：每一年对各年龄组的儿童的语言能力的差异进行比较，看看绘本阅读组儿童之间的差异是否会小于普通发展组的儿童。

考研考法实战 答案见 D106 页

1.（江西师范大学，2012）单选：有研究者对 200 名被试持续研究了 5 年，发现人格具有很大的稳定性。这个研究属于（　　）。

A. 横向研究　　B. 双生子研究
C. 纵向研究　　D. 聚合交叉研究

2.（统考，2015）单选：横断、纵向和聚合交叉设计常用于发展研究。其中，聚合交叉设计尤其适合于（　　）。

A. 研究某一年龄组在长时间内的变化
B. 测量某一年龄组内的集中趋势和个别差异
C. 分析在多个任务上年龄组与任务间的交互作用
D. 在不同年龄组重复验证纵向发展变化，增强研究推断

3.（福建师范大学，2018）单选：为了研究 4~5 岁儿童类比推理能力的发展，研究者们在某一时间测量了某幼儿园 4 岁、4.5 岁、5 岁和 5.5 岁四组幼儿的类比推理能力。该研究属于（　　）研究。

A. 横向　B. 纵向　C. 聚合交叉　D. 追踪

4.（福建师范大学，2019）单选：有一个研究同时对 5 个省市的不同类型学校的中学生的思维能力进行测查，比较分析不同年级中学生的思维发展水平，这种研究设计属于哪一种？（　　）。

A. 横向设计　　B. 纵向设计
C. 微观发生学设计　　D. 聚合交叉设计

5.（华中师范大学，2016）论述题：发展心理学家不仅对人的某个特定阶段发展感兴趣，同时还关心在一生中个体情绪、社会性、能力等的发展。发展研究设计中，研究者会使用横断设计（ross-sectional design）、追踪设计（longitudinal design）、序列设计（sequential design）和微观发生设计（microgenetic design）来探究个体发展的趋势。请结合发展心理学研究中的具体实例阐述这四种发展设计的基本程序及其适用范围。

考点 3 微观发生学设计

考研基础必备

微观发生学设计通过在短时间内重复给被试呈现一个诱发变化的刺激或提供学习的机会，观测个体发生变化的过程。它是一种用于研究个体发展的变化过程和个体差异的方法，它使得研究者能够近距离观察到变化的过程，而非变化的结果。

考研考法突破

考法 1 微观发生学设计的定义

该考法多以选择题形式考查对微观发生学设计含义的

理解，也常以名词解释直接考查考生对微观发生学设计的含义的记忆，因此考生需在理解的基础上掌握其含义。

例 9：（南京师范大学，2017）单选：研究者在短时间内给被试重复呈现刺激或提供学习，然后观测被试发生的变化，这种研究方法是（　　）设计。

A. 横断研究　　B. 纵向研究

C. 聚合交叉　　D. 微观发生学

【解析】本题考查的是微观发生学设计的定义。微观发生学设计通过在短时间内重复给被试呈现一个诱发变化的刺激或提供学习的机会，观测个体发生变化的过程。因此本题选 D。

参考答案：D

考研考法实战 答案见 D107 页

1.（湖南师范大学，2021）名词解释：微观发生学设计。

考点 4　双生子设计

考研基础必备

双生子设计，是指以双胞胎（同卵双生子或异卵双生子）为样本，通过研究其某种心理特征或行为上的相似性与差异性，来揭示遗传与环境对个体心理和生理特征发展的影响或作用的方法。此方法多用于智力、人格的研究。高特斯曼提出了研究双生子的原则。

优点：①同卵双生子具有相同基因，他们之间的任何差异都可以归结为环境因素的作用；

②异卵双生子基因不同，但在环境上有许多相似性，因此也提供了环境控制的可能性。

缺点：①只孤立地考虑遗传和环境因素的影响，未考虑到两者动态的交互作用；

②不能人为制造在不同生长环境下的双生子，因此较难寻找到合适的被试。

考研考法突破

考法 1　考查双生子设计的定义

双生子设计是发展心理学研究设计中的一种，考生需要掌握双生子设计的原理以及含义，在考试中常以选择题和名词解释题来进行考查。

例 10：（湖南师范大学 / 浙江师范大学，2014/2011）名词解释：双生子研究设计。

【解析】本题从双生子设计的定义进行解答。

参考答案：双生子研究利用双生子为样本，通过特征的差异来研究遗传与环境对个体心理和生理特征发展的影响或作用，此方法多用于智力、人格的研究。双生子分为同卵双生子和异卵双生子，前者在智力发展中的差异主要是由于环境，后者在智力发展中的差异主要是由于遗传。

例 11：（华中师范大学，2011；东北师范大学，2021）简答：简述双生子设计的逻辑推论及其优缺点。

【解析】本题考查双生子设计的逻辑推论及其优缺点。

参考答案：（1）双生子设计的逻辑推论：通过对同卵双生子或异卵双生子进行比较是研究遗传对心理发展作用的最有效途径。同卵双生子是由一个受精卵分裂而成的两个胚胎各自发育成的个体，两者具有几乎完全相同的遗传特性，因此他们所表现出来的心理和行为上的相似性可以看成是遗传对发展所起的作用，同时可以把同卵双生子心理与行为上的差异归因于环境因素。异卵双生子之间与普通兄弟姐妹一样皆只有 50% 的共同基因，因此，异卵双生子之间的发展差异与普通兄弟姐妹之间无太大差别。这样我们可以通过对比同卵双生子与异卵双生子对偶内的行为差异，来分析某种行为的遗传效应。

（2）双生子设计的优缺点。优点：①同卵双生子具有相同基因，他们之间的任何差异都可以归结为环境因素的作用；②异卵双生子基因不同，但在环境上有许多相似性，因此也提供了环境控制的可能性。缺点：①只孤立地考虑遗传和环境因素的影响，未考虑到两者动态的交互作用；②不能人为制造在不同生长环境下的双生子，因此较难寻找到合适的被试。

考研考法实战 答案见 D107 页

1.（华东师范大学，2011）单选：双生子对比研究表明，人的体征的遗传制约性比行为能力（　　）。

A. 小　　B. 大　　C. 一样大　　D. 无法判断

考点 5　发展心理学研究方法的新趋势

考研基础必备

多层面和多学科研究相互整合。多层面研究的整合主要表现为通过多种研究方法和技术，如问卷调查、实验室实验、现代基因检测技术、无损伤脑成像技术等，将社会环境层面、遗传和基因分子层面、神经机制层面以及个体人格、心理、行为层面的研究结合起来，开展环境—基因—脑—行为多层面研究，加深我们对于发展现象和问题的理解。多学科研究的整合主要有两种：一是发展心理学与心理学领域内其他分支学科的整合，二是发展心理学与心理学领域以外各有关学科的整合。

多变量统计方法大量使用。除了传统的多变量统计方法，如回归分析、复方差分析、因子分析、判别分析、聚类分析等大量出现在心理学研究报告中，新的多变量统计技术和方法，如结构方程模型、多变量线性模型、成长曲线模型等也被越来越多地应用于发展心理学的研究中。

新的数据收集手段广泛使用。一方面，人们在论坛、博客、微博、微信、电子商务交易信息平台、搜索引擎等互联网平台上积累的海量数据，成为大数据时代发展心理学研究的重要信息资源。另一方面，信息科学技术的发展使得高效处理和分析海量人类行为数据成为可能。

考研考法突破

考法 1 考查研究方法新趋势

这种考法常见于简答或者论述，考生只需要记住发展心理学研究方法新趋势的内容，即可正确作答。

例 12：（苏州大学，2018）简答：简述发展心理学研究方法的新趋势。

【解析】本题考查发展心理学研究方法的新趋势。

参考答案：发展心理学研究方法的新趋势：（1）多层面和多学科研究相互整合。多层面研究的整合主要表现为通过多种研究方法和技术，如问卷调查、实验室实验、现代基因检测技术、无损伤脑成像技术等，将社会环境层面、遗传和基因分子层面、神经机制层面以及个体人格、心理、行为层面的研究结合起来，开展环境—基因—脑—行为多层面研究，加深我们对于发展现象和问题的理解。多学科研究的整合主要有两种：一是发展心理学与心理学领域内其他分支学科的整合，二是发展心理学与心理学领域以外各有关学科的整合。

（2）多变量统计方法大量使用。除了传统的多变量统计方法，如回归分析、复方差分析、因子分析、判别分析、聚类分析等大量出现在心理学研究报告中，新的多变量统计技术和方法，如结构方程模型、多变量线性模型、成长曲线模型等也被越来越多地应用于发展心理学的研究中。

（3）新的数据收集手段广泛使用。一方面，人们在论坛、博客、微博、微信、电子商务交易信息平台、搜索引擎等互联网平台上积累的海量数据，成为大数据时代发展心理学研究的重要信息资源。另一方面，信息科学技术的发展使得高效处理和分析海量人类行为数据成为可能。

考研考法实战 答案见 D107 页

1.（江西师范大学，2016）简答：简述发展心理学研究方法的进展。

第四节 心理发展的遗传与环境因素

研究真题，明确考况

考试要求	统考		自主命题	
	考题	考查点	考题	考查点
1. 遗传和环境的辩证关系	统考，2011 统考，2016	遗传作用研究方法	华东师范大学，2014/2022 湖南师范大学，2012/2017 深圳大学，2021 复旦大学，2021	简答：共享环境和非共享环境；遗传和环境的辩证关系 简答：行为遗传学的研究方法

考点 1 心理发展的遗传和环境因素

考研基础必备

1. 遗传作用的研究

1）动物的行为遗传

对动物进行选择性繁殖，可以看到一些遗传效应。屈赖恩依靠走迷津能力的高低，将聪明的公鼠与聪明的母鼠配对繁殖，迟钝的公鼠与迟钝的母鼠配对、繁殖，再对子代白鼠走迷津的能力进行考察。这样重复到第七代，聪明组白鼠进入忙碌的次数要大大低于迟钝组白鼠。这说明，动物的某些行为能力具有明显的遗传效应。

2）家谱与血缘分析

①家谱分析，通过对某个标志对象（某一特征或某种异常行为）的家庭历史、亲属关系的调查，以分析这种特征在该家系中出现的频率。英国遗传学家高尔顿坚持以遗传的观点来解释个体差异，他认为遗传在发展中起决定作用。

②血缘关系研究，通过探查家族中不同亲密关系的亲属之间的基因遗传相似性程度（血缘关系的远近）与他们的某些心理特征之间的相似程度，来推测遗传对心理发展的作用。

3）双生子研究（见第三节）

2. 遗传与环境因素的关系

遗传与环境因素对心理发展的作用是相互依存、相互渗透的。

首先，正常的心理活动必须具备正常的生理基础和遗传素质。遗传是儿童心理发展的必要物质前提，并奠定了个体心理发展差异的先天基础，规定了发展的高低限度，但它不能限定发展的过程以及所达到的程度，遗传与生理成熟为个体的心理发展提供了可能性，而环境将这种可能性变成现实性。

其次，环境对于某种心理特性或行为的发生发展所起的作用，往往有赖于这种特性或行为的遗传基础。由于个体心理发展的内部条件不同，环境的效应也就不同。

第三，遗传和环境对心理发展的相对作用在个体发展的不同阶段和不同领域所产生的作用不一样。在发展的低级阶段，以及一些较简单的初级心理机能方面，遗传与成熟的制约性较大；而在发展的高级阶段，以及较复杂的高级心理机能方面，则更多地受环境和教育的制约。

（1）有“多少”的问题

①遗传力：一定时间，一定群体的某种特质（比如智力）的全部变异中，可以归因于遗传差异的比率。

②一致率：当双生子的一方具有某种特质时，两个人都表现出这种特质的可能性有多少。

（2）“怎么样”的问题

①反应范围：首先，我们每个人都有独特的遗传结构，

所以对同样的环境我们会有不同的反应；其次，有时遗传和环境的不同结合可以使两个人表现得相同。

②定型化：遗传的一种倾向，限制有些特征的发展，使之只能发展为一种或几种结果。

③非共享环境和遗传－环境关联

斯卡尔将环境分为非共享环境和共享环境。共享环境是指生活在同一家庭的子女在平均水平上所分享的相同环境，包括通常意义上的家庭背景、学校状况、共同伙伴、邻里情况、民族情况等。非共享环境指子女在家庭内外获得的独特经验，来源于仅仅被一个子女经历的事情或条件。

根据遗传－环境关联原则，基因影响着我们接触的环境，影响方式随着年龄增长而变化，并具体体现为三种形式：

被动关联：早年时，父母给孩子提供受自己遗传影响的环境。被动式关联的作用随个体年龄的增长而减弱。

唤起的关联：儿童唤起他人的反应，这些反应受儿童遗传的影响，同时，所唤起的反应又强化了儿童最初的行为方式。这种唤起式的关联在人的整个发展过程中持续存在。

主动的关联：在遗传特征的影响下，对环境因素进行有目的的选择、改变和创造。主体总是倾向于选择那些自己感到比较能适应的环境经验去体验，结果是个体间在发展的方向与程度上表现出差异。

④环境对基因表现的影响

越来越多的证据揭示出，遗传和环境的关系并不是从基因到环境再到行为的单向关系，而是双向的：基因影响儿童的行为和经历，而经历和行为也影响着基因的表现。有研究者将遗传和环境的这种关系看成是渐成框架，发展是遗传与各种层次的环境不断进行的双向交流的结果，基因影响着行为和经验，经验和行为也影响着基因表现。

考研考法突破

考法 1　考查遗传作用的研究方法

此考法常见于选择题，考生需要掌握遗传作用的研究包括的类型，以及每种研究是怎么进行的。

例 1：（统考，2011）单选：高尔顿研究了遗传因素对智力发展的影响，其研究方法是（　　）。

A. 家谱分析　　B. 动物实验

C. 心理测验　　D. 社会实践调查

【解析】本题考查遗传作用的研究。高尔顿通过家谱分析来研究遗传对心理发展的作用。因此本题选 A。

参考答案：A

考法 2　考查共享环境和非共享环境

此考法可以以选择题考查考生对于共享环境和非共享环境的含义的理解，也可以以简答或论述的方式考查对个体发展的影响。因此，考生需要在理解的基础上掌握。

例 2：（湖南师范大学，2017）简答：同胞手足在共享环境和非共享环境下生长的差异。

【解析】本题从非共享环境和遗传－环境关联进行解答。

参考答案：心理学家斯卡尔将环境分为共享环境与非共享环境。共享环境指生活在同一家庭的子女在平均水平上所分享的相同环境，包括家庭背景（经济地位、父母职业、教养程度、宗教信仰）、学校状况、共同伙伴、邻里情况等。非共享环境指的是家庭内外获得的独特经验，分为系统和非系统。系统的非共享环境包括父母独特教养行为、性别差异等家庭内的经验，以及独特的同伴、教师、经历等家庭外经验；非系统的非共享环境则往往无法预期，常见来源有意外事故、疾病以及其他特异的经历等。

在一个家庭里，共享性环境的影响使兄弟姐妹彼此相像，而非共享性环境的影响使同胞兄弟姐妹各有各的特点。研究显示，家庭中最重要的环境影响是非共享性的，正是因为这种影响使得兄弟姐妹之间彼此不同。

考法 3　考查遗传和环境的辩证关系

这种考法常见于简答题，考生需要掌握遗传和环境的辩证关系，同时能够结合这种辩证关系分析心理发展的各个方面。

例 3：（华东师范大学，2014）简答：用双生子的研究材料说明遗传和环境在智力发展中的作用。

【解析】本题从遗传和环境的辩证关系进行解答。

参考答案：双生子研究利用双生子为样本，通过特征的差异来研究遗传与环境对个体心理和生理特征发展的影响或作用，此方法多用于智力、人格的研究。

在双生子研究中，研究者通过比较同卵双生子和异卵双生子在特定性状或行为上的相似性，同卵双生子共享 100% 的遗传物质，而异卵双生子只有 50%。

据双生子研究表明，遗传是智力发展的重要条件，同卵双生子的智力相关性高于同卵双生子的相关性。且遗传对智力的影响是存在年龄特征的，总体趋势是遗传因素对智力的影响随年龄的增大而减弱。同时研究也表明环境在智力发展中有其重要作用，即使是同卵双生子，共享 100% 的遗传物质，其相关性也未能达到 1。

考研考法实战 答案见 D107 页

1.（统考，2016）单选：特雷恩（R. Tryon）的选择性繁殖实验证明了（　　）。

A. 可以通过训练改善老鼠的迷宫学习能力

B. 老鼠的迷宫学习能力与其自然成熟相关

C. 老鼠的迷宫学习能力受其基因组成的影响

D. 老鼠比鸽子具有更好的迷宫学习能力

2.（湖南师范大学，2012）论述：心理学家在研究智力发展过程中遗传与环境的作用时有一个重要发现，结果如下，分析表中的数据，回答下列问题：

（1）这个研究说明遗传在儿童智力发展过程中有什么样的作用？

（2）这个研究能证明环境在智力发展过程中不起作用吗？

智力发展过程中遗传与环境的作用

遗传变量	同卵双生子		异卵双生子	非孪生兄弟姐妹	无血缘关系儿童
环境变量	一起长大	分开长大	一起长大		
智商相关	0.87	0.75	0.53	0.49	0.23

发展心理学

章节考点 综合训练

答案见 D107 页

一、单选题

1. 从动物到人类的演化过程中，心理发生发展的历史是指（ ）。
A. 动物心理发展 B. 人类心理发展
C. 心理的个体发展 D. 心理的种系发展

2.（四川师范大学，2017）发展心理学研究的生态化取向出现的时间是（ ）。
A. 20 世纪 60~70 年代 B. 20 世纪 70~80 年代
C. 20 世纪 80~90 年代 D. 20 世纪 90 年代

3.（华中师范大学 / 四川师范大学，2014/2015）科学儿童心理学诞生于（ ）。
A. 1879 年 B. 1882 年 C. 1930 年 D. 1935 年

4.（统考，2012）下列研究设计类型中，既能描述因变量的年龄差异，又能描述年龄变化，还能对年龄、群组、测量时间等效应进行分离的是（ ）。
A. 横断设计 B. 纵向设计
C. 聚合交叉设计 D. 双生子设计

5.（南京师范大学 / 西南大学，2013/2014）在某一特定时间，同时对不同年龄组成的被试者进行比较研究叫（ ）。
A. 横向研究 B. 纵向研究 C. 个案研究 D. 因果研究

6.（南京师范大学 / 西南大学，2014/2016）对相同研究对象在不同年龄或阶段进行反复观测的研究叫作（ ）。
A. 横向研究 B. 纵向研究 C. 相关研究 D. 因果研究

7.（南京师范大学，2015）在一项有关小学儿童数概念与运算能力发展的研究中，研究者同时选择了三个年级，并且利用三年时间进行纵向追踪研究，这种研究方法是（ ）。
A. 纵向研究设计 B. 微观发生学设计
C. 横断研究设计 D. 聚合交叉设计

8.（江西师范大学，2013）最早正式研究老年心理的心理学家是（ ）。
A. 普莱尔 B. 霍尔 C. 埃里克森 D. 荣格

9.（北京师范大学，2015）研究者想要研究婴儿是否出现了自我意识，婴儿为研究被试，可以采用的方法是（ ）。
A. 观察法 B. 访谈法
C. 问卷法 D. 人中志方法

10.（华东师范大学，2012）对某人进行干预过程的研究属于（ ）。
A. 汇聚研究 B. 横断研究 C. 纵向研究 D. 相关研究

11.（北京师范大学，2014）下列四种情况，智商最接近的是（ ）。
A. 亲生父母，亲生子女 B. 在一起生活的兄弟姐妹
C. 同卵双生不同环境长大 D. 异卵双生相同环境长大

12.（中央财经大学，2018）关于发展取向，正确的说法是（ ）。
A. 发展思想深受生物学机能演化思想影响
B. 冯特直接支持了儿童发展研究
C. 实验法是发展研究的基本方法
D. 社会学习理论有效刻画了心理发展过程

13.（统考，2020）将发展心理学的研究范围扩展到生命全程的第一部标志性著作是（ ）。
A. 霍尔（G. S Hall）的《衰老：人的后半生》
B. 霍林沃思（HL Hollingworth）的《发展心理学概论》
C. 古迪伊纳夫（FL Goodenough）的《发展心理学》
D. 包尔特斯（PB. Baltes）的《毕生发展与行为》

14.（复旦大学，2021）遗传和环境对人的心理品质发展的影响（ ）。
A. 遗传决定
B. 环境决定
C. 看情况有时遗传有时环境
D. 环境遗传共同作用，相互影响

15.（华中师范大学，2022）可以在较长时间内考察同一批儿童心理发展的连续变化特点，这类研究设计是（ ）。
A. 纵向设计 B. 横断设计
C. 交叉滞后设计 D. 双生子设计

16.（华中师范大学，2022）首次将儿童心理学研究的年龄范围扩大到青少年期的是（ ）。
A. 普莱尔 B. 霍尔 C. 荣格 D. 霍林沃斯

17.（312 统考，2022）1922 年出版的《衰老：人的后半生》一书的作者是（ ）。
A. 高尔顿 B. 普莱尔 C. 卡特尔 D. 霍尔

18.（四川师范大学，2022）最早提出追求人的心理发展全貌而不仅仅限于儿童的心理学家是（ ）。
A. 普莱尔 B. 霍尔 C. 霍林沃斯 D. 埃里克森

19.（华中师范大学，2021）心理毕生发展思想的提出者是（ ）。
A. 普莱尔 B. 巴尔特斯 C. 霍尔 D. 荣格

二、名词解释

1.（苏州大学，2018）聚合交叉设计。
2.（四川师范大学，2016）发展心理学。
3.（深圳大学，2022）纵向研究。
4.（西南大学，2022）种系发展。
5.（天津医科大学 / 西北师范大学，2021）同辈效应。

三、简答题：

1.（西北师范大学，2021）心理发展的基本理论问题包含哪些方面。
2.（北京师范大学，2001）近代儿童心理学产生的原因是什么？
3.（福建师范大学，2019）简述心理发展的基本模式。
4.（湖南师范大学，2020）什么是双生子设计？格赛尔通过“双生子爬楼”提出了什么理论？
5.（深圳大学，2021）简述行为遗传学的研究方法。
6.（华东师范大学，2022）行为遗传学中的共享环境和非共享环境分别代表什么含义？每种环境请各举一例说明。

四、论述题

1.（北京大学，2015）以依恋类型与社会性发展的关系为题，设计横断研究和纵向研究设计方案。说明二种研究方法的特点。
2.（苏州大学，2021）论述发展心理学的研究趋势。

第二章 发展心理学理论

本章主要介绍精神分析的心理发展观、行为主义的心理发展观、维果斯基的心理发展观、皮亚杰的心理发展观和其他心理发展观。这些是发展心理学的理论基础，考生需要理解各个代表人物的心理发展的观点，掌握各种心理发展阶段的划分标准。本章属于重点章节，考生要全面掌握，引起高度重视。

第一节 精神分析的心理发展观

研究真题，明确考况

考试要求	统考		自主命题	
	考题	考查点	考题	考查点
1. 弗洛伊德的心理发展观	2008	单选：弗洛伊德的心理发展阶段说	西南大学，2008/2011 华东师范大学，2011/2012/2016/2019 云南师范大学，2012 四川师范大学，2013 北京师范大学，2014 华中师范大学，2016/2019 广州大学，2017 福建师范大学，2018 华南师范大学，2019	单选：弗洛伊德的人格结构；弗洛伊德的心理发展阶段说 判断：弗洛伊德的人格结构 简答：弗洛伊德的人格结构
2. 埃里克森的心理发展观	2008 2009 2015	单选：埃里克森理论观点的年龄段划分；埃里克森理论每个阶段的发展任务	西南大学，2008/2014/2021 江西师范大学，2012/2013/2016 华东师范大学，2013 南京师范大学，2013/2014 北京师范大学，2014 南京大学，2013/2014/2015 上海师范大学，2019	单选：埃里克森心理发展观的理论观点；埃里克森理论每个阶段的危机 简答：埃里克森心理发展观的理论观点 论述：埃里克森心理发展观的理论观点
3. 弗洛伊德和埃里克森的观点比较	2010	论述：弗洛伊德和埃里克森的心理发展观比较	华东师范大学，2013 湖南师范大学，2013 北京师范大学，2014 山东师范大学，2020	单选：弗洛伊德和埃里克森的观点比较 论述：弗洛伊德和埃里克森的观点比较

考点 1 弗洛伊德的发展心理学理论

考研基础必备

弗洛伊德认为人与生俱来就有性本能，性本能携带着数量一定的心理能量“力比多”，它具有驱使个体行动以获得满足和快感的作用。性本能是一切行为的最根本动力，这是其理论的核心。弗洛伊德认为人有两种本能，生的本能和死的本能。生的本能保证人的生存，如呼吸、吃、喝、性和机体的其他需要。死的本能指人可能表现出来的各种破坏力。

1. 弗洛伊德的人格结构

1）本我

本我是原始的、本能的、在人格最深处最难以接近的部分，是人格中的生物成分，遵循快乐原则。其基本机能是寻求能满足机体需求的对象，提供能量和动力。

2）自我

自我是从本我中分化、发展出来的，在现实的基础上满足个体的需要，是人格中的心理成分，遵循现实原则。自我支配行动，思考过去的经验，计划未来的行动。

3）超我

超我包括良心和自我理想。良心是超我中的惩罚性、消极性和批判性的部分；自我理想是个体为之奋斗的部分。超我是人格中的社会成分，遵循道德原则。

2. 弗洛伊德的心理发展阶段说

1）口唇期（0~1 岁）

弗洛伊德把出生到满周岁这段时间称为口唇期，在这个阶段力比多发泄的主要动欲区是口腔。通过口腔活动的吮吸、吞咽、咀嚼等等，不仅满足了婴儿饥饿时的需要，而且这些活动本身也提高了性快感。

2）肛门期（1~3 岁）

这一阶段，幼儿的主要动欲区从口腔转移到肛门。肛门的排泄活动是力比多发泄的主要途径。肛门期对人格发展具有十分重要的意义，这是儿童学会如何获得爱、表扬和赞赏的关键时期，如果在这个时期的儿童不能被父母正确地对待，人格就会残留恐惧、内疚和蔑视的痕迹。这一时期强烈的冲突可能会造成日后人格的异常，形成所谓的肛门期人格，表现为邋遢、浪费、无条理、放肆，或者过分讲究干净、注重小节、固执、小气。

3）前生殖器期（性器期）（3~6 岁）

这一阶段是最重要的心理性欲阶段，以外生殖器为主要敏感区。在这个时期，儿童在行为上开始有了性别之分，而且对自己的性器官发生兴趣。他们一方面模仿父母中的同性别者，另一方面又以父母中的异性为“依恋”对象，会产生恋父情结和恋母情结（俄狄浦斯情结）。这两种情结的顺利解决，对儿童人格的健康发展具有重要意义，不仅可以使儿童获得男性或女性的行为风格，而且可以把父母的道德观念、社会态度内化为儿童自己的东西，使之成为超我，这个时期是超我和性别认同形成的重要时期。

4）潜伏期（6~11 岁）

这一个时期，儿童的力比多处于暂时的潜伏状态，性兴趣被其他兴趣如探索自然环境、知识学习、文艺体育活动和同伴交往等取代，儿童主要与同性别的伙伴一起游戏。

5）青春期（11 或 13 岁开始）

这一个时期，由于性器官的成熟，儿童的性冲动再次萌发，他们开始对异性产生兴趣，喜欢参加由两性组成的集体活动。这使儿童的心理发生了根本的转变，从“自恋”转变为“异性恋”。

3. 评价

弗洛伊德认为人的本性是恶的，其理论在原创性方面获得了很高的评价，精神分析的建议对父母与其他影响儿童的抚养者都产生了重大的影响。但是弗洛伊德在研究儿童人格发展时，仅把儿童置于母亲—儿童—父亲这个狭隘的三角关系中，对儿童人格发展的研究也只到青春期为止。

考研考法突破

考法 1 考查弗洛伊德的人格结构

弗洛伊德的人格结构是其发展心理学理论的主要内容之一，三种人格结构是必备的基础知识，考生需要掌握人格结构的成分和各自遵循的原则以及他们的作用。此考法常见于选择题及简答题当中。

例 1：（统考，2020）多选：在弗洛伊德精神分析理论中，人格结构包括（　　）。

A. 自我　　B. 本我　　C. 超我　　D. 私我

【解析】弗洛伊德的人格结构包括自我、本我和超我三个成分。

参考答案：ABC

例 2：（云南师范大学，2012）判断：弗洛伊德认为，“自我”遵循快乐原则，从心理发展的角度来看，年龄越小，自我的作用越大。（　　）

【解析】本题从弗洛伊德的人格结构进行解答，弗洛伊德认为本我遵循快乐原则，而自我遵循现实原则。从心理发展的角度来看，年龄越小，本我的作用越大。题目将自我和本我混淆，因此是错误的。

参考答案：错误

例 3：（广州大学，2017）简答：简述弗洛伊德的人格结构理论。

【解析】本题考查弗洛伊德的人格结构理论。

参考答案：弗洛伊德将人格结构分为本我、自我和超我。

（1）本我：是原始的、本能的、在人格最深处最难以接近的部分，是人格中的生物成分，遵循快乐原则。其基本机能是寻求能满足机体需求的对象，提供能量和动力。

（2）自我：是从本我中分化、发展出来的，在现实的基础上满足个体的需要，是人格中的心理成分，遵循现实原则。自我支配行动，思考过去的经验，计划未来的行动。

（3）超我：包括良心和自我理想。良心是超我中的惩罚性、消极性和批判性的部分；自我理想是个体为之奋斗的部分。超我是人格中的社会成分，遵循道德原则。

考法 2 考查弗洛伊德的心理发展阶段说

考生需要将五个时期的名称、年龄和主要特点一一对应掌握。此考法可以以选择题考查不同阶段的名称或者各个阶段的年龄，也会以选择题考查每个阶段表现的特点，如恋母情结处于哪个时期，亦可以直接以简单或者论述的形式考查心理发展阶段说的全部内容，考生需要全盘掌握。

例 4：（统考 / 西南大学，2008；福建师范大学，2018）单选：根据弗洛伊德的发展理论，“恋母情结”出现的阶段是（　　）。

A. 口唇期　　B. 肛门期　　C. 潜伏期　　D. 性器期

【解析】本题考查弗洛伊德的心理发展阶段说。在前生殖器期，儿童在行为上开始有了性别之分，而且对自己的性器官发生兴趣。他们一方面模仿父母中的同性别者，另一方面又以父母中的异性为“依恋”对象，会产生恋父情节和恋母情节。不同教材上表述会有所不一致，前生殖器期也叫性器期。因此本题选 D。

参考答案：D

例 5：（北京师范大学，2014）单选：根据弗洛伊德的人格发展理论，超我阶段的儿童处在（　　）时期。

A. 口唇期　　B. 前生殖器期
C. 肛门期　　D. 潜伏期

【解析】本题考查弗洛伊德的心理发展阶段说。在前生殖器期，恋父情节和恋母情节的顺利解决，对儿童人格的健康发展具有重要意义，不仅可以使儿童获得男性或女性的行为风格，而且可以把父母的道德观念、社会态度内化为儿童自己的东西，使之成为超我，这个时期是超我和性别认同形成的重要时期。因此本题选 B。

参考答案：B

例 6：（华中师范大学，2016）单选：过分地爱整洁、固执或吝啬，这样的性格特点可以追溯到心理性欲发展阶段的（　　）

A. 口唇期　　B. 肛门期　　C. 性器期　　D. 生殖期

【解析】本题考查弗洛伊德的心理发展阶段说。肛门期对人格发展具有十分重要的意义，这是儿童学习学会如何获得爱、表扬和赞赏的关键时期，如果在这个时期的儿童不能被父母正确地对待，人格就会残留恐惧、内疚和蔑视的痕迹。这一时期强烈的冲突可能会造成日后人格的异常，形成所谓的肛门期人格，表现为邋遢、浪费、无条理、放肆，或者过分讲究干净、注重小节、固执、小气。因此本题选 B。

参考答案：B

考研考法实战 答案见 D109 页

1.（华东师范大学 / 四川师范大学，2011/2013）单选：

弗洛伊德的精神分析认为，男孩的恋母情结（俄狄浦斯情结），女孩的恋父情结（伊莱克特拉情结）的人格发展是在（　　）。

A. 肛门期　B. 生殖期　C. 性器期　D. 潜伏期

2.（华东师范大学 / 西南大学，2019/2011）单选：弗洛伊德提出五个阶段的性发展理论，"肛门期"在（　　）。

A. 出生至一岁半　B. 一岁半至三岁
C. 四至六岁　D. 七至十二岁

考点 2　埃里克森的心理发展观

考研基础必备

埃里克森的人格发展学说既考虑到生物学的影响，也考虑到文化和社会因素。他认为在人格发展中，逐渐形成的自我在个人与周围环境的交互作用中起着主导的和整合的作用。每个人在生长过程中，都普遍体验着生物、生理的、社会的事件的发展顺序，按一定的成熟程度分阶段地向前发展。他提出了人的八个阶段以及每个阶段的发展任务，建立了自己的发展理论。

阶段	危机	发展任务
婴儿期（0~2 岁）	信任对怀疑	满足生理需要，发展信任感，体验希望的出现
儿童早期（2~4 岁）	自主对羞怯、疑虑	获得自主感而克服羞怯和疑虑，体验意志的出现
学前期（4~7 岁）	主动对内疚	获得主动感，克服内疚感，体验目的的实现
学龄期（7~12 岁）	勤奋对自卑	获得勤奋感，克服自卑感，体验能力的实现
青年期（12~18 岁）	自我同一感对同一感混乱	建立同一感，防止同一感混乱，体验忠诚的实现
成年早期（18~25 岁）	亲密对孤独	获得亲密感，避免孤独感，体验爱情的实现
成年中期（25~50 岁）	繁殖对停滞	获得产生感，避免停滞感，体验关怀的实现
成年晚期（50 岁 ~ 死亡）	完善对失望	获得完善感，避免失望和厌倦感，体验智慧的实现

考研考法突破

考法 1　考查埃里克森心理发展观的理论观点

本考法比较直接，一般以简答或者论述的形式直接考查，考生需要掌握埃里克森对于心理发展观的基本观点及其划分的八个阶段的内容，并结合理论应用于实践。

例 7：（华东师范大学，2020）论述：论述埃里克森的社会心理发展阶段。

【解析】本题考查埃里克森的社会心理发展阶段。

参考答案：埃里克森认为在人格发展中，逐渐形成的自我在个人与周围环境的交互作用中起着主导的和整合的作用。每个人在生长过程中，都普遍体验着生物的、生理的、社会的事件的发展顺序，按一定的成熟程度分阶段地向前发展。埃里克森提出人的八个阶段以及每个阶段的发展任务，建立了自己的发展理论。

第一阶段为婴儿期，0~2 岁；婴儿在本阶段的主要任务是满足生理上的需要，发展信任感，克服不信任感，体验着希望的实现。

第二阶段为儿童早期，2~4 岁：这个阶段的儿童主要是获得自主感，克服羞怯和疑虑感，体验着意志的实现。这一阶段发展任务的解决，对于个人今后对社会组织和社会理想的态度将产生重要的影响。

第三阶段为学前期，4~7 岁：本阶段儿童的主要发展任务是获得主动感，克服内疚感，体验目的的实现。埃里克森认为，个人未来在社会中所能取得的工作上、经济上的成就，都与儿童在本阶段主动性发展的程度有关。

第四阶段为学龄期，7~12 岁：这个阶段的发展任务是获得勤奋感，克服自卑感，体验能力的实现。埃里克森认为，很多人将来学习和工作的态度和习惯都可溯源于本阶段的勤奋感。

第五阶段为青年期，12~18 岁：这个阶段的发展任务是建立同一感，防止同一感混乱，体验忠诚的实现。

第六个阶段为成年早期，18~25 岁：这个阶段的发展任务是获得亲密感，避免孤独感，体验爱情的实现。

第七个阶段为成年中期，25~50 岁：这个阶段的发展任务是获得产生感，避免停滞感，体验关怀的实现。

第八个阶段为成年晚期，50 岁 ~ 死亡：这个阶段的发展任务是获得完善感，避免失望和厌倦感，体验智慧的实现。

考法 2　考查埃里克森理论观点的年龄段划分

此考法主要以选择题的形式出现，在学习时要注意每个阶段的年龄段，结合表格进行记忆，避免混淆。

例 8：（统考，2009）单选：按照埃里克森的发展理论，以建立自我同一性作为主要发展任务的年龄阶段是（　　）。

A. 6~12 岁　B. 12~18 岁　C. 18~25 岁　D. 25~50 岁

【解析】本题考查埃里克森的青年期人格的发展任务。青年期的年龄阶段是 12~18 岁，青年期的危机是自我同一感对同一感混乱，发展任务是建立同一感，防止同一感混乱，体验忠诚的实现。因此本题选 B。

参考答案：B

例 9：（江西师范大学，2012）单选：根据埃里克森的观点，个体经历信任对不信任的危机，发展出希望品质的年龄阶段是（　　）。

A. 0~2 岁　B. 2~4 岁　C. 4~7 岁　D. 7~12 岁

【解析】本题考查埃里克森的婴儿期人格的发展任务。婴儿期的年龄阶段是 0~2 岁，婴儿期的危机是信任对怀疑，发展任务是满足生理需要，发展信任感，体验希望的出现。因此本题选 A。

参考答案：A

考法 3　考查埃里克森理论每个阶段的发展任务

这种考法常见于选择题中，考生记住每个阶段的发展任务即可，切勿混淆。

例 10：（统考，2008）单选：埃里克森认为，少年期人格发展的主要任务是获得（　　）。

A. 自主感　B. 亲密感　C. 勤奋感　D. 同一感

【解析】：本题考查埃里克森的青少年期人格发展的任务。青少年期的危机是自我同一感对同一感混乱，发展任务是建立同一感，防止同一感混乱，体验忠诚的实现。

参考答案：D

例 11：（统考，2015）单选：根据埃里克森的理论，老年期的发展任务是获得（　　）。

A. 繁殖感　B. 亲密感　C. 完善感　D. 认同感

【解析】本题考查埃里克森的老年期人格的发展任务，老年期对应埃里克森八阶段的成年晚期。老年期的危机是完善对失望，发展任务是获得完善感，避免失望和厌倦感，体验智慧的实现。因此本题选 C。

参考答案：C

考研考法实战 答案见 D109 页

1.（江西师范大学，2016）单选：根据埃里克森的观点，中学生人格发展的主要任务是获得（　　）。

A. 自主感　B. 亲密感　C. 同一感　D. 勤奋感

2.（南京大学，2015）单选：根据埃里克森的心理社会发展理论，19~25 岁面临的主要发展矛盾是（　　）。

A. 同一性对角色混乱　B. 亲密对孤独

C. 自我统合对绝望　D. 勤勉对自卑

3.（南京师范大学，2013/2014）单选：埃里克森把个体心理发展划分为（　　）个阶段。

A. 5　B. 6　C. 7　D. 8

4.（西南大学，2014）单选：自我同一性概念是（　　）提出的。

A. 弗洛伊德　B. 埃里克森　C. 皮亚杰　D. 班杜拉

综合问题　弗洛伊德和埃里克森的观点比较

考研基础必备

1. 联系

二者都看到了儿童发展的阶段性，只不过埃里克森不仅从纵向的角度进行了阐述，而且从横向的角度也赋予了新的内容。每一个阶段实际上不存在发展不发展的问题，而是发展的方向问题，即发展方向有好有坏，在横向维度上两极之间进行。

2. 区别

①弗洛伊德强调本能的作用，力比多的力量；埃里克森则更强调自我的作用、理智的力量，相信超我能引导心理性欲向着社会所规定的方向发展，可以协助自我监督个体行为。

②弗洛伊德在研究儿童人格发展时，仅把儿童置于母亲—儿童—父亲这个狭隘的三角关系中；而埃里克森则把儿童置于更加广阔的社会背景上，重视社会对发展的影响。

③弗洛伊德对儿童人格发展的研究只到青春期为止，而埃里克森则把个性发展的阶段扩展到 8 个阶段，贯穿人的一生。

④弗洛伊德认为人的本性是恶的；而埃里克森则认为人的本性既不是善的，也不是恶的，儿童出生后都存在向善的或恶的方向发展的可能性。埃里克森对形成和发展良好的个性品质抱着较为乐观的态度。

考研考法突破

综合考法 1　弗洛伊德和埃里克森的观点比较

弗洛伊德和埃里克森都对人格阶段进行了划分，考生需要掌握二者的对应关系。

例 12：（华东师范大学，2013）单选：埃里克森研究指出：（　　）形成“基本信任—不信任”特征。

A. 肛门期　B. 性器期　C. 口唇期　D. 潜伏期

【解析】本题从弗洛伊德和埃里克森的观点比较进行解答，将两者的年龄阶段进行对应。埃里克森认为婴儿期（0~2 岁）的危机是信任对怀疑，对应弗洛伊德的口唇期（0~1 岁）。因此本题选 C。

参考答案：C

例 13：（北京师范大学，2014）论述：分别阐述弗洛伊德和埃里克森的心理发展阶段论，并对二者的联系与区别进行分析。

【解析】本题从弗洛伊德和埃里克森的观点比较进行解答二者的联系和区分。

参考答案：（1）弗洛伊德的发展心理学理论

弗洛伊德把心理发展划分为五个阶段，即口唇期、肛门期、性器期、潜伏期和生殖期。①口唇期（0~1 岁）：弗洛伊德把出生到满周岁这段时间称为口唇期，在这个阶段力比多发泄的主要动欲区是口腔。通过口腔活动的吮吸、吞咽、咀嚼等等，不仅满足了婴儿饥饿时的需要，而且这些活动本身也提高了性快感。②肛门期（1~3 岁）：这一阶段，幼儿的主要动欲区从口腔转移到肛门。肛门的排泄活动是力比多发泄的主要途径。③前生殖器期（性器期）（3~6 岁）：这一阶段是最重要的心理性欲阶段，以外生殖器为主要敏感区。在这个时期，儿童在行为上开始有了性别之分，而且对自己的性器官发生兴趣。他们一方面模仿父母中的同性别者，另一方面又以父母中的异性为“依恋”对象，会产生恋父情结和恋母情结。④潜伏期（6~11 岁）：这一个时期，儿童的力比多处于暂时的潜伏状态，性兴趣被其他兴趣如探索自然环境、知识学习、文艺体育活动和同伴交往等所取代，儿童主要与同性别的伙伴一起游戏。⑤青春期（11 岁或 13 岁开始）：这一个时期，由于性器官的成熟，儿童的性冲动再次萌发，他们开始对异性产生兴趣，喜欢参加由两性组成的集体活动。这使儿童的心理发生了根本的转变，从“自恋”转变为“异性恋”。

（2）埃里克森的心理社会发展理论：埃里克森把个体从摇篮到坟墓的人格发展划分为 8 个阶段，每一个阶段都面临着一个核心的心理社会危机。第一阶段为婴儿期，0~2 岁：婴儿在本阶段的主要任务是满足生理上的需要，发展信任感，克服不信任感，体验着希望的实现。第二阶段为儿童早期，2~4 岁：这个阶段的儿童主要是获得自主感，克服羞怯和疑虑感，体验着意志的实现。第三阶段为学前期，4~7 岁：本阶段儿童的主要发展任务是获得主动感，克服内疚感，体验目的的实现。第四阶段为学龄期，7~12 岁：这个阶段的发展任务是获得勤奋感，克服自卑感，体验能力的实现。第五阶段为青年期，12~18 岁：这个阶段的发展任务是建立同一感，防止同一感混乱，体验忠诚的实现。第六个阶段为成年早期，18~25 岁：这个阶段的发展任务是获得亲密感，避免孤独感，体验爱情的实现。第七个阶段为成年中期，25~50 岁：这个阶段的发展任务是获得产生感，避免停滞感，体验关怀的实现。第八个阶段为成年晚期，50 岁～死亡：这个阶段的发展任务是获得完善感，避免失望和厌倦感，体验智慧的实现。

（3）联系：二者都看到了儿童发展的阶段性，只不过埃里克森不仅从纵向的角度进行了阐述，而且从横向的角度也赋予了新的内容。

（4）区别：①弗洛伊德强调本能的作用，力比多的力量；埃里克森则更强调自我的作用、理智的力量，相信超我能引导心理性欲向着社会所规定的方向发展，可以协助自我监督个体行为。②弗洛伊德在研究儿童人格发展时，仅把儿童置于母亲—儿童—父亲这个狭隘的三角关系中；而埃里克森则把儿童置于更加广阔的社会背景上，重视社会对发展的影响。③弗洛伊德对儿童人格发展的研究只到青春期为止，而埃里克森则把个性发展的阶段扩展到 8 个阶段，贯穿人的一生。④弗洛伊德认为人的本性是恶的；而埃里克森则认为人的本性既不是善的，也不是恶的，儿童出生后都存在向善的或恶的方向发展的可能性。埃里克森对形成和发展良好的个性品质抱着较为乐观的态度。

考研考法实战 答案见 D110 页

1. 多选：埃里克森对弗洛伊德的观点进行扩展，他主张个体社会心理发展（　　）。

A. 不应考虑生物因素，而应考虑社会文化的因素

B. 在发展过程中，自我一直起主导作用

C. 每一阶段并不存在发展与不发展，仅存在发展的方向上有好有坏

D. 扩展了弗洛伊德关于心理发展的时间，应研究成年的早、中、晚期发展

第二节　行为主义的心理发展观

研究真题，明确考况

考试要求	统考		自主命题	
	考题	考查点	考题	考查点
1. 华生的发展心理学理论	无	无	江西师范大学，2012/2014 南京师范大学，2014 浙江理工大学，2017	单选：华生的发展心理学理论
2. 斯金纳的发展心理学理论	无	无	湖南师范大学，2010 京北师范大学，2022	简答：斯金纳的发展心理学理论，华生和斯金纳的异同
3. 班杜拉的发展心理学理论	2017	单选：社会学习理论	西北师范大学，2022	综合：社会学习理论分析材料

考点 1　华生的发展心理学理论

考研基础必备

华生认为，心理的本质是行为，人的各种心理现象只是行为的组成要素，并且都可以用客观的刺激–反应（S-R）公式来论证。

1. 环境决定论

1）否认遗传的作用

行为由刺激引起，刺激来自客观而不是决定于遗传，因此行为不可能取决于遗传；承认机体在构造上的差异来自遗传，但构造上的遗传不能证明技能上的遗传，构造的未来形式取决于所处环境；心理学应以控制行为为研究目的，而遗传不能控制。

2）夸大环境和教育的作用

个体在幼年时期训练的差异足以说明后来个体行为上的差异；提出教育万能论；认为学习的决定条件是外部刺激，不管多么复杂的行为，都可以通过控制外部刺激而形成。

2. 对儿童情绪发展的研究

华生有关儿童情绪的研究，小阿尔伯特的白鼠实验，是华生在发展心理学上的一个开创性的贡献。

考研考法突破

考法 1　考查华生的发展心理学理论

本考法常见于选择题中，考生需要掌握华生的发展心理学基本的理论观点。

例 1：（江西师范大学，2012/2014）单选：华生提出个体发展的决定性条件是（　　）。

A. 先天遗传　　B. 后天环境

C. 个体的主动性　　D. 生物性因素

【解析】本题从华生的发展心理学的主要观点进行解答。华生重视教育和环境对儿童心理发展的作用，但是他片面强调和机械地看待环境或教育的作用，认为儿童心理的发展完全是由环境决定的。因此本题选 B。

参考答案：B

考研考法实战 答案见 D110 页

1.（南京师范大学，2014）单选：环境决定论的代表人物是（　　）。

A. 达尔文　B. 高尔顿　C. 华生　D. 施太伦

2.（浙江理工大学，2017）单选：“给我 12 个体形良好的婴儿和一个由我指定的抚育他们的环境，我从这些婴儿中随机选取任何一个，保证能把他训练成我所选定的任何一类专家——医生、律师、商人和领袖人物，甚至训练成乞丐或小偷。”华生这段话的实质是（　　）。

A. 二因素论　　B. 遗传决定论

C. 环境决定论　　D. 相互作用论

考点 2　斯金纳的发展心理学理论

考研基础必备

与华生的刺激－反应心理学不同，斯金纳区分出应答性行为和操作性行为。斯金纳把由可观察到的刺激引起的行为反应称作应答性行为，把任何没有能观察到的刺激引起的行为反应称为操作性行为。

行为的强化控制原理：强调塑造、强化与消退、及时强化

①首先：强化作用是塑造行为的基础。

②其次：强化在行为发展过程中起着重要的作用，行为不强化就会消退，即得不到强化的行为是易于消退的。

③最后：斯金纳强调及时强化，认为强化不及时是不利于人的行为发展的。

④强化还可以分为积极强化（正强化）作用和消极强化（负强化）作用。

斯金纳重视将理论应用于实践，如育婴箱、行为矫正、教学机器和教学程序。

考研考法突破

考法 1　考查斯金纳的发展心理学理论

斯金纳的发展心理学应用非常广泛，考生需要掌握理论内容，并结合实际进行运用，考试中常与教育心理学结合进行考查。

例 2：（湖南师范大学，2010）简答：试述如何应用操作性条件反射原理塑造与矫正儿童的行为。

【解析】本题从斯金纳的操作性条件反射的原理进行解答。

参考答案：（1）斯金纳的操作性条件反射的原理：斯金纳把任何没有能观察到的刺激引起的行为反应称为操作性行为。操作性条件反射认为行为发生的频率取决于行为的结果，如果一个行为伴随着积极强化物出现，那么这个行为出现的频率会增加。行为的强化控制原理包括塑造、强化与消退、及时强化。（2）在生活中，父母和教师可以运用强化来塑造儿童的行为，例如儿童能够按时完成作业，家长要及时用言语或者物质奖励，来强化儿童以后按时做作业的行为，从而塑造良好的习惯。（3）如果儿童表现出不良行为，家长一方面要告诉儿童正确的做法，同时撤销强化物，减少儿童不良行为的发生。例如没有按时完成作业，那么相应的言语和物质奖励撤销，监督儿童及时完成作业。

考研考法实战 答案见 D110 页

1.（东北师范大学，2022）简答：华生和斯金纳的心理理论有哪些异同。

考点 3　班杜拉的发展心理学理论

考研基础必备

1. 观察学习及其过程

观察学习是班杜拉社会学习理论的一个基本概念。所谓观察学习，实际上就是通过观察他人所表现的行为及其结果而进行的学习。

观察学习表现为一定的过程，班杜拉认为这个过程包括注意过程、保持过程、运动再现过程和动机过程。

①注意过程：调节和控制观察者对榜样行为的感知和探究，决定观察者从大量丰富的榜样行为影响中，以及从榜样身上提取的信息，即对榜样的关注，并受到榜样和观察者各自特点的影响。

②保持过程：个体把榜样的行为转入记忆之中，将短暂的经验转化为符号概念，这个过程包括对榜样行为的识记、符号编码、认知组织、符号检查和动作检索等。

③运动再现过程：个体把榜样行为的符号表征转化为学习者自己适当的行为方式，这个过程的功能是将符号转变成自己的行为。

④动机过程：个体决定观察的行为是否值得自己去做，包括外部强化、替代强化和自我强化等。例如，观察者在习得了榜样行为后，并不一定把习得行为付诸实施。

直接强化：通过外界因素对学习者的行为直接进行干预。

替代强化：学习者如果看到他人成功和被赞扬的行为，就会增强产生同样行为的倾向；如果看到失败或受罚的行为，就会削弱或抑制发生这种行为的倾向。

强化还可以是自我强化，即行为达到自己设定的标准时，以自己能支配的报酬来增强、维持自己的行为的过程。

2. 影响观察学习的因素

1）被观察榜样的特征

主要包括榜样的特异性、价值性和普遍性等。

2）观察者（学习者）的特点

主要有观察者的感知能力、觉醒水平、动机、知觉定势、过去受到的强化等。

3）奖赏的结果

主要包括替代奖赏、外部奖赏、观察者内部的自我奖赏等，奖赏的结果要比影响模仿的另外两个因素更为重要。

3. 社会学习在社会化过程中的作用

班杜拉特别重视社会学习在社会化过程中的作用，即社会引导成员用社会认可的方法去活动。为此，他专门研究了攻击性、性别化、自我强化和亲社会行为等社会化的目标。

1）攻击性

攻击性的社会化也是一种操作性条件作用：如当儿童用合乎社会的方法表现攻击性时，父母和其他成人就奖励儿童；当他们用社会不容许的方法来表现攻击性时，则惩罚他们。

2）性别化

男女儿童的性别品质大多是通过社会化形成的，特别是通过模仿来获得的。班杜拉认为，儿童常常通过观察学习两性的行为，只是因为在社会强化的情况下，他们通常

所从事的仅仅是适合他们自己性别的行为。

3）自我强化

班杜拉认为，自我强化也是社会学习的结果。

4）亲社会行为

班杜拉认为，呈现适当的亲社会行为模式能够对儿童产生影响。

考研考法突破

考法 1　考查班杜拉的社会学习理论

这部分的内容，在教育心理学当中也属于重点内容，可以以多种形式进行考查，考生需要掌握班杜拉的理论观点，以及理论当中涉及的一些重要概念。

例 3：（南京师范大学，2013）单选：通过观察别人的行为学会某种行为叫（　　），又叫替代学习。

A. 观察学习　　B. 整合学习

C. 经典条件反射　　D. 掌握学习

【解析】本题考查观察学习的含义。班杜拉认为，观察学习是指通过观察他人所表现的行为及其结果而进行的学习。

参考答案：A

例 4：（华南师范大学，2018；湖南师范大学，2017；华东师范大学，2014）名词解释：观察学习。

【解析】本题考查观察学习的含义，直接答出概念即可。

参考答案：班杜拉认为，观察学习是指通过观察他人所表现的行为及其结果而进行的学习。

例 5：（华南师范大学，2013；华东师范大学，2015）简答：简述观察学习的过程。

【解析】本题考查观察学习的含义和四个过程。

参考答案：班杜拉认为，观察学习是指通过观察他人所表现的行为及其结果而进行的学习。

观察学习表现为一定的过程，班杜拉认为这个过程包括注意过程、保持过程、运动再现过程和动机过程。

①注意过程：调节和控制观察者对榜样行为的感知和探究，决定观察者从大量丰富的榜样行为影响中，以及从榜样身上提取的信息，即对榜样的关注，并受到榜样和观察者各自特点的影响。

②保持过程：个体把榜样的行为转入记忆之中，将短暂的经验转化为符号概念，这个过程包括对榜样行为的识记、符号编码、认知组织、符号检查和动作检索等。

③运动再现过程：个体把榜样行为的符号表征转化为学习者自己适当的行为方式，这个过程的功能是将符号转变成自己的行为。

④动机过程：个体决定观察的行为是否值得自己去做，包括外部强化、替代强化和自我强化等。

考研考法实战 答案见 D110 页

1.（统考，2017）单选：认为儿童的侵犯行为是通过替代强化而获得的理论是（　　）。

A. 生态系统理论　　B. 社会学习理论

C. 知觉学习理论　　D. 条件反射学说

2.（华中师范大学，2015）简答：影响观察学习的条件有哪些？

3. 论述：班杜拉的社会学习理论的主要观点是什么？请结合班杜拉的观点分析大众媒体对儿童青少年发展的影响以及如何应对。

第三节　维果斯基的心理发展观

研究真题，明确考况

考试要求	统考		自主命题	
	考题	考查点	考题	考查点
1. 文化－历史发展理论	2009 2011 2014	单选：维果斯基的最近发展区，文化历史发展理论 多选：维果斯基的心理发展观	湖南师范大学，2011 天津师范大学，2011 南京师范大学 2013/2017/2018 东北师范大学，2013 苏州大学，2014 福建师范大学，2014 北京师范大学，2015 西南大学，2015//2016/2017 浙江理工大学，2017 河南师范大学，2017 四川大学，2017 四川师范大学，2017 华中师范大学，2017 华东师范大学，2019	单选：维果斯基的最近发展区，文化历史发展理论 名词解释：最近发展区 简答：维果斯基的文化历史发展理论 论述：维果斯基的最近发展区

考点 1 文化－历史发展理论

考研基础必备

1. 文化－历史理论

维果斯基认为，工具的使用促成了人的新的适应方式，即间接的物质生产方式。在工具中凝结着人类的间接经验，即社会文化知识经验，这就使人类的心理发展规律不再受生物进化规律所制约，而受社会历史发展的规律所制约。

间接的物质生产的工具会导致在人类的心理上出现精神生产的工具，即人类社会所特有的语言和符号。

2. 发展的实质

维果斯基认为，心理的发展指的是一个人的心理（从出生到成年）在环境与教育的影响下，在低级心理机能的基础上，逐渐向高级的心理机能的转化过程。

1）心理机能由低级向高级发展的标志

①心理活动的随意机能；②心理活动的抽象－概括机能；③各种心理机能之间的关系不断地变化、组织，形成间接地以符号或词为中介的心理结构；④心理活动的个性化。

2）心理机能由低级向高级发展的原因有三点

①起源于社会文化－历史的发展，是受社会规律所制约的。

②从个体发展来看，儿童在与成人交往的过程中通过掌握高级的心理机能的工具——语言、符号这一中介环节，使其在低级的心理机能的基础上形成了各种性质的心理机能。

③高级的心理机能是不断内化的结果。维果斯基是内化学说最早推出人之一。他指出，教学的最重要的特征便是教学创造着最近发展区这一事实，从而使学生通过教学来掌握全人类的经验并内化为学生自身的内部财富。

内化学说的基础是工具理论。学生早年不能使用语言这个工具组织自己的心理活动，心理活动的形式是直接的、不随意的、低级的、自然的。只有掌握语言这个工具，才能转化为间接的、随意的、高级的、社会历史的心理机能。这些心理机能首先是表现为外部形式的活动，然后才进行内化。

考研考法突破

考法 1 考查文化－历史理论的内容

本考法常见于选择题中，考生需要理解维果斯基的文化－历史理论。维果斯基的文化－历史理论主要强调的是社会历史发展规律的影响，这种影响是由于工具的使用，在这个过程中内化成语言和符号，从而使心理机能从低级向高级发展。

例 1：（东北师范大学，2013）简述维果斯基的文化历史发展理论。

【解析】本题考查维果斯基的文化历史发展理论。

参考答案：维果斯基认为，由于工具的使用，引起人的新的适应方式，即物质生产的间接的方式，而不像动物一样是以身体的直接方式来适应自然。在人的工具生产中凝结着人类的间接经验，即社会文化知识经验，这就使人类的心理发展规律不再受生物进化规律所制约，而受社会历史发展的规律所制约。

（1）心理的发展指的是一个人的心理（从出生到成年）在环境与教育影响下，在低级的心理机能的基础上，逐渐向高级的心理机能的转化过程。

（2）心理机能由低级向高级发展的原因有三点：

①起源于社会文化－历史的发展，是受社会规律所制约的。

②从个体发展来看，儿童在与成人交往的过程中通过掌握高级的心理机能的工具——语言、符号这一中介环节，使其在低级的心理机能的基础上形成了各种性质的心理机能。

③高级的心理机能是不断内化的结果。

考法 2 考查维果斯基对于发展实质的观点

本考法常见于选择题中，考生需要理解维果斯基对于发展实质的观点，再进行作答。

例 2：（南京师范大学，2013）单选：维果斯基的心理发展观认为（　　）。

A. 人的高级心理机能是由社会文化历史因素决定的

B. 心理发展是指高级心理机能的发展

C. 心理发展是一个外化的过程

D. 心理的发展取决于一个人的成长经历

【解析】本题考查维果斯基的心理发展观。维果斯基认为，心理的发展指的是一个人的心理（从出生到成年）在环境与教育的影响下，在低级心理机能的基础上，逐渐向高级的心理机能的转化过程。心理机能由低级向高级发展起源于社会文化－历史的发展，是受社会规律所制约的。因此本题选 A。

参考答案：A

例 3：（河北大学，2012）简答：维果斯基如何看待“发展”的实质？

【解析】本题考查维果斯基对于发展实质的观点。

参考答案：维果斯基认为，心理的发展指的是一个人的心理（从出生到成年）在环境与教育的影响下，在低级心理机能的基础上，逐渐向高级的心理机能的转化过程。（1）心理机能由低级向高级发展的标志：心理活动的随意机能；心理活动的抽象－概括机能；各种心理机能之间的关系不断地变化、组织，形成间接地以符号或词为中介的心理结构；心理活动的个性化。（2）心理机能由低级向高级发展的原因有三点：起源于社会文化－历史的发展，是受社会规律所制约的；从个体发展来看，儿童在与成人交往的过程中通过掌握高级的心理机能的工具——语言、符号这一中介环节，使其在低级的心理机能的基础上形成了各种性质的心理机能；高级的心理机能是不断内化的结果。

考研考法实战

答案见 D110 页

1.（统考，2011）多选：根据维果斯基的观点，高级心理机能的特点有（　　）。

A. 依靠生物进化获得

B. 以符号为中介

C. 反应水平是概括和抽象的

D. 受社会文化历史规律的制约

2.（统考，2014）单选：与皮亚杰的认知发展理论相比，维果斯基的认知发展理论更强调（　　）。

A. 社会起因　　B. 个体起因

C. 婴儿期的发展　　D. 青少年期的发展

3.（统考，2013）多选：根据维果斯基的观点，心理机能由低级向高级发展的标志有（　　）。

A. 心理活动的随意机能

B. 心理活动的个性化

C. 形成以符号为中介的心理结构

D. 心理活动的抽象－概括机能

4.（南京师范大学，2017）单选：对维果斯基的心理发展观描述不恰当的是（　　）。

A. 社会文化知识经验使得人类发展出高级心理机能

B. 心理发展可以跳过低级心理机能，而直接转向到高级心理机能

C. 教学应当走在心理发展之前

D. 运用各种符号使得心理活动得到根本改造

考点 2　教学与发展的关系

考研基础必备

在教学和发展的关系上，维果斯基提出三个重要的问题：

1. 最近发展区

他认为，至少要确定两种发展的水平。第一种是现有发展水平，即儿童当前所达到的智力发展状况；第二种是在有指导的情况下借别人的帮助达到的解决问题的水平，也是通过教学所获得的潜力。在这两种水平之间存在着差异，这个差异就是“最近发展区”。教学创造着最近发展区。

2. 教学应当走在发展的前面

教学决定着智力的发展，这种决定作用既表现在智力发展的内容、水平和智力活动的特点上，也表现在智力发展的速度上。

3. 强调了学习的最佳期限

如果脱离了学习某一技能的最佳年龄，从发展的观点来看是不利的。它会造成儿童智力发展的障碍。因此，开始某一种教学，必须以成熟与发育为前提，但更重要的是，教学必须首先建立在开始形成的心理机能的基础上，走在心理机能形成的前面。

考研考法突破

考法 1　考查最近发展区的内涵

此考法可以以多种形式进行考查，考生需要掌握最近发展区是由谁提出，最近发展区包括的两种发展水平，以及对现实的指导意义。

例 4：（统考 / 浙江理工大学 / 电子科技大学 / 华东师范大学，2009/2017/2014/2019）单选：提出“最近发展区”思想的心理学家是（　　）。

A. 达维多夫　B. 维果斯基　C. 列昂节夫　D. 鲁利亚

【解析】本题考查最近发展区的提出者——维果斯基。维果斯基认为至少要确定两种发展的水平。第一种是现有发展水平，即儿童当前所达到的智力发展状况；第二种是在有指导的情况下借别人的帮助达到的解决问题的水平，也是通过教学所获得的潜力。在这两种水平之间存在着差异，这个差异就是“最近发展区”。教学创造着最近发展区。因此本题选 B。

参考答案：B

例 5：（北京师范大学，2015）单选：明明可以用小勺子盛面糊烤最简单的小圆饼干，在妈妈的提示和示范下，明明可以用大木勺和冰激凌铲做更多花样的饼干了。明明这一变化过程，体现了（　　）的概念。

A. 最近发展区　　B. 关键期

C. 敏感期　　D. 印刻

【解析】本题从维果斯基的最近发展区进行理解。明明可以用小勺子盛面糊烤最简单的小圆饼干，这是现有发展水平。明明在妈妈的提示和示范下，可以用大木勺和冰激凌铲做更多花样的饼干了，是通过教学所获得的潜力。其中变化过程的差异就是最近发展区。因此本题选 A。

参考答案：A

例 6：（苏州大学，2014）论述：论述维果斯基提出的最近发展区的思想和意义。

【解析】本题考查维果斯基的最近发展区。

参考答案：（1）在教学和发展的关系上，维果斯基提出最近发展区：他认为，至少要确定两种发展的水平。第一种是现有发展水平，即儿童当前所达到的智力发展状况；第二种是在有指导的情况下达到的解决问题的水平，也是通过教学所获得的潜力。在这两种水平之间存在着差异，这个差异就是“最近发展区”。教学创造着最近发展区。

（2）意义：教学应着眼于学生的最近发展区，教学不等同于发展，也不能立竿见影地决定发展。如果能从教学内容到教学方法都不仅考虑到儿童现有的发展水平，而且能根据儿童的最近发展区给儿童提供更高的发展要求，则更有利于儿童的发展。在教学过程中，教师的指导成分要逐渐减少，最终要使学生发展到独立发现的水平。将监控学习和探索的责任由教师向学生转移。该理论对教学模式具有一定的指导性。

考研考法实战

答案见 D111 页

1.（四川师范大学，2017）单选：最近发展区的提出，说明了儿童发展的（　　）。

A. 可能性　B. 观摩性　C. 目的性　D. 可控制性

2.（西南大学，2017）单选：在有指导的情况下所能达到解决问题的水平与独立解决问题水平之间的差异，称为（　　）。

A. 关键期　　B. 预先成熟期

C. 最近发展区　　D. 高速发展区

第四节 皮亚杰的心理发展观

研究真题，明确考况

考试要求	统考		自主命题	
	考题	考查点	考题	考查点
1. 发展的实质和原因	2018	单选：皮亚杰心理发展原因的观点	四川师范大学，2013 江西师范大学，2014 西南大学，2015	单选：皮亚杰心理发展原因的观点
2. 发展的因素和结构	2008	单选：皮亚杰心理发展的阶段	北京大学，2004 江西师范大学，2015 福建师范大学，2013 北京师范大学，2014/2015 西南大学，2020	单选：皮亚杰心理发展的因素和结构 名解：皮亚杰的专有名词 简答：皮亚杰的专有名词
3. 皮亚杰的心理发展阶段	2008	单选：皮亚杰心理发展划分阶段特点	深圳大学，2022 四川师范大学，2022 湖南师范大学，2013/2014 南京师范大学，2013/2015/2016/2018 西南大学，2015/2016 北京师范大学，2021 华东师范大学，2019/2022	单选：皮亚杰心理发展阶段划分年龄；皮亚杰心理发展划分的阶段名称；皮亚杰心理发展划分阶段特点；皮亚杰心理发展阶段涉及的概念 名解：皮亚杰心理发展阶段涉及的概念 简答：皮亚杰心理发展划分阶段特点
4. 皮亚杰与维果斯基理论的综合对比	无	无	四川师范大学，2015 湖南师范大学，2018	简答：皮亚杰与维果斯基理论的综合对比

考点 1　发展的实质和原因

考研基础必备

皮亚杰心理学的理论核心是“发生认识论”。主要是研究人类的认识。皮亚杰认为自己的理论属于内因与外因相互作用的发展观，既强调内因与外因的相互作用，又强调在这种相互作用中心理不断产生量和质的变化。

皮亚杰认为，心理因素既不是起源于先天的成熟，也不是起源于后天的经验，而是起源于主体的动作。这种动作的本质是主体对客体的适应。主体通过动作达到对客体的适应，乃是心理发展的真正原因。

皮亚杰认为，个体的每个心理反应，不管是指向于外部的动作还是指向于内化了的思维活动，都是一种适应，适应的本质在于取得机体与环境的平衡。

根据生物学的观点，皮亚杰认为适应是通过两种形式实现的：同化和顺应。（1）同化即把环境因素纳入机体已有的图式或结构之中，以加强和丰富主体的动作。（2）顺应即改变主体动作以适应客观变化。这样，个体就通过同化和顺应这两种形式来达到机体和环境的平衡，而不断地平衡—不平衡—平衡的过程，就是适应的过程，也就是心理发展的实质和原因。

考研考法突破

考法 1　考查皮亚杰心理发展原因的观点

此考点常见于选择题和名词解释中，考生需要理解皮亚杰对于心理发展原因的观点，皮亚杰非常强调动作对于个体发展的作用。

例 1：（江西师范大学，2014）单选：皮亚杰认为个体发展的动力来自（　　）。

A. 遗传物质　　B. 力比多
C. 动作　　D. 外部环境

【解析】皮亚杰认为，心理、智力、思维既不是起源于先天的成熟，也不是起源于后天经验，而是源于主体的动作。这种动作是主体对客体的适应。主体通过动作对客体的适应，乃是心理发展的真正原因。

参考答案：C

考研考法实战 答案见 D111 页

1.（统考，2018）单选：皮亚杰认为，思维起源于动作，而动作的本质是主体对客体的（　　）。

A. 同化　　B. 顺应
C. 平衡　　D. 适应

2.（四川师范大学 / 西南大学，2013/2015）单选：皮亚杰认为儿童的心智起源于（　　）。

A. 动作　　B. 成熟
C. 经验　　D. 同化

考点2　发展的因素和结构

考研基础必备

1. 心理发展的因素

①成熟；②物理因素；③社会环境；④平衡。

2. 心理发展的结构

①图式：动作的结构或组织。这些动作在相同或类似环境中不断重复而得到迁移或概括。

②同化：把环境因素纳入机体已有的图式或结构之中，以加强和丰富主体的动作。

③顺应：改变主体动作以适应客观变化。

④平衡：同化和顺应导致的适应，使机体暂时达到平衡，但这只是下一个较高水平的平衡运动的开始，平衡既是发展中的因素，又是心理结构。

考研考法突破

考法1　考查皮亚杰心理发展的因素和结构

此考点常见于选择题中，考生需要掌握皮亚杰心理发展的因素和结构。

例2：（江西师范大学，2015）单选：皮亚杰认为影响儿童心理发展的基本因素包括（　　）。

A. 成熟、经验、社会环境和平衡

B. 图式、同化、顺应和平衡

C. 图式、物理经验和数理－逻辑经验

D. 成熟、经验、同化、顺应

【解析】本题考查皮亚杰心理发展的因素和结构，心理发展的因素有四个：①成熟；②物理因素；③社会环境；④平衡。因此本题选A。

参考答案：A

考法2　考查皮亚杰的专有名词

此考法常见于选择题或名词解释题。图式、同化和顺应这些名词是皮亚杰从生物学当中引进，应用于解释心理发展的结构，要求考生能够正确理解并记住概念定义。

例3：（统考，2016）单选：下列关于皮亚杰认知发展理论中"图式"的表述，错误的是（　　）。

A. 图式是知识的一种表征方式

B. 图式是概括化的动作模式

C. 图式是动作的结构或组织

D. 图式是具有可逆性的一种操作

【解析】皮亚杰使用图式来指动态的、可变的结构，包括动作结构和运算结构，其中动作结构代表有机体动作中重复出现的、具有概括性的一些动作，运算结构是对动作结构的内化，一般要在儿童较大一些之后才能实现图式的内化，即能在头脑中进行思维活动，而且具备可逆性和守恒性。选项A图式是知识的一种表征方式是属于安德森对于图式的观点，安德森认为图式是认知结构的起点和核心，是知识的一种表征方式，具有静态的性质。因此本题选A。

参考答案：A

例4：（北京大学/北京师范大学/福建师范大学，2004/2015/2013）名词解释：同化与顺应。

【解析】本题考查皮亚杰的发展观涉及的相关概念——同化和顺应。

参考答案：皮亚杰认为，心理因素起源于主体的动作，这种动作的本质是主体对客体的适应。适应主要通过两种方式实现：同化和顺应。同化即把环境因素纳入机体已有的图式或结构之中，以加强和丰富主体的动作。顺应即改变主体动作以适应客观变化。

考研考法实战 答案见D111页

1.（北京师范大学，2014）简答：皮亚杰认知发展理论中提出的同化和顺应分别指什么？请各举一例加以说明。

考点3　皮亚杰的心理发展阶段

考研基础必备

1. 皮亚杰关于发展阶段的看法

①心理发展过程的进行是连续的，但由于各种发展因素的相互作用，儿童心理发展具有阶段性。

②各阶段都有它独特的结构，标志着一定阶段的年龄特征。

③各阶段的出现，从低到高有一定的次序，且有一定的交叉。

④每个阶段都是形成下一个阶段的必要条件。

⑤在心理发展过程中，两个阶段之间不是截然划分的，有一定的交叉。

⑥心理发展的一个新水平是许多因素的新融合、新结构，各种发展因素由没有系统的联系逐步组成整体。

2. 皮亚杰心理发展阶段的内容

1）感知运动阶段（0~2岁）

这个时期的儿童主要凭感知运动手段反映外界刺激，协调并适应外界环境，其智力处于感知运动水平。对自我和他人的概念有了初步的了解。形成客体永久性。客体永久性就是当客体从视野中消失或利用感官感觉不到它的存在时，仍然意识到物体是存在的。

2）前运算思维阶段（2~7岁）

从这个时期开始，儿童具有表象思维，有运用符号的能力，其智力活动处于表象水平。思维不可逆，未掌握守恒，泛灵论，即婴儿认为任何事物都是有灵魂和生命的。皮亚杰通过"三山实验"证明这一阶段的儿童思维具有自我中心性，自我中心是指婴儿只能以自己的视角来观察世界，不能体会别人的观点。

3）具体运算阶段（7~12岁）

这个时期儿童的认知能力摆脱知觉的局限，获得概念的稳定性，达到守恒。对具体问题可以进行逻辑运算，思维具有可逆性。其智力活动处于获得概念稳定性，进行逻辑思维阶段。

4）形式运算阶段（12~15岁）

这个时期儿童的思维形式能够从具体内容中解放出来，

能够提出假设，凭借演绎推理、归纳推理解决抽象问题。其智力活动达到抽象思维阶段。

考研考法突破

考法 1　考查皮亚杰心理发展阶段划分年龄

本考法常见于单选题，考生需根据题意选出对应的年龄阶段。

例 5：（南京师范大学，2015）单选：具体形象思维主要出现在（　　）。

A. 婴儿期　　B. 幼儿期

C. 小学儿童期　　D. 青少年期

【解析】本题根据皮亚杰心理发展阶段的主要特点解答对应的年龄。思维的具体形象性是幼儿思维的主要特点。

参考答案：B

考法 2　考查皮亚杰心理发展划分的阶段名称

本考法常见于单选题，考生需根据题意中阶段特点选出对应的阶段名称。

例 6：（福建师范大学 / 南京师范大学 / 华东师范大学，2013/2013/2019）单选：在皮亚杰认知发展的下列哪个阶段，儿童的思维通过看、听、触等方式实现，获得客体永久性的概念？（　　）

A. 感知运动　B. 前运算　C. 具体运算　D. 形式运算

【解析】本题根据皮亚杰心理发展阶段的主要特点解答对应的阶段。感知运动阶段（0~2 岁）的儿童主要凭感知运动手段反映外界刺激，协调并适应外界环境，其智力处于感知运动水平。形成客体永久性，对自我和他人的概念有了初步的了解。因此本题选 A。

参考答案：A

例 7：（华东师范大学，2019）单选：客体永久性是（　　）阶段儿童思维发展的主要成就。

A. 感知运动阶段　　B. 前运算阶段

C. 具体运算阶段　　D. 形式运算阶段

【解析】本题根据皮亚杰心理发展阶段的主要特点解答对应的阶段。感知运动阶段（0~2 岁）这个时期的儿童形成客体永久性，对自我和他人的概念有了初步的了解。因此本题选 A。

参考答案：A

考法 3　考查皮亚杰心理发展划分阶段特点

此考法常以选择题进行考查，考生需要理解每个阶段具体的特点，切勿记混。

例 8：（统考 / 西南大学 / 浙江理工大学，2008/2015/2017）单选：根据皮亚杰的认知发展理论，前运算阶段思维的主要特点是（　　）。

A. 可逆性　B. 守恒性　C. 形象性　D. 互反性

【解析】本题从皮亚杰心理发展阶段的主要特点进行解答。前运算思维阶段（2~7 岁）开始，儿童具有表象思维，有运用符号的能力，其智力活动处于表象水平。思维不可逆，自我中心，未掌握守恒，泛灵论；皮亚杰通过"三山实验"证明这一阶段的儿童思维具有自我中心性。因此本题选 C。

参考答案：C

例 9：（湖南师范大学，2013）简答：简述前运算阶段思维的特点及其局限性。

【解析】本题从皮亚杰心理发展阶段的主要特点进行解答。

参考答案：（1）处于前运算阶段思维的儿童，具有表象思维，有运用符号的能力，其智力活动处于表象水平。思维不可逆，自我中心，未掌握守恒，泛灵论。（2）局限性：由于儿童思维的不可逆性，儿童思考问题时不能同时从正反两个方向思考问题；由于儿童思维的自我中心，儿童仅从自己的角度去看问题，不认为别人和自己有不同的观点，相信任何人的观点、想法和情绪体验都和自己是一样的；由于未掌握守恒，儿童的思维会受到形状、方向、位置等特征的影响；由于具有泛灵论的思维，儿童认为所有的物体都是有生命的。

考法 4　考查皮亚杰心理发展阶段涉及的重要概念

此考法常见于选择或名词解释题中，皮亚杰的理论当中涉及的重要名词概念，考生需要在理解的基础上记忆。

例 10：（华东师范大学，2011）单选：当客体在眼前消失，儿童仍认为它是存在的，这说明儿童已具有了（　　）。

A. 客体永久性　　B. 守恒

C. 运算　　D. 平衡化

【解析】本题考查客体永久性的概念。客体永久性就是，当客体从视野中消失或利用感官感觉不到它的存在时，仍然意识到物体是存在的。因此本题选 A。

参考答案：A

例 11：（湖南师范大学 / 华中师范大学，2012/2014）名词解释：客体永久性。

【解析】本题考查客体永久性的概念。

参考答案：客体永久性就是，当客体从视野中消失或利用感官感觉不到它的存在时，仍然意识到物体是存在的。

考研考法实战

答案见 D111 页

1.（福建师范大学，2016/2018）单选：皮亚杰认为，在（　　）阶段，儿童出现表征功能，能用信号物来代表被信号化的物体。

A. 感知运动　B. 前运算　C. 具体运算　D. 形式运算

2.（江西师范大学，2012）单选：个体能够解决守恒问题的起始阶段是（　　）。

A. 感知运动阶段　　B. 形式运算阶段

C. 具体运算阶段　　D. 前运算阶段

3.（西南大学，2016）单选：皮亚杰认为儿童具有表象思维，开始使用符号是在（　　）。

A. 感知运动阶段　　B. 前运算阶段

C. 具体运算阶段　　D. 形式运算阶段

4.（湖南师范大学，2014）简答：简述具体运算阶段思维的特点。

综合问题 1　考查皮亚杰的理论

这种问题主要是整体来考查皮亚杰的理论，常见于简答、论述或者案例分析当中，考生需要全面掌握皮亚杰的理论，并且能够结合实际灵活运用。

例 12：（四川师范大学，2016）简答：结合皮亚杰的理论谈谈 7~18 岁个体思维是如何发展的。

【解析】本题综合考查皮亚杰的理论。

参考答案：（1）皮亚杰认为，在环境和教育的影响下，人的动作图式经过不断的同化、顺应、平衡的过程，就形成了本质不同的心理结构，这也就形成了心理发展的不同阶段。皮亚杰把儿童思维发展分成四个阶段，即感知运动阶段（0~2 岁）、前运算阶段（2~7 岁）、具体运算阶段（7~12 岁）、形式运算阶段（12~15 岁）。

（2）7~12 岁儿童处于具体运算阶段，其认知能力摆脱知觉的局限，获得概念的稳定性，达到守恒。对具体问题可以进行逻辑运算，思维具有可逆性。其智力活动处于获得概念稳定性，进行逻辑思维阶段。

（3）12~15岁儿童处于形式运算阶段，这个时期儿童的思维形式能够从具体内容中解放出来，能够提出假设，凭借演绎推理、归纳推理解决抽象问题。其智力活动达到抽象思维阶段。

（4）15~18岁的儿童进入高中后，抽象逻辑思维进入成熟期，其中形式逻辑思维的发展更为完善、占主导地位，具体表现在概念的发展、推理能力的发展和逻辑法则的运用。到了高二，推理能力已基本成熟，基本完成了由经验水平向理论水平的转化。

例13：（湖南师范大学，2012）论述：试述皮亚杰的发展心理学思想。

【解析】本题综合考查皮亚杰的理论。

参考答案：（1）皮亚杰的发展观：皮亚杰心理学的理论核心是“发生认识论”，主要研究人类的认识。皮亚杰认为，心理因素既不是起源于先天的成熟，也不是起源于后天的经验，而是起源于主体的动作。这种动作的本质是主体对客体的适应。皮亚杰认为，个体的每个心理反应，不管是指向于外部的动作还是指向于内化了的思维活动，都是一种适应，适应的本质在于取得机体与环境的平衡。根据生物学的观点，皮亚杰认为适应是通过同化和顺应两种形式实现的，而不断的平衡—不平衡—平衡的过程，就是心理发展的实质和原因。

（2）皮亚杰把儿童心理发展划分为四个阶段：①感知运动阶段（0~2岁）：这个时期的儿童主要凭感知运动手段反映外界刺激，协调并适应外界环境，其智力处于感知运动水平。形成客体永久性，对自我和他人的概念有了初步的了解。②前运算思维阶段（2~7岁）：从这个时期开始，儿童具有表象思维，有运用符号的能力，其智力活动处于表象水平。思维不可逆，自我中心，未掌握守恒，泛灵论；皮亚杰通过“三山实验”证明这一阶段的儿童思维具有自我中心性，即儿童仅从自己的角度去看问题，不认为别人和自己有不同的观点，相信任何人的观点、想法和情绪体验都和自己是一样的。③具体运算阶段（7~12岁）：这个时期儿童的认知能力摆脱知觉的局限，获得概念的稳定性，达到守恒。对具体问题可以进行逻辑运算，思维具有可逆性。其智力活动处于获得概念稳定性，进行逻辑思维阶段。④形式运算阶段（12~15岁）：这个时期儿童的思维形式能够从具体内容中解放出来，能够提出假设，凭借演绎推理、归纳推理解决抽象问题。其智力活动达到抽象思维阶段。

综合问题2　考查皮亚杰与维果斯基理论的综合对比

皮亚杰与维果斯基的理论有共通之处，也有不同之处，此考法要求考生能够理解并掌握二者理论的异同，常以简答或论述进行考查。

例14：（华东师范大学，2012）单选：皮亚杰和维果斯基的认知发展理论之间一个重要的差异在于，皮亚杰更强调下述哪个方面？（　　）

A. 社会因素的作用　　B. 成熟因素的作用

C. 认知建构的作用　　D. 物理经验的作用

【解析】本题考查皮亚杰和维果斯基的理论的区别。皮亚杰的发展观强调成熟的作用，而忽略了社会学习的作用。

参考答案：B

例15：（四川师范大学，2015）论述：简述皮亚杰的认知发展理论和维果斯基的社会文化认知理论的主要不同之处。

【解析】本题综合考查皮亚杰的理论和维果斯基的理论的不同之处。

参考答案：维果斯基创立了文化–历史发展理论用以解释人类心理本质上和动物不同的高级心理机能。他进一步探讨了人类心理发展的实质，认为人类心理发展是指一个人的心理在环境和教育作用下从低级心理机能逐渐向高级机能发展的过程。同时，他着重研究了教学与发展特别是教学与儿童智力发展的关系，并提出了以下三个重要思想：第一，提出了“最近发展区”的思想；第二，提出了“教学应该走在发展前面”的思想；第三，提出了“学习的最佳期限”的思想。维果斯基是智力发展内化学说的最早提出者之一。

皮亚杰认为心理发展起源于主体的动作，动作的本质是主体对客体的适应。主体通过动作达到对客体的适应，是心理发展的真正原因。皮亚杰认为支配心理发展的因素有四个：成熟、物理因素、社会环境、平衡。皮亚杰提出了心理发展的结构问题，认为心理结构的发展涉及图式、同化、顺应和平衡。在这个过程中，图式获得不断地丰富和完善。皮亚杰把儿童心理发展分成四个阶段，即感知运动阶段（0~2岁）、前运算阶段（2~7岁）、具体运算阶段（7~12岁）、形式运算阶段（12~15岁）。

不同点：①皮亚杰认为个体发展是生物适应的过程，强调人的自然本性；维果斯基认为个体发展受社会文化历史因素的制约，强调人的社会本性。②在发展的关键问题上，皮亚杰认为发展的关键在于儿童的独立探索活动，成人的直接教育是不重要的；维果斯基则强调教育的重要性，认为环境、教育的质量决定着智力发展的质量。③在发展是否存在阶段性上，皮亚杰认为儿童的发展存在阶段性；维果斯基认为发展是连续的，没有绝对的阶段。④在思维与语言的关系上，皮亚杰认为思维发展决定语言的发展；维果斯基认为语言的发展决定思维的发展。

考研考法实战 答案见D111页

1.（深圳大学/华东师范大学，2022）论述：试述皮亚杰的心理发展阶段理论。

第五节　其他心理发展观

考试要求	统考		自主命题	
	考题	考查点	考题	考查点
1. 格赛尔的成熟势力说	2013	单选：双生子爬梯实验	云南大学，2012 西南大学，2014	单选：双生子爬梯实验 简答：双生子爬梯实验

续表

考试要求	统考		自主命题	
	考题	考查点	考题	考查点
2. 毕生发展观	2014 2019	单选：毕生发展观的理论观点	南京师范大学，2013 华东师范大学，2014 云南师范大学，2014 西南大学，2015/2016 湖南师范大学，2012/2017 重庆师范大学，2008/2017 苏州大学，2018	单选：毕生发展观的理论观点 名词解释：毕生发展观 简答：毕生发展观的理论观点
3. 生态系统理论	2011 2012 2019	单选：五个系统的具体内涵	云南师范大学，2011 南京师范大学，2012 湖南师范大学，2014 西南大学，2015 东北师范大学，2015 四川师范大学，2015/2016 华中师范大学，2015/2021 华东师范大学，2019/2021	单选：五个系统的具体内涵 简答：生态系统理论的应用
4. 习性学理论	无	无	西南大学，2014 华东师范大学，2016	单选：习性学的核心概念 名解：关键期
5. 朱智贤的心理发展观	无	无	北京大学，2004 北京大学，2004 南京师范大学，2017	单选：朱智贤的理论观点

考点 1　格赛尔的成熟势力说

考研基础必备

美国心理学家格赛尔利用双生子爬楼梯的实验证明：儿童的学习取决于生理上的成熟，成熟之前的学习与训练很难有显著的效果。

双生子爬楼梯的实验程序：1929 年，格赛尔对双生子 T 和 C 进行了行为基线的观察，确认他们发展水平相当。在他们出生第 48 周时，对 T 进行爬楼梯、搭积木、肌肉协调和运用词汇等训练，而对 C 则不做训练。训练持续了 6 周，其间 T 比 C 更早地显示出某些技能。到了第 53 周当 C 达到爬楼梯的成熟水平时，对他开始集中训练，发现只需少量训练，C 就赶上了 T 的熟练水平。进一步观察发现，55 周时 T 和 C 的能力没有差别。

通过对儿童行为的观察与归纳，格赛尔总结出三个重要的观点：（1）发展是遗传因素的主要产物；（2）在儿童成长的过程中，较好的年头和较差的年头有序地交替；（3）在儿童的身体类型和个性之间有明显的相关。

格赛尔认为，成熟是通过从一种发展水平向另一种发展水平突然转变而实现的，发展的本质是结构性的。儿童在成熟之前，处于学习的准备状态。只要准备好了，学习就会发生。

考研考法突破

考法 1　考查双生子爬楼梯的实验

双生子爬楼梯的实验是格赛尔成熟势力说的理论基础，考生需要掌握实验的程序以及实验所说明的问题。

例 1：（统考，2013）单选：格塞尔认为，学习与生理“准备状态”有关。在没有达到准备状态时，学习不会发生；一旦准备好了，学习就会有效。支持该观点的依据来自（　　）。

A. 选择性繁殖实验　　B. 双生子爬梯实验

C. 视觉悬崖实验　　D. 恒河猴依恋实验

【解析】本题从格赛尔理论依据进行解答。美国心理学家格赛尔利用双生子爬楼梯的实验证明：儿童的学习取决于生理上的成熟，成熟之前的学习与训练很难有显著的效果。因此本题选 B。

参考答案：B

例 2：（西南大学，2014）单选：双生子爬梯研究说明了（　　）在发展中的重要性。

A. 遗传　　B. 环境　　C. 成熟　　D. 同伴

【解析】格赛尔通过双生子爬楼梯的实验研究结果认为，儿童的学习取决于生理上的成熟，成熟之前的学习和训练难有显著的效果。

参考答案：C

考研考法实战

答案见 D111 页

1.（云南大学，2012）简答：简述格赛尔的“双胞胎爬梯实验”的研究目的、过程、结论。

考研基础必备

毕生发展观认为：个体心理和行为的发展并没有到成年期就结束，而是扩展到了整个生命过程，它是动态、多维度、多功能和非线性的，心理结构与功能在一生中都有获得、保持、转换和衰退的过程。毕生发展观的主要思想可以概括为：

①个体发展贯穿一生，在人生的任何一个时期，都可能发生心理和行为的变化。

②发展的形式具有多样性，发展的方向因心理和行为的种类不同而不同。

③任何一种心理和行为的发展过程都是复杂的，发展不是简单地表现为增长，而总是由获得（增长）与丧失（衰退）两部分构成。发展是带有补偿性的选择性最优化的结果。

选择是指个体对发展的方向性、目标和结果的趋避或回避。最优化是指获取、优化和维持有助于获得理想结果。补偿则是由资源丧失引起的一种功能反应。

④心理发展具有很大的个体可塑性，由于个人生活条件和经验的变化，发展的形式可以是多样的。

⑤心理发展是由多重影响系统共同决定的，个体发展的任何一个过程都是由年龄阶段、历史阶段、非规范事件三种影响系统相互作用的产物。

考研考法突破

考法1　考查毕生发展观的理论观点

毕生发展观理论观点的提出，让人类从一个更加宽阔的视野来审视个体毕生的发展，也是现在主流的发展理论，考生需要掌握毕生发展观的理论观点，以及它跟其他理论不同的地方。

例3：（南京师范大学，2013）单选：毕生发展观认为影响心理发展的因素有（　　）。

A. 成熟因素、社会文化因素、个人因素

B. 生理因素、心理因素、社会因素

C. 个人经历、社会环境、非规划事件

D. 生活事件、人格、社会环境

【解析】本题从毕生发展观的主要思想进行解答。毕生发展观认为年龄阶段、历史阶段、非规范性事件这三类影响系统决定个体的发展。因此选C。

参考答案：C

例4：（统考，2019）多选：根据毕生发展理论，下述观点正确的有（　　）。

A. 文化因素对个体发展的影响在各个阶段是恒定的

B. 任何时候的发展都是获得与丧失、成长与衰退的整合

C. 发展并没有在成熟时结束，而是贯穿于整个生命过程

D. 因年龄增长导致的功能丧失可以通过提升其他技能得到弥补

【解析】本题要从毕生发展观的理论分析。

毕生发展观的基本观点有：（1）个体发展贯穿一生，在人生的任何一个时期，都可能发生心理和行为的变化（C）。（2）发展的形式具有多样性，发展的方向因心理和行为的种类不同而不同。（3）任何一种心理和行为的发展过程都是复杂的，发展不是简单地表现为增长，而总是由获得（增长）与丧失（衰退）两部分构成（B）。发展是带有补偿性的选择性最优化的结果选择是指个体对发展的方向性、目标和结果的趋避或回避。最优化是指获取、优化和维持有助于获得理想结果。补偿则是由资源丧失引起的一种功能反应（D）。（4）心理发展具有很大的个体可塑性或个别差异，由于个人生活条件和经验的变化，发展的形式可以是多样的。（5）心理发展是由多重影响系统共同决定的，任何一个发展过程都是由年龄阶段、历史阶段、非规范事件三种影响系统相互作用的结果。因此本题选BCD。毕生发展观认为对于文化的需求随年龄增长而增长，文化的效能随年龄增加而下降，因此选项A错误。

参考答案：BCD

例5：（华东师范大学/西南大学，2017/2012）简答：评述毕生发展观的主要观点。

【解析】本题考查毕生发展观的内容。考生先要答出理论观点，再进行评价。

参考答案：（1）毕生发展观是一种与传统心理观相反的心理发展观，是20世纪70年代以来欧美国家出现的新的发展心理学的观点。基本的观点包括：个体发展贯穿一生，在人生的任何一个时期，都可能发生心理和行为的变化；发展的形式具有多样性，发展的方向因心理和行为的种类不同而不同；任何一种心理和行为的发展过程都是复杂的，发展不是简单地表现为增长，而总是由获得（增长）与丧失（衰退）两部分构成。心理发展具有很大的个体可塑性或个别差异，由于个人生活条件和经验的变化，发展的形式可以是多样的；心理发展是由多重影响系统共同决定的，任何一个发展过程都是由年龄阶段、历史阶段、非规范事件三种影响系统相互作用的结果。

（2）毕生发展观强调老年期心理变化的积极因素，突出了心理发展的连续性，强调心理发展各个阶段都有增长的特点，为我们理解老年人认知能力、情绪与个性社会性的发展提供了理论依据和研究方向。根据毕生发展观，生命全程都存在发展，发展总是由获得和丧失组成。老年人也存在发展，存在获得与丧失，这种观点纠正了老年人只是一味退化的错误认识。此外，毕生发展观试图用同一个模型来解释生命全程各个年龄阶段的发展问题，这是对发展心理学理论研究的一个新的尝试，但在对一般的发展变化（有退化）趋势的重视有所欠缺。

考研考法实战

答案见D111页

1.（西南大学，2015）单选："心理发展贯穿于人的一生"这种观点属于（　　）。

A. 心理丧失观　　B. 毕生发展观

C. 文化历史观　　D. 生物进化观

2.（统考，2014）多选：下列选项中，体现了毕生发展思想的有（　　）。

A. 心理发展贯穿于人的一生

B. 心理发展包括生长和衰退两个方面

C. 发展过程中存在选择、优化、补偿三者之间的协调

D. 从中年到老年的心理变化是一个逐步老化和衰退的过程

考点3 生态系统理论

考研基础必备

生态系统理论由布朗芬布伦纳提出，强调发展中的个体嵌套于一系列相互影响的环境之中，在这些系统中，个体与系统相互作用并相互影响。

微观系统：对儿童产生最直接影响的环境，主要有家庭、学习、同伴及网络。

中间系统：个体与其所处的微系统及微系统之间的联系或过程（比如家长会）。

外层系统：那些个体并未直接参与但却对个人有影响的环境，如传媒、社会福利制度等。这些社会环境可以是正式的组织，如父母的工作场所，也可以是非正式的，如家长的人际网络。

宏观系统：一个文化系统，涵盖社会的宏观局面，包括文化价值观、法律、习俗等。

时间系统：模型中的时间维度，强调生态环境中的任何变化都会影响个体的发展，如历史事件和渐进的社会发展等方面。

考研考法突破

考法1 考查五个系统的具体内涵

布朗芬布伦纳提出的生态系统理论划分了五个系统，考生需要理解每个系统指的是什么内容，并且能够区分出哪些因素是属于哪个系统。

例6：（统考，2012）单选：根据生态系统理论，下列选项中，属于儿童成长外层系统的是（　　）。

A. 父母的工作单位　B. 家长与学校的关系

C. 社会文化　D. 家庭

【解析】本题从生态系统理论的外层系统进行解答。外层系统指个体并未直接参与却对他们的发展产生影响的系统。父母的工作单位是外层系统；家长与学校的关系是中间系统；社会文化是宏观系统；家庭是微观系统。因此本题选A。

参考答案：A

例7：（统考，2019）单选：根据生态系统理论，在个体发展的环境因素中，父母属于（　　）。

A. 微观系统　B. 中间系统　C. 外层系统　D. 宏观系统

【解析】本题从生态系统理论的微观系统进行理解。微观系统指个体活动与交往的直接环境，这个环境是不断变化的。因此本题选A。

参考答案：A

考法2 考查生态系统理论的应用

此考法常见于简答或者论述，考生不仅需要掌握生态系统理论的观点和五个系统所包含的内容，更要结合生活实际分析五个系统对人的心理发展的影响。

例8：（苏州大学/天津师范大学，2018/2019）论述：结合生态系统理论，分析生态系统对个体发展的影响。

【解析】本题从生态系统理论及应用进行解答。

参考答案：生态系统理论是由布朗芬布伦纳提出，强调发展中的个体嵌套于相互影响的一系列环境系统之中，在这些系统中，系统与个体相互作用并影响着个体发展。他提出了五种环境系统：

（1）微观系统：对儿童产生最直接影响的环境，主要有家庭、学习、同伴及网络。个体与该环境之间是相互作用的，成人会影响儿童的行为，儿童受生物和社会影响的特性也会影响成人的行为。例如：一个友善、专心的儿童可能会博得成人积极、耐心的反应，一个易分心的儿童更可能受到约束和惩罚。当这些彼此交互的作用随时间的流逝而反复发生时，他们就对发展产生了持久性的影响。微系统对传递社会文化最为直接。

（2）中间系统：个体与其所处的微系统及微系统之间的联系或过程。儿童的学业进步不仅取决于他在班级中的活动，而且受父母参与学校生活和孩子自己在家中继续学习程度的影响。

（3）外层系统：那些个体并未直接参与但却对个人有影响的环境，如传媒、社会福利制度等。这些社会环境可以是正式的组织，如父母的工作场所，也可以是非正式的，如家长的人际网络。比如灵活的工作日程安排、父母的带薪假期，这些工作环境都是协助父母抚育儿童，间接促进孩子发展的方式。

（4）宏观系统：一个文化系统，涵盖社会的宏观局面，比如价值取向，生产实践、风俗习惯等都会影响到儿童的发展。

（5）时间系统：模型中的时间维度，强调生态环境中的任何变化都会影响个体的发展，如历史事件和渐进的社会发展等方面。在儿童成长的过程中，儿童会选择、修正和创造他们自己的环境和经验，而儿童选择、修正和创造环境和经验的方式又取决于他们自身的身体、智力、人格特点和环境基于。

因此，个体既是环境的产物又是环境的缔造者，个体与环境共同构建起一个相互依赖、共同作用的网络。

考研考法实战 答案见D111页

1.（统考，2011）单选：根据布朗芬布伦纳（U. Bronfenbrenner）的生态系统理论，下列说法错误的是（　　）。

A. 微观系统指儿童直接接触的环境

B. 环境是动态的、不断变化的

C. 生态系统理论强调个体与环境的相互作用

D. 外层系统包括社会意识形态、法律、文化等

2.（华东师范大学，2019）单选：布朗劳布伦纳的生态系统理论将个体所处的环境分为四个系统，以下不属于这四个系统的是（　　）。

A. 微系统　B. 中系统　C. 内系统　D. 宏系统

3.（华中师范大学，2015）单选：在生态系统理论中，社会文化价值、法律和文化资源属于（　　）。

A. 宏系统　B. 外层系统　C. 中间系统　D. 微系统

4.（四川师范大学，2015/2016）单选：在布朗芬布伦纳的生态系统理论中，父母的工作环境属于（　　）。

A. 微观系统　B. 中间系统　C. 外层系统　D. 宏观系统

5.（西南大学，2015）单选：布朗分布伦纳认为个体活动和交往的直接环境属于（　　）。

A. 微观系统　B. 中间系统　C. 外层系统　D. 宏观系统

考点 4　习性学理论

考研基础必备

代表人物是洛伦茨，被称为“习性学之父”，习性学基本观点如下：

几乎所有的行为都是适应性的，都是进化的结果，有助于物种更好地适应环境，提高自身的生存能力；

固定的行为模式很少是后天习得的，在环境没有发生巨变的情况下，这些行为也不会发生太大的变化；

动物的许多行为模式的形成可能会有关键期，而人类则可能存在敏感期。

1. 关键期

是指在人或动物成长的某个时期（特别是早期），特别容易形成某种行为或反应，如果错过这一时期，就难以形成。个体发育过程中的某些行为在适当环境刺激下才会出现的时期。如果在这个时期缺少适当的环境刺激，这种行为便不会再产生。

2. 敏感期

是人类在某一时期对某一类刺激或环境影响非常敏感，更容易形成某种能力或行为，而错过这一时期，对该类刺激的敏感性就会大大下降，特定的能力或行为就难以形成了。

考研考法突破

考法 1　考查习性学的核心概念

习性学的理论观点内容考生需做一定的了解，考生需掌握习性学涉及的一些重要概念，比如印刻现象、关键期等。

例 9：（华东师范大学，2016）名词解释：关键期。

【解析】本题从关键期的概念进行解答。

参考答案：关键期是指在动物成长的某个时期（特别是早期），特别容易形成某种行为或反应，如果错过这一时期，就难以形成。个体发育过程中的某些行为在适当环境刺激下才会出现的时期。如果在这个时期缺少适当的环境刺激，这种行为便不会再产生。

例 10：（西南大学，2018）简答：什么是关键期？关键期带给我们什么样的教育启示？

【解析】本题从关键期及应用进行解答。

参考答案：（1）关键期是指在动物成长的某个时期（特别是早期），特别容易形成某种行为或反应，如果错过这一时期，就难以形成。个体发育过程中的某些行为在适当环境刺激下才会出现的时期。如果在这个时期缺少适当的环境刺激，这种行为便不会再产生。

（2）教育启示：关键期表明，教育要在适当的年龄（也就是关键期年龄），如果年龄不适当，教育的效果会很差。对儿童的教育要遵循儿童心理生理发展的特点来进行，不必提前，也不要延迟。例如：学前期是掌握语言发展的重要时期，2~3 岁是儿童学习口语的关键期，5~6 岁是儿童连贯性语言发展最迅速的时期，也是学习外语的最佳期。因此父母和教师要积极为孩子创设良好语言环境，不失时机地加强语言教育。当言语的获得错过关键期时，从发展的观点来看是不利的。它会造成儿童智力发展的障碍。狼孩、猪孩、狗孩脱离了学习语言的最佳年龄，即使回到人类社会后虽能学会一些词汇，也不能习得语言。这是因为错过了学习的最佳期限，也就是关键期。关键期缺失对人类发展所造成的负面影响，通常在极端的情况下才难以弥补，对人类大部分心理功能而言，用敏感期这样的概念更为合适。在这个时期以后，这种心理功能产生和发展的可能性依然存在，只是可能比较小。

考研考法实战 答案见 D112 页

1.（西南大学，2014）单选：最初发现，“关键期”或“关键年龄”这种现象的是（　　）。

A. 弗洛伊德　B. 施太伦　C. 洛伦茨　D. 达尔文

2.（西南大学，2016）单选：被人类救回的狼孩、猪孩、狗孩不会说话，只会像狼、狗、猪一样的吼叫。回到人类社会后虽能学会一些词汇，但却不能习得语言，这表明语言习得有一个（　　）。

A. 关键期　B. 语境　C. 策略　D. 过程

考点 5　朱智贤的心理发展观

考研基础必备

朱智贤的发展心理学理论主要表现在以下三个方面：

1. 探讨心理发展的基本理论问题

朱智贤用辩证唯物主义的观点探讨了儿童心理发展中关于先天与后天的关系、内因与外因的关系、教育与发展的关系、年龄特征与个别特征的关系等一系列重大问题。它为建立中国科学的儿童心理学奠定了基础。

①先天与后天的关系：一直坚持先天来自后天，后天决定先天的观点。

②内因与外因的关系：环境和教育不是机械地决定心理的发展，而是通过心理发展的内部矛盾来起作用的。朱智贤认为，这个内部矛盾是主体在实践中，通过主客体的交互作用而形成的新需要与原有水平的矛盾。这个矛盾是心理发展的动力。

③教育与发展的关系：只有那种高于主体的原有水平，经过他们主观努力后又能达到的要求，才是最适合的要求。

④年龄特征与个别特征的关系：朱智贤还指出，儿童与青少年心理发展的质的变化会表现出一定的年龄特征。心理发展的年龄特征不仅有稳定性，而且也有可变性。在同一年龄阶段中，既有本质的、一般的、典型的特征，又有人与人之间的差异性，即个别特点。

2. 强调用系统的观点研究心理学

朱智贤经常说，认知心理学强调儿童认知发展的研究，精神分析学派强调儿童情绪发展的研究，行为主义强调儿童行为发展的研究，我们则要强调儿童心理整体发展的研究。

提出在划分儿童心理阶段时，主要应考虑两个方面：一是内部矛盾或特殊矛盾；二是既要看到全面（整体），又要看到重点。

3. 提出坚持在教育实践中研究中国化的发展心理学

朱智贤多次提出发展心理学研究的中国化问题。他指出，坚持在实践中，特别是在教育实践中研究发展心理学，这是我国心理学前进道路上的主要方向。他主张将发展心理学的基础理论研究与应用研究结合起来。也就是说，他不仅提倡在教育实践中研究发展心理学，而且积极建议搞教育实验和教学实验，主张在教育实践中培养儿童与青少年的智力和人格。

考研考法突破

考法 1　考查朱智贤的理论观点

此考法常见于选择题和简答题中，考生需要理解朱智贤的理论的关注点以及他对于各种发展问题的看法。

例 11：（北京大学 / 北京师范大学，2004）论述：朱智贤主要从哪几个方面对儿童心理发展规律进行了阐述？其主要观点是什么？

【解析】本题考查朱智贤的理论观点。

参考答案：朱智贤用辩证唯物主义的观点探讨了儿童心理发展中关于先天与后天的关系、内因与外因的关系、教育与发展的关系、年龄特征与个别特征的关系等一系列重大问题。它为建立中国科学的儿童心理学奠定了基础。

（1）先天与后天的关系：朱智贤从 20 世纪 50 年代末开始，一直坚持先天来自后天，后天决定先天的观点。

（2）内因与外因的关系：环境和教育不是机械地决定心理的发展，而是通过心理发展的内部矛盾来起作用的。朱智贤认为，这个内部矛盾是主体在实践中，通过主客体的交互作用而形成的新需要与原有水平的矛盾。这个矛盾是心理发展的动力。

（3）教育与发展的关系：只有那种高于主体的原有水平，经过他们主观努力后又能达到的要求，才是最适合的要求。

（4）年龄特征与个别特征的关系：朱智贤还指出，儿童与青少年心理发展的质的变化会表现出一定的年龄特征。心理发展的年龄特征不仅有稳定性，而且也有可变性。在同一年龄阶段中，既有本质的、一般的、典型的特征，又有人与人之间的差异性，即个别特点。

考研考法突破 答案见 D112 页

1.（南京师范大学，2017）单选：强调用系统的观点对儿童心理整体发展进行研究的是（　　）。

A. 皮亚杰　B. 弗洛伊德　C. 斯金纳　D. 朱智贤

章节考点　综合训练

答案见 D112 页

一、单选题

1.（复旦大学，2016）守恒出现于皮亚杰的（　　）阶段。

A. 前运算　B. 感知运动　C. 形式运算　D. 具体运算

2.（华中师范大学，2018）处于皮亚杰感知运动阶段的个体，具有的特点有（　　）。

A. 具有客体永久性　B. 逐渐形成有目的的运动

C. 能够理解守恒概念　D. 思维具有自我中心性

3.（南京大学 / 南京师范大学，2015/2013）根据皮亚杰的认知发展理论，“我向思维”或“自我中心”是哪个阶段的典型特征（　　）。

A. 感知运动阶段　B. 前运算阶段

C. 具体运算阶段　D. 形式运算阶段

4.（南京师范大学，2013）形式运算阶段的儿童不具备（　　）能力。

A. 客体永久性　B. 我向思维

C. 守恒　D. 运用符号表征事物

5.（南京师范大学，2015）在埃里克森的心理发展观中，学龄期阶段的发展任务是（　　）。

A. 获得亲密感，避免孤独感

B. 获得勤奋感，克服自卑感

C. 获得主动感，克服内疚感

D. 获得自主感，克服羞怯和疑惑

6.（统考，2019）不同年龄儿童认知能力的差异主要是由加工容量、加工策略等方面的差异造成的。持此观点的学派是（　　）。

A. 皮亚杰学派　B. 新皮亚杰学派

C. 社会文化历史学派　D. 精神分析学派

7.（北京师范大学，2015）感知运动阶段是皮亚杰阶段理论的第一个阶段，即从出生到 2 岁左右。根据皮亚杰理论，这一阶段的儿童（　　）。

A. 还不能理解世界，必须依赖他人才能理解自己

B. 能够有逻辑地思维，理解周围环境

C. 几乎不能引起实验心理学家的兴趣，因为这一阶段的儿童还不能流畅地讲话

D. 能够通过作用于周围的世界进而了解周围的世界

8.（东北师范大学，2017）皮亚杰认为，认知发展的主要机制是（　　）。

A. 同化　B. 顺应　C. 平衡　D. 适应

9.（四川师范大学，2013）弗洛伊德认为，儿童的恋母情结发生在哪个年龄段（　　）。

A. 1~2 岁　B. 2~3 岁　C. 3~5 岁　D. 7~9 岁

10.（中科院，2014）皮亚杰的儿童思维发展阶段论中，儿童处于缺乏观点采集能力，难以认识他人的观点，这时的儿童处于哪一阶段（　　）。

A. 感知运动阶段　B. 前运算阶段

C. 具体运算阶段　D. 形式运算阶段

11.（华中师范大学，2015）在婴儿早期，如果用幕布将其面前的玩具遮挡住，婴儿不会寻找，当长到 1 岁多时，婴儿对滚入床下看不见的球会继续寻找，按照皮亚杰的理论，这种现象称为（　　）。

A. 自我中心　B. 守恒

C. 直观思维　D. 客体永久性

12.（四川师范大学，2015）小婴儿像玩玩具车一样敲打一个生鸡蛋，结果鸡蛋碎掉了，从此他知道了不能用力地敲生鸡蛋，否则会破碎。这个小婴儿的认知发展体现的是（　　）。

A. 强化　B. 组织　C. 同化　D. 顺应

13.（西南大学，2016）将同样多的水装在两个杯子里，认

为在细高水杯中的水多于在扁平杯子的孩子还处在（ ）。

A. 感觉运动阶段　B. 前运算阶段
C. 具体运算阶段　D. 形式运算阶段

14.（福建师范大学，2019）艾里克森认为，游戏期的儿童主要发展任务是（ ）。
A. 获得信任感，克服不信任感
B. 获得自主感，克服羞怯与怀疑
C. 获得主动感，克服内疚感
D. 获得勤奋感，克服自卑感

15.（四川师范大学，2017）在儿童发展早期，往往认为所有会移动的物体都是有生命的、随着年龄的增长，当他们看到越来越多的会移动的物体（如汽车等）并没有生命时，就会修正自己原有的认识。这种建构知识的方式是（ ）。
A. 平衡　B. 同化　C. 顺应　D. 图式化

16.（西南大学，2016）埃里克森认为主动感的获得是幼儿期的主要发展任务，未获得主动感可能会影响其（ ）。
A. 希望品质　B. 能力品质　C. 意志品质　D. 目标品质

17.（浙江理工大学，2017）美国心理学家艾里克森认为在4~7岁儿童这一阶段，其人格形成发展的任务是（ ）。
A. 信任感对怀疑感　B. 主动性对内疚
C. 勤奋对自卑　D. 自觉性对羞怯

18.（华中师范大学，2011）假如给你第三只眼睛，你会选择放在身体的哪个部位，把它画出来。并说明你为什么这么做？面对这一问题，一组儿童的反应并不依赖他们之前见过的事物形象，用根据想象力的理由来解释第三只眼睛所放的独特位置，如画在手心上，画在嘴里，且他们认为这项任务很有趣，并要求老师多布置此类作业。据此描述，这组儿童正处于皮亚杰认知发展阶段论的（ ）。
A. 具体运算阶段　B. 感知运算阶段
C. 前运算阶段　D. 形式运算阶段

19.（南京师范大学，2012）在皮亚杰的心理发展阶段理论中，处于"具体运算阶段"儿童的年龄大致上在（ ）。
A. 0~2 岁　B. 2~7 岁
C. 7~12 岁　D. 11~12 岁以后

20.（西南大学，2014）在（ ）阶段，儿童能够利用表征来思考客体和事件。
A. 感知运动　B. 前运算　C. 具体运算　D. 形式运算

21.（四川师范大学，2017）如果已知 $A>B$，儿童就能知道 $B<A$，这说明儿童的思维具有（ ）。
A. 守恒性　B. 可逆性
C. 系统性　D. 自我中心性

22.（浙江理工大学，2015）埃里克森认为 6~12 岁的儿童会关注如何努力地面对父母、同伴和学校所提出的挑战，这一阶段是（ ）。
A. 自主对羞愧怀疑　B. 信任对不信任
C. 自我对他人　D. 勤奋对自卑

23.（统考 / 四川师范大学，2011/2017）某儿童认为周围世界绕着他转，月亮跟着他走；他只知道自己有个哥哥，但不知道自己就是哥哥的弟弟。该儿童心理发展所处的阶段是（ ）。
A. 具体运算阶段　B. 前运算阶段
C. 后运算阶段　D. 形式运算阶段

24.（广州大学，2018）儿童能够进行抽象的逻辑运算，表明儿童处在哪个阶段？（ ）
A. 感知－运动阶段　B. 前运算阶段
C. 具体运算阶段　D. 形式运算阶段

25.（华东师范大学，2020）成熟势力说的代表人物是（ ）。
A. 格赛尔　B. 范茨　C. 德威克　D. 韦纳

26.（华东师范大学，2020）根据皮亚杰的理论，客体永久性的获得发生在（ ）。
A. 感知运动阶段　B. 前运算阶段
C. 具体运算阶段　D. 形式运算阶段

27.（华东师范大学，2011）认为"发展是一个连续的过程，只有量的增加"，这是哪个学派的基本观点之一？（ ）
A. 自然成熟论　B. 环境－学习论
C. 精神分析论　D. 认知发展学派

28.（统考，2011）认为心理发展只有量的连续累积、不存在阶段性的理论是（ ）。
A. 心理社会发展理论　B. 发生认识论
C. 心理性欲发展理论　D. 社会学习理论

29.（统考，2016）大多数儿童在许多记忆任务上的成绩随年龄增长而提高。持信息加工观点的研究者对这一现象最可能的解释是（ ）。
A. 发展过程中具体的记忆发生质性变化
B. 父母和老师的强化效应随儿童年龄逐渐积累
C. 随儿童的成长，他们习得并使用更多样化的记忆策略
D. 对儿童而言，记忆能力的测量随着儿童年龄的增长而变得更可靠。

30.（四川师范大学，2022）皮亚杰认为结构包括三个基本特征：整体性，转换性和（ ）。
A. 平衡性　B. 图式　C. 自调性　D. 顺应性

31.（华中师范大学，2021）生态系统理论中，家庭、同伴团体、学校等之间的相互联系属于（ ）。
A. 微系统　B. 中间系统　C. 外层系统　D. 宏系统

32.（华中师范大学，2022）下面不属于前运算思维阶段特点的是（ ）。
A. 泛灵论　B. 自我中心
C. 守恒　D. 客体永久性

33.（北京师范大学，2021）产生客体永久性和简单符号运算的是皮亚杰哪个阶段（ ）。
A. 感觉运动阶段　B. 前运算阶段
C. 具体运算阶段　D. 形式运算阶段

34.（北京师范大学，2021）婴儿哭闹来引起家长的注意是应用的（ ）。
A. 经典条件理论　B. 操作条件理论
C. 精神分析理论　D. 认知主义理论

35.（北京师范大学，2020）根据皮亚杰的儿童认知发展理论，守恒属于（ ）。
A. 感知运动阶段　B. 具体运算阶段
C. 前运算阶段　D. 形式运算阶段

36.（北京师范大学，2020）某研究者认为儿童的哭闹是人类的一种适应性行为，该研究的视角是（ ）。
A. 心理动力学　B. 行为主义
C. 认知心理学　D. 进化论

二、多选题

1.（统考，2017）下列选项中，可以为关键期的存在提供证据的有（　　）。

A. 恒河猴的社会性发展　　B. 人类语言的习得

C. 动物的视觉剥夺　　D. 鸟类的印刻

2.（浙江理工大学，2015/2016/2017）皮亚杰认知发展阶段依次是（　　）。

A. 感知运动阶段　　B. 前运算阶段

C. 具体运算阶段　　D. 形式运算阶段

3.（统考，2015）下列观点属于维果斯基心理发展理论的有（　　）。

A. 两种工具观　　B. 发生认识论

C. 最近发展区学说　　D. 智力发展内化说

三、判断题

1.（陕西师范大学，2011）最近发展区是指儿童认知可能发展的最大潜力。（　　）

2.（陕西师范大学，2013）皮亚杰认为，3~7 岁的儿童能依据具体事例进行推理思考，处于具体运算阶段。（　　）

3.（陕西师范大学，2014）埃里克森将自我的发展分为八个阶段，其中青年前期面临的是认同与角色混淆。（　　）

4.（云南师范大学，2012）发展并不是终止在青年期，成年和老年也同样具有发展的潜能（　　）。

四、名词解释

1.（西南大学 / 华中师范大学，2021）最近发展区。

2.（华中师范大学，2020）守恒。

3.（湖南师范大学，2017）泛灵论。

4.（湖南师范大学，2011）发生认识论。

5.（河南大学，2003）图式与表征。

6.（西南大学，2020）顺应。

五、简答题

1.（华东师范大学，2013）“具体运算阶段”具有什么特征？这个阶段以什么实验为标志？这一现象由哪位心理学家研究提出？

2.（电子科技大学，2014）以儿童言语获得为例，论述儿童发展的“关键期”的含义。

3.（统考 / 湖南师范大学 / 浙江师范大学，2015/2018/2011）简述皮亚杰的认知发展理论和维果斯基的社会文化认知理论的主要不同之处，并结合儿童发展与教育的实践进行论述。

4.（山东师范大学，2020）试述弗洛伊德和埃里克森的心理发展观并比较其异同。

5.（中央财经大学，2017）简述皮亚杰的临床谈话法的特点。

6.（深圳大学 / 西北师范大学，2020/2020）皮亚杰的认知发展理论的主要内容是什么？

7.（湖南师范大学，2021）简述维果茨基的自言自语的发展过程（阶段理论）。

8.（湖南师范大学，2022）简述动态系统理论关于儿童动作发展的主要观点。

9.（华东师范大学，2021）布朗芬布伦纳的生态系统理论将儿童成长和发展的环境分为哪几个子系统？每一个子系统各举一例说明。

六、论述题

1.（天津师范大学 / 华东师范大学，2019/2018）评述生态系统发展理论及其对教育的启示。

2.（南京师范大学，2013）试分析皮亚杰的认知结构发展论中，“同化”与“顺应”的联系。

3.（华东师范大学，2018）父母教养方式出现问题，婴儿也会出现问题，婴儿出现问题，父母的教养方式也会出现问题。研究表明：母亲的教养方式不当会导致婴儿行为不当，婴儿行为不当也会让母亲的教养方式不当。用上述事例说明生态系统理论。

4.（西南大学，2021）阐述新精神分析学派代表人埃里克森的心理发展八阶段理论及其现实意义。

七、案例分析

1.（华中师范大学，2016）“狼孩”卡玛拉被人类解救时只有 8 岁，他表现出了一系列狼的习性。虽然大量心理学家和教育专家对她进行了长期的教育和训练，但直到 18 岁去世时，她的心理水平仅相当于 4 岁左右的幼儿。针对这一案例，人们不禁会产生这样的疑问；遗传和环境究竟谁对个体的发展更重要？或者它们是如何相互作用并对个体的发展产生影响？请依据发展心理学的相关理论，并结合上述案例系统阐述遗传和环境在个体心理发展中的作用机制问题。

2.（统考，2019）在某次幼儿园大班的家长会上，几位母亲就如何塑造或改变孩子的行为习惯纷纷发言。

丁丁妈妈：因为 6 岁左右的孩子还分辨不清是非善恶，很多时候并不清楚哪些是好的行为，哪些是坏的行为；我和孩子他爸的做法是，告诉小孩要听父母或幼儿园老师的话，耐心地告诉孩子哪些是正确的行为，是可以做的，哪些是错误的行为，是不可以做的……

乐乐妈妈：我很少跟孩子讲大道理，我的做法是对孩子好的行为就予以表扬和奖励，对不良行为就忽视或惩罚……

甜甜妈妈：我们的做法是家长以身作则，比如训练孩子要诚实守信，我和孩子他爸从来不在孩子面前说假话，向孩子许下的承诺就一定兑现……

试分析上述幼儿家长教育方法中反映的发展心理学或教育心理学原理，并提供你的教育建议。

3.（华中师范大学，2012）案例分析：潘潘上幼儿园大班，是一个活跃分子，特别爱动，在幼儿园常因不守纪律被老师批评。如吃饭时，老师要求小朋友不要讲话，可潘潘却大声讲话；老师讲故事时，其他小朋友都坐在自己的板凳上安安静静地听，只有潘潘把自己的板凳挪来挪去，弄出很大的响声。很多时候当潘潘违反纪律时，老师就罚他去做一些诸如扫地、擦桌子或摆椅子之类的需要身体活动的事情，老师以为自己这样做可以减少潘潘不守纪律的行为，但潘潘却认为能够活动比坐着好玩，所以他宁可受罚，也不愿安静地坐着不动。他的小“伎俩”有一天被老师识破了。在他故意捣蛋时，老师没有给他活动机会，那天他特别沮丧。

请结合行为主义心理发展观进行分析。

4.（西北师范大学，2022）综合应用题：

材料：儿童根据榜样习得攻击行为的实验。60 个儿童分成两组，一组观察到攻击行为同时也做出了攻击行为，另一组儿童观察到的非攻击行为相应的也没有做出攻击行为。

（1）该实验体现了什么原理？

（2）举例说明怎么用这个原理进行儿童的行为塑造。

第三章 胎儿期的心理发展

人的生命是从母体内受精卵形成的时候开始的。胎儿的发育阶段是人一生的生理和心理发育过程的奠基阶段。本章阐述了胎儿生理和心理发展的一般原理和进程，讨论了影响胎儿生理和心理发展的三大类因素，简要说明了维护胎儿心理卫生的原理及操作方式。本章内容相对来说考得比较少，考生重点掌握胎儿宫内发育分期的几个阶段、胎儿发展的影响因素。

第一节 胎儿神经生理和心理机能的发展

研究真题，明确考况

考试要求	统考		自主命题	
	考题	考查点	考题	考查点
胎儿的发育	2008 2019	单选：胎儿发育特征的时间	西南大学，2008 聊城大学，2012 南京师范大学，2015/2016/2017 华中师范大学，2019 辽宁师范大学，2021	单选：胎儿发育特征的时间；胎儿发育的特征；胎儿发育的相关概念 名词解释：抓握反射

考点1 胎儿的发育

考研基础必备

胎儿的定义是“从受孕到子宫娩出之前的小儿”。胎龄的计算，以孕妇末次月经的第一天算起，通常以40孕周（280天）为孕期。

1. 胎儿宫内发育分期

1）胚芽期（受精卵期）

0~2周，从精子到卵子结合到开始发育的第二周，包括受精和着床两个过程。

2）胚胎期

3~8周，胚胎形成三层细胞：①外胚层：发育成神经系统和皮肤。②中胚层：发育成肌肉、骨骼、循环系统、生殖系统和泌尿系统。③内胚层：消化系统和其他内部器官与腺体。8周末，鳃和尾消失，胚胎大体上已成人形，四肢已得到相当的发育，有心脏的跳动。

胎儿器官、四肢和其他生理系统分化、生成的最重要的时期，即关键期。

3）胎儿期

8~40周，毛发、指甲和外生殖器开始发育分化，此外这一时期的重要发育特征是有胎儿动作，主要表现为胎动和反射活动两种类型。

2. 胎儿心理机能的形成

1）感觉的形成（视觉、听觉、触压觉、嗅觉、味觉）

胎儿在4个月时就对光线十分敏感，母亲日光浴时，胎儿对光线变化强弱都有所感觉。视觉系统要在胎儿出生后才真正发挥作用。1岁左右，才能达到成人视力水平。

胎儿听觉感受器在6个月时就已经基本发育成熟。研究表明孕4个月时，胎儿的听觉系统已经建立。妊娠8个月时，胎儿能听出音调的强弱与高低，能区别声音的种类，且反应敏感。

4~5个月胎儿的触觉与出生后周岁孩子的触觉水平相当。触觉是胎儿最先形成的感觉。

孕6个月时，胎儿能够嗅到母亲的气味并记忆在脑中。

味觉在孕26周形成。从孕30周开始，胎儿已经有了发达的味觉，对羊水的味道有一定的鉴别力。

2）思维和记忆的形成

胎儿的大脑在第20周左右形成。孕5个月时，脑的记忆功能开始工作，胎儿能够记住母亲的声音并产生安全感。妊娠32周，胎儿大脑如新生儿，通过脑电波，可分辨出胎儿的睡眠状态和觉醒状态，这是胎儿意识的萌芽时期。

3. 新生儿的反射（见表3-1）

表3-1 新生儿的反射

反射	刺激	反应	消失的年龄	功能
眨眼反射	强光照射眼睛或在靠近头的地方拍手	婴儿快速合上眼睑	持续终生	保护婴儿免受强伤害刺激
觅食反射	触摸嘴角周围的面颊	头转向刺激源	3周	帮助婴儿找到奶头
吮吸反射	手指放在婴儿的嘴上	有规律地吮吸手指	四个月后被自主的吮吸行为代替	提供喂养的可能
游泳反射	将婴儿脸朝下放在泳池中	婴儿的双臂和双腿会做出游泳样的划水动作	4~6个月	如果掉到水里，能够帮助婴儿生存

续表

反射	刺激	反应	消失的年龄	功能
摩罗反射（惊跳反射）	水平抱着婴儿的背部，让头稍下垂，或突然出现一个巨大声音	婴儿做出“拥抱”状的动作，弓背，伸腿，双臂外展伸直，然后双臂收拢呈抱物状	6个月	在人类过去进化史中，此反射可能有助于婴儿抱紧母亲
抓握反射	将手指放在婴儿手上，按压手掌	自动地去抓手指	3~4个月	为婴儿自主的抓握行为做准备
强直性颈部反射	婴儿平躺时把他的头转向一侧	婴儿以“击剑姿势”躺着，与头所转方向同侧的手臂伸直，对侧手臂弯曲	4个月	可能是为婴儿自发地伸手取物做准备
行走反射	双手放在婴儿腋下，抱住婴儿，使其光脚接触平地	婴儿能像走路那样两脚轮流迈步	体重增长较快的婴儿，2个月后消失，体重轻的婴儿会再持续一段时间	为婴儿自主行走做准备
巴宾斯基反射	从足尖到足跟，触击婴儿脚底	脚趾呈扇形张开，足部向内卷曲	8~12个月	未知

4. 胎儿生理－心理发展中主要的异常

1）胎儿生长受限

原称胎儿宫内发育迟缓，是指胎儿在宫内未达到其遗传的生长潜能，即胎儿小于正常。一般是指胎龄准确的足月胎儿体重小于2500克或体重处于同孕周平均胎儿体重的第10百分位数下，或低于平均胎儿体重的两个标准差。

2）脑－智能以及其他神经行为发育异常

血脑屏障；连接大脑皮质和基底节的神经细胞的突触。

3）甲状腺功能发育异常

胎儿自身的甲状腺发育始于孕期10~12周，胎儿心动过缓可以诊断胎儿甲状腺功能减退。胎儿甲减对胎儿有许多不利的影响，如智力、精神运动能力障碍或减退，骨骼发育不良，严重时可引起克汀病。

考研考法突破

考法1　考查胎儿宫内发育分期

本考法常见于选择题中，对于胎儿宫内发育三个时期的时间—名称—特点，考生需要一一对应掌握。

例1：（统考/聊城大学/西南大学，2008/2012/2008）单选：胎儿在发育过程中，细胞和组织分化非常迅速，并对环境极为敏感的时期（　　）。

A. 第1~2周　　B. 第2~8周

C. 第9~15周　　D. 第21~30周

【解析】本题考查胚胎期对应的时间。胚胎期：3~8周，胎儿器官、四肢和其他生理系统分化、生成的最重要的时期，即关键期，是胎儿发育最敏感的时期。因此本题选B。

参考答案：B

考法2　考查胎儿心理机能的形成

本考法常见于单选题，了解胎儿发育的相关特征，即可作答。

例2：（南京师范大学，2015）单选：下列说法正确的是（　　）。

A. 胎儿尚不具备记忆功能

B. 感觉在胎儿期已经发生

C. 胎儿已发展了非常高级的思维能力

D. 胎儿只有感知觉这种认知活动

【解析】本题考查胎儿心理机能的形成。胎儿的大脑在第20周左右形成，孕5个月时，脑的记忆功能开始工作，选项A错误。胎儿在6个月时，听觉、嗅觉、味觉就已经开始发育，选项B正确。高级的思维能力需要到青春期才开始发展，选项C错误。胎儿不仅有感知觉，还有记忆的认知活动，选项D错误。因此本题选B。

参考答案：B

考法3　考查不同种类的反射活动

此考法常见于选择题中，考生要能够区分新生儿不同种类反射的含义。

例3：（华东师范大学，2015）单选：当婴儿的脸颊被抚摸时，把头转向被抚摸的一侧并开始吸吮，因此增加了婴儿获得母亲乳头的机会，这一反应被称为（　　）。

A. 觅食反射　　B. 莫罗反射

C. 足跖反射　　D. 巴宾斯基反射

【解析】觅食反射是新生儿无条件反射的一种。当新生儿面颊触到母亲乳房或其他部位时，即可出现寻觅乳头的动作。用手指抚弄新生儿面颊时，他的头也会转向刺激方向。该反射约0~3个月出现并在3~4个月时逐渐消失。

参考答案：A

考法4　考查胎儿发育异常

此考法常见于选择题中，考生了解胎儿发育异常的相关概念即可。

例4：（南京师范大学，2016）单选：胎儿生长受限是指胎儿未达到其（　　）。

A. 正常发育重量　　B. 平均发育重量

C. 遗传的生长潜能　　D. 遗传的生长条件

【解析】本题考查胎儿生长受限。胎儿生长受限，原称胎儿宫内发育迟缓，是指胎儿在宫内未达到其遗传的生长潜能，即胎儿小于正常。一般是指胎龄准确的足月胎儿体重小于2500克或体重处于同孕周平均胎儿体重的第10百分位数下，或低于平均胎儿体重的两个标准差。因此本题选C。

考研考法实战

答案见D118页

1.（统考，2019）单选：在孕期的个体发展中，致畸因素最容易造成潜在危害的时期是（　　）。

A. 胚囊期　B. 胎儿期　C. 胚胎期　D. 受精卵期

2.（南京师范大学，2017）单选：有关胎儿心理机能的描述，正确的是（　　）。

A. 胎儿在2个月时就对光线十分敏感

B. 孕5个月时，胎儿能够听出音调的强弱与高低

C. 孕5个月时，胎儿能够记住母亲的声音

D. 妊娠16周时，胎儿的意识开始萌芽

3.（辽宁师范大学，2021）名词解释：抓握反射。

第二节　胎儿生理－心理发展的影响因素

研究真题，明确考况

考试要求	统考		自主命题	
	考题	考查点	考题	考查点
1. 胎儿的发育	无	无	江西师范大学，2012 云南师范大学，2012	单选：胎儿发育的影响因素 判断：胎儿发育的影响因素

考点 1　胎儿发育的影响因素

考研基础必备

1. 遗传因素

生物体的各种性状特征可以通过生殖过程一代一代传递下去，这种现象就是遗传。遗传通过染色体和基因的传递实现。基因是遗传的最小的功能单位。

典型的遗传疾病有唐氏综合征，唐氏综合征是由于多了一条染色体而引起的。

2. 环境因素

物理因素、化学因素、生物因素、地理因素。

3. 母体因素

情绪、应激、营养、患病。

考研考法突破

考法 1　考查胎儿发育的影响因素

本考法常见于多选题，了解胎儿发育的影响因素，即可作答。

例 1：（江西师范大学，2012）多选：与孕妇有关的影响胎儿正常生长发育的因素有（　　）。

A. 营养　　B. 情绪状态　C. 年龄大小　D. 文化水平

【解析】本题考查胎儿的影响因素。胎儿的影响因素包括遗传因素、环境因素（物理因素、化学因素生物因素、地理因素）、母体因素。孕妇的营养、情绪状态以及年龄大小都会影响胎儿正常生长发育。

参考答案：ABC

考研考法实战 答案见 D118 页

1.（华东师范大学，2011）单选：唐氏综合征的病因是（　　）。

A. 代谢障碍　　B. 骨发育不良

C. 染色体畸变　　D. 后天环境不良

2.（统考，2013）单选：遗传物质的最小功能单位是（　　）。

A. 基因　　B. 合子　　C. 染色体　　D. DNA

3.（云南师范大学，2012）判断题：从受孕到出生这段时间，胎儿的发展主要受遗传和生物因素的控制。（　　）

第四章 婴儿期的心理发展（0~3 岁）

婴儿期是儿童生理发育最迅速的时期，也是个体心理发展最迅速的时期。本章阐述了婴儿生理发展、动作发展及其对心理发展的意义，介绍和讨论了婴儿认知和言语的发生发展过程与特点，探讨了婴儿气质及其对教养和发展的意义，以及婴儿情绪的社会化、依恋、同伴交往、自我意识等社会性发展问题。本章属于重点章节，是高频考点，考生要引起重视。

第一节 婴儿的生理发展及其心理学意义

研究真题，明确考况

考试要求	统考		自主命题	
	考题	考查点	考题	考查点
1. 婴儿的动作发展	2012	单选：婴儿动作发展的规律	山东师范大学，2020 华中师范大学，2013 福建师范大学，2013 西北师范大学，2013 北京师范大学，2014 苏州大学，2014 江西师范大学，2012/2014 西南大学，2015/2016/2022 南京师范大学，2017 浙江理工大学，2017 四川师范大学，2018	单选：婴儿动作发展的规律 简答：婴儿动作发展的规律；婴儿动作发展的意义

考点 1 婴儿的动作发展

考研基础必备

婴儿期是指个体 0~3 岁的时期，它是儿童生理发育最迅速的时期，也是个体心理发展最迅速的时期。

1. 婴儿动作发展的规律

①婴儿各种运动、动作的发展是其活动发展的直接前提，也是其心理发展的外在表现。婴儿动作发展的顺序是：抬头、翻身、坐、爬、站、走、跑、跳、攀。

②婴儿的动作发展遵循以下规律：从整体性动作到分化性动作、从上身到下身（头尾原则）、从大肌肉到小肌肉（大小原则）、从躯干到四肢（近远原则）。

③婴儿的主要动作是手的抓握和独立行走。手的抓握机能发展的要点是五指分化和手眼协调。4~6 个月的婴儿出现了自主的尺骨抓握，表现为手指对着手掌进行闭合。1 岁时，出现钳形抓握，表现为婴儿使用拇指和食指进行抓握。独立行走是婴儿发展的一个重要的里程碑。

2. 影响动作发展的因素

1）成熟

格赛尔认为，支配儿童心理发展的是成熟，其中，成熟是由遗传决定的，学习是后天经验的获得和行为的变化。他认为，儿童生理上由不成熟变成成熟的过程，是为学习做准备的过程。在生理成熟之前训练儿童去学习和掌握某种技能，效果欠佳甚至是无效的，一旦“准备”好，学习就会生效。

2）学习与教育

学习为个体提供必要的刺激与经验，对个体动作的发展有一定的刺激或阻碍作用。

3）营养与健康

营养不良或营养过剩对儿童生理上的影响直接表现在动作发展上。

4）环境因素

气候、文化背景等。

3. 动作发展的意义

个体心理的起源与动作密切相关。动作发展在个体思维、智力的发展过程中，起着决定性的作用。

从个体心理的发展历程上看，个体的心理发展是由外逐步内化的，而动作在心理的内化过程中起着关键性的作用，即动作是个体不断内化的基础，并为个体内化的心理活动提供丰富的素材，使个体心理的内化过程得以持续进行。

从个体心理发展的生理基础以及心理各个具体方面的早期发展来看，动作作为主体能动性的基本表现形式，在个体早期心理发展中起着重要的构建作用，它使个体能够积极地构建和参与自身的发展。

考研考法突破

考法1 考查婴儿动作发展的规律

此考法常见于选择题中，考生需要掌握婴儿动作发展的规律。动作发展也是遵守“头尾”原则，因此是先学会最上面的抬头，再学会翻身，再往下是屁股能坐，最后是最下面的腿能走，这样联想记忆就不会记混。

例1：（统考/江西师范大学，2012；北京师范大学，2014）单选：下列关于婴儿动作发展的排序，正确的是（　　）。

A. 翻身→坐→抬头→站立→行走

B. 抬头→坐→翻身→站立→行走

C. 翻身→抬头→坐→站立→行走

D. 抬头→翻身→坐→站立→行走

【解析】本题从婴儿动作发展的顺序进行解答。婴儿动作发展的顺序是：抬头、翻身、坐、爬、站、走、跑、跳、攀。因此本题选D。

参考答案：D

例2：（西北师范大学，2013）简答：新生儿动作发展的基本原则。

【解析】本题从婴儿动作发展的规律进行解答。

参考答案：婴儿各种运动、动作的发展是其活动发展的直接前提，也是其心理发展的外在表现。婴儿动作发展的顺序是：抬头、翻身、坐、爬、站、走、跑、跳、攀。婴儿的动作发展遵循以下规律：从整体性动作到分化性动作；从上身到下身，即头尾原则；从大肌肉到小肌肉，即大小原则；从躯干到四肢，即近远原则。

例3：（南京师范大学，2017）单选：3岁前儿童手的动作发展最晚的是（　　）。

A. 用拇指和食指拿　　B. 堆积木

C. 脱鞋袜　　D. 用双手端碗

【解析】6.4个月能用拇指、食指拿；15.4个月，堆积木2~5块；21.6个月，用双手端碗；26.2个月，能脱鞋袜。

参考答案：C

考法2 考查婴儿动作发展的意义

此考法常见于简答或论述题，考生记住婴儿动作发展的意义即可正确作答。

例4：（山东师范大学/苏州大学，2020/2014）简答：动作发展在婴儿心理发展中有什么重要意义？

【解析】本题从婴儿动作发展意义的起源、发展历程、生理基础三方面进行解答。

参考答案：（1）个体心理的起源与动作密切相关。动作发展在个体思维、智力的发展过程中，起着决定性的作用。（2）从个体心理的发展历程上看，个体的心理发展是由外逐步内化的，而动作在心理的内化过程中起着关键性的作用，即动作是个体不断内化的基础，并为个体内化的心理活动提供丰富的素材，使个体心理的内化过程得以持续进行。（3）从个体心理发展的生理基础以及心理各个具体方面的早期发展来看，动作作为主体能动性的基本表现形式，在个体早期心理发展中起着重要的构建作用，它使个体能够积极地构建和参与自身的发展。

考研考法实战 答案见D118页

1.（福建师范大学，2013）单选：关于婴儿的动作发展，下列哪个描述是正确的？（　　）

A. 婴儿精细动作的发展先于大动作的发展

B. 大动作的发展从头颈部的控制开始

C. 婴儿的动作发展遵循从边缘到中心的原则

D. 在婴儿抓握的发展过程中，先出现钳形抓握，而后发展成自主的尺骨抓握

2. 单选：儿童动作发展的顺序是（　　）。

A. 整体到分化/下部到上部/大肌肉到小肌肉

B. 整体到分化/上部到下部/小肌肉到大肌肉

C. 整体到分化/上部到下部/大肌肉到小肌肉

D. 分化到整体/上部到下部/大肌肉到小肌肉

第二节 婴儿的认知发展

研究真题，明确考况

考试要求	统考		自主命题	
	考题	考查点	考题	考查点
婴儿的认知发展	2014 2019	单选：习惯化和去习惯化 论述：习惯化和去习惯化	华中师范大学，2012/2017 湖南师范大学，2012 华东师范大学，2014 浙江师范大学，2014 北京师范大学，2015 浙江理工大学，2015 西南大学，2016 华中师范大学，2017 四川师范大学，2017	单选：视崖实验；习惯化和去习惯化 名词解释：视崖实验；习惯化和去习惯化

考点 1 婴儿感知觉发展的实验研究

考研基础必备

1. 注视偏好范式

范茨采用的基于婴儿注视行为的实验程序，是婴儿知觉研究的经典实验之一。在“偏好方法”中，实验者同时呈现两个图案，如果婴儿对某对象注视时间长于另一个对象，说明婴儿对一个对象表现出了“偏好”。表明婴儿并非完全任凭环境支配，他们至少在知觉注意方面天生就具有主动性和选择性。

婴儿研究常用的另一个指标，是婴儿出生时便具有的吸吮行为。例如：给婴儿一个橡皮奶头供其吸吮，记下其吸吮的频率基线。出现新异刺激时，婴儿会产生定向反射，表现为吸吮行为的中断或频率降低。

2. 习惯化与去习惯化

这是一种广泛使用于婴儿认知研究的实验范式，第一部分是习惯化：婴儿对一个重复出现的刺激逐渐熟悉，兴趣下降。第二部分是去习惯化：当刺激发生变化时，婴儿再次对这个刺激感兴趣。这些方法提供了三方面的信息：婴儿的知觉辨别能力，知觉偏好，再认记忆能力。

3. 视崖实验

视崖实验是证明婴儿深度知觉的一个著名的心理学实验，由吉布森和沃克发明。“视崖”是研究深度知觉的装置，这种装置是一张由隔板分为两半且上表面为透明玻璃的大桌子，隔板一侧，图案就在玻璃底下，类似于“浅滩”；另一侧则为具有一定深度的“悬崖”，即图案与上面的玻璃之间相隔一定的距离。将能够爬行的婴儿置于视崖上，多数婴儿表现出逃避“悬崖”的倾向。视崖实验证明，6 个月的婴儿已经具备了深度知觉，对于“悬崖感到害怕”，而小于 6 个月的婴儿已经开始注意到深与浅的差别，但并不害怕。

考研考法突破

考法 1 考查研究婴儿感知觉的实验范式

此考法可以以多种形式来进行考察，既可以以选择题形式考查实验范式的主试或者实验结论，也可以以简答或者论述考查整个实验的过程。因此，对于婴儿感知觉的经典实验范式，考生要按照实验者—实验过程—实验结论这样的逻辑进行全面掌握。

例 1：（华东师范大学，2014）单选：沃克和吉布森（Walk&Gibson，1961）的深度知觉研究经常被认为支持下面的（　　）结论。

A. 小于两岁的儿童通常没有深度知觉

B. 婴儿通常通过变得越来越警觉于父母的警告，学会回避“视觉悬崖”

C. 人类的深度知觉是某种先天能力，出现于婴儿期

D. 多数人类婴儿在出生的几个小时后知觉到深度

【解析】本题从沃克和吉布森的视崖实验进行解答。视崖实验证明，6 个月的婴儿已经具备了深度知觉，选项 A 错误。婴儿对于“悬崖感到害怕”是自身具备的知觉，不是来自父母的警告，选项 B 错误。小于 6 个月的婴儿已经开始注意到深与浅的差别，是人类先天的能力，选项 C 正确。深度知觉实验无法支持选项 D 的结论。因此本题选 C。

参考答案：C

例 2：（西南大学，2016）单选：婴儿对多次呈现的同一刺激的反应强度逐渐减弱，乃至最后不再反应的现象，称为（　　）。

A. 同化　　B. 习惯化

C. 视觉偏爱　　D. 客体永久性

【解析】本题从理解习惯化和去习惯化的定义进行解答。婴儿对一个重复出现的刺激逐渐熟悉，兴趣下降，这种现象是习惯化。因此本题选 B。

参考答案：B

例 3：（湖南师范大学，2011）简答：简述研究婴儿认知的特殊技术与方法。

【解析】本题从注视偏好范式、习惯化与去习惯化和视崖实验进行解答。

参考答案：（1）注视偏好范式：范茨采用的基于婴儿注视行为的实验程序，是婴儿知觉研究的经典实验之一。在“偏好方法”中，实验者同时呈现两个图案，如果婴儿对某对象注视时间长于另一个对象，说明婴儿对一个对象表现出了“偏好”。表明婴儿并非完全任凭环境支配，他们至少在知觉注意方面天生就具有主动性和选择性。

（2）视崖实验是证明婴儿深度知觉的一个著名的心理学实验，由吉布森和沃克发明。“视崖”是研究深度知觉的装置，设置为一张 1.2 米高的桌子，顶部是一块透明的厚玻璃。桌子的一半（浅滩）是用红白图案组成的结实桌面。另一半是同样的图案，但它在桌面下面的地板上（深渊）。在浅滩边上，图案垂直降到地面，虽然从上面看是直落到地上的，但实际上有玻璃贯穿整个桌面。在浅滩和深渊的中间是一块 0.3 米宽的中间板。视崖实验证明，6 个月的婴儿已经具备了深度知觉，对于“悬崖感到害怕”，而小于 6 个月的婴儿已经开始注意到深与浅的差别，但并不害怕。

（3）习惯化与去习惯化是一种广泛使用于婴儿认知研究的实验范式，即习惯化与去习惯化。第一部分是习惯化：婴儿对一个重复出现的刺激逐渐熟悉，兴趣下降。第二部分是去习惯化：当刺激发生变化时，婴儿再次对这个刺激感兴趣。

考研考法实战 答案见 D118 页

1.（四川师范大学，2017）单选：吉布森（Gibson）和沃克（Walk）探索婴儿深度知觉发展的研究是（　　）。

A. “视崖”实验　　B. 习惯化方法

C. 客体隐藏任务　　D. 视觉偏爱法

2.（统考，2019）单选：给 6 个月的婴儿反复呈现一个红色的气球，开始时婴儿会一直盯着看，后来婴儿的注视时间减少。这时换一个黄色的气球呈现给婴儿，婴儿的注视时间又会增加，这一过程称为（　　）。

A. 同化与顺应　　B. 延迟模仿

C. 操作性条件反射　　D. 习惯化与去习惯化

3.（北京大学，2013）简答：请简述视崖实验，并说明其中的自变量和因变量。

考研基础必备

在婴儿的认知能力中，感知觉是最先发展且发展速度最快的一个领域，在婴儿认知活动中一直占主导地位。

（一）感觉

1. 视觉

（1）视觉的产生与发展

视觉最初发生时间在胎儿中晚期，4~5 个月的胎儿即已有了视觉反应能力以及相应的生理基础。

（2）立体觉的发展

关于立体觉最早发生的时间，婴儿至少在 6 个月以前已确实具有了立体觉。还有研究认为，3.5 个月婴儿就已有明显的立体觉了。

（3）颜色视觉的发展

2~4 个月婴儿的颜色知觉已发展得很好。4 个月时已表现出对某种颜色的偏爱，且已具有正确的颜色范畴性知觉，其颜色视觉的基本功能已接近成人水平。

2. 听觉

婴儿一生下来就有听觉，5~6 个月胎儿已建立听觉系统。

（1）听敏度的发展

听觉可以说是与生俱来的。5~6 个月胎儿已开始建立听觉系统，可以听到透过母体的 1000 赫兹以下的声音。1 个月婴儿能鉴别 200 赫兹与 500 赫兹纯音之间的差异。

（2）视听协调能力的发展

刚出生的婴儿就有最基本的视听协调能力。3~6 个月婴儿的视听协调能力已发展到能使他判别视听信息是否一致的水平。6 个月以前婴儿已能辨别音乐中旋律、音色、音高、调性及其转换模式的不同，并初步具有了协调听觉与身体运动的能力。

3. 味觉的发生发展

味觉感受器在胚胎 3 个月时开始发育，15 周时已初步成熟且能发挥作用。4 个月的胎儿已能受到足够的味觉刺激。味觉在婴儿和儿童时期最发达，以后就逐渐衰退，这与味觉在人类种系演化进程中的趋势是一致的。

4. 嗅觉的发生发展

胎儿 7~8 个月时嗅觉感受器已相当成熟且具有了初步的嗅觉反应能力，已能大致区别几种不同的气味。新生儿已能对各种气味做出相应的典型反应，如“喜爱”好闻的气味等，还能够由嗅觉建立食物性条件反射，并有初步的嗅觉空间定位能力。

5. 触觉的发生发展

胎儿在第 49 天时就已经具有初步的触觉反应，2 个月时能对细而尖的刺激产生反应活动。新生儿已能凭口腔触觉辨别软硬不同的乳头，4 个月时则能同时辨别不同形状和软硬程度的乳头。4 个月以后的婴儿则具有成熟的够物行为，视触协调能力已发展起来。

（二）空间知觉

婴儿知觉研究中一种常用的方法是“违背预期范式”，即观察婴儿对某个违背有关客体感知一般规律的时间的反应（如吸吮频率的变化）。

1. 方位知觉的发生发展

婴儿对外界事物的方位知觉是以自身为中心进行定位的。刚刚出生的新生儿就具有基本的听觉定向能力，并成为婴儿早期空间定向的主导形式。

2. 距离知觉的发生发展

新生儿已能对逼近物体有某种初步反应，并具备原始的深度知觉。2~3 个月时已有了对来物的保护性闭眼反应。近年来，视崖装置被大量用来研究婴儿的深度恐惧感，并引发了关于恐惧感产生和发展机制的激烈争论。2 个月的婴儿可以区分出差异，6 个月的孩子会感觉到害怕。

（三）物体知觉

1. 形状知觉的发生发展

婴儿在 3 个月时具有了分辨简单形状的能力，在 8~9 个月以前就获得了形状恒常性。

2. 大小知觉的发生发展

4 个月以前的婴儿就已具有了大小知觉的恒常性，6 个月以前的婴儿已能辨别大小。

（四）跨通道知觉

能够用一种感觉通道所获取的信息来指导另一种感觉通道。视觉—听觉、视觉—触觉、视觉—身体运动模仿的跨通道整合。

考研考法突破

考法 1　考查婴儿感知觉发展的特点

该考法常见于选择题，考生需要掌握婴儿感知觉发展的特点，即可正确作答。

例 4：（南京师范大学，2012）单选：婴幼儿最主要的感知觉是（　　）。

A. 触觉　　B. 听觉

C. 视觉　　D. 触觉、听觉和视觉

【解析】本题考查婴儿的感知觉。婴幼儿最主要的感知觉是视觉、听觉、触觉，其中发展最早的是触觉，也最重要。因此本题选 D。

参考答案：D

考研考法实战 答案见 D118 页

1.（浙江理工大学，2015）单选：与其他感觉相比，出生时发展水平最低的一种感觉是（　　）。

A. 视觉　　B. 听觉　　C. 嗅觉　　D. 味觉

2.（312 统考，2021）单选：给一组婴儿吸吮一种上面带有小疙瘩的粗糙奶嘴，另一组婴儿吸吮光滑的普通奶嘴，结果发现当将这两种奶嘴给这两组婴儿看时，他们都能找到自己刚刚吸过的那一种，这一实验的目的在于证明（　　）。

A. 婴儿的视力好

B. 婴儿具有深度知觉

C. 婴儿口唇的触觉很敏感

D. 婴儿可以完成跨通道的知觉整合

考点 3　注意的发生发展

考研基础必备

注意的发生：婴儿一生下来就有注意。这种注意的实质上就是定向反射，是无意注意的最初形态。

注意的发展：婴儿的注意发展主要表现为注意选择性发展。

考点 4　记忆和学习的发生发展

考研基础必备

1. 记忆的发生发展

①记忆的发生：人类个体记忆发生的时间在妊娠末期。

②记忆的发展。

帕波塞克最早采用经典条件反射研究了婴儿记忆的发展。证实：新生儿末期已具备特定的长时记忆能力，3个月的婴儿对操作性条件反射的记忆能保持达4周之久。

2. 学习的发生发展

①学习的发生：学习活动最早发生的时间是在胎儿末期。

②学习的发展：婴儿一生下来就有学习能力。

考研考法突破

考法 1　考查婴儿记忆的发展特点

此考法常见于选择题中，考生需要掌握婴儿记忆的特点，即可正确作答。

例5：（南京师范大学，2013）单选：婴儿首先发展起来的是（　　）。

事实记忆　　B. 情节记忆　C. 语义记忆　D. 技能记忆

【解析】本题考查婴儿的记忆。诺韦－科利尔及其同事首创用操作条件反射对婴儿记忆进行了一系列富有成效的研究，证实：新生儿末期已具备特定的长时记忆能力；3个月婴儿对操作条件反射的记忆能保持达4周之久。因此本题选D。

参考答案：D

考点 5　思维的发生发展

考研基础必备

婴儿期属于感知运动阶段，在这一阶段，婴儿感觉和动作能力的组织性，随年龄增长而变得越来越明确。婴儿表现出某种完全实用的、边感知边做的被动作所束缚的智慧功能。婴儿的这种行为完全是一种无意识、没有自我觉知、非符号和无法符号化的认知，因此皮亚杰将婴儿的认知描述为前符号、前表征和前反省的“感知运动能力”。这个阶段能够获得客体永久性，但此时客体永久性的认识并不完全，因为婴儿会发生A非B搜索错误，也就是如果他们在第一个隐藏位置A几次找到一个物体，然后看到它被移到第二个位置B，他们仍然会在第一个位置A搜索。

考研考法突破

考法 1　考查婴儿思维的发展特点

此考法常见于选择题中，更多的是结合皮亚杰的理论一起来进行考查，因此考生只需要掌握皮亚杰的理论，此考法即可轻松应对。

例6：（南京师范大学，2016）单选：婴儿主要的思维形式是（　　）。

A. 抽象逻辑思维　　B. 具体形象思维

C. 直觉行动思维　　D. 初期创造思维

【解析】按照皮亚杰的理论，婴儿期的思维处于感知运动阶段。其典型特征是直觉行动思维。直觉行动思维，是指思维活动离不开儿童自身对物体的感知，也离不开儿童自身的动作。

参考答案：C

第三节　婴儿言语的发展理论

研究真题，明确考况

考试要求	统考		自主命题	
	考题	考查点	考题	考查点
婴儿的言语发展	2008	论述：婴儿言语的发展理论	北京大学，2013 南京师范大学，2015 西南大学，2008 南京师范大学，2017 华东师范大学，2019 华中师范大学，2022 重庆师范大学，2022	单选：奥尔波特的模仿说；乔姆斯基的转化生成说 简答：乔姆斯基的转化生成说 论述：婴儿言语的发展理论 单选：前言语阶段的发展 单选：婴儿言语的发生

考点 1　婴儿言语的发展理论

考研基础必备

言语获得理论归结起来有三种：

1. 先天获得论

语言能力是人类与生俱来的。

①先天语言能力说（乔姆斯基）认为，语言是利用规则去理解和创造的，而不是通过模仿和强化得来的；认为婴儿先天就具有一种普遍的语法，言语的获得过程就是由普遍语法向个别语法的转换过程，这一过程是由语言获得装置（LAD）实现的。每个句子都有深层结构和表层结构，句子的深层结构通过转换规则变为表层规则，从而被感知和传达。

②自然成熟说（勒纳伯格）认为，生物遗传是人类获得语言的决定性因素。语言以大脑的基本认知功能为基础。语言获得是大脑机能成熟的产物，最容易获得言语的时期是从出生到青春期之间。

2. 后天习得论

言语是通过学习获得的。强调家庭和社会环境对言语发展的重要作用。

①强化说（斯金纳）认为，言语的获得就是条件反射的建立，强化在这一过程中起着非常重要的作用。斯金纳特别强调"强化依随"在婴儿言语行为形成过程中的决定作用。

②模仿说（奥尔波特、班杜拉、怀特赫斯特）认为，婴儿语言是对成人语言的模仿，是成人语言的简单翻版。班杜拉认为，婴儿通过各种社会言语模式的观察学习而获得言语能力。怀特赫斯特提出"选择性模仿"，认为婴儿对成人言语的模仿是有所创造、有所选择的。

3. 相互作用论

言语发展是生理成熟、认知发展与不断变化的语言环境之间复杂的相互作用的结果。

①认知相互作用论（皮亚杰）认为，语言是儿童许多符号功能的一种，认知结构是言语发展的基础，言语结构随着认知结构的发展而发展，个体的认知结构和认知能力源于主体和客体的相互作用。

②社会相互作用理论强调儿童与同伴或成人交往在言语获得中的使用。

考研考法突破

考法 1　考查婴儿言语的发展理论

这种考法以选择题形式考查较多，也有简答或者论述的形式考查。考生对于每个理论的代表人物和理论观点，需要进行一一匹配记忆。

例 1：（南京师范大学，2015）单选：对婴儿语言的阐释中，（　　）认为，婴儿主要是通过对社会各种言语模式进行观察学习而获得言语能力的。

A. 奥尔波特（Allport）　　B. 皮亚杰（Piaget）

C. 乔姆斯基（Chomsky）　　D. 班杜拉（Bandura）

【解析】本题考查婴儿言语的理论。观察学习是由班杜拉提出来的理论观点。因此本题选 D。

参考答案：D

例 2：（华东师范大学，2022）简答：乔姆斯基语言发展理论的核心观点是什么？他认为语言获得过程是怎样的？

【解析】本题考查乔姆斯基的语言发展理论的内容。

参考答案：针对语言发展，乔姆斯基提出转换生成说，强调先天过程和生物机制，主张语言的习得是一种本能和自然的过程，并指出所有的儿童从一生下来就具有语言习得装置，这种装置是为了学会语言而存在的，是一种以生物为基础、先天的模块。

（1）语言是利用规则去理解和创造的，而不是通过模仿和强化得来的；（2）语法是生成的，婴儿先天具有一种普遍语法，语言获得过程就是由普遍语法向个别语法转化的过程，这一转化是由先天的语言获得装置（LAD）实现的；（3）每个句子都有其深层和表层结构，句子的深层结构（语义）通过转化规则变为表层结构（语音等），从而被感知和传达。

考研考法实战 答案见 D118 页

1.（南京师范大学，2017）单选：（　　）认为婴儿先天具有一种普遍语法，这种普遍语法进一步转化为个别语法，从而获得语言。

A. 转换生成说　　B. 强化说

C. 认知学说　　D. 相互作用论

考点 2　婴儿言语的发展阶段

考研基础必备

1. 前言语的发展

从婴儿出生到第一个具有真正意义的词产生之前的这一时期（0~12 个月）叫作前言语阶段。在此期间，婴儿的言语知觉能力、发音能力和对语言的理解能力逐步发展起来，出现了咿呀学语（4 个月出现，也叫牙牙学语）、非语言性声音与姿态交流等现象，称为前言语现象或前言语行为。

（1）吴天敏和许政援划分的三个阶段：简单发音阶段（0~3 个月）、连续音节阶段（4~8 个月）和学话萌芽阶段（9~12 个月）。

（2）前言语交流的发展具备三大基本特征：目的性、指代性和约定性。

2. 言语的发生

（1）婴儿言语发生的时间是 10~14 个月；

（2）词语的获得与运用主要体现在：①继续掌握一些场合限制性较强的词。②已掌握的词开始摆脱场合限制性，获得初步的概括意义。③开始直接掌握一些具有概括性和指代性功能的词语。其中，词语的去场合限制性是婴儿真正掌握词语、获得概念的重要途径。

3. 言语的发展

（1）单词句阶段：1~1.5 岁，一次只说一个单词，一个词代表一整句的意思。19~21 个月时出现“词语爆炸现象”。

（2）1.5~2 岁，出现电报句：电报句是指简略、断续、不完整的句子，看起来像人们打电报时所用的语言。

（3）2~3 岁，复合句阶段：20~30 个月是婴儿基本掌握语法的关键期，到 3 岁时，婴儿已基本掌握了母语的语法规则系统；在这个过程中，存在“过度规则化”或“规则扩大化”现象。

考研考法突破

考法 1 考查婴儿言语发展的阶段特点

此考法常见于选择题中，考生需要掌握婴儿前言语阶段、言语发生阶段和言语发展阶段，不同阶段所表现出来的显著特点。前言语阶段主要是语音的发展，言语发生阶段主要是语义的发展，言语发展阶段主要是句子的发展。

例 3：（华东师范大学，2019）单选：前言语阶段婴儿语音的发展不包含以下哪个阶段？（　　）

A. 简单发音阶段　　B. 连续发音阶段

C. 学话萌芽阶段　　D. 电报句阶段

【解析】本题考查婴儿言语发展的阶段。前言语分为三个阶段，简单发音阶段（0~3 个月）、连续音节阶段（4~8 个月）和学话萌芽阶段（9~12 个月）。电报句阶段属于婴儿句子的发展阶段，因此本题选 D。

参考答案：D

例 4：（四川师范大学，2013）单选：婴儿言语发生的时间是哪段时间？（　　）

A. 3~8　　B. 8~9　　C. 10~14　　D. 14~18

【解析】本题考查婴儿言语发展的阶段。言语发生阶段为 10~14 个月，因此本题选 C。

参考答案：C

考研考法实战 答案见 D118 页

1.（四川师大，2013）单选：婴儿期“词汇爆炸现象”发生的年龄是（　　）

A. 10~12 月　　B. 12~18 月

C. 19~21 月　　D. 21~24 月

2.（四川师范大学，2022）单选：儿童学话萌芽阶段的发生年龄在（　　）。

A. 3 到 4 个月　　B. 5 到 7 个月

C. 7 到 9 个月　　D. 11 到 12 个月

第四节 婴儿的气质

研究真题，明确考况

考试要求	统考		自主命题	
	考题	考查点	考题	考查点
1. 婴儿的气质类型	无	无	华东师范大学，2012 西南大学，2015 南京师范大学，2015 浙江理工大学，2015 北京师范大学，2016	单选：婴儿的气质类型 简答：婴儿的气质类型
2. 气质的稳定性和可变性	无	无	山东师范大学，2011 中山大学，2017	单选：气质的稳定性 简答：气质的稳定性和可变性
3. 气质对早期教养和发展的意义	无	无	重庆师范大学，2015 山东师范大学，2017 华中师范大学，2018	简答：气质对早期教养和发展的意义

考点 1 婴儿的气质类型

考研基础必备

气质是婴儿出生后最早表现出来的一种较为明显而稳定的个人特征。

1. 传统的四重类型说

①多血质：感受性较弱，反应性、兴奋性、平衡性很强，灵活性高，反应速度快。

②胆汁质：感受性很弱，反应性、兴奋性强，不灵活，反应速度很快。

③黏液质：感受性很弱，反应性很弱，主动性很弱，不灵活，反应速度缓慢。

④抑郁质：感受性很强，反应性和主动性很弱，不灵活，反应速度缓慢。

2. 巴甫洛夫的高级神经活动类型说

巴甫洛夫认为，高级神经活动三种基本特性的不同结合，分别为强弱、平衡不平衡、灵活不灵活。根据其在人的心理活动和行为中的不同表现，将人的气质划分为四种不同的类型：

①弱型——抑郁质。

②强而不平衡型——胆汁质。

③强而不灵活型——黏液质。

④强而灵活型——多血质。

3. 托马斯、切斯的三类型说

根据其确立的气质九维度标准，将婴儿的气质类型划分为3种。

①容易型：吃喝睡等生理机能活动有规律，节奏明显；易适应新环境；情绪一般积极愉快，对成人交往行为反应积极；

②困难型：生理机能缺乏规律性；对新事物，新环境适应慢；大哭大闹，烦躁易怒，不易安抚；

③迟缓型：活动水平低，行为反应弱；适应新环境较慢，但在没压力情况下，会对新刺激缓慢发生兴趣；情绪表现为消极不愉快，安静退缩。

④混合型：具有上述两种或三种气质的特点。

对教育的启示：对容易型：启蒙教育；克服溺爱；防止一些行为问题发生。对困难型：有热情有耐心；表扬夸奖；适度批评。对迟缓型：按自己特点适应环境；多鼓励尝试；做好示范。

4. 巴斯的活动特性说

情绪性婴儿：这类婴儿通过行为或生理变化而表现出悲伤、恐惧或愤怒的反应。

活动性婴儿：常常表现为坐不住、爱活动。

社交性婴儿：愿意与不同的人接触，在社交中反应积极。

冲动性婴儿：这类婴儿突出表现为在各种场合或活动中极易冲动，情绪、行为缺乏控制，行为反应的产生、转化和消失都很快。

5. 布雷泽尔顿的三类型说

布雷泽尔顿将婴儿气质划分为三种基本类型：一般型、活泼型和安静型

活泼型：“连哭带斗”来到人世。这类婴儿等不及任何外界刺激就开始呼吸和哭喊。

安静型：这类婴儿从出生就不活跃。很少哭，动作柔和、缓慢，甚至打针也比较安静而不大闹。

一般型：介于以上两种之间，大多婴儿为这种。

6. 卡根的抑制－非抑制说

卡根将婴儿划分为两种气质类型，即抑制型和非抑制型。

①抑制型婴儿的主要特征是拘束克制、谨慎小心和温和谦让；②非抑制型婴儿则相反，他们无拘无束、自由自在、精力旺盛、自发冲动。婴儿的这些不同的行为反应主要并集中地体现在他们对“不确定性”的反应中。

考研考法突破

考法1　考查婴儿的气质类型

这种考法可以以选择题进行考查，描述某种气质类型的特点，然后要求考生选出属于哪种气质类型，亦可以直接以简答题考查气质类型的理论，因此考生需要按照“代表人物—气质类型划分标准—气质类型”这样的逻辑全面掌握。

例1：（南京师范大学，2015）单选：吃、喝、睡等生理机能有规律，节奏明显，容易适应新环境，容易接受新事物和不熟悉的人，情绪一般积极愉快，这类婴儿气质类型为（　　）。

A. 容易型　B. 活泼型　C. 安静型　D. 迟缓型

【解析】本题从理解托马斯、切斯三类型说进行解答。容易型的婴儿的吃喝睡等生理机能有规律，节奏明显，容易适应新环境，容易接受新事物和不熟悉的人，情绪一般积极愉快，爱玩，对成人的交往行为反应积极。因此本题选A。

参考答案：A

例2：（浙江理工大学，2015）多选：大部分婴儿可以被归为以下哪几种气质类型？（　　）

A. 容易型　B. 困难型　C. 迟缓型　D. 多动型

【解析】本题从理解托马斯、切斯三类型说进行解答。托马斯、切斯根据其确立的气质九维度标准，将婴儿的气质类型划分为3种：容易型、困难型、迟缓型。因此本题选ABC。

参考答案：ABC

例3：（西南大学，2015）简答：简述托马斯的婴儿气质类型及特征。

【解析】本题从托马斯、切斯三类型说进行解答。

参考答案：（1）容易型（40%）：这类婴儿的吃喝睡等生理机能有规律，节奏明显，容易适应新环境，容易接受新事物和不熟悉的人，情绪一般积极愉快，爱玩，对成人的交往行为反应积极。由于他们生活规律，情绪愉快且对成人的抚养活动提供大量的积极反馈（强化），因而容易受到成人最大的关怀和喜爱。

（2）困难型（10%）：爱发脾气，不易安抚，时常大声哭闹。在饮食、睡眠等生理机能活动方面缺乏规律性，对食物、新事物、新环境接受很慢。这种孩子需要成人极大的耐心和宽容。成人需要费很大的力气才能使他们接受抚爱，很难得到他们的正面反馈。

（3）迟缓型（15%）：他们的生活水平很低，行为反应强度很弱，情绪总是消极的，常常安静地退缩，情绪低落。他们逃避新事物、新刺激，对外界环境和事物的变化适应较慢。

（4）另外的35%的儿童属于混合气质类型，往往具有上述两种或三种气质的特点。

考研考法实战

答案见D118页

1. 单选：以下关于婴儿气质的说法错误的是（　　）。

A. 气质最主要的特征是具有相对稳定性

B. 婴儿气质受后天环境的影响大都会发生一定的变化

C. 困难型婴儿在早年容易接受并适应父母的期望和管教标准，并将它们内化为自己的期望和规则系统，故而容易导致一些行为问题的发生

D. 布雷泽尔顿将婴儿气质划分为活泼型、安静型、一般型三种

2. 多选：巴斯（Busses）和普罗敏（Plomin）从气质类型的角度将婴儿划分为（　　）。

A. 情绪型婴儿　　B. 活动型婴儿

C. 社交型婴儿　　D. 冲动型婴儿

考点 2　气质的稳定性与可变性

考研基础必备

1. 婴儿气质的稳定性

有大量研究表明，婴儿气质具有较大的稳定性，俗话说的秉性难移，即是指气质的稳定性。

2. 婴儿气质发展的可变性

气质虽然是比较稳定的个性心理特征，但其在后天生活环境和教育影响的作用下，在一定程度上也是可以改变的。另有研究发现，婴儿的气质是可以变化的，而并非一成不变的。

考研考法突破

考法 1　考查气质的稳定性与可变性

此考法常见于选择及简答，考生需要理解气质稳定性与可变性的关系。

例 4：（山东师范大学，2011）简答：如何看待婴儿气质的稳定性和可变性？

【解析】本题从婴儿气质的稳定性和可变性进行解答。

参考答案：有大量研究表明，婴儿气质具有较大的稳定性，俗话说的秉性难移，即是指气质的稳定性。气质虽然是比较稳定的个性心理特征，但其在后天生活环境和教育影响的作用下，在一定程度上也是可以改变的。另有研究发现，婴儿的气质是可以变化的，而并非一成不变的。

考研考法实战 答案见 D119 页

1.（中山大学，2017）单选：儿童的气质的特点（　　）。

A. 难以观察

B. 稳定

C. 父母教养风格的产物

D. 性别图式（schema）的产物

考点 3　气质对早期教养和发展的意义

考研基础必备

一方面，气质对儿童生理发展有重要影响，另一方面，气质对儿童认知发展、情绪控制和行为调节等方面发展均具有有效预测作用。

婴儿气质对早期教养的影响主要体现在不同气质类型的婴儿对早期教养的适应性和要求不尽相同。

①容易型婴儿各种教养方式都容易适应。

②困难型婴儿的父母从一开始就面临着早期教养和亲子关系的问题，只有特别热情耐心、有爱心地对待这些孩子，全面考虑他们的气质特点，积极采取适合于其特点的措施，才是有效而科学的抚养方式

③迟缓型婴儿教养的关键，在于他们按照自己的速度和特点去适应环境，顺其自然。

研究发现，气质会随着年龄的增长而变化，这说明环境并非总是支持某种气质类型。托马斯和切斯提出了拟合优度模式，来描述气质与环境因素是怎样相互作用，即气质类型的形成，关键在于父母的教养方式是否与儿童的气质特点相符合。父母教养和孩子的气质不一致，称为拟合劣化，它会助长孩子的抵抗性和充满冲突的人格。这个模型提示我们：每个婴儿都是带着独一无二的气质来到这个世界上的，气质无好坏之分，父母要做的就是提供适合儿童发展的成长环境，给他们成长的力量，帮助他们迎接成长的挑战。

考研考法突破

考法 1　考查气质对早期教养和发展的意义

此考法常见于简答或者论述当中，气质对早期教养和发展具有重要意义，影响个体的发展以及父母的教养方式，在考试中要从这两方面进行解答。

例 5：（重庆师范大学 / 山东师范大学 / 华中师范大学，2008/2017/2018）简答：简述婴儿气质对早期教养和心理发展的意义。

【解析】本题从婴儿气质对早期教养和发展的意义进行解答。

参考答案：一方面，气质对儿童生理发展有重要影响，另一方面，气质对儿童认知发展、情绪控制和行为调节等方面发展均具有有效预测作用。婴儿气质对早期教养的影响主要体现在不同气质类型的婴儿对早期教养的适应性和要求不尽相同。①容易型婴儿各种教养方式都容易适应。②困难型婴儿的父母从一开始就面临着早期教养和亲子关系的问题，只有特别热情耐心、有爱心地对待这些孩子，全面考虑他们的气质特点，积极采取适合于其特点的措施，才是有效而科学的抚养方式。③迟缓型婴儿教养的关键，在于他们按照自己的速度和特点去适应环境，顺其自然。研究发现，气质会随着年龄的增长而变化，这说明环境并非总是支持某种气质类型。托马斯和切斯提出了拟合优度模式，来描述气质与环境因素是怎样相互作用，即气质类型的形成，关键在于父母的教养方式是否与儿童的气质特点相符合。父母教养和孩子的气质不一致，称为拟合劣化，它会助长孩子的抵抗性和充满冲突的人格。这个模型提示我们：每个婴儿都是带着独一无二的气质来到这个世界上的，气质无好坏之分，父母要做的就是提供适合儿童发展的成长环境，给他们成长的力量，帮助他们迎接成长的挑战。

考研考法实战 答案见 D119 页

1.（湖南师范大学，2018）名词解释：气质拟合度。

第五节 婴儿情绪和社会性的发展

研究真题，明确考况

考试要求	统考		自主命题	
	考题	考查点	考题	考查点
1. 婴儿情绪的社会化	2013	单选：婴儿的社会性微笑	四川师范大学，2017	单选：婴儿的社会性微笑
2. 婴儿的依恋	2007 2008 2012 2017	单选：婴儿的依恋类型 论述：婴儿的依恋类型	北京师范大学，2003 西南大学，2008/2022 重庆师范大学，2008 华东师范大学，2011/2019 湖南师范大学，2012/2018 江西师范大学，2012/2013/2014 山东师范大学，2013/2017 华中师范大学，2014 中国科学院，2014 天津师范大学，2014 苏州大学，2014/2015/2019 北京师范大学，2015/2016 浙江理工大学，2015 上海师范大学，2016 四川师范大学，2016/2017 河南师范大学，2017 西北师范大学，2021 福建师范大学，2019	单选：婴儿依恋的发展阶段；婴儿的依恋类型 名词解释：依恋；陌生情境法；安全型依恋；反抗型依恋 简答：婴儿依恋的类型和特点
3. 早期的同伴交往	2022	单选：婴儿的早期交往	重庆师范大学，2015	简答：气质对早期教养和发展的意义

考点 1 婴儿情绪的社会化

考研基础必备

1. 最初情绪反应

伊扎德认为人的原始情绪有 5 种，即惊奇、伤心、厌恶、最初步的微笑和兴趣。

2. 婴儿情绪的社会化

（1）社会性微笑

社会性微笑的出现是婴儿情绪社会化的开端。

①内源性的微笑（0~5 周）：自发性的，在婴儿的睡眠中或困倦时发生。

②无选择的社会性微笑（5 周 ~4 个月）：约 5 周开始，婴儿能区分人和其他社会性的刺激，对人的声音、面孔开始有特别的反应，大人的声音、面孔特别容易引起婴儿的微笑。但是婴儿对人的社会性微笑是不加区分的，对主要抚养者或其他成员的微笑是一样的。

③有选择性的社会性微笑（3.5~4 个月以后），婴儿开始对不同的人报以不同的微笑，出现有差别、有选择性的社会性微笑。这是社会性微笑的进一步发展，也是真正意义上的社会性微笑。

（2）陌生人焦虑

①由陌生人的出现而引起婴儿恐惧、焦虑的现象叫作陌生人焦虑，也称为怯生。一般在婴儿 6~8 个月时发生。

②陌生人焦虑是因为婴儿在头脑中建立了母亲的表象，并把陌生人的表象与母亲表象进行比较产生的。

③还有研究者认为，婴儿是否有陌生人焦虑与婴儿能否对当时的情境做出某些反应有关。

（3）分离焦虑

婴儿与某个人产生了亲密的情感联结后，又要与之分离，就会表现出伤心、痛苦，拒绝与之分离。分离焦虑在婴儿 6~7 个月时产生。

（4）情绪的社会性参照

当婴儿处于陌生的、不能肯定的情境时，他们往往从成人的面孔上搜寻表情信息，然后决定自己的行动。情绪的社会性参照是婴儿情绪社会化的一种重要现象，充分显示情绪的信号作用和人际通信交往功能。

考研考法突破

考法 1 考查婴儿的情绪社会化

此考法可以以多种形式进行考查，既可以以选择题考查发生的时间，也可以以名词解释直接考查其含义。社会性微笑、分离焦虑、陌生人焦虑和情绪的社会性参照，这些社会化情绪发生的“时间—阶段—含义”都需要掌握。

例 1：（统考 / 四川师范大学，2013/2017）单选：婴儿在 5 周左右，能区分人和其他刺激，对人的声音和面孔有特别的反应，并报以微笑。这种微笑是（　　）。

A. 无意义微笑　　B. 内源性微笑

C. 无选择的社会性微笑　　D. 有选择的社会性微笑

【解析】本题从婴儿的社会性微笑进行解答。无选择的社会性微笑（5周~4个月），婴儿在5周左右，能区分人和其他非社会性的刺激，对人的声音、面孔开始有特别的反应，大人的声音、面孔特别容易引起婴儿的微笑。因此本题选C。

参考答案：C

考研考法实战 答案见D119页

1.（华中师范大学，2022）单选：婴儿对陌生人开始表现出怯生现象的时间是（　　）。

A. 3个月　B. 5个月　C. 8个月　D. 12个月

2. 单选：有选择的社会性微笑出现在以下哪个时期？（　　）

A. 0~5周岁　B. 5周~3个月

C. 3个月以后　D. 一岁以后

考点2　婴儿的依恋

考研基础必备

1. 依恋的发展阶段（鲍尔比）

①第一阶段：无差别的社会反应阶段（0~3个月），这个时期婴儿对人反应的最大特点是不加区分、无差别的反应；

②第二阶段：有差别的社会反应阶段（3~6个月），对母亲、婴儿熟悉的人、陌生人的反应有了区别和选择，对母亲更为偏爱；

③第三阶段：特殊的情感联结阶段（6个月~3岁），此阶段婴儿与母亲的依恋基本形成，与母亲的关系符合依恋的标志，而对陌生人则更加排斥；

④第四阶段：目标调整的伙伴关系阶段（2岁以后），把母亲作为一个交往的伙伴，与母亲空间上的邻近性变得不那么重要。

2. 依恋的类型

①安全型：这类婴儿在与母亲一起时，能安逸地独立游戏，并不是总以为在母亲身旁，只通过偶尔的靠近或眼神注视与母亲交流，母亲在场时，婴儿感到足够的安全；当母亲离开时，明显表现出苦恼、不安；但当母亲回来时，会立即寻求与母亲接触，很容易被安抚。

②回避型：这类婴儿，母亲在与不在无所谓。母亲离开时，他们并不表示反抗；当母亲回来时，也往往不予理会，自己玩自己的。

③反抗型（矛盾型）：这类婴儿在母亲离开时表现得非常苦恼，极度反抗；而当母亲回来时，既寻求与母亲的接触，又反抗与母亲的接触；

其中，安全型依恋为良好、积极的依恋，而回避型和反抗性依恋又被称为不安全型的依恋，是消极、不良的依恋。

近期的研究扩展了第四种类型：混乱型依恋。这种儿童表现为前后不一致、相互矛盾和混乱的行为。当母亲回来时，他们可能会回到母亲身边，但又不看她，或者起初看起来很平静，却突然爆发出愤怒的哭声。

考研考法突破

考法1　考查婴儿依恋的发展阶段

此考法常见于选择题和简答题中，考生需要掌握婴儿依恋每个发展阶段的时间及其表现。可以想象婴儿依恋是有特殊对象，用一句口诀联想记忆："吾有特殊目标。"

例2：（江西师范大学，2014）单选：婴儿在哪个时期会与养育者建立特殊的情感联结（　　）。

A. 0~3个月　B. 3~6个月

C. 6~12个月　D. 6个月~2岁

【解析】本题从婴儿依恋的发展阶段进行解答。婴儿的特殊的情绪联结阶段发生在6个月~2岁，婴儿对母亲的存在更加关切，特别愿意与母亲在一起，与她在一起时特别高兴，而当她离开时则哭喊，不让离开，别人还不能替代母亲使婴儿快活。因此本题选D。

参考答案：D

例3：（西南大学，2020）简答：简述婴儿依恋的发展阶段。

【解析】本题考查婴儿依恋的发展阶段。

参考答案：鲍尔贝将婴儿依恋的发展分为以下几个阶段：

（1）第一阶段：无差别的社会反应阶段（从出生到3个月）：这个时期婴儿对人反应的最大特点是不加区分、无差别的反应。婴儿对所有人的反应几乎都是一样的，喜欢所有的人，喜欢听到所有人的声音、注意所有人的脸，看到人的脸或听到人的声音都会微笑、手舞足蹈。

（2）第二阶段：有差别的社会反应阶段（3~6个月）：这时婴儿对人的反应有了区别，对人的反应有所选择，对母亲更为偏爱，对母亲和他所熟悉的人及陌生人的反应不同。

（3）第三阶段：特殊的情绪联结阶段（6个月~2岁）：婴儿对母亲的存在更加关切，特别愿意与母亲在一起，与她在一起时特别高兴，而当她离开时则哭喊，不让离开，别人还不能替代母亲使婴儿快活。

（4）第四阶段：目标调整的伙伴关系阶段（2岁以后）：2岁后，婴儿能认识并理解母亲的情感、需要、愿望，知道她爱自己，不会抛弃自己，并知道交往时应考虑她的需要和兴趣，据此调整自己的情绪和行为反应。

考法2　考查婴儿依恋的研究方法

婴儿依恋的研究方法是陌生情境测验，考生可以按照"实验者—方法—用处：安斯沃斯—陌生情境测验—测量依恋的类型"这样的逻辑掌握。此外，对于陌生情境测验的实验流程，考生也需要大致了解是怎样操作的。

例4：（统考/西南大学，2008；江西师范大学，2012/2013；福建师范大学/华东师范大学，2019）单选：安斯沃斯（M.Ainsworth）等人研究婴儿依恋所使用的主要方法是（　　）。

A. 习惯化与去习惯化　B. 视觉偏爱法

C. 陌生情境技术　D. 照镜子法

【解析】本题从婴儿依恋的测量方法进行解答。安斯沃斯等通过陌生情境研究法，根据婴儿在陌生情境中的不同反应，将婴儿的依恋分为三种类型。因此本题选C。

参考答案：C

例 5：（统考，2016）多选：安斯沃斯（M. Ainsworth）设计了一种被广泛用来测量婴儿依恋品质的实验程序。下列关于该程序特征的阐述，错误的有（　　）。

A. 评估家庭情境中亲子互动的频率

B. 观察婴儿在某种设置的情境中是否表现出寻找依恋对象

C. 观察多种社会情境中的亲子互动，以评估儿童依恋特征

D. 观察不同文化中的亲子互动，以揭示婴儿依恋本质特征的跨文化差异

【解析】本题旨在考查考生对陌生情境测验的理解和掌握。陌生情境测验包括 3 个主体（幼儿、母亲、陌生人）；2 种人际关系（幼儿与母亲、幼儿与陌生人）；4 种主要情境（亲子分离、团聚、陌生人在场、陌生人退场）；陌生情境测验是通过在实验室设置一种陌生情境，观察儿童在此情境中的反应，从而判断儿童依恋现状及其特点。由此可知，A 选项和 C 选项表述都不符合陌生情境测验的情况。陌生情境测验旨在考查婴儿依恋的类型，并未从跨文化差异的角度探讨依恋本质特征，因此 D 选项错误。

参考答案：ACD

考法 3　考查婴儿的依恋类型

此考法可以以多种形式进行考查，考生要掌握婴儿依恋的每种类型及每种类型的特点。

例 6：（统考 / 四川师范大学，2007/2016）单选：一个婴儿既需求与母亲接触，又拒绝母亲的爱抚，其依恋类型是（　　）。

A. 安全型　B. 回避型　C. 反抗型　D. 迟缓型

【解析】本题从理解婴儿依恋的类型进行解答。反抗型依恋类的婴儿在母亲要离开前就显得很警惕，当母亲离开时表现得非常苦恼、极度反抗，任何一次短暂的分离都会引出大喊大叫。但当母亲回来时，其对母亲的态度又是矛盾的，既寻求与母亲的接触，但同时又反抗与母亲的接触。因此本题选 C。

参考答案：C

例 7：（华东师范大学 / 苏州大学，2013/2014）名词解释：回避型依恋。

【解析】本题考查回避型依恋的定义。

参考答案：这类婴儿对母亲在不在场都无所谓。母亲离开时，他们并不表示反抗，很少有紧张、不安的表现；当母亲回来时，也往往不予理会，表示忽略而不是高兴，自己玩自己的。

考法 4　考查依恋对婴儿发展的影响

该考法常见于简答题及论述题中，考生需要掌握依恋对婴儿心理发展的作用，并结合具体案例进行分析。

例 8：（北京师范大学，1997）简答：什么是依恋？它在儿童生活中的两个主要作用是什么？

【解析】本题考查依恋的定义和作用。

参考答案：（1）依恋是婴儿与主要抚养者（通常是母亲）之间的最初的社会性联结，也是情感社会化的重要标志，是指儿童（特别是婴儿）对成人（父母或其他看护者）之间所形成的持久的情感联系。

（2）依恋对儿童的心理发展具有重要的作用。第一，依恋是幼儿出生后最早形成的人际关系，是成人后形成的人际关系的缩影。鲍尔贝认为个体早期与主要抚养者的生活体验会促使其对自我、世界以及自我和外界之间的关联产生期待和信念，形成心理表征即内部工作模型。这种表征会成为未来所有亲密关系的范型，并贯穿儿童期、青少年期以及成人期。第二，依恋影响未来的心理健康教育。大多数纵向研究发现，形成非安全型依恋的幼儿出现内化或外化的情绪、行为问题的比率远远超过了形成安全型依恋的幼儿。第三，依恋关系具有传递性，会影响到儿童成人后与自己孩子的抚养关系。研究发现，依恋具有传递性，幼儿早期与父母形成安全型依恋，在幼儿长大为人父母时，也更容易与自己的孩子形成安全型依恋，反之亦然。

考法 5　综合考查婴儿依恋的相关内容

此考法常见于综合题或者论述题，通常以案例的形式出现，综合考查考生对于依恋类型的理解以及依恋的作用和影响因素，因此考生对于依恋相关的内容要全面掌握。

例 9：（统考，2012）综合题：在一项心理学实验中，将婴儿和母亲带到一个实验室中，观察婴儿在游戏时与母亲的互动情况，之后要求母亲离开房间，一位陌生人进入房间与婴儿游戏一段时间后母亲再返回。下面是两岁的平平和乐乐在实验中的表现。

平平：在与母亲独自相处时，积极地探索环境。与母亲分离后，明显产生不安。当母亲回时，就寻找母亲，很快地与母亲接触，很容易又高兴起来。

乐乐：在与母亲独处相处时相当焦虑，不愿意进行探索活动。与母亲分离后，表现得非常不安。母亲返回时，对母亲曾经离开表现出强烈不满，试图留在母亲身边，但对母亲的接触又表示反抗。

请问：

（1）该实验程序的名称是什么？

（2）什么是依恋？平平和乐乐分别属于什么依恋类型？

（3）影响依恋质量的因素有哪些？两位母亲在养育方式上各具有什么特点？

（4）依恋安全性对儿童心理发展有什么影响？

【解析】此题需要考生结合依恋相关内容作答。

参考答案：

（1）实验名称：陌生情境实验。

（2）依恋是婴儿与主要抚养者（通常是母亲）之间的最初的社会性联结，也是情感社会化的重要标志，是指儿童（特别是婴儿）对成人（父母或其他看护者）之间所形成的持久的情感联系。婴儿依恋存在三种典型的类型：①安全型依恋，这类婴儿在与母亲一起时，能安逸地独立游戏，并不是总依偎在母亲身旁，只通过偶尔的靠近或眼神注视与母亲交流，母亲在场时，婴儿感到足够的安全，能在陌生的环境中进行积极的探索和操作，对陌生人的反应也比较积极；当母亲离开时，明显表现出苦恼，不安；但当母亲回来时，会立即寻求与母亲接触，很容易被安抚。②回避型依恋，这类婴儿对母亲在不在场都无所谓。母亲离开时，他们并不表示反抗，很少有紧张、不安的表现；当母亲回来时，也往往不予理会，表示忽略而不是高兴，自己玩自己的。③反抗型依恋，这类婴儿在母亲要离开前就显得很警惕，当母亲离开时表现得非常苦恼、极度反抗，任何一次短暂的分离都会引出大喊大叫。但当母亲回来时，其对母亲的态度又是矛盾的，既寻求与母亲的接触，但同时又反抗与母亲的接触。

根据上述三种依恋类型婴儿的表现以及平平和乐乐的表现，可以推断：平平属于安全型依恋，乐乐属于反抗型依恋。

（3）影响依恋质量的因素及两位母亲的养育方式的特点：

影响依恋质量的因素：

①抚养质量。养育者对婴儿有积极的态度，敏感地回应他们的需要，与他们建立同步互动等，就可能会形成安全型依恋的儿童。

②婴儿气质。容易型婴儿气质容易形成安全型依恋类型，困难型容易形成抗拒依恋类型，迟缓型婴儿气质容易形成回避型依恋类型。

③抚养方式与气质的共同影响。依恋形成的抚养方式假说和气质假说都过于偏颇，安全型依恋是由于婴儿受到的抚养质量和他们自身的气质相吻合而产生的；而非安全型依恋的形成，可能是因为照料者无法适应婴儿的气质。

两类母亲的特点：安全型依恋婴儿（平平）的母亲对孩子的信号、情绪表达非常敏感，鼓励孩子进行探索，而且喜欢和孩子有亲密的接触。反抗型依恋婴儿（乐乐）的母亲常常误解孩子的信号，她的照顾行为是不一致的，对孩子的反应更多地依赖于自己当时的心境，而不是孩子的行为。因此，对于孩子的信号和情绪表达常常表现不一致。

（4）依恋安全性对于儿童心理发展的影响：

第一，依恋是幼儿出生后最早形成的人际关系，是成人后形成的人际关系的缩影。

第二，依恋影响未来的心理健康教育。大多数纵向研究发现，形成非安全型依恋的幼儿出现内化或外化的情绪、行为问题的比率远远超过了形成安全型依恋的幼儿。

第三，依恋关系具有传递性，会影响到儿童成人后与自己孩子的抚养关系。研究发现，依恋具有传递性，幼儿早期与父母形成安全型依恋，在幼儿长大为人父母时，也更容易与自己的孩子形成安全型依恋，反之亦然。

考研考法实战 答案见D119页

1.（中国科学院，2014）单选：婴儿出生后，有选择依恋他人的反应，对母亲更加偏爱，对熟悉的家庭其他成员相对少一些，对陌生人更少，这时的儿童处于哪个阶段？（　　）

A. 无差别反应阶段　　B. 有差别反应阶段

C. 特殊情感连接阶段　　D. 互惠惯性形成阶段

2.（统考，2017）单选：安斯沃斯等利用陌生情境技术研究了婴儿的依恋。某婴儿当母亲在场时能独自探索，母亲离开则表现出明显的不安，对陌生人的反应比较强烈；当母亲回来时，会马上回到母亲身边，并寻求接触。该婴儿的依恋类型为（　　）。

A. 回避型　B. 反抗型　C. 安全型　D. 敏感型

3.（北京师范大学，2016）单选：在陌生的情境中，以下哪种依恋类别的孩子会在和妈妈分离后仍可和陌生人玩得很好？（　　）

A. 安全型　B. 反抗型　C. 回避型　D. 混合型

4.（四川师范大学，2016）单选：当父母在场时，儿童会独自探索、对陌生人随和，而当母亲离开时会表现出明显不安。当母亲返回时，儿童会有温暖的回应。这样儿童是属于（　　）类型。

A. 回避型依恋　　B. 方向混乱型依恋

C. 安全型依恋　　D. 拒绝型依恋

5.（四川师范大学，2017）单选：陌生情境研究发现，有些婴儿对于母亲不在场无所谓。母亲离开时，他们并不表示反抗，很少有紧张、不安的表现；当母亲回来时，他们也往往不予理会，表示忽视而不是高兴，自己玩自己的。有时候也会欢迎母亲的回来，但时间非常短暂。这种婴儿的依恋类型是（　　）。

A. 回避型依恋　　B. 安全型依恋

C. 反抗型依恋　　D. 紊乱型依恋

6.（四川师范大学，2015）简答：简述与母亲形成了安全型依恋的婴儿的特点。

7.（辽宁师范大学，2014）简答：依恋对儿童智力和情绪发展有什么作用？

8.（西南大学，2016）论述题：安斯沃斯研究婴儿依恋的经典范式，是通过在实验室设置一种类似儿童日常生活的典型情况，观察婴儿的反应，从而判断婴儿依恋类型的发展，请回答：

（1）安斯沃斯经典的研究范式是什么？

（2）简述安斯沃斯的婴儿依恋类型及形成原因。

（3）简述婴儿依恋对心理发展的影响。

考点3　父母教养方式

考研基础必备

鲍姆令德提出教养方式的两个维度：要求和反应性。要求指的是父母是否对孩子的行为建立适当的标准，并坚持要求孩子去达到这些标准。反应性指的是对孩子接受和爱的程度及对孩子需求的敏感程度。根据这两个维度，可以将父母的教养方式分为四类：

1. 权威型

鼓励孩子独立，同时也会有一些限制和控制，亲子间言语交流较多，父母对孩子温和并充满感情，父母会耐心听孩子的观点。这种教养方式下成长的孩子社会能力和认知能力都比较出色，有自信和较好的自控能力，并且心境比较乐观积极，成就感也较强。

2. 专制型

这种类型的父母对孩子的要求很严厉，强加给儿童一些不经解释的规矩。这种教养方式中成长的儿童表现出较多的焦虑退缩等负面的情绪和行为，往往感觉不快乐。

3. 放纵型

这种抚养方式的父母对孩子充满了爱和希望，但很少对孩子提出什么要求和控制，儿童很难学习到自控，可能变得霸道。这种抚养方式下成长起来的孩子表现很不成熟，自我控制能力尤其差，自我中心固执，很难与同龄人相处，缺乏恒心和毅力。

4. 忽视型

这种类型的父母对孩子的成长表现出漠不关心的态度，他们既不会对孩子提出什么要求和行为标准，也不会表现出对孩子的关心。由于和父母之间的互动很少，这种成长环境中的孩子社交能力不良，自控和独立能力都较差，自尊水平较低，不成熟。

在这四种教养方式中，权威型无疑是最为理想的教养方式。但是，即使是权威型教养，也需要随着儿童的成长在具体的教养策略和方式上进行调整，这样才能满足儿童成长的需要。总体来看，教养方式的适应性变化趋势为：在儿童关心和爱护的基础上，父母赋予更多的自主权，而对孩子的直接控制日趋减少。

考研考法突破

考法 1　考查父母教养方式

此考法可以以多种形式进行考查，考生需要理解不同教养方式对于儿童教育的影响。

例 10：（统考，2015）鲍姆瑞德（D. Baumrind）通过追踪研究发现，不同父母教养方式与儿童青少年发展之间存在联系，如下表所示：

教养方式	结果	
	儿童时期	青少年时期
权威型	较高的认知和社会能力	较高的自尊，较好的社会技能，较强的道德，亲社会关注和较高的学业成就
专断型	一般的认知和社会能力	一般的学业表现和社会技能，比纵容型教养方式下的青少年更为顺从
纵容型	较低的认知和社会能力	较低的自我控制能力和学业成就，比权威型和专断型教养方式下的青少年更容易出现社会行为问题

（1）结合鲍姆瑞德的观点，阐述不同父母教养方式的特点及其对儿童青少年心理发展影响。

（2）用亲子相互作用模型对父母教养方式与儿童青少年发展之间的关系重新进行解释，并分析其与鲍姆瑞德观点之间的差异。

【解析】本题考查父母教育方式对儿童青少年的影响。

参考答案：（1）鲍姆瑞德的教养方式类型特点及其对儿童青少年心理发展的影响

①权威型：父母对孩子提出合理的要求，做出适当的限制，设立恰当的目标，同时表现出对孩子成长的关注和爱，耐心倾听孩子观点，鼓励孩子参与家庭决策。这是最有利于孩子成长的抚养方法。这种教养方式下成长的孩子社会能力和认知能力都比较出色，有自信和较好的自控能力，并且心境乐观积极。

②专断型：父母对孩子要求很严厉，提出很高的行为标准。孩子稍有抵触，便可能采取惩罚措施。这种方法忽视和抑制了孩子自己的想法和独立性。这种教养方式中成长的儿童表现出较多的焦虑退缩等负面的情绪和行为，往往感觉不快乐。

③纵容型：父母对孩子充满了爱和期望，但很少对孩子提出什么要求或施加什么压力。这种情况下孩子表现得很不成熟，自我控制能力差，自我中心固执，很难与同龄人相处，缺乏恒心和毅力。

（2）亲子相互作用模型的解释

一方面，不同教养方式对儿童青少年可能产生不同影响，因此不同教养方式下的儿童青少年表现出相对不同的发展结果；另一方面，儿童青少年的特点也可能影响父母采取何种教养方式。因此，青少年最终发展结果体现了父母效应和儿童效应的协同作用。

（3）二者的差异

鲍姆瑞德观点支持父母效应模型，认为家庭影响作用遵循父母影响儿童发展的单向路径，而相互作用模型则强调父母教养与儿童之间存在双向互动、相互依赖。

例 11：（浙江师范大学，2015）论述：根据常见的依恋类型（安全型、逃避型、抗拒型和混乱型）是由什么样的教养方式所决定，并详细论述教养方式。

【解析】本题考查依恋的定义和作用。

参考答案：鲍姆令德提出教养方式的两个维度：要求和反应性。要求指的是父母是否对孩子的行为建立适当的标准，并坚持要求孩子去达到这些标准。反应性指的是对孩子接受和爱的程度及对孩子需求的敏感程度。根据这两个维度，可以将父母的教养方式分为四类：

（1）权威型：鼓励孩子独立，同时也会有一些限制和控制，亲子间言语交流较多，父母对孩子温和并充满感情，父母会耐心听孩子的观点。这种教养方式下成长的孩子社会能力和认知能力都比较出色，有自信和较好的自控能力，并且心境比较乐观积极，成就感也较强。权威型教养方式下容易发展出安全型依恋关系，母亲在场时，婴儿感到足够的安全，当母亲离开时，明显表现出苦恼、不安；但当母亲回来时，会立即寻求与母亲接触，很容易被安抚。

（2）专制型：这种类型的父母对孩子的要求很严厉，强加给儿童一些不经解释的规矩。这种教养方式中成长的儿童表现出较多的焦虑退缩等负面的情绪和行为，往往感觉不快乐。这种教养方式下容易发展出反抗型依恋关系。一方面依附养育者，另一方面又以踢打或推开的方式拒绝她的接近。

（3）放纵型：这种抚养方式的父母对孩子充满了爱和希望，但很少对孩子提出什么要求和控制，儿童很难学习到自控，可能变得霸道。这种抚养方式下成长起来的孩子表现得很不成熟，自我控制能力尤其差，自我中心固执，很难与同龄人相处，缺乏恒心和毅力。放纵型教养方式下，容易发展出混乱型依恋关系，这类婴儿是混乱而不定向的，在陌生情境中，表现出困惑、混乱和恐惧。

（4）忽视型：这种类型的父母对孩子的成长表现出漠不关心的态度。由于和父母之间的互动很少，这种成长环境中的孩子社交能力不良，自控和独立能力都较差，自尊水平较低，不成熟。忽视型教养方式容易发展出回避型的依恋，以回避母亲的方式表现出不安。在陌生情境中，婴儿与养育者之间几乎没有互动。

在这四种教养方式中，权威型无疑是最为理想的教养方式。但是，即使是权威型教养，也需要随着儿童的成长在具体的教养策略和方式上进行调整，这样才能满足儿童成长的需要。总体来看，教养方式的适应性变化趋势为：在儿童关心和爱护的基础上，父母赋予更多的自主权利，而对孩子的直接控制日趋减少。

考研考法实战 答案见 D120 页

1.（四川师范大学，2018）论述：在一项心理学实验中，将婴儿和母亲带到一个实验室观察婴儿在游戏时与母亲的互动情况，下面是两岁多的琳琳、佳佳和兵兵在实验中的表现。

在母亲离开实验室留她一个人在房间里时，琳琳号啕大哭。一位陌生人前来安慰，她很不情愿与之接近。母亲归来立即靠近，寻求接触，甚至带着眼泪做出微笑，情绪迅速平复好转，并主动与母亲一起玩耍。佳佳的表现则是另一番景象。母亲离开时似乎无动于衷，转过脸径自拿起玩具玩耍起来。陌生人走来也不回避，但一个人留在房间里时有些不安，母亲回来也没有显出高兴。甚至躲避与母亲接近，身体移开，目光转移，仍去自己玩耍，显得很冷淡。

乒乒表现了令人难以忍受的情况，母亲离开时十分痛苦，对陌生人的接近抗拒、退缩，母亲回来后理应受到安慰，但他却显得既要与母亲接近，又要拒绝她。他哭得很久，要母亲抱，又推她、抗拒她，从她身上挣脱，较长时间情绪平复后，紧紧依偎在母亲怀里再也不肯离开。

（1）请用发展心理学的相关知识分析上述三个婴儿的心理行为特点。

（2）这三个婴儿的心理与行为表现体现了三位母亲在教养方式上各有什么特点？

（3）针对三个婴儿的心理行为特点，应该如何进行教养？

考点 4　早期的同伴交往的发展阶段

考研基础必备

婴儿早期同伴交往三个发展阶段：

1. 以客体为中心

6~8 个月的婴儿的交往更多地集中在玩具或物品上，而不是对方本身。

2. 简单交往阶段

婴儿已能对同伴的行为做出反应，经常企图去控制另一个婴儿的行动，在该阶段，婴儿的行为有了应答的性质。

3. 互补性交往阶段

婴儿同伴间的行为趋于互补，出现了更多更复杂的社交行为。在这个阶段，婴儿之间相互影响的持续时间更长，其内容和形式也更为复杂，出现了婴儿间合作的游戏、互补和互惠的行为。

考研考法突破

考法 1　考查婴儿同伴交往的阶段

此考法常见于选择或者简答题当中，考生需要掌握婴儿同伴交往的三个阶段，并能理解每个阶段的特点。

例 12：（统考，2001）多选：婴儿早期的同伴交往经历了（　　）。

A. “以客体为中心”时期　B. “简单交往”时期

C. “以主体为中心”时期　D. “互补性交往”时期

【解析】婴儿早期的同伴交往经历了“以客体为中心”时期、“简单交往”时期和“互补性交往”时期。

参考答案：ABD

考研考法实战 答案见 D120 页

1.（312 统考，2022）单选：6~8 个月的婴儿之间的交往主要指向玩具或物品，并且大部分社交行为由单方面发起，这说明其同伴交往处于（　　）。

A. 以客体为中心阶段　　B. 简单交往阶段

C. 互补性交往阶段　　D. 同伴游戏阶段

考点 5　婴儿自我的发展

考研基础必备

詹姆斯认为自我由“主体我”和“客体我”组成。主体我是作为认知者的自我，是在主体内、在主观上构成的自我。客体我是相对于主体来说作为客体存在的自我，是主体通过客观反映、客观评价而认识的自我。婴儿先产生“主体我”，然后慢慢发展出“客体我”。

阿姆斯特丹利用研究黑猩猩自我再认的“红点子”方法，来确认婴儿是否拥有将自己当作客体来认识的能力。哈特在前人研究的基础之上，提出了主体我和客体我的发展模式，共分为 5 个阶段：

1. 主体我的发展

① 5~8 个月，婴儿显示对镜像的兴趣，但未意识到自己的镜像与他人镜像的区别，说明还未萌生自我认知；

② 9~12 个月，婴儿表现出对自己作为活动主体的认识，这阶段初步产生了主体我；

③ 12~15 个月，婴儿能够将自己和他人的镜像分开，主体我得到了明确的发展。

2. 客体我的发展

① 15~18 个月，婴儿开始将自己作为客体来认识；

② 18~24 个月，能够意识到自己的独特特征，能从客体中认识自己，说明婴儿已经具有明确的客体我。

章节考点　综合训练

答案见 D120 页

一、单选题

1.（北京师范大学，2015）利用习惯化范式让婴儿对红色灯光习惯后，给婴儿呈现绿色灯光，发现婴儿对绿色灯光的注视时间比红色灯光要长。这说明（　　）。

A. 婴儿对绿色更感兴趣

B. 婴儿对红色更感兴趣

C. 婴儿可以分辨红色和绿色的差别

D. 婴儿知道什么是红色什么是绿色

2.（福建师范大学，2019）下列关于婴儿的描述，错误的是（　　）。

A. 3 个月大的婴儿已出现陌生人焦虑

B. 婴儿对外界事物的方位知觉是以自身为中心进行定位的

C. 婴儿一生下来就有注意

D. 一般来说，36 个月的婴儿已基本掌握母语的语法规则

系统

3.（华东师范大学，2011）依恋的测量主要通过（　　）。
A. 熟悉情境　　B. 陌生情境
C. 母亲评定　　D. 研究者评定

4.（浙江理工大学，2015）安斯沃斯研究了 1 岁大的婴儿，得到母子依恋关系的三种类型：（　　）。
A. 权威型、民主型、溺爱型　B. 安全型、逃避型、反抗型
C. 紧张型、放松型、压抑型　D. 服从型、对抗型、摇摆型

5.（浙江理工大学，2015）"视觉悬崖"的设计者是（　　）。
A. 皮亚杰　B. 华生　C. 维果斯基　D. 吉布森

6.（浙江理工大学，2017）儿童身体发育依照头—颈—躯干—下肢的次序进行，这是遵循（　　）。
A. 头尾原则　　B. 近远原则
C. 平衡原则　　D. 非平衡原则

7.（北京师范大学，2016）以下哪类孩子比较容易适应新环境？（　　）
A. 容易型　B. 困难型　C. 迟钝型　D. 混合型

8.（华东师范大学，2012）相对于同龄的其他人，8 个月大的亮亮哭得多，要很长时间才能安抚下来，表现出不规则的生物节律，对低水平刺激表现出强烈反应。从气质研究的角度来看，亮亮可被归为（　　）。
A. 多动的　B. 内向的　C. 自闭的　D. 困难的

9.（西南大学，2015）婴儿情感社会化的标志是出现（　　）。
A. 依恋　　B. 叛逆
C. 操作性哭泣　　D. 有选择的微笑

10.（广州大学，2013）美国心理学家乔姆斯基认为，语言能力部分是先天的，是遗传和进化的结果。儿童习得语言是（　　）发挥作用的结果。
A. 先天的"语言获得装置"　B. 身体及其大脑神经机制
C. 后天的游戏和实践活动　D. 父母教养和教育方式

11.（统考，2015）下列方法中，不适宜用来研究婴儿知觉能力的是（　　）。
A. 陌生情境法　　B. 视觉偏爱法
C. 习惯化与去习惯化　　D. 操作性条件反射法

12.（北京师范大学，2014）给婴儿呈现刺激，婴儿最喜欢的是（　　）。
A. 没有线条的白纸　　B. 灰色的图形
C. 黑白条纹　　D. 人脸

13.（北京师范大学，2015）下列哪个婴儿的行为不能说明婴儿已经与母亲建立了依恋关系？（　　）
A. 婴儿只要母亲抱
B. 母亲离开，婴儿会大哭
C. 只有母亲可以抚慰婴儿
D. 母亲不在，婴儿也可以和陌生人玩耍

14.（华东师范大学，2012）某婴儿前言语阶段表现正常，但咿呀学语历经四个月左右停止了发展。关于婴儿功能最可能的诊断问题是（　　）。
A. 存在某种听力障碍
B. 出生后最初两个月内持续被父母忽视
C. 即将对主要照料者形成某种焦虑依恋
D. 出生后第一个月经历脑创伤

15.（华中师范大学，2012）吉布森和沃克发明的视崖装置，用以研究婴儿的（　　）。
A. 形状知觉　B. 运动知觉　C. 大小知觉　D. 深度知觉

16.（西南大学，2011）研究（Nelson，1973）表明，儿童最初出现的词主要是（　　）。
A. 父母经常使用的　　B. 描述自身状态的
C. 儿童直接经验的　　D. 儿童简介获得的

17.（西南大学，2016）儿童早期动作发展基础是（　　）。
A. 认知发展　B. 生理成熟　C. 家庭教育　D. 学习能力

18.（西南大学，2016）个体发展最早也是最早成熟的心理过程是（　　）。
A. 感知觉　B. 思维　C. 动作　D. 言语

19.（云南师范大学，2013）范茨（R. L. Famz）是通过下列哪个试验发现婴儿能够辨别图形的？（　　）
A. 守恒试验　　B. 三座山试验
C. 悬崖试验　　D. 形状知觉试验

20.（江西师范大学，2014）婴儿动作发展的规律以下表述不正确的是（　　）。
A. 由上到下　　B. 由近到远
C. 由边缘到中心　　D. 由粗大到精细

21.（江西师范大学，2014）鲍尔比提出婴儿在哪个时期会与养育者建立特殊的情感联结？（　　）
A. 0~3 个月　　B. 3~6 个月
C. 6~12 个月　　D. 6 个月 ~2 岁

22.（南京师范大学，2015）（　　）是个体生理和心理发展最迅速的时期。
A. 幼儿期　　B. 胎儿期
C. 婴儿期　　D. 小学儿童期

23.（福建师范大学，2018）20 个月大的贝贝和妈妈一起在陌生的环境中玩玩具。当妈妈要离开时，贝贝一点也不紧张、不反抗；当妈妈回来时，贝贝也不怎么理睬妈妈，仍是自己玩自己的。贝贝对妈妈的依恋属于（　　）。
A. 安全型　B. 反抗型　C. 回避型　D. 混乱型

24.（江西师范大学，2012）婴儿开始出现怕生现象的年龄是（　　）。
A. 1 个月　B. 2 个月　C. 3 个月　D. 6 个月

25.（江西师范大学，2016）摆好不同数量食物堆，询问婴儿是多是少，他们可以用手指、点头或回答，这属于（　　）。
A. 直观－行动概括　　B. 直观－表象笼统概括
C. 直观－言语概括　　D. 言语－表象概括

26.（南京师范大学，2017）儿童在大约（　　）进入语言发展单词句阶段。
A.4 个月　B.6 个月　C.1 岁　D.2 岁

27.（统考，2020）3~6 个月的婴儿经常对熟人微笑，而较少对陌生人微笑。这表明其依恋处于（　　）。
A. 无差别的社会反应期　　B. 目标调整的参与期
C. 特定依恋期　　D. 选择性的社会反应期

28.（四川师范大学，2022）测量动物是否有自我意识的测试是（　　）。
A. 视崖实验　B. 迷筑实验　C. 镜子测试　D. 图灵测试

29.（南京师范大学，2021）下面不属于教养方式的是（　　）。
A. 放纵　B. 宠爱　C. 依恋　D. 权威

30.（四川师范大学，2022）个体大脑形态发展过程中，接近达到成人脑重的年龄是（　　）。
A. 12 个月　B. 18 个月　C. 24 个月　D. 36 个月

二、多选题

1.（西南大学，2015）婴儿动作发展遵循的原则主要有（　　）。
A. 认同原则　B. 近远原则　C. 首尾原则　D. 大小原则

2.（西南大学 / 浙江理工大学，2014/2016）婴儿的依恋类型可以分为（　　）。

A. 安全型依恋　B. 回避的非安全依恋型

C. 矛盾的非安全依恋型　D. 中间型

E. 混同型

3.（浙江理工大学，2015）大部分婴儿可以被归为以下哪儿种气质类型？（　　）

A. 容易型　B. 困难型　C. 缓慢发动型　D. 多动型

三、名词解释

1.（湖南师范大学 / 上海师范大学，2012/2021）陌生情境法。

2.（华中师范大学 / 浙江师范大学，2017/2014）视崖实验。

3.（天津师范大学，2014）安全型依恋。

4.（华东师范大学，2017）内部工作模型。

5.（西北师范大学，2021）依恋。

四、简答题

1.（北京大学，2017）新生儿是否具有人类面部识别能力？怎样验证？

2.（天津师范大学，2014）简述卡根的婴儿气质抑制 – 非抑制说。

3.（北京大学，2016）怎样研究婴儿的知觉能力并举例。

4.（北京师范大学，2001）新生儿期指的是哪一年龄阶段？该阶段的主要特点是什么？

5.（华东师范大学，2012）儿童在 1 岁时会使用第一人称称呼自己，表明儿童自我意识的形成。请辨析。

6.（西南大学，2022）阐述婴儿动作发展的规律及动作发展对心理发展的意义。

7.（西北师范大学，2021）简述依恋类型及表现。

8.（东北师范大学，2020）简述婴儿动作发展规律及其影响因素。

9.（华中师范大学，2018）论述婴儿气质与家长教养的关系。

10.（华中师范大学，2022）简述儿童语言发展的三种理论取向。

11.（重庆师范大学，2022）简述儿童语言发展的基本阶段。

五、论述题

1.（统考，2014）下图是伍德沃德（A. Woodward，1998）在一项研究中所用的刺激，旨在考查 6 个月的婴儿能否认识到实验者的伸手动作是指向某一特定客体的（带有某种意图的动作，而不仅仅是具有特定时空特征的动作）。实验的具体步骤包括：（1）婴儿观看某种包含两个客体的事件场景（图 1“习惯化刺激”）：实验者从场景一侧伸出一只手并抓住客体 a，反复呈现这个事件直到婴儿习惯化；（2）然后调换刺激场景中两个客体的位置，并以左右平衡的顺序重现两个测验事件（图 2 和图 3 的“测验刺激”）：测验事件一，实验者依然把手伸向并抓住与步骤 1 相同的客体 a（老客体事件，见图 2）；测验事件二，实验者把手伸向并抓住另一个客体 b（新客体事件，见图 3）。结果发现，婴儿对新客体事件的去习惯化程度高于对老客体事件的去习惯化程度。

试依照习惯化 – 去习惯化范式，分析该实验逻辑及其所得结果含义。

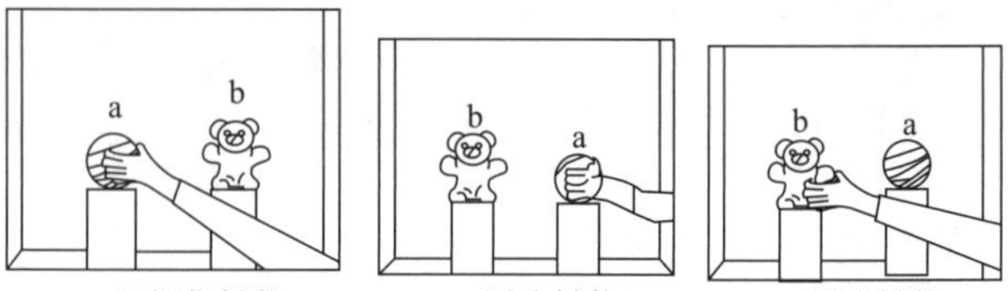

1.习惯化刺激　2.测验刺激　3.测验刺激

2.（统考 / 西南大学，2008）心理学家在研究儿童言语发展过程的时候发现，无论哪个种族的儿童，其言语发展的过程极为相似。具体表现为：大约 1 岁时，能说出被他人理解的词；2 岁末能说出词组；4~5 岁能说出符合语法结构的句子。这表明，儿童在出生后的 4~5 年内即获得了基本的听说能力。试选用两种不同的言语获得理论解释上述现象。

3.（华东师范大学，2015）婴幼儿早期依恋对儿童心理发展有何影响？请结合实践，谈谈如何处理好新入托或新入园幼儿在依恋上可能出现的问题。

4.（西南大学，2017）分析题：婴儿最初的情绪有何特点？婴儿哭泣是否应该立刻抱起？说明其理论依据。

5.（中央财经大学，2019）请根据研究材料回答问题。

在一项心理学研究中，将 2 岁的婴儿和他们的母亲带到一个实验室中，观察婴儿与母亲间的互动情况。下面是 A、B 两个婴儿的不同表现。

A：单独和母亲在一起时愉快地玩玩具，并不时回到母亲身边拥抱母亲。母亲离开时会哭，母亲回来很高兴，扑向母亲，随后继续去探索实验室环境。

B：单独和母亲在一起时不能专注地玩玩具，时刻紧盯母亲。母亲离开时大哭不止，母亲回来时并不立即接近母亲，且有推搡母亲的行为。

请根据上述材料回答如下问题：

（1）上述研究的主题和研究手段是什么？

（2）A 和 B 分别属于哪种类型的婴儿？

（3）A、B 两个婴儿与母亲的关系为什么会形成不同模式？

6.（北京林业大学，2020）材料一，卡根等人用陌生同伴研究婴儿气质，看婴儿跟同伴的靠近，有非抑郁质和抑郁质，四年之后非抑郁质的婴儿变化很小，抑郁质的有一半发生了变化，其中心率快而稳定的比心率慢而变化的变化少。

（1）材料显示了什么现象？

（2）简述卡根的相关理论。

（3）简述婴儿气质对早期教养和发展的影响。

第五章 幼儿的心理发展（3~6/7 岁）

幼儿期是指儿童从 3 岁到 6 或 7 岁这一时期，也称学前期。游戏在这一时期成为幼儿的主导活动，是促进幼儿心理发展的最好形式。幼儿的认知活动带有明显的具体形象性和不随意性，但是，抽象概括性和随意性也开始发展。幼儿期从某种意义来讲，是一个准备阶段，在该阶段，幼儿的所有发展都是在为接受正式教育做准备，这是一段变化巨大的时期。本章内容属于重点章节，考生要引起足够重视。

第一节 幼儿神经系统的发展

研究真题，明确考况

考试要求	统考		自主命题	
	考题	考查点	考题	考查点
大脑结构的发展	2007 2018 2021	单选：幼儿大脑结构的发展	云南师范大学，2013 江西师范大学，2013 东北师范大学，2017 华东师范大学，2019 华中师范大学，2021	单选：幼儿大脑结构的发展

考点 1 幼儿神经系统的发展

考研基础必备

儿童出生后神经系统的发展最快，成熟最早，到幼儿期已接近成人水平。神经系统的发展为儿童心理的发展提供了物质基础。

1. 大脑结构的发展

（1）脑重继续增加

幼儿期是儿童大脑发育最快的时期。3 岁儿童平均脑重 1011g，7 岁儿童的平均脑重为 1280g，基本接近成人的脑重。

（2）大脑皮质结构日趋复杂化

额叶表面积的增长率在 2 岁左右达到高峰后，在 5~7 岁时又有明显加快，此后维持在一个稳定水平。

（3）脑电波的变化

儿童大脑各区成熟的顺序是：枕叶—颞叶—顶叶—额叶。

大脑的发展是不平衡的，在 4~20 岁时，脑电发展存在两个明显的加速时期：第一次是 5~6 岁，表现为枕叶 α 波与 θ 波斗争最为激烈，α 波逐渐超过 θ 波，第二次是 13~14 岁，表现为除额叶外，整个皮质中 α 波与 θ 波的斗争基本结束，θ 波基本上被 α 波取代。

2. 皮质抑制机能的蓬勃发展

皮质抑制机能的发展是大脑皮质机能发展的重要标志之一。约从 4 岁起，由于神经系统结构的发展，内抑制开始蓬勃发展起来，皮质对皮下的控制和调节作用逐渐加强。幼儿的兴奋过程也比以前增强，表现为睡眠时间减少。

考研考法突破

考法 1 考查幼儿大脑结构的发展

此考法常见于选择题，考生需要掌握幼儿大脑发展的特点，此外脑区的成熟顺序以及脑电波发展变化也是常考的知识点。

例 1：（云南师范大学，2013）单选：大脑发育中，最晚成熟的是（ ）。

A. 顶叶　B. 颞叶　C. 额叶　D. 枕叶

【解析】本题考查幼儿的大脑发育。儿童大脑各区成熟的顺序是：枕叶—颞叶—顶叶—额叶。因此本题选 C。

参考答案：C

例 2：（统考，2018）单选：在儿童大脑机能发展过程中，α 波和 θ 波之间对抗最剧烈的年龄一般是（ ）。

A. 2~3 岁　B. 5~6 岁　C. 7~8 岁　D. 9~10 岁

【解析】本题考查脑电波的发展。中国的有关研究发现，大脑的发展是不平衡的，在 4~20 岁时，脑电发展存在两个明显的加速时期：第一次是 5~6 岁，表现为枕叶 α 波与 θ 波最为激烈，α 波逐渐超过 θ 波。因此本题选 B。

参考答案：B

考研考法实战 答案见 D124 页

1.（华东师范大学，2019）单选：在儿童大脑发育过程中，最早成熟的是（ ）。

A. 额叶　B. 顶叶　C. 颞叶　D. 枕叶

2.（统考 / 东北师范大学 / 江西师范大学，2007/2017/2013）单选：对儿童脑电变化的研究表明，大脑各区域成熟的顺序为（ ）。

A. 枕叶—颞叶—顶叶—额叶

B. 聂叶—枕叶—顶叶—额叶

C. 顶叶—颞叶—枕叶—额叶

D. 额叶—颞叶—顶叶—枕叶

3.（华中师范大学，2021）单选题：儿童的脑重接近成人的年龄是（　　）。

A. 4岁　　B. 5岁
C. 7岁　　D. 9岁

第二节　幼儿的游戏

研究真题，明确考况

考试要求	统考		自主命题	
	考题	考查点	考题	考查点
1. 幼儿游戏理论	2011 2018	单选：幼儿游戏理论	云南师范大学，2012 北京师范大学，2014 西南大学，2016 河南师范大学，2017	单选：幼儿游戏理论 简答：幼儿游戏理论
2. 游戏的作用和种类	无	无	北京师范大学，2001 华东师范大学，2011 江西师范大学，2012/2015 电子科技大学，2014 南京师范大学，2015/2017 华东师范大学，2011 西北师范大学，2019	单选：游戏的种类 简答：游戏的种类

考点1　幼儿游戏理论

考研基础必备

1. 早期游戏理论

（1）霍尔的复演说

认为游戏是远古时代人类祖先的生活特征在儿童身上的复演，不同年龄的儿童以不同形式重演祖先的本能特征。

（2）席勒－斯宾塞的精力过剩说

将游戏看作儿童借以发泄体内过剩精力的一种方式。

（3）彪勒的机能快乐说

强调游戏是儿童从行为中获得机体愉快的手段。

（4）格罗斯的生活准备说

把游戏看作是儿童对未来生活的无意识的准备，是一种本能的练习活动。

（5）拉扎鲁斯－帕特瑞克的娱乐放松说

认为游戏不是源于精力的过剩，而是来自放松的需要。

（6）博伊千介克的成熟说

认为游戏不是本能，而是一般欲望的表现。

2. 当代游戏理论

（1）精神分析理论

弗洛伊德认为游戏有潜意识的成分，游戏是补偿现实生活中不能满足的愿望和克服创伤性事件的手段。埃里克森从新精神分析的角度解释游戏，认为游戏是情感和思想的一种健康的发泄方式。

（2）认知动力说

认为游戏是儿童认识新的复杂客体和事件的方法，是巩固和扩大概念技能的方法，是使思维和行动结合起来的方法。儿童在游戏中并不发展新的认知结构，而是努力使自己的经验适合于之前存在的结构。

（3）学习理论

认为游戏也是一种学习行为，遵循效果律和练习律，受到社会文化和教育要求的影响。各种文化和亚文化对不同行为的重视和奖励，其差别将反映在生活于不同文化社会的儿童的游戏中。

（4）中国心理学家

中国的发展心理学家认为，游戏是适合于幼儿特点的一种独特的活动形式，也是促进幼儿心理发展的一种最好的活动形式。

首先，游戏具有社会性，它是人的社会活动的一种初级模拟形式，反映了儿童周围的社会生活。儿童在与成人的交往中，渴望参与成人的一些活动，可是又受到身心发展水平的限制，游戏恰恰解决了这一矛盾。游戏作为儿童获得和表达其社会交往能力的情境，为儿童提供了社会性发展的机会，可以帮助儿童摆脱自我中心的倾向，学会更好地理解他人的想法和情感，而这是儿童同情心、合作能力等社会能力发展的基础。

其次，游戏是想象与现实生活的一种独特结合，它不是社会生活简单的翻版。儿童在游戏中既能利用假象情境自由地从事自己向往的各种活动，又不受真实生活中许多条件的限制；既可以充分展开想象的翅膀，又能真实体验成人生活中的感受及人际关系，认知周围的各种事物。

此外，游戏是儿童主动参与的、伴有愉悦体验的活动，它既不像劳动那样要求创造财富，又不像学习那样具有强制的义务性，因而深受儿童喜爱。

在游戏过程中，儿童既可以体验到开放、自由、宽松的心理环境，又可以发展适应生活和解决问题的能力。儿童在游戏中学习，在游戏中成长；通过各种游戏，不但使幼儿运动器官得到很好的发展；而且幼儿认知和社会交往能力也能更快、更好发展。游戏还帮助儿童学会表达和控制情绪，学会处理焦虑和内心冲突；对培养良好的个性品质同样有重要作用。

3. 其他理论

（1）伯莱恩、艾利斯、哈特和费恩的觉醒理论

游戏与中枢神经系统活动状态——觉醒有关，游戏是内部动机引起的行为，是由于有机体需要寻求刺激，以维持和调节中枢神经系统的觉醒水平。

（2）巴特森（贝特森）的元交际理论

强调游戏的信息交流特点。元交际是对交流信息的意识．如果意识到"是在游戏"，就是觉察到在和别人交际。

（3）萨顿·史密斯的行为适应说

游戏有利于发展适应性，强调象征性游戏中的"假装"作用，其使儿童发展有创造的自由，可以发展灵活性和自主感。

考研考法突破

考法 1　考查幼儿游戏理论的主要内容

幼儿游戏理论分为早期游戏理论和当代游戏理论，在考试中经常以选择题或者简答题的形式考查理论内容所对应的提出者及理论观点，在学习过程中需要进行分类记忆。

例 1：（统考，2014）单选：认为游戏是远古时代人类祖先生活特征在儿童身上重演的心理学家是（　　）。

A. 蒙台梭利　B. 霍尔　C. 斯宾塞　D. 桑代克

【解析】本题从早期游戏理论中霍尔的复演说进行解答。霍尔认为游戏是远古时代人类祖先的生活特征在儿童身上的复演，不同年龄的儿童以不同形式重演祖先的本能特征。因此本题选 B。

参考答案：B

例 2：（西南大学，2016）单选：认为游戏是一种保护性的心理机制，通过游戏发泄情绪、补偿满足的心理学家是（　　）。

A. 霍尔　B. 维果斯基　C. 弗洛伊德　D. 斯宾赛

【解析】本题从当代游戏理论的精神分析理论进行解答。弗洛伊德认为游戏有潜意识的成分，游戏是补偿现实生活中不能满足的愿望和克服创伤性事件的手段。因此本题选 C。

参考答案：C

考法 2　考查幼儿游戏的作用

此考法常见于简答或者论述题中，考生掌握幼儿游戏对儿童心理发展的作用即可。

例 3：（聊城大学 / 重庆师范大学，2012/2008）简答：为什么说游戏是促进幼儿心理发展的最好的活动形式？

【解析】本题从幼儿游戏的作用进行解答。

参考答案：游戏是适合于幼儿特点的一种独特的活动形式，也是促进幼儿心理发展的一种最好的活动形式。

首先，游戏具有社会性，它是人的社会活动的一种初级模拟形式，反映了儿童周围的社会生活。儿童在与成人的交往中，渴望参与成人的一些活动，可是又受到身心发展水平的限制，游戏恰恰解决了这一矛盾。游戏作为儿童获得和表达其社会交往能力的情境，为儿童提供了社会性发展的机会，可以帮助儿童摆脱自我中心的倾向，学会更好地理解他人的想法和情感，而这是儿童同情心、合作能力等社会能力发展的基础。

其次，游戏是想象与现实生活的一种独特结合，它不是社会生活简单的翻版。儿童在游戏中既能利用假象情境自由地从事自己向往的各种活动，又不受真实生活中许多条件的限制；既可以充分展开想象的翅膀，又能真实体验成人生活中的感受及人际关系，认知周围的各种事物。

此外，游戏是儿童主动参与的、伴有愉悦体验的活动，它既不像劳动那样要求创造财富，又不像学习那样具有强制的义务性，因而深受儿童喜爱。

在游戏过程中，儿童既可以体验到开放、自由、宽松的心理环境，又可以发展适应生活和解决问题的能力。儿童在游戏中学习，在游戏中成长；通过各种游戏，不但使幼儿运动器官得到很好的发展；而且幼儿认知和社会交往能力也能更快、更好发展。游戏还帮助儿童学会表达和控制情绪，学会处理焦虑和内心冲突；对培养良好的个性品质同样有重要作用。

考研考法实战 答案见 D124 页

1.（统考，2018）单选：某游戏理论认为，儿童在游戏中可以使机体不受外界的任何约束，从中获得快乐。该理论的提出者是（　　）。

A. 席勒 – 斯宾塞　　B. 格罗斯

C. 彪勒　　D. 霍尔

2.（云南师范大学，2012）单选："游戏是补偿现实生活中不能满足的愿望和克服创伤性事件的手段"是下列（　　）理论的观点。

A. 席勒 – 斯宾塞的"精力过剩说"

B. 拉扎鲁斯的"娱乐放松说"

C. 弗洛伊德的"精神分析理论"

D. 彪勒的"机能快乐"

3.（河南师范大学，2017）论述：介绍 5 种有关游戏的理论，并阐述其主要观点。

考点 2　游戏种类和发展

考研基础必备

1. 游戏的种类

1）按照游戏的目的性分类

①创造性游戏：由儿童自己想出来的游戏，包括角色游戏、建筑性游戏和表演游戏等。

目的是发展儿童的主动性和创造性。创造性游戏通过多种形式，为幼儿提供了激发创造性思维的适宜氛围，有利于培养幼儿创造性的人格特征。

②教学游戏：结合一定的教育目的而编制的游戏。教学游戏是儿童对于未来生活所作的准备和适应现实的一种手段。

③活动性游戏：发展儿童体力的一种游戏。这类游戏可使儿童掌握各种基本动作，还可以提高儿童的身体素质并培养勇敢、坚毅、合作、关心集体等个性品质。

2）皮亚杰根据儿童认知发展阶段对游戏的分类

①练习性游戏阶段（0~2 岁）。

这是个体游戏发展的第一阶段，也称感觉运动游戏和机能性游戏阶段。儿童主要靠动作和感觉来认识客观事物，

游戏的动力在于感觉器官和运动器官获得快感。儿童的游戏形式经常是反复性的动作，如绕着屋子里走或跑，反复地扔一个玩具等。

②象征性游戏阶段（假装游戏）（2~7岁）。

皮亚杰把象征性游戏称为“儿童游戏的高峰”。儿童在这个阶段已经掌握了一定数量的语言，但不能完全依赖语言进行思维。主要通过表象来进行思维。幼儿的象征性游戏主要是能够以物代物、以人代人、以假想的情境或行动，将现实生活反映出来，如扮过家家、扮医生等。

③规则游戏阶段（7~11、12岁）。

当儿童的思维发展达到能破除“自我中心化”后，即儿童能站在他人的立场来看问题时，就能学会用别人的观点来校正自己的观点。在游戏中，儿童在同伴之间会遵守共同的游戏规则，如下棋、打球。

3. 帕特的分类

帕特通过长期对儿童的观察，发现幼儿期的游戏经历了三个发展步骤，这三个步骤又可以称为三种游戏类型：

第一阶段：非社会化的活动阶段。这一阶段的主要行为包括旁观他人游戏、单独游戏（自己一个人玩，根本不关注别人做什么）等活动。

第二阶段：平行游戏阶段。在其他儿童附近，用相近的方式来进行游戏，但他们并不试图去影响对方，彼此之间也没有真正的互动或合作。这是一种有限的社会活动。

第三阶段：联合游戏和合作游戏阶段。联合游戏指的是儿童在一起玩同伴的游戏，但彼此之间没有明确的分工或没有一个共同的目的。他们的互动行为主要是交换玩具和评价同伴的行为。合作游戏的特征是幼儿为了共同的目标而组织与协作起来进行的游戏，各游戏者的行为服从于共同的团体目标。

考研考法突破

考法1　考查幼儿游戏的种类

此考法常见于选择题和简答题，考生需要掌握不同游戏种类的类型及特点，在选择题中能根据不同游戏的特点进行区分。

例4：（电子科技大学，2014）单选：4岁的小南抱着一个玩偶对5岁的小宇说：“我们来做游戏吧，我当妈妈，你当爸爸。我现在要出去买菜，在我回来之前你负责照顾宝宝，我回来以后你要帮我开门。”说完，小南把玩偶交给小宇，然后穿着妈妈的高跟鞋到客厅去了……请问小南和小宇玩的是哪一类游戏？（　　）

A. 练习游戏　　B. 活动性游戏

C. 创造性游戏　　D. 教学游戏

【解析】本题从游戏的种类进行解答。小南和小宇以想象为中心，玩的是主动地、创造性地反映现实生活的游戏。创造性游戏是由儿童自己想出来的游戏，目的是发展儿童的主动性和创造性，包括角色游戏、结构游戏和表演游戏等。因此本题选C。

参考答案：C

例5：（南京师范大学，2015）单选：皮亚杰根据儿童认知发展阶段对游戏进行分类，（　　）不在这一分类之内。

A. 表演游戏　　B. 有规则游戏

C. 象征性游戏　　D. 练习游戏

【解析】本题从皮亚杰对游戏种类的划分进行解答。皮亚杰根据儿童认知发展阶段把游戏分为：练习游戏、象征性游戏和有规则游戏。因此本题选A。

参考答案：A

例6：（南京师范大学，2017）单选：体现幼儿认知水平发展到最高阶段的游戏是（　　）。

A. 模仿性游戏　　B. 有规则游戏

C. 角色游戏　　D. 表演游戏

【解析】本题考查幼儿游戏发展的顺序。皮亚杰根据儿童认知发展阶段把游戏分为：练习游戏、象征性游戏和有规则游戏，最高阶段是有规则游戏。因此本题选B。

参考答案：B

考研考法实战 答案见D124页

1.（江西师范大学，2015）单选：幼儿游戏主要是一种（　　）。

A. 互动游戏　　B. 实物游戏

C. 规则游戏　　D. 象征性游戏

2.（华东师范大学/江西师范大学，2011/2012）单选：幼儿园里，小明和小红正在玩“过家家”，这是一种（　　）。

A. 功能性游戏　　B. 构造性游戏

C. 象征性游戏　　D. 规则性游戏

3.（西北师范大学，2019）简答：举例说明幼儿游戏的种类。

第三节　幼儿言语的发展

研究真题，明确考况

考试要求	统考		自主命题	
	考题	考查点	考题	考查点
幼儿言语的发展	2015 2021	单选：幼儿言语的发展 综合：儿童言语发展规律及句法特点	江西师范大学，2013 福建师范大学，2019	单选：幼儿言语的发展 简答：幼儿言语发展的特点

考点1 幼儿言语的发展

考研基础必备

1. 幼儿词汇的发展的表现

儿童词汇的发展有先后顺序，而且对情境的依赖性较强；儿童词汇的发展不均衡，发展呈阶段性。幼儿的词汇发展主要表现如下：

1）词汇数量的增加

幼儿期是一生中词汇数量增加最快的时期，直线上升。

2）词汇内容不断丰富

随着年龄增长，幼儿词汇的概括性和抽象性在增加，对掌握的每个词的外延和内涵的理解也不断丰富和深化。

3）词类范围不断扩大

研究表明，幼儿先后掌握的是名词、动词、形容词等实词，但是虚词掌握较晚，没有明显增加。

4）积极词汇的增长

积极词汇是指儿童既能理解又能正确使用的词汇，消极词汇是指或者不能理解或者有些理解却不能正确使用的词汇。幼儿对词义的理解常有或失之过宽，或失之过窄的现象，还有“生词现象”。

2. 语法的掌握

幼儿所使用句子结构发展趋势：

①从简单句到复合句：幼儿主要使用简单句。2岁前儿童虽已使用复合句，但比例相当小，随着年龄的增长，复合句所占比例逐渐增加。

②从陈述句到多种形式的句子：儿童最初掌握的是陈述句，到幼儿期，所掌握的疑问句、祈使句和感叹句等也逐渐增加。

③从无修饰句到修饰句：儿童最初的简单句是没有修饰语的，以后便出现了简单修饰语和复杂修饰语。

20~30个月时，是婴儿基本掌握语法的关键期。而在36个月时，婴儿已经基本掌握了母语的语法规则体系，成为一个颇具表达力的“谈话者”。

3. 口语表达能力

①3岁前儿童的语言主要是对话言语，在与成人的交际中，促进了独白言语的发展。

②2幼儿初期儿童言语表达具有情境性特点，缺乏条理性、连贯性；随着年龄的增长，幼儿连贯言语的比重逐渐上升。

③连贯言语和独白言语的发展是儿童口语表达能力发展的重要标志。

补充知识点：

①内部言语是言语的高级形式，它是在外部言语的基础上产生的。幼儿期是外部言语向内部言语过渡的时期，存在一种介于有声言语和内部言语之间的言语形式即出声的自言自语。

②皮亚杰首先发现自言自语这种现象，并将这种言语形态称为自我中心言语。皮亚杰认为儿童的自我中心言语与儿童的自我中心性有关，是非社会性的。

③维果茨基则把自我中心言语看成是从出声思维向内部言语思维转化的中介，是由言语的交际机能向言语的自我调节机能转化的一种过渡状态，也是一种社会性言语。

考研考法突破

考法1 考查幼儿言语发展的特点

此考法常见于选择题中，对于幼儿言语发展的关键特征，考生需要引起重视。

例1：（福建师范大学，2019）单选：人一生中词汇数量增加最快的时期是（　　）。

A. 婴儿期　　B. 幼儿期

C. 学童期　　D. 青少年期

【解析】本题从幼儿词汇发展的表现进行解答。幼儿期是一生中词汇数量增加最快的时期，直线上升。因此本题选B。

参考答案：B

例2：（统考，2015）单选：下列有关幼儿言语发展的表述，错误的是（　　）。

A. 口语发展的最佳时期

B. 词汇数量增长最快的时期

C. 句法结构从简单到复杂

D. 自我中心言语是其主要的言语形式

【解析】本题从幼儿语法的掌握进行解答。幼儿期是儿童言语不断丰富的时期，是熟练掌握口头言语的关键期，选项A正确。幼儿期是一生中词汇数量增加最快的时期，选项B正确。幼儿期句子发展一般有如下趋势：从简单句发展到复杂句；从陈述句到多种形式的句子；从无修饰句发展到修饰句。由此可以看出句法结构从简单到复杂，选项C正确。皮亚杰认为部分幼儿会出现自我中心言语的现象，但并不是幼儿的主要言语形式，因此本题选D。

参考答案：D

考研考法实战 答案见D125页

1.（江西师范大学，2013）单选：从语言发展的角度，儿童最先掌握的是什么类型的句子（　　）。

A. 感叹句　　B. 陈述句

C. 疑问句　　D. 祈使句

2.（南京师范大学，2016）单选：大约在（　　）月时，幼儿能够表达完全符合语法的完整句子。

A. 12~18　　B. 18~24

C. 24~36　　D. 36~48

3.（四川师范大学，2015/2014；浙江师范大学，2017）简答：幼儿言语发展的特点有哪些？

第四节　幼儿认知的发展

研究真题，明确考况

考试要求	统考		自主命题	
	考题	考查点	考题	考查点
1. 幼儿记忆的发展	2022	单选：幼儿记忆特点	湖南师范大学，2012 江西师范大学，2012 山东师范大学，2014/2016 南京师范大学，2017 四川师范大学，2016	单选：幼儿记忆的发展 简答：幼儿记忆的发展
2. 幼儿思维的发展	2021	单选：钟摆试验	西北师范大学，2021 华中师范大学，2012 北京师范大学，2014 华中师范大学，2017	综合：学前期的认知特点 单选：幼儿思维的发展
3. 心理理论	2017	单选：心理理论	北京大学，2015 湖南师范大学，2022 东北师范大学，2020	简答：心理理论及其影响因素 名词解释：心理理论 简答：心理理论及经典实验范式

考点 1　幼儿记忆的发展

考研基础必备

1. 记忆容量的增加

一般认为，儿童的记忆容量随年龄增长而增加。研究表明，成人短时记忆容量为 7±2 个信息单元（组块），而 7 岁儿童尚未达到这一标准。幼儿从 3 岁到 7 岁短时记忆广度为 4~6 个组块。

2. 无意识记和有意识记的发展

幼儿初期的儿童无意识记占优势。凡是儿童感兴趣的、印象鲜明、强烈的事物就容易记住，让记忆服从于一定目的还有困难。在教育的影响下，幼儿晚期的儿童有意识记和追忆的能力逐步发展起来。有意识记的出现标志着儿童记忆发展上的一个质变。

3. 形象记忆和语词记忆的发展

整个幼儿期，形象记忆占主要地位。研究表明：无论哪个年龄阶段，形象记忆效果都优于语词记忆效果；儿童两种记忆效果都随年龄增长而提高，而语词记忆效果的发展速率要高于形象记忆。

4. 自传式记忆

自传式记忆是指对个人特别重要的回忆或经历。儿童对新异事物的记忆往往是非常好的，但婴幼儿对于事件的记忆非常容易被误导，他们会以为一些虚构的事件或强加在自己身上的事情是真的发生了。

5. 记忆策略和元记忆的形成

1）记忆策略的形成

记忆策略是人们为有效地完成记忆任务而采用的方法或手段。弗拉维尔提出记忆策略发展分三个阶段：0~5 岁，无策略；5~7 岁，不能主动运用策略；10 岁以后，主动自觉运用策略。记忆策略主要有复述和系统化两种。

2）元记忆的形成

元记忆就是关于记忆过程的知识或认知活动。研究表明，即使是三四岁的儿童也知道人的思维是有限的，而且有些信息更容易学习和保存。

考研考法突破

考法 1　考查幼儿记忆发展的特点

此考法常见于选择题中，考生需要掌握幼儿记忆发展的特点。

例 1：（江西师范大学，2012）多选：以下关于幼儿早期记忆特点的正确表述是（　　）。

A. 幼儿记忆以无意识记忆为主导

B. 幼儿能主动使用某些记忆策略

C. 记忆还带有很大的直观形象性

D. 词的逻辑识记能力较差

【解析】本题从幼儿记忆的发展特点进行解答。幼儿初期的儿童无意识记占优势，选项 A 正确。个体 10 岁以后，能主动自觉运用策略，选项 B 错误。整个幼儿期，形象记忆占主要地位，选项 C 正确。幼儿早期语词记忆效果随年龄增长而提高，语词记忆效果的发展速率要高于形象记忆，选项 D 错误。

参考答案：AC

例 2：（南京师范大学，2017）单选：5 岁左右的孩子（　　），这不能证明他 / 她已经形成元记忆。

A. 知道需要将一些要识记的信息写下来可以避免遗忘

B. 认识到记忆较多的项目比记忆较少的项目更为困难

C. 知道对材料学习的时间越长，保留的内容就可能越多

D. 无意识地识记在游戏中所玩过的玩具

【解析】本题从幼儿的元记忆进行解答。元记忆是关于记忆过程的知识或认知活动。选项 A 是对信息记忆的策略，属于元记忆。选项 B 和选项 C 都是对记忆的认知活动，都属于元记忆。选项 D 是幼儿的无意识记，不属于元记忆。因此本题选 D。

参考答案：D

考研考法实战 答案见 D125 页

1.（湖南师范大学 / 四川师范大学，2012/2016；福建师范大学，2020）简答：简述幼儿记忆发展的特点。

考研基础必备

1. 幼儿思维的特点

具体形象性和不随意性占主导地位，抽象逻辑性和随意性初步发展。

1）思维的具体形象性是主要特点

所谓的具体形象性思维就是指儿童的思维主要是凭借事物的具体形象或表象，即凭借具体形象的联想进行的，而不是凭借对事物的内在本质和关系的理解。

2）抽象逻辑性开始萌芽

在整个幼儿期，儿童的思维水平是不断提高的。幼儿初期，儿童更多地运用直觉行动思维；在幼儿中期后，则开始出现抽象逻辑思维的萌芽。

3）言语在思维发展中作用日益增强

言语在幼儿思维中的作用最初只是行动的总结，然后能够伴随行动进行，最后才成为行动计划。

2. 皮亚杰关于幼儿思维的研究

皮亚杰认为2~7岁儿童的思维属于前运算阶段，这一阶段儿童主要是表象性思维，思维的基本特点是相对具体性、不可逆性、自我中心性和刻板性。

1）三座山测验

根据皮亚杰的观点，前运算思维的基本特征是自我中心，即从自我的角度去解释世界，很难想象从别人的观点看事物是怎样的。皮亚杰设计了三座山测验，用来评价儿童是否采用别人的观点。

三座山以不同的颜色来区分，一座山上有一间房屋，另一座山顶上有一个红的十字架，还有一座山上覆盖着白雪。让儿童坐在桌子的一边，桌子放着这个模型。

实验流程：实验一，问儿童“娃娃看到了什么”；实验二，让儿童从不同角度的照片中挑选出娃娃所看见的照片；实验三，给儿童三种硬纸板，按娃娃所见排列三座山。

实验结果：8岁以下的儿童一般不能成功。

实验结论：皮亚杰认为幼儿在对事物的判断时是以自我为中心的，不能采纳别人的观点。

博克设计了农场景观模型，结果比皮亚杰的要好，说明当场景是儿童熟悉的，问题也容易让儿童理解时，幼儿是能够考虑别人的观点的。

2）守恒

皮亚杰认为，守恒指对物质从一种形态转变为另一种形态时，物质含量保持不变的认识。皮亚杰认为“前运算阶段”的儿童的思维只能集中于问题的一个维度。注意的是事物表面的、明显的特征，具有中心化的特点，这时候的幼儿缺乏守恒的概念。

在液体守恒实验中，向儿童呈现两只相同的玻璃杯，杯中装有等量的液体，在儿童确知两只杯中的液体是等量的之后，实验者把其中一杯液体倒入旁边一只较高、较细的杯子中，液面自然升高。然后问儿童，新杯子中的液体比原先杯子中的多一些或少一些，还是一样多？大多数的3~4岁儿童会回答“多一些”，因为他们只注意到了新杯子的高度。5~6岁儿童处于守恒的转折阶段，他们似乎意识到必须同时考虑杯子的高度和粗细，但在比较时，同时考虑两个维度还有困难，皮亚杰认为儿童一般在8岁左右达到守恒。

3）类包含

指一类物体与其子类的关系。原则上，总类中物体的数量必然大于任一子类中物体的数量。皮亚杰认为前运算阶段的儿童缺乏这种推理能力，不能同时想到一个子类和整个一类。如他给儿童呈现一束由4朵红花和2朵白花组成的花束，问儿童“红花多还是花多”，前运算阶段的儿童通常回答“红花多”。

3. 最初概念的掌握

1）最初的词的概括和概念的掌握

儿童掌握概念的特点：

儿童掌握概念的特点直接受他们概括水平的制约，幼儿概括的特点表现有三个方面：

①概括的内容比较贫乏，一个词最初只代表一个或某一些具体事物的特征，而不是代表一类事物的共同特征。

②概括的特征很多是外部的、非本质的。

③概括的内涵往往不精确，有时失之过宽，有时失之过窄。

由于以上的特点，幼儿初期的概念掌握的广度和深度都很差，一般只能掌握比较具体的实物的概念，不易掌握比较抽象的性质概念、关系概念、道德概念。到了幼儿晚期，儿童才可能掌握一些比较抽象的概念。

2）最初实物概念的掌握

幼儿掌握实物概念的过程：

①小班儿童实物概念的内容基本上代表他们所熟悉的某一个或某一些事物；

②中班儿童已能在概括水平上指出某一些实物的比较突出的特征，特别是功用上的特征；

③大班儿童开始能指出某一实物若干特征的总和，但还只限于所熟悉的事物的某些外部特征和内部特征，而不能将本质的和非本质的特征很好地加以区分。

3）最初数概念的掌握

所谓掌握数概念，包括理解：

①数的实际意义，如3是指三个物体；

②数的顺序，如2在3之前；

③数的组成，如3是可由1+1+1组成的。

3~4岁是儿童数概念快速发展的时期。

关于数概念的发展的转折点一般认为在5岁左右

4）类概念的掌握

①分类是在对事物或现象的意义有了充分理解的基础上进行的。研究儿童类概念的材料通常用实物或形象材料。

②维果斯基的研究发现，幼儿分类不断改变标准，一会儿以形状，一会儿又以颜色或大小为分类基础，维果斯基称之为“链概念”。

③皮亚杰认为幼儿是依据主题来分类的，概念发展经历三个阶段：主题概念、链概念、充分必要特征基础上的概念。

4. 抽象逻辑思维的初步发展

①抽象逻辑思维是在感性认识的基础上，通过概念、判断、推理来揭示事物的内在联系、本质联系的过程。

②幼儿思维带有极大的具体形象性，到了幼儿晚期，幼儿也开始能初步进行抽象逻辑思维。

③从具体形象思维向抽象逻辑思维过渡，表现在儿童对事物的性质、内容或关系的理解上，也表现在儿童判断

能力、推理能力的形成和发展上。

考研考法突破

考法 1　考查幼儿思维发展的特点

此考法常见于选择题中，考生需要掌握幼儿思维发展的关键特点，跟其他发展阶段相区分。

例 3：（北京师范大学，2014）单选：幼儿思维的典型特征是（　　）。

A. 直觉思维　　B. 具体形象思维

C. 直觉行动思维　　D. 抽象思维

【解析】本题从幼儿思维的特征进行解答。幼儿思维的特点是具体形象性和不随意性占主导地位，抽象逻辑性和随意性初步发展。因此本题选 B。

参考答案：B

考法 2　考查皮亚杰关于幼儿思维的研究

皮亚杰关于幼儿思维所做的实验名称、实验程序以及实验结论，都是考生需要掌握的内容，可以以多种形式进行考查。

例 4：（华中师范大学，2017）单选："三山实验"说明幼儿的思维具有（　　）。

A. 自我中心性　　B. 守恒性

C. 抽象性　　D. 可能性

【解析】本题从皮亚杰的三山测验进行解答。皮亚杰用"三山实验"证明幼儿思维的自我中心性，即儿童仅从自己的角度去看问题，不认为别人和自己有不同的观点，相信任何人的观点、想法和情绪体验都和自己是一样的。因此本题选 A。

参考答案：A

例 5：（云南师范大学，2012）单选：皮亚杰通过下面哪个试验得出了 2~7 岁儿童具有自我中心特点的结论（　　）。

A. 守恒实验　　B. 三座山实验

C. 形状知觉实验　　D. 悬崖实验

【解析】本题考查皮亚杰证明自我中心的实验。皮亚杰通过"三山实验"证明前运算思维阶段（2~7 岁）的儿童思维具有自我中心性。

参考答案：B

例 6：（湖南师范大学，2011）简答题：阅读下列材料，回答两个问题：

三座山测验及其验证

皮亚杰设计了一个"三座山模型"（地形上的三座山的高度和颜色各不相同，山顶上的标志也不同，以"品"字形分布）。儿童坐在模型的一边，实验人员把娃娃放在模型的不同位置。主要考查儿童能不能从娃娃的角度去观察即站在娃娃的位置看到的三座山。结果表明：6 岁以下的儿童不能采纳别人的观点，只能从自己的角度去看问题。

博克设计了一个"农场景观"，以幼儿熟悉的情景和喜爱的角色考查同样的问题。比较研究发现：3 岁儿童就能够完成任务，即知道格罗弗看到了什么，能够从别人的角度看问题。

休斯设计了一个"十"字迷津（玩"警察捉小偷"的游戏），发现：3.5~5 岁的儿童 99% 以上能完成任务。

（1）皮亚杰设计这个"三座山测验"的目的是什么？

（2）你能从三个测验中发现什么问题？并且加以解释。

【解析】本题从皮亚杰的三山测验进行解答。

参考答案：（1）皮亚杰用"三山实验"证明幼儿思维的自我中心性，即儿童仅从自己的角度去看问题，不认为别人和自己有不同的观点，相信任何人的观点、想法和情绪体验都和自己是一样的。

（2）三个测验都是研究幼儿的思维水平，由于场景设置的不同，儿童能够完成实验任务的结果不同。在皮亚杰的三山实验里面，幼儿只能从自己的角度去看问题，不能采纳别人的观点，在博克设计的农场景观任务和休斯任务中，幼儿都能正确地完成任务。说明实验场景是否熟悉会影响到幼儿思维的判断，在皮亚杰"三山任务"这种抽象的任务中，影响到了幼儿的思维方式，因此儿童只能站在自己的角度去思考；而在博克设计的农场景观和休斯任务，这种幼儿熟悉并且具体的任务中，有利于儿童的问题解决，幼儿是能够考虑到自己和别人观点的不同，这也说明了幼儿思维具体形象性的特点。

考法 3　考查幼儿概念发展的特点

此考法常见于选择题中，考生需要掌握幼儿概念发展的特点。

例 7：（统考，2015）单选：下列有关幼儿概念发展的表述，错误的是（　　）。

A. 一般只能掌握比较具体的实物概念

B. 能掌握左右概念的相对性

C. 实物概念的掌握先于数概念的掌握

D. 所掌握的概念内涵往往不够精确

【解析】本题旨在考查考生对幼儿概念发展的理解和掌握。

幼儿掌握概念的特点直接受到他们概括水平的制约。幼儿的概括特点包括：概括的内容比较贫乏，概括的特征是外部的、非本质的，概括的内涵不精确。因此幼儿不易掌握一些比较抽象的概念，一般只能掌握比较具体的实物概念，数概念是在有了实物感知、实物表象的基础上发展起来的。他们还不能掌握关系概念，不能掌握左右概念的相对性。因此本题选 B。

参考答案：B

考研考法实战 答案见 D125 页

1. 单选：在皮亚杰关于儿童思维发展的阶段理论中，4 岁儿童可能（　　）。

A. 能够借助实物操作类似 2+2=？的加减法

B. 处于具体运算阶段，依赖于表象支持

C. 基本克服了自我中心

D. 具有灵活性

2.（统考，2017）单选：在皮亚杰用于考察儿童思维发展的守恒实验中，儿童最晚通过的是（　　）。

A. 容量守恒　B. 数量守恒　C. 长度守恒　D. 面积守恒

3.（云南师范大学，2016）简答：简述皮亚杰"三座山实验"的目的、过程、结论及后人的观点。

考点 3　心理理论

1. 心理理论的含义

"心理理论"一词最早由普雷马克（Premack & Woodruff, 1978）提出，是指对自己和他人心理状态（如需要、信念、意图、感知、情绪等）的认知，并由此对相应行为做出因果性的预测和解释。

2. 心理理论的研究范式

①1983年，韦默等人（Wimmer & Perner）首创“错误信念”研究范式，并把通过“错误信念”测试作为儿童拥有心理理论的主要标志。

②所谓信念，是指人们关于世界的心理状态或态度及人们关于某事或某物是正确的思想。作为一种心理状态，信念因人而异，既可以与事实相符（真信念），也可以与事实相违背（错误信念）。

③错误信念任务测试的是儿童能否站在自己的立场来理解他人所持有的错误的想法，包括两种经典范式，即意外地点任务和意外内容任务。

1）意外地点任务（意外转移任务）

这类任务的核心是让被试掌握有关某物地点改变的信息，而第三者缺乏这种信息，然后让儿童预测第三者会在改变前还是改变后的地点寻找该物。

例如：主试向被试呈现两个洋娃娃，并分别介绍：“这是萨利，这是安娜。萨利把她的巧克力放在红色的柜子里，然后出去玩了。在她不在家的时候，安娜把巧克力拿出来，放进了绿色的柜子中。”儿童需要回答的问题是：萨利回来以后会去哪个柜子里找她的巧克力？

2）意外内容任务（表征变化任务）

在这类任务中，向儿童展示一个从外表看明显有某种特定内容物的物件，随后向儿童揭示其真正的内容物（与表面内容物毫不相同），让儿童回答有关自己最初对内容物的信念问题，以及有关不了解真正内容物信息的第三者对内容物的信念问题（针对他人的错误信念）。

例如：实验者向被试呈现一个他们日常生活中熟悉的糖果盒，仅从外观看很容易推断出盒内放的是糖果。然后询问儿童“盒内放的是什么”，在儿童回答“糖果以后”，主试打开盒子表明实际上装的是一支铅笔。然后关上盒子，让儿童回答：如果其他孩子在打开盒子之前，没有看过里面的实际内容，他们会怎么回答。

错误信念任务中不仅包括一级错误信念（例如，我觉得萨利认为巧克力在红色柜子里），还包括二级错误信念，即对第三者持有某种信念的理解（例如，我猜想勤小思会觉得萨利认为巧乐力在红色柜子里）。研究结果表明，6岁左右是儿童二级错误信念发展的关键期，获得成熟的心理理论是在6岁以后。

3. 心理理论发展的理论解释

关于心理理论发展的理论解释，主要分为理论论、模拟论和模块论。

1）理论论

核心观点是儿童对心理的认识或理解本质上如同理论，具有一般科学理论的基本特征；强调经验在心理理论发展中的作用，认为经验能为儿童提供其不能理解的心理状态的信息，儿童据此修正和改进自己已有的心理理论。

2）模拟论

强调儿童自我反思的经验，强调信念和愿望是儿童真正在体验的心理状态；认为儿童不是直接根据自己的信念和愿望的有关规律来预测他人的行为，他们通常会先假装自己具有跟他人一样的心理状态，进而通过想象或心理上模拟他人的愿望和信念。模拟论同理论论一样，强调经验在儿童心理理论发展中的重要作用，但模拟论更强调儿童通过假装游戏和角色采择练习来提高他们自己的模拟技能，从而帮助他们形成越来越高级的心理理论。

3）模块论

模块论与前两种理论不同，强调的是先天基础。模块论认为影响儿童心理理论发展的是神经成熟，而不是来自理论的修正，经验只不过在身体成熟期间对心理理论起着某种触发作用。模块论对于自闭症儿童做出了比较合理的解释。自闭症患者普遍缺乏心理理论，同时他们还有相应的神经生理缺陷，这支持了先天存在的心理理论特化模块的观点。

上述三种理论或许都只是描述了心理理论发展的某一个方面。理论论侧重于人们对日常生活中心理知识的归纳、总结；模拟论侧重于儿童运用心理理论时所采用的方法；模块论则侧重于心理理论发展所需要的生理基础。因此，尚需要更全面、更恰当的理论来解释儿童心理理论的获得与发展。

4. 儿童心理理论发展的影响因素

1）家庭因素

①家庭规模。家庭规模能较好预测儿童心理理论的发展水平。家庭规模大，家庭成员越多，与他人交流的机会越多，则将促进心理理论更好地发展。

②家庭言语交流方式。亲子交流时，父母如果注意使用心理状态的术语，经常进行因果联系的谈话，有意识地与儿童谈论过去的事情，将有助于儿童心理理论的发展。

③假装游戏。假装游戏有助于儿童理解心理和现实的区别。研究表明，比起儿童与父母进行的假装游戏，儿童与兄弟姐妹的假装游戏更能促进儿童心理理论的发展。

此外，父母的教养态度与儿童心理理论的发展有一定关系，但要考虑到不同文化背景。

2）语言能力

儿童要理解他人的信念和意图，就需要在社会情形中正确使用和解释他人的语言。第一，儿童要理解特定的心理术语，如“认为"代表某人对某事的看法，“想”代表人们的愿望，等等。第二，儿童还需要具有一定水平的语法能力，以确保能够听懂他人所说的复杂句。

3）同伴关系

良好的同伴关系有助于儿童各种知识技能的获得，尤其是社会认知能力的发展。研究表明，学前儿童与同伴进行心理状态谈话、积极交往的频次和时间越多，心理理论的发展就越好。

考研考法突破

考法1　考查心理理论

此考法常见于选择及简答题中，考生需要掌握什么是心理理论及其实验范式。

例8：（统考/福建师范大学，2009/2019）单选：下列选项中，用来考查幼儿“心理理论”发展的研究方法是（　　）。

A. 陌生情境实验　　B. 错误信念实验

C. 动态测验　　D. 两难故事法

【解析】本题考查心理理论的研究方法。心理理论：是指个体对自己或他人的内在心理状态与外在行为的认识能力，即对自己或他人的信念愿望和意图的理解能力。一般认为，对心理状态的成熟认识是建立在“信念-愿望”系统之上，4岁左右开始形成，其标志是成功完成“错误信念”的任务。6岁以后儿童才能正确理解“二级错误信念任务”。错误信念是衡量儿童是否具有心理理论的重要指标。因此本题选B。

参考答案：B

考研考法实战 答案见D125页

1.（统考，2017）单选：向幼儿讲述“东郭先生和狼”的故事，告诉幼儿东郭先生让狼藏进了自己的书袋，后来猎人赶来了。这时候，向儿童提问“猎人知不知道书袋里藏有狼”。这一问题考查的是（　　）。

A. 空间认知　　B. 道德判断

C. 自我概念　　D. 心理理论

2.（北京大学，2015）简答：简述幼儿心理理论的概念及其影响因素。

第五节　幼儿个性的初步形成和社会性的发展

研究真题，明确考况

考试要求	统考		自主命题	
	考题	考查点	考题	考查点
1. 道德认知的发展	2010 2011 2021 2022	单选：道德认知的发展 综合：科尔伯格道德理论分析	华东师范大学，2011/2021 陕西师范大学，2022 湖南师范大学，2013 东北师范大学，2017 河南师范大学，2017	单选：道德认知的发展 名词解释：自律道德 简答：道德认知的发展
2. 性别角色认同和性别化的发展	2010	单选：性别角色认同和性别化的发展	电子科技大学，2014 浙江理工大学，2015 北京师范大学 2016 江西师范大学，2013/2014/2016 西南大学，2018 四川师范大学，2018	单选：性别角色认同和性别化的发展 名词解释：性别角色认同和性别化的发展
3. 同伴关系和社会技能训练	无	无	北京师范大学，2015	单选：幼儿的同伴关系

考点1　自我意识和自我调节的发展

考研基础必备

1. 自我概念的发展

7岁之前，儿童对自己的描绘仅限于身体特征、年龄、性别和爱好的活动等，还不会描述内部心理特征。幼儿的概念是“物理概念”，儿童对内在的心理体验和外在的物理体验不加区分。

2. 自我评价的发展

自我评价的能力在3岁儿童中还不明显，发生转折的年龄是3.5~4岁，5岁儿童绝大多数已能进行自我评价。

幼儿自我评价的特点：从轻信成人的评价到自己独立评价；从对外部行为的评价到对内心品质的评价；从比较笼统的评价到比较细致的评价；从带有极大主观情绪性的自我评价到初步客观的评价；开始以道德行为的准则进行评价。总的来说，幼儿自我评价能力很差，成人对幼儿的评价在幼儿个性发展中起着重要作用。

3. 自我情绪体验的发展

自我情绪体验在3岁儿童中还不明显，发生转折的年龄在4岁，5~6岁儿童大多数已表现有自我情绪体验。其中最值得重视的是自尊，儿童在3岁左右产生自尊的萌芽。

4. 自我控制的发展

自我控制能力在3~4岁儿童中还不明显，从缺乏自我控制能力到有自我控制的转折年龄是4~5岁。5~6岁儿童绝大多数都有一定的控制能力。延迟满足范式一直是国内外研究者研究自我控制的经典实验范式。延迟满足范式：米歇尔将延迟满足解释为一种甘愿为更有价值的长远目标而放弃即时满足的抉择取向。

科普（Kopp）认为，在儿童早期，儿童自我控制和自我调节能力的发展要经历五个重要的发展阶段：

①控制与系统组织形式：从母亲怀孕晚期到儿童3个月，唤醒状态、早期活动的激活调节。

②依从形式：对成人警告性信号的反应，9~12个月出现。

③冲动控制形式：自我的发生、行为与言语间的平衡，2岁时出现。

④自我控制形式：社会品质的内化、动作抑制，2岁时儿童对成人的要求进行反应，3~4岁时利用外部言语进行自动调节，6岁时转换为内部言语的调节。

⑤自我调节形式：采用偶然性规则来引导行为而不顾及环境的压力，3岁时出现。

考研考法突破

考法1　考查幼儿自我评价的发展

此考法常见于选择题或者简答题中，考生掌握幼儿自我评价的特点即可正确作答。

例1：（华中师范大学，2013）单选：学前儿童自我评价的特点不包括（　　）。

A. 依从性　　B. 主动性　　C. 表面性　　D. 局部性

【解析】本题考查幼儿自我评价的特点。幼儿自我评价的特点：从轻信成人的评价到自己独立评价，选项A正确；从对外部行为的评价到对内心品质的评价，选项C正确；

从比较笼统的评价到比较细致的评价，选项 D 正确。因此本题选 B。

参考答案： B

例 2：（四川师范大学，2017）简答：幼儿的自我评价有哪些特点？

【解析】本题从幼儿自我评价的特点解答。

参考答案： 幼儿自我评价的特点：从轻信成人的评价到自己独立评价；从对外部行为的评价到对内心品质的评价；从比较笼统的评价到比较细致的评价；从带有极大主观情绪性的自我评价到初步客观的评价；开始以道德行为的准则进行评价。总的来说，幼儿自我评价能力很差，成人对幼儿的评价在幼儿个性发展中起着重要作用。

考法 2　考查幼儿自我情绪体验的发展

幼儿自我情绪体验的发展最值得关注的是幼儿自尊的发展，因此考生需要掌握幼儿自尊发展的关键年龄，多以选择题进行考查。

例 3：（云南师范大学，2013）单选：儿童在几岁左右产生自尊感的萌芽（　　）。

A. 2 岁　　B. 3 岁　　C. 4 岁　　D. 5 岁

【解析】本题考查幼儿自我情绪体验的发展。儿童在 3 岁左右产生自尊的萌芽。因此本题选 B。

参考答案： B

考法 3　考查自我控制能力的发展

此考法常见于选择题中，考生需要掌握幼儿自我控制能力发展的关键年龄，以及自我控制发展的几个阶段的特征。

例 4：（江西师范大学，2016）单选：幼儿要有一定的自我控制能力，但要有一定的独立性、坚持性和自制力，其年龄要到（　　）。

A. 5~6 岁　　B. 4~6 岁　　C. 3~6 岁　　D. 5~7 岁

【解析】本题考查自我控制能力的发展。5~6 岁儿童绝大多数都有一定的控制能力。因此本题选 A。

参考答案： A

例 5：（南京师范大学，2017）单选：根据科普（KOPP）的观点，如果儿童在自我控制和调节过程中表现特征为“自我的发生、行为与言语间的平衡”，那么这说明儿童自我调节的发展形式为（　　）。

A. 依从　　B. 冲动控制　C. 自我控制　D. 自我调节

【解析】本题考查科普关于幼儿自我控制能力发展阶段的特点。自我的发生、行为与言语间的平衡，属于冲动控制形式，2 岁时出现。因此本题选 B。

参考答案： B

考研考法实战 答案见 D126 页

1.（四川师范大学，2013）多选：幼儿阶段自我评价的特点有（　　）。

A. 依赖于成人的评价

B. 主要对外部行为进行评价

C. 主观情绪性评价

D. 细致深刻性评价

2.（辽宁师范大学，2014）简答：幼儿自我意识发展的特点。

考点 2　道德认知的发展

考研基础必备

1. 皮亚杰的儿童道德认知发展

皮亚杰采取了临床访谈法和对偶故事法，对儿童的道德认知发展进行了研究，建立了道德认知发展阶段理论：

阶段	时期	特点
前道德阶段	2~4 岁	行为直接受行为结果支配，没有道德感，这一阶段的儿童既不是道德的，也不是非道德的
他律道德阶段（道德实在论阶段）	5~7 岁	这个阶段的儿童认为规则是绝对的、固定不变的，是由权威赋予的，按是否遵从权威来判断是非，判断行为的好坏完全根据行为的结果，而非行为的主观动机
自律道德阶段（道德相对论阶段）	8~11 岁	这个阶段的儿童更多地根据行为动机来判断行为的好坏，认识到规则是可以通过协商和讨论加以改变的，并形成了自己内化的道德标准

皮亚杰认为儿童的道德认知是从他律道德向自律道德转化的过程，而幼儿的道德认知发展正处于第二阶段，这种他律性实际是幼儿认知的自我中心和实在论的反映。从他律道德向自律道德发展，具有具备两个条件：观点采择能力（认知能力的发展）和在与同伴交往中所获得的平等地位。同伴交往的过程中培养了儿童的观点采择能力，使他们学会认识和适应不同的同伴观点。

2. 科尔伯格的儿童道德认知发展

科尔伯格采用两难故事法对儿童道德发展进行了一系列的研究，提出了三水平六阶段理论：

（1）前习俗水平（4~10 岁）：主要着眼于自身的具体结果。

阶段一，服从与惩罚定向阶段：遵从规则以避免惩罚。

阶段二，天真的利己主义阶段（相对功利取向）：遵从习惯以获得奖赏。

（2）习俗水平（10~13 岁）：主要满足社会期望。

阶段三，“好孩子”定向阶段（寻求认可取向）：遵从陈规，帮助、取悦他人，避免他人不赞成，不喜欢。

阶段四，维护权威和秩序的定向阶段：遵从法律权威，避免受到谴责。

（3）后习俗水平（13 岁以后）：主要履行自己选择的道德准则。

阶段五，社会契约定向阶段：遵从社会契约，维护公共利益。

阶段六，普遍道德原则定向阶段：遵从良心原则，避免自我责备。

科尔伯格认为，并不是每个人都会经历所有这些发展时期，有些人直到成年都没有超越寻求认可阶段或顺从权威阶段。

科尔伯格认为，幼儿的道德发展处于前习俗水平，此时幼儿尊重权威，目的是逃避来自严厉权威者的惩罚，同时出于自己的利益并考虑别人会如何回报他们的行动而服从、遵守规则，从而形成他律的道德判断。

3. 皮亚杰的道德认知理论与科尔伯格的道德认知理论的比较

1）相同点

①都认为道德发展是分阶段的，随着年龄的增长，道德逐渐向高层次发展。

②都认为道德发展是与认知发展相对应的，道德发展在很大程度上是道德认知发展。

2）不同点

①科尔伯格将研究对象延伸到青少年，采用了包含更多道德规范要素的道德两难故事，运用了能更多挖掘儿童青少年思想的个别谈话法。因此科尔伯格所概括的道德认知发展的阶段理论适应面更广，是对皮亚杰的方法和理论的系统扩展。

②皮亚杰采用对偶故事法，科尔伯格采用两难故事法。

③划分具体阶段不同。

考研考法突破

考法 1　考查皮亚杰的道德认知理论

此考法可以以多种形式进行考查，考生需要掌握皮亚杰道德认知理论的研究方法、道德认知发展每个阶段的名称、每个阶段所具有的特点以及幼儿属于道德认知的哪个阶段。

例 6：（统考 / 聊城大学，2010/2012）单选：儿童认为规则不是绝对的，可以怀疑，可以改变，在某种情况下甚至可以违反。按照皮亚杰的理论，其道德判断所处的发展阶段是（　　）。

A. 前道德阶段　　B. 他律阶段

C. 自律阶段　　D. 道德实在论阶段

【解析】本题从皮亚杰的儿童道德认知发展理论进行解答。自律道德阶段的儿童，会根据动机判断行为好坏，规则可通过协商讨论而调整和改变，形成了自己的内化了的道德标准。因此本题选 C。

参考答案：C

例 7：（华东师范大学，2011）简答：简述他律道德与自律道德的主要区别。

【解析】本题从皮亚杰的儿童道德认知发展理论进行解答。

参考答案：（1）他律道德阶段或道德实在论阶段（3~7岁）是比较低级的道德思维阶段，具有以下几个特点：

①单方面地尊重权威，有一种遵守成人标准和服从成人规则的义务感。也就是说，他律的道德感在一些情感反应和作为道德判断所特有的某些显著的结构中表现出来。其基本特征是：一是绝对遵从父母、权威者或年龄较大的人。儿童认为服从权威就是“好”，不听话就是“坏”。二是对规则本身的尊重和顺从，即把人们规定的规则，看作是固定的，不可变更的。皮亚杰将这一结构称为道德的实在论。

②从行为的物质后果来判断一种行为的好坏，而不是根据主观动机来判断。例如，认为打碎的杯子数量多的行为比打碎杯子数量少的行为更坏，而不考虑有意还是无意打碎杯子。

③看待行为有绝对化的倾向。道德实在论的儿童在评定行为是非时，总是抱极端的态度，或者完全正确，或者完全错误，还以为别人也这样看，不能把自己置于别人的地位看问题。

④赞成来历的惩罚，并认为受惩罚的行为本身就说明是坏的，还把道德法则与自然规律相混淆，认为不端的行为会受到自然力量的惩罚。例如，对一个 7 岁的孩子说，有个小男孩到商店偷了糖逃走了，过马路时被汽车撞倒，问孩子“汽车为什么会撞倒男孩子”，回答是因为他偷了糖。在道德实在论的儿童看来，惩罚就是一种报应，目的是使过失者遭遇跟他所犯的过失相一致，而不是把惩罚看作是改变儿童行为的一种手段。

（2）自律或合作道德阶段（7~12 岁）：皮亚杰认为儿童大约在 7~12 岁期间进入道德主观论阶段，这个阶段的道德具有以下几个特点：

①儿童已认识到规则是由人们根据相互之间的协作而创造的，因而它是可以依照人们的愿望加以改变的。规则不再被当作存在于自身之外的强加的东西。

②判断行为时，不只是考虑行为的后果，还考虑行为的动机。研究表明，12 岁的儿童都认为，那些由积极和动机支配但损失较大的儿童，比起怀有不良动机而只造成小损失的儿童要好些。由于考虑到行为的动机，因而在惩罚时能注意照顾弱者或年幼者。

③与权威和同伴处于相互尊重的关系，儿童能较高地评价自己的观点和能力，并能较现实地判断他人。

④能把自己置于别人的地位，判断不再绝对化，看到可能存在的几种观点。

⑤提出的惩罚较温和，更为直接地针对所犯的错误，带有补偿性，而且把错误看作是对过失者的一种教训。

皮亚杰认为儿童道德发展的这些阶段的顺序是固定不变的，儿童的道德认识是从他律道德向自律道德转化的过程。他律道德阶段的儿童是根据外在的道德法则进行判断，他们只注意行动的外部结果，不考虑行为的动机，他们的是非标准取决于是否服从别人的命令或规定。这是一种受自身之外的价值标准所支配的道德判断。后期儿童的道德判断已能从客观动机出发，用平等或不平等、公道或不公道等新的标准来判断是非，这是一种为儿童自身已具有的主观的价值所支配的道德判断，属于自律水平的道德。皮亚杰认为只有达到了这个水平，儿童才算有了真正的道德。

考法 2　考查科尔伯格的道德认知发展理论

科尔伯格的道德认知发展理论的内容可以以多种形式进行考查，既可以以选择题考查研究方法、每个阶段的特点理解，也可以以简答或者论述考查理论内容，考生需要全盘掌握。

例 8：（统考，2011）单选：根据科尔伯格的理论，道德发展的最高阶段是（　　）。

A. 法律和秩序的取向　　B. 社会契约的取向

C. 工具性的相对主义　　D. 普遍的道德原则取向

【解析】本题从科尔伯格的儿童道德认知发展理论进行解答。科尔伯格提出了三水平六阶段理论，最高阶段是阶段六——普遍道德原则定向阶段。因此本题选 D。

参考答案：D

例 9：（华东师范大学，2021）简答：简述科尔伯格的道德发展各阶段的特点。

【解析】本题直接回答出科尔伯格的道德发展阶段的理论内容即可。

参考答案：科尔伯格运用两难故事法，把道德研究扩展到成人，提出了三水平六阶段理论：①前习俗水平（4~10 岁）：主要着眼于自身的具体结果。阶段一，服从与惩罚定向阶段：遵从规则以避免惩罚。阶段二，天真的利己主义阶段：遵从习惯以获得奖赏。②习俗水平（10~13 岁）：主要满足社会期望。阶段三，“好孩子”定向阶段：遵从陈规，帮助、取悦他人，避免他人不赞成，不喜欢。阶段四，维护权威和秩序的定向阶段：遵从法律权威，避免受到谴责。③后习俗水平（13 岁以后）：主要履行自己选择的道德准则。阶段五，社会契约定向阶段：遵从社会契约，维护公共利益。阶段六，普遍道德原则定向阶段：遵从良心式原则，避免自我责备。柯尔伯格认为，并不是每个人都会经历所有这些发展时期，有些人直到成年都没有超越寻求认可阶段或顺从权威阶段。

考法 3　考查皮亚杰和科尔伯格道德认知发展理论的对比

幼儿的道德认知发展主要包括皮亚杰和科尔伯格的儿童道德认知发展理论，学习中需要将两个理论进行比较记忆，在考试中以多种形式出现，要进行区分解答。

例 10：（湖南师范大学，2015；东北师范大学，2021）简答：比较皮亚杰和科尔伯格关于儿童道德认知发展阶段理论的异同。

参考答案：

皮亚杰认为儿童的道德认知是从他律道德向自律道德转化的过程，而幼儿的道德认知发展正处于第二阶段，这种他律性实际是幼儿认知的自我中心和实在论的反映。皮亚杰认知发展理论三个阶段。①前道德阶段：婴儿时期，行为直接受行为结果支配，没有道德感。②他律道德阶段：幼儿时期，道德判断是受他自身以外的价值标准所支配的，儿童认为规则、规范是由权威人士制定的，并且不可改变，判断行为的好坏是根据行为的结果，而不是根据主观动机。因而具有从他性和情境性的特点。③自律道德阶段：幼儿晚期，根据动机判断行为好坏，规则可通过协商讨论而调整和改变，形成了自己的内化了的道德标准。

科尔伯格运用两难故事法，把道德研究扩展到成人，提出了三水平六阶段理论：①前习俗水平（4~10 岁）：主要着眼于自身的具体结果。阶段一，服从与惩罚定向阶段：遵从规则以避免惩罚。阶段二，天真的利己主义阶段：遵从习惯以获得奖赏。②习俗水平（10~13 岁）：主要满足社会期望。阶段三，“好孩子”定向阶段：遵从陈规，帮助、取悦他人，避免他人不赞成，不喜欢。阶段四，维护权威和秩序的定向阶段：遵从法律权威，避免受到谴责。③后习俗水平（13 岁以后）：主要履行自己选择的道德准则。阶段五，社会契约定向阶段：遵从社会契约，维护公共利益。阶段六，普遍道德原则定向阶段：遵从良心式原则，避免自我责备。柯尔伯格认为，并不是每个人都会经历所有这些发展时期，有些人直到成年都没有超越寻求认可阶段或顺从权威阶段。

相同点：二者都认为道德发展是分阶段的，随着年龄的增长，道德逐渐向高层次发展；都认为道德发展是与认知发展相对应的，道德发展在很大程度上是道德认知发展。

不同点：科尔伯格将研究对象延伸到青少年，采用了包含更多道德规范要素的道德两难故事，运用了能更多挖掘儿童青少年思想的个别谈话法。因此科尔伯格所概括的道德认知发展的阶段理论适应面更广，是对皮亚杰的方法和理论的系统扩展。皮亚杰采用对偶故事法，柯尔伯格采用两难故事法；划分具体阶段不同；皮亚杰认为儿童道德发展较早，科尔伯格认为儿童道德发展较晚。

考研考法实战 答案见 D126 页

1.（东北师范大学，2017）单选：科尔伯格道德发展阶段论中的习俗水平包括（　　）。

A. 功利主义定向　　B. 人际和谐定向
C. 社会契约定向　　D. 权威和秩序定向

2.（华东师范大学，2019）单选：以下不属于科尔伯格道德推理阶段的是（　　）。

A. 前习俗阶段　　B. 习俗阶段
C. 后习俗阶段　　D. 超习俗阶段

3.（华中师范大学，2014）单选：根据柯尔伯格的道德认知发展理论，维护权威和秩序的道德观处于（　　）。

A. 前习俗水平　　B. 习俗水平
C. 后习俗水平　　D. 超习俗水平

4.（四川师范大学，2017）单选：不盲目服从权威，既考虑行为结果，又考虑行为动机。这属于皮亚杰儿童道德判断的（　　）。

A. 自律道德阶段　　B. 道德判断阶段
C. 他律道德阶段　　D. 前道德判断阶段

5.（华东师范大学，2021；陕西师范大学，2020）简答：简述科尔伯格的道德发展观及评价。

考点 3　侵犯行为和亲社会行为的发展

这部分的内容在社会心理学有详细的介绍，大家参照社会心理学上的内容进行复习。

考点 4　性别角色认同和性别化的发展

考研基础必备

1. 性别角色认同的一般概念

1）性别认同

是对一个人在基本生物学特性上属于男或女的认知和接受，即理解性别。包括：正确使用性别标签；理解性别的稳定性；理解性别的坚定性；理解性别的发生学基础。

2）性别角色标准

社会成员公认的适合于男性或女性的动机、价值、行为方式和性格特征等，反映了文化或亚文化对不同性别成员行为适当性的期望。由于文化的差异和社会历史的变迁，每个社会的性别角色标准都不是一成不变的，有时还会发生很大的变化。

3）性别角色认同

对一个人具有男子气或女子气的知觉或信念。

4）性别角色偏爱

指对于性别角色相联系的活动和态度的个人偏爱。

2. 性别化的发展

1）性别认同的发展

2岁儿童能够按照自己的刻板印象给照片上的人贴上男或女的标签，然而还不能确定自己的性别。2.5~3岁儿童能正确说出自己是男孩或是女孩，但是不能认识到性别是不变的属性。3~5岁儿童还不能理解性别的稳定性，认为一个人只要换换衣服和发型就能变成另一性别的人。学前儿童对性别的认同缺乏灵活性，对于男孩和女孩应该怎样有着严格的想法。5岁前儿童对性别刻板印象的信念变得越来越强烈。

科尔伯格认为要形成较为稳固的性别认同，个体往往要经历以下三个阶段：

①基本性别认同阶段：基本性别认同是指个体对自己及他人性别能予以准确地识别。科尔伯格认为，一般到3岁，个体才能获得基本的性别认同，确定自己是男孩还是女孩。

②性别稳定性阶段：大约4岁时，个体对性别的永恒性开始有了一个大概的把握，认识到性别不会随年龄的改变而改变这一事实，即男孩长大后必定是男人，女孩长大后必定是女人。但是，处于该阶段的个体获得的对性别稳定性的认识还不够牢固，会认为：改变发型、衣服等行为将会导致一个人转换性别。

③性别恒常性阶段：在学前阶段后期和学龄阶段早期（5~7岁），个体对性别的认识更趋成熟。他们了解到这样一个事实：外貌可以改变，但性别是恒定的，一个人的性别具有跨情景的一致性。

2）性别角色标准的获得

父母把自己的性别角色标准以各种方式传递给子女。5~6岁儿童开始明确性别是永久的，也正在寻求男孩和女孩应该如何表现的行为准则。

3）性别化行为的发展

儿童的性别偏爱最早表现在对玩具的选择上。14~22个月的男孩就偏爱小汽车之类的玩具，而女孩则喜欢玩娃娃和毛绒玩具。4~9岁的男女儿童对性别角色标准有了更多的了解，并且遵从这些社会要求。

3. 性别化的理论

1）精神分析理论

认为性别化是儿童与同性父母认同的结果之一。

2）性别图式理论

认为儿童会建构一种自我性别图式，并根据性别图式评价信息、环境刺激等对自己是否合适。

3）社会学习理论

提出儿童获得性别化态度和行为的两种机制是直接训练和观察学习。

4）认知理论

儿童性别角色的发展部分依赖于儿童的认知发展。

5）整合理论的倾向

社会生物学理论认为，出生前的生理发展是人们判定一个孩子的性别并依照性别采取相应抚养方式的主要依据；社会学习理论强调，年幼儿童之所以表现出与其性别相一致的行为，主要原因是他人强化了他们的类似行为，形成了基本的性别认同。2.5~3岁儿童获得了基本的性别认同，并开始形成性别图式，到了6~7岁，开始对同性别榜样给予更多的关注，并学习、判断更适合自己性别群体的态度和行为方式。这一阶段，儿童的认知发展对性别化发展起着重要作用。

6）贝姆的双性化

认为个体可以用心理的双性来描述，即用典型的男性化特征和典型的女性化特征的平衡体系或组合体系进行描述。比如很多人既有刚强的一面，又有柔弱的一面，一个人同时具有传统意义上的两种性别的个性特征，称为心理的双性化。贝姆证实，具有双性特征的男性和女性比那些具有典型传统性别特征的个体更能够灵活行事，有更强的适应性。

考研考法突破

考法1 考查性别角色认同相关概念的内涵

这种考法既可以以选择题考查考生对于这几个概念的理解，亦可以以名词解释直接考查考生对这几个含义的掌握情况。这几个概念，是很多考生容易混淆的地方。大家可以这样联想来区分：性别认同是对于一个人是男生还是女生的认知，更多强调的是生理上的认知，比如一出生医生就知道你是男孩还是女孩。性别角色标准是社会文化对于男生和女生的标准，更多强调的是社会上的期望，比如男生应该玩枪这样的玩具，女生应该玩洋娃娃这样的玩具。性别角色认同是对于一个人具有男性或女性特点的认识，更多强调的是内心信念的性别认同，比如我是男生从心底里认为自己应该像爸爸一样勇敢，我是女生从心底里认为我应该像妈妈一样温柔。性别角色偏爱指的是偏爱某种角色的活动，更多强调的是行为上的偏爱。比如，有些女生喜欢很帅气的发型，很男性化的服装。

例11：（统考/四川师范大学，2010/2018）单选：对于14~22个月大的儿童来说，男孩喜欢玩小汽车类的玩具，女孩喜欢玩娃娃和毛绒玩具。这种对玩具的选择体现了儿童的（　　）。

A. 性别认同　　B. 性别角色认同

C. 性别角色标准　　D. 性别偏爱

【解析】本题从性别偏爱的内涵进行解答。性别角色偏爱是指对与个体性别角色相联系的活动和态度的个人喜爱。男孩喜欢玩小汽车类的玩具，女孩喜欢玩娃娃和毛绒玩具体现了性别偏爱。因此本题选D。

参考答案：D

例12：（西南大学，2017）名词解释：性别角色认同。

【解析】本题从性别角色认同的概念进行解答。

参考答案：性别角色认同是指对一个人具有男子气或女子气的知觉或信念。

考法2 考查幼儿性别化发展的特点

此考法常见于选择题中，考生需要理解幼儿性别化发展所具有的特点。

例13：（北京师范大学，2016）单选：以下哪个小朋友的想法是处在幼儿期会出现但是其他时期很少出现的？（　　）

A. 我现在是女孩子，但明年有可能变成男孩子

B. 男孩就应该做男孩该做的事，不能像女孩去玩娃娃

C. 穿裙子和梳辫子的不是叔叔，是阿姨

D. 人们喜欢像男孩子一样的女孩子

【解析】本题从性别化的发展进行解答。2岁的儿童还不能确定自己的性别，因此在婴儿时期可能出现A选项的想法。B选项属于儿童的性别角色标准，4~9岁的男女儿童

对性别角色标准有了更多的了解，并且遵从社会要求，因此幼儿期3~6岁这段时期不一定能够有这样的想法。D选项不符合客观事实。3~5岁的儿童还不能理解性别的稳定，认为一个人只要换换衣服和发型就能变成另一性别的人，对性别的认同缺乏灵活性，对于男孩和女孩应该怎样有着严格的想法。因此本题选C。

参考答案：C

例14：（江西师范大学，2016）单选：5岁左右的幼儿，除了自己严格按照某一性别角色规定去行动，还常以性别角色标准为依据去评价和要求同伴的行为，这称为（　　）。

A. 性别差异　　B. 性别恒常性

C. 性别角色刻板化　　D. 性别认同

【解析】本题从儿童性别化的发展进行解答。3~5岁的儿童还不能理解性别的稳定，认为一个人只要换换衣服和发型就能变成另一性别的人，对性别的认同缺乏灵活性，对于男孩和女孩应该怎样有着严格的想法，这属于性别角色刻板化。性别刻板印象：指人们对男性或女性在行为、人格特征等方面的期望、要求和一般看法的固定印象，即个体获得了男孩和女孩、男性和女性应该是什么样，应该如何的观念。（张向葵版）。因此本题选C。

参考答案：C

考研考法实战 答案见D126页

1.（江西师范大学，2013）单选：3岁儿童认为长长的卷发的就是阿姨，短发的就是叔叔，这反映了儿童的（　　）。

A. 性别认同　　B. 性别刻板印象

C. 性别角色标准　　D. 性别偏爱

2.（电子科技大学/江西师范大学，2014）单选：给2.5~3.5岁的儿童两个性别不同的玩偶，他们会认为女性玩偶更多的从事做饭、缝衣服、玩娃娃等活动，而男性玩偶更多的从事打架、爬树、开卡车等活动，说明这一年龄段的儿童拥有了（　　）的知识。

A. 性别角色标准　　B. 性别角色偏爱

C. 性别认同　　D. 性别刻板印象

3.（浙江理工大学，2015）单选：（　　）被认为更适宜于某一性别的价值观、动机或行为。

A. 性别角色标准　　B. 性别刻板印象

C. 性别强化　　D. 性别认同

4.（统考，2019）单选：根据科尔伯格的观点，儿童性别角色的发展需依次经过的阶段是（　　）。

A. 性别稳定性、性别恒常性、性别认同

B. 性别稳定性、性别认同、性别恒常性

C. 性别认同、性别恒常性、性别稳定性

D. 性别认同、性别稳定性、性别恒常性

5.（华东师范大学，2015）单选：贝姆性别角色量表将人们划分为四种类型，其中在能动性和交际性上得分很高的人称作（　　）。

A. 男性化　　B. 女性化　　C. 双性化　　D. 未分化

6.（华中师范大学，2021）简答题：简述儿童性别认同的发展阶段。

考点5　同伴关系和社会技能训练

考研基础必备

1. 同伴关系的评定和类型（桑标版）

1）同伴关系的评定

同伴提名：根据所给定的同学名单进行限定提名，比如“你最喜欢和谁玩”。

同伴评定：根据具体化的量表对群体内其他全部成员逐一进行评定。

2）同伴关系的五种类型：

①受同伴欢迎的儿童，受到同伴正向的提名较多。这类儿童具有较高的、积极的社会技能，往往比较敏感、友好、合作、有自己的观点。

②被拒斥儿童，受到同伴的负向提名较多。被拒斥儿童表现出许多消极的社会行为。

③矛盾的儿童，又称为有争议的儿童，他们的正向提名和负向提名都较多。社会行为表现是积极与消极的混合物，既有攻击行为也有亲社会行为。

④被忽视的儿童，不管是正向提名还是负向提名都很少。由于和同伴的互动较少，常常被认为比较害羞，但没有太多社会焦虑，能较快投入同伴关系，建立良好的社会关系。

⑤一般的儿童。

2. 同伴关系的作用

1）同伴可以满足儿童归属和爱的需要以及尊重的需要

儿童在同伴中被同伴接纳并建立友谊，受到赞许和尊重而产生一种心理上的满足，这有利于儿童的发展。

2）同伴交往为儿童提供了学习他人反应的机会

同伴榜样在改变儿童行为和态度中具有很大的作用，儿童常模仿同伴的行为并将其同化到自己的行为结构中去。

3）同伴是儿童特殊的信息渠道和参照框架

儿童常从同伴那里获得不能从成人那获得的知识和信息；儿童在将自己与同伴比较的过程中形成自我的评价。

4）同伴是儿童得到情感支持的一个来源

实验表明，当儿童面临陌生或恐怖情境时，好朋友在场可以起到与父母同样的作用来消除紧张和压抑。

3. 同伴关系的发展

儿童早期的友谊一般是脆弱的、易变的，很快形成，又很快破裂。幼儿的友谊多半建立在地理位置接近、有共同的兴趣和喜爱的活动以及拥有有趣的玩具的基础上。

考研考法突破

考法1　考查同伴的类型

该考法常见于选择题中，考生要能够根据正向提名和负向提名的数量区分不同儿童的类型。

例15：（统考，2016）单选：在同伴提名中，受到同伴正向提名较少、负向提名较多的是（　　）。

A. 受欢迎儿童　　B. 被拒斥儿童

C. 有争议儿童　　D. 受忽视儿羞

【解析】本题旨在考查考生对儿童同伴关系特点的理解和掌握。通过同伴提名的方法可确定儿童的类别。受欢迎型：被较多的人所喜欢，被较少的人所拒绝。受拒绝型：被较多的人所拒绝，被较少的人所喜欢。有争议型：喜欢他和拒绝他的人都比较多。受忽视型：喜欢他和拒绝他的人都比较少。一般而言，一个班级中大约有三分之一的儿童无法划入上述四类，这些儿童的同伴地位则称为“一般型”。

参考答案：B

考法 2　考查幼儿的同伴关系

此考法常见于选择题和简答题中，考生需要掌握幼儿同伴关系的作用和特点。

例 16：（北京师范大学，2015）单选：友谊对儿童十分重要，下列哪项不是友谊的功能？（　　）

A. 提供感情的支持

B. 提供安全的基地

C. 提供更多玩耍的机会

D. 提供获得社会基本技能的机会

【解析】本题从同伴关系的作用进行解答。儿童的同伴不仅可以提供更多玩耍的机会，同伴还是儿童得到情感支持的一个来源，同伴交往可以为儿童提供了学习他人反应的机会，从而获得社会基本技能，选项 ACD 正确。因此本题选 B。

参考答案：B

例 17：（统考 / 华中师范大学，2013/2021）简答：简述儿童同伴关系的作用。

【解析】本题从同伴关系的作用进行解答。

参考答案：（1）同伴可以满足儿童归属与爱的需要，以及尊重的需要。（2）同伴交往为儿童提供了学习他人反应的机会。同伴的影响主要是通过强化、模仿和同化的机制实现的，同伴榜样在儿童行为和态度的改变上具有很大的作用。（3）同伴是儿童特殊的信息渠道和参考框架。同伴既可以给儿童提供关于自我的信息，又可以作为儿童与他人比较的对象。（4）同伴是儿童得到情感支持的一个来源。

考研考法实战 答案见 D127 页

1.（华东师范大学，2011）单选：在同伴提名中，受到同伴正向和负向提名都较多的是（　　）。

A. 受欢迎儿童　　B. 被拒斥儿童

C. 有争议儿童　　D. 受忽视儿童

章节考点　综合训练

答案见 D127 页

一、单选题

1.（江西师范大学 / 南京师范大学 / 四川师范大学 / 西南大学，2013/2014/2014/2017/2011）幼儿的主导活动是（　　）。

A. 吃喝拉撒　B. 游戏　C. 学习　D. 人际交往

2.（北京师范大学，2014）下列有关儿童游戏理论的说法错误的是（　　）。

A. 游戏具有社会性

B. 游戏是想象和现实生活的独特结合

C. 游戏是社会生活的简单翻版

D. 游戏对儿童身心发展的促进作用需要教师，家长积极组织，正确引导

3.（统考 / 江西师范大学，2010/2014）皮亚杰认为，儿童的认知发展水平决定特定时期的游戏方式。假装游戏占主导地位的阶段是（　　）。

A. 感知运动阶段　B. 形式运算阶段

C. 具体运算阶段　D. 前运算阶段

4.（统考，2012）依据皮亚杰的认知发展理论，处于前运算阶段儿童的典型游戏类型是（　　）。

A. 象征性游戏　B. 练习性游戏

C. 结构游戏　D. 规则游戏

5.（复旦大学，2018）对不同性别学前儿童加以比较，最可能产生区别是（　　）。

A. 认知方面采用不同视角　B. 游戏的方式

C. 简单算术水平　D. 工作记忆容量

6.（统考，2009）巴特森（c.Batson）提出的游戏理论是（　　）。

A. 觉醒 - 寻求理论　B. 元交际理论

C. 认知动力说　D. 机能快乐说

7.（江西师范大学，2016）儿童利用积木搭建高楼，这属于（　　）。

A. 感知运动游戏　B. 象征性游戏

C. 结构游戏　D. 规则游戏

8.（四川师范大学，2015）一般来说，3~6 岁被称为（　　）。

A. 婴儿期　B. 幼儿期　C. 学龄期　D. 青少年期

9.（江西师范大学，2016）幼儿习得行为、社交技能、活动方式和操作经验的重要学习途径是（　　）。

A. 观察　B. 语言发展　C. 模仿　D. 体验学习

10.（华东师范大学，2014）两岁儿童可能是用“狗狗”来指狗、牛、猫和羊等。“狗狗”的这种用法很可能表明，两岁儿童（　　）。

A. 还未将世界各个方面分化为成人式的范畴概念

B. 认为狗、牛、猫和羊等都是一样的动物

C. 认识到了将狗界定为某一单独类别的那些特征

D. 赋予单词“狗狗”以某种过于宽泛的含义

11（华中师范大学，2012）幼儿期儿童思维的主要特点是（　　）

A. 以具体形象思维为主　B. 以直觉行动思维为主

C. 以抽象逻辑思维为主　D. 人际交往机能降低

12.（南京师范大学，2017）儿童在大约（　　）进入语言发展单词句阶段。

A. 4 个月　B. 6 个月　C. 1 岁　D. 2 岁

13.（西南大学，2015）人生的第一个反抗期出现在（　　）。

A. 1 岁　B. 2 岁　C. 3 岁　D. 4 岁

14.（南京师范大学，2013）好孩子定向属于道德发展的（　　）阶段。

A. 习俗前道德　B. 习俗道德

C. 无道德　D. 后习俗道德

15.（华中师范大学，2016）下列关于研究范式与研究内容的匹配中，错误的是（　　）。

A“视崖”实验——深度知觉

B. 两难故事——道德发展

C. 陌生情境实验——亲子依恋

D. 对偶故事——思维发展

16.（南京师范大学，2016）根据柯尔伯格的道德推理阶段

理论，处于习俗道德时期的儿童表现为（　　）。
A. 服从于外在要求　　B. 相对功利
C. 寻求认可　　D. 价值观念内化

17.（南京师范大学，2015）遵从陈规、避免他人不赞成和不喜欢，科尔伯格将这一道德发展阶段称为（　　）。
A. 服从与惩罚定向　　B. 后习俗水平
C. 社会契约定向　　D. 好孩子定向

18.（中科院，2014）儿童道德发展理论，科尔伯格利用了两难故事的研究方法，“不应该偷药，即使他太太死掉，他不应该受到谴责，自私绝情的是药店老板”，此时儿童处于道德发展的哪一阶段（　　）。
A. 相对功利阶段　　B. 寻求认可阶段
C. 顺从权威阶段　　D. 法制观念阶段

19.（统考，2018）在儿童早期，常常会说出一些简略、断续、语法不完整的句子。这一现象被称为（　　）。
A. 单词句　　B. 电报句
C. 词汇爆炸　　D. 规则扩大化

20.（统考，2013）根据帕顿（M. Parten）的研究结果，2岁左右儿童主要的游戏类型是（　　）。
A. 平行游戏和合作游戏　　B. 联合游戏和合作游戏
C. 单独游戏和联合游戏　　D. 单独游戏和平行游戏

21.（统考，2020）幼儿记忆发展的显著特征是（　　）。
A. 无意识记为主，有意识记发展迅速
B. 有意识记为主，无意识记发展迅速
C. 无意识记和有意识记均发展迅速
D. 无意识记和有意识记均发展缓慢

22.（312统考，2022）游戏是儿童认识新的复杂客体和事件的途径，持这种观点的游戏理论是（　　）。
A. 复演论　　B. 认知动力说
C. 精神分析理论　　D. 觉醒 – 寻求理论

23.（四川师范大学，2022）科尔伯格认为幼儿的道德发展还处于（　　）。
A. 好孩子定向　　B. 维护权威
C. 天真利己主义　　D. 社会契约定向

24.（四川师范大学，2022）认知理论认为，儿童性别角色的发展依赖于儿童的什么发展？（　　）
A. 父母教育　　B. 自我性别图式
C. 认知　　D. 社会学习

25.（312统考，2021）关于人类神经系统的发现，下列说法中错误的是（　　）。
A. 大脑的偏侧化两三岁时开始
B. 髓鞘化在出生第一年后最为迅速
C. 与成人相比，婴儿有更多的神经元和神经联结
D. 大脑的发育是生物因素和早期经验结合的产物

26.（312统考，2021）听了“海因茨偷药”的故事后，丹丹赞同故事中的主人公偷药，并解释说“虽然偷东西是不对的，但如果他不偷药，别人就会觉得他不顾妻子的死活，不是个好丈夫”。根据科尔伯格的道德发展阶段理论，丹丹所处的阶段是（　　）。
A. 避免惩罚与服从定向阶段
B. 天真的利己主义阶段
C.“好孩子定向”阶段
D.“社会契约定向”阶段

27.（312统考，2021）能够区分具体运算阶段和形式运算阶段的实验是（　　）。
A. 钟摆实验　　B. 守恒实验
C. 三山实验　　D. A 非 B 错误

二、多选题

1.（浙江理工大学，2016）柯尔伯格道德推理阶段包括（　　）。
A. 道德他律阶段　　B. 前习俗道德阶段
C. 习俗道德阶段　　D. 后习俗道德阶段

2.（统考，2012）依据科尔伯格的道德发展理论，习俗水平的发展阶段包括（　　）。
A. 好孩子定向　　B. 处罚与服从定向
C. 社会契约定向　　D. 维持社会秩序定向

三、名词解释

1.（东北师范大学 / 湖南师范大学，2018/2022）心理理论。
2.（福建师范大学，2013）具体形象思维。
3.（广州外语外贸大学，2021）游戏复演说。

四、简答题

1.（西南大学，2018/2019；云南师范大学，2016）简述皮亚杰的三山实验。
2.（重庆师范大学，2008）研究者对6岁儿童出示4只玩具牛，其中3只是黑的，1只是白的，它们都侧卧着，并告诉儿童，它们睡着了。然后提问：“黑牛多还是牛多？”“黑牛多还是睡着的牛多？”结果是，对前一个问题的回答正确率为25%，后一个问题的正确率为48%。试解释之。
3.（山东师范大学，2019）简述幼儿的同伴关系及其作用。
4.（东北师范大学，2020）什么是心理理论及其经典实验范式。
5.（华中师范大学，2019）儿童性别认同的发展阶段及影响因素。
6.（辽宁师范大学，2014）幼儿是何时知道并接受自己性别的？
7.（西南大学，2017）结合皮亚杰的守恒实验（至少三种），阐述皮亚杰认知发展的阶段与特点。
8.（东北师范大学，2012）试述柯尔伯格的道德推理阶段理论，并分析其对教育实践的指导价值。
9.（陕西师范大学，2022）简述皮亚杰儿童道德理论。

五、论述题

1.（山东师范大学，2012）案例分析：小刘的儿子瞳瞳今年5岁，上幼儿园中班。根据小刘的了解，儿子在幼儿园里的主要活动就是与其他小朋友“玩”，如玩“医院”的游戏、“过家家”的游戏等。儿子对在幼儿园的这种“玩”也非常感兴趣，乐此不疲。但是，小刘却担心这种“玩”会浪费儿子学习知识的时间。小刘对此非常困惑。你如何从幼儿心理发展的角度来看待这一现象？
2.（江西师范大学，2016）论述婴儿到青少年期道德发展的特点，并对这种发展趋势给出自己的解释。
3.（辽宁师范大学，2014）儿童被撞，衣服划破，怕被责骂，用皮亚杰理论分析其道德发展特点和阶段。
4.（北京大学，2013）论述科尔伯格关于道德发展的三水平六阶段，并针对下面的偷药的例子，依据道德发展的不同阶段，选择三个阶段进行相应的解释。
A母亲得了重病，治病的药很贵A没有凑够钱，于是A找到药的制造者希望他可以便宜卖给自己或者以后还给他，但是制造者坚决反对。A感到很绝望，决定闯进制造者的实验室给母亲偷药。他应该这样做吗？
5.（统考，2017）平平出生于2005年8月16日，从他出生起，妈妈一直在为他记成长日记。妈妈发现，这些日记

能够很明显地反映平平的成长过程。下面是妈妈记下的四篇日记：

2008年9月12日

晚饭后，带平平在院子里玩，遇到对门的乐乐。乐乐手里拿着一个很漂亮的小汽车。平平看到后，马上过去把小汽车抢了过来，还推倒了乐乐。我告诉平平不能这样做，让他把玩具还给了乐乐。

2009年6月28日

晚饭后，带平平在院子里玩，遇到隔壁的丽丽。丽丽正抱着个大石榴吃。平平没有见过石榴，眼巴巴地看着人家。丽丽很大方地把石榴递给平平。平平一点不客气地伸手去接，被我拦住了。最后，丽丽妈把石榴掰了一半给平平。

周围人都夸丽丽懂事，我也给平平讲了半天道理，让他学学丽丽姐姐，有好东西要和小朋友分享。

2010年8月21日

晚饭后，带平平到院子里玩滑板。幼儿园同班的大力正在空地上玩遥控车，平平看见了很高兴。他问大力能不能把遥控车借给他玩一会儿，并且主动把滑板借给大力玩。两个人轮流玩玩具，还互相教对方怎么玩，一起玩得很高兴。

2012年9月20日

晚饭后，平平数着自己平时攒下来的零花钱，准备买玩具给福利院的孩子。我问他："这些钱不是你留着买变形金刚的吗？"他说："我是很想买变形金刚，但现在福利院的小朋友更需要玩具。老师跟我们讲了他们的故事。如果用这些钱买的玩具能够给他们带来快乐，我也会很开心的！"

根据上面四篇日记，请从弗洛伊德、班杜拉和皮亚杰的理论中任选两个来分析平平在这几年中的道德行为发展。

6.（陕西师范大学，2020）简述皮亚杰的思维发展阶段理论，说说皮亚杰是否"低估儿童的能力"，并结合最新的研究成果说明。

7.（福建师范大学，2021）幼儿园大班的小凯经常抢夺小朋友的玩具，经常因为一点小事对别的小朋友拳脚相向。试分析影响该幼儿形成这种行为的可能因素，并阐述如何对其行为进行干预？

8.（312统考，2021）在言语发展的过程中，儿童掌握语法的顺序具有跨文化的普遍性，不同的语言环境中的儿童会在基本相同的时间说出语法结构类似的句子，例如："你看我跳舞""兔兔""爸爸穿新衣服""妈妈坐腿"。根据儿童言语发展的规律对上列句子按出现的先后顺序进行排序？并描述每一时期的句法特点

9.（312统考，2022）小明、小华听了"海因兹偷药"的故事后，小明认为"应该偷药。海因兹并没有让药商真的有什么损失，而且他可以慢慢还钱。如果他不想失去妻子，就应该去拿药。"而小华则认为"不应该偷药。海因兹自然想救他的妻子，但偷药终归是错的。不管怎样，都必须遵守规则。"请阐述科尔伯格的道德认知发展阶段理论，并据此分析小明和小华分别所处的道德认知发展阶段。

10.（西北师范大学，2021）综合应用题：

（1）一个三岁的孩子他喜欢看《三只熊》，他学熊爸爸熊妈妈熊宝宝对话。

（2）一个四岁的孩子他给妈妈买生日礼物，买了一辆玩具汽车，他自己喜欢觉得妈妈也会喜欢。

（3）一个四岁的孩子，研究者把水从一个粗杯子倒在一个细杯子，问他水变多了吗，他回答是的。

根据例子简述学前期儿童的认知特点。

第六章 小学儿童的心理发展（6、7岁~12、13岁）

小学是个体开始系统接受教育、心智德能全面发展的重要时期。小学儿童的思维从以具体形象思维为主要形式逐步过渡到以抽象逻辑思维为主要形式，其社会自我逐步形成，社会性认知逐步趋于客观和深刻，社会关系更加复杂，系统的道德认识及相应的道德行为习惯逐步形成。

第一节 小学儿童的学习

研究真题，明确考况

考试要求	统考		自主命题	
	考题	考查点	考题	考查点
儿童的学习	无	无	湖南师范大学，2013 福建师范大学，2021	名词解释：学习障碍 单选：学习活动的特点

考点1 儿童的学习

考研基础必备

儿童进入学校以后，学习活动成为儿童主要的活动形式，并对儿童的心理产生重大的影响。

1. 学习对小学儿童心理发展的作用

①学习是儿童必须完成的社会义务，儿童在学习过程中，产生了责任感和义务感；培养和锻炼了儿童的意志力，对其个性发展也具有重要意义。

②儿童通过学习，掌握了读、写、算等最基本的知识和技能，为进一步掌握人类的知识打下最初的基础。在掌握这些知识经验的过程中，儿童心理活动的有意性和自觉性都明显地发展起来，其思维活动也逐渐从具体形象思维过渡到抽象逻辑思维。

③儿童在共同学习活动中，儿童相互交流、相互帮助，有助于儿童发展社会交往技能；提高社会认知的水平，培养合作、互助的集体精神；有助于儿童掌握各种基本的社会行为规范，形成并发展各种良好的品德。

2. 小学儿童的学习特点

①学习动机：外部动机始终占据主导地位；学习动机的总强度随年级升高呈下滑态势，年级越高，表层动机、深层动机和成就动机越低。

②学习兴趣：由对学习的外部活动转向学习内容；学科内容从不分化到开始分化；由对具体知识的兴趣转向抽象因果关系的兴趣；游戏的作用逐渐降低；由课内阅读扩大到课外阅读；对社会生活的兴趣扩大和加深。

③学习态度：对老师的态度由绝对权威到开始怀疑；对班集体的责任感、归属感逐渐加强；对作业的态度不断自觉化、责任化；逐渐梳理正确的评分意识。

3. 学习障碍

1）学习障碍的含义

学习障碍是一种在学业方面未达到同龄儿童应该达到的水平的不适当的发展状态，可以表现在言语、数学、运动等不同方面，具有差异性、缺陷性、集中性、排除性、可逆性和贯穿性。

2）学习障碍的症状

①在感知、思维和语言方面存在障碍；②在行为、情绪和社会性方面存在障碍；③其他方面的问题，如发育迟缓、品行问题等。

3）学习障碍产生的原因

①胎儿期、出生前、出生后的轻度脑损伤或轻度脑功能障碍；②素质－遗传假说；③生物学假设；④心理与环境假设；⑤非智力因素的发展赶不上智力因素的发展。

考研考法突破

考法1 考查小学儿童的学习障碍

此考法常见于选择题和名词解释题，考生需要掌握学习障碍的含义。

例1：（湖南师范大学/山东师范大学，2013/2019）名词解释：学习障碍。

【解析】本题从学习障碍的定义进行解答。

参考答案：学习障碍是一种在学业方面未达到同龄儿童应该达到的水平的不适当的发展状态，可以表现在言语、数学、运动等不同方面，具有差异性、缺陷性、集中性、排除性、可逆性和贯穿性。

考研考法实战 答案见D132页

1.（福建师范大学，2021）单选：以下关于小学生学习活动的描述，哪个是正确的？（　　）

A. 从低年级到高年级，学习动机由社会性动机向实用性动机过渡

B. 从一年级小学生身上就可以看到学习兴趣的分化

C. 在整个小学期间，小学生对有关具体事实和经验的知识较有兴趣

D. 小学生的学习动机总强度随年级升高呈上升态势

第二节 小学儿童思维的发展

研究真题，明确考况

考试要求	统考		自主命题	
	考题	考查点	考题	考查点
儿童的思维	无	无	华中师范大学，2013 南京师范大学，2015 西南大学，2016/2019/2020 江西师范大学，2016 四川师范大学，2018	单选：儿童的思维特点 简答：儿童的思维特点

考点 1 儿童的思维

考研基础必备

1. 小学儿童思维发展的基本特点

①逐步过渡到以抽象逻辑思维为主要形式，但仍带有很大的具体性；

②由具体形象思维到抽象逻辑思维的过渡，存在着明显的关键年龄（四年级，10~11 岁）；

③思维结构趋于完整但有待完善；

④思维发展过程的不平衡性。

2. 小学儿童概念的发展

1）小学儿童概念的逐步深刻化

小学儿童逐渐从事物的直观属性中解放出来，而以本质的、一般的因素为基础，逐步形成深刻而精确的概念。

2）小学儿童概念的逐步丰富化

儿童入学以后，概念在日益丰富。心理学家认为，字词概念发展和数学概念发展可以作为研究小学儿童概念丰富性的突破口。

3）小学儿童概念的逐步系统化

在教学的影响下，一方面，儿童所掌握的概念总是在不断变化，不断充实，不断地加深本质特征并舍弃非本质特征；另一方面，儿童所掌握的概念不是各自独立的、互不相关的，而是彼此之间既有区别，又有联系。

考研考法突破

考法 1 考查儿童的思维特点

关于儿童思维的特点以及关键年龄特征，是考生需要重视的内容，常以选择题进行考查。

例 1：（西南大学，2016）单选：童年期儿童的思维逐渐从具体形象思维向抽象思维逻辑过渡，这个转折期发生在（　　）。

A. 6~7 岁　B. 8~9 岁　C. 10~11 岁　D. 12~13 岁

【解析】本题从儿童思维过渡的年龄进行解答。由具体形象思维到抽象逻辑思维的过渡，存在着明显的关键年龄（四年级，10~11 岁），因此本题选 C。

参考答案：C

例 2：（西南大学，2016）单选：小学阶段，儿童抽象思维逐渐发展，但是其思维中具有（　　）。

A. 很少具体性　B. 很大具体性

C. 很高自觉性　D. 无自觉性

【解析】小学阶段，儿童抽象思维逐渐发展，但是其思维中具有很大的具体性，这就是皮亚杰认知发展阶段理论中所提到的具体运算阶段，小学儿童处于具体运算阶段。

参考答案：B

例 3：（福建师范大学 / 聊城大学，2019/2012）简述小学儿童思维发展的基本特点。

【解析】本题考查小学儿童思维发展的特点。

参考答案：小学儿童思维发展有以下基本特点：（1）逐步过渡到以抽象逻辑思维为主要形式，但仍带有很大的具体性；（2）由具体形象思维到抽象逻辑思维的过渡，存在着明显的关键年龄（四年级，10~11 岁）；（3）思维结构趋于完整但有待完善；（4）思维发展过程的不平衡性。

考研考法实战 答案见 D132 页

1.（江西师范大学，2016）单选：小学儿童的思维，在从具体形象思维向逻辑思维的发展过程中，存在着（　　）。

A. 稳定性　B. 多变性

C. 不平衡性　D. 发展性

2.（华中师范大学，2013）单选：小学儿童思维的主要特点是（　　）。

A. 以具体形象思维为主

B. 以直觉行动思维为主

C. 以抽象逻辑思维为主

D. 从具体形象思维向抽象逻辑思维过渡

3.（四川师范大学，2018）单选：小学阶段，儿童抽象思维逐渐发展，但是在其他抽象思维中具有（　　）。

A. 很少具体性　B. 很大具体性

C. 很高自觉性　D. 无自觉性

4.（西南大学，2019）简答：简述小学儿童的思维方式。

第三节　小学儿童个性和社会性的发展

研究真题，明确考况

考试要求	统考		自主命题	
	考题	考查点	考题	考查点
小学儿童的自我意识	2017	单选：儿童角色采择技能的发展	湖南师范大学，2012 四川师范大学，2013/2017 东北师范大学，2014 湖南师范大学，2011/2013/2020 南京师范大学，2015/2017 四川师范大学，2015/2016 东南大学，2018 东北师范大学，2018	单选：儿童角色采择技能的发展 名词解释：角色采择 简答：儿童自我评价的特点 论述：塞尔曼关于儿童角色采择的观点
小学儿童的人际关系	2013	简答：同伴关系的作用	湖南师范大学，2010 天津师范大学，2011/2013 福建师范大学，2013 四川师范大学，2016/2018 河南师范大学，2017 山东师范大学，2017/2018 华中师范大学，2013/2019	单选：塞尔曼儿童同伴友谊发展五阶段 名词解释：同伴关系 简答：塞尔曼儿童同伴友谊发展五阶段；同伴关系的基本特点；同伴关系的作用 论述：塞尔曼儿童同伴友谊发展五阶段

考点 1　小学儿童的自我意识

考研基础必备

1. 自我概念的发展特点

小学儿童的自我描述是从比较具体的外部特征的描述向比较抽象的心理术语的描述发展。到了小学高年级，儿童的这种认识有很大的具体性、决定性。

2. 自我评价的发展特点

①从顺从别人的评价发展到有一定独立见解的评价，自我评价的独立性随年级的升高而提高。

②从比较笼统的评价发展到对自己个别方面或多方面行为的优缺点进行评价。

③小学儿童开始出现对内心品质进行评价的初步倾向。

④在整个小学阶段，儿童的自我评价处于由具体到抽象、由外显行为到内部世界的发展过程，小学生的概括性评价和对内心世界的评价能力都在迅速发展。

⑤小学儿童的自我评价的稳定性逐渐加强。

3. 自我体验的发展特点

一般来说，愉快感和愤怒感发生较早，自尊感、羞愧感和委屈感发生较晚。自我体验的一个表现形式即儿童的自尊心。自尊心强的儿童往往对自己的评价比较积极，相反，缺乏自尊心的儿童往往自暴自弃。

考研考法突破

考法 1　考查儿童自我评价的特点

此考法常见于选择题和简答题中，考生需要掌握儿童自我评价的特点，并跟幼儿期相区分。

例 1：（东南大学 / 四川师范大学，2018/2017）简答：简述儿童自我评价的特点。

【解析】本题从儿童自我评价进行解答。

参考答案：儿童自我评价有以下特点：（1）从顺从别人的评价发展到有一定独立见解的评价，自我评价的独立性随年级的升高而提高。（2）从比较笼统的评价发展到对自己个别方面或多方面行为的优缺点进行评价。（3）小学儿童开始出现对内心品质进行评价的初步倾向。（4）在整个小学阶段，儿童的自我评价处于由具体到抽象、由外显行为到内部世界的发展过程，小学生的概括性评价和对内心世界的评价能力都在迅速发展。（5）小学儿童的自我评价的稳定性逐渐加强。

考点 2　小学儿童的社会性认知

1. 儿童的社会性认知发展的趋势

①从表面到内部，即从对外部特征的注意到更深刻的品质特征的注意；

②从简单到复杂，从问题的某个方面到多方面、多维度地看待问题；

③从呆板到灵活的思维；

④从对个人及即时事件的关心到关心他人利益和长远利益；

⑤从具体思维到抽象思维；

⑥从弥散性、间断性的想法到系统的、有组织的综合性的想法。

2. 角色采择

也称观点采择，是指儿童采取他人的观点来理解他人思想和行为的一种认知技能。塞尔曼运用两难故事法研究表明，观点采择能力的发展存在以下几个阶段：

①阶段 0：自我中心的或无差别的观点（3~6 岁）

不能认识到自己的观点与他人不同，因而往往根据自己的经验作出反应。

②阶段 1：社会 – 信息角色采择（6~8 岁）

开始意识到他人有不同的观点，但不能理解差异的原因。认为他人所做到的即是其所想的，而不能了解他人行动前的思想。

③阶段 2：自我反省角色采择（8~10 岁）

认识到即使得到相同的信息，和他人的观点也会有冲突。他们已能考虑他人的观点，并预期他人的行为反应，但不能同时考虑自己和他人的观点。

④阶段 3：相互性角色采择（10~12 岁）

能够同时考虑自己和他人的观点，并且认识到他人也可能这么做，能够以一个客观的旁观者的身份来解释和反应。

⑤阶段 4：社会和习俗系统的角色替换（12~15 岁）

能用社会系统和信息来分析、比较、评价他人的观点。

考法 2 考查塞尔曼关于儿童角色采择的观点

塞尔曼关于儿童的角色采择技能研究所使用的方法、划分的阶段以及每个阶段所具有的特点，都是考生需要掌握的内容，可以以多种形式进行考查。

例 2：（统考，2017）单选：根据塞尔曼（R. Selman）对观点采择的研究，儿童能从中立的第三者的角度来看待自己和别人的想法与行为，这属于（ ）。

A. 自我中心的观点采择

B. 社会信息的观点采择

C. 自我反省的观点采择

D. 相互观点采择

【解析】本题从儿童角色采择技能的发展阶段进行解答。儿童能从中立的第三者的角度来看待自己和别人的想法与行为，属于相互性角色采择。因此本题选 D。

参考答案：D

例 3：（东北师范大学，2018；西北师范大学，2022）论述：观点采择及塞尔曼关于观点采择的阶段划分。

【解析】本题从塞尔曼观点采择发展阶段进行解答。

参考答案：（1）观点采择，是指儿童采取他人的观点来理解他人思想和行为的一种认知技能。（2）塞尔曼运用两难故事法研究表明，观点采择能力的发展存在以下几个阶段：阶段 0：自我中心的或无差别的观点（3~6 岁），不能认识到自己的观点与他人不同，因而往往根据自己的经验作出反应。阶段 1：社会 – 信息角色采择（6~8 岁），开始意识到他人有不同的观点，但不能理解差异的原因。认为他人所做到的即是其所想的，而不能了解他人行动前的思想。阶段 2：自我反省角色采择（8~10 岁），认识到即使得到相同的信息，和他人的观点也会有冲突。他们已能考虑他人的观点，并预期他人的行为反应，但不能同时考虑自己和他人的观点。阶段 3：相互性角色采择（10~12 岁），能够同时考虑自己和他人的观点，并且认识到他人也可能这么做，能够以一个客观的旁观者的身份来解释和反应。阶段 4：社会和习俗系统的角色替换（12~15 岁），能用社会系统和信息来分析、比较、评价他人的观点。

考研考法实战 答案见 D132 页

1.（四川师范大学，2013）单选：塞尔曼认为，10~12 岁儿童角色采择技能处于（ ）。

A. 自我反思角色采择

B. 自我中心的角色采择

C. 相互的角色采择

D. 习俗系统的角色采择

2.（南京师范大学，2015）单选：塞尔曼（Selman）认为，儿童的角色采择能力具有 5 个发展阶段。儿童开始意识到他人有不同的观点。但不能理解这种差异的原因，这时儿童处于（ ）阶段。

A. 社会 – 信息角色采择

B. 自我反省角色采择

C. 相互角色采择

D. 社会系统的角色采择

3.（南京师范大学，2017）单选：儿童采取他人的观点来理解他人的思想与情感的一种认知技能称作（ ）。

A. 角色期待

B. 角色采择

C. 角色扮演

D. 角色理解

考点 3 小学儿童的人际关系

考研基础必备

1. 亲子关系

亲子关系的变化主要表现在：

①交往时间减少：儿童与父母待在一起的时间明显减少；父母关注儿童的时间减少。

②父母处理儿童问题的类型更为复杂。

③儿童与父母的冲突数量减少；开始具有解决冲突的选择性模式。

④在纪律约束技术和控制过程方面，可以采用推理方式。

⑤父母对儿童的控制力量发生变化：6 岁之前父母控制、6~12 岁父母和儿童共同控制、12 岁之后，儿童控制。

2. 同伴关系

1）小学儿童的同伴交往的基本特点

①交往的时间更多，交往形式更复杂；

②在交往中传递信息的技能增强；

③更善于利用各种信息来决定自己对他人所采取的行动；

④更善于协调与其他儿童的活动；

⑤开始形成同伴团体。

2）友谊

①友谊的作用：首先，它提供了儿童相互学习社会技能、交往、合作和自我控制的机会；其次，提供了儿童体验情绪和进行认识活动的源泉，为以后的人际关系提供了基础；最后，友谊是安全感或社会支持的重要源泉，在人际交往中可以减轻儿童的情感压力和应对反应。

②塞尔曼关于儿童同伴友谊发展的五个阶段：

阶段	年龄	特点
第一阶段	3~7 岁	尚未形成友谊概念，只有短期游戏伙伴关系。
第二阶段	4~9 岁	单向帮助阶段，要求朋友能服从自己愿望，能顺从就是朋友。
第三阶段	6~12	双向帮助阶段，合作互惠，具有明显的功利性。
第四阶段	9~15 岁	亲密的共享阶段，心理上互相信任支持。
第五阶段	12 岁以后	自主的相互依赖阶段，会尊重朋友的依赖需要和自主需要。

3）同伴团体

①同伴团体的特点：在一定规则基础上进行相互交往；限制其成员的归属感；具有明确的或暗含的行为标准；发展了使成员朝向完成共同目标而一起工作的组织。

②同伴团体对儿童的影响：一方面，提供了学习与同龄伙伴交往的机会；在团体活动中，相互交往技能进一步扩展和提高，儿童学习处理各种关系中的社会问题，学会按照同伴团体的标准来建立适宜的反应模式。另一方面，提供了形成和评价自我概念的机会，同伴的反应和同伴的拒绝与接受使儿童对自己有了更清楚的认识。

3. 师生关系

①儿童对教师的态度从绝对服从逐渐转变为辩证的批判，同时，教师期望对学生有广泛影响（罗森塔尔效应）。

②小学生的师生关系具有亲密性、反应性和冲突性三个方面的特点。

③教师与学生的关系也是相互的，教师的教学水平、个性等影响学生，而学生的学业成绩、活动表现、外貌等也影响教师对学生的评价。

考研考法突破

考法 1　考查塞尔曼关于儿童友谊发展阶段的内容

塞尔曼关于儿童同伴友谊发展的五个阶段的内容是考试的重点，可以以选择题的形式考查每个阶段所具有的特点，要求考生能够正确区分属于哪一个阶段，也可以以简答题的形式直接考查观点内容。

例 4：（福建师范大学，2013）单选：某一时期的个体认为，朋友之间可以相互分享，朋友要互相保持信任和忠诚，要甘苦与共。此时的友谊有很强烈的排他性和占有性。根据塞尔曼提出的儿童友谊发展的阶段，该时期属于下列哪个阶段（　　）。

A. 单向帮助阶段　　B. 双向帮助阶段

C. 亲密的共享阶段　　D. 真正的友谊阶段

【解析】本题从儿童友谊发展五阶段进行解答。根据塞尔曼儿童同伴友谊发展五阶段，第四阶段（9~15 岁）的特点是亲密共享，信任忠诚，同甘共苦，排他性和独占性。因此本题选 C。

参考答案：C

例 5：（华中师范大学，2019）简答：简述塞尔曼的儿童友谊发展阶段并简要评价。

【解析】本题从儿童友谊发展五阶段进行解答。

参考答案：塞尔曼提出儿童友谊发展有以下几个阶段：

（1）第一阶段（3~7 岁）：没有友谊的概念，儿童间只是短暂的游戏同伴关系。对这个阶段的儿童来说，朋友往往与实利和物质属性以及时空上的接近相关联。

（2）第二阶段（4~9 岁）：单向帮助阶段，这个阶段的儿童要求朋友能够服从自己的愿望和要求。如果顺从自己就是朋友，否则就不是朋友。

（3）第三阶段（6~12 岁）：双向帮助阶段，这个阶段的儿童能互相帮助，但还不能共患难。儿童对友谊的交互性有了一定的了解，但仍具有明显的功利性特点。

（4）第四阶段（9~15 岁）：亲密共享，儿童发展了朋友的概念，认为朋友之间是可以相互分享的，朋友之间应相互信任和忠诚，同甘共苦。儿童的友谊开始具有一定的稳定性。这一阶段的友谊有强烈的排他性和独占性。

（5）第五阶段（12 岁以后）：友谊发展的最高阶段，自主的共存阶段，它以双方互相提供心理支持和精神力量，互相获得自我的身份为特征。由于择友更加严格，所以建立起来的朋友关系持续时间都比较长。

评价：

（1）塞尔曼提出的儿童友谊发展阶段，使人们可以更清晰地了解儿童友谊发展的历程，并对不同年龄阶段的友谊特点进行区分。

（2）为其他研究奠定了坚实的基础。

考法 2　考查小学儿童同伴关系的特点

此考法常见于选择及简答题中，考生需要掌握小学儿童同伴关系的特点，并跟幼儿期相区分。

例 6：（华中师范大学 / 四川师范大学，2013/2018）简答：简述小学儿童同伴交往的基本特点。

【解析】本题从同伴关系的基本特点进行解答。

参考答案：儿童的同伴关系是儿童在交往过程中建立和发展起来的一种儿童之间特别是同龄人之间的人际关系。小学儿童与同伴交往的时间更多，交往形式更复杂；在交往中传递信息的技能增强；更善于利用各种信息来决定自己对他人所采取的行动；更善于协调与其他儿童的活动；开始形成同伴团体。

考研考法实战 答案见 D132 页

1.（河南师范大学，2017）论述：论述友谊对儿童的作用及小学儿童的友谊发展阶段。

第四节 小学儿童品德的发展

研究真题，明确考况

考试要求	统考		自主命题	
	考题	考察点	考题	考察点
小学儿童品德的发展			山东师范大学，2021	简答：小学儿童道德发展的特点

考点 1 小学儿童品德的发展

考研基础必备

1. 品德发展的基本特点

小学儿童品德发展的一个基本特点就是协调性

2. 道德发展的基本特点

①小学儿童逐渐形成自觉地运用道德认知来评价和调节道德行为的能力。

②小学儿童的道德言行从比较协调到逐渐分化。

③自觉纪律的形成和发展在小学儿童的品德发展中占有相当显著的地位。

④小学儿童的品德发展中存在关键期或转折期（三年级下学期前后，9岁左右）

3. 道德动机的发展

①由服从向独立发展；②由具体、近景向抽象、远景发展；③逐步产生道德动机的斗争，但激烈的冲突较少。

4. 道德认识

①道德观念：迅速发展，小学高年级儿童已经形成各种基本道德观念。

②道德判断：儿童的道德判断从受外部情境的制约逐步过渡到受内心的道德原则、道德信念的制约。小学儿童判断道德行为，常常受外部的、具体的情境所制约。权威因素在一定程度上影响小学儿童的道德判断。

5. 道德情感

①班集体和少先队集体在小学儿童道德情感的形成和发展上起着主要的作用。

②小学三年级是道德情感发展的转折期。

6. 道德行为

①亲社会行为：随着年龄的增长，亲社会行为逐渐增加。

②攻击行为：小学生的身体攻击有所下降。欺负是一种特殊形式的攻击行为，分为直接身体欺负、直接言语欺负和间接欺负。小学生直接言语欺负的发生率最高，其次是直接身体欺负，间接欺负的发生率最低；男生主要以直接身体欺负为主，女生主要以直接言语欺负为主。

③道德意志行为：小学儿童的道德意志控制力和自觉性不能完全离开外部的检查和督促。随着年龄的增长，儿童的延迟满足能力逐步增强，逐渐学会控制自己的冲动。

④道德行为习惯：小学儿童道德行为习惯的发展水平呈马鞍形，低年级和高年级较高，中年级较低。整个小学阶段是培养道德行为习惯的最佳期。社会强化、榜样、行为目标、行为结果以及短期训练都可能影响儿童的道德行为。

考法 1 考查儿童道德发展的基本特点

此考法常见于选择和简答题中，考生要理解并掌握小学儿童道德发展的基本特点，尤其要注意跟幼儿阶段的特点相区分。

例 1：（山东师范大学，2021）简答题：简述小学儿童道德发展的基本特点。

【解析】本题考查小学儿童道德发展的基本特点，考生理解记忆即可。

参考答案：小学儿童道德发展的基本特点就是协调性。具体体现在以下几点：

①小学儿童逐渐形成自觉地运用道德认知来评价和调节道德行为的能力。

②小学儿童的道德言行从比较协调到逐渐分化。

③自觉纪律的形成和发展在小学儿童的品德发展中占有相当显著的地位。

④小学儿童的品德发展中存在关键期或转折期（三年级下学期前后，9岁左右）

章节考点 综合训练

答案见 D133 页

一、单选题

1.（江西师范大学，2016）小学儿童能采用复述、组织等记忆策略，同时在小学阶段也获得迅速发展的是（　　）。

A. 长时记忆　B. 工作记忆　C. 短时记忆　D. 元记忆

2.（复旦大学，2016）最易受同伴影响的年龄（　　）。

A. 9岁　B. 14岁　C. 18岁　D. 25岁

3.（浙江理工大学，2015）9~12岁儿童友谊的基础是（　　）。

A. 共同活动　B. 心理相似

C. 忠诚、共享亲密　D. 利益分享

4.（西南大学，2016）小学儿童攻击行为主要是（　　）。

A. 直接身体攻击　B. 敌意攻击

C. 关系攻击　D. 言语攻击

5.（统考，2007）儿童能够自发运用记忆策略，对羊与牛、作业本与教科书、苹果与草莓的图片进行分类记忆的年龄是（　　）。

A. 4~5 岁　　B. 6~7 岁　　C. 8~9 岁　　D. 10~11 岁

6.（华东师范大学，2012）下列有关儿童发展的表述中，错误的是（　　）。

A. 大脑皮层抑制功能的发展是大脑机能发展的重要标志之一

B. 婴儿期的智力测验结果不能很好地预期以后的智力

C. 从智力测验结果的性别分布来看，男性智力的变异大于女性

D. 不同文化背景下，专制父母往往导致孩子基本相同的个性特点

7.（统考，2020）皮亚杰认为，儿童获得守恒观念的标志是思维表现出（　　）。

A. 系统性　　B. 逻辑性　　C. 可逆性　　D. 形象性

8.（统考，2020）儿童开始意识到他人有不同的观点，但不能理解这种差异的原因，其角色采择能力所处的发展阶段是（　　）。

A. 社会信息阶段　　B. 自我发展阶段

C. 相互性阶段　　D. 社会和习俗阶段

9.（东北师范大学，2017）儿童记忆能力发展的质变标志是（　　）。

A. 有意识记的出现　　B. 提取能力增强

C. 无意识记快速发展　　D. 开始有记忆策略

二、名词解释

1.（湖南师范大学，2020）观点采择。

2.（山东师范大学，2017）同伴关系。

三、简答题

1.（湖南师范大学，2013）试述角色采择及其发展阶段。

2.（湖南师范大学，2012）简述影响儿童社会化的主要因素。

3.（华中师范大学，2015）请简述三种常见的儿童心理异常症状。

4.（四川师范大学，2017）简述童年中期儿童注意的主要发展特点。

四、论述题

1.（华中师范大学，2019）儿童认知能力发展，记忆力在儿童期快速发展，也表现出较突出的特点。请结合儿童期认知发展的规律，回答：

（1）儿童记忆发展的基本规律是什么？

（2）匹配任务是考查儿童记忆力的重要范式，由此设计一个研究考查小学低年级和高年级学生在记忆上的差异。

（3）研究结果采用什么样的统计方法分析最为合理？给出理由。

（4）如何基于儿童记忆能力特点对儿童进行教学？

2.（西南大学，2020）论述小学儿童的思维发展特点，举例说明如何促进小学生思维发展。

3.（西北师范大学，2020）简述电子产品对儿童心理发展的影响。

4.（清华大学，2021）论述校园欺凌现象的原因和对策。

5.（华中师范大学，2021）请简述儿童攻击性行为的发展特点、主要理论观点及其应对策略。

6.（湖南师范大学，2022）论述儿童语言发展过程及主要影响因素。

7.（北京林业大学，2021）假设你要去为幼儿期父母做一个自我控制能力的讲座，说一下讲座的思路。请应用发展心理学的观点和结合实际生活的角度，并对讲座思路进行具体地阐述。

五、填空题

1.（南京师范大学，2016）小学儿童的学习动机是分层次、成系统的，其中起支配和决定作用的是________的动机。

六、判断题

1.（云南师范大学，2012）在小学阶段，父母是儿童成长的"重要他人"。（　　）

2.（云南师范大学，2013）6 岁的幼儿基本没有记忆策略。（　　）

第七章 青少年的心理发展（11、12岁~17、18岁）

青少年期是个体身心发展的加速期和过渡期。本章阐述青少年期个体的生理发展特点及身心发展的不平衡性引发的心理矛盾，介绍青少年思维发展的一般规律和几种思维形式的具体发展特点，同时阐述青少年自我意识、情绪、道德和人际交往等个性和社会性方面的发展特点，以及当前青少年所面临的诸多心理社会问题，并探讨这些问题的特点和成因。

第一节 青少年的身心发展

研究真题，明确考况

考试要求	统考		自主命题	
	考题	考查点	考题	考查点
青少年的身心发展	无	无	华东师范大学，2011 湖南师范大学，2011/2015 华中师范大学，2012 四川师范大学，2013/2015/2017 南京师范大学，2014 辽宁师范大学，2014 东北师范大学，2016 云南师范大学，2017	单选：青少年的心理发展 简答：初中生心理发展的矛盾；青春期的心理特点 论述：青少年心理发展特点的影响及对策

考点1 青少年的身心发展

考研基础必备

1. 青少年身体发展的一般特点

青春期是个体生长发育的第二个高峰期。在这一时期，青少年的身体和生理机能都发生了急剧的变化，主要表现在身体外形的变化、体内机能的增强以及性的发育和成熟三个方面，这就是青春期生理发育的三大巨变。

1）身体外形的变化

①身高的增长；②体重的增长；③第二性征的出现；④头面部的变化。

2）体内机能的增强

①心脏压缩机能的增强；②肺的发育；③肌肉力量的增强；④大脑的发育。大脑发展的两个加速期：第一个是5~6岁，第二个是13岁左右。

3）性的发育和成熟

①性激素的增多；②性器官的发育；③性机能的发育。

2. 青少年心理发展的一般特点

1）生理变化对心理活动的冲击

由于身体外形的变化，使他们产生了成人感，因此，在心理上他们也希望能尽快进入成人的世界，希望摆脱童年时的一切，寻找到一种全新的行为准则，扮演一个全新的社会角色，获得一种全新的社会评价，重新体会人生的意义，就在这种新的追求中，他们感到种种困惑。

由于性的成熟，对异性产生了好奇和兴趣，萌发了与性相联系的一些新的情绪情感体验，滋生了对性的渴望，但又不能公开表现这种愿望和情绪，所以，体会到一种强烈的冲击和压抑。

2）心理上成人感和幼稚性的矛盾

青春期少年的心理活动往往处于矛盾状态，其心理水平呈现半成熟、半幼稚性。其成熟性主要表现为他们产生了对成熟的强烈追求和感受，这来自身体的快速发育及性成熟；其幼稚性主要表现在认知能力、思维方式、人格特点及社会经验上。

①反抗性与依赖性。

因为成人感，进而产生独立意识，所以对一切都不愿意顺从，对人对事常处于与成人相抵触的状态中。但是青少年的内心并没有完全摆脱对父母的依赖，只是依赖的方式较之过去有所变化。青春期时，对父母的依赖表现为希望从父母那里得到精神上的理解、支持和保护。

②闭锁性与开发性。

青少年会将内心封闭起来，但又感到孤独和寂寞，不断地寻找朋友，一旦找到，就会推心置腹，毫不保留。

③勇敢和怯懦。

青少年在某些情况下，能表现出很强的勇敢精神，但在另一些情况下，也表现较怯懦。

④高傲与自卑。

几次甚至一次偶然的成功，就可以使他们沾沾自喜，几次偶然的失败，就会让他们极度自卑。

⑤否定童年与眷恋童年。

青少年力图从各个方面对自己的童年加以否定；但是

他们又留恋无忧无虑的童年，留恋童年那种简单明了的行为方式及宣泄情绪的方法等等。

考研考法突破

考法 1 青少年心理发展的特点

青少年心理发展的特点有两方面：一方面是生理变化对心理活动的冲击，另一方面是心理上成人感和幼稚性的矛盾。考生需掌握这些特点的表现，可以以多种形式进行考查。

例 1：（四川师范大学，2017）单选：由于青春期少年心理上的成人感及幼稚性并存，所以他们往往表现出种种心理冲突和矛盾，具有明显的不平衡性。以下不属于上述冲突和矛盾的表现是（　　）。

A. 勇敢与怯懦　　B. 高傲与自卑

C. 反抗与依赖　　D. 主动与内疚

【解析】本题从青少年心理发展的特点进行解答。青春期少年的心理活动往往处于矛盾状态，包括反抗性与依赖性；闭锁性与开放性；勇敢和怯懦；高傲与自卑；否定童年与眷念童年。因此本题选 D。

参考答案：D

例 2：（湖南师范大学，2011/2015）简答：初中生心理发展的矛盾特点表现在哪些方面？

【解析】本题从青少年心理发展的矛盾特点进行解答。

参考答案：初中生处于青春期，其心理活动往往处于矛盾状态，其心理水平呈现半成熟、半幼稚性。其成熟性主要表现为他们产生了对成熟的强烈追求和感受，这来自身体的快速发育及性成熟；其幼稚性主要表现在认知能力、思维方式、人格特点及社会经验少上。（1）反抗性与依赖性：因为成人感，进而产生独立意识，所以对一切都不愿意顺从，对人对事常处于与成人相抵触的状态中。（2）闭锁性与开放性：青少年会将内心封闭起来，但又感到孤独和寂寞，不断地寻找朋友，一旦找到，就会推心置腹，毫不保留。（3）勇敢和怯懦：青少年在某些情况下，能表现出很强的勇敢精神，但在另一些情况下，也表现较怯懦。（4）高傲与自卑：几次甚至一次偶然的成功，就可以使他们沾沾自喜，几次偶然的失败，就会让他们极度自卑。（5）否定童年与眷恋童年：青少年力图从各个方面对自己的童年加以否定；但是他们又留恋无忧无虑的童年，留恋童年那种简单明了的行为方式及宣泄情绪的方法等等。

例 3：（华中师范大学，2012）简答：青少年心理发展的一般特点。

【解析】本题从青少年心理发展的一般特点进行解答。

参考答案：（1）生理变化对心理活动的冲击：由于身体外形的变化，使他们产生了成人感，因此，在心理上他们也希望能尽快进入成人的世界，希望摆脱童年时的一切，寻找到一种全新的行为准则，扮演一个全新的社会角色，获得一种全新的社会评价，重新体会人生的意义，就在这种新的追求中，他们感到种种困惑。由于性的成熟，对异性产生了好奇和兴趣，萌发了与性相联系的一些新的情绪情感体验，滋生了对性的渴望，但又不能公开表现这种愿望和情绪，所以，体会到一种强烈的冲击和压抑。

（2）心理上成人感和幼稚性的矛盾：青春期少年的心理活动往往处于矛盾状态，其心理水平呈现半成熟、半幼稚性。其成熟性主要表现为他们产生了对成熟的强烈追求和感受，这来自身体的快速发育及性成熟；其幼稚性主要表现在认知能力、思维方式、人格特点及社会经验少上。

①反抗性与依赖性，因为成人感，进而产生独立意识，所以对一切都不愿意顺从，对人对事常处于与成人相抵触的状态中。

②闭锁性与开放性，青少年会将内心封闭起来，但又感到孤独和寂寞，不断地寻找朋友，一旦找到，就会推心置腹，毫不保留。

③勇敢和怯懦，青少年在某些情况下，能表现出很强的勇敢精神，但在另一些情况下，也表现较怯懦。

④高傲与自卑，几次甚至一次偶然的成功，就可以使他们沾沾自喜，几次偶然的失败，就会让他们极度自卑。

⑤否定童年与眷恋童年，青少年力图从各个方面对自己的童年加以否定；但是他们又留恋无忧无虑的童年，留恋童年那种简单明了的行为方式及宣泄情绪的方法等等。

考法 2 考查青少年心理发展特点的影响及对策

此考法常见于简答、论述及案例分析中，考生需要掌握青少年心理发展特点的原因以及可能引发的行为问题，并能结合实际提出合理的教育对策。

例 4：（东北师范大学 / 云南师范大学，2016/2017）试述青春期青少年生理变化对心理的影响。如何应对？

【解析】本题从青少年心理发展的一般特点及对策进行解答。

参考答案：（1）生理变化对心理活动的冲击：由于身体外形的变化，使他们产生了成人感，因此，在心理上他们也希望能尽快进入成人的世界，希望摆脱童年时的一切，寻找到一种全新的行为准则，扮演一个全新的社会角色，获得一种全新的社会评价，重新体会人生的意义，就在这种新的追求中，他们感到种种困惑。由于性的成熟，对异性产生了好奇和兴趣，萌发了与性相联系的一些新的情绪情感体验，滋生了对性的渴望，但又不能公开表现这种愿望和情绪，所以，体会到一种强烈的冲击和压抑。

（2）对策：青少年出现的各种变化是青春期生理、心理发展的必然结果，是青少年由不成熟向成熟转化过程中的正常表现。首先父母和教师要理解、接纳孩子。孩子出现的一系列身心变化，孩子自己是始料不及、难以控制的，此时特别需要父母和老师的理解和接纳。其次，青春期孩子的最大愿望就是渴望尊重、渴望独立，希望别人把他们当成大人，平等相待。这就要求父母要转变角色和教育观念，改变居高临下、命令式的单向教育为平等、探讨式的双向教育。从单纯关心孩子的生活起居转变到指导孩子的发展和成长，努力成为孩子的良师益友。

考研考法实战 答案见 D135 页

1.（南京师范大学，2014）单选：青春发育期的主要特点是（　　）。

A. 身心发展稳定

B. 心理发展无显著变化

C. 身心发展迅速又不平衡

D. 心理迅速发展而直达成熟

2.（四川师范大学，2015）单选：初中生心理发展最基本的特点是（　　）。

A. 稳定性　　B. 平衡性

C. 矛盾性　　D. 批判性

第二节 青少年的思维发展

研究真题，明确考况

考试要求	统考		自主命题	
	考题	考查点	考题	考查点
青少年的思维发展	2009 2015 2022	单选：青少年的思维发展；青少年自我中心思维的特点 单选：高中生抽象逻辑思维发展特征	湖南师范大学，2010/2012 江西师范大学，2013/2014 东北师范大学，2014 江西师范大学，2014 西南大学，2015/2016 四川师范大学，2017/2018 福建师范大学，2019	单选：青少年的思维发展 简答：青少年的思维发展；青少年的抽象逻辑思维的发展特点；青少年自我中心思维的特点

考点1 青少年的思维发展

考研基础必备

1. 青少年思维发展的基本特征

青少年思维发展的基本模式是由形象思维、抽象思维过渡到辩证思维，主要特点是思维逐步符号化。与具体运算阶段的儿童相比，他们发展了抽象的、科学的思维能力，具体表现为：思维的概括能力增强；能使用假设检验和更加一般的逻辑规则进行思考，不再借助于具体事物和事件；思维活动中的自我意识成分增多，思维的反省性和监控性明显提高；辩证思维能力增强，看问题不再那么绝对化；思维的创造性也迅速发展。

根据皮亚杰的观点，青少年处于形式运算阶段。这个阶段的主要特点是：在头脑中可以把事物的形式和内容分开，可以离开具体事物，根据假设来进行逻辑推演，能运用形式运算来解决诸如组合、包含、比例、排除等逻辑课题。

少年期：少年期个体的形象思维趋于成熟，抽象逻辑思维开始占优势。从初二年级开始，学生的抽象逻辑思维开始由经验型水平向理论型水平转化。因此，初中生思维活动的基本特点是抽象逻辑思维占优势地位，但有时思维中的具体形象思维成分还起作用。

青年期：进入高中后，抽象逻辑思维进入成熟期，到高中二年级，经验型水平向理论型的转化初步完成，标志着他们的抽象逻辑思维趋向成熟。因此，逻辑思维的发展是青少年思维发展的重点。高中生的抽象逻辑思维已具有充分的假设性、预计性及内省性。

2. 青少年逻辑思维的发展

1）抽象逻辑思维的发展特点

抽象逻辑思维是一种假设的、形式的、反省的思维。具有如下特征：一是通过假设进行思维；二是思维具有预计性；三是思维形式化；四是思维活动中自我意识和监控能力的明显化。

青少年的抽象逻辑思维是过渡型的，即处于由经验型向理论型的转化，在这个过程中，抽象逻辑思维获得了高度的发展。

抽象逻辑思维有两种形式：形式逻辑思维和辩证逻辑思维。

2）形式逻辑思维的发展特点

形式逻辑思维是个体抽象逻辑思维发展的初级形式。青少年形式逻辑思维的发展主要表现在其概念、推理和逻辑法则的运用能力这三个方面的发展特点上。

①概念的发展：进入青少年期后，个体日益掌握了更多的抽象概念和更复杂的概念系统。

②推理能力的发展：从初中一年级开始，青少年就开始具备各种逻辑推理能力，初中生逻辑推理能力的发展是不平衡的，总体来讲，归纳推理的能力高于演绎推理的能力。

③运用逻辑法则能力的发展：初中生已经基本上掌握并能运用逻辑法则，他们对各类逻辑法则的掌握主要表现在对于矛盾律、排中律和同一律的认识上。

3）辩证逻辑思维的发展特点

辩证逻辑思维是个体抽象逻辑思维发展的高级形式。辩证逻辑思维是反映客观现实的辩证法，是主体自觉或不自觉地按照辩证法所进行的思维。初中三年级时辩证逻辑思维处于迅速发展阶段，是一个重要的转折时期。这种思维方式在高中阶段迅速发展并开始占据优势地位，但形式逻辑思维的发展水平仍然高于辩证逻辑思维水平。青年晚期，辩证逻辑思维才发展为主要的思维形态。

3. 青少年思维监控的发展

青少年自我监控能力的发展速度比小学生快得多，其计划性、准备性、方法性和反馈性得到了很好的发展。青少年对自己思维的反思和监控是不断发展的。

4. 青少年创造性思维的发展

青少年期个体的创造性思维处于高度发展阶段，高中二年级学生创造性思维发展迅速。

5. 初中生自我中心思维

1）初中生自我中心思维的表现

初中生思维中自我中心主要表现为，虽然他们能区别自己与他人的想法，却不能明确区分他们的关心焦点，与他人关心焦点的不同所在。

①假想的观众：他们感觉每天就像生活在舞台上一样受到别人的欣赏和评判，他们非常重视别人对自己的评价，所以要花很多时间和心力来应付这些假想的观众。

②独特的自我：初中生将别人如此关注他们的原因解释为自身的“与众不同”，即他们具有一个独特的自我，因此，他们总是将思想集中在自己的情感上，常常夸大自己的情绪感受，认为他的情绪体验是独一无二的。

2）初中生自我中心思维与幼儿自我中心思维的区别

幼儿阶段的自我中心，形成的原因是儿童只能依靠感知和动作来适应外界环境，动作表现为外部的肌肉活动，尚未内化，还不能在脑中进行。所以这一阶段由于幼儿尚不能区分自己与客体之间的关系，出现了自我中心，这种自我中心是儿童不能将自我与外界区分所造成的。

少年期出现的自我中心倾向则是少年虽能正确地认识世界、分清现实和想象的区别、了解、考虑的思想，却不能明确地区分自己关心的焦点与他人关心的焦点的不同。

考研考法突破

考法 1　考查青少年思维的基本特征

此考法在考试中通常以选择和简答综合考查青少年时期的思维特点，因此考生需要多加理解和记忆。

例 1：（统考 / 江西师范大学，2009/2014）单选：下列有关初中生思维发展特点的描述，错误的是（　　）。

A. 平衡性表现明显　　B. 批判性显著增强

C. 自我中心再度出现　　D. 表面性依然突出

【解析】本题从青少年思维发展的总体特征进行解答。初中生思维发展的主要特点是创造性和批判性日益明显；思维的片面性和表面性依然存在；思维中自我中心的再度出现。而平衡性表现明显是在高中阶段才出现。因此本题选 A。

参考答案：A

考法 2　考查青少年逻辑思维的发展特点

此考点常见于简答或论述题，需要详细阐述青少年逻辑思维的发展特点。

例 2：（福建师范大学，2019）简答：试分析青少年抽象逻辑思维的发展特点。

【解析】本题考查青少年逻辑思维的发展特点。考生要注意审题，关于青少年思维的内容，在林崇德版本上有介绍青少年思维的基本特征、青少年抽象逻辑思维的发展特点（包括形式逻辑思维和辩证逻辑思维）、青少年思维监控的发展、青少年创造性思维的发展，这里主要问的青少年抽象逻辑思维的发展特点。

参考答案：①青少年正处于中学阶段。在整个中学阶段，青少年的抽象逻辑思维得到了迅速的发展。这种发展有一个过程，少年期和青年早期的思维是不同的。

②在少年期的思维中，抽象逻辑思维虽然开始占优势，但是在很大程度上还属于经验型，需要感性经验的直接支持。处于少年期的初中生，抽象逻辑思维的发展特点在其运用假设的能力上有所体现。

③青年早期的抽象逻辑思维则属于理论型，表现为个体能在头脑中进行完全属于抽象符号的推导，能用理论作指导来分析、综合各种事实材料，从而不断扩大自己的知识领域或解决各种问题。青年早期的思维过程既包括从特殊到一般的归纳过程，也包括从一般到特殊的演绎过程，也就是从具体提升到理论，又用理论指导去获得知识的过程。因此，青少年的思维是过渡型的，即处于由经验型向理论型的转化，在这个过程中，抽象逻辑思维获得了高度。高中生的抽象逻辑思维已具有充分的假设性、预计性及内省性。

考法 3　考查青少年自我中心思维的特点

此考法在考试中以单选、简答、论述的多种形式出现，考生需重点掌握青少年自我中心思维的典型表现，以及它跟幼儿时期自我中心的区别。

例 3：（统考 / 四川师范大学，2015/2018）单选：在个体自我意识发展过程中，出现“假想的观众”和“独特的自我”等现象的时期是（　　）。

A. 幼儿期　B. 青少年期　C. 成年初期　D. 成年中期

【解析】本题从青少年自我中心思维的特点进行解答。初中生自我中心思维的主要表现为，假想的观众和独特的自我。初中生处于青少年期，因此本题选 B。

参考答案：B

例 4：（湖南师范大学，2012）论述：为什么青春期初期（初中阶段）自我中心思维再度出现？有哪些主要表现？

【解析】本题从青少年自我中心思维的原因和表现进行解答。

参考答案：青少年自我中心思维的原因：

①元认知能力的出现使儿童开始能够对自己的心理活动过程进行分析和评价。思维的独立性使得他们可以对事情做出判断，有自己的想法和观点。

②生理上的急剧变化使儿童产生以后一种成人感。生理上的成熟对心理造成了巨大的冲击，使他们产生一种惶恐的表现。

③父母和社会提出的新要求使其不得不重新审视和了解自己。外界的变化让他们立足于自身的情况重新审视自己，以让自己发生改变从而适应环境。

青少年自我中心思维的表现：

①假想的观众：他们感觉每天就像生活在舞台上一样受到别人的欣赏和评判，他们非常重视别人对自己的评价，所以要花很多时间和心力来应付这些假想的观众。

②独特的自我：初中生将别人如此关注他们的原因解释为自身的“与众不同”，即他们具有一个独特的自我，因此，他们总是将思想集中在自己的情感上，常常夸大自己的情绪感受，认为他的情绪体验是独一无二的。

考研考法实战 答案见 D136 页

1.（江西师范大学，2013/2014）单选：高中生思维发展的主要特点是（　　）。

A. 具体形象思维向抽象逻辑思维过渡

B. 思维不具有反省性

C. 经验型抽象逻辑思维向理论型抽象逻辑思维过渡

D. 感知运动思维发挥重要作用

2.（四川师范大学，2017）单选：青少年思维发展的主要特点是思维逐渐（　　）。

A. 直观化　B. 形象化　C. 符号化　D. 表面化

3.（西南大学，2015）多选：青少年思维自我中心的表现有（　　）。

A. 假想观众　　B. 人格的内省

C. 独特的自我　　D. 情绪的两极

4.（四川师范大学，2018）简答：青少年思维发展有哪些基本特征？具体表现在哪些思维形式上？

第三节 青少年个性、社会性的发展

研究真题，明确考况

考试要求	统考		自主命题	
	考题	考查点	考题	考查点
1. 自我意识的发展	2014 2021	单选：自我同一性的建立 单选：自我意识表现	华中师范大学，2022 四川师范大学，2013 苏州大学，2014 南京师范大学，2014/2015 天津师范大学，2015 江西师范大学，2015 湖南师范大学，2015 西南大学，2016 浙江理工大学，2016 东南大学，2017 四川师范大学，2017/2018 福建师范大学，2013/2014/2019/2020	单选：青少年自我意识的基本特点；自我同一性 简答：青少年自我概念的特点；自我同一性的特点及其影响因素
2. 青少年的情绪特点	2012 2013	单选：青少年的反抗心理	天津师范大学，2021 华中师范大学，2011 南京师范大学，2014/2017 华东师范大学，2016 西南大学，2011/2017 四川师范大学，2017 福建师范大学，2019	单选：青少年的情绪特点；青少年的反抗心理 简答：青少年反抗心理的原因和表现；情绪情感的特点
3. 青少年的人际交往	无	无	湖南师范大学，2011/2013 华东师范大学，2012 上海师范大学，2013 四川师范大学，2016 南京师范大学，2017 天津师范大学，2019	单选：青少年的同伴关系； 简答：人际关系的特点；青少年的同伴关系；青少年与成人的关系

考点1 自我意识的发展

考研基础必备

总体来说，青少年的个性特点有二：其一是不平衡性，其二是极端性或偏执性。

1. 自我意识的基本特点

1）两次飞跃

①第一次飞跃：婴儿时期：1~3岁，儿童用代词“我”来标志自己。

②第二次飞跃：青少年时期：生理上的变化发生得过于突然，使他们产生一种惶惑感觉的同时，自觉或不自觉地将自己的思想重新指向主观世界，使思想意识再一次进入自我，从而导致自我意识的第二次飞跃。

2）自我意识高涨的表现

①内心世界越发丰富，常将很多心智用于内省；②个性上的主观偏执性：一方面，青少年认为自己正确，听不进别人的意见，另一方面，他们又感到别人似乎总是用尖刻挑剔的态度对待他们。

3）青少年自我意识的特点

①自我意识中独立意向的发展：青少年已经完全意识到自己是一个独立的个体，因此要求独立的愿望日趋强烈。

②自我意识成分的分化：青少年在心理上把自我分成了“理想自我”和“现实自我”两个部分。

③强烈地关心着自己的个性成长：青少年十分关心自己个性特点方面的优缺点，在对人、对己进行评价时，也将个性是否完善放在首要位置。

④自我评价的成熟：能独立地评价自己的内心品质，在一定程度上达到了主客观的辩证统一。

⑤有较强的自尊心：在其言行受到肯定和赞赏时，会产生强烈的满足感，反之，易产生强烈的挫折感。

⑥道德意识的高度发展

2. 自我概念

1）青少年自我概念的特点

青少年期个体的认知能力有了很大的提高，他们能以更加抽象、复杂和独特的方式来认识自己，因此青少年的自我概念在内容和结构上都与早期个体的自我概念有很大的差异。这种差异主要表现在：①自我概念更加抽象；②自我概念正负性的转变；③自我概念更加具有整合性和组织性；④自我概念的结构更加分化。

2）影响青少年自我概念的因素

①生理因素：主要是身体外形上的特点，这种特点可以影响到青少年自我概念的积极程度或消极程度。

②认知水平：具有较高认知水平及成熟的形式逻辑和辩证逻辑特点的青少年往往具有更适当、更稳定的自我概念。

③父母的概念倾向：这方面对青少年自我概念的影响是同向的。

④成功及失败经验的积累：这是影响自我概念性质的一个因素。

3. 自我评价

青少年学会了较为全面、客观、辩证地看待自己、分析自己，自我评价能力变得全面、主动，而且日趋深刻。

青少年进行自我评价是出自实现理想自我的愿望，或是对失败和挫折的反省。

青少年易出现自我评价偏高的倾向，因而表现出行为上的自负，常常听不进别人的意见。

4. 自我同一性的确立

1）定义

自我同一性是指个体在特定环境中的自我整合和适应之感，是个体寻求内在一致性和连续性的能力，是对“我是谁”“我将来的发展方向”以及“我如何适应社会”等问题的主观感受和意识。

2）自我同一性四个方面的特征

①个体性：一种意识到的独特感，个体以一种不同的、独立的实体而存在。②整体性和整合感：一种内在整体感，产生于自我的潜意识整合作用，健康的自我能把零碎的表象整合为一种有意义的整体。③一致性和连续性：潜意识追求一种过去和未来之间的内在一致和连续感，感受到个体的生命的连贯性并朝着有意义的方向前进。④社会团结感：具有团体的理想和价值的一种内在团结感，感受到社会的支持和认可。

3）分类

玛西亚根据青少年探索和投入的程度对个体同一性的发展状态进行了评定，分别把个体归入了同一性的四种状态：

状态	含义	特征
同一性扩散（同一性混乱）	个体既没有探索，也没有自我投入	无探索、无投入
同一性早闭（同一性停滞）	青少年做出了自我投入，但没有进行探索；人生选择常常由权威性的父母做出	无探索、有投入
同一性延缓	青少年正处于同一性危机之中，但是成人或社会没有给予他们责任或义务，或者对他们的责任只是进行了模糊的定义	有探索、无投入
同一性完成	青少年已进行了探索，并且也进行了积极投入	有探索、有投入

4）同一性形成过程中的影响因素

①认知发展水平：形式运算思维掌握牢固，以复杂抽象方式思考问题的青少年比那些认知不那么成熟的青少年更有可能提出和解决同一性问题。

②与父母关系远近以及父母的教养方式会影响到青少年自我同一性的建立。

③和同伴群体的相处以及友谊的建立对青少年同一性的形成有重要作用。

④学校、社会以及更广泛的文化背景会对同一性的建立以及发展产生影响。

考研考法突破

考法 1　考查青少年自我意识的基本特点

这种考法主要以选择题或者简答题形式进行考查，青春期是自我意识发展的第二个飞跃期，考生需要掌握这个阶段独有的特点。

例 1：（江西师范大学 / 南京师范大学 / 四川师范大学，2015/2014/2017）单选：个体自我意识的第二次飞跃发生在（　　）。

A. 幼儿期　B. 儿童期　C. 青春期　D. 更年期

【解析】本题考查青少年的自我意识。婴儿期是自我意识发展的第一个飞跃期，青春期是自我意识发展的第二个飞跃期。因此本题选 C。

参考答案：C

例 2：（苏州大学，2014）简答：结合自我分析青少年自我意识的特点。

【解析】本题考查青少年的自我意识的特点。

参考答案：青春期是自我意识发展的第二个飞跃期。基本特点如下：（1）自我意识中独立意向的发展。青少年已经完全意识到自己是一个独立的个体，因此要求独立的愿望日趋强烈。（2）自我意识成分的分化，青少年在心理上把自我分成了“理想自我”和“现实自我”两个部分。（3）强烈地关心着自己的个性成长，青少年十分关心自己个性特点方面的优缺点，在对人、对己进行评价时，也将个性是否完善放在首要位置。（4）自我评价的成熟，能独立地评价自己的内心品质，在一定程度上达到了主客观的辩证统一。（5）有较强的自尊心，在其言行受到肯定和赞赏时，会产生强烈的满足感，反之，易产生强烈的挫折感。（6）青春期的道德意识的也会高度发展。（结合自己在青春期的一些表现合理分析。）

考法 2　考查青少年自我概念的特点

青少年的自我概念呈现多种多样的变化，在考试中常以简答题的形式进行考查。

例 3：（福建师范大学，2013）简答：青少年阶段与早期发展阶段相比，自我概念表现出什么样的特点。

【解析】本题考查青少年的自我概念的特点。

参考答案：青少年期个体的认知能力有了很大的提高，他们能以更加抽象、复杂和独特的方式来认识自己，因此青少年的自我概念在内容和结构上都与早期个体的自我概念有很大的差异。这种差异主要表现在：（1）自我概念更加抽象；（2）自我概念正负性的转变；（3）自我概念更加具有整合性和组织性；（4）自我概念的结构更加分化。

考法 3　考查自我同一性

关于自我同一性的概念、分类以及影响因素等相关知识，考生需引起重视，可以以多种形式进行考查。

例 4：（统考，2014）单选：自我同一性的确立是青少年期的主要发展任务。未经历危机和探索就做出选择的个体，其自我同一性的发展类型属于（　　）。

A. 同一性达成　　B. 同一性延缓

C. 同一性停滞　　D. 同一性混乱

【解析】本题旨在考查考生对于自我同一性四种状态分类的理解和掌握。根据题意描述可知，个体没有探索就进行了投入，属于同一性停滞状态，因此本题选 C。

参考答案：C

例 5：（福建师范大学 / 东南大学 / 华东师范大学，

2019/2017/2022）简答：什么是自我同一性？玛西亚将自我同一性划分为哪几种状态？

【解析】本题从自我同一性发展的含义和类型进行解答。

参考答案：自我同一性是指个体在特定环境中的自我整合和适应之感，是个体寻求内在一致性和连续性的能力，是对“我是谁”“我将来的发展方向”以及“我如何适应社会”等问题的主观感受和意识。

玛西亚按照危机（探索）和自我投入（承诺）两个维度，将自我同一性的发展划为四种主要方式。①同一性扩散：又称同一性混乱，是指个体既没有探索（个体还没有探求有意义的选择），也没有自我投入。②同一性早闭：青少年做出了自我投入，但是没有探索。他们的人生选择常常由权威性的父母做出，没有经历自我探索。③同一性延缓：青少年正处于同一性危机之中，但是成人或社会没有给予他们责任或义务，或者对他们的责任只是进行了模糊的定义。④同一性完成：青少年已进行了探索，并且也进行了积极投入。

例 6：（四川师范大学，2018）简答：青少年自我同一性形成的四大影响因素。

【解析】本题从自我同一性发展的影响因素进行解答。

参考答案：（1）认知发展水平：形式运算思维掌握牢固，以复杂抽象方式思考问题的青少年比那些认知不那么成熟的青少年更有可能提出和解决同一性问题；（2）与父母关系远近以及父母的教养方式会影响到青少年自我同一性的建立；（3）和同伴群体的相处以及友谊的建立对青少年同一性的形成有重要作用；（4）学校、社会以及更广泛的文化背景会对同一性的建立以及发展产生影响。

考研考法实战 答案见 D136 页

1.（南京师范大学，2015）单选：青少年已经进行了探索，并且进行了积极投入，这一状态称为（　　）。

A. 同一性扩散　　B. 同一性完成
C. 同一性早期封闭　　D. 同一性延缓

2.（四川师范大学，2013）单选：根据青少年的探索和投入把自我同一性分为四种状态的学者是（　　）。

A. 埃里克森　B. 玛西亚　C. 加登纳　D. 罗杰斯

3.（西南大学，2016）单选：不假思索地接受父母的传统观念，完全没有自己的价值判断的人属于（　　）。

A. 同一性封闭　　B. 同一性延缓
C. 同一性混乱　　D. 同一性获得

4.（福建师范大学 / 浙江师范大学，2014/2012）论述：请根据青少年自我意识的特点谈谈如何对青少年进行教育（心理辅导）。

5.（浙江理工大学，2016）简答：简述从婴儿期到青春期自我概念的发展过程。

6.（华中师范大学，2018）简答：简述初中时期的自我发展。

考点 2　青少年的情绪特点

青少年的情绪表现充分体现出半成熟半幼稚的矛盾性特点。青少年被称为“风暴期”“叛逆期”，情绪具有突出的不成熟和不稳定的特征。

1. 情绪表现为两极性

1）强烈、狂暴性和温存、细腻共存

青少年的情绪表现有时是强烈而狂暴的。同样一个刺激，在他们那里所引起的情绪反应强度相对大得多，甚至达到震撼人心的程度。

但青少年的情绪有时也表现出温和、细腻的特点。情绪的温和性是指个体的某些情绪是在文饰之后，以一种较为缓和的形式表现出来。情绪的细腻性是指个体情绪体验上的细致的特点。

2）情绪的可变性和固执性共存

情绪的可变性是指情绪体验不够稳定，常从一种情绪转为另一种情绪的特点。情绪的固执性是指情绪体验上的一种顽固性。

3）内向性和表现性共存

情绪的内向性是指情绪表现形式上的一种隐蔽性。情绪的表现性是指在情绪表露过程中，自觉或不自觉地带上了表演的痕迹。

2. 心境的变化

1）烦恼突然增多

不知道应该以何种姿态出现于公众面前，与父母关系出现裂痕。不知如何保持或确立自己在同伴之中应有的地位。

2）孤独

青少年属于心理上的断乳期。从这个时期起，个体将在心理上脱离父母的保护及对他们的依恋，逐渐成长为独立的社会成员。但是给青少年带来了很大的不安，尽管他们在主观上有独立的要求和愿望，但实际上很难在短时间内适应独立生活。

3）压抑

压抑也是在青少年中普遍存在的一种心理状态。随着年龄的增长，青少年产生了多方面的需求，包括生理方面的，也包括心理方面的。但有许多需求不能满足，其原因是多方面的：有时是因为愿望本身不切实际，有时是由于社会上的阻力或父母的限制，有时是由于自身经验不足而导致失败。因而，青少年的自尊心易受到打击，但又有争强好胜的冲动，在这种矛盾的情形下，他们常常处于压抑的心境。

3. 反抗心理

1）反抗心理产生的原因

①自我意识的突然高涨。

这时他们更倾向于维护好自我形象，追求独立和自尊，但他们的某些想法及行为不能被现实接受，于是就产生过激想法认为其行动的障碍来自成人，便产生了反抗心理。

②中枢神经系统的兴奋性过强。

少年期个体中枢神经系统的活动性明显增强，而性腺的机能尚未成熟，两者不协调，中枢神经处于过分活跃的状态，使少年对于较弱的刺激也给予很强的反应。

③独立意识增强。

少年的独立要求很强烈，这使他们产生对成人社会地位的追求和自认为是成人的心理感觉，但往往他们自尊心难以得到满足，因而少年常遇到独立意识受挫的情况。

2）反抗心理的产生情境

①独立意识受到阻碍：青少年内心的独立要求很强烈，但父母没有适应这种情况，仍以过去那种关怀的态度对待

他们，结果导致反抗行为。

②自主性被忽视或受到阻碍。

③当个性伸展受到阻碍时，也将引起青少年的反感。

④当成人强迫青少年接受某种观点时，后者拒绝盲目接受，表现出对抗的倾向。

3）反抗心理的表现

①态度强硬，举止粗暴。

反抗行为发生得十分迅速，常使对方措手不及，当时的任何劝导都无济于事，但事态平息后，这种强烈的反抗情绪也将较快地随之消失。

②漠不关心，冷淡相对。

这种情况常出现于性格内向的青少年身上。这种反抗态度和情绪不易随情景的变化而转移，具有固执性。

③反抗的迁移性。

迁移性是指当某个人的某一方面的言行引起他们的反感时，就倾向于将这种反感及排斥迁移到这个人的方方面面，甚至将这个人全部否定。

4. 第二逆反期

第一逆反期的表现是幼儿要求行为活动自主和实现自我意志，反抗父母控制，这是发展中的正常现象。其年龄主要在2~4岁，因个体发展的需要会有所提前或延后。反抗的对象主要是父母，其次是其他养育者。

这两个逆反期的共同点在于：①都聚焦于独立自主意识的增强、向控制方要求独立自主权。②两个反抗期的儿童都出现成长和发展的超前意识，第一反抗期的儿童具有“长大感”，第二反抗期的儿童具有“成人感”。

这两个逆反期的不同点在于：第一逆反期所要求的独立自主性是要求按自我的意志行事，其重点是要求行为、动作自主和行事自由，反抗父母的控制，反对父母过于保护和越俎代庖。他们所要求的独立作为中，有许多是力所不能及和不切实际的。而第二逆反期所要求的独立自主性是要求人格独立，要求社会地位平等，要求精神和行为自主，反抗父母或有关方的控制。这种内在需求和对环境的要求是发展性的需要，是必经的，但也由于发展现状的矛盾性给他们带来了许多不适宜和不适应，甚至困惑和危机。

考研考法突破

考法1　考查青少年情绪特点

青少年情绪特点是这个阶段的典型表现，此考法在考试中以单选、简答、论述多种形式出现，考生需要全面掌握青少年情绪的特点。

例7：（河北大学，2010）简答：简述青少年阶段情绪情感的特点。

【解析】本题从青少年的情绪情感的特点综合作答。

参考答案：青少年的情绪表现充分体现出半成熟半幼稚的矛盾性特点。青少年被称为“风暴期”“叛逆期”，情绪具有突出的不成熟和不稳定的特征。

（1）情绪表现为两极性：青少年情绪表现的两极性包括强烈、狂暴性和温存、细腻共存、情绪的可变性和固执性共存、内向性和表现性共存。

（2）心境的变化：青少年心境出现烦恼突然增多、孤独、压抑。

（3）出现反抗心理：由于自我意识的突然高涨、中枢神经系统的兴奋性过强、独立意识增强，青少年出现反抗心理。表现出态度强硬、举止粗暴、漠不关心、冷淡相对、反抗的迁移性等特点

考法2　考查青少年反抗心理产生的原因和表现

此考法可以以多种形式进行考查，考生需要掌握青少年反抗心理产生的原因和表现。

例8：（统考，2013）单选：下列选项中，不属于初中生反抗心理原因的是（　　）。

A. 自我意识高涨

B. 独立意识增强

C. 勤奋感与自卑感冲突

D. 中枢神经系统的兴奋性过强

【解析】本题从初中生反抗心理的原因进行解答。反抗心理产生的原因包括，自我意识的突然高涨；中枢神经系统的兴奋性过强；独立意识增强。因此本题选C。

参考答案：C

例9：（福建师范大学/西南大学，2021/2021）简答：青少年反抗心理产生的原因及表现。

【解析】本题从初中生反抗心理的原因和表现进行解答。

参考答案：反抗心理产生的原因：（1）自我意识的突然高涨。这时他们更倾向于维护好自我形象，追求独立和自尊，但他们的某些想法及行为不能被现实接受，于是就产生过激想法认为其行动的障碍来自成人，便产生了反抗心理。（2）中枢神经系统的兴奋性过强。少年期个体中枢神经系统的活动性明显增强，而性腺的机能尚未成熟，两者不协调，中枢神经处于过分活跃的状态，使少年对于较弱的刺激也给予很强的反应。（3）独立意识增强。少年的独立要求很强烈，这使他们产生对成人社会地位的追求和自认为是成人的心理感觉，但往往他们自尊心难以得到满足，因而少年常遇到独立意识受挫的情况。

反抗心理的表现：（1）态度强硬，举止粗暴。反抗行为发生得十分迅速，常使对方措手不及，当时的任何劝导都无济于事，但事态平息后，这种强烈的反抗情绪也将较快地随之消失。（2）漠不关心，冷淡相对。这种情况常出现于性格内向的青少年上。这种反抗态度和情绪不易随情景的变化而转移，具有固执性。（3）反抗的迁移性。迁移性是指当某个人的某一方面的言行引起他们的反感时，就倾向于将这种反感及排斥迁移到这个人的方方面面，甚至将这个人全部否定。

考法3　考查应对青少年情绪特点的方法或建议

这种考法比较灵活，常见于简答和论述或者案例分析，考生需要理解青少年情绪特点的原因以及表现，同时能够联合实际给出相关的指导建议

例10：（重庆师范大学，2008）论述：如何看待初中生反抗心理？联系家庭教育和学校教育的实际阐述如何预防初中生反抗行为的出现？

【解析】本题结合青少年反抗心理产生的原因和表现分析，同时给出指导措施。

参考答案：反抗心理产生的原因：①自我意识的突然高涨，这时他们更倾向于维护好自我形象，追求独立和自尊，但他们的某些想法及行为不能被现实接受，于是就产生过激想法认为其行动的障碍来自成人，便产生了反抗心理。②中枢神经系统的兴奋性过强，少年期个体中枢神经系统的活动性明显增强，而性腺的机能尚未成熟，两者不协调，中枢神经处于过分活跃的状态，使少年对于较弱的刺激也给予很强的反应。③独立意识增强，少年的独立要求很强烈，这使他们产生对成人社会地位的追求和自认为

是成人的心理感觉，但往往他们自尊心难以得到满足，因而少年常遇到独立意识受挫的情况。主要表现：①态度强硬，举止粗暴，反抗行为发生得十分迅速，常使对方措手不及，当时的任何劝导都无济于事，但事态平息后，这种强烈的反抗情绪也将较快地随之消失。②漠不关心，冷淡相对，这种情况常出现于性格内向的青少年上。这种反抗态度和情绪不易随情景的变化而转移，具有固执性。③反抗的迁移性，迁移性是指当某个人的某一方面的言行引起他们的反感时，就倾向于将这种反感及排斥迁移到这个人的方方面面，甚至将这个人全部否定。

预防初中生反抗行为的出现，需要家庭教育和学校教育共同努力，联合教育形成助力。

①家长应尊重孩子，不要老是盯着孩子的弱点，不要拿孩子的短处同别的孩子优点比较。在与孩子接触时，家长应尽可能找孩子的优点，全面评价孩子，努力挖掘孩子的“闪光点”，多鼓励，减少孩子对家长的抗拒心理。只有家长恳切地提出希望，使孩子们看到自己的潜力和前途，孩子才会进步得更快。

②家长还要学会稳定自身的情绪，学会倾听。家长带着情绪去教育孩子，肯定是不理智的，会导致孩子愈加抗拒。所以，家长在急躁、心烦、不冷静的时候，不要教育孩子。待冷静后，以一种平等的心态，倾听孩子的心声，以朋友的身份主动和孩子沟通，帮助指导子女解决成长中的烦恼，对孩子们提出的意见和建议要虚心接受并予以重视。

③学校要遵循教育规律，尊重学生人格，恢复或培养他们的自尊心，尽可能满足他们正当的心理需要。对不正当的心理需要，要耐心说服，讲清道理，给予正确引导。

④开展丰富多彩的校园活动和家庭活动，为学生展示自身才艺提供舞台或机遇，激发其成就感心理。通过开展适合学生兴趣和特长的集体活动如开展家庭旅游或游戏，在学校应定期组织友谊赛、文艺表演、趣味文体活动等，逐步摆脱学生自我中心的束缚，促进良好心理品质的形成。

⑤开展学科兴趣小组活动、学科知识竞赛等激发学生学习兴趣，培养学习兴趣把他们旺盛精力引导到学习轨道上来。

⑥学校可以对心理健康的学生主要进行心理卫生教育和心理训练，提高学生心理品质，健全人格结构，改善心理稳定能力；增强智力和能力水平，充分发挥心理优势和精神潜力，克服逆反心理和自卑心理。

考研考法实战 答案见 D136 页

1.（华中师范大学，2011）单选：第二反抗期的独立自主的要求主要在于（　　）。

A. 争取人格的独立

B. 争取自我主张，活动与行为动作的自主权和自由权

C. 争取行动与人格的独立

D. 对外部需求的争取

2.（南京师范大学，2014）单选：叛逆期的出现是（　　）。

A. 儿童心理发展的正常现象

B. 儿童心理发展中的异常现象

C. 由早期挫折造成的

D. 人格异常的一种表现

3.（西南大学，2015）综合题：请阅读下面这封来信，为这位困惑的妈妈找出孩子变化的原因并提出对策。

心理老师：

您好！

我儿子今年刚刚进入青春期，但现在越来越不好管了，你说什么他就偏不做什么。有时候你刚要说话，他就非常烦躁，不愿意听你说下去。不仅如此，还经常和我们闹情绪，有时甚至还和我们大吵大闹，全家人都被他搞得不顺心。我们也不知道他是怎么回事，你能帮帮我们吗？

一个困惑的妈妈

（1）这是青春期典型的什么心理现象？

（2）产生这种心理现象的原因是什么？

（3）这种心理现象的主要表现方式有哪些？

4.（东北师范大学，2016）论述：试述青少年情绪发展的特点及成因。

考点3　青少年的人际交往

考研基础必备

1. 同伴关系

在和同伴的关系上，青少年和童年期的儿童有明显的不同，主要表现在以下几个方面。

1）逐渐克服了团伙的交往方式

超越了儿童期的团伙式交往方式，择友标准更加注重共同志向与相互理解，友谊关系稳定而持久。过去集体性交友转移到注意个人内在素质特征，交往内容逐渐从活动外部层面向内在认识和体验方面发展。

2）朋友关系在青少年生活中日益重要

将对父母的依赖转移到同龄伙伴身上，结交知心朋友的高峰期。他们认为朋友之间应该同甘共苦，能够从对方那里得到支持和帮助。

3）与异性朋友之间开始融洽相处

双方开始意识到了性别的问题，并彼此对对方逐渐产生了兴趣。但是，在最初阶段他们对于异性的兴趣是以一种相反的方式予以表达，或者在异性面前表现出一种漠不关心的态度。

2. 与父母关系的变化

①情感上的脱离；②行为上的脱离；③观点上的脱离；④父母的榜样作用削弱。

青少年由于生理发育成熟，知识、经验和活动能力随之增长，在自我意识的发展上也发生了重要变化。他们开始以具有独立人格的成人的目光来认识自己，考察自己与家庭的关系。要求从父母的保护和对父母的依赖关系中摆脱出来，并在家庭中占有平等和独立自主的地位。如果这种要求得不到父母的理解和支持，就会在两代人之间产生隔阂。青少年和父母之间在关系上的这种变化，何林渥斯把它称之为心理性断乳。

3. 与教师的关系

青少年不再盲目接受任何一位老师，他们开始品评老师，开始用批判的眼光分析不同类型的老师。

考研考法突破

考法 1 考查青少年的同伴关系

这种考法主要以选择题或者简答题形式进行考查，考生需要掌握青少年的同伴关系的特点及表现。

例 11：（华东师范大学，2012）单选：关于青少年同伴群体认同，正确的阐述是（ ）。

A. 在青少年期逐渐下降

B. 给青少年以一种安全感和认同感

C. 降低自尊和自我价值

D. 往往导致更多的破坏行为

【解析】本题从青少年的同伴关系进行解答。青春期的同伴交往逐渐克服了团伙的交往方式，超越了儿童期的团伙式交往方式，择优标准更加注重共同志向与相互理解，获得认同感。朋友关系在青少年生活中日益重要，将对父母的依赖转移到同龄伙伴身上，获得安全感。因此本题选 B。

参考答案：B

考法 2 考查青少年与成人的关系

此考法常见于选择或简答中，考生需要掌握青少年与父母和教师的关系特点。

例 12：（南京师范大学，2017）单选：相比较而言，（ ）对青年价值观和人生观的形成影响最大。

A. 家庭生活　　B. 老师和先辈

C. 朋友　　D. 与个人命运休戚相关的事件

【解析】家庭作为青少年接受价值观教育最早的地方，对青少年的价值观形成和确立有着基础的导向作用。

参考答案：A

例 13：（湖南师范大学，2013）简答：简述初中生与父母关系的特点。

【解析】本题从青少年与父母关系进行解答。

参考答案：青少年由于生理发育成熟，知识、经验和活动能力随之增长，在自我意识的发展上也发生了重要变化。他们开始以具有独立人格的成人的目光来认识自己，考查自己与家庭的关系。要求从父母的保护和对父母的依赖关系中摆脱出来，并在家庭中占有平等和独立自主的地位。如果这种要求得不到父母的理解和支持，就会在两代人之间产生隔阂，产生情感上的脱离；行为上的脱离；观点上的脱离；父母的榜样作用削弱。

考研考法实战

答案见 D137 页

1.（四川师范大学，2016）论述：请从发展心理学的角度谈谈你是如何看待青春期早恋现象的。

第四节 青少年面临的心理社会问题

研究真题，明确考况

考试要求	统考		自主命题	
	考题	考查点	考题	考查点
青少年面临的心理社会问题	无	无	西北师范大学，2014 华中师范大学，2015 山东师范大学，2016 西南大学，2022 四川大学，2021	论述：网络成瘾；青少年的犯罪行为 论述：心理与行为问题 分析：青少年抑郁

考点 1 青少年面临的心理社会问题

考研基础必备

1. 成瘾行为

青少年的成瘾行为包括：吸烟成瘾、游戏成瘾、网络成瘾。

网络成瘾的原因：

1）网络本身的特点

具有匿名性、时间快、范围广、自由度高等特点，可以使人际交流具有很大的吸引性，同时不受现实生活交流方式的限制。

2）人格特征

具有高焦虑、低自尊、抑郁倾向、自我控制能力差等方面特征的青少年更容易网络成瘾。

3）家庭和学校环境

家庭和学习的压力会导致青少年产生情绪、认知、人际关系等方面的失调，因此他们会借助网络舒缓压力，逃避现实中遇到的困难。

2. 内部失调

包括焦虑和抑郁、青春期精神分裂症、自杀倾向。

3. 外部失调——反社会行为和青少年犯罪

有效防治青少年犯罪必须从控制和消除引发青少年违法犯罪的因素入手。导致青少年犯罪的因素很多，主要有以下几点。

1）家庭因素

导致孩子不良成长的家庭因素有三个方面：一是家庭破裂；二是父母素质偏低，亲子沟通不足；三是家庭教育观念偏差，教育方式不对，犯罪青少年的父母更可能使用体罚的管教方式。

2）同伴因素

在青少年时期，同伴逐渐取代父母的影响，成为青少年犯罪的重要影响因素。许多青少年的犯罪行为都是在群体压力的情境下产生的。另外，同伴团体等亚文化群体对青少年的交往也有重大影响，有些群体会鼓励攻击行为甚至犯罪行为的发生。他们中较多人会被同龄群体排斥。

3）青少年自身因素

青少年时期的个体集众多矛盾于一身，表现为：渴望摆脱束缚，但又受到能力的限制，想得到他人的认同，但自我中心意识太强，想张扬个性，但又比较偏激。再加上这段时期心理发育还不成熟，情绪不稳定，逆反心理强，自尊心强，分辨是非能力较差，自我控制能力和心理承受力都较弱，这些特点很容易激化矛盾，使青少年无所适从。如果得不到正确的引导，青少年就会走上歧途，甚至违法犯罪。

考研考法突破

考法1　考查青少年的网络成瘾行为

网络成瘾是青少年成瘾行为的主要部分。在考试中一般会举例网络成瘾的行为，考查青少年的心理特点以及导致成瘾行为的原因。因此学习中需要全面掌握知识，理论联系实际进行解答。

例1：（华中师范大学，2015）案例分析：有研究表明，我国有5%~10%的互联网使用者存在网络成瘾倾向，青少年学习中网络成瘾的人为3.5%~7%，他们上网的大部分时间是用于游戏或网友聊天，其次是影视音乐等娱乐。83%的网络成瘾者是开始使用网络一年内出现症状的，网络成瘾者中78%是使用聊天室、网络游戏这类偏重双向沟通的功能。网络成瘾和吸毒一样，给他们的生活带来了消极的影响，例如，网络成瘾者普遍认为使用网络对他们的学业、人际关系、经济状况和职业造成中等或严重影响。他们还可能出现孤独不安、情绪低落、思维迟钝、自我评价降低等症状。而且，网络成瘾还会带来一系列生理变化，发展为身体上的依赖，出现食欲不振、焦躁不安等，需要接受深度的心理辅导。

（1）请你结合所学的有关知识，分析当前青少年网络成瘾反映了青少年时期的哪些心理发展特点。

（2）请分析，家庭、学校和宏观的社会环境对青少年的网络成瘾起到了怎样的影响?

【解析】本题从结合青少年的心理特点和网络成瘾原因进行解答。

参考答案：（1）青少年时期正处于身心发展由不成熟走向成熟的转折时期，处于从童年期向成年期的过渡阶段，他们生理上逐渐成熟，尤其是性成熟，心理上也由不成熟逐渐达到成熟，其中包括认知的成熟，具备抽象的思维能力，也包括情绪的成熟，即了解自己的身份，形成自我同一性，独立于父母，逐渐形成价值观，形成友谊关系，他们在适应身心的变化时，容易出现一些风险或问题。

通过网络，青少年可以满足各种认知和情感的需要，其中包括对成年生活和外部世界的好奇心和探索欲，交往和减轻压力的需要。

从自我同一性的发展来看，青少年处于自我同一性对角色混乱的危机期，他们需要通过积极的探索，建立稳定一致的自我意识，形成自我理想，包括形成特定的社会角色。上网为他们提供了尝试各种社会角色（大多以虚拟的形式）的机会。

从自我意识的发展来看，青少年自我意识高涨，他们要求独立自主，希望摆脱父母和成人的束缚，与父母和成人的交流减少，在学业压力过大时容易逃避；在喜欢自我表现的同时，他们的自我控制能力有时也较差，这也成为网络成瘾的重要原因。

从社会交往来看，青少年具有强烈的趋同于同伴的倾向，他们喜欢与同伴在思想、观念、行为上保持一致。在人际关系不如意时，他们尤其可能通过虚拟的网络世界来满足交往的需要。另外，某些青少年有人格障碍。

（2）家庭环境的影响：父母关系恶劣、单亲、不当的父母教养方式以及生活困难等，都可能给孩子造成比较大的心理压力，使青少年通过网络来满足独立、交友、自尊的需要，缓解压力。

学校学业负担过重，强调压制和管理的教育方式，师生沟通减少，对学生的生活缺乏引导，也容易使学生走向网络。

宏观的社会环境：对网络的使用缺少引导和管理，缺乏有效宣传，也容易导致青少年网络成瘾。

考法2　考查青少年的犯罪行为

此考法常见于简答和论述题中，需要考生掌握青少年犯罪的成因，并能结合案例提出预防措施。

例2：（西北师范大学，2014）应用：据北京青年报2011年4月26日报道，中国每年的刑事犯罪案件几百万起，其中50%左右是青少年犯罪。总体上讲，中国青少年犯罪呈上升趋势。

针对此情况，请结合发展心理学的基本知识，试分析青少年犯罪的成因及预防。

【解析】本题从结合青少年的犯罪原因和预防进行解答。

参考答案：（1）首先家庭因素。导致孩子不良成长的家庭因素有三个方面：一是家庭破裂；二是父母的素质偏低，亲子沟通不足，三是家庭教育观念偏差，教育方式不对，犯罪青少年的父母更可能使用体罚的管教方式。其次同伴因素。在青少年时期，同伴逐渐取代父母的影响，许多青少年的犯罪行为都是在群体压力的情境下产生的。另外，同伴团体等亚文化群体对青少年的交往也有重大影响，有些群体会鼓励攻击行为甚至犯罪行为的发生。他们中较多人会被同龄群体排斥。最后青少年自身因素。青少年时期的个体集众多矛盾于一身，表现为：渴望摆脱束缚，但又受到能力的限制，想得到他人的认同，但自我中心意识太强，想张扬个性，但又比较偏激。再加上这段时期心理发育还不成熟，情绪不稳定，逆反心理强，自尊心强，分辨是非能力较差，自我控制能力和心理承受力都较弱，这些特点很容易激化矛盾，使青少年无所适从。如果得不到正确的引导，青少年就会走上歧途，甚至违法犯罪。

（2）预防：首先，父母的教育是预防青少年犯罪的重要因素。培养、教育子女是父母应尽的责任和义务。一个和睦的家庭，父母教育方式得当，能够培养孩子养成良好的生活习惯，塑造正确的世界观和人生观，从而有效地防止其犯罪心理和行为的产生。其次，青少年的价值观的形成需要学校和教师的正确引导，教师要对处于逆反期的青少年提供必要的支持和心理疏导，避免因为心理上的消极导致行为上的混乱。最后，青少年自身要与行为端正的人做朋友，树立良好的道德观念，在心理不适时主动寻求帮助。

考研考法实战

答案见D137页

1.案例分析：小文上小学四年级了，是班上的学习委员，尊敬老师，团结同学，乐于助人，学习成绩好，兴趣广泛。以前只要有空就会约同学出去打球，可最近两个月来，小文迷上了电脑，所有的空余时间都用来上网，而且大多数时候都是玩网络游戏。父母很担心小文会网络成瘾而影响学习，但又不知该如何引导他。请你结合发展心理学的相关知识，谈谈网络对儿童发展的影响，并给小文父母一些可行建议。

2.（山东师范大学，2016）论述：青少年期个体面临的心理社会问题主要有哪些？如何预防这些问题的产生？

章节考点　综合训练

答案见 D138 页

一、单选题

1.（统考 / 南京师范大学 / 西南大学，2012/2017/2011）将青少年从家庭独立的过程称为“心理性断乳”的学者是（　　）。
A. 米德（M. Mead）
B. 普莱尔（W. T. Preyer）
C. 霍尔（G. S. Hall）
D. 霍林沃斯（L. Hollingworth）

2.（华中师范大学 / 四川师范大学，2012/2016）埃里克森认为，处于自我同一性对同一性混乱的时期是（　　）。
A. 6~12 岁　B. 12~18 岁　C. 18~30 岁　D. 30~60 岁

3.（华中师范大学，2019）（　　）是个体自我概念成熟的关键期。
A. 婴儿时期　B. 幼儿时期
C. 学前时期　D. 青少年时期

4.（广州大学，2019）艾里克森认为，青少年期人格发展的主要任务是获得（　　）。
A. 自主感　B. 亲密感
C. 勤奋感　D. 自我同一感

5.（西南大学，2016）按照埃里克森的观点，青少年期发展的关键问题是（　　）。
A. 依恋　B. 伙伴交往
C. 角色学习　D. 自我同一性

6.（复旦大学，2015）以下哪个概念能最好地解释为何青少年会认为自己飙车绝对不会发生事故？（　　）
A. 伪善　B. 个人神话　C. 假装愚蠢　D. 幻想观众

7.（华东师范大学，2012）随着年龄的增长，青少年与父母或祖父母的代表冲突减少，最可能对此加以解释的是青少年的下述哪种发展变化？（　　）。
A. 较少强调相对主义思维　B. 自主性水平降低
C. 学业表现的进步　D. 观点采择能力的提高

8.（统考 / 江西师范大学，2010/2013）个体出生后，身体发育的两个高峰期分别是（　　）。
A. 幼儿期和青少年期　B. 婴儿期和幼儿期
C. 婴儿期和青少年期　D. 婴儿期和成年早期

9.（南京师范大学，2013/2014）心理的第一发展快速期是（　　）。
A. 从出生到幼儿期　B. 从幼儿期到童年期
C. 从童年期到青春期　D. 从青春期到青年期

10.（华东师范大学，2011）许多研究发现，男女性成熟的早晚与个性发展的关系通常体现为（　　）。
A. 男孩、女孩都是成熟早有利
B. 男孩成熟早有利，女孩成熟晚有利
C. 男孩成熟晚有利，女孩成熟早有利
D. 男孩、女孩都是成熟晚有利

11.（四川师范大学，2022）高中生的抽象逻辑思维已具有充分的预计性、内省性和（　　）。
A. 创造性　B. 假设性　C. 发散性　D. 预测性

12.（华中师范大学，2022）社会心理发展理论认为，青少年阶段的主要任务是（　　）。
A. 实现自我同一性　B. 建立亲密关系
C. 获得勤奋感　D. 实现心理断乳

13.（福建师范大学，2020）小健在初中就听从父母的建议准备以后当医生，但他并不了解自己，也没有自我探索，只是觉得这个建议不错。小健的自我同一性发展处于哪一种状态（　　）？
A. 同一性扩散　B. 同一性早期封闭
C. 同一性延缓　D. 同一性完成

14.（312 统考，2022）艾里克森认为人格发展阶段中可能存在“合法延缓期”，这种现象出现在（　　）。
A. 幼儿期　B. 青年期　C. 中年期　D. 老年期

15.（北京师范大学，2021）青少年期是哪个时期（　　）。
A. 6~12 岁　B. 15~25 岁　C. 12~20 岁　D. 10~30 岁

二、多选题

1.（浙江理工大学，2016）玛西娅认为青少年可能在青春期或以后的生命历程中经历的同一性状态包括（　　）。
A. 同一性获得　B. 同一性早闭
C. 同一性延缓　D. 同一性扩散

2.（四川师范大学，2013）下列哪些属于青少年阶段的心理特点？（　　）
A. 情绪的两极性　B. 逻辑思维
C. 逆反心理　D. 极化思维

3.（312 统考，2021）青春期的自我意识迅速发展的具体的表现有（　　）。
A. 内省行为增多　B. 思维自我中心
C. 使用人称代词“我”　D. 关注他人对自我的评价

4.（312 统考，2022）高中生抽象逻辑思维发展的显著特征有（　　）。
A. 计划性　B. 假设性　C. 形象化　D. 形式化

三、名词解释

1.（西北师范大学，2020）心理断乳期。
2.（重庆师范大学，2008）成人感。

四、填空题

1.（南京师范大学，2016）青少年的情绪充分体现出________的矛盾特点。

五、判断题

1.（陕西师范大学，2011）在自我同一性状态中，同一性混乱是最不成熟的状态。（　　）
2.（四川师范大学，2015）青少年大脑的神经元和神经突触数量比婴幼儿时期（2、3 岁）多。（　　）
3.（四川师范大学，2015）在青春期，生长激素的分泌会引发男、女二性征的出现。（　　）
4.（四川师范大学，2015）心理学家的研究表明所有的初中生都达到了形式运算阶段。（　　）

六、简答题

1.（东北师范大学，2017）试分析和说明，为什么自我同一性发展对于青少年儿童来说至关重要？
2.（天津师范大学 / 湖南师范大学，2019/2011）简要说明青春期人际关系的特点。

3.（浙江师范大学，2013）简述中学生自我矛盾的体现。

4.（东南大学，2017）简述自我同一性及其特征。

5.（云南师范大学，2017）简述初中时期个性发展出现的新特点。

6.（东北师范大学，2016）举例说明青少年人格发展处于埃里克森心理社会发展理论的哪个阶段。请试述此阶段。

7.（东北师范大学，2012）试述攻击行为的主要理论观点，并分析影响青少年攻击行为的主要因素。

8.（华中师范大学，2019）青少年一般在哪种情况下会出现反抗行为，并从心理学角度分析如何降低反抗行为的方法。

9.（天津师范大学，2021）青少年第二次反抗的原因和特点。

10.（西南大学，2022）简述青少年容易出现哪些心理与行为偏差？

11.（天津师范大学，2021）初中生的思维特点。

12.（四川大学，2021）根据生态系统论，分析青少年网络游戏成瘾的心理机制和预防策略。

七、论述题

1.（东北师范大学，2022）结合实际谈谈在思维发展方面，初中生和高中生有什么不同？

2.（东北师范大学，2015/2016）青少年时期个体容易出现一些心理、行为问题，人们将青少年视为个体发展的第二个危机时期。试从青少年生理、情绪以及个性和社会性发展这几个方面论述青少年期为什么会被称为危机时期。

3.（华中师范大学，2017）当前中国青少年较普遍地存在手机、游戏和网络依赖。同时伴有亲子冲突、师生冲突及其他行为问题，请运用你所学的心理学知识并结合生活实践尝试对其成因进行分析。

4.（统考，2007）下面是一位14岁男生的日记摘抄，试分析日记内容反映的初中生的典型心理特点。

大人们常说“少年不识愁滋味”，其实他们不了解我们。

不到两年，我长高了，吃得多了，有了自己的主见，而不再是“小小少年”。但是在父母眼中，我仍然还是个孩子，逛公园、逛商场或外出散步，妈妈还是像过去一样，拉着我的手，生怕我会走丢似的。要是被同学看见了，真是丢死人了。更让我苦恼的是，妈妈总是事无巨细地管着我，每天骑车上学，妈妈总是不断地唠叨：“马路上多加小心”。晚上做完作业，刚打开电视看看体育新闻，妈妈又会问：“作业做完了吗？早点休息，明天一大早还得上学呢！”喜欢的运动鞋是阿迪达斯，妈妈却非要买耐克的……

……

走进教室，我总觉得有几十双眼睛在盯着我，跟女同学打个招呼会感到脸红心跳；一次考试取得好成绩会欣喜若狂，一次小考考砸了会垂头丧气；为了一个小问题，会与同学争得面红耳赤；当答不出老师的提问时，又会觉得羞愧难当……

……

在同学的眼中，我帅吗？在老师和同学的心目中，我是一个好学生吗？……

尽管有这么多烦恼，父母却浑然不知，有时候想和他们交流，但又觉得有些难以启齿。真不知道该向谁诉说。仔细观察班上其他同学，虽然他们表面上显得若无其事，但似乎又都与我有同样的问题、困惑和迷茫……

5.（西南大学，2022）应用分析：阅读下面的材料，回答相关问题。

据“心理健康蓝皮书”《中国国民心理健康发展报告（2019-2020）》（中科院心理所，2021年）调研发现，我国青少年抑郁检出率的年龄差异、发展趋势及人群差异等见图1、图2，并且人际关系越好，饮食习惯越健康，运动频率越高，心理弹性越大，青少年的抑郁水平越低，睡眠质量越高。

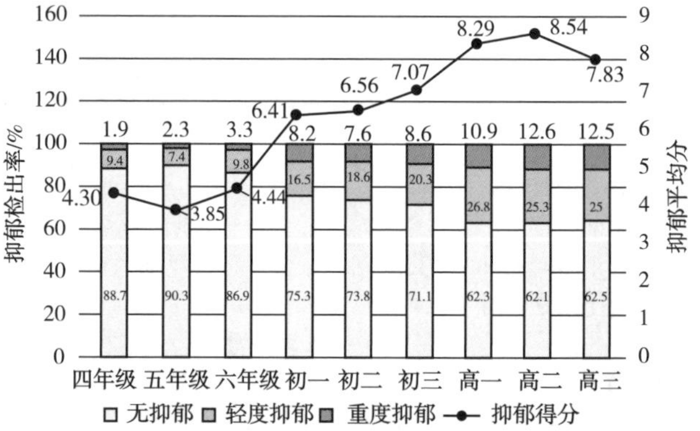

图1　青少年抑郁检出率的年龄差异和发展趋势

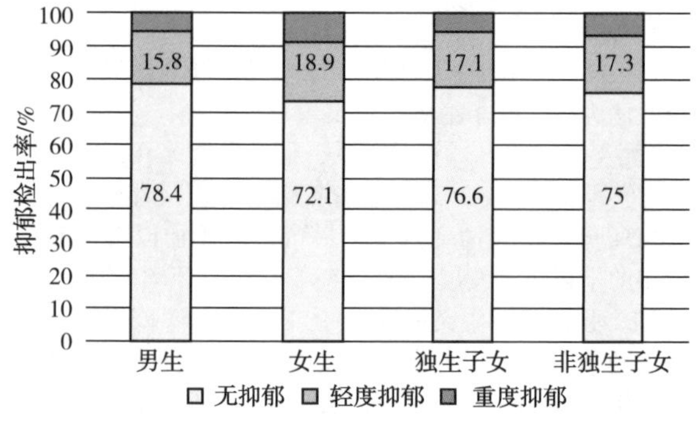

图2　抑郁检出率的人群差异

请结合上述材料回答以下问题：

（1）根据图1的结果，分析青少年抑郁检出率的年龄差异、发展趋势及发病比例并解释原因。

（2）根据图2的结果，分析青少年抑郁检出率的群体差异，并解释原因。

（3）根据上述材料阐述如何提升青少年心理健康水平？

第八章 成年早期个体的心理发展

成年早期，约从 18 岁开始，到 35 岁结束，可以分为青年中期（18~25 岁）和青年晚期（25~35 岁）。在这一时期，个体要吸收和整合各方面的知识经验，形成自己的人生观和价值观，并成家立业。可以说，成年早期在个体的一生发展中起定位作用，几乎决定了个体终身的发展方向。

第一节 成年早期的认知特点

研究真题，明确考况

考试要求	统考		自主命题	
	考题	考查点	考题	考查点
成年早期的认知特点	无	无	南京师范大学，2017 四川师范大学，2017	单选：成年早期智力发展的特点

考点 1 成年早期的认知特点

考研基础必备

1. 成年早期的一般特征

1）从成长期到稳定期的变化

2）智力发展到达全盛时期

①成年早期个体的智力发展进入全盛时期。

②思维形式由形式逻辑思维为主转为以辩证逻辑思维为主，思维更加具有相对性、变通性、灵活性、整合性和实用性。

③在成年早期的最后阶段，个体的创造性思维发展也达到高峰，开始在不同领域内表现出不同程度的创造力。

3）恋爱、结婚到为人父母

4）创立事业到紧张工作

2. 成年早期智力表现的一般特点

在成年早期的发展任务中，个体在掌握知识方面所面临的目标已不再是对知识的获取和占有，而是如何运用知识、经验、技能及道德规范，以更好地发挥潜能去解决各种实际问题。成年早期个体的智力发展进入全盛时期。思维形式由形式逻辑思维为主转为以辩证逻辑思维为主，思维更加具有相对性、变通性、灵活性、整合性和实用性。

1）观察力

成年早期的个体具有主动性、多维性及持久性的特点，即能把握对象或现象的全貌，又能深入细致地观察对象或现象的某一方面。

2）记忆力

对成年早期的个体来说，虽然机械记忆能力有所下降，但成年早期的前一阶段是人生中逻辑记忆能力发展的高峰期，其有意记忆、理解记忆占据主导地位，而且记忆容量也很大。

3）想象力

成年早期个体想象中的合理成分及创造性成分明显增加，克服了前几个发展阶段中所表现出的想象的过于虚幻性，使想象更具实际功用。

3. 成年早期的思维优势

1）成年早期的思维方式以辩证逻辑思维为主

辩证逻辑思维是对客观现实本质联系的对立统一的反映，其主要特点是：既反映事物之间的相互区别，也反映相互联系；既反映事物的相对静止，也反映相对运动；在强调确定性和逻辑性的前提下，承认相对性和矛盾性。研究者们用后形式思维、反省判断、辩证思维来描述思维发展的第五个阶段。

佩里对大学生的思维特点进行研究，发现转变过程的三个阶段：

第一阶段：二元论阶段。常以对和错两种形式来进行推理，对问题及事物的看法是非此即彼 、全白或全黑的，没有“灰色区”。

第二阶段：相对性阶段。个体不再毫无区分地把知识当作不变的真理，而是通过权衡，比较不同的观点，审视各种理论，进而找到解释现实的有效理论。

第三阶段：约定性阶段：既能坚持那些约定俗成的立场和思想观点，又能随时对此做出调整。

2）成年早期的后期是表现创造性思维的重要时期

创造性思维是一种具有独创性、新颖性及社会价值的思维形式，这种思维的结果不是简单地继承人类已经积累和总结出来的知识经验，而是去解决人类尚未解决和认知的问题，因此，创造性思维的成果具有首创性、发现性和突破性。

大量研究发现创造性思维在成年早期处于上升阶段，三十岁或四十岁初达到顶峰，然后下降。成年早期的最后阶段是创造性思维表现十分突出的一个时期。

考研考法突破

考法 1 考查成年早期智力发展的特点

此考法常见于选择题，考生需掌握成年早期智力发展的一般特点。

例 1：（四川师范大学，2017）单选：以下不属于成年早期个体智力发展特点的是（　　）。

A. 智力发展进入全盛时期

B. 思维更加具有相对性、变通性、灵活性、整合性和实用性

C. 创造性思维发展达到高峰

D. 短时记忆能力发展进入高峰期

【解析】本题从成年早期的思维特点进行解答。短时记忆的高峰期在青少年时期。因此本题选 D。

参考答案：D

考法 2　考查成年早期思维发展的特点

例 2：（南京师范大学，2017）单选：成年早期的思维表现为（　　）。

A. 形式逻辑思维　　B. 抽象逻辑思维

C. 辩证逻辑思维　　D. 创造性思维

【解析】本题从成年早期的思维表现进行解答。成年早期的思维方式以辩证逻辑思维为主，既反映相互区别，也反映相互联系，既反映相对静止，也反映相对运动，在强调确定性和逻辑性的前提下，承认相对性和矛盾性。因此本题选 C。

参考答案：C

第二节　成年早期自我的形成

研究真题，明确考况

考试要求	统考		自主命题	
	考题	考查点	考题	考查点
1. 早期自我意识的发展	无	无	电子科技大学，2010	简答：成年早期自我意识的发展特点
2. 成年早期自我同一性的确立	无	无	西北师范大学，2013 北京师范大学，2015 南京师范大学，2015 西南大学，2015 复旦大学，2016 湖南师范大学，2016 浙江理工大学，2017	单选：成年早期自我同一性的确立 名解：心理的延缓偿付期 简答：成年早期自我同一性的确立

考点 1　成年早期自我意识的发展

考研基础必备

1. 成年早期自我意识的特点

身体的急剧成熟、社会人际关系的扩大、认识能力的发展，导致青年将注意力转移到内心世界，开始将注意力集中到发现自我、关心自我的存在上来。进入成年早期的青年对外界的看法更加深刻而广泛，而且这种对外界的注意和关心是建立在以探讨自我为核心内容的基础之上。成年早期个体的自我意识形成了明显的特点，其内容得到了极大的丰富和分化。

具体表现为：

①自我概念：开始具备复杂的多维度、多层次的心理结构。②自我评价：更加独立，也更加独特，更趋于稳定。③自我体验：自我体验的内容更加丰富，与自我有关的内心体验更加深刻，也更加敏感。

2. 成年早期自我意识的影响因素

自我意识的发展促进了成年早期自我的形成；青年在生活中所积累的经验直接影响到了自我意识的发展，特别是成功和失败的经验对自我形成及自我意识的发展的影响更大。来自社会及他人的评价对自我意识的修正、自我的形成也产生作用。独立意识的发展使处于成年早期的个体对自我的认识和评价，有了自己独立的内在价值判断标准。随着年龄的增长，个体在社会及家庭中的地位及身份等都会发生变化，使得成年早期的个体不断地探索自我在社会及家庭中的地位，从而获得对自我更深入和稳定的认识。

考研考法突破

考法 1　考查成年早期自我意识的发展特点

此考法常见于简答题，考查成年早期的自我意识，考生掌握该阶段的发展特点即可作答

例 1：（电子科技大学，2010）简答：简述大学生自我意识的特征。

【解析】本题从成年早期的自我意识进行解答。

参考答案：身体的急剧成熟、社会人际关系的扩大、认识能力的发展，导致青年将注意力转移到内心世界，开始将注意力集中到发现自我、关心自我的存在上来。进入成年早期的青年对外界的看法更加深刻而广泛，而且这种对外界的注意和关心是建立在以探讨自我为核心内容的基础之上。成年早期个体的自我意识形成了明显的特点，其内容得到了极大的丰富和分化。具体表现在以下方面。（1）自我概念：开始具备复杂的多维度、多层次的心理结构。（2）自我评价：更加独立，也更加独特，更趋于稳定。（3）自我体验：自我体验的内容更加丰富，与自我有关的内心体验更加深刻，也更加敏感。

考点 2　成年早期自我同一性的确立

考研基础必备

埃里克森认为，个体进入成年早期的发展课题是确立自我同一性，防止同一性扩散，之后的发展课题是获得亲密感以避免孤独感等。埃里克森认为自我同一性在 15~18 岁确立，但后来的研究表明，大约要到大学期间，个体才能达到同一性的确立。

刚步入成年期的青年，虽然他们应该而且有能力承担诸多社会责任和义务，但他们在做出某种决断的时候往往进入一种“暂停”局面，以尽可能地满足避免同一性提前完结的内心需要。在延缓所承担的义务和责任的同时，青年学习并实践种种角色，以掌握各种本领。由于确立自我同一性需要一定的时间，在这段时间内容，青年可以一时合法地延缓所必须承担的社会责任和义务，因此，青年期又被称为心理的延缓偿付期。

有了这种心理的延缓偿付期，青年就可以利用这一时期接触各种人生观、价值观，尝试着从中选择，再检验一下这些内容是否符合自己。经过这种循环往复，就可以决定自己的人生观、价值观及将来的职业等，最终确立自我同一性。

考研考法突破

考法 1　考查成年早期自我同一性的确立

此考法常见于选择题中，根据埃里克森的理论，明确成年早期的危机和发展任务即可作答。

例 2：（北京师范大学，2015）单选：根据埃里克森的理论，20~35 岁的成年人，最重要的发展任务是（　　）。

A. 与父母建立信任关系　B. 获得同伴的尊敬

C. 建立亲密关系　D. 对自己形成总结性意识

【解析】本题从成年早期的发展任务进行解答。成年早期的危机是亲密感对孤独感，发展任务是获得亲密感，避免孤独感，体验爱情的实现。因此本题选 C。

参考答案：C

例 3：（复旦大学，2016）单选：埃里克森成年早期会面临的冲突是（　　）。

A. 自我同一性　B. 自主对羞怯

C. 亲密对孤独　D. 繁殖对停滞

【解析】本题从成年早期的危机进行解答。成年早期的危机是亲密感对孤独感。因此本题选 C。

参考答案：C

例 4：（湖南师范大学，2016）简答：简述埃里克森关于心理社会性发展中成年期三个阶段出现的主要冲突或危机。

【解析】本题从成年期的危机和发展任务进行解答。

参考答案：成年早期（18~25 岁）的危机是亲密感对孤独感，发展任务是获得亲密感，避免孤独感，体验爱情的实现。成年中期（25~50 岁）的危机是繁殖对停滞，发展任务是获得繁殖感，避免停滞感，体验关怀的实现。成年晚期（50 岁 ~ 死亡）的危机是完善对失望，发展任务是获得完善感，避免失望和厌倦感，体验智慧的实现。

考法 2　考查心理延缓偿付期的理解

此考法在考试中以名词解释或者简答的形式出现，因此考生需理解心理延缓偿付期的含义及其意义。

例 5：（西北师范大学，2013）名词解释：心理的延缓偿付期。

【解析】本题从心理偿付期进行解答。

参考答案：刚步入成年期的青年，虽然他们应该而且有能力承担诸多社会责任和义务，但他们在做出某种决断的时候往往进入一种“暂停”局面，以尽可能地满足避免同一性提前完结的内心需要。在延缓所承担的义务和责任的同时，青年学习并实践种种角色，以掌握各种本领。由于确立自我同一性需要一定的时间，在这段时间内，青年可以一时合法地延缓所必须承担的社会责任和义务，因此，青年期又被称为心理的延缓偿付期。

考研考法实战

答案见 D142 页

1.（西南大学，2015）单选：埃里克森认为，成年早期人格发展的主要任务是获得（　　）。

A. 自主感　B. 同一感　C. 亲密感　D. 勤奋感

2.（浙江理工大学，2017）单选：艾里克森认为，进入成年初期，个体的发展课题是（　　）。

A. 自我同一性的确立

B. 防止同一性扩散

C. 获得亲密感以避免孤独感

D. 获得创生感，避免停滞感

第三节　成年早期人生观、价值观的形成与稳固

考点 1　成年早期的人生观和价值观

考研基础必备

1. 人生观、价值观的一般论

①成年早期的青年正处在人生观、价值观的形成——稳固时期，也是最为迫切、最为认真地关心人生态度 / 生活方式、生存价值等一系列问题的时期。

②人生观是对人生目的和意义的根本看法和态度，是一定的世界观在人生问题上的看法。

③价值观是心理学一个独特的研究领域，它是比态度更抽象、更一般的具有评价性、选择性、规范性的深层心理结构，是文化成员合理的信念体系。

2. 成年早期价值观的发展及稳定

①社会文化、学校和家庭在内的各种社会因素对价值观的形成产生影响。

②个体价值观的形成还与自我的发展密切联系、相辅相成。

③个体价值观、人生观是在父母、教师等的指导、强化和影响下形成的，在不断接受父母、教师的影响的同时，随着年龄的增长，朋友的影响也日趋增大。

考研考法突破

考法 1　考查成年早期的价值观特点

此考法常见于选择题，考生掌握成年早期价值观的特点即可正确作答。

例 1：（统考，2020）单选：个体价值观达到相对稳定的时期是（　　）。

A. 婴儿期　　B. 幼儿期

C. 青少年期　　D. 成年早期

【解析】本题考查的是成年早期的价值观的特点。成年早期的青年正处在人生观、价值观的形成——稳固时期，也是最为迫切、最为认真地关心人生态度 / 生活方式、生存价值等一系列问题的时期。因此，本题选 D。

参考答案：D

第九章 成年中期个体的心理发展

第一节 成年中期的发展任务

研究真题，明确考况

考试要求	统考		自主命题	
	考题	考查点	考题	考查点
成年中期发展任务的理论观点	2010 2020	单选：各个理论对于成年中期发展任务的看法 多选：各个理论对于成年中期发展任务的看法	聊城大学，2012	单选：各个理论对于成年中期发展任务的看法

考点 1 成年中期发展任务的理论观点

考研基础必备

成年中期，即中年期，一般指 35~60 岁这段时期。

1. 埃里克森的观点

成年初期（18~25 岁）亲密对孤独。发展的任务是避免孤独感，体验爱情的实现（努力工作，找老婆）。

成年中期（25~50 岁）繁殖对停滞。发展的任务是繁衍后代避免停滞，体验着关怀的实现（建立家庭）。

成年晚期（50 岁以后）完善对绝望。发展的任务是获得完善感避免失望和厌倦，体验着智慧的实现（回顾一生）。

2. 莱文森的观点

他认为成人发展是由一系列交替出现的稳定期和转折期构成的。两者的区别在于生活的结构是否发生了变化。主要研究中年期（40~65 岁），发展的主要任务是巩固自己的兴趣、目标和各种承诺。莱文森尤其强调了中年转折这一重要性，如果个体在这一阶段能够处理好矛盾，下一阶段将会出现优秀的品质（很多商界领袖就是把握住了中年转折）。

3. 古尔德的观点

古尔德基于临床的观察提出了另一种阶段理论。古尔德认为有一个内部时钟决定了我们在成年期分为七个阶段需要完成的任务。强调个体如何打破童年角色，从和父母的联系中脱离出来，克服错误假定，从而形成独立自我的过程。

4. 哈维格斯特的观点

发展任务主要源自个人内在的变化、社会压力以及个人的价值观、性别、态度倾向等方面。中年期是一生中的一个特殊时期，它不仅是个体对社会影响最大的时期，也是社会向个体提出最多、最大要求的时期。哈维格斯特把成年中期的发展任务具体地归纳为七点：①履行成年人的公民责任与社会责任；②建立与维持生活的经济标准；③开展成年期业余活动；④帮助未成年的孩子成为有责任心的、幸福的成年人；⑤同配偶保持和谐的关系；⑥承受并适应中年人生理上的变化；⑦与老年父母相适应。

考研考法突破

考法 1 考查各个理论对于成年中期发展任务的看法

此考法常见于选择题，考生需要对各个理论对于成年中期发展任务的看法进行辨别记忆。

例 1：（统考 / 聊城大学，2010/2012）单选：成人发展是由一系列交替出现的稳定期和转折期构成的。持这一观点的心理学家是（　　）。

A. 莱文森（D. Levinson）

B. 哈维格斯特（R. Havighurst）

C. 拉文格（J. Loevinger）

D. 何林渥斯（H. Hollingworth）

【解析】本题从莱文森的理论进行解答。莱文森认为成人发展是由一系列交替出现的稳定期和转折期构成的。因此本题选 A。

参考答案：A

考研考法实战 答案见 D142 页

1.（统考，2020）多选：哈维格斯特认为，成年中期的发展任务有（　　）。

A. 获得完善感，避免绝望感

B. 履行成年人的公民责任与社会责任

C. 保持与配偶的和谐美好

D. 选择职业及就业

2.（统考，2021）单选：埃里克森认为，成年中期发展的主要任务是（　　）。

A. 获得完善感，避免失望和厌恶

B. 获得繁殖感，避免停滞感

C. 获得亲密感，避免孤独感

D. 建立同一感，防止混乱感

第二节 成年中期的智力发展

研究真题，明确考况

考试要求	统考		自主命题	
	考题	考查点	考题	考查点
1. 智力发展模式	2007 2008 2012 2015 2019	单选：成年中期智力发展的总体特点；卡特尔晶体智力和流体智力含义的理解 简答：卡特尔晶体智力和流体智力发展的规律	华东师范大学，2011 西南大学，2011 江西师范大学，2012 华中师范大学，2013/2016 北京师范大学，2014/2015 南京师范大学，2105 福建师范大学，2015 浙江理工大学，2015/2016	单选：成年中期智力发展的总体特点；卡特尔晶体智力和流体智力含义的理解；卡特尔晶体智力和流体智力的影响因素；卡特尔晶体智力和流体智力发展的规律 简答：卡特尔晶体智力和流体智力发展的规律
2. 智力活动性质的变化	2013 2017	单选：智力适应理论	无	无

考点 1　智力发展模式

考研基础必备

1. 定义

所谓智力发展模式，是指智力水平随年龄变化的轨迹。

众多的成人智力发展研究表明：中年人的智力发展模式是晶体智力继续上升，流体智力缓慢下降，智力技能保持相对稳定，实用智力不断增长。

2. 晶体智力和流体智力

卡特尔根据智力发展与生理和文化教育的关系，把智力区分为晶体智力和流体智力。

晶体智力是通过掌握社会文化经验而获得的智力，如词汇、言语理解、常识等以记忆储存的信息为基础的能力；流体智力是以神经生理为基础，随神经系统的成熟而提高，相对地不受教育与文化的影响的能力，如知觉速度、识别图形关系等。

两者发展关系：青少年期以前，两种智力都随年龄而不断提高；青少年期以后，在成年阶段，流体智力缓慢下降，而晶体智力则保持相对稳定。

3. 智力技能和实用智力

巴尔特斯及同事借鉴卡特尔、霍恩对流体智力和晶体智力的论述，逐步确立一套成人智力发展的理论，即双重过程模型，是新机能主义者对智力发展的基本假设。该模型将智力分为认知机械成分和认知实用成分。

认知机械成分可看成流体智力概念的引申，反映的是神经生理结构的认知操作水平，负责基本的信息加工活动，如信息输入、工作记忆等。该成分的毕生发展轨迹呈先上升后下降的倒 U 形，成年早期为从升至降的转折点。

认知实用成分可看成晶体智力的引申，反映的是文化的作用，相当于计算机的软件，为个体在后天环境中积累知识、信息或经验。该成分的毕生发展将随着知识经验的丰富而不断增长。

4. 有关成年中期智力发展模式的问题

在对成年中期智力发展水平进行研究时，有两个问题需要特别重视，一是同辈效应，二是个体差异。成人智力发展水平受遗传、教育、健康状况、职业等多方面的影响。由于出生年代的差异，相应的生活条件、教育水平，以及日后的职业生涯都会有明显的不同，这些因素直接影响了中年人的智力水平。个体差异包括个体间差异和个体内差异。

考研考法突破

考法 1　考查成年中期智力发展的总体特点

此考法常见于选择题，考生需掌握成年中期不同智力的发展特点。

例 1：（统考 / 江西师范大学，2007/2012/2013）单选：在成人中期，一般不随年龄增长而衰退的能力是（　　）。

A. 逻辑推论　B. 知觉速度　C. 图形识别　D. 机械记忆

【解析】本题从成年中期的智力特点进行解答。逻辑推理是与思维的基本形式紧密相关的智力技能，主要功能在于负责信息加工和问题解决的组织，在中年期仍保持相对稳定。因此本题选 A。

参考答案：A

例 2：（华中师范大学，2013）单选：晶体智力的发展模式是（　　）。

A. 倒 U 形曲线　　B. 在成人阶段缓慢上升

C. 在成人阶段保持稳定　　D. 在成人阶段缓慢下降

【解析】本题从成年中期的智力特点进行解答。众多的成人智力发展研究表明：中年人的智力发展模式是晶体智力继续上升，流体智力缓慢下降，智力技能保持相对稳定，实用智力不断增长。因此本题选 B。

参考答案：B

考法 2　考查晶体智力和流体智力含义的理解

卡特尔的晶体智力和流体智力的含义在考试中以多种形式考查，考试需要重点掌握。

例 3：（统考 / 浙江理工大学，2008/2016）单选：卡特尔将基于先天禀赋、主要与神经系统的生理机能有关、较少受到后天文化教育影响的智力称为（　　）。

A. 情绪智力　　B. 晶体智力

C. 空间智力　　D. 流体智力

【解析】本题从卡特尔的智力含义进行解答。卡特尔根据智力发展与生理和文化教育的关系，把智力区分为晶体智力和流体智力。流体智力是以神经生理为基础，随神经系统的成熟而提高，相对地不受教育与文化的影响的能力，如知觉速度、识别图形关系等。因此本题选 D。

参考答案：D

例 4：（统考，2012）单选：下列选项中，属于晶体智力的是（　　）。

A. 形成抽象概念的能力　　B. 发现复杂关系的能力

C. 理解词汇的能力　　D. 知觉的速度

【解析】本题从卡特尔的智力含义进行解答。卡特尔根据智力发展与生理和文化教育的关系，把智力区分为晶体智力和流体智力。晶体智力是通过掌握社会文化经验而获得的智力，如词汇、言语理解、常识等以记忆储存的信息为基础的能力。流体智力是以神经生理为基础，随神经系统的成熟而提高，相对地不受教育与文化的影响的能力，如知觉速度、识别图形关系等。因此本题选 C。

参考答案：C

考法 3　考查晶体智力和流体智力的影响因素

此考点在考试中常以选择题的形式出现，考试需掌握卡特尔两种智力的影响因素。考生可以把流体智力理解为先天的，晶体智力是后天的，即可正确作答。

例 5：（北京师范大学，2014）单选：流体智力主要受下列哪些因素的影响（　　）。

A. 后天学习　　B. 教育

C. 社会文化　　D. 个人禀赋

【解析】本题从卡特尔的智力影响因素进行解答。卡特尔根据智力发展与生理和文化教育的关系，把智力区分为晶体智力和流体智力。流体智力是以神经生理为基础，随神经系统的成熟而提高，相对地不受教育与文化的影响的能力，如知觉速度、识别图形关系等。因此本题选 D。

参考答案：D

例 6：（江西师范大学，2012）单选：卡特尔认为，取决于后天学习，与社会文化有密切关系的是（　　）。

A. 一般能力　　B. 特殊智力

C. 流体智力　　D. 晶态智力

【解析】本题从卡特尔的智力影响因素进行解答。卡特尔根据智力发展与生理和文化教育的关系，把智力区分为晶体智力和流体智力。晶体智力是通过掌握社会文化经验而获得的智力，如词汇、言语理解、常识等以记忆储存的信息为基础的能力。因此本题选 D。

参考答案：D

考法 4　考查晶体智力和流体智力发展的规律

此考点在考试中常以选择题和简答题的形式出现，考生需要掌握两种智力的发展规律。考生可以把晶体智力想象成水晶钻石，钻石需要后天不断地打磨，才能释放璀璨的光芒，因此是一直在不断发展的。而流体智力是先天，因此随着岁月的流逝，慢慢地也会流掉，因此达到一个顶峰后是下降的一个过程。

例 7：（北京师范大学，2015）单选：流体智力和晶体智力在生命全过程的发展规律是（　　）。

A. 随着你年龄的增长，流体力先上升后下降

B. 随着你年龄的增长，晶体智力先上升后下降

C. 随着你年龄的增长，流体智力一直上升

D. 随着你年龄的增长，晶体智力保持不变

【解析】本题从卡特尔的智力发展规律进行解答。青少年期以前，两种智力都随年龄而不断提高，青少年期以后，在成年阶段，流体智力缓慢下降，而晶体智力则保持相对稳定。此本题选 A。

参考答案：A

例 8：（统考 / 西南大学 / 北京大学 / 南京大学，2015/2007/2004/2019）简答：简述晶体智力和流体智力的含义，并说明这两种智力的发展趋势。

【解析】本题从卡特尔的智力发展规律进行解答。

参考答案：（1）卡特尔根据智力发展与生理和文化教育的关系，把智力区分为晶体智力和流体智力。晶体智力是通过掌握社会文化经验而获得的智力，如词汇、言语理解、常识等以记忆储存的信息为基础的能力；流体智力是以神经生理为基础，随神经系统的成熟而提高，相对地不受教育与文化的影响的能力，如知觉速度、识别图形关系等。（2）两者发展关系：青少年期以前，两种智力都随年龄而不断提高；青少年期以后，在成年阶段，流体智力缓慢下降，而晶体智力则保持相对稳定。

考研考法实战 答案见 D142 页

1.（福建师范大学 / 西南大学，2015/2011）单选：卡特尔将一种以习得经验为基础的认知能力称为（　　）。

A. 模仿能力　　B. 液态智力

C. 晶态智力　　D. 一般能力

2.（南京师范大学，2015）单选：成人阶段智力发展的模式是（　　）。

A. 流体智力缓慢下降　　B. 晶体智力缓慢下降

C. 智力技能缓慢下降　　D. 实用智力缓慢下降

3.（华中师范大学，2016）单选：根据卡特尔的智力结构论，以下表述错误的是（　　）。

A. 知觉、运算、记忆的能力属于流体智力

B. 流体智力和晶体智力都属于 G 因素

C. 凡是运用既有知识与学得技能去吸收新知识或解决问题的能力，均属晶体智力

D. 一般而言，智力在青年时期达到顶峰，以后逐步下降

4.（浙江理工大学，2015）单选：人类智力中，主要受后天经验学习的影响，可以一直处于发展上升中的是（　　）。

A. 液态智力　B. 正态智力　C. 晶态智力　D. 偏态智力

考点 2　智力活动性质的变化

智力是一种心理机能，具有适应意义。中年人的智力特点是与其环境的适应分不开的。环境对个体有什么要求，个体相应的智力功能就得到发展。

沙伊根据智力适应理论，把人一生的智力发展划分为不同阶段。沙伊认为，儿童期、青少年期智力发展的根本特征是获取信息和解决问题的技能。沙伊认为，在成年早期，青年人开始从事工作，建立家庭。此时的主要任务就是为实现自己的理想和奋斗目标而努力工作。成年中期的

智力发展是责任阶段，这个阶段不仅要承担家庭责任而且更主要的是承担社会责任，由承担一般社会责任到承担行政领导责任，取决于多种因素。到了老年期，老年人的智力活动的主要任务转向了自己的内心新世界，重新融合自己一生的经验，如一些老年人写自传、回忆录等。在不同的发展时期，个体智力活动的任务不同。简而言之，个体在儿童时期智力活动的任务是"我应该知道什么"，在青年和中年时期智力活动的任务是"我应该怎样运用我所知道的东西"，在老年期智力活动的任务是"我为什么要知道"。

考研考法突破

考法 1　考查智力适应理论

此考法考查沙伊的智力适应理论，常以选择题的形式出现，因此需要掌握。

例 9：（统考，2013）单选：某种智力理论认为：成年人智力活动的特点是与其对环境的适应分不开的，智力功能在一定程度上根据环境的要求发展；人一生的智力发展可以分为获取、实现、责任和整合等阶段，该理论的提出者是（　　）。

A. 巴尔特斯（P. Baltes）　B. 沙伊（K. Schaie）

C. 金兹伯格（E. Ginzberg）　D. 拉文格（J. Loervinger）

【解析】本题从沙伊的智力理论进行解答。沙伊把人一生的智力发展划分为不同阶段：儿童和青少年期：获取—成年早期：实现目标—成年中期：行政和责任—成年晚期：整合。因此本题选 B。

参考答案：B

考研考法实战 答案见 D142 页

1.（统考，2017）单选：在人生的不同发展时期，智力活动的任务（性质）不同。儿童青少年时期智力发展的根本特征是获取，而成年时期智力活动的性质是运用。该理论的提出者是（　　）。

A. 沙伊（K. W. Schaie）

B. 莱文森（D. J. Levinson）

C. 哈维格斯特（R. J. Havighurst）

D. 埃里克森（E. H. Erikson）

第三节　成年中期的人格发展

研究真题，明确考况

考试要求	统考		自主命题	
	考题	考查点	考题	考查点
成年中期人格发展的稳定与变化	2011	单选：成年中期人格发展的特点	福建师范大学，2018	单选：成年中期人格发展的特点

考点 1　成年中期人格的发展特点

考研基础必备

1. 自我调节与控制理论

1）自我意识

自我是人格的重要组成部分。自我的发展实际上是人格发展的基础。

洛文杰提出自我发展类型说：自我的发展既是一个过程，又是一个结果。采用句子完成测验，把自我发展过程划分成八个阶段，每个阶段对应自我发展的一种水平。认为成年期自我发展主要经历如下四种水平：①遵奉者水平，即按规则行事；②公正水平，也叫良心水平，外在的规则内化为个体自己的规则；③自主水平，对矛盾与冲突有容忍性；④整合水平，调节和解决这些矛盾和冲突。

2）控制理论

个体会被激活去控制自身以及所生存的环境，并试图解释人与环境之间的适应性。控制理论认为人的行为控制系统包括两个方面，即初级控制和次级控制。初级控制指的是改变环境的企图，这是人的根本愿望。

次级控制指的是适应环境并改变自己以顺应环境的企图。

研究者对初级控制进行了两维度划分，对次级控制进行了三维度区分。

考研考法突破

考法 1　考查成年中期人格发展的特点

此考法常见于选择题中，考生需掌握成年中期人格发展的特点。

例 1：（统考，2011）单选：下列关于成人中期的人格发展特点的表述，错误的是（　　）。

A. 自我发展处于从众水平

B. 性别角色进入整合阶段

C. 对生活的评价具有现实性

D. 对自己的内心世界日益关注

【解析】本题从成年中期的人格发展特点进行解答。成年期自我发展要经历如下几个阶段：从众水平，只有少数成年人处于这个水平。公正水平、自主水平、整合水平是自我发展的最高水平，只有极少数人能达到这一水平。所以成人中期自我发展大部分处于公正和自主水平。因此本题选 A。

参考答案：A

章节考点　综合训练

答案见 D142 页

一、单选题

1.（西南大学，2016）（　　）是信息加工和问题解决过程中所表现出来的能力。

A. 流体智力　B. 晶体智力　C. 一般能力　D. 特殊智力

2.（四川师范大学，2016）提出流体智力和晶体智力理论的心理学家是（　　）。

A. 卡特尔　B. 吉尔福斯

C. 斯腾伯格　D. 达斯和纳格利里

3.（浙江理工大学，2017）（　　）流体智力发展达到最高峰。

A. 青少年期　B. 中年早期　C. 中年晚期　D. 老年期

二、多项选择题

1.（华中师范大学，2018）有关晶体智力和流体智力，下列表述正确的是（　　）。

A. 晶体智力由个人所获得的知识和提取这些知识的能力组成

B. 流体智力是一种洞察复杂关系和解决问题的能力

C. 晶体智力可以用词汇、算术和一般性知识加以测量

D. 流体智力通常用积木图案、空间视觉等方面的测验来测量

三、名词解释

1.（福建师范大学 / 上海师范大学，2019/2017）流体智力。

2.（西北师范大学，2019）中年危机。

四、简答题

1.（湖南师范大学 / 西南大学，2015/2010）试比较流体智力和晶体智力的区别。

2.（苏州大学，2011）论述中年期的社会发展。

五、判断题

1.（陕西师范大学，2015）晶体智力指在信息加工和问题解决工程中所表现出来的能力，指一般的学习和行为能力。（　　）

2.（四川师范大学，2015）液体智力随年龄的增长而增长。（　　）

第十章 成年晚期个体的心理发展

第一节 老龄、老化与发展

研究真题，明确考况

考试要求	统考		自主命题	
	考题	考查点	考题	考查点
老龄与老化	2008	单选：老年化的特点	北京师范大学，2012 华东师范大学，2014 华中师范大学，2021 山东师范大学，2020	单选：老年化的特点 简答：认知老化的理论 名词解释：老化

考点 1 老龄与老化

考研基础必备

1. 成年晚期，亦称成人晚期、老年期，一般指从 60 岁到衰亡这段时期。

2. 老化是指个体在成熟期后的生命过程中所表现出来的一系列形态以及生理、心理功能方面的退行性变化。

3. 认知老化的理论

认知老化是限制老年人工作活动能力和降低其生活独立性的重要原因之一，其表现为感知速度减慢，工作记忆下降，抑制无关刺激能力减弱，现场依赖性增强。

①加工速度理论：该理论认为加工速度减慢是认知功能年老衰退的主要原因。

②工作记忆理论：该理论认为工作记忆容量随增龄而变小是导致认知功能年老减退的一个主要原因。

③抑制功能理论：该理论认为老年人认知功能的减退往往就是由于不能有效地抑制无关信息所致。

④感觉功能理论：该理论把认知老化归之于老年人的各种感觉功能衰退的结果。

⑤执行功能减退假说：神经生物学研究表明，额叶是老化最敏感的区域，认知功能的老化与额叶皮层功能的减退有密切关系。

考研考法突破

考法 1 考查认知老化的理论

此考法常见于简答题或论述中，考生需要理解并掌握每个认知老化理论的观点。

例 1：（华中师范大学，2021）简答：简述认知老化的主要理论。

【解析】本题考查认知老化的理论观点。

参考答案：认知老化是限制老年人工作活动能力和降低其生活独立性的重要原因之一，其表现为感知速度减慢，工作记忆下降，抑制无关刺激能力减弱，现场依赖性增强。认知老化的理论有①加工速度理论：该理论认为加工速度减慢是认知功能年老衰退的主要原因。②工作记忆理论：该理论认为工作记忆容量随增龄而变小是导致认知功能年老减退的一个主要原因。③抑制功能理论：该理论认为老年人认知功能的减退往往就是由于不能有效地抑制无关信息所致。④感觉功能理论：该理论把认知老化归之于老年人的各种感觉功能衰退的结果。⑤执行功能减退假说：神经生物学研究表明，额叶是老化最敏感的区域，认知功能的老化与额叶皮层功能的减退有密切关系。

考研考法实战 答案见 D143 页

1.（山东师范大学，2020）名词解释：老化。

2.（广州外语外贸大学，2021）简答题：简述认知老化的原因并列举两个例子说明。

第二节 成年晚期的认知

研究真题，明确考况

考试要求	统考		自主命题	
	考题	考查点	考题	考查点
成年晚期感知觉发展的变化	无	无	浙江理工大学，2015/2017	单选：成年晚期感知觉发展的特点

考点 1　成年晚期感知觉发展的变化

考研基础必备

在成年晚期各种心理活动中，感知觉的变化最明显。最早开始衰退的是听觉，许多人不到 60 岁衰退就非常明显；其次是视觉，直到 55 岁仍然十分稳定，以后便出现急剧衰退；味觉和视觉衰退类似，60 岁前还相当稳定，之后对咸、甜、苦和酸等物质的感受性便陡然下降。

考研考法突破

考法 1　考查成年晚期感知觉发展的特点

此考法常见于选择题中，考生需理解成年晚期感知觉发展的特点。

例 1：（统考，2008）多选：下列选项中，老年人衰退比较明显的方面有（　　）。

A. 语义理解　B. 空间记忆　C. 推理能力　D. 知觉速度

【解析】本题从老年化的特点进行解答。中老年在由机体的生理功能影响的流体智力方面的衰退比较明显，而在由后天的学习和经验影响的晶体智力方面的衰退则并不明显。语义理解属于晶体智力，晶体智力自成年以后不但不减退，反而有所增长，只是在七八十岁以后才略有减退。因此本题选 BCD。

参考答案：BCD

考研考法实战 答案见 D143 页

1.（浙江理工大学，2015/2017）单选：老年期退行性变化最明显的心理过程是（　　）。

A. 感知觉　B. 注意　C. 记忆　D. 思维

考点 2　成年晚期记忆发展的特点

考研基础必备

1. 记忆既有减退，又仍有优势，记忆老化的特点

再认成绩好于回忆成绩；内容有关联的和有意义的记忆成绩好于无意义的机械记忆成绩；初级记忆成绩好于次级记忆成绩；日常生活记忆成绩好于实验室记忆成绩；内隐记忆的年龄差异小于外显记忆；语义记忆的年龄差异小于情景记忆。

2. 记忆老化的个体差异产生原因

①个体一般情况，如性别、年龄、受教育年限、脑力活动和使用记忆的方法等；

②健康状况，如有无心脑血管疾病、糖尿病等疾病；

③非认知因素，即某些不直接参与认知过程但对认知功能有影响的心理因素，包括个性、情绪、态度、动机、自我概念和自信心等。

3. 记忆老化的机制

1）加工速度减慢

加工速度理论是认知老化研究领域影响力最大的理论之一。该理论认为，加工速度减慢是认知（记忆）能力减退的主要原因。加工速度包括感觉运动速度、知觉速度和认知速度三个层次。

2）工作记忆容量变小

工作记忆系统是 Baddeley 提出的概念，是一种对信息进行暂时性加工和储存的记忆系统。工作记忆对学习、思维等复杂认知加工起着非常重要的作用。

以上两种理论均有相关实证研究支持。

考研考法突破

考法 1　考查成年晚期记忆发展的特点

此考法常见于选择题中，考生需掌握成年晚期记忆发展的特点。

例 2：（江西师范大学，2015）单选：中年期记忆的变化表现为（　　）。

A. 对意义或主题的记忆下降，而对表面细节的记忆并没有下降

B. 记忆能力大幅度下降

C. 记忆能力和青年期没有什么变化

D. 对表面记忆下降，而对意义或主题记忆并没有下降

【解析】本题从成年晚期记忆发展的特点进行解答。中年期的记忆力不能笼统地说下降了，而是表现出了记忆侧重点或结构的改变，即对表面细节的记忆下降，而对意义或主题的记忆并没有下降。因此本题选 D。

参考答案：D

考研考法实战 答案见 D143 页

1.（南京师范大学，2015）单选：下列对成年晚期的记忆特点描述正确的是（　　）。

A. 次级记忆成绩好于初级记忆成绩

B. 实验室记忆成绩好于日常生活记忆成绩

C. 回忆成绩好于再认成绩

D. 有意义的记忆成绩好于无意义的机械记忆成绩

考点 3　成年晚期思维的发展特点

考研基础必备

①概念学习、解决问题效能减退；

②完成皮亚杰任务的特点；

③更多地运用后形式运算思维；

④在思维的广阔性、深刻性等方面往往比儿童、青少年时期强。

考研考法突破

考法 1 考查成年晚期思维发展的特点

例 3：（江西师范大学，2014）单选：成年晚期思维发展的特点，以下表述不正确是（　　）。

A. 思维自我中心化

B. 思维灵活性增强

C. 想象力减弱，变通性降低

D. 解决问题时深思熟虑，但又缺乏信心

【解析】本题从成年晚期思维发展的特点进行解答。成年晚期主要的思维特征：思维自我中心化，表现为坚持主见，主观性强；在解决问题时深思熟虑，但又缺乏信心；思维的灵活性变差，想象力减弱；智力有所减退，但并非全部减退。因此本题选 B。

参考答案：B

考点 4　成年晚期智力发展的特点

考研基础必备

智力有所减退，但并非全部减退。

①智力有所减退：人的智力在 20 岁以前是迅速发展的，以后便逐渐减退。

②智力并非全部减退：人的智力一直可以增长到 40 岁，60 岁以前都是很稳定的，其后即使减退，幅度也不大。强调老年人的智力也有可塑性，不认为老年人的智力有严重的衰退。

考研考法突破

例 4：（华东师范大学，2014）单选：随着老化过程（　　）。

A. 流体智力衰退，固体智力不衰退

B. 固体智力衰退，流体智力不衰退

C. 流体智力衰退，晶体智力不衰退

D. 晶体智力衰退，流体智力不衰退

【解析】本题从成年晚期的智力发展进行解答。相当多的研究者认为，人的流体智力在成年早期达到最高峰之后就逐渐减退，而晶体智力自成年以后不但不减退，反而有所增长，只是在七八十岁以后才略有减退。因此本题选 C。

参考答案：C

例 5：（北京师范大学，2003）简答：简述成人晚期智力退化问题。

【解析】本题从成年晚期智力发展的特点进行解答。

参考答案：成人晚期一般是指 60 岁至死亡这一阶段。这一时期记忆和思维都在减退。智力有所减退，但并非全部减退。

（1）老年人记忆变化的总趋势是随着年龄的增长而下降，但下降的速度并不大。人的记忆在 40 岁以后有一个较为明显的衰退阶段，然后维持在一个相对稳定的水平上，直到 70 岁以后又出现一个较明显的衰退阶段。但是，记忆衰退的速度和程度存在着很大的个体差异。

（2）人到老年期，概念学习、解决问题等思维过程的效能呈现出逐渐衰退的趋势。在概念形成中，形成概念需要的时间和出现的错误数都随年龄的增加而增加，即年龄越大所需时间越长，出现错误越多。老年人的思维存在着明显的个体差异，即有的老年人思维显著衰退，有的老年人却仍能表现出较高的思维水平。

（3）一般认为，既应当承认“老年人智力有所衰退”，又必须看到“老年人智力并非全部衰退”。就一般人而言，人的智力在 20 岁以前是迅速发展的上升期，以后便逐渐衰退。老年性智力衰退，除表现为记忆障碍、思维固执、注意力难以集中、持久性差以外，较为严重的是“老年痴呆”。虽然人的智力从总体上说随年老有所衰退，但是衰退多限于非言语性的、要求一定速度的动作性智力操作，多限于“流体智力”；各智力因素的衰退速度并不相同，有快有慢；并非智力的全部因素均衰退，有的即使到了年老不但不衰退，甚至有所增长，如言语性的智力测验成绩、“晶体智力”机能等。

（4）智力是综合的心理特征，由很多因素构成。通过测验，认为很多心理特征，比如语言测验量表中的常识、理解等在老年人中还可以保持较高水平。而有的智力特征是在 20 多岁就开始下降。因此，老年人较多地表现为流体智力的下降，而晶体智力有的甚至在上升。因此，笼统地断言“老年者智必衰”，是缺乏科学的心理学根据的。

考研考法实战 答案见 D143 页

1.（北京师范大学，2012）单选：“老将出马，一个顶俩”说明（　　）。

A. 人越老越聪明

B. 老年人流体智力没有衰退

C. 老年人晶体智力还在发展

D. 老年人智力有个别差别

2.（福建师范大学，2019）简答：简述成年晚期认知活动的特点。

第三节　成年晚期的情绪情感

研究真题，明确考况

考试要求	统考		自主命题	
	考题	考查点	考题	考查点
成年晚期的情绪情感	无	无	南京师范大学，2015/2017	单选：成年晚期感知觉发展的特点

考点 1　成年晚期的情绪情感

考研基础必备

1. 成年晚期情绪情感的一般特点

①比较容易产生消极的情绪情感；

②情感体验深刻而持久；

③情绪表达方式较为含蓄；

④各种“丧失”是情绪体验的最重要的激发事件；

⑤我国老年人生活满意感水平较高。

2. 我国老年人主观幸福感及其影响因素

①老年人主观幸福感的相关因素：社会支持、家庭月收入、解决问题的能力、人格特征。

②老年人的日常环境控制感特点及其与主观幸福感的关系；老年人能对生活中的重要事务保持掌控力，在面对责任时，就会保持其自我同一性的重要方面，正确地看待过去和未来，情绪也会更乐观。

③亲子支持对老年人主观幸福感的影响：姐妹关系好的老年人比起没有姐妹的或者姐妹关系不好的老年人，对生活感觉更好，担忧更少。

考研考法突破

考法 1　考查成年晚期情绪情感的特点

此考法常见于选择题，考生需要掌握成年晚期情绪情感的一般特点。

例 1：(南京师范大学，2015）单选：有关老年人的情绪情感描述不当的是（　　）。

A. 情绪情感较为消极

B. 情感体验较为深刻

C. 情感体验较为短暂

D. 各种“丧失”容易激发情绪体验

【解析】：本题从成年晚期情绪情感的特点进行解答。老年人比较容易产生消极情绪情感，体验深刻而持久，各种“丧失”是情绪体验的最重要的激发事件。因此本题选 C。

参考答案：C

考研考法实战 答案见 D143 页

1.（南京师范大学，2017）单选：影响老年人情绪体验最重要的激发事件是（　　）。

A. 索居　　B. 丧失

C. 身体功能衰减　　D. 精神疾病

第四节　成年晚期的心理卫生和长寿心理

研究真题，明确考况

考试要求	统考		自主命题	
	考题	考查点	考题	考查点
成年晚期的心理卫生和长寿心理	2016 2018	单选：死亡的五个阶段 多选：死亡的五个阶段	江西师范大学，2012 山东师范大学，2021	论述：毕生发展老年观

考点 1　死亡心理

考研基础必备

所谓死亡心理，泛指人类面对死亡时的各种心理反应，包括死亡态度、死亡意识、死亡反应等各种心理活动。

对死亡的情绪反应，屈布勒－罗斯的研究最有代表性。研究发现，临终时的心理一般要经过如下五个阶段：否认—愤怒—交易—抑郁—承受。

考研考法突破

考法 1　考查死亡的五个结论理论

此考法常见于选择题，考生需要死亡的五个阶段的内容。

例 1：(统考，2016）单选：根据屈布勒－罗斯（E. Kübler-Ross）的观点，死亡应对可以分为五个阶段。这些阶段依次是（　　）。

A. 愤怒—否认—抑郁—乞求—接纳

B. 否认—抑郁—乞求—愤怒—接纳

C. 愤怒—抑郁—否认—乞求—接纳

D. 否认—愤怒—乞求—抑郁—接纳

【解析】本题从死亡的五个结论理论进行解答。屈布勒－罗斯的研究发现临终时的心理一般要经过如下五个阶段：否认—愤怒—交易—抑郁—承受，因此本题选 D。

参考答案：D

考研考法实战 答案见 D143 页

1.（统考，2018）多选：按照罗斯（E. Ross）的研究，濒临灭亡者体验的内容有（　　）。

A. 否认死亡　　B. 接受死亡

C. 沮丧情绪　　D. 愤怒情绪

章节考点 综合训练

答案见 D143 页

一、单选题

1.（华中师范大学，2012）老年期发展的总趋势是（　　）。
A. 认知活动的退行性病变　B. 人格出现偏差
C. 情感脆弱　D. 人际交往动机降低

2.（华东师范大学，2012）下列叙述哪一个真实反映老年人的状况（　　）。
A. 多数老年人均有很好的驾驶技术
B. 大多老年人均表现出老态龙钟和心理衰退的迹象
C. 独自生活的老年人通常均善于交际，是“社交蝴蝶”
D. 老年人与中年人一样均有性和情感需求

3.（西南大学，2016）成年期随年龄增长而衰退的能力是（　　）。
A. 知觉速度　B. 意义记忆　C. 逻辑推理　D. 抽象思维

4.（统考，2014）对同一批被试分别在其 55 岁、65 岁和 75 岁时测量了他们各方面的能力。随年龄增长，其中表现出明显下降趋势的是（　　）。
A. 对事实性知识的回忆
B. 感觉记忆能力
C. 限时条件下的动作反应速度
D. 控制了视敏度的个别差异后对线段长度的比较判断

二、简答题

1.（苏州大学，2012）简述成年期的社会性发展。
2.（西北师范大学，2013）简述成年晚期心理的一般特点。
3.（华中师范大学，2016）简述从婴儿期至成人期，个体思维发展水平的变化。
4.（西南大学，2018）荣格成年期心理发展观。
5.（山东师范大学，2021）试比较老年发展的传统观点与毕生发展观点。

三、综合题

1.（统考，2016）沙伊（K. W. Schaie）在西雅图随机选择 500 名被试，对其进行了一系列认知能力测验。第一次测试时，被试的年龄范围是 20~70 岁，年龄相差 5 年的被试为一组。研究者每 7 年对这些被试进行一次测试，得到的部分研究结果如下图所示。请回答下列问题：

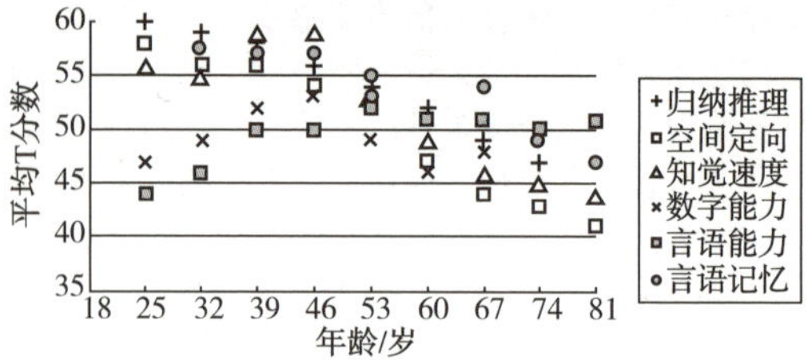

（1）该研究采用了何种设计？
（2）从图中能得到什么结论？
（3）解释认识老化的代表性观点有哪些？分别如何解释老化现象？

2.（西南大学，2021）应用分析：
阅读下列材料，回答问题：
《人生七年》是英国一部非常著名的纪录片，从 1965 年开始，追踪记录了三个阶层（贫民、中产和精英）14 个孩子从 7 岁到 56 岁的人生发展过程，每隔 7 年拍一次，追踪的内容涉及理想、学习、婚姻观、家庭观等等。通过追踪发现，7 岁的时候，不同阶层的孩子就表现出了上述内容的差异，有的孩子想上牛津大学，有的孩子不知道大学是什么 ..... 到 56 岁时，这些孩童时生活在不同阶层的人还是生活在原来的阶层（只有 1 位跨越了阶层），且实现了他们童年时对自己的预言。
请根据这一研究结果及相关心理学知识，回答下列问题：
（1）根据纪录片的追踪结果，分析影响心理发展的因素有哪些？
（2）为什么成长到 56 岁时，人们实现了童年对自己的预言？请解释这一现象。
（3）这个纪录片有何现实意义？

教育心理学

1. 科目概述

教育心理学主要研究教育教学情境中师生教与学相互作用的心理过程、教与学过程中的心理现象。其任务主要是研究并揭示在教育、教学的影响下，受教育者学习和掌握知识、技能和技巧，发展智力、体力和个性的心理规律；形成道德品质的心理特点，以及教育和心理发展的相互关系等，为提高教育教学质量提供科学依据。

教育心理学是心理学分支之一，是在教育实践的基础上形成和发展的。它作为一门独立的学科又同发展心理学密切相关。教育心理学主要揭示儿童和青少年形成心理特征和道德品质、掌握知识和技能以及发展智力和体力的心理活动规律，为提高教育和教学质量提供心理学依据。根据具体内容不同，教育心理学又可分为学习心理学、教育心理学、学科心理学等。

在需要考本科目的心理学考研中，《教育心理学》是很重要的一个部分，分数占比往往不低。由于其理论的应用性较强，经常与发展心理学的内容合并进行考查。因此，考生需要在记忆理解知识点的基础上，结合教学实际，灵活运用，以取得满意的分数。

2. 学科内容

教育心理学主要内容为学生心理、一般学习心理、分类学习心理、教学与教师心理，从教育过程中的不同侧面对心理规律进行探索。

学生心理是在心理发展与教育之间存在着比较复杂的相互依存关系。具体内容有：学生的认知发展、学生的情感和个性发展、学生的个体差异。

一般学习心理探讨学习的实质和内在机制。具体内容有：学习心理导论、行为学习理论、认知学习理论、建构主义与人本主义学习理论、学习动机。

分类学习心理讨论学习的一般规律。具体内容有：知识的学习、技能的学习、问题解决的学习与创造性、学习策略、品德的形成。

3. 学习方法

教育心理学从教育过程这一侧面对一些心理规律进行探索、揭示，不仅充实了普通心理学的一般理论，而且为整个心理学的理论发展做出了贡献。因为其庞杂的理论体系，让不少考生叫苦连连。但是我们可以清楚地发现，教育心理学中的理论多为教育教学所用，因此理解性和应用性较高，采用合适的学习方法，掌握起来并不困难。

①比较分析、深入理解

对于教材中的每一部分内容，无须死记硬背，但要深入理解。不仅要熟悉每个理论的结构，而且要清晰理论与理论之间的联系与区别，在考试中经常涉及理论之间的比较分析，因此有必要深化各个知识点的理解。

例如："经典性条件作用和操作性条件作用的比较"，不能单纯将两个理论简单进行记忆，而要将二者横向进行对比，从代表人物、行为性质、行为顺序、学习的发生等方面进行分析，从而避免理论间的混淆。

②结合发展，灵活运用

本学科与《发展心理学》联系非常密切，教育是要基于个体的发展。我们要借助发展的特点，联系实际运用教育理论。

在考试中，发展与教育心理学常作为一门学科进行考查。因此，考生需要学会将两门学科融会贯通，以发展特点为线索，逐步展开理论运用。

4. 参考教材

心理学考研中，陈琦和刘儒德主编的《当代教育心理学》，几乎是各大高校研究生入学考试的参考用书，仅有少数几所自主命题的高校例外。

针对心理学考研，主要推荐以下两本参考用书。其中，前者是主要参考用书（除非考试指定了其他教材），后者作为辅助，有余力的话可以进行参考。

①陈琦、刘儒德，《当代教育心理学》（第三版），北京师范大学出版社

主要参考用书，本书有 4 个特点：

a. 内容翔实且全面。本书囊括了绝大部分教育心理学的理论内容，并且根据教育心理学的学习和教学需要，在每章之前设立内容提要；每章之中突出重点概念；每章之后罗列关键术语界定与思考问题等。

b. 框架严谨。本书从学生与教师心理、一般学习心理、分类学习心理、教学心理等方面进行展开，逻辑分明，结构清晰。

c. 措辞严谨。本书在文字上力求文字简练，概念明确，举例精当，引文翔实，附有许多图片、图解和表格，试图在提高学术水准和符合学术规范的基础上实现易读性、实践性和操作性。

d. 应用广泛。本书可用作高等师范大学的教育学院和心理系的本科生和研究生的教材，可作为各级各类教师培训学校、研究生课程班的教学材料，可作为各种教育科研人员的参考资料，还可用作各种考试（如研究生入学考试、教师资格证考试）的参考用书。

②莫雷，《教育心理学》，教育科学出版社

a. 内容独特而新颖。本书在阐述学术观点的同时，也广泛介绍了其他学者的有关研究成果，因此具有较高的学术价值。

b. 适用性广。本书的基本定位是高等师范院校心理学专业、教育学专业本科生教育心理学教材，同时也可作为各级师资培训和研修班的教材或广大教育工作者的自学用书。

第一章 绪 论

教育心理学作为心理科学与教育科学的一个独立分支，是社会历史发展的要求，是通过漫长的历史发展而逐渐演变产生的。本章在回顾教育心理学的发展历程的基础上，从教育心理学的研究对象与学科属性、教育心理学的作用、教育心理学的研究方法三个方面进行概述。本章中的知识点较为零散，多在选择题、判断题中出现，同学们注意识记相关知识点。

第一节 教育心理学概述

研究真题，明确考况

考试要求	统考		自主命题	
	考题	考查点	考题	考查点
1. 教育心理学的研究对象与学科属性	2014	单选：教育心理学的研究对象	山东师范大学，2015 四川师范大学，2014/2015/2016/2017/2018	单选：教育心理学的研究对象及学科属性 名词解释：教育心理学 判断：教育心理学的研究对象
2. 教育心理学的作用	无	无	四川师范大学，2016/2017	单选：教育心理学的作用 简答：教育心理学的作用
3. 教育心理学的研究方法	无	无	河北师范大学，2014	简答：教育行动研究的定义和特点

考点 1 教育心理学的研究对象与学科属性

考研基础必备

1. 教育心理学的研究对象

教育心理学是一门通过科学方法研究学与教相互作用基本规律的科学，是应用心理学的一个分支。教育心理学的知识正是围绕学与教的相互作用过程而组织的，包括学习心理、教学心理、学生心理和教师心理四大部分内容。其中学习心理是教育心理学研究的核心内容。

在学习与教学的过程中主要包括三个过程：学习过程、教学过程、评价 / 反思过程，其中学习过程是教育心理学研究的核心内容。

2. 教育心理学的学科属性

教育心理学属于自然科学与人文社会科学的交叉学科。

考研考法突破

考法 1 教育心理学的研究对象

通过选择题、判断题和名词解释题考查教育心理学的研究对象，虽然不同的教材对教育心理学的研究对象有不同的表述，但是内涵是一致的。值得注意的是两个核心：教育心理学研究的核心内容是学习心理；在学与教的过程中，教育心理学研究的核心内容是学习过程。

例 1：（四川师范大学，2016/2017）单选：教育心理学的研究对象是（　　）。

A. 学与教的心理规律

B. 学与教的心理规律，但以前者为主

C. 学与教的心理规律，但以后者为主

D. 学与教以及二者相互作用的心理规律

【解析】本题考查教育心理学的研究对象。教育心理学是一门通过科学方法研究学与教相互作用的基本规律的科学，如学生掌握知识技能、道德规范及其个性形成等心理规律。因此本题选 D。

参考答案：D

例 2：（山东师范大学，2015）名词解释：教育心理学。

【解析】本题考查教育心理学的定义，可以通过阐述其研究对象来进行解释。

参考答案：教育心理学是一门通过科学方法研究学与教相互作用的基本规律的科学，它是应用心理学的一个分支。教育心理学的知识正是围绕学习与教学相互作用的过程而组织的，包括学习心理、教学心理、学生心理和教师心理。

考法 2 教育心理学的学科属性

通过选择题考查教育心理学的学科属性。心理学是一门自然科学和社会科学的交叉学科，因此其分支学科基本上也都是属于这两者的交叉学科。这个考法较少出现，大家了解即可。

例 3：（四川师范大学，2015）单选：教育心理学属于（　　）。

A. 自然科学

B. 社会科学

C. 介于自然科学与社会科学之间的交叉科学

D. 说不清楚

【解析】本题考查教育心理学的学科性质。教育心理学属于自然科学和社会科学的交叉学科。

参考答案：C

考研考法实战 答案见 D146 页

1.（统考，2014）单选：教育心理学研究的核心内容是（　　）。

A. 学生心理　B. 学习心理

C. 教师心理　D. 课堂管理心理

2.（四川师范大学，2015）判断：教育心理学主要研究的是学生的学的心理规律。（　　）

考点 2　教育心理学的作用

考研基础必备

教育心理学在教育理论和实践中都有着重要的作用，主要体现在以下三个方面：

1. 教育心理学作为教育职业的重要科学基础

教育心理学重视通过科学的研究方法来研究人的学习及其促进问题，不断深入地揭示学习的规律，并在学习规律的基础上建立有效教学的原则和方法策略。这些研究将为学校教育发展为一个成熟的现代职业奠定重要的基础。

2. 教育心理学对于教师发展的意义

作为一名合格的教师除了要具备相应学科的知识，还需要具备多方面的教学专业知识和专业技能，其中多数与教育心理学知识有关。另外，新教师的成长经历的诸多焦点问题，如课堂管理、教学设计和因材施教等在教育心理学中都有丰富的理论和研究，教师可以从中获得一定的知识、技能和启示，使自己早日成为一名专家教师。

3. 教育心理学对课堂实践的指导意义

教育心理学对教学实践具有描述、解释、预测和控制的作用。

1）科学理论上的指导作用

①为教育现象提供不同于传统常识的新观点。

②为课堂教学提供理论性指导。

③帮助教师分析、预测并干预学生的行为。

2）研究方法上的指导作用

①帮助教师运用研究的方法来了解问题。

②帮助教师结合实际教学进行创造性的持续的研究。

考研考法突破

考法 1　教育心理学的作用

通过选择、简答题直接考查教育心理学的作用。本考法的考查频率较低，大家从理论和实践两方面对其进行理解即可。

例 4：（四川师范大学，2016/2017）简答：教育心理学的作用。

【解析】本题考查教育心理学的作用。分别从理论意义和实践意义两方面进行叙述即可。

参考答案：教育心理学在教育理论和实践中都有着重要的作用，主要体现在以下三个方面：

1. 教育心理学作为教育职业的重要科学基础

教育心理学重视通过科学的研究方法来研究人的学习及其促进问题，不断深入地揭示学习的规律，并在学习规律的基础上建立有效教学的原则和方法策略。这些研究将为学校教育发展为一个成熟的现代职业奠定重要的基础。

2. 教育心理学对于教师发展的意义

作为一名合格的教师除了要具备相应学科的知识，还需要具备多方面的教学专业知识和专业技能，其中多数与教育心理学知识有关。另外，新教师的成长经历的诸多焦点问题，如课堂管理、教学设计和因材施教等在教育心理学中都有丰富的理论和研究，教师可以从中获得一定的知识、技能和启示，使自己早日成为一名专家教师。

3. 教育心理学对课堂实践的指导意义

教育心理学对教学实践具有描述、解释、预测和控制的作用。

1）科学理论上的指导作用

①为教育现象提供不同于传统常识的新观点。

②为课堂教学提供理论性指导。

③帮助教师分析、预测并干预学生的行为。

2）研究方法上的指导作用

①帮助教师运用研究的方法来了解问题。

②帮助教师结合实际教学进行创造性的持续的研究。

考研考法实战 答案见 D146 页

1.（四川师范大学，2017）单选：下列不属于教育心理学研究对教育实践作用的一项是（　　）。

A. 描述　B. 区分　C. 解释　D. 预测

考点 3　教育心理学的研究方法

考研基础必备

教育心理学的具体研究方法与普通心理学中所介绍的研究方法基本一致，这里不再赘述。只介绍一种具有教育心理学特点的研究范式——教育行动研究。

教育行动研究：在教育情境中的参与者（教师、学生、校长等）所采用的一种自我反思式的探究，以此提高参与者对实践的理解并促进自身的教育实践。教育行动研究只是一种研究取向。其具有以下 4 个特点：

①为行动而研究；

②对行动进行研究；

③在行动中研究；

④在动态情境下进行研究。

考研考法突破

考法 1　教育行动研究的定义和特点

通过简答题考查教育行动研究的定义和特点。该考法出现频率较低，大家简要了解即可。

例 5：（河北师范大学，2014）简答：什么是教育行动研究？简述其主要有哪些特点。

【解析】本题考查教育行动研究的含义及特点。抓住关键词作答即可。

参考答案：教育行动研究是在教育情境中的参与者（教师、学生、校长等）所采用的一种自我反思式的探究，以此提高参与者对实践的理解并促进自身的教育实践。教育行动研究只是一种研究取向。

其具有以下 4 个特点：（1）为行动而研究；（2）对行动进行研究；（3）在行动中研究；（4）在动态情境下进行研究。

第二节　教育心理学的发展

研究真题，明确考况

考试要求	统考		自主命题	
	考题	考查点	考题	考查点
教育心理学的发展历程	2007 2008 2015 2018	单选：教育心理学的诞生；其他心理学家的贡献	聊城大学，2012 四川师范大学，2015/2017 西南大学，2008/2014/2015/2016	单选：教育心理学的诞生；其他心理学家的贡献

考点 1　教育心理学的发展历程

考研基础必备

1. 教育心理学诞生之前的教育心理学思想

裴斯泰洛齐：第一次提出“教学心理学化”思想，主张从教育实践中探讨和研究儿童心理特点和规律，并和教育工作具体改革结合起来，提倡因能力施教。

2. 教育心理学的诞生

1903 年，美国心理学家桑代克（教育心理学之父）的《教育心理学》问世，这是西方第一本以“教育心理学”命名的专著，标志着教育心理学的诞生。

1913~1914 年，发展成三卷本的《教育心理学》，内容包括《人的本性》《学习心理》《工作疲劳，个性差异及其原因》。

桑代克创立了完整的教育心理学体系，使教育心理学正式作为一门独立学科。他的教育心理学体系也是以学生学习为中心的教育心理学体系。

3. 教育心理学的发展

20 世纪 60 年代初，布鲁纳发起课程改革运动。

1969 年，加涅提出“教学心理学”这一概念。

考研考法突破

考法 1　教育心理学的诞生

通过选择题、判断题考查教育心理学诞生的标志性事件。对于桑代克所著的《教育心理学》一书，其出版年份、作者、内容以及意义等都有可能通过选择题进行考查，大家需要记住每一个关键知识点。

例 1：（统考，2007；聊城大学，2012）单选：教育心理学作为独立学科诞生的标志是（　　）。

A. 1877 年卡普杰列夫的《教育心理学》

B. 1886 年霍普金斯的《教育心理学》

C. 1899 年詹姆斯的《对教师的谈话》

D. 1903 年桑代克的《教育心理学》

【解析】本题考查教育心理学诞生的标志性事件。1903 年，美国心理学家桑代克（教育心理学之父）的《教育心理学》问世，这是西方第一本以“教育心理学”命名的专著，标志着教育心理学的诞生。因此本题选 D。

参考答案：D

考法 2　其他心理学家的贡献

通过选择题考查教育心理学发展历程中其他心理学家的贡献。同学们需要对一些关键性的事件的时间点、心理学家及其意义进行记忆。

例 2：（统考 / 西南大学，2008）单选：最早明确提出“教育的心理学化”观点的学者是（　　）。

A. 裴斯泰洛齐　　B. 赫尔巴特

C. 詹姆斯　　D. 桑代克

【解析】本题考查裴斯泰洛齐的贡献。裴斯泰洛齐第一次提出“教学心理学化”思想，主张从教育实践中探讨和研究儿童心理特点和规律，并和教育工作具体改革结合起来，提倡因能力施教。因此本题选 A。

参考答案：A

考研考法实战 答案见 D146 页

1.（四川师范大学，2017）单选：1903 年，美国心理学家（　　）出版了《教育心理学》，这是西方第一本以教育心理学署名的著作。

A. 桑代克　B. 斯金纳　C. 布鲁纳　D. 皮亚杰

2.（西南大学，2015）单选：20 世纪 60 年代初期，在美国发起课程改革运动的著名心理学家是（　　）。

A. 桑代克　B. 斯金纳　C. 华生　D. 布鲁纳

章节考点 综合训练

答案见 D146 页

一、单项选择题

1.（四川师范大学，2018）在学习与教学过程中，教育心理学研究的核心内容是（　　）。

A. 教学过程　　B. 评价过程
C. 学习过程　　D. 反思过程

2.（西南大学，2015/2016）1903 年，出版世界上第一本《教育心理学》著作的是美国心理学家（　　）。

A. 桑代克　　B. 斯金纳　　C. 华生　　D. 布鲁纳

3.（统考，2018）最早明确建立以学生学习为中心的教育心理学体系的心理学家是（　　）。

A. 桑代克　　B. 詹姆斯　　C. 布鲁纳　　D. 奥苏伯尔

4.（统考，2015）桑代克 1903 年出版的《教育心理学》包括三部分内容，不属于该书组成部分的是（　　）。

A. 人类的本性　　B. 学习心理
C. 教师心理　　D. 个别差异

5.（四川师范大学，2016）科学教育心理学的诞生是在（　　）。

A. 1903 年　　B. 1913 年　　C. 1924 年　　D. 1934 年

6.（西南大学，2014）“教学心理学”这个术语最早由（　　）提出。

A. 格拉泽　　B. 加涅　　C. 桑代克　　D. 安德森

二、判断题

1.（四川师范大学，2014/2015）教育心理学不仅要研究学与教的基本心理规律，还要研究学与教的具体原则与方法。

2.（四川师范大学，2015）西方教育心理学的奠基人是华生。

第二章　学生心理

本章从学生的认知发展、学生的情感和个性发展、学生的个体差异进行展开。本章中的具体理论在发展心理学和普通心理学等学科中均有详细的讲述，因此在本学科中不再赘述，而重点叙述各个理论对教育实践的启示、影响，这一类题目在考试中多以简答、论述进行考查，答题时需要首先对理论进行叙述，再答其对教育实践的影响和启示。

第一节　学生的认知发展

研究真题，明确考况

考试要求	统考		自主命题	
	考题	考查点	考题	考查点
1. 皮亚杰的认知发展理论	无	无	东北师范大学，2011 聊城大学，2012 天津师范大学，2016	简答：皮亚杰的理论对教育的启示 论述：皮亚杰的理论对教育的启示
2. 维果斯基的发展理论	无	无	北京师范大学，2005 天津师范大学，2011/2014 云南师范大学，2012 苏州大学，2016 四川师范大学，2015/2016/2018/2019 南京师范大学，2018 东北师范大学，2018 西南大学，2011/2013/2015/2018	单选：最近发展区的思想 简答：维果斯基的理论对教育的启示 名词解释：最近发展区

考点 1　皮亚杰的认知发展理论

考研基础必备

1. 建构主义的发展观

皮亚杰认为，发展是一种建构的过程，是个体在与环境不断的相互作用中实现的。他用图式、同化、顺应和平衡这四个概念来解释这一过程。

2. 认知发展阶段

皮亚杰认为，在个体从出生到成熟的发展过程中，认知结构在与环境的相互作用中不断重构，经历了以下四个阶段：①感知运动阶段（0~2 岁）；②前运算阶段（2~7 岁）；③具体运算阶段（7~11 岁）；④形式运算阶段（11 岁至成年）。

3. 心理发展的因素

影响心理发展的因素主要包括：成熟、练习和经验、社会经验、平衡化。

4. 皮亚杰发展理论对教育的影响

1）教育要促进儿童内部积极主动的建构过程

皮亚杰认为学习在于建构新的认知图式。教育需要建构积极、主动的学习环境，促进学生内部的积极、主动的建构过程。

2）教育应当适合儿童当前的发展阶段

皮亚杰认为儿童的认知发展是以已有的认知结构为基础的，并以已有图式与环境相互作用而产生的认知需要为动力。因此，教师需要创设或提供这样一种教学情境，既能引起学生的认知不平衡，又不过分超越学生已有的认知水平和知识经验。

3）儿童在认知发展过程中存在个体差异

教师要确定学生的不同认知发展水平，以保证所实施的教学与学生的认知水平相匹配。

考研考法突破

考法 1　皮亚杰的理论对教育的启示

通过简答和论述题考查皮亚杰的理论对教育实践的启示，一般需要先对皮亚杰的理论做简要阐述，再回答其理论对教育的启示。由于皮亚杰的发展理论在发展心理学中已经进行了详细的介绍，因此在教育心理学中不再赘述其理论的详细内容，也不对其理论的考法做归纳，而只对其理论对教育的启示进行详细的阐述。

例 1：（天津师范大学，2016）论述：简述并评价皮亚杰的认知发展阶段理论，并谈谈其对教育的启示。

【解析】本题考查皮亚杰理论及对教育的启示。首先对皮亚杰的理论进行叙述和评价，再结合其理论说明对教育的启示即可。

参考答案：

1. 皮亚杰的认知发展阶段理论

（1）感知运动阶段（0~2 岁），这一阶段的认知活动，主要是通过探索感知觉与运动之间的关系来获得动作经验，在这些活动中形成了一些低级的行为图式，以此来适应外部环境和进一步探索外界环境。

（2）前运算阶段（2~7 岁），从这个时期开始，儿童具有表象思维，有运用符号的能力，其智力活动处于表象水平。思维不可逆，自我中心，未掌握守恒，泛灵论；皮亚杰通过“三山实验”证明这一阶段的儿童思维具有自我中心性。

（3）具体运算阶段（7~11 岁），这个时期儿童的认知能力摆脱知觉的局限，获得概念的稳定性，达到守恒。对具体问题可以进行逻辑运算，思维具有可逆性。守恒是儿童思维成熟的最大特征，守恒是指某一物体或情境尽管表面上发生了变化但物体的固有属性仍保持不变的事实。

（4）形式运算阶段（11 岁至成年），这个时期儿童的思维形式能够从具体内容中解放出来，能够提出假设，凭借演绎推理、归纳推理解决抽象问题。其智力活动达到抽象思维阶段。

2. 皮亚杰理论的贡献和局限

贡献：皮亚杰揭示了个体心理发展的某些规律，其理论观点具有巨大的启发性，有助于人们预测儿童的发展并施以正确的教育影响。

局限：（1）对儿童认知发展的估计不足，对各阶段的年龄划分也有绝对化的倾向。（2）其所采用的临床实验法难以重复验证；（3）使用的被试较少，结论缺乏代表性。

3. 其理论对教育的启示

（1）教育要促进儿童内部积极主动的建构过程：

皮亚杰认为学习在于建构新的认知图式。教育需要建构积极、主动的学习环境，促进学生内部的积极、主动的建构过程。

（2）教育应当适合儿童当前的发展阶段：

皮亚杰认为儿童的认知发展是以已有的认知结构为基础的，并以已有图式与环境相互作用而产生的认知需要为动力。因此，教师需要创设或提供这样一种教学情境，既能引起学生的认知不平衡，又不过分超越学生已有的认知水平和知识经验。

（3）儿童在认知发展过程中存在个体差异：

教师要确定学生的不同认知发展水平，以保证所实施的教学与学生的认知水平相匹配。

考研考法实战 答案见 D146 页

1.（东北师范大学，2011）简答：试述皮亚杰的心理发展阶段理论，并分析其对教育实践的指导价值。

考点 2　维果斯基的发展理论

考研基础必备

1. 教育和发展的关系——最近发展区

最近发展区即实际的发展水平与潜在的发展水平之间的差距。前者由独立解决问题的能力而定，后者则是指在成人的指导下或是与更有能力的同伴合作时解决问题的能力。如图 2–1 所示。

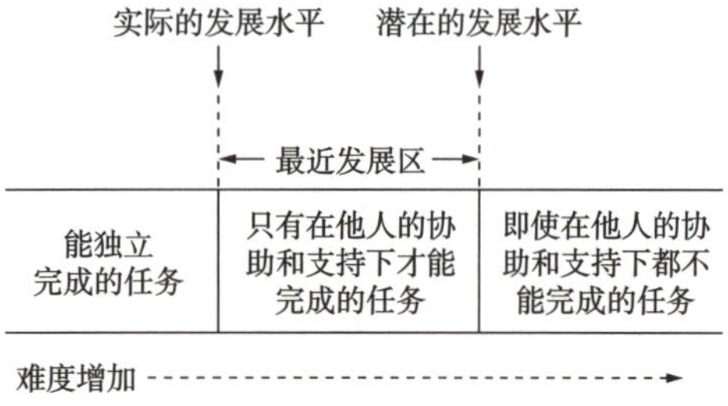

图 2–1　最近发展区示意图

维果斯基主张，教学应当走在儿童现有发展水平的前面，落在最近发展区内，带动发展。教学一方面使最近发展区变为现实，另一方面也创造着新的最近发展区。儿童的两种水平之间的差距是动态的。随着时间的推进，一些之前不能完成的任务逐渐被儿童掌握，取而代之的是更加复杂和困难的任务。

2. 维果斯基的理论对教学的影响

1）在维果斯基搭建支架的基础上发展出了支架式教学

教学者要给学生提供适当的指导和支持，这种指导和支持处于学生的最近发展区内，而且要随着儿童认知发展的变化进行调整。

2）维果斯基阐释了在相互作用情境下学习的机制

教学者需要通过与学生的相互作用不断地获得学生发展的反馈，来调整给学生提供的学习任务，如交互式教学。

3）维果斯基的理论对于合作学习也有一定的指导作用

教师要尽量组织、安排能力水平不同的学生进行合作学习。接受能力较强的同伴的指导，是促进儿童在最近发展区内发展的最有效的一种方式。

4）维果斯基的理论在情境认知理论及其教学模式中也有一定的应用

教师在教学的过程中，要引导学生从旁观者逐渐转变为教学活动的参与者，在社会性互动中获得知识和技能。

考研考法突破

考法 1　最近发展区的思想

常通过选择题、名词解释和简答题考查最近发展区的相关思想。最近发展区的概念无论是在发展心理学还是教育心理学中都是十分重要的一个考点，大家可以结合图 2–1 对其概念进行理解记忆。

例 2：（西南大学，2015）单选：“最近发展区”是指（　　）。

A. 儿童借助成人的帮助所达到的解决问题的水平

B. 在独立活动中所达到的解决问题的水平

C. 在有指导的情况下，儿童借助成人帮助所达到的问题解决水平与在独立活动中所达到的解决问题的水平之间的差异

D. 儿童先前具有的水平和后天发展的水平之间的差异

【解析】本题考查最近发展区的概念。最近发展区是指实际的发展水平与潜在的发展水平之间的差距。选项 A 指潜在的发展水平；选项 B 指实际的发展水平；选项 C 指实际的发展水平与潜在的发展水平之间的差距，即最近发展区。因此本题选 C。

参考答案：C

例 3：（西南大学，2011/2013/2018；苏州大学，2014）简答：维果斯基教育与认知发展的观点。

【解析】本题考查维果斯基的发展理论。维果斯基教育与认知发展的观点，主要是其最近发展区的理论，因此详

细阐述该理论即可。

参考答案：维果斯基提出了最近发展区来说明教育和认知发展的关系。最近发展区即实际的发展水平与潜在的发展水平之间的差距。前者由独立解决问题的能力而定，后者则是指在成人的指导下或是与更有能力的同伴合作时解决问题的能力。

维果斯基主张，教学应当走在儿童现有发展水平的前面，落在最近发展区内，带动发展。教学一方面使最近发展区变为现实，另一方面也创造着新的最近发展区。儿童的两种水平之间的差距是动态的。随着时间的推进，一些之前不能完成的任务逐渐被儿童掌握，取而代之的是更加复杂和困难的任务。

考法 2　维果斯基的理论对教育的启示

通过简答题和论述题考查维果斯基的理论及其对教育的启示。在教育心理学中对维果斯基的理论的考查主要是对其“最近发展区”思想的考查，因此并未对其他理论观点以及考法进行归纳阐述，建议结合发展心理学中的相关内容综合理解记忆。

例 4：（东北师范大学，2018）简答：维果斯基的发展理论及对教育方面的启示。

【解析】本题考查维果斯基的理论及对教育的启示。维果斯基的理论对教育的启示，主要是其最近发展区的思想对教育的启示，因此重点阐述最近发展区的理论，然后结合阐述其对教育的启示即可。

参考答案：

维果斯基提出了“最近发展区”的概念，最近发展区即实际的发展水平与潜在的发展水平之间的差距。前者由独立解决问题的能力而定，后者则是指在成人的指导下或是与更有能力的同伴合作时解决问题的能力。

维果斯基主张，教学应当走在儿童现有发展水平的前面，落在最近发展区内，带动发展。教学一方面使最近发展区变为现实，另一方面也创造着新的最近发展区。儿童的两种水平之间的差距是动态的。随着时间的推进，一些之前不能完成的任务逐渐被儿童掌握，取而代之的是更加复杂和困难的任务。

对教育的启示主要体现在以下几个方面：

（1）在维果斯基搭建支架的基础上发展出了支架式教学

教学者要给学生提供适当的指导和支持，这种指导和支持处于学生的最近发展区内，而且要随着儿童认知发展的变化进行调整。

（2）维果斯基阐释了在相互作用情境下学习的机制

教学者需要通过与学生的相互作用不断地获得学生发展的反馈，来调整给学生提供的学习任务，如交互式教学。

（3）维果斯基的理论对于合作学习也有一定的指导作用

教师要尽量组织、安排能力水平不同的学生进行合作学习。接受能力较强的同伴的指导，是促进儿童在最近发展区内发展的最有效的一种方式。

（4）维果斯基的理论在情境认知理论及其教学模式中也有一定的应用

教师在教学的过程中，要引导学生从旁观者逐渐转变为教学活动的参与者，在社会性互动中获得知识和技能。

考研考法实战 答案见 D146 页

1.（云南师范大学，2012）单选：提出“最近发展区”概念的心理学家是（　　）。

A. 皮亚杰　B. 布鲁纳　C. 维果斯基　D. 奥苏贝尔

2.（四川师范大学，2015）简答：维果斯基的理论对教学的影响。

第二节　学生的情感和个性发展

研究真题，明确考况

考试要求	统考		自主命题	
	考题	考查点	考题	考查点
1. 个性与社会化发展	无	无	上海师范大学，2019；河北师范大学，2021	简答：埃里克森的理论观点及对教育的启示
2. 自我意识、自我概念与自尊	无	无	西南大学，2010/2011	简答：自我意识的概念和促进

考点 1　个性与社会化发展

考研基础必备

1. 埃里克森的社会化发展理论

埃里克森把人的心理发展分为 8 个阶段：①信任对怀疑（0~1.5 岁）；②自主对羞怯（1.5~3 岁）；③主动感对内疚感（3~6、7 岁）；④勤奋感对自卑感（6、7~12 岁）；⑤角色同一性对角色混乱（12~18 岁）；⑥友爱亲密对孤独（18~30 岁）；⑦繁殖对停滞（30~60 岁）；⑧完美无憾对悲观绝望（60 岁以后）。

2. 个性和社会化发展理论在教学中的应用

1）帮助学生适应勤奋和自卑危机

学校和教师可以向儿童提供他们参与社会所需的工具，设置有挑战性的任务，同时给予一定的帮助，让学生不断体验到成功，从而帮助学生通过这一危机。

2）帮助学生适应同一性和角色混乱危机

学校和教师可以为学生提供职业选择的榜样和其他成人角色，宽容对待他们的狂热与流行文化，为他们的自我和学业提供现实的反馈，帮助学生处理这种危机。

由于青少年可能会拒绝教师权威，因此教师需要注意以下几点：①中学生绝不应该被当作“孩子”看待；②绝不应在其他同伴或其他有关的人面前轻视青少年；③给予明确任务并让其独立完成；④注意同伴影响。

考研考法突破

考法 1 个性和社会化发展理论在教学中的应用

通过简答或论述题考查埃里克森的理论在教学中的应用。关于埃里克森的阶段理论的考点和考法在发展心理学中有详细的叙述，因此在教育心理学中不再赘述，大家可以结合发展心理学的相关知识点进行学习。

例 1：（上海师范大学，2019）简答：埃里克森理论主要观点，每个阶段的任务和危机，对青少年教育的启示。

【解析】本题考查埃里克森的社会发展理论及对教育的启示。首先简要阐述埃里克森的发展理论，再阐述其理论对青少年教育的影响即可。关于每个阶段的年龄划分，不同的教材表述有所不同，大家根据自己的参考教材进行记忆即可。

参考答案：（1）埃里克森认为在人格发展中，逐渐形成的自我在个人与周围环境的交互作用中起着主导的和整合的作用。每个人在生长过程中，都普遍体验着生物的、生理的、社会的事件的发展顺序，按一定的成熟程度分阶段地向前发展。埃里克森提出人的八个阶段以及每个阶段的发展任务，建立了自己的发展理论。

（2）第一阶段为婴儿期（0~1.5 岁）：婴儿在本阶段的主要任务是满足生理上的需要，发展信任感，克服不信任感，体验着希望的实现。

第二阶段为儿童早期（1.5~3 岁）：这个阶段的儿童主要是获得自主感，克服羞怯和疑虑感，体验着意志的实现。这一阶段发展任务的解决，对于个人今后对社会组织和社会理想的态度将产生重要的影响。

第三阶段为学前期（3~6、7 岁）：本阶段儿童的主要发展任务是获得主动感，克服内疚感，体验目的的实现。埃里克森认为，个人未来在社会中所能取得的工作上、经济上的成就，都与儿童在本阶段主动性发展的程度有关。

第四阶段为学龄期（6、7~12 岁）：这个阶段的发展任务是获得勤奋感，克服自卑感，体验能力的实现。埃里克森认为，很多人将来学习和工作的态度和习惯都可溯源于本阶段的勤奋感。

第五阶段为青年期（12~18 岁）：这个阶段的发展任务是建立同一感，防止同一感混乱，体验忠诚的实现。

第六个阶段为成年早期（18~30 岁）：这个阶段的发展任务是获得亲密感，避免孤独感，体验爱情的实现。

第七个阶段为成年中期（30~60 岁）：这个阶段的发展任务是获得产生感，避免停滞感，体验关怀的实现。

第八个阶段为成年晚期（60 岁以后）：这个阶段的发展任务是获得完善感，避免失望和厌倦感，体验智慧的实现。

（3）为了帮助青少年适应同一性和角色混乱危机，学校和教师可以为学生提供职业选择的榜样和其他成人角色，宽容对待他们的狂热与流行文化，为他们的自我和学业提供现实的反馈，帮助学生处理这种危机。

由于青少年可能会拒绝教师权威，因此教师需要注意以下几点：①中学生绝不应该被当作“孩子”看待；②绝不应在其他同伴或其他有关的人面前轻视青少年；③给予明确任务并让其独立完成；④注意同伴影响。

考研考法实战 答案见 D147 页

1.（河北师范大学，2021）简答：埃里克森社会心理发展对中小学教育的启示。

考点 2 自我意识、自我概念与自尊

考研基础必备

1. 自我意识

自我意识指个体对自己的心理、思维及行为活动的内容、过程及结果的自我认识、自我体验、自我调节。

①自我认识是自我意识的认知成分。教师应该引导学生正确看待学习和生活中的成功与失败，树立良好的人生观和价值观。

②自我体验是自我意识在情感方面的表现，包括自尊和自信等。教师的反馈对学生的自尊有重要影响。任何惩罚和变相惩罚都有可能伤及学生的自尊。掌握学生特点，尽量从正面鼓励学生，有利于学生的成长和进步。

③自我调节是自我意识的意志成分。教师可以在学生已有认知的基础上，通过榜样的示范作用和亲身体验，引导其学会在特定的场景中调控自己的言行，使之符合社会规范。

2. 自我概念

自我概念是“个体对自身的观念，情感和态度组成的混合物”。

3. 自尊

自尊指个体在社会比较过程中所获得的有关自我价值的积极的评价与体验。

古柏・史密斯提出，培养学生自尊心的三个先决条件：重要感、成就感、力量感。

考研考法突破

考法 1 自我意识的概念和促进

通过简答题、论述题考查自我意识的概念以及教师对自我意识的促进。这个考法出现频率较低，大家了解即可。

例 2：（西南大学，2011）简答：什么是自我意识？教师应如何促进学生自我意识的发展？

【解析】本题考查自我意识及发展。根据自我意识的三个成分，分点说明教师应采取的措施即可。

参考答案：自我意识指个体对自己的心理、思维及行为活动的内容、过程及结果的自我认识、自我体验、自我调节。

教师可通过以下措施促进学生自我意识的发展：

（1）自我认识是自我意识的认知成分。教师应该引导学生正确看待学习和生活中的成功与失败，树立良好的人生观和价值观。

（2）自我体验是自我意识在情感方面的表现，包括自尊和自信等。教师的反馈对学生的自尊有重要影响。任何惩罚和变相惩罚都有可能伤及学生的自尊。掌握学生特点，尽量从正面鼓励学生，有利于学生的成长和进步。

（3）自我调节是自我意识的意志成分。教师可以在学生已有认知的基础上，通过榜样的示范作用和亲身体验，引导其学会在特定的场景中调控自己的言行，使之符合社会规范。

考研考法实战 答案见 D147 页

1.（西南大学，2010）论述：举例阐述自我意识在人格发展中的作用，教师如何促进学生自我意识的发展？

第三节 学生个体差异

研究真题，明确考况

考试要求	统考		自主命题	
	考题	考查点	考题	考查点
1. 个体的智力差异	无	无	西南大学，2007/2010 浙江师范大学，2011 重庆师范大学，2011 河北师范大学，2013 山东师范大学，2015 西北师范大学，2016 北京师范大学，2005/2014/2016 华南师范大学，2018	简答：多元智力理论对教育的启示；三元智力理论对教学的启示；智力差异的表现及对教育的启示 论述：三元智力理论对教学的启示；智力差异的表现及对教育的启示
2. 个体的其他差异	无	无	西南大学，2010 山东师范大学，2016	名词解释：学习风格的定义 简答：气质类型及对教育的启示
3. 学生的个体差异	无	无	苏州大学，2015 四川师范大学，2017	分析：学生的个体差异对教育的影响 案例分析：学生的个体差异对教育的影响

考点 1 个体的智力差异

考研基础必备

注：关于智力的理论在普通心理学能力一章已经做了详细的阐述，因此在教育心理学中不再赘述，而只阐述多元智力理论和三元智力理论对教育的启示。

1. 多元智能理论

美国心理学家加德纳认为，智力应该是在某一特定文化情境或社群中所展现出来的解决问题或制作生产的能力。人类至少存在 8 种智能，分别是：语言智能；逻辑 - 数学智能；空间智能；肢体 - 动觉智能；音乐智能；人际智能；内省智能；自然观察智能。

加德纳指出，单纯依靠使用纸笔的标准化考试来区分儿童智力的高低，考查学校教育的效果，甚至预言他们未来的成就和贡献，是片面的。这样做实际上过分强调了语言智能和逻辑 - 数学智能，否定了其他同样为社会所需要的智能，使学生身上许多重要的潜能得不到确认和开发，造成高分低能的现象。

加德纳提出了一种新的教育观“以个人为中心的教育”。每名学生都具备这 8 种智能，但所擅长的智能各不相同。教育要以学生的智能为基础，同时要培养学生的特长智能。

以加德纳的理论为指导，人们在课程、活动、评估方法和教学方法上都进行了深入的实践探索，这对美国学校和我国教育改革都有重要的影响。另外，多元智能理论还指导教师从多种智能途径增进学生对学科内容的理解。

2. 智力的三元智力理论

斯腾伯格认为人的智力是由分析能力、创造能力和实践能力三种相对独立的能力组成的。他还提出了成分亚理论、经验亚理论和情境亚理论分别解释这三种能力。

斯腾伯格的三元智力理论为教学提供了很多启示。(1) 教师需关注每一种学习行为对发展智力的三个方面的作用，使所有学生都能得到智力的全面发展。(2) 教师需要帮助学生认识、利用并发挥自己的智力优势。

考研考法突破

考法 1 多元智力理论对教育的启示

通过简答、论述题考查加德纳的多元智力理论及其对教育的启示。考试既有可能直接问多元智力理论对教育的启示，也可能给一个案例来进行提问。如果题干中有案例，那回答的时候需要结合案例进行阐述。

例 1：（北京师范大学，2016）简答：钱钟书在 1929 年报考清华时，语文成绩特优，英语满分，但数学只有 15 分，请用多元智力对该现象进行分析，并说说该理论对教学的启示。

【解析】本题考查多元智力理论。首先对多元智力理论的理论观点进行阐述，然后对案例进行分析，最后回答多元智力理论对教学的启示即可。

参考答案：美国心理学家加德纳认为，智力应该是在某一特定文化情境或社群中所展现出来的解决问题或制作生产的能力。人类至少存在 8 种智能，分别是：语言智能；逻辑 - 数学智能；空间智能；肢体 - 动觉智能；音乐智能；人际智能；内省智能；自然观察智能。

钱钟书的语文成绩特优，英语满分，说明他擅长语言智能；但他数学只有 15 分，说明他不擅长逻辑－数学智能。

多元智力理论对教学的启示：（1）学校在设置教学活动时需要考虑到学生的不同智能，保证学生的每一种智能都能得到发展和培养；（2）教育要以学生的智能为基础，同时要培养学生的特长智能。（3）学校在对学生的智力进行评估时，要从多方面进行考核评定，不能只依靠考试成绩；（4）教师在进行教学时，可以从多种智能途径增进学生对学科内容的理解。

（结合理论叙述，言之有理即可。）

考法 2　三元智力理论对教学的启示

通过简答、论述题考查斯腾伯格的三元智力理论及其对教育的启示。

例 2：（华南师范大学，2018）简答：简述智力三元理论及其带来的教学启示。

【解析】本题考查智力三元理论及对教学的启示。首先对三元智力理论的理论观点进行阐述，然后回答多元智力理论对教学的启示即可。

参考答案：斯腾伯格认为人的智力是由分析能力、创造能力和实践能力三种相对独立的能力组成的。他还提出了成分亚理论、经验亚理论和情境亚理论分别解释这三种能力。

（1）成分亚理论解释的是影响智力水平的基本信息加工过程或成分，包括元成分、操作成分、知识获取成分。（2）经验亚理论将智力与经验关联起来，解释有信息加工成分相关的不同水平的先前经验（相对新异的情境和自动化）。（3）情境亚理论将智力与个体日常生活情境联系起来，解释个体与周围环境相互作用的基本方式。

斯腾伯格的三元智力理论为教学提供了很多启示。（1）教师需关注每一种学习行为对发展智力的三个方面的作用，使所有学生都能得到智力的全面发展。（2）教师需要帮助学生认识、利用并发挥自己的智力优势。

（结合理论叙述，言之有理即可。）

考研考法实战 答案见 D147 页

1.（北京师范大学，2014；山东师范大学，2015；西北师范大学，2016）简答 / 论述：简述加德纳（H. Gardner）的多元智力理论及其对教育的启示。

考点 2　个体的其他差异

考研基础必备

1. 个体的学习风格差异

学习风格是指人们在学习时所惯用或偏爱的方式。换句话说，就是学习者在完成学习任务时所表现出来的具有个人特色的方式。

1）学习风格的维度（见表 2–1）

表 2–1　主要的学习风格的维度理论

理论名称	提出者	理论观点
三维理论	奈欣斯	感觉定向；反应方式；思维模式
六维理论	雷诺	知觉偏好；物理环境需要；社会环境偏好；认知方式；最佳学习时间；动机和价值观
两维坐标理论	科尔勃	两个维度：具体体验－抽象概括维度、反省性观察－主动实验维度 四种风格：顺应者方式、发散者方式、聚合者方式、同化者方式

2）常见的学习风格差异（见表 2–2）

表 2–2　个体的学习风格差异

维度	差异表现
感觉通道	视觉型学习者；听觉型学习者；动觉型学习者
认知风格	场独立型和场依存型；反思型和冲动型； 整体性和系列性；深层加工和表层加工

3）学习风格的差异对教学的启示

学生在学习风格上存在着巨大差异，这就要求教师针对不同的学习风格采取不同的教学策略。首先，必须帮助学生认识自己的学习认知风格；其次，教师要明确适应认知风格的两类教学策略——匹配和适配策略；最后，教师要调整自己的教学风格，提供多种模式的教学风格。

2. 社会文化背景与性别差异

1）社会文化背景差异

①文化及其差异。文化是指人们共同的规范、传统、行为、语言以及集体感。文化差异是普遍存在的，其不仅存在于国家之间，也存在于同一个国家社会内部不同的群体之间。儿童在特定文化背景下形成的许多行为对课堂教学具有重要的影响。了解学生的文化背景对于有效教授学业内容、建立学校所期望的行为等具有重要作用。

②文化刻板印象。

刻板印象威胁：学生个体因对自己在学业情境下的表现可能会证实人们对他所持有的刻板印象而怀有额外的情绪和负担。

多元文化教育：所有学生，不论他们属于哪一类群体，如在性别、民族、种族、文化、社会阶层、宗教信仰等方面各不相同或属于某种特殊群体，他们在学校都应该享有平等的教育。

2）性别差异

大多数研究表明，男女性别之间在综合能力和一般智力方面不存在差异；在一些具体能力方面存在差异，如女生擅长阅读和写作，男生擅长机械推理等。两性之间的许多行为差异源自男性和女性的不同生活经历。

教育内容中广泛存在着性别偏向问题，教材中男性人物居多，且其角色多是政治家、军人、科学家等等，而女性主要是教师、护士等等。鉴于此，所有的教材都应该根据社会性别公平化原则进行编制。在教学中，教师要在教学材料的选择和呈现、课堂管理、课堂活动设计、师生互动方式，以及其他行为方式等方面避免性别偏向。

考研考法突破

考法 1　学习风格的定义

通过名词解释或简答考查学习风格的定义。

例 3：（山东师范大学，2016）名词解释：学习风格。

【解析】本题考查学习风格。直接答学习风格的定义即可，另外也可将学习风格的维度作为拓展回答。

参考答案：学习风格是指人们在学习时所惯用或偏爱的方式。换句话说，就是学习者在完成学习任务时所表现出来的具有个人特色的方式。

关于学习风格的维度有不同的理论观点：

奈欣斯的三维理论：感觉定向；反应方式；思维模式。

雷诺的六维理论：知觉偏好；物理环境需要；社会环境偏好；认知方式；最佳学习时间；动机和价值观。

科尔勃的两维坐标理论：两个维度：具体体验－抽象概括维度、反省性观察－主动实验维度。四种风格：顺应者方式、发散者方式、聚合者方式、同化者方式。

考法 2　学习风格的差异对教学的影响

该考法更多是与智力差异、文化和性别差异等结合考查，详见下面的综合问题 1。

例 4：简答：简要叙述常见的学生学习风格差异，这对教师的教学方法与策略有何影响？

【解析】本题考查学习风格差异的类型及影响。首先对常见的学生学习风格差异进行列举，然后对不同的学习风格进行分析，回答相对应的教学方法即可。

考研考法实战 答案见 D147 页

1.（西南大学，2010；山东师范大学，2016）简答：什么叫学习风格？学生的学习风格对教学有什么意义？

综合问题 1　学生的个体差异

综合点　学生的个体差异对教育的影响

通过论述题、案例分析题考查学生的个体差异及其对教育的影响。如果是论述题，按照智力差异、学习风格差异、文化和性别差异等分别作答即可；如果是案例分析题，在叙述的同时需要结合案例。

例 5：（苏州大学，2015）分析题：为什么理解个体差异对教师非常重要？有哪些重要的个体差异理论（至少列出三种）？如果你作为一个教师，你可以采用哪些个别差异的教育、教学方式以帮助不同的儿童？

【解析】本题考查个体差异理论及应用。首先回答个体差异对教师的重要性，其次列举个体差异理论，最后结合实际阐述学生个体差异对教育的影响。

参考答案：学生在智力、学习风格、社会文化背景以及性别方面的差异均会对其学习产生一定的影响，如果教师忽视学生的个体差异，在教学过程中对于所有的学生只采用一种教学方法，其教学效果就会大打折扣。因此，教师必须理解学生的个体差异，在教学过程中针对不同的学生灵活地采用不同的教学方式，真正做到因材施教。

1. 个体的智力差异

斯腾伯格认为人的智力是由分析能力、创造能力和实践能力三种相对独立的能力组成的。他还提出了成分亚理论、经验亚理论和情境亚理论分别解释这三种能力。

（1）成分亚理论解释的是影响智力水平的基本信息加工过程或成分，包括元成分、操作成分、知识获取成分。（2）经验亚理论将智力与经验关联起来，解释有信息加工成分相关的不同水平的先前经验（相对新异的情境和自动化）。（3）情境亚理论将智力与个体日常生活情境联系起来，解释个体与周围环境相互作用的基本方式。

作为教师可以采取以下措施：（1）关注每一种学习行为对发展智力的三个方面的作用，使所有学生都能得到智力的全面发展。（2）帮助学生认识、利用并发挥自己的智力优势。

2. 个体的学习风格差异

学习风格是指人们在学习时所惯用或偏爱的方式。换句话说，就是学习者在完成学习任务时所表现出来的具有个人特色的方式。

（1）个体的学习风格的差异可以从感觉通道和认知风格两方面来进行区分。

①感觉通道。视觉型学习者、听觉型学习者、动觉型学习者。

②认知风格。场依存型和场独立型；反思型和冲动型；整体性和系列性；深层加工和表层加工。

（2）教师可以采取的教学措施：例如①对于场独立型学生，教师应根据这类学生善于独立思考、创新能力较强的学习风格，多提供一些难度较大且具有挑战性或研究性的学习内容，促进其自主学习能力和创新思维能力的发展；②而对于场依存型学生，教师则需要根据这类学生合作意识强。善于发展人际关系的特点，多为他们组织一些合作学习和小组活动，使他们擅长的学习风格能更好地发挥。

3. 性别差异

大多数研究表明，男女性别之间在综合能力和一般智力方面不存在差异；在一些具体能力方面存在差异，如女生擅长阅读和写作，男生擅长机械推理等。两性之间的许多行为差异源自男性和女性的不同生活经历。

教育内容中广泛存在着性别偏向问题，教材中男性人物居多，且其角色多是政治家、军人、科学家等等，而女性主要是教师、护士等等。鉴于此，所有的教材都应该根据社会性别公平化原则进行编制。在教学中，教师要在教学材料的选择和呈现、课堂管理、课堂活动设计、师生互动方式，以及其他行为方式等方面避免性别偏向。

（任意选择三种理论进行阐述均可。）

考研考法实战 答案见 D147 页

1.（四川师范大学，2017）案例分析：根据《论语》记载，有一次，孔子和学生公西华正在座谈。子路来向孔子请教："听到了就马上行动吗？"孔子答："有父兄在，为什么急于行动？"一会儿，冉有也来请教同样的问题，孔子答："听到了马上行动！"公西华不明白教师对同一问题给予不同的回答。孔子解释说："子路总是好胜，我是让他遇事后退一步；冉有畏缩，我是有意鼓励他遇事积极向前。"孔子向学生施教的心理学依据是什么？他为什么要这么做？

章节考点 综合训练

答案见 D147 页

一、单选题

1.（华东师范大学，2020）根据维果斯基的观点，教学和发展的关系是（ ）。

A. 教学应在发展前面　　B. 发展应在教学前面

C. 两者相互独立　　D. 两者相互促进

二、名词解释

1.（华南师范大学，2020；浙江师范大学，2020；陕西师范大学，2021）最近发展区。

2.（山东师范大学，2020）认知风格。

三、简答题

1.（聊城大学，2012；河北师范大学，2013）试述皮亚杰的认知发展理论及其对教学工作的启示。

2.（西南大学，2010）学生的智力差异有哪些表现？教师如何在教学中开发学生的智力？

3.（西南大学，2010）气质有哪些类型？其表现特点是什么？教师应如何根据学生气质差异因材施教？

四、论述题

1.（天津师范大学，2014）维果斯基的文化－历史发展观提出了怎样的发展与教学的关系？举例说明该理论对教学的启示。

2.（河北师范大学，2013）席慕蓉在上国中的时候语文考试可以得满分，然而对数学却是读天书。请问何种智力理论可以较好地解释这种现象？说明这种理论对教育的启示。

3.（湖南师范大学，2020）论述斯腾伯格的智力三元论，并简述其个性化教育的意义。

第三章 一般学习心理

一般学习心理主要探讨学习是什么，有哪些类型，又是如何发展的。本章从学习的实质和内在机制，主要介绍学习心理导论、行为学习理论、认知学习理论、建构主义与人本主义学习理论和学习动机。本章是教育心理学考试的重点内容，大家不仅要识记各种理论要点，还要能够对比相关理论之间的区别和联系。

第一节 学习心理导论

研究真题，明确考况

考试要求	统考		自主命题	
	考题	考查点	考题	考查点
1. 学习的概念	2021 2008 2009 2017 2022	单选：学习的定义	西南大学，2008/2011/2016 苏州大学，2011 聊城大学，2012 福建师范大学，2015 四川师范大学，2013/2015/2016/2017 广州大学，2018	单选：学习的定义；人类学习的特点；学生学习的特点 多选：学习的定义 名词解释：学习 简答：学习的定义；学生学习的特点
2. 学习的分类	2008 2009 2019	单选：学习的分类	聊城大学，2012 福建师范大学，2013 苏州大学，2014 西南大学，2008/2014/2016 浙江理工大学，2016 四川师范大学，2017/2018	单选：学习的分类 名词解释：外显学习 简答：学习的分类及意义

考点 1 学习的概念

考研基础必备

1. 学习的定义

学习是个体在特定情境下由于练习或反复经验而产生的行为或行为潜能的比较持久的变化。关于学习的定义可从以下五个方面进行理解：

①学习的发生是由经验引起的；

②学习导致行为或行为潜能的变化；

③行为的变化并不等同于学习的存在；

④学习与表现不能等同；

⑤学习是一个广义的概念，它不仅是人类普遍具有的，也是动物所具有的。

2. 学习的作用

①学习是有机体和环境取得平衡的条件；

②学习可以影响成熟；

③学习能激发人脑智力的潜能，从而促进个体心理的发展。

3. 人类学习的特点

①人的学习是在社会生活实践中通过思维活动产生和实现的；

②人的学习是掌握社会历史经验和个体经验的过程；

③人的学习是以语言为中介的；

④人的学习是自觉的、有目的、有计划的。

4. 学生学习的特点

①学生的学习是以掌握间接知识经验为主的；

②学生的学习是在教师有目的、有计划、有组织地指导下进行的；

③学生的学习具有一定程度的强制性。

考研考法突破

考法 1 学习的定义

通过选择题、名词解释和简答题考查学习的定义。同学们不仅要能够识记学习的定义，更要能够根据学习行为的特点去辨别哪些行为属于学习行为。

例 1：（统考，2017）单选：关于学习的含义，错误的表述是（　　）。

A. 人与动物都需要学习

B. 学习就是有机体的行为改变

C. 学习是有机体获得经验的过程

D. 学习是有机体对环境的适应过程

【解析】本题考查学习的含义。并不是所有行为的变化都意味着学习的存在，有机体的行为变化不仅可以由学习引起，也可以由本能、疲劳、适应和成熟等所引起，由疲劳、创伤、药物等引起的行为变化都是比较短暂的，由于休息、治疗或停止服药，这些变化可能消失，而且它们所带来的变化是使行为水平降低，选项 B 错误。

参考答案：B

例 2：（312 统考，2022）多选：下列关于学习概念的表述中，正确的有（ ）。

A. 学习都伴随着行为的变化

B. 行为变化都意味着学习

C. 学习是个体经验获得过程

D. 条件反射形成都是学习

【解析】本题考查学习的定义，可以从理解学习的定义的五个方面来进行解答。学习是个体在一定情境下由于经验而产生的行为或行为潜能的比较持久的变化。学习是个体在特定情境下由于练习或反复经验而产生的行为或行为潜能的比较持久的变化。关于学习的定义可从以下五个方面进行理解：（1）学习的发生是由经验引起的；（2）学习导致行为或行为潜能的变化；（3）行为的变化并不等同于学习的存在；（4）学习与表现不能等同；（5）学习是一个广义的概念，它不仅是人类普遍具有的，也是动物所具有的。

参考答案：ACD

例 3：（福建师范大学，2015）简答：如何理解学习的概念？

【解析】本题考查学习的定义。从理解学习的定义的五个方面进行解答即可。

参考答案：学习是个体在特定情境下由于练习或反复经验而产生的行为或行为潜能的比较持久的变化。关于学习的定义可从以下五个方面进行理解：（1）学习的发生是由经验引起的；（2）学习导致行为或行为潜能的变化；（3）行为的变化并不等同于学习的存在；（4）学习与表现不能等同；（5）学习是一个广义的概念，它不仅是人类普遍具有的，也是动物所具有的。

考法 2 人类学习的特点

通过选择题考查人类学习的特点。

例 4：（四川师范大学，2017）单选：以下不属于人类学习特点的是（ ）。

A. 间接性　　B. 丰富的目的性

C. 被动性　　D. 以语言为中介

【解析】本题考查学习的特点。人的学习是掌握社会历史经验和个体经验的过程，体现了间接性，选项 A 正确。人的学习是以语言为中介的，选项 D 正确。人的学习是自觉的、有目的、有计划的，选项 B 正确。人类学习是主动的，而不是被动的，因此本题选 C。

参考答案：C

考法 3 学生学习的特点

通过选择题、简答题考查学生学习的特点。学生的学习即狭义的学习，不同的教材对其特点的表述有所不同，做选择题时可根据排除法进行选择。

例 5：（四川师范大学，2013）单选：学生的学习不具有的特点是（ ）。

A. 间接性　B. 计划性　C. 高效性　D. 生物性

【解析】本题考查学生学习的特点。学生的学习具有以下特点：（1）学生的学习是以掌握间接知识经验为主的，选项 A 正确；（2）学生的学习是在教师有目的、有计划、有组织地指导下进行的，选项 B 和 C 正确；（3）学生的学习具有一定程度的强制性。因此本题选 D。

参考答案：D

考研考法实战 答案见 D149 页

1.（四川师范大学，2016）单选：根据学习的定义，下列现象中属于学习的是（ ）。

A. 蜜蜂采蜜　　B. 猴子攀爬

C. 病症导致的行为改变　　D. 儿童模仿别人的行为

2.（聊城大学，2012）单选：下面哪种情况发生了学习？（ ）

A. 小李从亮处走进暗室，视力显著提高

B. 小明喝酒后脾气变得暴躁

C. 小张服用兴奋剂后百米赛跑夺冠

D. 大猩猩模仿游人吃饼干

3.（312 统考，2021）单选：下列现象中，不属于学习的是（ ）。

A. 习惯化　B. 敏感化　C. 暗适应　D. 社会适应

4.（统考 2008；西南大学，2008）多选：下列选项中，属于学习现象的有（ ）。

A. 见贤思齐　B. 望梅止渴　C. 蜘蛛结网　D. 谈虎色变

5.（四川师范大学，2015）简答：学生的学习有何特点？

考点 2 学习的分类

1. 学习主体分类

分为动物学习、人类学习和机器学习。

人类学习与动物学习的本质区别：①人类学习的社会性；②以语言为中介；③积极主动性。

2. 学习水平分类（加涅）

①信号学习：刺激 - 强化 - 反应（经典性条件作用）。

②刺激 - 反应学习：情境 - 反应 - 强化（操作性条件作用）。

③连锁学习：一系列刺激 - 反应的联合。

④言语联想学习：由言语单位所联结的一系列刺激 - 反应的联合。

⑤辨别学习：个体学会识别多种刺激的异同，并对其做出不同反应。

⑥概念学习：个体对刺激进行分类时，学会对一类刺激做出同样的反应。

⑦规则的学习：个体了解两个或两个以上概念之间的关系。

⑧解决问题的学习：个体使用所学规则解决问题。

后来，加涅把前四类学习合并为连锁学习，把概念学习扩展为具体概念学习和定义概念学习。①连锁学习；②辨别学习；③具体概念学习；④定义概念学习；⑤规则的学习；⑥解决问题的学习。

3. 学习性质与形式分类（奥苏伯尔）

根据学习的形式，分为接受的学习和发现的学习；

根据学习的性质，分为机械的学习和有意义的学习。

4. 学习的意识水平分类

内隐学习：最早由美国心理学家阿瑟 · S. 雷伯提出，是指个体在与环境接触的过程中不知不觉地获得了一些经验并因之改变其事后某些行为的学习。

外显学习：是有意识的、明确需要付出心理努力并需按照规则做出反应的学习。

5. 学习内容分类

可分为知识的学习、技能学习、道德品质或行为习惯的学习。

6. 正式学习与非正式学习

正式学习：指在学校的学历教育和工作后的继续教育中发生的学习，是通过课程、教学、实习以及研讨等形式进行的。

非正式学习：指由学习者在自主的、在非正式的学习时间和场合，通过非教学性质的社会交往而进行的学习。

考研考法突破

考法 1　学习的分类

通过选择题、名词解释和简答题考查学习的分类，其中以选择题考查为主。关于学习的分类有不同的形式，其中最常考的是加涅关于学习结果和学习水平的分类。关于奥苏伯尔对学习的分类也较常考查，但是这里没有过多叙述，因此我们将其归纳在认知学习理论一节。同学们需要掌握每种分类的定义，并能以事例进行区分。

例 6：（统考，2019）单选：学生掌握了某一道数学题的解题方法后，对于此类题目都可以顺利解决。根据加涅的学习分类，这一水平的学习属于（　　）。

A. 连锁学习　　B. 概念学习

C. 规则学习　　D. 问题解决学习

【解析】本题考查加涅的学习分类水平。加涅根据学习的繁简水平，将学习分为八类学习。①信号学习：经典性条件作用下对某种信号做出反应的学习。②刺激－反应学习（S–R 的学习）：操作性条件作用下于一定情境中做出反应动作，然后得到强化使行为巩固下来的学习。③连锁学习：一系列刺激－反应的联合。④语言联想学习：由言语单位所联结的连锁学习。⑤辨别学习：学会识别多种刺激的异同并对其做出不同反应。⑥概念学习：即对事物的抽象特征的反应。⑦规则的学习：了解两个或两个以上概念之间的关系。⑧解决问题的学习：在各种情况下，使用所学规则去解决问题。题干中掌握了一类解题方法后去解决此类问题属于问题解决学习，因此本题选 D。

参考答案：D

例 7：（统考，2009）单选：在加涅的学习结果分类中，个体利用符号与环境相互作用的能力称为（　　）。

A. 智力技能　B. 认知策略　C. 言语信息　D. 运动技能

【解析】本题考查对加涅的学习分类的理解。个体利用符号与环境相互作用的能力称为智慧技能，解决“怎么做”的问题，以处理外界的符号和信息。因此本题选 A。

参考答案：A

例 8：（沈阳师范大学，2020）简答题：加涅学习结果分类。

【解析】本题考查加涅学习结果的分类。

参考答案：

（1）言语信息的学习：学习者掌握的是以言语信息传递的内容，或学习者的学习结果是以言语信息表达出来的。

（2）智力技能的学习：言语信息的学习帮助学生解决“是什么”的问题；而智慧技能的学习要解决“怎么做”的问题，以处理外界的符号和信息。

（3）认知策略的学习：认知策略支配着学习者在对付环境时自身的行为，即内在的东西，是学习者用来管理他的学习过程的方式。

（4）态度的学习：包括 3 类态度：①儿童对家庭和其他社会关系的认识；②对某种活动所表现出来的积极的、喜爱的情感；③有关个人品德的某些方面。

（5）动作技能的学习：动作技能又称运动技能，指个体通过身体动作的质量不断改善而形成的整体动作模式。

考研考法实战 答案见 D149 页

1.（统考，2008；西南大学，2008/2014/2016；浙江理工大学，2015）单选：在加涅的学习结果分类中，用于调节学习者内部注意、记忆和思维过程的能力称为（　　）。

A. 言语信息　　B. 认知策略

C. 智力技能　　D. 运动技能

2.（聊城大学，2012）单选：小明两岁半就学会正确使用“你”“我”“他”三个代词进行言语交流，按加涅的学习结果分类，这里发生的学习是（　　）。

A. 言语信息　　B. 智慧技能

C. 认知策略　　D. 态度

3.（浙江理工大学，2016）单选：下列哪种学习的复杂抽象程度比概念学习高？（　　）

A. 规则学习　　B. 辨别学习

C. 信号学习　　D. 连锁学习

4.（四川师范大学，2018/2017）名词解释：外显学习。

5.（沈阳师范大学，2021）简答题：加涅学习阶段的划分。

第二节　行为学习理论

研究真题，明确考况

考试要求	统考		自主命题	
	考题	考查点	考题	考查点
1. 经典性条件作用理论	无	无	南京师范大学，2015 江西师范大学，2015 南京大学，2015 四川师范大学，2015/2017 华东师范大学，2016/2020 东北师范大学，2017 华中师范大学，2018	单选：经典性条件作用理论的内容和应用 名词解释：条件刺激；经典条件反射 简答：经典性条件作用理论的内容 论述：经典性条件作用理论的应用 案例分析：经典性条件作用理论

续表

考试要求	统考		自主命题	
	考题	考查点	考题	考查点
2. 操作性条件作用理论	2009 2021	单选：强化与惩罚的分类和对比	河北大学，2010/2011/2012 聊城大学，2012 云南师范大学，2012/2014 山东师范大学，2012/2013/2014 江西师范大学，2013/2015 华东师范大学，2014/2016/2020 南京大学，2015 苏州大学，2015 南京师范大学，2015 浙江理工大学，2015 华南师范大学，2016 西南大学，2016/2017/2018 广州大学，2013/2016/2018 复旦大学，2015/2016/2017/2018 四川师范大学，2013/2015/2016/2017/2018 河南师范大学，2017 东北师范大学，2018	单选：强化与惩罚的分类和对比；强化程式的分类及应用 名词解释：移去性惩罚；强化；变比率强化程序；操作性条件作用说；负强化；正强化 判断：负强化；观察学习 简答：强化与惩罚的分类和对比；操作性条件作用理论 论述：操作性条件作用理论的应用
3. 经典性条件作用和操作性条件作用的比较	无	无	北京师范大学，2001 华南师范大学，2014 东北师范大学，2015	简答：经典性条件作用和操作性条件作用的异同
4. 联结主义理论	2020	无	北京师范大学，1998/1999 湖南师范大学，2010/2012 聊城大学，2012 西南大学，2014 浙江理工大学，2016 广州大学，2016/2018	单选：联结－试误说的内容；桑代克的学习律 名词解释：尝试错误 简答：桑代克的学习律；联结－试误说的内容及启示
4. 社会学习理论	无	无	湖南师范大学，2010/2014 电子科技大学，2010/2011 西南大学，2011/2015/2017 云南师范大学，2012/2013/2016 苏州大学，2013/2015 华南师范大学，2013/2016/2017/2018/2022 苏州大学，2013 华东师范大学，2014 山东师范大学，2013/2014 南京师范大学，2013/2015 江西师范大学，2015/2016 四川师范大学，2013/2015/2017 华中师范大学，2017/2018 广州大学，2016/2018 西北师范大学，2017/2018 天津师范大学，2017/2019	单选：观察学习的含义和过程；直接强化、替代性强化和自我强化；社会学习理论及其应用 多选：社会学习理论 名词解释：替代性强化；观察学习；自我强化 填空：社会学习理论；替代性强化 简答：观察学习的过程；观察学习的影响因素；社会学习理论及其应用

考点 1　经典性条件作用理论

考研基础必备

小贴士

关于学习的理论，大家可以通过顺口溜来记忆：

巴普洛夫的狗，桑代克的猫，斯金纳的老鼠，班杜拉的宝，科勒的猩猩抓香蕉，托尔曼的老鼠迷宫跑。

1. 巴甫洛夫的经典性条件作用理论

1）巴甫洛夫的实验

把食物（无条件刺激）呈现给狗，并测量其唾液分泌（无条件反应）。随同食物呈现一个铃声（中性刺激），多次之后，只要铃声（条件刺激）出现，狗就会分泌唾液（条件反应）。

经典性条件作用：一个原是中性的刺激与一个原来就能引起某种反应的刺激相结合，而使动物学会对那个中性刺激做出反应，即一个新刺激替代另一个刺激与一个自发的生理或情绪反应建立联系。

2）经典性条件作用的主要规律

①强化与消退。

强化：中性刺激与无条件刺激在时间上的结合称为强化，强化的次数越多，条件反射就越巩固。

消退：条件作用形成后，由于没有无条件刺激的结合，机体对条件刺激的反应逐渐消失。条件作用的消退只是暂时联系受到了抑制。

②泛化与分化。

泛化：条件作用形成后，机体对与条件刺激相似的刺激做出条件反应。

分化：只对条件刺激做出条件反应，而对其他相似的刺激不做出条件反应。

③高级条件作用。

由一个已经条件化了的刺激来使另外一个中性刺激条件化的过程，叫作高级条件作用。可以建立二级条件作用、三级条件作用等等。

④两个信号系统。

第一信号系统：凡是能引起条件反应的物理性的条件刺激叫作第一信号系统的刺激；

第二信号系统：凡是能够引起条件反应的、以语言符号为中介的条件刺激叫作第二信号系统的刺激，如谈虎色变。

人类学习与动物学习的本质区别就在于，有了以语言为主的第二信号系统。

2. 华生的行为主义

华生首先打出行为主义心理学的旗帜，是美国第一个将巴甫洛夫的研究结果作为学习理论的基础的人。

实验：婴儿恐惧形成实验。

观点：学习就是以一种刺激替代另一种刺激建立条件反射的过程，提出了刺激 - 反应学说。学习的实质就是形成习惯，习惯就是刺激与反应间的联结，主张学习遵循频因（多次）律和近因（近时）律。

3. 经典条件作用理论的教育应用

①经典条件反射可以用来解释教育中很多基本学习现象，尤其是在幼儿学习过程中出现的问题。

②运用经典条件反射的原理，可以在一定程度上控制学生的行为，促进学生进行一些基本的简单的学习。

③运用经典条件反射原理进行心理治疗，可以矫正学生的偏差行为，消除学生对某些事物的恐惧。

考研考法突破

考法 1　经典性条件作用理论的内容

通过选择题、名词解释和简答题考查巴甫洛夫的经典性条件作用理论。考生需要对其理论的实验、代表人物及观点和主要的规律进行全面地掌握理解。

例 1：（四川师范大学，2017）单选：通过对狗等动物的训练研究，提出条件反射学说的著名学者是（　　）。

A. 桑代克　B. 斯金纳　C. 华生　D. 巴甫洛夫

【解析】本题考查经典条件作用理论的提出者。巴甫洛夫通过对狗的实验提出经典性条件作用理论，也称条件反射学说。因此本题选 D。

参考答案：D

例 2：（四川师范大学，2017）名词解释：条件刺激。

【解析】本题考查条件刺激的基本概念。回答条件刺激的定义即可。

参考答案：引起条件反射的刺激称为条件刺激，一般是指新的、中性的刺激。

考法 2　经典性条件作用理论的应用

通过具体事例在选择题或案例分析题中考查巴甫洛夫的经典性条件作用理论的应用。考生需要能够利用经典条件作用理论的原理去分析生活中的相关事件。

例 3：（江西师范大学，2015）单选：根据经典条件反射学习理论，"一朝被蛇咬，十年怕井绳"描写的是典型的（　　）现象。

A. 恢复　B. 消退　C. 刺激分化　D. 刺激泛化

【解析】本题考查对经典条件作用的主要规律的理解。人和动物一旦学会对某一特定的条件刺激做出条件反射以后，其他与该条件刺激相类似的刺激也能诱发相同的条件反射。这就是条件反射的泛化。因此本题选 D。

参考答案：D

考研考法实战

答案见 D149 页

1.（四川师范大学，2015）单选：以下选项中，不属于经典条件反射现象的是（　　）。

A. 望梅止渴　B. 画饼充饥　C. 谈虎色变　D. 叶公好龙

2.（南京大学，2015）多选：下列哪几项是巴普洛夫的发现？（　　）

A. 经典条件反射　B. 操作性条件反射

C. 泛化和分化　D. 尝试 - 错误

3.（华东师范大学，2020）单选：钱学长每天在图书馆前喂流浪猫，久而久之小猫一见到他，就立马跑过去。在这个经典条件作用中，条件刺激是（　　）。

A. 猫粮　B. 钱学长　C. 流浪猫　D. 图书馆

4.（东北师范大学，2017）简答：试述经典条件作用说。

考点 2　操作性条件作用理论

考研基础必备

1. 斯金纳的操作性条件作用理论

斯金纳认为，行为可分为应答性行为和操作性行为。相应地，条件作用也分为应答性条件作用（经典性条件作用）和反应型条件作用（操作性条件作用）。

斯金纳的实验：他发明了一种学习装置叫作斯金纳箱，箱内装上一个操纵杆，操纵杆连接着一个供应食丸的装置。将饥饿的白鼠置于箱内，在这种缺乏明显的无条件食物刺激环境中，白鼠偶然踏上操纵杆，供丸装置自动送落一粒食丸。白鼠经过几次尝试后，就会不断按压杠杆，直到吃饱为止。在这一实验中，白鼠学会了按压杠杆而获取食物的反应，把强化（食物）与操作性反应联系起来，形成了操作性条件作用。按压杠杆变成了获取食物的手段或者工具，操作性条件作用故而又叫作工具性条件作用。

2. 强化与惩罚

强化与惩罚的定义及分类见表 3–1。

表 3–1 强化与惩罚

	强化（凡是能增强反应概率的刺激和事件）	惩罚（反应之后紧跟一个导致反应概率下降的刺激）
呈现刺激	正强化（又叫"阳性强化"，呈现愉快刺激，如给予表扬）	Ⅰ型惩罚（呈现厌恶刺激，如关禁闭）
消除刺激	负强化（又叫"阴性强化"，消除厌恶刺激，如免做家务）	Ⅱ型惩罚（消除愉快刺激，如禁用手机）

【注意区分和理解负强化与惩罚的区别】：

负强化——反应频率增加

惩罚——反应频率降低

例如：一个学生上课迟到，罚他放学后打扫卫生，那么他下次迟到的频率就会降低，这是惩罚；同样是这个学生，如果他在今天的课堂上表现积极，老师决定撤销他放学后扫地的惩罚，那么他今后在课堂积极发言的频率就会增加，这就是负强化。

强化还可划分为一级强化和二级强化两类。一级强化满足人和动物的基本生理需要，如食物等。二级强化是任何一个中性刺激与一级强化反复结合后，自身获得强化效力。二级强化可分为社会强化（微笑等）、代用券（钱等）和活动（旅游等）。

普雷马克原则（祖母的法则）：用高频的活动作为低频活动的有效强化物，或者说用学生喜爱的活动去强化学生参与不喜爱的活动。

教师在应用强化时要注意以下两点：①教师要针对班上不同的学生提供不同系列的强化物；②教师选择强化物时应考虑年龄因素。

3. 强化程式（强化程序）

强化程式（强化程序）是指反应受到强化的时机和频次。其分类见表 3–2。

表 3–2 强化程式的分类

程式	定义	示例	反应建立方式	强化终止后的反应
连续强化程式	给予每个反应强化	一按开关灯就亮	迅速学会反应	反应迅速消失，没有持续性
固定时距程式（定时强化程式）	固定时段后给予强化	按时发工资	随强化时间的临近，反应数量迅速增加，强化后反应数量骤减	反应具有很短的持续性，当强化时间过去不再出现强化物时，反应速度迅速降低
固定比率程式（定比强化程式）	固定反应次数后给予强化	计件工作	反应建立迅速，强化后反应会暂停	反应具有很强的持续性，当达到预期的反应数而不再有强化物时，反应速度降低
变化时距程式（变时强化程式）	不定时给予强化	随堂测验	反应建立缓慢、稳定，强化后反应不会暂停	反应具有更长的持续性，反应降低的速度缓慢
变化比率程式（变比强化程式）	在不定反应次数后给予强化	买彩票、老虎机	反应建立的速度很快，强化后几乎不会暂停	反应具有最长的持续性，一直保持很高的水平，不会消失

教师在运用强化时要遵循以下 3 个原则：①教新任务时，要进行即时强化，不要进行断续强化。②在任务的早期阶段，强化每一个正确的反应，随着学习的发生，对比较正确的反应优先强化，逐渐地转到断续强化。③强化要保证做到朝正确方向促进或引导。

4. 行为的学习

1）新行为的塑造

塑造，指对期望行为越来越行为的强化过程。就是通过小步反馈帮助学生达到目标，即采用连续接近的方法，对趋向于要塑造的反应的方向不断给予强化，直到引出所需要的新行为。

行为塑造技术包括顺向连锁塑造和逆向连锁塑造。

2）行为的消退与维持

消退指消除强化从而消除或降低某一个行为。维持是指减弱甚至停止强化之后行为的持续。

3）行为的分化与泛化

分化就是知觉到先前刺激的差异并对这种差异做出反应。

泛化或概括化是指将所习得的行为、技能或概念从一个情境或任务迁移到另一个情境或任务中。

5. 理论的应用

程序教学：通过教学机器呈现程序化教材而进行自学的一种方法。它把一门课程学习的总目标分成几个单元，再把每个单元分成许多小步骤。学生在学完每一步骤的课程后，就会马上知道自己的学习结果，即能得到及时强化，然后按顺序进入下一步的学习，直到学完一个单元。在学习过程中，学生可按自己的学习能力和学习习惯，自定学习步调，自主进行反应，逐步达到总目标。

行为矫正：在操作性条件作用的范例中，不但能通过强化来控制行为，还可以通过操作性训练来塑造复杂行为。通过逐步强化可以塑造儿童的良好行为，通过消退则可以消除儿童的不良反应，即通过不予强化来减少此类行为出现的可能性。

考研考法突破

考法 1 强化与惩罚的分类和对比

该考法常通过选择题、名词解释、判断和简答论述进行考查。强化与惩罚是操作性条件作用中十分重要的两个概念，对其的考查频率也较高，大家不仅要正确识记其定义与各种分类，还需要能够在实际生活中应用强化与惩罚。

例 4：（西南大学，2016）单选：根据强化的性质，可以将其分为（　　）。

A. 自然强化物和人为的近似强化物

B. 积极强化和消极强化

C. 正强化和负强化

D. 强化和惩罚

【解析】本题考查对强化物的分类。强化分为正强化和负强化。正强化又称"阳性强化"。个体做出某种行为或反应，随后或同时得到某种奖励，从而使行为或反应强度、概率或速度增加的过程。负强化主要是通过消除或终止厌恶、不愉快刺激来增强反应频率。其实，负强化也被称为逃避制约或逃避惩罚的反应。因此本题选 C。张大均版《教育心理学》把正强化称“积极强化”，负强化称“消极强化”，答题时若参考教材为张大均版，答案为 BC。

参考答案：C

例 5：（统考，2021）单选：有一种汽车安全带蜂鸣器，在驾驶员不系安全带的情况下，会不停地发出鸣叫，直至其系上安全带为止。这种让驾驶员系上安全带的行为是一种（　　）。

A. 正强化　B. 负强化　C. 消退　D. 惩罚

【解析】本题考查对强化的理解。系上安全带鸣叫停止，说明做出行为后会撤销厌恶刺激，导致系安全带的行为频率上升，属于负强化。

参考答案：B

例 6：（北京师范大学，1994/2003）名词解释：强化与惩罚。

【解析】本题考查强化与惩罚的基本概念。回答强化与惩罚的定义即可。

参考答案：强化是指凡是能增强反应概率的刺激和事件，强化可以分为正强化和负强化。惩罚是指反应之后紧跟一个导致反应概率下降的刺激，惩罚可以分成 I 型惩罚和 II 型惩罚。

考法 2　强化程式的分类及应用

通过选择题、名词解释、简答论述考查强化程式的类别及其在实际中的应用。大家可以根据示例去理解记忆每一个程式的含义，并且需要理解什么情况下适合哪种强化程式。

例 7：（西南大学，2018）单选：学生在考前临时抱佛脚，这属于部分强化的（　　）。

A. 不定比率程式　B. 不定时距程式
C. 固定比率程式　D. 固定时距程式

【解析】本题考查强化程式。学生在考前临时抱佛脚，之后其考试成绩便会有所提高，属于固定时距强化，因此本题选 D。

参考答案：D

例 8：（苏州大学，2015）分析题：老虎机是一种用零钱赌博的机器，玩耍时只要投入硬币，运气好的话，就可以赚到数万美元。对绝大部分的玩家而言，玩老虎机大多数时间都是在输钱，只是偶尔能赢一笔。但是在现实生活中，这种赌博的机器一直相当地受欢迎。请结合强化学习的知识，分析老虎机受欢迎的原因。

【解析】本题考查强化原理的应用。首先分析老虎机的应用原理，然后结合强化知识分析其受欢迎的原因。

参考答案：老虎机运用的是变化比率程式的原理。变化比率程式（变比强化程式）是在不定反应次数后给予强化，这种反应建立的速度很快，强化后几乎不会暂停。即使强化终止后，反应具有最长的持续性，一直保持很高的水平，不会消失。

当某个玩家偶然一次投币赚到数万美元之后，就会立即建立反应联系，即使之后一直在输钱，其仍然会觉得下一次就能够赢钱。另外，其余的玩家即使没有赢钱，其通过观察学习和替代强化也会建立该反应。这就是老虎机受欢迎的原因。

考法 3　斯金纳的操作性条件作用理论及其应用

通过选择题、名词解释及简答论述题考查斯金纳的理论观点及其应用。这部分通常需要综合考点 2 的所有内容分点作答。

例 9：（四川师范大学，2013/2015）单选：操作性条件反射理论的提出者是（　　）。

A. 桑代克　B. 斯金纳　C. 巴甫洛夫　D. 班杜拉

【解析】本题考查学习理论的代表人物。斯金纳认为，行为可分为应答性行为和操作性行为。相应地，条件作用也分为应答性条件作用（经典性条件作用）和反应型条件作用（操作性条件作用）。因此本题选 B。

参考答案：B

例 10：（南京师范大学，2015）简答：简述斯金纳的强化观。

【解析】本题考查斯金纳的强化观。从斯金纳的操作性条件作用中的强化部分进行解答。

参考答案：斯金纳认为人的行为是对外部环境刺激所做出的反应，只要改变人的行为后果，就可改变人的行为。凡是能增强反应频率的刺激或事件都叫作强化物。

强化分为正强化和负强化。正强化又称“阳性强化”。个体做出某种行为或反应，随后或同时得到某种奖励，从而使行为或反应强度、概率或速度增加的过程。负强化主要是通过消除或终止厌恶、不愉快刺激来增强反应频率。

强化还可划分为一级强化和二级强化两类。一级强化满足人和动物的基本生理需要，如食物等。二级强化是任何一个中性刺激与一级强化反复结合后，自身获得强化效力。二级强化可分为社会强化（微笑等）、代用券（钱等）和活动（旅游等）。

按照强化的时机和频次可以分为不同的强化程式（强化程序），包括连续强化程式、固定时距程式（定时强化程式）、固定比率程式（定比强化程式）、变化时距程式（变时强化程式）、变化比率程式（变比强化程式）。

考研考法实战 答案见 D150 页

1.（复旦大学，2015/2016）单选：不做完作业不准玩电脑使用了何种操作条件反射作用的原理（　　）。

A. 正强化　B. 正惩罚　C. 负强化　D. 负惩罚

2.（四川师范大学，2018）单选：消退实质上是一种（　　）。

A. 正强化　B. 负强化　C. 无强化　D. 替代强化

3.（江西师范大学，2013；浙江理工大学，2015）单选：斯金纳认为，教育就是塑造行为，而塑造行为的关键是（　　）。

A. 试误　B. 顿悟　C. 模仿　D. 强化

4.（华东师范大学，2020）单选：为让徒弟尽快学会京剧，师傅将他拉到寒冷的冰面上练习，直到做标准了才让他进屋。这是一种基于（　　）的操作条件作用。

A. 阳性惩罚　B. 阴性惩罚
C. 正强化　D. 负强化

5.（华东师范大学，2020）单选：操作性条件作用的提出者是（　　）。

A. 巴普洛夫　B. 华生　C. 斯金纳　D. 班杜拉

6.（312 统考，2022）单选：在连续强化条件下，新行为反应的特点是（　　）。

A. 建立快，消退也快　B. 建立慢，消退也慢
C. 建立快，消退慢　D. 建立慢，消退快

7.（河北大学，2011）名词解释：移去性惩罚。

8.（山东师范大学，2013；西北师范大学，2020）名

词解释：强化。

9.（河北大学，2012）名词解释：操作性条件作用说。

10.（聊城大学，2012）简答：试根据斯金纳的理论，简述正强化、负强化、惩罚三者之间的区别。

11.（山东师范大学，2012）简答：试说明斯金纳操作性条件作用理论的基本原理。

综合问题 1 经典性条件作用和操作性条件作用的比较

经典性条件作用和操作性条件作用的比较如表 3-3 所示。

表 3-3 两种条件作用的比较

比较范畴	经典性条件作用	操作性条件作用
主要代表人物	巴甫洛夫	斯金纳
行为	无意的，情绪的，生理的	有意的
顺序	行为发生在刺激之后	行为发生在刺激之前
学习的发生	中性刺激与无条件刺激的匹配	行为后果影响随后的行为
例子	学生将课堂（开始是中性的）与教师的热情联结在一起，课堂引发出积极情绪	学生回答问题后受到表扬，学生回答问题的次数增加

综合点 经典性条件作用和操作性条件作用的异同

本考法综合考查经典性条件作用和操作性条件作用的理论，在考试中常以简答题的形式出现，不仅需要叙述二者的理论，还需要比较二者的异同。

例 11：（北京师范大学，2001；东北师范大学，2015）简答：比较经典性条件反射与操作性条件反射之间的异同。

【解析】本题考查经典性条件作用和操作性条件作用的异同。首先分别叙述两者的理论观点，再结合理论观点说明两者的异同。

参考答案：（1）经典条件反射是指一种刺激替代过程，即由一个新的，中性的刺激（称为条件刺激）替代了原先自然引发反应的无条件刺激。经典条件反射的主要规律包括①强化与消退；②泛化与分化；③高级条件作用；④两个信号系统。

（2）操作性条件反射是指在一定刺激情境中，如果动物的某种反应的后果能满足其某种需要，则以后它的这种反应出现的几率就会提高。操作性条件反射是有机体在后天生活过程中经学习而形成的一种反射形式。

（3）经典性条件反射与操作性条件反射之间的相同点

操作性条件反射和经典性条件反射的基本原理是相同的，它们都以强化和神经系统的正常活动为基本条件。

（4）经典性条件反射与操作性条件反射之间的不同点

①代表人物不同：经典性条件反射的代表人物是巴甫洛夫；操作性条件反射的代表人物是斯金纳。

②行为的性质不同：在经典性条件反射中，行为是无意的，情绪的，生理的；而在操作性条件反射中行为是有意的，它通过主动操作来达到一定的目的。

③行为发生的顺序不同：在经典性条件反射中，行为发生在刺激之后；在操作性条件反射中，行为发生在刺激之前。

④学习发生的机制不同：在经典性条件反射中，学习是由于中性刺激与无条件刺激的匹配而发生；在操作性条件反射中，学习是由于行为的后果而发生。

考研考法实战 答案见 D150 页

1.（华南师范大学，2014）简答：简述经典条件反射和操作条件反射。

考点 3 联结主义理论

考研基础必备

1. 桑代克的联结主义学习理论

（1）饿猫开迷箱实验

实验过程：将一只饿猫关在专门设计的实验迷箱中，箱门紧闭，箱子附近放着一条鲜鱼，箱内有一个开门的旋钮，碰到这个旋钮，门便会开启。开始，饿猫无法走出箱子，只是在里面乱碰乱撞，偶然一次碰到旋钮打开门，便得以逃出吃到鱼。经过多次尝试错误，猫学会了碰旋钮以开箱门的行为。

（2）理论观点：联结 - 试误说

桑代克认为，学习的实质在于形成刺激 - 反应联结（无须观念作媒介），学习的过程是通过盲目的尝试与错误的渐进过程，人和动物遵循同样的学习律。

2. 桑代克的学习律

准备律：学习者在学习开始时的预备定势。

练习律：一个学会了的反应的重复将增加刺激反应之间的联结。

效果律：在一个情境中，如果一个动作被跟随一个满意的变化，在类似的情境中这个动作重复的可能性将增加；但是，如果跟随的是一个不满意的变化，这个行为重复的可能性将减少。

3. 对教育的启示

效果律指导人们使用一些具体奖励，如小红花、口头表扬等。

练习律指导人们通过大量重复、练习和操练来训练学生。

考研考法突破

考法 1 联结 - 试误说的内容

本考点在考试中以单选或简答的形式出现，直接考查联结 - 试误说的主要观点。

例 12：（广州大学，2016/2018）单选：桑代克用猫做实验，发现解决问题是个（　　）的过程。

A. 尝试错误　B. 顿悟　　C. 假设考验　D. 策略运用

【解析】本题考查桑代克的联结 - 试误说。桑代克以动物作为实验对象，得出学习是个体在刺激情境中所产生的刺激 - 反应的联结。个体所学到的就是一连串刺激 - 反应联结的组成。每个刺激 - 反应联结都是先是错误的反应多于正确的反应，而后逐渐变为正确的反应多于错误的反应，最后达到全部为正确的地步，也即联结－试误说。因此本题选 A。

参考答案：A

考法 2　桑代克的学习律

桑代克的学习律在考试中会以选择题和简答题的形式进行考查，因此需要对本知识点灵活掌握。

例 13：（广州大学，2018）单选：桑代克认为，学习就是刺激和反应的联结，这种联结需要重复，因为重复可导致联结的加强。这属于哪种学习律？（　　）

A. 练习律　B. 效果律　C. 准备律　D. 定势原则

【解析】本题考查桑代克学习律中的练习律。练习律是指一个学会了的反应的重复将增加刺激反应之间的联结。因此本题选 A。

参考答案：A

考研考法实战 答案见 D151 页

1.（浙江理工大学，2016）多选：桑代克学习律的学习原则是（　　）。

A. 准备律　B. 练习律　C. 效果律　D. 强化律

2.（统考，2020）单选：桑代克提出"尝试－错误"学习在性质上属于（　　）。

A. 经典性条件反射　B. 操作性条件反射
C. 观察学习　D. 顿悟学习

3.（聊城大学，2012）简答：简述桑代克的三大学习定律。

4.（湖南师范大学，2010）简答：桑代克试误学习论的主要观点及启示。

考点 4　社会学习理论

考研基础必备

班杜拉提出了社会学习理论，后来又称为社会认知理论。

1. 社会认知理论

1）交互决定观

交互决定论认为，个人、环境和行为是相互影响、彼此联系的，组成了相互作用的系统，三者影响力的大小取决于当时的环境和行为的性质。

2）学习与（操作）表现

班杜拉区分了新的学习和行为的操作表现。外在强化或者学习者对即将出现的后果的预期会影响表现，而不是影响学习。

3）参与性学习和替代性学习

参与性学习是通过实际行动并体验行动后果而进行的学习，也就是直接经验的学习。

替代性学习是通过观察别人而进行的学习。替代性学习的榜样来源包括现实生活中的、象征性的或者非人类的、电子产品或印刷品。

2. 观察学习

班杜拉认为，观察学习又称无尝试学习或替代学习，指通过观察别人的行为结果而习得新的反应，或改变原有的某种行为方式的过程。观察学习经历四个过程。

1）注意过程

学习者会注意和知觉榜样情境的各个方面。影响因素包括：①榜样的特征，观察者比较容易观察那些与他们自身相似的或者被认为是优秀的、热门的和有力的榜样，如明星；②观察者的特征，有依赖性的、自身概念低的或焦虑的观察者更容易产生模仿行为；③情境因素，强化的可能性或外在的期望。

2）保持过程

将观察的行为在记忆中以符号的形式表征（表象和言语）。

3）复制过程

学习者复制从榜样情境中所观察到的行为。包括两点：①选择和组织反应要素；②在信息反馈的基础上精炼自己的反应，即自我观察和矫正反馈。

4）动机过程

学习者因表现所观察到的行为而受到激励。动机过程包括 3 种强化：①直接强化，是指在模仿行为之后直接给出的强化，为学习者提供信息和诱因。②替代性强化，是指观察者因看到榜样受强化而受到的强化；替代性强化还具有情绪反应的唤起的功能。③自我强化，指观察者依照自己的标准对行为做出判断后而进行的强化。自我强化依赖于社会传递的结果。此外，班杜拉还提出了自我调节的概念，即人们能观察他们自己的行为，并根据自己的标准进行判断，并由此强化或惩罚自己。

3. 观察学习的应用

①教授新行为、技能、态度和情感。

②监控学生习得行为的表现。

考研考法突破

考法 1　观察学习的含义及过程

常以选择题、名词解释题和简答论述题对观察学习的含义及过程进行考查，除了要掌握有哪四个过程以外，还需要掌握每个过程的具体内容和影响因素。

例 14：（南京师范大学，2013）单选：观察学习所包括的过程为（　　）。

A. 注意过程、保持过程、动作再现过程、动机过程
B. 联想过程、模仿过程、强化过程
C. 观察过程、学习过程、模仿过程、强化过程
D. 模仿过程、外部强化过程、内部强化过程、巩固过程

【解析】本题考查观察学习的四个过程。班杜拉认为，观察学习经历注意过程、保持过程、动作再现过程、动机过程。因此本题选 A。

参考答案：A

例 15：（南京师范大学，2013）单选：通过观察别人（榜样）的行为学会某种行为叫（　　），又叫替代学习。

A. 观察学习　B. 整合学习
C. 经典条件反射学习　D. 掌握学习

【解析】本题考查观察学习的含义。班杜拉认为，观察学习又称无尝试学习或替代学习，指通过观察别人的行为结果而习得新的反应，或改变原有的某种行为方式的过程。因此本题选 A。

参考答案：A

例 16：（山东师范大学，2014）简答：影响观察学习的因素有哪些？

【解析】本题考查观察学习的过程。可从观察学习的四

个过程的影响因素进行回答。

参考答案： 班杜拉认为，观察学习又称无尝试学习或替代学习，指通过观察别人的行为结果而习得新的反应，或改变原有的某种行为方式的过程。观察学习的影响因素有以下几点：

（1）榜样的特征，观察者比较容易观察那些与他们自身相似的或者被认为是优秀的、热门的和有力的榜样，如明星。

（2）观察者的特征，有依赖性的、自身概念低的或焦虑的观察者更容易产生模仿行为。

（3）情境因素，强化的可能性或外在的期望。

（4）强化。①直接强化，是指在模仿行为之后直接给出的强化，为学习者提供信息和诱因。②替代性强化，是指观察者因看到榜样受强化而受到的强化；替代性强化还具有情绪反应的唤起的功能。③自我强化，指观察者依照自己的标准对行为做出判断后而进行的强化。自我强化依赖于社会传递的结果。

考法 2 直接强化、替代性强化和自我强化

通过选择题、名词解释、填空题进行考查。本考法虽然属于观察学习的动机过程的内容，但是因为其也是一个常见且重要的考法，因此将其单独作为一个考法进行叙述。其中替代性强化尤为重要，同学们需要重点掌握其内涵。

例 17：（云南师范大学，2012）单选：社会学习理论对强化做了新的解释，认为强化除了外部强化，还包括（　　）。

A. 期待强化与结果强化　B. 直接强化与替代强化
C. 直接强化与自我强化　D. 替代强化与自我强化

【解析】 本题考查社会学习理论的强化类型。社会学习理论中的动机过程包括 3 种强化：①直接强化，是指在模仿行为之后直接给出的强化，为学习者提供信息和诱因。②替代性强化，是指观察者因看到榜样受强化而受到的强化；替代性强化还具有情绪反应的唤起的功能。③自我强化。其中直接强化和替代强化属于外部强化。因此本题选 D。

参考答案： D

例 18：（南京师范大学，2015）单选：观察者因看到榜样受强化而受到的强化称为（　　）。

A. 替代强化　B. 自我强化　C. 外在强化　D. 内在强化

【解析】 本题考查替代强化的含义。替代性强化，是指观察者因看到榜样受强化而受到的强化，因此本题选 A。

参考答案： A

考法 3 综合考查社会学习理论及其应用

通过选择题、名词解释和简答论述题考查社会学习理论的内容及其在教育实践中的应用。社会学习理论的核心是观察学习，因此考查社会学习理论在教育中的应用，实际上就是观察学习在教育中的应用。

例 19：（江西师范大学，2015/2016）单选：社会学习理论的核心是（　　）。

A. 观察学习　B. 行为习得
C. 替代强化　D. 行为表现

【解析】 本题考查观察学习的地位。社会学习理论的核心是观察学习。

参考答案： A

例 20：（江西师范大学，2015）单选：班杜拉的社会学习理论是（　　）的代表性理论。

A. 新行为主义　B. 认知心理学
C. 人本主义心理学　D. 精神分析论

【解析】 本题考查社会学习理论的地位。社会学习理论是对传统的行为主义的继承和发展。社会学习理论坚持行为主义的客观化立场，认为心理学研究的最终目的仍然在于说明、预测和控制行为。同时，这一理论也超越了传统行为主义的局限性：它突破了传统行为主义的研究领域，探索认知和思维等心理活动在行为调节中的作用；强调行为与认知结合；突出主体的积极性与主动性，强调主体的自我调节作用，成为新行为主义的代表性理论。因此本题选 A。

参考答案： A

例 21：（湖南师范大学，2010）论述：试运用班杜拉的观察学习理论分析，观看“交通安全事故展”以及“杀鸡给猴看”的教育效应。

【解析】 本题考查学习理论及应用。不仅需要回答班杜拉的观察学习理论，还要结合“交通安全事故展”以及“杀鸡给猴看”阐述其中的教育效应。

参考答案：（1）班杜拉认为，观察学习又称无尝试学习或替代学习，指通过观察别人的行为结果而习得新的反应，或改变原有的某种行为方式的过程。观察学习经历四个过程。①注意过程：注意过程是观察学习的首要阶段，它调节着观察者对示范活动的探索和知觉。班杜拉认为，注意过程决定着在大量的榜样影响中选择什么作为观察的对象，并决定着从正在进行的榜样活动中抽取哪些信息。影响注意过程的因素主要有榜样行为的特征、榜样的特征和观察者的特点三个方面。②保持过程：保持过程使得学习者把瞬间的经验转变为符号概念，形成示范活动的内部表征，并加以编码和存储。③动作再现过程：观察者将头脑中有关榜样情境的表象和符号概念转化为外显的行为。④动机过程：动机决定着哪一种经由观察习得的行为得以表现，包括外部强化、替代强化和自我强化。若按照榜样行为去行动会导致有价值的结果，而不会导致无奖励或惩罚的后果，则人们倾向于展现这一行为，这是一种外部强化。替代强化是指观察者因看到榜样受强化而受到的强化。自我强化是指人们能够自发地预测自己行为的结果，并依靠信息反馈进行自我评价和调节。人们倾向于做出自我满意的行为，拒绝那些个人厌恶的东西，这实际上是一种自我强化。班杜拉特别强调替代强化和自我强化的作用。

（2）观看“交通安全事故展”以及“杀鸡给猴看”的教育效应：“交通安全事故展”以及“杀鸡给猴看”主要是运用了观察学习中的替代强化，通过给人们展示交通安全事故或其他行为的不良后果，使得人们受到替代强化，从而遵守交通规则或改变不良行为。

考研考法实战

答案见 D151 页

1.（云南师范大学，2013）单选：班杜拉认为，观察学习包含四个子过程，它们是注意过程、保持过程、动作再现过程和（　　）

A. 动机过程　B. 自我强化过程
C. 言语编码过程　D. 替代性强化过程

2.（云南师范大学，2013）单选：学习者不一定亲自产生行为或接受强化，而只是看到他人的成功或受到赞扬的行为，就会增强产生同样行为的倾向称为（　　）。

A. 自我强化　B. 积极强化
C. 替代强化　D. 负强化

3.（华南师范大学，2022）单选：观察学习中的“观

念－行动”的匹配过程是一个（　　）。

A. 注意过程　B. 保持过程　C. 复制过程　D. 动机过程

4.（四川师范大学，2015/2017；天津师范大学，2017；西南大学，2011）名词解释：替代性强化。

5.（苏州大学，2013）简答：简述班杜拉关于观察学习中动机过程的论述。

6.（山东师范大学，2013；云南师范大学，2016；天津师范大学，2019）论述：试说明班杜拉的社会学习理论的原理及其在教育中的应用。

综合问题 2　行为学习理论的比较

行为学习理论的比较，如表 3–4 所示。

表 3–4　重要代表人物的理论比较

代表人物	理论	观点	行为建立的影响因素
华生	经典条件作用	学习就是以一种刺激替代另一种刺激建立条件反射的过程，提出了刺激－反应学说	外部环境
斯金纳	操作性条件作用	行为可以分为应答性行为和操作性行为。人的行为大部分是操作性的，行为的习得与及时强化有关	强化
班杜拉	社会学习理论	个体可以通过观察他人的行为及结果就可以获得行为模式	直接强化、替代性强化、自我强化

综合点　经典条件作用、操作条件作用、社会学习理论的异同

本考法考查行为主义理论的代表人物及其观点，综合经典性条件作用、操作性条件作用以及社会学习理论等进行考察，在考试中常以简答题形式出现，不仅需要叙述理论观点，还需要区分理论观点的异同。

例 22：（统考，2021）简答：简述斯金纳与班杜拉强化观的区别。

【解析】本题考查斯金纳和班杜拉强化观点的理解。首先分别介绍二者对于强化的观点，然后再总结二者的区别。

参考答案：

（1）斯金纳提出了操作性条件作用说，强调行为的塑造是建立行为及其结果之间的联结（R–S）。斯金纳提出了“强化”的概念，指提升行为再现的频率，可以通过在行为结束之后给予积极反馈（正强化）和撤销消极反馈（负强化）完成。而行为建立的关键是及时强化。

（2）班杜拉提出了社会学习理论，认为个体通过观察他人的行为及结果就可以获得行为模式。社会学习理论区分获得和表现，认为强化不是直接增加行为出现频率，而是提供了信息与诱因。除直接强化外，班杜拉还提出了替代性强化和自我强化，强调了认知和社会性在强化过程中的作用。

总之，斯金纳的行为主义，对于强化的解释非常“机械化”，忽视了内部机制与过程，而班杜拉强调了认知因素的参与，解释了强化起作用的原因；斯金纳强调参与型学习与直接强化，而班杜拉更加强调替代强化与自我强化的作用。

考研考法实战 答案见 D151 页

1.（辽宁师范大学，2021）论述：比较华生、斯金纳、班杜拉在行为主义思想上的异同。

第三节　认知学习理论

研究真题，明确考况

考试要求	统考		自主命题	
	考题	考查点	考题	考查点
1. 早期认知学习理论	2013	单选：托尔曼学习理论的基本内容	北京师范大学，1996 河北大学，2011 电子科技大学，2014 东北师范大学，2017 南京师范大学，2015/2017 广州大学，2014/2016/2018 南京大学，2016/2019 苏州大学，2018	单选：顿悟说；托尔曼学习理论的基本内容 名词解释：顿悟说；认知地图 简答：顿悟说 论述：符号学习理论
2. 顿悟说与试误说的对比	无	无	河北大学，2011 东南大学，2016	简答：顿悟说与试误说的对比
3. 认知－结构理论	2008 2022	单选：认知结构理论	西南大学，2008 东北师范大学，2017 四川师范大学，2017	单选：认知表征系统的三个阶段；认知－结构理论主要内容 简答：认知发现说

续表

考试要求	统考		自主命题	
	考题	考查点	考题	考查点
4. 认知同化学习理论	2011	单选：有意义学习的实质	北京师范大学，1994 陕西师范大学，2022 山东师范大学，2011/2012/2014/2016 聊城大学，2012 江西师范大学，2013 湖南师范大学，2011/2013 西南大学，2011/2016/2018 东北师范大学，2014 云南师范大学，2015 四川师范大学，2013/2015/2017/2018 浙江理工大学，2016/2017 华中师范大学，2016 华南师范大学，2016 福建师范大学，2014/2015/2017 苏州大学，2014/2018 福建师范大学，2017 西南大学，2011/2015/2016/2018	单选：有意义学习的实质与条件；认知同化的三种过程；接受学习 名词解释：上位学习；下位学习；有意义学习；比较组织者 简答：有意义学习的条件
5. 对比奥苏伯尔的接受学习与布鲁纳的发现学习	2010 2018	多选：接受学习与发现学习的异同 简答：比较接受学习与发现学习的异同	山东师范大学，2011 福建师范大学，2013 东北师范大学，2014	论述：比较接受学习与发现学习的异同
6. 学习的信息加工论	2020	单选：加涅的理论	河北师范大学，2013	论述：信息加工过程的八个阶段

考点 1 早期的认知学习理论

考研基础必备

1. 格式塔学习理论

苛勒通过黑猩猩抓香蕉的系列实验，证明了学习是一种顿悟，而不是试误。

格式塔学习理论的主要观点有：

①学习就是知觉的重新组织，是在头脑中构造和组织格式塔（或称为完形）的过程。

②学习是顿悟的过程，而不是试误。顿悟指通过对问题情境的观察，理解它的各个部分的构成及相互联系，分析出制约问题解决的各种条件，从而发现通向目标的途径。顿悟产生的原因有：分析当前问题情境的整体结构；心智能利用过去经验的痕迹和心智本身具有的组织的功能，填补缺口或缺陷。

③整体不等于各部分之和，而大于各部分之和。

④强调学习者知识经验的整体性和知觉经验的组织作用，关注知觉和认知（解决问题）的过程。

2. 符号学习理论

由托尔曼提出，也被称为目的行为主义、整体性行为主义、符号－完形说或预期说。

白鼠学习方位迷宫的实验（见图 3–1）。

潜伏学习实验：三组小鼠，A 到达目的地给予食物强化；B 始终没有食物强化；C 前 10 天没有强化物，第 11 天开始有强化物。结果：B 和 C 组的白鼠在没有得到强化时同样学会了迷津，只是在没有强化物时，学习效果没有表现在外显行为中。这种学习过程被托尔曼称为潜伏学习。

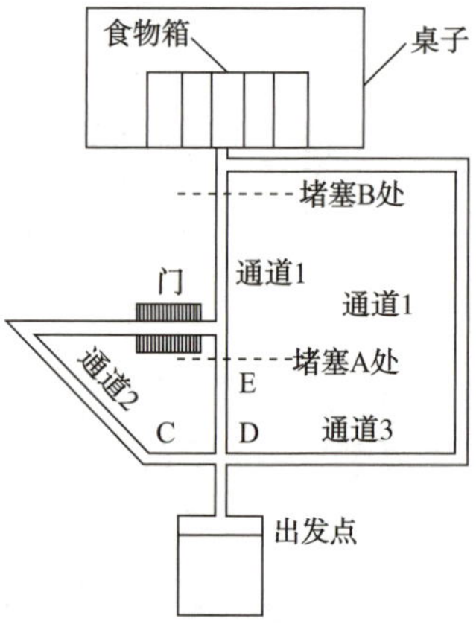

图 3–1 白鼠学习方位的迷宫

符号学习理论的基本观点：①学习是有目的的行为，而不是盲目的；②学习是对“符号－完形”的认知，是对情境整体的领悟，从而形成情境的“认知地图”；③学习的结果不是 S 与 R 的直接联结，而是 S–O–R 的过程，O 为机体的内部变化。

3. 早期的认知学习理论的启示：

①格式塔学派的学习顿悟说强调学习的认知过程，肯定了主体的能动作用和目的性；

②托尔曼所讲的认知地图就是现代认知心理学所讲的认知结构，形成学生良好的认知结构是教育的关键和核心；

③学习过程中最主要的是顿悟，是观察和理解过程，避免单纯的、盲目的练习和重复；

④期待是学习动机中一个构成要素，是学习目标在人头脑中的反映。

考研考法突破

考法 1 顿悟说

通过选择题、名词解释和简答题考查顿悟说的主要内容。另外还会以简答的形式考查顿悟说与试误说的对比，详见综合问题 1。

例 1：（南京师范大学，2017）单选：格式塔学习理论强调（ ）。

A. 条件反射 B. 意义建构 C. 顿悟 D. 认知地图

【解析】本题考查格式塔学习理论。格式塔学习理论认为学习是一个顿悟的过程，而不是尝试错误的过程；学习的实质是在主体内部构造完形；刺激与反应之间的联系不是直接的，而需以意识为中介，并提出了“整体不等于各部分之和，而大于各部分之和”的著名论断。因此本题选 C。

参考答案：C

考法 2 托尔曼学习理论的基本内容

通过选择题、名词解释和简答论述题考查托尔曼的理论观点，其中“认知地图”“潜伏学习”“内部强化”是其理论的三个特色概念，需要大家着重掌握。

例 2：（南京师范大学，2015）单选：（ ）是托尔曼（Tolman）的认知学习理论所特有的。

A. 条件反射 B. 问题解决 C. 顿悟 D. 认知地图

【解析】本题考查符号学习理论。符号学习理论的基本观点是：学习是有目的的行为，而不是盲目的；学习是对“符号 – 完形”的认知，是对情境整体的领悟，从而形成情境的“认知地图”；学习的结果不是 S 与 R 的直接联结，而是 S–O–R 的过程，O 为中间变量。因此本题选 D。

参考答案：D

考研考法实战 答案见 D152 页

1.（电子科技大学，2014）单选：“真正的解决行为，通常采取畅快、一下子解决的过程，具有与前面发生的行为截然分开来而突然出现的特征。”这句话是指的哪一种学习理论？（ ）

A. 加涅的信息加工理论

B. 桑代克的“联结说”

C. 奥苏贝尔的认知同化理论

D. 苛勒的“顿悟说”

2.（广州大学，2014/2016/2018；南京大学，2019）名词解释：顿悟说。

3.（南京师范大学，2016）简答：请简述格式塔心理学中的顿悟学习。

4.（东北师范大学，2017）论述：试基于潜在学习实验，论述托尔曼的符号学习论。

综合问题 1 顿悟说与试误说的对比

综合点 顿悟说与试误说的对比

通过简答题、论述题考查两种理论。解答中先分别答出两种理论，再阐述二者的异同。

例 3：（东南大学，2016）简答：论述科勒的顿悟说与桑代克的试误说的区别。

【解析】本题考查顿悟说和试误说的观点。首先分别论述科勒的顿悟说与桑代克的试误说，然后再阐述二者的区别。

参考答案：顿悟说：苛勒通过黑猩猩抓香蕉的系列实验，证明了学习是一种顿悟，而不是试误。格式塔学习理论的主要观点有：①学习就是知觉的重新组织，是在头脑中构造和组织格式塔（或称为完形）的过程。②学习是顿悟的过程，而不是试误。顿悟产生的原因有：分析当前问题情境的整体结构；心智能利用过去经验的痕迹和心智本身具有的组织的功能，填补缺口或缺陷。③整体不等于各部分之和，而大于各部分之和。④强调学习者知识经验的整体性和知觉经验的组织作用，关注知觉和认知（解决问题）的过程。

试误说：桑代克认为，学习的实质在于形成刺激 – 反应联结（无须观念作媒介），学习的过程是通过盲目的尝试与错误的渐进过程，人和动物遵循同样的学习律。

区别：①试误是顿悟的前奏，顿悟是试误的结果。②试误发生在学习过程的早期，顿悟发生在学习过程的中、晚期。③试误取决于学习情境或学习内容的复杂性，对于简单的学习内容，试误时间短，顿悟一下子产生；对于复杂的学习内容，试误时间长，顿悟可能要经过很长时间才能产生。

考研考法实战 答案见 D152 页

1.（河北大学，2011）简答：简述试误与顿悟的关系。

考点 2 认知 – 结构学习理论

考研基础必备

布鲁纳的认知 – 结构理论也称为认知发现说。

1. 认知表征理论

布鲁纳认为人类的智慧生长经历了 3 种表征系统阶段：

（1）动作表征

相当于皮亚杰的感觉运动阶段，在这个阶段儿童通过作用于事物来学习和再现它们，以后能通过合适的动作反应再现过去事物。

（2）映象表征

相当于皮亚杰的前运算阶段的早期，儿童开始形成图像或表象，去表现他们的世界中所发生的事件。

（3）符号表征

相当于皮亚杰的前运算阶段的后期以及以后的阶段。这时的儿童能通过符号再现他们的世界，最重要的符号是语言。

2. 认知结构与学习

学习的实质是主动形成认知结构，而不是被动形成刺激 – 反应的联结。所谓认知结构就是编码系统，是“一组相互关联的，非具体性的类别”。

学习者不是被动地接受知识，而是主动地获取知识，并通过把新获得的知识和已有的认知结构联系起来，积极地建构其知识体系。

学习包括知识的获得、转化和评价三个过程，这三个过程几乎是同时发生的。学生在学习任何一门学科时，总是由一系列情节组成的，每一个情节（或一个事件）总是涉及获得、转化和评价三个过程。由此可见，学生并不是被动的知识接受者，而是主动的信息加工者。

3. 学习与教学的基本原则

1）注重知识结构

学习学科的基本结构的必要性在于以下 4 点：①促进理解；②利于记忆；③增强迁移；④引导知识体系形成。

2）发展学习的准备性

3）培养直觉思维

4）激发内在动机

4. 发现学习

发现学习是指学习者用自己的头脑亲自获得知识的一切形式。

发现学习的教学阶段：①提出问题；②做出假设；③验证假设；④形成结论。

发现学习的作用：①提高智力的潜力；②外部奖赏向内部动机转移；③学会将来进行发现的最优方法和策略；④帮助信息的保持和检索。

考研考法突破

考法 1　认知表征系统的三个阶段

本考点主要考查认知表征理论中的表征系统，以多选题的形式出现，学习时需精准记忆，避免漏选或多选。

例 4：（东北师范大学，2017）多选：布鲁纳认为，在人类智慧生长期间，经历了（　　）表征阶段。

A. 映像性表征　　B. 符号性表征

C. 动作性表征　　D. 知识性表征

【解析】本题考查布鲁纳认知表征理论的三个表征系统。布鲁纳认为表征系统有三个阶段：动作性表征、映象性表征、符号性表征。因此本题选 ABC。

参考答案：ABC

考法 2　认知－结构理论主要内容

通过选择题和简答论述题进行考查。主要是通过简答论述题考查布鲁纳的认知－结构学习理论的主要观点，分点作答即可。

例 5：（四川师范大学。2017）简答：简要评述布鲁纳的认知结构学习理论。

【解析】本题考查布鲁纳的认知－结构理论。先叙述其理论要点，再进行评价即可。

参考答案：（1）布鲁纳的认知－结构理论也称为认知发现说。布鲁纳认为人类的智慧生长经历了 3 种表征系统阶段：①动作表征：相当于皮亚杰的感觉运动阶段，在这个阶段儿童通过作用于事物来学习和再现它们，以后能通过合适的动作反应再现过去事物。②映象表征：相当于皮亚杰的前运算阶段的早期，儿童开始形成图像或表象，去表现他们的世界中所发生的事件。③符号表征：相当于皮亚杰的前运算阶段的后期以及以后的阶段。这时的儿童能通过符号再现他们的世界，最重要的符号是语言。

（2）认知结构与学习：①学习的实质是主动形成认知结构，而不是被动形成刺激反应的联结。所谓认知结构就是编码系统，是“一组相互关联的，非具体性的类别”。②学习者不是被动地接受知识，而是主动地获取知识，并通过把新获得的知识和已有的认知结构联系起来，积极地建构其知识体系。③学习包括知识的获得、转化和评价三个过程，这三个过程几乎是同时发生的。学生在学习任何一门学科时，总是由一系列情节组成的，每一个情节（或一个事件）总是涉及获得、转化和评价三个过程。由此可见，学生并不是被动的知识接受者，而是主动的信息加工者。

（3）学习与教学的基本原则：①注重知识结构。学习学科的基本结构的必要性在于以下 4 点：促进理解；利于记忆；增强迁移；引导知识体系形成。②发展学习的准备性。③培养直觉思维。④激发内在动机。

（4）发现学习，发现学习是指学习者用自己的头脑亲自获得知识的一切形式。①发现学习的教学阶段：提出问题；做出假设；验证假设；形成结论。②发现学习的作用：提高智力的潜力；使外部奖赏向内部动机转移；学会将来进行发现的最优方法和策略；帮助信息的保持和检索。

评价：布鲁纳的学习理论克服了以往根据动物实验的结果而推演到人的学习的种种缺陷，针对学生在课堂教学情境下学习各种知识的活动提出自己的学习与教学理论，把研究的重点放在学生获得知识的内部认知过程和教师如何组织课堂以促进学生“发现”知识的问题上，强调学生学习的主动性，强调学习的认知过程，重视认知结构的形成，注重学习者的知识结构、内在动机、独立性与积极性在学习中的作用。但是他的学习与教学理论完全放弃知识的系统讲授，而以发现法教学来代替，夸大了学生的学习能力，忽视了知识学习活动的特殊性，忽视了知识的学习即知识的再生产过程与知识生产过程的差异。

考研考法实战

答案见 D152 页

1.（统考 / 西南大学，2008）单选：布鲁纳提出的学习理论是（　　）。

A. 认知目的说　　B. 认知同化说

C. 认知发现说　　D. 认知接受说

2.（312 统考，2022）单选：提出“学生掌握学科基本结构的最好办法是发现法”的心理学家是（　　）。

A. 桑代克　B. 维果斯基　C. 皮亚杰　D. 布鲁纳

3.（河北师范大学，2020）简答：布鲁纳认知结构理论中学科基本结构的教学原则。

考点 3　认知同化学习理论

考研基础必备

1. 有意义学习

1）有意义学习的实质和标准

奥苏伯尔提出，有意义学习过程的实质就是符号所代表的新知识与学习者认知结构中已有的适当观念建立非任意的和实质性的联系。这也是机械学习与有意义学习的区分标准。

2）有意义学习的条件

外部条件：材料必须具有逻辑意义，学生可以从心理上理解；材料应该是在学生学习能力范围之内的，能与有关观点建立非任意的实质的联系。

内部条件：学习者要有有意义学习的心向或倾向性；学习者认知结构中必须具有适当的知识基础；学习者必须积极主动地使具有潜在意义的新知识与认知结构中有关的旧知识发生相互作用。

3）有意义学习的类型

①表征学习：学习单个符号或一组符号的意义，或者说学习它们代表什么。

②概念学习：掌握同类事物共同的关键特征。

③命题学习：掌握概念或事物之间的关系。

2. 认知同化过程

1）认知结构及其特征

认知结构是指学生头脑内部的知识结构，涉及学生现有知识的数量、清晰度和组织结构，包括学生当下能回想出的事实、概念、命题、理论等。

认知结构的 3 个特征对知识理解及其保持产生影响：①固着观念，指认知结构中对新知识起固定作用的适当观念。②可辨别性，指新材料与原有观念之间的区别的程度。③清晰稳定性，认知结构中的固着观念是否清晰、稳定也影响学生能否对新旧观念做出区分。

2）3 种认知同化过程（见表 3–4）

表 3–4　不同的认知同化过程

认知同化过程	定义	图示
下位学习	也叫类属学习。是指将概括程度或包容范围较低的新概念或命题，归属到认知结构中原有的概括程度或包容面较广的适当概念或命题之下，从而获得新概念或新命题的意义。 下位学习又分为派生类属和相关类属	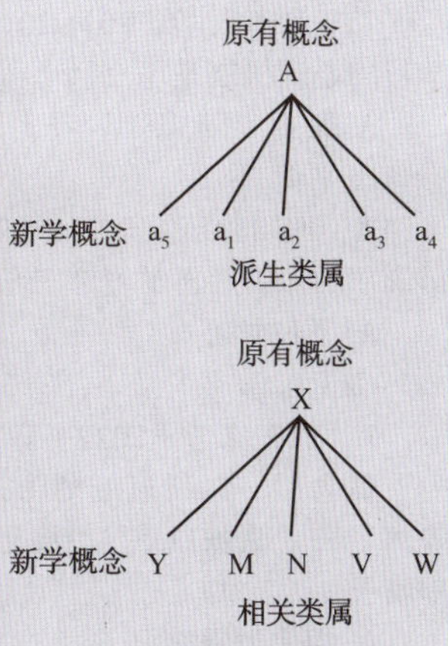
上位学习	指新概念、新命题具有较广的包容面或较高的概括水平。	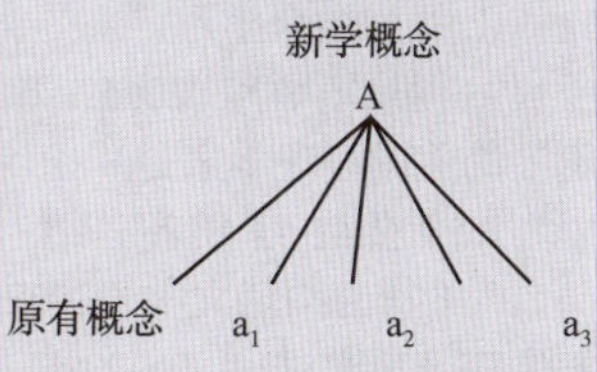
组合学习	当新概念或新命题与认知结构中已有的观念既不产生下位关系，又不产生上位关系，它们之间可能存在组合关系。这种只能凭借组合关系来理解意义的学习就是组合学习。	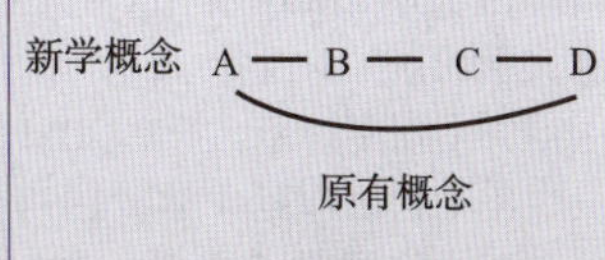

3. 接受学习

接受学习有时也称为讲授教学，是指以有组织、有意义的方式将知识讲授给学生的教学。这种教学主要适用于有意义的言语信息的学习。

1）讲授教学的特点

①要求师生有大量互动；②大量利用例证；③它是演绎的，最一般的概念最初呈现，而后从中引出特殊的概念；④它是有序列的，材料的呈现有一定步骤，首先是先行组织者。

2）讲授教学的原则和技术

①逐渐分化原则：教师应该首先传授最一般的，包摄性最广的概念，然后根据细节，对它逐渐分化。

②整体协调原则：要求学生对认知结构的现有要素重新加以组合。

③先行组织者：先于学习任务本身呈现的一种引导性材料，它要比学习任务本身具有更高的抽象、概括和综合水平，并且能清晰地与认知结构中原有的观念和新的学习任务关联。

先行组织者的目的：为新的学习任务提供观念上的固定点，增加新旧知识之间的可辨别性，以促进类属性学习。

先行组织者的作用：把学习者的注意引向即将呈现的概念之间的关系；集中概括即将呈现的概念之间的关系；提示学习者已有知识和即将遇到的新材料之间的关系。

先行组织的分类：陈述性组织者（旨在为新的知识提供最适当的类属者，与新的知识产生一种上位关系）和比较性组织者（旨在比较新材料与已有认知结构中相类似的材料，从而增强新旧知识之间的可辨别性）。

考研考法突破

考法 1　有意义学习的实质与条件

通过选择题、名词解释和简答题考查有意义学习的实质及其条件。关于有意义学习的实质主要掌握“非任意的（非人为的）联系”和“实质性的联系”这两个关键点即可。关于有意义学习的条件从内部条件（主观条件）和外部条件（客观条件）两方面进行掌握即可。

例 6：（福建师范大学，2014）单选：有意义学习是针对机械学习而言的，它是指在学习知识过程中，符号所代表的新知识能与学习者认知结构中已有的适当观念建立起非人为性联系和（　　）。

A. 虚构性联系　　B. 实质性联系

C. 内在联系　　D. 巩固联系

【解析】本题考查对有意义学习实质的理解。奥苏伯尔提出，有意义学习过程的实质就是将符号所代表的新知识和学生认知结构中已有的适当观念建立非人为的和实质性的联系。否则，就只是机械学习。因此本题选 B。

参考答案：B

例 7：（河北大学，2011；四川师范大学 / 云南师范大学，2015；福建师范大学，2017）简答：简述奥苏伯尔有意义学习的条件。

【解析】本题考查对有意义学习的条件。首先回答有意义学习的定义，再回答有意义学习的条件。

参考答案：奥苏伯尔提出，有意义学习过程的实质就是符号所代表的新知识与学习者认知结构中已有的适当观念建立非任意的和实质性的联系。这也是机械学习与有意义学习的区分标准。

有意义学习的条件：

（1）外部条件：材料必须具有逻辑意义，学生可以从心理上理解；材料应该是在学生学习能力范围之内的，能与有关观念建立任意的实质的联系。

（2）内部条件：学习者要有有意义学习的心向或倾向性；学习者认知结构中必须具有适当的知识基础；学习者必须积极主动地使具有潜在意义的新知识与认知结构中有关的旧知识发生相互作用。

考法 2 认知同化的三种过程

本考点常以单选题和名词解释的形式出现，主要考查对认知同化的三种过程的理解，选择题常以案例来考查学生辨别三种过程的能力，大家可以结合图示进行分析判断。

例 8：（福建师范大学，2017）单选：儿童在熟悉了“鸟”“鱼”“野兽”“昆虫”等概念后，再学习“动物”这一概念，这属于（　　）学习。

A. 下位　　B. 上位　　C. 并列组合　D. 组合

【解析】本题考查认知同化过程的理解。上位学习是指当学生学习一种包摄性较广，可以把一系列原有概念从属于其下的新命题时，新学习的内容便与学生认知结构中已有概念产生了一种上位关系。“鸟”“鱼”“野兽”“昆虫”属于低层次的概念，“动物”属于较高层次的概念，属于上位学习。因此本题选 B。

参考答案：B

例 9：（江西师范大学，2013）单选：学生在已经掌握“哺乳动物”概念的基础上，再学习关于鲸的特征认识，这种学习属于（　　）。

A. 派生类属学习　　B. 相关类属学习

C. 并列结合学习　　D. 总括学习

【解析】本题考查认知同化的下位学习。派生类属学习指新学习内容仅仅是学生已有的、包容面较广命题的一个例证，或是能从已有命题中直接派生出来的，即新知识是原有知识的特例、例证、派生物，充实、证实了原有概念。鲸的学习是哺乳动物的例证，因此本题选 A。

参考答案：A

考法 3 接受学习

通过选择题、名词解释和简答题考查接受学习的相关内容，尤其是先行组织者的相关内容。

例 10：（浙江理工大学，2016）单选：奥苏伯尔认为学生的学习主要是（　　）。

A. 机械学习和有意义学习　B. 有意义的发展学习

C. 有意义的接受学习　　D. 接受学习和发展学习

【解析】本题考查奥苏伯尔的接受学习理论。奥苏伯尔提出有意义的接受学习理论，奥苏伯尔认为，接受学习是在教师指导下，学习者接受事物意义的学习。因此本题选 C。

参考答案：C

例 11：（四川师范大学，2018）单选：先于学习任务本身呈现的一种引导材料是（　　）。

A. 学习准备　　B. 定势

C. 最近发展区　　D. 先行组织者

【解析】本题考查先行组织者的含义。先行组织者：先于学习任务本身呈现的一种引导性材料，它要比学习任务本身具有更高的抽象、概括和综合水平，并且能清晰地与认知结构中原有的观念和新的学习任务关联。因此本题选 D。

参考答案：D

例 12：（华南师范大学，2016）简答：简述奥苏伯尔的有意义接受学习理论。

【解析】本题考查有意义接受学习理论。回答奥苏伯尔关于有意义接受学习的理论观点即可。

参考答案：接受学习有时也称为讲授教学，是指以有组织、有意义的方式将知识讲授给学生的教学。这种教学主要适用于有意义的言语信息的学习。

（1）讲授教学的特点：

①要求师生有大量互动；②大量利用例证；③它是演绎的，最一般的概念最初呈现，而后从中引出特殊的概念；④它是有序列的，材料的呈现有一定步子，首先是先行组织者。

（2）讲授教学的原则和技术：

①逐渐分化原则：教师应该首先传授最一般的，包摄性最广的概念，然后根据细节，对它逐渐分化。

②整体协调原则：要求学生对认知结构的现有要素重新加以组合。

③先行组织者：先于学习任务本身呈现的一种引导性材料，它要比学习任务本身具有更高的抽象、概括和综合水平，并且能清晰地与认知结构中原有的观念和新的学习任务关联。

考研考法实战 答案见 D152 页

1.（西南大学，2011/2016）单选：奥苏伯尔认为意义学习的心理机制是（　　）。

A. 联想　　B. 认知同化

C. 平衡　　D. 顺应

2.（四川师范大学，2015）单选：学生学习了“等边三角形”的知识后再学习“三角形”，这种学习是（　　）。

A. 下位学习　　B. 因果学习

C. 上位学习　　D. 并列结合学习

3.（312 统考，2022）单选：学生在掌握“亲社会行为”概念后，在新冠疫情防控期间，进一步认识到“居家隔离”和“佩戴口罩”也属于“亲社会行为”，这一学习过程属于（　　）。

A. 相关类属学习　　B. 派生类属学习

C. 并列结合学习　　D. 归纳概括学习

4.（西南大学，2015）单选：提出“先行组织者教学技术”的美国心理学家是（　　）。

A. 斯金纳　B. 布鲁纳　C. 奥苏伯尔　D. 桑代克

5.（华南师范大学，2022）单选：奥苏伯尔认为学习的发生应该是通过（　　）。

A. 发现　　B. 接受　　C. 分析　　D. 归纳

6.（广西师范大学，2021；山东师范大学，2016；四川师范大学，2018；苏州大学，2014/2018）名词解释：有意义学习。

7.（湖南师范大学，2011）名词解释：下位学习。

8.（北京师范大学，1994）名词解释：比较性组织者。

9.（陕西师范大学，2021/2022）简答题：奥苏伯尔有意义学习的本质、种类和含义。

综合问题 2　对比奥苏伯尔的接受学习与布鲁纳的发现学习

奥苏伯尔与布鲁纳的观点的异同如表 3–5 所示。

表 3–5　奥苏伯尔与布鲁纳的观点的异同

	奥苏伯尔的接受学习	布鲁纳的发现学习
相同点	二者都重视学生学习的主动性； 都强调新知识的学习对已有知识的依赖性； 都强调认知结构对学习新知识的重要性，以及认知结构的可变性	
不同点	认为有意义的接受学习是教学的主要模式	反对教师在教学中的系统讲解，主张学生自行发现其中的道理
	认为发现学习只是比接受学习多了一个阶段——发现，其他并无不同。	发现学习就是要使学生像科学家那样思考问题，通过参与探究活动发现基本的原理或规则
	强调演绎过程，让学生的理解从一般到特殊	强调归纳过程，让学生由特殊发现一般。
	认为接受学习和发现学习都既可能是有意义的，也可是机械的	认为只有发现学习是有意义的，接受学习是机械的

综合点　比较接受学习与发现学习的异同

本考点常以简答、论述题的形式出现，综合考查奥苏伯尔的接受学习和布鲁纳的发现学习之间的异同。

例 13：（陕西师范大学，2022；东北师范大学，2014）论述：布鲁纳的发现学习与奥苏伯尔的有意义学习有什么不同？结合实际谈谈在教学中如何运用发现学习的教学方法？

【解析】本题考查奥苏伯尔的有意义学习与布鲁纳的发现学习，需要进行比较论述。

参考答案：（1）不同：①奥苏伯尔的接受学习认为有意义的接受学习是教学的主要模式，而布鲁纳的发现学习反对教师在教学中的系统讲解，主张学生自行发现其中的道理。②奥苏伯尔的接受学习认为发现学习只是比接受学习多了一个阶段——发现，其他并无不同。布鲁纳认为发现学习就是要使学生像科学家那样思考问题，通过参与探究活动发现基本的原理或规则。③奥苏伯尔的接受学习强调演绎过程，让学生的理解从一般到特殊。布鲁纳强调归纳过程，让学生由特殊发现一般。④奥苏伯尔的接受学习认为接受学习和发现学习都既可能是有意义的，也可是机械的。而布鲁纳认为只有发现学习是有意义的，接受学习是机械的。

（2）运用：①创设问题情境，提出学生感兴趣的问题，使学生在此情境中产生矛盾，从而提出要求解决的或必须解决的问题。②学生利用教师和教材提供的某些材料，对提出的问题提出解答的各种假设、推测，寻找联系、已知与未知。③从理论上或实践上检验、审查、补充修改自己的假设，不同意见可争论、讨论。④引导学生对争论做出总结，得出共同的结论，使问题得到解决。

考研考法实战

答案见 D153 页

1.（统考，2010）多选：下列有关接受学习和发现学习的表述，不正确的有（　　）。

A. 接受学习是低级的，发现学习是高级的

B. 接受学习是高级的，发现学习是低级的

C. 接受学习是机械的，发现学习是有意义的

D. 接受学习是有意义的，发现学习是机械的

2.（统考，2018）简答：试从学习的认知观出发，简要比较接受学习与发现学习的利弊。

3.（福建师范大学，2013）论述：根据布鲁纳的认知 – 发现学习理论与奥苏伯尔的认知 – 接受学习理论，阐述你对发现法教学模式和接受式教学模式的认识。

考点 4　学习的信息加工论

考研基础必备

加涅根据现代信息加工理论提出了学习过程的基本模式（见图 3–2）。

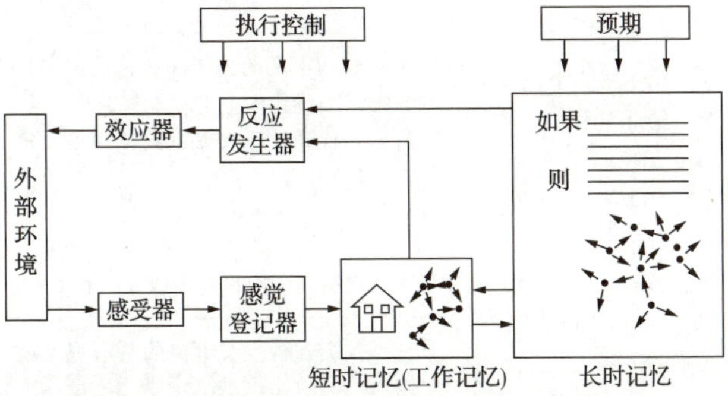

图 3–2　学习的信息加工模式（加涅，1999）

他对学习活动做进一步分析，把学习过程分为八个阶段。

1. 动机阶段

有效的学习必须有学习动机，这是整个学习的开始阶段。教学要引起学习者的兴趣，以激发学生的学习动机，使之产生学习的期望。

2. 领会阶段

学习者的主要心理活动是注意、选择性的知觉。因此，教师应该采取各种手段来引起学生的注意，以便使学生把注意力集中在与学习目标有关的刺激上。教学的目的就是要让学生注意到该注意的学习内容。

3. 习得阶段

当学生注意或知觉外部情境之后，学生就可获得知识。此时，教师的主要任务就是给学生提供各种编码程序，鼓励学生选择最佳的编码方式。

4. 保持阶段

学生习得的信息经过复述、强化后，以语义编码的形式进入长时记忆的贮存阶段。在教学上，教师主要是避免相似的刺激同时出现，减少干扰的可能性。

5. 回忆阶段

学生习得的信息要通过作业表现出来，信息的提取是其中必需的一环。教师可以利用各种方式使学生得到提取

线索。

6. 概括阶段

学习过程必然有一个概括的阶段，也就是学习迁移的问题。为了促进学习的迁移，教师必须让学生在不同的情境中进行学习，并提供在不同情境中运用提取过程的机会，也要引导学生掌握和概括其中的原理。

7. 作业阶段

只有通过作业才能反映学生是否已习得了所学的内容。通过作业学生看到了自己学习的结果，可以获得一种情况。

8. 反馈阶段

学生通过作业的完成可以了解到自己的学习是否达到了预期目标。这时教师给予适当的反馈，让学生知道自己的学习结果，有利于强化他们的学习动机。

考研考法突破

考法 1　考查信息加工过程的八个阶段

加涅提出的学习的信息加工过程分为八个阶段。在考试中考查的较少，一般以论述题的形式出现。

例 14：（河北师范大学，2013；沈阳师范大学，2021）论述：详述加涅对学习的信息加工分了八个阶段，并说明其对教育的启示。

【解析】本题考查学习的信息加工过程。不仅要简述八个阶段，还要谈谈对教育的启示。

参考答案：加涅根据现代信息加工理论提出了学习过程的基本模式。他对学习活动做进一步分析，把学习过程分为八个阶段。（1）动机阶段：有效的学习必须有学习动机，这是整个学习的开始阶段。教学要引起学习者的兴趣，以激发学生的学习动机，使之产生学习的期望。（2）领会阶段：学习者的主要心理活动是注意、选择性的知觉。因此，教师应该采取各种手段来引起学生的注意，以便使学生把注意力集中在与学习目标有关的刺激上．教学的目的就是要让学生注意到该注意的学习内容。（3）习得阶段：当学生注意或知觉外部情境之后，学生就可获得知识。此时，教师的主要任务就是给学生提供各种编码程序，鼓励学生选择最佳的编码方式。（4）保持阶段：学生习得的信息经过复述、强化后，以语义编码的形式进入长时记忆的贮存阶段。在教学上，教师主要是避免相似的刺激同时出现，减少干扰的可能性。（5）回忆阶段：学生习得的信息要通过作业表现出来，信息的提取是其中必需的一环。教师可以利用各种方式使学生得到提取线索．（6）概括阶段：学习过程必然有一个概括的阶段，也就是学习迁移的问题。为了促进学习的迁移，教师必须让学生在不同的情境中进行学习，并提供在不同情境中运用提取过程的机会，也要引导学生掌握和概括其中的原理。（7）作业阶段：只有通过作业才能反映学生是否已习得了所学的内容。通过作业学生看到了自己学习的结果，可以获得一种情况。（8）反馈阶段：学生通过作业的完成可以了解到自己的学习是否达到了预期目标。这时教师给予适当的反馈，让学生知道自己的学习结果，有利于强化他们的学习动机。

对教育的启示：（1）一个完整的学习过程包括上述的八个阶段，教师作为教学活动的设计者和管理者，同时也是学生学习效果的评定者，需要根据基本的学习原理来安排教学程序；（2）在学习结果（即言语信息、认知策略、智慧技能、动作技能、态度）确定之后，必须按照教学工作目标的适当顺序安排；（3）教师应该根据学生的内部学习条件，创设或安排适当的外部条件，促进学生有效地学习，以实现预期的教学目标。

考研考法实战 答案见 D153 页

1.（统考，2020）单选：在加涅（R. M. Gagne）的理论中，学习的信息加工模式的主要结构成分是（　　）。

A. 感觉记忆、短时记忆和长时记忆

B. 刺激情境、行为反应和结果反馈

C. 知识获得、知识转化和知识评价

D. 信息加工过程和执行控制过程

第四节　建构主义与人本主义学习理论

研究真题，明确考况

考试要求	统考		自主命题	
	考题	考查点	考题	考查点
1. 建构理论思想渊源与基本观点	2009 2011 2013 2017 2021	多选：建构主义的思想渊源；当代建构主义基本理论观点 单选 / 简答：建构主义基本观点	福建师范大学，2016 湖南师范大学，2011/2013 西南大学，2016/2017 四川师范大学，2013/2017/2018/2019	单选：建构主义的思想渊源；建构主义的分类；当代建构主义基本理论观点 简答：当代建构主义基本理论观点；建构主义的知识观 论述：建构主义学习的特征
2. 认知灵活性理论	无	无	湖南师范大学，2014	简答：初级知识获得与高级知识获得
3. 社会建构主义理论	2012 2016	多选：社会建构主义的教学方式 简答：社会建构主义理论的基本观点	湖南师范大学，2012 聊城大学，2012 浙江理工大学，2016 东北师范大学，2016 四川师范大学，2018	单选：社会建构主义理论的基本观点及应用 简答：社会建构主义理论的基本观点及应用 论述：社会建构主义理论的基本观点及应用

考试要求	统考		自主命题	
	考题	考查点	考题	考查点
4. 人本主义学习理论	2009 2018	单选：人本主义学习理论的基本观点	河北大学，2010 西南大学，2014 苏州大学，2014 华南师范大学，2018	单选：人本主义学习理论的基本观点 简答：本主义学习理论在教育中的应用 论述：人本主义理论
5. 奥苏贝尔的有意义学习与罗杰斯意义学习的比较	无	无	福建师范大学，2015	简答：奥苏贝尔的有意义学习与罗杰斯意义学习的异同

考点 1　建构主义思想渊源与基本观点

考研基础必备

1. 建构主义思想渊源

建构主义的思想渊源有皮亚杰的发生认识论、杜威的经验性学习、维果斯基的文化历史论、布鲁纳的发现学习以及认知心理学中的图式理论、新手－专家研究等。

传统教学中学生的知识的特点：①不完整，过于空泛、脆弱、零碎；②惰性，无法在需要的时候运用；③不灵活，无法在新的或类似的情境中迁移应用。

2. 建构主义分类

根据不同的分类标准，可以将建构主义分为不同的类型。教育中的建构主义可以分为个人建构主义与社会建构主义。

1）个人建构主义

强调个人自身在个人知识建构中的创造作用，包括皮亚杰的发生认识论、冯·格拉瑟斯菲尔德的激进建构主义、维特罗克的生成学习理论、斯皮罗等人的认知灵活性理论等。

2）社会建构主义

强调社会相互作用、文化在个人知识建构中的重要作用，包括维果斯基的文化历史理论、保罗·欧内斯特的社会建构主义和让·莱夫的社会文化认知观、情境性认知等。

3. 当代建构主义基本理论观点

1）知识观

在知识观上，建构主义在一定程度上对知识的客观性和确定性的质疑，强调知识的动态性。建构主义者一般强调：

①知识并不是对现实的准确表征，它只是一种解释、一种假设，不是最终答案。

②知识并不能精确地概括世界的法则，在具体问题中，我们并不是拿来便用，一用就灵，而是需要针对具体情境进行再创造。

③尽管我们通过语言符号赋予了知识一定的外在形式，甚至这些命题还得到了较普遍的认可，但这并不意味着学生会对这些命题有同样的理解，因为这些理解只能由每个学生基于自己的经验背景而建构起来。

2）学习观

学习者的知识构建过程具有三个重要特征：学习的主动构建性、学习的社会互动性、学习的情境性。

①学习的主动建构性：建构主义认为，学习是由个体学习者基于自己的经验背景建构知识的过程，不是由教师向学生传递知识的过程。因此，学生是主动的信息构建者，不是被动的刺激接受者，要对外部信息做主动的选择和加工。

②学习的社会互动性：建构主义强调，学习是通过某种社会文化的参与内化相关的知识和技能、掌握有关的工具的过程，这一过程常常需要通过一个学习共同体的合作互动来完成。学习共同体是由学习者及助学者（包括教师、专家、辅导者等）共同构成的团体，他们经常在学习过程中进行沟通交流，分享各种学习资源，共同完成一定的学习任务，因而在成员之间形成了相互影响、相互促进的人际联系，形成了一定的规范和文化。

③学习的情境性：建构主义者提出了情境性认知的观点，强调学习、知识和智慧的情境性，认为知识是不可能脱离活动情境而抽象存在的，学习应该与情境化的社会实践活动结合起来。个体的学习应该与情境化的社会实践活动联系在一起。

3）教学观

教学不是传递客观而确定的现成知识，而是激发学生原有的相关知识经验，促进知识经验的“生长”，促进学生的知识构建活动，以促成知识经验的重新组织、转换和改造。

考研考法突破

考法 1　建构主义的思想渊源

通过选择题考查建构主义的思想渊源有哪些。出现频率较低，了解即可。

例 1：（统考，2017）多选：建构主义学习理论的心理学思想渊源有（　　）。

A. 桑代克的试误学习论

B. 杜威的经验学习论

C. 皮亚杰的发生认识论

D. 维果斯基的文化历史发展论

【解析】本题考查建构主义的思想渊源。建构主义是认知主义学习理论的进一步发展。其思想渊源包括皮亚杰的认识发生论、杜威的经验主义和维果斯基的文化历史发展论。因此本题选 BCD。

参考答案：BCD

考法 2　建构主义的分类

通过选择题考查建构主义的分类，大家需要掌握不同倾向的建构主义的主要观点及区别，能够判断某个观点属于哪个倾向的建构主义。

例2：（四川师范大学，2017/2018）单选：关注学习者个体如何建构某种认知或情感方面内容的是（　　）。

A. 社会建构取向　　B. 认知建构取向

C. 个体建构主义　　D. 意义生成

【解析】本题考查对个体建构主义理论的理论。个体建构主义所关注的是学习者个体是如何建构某种认知方面的（如知识理解、思维技能）或者情感方面的（如信念态度、自我概念）素质的，其基本观点是：学习是一个意义建构过程。因此本题选C。

参考答案：C

考法3　当代建构主义基本理论观点

通过选择题和简答论述题考查建构主义的基本观点。该考法考查频率较高，大家需要重点掌握。不同取向的建构主义在知识观、学习观和教学观三方面存在共识，考试时既有可能考其某一方面的内容，也有可能综合全部考查，只要题目中没有说明是哪个取向的建构主义，则答其共识的观点即可。

例3：（统考，2009）单选：与认知学习理论相比，建构主义学习理论除了强调学习的主动建构性、社会互动性外，还强调（　　）。

A. 情境性　　B. 结构性

C. 抽象性　　D. 竞争性

【解析】本题考查当代建构主义基本理论观点。学习者的知识构建过程具有三个重要特征：学习的主动构建性、学习的社会互动性、学习的情境性。因此本题选A。

参考答案：A

例4：（四川师范大学，2013）多选：以下教学方式中，建构主义学派倡导的教学方式有（　　）。

A. 抛锚式教学　　B. 支架式教学

C. 范例式教学　　D. 小班化教学

【解析】本题考查建构主义倡导的教学方式。建构主义倡导的教学方式有：支架式教学、抛锚式教学、随机通达教学、情境性教学等。因此本题选AB。

参考答案：AB

例5：（西南大学，2016；四川师范大学，2019）简答：简述建构主义的基本观点。

【解析】本题考查建构主义的基本理论观点即可。

参考答案：（1）知识观：在知识观上，建构主义在一定程度上对知识的客观性和确定性的质疑，强调知识的动态性。建构主义者一般强调：

①知识并不是对现实的准确表征，它只是一种解释、一种假设，不是最终答案。

②知识并不能精确地概括世界的法则，在具体问题中，我们并不是拿来便用，一用就灵，而是需要针对具体情境进行再创造。

③尽管我们通过语言符号赋予了知识一定的外在形式，甚至这些命题还得到了较普遍的认可，但这并不意味着学生会对这些命题有同样的理解，因为这些理解只能由每个学生基于自己的经验背景而建构起来。

（2）学习观：学习者的知识构建过程具有三个重要特征：学习的主动构建性、学习的社会互动性、学习的情境性。

①学习的主动建构性：建构主义认为，学习是由个体学习者基于自己的经验背景建构知识的过程，不是由教师向学生传递知识的过程。因此，学生是主动的信息构建者，不是被动的刺激接受者，要对外部信息做主动的选择和加工。

②学习的社会互动性：建构主义强调，学习是通过某种社会文化的参与内化相关的知识和技能、掌握有关的工具的过程，这一过程常常需要通过一个学习共同体的合作互动来完成。学习共同体是由学习者及助学者（包括教师、专家、辅导者等）共同构成的团体，他们经常在学习过程中进行沟通交流，分享各种学习资源，共同完成一定的学习任务，因而在成员之间形成了相互影响、相互促进的人际联系，形成了一定的规范和文化。

③学习的情境性：建构主义者提出了情境性认知的观点，强调学习、知识和智慧的情境性，认为知识是不可能脱离活动情境而抽象存在的，学习应该与情境化的社会实践活动结合起来。个体的学习应该与情境化的社会实践活动联系在一起。

（3）教学观：教学不是传递客观而确定的现成知识，而是激发学生原有的相关知识经验，促进知识经验的“生长”，促进学生的知识构建活动，以促成知识经验的重新组织、转换和改造。

考研考法实战

答案见D153页

1.（西南大学，2017）单选：下面符合构建主义知识观的说法是（　　）。

A. 知识并不是对现实的准确表征，而只是一种解释，一种假设

B. 知识是对现实的准确表征，而非仅仅是一种解释或假设

C. 知识能够准确概括世界的法则

D. 不同的学生对相同的知识的理解应该是相当

2.（312统考，2021）单选：下列不属于建构主义思想渊源的是（　　）。

A. 维果斯基的历史文化理论

B. 皮亚杰的发生认识论

C. 布鲁纳的认知结构理论

D. 班杜拉的交互决定论

3.（统考，2013）多选：下列学习与教学方式中，不属于建构主义学习理论倡导的有（　　）。

A. 情境学习　　B. 接受学习

C. 个别化教学　　D. 支架式教学

4.（沈阳师范大学，2019；四川师范大学，2017）简答：建构主义学习观的基本内容。

5.（福建师范大学，2016）简答：建构主义的知识观。

6.（湖南师范大学，2011/2013）论述：试述建构主义学习的特征（不少于5个特征，每个特征2分，只要属于建构主义学习的特征都可得分，以10分为限）。

考点 2　认知灵活性理论

考研基础必备

1. 结构良好领域知识和结构不良领域知识

结构良好领域知识是指有关某一主题的事实、概念、规则和原理。

结构不良领域知识是将结构良好领域知识应用于具体问题情境时产生的知识，即关于知识被应用的知识。其具有两大特性：①概念的复杂性；②实例的不规则性。

2. 初级知识获得与高级知识获得

斯皮罗等人认为，学习可以分为初级知识获得与高级知识获得。

初级或入门性知识获得是对结构良好领域知识的学习，只要求学生通过练习和反馈掌握一些重要的概念与事实，在测验中将所学的东西按原样再生出来。

高级知识获得是对结构不良领域知识的学习，要求学生在各种情境下通过应用知识解决问题，把握概念的复杂性以及概念之间的联系，最终能够广泛而灵活地将知识应用到各种具体情境中。

3. 随机通达教学

随机通达教学的核心主张是，对同一内容的学习，要在不同时间、在重新安排的情景下、带着不同目的以及从不同的角度多次进行，以此达到高级知识获得的目标。

在教学中，教师的核心是深化学生对知识的理解。“为理解而教”是当今教学的重要理念。

考研考法突破

考法 1　初级知识获得与高级知识获得

通过简答题考查初级知识获得与高级知识获得的内容。个人建构主义部分讲了冯·格拉瑟斯菲尔德的激进建构主义、维特罗克的生成学习理论、斯皮罗等人的认知灵活性理论三种理论，由于其他两人的理论考试暂未涉及，因此这里不做归纳，如果大家的目标院校的考纲有做要求，可以看书进行学习。

例 6：（湖南师范大学，2014）简答：简述斯皮罗等人的初级学习与高级学习。

【**解析**】本题考查初级学习和高级学习的定义。

参考答案：斯皮罗等人认为，学习可以分为初级知识获得与高级知识获得。

初级或入门性知识获得是对结构良好领域知识的学习，只要求学生通过练习和反馈掌握一些重要的概念与事实，在测验中将所学的东西按原样再生出来。

高级知识获得是对结构不良领域知识的学习，要求学生在各种情境下通过应用知识解决问题，把握概念的复杂性以及概念之间的联系，最终能够广泛而灵活地将知识应用到各种具体情境中。

考点 3　社会建构主义理论

考研基础必备

1. 社会建构主义理论的基本观点

社会建构主义关注学习和知识建构背后的社会文化机制，其基本观点是：

①学习是一个文化参与过程，学习者通过借助一定的文化支持参与某个学习共同体的实践活动来内化有关的知识，掌握有关的工具。

②知识不仅是在个体与物理环境的相互作用中建构的，社会文化互动更加重要，知识的建构过程常常需要通过学习共同体的合作互动来完成。

③学习者与其助学者（包括教师、专家、辅导者等）彼此之间经常在学习过程中进行沟通交流，分享各种学习资源，共同完成一定的学习任务，因而在成员之间形成了相互影响、相互促进的人际联系，形成了一定的规范和文化。

2. 情境性认知与学习理论

1）情境性认知、情境性学习与情境性教学

情境性认知：知与行是不可分离的，人的认识根植于一定的物理、社会和文化情境的活动之中。

情境性学习理论：布朗等人提出，认为知识是情境性的，在一定程度上是知识被应用的活动、背景和文化的产物，学习应该与情境性的社会实践活动结合起来。

情境性教学：让学习者在一定情境的活动中完成学习。具有 4 个基本特征：真实的任务、情境化的过程、真实的互动合作和情境化的评价方式。

2）分布式认知

指认知分布于个体内、个体间、媒介、环境、文化、社会和时间等介质之中。

3）认知学徒制

知识经验较少的学习者在专家的指导下参与某种真实的活动，从而获得与该活动有关的知识技能。

4）抛锚式教学

有时也称“实例式教学”或“基于问题的教学”。这种教学要求学生到实际的环境中去感受和体验问题，而不是听这种经验的间接介绍和讲解。在实际情境中，一旦确立一个问题，整个的教学内容和教学进行进程就被确定了（就像轮船被锚固定一样）。

3. 支架式教学

所谓支架式教学，就是指通过支架（教师或有能力的同伴的帮助）的协助，把管理学习的任务逐渐由教师转移给儿童自己，最后撤去支架。在实际教学中，只有根据儿童的最近发展区搭建的支架，对儿童的发展才是最有效的。因此，支架的重要功能就是帮助儿童顺利穿越最近发展区，以获得更进一步的发展。

1）支架的类型

互动支架：①教师示范；②出声思维；③提出问题。

非互动支架：①改变教材；②书面或口头的提示与暗示。

2）支架式教学的过程

①预热，这是教学的开始阶段，将学生引入一定的问题情境，并提供可能获得的工具。

②探索，首先由教师为学生确立目标，用以引发情境的各种可能性，让学生进行探索尝试，这时的目标可能是开放的，但教师会对探索的方向有很大影响。在此过程中，教师可以给以启发引导，可以做演示，提供问题解决的原型，也可以给学生以反馈等，但要逐渐增加问题的探索性的成分，逐步让位于学生自己的探索。

③独立探索，教师放手让学生自己决定自己探索的方向和问题，选择自己的方法，独立地进行探索。这时，不同的学生可能会探索不同的问题。

考研考法突破

考法 1　社会建构主义理论的基本观点及应用

通过选择题和简答论述题考查社会建构主义的理论观点及其在教育中的应用。社会建构主义的情境教学、抛锚式教学和认知学徒制等在现在教育中都有十分重要的应用，学习时多联系实际生活进行理解记忆。

例 7：（聊城大学，2012；浙江理工大学，2016）单选：建立在有感染力的真实事件或真实问题上的教学称为（　　）。

A. 支架式教学　　B. 情境性教学

C. 探索学习　　D. 合作学习

【解析】本题考查对情境性教学的理解。建立在有感染力的真实事件或真实问题上的教学，是让学习者在一定情境的活动中完成学习，即情境性教学。因此本题选 B。

参考答案：B

例 8：（湖南师范大学，2012；统考，2016；四川师范大学，2018）简答：社会建构主义学习理论的基本观点。

【解析】本题考查社会建构主义理论的基本观点。

参考答案：（1）社会建构主义理论的基本观点：社会建构主义关注学习和知识建构背后的社会文化机制，其基本观点是：学习是一个文化参与过程，学习者通过借助定的文化支持参与某个学习共同体的实践活动来内化有关的知识，掌握有关的工具。知识不仅是在个体与物理环境的相互作用中建构的，社会文化互动更加重要，知识的建构过程常常需要通过学习共同体的合作互动来完成。学习者与其助学者（包括教师、专家、辅导者等）彼此之间经常在学习过程中进行沟通交流，分享各种学习资源，共同完成一定的学习任务，因而在成员之间形成了相互影响、相互促进的人际联系，形成了一定的规范和文化。

（2）情境性认知与学习理论：①情境性认知、情境性学习与情境性教学。情境性认知：知与行是不可分离的，人的认识根植于一定的物理、社会和文化情境的活动之中。情境性学习理论：布朗等人提出，认为知识是情境性的，在一定程度上是知识被应用的活动、背景和文化的产物，学习应该与情境性的社会实践活动结合起来。情境性教学：让学习者在一定情境的活动中完成学习。具有 4 个基本特征：真实的任务、情境化的过程、真实的互动合作和情境化的评价方式。②分布式认知：认知分布于个体内、个体间、媒介、环境、文化、社会和时间等介质之中。③认知学徒制：知识经验较少的学习者在专家的指导下参与某种真实的活动，从而获得与该活动有关的知识技能。④抛锚式教学：有时也称“实例式教学”或“基于问题的教学”。这种教学要求学生到实际的环境中去感受和体验问题，而不是听这种经验的间接介绍和讲解。在实际情境中一旦确立一个问题，整个的教学内容和教学进行进程就被确定了（就像轮船被锚固定一样）。

（3）支架式教学：通过支架（教师或有能力的同伴的帮助）的协助，把管理学习的任务逐渐由教师转移给儿童自己，最后撤去支架。在实际教学中，只有根据儿童的最近发展区搭建的支架，对儿童的发展才是最有效的。因此，支架的重要功能就是帮助儿童顺利穿越最近发展区，以获得更进一步的发展。支架的类型：互动支架：①教师示范；②出声思维；③提出问题。非互动支架：①改变教材；②书面或口头的提示与暗示。支架式教学的过程：预热，这是教学的开始阶段，将学生引入一定的问题情境，并提供可能获得的工具。探索，首先由教师为学生确立目标，用以引发情境的各种可能性，让学生进行探索尝试，这时的目标可能是开放的，但教师会对探索的方向有很大影响。在此过程中，教师可以给以启发引导，可以做演示，提供问题解决的原型，也可以给学生以反馈等，但要逐渐增加问题的探索性的成分，逐步让位于学生自己的探索。独立探索，教师放手让学生自己决定自己探索的方向和问题，选择自己的方法，独立地进行探索。这时，不同的学生可能会探索不同的问题。

考研考法实战 答案见 D154 页

1.（统考，2012）多选：下列学习与教学方式中，社会建构主义倡导的有（　　）。

A. 支架式教学　　B. 认知学徒制

C. 同伴辅导　　D. 合作学习

2.（东北师范大学，2016）论述：社会建构主义学习理论的基本观点及在教学中的应用。

考点 4　人本主义学习理论

考研基础必备

1. 马斯洛的学习理论

1）自我实现的人格观

自我实现的需要：人对于自我发挥和完善的欲望，也就是一种使他潜能得以实现的倾向。

人的潜能是自我实现的，而不是教育作用使然；教育的作用只在于提供一个安全、自由、充满人情味的心理环境，使人类固有的优异潜能自动得以实现。

2）内在学习论

外在学习：单纯依赖强化和条件作用的学习。其着眼点在于灌输而不在于理解，属于一种被动的、机械的、传统教育的模式。

内在学习：依靠学生内在驱动，充分开发潜能，达到自我实现的学习。

2. 罗杰斯的学习理论

1）知情统一的教学目标观

罗杰斯的教育理想是：培养“躯体、心智、情感、精神、心力融汇一体的人"，即"全人"。人本主义重视的是教育的过程而非教学的内容，重视的是教学的方法而不是教学的结果。

2）有意义学习与自由学习

学习类型：认知学习（无意义学习）和经验学习（有意义学习）。

认知学习的很大一部分内容对学生自己是没有个人意义的，它只涉及心智，而不涉及感情或个人意义，是一种"在颈部以上发生的学习"，因而与完人无关，是一种无意义学习。

经验学习以学生的经验生长为中心，以学生的自发性和主动性为学习动力，把学习与学生的愿望、兴趣和需要有机地结合起来，因而经验学习必然是有意义的学习，必能有效地促进个体的发展。

有意义学习，不仅仅是一种增长知识的学习，而且是一种与每个人各部分经验都融合在一起的学习，是一种使个体的行为、态度、个性以及在未来选择行动方针时发生重大变化的学习。有意义学习具有 4 个要素：

①学习具有个人参与性质，即整个人（包括情感和认知）都投入学习活动。

②学习是自我发动的，即使在其动力或刺激来自外界时，但要求发现、获得、掌握和领会的感觉是来自内部的。

③全面发展：学习会使学生的行为、态度人格等获得全面发展。

④学习是由学生自我评价的，因为学生最清楚这种学习是否满足自己需要。

3）以学生为中心的教学

罗杰斯主张取消教师这一角色，而代之以"学习的促进者"。

罗杰斯认为促进学生学习的关键不在于教师的教学技巧、专业知识、课程计划、视听辅导材料、演示和讲解、丰富的书籍等，而在于特定的心理气氛，这些因素存在于"促进者"与"学习者"的人际关系中。促进心理气氛的因素有以下三个：

①真诚一致：学习的促进者表现真我，没有任何矫饰、虚伪和防御。

②无条件积极关注：学习的促进者尊重学生的情感和意见，关心学生的方方面面，接纳作为一个个体的学生的价值观念和情感表现。

③同理心：学习的促进者能了解学生的内在反应，了解学生的学习过程。在这样一种心理气氛下进行的学习，是以学生为中心的，"教师"只是学习的促进者、协作者或者说伙伴、朋友，"学生"才是学习的关键，学习的过程就是学习的目的之所在。

3. 人本主义教学理论的运用

罗杰斯等人本主义心理学家从他们的自我实现理论及其"患者中心"出发，在教育实践中倡导以学生经验为中心的"有意义的自由学习"，推动了教育改革运动的发展。主要表现在：

突出情感在教学活动中的地位和作用，形成了以情感作为教学活动的基本动力的新的教学模式；

以学生的"自我"完善为核心，强调人际关系在教学过程中的重要性，认为课程内容、教学方法、教学手段等都维系于课堂人际关系的形成和发展，把教学活动的重心从教师引向学生，从而促进了个别化教学的发展。

考研考法突破

考法 1　人本主义学习理论的基本观点

通过选择题和简答论述题考查人本主义学习理论的基本观点。简答论述题既可能考查人本主义学习理论的所有内容，也可能只考查某一个点，根据题目要求选择性作答即可。

例 9：（统考，2018）单选：下列选项中，属于人本主义理论倡导的学习与教学方式的是（　　）。

A. 生成学习　　B. 结构教学

C. 自由学习　　D. 程序教学

【解析】本题考查人本主义理论进行解答。罗杰斯提出"自由学习"和"学生中心"的学习和教学观。选项 A 生成学习属于个人建构理论；选项 B 结构教学属于认知同化学习；选项 D 程序教学属于行为主义。因此本题选 C。

参考答案：C

例 10：（西南大学，2014）简答：阐述人本主义学习理论的基本观点。

【解析】本题考查人本主义学习理论，包括马斯洛和罗杰斯的学习理论，在作答时要全面。

参考答案：（1）马斯洛的学习理论：

①自我实现的人格观：人的潜能是自我实现的，而不是教育作用使然；教育的作用只在于提供一个安全，自由，充满人情味的心理环境，使人类固有的优异潜能自动得以实现。

②内在学习论：内在学习是指靠学生内在驱动，充分开发潜能，达到自我实现的学习。

（2）罗杰斯的学习理论：

①知情统一的教学目标观：罗杰斯的教育理想是，培养"躯体、心智、情感、精神、心力融汇一体的人"，即"全人"。人本主义重视的是教育的过程而非教学的内容，重视的是教学的方法而不是教学的结果。

②有意义学习与自由学习：经验学习以学生的经验生长为中心，以学生的自发性和主动性为学习动力，把学习与学生的愿望、兴趣和需要有机地结合起来，因而经验学习必然是有意义的学习，必能有效地促进个体的发展。有意义学习，不仅仅是一种增长知识的学习，而且是一种与每个人各部分经验都融合在一起的学习，是一种使个体的行为、态度、个性以及在未来选择行动方针时发生重大变化的学习。

③以学生为中心的教学：罗杰斯主张取消教师这一角色，而代之以"学习的促进者"。罗杰斯认为促进学生学习的关键不在于教师的教学技巧、专业知识、课程计划、视听辅导材料、演示和讲解、丰富的书籍等，而在于特定的心理气氛，这些因素存在于"促进者"与"学习者"的人际关系中。

考法 2　人本主义学习理论在教育中的应用

通过简答论述题考查人本主义学习理论在实际教育中的应用。作答时应先回答人本主义学习理论的基本观点，再回答其实际应用。

例 11：（苏州大学，2014）简答：人本主义学习理论是如何看待学习和教学的？它对于我们的实际教学工作有何启示？

【解析】本题考查人本主义学习理论及应用。首先回答人本主义学习理论的基本观点，再回答实际教学应用。

参考答案：（1）马斯洛的学习理论：

①自我实现的人格观：人的潜能是自我实现的，而不是教育作用使然；教育的作用只在于提供一个安全、自由、充满人情味的心理环境，使人类固有的优异潜能自动得以实现。

②内在学习论：内在学习是指靠学生内在驱动，充分开发潜能，达到自我实现的学习。

（2）罗杰斯的学习理论：

①知情统一的教学目标观：罗杰斯的教育理想是，培养"躯体、心智、情感、精神、心力融汇一体的人"，即"全人"。人本主义重视的是教育的过程而非教学的内容，重视的是教学的方法而不是教学的结果。

②有意义学习与自由学习：经验学习以学生的经验生长为中心，以学生的自发性和主动性为学习动力，把学习与学生的愿望、兴趣和需要有机地结合起来，因而经验学习必然是有意义的学习，必能有效地促进个体的发展。有意义学习，不仅仅是一种增长知识的学习，而且是一种与每个人各部分经验都融合在一起的学习，是一种使个体的行为、态度、个性以及在未来选择行动方针时发生重大变化的学习。

③以学生为中心的教学：罗杰斯主张取消教师这一角色，而代之以"学习的促进者"。罗杰斯认为促进学生学习的关键不在于教师的教学技巧、专业知识、课程计划、视听辅导材料、演示和讲解、丰富的书籍等，而在于特定的心理气氛，这些因素存在于"促进者"与"学习者"的人际关系中。

（3）对实际教学工作的启示：

罗杰斯等人本主义心理学家从他们的自我实现理论及其"患者中心"出发，在教育实践中倡导以学生经验为中心的"有意义的自由学习"，推动了教育改革运动的发展。主要表现在：

突出情感在教学活动中的地位和作用，形成了以情感作为教学活动的基本动力的新的教学模式；

以学生的"自我"完善为核心，强调人际关系在教学过程中的重要性，认为课程内容、教学方法、教学手段等都维系于课堂人际关系的形成和发展，把教学活动的重心从教师引向学生，从而促进了个别化教学的发展。

考研考法实战 答案见 D154 页

1.（河北大学，2010；华南师范大学，2018）简答：联系教学实际简述人本主义的学生中心教学观。

综合问题　奥苏伯尔的有意义学习与罗杰斯意义学习的比较

考研基础必备

奥苏伯尔的有意义学习与罗杰斯意义学习的比较如表3-6所示。

表 3-6　奥苏伯尔的有意义学习与罗杰斯意义学习的比较

比较范畴	认知派的有意义学习	人本主义的意义学习
代表人物	奥苏伯尔	罗杰斯
概念	有意义学习指符号所代表的新知识与学习者认知结构中已有的适当观念建立实质性的和非人为的联系	意义学习是指所学的知识能够引起变化、全面渗入人格和人的行为之中的学习
学习结果	它是在对事物理解的基础上，依据事物的内在联系所进行的学习，即将新的学习材料如何纳入已有知识的系统之中	学习不局限于知识的简单积累，而是渗入到个人的行为之中，渗入到他为了未来而选择的一系列活动之中。学习使其态度和人格引起变化，是智德融为一体的人格教育和价值观的熏陶
概念范畴	认知范畴	知情统一
举例说明	如果只是让教师在课堂上教授学生"烫"这个词的意义，在教学中使用只对教师有意义的材料，学习的速度将会很慢，而且不容易在学生的记忆中长期保存	当一个儿童触到一个取暖器时，他就可以学到"烫"这个词的意义，同时也学会了以后对所有的取暖器都要当心，迅速学到的这些内容和意义都会长期保留在儿童的记忆中

考研考法突破

综合点　奥苏伯尔的有意义学习与罗杰斯意义学习的异同

本考点在考试中主要综合比较奥苏伯尔的有意义学习与罗杰斯意义学习，以简答题的形式出现。

例 12：（福建师范大学，2015；鲁东大学，2021）简答：罗杰斯与奥苏伯尔都提出意义学习的概念，二者有何区别？

【解析】本题考查有意义学习和意义学习的对比。根据表3-6的内容分点叙述即可。

参考答案：（1）概念上的不同：奥苏伯尔提出的有意义学习指符号所代表的新知识与学习者认知结构中已有的适当观念建立实质性的和非人为的联系。罗杰斯提出的意义学习是指所学的知识能够引起变化、全面渗入人格和人的行为之中的学习。

（2）概念范畴的不同：奥苏伯尔提出的有意义学习的概念属于认知范畴；罗杰斯的意义学习属于知情统一。

（3）学习结果的不同：奥苏伯尔的有意义学习是在对事物理解的基础上，依据事物的内在联系所进行的学习，即将新的学习材料如何纳入已有知识的系统之中。罗杰斯的意义学习不局限于知识的简单积累，而是渗入到个人的行为之中，渗入到他为了未来而选择的一系列活动之中。学习使其态度和人格引起变化，是智德融为一体的人格教育和价值观的熏陶。

第五节　学习动机

研究真题，明确考况

考试要求	统考		自主命题	
	考题	考查点	考题	考查点
1. 学习动机概述	2009 2014 2017	单选：学习动机的分类 多选：动机的功能；学习动机的分类	西南大学，2010/2011/2014 华东师范大学，2012 福建师范大学，2014 中国科学院，2014 云南师范大学，2011/2013/2017 四川师范大学，2014/2015/2016/2017/2019 广州大学，2015/2018 浙江理工大学，2016 复旦大学，2018 西北师范大学，2018 华东师范大学，2018/2019	单选：学习动机的定义和功能；耶克斯－多德森定律；学习动机的分类 名词解释：学习动机；耶克斯－多德森定律；外部动机 判断：耶克斯－多德森定律 简答：动机的功能 论述：耶克斯－多德森定律
2. 学习动机理论	2007 2008 2011 2012 2013 2014 2015 2016 2017 2018 2019 2021 2022	单选：自我效能感理论；成就动机理论；归因理论；成就目标理论；自我决定理论 多选：自我决定理论；成就目标理论	西南大学，2011/2015/2017/2018 南京师范大学，2013 西北师范大学，2013/2014 江西师范大学，2013/2015/2016 辽宁师范大学，2014 四川师范大学，2014/2015/2017 天津师范大学，2012/2013/2016 广州大学，2015/2016/2018 华东师范大学，2015/2016 浙江理工大学，2016/2017 东北师范大学，2016 苏州大学，2017 浙江师范大学，2014/2018 华南师范大学，2022 福建师范大学，2019	单选：成就动机理论；归因理论 多选：成就动机理论 名词解释：自我效能感；成就动机 判断：归因理论 简答：成就动机理论；自我效能感理论、功能、影响因素；归因理论；成就目标理论 论述：归因理论及其应用
3. 学习动机的培养和激发	无	无	北京师范大学，2005 河北大学，2010 浙江师范大学，2011 西南大学，2012/2018 江西师范大学，2015 山东师范大学，2012/2015/2016	论述：自我效能感与学习动机的激发；学习动机的培养和激发 案例分析：归因理论与学习动机的培养；成就动机理论与成就动机的培养；学习动机的培养和激发

考点 1　学习动机概述

考研基础必备

1. 学习动机的定义和功能

学习动机是指激发学习行为，使之导向一定学业目标，并维持这一行为的动力倾向。学习动机对学习行为具有以下 4 方面的作用：

1）引发作用

当学生对于某些知识或技能产生迫切的学习需要时，就会引发学习内驱力，唤起内部的激动状态，产生焦急、渴求等心理体验，并最终激起一定的学习行为。

2）定向作用

学习动机以学习需要和学习期待为出发点，使学生的学习行为在初始状态时就指向一定的学习目标，并推动学生为达到这一目标而努力学习。

3）维持作用

表现为学生在某项学习上的坚持时间、出现频次以及投入状态。

4）调节作用

调节学习行为的强度、时间和方向。

2. 动机与学习效果的关系

耶克斯－多德森定律表明（图 3-3）：学习效率随学习动机强度的增加而提高，直到达到最佳水平，之后则随学习动机强度的进一步增加而下降（倒 U 形曲线）。

动机强度的最佳水平与学习者的个性、课题性质和课题材料的难易程度有关。

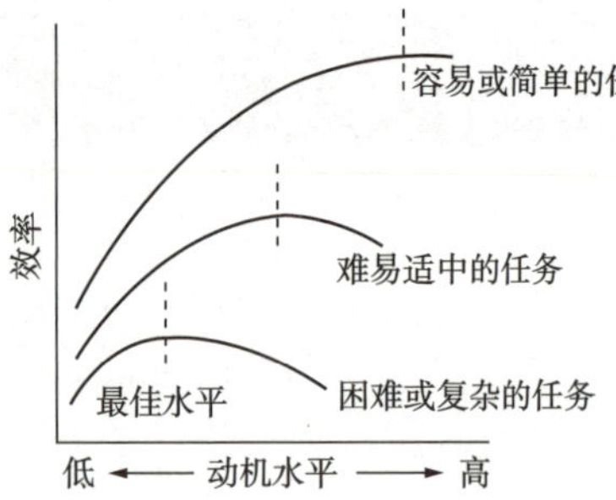

图 3-3　耶克斯 - 多德森定律曲线

动机强度的最佳水平会随学习活动的难易程度而有所变化。一般来说，简单的活动，最佳水平高；困难的活动，最佳水平低。

3. 学习动机的分类

1）根据动机产生的诱因来源不同分类

学习动机分为内部学习动机和外部学习动机。

①外部动机：是指人们由外部诱因所引起的动机，动机的满足不在活动之内而在活动之外。

②内部动机：是指人们对学习本身的兴趣所引起的动机。

两者的关系：外部动机使用不当会削弱内部动机；外部动机可以转化为内部动机。

2）奥苏伯尔的分类

奥苏伯尔认为，学校情境中的成就动机至少应包括三方面的内驱力，即认知内驱力、自我提高内驱力、附属内驱力。

①认知内驱力：个体了解、理解和掌握知识，以及系统地阐述问题并解决问题的需要。这种动机指向学习任务本身，满足这种动机的奖励是由学习本身提供的，是一种内部动机。

②自我提高内驱力：是个体因自己的胜任能力或工作能力而赢得相应地位的需要。自我提高内驱力与认知内驱力不一样，它并非直接指向学习任务本身。自我提高内驱力把成就看作是赢得地位与自尊心的根源，它显然是一种外部的动机。

③附属内驱力：是一个人为了保持长者们的赞许或认可而表现出来的把工作做好的一种需要。它是一种外部的动机。在儿童早期，附属内驱力最为突出。到了儿童后期和少年期，附属内驱力的强度有所减弱。

考研考法突破

考法 1　学习动机的定义和功能

通过选择题、名词解释和简答题考查学习动机的定义及功能。

例 1：（中科院，2014）单选：在学习动机的支配下，你可能会去教室或图书馆，这体现了动机的什么功能（　）。

A. 维持功能　　　　B. 指向功能

C. 激励功能　　　　D. 调节功能

【解析】本题考查学习动机的功能。动机的指向功能，是指使个体的行为指向一定目标，题中“会去教室或图书馆”体现的是动机的指向功能。因此本题选 B。

参考答案：B

例 2：（云南师范大学，2017）简答：学习动机及其在学习活动中的重要作用。

【解析】本题考查学习动机的定义及其功能。

参考答案：学习动机是指激发学习行为，使之导向一定学业目标，并维持这一行为的动力倾向。学习动机对学习行为具有以下 4 方面的作用：

（1）引发作用：当学生对于某些知识或技能产生迫切的学习需要时，就会引发学习内驱力，唤起内部的激动状态，产生焦急、渴求等心理体验，并最终激起一定的学习行为。

（2）定向作用：学习动机以学习需要和学习期待为出发点，使学生的学习行为在初始状态时就指向一定的学习目标，并推动学生为达到这一目标而努力学习。

（3）维持作用：表现为学生在某项学习上的坚持时间、出现频次以及投入状态。

（4）调节作用：调节学习行为的强度、时间和方向。

考法 2　耶克斯 - 多德森定律

通过选择题、名词解释、判断题和简答论述题考查耶克斯 - 多德森定律的主要内容。重点记住两点：即学习动机与效率之间的关系是倒 U 形；活动难度越高，动机最佳水平越低。该理论在普心和管理等学科中也有所涉及，可结合学习。

例 3：（浙江理工大学，2016）单选：根据耶克斯 - 多德森定律，当学生参加高难度竞赛时，应该将心理紧张程度控制在（　　）。

A. 高度紧张　　　　B. 较高水平

C. 中等水平　　　　D. 较低水平

【解析】本题考查对耶克斯 - 多德森定律的理解。耶克斯 - 多德森的研究表明，学习动机的最佳水平随学习课题的难易不同而变化。学习简单的课题，最佳动机水平为较高的动机强度；反之，随学习难度增大，动机的最佳水平则逐渐下降，因此当学生参加高难度竞赛时，应该将心理紧张程度控制在较低水平。因此本题选 D。

参考答案：D

例 4：（云南师范大学，2011）论述：试述下图所反应的心理规律。

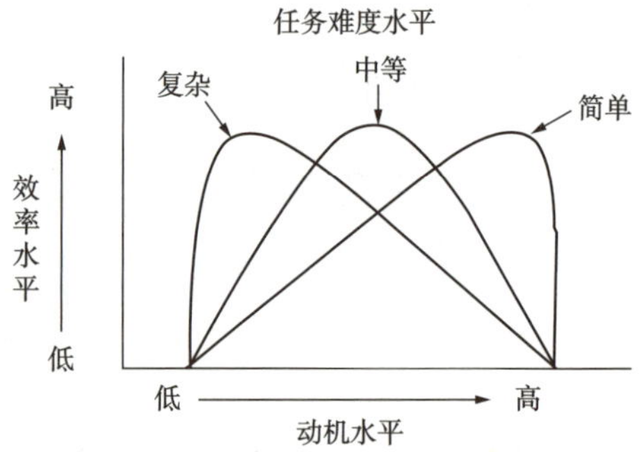

【解析】本题考查动机与效率之间的关系，需要根据图示回答耶克斯 - 多德森定律的内容。

参考答案：图中反映了耶克斯 - 多德森定律。耶克斯 - 多德森定律表明：学习效率随学习动机强度的增加而提高，直到达到最佳水平，之后则随学习动机强度的进一步增加而下降（倒 U 形曲线）。

动机强度的最佳水平与学习者的个性、课题性质和课题材料的难易程度有关。

动机强度的最佳水平会随学习活动的难易程度而有所变化。一般来说，简单的活动，最佳水平高；困难的活动，最佳水平低。

考法 3　学习动机的分类

这种考法常见于选择题和名词解释，在考试中主要考查对奥苏贝尔的动机分类的理解，考生不仅要掌握每种分类的定义，还需要能够分析具体事例体现了哪种动机。

例 5：（华东师范大学，2019）单选：通过努力学习来避免失败的动机是（　　）。

A. 外在动机　B. 内在动机　C. 本能动机　D. 驱力动机

【解析】本题考查动机的分类。避免失败的动机不在活动之内而在活动之外，因此是外在动机。因此本题选 A。

参考答案：A

例 6：（统考，2014）单选：下列选项中，属于内部动机的是（　　）。

A. 认知内驱力　　B. 自我提高内驱力
C. 附属内驱力　　D. 亲和内驱力

【解析】本题考查奥苏贝尔的动机分类。奥苏贝尔将成就动机分为认知内驱力、自我提高内驱力、附属内驱力。其中认知内驱力属于内部动机；自我提高内驱力和附属内驱力属于外部动机。因此本题选 A。

参考答案：A

例 7：（统考，2017）单选：因自己的工作能力而赢得相应地位的需要属于（　　）。

A. 认知内驱力　　B. 情感内驱力
C. 附属内驱力　　D. 自我提高内驱力

【解析】本题考查动机的分类。因自己的工作能力而赢得相应地位的需要是自我提高内驱力的含义，因此本题选 D。

参考答案：D

考研考法实战 答案见 D154 页

1.（复旦大学，2018）单选：对人们喜欢从事的工作给予物质奖励，会降低他们工作兴趣，这一研究结论可能来自哪个领域研究（　　）。

A. 问题解决的启发方式　　B. 内部动机
C. 基本归因错误　　D. 内隐学习

2.（四川师范大学，2017）单选：小明为了获得老师和家长的表扬。学习非常刻苦，她的学习动机表现为（　　）。

A. 认知内驱力　　B. 自我提高内驱力
C. 附属的内驱力　　D. 求知欲

3.（西南大学，2014）单选：奥苏伯尔认为成就动机由三种内驱力组成，下列哪一种不属于奥苏伯尔所说的成就动机之一（　　）。

A. 继起内驱力　　B. 认知内驱力
C. 自我提高内驱力　　D. 附属内驱力

4.（广州大学，2018）单选：动机水平适中，最容易激发学习动机的理论为（　　）。

A. 成就动机理论　　B. 耶克斯 – 多德森定律
C. 成就结构理论　　D. 强化理论

5.（312 统考，2022）单选：下列选项中，指向学习过程的内部动机成分是（　　）。

A. 认知内驱力　　B. 社会交往内驱力
C. 亲和内驱力　　D. 自我提高内驱力

6.（沈阳师范大学，2021）名词解释：自我提高内驱力。

7.（四川师范大学，2015/2016/2017/2019）名词解释：学习动机

8.（四川师范大学，2016；天津师范大学，2013；西南大学，2017）名词解释：耶克斯·多德森定律

9.（四川师范大学，2014）简答：学习动机的功能是什么？

考点 2　学习动机理论

考研基础必备

1. 自我决定理论

自我决定理论由德西和瑞安提出，其基本假设是：人是积极自主的有机体，具有与生俱来的心理成长倾向，会努力地应对环境中的持续挑战，并将外部经验整合到自我概念中。但是这种内在的心理成长倾向取决于人先天固有的 3 种基本心理需要的满足。

1）有机整合理论

该理论将人的动机看作一个从无动机、外部动机到内部动机的自我决定程度不断增加的连续体。

①无动机：个体处于缺少行为意愿的状态；

②外部动机：为了获得某种可分离的结果而去从事一项活动，如为了获得高分或避免惩罚等。外部动机又分为四种类型，即外部调节（完全为了满足外在要求）、内摄调节（吸收了外部规则，但没有接纳为自我的一部分）、认同调节（认同规则的价值，自愿按照规则作出行为）、整合调节（将外部规则完全内化，成为自我的一部分）。

③内部动机：人所固有的一种追求新奇和挑战、发展和锻炼自身能力、勇于探索和学习的先天倾向。

值得注意的是，外部动机的内化不等同于内部动机，外部动机即使内化为整合调节状态，也还是属于外部动机，仍是由于目标对其有益或者重要而产生行为动机，具有一定的工具性。

2）基本心理需要理论

自我决定理论认为，自我决定行为源自自我高度整合的动机，包括内在动机以及高度内化的外部动机。而自我高度整合需要满足 3 种基本需要，分别是自主需要、能力需要和关系需要。这 3 种需要的满足能促进个体产生内部动机，还可以促进外部动机的内化。

3）基本心理需要的满足

①引导树立内部目标；②设置适度挑战任务；③提供自主性支持；④呈现信息性的指导、规则、反馈、评价和奖励；⑤营造和谐的人际关系氛围。

2. 成就动机理论

成就动机理论源于默里的成就需要。其代表人物主要有麦克里兰和阿特金森。

麦克里兰认为，成就动机分为追求成功的倾向与避免失败的倾向。一个人如果追求成功的倾向强于避免失败的倾向，则将努力追求特定的目标（难度适中）；如果避免失败的倾向强于追求成功的倾向，则会尽可能选择减少失败机会的目标（要么很简单，要么很难）。

阿特金森认为，趋向成功的倾向（Ts）是趋向成功动机（Ms）、对成功的主观期望概率（Ps）以及取得成就的诱因值（Is）三者乘积的函数，即 $T_s=M_s\times P_s\times I_s$，其中 $I_s=1-P_s$。

避免失败的倾向（Taf）是避免失败的动机（Maf）、对失败的可能性的估计（Pf）和失败的消极诱因值（If）三者乘积的函数，即 $T_{af} = M_{af}\times P_f\times I_f$，其中 $I_f=1-P_f$。

成就动机（Ta）=（Ms×Ps×Is）-（Maf×Pf×If）。

从这个公式可以得出，学生主观估计成功概率约为 50% 的任务具有最大的挑战性，此时学生具有最强的成就动机。

3. 自我效能感理论

班杜拉提出，自我效能感指人们对自己是否能够成功地从事某一成就行为的主观判断或者是指个人对自己是否具有完成某项任务能力的判断与信念。该理论认为，人总是愿意在自己成功把握的事情上投入精力。当个体确信自己有能力进行某一活动时，他就会产生高度的“自我效能感”，并会实际去实施这活动。

1）自我效能感的功能

①决定人们对活动的选择及对该活动的坚持性；

②影响人们在困难面前的态度；

③影响新行为的获得和习得行为的表现；

④影响活动时的情绪。

2）自我效能感的影响因素

①个人自身行为的成败经验（即直接经验）：多次失败的经验会降低人的自我效能感；

②替代性经验：学习者通过观察示范者的行为而获得的间接经验对自我效能感的形成也有重要影响；

③言语劝说：这是试图凭借说服性的建议、劝告和自我引导，来改变人们自我效能感的一种方法，但这种方法形成的自我效能感不易持久；

④情绪唤醒：情绪和生理状态也影响自我效能感，高度的情绪唤起、紧张的生理状态均会妨碍行为操作，降低对成功的预期水准。

4. 控制点理论

罗特尔认为个体的观点调节其成就行为，个体关于什么事情将带来奖励的观念决定了行为的频率。

罗特尔把个体对强化的偶然性程度的一般信念称作控制点。内控强调结果由个体的自身行为造成或者由个体的稳定的个性特征决定，如能力。反之，如果认为事情是由个体之外的因素导致，如运气、机会、命运、偏见等则被称作外控。

5. 归因理论

韦纳的归因理论提出，人们倾向于将成功和失败的原因归结为 6 个因素，即：能力高低、努力程度、任务难易、运气好坏、身心状态和外界环境，而学生在解释成败时的主要原因有能力、努力、任务难度和运气，并从控制点、稳定性和可控性 3 个维度分析了原因的结构（见表 3–7）。

表 3–7　成功与失败的归因

控制点	稳定性程度	
	稳定	不稳定
内部	能力（不可控）	努力（可控）
外部	任务的难度（不可控）	运气（不可控）

这 3 个维度的归因对个体的情绪反应、未来预期和行为产生影响：①控制点影响对成败的情绪体验；②稳定性影响情绪与对未来成败的预期；③可控性影响情绪反应和行为。

6. 成就目标理论

该理论是由德维克 20 世纪 80 年代提出，认为学习的学业目标取向可分为两类：学习目标和表现目标，对个体成就行为起着决定作用，他们认定的特定的占优势的成就目标定向会影响所给任务的绩效。

1）两类成就目标定向：掌握目标定向和成绩目标定向

①掌握目标定向：也称学习目标定向、任务卷入目标定向。掌握目标定向意在获取知识，增加能力，倾向内部动机激发，通过成绩来表现自己的能力，相信努力导致成功，表现为一种进取取向。

②成绩目标定向：也称表现目标定向、自我卷入目标定向。成绩目标定向者靠外部动机激发学习兴趣，将学习视为通过成绩在他人面前展示和证明自己能力的手段，并极力回避可能导致失败或表现出能力不足的情境，表现为一种无助取向。

2）不同目标定向的原因：两种不同的能力内隐观

①掌握目标定向的儿童持能力增长观，认为能力是可以改变的，通过努力和经验是可以提高的；

②成绩定向的儿童持能力实体观，认为能力是成功的原因，且能力是固定的，是不会随学习而改变的，有些个体甚至将高努力视为低能力的象征。

3）成就目标定向与学习策略的关系

两者之间存在密切关系，目标定向是导致学习策略变化的因素之一。

①掌握目标定向的个体，其学习目的在于提高自己的能力、技能以及对知识的理解和掌握，把困难看作挑战，有助于深加工策略的使用，拥有更多的自我描述。

②成绩定向的个体把学习看成一种工具和手段，将困难看作失败的征兆，采用表面加工策略，对自己较多地消极描述。

4）教学启示

在强调非智力因素培养的今天，成就目标是影响学生学业成就的重要因素。在教育中应有意识地培养学生的学习目标，并使学生形成与之相适应的动机模式，同时应减少在学习环境中的社会比较，提高学生在自我参照标准上的评价，使其将注意力集中在所付出的努力大小和策略的运用上，集中于掌握知识本身，以达到促进全面发展的目的。

7. 自我价值理论

自我价值理论是由美国心理学家科温顿提出。该理论认为人天生具有维护自尊和自我价值感的需要，当一个人的自尊和自我价值受到威胁时，他就需要各种措施来维护以保持自我的价值感和能力感，而学生同样有这种需要。自我价值感是个人追求成功的内在动力，人们把成功看作是能力的展现而不是努力的结果，如果成功难以追求，则以避免失败来维持自我价值。

1）特点

重在对学校教学中的现实问题进行解释，从学习动机的负面着眼，试图探讨“为什么有的学生不肯努力读书”的问题，即个人把成功看作是能力的展现，而不是努力的结果，如果成功难以追求，则以逃避失败来维护自我价值。

科温顿认为，自我价值感是个人追求成功的内在动力，学生自幼就体验到成功使人感到满足，自尊心提高，产生自我价值感。能力、成功、自我价值感三者之间就形成了一个前因后果的连锁关系：能力使人成功，成功使人产生自我价值感。这是科温顿学习动机自我价值论的中心论点。这一论点可用来回答“学生有能力但不用功读书”的问题。

2）学生动机类型

自我价值理论将学生学习动机划分为四种类型：高趋低避型、低趋高避型、高趋高避型、低趋低避型。这里的

“趋”指的是“趋向成功”；“避”指的是“避免失败”。

3）教学启示

在实际的教育教学过程中，要以学生自身的提高为标准来进行评价，而不是与其他同学进行比较；为学生提供中等难度的学习任务；引导学生进行努力归因和方法归因。

考研考法突破

考法 1　自我决定理论

通过选择题和简答题考查自我决定理论的内容，主要是对其外部动机内化的观点进行考查。另外考试常会考查结合动机理论或某一理论说明如何激发学生的动机，这类题目统一归类到考点 3，在考点 2 中不再赘述。

例 8：（统考，2012）单选：对于自发的、原本就有兴趣的学习任务，外部物质奖励往往会降低个体的内在学习动机。持这一观点的动机理论是（　　）。

A. 行为强化理论　　B. 需要层次理论

C. 自我价值理论　　D. 自我决定理论

【解析】本题考查自我决定理论的基本观点。自我决定理论认为当一个人选择采取某项活动，而不是完成某个外部目的时，同样的活动更可能被激发或更快乐，相反当使用外部奖励促使人们完成某项活动时，会降低个体的内在动机。因此本题选 D。

参考答案：D

例 9：（统考，2019）简答：简述自我决定理论关于外部动机内化的观点。

【解析】本题考查自我决定理论的观点。回答自我决定理论中的有机整合理论的外部动机即可。

参考答案：自我决定理论由德西和瑞安提出，其基本假设是：人是积极自主的有机体，具有与生俱来的心理成长倾向，会努力地应对环境中的持续挑战，并将外部经验整合到自我概念中。学生的自主需要越能得到满足，则他的学习动机就越趋于内化。内化是指将外部偶尔相关事件的调控主动地转换为内部调控的过程。外部动机是为了获得某种可分离的结果而去从事一项活动，如为了获得高分或避免惩罚等。根据调控内化的程度的不同，外部动机又分为四种类型，即外部调节（完全为了满足外在要求）、内摄调节（吸收了外部规则，但没有接纳为自我的一部分）、认同调节（认同规则的价值，自愿按照规则作出行为）、整合调节（将外部规则完全内化，成为自我的一部分）。值得注意的是，外部动机的内化不等同于内部动机，外部动机即使内化为整合调节状态，也还是属于外部动机，仍是由于目标对其有益或者重要而产生行为动机，具有一定的工具性。

考法 2　成就动机理论

通过选择题，名词解释和简答题考查成就动机的相关理论。

例 10：（统考，2014）单选：根据阿特金森的观点，不属于高成就动机者特点的是（　　）。

A. 中等难度的任务有挑战性，并全力获取成功

B. 活动目的明确，并抱有成功的期望

C. 精力充沛，探新求异，具有开拓精神

D. 以交往的亲疏关系为前提来选择工作伙伴

【解析】本题考查成就动机理论的基本观点。阿特金森拓展了成就动机理论，创建了动机的期望－价值理论。他是根据个体的成就需要、任务难度、任务给自己带来的价值三种因素考虑个体的成就倾向的。高成就动机者积极向上，会选择那些中等难度的任务，并全力取得成功。低成就动机者害怕失败，逃避任务，选择要么难、要么简单的任务，因为这样自己的表现就会和别人一样，就不会暴露自己的无能。阿特金森没有从社会性需要的角度论述成就动机。因此本题选 D。

参考答案：D

例 11：（浙江师范大学，2018）简答：解释成就动机理论。

【解析】本题考查成就动机理论。回答成就动机的主要理论内容即可。

参考答案：成就动机理论源于默里的成就需要。其代表人物主要有麦克里兰和阿特金森。（1）麦克里兰认为，成就动机分为追求成功的倾向与避免失败的倾向。一个人如果追求成功的倾向强于避免失败的倾向，则将努力追求特定的目标（难度适中）；如果避免失败的倾向强于追求成功的倾向，则会尽可能选择减少失败机会的目标（要么很简单，要么很难）。

（2）阿特金森认为，趋向成功的倾向（Ts）是趋向成功动机（Ms）、对成功的主观期望概率（Ps）以及取得成就的诱因值（Is）三者乘积的函数，即 $Ts=Ms\times Ps\times Is$，其中 $Is=1-Ps$。

避免失败的倾向（Taf）是避免失败的动机（Maf）、对失败的可能性的估计（Pf）和失败的消极诱因值（If）三者乘积的函数，即 $Taf=Maf\times Pf\times If$，其中 $If=1-Pf$。成就动机 $(Ta)=(Ms\times Ps\times Is)-(Maf\times Pf\times If)$。从这个公式可以得出，学生主观估计成功概率约为 50% 的任务具有最大的挑战性，此时学生具有最强的成就动机。

考法 3　自我效能感理论

这种考法在考试中主要考查自我效能感的影响因素及作用等，常以选择题、名词解释和简答题的形式出现。

例 12：（统考，2018）多选：班杜拉认为，影响自我效能感的因素有（　　）。

A. 直接经验　B. 替代经验　C. 言语说服　D. 情绪唤起

【解析】本题考查自我效能感理论的影响因素。影响自我效能感的因素有：个人自身行为的成败经验（即直接经验）；替代性经验；言语劝说；情绪唤醒。因此本题选 ABCD。

参考答案：ABCD

例 13：（云南师范大学，2012）简答：自我效能感对个体的心理和行为有何影响？

【解析】本题考查自我效能感。需回答自我效能感的主要内容和功能。

参考答案：（1）班杜拉提出，自我效能感指人们对自己是否能够成功地从事某一成就行为的主观判断或者是指个人对自己是否具有完成某项任务能力的判断与信念。该理论认为，人总是愿意在自己成功把握的事情上投入精力。当个体确信自己有能力进行某一活动时，他就会产生高度的“自我效能感”，并会实际去实施这活动。

（2）自我效能感对个体的心理和行为有何影响：①决定人们对活动的选择及对该活动的坚持性；②影响人们在困难面前的态度；③影响新行为的获得和习得行为的表现；④影响活动时的情绪。

考法 4　归因理论

通过选择题、简答论述题考查归因理论的主要内容，

重点掌握其提出的4种因素和3个维度之间的关系，建议结合表3-7进行理解掌握。

例14：（统考，2014）单选：根据韦纳的归因理论，属于稳定、内在、不可控的因素是（　　）。

A. 努力　B. 运气　C. 能力　D. 任务难度

【解析】本题考查韦纳的归因理论。努力属于不稳定、内在、可控因素；运气属于不稳定、外在、不可控因素；能力属于稳定、内在、不可控因素；任务难度属于稳定、外在、不可控因素。因此本题选C。

参考答案：C

例15：（浙江理工大学，2016）单选：有学生把自己某次考试不及格归因为这次试卷太难，这种归因属于（　　）。

A. 内部稳定的归因　B. 外部稳定的归因

C. 内部不稳定的归因　D. 外部不稳定的归因

【解析】本题考查归因理论的因素和维度。任务难度属于稳定、外在、不可控因素，因此本题选B。

参考答案：B

例16：（统考，2013）单选：在学业成败归因的三个维度中，与学生对自己学业成败的预期关系最密切的维度是（　　）。

A. 稳定性　B. 可控性　C. 内外性　D. 特殊性

【解析】本题考查归因理论中的维度。学生在解释成败时的主要维度有控制点、稳定性和可控性。其中稳定性影响情绪与对未来成败的预期。因此本题选A。

参考答案：A

例17：（西北师范大学，2013/2014；浙江师范大学，2014；华东师范大学，2015；东北师范大学，2016）简答：简述维纳的成败归因理论。

【解析】本题考查成败归因理论。回答成败归因理论的基本内容即可。

参考答案：韦纳的归因理论提出，人们倾向于将成功和失败的原因归结为6个因素，即：能力高低、努力程度、任务难易、运气好坏、身心状态和外界环境，而学生在解释成败时的主要原因有能力、努力、任务难度和运气，并从控制点、稳定性和可控性3个维度分析了原因的结构。其中能力属于稳定、内在、不可控因素；任务难度属于稳定、外在、不可控因素；努力属于不稳定、内在、可控因素；运气属于不稳定、外在、不可控因素。这3个维度的归因对个体的情绪反应、未来预期和行为产生影响。①控制点影响对成败的情绪体验；②稳定性影响情绪与对未来成败的预期；③可控性影响情绪反应和行为。

考法5　成就目标理论

这种考法常见于选择题和简答题，在考试中主要考查不同的目标定向，考生需在理解理论的基础上进行判断。

例18：（统考，2013）单选：某学生认为学业求助是缺乏能力的表现、是对自我价值的威胁。该学生的成就目标定向类型属于（　　）。

A. 掌握目标　B. 学习目标

C. 任务目标　D. 表现目标

【解析】本题考查学业目标取向。成绩目标定向者靠外部动机激发学习兴趣，将学习视为通过成绩在他人面前展示和证明自己能力的手段，并极力回避可能导致失败或表现出能力不足的情境，表现为一种无助取向。题中“某学生认为学业求助是缺乏能力的表现、是对自我价值的威胁”体现了学生认为学习的成就目标是在他人面前展示和证明自己能力的手段，因此是成绩目标定向，即属于表现目标。本题选D。

参考答案：D

例19：（山东师范大学，2015）简答：学习目标定向和成绩目标定向的学生的差异有哪些？

【解析】本题考查成就目标理论。从成就目标理论的基本观点回答即可。

参考答案：德维克提出成就目标理论，认为学习的学业目标取向可分为两类：学习目标和表现目标，对个体成就行为起着决定作用，他们认定的特定的占优势的成就目标定向会影响所给任务的绩效。

（1）两类成就目标定向：学习目标定向和成绩目标定向。①学习目标定向：也称掌握目标定向、任务卷入目标定向。学习目标定向意在获取知识，增加能力，倾向内部动机激发，通过成绩来表现自己的能力，相信努力导致成功，表现为一种进取取向。②成绩目标定向：也称表现目标定向、自我卷入目标定向。成绩目标定向者靠外部动机激发学习兴趣，将学习视为通过成绩在他人面前展示和证明自己能力的手段，并极力回避可能导致失败或表现出能力不足的情境，表现为一种无助取向。

（2）不同目标定向的原因：两种不同的能力内隐观。①掌握目标定向的儿童持能力增长观，认为能力是可以改变的，通过努力和经验是可以提高的；②成绩定向的儿童持能力实体观，认为能力是成功的原因，且能力是固定的，是不会随学习而改变的，有些个体甚至将高努力视为低能力的象征。

（3）成就目标定向与学习策略的关系：两者之间存在密切关系，目标定向是导致学习策略变化的因素之一。①掌握目标定向的个体，其学习目的在于提高自己的能力、技能以及对知识的理解和掌握，把困难看作挑战，有助于深加工策略的使用，拥有更多的自我描述。②成绩定向的个体把学习看成一种工具和手段，将困难看作失败的征兆，采用表面加工策略，对自己较多地消极描述。

考研考法实战 答案见D155页

1.（统考，2015）多选：根据自我决定理论，下列学习行为受外部动机支配的有（　　）。

A. 打破砂锅问到底　B. 为中华繁荣富强而读书

C. 亲其师而信其道　D. 为避免父母惩罚而读书

2.（四川师范大学，2015）单选：根据成就动机理论，力求成功者最可能选择的任务的成功概率为（　　）

A. 25%　B.50%　C. 75%　D. 100%

3.（广州大学，2016/2018）单选：在韦纳（B. Weiner）的归因模型中，（　　）是稳定的归因。

A. 心情　B. 努力　C. 机遇　D. 身体特征

4.（江西师范大学，2013）单选：以下关于归因的维度，哪一个不是由维纳提出的（　　）。

A 普遍性　B 内在性　C 可控性　D 稳定性

5.（南京师范大学，2013）单选：如果某学生认为考试成功是由于自己一贯努力，这就属于（　　）归因。

A. 内部的，不确定的，可控制的

B. 外部的，稳定的，不可控制的

C. 外部的，不确定的，不可控制的

D. 内部的，稳定的，可控制的

6.（四川师范大学，2015）单选：有人认为“学习成绩不好，就是因为自己能力差”，这种归因属于（　　）

A. 外部稳定归因　B. 外部不稳定归因

C. 内部稳定归因　　D. 内部不稳定归因

7.（统考，2015）单选：个体的目标定位在获得知识和提高能力上，认为达到既定目标就是成功。根据成就目标理论，该个体所持有的成就目标属于（　　）。

A. 掌握目标　B. 成绩目标　C. 效能目标　D. 表现目标

8.（统考，2017）单选：持能力增长观的个体倾向于建立的成就目标是（　　）。

A. 社会目标　B. 绩效目标　C. 表现目标　D. 掌握目标

9.（福建师范大学，2019）单选：成就目标理论把成就目标分为（　　）。

A. 掌握目标和成绩目标

B. 任务目标、自我目标和他人目标

C. 最高目标和最低目标

D. 现有目标和发展目标

10.（华东师范大学，2016）单选：若学生追求的目标是课程得高分，研究者称这一目标为（　　）。

A. 乐观目标　B. 悲观目标　C. 掌握目标　D. 成绩目标

11.（山东师范大学，2018；陕西师范大学，2021/2022）名词解释：成就动机（Achievement Motivation）

12.（陕西师范大学 / 哈尔滨工程学院，2021；山东师范大学，2016；苏州大学，2017）简答：自我效能感及其影响因素。

13.（统考，2017）简答：试用韦纳（B. Weiner）归因理论分析能力和运气的归因属性。

考点 3　学习动机的培养与激发

考研基础必备

1. 教学吸引

①利用灵活的教学方式唤起学生的学习热情。

②加强教学内容的新颖性，吸引学生的注意力。

③充分调动学生在课堂练习中的积极性。

2. 兴趣激发

①利用教师期望效应培养学生的学习兴趣。

②利用已有的动机和兴趣形成新的兴趣。

③加强课外指导，发展学习兴趣。

3. 建立合理的动机信念

①建立正确的归因模式。尽量将成功归因于自己的能力和努力；将失败归因于内部的不稳定的因素，即努力不够。另外在学习的初期将成功归因于努力，到后期将成功归因于能力。

②树立较高的成就动机水平；

③设置合理的目标定向。教师要引导学生建立掌握目标，帮助学生设置明确、具体、近期可达到的学习目标。

4. 反馈和评定

学习结果的及时反馈能有效激发学生的学习动机和学习积极性。反馈要及时、具体和经常给予。

评定是指教师在分数的基础上进行的等级评价和评语。

5. 奖励和惩罚

妥善进行奖惩，维护内部学习动机，注意学生的个别差异。

6. 合作与竞争

合理设置课堂环境，妥善处理竞争与合作。

考法 1　归因理论与学习动机的培养

通过简答论述题和案例分析题考查如何利用归因理论来培养和激发学生的学习动机。在考试中出现频率较高，需要一方面叙述归因理论的主要观点，另一方面结合实际或案例来具体分析事例中的归因风格等。

例 20：（山东师范大学，2016）案例分析：14 岁的小明由于代数科目考试总是不及格，所以他父母给他找了一位辅导老师。辅导的第一天，小明对辅导老师说，他一点也不喜欢代数，何况老师教得也不好，他想他肯定过不了。在小明看来他根本无法改变自己的能力和老师的教学策略，失败是注定的。在几周的辅导中，辅导老师总是鼓励小明自己思考而不是等待老师的帮助，培养他对学好代数的自信心，同时，辅导老师还教他理解并应用各种代数原理。小明进步很大，并逐渐意识到只要自己努力还是可以学好的。小明意识到自己的进步，逐渐懂得付出努力和使用学习策略同样重要，正如他所说“我知道，拿到题目必须首先理解题意，然后再一步步进行推论，耐心地想，问题一般都会得到圆满解决”。“我现在才明白，无论是否喜欢代数老师，上课学习都是自己的事。”“我现在上课听得懂了，提问得也多了。”随着代数成绩的逐渐好转，小明的自信心越来越强，他认为自己完全可以学好代数，考试及格绝对没有问题：“老师再怎么负责，也得靠自己努力才行，现在我试着去理解、提问，同时去弄明白老师是怎么做到的。以前上课我只是听，总是不爱做笔记，我以为自己记得住，可是往往却忘了，现在上课我会做笔记，即使没有作业，除了星期五我也会每天在家学习，我想我现在不会再为代数头痛了。”

问题：最初，小明认为失败的原因有哪些？他早期的想法对他的课堂行为有什么影响？之后，小明对成功的归因有哪些？他的观念的改变是如何影响他随后的学习策略的？

【解析】本题考查归因理论及应用。首先分析案例回答问题，其次阐述对应的归因理论。

参考答案：（1）最初，小明认为失败的原因在于自己能力不够以及老师教学策略不好。

（2）早期的想法使小明没有信心学好代数，不积极思考，不做笔记，一味地等待老师的帮助。

（3）之后，小明对成功的归因在于努力，属于不稳定、内在的可控因素。

（4）小明将自己的成败归因于不同因素，会有不同的动机效果。之前将失败归因于能力低下以及老师的教学策略不好，能力是内部稳定不可控的因素，老师的教学策略是一种外部不可控的因素，这两种因素都是不可控的，因此小明觉得自己注定学不好代数，也不会尝试去改变和努力。之后将成功归因于努力，这是一种内部不稳定可控的因素。因此小明会进一步努力，不断尝试有效的学习方法，逐步取得成功。

考法 2　成就动机理论与成就动机的培养

通过案例分析考查成就动机理论以及成就动机的培养。考试时首先要结合案例叙述成就动机理论的观点，再结合其理论说明如何激发学生的成就动机。

例 21：（山东师范大学，2015）案例分析：麦克里兰曾以5岁儿童为研究对象，进行了一个著名的实验：他让孩子们逐个走进一间屋子，手里拿着许多绳圈，用绳圈去套房间中间的一个木桩。这些孩子可以任意选择自己站立的位置，并且需要预测自己能够套中多少绳圈。结果发现，有的孩子选择了距离木桩适中的位置，然而有些孩子却选择了要么距离木桩非常近，要么距离木桩非常远的地方。

问题：请用相应的动机理论来分析这一实验，并根据这一结果说明教学中如何激发学生的成就动机。

【解析】本题需要了解麦克里兰的实验理论，根据该理论回答激发学生的成就动机的应用。

参考答案：（1）可以用麦克里兰的成就动机理论来分析该实验。

麦克里兰认为，成就动机分为追求成功的倾向与避免失败的倾向。一个人如果追求成功的倾向强于避免失败的倾向，则将努力追求特定的目标（难度适中）；如果避免失败的倾向强于追求成功的倾向，则会尽可能选择减少失败机会的目标（要么很简单，要么很难）。

该实验中的孩子正好体现了这两种倾向。那些选择距离木桩适中的位置的孩子的成就动机属于追求成功的倾向；而那些选择要么距离木桩非常近，要么距离木桩非常远的孩子的成就动机属于避免失败的倾向。

（2）教师可以通过多布置一些具有中等难度的任务给学生，布置这些任务的时候要注意以下事项：任务的每一种选择的成功可能性是清晰的而非模糊的；将强加的外在约束控制在最小额度；最后的报偿随难度的变化而变化，而不是一成不变的；最后的收益是可被期望的。

考法3 自我效能感与学习动机的激发

通过论述题考查自我效能感在教育中的应用。

例22：（河北大学，2010；广西师范大学，2021）论述：联系实际运用自我效能感理论分析如何培养和激发学习动机/论述自我效能感理论对学习动机的培养以及激发的启示。

【解析】本题考查自我效能感及应用。需要结合自我效能感和学习动机进行回答。

参考答案：班杜拉提出，自我效能感指人们对自己是否能够成功地从事某一成就行为的主观判断。该理论认为，人总是愿意在自己成功把握的事情上投入精力。当个体确信自己有能力进行某一活动时，他就会产生高度的“自我效能感”，并会实际去实施这活动。因此，在教学中，教师要在多方面使得学生能获得正确的自我认知，经常性地鼓励孩子，让孩子时刻充满自信心，有利于建立自我效能感，而不是形成“习得性无助”，从而激发学习动机。在影响因素方面：学生自身行为的成败经验（即直接经验）会直接影响其自我效能感，成功经验的获得有利于培养学生的下次学习行为动机。此外，学生通过观察示范者的行为而获得的间接经验对自我效能感的形成也有重要影响，良好的榜样行为有利于学习动机的激发，因此教师需要做好示范作用。言语劝说是试图凭借说服性的建议、劝告和自我引导，来改变人们自我效能感的一种方法，但这种方法形成的自我效能感不易持久，所以教师要适度进行言语劝说。情绪和生理状态也影响自我效能感，高度的情绪唤起、紧张的生理状态均会妨碍行为操作，降低对成功的预期水准，不利于动机状态的保持，因此教师在教学过程中，要使学生保持适度的情绪，避免过度的紧张和焦虑，促进自我效能感的建立。

考法4 综合考查学习动机的培养和激发

通过简答论述和案例分析题综合考查学习动机的培养和激发。考试时不要求根据某一理论来解释，需要考生综合几种理论或者自己选择某一理论来作答，对考生的能力要求较高，需要考生掌握每一种理论的观点及其在实际生活中的应用。

例23：（西南大学，2012）论述：根据几种主要的学习动机理论，结合实际阐述如何激发和培养学生的学习动机。

【解析】本题综合考查学习动机理论。不仅需要叙述常见的学习动机理论，而且需要结合实际具体阐述如何培养学生的学习动机。

参考答案：学习动机是指激发学习行为，使之导向一定学业目标，并维持这一行为的动力倾向。

（1）根据成就动机理论的观点，成就动机分为追求成功的倾向与避免失败的倾向。一个人如果追求成功的倾向强于避免失败的倾向，则将努力追求特定的目标（难度适中）；如果避免失败的倾向强于追求成功的倾向，则会尽可能选择减少失败机会的目标（要么很简单，要么很难）。

根据阿特金森的观点，成功率为中等可能性的任务会具有适当的挑战性，能提高学生的行为水平，导致学生的自豪感、自信心和满足感。因此在教学中，教师可以给学生多布置一些这样的任务来提高学生的成就动机水平。在布置任务时要注意以下条件：①任务的每一种选择的成功可能性是清晰的而非模糊的；②将强加的外在约束控制在最小额度；③最后的报偿随难度的变化而变化，而不是一成不变的；④最后的收益是可被期望的。

（2）根据韦纳的归因理论，学生在解释成败时的主要原因有能力、努力、任务难度和运气，从控制点、稳定性和可控性3个维度来进行分析，能力属于内在、稳定且不可控的因素，努力属于外在、不稳定且可控的因素，任务难度属于外在、稳定且不可控的因素，运气属于外在、不稳定且不可控的因素。这3个维度的归因对个体的情绪反应、未来预期和行为产生影响。①控制点影响对成败的情绪体验；②稳定性影响情绪与对未来成败的预期；③可控性影响情绪反应和行为。

教师要引导学生进行正确的归因，尽量将学习上的成功归因于自己的能力和努力，而不是任务简单和运气，这可以进一步提高学生的自信心；将学习上的失败归因于内部的不稳定因素，即努力不够，才能促使学生产生更高的学习动机，努力学习并在下一次获得成功。

（3）根据成就目标理论，掌握目标定向的学生，其学习目的在于提高自己的能力、技能以及对知识的理解和掌握，把困难看作挑战，有助于深加工策略的使用，拥有更多的自我描述。而成绩定向的个体把学习看成一种工具和手段，将困难看作失败的征兆，采用表面加工策略，对自己较多地消极描述。

在教育中应有意识地培养学生的学习目标，并使学生形成与之相适应的动机模式，同时应减少在学习环境中的社会比较，提高学生在自我参照标准上的评价，使其将注意力集中在所付出的努力大小和策略的运用上，集中于掌握知识本身，以达到促进全面发展的目的。

（也可根据其他几种动机理论来进行阐述）

考研考法实战

答案见D155页

1.（浙江师范大学，2011）案例分析：三个学生正在焦急地等待老师分发已批改的作文试卷。

小红问小林："你考得怎样？"

"糟透了！"小林显得很悲观，"我就是不善于写作文，我缺少写作文的天分。"

"我的作文也没有写好。"小红说，"我知道我写得不好，因为我没有努力学习，我早就知道我这次作文成绩不会好到哪里去。"

"不可思议！"小妮叫道，"我稀里糊涂地写写，却得了个 B+。老师可能没有仔细地看我的文章。"

回答下列问题：

（1）写出韦纳归因理论中对成功或失败进行归因的三个维度、六个因素；

（2）对三个人的归因进行特点分析；

（3）分析这三个人的归因将会给他们以后的作文写作带来什么样的影响？

2.（华东师范大学，2017）论述：自我效能感的发展在个体的社会适应和心理健康中具有怎样的影响？假如你是中学老师，你将如何处理学生的自我效能感与教育之间的关系？

3.（湖南师范大学，2012；山东师范大学，2013；四川师范大学，2015/2016；江西师范大学，2015）论述：结合实际说明如何培养与激发学生的学习动机？

4.（聊城大学，2012）案例分析：

阅读案例，按要求回答问题：小辉非常讨厌学习，上课时总是发呆或打瞌睡，回答问题也经常答非所问；有时还逃课，班主任经常到操场、马路和游戏厅里将他找回来；作业也不认真完成；考试的时候只做选择题；他在日记里写道："我讨厌上学，在教室里，我一分钟也待不下去了！"。请用 4 种学习动机理论写出对小辉行为表现的可能的解释，以及增强小辉学习动机的相应措施。

章节考点　综合训练

答案见 D157 页

一、单选题

1.（统考，2009；西南大学，2011）下列心理现象中，不属于学习的是（　　）。

A. 习惯化　　B. 敏感化

C. 暗适应 / 明适应　　D. 自适应

[注] 统考的 C 选项是暗适应，西南大学的 C 选项是明适应。

2.（福建师范大学，2013）加涅对学习结果作了划分，其中个体调控自己注意、学习、记忆和思维等内部心理过程的技能的学习是指下列哪种？（　　）

A. 言语信息　B. 智慧技能　C. 认知策略　D. 态度

3.（聊城大学，2012）学生在了解了长方形面积公式、三角形面积公式及面积的可加性原则后，生成了梯形面积的计算公式。按照加涅的学习分类标准，这种学习属于（　　）。

A. 辨别学习　　B. 概念学习

C. 规则学习　　D. 高级规则学习

4.（南京师范大学，2015）根据加涅（Gagne），小孩子看见穿白大褂的护士就会表现出恐惧，这种学习属于（　　）

A. 信号学习　　B. 刺激 – 反应学习

C. 辨别学习　　D. 概念学习

5.（四川师范大学，2017）"一个儿童看到医生带着针筒向自己走来，哇的一声哭了起来"，这是（　　）。

A. 操作性条件反射　　B. 经典性条件反射

C. 普雷马克原理　　D. 皮格马利翁效应

6.（复旦大学，2017；广州大学，2016/2018）属于消极强化（阴性负强化）的例子是（　　）。

A. 惩罚一个孩子让另一个孩子看

B. 孩子去医院看病不再发烧了

C. 孩子表现不好就饿他一会儿

D. 当孩子犯错时拿走他最喜欢的玩具

7.（南京大学，2015）当环境中某种刺激减少而行为反应出现的概率增加时，斯金纳将这种刺激称为（　　）。

A. 正强化　B. 负强化　C. 惩罚　D. 消退

8.（复旦大学，2018）以下哪一种说法正确（　　）。

A. 教师点名是对学生出席的"负强化"

B. 教师点名是对学生出席的"正强化"

C. 教师点名是对学生旷课的"负强化"

D. 教师批评犯错误的学生，也让没有犯错误的学生得到了"观察学习"的机会

9.（四川师范大学，2016/2017）如果一个家长想用看电视作为强化物奖励儿童认真按时完成作业的行为，最合适的安排应该是（　　）。

A. 让儿童看完电视以后立即督促完成作业

B. 只有按时完成家庭作业后才能看电视

C. 惩罚孩子过分喜欢看的行为

D. 限定每周看电视的适当时间

10.（南京师范大学，2015）（　　）不属于斯金纳的操作性条件反射理论所强调的内容。

A. 顺应　B. 即时强化　C. 塑造　D. 消退

11.（江西师范大学，2015）班杜拉曾提出观察学习分为四个阶段，最后他将动机阶段的意义延伸，并认为自律行为的养成依次需经历三阶段。这三个阶段依次是（　　）。

A. 自我观察、自我评价、自我强化

B. 自我观察、自我强化、自我评价

C. 自我评价、自我强化、自我观察

D. 自我评价、自我观察、自我强化

12.（西南大学，2017）观察者因看到榜样受强化而受到的强化，这种强化方式是（　　）。

A. 直接强化　　B. 替代强化

C. 自我强化　　D. 积极强化

13.（广州大学，2016/2018）社会学习理论的理论根源是（　　）。

A. 心理分析　B. 人本主义　C. 行为主义　D. 认知理论

14.（西南大学，2015）班杜拉社会学习理论的核心概念是（　　）。

A. 经典条件反射　　B. 操作性条件反射

C. 联结　　D. 观察学习

15.（南京师范大学，2015）最能说明"杀鸡骇猴"现象的是（　　）。

A. 经典条件作用学说　　B. 操作条件作用学说

C. 观察学习学说　　D. 潜伏学习学说

16.（统考，2013）对认知学习理论的发展做出巨大贡献的托尔曼所提出的主要概念是（　　）。

A. 内部强化　B. 外部强化　C. 替代强化　D. 自我强化

17.（四川师范大学，2017）将符号所代表的新知识与学习者认知结构中应有的适当观念建立起非人为的和实质性的联系属于（　　）。

A. 机械学习　B. 意义学习　C. 接受学习　D. 发现学习

18.（华中师范大学，2016）有学生在单词学习时，将单词的构成进行人为分解，根据分解的各个部分，充分发挥想象，编造小故事或者情景，例如将“chill”拆分为“chi”和 2 个“l”，并将“chi”看成“吃”，将“l”看成冰棍，生成小故事“在冬天，我连吃了两根冰棍，感觉非常寒冷，chill 即寒冷的”，这种学习是（　　）。

A. 发现学习　B. 接受学习　C. 有意义学习　D. 机械学习

19.（聊城大学，2012；浙江理工大学，2017）学生在已掌握“力”概念基础上，再来学习“重力”概念，这种学习属于（　　）。

A. 派生类属学习　B. 相关类属学习

C. 并列结合学习　D. 总括学习

20.（四川师范大学，2013）根据奥苏伯尔的学习观，学生学习的主要形式是（　　）。

A. 发现学习　B. 有意义接受学习

C. 理解性学习　D. 言语学习

21.（四川师范大学，2013）建构主义学习观重视（　　）。

A. 知识的记忆　B. 对知识的理解

C. 经验与活动　D. 研究性学习

22.（四川师范大学，2017）附属内驱力属于（　　）。

A. 直接动机　B. 内部动机　C. 外部动机　D. 成就动机

23.（云南师范大学，2013）美国教育心理学家奥苏贝尔认为学生课堂学习的动机由认知内驱力以及（　　）三方面的内驱力构成。

A. 外部驱动力与内部驱动力

B. 目标驱动力与任务驱动力

C. 过程驱动力与结果驱动力

D. 自我提高的内驱力与附属内驱力

24.（西南大学，2011）耶克斯—多德森（Yerkes-Dodson）定律表明，较难课题的动机适宜强度（　　）。

A. 较强　B. 中等

C. 较弱　D. 无规律可循

25.（统考，2016）外部动机和内部动机不是相互对立的，学习动机激发的重点在于外部动机的不断内化。持这一观点的动机理论是（　　）。

A. 成败归因理论　B. 成就目标理论

C. 自我价值理论　D. 自我决定理论

26.（四川师范大学，2017）成就动机的主要代表人物是（　　）。

A. 马斯洛　B. 韦纳　C. 阿特金森　D. 班杜拉

27.（统考，2011）根据阿特金森（J. W. Atkinson）的成就动机理论，高成就动机者在面对不同难度的任务时，倾向选择的任务难度是（　　）。

A. 低难度　B. 较低难度　C. 中等难度　D. 高难度

28.（江西师范大学，2016）在学习和生活中面对成功和失败时，要指导学生正确地归因，强调内部不稳定和可控制的因素是（　　）

A. 任务难度　B. 运气　C. 能力　D. 努力

29.（浙江理工大学，2017）根据归因理论，下列哪种选项能增强成功的动机？（　　）

A. 失败是能力太差　B. 失败是不够努力

C. 失败是任务太难　D. 成功是任务太容易

30.（统考，2022）某一受过处分的学生，因有良好的行为表现而被撤销处分，此后该生的良好行为表现大大增加，这一现象体现了（　　）。

A. 正强化作用　B. 负强化作用

C. 惩罚作用　D. 消退作用

31.（统考，2019）认为考试焦虑、掩饰努力、故意拖延是个体逃避失败的策略。持这一观点的学习动机理论是（　　）。

A. 自我价值理论　B. 自我效能理论

C. 成就目标理论　D. 成败归因理论

32.（统考，2009）在品德培养过程中，强调将“晓之以理”和“导之以行”相结合的学习理论是（　　）。

A 认知学习理论　B. 人本学习理论

C. 联结学习理论　D. 社会学习理论

33.（西南大学，2014）学习即联结，心即联结系统，这种学习观属于（　　）。

A. 行为主义的　B. 认知派的

C. 人本主义的　D. 建构主义的

34.（统考，2012）认知学习理论和建构主义学习理论的基本共性是强调（　　）。

A. 先前经验对新的学习的影响

B. 事实情境对于学习的价值

C. 社会互动是学习的决定因素

D. 师生关系对于学习的促进

35.（统考，2021）根据科温顿（Covington）的观点，为了提升自我价值感，个体一般将成功归因于（　　）。

A. 任务难度　B. 运气好坏　C. 努力　D. 能力

36.（312 统考，2022）掌握目标定向的学生倾向于将学业失败归因于（　　）。

A. 能力高低　B. 努力程度　C. 运气好坏　D. 任务难度

二、多选题

1.（统考，2019）下列陈述中，符合情境认知与学习观的有（　　）。

A. 学习是个体参与实践共同体的活动过程

B. 合法的身份是个体参与社会实践的前提条件

C. 个体参与实践共同体需经历从边缘到中心的过程

D. 个体参与实践共同体的目的是从情境中抽象出概念性知识

2.（统考，2012）根据成就目标理论，评价“成功”的标准有（　　）。

A. 任务标准　B. 价值标准　C. 自我标准　D. 他人标准

3.（西南大学，2016）下列心理现象中属于学习的是（　　）。

A. 狗形成对铃声分泌唾液的条件反射

B. 吸食毒品后兴奋性提高

C. 由于疲劳造成活动效率降低

D. 一朝被蛇咬，十年怕井绳

4.（华中师范大学，2018）关于经典条件作用，表述正确的是（　　）。

A. 经典性条件作用是一种联结的简单学习方式

B. 经典性条件作用使得有机体能够预测外界事件

C. 巴普洛夫通过对狗的训练找到其有规律性地分泌唾液的行为

D. 巴普洛夫的实验表明，通过联结的学习，经典性条件反射可以被习得

5.（四川师范大学，2013）班杜拉认为，观察者的模仿动机

存在三种来源，包括（　　）。

A. 榜样　B. 替代强化　C. 自我强化　D. 负强化

6.（华中师范大学，2017）下列学习理论观点中不是由心理学家班杜拉提出的是（　　）。

A. 接受学习　B. 认知地图　C. 潜在学习　D. 观察学习

7.（西南大学，2015）奥苏伯尔认为成就动机由三种内驱力组成。下列哪几种内驱力属于奥苏伯尔所说的成就动机（　　）。

A. 继起内驱力　B. 认知内驱力

C. 自我提高内驱力　D. 附属内驱力

8.（统考，2017）下列选项中，属于内部动机的有（　　）。

A. 对工作的好奇　B. 获取丰厚报酬

C. 避免受到惩罚　D. 对学习的兴趣

9.（统考，2007）关于成就目标定向与内隐能力观念之间的关系，下列陈述中正确的有（　　）。

A. 掌握目标的学生持能力不变观

B. 掌握目标的学生持能力发展观

C. 表现回避目标的学生持能力不变观

D. 表现接近目标的学生持能力发展观

10.（统考，2020）建构主义理论倡导的学习与教学方式有（　　）。

A. 探究学习　B. 情境学习

C. 程序教学　D. 支架教学

三、名词解释

1.（湖南师范大学 / 华东师范大学，2014；华南师范大学，2016/2017/2018；苏州大学，2015；西北师范大学，2017/2018）观察学习

2.（河南师范大学，2017；华南师范大学，2016；山东师范大学，2014）负强化

3.（河北大学，2010）正强化

4.（广州大学，2013；华东师范大学，2014/2016）操作条件反射

5.（苏州大学，2015；沈阳师范大学，2019）自我强化与替代强化

6.（湖南师范大学，2012）尝试错误

7.（华东师范大学，2016）经典条件反射

8.（四川师范大学，2017；苏州大学，2011）学习

9.（福建师范大学，2015；西南大学，2018）先行组织者

10.（广州大学，2016；沈阳师范大学，2019；苏州大学，2018）认知地图

11.（湖南师范大学，2013）上位学习

12.（西北师范大学，2018）外部动机

13.（广州大学，2015/2018；南京大学，2019；天津师范大学，2012/2013/2016；西南大学，2018）自我效能感（self-efficacy）

四、填空题

1.（电子科技大学，2010/2011）社会学习论的代表人物是（　　）。

2.（华中师范大学，2018）在观察学习中，当观察者看到榜样因为表现出某个行为而被强化时，我们称观察者被施以（　　）。

五、判断题

1.（云南师范大学，2012）负强化即惩罚。（　　）

2.（云南师范大学，2012）班杜拉认为，人的社会行为和思想、情感不仅受直接经验的影响，而且更多地受通过观察进行的间接学习即观察学习的影响。（　　）

3.（云南师范大学，2013）动机强度与工作效率之间不是一种线性关系。（　　）

4.（云南师范大学，2013）一般来说，追求成功的人把成功的原因归因于自己能力强，而把失败归因于自己的努力不够，认为只要努力学习总会提高。（　　）

5.（西南大学，2010）根据韦纳归因理论，教师应指导学生将学业成败归因于外部可控制的因素。（　　）

6.（西南大学，2010）教师对学生的期望及影响是在师生互动过程中产生的，教师对学生的期望不同，学生的发展也不同。（　　）

7.（西南大学，2010）根据耶克斯－多德森定律，学生学习较困难的学习任务其学习动机的强度应该高一些。（　　）

六、简答题

1.（苏州大学，2014）加涅根据学习结果将学习分为哪几种？这种分类对于教师帮助学生学习，更好地组织教学具有什么意义？

2.（广州大学，2018）什么是学习？学习行为具有什么特征？

3.（东南大学，2017）简述早期行为主义学习理论的特点。

4.（云南师范大学 2014；西南大学，2017；天津师范大学，2018）简述负强化与惩罚的异同，并举例说明。

5.（苏州大学，2018）简述学习的联结理论及其评价。

6.（南京师范大学，2015；广州大学，2016；华南师范大学，2013；西南大学，2011/2017/2019）请简述班杜拉（Bandura）的观察学习及过程。

7.（北京师范大学，2004；广州大学，2016/2018）根据班杜拉的社会学习理论，应如何进行品德培养？

8.（苏州大学 / 西南大学，2016）简述布鲁纳认知－发现学习理论。

9.（聊城大学，2012）简述奥苏伯尔有意义学习的实质与条件。

10.（湖南师范大学，2013）简述先行组织者。

11.（北京师范大学，1998/1999）实际教育工作中，如何应用有意义学习的不断分化（progressive differentiation）与综合贯通（integrative reconciliation）的原则。

12.（云南师范大学，2012）简述建构主义关于教学的基本观点。

13.（四川师范大学，2017/2018）建构主义有助于应对传统教学的哪些弊端？

14.（统考，2010）简述德韦克（C. S. Dweck）的成就目标定向理论。

15.（统考，2011）在一次数学期末考试中，王强得了满分，而赵明不及格。当问及原因时，王强说是自己刻苦学习的结果，赵明认为是因为自己“缺少数学细胞”。请结合维纳的归因理论，分析他们今后数学学习可能的行为表现及原因。

16.（四川师范大学，2017）简述影响学习动机形成的因素。

17.（天津医科大学，2021）简述内部动机和外部动机的区别及联系。

18.（河北师范大学，2020）简述动机和学习效果的关系。

七、论述题

1.（山东师范大学，2016；沈阳师范大学，2019）如何利用经典条件作用原理，帮助学生更好地适应学校生活？

2.（浙江理工大学，2015）请阐述斯金纳的操作条件反射原理并举例说明：

（1）如何运用强化的技术，塑造儿童良好的行为习惯。

（2）如何运用消退和惩罚的技术，减少儿童的不良行为。

（3）上述三种技术，在什么样的情况下可用，什么样的情况下不可用。

3.（东北师范大学，2018）论述斯金纳的操作条件反射学习理论及其在教学中的应用。

4.（四川师范大学，2016）有人认为，接受学习禁锢了学生的思维，不利于学生创新意识和实践能力的培养，应该完全摒弃。

（1）请就此发表你的看法。

（2）辨析接受学习与发现学习理论的关系。

（3）思考如何用其相互关系来指导教学实践。

5.（东南大学，2017）建构主义为什么把情景创设放在教学设计中的重要地位？

6.（四川师范大学，2017）使用韦纳的归因理论解释归因对学习动机产生的影响。

7.（北京师范大学，2003；聊城大学，2012）试述建构主义学习理论与传统的联结理论和认知理论之间存在哪些差异？

8.（苏州大学，2015）举出心理学关于促进学习的两种经典观点，并简要进行理论阐释与实例说明。

9.（北京大学，2004）与学习的联结理论和认知理论相比，人本学习理论有什么独特之处？这一理论对于我国当前的教育教学改革有什么启示？

10.（北京师范大学，2002）"自主，探究，合作"学习是目前教学改革过程中流行的学习方式，试分析其学习理论基础。

11.（河北师范大学 / 曲阜师范大学，2021；沈阳师范大学，2020）如何激发学生的学习动机？ / 学习动力激发培养。

12.（华南师范大学，2022）论述维纳归因理论的基本观点及其在教育中的意义。

八、案例分析

1.（西北师范大学，2015）在雄伟的嘉略关茫茫戈壁上，有一位孔雀养殖的专家王钰，他让原本生活在南方的孔雀在那里安了家！让人叹为观止的，不是他养了几百只的孔雀，而是因为王钰养殖的孔雀能够随着一声指令，从百米高的台子上，展翅飞翔。他是怎么做到呢？原来，王钰在看到有孔雀从台子上起飞时，他就吹起哨声，并在孔雀落脚的地方放下食物；后来，孔雀听到哨声的时候，就纷纷飞下台子。可是，王钰觉得，孔雀尽管能飞起来了，可是飞的方向各不相同，并不具有观赏的价值。因此，在孔雀学会听到哨音就飞下台子之后，他就在离台子有 100 米远的地方插了一面红旗，当孔雀听到哨声飞下台子时，只有插红旗的地方才有食物，经过多次训练，孔雀就能够朝着一个方向飞去……

结合案例，试分析王钰训练孔雀的方法所依据的心理学原理及其在具体实施过程中的作用。

2.（山东师范大学，2012）早上九点，"嘀……"第二节课上课铃声未落，高二（1）班班长急匆匆跑进办公室，"报告老师，李小辉又不见了！"

寻找李小辉，已经成了班主任的日常工作之一，他已不知多少次把李小辉从球场、马路、游戏厅"请"回来。每次李小辉都痛哭流涕，信誓旦旦再也不逃课了，但他的每次誓言都不会是最后一次。

一提起李小辉，数学老师就不由得提高嗓门："那孩子，根本是神经病！哪次作业好好做了？别的同学交的是本儿，他可好，一张纸！背面还有语文笔记！上课不是打瞌睡就是发呆，提问答非所问，哪个同学不是笑掉大牙？上次考试该答题的地方打满草稿，还画了个哭泣的小人。这次考卷除了选择题，什么都没写，角落里蚊子腿一般的几个小字："老师对不起，我病了，头很痛，请不要给我得零分"。李小辉的母亲何女士也是一所中学的教师，年年带初三，年年出好成绩，可是一提到自己的儿子，却一筹莫展："实在不好意思，我教别人的孩子一套一套，怎么教自己的孩子一点法子也没有呢？小学时可听话了，一放学就做作业，从不出去疯。一上初中怎么成了那个样子？多好的学校，人人都羡慕。小学毕业，班里只保送了他一个，他怎样就不知道珍惜？我和他爸老跟他讲，小辉你可得争气，回家咱们多自学，上课努把力，不也能跟上去吗？他说什么，没用，人人都比我强，我怎么也争不到第一，努力有什么用？"

请根据有关理论回答：

（1）该学生为什么会出现目前这种状态？

（2）请为该生制定一个提高其学习动机水平的教育方案。

3.（西南大学，2020）乡村教师，本来需要实习三年，学校破例让其参加考研，他的学生也认为他一定会考上，叫他准研究生，父母亲人帮他做其他的一切事情，为了让他专心学习。最后他失败了。用教育心理学的原理解释其原因并给出建议。

第四章 分类学习心理

学习的种类纷繁复杂。本章从学习的水平和类型进行展开，主要介绍知识的学习、技能的学习、问题解决的学习与创造性、学习策略和品德的形成，探讨学习获得的能力及其培养策略。在考试中的形式多样化，内容主要是理论和教学实际相结合，因此考生需要灵活掌握相关知识点。

第一节 知识的学习

研究真题，明确考况

考试要求	统考		自主命题	
	考题	考查点	考题	考查点
1. 知识的分类与表征	无	无	北京师范大学，2003 湖南师范大学，2013 山东师范大学，2012/2013/2016 四川师范大学，2014/2015/2017 福建师范大学，2016/2018 西南大学，2014/2015/2016 福建师范大学，2014/2015/2016/2018 四川师范大学，2017/2018 华南师范大学，2017/2019	单选：知识的概念；知识的表征；陈述性知识的学习过程与策略；陈述性知识与程序性知识的关系 名词解释：程序性知识；知识；陈述性知识；知识的表征 判断：陈述性知识；程序性知识 简答：陈述性知识的学习过程与策略；程序性知识的学习过程与策略；陈述性知识与程序性知识的关系 论述：程序性知识在教学中的应用
2. 概念学习与概念转变	2011 2015 2019 2021	单选：概念的界定与结构 简答：概念转变的概念及其条件	西南大学，2016 南京师范大学，2016 浙江理工大学，2017	单选：概念的界定与结构；概念转变的概念及其条件
3. 学习迁移	2007 2008 2009 2011 2012 2013 2014 2016 2017 2018 2020	单选：迁移的理论 简答：迁移的理论及影响	河北大学，2010 西南大学，2011/2014/2016 山东师范大学，2014 云南师范大学，2013/2014 湖南师范大学，2010/2012/2014 南京大学，2014 浙江理工大学，2016/2017 东北师范大学，2016/2017 福建师范大学，2017/2018/2019 华南师范大学，2019	单选：学习迁移的分类；迁移的理论 多选：知识迁移理论 名词解释：顺向迁移；逆向正迁移；学习迁移；逆向迁移；水平迁移 简答：迁移的影响因素 论述：迁移的应用

考点 1 知识的分类与表征

考研基础必备

知识是人对事物属性与联系的能动反映，是人与客观事物的相互作用而形成的。

1. 陈述性知识和程序性知识

安德森从信息加工的角度，把知识分为陈述性知识和程序性知识。

1）陈述性知识的含义与学习

陈述性知识是关于“是什么”的知识，是对事实、定义、规则和原理等的描述。

当代认知心理学认为，陈述性知识的掌握过程：①新信息进入短时记忆，与长时记忆中被激活的相关知识建立联系，从而出现新的意义构建；②新构建的意义储存于长时记忆中，如果没有复习或新的学习，这些意义会随着时间的延长而出现遗忘；③意义的提取和运用。

皮连生把陈述性知识的掌握过程分为6个阶段：①注意与预期（心向）；②激活原有知识（认知结构变量）；③选择性知觉；④新旧知识的相互作用；⑤认知结构的改组或重建；⑥根据需要提取信息。

陈述性知识的学习包括表征学习、概念学习和命题学习。

陈述性知识的教学策略包括：①动机激发策略；②注意策略；③精加工策略；④组织者策略；⑤认知结构优化策略。

2）程序性知识的含义与学习

程序性知识是关于"怎么做"的知识，如怎样进行推理、决策或者解决某类问题等。

掌握程序性知识包括以下3个阶段：①陈述性知识阶段；②转化阶段；③自动化阶段。

程序性知识学习包括2种类型：模式识别学习和动作步骤学习。

程序性知识的教学策略：①课题选择与设计策略；②示范与讲解策略；③变式练习与比较策略；④练习与反馈策略；⑤条件化策略；⑥分解性策略。

3）程序性知识与陈述性知识对比（见表4–1）

表4–1 程序性知识与陈述性知识的对比

陈述性知识	程序性知识
关心"是什么"的问题	关心"怎么样""如何去做"
静态知识	动态知识
易获得，易遗忘	不易获得，不易遗忘
激活速度慢	激活速度快，能互相激活
都是知识的组成部分，二者紧密联系，不可分割	

2. 知识的表征

知识的表征指知识在头脑中的表示形式和组织结构。陈述性知识以概念、命题和命题网络、表象或图式表征；程序性知识主要以产生式表征，有时也可用图式表征。

1）概念

概念代表着事物的基本属性，是一种简单的表征形式。

2）命题和命题网络

命题是意义或观念的最小单元。用于表述一个事实或描述一个状态，通常由一个关系或一个以上论题组成，关系限制论题。如果命题具有相互关系则构成命题网络。命题和命题网络是陈述性知识的主要表征方式。

3）表象

表象是人们头脑中形成的与现实世界的情境相类似的心理图像；表象是对事物的物理特征作出的连续保留的一种知识形式，是人们保存情景信息与形象信息的一种重要方式。

4）图式

图式是指有组织的知识结构；是关于某个主题的一个知识单元，它包括与某主题相关的一套相互联系的基本概念，构成了感知、理解外界信息的框架结构。

5）产生式

产生式包含了"如果某种条件满足，那么就执行某种动作"的知识，它表明了所要进行的活动以及发生这种活动的条件。具有自动激活的特点。产生式是程序性知识的主要表征方式。

考研考法突破

考法1 知识的概念

通过名词解释和简答题考查知识的概念。该考法出现频率较低，如果以名词解释考查，则只需答其定义即可；如果以简答题考查，则在答其定义的基础上，再答其分类等内容即可。

例1：（四川师范大学，2018/2017）简答：什么是知识？

【解析】从知识的定义、分类和表征三个方面进行回答即可。

参考答案：知识是人对事物属性与联系的能动反映，是人与客观事物的相互作用而形成的。安德森从信息加工的角度，把知识分为陈述性知识和程序性知识。

陈述性知识是关于"是什么"的知识，是对事实、定义、规则和原理等的描述。

程序性知识是关于"怎么做"的知识，如怎样进行推理、决策或者解决某类问题等。

知识的表征指知识在头脑中的表示形式和组织结构。陈述性知识以概念、命题和命题网络、表象或图式表征；程序性知识主要以产生式表征，有时也可用图式表征。

考法2 陈述性知识的学习过程与策略

通过选择题和简答题考查陈述性知识的学习过程以及促进其学习的策略。

例2：（西南大学，2016）多选：陈述性知识学习可以分为（　　）。

A. 概念学习 B. 图式学习 C. 符号表征学习 D. 命题学习

【解析】本题考查陈述性知识的表征。陈述性知识的学习包括表征学习、概念学习和命题学习。因此本题选ACD。

参考答案：ACD

例3：（华南师范大学，2017）简答：陈述性知识的学习有几个环节？

【解析】本题考查陈述性知识的学习过程。从陈述性知识的学习过程进行解答。

参考答案：陈述性知识是关于"是什么"的知识，是对事实、定义、规则和原理等的描述。

当代认知心理学认为，陈述性知识的掌握过程：①新信息进入短时记忆，与长时记忆中被激活的相关知识建立联系，从而出现新的意义构建；②新构建的意义储存于长时记忆中，如果没有复习或新的学习，这些意义会随着时间的延长而出现遗忘；③意义的提取和运用。

皮连生把陈述性知识的掌握过程分为6个阶段：①注意与预期（心向）；②激活原有知识（认知结构变量）；③选择性知觉；④新旧知识的相互作用；⑤认知结构的改组或重建；⑥根据需要提取信息。

考法3 程序性知识的学习过程与策略

通过简答论述题考查陈述性知识的学习过程以及促进其学习的策略。

例4：（四川师范大学，2017；华南师范大学，2019）简答/论述：什么是程序性知识？如何通过教学促进程序性知识的学习？

【解析】本题考查程序性知识在教学中的应用，

参考答案：程序性知识主要反映活动的具体过程和操作步骤，说明做什么和怎么做，是一种实践性知识，主要用于实践操作，因此，也称作操作性知识、策略性知识和方法性知识。

促进程序性知识的学习可以使用以下策略：

（1）注意课题的选择与设计。在教学过程中，教师根据程序性知识的不同特点，为学生选择和设计学习课题来促进程序性知识的理解和获得，是教师指导作用的一个重要方面。

（2）注重示范与讲解。对于任何技能的学习，学生都应先理解有关的概念和规则，理解学习任务，明确“做什么”和“怎么做”。因此，教师在程序性知识教学过程中以示范和讲解的方式对学生加以指导是不可缺少的。

（3）运用变式与比较。变式是促进概括化有效的方法，变式练习是学习程序性知识的必要条件。在教学中，教师精心设计的变式练习，对于减轻学生的学业负担，提高学生对实际问题的解决能力有重要的作用。比较是指在呈现例证或感性材料时，与正例相匹配呈现一些学生容易混淆的典型反例，以促进分化的顺利实现，并提高其准确性。

（4）大量练习与适时反馈。程序性知识的获得要从陈述性阶段过渡到程序性阶段，必须经过大量的练习。采取何种练习方式直接影响着程序性知识的学习。给学习者提供适当的反馈信息也是提高练习效果的有效方法。通过反馈，学生能辨别动作的正误，知晓自己的动作是否达到要求。

（5）明确程序性知识的使用条件。要迅速、准确地提取所需知识，就必须在头脑中建立一个“触发条件”，使其随时处于良好的备用状态。教师应经常提醒和帮助学生明确程序性知识的使用条件，在学生练习之前，明确提醒学生所学知识的适用范围。

（6）分解程序的操作过程。在程序性知识的教学中，教师还应注意将完成某类程序操作的完整过程分解为几个阶段，总结每个阶段上的运算方式和可能运算方式，同时对学生进行训练。这种分解式的训练比笼统的综合式训练对学生学会建立子目标的策略有更大的促进作用，能增强学生解决问题的能力并防止不适当的程序组合的产生。

考法 4　陈述性知识与程序性知识的关系

通过选择题、名词解释和简答题考查两者的关系。在选择题中，考生需要能够区分某种具体知识属于陈述性知识还是程序性知识；在名词解释和简答题中则需要能够掌握其定义和异同。

例 5：（福建师范大学，2018）单选：回答“是什么”问题的知识属于（　　）知识。

A. 陈述性　B. 程序性　C. 策略性　D. 操作性

【解析】本题考查陈述性知识的定义。陈述性知识主要反映事物的状态、内容及事物发展变化的时间原因，主要指是什么，也称描述性知识，一般可以用口头或书面语言进行清楚明白地表述。因此本题选 A。

参考答案：A

例 6：（四川师范大学，2015）单选：书写技能、制图技能在认知信息加工理论看来属于（　　）。

A. 陈述性知识　　B. 程序性知识

C. 策略性知识　　D. 概念性知识

【解析】本题考查对程序性知识的理解。程序性知识是关于“怎么做”的知识，如怎样进行推理、决策或者解决某类问题等。如学生写字、运算、绘画、打篮球、操作电脑等。因此本题选 B。

参考答案：B

例 7：（四川师范大学，2014/2017）简答：请举例说明陈述性知识和程序性知识的异同点。

【解析】本题考查陈述性知识和程序性知识的对比。从陈述性知识与程序性知识的关系进行解答。

参考答案：（1）陈述性知识主要反映事物的状态、内容及事物发展变化的时间原因，主要指是什么，也称描述性知识，一般可以用口头或书面语言进行清楚明白地表述。

程序性知识主要反映活动的具体过程和操作步骤，说明做什么和怎么做，是一种实践性知识，主要用于实践操作，因此，也称作操作性知识、策略性知识和方法性知识。

（2）不同点：陈述性知识关心“是什么”的问题，例如，昨天下雨了，而程序性知识关心“怎么样”“如何去做”的问题，例如如何驾驶一辆汽车；陈述性知识是一种静态性的知识，它只是对事情的一种描述，仅反映事物的状况及其联系，不具动态性。程序性知识则要对信息进行某种运作从而使之发生转变，是一种具有动态性的知识。陈述性知识易获得，易遗忘，激活速度慢，程序性知识不易获得，不易遗忘，激活速度快，能互相激活。

（3）相同点：陈述性知识和程序性知识都是知识的组成部分，二者紧密联系，不可分割。一方面程序性知识的形成以掌握陈述性知识为必要条件。人们掌握的陈述性知识越牢固，越有助于程序性知识的形成。另一方面，程序性知识一经形成又会促进对新的陈述性知识的掌握。

考法 5　知识的表征

通过选择题和名词解释考查知识的表征形式，注意陈述性知识和程序性知识的主要表征方式。

例 8：（云南师范大学，2012）单选：陈述性知识的表征方式主要是（　　）。

A. 命题及命题网络　　B. 产生式或产生式系统

C. 结构 – 定向系统　　D. 命题及产生式系统

【解析】本题考查陈述性知识的表征方式。陈述性知识以概念、命题和命题网络、表象或图式表征。命题和命题网络是陈述性知识的主要表征方式。因此本题选 A。

参考答案：A

考研考法实战

答案见 D165 页

1.（西南大学，2015）单选：由于反映活动的形式不同，知识可以分为陈述性知识和（　　）。

A. 程序性知识　　B. 实用性知识

C. 直观化知识　　D. 应用性知识

2.（福建师范大学，2014）单选：通过学习后，学生能将历史上各朝代的重要事件及其发生的时间匹配起来，按信息加工理论的说法，这是掌握了哪种类型的知识？（　　）

A. 陈述性　B. 程序性　C. 时间性　D. 规则性

3.（聊城大学，2012）单选：在多次遇到众邻居家的狗之后，儿童形成了对“狗”的基本理解，包括狗的一般体型特征、生活习性、典型行为等。儿童关于狗的知识的表征方式是（　　）。

A. 图式　B. 命题　C. 表象　D. 产生式

4.（华南师范大学，2022）单选：程序性知识的主要表征形式是（　　）。

A. 命题系统　　B. 生产式系统

C. 产生式系统　　D. 生产式和产生式系统

5.（312 统考，2021）多选：下列关于程序性知识与陈述性知识的表述，正确的有（ ）。

A. 陈述性知识常常是创造和学习程序性知识的基础

B. 心智技能的形成以程序性知识为基础，与陈述性知识无关

C. 两者都是对个体头脑内部知识的分类，而不是对客观知识的分类

D. 能将陈述性知识转化为程序性知识是个体有效解决问题的前提

6.（四川师范大学，2015）名词解释：知识

7.（福建师范大学 2016；河南师范大学，2017；山东师范大学，2013/2016）名词解释：程序性知识。

8.（湖南师范大学，2011）名词解释：陈述性知识

9.（东北师范大学，2018）名词解释：知识的表征

10.（四川师范大学，2016）简答：如何促进学生陈述性知识的掌握？

11.（福建师范大学，2017）简答：简述程序性知识学习的一般过程。

考点 2　概念学习与概念转变

考研基础必备

1. 概念的界定与结构

1）概念的界定

概念是代表一类享有共同特性的人、物体、事件或观念的符号。每一个概念包括外延和内涵两个部分，内涵是概念所反映的事物的本质属性，外延是概念的范围。概念的内涵与外延是反比关系。

2）概念的结构

概念一般由名称、定义、属性和例证组成。

①概念的名称：一般由词汇表示，当一个词所指代的是一类事物的属性时才能被称为概念。

②概念的定义：用一个或几个句子对概念所代表的某类事物的共同特征所进行的概括。

③概念的属性：又称关键特征，是一个概念的所有成员都具有的本质属性。

④概念的例证：每个概念成员都是这一概念的具体例证。例证分为正例和反例。正例又分为原型（概念的最佳实例）和变式（概念在无关特征方面有变化的正例）。

2. 概念的获得与教学

1）概念的获得

概念的获得，实质上就是要理解一事物共同的关键属性，也就是说，使符号代表一类事物而不是特殊的事物。儿童获得概念的两种基本形式是概念形成和概念同化。

2）概念的教学

概念的教学有两种方法：概念接受学习（对应概念同化，遵循“规则 - 例子 - 规则”的程序）和概念发现学习（对应概念形成，遵循“例子 - 规则 - 例子”的程序）。

概念教学的注意事项：①清楚交代概念的名称或别称；②明确揭示概念的定义；③突出有关特征，控制无关特征；④适当运用正例和反例，提供变式和比较；⑤形成概念网络；⑥在实践中运用概念：概念的运用，指概念一旦获得后就能在认知活动中发挥作用，从而对认知活动产生重大影响。已经获得的概念，可以在知觉水平和思维水平上运用。

3. 概念转变

概念转变，就是个体原有的某种知识经验由于受到与此不一致的新经验的影响而发生的重大改变。这里的“概念”是指某种观念，指个体关于某一对象的观点、看法。概念转变的过程包括认知冲突的引发和认知冲突的解决。

1）概念转变的影响因素

①学习者的形式推理能力。

②学习者的先前知识经验。

③学生的元认知能力。

④学生的动机，对知识，学校的态度。

2）概念转变的条件

①对原有概念不满。

②新概念的可理解性。

③新概念的合理性。

④新概念的有效性。

3）为概念转变而教

①创设开放的，相互接纳的课堂气氛。

②倾听，洞察学生的经验世界。

③引发认知冲突。

④鼓励学生交流讨论。

考研考法突破

考法 1　概念的界定与结构

通过选择题考查概念的界定与结构的相关内容。注意理解概念的外延与内涵的关系。

例 9：（西南大学，2016）单选：关于概念，以下正确的是（ ）。

A. 概念在心理上是一种可以被认知和操纵的概念实体存在

B. 概念不是观念的现实

C. 概念是来自客观现实，因此它是对现实的客观反映

D. 概念掌握主要是对概念的理解

【解析】本题考查对概念界定与结构的理解。概念也是一种观念的现实。用语词来代表的概念，它们所代表的意义，不仅可以被人们获得，即为人们所觉察、理解，而且也可以用它们来判断、推理，作出预期，发现新知。所以，概念在心理上是一种可以被认知和操作的概念实体的存在，选项 A 正确。概念来自客观现实，它是客观现实的主观反映，没有青菜、萝卜、辣椒等客观现实，就不可能有一般的“蔬菜”概念，选项 B 和 C 错误。概念的掌握一般是指理解、巩固和应用，选项 D 错误。因此本题选 A。

参考答案：A

例 10：（统考，2011；浙江理工大学，2017）单选：概念学习中的变式是指（ ）。

A. 变更教学组织方式　　B. 变更言语表达方式

C. 变更概念的本质属性　　D. 变更正例的无关属性

【解析】本题考查概念学习中变式的含义。变式是通过变更对象的非本质特征的表现形式，让学生在变式中思维，从而掌握事物的本质和规律。因此本题选 D。

参考答案：D

考法 2　概念转变的定义及其条件

通过选择题和简答题考查概念转变的定义及其条件。

例 11：（统考，2015）简答：什么是概念转变？根据波斯纳（G. J. Posner）的观点，影响概念转变的基本条件有哪些？

【解析】本题考查概念转变。需要回答概念转变的定义及其条件。

参考答案：（1）概念转变，就是个体原有的某种知识经验由于受到与此不一致的新经验的影响而发生的重大改变。这里的“概念”是指某种观念，指个体关于某一对象的观点、看法。概念转变的过程包括认知冲突的引发和认知冲突的解决。

（2）概念转变的条件：①对原有概念不满。②新概念的可理解性。③新概念的合理性。④新概念的有效性。

考研考法实战 答案见 D165 页

1.（南京师范大学，2016）单选：概念的内涵反映事物的（　　）。

A. 整体特征　B. 局部　C. 抽象特征　D. 本质特征

2.（浙江理工大学，2017）单选：概念的内涵与外延之间是下列哪种关系？（　　）

A. 正比关系　B. 反比关系　C. 对数关系　D. 函数关系

3.（统考，2019）单选：在科学概念的学习过程中，引发与解决认知冲突，其目的是实现（　　）。

A. 概念同化　B. 概念形成　C. 概念转变　D. 概念整合

4.（统考，2021）单选：儿童从大量的同类事物的不同案例中概括事物的关键，从而获得概念，这种概念学习方式是（　　）。

A. 概念转变　B. 概念形成　C. 概念同化　D. 概念整合

考点 3　学习迁移

考研基础必备

1. 学习迁移界定

知识的迁移，即学习的迁移，是指已经获得的知识、技能、情感和态度等对新的学习的影响。简言之，就是一种学习对另一种学习的影响。如举一反三、触类旁通就属于知识的迁移。

2. 学习迁移分类

1）不同内容领域的迁移

迁移不仅发生在知识和动作技能的学习中，同样也发生在情感和态度的学习和形成中。

2）不同方向的迁移

顺向迁移是指前面的学习影响后面的学习。

逆向迁移是指后面的学习影响前面学习所形成的经验结构，使原有的经验结构发生一定的变化，即得到充实、修正、重组或重构等。

3）不同效果的迁移

正迁移指一种学习对另一种学习起到积极的促进作用。正迁移又分为横向迁移（两者难度类似）和竖向迁移（两者难度不同）。

负迁移是指一种学习对另一种学习的消极影响。

4）不同范围的迁移

特殊迁移是某一领域或课题的学习直接对学习另一领域或课题所产生的影响。

非特殊迁移则是指迁移产生的原因还不明确，既可能是原理原则的迁移，也可能是态度的迁移。这样产生的迁移可能是由动机、注意等因素引起的，也可能是由学习的其他准备活动或学习方法、策略引起的。

5）不同程度的迁移

近迁移指将所学的经验迁移到与原初学习情境比较相似的情境中。

远迁移指个体将所学的经验迁移到与原初的学习情境极不相似的其他情境中。

6）不同意识水平的迁移

低通路迁移指反复练习的技能自动化地迁移。

高通路迁移指有意识将在某一情境下习得的抽象知识运用到新的情境中。

3. 迁移的理论

1）形式训练说

以沃尔夫为代表，形式训练说假定人类大脑的许多区域代表了许多不同的官能，如注意、记忆、知觉、想象、推理和判断等。人的心智是由许多不同的官能组成的，不同的官能活动相互配合就构成各种各样的心理活动。各种官能可以像训练肌肉一样通过练习增加力量（能力），如记忆的官能通过记忆的训练而得到增强。由于对各种官能施加的训练不同，各种官能及其组成的活动之强弱也会不同。

2）相同元素说

以桑代克、伍德沃斯为代表，该理论认为只有当原先的学习情境和新的学习情境有相同要素时，原先的学习才有可能迁移到新的学习中去。迁移的程度取决于这两种情境相同要素的多寡。

3）概括化理论

以贾德为代表，该理论认为产生迁移的关键是学习者在前面的学习中概括出一般性原理，可以部分或全部应用于后继的学习活动中。它揭示了造成学习迁移的原因之一是两种学习遵循共同的原理。

贾德通过水中打靶实验证明了学过折射原理的人，会把折射原理概括化，从而对不同深度的靶子做出调整和适应，把原理运用到不同深度的特殊情境中去，成绩也就越高。根据迁移的概括化理论，对原理了解概括得越好，对新情境中学习的迁移越好。

后来格式塔进一步将概括化理论发展为转换－关系理论，认为迁移的关键在于被试对情境中各种关系或完形的顿悟，如果两个问题具有相同的深层结构关系，那么对其中一个问题的训练将对另一个问题产生迁移。

4）认知结构迁移理论

认知结构是学生头脑中的知识结构，由两部分构成，一是知识经验本身，二是对知识经验的组织。学生原有的认知结构是实现学习迁移的最关键因素。

认知结构的特征与迁移：

①原有认知结构中已有观念的可利用性变量：认知结构中是否有适当的观念利用，是影响新的学习和迁移的最重要因素。

②认知结构中原有的观念和新知识的可辨别性变量：

新知识与认知结构中原有的知识相似时，容易被旧知识所取代。

③认知结构中原有的知识的巩固性变量：原有的知识越稳定和清晰，越有利于新知识的掌握。

关于先行组织者的研究：先行组织者是指先呈现的引导性材料，这种材料要比新的学习任务有更高的抽象、概括和包容水平，它既与学生认知结构中已有的观念有关，又要和新的学习任务相关联。依据组织者的内容及作用，可以把组织者分为两类：一类是陈述性组织者它的作用是与新的学习产生一种上位关系，为新的学习提供最适当的类属者。另一类是比较性组织者，帮助学生认识认知结构中原有的观念与新的学习任务之间的相同点与不同点，增强新旧知识之间的可辨别性。

5）迁移的产生式理论

该理论主要是由信息加工论心理学家安德森等人提出。学习和问题解决迁移的发生，主要是由于先前学习和源于问题解决中个体所产生的产生式规则与目标问题所需要的产生式规则有一定的重叠，这种重叠的量越大，迁移的量也越大。

辛格莱和安德森将迁移分为四种类型：

程序性知识向程序性知识迁移；陈述性知识向程序性知识迁移；陈述性知识向陈述性知识迁移；程序性知识向陈述性知识迁移。

6）策略迁移理论

经过策略有效性的自我评价训练，儿童就能长期运用经过训练的策略，并能把这种策略迁移到类似的情境中，菲尔把策略迁移训练分为三个阶段：策略获得的初期阶段、保持阶段、迁移阶段，并强调在迁移过程中，学习保持的动机和解决问题的规则是能否实现迁移的关键。

4. 影响学习迁移的因素

1）学习材料的特点

材料之间的相同点和不同点，对它们进行辨别，是促进迁移的重要条件

2）经验的概括程度

学生对学得的知识经验进行概括，就能反映同类事物、问题的共同特点和规律性的联系，因而对具体事物、问题的联系就越普遍。概括的程度越高，就越有利于学习迁移的发生。

3）对学习情境的理解

任何知识经验的获得和应用都和一定的情境有着密切的关系，因此，应注意对情境中各种关系的理解，创设对知识应用有利的情境，引导学生运用所学的知识原理去解决各式各样的问题等。

4）学习的心理准备状态

心理准备状态是在过去学习或活动过程中形成的，又对未来的学习或活动会产生影响，这种影响既可能是积极的，也可能是消极的。心理准备状态在迁移的研究中讨论较多的主要是学习定势。学习的心理准备状态还包括学习的心向和态度。

5）认知结构的特点

认知结构是人们过去对外界事物进行感知、概括的一般方式或经验所构成的观念结构。奥苏贝尔主要从认知结构的可利用性、辨别性和巩固性三个特点出发，讨论已经形成的认知结构对迁移的影响。

6）学习策略的水平

学习策略对迁移的影响，主要表现在认知策略与元认知策略对迁移的影响上。不同时期学生策略发展的水平都会影响知识学习、问题解决和迁移。

5. 为迁移而教

1）整合学科内容

教师要注意把各个独立的教学内容整合起来，即要注意各门学科的横向联系；

2）加强知识联系

教师要重视简单的知识技能与复杂的知识技能、新旧知识技能之间的联系。教师要促使学生把已学过的内容迁移到新的学习内容中去；

3）强调概括总结

教师在教学中要注意启发学生对所学内容进行概括总结。一方面，在教学中，教师要引导学生自己对原理进行概括，培养和提高其概括总结的能力，充分利用原理的迁移；另一方面，在讲解原理时，教师要在最大范围内列举各种变式，使学生正确把握其内涵和外延；

4）重视学习策略

教师有意识地教学生学会如何学习，帮他们掌握概括化的认知策略和元认知策略；

5）培养迁移意识

教师可以通过反馈和归因控制等方式使学生形成关于学习和学校的积极态度。

考研考法突破

考法 1　学习迁移的分类

通过选择题、名词解释题考查学习迁移的分类。考生需要掌握每一种分类的依据及其定义。关于具体的迁移类型，常常通过具体事例进行考查，因此大家在学习的时候多将其与实际生活相结合。

例 12：（东北师范大学，2017）单选：根据迁移的性质分，可以将迁移分为（　　）。

A. 积极迁移和消极迁移　B. 顺向迁移和逆向迁移

C. 横向迁移和纵向迁移　D. 正迁移和负迁移

【解析】本题考查迁移的性质分类。根据迁移的性质分类，即根据迁移不同效果的分类，分为正迁移和负迁移。因此本题选 D。

参考答案：D

例 13：（西南大学，2016）单选：小明的母亲让孩子上午学习汉语拼音，晚上学习英语字母，结果小明经常混淆两者的发音。这一学习迁移现象属于（　　）。

A. 正迁移　B. 负迁移　C. 高路迁移　D. 一般迁移

【解析】本题考查对迁移现象的理解。题中孩子上午和晚上的学习发生混淆，因此该迁移现象属于负迁移，即一种学习对另一种学习产生消极影响。因此本题选 B。

参考答案：B

例 14：（福建师范大学，2017）名词解释：顺向迁移

【解析】本题考查顺向迁移的定义。

参考答案：顺向迁移是指前面的学习影响后面的学习。

考法 2　迁移的理论

通过选择题和简答题考查学习迁移的几种理论的主要观点。

例 15：（西南大学，2011；统考，2014）单选："水中打靶实验"证明的迁移理论是（　　）。

A. 共同要素说　B. 原理概括说

C. 关系转换说　D. 学习定势说

【解析】本题考查贾德的概括化理论。贾德通过水中打靶实验证明了学过折射原理的人，会把折射原理概括化，从而对不同深度的靶子做出调整和适应，把原理运用到不同深度的特殊情境中去，成绩也就越高。根据迁移的概括化理论，对原理了解概括得越好，对新情境中学习的迁移越好。因此本题选 B。

参考答案：B

例 16：（统考，2017）单选：某学生在学校的数学计算测验中表现良好，购物时却不能进行正确的计算。适合解释这一现象的迁移理论是（　　）。

A. 结构匹配理论　　B. 关系转换理论

C. 建构主义迁移理论　　D. 产生式迁移理论

【解析】本题考查对建构主义迁移理论的理解。在建构主义看来，知识的意义要通过知识的应用来理解。学习迁移就是知识在新的条件下的重新建构，这种建构同时涉及知识的意义与应用范围两个不可分割的方面。学习迁移就变成了在新条件下对知识的进一步学习、对知识的深化理解以及知识的心理应用范围的扩充，学习迁移的机制实质上等同于学习的机制。因此本题选 C。

参考答案：C

例 17：（统考，2012）简答：简述学习迁移的形式训练说及其对教育的影响。

【解析】本题考查形式训练说及其应用。

参考答案：（1）以沃尔夫为代表，形式训练说假定人类大脑的许多区域代表了许多不同的官能，如注意、记忆、知觉、想象、推理和判断等。人的心智是由许多不同的官能组成的，不同的官能活动相互配合就构成各种各样的心理活动。各种官能可以像训练肌肉一样通过练习增加力量（能力），如记忆的官能通过记忆的训练而得到增强。由于对各种官能施加的训练不同，各种官能及其组成的活动之强弱也会不同。

（2）对教育的影响：从形式训练的角度看，心理是由各种成分组成，一种成分的改进会加强其他的各种官能，迁移就是心理官能得到训练而发展的结果。形式训练说认为，官能训练重点不在于训练的内容，而在于训练的形式。也就是，学校教材的选择不必重视其使用价值，只应重视它们对心理官能训练所具备的形式。

考法 3　学习迁移的影响因素及促进

通过简答论述题考查学习迁移的影响因素和促进迁移的方法。需要大家在掌握要点的前提下结合实际进行作答。

例 18：（福建师范大学，2018；山东师范大学，2014；四川师范大学，2015/2017）简答：简述影响学习迁移的因素。

【解析】本题考查学习迁移的影响因素。回答学习迁移的影响因素即可。

参考答案：（1）学习材料的特点：材料之间的相同点和不同点，对它们进行辨别，是促进迁移的重要条件。

（2）经验的概括程度：学生对学得的知识经验进行概括，就能反映同类事物、问题的共同特点和规律性的联系，因而对具体事物、问题的联系就越普遍。概括的程度越高，就越有利于学习迁移的发生。

（3）对学习情境的理解：任何知识经验的获得和应用都和一定的情境有着密切的关系，因此，应注意对情境中各种关系的理解，创设对知识应用有利的情境，引导学生运用所学的知识原理去解决各式各样的问题等。

（4）学习的心理准备状态：心理准备状态是在过去学习或活动过程中形成的，又对未来的学习或活动会产生影响，这种影响既可能是积极的，也可能是消极的。心理准备状态在迁移的研究中讨论较多的主要是学习定势。学习的心理准备状态还包括学习的心向和态度。

（5）认知结构的特点：认知结构是人们过去对外界事物进行感知、概括的一般方式或经验所构成的观念结构。奥苏贝尔主要从认知结构的可利用性、辨别性和巩固性三个特点出发，讨论已经形成的认知结构对迁移的影响。

（6）学习策略的水平：学习策略对迁移的影响，主要表现在认知策略与元认知策略对迁移的影响上。不同时期学生策略发展的水平都会影响知识学习、问题解决和迁移。

例 19：（四川师范大学，2014；东北师范大学，2016；河北师范大学，2013）简答：如何促进学生学习的迁移？

【解析】本题考查学习迁移的促进。需要根据实际教学阐述促进学习迁移的方法，不同的教材对此内容的叙述有所不同，可根据自己学校的参考教材进行回答。

参考答案：（1）整合学科内容：教师要注意把各个独立的教学内容整合起来，即要注意各门学科的横向联系；

（2）加强知识联系：教师要重视简单的知识技能与复杂的知识技能、新旧知识技能之间的联系。教师要促使学生把已学过的内容迁移到新的学习内容中去；

（3）强调概括总结：教师在教学中要注意启发学生对所学内容进行概括总结。一方面，在教学中，教师要引导学生自己对原理进行概括，培养和提高其概括总结的能力，充分利用原理的迁移；另一方面，在讲解原理时，教师要在最大范围内列举各种变式，使学生正确把握其内涵和外延；

（4）重视学习策略：教师有意识地教学生学会如何学习，帮他们掌握概括化的认知策略和元认知策略；

（5）培养迁移意识：教师可以通过反馈和归因控制等方式使学生形成关于学习和学校的积极态度。

考研考法实战

答案见 D165 页

1.（统考，2009）单选：布鲁纳认为，基本概念、基本原理、基本方法和基本态度具有广泛的适用性，能运用于表面特征不同而结构特征相似的多种情境。这一观点所强调的迁移类型是（　　）。

A. 一般迁移　B. 特殊迁移　C. 水平迁移　D. 逆向迁移

2.（华南师范大学，2019）单选：在内容和难度上相似的两种学习之间的迁移属于（　　）。

A. 横向迁移　B. 纵向迁移　C. 顺向迁移　D. 逆向迁移

3.（江西师范大学，2013）单选：有个孩子刚刚开始学会说话，家里人就对他进行多种语言的训练，结果到 4 岁，他无法用一种语言进行正确的表达，这属于学习迁移中的哪种现象（　　）。

A. 正迁移　　B. 负迁移　　C. 特殊迁移　D. 般迁移

4.（南京大学，2014）单选：会骑自行车有助于学习骑摩托车是（　　）。

A. 系列位置效应　　B. 正迁移

C. 负迁移　　D. 技能学习

5.（四川师范大学，2017）单选：根据迁移方向的不同，可分为（　　）。

A. 正迁移与负迁移　　B. 顺向迁移与逆向迁移

C. 水平迁移与垂直迁移　　D. 一般迁移与特殊迁移

6.（统考，2013）单选：形式训练说强调的迁移类型是（　　）。

A. 水平迁移　B. 垂直迁移　C. 特殊迁移　D. 一般迁移

7.（统考，2011）单选：在桑代克早期提出的学习规律中，体现了共同要素迁移理论思想的是（　　）。

A. 多重反应律　　B. 优势元素律

C. 联合转移律　　D. 类推反应率

8.（四川师范大学，2013）单选：学习迁移概括化理论的提出者是（　　）。

A. 桑代克　B. 贾得　C. 斯金纳　D. 班杜拉

9.（西南大学，2014）多选：知识迁移的理论主要有（　　）。

A. 认知迁移理论　　B. 关系转换理论

C. 概括化理论　　D. 共同因素说

E. 形成训练说

10.（东师，2018；苏州大学，2013）名词解释：负迁移

11.（湖师大，2013）名词解释：逆向正迁移

12.（统考，2008）简答：简述认知结构迁移理论的基本观点。

13.（云南师范大学 2014）简答：简述影响学习迁移的主体因素。

14.（湖南师范大学，2014；四川师范大学，2018）论述：运用实例试论如何帮助学生学会迁移？

第二节　技能的学习

研究真题，明确考况

考试要求	统考		自主命题	
	考题	考查点	考题	考查点
1. 技能的概述	无	无	西南大学，2010/2011 山东师范大学，2013 福建师范大学，2014	名词解释：智力技能 / 心智技能；动作技能 简答：动作技能的种类 论述：动作技能的训练
2. 动作技能	无	无	南京师范大学，2015/2017 河南师范大学，2017 四川师范大学，2017 苏州大学，2019	单选：动作技能的练习 简答：动作技能的种类；动作技能的练习
3. 心智技能	2019	单选：心智技能的形成阶段	北京师范大学，2003 四川师范大学，2015	简答：心智技能的培养

考点 1　技能的概述

考研基础必备

1. 技能及其特点

技能是指经过练习而获得的合乎法则的认知活动或身体活动的动作方式。其具有以下三个特点：

①练习作为形成途径；（即区别于本能行为）

②动作方式作为技能的形式；（即属于动作经验而非认知经验）

③合乎法则作为技能的标志。（即区别于一般随意行为）

2. 技能的分类

按技能本身的性质和特点，可以分为动作技能和心智技能两类。

1）动作技能

又称为运动技能和操作技能，是指由一系列的外部动作以合理的程序组成的操作活动方式，如书写。根据是否需要操纵工具，可分为操纵器具的动作技能和机体动作技能。

2）心智技能

又称智慧技能或智力技能，是指借助于内部语言在人脑中进行的认知活动方式。根据适用的范围，可分为专门心智技能和一般心智技能。

考研考法突破

考法 1　考查技能的分类

通过名词解释考查两种技能的定义。

例 1：（山东师范大学，2013；福建师范大学，2014）名词解释：智力技能 / 心智技能

【解析】本题考查技能的概念。回答智力技能 / 心智技能的定义即可。

参考答案：心智技能，又称智慧技能或智力技能，是指借助于内部语言在人脑中进行的认知活动方式。根据适用的范围，可分为专门心智技能和一般心智技能。

考研考法实战 答案见 D166 页

1.（西南大学，2011）名词解释：动作技能

考研基础必备

1. 动作技能的种类

1）精细技能和粗大技能

粗大技能：主要靠大肌肉群的运动来完成，经常要涉及整个身体。

精细技能：主要局限在较狭窄的空间内进行并要求较精巧的协调动作，主要表现为腕关节和手指运动。

2）连贯技能和不连贯技能

连贯技能：指以连续、不间断的方式完成一系列动作。

不连贯技能：具有可以直接感知到的开端和终点，完成这种技能，时间相对短暂，一般是由突然爆发的动作组成。

3）封闭技能和开放技能

封闭技能：是一种完全依赖内部肌肉反馈作为刺激指导的技能。

开放技能：也称开放环路技能，主要依赖于周围环境提供的信息，正确地感知周围环境成为运动调节的重要因素。

2. 操作技能的培训

练习是动作技能形成的基本途径，练习时需要注意以下几个要点：

1）准确的示范与讲解

①示范者的身份、示范的准确性以及何时给予示范很重要；

②通过讲解突出重点、言语讲解要简洁概括、鼓励学生发出声音进行语言描述；

③示范与讲解结合。

2）必要而适当的练习

①练习量：过度练习是必要的，但不是越多越好，要防止疲劳、错误定型；

②练习方式：根据分配时间不同可分为：集中练习、分散练习；根据完整性不同可分为：整体练习、部分练习；根据练习的途径不同可分为：模拟练习、实际练习、心理练习。

③练习的高原现象：在学生动作技能的形成中，练习到一定阶段往往出现进步暂时停顿现象，称之为高原现象。它表现为练习曲线保持在一定的水平而不再上升，或者甚至有所下降。高原现象产生的原因主要有两个方面：一是当练习成绩已经达到一定水平时，继续进步需要改变现有的活动结构和完成活动的方式方法，而代之以新的活动结构和完成活动的新的方式方法；二是经过较长时间的练习，学生的练习兴趣有所下降，甚至产生厌倦情绪，或者身体疲劳等原因而导致练习成绩出现暂时停顿现象。

3）充分而有效的反馈

①内部反馈，即操作者自身提供的感觉系统的反馈；

②外部反馈，即操作者自身以外的人和事给予的反馈。

4）建立稳定清晰的动觉

动觉是复杂的内部运动知觉，它反映的是身体运动时的各种肌肉活动的特性，如紧张、放松，而不是外部特性。

考研考法突破

考法 1 动作技能的种类

通过简答题考查动作技能的种类。注意可以将考点 1 部分的操纵器具的动作技能和机体动作技能作为补充答题。

例 2：（苏州大学，2019）简答：简述动作技能的种类。

【解析】本题考查动作技能的种类。

参考答案：（1）精细技能和粗大技能：粗大技能：主要靠大肌肉群的运动来完成，经常要涉及整个身体。精细技能主要局限在较狭窄的空间内进行并要求较精巧的协调动作，主要表现为腕关节和手指运动。

（2）连贯技能和不连贯技能：连贯技能指以连续、不间断的方式完成一系列动作。不连贯技能具有可以直接感知到的开端和终点，完成这种技能，时间相对短暂，一般是由突然爆发的动作组成。

（3）封闭技能和开放技能：封闭技能是一种完全依赖内部肌肉反馈作为刺激指导的技能。开放技能：也称开放环路技能，主要依赖于周围环境提供的信息，正确地感知周围环境成为运动调节的重要因素。

考法 2 动作技能的练习

通过选择题、简答论述题考查如何促进动作技能的形成。

例 3：（河南师范大学，2017）论述：如何对学生进行操作技能的训练？

【解析】本题考查动作技能的形成。阐述操作技能的培训的内容即可。

参考答案：练习是动作技能形成的基本途径，练习时需要注意以下几个要点：

第一，准确的示范与讲解。

（1）示范者的身份、示范的准确性以及何时给予示范很重要；

（2）通过讲解突出重点、言语讲解要简洁概括、鼓励学生发出声音进行语言描述；

（3）示范与讲解结合。

第二，必要而适当的练习。

（1）练习量：过度练习是必要的，但不是越多越好，要防止疲劳、错误定型；

（2）练习方式：根据分配时间不同可分为：集中练习、分散练习；根据完整性不同可分为：整体练习、部分练习；根据练习的途径不同可分为：模拟练习、实际练习、心理练习。

（3）练习的高原现象：在学生动作技能的形成中，练习到一定阶段往往出现进步暂时停顿现象，称之为高原现象。它表现为练习曲线保持在一定的水平而不再上升，或者甚至有所下降。高原现象产生的原因主要有两个方面：一是当练习成绩已经达到一定水平时，继续进步需要改变现有的活动结构和完成活动的方式方法，而代之以新的活动结构和完成活动的新的方式方法；二是经过较长时间的练习，学生的练习兴趣有所下降，甚至产生厌倦情绪，或者身体疲劳等原因而导致练习成绩出现暂时停顿现象。

第三，充分而有效的反馈。

（1）内部反馈，即操作者自身提供的感觉系统的反馈；

（2）外部反馈，即操作者自身以外的人和事给予的反馈。

第四，建立稳定清晰的动觉。

动觉是复杂的内部运动知觉，它反映的是身体运动时的各种肌肉活动的特性，如紧张、放松，而不是外部特性。

例 4：（四川师范大学，2017）单选：技能形成的基本条件是（　　）。

A. 动作　　B. 知识　　C. 遗传　　D. 练习

【解析】本题考查技能形成的基本条件。技能形成的基本条件是练习，因此本题选 D。

参考答案：D

考研考法实战 答案见 D166 页

1.（南京师范大学，2015/2017）单选：在动作技能的学习过程中，练习成绩的进步有时会出现暂时停顿，这一现象称为（　　）。

A. 天花板效应　　B. 高原现象

C. 迁移现象　　D. 疲劳现象

2.（河北大学，2010）简答：举例说明如何进行练习才有利于技能的形成。

考点 3　心智技能

考研基础必备

1. 心智技能的形成过程——加里培林的五阶段模式

①活动定向阶段

②物质活动或物质化活动阶段

③有声的言语活动阶段

④无声的外部言语活动阶段

⑤内部言语活动阶段

2. 心智技能的培养

1）心智技能的原型模拟

由于心智活动是实践活动的反映，因此心智技能的培养，首先必须确定心智技能的实践模式或操作活动程序，即确定心智技能的“原型”。人们开发出了可以用来确立心智技能的“心理模拟法”。

所谓心理模拟法，就是模拟与人的心理功能平行的系统，找出能与心理的关键特征一一对应的物质系统。这类模拟是依据事物中普遍存在的同功异构的特点而确定的。包括两个步骤：模型的确立和模型的检验。

①模型的确立。对系统进行功能分析、结构分析，再将两者有机结合起来分析，作为创拟模型的基本方法。

②拟定假设性的操作原型后，应通过实验来检验这种原型的有效性。可以通过教学心理实验的方法和计算等方法进行检验。

心智技能的原型模拟就是指为了达到培养心智技能的目的，在生活中找到一个实际的操作活动，作为练习心智技能的模型，通过对模型的培养使得原型得到锻炼。

2）心智技能培养中注意的问题

①遵循智力活动按阶段形成的理论；

②根据心智技能的种类选择方法；

③积极创造应用心智技能的机会；

④注重思维训练。

考研考法突破

考法 1　考查心智技能的形成阶段

通过选择题和简答题考查心智技能的形成阶段，主要是加里培林提出的五阶段模式。

例 5：（统考，2019）单选：根据加里培林的心智技能按阶段形成理论，个体对实际事物本身或其模型、图表等进行操作的阶段是（　　）。

A. 活动定向阶段　　B. 物质或物质化活动阶段

C. 外部言语阶段　　D. 不出声的内部言语阶段

【解析】本题考查对心智技能形成阶段的理解。个体对实际事物本身或其模型、图表等进行操作的阶段是物质或物质化活动阶段，即用手进行操作实际事物，或其替代物的活动。

参考答案：B

考法 2　考查心智技能的培养

通过简答题考查如何对心智技能进行培养。

例 6：（四川师范大学，2015）简答：智力技能的培养应从哪些方面进行？

【解析】本题回答心智技能的培养即可。

参考答案：心智技能，又称智慧技能或智力技能，是指借助于内部语言在人脑中进行的认知活动方式。根据适用的范围，可分为专门心智技能和一般心智技能。

（1）心智技能的原型模拟：由于心智活动是实践活动的反映，因此心智技能的培养，首先必须确定心智技能的实践模式或操作活动程序，即确定心智技能的“原型”。人们开发出了可以用来确立心智技能的“心理模拟法”。所谓心理模拟法，就是模拟与人的心理功能平行的系统，找出能与心理的关键特征一一对应的物质系统。这类模拟是依据事物中普遍存在的同功异构的特点而确定的。包括两个步骤：模型的确立和模型的检验。

①模型的确立。对系统进行功能分析、结构分析，再将两者有机结合起来分析，作为创拟模型的基本方法。

②拟定假设性的操作原型后，应通过实验来检验这种原型的有效性。可以通过教学心理实验的方法和计算等方法进行检验。

心智技能的原型模拟就是指为了达到培养心智技能的目的，在生活中找到一个实际的操作活动，作为练习心智技能的模型，通过对模型的培养使得原型得到锻炼。

（2）心智技能培养中注意的问题

①遵循智力活动按阶段形成的理论；

②根据心智技能的种类选择方法；

③积极创造应用心智技能的机会；

④注重思维训练。

考研考法实战 答案见 D166 页

1.（沈阳师范大学，2021）论述题：教师如何进行心智技能培养方式。

第三节 问题解决的学习与创造性

研究真题，明确考况

考试要求	统考		自主命题	
	考题	考查点	考题	考查点
1. 问题解决的模式与过程	无	无	湖南师范大学，2012/2013 西北师范大学，2019 华南师范大学，2019	简答：问题解决的过程与模式 论述：问题解决的过程
2. 问题解决能力的培养	无	无	山东师范大学，2012/2015/2016 四川师范大学，2017	论述：问题解决的培养
3. 创造性思维的培养	无	无	南京师范大学，2014 四川师范大学，2015 苏州大学，2019 西南大学，2021 华南师范大学，2020	论述：创造性思维的培养

考点 1 问题解决的模式与过程

考研基础必备

1. 问题解决的模式

1）试误说（桑代克）

问题解决首先要通过一系列盲目的操作，不断地尝试错误，发现一种解决问题的方法，形成刺激反应的联结，然后不断重复这种联结，直至解决问题。

2）顿悟说（苛勒）

认为人遇到问题时，会重组问题情境的当前结构，以弥补问题的缺口，达到新的完形，从而联想起一种可行的解决方案。

3）信息加工观点

信息加工论者把问题解决看作信息加工系统对信息的加工，把最初信息转化为最终状态的信息。纽厄尔和西蒙认为问题一般包括三个方面：初始状态，目标状态，操作；这三个部分加起来也就构成了问题空间。问题解决就是从初始状态趋向目标状态的一系列转换操作。

4）杜威的 5 阶段论

①开始意识到难题的存在；②识别出问题；③收集材料并对之分类整理，提出假设；④接受和拒绝试探性的假设；⑤形成和评价结论。

5）奥苏伯尔和鲁滨逊问题解决模式

①呈现问题情境命题；②明确问题与已知条件；③填补空隙过程，包括提取背景命题、运用推理规则、采用一定策略和解答之后的检验这四个加工过程。

2. 问题解决的过程

1）表征问题

首先通过长时记忆中的有关信息确认问题的关键特征和理解问题的结构关系，随后采用选择性重新编码、选择性组合和选择性比较来构建问题关系的心理表征。

2）拟定计划

对问题的表征进行操纵，寻找出一条线路以顺利达到目标的过程。

3）克服障碍

拟定计划中可能发生的主要障碍就是定势和功能固着，另外就是不能形成任何计划或程序。此时可以在长时记忆中搜索模式、类比物和比喻物，或者暂时放弃问题进行酝酿来克服障碍。

4）执行计划

监督自己对于所选策略的执行。

考研考法突破

考法 1 考查问题解决的模式

通过简答题考查问题解决的模式。

例 1：（湖南师范大学，2012/2013）简答：简述奥苏伯尔和鲁滨逊问题解决模式。

【解析】本题考查奥苏伯尔和鲁滨逊问题解决模式的四个加工过程。

参考答案：奥苏伯尔和鲁滨逊问题解决模式：

①呈现问题情境命题；以图形、符号或文字的形式给出问题已知条件和要求达到的目标，目的在于为问题解决者构成实际的问题情境。

②明确问题与已知条件；问题的情境命题最初只是对问题的潜在意义的陈述，若问题的解决者具备有关的背景知识，则能使问题情境命题与其认知结构联系起来，从而理解面临问题的性质和条件。在某些领域有经验的问题解决者能直接看出命题的意义，无经验的问题解决者则需先行识别各个概念的意义，方能将命题作为一个整体来把握。

③填补空隙过程，问题解决者必须调动认知结构中与当前问题的解决有关的背景命题。考虑到各种外显的或内隐的推理规则，并运用一定的解题策略以使问题的已知条件和目标之间的空隙得以填补。检查推理有无错误，填补空隙的途径是否最为简捷。

考法 2 考查问题解决的过程

通过简答论述题考查问题解决的过程。不同的教材对此过程的论述有所差异，大家可根据自己目标院校的参考教材为准。

例 2：（西北师范大学，2019）论述：举例阐述问题解决的过程。

【解析】本题考查问题解决的过程。需要举例说明问题解决中的四个过程。

参考答案：（1）表征问题。首先通过长时记忆中的有关信息确认问题的关键特征和理解问题的结构关系，随后采用选择性重新编码、选择性组合和选择性比较来构建问题关系的心理表征，例如在求解数学题时，要理清已知数、未知数和条件。

（2）拟定计划。对问题的表征进行操纵，寻找出一条线路以顺利达到目标的过程。例如解答数学题时，需要寻找出已知数与未知数之间的联系。

（3）克服障碍。拟定计划中可能发生的主要障碍就是定势和功能固着，另外就是不能形成任何计划或程序。此时可以在长时记忆中搜索模式、类比物和比喻物，或者暂时放弃问题进行酝酿来克服障碍。例如，审题出现错误，需要重新制定计划。

（4）执行计划。监督自己对于所选策略的执行。例如，今日事今日毕，列计划后监督自己是否执行完。

考研考法实战 答案见 D167 页

1.（华南师范大学，2019）简答：简述问题解决的过程与模式？

考点 2 问题解决能力的培养

考研基础必备

1. 鼓励质疑

教师要培养学生主动质疑的内在动机，鼓励学生在课堂上主动提问，减少这样那样的限制，形成一种自由探究的气氛。

2. 设置难度适当的问题

教师给学生的问题要可解且有一定的难度。另外，教师要根据学生的个体差异提供个别化辅导。例如，教师在课堂练习中为不同的学生提供数量不等的难题。

3. 帮助学生正确表征问题

学生用所学知识解释问题，或者画草图、列表、写方程式等，这对回忆相关信息都有很好的作用。

4. 帮助学生养成分析问题的习惯

教师要帮助学生发展系统考虑问题的方式和系统分析的习惯。教师既不能采取放羊态度，让学生盲目试误，也不能直接将结论告知学生。教师要让学生主动投入解题过程，鼓励学生提出多种解法。并且在学生遇到困难时，给学生提供适当的线索或补充必要的知识。

5. 辅导学生从记忆中提取信息

解决问题需要对原有知识、原则进行重新组合，教师要帮助学生从记忆中提取与解决问题有关的信息，鼓励学生进行类比。但是也要预防学生总是从过去的经验中寻找答案，避免造成思维定势。另外，教师要鼓励学生从不同的角度去看待问题。

6. 训练学生陈述自己的假设及其步骤

有研究表明，试图将解决问题的计划以及选择这个计划的理由说出来或写下来，可帮助个体成功地解决问题。教师要培养学生从跟随别人的指导转变到自行指导思考，并能够自己用言语将指导步骤表达出来。

此外，教师要给学生提供充分的时间进行解答，鼓励学生验证解答，多做类比练习等。

考研考法突破

考法 1 问题解决的培养

通过简答论述题考查如何在实际教学中培养学生问题解决的能力。答题时要联系实际教学过程进行作答。

例 3：（四川师范大学，2017）论述：联系实际，谈谈如何在实际教学中培养学生解决问题的能力。

【解析】本题考查问题解决的培养。需要联系实际阐述问题解决的培养。

参考答案：（（1）鼓励质疑。教师要培养学生主动质疑的内在动机，鼓励学生在课堂上主动提问，减少这样那样的限制，形成一种自由探究的气氛。

（2）设置难度适当的问题。教师给学生的问题要可解且有一定的难度。另外，教师要根据学生的个体差异提供个别化辅导。例如，教师在课堂练习中为不同的学生提供数量不等的难题。

（3）帮助学生正确表征问题。学生用所学知识解释问题，或者画草图、列表、写方程式等，这对回忆相关信息都有很好的作用。

（4）帮助学生养成分析问题的习惯。教师要帮助学生发展系统考虑问题的方式和系统分析的习惯。教师既不能采取放羊态度，让学生盲目试误，也不能直接将结论告知学生。教师要让学生主动投入解题过程，鼓励学生提出多种解法。并且在学生遇到困难时，给学生提供适当的线索或补充必要的知识。

（5）辅导学生从记忆中提取信息。解决问题需要对原有知识、原则进行重新组合，教师要帮助学生从记忆中提取与解决问题有关的信息，鼓励学生进行类比。但是也要预防学生总是从过去的经验中寻找答案，避免造成思维定势。另外，教师要鼓励学生从不同的角度去看待问题。

（6）训练学生陈述自己的假设及其步骤。有研究表明，试图将解决问题的计划以及选择这个计划的理由说出来或写下来，可帮助个体成功地解决问题。教师要培养学生从跟随别人的指导转变到自行指导思考，并能够自己用言语将指导步骤表达出来。

此外，教师要给学生提供充分的时间进行解答，鼓励学生验证解答，多做类比练习等。

考研考法实战 答案见 D167 页

1.（山东师范大学，2012/2015/2016）论述 / 简答：如何在课堂教学中更好地培养学生的问题解决能力？

考研基础必备

1. 创造性思维的定义

创造性思维是思维活动的高级过程，是在个人已有经验的基础上，发现新事物、创造新方法，解决问题的思维过程。

创造性思维具有流畅性、灵活性和独创性3个特征。

2. 创造性思维的影响因素

（1）智力，智力是创造性的必要不充分条件。

（2）大脑右半球的功能发展，大脑两半球单侧化的研究发现右半球与创造性有关。

（3）知识，思维必须以大量的信息为基础。关于创造性思维与知识的关系有两种观点，一种是张力观，认为创造性思维以特定数量的知识为基础，但是过多的经验又会导致思维定势，阻碍创新，因此知识与创造性思维之间呈倒U型曲线。另一种是地基观，认为知识与创造性呈正相关。

（4）动机和个性等因素。

（5）环境因素，如父母的管教方式、家庭气氛以及学校和整个社会的文化导向等都会对创造性产生影响。

3. 创造性思维培养的一般原则

1）改善教学环境，营造创造氛围

我们需要营造一种民主、宽松的教学环境，尊重学生的观点和想法，鼓励学生进行创造性学习。

2）培养好奇心，激发求知欲

教师可以不断创设变化的、能激起新异感的学习环境，多创设适当的问题情境，或组织、引导学生去观察大自然、考察社会生活，启发他们自己发现问题和寻求答案。

3）鼓励学生的独创行为

教师要注意培养学生的独创性，允许学生按照自己的猜想去探索问题，鼓励他们用超出书本的知识去创造性解决问题，按照自己的设想去进行实验。

4）积极开展创造性活动

比如由学生自己办报纸、画刊，出诗集，亲自动手设计和制造各种模型与产品，撰写科技小论文等，这些活动均能有效地发展儿童青少年的创造才能。

5）训练学生的发散思维

如通过“一题多解”和“一题多变”的练习，培养学生思维的灵活性和变通性；可通过学生自编应用题，以发展思维的独特性和新颖性；也可以通过班级集体讨论的方式培养发散思维。

6）培养创造性的个性

要注意培养学生独立、勤奋、自信、有恒、谦虚、细致、好进取、好探究等有利于创造性的发展的个性。

4. 创造性思维的训练

1）脑激励法（大脑风暴法）

核心思想是把产生想法和评价想法区分开来。

基本做法是：教师先提出问题，然后鼓励学生寻找尽可能多的答案，不必考虑该答案是否正确，教师也不做评论，直到所有可能想到的答案都提出来了为止。

在课堂教学中可以采用分组的形式来进行，一般10~12人最佳，进行脑激励法一定要遵循以下原则：不许评价；异想天开；越多越好；见解无专利。

2）分合法

由戈登提出，本义是“把原本不相同、不相关的元素加以整合”，包括两种心理运作过程：“使熟悉的事物变得新奇”和“使新奇的事物变得熟悉”。

戈登的分合法主要是运用类比和隐喻的技术来帮助学生分析问题，形成不同观点。其提出了4种类比的方法。

①狂想类比：让学生考虑解决问题的途径，尽可能以不寻常的思路去思考或尽可能牵强附会。

②直接类比：将两种不同的事物加以隐喻或类比，借以触类旁通，举一反三。

③拟人类比：将事物拟人化或人性化。

④符号类比：运用符号象征化的类比。利用一些字词，或将两个矛盾的词汇连接在一起，可以引申或解析某一较高层次的意境或观念。

3）联想技术

包括定向联想和自由联想。

定向联想指对联想的方向给出了规定，是有限制的联想方法。

自由联想技术，即教师提供一个刺激，让学生以不同的方式自由反应。

考研考法突破

考法1 创造性思维的培养

通过简答论述题考查创造性思维的培养措施，注意结合实际教学进行回答。

例4：（四川师范大学，2015）论述：什么是创造性思维？教师应当怎样培养学生的创造性思维？

【解析】本题考查创造性思维的培养。需要联系实际创造性思维的培养。

参考答案：创造性思维是思维活动的高级过程，是在个人已有经验的基础上，发现新事物、创造新方法，解决问题的思维过程。可以通过以下措施来培养学生的创造性思维：

（1）改善教学环境，营造创造氛围：

我们需要营造一种民主、宽松的教学环境，尊重学生的观点和想法，鼓励学生进行创造性学习。

（2）培养好奇心，激发求知欲：

教师可以不断创设变化的、能激起新异感的学习环境，多创设适当的问题情境，或组织、引导学生去观察大自然、考察社会生活，启发他们自己发现问题和寻求答案。

（3）鼓励学生的独创行为：

教师要注意培养学生的独创性，允许学生按照自己的猜想去探索问题，鼓励他们用超出书本的知识去创造性解决问题，按照自己的设想去进行实验。

（4）积极开展创造性活动：

比如由学生自己办报纸、画刊，出诗集，亲自动手设计和制造各种模型与产品，撰写科技小论文等，这些活动均能有效地发展儿童青少年的创造才能。

（5）训练学生的发散思维：

如通过“一题多解”和“一题多变”的练习，培养学生思维的灵活性和变通性；可通过学生自编应用题，以发展思维的独特性和新颖性；也可以通过班级集体讨论的方式培养发散思维。

（6）培养创造性的个性：

要注意培养学生独立、勤奋、自信、有恒、谦虚、细致、好进取、好探究等有利于创造性的发展的个性。

（7）通过脑激励法、分合法和自由联想法等技术来训练学生的创造性思维。

考研考法实战 答案见 D167 页

1.（苏州大学，2019）论述：结合实例，简述创造性思维及影响因素。如何培养小学生创造性思维？

2.（南京师范大学，2014）论述：Amabile（1990）的研究表明，当人们知道他人会对自己的成果作出评估时，人们创造性的程度会降低。请分析其中的原因并论述该结果对创造性思维的培养的启发意义。

第四节 学习策略

研究真题，明确考况

考试要求	统考		自主命题	
	考题	考查点	考题	考查点
1. 认知策略	无	无	山东师范大学，2011 云南师范大学，2012/2013 山东师范大学，2012/2013 四川师范大学，2015/2018 东北师范大学，2015	单选：认知策略及其分类的定义；每种策略的具体类型 名词解释：精细加工策略；认知策略；组织策略；复述策略
2. 元认知策略与资源管理策略	无	无	湖南师范大学，2010 南京师范大学，2012 聊城大学，2012 华南师范大学，2018	单选：元认知策略的内容 名词解释：资源管理策略；元认知能力 简答：元认知策略的内容及应用
3. 学习策略的促进	无	无	山东师范大学，2011 西南大学，2017	简答：学习策略的促进 论述：学习策略的促进

考点 1 认知策略

考研基础必备

认知策略是加工信息的一些方法和技术，能使信息有效地从记忆中提取出来。认知策略可以分为复述策略、精细加工策略和组织策略 3 种。

1. 复述策略

复述策略指在工作记忆中为了保持信息，运用内部语言在大脑中重现学习材料或刺激，以便将注意力维持在学习材料之上的学习策略。

1）利用记忆规律

①排除干扰。②抑制和促进。倒摄抑制指的是当先学的信息和新信息混在一起时，先前所学的信息就会遗失。前摄抑制指的是先前所学的信息干扰了后面信息的学习。③首位和近位效应。指我们记住开始的几个词和结尾的几个词一般比记中间的词要好得多。

2）合理复习

①及时复习；②集中复习和分散复习；③部分学习和整体学习；④自问自答或尝试背诵；⑤过度学习。

3）自动化

4）亲自参与

5）情境相似性和情绪生理状态相似性

6）心向、态度和兴趣

2. 精细加工策略

精细加工策略是指通过把所学的新信息和已有的知识联系起来，寻求字面背后的深层次意义，或者以此来增加新信息的意义，从而帮助学习者将信息储存到长时记忆中去的学习策略。也就是说，我们应用已有的图式和已有的知识使信息合理化，以达到长期保持的目的。

精细加工策略有如下几种：

1）记忆术

①位置记忆法；②首字联词法；③谐音联想法；④琴栓－单词法；⑤关键词法；⑥视觉想象。

2）灵活处理信息

①意义识记；②主动应用；③利用背景知识。

3. 组织策略

组织策略指整合所学新知识之间、新旧知识之间的内在联系，形成新的知识结构的策略。组织是学习和记忆新信息的重要手段，其方法是将学习材料分成一些小的单元，并把这些小的单元置于适当的类别之中，从而使每项信息和其他信息联系在一起。温斯坦和梅尔提出两种有用的组织策略：列提纲和画地图。

1）列提纲

列提纲是以简要的语词写下主要和次要的观点，也就是以金字塔的形式呈现材料的要点。每一具体的细节都包含在高一水平的类别中。

2）作图表

①系统结构图：据研究表明，存储在长时记忆中的信息就是以金字塔的结构组织的。在金字塔结构里，具体的东西归在较一般的题目之下，这种结构对学生的理解特别有帮助。这种组织对专家来说，能够很有效地在短时记忆中管理材料，能很快在长时记忆中找到所需要的信息。

②概念关系图：图解各种观点是如何相互联系的。

③运用理论模型

这种方法就是用图解的方式来说明某个过程之间的要素是如何相互联系的。如加涅的信息加工模式图，与作关系图相似，只是更复杂一些，因而二者可以合称“画地图”。

3）做表格

考研考法突破

考法 1　认知策略及其分类的定义

通过选择题和名词解释考查认知策略及其三种分类的定义。

例 1：（云南师范大学，2013）单选：学习策略中的认知策略可分为复述策略、精细加工策略和（　　）。

A. 计划策略　B. 组织策略　C. 调节策略　D. 监视策略

【解析】本题考查认知策略的分类。认知策略可以分为复述策略、精细加工策略和组织策略 3 种。因此本题选 B。

参考答案：B

例 2：（山东师范大学，2013）名词解释：精细加工策略

【解析】本题考查精细加工策略的定义。

参考答案：精细加工策略是指通过把所学的新信息和已有的知识联系起来，寻求字面背后的深层次意义，或者以此来增加新信息的意义，从而帮助学习者将信息储存到长时记忆中去的学习策略。也就是说，我们应用已有的图式和已有的知识使信息合理化，以达到长期保持的目的。

考法 2　每种策略的具体类型

通过选择题和判断题考查每一种策略的具体类型。一方面要能够根据具体事例来判断属于哪种策略，另一方面要注意区分精细加工策略和组织策略的具体类型分别包括哪些，避免混淆。

例 3：（四川师范大学，2015）单选：有人记忆马克思的生日“1818 年 5 月 5 日”时，联想为“马克思一巴掌一巴掌打的资产阶级呜呜地哭”，这是使用了（　　）。

A. 组织策略　　B. 精细加工策略

C. 元认知策略　　D. 复述策略

【解析】本题考查精细加工策略的含义。题中采用谐音联想法进行记忆，谐音联想法属于精细加工策略。因此本题选 B。

参考答案：B

例 4：（云南师范大学，2012）判断：学习者在学习过程中采用摘录、划线、列提纲、提问、记笔记等做法，说明其采用了精细加工策略中的生成策略。（　　）

【解析】本题考查学习策略。需要辨析每种策略的具体类型。摘录、划线、列提纲、提问、记笔记等做法属于组织策略。

参考答案：错误。

考研考法实战 答案见 D168 页

1.（四川师范大学，2018）单选：下列不属于精细加工策略的是（　　）。

A. 记忆术　　B. 提问

C. 复习形式多样化　　D. 生成性学习

2.（东北师范大学，2015）名词解释：认知策略。

3.（山东师范大学，2011）名词解释：组织策略。

4.（西南大学，2022）名词解释：学习策略。

考点 2　元认知策略与资源管理策略

考研基础必备

1. 元认知的结构

根据弗拉维尔的观点，元认知是对认知的认知，具体地说，是关于个人自己认知过程的知识和调节这些过程的能力，是对思维和学习活动的认知和控制。

元认知具有两个独立但又相互联系的成分：①元认知知识，即对认知过程的知识和观念（存储在长时记忆中）；②元认知控制，即对认知行为的调节和控制（存储在工作记忆中）。元认知知识是对有效完成任务所需的技能策略及其来源的意识——知道做什么；元认知控制则是运用自我监控机制确保任务能成功地完成——知道何时、如何做什么。

1）元认知知识

元认知知识即人们对于什么因素影响人的认知活动的过程与结果、这些因素是如何起作用的、它们之间又是怎样相互作用的等问题的认识。

2）元认知控制

元认知控制是对认知行为的管理和控制。包括计划、监察和调节。

2. 元认知策略

元认知策略是对信息加工流程进行控制的策略。元认知策略可以分为计划策略、监察策略和调节策略 3 种。

1）计划策略

即根据认知活动的特定目标，在一项认知活动之前计划各种活动，预计结果，选择策略，想出各种解决问题的方法，并预估其有效性。计划策略包括设置学习目标、浏览阅读材料、产生待回答的问题以及分析如何完成学习任务。

2）监察策略

即在认知活动进行的实际过程中，根据认知目标及时评价、反馈认知活动的结果与不足，正确估计自己达到认知目标的程度、水平，根据有效性标准评价各种认知行动、策略的效果。监控策略包括阅读时对注意加以跟踪、对材料进行自我提问、考试时监视自己的速度和时间。

两种具体的监察策略：领会监控和集中注意力。

领会监控主要指的是学习者在头脑里有一个领会目标。随着这一策略的执行，如果找出了这个重要细节，会因达到目标而体验到一种满意感。但是，如果没有找到这个细节，则会产生一种挫折感，从而采取措施。

3）调节策略

即根据对认知活动结果的检查，如果发现问题，则采

取相应的补救措施；根据对认知策略的效果的检查，及时修正、调整认知策略。调节策略能帮助学生矫正他们的学习行为，使他们补救理解上的不足。

3. 资源管理策略

资源管理策略是辅助学生管理可用环境和资源的策略，有助于学生适应环境并调节环境以适应自己的需要，对学生的动机具有重要的作用。它包括：学习时间管理、学习环境的设置、学习努力和心境管理、学习工具的利用以及社会性人力资源的利用等。

1）时间管理策略

①统筹安排学习时间：即根据自己的总体目标，对时间做出总体安排。总体时间表必须通过阶段性的时间表来落实，计划应当尽量具体，防止拖拉。

②高效利用最佳时间：要在人生理功能旺盛、精力充沛的时候，从事最重要、最紧张的学习活动，以便最有效地利用学习时间。要根据自己的工作曲线安排学习活动。

③灵活利用零碎时间：零碎时间大多是学习的低效时间，如课余、饭前饭后、等人等车、乘车乘船等等。这些时间也可以加以灵活利用。

2）努力管理策略

学习努力策略主要指掌握一些方法来排除学习干扰，使自己的精力有效地集中在学习任务上。努力管理策略主要有：①激发内在动机；②树立为了掌握而学习的信念；③选择有挑战性的任务；④调节成败的标准；⑤正确认识成败的原因；⑥自我奖励。

3）学业求助策略

学业求助策略可以细分为两方面：一个是对工具的求助；一个是对人的求助。

①工具利用策略：学习工具是学习中所必不可少的学习资源，学会有效利用学习工具对人的一生来说都是非常重要的。具体包括参考资料、工具书、图书馆、广播电视、电脑网络等。

②社会性人力资源的利用策略：学习过程中必须与人交流，老师和同学是学习的最重要的社会性人力资源。

考研考法突破

考法 1　元认知策略的内容

通过选择题、名词解释和简答题考查元认知策略的相关内容。

例 5：（聊城大学，2012）单选：在学习过程中，通过自我监控、自我调节等方式来促进学习的策略是（　　）。

A. 精细加工策略　　B. 资源管理策略

C. 元认知策略　　D. 组织策略

【解析】本题考查元认知策略的含义。元认知策略是与认知策略共同起作用的。认知策略是学习必不可少的工具，元认知策略则监控认知的运用。大致可以分为三种：计划策略、监察策略、调节策略。因此本题选 C。

参考答案：C

例 6：（华南师范大学，2018）简答：什么是元认知能力？元认知策略有哪些？如何培养学生的元认知能力？

【解析】本题综合考查元认知的内容。需要结合实际具体作答。

参考答案：（1）元认知是对认知的认知，具体地说，是关于个人自己认知过程的知识和调节这些过程的能力，是对思维和学习活动的认知和控制。

（2）元认知策略是对信息加工流程进行控制的策略。元认知策略可以分为计划策略、监察策略和调节策略 3 种。

①计划策略：即根据认知活动的特定目标，在一项认知活动之前计划各种活动，预计结果，选择策略，想出各种解决问题的方法，并预估其有效性。计划策略包括设置学习目标、浏览阅读材料、产生待回答的问题以及分析如何完成学习任务。

②监察策略：即在认知活动进行的实际过程中，根据认知目标及时评价、反馈认知活动的结果与不足，正确估计自己达到认知目标的程度、水平，根据有效性标准评价各种认知行动、策略的效果。监控策略包括阅读时对注意加以跟踪、对材料进行自我提问、考试时监视自己的速度和时间。

两种具体的监察策略：领会监控和集中注意力。

领会监控主要指的是学习者在头脑里有一个领会目标。随着这一策略的执行，如果找出了这个重要细节，会因达到目标而体验到一种满意感。但是，如果没有找到这个细节，则会产生一种挫折感，从而采取措施。

③调节策略：即根据对认知活动结果的检查，如果发现问题，则采取相应的补救措施；根据对认知策略的效果的检查，及时修正、调整认知策略。调节策略能帮助学生矫正他们的学习行为，使他们补救理解上的不足。

（3）①以学生为主体：教师要充分发挥学生的主体性和主观能动性，让学生成为课堂的“主人”，充分拥有自主学习和自我体验的自由。②示范作用：教师应当在教学中展示自己的元认知策略，分步骤交流思考和监控的过程，从而使学生自身产生元认知体验，引发思维的自我监控和调节。③注重运用：教师不仅要重视陈述性知识和程序性知识的讲授，还应将策略和技能与具体教学内容结合起来，以便学生可以对思维和学习活动的认知和控制灵活运用到具体的情境中。

考法 2　资源管理策略的定义

通过名词解释考查资源管理策略的定义。该考法出现频率较低，大家可酌情掌握。

例 7：（湖南师范大学，2010）名词解释：资源管理策略

【解析】本题考查资源管理策略的定义。

参考答案：资源管理策略是辅助学生管理可用环境和资源的策略，有助于学生适应环境并调节环境以适应自己的需要，对学生的动机具有重要的作用。它包括：学习时间管理、学习环境的设置、学习努力和心境管理、学习工具的利用以及社会性人力资源的利用等。

考研考法实战 答案见 D168 页

1.（西南大学，2017）单选：元认知是认知的认知，其提出者是美国发展心理学家（　　）。

A. 托尔曼　B. 布鲁纳　C. 奥苏伯尔　D. 弗拉维尔

2.（聊城大学，2012；湖南师范大学，2011；山东师范大学，2014）名词解释：元认知

3.（云南师范大学，2017）简答：简述元认知监控的基本过程。

4.（华南师范大学，2021）论述题：什么是元认知策略？元认知策略有哪些？如何训练与培养？

考点3 学习策略的促进

考研基础必备

1. 促进学习策略的原则

①特定性：学习策略一定要适用于学习目标和学生类型。

②生成性：利用学习策略对学习材料进行重新加工，产生某种新的东西。

③有效监控：即知道何时何地，如何应用他们的学习策略。

④个人效能感：使学生感到使用学习策略，学习就会有所收获。

2. 常见学习策略

①划线；

②做笔记；

③写提要；

④ PQ4R：由托马斯和罗宾逊提出，包括预习、设问、阅读、反思、背诵、复习。

⑤提问策略。

3. 学习策略促进的方法

①直接教学：与传统教学方法相似，由激发，讲演，练习，反馈和迁移等环节构成。

②交互式教学：主要用来帮助学习成绩差的学生阅读领会，它是由教师和一小组学生一起进行的

③脚本式合作：在这种学习活动中，两个学生一组，一节一节轮流向对方总结材料，当一个学生主讲时，另一个学生听着，纠正错误和遗漏。然后两个学生交换角色，直到学完所学材料为止。

考研考法突破

考法1 学习策略的促进

通过简答论述题考查如何在教学中促进学生的学习策略的学习。

例8：（山东师范大学，2011）论述：运用学习策略有关原理说明当代教师应如何让学生“学会学习”？

【解析】本题考查学习策略及应用。首先回答典型的学习策略，再结合实际阐述学习策略的促进。

参考答案：（1）学习策略包括认知策略和元认知策略。①认知策略是加工信息的一些方法和技术，能使信息有效地从记忆中提取出来。认知策略可以分为复述策略、精细加工策略和组织策略3种。复述策略指在工作记忆中为了保持信息，运用内部语言在大脑中重现学习材料或刺激，以便将注意力维持在学习材料之上的学习策略。

精细加工策略是指通过把所学的新信息和已有的知识联系起来，寻求字面背后的深层次意义，或者以此来增加新信息的意义，从而帮助学习者将信息储存到长时记忆中去的学习策略。也就是说，我们应用已有的图式和已有的知识使信息合理化，以达到长期保持的目的。组织策略指整合所学新知识之间、新旧知识之间的内在联系，形成新的知识结构的策略。组织是学习和记忆新信息的重要手段，其法是将学习材料分成一些小的单元，并把这些小的单元置于适当的类别之中，从而使每项信息和其他信息联系在一起。

②元认知策略是对信息加工流程进行控制的策略。元认知策略可以分为计划策略、监察策略和调节策略3种。计划策略：即根据认知活动的特定目标，在一项认知活动之前计划各种活动，预计结果，选择策略，相处各种解决问题的方法，并预估其有效性。计划策略包括设置学习目标、浏览阅读材料、产生待回答的问题以及分析如何完成学习任务。监控策略：即在认知活动进行的实际过程中，根据认知目标及时评价、反馈认知活动的结果与不足，正确估计自己达到认知目标的程度、水平，根据有效性标准评价各种认知行动、策略的效果。监控策略包括阅读时对注意加以跟踪、对材料进行自我提问、考试时监视自己的速度和时间。调节策略：即根据对认知活动结果的检查，如果发现问题，则采取相应的补救措施；根据对认知策略的效果的检查，及时修正、调整认知策略。调节策略能帮助学生矫正他们的学习行为，使他们补救理解上的不足。

（2）在教学过程中，教师可以教授学生利用记忆规律进行学习，排除干扰，防止倒摄抑制和前摄抑制的发生，倒摄抑制指的是当先学的信息和新信息混在一起时，先前所学的信息就会遗失。前摄抑制指的是先前所学的信息干扰了后面信息的学习。还要注意首位和近位效应，指我们记住的开始的几个词和结尾的几个词一般比记中间的词要好得多。教师可以督促学生进行合理复习，并运用位置记忆法、首字联词法、谐音联想法、琴栓－单词法、关键词法、视觉想象等等进行记忆。在复习的时候采用列提纲和作图表，以简要的语词写下主要和次要的观点，也就是以金字塔的形式呈现材料的要点。在学习的整个过程中，教师要注重元认知策略的训练，包括设置学习目标、浏览阅读材料、产生待回答的问题以及分析如何完成学习任务。阅读时对注意加以跟踪、对材料进行自我提问、考试时监视自己的速度和时间。其中调节策略还能帮助学生矫正他们的学习行为，使他们补救理解上的不足。

考研考法实战 答案见D168页

1.（西南大学，2017）简答：简述如何提高学习策略教学的有效性。

第五节 品德的形成

研究真题，明确考况

考试要求	统考		自主命题	
	考题	考查点	考题	考查点
1. 品德心理概述	无	无	山东师范大学，2011 西南大学，2011 四川师范大学，2017	单选：品德的定义 名词解释：品德；道德品质

考点 1 品德心理概述

考研基础必备

1. 品德的基本界定

品德或道德品质是指个人依据一定的道德行为准则行动时所形成和表现出来的某些稳固的特征。品德是内在的心理倾向，由内而发支配人的外显行为。

2. 品德的心理结构

一般认为道德品质包括道德认知，道德情感，道德行为方式三种基本心理成分。

1）道德认知

是对于行动准则的善恶及其意义的认识；既包含着对一定的道德知识的领会（如道德概念与道德行为准则等），也包括以这些知识变成自己的行动指南，变为信念并且以此来评价自己和别人的道德行为。

2）道德情感

是伴随着道德认知而产生、对人的道德需要是否得到实现所产生的一种内心体验；与道德信念紧密联系，而且道德情感与道德认知往往结合在一起，构成人的道德动机。

3）道德行为

道德动机的具体表现与外部标志，它也是实现道德动机的手段。

考研考法突破

考法 1 考查品德的定义

通过名词解释考查品德或道德品质的定义

例 1：（山东师范大学，2011）名词解释：品德（MORALITY）

【解析】本题考查品德的定义。

参考答案：品德或道德品质是指个人依据一定的道德行为准则行动时所形成和表现出来的某些稳固的特征。品德是内在的心理倾向，由内而发支配人的外显行为。

考法 2 考查品德的心理结构

通过选择题考查品德的心理结构。

例 2：（四川师范大学，2017）单选：下列属于品德的心理结构是（　　）。

A. 道德情感　B. 道德练习　C. 道德规范　D. 道德品质

【解析】本题考查品德的心理结构。一般认为道德品质包括道德认知，道德情感，道德行为方式三种基本心理成分。因此本题选 A。

参考答案：A

考研考法实战 答案见 D169 页

1.（西南大学，2011）名词解释：道德品质。

章节考点　综合训练

答案见 D169 页

一、单选题

1.（西南大学，2014/2016）回答事物“是什么”的知识属于（　　）。

A. 上位知识　B. 下位知识　C. 陈述性知识　D. 程序性知识

2.（四川师范大学，2018/2017）“卡方检验的适用条件”属于下列哪种知识（　　）。

A. 条件性知识　B. 程序性知识　C. 陈述性知识　D. 回忆性知识

3.（福建师范大学，2015）受程序性知识指导的行为具有下列哪种特征？（　　）。

A. 容易出错　B. 有意识控制　C. 高工作记忆负荷　D. 自动化

4.（四川师范大学，2016/2017）根据迁移的性质不同和影响效果的不同，可分为（　　）。

A. 正迁移与负迁移　B. 顺向迁移与逆向迁移　C. 水平迁移与垂直迁移　D. 一般迁移与具体迁移

5.（四川师范大学，2015）一种学习对另一种学习起干扰或抑制作用，被称为（　　）。

A. 正迁移　B. 负迁移　C. 顺向迁移　D. 逆向迁移

6.（四川师范大学，2015）“温故而知新”属于（　　）。

A. 顺向负迁移　B. 逆向负迁移　C. 顺向正迁移　D. 逆向正迁移

7.（浙江理工大学，2016）会骑自行车的人在刚开始骑三轮车时会感到别扭，这是因为（　　）。

A. 顺向正迁移　B. 顺向负迁移　C. 逆向正迁移　D. 逆向负迁移

8.（云南师范大学，2013）不同难度、不同概括性的两种学习之间的相互影响称之为（　　）。

A. 逆向迁移　B. 纵向迁移　C. 横向迁移　D. 顺向迁移

9.（西南大学，2014）已有的知识经验对解决新问题的影响叫作（　　）。

A. 启发　B. 干扰　C. 抑制　D. 迁移

10.（统考，2016）在以前学习中得到提高的某种官能，对后来涉及该官能的学习产生促进作用，从而表现出迁移效应。持这一观点的迁移理论是（　　）。

A. 形式训练说　B. 共同因素说　C. 概括原理说　D. 关系转换说

11.（统考，2018）学习拉丁语有助于改善记忆力，学习数学可提高推理能力。持这种观点的迁移理论是（　　）。

A. 概化理论　B. 相同因素说　C. 形式训练说　D. 认知迁移理论

12.（统考，2009）强调前后学习的情境相似性对迁移效果影响的理论是（　　）。

A. 经验概括说　B. 共同要素说　C. 关系转移说　D. 结构匹配说

13.（统考，2007）提出学习迁移概括理论的心理学家是（　　）。

A. 贾德　　B. 苛勒　　C. 伍德沃斯　　D. 鲁宾斯坦

14.（统考，2011；浙江理工大学，2017）语法知识的学习促进了语言的表达。这种迁移现象是（　　）。
A. 陈述性知识对陈述性知识的迁移
B. 陈述性知识对程序性知识的迁移
C. 程序性知识对陈述性知识的迁移
D. 程序性知识对程序性知识的迁移

15.（四川师范大学，2017）下列属于元认知策略的是（　　）。
A. 列提纲　　B. 做笔迹　　C. 划红线　　D. 制定目标

16.（统考，2020）下列选项中，属于学习迁移的是（　　）。
A. 身体力行　B. 闻过则喜　C. 触类旁通　　D. 见贤思齐

17.（统考，2020）提出学习迁移的产生式理论的心理学家是（　　）。
A. 安德森（J R Anderson）　B. 金特纳（D. Gentner）
C. 格林诺（J. GGreeno）　D. 霍约克（K. JHolyoak）

18.（统考，2020）道德教育中“价值澄清策略”的理论基础是（　　）。
A. 行为学习论　　B. 联结学习论
C. 认知学习论　　D. 人本主义

二、名词解释

1.（北京师范大学，2003）陈述性知识与程序性知识。
2.（福建师范大学，2019）正迁移。
3.（四川师范大学，2017/2016；广西师范大学，2021）学习迁移。
4.（湖南师范大学，2012）逆向迁移。
5.（湖南师范大学，2010）水平迁移。
6.（山东师范大学，2012；四川师范大学，2015）复述策略。
7.（南京师范大学，2012）元认知能力。
8.（华南师范大学，2022）功能固着。

三、判断题

1.（四川师范大学，2015）按照认知信息加工的理论，陈述性知识的表征方式是产生式。（　　）
2.（四川师范大学，2015）在概念教学中，变换一个概念的无关特征以突出关键特征的做法叫作定势。（　　）
3.（云南师范大学，2013）将学过的概念归属于它的上位概念，这属于概念在知觉水平上的运用。（　　）
4.（云南师范大学，2012）定势不利于问题的解决。（　　）
5.（云南师范大学，2013）智慧技能属程序性知识。（　　）

四、简答题

1.（河北大学，2011）论述迁移的影响因素及其改善迁移的办法。
2.（华南师范大学，2020）简述促进陈述性知识学习的一般条件和教学策略。
3.（统考，2022）简述学习迁移的概括化理论及其对教学的启示。

五、论述题

1.（山东师范大学，2012）如何在程序性知识教学中提高练习的效果？
2.（华南师范大学，2020）影响个体创造力发展的因素有哪些？如何培养学生的创造力？

六、应用分析题

1.（西南大学，2021）应用分析：
阅读下列材料，回答问题：
一位家长在《北京文学》上撰文讲述了一个真实的故事：他女儿的作业中有这样一道题目：要求学生根据句子意思写成语。其中一题是：“思想一致，共同努力”，女儿填：“齐心协力”，老师判错，因为标准答案是“同心协力”；还有一题是：“刻画描摹得非常逼真”，女儿填：“栩栩如生”，老师也判错，因为标准答案是“惟妙惟肖”。
请运用教育心理学的有关理论或者原理对上述教育现象的原因加以分析，并提出有针对性的改进措施。

第五章 教学心理

本章主要涉及教育教学过程中的问题，主要介绍教学设计、课堂管理以及学习评定等与具体教学情境有关的内容。本章在考试中考查较少，但考生应掌握教育实践中的基础知识点，并结合前面几章的理论知识进行应用。

第一节 教学设计

研究真题，明确考况

考试要求	统考		自主命题	
	考题	考查点	考题	考查点
1. 设置教育目标	无	无	河北师范大学，2021	简答：布卢姆教学目标的认知目标

考点 1 设置教育目标

考研基础必备

教学中，往往要同时设置几种不同的目标。布卢姆认为教学目标可以分为三种类型：认知目标、情感目标和动作技能目标。

1. 认知目标

认知方面的目标包括知识、领会、应用、分析、综合和评价 6 级水平。

①知识指事实性信息的回忆。

②领会是理解的最低水平，指领悟教材、观念、事实和理论的能力。

③运用指将所学原理、观点正确地应用于新的情境之中。

④分析指区分和领会各种相互关系。

⑤综合指将所学的零碎知识整合为知识系统。

⑥评价指对所学材料作价值判断的能力。

2. 情感目标

情感方面的目标包括接受、反应、形成价值观念、组织价值观念系统和价值体系个性化 5 种基本的目标。

①接受指专注于特定现象或刺激。

②反应，指积极参与活动，以某种方式做出反应。

③形成价值观念指对特定的对象、现象或行为的价值或重要性的认识。

④组织价值观念系统指组合不同的价值、解决价值间的冲突以及建立一种内部协调的价值体系等，其重点在于价值的比较、联系和综合。

⑤价值体系个性化指具有了一种价值体系，这一价值体系在相当长的时间内控制着他的行为，并使他形成独特的“生活方式”。

3. 动作技能目标

①知觉指学生通过感官，对动作、物体、性质或关系等的意识能力，以及进行心理、躯体和情绪等的预备调节能力。

②模仿指学生按提示要求行动或重复被显示的动作的能力。

③操作指学生按提示要求行动的能力，但不是模仿性的观察。

④准确指学生的练习能力或全面完成复杂作业的能力。

⑤连贯指学生按规定顺序和协调要求，去调整行为、动作等的能力。

⑥习惯化指学生自发或自觉地行动的能力。

考研考法突破

考法 1 认知目标

例 1：（河北师范大学，2021）简答：布卢姆教学目标的认知目标。

【解析】本题考查布卢姆的认知目标，从认知目标的 6 级水平作答即可。

参考答案：

布卢姆认为，认知方面的目标包括知识、领会、应用、分析、综合和评价 6 级水平。

（1）知识指事实性信息的回忆。例如：回忆杜甫的诗“烽火望三月”。

（2）领会是理解的最低水平，指领悟教材、观念、事实和理论的能力。例如，用自己的话表述“烽火望三月”。

（3）运用指将所学原理、观点正确地应用于新的情境之中。例如学习了加减法之后，能模拟商店自由购物。

（4）分析指区分和领会各种相互关系。例如区分新闻报道中的事实、观点。

（5）综合指将所学的零碎知识整合为知识系统。例如协作或发表演说。

（6）评价指对所学材料作价值判断的能力。例如，评定两篇有关某一事实的报道，哪篇更真实可信。

第二节　课堂管理

研究真题，明确考况

考试要求	统考		自主命题	
	考题	考查点	考题	考查点
1. 处理纪律问题	无	无	河北师范大学，2021	简答：对待不良行为的策略

考研基础必备

1. 处理纪律问题的策略

在处理日常课堂行为问题时，要以最少干预为原则。就是要用最简短的干预纠正学生的行为，尽量做到既有效又不需打断上课。

处理典型纪律问题的策略主要有：

1）非言语线索

教师使用非言语线索能消除许多课堂上的不良行为，而且不必中断上课。这些非言语线索包括目光接触、手势、身体靠近和触摸等。

2）表扬学生与不良行为相反的行为

对许多学生来说，表扬是强有力的激励。教师要想减少学生的不良行为，就要从这些学生的正确的行为入手，表扬他们所做出的与不良行为相反的行为。

3）表扬其他做出良好行为的学生

表扬其他学生的行为，常会使一个学生也做出这一行为。

4）言语提示

简单的言语提示可能会使学生重新回到学习上来。在学生犯规之后，教师要马上给以提示，延缓的提示是无效的，而且，应当给予正面的提示以表达对其未来行为的期望。告诉学生应该遵守规则、做老师要求做的事，而不是纠缠他正在做的错事。

5）反复提示

有时候，学生会拒绝听从简单的提示，有意忽视老师的要求，或者向教师请求，想以此试一试教师的意志。这时，教师应该反复地给以提示，忽视任何无关的请求和争吵。即利用“坚定纪律”是对学生不良行为的明确、坚定而友好的反应，教师应确定他们想要学生做的行为，清楚地告诉学生，并且反复重复直到学生屈服为止。

考研考法突破

考法 1　处理纪律问题

例 1：（河北师范大学，2021）简答：教师对待课堂纪律不良行为的策略。

【解析】本题考查纪律问题处理的策略，简述 5 种典型的策略即可。

参考答案：

（1）非言语线索

教师使用非言语线索能消除许多课堂上的不良行为，而且不必中断上课。这些非言语线索包括目光接触、手势、身体靠近和触摸等。

（2）表扬学生与不良行为相反的行为对许多学生来说，表扬是强有力的激励。教师要想减少学生的不良行为，就要从这些学生的正确的行为入手，表扬他们所做出的与不良行为相反的行为。

（3）表扬其他做出良好行为的学生

表扬其他学生的行为，常会使一个学生也做出这一行为。

（4）言语提示

简单的言语提示可能会使学生重新回到学习上来。在学生犯规之后，教师要马上给以提示，延缓的提示是无效的，而且，应当给予正面的提示以表达对其未来行为的期望。告诉学生应该遵守规则、做老师要求做的事，而不是纠缠他正在做的错事。

（5）反复提示

有时候，学生会拒绝听从简单的提示，有意忽视老师的要求，或者向教师请求，想以此试一试教师的意志。这时，教师应该反复地给以提示，忽视任何无关的请求和争吵。即利用“坚定纪律”是对学生不良行为的明确、坚定而友好的反应，教师应确定他们想要学生做的行为，清楚地告诉学生，并且反复重复直到学生屈服为止。

第三节　学习评定

研究真题，明确考况

考试要求	统考		自主命题	
	考题	考查点	考题	考查点
1. 自编随堂测验的注意事项	无	无	河北师范大学，2020	简答：自编随堂测验的注意事项

考研基础必备

1．自编随堂测验的注意事项

1）测验应与教学目标密切相关

自编测验不能脱离教学目标和内容。测验应该考查学生对教学或课程中最重要的概念和技能的掌握状况。

2）测验必须是教学内容的良好取样

测验几乎不可能完全评定学生所学到的任何知识或技能。题目是从学习结果的总体中取样得到的，代表了教学的目标和内容。如果测验不能很好地代表教学内容，不仅会造成评定和教学的脱节，还会增加学生准备考试的难度。

3）根据测验目的，确定测验的结构

教师应明确测验的信息用作什么评价。确定是诊断性评价、形成性评价还是总结性评价。在确定了测验的性质后，还需根据要测验的学习结果，来选择最适宜的题目类型。

4）注意测验的信度，在解释结果时应慎重

信度是测验良好程度的一项指标。教师可以通过增加题目量、减少区分度小的题目、界定好题目使之与教学目标联系紧密等方法，来提高测验的信度。教师在解释结果时要知道测验分数只是大致反映了学生的学习水平，不可能是绝对准确的表示值。

5）测验应该能促进学生的学习

测验是教学的一个环节，要强调把测验功能与学习功能结合起来，教师可以利用测验调整教学并指导学生的学习。

考研考法突破

考点 1　自编随堂测验的注意事项

例 1：（河北师范大学，2020）简答：教师自编随堂测验的注意事项。

【解析】本题考查自编随堂测验的注意事项，答题时可以结合注意事项及操作过程进行作答。

参考答案：

（1）测验应与教学目标密切相关

自编测验不能脱离教学目标和内容。测验应该考查学生对教学或课程中最重要的概念和技能的掌握状况。

（2）测验必须是教学内容的良好取样

测验几乎不可能完全评定学生所学到的任何知识或技能。题目是从学习结果的总体中取样得到的，代表了教学的目标和内容。如果测验不能很好地代表教学内容，不仅会造成评定和教学的脱节，还会增加学生准备考试的难度。

（3）根据测验目的，确定测验的结构

教师应明确测验的信息用作什么评价。确定是诊断性评价、形成性评价还是总结性评价。在确定了测验的性质后，还需根据要测验的学习结果，来选择最适宜的题目类型。

（4）注意测验的信度，在解释结果时应慎重

信度是测验良好程度的一项指标。教师可以通过增加题目量、减少区分度小的题目、界定好题目使之与教学目标联系紧密等方法，来提高测验的信度。教师在解释结果时要知道测验分数只是大致反映了学生的学习水平，不可能是绝对准确的表示值。

（5）测验应该能促进学生的学习

测验是教学的一个环节，要强调把测验功能与学习功能结合起来，教师可以利用测验调整教学并指导学生的学习。

附　录　发展与教育专题

教育心理学与发展心理学这两个学科之间存在着紧密的联系，教育一方面离不开个体发展的特点，另一方面教育又能促进个体发展。因此在考试中，这两个学科之间也经常结合考查，答题的时候一般是结合个体某个阶段的发展特点，阐述对应的教育措施。

研究真题，明确考况

考试要求	统考		自主命题	
	考题	考查点	考题	考查点
1. 教育与个体发展	无	无	华东师范大学，2012/2014 东北师范大学，2015 西南大学，2016 山东师范大学，2016 广州大学，2016 苏州大学，2017 四川师范大学，2017/2018 西南大学，2019	论述：教育与发展的辩证关系；认知发展与教育；个性与社会性发展与教育 案例分析：个性与社会性发展与教育

考点 1　教育与个体发展

考研基础必备

1. 教育与个体发展的辩证关系

教育与个体发展的辩证关系体现在两个方面：一方面，个体的身心发展的水平与特点是教育的起点与依据，是教育的前提；另一方面，个体的身心发展又依赖于教育，是教育的产物、结果。

（1）教育依据于个体发展

教育应该考虑个体原有的身心发展水平，关注个体进行某种新的学习的准备状态。这是教育的出发点，是有效教育的前提条件。因此在教学目标的确立、教学内容的选编、教学活动的组织及其教学成效的考核方面都必须充分关注学习的身心发展状况。

学习的准备状态包括三个方面：个体的生理发展状态、能力发展状态和学习动机状态。

当儿童缺乏接受某种教育的身心条件而强迫进行教育时，有可能导致两种不良后果。一是影响学生心理的健康发展；二是影响教学的效果。

（2）教育促进个体发展

适宜的教育可以促进儿童的身心发展，提高儿童身心发展的质量，是发展的一种助力。

维果斯基提出的最近发展区的观点即体现了教育与发展之间的辩证关系。

2. 早期教育问题

①早期教育的必要性：适宜的环境和教育可以促进个体的身心发展，为以后一生的发展打下良好的基础。滞后的教育可能错过儿童身心发展的关键时期，导致发展困难甚至不能发展。

②早期教育的可行性：早期儿童的大脑生理结构及功能日趋完善，其他各种生理与心理功能正逐渐发展，具备了较好的适应环境变化的能力，具备了接受早期教育的生理和心理的基础。

③虽然强调早期教育的重要性，但是早期教育不能忽视了教育与发展的辩证关系，从儿童身心发展的原有水平出发来确定教育方法与教育内容。

考研考法突破

考法 1　教育与发展的辩证关系

通过论述题、案例分析题考查个体发展与教育的辩证关系。维果斯基的最近发展区的观点就很好地体现了这一辩证关系，因此考生在答题的时候可以结合维果斯基的观点来进行阐述。

例 1：（西南大学，2019）论述：教育与心理发展的关系。

【解析】本题考查教育与发展的关系。

参考答案：教育与个体发展的辩证关系体现在两个方面：一方面，个体的身心发展的水平与特点是教育的起点与依据，是教育的前提；另一方面，个体的身心发展又依赖于教育，是教育的产物、结果。

（1）教育依据于个体发展

教育应该考虑个体原有的身心发展水平，关注个体进行某种新的学习的准备状态。这是教育的出发点，是有效教育的前提条件。因此在教学目标的确立、教学内容的选编、教学活动的组织及其教学成效的考核方面都必须充分关注学习的身心发展状况。

学习的准备状态包括三个方面：个体的生理发展状态、能力发展状态和学习动机状态。

当儿童缺乏接受某种教育的身心条件而强迫进行教育时，有可能导致两种不良后果。一是影响学生心理的健康发展；二是影响教学的效果。

（2）教育促进个体发展

适宜的教育可以促进儿童的身心发展，提高儿童身心发展的质量，是发展的一种助力。

维果斯基提出的最近发展区的观点即体现了教育与发展之间的辩证关系。他认为教学创造着学生的发展，他主张教学应当走在儿童现有发展水平的前面，教学可以带动发展。教学时，必须考虑儿童的两种发展水平，一种是儿童现有的发展水平：另一种是指在有指导的情况下借助成人的帮助可以达到的解决问题的水平。这两者之间的差距，就是“最近发展区”。教学决定着智力的发展，这种决定作用既表现在智力发展的内容、水平和智力活动的特点上，也表现在智力发展的速度上。如果脱离了学习某一技能的最佳年龄，从发展的观点来看是不利的。它会造成儿童智力发展的障碍。因此，开始某一种教学，必须以成熟与发育为前提，但更重要的是教学必须首先建立在开始形成的心理机能的基础上，走在心理机能形成的前面。

考法 2　认知发展与教育

通过论述题考查儿童的认知发展与教育之间的关系。主要是对智力发展与教育之间的关系的考查。

例 2：（广州大学，2016）论述：你如何看待智力发展问题上的天赋与教养之争。

【解析】本题考查认知发展与教育的关系。

参考答案：智力的发展是受到遗传和环境的相互作用。

（1）遗传对智力的影响主要表现在身体素质上，如感官的特征、四肢及运动器官特征、脑的形态和结构的特征等。研究发现，血缘关系越接近的人智力发展确实有接近趋势。同卵双生子相关高于异卵双生子；亲生父母与子女相关高于养父母；无血缘关系智力相关低。相反，在不同环境下长大的同卵双生子智力相关仍很高，这表明，遗传对智力发展有一定的作用。

（2）环境和教育

①环境对人的能力的影响是指每个人一生中所处的具体环境对人所施加的影响。这其中包括儿童的家庭学校和社会各方面的因素。

②研究表明，胎儿在母体中的环境对胎儿的生长发育以及出生后智力的发展都有重要的影响，儿童时期的营养状况影响着儿童的智力发展。

③在环境的影响中，社会环境的因素更为重要。儿童出生后如有人照顾，经常和他讲话，他的言语交往能力就发展得快；如果将他放在一个照顾不周的孤儿院里，他的能力发展就明显地迟缓。环境对儿童的影响主要是通过教育来发挥作用的。实验证明受过教育比没有受过教育者能力形成得快且早，特别是早期教育对儿童能力的发挥有重要影响。许多研究也指出，在四五岁时就开始教外国语，可以收到事半功倍的效果，并可终生不忘。

考法 3　个性与社会性发展与教育

通过论述题和案例分析题考查个体的个性与社会性发展与教育的关系。

例 3：（四川师范大学，2018）论述：试举例论述童年中期儿童个性倾向性的发展特点及对教育的启示。

【解析】本题考查个性与社会性发展与教育的关系。

参考答案：个性倾向性是决定人对事物的态度和行为的动力系统，对一个人的心理与行为起着促进和引导的作用。

需要的特点：①在整个小学阶段，儿童有着强烈的活动需要，包括对游戏活动的需要和对运动活动的需要。②认识需要是小学生的主导需要，表现为由低级向高级发展的趋势。③交往需要是小学生最基本的社会需要。④成就需要是交往需要与自我实现需要相结合的产物。小学生成就需要主要体现在学业范围内，其发展主要表现出两个特点：一是随着年龄的增长，小学生的抱负水平有所提高；二是对学业失败的焦虑增长。

动机的特点：①为了得到好分数，不想落在人后，或是为了得到老师和家长的表扬、欣赏和奖励而学习。②为履行集体和组织——如学校班级及其各种组织交给的任务，或是为集体和组织的荣誉而学习。③为自己的前途、理想，为升学而学习。④为祖国的前途，为社会的进步而学习。

兴趣的特点：儿童对学习的兴趣有一个从直接兴趣向间接兴趣逐渐转化的过程。小学生随着年龄的增长，兴趣的范围逐步扩大。

价值观的特点：价值观的特点表现为从个人价值观向群体价值观过渡。

教育启示：父母和教师要注重个性倾向性的培养，实行目标导向。不仅需要沿着发展的总目标，而且要分阶段分层次进行。根据培养目标，提供和创设良好的环境和条件，有针对性地排除不利因素，安排多种多样的有价值的教育活动，促使儿童个性倾向性的良好发展。同时，要培养儿童的自我调节能力，学会自我观察、自我分析和自我评价，从而达到个性倾向性的自我完善。

例 4：（四川师范大学，2017）案例分析：李某，男，14 岁，初二学生。智力较好，但物理成绩较突出，其他成绩一般。性格倔强，个性刚硬，自尊心特强，经常和父母、老师发生冲突、顶撞，有很强的抵触情绪。你越是反对的事情，他就越和你对着干。在学校，他这种行为十分尖锐，每当老师批评他时，他一副不服气的样子，甚至还和老师顶嘴。课堂上故意讲话，做小动作，老师点他名字，他就狡辩、不承认，课后不及时完成作业。前段时间，物理成绩明显滑坡，竟然亮起了“红灯”。叫他到办公室，他死活不去，老师一拉他，他就抓住门或课桌，班主任找他谈话，他也是听过算了，但回到教室一如往常。问他为什么打人，他说看他不顺眼我就打他。回答真是让人好气，真是个令家长和老师十分头疼的孩子。

请你根据有关青少年心理发展的特点来分析刘某的心理与行为产生的原因，并帮助老师或家长提出教育建议。

【解析】本题考查个性发展与教育的应用。

参考答案：逆反心理产生的原因：①自我意识的突然高涨，这时他们更倾向于维护好自我形象，追求独立和自尊，但他们的某些想法及行为不能被现实接受，于是就产生过激想法认为其行动的障碍来自成人，便产生了反抗心理。②中枢神经系统的兴奋性过强，少年期个体中枢神经系统的活动性明显增强，而性腺的机能尚未成熟，两者不协调，中枢神经处于过分活跃的状态，使少年对于较弱的刺激也给予很强的反应。③独立意识增强，少年的独立要求很强烈，这使他们产生对成人社会地位的追求和自认为是成人的心理感觉，但往往他们自尊心难以得到满足，因而少年常遇到独立意识受挫的情况。

教育建议：首先家庭和学校要给予学生人格上的尊重，情感给予理解、行为给予鼓励，在充分信任的氛围下，学生会释放自己的能量，表达自己的思想感情，自然地表露出自己的困惑疑问。教师和父母在学生面前要表现一个真实的自我，用真诚的爱去对待每位学生，才能使学生感到真实、可信，同时对于心理上受到压抑，失去平衡，性格比较孤僻，心理也比较脆弱的学生，要给予更多的关注。当学生遇到不顺心的事时，就会产生不良情绪，并对学习和生活造成一定的影响，教师要在理解的基础上，帮助学生接纳情绪，适应生活。

考研考法实战 答案见 D171 页

1.（东北师范大学，2015）论述：试述中学生自我发展的一般特征及教育策略。

2.（西南大学，2016）论述：采用聚合交叉设计研究儿童道德发展特征，并列举教育措施。

3.（苏州大学，2017）论述：联系教育实际，谈谈遗传、环境、教育对儿童心理发展的影响。

4.（华东师范大学，2014）论述：请结合有关认知发展或智力发展理论，评述当前儿童教育实践中强调早期智力开发的做法。

5.（山东师范大学，2016）案例分析：小赵和小王是同事，二人的儿子年龄相仿，在不同的幼儿园上中班。最近，两人在谈论孩子的教育问题时发现，小赵的儿子兵兵所在的幼儿园教给孩子很多知识，包括算术、拼音、识字等；小王的儿子牛牛所在的幼儿园则整天“玩”，今天玩“医院”的游戏、明天玩“过家家”的游戏等。兵兵目前已经能够读书识字，牛牛却只知道“玩”。小王对此暗暗着急，也感觉非常困惑。

你如何看待这一现象？你会给小王提供怎样的建议？

6.（华东师范大学，2012）案例分析：阅读下面短文，并结合你对其中所涉及发展问题及教育实践的认识，进行评述。

与孩子讨论内心的感受

学龄前的孩子绝对不会没事思索人生的哲理，像是“我是谁？”“生命的意义何在？”小孩子在青春期以前，绝对不会质疑自己存在的意义，不过孩子的世界也许很小，他们却依然想要多了解一点自己。

一般而言，自我认知最快的方法，就是培养自己的高情绪调节能力。如果你能够清楚知道自己为什么会感觉愤怒、悲伤、快乐或是情绪五味杂陈，你就可以更明白地了解自己——了解自己最在乎什么、最害怕什么、最关心什么、最喜欢什么，当一个人越来越了解自己以后，也就越容易和他人建立良好的互动关系。

一个不懂得如何去体会自己情绪的人，很可能活了一辈子，仍然不了解自己真正的感受。譬如说，当这种人被老板开除或是遭遇其他严重挫折之后，他们很可能只是一笑置之，这种人通常没有明显的情绪波动，他们的个性非常乏味（除非这种人是担任飞机机长，没有人喜欢和这种个性的人交往）。所以有高情绪调节能力的父母，才有高情绪调节能力的孩子，为人父母者，必须及早开始教导小孩体会自己内心里的感受。虽然小孩子很情绪化，但是他们往往无法自行体会内心里的感受，当小孩子突然冲动打人的时候，他们并不知道该如何使用语言表达自己的情绪，此时大人就必须从旁指导，帮助孩子说出他内心里的感受。譬如说，当孩子打你的时候，此时你就可以说：“你很生气，对不对？”当他大声哭泣的时候，你应该同情地说道：“妈妈知道你很难过。”

当父母亲使用话语帮助小孩表达情绪之后，一方面不但可以让孩子更加了解自己的感受，同时小孩也会逐渐明了如何控制自己的情绪。另一方面，如果父母亲任由小孩被自己的情绪牵引，久而久之他会误以为这种情绪就是自己的本性——换言之，当一名两岁的小孩，因为妈妈不准他吃饼干而生气的时候，孩子不一定能够察觉出自己正在生气，他会觉得自己本来就是怒气冲冲的，此时父母亲应该赶紧向孩子解释他生气的原因，生气只是一时的情绪、内心的感受，生气是可以控制的。

为人父母者的责任，不仅仅是帮助孩子表达内心里的感受，同时还要引导小孩接受自己的情绪。父母亲最重要的工作之一，就是要教导孩子体会自己的感受——即使是一些肮脏、卑鄙的念头——因为感受并不会让一个人变坏。当小孩子完全明了父母亲可以接受自己负面的感受时，他才会开始正视自己的愤怒、恐惧、悲伤等负面情绪，当孩子了解父母亲可以完全接纳自己之后，小孩子才会开始接纳自己。

如果小孩子可以用言语说出自己的愤怒，往往他们就无须再借由实际的行动来发泄情绪。小孩会逐渐了解，内心的感受——通常来说无伤大雅——和实际的行动，两者之间并不相同。事实上，这也正是托儿所老师，总是不断告诫小朋友，当你们想要打人时，赶快来“告诉老师”的原因。假如小宇正在玩家家酒，妮妮突然跑过去捣蛋，当小宇正准备发脾气的时候，如果此时他能够大声吼道：“这是我的玩具，你不准动，否则我要生气了！”在这种情况下，小宇比较不会立刻动手打人。

不过仅仅是教导小孩说出自己的感受，并不足以抑制他的愤怒，毕竟这种方式需要非常好的修养，但是为人父母者的责任，就是要耐心培养孩子良好的习性。一般而言，为人父母者如果不能以身作则，坦然面对自己的感受，恐怕就很难教导孩子，诚实面对个人的情绪。如果当年父母亲曾经不断压抑你，阻止你表达自己的情绪，当你面对直率吐露自己心绪的孩子时，很可能会慌张得不知所措。如果你觉得有许多内心话，实在不知道该如何启齿，不妨找本主题相近的故事书，借由讲故事的方式，把自己的感受告诉小孩。

有些父母亲则是习惯否定或是禁止小孩谈论负面的感受，他们会竭尽所能保护孩子远离痛苦的梦魇。譬如说，当婷婷表示：“我好害怕。”此时母亲立刻会回答：“你不怕——根本没有什么好害怕的。”当女儿说：“我好难过。”父亲会立刻答道：“难过什么，你应该很开心才对！”这种父母的初衷虽然立意良好，但是他们的做法根本就是形同洗脑，小孩子会从此完全否定自己的感受，甚至会因此而变得非常寂寞——因为她觉得在这个世界上，竟然没有人能够了解自己，仿佛独自漂流在汪洋大海中，没有人能够帮助自己应付困境。所以亲爱的父母，如果你只是偶尔说几句：“不要哭”“不要怕”，这并没有什么关系，但是如果你总是不断否定孩子的感受，将会因此而断绝小孩了解自己真正感受的机会。

参考文献

［1］彭聃龄．普通心理学．［M］．第五版．北京：北京师范大学出版社，2019.

［2］彭聃龄．普通心理学．［M］．修订版．北京：北京师范大学出版社，2004.

［3］梁宁建．心理学导论［M］．上海：上海教育出版社，2006.

［4］黄希庭，郑涌．心理学导论．［M］．第三版．北京：人民教育出版社，2015.

［5］理查德．格里格，菲利普・津巴多．心理学与生活（第19版）［M］．北京：人民邮电出版社，2016.

［6］金盛华．社会心理学［M］．北京：高等教育出版社，2005.

［7］金盛华．社会心理学［M］．第二版．北京：高等教育出版社，2011.

［8］侯玉波．社会心理学［M］．第四版．北京：北京大学出版社，2008.

［9］崔丽娟．社会心理学［M］．上海：华东师范大学出版社，2008.

［10］郑雪．社会心理学［M］．广东：暨南大学出版社，2009.

［11］乐国安．社会心理学［M］．北京：中国人民大学出版社，2013.

［12］全国13所高等院校《社会心理学》编写组．社会心理学［M］．天津：南开大学出版社，2012.

［13］戴维．迈尔斯．社会心理学［M］．第16版．北京：人民邮电出版社，2016.

［14］林崇德．发展心理学［M］．第三版．北京：人民教育出版社，2009.

［15］桑标．儿童发展心理学［M］．北京：高等教育出版社，2009.

［16］张向葵，桑标．发展心理学［M］．北京：教育科学出版社，2012.

［17］周宗奎．儿童青少年发展心理学［M］．武汉：华中师范大学出版社，2011.

［18］陈琦，刘儒德．教育心理学［M］．第二版．北京：高等教育出版社，2011.

［19］陈琦，刘儒德．当代教育心理学［M］．第三版．北京：北京师范大学出版社，2019.

［20］张大均．教育心理学［M］．第二版．北京：人民教育出版社，2011.

［21］莫雷，全国十二所重点师范大学联合编写．教育心理学［M］．北京：教育科学出版社，2007.

［22］燕良轼．教育心理学［M］．武汉：武汉大学出版社，2010.

［23］冯忠良等．教育心理学［M］．北京：人民教育出版社，2010.

［24］路海东．教育心理学［M］．长春：东北师范大学出版社，2002.

心理学考研一本通

——普心、社会、发展、教育篇(第二版)

答案及解析

陈 泉 许 冰 主编

中国石化出版社

第一篇 普通心理学

第一章 心理学的研究对象和方法

第一节 心理学的研究对象

考点1 心理学的研究对象

1.【解析】心理学是研究心理活动和行为表现的一门科学,探索心理现象发生、发展和变化的规律是心理学的基本任务。

参考答案:C

2.【解析】心理特征是指人在心理过程中形成的稳定而经常表现出来的心理特点,因此本题选C。

参考答案:C

3.【解析】心理过程包括认知、情绪情感和意志过程。

参考答案:C

4.【解析】情绪情感过程是指人脑对客观事物是否满足自身物质和精神需要而产生的态度体验,它是人对客观事物要求的反映,包括喜、怒、哀、乐、爱、憎、惧等。

参考答案:A

5.【解析】个性心理包括个性倾向性和个性心理特征。个性倾向性包括需求、动机、兴趣、价值观等内容。个性心理特征主要包括能力、气质和性格等。因此性格属于个性心理特征。

参考答案:C

第二节 心理学的研究方法

考点1 心理学主要的研究方法

1.【解析】在控制条件下对某种心理现象进行观察的方法叫实验法,分为实验室实验法和自然实验法。

参考答案:A

2.【参考答案】

现场实验法是实验法中的一种,也叫作自然实验法,在某种程度上克服了实验室实验的缺点,虽然也对实验条件进行适当的控制,但往往是人们在正常学习和工作的情境中进行的,因此现场实验的结果比较合乎实际。但是由于条件控制不够严格,因而难以得到精密的实验结果。

3.【解析】解答此类题型应注意题干要求,选择任意两种熟悉的实验方法进行回答。

参考答案:(1)观察法

①定义:在自然条件下,对表现心理现象的外部活动进行有系统、有计划的观察,从中发现心理现象产生和发展的规律性。

②优点:适用范围广;操作简单;结果真实。

③缺点:无法重复;无法揭示因果关系;过程难以控制;观察者效应。

近30年来,有些生态学家在自然环境下,利用各种现代化的观察设备,对各种野生动物的生活环境、习俗进行长达1~2年的观察,为研究动物行为和心理积累了宝贵的资料。借助于录音录像系统观察儿童,对研究儿童心理的发展也有重要的作用。观察法是对被观察者的行为进行直接的了解,因而能收集到第一手资料。由于观察法是在自然条件下进行的,不为被观察者所知,被观察者的行为和心理活动较少或没有受到“环境干扰”。因此,应用这种方法有可能了解到现象的真实状况。

(2)实验法

①定义:在控制条件下对某种心理现象进行观察的方法,分为实验室实验法和自然实验法。实验室实验是借助专门的实验设备,在对实验条件严加控制的情况下进行的。例如,我们在实验室中安排三种不同的照明条件(由弱到强),让被试分别在不同照明条件下,对一个短暂出现的信号做按键反应,通过仪器记录被试每次的反应时间。由于对实验条件进行了严格控制,运用这种方法有助于发现事件间的因果联系,并允许人们对实验结果进行反复验证。实验室实验的缺点是由于主试严格控制实验条件,使实验情境带有极大的人为性;被试处在人为情境中,又意识到自己正在接受实验,就有可能干扰实验结果的客观性,并影响到将实验结果应用于日常生活中。

自然实验也叫现场实验,在某种程度上克服了实验室实验的缺点。自然实验虽然也对实验条件进行了适当的控制,但它是在人们正常学习和工作的情境中进行的。例如,在教学条件下,由教师向两组学生传授相同的材料。其中甲组学生在学习以后完全休息,而乙组学生继续进行另外的工作。1小时后,再比较他们的记忆情况。由于实验是在正常的情境中进行的,因此,自然实验的结果比较合乎实际。但是,在自然实验中,由于条件的控制不够严格,因而难以得到精密的实验结果。

②优点:可重复验证;可揭示因果关系;过程可控。

③缺点:期望效应;环境人为性,生态效度低。

4.【参考答案】

(1)含义

在自然条件下,对表现心理现象的外部活动进行有系统、有计划的观察,从中发现心理现象产生和发展的规律性。

(2)适用范围

对所研究的对象无法加以控制;在控制条件下,可能影响某种行为的出现;由于社会道德的要求,不能对某种现象进行控制。

(3)优点

适用范围广;操作简单;结果真实。

(4)缺点

无法重复;无法揭示因果关系;过程难以控制;观察者效应。

第三节 主要的心理学流派

考点1 心理学的主要流派

1.【解析】格式塔流派的代表人物是韦特海默、考夫卡、柯勒;詹姆斯是机能主义学派的代表人物。

参考答案:C

2.【解析】行为主义主张研究行为,行为遵循S-R公式;认为研究目的应该是寻找预测和控制行为的途径;行为是在环境因素影响下学习的结果;反对内省,主张实验法。

参考答案:D

3.【解析】人本主义的代表人物是马斯洛、罗杰斯。

参考答案:A

第四节 当代心理学的研究取向

考点1 当代心理学的研究取向

1.【解析】临床心理学的主要任务是研究对变态心理与变态行为的矫正与治疗,如对各种神经病和精神病的诊断与治疗等。

参考答案:C

2.【参考答案】

(1)进化心理学是运用进化论思想对人类心理的起源和本质进行研究的一种研究取向,强调自然选择对人类普遍行为倾向的塑造作用。

(2)进化心理学认为,人类的心理机制也是自然选择的结果,如果某一种行为倾向有助于个体的生存,那么这种行为倾向就会被自然选择,并且通过基因遗传保留下来。

(3)按照进化心理学的观点,“过去”对心理机制的产生起着关键作用,那些帮助我们的祖先在进化过程中生存下来的心理机制会被保留下来。

章节考点 综合训练

一、单项选择题

1.【解析】本题旨在考查考生对注意的理解。认知过程包括感觉、知觉、想象、记忆等。注意不属于独立的心理过程,而是其他心理过程的一种积极的伴随状态。从注意的资源理论来看，注意在认知过程中的作用，正如血液在生理过程中的作用，注意为其他认知过程提供心理资源。故本题选 C。

参考答案：C

2.【解析】心理学的研究对象是人的行为与意识。

参考答案：C

3.【解析】现代心理学诞生和发展的两个重要历史渊源是哲学和生理学。

参考答案：A

4.【解析】机能主义的代表人物有詹姆斯、杜威、安吉尔；格式塔的代表人物有韦特海默、考夫卡、柯勒；人本主义的代表人物有马斯洛、罗杰斯；构造主义的代表人物有冯特、铁钦纳。

参考答案：C

5.【解析】人脑对客观事物的属性及其规律的反映称之为认知过程。

参考答案：B

6.【解析】思维是人类特有的高级心理活动，是人对客观事物本质特征和内在规律间接的、概括的反映。

参考答案：D

7.【解析】普通心理学是研究正常成人一般心理规律的一门基础性学科。

参考答案：D

8.【解析】机能主义学派认为意识是一个连续的过程，它的作用就是使有机体适应环境。

参考答案：C

9.【解析】冯特于 1879 年在德国莱比锡大学建立了第一个心理学实验室。

参考答案：A

10.【解析】通过似动现象的研究，格式塔心理学得出结论，似动现象是一个整体或格式塔，绝不是孤立的感觉元素可以解释的。由此可以推论：在一切心理现象中，整体是不可分为元素的；整体不是元素的总和，整体先于部分，并决定着部分的性质。这一研究的重要意义并不在于似动现象本身，而在于确立了一种心理学研究的新观点，标志着格式塔心理学的建立。

参考答案：A

11.【解析】弗洛伊德将意识分为了意识和无意识。

参考答案：C

12.【解析】行为主义主张研究行为，行为遵循 S-R 公式；研究目的应该是寻找预测和控制行为的途径；行为是在环境因素影响下学习的结果；反对内省，主张实验法。

参考答案：C

13.【解析】行为主义心理学的创始人是华生。

参考答案：B

14.【解析】格式塔概念是用于解释知觉的组织原则的。

参考答案：D

15.【解析】冯特于 1879 年在德国莱比锡大学建立了第一个心理学实验室。

参考答案：C

16.【解析】格式塔学派反对把意识分为元素，强调把心理看作整体。

参考答案：C

17.【解析】人类文化是人类心理产生的决定性条件。

参考答案：B

18.【解析】认为“整体大于部分之和”反对元素分析的心理学流派是格式塔。

参考答案：D

19.【解析】人本主义的代表人物是马斯洛。

参考答案：D

20.【解析】《心理学原理》是美国心理学家、哲学家威廉·詹姆斯创作的心理学著作，首次出版于 1890 年。

参考答案：B

21.【解析】苛勒是格式塔学派的代表人物，属于完形主义；詹姆斯是机能主义的代表人物；华生是行为主义的代表人物。

参考答案：D

22.【解析】在控制条件下对某种心理现象进行观察的方法是实验法。实验法可分为实验室实验法和自然实验法，使用 fMRI 进行研究属于典型的实验室实验法。

参考答案：D

23.【解析】构造主义主张心理学应该研究人们的直接经验，他们把经验分解为感觉、意象和激情状态三种元素，进而确定这些元素如何结合及结合的规律。

参考答案：B

24.【解析】行为主义主张“环境决定论”，认为个体的行为完全是由环境控制和决定的。

参考答案：A

25.【解析】第一势力是行为主义，第二势力是精神分析，第三势力是人本主义。

参考答案：D

26.【解析】心理学的研究目的是描述、解释、预测、控制，这同时也是心理学的意义。

参考答案：A

27.【解析】心理学的意义在于正确地解释现象、科学地预测现象、有效地控制现象和从不同方面提高人的生活质量。题干中“心理学家试图对人的减肥产生影响”，属于控制现象。

参考答案：D

28.【解析】亚里士多德的著作《论灵魂》是历史上第一部论述各种心理现象的著作。

参考答案：C

29.【解析】1917 年北大哲学教授陈大齐创立了我国第一个心理学实验室。同时，陈大齐在 1918 年出版《心理学大纲》，这是中国第一本大学心理学教本。

参考答案：A

二、简答题

1.【参考答案】

探索心理现象的发生、发展和变化的规律是心理学的基本任务。这个任务是通过对以下几个问题的研究实现的。

心理过程：人的心理现象是在时间上面展开的，它表现为一定的过程，如认知过程、情绪过程、技能形成过程等。

心理结构：人的心理现象很复杂，但不是杂乱无章的，各种心理现象之间存在着一定的联系和关系，成为一个有结构的整体。研究心理结构就是要揭示各种心理现象之间的联系和关系。

心理的脑机制：心理是神经系统的机能，特别是脑的机能。心理学家不仅要在行为水平上研究心理现象的规律，而且要深入研究心理的脑机制，揭示脑和心理现象的关系。

心理现象的发生和发展：人的心理现象是进化过程的产物，从物种进化的角度来看，心理现象是动物发展到一定的阶段，在出现了神经系统之后才真正产生的。

心理与环境：人的心理系统及其物质载体——人脑是一个开放系统，它和周围环境存在着复杂的交互作用。

2.【参考答案】

心理学家将他们的研究集中于行为与经验的各个不同方面，形成了心理学的许多专门领域，也产生了心理学与其他学科的交叉，如工程心理学、健康心理学、运动心理学、教育心理学等。

普通心理学：心理学的基础学科，研究心理现象的发生和发展的最一般规律，如感知觉、记忆、思维等。

生理心理学和心理生理学：生理心理学和心理生理学研究心理现象的生理机制，主要研究各种感官的机制、神经系统特别是脑机制。

发展心理学：研究心理的种系发展和人的心理的个体发展。

教育心理学：心理学的一个重要分支，研究教育过程中包含的各种心理现象。

医学心理学：研究心理因素在疾病的发生、诊断、治疗及预防中的作用，是心理学和医学结合的产物。

工业心理学：研究工业劳动过程中人的心理特点和行为方式。

军事心理学：研究军事人员的选拔和培训、军事职业特点的分析等。

社会心理学：系统研究社会心理与社会行为的科学。

3.【参考答案】

（1）观察法

①定义：在自然条件下，对表现心理现象的外部活动进行有系统、有计划的观察，从中发现心理现象产生和发展的规律性。
②优点：适用范围广；操作简单；结果真实。
③缺点：无法重复；无法揭示因果关系；过程难以控制；观察者效应。
(2)测验法
①定义：用一套预先经过标准化的问题(量表)来测量某种心理品质。
②优点：量化程度高；便于统计处理；编制严密，目的明确。
③缺点：灵活性较差；有些心理内容无法统一量化标准；不能确定因果关系。
(3)实验法
①定义：在控制条件下对某种心理现象进行观察的方法，分为实验室实验法和自然实验法。
②优点：可重复验证；可揭示因果关系；过程可控。
③缺点：期望效应；环境人为性，生态效度低。
(4)个案法
①定义：在详细观察和正式的心理学测验的基础上，对特定的个体进行详细的描述。
②优点：区分个体差异；具有实践性。
③缺点：缺乏普遍性，不一定有代表性；不能确定因果关系；受研究者主观影响。

4.【参考答案】
①构造主义的代表人物是冯特和铁钦纳。它强调研究意识经验及其构成成分；认为意识由感觉、意象和激情三种元素组成，主张心理学应该研究人们的直接经验；把经验分为感觉、意象和激情状态三种元素；强调意识的构成成分。
②行为主义的代表人物是华生、斯金纳、班杜拉。它强调研究作为行动与动作的行为，主张研究行为，行为遵循 S-R 公式；研究目的应该是寻找预测和控制行为的途径；行为是在环境因素影响下学习的结果；反对内省，主张实验法。
③精神分析学派的代表人物是弗洛伊德、阿德勒、埃里克森、荣格。它强调研究无意识心理；主张采用临床观察(如自由联想、梦的分析)等方法解释由本能和生物驱力产生的行为，重视异常行为分析，理论多来源于治疗精神病的临床经验；强调心理学应该研究无意识现象；强调童年经验对人格形成的影响。
④机能主义的代表人物是詹姆斯、杜威、安吉尔，强调意识的作用和功能。从生物进化论的视角重新解释人的意识，在主体与环境的关系下理解行为，把意识看成是一个川流不息的过程；强调意识的作用和功能；重视心理学的实际应用。
⑤格式塔心理学代表人物是韦特海默、考夫卡、柯勒，主要强调意识经验的组织；反对元素分析，强调结构分析(关系)，认为人们对关系的认识是从知觉开始的；把人的意识看作一个整体，认为部分相加不等于整体，整体先于部分而存在，并且制约着部分；重视心理学实验。

5.【参考答案】
问卷法是以问卷调查的方式要求被调查者就某个问题发表自己的态度或意见。问卷大多用邮寄、个别分送或集体分发等多种方式发送。
(1)优点：①收集信息快；②调查范围广；③可以了解被调查对象的整体特征。
(2)缺点：①不能确定因果关系；②不够严谨；③受研究者主观影响。

6.【参考答案】
心理学的基本任务是探索和揭示心理现象发生、发展和变化的规律。这个任务是通过以下几个方面的研究来实现的。
(1)心理过程：人的心理现象是在时间上展开的，表现为一定的过程，如认知过程、情绪过程、技能形成过程等。分析心理现象的时间进程，对科学地揭示心理活动的规律是十分重要的。
(2)心理结构：人的心理现象很复杂，但不是杂乱无章的。各种心理现象之间存在着一定的联系，从而成为一个有结构的整体。研究心理结构就是要揭示各种心理现象之间的联系。
(3)心理的脑机制：心理是神经系统的机能，特别是脑的机能。心理学家不仅要在行为水平上研究心理现象的规律，而且要深入研究心理的脑机制，揭示脑与心理现象的关系。
(4)心理现象的发生与发展：人的心理现象是进化的产物。研究心理现象的种系发展和个体发展以及它们和脑发育的关系，也是心理学的重要任务。
(5)心理与环境的关系：心理现象和人的外部环境(自然的和社会的环境)之间存在着规律性的联系，揭示这种联系是心理学的另一项重要任务。

7.【参考答案】
心理学是一门既具有自然科学性质又具有社会科学性质的中间或交叉科学。
(1)心理学具有自然科学性质，主要是因为其所采用的研究方法是科学严谨的方法，如实验法、问卷测量法等。
(2)心理学具有社会科学性质，主要是因为其研究对象是人和动物。心理学是研究心理现象的科学，它既研究动物的心理，也研究人的心理，而以人的心理现象为主要的研究对象。
(言之有理即可)

8.【参考答案】
(1)观察法是指在自然条件下，对表现心理现象的外部活动进行有系统、有计划的观察，从中发现心理现象产生和发展的规律性；实验法是指在控制条件下对某种心理现象进行观察的方法，分为实验室实验法和自然实验法。
(2)一般在下列情况下可采用观察法：①对所研究的对象无法加以控制；②控制条件可能影响某种行为的出现；③由于社会道德的要求，不能对某种现象进行控制。而实验法主要是在需要严格控制实验条件，探讨因果关系时采用。
(3)采用实验法可重复验证结果，可揭示因果关系，过程可控，但实验法的环境具有人为性，生态效度比较低，容易产生期望效应；采用观察法能收集到第一手资料，被试的行为和心理活动较少或不会受到环境的干扰，但难以进行重复观察，结果难以进行检验和证实。

三、论述题

1.【参考答案】
心理学是古老而年轻的科学，艾宾浩斯说过："心理学虽有长期的过去，但仅有短期的历史"。在心理学产生之前，古代哲学家、教育家和医生都思考和阐述过关于人类精神、灵魂的问题。心理学在19世纪末独立为一门科学，其诞生有两个重要历史渊源：
①近代哲学思潮的影响：唯理论和经验论的斗争在现代心理学各理论流派的斗争中体现出来，各种心理学理论受到两大思潮的影响，因此近代哲学为西方现代心理学的诞生提供了理论基础。
②生理心理学的影响：生理学的发展，尤其是神经系统生理学和感官生理学的发展对心理学的产生有重要影响，贝尔马戎第定律的发现、赫尔姆霍兹测定神经的传导速度、布洛卡区的发现等为研究心理现象和行为的生理机制开辟了道路，也为心理学用实验法开展研究奠定了基础。
③从心理学的历史来看，现代自然科学对心理学产生的影响是多方面的。首先，自然科学的迅速发展和日益成功，对心理学的研究产生了很大的吸引力。自然科学的成功使心理学家们认识到心理学要从哲学中独立必须引入观察和实验的方法，将心理学建设为实验科学。其次，一些自然科学进行的研究为实验心理学的研究提供了基础和课题，例如近代生物学的研究等。

2.【参考答案】
选取认知心理学的研究取向进行介绍：
(1)起源及理论基础：1967年，美国心理学家奈塞尔发表了《认知心理学》，标志着现代认知心理学的诞生。现代认知心理学就是用信息加工的观点去研究人的认知过程，如知觉、记忆、言语和问题解决等，其除了心理学的一般研究方法外，还有反应时记录法、口语报告法、计算机模拟等。

(2)主要研究机制。认知心理学在研究中主要有两种取向。

一是信息加工取向;强调对认知过程进行抽象的串行分析,认为心理活动的机制类似于计算机工作的原理,心理过程就是心理程序的运用过程,它们对人从外部接收的信息和内部贮存的信息进行操作,使之符合当前的目标。

二是联结主义取向,强调基于神经元的平行加工的观点,认为心理活动的机制就是脑神经系统活动的机制,研究中十分强调心智的神经基础和数学模型。

(3)重要分支——具身认知心理学。具身认知代表了认知科学一个新的研究纲领和研究取向,它强调认知过程并非抽象的符号加工,而是与身体的物理属性、感觉运动系统的体验紧密联系在一起。包括三层含义:①身体的状态直接影响着认知过程;②大脑与身体的特殊感觉运动系统在认知的形成中起着至关重要作用;③认知既是具身的,又是嵌入的,大脑嵌入身体,身体嵌入环境,他们构成了一体的系统。

(4)未来展望。认知心理学的各种研究取向在认知心理学的发展中是不可相互替代的,它们都为揭示人的心理活动的本质做出了贡献,如果没有严格的实验室研究,认知心理学难以成为完善的科学,也难以对认知的内在机制进行深入研究,而如果没有生态学研究,则认知心理学的成果缺乏生态意义,很难真正说明人的心理活动的本质,因此,多元化趋势才可能是认知心理学发展的必由之路,只有把实验室的认知研究与生态学的认知研究结合起来才是真正的发展道路。

(此题属于开放性题目,选取自己感兴趣的研究方向从理论起源—研究现状—未来发展趋势这三个方面去进行介绍即可)

第二章 心理的神经生理机制

第一节 神经元

考点1 神经元和胶质细胞

1.【解析】神经元即神经细胞,是神经系统结构和功能的基本单位。

参考答案:C

2.【解析】细胞体的伸延部分产生的分枝称为树突,树突是接受从其他神经元传入的信息的入口。树突接受上一个神经的轴突释放的化学物质(递质)使该神经产生电位差,从而形成电流传递信息。每个神经元可以有一个或多个树突,可以接受刺激并将兴奋传入细胞体。

参考答案:D

3.【解析】神经元由胞体、树突和轴突三部分组成,髓鞘是胶质细胞在神经元周围形成的。

参考答案:D

考点2 神经冲动的传递

1.【解析】神经冲动在突触间的传递,是借助神经递质来完成的。

参考答案:A

2.【解析】神经冲动的传导方式有化学传导和电传导两种形式。电传导是指神经冲动在同一细胞内的传导,它与动作电位具有密切关系,神经冲动的传导服从于"全或无"的法则;化学传导是通过突触进行和实现的,神经冲动在突触间的传递是借助神经递质来完成的。

参考答案:C

3.【参考答案】

当神经元处于静息状态时测到的电位变化(外正内负,电压相差70毫伏),叫静息电位。神经细胞膜内外存在大量的离子,膜外主要是钠离子(Na^+)和氯离子(Cl^-),膜内主要是钾离子(K^+)和带负电荷的大分子有机物。在静息状态下,细胞膜对K^+有较大的通透性,对Na^+的通透性很差,结果就是K^+经过离子通道外流,而Na^+则被挡在膜外,致使膜内外出现电位差,膜内比膜外略带负电。这就是静息电位。

第二节 神经系统

考点1 外周神经系统

1.【解析】交感神经系统可以加速心脏的跳动,提高肌肉的运动能力,动员全身力量应付危机。所以,交感神经系统是应付紧急情况的结构。副交感神经系统正好相反,它起着平衡作用,抑制体内各器官的过度兴奋,使它们获得必要的休息。路人抓小偷属于紧急情况,交感神经系统会被激活。

参考答案:A

考点2 中枢神经系统

1.【解析】下丘脑是调节交感神经和副交感神经的主要皮下中枢,对维持体内平衡、新陈代谢等有重要作用,也对控制内分泌腺的活动有重要意义。下丘脑在情绪产生中也有着重要的作用。

参考答案:D

2.【解析】考查反射活动的神经基础。脊髓可以完成一些简单的反射活动,如膝盖反射、肘反射、跟腱反射等。在正常情况下,这些反射是可以不受脑的支配的。

参考答案:A

3.【解析】桥脑在延脑的上方,位于延脑与中脑之间,是中枢神经与周围神经之间传递信息的必经之地。它对人的睡眠具有调节和控制的作用。

参考答案:B

考点3 大脑的分区及机能

1.【解析】A是言语运动中枢,B是言语听觉中枢,C是言语视觉中枢。

参考答案:D

2.【解析】角回与单词的视觉记忆有着密切关系,在这里实现着视觉与听觉的跨通道的联合。

参考答案:A

3.【解析】斯佩里通过割裂脑(切断胼胝体)研究发现,左右半球在功能上是不平衡的。大脑左半球主要负责言语、阅读、书写、数学运算和逻辑推理等;右半球在知觉物体的空间关系、情绪、欣赏音乐和艺术等方面有着主要作用。

参考答案:C

4.【解析】人类的视觉中枢位于枕叶。

参考答案:D

5.【解析】基础知识的考查,听觉神经中枢位于大脑颞叶。

参考答案:B

第三节 脑功能学说

考点3 机能系统说

1.【解析】鲁利亚认为脑是一个复杂的动态机能系统,可以分为三部分:

第一机能系统是调节激活与维持觉醒状态的机能系统,也叫动力系统,由脑干网状结构和边缘系统等组成;第二机能系统是信息接受、加工和储存的系统,它位于大脑皮层的后部,包括皮层的枕叶、颞叶和顶叶以及相应的皮层下组织;第三机能系统也叫行为调节系统,是编制行为程序、调节和控制行为的系统,它包括额叶的广大脑区。

参考答案:C

2.【解析】鲁利亚认为脑是一个复杂的动态机能系统,可以分为三部分:

第一机能系统是调节激活与维持觉醒状态的机能系统,也叫动力系统。

第二机能系统是信息接受、加工和储存的系统。

第三机能系统也叫行为调节系统,是编制行为程序、调节和控制行为的系统。

参考答案:ACD

综合问题1 各学说对比及其概念理解

1.【解析】当前的脑功能学说主要包括定位说、整体说、机能系统说、模块说和神经网络学说。

参考答案:①定位说。定位说始于加尔和斯柏兹姆的颅相学。他认为,人的心理功能是和脑的某一特定部位有关的。即某人有某种特点,则他的大脑就会有相应的特点,并反映到颅骨上。真正的定位理论提出开始于19世纪60年代失语症的研究，布洛卡区和威尔尼克区的发现都使人们相信语言是有特定脑区的。加拿大医生潘菲尔德用电刺激大脑颞叶发现，这种做法能激发人对童年经历的回忆。这些事实都支持了定位学说。

②整体说。整体说最早是由弗罗伦斯提出的，他认为大脑是以整体发生作用的，大脑的不同部位对心理功能产生同等程度的影响。拉什利通过小白鼠实验提出了两条原理：均势原理，即大脑皮层的各个部分几乎以均等的程度对学习发生作用；总体活动原理，即大脑以总体发生作用，学习活动的效率与大脑受损伤的面积大小成反比，与受损的部位无关。

③机能系统学说。鲁利亚认为大脑是一个动态的结构，是一个复杂的动态机能系统，由三个机能系统组成：

调节激活和维持觉醒状态的机能系统，也叫动力系统，由脑干网状结构和边缘系统组成。其基本作用是保持大脑皮层的一般觉醒状态，提高兴奋性和感受性，实现对行为的自我调节。

信息接收、加工和储存系统，位于大脑皮层的后部，包括枕叶、颞叶、顶叶以及相应的皮层下组织。其基本作用是接收来自机体内外的各种刺激，对它们进行加工，并把它们保存下来。

行为调节系统，是编制行为的程序、调节和控制行为的系统，包括额叶广大脑区。其作用是产生活动意图，形成程序，实现对复杂行为形式的调节与控制。

鲁利亚认为，三个机能系统相互作用、协调活动，既分工又合作，保证了各种心理活动和行为的完成。

④机能模块说。机能模块学说是20世纪80年代在认知科学和认知神经科学的研究中出现的学说，它认为，人脑在结构和功能上是由高度专门化并相对独立的模块组成的，这些模块的结合是实现认知功能的基础，不同模块有不同的功能，模块的结合保证认知功能的完整。这一理论得到了认知神经科学的研究成果的支持。

⑤神经网络学说。各种心理活动，特别是一些高级复杂的认知活动，都是由不同脑区协同活动构成的神经网络来实现的，这些脑区可以经由不同神经网络与不同的认知活动，并在这些认知活动中发挥不同的作用。这些脑区组成的动态神经网络构成了各种复杂认知活动的神经基础。

章节考点　综合训练

一、单项选择题

1.【解析】大脑皮层运动区位于中央前回和旁中央小叶的前部（额叶），即布鲁德曼的第4区；它的主要功能是发出运动指令，支配和调节身体在空间的位置、姿势及身体各部分的运动。

参考答案：A

2.【解析】视觉区位于顶枕裂后面的枕叶内，属布鲁德曼的第17区，它接受在光刺激的作用下由眼睛输入的神经冲动，产生初级形式的视觉，如对光的觉察等。所以大脑皮层枕叶损伤将会引起视觉障碍。

参考答案：C

3.【解析】本题旨在考查考生对普通心理学中心理和行为的生物学基础的了解和掌握情况，考生应该掌握中枢神经系统的结构和具体功能。边缘系统位于大脑内侧面最深处的边缘，它在结构上包括扣带回、海马回、海马沟及附近大脑皮层，以及丘脑、丘脑下部、中脑内侧被盖等，其与动物的本能活动有关，如动物的喂食、攻击等行为。胼胝体是大脑最大的白质带，它连接大脑的左右两个半球。大脑两半球间的通信多数是通过胼胝体进行的。杏仁核是基底核的一部分，位于侧脑室下角前端的上方，与尾状核的末端相连。杏仁核是边缘系统的皮质下中枢，有调节内脏活动和产生情绪的功能。内囊是大脑皮层与脑干、脊髓联系的神经纤维通过的一个部位，位于基底神经节与丘脑之间。通往大脑皮层的运动神经纤维和感觉神经纤维，均经内囊向上呈扇形放射状分布。

参考答案：D

4.【解析】延脑是脊髓的直接上延部分，是脑干的后段。延髓调节控制机体的心搏、血压、呼吸、消化等重要功能，延髓中的局部损害常危及生命，故被看作机体的生命中枢。延髓是中枢神经系统许多感觉和运动纤维传导的必经之路。其中一些上行冲动能影响大脑皮层的功能，对维持觉醒和产生睡眠有重要作用。向下的冲动参与了肌紧张和躯体运动的调节。另外，延髓内一些神经核团接受内脏感觉传入，参与内脏运动及腺分泌的调节。

参考答案：C

5.【解析】大脑通常情况下都是两半球协调的，信息通过胼胝体相互传递。

斯佩里通过割裂脑研究发现：左半球主要负责言语、阅读、书写、数学运算和逻辑推理等；右半球负责知觉物体的空间关系、情绪、音乐和艺术欣赏、舞蹈雕塑等方面。正常情况下，两半球既分工又联合活动，完成复杂的活动。

参考答案：C

6.【解析】斯佩里的裂脑人实验是通过将连接大脑两半球的胼胝体切除进行的。

参考答案：B

7.【解析】神经冲动的传导分为两种类型：电传导（细胞内）和以化学物质为媒介的突触传递（细胞间）。神经元间的传导是单向传导，神经纤维中的传导则是双向传导。

参考答案：C

8.【解析】人的神经系统分为周围神经系统及中枢神经系统。

参考答案：A

9.【解析】边缘系统中的杏仁核对情绪控制和情绪记忆具有一定作用。

参考答案：A

10.【解析】在颞叶上方、靠近枕叶处，有一个言语听觉中枢，即颞上回，它与理解口头言语有关。这一区域受损，将会引起听觉性失语症。因此本题选B。

参考答案：B

11.【解析】本题旨在考查考生对大脑皮层的分区及机能的理解和掌握。布洛卡区病变引起的失语症通常称为运动性失语症（motor aphasia）或表达性失语症（expressive aphasia）。患有这种失语症的病人阅读、理解和书写不受影响。他知道自己想说什么，但发音困难，说话缓慢而费力。威尔尼克区损伤引起接收性失语症这是一种语言失认症（agnosia）。病人说话时，语音与语法均正常但不能分辨语音和理解语义。艾克斯勒区又叫视运动语言中枢，主要负责语言书写的相关功能，损伤后书写的相关功能将受到影响。运动区的主要功能是发出动作指令，支配和调节身体在空间的位置、姿势以及身体各部分的运动。因此本题选B。

参考答案：B

12.【解析】本题考察大脑皮层区域受损的症状表现。

威尔尼克区损伤引起接受性失语症，这是一种语言失认症。主要出现语音辨别丧失，导致感觉性失语症和听觉记忆的丧失。说话时，语音与语法均正常，不能分辨语音和理解语义。布洛卡区病变引起的失语症常称运动性失语症，病人阅读、理解和书写不受影响。他们知道自己想说什么但发音困难，说话缓慢费力，不能使用复杂句法和词法，出现电报句表达。言语视觉中枢，又称角回，语义性失语症。病人能说话，理解口语，但是不理解书面语。

参考答案：B

13.【解析】本题考察大脑皮层区域受损导致的症状。布洛卡区是言语运动中枢，受到损伤会导致运动失语症。因此本题选A。

参考答案：A

14.【解析】威尔尼克区和语言的理解有密切的关系。

参考答案：B

15.【解析】运动性失语症的病：阅读理解和书写不受影响，但是发音困难，说话缓慢而费力。语言失认症的病人，也能理解口语，但看不懂书面语言，出现阅读障碍。接受性失语症的病人，但他们的话语没有意义，还会对词义造成错误的估计。因此本题选A

参考答案：A

16.【解析】角回可实现视觉与听觉的跨通道联合，可将书面语言转换成口头语言。

参考答案：B

17.【解析】角回受损将出现理解书面语言障碍，病人看不懂文字材料，产生视觉失语症或失读症。

参考答案：C

18.【解析】运动性失语症的病：阅读理解和书写不受影响，但是发音困难，说话缓慢而费力。布洛卡区是言语运动中枢。因此本题选A。

参考答案：A

19.【解析】注意区分威尔尼克区和布洛卡区。A项，威尔尼克区是一个言语听觉中枢，它与理解口语有关，该区域受损将引起听觉性失语症。病人不理解口语单词，不能重复他刚刚听到的句子，也不能完成听写活动；C项，布洛卡区是一个言语运动区，该区域受损会引起运动性失语症。这种病人说话不流利，话语中常常遗漏功能词，因而形成"电报式"语言。题干中，"能流畅进行口语表达，但很难理解别人的话"说明布洛卡区正常，威尔尼克区受损。

参考答案：A

20.【解析】A项，威尔尼克区是一个言语听觉中枢，它与理解口语有关，该区域受损将引起听觉性失语症。病人不理解口语单词，不能重复他刚刚听到的句子，也不能完成听写活动；B项，布洛卡区是一个言语运动区，该区域受损会引起运动性失语症。这种病人说话不流利，话语中常常遗漏功能词，因而形成"电报式"语言；C项，完全性失语症指语言功能各个方面受到严重损害，无任何语言，理解力丧失；D项，命名性失语症的突出特征是在自发言语中和事物命名时，有明显的找词困难，但言语是相对流利的。题干中，"说出的话不合语法"说明是布洛卡区受损。

参考答案：B

21.【解析】布洛卡区是一个言语运动区，在左半球额叶的后下方，靠近外侧裂处。

参考答案：A

22.【解析】海马在记忆功能中有着重要作用，被称为"记忆之门"。

参考答案：C

23.【解析】边缘系统的作用主要有：①与动物的本能活动有关；②边缘系统特别是海马在记忆功能中有着重要作用；③边缘系统中的杏仁核对情绪控制和情绪记忆具有一定作用；④扣带回与注意力密切相关。因此，损伤边缘系统最有可能影响C项情绪。

参考答案：C

24.【解析】认知控制是指选择目标，并控制自身的思想和行动以达到该目标的一组心理过程。认知控制涉及大脑许多不同的脑区，其中最重要的是前额叶(PFC)。

参考答案：D

25.【解析】A项，颞叶主要负责处理听觉信息，同时也和记忆、情感有一定的关系；B项，顶叶负责处理身体的触觉信息，可进行多种感觉信息与言语的整合；C项，枕叶参与视觉处理，它处理和解释我们看到的一切；D项，额叶是大脑发育中的最高级的部分，其功能包括：负责思维、问题解决，和个体的需求和情感有关，在有组织、方向的活动中，使活动服从于坚定意图和动机。因此，具有思维和动机功能的脑区是额叶。

参考答案：D

26.【解析】威尔尼克区与理解口语有关，该区域受损将引起听觉性失语症。病人不理解口语单词，不能重复他刚刚听到的句子，也不能完成听写活动；布洛卡区受损会引起运动性失语症。病人说话不流利，话语中常常遗漏功能词，因而形成"电报式"语言。题干中患者的语言理解能力较好，说明威尔尼克区并未受到损伤，"命名障碍、表达不顺畅"是由布洛卡区受损引起。

参考答案：D

27.【解析】大脑左半球主要负责言语、阅读、书写、数学运算和逻辑推理等，右半球主要负责知觉物体的空间关系、情绪、欣赏音乐和艺术等。

参考答案：B

28.【解析】模块说认为，人脑在结构和功能上是由高度专门化并相对独立的模块组成的。这些模块复杂而巧妙的结合，是实现复杂而精细的认知功能的基础。视觉研究发现，猴子的视觉与31个脑区有关，颜色、运动和形状知觉是两大功能模块。因此，该发现支持了模块说。

参考答案：D

二、多项选择题

1.【解析】联合区是指大脑皮层中范围很广、具有整合或联合功能的一些脑区。联合区不接受任何感觉系统的直接输入，A正确；从系统发生上看，联合区是大脑皮层进化较晚的一些脑区，与各种高级心理机能有密切的关系，B正确，D错误；依据联合区在皮层上的分布和功能，可分为感觉联合区、运动联合区和前额联合区，C正确。

参考答案：ABC

2.【解析】大脑左半球主要负责言语、阅读、书写、数学运算和逻辑推理等，右半球主要负责知觉物体的空间关系、情绪、欣赏音乐和艺术等。

参考答案：ABCD

三、名词解释

1.【参考答案】

在通常情况下，大脑都是由两半球协调的，信息通过胼胝体相互传递。斯佩里通过割裂脑研究发现：左半球主要负责言语、阅读、书写、数学运算和逻辑推理等；右半球负责知觉物体的空间关系、情绪、音乐和艺术欣赏、舞蹈雕塑等方面。正常情况下，两半球既分工又联合活动，完成复杂的活动。

2.【参考答案】

执行反射的全部神经结构称为反射弧，一般包括五部分：感受器、传入神经纤维、中枢、传出神经纤维和效应器。在自然条件下，反射活动一般都需经过完整的反射弧来完成，如果反射弧中任何一个环节中断，反射即不能发生。

3.【参考答案】

中枢神经系统包括脊髓和脑。

脊髓是中枢神经系统的低级部位，位于脊髓管内；脑干包括延脑、桥脑和中脑；间脑由丘脑和下丘脑共同组成；小脑在脑干背面，分左右两半球，它的作用主要是协助大脑维持身体的平衡与协调动作。小脑损伤会出现痉挛、运动失调，丧失简单的运动能力，也可能导致口吃、阅读障碍等。边缘系统包括扣带回、海马回、海马沟、附近的大脑皮层(如额叶眶部、岛叶、颞根、海马及齿状回)，以及丘脑、丘脑下部、中脑内侧被盖等。

4.【参考答案】

在脑干各段的广大区域，有一种由白质与灰质交织混杂的结构，叫网状结构或网状系统。主要包括延髓的中央部位、桥脑的被盖和中脑部分。网状结构按功能可分成上行网状结构和下行网状结构两部分。上行网状结构也叫上行激活系统，它控制着机体的觉醒或意识状态，与保持大脑皮层的兴奋性、维持注意状态有密切的关系。下行网状结构也叫下行激活系统，它对肌肉紧张有易化和抑制两种作用，即加强或减弱肌肉的活动状态。

5.【参考答案】

边缘系统包括扣带回、海马回、海马沟、附近的大脑皮层(如额叶眶部、岛叶、颞根、海马及齿状回)，以及丘脑、丘脑下部、中脑内侧被盖等。

边缘系统的作用主要有：边缘系统与动物的本能活动有关；边缘系统特别是海马在记忆功能中有重要作用；边缘系统中的杏仁核对情绪控制和情绪记忆具有一定作用；扣带回与注意密切相关。

6.【参考答案】

割裂脑是指切断两侧大脑半球之间的联

系,而形成的各自进行独立活动的脑。割裂脑实验的目的是将大脑两个半球的传递通道——胼胝体切断,使大脑两半球不能信息共享,从而分别对两个大脑半球的功能进行测验。

7.【参考答案】

胶质细胞可以在神经元周围形成绝缘层,使神经冲动得以快速传递,这种绝缘层就叫髓鞘。髓鞘有绝缘的作用,能防止神经冲动从一根轴突扩散到另一根轴突。

四、简答题

1.【参考答案】

(1)结构:一个神经元与另一个神经元彼此接触的部分叫突触,由三部分组成:突触前部(神经递质储存的场所)、突触间隙和突触后部(含分子受体)。

突触有三种接触方式:轴突与胞体;轴突与轴突;轴突与树突。

(2)功能:①突触是人脑内信息传递的关键部位,它决定着信息传递的方向、范围和性质。

②按功能来划分,突触可分为兴奋性突触后电位和抑制性突触后电位。兴奋性突触后电位:增加突触后神经元的兴奋性,产生扩散性兴奋的动作电位。抑制性突触后电位:降低突触后膜的兴奋性,阻止突触后神经元发生扩散性兴奋。

2.【参考答案】

大脑皮层的感觉中枢可分为视觉区、听觉区及机体感觉区。

①视觉区:位于顶枕裂后面的枕叶内,属布鲁德曼的第17区,它接受在光刺激的作用下由眼睛输入的神经冲动,产生初级形式的视觉,如对光的觉察等。

②听觉区:位于颞叶的颞横回处,属布鲁德曼的第41、42区,它接受在声音的作用下由耳朵传入的神经冲动,产生初级形式的听觉,如对声音的觉察等。

③机体感觉区:位于中央沟后面的一条狭长区域内,属布鲁德曼的第1、2、3区。它接受由皮肤、肌肉和内脏器官传入的感觉信号,产生触压、温度、痛、运动和内脏等感觉。

躯干、四肢在体感区的投射关系是左右交叉、上下倒置的;身体各部位投射面积的大小取决于它们在功能上的重要程度。

3.【参考答案】

(1)在大脑内侧面最深处的边缘,有一些结构,它们组成一个统一的功能系统,叫边缘系统。这些结构包括扣带回、海马回、海马沟、附近的大脑皮层(如额叶眶部、岛叶、颞根 海马及齿状回),以及丘脑、丘脑下部、中脑内侧被盖等。

(2)边缘系统的作用主要包括:①边缘系统与动物的本能活动有关;②边缘系统特别是海马在记忆功能中有着重要作用;③边缘系统中的杏仁核对情绪控制和情绪记忆具有一定作用;④扣带回与注意力密切相关。

4.【参考答案】

根据前人的研究成果,可以把大脑皮层分成以下几个机能区域:

(1)初级感觉区:包括视觉区、听觉区和机体感觉区。它们是接收和加工外界信息的区域。①视觉区:接受在光刺激的作用下由眼睛输入的神经冲动,产生初级形式的视觉;②听觉区:接受在声音的作用下由耳朵传入的神经冲动,产生初级形式的听觉;③机体感觉区:接受由皮肤、肌肉和内脏器官传入的感觉信号,产生触压、温度、痛、运动和内脏等感觉。

(2)初级运动区:主要功能是发出动作指令,支配和调节身体在空间的位置、姿势及身体各部分的运动。

(3)联合区:人类的大脑皮层还有范围很广、具有整合或联合功能的一些脑区,称联合区。它和各种高级心理机能有着密切的关系。联合区可分成感觉联合区、运动联合区和前额联合区。

五、论述题

1.【参考答案】

人类的大脑皮层加上范围很广、具有整合或联合功能的一些脑区,被称为联合区。它和各种高级心理机能有着密切的关系。联合区可分成感觉联合区、运动联合区和前额联合区。

语言是联合区的重要功能,它与许多脑区有关。

(1)布洛卡区

在左半球额叶的后下方、靠近外侧裂处,即布鲁德曼的第44、45区,是一个言语运动区,该区域受损会引起运动性失语症。这种病人说话不流利,话语中常常遗漏功能词,因而形成"电报式"语言。

(2)威尔尼克区

在颞叶上方、靠近枕叶处,有一个言语听觉中枢,它与理解口语有关。该区域受损将引起听觉性失语症。病人不理解口语单词,不能重复他刚刚听到的句子,也不能完成听写活动。

(3)角回

在顶枕叶交界处,含有一个言语视觉中枢,这个区域受损,将出现理解书面语言障碍,病人看不懂文字材料,产生视觉失语症或失读症。

2.【参考答案】

(1)斯佩里通过著名的割裂脑实验,证实了大脑不对称性的"左右脑分工理论。大脑的左半球和右半球是通过胼胝体连接起来的,割裂脑实验中,被试的胼胝体被人为切断了,大脑两半球的信息无法相互传递了,即两半球的功能被人为分开了。

(2)裂脑人实验研究过程:

①研究者:罗杰·斯佩里,迈克尔·加扎尼加

②研究目的:研究大脑左右半球的功能分工

③研究方法:视觉、触觉实验等

④实验流程示例:

让一位接受过割裂脑手术的被试坐在挡住他双手的屏幕前,视线注视着屏幕中间的点,然后在屏幕上用0.1秒的时间快速呈现"hat band"这个单词。"hat"呈现在左半屏,"band"呈现在右半屏。于是,"hat"就传到了大脑右半球,"band"传到了左半球。

⑤实验结果:

A.当要求被试报告他看到的东西时,他只回答看到了"band"。进一步要求被试说出是什么样的"band"时,他只能猜测是"rubber band"、"rock band"等。

B.但如果让被试用左手从一堆他看不见的物体中选出他刚刚看到的东西,他会从中选出代表"hat"的物体。

⑥实验结论:

A.语言中枢在左半球,因为被试能够说出右视野看到的词(band),右视野对应的是左半球。

B.左视野看到的词(hat)无法被说出,因为左视野对应右半球,胼胝体被切断后,右半球获得的信息无法被传递到语言中枢左半球中。但左视野看到的信息能够被被试理解。

C.大脑两半球具有不同的功能。

a.左半球:言语、阅读、书写、数学运算和逻辑推理等;

b.右半球:知觉物体的空间关系、情绪、欣赏音乐和艺术等。

(3)斯佩里的割裂脑研究说明,大脑两半球可能具有不同的功能,大脑两半球功能不对称使大脑左、右半球在某些方面成为优势半球,这成为大脑两半球单侧化的证据。

第三章 感觉

第一节 感觉的一般概念

考点1 感觉概述

1.【参考答案】

感觉是人脑对直接作用于感官的刺激物的个别属性的反应,根据感受器的不同可以分为外部感觉和内部感觉。外部感觉主要感受来自外界的刺激,如视觉、听觉、嗅觉、味觉、皮肤感觉等;内部感觉主要感受来自身体内部的刺激,如平衡觉、运动觉、内脏感觉。

2.【解析】马赫带是指人们在明暗交界的边界上,常常在亮区看到一条更亮的光带,而在暗区看到一条更暗的线条。由于相邻细胞间存在侧抑制的现象,来自

明暗交界处亮区一侧的抑制大于来自暗区一侧的抑制,因而使暗区的边界显得更暗。同样,来自明暗交界处暗区一侧的抑制小于亮区一侧的抑制,因而使亮区的边界显得更亮。我们可以用侧抑制作用对马赫带做出较好的解释,马赫带反映的是一种感觉对比现象。

参考答案:D

考点3　感觉的编码

1.【参考答案】

缪勒最早研究了感觉编码问题,并提出神经特殊能量说,他认为各种感觉神经具有自己特殊的能量,它们在性质上是互相区别的。每种感觉神经只能产生一种感觉,而不能产生另外的感觉,如视神经受到刺激产生视觉、听神经受到刺激产生听觉等。缪勒的学说有其合理之处,但是他认为感觉不取决于刺激的性质,而取决于感觉神经的性质,这是错误的。除了缪勒提出了神经特殊能量学说,感觉编码的代表性理论还有特异化理论和模式理论。

(1)特异化理论

该理论主张,不同性质的感觉是由不同的神经元来传递信息的。有些神经元传递红色信息;有些神经元传递甜味信息,当这些神经元分别被激活时,神经系统把它们的激活分别解释为"红"和"甜"。

(2)模式理论或模块理论

该理论认为,编码是由整组神经元的激活模式引起的。红光不仅引起某种神经元的激活,而且引起相应的一组神经元的激活,只不过某种神经元的激活程度较大,而其他神经元的激活程度较小。整组神经元的激活模式才产生了红色的感觉。

近年来的研究发现,在不同的感觉系统中,神经系统同时采用了特异性编码和模式编码。

考点4　刺激强度与感觉大小的关系——感受性与感觉阈限

1.【解析】费希纳定律是一个表达简单的定律,其公式为$S=K\lg R$,其中S是感觉强度,R是刺激强度,K是常数。费希纳定律是表明心理量和物理量之间关系的定律。

参考答案:D

2.【解析】绝对感受性:觉察出最小刺激的能力。绝对感觉阈限:最小可察觉的刺激量。差别感受性:觉察出刺激量之间最小差别的能力。差别感觉阈限:刚能引起差别感觉的刺激的最小差异量。

参考答案:B

3.【解析】幂定律$P=KI^n$,在普通的坐标图中应该是一条曲线,将其取对数之后可得:$\lg P=n\lg I+\lg K$,为了使其关系更加直观,我们可以令$\lg P=Y$,$\lg I=X$,$\lg K=a$,则有:$Y=nX+a$,此时即为线性方程。即幂函数在双对数坐标图中为一条直线,因此本题选B。

参考答案:B

4.【参考答案】

刚刚能觉察出两个刺激的最小差异量称为"差别感觉阈限",差别感受性是指对这一最小差异量的感觉能力。差别感受性与差别阈限在数值上也成反比。差别阈限越小,即刚刚能够引起差别感觉的刺激物间的最小差异量越小,差别感受性就越大。

第二节　视觉

考点2　视觉的生理机制

1.【解析】

	形态	分布	功能
视杆细胞	棒状	中央凹周围	夜视器官,感受物体的明暗
视锥细胞	锥状	中央凹	昼视器官,感受物体的细节和颜色

参考答案:A

2.【解析】一个外侧膝状体细胞的感受野是视网膜上一个很小的区域,由于若干个外侧膝状体细胞会聚到一个大脑皮层上的细胞上,使其感受野比视网膜感受野更大。因此本题选择A。

参考答案:A

3.【解析】视觉感受野是指视网膜上一定的区域或范围。

参考答案:C

4.【参考答案】

视觉感受野是指视网膜上一定区域或范围,当它受刺激时,能激活视觉系统中与这个区域有联系的各层神经细胞的活动,这个区域就是这些神经细胞的感受野。

考点3　视觉的基本现象

1.【参考答案】

马赫带是指人们在明暗交界的边界上,常常在亮区看到一条更亮的光带,而在暗区看到一条更暗的线条。

马赫带可以用侧抑制作用做出较好的解释,由于相邻细胞间存在侧抑制的现象,来自明暗交界处亮区一侧的抑制大于来自暗区一侧的抑制,因而使暗区的边界显得更暗。同样,来自明暗交界处暗区一侧的抑制小于亮区一侧的抑制,因而使亮区的边界显得更亮。

2.【解析】暗适应——人眼由亮处转入暗处时视觉感受性提高的时间过程;明适应——人眼由暗处转入亮处时人眼感受性下降的时间过程。

参考答案:B

3.【解析】当人们从视锥视觉(昼视觉)向视杆视觉(夜视觉)转变时,人眼对光谱的最大感受性将向短波方向移动,因而出现了明度的不同变化。视杆细胞是夜视细胞,对较短的波长具有较高的感受性。

参考答案:A

4.【解析】颜色视觉具有三个基本属性,分别是:色调、明度和饱和度。

参考答案:D

5.【解析】患全色盲的人只能看到灰色和白色,丧失了对颜色的感受性,世界就像一部黑白电影。

参考答案:CD

第三节　听觉

考点1　听觉刺激

1.【解析】声音的听觉属性有音调、音响和音色。

参考答案:BCD

2.【解析】人的听觉的频率范围为16~20000Hz。

参考答案:错误。

考点2　听觉的生理机制

1.【解析】前庭和半规管与听觉无关,是一种平衡器官,起平衡作用。A选项为耳蜗,B选项为基底膜,C选项为半规管,D选项为听小骨。

参考答案:C

2.【解析】声波通过液体作用于耳蜗内基底膜时,基底膜上柯蒂氏中的毛细胞(听觉感受器)引起兴奋,产生动作电位,此时声波的机械振动转化为神经冲动,通过听神经将声音传向大脑中枢产生听觉。

参考答案:B

考点3　听觉的基本现象

1.【解析】听觉的位置理论认为,人对不同频率声音的听觉,是内耳基底膜上不同部位对不同频率的声音起反应的结果,声波经过内耳时基底膜随之运动,不同频率的声波在基底膜的不同位置上产生其最大运动。

参考答案:B

2.【解析】关于纯音掩蔽的研究表明:掩蔽音强度提高,掩蔽效果随之增加;掩蔽音对于频率相近声音影响最大;低频对高频的掩蔽效果大于高频对低频的掩蔽效果。关于噪音掩蔽的研究表明:当噪音强度低时,各种纯音的阈限差别很大;当噪音强度高时,各种纯音的阈限差别很小。另外,掩蔽分为实时掩蔽和异步掩蔽。前面提到的是实时掩蔽。异步掩蔽又分为前导掩蔽和后滞掩蔽。前导掩蔽是指掩蔽音后出现,它对前面的声音的掩蔽。后滞掩蔽是指掩蔽音先出现,它对后面的声音的掩蔽。一般来说,前导掩蔽很短,只有5~20ms,而之后掩蔽可以持续50~200ms。对于前导掩蔽或后滞掩蔽来说,掩蔽声强度增加,并不产生掩蔽量的相应增加，掩蔽效果和两个声音在时间上的接近有紧密关系。另外，单耳掩蔽效果显而易见要强于双耳掩蔽的效果。本题中所提到的"一个声音的听觉阈值因另一个声音的出现"可以视为前导掩蔽。

参考答案：BCD

3.【解析】掩蔽音强度提高，掩蔽作用也增强。

参考答案：B

第四节　其他感觉

考点1　其他感觉

1.【解析】味觉的适宜刺激是溶于口腔内液体的化学物质。味觉有甜（舌尖）、咸（舌中）、酸（两侧）、苦（舌根）。人对味道的敏感程度依次为：苦、酸、咸、甜。

参考答案：A

2.【解析】刺激作用于皮肤引起各种各样的感觉，叫肤觉。肤觉的基本四种肤态有：触觉、冷觉、温觉和痛觉。

参考答案：D

3.【解析】痛觉是机体受到伤害性刺激时，产生的一种不愉快的感觉。痛觉常伴有情绪变化和防御反应，对机体起到保护性作用。

参考答案：D

章节考点　综合训练

一、单项选择题

1.【解析】人对味道的敏感程度依次为：苦、酸、咸、甜，辣不是味觉，而是痛觉。

参考答案：D

2.【解析】色光混合是一种加法过程，其定律为：补色律、间色律、代替律。补色律，指任何一种颜色都有另一种同它混合产生白和灰的颜色；间色律，指混合任何两种非补色便产生一种新的混合色或介于两者之间的中间颜色；代替律，指任何不同颜色混合产生的颜色可相互替代。

参考答案：C

3.【解析】

	形态	分布	功能
视杆细胞	棒状	中央凹周围	夜视器官，感受物体的明暗
视锥细胞	锥状	中央凹	昼视器官，感受物体的细节和颜色

参考答案：A

4.【解析】绝对感受性：人的感官觉察微弱刺激的能力。绝对感受阈限：刚刚能引起感觉的最小刺激量。差别感受性：对最小差异量的感觉能力。差别阈限：刚刚能引起差别感觉的刺激物间的最小差异量，也可叫作最小可觉差。

参考答案：C

5.【解析】感觉适应：在同一感受器中，由于刺激的持续作用或一系列刺激的连续作用，导致对刺激的感受性的变化，结果可以是感受性的升高或降低。

参考答案：A

6.【解析】外部感觉有视觉、听觉、嗅觉、味觉、皮肤感觉，主要感受来自外界的刺激；内部感觉有平衡觉、运动觉、内脏感觉，主要感受来自身体内部的刺激。视觉、听觉、味觉都属于外部感觉，故本题选C。

参考答案：C

7.【解析】颜料混合遵循相减率，因为颜料的颜色一般来说是这种材料吸收白光中的部分波长剩余光谱的色调，而色光混合则遵循相加法。色光混合三原色是红、绿、蓝，颜料混合三原色是黄、青、紫。黄是蓝的互补色，青是红的互补色，紫是绿的互补色。

参考答案：B

8.【解析】德国生理学家韦伯（1795—1878）发现同一刺激差别量必须达到一定比例，才能引起差别感觉。这一比例是个常数，用公式表示：ΔI（差别阈限）/I（标准刺激强度）= k（常数/韦伯分数），这就是韦伯定律。韦伯分数越小，感觉越敏锐；不同感觉的韦伯分数不同；韦伯定律适用于中等强度的刺激。

参考答案：C

9.【解析】锥体细胞主要感受颜色和细节，杆状细胞主要感受明、暗。

参考答案：D

10.【解析】断续的闪光由于频率的增加，人们会产生融合连续的感觉。刚刚能引起融合感觉的刺激的最小频率，叫闪光融合临界频率。刺激强度低，临界频率就低，随强度的增加，临界频率明显上升。亮度与闪光融合频率的对数呈线性关系。

参考答案：C

11.【解析】视觉适应可分为暗适应与明适应。

①暗适应——人眼由亮处转入暗处时视觉感受性提高的时间过程（40min）。

②明适应——人眼由暗处转入亮处时人眼感受性下降的时间过程（时间短）。

参考答案：A

12.【解析】感觉适应：在同一感受器中，由于刺激的持续作用或一系列刺激的连续作用，导致对刺激的感受性的变化，结果可以是感受性的升高或降低。感觉后像：在刺激停止作用后，感觉印象仍暂留一段时间的现象，后像有正负之分。感觉对比：感受器不同部位接受不同刺激，对某个部位的强刺激会抑制其他邻近部位的反应，不同部位的反应差别被加强的现象。联觉：此种感觉通道受到刺激而引起彼种感觉通道产生感觉或感受性发生变化的想象。

参考答案：A

13.【解析】位置理论认为，声音频率低，最大振幅接近蜗顶；频率高，接近蜗底，这样人耳就实现了对不同频率的分析。高音区位于耳蜗底部。

参考答案：D

14.【解析】绝对感受性：人的感官觉察微弱刺激的能力。

参考答案：B

15.【解析】色调——主要取决于光波的波长，哪种波长占优势就报告哪种颜色。明度——指颜色的明暗程度，取决于照明的强度和物体表面的反射系数。饱和度——是指某种颜色的纯杂程度或鲜明程度。

参考答案：A

16.【解析】内脏感觉也叫机体觉，是由内脏活动作用于脏器壁上的感受器产生的，常常难以分辨，因此又叫"黑暗"感觉。

参考答案：D

17.【解析】视网膜中央凹视锥细胞密度较大。

参考答案：A

18.【解析】视锥细胞短粗，呈锥形，分布在中央凹，是昼视器官，在中等和强的照明条件下起作用，感受物体的颜色和细节；视杆细胞细长，呈棒形，分布在除中央凹以外的地方，是夜视器官，在昏暗照明条件下起作用，感受物体的明暗。

参考答案：A

19.【解析】托马斯·杨假定，人的视网膜有三种不同的感受器，每种感受器只对光谱的一个特殊成分敏感。当它们分别受到不同波长的光刺激时，就会产生不同的颜色经验。视网膜分布着几种不同的视锥细胞，它们对不同波长的光进行响应。正好证明了三色说。

参考答案：C

20.【解析】感觉适应指在同一感受器中，由于刺激的持续作用或一系列刺激的连续作用，导致对刺激的感受性的变化，结果可以是感受性的升高或降低。

参考答案：D

21.【解析】题干中的例子属于感觉适应现象。感觉适应是在同一感受器中，由于刺激的持续作用或一系列刺激的连续作用，导致对刺激的感受性的变化。本题中，"在充满香味的房间中停留一段时间"，香味的持续作用导致感受性降低，感觉阈限升高，即产生感觉适应现象。

参考答案：B

22.【解析】A项，差别感觉阈限是刚刚能引起差别感觉的刺激物间的最小差异量;B项,绝对阈限是刚刚能引起感觉的最小刺激量。题干中"增加量使得个体刚好能分辨出甜度差异"属于引起差别感觉的差别感觉阈限。

参考答案:A

23.【解析】在中央凹附近,有一个对光不敏感的区域叫盲点,来自视网膜的视神经节细胞的神经纤维在这里聚合成视神经。因此,盲点的产生是由于视神经占据了视网膜的某点。

参考答案:B

24.【解析】视觉系统存在两条通路是20世纪视觉研究领域最重要的一个发现。研究者把视觉系统粗略地分成腹侧和背侧两条通路:腹侧通路从枕叶的初级视皮层到颞下回,主要负责处理颜色和物体形状的信息,因而也称为"What"系统;背侧通路从枕叶到顶叶,主要负责处理运动、空间、位置的信息,因而也称为"Where 系统"。

参考答案:B

25.【解析】视觉适应可分为暗适应和明适应。明适应是指照明开始或由暗处转入亮处时,人眼感受性下降的时间过程;暗适应是指照明停止或由亮处转入暗处时,视觉感受性提高的时间过程。

参考答案:A

26.【解析】暗适应是照明停止或由亮处转入暗处时视觉感受性提高的时间过程。早期的暗适应是由视锥细胞与视杆细胞共同完成的。之后,视锥细胞完成暗适应过程,只有视杆细胞继续起作用。

参考答案:B

27.【解析】侧抑制可以用来解释马赫带的产生。马赫带指人们在明暗变化的边界上,常常在亮区看到一条更亮的光带,而在暗区看到一条更暗的线条。

参考答案:A

28.【解析】响度是描述声音大小的属性,由声音强度或声压水平决定。强度大,听起来响度高;强度小,听起来响度低。

参考答案:B

29.【解析】音调知觉理论主要包括:频率理论、共鸣理论(位置理论/地点说)、行波理论、神经齐射理论。B选项过程对立说属于色觉理论。

参考答案:B

二、名词解释

1.【参考答案】

普肯野现象是指,棒体细胞与椎体细胞对不同波长的光感受性不同所导致的明度感受性差异。其实质是当人们从锥体视觉(昼视觉)向棒体视觉(夜视觉)转变时,人眼对光谱的最大感受性向短波方向转变,因而出现了明度的变化(夜晚看蓝花会觉得比红花亮)。

2.【参考答案】

感觉是由刺激物直接作用于某种感官引起的。但是,人的感官只对一定范围内的刺激做出反应;只有在这个范围内的刺激,才能引起人们的感觉。这个刺激范围及相应的感觉能力,我们称之为感觉阈限;它是能引起感觉的持续一定时间的刺激量,这是一个物理量,它分为绝对感觉阈限和差别感觉阈限。

绝对感受阈限:刚刚能引起感觉的最小刺激量。

差别阈限:刚刚能引起差别感觉的刺激物间的最小差异量,也可叫作最小可觉差。

3.【参考答案】

绝对阈限是指能可靠地引起感觉的最小刺激强度(物理能量);绝对阈限标定了绝对感受性。绝对阈限越低,即能引起感觉所需的刺激量越小,绝对感受性就越高,即对刺激越敏感。也就是说,绝对阈限和绝对感受性成反比。用字母 S 代表绝对感受性,用 R 代表绝对阈限,则两者间的数字关系可表示为:$S=1/R$

4.【参考答案】

视觉适应是指视觉器官的感觉随外界亮度的刺激变化而变化的过程。

①暗适应——人眼由亮处转入暗处时视觉感受性提高的时间过程(40min)。

②明适应——人眼由暗处转入亮处时人眼感受性下降的时间过程(时间短)。

5.【参考答案】

感觉补偿是指人的某种感觉能力丧失后,为适应生活的需要,使其他感觉的能力获得突出的发展,以资补偿。例如,盲人丧失了视觉,但其听觉和触觉、振动觉却得到了特别的发展等。

6.【参考答案】

暗适应指照明停止或由亮处转入暗处时视觉感受性提高的时间过程。视杆细胞和视锥细胞都参与暗适应过程。早期的暗适应是由视锥细胞与视杆细胞共同完成的。之后,视锥细胞完成暗适应过程,只有视杆细胞继续起作用。整个暗适应持续30~40分钟。

明适应是指照明开始或由暗处转入亮处时人眼感受性下降的时间过程。明适应的时间很短暂,5分钟左右,明适应就全部完成了。

7.【参考答案】

刺激物对感受器的作用停止以后,感觉现象并没有立即消失,它能保留短暂时间,这种现象叫作后像。后像分为两种:正后像和负后像。后像的品质与刺激物相同叫作正后像;后像的品质与刺激物相反,叫作负后像。颜色视觉的后像一般为负后像。

8.【参考答案】

感受器官不同部位接受不同刺激,对某个部位的强刺激会抑制其他邻近部位的反应,不同部位的反应差别被加强的现象。

9.【参考答案】

在某种时间条件下,当一个闪光出现在另一个闪光之后,这个闪光能影响到对前一个闪光的觉察,这种效应称为视觉掩蔽。

10.【参考答案】

(1)马赫带指人们在明暗变化的边界上,常常在亮区看到一条更亮的光带,而在暗区看到一条更暗的线条。这一现象可以用侧抑制来解释。

(2)暗适应是照明停止或由亮处转入暗处时视觉感受性提高的时间过程。整个暗适应持续30~40分钟。

11.【参考答案】

后像是指在刺激停止作用后,感觉印象仍暂留一段时间的现象。后像分正后像、负后像两种。后像的品质与刺激物相同叫正后像;后像的品质与刺激物相反叫负后像。

12.【参考答案】

一个声音由于同时起作用的其他声音的干扰而使听觉阈限上升,称为声音的掩蔽。声音的掩蔽依赖于声音的频率、掩蔽音的强度、掩蔽音与被掩蔽音的间隔时间等。

13.【参考答案】

韦伯发现,为了引起差别感觉,刺激的增量与原刺激量之间存在着某种关系。这种关系可用以下公式来表示:$K=\Delta I/I$。其中,I 为标准刺激的强度或原刺激量;ΔI 为引起差别感觉的刺激增量;K 为一个常数。这个公式就叫韦伯定律。韦伯分数越小,感觉越敏锐。这一定律只适用于中等强度的刺激。

14.【参考答案】

费希纳认为,任何感觉的大小都可由在阈限上增加的最小可觉差来决定,即 $P=K\log I$,这就是对数定律。其中 K 为常数,I 为刺激量,P 为感觉量。公式表明,当刺激强度按几何级数增加时,感觉强度只按算术级数上升。这一定律只适用于中等强度的刺激。

三、简答题

1.【参考答案】

所谓加色法,就是用红、绿、蓝三原色光按不同比例相加而取得其他色彩的一种方法。一种色光与另一种特定的色光按一定比例混合,可以得到白色光。混合后产生白色光的两种色光的色,称作互补色。减色法是指,按黄、品红、青三原色料(如颜料、油墨)减色混合原理成色的方法。

加色法与减色法都是针对色光而言,加色法指的是色光相加,减色法指的是色光被减弱。

加色法与减色法又是迥然不同的两种呈色方法。加色法是色光混合呈色的方法,色光混合后,不仅色彩与参加混合的各色光不同,同时亮度也增加了;减色法是色料混合呈色的方法,色料混合后,不仅形成新的颜色,同时亮度也降低了。加色法是两种以上的色光同时刺激人的视神经而引起的色效应;而减色法是指从白光或其他复色光中减某些色光而得到另一种色光刺激的色效应。从互补关系来看,有三对互补色:R-C;G-M;B-Y。在色光加色法中,互补色相加得到白色;在色料减色法中,互补色相加得到黑色。色光三原色是红(R)、绿(G)、蓝(B),色料三原色是青(C)、品红(M)、黄(Y)。

2.【参考答案】

1954年,心理学家首先进行了"感觉剥夺"实验:实验中给被试者戴上半透明的护目镜,使其难以产生视觉;用空气调节器发出的单调声音限制其听觉;手臂戴上纸筒套袖和手套,腿脚用夹板固定,限制其触觉。被试单独待在实验室里,几小时后开始感到恐慌,进而产生幻觉。在实验室连续待了三四天后,被试会产生许多病理心理现象:出现错觉幻觉;注意力涣散,思维迟钝;紧张、焦虑、恐惧等,实验后需数日方能恢复正常。

感觉剥夺是指将被试和外界环境刺激高度隔绝的特殊状态。在这种状态下,各种感觉器官接收不到外界的任何刺激信号,经过一段时间之后,就会产生这样或那样的病理心理现象。

感觉对个体的意义:

(1)感觉提供了内外环境信息。通过感觉,人能认识外界物体的颜色、气味等,从而了解事物的各种属性。

(2)保证了机体与环境的信息平衡。人要正常生活,必须和环境保持平衡,其中包括信息的平衡。

(3)感觉是认识过程的开端,是一切较高级复杂心理现象的基础。是人的全部的心理现象的基础,人的知觉记忆思维等复杂的认识活动,必须借助于感觉提供的原始材料。

3.【参考答案】

(1)刺激作用于皮肤引起各种各样的感觉,叫肤觉。肤觉的基本形态有四种:触觉、冷觉、温觉和痛觉。

(2)肤觉对人类的正常生活与工作有着重要意义。

①人们对事物的空间特性的认识离不开触觉的作用。人的触觉不仅能够认识物体的软、硬、粗、细、轻、重等特性,而且它和视觉与其他感觉的联合,还能认识事物的大小和形状。在视觉、听觉损伤的情况下,肤觉起着重要的补偿作用。

②肤觉对维持机体与环境的平衡也有重要作用。如果人们丧失痛觉、温觉和冷觉,就不能回避各种伤害人体的危险,也不能实现对体温的调节。

4.【参考答案】音调主要是由声波频率决定的听觉特性。音调不仅取决于频率的高低,而且还受到声音的持续时间、声音强度和复合音的音调等的影响。

频率说也叫电话理论。这是1886年由物理学家拉瑟福德提出的一种理论。这种理论认为,内耳的基底膜是和镫骨按相同频率运动的。振动的数量与声音的原有频率相适应。如果声音的频率较低,连接卵圆窗的镫骨每次振动次数较少,因而使基底膜的振动次数也较少。如果声音的频率提高,镫骨和基底膜都将发生较快的振动。

人们很快发现,频率理论难以解释人耳对声音频率的分析。人耳基底膜不能做每秒1000次以上的快速运动,这和人耳能够接受超过1000赫兹的声音是不符合的。

共鸣理论也叫位置理论。由赫尔姆霍茨提出。该理论认为,由于基底膜的横纤维长短不同,靠近蜗底较窄,靠近蜗顶较宽,因而就像一部竖琴的琴弦一样,能够对不同频率的声音产生共鸣。声音刺激的频率高,短纤维发生共鸣;声音刺激的频率低,长纤维发生共鸣。人耳基底膜约有24000条横纤维,它们分别对不同频率的声音进行反应。基底膜的振动引起听觉细胞的兴奋,因而产生高低不同的音调。

人耳能够接受的频率范围16~20000Hz,最高频率与最低频率之比为1000∶1,而基底膜上横纤维的长短之比仅为10∶1。可见,横纤维的长短与频率的高低之间并不对应。

5.【参考答案】

感觉的基本规律的主要内容包括:

(1)感觉阈限。感觉阈限是指在刺激情境下感觉经验产生与否的界限。感觉阈限分为两类:①绝对感觉阈限:一般来说,过弱的刺激,如落在皮肤上的尘埃,我们是觉察不到的。那种刚刚能觉察到的最小物理刺激量称为绝对阈限。②差别阈限:在已有感觉的基础上增加或减少刺激量,并不都能被我们觉察出来。刚刚能觉察出两个刺激的最小差异量称为差别阈限或最小可觉差。

(2)感觉适应。由于刺激对感受器的持续作用从而使感受性发生变化的现象,叫感觉适应。感觉适应可以引起感受性的提高,也可以引起感受性的降低。这在视觉的适应中表现得特别明显。视觉适应可分为两类:①暗适应:照明停止或由亮处转入暗处时视觉感受性提高的时间过程。②明适应:照明开始或由暗处转入亮处时人眼感受性下降的时间过程。

(3)感觉后效。在刺激作用停止后暂时保留的感觉现象称作感觉后效。感觉后效在视觉中表现尤其明显,称为后像。视觉后像有两种:①正后像:与强光刺激的品质相同的后像。②负后像:与强光刺激在品质上相反的后像。

(4)感觉对比。不同的刺激作用于同一感受器而导致感受性发生变化的现象称为感觉对比。

四、论述题

1.【参考答案】

(1)三色说

英国科学家托马斯·杨,假定人的视网膜有三种不同的感受器——红、绿、蓝,每种感受器只对光谱的一个特殊成分敏感。后由赫尔姆霍茨修正为每种感受器都对各种波长的光有反应,但不同的感受器对不同的光更敏感,若一种光能引起三种感受器同等程度的兴奋,人们就产生白色感觉,其他色觉都是由这三种感受器按一定比例兴奋的结果。

神经生理学的研究发现,视网膜中确实存在三种视锥细胞,分别对应红绿蓝三色,但这一理论也存在着明显的缺陷,它无法解释红绿色盲。

(2)拮抗说

又称对立过程理论,德国生理学家黑林提出四色论,是拮抗说的前身。他认为视网膜存在着三对视素:黑—白、红—绿、黄—蓝。它们在光的刺激下表现为拮抗的过程。后来生理学家先后在动物神经节和外侧膝状体细胞内,发现了编码颜色信息的对立机制。

所以,在视网膜水平,色觉是按三色理论提供的原理产生的;而在视觉系统更高水平上,存在着功能对立的细胞,颜色的信息加工表现为对立的过程。

第四章 知 觉

第一节 知觉的一般概念

考点1 知觉的概述

1.【解析】考查对感觉和知觉的理解和区分。我们的神经系统不能直接加工外界输入的物理能量或化学能量,如光波和声音。这些能量必须经过感官的换能作用,才能转化为神经系统能够接受的神经能或者神经冲动,这个过程叫作感觉编码。BCD都属于知觉过程。感知觉的区别在于知觉比感觉更加复杂,对事物的加工水平比感觉更高级,是对感觉的分析和综合。

参考答案:A

2.【解析】知觉作为一种活动、过程,包含了互相联系的几种作用:觉察、分辨和确认。觉察是指发现事物的存在,而不知道它是什么;分辨是把一个事物或其属性与另一个事物或其属性区别开来;确认是指人们利用已有的知识经验和当前获得的信息,确定知觉的对象是什么。

参考答案:ABC

3.【参考答案】

人通过感官得到了外部世界的信息。这些信息经过头脑的加工(综合与解释),产生了对事物整体的认识,并了解它的意义,就是知觉。换句话说,知觉是客观事物直接作用于感官而在头脑中产生的对事物整体的认识。

考点2 知觉中的自下而上和自上而下的加工

1.【解析】自上而下的加工,又叫概念驱动加工。自上而下的加工由有关知觉对象的一般知识开始,由此形成期望或对知觉对象的假设,这种期望或假设制约着加工的所有阶段或水平,从而调整特征觉察器引导对细节的注意等。自上而下的加工反映了知觉过程中个体已有知识、经验、期望对于知觉的影响。

参考答案:C

2.【参考答案】

自上而下的加工指的是知觉的产生依赖于主体的知识经验和他的兴趣、爱好、心理准备状态,即还需要加工自己头脑中已经存储的信息,又叫概念驱动加工。例如,我们去火车站接一位不认识的客人,我们对来的人的期待,将影响到我们对他的识别和确认。又如,在阅读课文时,由于个人的知识经验不同,我们从课文中提取的信息也是不一样的。

自下而上的加工指的是知觉的产生依赖于感觉提供的信息,即客观事物的特性,对这些特性的加工,又叫数据驱动加工。例如,颜色和明度知觉依赖于光的波长和强度,音调和音响知觉依赖于声波的频率与声压水平,形状知觉依赖于物体的原始特征和线条朝向,运动知觉依赖于物体的位移,等等。

一般来说,在知觉外界物体时,非感觉的信息越多,所需要的感觉信息就越少,因而自上而下的加工占优势;相反,非感觉的信息越少,所需要的感觉信息就越多,因而自下而上的加工占优势。

考点3 知觉的分类

1.【解析】根据知觉中意识参与的程度,可以将知觉分为阈上知觉和阈下知觉。阈下知觉也叫作无觉察知觉,是一种无意识知觉,研究发现,当刺激没有被个体所察觉时,也能对个体的行为产生影响,也就是说个体可以在低于知觉阈限的情况下对刺激进行加工。"盲视"就是阈下知觉的实例:他们认为自己什么都看不见,但是强迫他们指出视野中的光源,他们是可以很准确地指出来的,说明他们丧失了对视觉经验的觉知能力,却能够利用残余的视觉系统进行定位。

参考答案:C

第二节 知觉的特性

考点1 知觉理解性

1.【解析】知觉理解性是人在知觉过程中,不是被动地把知觉对象的特点登记下来,而会以过去的知识经验为依据,对知觉对象做出某种解释,使它具有一定的意义。

参考答案:D

2.【解析】理解性是人在知觉过程中,不是被动地把知觉对象的特点登记下来,而会以过去的知识经验为依据,对知觉对象做出某种解释,使它具有一定的意义。"外行看热闹,内行看门道"说的是有相关知识经验的人在知觉当前事物时会以以往的知识经验来理解,体现的是知觉特性当中的理解性。

参考答案:D

3.【解析】知觉理解性是人在知觉过程中,不是被动地把知觉对象的特点登记下来,而会以过去的知识经验为依据,对知觉对象做出某种解释,使它具有一定的意义。将云朵或墙壁看成山川河流等,就是利用过去的知识经验对当前事物的理解。

参考答案:C

4.【参考答案】知觉是根据感觉所获得的资料而做出的心理反应,此种反应说明了个体在其已有的经验的基础上,对环境事物所做的主观解释。同种花色的衣服穿在胖、瘦、美、丑的人身上,予人的知觉是不同的。知觉虽然是以生理为基础的感觉资料为依据,但所得之知觉经验内容,却完全是心理作用。

人们总是根据以往的经验来解释知觉并以此来概括它,这就是知觉的理解性。对此既可以概括性地认识,也可以分化认识。人们往往借助已有的知识经验来确定和领会它,并用词把它表示出来,这是人们凭借已有的知识经验来辨认或者认知事物的过程。当然,知觉的理解有正确和错误之分(有时会有违客观性),不同的主体有不同的思维,理解的主体不同会形成不同的认识,得出不同的认知结论。

考点2 知觉整体性

1.【解析】人在知觉客观对象时,总是把它作为一个整体来反映,这就是知觉的整体性。知觉对象是由许多部分组成的,各部分具有不同的特征,但是人们并不把对象感知为许多个别的、孤立的部分,而总是把它知觉为一个统一的整体。主观轮廓指的是在物理刺激为同质的视野中直觉到的轮廓,通常是指实际上并不存在的只是视觉上认为存在的轮廓线。因此,主观轮廓的存在主要体现了知觉的整体性。

参考答案:A

2.【参考答案】

整体优先现象是指,当要求识别整体时,局部特征的性质,即局部特征是否与整体特征相匹配,并不影响整体的知觉。然而,当要求识别局部时,整体特征的性质,即整体特征是否与局部特征相匹配,影响局部的知觉。这些结果提示知觉过程中存在整体优先。

内温的实验是给被试呈现由许多小字母组成的大字母材料,视觉呈现刺激图形后,让被试同时从听觉接收的一个字母,让被试做局部反应和整体反应(局部反应是判断视觉的小字母与听到的字母是否一致;整体反应是判断视觉的大字母与听到的字母是否一致),最后统计分析两者反应时的情况。

考点3 知觉选择性

1.【参考答案】

知觉选择性是指个体根据自己的需要与兴趣,有目的地把某些刺激信息或刺激的某些方面作为知觉对象而把其他事物作为背景进行组织加工的过程。知觉的选择性既受知觉对象特点的影响,又受知觉者本人主观因素的影响,如兴趣、态度、爱好、情绪、知识经验、观察能力或分析能力等。知觉的选择性与知觉的其他特性是密不可分的,被选择的知觉对象通常是完整的、相对稳定的和可以理解的。

2.【解析】知觉选择性是指,个体根据自己的需要与兴趣,有目的地把某些刺激信息或刺激的某些方面作为知觉对象而把其他事物作为背景进行组织加工的过程。这道题中,"鹤立鸡群"中的"鹤"和"万绿丛中一点红"中的"红"都是知觉选择性的体现。

参考答案:B

3.【解析】知觉的选择性是人在知觉客观世界时,总是有选择地把少数事物当成知觉的对象,而把其他事物当成知觉的背景,以便更清晰地感知一定的事物和对象。两可图是知觉选择性的体现。

参考答案:B

4.【解析】在知觉过程中,个人某些主观因素的作用,在不同方面和不同程度上影响着知觉的选择性,表现为主体主动地感知对象。主体为了分析知觉的对象就会产生知觉选择性。

参考答案:D

考点4 知觉恒常性

1.【解析】当知觉的客观条件在一定范围内改变时,我们的知觉映像在相当程度上却保持着它的稳定性,这就是知觉的恒常性。

参考答案:D

2.【解析】明度恒常性是指当照明条件改变时,人知觉到的物体的相对明度保持不变的知觉特征。颜色恒常性是指个体对熟悉的物体,当其颜色由于照明等条件的改变而改变时,颜色知觉不因色光改变而趋于保持相对不变的知觉特征。如室内的家具,在不同色光照明下,对其颜色知觉仍保持相对不变。知觉理解性:在知觉事物的过程中,人们总要根据已知线索,用自己的知识和经验提出假设,并进行检验,最后对知觉对象做出合理的解释,使它具有一定意义的特性。知觉适应:当视觉输入发生变化时,我们的视觉系统能够适应这种变化,使之恢复到变化前的状态。

参考答案:D

3.【解析】知觉的恒常性指当知觉的客观条件在一定范围内改变时,我们的知觉映像在相当程度上保持着它的稳定性。恒常性的种类包括:形状恒常性、大小恒常性、明度(亮度)恒常性、颜色恒常性、方向恒常性。

参考答案:D

4.【参考答案】

(1)知觉恒常性

知觉的恒常性是指当知觉的客观条件在一定范围内改变时,我们的知觉映象在相当程度上却保持着它的稳定性。它是人们知觉客观事物的一个重要特性。在视觉范围内,恒常性的种类有:

①形状恒常性:当我们从不同角度观察同一物体时,物体在视网膜上投射的形状是不断变化的。但是,我们知觉到的物体形状并没有显出很大的变化,这就是形状的恒常性。例如,一扇从关闭到敞开的门,尽管这扇门在我们视网膜上的投影形状各不相同,但人们看去都是长方形的。

②大小恒常性:当我们从不同距离来观看同一物体时,物体在网膜上成像的大小是有变化的,距离大,它在网膜上成像较小;距离小,它在网膜上成像较大。而知觉到的大小却不完全随距离而变化,它趋向于原物的实际大小。例如,一个人从我面前走向教室后门,尽管他在我的视网膜上的投射大小有很大变化,可是看到的大小并没有明显改变。

③明度恒常性:在照明条件改变时,物体的相对明度或视亮度保持不变,叫明度或视亮度恒常性。例如白墙在阳光和月色下看,它都是白的;而煤块在阳光和月色下,看去都是黑的。

④颜色恒常性:一个有颜色的物体在色光照明,它的表面颜色并不受色光照明的严重影响,而是保持相对不变。例如室内的家具在不同灯光照明下,它的颜色相对保持不变一。

(2)知觉恒常性的意义

恒常性对于人的正常生活和工作有重要意义。如果人的知觉随着客观条件的变化而时刻变化,那么要想获得任何确定的知识都是不可能的。研究恒常性不仅有助于建筑、艺术等实践部门的工作,而且有助于现代计算机技术的发展。现代的机器人有"视觉"可以看,有"听觉"可以听,但它们没有知觉的恒常性。因此,当观察条件明显变化时,机器人就难以执行自己原来的任务。恒常性使得我们对世界有一个稳定的印象。

第三节　空间知觉

考点1　形状知觉

1.【解析】主观轮廓是指,当客观上不存在刺激的梯度变化时,人在一片同质的视野中也能看到轮廓,也叫错觉轮廓。

参考答案:CD

2.【解析】图形组织的一些原则:邻近性、相似性、对称性、良好连续、共同命运、封闭、线条方向和简单性。图中体现了知觉的闭合原则。

参考答案:A

3.【解析】图形组织的一些原则:邻近性、相似性、对称性、良好连续、共同命运、封闭、线条方向和简单性。观众把篮球比赛中穿着不同服装的运动员相应地归为不同的球队,这体现了知觉组织的相似性。

参考答案:D

考点2　大小知觉

1.【参考答案】

(1)大小知觉是指对物体大小的整体认识。我们知觉的物体大小与物体在视网膜上投影的大小有关系。视像的大小服从于几何投影的规律。用公式表示为:$a=A/D$,a是视像的大小,A是物体的大小,D指对象与眼睛的距离。

(2)在距离相等时,视像大,说明物体大;视像小,说明物体小。在视像恒定时,距离大,说明物体大;距离小,说明物体小。也就是说,人们在知觉物体大小时,不自觉地解决了大小与距离的关系,即$A=Q\times D$。这就是大小-距离不变假设。

(3)大小知觉的影响因素:对物体的熟悉度;邻近物体的大小对比;体态变化对大小知觉也有一定影响。

考点3　深度和距离知觉

1.【解析】纹理梯度又称为结构级差,这是指视野中的物体在网膜上的投影大小和投影密度发生有层次的变化。

参考答案:B

2.【参考答案】

深度知觉是指人对物体远近距离即深度的知觉。作为深度知觉与距离知觉的线索多种多样。主要有以下三种:

(1)肌肉线索(生理线索),包括:水晶体的调节和双眼视轴的辐合两种。调节对分辨深度和距离的作用较小,只在一到两米的范围内有效,且不是特别精确。辐合是双眼的机能,物体近,辐合角大,物体远,辐合角小。辐合在深度知觉中的作用较大。

(2)单眼视觉线索,指用一只眼睛就能感受的深度线索,包括:

①对象重叠(遮挡):物体相互遮挡是判断物体前后关系的重要条件。

②线条透视:两条向远方伸延的平行线看来趋于接近,就是线条透视。

③空气透视:物体反射的光线在传送过程中是有变化的,其中包括空气的过滤作用和由它引起的光线的散射。结果,远处物体显得模糊,细节不如近物清晰。

④相对高度:在其他条件相等时,视野中两个物体相对位置较高的那一个,就显得远些。

⑤纹理梯度(结构级差):视野中的物体在视网膜上的投影大小和投影密度发生有层次的变化。

⑥运动级差和运动透视等:当观察者与周围环境中的物体相对运动时(包括观察者移动自己的头部,或观察者随运动着的物体而移动),远近不同的物体在运动速度和运动方向上将出现差异。一般来说,近处物体看上去移动得快,方向相反;远处物体移动较慢,方向相同。这就是运动视差。当观察者向前移动时,视野中的景物也会连续活动,近处物体流动的速度大,远处物体流动的速度小,这种现象叫运动透视。

(3)双眼视觉线索的双眼视差是深度知觉的主要线索。当人看远近不同的平面物体时,由于两眼相距65mm,两眼视像便不完全落到对应部位,这时左眼看物体的左边多些,右眼看物体的右边多些,但都偏向鼻侧。这样,不在同一平面上的物体在两眼视网膜上的成像就有了差异,这一差异便称为双眼视差。因为双眼比单眼有更多的深度线索可以参照,所以根据以往资料和生活实际,均可得到单眼的深度知觉准确性差于双眼。当距离超过1300米时,两眼视差为零,对判断距离和深度便不起作用了。

考点4　方位定向

1.【解析】该题考查听觉的方向定位。人有两只耳朵,它们分别长在头部的左右两侧,相隔27.5cm,这样同一声源到达双耳的距离不同,便产生了双耳刺激的时间差、强度差别、声波位相差别。这是人耳进行声音定向的主要线索。

参考答案:D

2.【解析】听觉方位定向能力主要来自两耳听觉的差异,包括时间差、强度差和位相差。

参考答案：C

第四节 时间知觉、运动知觉和错觉

考点1 时间知觉

1.【解析】在判断时间的精确性方面，听觉最好，触觉其次，视觉最差。

参考答案：B

2.【解析】时间知觉是对客观现象运动的延续性和顺序性等时间特性的知觉。时间知觉主要包括时序知觉、时距知觉和时间点知觉。

参考答案：D

3.【解析】影响时间知觉的各种因素有：感觉通道，听觉>触觉>视觉；一定时间内事件的数量和性质（数量多，性质复杂，时间短；回忆往事时则相反）；人的兴趣与情绪；时间间隔越大，人对时间估计的误差就越大。

参考答案：ABC

考点2 运动知觉

1.【解析】该题考查运动知觉中的似动现象。似动的形式主要有动景运动（Phi 运动）、诱发运动、自主运动和运动后效。其中 AC 属于大小错觉，潘佐错觉是在两条辐合线的中间有两条等长的直线，结果下面的比上面的看上去长一些。月亮错觉是月亮在天边时大，在天顶时小。诱导运动是由于一个物体的运动使其相邻的一个静止的物体产生运动现象，如月亮在云里穿行。动景运动是指当两个刺激物（光点、直线、图形或画片）按一定空间间隔和时间距离相继呈现时，我们会看到从一个刺激物向另一个刺激物的连续运动，比如电影。

参考答案：B

2.【解析】诱发运动是指由于一个物体的运动使其相邻的一个静止的物体产生运动的现象。例如，夜空中人们仿佛看到月亮在动，其实月亮是静止的，实际是云在移动。

参考答案：A

3.【参考答案】

诱发运动：由于一个物体的运动使其相邻的一个静止的物体产生运动的现象，叫诱发运动。例如，夜空中的月亮是相对静止的，而浮云是运动的。可是，由于浮云的运动，使人们看到月亮在动，而云是静止的。

4.【参考答案】

似动是指在一定的时间和空间条件下，人们在静止的物体间看到了运动，或者在没有连续位移的地方，看到了连续的运动。似动主要包括四种主要形式，分别如下：

（1）动景运动，也叫 Phi 运动或最佳运动。当两个刺激物按一定空间间隔和时间间隔距离相继呈现时，我们看到从一个刺激物向另一个刺激物的连续运动，这就是动景运动。电影、电视、霓虹灯等的视觉效果就属于动景运动。

（2）诱发运动。由于一个物体的运动使其相邻的一个静止的物体产生运动的现象，叫诱发运动。例如，夜空中的月亮是相对静止的，而浮云是运动的。可是，由于浮云的运动，使人们看到月亮在动，而云是静止的。

（3）自主运动。指黑暗中微弱的静止光点好像在动，例如，在暗室内，如果你点燃一支熏香或烟头，并注视着这个光点，你也会看到这个光点似乎在运动。

（4）运动后效。在注视向一个方向运动的物体之后，如果将注视点转向静止的物体，那么你会看到静止的物体似乎朝相反的方向运动。例如，如果你注视瀑布的某一处，然后看周围静止的田野，会觉得田野上的一切在向上飞升。在注视飞速开过的火车之后，你会觉得附近的树木向相反的方向运动。

考点3 错觉

1.【解析】错觉是对客观事物的一种不正确的、歪曲的知觉。错觉可以发生在视觉方面，也可以发生在其他知觉方面。我们的知觉有时不能正确地反映外界事物的特性，而出现种种歪曲，这种现象都叫作错觉现象。

参考答案：C

2.【解析】本题考查的是错觉的种类，一条直线的中部被遮盖住了，看起来其两端就不像在一条直线上了，这属于方向错觉。

参考答案：B

3.【参考答案】

月亮错觉是指月亮在天边（刚升起）时显大，而在天顶时显小。

4.【参考答案】

我们的知觉不能正确地表达外界事物的特性，而会出现种种歪曲，称为错觉。错觉的种类主要如下：

1. 大小错觉

（1）谬勒-莱耶错觉（箭形错觉）：有两条长度相等的直线，如果一条直线的两端加上向外的两条斜线，另一条直线的两端加上向内的两条斜线，那么前者就显得比后者长得多。

（2）潘佐错觉（铁轨错觉）：在两条辐合线的中间有两条等长的直线，结果上面一条直线看上去比下面一条直线长些。

（3）垂直-水平错觉：两条等长的直线，一条垂直于另一条的中点，那么垂直线看上去比水平线要长一些。

（4）贾斯特罗错觉：两条等长的曲线，包含在下图中的一条比包含在上图中的一条看上去长些。

（5）多尔波也夫错觉：两个面积相等的圆形，一个在小圆的包围中，另一个在大圆的包围中，结果前者显大，后者显小。

（6）月亮错觉：月亮在天边（刚升起）时显大，而在天顶时显小。

2. 形状和方向错觉

（1）佐尔拉错觉：一些平行线由于附加线段的影响而被看成是不平行的。

（2）冯特错觉：两条平行线由于附加线段的影响，使中间显得窄而两端显得宽，直线好像是弯曲的。

（3）爱因斯坦错觉：在许多环形曲线中，正方形的四边略显弯曲。

（4）波根多夫错觉：被两条平行线切断的同一条直线，看上去不在一条直线上。

3. 螺旋和运动错觉

（1）螺旋错觉：以 Fraser 螺旋为典型，其中黑色的一圈圈的弧看起来是一个螺旋，其实它们是由一组同心圆构成的。背景上每一个带有方向性的小单元格使之产生螺旋上升的知觉。

（2）运动错觉：当我们的目光注视图上的某一个圆时，会觉得其他的圆在转动，其实这些圆环都是一些静态图片。

章节考点 综合训练

一、单项选择题

1.【解析】该题考查深度知觉的线索，双眼视差是人们感知物体的距离和深度所依靠的两眼提供的线索。立体电影就是利用了人眼的这个特点。

参考答案：D

2.【解析】深度知觉的线索有肌肉线索、单眼线索和双眼线索。单眼线索：对象重叠（遮挡）、线条透视、空气透视、相对高度、纹理梯度、运动视差、运动透视、颜色分布。双眼线索：双眼视差。ACD 均为单眼线索。

参考答案：B

3.【解析】知觉恒常性是指当知觉的客观条件在一定范围内改变时，我们的知觉映像却在相当程度上保持着它的稳定性。远处行驶的汽车看起来很小，但人们并不认为汽车变小了体现的就是知觉的恒常性。

参考答案：A

4.【解析】两条长度相等的线段，但 b 线段显得比 a 线段长，这种现象是缪勒-莱耶错觉。

参考答案：A

5.【解析】向日葵近疏远密，它所反映的距离知觉线索的纹理梯度。空气透视是指远处物体显得模糊，细节不如近物清晰，人们根据这一线索推断物体的远近。线条透视是指两条向远方延伸的平行线看起来趋于接近的现象。对象重叠（遮挡）：一个物体掩盖或遮挡另一物体，被掩盖的物体知觉得远些。

参考答案：C

6.【解析】运动透视是指当观察者向前移动时，视野中的景物也会连续活动。近处物体流动的速度大，远处物体流动的速度小。

参考答案：C

7.【解析】单眼线索有对象重叠（遮挡）、线条透视、空气透视、相对高度、纹理梯度、运动视差、运动透视、颜色分布，不属于单眼线索的是视轴辐合。

参考答案：D

8.【解析】知觉的理解性是人在知觉过程中，不是被动地把知觉对象的特点登记下来，而会以过去的知识经验为依据，对知觉对象做出某种解释，使它具有一定的意义。

参考答案：C

9.【解析】知觉恒常性是指，当知觉的客观条件在一定范围内改变时，我们的知觉映像却在相当程度上保持着它的稳定性。一件白衬衫在灯光昏暗的房间里和在阳光明媚的户外亮度不同，但是人们仍然将其直觉为白衬衫是知觉的恒常性。

参考答案：D

10.【解析】动景运动是指当两个刺激物按一定空间间隔和时间间隔距离相继呈现时，我们看到从一个刺激物向另一个刺激物的连续运动，电影的放映就是这个现象。

参考答案：A

11.【解析】由于一个物体的运动使得其相邻的一个静止的物体产生运动的现象，叫诱发运动。

参考答案：B

12.【解析】运动后效是指在注视向一个方向运动的物体之后，如果将注视点转向静止的物体，会看到静止的物体似乎是朝着相反方向运动，这就是运动后效。BCD选项都属于运动后效的一种，A选项属于大小错觉的一种，因此本题选择A。

参考答案：A

13.【解析】自下而上的加工，又叫数据驱动加工，是指知觉系统依赖于直接作用于感官的刺激物的特性，对这些特性的加工；自上而下的加工又叫概念驱动加工，是强调知觉者对事物的态度、需要、兴趣爱好，尤其是他的一般知识经验对知觉加工过程的影响。这是两种方向不同的信息加工过程，两者相互联系、相互作用构成整个知觉过程。知觉定势：是指先前的知觉经验对后来知觉的影响，属于自上而下的加工方式。

参考答案：A

14.【解析】自主运动是黑暗中微弱的静止光点好像在动，如注视不动的烟头光点在运动。

参考答案：D

15.【解析】选择性是人在知觉客观世界时，总是有选择地把少数事物当成知觉的对象，而把其他事物当成知觉的背景，以便更清晰地感知一定的事物和对象。知觉的对象从背景中分离出来，与注意的选择性有关。

参考答案：C

16.【解析】人们产生深度知觉的来源有生理机制、单眼线索及双眼线索（双眼视差），其中双眼线索是人们产生深度知觉的最重要来源。

参考答案：C

17.【解析】知觉的基本特性有整体性、对象性、恒常性、理解性。

参考答案：A

18.【解析】双眼视差：两眼相距大约65mm，因此，当用两眼看同一物体时，这一物体落在两眼视网膜上视像就有了差异。两眼视网膜上形成的略有差异的视像叫双眼视差，它是产生深度知觉的最主要的线索。运动视差是由于在同一时间内距离不同的物体在视网膜上运动的范围不同：近处物体视角大，在视网膜上运动的范围大，而远处物体视角小，在视网膜上运动的范围小，因而产生不同的速度印象。错觉：在特定条件下产生的对物体歪曲的知觉，这种歪曲往往带有固定的倾向。知觉：人脑对直接作用于感觉器官的客观事物整体的反映。似动：物体在空间中并没有发生位移却被知觉为运动的现象，又叫动景现象。

参考答案：B

19.【解析】大小恒常性：机体对物体大小的知觉经验不因物体距离的远近所构成的视网膜视像大小而有所变化的现象。足球在视网膜上的成像不断变大，但我们把它知觉为是一个大小不变的足球正在向我们靠近，这一现象体现了知觉的恒常性。

参考答案：C

20.【解析】电影、卡通片的制作采用的动景运动。

参考答案：B

21.【解析】“窥一斑而见全豹”比喻可以从观察的部分推测到全貌，这体现了知觉的整体性。

参考答案：A

22.【解析】A选项，动景运动指当两个刺激物按一定空间间隔和时间间隔相继呈现时，我们会看到一个刺激物向另一个刺激物的运动；B选项，自主运动指在暗室中注视一个光点，会看到这个光点似乎在运动；C选项，诱发运动是由于一个物体的运动使得其相邻的一个静止的物体产生运动的现象。

参考答案：C

23.【解析】格式塔心理学的代表人物韦特海默通过实验证实了动景运动这一现象。

参考答案：A

24.【解析】听觉方位定向能力主要来自两耳听觉的差异，包括时间差、强度差和相位差。

参考答案：D

二、名词解释

1.【参考答案】

人们知觉物体的距离与深度，主要依赖于两眼提供的线索，由于正常的瞳孔距离和注视角度不同，造成左右眼视网膜上的物象存在一定程度的水平差异。

在观察立体视标的时候，两只眼由于相距约65mm，所以会从不同角度观察。这种在双眼视网膜成像出现微小的水平像位差，称为双眼视差。

2.【参考答案】

似动知觉是指在一定的时间和空间条件下，人们在静止的物体间看到了运动，或者在没有连续位移的地方，看到了连续的运动，是一种错觉性的运动知觉。它主要有动景运动、诱发运动、自主运动、运动后效这几种形式。

3.【参考答案】

知觉依赖于感知的主体，即具体的人。人的知觉系统加工在头脑中已经储存的信息，这个过程就叫自上而下的加工或概念驱动加工。

4.【参考答案】

阈下知觉也叫作无觉察知觉，是一种无意识的知觉。当刺激没有被个体意识觉察时，也能对个体的行为产生影响，即个体可以在低于知觉阈限的情况下对刺激进行加工。

5.【参考答案】

负启动是指当探测刺激与先前被忽略的启动刺激相同或相关时，对探测刺激的反应变慢或准确度下降。负启动效应揭示了注意在认知活动中的复杂作用。

6.【参考答案】

时间知觉是对客观现象运动的延续性和顺序性等时间特性的知觉。时间知觉主要包括时序知觉、时距知觉和时间点知觉。

7.【参考答案】

知觉定势是指人们对一个物体的知觉往往受到前后相继出现的物体的影响，前者直接影响到后者的知觉，产生的对后者知觉的准备状态，是一种自上而下的过程。

8.【参考答案】

知觉恒常性是指当知觉的客观条件在一定范围内改变时，我们的知觉映像在相当程度上保持着它的稳定性。知觉恒常性的种类包括：大小、明度、颜色、方向恒常性等。

9.【参考答案】

在注视向一个方向运动的物体之后，如果将注视点转向静止的物体，会看到静止的物体似乎是朝着相反方向运动，这就是运动后效。

10.【参考答案】

当两个刺激物按一定空间间隔和时间间隔相继呈现时，我们会看到一个刺激物向另一个刺激物的运动，这就是动景运动，也叫最佳运动或 Phi 运动。

11.【参考答案】

知觉是客观事物直接作用于感官而在头脑中产生的对事物整体的认识。知觉的特征可分为：知觉的理解性、整体性、选择性、恒常性四种。

三、简答题

1.【参考答案】

(1)时间知觉的定义

我们知觉到客观事物和事件的连续性与顺序性，就是时间知觉。时间知觉主要包括时序、时距和时间点知觉三种。我们能够分辨时间发生的前后顺序，就是时序知觉；能估计出事件存在的持续时间就是时距知觉。时距又可分为空时距和实时距两类。空时距指一个事件的起止时间，而实时距指在某个时间间隔内包含着一个持续的事件。时间点知觉也叫对时间的确认，指知道某个事件发生的具体时间。

(2)影响时间知觉的因素

①感觉通道的性质

在判断时间的精确性方面，听觉最好，触觉其次，视觉较差。

②一定时间内事件发生的数量和性质

在一定时间内，事件发生的数量越多，性质越复杂，人倾向于把时间估计得较短；而事件的数量少，性质简单，人倾向于把时间估计得较长。

③人的兴趣和情绪

人们对自己感兴趣的东西，会觉得时间过得快，出现对时间的估计不足。相反，对厌恶的、无所谓的事情，会觉得时间过得慢，出现时间的高估。在期待某种事物时，会觉得时间过得很慢；相反，对不愿出现的事物，会觉得时间过得快等。

2.【参考答案】

知觉是客观事物直接作用于感官而在头脑中产生的对事物整体的认识，知觉是人们对来自周围环境的感觉刺激进行辨别、组织和理解的一系列加工。知觉过程包含觉察、分辨和确认，它以感觉为基础，但非个别感觉信息的简单总和。知觉的组织原则包括：

(1)接近原则：空间位置接近或邻近的客体容易被知觉为整体。

(2)相似原则：相似的客体容易被知觉为整体。

(3)对称原则：视野中对称的客体容易被知觉为整体。

(4)连续原则：具有连续性或运动方向相同等特点的客体容易被知觉为整体。

(5)闭合原则：刺激的特征倾向于聚合成形的客体容易被知觉为整体。

(6)共同命运原则：个体在知觉过程中倾向于将知觉对象中具有共同命运的要素结合在一起。

(7)简单原则：视野中具有简单结构的部分，容易被组成图形。

3.【参考答案】

深度知觉的线索有：肌肉线索、单眼线索及双眼线索。

1. 肌肉线索——生理线索

(1)调节：晶状体的形状(曲度)由于距离的改变而产生的由改变睫状肌的紧张度实现的变化，它只在 1～2m 范围内有效，也很不准确。

(2)辐合：双眼随距离的改变而将视轴汇聚到被注视的物体上，辐合可用辐合角来表示。辐合角的大小就为人们提供了物体距离远近的信息。

2. 单眼线索

(1)对象重叠(遮挡)：一个物体掩盖或遮挡另一物体，被掩盖的物体知觉得远些。

(2)线条透视：两条向远方延伸的平行线看起来趋于接近的现象。

(3)空气透视：远处物体显得模糊，细节不如近物清晰，人们根据这一线索推断物体的远近。

(4)相对高度：在其他条件相同时，视野中相对位置高的物体显得远些。

(5)纹理梯度(结构级差)：视野中物体在网膜上的投影大小和投影密度发生有层次的变化，远处对象密度大，近处对象密度小。

(6)运动视差：当观察者与周围环境的物体相对运动时，近处的物体看上去移动得快，方向相反；远处的物体看上去移动得慢，方向相同。

(7)运动透视：当观察者向前时，视野中的景物也会连续活动，近处物体流动的速度大，远处物体流动的速度小。

(8)颜色分布：暖色显得近、冷色显得远。

3. 双眼线索——双眼视差

当人注视一个平面物体时，它的每一点都落在视网膜的对应点上，视像相互吻合。但当人看一个立体物体时，两眼的视像不完全落在视网膜对应的部位，表现为左眼看物体的左边多些，右眼看物体的右边多些，这样立体物在两眼视网膜上的成像就有了差异，这一差异就是双眼视差，是深度和距离知觉的主要线索。

4.【参考答案】

知觉是客观事物直接作用于感官而在头脑中产生的对事物整体的认识。人在知觉过程中，不是被动地认识知觉对象的特点，而是以过去的知识经验为依据，力求对知觉对象做出某种解释，使它具有一定的意义。理解在知觉中的作用如下：

(1)理解帮助对象从背景中分离出来，如双歧图；

(2)理解还有助于知觉的整体性。如在观看某些不完整的图形时，理解会帮助我们把缺少的部分补充出来；

(3)理解还能产生知觉期待和预测。如熟悉英语词汇知识的人，在读到字母“WOR…”后，会预期出现 D，K，M 等字母，因为他们知道只有这些字母才能与“WOR”组成一个英文单词。

5.【参考答案】

知觉是客观事物直接作用于感官而在头脑中产生的对事物整体的认识。其主要特征包括四点：

(1)知觉的理解性是人在知觉过程中，不是被动地把知觉对象的特点登记下来，而会以过去的知识经验为依据，对知觉对象做出某种解释，使它具有一定的意义；

(2)知觉的整体性是人的知觉系统具有把个别属性、个别部分综合成整体的能力；

(3)知觉的选择性是人在知觉客观世界时，总是有选择地把少数事物当成知觉的对象，而把其他事物当成知觉的背景，以便更清晰地感知一定的事物和对象；

(4)知觉恒常性是指当知觉的客观条件在一定范围内改变时，我们的知觉映像在相当程度上保持着它的稳定性。知觉恒常性的种类包括：大小、明度、颜色、方向恒常性等。

6.【参考答案】

“仁者见仁、智者见智”体现了知觉的理解性。

(1)知觉是客观事物直接作用于感官而在头脑中产生的对事物整体的认识。知觉的理解性是指人们在知觉过程中，并不是被动地认识知觉对象的特点，而是以过去的知识经验为依据，力求对知觉对象做出某种解释，使它具有一定的意义。由于每个人的知识经验会有一定的差异，故不同的人在看到同一个事物时会出现差异性的解释，即仁者见仁、智者见智的现象。

(2)首先，知觉的理解性对知觉的选择性有一定的帮助作用，可以帮助对象从背景中分出。如我们对两歧图形的知觉。其次，知觉的理解性也有助于知觉的整体性，即人们对自己理解和熟悉的东西，容易当成一个整体来感知，相反，知觉的整体性便会受到破坏。最后，理解还能产生知觉期待和预测。

7.【参考答案】

(1)自上而下的加工：又称目标驱动加工。知觉依赖于感知的主体，即具体的人。知觉者对事物的需要、兴趣和爱好，或对活动的预先准备状态和期待，他的一般知识经验，都在一定程度上影响到知觉的过程和结果。如去车站接朋友,会按照自己头脑中对朋友的印象去搜索目标人物。

(2)自下而上的加工:又称数据驱动加工。知觉依赖于直接作用于感官的刺激物的特性。如被绿色草丛中的一朵红花吸引住目光。

四、论述题

1.【参考答案】

(1)知觉的信息加工机制主要包括自下而上的加工和自上而下的加工。

①自下而上的加工。自下而上的加工也称数据驱动加工,是指知觉者从环境中一个个细小的感觉信息开始,将它们以各种方式加以组合,便形成了知觉。持这种理论的心理学家认为,感受器所获得的感觉信息就是我们知觉所需要的一切,无须复杂的思维推理等高级认知过程的参与,我们直接知觉周围环境。而这种直接知觉环境的能力是由人的生物性决定的,这可以由视崖实验中很小的婴儿就能够形成深度知觉而知。这种直接知觉理论主要有三种理论假说:

a. 模板假说。模板假说认为,把观察到的客体模式与头脑中的模板集进行比较并选出与之匹配的最佳模板,我们就识别了该客体。

b. 原型假说。原型假说认为,原型不同于模板,它不是一个具体的特定样式,而是一类事物最典型(最常见)的例证。知觉的识别过程不是与模板精确、等同的匹配,而是与原型相一致。

c. 特征假说。特征假说认为,人们对事物的知觉,就是把事物的特征与记忆中所储存的特征相匹配,而不是把整个事物与模板或原型相匹配。

②自上而下的加工。也称概念驱动加工,指知觉者的经验、期望、动机引导着知觉者在知觉过程中的信息选择、整合和表征的建构,也称为建构知觉理论。基于先前经验、假想和期望所做假设而产生的知觉定势有时会导致极大的偏差。在知觉中,我们快速形成并测试关于知觉对象的各种假设,这些都以所感觉到的(感觉数据)、所知道的(记忆中储存的知识)以及所能推断的(利用高级认知加工)为根据,但这种假设或推论往往是无意识的。

总之,在知觉表征的形成中,既有自下而上的加工,又有自上而下的加工,这两种机制之间存在复杂的交互作用。一般来说,在人的知觉活动中,非感觉信息越多,他们所需要的感觉信息就越少,因而自上而下的加工占优势;相反,非感觉信息越少,就需要越多的感觉信息,因而自下而上的加工占优势。

(2)现象解释。

知觉依赖于直接作用于感官的刺激物的特性,如颜色和明度知觉依赖于光的波长与振幅,形状知觉依赖于物体的原始特征和线条朝向等等。当人们在知觉活动中自下而上的加工占优势时,人们往往会因为作用于感官的刺激物的特性相似而错认东西。比如人们往往会因为书本与盒子的颜色相似、形状相似,而容易将书本错认为盒子。

知觉还依赖于感知的主体,即具体的、活生生的人,知觉者对事物的需要、兴趣和爱好,或对活动的预先准备状态和期待,自身的一般知识经验,都在一定程度上影响到知觉的过程和结果。当人们在知觉活动中自上而下的加工占优势时,人们往往会因为知觉受到了动机、期望、经验或具体情境等的影响而错认东西。比如某个人正迫切地需要一瓶水的时候,他有可能会将一个手电筒错认了是一瓶水。

第五章　意识和注意

第一节　意识的一般问题

考点1　意识的概述

1.【解析】意识是心理的过程和属性。一般来说,意识可以看成是觉醒状态下的觉知,包括对客体的觉知和把自己与其他个体相区分的觉知。

参考答案:A

2.【解析】华生是行为主义的代表人物,强调对行为的研究,反对意识研究,排除A。冯特,心理学之父,构造主义创始人,主张复杂的心理现象都是由元素构成的,排除B。巴甫洛夫,发现并提出了条件反射,排除D。弗洛伊德,精神分析代表人物,把意识区分为意识和无意识。

参考答案:C

3.【解析】意识是指能被主体觉知到的部分。前意识:保持在人脑中的过去的经验在一瞬间没有被意识到,但随时可以进入意识,成为意识的一部分。潜意识也叫无意识,是相对于意识而言,指个体不曾察觉到或无法察觉到内心的心理活动和心理过程。题中描述的是前意识。

参考答案:C

考点2　无意识现象

1.【参考答案】

潜意识也叫无意识,是相对于意识而言,指个体不曾察觉到或无法察觉到内心的心理活动和心理过程。常见的无意识现象有无意识行为、对刺激的无意识、盲视。①无意识行为:自动化了的行为和习惯,是没有经过主观分析判断而做出的一种本能行为。常见的无意识行为包括睡眠、梦和幻觉以及边看电影边吃瓜子等。②对刺激的无意识:指没有察觉到刺激对他们行为产生的影响。③盲视:由脑损伤引起的对刺激的无意识。

2.【参考答案】

Helen 的表现被称作盲视。盲视是指被试尽管看不到"刺激",却可以对刺激进行一定程度的加工的现象。盲视属于一种无意识行为,是潜意识地调用大脑皮层中的某种原始功能,进行视觉成像的过程。盲视是视觉纹状皮层损毁后的患者残留的特殊视觉能力,即能对呈现在盲区的视觉刺激进行精确地探测、辨别和定位,却未伴随任何意识视觉体验。

威斯克朗兹曾报道过一个盲视的事例:一个大脑皮层17区受损的病人,其视野的绝大部分变成了一个大的黑点。尽管他无法觉察到,也报告不出呈现于这个大黑点的刺激,但可以对呈现于这个黑点内的不同刺激进行区分,超过概率水平。科学家们发现很多起视觉神经受损后出现盲视的案例,它们显示出人类在受伤后,经练习可能恢复一些原始的视觉感应功能。

第二节　几种不同的意识状态

考点1　睡眠

1.【解析】本题考查睡眠周期。国际睡眠医学将睡眠阶段分为五期:入睡期、浅睡期、熟睡期、深睡期、快速动眼期。第一阶段和第二阶段属于慢波睡眠、第三阶段第四阶段属于深度睡眠。睡眠中出现一种短暂爆发的,频率高、波幅大的脑电波是睡眠锭。

参考答案:A

2.【解析】这一题与我们平时的认知不相符合,如果只就睡眠剥夺这个实验来说的话,睡眠剥夺并不支持睡眠的必要性,8天200小时不睡觉,除了疲劳和昏昏欲睡之外,身心功能并无异常,11天不睡觉,在智力测验上也没有受到影响,但睡眠不足对情绪有影响。

参考答案:A

3.【解析】睡得很沉,脑波频率很慢,为0.5~2个周期每秒,而振幅却达到最大,即脑电波频率慢,振幅大,由睡眠阶段脑电波特征可知,正处于睡眠第四阶段。

参考答案:C

4.【解析】纺锤波是在睡眠的第二阶段出现。

参考答案:B

5.【参考答案】

睡眠是与觉醒相对的一种现象,这两种

现象从时间上来看是交替出现的,对睡眠的功能存在不同的解释。

(1)最常见的一种解释是睡眠使工作了一天的大脑和身体得到休息、休整和恢复。大脑在清醒状态时会制造化学腺苷来抑制感到困倦的神经元,而腺苷浓度在睡眠过程中会下降。因此,睡眠就像大脑的食物,帮助我们修复身体组织,特别是脑组织。

更重要的是,睡眠对于人体的功能不仅是从疲劳中恢复,更是机体清除垃圾的过程。一项最新研究表明:大脑在睡着和清醒的时候,有着不同的功能状态;人们在睡觉时,清除大脑中废物的系统最活跃。

(2)另一种解释是与生物进化有关的生态学理论。该理论认为,睡眠是为了适应生态环境,从而保护自身免遭伤害。个体除了必须睡眠之外,包括人类在内的各种动物之所以表现出各种不同类型的睡眠方式,其原因主要是在生存过程中长期演化而来的。

(3)睡眠可以帮助个体完成清醒时尚未结束的心理活动。在个人练习后,立即让他睡眠,则睡眠者醒来后会有较好的记忆。原因是练习后立即睡眠,可在睡眠中继续完成练习时未完成的信息处理工作。

(4)另外,睡眠可能在个体成长过程中也起到很大作用。在深度睡眠中,垂体腺释放成长激素。

(5)睡眠缺乏会压制对抗疾病的免疫系统,还可以改变新陈代谢和荷尔蒙的功能,产生肥胖、高血压和记忆缺失问题,睡眠剥夺实验结果发现,被试会变得萎靡不振,易怒,不能集中注意力,创造性缺失,以及逻辑推理能力下降。

考点2 梦

1.【解析】考查梦的理论解释。精神分析的观点认为,梦是潜意识过程的显现,是通向潜意识的可靠途径。认知观点认为,在睡眠中认知系统依然对存储的知识进行检索、排序、整合、巩固等,梦的功能是将个体的知觉和行为经验重新编码和整合,使之转化为符号化的可意识到的知识。生理学的观点认为,梦的本质是我们对脑的随机神经活动的主观体验,一定量的刺激对于维持脑与神经系统的正常功能是必要的,在睡眠时由于刺激减少,神经系统会产生一些随机活动,梦则是我们的认知系统试图对这些零散的随机活动进行整合和解释并赋予一定的意义,即激活-整合模式。

参考答案:A

2.【解析】快速眼动睡眠阶段,这时候脑的生理电活动迅速改变,δ 波消失,高频率、低波幅的脑电波出现,与个体在清醒状态时的脑电活动很相似。睡眠者的眼球开始快速做左右上下运动,而且通常伴随着栩栩如生的梦境。

参考答案:D

考点3 催眠

1.【解析】催眠是指在人为诱导下引起的意识改变状态。催眠是一种类似睡眠又实非睡眠的精神恍惚状态,表现为注意范围的缩小和对暗示接受程度的提高。催眠不同于睡眠,催眠中的脑电波与睡眠时的脑电波是不同的。当人进入催眠状态时,脑电图的波形与睡眠的波形不同,但与清醒状态时一致。人在催眠状态下出现了一些与清醒状态下不同的心理状态。一个人能否进入催眠状态主要取决于受暗示性的高低。

参考答案:C

2.【解析】可催眠性表示个体对标准化的暗示做出反应并体验催眠反应的程度。受暗示性上有很大的个体差异,从根本没有反应到完全反应。一般来说,人的这种可受暗示性的程度是相对稳定的。一般认为,人的这种受暗示性在儿童时期是较高的,在青少年时期可以达到最高,之后,随着年龄的增长而逐渐下降。有学者认为,感觉剥夺也可以使可催眠性有所改变,但改变不会很大。可催眠性与人的性格有关系,一般来说,想象力较丰富的人他们的受暗示性会比较高。

参考答案:B

3.【解析】催眠是另一种意识状态,在此状态下,人们会轻易地对暗示做出反应。催眠时的脑电特征与个体在清醒状态时是相似的,催眠技术的应用可有效地减少疼痛。

参考答案:B

4.【解析】催眠是另一种意识状态,在此状态下,人们会轻易地对暗示做出反应。催眠时的脑电特征与个体在清醒状态时是相似的,催眠技术的应用可有效地减少疼痛,容易被催眠的人十分容易受暗示。

参考答案:BCD

5.【参考答案】催眠是另一种意识状态,在此状态下,人们会轻易地对暗示做出反应。催眠时的脑电特征与个体在清醒状态时是相似的,目前对催眠的解释有以下两种。

(1)社会认知或角色扮演的观点

这一观点认为,催眠并不神秘或奇怪,它的作用只是反映了催眠师和被催眠者之间的一种特殊的关系。一般来说,被催眠的人事先对催眠已有所了解,知道催眠后会发生什么。在催眠中,他们只是扮演了一个特殊的社会角色——被催眠的人。这个角色意味着将无条件地接受催眠师的指挥。由于是角色的要求,被催眠的人在进入催眠状态后,就倾向于顺从催眠师的指示,做出特定的行为或产生特定的感受。

(2)意识功能分离的观点

这种观点认为,人的意识有执行和监督两种基本功能:执行功能可以使我们控制和规范自己的行为;监督功能可以使我们观察自己的行为。在正常情况下,意识的这两种功能是连在一起的,但是催眠可以使两种功能之间的联系断开。通过分离这两种基本的意识功能,可以达到催眠的效果。

第三节 注意的一般概述

考点1 注意的概述

1.【解析】本题考查了注意的品质。ABC涉及的是注意的品质(注意分配),持之以恒涉及的是意志的品质(坚定性)。

参考答案:D

2.【解析】注意分配又叫分配性注意,是个体在同一时间对两种或两种以上的刺激进行注意,或将注意分配到不同的活动中。所以工人操作机器时,可以眼、耳、手并用,这属于注意分配的体现。

参考答案:C

3.【解析】本题考查了注意的特征。注意的分配,指个体在同一时间内,对两种或两种以上的刺激进行注意,或将注意分配到不同的活动中;注意的广度,指人在同一时间内所能清楚地把握的对象的数量;注意的转移,指当环境或任务发生变化时,注意从一个对象转移到另一个对象上;注意的起伏,指注意在短暂时间内的起伏波动,时而能听见,时而听不见,就是注意的起伏的作用。

参考答案:C

4.【解析】注意转移的影响因素包括:①原来活动吸引注意的强度;②新的事物的性质和意义;③神经过程的灵活性。

参考答案:ABC

5.【参考答案】注意有以下功能:

(1)选择功能:对信息进行选择。选择重要的信息,排除无关信息的干扰。

(2)整合功能:注意状态下人才能将物体的个别特征信息进行加工整合为一个完整的物体。

(3)维持功能:注意能使得个体的心理活动集中在被选择的对象,直到活动达到目的为止。

(4)调节和监督功能:注意能使人根据环境特点,觉察事物的变化,调节心理与行为相适应,使个体能及时发现错误并给予修正。

6.【参考答案】

行为不同于心理,但和心理却有着密切的关联。行为通过刺激来引起,如强光刺激闭眼,疼痛刺激机体躲避等。引起行为的刺激常常是通过心理的中介而起作用。同样的刺激可能引起不同的反应,而不同的刺激也有可能引起相同的反应,其原因就在于人的主观世界不同(例如不同的人饮食的口味不同,能够吸引他们注意力的食物种类也不同)。因此,如果不了解人的内心心理过程,就难以理解其外部行为。

意识是一个古老而又难解的谜。就心理状态而言,意识意味着清醒、警觉、注意力集中等;就心理内容而言,意识包括可用语言报告的一切东西;在哲学水平上,意识是与物质相对立的精神实体,由思想、幻想、梦等构成。可以说,意识是一种觉知、一种心理状态和一种高级的心理官能。无意识是相对意识而言的,是个体不曾觉察到的心理活动和过程。常见的无意识现象有无意识行为、对刺激的无意识和盲视。意识可以分为不同的层次或者水平,从无意识到意识再到注意是一个连续体。

考点2　注意的种类

1.【解析】不随意注意:事先没有目的,也不需要意志努力就能维持的注意。随意注意:有预定目的,需要一定意志努力才能维持的注意。专心听讲就是随意注意。随意后注意:既有预定的目的,又无须多大意志努力就能完成的注意,是不随意注意和随意注意的结合,一般是在随意注意的基础上发展而来的。

参考答案:ABD

2.【解析】注意分为三类:(1)无意注意是没有预定目的的,不需要意志努力就能维持的注意,又叫不随意注意;(2)有意注意是有预定目的,需要付出一定意志努力才能维持的注意,又叫随意注意;(3)有意后注意是一种既有目的,又无须意志努力的注意,又叫随意后注意。

参考答案:A

3.【解析】上课时,学生被突然飞进的小鸟吸引,没有预定的目的,也不需要意志努力,因此是不随意注意,也叫无意注意。

参考答案:B

4.【解析】持续性注意通常用警戒作业来测量,这种作业要求被试在一段时间内,持续地完成某项工作,并用工作绩效的变化做指标。

参考答案:A

第四节　注意的生理机制和认知理论

考点1　注意的神经生理机制

1.【参考答案】

朝向反射是由新异刺激物引起的,是注意的最初生理机制(人和动物共有)。朝向反射是一种较复杂的反射,包括身体的一系列变化,比如动物把感官朝向刺激物,正在进行的活动受到压抑,四肢的血管收缩,头部血管舒张,心率变慢,出现深呼吸、瞳孔扩张等。

2.【解析】集中注意时,肾上腺素的分泌量增加。

参考答案:A

考点2　注意的认知理论

1.【解析】鸡尾酒会现象可用特瑞斯曼的注意衰减理论来解释。当人的听觉注意集中于某一事物时,意识将一些无关声音刺激排除在外,而无意识却监察外界的刺激,一旦一些特殊的刺激与己有关,就能立即引起注意的现象。

参考答案:B

2.【参考答案】

(1)过滤器理论

英国心理学家布罗德本特(Broadbent)根据双耳分听的一系列实验结果,提出了解释注意的选择作用的过滤器理论。该理论主要观点有如下几点:

第一,神经系统加工信息的容量是有限的,不可能对所有的感觉刺激进行加工。

第二,当信息通过各种感觉通道进入神经系统时,要先经过一个过滤机制。

第三,过滤器对信息进行选择,只选择较少的信息进入高级分析,其他信息被完全阻断在外。过滤器的工作方式是"全或无"的。

(2)衰减器理论

该理论由特瑞斯曼提出。其前两项内容跟过滤器理论一致(也就是这两个理论的共同点),区别在于第三条,当信息通过过滤装置时,不被注意的非追随信息只是在强度上减弱了,而不是完全消失。不同刺激的激活阈限是不同的,当刺激对被试有意义的时候,激活阈限低,当出现在非追随耳时,容易被人们察觉。比如出现你的名字或你喜欢的明星的名字。

(3)注意的过滤器理论和衰减器理论的异同:

①不同点

衰减器理论与过滤器理论对过滤装置的作用不同,过滤器理论认为不被注意或非追随的信息的消失,是一种"全或无"的思想。衰减器理论认为没有集中注意而被关闭的通道,也并没有完全被阻断的信息,而只是衰减了信息,即信息在强度上减弱,其中重要的信息仍可以通过而得到高级加工,并反映到意识中。

②相同点

有相同的出发点,即都把注意看作是一个控制系统,负责对一定量的信息进行加工处理。就是说信息加工系统的容量有限,因此,对外来的信息必须经过过滤装置加以调节。两种理论都假定信息的选择发生在知觉分析之前,只有经过选择以后的信息,才能受到进一步的加工、处理。

章节考点　综合训练

一、单项选择题

1.【解析】随意注意的影响因素有:活动目的与任务、兴趣、活动组织、过去经验、人格,选项中 ABC 均不符合题意。

参考答案:D

2.【解析】有研究表明,被剥夺了快速眼动睡眠的人,面对具有潜在压力的任务时有更多的困难;被剥夺了快速眼动睡眠的人,其最典型的反应是增加快速眼动睡眠。

参考答案:A

3.【解析】注意转移是指根据新的任务,主动地把注意从一个对象转移到另一个对象或由一种活动转移到另一种活动的现象。上完一节音乐课后,很快准备下一节语文课,反映的是注意的转移。

参考答案:C

4.【解析】不随意注意也叫无意注意,是指事先没有预定目的、不需要意志努力的注意。在不随意注意情况下,人们对要注意的事物没有任何准备,也没有明确的认识任务。一个学生在解题时,被其他同学谈论的奇闻逸事吸引是不随意注意。

参考答案:B

5.【解析】睡眠在第二阶段,偶尔会出现一种短暂爆发的,频率高、波幅大的脑电波,称为睡眠锭。这种波形在连续的脑电波中像纺锤,所以也叫纺锤波。

参考答案:D

6.【解析】快速眼动阶段与个体在清醒状态时的脑电波很相似,β 波;δ 波消失,高频率、低波幅的脑电波出现。

参考答案:D

7.【解析】绝大多数的梦发生在快速眼动睡眠阶段;梦具有不连续性、不协调性和认知的不确定性;梦不是可以预见的一种现象,是一种正常的生理和心理现象。

参考答案:D

8.【解析】A 选项,选择性注意是指个体在同时呈现的两种或两种以上的刺激中选择一种进行注意,而忽略另外的刺激;B 选项,分配性注意是指个体在同一时间内同时对两种或两种以上的刺激进行注意,或将注意分配到不同的活动中;C 选项,持续性注意是指注意在一定时间内保持在某个客体或活动上,也叫注意的稳定性。题干中,"一边听讲、一边记笔记"是同时对两件事进行注意,属于分配性注意。

参考答案:B

9.【解析】注意的分配是指个体在同一时间对两种或两种以上的刺激进行注意,或将注意分配到不同的活动中。选项 A 符合题意。

参考答案:A

10.【解析】催眠是指由各种不同技术人为诱导引发的一种意识替代状态,此时被催眠者处在一种高度受暗示性的状态,并对他人的暗示在知觉、记忆和控制中做出相应的反应。

参考答案:D

11.【解析】鸡尾酒效应指的是人耳的掩蔽效应,在嘈杂的鸡尾酒会上,两人可以顺利交谈,尽管周围噪声很大,但两人耳中听到的是对方的说话声,他们似乎听不到谈话内容以外的各种噪声。因为他们把各自的关注重点放在谈话主题上了,也就是体现了注意的选择性。对信息的选择是注意的基本功能。

参考答案:D

12.【解析】快波睡眠的时间在整个睡眠中所占的比例随年龄的增加而减少。

参考答案:B

13.【解析】注意分配是指在同一时间内,把注意指向于不同的对象,同时从事几种不同活动的现象。"一心可以二用"现象是因为注意的分配性。

参考答案:D

14.【解析】选择性注意的研究方法有:双耳分听实验,负启动效应。

参考答案:B

15.【解析】不随意注意:事先没有目的,也不需要意志努力就能维持的注意,比如突然开门的声音引起的注意。引起不随意注意的原因包括:①刺激物自身特点。刺激物自身特点包括新异性、强度、运动变化等。②人本身的状态。人的状态包括需要、情感、兴趣与过去的经验等因素。

参考答案:A

16.【解析】注意的转移是指注意的中心根据新的任务,主动地从一个对象或活动转移到另一个对象或活动上去。注意的分散是指注意离开了心理活动所要指向的对象,转到无关对象上去的现象。注意的动摇(起伏)是指在短暂时间内的起伏波动。

参考答案:A

17.【解析】注意三种不同注意类型的概念。不随意注意也叫无意注意,是指事先没有预定目的、不需要意志努力的注意。随意注意也叫有意注意,是一种有预定目的、需要一定意志努力的注意。随意后注意兼具有不随意注意和随意注意的某些特征,它与一定的目的、任务相联系,类似于随意注意,但是又不需要意志的努力,因此又类似于不随意注意。突然的敲门声,打断人的思路,属于不随意注意。

参考答案:B

18.【解析】注意的外部表现主要体现在以下几个方面:无关运动停止,朝向刺激物,肢体收缩,出现深呼吸,瞳孔扩张等。

参考答案:B

19.【解析】强调认知资源分配在注意加工中作用的理论是双加工理论。

参考答案:D

20.【解析】"眼观六路,耳听八方"体现的是注意的分配。

参考答案:C

21.【解析】一边背单词,一边听音乐可以用认知资源理论进行解释。

参考答案:D

22.【解析】"一边开车,一边收听新闻",这种现象属于注意的分配。

参考答案:C

23.【解析】在图书馆看书,窗外突然一声巨响,你不由自主地望向窗外,属于刺激驱动捕获:刺激的特征——环境中的物体——自动抓住你的注意,不依赖于知觉者当时的目的。

参考答案:C

24.【解析】有预定目的但不需要意志努力就能维持的注意叫随意后注意(有意后注意)。

参考答案:C

25.【解析】意识的功能包括:①通过限制人们的注意,减少不断输入的刺激能量;②使人们依据知觉的组织规律,把连续不断的经验划分为客体(空间模式)和事件(时间模式);③使我们能利用过去的记忆对现实输入的信息做出最佳的判断和行为。D 选项选择储存属于记忆的功能。

参考答案:D

26.【解析】一般认为,成年人睡眠的平均周期是 8 小时。

参考答案:B

27.【解析】快速眼动阶段,睡眠者的眼球开始快速做左右上下运动,而且通常伴随着栩栩如生的梦境。

参考答案:D

28.【解析】本题考查考生对睡眠阶段的理解,在深度睡眠阶段之后,睡眠会由深入浅,再次进入第三阶段和第二阶段,然后才进入快速眼动睡眠阶段。因此 ABC 说法正确,D 选项说法错误。

参考答案:D

29.【解析】催眠状态其实并没有入睡,催眠时的脑电特征与个体在清醒状态时是相似的,故 A 选项错误。

参考答案:A

30.【解析】容易被催眠的人的特征包括:①经常做情节生动的白日梦;②想象力丰富;③容易沉浸于眼前或想象中的场景;④依赖性强,经常寻求他人的指点;⑤对催眠的作用深信不疑。

参考答案:C

31.【解析】A 选项,无意注意也叫不随意注意,是指事先没有预定目的、不需要意志努力的注意;C 选项,目标选择指向是主体根据自身目的将注意力指向目标的一种注意;D 选项,刺激驱动捕获是由物体本身的刺激特性所引起的注意。题干中,"雷电交加"是一个非常显著的刺激,但"你依然将目光专注在书本上",这说明此时你是根据任务目标将注意保持在阅读这个任务上,属于目标选择指向的注意。

参考答案:C

32.【解析】A 选项,过滤器理论认为,过滤器只选择较少的信息进入高级分析,其他信息被完全阻断在外;B 选项,衰减理论认为,不被注意的非追随信息只是在强度上减弱了,并不是完全消失。不同刺激的激活阈限是不同的,当刺激对被试有意义的时候,激活阈限低,如自己的名字;C 选项,后期选择理论认为,所有输入的信息在进入过滤或衰减装置之前已受到充分的分析,然后才进入过滤或衰减装置。D 选项,多阶段选择理论认为,选择过程在不同的加工阶段中都可能发生。题干中,"即使全神贯注听英语,也可以听见有人在附近喊他的名字"说明名字的激活阈限较低,可以用衰减理论来解释。

参考答案:B

二、名词解释

1.【参考答案】

经过大约 90 分钟的安静睡眠,大脑进入到另一种睡眠状态——快速眼动睡眠(REM)。这一阶段人体的感觉功能比在非快速眼动睡眠时进一步减退,肌肉也更加松弛,这时的血压较非快速眼动睡眠时升高,呼吸稍快且不规则,体温、心率较前阶段升高,身体部分肌肉群可出现轻微的抽动。

这一阶段,体内各种代谢功能都明显增加,以保证脑组织蛋白的合成和消耗物质的补充,使神经系统正常发育,并为第二天的活动积蓄能量。全身肌肉张力极度降低,不时伴有肢体或身体其他部位的局部运动,梦多发生在此睡眠期中。

2.【参考答案】

选择性注意是个体在同时呈现的两种或两种以上的刺激中选择一种进行注意,而忽略另外的刺激。例如,在双耳分听实验中,用耳机分别向被试的双耳呈现不同的声音刺激,要求被试注意其中一耳的刺激,而忽略另一耳的刺激。用这种方法可以研究选择性注意,揭示人们如何有效地选择一类刺激而忽略另一类刺激以及选择的具体过程等。

3.【参考答案】

返回抑制指对原先注意过的物体或位置进行反应时所表现出的滞后现象。采用突然变暗或变亮的方法,对空间某一位置进行线索化,会使对紧接着出现在该位置上的靶刺激的反应加快,即产生易化作用。如果线索和靶子呈现的时间间隔大于300ms，则易化作用会被抑制作用取代，对线索化位置上靶刺激的反应慢于非线索化位置，这种抑制作用被称为返回抑制。

4.【参考答案】

注意是心理活动对一定对象的指向和集中，是伴随着感知觉、记忆、思维、想象等心理过程的一种共同的心理特征。注意有两个基本特征：一个是指向性，是指心理活动有选择地反映一些现象而离开其余对象；二是集中性，是指心理活动停留在被选择对象上的强度或紧张。

5.【参考答案】

内源性注意是一种自上而下的、由知觉者控制的注意，也称为目标指向控制注意。

6.【参考答案】

注意转移是指根据新的任务，主动地把注意从一个对象转移到另一个对象或由一种活动转移到另一种活动的现象。

7.【参考答案】

双加工理论由谢夫林提出，主要观点有如下几点：①人类的认知加工有两类：自动化加工和受意识控制的加工；②自动化加工不受认知资源的限制，不需要注意的参与；③受意识控制的加工受资源的限制，需要注意的参与，并且经过一定练习后，可转变为自动加工。

8.【参考答案】

分配性注意是指个体在同一时间内同时对两种或两种以上的刺激进行注意，或将注意分配到不同的活动中。

9.【参考答案】

当持续性注意不能保持时，就会出现注意起伏(注意动摇)。注意起伏指的是注意在短暂时间内起伏波动的现象。

10.【参考答案】

特雷斯曼提出特征整合理论，描述人如何将一个物体的不同特征拼凑在一起，从而对该物体产生更完整的感知。该理论把加工分成两个阶段。第一个阶段是分散注意，人利用平行加工，自动地对特征进行登记；第二个阶段为集中注意，主要进行系列加工。

11.【参考答案】

有意后注意是一种既有目的，又无须意志努力的注意，又叫随意后注意。

三、简答题

1.【参考答案】

特瑞斯曼提出了注意的衰减理论。这一理论承认过滤器的存在，但它认为过滤器并不是按照“全或无”的方式工作的。它既允许信息从注意的通道中通过，也允许信息从没有注意的通道中通过，只是后者受到衰减，强度减弱了，即信息经过过滤装置时，不被注意的信息只是在强度上减弱了，而不是完全丧失。特瑞斯曼指出，不同刺激的激活阈限是不同的。有些刺激对人有重要意义，它们的激活阈限低，容易激活。当它们出现在非追随耳时，也容易被人们接受。

2.【参考答案】

(1)定义：个体的心理活动对一定事物的指向和集中。

(2)注意品质：①注意广度；②注意稳定性；③注意转移；④注意分配。

(3)注意的广度，也称为注意的范围，指在同一时间内能清楚地把握对象的数量。我们所说的“一目十行”说的就是注意的范围问题。

(4)注意的稳定性是指对一定的事物或是一类活动注意所能持续的时间，这是注意在时间上的特征。注意的稳定性也有广义和狭义之分。广义的稳定性是指注意保持在一类活动上的时间的长短。我们知道，人在注意时，并非总是指向一个对象，而是指向于所有有利于任务(活动)完成的事物。狭义的稳定性是指保持在同一对象上的注意所持续的时间。人把注意长时间指向和集中于同一对象是非常困难的。注意的稳定性与人的主体状态和对象的特点有关。

(5)注意的转移是人们根据新活动、新任务，及时、有意地调换注意对象，即把注意从一个对象转移到另一个对象上去。注意转移的难易和快慢，主要取决于原来注意的紧张度、前后活动的关系、个人的兴趣和情感强弱、个体的神经类型及已有的习惯等因素。一般来讲，如果原来注意的紧张度高、前后活动关系不大、人们依恋并沉浸于前一活动或新注意的对象不大符合自己的情感需要和兴趣，注意的转移就困难；反之，就较容易。

(6)注意的分配是指个体的心理活动同时指向不同的对象的特点，也就是通常所说的“一心二用”。在现实生活中，许多活动要求我们同时做两件以上的事情。例如，教师在讲课时，一边讲授，一边板书或操作电脑，一边要观察学生的情况并及时调整教学活动。注意的分配是有条件的。通常来说，人很难同时完成两件要求高度集中注意的事情。人们能否实现注意的分配，主要取决于活动的熟练程度。如果同时进行的多项活动中只有一项是不熟悉的，其余活动都已达到“自动化”或“半自动化”的程度时，注意就能较好地分配到这几项活动中来。

3.【参考答案】

注意的认知资源理论由卡内曼提出，主要观点如下：

(1)注意可以看作一组对刺激进行归类和识别的认知资源或认知能力。

(2)这些认知资源是有限的。

(3)对刺激的识别随刺激的复杂度占用相应的资源。

刺激越复杂占用资源越多，当资源完全被占时，新刺激不能得到加工。

4.【参考答案】

无意识：是相对于意识而言，指个体不曾察觉到或无法察觉到内心的心理活动和心理过程。

无意识现象：

①无意识行为：自动化了的行为和习惯，是没有经过主观分析判断而做出的一种本能行为。常见的无意识行为包括睡眠、梦和幻觉以及边看电影边吃瓜子等。

②对刺激的无意识：没有察觉到刺激对他们行为产生的影响。

③盲视：由脑损伤引起的对刺激的无意识。

5.【参考答案】

根据产生和保持时有无目的性和意志努力程度的不同，注意可分为不随意注意、随意注意和随意后注意。

不随意注意也叫无意注意，是指事先没有预定目的、不需要意志努力的注意。在不随意注意情况下，人们对要注意的事物没有任何准备，也没有明确的认识任务。不随意注意是一种比较低级的注意形式，是消极被动的注意，是人和动物都有的一种注意形式。

随意注意也叫有意注意，是一种有预定目的、需要一定意志努力的注意。它是一种积极、主动的注意形式，是人类所特有的。

随意后注意兼具有不随意注意和随意注意的某些特征。它与一定的目的、任务相联系，类似于随意注意，但是又不需要意志的努力，因此又类似于不随意注意。它是在随意注意的基础上发展起来的。随意注意的通常表现是，喜欢上某件事情，并沉浸其中。因此，对活动本身的直接兴趣是培养随意后注意的关键。

6.【参考答案】

梦是睡眠中最生动有趣又有些不可思议的环节。长期以来对梦的解释存在一些分歧。

(1)精神分析的观点：精神分析学家弗洛伊德和荣格等人认为，梦是潜意识过程的显现，是通向潜意识的最可靠途径。或者说梦是被压抑的潜意识冲动或愿望以改头换面的形式出现在意识中，这些冲动和愿望主要是人的性本能和攻击本能的反映。在清醒状态下，由于这些冲动和愿望不被社会伦理道德接受，因而受到压抑和控制，无法出现在意识中。而在睡眠时，意识的警惕性有所放松，这些冲动和愿望就会在梦中以改头换面的形式表达出来。弗洛伊德认为，分析精神病人的梦，可以得到一些重要的线索，以帮助发现病人的问题。

(2)认知观点。有人认为梦担负着一定的认知功能。在睡眠中,认知系统依然对存储的知识进行检索、排序、整合、巩固等,这些活动的一部分会进入意识,成为梦境。福克斯认为,梦的功能是将个体的知觉和行为经验重新编码和整合,使之转化为符号化的、可意识到的知识。这种整合可以将新旧记忆联系起来。相关研究表明,对快速眼动睡眠的剥夺会导致对事件记忆力的下降,特别是那些带有情感色彩的事件。由于绝大多数的梦都发生在快速眼动睡眠阶段,因而这些发现在某种程度上支持了梦具有认知功能的主张。

7.【参考答案】

催眠是一种特殊的意识状态,在进入催眠状态后,人的意识活动并未停止,只是变得恍惚不能自主。其心理活动一般有以下几个主要特征:

(1)感觉麻痹

有些被试在催眠状态下,甚至可以接受手术治疗而不感到疼痛,以至有些医生曾用它代替麻醉药物,但其效果显然不如止痛药品。

(2)感觉扭曲和幻觉

在催眠状态下的人可能出现幻听和幻视现象。他不仅是在没有刺激的情况下听到声音或看到形象,有时还可以依照指导语将电视机看成方纸盒,或将臭味闻成香味。

(3)解除抑制

一般情况下,那些依据社会准则不能做的事情是受到抑制的,人们不可能让被试去做。但是在催眠状态下,抑制被解除,他就可能根据催眠者的指示去做,如当众脱衣、对别人施暴等。

(4)对催眠经验的记忆消失

催眠者的暗示不仅指导着被试当时的心理活动,还可以影响到事后的行为。最常见的是,告诉被试他将不记得当时发生的一切,从而造成清醒后对催眠状态的记忆完全缺失。

8.【参考答案】

注意的双加工理论由谢夫林等人提出。他们认为:

(1)认知加工分为自动化加工和受意识控制的加工;

(2)自动化加工不受认知资源的限制,是自动化进行的;自动化加工发生比较快,形成之后加工过程较难改变;

(3)受意识控制的加工受认知资源的限制,需要注意的参与,可以随环境的变化而不断进行调整。

9.【参考答案】

意识的三个水平分别是:

(1)意识:能被主体觉知到的部分。

(2)前意识:保持在人脑中的过去的经验在一瞬间没有被意识到,但随时可以进入意识,成为意识的一部分。

(3)无意识(潜意识):相对于意识而言,指个体不曾察觉到或无法察觉到内心的心理活动和心理过程。

10.【参考答案】

梦的认知观点认为梦担负着一定的认知功能。在睡眠中,认知系统依然对存储的知识进行检索、排序、整合、巩固等,这些活动的一部分会进入意识,成为梦境。梦的功能是将个体的知觉和行为经验重新编码和整合,使之转化为符号化的、可意识到的知识。这种整合可以将新、旧记忆联系起来。

11.【参考答案】

鸡尾酒会效应的潜在逻辑是:不同刺激的激活阈限是不同的,当刺激对被试有意义的时候,激活阈限低,比如在非常嘈杂的酒会上,你能听见别人叫你的名字。其反映的注意理论是衰减理论,主要观点如下:

(1)神经系统加工信息的容量是有限的,不可能对所有的感觉刺激进行加工;

(2)当信息通过各种感觉通道进入神经系统时,要先经过一个过滤机制;

(3)当信息通过过滤装置时,不被注意的非追随信息只是在强度上减弱了,而不是完全消失;

(4)不同刺激的激活阈限不同,当刺激对被试有意义的时候,激活阈限低。

12.【参考答案】

不随意注意又叫无意注意,是没有目的,不需要意志努力的注意。影响不随意注意的因素主要包括刺激物的特点和人的状态两方面。

(1)从刺激物的特点来说,刺激物本身的强度越大,新异性越强,运动变化越明显,与周围环境的对比越鲜明,就越容易引起不随意注意。因此,在汽车车展中,该品牌的展台可以尽可能地选择更大的空间、更鲜艳的颜色、更新颖的布置方式等,来突出自己品牌的展台,从而引起更多观众的无意注意。

(2)从人本身的状态来说,人的需要、情绪、兴趣、动机等都会影响无意注意的产生。因此,该品牌汽车展台可以更多地依据消费者的喜好、实际需要等进行布置,以引起消费者的注意。

13.【参考答案】

"一心二用"在两项同时进行的任务都比较简单时,或其中的一项任务可以自动化加工时能成立,在任务都比较难都需要注意参与时无法成立。这一依据是注意分配的认知理论:

(1)认知资源理论:

①注意的认知资源分配理论是由卡内曼最初提出的。该理论把注意看作心理资源,认为注意是一种有限的认知资源,注意的有限性不是过滤器作用的结果,而是受到了从事操作的有限心理资源的限制。另外,该理论认为,对刺激的加工需要占用认知资源,刺激越复杂或加工越复杂,占用的认知资源越多。

②输入刺激本身并不自动地占用认知资源,在认知系统内,有一个机制负责资源的分配。人对认知资源的分配是灵活的,人可以根据情境把认知资源分配到重要的新异刺激上。

(2)双加工理论:

谢夫林等人认为,认知加工分为自动化加工和受意识控制的加工。自动化加工不受认知资源的限制,是自动化进行的;自动化加工发生比较快,形成之后加工过程较难改变。受意识控制的加工受认知资源的限制,需要注意的参与,可以随环境的变化而不断进行调整。

四、综合题

1.【参考答案】

注意选择的认知理论观点聚焦在对信息的选择在哪个阶段。

(1)过滤器理论

英国心理学家布罗德本特(Broadbent)根据双耳分听的一系列实验结果,提出了解释注意的选择作用的过滤器理论。该理论主要观点有如下几点:

第一,神经系统加工信息的容量是有限的,不可能对所有的感觉刺激进行加工。

第二,当信息通过各种感觉通道进入神经系统时,要先经过一个过滤机制。

第三,过滤器对信息进行选择,只选择较少的信息进入高级分析,其他信息被完全阻断在外。过滤器的工作方式是"全或无"的。

(2)衰减理论

该理论由特瑞斯曼提出。其前两项内容跟过滤器理论一致(也就是这两个理论的共同点),区别在于第三条,当信息通过过滤装置时,不被注意的非追随信息只是在强度上减弱了,而不是完全消失。不同刺激的激活阈限是不同的,当刺激对被试有意义的时候,激活阈限低,当出现在非追随耳时,容易被人们察觉。比如出现你的名字或你喜欢的明星的名字。

(3)后期选择理论

由多伊奇提出,诺尔曼完善。他们认为,输入的信息在进入过滤装置前已经受到了充分的分析,然后才进入过滤装置,过滤器不在于选择知觉刺激,而在于对刺激的反应,选择是发生在后期加工阶段。选择标准是对人的重要性。也就是说,重要的反应,不重要的不反应。

(4)多阶段选择理论

约翰斯顿等人认为,选择过程在不同的加工阶段都有可能发生。选择之前的加工阶段越多,需要的认知资源也就越多,且依赖于当前的任务要求。

当有几个人同时在说话时,个体可以只

注意某一个人的话,而不注意其他人的话,这是符合过滤器理论的观点的,只有正在注意的某个人的话能被个体接受,而其他人的不重要的信息即被“过滤掉”。但如果突然有其他人提到自己的名字,个体很有可能会注意到这一点,这是符合衰减理论的观点的,自己的名字是有意义的信息,激活阈限较低,容易被个体察觉。

2.【参考答案】

不随意注意又称为无意注意或消极注意,是指事先没有预定目的,也不需意志努力,不由自主地对一定事物发生的注意。

引起无意注意的原因包括刺激物的特点和人本身所处的状态。

(1)刺激物的特点

①刺激物的强度。强烈的刺激容易引起人的无意注意,如浓烈的味道、巨大的声响、鲜艳的颜色等。引发无意注意的往往不是刺激的绝对强度,而是刺激的相对强度。

②刺激物的新异性。新异的刺激容易成为注意的对象。新异性未必是个人从未见过或体验过的事物,它们也可以是刺激物特征的改变或各种特性的重新组合。

③刺激物之间的对比。对比强烈的刺激物容易引起无意注意,例如“万绿丛中一点红”。

④刺激物的活动和变化。刺激物的活动或变化容易引起人的无意注意,例如霓虹灯广告一亮一暗。

(2)人本身所处的状态

①个人的需要和兴趣。人对客观事物的需要和兴趣会影响无意注意,例如,某一偶像的新闻容易引起其粉丝的无意注意。

②个人当时的情绪情感状态。人当时的情绪情感状态会影响无意注意。人在心情愉快、精神饱满的时候,容易注意周围事物的变化,注意范围比较广,容易对外界事物引起无意注意。

③个人的期待。期待的事物或人,或对个人具有重要意义的事情,容易引起无意注意。

第六章 记 忆

第一节 记忆的一般概念

考点1 记忆的概念

1.【解析】记忆过程的三个基本环节是识记、保持、回忆或再认。因此本题正确答案应该是BC。(本题原题为单选题)。

参考答案:BC

考点2 记忆的分类

1.【解析】程序性记忆是关于“如何做”的记忆,指如何做事情的记忆,包括对知觉技能、认知技能和运动技能的记忆。需要多次尝试才能获得,不需要意识的参与。

参考答案:B

2.【解析】程序性记忆是关于“如何做”的记忆,指如何做事情的记忆,包括对知觉技能、认知技能和运动技能的记忆。需要多次尝试才能获得,不需要意识的参与。

参考答案:D

3.【解析】情景记忆指人根据时空关系对某个时间的记忆,这种记忆与个人的亲身经历分不开。

参考答案:B

4.【解析】根据长时记忆中储存的内容不同,图尔文将长时记忆分为情景记忆和语义记忆。

参考答案:B

5.【解析】内隐记忆是指在个体无法意识的情况下,过去经验对当前作业产生的无意识的影响,又叫自动的无意识记忆。

参考答案:D

6.【参考答案】

程序性记忆是关于“如何做”的记忆,指如何做事情的记忆,包括对知觉技能、认知技能和运动技能的记忆。需要多次尝试才能获得,不需要意识的参与;陈述性记忆是关于“是什么”的记忆,指对有关事实和事件的记忆,可以通过语言传授一次性获得,提取需要意识的参与。

考点3 记忆的神经生理机制

1.【解析】图尔文(Tulving)的SPI理论试图将记忆系统和记忆过程统合到一个更综合的框架中,并假定存在5种主要的记忆或记忆系统:程序记忆系统、知觉表征系统、语义记忆系统、初级记忆系统和情境记忆系统。并假定这些系统的编码是串行的(Serial),存储是并行的(Parallel),提取是独立的(Independent)。

参考答案:ABC

2.【解析】反响回路是指在神经系统中,大脑皮层和皮层下组织之间存在某种闭合的神经环路,证明了短时记忆(白鼠跳台实验)。因此,短时记忆的脑机制是反响回路。

参考答案:B

第二节 感觉记忆

考点1 感觉记忆的编码

1.【解析】美国心理学家斯珀林1960年首先提供了感觉记忆存在的证据。他在做记忆实验时发现,许多被试虽只能报告出四五个字母,却声称他们所看到的比所能报告的要多。为了查明被试究竟是没有看清这些字母还是看到后又忘了,他创造了部分报告法。

参考答案:C

2.【参考答案】

实验过程:按4个一排,一共3排的方式向被试呈现12个英文字母,呈现时间仍为50ms,其中每排字母都和一种声音联系,如上排用高音、中排用中音、下排用低音。要求被试在字母呈现后,根据声音信号,对相应一排的字母做出报告。

实验结果:感觉记忆容量达到平均9个项目。

实验结论:存在一种感觉记忆,它有相当大容量,保持时间极其短暂,很快会消失。

考点2 感觉记忆的存储和转换

1.【解析】以彭聃龄老师修订版的《普通心理学》为依据,感觉记忆的存储时间为0.25~2秒,感觉记忆也叫瞬时记忆。

参考答案:A

2.【解析】感觉记忆的存储时间一般为0.25~2秒或0.25~4秒,不同的教材略有差异,大家以院校参考教材的表述为准即可。

参考答案:A

第三节 短时记忆

考点1 短时记忆的编码方式及其影响因素

1.【解析】短时记忆的编码以听觉编码为主,也存在视觉编码和语义编码。

参考答案:B

2.【解析】短时记忆编码的效果受到许多因素的影响,包括以下几个因素:(1)觉醒状态;(2)加工深度;(3)组块。

参考答案:ACD

考点2 短时记忆的容量

1.【解析】在编码过程中,将较小的单元归并成一个较大单元的过程叫组块化。组块可以是一个数字、字母、音节,也可以是一个单词、短语或句子。组块的大小随个人的经验不同有所不同。因此,可以利用已有的知识经验,通过扩大组块的信息量来达到增加记忆容量的目的。

参考答案:C

考点3 短时记忆信息的存储和遗忘

1.【解析】复述是短时记忆存储的有效方法。复述分为机械复述或保持性复述(不断简单重复)和精细复述(对信息进行分析后与经验形成联系)。

参考答案:C

2.【解析】复述是短时记忆存储的有效方法。复述分为机械复述或保持性复述(不断简单重复)和精细复述(对信息进行分析后与经验形成联系)。克瑞科和沃金斯通过研究表明,简单的机械复述并不能取得很好的记忆效果。蔡斯等人关于 B. F. 的个案说明,精细复述是短时记忆存储的重要条件。

参考答案:AB

3.【参考答案】

沃和诺尔曼利用一个设计巧妙的实验将"消退"和"干扰"这两个因素分离开来。

实验:沃和诺尔曼的"探测法"。

实验过程:让被试听由若干个数字组成的数字系列,在数字序列呈现后,伴随着一个声音信号呈现一个探测数字,这个数字曾经在前面出现过一次。被试的任务就是回忆在探测数字后边是什么数字。从回忆数字到探测数字之间是间隔数字,呈现这些间隔数字所需要的时间为间隔时间。一种呈现速度是快速的,每秒 4 个;另一种是慢速的,每秒 1 个。

若支持消退说,回忆正确率随着时间间隔的延长而减少。若支持干扰说,回忆正确率随着间隔数字的增加而减少。

实验结果:在快、慢两种呈现速度下,被试回忆正确率都随间隔数字的增加而减少,而不受间隔时间的影响。

实验结论:支持干扰说,说明短时记忆的遗忘主要是由干扰信息引起的。

考点 4　短时记忆信息的提取

1.【解析】斯腾伯格假设短时记忆的信息提取方式可能有平行扫描、自动停止系列扫描和完全系列扫描三种。

参考答案:D

2.【解析】在研究短时记忆信息提取方式时,斯腾伯格(Sternberg)采用的研究方法是加法反应时。唐德斯采用的是减法反应时。

参考答案:C

综合问题　短时记忆的特征

1.【解析】短时记忆是指人对刺激信息进行加工、编码、短暂保持和容量有限的记忆,是感觉记忆到长时记忆的中间环节,短时记忆的容量是 7±2,即 5~9 个组块,并不是 5~9 个字母。

参考答案:C

2.【解析】复述分为机械复述(保持性复述)和精细复述。机械复述即不断简单重复;精细复述是对信息进行分析后与经验形成联系。因此两者关键的区别在于个体知识、经验参与的程度不同,相比机械复述,精细复述中个体知识、经验参与得更多。

参考答案:D

考点 5　工作记忆

1.【解析】遗忘进程先快后慢是长时记忆的特点。

参考答案:C

2.【解析】A 选项,内隐记忆是指在个体无法意识的情况下,过去经验对当前作业产生的无意识的影响,又叫自动的无意识记忆;B 选项,情景记忆是指人根据时空关系对某个时间的记忆,这种记忆与个人的亲身经历分不开;C 选项,程序性记忆是关于"如何做"的记忆,指如何做事情的记忆,包括对知觉技能、认知技能和运动技能的记忆;D 选项,工作记忆是指在信息加工过程中,对信息进行暂时存储和加工的、容量有限的记忆系统。题干中,"医生边询问病情,边书写病历"的现象,是将关于病情的记忆暂时存储,边写边提取的过程,因此属于工作记忆。

参考答案:D

3.【解析】巴德利和希奇提出工作记忆是由多个成分组成的加工系统,它包括语音环路、视觉-空间模板、情景缓冲器和中央执行系统四个成分。A 选项,语音环路用于处理以语音为基础的信息,以串行方式加工,通过语音编码对信息进行加工和存储。由语音存储和发音复述两个部分组成;B 选项,视觉-空间模板用于处理视觉和空间的信息;C 选项,中央执行系统是一个注意资源有限的控制系统,是工作记忆中最重要的成分;D 选项,情景缓冲器是用来整合视觉、空间信息和言语信息的一个成分。

参考答案:A

4.【解析】工作记忆是指信息加工过程中,对信息进行暂时存储和加工的、容量有限的记忆系统;工作记忆是一种当前工作的记忆状态,还要对这些信息进行加工。

巴德利认为,工作记忆并不是一个单一的成分,而是由多个成分组成的加工系统,它包括语音环路、视觉 空间模板、情景缓冲器和中央执行系统四个成分,不同的成分具有不同的功能。

(1)中央执行系统是一个注意资源有限的控制系统,是工作记忆中最重要的成分,主管工作记忆中信息的流动方式,完成对存储信息的各种执行加工。功能主要有:协调语音回路和视觉空间模板活动;注意资源的分配与控制;选择性的注意以及转换策略。

(2)语音环路用于处理以语音为基础的信息,以串行方式加工,通过语音编码对信息进行加工和存储。由语音存储(保存语音的信息,保持时间非常短暂,大约两秒之内衰退)和发音复述(有助于不断加强要消退的记忆痕迹,使语音信息保持下来;有助于把视觉形式的信息转化为听觉形式的语音信息,从而使其进入语音存储)两个部分组成。

(3)视觉-空间模板用于处理视觉和空间的信息。主要负责暂时存储视觉、空间信息,还处理视觉和空间的映像,容量有限,主要以表象形式对视觉和空间信息进行加工(干扰范式提供证据)。

(4)情景缓冲器就是用来整合视觉、空间信息和言语信息的一个成分,容量有限,用于整合来自语音环路和视觉空间模板的信息,与长时记忆相连。

第四节　长时记忆与内隐记忆

考点 1　长时记忆的编码

1.【解析】长时记忆主要是语义编码,记忆语词概念时总是按照语义关系进行归类。虽然后来的研究表明,短时记忆也包括语义编码,但是彭聃龄老师的书上对于短时记忆的编码方式只写了视觉编码和听觉编码,因此这里选择 B 更为恰当。

参考答案:B

2.【解析】本题考查了记忆的编码方式。记忆编码方式主要有:视觉编码、语音听觉编码、语义编码以及语言中介编码。但利用语言的音韵和节律等特点,也能对识记材料进行编码。比如在识记农历 24 个节气时,可以把它组成有音韵、有节律的口诀。在识记乘法、珠算口诀时,人们也时常使用这种编码方式。

参考答案:B

考点 2　长时记忆的信息存储和提取

1.【解析】前意识:曾经储存在长时记忆中的信息,但只有在必要情形下进行回忆时才会对其产生意识。无意识:那些在通常情况下根本不会进入意识层面的东西,比如,内心深处被压抑而无从意识到的欲望,秘密的想法和恐惧等。潜意识:人们不能认知或没有认知到的部分,是人们"已经发生但并未达到意识状态的心理活动过程"。

参考答案:B

2.【解析】情境是长时记忆是重要的提取线索,提取时的情境和编码时的情境越相似,越有助于记忆。

参考答案:A

3.【参考答案】

长时记忆是指信息经过充分的和有一定深度的加工后,在头脑中长时间保留下来。这是一种永久性的存储,保存时间在 1 分钟以上,直至终生;容量没有限制。

长时记忆的信息存储是一个动态过程。会随着时间的推移在质和量两方面发生变化。

质的方面:内容概括化(细节忽略了),内容完整化(更加合理和有意义),内容具体化(夸张或突出),卡密克尔和巴特莱特的实验。

量的方面:存储信息的数量随着时间的迁移而逐渐下降。

记忆恢复现象(巴拉德)是指学习某种材料后间隔一段时间所测量到的保持量,比学习后立即测量的保持量要高。不过随着年龄的增长逐渐消失了(是海马长时程增强作用的体现)。

考点3 长时记忆的遗忘

1.【解析】用无意义音节进行记忆研究的首创者和遗忘曲线最先提出者是艾宾浩斯。

参考答案:B

2.【解析】中间材料记忆效果较差,不仅有前摄抑制的干扰,还有倒摄抑制的干扰,从而使记忆效果下降,属于双重抑制的结果。

参考答案:A

3.【解析】前摄抑制是指先前学习的材料对识记和回忆后学习材料的干扰作用。学习材料,开头部分遗忘较少,是因为开头部分没有别的材料的干扰,也就是没有前摄抑制的影响。

参考答案:A

4.【解析】材料的顺序对记忆效果有重要影响,在回忆的正确率上,最后呈现的词遗忘得最少,其次是最先呈现的词,遗忘最多的是中间部分,最后呈现的材料遗忘较少,叫首因效应。

参考答案:A

5.【解析】遗忘的理论包括衰退说、干扰说、压抑说和提取失败说。

参考答案:ABCD

6.【参考答案】

(1)长时记忆中信息的存储是一个动态过程,影响长时记忆信息存储与遗忘的因素主要有:

①时间因素。艾宾浩斯通过记忆研究发现,时间间隔会造成信息的遗忘,并且不同的时间间隔内遗忘的程度是不同的,在学习之后较短的一段时间内遗忘最快。

②识记材料的性质与数量。一般认为,对熟练的动作和形象材料遗忘得慢,对有意义的材料比对无意义的材料遗忘要慢,在学习程度相等的情况下,识记材料越多忘得越快,材料越少遗忘越慢,因此学习时要根据材料性质来确定学习的数量。

③学习的程度。对材料的识记没有一次能达到无误背诵的标准称为低度学习,如果达到恰能成诵之后还继续学习一段时间称为过度学习。实验证明,低度学习的材料容易遗忘,而过度学习的材料比恰能背诵的材料记忆效果要好。

④识记材料的系列位置。人们在回忆系列材料时,材料顺序对记忆效果有重要影响,最先和最后呈现的材料较易回忆,遗忘较少,分别称为近因效应和首因效应。

⑤识记者的态度。识记者对识记材料的需要、兴趣等,对遗忘的快慢也有一定影响,在人们生活中不占重要地位的、不引起人们兴趣的、不符合一个人需要的事情容易出现遗忘。

(2)有效存储、减少遗忘的策略:

①组织有效的复习。与遗忘进行斗争的首要条件是组织识记后的复习,复习在存储中有很大的作用。有效的复习包括:复习要及时、正确分配复习时间、阅读与重现交替进行和注意排除前后材料的影响等等。

②利用外部记忆手段。为了更好地存储记忆的内容,人们还可以采取一些外部记忆的手段,如记笔记、记卡片和编提纲,有的还可将需要存储的内容存入计算机。

③注意脑的健康和用脑卫生。人脑的健康状况直接影响记忆的好坏,严重营养不良会使记忆力下降,吸毒、酒精中毒及脑外伤等都会给记忆带来不良影响。

考点4 内隐记忆

1.【解析】形象记忆是指以感知过的事物形象为内容的记忆,通常以表象形式存在,所以又称"表象记忆"。它是直接对客观事物的形状、大小、体积、颜色、声音、气味、滋味、软硬、温冷等具体形象和外貌的记忆,直观形象性是其显著的特点。外显记忆是指在意识的控制下,过去经验对当前作业产生的有意识的影响。内隐记忆指人们不能回忆其本身但能在行为中证明其事后效应的经验。机械记忆是指学习材料本身缺乏意义联系,或者学习者不了解材料的意义,不理解其间的内在联系,单靠反复背诵达到记忆。

参考答案:C

2.【参考答案】

内隐记忆独立于外显记忆,被试并非有意识知道自己拥有这种记忆,但通过对特定任务的操作可以表现出来。

内隐记忆的测量方法主要有两种,一种是直接测量,另一种是间接测量。测量内隐记忆的方法主要有三种:知觉辨认、词干补笔、残词补全。

(1)知觉辨认:在实验中,被试首先学习一系列单字,然后要求他在速示条件下辨认学过的单字以及另外一些未学过的单字。通常的结果是,学过的单字辨认率显著高于未学过的。因变量是反应时。

(2)模糊字辨认:在测试时呈现单字的字母不大清楚,要求被试辨认是什么字。

(3)词干补笔:被试学过一系列单字后,测验时提供单字的头三个字母,让被试补写其余两个或三个字母构成一个有意义的单字。

(4)残词补笔:同词干补笔类似,不过补充的部分并不一定在词干。

3.【参考答案】

内隐记忆是指在无意识的状态下,个体已有的经验对当前任务能自动产生影响作用的记忆。外显记忆是指在意识控制下,主动收集某些知识经验来完成当前作业任务时的记忆。

两者之间有许多不同之处,具体体现在以下几个方面。

(1)加工深度对内隐记忆和外显记忆影响不同,加工深度不影响内隐记忆效果,却对外显记忆有着非常明显的影响。

(2)内隐记忆和外显记忆的保持时间不同,外显记忆会随着时间的延长而减少,内隐记忆不易受时间的影响。

(3)记忆负荷量的变化对内隐记忆和外显记忆产生的影响不同,记忆负荷量主要影响外显记忆。

(4)呈现方式的改变对外显记忆和内隐记忆的影响不同,感觉通道的改变会严重影响内隐记忆的效果,而对外显记忆的效果没有影响。

(5)干扰因素对外显记忆和内隐记忆的影响不同,外显记忆很容易受到无关因素的干扰,内隐记忆不易受到影响。

(6)个体差异对内隐记忆的影响不大,而对外显记忆的影响则是十分明显。

总的来说,两者主要的区别是对信息的提取、回忆或再认。最根本的差别体现在刺激信息的检索和提取阶段。内隐记忆的提取是无意识的,而外显记忆的提取是有意识的,外显记忆能够用言语进行比较准确的描述,内隐记忆则难以用语言准确描述。

综合问题 感觉记忆、短时记忆和长时记忆对比及其概念

1.【解析】与感觉记忆、长时记忆相比较,短时记忆具有一些有趣的特征:短时记忆的容量是有限的,较之记忆的其他两个阶段,它储存的信息要少得多。信息在短时记忆中储存约 20 秒后消失。但是,短时记忆又是唯一对信息进行有意识加工的记忆阶段。如果加以注意,信息在短时记忆中的保持同注意的时间一样长,可以远远超过 20 秒。感觉记忆和长时记忆中的信息是我们意识不到的,这两种记忆中的信息只有被传送到短时记忆中才能被执行、控制和加工,所以短时记忆也叫工作记忆。

参考答案:AB

2.【参考答案】

感觉记忆,又称瞬时记忆,是客观刺激停止后,感觉信息在一个极短的时间内保存下来。来自环境的信息首先到达感觉记忆,如果这些信息被注意,则进入短时记忆。感觉记忆保存的时间极短,但当外界刺激消失后,它为信息的进一步加工提供了可能性。感觉记忆的编码形式主要依赖于刺激物的物理特征,具有鲜明的形象性。感觉记忆有较大的容量,其中大部分信息因为来不及加工而迅速消退,只有一部分信息由于注意而得到进一步加工,并进入短时记忆。图像记忆是指视觉器官能识别刺激的形象特征，能保持一个生动的视觉图像，它是感觉记忆的一种主要编码形式。除此之外听觉通道也存在感觉记忆。听觉的感觉记忆编码形式被称为声像记忆。

短时记忆一般是指保持时间在一分钟之内的记忆。短时记忆的信息编码以听觉编码为主，也存在视觉编码和语义编码。在短时记忆中，对刺激信息主要以听觉形式进行编码和储存，即使刺激信息以视觉方式呈现，个体对视觉刺激进行加工处理时也会把它们转换成听觉代码，那时记忆中会存在形—音转换的现象，视觉信息会以声音形式进行加工，然后存储。但是在短时记忆的最初阶段，存在视觉编码过程，然后才向听觉编码过渡。短时记忆的容量有限，一般为"7±2"个组块，组块内部的信息可以变化，一个字母可以是一个组块，一个单词可以是一个组块，一个词组、一个句子也可以是一个组块。短时记忆的信息是有意识的、可操作的。复述是短时记忆的信息进入长时记忆的途径。

长时记忆是指永久性的信息储存，一般能保持多年甚至终生。它的信息主要来自短时记忆阶段加以复述的内容，也有由于印象深刻一次形成的。它的容量似乎无限，但也有人认为它的范围是5万到10万个组块，它的信息是以有组织的状态被储存起来的。有词语和表象两种信息组织方式，即言语编码和表象编码。言语编码是通过词来加工信息，按意义、语法关系、系统分类等方法把言语材料组成组块，以帮助记忆。表象编码是利用视觉形象、声音、味觉和触觉形象组织材料来帮助记忆。两种编码方式各有其特点。一般认为，大脑两半球是分工的，左脑管语言，右脑管表象。一般人在长时记忆中，对信息的编码往往是将两种方式结合起来，互相补充。但也存在个体差异，有人偏向于这一种方式编码，有人偏向于另一种方式编码。

章节考点　综合训练

一、单项选择题

1.【解析】程序性记忆是指，往往需要通过多次识记才能获得，而在利用的时候又往往不需要意识参与的如何做某件事的记忆，包括对知识技能、认知技能和运动技能的记忆。掌握了骑自行车的技能便是一种程序性记忆。

参考答案：C

2.【解析】倒摄抑制：后面学习的材料对学习的材料的保持和回忆起干扰作用。前摄抑制：前面学习的材料对后面材料的干扰作用。

参考答案：B

3.【解析】倒摄抑制：后面学习的材料对学习的材料的保持和回忆起干扰作用。前摄抑制：前面学习的材料对后面材料的干扰作用。提取线索理论认为，储存在长时记忆中的信息是永远不会丢失的，我们之所以对一些事情想不起来，是因为提取有关信息时没有找到适当的提取线索。

参考答案：C

4.【解析】题干描述的是感觉记忆的定义。

参考答案：A

5.【解析】系列位置效应是指，记忆材料在系列位置中所处的位置对记忆效果发生的影响，包括首因效应和近因效应。对此的解释是：处于词表开头位置的材料已进入长时记忆系统，而处于词表结束位置的材料尚在短时记忆系统，因而回忆出词表开头和结尾的单词的概率就高。支持该想法的证据来自两个方面：①呈现一系列单词之后，让被试进行30s的数字逆运算，然后再自由回忆，结果发现插入运算对近因效应有影响，对首因效应无影响。②以两种速度呈现单词，一种是快速，一种是慢速。结果发现，不论是呈现使用频率低或高的单词还是呈现无关联或有关联的单词，均对首因效应发生影响，对近因效应无影响。

参考答案：D

6.【解析】记忆过程按时间划分包括三种记忆：长时记忆、短时记忆和感觉记忆。

参考答案：C

7.【解析】倒摄抑制：后面学习的材料对学习的材料的保持和回忆起干扰作用。前摄抑制：前面学习的材料对后面材料的干扰作用。

参考答案：C

8.【解析】艾宾浩斯于1885年发表了《论记忆》一书，这是他用实验法研究高级心理过程的结果。

参考答案：B

9.【解析】倒摄抑制：后面学习的材料对学习的材料的保持和回忆起干扰作用。前摄抑制：前面学习的材料对后面材料的干扰作用。

参考答案：D

10.【解析】内隐记忆是没有意识到过去对当前的影响；语义记忆是人对一般知识和规律的记忆，与时间、地点无关；在注意的条件下，将有关信息只短暂地呈现一次（信息呈现的时间一般为1秒），对这种当前信息的记忆叫作短时记忆；情景记忆是自己亲身经历过，有时间、地点和情节的事件的记忆。因此可知，记得昨天午餐吃什么属于情景记忆。

参考答案：D

11.【解析】考查对不同记忆障碍类型的理解。记忆增强是指病人对病前不能够回忆的事都能回忆起来。遗忘症指患者对某一段经历或重大事件的记忆缺失，主要表现为回忆的障碍，包括顺行性遗忘、逆行性遗忘和进行性遗忘、心因性遗忘等。错构是指对过去经历过的事情，在发生的时间、地点和情节上出现错误的回忆，并深信不疑。

参考答案：C

12.【解析】陈述性记忆，对事件事实情景以及它们之间相互联系的记忆能够用语言来描述。根据陈述性记忆所陈述者，代表个人在该方面的知识，故而又称之为陈述性知识。程序性记忆是指如何做事情的记忆，包括对知觉技能、认知技能、运动技能的记忆，属于长时记忆的一种。语义记忆是运用语言所必需的记忆，它是一个心理词库，是一个人掌握的有关字词或其他语言符号、其意义和指代物、它们之间的联系，以及有关规则、公式和操作这些符号、概念和关系的算法的有组织知识。情景记忆是对与一定的时间、地点及具体情境相联系的事件的识记、保持和再现。这种记忆的最大特点是具有情节性。

参考答案：B

13.【解析】感觉记忆是指，客观刺激停止后，感觉信息在一个极短的时间内保存下来，保存时间极短，其编码形式主要依赖刺激物的物理特征，具有鲜明的形象性，容量较大。

参考答案：B

14.【解析】干扰会造成长时记忆的遗忘，干扰可分为前摄抑制和倒摄抑制两种。

参考答案：A

15.【解析】最能够解释前摄抑制和倒摄抑制现象的记忆学说是干扰说。

参考答案：B

16.【解析】有关记忆的实验研究中，发明无意义音节的著名心理学家是艾宾浩斯。

参考答案：B

17.【解析】系列位置效应指中间部位同时受到两种抑制影响，因而识记与回忆较为困难。

参考答案：B

18.【解析】系列位置效应的一般表现是两头材料记得好。

参考答案：D

19.【解析】艾宾浩斯在研究记忆与遗忘规律时采用的记忆材料是无意义音节。

参考答案：D

20.【解析】顺行性遗忘症是对造成失忆的事件后发生的事物发生遗忘的失忆症。

参考答案：A

21.【解析】A选项，程序性记忆是关于"如何做"的记忆，指如何做事情的记忆，包括对知觉技能、认知技能和运动技能的记忆；B选项，陈述性记忆是关于"是什么"的记忆，指对有关事实和事件的记忆；C选项，情景性记忆指人根据时空关系对某个时间的记忆，这种记忆与个人的亲身经历分不开；D选项，外显性记忆指在意识的控制下，过去经验对当前作业产生的影响，又叫受意识控制的记忆。题干中，“游泳技能”属于运动技能的一种，对运动技能的记忆属于程序性记忆。

参考答案：A

22.【**解析**】A选项，语义记忆是人对一般知识和规律的记忆，与时间、地点无关；B选项，情景记忆是指人根据时空关系对某个时间的记忆，这种记忆与个人的亲身经历分不开；C选项，映像记忆是一种感觉记忆，在消失前只持续几毫秒；D选项，程序性记忆是关于“如何做”的记忆，指如何做事情的记忆，包括对知觉技能、认知技能和运动技能的记忆。题干中，“多年没有登台表演的舞者随着音乐跳起舞蹈”是一种肌肉记忆，因此属于程序性记忆。

参考答案：D

23.【**解析**】A选项，陈述性记忆是关于“是什么”的记忆，指对有关事实和事件的记忆；B选项，语义记忆是人对一般知识和规律的记忆，与时间、地点无关；C选项，情景性记忆指人根据时空关系对某个时间的记忆，这种记忆与个人的亲身经历分不开；D选项，程序性记忆是关于“如何做”的记忆，指如何做事情的记忆，包括对知觉技能、认知技能和运动技能的记忆。题干中，“打网球”属于运动技能的一种，因此关于打网球的记忆是程序性记忆。

参考答案：D

24.【**解析**】A选项，语义记忆是人对一般知识和规律的记忆，与时间、地点无关；B选项，情景记忆是指人根据时空关系对某个时间的记忆，这种记忆与个人的亲身经历分不开；C选项，程序性记忆是关于“如何做”的记忆，指如何做事情的记忆，包括对知觉技能、认知技能和运动技能的记忆；D选项，内隐记忆是指在个体无法意识的情况下，过去经验对当前作业产生的无意识的影响，又叫自动的无意识记忆。题干中，“这一现象是由于场景与经验有冲突”，表明过去经验对个体加工当前场景产生无意识影响，属于一种内隐记忆。

参考答案：D

25.【**解析**】感觉记忆的编码形式主要依赖于信息的物理特征。

参考答案：D

26.【**解析**】斯伯林用部分报告法证明了感觉记忆的存在。他向被试呈现12个英文字母，发现采用部分报告法被试能报告的项目数平均为9个。

参考答案：A

27.【**解析**】映像记忆即感觉记忆，斯伯林用部分报告法证明了感觉记忆的存在。

参考答案：B

28.【**解析**】艾宾浩斯对记忆保持量的变化进行了系统研究，他以无意义音节为记忆材料，使用机械复述法对记忆材料进行学习，并把节省率作为保持量的指标。在研究过程中，并未用到非言语材料。

参考答案：D

29.【**解析**】长时记忆的结构包括：图式，原型，概念等。D选项复述属于短时记忆的存储方法。

参考答案：D

二、名词解释

1.【**参考答案**】

内隐记忆是指过去经验对个体当前活动的一种无意识的影响。根据提取时是否需要意识的参与，可以将记忆分为外显记忆与内隐记忆。内隐记忆可以通过知觉辨认、词干补笔等方法进行测量。

2.【**参考答案**】

情景记忆即以时间和空间为坐标对个人亲身经历的、发生在一定时间和地点的事件（情景）的记忆。情景记忆是指记住过去某个时间、地点的特定事件。对情景记忆的知觉又称自主意识。情景记忆属于远事记忆范畴，它是人类最高级、成熟最晚的记忆系统，也是受老化影响最大的记忆系统，存在随年龄增加而下降的趋势。

3.【**参考答案**】

后学习的材料对先学习的材料的保持和回忆起干扰作用称为倒摄抑制。倒摄抑制受前后两种学习材料的类似程度、难度、时间的安排以及识记的巩固程度等种种条件的制约。

4.【**参考答案**】

前摄抑制是先前学习的材料对识记和回忆后的学习材料的干扰作用。干扰说认为，遗忘是因为学习和记忆之间受到其他刺激的干扰所致。一旦干扰被排除，记忆就能恢复，记忆并未发生任何变化。可用前摄抑制和倒摄抑制来说明。

5.【**参考答案**】

人们发现在回忆系列材料时，材料的顺序对记忆效果有重要的影响。最后呈现的项目最先回忆起来，其次是最先呈现的项目，最后回忆起来的是中间部分的项目。在回忆的正确率上，最后呈现的遗忘得最少，其次是最先呈现的，遗忘最多的是中间部分。这种在回忆系列材料时发生的现象叫系列位置效应。系列位置效应包括近因效应和首因效应。最后呈现的材料最易回忆，遗忘最少，叫近因效应；最先呈现的材料较易回忆，遗忘较少，叫首因效应。

6.【**参考答案**】

前瞻记忆是指当事人记得将要采取的行动，是相对于回顾性记忆的一种记忆。前瞻性记忆更关注什么时候该做什么事情，其信息内容比较贫乏；它明显与我们为日常活动制定的计划或目标有关。

7.【**参考答案**】

外显记忆是指在意识的控制下，过去经验对当前作业产生的有意识的影响，又称受意识控制的记忆。

8.【**参考答案**】

舌尖现象是指明明知道而当时又回忆不起来的现象。克服的简便方法就是当时停止回忆，经过一段时间后再回忆，这时要回忆的事物可能就会很容易想起来。

9.【**参考答案**】

动机性遗忘指人为避免不愉快的情绪或内心冲突而遗忘某些事件或人物的现象。这种遗忘常由一定的有意识或无意识的动机所致，是个体心理自我保护的一种手段。

10.【**参考答案**】

工作记忆模型由巴德利和希奇提出，它包括语音环路、视觉－空间模板、情景缓冲器和中央执行系统四个成分。

11.【**参考答案**】

感觉记忆是记忆系统的开始阶段，也叫感觉登记，它是一种原始的感觉形式，是记忆系统在对外界信息进行进一步加工之前的暂时登记，其编码形式主要依赖于信息的物理特征。

12.【**参考答案**】

短时记忆是信息从感觉记忆到长时记忆之间的一个中间阶段，其功能是暂时存储信息，以使信息进入长时记忆。

13.【**参考答案**】

反响回路是指神经系统中皮层和皮层下组之间存在的某种闭合的神经环路。研究表明，反响回路是短时记忆的生理基础。

三、简答题

1.【**参考答案**】

短时记忆是指人对刺激信息进行加工、编码、短暂保持和容量有限的记忆，是感觉记忆到长时记忆的中间环节，包括直接记忆和工作记忆两个成分。

直接记忆是指输入的刺激没有经过进一步的加工编码，仅在脑中短暂存储，但信息容量非常有限。

工作记忆是处在工作状态的短时记忆，或者对完成当前任务时起作用的短时记忆，指人在进行某项工作或活动时连续流动的记忆。容量比短时记忆要小，因为加工编码要占一部分容量。与短时记忆概念相比，它包括更重要的成分，既能对信息加工处理，又能将信息加以存储，因此具有加工处理信息和存储信息的双重功能。

2.【**参考答案**】

编码特定原则，也被称为编码特定性原

理，是指当信息储存在记忆中时，记忆并非对于信息的原本形式进行储存，而是根据记忆者对于信息的理解与认识来进行编码。

在一定的情境下，人能联想起在这一情境下所发生过的事。故地重游时，能回想出许多上次来游玩的情节，这就是情境关联记忆。这说明情境的相似性有助于回忆。

人们发现，如果能够恢复到与自己学习某种知识时同样的情绪或生理状态，就易于回忆起这种知识。这就要求人们在学习的时候利用编码特定原则，即人们在学习时候会将学习的知识内容连同当时学习时候的主客观的情境状态一同编码到记忆系统中。比如，考生在上午考试语文，则每天在考试语文的时间段学习语文知识。

3.【参考答案】遗忘受到以下因素的影响：

(1)时间：遗忘的进程是先快后慢，因此，为了记忆效率更好，一定要及时复习。

(2)识记材料的性质与数量：熟练的动作和形象的材料遗忘得慢，有意义的材料比无意义的遗忘得慢。因此，一定要对记的材料进行精细化加工，达到理解的程度再记忆，记忆效果才能更好。

(3)学习的程度：过度学习的记忆效果最好。因此，在恰能背诵时再继续学习之后，可以提高记忆效果。

(4)识记材料的系列位置：最后呈现的材料容易回忆，遗忘较少，最先呈现的材料易回忆，遗忘较少，遗忘最多的是中间部分。因此在记忆过程中，可以把一些容易忘记的放在最先或者最后记忆，同时，加深对中间部分的记忆，这样让记忆效果更好。

(5)识记者的态度：不只重要地位和不引起人们兴趣的容易忘记。在记忆过程中，发现记忆的乐趣，端正记忆的态度对于记忆的提高也有重要作用。

4.【参考答案】

干扰说认为，遗忘是因为学习和记忆之间受到其他刺激的干扰所致。一旦干扰被排除，记忆就能恢复，记忆并未发生任何变化。可用前摄抑制和倒摄抑制来说明。

(1)前摄抑制是先前学习的材料对识记和回忆后的学习材料的干扰作用。

(2)倒摄抑制是指后学习的材料对识记和回忆先前学习的材料的干扰作用。

(3)系列位置效应是指中间部位同时受到两种抑制影响，因而识记与回忆较为困难。

5.【参考答案】

(1)德国著名的心理学家艾宾浩斯对记忆保持量的变化进行了系统研究，他将实验结果绘成艾宾浩斯遗忘曲线。他以无意义音节为记忆材料，以再学法的节省率作为保持量的指标。

(2)结果发现，学习后的不同时间里保持量是不同的，刚学完时保持量最大，学后短时间保持量急剧下降，然后渐渐稳定地下降，最后接近稳定。遗忘在时间上先快后慢，在数量上先多后少。

(3)启示：学习过后要及时复习，而且是在学习结束后立马复习。

6.【参考答案】

长时记忆的信息存储是一个动态过程，会随着时间的推移在质和量两方面发生变化。

(1)质的方面：内容概括化（细节忽略了），内容完整化（更加合理和有意义），内容具体化（夸张或突出）。

(2)量的方面：存储信息的数量随着时间的迁移而逐渐下降。

(3)记忆恢复现象：学习某种材料后间隔一段时间所测量到的保持量，比学习后立即测量的保持量要高。不过随着年龄的增长逐渐消失了（是海马长时程增强作用的体现）。

7.【参考答案】

(1)复习要及时。最好在学习结束后立马开始复习。

(2)正确分配复习时间，分散优于集中。一般认为在开始复习时，时间间隔要短，以后可以长一些。

(3)阅读与重现交替。

(4)注意排除前后材料。复习时要注意材料的系列位置效应，对材料的中间部分要加强复习。

8.【参考答案】

短时记忆的编码形式分为视觉编码和听觉编码。后来有研究表明，短时记忆中的信息编码，还有语义编码。康拉德的实验表明，听觉编码是短时记忆编码的主要方式；波斯纳的实验表明，在短时记忆信息的听觉编码之前，存在着一个短暂的视觉编码阶段。影响短时记忆编码的因素如下：

(1)觉醒状态。即大脑皮层的兴奋水平，它直接影响到记忆编码的效果。

(2)加工深度。对词表的字母检索和语义评定的任务，证明了加工深度对短时记忆编码的影响。

(3)组块。对记忆的内容组块化或者扩大每一个组块包含的信息量可以提高记忆的编码效果。

9.【参考答案】

记忆是在头脑中积累和保存个体经验的心理过程。用信息加工的术语来讲，记忆就是人脑对外界输入的信息进行编码、存储和提取的过程。

(1)编码。编码是人获得个体经验的过程，相当于记忆中的“记”的阶段。在记忆的过程中，编码有不同的层次或水平，主要有视觉的、听觉的和语义的编码，不同的编码方式对记忆有不同的影响。

(2)存储。存储是把感知过的事物、体验过的情感、做过的动作、思考过的问题等，以一定的形式保持在人的头脑中。知识的存储有时也叫知识的表征，它可以是事物的图像，也可以是一系列概念或命题。

(3)提取。提取是指从记忆中查找已有信息的过程，是记忆过程的最后一个阶段，相当于记忆中“忆”的阶段。再认和回忆是提取的基本形式。记忆的好坏是通过信息的提取表现出来的。

四、论述题

1.【参考答案】

长时记忆的信息编码就是把新的信息纳入已有的知识框架内，或者把一些分散的信息单元组合成一个新的知识框架。

(1)编码形式。

①按语义类别编码。长时记忆主要采用的是语义编码，记忆语词概念时总是按照语义关系进行归类。

②以语言特点为中介进行编码。借助语言的某些特点，如语义、发音、字形等，对当前输入的某些信息进行编码，使其成为可以储存的东西，利用语言的音韵和节律等特点。

③其他编码形式。主观组织、形象化、记忆表象等其他形式。主观组织能将分离的项目构成一个有联系的整体，从而提高记忆效率。

(2)影响长时记忆编码的因素：

①编码时的意识状态：通常有意加工效果优于自动编码，自动编码与无意识过程相关；

②加工深度：大多数情况下有意识记的效果比机械识记效果好。

2.【参考答案】

(1)遗忘是指识记过的材料不能提取，或提取时发生错误的现象。如学过的知识不能回忆起来；一个熟人的名字一时叫不出来等。它与信息的保持有关，也与信息的提取有关。

(2)遗忘的规律：德国心理学家艾宾浩斯首先发现，在识记后的最初一段时间里遗忘速度较快，此后逐渐减慢，并稳定在一个水平上。

(3)遗忘的原因：

①衰退说。遗忘是记忆痕迹得不到强化而逐渐减弱，以致最后消退的结果。材料中“有些知识平时没有复习而遗忘”就属于记忆痕迹衰退导致的遗忘。

②干扰说。遗忘是因为在学习和回忆之间受到其他刺激的干扰所致。一旦干扰被排除，记忆就能恢复，而记忆痕迹并未发生任何变化。

干扰说可以用前摄抑制和倒摄抑制来说

明。前摄抑制是指先前学习的材料对识记和回忆后学习材料的干扰作用。倒摄抑制是指后学习的材料对识记和回忆先学习材料的干扰作用。材料中"有些知识由于混淆而不能准确回答"就属于干扰引起的遗忘。

③提取失败说。储存在长时记忆中的信息是永远不会丢失的,之所以对一些事情想不起来,是因为在提取有关信息时没有找到适当的提取线索。材料中"有些知识明明记住了,但就是想不起来"属于提取失败导致的遗忘,只要找到适当的线索,还是可以提取出来的。

五、综合题

1.【参考答案】

内隐记忆即过去经验对个体当前活动的一种无意识的影响。由于这种记忆对行为的影响是自动发生的,个体无法意识到,因此又可称为自动的、无意识的记忆。

研究内隐记忆的意义是:和外显记忆相比,内隐记忆不受加工深度、间隔时间、记忆负荷和干扰等因素的影响。许多研究证明了过去的经验可以在无意识的情况下影响人的行为。内隐记忆的研究不仅扩充、丰富了记忆研究的方法、技术和内容,而且使我们对人类记忆的本质有了更加深入的认识。

2.【参考答案】

记忆是在头脑中积累和保存个体经验的心理过程。根据信息保持的时间长短,记忆可以分为感觉记忆、短时记忆、长时记忆三个记忆系统。这三个系统在信息的存储时间、编码的方式、记忆容量等方面都有各自不同的特点。记忆的信息加工过程即人脑对外界输入的信息进行编码、存储和提取的过程。任何外界信息只有经过这些过程,才能成为个体可以保持和利用的经验。

阿特金森和谢夫林提出三级记忆模型,认为记忆由感觉记忆、短时记忆和长时记忆三个子系统组成。

感觉记忆,又称瞬时记忆,是客观刺激停止后,感觉信息在一个极短的时间内保存下来。来自环境的信息首先到达感觉记忆,如果这些信息被注意,则进入短时记忆。感觉记忆保存的时间极短,但当外界刺激消失后,它为信息的进一步加工提供了可能性。感觉记忆的编码形式主要依赖于刺激物的物理特征,具有鲜明的形象性。感觉记忆有较大的容量,其中大部分信息因为来不及加工而迅速消退,只有一部分信息由于注意而得到进一步加工,并进入短时记忆。图像记忆是指视觉器官能识别刺激的形象特征,能保持一个生动的视觉图像,它是感觉记忆的一种主要编码形式。除此之外,听觉通道也存在感觉记忆。听觉的感觉记忆编码形式被称为声像记忆。

短时记忆一般是指保持时间在一分钟之内的记忆。短时记忆的信息编码以听觉编码为主,也存在视觉编码和语义编码。在短时记忆中,对刺激信息主要以听觉形式进行编码和储存,即使刺激信息以视觉方式呈现,个体对视觉刺激进行加工处理时也会把它们转换成听觉代码,那时记忆中会存在形—音转换的现象,视觉信息会以声音形式进行加工,然后存储。但是在短时记忆的最初阶段,存在视觉编码过程,然后才向听觉编码过渡。短时记忆的容量有限,一般为"7±2"个组块,组块内部的信息可以变化,一个字母可以是一个组块,一个单词可以是一个组块,一个词组、一个句子,也可以是一个组块。短时记忆的信息是有意识的、可操作的。复述是短时记忆的信息进入长时记忆的途径。

长时记忆是指永久性的信息储存,一般能保持多年甚至终身。它的信息主要来自短时记忆阶段加以复述的内容,也有由于印象深刻一次形成的。它的容量似乎无限,但也有人认为它的范围是5万到10万个组块,它的信息是以有组织的状态被储存起来的。有词语和表象两种信息组织方式,即言语编码和表象编码。言语编码是通过词来加工信息,按意义、语法关系、系统分类等方法把言语材料组成组块,以帮助记忆。表象编码是利用视形象、声音、味觉和触觉形象组织材料来帮助记忆。两种编码方式各有其特点。一般认为,大脑两半球是分工的,左脑管语言,右脑管表象。一般人在长时记忆中,对信息的编码往往是将两种方式结合起来,互相补充。但也存在个体差异,有人偏向于这一种方式编码,有人偏向于另一种方式编码。

3.【参考答案】

根据信息保持时间长短,记忆可分为瞬时记忆(感觉记忆)、短时记忆和长时记忆。瞬时记忆的信息通过注意进入短时记忆,短时记忆的信息经过复述进入长时记忆。如图若是不能得到及时的注意或复述,记忆中的信息就会发生遗忘,因此"漏一补十""错一罚十"是为了帮助作业中的知识点更好地进入长时记忆。

遗忘是指记忆的内容不能保持或者提取时有困难。根据艾宾浩斯的遗忘曲线:保持和遗忘是时间的函数,遗忘的进程是先快后慢,呈负加速型。

衰退说认为,遗忘是记忆痕迹得不到强化逐渐减弱,以致最后消退的结果。

干扰说认为,遗忘是由于学习和回忆之间受到其他刺激干扰。一旦干扰被排除,记忆就能恢复,而记忆痕迹并未发生任何变化。

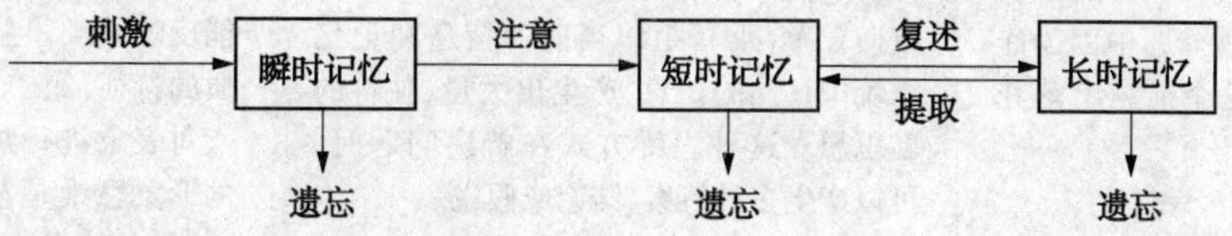

压抑说认为,遗忘是由于情绪或动机的压抑作用引起。有些经验一旦进入意识会产生痛苦体验,因此被压抑在无意识中。如果压抑被解除,记忆也就能恢复。

提取失败说认为,存储在长时记忆信息不会消失,想不起是因为没有找到适当提取线索。

影响遗忘的因素主要有时间、材料的性质和数量、识记者的态度、学习程度(过度学习的量为50%,即学习程度为150%时,效率最高)、材料的序列位置(首尾易记,中间易忘)。

4.【参考答案】

(一)遗忘曲线的绘制

遗忘曲线由德国心理学家艾宾浩斯研究发现,描述了人类大脑对新事物遗忘的规律。艾宾浩斯研究发现,遗忘在学习之后立即开始的,而且遗忘的进程并不是均匀的。最初遗忘速度很快,以后逐渐缓慢。艾宾浩斯认为"保持和遗忘是时间的函数",他用无意义音节(由若干音节字母组成、能够读出但无内容意义即不是词的音节)作为记忆材料,用节省法计算保持和遗忘的数量。并根据他的实验结果绘成描述遗忘进程的曲线,如下图所示:

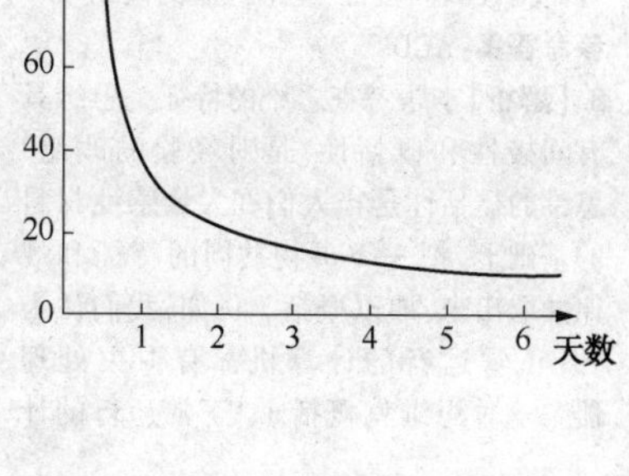

(二)影响遗忘的因素有:

(1)时间。在艾宾浩斯的遗忘曲线中,遗忘在学习之后立即开始,遗忘的过程最初发展得很快,以后逐渐缓慢。时间越长,遗忘的内容也会越多。

(2)识记材料的性质与数量。一般认为,对熟练的动作和形象材料遗忘得慢;对有意义的材料比对无意义的材料遗忘要慢得多;在学习程度相等的情况下,识记材料越多,忘得越快,材料少,则遗忘较慢。

(3)学习的程度。一般认为,对材料的识记没有一次能达到无误背诵的标准,称为低度学习;如果达到恰能成诵之后还继续学习一段时间,称为过度学习。实验证明,低度学习的材料容易遗忘,而过度学习的材料比恰能背诵的材料记忆效果要好一些。

(4)识记材料的系列位置。人们发现在回忆系列材料时,材料的顺序对记忆效果有重要影响,即遗忘的系列位置效应。中间部分的材料遗忘最多。

(5)记者的态度。识记者对识记材料的需要、兴趣等,对遗忘的快慢也有一定的影响。研究表明,在人们的生活中不占重要地位的、不引起人们兴趣的、不符合一个人需要的事情容易出现遗忘。

(三)遗忘的理论:

(1)衰退说

衰退说认为,对材料的识记会在大脑皮层留下痕迹,遗忘是由于这些痕迹得不到强化而逐渐减弱以致消失所致。强调生理活动过程对记忆痕迹的影响。一种解释是,记忆在人脑中形成暂时神经联系,这种联系在神经系统中留下痕迹,如得不到强化,则消退而遗忘。另一种解释是,遗忘是由于记忆痕迹受到脑内代谢物质的消磨而逐渐消退造成的。这种说法容易被人们接受,但很难用实验证实。

(2)干扰说(系列位置效应)

干扰说认为,遗忘是因为学习和记忆之间受到其他刺激的干扰所致。一旦干扰被排除,记忆就能恢复,记忆并未发生任何变化。可用前摄抑制和倒摄抑制来说明。

(3)压抑说(动机抑制理论)

压抑理论认为,遗忘是由于情绪或动机的压抑作用引起的。有些经验进入人的意识会使人产生痛苦的体验,因此被压抑到无意识中,一旦这种压抑解除,记忆就能恢复。这种现象首先是由弗洛伊德在临床实践中发现的。

(4)提取失败(线索依赖性理论)

该理论认为,储存在长时记忆中的信息是永远不会丢失的,我们之所以对一些事情想不起来,是因为提取有关信息时没有找到适当的提取线索。

第七章 思 维

第一节 思维的一般概念

考点1 思维的含义

1.【解析】感觉是人脑对直接作用于感觉器官的客观事物个别属性的反映,不是思维所依赖的心理结构。

参考答案:D

2.【解析】思维是借助语言、表象或动作实现的对客观事物概括的和间接的认识,是认识的高级形式。它能揭示事物的本质特征和内部联系。

参考答案:D

考点2 思维的特征

1.【解析】本题考查了思维的特征。思维的概括性是指人们在大量感性基础上,把一类事物共同特征和规律抽取出来加以概括;思维的间接性就是思维凭借知识经验对客观事物进行的间接反映,特指能对没有直接作用于感觉器官的事物及其属性或联系加以反映。题中因为昨夜风雨交加,所以通过这个推测出落花一地,反应了间接性。

参考答案:D

2.【解析】思维是借助语言、表象和动作实现的对客观事物概括的和间接的认识,是认识的高级形式。它能揭示事物的本质特征和内部联系,并主要表现在概念形成和问题解决的过程中。思维具有概括性和间接性,是对经验的改组。

参考答案:ACD

3.【解析】本题考查思维的特征。思维具有间接性和概括性,是对经验的改组。思维的概括性是指人们在大量感性材料的基础上,把一类事物共同的特征和规律抽取出来,加以概括。例如,我们认为"凡正常运行的计算机都有中央处理器",这种思维就概括了"正常运行的计算机"这一事物的共同特征。思维的间接性是指人们借助一定的媒介和一定的知识经验对客观事物进行间接的认识,具有推理性。思维是对经验的改组,表明思维不是简单地再现经验,而是对已有的知识经验进行改组、重建的一个动态的过程。

参考答案:D

4.【解析】思维的概括性是指人们在大量感性材料的基础上,把一类事物共同的特征和规律抽取出来,加以概括。

参考答案:C

考点3 思维的种类

1.【解析】本题中爱因斯坦的话中既没有涉及"动作",也没有涉及"语言",强调的是"意象",因此这段话所体现的思维种类应该是形象思维。

参考答案:B

2.【解析】发散思维是指人们沿着不同的方向思考,重新组织当前的信息和记忆系统中存储的信息,产生出大量、独特的新思想。这种思维方式在解决问题时,可以产生多种答案、结论或假说。

参考答案:C

3.【解析】形象思维是指人们利用头脑中的具体形象来解决问题。

参考答案:A

4.【解析】动作思维又称实践思维,它们面临的思维任务具有直观的形式,解决问题的方式依赖于实际的动作。

参考答案:A

5.【解析】按思维任务的性质、内容和解决问题的方法分类,思维可分为动作思维、形象思维和抽象思维。

参考答案:D

6.【参考答案】:

思维是借助语言、表象或动作实现的对客观事物概括和间接的认识,是认识的高级形式。它能揭示事物本质特征和内部联系,并主要表现在概念形成和问题解决的活动中。

(1)根据思维的凭借物和解决问题的方式,可以把思维分为直观动作思维、具体形象思维和抽象逻辑思维。

①直观动作思维

直观动作思维又称实践思维,是凭借直接感知,伴随实际动作进行的思维活动。实际动作便是这种思维的支柱。幼儿的思维活动往往是在实际操作中,借助触摸、摆弄物体而产生和进行的。

②具体形象思维

具体形象思维是运用已有表象进行的思维活动。表象便是这类思维的支柱。人们可以运用头脑中的这种形象来进行思维活动。形象思维具有三种水平:第一种水平的形象思维是幼儿的思维,它只能反映同类事物中的一些直观的、非本质的特征;第二种水平的形象思维是成人对表象进行加工的思维;第三种水平的形象思维是艺术思维,这是一种高级的、复杂的思维形式。通常所说的形象思维是指第一种水平。

③抽象逻辑思维

抽象逻辑思维是以概念、判断、推理的形式达到对事物的本质特性和内在联系认识的思维。概念是这类思维的支柱。科学家研究、探索和发现客观规律,学生理解、论证科学的概念和原理以及日常生活中人们分析问题、解决问题等,都离不开抽象逻辑思维。

(2)根据思维过程中是以日常经验还是以理论为指导来划分,可以把思维分为经验思维和理论思维。

①经验思维:以日常生活经验为依据,判

断生产、生活中的问题的思维。

②理论思维:以科学的原理、定理、定律等理论为依据,对问题进行分析、判断的思维。

(3)根据思维结论是否有明确的思考步骤和思维过程中意识的清晰程度,可以把思维分为直觉思维和分析思维。

①直觉思维:未经逐步分析就迅速对问题答案做出合理的猜测、设想或突然领悟的思维。

②分析思维:经过逐步分析后,对问题解决做出明确结论的思维。

(4)根据解决问题时的思维方向,可以把思维分为聚合思维和发散思维。

①聚合思维又称求同思维、集中思维,是把问题所提供的各种信息集中起来得出一个正确的或最好的答案的思维。

②发散思维又称求异思维、辐射思维,是从一个目标出发,沿着各种不同途径寻求各种答案的思维。

(5)根据思维的创新成分的多少,可以把思维分为常规思维和创造性思维。

①常规思维是指人们运用已获得的知识经验,按惯常的方式解决问题的思维。例如,学生按例题的思路去解决练习题和作业题,学生利用学过的公式解决同一类型的问题等。

②创造性思维是指以新异、独创的方式解决问题的思维。例如,技术革新、科学的发明创造、教学改革等所用到的思维都是创造性思维。

考点4　思维的过程

1.【解析】此答案参考梁宁建版《心理学导论》。

思维的过程包括分析、综合、比较、抽象、概括、具体化、系统化等。

(1)分析与综合。分析与综合是思维过程的基本环节,一切思维活动,从简单到复杂,从概念形成到创造性思维,都离不开头脑的分析与综合。

(2)比较与分类。比较是在头脑中把各种事物或现象加以对比,确定它们之间的异同点。分类是在比较的基础上,头脑中根据事物或现象的共同点和差异点,把它们区分为不同种类的思维过程。

(3)抽象和概括。抽象和概括是思维过程最关键的环节,抽象是高级的分析,概括是高级的综合,抽象和概括都是建立在比较基础上的。任何概念、原理和理论都是抽象与概括的结果。

(4)具体化和系统化。具体化就是用一般原理去解决实际问题,用理论指导实际活动的过程;系统化是指在头脑里把学到的知识分门别类地按一定程序组成层次分明的整体系统的过程。具体化和系统化是在前面几个过程的基础上实现的。

第二节　表象

考点1　表象的含义

1.【解析】表象是客观对象不在主体面前呈现时,在观念中所保持的客观对象的形象和客体形象在观念中复现的过程。记忆是在头脑中积累和保存个体经验的心理过程。想象是人在头脑里对已储存的表象进行加工改造形成新形象的心理过程。幻想指没有道理的想象,无根据的看法或信念,以理想或愿望为依据,对还没有实现的事物有所想象。

参考答案:A

2.【解析】表象是事物不在面前时,人们在头脑中出现的关于事物的形象。表现分为视觉表象、听觉表象和运动表象等。视觉表象的一个重要功能是帮助我们认出和记住环境的空间结构。我们对世界的表象表征通常被称为认知地图,认知地图可以明显展现出表象与行动之间的联系。

参考答案:B

3.【解析】表象是事物不在面前时,人们在头脑中出现的关于事物的形象,从信息加工的角度来讲,表象是指当前不存在的物体或事件的一种知识表征。思维是借助语言、表象和动作实现的对客观事物概括的和间接的认识,是认识的高级形式。概念是人脑对客观事物的本质特征的认识,每个概念都有内涵和外延两个方面,并具有不同的等级和层次,和词密不可分。问题解决是由一定的情境引起的、按照一定的目标,应用各种认知活动、技能等,经过一系列的思维操作,使问题得以解决的过程。可以说,表象和概念是思维活动的载体和对象,问题解决是思维活动的综合运用。

参考答案:A

考点2　表象的特征

1.【解析】本题考查了表象的特征。心理旋转是一种想象自我或客体旋转的空间表征动力转换能力,也是一种评定空间智能的重要标尺。该实验证明了表象的可操作性。

参考答案:D

2.【解析】表象是指当对象不在面前时,我们的头脑中浮现出的形象。从信息加工的角度来讲,表象是指当前不存在的物体或事件的一种知识表征,这种表征具有鲜明的形象性。表象具有直观性、概括性等特质,因此CD为正确选项。

参考答案:CD

3.【解析】库伯等人的"心理旋转"实验证明了表象的可操作性,在研究中,每次给被试呈现一个旋转角度不同的R,要求被试判断字母是正还是反。结果表明,被试在完成任务时,对表象进行了心理操作,把倾斜的字母在头脑中旋转到直立的位置再进行判断。在这个过程中,研究者既关注视觉表象本身、表象的可操作性,也关注心理表征。但情绪不属于研究者们关注的问题。

参考答案:C

考点3　表象的种类

1.【解析】A选项,记忆表象是在记忆中保持的客观事物的形象;B选项,遗觉表象是在刺激停止作用后,脑中继续保持的异常清晰、鲜明的表象;C选项,想象表象是在头脑中对记忆形象进行加工改组后形成的新形象。根据诗中的描述形成的形象属于想象表象。

参考答案:C

2.【解析】记忆表象是保存在人头脑中的曾感知过的客观事物的形象。感知过的事物不在眼前而在头脑中重现出来的形象,被称为记忆表象。它是同形象记忆有关的回忆结果。我们把头脑中出现的过去感知过的事物的形象称为记忆表象。

第三节　概念

考点1　概念的含义

1.【解析】概念是人脑对客观事物本质特性的反映,是以词来标示和记载的。概念是思维活动的结果和产物,同时又是思维活动借以进行的单元。语言是以词为基本单位的符号系统。因此选项C可以排除。

参考答案:ABD

2.【参考答案】

(1)概念是具有共同属性的一类事物的总称。每一个概念包括外延和内涵两个部分,内涵是概念所反映的事物的本质属性,外延是概念的范围。

(2)概念的内涵就是概念对事物的特有属性的反映。外延是具有概念所反映的特有属性的那些具体的事物。概念的内涵增加,外延就变小了。

考点2　概念的种类

1.【解析】具体概念是指按事物的外在属性形成的概念;抽象概念指按事物本质、内在属性形成的概念;合取概念是指根据一类事物中单个或多个相同属性形成的概念;人工概念指的是实验室条件下人为制造的一种概念。

参考答案:A

2.【解析】科学概念是指通过专门的教学活动和学习过程掌握的概念。因此本题选择A。

参考答案:A

3.【参考答案】

概念是具有共同属性的一类事物的总称。其种类包括:

(1)依据抽象与概括程度区分:

①具体概念:按事物的外在属性形成的概念;

②抽象概念:按事物本质、内在属性形成的概念。

(2)依据反映事物属性的数量及相互关系划分:
①合取概念:根据一类事物中单个或多个相同属性形成的概念;
②析取概念:根据不同的标准,结合单个或多个属性形成的概念。
(3)依据形成的自然性划分:
①自然概念:人类历史过程中自然形成的概念;
②人工概念:实验室条件下人为制造的一种概念。
(4)依据科学性划分:
①前科学概念:通过日常生活而不是专门的教学活动获得的概念;
②科学概念:通过专门的教学活动和学习过程掌握的概念。

考点3 概念的结构

1.【解析】层次网络模型是由柯林斯等人针对言语理解的计算机模拟提出来的,后来被用来说明概念的结构。在这个理论中,概念是以节点的形式存储在概念网络中,每个概念具有一定的特征,这些特征实际上也是概念,故A项正确,C项错误;各类属概念按逻辑的上下位关系组织在一起,概念间通过连线表示它们的类属关系,这样彼此具有类属关系的概念组成了一个概念的网络。在网络中,层次越高的概念,其抽象概括的水平越高,故D项正确;每个概念的特征实行分级存储,即在每一概念的节点上,只存储该概念的独有特征,而同层各概念共有的特征,存储在上一层的概念节点上,故B项正确。层次网络模型认为,提取概念的意义就是网络搜索的过程。搜索的距离越长,反应时间越长,搜索距离的长短通过连线的长短来表示。

参考答案:C

2.【解析】层次网络模型是由柯林斯等人针对言语理解的计算机模拟提出的,后来被用来说明概念的结构。
在这个理论中,概念是以结点的形式存储在概念网络中,每个概念具有一定的特征,这些特征实际上也是概念。各类属概念按照逻辑的上下位关系组成概念的网络,概念之间的关系用连线来表示。在网络中,层次越高的概念,其抽象概括的水平越高。每个概念特征实行分级存储,即在每一层概念的结点上,只存储该概念的独有特征,而同层各概念共有的特征,存储在上一层的概念结点上。

参考答案:A

3.【解析】概念的结构是指概念的构成因素及它们之间的关系,以下是几种概念结构的理论:
(1)层次网络模型:
①层次网络模型是由柯林斯等人针对言语理解的计算机模拟提出的,后来被用来说明概念的结构。
②在这个理论中,概念是以结点的形式存储在概念网络中,每个概念具有一定的特征,这些特征实际上也是概念。各类属概念按照逻辑的上下位关系组成概念的网络,概念之间的关系用连线来表示。在网络中,层次越高的概念,其抽象概括的水平越高。每个概念特征实行分级存储,即在每一层概念的结点上,只存储该概念的独有特征,而同层各概念共有的特征,存储在上一层的概念结点上。
(2)激活扩散模型:
柯林斯等人在层次网络模型上提出的。认为各种概念组成了一个相互联系的概念网络。连线的长短表示概念联系的紧密程度,连线越短,概念间的联系越紧密。另一个重要特色是,它假定当一个概念被加工时,其意义激活会自动传递到相关的概念,使得相关概念的意义也得到激活,而且激活的强度随着传递的距离的增加或传递时间的延长而降低。
(3)特征表理论:
①特征表理论是由波纳等人提出的。
②这个理论把概念的语义特征分解为定义性特征和特异性特征。定义性特征是定义一个概念所必须具备的特征,它相当于概念的本质特征。特异性特征是具有描述功能的特征,它相当于概念的非本质特征。特征表理论认为,概念的结构由概念的定义性特征和整合这些特征的规则构成。这些规则也称概念规则,它包括肯定、否定、合取、析取、条件等。概念的定义性特征和规则相互结合就构成了各种不同性质的概念。
(4)原型模型:
①原型模型主要是由茹什等人提出来的。
②茹什在一系列实验中发现,在要求被试进行范畴判断(如海棠是花吗)时,对范畴中典型成员(如苹果是水果吗)比对非典型成员(如龙眼是水果吗)的判断时间快。茹什认为概念主要是以原型来表征的。所谓原型是指范畴中最能代表该范畴的典型成员。从概念结构来讲,原型理论认为,概念是由原型加上与原型特征有相似性的成员来组成的。

4.【参考答案】
(1)层次网络模型是由柯林斯等人针对言语理解的计算机模拟提出的,后来被用来说明概念的结构。
①在这个理论中,概念是以结点的形式存储在概念网络中,每个概念具有一定的特征,这些特征实际上也是概念;
②各类属概念按照逻辑的上下位关系组成概念的网络,概念之间的关系用连线来表示。在网络中,层次越高的概念,其抽象概括的水平越高;
③每个概念特征实行分级存储,即在每一层概念的结点上,只存储该概念的独有特征,而同层各概念共有的特征,存储在上一层的概念结点上。
(2)激活扩散模型由柯林斯等人在层次网络模型上提出的。
①各种概念组成了一个相互联系的概念网络。连线的长短表示概念联系的紧密程度,连线越短,概念间的联系越紧密。
②假定当一个概念被加工时,其意义激活会自动传递到相关的概念,使得相关概念的意义也得到激活,而且激活的强度随着传递距离的增加或传递时间的延长而降低。
(3)层次网络模型和激活扩散模型都是一种语义记忆模型。但与层次网络模型不同,激活扩散模型放弃了概念的层次结构,而是以语义联系或相似性将概念组织起来。概念之间通过共同的特征数量形成联系,互相之间共同特征越多,两个概念之间的关系就越紧密。

考点4 概念的形成

1.【解析】本题考查人工概念形成的策略。布鲁纳提出了概念形成的四种策略:保守性聚焦、冒险性聚焦、同时性扫描和继时性扫描。保守性聚焦只改变焦点卡片上其中一个属性,冒险性聚焦同时改变焦点卡片上一个以上的属性,同时性扫描是对多个部分假设进行检验,继时性扫描每次只检验一个假设。

参考答案:B

2.【解析】布鲁纳提出概念形成的四种策略:保守性聚焦、冒险性聚焦,同时性扫描和继时性扫描,其中同时性扫描是指根据第一个肯定实例所包含的部分属性形成多个部分假设然后同时对各个假设进行检验。

参考答案:D

考点5 概念的掌握

1.【解析】本题考查了学习的种类。派生类属学习指学习材料只是被理解为认知结构中原有的概念的一个特例,或是已学过的一般命题的某一例证。相关类属学习指新学习材料只是原来学过的命题的扩充、精确化、修饰或限制。题干中鲸就是哺乳动物的一个特例。

参考答案:A

第四节 推理

考点1 推理的含义及分类

1.【解析】归纳推理:从具体事物或现象中归纳出一般规律。演绎推理:根据一般原理推出新结论。条件推理:人们利用条件性命题进行的推理。线性推理:所给予的两个前提说明了三个逻辑项之间的可传递性的关系。

参考答案:C

2.【解析】所谓演绎推理,就是从一般性的前提出发,通过推导即"演绎",得出具体陈述或个别结论的过程。

参考答案:A

3.【解析】人们利用条件性命题进行的推理叫条件推理。

参考答案:C

4.【解析】关系推理又叫线性推理,所给予的两个前提说明了三个逻辑项之间的传递关系。关系推理属于演绎推理的一种。因此本题选 A。

参考答案:A

第五节 问题解决

考点1 问题解决的含义与基本过程

1.【解析】问题解决的思维过程:按照解决问题的过程来分析,它包含着4个连续的阶段,即发现问题、分析问题、提出假设和验证假设。

参考答案:C

2.【解析】问题解决是由一定的情景引起的,按照一定的目标,应用各种认知活动、技能,经过一系列的思维操作,使问题得到解决的过程。认知心理学家认为,问题解决就是对问题空间进行搜索,以找到一条从问题初始空间达到目标状态的通路。

考点2 问题解决的策略

1.【解析】本题考查问题解决的策略。(1)算法就是在问题空间中随机搜索所有可能的解决问题的方法,直至选择一种有效的方法解决问题。简而言之,算法策略就是把解决问题的方法一一进行尝试,最终找到解决问题的答案。(2)启发法,是人根据一定的经验,在问题空间内进行较少的搜索,以达到问题解决的一种方法。启发法不能完全保证问题解决的成功,但用这种方法解决问题较省时省力。其中手段-目的分析是一种不断减少当前状态与目标状态之间的差别而逐步前进的策略,将需要达到的问题的目标状态分成若干子目标,通过实现一系列的子目标最终达到总目标。逆向搜索(backward search)就是从问题的目标状态开始搜索直至找到通往初始状态的通路或方法。爬山法是类似于手段一目的分析法的一种解题策略,它是采用一定的方法逐步降低初始状态和目标状态的距离,以达到问题解决的一种方法。本题的难点在于区分爬山法和目标-手段分析,两者的区别在于目标-分析法可能会有迂回的手段,即有时人们为了达到目的,不得不暂时扩大目标状态与初始状态的差异,以便最终达到目标。所以本题选 D 爬山法。

参考答案:D

2.【解析】问题解决的策略是在解决问题的过程中,搜索问题空间、选择算法系列时运用的策略总称。心理学中把问题解决的策略分为两类:算法策略和启发式策略。算法策略就是把解决问题的方法一一进行尝试,最终找到解决问题的答案。启发式策略是人根据一定的经验,在问题空间内进行较少的搜索,以达到问题解决的一种方法。逆推、寻找类比、把大问题分解为小问题都属于启发式策略,因此 ABC 选项符合题意。

参考答案:ABC

3.【解析】算法策略就是把解决问题的方法一一进行尝试,最终找到解决问题的答案。

参考答案:A

4.【解析】本题考查了解决问题的策略。手段-目的法的特点是:首先确定目标,然后考虑要达到这一目标,先要实现什么子目标,再考虑要达到该子目标,又必须先实现什么子目标,由此类推下去。当所有的子目标都达到了效果时,问题也就解决了。汉诺塔就是典型的采用的手段-目的法解决的。

参考答案:A

5.【解析】问题解决受到许多因素的限制,既有社会因素和自然因素,也有客观因素和心理因素。问题解决除了受策略、知识等因素影响外,还受到其他心理因素的影响:知识经验在问题解决中的作用。①专家与新手在知识数量上的差异;②专家与新手在知识组织方式上的差异。

参考答案:A

6.【参考答案】:

问题解决的策略是在解决问题的过程中,搜索问题空间、选择算法系列时运用的策略总称。心理学中把问题解决的策略分为两类:算法策略和启发式策略。

(1)算法策略就是把解决问题的方法一一进行尝试,最终找到解决问题的答案。采用算法策略的优点是,它能够保证问题的解决,但是采用这种策略在解决某些问题时需要大量的尝试,因此费时费力,而且当问题复杂、问题空间很大时,人们很难依靠这种策略来解决问题。另外,有些问题也许没有现成的算法或尚未发现其算法,对这种问题算法策略将是无效的。

(2)启发式策略是人根据一定的经验,在问题空间内进行较少的搜索,以达到问题解决的一种方法。启发法不能完全保证问题解决的成功,但用这种方法解决问题较省时省力。启发式策略具体可分为以下几类:

①手段-目的分析:将需要达到的问题状态分成若干子目标,通过实现一系列的子目标最终达到总的目标。但有时人们为达到目的,不得不暂时扩大目标与初始状态的差异,以便最终达到目标,如汉诺塔问题。

②爬山法:采用一定方法逐步降低初始状态和目标状态的距离,以达到问题解决的一种方法。

③逆向搜索策略:从问题的目标状态开始搜索直到找到通往初始状态的通路或者方法。更适合解决那些从初始状态到目标状态只有少数通路的问题。

④选择性策略:根据已知的信息和某些有关规则,选择问题解决的突破口,并从突破中获得更多信息,以便进一步搜索,直到解决问题。这种方法从已知条件中搜索出更接近问题解决答案的方法,消除了大量盲目尝试,是解决问题一种很有效的策略。

⑤类比迁移策略:把个体先前解决问题的信息抽取出来并应用到解决问题上的策略。

考点3 影响问题解决的因素

1.【解析】卢钦斯的量杯实验是定势影响迁移的典型例证。实验中要求被试用容积不同的量杯(A、B、C)去量一定量的水(D)。实验组和控制组开始时做一道练习题,然后按要求解决其他几道题。实验组做全部的题目,而控制组只做7~11题。结果发现,实验组的被试由于先进行了一定的练习,并发现所练习的问题都可以应用三杯方法(即 D=B-A-2C)来解决,就形成了定势,直接将三杯方法迁移到后面问题的解决过程中,使后面解题的速度加快,问题变得比较容易。从这一意义上讲,定势是迁移产生的一种积极的心理因素。但是,这种定势同时又阻碍、限制了其他更简便的解决问题的方法(即 D=A-C 或 D=A+C)的产生,使思维僵化、因循守旧,难以灵活应用其他有效的经验来解决问题。这种定势阻碍了将其他方法迁移于目前问题的解决,因此表现为一种负迁移。实验还发现,控制组的被试都使用了最简便的解决问题的方法。定势是指重复先前的心理操作所引起的对活动的准备状态。卢钦斯的量水实验说明了定势对问题解决的消极影响。

参考答案:A

2.【解析】功能固着是指个体在解决问题时只看到某事物通常的功能,看不到它可能存在的其他方面的功能,从而干扰问题解决的思维活动。功能固着是一种将某种物体的功能固定化的心理倾向(如将锤子固着为用于捶打的工具这一功能上,看不到它能够压纸、防身等功能)。

参考答案:D

3.【解析】定势是指重复先前的心理操作所引起的对活动的准备状态,也叫心向。类似于迁移的影响,既有正面的也有负面的影响(对创造性思维来讲,更多是要打破定势)。

参考答案:C

4.【解析】功能固着是指个体在解决问题时只看到某事物通常的功能,看不到它可能存在的其他方面的功能,从而干扰问题解决的思维活动。题干中,"小李没有想到用水果刀拧紧螺丝”说明小李可能只看到了水果刀常用的削水果的功能,未想到它其他的功能,属于功能固着的一种现象。

参考答案:A

5.【解析】B 选项,蜡烛问题一般指蜡烛实验。格式塔心理学家邓克尔给被试在桌子上放置一根蜡烛、一盒钉子和一盒火柴,要求他们将蜡烛垂直固定在墙上,点燃后不往地上滴烛泪。最简单的方法是,把钉子都倒出来,用钉子把空的钉子盒固定在墙上当作托盘,然后把点燃的蜡烛放进空盒做的托盘里。但很少有人能想到这个最简单的方法,这正是由于功能固着的影响;其余 A、B、C 选项,均是用于研究问题解决策略的相关问题。

参考答案:B

考点 4 创造性思维含义及其特征

1.【解析】(1)准备阶段是创造性思维活动过程的第一个阶段。这个阶段是搜集信息、整理资料、做前期准备的阶段。(2)酝酿阶段主要对前一阶段所搜集的信息、资料进行消化和吸收,在此基础上,找出问题的关键点,以便考虑解决这个问题的各种策略。(3)豁朗阶段,也即顿悟阶段。经过前两个阶段的准备和酝酿,思维已达到一个相当成熟的阶段,在解决问题的过程中,常常会进入一种豁然开朗的状态,这就是前面所讲的灵感。(4)验证阶段又叫实施阶段,主要是把通过前面三个阶段形成的方法、策略进行检验,以求得到更合理的方案。

参考答案:B

2.【解析】创造者的思维特点具有流畅性、变通性、独特性和新颖性。思维的流畅性,也叫思想的丰富性,是指在限定时间内产生观念数量的多少。思维的变通性,也叫思维的灵活性,是指摈弃旧的习惯思维方法,开创不同方向的那种能力。思维的独特性,是指产生不寻常的反应和不落常规的那种能力,此外还有重新定义或按新的方式对我们的所见所闻加以组织的能力。独特性指对问题提出超乎寻常的、新颖独特的见解。

参考答案:D

3.【解析】创造性思维是人们以独特的方法解决问题,并产生首创的、具有社会价值的认知成果的认知活动过程:

创造性思维的基本过程

(1)准备期:积累有关知识经验,搜集相关材料。

(2)酝酿期:对问题和资料进行深入的探索和思考。

(3)明朗期:新思想、新观念、新形象产生的时期,又叫作灵感期。

(4)验证期:对新思想或新观念进行验证补充和修正,使其趋于完善。

提升个体思维的创造性可以从以下几个方面入手:

(1)培养发散思维

所谓发散思维,是指倘若一个问题可能有多种答案,那就以这个问题为中心,思考的方向往外散发,找出适当的答案越多越好,而不是只找一个正确的答案。人在这种思维中,可左冲右突,在所适合的各种答案中充分表现出思维的创造性成分。

(2)发展直觉思维

所谓直觉思维,是指不经过一步一步分析而突如其来的领悟或理解。很多心理学家认为,它是创造性思维活跃的一种表现,它是发明创造的先导,也是百思不解之后突然获得的硕果,在创造发明的过程中具有重要的地位。

(3)培养思维的流畅性、灵活性和独创性

流畅性、灵活性、独创性是创造力的三个因素。流畅性是针对刺激能很流畅地做出反应的能力。灵活性是指随机应变的能力。独创性是指对刺激做出不寻常的反应,具有新奇的成分。这三性是建筑在广泛的知识的基础之上的。

(4)培养强烈的求知欲

古希腊哲学家柏拉图和亚里士多德都说过,哲学的起源乃是人类对自然界和人类自己所有存在的惊奇。他们认为:积极的创造性思维,往往是在人们感到“惊奇”时,在情感上燃烧起来对这个问题追根究底的强烈的探索兴趣时开始的。因此要激发自己创造性学习的欲望,首先就必须使自己具有强烈的求知欲。

(5)展开“幻想”的翅膀

想象力是人类运用储存在大脑中的信息进行综合分析、推断和设想的思维能力。在思维过程中,如果没有想象的参与,思考就难以进行。特别是创造想象,它是由思维调节的。

爱因斯坦说过:“想象力比知识更重要,因为知识是有限的,而想象力概括着世界的一切,推动着进步,并且是知识进化的源泉。”爱因斯坦的“狭义相对论”就是从他幼时幻想人跟着光线跑,并能努力赶上它开始的。世界上第一架飞机,就是从人们幻想造出飞鸟的翅膀而开始的。幻想不仅能引导我们发现新的事物,而且还能激发我们做出新的努力,探索,去进行创造性劳动。

考点 5 创造性思维的心理成分及其测量

1.【解析】想象对表象进行加工改造的形式有黏合、典型化、夸张。

参考答案:ACD

2.【解析】在有意想象中,根据想象内容的新颖程度和形成方式的不同,可分为再造想象、创造想象和幻想。

参考答案:ABC

3.【解析】无意想象(不随意想象)是一种没有预定目的、不自觉地产生的想象。它是当人们的意识减弱时,在某种刺激的作用下,不由自主地想象某种事物的过程。

参考答案:B

4.【解析】再造想象:根据别人的描述或图样,在头脑中形成新形象的过程。创造想象:不根据现成的描述,而在大脑中独立地产生新形象的过程。幻想:与个人生活愿望相联系并指向未来的想象。孙悟空属于独立创造的形象,故选 B。

参考答案:B

5.【解析】再造想象:根据别人的描述或图样,在头脑中形成新形象的过程。

参考答案:B

6.【解析】A 选项,流畅性是指单位时间内发散项目的数量;B 选项,变通性是指发散项目的范围或维度;C 选项,独特性是指对问题能提出超乎寻常的、独特新颖的见解。

参考答案:A

7.【参考答案】

功能固着是指个体在解决问题时只看到某事物通常的功能,看不到它可能存在的其他方面的功能,从而干扰问题解决的思维活动。功能固着是一种将某种物体的功能固定化的心理倾向(如将锤子固着为用于捶打的工具这一功能上,看不到它能够压纸、防身等功能)。克服功能固着需要人们灵活机智地使用已有的工具或材料,使之服务于问题解决的目的,这称之为功能变通。要具有功能变通的能力,一方面需要有丰富的知识,要熟悉物体的不同功能;另一方面,也要进行思维灵活性的训练。

8.【参考答案】

(1)创造性是指人们应用新颖的方式解决问题,并能产生新的、有社会价值的产品的心理过程,它总是体现在问题解决的活动中。创造性包括以下心理成分:

①想象:创造性活动需要想象,特别是创造性想象的参与。想象是对头脑中已有的表象进行加工改造,形成新形象的过程。形象性和新颖性是想象活动的基本特点。

②辐合思维和发散思维:吉尔福特把思维分为辐合思维和发散思维两种,并认为发散思维是创造性的主要成分。他用发散思维的流畅性、变通性、独特性的好坏来衡量创造性的高低。除发散思维外,辐合思维也是创造性的一个组成部分。对于一项创造性活动,人们需要从发散思维到辐合思维,又从辐合思维到发散思维,经过多次循环往复才能完成。

③远距离联想能力:远距离联想能力是在彼此相距很远的观念间看出其关系的能力。它也是创造性的一种构成成分。远距离联想能力高的人能够根据某些标

准把互不相关的概念联系起来，形成一种新的联想。梅德尼克等人采用远距离联想测验来测量创造性的高低。

(2)与创造性相关的非智力因素：人的坚持性、自信心、意志力等对创造性有重要的影响。此外，责任感、勤奋、热情、善于想象、兴趣广泛、独立性等非智力因素也会是创造性的重要心理成分。

第六节 决策

考点2 决策的理性观

1.【解析】认知启发会对人们的社会知觉产生影响，认知启发很容易产生认知偏差。认知启发是指人在社会认知中喜欢走捷径，并不对关于他人的所有信息进行感知，而是倾向于抄近路，感知那些最明显、对形成判断最必要的信息的现象。认知启发主要包括：(1)代表性启发，指人们根据当前信息或事件与其认为的典型信息或事件的相似程度进行判断；(2)可用性启发，是指哪些信息容易被回忆和联想，人们就倾向于根据哪些信息进行判断的现象；(3)调整性启发或称锚定启发，是指先抓住某个锚定点，然后逐渐调整，最终得出结论的判断方法；(4)框架效应是在决策和判断过程中，解决一个问题的两个在逻辑意义上相似的说法导致不同的决策判断的现象。综上所述，看电视的内容不同，使得人们在判断时的锚定点不同，答案选择B。

参考答案：B

2.【解析】人们倾向于根据事件或者现象在记忆中获得的难易程度来评估其概率的现象，即根据事件或现象在记忆中是否容易提取到来做判断和决策。

参考答案：A

3.【解析】表征性启发又称代表性启发，指人们倾向于根据样本是否代表(或类似)总体来判断其出现的概率，代表性越高的样本，其判断的概率越高。

参考答案：B

4.【解析】A选项，基础概率指按照总体中不同类别的成员所占的相对比例的信息来做判断。B选项，算法策略是指在问题空间中搜索所有可能的途径，直至选择到有效方法解决问题。C选项，代表性启发是指人们估计事件发生的概率时，受它与其所属总体的基本特性相似性程度的影响。样本越与总体的原型相似，就越容易被归入该总体。D选项，锚定-调整启发是指先抓住某个锚定点，然后逐渐调整，最终得出结论的判断方法。题干中，弗洛伊德是心理学的代表人物之一，具有一定的典型性，老师根据学生穿着印有弗洛伊德的T恤去判断该生属于心理学的考生，属于代表性启发。

参考答案：C

5.【解析】A选项，代表性启发是指人们估计事件发生的概率时，受它与其所属总体的基本特性相似性程度的影响。样本越与总体的原型相似，就越容易被归入该总体；B选项，锚定法是指先抓住某个锚定点，然后逐渐调整，最终得出结论的判断方法；C选项，算法策略是指在问题空间中搜索所有可能的途径，直至选择到有效方法解决问题；D选项，基础概率指按照总体中不同类别的成员所占的相对比例的信息来做判断。题干中，"提到可乐第一个想到可口可乐"说明可口可乐是一个典型样本，因此属于代表性启发策略。

参考答案：A

章节考点 综合训练

一、单项选择题

1.【解析】

只形成一种假设		形成多个部分假设	
只改变一个属性	改变多个属性	同时检验多个假设	每次只检验一种假设
保守性聚焦	冒险性聚焦	同时性扫描	继时性扫描

参考答案：A

2.【解析】幻想是指向未来，并与个人愿望相联系的想象；表象是事物不在面前时，头脑中出现关于事物的形象；图式是人脑中已有的知识经验的网络，即知识的心理组织形式，它说明了一组信息在头脑中最一般的排列或可以预期的排列方式；创造想象是在创造活动中，根据一定的目的、任务，在人脑中独立地创造出新形象的过程。

参考答案：B

3.【解析】定势是指重复先前的心理操作所引起的对活动的准备状态，也叫心向。类似于迁移的影响，既有正面的也有负面的影响(对创造性思维来讲，更多是要打破定势)。

参考答案：A

4.【解析】在概念形成的选择性策略中，存在保守性聚焦策略、冒险性聚焦策略、同时性扫描策略和继时性扫描策略。保守性聚焦策略是把第一个肯定实例所包含的全部属性都看作未知概念的有关属性而建立假设，然后每次只改变其中一个属性来对这个假设进行检验。冒险性聚焦是把第一个肯定实例所包含的全部属性都看作未知概念的有关属性而建立的假设，然后同时改变聚焦点上两个或两个以上的属性来检验这个假设。同时性扫描策略是根据第一个肯定实例所包含的部分属性形成多个部分假设，然后对多个部分假设进行检验。继时性扫描策略是已形成的部分假设基础上，每次只考验一种假设，如果这种假设被证明是正确的，就保留它，否则就采用另一个假设，并逐一排除错误假设。聚焦策略和扫描策略的区别在于，聚焦策略主要是针对概念涉及的属性进行检验，而扫描策略则直接对概念进行检验。

参考答案：D

5.【解析】本题旨在考查想象。想象分为有意想象和无意想象。根据有意想象的新颖性、独立性、创造性程度不同，把有意想象分为再造想象和创造想象。创造性想象是根据一定的目的和任务，不依据现成的描述，在人脑中独立地创造出某种新形象的心理过程。再造想象是根据言语描述或图形符号的示意，在人脑中形成相应事物新形象的过程。无意想象是指没有预定的目的，在一定刺激的作用下，不自觉地产生的想象。幻想是与个人生活愿望相结合，并指向未来发展的想象。幻想是创造想象的特殊形式。题中之表述符合再造想象的含义。

参考答案：C

6.【解析】定势是指重复先前的心理操作所引起的对活动的准备状态，也叫心向。原型：对解决问题有启示作用的相类似事物。迁移：一种学习对另一种学习所产生的影响。变式：在呈现某一事物时，交替变更它所存在的形式，使该事物的非本质特征不断地变化。

参考答案：A

7.【解析】合取概念是指根据一类事物中单个或多个相同属性形成的概念；析取概念是指根据不同的标准，结合单个或多个属性形成的概念；具体概念是按事物的外在属性形成的概念；关系概念是根据事物之间的关系形成的概念。

参考答案：B

8.【解析】知觉不属于高级水平的认知过程。

参考答案：D

9.【解析】原型是对解决问题有启示作用的相类似事物，瓦特看到蒸汽能把壶盖顶起来受到启发而找到解决问题的途径和方法叫原型启发的作用。

参考答案：A

10.【解析】由于发散思维具有变通性、流畅性和独特性等特点，可以打破原有思维模式，产生新颖独特的思想，因而是创造性思维的主要心理成分。

参考答案：C

11.【解析】人们根据已知的信息，利用熟悉的规则解决问题，产生合乎逻辑的结论，这种有条理的思维方式是辐合思维。

参考答案：D

12.【解析】杜克的蜡烛问题说明了功能固着对问题解决的影响。

参考答案：B

13.【解析】代表性启发法：人们通常会根

据一个事例在多大程度上能够代表其范畴,或者该事例在多大程度上与该范畴相似来进行分类。可用性启发:又称为易得性启发法,人们倾向于根据事件或现象在记忆中获得的难易程度来评估其概率,即根据事件或现象在记忆中是否容易提取来做决策。锚定和调整启发法,人们根据给定的信息做出最初的估计后,以后根据当前的问题对最初的估计做出调整,但是调整的幅度不大。这里,最初的估计值相当于锚定;以后的调整都是在锚定值基础上的微调。框架效应是指一个问题两种在逻辑意义上相似的说法却导致了不同的决策判断。

参考答案:B

14.【**解析**】"美人鱼"是把美人和"鱼"的特征黏合到一起形成新的形象,所以依据的想象综合形式是黏合。

参考答案:A

15.【**解析**】人们利用条件性命题进行的推理属于条件推理。人们在条件推理中,存在着一种对规则进行证实的倾向。

参考答案:C

16.【**解析**】算法是搜索所有能解决问题的方法,逐一尝试,直到解决问题,能够保证解决问题,但费时费力。手段-目的分析法将目标分为子目标,通过实现子目标来达到总目标,可以暂时远离目标,采取曲线救国的方式完成目标。爬山法是逐步降低初始状态和目标状态的距离的方法。逆向搜索法是从目标状态寻找通往初始状态的方法。

参考答案:A

17.【**解析**】功能固着是指个体在解决问题时只看到某事物通常的功能,看不到它可能存在的其他方面的功能,从而干扰问题解决的思维活动。功能固着是一种将某种物体的功能固定化的心理倾向。

参考答案:C

18.【**解析**】同时性扫描是指根据第一个肯定实例所包含的部分属性形成多个部分假设,根据主试的反馈,对多个部分假设进行检验。

参考答案:D

19.【**解析**】本题考查了思维的特征。思维的概括性是指在大量感性基础上,把一类事物共同特征和规律抽取出来加以概括;思维的间接性就是思维凭借知识经验对客观事物进行的间接反映,特指能对没有直接作用于感觉器官的事物及其属性或联系加以反映。题中因为昨夜风雨交加,所以通过这个推测出落花一地,反映了间接性。

参考答案:D

20.【**解析**】构成知识基本成分的思维形式是概念。

参考答案:A

21.【**解析**】思维的基本特征是概括性和间接性。

参考答案:D

22.【**解析**】最能说明概念的典型实例是原型。

参考答案:B

23.【**解析**】后象刺激停止作用后在脑中暂留的印象。由兴奋过程所留下的痕迹作用,存在于各种感觉之中,在视觉中表现得尤为明显。假象是以否定的形式从反面歪曲地表现事物本质的一种现象。表象是对以前感知过而当时不在眼前的事物的形象的反映。换句话说,在记忆中保留下来的过去感知过的事物的映象叫表象。是人在头脑里对已储存的表象进行加工改造形成新形象的心理过程。它能突破时间和空间的束缚。想象能起到对机体的调节作用,还能起到预见未来的作用。

参考答案:C

24.【**解析**】迁移指在一种情境中获得的技能、知识或态度对另一种情境中技能、知识的获得或态度的形成的影响。

参考答案:D

25.【**解析**】不能保证问题解决一定成功,但是比较省时省力的问题解决策略是启发式。

参考答案:A

26.【**解析**】思维的概括性是指在大量感性材料的基础上,把一些事物共同的特征和规律抽取出来,加以概括。月晕而风正是概括自然的现象而得的规律。

参考答案:B

27.【**解析**】在问题解决过程中尤其强调运用熟悉的规则的思维是辐合思维。

参考答案:C

28.【**解析**】问题解决的策略是在解决问题的过程中,搜索问题空间、选择算法系列时运用的策略总称。心理学中把问题解决的策略分为两类:算法策略和启发式策略。

参考答案:A

29.【**解析**】根据思维的形态,可以把思维分成动作思维、形象思维和抽象思维。其中抽象思维是用词进行判断、推理并得出结论的过程,又叫词的思维或者逻辑思维。抽象思维以词为中介来反映现实,这是思维的最本质特征。

参考答案:D

30.【**解析**】再造想象是根据言语的描述或图样的示意,在人脑中形成相应的新形象的过程(导演将小说搬上银幕就要充分使用再造想象)。

参考答案:A

31.【**解析**】人们估计事件发生的概率时,受它与其所属总体的基本特性相似性程度的影响,样本和总体的原型越相似,就越容易被归入该总体。

参考答案:C

32.【**解析**】为了解决问题,个体在问题空间中根据一定规则或程序搜索所有可能的解决方法,这种策略是算法策略。

参考答案:D

33.【**解析**】人们在不确定的情况下,会关注一个事物与另一个事物的相似性,以推断第一个事物与第二个事物的类似之处,人们假定将来的模式会与过去相似并寻求熟悉的模式来做判断,并且不考虑这种模式产生的原因或重复的概率,即人们倾向于根据样本是否代表(或类似)总体来判断其出现的概率,认知心理学将这种推理过程称之为代表性启发法。

参考答案:A

34.【**解析**】可得性启发法是指人们在决策和判断过程中,通常会依据一些容易想起来的事例来判断一种类别出现的频次或者事件发生的概率,往往倾向于把容易想象或者回忆的事件,判断为具有更高的发生概率,从而产生认知偏差。

参考答案:D

35.【**解析**】顿悟是一种突然的颖悟。格式塔派心理学家指出人类解决问题的过程就是顿悟。当人们对问题百思不得其解,突然看出问题情境中的各种关系并产生了顿悟和理解。有如"踏破铁鞋无觅处,得来全不费功夫"。

参考答案:B

36.【**解析**】苛勒发现猩猩不是通过尝试-错误的方法来学习如何拿到香蕉的,而是突然学会如何解决问题的。猩猩发现了箱子与香蕉之间的关系,它在认知结构中将已有的知识经验进行了重新组合,因而找到了解决问题的新方法,即顿悟学习。

参考答案:B

37.【**解析**】布鲁纳通过图片探讨了概念形成的过程,并提出了假设检验说,认为概念形成的过程是不断提出假设、验证假设的过程。每一个概念包括外延和内涵两个部分,内涵是概念所反映的事物的本质属性,外延是概念的范围,是概念所包含的事物的综合,即概念使用的范围。"红色圆形"包括"红色"和"圆形"两个属性,其外延指的是 81 张图片中所有的红色圆形图片数。已知共有 81 张图片,形状分 3 个维度,那么圆形维度有 27 张图片;颜色同样分 3 个维度,那么红色圆形应为 9 张图片。

参考答案:A

38.【**解析**】布鲁纳将思维分为直觉思维和分析思维。直觉思维是迅速理解做出判断的思维活动,是一种直接的领悟性的思维活动,具有快速性、跳跃性等特点;分析思维即逻辑思维,遵循严密的逻辑规律,经过逐步推导,最后得出合乎逻辑的正确答案。

参考答案:B

39.【解析】证实倾向是人们倾向于证实某种假设或规则,而很少去证伪它们。沃森的"四卡片选择作业"是用来研究证实倾向的。

参考答案:B

二、多选题

1.【解析】表象具有直观性、概括性、可操作性的特征。

参考答案:ABC

2.【解析】有意想象即随意想象,是按一定目的、自觉进行的想象,根据新颖程度和形成方式不同又可分为再造想象、创造想象和幻想。

参考答案:ACD

3.【解析】思维的创造者的特点有变通性、独特性、敏捷性、流畅性。

参考答案:ABCD

4.【解析】发散思维具有变通性、流畅性和独特性等特点。

参考答案:BCD

5.【解析】算法策略是按照问题的规则,搜索所有途径,直至选择一种有效方法解决问题。采用算法策略可保证问题的解决,但却需要大量的时间。依据这一定义,C、D选项属于算法策略,需要搜索所有可能途径去解决问题。B选项属于启发法中的选择性策略,公式即有关规则,已知条件即已知信息,因此B选项是根据某些有关的规则和已知的信息解决问题。

参考答案:CD

6.【解析】定势是指重复先前的心理操作所引起的对活动的准备状态。它的影响有积极的,也有消极的。积极的作用表现为在条件不变的情况下,快速解决问题。消极作用表现在用旧的方法解决新的问题,妨碍新方法或简单方法的发现和应用。因此ABC选项正确,D选项错误。

参考答案:ABC

三、名词解释

1.【参考答案】

问题解表征就是问题解决者问题任务范围或问题范围或作业领域转化成问题空间。问题空间就是问题解决者对客观问题的主观陈述,这种陈述过程实际上是按照自己理解的方式对问题在头脑中进行重新记载和储存。一般说来,这种表征包含三种状态,即初始状态、中间状态和目标状态。初始状态是指问题被认识时,问题解决者所处的情境;目标状态是指问题解决者所要寻求的最终结果;中间状态就是指在实现从初始状态向目标状态的转变过程中,由操作引起的种种状态。

2.【参考答案】

根据概念形成的自然性,概念可分为自然概念和人工概念。自然概念是指在人类历史发展过程中自然形成的概念。自然概念的内涵和外延是由事物自身的特征决定的,例如,在自然科学中,国家、民族、文化等概念都属于自然概念。

3.【参考答案】

表象思维又称"形象思维",它是指人们利用头脑中的具体形象(表象)来解决问题。例如,去城市的某个地方参观,我们事先会在头脑中想出可能到达的道路,经过分析与比较,最后选择一条短而方便的路。这样的思维就是形象思维。

4.【参考答案】

根据思维结论是否有明确的思考步骤和思维过程中意识的清晰程度,可以把思维分为直觉思维和分析思维。

(1)直觉思维:是未经逐步分析就迅速对问题答案做出合理的猜测、设想或突然领悟的思维。

(2)分析思维:是经过逐步分析后,对问题解决做出明确结论的思维。

5.【参考答案】

表象是事物不在面前时,人在头脑中出现的关于事物的形象。从信息加工的角度来讲,表象是指当前不存在的物体或事件的一种知识表征,这种表征具有鲜明的形象性。从表象产生的主要感觉通道来划分,表象可分视觉表象、听觉表象、运动表象等。根据表象创造程度不同,表象可分为记忆表象和想象表象。

想象是对头脑中已有的表象进行加工改造形成新形象的过程。这是一种高级的认识活动。形象性和新颖性是想象活动的基本特点。

6.【参考答案】

思维定势,也称"惯性思维",是由先前的活动而造成的一种对活动的特殊的心理准备状态,或活动的倾向性。在环境不变的条件下,定势使人能够应用已掌握的方法迅速解决问题。而在情境发生变化时,它则会妨碍人采用新的方法。消极的思维定势是束缚创造性思维的枷锁。

7.【参考答案】

人们根据给定的信息做出最初的估计后,根据当前的问题对最初的估计做出调整,但是调整的幅度不大。这里最初的估计值相当于锚定,以后的调整是在锚定基础上的微调。

8.【参考答案】

辐合思维指搜集或综合信息知识,运用逻辑规律,缩小解答范围,直到找到最合适的解答;发散思维指沿着不同的方向思考,重新组织当前的信息和记忆系统中储存的信息,产生出大量、独特的新思想。

9.【参考答案】

推理是指从具体事物归纳出一般规律(归纳推理),或者根据一般原理推出新结论的思维过程(演绎推理)。

10.【参考答案】

激活扩散模型由柯林斯等人提出,认为各种概念组成了一个相互联系的概念网络。连线的长短表示概念联系的紧密程度,连线越短,概念间的联系越紧密。此外,它假定当一个概念被加工时,其意义激活会自动传递到相关的概念,使得相关概念的意义也得到激活,而且激活的强度随着传递距离的增加或传递时间的延长而降低。

11.【参考答案】

无意想象是一种没有预定目的、不自觉地产生的想象。它是当人们的意识减弱时,在某种刺激的作用下,不由自主地想象某种事物的过程。

12.【参考答案】

概念是具有共同属性的一类事物的总称。每一个概念包括外延和内涵两个部分,内涵是概念所反映的事物的本质属性,外延是概念的范围。

13.【参考答案】

线性推理认为所给予的两个前提说明了三个逻辑项之间的可传递关系,如"小明家有三个孩子,老大叫大毛,老二叫二毛,老三叫什么"这样的问题就属于线性推理问题。

四、简答题

1.【解析】发散思维,又称辐射思维、放射思维、扩散思维或求异思维,是指大脑在思维时呈现的一种扩散状态的思维模式,它表现为思维视野广阔,思维呈现出多维发散状。如"一题多解""一事多写""一物多用"等方式,培养发散思维能力。不少心理学家认为,发散思维是创造性思维的最主要的特点,是测定创造力的主要标志之一。发散思维具有流畅性、变通性和独特性等特点。流畅性是指单位时间内发散项目的数量。变通性是指发散项目的范围或维度。独特性是指对问题能提出异乎寻常的、独特新颖的见解。

2.【解析】思维的定势是一种客观存在的现象。心理学的研究表明,人在学习过程中使用某一认知方式进行思维,重复的次数越多越有效,在新的相似情境中就会更优先运用这一方式。这是一种不自觉发生的行为。它是思维的"惯性"现象,是人的一种特别本能和内驱力的表现。

定势思维对于问题解决具有极其重要的意义。在问题解决活动中,定势思维的作用是:根据面临的问题联想起已经解决的类似的问题,将新问题的特征与旧问题的特征进行比较,抓住新旧问题的共同特征,将已有的知识和经验与当前问题情境建立联系,利用处理过类似的旧问题的知识和经验处理新问题,或把新问题转化成一个已解决的熟悉的问题,从而为新问题的解决做好积极的心理准备。

定势思维对问题解决既有积极的一面,也有消极的一面,它容易使我们产生思想上的惯性,养成一种呆板、机械、千篇一律的解题习惯。当新旧问题形似质异时,思维的定势往往会使解题者步入误区。从思维过程的大脑皮层活动情况来看,定势的影响是一种习惯性的神经联系,即前次的思维活动对后次的思维活动有指引性的影响。所以,当两次思维活动属于同类性质时,前次思维活动会对后次思维活动起正确的引导作用;当两次思维活动属于异类性质时,前次思维活动会对后次思维活动起到错误的引导作用。

3.【解析】(1)问题解决是由一定的情境引起的,按照一定的目标,应用各种认知活动、技能等,经过一系列的思维操作,使问题得以解决的过程。

(2)问题解决的具体心理过程分为4个阶段:

①发现问题:认识到问题的存在,并产生解决问题的需要和动机。

②分析问题:找出问题的要求和条件,发现它们之间的联系与关系,把握问题的实质,确定解决问题的方向。

③提出假设:提出解决问题的方案、策略或途径。

④验证假设:通过实际活动或思维操作来验证所提出的假设是否可以真正解决问题,达到目的。

问题解决的各个阶段并非完全遵循这一顺序,当验证假设阶段发现某一假设不能解决问题时,思维过程直接再次进入分析问题或提出假设阶段,重新进行问题解决过程。

(3)问题解决的模式:

①算法策略:把解决问题的方法一一进行尝试,最终找到解决问题的方案。

②启发式策略:根据一定的经验,在问题空间内进行较少的搜索,以达到问题解决的方法,启发式策略又分为手段目的分析、爬山法、逆向搜索等。

4.【解析】想象是对头脑中已有的表象进行加工改造,形成新形象的过程。这是一种高级的认识活动。形象性和新颖性是想象活动的基本特点。

①想象具有预见的作用:能预见活动的结果,指导人们活动进行的方向。

②想象具有补充知识经验的作用:在实际生活中,有许多事物是人们不可以直接感知的,但是人们通过想象可以补充这种知识经验的不足。

③想象还有代替作用:需要不能实际满足时,就可以利用想象获得满足。

④想象对机体的生理活动也有调节作用。

5.【解析】想象的综合形式有:

①黏合:人们把客观事物中从未被结合过的属性、特征、部分在头脑中结合在一起而形成新的形象,例如美人鱼。

②夸张:又称为强调,通过改变客观事物的正常特点,或突出某些特点而略去另一些特点在头脑中形成新的形象,例如大人国。

③典型化:根据一类事物的共同特征创造新形象的过程。它是文学、艺术创作的重要方式。

6.【解析】推理是指从事物或现象中归纳出一般规律,或者根据一般原理推出新结论的思维活动。前者叫归纳推理,后者叫演绎推理。归纳推理本质上就是概念的形成,而演绎推理在本质上属于问题解决的范围。

7.【参考答案】

问题的启发式策略是根据个体已有的经验,采取较少的认知操作来解决问题的方法。虽不能保证问题一定可以解决,但省时、省力、效率相对较高。启发式策略具体可分为以下几类:

(1)手段-目的分析:将需要达到的问题状态分成若干子目标,通过实现一系列的子目标最终达到总的目标。但有时人们为达到目的,不得不暂时扩大目标与初始状态的差异,以便最终达到目标。汉诺塔的问题就是采用了手段-目的分析的方法。

(2)逆向搜索策略:从问题的目标状态开始搜索直到找到通往初始状态的通路或者方法。更适合解决那些从初始状态到目标状态只有少数通路的问题。初中几何题的证明经常用到逆向搜索策略。

(3)爬山法:采用一定方法逐步降低初始状态和目标状态的距离,以达到问题解决的一种方法。如登山者为了登上山峰,需要从山脚一步一步登上山峰。

(4)选择性策略:指根据已知的信息和某些有关规则,选择问题解决的突破口,并从突破中获得更多信息,以便进一步搜索直到解决问题。这种方法从已知条件中搜索出更接近问题解决答案的方法,消除了大量盲目尝试,是解决问题一种很有效的策略。

(5)类比迁移策略:把个体先前解决问题的信息抽取出来并应用到解决问题上的策略。

8.【参考答案】

前景理论是由卡尼曼提出的决策理论。其主要观点如下:

(1)大多数人在面临获得的时候是风险规避的;而在面临损失的时候是风险偏好的。

(2)提出了损失厌恶的概念,即人们对损失比对获得更敏感。

(3)人在决策时采用的启发策略有:代表性启发、易得性启发和锚定与调整启发法。

①代表性启发。人们估计事件发生的概率时,受它与其所属总体的基本特性相似性程度的影响,样本和总体的原型越相似,就越容易被归入该总体。如某个班级既有心理学专业的学生,又有音乐专业的学生,老师去上课时,看到某学生穿着印有弗洛伊德头像的T恤,于是倾向于认为该生是心理学专业学生。

②易得性启发法。人们倾向于根据事件或者现象在记忆中获得的难易程度来评估其概率的现象,即根据事件或现象在记忆中是否容易提取到来做判断和决策。如人们认为坐飞机比坐火车更容易发生事故。

③锚定和调整启发法。人们根据给定的信息做出最初的估计后,根据当前的问题对最初的估计做出调整,但是调整的幅度不大。这里最初的估计值相当于锚定,以后的调整是在锚定基础上的微调。如股民在预测股价时,往往会先对股票的价格做出一个粗略的估计(锚定),亦即锚定值;然后根据进一步的信息进行调整,形成比较理想的判断。

五、论述题

1.【解析】问题解决是由一定的情境引起的,按照一定的目标,应用各种认知活动、技能等,经过一系列的思维操作,使问题得到解决的过程。这个过程包含着四个连续的阶段,即发现问题、分析问题、提出假设和验证假设。

在问题解决过程中,问题解决者会使用各种策略。问题解决策略是指使问题发生某些变化并由此提供一定信息的处理、试验或探索。问题解决中所用的各种策略可以分为两大类,即算法式和启发式:一是算法式,是一种按逻辑来解决问题的策略,就是把所有能够解决问题的方法都一一尝试,最终找到解决问题答案的策略。它的优点是一定能得出正确答案,但最大缺点是很费时费力。二是启发式,这是运用以往解决问题的经验在问题空间内只做少量的搜索就能解决问题。与算法式不同,启发式不能保证得到答案,但这种缺点可以通过其容易且速度快的优点而得到补偿。主要包括以下几种策略:

(1)手段-目的分析:将需要达到的问题的目标状态分成若干个子目标,通过实现一系列的子目标最终达到总目标,可以暂时远离目标,是人们比较常用的一种解题策略,它对解决复杂的问题有重要的应用价值。

(2)逆向搜索:从问题的目标状态开始搜索直至找到通往初始状态的通路或方法,如解几何题时经常会用到的逆推法。更适合于解决那些从初始状态到目标状态只有少数通路的问题,一些几何问题较适合采用这一策略。

(3)爬山法:采用一定的方法逐步降低初始状态和目标状态的距离,以达到问题解决的一种办法。与手段-目的法不同的是,运用爬山法不可以暂时远离目标。总之,在问题解决时人们可以选择不同的策略。但人们一般不去寻求最优的策略,而是找到一个较满意的策略。

除了上面提到的问题解决的策略会影响问题的解决,以下几点也同样是影响因素:

(1)定势:定势是指以最熟悉的方式做出反应的倾向。陆钦斯用"量水试验"证明了定势对思维的影响。定势既有积极影响也有消极影响,一方面可以提高解题效率,一方面也会使所尝试的问题解决方法固定化。

(2)功能固着:人们把某种功能赐予某种物体的倾向性称为功能固着,如盒子是装东西的,毛笔是写字的,等等。在解决问题的过程中,人们能否改变事物固有的功能以适应新的问题情境的需要,即灵活运用功能变通,常常成为解决问题的关键。

(3)背景知识:解决问题必须具有相应的知识经验,只有依据有关的知识才能为问题的解决确定方向、选择途径和方法。一般来说,知识经验越多,解决问题越容易,但知识经验并不是解决问题的充分条件。

(4)个性特征:气质、性格等差异也影响着问题解决的效率。富有理想、意志坚强、情绪稳定、刻苦勤奋等优良品质都会提高问题解决的效率。保持中等程度的动机水平也有利于问题解决,此外,智力水平、动机强度、认知策略等也会影响问题的解决。

第八章 语 言

第一节 语言的一般概念

考点1 语言及言语

1.【解析】语言具有创造性、结构性、意义性、指代性、社会性和个体性特征,这些特征把人类的语言和动物的声音交流区分开来。语言交流发生在人与人之间,一个人说话的内容,常常要受到别人的影响,这说明的是语言具有社会性。因此B选项错误。

参考答案:ACD

2.【解析】本题考查语言的含义和特征以及研究意义。

参考答案:(1)语言的含义

语言是一种社会现象,是人类通过高度结构化的声音组合,或通过书写符号、手势等构成的一种符号系统,同时又是一种运用这种符号系统来交流思想的行为。语言的基本结构材料是词。词是一种符号,它标志着一定的事物。词按一定的语法规则结合在一起,构成短语和句子,为人类提供了最重要、最有效的交际工具。

(2)语言的特征

①创造性:人们使用有限数量的词语和组合这些词语的规则,便能产生或理解无限数量的语句,这些语句可能是他们从未说过或听过的。语言的创造性还说明,语言是人类独有的一种能力。

②结构性:语言受到一定规则的约束,只有符合一定规则的语言,才是人们在交往时可以接受的语言。

③意义性:语言中的一个词或一句话,都有一定的含义。这种意义性使得人们能够相互理解、相互交流。语言的意义性和语言符号的任意性是结合在一起的。语言符号与其所代表的意义之间没有必然的、逻辑的联系。

④指代性:语言的各种成分都指代一定的事物或抽象的概念。

⑤社会性与个体性:语言是个体运用语言符号进行的交际活动,具有社会性。语言同时又是一种个体的行为,和个体生存与发展分不开,因而具有个体的特点。

(3)研究语言的意义

研究语言有助于深入了解人类心理现象的特点和规律,因而有重要的理论意义。只有认知语言活动的规律,才能真正解释人的心理活动的特点,使心理学真正成为研究人的心理现象的科学。

研究语言还有重要的实践意义。首先,对语言的认识有助于了解儿童心理其他方面的发展规律,因为儿童自我意识、元认知能力以及逻辑思维能力的发展都离不开语言的发展。其次,在当今的信息社会中,语言也日益成为人机交互的工具,资料检索、机器翻译和人工智能的研究都依赖于正确的理解与表达。最后,语言研究也有助于区分不同类型的失语症病人,知道病人的康复和手术治疗,帮助个体更好地适应社会生活。

考点2 语言的结构

1.【解析】语言学习指个体学会使用语言进行交际的过程,它包括对一系列声音或符号及其约定俗成意义的识别、再认和重现,对语法规则的理解,以及对使用语言所必需的动作技能(如发音、书写等)的掌握。结合定义可排除BCD,它们只是语言学习的一小部分,不是必然条件。

参考答案:A

2.【解析】语素是语言中最小的音义结合单位,是词的组成要素。因此本题选B

参考答案:B

3.【参考答案】

LAD是语言习得机制(language acquisition device),由乔姆斯基提出。乔姆斯基认为人类先天具有一种习得语言的特殊能力,表现为儿童头脑中有一种受遗传因素决定的"语言习得机制",这一特殊机制脱离人类的其他功能而独立存在,甚至跟智力没有关系,在12岁以前发生作用。语言习得机制包括两个部分:①以待定的参数形式出现的,人类语言所普遍具有的语言原则,又称为"普遍语法";②评价语言信息的能力,也就是对所接触到的实际语言的核心部分进行语言参数的定值。

考点3 语言的种类

1.【解析】内部语言是一种自问自答或不出声的语言活动。

参考答案:B

2.【解析】言语活动形式主要包括内部言语和外部言语。

参考答案:B

3.【解析】独白言语指由个人独自进行,与叙述思想、情感相联系的,较长而连贯的言语活动,如演讲、授课、作报告等。专家做报告属于个人独自进行的,属于独白语言。

参考答案:B

第二节 语言理解

考点2 言语理解及影响因素

1.【解析】在语言交际时,语境提供了各种背景的知识,因而能帮助人们迅速、准确地理解语言。

参考答案:C

2.【解析】语音的物理性质包括音调、音强、音长与音色,不包括音律。

参考答案:C

3.【解析】影响言语理解因素有以下几点:语音类似性、语音强度、噪声掩蔽、语境、语法和语义。

参考答案:ABCD

考点3 阅读理解

1.【解析】正字法规则是使文字的拼写合乎标准的方法。任何一种文字都有正字法规则。正字法规则是人们识别字词时必须依靠的一种内隐知识,字词识别不仅要依靠对笔画、部件或字母的检测,而且要检测这些成分的结合规则。

参考答案:B

2.【解析】影响句子理解的因素包括句子的类型、句法分析与语义分析。

参考答案:ADE

第三节 语言产生

考点1 语言产生

1.【解析】一般认为,口吃属于语言产生障碍。

参考答案:B

章节考点 综合训练

一、单项选择题

1.【解析】演讲采用的言语形式主要是独

白言语。

参考答案:D

2.【解析】座谈属于对话言语,对话言语指由两个或几个人直接进行交际的言语活动。

参考答案:C

3.【解析】萨丕尔-沃尔夫假设认为语言的差异会导致人们思想和行为方式的差异,详见彭聃龄版《普通心理学》第五版322页。

参考答案:A

4.【解析】人的语言中枢主要定位于左侧大脑半球。

参考答案:A

5.【解析】直接参与由言语指示引起的激活状态的神经系统是额叶。

参考答案:D

6.【解析】"音位恢复效应"说明人们对个别音位的感知受到语境的影响。ABC说法正确,不符合题意,故选D。

参考答案:D

7.【解析】语言产生也叫语言表达,是指人们通过发音器官或手的活动把所要表达的思想说出来、写出来或用手势表达出来的过程。

参考答案:B

8.【解析】语言的创造性指人们使用有限数量的词语和组合这些词语的规则,便能产生或理解无限数量的语句,这些语句可能是他们从未说过或听过的。语言的创造性还说明,语言是人类独有的一种能力。

参考答案:A

9.【解析】句子是独立表达完整语义的语言结构单位。

参考答案:C

10.【解析】和语言理解密切相关的脑区是威尔尼克区。

参考答案:B

11.【解析】言语运动中枢是布洛卡区。

参考答案:A

二、名词解释

1.【参考答案】

语言理解是指人们借助于听觉或视觉的语言材料,在头脑中主动、积极地建构意义的过程;图式是指动作的组织或结构。当故事按故事图式组成时,人们较易理解。

2.【参考答案】

内部语言是一种自问自答或不出声的语言活动。内部言语与逻辑思维、独立思考、自觉行动等具有密切联系,具有隐蔽性和简约性两大特点。

三、简答题

1.【参考答案】

言语理解是借助于听觉输入的语言材料(语音)建构意义的过程。因此,言语理解开始于语音知觉,有时也叫言语知觉,是指人们对语音的识别过程。

言语理解的影响因素有:

①语音类似性:由于音位具有区别性特征,因此正确感知这些特征是分辨不同音位的重要条件。两个音节共同包含的特征越多,就越容易混淆。

②语音强度:当语音强度为5dB时,可觉察语音的存在,但不能分辨;强度增加,词的清晰度增高;当强度为70dB时,清晰度达100%;强度超过130dB时,则会引起不舒服,甚至产生压痛感觉。

③噪音掩蔽:当语音比噪音的强度大100倍时,噪音对语音的可懂度没有影响;当语音与噪音强度相等时,可懂度为50%。

④语境:语言交际的环境。从广义上说,它是指语言活动出现的具体情境,包括说话的场合、社会环境、时代背景等;从狭义上说,语境是指书面语言的上下文和口语的前言后语等。人们对语音的知觉常受到语境的影响。

⑤句法、语义的作用:米勒等人的研究表明,在言语知觉中,语义和语法的信息对提高语言的可懂度有重要的作用。

2.【参考答案】

大多数言语活动都需要不同的大脑皮层的整合作用。

(1)言语运动中枢

言语运动中枢最初由法国医生布洛卡发现,位于大脑左半球额叶处,被称为布洛卡区。布洛卡区损伤会引起运动性失语症(表达性失语症),其阅读、理解和书写不受影响,但发音困难,说话缓慢而费力,理解能力也受到一定程度的影响(听得懂,看得懂,但不能流利地说)。

(2)言语听觉中枢

德国神经病学家威尔尼克在1874年首先发现"感觉性失语症",位于大脑左半球颞叶颞上回处的位置具有分辨语音、形成语义的功能,这部分即威尔尼克区。威尔尼克区损伤引起接受性失语症或听觉性失语症,患者听觉器官正常、口语流利,语音和语法似乎是正常的,但他们的话语没有意义,还会对词义造成错误的估计。接受性失语症较轻的一种形式是词盲,患者可以听到声音但是不能从中提取出词语的意义。另外,切断弓形束也会产生相同的现象(接受性失语症病人可以流利地说,但听不懂他人的话,也不能说出有意义的句子)。

(3)言语视觉中枢

角回是言语视觉中枢,位于威尔尼克区上方、顶-枕叶交界处。该区负责书面语言和口语之间的相互转化。若角回受到损伤,将引起视觉性失语症或语义性失语症,这种病人能正常说话也能理解口语,但看不懂书面语言,出现阅读障碍(听得懂,说得流利,但看不懂)。

除以上三种言语中枢外,还有埃克斯勒中枢负责书写功能,该区损伤的患者写不出文字。

3.【参考答案】

内部语言是一种自问自答或不出声的语言活动。内部言语与逻辑思维、独立思考、自觉行动等具有密切联系,具有隐蔽性和简约性两大特点。内部言语是在外部言语的基础上发展起来的,在一定条件下,内部言语和外部言语可以相互转化。

①隐蔽性:内部言语是一种不出声的言语,它以语音隐蔽性为显著特点。

②简略性:内部言语不是用来直接交际的,因此具有不连贯、不完整、不受语法规则约。

4.【参考答案】词汇理解也叫词汇识别,指通过对词性的感知通达词汇意义的过程。影响词理解的因素主要有以下几个方面:

①字母长度或笔画数量:词长效应是指在词的使用频率相同的条件下,一个词所包含的字母越长,识别时间越长。而在汉字识别中,识别的时间随着笔画数量的增加而增长。

②单词的部位信息和字形结构信息:其中首尾字母在单词辨认中有重要的作用,保留汉字的上半部有利于汉字的识别。有研究表明,速示条件下,汉字的类型结构影响再认的难易程度,其中,左右结构最容易再认。

③正字法规则:正字法规则是使文字的拼写合乎标准的方法。任何一种文字都有正字法规则。正字法规则是人们识别字词时必须依靠的一种内隐知识,字词识别不仅要依靠对笔画、部件或字母的检测,而且要检测这些成分的结合规则。

④字词的使用频率与词汇习得年龄:单词的使用频率可以影响言语理解。福斯特认为,在心理词典中,词的基本组织原则是单词频率,使用频率高的单词在心理词典中处于"前面"的位置,因而容易被搜索到。早期习得的词汇比晚期习得的词语要容易加工,这是词汇习得的年龄效应。

⑤语义特征:黑诺等人的研究发现,在词汇判断任务中,意义较多的词比意义较少的词更容易识别,这是多义词的识别优势效应。

⑥语境:单个单词,在句子或者课文语境中的单词,它们的识别阈限不一样。语境提供的信息可以促进或者抑制对单词的识别。

第九章 动机、需要与意志

第一节 动机

考点1 动机概述

1.【解析】该题考查动机产生的条件，需要是动机的内部条件，也是基本原因；诱因是外部条件，并且只有当它变成个体内在的需要时，才能推动个体的行为，产生持久的推动力。

参考答案：A

2.【解析】动机的功能有激活动能、指向功能以及维持和调整功能。

参考答案：D

3.【解析】动机是由目标或对象引导、激发和维持个体活动的内在心理过程或内部动力。

参考答案：B

4.【解析】本题考查学习动机的功能。动机的指向功能，是指使个体的行为指向一定的对象或目标，题中“会去教室或图书馆”体现的是动机的指向功能。因此本题选B。

参考答案：B

5.【参考答案】

动机是由目标或对象引导、激发和维持个体活动的内在心理过程或内部动力。需要（推力）和诱因（拉力）分别是动机产生的内部和外部因素，但需要产生的却不一定都是动机，只有当需要推动人去活动，并把活动方向引向某一目标时，才称为动机。动机的产生必定需要一个外部对象。

考点2 动机的种类

1.【解析】动机是由目标或对象引导、激发和维持个体活动的内在心理过程或内部动力。一般认为，中等强度的动机有利于任务的完成。

参考答案：D

2.【解析】外在动机是指影响或控制个体行为的外在因素或力量。外在动机不是从对行为活动或工作本身的满足中产生的，而是由行为活动或工作中获得的奖赏引起的。

参考答案：A

3.【解析】按照需要产生的根源，可把动机划分为生理性动机和社会性动机；按照是否能意识到自己活动的动机，可把动机区分为有意识动机和无意识动机等。

参考答案：C

4.【解析】阿特金森的成就动机观点是一种期望价值观，他认为动机水平依赖一个人对目标的评价，以及对达到目标可能性的估计。

参考答案：B

5.【解析】成就动机是指人们希望从事对他有重要意义的、有一定困难的、具有挑战性的活动，在活动中能取得完满的优异的成绩，并超过他人的动机。

参考答案：D

6.【参考答案】

交往动机是在交往需要的基础上发展起来的一种重要的社会性动机，表现为每个人都愿意归属于某个团体，喜欢与人来往，希望得到别人的关心、友谊、支持、合作与赞赏。

7.【参考答案】

成就动机是指人们希望从事对他有重要意义的、有一定困难的、具有挑战性的活动，在活动中能取得完满的优异的成绩，并超过他人的动机；权力动机是指人们具有的某种支配和影响他人以及周围环境的内在驱力。

考点3 动机与行为效率的关系

1.【解析】基础知识点考查。耶克斯 道德森定律用来解释心理压力、工作难度与作业成绩三者之间的关系。动机强度与工作效率之间的关系不是一种线性关系，而是倒U形曲线。中等强度的动机最有利于任务的完成。

参考答案：C

2.【解析】在比较容易的任务中，工作效率随动机的提高而上升，随任务难度的增加，动机的动机水平有逐渐下降的趋势。也就是说，在难度较大的任务中，较低的动机水平有利于任务的完成。

参考答案：ABC

第二节 动机的理论

考点1 本能论

1.【解析】本题考查动机理论：麦孤独鼓吹本能论、赫尔唤醒理论、海德归因理论、托尔曼的期望理论等。

参考答案：A

2.【解析】20世纪20年代末，本能论开始受到人们的怀疑与批评。它不能确切地解释行为的原因。本能论对人类行为的解释是一种循环论证的过程，另外，本能论列举的许多本能行为实际上是在学习、经验及文化的影响下形成的。

参考答案：D

3.【参考答案】

麦独孤系统地提出了动机的本能理论，认为人类的所有行为都是以本能为基础的；本能是人类一切思想和行为的基本源泉和动力；本能具有能量、行为和目标指向三个成分。

考点2 驱力理论

1.【解析】赫尔提出了驱力减少理论，他假定个体要生存就有需要。需要产生驱力。驱力是一种动机结构，它供给机体的力量或能量，使需要得到满足，进而减少驱力。赫尔的理论适用于解释生物的机能。

参考答案：A

考点4 诱因理论

1.【解析】引起动机的外在条件是能够满足需要的事物，即诱因，它们经常诱发动机。

参考答案：A

2.【解析】A选项，本能论认为人类的所有行为都是以本能为基础的；B选项，驱力理论假定个体要生存就有需要，需要产生驱力。驱力供给机体的力量或能量，使需要得到满足，进而减少驱力；C选项，唤醒理论认为，人们总是被唤醒，并维持着生理激活的一种最佳水平；D选项，诱因理论认为由外在目标激发的诱因是行为的决定因素之一。

参考答案：D

3.【参考答案】动机是由一种目标或对象所引导、激发和维持个体活动的内在心理过程或内部动力。动机是人的行为的内在动力，构成人类大部分行为的基础。引起动机的外在条件是能够满足需要的事物，它们经常诱发动机，所以被称为诱因。诱因指能满足个体需要的刺激物，它具有激发或诱使个体朝向目标的作用。当个体的需要在强度上达到一定程度并有诱因存在时，就产生了动机。

考点5 动机的认知理论

1.【解析】维纳把归因的维度划分为内部归因和外部归因、稳定性归因和不稳定归因、可控制归因和不可控归因等三个维度，能力是内部、稳定、不可控的属性。

参考答案：C

2.【参考答案】归因是指根据有关的外部信息、线索判断人的内在状态，或依据外在行为推测行为的原因的过程。主要的归因理论有海德的朴素心理学理论、琼斯和戴维斯的相应推断理论、韦纳的动机归因理论、罗特的控制点理论、凯利的三维理论等。

3.【参考答案】

（1）凯利认为，人们通过检查三个独立维度的信息来进行归因，这三个维度分别是刺激客体、行为主体（个体）、背景（情境或条件），这三个维度组成了一个协变的立体构架。

（2）凯利的三维理论将外界信息分成三种不同的信息资料，分别是：

①区别性，又称特异性，即行为主体的反应方式是否具有针对性。

②一致性，又称为共同性，即对同一对象，不同的主体是否作相同反应。

③一贯性，即行为主体在不同背景下所作的反应是否一致。

只有在区别性、一致性和一贯性都很高的时候，我们才能得出结论。

(3)凯利的归因理论,是一个严密的逻辑分析模式,对人们的归因过程的分析和解释比较细致、合理。但是,也正是由于这一理论过分强调归因逻辑性,是理想化的模式,脱离了一般人归因活动的实际。

4.【参考答案】

(1)20世纪80年代,尼科尔斯和德韦克等人将成就目标概念引入成就动机领域。平崔克认为成就目标是一种有组织的信念系统,反映了个体对成就任务的一种普遍取向,与目的、胜任、成功、能力、努力、错误和成就标准有关。成就目标是个体对自己所从事的成就活动的目的和意义的知觉。

(2)成就目标理论把成就目标分为两种类型:

①掌握目标:个体的目标定位在掌握知识和提高能力上,认为达到了上述目标就是成功。个体对自己的评价往往依据任务标准和自我标准。

②成绩目标:个体的目标定位在好名次和好成绩上,认为只有赢了才算成功。

(3)研究发现,不同的成就目标对应着不同的动机和行为模式。具有掌握目标的个体,往往会采取主动、积极的行为,如选择适当的具有挑战性的任务,并使用深层的加工策略等;而具有成绩目标的个体,往往有较高的焦虑水平,有时不敢接受挑战性的任务,遇到困难有时容易退缩。

综合问题　各动机理论

1.【参考答案】

(一)本能论

詹姆斯认为人的行为依赖于本能的指引,人除了与动物一样的生物本能以外还具有社会本能。

麦独孤认为人类的所有行为都是以本能为基础的,认为人类具有18种本能,本能是人类思想与行为的基本源泉和动力。

洛伦茨习性论认为,本能是由遗传决定的,受特异能量驱动的物种特有的固定模式,个体经验可以转化为本能行为,行为是本能与学习交互作用的结果(印刻现象)。

弗洛伊德的性欲动力理论认为。人的一切行为都是由一个或多个内在生物本能驱动。人有生本能和死本能。

马斯洛的需要层次理论也认为人的行为是由与生俱来的自我实现的潜能所决定的。

(二)驱力理论

伍德沃斯提出了驱力概念以代替本能,驱力是生理需要所引起的紧张状态,能激发个体行动,以消除紧张。

赫尔(新行为主义代表人物)提出了驱力减少理论。认为人要生存就要有需要,需要产生动力。驱力是一种动机结构,它供给机体的力量或能量,使需要得到满足,进而减少驱力。后来赫尔又提出行为主要是由习惯来支配的,而不是由生物驱力来支配的。驱力给行为提供能量,习惯决定着行为的方向。驱力(D)、习惯强度(H)共同决定了个体的有效行为潜能(P),即P=D*H。

(三)唤醒理论

人们的行为并不总是消除紧张,某些消除刺激紧张和冒险的行为,无法用驱力理论解释。赫布和柏林等人认为人的活动不是减少驱力,而是要增加驱力,他们提出了唤醒理论。一般来说,人们喜欢中等程度的刺激,它带来最佳唤醒水平,刺激水平太高或太低,个体都会感到不舒服。

唤醒理论把包括三个基本原理:人们偏好最佳的唤醒水平,刺激水平和偏好之间的关系是一条倒U形曲线;简化原理,即重复刺激降低唤醒水平(同一首歌听多了就腻了);个人经验对偏好的影响。

(四)诱因理论

针对驱力理论强调个体活动来自内在动力,它忽略了外在环境在引发行为上的作用这一缺陷,赫尔的学生斯彭斯提出了诱因理论。诱因是指能满足个体需要的刺激物,它具有激发和诱使个体朝向目标的作用。诱因可以是物质的,也可以是复杂的事件和情境。有吸引力的刺激物称为积极诱因,个体回避的刺激称为消极诱因。

赫尔接受了诱因这一变量,在其公式中增加了诱因动机(K),即P=D*H*K。

2.【参考答案】

(1)期待价值理论

动机的期待价值理论是早期的一种动机认知理论,这种理论将达到目标的期待作为的决定因素。新行为主义者托尔曼在动物实验的基础上提出,行为的产生不是由于强化,而是由于个体对一个目标的期待,即刺激与刺激的联系(S1-S2)或反应和刺激的联系(S1-R-S2)。

(2)动机的归因理论

归因是指用因果关系推论的方法,从人们行为的结果寻求行为的内在动力因素。海德认为,人们在成功和失败时,会寻找失败的原因,而行为的原因有内部原因和外部原因两种。海德还提出了"控制点"的概念,并把人分为内控型和外控型。

韦纳系统提出了动机的归因理论,证明了成败归因是成就活动过程的中心因素,同时把"稳定性"作为一个新的维度,把行为原因分为稳定的和不稳定的。

人们对成败的归因会影响到以后行为动机的强弱和工作的成败,若人们将成功归因为稳定的因素,会提高以后工作的积极性,增强动机;而若把成功归因于不稳定因素,以后的积极性则难以预料,反之亦然。归因同时还影响人的情绪,如把成功归结为内部原因,人们就会感到自豪和满意,反之将失败归因为内部原因,就会感到内疚和羞愧。

(3)自我功效理论(自我效能感)

自我效能感理论是班杜拉观察学习理论的一部分。他认为,人的期待是决定行为的先行甚至决定性的因素。强化的效果存在于期待奖赏或惩罚之中,是一种期待强化。

班杜拉把期待分为结果期待和效果期待两种。结果期待是指个体对行为结果的估计。效果期待是指个体对自己能否有能力完成某一行为的推测和判断,即个体的自我效能感。班杜拉认为自我效能感的高低,直接决定个体进行某种活动的动机水平。

班杜拉认为,自我效能感建立在四种信息来源的基础上:

①个体自己成功和失败的经验。

②替代性经验,即个体通过观察他人的行为而获得的信息。

③言语说服,即他人的劝告、激励等。

④情绪唤起,正情绪可以增强自我效能感,负情绪会减弱自我效能感。

(4)自我决定理论

自我决定论是美国心理学家德西和瑞安提出的,这一理论强调自我在动机过程中的能动作用,认为自我决定是一种涉及经验选择的人类技能,它组成内在的动机。

自我决定理论将人类行为区分为两大类:自我决定行为和非自我决定行为。自我决定行为基于对人的需要的认识,其特点是设计和选择行为,这种行为在于满足人的需要。而非自我决定行为没有真正的选择,它受外在刺激的控制,因而是无动机的。

第三节　需要

考点1　需要的含义

1.【解析】需要是对有机体内部不平衡状态的反映,其表现为有机体对内外环境条件的欲求;能力是顺利有效地完成某种活动必须具备的心理条件。

参考答案:AB

2.【解析】需要是个体活动的基本动力,是个体行为动力的重要源泉。人的各种活动或行为,都是在需要的推动下进行的。而"人为财死,鸟为食亡"正体现了需要的动力性。

参考答案:D

考点3　需要的层次理论

1.【解析】根据马斯洛的需要层次理论,人的需要从低级到高级的正确排序:生理的需要、安全的需要、归属和爱的需要、尊重的需要、自我实现的需要。

参考答案:B

2.【解析】安全需要:人们对稳定、安全、受保护、有秩序、能免除恐惧和焦虑等的需求。婴幼儿由于无力应付环境中的不安全因素,他们的安全需要显得尤其强烈。

参考答案:B

3.【解析】本题考查马斯洛需要层次理论,马斯洛的需要层次理论是由心理学家马斯洛提出的动机理论,花500元看画展体现的是更高级层次的需要。

参考答案:A

4.【解析】本题主要考查马斯洛的需要层次理论。马斯洛需要层次理论把需求分成生理的需要、安全的需要、爱和归属感的需要、尊重的需要和自我实现的需要五类,依次由较低层次到较高层次排列。故层次最高的是自我实现的需要。

参考答案:D

5.【解析】马斯洛认为,人的需要是由五个等级构成的:生理的需要、安全的需要、归属和爱的需要、尊重的需要、自我实现的需要。比安全需要更高一级的是归属和爱的需要。

参考答案:C

6.【解析】需要的层次理论于1968年由美国心理学家马斯洛提出。他把人的需要从低到高划分为5个层次:(1)生理的需要:维持人的正常生活条件的需要,是人的所有需要中最重要,也是最有力量的需要。(2)安全的需要:人们要求稳定、安全、受到保护、有秩序、能免除恐惧和焦虑等。(3)归属和爱的需要:要求和其他人建立情感的联系或关系,希望归属于某一个群体并在其中获得某种地位的需要。(4)尊重的需要:包括自尊和希望受到别人尊重的需要。(5)自我实现的需要:希望最大限度发挥自己的潜能,不断完善自己,完成与自己能力相称的一切事情,实现自己理想的需要。

马斯洛认为:

(1)这五种需要都是天生的、与生俱来的。(2)无论从种族发展还是从人类个体的发展来看,层次越低的需要出现得越早,层次越高的需要出现得越晚。层次越低的需要力量越强,它们能否得到满足直接关系到个体的生存,因而又叫缺失性需要。(3)只有较低层次的需要得到满足或部分满足之后,高一层次的需要才会出现,并成为推动个体活动的主要动力,而已经满足的需要不再是当前推动个体活动的动力。(4)高层次的需要不是维持个体生存所绝对必需的,但高层次需要的满足有益于健康、长寿和精力的旺盛,所以又叫生长需要。(5)需要层次的划分也不是绝对的。不同的人对需要的追求也会表现出不同的情况。例如,有人特别讲究自尊只有当他觉得受到尊重、比较自信时,他才会去追求爱和归属。

第四节 意志

考点1 意志的概述

1.【解析】意志通过行动表现出来,意志行动可分为两个阶段。采取决定阶段:该阶段要在思想上权衡行动的动机(动机冲突阶段,决定要干什么)、确定目的(抓主要抓重点,决定先从哪方面入手)、选择方法(方法是否高效?是否符合道德标准?)并做出行动的决定。执行决定阶段:该阶段要执行意志准备阶段所做出的决定。人们需要反复修订自己的行动方案,审定自己的行动目标,检查自己的方法和手段,使之与目标的实现更接近,是一个不断克服困难的过程,也是一个不断接受成败考验的过程。执行决定阶段是意志行动的关键阶段。

参考答案:A

2.【解析】意志的特征:意志通过行为表现出来,受意志支配的行为称为意志行动。意志行动是有意识、有目的的行动。意志是在达到目的的行为活动过程中,通过克服困难和挫折表现出来的。无意识、无目的的或不需要克服困难就能达到目的的行动,都不能体现出个体的意志。

参考答案:D

考点2 意志行动中的冲突

1.【解析】由于在意志行动中人们常常具有两个以上的目标,而这些目标不可能同时实现,因而促使了意志行动中的目标冲突或动机斗争。两种或两种以上的目标都是人们力求回避的,而他们又只能回避其中一种(前有狼后有虎,两害相权取其轻)。

参考答案:B

2.【解析】由于在意志行动中人们常常具有两个以上的目标,而这些目标不可能同时实现,因而促使了意志行动中的目标冲突或动机斗争。趋避冲突是指同一物体对人们既有吸引力,又有排斥力。

参考答案:C

3.【解析】当两种或两种以上的目标都是人们力图回避的事物,而他们又只能回避其中一种目标时,就产生冲突,如患病既不想吃苦药,又不想打针。

参考答案:B

4.【解析】趋避冲突:同一物体对人们既有吸引力,又有排斥力,一个人对同一目的同时产生两种动机:一方面好而趋之,另一方面恶而避之,这种对同一目的兼具好恶的矛盾心理,称为趋避冲突,比如工作地点离家较近,但需要周末上班。

参考答案:C

5.【参考答案】

由于在意志行动中人们常常具有两个以上的目标,而这些目标不可能同时实现,因而促使了意志行动中的目标冲突或动机斗争。

(1)双趋冲突:当两种或两种以上目标同时吸引着人们,但只能选择其中一种目标时产生的冲突,如鱼和熊掌二者不可兼得,二舍其一。

(2)双避冲突:当两种或两种以上的目标都是人们力图回避的事物,而他们又只能回避其中一种目标时,就产生冲突,如不做作业就要挨骂。

(3)趋避矛盾:对一种目标同时兼具好恶两种情感,如追求一个女生想表达自己的爱慕之情又害怕被拒绝。

(4)多重趋避冲突:一个人面对两个及两个以上的目标,且每一个目标又分别具有两方面不同的情感,如想参加六级考试,又害怕失败,想加入社团又害怕耽误太多学习时间。

6.【参考答案】(1)该职员的冲突类型是多重趋避冲突。多重趋避冲突又称双趋避冲突,双重正负冲突,指同时有两个或两个以上的目标,但每个目标各有所长、各有所短,分别具有吸引和排斥两个方面的作用时,使人左顾右盼,难以抉择的心态。

(2)如果几个目标的吸引力和排斥力相距较大,解决冲突还比较容易;如果几种目标的吸引力和排斥力比较接近,则解决冲突就相对困难,需要较长时间考虑得失、权衡利弊。具体答案应根据题目情况来作答。

(3)意志行动的心理冲突或动机斗争是很复杂的,除多重趋避冲突之外,还包括以下三种:双趋冲突:遇到两个具有同样吸引力,又具有同样强度的目标,但两个目标不能同时获得,只能选择其一,像这种从两种所爱者或双趋中仅择其一的矛盾心理状态,称为双趋冲突。例如,鱼吾所欲也,熊掌亦吾所欲也,二者不可兼得。双避冲突:两个目标都想避开,但只能避开一个,像这种从两种所恶者或两种躲避中必须择其一的困扰心理状态,称为双避冲突。例如,品学均差的学生怕学习又怕受处分,这二者对他都是一种威胁,都想逃避,但他必须选择其一。趋避冲突:同一物体对人们既有吸引力,又有排斥力,一个人对同一目的同时产生两种动机:一方面好而趋之,另一方面恶而避之,这种对同一目的的兼具好恶的矛盾心理,称为趋避冲突。例如,学生想参加校足球队为学校争光,又怕耽误时间影响自己的学业成绩,就是趋避冲突。

考点3 意志的品质

1.【解析】意志的品质主要有独立性、果断性、坚定性、自制力。

参考答案:ABDE

2.【解析】意志的坚定性是指在意志行动

中能否坚持决定，百折不挠地克服困难和障碍，完成既定目的方面的意志品质。不受富贵诱惑，不为贫贱动摇，不为武力屈服这种百折不挠的精神正是体现了意志的坚定性。

参考答案：B

3.【解析】意志品质是由个体意志行为特点构成的稳定的心理特性的总和。意志品质的首要品质是自制力。

参考答案：A

4.【解析】意志品质包括独立性、坚定性、果断性和自制力等。

参考答案：C

5.【参考答案】意志品质是由个体意志行为特点构成的稳定的心理特性的总和。意志的自觉性是指是否对行动目的有明确的认识，尤其是认识到行动的社会意义，主动以目的调节和支配行动方面的意志品质。意志的果断性是指一个人是否善于明辨是非，迅速而合理地采取决定和执行决定方面的意志品质。意志自制性是指能否善于控制和支配自己行动方面的意志品质。意志的坚持性是指在意志行动中能否坚持决定，百折不挠地克服困难和障碍，完成既定目的方面的意志品质。缺乏果断性的人遇事犹豫不决，患得患失，顾虑重重，思想斗争时间过长，即使执行决定也是三心二意。

培养意志品质要能够从意志品质的四个特性出发，同时可以：(1)加强目的性教育，注意培养道德情感；人的意志行动是为了实现自己预定的目标，培养一个人的优良的意志品质。(2)组织实践活动，以取得意志锻炼的直接经验。实现意志行动的决定是意志行动的关键，也是锻炼一个人意志品质的重要环节。意志是在克服困难中体现，并在克服困难的过程中提高其意志力水平

章节考点　综合训练

一、单项选择题

1.【解析】多重趋避冲突是指人们面对多个目标时，每个目标分别具有吸引和排斥两方面的作用，人们无法简单地选择一个目标而回避另一个，必须进行多重选择。

参考答案：D

2.【解析】自我决定论是美国心理学家德西和瑞安提出的，这一理论强调自我在动机过程中的能动作用，认为自我决定是一种涉及经验选择的人类技能，它组成内在的动机。自我决定理论指出，教师应该创设能够充分满足学生自主需要、胜任需要和归属需要的学习环境，帮助学生培养自我决定的学习动机。因此本题选D。

参考答案：D

3.【解析】多重趋避冲突是指人们面对多个目标时，每个目标分别具有吸引和排斥两方面的作用，人们无法简单地选择一个目标而回避另一个，必须进行多重选择。两所幼儿园可供家长选择，一所幼儿园离家远，但设施条件很好；另一所幼儿园离家近，但设施条件一般即为多重趋避冲突。

参考答案：D

4.【解析】耶克斯-道德森定律表明：动机和行为效率是倒U型曲线，中等强度的动机最有利于任务的完成。动机的最佳水平随任务的性质的不同而不同；在比较容易的任务中，工作效率随动机的提高而上升，随任务难度的增加，动机水平有逐渐下降的趋势。因此并不是学习动机越强，学习效果越好，选项A错误。在任务容易时，中等偏高的动机学习效果最好，选项B正确。任务较难时，动机水平低效率才会更好，因此选项C错误，选项D也错误。

参考答案：B

5.【解析】既不想学习又怕考试属于双避冲突，指的是两种或两种以上的目标都是人们力求回避的。

参考答案：A

6.【解析】追求成功动机占主导地位的个体，最喜欢从事中等难度性质的任务。

参考答案：B

7.【解析】马斯洛认为较低层次、与个体的生命攸关的需要称缺失性需要。

参考答案：C

8.【解析】意志的独立性是指人不屈服于周围人的压力，不随波逐流，能根据自己的认识与信念，独立采取决定执行决定。

参考答案：A

9.【解析】需要是机体内部的一种不平衡状态，因此选项D错误。

参考答案：D

10.【解析】独立性是指人不屈服于周围人的压力，不随波逐流，能根据自己的认识与信念，独立采取决定执行决定。其反面独断性（乱独立），表现为置他人的意见于不顾，不考虑具体情况一意孤行，不是独立性的表现。独立性的反面还有受暗示性（不独立）。

参考答案：A

11.【解析】弗罗姆用期望、效价和力三者来解释人类的动机作用，认为力＝期望×效价，即个人想要进行某种行为的动力取决于期望与效价的合力。弗罗姆所说的期望是指个人预测特定行为在达到特定结果的可能性时的主观认知，而不是客观实在，取值范围在0~1，与效价成反比，主观期望概率值在0.5是最优的。

参考答案：A

12.【解析】需要是有机体感到某种缺乏而力求获得满足的心理倾向，它是有机体自身和外部生活条件的要求在头脑中的反映，是人们与生俱来的基本要求。动机指激发和维持个体进行活动，并导致该活动朝向某一目标的心理倾向。兴趣指个人力求接近、探索某种事物和从事某种活动的态度和倾向，亦称“爱好”，是个性倾向性的一种表现形式。

参考答案：B

13.【解析】人们希望从事对他有意义的、有一定困难的、具有挑战性的活动，在活动中能够取得完满的结果和优异成绩，并能超过他人的动机叫成就动机。

参考答案：A

14.【解析】马斯洛将人类需要像阶梯一样从低到高按层次分为五种，分别是：生理需要、安全需要、归属与爱需要、尊重需要和自我实现需要。

参考答案：D

15.【解析】低级需要直接关系到个体的生存，因而也叫缺失需要，选项A和C是归属与爱的需要，选项B是安全需要，选项D是尊重需要。

参考答案：ABCD

16.【解析】本题考查意志的控制，意志的控制作用实现方式：对行动的激励和克制（黄希庭版）。

参考答案：C

17.【解析】心理学家耶克斯和多德森的研究表明，各种活动都存在一个最佳的动机水平。动机不足或过分强烈，都会使工作效率下降。研究还发现，动机的最佳水平会随着任务性质的不同而有所不同。在比较容易的任务中，工作效率随动机的提高而上升；随着任务难度的增加，动机最佳水平有逐渐下降的趋势。也就是说，在难度较大的任务中，较低的动机水平有利于任务的完成。这就是著名的耶克斯-多德森定律。

参考答案：B

18.【解析】耶克斯-多德森定律表明，动机强度与工作效率之间的关系不是一种线性关系，而是倒U形曲线。中等强度的动机最有利于任务的完成。

参考答案：B

19.【解析】内驱力是在需要的基础上产生的一种内部唤醒状态或紧张状态，表现为推动有机体活动以达到满足需要的内部动力。

参考答案：D

20.【解析】诱因是指能激起有机体的定向行为，并能满足某种需要的外部条件。

参考答案：B

21.【解析】耶克斯-多德森定律表明唤醒水平与绩效水平之间的关系随着任务的难易和情绪的高低而发生变化。完成困难任务的最佳状态是处于较低的唤醒水平，而解决中等难度任务的最佳状态是处于中等唤醒水平，完成简单操作最佳状态是处于较高的唤醒水平。故本题应

选A

参考答案:A

22.【解析】马斯洛认为,人的需要是由五个等级构成的:生理的需要,安全的需要,归属和爱的需要,尊重的需要,自我实现的需要。其中,安全的需要是指人们对稳定、安全、受保护、有秩序、能免除恐惧和焦虑等的需求。题干中,攒钱是为了在遇到困难的时候能够得到保障,这正体现了人们具有安全的需要。

参考答案:D

23.【解析】成就目标理论把成就目标分为两种类型:一种是掌握目标,个体的目标定位在掌握知识和提高能力上,认为达到了上述目标就是成功。个体对自己的评价往往依据任务标准和自我标准。另一种是成绩目标,个体的目标定位在好名次和好成绩上,认为只有赢了才算成功。不同的成就目标对应着不同的动机和行为模式。具有掌握目标的个体,往往会采取主动、积极的行为,如选择适当的具有挑战性的任务,并使用深层的加工策略等;而具有成绩目标的个体,往往有较高的焦虑水平,有时不敢接受挑战性的任务,遇到困难有时容易退缩。因此ABD说法正确,C选项说法错误。

参考答案:C

24.【解析】韦纳的归因理论把成就行为的归因划分为内部原因和外部原因,同时把"稳定性"作为一个新的维度,把行为原因分为稳定的和不稳定的。A选项,能力是内部、稳定的因素;B选项,运气是外部、不稳定的因素;C选项,努力是内部、不稳定的因素;D选项,任务难度是外部、稳定的因素。

参考答案:B

25.【解析】A选项,成就动机是指人们希望从事对他有重要意义的、有一定困难的、具有挑战性的活动,在活动中能取得完满的优异的成绩,并超过他人的动机;B选项,社会动机是以人的社会文化需要为基础的动机,如权力动机、交往动机、成就动机、认识的需要等;D选项,工作动机是指激发一系列与工作绩效相关的行为,并决定这些行为的形式、方向、强度和持续时间的内部力量。题干中,"学生表示要好好做学问、多多发文章、争取读博"都属于成就动机。

参考答案:A

26.【解析】韦纳的归因理论把成就行为的归因划分为内部原因和外部原因,同时把"稳定性"作为一个新的维度,把行为原因分为稳定的和不稳定的。努力属于内部、不稳定、可控的因素。

参考答案:B

27.【解析】B选项,血糖水平下降,饥饿感会增加;C选项,胰岛素的增加可降低血糖,缓解饥饿感;D选项,"饥饿中枢"在下丘脑的两侧,它会分泌一种引发饥饿的激素——增食激素。因此,BCD选项均是产生饥饿感的主要因素,A选项不是。

参考答案:A

二、多项选择题

1.【解析】趋避冲突:同一物体对人们既有吸引力,又有排斥力。

参考答案:CD

2.【解析】动机和工作效率的关系主要是表现在动机强度与工作效率的关系上。耶克斯和道德森的研究表明,各种活动都存在着一个最佳的动机水平,称为耶克斯和道德森定律。比较容易的任务中,工作效率随动机的提高而上升,随任务难度的增加,动机的动机水平有逐渐下降的趋势。因此选项CD都是错误的表述。

参考答案:AB

三、名词解释

1.【解析】

马斯洛认为,人的需要是由以下五个等级构成的,由低到高依次为:

生理的需要:人对食物、水分、空气、睡眠、性等的需要。它们是最重要,也是最有力量的需要,必须首先给予满足。

安全的需要:人们对稳定、安全、受保护、有秩序、能免除恐惧和焦虑等的需求。婴幼儿由于无力应付环境中的不安全因素,他们的安全需要显得尤其强烈。

归属和爱的需要:个体感到缺乏朋友、爱人、子女,渴望与人建立一种充满感情的关系,渴望在其群体和家庭中拥有地位的需要。

尊重的需要:包括自尊和希望受到别人尊重。自尊需要的满足会使人相信自己的力量和价值,使他们在生活中变得更有能力,更有创造力。

自我实现的需要:人们追求实现自己的能力或潜能,并使之完善化。后来马斯洛又把自我实现的需要细分为认知需要、审美需要和自我实现的需要。

认知需要包括求知、理解、探索和好奇,是人具有的学习和发展的愿望以及探索新异事物与未知事物的愿望。

审美需要表现为人们追求对称、秩序、和谐、完善的事物。

2.【解析】

由于在意志行动中人们常常具有两个以上的目标,而这些目标不可能同时实现,因而促使了意志行动中的目标冲突或动机斗争。双趋冲突:当两种或两种以上目标同时吸引着人们,但只能选择其中一种目标时产生的冲突,如鱼和熊掌二者不可兼得,二舍其一。

3.【解析】

戴维·麦克利兰认为在生存需要基本得到满足的前提下,人的最主要的需要有成就需要、亲和需要、权力需要三种平行的需要。成就需要是指争取成功、追求优越感,希望做得最好的需要。

4.【解析】兴趣是人们探究某种事物或从事某种活动的心理倾向,以认识或探索外界的需要为基础,是推动人们认识事物、探求真理的重要动机。

四、简答题

1.【解析】意志行为具有如下特征:

(1)目的性:意志行动是有目的的行动,自觉的目的性是人的意志行动的前提,这是人与动物间的本质区别。

(2)坚韧性:这一特性是与克服困难相联系的,一个人遇到困难所采取的态度与克服困难的能力,是衡量人的意志力强弱的客观标准,克服困难是意志行动的核心。

(3)随意性:有些动作是与生俱来的,是不由自主的无意识动作,称不随意运动。意志行动必然是随意运动,随意运动是意志行动的基础。

2.【解析】挫折是个体的动机、愿望、需要和行为受到内部和外部因素阻碍的情境和相应的情感状态。

(1)挫折的行为反应包括:

①过度焦虑:焦虑是挫折后常见的心理反应,是个体在预料会有某种不良后果或模糊性威胁将出现时产生的一种不愉快的情绪感受。

②冷漠:个体在遭受挫折后表现出对挫折情境漠不关心或无动于衷的态度。

③攻击:个体受挫后为发泄愤怒情绪而导致的具有敌对情绪的过激行为。

④退行:个体遇到挫折后,出现由成熟的行为向幼稚行为倒退的现象,采用非常简单与幼稚的行为方式来应对挫折,希望借此得到他人的同情与关照。

⑤固着行为:个体在遭受挫折时,情境已经发生变化,但在产生了刻板化行为方式后仍盲目地重复出现。

(2)挫折承受力是指一个人在面对挫折时能够摆脱困扰,避免出现心理活动与行为表现失常的能力。

(3)挫折不可避免,每个人都应该自觉地与内外部困难都斗争,以提高自己的挫折承受力,力争成为生活、工作和学习的强者。挫折是个体的主观感受,有时并不完全由挫折情境决定。个体可以通过改变周围环境,提高自己的认知水平,调整自己的心态,宣泄某些不良情绪等。当然最重要的是要对挫折系心理具有正确的认识,对学习、生活和事业充满信心与希望,增强自己克服内外部困难的决心、毅力和勇气。

3.【解析】

(1)海德的归因理论:

①海德是归因理论的开拓者,假设人类有两种强烈的需要:第一种是理解周围

世界的需要,第二种是控制周围环境的需要。人们几乎每时每刻都在有意无意地进行着归因活动。
②海德指出,当人们在工作和学习中体验到成功或失败时,会寻找成功或失败的原因。一般来说,人会把行为的原因归结为内部原因和外部原因两种。内部原因是指存在于个体本身的因素,如能力、努力、兴趣、态度等。外部原因是指环境因素,如任务难度、外部的奖励与惩罚、运气等。
(2)韦纳的归因理论:
①韦纳的动机归因理论,证明了成功和失败的因果归因是成就活动过程的中心要素。韦纳也把成就行为的归因划分为内部原因和外部原因,同时把"稳定性"作为一个新的维度,把行为原因分为稳定的和不稳定的,如能力、任务难度是稳定的,而努力和运气是不稳定的。之后韦纳又增加了一个可控性维度,即该原因是否能够为个人所掌控,形成了归因的三维模型。
②韦纳提出,如果现在的结果和过去的结果不同,人们一般归因于不稳定的因素,如努力和运气等;如果现在的结果与过去的结果一致,人们一般归因于稳定的因素,如任务难度和能力等。这种归因会使人们对下一次的行为结果产生预期。
③韦纳发现,归因会使人出现情绪反应。如果把成就行为归结为内部原因,在成功时会感到满意和自豪,在失败时会感到内疚和羞愧。但是,如果把成就行为归结为外部原因,不论成功还是失败,都不会产生太突然的情绪反应。

五、论述题

1.【解析】(1)马斯洛需要层次理论
①个体的需要具有层次性。个体的需要由低级到高级分别是生理需要、安全需要、归属与爱的需要、尊重的需要和自我实现的需要。
②生理需要是个体维持生存的需要;安全需要是个体对组织、秩序、安全感和可预见性的需要;归属与爱的需要是个体渴望与人建立一种良好关系,并在其群体和家庭中拥有地位的需要;尊重的需要是个体基于自我评价产生的自重、自爱和期望受到他人、群体和社会认可等需要;自我实现的需要是个体各种潜能得到充分发挥的需要。
③人的需要是与生俱来的。
(2)马斯洛需要层次演进的关系
①人类的需要是相互联系,彼此影响的;只有在低级需要基本得到满足之后,较高层次的需要才会产生。
②人在某一特定的时间和条件下往往有多种需要,但有一种需要占优势,它决定着人们的行为。婴儿期,生理需要在其行为活动中占主导地位;青少年期,尊重需要开始占优势;青年中期、晚期,自我实现的需要占主导地位。
③一种需要获得满足后,它的作用就逐渐减弱;另一种需要就上升为优势需要,成为人们行为的新的动力。
④新的需要的产生经历了一个从无到有、从弱到强、逐步演进的波浪式前进的过程。

2.【解析】
(1)社会性动机是以人的社会文化需要为基础的动机,如权力动机、交往动机、成就动机、认识的需要等,兴趣和爱好也都是社会性动机。
①兴趣:人们探究某种事物或从事某种活动的心理倾向,以认识或探索外界的需要为基础,是推动人们认识事物、探求真理的重要动机。
②成就动机:人们希望从事对他有重要意义的、有一定困难的、具有挑战性的活动,在活动中能取得完满的优异结果和成绩,并超过他人的动机。
③权利动机:人们具有的某种支配和影响他人以及环境的内在驱力。从个人行为的目标上,权力动机可以分为个人化权力动机和社会化权力动机。
④交往动机:在交往需要的基础上发展起来的一种重要的社会性动机。人的交往动机反映了劳动和人类社会生活的要求;依赖个体的交往经验。
⑤学习动机:人类的一种重要的社会性动机,是直接推动学生进行学习的内部动力。学习动机的主要内容是知识价值观、学习兴趣、学习能力感和成就归因。
(2)提高社会性动机:
①提高社会性动机的内在条件是需要。动机是在需要的基础上产生的,与需要联系紧密,但它又不同于需要。只有当需要达到一定程度,才能成为推动或阻止某种活动的内部动力。
②提高社会性动机的外在条件是诱因。能够引起个体动机并满足个体需要的外在刺激,称为诱因。
以提高学习动机为例,可采用以下方法:
①帮助学生认识学习目的;
②培养学生浓厚的认识兴趣和强烈的求知欲;
③积极强化学生的学习行为。

3.【解析】
(1)20 世纪 80 年代,尼科尔斯和德韦克等人将成就目标概念引入成就动机领域。平崔克认为成就目标是一种有组织的信念系统,反映了个体对成就任务的一种普遍取向,与目的、胜任、成功、能力、努力、错误和成就标准有关。成就目标是个体对自己所从事的成就活动的目的和意义的知觉。
(2)成就目标理论把成就目标分为两种类型:
①掌握目标:个体的目标定位在掌握知识和提高能力上,认为达到了上述目标就是成功。个体对自己的评价往往依据任务标准和自我标准。
②成绩目标:个体的目标定位在好名次和好成绩上,认为只有赢了才算成功。
(3)研究发现,不同的成就目标对应着不同的动机和行为模式。具有掌握目标的个体,往往会采取主动、积极的行为,如选择适当的具有挑战性的任务,并使用深层的加工策略等;而具有成绩目标的个体,往往有较高的焦虑水平,有时不敢接受挑战性的任务,遇到困难有时容易退缩。
(4)如何培养孩子的成就动机:
①父母采用正确的教养方式。如果父母对子女采取民主的教养方式,注重培养他们的自主能力,父母本身能以身作则,又是孩子的好榜样,那么,就可以进一步培养孩子的成就动机。
②教师的言传身教。教师对学生积极的评价和关注等都会直接激发学生的学习愿望,提高其成就动机。
③榜样的示范作用。通过榜样的示范,激励孩子更好地努力成长,更好地激发成就动机。
④个人的积极期待。应当引导孩子对自己进行合理的定位。如果孩子每次努力都能取得满意的预期成绩,那么就更有信心,能够更好地肯定自我价值,对下一个目标的实现更自信。

第十章 情绪与情感

第一节 情绪的一般概念

考点1 情绪和情感概述

1.【解析】冯特为情绪的维度理论奠定基础,认为情绪由三个维度构成:①愉快—不愉快;②激动—平静;③紧张—松弛。施洛伯格根据面部表情研究提出情绪的三个维度:①愉快—不愉快;②注意—拒绝;③激活水平。普拉切克认为情绪的三个维度是:①强度;②相似性;③两极性。
参考答案:C

2.【解析】组织功能:情绪和情感作为脑内的一个检测系统,对其他心理活动具有组织的作用。积极情绪具有协调作用,消极情绪具有瓦解和破坏的作用,中等强度的积极情绪,有利于提高认知活动的效果(高兴时天是蓝的,沮丧时天是灰的)。
参考答案:A
3.【解析】普拉切克提出,情绪具有强度、相似性和两极性等三个维度,并用一个倒锥体来说明三个维度之间的关系。
参考答案:C
4.【解析】冯特提出了情绪的三维理论,认为情绪是由三个维度组成的,即愉快-不愉快、紧张-松弛、激动-平静。
参考答案:D
5.【参考答案】情绪和情感的功能有以下几种:
(1)适应功能:情绪和情感是有机体适应生存和发展的一种重要方式。在婴儿阶段,个体不具备独立生存的能力,通过情绪来向主要照顾者传达信息,获得帮助从而适应环境;情绪和情感的根本意义在于适应社会环境。
(2)动机功能:情绪和情感是动机的源泉之一,它可以激励人的活动,提高人的活动效率。如遇到灾难时会产生恐惧情绪,增加了人求生的动机。
(3)组织功能:情绪和情感作为脑内的一个检测系统,对其他心理活动具有组织的作用。积极情绪具有协调作用,消极情绪具有瓦解和破坏的作用,中等强度的积极情绪,有利于提高认知活动的效果(高兴时天是蓝的,沮丧时天是灰的)。
(4)社会功能(信号功能):情绪和情感在人际间具有传递信息、沟通思想的功能,主要通过表情来实现。如参加面试时,面试官的微笑可能表示对你回答的赞许,而皱眉则是怀疑的表现。
6.【参考答案】:①三维理论
19世纪末,冯特提出了情绪的三维理论,认为情绪是由三个维度组成的,即愉快—不愉快、激动—平静、紧张—松弛。每一种具体情绪分布在三个维度的两极之间的不同位置上。他的这种看法为情绪的维度理论奠定了基础。
施洛伯格根据面部表情的研究提出,情绪的维度有愉快—不愉快、注意—拒绝和激活水平三个维度,建立了一个三维模式图。
普拉切克提出,情绪具有强度、相似性和两极性等三个维度,并用一个倒锥体来说明三个维度之间的关系。锥体截面划分为8种原始情绪,相邻的情绪是相似的,对角位置的情绪是对立的,锥体自下而上表明情绪由弱到强的变化。
②四维理论
美国著名心理学家伊扎德提出了情绪的四维理论,认为情绪有愉快度、紧张度、激动度和确信度等四个维度。愉快度表示主观体验的享乐色调,紧张度表示情绪的生理激活水平,激动度表示个体情绪出现的突然性,确信度表示个体能胜任、能承受的程度。

7.【参考答案】情绪和情感曾合称为感情,综合反映人的情感状态以及愿望、需要等主观感受体验。
(1)情绪与情感的区别
①从需要角度来看,情绪通常与个体的生理需要相联系,是人和动物都有的;情感则通常与人的社会性需要相联系,是人特有的,是一种复杂而又稳定的社会体验,如爱国心、荣誉感、求知欲等。
②从发生角度来看,情绪是个体随着情境的变化以及需要满足状况而发生相应的改变,受情境影响较大;情感是个体的内心体验和感受,具有深刻社会意义的心理体验。
③从稳定性角度来看,情绪具有情境性和短暂性的特点,情感则具有较大的稳定性和持久性,不会随情境的改变而改变。
④从表现方式来看,情绪具有明显的外部表现和冲动性(愤怒时暴跳如雷,高兴时手舞足蹈);情感则具有内敛性,一般处在人的意识支配下(就像球迷对球队的热爱)。
(2)情绪与情感的联系
一方面,情感离不开情绪,稳定的情感是在情绪的基础上形成的,并通过情绪反应来表达;另一方面,情绪也离不开情感,情感的深度决定着情绪的表现强度,情感的性质决定了在一定情境下情绪表现的形式。情绪是情感的外部表现形式,情感是情绪的本质内容。

考点2　情绪和情感的种类

1.【解析】伊扎德用因素分析法提出有11种基本情绪:兴趣、惊奇、痛苦、厌恶、愉快、愤怒、恐惧、悲伤、害羞、轻蔑、自罪感。
参考答案:D
2.【解析】情调是一种伴随着感觉而产生的情绪状态。例如,当我们感知到红橙黄绿、酸甜苦辣、冷热痛痒、气味香臭、光线明暗、乐音噪音等的同时,往往也体验到某种情绪。这种情调是伴随着感觉的,似乎感受物本身就带有特殊的情感负荷。心境是一种比较微弱、持久、具有渲染性的情绪状态。激情是一种短暂的、爆发式的情绪状态。应激是指出乎意料的紧张情况所引起的情绪状态。
参考答案:C
3.【解析】艾克曼在1972年提出的基本情绪:愤怒、厌恶、恐惧、快乐、悲伤、惊讶。悔恨不属于人类的基本情绪。
参考答案:B
4.【解析】心境:比较平静而持久的情绪状态。心境具有弥漫性,不是关于某一事物的特定体验,而是以同样的态度体验对待一切事物。
参考答案:C
5.【解析】罗素将情绪分为愉快度与强度两个维度,愉快度又可分为愉快与不愉快,强度分为中等强度和高等强度,由此可组合成四个类型。
参考答案:C
6.【解析】情感是同人的社会性需要相联系的主观体验,是人类特有的心理现象之一。主要有道德感、理智感、美感。
参考答案:ABC
7.【参考答案】情感是同人的社会性需要相联系的主观体验,是人类特有的心理现象之一。主要有道德感、理智感、美感。
(1)道德感:根据一定的道德标准在评价人的思想、意图和行为所产生的主观体验。道德属于社会历史范畴,不同时代、不同民族、不同阶段具有不同的道德评价标准。当自己的言行符合社会道德规范和标准,就会产生肯定性情感体验,如自豪、骄傲等,相反则产生否定性情感体验,如羞愧、内疚等。
(2)理智感:在智力活动的过程中,在认识和评价事物时所产生的情感体验(人的好奇心、对所谓"真相"的质疑,对科学的信仰等都属于理智感)。

考点3　表情

1.【解析】情绪和情感发生时伴随的外部表现叫作表情。表情的种类分为:
(1)面部表情:通过眼部肌肉、颜部肌肉和口部肌肉的变化来表现各种情绪状态。全世界范围内可识别的表情是:高兴、惊奇、生气、厌恶、害怕、悲伤、轻蔑。
(2)姿态表情:又称为身段表情,指除了面部之外其他身体部位表达的情绪动作。体态表情可分为身体表情和手势表情两种(具有最大文化差异性)。
(3)语调表情:个体的语言在音调、节奏、语气等方面的改变。
2.【解析】全世界范围内可识别的表情是:高兴、惊奇、生气、厌恶、害怕、悲伤、轻蔑。不同文化中的人们对于通过表情进行交流的方式具有一致性。不管文化差异、种族、性别或教育,人们都会以相同的方式表达基本情绪,同时可以根据他人的面部表情来推断他们正在体验的情绪。然而,并不是所有的表情都具有文化的普遍性,只有七种基本表情在不同文化中具有普遍性。文化差异会为情绪的适宜性建立不同的标准。

第二节　情绪与脑

考点1　情绪的脑中枢机制

1.【解析】前额皮层(PFC)的各个部分与情绪有关,左PFC与趋近系统和积极情感有关,右PFC与退缩系统和消极情感有关。前部扣带回在情绪反应中也有重要作用。扣带回前下部主要与情绪加工有关,扣带回后上部主要与认知功能有关。网状结构对维持大脑皮层兴奋水平、保证机体处于清醒状态有重要意义,是生理唤醒的必要条件。

参考答案：A

2.【解析】杏仁核是人类的情绪记忆最重要的脑区，被认为是整个情绪记忆神经网络的核心。

参考答案：D

3.【参考答案】

研究表明，人脑对情绪性信息的加工存在偏侧化现象。目前主要有两种假说（右半球优势假说和效价假说）来解释大脑情绪性信息加工的不对称性。右半球优势假说认为，大脑的右半球负责所有情绪信息的加工。效价假说则主张大脑右半球负责对负性情绪信息的加工，左半球负责对积极情绪信息的加工。

考点2　情绪的外周神经机制

1.【解析】边缘系统网状结构对维持大脑皮层兴奋水平、保证机体处于清醒状态有重要意义，是生理唤醒的必要条件。

参考答案：D

2.【解析】在情绪活动时，交感神经系统开始活动（紧张时，面颊绯红、心跳加快）；在情绪活动后，副交感神经系统恢复活动（心率平缓，血压降低）。

参考答案：A

3.【参考答案】

(1)情绪与自主神经系统

自主神经系统包括交感神经系统和副交感神经系统。交感神经系统引起兴奋活动，副交感神经系统引起抑制活动。在情绪活动时，交感神经系统开始活动（紧张时，面颊绯红、心跳加快）；在情绪活动后，副交感神经系统恢复活动（心率平缓，血压降低）。

(2)情绪与分泌系统

不同的情绪状态会引起内外腺体的变化，从而影响了激素分泌量的变化，这种变化可以作为判定某种情绪状态的客观指标。在特定的情绪状态下，外部腺体的活动会产生相应的变化。

(3)情绪与躯体神经系统

情绪的外部表现即面部表情、姿态表情和语调表情都是由躯体神经系统所支配的随意性活动。

第三节　情绪理论

考点1　早期的情绪理论

1.【解析】詹姆斯-兰格理论认为，情绪产生时，先有引起个体反应的刺激，引起个体的生理或身体的反应，如身体器官、内脏和肌肉的反射性变化，从而引起了情绪体验。詹姆斯认为情绪是对身体变化的觉知（由于哭泣而悲伤，由于打斗而愤怒）；兰格认为情绪是内脏活动的结果，特别与血管活动变化有关。

参考答案：A

2.【解析】图中体现了内脏及骨骼肌对情绪的作用，表示的是詹姆斯-兰格情绪理论。

参考答案：B

3.【解析】詹姆斯-兰格理论认为，情绪产生时，先有引起个体反应的刺激，引起个体的生理或身体的反应，如身体器官、内脏和肌肉的反射性变化，从而引起了情绪体验。

参考答案：A

4.【解析】詹姆斯-兰格理论强调情绪的产生是植物性神经系统活动的产物，认为情绪刺激引起身体的生理反应，而生理反应进一步导致情绪体验的产生。"脊髓受损伤患者的情绪体验强度降低"支持詹姆斯-兰格理论。

参考答案：A

考点2　情绪的认知理论

1.【解析】沙赫特的情绪三因素理论认为，对特定的情绪而言，三个因素必不可少，一是个体必须体验到高度的生理唤醒，二是个体必须对生理状态的变化进行认知的唤醒。三是相应的环境因素，而其情绪唤醒模型的核心部分是认知。故选择D。

参考答案：D

2.【解析】情绪认知评价理论是20世纪50年代美国心理学家阿诺德（M. B. Arnold）提出的，后又为拉扎鲁斯进一步扩展。该理论也称认知-评估理论、情绪评估-兴奋学说，强调认知评价在情绪中的作用。

参考答案：C

3.【解析】沙赫特的情绪三因素理论认为，对特定的情绪而言，三个因素必不可少，一是个体必须体验到高度的生理唤醒，二是个体必须对生理状态的变化进行认知的唤醒。三是相应的环境因素而其情绪唤醒模型的核心部分是认知。故选择C。

参考答案：C

4.【解析】美国心理学家沙赫特认为，情绪的产生是外界环境刺激、机体的生理变化和认识过程三者相互作用的结果，而认知过程又起着决定的作用。

参考答案：A

5.【解析】A选项，詹姆斯-兰格理论认为，情绪刺激引起身体的生理反应，而生理反应进一步导致情绪体验的产生；B选项，坎农-巴德认为，情绪体验和生理变化是同时发生的，它们都受丘脑的控制；C选项，阿诺德的评定-兴奋说认为，情绪产生的基本过程是刺激情景-评估-情绪。同一刺激情景，由于对它的评估不同，会产生不同的情绪反应；D选项，伊扎德的动机-分化理论认为，情绪是分化的，存在着具有不同体验的独立情绪，这些独立的情绪都具有动机特征。

参考答案：C

综合问题1　各情绪理论对比

1.【参考答案】

情绪是人对客观事物的态度体验及相应的行为反应，由生理反应、主观体验和表情三要素组成。

主观体验是个体对不同情绪和情感状态的自我感受。生理唤醒是情绪情感产生的生理反应，是一种生理的激活水平。因此生理反应和主观体验都是属于情绪的要素之一。而对于这两者之间的关系，不同的理论给出了不同的解释：

(1)詹姆斯-兰格理论，强调情绪的产生是植物性神经活动的产物，又称为情绪的外周理论，即情绪刺激引起身体的生理反应，而生理反应进一步导致情绪体验的产生。詹姆斯提出情绪是对身体变化的知觉。在他看来，是先有机体的生理变化，而后才有情绪。所以悲伤由哭泣引起，恐惧由战栗引起。兰格认为情绪是内脏活动的结果。他特别强调情绪与血管变化的关系。詹姆斯-兰格理论看到了情绪与机体变化的直接关系，强调了植物性神经系统在情绪产生中的作用；但是，他们片面强调植物性神经系统的作用，忽视了中枢神经系统的调节、控制作用，因而引起了很多的争议。总结：生理反应在前，情绪主观体验在后。

(2)坎农-巴德的情绪理论，认为情绪的中枢不在外周神经系统，而在中枢神经系统的丘脑，并且强调大脑对丘脑抑制的解除，使植物性神经活跃起来，加强身体生理的反应，而产生情绪。外界刺激引起感觉器官的神经冲动，传至丘脑，再由丘脑同时向大脑和植物性神经系统发出神经冲动，从而在大脑产生情绪的主观体验而由植物性神经系统产生个体的生理变化。该理论认为，激发情绪的刺激由丘脑进行加工，同时把信息输送到大脑和机体的其他部位，到达大脑皮层的信息产生情绪体验，而到达内脏和骨骼肌肉的信息激活生理反应。总结：生理反应和情绪主观体验是同时出现的。

2.【参考答案】

(1)认知过程是指人认识客观事物的过程，包括感觉、知觉、记忆和思维，情绪情感过程是指人脑对客观事物是否满足自身的精神需要而产生的态度体验，它是人对客观事物要求的反映，包括喜、怒、哀、惧等。

(2)人的认知过程和情绪情感过程是相互联系、相互作用的。一方面，人的认知过程会影响人的情绪情感过程，所谓"知之深，爱之切"，说明认知过程对人的情绪情感的重要影响。另一方面，情绪情感过程又会反作用于认知过程，没有人的情绪情感的推动或缺乏良好的情绪情感体验，人的认知活动就不可能发展与深入。

(3)因此在人的心理活动过程中，认知过程是最基本的心理活动，是情绪情感产生的基础，情绪情感过程也影响着认知过程的发生发展,是同一心理过程的不同方面。

3.【参考答案】

(1)情绪,是对一系列主观认知经验的通称,是人对客观事物的态度体验以及相应的行为反应,一般认为,情绪是以个体愿望和需要为中介的一种心理活动。动机是激发和维持有机体的行动,并将使行动导向某一目标的心理倾向或内部驱力。

(2)根据伊扎德的情绪动机-分化理论的观点,情绪是分化的,不同的情绪具有不同的动机功能,不同的动机引发不同的行动,行动实施得好,情绪就会高涨,相应的动机也会强。积极的情绪为有效的动机和创造活动提供动力,消极的情绪对活动起干扰和抑制的作用。

比如,今天因为没买到优加考研出版的一本通,心情很糟糕,这种消极的情绪,导致没有心情去复习,学习动机减弱;如果今天参加活动免费领取了优加考研的一本通,感到非常开心,这种积极的情绪会更有动力去投入到学习中。

第四节 情绪的调节

考点1 情绪调节

1.【参考答案】

情绪调节是个体管理和改变自己或他人情绪的过程。格鲁斯认为情绪调节是在情绪发生过程中展开的,在情绪发生的不同阶段,会产生不同的情绪调节,据此,他提出了情绪调节的过程模型,即情境选择、改变、反应调整、注意分配、情境修正、认知。

情绪调节有以下几个方面:

(1)具体情绪的调节:包括积极情绪的调节和消极情绪的调节。

(2)唤醒水平的调节:管理情绪体验和行为,使之处于适度的水平。

(3)情绪成分的调节:调节情绪的生理反应、主观体验和表情行为。

情绪调节的基本类型:

①内部调节和外部调节。

从情绪调节过程的来源分类,可以分为内部调节和外部调节。

②修正调节、维持调节和增强调节。

根据情绪的不同特点可分为修正调节、维持调节和增强调节。

③原因调节和反应调节。

④良好调节和不良调节。

良好的调节能促进身心健康,而情绪失调不利于身心健康。例如,长期压抑悲伤和哭泣容易引起呼吸系统的疾病,抑制容易引起癌症,不表达情绪会加速癌症的恶化,压抑愤怒与心血疾病、高血压的发病率有着密切联系,因此,探讨情绪调节过程与健康的关系应该是研究情绪调节的一个重要方面。

2.【参考答案】

(1)回避和接近策略也叫情境选择策略,它是通过选择有利情境、回避不利情境来实现的。

(2)控制和修正策略:通过改变情境中各种不利的情绪事件来实现的,通过控制情境来控制情绪的过程或结果。

(3)注意转换策略:包括分心和专注两种策略。

(4)认知重评策略:个体通过改变对情绪事件的理解和评价而进行情绪调节。

(5)表达抑制策略:抑制将要发生或正在发生的表情,调动自我控制能力,启动自我控制过程以抑制自己的情绪行为,是反应调节的一种策略。

(6)合理表达策略:采用恰当的表情,是情绪调节最为关键的策略。改变自己的不利情绪,如把愤怒转化为笑,把悲伤转为动力,也被称为情绪转换策略。

章节考点 综合训练

一、单项选择题

1.【解析】针对同一事件或现象,不同的人会产生不同的情绪体验,反映的情绪特征是情绪的主观性。

参考答案:A

2.【解析】情绪和认知是否相互独立是在情绪研究中研究者长期以来争论的主要问题。

参考答案:C

3.【解析】杏仁核对识别和产生消极感情有重要作用,在厌恶学习中也很重要。

参考答案:A

4.【解析】眉开眼笑、双目圆瞪都属于面部表情。

参考答案:C

5.【解析】情绪的功能包括适应功能、动机功能、组织功能、信号功能。

参考答案:A

6.【解析】情绪的动机功能是指,情绪和情感是动机的源泉之一,它可以激励人的活动,提高人的活动效率。如遇到灾难时会产生恐惧情绪,增加了人求生的动机。

参考答案:B

7.【解析】本题考查了情绪理论的内容,詹姆斯-兰格理论认为情绪刺激引起身体的生理反应,生理反应导致情绪体验;坎农-巴德学说认为情绪的中枢不在外周神经系统,而在中枢神经系统的丘脑,他认为身体变化与情绪体验同时发生;认知-评价认为情绪是人和环境相互作用的产物,在情绪活动中,人不仅接受环境中的刺激事件对自己的影响,同时要调节自己对于刺激的反应;认知理论是研究由经验引起的变化是如何发生的一种学习理论。题干中描述的现象是由生理反应导致的情绪体验,故选A。

参考答案:A

8.【解析】詹姆斯—兰格理论认为,情绪产生时,先有引起个体反应的刺激,引起个体的生理或身体的反应,如身体器官、内脏和肌肉的反射性变化,从而引起了情绪体验。

参考答案:C

9.【解析】组织功能:情绪和情感作为脑内的一个检测系统,对其他心理活动具有组织的作用。积极情绪具有协调作用,消极情绪具有瓦解和破坏的作用,中等强度的积极情绪,有利于提高认知活动的效果(高兴时天是蓝的,沮丧时天是灰的)。

参考答案:C

10.【解析】美感:个体根据审美标准评价事物时的主观感受和获得理解的精神愉悦的体验(听喜欢的歌时的愉悦)。

参考答案:B

11.【解析】性格的态度特征是指,个体在对现实生活各个方面的态度中表现出来的一般特征。性格的理智特征是指个体在认知活动中表现出来的心理特征。性格的情绪特征是指个体在情绪表现方面的心理特征。性格的意志特征是指个体在调节自己的心理活动时表现出的心理特征。题干的句子正好描述的是个体调节自己心理活动过程。故选C。

参考答案:C

12.【解析】"乐极生悲"包括了两个对立的情绪:狂喜和悲痛,属于情绪两极性的一种表现。

参考答案:D13.【解析】情绪状态分为心境、激情和应激。心境是指比较平静而持久的情绪状态;激情是指一种强烈的、爆发性的、为时短促的情绪状态;应激是指人对某种意外的环境刺激所做出的适应性反应,包括动员、阻抗和衰竭三个阶段。

参考答案:C

14.【解析】道德感:根据一定的道德标准在评价人的思想、意图和行为所产生的主观体验。道德属于社会历史范畴,不同时代、不同民族、不同阶段具有不同的道德评价标准。当自己的言行符合社会道德规范和标准,就会产生肯定性情感体验,如自豪、骄傲等,相反则产生否定性情感体验,如羞愧、内疚等。

参考答案:A

15.【解析】心境是一种微弱的(发生强度),持久(持续时间)而又有弥散性的情绪体验状态。激情是一种强烈的(强度),爆发式的(发生速度),持续时间较短(持续时间)的情绪状态,具有明显的生理反应和外部行为表现。应激是在出现意外事件或遇到危险情景时出现的高度紧张(发生突然,持续时间短)的情绪状态。

参考答案:B

16.【解析】人的原始基本情绪主要有快乐、悲哀、愤怒和恐惧四种形式:(1)快乐。快乐是指盼望的目标达到和需要得到满足后,继之而来的紧张性解除时的情绪体验。(2)悲哀。悲哀是在所热爱对象的丧失破裂或者所盼望的东西的幻灭时产生的情绪体验。(3)愤怒。愤怒是由于事物或对象的再三妨碍和干扰,使个人的目的、愿望不得达到或产生与愿望相违背的情景,逐渐积累紧张而产生的情绪体验。(4)恐惧。恐惧是由于缺乏准备,不能处理,不能驾驭或摆脱某种可怕或危险情景时的情绪体验。

参考答案:D

17.【解析】道德感:按照一定的道德标准评价人的思想、观念和行为时所产生的主观体验。集体荣誉感、责任感、同情感等都是同道德评价相联系的情感。美感:按照一定的审美标准评价自然界、社会生活及文学艺术品时所产生的情感体验。理智感:在智力活动过程中所产生的情感体验。

参考答案:B

18.【解析】信号功能:情绪和情感在人际间具有传递信息、沟通思想的功能。这种功能是通过表情来实现的。

参考答案:B

19.【解析】情绪认知评价理论是20世纪50年代美国心理学家阿诺德提出的,后又为拉扎鲁斯进一步扩展。该理论也称认知-评估理论、情绪评估-兴奋学说,强调认知评价在情绪中的作用。阿诺德认为,我们总是直接地、自动地并且几乎是不由自主地评价遇到的任何事物。情绪就是一种朝向评价为好(喜欢)的东西或离开评价为坏(不喜欢)的东西的感受倾向。她认为,评价可以对知觉加以补充,并产生去做某种事情的倾向,任何评价都带有感情体验的成分。

参考答案:D

20.【解析】动机功能:情绪和情感是动机的源泉之一,它可以激励人的活动,提高人的活动效率。如遇到灾难时会产生恐惧情绪,增加了人求生的动机。

参考答案:B

21.【解析】情绪认知评价理论是20世纪50年代美国心理学家阿诺德提出的,该理论也称认知-评估理论、情绪评估-兴奋学说,强调认知评价在情绪中的作用。

参考答案:C

22.【解析】心境是指比较平静而持久的情绪状态。心境具有弥漫性,不是关于某一事物的特定体验,而是以同样的态度体验对待一切事物。

参考答案:B

23.【解析】詹姆斯-兰格的情绪理论主要强调的是植物性神经系统在情绪产生中的作用。

参考答案:B

24.【解析】"感时花溅泪,恨别鸟惊心"的意思是外物(花、鸟)随着个体心境的不同而呈现不同的意义,因此这句话反应的情绪状态是心境。

参考答案:A

25.【解析】情绪情感有其外部表现,即表情。表情包括面部表情、姿态表情和语调表情。

参考答案:B

26.【解析】适应功能:情绪和情感是有机体适应生存和发展的一种重要方式。在婴儿阶段,个体不具备独立生存的能力,通过情绪来向主要照顾者传达信息,获得帮助从而适应环境。情绪和情感的根本意义在于适应社会环境。

参考答案:A

27.【解析】兴趣不属于典型的情绪状态。

参考答案:D

28.【解析】最准确的情绪识别线索经常是面部表情。

参考答案:A

29.【解析】从生物进化角度来划分,情绪可以分为基本情绪和复合情绪。基本情绪为快乐、愤怒、悲哀、恐惧。

参考答案:C

30.【解析】激情是指一种强烈的、爆发性的、为时短促的情绪状态,往往伴随着生理变化和明显的外部行为表现(怒发冲冠)。

参考答案:A

31.【解析】提出情绪就是对身体变化的知觉的是詹姆斯。

参考答案:B

32.【解析】提出情绪就是对身体变化的知觉的是詹姆斯和兰格。他们都强调情绪的产生是植物性神经系统活动的产物。詹姆斯认为情绪是对身体变化的知觉。在他看来,悲伤由哭泣引起,而愤怒由打斗而致。

参考答案:A

33.【解析】沙赫特-辛格的情绪系列实验支持了情绪是认知过程、生理状态和环境因素共同作用的结果。

参考答案:B

34.【解析】情绪状态是指在某种时间或情境的影响下,在一定时间内所产生的某种情绪,分为心境、激情、应激三类。A选项,心境是比较平静而持久的情绪状态;B选项,激情是一种强烈的、爆发性的、为时短促的情绪状态,通常是由对个人有重大意义的事件引起的,往往伴随着生理变化和明显的外部行为表现;C选项,应激是人对某种意外的环境刺激所做出的适应性反应,包括动员、阻抗和衰竭三个阶段。题干中,"突如其来的危险带来的异常恐惧"是一种强烈的、爆发性的、为时短促的情绪状态,属于激情。

参考答案:B

35.【解析】A选项,坎农-巴德认为,情绪体验和生理变化是同时发生的,它们都受丘脑的控制;B选项,詹姆斯-兰格理论认为,情绪刺激引起身体的生理反应,而生理反应进一步导致情绪体验的产生;C选项,情绪ABC理论认为,激发事件A只是引发情绪和行为后果C的间接原因,直接原因是个体对激发事件A的认知和评价而产生的信念B;D选项,情绪的双因素理论是指当感受到某种情绪时,人们总是先感受到自己的生理唤起,然后才对特定的身体反应进行解释,继而有情绪体验。

参考答案:D

36.【解析】A选项,身体反应理论即詹姆斯-兰格理论,他们认为,情绪刺激引起身体的生理反应,而生理反应进一步导致情绪体验的产生;B选项,情绪的中枢主义理论即坎农-巴德理论,他们认为情绪体验和生理变化是同时发生的,都受丘脑的控制。神经冲动由丘脑向上传至大脑,产生情绪的主观体验,向下传至交感神经,引起机体的生理变化;C选项,动机分化理论认为,情绪是分化的,存在着具有不同体验的独立情绪,这些独立的情绪都具有动机特征;D选项,认识评价理论认为,情绪是人与环境相互作用的产物。题干中,"生理唤醒和情绪体验没有因果关系"体现的是中枢主义理论的观点。

参考答案:B

37.【解析】情绪和情感包括以下三种成分:主观体验、外部表现、生理唤醒。其中,主观体验是指情绪和情感不是对客观事物和现象本身的反映,而是由客观与主体需要之间关系引起的喜、怒、哀、乐等主观感受,是心理层面上的表现。

参考答案:B

二、多项选择题

1.【解析】表情可以分为面部表情、姿态表情、语调表情。其中,姿态表情又分为身体表情和手势表情。

参考答案:ABCD

2.【解析】普拉切克:强度、相似度、两极性。

参考答案:ABD

3.【解析】人们知觉自己情绪的线索包括生理唤醒和认知判断。

参考答案:AB

4.【解析】一日三秋:一天不见面,就像过了三年,比喻分别时间虽短,却觉得很长,形容思念殷切。风声鹤唳:风吹的响声和仙鹤的叫声,形容惊慌失措,或自相惊扰。时间过得慢或者快是根据人的主观感受进行评价的。光阴似箭指时光如同箭飞行那样快速消逝,比喻光阴极易逝去。

参考答案：ABCD

5.【解析】按照拉扎勒斯的观点，情绪活动中，人们需要不断地评价刺激事件与自身的关系。具体来讲，有三个层次的评价：初评价、次评价和再评价。

参考答案：ABC

三、名词解释

1.【参考答案】

根据情绪发生的强度、持续时间的长短以及外部表现，可以将情绪分为心境、激情和应激三种基本状态。

应激是由某种意外环境刺激导致紧张状况下引起的情绪状态。具有对意外刺激做出的适应性反应，不仅会引起生理方面的变化，如肌肉紧张度、血压、心率、呼吸以及腺体活动都会出现明显的变化，也会引起心理方面的变化。

2.【参考答案】

根据情绪发生的强度、持续时间的长短以及外部表现，可以将情绪分为心境、激情和应激三种基本状态。

心境是比较平静、持续时间较长的情绪状态，具有弥漫性特点。它不是关于某一事物的特定体验，而是以同样的态度体验对待一切事物。心境持续时间有很大差别。某些心境可能持续几小时，另一些心境可能持续几周、几个月或更长时间。心境产生的原因是多方面的，生活中的顺境和逆境、工作中的成功与失败、人们之间的关系是否融洽、个人的健康状况、自然环境的变化等，都可能成为引起某种心境的原因。

3.【参考答案】

情绪劳动指当组织中的员工与其他人进行面对面或语音（如电话或邮件）沟通和交往时，为完成组织任务，根据组织有关规则和要求做出特定情绪表现的过程。情绪劳动应具备以下几个条件：（1）情绪劳动需在与顾客面对面、声音对声音的互动中完成；（2）情绪表达要用来影响他人的情绪、态度和行为；（3）情绪的表现要遵循一定的规则。

4.【参考答案】

情绪调节是每个人管理和改变自己或他人情绪的过程。在这个过程中，通过一定的策略和机制，使情绪在生理活动、主观体验、表情行为等方面发生一定的变化。成功的情绪调节，主要是要管理情绪体验和行为，使之处在适度的水平。根据调节发生的阶段，情绪调节可分为原因和反应调节。原因调节是针对引起情绪的原因或起源进行加工和调整，包括对情境的选择、修改、注意的调整，认识的改变等策略。反应调节发生于情绪激活或诱发之后，是个体对已经发生的情绪在生理反应、主观体验和表情行为等三方面，通过增强减少、延长、缩短等策略进行调整。

5.【参考答案】

表情是个体在情绪和情感状态下生理和心理以及外部行为上表现的变化或活动，即情绪和情感的外部表现。言语表情是情绪在语言的音调和节奏速度等方面的表现。

6.【参考答案】

激情是一种强烈的、爆发性的、为时短促的情绪状态，往往伴随着生理变化和明显的外部行为表现。激情状态下人往往出现"意识狭窄"现象，认识活动的范围缩小，理智分析能力受到抑制，自我控制能力减弱，进而使人的行为失去控制，进而做出一些鲁莽的事情。

7.【参考答案】

情绪的动机-分化理论以伊扎德为代表。此理论认为，情绪是分化的，存在着具有不同体验的独立情绪，这些独立的情绪都具有动机特征。情绪的分化是进化过程的产物，具有灵活多样的适应功能，在有机体的适应和生存上起着核心的作用。

8.【参考答案】

认知重评策略是情绪调节的策略之一，指个体通过改变对情绪事件的理解和评价而进行情绪调节的过程。

四、简答题

1.【解析】詹姆斯-兰格理论，强调情绪的产生是植物性神经活动的产物，又称为情绪的外周理论，即情绪刺激引起身体的生理反应，而生理反应进一步导致情绪体验的产生。詹姆斯提出情绪是对身体变化的知觉。在他看来，是先有机体的生理变化，而后才有情绪。所以悲伤由哭泣引起，恐惧由战栗引起；兰格认为情绪是内脏活动的结果。他特别强调情绪与血管变化的关系。詹姆斯-兰格理论看到了情绪与机体变化的直接关系，强调了植物性神经系统在情绪产生中的作用；但是，他们片面强调植物性神经系统的作用，忽视了中枢神经系统的调节、控制作用，因而引起了很多的争议。总结：生理反应在前，情绪主观体验在后。例如：人是因为笑所以才快乐，因为哭所以伤心，因为战栗所以恐惧。

2.【解析】情绪状态是指在某种时间或情境的影响下，在一定时间内所产生的某种情绪，分为心境、激情、应激三类。

①心境：比较平静而持久的情绪状态。心境具有弥漫性，不是关于某一事物的特定体验，而是以同样的态度体验对待一切事物（得知自己高考录取后，一段时间内心情都很愉悦）。

②激情：一种强烈的、爆发性的、为时短促的情绪状态，往往伴随着生理变化和明显的外部行为表现（怒发冲冠）。激情状态下人往往出现"意识狭窄"现象，认识活动的范围缩小，理智分析能力受到抑制，自我控制能力减弱，进而使人的行为失去控制，进而做出一些鲁莽的事情。

③应激：人对某种意外的环境刺激所做出的适应性反应，包括动员、阻抗和衰竭三个阶段。在应激状态下，会引起机体的一系列生物性反应，这些变化有助于适应急剧变化的环境刺激，维护机体功能的完整性，长时间处于应激状态对人的健康不利。

3.【解析】情绪的认知评价理论由拉扎勒斯提出。他认为，情绪是人与环境相互作用的产物，在情绪活动中，人不仅接受环境中的刺激事件对自己的影响，同时要调节自己对于刺激的反应。

在情绪活动中，人们需要不断地评价刺激事件与自身的关系，有三个层次的评价：初评价（确认刺激事件与自己是否有利害关系及程度）、次评价（对自己反应行为的调节和控制）、再评价（对自己的情绪和行为反应的有效性和适宜性的评价）。

比如，A 考了 80 分的成绩，A 觉得很开心，觉得自己上次考了 70 分，说明进步了，因此 80 分这个"刺激事件"对 A 是有益的；但如果 A 后来又考了同样的 80 分，A 对自己的期待如果是 90 分，他就觉得自己考得不理想，那么这个"刺激事件"对 A 是有害的，就不开心。同样的 80 分，同样的一个人，脑子里对事件的认知评价不同，情绪也会截然不同。

4.【解析】（1）应激是指人对某种意外的环境刺激所做出的适应性反应。应激状态的产生与人面临的情景及人对自己能力的估计有关。当情景对一个人提出了要求，而他意识到自己无力应付当前情境的过高要求时，就会体验到紧张而处于应激状态。

（2）人在应激状态下，会引起机体的一系列生物性反应，如肌肉紧张、血压、心率、呼吸以及腺体活动都会出现明显的变化。塞里把这种变化称为适应性综合征，并指出这种综合征包括动员、阻抗和衰竭三个阶段。

①动员阶段是指有机体在受到外界紧张刺激时，会通过自身的生理机能的变化和调节来进行适应性的防御。

②阻抗阶段是通过心率和呼吸加快、血压升高、血糖增加等变化，充分动员人体的潜能，以对付环境的突变。

③衰竭阶段是指引起紧张的刺激继续存在，阻抗持续下去，此时必需的适应能力已经用尽，机体会被其自身的防御力量所损害，结果导致适应性疾病。

（3）新冠肺炎是一种突发公共卫生事件，且持续时间较久，截至目前，还暂时没有有效的防治策略，对人们来说是一种慢性应激源，会引起人们长时间的应激。

所以有些人会出现心慌，睡不好觉等生物性反应。根据塞里的观点，应激源的持续存在可能会引起机体的适应性疾病，表现为身体或心理方面的亚健康。在情绪方面可能会表现为长期的焦虑，为了缓解这种应激性焦虑，有的人容易盲从，听信谣言，也有的人会出现疯狂抢购商品，出门戴多层口罩，回家后不断洗手等现象。

5.【解析】(1)情绪的动机-分化理论以伊扎德为代表。此理论的主要内容有：情绪是分化的，存在着具有不同体验的独立情绪，这些独立的情绪都具有动机特征。

(2)情绪在人格系统中的地位和作用：情绪包含着神经生理、神经肌肉的表情行为、情感体验等三个子系统，它们相互作用、联结，并与情绪系统以外的认知、行为等人格子系统建立联系。情绪是人格系统的组成部分，也是人格系统的核心动力。

(3)情绪系统的功能：情绪的分化是进化过程的产物，具有灵活多样的适应功能，在有机体的适应和生存上起着核心的作用。

6.【解析】表情是个体在情绪和情感状态下生理和心理以及外部行为上表现的变化或活动，即情绪和情感的外部表现。表情具有生物适应的价值，但又明显地受到社会文化、风俗习惯的重要影响，具有后天习得的性质。

(1)表情的种类：表情可以分为面部表情、姿态表情、语调表情。其中，姿态表情又分为身体表情和手势表情。

①面部表情：通过眼部肌肉、颜面肌肉和口部肌肉的变化来表现各种情绪状态。

②姿态表情又称为身段表情，指除面部之外其他身体部位表达的情绪动作。身段表情分为身体表情和手势表情两类。

(2)表情的功能：表情是可以表达出一个人的喜怒哀乐的，悲伤、愤怒、开心、郁闷等等情绪都是可以从表情表达出来的。因此表情在情感交流、辅助语言沟通中起着重要作用，同时还具有生存意义。

五、论述题

1.【解析】(1)阿诺德的“评定-兴奋”说：

美国心理学家阿诺德在20世纪50年代提出了情绪的评定-兴奋学说。这种理论认为，刺激情景并不直接决定情绪的性质，从刺激出现到情绪的产生，要经过对刺激的估量和评价，情绪产生的基本过程是刺激情景-评估-情绪。同一刺激情景，由于对它的评估不同，就会产生不同的情绪反应。

(2)沙赫特和辛格的情绪认知理论：

20世纪60年代初，美国心理学家沙赫特和辛格提出，对于特定的情绪来说，有三个因素是必不可少的。第一，个体必须体验到高度的生理唤醒，如心率加快、手出汗、胃收缩、呼吸急促等；第二，个体必须对生理状态的变化进行认知性的唤醒。第三，相应的环境因素。

核心部分是认知，工作系统包括三个亚系统：

第一个亚系统：对来自环境的输入信息的知觉分析。

第二个亚系统：在长期生活经验中建立起来的对外部影响的内部模式，包括过去、现在和对未来的期望。

第三个亚系统：现实情景的知觉分析与基于过去经验的认知加工间的比较系统，称为认知比较器，它带有庞大的生化系统和神经系统的激活机构，并与效应器官相联系。

(3)拉扎勒斯的认知-评价理论认为，情绪是人和环境相互作用的产物，在情绪活动中，人不仅接受环境中的刺激事件对自己的影响，同时要调节自己对于刺激的反应。情绪活动必须有认知活动的指导，只有这样，人们才可以了解环境中刺激事件的意义，才可能选择适当的、有价值的动作组合，即动作反应。情绪是个体对环境事件知觉到有害或有益的反应。在情绪活动中，人们需要不断地评价刺激事件与自身的关系。

具体来讲，有三个层次的评价：初评价、次评价和再评价。初评价是指人确认刺激事件与自己是否有利害关系，以及这种关系的程度。次评价是指人对自己反应行为的调节和控制，它主要涉及人们能否控制刺激事件，以及控制的程度，也就是一种控制判断。再评价是指人对自己的情绪和行为反应的有效性和适宜性的评价，实际上是一种反馈性行为。

2.【解析】两因素情绪理论：

沙赫特认为情绪的产生有两个不可缺少的因素：一个是个体必须体验到高度的生理唤醒；二个是个体必须对生理状态的变化进行认知性的唤醒。情绪状态是由认知过程、生理状态、环境因素在大脑皮层中整合的结果。环境的刺激因素通过感受器向大脑皮层输入外界信息；生理因素通过内部器官、骨骼肌的活动，向大脑输入生理状态变化的信息；认知过程是对过去经验的回忆和当前情况的评估，来自这两方面的信息经过大脑皮层的整合作用，才产生了某种情绪经验。

将上述理论转化为一个工作系统，成为情绪唤醒模型。

这个工作系统包括三个亚系统。

第一个亚系统：对来自环境的输入信息的知觉分析。

第二个亚系统：在长期生活经验中建立起来的对外部影响的内部模式，包括过去、现在和对将来的期望。

第三个亚系统：现实情景的知觉分析与基于过去经验的认知加工间的比较系统，称为认知比较器，它带有庞大的生化系统和神经系统结构。

3.【解析】(1)情绪调节是个体管理和改变自己或他人情绪的过程。情绪调节有以下几个方面：

①具体情绪的调节：包括积极情绪的调节和消极情绪的调节。

②唤醒水平的调节：管理情绪体验和行为，使之处于适度的水平。

③情绪成分的调节：调节情绪的生理反应、主观体验和表情行为。

(2)情绪调节的特征：

①情绪调节的恒定性；

②情绪调节过程的等级组织；

③情绪调节的个体差异和文化差异。

(结合自身经验言之有理即可)

4.【解析】(1)合理宣泄调节法：

合理宣泄调节就是把自己压抑的情绪向合适的对象释放出来，使情绪恢复平静。如向自己的亲朋好友把自己有意见的事情坦率地说出来，倾诉自己的痛苦和不幸，甚至痛哭一场。当然，情绪宣泄要合理，要注意对象、场合和方式，不可超越法规纪律的范围。

(2)理智的调节法：

不少消极情绪，往往是由于对事情的真相缺乏了解或者误解而产生的。需要冷静、理智地分析一下，自己对事物的认识是否正确。当发现事情并不像自己认为的那样时，消极情绪也就不解自消了。这就需要进行辩证思维，多侧面、多角度去思考问题，当发现事情的积极意义时，消极情绪就可以转化为积极情绪。此外，还要学会“心理置换”，当与其他人争执而动怒时，设身处地为对方着想，也许就可以心平气和了。

(3)暗示调节法：

语言对情绪有极大的暗示和调整作用。当受消极情绪困扰时，可以通过语言的暗示作用，来松弛心理上的紧张状态，使消极情绪得到缓解。比如，发怒时，可反复用语言暗示自己：“忍得一时之气，免得百日之忧”。

5.【解析】(1)拉扎勒斯的认知-评价理论认为情绪是人和环境相互作用的产物，在情绪活动中，人不仅接受环境中的刺激事件对自己的影响，同时要调节自己对于刺激的反应。情绪是个体对环境事件知觉到有害或有益的反应。在情绪活动中，人们需要不断地评价刺激事件与自身的关系。具体来讲，有三个层次的评价：初评价、次评价和再评价。

①初评价是指人确认刺激事件与自己是否有利害关系，以及这种关系的程度。

②次评价是指人对自己反应行为的调节和控制，它主要涉及人们能否控制刺激事件，以及控制的程度，也就是一种控制

判断。
③再评价是指人对自己的情绪和行为反应的有效性和适宜性的评价，实际上是一种反馈性行为。
(2)成就目标理论是由德维克提出，认为学习的学业目标取向可分为两类：学习目标和表现目标，对个体成就行为起着决定作用，他们认定的特定的占优势的成就目标定向会影响所给任务的绩效。两类成就目标定向分别是：掌握目标定向和成绩目标定向。
①掌握目标定向：也称学习目标定向、任务卷入目标定向。掌握目标定向意在获取知识，增加能力，倾向内部动机激发，通过成绩来表现自己的能力，相信努力导致成功，表现为一种进取取向。
②成绩目标定向：也称表现目标定向、自我卷入目标定向。成绩目标定向者靠外部动机激发学习兴趣，将学习视为通过成绩在他人面前展示和证明自己能力的手段，并极力回避可能导致失败或表现出能力不足的情境，表现为一种无助取向。
(3)依据情绪的认知-评价理论，王强和小李的不同情绪主要是因为两者对外界事件的评价不同所导致。由于王强把"同事超过自己"这一外界事件评价为对自己不利，且认为是自己做得不够好导致的，因此王强会产生沮丧心情；而小李认为自己"这一年能力有很大提升，且在公司学习很多本领"，因此小李会产生积极情绪。
(4)依据动机的成就目标理论，王强和小李不同的行为表现主要是因为两者的目标定向不同。王强属于成绩目标定向类型，希望通过成绩在他人面前展示和证明自己能力，并极力回避可能导致失败或表现出能力不足的情境；而小李属于掌握目标定向类型，意在获取知识，增加能力，倾向内部动机激发，通过成绩来表现自己的能力，相信努力导致成功。
6.【解析】(1)情绪理论：
①詹姆斯-兰格理论：詹姆斯和兰格都认为情绪的产生是植物性神经系统活动的产物。詹姆斯认为情绪是对身体变化的知觉；兰格认为情绪是内脏活动的结果，特别强调情绪与血管变化的关系。情绪体验和生理变化是同时发生的，都受丘脑的控制。
②坎农巴德理论：认为情绪的中枢不在外周神经系统，而在中枢神经系统的丘脑。
③阿诺德的评定-兴奋学说：情绪产生的基本过程是刺激情景—评估—情绪。同一刺激情景，由于对它的评估不同，会产生不同的情绪反应。情绪的产生是大脑皮层和皮下组织协同活动的结果，大脑皮层兴奋是情绪行为的最重要条件。
④沙赫特-辛格的情绪理论：情绪状态是由认知过程期望、生理状态和环境因素在大脑皮层中整合的结果。
⑤拉札勒斯的认知-评价理论：情绪是人与环境相互作用的产物，在情绪活动中，人不仅接受环境中的刺激事件对自己的影响，同时要调节自己对于刺激的反应。
⑥情绪的动机-分化理论：情绪是分化的，存在着具有不同体验的独立情绪，这些独立的情绪都具有动机特征。
(2)情绪管理的策略：
①回避和接近策略：也叫情境选择策略，它是通过选择有利情境、回避不利情境来实现的。
②控制和修正策略：通过改变情境中各种不利的情绪事件来实现的，通过控制情境来控制情绪的过程或结果。
③注意转换策略：包括分心和专注两种策略。
④认知重评策略：个体通过改变对情绪事件的理解和评价而进行情绪调节。
⑤表达抑制策略：抑制将要发生或正在发生的表情，调动自我控制能力，启动自我控制过程以抑制自己的情绪行为，是反应调节的一种策略。
⑥合理表达策略：采用恰当的表情，是情绪调节最为关键的策略。改变自己的不利情绪，如把愤怒转化为笑，把悲伤转为动力。也被称为情绪转换策略。
六、综合题
【解析】本题考查成就目标理论及情绪的"评定-兴奋说"的应用。
(1)基于成就目标理论的解释：
成就目标理论把成就目标分为两种类型：一种是掌握目标，个体的目标定位在掌握知识和提高能力上；一种是成绩目标，个体把目标定位在好的成绩上，只有赢才算成功。
不同的成就目标对应不同的动机和行为模式。成绩目标的个体有时不敢接受挑战，遇到困难容易退缩。掌握目标的个体会采用主动、积极的行为，选择具有挑战性的任务。
王刚的成就目标属于成绩目标，李强属于掌握目标。在销售业绩相同的情况下，王刚认为自己的成绩不如他人，情绪沮丧，决定离开公司。李强认为掌握了知识，提高了能力，决定留在公司继续努力。
(2)基于情绪的"评定-兴奋"说的解释：
情绪的"评定-兴奋"说认为，刺激并不直接决定情绪的性质，情绪的产生要经过对刺激情境的评估。
同样的刺激，由于对它的评估不同，产生的情绪反应也不同。
王刚认为自己的销售业绩不如他人，产生沮丧的情绪；李强认为自己掌握了知识、发展了能力。同样的销售业绩，对此认知不同，因此产生了不同的情绪反应。

第十一章 能 力

第一节 能力概述

考点1 能力的含义

1.【解析】能力是一种心理特征，是顺利实现某种活动的心理条件。能力包括两方面的内容：一方面是个体在某项任务或活动上现有的成就水平，因而人们已经学会的知识和技能就代表了他的能力；另一方面是容纳、接受或保留事物的可能性，即个体具有的潜力和可能性。

考点3 能力与知识、技能的关系

1.【解析】能力、知识和技能属于不同的范畴，能力是掌握知识和技能的前提。知识是人们所掌握的改造自然和改造社会的历史经验，即人脑对客观事物的主观表征。技能是指人们通过练习而获得的动作方式和动作系统，可分为操作技能和心智技能。能力不是知识、技能本身，它是知识掌握和技能形成过程中表现出来的心理特性。
参考答案：C

考点4 能力的种类

1.【解析】创造能力：指个体不受成规的束缚而能够灵活运用知识经验，产生新思想，或发现和创造新事物的能力，有独特性、变通性和流畅性三种特征。
参考答案：C
2.【解析】晶体智力指获得语言、数学等知识的能力，它取决于后天的学习，与社会文化有密切的关系。流体智力指在信息加工和问题解决过程中所表现出来的能力，如对关系的认识，类比、演绎推理能力，形成抽象概念的能力。
参考答案：D
3.【解析】人的能力是各种各样的，一般可以分为以下几种。
(一)一般能力和特殊能力。一般能力指在不同种类的活动中都会表选出来的能力，如观察力、记忆力、抽象概括力、想象力、创造力等。其中抽象概括力是一般能力的核心。特殊能力是指在某种专业活动中表现出来的能力，它是顺利完成某种专业活动的心理条件，如画家的色彩鉴别力、形象记忆力等。
(二)模仿能力和创造能力。模仿能力是指人们通过观察别人的行为、活动来学习各种知识，然后以相同的方式做出反应的能力。如从电视中模仿演员的动作、服饰等。模仿不但表现在观察别人的行为后能立即做出相同的反应，而且表现在某些延缓的行为反应中。创造力是指产生新的思想和新的产品能力。一个具有创造力的人往往能超脱具体的知觉情景、思维定式、传统观念和习惯定式的束缚,在习以为常的事物和现象中发现新的联系和关系,提出新的思想,产生新的产品。

(三)流体能力和晶体能力。根据能力在人一生中发展趋势以及能力对先天禀赋与社会文化因素的依赖关系,可以分为流体能力和晶体能力。流体能力指在信息加工和问题解决过程中所表现出来的能力,如对关系的认识,类比、演绎推理能力,形成抽象的概念能力等。它较少依赖文化和知识的内容,而主要取决于个人的禀赋。流体能力的发展与年龄有密切联系。晶体能力指获得语言、教学等知识的能力,它取决于后天的学习,与社会文化有密切联系。晶体能力在人的一生中都在发展,但25岁以后,发展的速度渐趋平缓。

(四)认知能力、操作能力和社交能力。认知能力是指人脑加工、储存和提取信息的能力,即我们一般所讲的智力,如观察力、记忆力、想象力等。操作能力是指人们操作自己的肢体以完成各项活动的能力,如劳动能力、艺术表演能力、体育运动能力等。社交能力是人们在社会交往活动中表现出来的能力,如组织管理能力、言语感染能力、沟通能力等。这种能力对组织团体、促进人际交往和信息沟通有重要作用。

(五)情绪理解、控制和利用能力。这种能力也叫情绪智力。情绪智力包括一系列心理过程,这些过程可以概括为四个方面:一是准确和适当地知觉、评价和表达情绪的能力;二是运用情感促进思维的能力;三是理解和分析情绪、有效运用情绪知识的能力;四是调节情绪,以促进情绪和智力发展的能力。

4.【解析】情绪智力是指个体监控自己及他人的情绪和情感,并识别、利用这些信息指导自己的思想和行为的能力。换句话说,情绪智力也就是识别和理解自己和他人的情绪状态,并利用这些信息来解决问题和调节行为的能力。在某种意义上,情绪智力是与理解、控制和利用情绪的能力相关的。情绪智力可以概括为五种能力:情绪的自我觉察、自我约束、自我激励、共情和社交技能,并认为这些能力会影响一个人的生活、学习和工作的成功与失败。

5.【解析】流体智力,在信息加工和问题解决过程中表现出来的能力,在新的情境中能够随机应变,解决目前无固定答案问题的能力。与个体基本心理能力有关,它几乎参与到个体的一切活动之中,如知觉、记忆、运算速度、推理能力、认知、类比、归纳演绎、对关系的认识、形成抽象概念的能力等。它较少地依赖于文化和知识的内容,而取决于个人的禀赋,即先天因素,很少受后天文化教育的影响。一般人20岁以后流体能力达到顶峰,30岁开始下降,流体能力属于人类的基本能力,个体差异受教育文化影响较少,在编制适用于不同文化的所谓文化公平测验时,多以流体能力作为不同文化背景下智力比较的基础。

第二节 智力理论

考点1 智力因素说

1.【解析】1927年,斯皮尔曼根据人们完成智力作业时成绩的相关程度,提出能力由两种因素组成:一种是一般能力或一般因素,另一种是特殊能力或特殊因素。比奈-西蒙的智力量表中涵盖了记忆、注意、理解和推理能力等方面的能力。推孟的贡献是引入智商概念,并使用比率智商来衡量人们的智力水平。韦克斯勒智力量表由12个分量表组成,可测量言语智力、操作智力和总智力,同时他提出了新的智商的计算方法即离差智商。

参考答案:C

2.【解析】考查卡特尔对智力的分类。卡特尔将智力分为晶态智力和液态智力。晶态智力后天习得,受经验的影响。液态智力属于人类的基本能力,其个别差异受教育文化的影响较少。

参考答案:A

3.【解析】斯皮尔曼使用因素分析法研究后提出,能力是由一般因素和特殊因素两种因素构成的。一般因素也称G因素,是人的基本的心理潜能,是决定一个人能力高低的主要因素。特殊因素也称S因素,是保证人们完成特定作业或活动所必需的能力。

完成任何一种作业时,都有两种因素共同参加,活动中包含的G因素越多,各种作业成绩的正相关也就越高。相反,包含S因素越多,成绩的正相关就越低。个体间差异决定于个体G因素量是多少。二因素说为研究智力奠定了理论和实验基础。但斯皮尔曼指强调一般因素与特殊因素的区别,忽视了二者之间的联系,这种看法是不可取的。

考点2 智力结构理论

1.【解析】吉尔福特根据智力测验研究结果的因素分析法,否认G因素的存在,坚持智力因素的独立性。他认为,智力可以区分为三个维度。

参考答案:C

考点3 智力的信息加工理论

1.【解析】该题考查能力的理论。戴斯提出了PASS模型,该模型主要是指计划-注意-同时型加工-继性加工。它包含了三层认知系统和四种认知过程。桑代克的独立因素说、斯皮尔曼的二因素说(一般因素和特殊因素)、加德纳的多元智力理论都属于能力的因素说。斯滕伯格的智力三元论和戴斯的PASS模型属于能力的信息加工理论,吉尔福特的三维结构模型和弗南的层次结构理论属于能力的结构理论。

参考答案:C

2.【解析】弗南的层次结构理论:认为智力因素的结构不是立体的模型,而是按层次排列的结构。吉尔福特的三维结构模型:智力包括三个维度,即操作方式、操作内容和操作结果。卡特尔的流体和晶体智力理论:智力分为两类,其一为流体智力,指一般的学习和行为能力,其二为晶体智力指已获得的知识和技能,晶体智力一部分是由教育和经验决定的,一部分是早期流体智力发展的结果。加德纳的多元智力理论:智力是在某种社会或文化环境或文化环境的价值标准下,个体用以解决自己遇到的真正的难题或生产及创造出有效产品所需要的能力,智力的内涵是多元的,是一个复杂的系统。

参考答案:D

3.【解析】加德纳认为智力的内涵是多元的,是一个复杂的系统。智力8种相对独立的智力成分构成:①言语智力(运用言语能力),②逻辑-数学智力(数学运算与逻辑能力),③空间智力(辨别方向之类的,大脑右半球),④音乐智力(对声音的辨别和韵律的表达能力,大脑右半球),⑤运动智力(操作身体的能力,大脑运动神经皮层),⑥人际智力(与人交往的能力,大脑前额叶),⑦自知智力(认识自己的能力,大脑前额叶),⑧自然智力(各种认识和感知世界的能力)。

每种智力都是一个单独的功能系统,这些系统相互作用,产生外显的智力行为。根据加德纳的多元智力理论,作为个体,每个人都同时拥有相对独立的8种智力。这8种智力在现实生活中并不是绝对孤立、毫不相干的,而是错综复杂地、有机地以不同方式不同程度组合在一起。这8种智力在个体身上的不同组合使得每一个人的智力都有独特的表现方式和特点;即便是同一种智力,其表现形式也是不一样的。例如,同样具有较高逻辑-数理能力的两人,其中一个可能是数学家,而另一个可能是文盲,但他有很好的心算能力。由于每个人的智力都有独特的表现方式,每一种智力又都有多种表现方式,所以我们很难找到一个适用于任何人的统一的评价标准来评价一个人的聪明与否、成功与否。加德纳的多元智力理论为我们提供了看“聪明”问题和“成功”问题的全新视角。由此,我们应该清醒地认识到,智力是多方面的,智力的表现形式是各不相同的,我们判断一个人聪明与否、成功与否的标准当然也应该是多种多样的。多元智力理论的本质是:承认智力是由同样重要的多种能力而不是由一两种核心能力构成的,承认各种智力是多维度地、相对独立地表现出来的,而不是以整合的方式表现出来的。

综合问题1　各智力理论理解及评价

1.【解析】

智力理论:

(1)二因素论

斯皮尔曼根据人们完成智力作业时成绩的相关程度,提出能力由两种因素组成:一种是一般能力或一般因素简称(G)因素,它是人的基本心理潜能能量。另一种是特殊能力或特殊因素,简称(S)因素,它是保证人们完成某些特定的作业或活动所必需的。

(2)群因素论

瑟斯顿认为个体的能力应该包括多重平等的基本能力因素,这些基本能力因素的不同组合便构成每一个人独特的能力整体。他采用因素分析的方法,提出了7种基本心理能力:

①语词理解;②语词流畅;③数字运算;④空间关系;⑤联想记忆;⑥知觉速度;⑦一般推理。

(3)吉尔福特的三维结构模型

美国心理学家吉尔福特认为智力可以区分为三个维度:内容、操作和产品。

智力活动的内容包括听觉、视觉、符号、语义和行为五类;

而智力操作指智力活动的过程,有认知、记忆、发散思维、聚合思维和评价等五种;

智力活动的产品是运用智力操作得到的结果,这些结果可以按单位计算,可以分类处理,也可以表现为关系、转换、系统以及应用。

这种智力结构模型对智力测验工作起了重要的推动作用。

(4)多元智力理论

智力多元理论是由美国心理学家加德纳提出的。加德纳认为,智力的内涵是多元的,它有8种相对独立的智力成分构成。

①言语智力;②逻辑-数学智力;③空间智力;④音乐智力;⑤运动智力;⑥社交智力;⑦自知智力;⑧自然智力。

(5)智力的三元理论

美国心理学家斯腾伯格提出了智力的三元理论。他认为一个完备的智力理论应该包括三个方面,即智力成分亚理论、智力情景亚理论和智力经验亚理论。

①智力成分亚理论认为智力包括三种成分及相应的过程,即元成分、操作成分和知识获得成分。元成分是用于计划、控制和决策的高级执行过程;操作成分表现在任务的执行过程,是指接受刺激,将信息保存在短时记忆中,并进行比较;知识获得成分是指获取和保存新信息的过程,负责接受新刺激,做出判断与反应,以及对新信息的编码与储存。

②智力情景亚理论认为智力是指获得与情景拟合的心理活动。

③智力经验亚理论提出智力包括两种能力,一种是处理新任务的和新环境所要求的能力,另一种是信息加工过程自动化的能力。

(6)智力的PASS模型

PASS是指"计划—注意—同时性加工—继时性加工"。它包含了三层认知系统和四种认知过程。其中注意系统是整个系统的基础;同时性加工和继时性加工统称为信息加工系统,处于中间层次;计划系统处于最高层次。三个系统协调合作,保证了一切智力活动的运行。

贡献:

丰富多彩的智力理论,从不同的角度丰富了我们对智力的认识,加深了我们对智力的理解,为制定测量这些智力的手段奠定了理论基础,也对智力的发展和培养可能产生重要的意义。

第三节　能力的测量

考点1　能力测验

1.【解析】离差智商基本原理是:把每个年龄段的儿童的智力分布看成常态分布,被试的智力高低由其与同龄人的智力分布的离差的大小来决定。

参考答案:B

2.【解析】韦氏儿童智力量表适用6~16岁年龄段的儿童。

参考答案:B

3.【参考答案】1949年,韦克斯勒首次在他编制的儿童智力量表中采用了离差智商。这时智商的求法采取了一种新的方法,放弃了智龄,运用了离差,用离差智商代替比率智商。这是计算智力测验结果的方法上的一次改革,离差智商实际上就是同年龄组的标准分,它是根据同年龄组测得的平均分和标准差计算出来的。其计算公式是:$X=100+15Z$。

第四节　能力形成与发展的个体差异

考点2　智力发展的差异性

1.【解析】(1)能力发展水平的差异。人的智力水平有高有低,有智力超常和智力落后(低能)等差异。(2)能力表现早晚的差异。既有天才少年,也有大器晚成者。(3)能力结构的差异。有人逻辑能力好,有人语言能力佳,有人运动能力高。(4)能力的性别差异:反映在特殊因素上。

考点3　影响智力发展的因素

1.【解析】能力是直接影响活动效率,保证活动任务得以顺利完成的个性心理特征。能力存在个体差异,个体在成长过程中受遗传和环境的交互影响而使不同个体间在身心特征上显示出不同彼此的现象,即为个体差异,其表现如下:

①能力发展水平的差异:能力水平有高低之分,有的人智力超群,有的人智力不足。

②能力发展时间的差异:不同个体的能力发展在时间上会有所不同,有的人早年成才,有的人中年得志,有的人大器晚成。王勃少年成才,齐白石大器晚成,体现的正是能力发展时间的差异。

③能力结构的差异:能力可以分成各种各样的成分,按不同的方式结合起来,才形成了人与人之间能力上的差异。比如,有的人善于想象,有的人善于记忆,有的人善于演讲,有的人善于逻辑思维。

④能力在性别上的差异:在某一些能力上,研究者发现存在着性别差异。例如在数学能力上,男性的水平较女性好。在言语能力上,女生的表现优于男生。

能力的形成受到许多因素的影响,大致如下几点:

①遗传的作用:遗传对能力的影响主要表现在身体素质上,身体素质是能力发展的前提,比方说手指的长短可能会影响个体在书法、音乐上的能力发展。但身体素质不能等同于能力本身,也不是能力发展的决定性因素。不同的人会根据不同的后天训练发展出不同的能力,良好的身体素质和天赋没有后天的培养也无法发展出良好的能力。有艺术才能的家庭其子女有艺术的比例高于一般家庭,体现了遗传的影响,当然也有环境和教育的影响,如艺术家庭更加重视艺术教育。

②环境和教育的作用:个体成长的自然环境(如地理条件、气候变化及饮食结构)、产前环境(如胎儿时期母体的营养情况、母亲生产时的年龄)、学校教育(学校教学内容的选择、教学过程和教学方法的安排)等,都会对能力发展产生影响。

③实践活动的影响:外部条件对人发生作用必须通过人本身的时间,人的各种能力是在社会实践活动中形成的。同时,人的能力还与他们所从事的职业活动有关系,不同的职业活动要求人们发展出不同种类的能力。

④主观能动性的影响:能力的提高离不开人的努力,即人的主观能动性,个体若有广泛的兴趣、强烈的求知欲或提高自己的愿望,他的能力就越可能得到发展。

总之,遗传、环境和主观能动性都对个体的能力发展产生作用。智商只有30的舟舟,经过长时期的练习,成为天才指挥,说明能力的发展不仅仅由遗传决定,个体充分发挥了他的主观能动性,在实践活动中锻炼,能力也能得到发展。

章节考点 综合训练

一、单项选择题

1.【解析】一般来说,流体智力在20岁达到顶峰,30岁以后将随年龄的增长而降低。晶体智力在人的一生中是一直在发展的,只是25岁之后发展速度渐趋平缓。

参考答案:B

2.【解析】晶体能力:一个人所获得语言、数学等知识的能力,解决存在有固定答案的问题的能力,即可以依靠对资料信息的记忆、辨认和理解来解决问题的能力。它取决于后天学习和社会文化,晶体智力在一生中一直发展,25岁后发展较平缓。

参考答案:C

3.【解析】PASS是指"计划—注意—同时性加工—继时性加工",它包含了对应着鲁利亚机能系统说的三层认知系统的四种认知过程。其中注意系统又称注意—唤醒系统(第一机能系统),它是整个系统的基础;同时性加工和继时性加工统称为信息加工系统(第二机能系统),处于中间层次;计划系统处于最高层次(第三机能系统),负责监督、管理、调节其他心理过程。三个系统间呈动态联系,相互影响,协调合作,保证了一切智力活动的进行。三种机能单元相互联系,同时又有自己不同的机能,从而各自保持相对独立,但三种机能都依赖个体的知识。

参考答案:B

4.【解析】斯腾伯格提出的三元智力理论认为,一个完备的智力理论必须说明智力的三个方面,即智力的内在成分,这些智力成分与经验的关系,以及智力成分的外部作用,这三个方面分别是分析能力、创造能力和实践能力。斯腾伯格用三种亚理论来解释这三种能力。智力成分亚理论认为,智力包括元成分、操作成分和知识获得成分。元成分用于计划、控制和决策的高级执行过程;操作成分负责执行元成分的决策,表现在任务的执行过程中;知识获得成分指获取和保存信息的过程。其中元成分起着核心作用,它决定人们解决问题时所使用的策略。这一亚理论阐述智力的内在成分,解释人的分析能力。智力情境亚理论认为,智力是指获得与情境拟合的心理活动。情境智力包括有目的适应环境、塑造环境和选择环境的能力。这一亚理论阐述智力成分与经验的关系,解释人的实践能力。智力经验亚理论认为,智力包括两种能力,一种是处理新任务和新环境时所要求的能力,另一种是信息加工过程自动化的能力。这一亚理论阐述智力成分的外部作用,解释人的创造能力。由本题题干表述可知,该中学生完成自由命题作文的活动涉及智力的元成分、操作成分以及知识的获得成分,所以主要依赖的是分析能力,可用智力成分亚理论解释,对应本题的选项,应选B。

参考答案:B

5.【解析】卡特尔提出晶态智力和液态智力,且认为晶态智力依赖于液态智力,液态智力是指一个人生来就能进行学习活动的能力,依赖于先天的禀赋。晶态智力是指通过学习和其他经验发展起来的,是后天形成的。

参考答案:C

6.【解析】根据能力在人的一生中的不同发展趋势以及能力和先天禀赋与社会文化因素的关系,可以把能力分成液体能力与晶体能力。

参考答案:B

7.【解析】卡特尔将能力分为流体能力(智力)和晶体能力(智力),流体能力(智力)是指在信息加工和问题解决过程中所表现出来的能力。晶体能力是通过掌握社会文化经验而获得的能力。学习新知识和解决新异问题更多地依赖于流体能力。

参考答案:C

8.【解析】加德纳的智力理论强调了智力的多种因素:语言智能、数学逻辑智能、空间智能、身体运动智能、音乐智能、人际智能、自我认知智能、自然认知智能。

参考答案:A

9.【解析】该题主要考查液态智力和晶态智力的区分。卡特尔把智力的构成区分为流体智力(液态智力)和晶态智力两大类。流体智力是随神经系统的成熟而提高的,如知觉速度、机械记忆、识别图形关系等不受教育与文化影响;晶态智力指通过掌握社会文化经验而获得的智力。如词汇概念、言语理解、常识等记忆储存信息为能力,一直保持相对稳定,而流体智力呈缓慢下降的趋势。题中说到主要依赖文化教育影响和个体对资料的感知,而不受先天禀赋的影响,所以是晶态智力。

参考答案:B

10.【解析】在日常生活中,智力表现为有目的地适应环境、塑造环境和选择新环境的能力,这些能力统称作情境智力。

参考答案:D

11.【解析】一般能力是指在不同种类的活动中表现出来的能力,如观察力、记忆力、抽象概括力、想象力、创造力等。特殊能力是指在某种专业活动中表现出来的能力。四个选项中只有记忆力属于一般能力。其他三项均为特殊能力。

参考答案:D

12.【解析】多元智力理论的提出者是加德纳。

参考答案:A

13.【解析】斯皮尔曼的双因素说认为能力包括一般因素和特殊因素。

参考答案:C

14.【解析】斯腾伯格的智力"三元论"中的"三元"是指成分智力、经验智力、情境智力。

参考答案:A

15.【解析】多元智力理论是加德纳提出的。

参考答案:D

16.【解析】斯皮尔曼使用因素分析法研究后提出,能力是由一般因素(G)和特殊因素(S)两种因素构成的。

参考答案:D

17.【解析】斯腾伯格认为,智力成分包括元成分、操作成分、知识获得成分。

参考答案:C

18.【解析】离差智商就是用标准分数来表示的智商,即让每一个被试和他同龄的人相比。离差智商的计算公式为 $IQ=\frac{15\times(x-\overline{X})}{S}+100$,即 $IQ=\frac{15\times(50-40)}{10}+100=115$。

参考答案:A

19.【解析】A选项,二因素说是斯皮尔曼使用因素分析法研究后提出,能力是由一般因素和特殊因素两种因素构成的;B选项,斯腾伯格的智力三元理论认为必须说明智力的三个方面,即智力的内在成分,这些智力成分与经验的关系,以及智力成分的外部作用;C选项,加德纳的多元智力理论认为智力的内涵是多元的,由8种相对独立的智力成分组成。该理论能很好地解释"白痴天才"现象,即某些方面发展很突出,但另一些方面发展较弱的现象。D选项,智力PASS模型是指"计划-注意-同时性加工-继时性加工",它包含了对应着鲁利亚机能系统说的三层认知系统的四种认知过程。

参考答案:C

二、多项选择题

1.【解析】PASS是指"计划—注意—同时性加工—继时性加工",注意系统又称注意-唤醒系统;同时性加工和继时性加工统称为信息加工系统;计划系统处于最高层次,负责监督、管理、调节其他心理过程。

参考答案:ABD

2.【解析】智力成分亚理论:阐明个体智力与其内在活动的关系,主要处理个体内部的心理关系,是个体对客体事物或符号的内部表征进行操作的基本信息加工过程,表现在以下活动之中。元成分:用于计划、控制和决策等的高级执行过程,元成分在三种成分中起核心作用,它决定着人们解决问题时所使用的策略。操作成分:表现在任务的执行过程,指接受刺激,将信息保持在短时记忆中并进行比较，它负责执行元成分的决策。知识获得成分：用于获取和保持新信息的过程。它负责接受新刺激，做出判断与反应，以及对新信息进行编码和存储，包括学习、保持和迁移成分。

参考答案：BCD

3.**【解析】**一个人的经验是实现自身内心世界与外部环境之间的纽带。一个完备的智力理论必须说明智力的三个方面，即智力的内在成分，这些智力成分与经验的关系，以及智力成分的外部作用。这三个方面构成了智力成分亚理论、智力经验亚理论和智力情境亚理论。

参考答案：BCD

4.**【解析】**斯腾伯格的三元智力理论提出了三种智力：分析智力、创造性智力和实践智力，分析智力是解决问题、获得新知识的能力，创造性能力是处理新环境和从经验中获益的能力。实践智力是解决实际生活中问题的能力。因此选项D不符合理论观点。

参考答案：ABC

5.**【解析】**流体智力是在信息加工和问题解决过程中表现出来的能力，在新的情境中能够随机应变，解决目前无固定答案问题的能力。它较少地依赖于文化和知识的内容，而取决于个人的禀赋，即先天因素，很少受后天文化教育的影响。对关系的认识、类比、演绎推理能力、形成抽象概念的能力等均属于流体智力。

参考答案：BCD

三、名词解释

1.**【解析】**

情绪智力也就是个体监控、识别和理解自己及他人的情绪状态，并利用这些信息来指导自己的思想和行为并解决问题的能力。在某种意义上，情绪智力是与理解、控制和利用情绪的能力相关的。

2.**【解析】**

流体智力也称液体能力或液体智力，是指在信息加工和问题解决过程中所表现出来的能力，主要基于先天禀赋和大脑的神经解剖机能，较少受后天文化教育的影响。流体智力还与个体的基本心理能力有关，几乎参与到个体的一切活动之中，如知觉、记忆、运算速度、推理能力等。流体智力在人的一生中随生理成长而发生变化，先提高后降低，一般在20岁达到顶峰，30岁以后将随年龄的增长而降低。

3.**【解析】**

智力，指人认识、理解客观事物并运用知识、经验等解决问题的能力，包括记忆、观察、想象、思考、判断等。

4.**【解析】**晶体智力是一个人所获得语言、数学等知识的能力，解决存在有固定答案的问题的能力，即可以依靠对资料信息的记忆、辨认和理解来解决问题的能力。它取决于后天学习和社会文化，晶体智力在一生中一直发展，25岁后发展较平缓。

5.**【解析】**斯滕伯格的三元智力理论认为，一个完备的智力理论必须说明智力的三个方面，即智力的内在成分，这些智力成分与经验的关系，以及智力成分的外部作用。这三个方面构成了智力成分亚理论、智力经验亚理论和智力情境亚理论。

6.**【解析】**智商是心理年龄除以实足年龄的得数，所以智商为100者，智力相当于同龄人的一般水平，高于100，表明智力较佳；低于100，表明智力较差。一般智商呈正态分布，即中等水平的居多数，两极端的为少数。

7.**【解析】**斯皮尔曼提出智力的二因素论，认为能力是由一般因素和特殊因素两种因素构成的。其中，一般因素也称G因素，是人的基本的心理潜能，是决定一个人能力高低的主要因素。

四、简答题

1.**【解析】**(1)美国心理学家斯腾伯格提出了智力的三元理论。

(2)他认为一个完备的智力理论应该包括三个方面，即智力成分亚理论、智力情境亚理论和智力经验亚理论。

①智力成分亚理论认为智力包括三种成分及相应的过程，即元成分、操作成分和知识获得成分。元成分是用于计划、控制和决策的高级执行过程，如确定问题的性质；操作成分表现在任务的执行过程，是指接受刺激，将信息保存在短时记忆中，并进行比较；知识获得成分是指获取和保存新信息的过程，负责接收新刺激，做出判断与反应，以及对新信息的编码与储存。

②智力情境亚理论认为智力是指获得与情境拟合的心理活动，表现为适应环境，塑造环境和选择环境的能力。

③智力经验亚理论提出智力包括两种能力，一种是处理新任务的和新环境所要求的能力，另一种是信息加工过程自动化的能力。

(3)与传统理论的不同在于它从主体、外部世界和内部世界三方面来讨论智力理论，充分考虑情境和经验水平对智力的影响。

2.**【解析】**卡特尔把智力的构成区分为流体智力和晶体智力两大类：

(1)流体智力是在信息加工和问题解决过程中表现出来的能力，在新的情境中能够随机应变，解决目前无固定答案问题的能力。

①流体智力与个体基本心理能力有关，它几乎参与到个体的一切活动之中，如知觉、记忆、运算速度、推理能力、认知、类比、归纳演绎、对关系的认识、形成抽象概念的能力等；

②流体智力较少地依赖于文化和知识的内容，而取决于个人的禀赋，即先天因素，很少受后天文化教育的影响；

③一般人20岁以后流体智力达到顶峰，30岁开始下降。

(2)晶体智力是一个人所获得语言、数学等知识的能力，解决存在有固定答案的问题的能力，即可以依靠对资料信息的记忆、辨认和理解来解决问题的能力。

①晶体智力取决于后天学习和社会文化；

②晶体智力在一生中一直发展，25岁后发展较平缓。

3.**【解析】**(1)梅耶和萨洛维认为，情绪智力是指“精确的知觉、评估和表达情绪能力；利用情感促进思维的能力；理解情绪和情绪知识的能力；调节情绪、促进情绪和智力发展的能力”。也就是说，情绪智力是一种能力，包括认识情绪意义和它们关系的能力。他们还认为，情绪智力是横跨认知系统和情绪系统的操作，这种操作是以整体的方式进行的。

(2)情绪智力模型

梅耶和萨洛维提出了情绪智力的四维模型。该模型认为，情绪智力有以下四个维度：

①情绪知觉和情绪识别：包括来自情绪系统的认知信息和输入信息；

②情绪对思维的促进作用：包括使用情绪促进认知加工；

③对情绪的理解和推理：包括对情绪认知加工和进一步着眼于问题解决的情绪信息加工；

④情绪管理：它关系到情绪的自我管理和其他人的情绪管理。

五、论述题

1.**【解析】**(1)成功智力理论认为，成功智力是一种用以达到人生主要目标的智力，它包括分析性智力、创造性智力和实践性智力。分析性智力是一种解决问题、制定决策和评判思维成果质量的能力，创造性智力是一种能超越已知给定的内容，产生新异有趣思想的能力，实践性智力是一种可在日常生活中将思想及其分析的结果以一种行之有效的方法来加以使用的能力；三种智力是相对独立的。在日常生活中，智力测验得分高主要反映了分析性智力的水平，并不能反映创造性智力和实践性智力的水平。如果一个人只是分析性智力高，而创造性智力、实践性智力不高，不一定能取得事业上的成功。

(2)多元智力理论认为，智力是由语言智力、逻辑-数学智力、空间智力、音乐智力、身体运动智力、人际关系智力、自我认识智力等相对独立的智力成分组成。每种智力都是一个单独的功能系统。智力测验得分高主要反映了语言智力、逻辑-数学智力、空间智力的水平,并不能反映出其他智力水平。如果一个人要取得事业上的成功,仅有单一的智力是不够的,具有多种智力的结合更有利于取得事业上的成功

2.【解析】(1)智力多元理论

智力多元理论是由美国心理学家加德纳提出的。加德纳认为,智力的内涵是多元的,它有8种相对独立的智力成分构成。

①言语智力:包括阅读、写文章或小说以及用于日常会话的能力。

②逻辑-数学智力:包括数学运算与逻辑思考的能力,比如做数学证明题及逻辑推理。

③空间智力:包括认识环境、辨别方向的能力,比如查阅地图等。

④音乐智力:包括对声音的辨别与韵律表达的能力,比如拉小提琴或写一首曲子等。

⑤运动智力:包括支配肢体完成精密作业的能力,比如打篮球、跳舞等。

⑥社交智力:包括与人交往且能和睦相处的能力,比如理解别人的行为、动机或情绪。

⑦自知智力:社交智力一样,大脑额叶对自知智力也起着重要作用。

⑧自然智力:包括认识、感知自然界事物的各种能力,例如敏锐地觉知周围环境的改变等。

(2)成功智力理论

美国当代著名的心理学家斯滕伯格在20世纪末期提出了他著名的成功智力理论。斯腾伯格认为,成功智力包括分析性智力、创造性智力和实践性智力三个方面,而创造性智力是成功智力中极为重要的方面。

①分析性智力。斯滕伯格认为,分析性智力是一种分析和评价各种思想、解决问题和制定决策的能力。它指的是有意识地规定心理活动的方向,以发现对一个问题的有效解决办法。

②创造性智力。斯滕伯格认为,创造性智力是一种能超越已知给定的内容,产生新异有趣思想的能力。它指的是能运用现有的知识和才能创造出更好的有价值的产品。

③实践性智力。斯腾伯格认为,实践性智力是一种可在日常生活中将思想及其分析的结果以一种行之有效的方法来加以使用的能力。它指的是能够将理论转化为实践,将抽象思想转化为实际成果的能力。

高考卷子大多考查的是语言智力、数理逻辑智力,但是根据加德纳多元理论可知,人的智力远远不止这两种,而且由斯滕伯格的成功智力理论我们知道,创造性、分析性、实践性智力都非常重要,但是高考考得更多的是分析性智力,这是远远不够的。

中国的“应试教育”用学业智力衡量学生。学业智力是一种惰性化智力,它只能对学生在学业上的成绩和分数做出部分预测,而与现实生活中的成败较少发生联系。所以出现了“高分低能”的现象。学生在学业成绩上很优秀但是现实生活中的能力却很低。

“应试教育”,在中国,考生必须通过考试来获得证书和参加工作,平时学校的教育也就针对考试而进行,这也就造成了在学校里,老师、同学、家长都只重视学生的逻辑能力和语言能力等相关能力,忽视了其他,比如音乐能力,人际能力等,使得同学们的智力发展极其不平衡。同时,也正是因为这点,同学们没有学习到真正的关于生活和生存的智力,缺乏真正的成功智力,而变得只会考试。“高分低能”其实是应试教育的产物,在这种背景下,学生们只在乎学校里考试的成绩,而不在乎其他智力的发展,其最终结果就是考试分数很高,但是在实际运用中缺乏能力,高分而低能。

3.【解析】(1)比率智商的最大的改变是将原来表示智力高低的心理年龄改用智力商数来表示,是一个人的心理年龄与实足年龄的比值。

比率智商有一个明显的缺点,人的实际年龄逐年在增加,但其智力发展到一定阶段却基本稳定在一个水平上。这样,若采用比率智商来表示人的智力水平,随着年龄的上升,人的智商将逐渐下降,这和智力发展的实际情况是不相符的。

(2)离差智商就是用标准分数来表示的智商,即让每一个被试和他同龄的人相比。

由于离差智商是对个体的智商在其同龄人中的相对位置的度量,因而不受个体年龄增长的影响。离差智商克服了比率智商的弊端,但也存在问题,容易造成对智力的绝对水平的误解。

4.【解析】(1)一切生物,无论植物还是动物、高等动物还是低等动物,他们的后代和前代之间在形态结构和生理特征上,总要表现出某些相似的特征。这种把生物具有的性状相对稳定地传给后代的现象叫作遗传。基因决定着性状的遗传。关于遗传在能力发展和个体差异形成中的作用,心理学家曾从三方面进行研究:

①研究血缘关系亲疏不同的人在能力上的类似程度。如果遗传对能力有作用,那么血缘关系越密切的人,能力的发展水平应该越相似。这种研究通常以同卵双生子和异卵双生子为研究对象。

②研究亲生父母、养父母与子女能力发展的关系。如果遗传对智力发展有作用,那么孩子与亲生父母能力的相关,应该比养父母能力的相关高。

③对分开抚养的同卵双生子进行追踪研究。如果遗传确有作用,那么同卵双生子即使生活在不同环境中,他们的能力发展仍应保持较高的相关。

(2)胎儿在出生之前生活在母体的环境中,这种环境对胎儿的生长发育以及出生后智力的发展都有重要的影响。此外,从出生到青少年时期,是个人生长发育的时期,也是能力发展的重要时期。与环境影响能力有关的研究有:

①对唐氏综合征儿童的研究。唐氏综合征不是遗传病,而是母体内的卵子长期暴露在体内环境中受到损害,因而出现额外染色体的结果。

②对“狼孩”的研究。由动物抚育大的孩子,能力发展明显落后,这种孩子即使回到人类社会,也难以发展到正常人的智力水平。这也说明了早期环境的影响。

③实验研究。某些实验研究表明,丰富的环境刺激有利于儿童能力的发展。

六、分析题

1.【解析】(1)能力形成的原因和条件:

①遗传的作用:遗传对能力的影响主要表现在身体素质上,身体素质是能力发展的前提,但不是决定因素。

②环境与教育的作用:

a. 产前环境:胎儿的营养状况、母亲的怀孕年龄、情况等会影响他们脑细胞的数量进而影响其智力。

b. 早期经验:丰富的环境刺激有利于儿童能力的发展,母亲的抚爱能增强其安全感。

c. 学校教育:教学内容的选择,教学过程的合理安排,教学方法的恰当运用等都对儿童智力发展有显著影响。

③实践活动的影响:外部条件对人发生作用必须通过人本身的实践,人的各种能力是在社会实践活动中最终形成的。人的能力还和他们所从事的职业活动相联系,不同的职业活动对不同的人们提出不同的要求。

④人的主观能动性的影响:能力的提高离不开人的努力,即人的主观能动性。坚强的意志对能力的发展也有重要的意义。

总之,遗传、环境和主观努力在能力发展中的作用是缺一不可的,能力的形成与发展依赖于多种因素的交互作用。

(2)如何培养人的能力:

①重视早期教育,正确进行早期教育;

②通过教学活动培养学生的能力,注意能力的个性差异,因材施教;

③参与更多相关的实践活动,在实践中提升能力;

④通过课外兴趣的培养,提高主观能动性,促进能力发展。

第十二章 人 格

第一节 人格的一般概念

考点1 人格的含义

1.【解析】人格是构成一个人思想、情感及行为的特有模式。是一个复杂的结构系统，包含了一个人区别于他人的稳定而统一的心理品质。受后天影响，成人期人格兼有稳定和变化两重特征。

参考答案：D

考点2 人格的特征

1.【解析】人格的独特性是指一个人的人格是在遗传、成熟和环境、教育等先天与后天因素的交互作用下形成的。不同的遗传、生存及教育环境，塑造了形形色色的心理特点。"人心不同，各如其面"体现的就是人格的独特性。

参考答案：B

2.【解析】"江山易改，本性难移"说明人格具有稳定性。

参考答案：B

考点3 人格的结构

1.【解析】气质是表现在心理活动的强度、速度、灵活性与指向性等方面的一种稳定的心理特征，即我们平时所说的脾气、秉性。人的气质差异是先天形成的，受神经系统活动过程的特性制约。气质是人的天性，无好坏之分，不能决定人的社会价值，不直接具有社会道德评价含义，不能决定一个人的成就。

参考答案：D

2.【解析】气质是表现在心理活动的强度、速度、灵活性与指向性等方面的一种稳定的心理特征，即我们平时所说的脾气、秉性。人的气质差异是先天形成的，受神经系统活动过程的特性制约。气质是人的天性，无好坏之分，不能决定人的社会价值，不直接具有社会道德评价含义，不能决定一个人的成就。

性格是一种与社会相关最密切的人格特征，性格含有许多社会道德含义。性格代表了人们对现实和周围世界的态度，并表现在他的言谈举止中。性格表现了一个人的品德，受人的价值观、人生观、世界观的影响。性格是在后天社会环境中逐渐形成的，是最核心的人格差异。性格有好坏之分，能最直接地反映出一个人的道德风貌。性格是在社会生活中逐渐形成的，同时也受生物学因素的影响。

参考答案：B

3.【解析】气质是表现在心理活动的强度、速度、灵活性与指向性等方面的一种稳定的心理特征，即我们平时所说的脾气、秉性。人的气质差异是先天形成的，受神经系统活动过程的特性制约。气质是人的天性，无好坏之分，不能决定人的社会价值，不直接具有社会道德评价含义，不能决定一个人的成就。

参考答案：D

4.【解析】人的性格是由各种特征构成的，但这些特征并非杂乱堆积而成，而是有序组织在一起。这个结构包括：

①态度特征：人在对现实环境的稳定态度方面表现出来的个别差异，是性格特征中最重要的组成部分。包括对社会、集体、他人的态度特征；对劳动、工作和学习的态度特征，对自己的态度特征。

②意志特征：人在自觉调节自己的行为的方式与控制水平、目标明确程度以及在处理紧急问题表现出来的性格差异。

③情绪特征：人在情绪情感活动中经常表现出来的强度、稳定性、持久性以及主导心境等方面的特征。

④理智特征：人在感知、记忆和思维等认知活动过程中表现出来的性格特征。

参考答案：ABCD

5.【参考答案】

自我调控系统是人格中的内控系统或自控系统，具有自我认知、自我体验、自我控制三个子系统，其作用是对人格的各种成分进行调控，保证人格的完整、统一与和谐。

6.【参考答案】自我调控系统是人格中的内控系统或自控系统，具有自我认知、自我体验、自我控制三个子系统，其作用是对人格的各种成分进行调控，保证人格的完整、统一与和谐。

(1)自我认知：自我认知是对自己的洞察和理解，包括自我观察和自我评价。自我观察是指对自己的感知、思想和意向等方面的觉察；自我评价是指对自己的想法、期望、行为及人格特征的判断与评估，这是自我调节的重要条件。

(2)自我体验：自我体验是伴随自我认识而产生的内心体验，是自我意识在情感上的表现。当一个人对自己做积极的评价时，会产生自尊感；做消极的评价时，会产生自卑感。

(3)自我控制：自我控制是自我意识在行为上的表现，是实现自我意识调节的最后环节。自我控制包括自我监控、自我激励、自我教育等成分。

第二节 人格理论

考点1 特质理论

1.【解析】奥尔波特的人格特质论将个人特质分为三个不同层次：首要特质、中心特质和次要特质。其中首要特质是指最能代表一个人的特点的人格特质，它在个人特质结构中处于主导性的地位，影响着这个人的行为的各个方面。如多愁善感可以说是林黛玉的首要特质，狡猾奸诈可以说是曹操的首要特质。

2.【解析】奥尔波特将人格结构中的特质分为个人特质和共同特质。

参考答案：C

3.【解析】塔佩斯利用词汇学根据对卡特尔16种人格特质的研究，得出人格大五模型的稳定因素主要有：宜人性、开放性、尽责性、外倾性、神经质。

参考答案：D

4.【解析】奥尔波特是人格特质论的创始人。

参考答案：D

5.【解析】"大五"人格因素：开放性、外向性、责任心、宜人性、情绪稳定性。

参考答案：D

考点2 类型理论

1.【解析】根据体液说和高级神经活动类型说的关系，强，平衡和不灵活对应的是黏液质。因此，本题选C。

参考答案：C

2.【解析】抑郁质类型的人。情绪体验深刻、细腻持久、情绪抑郁、多愁善感、思维敏锐、想象力丰富、不善交际、孤僻离群，自制力强，但他们的行为举止缓慢，软弱胆小，优柔寡断。林黛玉属于典型的抑郁质。

参考答案：C

3.【解析】考查对A型人格的理解。其主要特点是，性情急躁，缺乏耐性。他们的成就欲高，上进心强，有苦干精神，工作投入，做事认真负责，时间紧迫感强，富有竞争意识，外向，动作敏捷，说话快，生活常处于紧张状态，但办事匆忙，社会适应性差，属不安定型人格。综合各选项，C最贴近A型人格的描述。

参考答案：C

4.【解析】A型人格：性情急躁，缺乏耐性；成就欲较高，上进心强，有苦干精神，做事认真，动作敏捷，但做事匆忙，社会适应性差，属于不安定性人格，易患冠心病。

参考答案：A

5.【解析】巴甫洛夫用高级神经活动类型说解释气质的生理基础，依据神经过程的兴奋过程和抑制过程的强度、平衡性和灵活性，划分了四种类型：①不可遏制型：强而不平衡（胆汁质）

②活泼型：强、平衡且灵活（多血质）

③安静型：强、平衡而不灵活（黏液质）

④抑制型：弱（抑郁质）

参考答案：C

6.【解析】同上。

参考答案：B

考点3 整合理论

1.【解析】艾森克人格理论属于人格结构

的特质理论。

参考答案：B

2.【解析】艾森克教授搜集了大量有关的非认知方面的特征，通过因素分析归纳出三个互相成正交的维度，从而提出决定人格的三个基本因素：内外向性、神经质和精神质。人们在这三方面的不同倾向和不同表现程度，便构成了不同的人格特征。

参考答案：C

3.【解析】艾森克认为人格的维度包括内外倾、神经质和精神质。

参考答案：C

4.【解析】艾森克 PEN 模型又称艾森克特质理论。艾森克强调人格的结构包括三个基本维度：外向性、神经质和精神质，可用首写字母 E、N、P 分别代表三个维度。

(1)在外向-内向维度上，可以确定内外向人格特征的差异。艾森克把典型的外向型人格描述为：开朗的，冲动的和非抑制的，有广泛的社交接触并经常参加群体活动。典型的外向型是喜欢社交、喜欢集会、有许多朋友，需要有人与之交谈，并不喜欢一个人读书学习。而典型内向型人格是一个安静、退缩、内省的人，不喜欢交往而喜欢读书；自我保守，除了亲密朋友之外，与人的距离较远。

生物学基础。艾森克借用巴普洛夫和特普洛夫提出的大脑中枢神经系统兴奋与抑制理论来解释内外向个体的人格差异。他认为，外向者大脑皮层抑制过程强而兴奋过程弱，其神经系统属于强型，对刺激有很强的忍受能力；而内向者皮层兴奋过程强而抑制过程弱，其神经系统属于弱型。艾森克又提出皮质唤醒这一概念，是指个体身心随时准备反应的警觉状态。他认为内外向之间的差异源于上行网状激活系统功能差异。内向者的皮质唤醒水平就高于外向者的皮质唤醒水平，因此，同样强度的刺激作用于内外向者时，内向者体验到的强度要高于外向者，可以说内向者比外向者对刺激更敏感。

(2)神经质-稳定性维度上，得分高的人是情绪易变的、过度反应的。得分高的个体在情绪上倾向于过度反应，并体验到一种情绪后，不易恢复常态。我们有时把这类人视为情绪不稳定或情绪化的人。

生物学基础。早期艾森克提出自主神经系统是与神经质密切相关的解剖结构。后来，他把支配自主神经系统活动的边缘系统(包括海马、扣带回、杏仁核、中隔和下丘脑)也作为神经质的解剖学基础。高神经质者的边缘系统激活阈值较低，交感神经系统的反应性较强，因此它们对微弱的刺激倾向于过度反应，边缘系统、自主神经系统及皮层唤醒均与上行网状激活系统有联系。

(3)精神质-超我机能维度。神经质并非暗指精神病，它在所有人身上都存在，只是程度不同。但如果某人表现出明显的程度，则易发展成为行为异常。在这一维度上得分高的人可能是孤独，不关心他人，难以适应外部环境，不近人情，感觉迟钝，与别人不友好，喜欢挑衅，做些稀奇的事，且不顾危险。

生物学基础。荷尔蒙和神经质。由于神经质较前两者提出都较晚，至今还未发现其解剖学基础。但艾森克依据问卷结果研究认为，精神质可能只和男性有关，特别和雄性激素分泌有关。艾森克发现，男性在艾森克人格倾向卷中神经质维度上的得分要高于女性，男性犯罪和精神病患者要多于女性，女性精神分裂的可能性要低于男性。以上事实暗示精神质与雄性激素可能有高度相关。但遗憾的是，目前还缺乏足够的生理心理学实验证据支持这一结论。

综合考点

1.【参考答案】特质理论与类型理论各自从不同角度描述了人格的差异。特质理论强调的是人格的个体差异，类型理论强调的是人格的群体差异。特质表现的是人格量的差异，类型表现的是人格质的差异，特质理论描述的是人格的下位特征，更具体；类型理论描述的是人格的上位特征，更抽象、更概括。特质是人格的基本单位，特质被包含于类型之中。

2.【参考答案】本题考查人格理论中的特质理论。

(1)奥尔波特的特质理论

奥尔波特首次提出了人格特质理论。他把人格特质分为两类：一类是共同特质，指在某一社会文化形态下，大多数人或一个群体所具有的、相同的特质。一类是个人特质，指个体身上所独具的特质。个人特质依具在生活中的作用又可分为三种：首要特质，这是一个人最典型、最有概括性的特质；中心特质，这是构成个体独特性的几个重要的特质；次要特质，这是个体的一些不太重要的特质，往往具有在特殊的情况下才会表现出来。

(2)卡特尔的人格特质理论

卡特尔受元素周期表的启发，用因素分析法对人格特质进行了分析，提出了人格特质的结构理论模型。模型分成四层，即个别特质和共同特质，表面特质和根源特质，体质特质和环境特质，动力特质、能力特质和气质特质。

①表面特质指从外部行为能直接观察到的特质；根源特质是指那些相互联系并以相同原因为其基础的行为特质。表面特质和根源特质既可能是个别的特质，也可能是共同的特质；它们是人格层次中最重要的一层。

②根源特质又可区分为体质特质和环境特质两类。体质特质由先天的生物因素决定，如兴奋性、情绪稳定性等。环境特质则由后天的环境因素所决定，如焦虑、有恒性等。

③动力特质是指具有动力特征的特质，它使人趋向某一风格，包括生理驱力、态度和情操。能力特质是决定人如何有效完成预定目标的特质，包括流体智力和晶体智力。气质特质是决定一个人情绪反应的速度与强度的特质。

(3)三因素模型

艾森克依据因素分析方法提出了人格的三因素模型，这三个因素是：外倾性，表现为内、外倾的差异；神经质，表现为情绪稳定性的差异；精神质，表现为孤独、冷酷、敌视、怪异等偏于负面的人格特征。艾森克依据这一模型编制了艾森克人格问卷，这个量表在人格评价中得到了广泛的应用。

第三节　认知风格

考点1　认知风格

1.【解析】从个体在认知加工中对客观环境提供线索的依赖程度来看，个体的认知风格可以区分为场依存型和场独立型。

参考答案：AB

2.【解析】卡根等人区分了两种不同的认知风格：冲动型与沉思型，它们的差异主要表现在对问题的思考速度上。

参考答案：B

3.【解析】场独立型的人在信息加工时对内在参照有较大的依赖倾向，他们的心理分化水平较高，在加工信息时，主要依据内在标准或内在参照，与人交往时也很少能体察人微。

参考答案：B

4.【参考答案】

达斯等人根据脑功能的研究，区分了同时型与继时型两种认知风格。他们认为，左脑优势的个体表现出继时型的加工风格，而右脑优势的个体表现出同时型的加工风格。

继时型认知风格的特点是：在解决问题时，能一步一步地分析问题，每一个步骤只考虑一种假设或一种属性，提出的假设在时间上有明显的前后顺序，第一个假设成立后再检验第二个假设，解决问题的过程像链条一样，一环扣一环，直到找到问题的答案。言语操作和记忆都属于继时型加工。一般来说，女性擅长继时型加工，这可能是女孩的记忆和语言能力比男孩好的原因之一。

同时型认知风格的特点是：在解决问题时，采取宽视野的方式，同时考虑多种假设，并兼顾到解决问题的各种可能性。其解决问题的方式是发散式的，许多数学操作、空间问题的操作都要依赖于这种同时型的加工方式。这也可能是男孩在数学能力与空间能力方面优于女孩子的原因之一。

同时型和继时型是认知风格的差异，而不是加工水平的差异。但是，当学习方式与认知方风格相匹配时，不同认知风格的优势就能显示出来。

第四节　人格测验

考点1　人格测验

1.【解析】罗夏克墨迹测验属于投射测验。

参考答案：D

2.【解析】常见的人格自陈问卷包括：明尼苏达多相人格测验（MMPI）、爱德华个人兴趣量表（EPPS）、卡特尔16PF测验、艾森克人格问卷（EPQ）等。

参考答案：D

3.【参考答案】自陈量表是让被试按自己的意见，对自己的人格特质进行评价的一种方法。自陈量表通常也称为人格量表。自称量表通常是由一系列问题组成，一个问题陈述一种行为，要求被试按照自己的真实情形来回答。

4.【参考答案】投射测验是以弗洛伊德精神分析的人格理论为依据建构的。投射测验一般由若干个意义模糊的刺激组成，被试可仍加解释，使自己的动机、态度、感情以及性格等在不知不觉中反映出来，然后由主试将其反应加以分析，就可以推论出若干人格特性。

(1)优点：弹性大，被试可在不受限制的条件下，随意做出反应。由于投射测验使用墨渍图或其他图片，因而便于对没有阅读能力的人进行测验。目前投射测验广泛应用于精神医学的临床诊断方面。

(2)缺点：①评分缺乏客观标准，对测验的结果难以进行解释。②这种测验对特定行为不能提供较好的预测。③由于投射测验适合于个别施测，因而要花费大量的时间，这一点不如自陈量表法优越。

第五节　人格成因

考点1　影响人格形成与发展的因素

1.【解析】本题较为开放，抓住答题要点合理展开叙述即可。

影响人格形成与发展的因素包括：

(1)生物环境因素

遗传是人格不可缺少的影响因素。遗传因素对人格的作用程度随人格特质的不同而异。通常在智力、气质这些与生物因素相关较大的特质上，遗传因素的作用较重要人格的发展是遗传与环境两种因素交互作用的结果。

(2)社会文化因素

社会文化塑造了社会成员的人格特征，使其成员的人格结构朝着相似的方向发展，这种相似性反过来维系社会稳定和社会文化。每个人都处在特定的社会文化环境中，文化对人格的影响极为重要。社会文化对人格具有塑造功能，还表现在不同文化的民族有其固有的民族性格。例如中华民族是一个勤劳勇敢的民族，这里的"勤劳勇敢"的品质便是中华民族的共有的人格特征。

(3)家庭环境因素

研究发现，父母采取不同的教养方式对孩子的人格有着重要的影响作用。权威型教养方式的父母在子女的教育中表现得过于支配，孩子的一切都由父母来控制；在这种环境下成长的孩子容易形成消极、被动、依赖、服从、懦弱，做事缺乏主动性，甚至会形成不诚实的人格特征。放纵型教养方式的父母对孩子过于溺爱，让孩子随心所欲，父母对孩子的教育有时出现失控的状态；在这种家庭环境中成长的孩子多表现为任性、幼稚、自私、野蛮、无礼、独立性差、唯我独尊、蛮横胡闹等。民主型教养方式的父母与孩子在家庭中处于一种平等和谐的氛围当中，父母尊重孩子，给孩子一定的自主权和积极正确的指导；父母的这种教育方式能使孩子形成一些积极的人格品质，如活泼、快乐、直爽、自立、彬彬有礼、善于交往、富于合作、思想活跃等。由此可见，家庭确实是"人类性格的工厂"，它塑造了人们不同的人格特质。

(4)早期童年经验

人格发展确实受到童年经验的影响。幸福的童年有利于儿童发展健康的人格，不幸的童年也会使儿童形成不良的人格，但二者不存在一一对应的关系，比如溺爱也可能使孩子形成不良的人格特点，逆境也可能磨炼出孩子坚强的性格。但是早期经验不能单独对人格起作用，它与其他因素共同决定人格的形成和发展。

(5)学校教育因素

学校是人格社会化的主要场所。教师对学生人格发展具有导向作用，而同伴对人格发展具有"弃恶扬善"的作用。有研究表明，在不同的教师的气氛中，学生常有不同的行为表现，教师的公正性对学生也有非常重要的影响。教师对学生人格的发展具有指导定向的作用，教师的公正性对学生有非常重要的影响，学校是同龄群体聚集的场所，同伴群体常对人格的形成起到巨大的影响。

(6)自然物理因素

生态环境、气候条件、空间拥挤程度等这些物理因素都会影响到人格的形成与发展。有很多研究说明了生态环境对人格的影响。另外，气温会提高某些人格特征的出现频率，例如热天会使人烦躁不安，对他人采取负面反应，发生反社会行为。总之，自然环境对人格不起决定性的作用。在不同物理环境中，人可以表现出不同的行为特点。

(7)自我调控因素

对人格产生影响的上述诸多外因，是通过内因起作用的，人格的自我调控系统就是人格发展的内部因素。社会上各种影响因素，首先要为个人接受和理解，才能转化为个体的需要、动机和兴趣，才能推动它去思考与行动。另外，个体已有的心理发展水平对人格特征形成的作用会随着年龄的增加而日益增强。

综上所述，人格是先天和后天的合金，是遗传与环境交互作用的结果。在人格的形成过程中，各个因素对人格的形成与发展起到了不同的作用。遗传决定了人格发展的可能性，环境决定了人格发展的现实性，其中教育起到了关键性作用，自我调控系统是人格发展的内部决定因素。

章节考点　综合训练

一、单项选择题

1.【解析】多血质的人活泼好动、热情大方、善于交往但交情浅薄，行动敏捷、适应力强，弱点是缺乏耐力和毅力，稳定性差，见异思迁。题目所述符合多血质的气质类型。

参考答案：B

2.【解析】奥尔波特把特质分为共同特质和个人特质。共同特质是指在某一社会文化形态下，大多数人或个群体所共有的相同的特质。

参考答案：A

3.【解析】诚实或虚伪、勇敢或怯懦、谦虚或骄傲、勤劳或懒惰等描述的是个体的性格特征。

参考答案：A

4.【解析】巴甫洛夫认为人的气质是由人的高级神经活动类型决定的。他认为，高级神经活动的基本过程就是兴奋和抑制。这两个过程有三个基本特征：神经过程的强度、神经过程的平衡性和神经过程的灵活性。这三个基本特性的结合就形成了高级神经活动类型：兴奋型、活泼型、安静型和抑制型。

参考答案：C

5.【解析】中心特质：构成个体独特性的几个重要特质，每个人身上都有5~10个中心特质。

参考答案：C

6.【解析】考查气质类型和人格特点的对应关系。多血质的特点是外向，情绪比胆汁质要稳定。

参考答案：B

7.【解析】大五人格模型中，把人的性格用五个维度来区分。分别是：经验开放性、责任心、宜人性、神经质、外倾性。
参考答案:B
8.【解析】人格的特征主要有四个,它们分别是人格的独特性、稳定性、统合性、功能性,故排除D。独特性:不同的遗传、生存及教育环境,形成了各自独特的心理点。人与人没有完全一样的人格特点。所谓"人心不同,各有其面",这就是人格的独特性。统合性指的是人格是由多种成分构成的一个有机整体,具有内在统一的一致性,受自我意识的调控。稳定性:个体在行为中偶然表现出来的心理倾向和心理特征并不能表征他的人格。人格结构千变万化正好反映人格的独特性,故选A。
参考答案:A
9.【解析】如下表所示,安静型的高级神经活动类型主要与黏液质的气质对应。

神经活动类型	强度	平衡性	灵活性	气质类型
不可遏制型	强	不平衡	—	胆汁质
活泼	强	平衡	灵活	多血质
安静	强	平衡	不灵活	黏液质
抑制	弱	—	—	抑郁质

参考答案:D
10.【解析】多血质的特点:外向,活泼好动,善于交际;思维敏捷;容易接受新鲜事物;情绪情感容易产生也容易变化和消失,容易外露;体验不深刻等。胆汁质的特点:反应迅速,情绪有时激烈、冲动,很外向。抑郁质的特点:行为孤僻、不太合群、观察细致、非常敏感、表情腼腆、多愁善感、行动迟缓、优柔寡断,具有明显的内倾性。黏液质的特点:平静,善于克制忍让,不为无关事情分心,埋头苦干,态度持重,严肃认真;但不够灵活,注意力不易转移,因循守旧,对事业缺乏热情。
参考答案:C
11.【解析】多血质神经过程的特性是强、平衡、灵活。
参考答案:C
12.【解析】艾森克人格三位理论中包括外倾性-内倾性、神经质和精神质。
参考答案:D
13.【解析】人格特质理论:奥尔波特、卡特尔、艾森克、塔佩斯(大五)特利根(七因素模型);类型理论:单一类型理论、对立类型理论;精神分析理论。
参考答案:B
14.【解析】稳定性:由各种心理特性构成的人格结构是比较稳定的,它对人的行为的影响是一贯的,是不受时间和地点限制的。但是,随着社会生活条件的变化和一个人的发育和成熟,他的人格特点也会发生或多或少的变化。
参考答案:B
15.【解析】首要特质:一个人最典型、最具有概括性的特质。它影响到一个人各方面的行为,而且这种影响又是无所不在的,比如林黛玉身上的多愁善感就是首要特质。中心特质:是构成个体独特性的几个重要特质,在每个人身上都有5~10个。它决定着个体的一类行为而不是全部行为,能够代表一个人的主要行为倾向的特质。次要特质:只在特殊场合下才表现出来的,个体的一些不太重要的特质,这些特质除了亲近他的人,其他人很少知道,比如一个人在母亲面前很顺从,但是在外人面前比较粗鲁。
参考答案:A
16.【解析】气质的生理基础十分复杂,与体液、血型、体型没有直接的关系,而与神经系统活动和内分泌腺的活动有关,而内分泌系统受神经系统调节,因此高级神经活动类型是气质的主要生理基础。
参考答案:C
17.【解析】气质是表现在心理活动的强度、速度、灵活性与指向性方面的一种稳定的心理特征,即平时我们所说的脾气、秉性。气质差异是先天形成的,受神经系统活动过程的特性制约,气质无好坏之分,不能决定人的社会价值。性格是一种与社会相关最密切的人格特征,性格含有许多社会道德成分。"活泼好动"描述的是心理活动的强度和速度,没有好坏之分,是气质的一种表现。
参考答案:D
18.【解析】卡特尔16PF量表是基于人格特质理论开发的。
参考答案:A
19.【解析】情绪稳定且外倾的是多血质。
参考答案:B
20.【解析】罗夏墨迹测验所基于的防御机制是投射。
参考答案:C
21.【解析】奥尔波特把人格分为个人特质和共同特质。
参考答案:A
22.【解析】多血质是强、平衡和灵活。胆汁质是强而不平衡,根据题意描述,符合胆汁质的特点。
参考答案:A
23.【解析】动力特质是具有动力特征的特质,使人趋向某一目标,包括生理驱力、态度和情操。卡特尔进一步把动力特质分为三种:能、外能、辅助。
参考答案:A
24.【解析】艾森克把人格的基本维度分为内外向、神经质、精神质。
参考答案:A
25.【解析】强、不平衡的高级神经活动类型对应的气质类型是胆汁质。
参考答案:A
26.【解析】卡特尔16种人格因素调查表测量的是根源特质。
参考答案:C
27.【解析】中国古代人格心理学思想中,持性善论的观点的思想家是孟子。
参考答案:B
28.【解析】流体智力和晶体智力是一种能力特质。
参考答案:C
29.【解析】场依存型的人在加工信息时,对外在参照有很大依赖倾向,他们的心理分化水平较低,处理问题时往往依赖于周围的场,与别人交往时较能考虑对方的感受。题干中所述的易受暗示,服从于权威,都属于场依存型占优势的人格类型的特点。
参考答案:A
30.【解析】黏液质的神经过程的基本特性:强、平衡、不灵活。
参考答案:C
31.【解析】A选项,黏液质的人情绪平稳、表情平淡;B选项,多血质的人情感丰富、外露但不稳定;C选项,胆汁质的人情绪体验强烈、爆发迅猛、平息快速;D选项,抑郁质的人情绪体验深刻、细腻持久,情绪抑郁、多愁善感。题干中,"情绪谨慎、和平、平静"属于黏液质的特点之一。
参考答案:A
32.【解析】黏液质的人情绪平稳、表情平淡,思维灵活性略差,但考虑问题细致而周到,安稳沉重、踏踏实实、沉默寡言、喜欢沉思,自制力强、耐受力高、内刚外柔,交往适度、交情深厚,但他们的行为主动性较差,缺乏生气,行动迟缓。题干中,"小王不作任何争辩,安静等待下一场"说明他可能属于安静沉稳、沉默寡言的黏液质。
参考答案:D
33.【解析】气质更多是由先天生物因素影响的,表现为心理活动的强度、速度、灵活性等方面的稳定的心理特征。气质作为性格的基础,会影响性格的形成。A正确,B错误。气质和性格有本质的不同,且性格的可塑性相对更大,C和D均错误。
参考答案:A
二、多项选择题
1.【解析】艾森克人格三位理论中包括外倾性-内倾性、神经质和精神质。
参考答案:ACD
三、名词解释
1.【解析】共同特质是属于同一文化形态下人们所具有的一般人格特质。它是在共同的生活方式下形成，并普遍地存在于每一个人身上的。从共同特质来看，个体间的差异，只不过是指个人所具备这种特质的多寡或强弱不同而已。奥尔波特提出了人格的14种共同特质，如：支配-顺从、外向-内向、自信-自卑、合群-孤独、理论兴趣高-理论兴趣低等等。

2.【解析】多血质气质类型的人活泼好动，反应迅速，思维敏捷，灵活而易动感情，富有朝气，情绪发生快而多变，表情丰富，但情感体验不深。外向，喜欢与人交往，容易适应新环境。兴趣广泛但易变化，注意力不易集中，意志力方面缺乏耐力。

3.【解析】生活风格是指个人追求优越的方式。阿德勒认为可以通过职业、社会和爱情来了解，分为四类：统治支配性、索取型、回避型、社会利益型（前三个是错误的）。取决于两个维度：社会兴趣和活动性。途径：看他的出生顺序、对早期的回忆、对梦的解释。

4.【解析】特质是指我们用来描述个人人格特点的描述词，如友好的、谨慎的、爽快的、争强好胜的、慷慨大方的、吝啬的等。

5.【解析】气质是表现在心理活动的强度、速度、灵活性与指向性等方面的一种稳定的心理特征，即我们平时所说的脾气、秉性。气质是人的天性，无好坏之分；性格是一种与社会相关最密切的人格特征，表现了一个人的品德。性格是在后天社会环境中逐渐形成的，有好坏之分。

6.【解析】威特金发现了认知方式的个体差异，即场独立性和场依存性的差异。场独立型的人在信息加工时对内在参照有较大的依赖倾向，他们的心理分化水平较高，在加工信息时，主要依据内在标准或内在参照，与人交往时也很少能体察入微；场依存型的人在加工信息时，对外在参照有较大的依赖倾向，他们的心理分化水平较低，处理问题时往往依赖于"场"，与别人交往时较能考虑到对方的感受。

7.【解析】投射测验是以弗洛伊德精神分析的人格理论为依据建构的。投射测验一般由若干个意义模糊的刺激组成，被试可仍加解释，使自己的动机、态度、感情以及性格等在不知不觉中反映出来，然后由主试将其反应加以分析，就可以推论出若干人格特性。

8.【解析】人格测验也称个性测验，主要测量个体行为独特性和倾向性等特征。最常用的方法有问卷和投射技术。

四、简答题

1.【解析】人格的基本特征包括：

(1)独特性：一个人的人格是在遗传、成熟和环境、教育等先天与后天因素的交互作用下形成的。不同的遗传、生存及教育环境，塑造了形形色色的心理特点。

(2)稳定性：偶然的心理特征不能称为人格，人格的稳定性指在各种场合都表现出稳定的特性，但随着自身的成熟和环境的改变，人格也会或多或少发生一些改变。江山易改，秉性难移，说的就是人格的稳定性。

(3)统合性：人格是由多种成分构成的一个有机整体，具有内在的一致性，受自我意识的调控。人格的统合性是心理健康的重要指标。

(4)功能性：人格在一定程度上会影响一个人的生活方式，甚至会决定某些人的命运，因而是人生成败的根源之一。

2.【解析】福利曼和罗斯曼提出A-B型人格，其主要观点如下：

(1)A型人格：性情急躁，缺乏耐性；成就欲较高，上进心强，有苦干精神，做事认真，动作敏捷，但做事匆忙，社会适应性差，属于不安定性人格，易患冠心病（典型人物如张飞）；

(2)B型人格：性情不瘟不火，举止稳当，对工作和生活的满足感强，喜欢慢步调的生活节奏，在需要审慎思考和耐心的工作中，B型人往往比A型人表现好（如唐僧）。

五、论述题

1.【解析】影响人格的因素有：

(1)生物环境因素

人格是在遗传与环境的交互作用下逐渐形成的。遗传因素对人格的作用程度随人格特质的不同而异。

(2)社会文化因素

社会文化塑造了社会成员的人格特征，使其成员的人格结构朝着相似的方向发展，这种相似性反过来维系社会稳定和社会文化。

(3)家庭环境因素

教养方式主要有：权威性、放纵性、民主性。

(4)早期童年经验

人格发展确实受到童年经验的影响，但是早期经验不能单独对人格起作用，它与其他因素共同决定人格的形成和发展。

(5)学校教育因素

学校是人格社会化的主要场所。教师对学生人格发展具有导向作用，而同伴对人格发展具有"弃恶扬善"的作用。

(6)自然物理因素

自然环境对人格不起决定作用，但在不同物力环境中，人可以表现出不同的行为特点。

(7)自我调控因素

对人格产生影响的上述诸多外因，是通过内因起作用的，人格的自我调控系统就是人格发展的内部因素。

培养青少年健全的人格品质，是一个全方位的系统工程，结合上述因素言之有理即可，以下答案仅供参考。

培养青少年健全人格的途径

(1)家庭、学校、社会应形成合力

影响人格养成的因素是比较复杂的，除先天遗传、传统观念等的影响外，更多的是家庭和学校的教育、社会的影响。家庭教育、学校教育、社会影响是学生健全人格养成的三大重要因素。家庭、学校、社会相互配合，共同努力，构建起培养青少年健全人格的长效机制，共同促使青少年养成健全人格，是教育要遵循的原则和规律。

(2)教育的方法要科学

方法科学就是要对青少年健全人格的养成教育，在整体上有层次性，在个体上有针对性。就整体上的层次性，青少年在不同的成长期具有不同的特点，理解和接受能力也不同，教育的方法也应该有不同。教育的内容要适合青少年各成长阶段的生理、心理、智力等情况。针对青少年的不同年龄特点、身心特征等，由浅入深、由低到高、由近及远、由感性到理性，分层次地进行教育。

就个体上的针对性，不同的个体其先天遗传、后天成长环境都有差别，千人一法是不能奏效的。教育培养必须针对其具体情况因人而异。在坚持培养青少年健全人格的原则下，按照不同的对象采取不同的方法，以达到理想的效果。

(3)完善的规章制度是保障

制度保障就是加强对有关青少年健全人格养成的法规、政策及规章制度的制定与执行。既包括国家的教育方针、政策，也涉及社会生活中的点点滴滴。小到家庭行为的家长以身作则与自律，学校纪律的以人为本与严格执行；大到社会行为的规范，人文环境的和谐，法纪面前的平等，等等。我们不能设想，在成人有人格缺陷的情况下能培养出人格健全的青少年。

所以，学校、家庭应从素质教育和人格培养方面下功夫；社会应该扭转偏重学历，忽视人格、品行、能力的风气，让教育回归到首先培养学生健全人格的目标上来，把青少年培养成德才兼备的有用人才。

2.【解析】(一)人格的特质理论

人格特质理论起源于20世纪40年代的美国。主要代表人物是美国心理学家奥尔波特和卡特尔。特质理论认为，特质是决定个体行为的基本特性，是人格的有效组成元素，也是测评人格所常用的基本单位。

人格特质理论把人格认定为是由诸多特质构成的。所谓特质，是指人拥有的、影响行为的品质或特性，它们作为一般化、稳定而持久的行为倾向而起作用。特质被看作一种神经心理结构，也是一种先在的倾向，使个体以相对一贯的方式对刺激作出反应。

特质论通常认为存在一些特质维度，每个人在这些特质上有不同的表现。比如慷慨是一种特质，每个人都可在不同程度上具备这种特质，成为其人格的特色之一。而人之所以有差异，就在于不同的人有着不同的特质表现程度，形成不同的特质构型，以此来解释人的行为差异。

（二）奥尔波特的特质理论

奥尔波特提出的人格特质理论是特质理论当中的典型代表。基本内容如下：

（1）人格特质分为共同特质和个人特质。

（2）共同特质是指在同一社会文化形态下，多数人或群体所共有的、相同的特质。

（3）个人特质是指某个体所独有的特质，分为三个部分：首要特质、中心特质和次要特质。首要特质代表人格中最典型、最概括、最具独特性的人格特质，在人格结构中处于支配地位，渗透并影响着人的整个行为倾向与表现。中心特质是构成个体独特性的几个重要的特质，每个人都有5~10个。次要特质是个体的一些不太重要的特质，往往只有在特殊的情况下才会表现出来。

（4）奥尔波特一方面奠定了人格心理学的学术地位，使人格心理学成为科学心理学的主流，另一方面，他建立了一套人格心理学理论，对人本主义和自我心理学的产生起到了积极的推动作用，但其理论也存在不足；比如理论可检验性较差、理解的解释范围较窄。

（三）塔佩斯的大五人格理论

（1）塔佩斯等运用词汇学的方法对卡特尔的特质变量进行了再分析，发现了五个相对稳定的因素。之后许多学者进一步验证了五种特质的模型，形成了五因素模型。

①开放性（openness）：具有想象、审美、情感丰富、求异、创造、智能等特质。

②责任心（consciousness）：显示了胜任、公正、条理、尽职、成就、克制等特质。

③外倾性（extraversion）：表现出热情、社交、果断、活跃、开朗、乐观等特质。

④宜人性（agreeableness）：具有信任、直率、利他、依从、谦逊、移情等特质。

⑤神经质（neuroticism）：具有焦虑、敌对、压抑、自我意识、冲动脆弱等特质。

这五个特质的开头字母组成了OCEAN，代表了"人格海洋"。1989年，麦克雷和科斯塔编制了大五人格因素测定量表（NEO-PI-R）。

（2）大五模型的广适程度非常高，为全球化的人格研究提供了一个非常有效的工具。但是大五模型是基于对人格的外部观察。这种方法很难理解人格的本质，以此为依据建立起来的人格模型的准确性很难衡量。

3.【解析】认知风格也叫认知方式，是个体所偏爱使用的信息加工方式。认知风格按不同的划分标准有不同的类型：

（1）场独立型—场依存型：

①场独立型的人在信息加工时对内在参照有较大的依赖倾向，他们的心理分化水平较高，在加工信息时，主要依据内在标准或内在参照，与人交往时也很少能体察人微。

②场依存型的人在加工信息时，对外在参照有较大的依赖倾向，他们的心理分化水平较低，处理问题时往往依赖于"场"，与别人交往时较能考虑到对方的感受。

（2）冲动型—沉思型：

①冲动型的特点是：反应快，但精确性差。具有这种认知风格的人面对问题时总是急于求成，不能全面细致地分析问题的各种可能性，不管正确与否就急于表达出来，有时甚至没有弄清楚问题的要求，就开始解答问题。他们使用的信息加工策略多为整体性策略。当学习任务要求做整体性解释时，成绩较好。

②沉思型的特点是：反应慢，但精确性高。具有这种认知风格的人，总是把问题考虑周全以后再做反应，他们看重解决问题的质量，而不是速度。但是当他们回答熟悉的、比较简单的问题时，反应也比较快。这种人在加工信息时多采用细节性策略，在需要对细节进行分析时，他们的学习成绩较好。

（3）同时型—继时型：

①继时性认知风格的特点是：在解决问题时，能一步一步地分析问题，每一个步骤只考虑一种假设或一种属性，提出的假设在时间上有明显的前后顺序，第一个假设成立后再检验第二个假设，解决问题的过程像链条一样，一环扣一环，直到找到问题的答案。

②同时型认知风格的特点是：在解决问题时，采取宽视野的方式，同时考虑多种假设，并兼顾到解决问题的各种可能性。其解决问题的方式是发散式的，许多数学操作、空间问题的操作都要依赖于这种同时型的加工方式。

（4）如何因材施教：

①教师要认识到学生之间学习风格的差异，并允许不同学习风格的并存；

②采用适应认知方式差异的教学手段，努力使教学方式个别化；

③制定扬长避短的教学策略，构建与学生风格匹配的教学模式。

例如，场依存型的学生对他人的意见和评价比较敏感，教师应该更多地培养此类学生不轻易受他人评价影响的能力。

第十三章　学　　习

第一节　学习的一般概念

考点1　学习概述

1.【解析】学习指由于经验而导致行为或行为潜能比较持久的变化的过程。

参考答案：B

2.【解析】学习是个体在一定情景下由于反复地经验而产生的行为或行为潜能的比较持久的变化。这一概念有三个含义：首先学习是以行为或行为潜能的改变为标志的；其次学习引起的行为变化是相对持久的；最后学习是由练习或经验引起的。

第二节　学习理论

考点1　学习的联结理论

1.【解析】A经典条件学习中，有机体的行为都是由刺激引发的不由自主的反应。B斯金纳操作条件作用律（强化律）如果一个操作发生后，接着呈现一个强化刺激，那么这个操作的强度就增强，所增加的不是S-R的联结，而是使反应发生的概率。C负强化通常是一种厌恶的刺激，是有机体力图回避的，无论是正强化还是负强化，其结果都是增加行为再次出现的概率，促进行为的发生，不同于惩罚。D斯金纳实验箱中的大白鼠从初始的混乱动作中无意地碰到杠杆，得到了食物，学会了按压杠杆与得到食物之间的联结，是一种操作性条件作用。

参考答案：D

2.【解析】本题考查了操作条件反射的相关概念。操作条件反射，由美国心理学家斯金纳命名，是一种由刺激引起的行为改变。他认为行为塑造的关键在于强化。

参考答案：C

3.【解析】强化有正强化（积极强化、阳性强化、给予奖励）与负强化（消极强化、阴性强化、撤销惩罚）之分。惩罚是指当有机体做出某种反应以后，呈现一个厌恶刺激或不愉快刺激，以消除或抑制此类反应的过程。

（1）正强化与负强化都是反应概率提高的现象，正强化是个体反应之后由于获得愉快刺激而导致反应概率提高的现象。负强化是个体反应之后由于厌恶刺激的撤销而导致反应概率提高的现象。

（2）惩罚导致反应概率降低。惩罚有两种情况，正惩罚与负惩罚，正惩罚是指施加一个坏刺激。这是当不适应的行为出现时给予处罚的一种方法,往往是给对方一种使之感到不快的刺激,如批评、罚款等。这种惩罚必须注意,惩罚的是什么,意义要明确,时间要适当。如随地吐痰,当即罚款即是正惩罚的一例。负惩罚是指去掉一个积极刺激。这种惩罚比之正惩罚更为常用。当不适当的行为出现时,不再给予原有的奖励。如儿童不愿意吃药,本来家长要带儿童出去玩耍,这样就可以取消玩耍的计划,直到儿童吃药为止。

(3)正强化和正惩罚是完全相反的过程,一个是施加愉悦刺激导致反应概率增加,一个是施加厌恶刺激导致反应概率降低。负强化和负惩罚是完全相反的过程,一个是取消厌恶刺激导致反应概率增加,一个是取消愉悦刺激导致反应概率降低。

考点2 学习的认知理论

1.【解析】桑代克提出的"尝试-错误"学习是一种操作性条件射,即通过个体自己的某种活动或操作才能得到强化而形成的条件射。

参考答案:B

2.【解析】托尔曼认为,认知地图是关于某一局部环境的综合表象,它不仅包括事件的简单顺序,而且包括方向、距离甚至时间关系等。而位置学习就是根据对情景的认知,在当前情景与达到目的的手段、途径间建立起一个完整的符号系统。

托尔曼认为,动物在迷津实验中学到的不是一系列动作,而是迷津本身的空间布局,即"认知地图"。托尔曼用"认知地图"来描述动物在迷津实验中所学到的东西,即关于迷津的位置信息。例如,哪条路是死路,哪条路通向食物,哪条路最近,而哪条路绕弯等。一旦动物将这些信息同化到自己的某种认知地图中,他就会明白目标在哪里以及该如何走,而不是依靠某种固定的运动系统来达到目的。

考点3 建构主义的学习理论

1.【解析】认知学习论强调新旧之间的相关联系,如认知学习理论的代表人物奥苏伯尔强调学习者头脑中的认知结构与新的学习之间建立起非人为的、实质性的联系。另一位代表人物布鲁纳强调学生学习的主动性,这种主动性的一方面就体现在学生学习的已有经验参与到新的学习中。建构主义学习理论在一定程度上对知识的客观性和确定性提出了质疑,强调知识的动态性,强调学习是意义建构的过程,每个人依赖自己已有的知识建构形成自己对于世界的理解。因此,认知学习理论和建构主义学习理论的基本共性是强调先前经验对新的学习的影响。

参考答案:A

2.【解析】建构主义学习理论可以粗略地分为认知建构主义和社会建构主义两种取向。社会建构主义强调学习的社会互动性,以该理论为理论的教学模式试图通过社会互动促进学习者的学习。支架式教学和认知学徒制涉及的是有能力的专家与学习者的互动,同伴辅导和合作学习涉及的是能力相近的学习者的互动,它们都是基于社会建构主义理论提出的教学方式。

参考答案:ABCD

第三节 学习的规律

考点1 练习及其在学习中的作用

1.【解析】效果律、练习律和准备律并称为桑代克三大学习理论。

参考答案:ABC

考点2 学习的迁移

1.【解析】贾德提出了概括化理论(经验泛化说),他研究了原则和概括性的迁移,认为在经验中学到的原理原则是迁移发生的主要原因。

参考答案:A

章节考点 综合训练

一、单项选择题

1.【解析】高级规则的学习:也被称为解决问题的学习,指在各种条件下,用规则或规则的组合去解决问题。

参考答案:D

2.【解析】通过"潜伏学习实验"(从中间开始进行强化的操作水平会突然提高表现最好),托尔曼认为在获得外部强化之前,会领会符号的意义,形成认知地图,在没有外部强化的时候,学习结果没有显示出来,表现为"潜伏学习",即没有强化也会有学习的产生,强化只是影响学习结果是否表现出来。

参考答案:A

3.【解析】认知地图是托尔曼提出的学习理论观点。

参考答案:B

4.【解析】根据迁移的性质不同和影响效果的不同,可分为正迁移与负迁移。

参考答案:A

5.【解析】美国心理学家桑代克曾做过这样的实验:将一只饥饿的猫放在装有特殊开关的笼中,猫经过不断地尝试后触到了开关,逃离出笼。然后他提出了著名的尝试错误学说,主要观点是:学习是一种盲目的、渐进的尝试与改正错误的过程,随着练习,错误的反应逐渐减少,正确的反应得以产生,于是在刺激与反应之间形成了一种稳固的联结。

参考答案:D

6.【解析】刺激-反应学习,它只涉及一个刺激与一个反应之间的单个联络,而且刺激与反应是统一地联结在一起的。

参考答案:B

7.【解析】认知地图是托尔曼的认知学习理论所特有的。

参考答案:D

8.【解析】本题考查了学习的主要理论。条件反射是巴普洛夫提出的,指在一定条件下,外界刺激与有机体反应之间建立起来的暂时神经联系;顿悟学习是科勒提出的,他认为学习是通过顿悟过程实现的,实质是主体内部的构造完形;观察学习是班杜拉提出的,指通过观察他人的行为而习得新行为。题中一次被蛇咬了,以后的生活中遇到与蛇类似的东西都会害怕,其中蛇和井绳之间建立起了联系,属于典型的条件反射。

参考答案:B

9.【解析】意义学习,是指在学习过程中,符号所代表的新知识与学习者认知结构中已有的适当观念建立实质性和非人为性的联系的过程。

参考答案:B

10.【解析】横向迁移:指在内容和难度上相似的两种学习之间的迁移。

参考答案:A

11.【解析】负迁移:一种学习对另一种学习的消极影响,多指一种学习所形成的心理状态(反应定势)。

参考答案:B

12.【解析】巴甫洛夫认为,条件反射形成的条件是:①无条件反射:食物吃到嘴里,引起唾液分泌增加,这是自然的生理反应,不需要学习,这种反应叫作无条件反射;引起这种反应的刺激是食物,称为无条件刺激。②条件反射:研究助手的脚步声与狗的唾液分泌增加本来没有必然的联系,是一种无关刺激,或称中性刺激;当脚步声与食物同时、多次重复后,狗听到脚步声,唾液分泌就开始增加,这时中性刺激由于与无条件刺激结合而变成了条件刺激,由此引起的唾液分泌就是条件反射。题干中,"音叉的声音"原本是中性刺激,与无条件刺激结合后会变成条件刺激,才能引起狗转头注意。

参考答案:A

13.【解析】托尔曼认为认知地图是关于某一局部环境的综合表象,它不仅包括事件的简单顺序,而且包括方向、距离甚至时间关系等。

参考答案:C

14.【解析】A选项,正强化指当环境中某种刺激增加,行为反应出现的概率也增加的现象;B选项,负强化指当环境中某种刺激减少,行为反应出现的概率增加的现象;C选项,正惩罚是为了让行为反应出现的概率减少,在行为之后施加厌恶事件;D选项,负惩罚是为了让行为反应出现的概率减少，在行为之后取消正强化。题干中，妈妈的目的是减少行为出现概率（“少睡懒觉”），手段是施加厌恶刺激（“做家务特别吵”），因此属于正惩罚。

参考答案：C

15.【解析】A选项，正强化指当环境中某种刺激增加，行为反应出现的概率也增加的现象；B选项，负强化指当环境中某种刺激减少，行为反应出现的概率增加的现象；C选项，惩罚是个体在一种行为发生后随即出现厌恶事件，从而导致该行为出现率下降的现象；D选项，定时强化作用是间隔一定的时间给予强化。题干中，小明的目的是增加行为出现概率（“不听父母吵架”），手段是给予愉快刺激（“出去打游戏”），因此是正强化。

参考答案：A

16.【解析】学习指由于经验而导致行为或行为潜能比较持久的变化的过程。A选项，“近朱者赤，近墨者黑”是由经验引起的，而且以行为或行为潜能的改变为标志，因此属于学习；B、C、D选项属于日常习惯或生理变化，没有通过练习产生，也不是持久变化。

参考答案：A

二、多选题

1.【解析】建构主义学习理论强调学习具有的特点包括学习的主动建构性、学习的社会互动性和学习情境性。因此，建构主义学习理论倡导探究学习、合作学习、支架式教学、认知学徒制、情境学习等学习和教学方式。以教师为中心的个别化教学和接受学习都不是建构主义学习理论所倡导的。

参考答案：BC

2.【解析】认知迁移理论、关系转换理论、概括化理论、共同因素说、形成训练说都属于学习的迁移理论。

参考答案：ABCDE

三、名词解释

1.【解析】正强化是指当环境中某种刺激增加，行为反应出现的概率也增加；负强化是指当环境中某种刺激减少，行为反应出现的概率增加。

2.【解析】学习迁移是人们在一种情境中所获得的知识或技能，可以影响到随后学习的另一种知识或技能。

3.【解析】条件反射法指在一定条件下，外界刺激与有机体反应之间建立起来的暂时神经联系。后天形成，有经典条件反射和操作性条件反射两种形式。

4.【解析】刺激泛化指在条件反射形成后的初期，另外一些类似的刺激也会引起条件反射；刺激分辨别是指生物体学会在某些维度上对与条件刺激不同的刺激做出不同反应的过程。与条件刺激相似的刺激会诱发类似的反应。

5.【解析】效果律是学习的基本定律，由桑代克提出。他认为，正强化会促进行为，而负强化或惩罚会削弱行为，这就是效果律。

6.【解析】试误说由桑代克提出。他认为学习的实质是通过“尝试”在一定的情境与特定的反应之间建立某种联结。在尝试中，个体会犯很多错误，通过环境给予的反馈，个体放弃错误的尝试而保留正确的尝试，从而建立起正确的联结。

四、简答题

1.【解析】正强化是指在行为之后，伴随一种积极刺激。正强化的功能是增加行为出现的次数，奖励有利的行为。例如：工厂里做事，做得越多，奖金越高。

负强化是指当行为出现之后撤销消极刺激，即行为伴随着不良结果的去除。负强化的功能也是增加行为出现的次数。比如小学生做完了家庭作业，就不用做家务。

正惩罚是指在行为之后伴随一种消极刺激，如批评、撤职、降薪、开除等。惩罚的功能是减少行为出现的次数。惩罚手段包括：批评、撤职、降薪、开除等。

负惩罚是指在行为之后撤销积极刺激，功能是减少行为出现的次数。比如员工表现不好，就撤销奖金。

2.【解析】学习指由于经验而导致行为或行为潜能比较持久的变化的过程。人和动物学习的本质区别如下：

（1）人的学习除了要获得个体的行为经验外，还要掌握人类世世代代积累起来的社会历史经验和科学文化知识；

（2）人的学习是在改造客观世界的生活实践中，在与其他人的交往过程中，通过语言的中介作用而进行的；

（3）人的学习是一种有目的的、自觉的、积极主动的过程。

五、论述题

1.【解析】（1）科勒的顿悟研究：科勒深入研究了猩猩解决问题的行为，其中“取香蕉”的实验是最有名的。在实验中，猩猩可以看到房顶上悬挂着一串香蕉，但是它够不到，而房内的地上有几个箱子。研究显示，猩猩一开始试图跳起来抓取香蕉，但是没有达到目的。之后，它不再跳了，而是在房间里走来走去，仿佛在观察房间里的东西，经过一段时间，猩猩突然把箱子挪到香蕉下面，跳到箱子上，取到了香蕉。通过这些研究，科勒发现猩猩是突然学会如何解决问题的，即顿悟学习。

（2）科勒由上述实验提出了顿悟学习相关的理论。顿悟是自发地对某种情境中各刺激间的关系的豁然领会。如猩猩突然发现了箱子与香蕉之间的关系，它在认知结构中将已有的知识经验进行了重新组合，因而找到了解决问题的新方法，这种学习就叫作顿悟学习。

顿悟学习的产生具备一定条件：

①顿悟依赖于情境，当答案的基本部分与当前情境的关系较易觉察时，才容易出现顿悟；

②顿悟产生后，可以重复出现；

③在一种情境中产生的顿悟可以迁移到新的场合。

2.【解析】（1）经典条件作用：

①经典条件反射的形成：

a. 无条件反射：食物吃到嘴里，引起唾液分泌增加，这是自然的生理反应，不需要学习。

b. 条件反射：饲养员的脚步声与狗的唾液分泌增加没有必然的联系，但当脚步声与食物多次同时出现后，由此引发的唾液分泌反应。

②经典条件反射的规律：

a. 习得：在条件刺激与无条件刺激之间建立联结的过程叫条件反射的习得过程。

b. 消退：条件反射形成以后，如果得不到强化，条件反应会逐渐削弱，直至消失。

c. 泛化与分化：泛化指在条件反射形成后的初期，另外一些类似的刺激也会引起条件反射；分化指对事物的差异的反应。

d. 二级条件作用：在已经形成的条件反射的基础上，如果将条件刺激用作无条件刺激，使它与另一个中性刺激伴随出现，就能建立一种新的条件反射。

（2）操作条件反应理论：

①斯金纳提出操作性条件作用，他认为存在两种类型的学习，一类是由刺激情境引发的反应，称之为应答性反应，与经典性条件作用类似；另一类是操作性反应，它不是由刺激情境引发的，而是有机体的自发行为。

②影响行为巩固或再次出现的关键因素是行为后所得到的结果，即强化。斯金纳区分了两种类型的强化：正强化与负强化。

a. 当环境中某种刺激增加而行为反应出现的概率也增加时，这种刺激是正强化物，这种现象就是正强化。

b. 当环境中某种刺激减少而行为反应出现的概率增加时，此种刺激就是负强化物，这种现象就是负强化。

c. 强化的类型包括：连续强化和间隔强化、固定比例强化和变化比例强化、固定时间强化和变化时间强化。

③此外还有惩罚。惩罚是个体在一种行为发生后随即出现厌恶事件，从而导致该行为出现率下降的现象。惩罚有两种类型：

a. 一种是在行为之后施加厌恶事件，称为正惩罚；

b. 另一种是在行为之后取消正强化，称为负惩罚。

3.【解析】狗主人可以通过建立操作性条件反应来让狗狗喜欢玩具,不再咬拖鞋。运用到的相关理论如下:
(1)斯金纳提出操作性条件作用,他认为存在两种类型的学习,一类是由刺激情境引发的反应,称之为应答性反应,与经典性条件作用类似;另一类是操作性反应,它不是由刺激情境引发的,而是有机体的自发行为。
(2)影响行为巩固或再次出现的关键因素是行为后所得到的结果,即强化。斯金纳区分了两种类型的强化:正强化与负强化。
①当环境中某种刺激增加而行为反应出现的概率也增加时,这种刺激是正强化物,这种现象就是正强化。
②当环境中某种刺激减少而行为反应出现的概率增加时,此种刺激就是负强化物,这种现象就是负强化。
③强化的类型包括:连续强化和间隔强化、固定比例强化和变化比例强化、固定时间强化和变化时间强化。
(3)此外还有惩罚。惩罚是个体在一种行为发生后随即出现厌恶事件,从而导致该行为出现率下降的现象。惩罚有两种类型:
①一种是在行为之后施加厌恶事件,称为正惩罚;
②另一种是在行为之后取消正强化,称为负惩罚。
可行的实践方法:正强化或惩罚。在狗狗每一次玩玩具或不咬拖鞋时奖励食物,或在狗狗每一次不玩玩具或咬拖鞋时不给予食物,让狗狗不断通过这种联结对期待行为进行学习。
4.【解析】巴甫洛夫认为,条件反射形成的条件是:
①中性刺激:在条件反射形成之前,并不引起预期的、需要学习的反应。在巴甫洛夫的实验中,铃声或脚步声就是中性刺激。
②无条件刺激:在条件反射形成之前就能引起预期的反应。在巴甫洛夫的实验中,食物就是无条件刺激。
③无条件反射:食物吃到嘴里,引起唾液分泌增加,这是自然的生理反应,不需要学习,这种反应就叫作无条件反射。
④条件反射:当铃声或脚步声与食物同时、多次重复后,狗听到铃声或脚步声,唾液分泌就开始增加,这时中性刺激由于与无条件刺激结合而变成了条件刺激,由此引起的唾液分泌就是条件反射。
经典条件反射可用来解释生活中的一句谚语,同时也是一种经典现象:"一朝被蛇咬,十年怕井绳"。即井绳一开始是中性刺激,由于某次与个体害怕的刺激(蛇)相关联,最终将建立了条件反射(对井绳感到害怕、恐惧)。
5.【解析】(1)经典条件反射的形成涉及四个事项,两个属于刺激,两个属于机体的反应。
①无条件刺激:它在条件反射形成之前就能引起预期反应(本能),与此对应的机体反应是无条件反应,例如狗看到肉(无条件刺激)就引起唾液分泌(无条件反应)。
②中性刺激:它是不能够引起预期的反应(本能),但经过与无条件刺激的联结,通过学习能够引起无条件反应的刺激。与此对应的机体反应是条件反应。例如在巴甫洛夫的实验中,铃声(条件刺激)也能引起狗分泌唾液(条件反应)。
(2)经典条件反射的规律:
①习得:在条件刺激与无条件刺激之间建立联结的过程叫条件反射的习得过程。
②消退:条件反射形成以后,如果得不到强化,条件反应会逐渐削弱,直至消失。
③泛化与分化:泛化指在条件反射形成后的初期,另外一些类似的刺激也会引起条件反射;分化指对事物的差异的反应。
④二级条件作用:在已经形成的条件反射的基础上,如果将条件刺激用作无条件刺激,使它与另一个中性刺激伴随出现,就能建立一种新的条件反射。
(3)吸毒者在陌生环境中容易毒品过量而死的可能原因是:个体预期到毒品的药理学作用时,他对毒品的耐药性会提高。毒品的使用情景作为条件刺激物的存在,个体通过组织药物的常规效应而学会保护自己。当人们吸毒时,毒品(无条件刺激)会带来某些生理反应,这些反应是机体试图重建体内动态平衡而采用的药物对抗反应,机体对药物的对抗反应是无条件反应,但随着时间的推移,这种补偿效应就变成了条件反应。所以有机体必须消耗一定量的药物克服补偿反应,才会出现吸毒后的"正效应",因而抗药力会提高。正因如此,当吸毒者换到一个新的陌生环境中,补偿效应减弱,毒品的耐药性降低,容易吸毒过量而死。

六、综合分析题

1.【解析】(1)训练海豚体现的是操作性条件作用的基本原理。斯金纳提出操作性条件作用,他认为存在两种类型的学习,一类是应答性反应,与经典性条件作用类似;另一类是操作性反应,它不是由刺激情境引发的,而是有机体的自发行为。即操作性行为强调先有反应再有刺激。
在训练海豚的过程中,首先是海豚无意中伸出头来,才有后续训练师的训练,即海豚伸头的动作是自发的操作性行为。而且,训练师一开始训练海豚的方式是先等它自己把头伸出水面,当它这样做时,训练师就会奖励事物,之后只要海豚做出把头伸出水面的动作,训练师就必然会奖励他食物。这表明,海豚逐渐习得了"把头伸出水面"和"有食物奖励"之间的联系。
(2)海豚学习的过程中,最重要的操作是"一直等到海豚跳出水面,训练师才又立马吹口哨,并扔出小鱼"。这体现的是正强化的过程。当海豚已经学会了把头伸出水面后,训练师便不再进行食物奖励,之所以这么做是因为训练师期待的行为是海豚能够最终习得跳出水面的动作。因此直到海豚完全跳出水面,训练师才对海豚的行为进行强化(食物奖励)。这一操作对海豚习得训练师期待的动作起着关键的作用。
(3)以妈妈想让孩子学会主动做家务的行为为例,具体操作步骤如下:
①某次孩子主动帮妈妈做了家务的时候,妈妈要立马给予孩子正强化,如金钱奖励或礼物奖励等方式。
②接下来的每一次,只要孩子做出做家务的行为,妈妈就给予对应的奖励,逐渐让孩子形成"做家务"和"有奖励"之间的反应联结。

第二篇 社会心理学

第一章 社会心理学概论

第一节 社会心理学及其发展

考点1 社会心理学的定义与研究范畴

1.【参考答案】D

【解析】奥尔波特(Allport,1924)认为,社会心理学是科学研究人的思想、情感和行为怎样受到真实的、想象的和隐含的他人存在的影响的学科,主要研究人的社会行为与社会意识。

2.【参考答案】C

【解析】社会心理学的研究范畴(或称研究范围、研究对象)可以分为社会心理发展、社会认知、社会互动、社会影响以及应用社会心理学几个部分,其中的内容不包括个体心理。

考点2 社会心理学的发展历程

1.【参考答案】D

【解析】特里普利特采用科学实验的方法,发现他人在场影响自行车赛车手的竞赛表现。美国社会心理学家奥尔波特受此启发开启了一系列关于"社会促进"的研究。这一研究首次将实验的方法引入社会心理学的研究,被认为是最早的社会心理学实验。

2.【参考答案】C

【解析】美国社会心理学的哲学基础是实证主义与实用主义,较为注重实验室研究,目前美国社会心理学占主导地位的仍然是实验社会心理学。

3.【参考答案】BD

【解析】奥尔波特提出社会心理学应研究个人的社会行为与社会意识,强调不存在群体心理问题。

4.【参考答案】

社会心理学的发展历程一般被划分为三个阶段:思想孕育时期(思想积累阶段)、形成时期(产生阶段)和确立时期(快速发展阶段)。这三个阶段也分别被称为"哲学思辨阶段""经验描述阶段""实证分析阶段"。

在思想孕育时期,哲学家们用权威思想解释人们的社会行为。例如在柏拉图的著作《理想国》中就存在了社会分类的观点,亚里士多德也曾提出"人是社会动物"这一命题。在这一时期,世界各地的思想家、哲学家都提出了一些具有社会心理学思想光芒的观点,这为社会心理学的诞生丰富了思想积累。

在形成时期,社会心理学强调根据经验来描述社会行为。19世纪中叶至20世纪初,以德国民族心理学、法国群众心理学与英国本能心理学的研究为基础,社会心理学从社会学与心理学两个学科中诞生,成为两者之间一门独立的边缘学科。1908年,英国心理学家麦独孤与美国社会学家罗斯分别出版了《社会心理学导论》与《社会心理学》,标志着社会心理学的正式诞生。

在确立时期,特里普利特最初通过实验的方法研究了自行车运动员的社会助长问题。美国心理学家奥尔波特受此启发开始了一系列的"社会促进"主题的实验,并在1924年出版《社会心理学》,标志着实验社会心理学的诞生,社会心理学从"经验描述阶段"进入"实证分析阶段",从描述性研究转向实证性研究,从理论研究转变为应用研究。在20世纪20~60年代,社会心理学获得了充分的发展,研究范围涉及人们社会行为的各方各面。

考点3 社会心理学的两种研究取向

1.【参考答案】C

【解析】社会认知论是社会心理学的重要理论之一,它是一种用来解释社会学习过程的理论,主要关注人的信念、记忆、期望、动机以及自我强化等认知因素。在上述四个社会心理学理论中,只有社会认知理论把个体变量作为主要研究变量,属于心理学取向的社会心理学理论。

第二节 社会心理学理论

考点1 强化导向的社会心理学理论

1.【参考答案】C

【解析】社会交换理论的主要代表人物有美国社会学家霍曼斯、布劳和埃摩森,霍曼斯是社会交换理论的创始人。

2.【参考答案】C

【解析】班杜拉提出社会学习理论,也称社会观察理论,认为人的一切社会行为都是在社会环境影响下,通过对示范行为的观察学习而得以形成、提高或加以改变的。

3.【参考答案】B

【解析】社会交换理论指出人际关系的公平交换原则包括均等原则、各取所需原则以及平等原则,不包括匹配原则。

4.【参考答案】

(1)社会交换理论的内容

社会交换理论认为社会中的任何事物都有特定的价格,社会活动的实质是人与人之间相互等价地给予或回报彼此间所需要的事物。这一理论的主要代表人物有霍曼斯、布劳、埃默森等。

霍曼斯提出了六项社会交换理论的基本命题:

①成功命题:行为重复的频率决定于行为获得奖赏的频率和及时性。

②刺激命题:相同刺激将带来相同或相似行为后果,现有刺激与过去引发特定行为的刺激越接近,则引发同样行为的可能性越大。

③价值命题:一种行为后果对一个人价值越大,则行为对个人的奖赏也越高。

④剥夺-满足命题:剥夺指某人在得到某一特定奖赏后所经历时间的长度。满足则是一个人在刚刚过去时间里得到的奖赏,足以使他不再马上需要更多奖赏的状态。

⑤攻击-赞同命题:行为没有得到预期奖赏或者受到未预期的惩罚,则个体可能被激怒,使行为的方向是攻击。

⑥理性命题:人们的行为选择会同时考虑价值和成功的可能性。

(2)社会交换理论的评价

社会交换是社会生活得以生存发展的基础,社会交换理论为解释社会现象提供了理论框架,但其理论和方法忽视个人内在价值取向等因素对交换关系的影响,具有简单实证主义、心理还原主义的倾向,其理论解释力也较为局限。

考点2 认知导向的社会心理学理论

1.【参考答案】A

【解析】自我类化理论关注人在社会环境下的社会类化的过程以及在群体之中个人同一性向社会同一性转变的过程,其内容相比社会同一性理论更关注个体对自己作为独立个体进行社会类化或是作为群体成员而行动时的认知过程。

2.【参考答案】D

【解析】认知失调理论由费斯廷格提出,这一理论认为当个体的各认知因素之间出现不协调的关系时,个体就会产生认知失调进而导致心理压力,促其改变认知或行为以减少不协调认知带来的焦虑。

3.【参考答案】错误

【解析】根据费斯廷格的认知失调理论,当各认知因素之间出现"不协调"的关系时,认知主体就会产生认知失调,进而产生心理压力,促使个人改变观念或行为以减少失调。由此可知,当两种认知或认知与行为不协调时,个体也可以通过改变行为来减少认知失调。

4.【参考答案】

图式是通过认知经验发展起来的关于特定事物或概念的认知结构。

在个体的社会认知过程中,图式能够稳定地将新的经验和过去的经验连接起来,从而快速、经济地处理大量信息,有助于个体在节省认知资源的基础上快速完成信息加工;

同时,由于人类的记忆具有随时间推移

重构的特性，人们会倾向于用与已有的图式相一致的信息来填补记忆信息出现的空白，图式在社会认知的过程中也有助于帮助个体进行回忆和推理。

此外，图式影响着人们对他人或其他社会实体做出推论，正确的图式帮助人们推测事实。

考点3　角色理论

1.【参考答案】

角色冲突是指个人不能同时满足对其有意义的多种角色期望而履行不同角色时所出现的矛盾心态。角色冲突的类型可以分为角色间冲突和角色内冲突。

2.【参考答案】

角色理论是一种试图从人的社会角色属性解释社会心理和行为的产生、变化的社会心理学理论取向。角色理论的理论体系源于符号相互作用论（社会学来源）、结构功能论（人类学来源）以及角色扮演技术（心理学来源）。

这一理论认为，人作为社会结构中的一个成员，社会环境和其周围人群发生的直接的和间接的、外显的和内隐的、真实的和想象的联系，会在个人态度和行为的各个层次上发生相互作用。

3.【参考答案】

角色冲突是指个人不能同时满足对其有意义的多种角色期望而履行不同角色时出现的矛盾心态。外在社会对于具有某一角色的人如何行为和如何看待事物的期望就是角色期望。

角色冲突可以表现为角色内冲突或角色间冲突。

由多种社会身份引起的角色冲突称为角色间冲突，例如所谓的“忠孝两难全”，一个军人在家是父母的孩子，在国家面前又是以服从命令为天职的战士，此时两种身份引发的冲突就是角色间冲突。

角色内冲突是外界社会对同一身份存在不同的角色期望所引起的角色冲突。例如对于“好学生”来说，有些教师期望好学生应当德智体美劳全面发展，有些教师则认为好学生应当成绩优异，那么对于一名“好学生”来说，面对是否应当在非重点学科（例如体育、美术、音乐）或者自身感兴趣的课外素质拓展活动中耗费时间的问题时，就会出现角色内冲突。

章节考点　综合训练

一、单项选择题

1.【参考答案】B

【解析】社会心理学的历史发展顺序划分为哲学思辨、经验描述与实证分析。

2.【参考答案】A

【解析】社会心理学的初创时期存在四种主要的理论形态：德国的民族心理学、法国的群众心理学、英国的本能心理学和美国的工业心理学。民族心理学是社会心理学理论的最初形态之一，其于19世纪中叶在德国形成。法国群众心理学产生于19世纪后期，英国本能心理学探讨了个体行为的动力问题。

3.【参考答案】A

【解析】奥尔波特在1924年出版以实验为基础的《社会心理学》，宣告社会心理学作为科学的历史正式开始，他也被誉为现代社会心理学之父、科学社会心理学创始人。

4.【参考答案】C

【解析】社会交换理论的缺陷之一在于，在理论和方法上忽视个人内在价值取向等因素对交换关系的影响。

5.【参考答案】C

【解析】图式是指通过认知经验发展起来的关于特定事物或概念的认知结构。

6.【参考答案】D

【解析】班杜拉认为社会学习中的强化过程包括外部强化、替代强化和自我强化三种。

7.【参考答案】D

【解析】社会交换理论的主要代表人物有美国社会心理学家霍曼斯、布劳和埃摩森，霍曼斯是社会交换理论的创始人。

二、名词解释

1.【参考答案】

图式是通过认知经验发展起来的关于特定事物或概念的认知结构。

2.【参考答案】

角色偏差，即角色偏常，是指一个人行为和心理准备长时间偏离社会期望，形成与自己社会身份不相适应的行为和心态结构。

3.【参考答案】

角色内冲突是指同一种身份存在不同的角色期望所引发的角色冲突。

4.【参考答案】

社会交换理论认为社会中的任何事物都有特定的价格，社会活动的实质是人与人之间相互等价地给予或回报彼此间所需要的事物。这一理论的主要代表人物有霍曼斯、布劳、埃摩森等。

三、简答题

1.【参考答案】

认知失调理论最初由费斯廷格提出，该理论认为，当各认知因素之间出现“不协调”的关系时，认知主体就会产生认知失调，进而产生心理压力，促使个人改变观念或行为以减少失调。

认知失调通常在“逻辑的违背”“文化价值的冲突”“观念层次的冲突”“新旧经验的矛盾”四种情况下出现；

认知失调的程度取决于每一认知元素对个人生活的重要性以及个体失调认知数目与协调认知数目的相对比例。涉及的认知因素对个体而言越重要、失调的认知数目占比越高，认知失调的程度越大；

当认知失调出现时，个体产生的焦虑与肯定自我的倾向会推动减少失调的行为产生，主要的减少或消除认知失调的途径有“改变行为”“改变态度，使其符合个体行为”“引进新的认知因素，消除原有认知因素的失调关系”等。

2.【参考答案】

角色理论是一种试图从人的社会角色属性解释社会心理和行为的产生、变化的社会心理学理论取向。角色理论的理论体系源于符号相互作用论（社会学来源）、结构功能论（人类学来源）以及角色扮演技术（心理学来源）。

这一理论认为，人作为社会结构中的一个成员，社会环境和其周围人群发生的直接的和间接的、外显的和内隐的、真实的和想象的联系，会在个人态度和行为的各个层次上发生相互作用。

角色理论强调社会环境对行为的定向作用，同时也重视个人可能的角色创造，因而被称为“社会有限决定论”。该理论通过比拟戏剧，较为完整地考虑到了现实社会行为的整个系统，并将宏观的社会因素和微观的个人因素贯穿到一起，因此具有特殊的价值和地位。

3.【参考答案】当认知失调出现时，个体产生的焦虑与肯定自我的倾向会推动减少失调的行为产生，通过“改变行为”“改变态度，使其符合个体行为”“引进新的认知因素，消除原有认知因素的失调关系”等途径减少或消除认知失调。例如戒烟者面临被迫吸烟引发的认知失调时，可能会在心里告诉自己“我吸到口腔就吐出来，不进入呼吸道，有害物质的作用就会小一些/我只吸一口，不影响戒烟”（改变认知），或是借故离开（改变行为），这就是通过改变认知或改变行为来消除认知失调的方式。

四、论述题

1.【参考答案】

认知失调理论最初由费斯廷格提出，该理论认为，当各认知因素之间出现“不协调”的关系时，认知主体就会产生认知失调，进而产生心理压力，促使个人改变观念或行为以减少失调。认知因素包括思想、态度、信念以及人们对行为的感知。

在一般情况下，人们的态度和行为是一致的，但当个体在社会生活中面对常识逻辑被打破、已有的文化价值体系与观念层次受到冲击或是出现了新旧经验的矛盾时，认知体系就会出现不协调，失调的认知因素对个人生活越重要、失调的认知因素的比例越大，认知失调的程度就越严重。为了克服由认知失调引起的紧张，人们可能通过改变行为、改变态度或是引进新的认知因素平衡原有的失调关系来减少失调的状况。

在SARS出现之前,人们一般认为肺炎引发的疾病不会以如此高的致死率快速传播。此时,新旧经验的矛盾和已有的逻辑体系受到的冲击,加之SARS对生命的高威胁性,人们产生了高度的认知失调,出现了材料中描述的问题。

对于这一问题,可以通过引进新的认知因素来平衡认知失调的状况。例如,建立良好的疾病防、控、治观念,对家中的餐具等接触性家庭用品进行消毒,出现可疑的感冒高热情况及时送医,坚信"及时发现及时治疗,'非典'一定能够被完全治愈",以此消除认知失调而产生的心理紧张感。

(依据认知失调理论的基本内容,结合材料内容与实际情况作答,可不限于参考答案,言之有理即可。)

五、分析题

1.【参考答案】

(1)张三所处的状态可以用认知失调理论来解释。

(2)认知失调理论认为,当个体的各认知因素之间出现不协调的关系时,个体就会产生认知失调进而导致心理压力,促其改变认知或行为以减少不协调认知带来的焦虑。

认知失调通常在"逻辑的违背""文化价值的冲突""观念层次的冲突""新旧经验的矛盾"等情况下出现,且涉及的认知因素对个体而言越重要、失调的认知数目占比越高,认知失调的程度越大。例如,当一个反对吸烟,或是正在戒烟的人在聚会中碍于面子要同朋友一起吸烟,新旧经验的矛盾就会引发认知失调。若此人对吸烟危害的认知越强烈,持"吸烟会直接致癌且吸烟带来的损伤不可逆"的观念,他的认知失调程度会明显大于那些认为"小吸怡情,大吸伤身"的人。

(3)当认知失调出现时,个体产生的焦虑与肯定自我的倾向会推动减少失调的行为产生,通过"改变行为""改变态度,使其符合个体行为""引进新的认知因素,消除原有认知因素的失调关系"等途径减少或消除认知失调。张三面临认知失调时,可能会在心里告诉自己"我吸到口腔就吐出来,不进入呼吸道,有害物质的作用就会小一些/我只吸一口,不影响戒烟"(改变认知),或是不买烟、不接收他人递的烟(改变行为),这就是通过改变认知或改变行为来消除认知失调的方式。

第二章 社 会 化

第一节 社会化的概念与内容

考点1 社会化概述

1.【参考答案】C

【解析】社会化是个体在社会的影响下,通过与社会的交互作用,形成一定的社会认可的心理-行为模式,成为社会成员的过程。

2.【参考答案】D

【解析】社会化与个性化是一组相对的概念,二者同步进行、同步实现,其过程相互影响,是不可分割的统一体。一个社会如果只允许社会化的存在而扼杀个性化时,则会出现"过度社会化"效应,导致长期在一种水平上简单重复,缺少革命性成就;如果过度强调个性化而忽视社会化,则会出现"社会化不足"现象,导致社会失去应有的连续脉络,因缺乏凝聚社会的共同性基础而失范和分离崩析。

考点2 社会化的主要内容

1.【参考答案】D

【解析】本题考查语言社会化在社会化的目标中的特殊地位。人的社会化过程是从掌握语言开始的,其他一切社会化目标也都是以语言社会化为前提的,个体在多大程度上掌握了一种社会的语言,也就在多大程度上获得了社会化,语言社会化是社会化过程中最为重要的一个目标。

2.【参考答案】

道德与法律社会化是指将特定社会所肯定的道德规范、法律法规逐渐内化的过程。当人们认同和接受某种道德规范,并使自己的行为遵循这些社会道德规范时,就实现了道德社会化;当人们建立法制观念并自觉按照法规约束行为时,就实现了法律社会化。

考点3 成人社会化与再社会化

1.【参考答案】C

【解析】在个体发展的过程中,父母是影响儿童社会化的重要因素。但是这种影响不是单向的,儿童会以他们自己的方式影响父母的教育方式,也就是说儿童也会反过来促进父母的社会化,这就是相互社会化。题干内容中,盈盈接受了父母的观点,父母也认可了盈盈的爱好,这一现象体现了相互社会化的过程。

第二节 社会化的影响因素与心理机制

考点1 社会化的影响因素

1.【参考答案】

个体的社会化进程受到生物遗传因素与社会文化因素的双重影响。其中,遗传因素是人社会化的潜在基础和自然前提,社会文化则起着决定性的作用。

影响个体社会化的环境因素主要有如下几个方面:

(1)社会文化

社会文化包含了在某一特定群体或社会的生活中形成的并为其成员所共有的生存方式的总和,包括价值观、信仰、艺术、法律、生活态度、行为准则以及相应的物质表现形式等。

文化对个体社会化的作用表现在三个方面:首先,文化为个体提供社会化的规范;其次,文化培养人们对身份、地位的认同;最后,文化会造就人的心理和人格模式。

(2)家庭

儿童期的社会化是个体社会化进程的第一个阶段,家庭是个体社会化的起点。这一时期是个体一生中社会化的关键期,此时儿童对家庭的依赖最强,同时各种社会关系也会通过家庭的中介作用反射到儿童身上。

(3)同辈群体

同辈群体是一个由地位、年龄、兴趣、爱好、价值观等大体相同或相近的人组成的关系亲密的非正式群体。在个体进入青春期之后,同辈群体对个体社会化的影响开始逐渐重要,甚至能够远超家庭因素的影响。

(4)学校

学校的作用是从正面将社会规范、道德价值观、知识与技能传授给新一代人,当儿童进入学龄期,学校就取代家庭成为个体社会化的首要影响因素。其中,学校文化、教师威信以及教师对学生的期望对个体的塑造作用都是学校对个体社会化影响的主要体现。

(5)大众媒体

大众媒体主要以电视、报刊、图书、电影、网络等方式为主要的传播媒介,它为人们提供了各种不同的角色模式、角色评价、价值标准以及行为规范,对个体社会化起到潜移默化的作用。

考点2 社会化的心理机制

1.【参考答案】

社会化的心理机制主要有如下四个方面:

(1)社会角色引导机制

角色是一定社会身份所要求的一般行为方式以及理解事物的态度和价值观。个体的社会环境和社会生活与其担任的社会角色相一致,并依据社会对相应角色的要求与期待而被系统化。个人学习扮演社会角色,并按照社会对个人的角色期望确定自己的努力方向,从而使社会结构得以维持和发展。

(2)社会比较机制

随着个体自我意识水平不断提高,自我评价需要越来越强,任何具有自我意识的人,都需要评价自己的状态,并确定自己和周围世界的关系。将自身状态与他人状态进行比较以获得自我评价的过程即社会比较。多数情况下,社会比较是获得社会性自我评价的唯一途径。

(3)社会学习机制

社会化不止取决于行为实践,观察学习

经验以及相关的心理机制对人的社会化过程也起着十分重要的作用。班杜拉认为个人可以通过观察他人的行为和后果来学习各种行为、行为规范和行为方式。直接强化、替代强化和自我强化都对人的社会化有作用。但随着个体自我意识的不断发展，自我强化会逐渐成为社会化经验中具有自我引导性质的重要机制。

(4)亚社会认同机制

亚社会指相对于宏观大社会的直接社会环境，有时也指对应于较大社会背景中的较小社会背景。作为个体的首属群体和个体社会化的直接背景，个体会首先以亚社会为出发点，并在其被要求、期望和奖惩的环境中被引导。

章节考点　综合训练

一、单项选择

1.【参考答案】D

【解析】再社会化是指有意改变原有的价值观与行为模式，建立新的价值观念与行为模式的过程。错误思想与行为模式的改造是罪犯在监狱中的改造过程中的重要环节，这一过程属于强制性的再社会化。

2.【参考答案】A

【解析】社会化的核心是学习，而学习的核心是掌握语言。

3.【参考答案】A

【解析】语言社会化在社会化的目标中具有特殊地位。语言是人们理解别人和令自己为别人所理解的工具。人的社会化过程是从掌握语言开始的，其他一切社会化目标也都是以语言社会化为前提的。

4.【参考答案】D

【解析】性别角色社会化是个体学习自己所属文化所规定的性别角色的过程。

二、名词解释

1.【参考答案】

个性化是指个体在特定社会条件影响下，在实现社会化的同时形成个人心理-行为倾向独特性的过程。

2.【参考答案】

预期社会化是个体为未来角色做准备的社会学习过程，是青少年期社会化的主要形式。

3.【参考答案】

性别角色是特定社会或群体按照人的男女性别规定的不同行为模式。

4.【参考答案】

个体在发展出自我意识之后，为形成明确的自我评价，通过将自身状态与他人状态进行比较以获得自我评价，这一过程即社会比较。

5.【参考答案】

再社会化是指由于个体原来学习的价值标准和行为规范不能适应新情况，个体需要通过吸收新的角色、价值或知识来建立新价值观念与行为模式，确立新生活目标的过程。

6.【参考答案】

社会化是个体在社会的影响下，通过与社会的交互作用，学习社会知识、掌握社会技能、建立社会经验，并通过自身不断选择和建构，形成一定的社会认可的心理-行为模式，成为社会成员的过程。

三、简答题

1.【参考答案】

由于社会变迁速度的加快，随着社会发展速度的加快，对现实生活的理解力有所下降，同时成人既有的知识、经验反而可能会在某种程度上阻碍成人了解、接纳新事物，从而影响他们适应新的生活方式。

因此他们需要获取大量信息通过学习以适应这种快速的社会发展。此时，传统的亲代教化子代的社会教化方式效用减弱，晚辈开始反客为主，充当教化者的角色。

这种在急剧的文化变迁时代所发生的年长一代向年青一代进行广泛文化吸收的过程即为文化反哺现象。文化反哺是成人社会化的一种重要机制，也是一种反向的社会化。

2.【参考答案】

个体的社会化是一个持续终生的过程，根据人的发展周期以及各个发展阶段的特点，可把这一历程划分为儿童期、青春期-青年期和成人期，包含如下一系列的社会化进程：

儿童期的社会化主要包括个体在生命的早期，儿童通过与父母、学校、外部世界等社会环境的交互初步完成语言、自我概念、人格倾向、思维能力的发展；

青春期-青年期的社会化主要通过预期社会化的形式出现，青少年通过“预演”来完成为未来角色做准备的社会学习过程；

成人期的个体完成了初级社会化的过程(在个体早期阶段为各种成人角色所做的准备)，他们需要在基本社会化的基础上，根据社会文化环境的变化及其所要求的角色重构，在承担正式社会责任后进行延伸性的社会知识、技能、价值观念和行为规范的学习。

此外，如果个体已有的学习的价值标准和行为规范不能适应新情况时，则需要通过吸收新的角色、价值或知识来建立新价值观念与行为模式，确立新生活目标，这一过程也被称为再社会化。

3.【参考答案】

社会化包括的内容主要有政治社会化、语言社会化、道德社会化、性别角色社会化等。

(1)政治社会化是个体逐步接受与获取被现有政治制度所肯定和施行的政治行为取向与行为模式的发展过程。政治社会化是一般社会化的核心。

(2)语言社会化是指儿童或语言初学者通过语言的学习实现社会化的过程，它包括两个方面的含义：其一是语言本身的社会化；其二是应用语言达到社会化。语言社会化在社会化的目标中具有特殊地位。人的社会化过程是从掌握语言开始的，其他一切社会化目标也都是以语言社会化为前提的。

(3)道德社会化与法律社会化是指将特定社会所肯定的道德规范、法律法规逐渐内化的过程。

(4)性别角色是特定社会或群体按照人的男女性别规定的不同行为模式。性别角色社会化是个体学习自己所属文化所规定的性别角色的过程。

四、论述题

1.【参考答案】

社会化通常指个体在社会影响下，通过学习社会知识、掌握社会技能、建立社会经验，并通过自身不断地选择和建构，形成一定社会所认可的心理-行为模式，成为社会成员的过程。攻击行为是一种有意违背社会规范的伤害行为，伤害行为可以是实际造成伤害的行动或言语，也可以是指目的为伤害而未能实现的行为。家庭因素、同伴因素、学校因素和媒体因素是社会化的影响源。想要在社会化过程中预防攻击行为，需要在这些影响社会化的因素上采取措施：

(1)社会文化方面。社会文化为个体提供社会化的规范，培养个体对身份地位的认同，同时也造就人的心理与人格模式，良好的社会文化环境能够帮助青少年塑造良好的品德，以减少攻击行为的产生。

(2)家庭方面。家庭教养方式对社会化的过程存在影响，研究发现专断型的教养方式使儿童在学校和家庭中有更多的攻击行为，容忍型的父母在某种程度上其子女也倾向于冲动、攻击、缺乏独立性和担负责任的能力。大量研究表明，权威型家庭教养方式是促进儿童心理发展的较为积极的家庭教养方式。同时父母的关系也是一个重要因素。应该努力营造和谐健康的家庭氛围和健康的亲子互动关系，以减少儿童的攻击行为。

(3)同辈群体方面。在儿童进入学校之后，其生活中的重要他人的结构开始发生重要变化，同辈群体开始对儿童的影响越来越大。应该引导儿童和青少年正确交友。

(4)学校因素。学校作为正规的儿童社会化场所，其作用是从正面将社会规范、道德价值观、知识、技能传授给新一代人。学校可通过加强学生的思想品德教育来减少青少年攻击行为的出现。

(5)社会媒体因素。大众传播媒体已经是人们生活结构的一个有机构成部分，并在某种程度改变了人们的生活方式，对人的社会化产生了深刻、广泛的影响。暴力电视节目会增加儿童、青少年的侵犯行为，互联网中信息的开放性和不良信息可能对需要引导的青少年的身心健康和安全构成威胁。可以采取净化青少年上网环境，引导青少年健康上网等措施来减少青少年攻击行为的习得。

（结合社会化的影响因素、社会化的心理机制，联系实际进行论述，不限于参考答案内容，言之有理即可。）

2.【参考答案】

(1)社会化是个体在社会的影响下，通过与社会的交互作用，学习社会知识、掌握社会技能、建立社会经验，并通过自身不断选择和建构，形成一定的社会认可的心理-行为模式，成为社会成员的过程。

(2)个性化是指个体在特定社会条件影响下，在实现社会化的同时形成个人心理-行为倾向独特性的过程。

(3)个性化与社会化的关系包括如下几点：

①个性化是与社会化相对的概念。社会化强调个体的社会共同性，个性化强调个体的独特性。

②个性化与社会化是同步进行、同步实现的。个体在社会化的过程中，除了有与群体相对一致的社会生活外，也拥有独特的、难以被系统化的生活，这使个体在社会化的同时也获得个性化。

③个性化和社会化是两个相互影响的双向互动的过程，是一个过程中的两个方面。二者在发展过程中的结合，是两种相互并列的发展目标，而不是两个对立的发展方向。二者相伴随的原因在于，社会在引领个体社会化的过程中，实际上不可能使每一个体获得完全相同的经验，个体在被社会化的同时已经建立了与他人相区别的个性化经验。并且，个体与社会环境的相互作用具有能动性与选择性，个体因自己不同于他人的独特社会生活经历、内在体验而产生个性化。

④社会化与个性化过程是相互影响、不可分割的统一体。一个社会如果只允许社会化的存在而扼杀个性化时，则会出现"过度社会化"效应，导致长期在一种水平上简单重复，缺少革命性成就；如果过度强调个性化而忽视社会化，则会出现"社会化不足"现象，导致社会失去应有的连续脉络，因缺乏凝聚社会的共同性基础而失范和分离崩析。

第三章 态 度

第一节 态度的概念

考点1 态度的定义、维度与构成要素

1.【参考答案】B

【解析】态度的认知成分是指人们对于一定态度对象或态度客体的知识、观念、意象或概念，以及在此基础上形成的具有倾向性的思维方式。认知成分是态度其余部分的基础。

2.【解析】弗里德曼认为，态度由三个彼此相互关联的要素构成——认知、情感和行动。

参考答案：B

3.【参考答案】

态度是个人对特定对象持有的，具有一定观念基础的评价性的、持久的反应倾向，由认知成分、情感成分以及行为成分这三个彼此相互关联的要素共同构成。

考点2 态度的测量

1.【参考答案】A

【解析】内隐联系测验由格林沃德等人最早开始使用，用于测量个体的内隐态度以及内隐社会认知的研究，内隐态度属于内隐社会认知的范畴。

2.【参考答案】A

【解析】内隐态度是内隐社会认知的一种。内隐态度是无意识的，因此个体无法有意识地控制自己的内隐态度，内隐态度可以通过内隐联系测验进行测量。故选择A。

考点3 态度与行为的关系

1.【参考答案】

威尔逊等人在格林沃德等人关于内隐性社会认知的研究基础上提出了双重态度模型，这一模型认为存在两种类型的态度，人们对同一态度客体能同时具有两种不同的评价：一种是自动化的内隐的态度，另一种是外显的态度。内隐态度和外显态度的分离是导致态度与行为不一致的重要原因。

2.【参考答案】错误

【解析】态度与行为之间的关系受到许多因素的影响，在某些情况下态度与行为是一致的，但也有可能出现态度与行为不一致（分离）的现象，因此改变一个人的态度不一定会导致行为发生改变。

3.【参考答案】

态度与行为之间关系的问题最初引起了许多争论，"拉皮埃尔挑战"与"盖洛普民意测验"就是两项经典的关于态度与行为分离与一致的研究。之后，社会心理学家佩因罗德总结了态度与行为之间的三点关系，认为总的态度预言总的行为，具体态度预言具体行为，态度测量和行为的间隔时间越短，态度与行为的一致性越高。

此后的研究者们在进行了大量的相关主题的研究后指出，态度与行为之间的关系非常复杂，二者一致性的程度受到许多因素影响，这些因素包括且不仅限于：

(1)当态度对应的行为具有较高的可实施性时，态度更可能有效预测行为。

(2)态度指向的目标与行为目标相一致时，态度更可能有效预测行为。

(3)情境因素并未过度制约态度对应行为的发生时，态度更可能有效预测行为。

(4)测量态度与测量行为的时间间隔较短时，态度更可能有效预测行为。

(5)态度本身的因素影响态度与行为的关系。强硬、明确、稳定的通过直接经验获得的态度与行为有较高一致性，同时认知和情感成分高度一致的态度更可能有效预测行为。

(6)态度与行为处于相同特异性水平时，态度更可能有效预测行为。

4.【参考答案】

合理行动理论认为，行为是理性思考的结果，在行为发生的过程中个体会考虑各种行为方案，评价各种结果，然后才做出行动与否的决定，由此形成的行为意向决定是否有外显的行为发生。该理论认为，行为意向由两方面的因素决定：

①个体对行为的态度（人们对某种行为完全持正面的或负面的评价）；

②个体的主观标准规范（人们对别人会赞成或不赞成某种行为的感知）。

合理行动理论提出了行为意向这一中介变量来解释行为，将态度变成了行为产生过程中的一个环节，与简单地用"态度决定行为"来解释二者之间的关系相比有了明显进步与发展，也为后续的理论发展（例如伊格利等人对合理行动理论的扩展框架）提供了良好的理论基础。

第二节 态度的形成与功能

考点1 态度的形成

1.【参考答案】

态度是个人对特定对象持有的，具有一定观念基础的评价性的、持久的反应倾向，弗里德曼认为，态度由认知因素、情感因素以及行为倾向因素构成。社会心理学家也从这三个角度对态度的形成提出了相应的理论解释。

①态度形成的学习理论

学习理论的支持者们认为，个体所持有的各种态度都是在后天的社会生活环境中通过学习而逐渐形成的。

经典条件作用理论的观点认为，在态度的学习过程中，环境刺激的重复出现、新刺激与既有态度的对象相联系，都可以使个人对一定事物产生态度体验。

工具性条件作用理论的观点认为，强化的作用体现在，当人们对某种对象的态度得到了积极强化，则强化所产生的积极情绪会同态度对象形成更紧密的联系，从而使一种态度得到加强，反之则使人形成对某一事物的消极态度。

班杜拉的社会学习理论则提醒我们，态度的形成并不简单地依赖于外在强化，模仿性的观察学习也是人们态度获得的途径。

总的来说，上述三种不同形式的学习都是态度习得和形成的主要途径，它们各自具有不同的特点和作用，但一般来说，态度的形成是在这三种学习的共同影响下进行的。在现实生活中，态度形成的学习理论观点具有重要意义，能够帮助我们理解与引导态度的形成与改变。

②态度形成的情感因素

情感也是态度形成过程中的重要因素。Zajonc 提出了曝光效应的概念来证明这一影响过程。曝光效应是指人们对其他人或事物的态度随着接触次数的增加而变得更加积极的一种现象。

态度的形成是由于情感因素的观点恰恰与另一重要理论流派——认知论的观点相反，有研究者指出（Eagly，1993），基于情感反应的态度只是一些简单的态度，而人类绝大部分的态度都是认知与学习的结果。

③态度形成的认知理论

认知因素对态度形成具有重要的作用。Ajzen 提出的有计划行为理论认为，人类的有意识行为取决于人们的态度、自身的主观规范以及人们所知觉到的控制感，其中，指向行为的态度由人们对行为结果的信念与他们对这些信念的评价决定；主观规范是指一个人对来自他人的社会压力的知觉，即该不该做出这样的行为的考虑，由"感受到的重要他人的期望"与"遵从这些期望的动机"两方面因素决定；知觉到的控制感是指人们对完成行为是困难或容易的知觉，只有人们对完成行为有控制感的时候，态度才有可能影响行为。

有计划的行为理论（计划行为理论）较好地描述了态度形成与行为产生的过程，但这一理论也受到了一些批评。一些心理学家认为，认为人类的行为有时候是自发的、无意识的，例如内隐的态度，同时人类的一些"习惯性"的行为无法为计划行为理论所解释。但不管怎么说，认知论对于态度形成的解释以及行为预测仍然非常有效，这一理论也被广泛作为理解人类态度和行为的基础。

2.【参考答案】

需要的满足和情绪性经验对于能够满足或者能够帮助自己实现目的的对象，人们倾向于产生积极情绪体验，产生肯定态度，反之，则产生否定态度。

(1)知识：知识影响人们态度的形成，也可以使已经形成的态度改变。

(2)家庭：父母会通过各种途径，包括认知态度、行为方式以及教养方式，影响儿童态度的形成。

(3)群体参照：是指人们在价值取向上或行为方式上认同自己所属或所选择的群体，其作用是为人们提供社会同一性和自我评价的判断。群体参照会影响个体的态度形成与行为反应。

(4)文化因素：文化作为人们的社会化的大背景，深刻地影响人们态度的形成。

(5)遗传因素与性别作用：基因对认知能力和情绪方面的作用显著，遗传决定了多种态度；在日常生活中，人们发现，男女对同一问题的态度具有相当大的差距。

考点2　态度的功能

1.【参考答案】

既有的态度使人在内部信息加工上有自我服务的倾向，人们更容易记住符合自己态度的东西且记住后不容易遗忘，反之对不符合自己态度的东西不易记住且容易遗忘，态度对于记忆的这种选择作用被称为态度的记忆过滤效应。

第三节　劝导与态度改变

考点1　劝导与态度改变的过程

1.【参考答案】

精加工似然模型认为，劝说的过程存在两种截然不同的路径——中心路径和边缘路径，其中劝说的中心路线的发生条件是接收者认为信息有趣、重要或者与个人有关，而且没有外界干扰，在这种情况下，个体会对信息进行深入细致的理性加工，在认为信息合情合理后才被说服并表现出态度改变。

2.【参考答案】

态度改变的说服模型包括霍夫兰的态度改变-说服模型、佩蒂和卡斯泊的精加工似然模型。

(1)霍夫兰的劝导模型

霍夫兰等人提出了劝导模型用以解释态度改变的说服过程，这一模型认为，影响态度改变的外部刺激主要包括劝导者、劝导信息和情境，内部因素则主要是态度主体自身的特点，这些因素各自不同的特点会影响劝导的效果：

①说服者的特征。说服者的威信、立场、意图及吸引力是影响说服效果最为重要的因素。

②信息传递的方式。信息差异、信息倾向性（文化水平高，卷入深，提供正反两面的信息效果好；文化水平低，卷入浅，单一倾向的信息效果好）、信息提供方式（口头比书面效果好，面对面比大众传媒效果好）。

③被说服者的特征。被说服者的人格特征（自尊高，自信不易改变，高社会赞许动机的易改变）、对原有态度的自我卷入程度和心理防卫情况均会影响到说服效果。

④情境因素。任何说服性沟通都是在特定的情境中进行的，说服效果会因情境的不同而有所差异。预先警告使被说服者抵制传递的信息而影响说服效果；分心会阻碍沟通，削弱说服效果。

(2)佩蒂和卡斯泊的精加工似然模型

为了解释人们受到劝导而产生态度改变过程中的认知加工问题，佩蒂和卡斯泊提出了态度改变的精加工似然模型。这一模型认为，根据信息接收者对信息进行加工的动机和能力的不同，存在着中心路线和边缘路线两种不同说服路线。

中心路线是接收者在没有外界干扰的情况下，或是接受有趣、重要或与个人相关的信息时，会对信息进行深入细致的理性加工，在认为信息合情合理后才被说服并表现出态度改变。此时的态度改变过程受接收者的认知反应、逻辑判断以及说服的质量影响，态度的改变较强烈、持久。

边缘路线是接收者在存在外界干扰的情况下，或是接受枯燥无聊的信息时，不会对信息进行理性的思索与细致加工，而直接接受说服线索而发生态度改变。此时的态度改变过程受说服者的特征、信息特征以及说服次数影响，态度的改变微弱而短暂。

考点2　态度改变与说服的理论

1.【参考答案】

海德通过平衡理论来解释态度改变的原因与过程。

平衡理论的基本观点是。相互联系的事物组成了一个单元或系统，如果单元内各个方面的动力特征都是相同的，则它处于平衡状态，不存在引发变化的压力。如果单元内各成分不能协同存在，则单元处于不平衡状态。状态不平衡的单元内会存在压力，使认知组织发生变化，以实现平衡状态。

海德提出了"P－O－X"模型来体现平衡理论的基本原则。模型中的 P 代表认知主体；O 为与 P 发生联系的另一个人；X 则为与 P 或 O 发生联系的另一个任意对象。当模型中的三个符号相乘为正号时，系统是处于平衡状态的；当模型中的三个符号相乘为负号时，系统是处于不平衡状态的。

考点3　影响态度改变的因素

1.【参考答案】

宣传说服是一种借助语言、报纸、杂志、广播、电视、电影、广告等各种传播媒介来传播信息，影响人们，使之态度发生改变的方法，是一种极为常见和广泛使用的方法。

影响其效果的主要因素有：

(1)态度系统的自身特性

态度持有者所持有的态度强度越大,向中度越高、深度越深,说明这一态度的理由足够充分可靠,对于态度持有者的意义十分重要并且态度持有者对其有较大的卷入程度,因此在这种情况下说服与劝导就更加难以达到改变态度的效果。

(2)态度主体特性

一切的态度改变都在态度主体上发生,因此态度主体的特征在态度改变中有重要作用。主要包括如下几个方面:

①个体差异。包括年龄、性别、智力、人格特征、认知需要、自我防卫倾向与知识背景。

②心情。个体具有良好的心情时更容易接受他人的劝导而产生态度的改变。

③承诺。已经有承诺的态度比没有承诺的态度更难受到外部劝导影响而改变。

④态度主体与群体的关系。首先,个体对群体成员身份的重视程度影响态度改变;其次,个人在群体中的地位影响态度变化;最后,个人对群体的看法或评价影响态度改变。

(3)劝导说服力

在态度改变的过程中,劝导信息的特点也会影响劝导的说服力,进而影响态度的改变。主要包括如下五个方面:

①劝导传达者的特点。劝导传达者的专长与可靠性所带来的可信性越高、吸引力越强、与态度主体的相似性越高,劝导过程则越容易引发态度的改变。

②说服信息的特点。包括说服信息与态度主体原有态度的差异、说服信息唤起的恐惧情绪两方面。说服信息与态度主体原有态度的差异处于适中水平时最容易引发态度改变,而信息唤起的恐惧情况造成的影响则取决于“事件严重性”“事件发生的可能性”“做出改变的有效性”与“自我效能感”四个方面的交互作用。

③信息呈现的方式。包括说服信息呈现的顺序、说服所运用的媒体、所提供的单面论据与双面论据以及信息结论的给定方式。

④说服信息的重复。说服信息的重复会提高强有力信息的说服力,降低无力信息的说服力。

⑤论点的有效性。论点有效性对劝导说服力的影响依赖于人们对说服信息的卷入度。

(4)劝导情境的作用

分心状态下强有力信息的说服力会下降,无力信息的说服力会相对提高。同时,当说服信息与情境中的一些积极的强化刺激联系起来时,说服信息的作用将得到提高。

(结合自身经历进行论述,言之有理即可)

例:在2019年末、2020年初,我国武汉爆发了新型冠状病毒性肺炎疫情并迅速向全国蔓延扩散。

2020年1月初,该疫情暴发伊始实际上并未受到足够的关注,许多人对此重视度不高,甚至对该病毒持有“小病毒,很快就会自然消失”的轻视态度,一些人在朋友圈发表“全中国都知道武汉被隔离了,只有武汉人自己不知道”并配以在酒吧、餐厅聚会的照片,一些长辈还仍旧拒绝戴口罩而互相串门集会。许多人试图规劝身边的朋友与长辈注意感染风险、不参加大型集会、不吃野味,但并未产生较好的说服效果。

时间线推动到1月中下旬,此时武汉开始完全进入“封城状态”、各省份启动重大公共事件应急响应,以钟南山、李兰娟等医学权威为首的医疗专家团队,带领各省医疗外援团奔赴武汉参与抗疫工作,并通过权威媒体、报纸报刊、网络平台等途径对本次新冠肺炎疫情进行通报与医疗指导。此时,人们才开始紧张起来,戴起口罩,减少出门,取消参与聚会的计划,对疫情的态度大大变化。

这一事例很好地体现了劝导信息的特点与劝导情境对宣传说服效果的影响。

首先,在最初的劝导过程中,劝导者是普通民众,且往往是年轻人对中老年人的劝说过程,劝导传达者权威度不足,与态度主体相似性较低;在之后的宣传劝导过程中,劝导者是具有权威地位的医学专家,可信度非常高,故能够取得良好的劝导效果。

其次,在最初的劝导过程中,由于事件严重性相对较低、事件发生的可能性相对较小,因此说服信息并未唤起足够的恐惧情绪,对态度改变的效果较差;在之后的宣传劝导过程中,疫情已经开始大规模暴发,事件严重性巨大,不断上升的确诊人数和增速使信息接收者产生了较大的恐慌情绪,态度改变的效果较强。

在信息呈现方式方面,最初人们通过微博、微信朋友圈等途径发布劝导信息,可靠性相对较低,而之后劝导信息通过央视、国家政府在网络平台的官方账号进行发布,且论据充分,宣传劝导信息24小时轮换播放、实时更新,因此具有较好的宣传效果。

最后,在最初的宣传劝导过程中,信息接收者并未接受到来自周围情境中的强化刺激(身边的朋友还在参与聚会),而在之后的宣传劝导过程中,各地与之同时采取了非常严格的隔离措施,这使得说服信息的作用得到了提高。

考点4　态度防卫与保护

1.【参考答案】

麦奎尔将医学中“接种”的概念引入态度改变中,提出了态度接种的概念,是指当一个人已有的态度如果从未接触过相反的论点并与之交锋过时,为了预防态度被说服,抵制态度改变,需要对态度进行接种的过程。

2.【参考答案】BCE

【解析】本题考查态度改变的自我防卫策略。人们常运用的自我防卫策略包括笼统拒绝、贬损来源、歪曲信息、论点辩驳、合理化与其他心理防御机制。恢复认知失调可以通过改变行为的方式来完成,并不一定需要改变态度;行为改变可能会在一定程度上引发态度的改变。

考点5　态度改变的方法

1.【参考答案】

过度理由效应从费斯汀格的认知失调理论中衍生,是促使个体态度改变的有效方法之一。它是指附加的外部理由取代了人们行为原有的内在理由而成为行为支持力量,从而使行为由内部控制转向外部控制的现象。

2.【参考答案】D

【解析】本题考查态度改变的方法与策略,ABC选项分别对应态度改变策略中的“信息影响力的提升”“参照群体的引导”以及“态度防卫的回避”,个体坚持原有的态度的情况下,想要诱导对方态度产生变化会更加困难,因此选D。

章节考点　综合训练

一、单项选择题

1.【参考答案】D

【解析】过度理由效应是指附加的外部理由取代了人们行为原有内在理由而变成行为支持力量,从而导致行为由内部控制转向外部控制的现象。这一概念从费斯廷格的认知失调理论中衍生出来。

2.【参考答案】A

【解析】态度的三种因素在一定程度上往往存在着不协调和不一致,并不一定彼此高度对应。BCD三项均为正确表述。

3.【参考答案】C

【解析】霍夫兰提出了有关态度改变的说服模型。

4.【参考答案】C

【解析】态度主体在一种态度对象上的卷入水平,被称为态度的深度。

5.【参考答案】A

【解析】语义差异量表由奥斯古德等人编制并发展,是等级量表的另外一种形式,使用了成对的两极性形容词来评价态度对象。

6.【参考答案】D

【解析】态度的向中度指一种态度在个人态度系统和相关的价值系统中接近核心价值的程度。

7.【参考答案】B

【解析】态度改变的边缘路线特点是接收

者依据外部线索而不是通过积极思考信息本身的内容。态度改变过程中的影响因素是宣传说服者变量，如可信性和吸引力；信息表面特征；宣传说服次数。因此，人们因为演讲者的魅力或专家身份而被说服，这是通过外周即边缘途径实现的态度改变。

二、名词解释

1.【参考答案】

内隐态度是指对个人当前认知、情感和行为反应产生影响的过去经验和态度所形成的无意识痕迹。

2.【参考答案】

睡眠者效应是指在劝导与说服过程中，随着时间推移，高可信的信息源所产生的态度改变量逐渐减少。由低可信性传递者造成的态度的改变量随着时间的推移而明显增加的效应。

3.【参考答案】

参照群体是指个体在心理上把自己列入与之对照，并在评价、态度、行为上和在规范上与价值观形成上接受其影响的群体。

三、简答题

1.【参考答案】

社会心理学的研究发现，当个体面对态度改变的压力时，会出现三个方面的心理自我防卫倾向，使个体拒绝接受他人的影响。这三个方面分别是：

①抗拒反应：当人们感受到自己被别人操纵时心理上会出现自发的抵抗，维持自我控制。

②心理惯性：人们的心理活动总是遵循着费力最小原则。

③保留面子：人们为了维护自己的尊严，需要保持一个不轻易受到影响的形象。

当个体出现自我防卫倾向时，会运用自我防卫策略拒绝接受他人的影响而改变自身的态度，主要的自我防卫策略包括：

①笼统拒绝：笼统拒绝不是逻辑、理性地去提供证据反对或者攻击新的观点，而只是表现不相信、不信服。

②贬损来源：可以通过某种方式来断定信息的来源不可信或者具有消极性质，以此缓解压力。

③歪曲信息：歪曲或者误解传达的信息，以减少其与自己见解之间的差异。

④论点辩驳：人们通过强调自己立场的长处与证据，指出传达信息的不足与根据的缺乏，可以增加自己观点的可信性，降低传达信息的可靠性，从而减少态度改变的压力。

⑤合理化作用策略：通过减少认知失调感，使自己的态度与行为合理化以减少心理压力。

⑥其他防御方式：如通过投射、转移等心理防御机制应付态度改变的情境压力。

2.【参考答案】

信息唤起的恐惧情绪可能会影响说服的效果。罗杰斯等人提出了保护动机理论来说明恐惧唤起对态度改变的作用，这一理论认为，恐惧唤起是否能有效地产生态度改变，取决于下列四个因素的交互作用：

①事件的严重性：若事件的严重程度较高，则信息接收者会更积极地去采取措施避免它。

②事件的可能性：若信息接收者相信该事件会发生在自己身上，则会更积极地采取措施避免它。

③做出改变的有效性：若信息接收者相信改变行为能很大程度减少出现该事件的概率，则更有可能听从建议。

④自我效能感：若信息接收者相信他们能有效实施建议的行为，则更有可能执行建议。

3.【参考答案】

态度包含如下几个维度：

(1)指向：即人们对于态度对象是肯定指向还是否定指向。

(2)强度：即态度积极或消极的程度，某种特定态度在肯定指向或否定指向上的程度。

(3)深度：指态度主体在一种态度对象上的卷入水平，如个体对某一问题的态度与其自身的相关程度或重要性。

(4)向中度：指一种态度在个人态度系统和相关的价值系统中接近核心价值的程度。

(5)外显度：指态度主体在一种态度上所表现的外露程度。

4.【参考答案】

态度的功能有如下几点：

(1)工具性、调整性和功利性功能：这一功能使人们总尽力发展能给自己带来最大利益的态度。

(2)自我防御功能：这一功能使人们倾向于选择有利于自我防御的态度，这能够帮助人们减少焦虑，并使情绪冲突转移方向；态度的自我防御功能还表现在自我价值保护方面，即自我保护效应。

(3)价值表现功能：不同于自我防御功能，态度的价值表现功能使人们可以主动地表现自己。人们在日常生活中通过表明自己的态度、积极参加某个隶属群体、给予他人实际帮助等方式来显示自己的社会价值。

(4)认识功能：人为了适应周围世界，必须达到对周围世界的了解和控制；态度发挥着引导我们了解世界各个方面的导向系统的作用。

(5)对社会理解的影响：态度作为心理准备状态，一经形成就影响到人们关注事物的方式及对事物的理解。

(6)记忆过滤效应：既有的态度使人在内部信息加工上有自我服务的倾向，人们更容易记住符合自己态度的东西且记住后不容易遗忘，反之对不符合自己态度的东西不易记住且容易遗忘，态度对于记忆的这种选择作用被称为态度的过滤效应。态度会对人们内部信息加工过程产生影响，作为心理准备状态的态度会对个体的信息加工过程产生制约，自动过滤掉不利于自己的信息。

(7)激励作用：人们对于一种事物的态度越积极、越强烈，态度自身涉及的问题越重要，人们对有关事物采取行动的内驱力也越大。

5.【参考答案】

佩蒂和卡斯柏提出了说服的中心和外周路径模型。该模型说明了说服在什么时候产生和怎样产生，并解释了说服可能通过两种途径来改变态度：

(1)中心路径：当人们有动机、有能力对一个问题进行深入思考的时候，他们更多地使用说服的“中心路径”：关心论据，如果论据有力且令人信服，那么他们就很有可能被说服；如果信息包含无力的论据，思维缜密的人会很快驳倒它。

(2)外周路径：如果人们不花太多的时间去推敲信息的内容，这时人们所采用的是“外周路径”即关注那些使人不经过很多考虑就接受的外部线索，而不考虑论据本身是否令人信服。当人们的注意力发生了转移或者没有足够的动机去思考的时候，熟悉易懂的表达比标新立异更具有说服力。

6.【参考答案】

(1)态度系统的自身特性。态度系统自身对于态度改变的影响主要包括如下几个方面：

①态度强度越大，理性的理由也越充分可靠，态度改变起来越困难。

②态度的向中度越高，其对于个人的意义就越重要，相应的认知与情感支持越多，改变起来也越困难。

③态度深度：即态度的卷入度，卷入是一种动机状态，卷入度越深，态度改变越难。

(2)态度主体特性：一切的态度改变都在态度主体上发生，因此态度主体的特征在态度改变中有重要作用。主要包括如下几个方面：

①个体差异：包括年龄、性别、智力、人格特征、认知需要、自我防卫倾向与知识背景。

②心情：个体具有良好的心情时更容易接受他人的劝导而产生态度的改变。

③承诺：已经有承诺的态度比没有承诺的态度更难受到外部劝导影响而改变。

④态度主体与群体的关系：首先，个体对群体成员身份的重视程度影响态度改变；其次，个人在群体中的地位影响态度

变化；最后，个人对群体的看法或评价影响态度改变。
(3)劝导说服力：在态度改变的过程中，劝导信息的特点也会影响劝导的说服力，进而影响态度的改变。主要包括如下五个方面：
①劝导传达者的特点：劝导传达者的专长与可靠性所带来的可信性越高、吸引力越强、与态度主体的相似性越高，劝导过程则越容易引发态度的改变。
②说服信息的特点：包括说服信息与态度主体原有态度的差异、说服信息唤起的恐惧情绪两方面。说服信息与态度主体原有态度的差异处于适中水平时最容易引发态度改变，而信息唤起的恐惧情况造成的影响则取决于"事件严重性""事件发生的可能性""做出改变的有效性"与"自我效能感"四个方面的交互作用。
③信息呈现的方式：包括说服信息呈现的顺序、说服所运用的媒体、所提供的单面论据与双面论据以及信息结论的给定方式。
④说服信息的重复：会提高强有力信息的说服力，降低无力信息的说服力。
⑤论点的有效性：对劝导说服力的影响依赖于人们对说服信息的卷入度。
(4)劝导情境的作用
①分心会降低强有力信息的说服力，提高无力信息的说服力。
②情境的强化作用：说服信息与一些积极的强化刺激联系起来，说服信息的作用会得到提高。

四、论述题

1.【参考答案】
拉皮埃尔在20世纪30年代，进行了一项著名的态度与行为关系的实验研究。认为态度不一定能够准确预测行为。
与此同时，美国人盖洛普通过民意测验成功地预测了美国总统大选的结果，证明了态度与行为之间存在一致性。
佩因罗德总结了态度与行为之间的三点关系：①总的态度预言总的行为；②具体态度语言预言具体行为；③态度测量和行为的间隔时间越短，态度与行为的一致性越高。
后续的研究表明，态度与行为之间的关系非常复杂，二者一致性的程度受到许多因素影响。也有许多社会心理学家提出了相关理论来试图解释态度与行为之间的关系，包括合理行动理论、双重态度模型以及自我价值定向理论等。
（在简述题干中的"拉皮埃尔挑战实验"的背景以及后续相关研究结果的基础上，根据自身经历与情况结合理论研究结果进行作答，言之有理即可。）

2.【参考答案】
精加工似然模型认为，根据信息接收者对信息进行加工的动机（个人相关性）和能力（认知能力）的不同，存在着两种不同的说服路线，即中心路线和边缘路线。
(1)说服的中心路线的发生条件是，接收者认为信息有趣、重要或者与个人有关，而且没有外界干扰。在这种情况下，个体会对信息进行深入细致的理性加工，在认为信息合情合理后才被说服并表现出态度改变。例如，广告宣传某一产品时，可以呈现该产品的一些有趣的信息或重要的、与个人有关的信息。
(2)边缘路线则在接收者认为，信息枯燥与个人无关或者存在外界干扰时发生。个体在无法对信息进行理性的思索与细致加工的情况下，直接接受说服线索而发生态度改变。

3.【参考答案】
平衡理论由海德提出，海德认为相互联系的事物组成了一个单元或系统。如果单元内各个方面的动力特征都是相同的，则它处于平衡状态，不存在引发变化的压力。如果单元内各成分不能协同存在，则单元处于不平衡状态。状态不平衡的单元内会存在压力，使认知组织发生变化，以实现平衡状态。
海德提出了一个著名的"P—O—X"模型来体现平衡理论的基本原则。模型中的P代表认知主体（如张三）；O为与P发生联系的另一个人（如张三的女友）；X则为与P或O发生联系的另一个任意对象（如一部电影）。当模型中的三个符号相乘为正号时，系统是处于平衡状态的；当模型中的三个符号相乘为负号时，系统是处于不平衡状态的。张三喜欢这部电影，他的女友也喜欢这部电影，而且张三喜欢自己的女友，这就是一个平衡的系统，谁也没有必要改变态度；但是在其他条件不变的情况下，如果他的女友不喜欢这部电影，这时候系统就不平衡了，就必须有人产生态度改变。

第四章 社会知觉

第一节 社会知觉概述

考点1 社会知觉与相关概念

1.【参考答案】
社会认知是指个体与他人在交往过程中，观察、了解他人并形成判断的一种心理活动，包含关于特定社会对象的全部认识过程，包括社会知觉、社会推理、对自身、他人与世界的认识、态度的形成等等。

考点2 主要的社会知觉偏差

1.【参考答案】
自我实现的预言也称预言自动实现效应，是指对一种情境的最初错误解释，会引起某种预料的行为，使错误的观念成为现实的现象。

2.【参考答案】
认知启发是指人在社会认知中并不对关于他人所有信息进行感知，而是倾向于感知那些最明显、对形成判断最必要的信息的现象。此外，认知启发也是人们社会认知过程中常见的决策法则。

3.【参考答案】
锚定与调整性启发是认知启发法中的一类，是指先抓住某个锚定点，然后逐渐调整，最终得出结论的判断方法。

4.【参考答案】A
【解析】可获得性启发即可用性启发，是指哪些信息容易被回忆和联想，人们就倾向于根据哪些信息进行判断。题干信息中"我家邻居大爷抽烟活到80岁，所以抽烟不会有害健康"，以"邻居大爷"为判断依据，显然是选择了"容易回忆和联想"的内容，因此属于可用性启发造成的社会知觉偏差。

5.【参考答案】正确
【解析】题干信息体现了内隐人格（隐含人格理论）的基本内容。

6.【参考答案】
社会知觉是指人对各种社会性的人或事物形成的直接的整体印象，主要是对人的知觉。根据知觉对象的不同，可以将社会知觉分为"对自我的知觉""对他人的知觉"以及"对人际的知觉"。
主要的社会知觉中的认知偏差有首因效应、近因效应、晕轮效应、预言自动实现效应以及认知启发导致的社会知觉偏差等等。
(1)首因效应与近因效应
首因效应是指在总体印象形成上，最初获得的信息比后来获得的信息影响更大，进而第一印象在一定程度上主导了总体印象形成的现象；近因效应是指在总体印象形成上，新近获得的信息比原来获得的信息影响更大的现象。
例如我们在生活中第一次见到张三时，他恰巧忙碌了一天看起来十分邋遢，此时我们就容易对张三形成"他是个邋遢的人"的第一印象，那么即使张三实际上是个注意形象的人，并且在之后与我们会面时好好打理了外表，我们也只是认为他是偶尔如此，这就是首因效应导致我们在形成有关张三的社会知觉时出现了认知偏差；
(2)晕轮效应
晕轮效应是指对一个人形成了某种印象后，这种印象会影响对其他特质的判断，人们会习惯以与这种印象相一致的方式去评估其所有的特点。
例如，许多年轻人喜爱追星，会因为某位

明星有着非常高的外貌吸引力，就对他的人格、能力等方面也做出相对较高的评价。

(3)预言自动实现效应

预言自动实现效应是指对一种情境的最初错误解释，会引起某种预料的行为，使错误的观念成为现实的现象。例如经典的罗森塔尔实验，就是这一效应的证明。

(4)认知启发导致的社会知觉误差

认知启发是指人在社会认知中并不对关于他人所有信息进行感知，而是倾向于感知那些最明显、对形成判断最必要的信息的现象。

认知启发也是人们社会认知过程中常见的决策法则。在面对不确定事件的判断时，人们常采用表征性启发、可用性启发、基础比例信息以及锚定与调整性启发的决策法则形成对客体的社会知觉。例如，可用性启发是指哪些信息容易被回忆和联想，人们就倾向于根据哪些信息进行判断。由于航空事故比一般的交通事故带来的损失更大，更容易给人们造成深刻印象，因此人们会倾向于认为搭乘飞机出行的安全性远远小于搭乘火车与汽车。

此外，还有正性效应与负性效应等常见的社会认知偏差，知觉者的情绪状况、内隐人格等因素也会影响社会认知偏差的出现。

第二节　内隐社会认知

考点1　内隐社会认知的概念

【参考答案】

内隐社会认知是在社会认知过程中的一些个体不能回忆的经验，这些经验对个体的行为和判断具有潜在影响作用，是更深层的、复杂的社会认知活动。

考点2　内隐社会认知的研究方法

1.【参考答案】

内隐联想测验(IAT)由格林沃德提出，是一组计算机化的分类任务，以反应时差异为指标来衡量概念间内在的联系强度，从而间接反映个体的内隐心理倾向。其方法学基础是心理学中的启动效应，即指先前呈现的刺激，对随后出现的刺激或与其相关的某种刺激进行加工时所产生的易化现象。

2.【参考答案】A

【解析】内隐社会认知的活动脱离了意识的监控，一般通过间接测量法而非直接测量法进行测量，选项中只有观察法不属于间接测量法。

第三节　印象形成与印象管理

考点1　印象形成与总体印象形成模式

1.【参考答案】

凯利以大学生为对象，告诉学生，将请一位教师来主持大家的专题讨论。学生分为两组，对其中一组，实验者介绍说，被邀请的教师有这样七个显著特征：聪明、熟练、勤奋、热情、坚决、实干、谨慎。对另外一组，介绍时将“热情”换成“冷漠”，其他特征完全一样。此后，“被邀请”的陌生教师走进教室，主持20分钟讨论。讨论结束，研究者让被试说出对被邀请者的印象。结果发现，与“冷酷”组相比，认为被邀请者“热情”的学生对他的评价更积极。不仅如此，得知被邀请者“热情”的学生，讨论时与被邀请者沟通自由，谈笑自如；而认为被邀请者“冷酷”的学生表现显然拘谨。不同的描述不仅影响了人们的印象，也影响了人们的行为。依据上述结果，凯利等认为，热情-冷酷是影响人们印象形成的中心品质。与其相对应的是边缘品质(或附加品)。是否具有热情或冷酷的品质，会直接影响人们对他人其他特征的评价。

考点2　印象管理与相关概念

1.【参考答案】

印象管理是指一个人通过一定的方法去影响别人对自己的印象，使别人所形成的印象符合自己的期望的过程。

2.【参考答案】C

【解析】印象管理的识别，是在交往中分辨交往对象的印象管理策略，了解其真实动机和面貌的过程。

考点3　自我表现策略

1.【参考答案】

社会心理学家艾根认为，可以通过SOLER模型表现自己，增加别人的接纳性，使个体在别人心目中建立起良好的第一印象。SOLER代表五种自我表现的技巧和方法，分别是：

S=Sit 坐下并面对对方，让对方看到你的正面；

O=Open 面对他人时姿势自然、开放；

L=Lean 倾听时身体微微前倾；

E=Eyes 交谈时进行目光接触；

R=Relax 交谈时放松。

SOLER技术能够帮助我们改变不适当的自我表现习惯，增强别人对我们的好感。

章节考点　综合训练

一、单项选择题

1.【参考答案】D

【解析】总体印象形成的模式中，凯利通过实验，提出了印象形成的中心品质理论。

2.【参考答案】C

【解析】心理学家费希本认为，人们的总体印象形成首先遵循加法模式。

3.【参考答案】D

【解析】题干内容描述“被大学生形容为‘聪明’的认知对象还可能被形容为‘友好的’，但很少被形容为‘自我中心的’”，说明大学生通过一个人“聪明”的特点推断出这个人具有“友好”的特点，不具有“自我中心”的特点。这一描述符合凯利所提出的内隐人格理论，也称隐含人格理论，是一种社会认知偏差/社会知觉偏差。

4.【参考答案】A

【解析】信息呈现的顺序对社会知觉的影响，是指首因效应与近因效应。选项中只有首因效应，因此选A

5.【参考答案】A

【解析】人们的特质因外表吸引力而得到更好的评价，体现的是晕轮效应。

6.【参考答案】B

【解析】晕轮效应也叫成见效应、光圈效应，是指对一个人形成了某种印象后，这种印象会影响对其他特质的判断，人们会习惯以与这种印象相一致的方式去评估其所有的特点。

7.【参考答案】C

【解析】教师期望绩效良好的学生比教师对他们没有良好期望的学生确实表现得要好，这种现象被称为自我实现的预言。说明人们对他人形成的印象会暗示别人的行为方式。

8.【参考答案】C

【解析】晕轮效应也叫成见效应、光圈效应，是指对一个人形成了某种印象后，这种印象会影响对其他特质的判断，人们会习惯以与这种印象相一致的方式去评估其所有的特点。

9.【参考答案】C

【解析】锚定与调整性启发是指先抓住某个锚定点，然后逐渐调整，最终得出结论的判断方法。这种启发适合对模糊信息进行评价。

二、名词解释

1.【参考答案】

中心特征是指在总体印象形成中，那些更有分量、直接影响人们对其他特征评价的特征。

2.【参考答案】

近因效应是指在总体印象形成上，新近获得的信息比原来获得的信息影响更大的现象。

3.【参考答案】

正性偏差是指人们在评价他人时对他人的正性评价超过负性评价的倾向。

4.【参考答案】

晕轮效应也叫成见效应、光圈效应，是指对一个人形成了某种印象后，这种印象会影响对其他特质的判断，人们会习惯以与这种印象相一致的方式去评估其所有的特点。

晕轮效应可以进一步分为正晕轮效应与负晕轮效应，平时我们提到的晕轮效应大多是指正晕轮，即评价者对他人多种特质的评价受某一特质高分印象的影响而普遍高；负晕轮效应又称扫帚星效应，指评价者对他人多种特质的评价受某一特质低分印象的影响而普遍低的现象。

5.【参考答案】

首因效应是指在总体印象形成上，最初获得的信息比后来获得的信息影响更大，进而第一印象在一定程度上主导了总体印象形成的现象。

6.【参考答案】

社会知觉是指人对各种社会性的人或事物形成的直接的整体印象，主要是对人的知觉。根据知觉对象的不同，可以将社会知觉分为“对自我的知觉”“对他人的知觉”以及“对人际的知觉”。

7.【参考答案】

预言自动实现效应是指对一种情境的最初错误解释，会引起某种预料的行为，使错误的观念成为现实的现象。预言自动实现效应的经典证明是罗森塔尔发现的“期望效应”，即皮格马力翁效应。

8.【参考答案】

印象管理是指一个人通过一定的方法去影响别人对自己的印象，使别人所形成的印象符合自己的期望的过程。其作用在于帮助个体适应社会或是伪装自己，迷惑他人。

9.【参考答案】

自我提升是通过一个人的行为或讲述自己积极事件来使别人相信自己能力的一种策略。

10.【参考答案】

角度获得是指站在别人的立场体验别人的角色，了解别人在交往情境中的期望与情感。

三、简答题

1.【参考答案】

印象管理是指一个人通过一定的方法去影响别人对自己的印象，使别人所形成的印象符合自己的期望的过程。

印象管理的优点在于，它是人们适应社会生活的一种方式，合理、恰当的人际管理能够调节、润滑人际关系，使个体与他人的社会交往正常进行。

印象管理的缺点在于，印象管理会影响他人对个体自己印象形成的过程，有可能会有人将其作为掩盖自己真实人格，欺骗他人以实现自己阴谋的手段。

2.【参考答案】

社会知觉是指人对各种社会性的人或事物形成的直接的整体印象，主要是对人的知觉。

个体在社会知觉的过程中会采用认知启发的方法在认知资源有限的情况下，对复杂的情境信息快速、简便地进行推理，得出结论。常见的认知启发法有如下几种：

①表征性启发：根据当前信息或事件与其认为的典型信息或事件的相似程度进行判断。

②可用性启发：哪些信息容易被回忆和联想，人们就倾向于根据哪些信息进行判断。

③基础比例信息：根据在总体中不同类别的成员所占比例的信息来判断。

④锚定与调整性启发：先抓住某个锚定点，然后逐渐调整，最终得出结论的判断方法。这种启发适合对模糊信息进行评价。

3.【参考答案】

内隐人格理论认为，人们在成长过程中会形成自己独特的人格理论，每个人对人都有不同于别人的独特理解，人们通过认识他人占重要位置的个性品质来推断这个人所具有其他品质。但人们通过内隐人格去推测人的品质时，往往会出现偏差，同时不同的人由于其具有的内隐人格不同，他们对同一个人形成的印象也会有所不同。

例如，那些“性格暴躁”的人往往容易被人认为是行事粗鲁、做事粗枝大叶的人，但实际上脾气暴躁的人之中也不乏做事细心者，性格温和者之中也有不少粗心大意的人。

四、论述题

1.【参考答案】

社会知觉偏差是指人们在对他人、对社会或者对自我进行知觉的时候可能会出现的一些错误的知觉现象。常见的社会知觉偏差有如下几类：

(1)首因效应与近因效应

首因效应是指由于最初获得的信息比后来获得的信息对印象形成的影响更大，进而第一印象在一定程度上主导了总体印象形成的现象；近因效应是指总体印象形成上，新近获得的信息比原来获得的信息影响更大的现象。

例如，一个老师第一节课讲得很好而第二节课讲得很差，学生则会认为老师水平还是很高的，只是后面没发挥好，这是首因效应；而如果该老师在以后很多节课中还是讲得不尽如人意，则新近的信息起作用较大，学生会认为该老师其实水平不好，只是第一节课发挥得好，这是近因效应。

(2)晕轮效应

晕轮效应是指对一个人形成了某种印象后，这种印象会影响对其他特质的判断，人们会习惯以与这种印象相一致的方式去评估其所有的特点。

例如，我们看到求职者精神面貌好就会认为他的工作能力也很好，这就是一种从“精神面貌”对一个人“工作能力”的推断。不只是外表吸引力会影响人们的印象，其他品质尤其是重要品质也具有同样的效应。

(3)预言自动实现效应

预言自动实现效应是指对一种情景的最初错误解释，会引起某种预料的行为，使错误观念变成了现实。罗森塔尔效应的实验就是这一效应的最好证明，即教师的期望会影响教师的行为，进而使学生的行为发生改变，使学生向着教师所期望的方向发展。

(4)认知启发

人们在进行社会知觉的时候会感知那些最明显、对形成判断最必要的信息。它可以节省认知资源，但同时也容易产生偏差。认知启发的方法主要分为四种：

①表征性启发：根据当前信息或事件与其认为的典型信息或事件的相似程度进行判断。例如网络段子“北上广不相信眼泪，黑吉辽不相信喝醉”，就是对东北三省人民酒量好的表征性启发。

②可用性启发：哪些信息容易被回忆和联想，人们就倾向于根据哪些信息进行判断。例如，人们更多地觉得坐飞机比坐火车来的危险，但实际上飞机的安全系数比火车来得更高，这因为谈到飞机人们更容易想起航空事故，因此觉得坐飞机更加危险。

③基础比例信息：根据在总体中不同类别的成员所占比例的信息来判断。例如，面对一个从北京来的人，我们会很容易认为这个人是北京人，而不去考虑他是否只是单纯路过了北京。

④锚定与调整性启发：先抓住某个锚定点，然后逐渐调整，最终得出结论的判断方法。这种启发适合对模糊信息进行评价；例如快速推断 $5\times6\times7\times8\times9$ 与 $9\times8\times7\times6\times5$ 两组运算结果的大小，前一组的被试对运算结果的快速判断明显低于第二组。

(5)影响社会知觉的其他因素

包括情绪状况、投射作用、内隐人格理论、知觉者对被知觉者的熟悉与个人情感卷入等。我们平时所说的“情人眼里出西施”就是由于知觉者对被知觉者有强烈的个人情感卷入，在知觉过程中所产生的社会知觉偏差。

（根据知识点内容联系实际作答，可不限于参考答案，言之有理即可。）

2.【参考答案】

(1)第一印象。第一印象是指在与陌生人的交往过程中，在极其有限信息基础上形成的有关对方的最初印象。第一印象中最重要有力的维度是好恶评价。

(2)①首因效应与近因效应：首因效应是指在总体印象形成上，最初获得的信息比后来获得的信息影响更大，进而第一印象在一定程度上主导了总体印象形成的现象。比如，教师第一次讲课讲得十分成功，在学生头脑中留下强有力、积极的第一印象。以后这位老师有些课讲得不好，学生会认为这不是能力问题，可能是老师没有时间好好准备。近因效应是指在总体印象形成上,新近获得的信息比原来获得的信息影响更大的现象。

②晕轮效应:也叫成见效应、光圈效应,是指对一个人形成了某种印象后,这种印象会影响对其他特质的判断,人们会习惯以与这种印象相一致的方式去评估其所有的特点。比如在日常生活中,人们看到年轻貌美的异性会不由自主地赋予他(她)们以各种美好的品质。

(3)之所以会产生社会认知的偏差,主要是因为第一印象所导致。因此,在人际交往过程之中,我们不要被别人所留下的第一印象所迷惑。不能够因为一个人的外貌,就否定一个人,也不能够因为一个人的行为,就去赞美一个人,必须要根据实际的情况以及长时间的交往,才能够对这个人有一个大体的印象。

第五章　刻板印象与归因

第一节　刻板印象、偏见与歧视

考点1　刻板印象、偏见与歧视的概念

1.【参考答案】

性别刻板印象是指人们关于男女行为差异的相对稳固的、倾向性的信念和看法。

2.【参考答案】

偏见是指人们不以客观事实为根据建立的对特定的人或事物的情感色彩明显的倾向性态度,其认知基础是刻板印象。偏见往往以有限的或者错误的信息来源为基础,并且通常是一类消极态度倾向,且带有鲜明的情感色彩。此外,过度类化以及先入为主也是偏见的主要特征。

3.【参考答案】A

【解析】原型是指某一类客体的基本成分或共同特性的抽象形式;歧视是指不平等地看待和对待某个特定群体,通过将特定对象看得比自己低劣以使自己的压迫行为合理化的一种行为;偏见是人们不以客观事实为根据建立的对特定的人或事物的情感色彩明显的倾向性态度;刻板印象也称类属性思维,指人们通过整合有关信息及个人经验形成的一种针对特定对象的既定认知模式。

"富人有能力、穷人热情友好"明显与歧视无关;穷人中也有恶人,富人中也有坐吃山空之人,因此不符合原型的定义;题干的描述不属于带有明显情感色彩的倾向性态度,因此不是一种偏见;刻板印象的定义最符合题干信息的描述。因此选A。

4.【参考答案】D

【解析】本题考查对刻板印象定义的理解,可通过排除法快速确定答案,首因效应、近因效应以及晕轮效应都属于社会知觉偏差,三者强调的都是"人们对某一类人或事物形成了最初的印象之后,这种印象会影响后续我们对此类人/事物其他特质的判断"。题干信息中并未体现"先前印象对之后判断的影响",而突出"通过已持有的看法作为对人或事物评价的依据",因此选择D,刻板印象。

考点2　刻板印象的作用

1.【参考答案】

刻板印象的作用有如下几点:

①通过影响印象的形成,形成对某一特定群体的期望,引发"预言自动实现效应"。

②同化效应:即刻板印象的激活使个体产生与刻板印象一致的行为。

③刻板印象威胁:消极的自我刻板印象会导致个体完成任务的水平降低,原因是个体在消极刻板印象的情境中,害怕自己印证了消极的刻板印象从而产生了压力感。

④念动论:如果刻板印象中包含了某些行为的信息,则刻板印象的激活很可能导致相应行为自动启动。

⑤简化认知过程、节约认知资源,使个体快速形成关于特定对象的概念。但同时刻板印象也具有过分概括化、过度简化或夸大群体特点、忽略成员个体差异性的特性,这些特点导致社会认知偏差,也是偏见和歧视的认知基础。

⑥"僵化性"与"对抗相反信息的能力"。人们为了保持刻板印象与客体的一致性,会更倾向于关注证实他们刻板印象的信息、忽略与期望不一致的信息,并在此基础上进行选择性记忆。

考点3　刻板印象、偏见与歧视的产生与消除

1.【参考答案】

(1)偏见的定义与产生原因

偏见是指人们不以客观事实为根据建立的对特定的人或事物的情感色彩明显的倾向性态度。

偏见形成的原因包括四个方面:

①社会化历程。个体社会化的过程中可能会吸收并内化传统文化中存在的偏见。

②认知因素。刻板印象对偏见与歧视的形成有发展作用,并且已形成的偏见与歧视会使信息加工系统中刻板印象被更多地激活与证实,再进一步导致偏见与歧视的发生。

③动机因素。知觉者的紧张情绪或潜在的需要可能导致偏见与歧视的产生。

④社会分层。自然差别与社会差别导致社会分层,不同社会阶层群体的内群体身份意识导致了对外群体的偏见与歧视的产生。

(2)性别偏见的消除

我们可以通过这些方式方法克服与消除性别偏见:

①对抗刻板印象:通过有意识的控制,降低刻板印象的影响,例如在与异性进行社会互动的过程中,控制自己性别刻板印象的激活,用公正的眼光看待异性并做出判断。

②平等接触:通过创设平等、积极的接触环境,帮助个体与异性进行平等的接触,或设计游戏活动促进两种性别个体之间合作行为的产生。例如,在特定的纪念日开展角色互换的活动,让男性在一定程度上体验女性的工作、女性所受到的不公正待遇,以此培养个体的两性平等意识。

③创设消除偏见的环境:偏见是后天习得的,可以从减少学习偏见的机会入手。例如,通过学校教育、大众传媒、文学作品等传播形式宣传性别平等的观念,或设立相应的制度、法规控制性别歧视现象的出现。

(结合理论与实际提出相应措施,言之有理即可。)

第二节　归因与归因理论

考点1　归因与相关概念

1.【参考答案】

行为归因是指人们对自己或他人的社会行为进行分析,并推测出其原因的过程。

2.【参考答案】A

【解析】个体根据有关信息、线索对行为推测与判断的过程即是归因。

考点2　归因理论

1.【参考答案】B

【解析】根据韦纳的归因理论,任务难度属于稳定的、外在的、不可控的因素。

2.【参考答案】D

【解析】根据韦纳的归因理论,能力高低属于稳定的、内在的、不可控的因素。

3.【参考答案】D

【解析】根据韦纳的归因理论,努力程度属于不稳定的、内在的、可控的因素。

4.【参考答案】

(1)海德的归因理论

海德将行为的原因分为个人内部因素和外部环境因素,在个体的归因过程中,如果将行为归因于内部因素,称为本性归因;如果将行为归因于外部因素,称为情境归因;若将行为同时归因于这两个方面,则称为综合归因。个体的任何行为都既有内部原因也有外部原因,是内外两个方面因素共同作用的结果,只有先弄清楚根本原因是内在还是外在,才可以更有效地对行为进行控制。此外,海德还指出,人们在归因的时候常使用共

变原则与排除原则来完成归因。

(2)韦纳的归因理论

韦纳的归因理论将成败因素的归因划分为三个维度,分别为稳定性、控制点以及可控性。其中,控制点维度是指个体将事件结果归因于内在的还是外在的因素、可控性维度是指决定行为动因能否为行动者个人所控制、稳定性维度是指决定成败的是经常发生的还是偶尔发生的。

韦纳根据成败归因的三个维度总结出了六种个体分析成败的主要原因,分别为能力、努力、运气、任务难度、身心状态以及他人的影响。

(3)两者的区别与联系

①强调的重点不同。海德强调以朴素的解释来说明行为产生的原因;而韦纳提出的归因理论则强调人们如何确定导致个体自身成功或失败的原因,强调归因结果对个体以后成就行为的影响,把成功与失败归因于内部—外部或稳定—不稳定的原因会引起个体不同的情感与认知反映。

②贡献不同。海德的归因理论开创了归因问题的先河,他对行为原因所做的个人—环境的划分一直是归因的基础,影响深远;韦纳从认知心理学的角度把成功和失败的原因划分成三个维度,在海德的思想基础之上有所发展,并且有助于人们对成就行为的原因进行分析。

③两种理论的联系在于,两种归因理论都是从认知的角度来看待行为动机的理论的。

第三节　归因偏差

考点1　归因偏差的内容

1.【参考答案】错误

【解析】基本归因偏差是指个体进行对他人行为的归因时,往往倾向于把别人的行为归结为内在因素(个人特性)而低估外在因素(情境特性)作用的现象。

2.【参考答案】错误

【解析】基本归因错误即基本归因偏差是指对他人行为进行归因时,往往将行为归因为内部稳定的个性特征,低估了情境因素的作用。而"当后果积极时将其归结为自己行为造成,后果消极时将其归结为环境因素造成"是自我服务偏差的定义。

3.【参考答案】C

【解析】研究发现,个体在归因过程中会有明显的自我价值保护作用,归因会朝有利于自我价值确立的方面倾斜,这是自我服务偏差出现的原因,并且自我卷入的程度越深,自我服务的程度越高。选项中只有C选项涉及对自我价值的保护。

4.【参考答案】C

【解析】基本归因错误即基本归因偏差是指对他人行为进行归因时,往往将行为归因为内部稳定的个性特征,低估了情境因素的作用。C选项"将行为归因为态度或人格等内在物质而忽略外在因素",符合基本归因偏差的定义。

5.【参考答案】

自我归因偏差即自我服务偏差,是指人们倾向于把别人的成功和自己的失败归于外部因素,而别人的失败和自己的成功归于内部因素的现象。

6.【参考答案】

归因偏差指的是,认知者系统地歪曲了某些本来是正确的信息,有的源于人类认知过程本身固有的局限,有的则是由于人们不同的动机造成的。

(1)基本归因偏差

基本归因偏差是指在对他人行为进行归因时,往往倾向于把别人的行为归结为其内在因素,而低估了情境因素的影响。夸特龙以归因过程的双级梯模型来解释基本归因偏差,认为人们不由自主地、自动化地先做出内在归因,第二步才可能有意识地、选择性地做出情境归因,这时候才有可能把内在归因打折扣;而有时人们会停止在第一步而不做出第二步。

(2)活动者-观察者效应

活动者-观察者效应指行动者对自身行为归因不同于他人对此行为的归因。对于同一个行为,行动者倾向于把成功归因为个人因素,把失败归因于情境;而观察者则会更多地把成功归因于情境,把失败归因于个人的特质。

产生这种归因偏差可能有两个原因:①行动者和观察者的着眼点不同;②行动者和观察者的信息来源不同。

(3)自我服务偏差

自我服务偏差是指人趋向于把别人的成功和自己的失败归因于外部因素,而把别人的失败和自己的成功归因于内部因素。

罗斯和斯考利认为产生自我服务偏差可能有以下原因:①自己在活动中的作用和贡献更容易被注意;②回忆自己的作用和贡献比回忆别人的要容易,因此会觉得自己做得比别人多;③接受信息的差异可能导致我们认为自己的作用大,比如说他人工作的时候,我们不在场,因此会低估他人的作用;④某些动力因素的存在促使了自我服务偏差。

章节考点　综合训练

一、单项选择题

1.【参考答案】A

【解析】海德的朴素归因理论将行为的原因划分为个人因素与环境因素,或称内部因素与外部因素。

2.【参考答案】A

【解析】对应推论是琼斯、戴维斯提出的相应推断理论中的概念,其余三个选项是韦纳归因理论中提出的归因的三个子维度。

3.【参考答案】B

【解析】本题考查基本归因偏差的行动者与观察者偏差。人们作为评价者对他人行为进行归因时倾向于稳定的内部归因(个人归因),而自我评价时则倾向于外部的归因(环境归因)。

4.【参考答案】A

【解析】在整合信息和已有经验的基础上人们会对特定对象形成一种既定认知模式被称为刻板印象。

5.【参考答案】C

【解析】题干的信息描述的是不同人在进行归因的过程中控制点不同所表现出的差异,内控型的人认为事情的发展与后果取决于进行这些事情时个体的努力程度,而外控型的人则认为生活中事情的发展与后果是由各种人无法控制的外部力量作用的结果。

6.【参考答案】D

【解析】自我中心偏差是指人们常常夸大自己在某种事情中的作用的倾向。夫妻双方往往各自都认为自己对家庭的贡献比对方大,符合自我中心偏差的定义。

7.【参考答案】C

【解析】认为美国人民主、乐观、开放是一种对于美国人群体的既定认知模式,是一种地域刻板印象。需要注意的是,刻板印象虽然以消极形式出现,但也不排除存在积极形式的刻板印象,例如我们都认为我国北方人豪爽大度,也是一种积极的刻板印象;首因效应与晕轮效应都是指我们在知觉其他客体时,第一印象所带来的知觉偏差;对比效应是一种个体对他人的评价会影响对另一人评价的现象,例如我们刚对一个能力强的人进行了积极评价,此时对另一个能力一般的人,我们可能会给予低于他正常水平的评价。故本题选C。

8.【参考答案】B

【解析】个人的努力是可控的、内部的、不稳定的。

9.【参考答案】C

【解析】刻板印象也称类属性思维,是指人们通过整合有关信息及个人经验形成的一种针对特定对象的既定认知模式。对某个群体的概括而固定的看法,称为刻板印象。

10.【参考答案】A

【解析】考试难度属于外部、稳定、不可控的。

11.【参考答案】D

【解析】根据维纳的归因理论,运气属于外部、不稳定、不可控因素。

12.【参考答案】C

【解析】基本归因偏差是指对他人行为进行归因时，往往将行为归因为内部稳定的个性特征，低估了情境因素的作用。

二、名词解释

1.【参考答案】

研究认为，刻板印象的产生与内-外群体效应的出现相关。由于人们倾向于维护积极的自我认知和自我价值感，因此在主观上会更愿意坚持所属群体的赞许性评估，这一现象即称为内群体偏见。

2.【参考答案】

刻板印象是指人们通过整合有关信息及个人经验形成的一种针对特定对象的既定认知模式。

3.【参考答案】

基本归因偏差是指，对他人行为进行归因时，往往将行为归因为内部稳定的个性特征，低估了情境因素的作用。

4.【参考答案】

活动者-观察者效应是指，行动者对自身行为归因不同于他人对同一行为归因的现象。对于同一行为，行动者倾向于把成功归因于个人因素，把失败归因于情境因素；而观察者倾向于把成功归因于情境，把失败归因于个人的特质。

5.【参考答案】

归因是指根据有关的外部信息、线索判断人的内在状态，或依据外在行为表现推测行为原因的过程。

6.【参考答案】

自利偏差也称为自我服务偏见，当人们加工和自我有关的信息时，会出现一种潜在的偏见：一边为自己的失败开脱，一边欣然接受成功的荣耀，在多数情况下，人们觉得自己比别人好。

7.【参考答案】

自证预言也叫自我实现预言，是指人们对他人的期望会影响到对方的行为，使得对方按照对他的期望行事。

三、简答题

1.【参考答案】

个体进行归因的过程往往会遵循以下原则：

①共变原则。某个特定的原因在不同情境下和某个特定结果相联系，该原因不存在时该结果也不出现，则可以把结果归因于此原因。

②排除原则。海德认为，若内外因素中某一方面的原因足以解释事件，就可以排除另一方面的原因。

③协变原则。凯利认为，人们会根据刺激客体、行为主体与背景条件三个因素协变作用来进行对行为的归因。

④折扣原则。凯利认为，人们在归因过程中，特定原因产生特定结果的作用将会由于其他可能的原因而削弱。

2.【参考答案】

该理论由琼斯和戴维斯在海德归因理论的基础上提出，他们认为行为和引起行为的因素与个体某些重要的稳定特点相对应，所谓相应推断，就是指由人的外显行为来推断其内在动机和人格特质的过程。

他们认为，人们在做相应推断的过程，会受到以下因素的影响：

①行为结果的严重性。行为结果越严重，对原因的推断就比较困难。

②社会赞许性。行为越被社会赞许，对原因的推断越困难。

③非共同性效应。非共同性因素越少，相应推断的可靠性越高。

④选择自由性。若某一行为是行为者自由选择的，则此行为应与内部品质相关联。

3.【参考答案】

归因风格是指个体在长期的归因过程中形成的比较稳定的归因倾向。归因的风格影响人们的归因结果。

例如，阿布拉姆森的归因风格理论将归因风格划分为抑郁型和乐观型两种。抑郁型归因风格倾向于把消极事件归于内部、稳定和整体的因素上，把积极的事件归于外部的、不稳定和局部的因素上；乐观型归因风格则与其相反，他们倾向把积极的事件归于内部、稳定、整体的因素，而把消极的事件归于外部、不稳定和局部的因素上。

4.【参考答案】

偏见是指人们不以客观事实为根据建立的对特定的人或事物的情感色彩明显的倾向性态度。偏见往往是消极的态度倾向，且带有鲜明的情感色彩。

歧视是指不平等地看待和对待某个特定对象，其核心是将特定对象看得比自己低劣，并使自己的压迫、强制、剥夺对方的行动合理化，造成社会地位、经济地位的不平等。

偏见和歧视使人对于特定对象的认知与行为过程带有定向明确的倾向性模式，并造成人际沟通和情感融合的障碍，同时这种障碍会进一步反过来加强偏见与歧视。

5.【参考答案】

(1)对抗刻板印象：通过有意识的控制，降低刻板印象的影响。

(2)平等接触：进行群体内接触有利于减少由缺少平等接触形成的刻板印象。

(3)创造消除偏见的环境：偏见是后天习得的，可以从减少学习偏见的机会入手。此外，立法反对基于种族、性别、宗教和其他因素的歧视，也有助于减少偏见和歧视。

6.【参考答案】

(1)韦纳提出了归因的三个维度，分别是：成败是由于内在因素还是外在因素(控制点)；决定成败的是经常发生的还是偶尔发生的(稳定性)；行为动因能否为行动者个人所控制(可控性)，归因模式的不同会影响个体对未来行为的预测。在三个维度中，稳定性是较为重要的维度。

(2)常见的归因偏差有：

①基本归因偏差：是指对他人行为进行归因时，往往将行为归因为内部稳定的个性特征，低估了情境因素的作用。

②活动者-观察者效应：是指行动者对自身行为归因不同于他人对同一行为归因的现象。

③自我服务偏差：是指人们倾向于把别人的成功和自己的失败归于外部因素，而别人的失败和自己的成功归于内部因素的现象。

④其他因素导致的归因偏差：性别导致的动机、观念、环境、所涉及的个体利益等因素也会导致归因偏差。

7.【参考答案】

基本归因错误是指对他人行为进行归因时，往往将行为归因为内部稳定的个性特征，低估了情境因素的作用。

夸特龙以归因过程的双级梯模型来解释基本归因偏差，认为人们不由自主地、自动化地先做出内在归因，第二步才可能有意识地、选择性地做出情境归因，这时候才有可能把内在归因打折扣；而有时，人们会停止在第一步而不做出第二步。

基本归因错误有时表现为活动者-观察者效应，人们作为评价者对他人行为进行归因时倾向于稳定的内部归因，而自我评价时则倾向于外部的归因。

例如，对某人考研成功进行归因时，往往将行为归因为内部稳定的个性特征(丰富的专业知识)，低估了情境因素的作用。

四、论述题

1.【参考答案】

(1)偏见的概念与形成的原因

偏见是指人们不以客观事实为根据建立的对特定的人或事物的情感色彩明显的倾向性态度。偏见往往是消极的态度倾向，且带有鲜明的情感色彩。

偏见形成的原因包括四个方面：

①社会化历程。个体社会化的过程中可能会吸收并内化传统文化中存在的偏见。

②认知因素。刻板印象对偏见与歧视的形成有发展作用，并且已形成的偏见与歧视会使信息加工系统中刻板印象被更多地激活与证实，再进一步导致偏见与歧视的发生。

③动机因素。知觉者的紧张情绪或潜在的需要可能导致偏见与歧视的产生。

④社会分层。自然差别与社会差别导致社会分层，不同社会阶层群体的内群体身份意识导致了对外群体的偏见与歧视的产生。

(2)偏见造成的后果

①导致歧视行为。

偏见往往以刻板印象为认知基础，容易直接导致一系列歧视行为的出现。例如，性别歧视、地域歧视与种族歧视就是对女性或具体的特定群体的一种偏见。

②偏见引发预言自动实现效应。

预言自动实现效应是指对一种情境的最初错误解释，会引起某种预料的行为，使错误的观念成为现实的现象。预言自动实现效应的经典证明是罗森塔尔发现的“期望效应”。

在罗森塔尔的实验中，若教师对某些学生持有积极的看法，那么这些学生更有可能取得良好的学习成绩。同样地，若教师对某些学生持有一定的偏见，如“山区的孩子比城里的孩子笨”“女生学不好理科”，那么同样会引发对应的消极效果。

③影响人际关系的发展与人际交往的过程(结合第七章相关内容)。

一方面，人际关系的发展需要经历交往定向、情感探索、感情交流以及稳定交往四个阶段，在这一过程中人际关系的状态与深度都在一定程度上影响着人际关系的发展。若在人际交往的过程中对某类特定群体存有偏见，那么在人际关系的发展过程中必然会导致人际关系的深度无法进一步加深、人际关系的发展阶段无法进一步前进，严重时可能会引发人际关系的破裂。

另一方面，人际交往的过程遵循交互原则与自我价值保护原则，偏见的存在容易破坏人际交往中的良好交互过程、威胁到人际交往对象的自我价值，从而对人际交往过程产生消极影响。

(3)如何克服、消除偏见

可以通过这些途径克服与消除偏见：

①对抗刻板印象：通过有意识地控制，降低刻板印象的影响。

②平等接触：进行群体内接触有利于减少由缺少平等接触形成的刻板印象。

③创造消除偏见的环境：偏见是后天习得的，可以从减少学习偏见的机会入手。此外，立法反对基于种族、性别、宗教和其他因素的歧视，也有助于减少偏见和歧视。

2.【参考答案】

所谓归因，就是指观察者为了预测和评价人们的行为并对环境和行为加以控制而对他人或自己的行为过程所进行的因果解释和推论。

1967 年，美国社会心理学家凯利(H. H. Kelley)继相应推断理论之后提出三维归因理论，也称为三度理论，对海德的归因理论进行又一次扩充和发展。

凯利认为，人们对行为的归因总是涉及三个方面的因素：(1)客观刺激物；(2)行动者；(3)所处关系或情境。其中，行动者的因素是属于内部归因，客观刺激物和所处的关系或情境属于外部归因。这三个方面信息构成一个协变的立体框架，影响人们的归因过程与结果。

对上述三个因素的任何一个因素的归因都取决于下列三种行为信息：

①区别性：行动者是否对同类其他刺激做出相同的反应，它是在众多场合下都表现出这种行为还是仅在某一特定情境下表现这一行为。例如，一名迟到的员工是否经常表现得自由散漫、违反规章纪律。如果行为的区分性低，则观察者可能会对行为作内部归因；如果行为的区分性高，则活动原因可能会被归于外部。

②一贯性：行动者是否在任何情境和任何时候对同一刺激物做相同的反应，即行动者的行为是否稳定而持久。例如，如果一名员工并不总是上班迟到，她有 7 个月从未迟到过，则表明这是一个特例，行为的一贯性较低；而如果她每周都迟到两三次，则说明行为的一贯性高。行为的一贯性越高，观察者越倾向于对其作内部归因。

③一致性：其他人对同一刺激物是否也做出与行为者相同的方式反应。如果每个人面对相似的情境都有相同的反应，我们说该行为表现出一致性。比如，所有走相同路线上班的员工都迟到了，则迟到行为的一致性就高。从归因的观点来看，如果一致性高，我们对迟到行为进行外部归因。如果走相同路线的其他员工都准时到达了，则应认为该员工的迟到行为的原因来自内部。

凯利对归因理论的贡献在于，他提出了一个归因过程的严密的逻辑分析模式，对人们的归因过程做了比较细致、合理的分析和解释。但是，他的三度理论也遭到了人们的批评。这些批评主要是指他过分强调归因的逻辑性，使之成为一个理想化的模式，脱离了普通人归因活动的实际。人们实际上往往得不到这个模型所要求的信息，不知道某人在以前同样场合中的行为，也难知道其他人在同样的场合中的行为。经验表明，在许多情况下，人们对于所发生的事件，并不是多方观察、收集足够的信息而后进行归因，而往往是利用在生活经验中形成的某些固定的联系，根据自己的需要、期望，凭借有限的信息，对行为结果经济、迅速地做出归因，而并不像统计学家那样对信息资料进行烦琐的分析。

3.【参考答案】

(1)海德将行为的原因分为个人内部因素(人格、品质、动机、能力等)和外部环境因素(任务的难度、运气、天气等)。在个体的归因过程中，如果将行为归因于内部因素，称为本性归因；如果将行为归因于外部因素，称为情境归因；若将行为同时归因于这两个方面，则称为综合归因。

(2)个体的任何行为都既有内部原因也有外部原因，是内外两个方面因素共同作用的结果，只有先弄清楚根本原因是内在还是外在，才可以更有效地对行为进行控制。

(3)此外，海德还指出，人们在归因的时候常使用两种原则：

①共变原则：某个特定的原因在不同情境下和某个特定结果相联系，该原因不存在时该结果也不出现，则可以把结果归因于此原因。

②排除原则：若内外因素中某一方面的原因足以解释事件，就可以排除另一方面的原因。

4.【参考答案】

(1)这种现象反映的是自我服务偏见，人们往往会把别人的成功和自己的失败归因于外部因素，而把别人的失败和自己的成功归因于内部因素。比如在这个例子中，当别人拍得很好时，我们会把他拍得好归因于是相机好，这是一种外部因素，而当别人拍得不好时，我们会说这是他拍照技术差，这是一种内部因素。

(2)自我服务偏差的产生可能有以下原因：

①自己在活动中的作用和贡献更容易被注意；

②回忆自己的作用和贡献比回忆别人的要容易，因此会觉得自己做得比别人多；

③接受信息的差异可能导致我们认为自己的作用大，从而会低估他人的作用；

④某些动力因素的存在促使了自我服务偏差。

(3)消除自我服务偏见的主要方法有：

①正确认识自己，接纳自己的缺点，也不能盲目自信；

②根据自己情况改变不足，提升自我素质；

③用谦虚的态度和平和的心境对待自身及他人，不过分贬低别人或一味责怪他人；

④让他人代替监督自己以纠正这种倾向。

5.【参考答案】

(1)凯利借鉴了海德的共变原则，提出了自己的三维归因理论。

首先，该理论认为任何事件的原因最终可以归为三个方面：行动者、刺激物以及环境背景。

其次，在归因时人们要使用三种信息：

①一致性信息——其他人也如此吗?

②一贯性信息——这个人经常如此吗?

③独特性信息——是否此人只对这个刺激以及这种方式反应，而不对其他刺激有同样的反应?

同时,归因时遵循折扣原则,即特定原因产生特定结果的作用将会由于其他可能的原因而削弱。

案例中的刘某各种狡辩是想为自己开脱,即要说明事件的发生不是行动者(他自己)的原因,而是刺激物(人情难却)以及环境背景(现在的社会情况)的原因,根据折扣原则,后两方面的原因占比增大之后,就会削弱他自己的原因,以此逃避他自己的责任。

正如案例展示,他说自己冤枉,也就是直接声明行为不是行动者原因;说人情难却就是想把原因归为刺激物,即跟他发生违法违规交易的对象有问题;当找到证据说明这一切都不成立后,他又开始说社会情况迫使他这样,也就是把行为归因于环境背景。

(2)根据凯利的三维归因理论,三种行为信息的协变与归因如下:

①独特性低、一贯性高、一致性低:归因于行动者;

②独特性高、一贯性高、一致性高:归因于刺激物;

③独特性高、一贯性低、一致性低:归因于环境背景;

当要使刘某将行为归为自身,即归为行动者,最核心需要低一致性,即其他人都不贪污,只有刘某贪污,这是事件发生的核心内因,同时依据折扣原则需要排除其他的两方面原因,也就同时需要高一贯性,即他总是如此贪污,并不是偶发行为,这样就排除了由于环境背景原因导致的偶然行为的可能性;以及低独特性,即刘某的贪污对象,与刘某发生交易的并不是特定对象,而是广撒网的,这就排除了刺激物(人情难却)的原因。

6.【参考答案】

(1)对抗刻板印象:通过有意识地控制,降低刻板印象的影响。有意识地控制自身对感染新型冠状病毒人群的看法,降低刻板印象的影响。

(2)平等接触:进行群体内接触有利于减少由缺少平等接触形成的刻板印象。在做好安全防护的情况下,与感染新型冠状病毒人群进行平等接触。

(3)创造消除偏见的环境:偏见是后天习得的,可以从减少学习偏见的机会入手。减少学习对感染新型冠状病毒人群的偏见。

(4)此外,立法反对基于种族、性别、宗教和其他因素的歧视,也有助于减少偏见和歧视。国家应当立相关法律或条款,反对对感染新型冠状病毒人群的偏见与歧视。

第六章 自我概念

第一节 自我与自我概念

考点1 自我概念及其内容

1.【参考答案】

詹姆斯的自我理论中,将自我划分为主体我和客体我,其中客体我包含物质自我、心理自我和社会自我。社会自我是指个体对隶属于某一时代、国家、民族等的意识,以及对自己在所属群体中的地位、对自己拥有的家庭与亲友关系的意识。

2.【参考答案】

自我意识包含自我认知、自我情感以及自我意向三个方面,其中自我情感即自我体验,是指个体伴随自我认知而产生的一系列的情感体验。是主体我对客体我的态度。

3.【参考答案】

自我概念是指个人关于自身的认识和观念,或个人对自己存在的意识、对自己以及自己与周围事物关系的意识。包含"自我认知""自我情感"以及"自我意向"三个方面。

4.【参考答案】C

【解析】马科斯提出了自我图式理论来解释自我概念,并在此基础上提出了可能自我和动态自我的概念。其中,可能自我是指基于自我图式而指向未来的自我概念;动态自我是指在某一特定时刻的自我概念。

5.【参考答案】

自我,也称自我概念、自我意识、自我观念等,是指个人关于自身的认识和观念,或个人对自己存在的意识、对自己以及自己与周围事物关系的意识。

它包含"自我认知""自我情感(或自我体验)"以及"自我意象(自我控制)"三个方面。其中,自我认知是对自己各种身心状况、人—我关系的认知;自我情感是伴随自我认知而产生的情感体验;自我意向也称自我控制或自我调节,是伴随自我认知、自我情感而产生的各种思想与行为倾向。自我意识的三种成分紧密联系,共同作用于个体的思想和行动。

考点2 自我的相关理论

1.【参考答案】A

【解析】本题考查自我意识概念的起源,詹姆斯于 1890 年在其著作《心理学原理》中首次提出了自我意识的概念,他也是最先开始对自我意识研究的心理学家。

2.【参考答案】

罗杰斯认为,自我概念是个人现象场中与个人自身有关的内容,是个人自我知觉的组织系统和看待自身的方式,对一个人的个性与行为具有重要意义的,不是真实自我,而是自我概念。自我概念控制并综合着对环境知觉的意义,高度决定着个人对环境的反应。

罗杰斯认为自我概念有四个特点:

①自我概念是对自己的知觉,它遵循知觉的一般原理。

②自我概念是有组织的、连贯的、有联系的知觉模型。

③自我不是指存在于我们头脑中的另一个人,而是能表征的自我经验。

④自我虽然也包括潜意识的东西,但主要是由有意识的或可以进入意识的东西构成的,通常可以为人所觉察。

罗杰斯对自我研究的另一重要贡献是对自我差距的关注,他根据自己的临床实践提出了现实自我和理想自我的概念。

其中,现实自我指个人对自己受环境熏陶陶冶,在与环境的相互作用中所表现出的总和的现实状况和实际行为的意识。

理想自我指个体经由理想或为满足内心需要而在意念中建立的有关自己的理想化形象。

理想自我与真实自我越接近,个人就越感觉到幸福和满足,反之则造成不愉快和不满足。

考点3 自我概念的功能

1.【参考答案】ABC

【解析】本题考查自我概念的功能。伯恩斯总结了前人的研究,提出了自我概念的结构图,并论述了自我概念的心理作用。他指出,自我概念具有自我一致性维持、经验解释和期望定向三种心理功能。

第二节 自我概念的形成

考点1 自我概念的形成与发展

1.【参考答案】

库利提出了镜像自我的概念用以说明自我概念的发展形成过程中社会互动的作用,镜像自我即"镜中我",是在与他人交往过程中,个人根据他人对本人的反映和评价产生的自我观念。

2.【参考答案】

这一说法是错误的,儿童在 1 岁时掌握了有关自我的词,能用第一人称称呼自己,是自我意识发生的标志之一,只是自我意识发生与发展的前提。自我意识是在社会交往的过程中,随着语言和思维的发展而发展起来的,需经历一个从无意识到有意识、从不自觉到自觉的较长的发展过程。埃里克森的心理发展理论也认为,自我意识的形成会随着年龄的成长不断地发展、成熟并最终稳定下来。

3.【参考答案】D

【解析】个体的自我概念是在生理和心理能力一定程度的成熟基础上发生的,也是在与社会环境长期的相互作用过程中形成和发展的。这说明自我概念发展的核心机制有“生理与心理能力的提高”和“社会环境的相互作用”两种，对应题干的D选项。

4.【参考答案】

自我知觉理论的提出者贝姆认为，与个人通过别人的行为来认识别人的特征的机制一样，个体对自己态度、感情和其他内在状态的认识，也存在根据自己的外显行为和该行为发生的环境而进行推断的机制。个体是通过对自己的外显行为及行为发生的环境进行功能分析来获得自我知觉的。

第三节 自尊

考点1 自尊概述

1.【参考答案】

自尊是指个体对自己整体状况的满意水平，可以是积极的也可以是消极的，并具有跨时间和情境的一致性。

2.【参考答案】D

詹姆斯认为，自尊即个体的成就感，取决于个体在实现其设定目标的过程中成功或失败的感受。他还提出了经典的自尊公式：自尊=成功/抱负。

3.【参考答案】

(1)自尊的定义

自尊是指个体对自己整体状况的满意水平，可以是积极的也可以是消极的，并具有跨时间和情境的一致性。自尊是行为的动力，对身心健康具有决定性作用；马斯洛认为，自尊需要的满足会使人相信自己的力量和机制，使人们在生活中变得更有能力，更富有创造性。

(2)自尊的影响因素

人在不同发展时期，影响自尊的主导因素是不一样的：家庭是影响儿童自尊的主导因素，随着儿童在学校的学习生活时间越来越长，学校因素逐渐占据主导地位，当个体的主体意识逐渐成熟时，影响自尊的因素就更加复杂。总的来说，影响自尊的因素有如下几点：

①父母教养方式。民主型教养方式有利于儿童高自尊的形成，专制型教养方式导致较低的自尊水平。例如，在专制型教养方式下成长的儿童，父母会在大部分情况下以批评、控制的方式教育儿童，对儿童取得的成绩予以较少的鼓励，缺少被认可的经验会导致儿童自尊的发展受到阻碍。反之，民主型教养方式下成长的儿童，父母在生活与学习等方面的决定会更多地尊重孩子的选择，这有助于儿童高水平自尊的形成。

②学业成绩。学业成绩影响教师、学校、家长和社会对学生的整体评价，从而影响学生的自尊水平的高低。例如，一个成绩较差的学生可能往往被教师、家长和社会在一定程度上认为是一个较为失败的学生，这样的学生往往会具有较低的自尊发展水平。

③与他人的互动关系。个体与教师、家长、同伴之间发生的交互关系也会对自尊的发展水平形成影响，若个体与这些重要他人之间有良好的、积极的交互关系，那么也有利于发展出较高的自尊水平。

④个人经验。不同的个体经验会影响个体的自尊水平，研究者们指出，成功经验往往与自尊水平之间具有一定的联系，那些被认为是一种“成功”的经验往往会提高个体的自尊水平。此外，对成功或失败的价值评估也会对个体的自尊产生影响，若某一事件的成败对个体而言价值十分微小(例如和小学生打游戏胜利、与世界冠军切磋但是失败了)，这一经验对自尊的影响较小，反之则较大。

考点2 自我差距、自我提高与自我确认

1.【参考答案】

自我增强与自我提高类似，是指个体以一种有利于对自己做出正面评价的方式收集和解释有关自我的信息，自我增强有助于个体自尊的建立。

2.【参考答案】A

【解析】希金斯等人提出了自我导向理论，他对自我差距的定义是“实际自我与自我导向之间的差距”。

3.【参考答案】错误

【解析】希金斯提出的自我差异理论中，个体知觉到的自我包括理想自我、实际自我以及应该自我三种成分。

考点3 自我效能与习得性无助

1.【参考答案】C

【解析】自我效能感是指一个人感到自己能够胜任某些任务和行为有效的感觉。题干信息描述的是自我效能感。

2.【参考答案】A

【解析】控制点理论的提出者是罗特。

3.【参考答案】

(1)自我效能感是由美国心理学家班杜拉于1977年提出的一个概念，指个体对自己能否成功从事某一行为的主观判断，或一个人感到自己能够胜任某些任务和行为有效的感觉。

(2)影响因素包括如下四个方面：

①个体学习的成败体验：个体以往的成败经验，特别是第一次完成某种任务的经验对于自我效能感的影响比较大。

②榜样的替代性经验：榜样的多次成功可提高个体的自我效能感，反之会降低个体的自我效能感。

③重要他人的言语劝说：一般不能单独起作用，与其他措施共同起作用。

④个体的情绪唤醒状态等。

综合问题1 提高自尊的方法与途径

1.【参考答案】

(1)小馨存在自卑的心理问题，可以通过自我确认与自我提高、提高自我效能感、养成积极的归因风格等方式改变其自卑心理。

(2)自尊是指个体对自己整体状况的满意水平，可以是积极的也可以是消极的，并具有跨时间和情境的一致性。自尊是行为的动力，对身心健康具有决定性作用；马斯洛认为，自尊需要的满足会使人相信自己的力量和机制，使人们在生活中变得更有能力，更富有创造性。

个体的自尊受到父母教养方式、学业成绩、他人评价以及个人重要的成功经验等因素的影响，除了通过改变这些因素对个体的影响来提高自尊以外，还可以通过自我确认与自我提高的方式来塑造高水平的自尊。

不同于作为一种“整体评价”的自尊，自我效能感是指一个人感到自己能够胜任某些任务和行为有效的感觉，是个体对自己能否具备“做到某事”的能力的评价。具有较强自我效能感的儿童和成年人更加坚毅，更少焦虑与消沉，能够在生活与学习上取得更多的成功。

自我效能感受到个体获得的成就、替代性经验、生理唤醒等因素影响。不断获得成功的经验、观察相似他人的成功经历、积极的言语劝说与合适的生理唤醒水平均能够提高个体的自我效能感。

(3)根据韦纳的归因理论，可以通过引导小馨建立积极的归因模式来消除她的自卑心理，提高自尊水平。例如，小馨转学后发现自己与身边同学的英语口语兴趣特长眼界、经济和物质水平差距巨大因此感到沮丧和失落，可能是由于她将这一现象视作自己的“失败”，并将这一失败归因于外部不可控制的因素。可以通过认知行为矫正的方法引导小馨从另一积极的方面看待这一问题，如“我的家庭环境、物质水平、能力眼界都不如他们，但是我仍然能考进了这所学校，说明我能够依靠我自己来改变我先天的劣势，这对我来说是一种成功”，并将这一成功体验归因于内部、可控的因素——个人的努力或个人能力，对成功的积极的归因能够帮助小馨形成高水平的自我效能感和自我控制感，从而提升她的自尊水平，消除自卑心理。

(联系实际结合知识点进行论述，可不局限于参考答案，言之有理即可。)

章节考点 综合训练

一、单项选择题

1.【参考答案】C

【解析】自我意识是指个人关于自身的认识和观念，或个人对自己存在的意识、对自己以及自己与周围事物关系的意识。它包含"自我认知""自我情感(或自我体验)"以及"自我意向(自我控制)"三个方面。

2.【参考答案】B

【解析】人们所持有泛化的关于事件是否受控于自己的预期称作控制点,内部控制特征的人相信,自己所从事的活动和结果是由自身内部因素决定的,自己的能力和努力控制事态发展,奖励是由个人行为决定;外部控制特征的人认为,自己受命运、运气、机遇和他人的摆布,外部因素主宰自己的行为,奖励出现不由自己决定。

3.【参考答案】C

【解析】本题考查自我效能感的来源/影响因素。自我效能感的来源中,个体获得的成就是主要的信息来源之一。

4.【参考答案】A

【解析】自我觉察也称自我觉知,指自己把自己当作考察对象,认识自己的一切的过程,或是发动并维持自我意识活动过程的自我注意状态。

5.【参考答案】D

【解析】外部控制特征的人认为,自己受命运、运气、机遇和他人的摆布,外部因素主宰自己的行为,奖励出现不由自己决定。因此在题目所给选项中,外控型的个体进行归因时最可能将原因归为运气。

6.【参考答案】D

【解析】自我概念的相关理论有詹姆斯的自我理论、米德的自我理论、弗洛伊德的自我理论、埃里克森的自我同一性危机理论、沙利文的人际关系学说、罗杰斯的自我概念理论。D选项马斯洛的自我实现理论不属于自我概念的相关理论。

7.【参考答案】B

【解析】在自我概念领域,马科斯和北山提出了"独立自我-互依自我"的二元结构。通过将美国文化与日本文化间自我概念的差异进行对比,们认为西方文化更注重个人价值,视自我为独立的实体,因而自我概念与社会背景间是分离的,他们将这种自我概念的建构称作独立自我;而东方文化更强调自我与周围环境相互依存,以及个体和他人之间的相互协调,因而"与自我相联系的他人"在自我概念中占有重要的地位,他们将这种自我概念的建构称作互依自我。

8.【参考答案】C

【解析】自我提高指个体用一种有利于对自己做出正面评价的方式,收集解释有关自我的信息。

9.【参考答案】D

【解析】自我价值保护是指个体为了保持自我价值的确立,心理活动各方面都有一种防止自我价值遭到否定的自我支持优势心理倾向。A选项自我价值定向是指个体用以评价自身价值的价值标准和体系的择定。B选项自我价值感是指个体对自身价值评判结果的体验。C选项自我价值支持是指支持个体自我价值确立的内外心理资源。

10.【参考答案】D

【解析】个体自我概念的建构与以下几个方面有关:从自己的行为推断自己;从他人行为反应推断自己;通过社会比较推断自我;通过自我意识来推断自我。

二、名词解释

1.【参考答案】

自我图式是指自我概念的组成要素,是个体有关自己某些具体的能力与特征的认知。

2.【参考答案】

习得性无助的概念由塞利格曼最先提出,是指个体面对反复出现的不好的事件,感到难以控制,从而学会了放弃和感到无望的现象。

3.【参考答案】

詹姆斯的自我理论中,他将自我划分为主体我和客体我,其中客体我包含物质自我、心理自我和社会自我。其中,心理自我指对自己智力、性格、兴趣、爱好、动机等方面心理特点的意识。

4.【参考答案】

自我效能感是由美国心理学家班杜拉于1977年提出的一个概念,指个体对自己能否成功从事某一行为的主观判断,或一个人感到自己能够胜任某些任务和行为有效的感觉。

5.【参考答案】

自我一致性是指自我概念使人保持内在一致性,个人需要按照保持自我看法一致性的方式行动。

6.【参考答案】

自我参照效应是指当信息与我们的自我概念有关时,我们会对它进行快速的加工和很好的回忆。自我参照效应可以阐明生活中的一个基本事实:我们对自我的感觉处于我们世界的核心位置。由于我们倾向于把自己看成世界的核心,因此我们会高估别人对我们行为的指向程度。

7.【参考答案】

控制点这一概念是心理学家罗特提出的,是指人们关于影响自己行为和结果的力量位置的看法。控制点理论分为两种类型:内部控制与外部控制。

8.【参考答案】

自我,也称自我概念、自我意识、自我观念等,是指个人关于自身的认识和观念,或个人对自己存在的意识、对自己以及自己与周围事物关系的意识。

9.【参考答案】

自我确认指人们注意和寻找那些与自我概念相符合的信息的倾向。

三、简答题

1.【参考答案】

控制点这一概念是心理学家罗特提出的,是指人们关于影响自己行为和结果的力量位置的看法。

心理学家一般将控制点分为两种类型:内部控制与外部控制。内部控制特征的人相信,自己所从事的活动和结果是由自身内部因素决定的,自己的能力和努力控制事态发展,奖励是由个人行为决定;外部控制特征的人认为,自己受命运、运气、机遇和他人的摆布,外部因素主宰自己的行为,奖励出现不由自己决定。

控制点不同,对事情的态度和行为方式也有所不同,一般来说,内部控制者具有较高的成就动机,外部控制者的成就动机较低。

2.【参考答案】

自我提升也称自我增强、自我提高,指个体以一种有利于自己做正面评价的方式收集和解释有关自我的信息。自我提升是个体在社会比较中努力保持和提升自尊的倾向,通过自我增强,人们希望对自己产生满意感、能力感和有效感。其核心假定在于人们有一种增强自尊、提高个人价值感、寻求积极自我认识、避免消极反馈评价的需要,它同时具有自我提高和自我保护两种功能。

自我确认则是指个体寻找和解释情境,以证实自我概念的过程,通过自我确认,使别人对自己有一致性的认识也有助于提高自尊。

自我也称自我意识,是对自己存在的觉察,即自己认识自己的一切,如生理特征、心理特征、自己与他人的关系(自己在集体中所处的地位)。自我提升和自我确认有助于个体对自我形成比较积极和客观的认识,对自己形成较为满意的判断,并由此产生积极或消极的自我体验,进而形成自我追求,努力保持自己的优势,以受到社会和他人的赞赏和尊重。

3.【参考答案】

(1)自我效能感是指一个人感到自己能够胜任和有效的感觉。根据班杜拉的思想,自我效能感主要是从成功经验中获得的关于自己能力的概念。除成功经验外,个人的控制感也影响着自我效能感。影响自我效能感的因素有:直接的成功经验、间接的成功经验、言语说服、情绪唤醒水平、情境条件。

(2)自尊是指个体对自己整体状况的满意水平。影响自尊的因素有:父母的教养方式、学业成绩、个人因素。

综上,两者的区别主要表现为:自我效能感主要强调个体完成一项任务时的主观胜任感;自尊强调个体对自身整体的满意水平。也即,自我效能感强调谋事,自尊强调个体本身。

四、论述题

1.【参考答案】

米德从社会整体及社会和个体的互动的视角来定义自我，按照符号相互作用论的思想解释自我及其形成和发展，其理论强调了自我的社会生成性和对情境的能动反应性，对认识自我的产生和发展具有重要价值。该理论的主要观点有三点：

①自我的主客体分化

主体我是自我主动、自主的部分，客体我是自我结构性的稳定部分；客体我引导主体我的活动，而主体我又定义和扩展客体我，二者相辅相成的动态过程就是自我的活动和发展。

②影响自我的两类他人

影响自我的他人有两类：一是概化他人，即社会文化整体。二是重要他人，即影响个人生活和人格成长的中心人物。来自重要他人的评价和态度，会逐渐形成个人自我的重要部分。

③自我形成和发展的三个阶段

准备阶段：原始的自我尚不能运用符号，只能无意识地模仿他人。

游戏阶段：儿童用游戏扮演不同的重要他人角色，学习其态度和观念，并学会从对方角度看待自己。

社会角色扮演阶段：儿童扮演概化他人的角色，将他人行为综合为整体印象，从概化他人角度来衡量自己的行为，遵守游戏规则，社会的价值观、态度、规范内化于个体，形成自我。

五、案例分析

1.【参考答案】

案例反映了习得性无助的现象，动物理论学家塞利格曼在一项实验发现了这一现象。在实验中，动物被放置在一个能够放电的箱子中，一开始，无论动物如何做，都对其施放不可避免的电击，重复多次之后开始第二阶段的实验。第二阶段的实验中，箱子中有一个能够停止电击的按钮，但是这时候动物不仅不会试图按下按钮停止电击反而会完全停止行动。

塞利格曼根据该结果提出了习得性无助的概念，是指个体面对反复出现的不好的事件，感到难以控制，从而学会了放弃和感到无望的现象。

在案例的实验中，第二组被试在第一阶段的实验中，无论怎么反应都无法停止噪音，就如同塞利格曼实验中，无论怎么反应都无法躲避或停止电击的动物，这使得他们在后续任务中，面对相同的噪音(电击)，选择了停止行动或重复无意义行动的现象，即出现了习得性无助现象。

第七章　人际沟通、人际关系与人际吸引

第一节　人际沟通

考点1　人际沟通的概念

1.【参考答案】

人际沟通是社会中人与人之间传递信息、沟通思想和交流情感的过程，简单来说，人际沟通就是人与人之间的信息交流过程。其意义在于为个体身心发展提供必需的信息资源、凭借沟通交换信息并建立与维持相互关系，同时人际沟通也是自我概念形成的途径。

2.【参考答案】A

【解析】人际沟通是社会中人与人传递信息、沟通思想和交流情感的过程，简单来说，就是人与人之间的联系过程。

考点2　沟通的分类

1.【参考答案】B

【解析】有特定目的，并且经过一定专门准备的沟通叫有意沟通。

2.【参考答案】错误

【解析】小道消息的传播是非正式沟通中的一种形式，但通过一连串的人将小道消息传播给最终的接收者的传播途径是单线传播(或称直线型传播)。

考点3　人际沟通的障碍

1.【参考答案】D

【解析】地位障碍是由于社会地位、宗教、职业等差异导致的沟通障碍。“隔行如隔山”就是一种在人际沟通过程中的地位障碍。

2.【参考答案】

人际沟通中存在的障碍会影响人际沟通的质量，主要的人际沟通障碍有如下几方面：

①物理环境障碍。是指人们所处的沟通环境中存在的障碍，例如环境中的噪音、沟通环境的整洁度、沟通时的气候条件等。

②个人障碍。个体的情绪、知觉等个性倾向和个性心理特征所造成的沟通障碍，例如下级在向上级报告工作时常常“报喜不报忧”，就是一种由于个体动机而造成的沟通障碍。

③文化与语义障碍。指不同文化所导致的社会风俗、语言不通、非语词符号的理解所造成的沟通障碍，例如语言隔离、不同的手势动作在不同国家有不同意义。

④组织结构障碍。由于社会组织过于庞大、臃肿导致人际沟通的中间环节过多，沟通信息在传递过程中的损耗所造成的沟通障碍。

⑤社会心理障碍。对人际沟通的恐惧、人际交往能力不足而导致的沟通障碍，例如社交恐惧、表达能力缺失等原因造成沟通障碍。

⑥地位障碍。由于社会地位、宗教、职业等差异导致的沟通障碍，所谓的隔行如隔山就是一种因职业而产生的地位障碍。

考点4　人际距离

1.【参考答案】B

【解析】本题考查个人距离的范围，个人距离的近范围是 0.45~0.76 米，远范围是 0.76~1.22 米，因此可得出答案为 B。

2.【参考答案】C

【解析】本题考查人际距离的内容，爱德华·霍尔将人与人之间的距离分为亲密距离、个人距离、社交距离和公共距离。

第二节　人际吸引

考点1　人际吸引的影响因素

1.【参考答案】A

【解析】本题考查了人际吸引的影响因素中的熟悉效应。在一些情况下，熟悉会对人际吸引产生影响，熟悉本身就可以增加一个人对于某种对象的喜欢，心理学家扎琼克的纯粹接触效应的研究证实了这一点。

2.【参考答案】C

【解析】根据题干信息“物以类聚，人以群分”可以直接得出答案，这一谚语强调的是相似性对人际吸引的影响。

3.【参考答案】

该实验证明了人际吸引的熟悉效应，该效应的含义是熟悉会对人际吸引造成影响，熟悉本身会引起喜欢。

心理学家铂尔曼以三种类型的人的照片作为研究素材，分别为正面人物、中性人物以及反面人物的照片，他以这三类人的照片考查照片呈现次数与被试喜欢照片人物程度之间的关系，发现了人际吸引中的熟悉效应会受到熟悉对象性质的影响。

熟悉效应会受到对象性质的影响，铂尔曼根据其实验结果指出，熟悉增加的是被试对于正面与中性对象的喜欢水平，而个体对于反面对象则没有出现熟悉效应。

考点2　爱情

1.【参考答案】BCD

【解析】斯腾伯格的爱情三角理论认为，爱情有三个基本要素，分别为亲密、激情和承诺。

2.【参考答案】C

【解析】爱情三角形理论由斯腾伯格提出。

第三节　人际关系

考点1　人际关系的概念

1.【参考答案】A

【解析】人际关系是人们在共同活动中彼

此为寻求满足各种需要而建立起的相互间心理联系，具有个体性、直接性与可感性、情感性的特征。

2.【参考答案】D

【解析】奥尔特曼通过社会渗透理论来解释自我展露在人际关系发展中的作用，认为人们在自我展露的时候常常遵循相互性原则，即自己的展露水平应与他人的展露水平相对应。

考点2 人际关系的发展过程

1.【参考答案】

研究发现，人际关系的建立和发展有一定的规律，可以沿着预计的轨道发展。通常人际关系的建立会经历四个阶段。

(1)交往定向阶段

人生是有限的，不可能广泛与每个人建立关系，所以人们交往的对象都是自觉或不自觉地经过"高度"选择的结果。选择是建立人际关系的第一步，即人际关系的定向阶段。你可以从各个方面评价对方，如服装、外表的吸引力、信念、态度、言谈举止等。根据观察决定是否与之发展相互关系，并且了解对方是否愿意与自己发展关系。

(2)情感探索阶段

在这一阶段，人们有意识努力寻找共同的兴趣和经历，表达自己的观点、态度和价值观，观察对方的反应。在这一阶段，每件事似乎都是很愉快、轻松和非批评性的。许多人际关系都停留在这一阶段，沟通双方都喜欢这个水平的相互关系，但没有表现出进一步推进它的意愿。

(3)感情交流阶段

这是感情的进一步探索，双方愿意花更多的时间在一起，喜欢互相陪伴，并开始相互坦白，互相信任，比如互相使用昵称，开别人不能理解的玩笑，谈话中出现共同的期望和假设。这时候，开放是一种风险，因为自我袒露既可能使相互关系加强，也可能受到伤害。

(4)稳定交往阶段

在这一阶段，人们心理上相容性进一步增加，自我表露也更为广泛和深刻，开始允许对方进入自己高度私密的个人领域，分享自己的生活空间。

人际关系可以建立在任何一个阶段上，是否从一个阶段发展到下一个阶段取决于关系的双方。由于大多数人只有有限的时间和精力去加强关系，因此大多数人只是把人际关系保持在第二和第三阶段。在前三个阶段人们建立友谊和正常的社交活动，而第四阶段要求我们有更多的承诺，通常存在于非常亲密的相互关系中。

考点3 人际关系的原则

1.【参考答案】B

【解析】人际关系的功利原则强调，在人际交往中我们想要自己被别人所接纳，维持与别人的良好人际关系，就必须了解人们在人际关系方面的价值倾向，使人们感到同我们的交往是"值得的"。题干信息最符合人际关系的功利原则。

2.【参考答案】B

【解析】自我价值保护是个体对自身价值的意识与评价。自我价值保护是一种自我支持的心理倾向，其目的是防止自我价值受到贬低和否定。由于自我价值是通过他人的评价而确立的，个人对他人的评价极其敏感。对肯定自我价值的他人，个体对其认同和接纳，并反过来予以肯定与支持；而对否定自我价值的他人则予以疏离，与这种人交往时，可能激活个体的自我价值保护动机。

考点4 改善人际关系的训练

1.【参考答案】

改善人际关系的训练主要有人际敏感性训练(或社会敏感性训练)和角色扮演技术。

人际敏感性训练是由团体心理疗法发展起来的，通过培训小组的形式，以非指导性的方式为参与者提供真实体验"此时此地"的情景。团体成员不断地通过相互之间的沟通，逐渐了解别人对自己的问题或当时的表现怎样反应，并在其他成员的帮助下接纳真实的自己。根据阿龙森的总结，在人际敏感训练中，我们可以通过这样一种训练团体，培养明确坦诚的交往技能，摆脱角色关系的束缚建立真诚的人际关系，并学会用正常的人际交往技能解决冲突。

角色扮演通过使参与者充当或扮演某种角色，去体验和了解别人的内心世界，理解自己反应的适当性，提高参与者的自我意识水平、移情能力，从而获得新的社交技能。

对于当代大学生，可以通过如下方式进行人际关系的改善训练：

①参加社团活动结识更多的朋友，和那些与自己有着相同兴趣的个体一同进行活动，相比没有任何组织联系的陌生人更易产生集体感和信任感。

②参加心理沙龙或是团体辅导活动，在活动中通过角色扮演类的活动，体验别人的内心世界，加强自身的移情能力，并借此改变自己过去的不良行为范式，使之更加适合自己的社会角色。

(根据改善人际关系的训练方面的相关知识点，结合实际进行论述，言之有理即可。)

章节考点 综合训练

一、单项选择题

1.【参考答案】B

【解析】研究表明，在陌生人交往的早期阶段，接近性是增进人际交往的重要因素之一。互补性增进人际吸引，往往发生在感情深厚的朋友，特别是异性朋友或夫妻之间。相似性，人们倾向于喜欢在某方面或多方面与自己相似的人，在个人特性方面，双方若能意识到彼此的相似性，则容易相互吸引，产生亲密感。

2.【参考答案】A

【解析】莫里诺提出的社会测量法主要用于测量人际关系。

3.【参考答案】B

【解析】安德森所完成的关于个性品质受喜爱程度的研究结果发现，排序最前的个性品质都直接或间接地与"真诚"的品质有关，排在最后的个性品质都直接或间接与"不真诚"的品质有关。由此得出结论，真诚是最受人欢迎的个性品质。

4.【参考答案】D

【解析】斯腾伯格提出了爱情三角理论，他认为所有的爱情都应含有三因素：亲密、激情、承诺。其中亲密指彼此依附亲近的感觉，是爱情的情感成分；激情包括强烈的情感以及社会需求，是爱情的动机成分；承诺是指与对方相守的意愿及决定，是爱情的认知成分。恋人之间相互了解、坦诚分享，充满安全感的情感维度属于亲密。

5.【参考答案】A

【解析】人际吸引的规则主要有以下几个方面：①熟悉效应与邻近效应；②个人特征(才能、美貌、个性品质)；③相似性与互补性。A 选项缺乏身体魅力的一般不会被喜欢。

6.【参考答案】A

【解析】社会心理学家奥尔特曼和泰勒用社会渗透理论解释人与人相互关系的水平。他们认为亲密的人际关系是在一个人"渗透"过个人的表面特征，并逐步了解到一个人内部自我的过程中发展起来的。良好的人际关系，是随着人们自我表露逐渐增加而发展的。随着对一个人的接纳性和信任感越来越高，人们也越来越多地表露自我，同时也要求别人也越来越多地表露他们自己。因此人们在自我表露时，遵循这种相互性原则。

二、名词解释

1.【参考答案】

人际吸引是人与人之间的相互接纳与喜欢。

2.【参考答案】

外貌魅力会引发明显的辐射效应，使人们对高魅力者的判断具有明显的倾向性，有吸引力的人被认为拥有与外貌毫不相干的优秀品质。

3.【参考答案】

社会测量法也称社交测量，由社会学家与心理学家莫雷诺创造。社会测量法是从群体的角度来定量地揭示了整个群体的人际关系状况，以及各成员在该群体内人际关系状况的一种方法。其原理是认为人与人之间的相互选择反映着他们之间心理上的联系。

4.【参考答案】

单纯接触效应即熟悉效应，是指一个人仅仅经常在我们面前出现便能增强我们对他的喜欢。熟悉效应会受所接触对象的性质影响，熟悉增加了个体对正面与中性对象的喜欢水平，而对反面对象则没有影响。

三、简答题

1.【参考答案】

人际吸引的规则包括熟悉效应、邻近效应、相似规则与互补规则等。

(1)熟悉效应

也称曝光效应、纯粹接触效应等，是指一个人仅仅经常在我们面前出现 便能增强我们对他的喜欢。熟悉效应会受所接触对象的性质影响，熟悉增加了个体对正面与中性对象的喜欢水平，而对反面对象则没有影响。

(2)相似规则

诸如道德观念、宗教信仰、社会地位、教育程度等方面的相似性都影响人际吸引。相似性能引起喜欢，喜欢也能使双方在关系的发展中逐渐产生相似性。阿龙森认为，相似规则对人际吸引的影响是因为当人们发现别人的观点与自己的相近时，会造成一种奖励效果，从而使人更喜欢与自己意见相同或相近的人；反之则是一种惩罚，从而使人讨厌与自己意见相反的人。

(3)互补规则

互补性是指双方在交往时产生的互相满足的心理状态。人际吸引中的互补因素，往往在感情较深的朋友、夫妻间发生作用；另外一种互补的情况是他人的某一特点满足了自己的理想，从而增加了其对这个人喜欢的程度，这不是严格意义的互补，而是补偿作用。

2.【参考答案】

人际沟通的功能可以归纳为如下三个方面：

①协调作用。人际沟通的协调作用体现在两个方面。其一是协调情感，使沟通者的心理得到某些满足；其二是协调动作，即从沟通的信息中调节自己的行为。人们在人际沟通过程中表达自己的观点，提出对他人的要求，解决之间存在的冲突。

②保健作用：人际沟通是人类特有的需求，人际沟通的需求是否得到满足会影响个体的身心健康。例如对于空巢老人群体而言，人际沟通的缺乏往往使得他们的幸福感减弱，并且容易出现身心疾病。

③形成和发展社会心理的作用：人的社会心理是在同他人的人际沟通中逐渐形成和发展起来的，社会心理现象和规律以交流信息为前提。例如，如果缺乏足够的人际沟通，个体的社会化进程就无法正常进行。

3.【参考答案】

(1)自我中心。社会学家费孝通把中国人的交往模式看成是自我中心主义的模式：人们以自己为中心，把与自己交往的他人按照亲疏远近分为几个同心圆，与自己很亲近的人，被置于离自己最近的圆圈内，而与自己关系疏远的人，则被置于离自己很远的圆圈内。所谓差序格局是指中国人对处于不同圈子里的人采用不同的交往法则：一个人离我越近，我就对他越好。

(2)讲人情。除了差序格局，中国人人际关系的另外一个主要特点就是人情的独特。中国人特别讲人情，一个没有人情味的人是无法在社会中立足的。中国人讲人情往往表现在行为上：给对方一些好处，比如请对方吃顿饭，送对方一份礼物，或者问候对方一声等都是讲人情的表现。

(3)强调人际信任。中国人的人际关系很看重信任的作用，一个失信之人很难在这种关系中立足。信任在这里是指确保对方会履行自己对其的期望，也就是说对方知道自己的义务，并尽量满足他人的需要。常言道"一诺千金"就是指这种信任的影响。在中国，寡信之人是没有出路的。

4.【参考答案】

心理学家安德森所完成的关于个性品质受喜爱程度的研究结果会发现，在最受人们欢迎的个性品质中，排在序列最前面，受喜爱程度最高的6个个性品质，包括真诚、诚实、理解、忠诚、真实、可信，都直接或间接地同"真诚"的品质有关。而排列在序列最后，受喜爱水平最低或被拒绝水平最高的几个品质，如说谎、装假、不诚实、不真实等，又都同"不真诚"有关。由此我们很容易得出结论，"真诚"是最受人欢迎的个性品质，而与其对立的"不真诚"，则是最令人厌恶的个性特定。一个人要想吸引别人，赢得别人，与别人保持良好的交往，真诚是必须有的品质和交往方式。

人作为社会的动物，需要自己在物理环境和社会环境上都处于一个安全的境地。真诚使人们对于与自己交往的人对自己怎样行为有明确的预见性，因而更容易建立其安全感和信任感。而面对不真诚或欺骗，则意味着对方对于自己究竟会做什么是不确定的，这就意味着自己有可能受到侵害。"不怕贼偷，只怕贼惦记。"在心理上，最使人感到恐惧的，不是一件不幸事件的发生，而在于要随时担心一件事情的发生。这种担心会使人长期处于高度自我防卫状态，并使人在主观上感受到焦虑与不安。为此，对于引发我们焦虑的不真诚对象，我们只能选择拒绝和逃避。

5.【参考答案】

强化原则。强化是学习理论的基本概念，用在人际吸引上就是我们喜欢能给予我们酬赏的人，讨厌给我们惩罚的人。许多研究显示，我们喜欢对我们做正性评价的人，反对给我们做消极评价的人。比如在一项实验里，Aronson (1965) 让自己的助手假扮成被试与另一名真正的被试进行一系列简单的交往。每次交往后，真被试偶尔会听到实验助手与研究者的谈话，谈话中助手提到了他对被试的评价。在第一种情况下，助手总是说自己喜欢被试；而在另一种情况下，助手总是挑被试的毛病。实验结束后，研究者让真被试评价他对助手的喜欢程度。有趣的是，研究还发现当真被试偶然间、偷偷听到其他人对自己做好的评价时，会更加喜欢助手。

四、论述题

1.【参考答案】

非语词沟通是指借助于目光、表情、体态、声调、非语词的声音及空间距离等信息实现的沟通。许多经典的社会心理现象(如从众与服从、皮格马利翁效应等)都依赖于非语词沟通。在人际沟通中，非语词沟通具有重要意义。

首先，非语词沟通相对于语词沟通在某些方面具有优势。例如：身体语言的广泛性、不受环境限制和保密性、简约性等特点能够帮助个体与视听障人士进行沟通与交流，帮助沟通者在特定情境中传递重要的保密信息，帮助我们快速、准确地表达出语言所不能够完全表达出来的信息(如通过舞蹈动作来表达情感)以及帮助个体在没有共同语言背景的沟通中完成一系列的信息交换与人际沟通。

其次，非语词沟通中的个人空间位置和人际距离能够传达出沟通双方关系的信息。例如，在多人聚会的社交场合，每个人所坐的座位、与他人沟通时的距离、交谈时的语态在一定程度上反映了交往双方的身份地位。一般来说，社交情境越正式，人体的空间位置也就更严格。人际交往中的人际距离可以用来传递和调整人际互动中的沟通，爱德华·霍尔将人际距离划分为亲密距离、个人距离、社交距离和公共距离四类，合适的人际距离满足人们在人际交往中对空间的需要，使人们建立良好的沟通情境。

此外，人们在说话时的抑扬顿挫、哭笑怒骂等非言语信息也属于非语词沟通的范畴，这些非语词的声音信号被称为副语言。这些信息虽然并不属于语言内容，却传达出一定的附属信息，例如同样一句“是吗”，根据语调的变化可以引申出“不屑”“嘲讽”“惊讶”“疑问”等多种含义，不同的声调与音频还在一定程度上与个体的情绪相联系。

综上所述，非语词沟通具有语词沟通所不具备的特点，在某些方面比语词沟通具备更多的优势，能够表达出单纯靠语词沟通无法完全表达出的信息，同时满足人们在交往中对人际空间的需要。因此在人际沟通之中，需要有非语词符号的沟通。

（联系实际进行作答，可不局限于参考答案，言之有理即可。）

2.【参考答案】

（1）熟悉效应与邻近效应：熟悉效应，也称为曝光效应，是指一个人仅仅经常在我们面前出现便能增强我们对他的喜欢。但这种熟悉引起喜欢的作用会受所接触对象的性质影响，熟悉增加了个体对正面与中性对象的喜欢水平，而对反面对象则没有影响。

邻近效应是指一种居住位置越近的人之间关系越亲密的现象。

（2）个人特征：影响人际吸引的个人特征包括个性品质、才能、外貌与外在吸引力等。

外貌魅力会引发明显的辐射效应，使人们对高魅力者的判断具有明显的倾向性。但是，如果人们感到有魅力的人在滥用自己的美貌则会反过来倾向于对他们实施更为严厉的惩罚。

才能与被人喜欢的程度在一定限度内成正比，才能越高越受喜欢，但超出程度过高时才能会对他人造成一定的压力，使人倾向于逃避，因此，有才能但偶尔会犯小错误的人的吸引力会更增加一层。

个性品质对人际吸引的影响很大，而且这种吸引比较稳定和持久。我们喜欢具有积极个性品质的人，而讨厌具有消极个性品质的人。

（3）相似性与互补性：诸如道德观念、宗教信仰、社会地位、教育程度等方面的相似性都影响人际吸引，相似性能引起喜欢，喜欢也能使双方在关系的发展中逐渐产生相似性。

互补性是指双方在交往时产生的互相满足的心理状态，人际吸引中的互补因素，往往在感情较深的朋友、夫妻间发生作用；另外一种情况是他人的某一特点满足了自己的理想，从而增加了其对这个人喜欢的程度，这不是严格意义的互补，而是补偿作用。

3.【参考答案】

（1）熟悉效应与邻近效应：熟悉效应，也称为曝光效应，是指一个人仅仅经常在我们面前出现便能增强我们对他的喜欢。但这种熟悉引起喜欢的作用会受所接触对象的性质影响，熟悉增加了个体对正面与中性对象的喜欢水平，而对反面对象则没有影响。

邻近效应是指一种居住位置越近的人之间关系越亲密的现象。

（2）个人特征：影响人际吸引的个人特征包括个性品质、才能、外貌与外在吸引力等。

外貌魅力会引发明显的辐射效应，使人们对高魅力者的判断具有明显的倾向性。但是，如果人们感到有魅力的人在滥用自己的美貌则会反过来倾向于对他们实施更为严厉的惩罚。

才能与被人喜欢的程度在一定限度内成正比，才能越高越受喜欢，但超出程度过高时才能会对他人造成一定的压力，使人倾向于逃避，因此，有才能但偶尔会犯小错误的人的吸引力会更增加一层。

个性品质对人际吸引的影响很大，而且这种吸引比较稳定和持久。我们喜欢具有积极个性品质的人，而讨厌具有消极个性品质的人。

（3）相似性与互补性：诸如道德观念、宗教信仰、社会地位、教育程度等方面的相似性都影响人际吸引，相似性能引起喜欢，喜欢也能使双方在关系的发展中逐渐产生相似性。

互补性是指双方在交往时产生的互相满足的心理状态，人际吸引中的互补因素，往往在感情较深的朋友、夫妻间发生作用；另外一种情况是他人的某一特点满足了自己的理想，从而增加了其对这个人喜欢的程度，这不是严格意义的互补，而是补偿作用。

五、案例分析

1.【参考答案】

（1）该案例证实了人际吸引中，邻近效应对人际吸引的影响。

（2）邻近效应是指一种居住位置越近的人之间关系越亲密的现象。两个人能否成为朋友的最佳预测源是他们住得远近。生活的时空性决定了我们只能与空间距离接近的人有密切来往（互联网例外），距离越接近，交往的频率可能就越高，越容易建立良好的人际关系。多数情况下，我们的友谊和浪漫关系起始于与周围人的交往。

（3）这一现象的主要解释有四种：①接近性增加了熟悉程度；②接近性常常和相似性联系在一起；③人们能从居住接近的人身上以相对较少的代价获得社会性报酬；④根据认知失调理论的观点，如果和我们住在一起或者一起工作的人是我们不喜欢的，会引起我们心理上的焦虑。

第八章　助人行为与侵犯行为

第一节　助人行为

考点1　助人行为、利他行为与亲社会行为

1.【参考答案】

利他行为是指在毫无回报的期待下，个人出于自愿而不计较外部利益地帮助他人的行为，具有“以帮助他人为目的”“不期望有精神或物质奖励”“自愿”以及“利他者可能会有所损失”几方面的特征。

2.【参考答案】C

【解析】本题考查亲社会行为、助人行为与利他行为之间的关系。三者都是有关对社会有利的行为的描述，行为越向利他行为靠近，个人的目的就越少，社会的目的就越多。

考点2　助人行为的原因

1.【参考答案】C

【解析】社会规范理论认为助人行为与利他行为是遍布于整个社会的行为，它们在人类历史的发展中逐渐成为社会规范的一部分，而在各类社会规范中，交互性规范是人类道德准则中最普遍的成分。这一理论强调道德准则在助人行为中的作用。

2.【参考答案】

社会交换论认为，人与人之间的相互作用本质上是个人在试图获得最大利益的同时付出尽可能少的代价的社会交换过程。因此人们在助人行为中也试图追求最大收益和最小的付出。

这一理论的支持者 Foa、Gergen 等人认为，人们在做出亲社会行为之前，往往要先对自己、对别人及对社会背景做出估价，考虑助人行为是否能够给自己带来快乐或减少自己的痛苦，不仅外在奖励可以有积极强化作用，个人自己内在的自我奖励也可以有同样的效应。

根据社会交换理论，人们采取助人行为的目的是博取收益，因此我们可以通过建立健全对助人行为与利他行为的社会奖励与保障机制，通过给予物质与精神上的奖励鼓励人们在他人需要帮助的时候伸出援手。例如近年来，已经有多个省份制定了《奖励和保护见义勇为人员条例》，国家公安部也正开展相关条例草案的意见征集工作，其目的正是在于通过出台《条例》，以鼓励见义勇为人员的行为、保障见义勇为人员的合法权益。

（结合社会交换理论的内容作答，可不局限于参考答案，言之有理即可。）

考点3　责任分散现象

1.【参考答案】

旁观者效应是指由于其他人存在时，人们不大可能去帮助他人，现场的旁观者越多，帮助的可能性越小，同时给予帮助前的延迟时间越长的现象。该现象的产

生原因与紧急情境下的责任扩散、情境不明确性及评价恐惧有关。

2.【参考答案】D

【解析】题干“他人在场减少了人们在紧急情况下采取干预措施的可能性”描述的是旁观者效应，责任分散是这一现象产生的主要原因。

3.【参考答案】

社会作用力理论由 Latane 提出，在该理论中他提出了一系列理论原则来解释个人在应急情境中的助人行为以及日常生活中一般的群体影响个人的社会影响机制，这一理论从社会影响的角度更为细致地解释了他人在场造成责任分散的原因。这一理论包含三种社会作用力的基本法则：

(1)社会作用力分散法则：在一个社会力场中，对于一个特定的社会影响源，接受其影响的人越多，这个影响源对某一目标人的作用力就越小。

(2)社会作用力心理社会法则：时间因素是影响社会作用力的重要因素，影响源数目的增加虽然使整个社会力场的作用力增加，但与最初出现的影响源所发挥的作用力相比，后出现的影响源发挥的作用力会逐渐递减。

(3)社会作用力乘法原则：也称为倍增效应、电灯泡效应，指影响源作用于目标靶个体时，该个体体验到的作用力是社会源强度、接近性和影响源数量乘积的函数。影响源的数量越多，影响力越大，影响作用越直接，个体所受到的社会作用力也就越强。

4.【参考答案】

旁观者效应是指由于其他人存在时，人们不大可能去帮助他人，现场的旁观者越多，帮助的可能性越小，同时给予帮助前的延迟时间越长的现象。其产生原因包括责任分散、情境不确定性以及评价焦虑。

责任分散是指发生某种紧急事件时，若有其他人在场则在场者提供帮助的责任感会减少，是旁观者效应产生的主要原因之一。

2011 年广东佛山的一家五金店商城里，女童小悦悦连续被货车、面包车碾压，在事件发生全程的 7 分钟路过的 18 名路人均未上前进行帮助，这一事件就是旁观者效应与责任分散的典型案例。在该案例中，18 名路人在五金商城这一较为复杂的环境下，由于情境的不确定性，无法确定小悦悦目前情况的严重程度和紧急程度，同时周围店铺的商家、其他的路人均未主动上前采取应急措施，每个人都觉得其他人会主动提供帮助或帮助行为已经在进行之中了，因此导致事情发生到小悦悦被抱离马路的 7 分钟内没有一个人上前采取救助行动。

(可结合旁观者效应与责任分散的相关知识点自行举例进行论述，言之有理即可。)

考点 4　助人行为的影响因素

1.【参考答案】C

【解析】本题考查助人者认知因素对助人行为的影响。若人们认为他人经受不幸是一些他人不可控制的原因所造成的，那么更有可能施以援手。例如当人们同时面对一个因突发疾病而无法保障生活的人和一个因为挥霍无度而无法保障生活的人时，人们会更愿意向前者进行捐助。

2.【参考答案】

亲社会行为是指一切符合社会期望而对他人、群体或社会有益的行为，包括分享、捐献、合作、助人等。简单来说，亲社会行为就是指一切有益于他人和社会的行为。

亲社会行为的内部影响因素主要包括助人者与受助者的特点两方面。

(1)求助者的特点

①性别。如果潜在助人者为男子，则女性不幸者比男性更容易获得帮助。如果助人者为女性，则男女不幸者得到帮助的可能性是同等的。

②相似性。有研究表明，人们更愿意帮助与他们性格、种族或国籍相同的人。这说明求助者与助人者的相似性越高，越容易获得帮助，这一现象可能与人们的社会认同有关。

③外部特征。受助者的外部形象会影响人们的助人意愿。一个有魅力的求助者比那些缺乏魅力的人得到更多的帮助，这种魅力不仅仅包括人的长相，也包括人的穿着打扮。

④人格形象。我们更愿意帮助那些看起来善良友好、没有伤害过我们、那些是由于外在不可控的原因而使得自己陷入无助状态的人，而不太愿意帮助那些因内在可决定的理由而使得自己面临困境的人。例如，我们更乐意帮助一个心脏病突发的老人而不太愿意帮助一个因酗酒而醉倒在地的中年男子。

⑤受助者的感觉。不同的情况下，受助者会产生不同的情感反应，当助人行为对受助者的自尊具有高威胁时，受助者会感到沮丧，产生消极情感反应，反之则会有相对积极的情感反应。例如，我们不太喜欢接受比自己更弱小的朋友的帮助，但会更愿意接受陌生人在一些对自己不重要的技能方面的帮助。

(2)助人者特征

①年龄与性别。一般认为，随着年龄的增长，助人意愿应该是不断增强的。这种趋势和人的道德发展水平是有关的；在陌生人需要帮助而又有潜在危险的情境中，男性更可能提供帮助；但在较为安全的情境中，女性提供帮助的比例稍稍大一些。

②认知特点。对当前所处情境的认知、人际责任归因风格以及助人者对自我的认知会影响着助人者的行为方式。

③个性特点。个性特点的很多方面都影响到亲社会行为。例如，自我的认知会影响到个体的助人行为，个体如果认为自身具备在当前情境下完成助人行为的条件，容易做出助人行为，反之如果个体认为自己不具备助人的条件，即使有助人动机也难以产生助人行为。

④心境。好心境使人更愿意帮助别人；对于儿童，坏心境会减少他们的助人行动；而对于成人，坏心境则可以增加助人行为。

⑤道德推理。道德推理和亲社会行为有正相关。例如，一位受过良好道德教育的长者会比混迹街头的小混混更容易产生亲社会的行为。

3.【参考答案】

助人行为是指以特定的个人或群体为对象的亲社会行为，或泛指一切有利于他人的行为。影响助人行为的情境因素包括自然环境与社会环境、时间压力与助人代价、情境性的内疚与补偿三个方面。

(1)自然环境与社会环境

人们较有可能在晴朗的天气里帮助他人；大城市的人有较小的助人行为；不同的文化导致了成人对儿童助人行为的不同教导，最终导致了不同文化人们助人行为的不同。

(2)时间压力与助人代价

时间压力越大，人们对身边不幸者提供帮助的可能性就越小。匆忙的条件，增加了人们助人的代价，从而使人帮助别人的可能性减小。

(3)情境性的内疚与补偿

内疚是一种行动与自身社会角色不相符合时自我否定性的消极情感体验。为了寻求个人自我价值的肯定，个人出现内疚体验后，会设法去消除内疚。

消除内疚的途径有三种，包括：直接弥补引发内疚的行为过失，做出其他与过失行为无关的好的举动来抵消不好的行动，承担不愉快的事情或付出某种代价来惩罚自己的错误。

4.【参考答案】

题目中的三个研究结果说明了助人行为的产生受到助人者特征、受助者特征以及环境因素的影响。

第一项研究说明了受助者的外貌特征对助人行为的影响。受助者的外部形象会影响人们的助人意愿。一个有魅力的求助者比那些缺乏魅力的人得到更多的帮助，这种魅力不仅仅包括人的长相，也包括人的穿着打扮。

第二项研究说明了助人者的年龄对助人

行为的影响。一般认为，随着年龄的增长，助人意愿应该是不断增强的。这种趋势和人的道德发展水平是有关的。

第三项研究说明了旁观者数量对助人行为的影响。拉特纳和达利的一系列研究证明，在紧急情况下，旁观者数量的增多会导致单个责任感的降低，从而降低助人行为出现的可能性。即责任分散现象。

考点5 助人行为的决策过程

1.【参考答案】

助人行为的决策过程包含三个步骤：

(1)帮助需求察觉

一个人是否对一个需要帮助的人伸出援助之手，首先取决于他是否意识到了对方需要帮助，个人独自一人比在群体情境中更容易注意到周围环境中特殊事件发生，此外，埃森伯格认为，这一过程受个体因素和个体对特定情境的解释的影响。

(2)助人意图的确定

这一过程可以通过如下两种方式进行：在紧急情况下，时间紧迫，这时情感因素起主导作用；在非紧急情况下，个体的认知因素和人格特质可能起主要作用，例如个体的助人责任意识与得失观念。

①助人责任意识。当察觉别人需要帮助时会考虑是否承担帮助义务或是否有责任帮助他，个人的责任越明确，助人的可能性就越大。

②得失观。从决策观点来看，人们会权衡在一个特定的行为中潜在的收益与付出是否对等。当助人的收益大于付出的代价，则助人的可能性大大提高，或是当不助人导致自己产生了严重的内疚感与心理冲突时，个体也会采取助人行动。

(3)采取有效的救助措施

当你明确应该采取助人行为时，会评价自己是否有能力和用什么方式帮助，然后才会对事件进行直接干预。

此外，拉特纳和达利指出，助人的过程并非简单的全有或全无的过程，而是一个复杂的多步骤的决策序列，二人用紧急情况下的干预模式来描述助人行为的决策过程。这一模式认为，个体的助人行为需要经过注意、解释、决定、选择以及履行五个阶段，其中每一个阶段都有许多的社会因素影响个体的决策，如果在某一个阶段个体做出否定的回答，那么干预过程则中断，个体也不会做出帮助行动。

综合问题1 助人行为的产生与促进

1.【参考答案】

1. 助人行为的影响因素

助人行为指以特定的个人或群体为对象的亲社会行为。助人行为的影响因素主要有受助者特点、助人者特点以及情境因素三个方面：

(1)受助者特点。从性别上讲，女性比男性更容易得到帮助；从相似性上讲，来自同一群体、种族、国家，尤其是政治态度相似的人，更容易得到帮助；从外部特征上讲，人的长相和穿着打扮更有魅力会增加人们的助人意愿。从人格特征上讲，我们更愿意帮助善良、友好的人；从受助者的感觉上讲，当对受助者自尊威胁小的时候，受助者产生感激的可能性更大，助人行为更易发生。

(2)助人者特征。从年龄与性别上讲，年龄是一个间接的因素，一般年龄越大，助人意愿更强，而男女的助人行为与情境是否安全有关。从认知特点上讲，对当前所处情境的认知、人际责任归因风格、自我的认知都会影响助人意愿；从个性特点上讲，一个自认为自己具有仁慈、助人、慷慨等特质的人或自认为自己是利己主义者会有更强的助人意愿；从心境上讲，好心境使人更愿意帮助别人，坏心境的后果取决于更多其他因素；从道德推理上讲，道德推理和助人行为有正相关。

(3)情境因素。自然环境与社会环境会影响助人行为，比如天气、社会文化、家庭学校等；情境越匆忙，助人代价越大，助人可能性越小；情境性的内疚和同情会增加助人行为。

2. 培养助人行为的策略

(1)明确责任与增加互动。只有意识到我们有助人的责任时，我们才有可能付诸行动。直接的人际相互作用可以明显增加人们的助人行为。

(2)示范作用。一是现场的示范作用，助人行为的榜样人物会促进其他人的助人行为。二是媒体人物的示范作用，电视节目中的助人行为对人的影响作用比反社会榜样还要大。

(3)助人情感倾向的培养。一是移情能力培养，移情是对他人情绪的理解而唤起自己与此相一致的情绪状态的过程；二是动机提升，如果我们用引导人们内在动机的方法，使人们以充分的内在理由来促进一种有益的行为，则可以帮助人们最大限度地通过实施这种行为而使自己获得满足与快乐。

第二节 侵犯行为

考点1 侵犯行为的概念

1.【参考答案】

亲社会的侵犯行为，是指符合道德标准的侵犯行为，虽有潜在伤害性但符合社会要求，其意义在一定程度上是积极的且目的不在于伤害，例如见义勇为者攻击逃跑的小偷就属于亲社会的侵犯行为。

2.【参考答案】C

【解析】根据侵犯行为是否违反社会准则，可以划分为亲社会侵犯行为和反社会的侵犯行为，介乎二者之间的行为是被认可的侵犯行为。父母训斥自己的孩子不违背社会规范，其目的在于教育，但并不是必须存在的，属于被认可的侵犯行为。

3.【参考答案】C

【解析】根据侵犯行为是否违反社会准则，可以划分为亲社会侵犯行为、反社会的侵犯行为和被认可的侵犯行为，为了正当防卫而击伤歹徒维护了社会的秩序，符合社会准则，且在紧急情况下击伤歹徒有必要性，且是为塑造良好社会规范所必需的，因此属于亲社会的侵犯行为。

考点2 侵犯行为的原因

1.【参考答案】C

【解析】伯科威茨等人进行了武器效应实验，并根据研究结果对挫折-侵犯理论进行了修正和拓展。他在对挫折-侵犯理论的修正理论中，提出了侵犯线索的概念，将侵犯线索定义为经常引发挫折的对象和侵犯行为出现的刺激物，认为只有当环境中出现能引发侵犯的适当线索时，侵犯才会出现。

2.【参考答案】C

【解析】阐释攻击行为的理论主要包括本能理论、生物学理论、社会学习理论以及挫折-攻击理论。故选C。需要注意的是，本能理论的支持者包括弗洛伊德与洛伦茨，弗洛伊德用其精神分析理论的观点支持本能理论对侵犯行为产生的解释，但精神分析理论的观点并不属于阐述攻击行为的理论。

3.【参考答案】

侵犯的本能理论认为，侵犯是一种本能，靠遗传获得。

弗洛伊德认为侵犯是一种破坏性的行为。他提出了两种本能——生本能(性的本能)与死本能(侵犯的本能)。死本能本来是一种对内自我的破坏倾向，但生的本能与其对立，会将死的本能推离自我推向他人，即将破坏的力量转向外部，以侵犯的形式表现出来。因此，弗洛伊德指出，可以通过体育竞技等社会许可的替代性侵犯方式达成死本能的疏泄，降低毁灭欲望。

本能理论的另一支持者洛伦茨认为侵犯是一种适应性的行为，是具有生物保护意义的生的本能的体现，对物种的延续非常重要，动物通过侵犯行为释放出本能来保证自己种族或后代的生存和延续。当前的社会心理学普遍认为侵犯是在环境刺激下的一种反映而不是一种本能。对本能理论的质疑主要包括两方面：一方面，部分研究认为，动物身上也许并没有存在天生的侵犯行为，即便是侵犯倾向最强的动物,侵犯也是一种选择性策略——无论其攻击性有没有表现出来,它也取决于这种动物先前的社会经验,以及当时所处的特定社会环境;另一方面,如果侵犯行为源于本能,那么就无法解释为什么人类的侵犯行为多种多样,且相似性极低。

4.【参考答案】

挫折-侵犯理论代表人物包括多拉德、米勒、伯科威茨等人。该理论认为,侵犯行为的出现与个体受到的挫折有关。

在最初的观点中,多拉德认为侵犯永远是挫折的一种后果,侵犯行为的发生总以挫折的存在为条件。二者是一对一的因果关系;个体受到的挫折感越大,引发侵犯行为越强;当因为各种情形导致侵犯不能够直接实施在引发挫折感的对象上时,会出现替代性的侵犯(包括侵犯对象的替代和侵犯类型的替代)。

后续的研究者对挫折侵犯理论进行了一系列的修正,例如米勒修正了该理论的后半部分,认为挫折可能引起一系列的不同反应,不一定导致侵犯行为,但侵犯行为一定是挫折的一种结果,二者是一对多的关系。

在此基础上,伯科威茨等人拓展了这一理论,认为除了挫折之外,任何负面的情绪都能引发侵犯。他提出了侵犯线索和武器效应的概念:侵犯线索是指那些伴随着引发挫折的对象和侵犯行为出现的刺激物,只有当环境中出现侵犯线索时,侵犯才会出现;武器效应是指武器能够增强侵犯行为的现象。

挫折-侵犯理论是第一个专为解释攻击/侵犯行为的理论,该理论开始从"用本能论来解释侵犯行为"的小圈子中跳出,采用实验法来证明其观点,为解释侵犯行为的外部行为、为采取措施减少受挫后的侵犯行为提供了理论依据。虽然这一理论在解释侵犯行为的问题上还存在一定的缺陷,但不可否认的是这一理论对侵犯行为的研究起到了极大的推动作用。

5.【参考答案】

社会学习理论的提出者班杜拉认为,侵犯是直接经验和观察学习的结果。

强化是侵犯行为习得的机制之一,儿童通过强化习得侵犯行为,并且强化的模式会对将来的侵犯行为起决定作用;观察学习是侵犯习得的另一机制,儿童可以通过观察与模仿习得侵犯行为,并且儿童模仿不同的榜样时程度不同。儿童更倾向于模仿同性别、地位较高的榜样,更倾向于模仿合理的侵犯行为而非无理的侵犯行为。

此外,班杜拉和其同事还发现,不仅是儿童,成年人也会模仿榜样所做的真实或虚假的侵犯行为。材料中提及的,游戏玩家在游戏中的暴力行为、危险驾驶行为会增加他们在现实生活中的攻击行为与冒险行为,正是暴力电子游戏、视频游戏增加游戏玩家在生活中出现侵犯行为可能性的体现,也印证了社会学习理论中"观察与模仿是侵犯行为习得机制"的观点。

社会学习理论在解释侵犯行为方面的一项重要贡献就是为控制与减少侵犯行为给出了可行的建议。由于强化与观察学习是侵犯行为的习得机制,因此我们可以通过惩罚或替代性惩罚、示范非侵犯行为、控制电子游戏中暴力元素的呈现等方式来减少侵犯行为的习得。

(结合社会学习理论对侵犯行为的解释,联系实际进行论述,并根据相关知识点提出减少这一现象的建议,言之有理即可。)

考点3 影响侵犯行为的因素

1.【参考答案】C

【解析】个体在群体中自身同一性意识下降,自我评价和控制水平降低的现象被称为去个性化(去个体化、去个人化)。

2.【参考答案】B

【解析】一个平常遵纪守法的人在动乱时打砸车辆,体现的是去个性化的现象。动乱时群体规模大、群体气氛较为激动且具有一定的匿名性,此时个体在群体中自身同一性意识下降,自我控制能力降低,容易跟随群体做出过激行为。在"钓鱼岛事件"之后全国各地出现多起打砸日系车、抢劫日资超市的社会事件就属于去个性化造成的结果。

3.【参考答案】

侵犯行为是一种有意违背社会规范的、有动机的伤害他人的行动,这种伤害行动可以是实际造成伤害的行动或语言,也可以是旨在伤害而未能实现的行为。

侵犯行为的影响因素包括个人因素、情境因素以及社会因素三个方面:

(1)个人因素

影响侵犯行为的个人因素包括人格因素、敌意归因偏差、性别与道德发展水平等。

例如,心理学家 Glass、Strube 提出了两种相对应的人格特质——A 型/B 型人格,研究发现,A 型人格的个体更具竞争性,在对待挫折情境时更容易产生攻击性和敌意;由于生理因素、社会化与社会角色认同的形成过程方面的原因,男性与女性的侵犯行为的强度与形式有所不同,男性更加公开地表现出程度较强的侵犯行为(如打架斗殴),而女性倾向于偷偷摸摸地进行攻击(通过散布谣言中伤他人);此外,个人的道德发展水平越高,自我控制能力越强,出现侵犯行为的概率就越小。

(2)情境因素

影响侵犯行为的情境因素包括高温、酒精和药物、唤醒水平以及群体影响。

例如,高温环境下容易引发更多的侵犯行为,在闷热的夏天人们更容易暴躁发怒,也更容易出现侵犯行为;酒精和药物在某种程度上会导致侵犯行为,泰勒等人的实验研究证实,喝醉酒的被试往往表现得更具侵犯性,就如同许多家暴行为往往出现在醉酒后;群体影响也会导致侵犯行为的出现,个体在群体影响的情况下出现了去个性化的现象时,若群体进行了侵犯行为,则个体会忽略自我意识,自我控制水平降低并且跟随群体进行侵犯行为,例如"钓鱼岛事件"发生时,许多地方出现了打砸日系车的现象。

(3)社会因素

影响侵犯行为的社会因素包括文化、媒体暴力与暴力视频/电子游戏等。

例如,菲利普斯等人做过一项拳王争霸赛与凶杀率之间关系的研究,结果表明在拳击赛播出后 3 天内美国凶杀案的发生率有明显的上升,而凶杀率最高的增长发生在媒体宣传力度最强、收视范围最广的比赛之后;关于暴力视频游戏增加青少年暴力行为的研究也屡见不鲜,除了大量的实证研究之外,我国对电子游戏中的暴力、血腥、侵犯与性暗示元素的审查力度之大就能够很好地说明这一点。

(结合侵犯行为的影响因素,联系实例进行论述,言之有理即可。)

考点4 侵犯行为的控制

1.【参考答案】

减少侵犯行为可以从两个方面进行,一是从个人层面的控制上,例如移情能力的培养与社会道德规范的建立、提供合理健康的宣泄手段等;二是从社会层面上进行预防,例如促进社会公平的进一步完善。具体来说,可以通过如下措施预防与控制侵犯行为:

1. 移情能力的培养

移情是指当一个人感知到对方的某种情绪时,他自己也能体验到相应的情绪。移情包括两个方面:一是识别和感受他人的情绪、情感状态;二是能在更高级的意义上接受他人的情绪、情感。

人们会在社会生活中学到一系列抑制侵犯行为的方法,来自痛苦线索的抑制就是其中的一种,痛苦线索是指被侵犯者受到伤害的状态,这种状态可能会导致侵犯者的情绪唤起,使他把自己置身于受害者地位,设身处地体会受害者即将受到的痛苦,痛苦线索的抑制就与良好的移情能力有关,良好的移情能力使人更不容易对别人采取侵犯行为。在学校教育中,我们可以通过角色扮演、移情训练等方式培养、发展儿童的移情能力,从而减少他们的侵犯性以及日后出现侵犯行为的可能性。

2. 成熟个性培养

个性成熟者的自我意识和控制水平较高,对别人进行侵犯的可能性也比较小。

道德水平是成熟个性的核心标志之一,个性不成熟者往往倾向于运用侵犯的方式来达到目的,而成熟的个体更倾向运用社会允许的方式来满足自己的需要。Sprinthall 以科尔伯格提出的道德发展阶段作为对被试道德水平的衡量阶段,考察不同道德水平被试在米尔格莱姆服从实验上实施侵犯行为的差异。结果表明,道德发展水平达到第五、第六阶段的被试更倾向于拒绝服从权威而放弃侵犯行为的实施。

3. 宣泄

根据本能理论的观点,若能够使不良情绪得以合理宣泄,就可以减小其侵犯性的强度,攻击行为也会随之减弱。需要注意的是,宣泄是针对已经产生了对一定对象的侵犯准备而言的,对于未产生侵犯准备的人,想象或观察侵犯行为的实施可能反而会更增加侵犯的危险性。

4. 社会公平的建立

社会公平的建立有助于减少侵犯行为的出现。管理心理学中的相对剥夺理论认为,人们会将自己的所得报酬,与一个同自己贡献相当的人的报酬进行比较,如果两者比值相等,则双方都有公平感,否则,比值相对小的一方就会产生相对剥夺感。Gurr 等人认为,相对剥夺感与挫折的含义相当,同样容易引发侵犯行为。因此,公平感能够减少相对剥夺感从而降低个体负性情绪与挫折的体验,这有助于减少抢劫、绑架、破坏等侵犯行为与反社会行为。

综合问题 1　侵犯行为的形成与控制

1.【参考答案】

1. 侵犯行为的理论解释

社会心理学对侵犯行为的理论解释主要包括本能理论、生物学理论、挫折-侵犯理论以及社会学习理论。

(1)本能理论

本能理论认为侵犯是一种本能,靠遗传获得。其支持者有弗洛伊德、洛伦茨等,弗洛伊德以精神分析论的观点看待本能与侵犯行为的关系,认为侵犯行为产生的原因在于生本能与死本能的对立与冲突,生本能将死本能推离自我推向他人的过程中,破坏的能量转向外部,以侵犯形式表现出来;洛伦茨则通过习性论看待本能与侵犯行为的关系,他认为侵犯是一种对物种延续十分重要的适应性行为,是具有生物保护意义的生的本能的体现。

但本能理论的解释具有一定的缺陷,无法解释一些方面的质疑,例如,为何侵犯倾向最强的动物的侵犯行为也是一种选择性策略,为何人类的侵犯行为多种多样且相似性极低等。

(2)生物学理论

侵犯的生物学理论的研究者们认为,侵犯行为与个体的特定脑区、血液中的复合胺、睾丸激素以及基因有关。

主流的社会心理学认为生物学因素最好理解为环境刺激与侵犯行为之间的中介或调节变量。具体而言,一方面,个体的基因会影响其生理结构,生理因素影响个人与环境的互动方式,进而影响个人对社会的看法与形成有关攻击行为的认知脚本;另一方面,个体的生理特性、人格特质等因素会影响环境对他的反馈,不同个体在面对相同刺激时可能会出现不同的行为模式。

生物学理论识别出了与侵犯行为相关的脑区与化学物质,但是确定它们之间是因果关系还是简单的相关关系还需要更多研究来证明。

(3)挫折-侵犯理论

多拉德等人提出了最初的挫折-侵犯理论,认为侵犯永远是挫折的一种后果,侵犯行为的发生总以挫折的存在为条件。二者是一对一的因果关系;个体受到的挫折感越大,引发侵犯行为越强。

随后米勒与伯科威茨等人对理论内容进行了一系列的修正。米勒认为挫折可能引起一系列的不同反应,不一定导致侵犯行为,但侵犯行为一定是挫折的一种结果,二者是一对多的关系;伯科威茨在修正理论的基础上拓展了该理论,他认为除了挫折之外,任何负面的情绪都能引发侵犯,侵犯的原因也并不一定是挫折,也有可能是由于侵犯线索与武器效应等,二者是多对一的关系。

挫折-侵犯理论最先将侵犯行为从本能的圈子中跳脱出来,开始关注侵犯的外部条件。这一理论的研究者们采用大量的实证研究的研究方法在一定程度上推动了侵犯行为的研究。

(4)社会学习理论

社会学习理论的提出者班杜拉认为,侵犯行为的形成机制是强化与观察学习。一方面,儿童通过强化习得侵犯行为,并且强化的模式会对将来的侵犯行为起决定作用;另一方面,儿童可以通过观察与模仿习得侵犯行为,并且儿童模仿不同的榜样时程度不同。儿童更倾向于模仿同性别、地位较高的榜样,更倾向于模仿合理的侵犯行为而非无理的侵犯行为。

社会学习理论在解释侵犯行为方面的一项重要贡献就是为控制与减少侵犯行为给出了可行的建议。由于强化与观察学习是侵犯行为的习得机制,因此我们可以通过惩罚或替代性惩罚、示范非侵犯行为、控制电子游戏中暴力元素的呈现等方式来减少侵犯行为的习得。

2. 对减少与控制青少年侵犯行为的启示

根据侵犯行为的理论解释我们可知,本能被压抑、在生活中受到挫折、对暴力行为的观察学习以及青少年大脑发育的进程与道德观念的发展都可能是影响青少年侵犯行为的因素,因此我们也可以从这些因素入手,采取措施减少与控制青少年的侵犯行为。

例如,侵犯行为的生物学理论认为,大脑边缘系统在侵犯行为中起到重要作用,而正处于青春期的青少年大脑边缘系统尚未完全发育成熟,因此通过对青少年成熟个性的培养来减少与控制青少年的侵犯行为就显得尤为重要,个性成熟的青少年具有良好的责任意识和成熟的敏感性,有客观全面的自我认识,具备一定的自我控制能力,这些特征使他们更少出现侵犯行为。

另一方面,通过社会学习理论我们可知,观察与模仿是儿童与青少年侵犯行为习得的重要机制,而青少年正处于乐于探索世界的年龄阶段,面对浩如烟海的大众媒体信息缺乏一定的分辨与判断能力,容易受到媒体暴力、暴力电子视频游戏的影响。对于这一点,可以通过分级机制、青少年防沉迷机制等管控机制限制青少年接触不良信息,以减少对侵犯行为的观察学习。

此外,根据本能理论对侵犯行为的假设,引导青少年通过各种合理的、社会所认可的方式来宣泄自己本能所带来的侵犯性的能量,也能够有效地减少侵犯行为的发生。

(结合侵犯行为的相关知识点进行论述,言之有理即可。)

章节考点　综合训练

一、单项选择题

1.【参考答案】A

【解析】本题考查了侵犯行为的原因,弗洛伊德通过精神分析理论的观点来解释侵犯行为,认为侵犯行为的产生原因是个体生本能与死本能的冲突。他指出,死本能本来是一种对内自我的破坏倾向,但生的本能与其对立,会将死的本能推离自我推向他人,即将破坏的力量转向外部,以侵犯的形式表现出来。

2.【参考答案】A

【解析】本题考查了侵犯行为的分类。根据侵犯的指向性,可以将侵犯行为区分为公然侵犯和关系侵犯。

3.【参考答案】A

【解析】本题考查挫折-侵犯理论的发展。多拉德和米勒提出了这一理论,在最初的理论中,多拉德认为挫折与侵犯之间是一对一的关系,挫折是侵犯的唯一原因,侵犯是挫折的唯一后果;后来一些心理学家对挫折-侵犯理论进行了修正和进一步发展,米勒认为挫折可以引起一系列不同的反应,侵犯只是其中一种,他将挫折与侵犯的关系修正为一对多关系;伯科威茨进一步发展了挫折-侵犯理论,并提出了侵犯线索的概念,他认为侵犯行为的产生,受到挫折和其他诸多因素的影响,挫折与侵犯之间是多对一的关系。

4.【参考答案】B

【解析】社会学习理论认为,侵犯行为的习得机制是强化与观察学习,替代强化可归属于观察学习中的一种形式。

5.【参考答案】D

【解析】社会交换理论认为,包括助人行为在内的人与人之间的相互作用本质是人们试图尽可能在少付出代价的同时获得最大利益的社会交换过程。这一理论的支持者 Foa 认为,不仅外在的奖励具有积极强化作用,个人内在的自我奖励也可以有同样的效应。根据该理论,人们参加无偿献血的原因可能与获得赞誉、获得自我尊重或减少焦虑有关。结合选项可知,无偿献血属于一种间接的互惠行为。

6.【参考答案】A

【解析】弗洛伊德通过精神分析论的观点来解释本能与侵犯行为的关系,他认为,侵犯行为的产生是由于生本能(性本能)将死本能(破坏与侵犯的本能)推离自我,推向他人而产生的,这一观点符合题干信息。

7.【参考答案】C

【解析】巴特森认为,通过外部的物质奖励来奖励人们的助人行为,会导致过度理由效应,会使助人者改变助人动机,降低利他行为的倾向,从而抑制人们的助人动机。

8.【参考答案】B

【解析】题干描述的是引发责任分散效应研究的现实案例——吉诺维斯凶杀案。当面临紧急状况时,若周围的旁观者较多,则容易导致每个个体对处于危险之下的求助者得到帮助的概率下降。

9.【参考答案】A

【解析】去个性化是指个人在群体中自身同一性意识下降,自我评价和控制水平降低的现象。较大的群体规模、匿名性、激动的群体气氛都是促使去个性化现象出现的原因。例如,夏天夜晚的夜宵大排档往往是群体斗殴事件的高发地带,就与题干所描述的情境(天黑、群体规模大、群体氛围激动、具有匿名化条件)有关。

10.【参考答案】B

【解析】去个体化是指个人在群体中自身同一性意识下降,自我评价和控制水平降低的现象。去个体化出现时,个体更容易跟随整个群体的状态,也更容易出现侵犯行为。群体极化是指群体成员中原已存在的倾向性得到加强,使一种观点或态度从原来的群体平均水平,加强到具有支配性地位的现象,属于去个体化的表现。

二、名词解释

1.【参考答案】

挫折是指当一个人为实现某种目标而努力时遭受干扰或破坏,致使需求不能得到满足时的情绪状态。

2.【参考答案】

亲社会行为是指一切符合社会期望而对他人、群体或社会有益的行为,包括分享、捐献、合作、助人行为等;侵犯行为是一种有意违背社会规范的、有动机的伤害他人的行动,这种伤害行动可以是实际造成伤害的行动或语言,也可以是旨在伤害而未能实现的行为。

3.【参考答案】

规范激活理论由施瓦茨提出,这一理论认为内化的社会规范的激活引发人们对他人的道德义务感,个体道德义务感的激活、对亲社会行为的代价与后果的评估都会影响个体是否做出亲社会的行为。

4.【参考答案】

去个性化是指个人在群体中自身同一性意识下降,自我评价和控制水平降低的现象。

5.【参考答案】

敌对性侵犯是一种源自愤怒的行为,目的是将痛苦或伤害施加给别人。而工具性侵犯则是有伤害他人的意图,但这种伤害是作为达成某种目的的手段,而非以给他人造成痛苦为目的。

6.【参考答案】

责任扩散是指发生某种紧急事件时,若有他人在场则在场者提供帮助的责任感会减小。

三、简答题

1.【参考答案】

根据侵犯的动机不同,可以将侵犯分为报复性侵犯与工具性侵犯。

报复性侵犯是指目的在于造成对方身心上的痛苦或伤害的侵犯行为,例如单纯为了伤害而殴打他人等;工具性侵犯是指通过侵犯对方达到其他目的的侵犯行为,例如抢劫银行、小孩抢夺玩具等。

二者的相同点在于:工具性侵犯与报复性侵犯都是一种侵犯行为,侵犯者有意对被攻击者实施生理上或是心理上的伤害。

二者的不同点在于:工具性侵犯的动机指向侵犯者渴望得到的东西,此时侵犯者是将侵犯行为当作一种达到目标的手段;报复性侵犯则是以伤害他人身心或是报复为目的,侵犯者只想让受害者遭受不幸。

2.【参考答案】

旁观者效应是指由于其他人存在时,人们不大可能去帮助他人,现场的旁观者越多,帮助的可能性越小,同时给予帮助前的延迟时间越长的现象。

该现象的产生原因与紧急情境下的责任扩散、情境不明确性及评价恐惧有关。

责任分散是指发生某种紧急事件时,若有他人在场则在场者提供帮助的责任感会减小。

情境不确定性的影响体现在,当个体在面对模糊情境下无法确定对方是否真的处于需要帮助的紧急状态时,会以周围人的反应作为对事件紧急程度的判定标准,此时若其他人表现出漠视,个体也会因此误判事件的紧急程度从而延迟或放弃采取行动。

评价恐惧是指,如果人们知道别人正在注视着自己,就会做倾向于以受大家欢迎的方式表现自我。在紧急情境中,人们会尽量避免在他人都保持冷静的情况下表现出慌张与担心。

3.【参考答案】

侵犯行为是一种有意违背社会规范的、有动机的伤害他人的行动,这种伤害行动可以是实际造成伤害的行动或语言,也可以是旨在伤害而未能实现的行为。

社会心理学对侵犯行为的理论解释主要包括本能理论、生物学理论、挫折-侵犯理论以及社会学习理论。

(1)本能理论

本能理论认为侵犯是一种本能,靠遗传获得。

弗洛伊德以精神分析论的观点看待本能与侵犯行为的关系,认为侵犯行为产生的原因是生本能将死本能推离自我推向他人的过程中,破坏的能量转向外部,以侵犯形式表现出来;洛伦茨则通过习性论看待本能与侵犯行为的关系,他认为侵犯是一种对物种延续十分重要的适应性行为,是具有生物保护意义的生的本能的体现。

(2)生物学理论

侵犯的生物学理论的研究者们认为,侵犯行为与个体的特定脑区、血液中的复合胺、睾丸激素以及基因有关。主流的社会心理学将生物学因素理解为环境刺激与侵犯行为之间的中介或调节变量。一方面,个体的基因会影响其生理结构,生理因素影响个人与环境的互动方式,进而影响个人对社会的看法与形成有关攻击行为的认知脚本;另一方面,个体的生理特性、人格特质等因素会影响环境对他的反馈,不同个体在面对相同刺激时可能会出现不同的行为模式。

(3)挫折-侵犯理论

多拉德等人提出了最初的挫折-侵犯理论,认为侵犯永远是挫折的一种后果,侵犯行为的发生总以挫折的存在为条件。二者是一对一的因果关系;个体受到的挫折感越大,引发侵犯行为越强。

随后米勒与伯科威茨等人对理论内容进行了一系列的修正,米勒认为挫折可能引起一系列的不同反应,不一定导致侵犯行为,但侵犯行为一定是挫折的一种结果,二者是一对多的关系;伯科威茨在修正理论的基础上拓展了该理论,他认为除了挫折之外,任何负面的情绪都能引发侵犯,侵犯的原因也并不一定是挫折,也有可能是由于侵犯线索与武器效应等,二者是多对一的关系。

(4)社会学习理论

社会学习理论的提出者班杜拉认为,侵犯行为的形成机制是强化与观察学习。一方面儿童通过强化习得侵犯行为,并且强化的模式会对将来的侵犯行为起决定作用;另一方面,儿童可以通过观察与模仿习得侵犯行为,并且儿童模仿不同的榜样时程度不同。儿童更倾向于模仿同性别、地位较高的榜样,更倾向于模仿合理的侵犯行为而非无理的侵犯行为。

4.【参考答案】

责任分散是指发生某种紧急事件时,若有他人在场则在场者提供帮助的责任感会减小。

责任分散的原因:

(1)旁观者效应:在紧急情况下,由于其他人存在时,旁观者的人数影响个人助人责任的感知,旁观者人数越多,个人责任感越低,个人越不会提供帮助。

(2)情境的不确定性:在情境比较模糊时,大家都不确定对方是否真的需要帮助。

5.【参考答案】

(1)文化与侵犯:文化规定了侵犯行为的表达方式。

(2)媒体暴力:是指大众媒体(包括电影、电视、报纸杂志、网络等)刊登的暴力内容对人们的正常生活造成负性影响的现象。许多研究者认为,观看媒体暴力会增加观众的侵犯行为。

(3)暴力视频:游戏暴力视频已经被证明与侵犯行为、违法行为的出现有正相关关系。

四、论述题

1.【参考答案】

亲社会行为是指一切符合社会期望而对他人、群体或社会有益的行为,包括分享、捐献、合作、助人行为等。

在信息技术极为发达的今天,网络使用已在不知不觉间成为我们生活当中必不可少的一部分。早些时候,一些网民在网络平台上戏将"对无线网络信号需要"添加进了马斯洛需要层次金字塔之中,成为了比生理需要更为"基本"的一类需要,得到了大批网友的"点赞"认同。虽然这在一定意义上仅仅属于一种单纯的"恶搞",但从实际来看,我们早已习惯通过网络进行社交活动、通过网络进行购物与娱乐,甚至通过网络进行"云办公"与"云学习",这些现象都体现了网络使用对我们的重要性。

网络使用是人们社会化进程中的重要影响因素之一,对亲社会行为的形成与发展也存在一定的影响。总的来说包括积极作用与消极作用两个方面:

一方面,网络使用对促进与发展亲社会行为具有一定的潜在价值。例如根据社会学习理论的观点,正面榜样的示范作用能够促进人们亲社会行为的发展,网络使用在某种意义上而言拓宽了当前的社会范围,使人们能够接触到更多的社会信息,这样人们会比现实生活中有更多机会接触到一些"宣传好人好事,弘扬正能量"的新闻。正面事迹的榜样作用能够起到替代强化的作用,同时唤起人们积极情绪、提升助人动机(例如明星号召粉丝们一同捐款)。同时,新闻有时还会附带介绍一些与亲社会行为有关的助人技能,也能够在一定程度上提高人们事后助人的可能性;根据社会交换理论和社会规范理论,人们采取亲社会行为的原因是希望获取等同或多于付出的利益,同时社会规范也使我们对无恶意的、需要帮助的他人施以援手。在网络平台这一巨大的虚拟社会范围中,我们所做出的亲社会行为会得到更多的积极评价与一定的潜在收益(例如塑造自身的正面形象、得到来自他人物质上的激励等),所采取的反社会行为或攻击行为会受到更大的损失与惩罚(例如因在网上谩骂他人、发表极端言论而被人肉搜索,影响正常生活)等,因此人们在网络使用的过程中可能会受这些因素影响更多地出现亲社会行为,并使之得到发展。

但另一方面,网络使用也对亲社会行为存在一定的消极作用。达利和拉特纳认为,责任分散、情境的不明确性以及评价恐惧会影响人们的决策过程,导致助人行为与亲社会行为的缺失,在虚拟的网络环境中,等同于有成千上万的"旁观者"共同分担了助人的责任,同时非官方发布的网络信息一般都具有极高的不确定性,一般人无法确认接收到的信息是"真相"还是"谣言"。在这一情景下,可能会减少人们采取亲社会行为的可能性;同时,网络环境具有一定的匿名性,人们在个人信息未被曝光的前提下可以通过匿名、虚拟的身份发表意见,在这一情境下,极易出现去个体化现象而导致的攻击行为或所持态度与行为出现分离的"键盘侠"现象,对亲社会行为造成负面影响。

(可从亲社会行为的原因、亲社会行为的影响因素以及亲社会行为的产生促进等方面入手,结合实际进行论述,不限于上述内容,言之有理即可。)

2.【参考答案】

这是一种侵犯行为。侵犯行为是指任何试图伤害和危害他人的行为。

(1)侵犯行为的原因:

①侵犯的本能理论认为,侵犯是一种本能,靠遗传获得。

②侵犯的生物学理论的研究者们认为,侵犯行为与个体的特定脑区、血液中的复合胺、睾丸激素以及基因有关。

③在挫折-侵犯理论最初的观点中,多拉德认为侵犯永远是挫折的一种后果,侵犯行为的发生总以挫折的存在为条件。米勒修正了该理论的后半部分,认为挫折可能引起一系列的不同反应,不一定导致侵犯行为,但侵犯行为一定是挫折的一种结果。

④社会学习理论的提出者班杜拉认为,侵犯是直接经验和观察学习的结果。

(2)可以通过如下措施预防与控制侵犯行为:

①移情能力的培养。移情包括两个方面:一是识别和感受他人的情绪、情感状态;二是能在更高级的意义上接受他人的情绪、情感。

②成熟个性培养:个性成熟者的自我意识和控制水平较高,对别人进行侵犯的可能性也比较小。人们在社会生活中也会逐渐习得一些对侵犯行为的抑制,例如社会规范的习得、痛苦线索引发的情绪唤起以及对报复的畏惧等。

③宣泄:根据本能理论的观点,若能够使不良情绪得以合理宣泄,就可以减小其侵犯性的强度,攻击行为也会随之减弱。需要注意的是,宣泄是针对已经产生了对一定对象的侵犯准备而言的,对于未产生侵犯准备的人,想象或观察侵犯行为的实施可能反而会更增加侵犯的危险性。

④社会公平的建立:有利于减少相对剥夺感,从而减少个体负性情绪与挫折的体验,这有助于减少抢劫、绑架、破坏等侵犯行为与反社会行为。

3.【参考答案】

(1)这是一种侵犯行为。侵犯行为是指任何试图伤害和危害他人的行为。

(2)侵犯行为的原因:

①侵犯的本能理论认为,侵犯是一种本能,靠遗传获得。

②侵犯的生物学理论的研究者们认为,侵犯行为与个体的特定脑区、血液中的复合胺、睾丸激素以及基因有关。

③在挫折-侵犯理论最初的观点中,多拉德认为侵犯永远是挫折的一种后果,侵犯行为的发生总以挫折的存在为条件。米勒修正了该理论的后半部分,认为挫

折可能引起一系列的不同反应，不一定导致侵犯行为，但侵犯行为一定是挫折的一种结果。“看球赛之后输了一方的球迷会做出一些自己之前不敢想象的事”这正是球迷们遭受支持球队输了比赛的挫折，因而引起侵犯。

④社会学习理论的提出者班杜拉认为，侵犯是直接经验和观察学习的结果。

4.【参考答案】

(1)攻击行为又称侵犯行为，是一种有意违背社会规范的、有动机的伤害他人的行动，这种伤害行动可以是实际造成伤害的行动或语言，也可以是旨在伤害而未能实现的行为。简单来说，侵犯行为就是任何试图伤害和危害他人的行为。

(2)攻击行为的原因：

①侵犯的本能理论认为，侵犯是一种本能，靠遗传获得。

②侵犯的生物学理论的研究者们认为，侵犯行为与个体的特定脑区、血液中的复合胺、睾丸激素以及基因有关。

③在挫折-侵犯理论最初的观点中，多拉德认为侵犯永远是挫折的一种后果，侵犯行为的发生总以挫折的存在为条件。米勒修正了该理论的后半部分，认为挫折可能引起一系列的不同反应，不一定导致侵犯行为，但侵犯行为一定是挫折的一种结果。

④社会学习理论的提出者班杜拉认为，侵犯是直接经验和观察学习的结果。

5.【参考答案】

(1)亲社会行为是指一切符合社会期望而对他人、群体或社会有益的行为，包括分享、捐献、合作、助人行为等。简单来说，亲社会行为就是指一切有益于他人和社会的行为。助人行为是指以特定的个人或群体为对象的亲社会行为，或泛指一切有利于他人的行为。根据助人行为的动机性质，又可以分为两类：

①在毫无回报的期待下，个人出于自愿而不计较外部利益地帮助他人的行为，即利他行为；

②具有个人意图的，出于自己的利益，期待得到回报的助人行为。

亲社会行为、助人行为与利他行为之间是一个包含的关系，整体上看三者都是有关对社会有利的行为的描述，行为越向利他行为靠近，个人的目的就越少，社会的目的就越多。

(2)①社会交换理论：人与人之间的相互作用本质上是个人在试图获得最大利益的同时付出尽可能少的代价的社会交换过程。因此人们在助人行为中也试图追求最大收益和最小的付出。社会交换论观点的合理之处在于，它强调了助人行为是一个双向互动的过程，即帮助了别人的行为，也会给帮助者回馈积极的自我观念。

②社会规范理论：助人行为与利他行为是遍布于整个社会的行为，它们在人类历史的发展中逐渐成为社会规范的一部分。这一理论认为有如下几种规范影响助人行为：

a. 交互性规范：人们的助人行为应该是相互的，人应当帮助对自己有善意的人，当别人帮助我们时，会在心理上激起我们回报的压力，迫使我们以同样方式对待对方，从而表现出亲社会的行为。

b. 社会责任规范：是指社会期待人们去帮助需要帮助的人，人们也有义务和责任去帮助那些需要帮助的人。

c. 内化的社会规范：施瓦茨提出“规范激活理论”，认为内化的社会规范的激活会引发人们对他人的道德义务感，个体道德义务感的激活、对亲社会行为的代价与后果的评估都会影响个体是否做出亲社会行为。

d. 社会公平规范：人们会帮助那些值得帮助的人，没有助人行为并非责任感的缺失和违背交互性规范，而是认为对方不值得被帮助。

社会规范论更强调社会对助人行为的引导作用，从更高的角度解释了助人行为的发生。

(3)旁观者效应。是指由于其他人存在时，人们不大可能去帮助他人，现场的旁观者越多，帮助的可能性越小，同时给予帮助前的延迟时间越长的现象。

总的来说，该现象的产生原因与紧急情境下的责任扩散、情境不明确性及评价恐惧有关。

①责任分散是指发生某种紧急事件时，若有他人在场则在场者提供帮助的责任感会减小。

②情境不确定性的影响体现在，当个体在面对模糊情境下无法确定对方是否真的处于需要帮助的紧急状态时，会以周围人的反应作为对事件紧急程度的判定标准，此时若其他人表现出漠视，个体也会因此误判事件的紧急程度从而延迟或放弃采取行动。

③评价恐惧是指如果人们知道别人正在注视着自己，就会做倾向于以受大家欢迎的方式表现自我，在紧急情境中，人们会尽量避免在他人都保持冷静的情况下表现出慌张与担心。

6.【参考答案】

(1)亲社会行为是指一切符合社会期望而对他人、群体或社会有益的行为，包括分享、捐献、合作、助人行为等。简单来说，亲社会行为就是指一切有益于他人和社会的行为。助人行为是指以特定的个人或群体为对象的亲社会行为，或泛指一切有利于他人的行为。

(2)亲社会行为的原因：

①社会生物学假设，助人行为是人的先天特性，助人行为具有遗传机制。

②社会交换论认为，人与人之间的相互作用本质上是个人在试图获得最大利益的同时付出尽可能少的代价的社会交换过程。因此人们在助人行为中也试图追求最大收益和最小的付出。

③社会规范论认为，助人行为与利他行为是遍布于整个社会的行为，它们在人类历史的发展中逐渐成为社会规范的一部分。

④进化心理学指出，生命的本质就是使基因存活下来，我们的基因驱使我们采用某些方法取得最大限度的生存机会。虽然生存与竞争会使自私的基因得以流传，但人类进化的成功依旧源于合作——人类会表现出克服自私的多重机制，包括亲缘选择、互惠以及群体选择。

⑤学习理论的观点。这一观点认为，个体在成长过程中有关助人行为规范的掌握是学习的结果，儿童在成长过程中通过强化和模仿习得父母与他人的助人行为。

⑥纯粹的利他主义。Batson 认为，人们助人行为的原因有时是纯粹的利他主义。

(3)亲社会行为的培养方法：

①明确责任与增加互动：明确责任帮助人们正确解释事件，从而增加责任的明确性，助人的可能性；直接人际相互作用明显增加人们的助人行为。

②示范作用：包括现场的示范作用与大众媒体的示范作用。观察有助人行为的榜样人物会促进助人行为，在大众媒体中出现的亲社会榜样对人们的影响作用大于反社会的榜样。

③助人情感倾向的培养：包括移情能力的培养与动机提升。移情增加了助人和其他亲社会行为，是亲社会行为的促进因素；动机提升是用引导人们内在动机的方法，使人们以充分的内在理由来促进有益的行为。

④助人技能的学习：助人行为有两个关键因素，一移情能力；二是掌握如何帮助别人的知识或技能。训练儿童的移情能力与助人的知识技能，可以培养儿童的助人行为。

⑤价值取向的教育：就助人行为的产生来说，其最直接的根源还是助人者的价值取向。改变个人的现有价值观可增进亲社会行为。

7.【参考答案】

(1)助人行为是指以特定的个人或群体为对象的亲社会行为，或泛指一切有利于他人的行为。根据助人行为的动机性质，又可以分为两类：

①在毫无回报的期待下，个人出于自愿而不计较外部利益地帮助他人的行为，即利他行为；

②具有个人意图的，出于自己的利益，期

待得到回报的助人行为。

(2)社会交换理论认为,人与人之间的相互作用本质上是个人在试图获得最大利益的同时付出尽可能少的代价的社会交换过程。因此人们在助人行为中也试图追求最大收益和最小的付出。

这一理论的支持者认为,人们在做出亲社会行为之前,往往要先对自己、对别人及对社会背景做出估价,考虑助人行为是否能够给自己带来快乐或减少自己的痛苦,不仅外在奖励可以有积极强化作用,个人自己内在的自我奖励也可以有同样的效应。

社会交换论观点的合理之处在于,它强调了助人行为是一个双向互动的过程,即帮助了别人的行为,也会给帮助者回馈积极的自我观念。

五、案例分析

1.【参考答案】

侵犯行为是一种有意违背社会规范的、有动机的伤害他人的行动,这种伤害行动可以是实际造成伤害的行动或语言,也可以是旨在伤害而未能实现的行为。案例中的群殴事件就属于侵犯行为。

侵犯行为的影响因素包括个人因素、情境因素以及社会因素三个方面。案例所体现的侵犯行为的影响因素有性别、温度、唤醒水平、去个性化等。

(1)性别

性别与侵犯行为之间具有一定的相关关系。其原因可能包括两个方面,一方面,一些研究者认为侵犯行为存在的性别差异与激素水平有关,雄性荷尔蒙较高的男性侵犯性较高;另一方面,一些研究者们认为性别差异源于社会化过程中社会赞许性与社会角色认同的形成。

篮球作为同场对抗类体育运动,强烈的身体接触与力量对抗必不可少。长期的力量训练与临场对抗的状态下,运动员体内的激素水平必然高于平静状态,也高于处于平静状态下的普通男性,同时篮球运动在一定程度上崇尚力量的对抗,在球场上强硬的具有绝对统治力的篮球运动员更容易受到赞许与认同,这有可能是影响运动员侵犯行为的原因。

(2)温度与唤醒水平

高温状态下,人们更容易发怒和脾气暴躁,研究表明气温的升高会导致侵犯性的增加。在夏天闷热的球馆中,球员不断在场上跑动、对抗,更加容易因高温导致侵犯行为的出现。

唤醒水平与侵犯行为的关系与认知因素有关。沙赫特与辛格的情绪理论认为,唤醒与情绪之间的关系受到认知因素的调控,若个体把唤醒状态定义为“愤怒”,则容易出现侵犯行为。案例中,正在篮球场上同场竞技的运动员处于高唤醒水平之下,球员之间的冲突很容易使得这种高唤醒状态被标记为“愤怒”,在这一状态之下更容易出现侵犯行为。

(3)去个性化

去个性化是指个人在群体中自我同一性意识下降,自我评价与控制水平降低的现象,且群体的规模越大,凝聚力越强,越易于引发人们的去个性化状态,而跟随群体的决定采取相应的行为。

篮球运动是一项团队运动,加之我国是一个集体主义国家,在亚锦赛这一洲际级别的运动会上球员之间的凝聚力必然十分强大,球队成员很容易出现去个性化的现象。在球场上当某一位队员受到了对方球员的侵犯行为,群体会要求各个群体内成员团结一致对外,此时每一名球队成员在混乱的情境下出现去个性化的现象,因此更容易形成大规模的集体斗殴。

(根据材料内容,结合侵犯行为影响因素的知识点进行论述,不限于参考答案所给内容,言之有理即可。)

2.【参考答案】

侵犯行为是一种有意违背社会规范的、有动机的伤害他人的行动,这种伤害行动可以是实际造成伤害的行动或语言,也可以是旨在伤害而未能实现的行为。

关于侵犯的成因主要有两个方面的解释,一种是以生物学理论、本能理论为代表,倾向于从生物学机制解释侵犯行为,认为侵犯的原因在于其内在因素。另一种以社会学习理论、挫折-侵犯理论为代表,关注侵犯的外部因素作用。

在案例材料中,我们可以获取到一系列与侵犯行为产生有关的关键信息。

在个人因素方面,犯人为中年男性,常年生病,脾气暴躁、常与人发生争执,文化水平不高,因此可以推测他可能具有较低的道德发展水平与自我控制能力,可能具有A型人格的特点,这两方面的因素容易导致侵犯行为出现的可能性提高。

在情境因素方面,事件发生于6月7日傍晚,正处于盛夏时节,这一时间点的厦门市区天气闷热,且BRT公交正迎来下班晚高峰时期,气温较高且环境拥挤,容易导致较高的唤醒水平。犯人生活境遇较差,对社会怀有恶意,因此可能将较高的唤醒水平做不合理的外部归因,从而导致侵犯行为的出现。

此外,犯人生活贫困、办理退休手续屡屡受阻,根据侵犯行为的挫折-侵犯理论,个体在日常生活中受到的挫折事件是引发侵犯行为的重要因素,这些生活之中的挫折事件使得犯人产生报复社会的念头,这可能是进一步导致了侵犯行为出现的原因。

(结合材料所给信息,联系理论进行论述,不限于参考答案所给内容,言之有理即可。)

3.【参考答案】

(1)助人行为是指以特定的个人或群体为对象的亲社会行为,或泛指一切有利于他人的行为。根据助人行为的动机性质,又可以分为两类:

①在毫无回报的期待下,个人出于自愿而不计较外部利益地帮助他人的行为,即利他行为;

②具有个人意图的,出于自己的利益,期待得到回报的助人行为。

(2)助人行为的影响因素:

①求助者的特点:

a. 性别:如果潜在助人者为男子,则公益网站上的女性不幸者比男性更容易获得帮助。如果助人者为女性,则男女不幸者得到帮助的可能性是同等的。

b. 相似性:相似性越高,越容易获得帮助。

c. 外部特征:一个有魅力的求助者比那些缺乏魅力的人得到更多的帮助,这种魅力不仅仅包括人的长相,也包括人的穿着打扮。

d. 人格特征:我们更愿意帮助公益网站上那些看起来善良友好的人、没有伤害过我们的人,更愿意帮助那些是由于外在不可控的原因而使得自己陷入无助状态的人,而不太愿意帮助那些因内在可决定的理由而使得自己面临困境的人。

e. 受助者的感觉:不同的情况下,受助者会产生不同的情感反应,当助人行为对受助者的自尊具有高威胁时,受助者会感到沮丧,产生消极情感反应;当助人行为对受助者的自尊威胁较低时,则会有相对积极的情感反应。

②助人者特征:

a. 年龄与性别:一般认为,随着年龄的增长,助人意愿应该是不断增强的。这种趋势和人的道德发展水平是有关的;在陌生人需要帮助而又有潜在危险的情境中,男性更可能提供帮助;但在较为安全的情境中,女性提供帮助的比例稍稍大一些。

b. 认知特点:对当前所处情境的认知、人际责任归因风格以及助人者对自我的认知会影响助人者的行为方式。

c. 个性特点:个性特点的很多方面都影响到助人行为。

d. 心境:浏览公益网站时的好心境使人更愿意捐助;对于儿童,坏心境会减少他们的助人行动;而对于成人,坏心境则可以增加助人行为。

e. 道德推理:道德推理水平越高,越容易做出亲社会行为。

③情境因素:

a. 自然环境与社会环境:生活中的天气、噪音等自然环境会影响亲社会行为的出现。一般来说,令人厌恶、烦躁的环境容易导致侵犯行为的增加,而舒适温暖的环境则能够增加亲社会行为的可能性。在社会文化方面,不同的文化导致了成人对儿童助人行为的不同教导,最终导致了不同文化群体助人行为的不同。例如俗语说"人人为我,我为人人""各人自扫门前雪,不管他人瓦上霜"就是社会文化导向的不同导致了亲社会行为的不同。

b. 时间压力与助人代价:浏览公益网站时的时间压力越大,人们对不幸者提供帮助的可能性就越小。匆忙的条件,增加了人们助人的代价,从而使人帮助别人的可能性减小。

c. 情境性的内疚与补偿内疚:是一种行动与自身社会角色不相符合时自我否定性的消极情感体验。为了寻求个人自我价值的肯定,个人出现内疚体验后,会设法去消除内疚。消除内疚的途径有三种,包括:直接弥补引发内疚的行为过失,做出其他与过失行为无关的好的举动来抵消不好的行动,承担不愉快的事情或付出某种代价来惩罚自己的错误。

第九章 社会影响

第一节 从众、依从与服从

考点1 从众、依从与服从的概念

1.【参考答案】

从众是指个人的观念与行为由于群体直接或隐含的压力向与多数人一致的方向变化的现象。其本质是个体受到某种社会影响力作用后所产生的适应性行为。

2.【参考答案】

服从是指个体或群体在权威命令下,迫于直接或规范的压力而做出命令指定行为的现象。

3.【参考答案】C

【解析】题干信息描述的是从众现象。根据题干中的关键点"在"受团体压力影响""在心理和行为上与团体内多数人保持一致",可以直接得出答案。或通过排除法,服从是个体或群体受团体权威命令之下,迫于压力而执行权威指定行为的现象,不符合"受团体压力影响",因此排除B;同化与内化都是发展心理学中,皮亚杰的认知发展阶段理论中出现的概念,属于扰项,排除AD。

考点2 从众与服从的经典实验

1.【参考答案】D

【解析】在阿希的从众实验中,他为了考查从众现象,安排的实验助手应多于真被试,例如在最初的从众实验中,阿希安排1名真被试以及6~8名实验助手作为假被试进行组队。

2.【参考答案】ACE

【解析】阿希将从众实验的结果归纳为三点:①被试把他人反应作为参考框架,发生知觉歪曲;②被试虽然意识到自己的判断与他人不同,但认为多数人比自己更加正确,发生判断歪曲;③被试明知其他人都错了,却跟随了错误判断,发生了行为歪曲。

3.【参考答案】错误

【解析】在阿希的从众实验中,不管是真被试还是假被试都获得了同等的、直观的信息,其研究结果表明从众行为出现的原因包括三种:"被试把他人反应当作行为参照""被试认为大多数人的选择比自己更加正确""被试明知其他人都错了,但依旧选择跟随行为",而并未明确地体现信息不足而导致的从众。

4.【参考答案】

从众的经典实验包括谢里夫的规范形成研究以及阿希的从众实验。

(1)谢里夫的规范形成研究

谢里夫(Sherif)最早开始了对从众现象的研究,他利用知觉错觉中的自主运动现象研究大学生被试们对光点移动的判断情况。

在实验中,随机地将每三个被试分为一组,被试在黑暗环境下盯着静止不动的光点,观察光点一段时间后让被试判断光点运动的距离。由于非心理学专业大学生没有自主运动错觉的知识,所以会做出各种各样的判断。

在每一段试次结束后,主试要求每组被试将自己的结果告诉其他组的被试。结果发现,随着实验的不断进行,不同组被试的判断结果逐渐趋于一致。谢里夫认为被试们的判断形成了一个共同的标准,是由于团体规范的建立,这种规范制约了每个人的行为和信念。

(2)阿希的从众实验

阿希(Asch)通过实验研究了群体压力下的从众现象。

在实验中,他让一位真被试(实验目的对真被试单盲)与另外6~8位助手扮演的假被试一起坐在桌旁,随后实验开始,主试依次向被试呈现50套两张一组的卡片,每组卡片的其中一张上画有一条直线(标准直线),另一张画有三条直线(其中一条与标准直线同样长),要求被试按照各自编号依次回答(真被试的序号靠在最后几位),选择出与标准直线一样长的那条线。在开始的几组卡片的选择中,每个成员都按照真实情况作答,在若干组比较之后,实验助手们(假被试)开始故意给出错误答案,此时真被试就需要面临选择,是相信自己的判断还是跟随多数的小组成员判断。

实验结果发现,个体在单独判断时正确率较高,但是在跟随假被试一起做出错误判断的总比率达到全部反应的37%,75%的被试至少有过一次从众的行为,5%的被试甚至在所有的误导试次均跟随小组给出了错误答案。

阿希将从众实验的结果归纳为三点:①被试把他人反应作为参考框架,发生知觉歪曲;②被试虽然意识到自己的判断与他人不同,但认为多数人比自己更加正确,发生判断歪曲;③被试明知其他人都错了,却跟随了错误判断,发生了行为歪曲。

考点3 从众与服从的原因及影响因素

1.【参考答案】ABD

【解析】从众是一种在群体压力之下发生行为改变的倾向,A选项正确;当人们由于知识储备与经验背景缺乏而不能肯定地做出选择时,人们可能会将多数人选择的行为作为参照系统来引导自己做出选择,即由于信息的不充分而将他人的行为当作行为参照,B选项正确;人们有渴望被接受的需要,希望获得他人的赞同,并避免其他人的反对。人们为获得社会接纳而改变自己的行为方式,使其符合群体规范,偏离群体规范的个体会感到偏离恐惧,D选项正确;C选项不属于从众的原因。

2.【参考答案】C

【解析】当人们处于信息不充分的情况下,由于不能肯定地做出选择,因此会将多数人的选择作为行为参照;由于恐惧面临来源于群体的压力,人们会为了服从群体规范而出现从众行为;群体凝聚力高的群体,其群体成员更容易出现从众行为;追求成功并不是从众的原因。故选C

3.【参考答案】C

【解析】从众是一种在群体压力之下发生行为改变的倾向,因此从众的重要原因是群体压力。

4.【参考答案】B

【解析】服从的产生原因主要有合法权利与责任转移两个方面,因此选B。

5.【参考答案】ABC

【解析】从众的动机分为如下几方面:①行为参照;②偏离恐惧;③人际适应。

考点4 依从的原因与依从诱导策略

1.【参考答案】C

【解析】先向对方提出一个很大的要求,遭到拒绝后,紧接着提一个小的要求,这时候小要求被满足的可能性会增加。这一技巧叫作留面子效应,也称为门面效应。

2.【参考答案】

顺从即依从,是指人因为他人的期望压力而接受他人请求,行为符合别人期望的现象。

可以通过低球技巧、留面子效应、登门槛技巧、折扣技巧等方式增加他人顺从的可能性。

留面子效应是指在提出一个很大的要求被拒绝之后，再提出一个较小的要求，此时小要求被满足的可能性增大的现象。例如，我们在购物需要和店主还价时，先给出一个店主大概率不会接受的价位，遭到拒绝后紧接着要求一个相对较小的折扣，这样就更有可能以较低的价格买到心仪的商品；

登门槛技巧是在提出一个较大要求之前，先提出一个小的要求，一段时间后再提出一个较大的要求，此时别人对较大要求的接受性增大的现象。例如，在同样的情况下，我们可以先向店主要求一个小幅度的折扣，紧接着要求店主“看在我爽快买单的分上”，附送一个价值比折扣所优惠的金额更高的小物件，这样比直接要求赠品更有可能获得对方同意；

折扣技巧是提出一个较大的要求，在对方拒绝之前及时“打折扣”或是给予其他的好处，能够有效降低对方拒绝初始大要求的可能性。例如，在购物时可以先向店主提出一个对方无法接受的还价（例如直接对半砍价），在店主拒绝之前改为一个较小幅度的还价（例如7.5折），同时许诺店主以后会带朋友来照顾生意，店家为了发展回头客，会更有可能接受还价的要求。

（结合生活实例简要介绍三种增加顺从的技巧，不限于参考答案内容，言之有理即可。）

第二节　群体相互作用

考点1　群体的概念

1.【参考答案】D

【解析】成员依照各自的喜好自发形成的，没有明确角色分工和权利义务规定的群体称为非正式群体。

2.【参考答案】错误

【解析】同辈群体中并没有明确的组织结构，成员也没有明确的地位的规定，成员之间也没有明确的权利和义务，故同辈群体属于非正式群体，但同辈群体一般由多个同辈的个体依据自己的兴趣爱好自发形成，极少带有强制性。

3.【参考答案】正确

【解析】非正式群体是指成员依照各自喜好自发形成的，没有明确角色分化和权利义务规定的群体，一般形成于正式的工作情境之外。同乡会具有非正式群体的特点，因此属于非正式群体。

考点2　社会惰化、社会助长与社会抑制

1.【参考答案】

社会阻抑即社会抑制，该概念与社会促进（社会助长）相对，是指他人在场非但不能提高行为绩效，反而还会降低绩效的社会干扰现象。

2.【参考答案】A

【解析】人们在有他人旁观的情况下工作表现比自己单独进行时更好，这是一种社会助长的概念。

3.【参考答案】A

【解析】当个人的活动由于有其他人同时参加或者有其他人在场旁观而使其活动效率降低的现象是一种社会抑制。

4.【参考答案】

（1）社会助长与社会惰化的定义

社会助长也称社会促进，指个人对别人的意识，包括别人在场、与别人一起活动或是在电子监控存在的情况下所带来的行为效率的提高。

社会惰化是指群体一起完成一件事情时，个人所付出的努力比单独完成时偏少的现象。

（2）二者的异同

社会助长与社会惰化的联系在于，二者都是在群体背景之下，群体对个体产生的影响，都是社会影响的体现。

社会助长与社会惰化的差别在于两个方面：

一方面，二者产生的原因不同。社会助长的产生原因是他人在场增强了个体的唤醒水平与驱力，此时个体优势反应出现的可能性上升，从而使行为绩效增加，或是由于在场他人的评价、因他人在场而产生的社会比较，使个体在完成任务时的绩效提高；而社会惰化的产生是因责任分散、群体成员在群体内的贡献无法被识别或变得不再确定、群体成员对群体的认同感缺乏等因素导致的。

另一方面，二者存在的情境不同。在社会助长的情境中，个体是周围他人影响的唯一目标；在社会惰化的情境中，其社会影响作用会分散到群体中的每一个个体身上。

5.【参考答案】

社会助长也称社会促进，指个人对别人的意识，包括别人在场、与别人一起活动或是在电子监控存在的情况下所带来的行为效率的提高。

社会阻碍即社会惰化，指群体一起完成一件事情时，个人所付出的努力比单独完成时偏少的现象。

扎荣克提出了优势反应强化说（社会助长驱动理论），优势反应是指个体那些已经学习和掌握得相当熟练，不假思索就可以表现出来的习惯动作，或指个体在特定情境下最有可能产生的反应。扎荣克认为单纯的他人在场增加了个体的唤醒水平和驱力，进而增加了个体采取优势反应的可能性，抑制了正确的但是还未成为优势反应的行为出现的概率。因此，他人在场将抑制学习新的复杂的反应，但能助长已经学会了的称为优势反应的行为。

若当前任务所需的操作是个体的优势反应，那么就会出现社会助长现象；若当前任务所需的操作是个体不熟悉的，还未成为优势反应的行为，那么就会产生社会阻碍现象。

考点3　群体决策过程

1.【参考答案】C

【解析】凝聚力高的群体成员在进行决策时，他们的思维往往高度倾向于寻求一致，从而压制其他可行的方案。题干信息描述的是群体思维的概念，群体思维是群体极化的一种表现。

2.【参考答案】B

【解析】群体极化是指群体成员中原已存在的倾向性得到加强，使一种观点或态度从原来的群体平均水平，加强到具有支配性地位的现象。群体极化现象涉及的是群体决策，与个人决策无关，A选项错误；群体极化现象在群体决策过程中不是一个很少见的现象，C选项错误；群体极化使群体的观点或态度从平均水平加强到极端水平，因此也更有可能使群体决策更加倾向于冒险，D选项错误。B选项正确。

3.【参考答案】

群体决策时可能会因为群体极化导致决策失误，其中一个可能的原因就是与个体决策相比，群体决策时决定更倾向于冒险，这种群体决策比个人决策更具有冒险性的现象，称为“冒险转移”。

4.【参考答案】错误

【解析】群体极化是指群体成员中原已存在的倾向性得到加强，使一种观点或态度从原来的群体平均水平，加强到具有支配性地位的现象。并不是指群体内少数派的意见被忽略。

5.【参考答案】

群体极化是指群体成员中原已存在的倾向性得到加强，使一种观点或态度从原来的群体平均水平，加强到具有支配性地位的现象。

群体极化现象出现的原因包括如下几点：

（1）信息的作用：当群体中一种观点获得最大程度认可的时候，这种观点会对其他群体成员造成影响，使一种观点在群体中被极化。

（2）社会比较理论的观点：通过群体讨论，人们与别人比较他们的观点，比较的结果是其中一方转变自己的观点，最终使观点看上去和其他成员的观点一样极端。

（3）两种观点的整合：整合观点认为社会比较和信息的共同作用促使了群体极化的发生，社会比较促使人们强化所持观点的论据信息，而论据信息使得呈现者

更加坚定,同时也影响其他成员的意见,导致群体极化出现。

第三节 合作与竞争

考点1 合作与竞争的概念

1.【参考答案】

合作是指不同个体为了共同的目标而协同活动,促使某种既有利于自己,又有利于他人的结果得以实现的行为或意向。

2.【参考答案】C

【解析】不同个体为了共同目标展开协同活动,以促使双方有利的结果得以实现的行为即合作。

考点2 社会两难问题

1.【参考答案】

社会两难情境是个体利益和群体利益发生冲突的一种情境。当群体中每个成员的选择都倾向于对自己有利,而个人的选择累积起来的后果最终会对群体成员(包括选择者本人)不利时,就出现了社会两难情境。

社会两难情境下容易出现"搭便车效应",有关的研究结果表明,可以从"改变奖惩结构""规范提醒""营造有利气氛""强化成员联系""增进成员之间的沟通"几个方面来避免社会两难情境中的"搭便车效应"。

章节考点 综合训练

一、单项选择题

1.【参考答案】B

【解析】社会助长也称社会促进,指个人对别人的意识,包括别人在场、与别人一起活动或是在电子监控存在的情况下所带来的行为效率的提高。优势反应强化说的观点认为,他人在场提高了个体的唤醒水平和驱力,使已形成的优势反应出现的可能性增大,行为绩效提高,未形成优势反应的行为绩效降低。

2.【参考答案】D

【解析】登门槛效应是指在提出一个较大要求之前,先提出一个小的要求,一段时间后再提出一个较大的要求,此时别人对较大要求的接受性增大的现象。题干信息描述符合登门槛效应的概念。

3.【参考答案】C

【解析】社会助长也称社会促进,指个人对别人的意识,包括别人在场、与别人一起活动或是在电子监控存在的情况下所带来的行为效率的提高。运动员在正式比赛时由于其他运动员和观众在场,其竞技成绩比平时更高,体现了社会助长现象。

4.【参考答案】C

【解析】单方合作而其他人背叛或是单方背叛而其他人合作都会导致合作的一方利益受损,若所有人都背叛则容易导致所有群体成员的利益均受损,只有当所有人都合作时,才能在社会两难情境中得到好的结果。

5.【参考答案】C

【解析】谢里夫利用游动错觉研究的社会心理现象是有关于从众的实验。

6.【参考答案】C

【解析】社会影响是由于社会压力而发生的个人行为与态度朝着社会占优势的方向变化的过程。归因是指人们对自己或他人的社会行为进行分析,并推测出其原因的过程,这一过程不属于社会影响。

7.【参考答案】D

【解析】社会惰化也称社会懈怠、社会逍遥。指群体一起完成一件事情时,个人所付出的努力比单独完成时偏少的现象。"一个和尚挑水喝,三个和尚没水喝"就属于社会惰化现象。

8.【参考答案】C

【解析】阿希(Asch)通过实验研究的是个体在群体压力下的从众现象。

9.【参考答案】A

【解析】由于社会压力而发生的个人行为与态度朝社会占优势方向变化的过程被称作社会影响。

10.【参考答案】C

【解析】根据社会促进与社会抑制的评价-竞争观与分散冲突模型,在做自己不擅长的工作时,有他人在场,会产生社会抑制现象。

11.【参考答案】D

【解析】服从是指个体或群体在权威命令下,迫于直接或规范的压力而做出命令指定行为的现象。

12.【参考答案】B

【解析】登门槛效应是指在提出一个较大要求之前,先提出一个小的要求,一段时间后再提出一个较大的要求,此时别人对较大要求的接受性增大的现象。

13.【参考答案】D

【解析】米尔格莱姆通过实验对服从进行了实证研究。

14.【参考答案】A

【解析】群体思维是群体极化的一种表现。群体思维的发生原因有两点:一是群体成员处于高凝聚力状态,二是群体规范要求群体成员通过支持群体决策的方式维护群体地位。高凝聚力的群体在进行决策时,人们的思维会高度倾向于寻求一致,以至对其他变通行动路线的现实性评价受到压制。故选A。

15.【参考答案】D

【解析】詹尼斯(Janis)提出了群体思维模型。该模型的前提有5个,分别是:群体具有高凝聚性;群体与外界意见隔绝;群体有强有力的命令型领导;缺乏评价备选方案的系统方法;群体成员感受到高压力或者是外部威胁。D选项鼓励异议不利于形成群体思维。

16.【参考答案】A

【解析】首属群体是个人直接生活在其中,与群体成员有充分的直接交往和亲密人际关系的群体,主要在形成个体的社会性和思想观念方面起初始作用,如家庭、同学。

二、名词解释

1.【参考答案】

门面效应又称留面子效应,指在提出一个很大的要求被拒绝之后,再提出一个较小的要求,此时小要求被满足的可能性增大的现象。

2.【参考答案】

登门槛技术也称"脚在门槛内技术",是指在提出一个较大要求之前,先提出一个小的要求,一段时间后再提出一个较大的要求,此时别人对较大要求的接受性增大的现象。

3.【参考答案】

社会懈怠,也称社会惰化,指群体一起完成一件事情时,个人所付出的努力比单独完成时偏少的现象。

4.【参考答案】

社会两难情境是个体利益和群体利益发生冲突的一种情境。当群体中每个成员的选择都倾向于对自己有利,而个人的选择累积起来的后果最终会对群体成员(包括选择者本人)不利时,就出现了社会两难情境。

5.【参考答案】

海曼把个体实际上没有参加但接受其规范的群体称为参照群体。按照参照群体的性质可以进一步将其划分为正参照群体和负参照群体。

6.【参考答案】

偏离恐惧是指由于恐惧面临来自群体的压力或制裁,人们避免表现出偏离群体的现象。

7.【参考答案】

社会促进是指个人对别人的意识,包括别人在场、与别人一起活动或是在电子监控存在的情况下所带来的行为效率的提高

8.【参考答案】

群体极化是指群体成员中原已存在的倾向性得到加强,使一种观点或态度从原来的群体平均水平,加强到具有支配性地位的现象。

9.【参考答案】

得寸进尺效应又叫登门槛效应,是指在提出一个较大要求之前,先提出一个小的要求,一段时间后再提出一个较大的要求,此时别人对较大要求的接受性增大的现象。

10.【参考答案】

滚雪球技巧是指在最初的要求被他人接受之后,又告诉他人由于自己的要求被低估,又提出了新的较高的要求或价码。

11.【参考答案】
门前技巧与登门技巧正好相反，这种方法是先向他人提出一个很大的要求，在对方拒绝之后，紧跟着提出一个小的要求，这时候小要求被满足的可能性会增加。
12.【参考答案】
“竞争心理优势”是金盛华提出的概念，指在需要共同拥有资源的情境中，人们在合作与竞争的两重选择上更倾向于选择竞争的心理现象。这种现象不仅为大量的经典实验研究所证明，也在日常生活的观察中反复被印证。
13.【参考答案】
从众是指个人的观念与行为由于群体直接或隐含的压力向与多数人一致的方向变化的现象。其本质是个体受到某种社会影响力作用后所产生的适应性行为。
14.【参考答案】
群体思维指的是一种群体决策时的倾向性思维方式，是群体极化的一种表现。
15.【参考答案】
信息化的社会影响是指人们有确认真实情况的需要，而他人的行为通常能提供重要信息，个体把他人视为知道行为的信息来源而顺应其行为。
三、简答题
1.【参考答案】
社会懈怠即社会惰化现象，是指群体一起完成一件事情时，个人所付出的努力比单独完成时偏少的现象。
社会懈怠现象产生原因可能是由于群体成员认为他们个人对群体的贡献无法被识别、群体成员缺乏对群体的认同感、个体的成绩没有被单独加以评价且由于其他成员加入使得个体付出与所得变得不再确定等因素有关。
此外，科尔、布鲁恩和哈金斯（Kerr、Bruun & Harkins）指出，由于个体认识到自己的努力会埋没在人群中，所以对自己行为的责任感降低，从而不太去努力，致使作业水平下降，从这一点来看，社会懈怠现象的产生与责任分担有关。
研究表明，人们在以下几种情境下，较少出现社会惰化现象：
(1)群体成员之间有着亲密的交往，有着较高的相互认同；
(2)工作项目本身具有挑战性、号召性，能够激发人们的工作动机，使得群体成员有着较高的自我卷入水平；
(3)注重群体整体效益，以群体整体成功为目标的奖励引导；
(4)强调协作精神的群体，群体的团队合作性较强时；
(5)个体对群体充分信任，相信群体成员也像自己一样努力时。
综上所述，我们可以采用如下方法减少工作中的社会懈怠现象：
(1)开展部门间、跨部门的交流合作项目，根据员工特点安排相应的工作，加深群体成员之间互相了解的程度，在各司其职的工作中提高群体成员彼此之间的认同感。
(2)营造轻松、良好的工作氛围与工作环境，这有助于提高群体成员对其他成员以及群体整体的信任感和归属感。
(3)合理设置团队工作目标，例如设置一个难度中等偏上，与群体成员利益密切相关的、需要通过全体成员合作努力才能顺利达到的小目标，并许以相应的精神或物质奖励，这样有助于提高群体成员的工作效率。
(4)设置以群体成功为目标的奖励机制。例如，在设定团队目标时，可以在设置团队成员单独的个人奖励的同时，附加设置团队奖励（如每位员工完成各自的业绩目标后，可以获得10%盈利的提成，若团队平均业绩水平超过往年同期的同比水平，每位团队成员的提成在原有基础上再加10%）。
（根据社会懈怠/社会惰化的相关理论，联系自身的工作经历简要作答，言之有理即可。）
2.【参考答案】
群体决策时可能会因为群体极化导致决策失误，其中一个可能的原因就是与个体决策相比，群体决策时决定更倾向于冒险，这种群体决策比个人决策更具有冒险性的现象，称为“冒险转移”。
造成冒险转移现象的原因主要有以下几个方面：
(1)群体成员形成的心理支持氛围。群体成员之间的亲密关系会增大冒险转移现象发生的概率，群体成员之间的熟悉使得他们更加开放和大胆，促使其提出具有冒险性的观点。
(2)责任分散。在群体中个体往往会有互相依赖和推脱的倾向，尤其是群体中不具重要地位的个体，更容易产生责任分散的倾向，使人们的冒险性得到鼓励；另一种责任分散的情境是，当高凝聚力群体做决策时，群体中相互支持和鼓励勇敢的倾向也会导致冒险性转移。
(3)社会文化鼓励勇敢的普遍价值取向。这种价值取向使人们倾向于对高冒险性有较高的社会评价。
3.【参考答案】
(1)团体思维也叫小集团意识，是指在一个高凝聚力的团体内部，人们在决策及思考问题时由于过分追求团体的一致，导致团体对问题的解决方案不能做出客观及实际的评价的一种思维模式，这种思维模式经常导致灾难性事件的发生。
(2)团体思维比较容易发生在强有力的领导带领的团体和凝聚力极高的团体中。群体思维产生的条件，包括五个方面：
①决策团体是高凝聚力的团体；
②团体与外界的影响隔离；
③团体的领导是指导式的；
④没有一个有效的程序保证团体对所有选择从正反两方面加以考虑；
⑤外界压力太大，要找出一个比领导者所偏好的选择更好的机会很小。
(3)克服团体思维的方法：
①领导者应该鼓励每一个成员踊跃发言，并且对已经提出的主张加以质疑，为此领导者必须能够接受成员对自己的批评。
②领导者在讨论中应该保持公平，在团体所有成员表达观点之后，领导才能提出自己的期望。
③最好先把团体分成若干小组独立讨论，然后在一起讨论以找出差异。
④邀请专家参与团体讨论，鼓励专家对成员的意见提出批评。
⑤在每次讨论的时候，指定一个人扮演批评者角色，向团体的主张挑战。
4.【参考答案】
(1)群体决策的优点：
①信息的广泛性。通过综合多个个体的资源，可以就某一问题进行多方面的信息收集，使决策能够建立在更多信息的基础之上，为正确决策创造有利条件。
②观点的多样性。群体决策能利用集体的智慧，多方面分析信息后形成多种方案，以供群体择优选取。
③提高了决策的可接受性。如果让将要执行决策的人参与决策过程，那么他们就更愿意接受决策，并鼓励别人也接受决策。
④增加合法性。群体决策比个人决策更有合法性。
(2)群体决策的缺点：
①浪费时间。群体产生之后，成员之间的相互作用往往是低效率的。
②从众压力。在表面一致的情况下，群体很有可能形成不恰当的或错误的决策。
③少数人控制。群体讨论可能被少数人控制，如果控制者是低水平的，群体的决策就会受到不利影响。
④责任不清。对于群体决策，任何一个成员的责任都会降低。
5.【参考答案】
从众是指个人的观念与行为由于群体直接或隐含的压力向与多数人一致的方向变化的现象。其本质是个体受到某种社会影响力作用后所产生的适应性行为。
影响从众心理的因素：
(1)群体影响：
①群体自身的一致性。很多从众行为是由于个体为了与群体保持一致而产生的。
②群体的凝聚力。凝聚力越高，个体对群体的依赖性就越强，越容易对自己所

属群体有强烈的认同感。

③群体规模。在一定范围内，群体规模越大，引起的从众率也越高。

（2）情境因素：

①刺激物的性质。人们更容易对模棱两可的刺激物判断做出从众反应。

②个人地位。因其在群体中的地位不同而不同，权威者易于赢得地位较低的个体的依赖。

③时间因素。群体交互作用的早期阶段更易从众，到了后期，为了巩固自己的地位而不易从众。

（3）个体因素：

①个性特质差异。情绪不稳定、智力较低、意志较薄弱的个体更易从众。

②性别差异。男女在从众行为上表现出的差异还没有一个一致的结论。

③年龄差异。随着年龄增长从众行为下降。

④个人的自我卷入水平。人们在意见表达后，在相关选择上的自我卷入水平会有实质的增加，由此直接导致从众性的降低。

（4）教育与文化的倾向：

①教育水平。若个体有广泛的知识背景和较高的教育水平，从众行为比例也会有所下降。

②文化背景。文化价值观影响从众，集体主义倾向的国家和强调个人独立的国家的人不同。

6.【参考答案】

从众是指个人的观念与行为由于群体直接或隐含的压力向与多数人一致的方向变化的现象。从众的团体压力有两个，一个是规范性社会影响，一个是信息性社会影响，前者发生在人们想要获得奖励与避免惩罚、希望别人接受自己时；后者发生在个体希望从他处获得精准信息时。由此可知二者的异同点如下：

相同点：最终都导致了从众的行为。

不同点：

（1）信息性从众是真从众，发生在个体希望从他人或其他团体那儿获得精确信息时。即能导致个人接受，而不是公开顺从，因为来自他处（群体）的观点改变了自己的观点，确信群体成员是对的，而使得人们的行为方式追随群体的行为方式。人们经常从团体处获得信息，尤其是在情境不明确的时候，人们常常在团体情境中出现从众行为。

（2）规范性从众是权益从众，发生在人们想要获得奖励或避免惩罚的时候。即为了符合群体规范，为了不引人注目，不至于陷入被群体排斥的情况下做出的行为，但其实内心对群体规范不一定接受。

7.【参考答案】

（1）从众的原因/动机分为如下几方面：

①行为参照：当人们由于知识储备与经验背景缺乏而不能肯定地做出选择时，人们可能会将多数人选择的行为作为参照系统来引导自己做出选择。

②偏离恐惧：由于恐惧面临来自群体的压力或制裁，人们避免表现出偏离群体。

③人际适应：人们为了在人际交往中获得肯定、建立良好的人际关系，而在必要的时候改变自己的行为和态度，以保持和大多数人一致。

（2）此外，多伊奇和杰拉德将从众的原因归结为如下两方面：

①规范性社会影响：人们有渴望被接受的需要，希望获得他人的赞同，并避免其他人的反对。人们为获得社会接纳而改变自己的行为方式，使其符合群体规范。

②信息化的社会影响：人们有确认真实情况的需要，而他人的行为通常能提供重要信息，个体把他人视为知道行为的信息来源而顺应其行为。

8.【参考答案】

阿希的线段判断实验如下：

参加实验的被试被分为7人一个小组，告知他们参加一个知觉判断实验，给被试依次呈现50套两张一组的卡片。每一组的两张卡片上，一张卡片上画有一条线段，称为标准线段，另一张卡片上画有三条线段，其中一条同标准线段线一样长。实验者要求被试从第二张图片中选择出与标准线段一样长的那条线段。其中，6名被试为实验助手，即假被试，用作实验的自变量。第七名是真被试，即用来研究人的从众行为。在前两轮的实验中，6名假被试选择了正确答案。第三轮开始，假被试们一致地选择了错误答案。结果发现，至少会有33%的真被试从众，至少有76%的真被试有从众行为。

阿希的实验说明，个体在团体的压力下，会发生从众行为，从众是指个体在真实的或想象的团体压力下改变行为与信念的倾向。例如，当自己不知道午饭吃什么的时候，刚好发现有一家餐馆门前排了很长的队，于是自己也跟着去排队。

四、论述题

1.【参考答案】

米尔格莱姆通过实验对服从进行了实证研究。

他通过广告从社会群体中招募40名志愿者，告知被试开展的是一项关于惩罚对学习效果的影响，他将被试与实验助手（假被试）两两配对进行实验，并在真被试不知情的情况下，通过暗中操作抽签的方式“随机”地让真被试抽签成为教师，助手（假被试）成为学生。

实验开始后，研究者告知被试的任务是教学生学习词语配对，并即时检查学习效果。在记忆之后，教师读出刺激词，学生通过按键在四个选项中选择一个，如果回答错误，教师就要用电击器惩罚学生。电击器的电压在12~450V不等，对应着30个电键，最高电压的电键上还附带明显标记，当学生的错误数量不断累加，研究者会以实验需要为由要求真被试不断加强电压。

实验的结果发现，总共有14名被试最终在300~375V的电压下开始拒绝执行继续增加电压，占总数的35%。但65%的被试一直服从实验者的指示，将实验一直进行到最后，直至电压加至最高的450V。

米尔格莱姆的实验原先预测，在实验的情境中，作为教师的真被试在被要求施加电击惩罚时，电压高到一定程度被试就会选择拒绝，但是实验的结果与原有的假设大相径庭。研究者们将服从实验结果的产生原因归结为四个方面：

①责任归于权威：米尔格莱姆的实验证明了责任转移的推论，他认为出现服从现象的原因是被试在行为归因上，将行为的责任转移给了实验者（实验中具有权威地位的人）。

②任务被常规化：人们之所以愿意服从残忍的命令，是因为这些行为是执行常规的责任和角色应有的行为。他们一开始就认为这些行为是正常的，一定要去完成。因此，他们就不可能怀疑其合理性或道德上的问题。

③相信权威宣称的主张和动机：社会赋予了卷入社会角色关系的一方更多的影响力，从而使另一方认为自己有服从的义务。例如，在斯坦福监狱实验中，由于一部分被试被指定扮演“犯人”的角色，因此会对于扮演看守的被试的明显不合理指令也加以服从。

④步步为营，落入陷阱：为了使人们服从权威者所谓合理的命令，权威者设置陷阱的第一步是让人们毫不费力地做出选择，接着一步步地加码，在个人意识到之前，已是骑虎难下，他做了一系列导致问题的行动，从而使这种服从得以坚持下来。如果人们早一点对研究程序质疑，就不太可能落入设置的陷阱，就有可能退出实验。

2.【参考答案】

（1）含义：从众是指个人的观念与行为由于群体直接或隐含的压力向与多数人一致的方向变化的现象。依从，或称顺从，指人因为他人的期望压力而接受他人请求，行为符合别人期望的现象。服从是指个体或群体在权威命令下，迫于直接或规范的压力而做出命令指定行为的现象。

（2）联系：从众、依从与服从行为都是由于他人或群体影响而引发的，属于个体或群体受到社会影响而行为向外在影响力量方向靠拢的现象。

（3）区别：三者的核心区别在于压力源

(或外在力量)和行为动机(或出发点)不同。具体而言有如下几点:
①从众与依从的区别:从众行为的影响源并不针对特定对象施加影响,从众行为是个体在群体压力之下的自我跟从行为;依从行为的影响源是有意对行为者施加直接或隐含的影响。
②服从与从众、依从的区别:服从行为的引发具有强制性,服从的理由是外在的,命令者与服从者之间通常有规定性的或强迫性的社会角色联系。从众与依从行为中,影响源于行为者之间没有规定性的或强迫性的社会联系,从众者和依从者必须有一定的认同或寻找到自身行为的理由才会跟从外部影响行动。

3.【参考答案】
团体决策的一般问题:
(1)两类决策问题:
从某种意义上讲,团体决策的好坏取决于他们在什么问题上做决策。人们遇到的决策问题实际上可以看作是一个连续体,这个连续体的一头是智力问题,这些问题有正确的答案,决策的任务就是找到这样的答案;另一头则是与行为、伦理以及审美等有关的判断问题,这些问题没有唯一正确的结论,而是与每个人的价值观、审美以及内在需求有关。
(2)多数人与少数人的影响:
毫无疑问,团体决策往往是多数人意见的整合。但是,并不是所有的团体决策都会选择多数人的意见,有时候少数人也会对团体决策产生影响,但是这样的人必须满足下列两个条件:
①一是少数人必须是团体的领导。在团体决策中,领导者的地位往往比较突出,当决策中持有少数者观点的人是领导时,领导有能力使自己支持的意见最终被团体采纳,这种现象在我国极为普遍。
②二是少数人对自己的观点极为坚持。在团体决策中,如果少数人极力坚持自己的意见,便可能引起决策团体的分裂,并最终改变多数人的意见。
(3)领导在决策中的影响:
从决策的过程与方式来看,领导的作用也往往被突显出来。实际上没有任何一个成员的意见体现在最终决策中,领导的决策是早就做好了的。
(4)团体决策规则:
尽管在团体讨论中,信息性和规范性社会影响会作用于成员的判断,但是对决策团体本身来说,它还有自己遵循的规则,这些规则有:
①一致性规则:在做出最终决策之前,所有团体成员必须同意此选择。
②优势取胜规则:某个方案被50%以上的团体成员认可时选择该方案。
③多数取胜规则:在没有一个意见占优势时选择支持人数较多的方案。在使用这些决策规则的时候,它可能是正式而明确的,也可能是非正式而模糊的。
(5)团体决策中的投机行为:
“搭便车”是在团体中普遍存在的一种投机行为,基本含义是在一个共同利益团体中,其成员不付成本而坐享他人之利。由于团体中的利益共享,某些成员即使不付出也能获得收益,于是产生了搭便车的投机心理与行为。
(6)文化对组织决策的影响:
来自不同文化的人在制定决策时遵循的步骤存在以下差异:①明确决策的问题是什么;②明确谁来决策;③时间观念。
团体决策的方法:
(1)头脑风暴:给团体一个特定的题目,要求团体成员在较短时间内想出尽量多的方案。然后再寻求整合与改进,一方面增加或改正自己与他人的意见,另一方面还要把自己与他人的观点结合在一起,提出更好的决策选择。
(2)德尔菲法:又称专家评估术,是一种背对背的决策技术,由专家提供反馈。不需要团体在一起讨论,可以避免由于面对面争论而引发的人际冲突,但这种方法比较费时。
(3)具名群体技术:主要用在当团体成员对所要解决的问题不太了解,并且在讨论中难以达成一致时。
(4)阶梯技术:团体成员是一个一个加入的,最终整个团体获得一致性的方案。比较费时,主要用于大的、重要的决策问题。
(5)群体决策支持系统:将个人的观点输入电脑程序,并在聊天室里与其他人匿名讨论这些观点,这些讨论的记录会全部保留以备需要时查看。

4.【参考答案】
(1)从众的主要经典实验研究包括谢里夫的团体规范形成研究、阿希的从众实验。
①谢里夫的规范形成研究:
谢里夫最早开始了对从众现象的研究,他利用知觉错觉中的自主运动现象研究大学生被试们对光点移动的判断情况。在实验中,随机地将每三个被试分为一组,被试在黑暗环境下盯着静止不动的光点,观察光点一段时间后让被试判断光点运动的距离。由于非心理学专业大学生没有自主运动错觉的知识,所以会做出各种各样的判断。实验步骤重复多次,每次光点出现和移动的形式有所不同。在每一次实验结束后,主试要求每组被试将自己的结果告诉其他组的被试。结果发现,随着实验的不断进行,不同组被试的判断结果逐渐趋于一致。谢里夫认为被试们的判断形成了一个共同的标准,是由于团体规范的建立,这种规范制约了每个人的行为和信念。
②阿希的从众实验:
阿希通过实验研究了群体压力下的从众现象。在实验中,他让一位真被试(实验目的对真被试单盲)与另外6~8位助手扮演的假被试一起坐在桌旁,随后实验开始,主试依次向被试呈现50套两张一组的卡片,每组卡片的其中一张上画有一条直线(标准直线),另一张画有三条直线(其中一条与标准直线同样长),要求被试按照各自编号依次回答(真被试的序号靠在最后几位),选择出与第一张图片上的标准直线一样长的那条线。在开始的几组卡片的选择中,每个成员都按照真实情况作答,在若干组比较之后,实验助手们(假被试)开始故意给出错误答案,此时真被试就需要面临选择,是相信自己的判断还是跟随多数的小组成员判断。实验结果发现,个体在单独判断时正确率较高,但是在跟随假被试一起做出错误判断的总比率达到全部反应的37%,75%的被试至少有过一次从众的行为,5%的被试甚至在所有的误导试次均跟随小组给出了错误答案。
阿希将从众实验的结果归纳为三点:①被试把他人反应作为参考框架,发生知觉歪曲;②被试虽然意识到自己的判断与他人不同,但认为多数人比自己更加正确,发生判断歪曲;③被试明知其他人都错了,却跟随了错误判断,发生了行为歪曲。
(2)从众的心理机制:
①行为参照:当人们由于知识储备与经验背景缺乏而不能肯定地做出选择时,人们可能会将多数人选择的行为作为参照系统来引导自己做出选择。
②偏离恐惧:由于恐惧面临来自群体的压力或制裁,人们避免表现出偏离群体。
③人际适应:人们为了在人际交往中获得肯定、建立良好的人际关系,而在必要的时候改变自己的行为和态度,以保持和大多数人一致。
此外,多伊奇和杰拉德将从众的原因归结为如下两方面:
①规范性社会影响:人们有渴望被接受的需要,希望获得他人的赞同,并避免其他人的反对。人们为获得社会接纳而改变自己的行为方式,使其符合群体规范。
②信息化的社会影响:人们有确认真实情况的需要,而他人的行为通常能提供重要信息,个体把他人视为知道行为的信息来源而顺应其行为。

5.【参考答案】
(1)合作是指不同个体为了共同的目标而协同活动,促使某种既有利于自己,又有利于他人的结果得以实现的行为或意向。
(2)竞争则是与合作相对立的概念,指不

同的个体为同一个目标展开争夺，促使某种只有利于自己的结果得以实现的行为或意向。

(3)合作与竞争是辩证的关系，两者既对立又统一。一方面，二者不能同时存在同一主体的选择中。也就是说，针对某一利益目标，不同的主体选择了竞争的方式达成目标就不可能同时又选择合作的方式来达成目标。另一方面，它们相互依存，相互转化，竞争中包含合作，合作中也包含着竞争。人类永远不可能看到只有竞争没有合作或只有合作没有竞争的那种局面，特别是在当今时代，二者之间的相互依赖、相互促进表现得更加普遍、更加明显。

总之，两者是相互联系辩证统一的。竞争存在于合作之中，合作以竞争为前提。没有合作的竞争是软弱无力的或是破坏性的；而没有竞争激励的合作是没有活力和生命力的。我们不能重竞争而轻合作，也不能重合作而轻竞争。

(4)所采用的策略：在具体的问题情境面前，是合作还是竞争，涉及一个策略取向的问题。而相互作用中的决策是不同参加者在相互作用过程中做出的，不是个人单独做出的，这就使问题进一步复杂化。因为，不同方面的利益可能一致也可能不一致，对一方是最佳的决策，对另一方就不一定是最佳的。

社会心理学研究人员将其归纳为三种不同情况。

①第一种是纯冲突的情况，如一方赢另一方必定输。这在各种棋类、纸牌游戏中都可以见到。

②第二种是纯合作的情况，即双方一起赢或一起输，双方利益一致。比如，一个人与妻子走散了，而他与妻子都想找到对方，这时的问题在于自己推测对方的行为需与对方推测自己的行为相一致。这里突出性事件成为一个重要线索。假定夫妻二人在美术馆失散了，失散之前他们在某张画前产生激烈争执，那么挂这张画的地方就可能成为他们再会合的地点。

③第三种情况是更常见的，即既有合作又有冲突的情况。在许多对策游戏中，一种叫作对策论的数学理论提供了理想的策略。如果按照这种理论的指导一步一步做下去，可以获得最大的利益。但是实际情况并非完全如此，人们并不总是按照理想的策略办事。

6.【参考答案】

(1)社会惰化也称社会懈怠、社会逍遥，指群体一起完成一件事情时，个人所付出的努力比单独完成时偏少的现象。寓言故事中"一个和尚挑水喝，三个和尚没水喝"就是一种社会惰化现象。

(2)社会惰化的心理机制：

①当群体成员认为他们个人对群体的贡献无法被识别时，容易产生社会惰化。

②群体成员缺乏对群体的认同感导致社会惰化的产生。

③卡饶和威廉姆斯提出集体努力模型，总结个体努力工作的三个条件——个体相信努力会有好成绩、个体相信努力工作会被认可、个体重视所得到的奖励，并指出，随着个体结合成群体进行工作时，由于其他成员加入使得个体付出与所得都变得不再确定时，社会惰化便会发生。

(3)减少方法：

①让群体成员之间有着亲密的交往，有着较高的相互认同；

②使得工作项目本身具有挑战性、号召性，能够激发人们的工作动机，使得群体成员有着较高的自我卷入水平；

③注重群体整体效益，以群体整体成功为目标的奖励引导；

④在群体中强调协作精神，增加群体的团队合作性；

⑤使得个体对群体充分信任，相信群体成员也像自己一样努力。

五、案例分析

1.【参考答案】

第1问：多川博的销售策略利用了消费者的哪种心理现象？关于这种心理现象，社会心理学研究已获得了哪些规律性的认识？

多川博的销售策略利用了消费者的从众心理现象，关于从众心理现象，社会心理学研究已获得的规律性认识如下：

(1)从众的定义

从众是指个人的观念与行为由于群体直接或隐含的引导或压力向与多数人相一致的方向变化的现象。从众行为的本质，是个体受到社会某种影响之后产生的一种适应性行为或反应。在日常生活中，参照群体、群体规范与群体压力是广泛存在的，个体在受到群体的暗示或提示时，会被引导作出群体要求或期待的行为或对情境作出一定的反应。

(2)从众行为的产生原因

从众行为产生的原因包括三个方面：

①行为参照：当人们由于知识储备与经验背景缺乏而不能肯定地做出选择时，人们可能会将多数人选择的行为作为参照系统来引导自己做出选择。

②偏离恐惧：由于恐惧面临来自群体的压力或制裁，人们避免表现出偏离群体。

③人际适应：人们为了在人际交往中获得肯定、建立良好的人际关系，而在必要的时候改变自己的行为和态度，以保持和大多数人一致。

(3)影响从众的因素

引发更多从众社会行为的因素主要包括群体影响、情境因素、个体因素、教育与文化几个方面：

①群体影响。一般来说，当群体自身的一致性较强、群体凝聚力较高且群体规模适中时，更容易引发从众。

②情境因素。从众行为的出现受到刺激物影响、权威者地位、时间因素的影响。

③个体因素。从个体差异来看，情绪不稳定、智力较低、意志薄弱且缺乏自信的个体更容易表现出从众。从性别差异来看，女性会在困难情况下比男性更倾向于从众。从年龄来看，青少年可能表现出更多的从众行为。此外，当个体的自我卷入水平较低时，更容易表现出从众。

④教育和文化倾向。受教育水平越高，在一定程度上越不容易出现从众。此外，文化背景可能影响从众行为的概率与表现形式。

第2问：请从商家视角分析如何正确有效地利用消费者的这些心理规律制定营销策略。

商家是正确利用了有益从众和从众的动机之一的行为参照等心理规律制定营销策略的。具体而言：

(1)有益从众

从众在社会良性行为的引导和群体一致性的达成方面，可以发挥十分积极的作用。利用榜样的力量，激发从众行为，是引导从众良性效应的一种有效方式。团体共识是团体有效性的重要前提，共识暗含着正确性，对群体成员如何行为提供了启发。虽然，从众行为从根本上说是个体迫于外界群体的压力而产生的一种非自愿的行为，但在个体与团体利益发生冲突的时候，为了团体的利益而克服冲突的情况下，从众得到了充分的肯定。如果能正确利用从众行为在群体达成一致方面的积极作用，可以有效促进群体更为有效地运行。

多川博让自己的员工假扮成客户，排长队来购买自己的尿布，这样吸引了更多的真正顾客来购买尿布产品，由此充分正确地利用从众行为在群体达成一致方面的积极作用，从而取得销售成功获利的结果。

(2)行为参照

人是一种具有社会属性的动物，在许多的情境中，人们由于知识储备的不足，经验背景的缺乏，可能并不能十分肯定地做出某种选择。依照社会比较理论，这个时候人们会选择一定的参照系统，作为自己行为选择的比较系统，从而指引个体做出一定的选择。而从众所指向的是多数人的行为，自然就成了最可靠的参照系统。

人们对多数人共同选择的信任度会大大提高，在通常情况下，人们普遍有这样的一个推论：大部分人都这样做，应该是有充足的理由，即使选择错了，也不是我一个人错，还有这么多人陪着。因此在不了解更多信息的情况下，人们会更倾向于“到人多的地方去买买买、吃吃吃”。题中的多川博充分激发了顾客的行为参照的从众动机，为顾客提供了“多数人共同选择”的场景，因此，真正的顾客就会纷纷争相购买产品。

第3问：请从消费者视角分析如何有效避免商家制定的这类营销策略可能给自己带来的损失。

从众行为的本质是个体在一定的群体压力之下，使自己的行为符合群体期望，避免偏离惩罚的一种行为模式。在群体决策过程中，群体容易因群体思维倾向而使从众行为模式受到鼓励。严重压抑不同意见和选择的可能性，致使决策风险增加。

因此，一个良性的群体，需要发展民主氛围，减少群体的压力，避免群体极化等消极的群体思维的出现。消费者可以从以下角度避免商家制定的这类营销策略可能给自己带来的损失：

(1)提高自身对商品的认知水平，在充分了解商品情况，对比自身需求的基础上再进行购买；

(2)提高自信心，拒绝受到来自群体的压力，避免被不良从众所控制；

(3)养成良好的、理性的消费习惯，拒绝不健康的消费行为。

(结合实际进行论述，可不限于参考答案，言之有理即可。)

2.【参考答案】

(1)反映了社会惰化现象。社会惰化也称社会懈怠、社会逍遥，指群体一起完成一件事情时，个人所付出的努力比单独完成时偏少的现象。

(2)社会惰化的心理机制：

①当群体成员认为他们个人对群体的贡献无法被识别时，容易产生社会惰化。

②群体成员缺乏对群体的认同感导致社会惰化的产生。

③卡饶和威廉姆斯提出集体努力模型，总结个体努力工作的三个条件——个体相信努力会有好成绩、个体相信努力工作会被认可、个体重视所得到的奖励，并指出，随着个体结合成群体进行工作时，由于其他成员加入使得个体付出与所得都变得不再确定时，社会惰化便会发生。

(3)减少方法：

①让群体成员之间有着亲密的交往，有着较高的相互认同；

②使得工作项目本身具有挑战性、号召性，能够激发人们的工作动机，使得群体成员有着较高的自我卷入水平；

③注重群体整体效益，以群体整体成功为目标的奖励引导；

④在群体中强调协作精神，增加群体的团队合作性；

⑤使得个体对群体充分信任，相信群体成员也像自己一样努力。

3.【参考答案】

(1)转发杨超越高考时候家长穿旗袍“旗开得胜”；转发招财的信息；转发求得家人健康的图片；考试之前“挂柯南”。

(2)①自证预言：我们对他人的期望会影响到对方的行为，使得对方按照我们对他的期望行事，也叫自我实现的预言。当观念引导我们以证实自己的方式行动时，这就成为错误的自我实现信念。当个人确信转发锦鲤可以有好运时候，就会在此观念指引下去以证实自己的方式去行动。

②行为确证：一旦形成错误的社会信念，就可能引发他人做出某些行为反应以支持这些信念。坚信锦鲤和幸运有关，就会把发生在自己身上的幸运事情和锦鲤建立联系来支持这些信念。

③验证性偏差：与寻找证据证伪自己的信念相比，我们更愿意证实它们。我们把这种现象叫作验证性偏差。与其证伪转发锦鲤没用，我们更愿意相信有用的，以求得心理安慰。

④错觉相关：要在没有相关的地方看到相关很容易。当我们期待发现某种重要的联系时，我们很容易会将各随机事件联系起来，从而知觉到一种错觉相关。人们很容易在转发锦鲤和幸运之间建立虚假相关。

⑤从众：是指个人的观念与行为由于群体直接或隐含的引导或压力向与多数人相一致的方向变化的现象。当周围人都转发锦鲤时候，个体也会受到群体压力的影响，而去转发。

⑥社会比较：指通过将自己与他人比较以获取有关自我的重要信息的过程。个体在情境不明确情况下，会和周围相似人比较，获取有效参考，当大家都转发的时候，个体获得的信息也是转发锦鲤。

⑦顺从：是指在他人的直接请求下按照他人的要求做的倾向。一些商家利用了人们的投机心理进行获利，个体落入营销投机者的圈套，为投机者增加打赏和点击量。

⑧大众传媒宣传：媒体的大肆渲染也会影响个体的行为。

⑨态度改变—说服：商家的出现包括抽奖都是一种态度改变，目的让别人去转发锦鲤，以达到盈利的目的。

⑩自我暗示(安慰剂效应)：即依靠思维、语言向自己发出刺激，以影响自己的情绪和意志，或加深对某一观念的认知，或要求按某一方式行动。个体在不确定情况下，转发锦鲤求得心理安慰。

4.【参考答案】

(1)①折扣效应：第一步是先提出一个大的要求，在对方回应之前赶紧打些折扣或给对方其他的好处。美容师声称200元护肤品是动用了个人权限向店长申请了特别折扣。

②低球策略：先提出小要求，小要求满足的情况下再提出更大的要求。先购买了200元护肤品，然后提出办理300元储值卡。

③最低要求启动：提出一个很小的、别人不容易拒绝的要求。免费面部护理活动可以是一种最低要求的启动。

④过度理由效应：附加的外部理由取代了人们行为原有的内在理由而成为行为支持力量，从而行为由内部控制转向外部控制的现象。女士有所犹豫，可能本来并不想买，外部理由取代了内部理由，容易顺从。

(2)①潜在损失危机：一种东西有失去的潜在可能性，会使人们给予更积极的评价，更容易产生依从行为。潜在失去的心理会推动人们跟从某种信息的指引而做出相应的行为。美容师会说限时100位打折促销，现在已经有92位购买，只剩八位名额，让购买者有一种不赶紧买就潜在的损失。

②互惠原则：互惠规范强调一个人必须对他人给予自己的恩惠予以回报，如果他人给了我们一些好处，我们必须要相应地给予他人一些好处。推销的时候给人打折等，无非是为了增加人们的顺从愿望。

③积极情感：研究发现，个体的情绪、情感体验与其外在请求的反应是相互作用的。个体的情感会影响其对外在请求的反应。处于积极情感唤起状态下的个体，依从于外在请求的可能性会显著提高。美容师不断称赞女顾客气质佳，两人相谈甚欢，制造一种情绪良好的氛围，有助于请求被答应。

④合理理由：看到诸多已办卡的顾客信息，且已编号到第92位，女顾客随即接受。女顾客看到了办卡的合理理由。

第三篇　发展心理学

第一章　绪　　论

第一节　发展心理学的界说

考点2　发展心理学的含义

1.【解析】本题考查发展心理学的含义。发展心理学是研究毕生心理发展的特点和规律；因此本题选 A。

参考答案：A

2.【解析】儿童发展心理学是发展心理学的一门分支学科，儿童发展心理学的年龄范畴是到儿童期，根据发展心理学研究的内容主要是年龄特征和原理，可以推出儿童发展心理研究的是儿童心理发展的规律和年龄特征。

参考答案：C

考点3　发展心理学的研究内容

1.【解析】"所有儿童在智力发展过程中都会经历同样的阶段"属于阶段观，即个体的发展会经历各个不同的阶段，他们都具有自己独特的特征。"聪明的父母生出聪明的孩子"，属于天性观，即遗传因素对个体发展起着重要作用。"只要面临疑难或挑战，儿童才能就会显现"，即个体面临困难时，会自己解决问题，从而获得发展，属于主动观。综上所述，本题选 B。

参考答案：B

2.【解析】划分人生阶段的依据：(1)以心理性欲的发展为划分标准——弗洛伊德；(2)以生理发展作为划分标准——柏曼；(3)以智力发展作为划分标准——皮亚杰；(4)以个性发展特征为划分标准——埃里克森。

参考答案：C

3.【解析】阶段性表明不同的年龄阶段会出现不同的个体特征，而顺序性表明个体的总体特征在不同阶段都是连续发展的。

参考答案：D

4.【解析】本题考查心理发展的基本原理。在人类发展基本原理或规律这个问题上，各个心理学派别之间的争论可以归纳为五点：第一，人类心理与行为是先天还是后天的（遗传与环境）；第二，人类对于环境是主动还是被动的（内因与外因）；第三，人类心理发展是分阶段还是连续的，是量变还是质变的统一（阶段性与连续性）；第四，人类心理发展是普遍还是特殊的，是多样的还是固定的；第五，发展的终点是开放的还是有最终目标的。综上所述，选项 ABC 均符合。

参考答案：ABC

第二节　发展心理学的变迁

考点1　科学儿童心理学的诞生和演变

1.【解析】普莱尔是德国生理学家和实验心理学家。他对他的孩子从出生起直到 3 岁，每天做有系统的观察，有时也进行实验，他把这些记录整理出来，写成了一部有名的著作《儿童心理》，于 1882 年出版第一版。这部书的出版，给科学的儿童心理学奠定了最初的基石。

参考答案：A

考点2　从儿童发展到个体毕生全程发展的研究

1.【解析】霍尔撰写了世界上第一部青少年心理学著作《青少年心理学》，他将儿童心理学研究的年龄范围扩大到青春期。

参考答案：D

2.【解析】两次世界大战之间是西方儿童心理学的分化和发展时期。不同观点、不同风格的儿童心理学著作大量出版，专门的儿童心理学刊物的大量发行，大学里儿童心理学课程的开设，各种儿童心理学研究组织的建立，儿童心理学达到比较成熟的阶段。

参考答案：C

考点3　发展心理学的中国化

1.【参考答案】

(1)开展发展心理学的本土化研究的基本途径是：摄取-选择-中国化。对外国的发展心理学资料，我们应当摄取其中的营养，用以发展自身；在摄取外国的要素时，不能全盘照搬，要适当地加以选择，批判性地吸收。在学习和研究时，要取其所长，去其所短。在研究中国发展心理学的时候，应加入中国式的想法和看法，使中国的国情不知不觉地融于自己的研究，并且在理论和实践上推陈出新、有所突破。

(2)发展心理学研究中国化的目的，并不是要建立"中国发展心理学"。即使我们有时也提出要建设中国特色的发展心理学，也绝非要开创一种"本土发展心理学"。发展心理学是一门科学，要为世界心理科学做贡献。然而，这和提出发展心理学中国化的设想并不矛盾。因为心理学研究的本土化，主要是指各国的心理学工作者在研究工作中做到从研究者本位出发，准确地发现国人心理活动的特点及规律。只有这样，才能彻底揭示不同文化背景下人类心理的相同点和相异点，为世界心理学的发展做出贡献。今天，心理学或发展心理学研究的中国化不是太多了，而是太少了，我们要大力提倡中国化。中国心理学家应该对世界心理学做出创新和贡献。

第三节　发展心理学的研究设计

考点2　横断设计、纵向设计、聚合交叉设计

1.【解析】题中研究者在 5 年时间持续追踪 200 名被试，这种在长时间研究同一批被试的研究设计属于纵向研究。

参考答案：C

2.【解析】聚合交叉设计是将纵向设计和横断设计结合起来，充分利用两种设计的优势，互相补充对方不足，即研究者选择不同年龄的群体为研究对象，在短时间内重复观察这些对象。因此适用于在不同年龄组重复验证纵向发展变化，增强研究推断。

参考答案：D

3.【解析】在同一时间测量 4 岁、4.5 岁、5 岁和 5.5 岁四组幼儿的类比推理能力，符合横断设计的含义，即是在同一时间内，对某一年龄或几个年龄的被试心理发展水平进行测查并进行比较。

参考答案：A

4.【解析】同时对 5 个省市的不同类型学校的中学生的思维能力进行测查，比较分析不同年级中学生的思维发展水平，符合横断设计的含义，即是在同一时间内，对某一年龄或几个年龄的被试心理发展水平进行测查并进行比较。

参考答案：A

5.【参考答案】

(1)横断设计是指在同一时间内，对某一年龄或几个年龄的被试心理发展水平进行测查并进行比较。例如研究者可以在同一时间内研究言语能力在不同年龄的发展情况。优势是：可同时研究较大样本；可在较短时间内收集大量数据资料；省钱省时省力。局限性是：缺乏系统连续性；难以确定因果关系，有同辈效应；取样程序复杂。因此横断设计适用于同时对几个年龄群体进行调查测量，获得的信息量大，经济且费时短。

(2)追踪设计也叫纵向设计，是对同一个体或年龄组在较长的时间内进行有系统的定期连续观察和研究。例如研究者可以追踪幼儿到青春期的社会性发展。优势是：能系统地了解心理发展的连续过程和量变、质变的规律。局限性是：被试随时间逐渐流失；反复测量引起被试情绪变化，影响数据可靠性；研究周期长，过程中无关变量增多。因此追踪设计适用于详尽了解心理发展的连续性，揭示心理发展过程中的因果关系的研究。

(3)序列设计也叫聚合交叉设计,是将纵向设计和横断设计结合起来,充分利用两种设计的优势,互相补充对方不足。例如研究者可以同一时间内比较2岁、3岁、4岁、5岁、6岁的儿童语言能力,了解各年龄阶段儿童语言的发展情况,然后进行长达4年的绘本阅读干预,追踪5组儿童语言能力的发展情况,每一年进行语言能力测试,根据4年的结果进行同一年龄的语言能力的横向比较,即可得出绘本阅读对幼儿语言能力发展的影响。优势是:既能在较短时间内了解各年龄阶段儿童心理发展的总体情况,又从发展的角度了解样本中个体随年龄增长出现的各种变化以及社会历史因素对儿童心理发展的影响。局限性是:取样复杂,研究方法烦琐。因此序列设计适用于短时间内了解不同年龄的儿童心理发展的情况。

(4)微观发生学设计通过在短时间内重复给被试呈现一个诱发变化的刺激或提供学习的机会,观测个体发生变化的过程。它是一种用于研究个体发展的变化过程和个体差异的方法,它使得研究者能够近距离观察到变化的过程,而非变化的结果。例如研究者可以在短时间内给儿童呈现一个棉花糖,观察儿童的行为变化。因此微观发生学设计适用于研究者观察个体从一个行为模式到另一个行为模式的转折点,关注行为发生的细节。

考点3　微观发生学设计

1.【参考答案】

微观发生学设计通过在短时间内重复给被试呈现一个诱发变化的刺激或提供学习的机会,观测个体发生变化的过程。它是一种用于研究个体发展的变化过程和个体差异的方法,它使得研究者能够近距离观察到变化的过程,而非变化的结果。

考点4　双生子设计

1.【解析】本题考查双生子研究设计的结论。经双生子对比研究后发现,人的体征的遗传制约性比行为能力的遗传制约性要大,其中头发和眼睛的颜色的遗传最为明显;不同的心理行为受遗传的制约程度不同,如言语、空间、数等能力的遗传一般要大于记忆、推理方面的遗传。说明:此部分内容属于桑标版《儿童发展心理学》的内容。

参考答案:B

考点5　发展心理学研究方法的新趋势

1.【参考答案】

发展心理学研究方法的新进展:

(1)多层面和多学科研究相互整合。多层面研究的整合主要表现为通过多种研究方法和技术,如问卷调查、实验室实验、现代基因检测技术、无损伤脑成像技术等,将社会环境层面、遗传和基因分子层面、神经机制层面以及个体人格、心理、行为层面的研究结合起来,开展环境—基因—脑—行为多层面研究,加深我们对于发展现象和问题的理解。多学科研究的整合主要有两种:一是发展心理学与心理学领域内其他分支学科的整合,二是发展心理学与心理学领域以外各有关学科的整合。

(2)多变量统计方法大量使用。除了传统的多变量统计方法,如回归分析、复方差分析、因子分析、判别分析、聚类分析等大量出现在心理学研究报告中,新的多变量统计技术和方法,如结构方程模型、多变量线性模型、成长曲线模型等也被越来越多地应用于发展心理学的研究中。

(3)新的数据收集手段广泛使用。一方面,人们在论坛、博客、微博、微信、电子商务交易信息平台、搜索引擎等互联网平台上积累的海量数据,成为大数据时代发展心理学研究的重要信息资源。另一方面,信息科学技术的发展使得高效处理和分析海量人类行为数据成为可能。

第四节　心理发展的遗传与环境因素

考点1　心理发展的遗传和环境因素

1.【解析】本题旨在考查考生对遗传作用研究方式的掌握。特雷恩的选择性繁殖实验表明迷宫学习能力强的老鼠进行交配的子代迷宫学习能力也强,迷宫学习能力差的老鼠进行交配的子代迷宫学习能力也差,故老鼠的迷宫学习能力受其基因组成的影响。因此本题选C。

参考答案:C

2.【参考答案】

(1)这个研究说明遗传在儿童智力发展中起决定性作用。根据材料中的信息,在环境变量相同的情况下(相同环境),最亲近的关系(同卵双生子)的智商相关达到了0.87,而无血缘关系的儿童的智商相关却只有0.23。这充分证明了遗传在智力发展中的决定性作用。

(2)这个研究不能证明环境在智力发展过程中不起作用。将遗传变量限定,也就是选用同卵双生子,在相同环境情况下,一起长大的儿童智商相关为0.87,而分开长大的则为0.75,虽然差别不是很大,但是还是有着明显的影响的。同时,在无血缘关系时,儿童仍具有0.23相关度,说明没有遗传条件下,环境起了作用。所以,这个研究说明了环境在智力发展过程中起着一定作用。

章节考点　综合训练

一、单选题

1.【解析】心理的种系发展即从动物到人类的演化过程中心理发生发展的历史。动物心理发展研究的是动物心理与行为的实质。

参考答案:D

2.【解析】20世纪80年代后,在西方心理学界开始出现了心理学的生态学运动,即强调在自然与社会的真实生态环境中重视研究被试的心理特点。

参考答案:C

3.【解析】普莱尔是德国生理学家和实验心理学家。他对他的孩子从出生起直到3岁,每天做有系统的观察,有时也进行实验,他把这些记录整理出来,写成了一部有名的著作《儿童心理》,于1882年出版第一版。这部书的出版,给科学的儿童心理学奠定了最初的基石。

参考答案:B

4.【解析】聚合交叉设计将纵向设计和横断设计结合起来,充分利用两种设计的优势,互相补充对方不足,研究者选择不同年龄的群体为研究对象,在短时间内重复观察这些对象。既能横向比较描述不同年龄的差异,又能纵向对比看到年龄的变化。

参考答案:C

5.【解析】横断设计是在同一时间内,对某一年龄或几个年龄的被试心理发展水平进行测查并进行比较。

参考答案:A

6.【解析】纵向研究也叫追踪研究,对同一个体或年龄组在较长的时间内进行有系统的定期连续观察和研究。

参考答案:B

7.【解析】题中的研究者同时选择了三个年级,并且利用三年时间进行纵向追踪研究,符合聚合交叉设计,即将纵向设计和横断设计结合起来,充分利用两种设计的优势,互相补充对方不足,对不同年龄组重复验证纵向发展变化。因此答案是聚合交叉设计。

参考答案:D

8.【解析】最早正式研究老年心理的心理学家是霍尔,他于1922年出版了《衰老:人的后半生》一书,但是他没有明确提出心理学要研究个体一生全程的发展。

参考答案:B

9.【解析】研究者想要研究婴儿是否出现了自我意识,婴儿作为研究被试,由于婴儿暂时无语言能力,所以可以采用观察的方法。

参考答案:A

10.【解析】对某人进行干预过程的研究属于纵向研究(也叫追踪研究),在长时间内可以对某人进行干预,再考察干预的效果。

参考答案:C

11.【解析】决定智商的因素包括遗传和环境,遗传的作用大于环境的作用,因此智商最接近的是同卵双生不同环境长大。

参考答案:C

12.【解析】机能主义心理学深受生物学机能演化思想影响,选项A错误。冯特从其他心理学学科中独立出来,创立自己的实验室,选项B错误。观察法是发展研究的基本方法,选项C错误。

参考答案:D

13.【解析】霍林沃思最先提出了要追求人的心理发展全貌,而不是满足于孤立地研究儿童心理,并于1927年出版了《发展心理学概论》一书。

参考答案:B

14.【解析】本题考查遗传和环境对人发展的影响。遗传与环境因素对心理发展的作用并不是孤立的,而是相互依存、相互渗透的。单纯由遗传或由环境决定的心理发展几乎是不存在的。因此本题选D。

参考答案:D

15.【解析】本题考查纵向设计的含义。由题意可知,被试是同一批儿童,在较长时间内跟踪研究,因此属于纵向设计。

参考答案:A

16.【解析】本题考查各个心理学家的贡献。选项A普莱尔,出版了《儿童心理》,是儿童心理学的创始人。选项B霍尔,出版《青少年心理学》,将儿童心理学研究的范围扩大到青春期,提出"复演说",最早正式研究老年心理,出版《衰老:人的后半生》。选项C荣格,提出前半生和后半生分期的观点,重视中年危机,论述老年心理。选项D霍林沃斯,出版《发展心理学概论》,是世界上第一部发展心理学著作。综上所述,本题选B。

参考答案:B

17.【解析】本题考查各个心理学家的贡献。霍尔是最早正式研究老年心理的心理学家,出版了《衰老:人的后半生》一书,因此本题选D。

参考答案:D

18.【解析】本题考查各个心理学家的贡献。霍林沃斯,最先提出要追求人的心理发展全貌,而不是满足于孤立地研究儿童心理,并于1927年出版了《发展心理学概论》一书,这是世界上第一部发展心理学著作。

参考答案:C

19.【解析】本题考查毕生发展观。毕生发展观是由巴尔特斯所提出,因此本题选B。

参考答案:B

二、名词解释

1.【参考答案】

聚合交叉设计是将横断研究设计和纵向研究设计融合在一起的研究设计。在这种设计中,研究者选择不同年龄的群体为研究对象,在短时间内重复观察这些对象。

2.【参考答案】

发展心理学研究个体从受精卵开始到出生、成熟直至衰老的生命全程中心理发生发展的特点和规律,简而言之,研究毕生心理发展的特点和规律。

3.【参考答案】

纵向设计是指对同一研究对象在不同的年龄或阶段进行长期反复观测的研究设计,故也叫作追踪研究设计。

4.【参考答案】

心理的种系发展指的是从动物到人类,特别是原始人类的进化过程中,心理的发生和发展的过程。这个过程包括两个过程:一个是动物心理的进化过程,一个是人类心理的进化过程。前者研究的是从低级动物到高级的类人猿的心理是怎样发生的,又是怎样在适应自然的情况下逐渐从低级形态(受刺激性)向高级形态(思维的萌芽)发展的。后者主要研究原始人类,即从类人猿到文明人类的心理、意识的发生和发展。

5.【参考答案】

同辈效应指由于个体出生在特定时期并成长在特定历史情境中所带来的对个体发展研究的干扰效应,也就是说两个年龄组被试之间的差异可能并不是由于个体发展造成的,而是由于两组被试所经历的社会历史情境不同造成的。

三、简答题

1.【参考答案】

心理发展的基本理论问题包括:第一,人类心理与行为是先天还是后天的(遗传与环境);第二,人类对于环境是主动还是被动的(内因与外因);第三,人类心理发展是分阶段还是连续的,是量变还是质变的统一(阶段性与连续性);第四,人类心理发展是普遍还是特殊的,是多样的还是固定的;第五,发展的终点是开放的还是有最终目标的。

2.【参考答案】

科学儿童心理学诞生于19世纪后半期。德国生理学家和实验学家普莱尔是儿童心理学的创始人。他对自己的孩子从出生到3岁每天进行系统观察,有时也进行一些实验性的观察,最后把这些观察记录整理成一本有名的著作《儿童心理》,于1882年出版。这本书是第一部科学的、系统的儿童心理学著作。

近代儿童心理学的产生主要有以下三个方面的原因:

(1)推动儿童心理学产生的第一个原因是近代社会的发展。在西方,中古时代的封建社会,也和其他各国的封建社会一样,妇女和儿童是没有独立的社会地位的,甚至是受迫害的,因此不可能产生关于儿童心理的研究。约从十四五世纪文艺复兴起,新兴资产阶级从经济上、政治上以至意识形态上进行了反封建反教会的斗争,一些进步的思想家开始提出尊重儿童、发展儿童天性的口号。例如,17世纪捷克的教育家夸美纽斯编写了第一本儿童课本《世界图解》。17世纪英国唯物主义经验主义哲学家洛克提出对儿童的教育要"遵循自然的法则"。18世纪法国启蒙教育家卢梭发表了有名的儿童教育小说《爱弥儿》,他抨击当时的儿童教育违反儿童天性,指出:"……他们总是用成人的标准来看待儿童,而不去想想他在未成年之前是个什么样子。"

(2)推动儿童心理学产生的第二个原因是近代自然科学的发展。近代科学的三大发明——细胞、能量转化和进化论,推翻了形而上学的科学观,促进了辩证的自然观,要求科学从发展变化上来研究事物本质和规律。心理科学受到这一影响,从而也先后开展了动物心理发展、民族心理发展、儿童心理发展研究。伟大的进化论的创造者达尔文根据长期观察自己孩子的心理发展的记录写的著作《一个婴儿的传略》就是一个很好的例子。当时关于这样的著作是很少的,这就为儿童心理学的产生准备了直接的前提。

(3)推动儿童心理学产生的第三个原因是近代教育的要求。近代教育的一个重要特点,就是要求了解儿童、尊重儿童。除上面提到的夸美纽斯、卢梭外,在教育理论中还有一个所谓的"心理学化的教育"观点,主张教育应以心理学的规律作为依据。其中著名的有裴斯泰洛齐、福禄培尔、赫尔巴特等人,裴斯泰洛齐在1774年还特别对他一个不到三岁的孩子用日记法写下了大约一个月的观察记录。虽然现在看来科学价值不大,但这应当算是儿童心理研究的先声。由于这些教育家的推动,到了19世纪后期,研究儿童的著作和组织就如雨后春笋般出现了。

3.【参考答案】

(1)反应活动从混沌未分化向分化、专门化演变。儿童最初的心理活动是简单和单一的,后来逐渐复杂和多样化,进而专门化。

(2)反应活动从不随意性、被动性向随意性、主动性演变。儿童心理活动最初是被动的,心理活动的主动性后来才发展起来,并逐渐提高,直到成人所具有的极大的主观能动性。。

(3)从认识客体的外部现象向认识事物

的内部本质演变。儿童最初只能根据客观事物或事件的外在现象与特征，来对他们进行把握，随着年龄的增长，认知逐渐深刻，开始对外部现象与内在本质进行区分。

(4)对周围事物的态度从不稳定、不系统向稳定、系统化演变。儿童的心理活动最初是零散杂乱，心理活动间缺乏有机的联系，而且非常容易变化。随着年龄的增长，儿童的心理活动逐渐组织起来，有了系统性，也就形成了整体，有了稳定的倾向，逐渐发展出每个个体固有的个性。

4.【参考答案】

(1)双生子设计，是指以双胞胎(同卵双生子或异卵双生子)为样本，通过研究其某种心理特征或行为上的相似性与差异性，来揭示遗传与环境对个体心理和生理特征发展的影响或作用的方法。

(2)美国心理学家格赛尔利用双生子爬楼梯提出成熟势力说。实验证明：儿童的学习取决于生理上的成熟，成熟之前的学习与训练很难有显著的效果。格赛尔总结出三个重要的观点：发展是遗传因素的主要产物；在儿童成长的过程中，较好的年头和较差的年头有序地交替；在儿童的身体类型和个性之间有明显的相关。格赛尔认为，成熟是通过从一种发展水平向另一种发展水平突然转变而实现的，发展的本质是结构性的。儿童在成熟之前，处于学习的准备状态。只要准备好了，学习就会发生。

5.【参考答案】

行为遗传学主要探讨天性(遗传)与教养(环境)之间的问题。行为遗传学的研究方法包括：

(1)动物的行为遗传：对动物进行选择性繁殖，可以看到一些遗传效应。屈赖恩依据走迷津能力的高低，将聪明的公鼠与聪明的母鼠配对繁殖，迟钝的公鼠与迟钝的母鼠配对繁殖，再对子代白鼠走迷津的能力进行考察。这样重复到第七代，聪明组白鼠进入忙碌的次数要大大低于迟钝组白鼠。这说明，动物的某些行为能力具有明显的遗传效应。

(2)家谱与血缘分析：

①家谱分析，通过对某个标志对象(某一特征或某种异常行为)的家庭历史、亲属关系的调查，以分析这种特征在该家系中出现的频率。英国遗传学家高尔顿坚持以遗传的观点来解释个体差异，他认为遗传在发展中起决定作用。

②血缘关系研究，通过探查家族中不同亲密关系的亲属之间的基因遗传相似性程度(即血缘关系的远近)与他们的某些心理特征之间的相似程度，来推测遗传对心理发展的作用。

(3)双生子研究：是指以双胞胎(同卵双生子或异卵双生子)为样本，通过研究其某种心理特征或行为上的相似性与差异性，来揭示遗传与环境对个体心理和生理特征发展的影响或作用的方法。

(4)收养研究：通过研究收养关系考察遗传与环境对智力的相对影响。

6.【参考答案】

斯卡尔将环境分为非共享环境和共享环境。

(1)非共享环境指子女在家庭内外获得的独特经验，来源于仅仅被一个子女经历的事情或条件，可以分为系统影响和非系统影响。①系统的非共享环境包括父母对某个子女的独特教养行为、出生次序、性别差异等家庭内的经验，以及独特的同伴、教师、职业经历等家庭外经验；②非系统的非共享环境则往往无法预期，常见来源有意外事故、疾病以及其他特异的经历等。

(2)共享环境是指生活在同一家庭的子女在平均水平上所分享的相同环境，包括通常意义上的家庭背景、学校状况、共同伙伴、邻里情况、民族情况等。

四、论述题

1.【参考答案】

(1)横断设计：将1岁、2岁、3岁的婴儿分别进行陌生情境实验，记录母亲在场和不在场时，婴儿的反应以及对陌生人的反应。根据婴儿的不同反应，将婴儿分为安全型依恋、回避型依恋、反抗型依恋。

纵向设计：将3种依恋类型的2岁的婴儿每年分别记录其同伴关系的发展，连续10年进行观察研究，探讨不同依恋类型的婴儿的社会性发展。

(2)横断设计是指在同一时间内，对某一年龄或几个年龄的被试心理发展水平进行测查并进行比较。优势是：可同时研究较大样本；可在较短时间内收集大量数据资料；省钱省时省力。局限性是：缺乏系统连续性；难以确定因果关系，有同辈效应；取样程序复杂。

纵向设计是对同一个体或年龄组在较长的时间内进行有系统的定期连续观察和研究，也叫追踪研究。优势是：能系统地了解心理发展的连续过程和量变、质变的规律。局限性是：被试随时间逐渐流失；反复测量引起被试情绪变化，影响数据可靠性；研究周期长，过程中无关变量增多。

2.【参考答案】

发展心理学的研究趋势表现在如下几个方面：

(1)发展心理学研究中思维方式的变革：实现以"学科"为导向的研究模式的转变，开展跨学科、跨地区、跨院系的系统性和综合性的研究；从以实体为中心的研究思路过渡到以系统为中心的研究思路；从对心理现象的唯一性确证过渡到对多样性和不确定性的接受与容忍；在考察心理现象的因果关系时，由直接的单一线性联系过渡到多维线性联系甚至非线性联系。

(2)发展心理学研究方法的趋势：进一步加强各类现代化研究技术、设备、平台的建设，注重掌握最新的研究方法，强调现场研究的大量采用。

(3)发展心理学研究内容的趋势：研究选题的应用性倾向越来越明显。

(4)发展心理学研究中更大范围的整体化趋势：如何更好地调节个体的心理健康水平，成为全人类共同面临的重大课题。

第二章　发展心理学理论

第一节　精神分析的心理发展观

考点1　弗洛伊德的发展心理学理论

1.【解析】弗洛伊德把男孩对母亲的性依恋叫作恋母情结，把女孩对父亲的性依恋叫作恋父情结。这两种情况是在性器期产生的。

参考答案：C

2.【解析】选项A对应口唇期；选项B对应肛门期；选项C对应前生殖器期；选项D对应潜伏期。

参考答案：B

考点2　埃里克森的心理发展观

1.【解析】中学生对应青年期，青年期的危机是自我同一感对同一感混乱，发展任务是建立同一感，防止同一感混乱，体验忠诚的实现。

参考答案：C

2.【解析】19～25岁对应成年早期，成年早期的危机是亲密感对孤独感，发展任务是获得亲密感，避免孤独感，体验爱情的实现。

参考答案：B

3.【解析】埃里克森把个体心理发展划分为八个阶段，分别是婴儿期(0～2岁)、儿童早期(2～4岁)、学前期(4～7岁)、学龄期(7～12岁)、青年期(12～18岁)、成年早期(18～25岁)、成年中期(25～50岁)、成年晚期(50岁～死亡)。

参考答案：D

4.【解析】埃里克森提出自我同一性概念，认为青年期的危机是自我同一感对同一感混乱，发展任务是建立同一感，防止同一感混乱，体验忠诚的实现。

参考答案：B

综合问题　弗洛伊德和埃里克森的观点比较

1.【解析】弗洛伊德强调生物因素对人格形成的影响,而埃里克森注重社会和文化因素的影响,埃里克森并没有说明不应考虑生物因素。因此A选项错误。弗洛伊德强调"本我"作用,而埃里克森更强调"自我"作用;埃里克森认为每一阶段并不存在发展与不发展,仅存在发展的方向上有好有坏;他扩展了弗洛伊德关于心理发展的时间,应研究成年的早、中、晚期发展。

参考答案:BCD

第二节　行为主义的心理发展观

考点1　华生的发展心理学理论

1.【解析】环境决定论的代表人物是华生。环境决定论重视教育和环境对儿童心理发展的作用,但是他片面强调和机械地看待环境或教育的作用,认为儿童心理的发展完全是由环境决定的。

参考答案:C

2.【解析】华生关于心理发展的观点是环境决定论,题干中所叙述的正是其环境决定论中的观点之一——教育万能论的观点。因此本题答案选C。

参考答案:C

考点2　斯金纳的发展心理学理论

1.【参考答案】

(1)华生是典型的环境决定论者,并且他认为心理学研究行为而不研究意识,心理学的研究方法应该是客观观察而不是自我内省,心理学的任务在于预测和控制人类的行为。

(2)斯金纳传承了华生的行为主义基本信条。他认为,行为分为两类,一类是应答性行为,一类是操作性行为。其中,他认为人的行为大部分是操作性的,行为的习得与及时强化有关。因此,可以通过"强化"来塑造儿童的行为。

(3)相同点:①他们都是在人的行为主义上进行研究,以影响人的发展为目标。②都给后世行为主义以及儿童社会发展、教学实践等方面做出了贡献。

(4)不同点:①华生的行为主义是不注重中间环节的,认为人类的行为都是由后天习得的,环境决定了一个人的行为模式,无论是正常的行为还是病态的都是经过学习习得的,也可以通过学习而改变。他认为证明了环境刺激与行为反应之间的关系,就能据此达到预知并控制人的行为的目的。过分夸大环境在个体发展过程中的作用,而忽视遗传的重要性。②斯金纳就十分注重中间的连接环节,特别注重中间环节的"强化"作用。他认为要使学习成功的关键在于提供适当的强化,也就是:第一,通过提供正强化物或者移去负强化物就可使相应的行为在长时间内保持在一定的水平上;第二,通过强化的组合,塑造较为复杂的行为。因此它是一种激进的行为主义。

考点3　班杜拉的发展心理学理论

1.【解析】本题从班杜拉的社会学习理论进行解答。替代强化是强化的一种,是指学习者如果看到他人成功和被赞扬的行为,就会增强产生同样行为的倾向;如果看到失败或受罚的行为,就会削弱或抑制发生这种行为的倾向。替代强化是班杜拉社会学习理论的内容,因此本题选B。

参考答案:B

2.【解析】本题考查应该观察学习的因素

参考答案:影响观察学习的因素包括以下几点:

(1)被观察榜样的特征。主要包括榜样的特异性、价值性和普遍性等。

(2)观察者(学习者)的特点。主要有观察者的感知能力、觉醒水平、动机、知觉定势、过去受到的强化等。

(3)奖赏的结果。主要包括替代奖赏、外部奖赏、观察者内部的自我奖赏等,奖赏的结果要比影响模仿的另外两个因素更为重要。

3.【参考答案】

(1)观察学习是班杜拉社会学习理论的一个基本概念。所谓观察学习,实际上就是通过观察他人(榜样)所表现的行为及其结果而进行的学习,它不同于刺激-反应学习。观察学习的学习者则可以不必直接地做出反应,也不需亲自体验强化,而只是通过观察他人在一定环境中的行为,并观察他人接受一定的强化就能完成学习。观察学习表现为一定的过程,班杜拉认为这个过程包括注意过程、保持过程、运动复现过程和动机过程。

班杜拉认为,强化可以是直接强化,强化也可以是替代强化,即学习者如果看到他人成功和被赞扬的行为,就会增强产生同样行为的倾向;强化还可以是自我强化,即行为达到自己设定的标准时,以自己能支配的报酬来增强、维持自己的行为的过程。

班杜拉认为,攻击性的社会化也是一种操作条件作用。如当儿童用合乎社会的方法表现攻击性时(如球赛或打猎),父母和其他成人就奖励儿童;当他们用社会不容许的方法来表现攻击性时(如打幼小儿童),则惩罚他们。所以儿童在观察攻击的模式时,就会注意什么时候的攻击性被强化,而对于被强化的模式便照样模仿。

(2)班杜拉认为儿童的很多攻击行为是通过观察学习而学会的,大众媒体中暴力的电视电影会对大脑正在快速发育的儿童和青少年产生非常负面的影响,青少年会通过观察大众媒体的暴力行为,替代性强化自己的暴力行为,所以父母要对青少年接触的大众媒体进行适当过滤和引导,减少或者避免儿童观看暴力影片。当儿童看到了暴力影像,父母可以对其进行解释,可以尝试和他们讲解暴力镜头的拍摄原理,让儿童知道这些情境都是虚幻的,是演员们演绎出来的情节。同时父母的良好习惯也会被儿童模仿等。生活中注意自己的言谈举止,确立奖惩标准,给孩子树立良好的榜样。

第三节　维果斯基的心理发展观

考点1　文化-历史发展理论

1.【解析】维果斯基认为,心理的发展指的是一个人的心理(从出生到成年)在环境与教育的影响下,在低级心理机能的基础上,逐渐向高级的心理机能的转化过程。心理机能由低级向高级发展的标志是各种心理机能之间的关系不断地变化、组织,形成间接地以符号或词为中介的心理结构(B);心理活动的抽象-概括机能(C);心理活动的随意机能;心理活动的个性化。心理机能由低级向高级发展起源于社会文化-历史的发展,是受社会规律所制约的(D)。

参考答案:BCD

2.【解析】与皮亚杰的认知发展理论相比,维果斯基的认知发展理论更强调社会起因。维果斯基认为,工具的使用促成了人的新的适应方式,即间接的物质生产方式。在工具中凝结着人类的间接经验,即社会文化知识经验,这就使人类的心理发展规律不再受生物进化规律所制约,而受社会历史发展的规律所制约。

参考答案:A

3.【解析】本题旨在考查考生对心理发展的主要理论的理解和掌握。首先,维果斯基将人的心理机能分为两种形式:低级心理机能和高级心理机能。前者具有自然的、直接的形式,而后者则具有社会的、间接的形式。他认为,心理发展就是个体心理在环境与教育影响下,在低级心理机能的基础上,逐渐向高级的心理机能的转化过程。由低级心理机能向高级心理机能发展的标志为。(1)随意机能的形成和发展:随着儿童的发展,儿童的心理活动越来越主动、自觉,带有明显的目的性,并能有意地调节自己的言行。心理活动的有意性日益增强。(2)抽象概括性的形成和发展:随着儿童的发展,儿童不仅能依靠感知直接认识客观世界,而且能通过抽象概括技能形成关于客观世界的概念,并运用概念进行判断推理,认识事物的本质和规律。(3)形成间接地以符号或词为中介的心理结构:随着儿童的发展,儿童对客观世界的认识,从最初直接以感官反映事物,发展到依靠各种符号系统(主要是语言)反映事物。婴儿的认知以感知觉和直觉行动思维为主，幼儿的认知则以表象记忆为主，学龄儿童的抽象概括机能逐渐占主导地位。(4)心理活动的个性化：随着儿童的发展，儿童的心理活动越来越带有个人色彩。维果斯基认为，儿童的认知发展不仅是个别机能随年龄增长而提高，更重要的是儿童个性的发展。个性的形成是高级心理机能发展的重要标志。因此本题选 ABCD。

参考答案：ABCD

4.【解析】本题考查维果斯基的心理发展观。维果斯基认为，心理的发展指的是一个人的心理(从出生到成年)在环境与教育的影响下，在低级心理机能的基础上，逐渐向高级的心理机能的转化过程。因此本题选 B。

参考答案：B

考点 2　教学与发展的关系

1.【解析】维果斯基认为至少要确定两种发展的水平。第一种是现有发展水平，即儿童当前所达到的智力发展状况；第二种是在有指导的情况下借别人的帮助达到的解决问题的水平，也是通过教学所获得的潜力。在这两种水平之间存在着差异，这个差异就是"最近发展区"。最近发展区的提出，说明了儿童发展的可能性。

参考答案：A

2.【解析】参考第 1 题

参考答案：C

第四节　皮亚杰的心理发展观

考点 1　发展的实质和原因

1.【解析】本题从皮亚杰心理发展的本质和原因进行解答。皮亚杰认为，心理因素既不是起源于先天的成熟，也不是起源于后天的经验，而是起源于主体的动作。这种动作的本质是主体对客体的适应。因此本题选 D。

参考答案：D

2.【解析】皮亚杰认为，心理因素起源于主体的动作。

参考答案：A

考点 2　发展的因素和结构

1.【参考答案】

皮亚杰认为心理因素起源于主体的动作，这种动作的本质是主体对客体的适应。适应主要通过两种方式实现：同化和顺应。

(1)同化是皮亚杰从生物学移植到心理学和认识论中的概念，同化是指把环境因素纳入机体已有的图式或结构之中，以加强和丰富主体的动作；例如，已有的认知结构是，鸟是有羽毛、有喙、会飞的动物，会把麻雀整合到已有的认知结构之中，原有认知结构不发生变化。

(2)皮亚杰认为顺应指的是改变主体动作以适应客观变化。例如，有一天去动物园接触到了鸵鸟，动物园管理员告诉我们它也是鸟，这时就需要把原有认知结构中的会飞去掉，改变了原有的认知结构。

考点 3　皮亚杰的心理发展阶段

1.【解析】从前运算思维阶段(2~7 岁)开始，儿童具有表象思维，有运用符号的能力，其智力活动处于表象水平。因此，在前运算阶段，儿童具有了表征功能。

参考答案：B

2.【解析】在皮亚杰的守恒实验中发现，8 岁儿童才能够达到守恒，因此皮亚杰认为达到守恒是具体运算阶段的标志，故本题选 C。

参考答案：C

3.【解析】从前运算思维阶段(2~7 岁)开始，儿童具有表象思维，有运用符号的能力，其智力活动处于表象水平。

参考答案：B

4.【参考答案】

皮亚杰认为，7~12 岁的儿童处于具体运算阶段，这个时期儿童有以下思维特点。(1)认知能力摆脱知觉的局限，获得概念的稳定性，达到守恒，即能够同时关注事物的多个方面。(2)对具体问题可以进行逻辑运算。(3)思维具有可逆性。(4)其智力活动处于获得概念稳定性，进行逻辑思维阶段。

综合问题　考查皮亚杰的理论

1.【参考答案】

皮亚杰把儿童心理发展划分为四个阶段：

(1)感知运动阶段(0~2 岁)：这个时期的儿童主要凭感知运动手段反映外界刺激，协调并适应外界环境，其智力处于感知运动水平。形成客体永久性，对自我和他人的概念有了初步的了解。

(2)前运算思维阶段(2~7 岁)：从这个时期开始，儿童具有表象思维，有运用符号的能力，其智力活动处于表象水平。思维不可逆，自我中心，未掌握守恒，泛灵论；皮亚杰通过"三山实验"证明这一阶段的儿童思维具有自我中心性。

(3)具体运算阶段(7~12 岁)：这个时期儿童的认知能力摆脱知觉的局限，获得概念的稳定性，达到守恒。对具体问题可以进行逻辑运算，思维具有可逆性。

(4)形式运算阶段(12~15 岁)：这个时期儿童的思维形式能够从具体内容中解放出来，能够提出假设，凭借演绎推理、归纳推理解决抽象问题。其智力活动达到抽象思维阶段。

第五节　其他心理发展观

考点 1　格赛尔的成熟势力说

1.【解析】本题考查格赛尔的双生子爬楼梯的实验。

参考答案：(1)研究目的：儿童的学习取决于生理的成熟还是后天的训练。

(2)研究过程：格赛尔对双生子 T 和 C 进行了行为基线的观察，确认他们发展水平相当。在他们出生第 48 周时，对 T 进行爬楼梯、搭积木、肌肉协调和运用词汇等训练，而对 C 则不做训练。训练持续了 6 周，其间 T 比 C 更早地显示出某些技能。到了第 53 周当 C 达到爬楼梯的成熟水平时，对他开始集中训练，发现只需少量训练，C 就赶上了 T 的熟练水平。进一步观察发现，55 周时 T 和 C 的能力没有差别。

(3)研究结论：儿童的学习取决于生理上的成熟，成熟之前的学习与训练很难有显著的效果。

考点 2　毕生发展观

1.【解析】毕生发展观认为人的心理发展贯穿一生，不仅青少年时期存在发展，中老年也存在发展。

参考答案：B

2.【解析】本题旨在考查考生对毕生发展观的理解和掌握。毕生发展观认为发展并没有在成年时就结束，而是扩展到整个生命的全程，个体发展是多方面与多层次的，个体的发展是由多种因素共同决定的。毕生发展观持有一种积极的、乐观的老年心理变化观，它并不认为老年的发展仅仅是衰退的、闭合的过程。因此本题选 ABC。选项 D 不符合毕生发展观的"心理发展贯穿于一生"的观点。

参考答案：ABC

考点 3　生态系统理论

1.【解析】生态系统理论是由布朗芬布伦纳提出，强调发展中的个体嵌套于相互影响的一系列环境系统之中，在这些系统中，系统与个体相互作用并影响着个体发展。环境系统包括微观系统、中间系统、外层系统和宏观系统。宏观系统指个体所处的大的或者亚文化的环境，包括文化价值观、法律、习俗等；外层系统指个体并未直接参与却对他们的发展产生影响的系统(父母的工作环境)。D 选项的社会意识形态、法律、文化是属于宏观系统。

参考答案：D

2.【解析】生态系统理论由布朗芬布伦纳提出，强调发展中的个体嵌套于相互影响的一系列环境系统之中，在这些系统中，系统与个体相互作用并影响着个体发展。环境系统包括微观系统、中间系统、外层系统和宏观系统。

参考答案：C

3.【解析】宏观系统指个体所处的大的或者亚文化的环境，包括文化价值观、法律、习俗等。

参考答案：A

4.【解析】外层系统是指那些儿童并未直接参与但却对他们的发展产生影响

的系统。例如,父母的工作环境就是外层系统影响因素。儿童在家庭的情感关系可能会受到父母是否喜欢其工作的影响。

参考答案:C

5.【解析】微观系统是指对儿童产生最直接影响的环境,主要有家庭、学习、同伴及网络。

参考答案:A

考点4 习性学理论

1.【解析】洛伦茨,被称为“习性学之父”,提出“关键期”。

参考答案:C

2.【解析】由于狼孩、猪孩、狗孩脱离了学习语言的最佳年龄,从发展的观点来看是不利的。它会造成儿童智力发展的障碍。即使回到人类社会后虽能学会一些词汇,但却不能习得语言。这是因为错过了学习的最佳期限,也就是关键期。因此,开始某一种教学,必须以成熟与发育为前提,但更重要的是教学必须首先建立在开始形成的心理机能的基础上,走在心理机能形成的前面。

参考答案:A

考点5 朱智贤的心理发展观

1.【解析】本题考查朱智贤的理论观点。朱智贤认为,认知心理学强调儿童认知发展的研究,精神分析学派强调儿童情绪发展的研究,行为主义强调儿童行为发展的研究,我们则要强调儿童心理整体发展的研究。因此本题选D。

参考答案:D

章节考点 综合训练

一、单选题

1.【解析】具体运算阶段(7~12岁),这个时期儿童的认知能力摆脱知觉的局限,获得概念的稳定性,达到守恒。对具体问题可以进行逻辑运算,思维具有可逆性。其智力活动处于获得概念稳定性,进行逻辑思维阶段。

参考答案:D

2.【解析】感知运动阶段(0~2岁),这个时期的儿童主要凭感知运动手段反映外界刺激,协调并适应外界环境,其智力处于感知运动水平。形成客体永久性,对自我和他人的概念有了初步的了解。

参考答案:A

3.【解析】前运算思维阶段(2~7岁),从这个时期开始,儿童具有表象思维,有运用符号的能力,其智力活动处于表象水平。思维不可逆,自我中心,未掌握守恒,泛灵论;皮亚杰通过“三山实验”证明这一阶段的儿童思维具有自我中心性。

参考答案:B

4.【解析】“我向思维”也就是自我中心思维,皮亚杰认为2~7岁前运算阶段的幼儿具有自我中心性,不能从别人的角度去考虑问题。客体永久性在感知运动阶段就可以形成,守恒在具体运算阶段可以形成,到了形式运算阶段可以运用符号表征事物,能够提出假设,解决抽象问题,因此能够突破自我中心思维。

参考答案:B

5.【解析】学龄期(7~12)的危机是勤奋对自卑,发展任务是获得勤奋感,克服自卑感,体验能力的实现。

参考答案:B

6.【解析】有些发展心理学家认为应该将皮亚杰理论与信息加工理论结合起来,研究儿童智力的发展。因为儿童心理与成人心理有本质的不同:(1)儿童脑结构尚未发育完整;(2)儿童没有足够的信息贮存;(3)儿童的决策能力差。因此如果能用信息加工理论来建立一个不同年龄阶段儿童智力发展的程序模式,就可以对儿童的智力发展设计出比较确切的模式。持这种主张的人常常将自己命名为“新皮亚杰理论”学派,以示对皮亚杰主义的修正和发展。因此本题答案选B。

参考答案:B

7.【解析】感知运动阶段(0~2岁):这个时期的儿童主要凭感知运动手段反映外界刺激,协调并适应外界环境,能够通过作用于周围的世界进而了解周围的世界。

参考答案:D

8.【解析】皮亚杰认为,心理、智力、思维等认知发展既不是起源于先天的成熟,也不是起源于后天经验,而是源于主体的动作。这种动作是主体对客体的适应。主体通过动作对客体的适应,乃是心理发展的真正原因。

参考答案:D

9.【解析】在前生殖器期(性器期),3~6岁的儿童在行为上开始有了性别之分,而且对自己的性器官发生兴趣。他们一方面模仿父母中的同性别者,另一方面又以父母中的异性为“依恋”对象,会产生恋父情结和恋母情结。

参考答案:C

10.【解析】皮亚杰通过“三山实验”证明前运算思维阶段(2~7岁)的儿童思维具有自我中心性,缺乏观点采择能力,难以认识他人的观点与自己的观点的区别。

参考答案:B

11.【解析】在婴儿早期,如果用幕布将其面前的玩具遮挡住,婴儿不会寻找,当长到1岁多时,婴儿对滚入床下看不见的球会继续寻找,说明婴儿已具备客体永久性,就是当客体从视野中消失或利用感官感觉不到它的存在时,仍然意识到物体是存在的。

参考答案:D

12.【解析】题中小婴儿像玩玩具车一样敲打鸡蛋,发现鸡蛋会碎,这与他的原有认知结构不符合,因此之后改变认知,不再用力敲鸡蛋,体现顺应的过程,即改变主体动作以适宜客观变化。

参考答案:D

13.【解析】皮亚杰认为能否达到守恒是前运算阶段和具体运算阶段的最大的区别,儿童在前运算阶段未获得守恒能力,因此不能通过液体守恒实验,会认为细高水杯中的水多于在扁平杯子里。

参考答案:B

14.【解析】游戏期又被称为学前期(4~7岁),这段时期的主要任务是克服内疚感,体验目的的实现。因此本题选C。

参考答案:C

15.【解析】在儿童发展早期,往往认为所有会移动的物体都是有生命的、随着年龄的增长,当他们看到越来越多的会移动的物体(如汽车等)并没有生命时,就会修正自己原有的认识,属于顺应,即改变主体动作以适宜客观变化。

参考答案:C

16.【解析】幼儿期的发展任务是获得主动感,克服内疚感,体验目的的实现,未获得主动感可能会影响其目标品质。

参考答案:D

17.【解析】4~7岁儿童的发展任务是获得主动感,克服内疚感,体验目的的实现。

参考答案:B

18.【解析】儿童在形式运算阶段以前的思维都是以现实为基础的,而形式运算阶段的儿童能够对假设命题进行思考,并得出符合逻辑的结论。题干中说这些儿童做出的反应不依赖于他们以前见过的事物形象,说明这些儿童处于形式运算阶段。

参考答案:D

19.【解析】根据皮亚杰的心理发展阶段理论,具体运算阶段的儿童年龄大致为7~12岁。

参考答案:C

20.【解析】前运算思维阶段(2~7岁)的儿童具有表象思维,有运用符号的能力,其智力活动处于表象水平。

参考答案:B

21.【解析】根据题意,如果已知A>B,儿童就能知道B<A,因此儿童具有可逆性的思维。

参考答案:B

22.【解析】6~12岁的儿童的危机是勤奋对自卑,发展任务是获得勤奋感,克服自卑感,体验能力的实现。

参考答案:D

23.【解析】根据题意,某儿童认为周围世界绕着他转,月亮跟着他走;他只知道自己有个哥哥,但不知道自己就是哥哥的弟弟,说明儿童具有自我中心,思维不可逆的特点,因此属于前运算思维阶段。

参考答案:B

24.【解析】形式运算阶段的儿童的思维形式能够从具体内容中解放出来,能够提出假设,凭借演绎推理、归纳推理解决抽象问题。其智力活动达到抽象思维阶段。

参考答案:D

25.【解析】格赛尔利用双生子爬楼梯提出成熟势力说。

参考答案:A

26.【解析】感知运动阶段(0~2岁)的儿童主要凭感知运动手段反映外界刺激,协调并适应外界环境,其智力处于感知运动水平,形成客体永久性。

参考答案:A

27.【解析】本题考查不同的理论流派对于发展是质的改变还是量的积累的观点。强调发展是由外部环境所决定的心理学家,认为发展只有量的累进,行为主义观点是典型代表,属于连续发展模型,这种模型认为发展是感知、运动、认知技能与操作上的平稳的、连续的量的增加。强调发展是由内部成熟或遗传所决定的心理学家,认为发展是有阶段的,将发展看成是非连续的,在前后不同的阶段发展具有质的差异,皮亚杰的理论、弗洛伊德的理论是典型代表;综上所述,本题应选B。

参考答案:B

28.【解析】本题旨在考查考生对发展心理学中心理发展理论的掌握情况。埃里克森的心理社会发展理论将人格发展分为八个阶段,每个阶段都有一个与某种重要冲突有关的人格危机。皮亚杰的发生认识论主要是用发生学的观点和方法来研究人类认知(从婴儿期到青春期)的发展阶段,探讨认知形成和发展的动因、过程、内在结构和机制等,他将儿童认知发展分为四个主要阶段:感知运算阶段、前运算阶段、具体运算阶段和形式运算阶段。弗洛伊德的心理性欲发展理论也是按照不同的性心理将发展分为五个阶段:口腔期、肛门期、性器期、潜伏期和生殖期。以上各种理论都认为人的发展存在本质不同的各个阶段。班杜拉的社会学习理论属于行为主义观点,强调社会环境因素的影响,个体看到的多些就发展得快些,看到的少些就发展得慢些,强调发展的连续性。故本题应选D。

参考答案:D

29.【解析】信息加工观将人类心智比作一个复杂的计算机,像计算机一样,认知系统加工来自环境或已存储在系统内的信息,以各种不同的方式加工信息。信息加工研究分析人类心智如何表征和操作信息,也试图确认认知过程如何随年龄和经验而变化,信息加工理论认为记忆策略可能影响儿童存储和加工信息的能力,将记忆策略分为元策略阶段、策略产生缺失阶段和熟练使用策略阶段,随着年龄增长,儿童从低级策略转向复杂策略。选项A,属于皮亚杰的观点,皮亚杰认为发展是非连续的质的变化,信息加工认为发展是渐进而连续的,选项B属于行为主义的观点,选项D描述的是元记忆中记忆主体的知识的表征,并不是记忆成绩提高的原因,综上所述,本题选C。

参考答案:C

30.【解析】本题考查皮亚杰对于心理发展的结构的观点。皮亚杰认为结构有三个基本特征:整体性、转换性和自调性。结构的整体性是指结构具有内部的融贯性,各成分在结构中的安排是有机的联系,而不是独立成分的混合,整体与其成分都由一个内在规律所决定。结构的转换性是指结构并不是静止的,一些内在的规律控制着结构的运动和发展。结构的自调性是指平衡在结构中对图式的调节作用,也就是说,结构由于其本身的规律而自行调节,并不借助于外在的因素,所以结构是自调的、封闭的,结构内某一成分的改变必然引起结构内其他有关成分的变化。

参考答案:C

31.【解析】本题考查生态系统理论。微系统是指对儿童产生最直接影响的系统;中间系统是指各个系统之间的系统;外层系统是指并未直接参与但对个人有影响的系统;宏系统是指文化系统。

综上所述,题意所描述的是中间系统,因此选B。

参考答案:B

32.【解析】本题考查皮亚杰思维发展阶段的特点。皮亚杰认为前运算阶段(2~7岁)的个体,具有表象思维,有运用符号的能力;思维不可逆,未掌握守恒;泛灵论;并通过三山实验证明了其自我中心性。守恒是属于具体运算阶段的特点,因此本题选C。

参考答案:C

33.【解析】本题考查个体思维发展阶段的特点。在皮亚杰的思维发展阶段论当中,符号运算要到前运算阶段才能发展起来,但是最新的研究成果表明,采用启发式搜索策略的问题解决行为在婴儿早期(至少是在3个月以前)就已产生并贯穿于整个婴儿期,12个月以前已能利用工具解决问题,并获得了手段-目的分析策略,因此产生客体永久性和简单符号运算的是在感觉运动阶段(0~2岁)。

参考答案:A

34.【解析】本题考查各个理论流派的基本观点。经典条件理论是指一个中性刺激通过与无条件刺激多次结合,也能具有无条件刺激的意义,经典条件理论强调的行为是一种对刺激的被动应答。操作条件理论是指行为的结果强化了行为发生的概率,操作性条件理论强调的是行为的结果强化了个体主动产生某种行为。精神分析理论强调的是本能和个体潜意识对行为的影响。认知主义理论强调个体的信息加工过程对行为的影响。题中所描述的是婴儿知道自己的哭闹能够获得家长的注意这样一个结果,这种结果又强化了婴儿再次用哭闹的方式来获得注意,因此是应用了操作条件理论。

参考答案:B

35.【解析】本题考查皮亚杰的认知发展阶段论。感知运动阶段的主要特点是客体永久性;具体运算阶段的特点主要是表象思维、不可逆、泛灵论、自我中心性;具体运算阶段的主要特点是守恒;形式运算阶段的主要特点是提出假设验证假设。因此守恒是属于具体运算阶段。

参考答案:D

36.【解析】本题考查各个心理学流派的观点。心理动力学强调个体的本能和潜意识对个体行为的影响。行为主义认为行为是对刺激的反应,强调环境对行为的影响。认知心理学强调个体的信息加工过程对行为的影响。进化论认为所有有机体都是适应的产物,某种行为之所以存在,是因为这种行为能解决适应问题。综上所述,本题选D。

参考答案:D

二、多选题

1.【解析】本题旨在考查考生对发展心理学中"关键期"的理解和掌握。关键期是指某一特定经验必须在个体发展的特定时间发生,某种反应必须在这特定时间获得。否则发展就会产生持久性的问题,这种反应就很难获得。下列四个领域的研究都可以证实存在关键期:恒河猴的社会性发展,鸟类的印刻,人类语言的习得和动物的视觉剥夺。因此本题选ABCD。

参考答案:ABCD

2.【解析】皮亚杰把儿童心理或思维发展分成四个阶段,即感知运动阶段(0~2岁)、前运算阶段(2~7岁)、具体运算阶段(7~12岁)、形式运算阶段(12~15岁)。

参考答案:ABCD

3.【解析】本题旨在考查考生对维果斯基的文化历史发展观的理解和掌握。苏联心理学家维果斯基创立心理发展的文化历史理论认为人的高级心理机能是社会历史的产物,提出了符号中介论(将工具分为物理工具和精神工具,心理发展主要是以精神工具为中介的)、智力发展的内化说,在论述教育和发展的关系时提出了最近发展区的概念。选项B发生认识论是瑞士心理学家皮亚杰提出的观点。因此本题选 ACD。

参考答案：ACD

三、判断题

1.【解析】维果斯基认为，第一种是现有发展水平，即儿童当前所达到的智力发展状况；第二种是在有指导的情况下借别人的帮助达到的解决问题的水平，也是通过教学所获得的潜力。在这两种水平之间存在着差异，这个差异就是“最近发展区”。

参考答案：错误

2.【解析】3～7 岁的儿童处于前运算阶段，儿童具有表象思维，有运用符号的能力，其智力活动处于表象水平。思维不可逆，自我中心，不能依据具体事例进行推理思考。

参考答案：错误

3.【解析】青年前期的危机是亲密感对孤独感，发展任务是获得亲密感，避免孤独感，体验爱情的实现。

参考答案：错误

4.【解析】毕生发展观认为：个体发展贯穿一生，在人生的任何一个时期，都可能发生心理和行为的变化。题目所述符合毕生发展观的观点。

参考答案：正确

四、名词解释

1.【参考答案】

维果斯基认为，至少要确定两种发展的水平。第一种水平是现有发展水平，这是指儿童独立活动时所达到的解决问题的水平。第二种是在有指导的情况所达到的解决问题的水平，也是通过教学所获得的潜力。这二者之间的差异就是最近发展区。

2.【参考答案】

守恒是指儿童认识到一个事物的知觉特征无论如何变化，量始终保持不变。皮亚杰将儿童认知发展划分为四个阶段，称之为认知发展的四个阶段，其中守恒概念出现于具体运算阶段（6、7 岁到 11、12 岁）。例如，两支等长的铅笔无论如何放置，它们的长度始终是相等的。儿童是通过可逆推理、两维互补和恒等性推理等思维形式获得守恒概念的。追踪研究的结果表明，儿童获得不同守恒形式的年龄是不一样的，最早掌握的是数量守恒（6、7 岁），接着是物质守恒和长度守恒（7、8 岁），面积守恒和重量守恒（9、10 岁），最后是体积守恒（12 岁）。

3.【参考答案】

泛灵论即婴儿认为任何事物都是有灵魂和生命的。在前运算阶段，由于儿童不能很好地区分心理的和物理的现象，思维具有泛灵论的特点，在儿童的绘画作品及通话中，“泛灵论”都有充分的体现。

4.【参考答案】

皮亚杰心理学的理论核心是“发生认识论”，主要研究人类的认识（认知、智力、思维、心理的发生和结构）。儿童从出生后认识是怎样形成的、受哪些因素制约、内在结构是什么等，是皮亚杰试图探索的问题。生物学、逻辑学和心理学是皮亚杰发生认识论和智力心理学的理论基础；皮亚杰认为自己的理论是属于内外因相互作用的发展观，既强调内外因的相互作用，又强调在这种相互作用中心理不断产生量和质的变化

5.【参考答案】

（1）图式：动作的结构或组织。这些动作在相同或类似环境中不断重复而得到迁移或概括。

（2）表征是外部事物在心理活动中的内部再现，因此，它一方面反映客观事物，代表客观事物，另一方面又是心理活动进一步加工的对象。

6.【参考答案】

皮亚杰认为，思维的本质是适应，适应通过同化和顺应达到平衡，顺应即改变主体动作以适宜客观变化。

五、简答题

1.【参考答案】

（1）具体运算阶段（7～12 岁）这个时期儿童的认知能力摆脱知觉的局限，获得概念的稳定性，达到守恒。对具体问题可以进行逻辑运算，思维具有可逆性。其智力活动处于获得概念稳定性，进行逻辑思维阶段。守恒是儿童思维成熟的最大特征，守恒是指某一物体或情境尽管表面上发生了变化但物体的固有属性仍保持不变的事实。

（2）以皮亚杰的守恒实验为标志，他认为，守恒指对物质从一种形态转变为另一种形态时，物质含量保持不变的认识。皮亚杰认为“前运算阶段”的儿童的思维只能集中于问题的一个维度。注意的是事物表面的、明显的特征，具有中心化的特点，这时候的幼儿缺乏守恒的概念。原因是儿童仅能关注事物的某一个方面，而不能同时关注多个方面。

在液体守恒实验中，向儿童呈现两只相同的玻璃杯，杯中装有等量的液体，在儿童确知两只杯中的液体是等量的之后，实验者把其中一杯液体倒入旁边一只较高、较细的杯子中，液面自然升高。然后问儿童，新杯子中的液体比原先杯子中的多一些或少一些，还是一样多？大多数的 3～4 岁儿童会回答“多一些”，因为他们只注意到了新杯子的高度。5～6 岁儿童处于守恒的转折阶段，他们似乎意识到必须同时考虑杯子的高度和粗细，但在比较时，同时考虑两个维度还有困难，皮亚杰认为儿童一般在 8 岁左右达到守恒。

2.【参考答案】

儿童言语发展又称为儿童言语获得，指的是儿童对母语的衍生和理解能力的获得（这里主要是指对口头语言中的说话和听话能力的获得）。奥地利动物习性学家劳伦兹在研究小鸭习性时发现了“印刻”现象，即小鸭将出生后第一眼看到的对象当作自己的母亲，心理学家则将这种“印刻”发生的时期称为动物辨认母亲的关键期。

而心理学家运用关键期是指，人和动物的某些行为和能力的发展有一定的时间，如在此时给予适当的良性刺激，会促使其行为和能力得到更好的发展；反之，则会阻碍发展甚至导致行为与能力的缺失。目前研究认为，关键期确实对人类发展所造成的负面影响，通常在极端的情况下才难以弥补，对人类大部分心理功能而言，也许用“敏感期”更为合适，即在敏感期内，个体比较容易接受某种刺激的影响，比较容易进行某些形式的学习。

学前期是掌握语言发展的重要时期，2～3 岁是儿童学习口语的关键期，5～6 岁是儿童连贯性语言发展最迅速的时期，也是学习外语的最佳期。因此父母和教师要积极为孩子创设良好语言环境，不失时机地加强语言教育。当言语的获得错过关键期时，从发展的观点来看是不利的。它会造成儿童智力发展的障碍。狼孩、猪孩、狗孩脱离了学习语言的最佳年龄，即使回到人类社会后虽能学会一些词汇，也不能习得语言。这是因为错过了学习的最佳期限，也就是关键期。

3.【参考答案】

（1）维果斯基创立了文化—历史发展理论用以解释人类心理本质上和动物不同的高级心理机能。他进一步探讨了人类心理发展的实质，认为人类心理发展是指一个人的心理在环境和教育作用下从低级心理机能逐渐向高级机能发展的过程。同时，他着重研究了教学与发展，特别是教学与儿童智力发展的关系，并提出了以下三个重要思想：第一，提出了“最近发展区”的思想；第二，提出了“教学应该走在发展前面”的思想；第三，提出了“学习的最佳期限”的思想。维果斯基是智力发展内化学说的最早提出者之一。

（2）皮亚杰的认为心理发展起源于主体的动作，动作的本质是主体对客体的适应。主体通过动作达到对客体的适应，是心理发展的真正原因。皮亚杰认为支配心理发展的因素有四个：成熟、物理因素和社会环境、平衡。皮亚杰提出了心理发展的结构问题，认为心理结构的发展涉及图式、同化、顺应和平衡，在这个过程中，图式获得不断地丰富和完善。皮亚杰把儿童心理发展分成四个阶段，即感知运动阶段（0～2 岁）、前运算阶段

(2~7岁)、具体运算阶段(7~12岁)、形式运算阶段(12~15岁)。

(3)维果斯基和皮亚杰都注重个体内外交互作用。前者更注重社会文化环境的影响后者主要强调个体对外部信息主动的建构。前者提出了"最近发展区"后者提出了心理发展的具体阶段。两种理论都具有一定的意义。

(4)不同点:①皮亚杰认为个体发展是生物适应的过程,强调人的自然本性;维果斯基认为个体发展受社会文化历史因素的制约,强调人的社会本性。

②在发展的关键问题上,皮亚杰认为发展的关键在于儿童的独立探索活动,成人的直接教育是不重要的;维果斯基则强调教育的重要性,认为环境、教育的质量决定着智力发展的质量。

③在发展是否存在阶段性上,皮亚杰认为儿童的发展存在阶段性;维果斯基认为发展是连续的,没有绝对的阶段。④在思维与语言的关系上,皮亚杰认为思维发展决定语言的发展;维果斯基认为语言的发展决定思维的发展。

(5)对教学实践的启示。维果斯基的心理发展理论启发我们要重视社会文化环境对儿童心理发展的作用,同时要探讨儿童的"最近发展区",由此确定合适的教学内容,另外还要注意学生知识的内化过程;皮亚杰的理论启发我们要对儿童的认知结构和知识建构过程进行深入的分析,根据儿童所处的不同思维阶段来设计教育训练活动。

4.【参考答案】

(1)弗洛伊德的发展心理学理论:弗洛伊德把力比多的发展划分为五个阶段,即口唇期、肛门期、性器期、潜伏期和生殖期。①口唇期(0~1岁):弗洛伊德把出生到满周岁这段时间称为口唇期,在这个阶段力比多发泄的主要动欲区是口腔。通过口腔活动的吮吸、吞咽、咀嚼等等,不仅满足了婴儿饥饿时的需要,而且这些活动本身也提高了性快感。②肛门期(1~3岁):这一阶段,幼儿的主要动欲区从口腔转移到肛门。肛门的排泄活动是力比多发泄的主要途径。③前生殖器期(性器期)(3~6岁):这一阶段是最重要的心理性欲阶段,以外生殖器为主要敏感区。在这个时期,儿童在行为上开始有了性别之分,而且对自己的性器官发生兴趣。他们一方面模仿父母中的同性别者,另一方面又以父母中的异性为"依恋"对象,会产生恋父情结和恋母情结。④潜伏期(6~11岁):这一个时期,儿童的力比多处于暂时的潜伏状态,性兴趣被其他兴趣如探索自然环境、知识学习、文艺体育活动和同伴交往等取代,儿童主要与同性别的伙伴一起游戏。⑤青春期(11或13岁开始):这一个时期,由于性器官的成熟,儿童的性冲动再次萌发,他们开始对异性产生兴趣,喜欢参加由两性组成的集体活动。这使儿童的心理发生了根本的转变,从"自恋"转变为"异性恋"。

(2)埃里克森的心理社会发展理论:埃里克森把个体从摇篮到坟墓的人格发展划分为8个阶段,每一个阶段都面临着一个核心的心理社会危机。第一阶段为婴儿期,0~2岁:婴儿在本阶段的主要任务是满足生理上的需要,发展信任感,克服不信任感,体验着希望的实现。第二阶段为儿童早期,2~4:这个阶段的儿童主要是获得自主感,克服羞怯和疑虑感,体验着意志的实现。这一阶段发展任务的解决,对于个人今后对社会组织和社会理想的态度将产生重要的影响。第三阶段为学前期,4~7岁:本阶段儿童的主要发展任务是获得主动感,克服内疚感,体验目的的实现。埃里克森认为,个人未来在社会中所能取得的工作上、经济上的成就,都与儿童在本阶段主动性发展的程度有关。第四阶段为学龄期,7~12岁:这个阶段的发展任务是获得勤奋感,克服自卑感,体验能力的实现。埃里克森认为,很多人将来学习和工作的态度和习惯都可溯源于本阶段的勤奋感。第五阶段为青年期,12~18岁:这个阶段的发展任务是建立同一感,防止同一感混乱,体验忠诚的实现。第六个阶段为成年早期,18~25岁:这个阶段的发展任务是获得亲密感,避免孤独感,体验爱情的实现。第七个阶段为成年中期,25~50岁:这个阶段的发展任务是获得产生感,避免停滞感,体验关怀的实现。第八个阶段为成年晚期,50岁~死亡:这个阶段的发展任务是获得完善感,避免失望和厌倦感,体验智慧的实现。

(3)联系:二者都看到了儿童发展的阶段性,只不过埃里克森不仅从纵向的角度进行了阐述,而且从横向的角度也赋予了新的内容。

(4)区别:

①弗洛伊德强调本能的作用,力比多的力量;埃里克森则更强调自我的作用,理智的力量,相信超我能引导心理性欲向着社会所规定的方向发展,可以协助自我监督个体行为。

②弗洛伊德在研究儿童人格发展时,仅把儿童置于母亲—儿童—父亲这个狭隘的三角关系中;而埃里克森则把儿童置于更加广阔的社会背景上,重视社会对发展的影响。

③弗洛伊德对儿童人格发展的研究只到青春期为止,而埃里克森则把个性发展的阶段扩展到8个阶段,贯穿人的一生。

④弗洛伊德认为人的本性是恶的;而埃里克森则认为人的本性既不是善的,也不是恶的,儿童出生后都存在向善的或恶的方向发展的可能性。埃里克森对形成和发展良好的个性品质抱着较为乐观的态度。

5.【参考答案】

①设计丰富多彩的小实验;②安排合理灵活的谈话;③采用自然性质的观察;④具有新颖严密的工具;⑤不限制被试者的反应;⑥研究对象数量相对较少。

6.【参考答案】

(1)皮亚杰的儿童发展理论的基本观点:①心理发展过程的进行是连续的,但由于各种发展因素的相互作用,儿童心理发展具有阶段性。②各阶段都有它独特的结构,标志着一定阶段的年龄特征。③各阶段的出现,从低到高有一定的次序,且有一定的交叉。④每个阶段都是形成下一个阶段的必要条件。⑤在心理发展过程中,两个阶段之间不是截然划分的,有一定的交叉。⑥心理发展的一个新水平是许多因素的新融合、新结构,各种发展因素由没有系统的联系逐步组成整体。

(2)皮亚杰把儿童心理发展划分为四个阶段。①感知运动阶段(0~2岁):这个时期的儿童主要凭感知运动手段反映外界刺激,协调并适应外界环境,其智力处于感知运动水平。形成客体永久性,对自我和他人的概念有了初步的了解。②前运算思维阶段(2~7岁):从这个时期开始,儿童具有表象思维,有运用符号的能力,其智力活动处于表象水平。思维不可逆,自我中心,未掌握守恒,泛灵论。③具体运算阶段(7~12岁):这个时期儿童的认知能力摆脱知觉的局限,获得概念的稳定性,达到守恒。对具体问题可以进行逻辑运算,思维具有可逆性。其智力活动处于获得概念稳定性,进行逻辑思维阶段。④形式运算阶段(12~15岁):这个时期儿童的思维形式能够从具体内容中解放出来,能够提出假设,凭借演绎推理、归纳推理解决抽象问题。其智力活动达到抽象思维阶段。

7.【参考答案】

(1)维果斯基认为,儿童的自言自语实质是外部言语向内部言语、言语的交际功能向言语的自我调节功能转化的中介。

(2)3岁之前儿童的言语主要是外部言语或出生言语,他们还不能通过内部言语思考问题,只能把自己的想法直接说出来,经常是看到什么就说什么,做了什么就说什么。

(3)到了学龄前期,他们开始自我对话,儿童对自己说话经常是出于自我防卫和自我指导,因为自我言语有助于他们思考自己的行为并做出选择,有助于维持他们的注意力、加强记忆效果、促成问题解决、开展自我反省等。

(4)随着儿童年龄的增长,他们发现需要解决的问题越来越简单,于是他们的自我指导言语就相应地减少了,并逐渐转化为不出声的内部言语。

8.【参考答案】

(1)埃斯特·泰伦(Esther Thelen)创立了动力系统理论(dynamical systems theory),在不否认成熟和经验作用的基础上,提出了新的解释:认为动作发展是个体生理成熟、练习经验和目标之间相互作用的结果。

(2)该理论认为,婴儿的动作技能是对先前已经掌握的能力的重新建构。

(3)它们更强调婴儿动作技能的目标定向作用,认为环境中的有趣事物会激起婴儿触摸它们的欲望,这种欲望可能促使婴儿主动地把已有的各种技能重新建构成新的、更复杂的动作系统(Adolph, Vereijken& Kenny,1998)。

9.【参考答案】

生态系统理论由布朗芬布伦纳提出,强调发展中的个体嵌套于一系列相互影响的环境之中,在这些系统中,个体与系统相互作用并相互影响。包括五个系统:

(1)微观系统:是指对儿童产生最直接影响的环境。比如家庭、学习、同伴这些对儿童会产生直接的影响,都属于微系统。

(2)中间系统:是指个体与其所处的微系统及微系统之间的联系或过程。比如学校和家长通过家长会的方式联系在一起对儿童产生影响,家长会就属于中间系统。

(3)外层系统:指那些个体并未直接参与但却对个人有影响的环境。这些社会环境可以是正式的组织,比如父母的工作场所让父母心情愉悦,父母的心情又会影响到儿童的发展,这就属于外层系统。也可以是非正式的,如家长的人际网络,父母的朋友关系也会进一步影响到儿童的发展。

(4)宏观系统:是一个文化系统,涵盖社会的宏观局面,包括文化价值观、法律、习俗等;不同社会文化价值观会塑造个体的人生观和价值观。

(5)时间系统:是模型中的时间维度,强调生态环境中的任何变化都会影响个体的发展,如历史事件和渐进的社会发展等方面。

六、论述题

1.【参考答案】

生态系统理论由布朗芬布伦纳提出,强调发展的个体嵌套于一系列相互影响的环境之中,在这些系统中,个体与系统相互作用并相互影响。

(1)微观系统指个体活动与交往的直接环境,这个环境是不断变化的(家庭、学校)。

(2)中间系统指各微观系统之间的联系或相互关系。如果微系统之前有较强的积极联系,发展可能实现最优化。

(3)外层系统指个体并未直接参与却对他们的发展产生影响的系统,例如,父母的工作环境就是外层系统影响因素。

(4)宏观系统个体所处的大的或者亚文化的环境,包括文化价值观、法律、习俗等,宏观系统实际上是一个广阔的意识形态。

(5)时间系统是模型中的时间维度,强调生态环境中的任何变化都会影响个体的发展,如历史事件和渐进的社会发展等方面。

布朗芬布伦纳生态系统的优点:

①扩大了心理学研究中环境的概念。传统的发展心理学研究中关注的只是影响儿童的即时环境。

②从多方面促进儿童的发展。生态系统理论中的4个系统之间存在千丝万缕的联系。对环境影响的详细分析,可以找出影响儿童发展的因素,从而给予即时的干预。

③强调发展的动态性。生态系统理论将时间维度作为研究个体成长中心理变化的参照体系。

布朗芬布伦纳生态系统理论的局限性:

①过分强调环境对发展的作用,而忽略了生物性,即遗传对人类的影响。

②布朗芬布伦纳并未提出一个人类发展的系统的理论模式。

从这个角度来说,布朗芬布伦纳的生态系统理论还有待进一步的发展。换个角度说,它只是人类其他发展理论的补充。

教育启示:根据布朗芬布伦纳的生态系统理论,儿童的教育需要注重多方面的相互配合和积极引导。在微观系统方面,家庭和学校是儿童活动交往的直接环境,家庭要创造良好的环境,学校更要注重教育的培养。在中间系统方面,家庭和学校要加强联合培养儿童的良好行为。外层系统方面,儿童在家庭的情感关系可能会受到父母是否喜欢其工作的影响,因此父母要注重提高自己的职业素养,平衡好家庭和工作的关系。在宏观系统方面,它规定如何对待儿童,教给儿童什么以及儿童应该努力的目标。在不同文化中这些观念是不同的,但是这些观念存在于微系统、中系统和外系统中,直接或间接地影响儿童知识经验的获得,因此要注重社会文化的构建,创造文明和谐的社会氛围。在时间系统方面,社会的快速和健康发展也会对儿童的发展产生影响。

2.【参考答案】

(1)皮亚杰的认知结构发展论:皮亚杰心理学的理论核心是“发生认识论”。主要研究人类的认识。皮亚杰认为,心理起源于主体的动作。这种动作的本质是主体对客体的适应。主体通过动作达到对客体的适应,乃是心理发展的真正原因。适应的本质在于取得机体与环境的平衡。根据生物学的观点,皮亚杰认为适应是通过两种形式实现的。同化:把环境因素纳入机体已有的图式或结构之中,以加强和丰富主体的动作。顺应:改变主体动作以适应客观变化。这样,个体就通过同化和顺应这两种形式来达到机体和环境的平衡,而不断的平衡—不平衡—平衡的过程,就是适应的过程,也就是心理发展的实质和原因。

(2)同化和顺应之间既是相互对立的,又是彼此联系的。①同化是个体在反映和作用于环境(与环境相互作用)过程中,使客体(外界事物)纳入已有认知结构或行为模式中的过程。它只是数量上的变化,不能引起图式的改变或创新。②顺应是指个体在其原有认知结构或行为模式已不能使新的经验同化时,便调整原有认知结构或行为模式,以适应环境变化的过程。它是质量上的变化,促进创立新图式或调整原有图式。

(3)同化和顺应是适应的两种形式。当已有的图式不能解决面临的问题情境时,就产生了皮亚杰所说的不平衡状态。个体很自然地会试图通过各种方式来调整这种不平衡。皮亚杰认为心理发展就是个体通过同化和顺应日益复杂的环境而达到平衡的过程,个体也正是在平衡与不平衡的交替中不断建构和完善其认知结构,实现认知发展的。

3.【参考答案】

生态系统理论由布朗芬布伦纳提出,强调发展中的个体嵌套于一系列相互影响的环境之中。在这些系统中,个体与系统相互作用并相互影响。①微观系统:对儿童产生最直接影响的环境,主要有家庭、学习、同伴及网络。②中间系统:个体与其所处的微系统及微系统之间的联系或过程。③外层系统:那些个体并未直接参与但却对个人有影响的环境,如传媒、社会福利制度等。这些社会环境可以是正式的组织,如父母的工作场所,也可以是非正式的,如家长的人际网络。④宏观系统:一个文化系统,涵盖社会的宏观局面,包括文化价值观、法律、习俗等。⑤时间系统:模型中的时间维度,强调生态环境中的任何变化都会影响个体的发展,如历史事件和渐进的社会发展等方面。

根据生态系统理论,母亲的教养方式是对儿童产生最直接影响的环境,处于微系统中,父母的教养方式不当导致婴儿行为不当,婴儿行为不当也会让母亲的教养方式不当,这说明各个系统之间的作用都是相互的。成人会影响儿童的行为,儿童受生物和社会影响的特定也会影响成人的行为，当这些彼此交互的作用随时间的流逝而反复发生时，就对发展产生了持久性的影响。

4.【参考答案】

(1)埃里克森认为在人格发展中，逐渐形成的自我在个人与周围环境的交互作用中起着主导的和整合的作用。每个人在生长过程中，都普遍体验着生物、生理的、社会的事件的发展顺序，按一定的成熟程度分阶段地向前发展。他提出了人的八个阶段以及每个阶段的发展任务：①第一阶段为婴儿期，0～2岁；婴儿在本阶段的主要任务是满足生理上的需要，发展信任感，克服不信任感，体验着希望的实现。②第二阶段为儿童早期，2～4岁；这个阶段的儿童主要是获得自主感，克服羞怯和疑虑感，体验着意志的实现。这一阶段发展任务的解决，对于个人今后对社会组织和社会理想的态度将产生重要的影响。③第三阶段为学前期，4～7岁；本阶段儿童的主要发展任务是获得主动感，克服内疚感，体验目的的实现。埃里克森认为，个人未来在社会中所能取得的工作上、经济上的成就，都与儿童在本阶段主动性发展的程度有关。④第四阶段为学龄期，7～12岁；这个阶段的发展任务是获得勤奋感，克服自卑感，体验能力的实现。埃里克森认为，很多人将来学习和工作的态度和习惯都可溯源于本阶段的勤奋感。⑤第五阶段为青年期，12～18岁；这个阶段的发展任务是建立同一感，防止同一感混乱，体验忠诚的实现。⑥第六个阶段为成年早期，18～25岁；这个阶段的发展任务是获得亲密感，避免孤独感，体验爱情的实现。⑦第七个阶段为成年中期，25～50岁，这个阶段的发展任务是获得产生感，避免停滞感，体验关怀的实现。⑧第八个阶段为成年晚期，50岁～死亡。这个阶段的发展任务是获得完善感，避免失望和厌倦感，体验智慧的实现。

(2)现实意义：埃里克森的人格发展八阶段论，为不同年龄段的教育提供了理论依据和教育内容，任何年龄段的教育失误，都会给一个人的终生发展造成障碍。它也告诉每个人你为什么会成为现在这个样子，你的心理品质哪些是积极的，哪些是消极的，多在哪个年龄段形成的，给人以反思的依据。

七、案例分析

1.【参考答案】

遗传和环境在个体心理发展中的作用机制主要有以下几个方面：

(1)在生命的早期，脑的机能对经验的敏感性较高，更易受到环境的影响。敏感期的概念由此而来。错过了敏感期，所以狼孩儿没有发展出正常人类的心理特征。而在成年后，这种可塑性将大大降低。

(2)在人的一生中，脑都具有不同程度的可塑性。生命的大约前20年中，基本上属于脑发育期。在随后的时间内，人的大脑仍然具有自我修复能力，但脑的变化模式，与先前模式有所不同，所以在辛格夫妇的精心训练下，被发现两年后，卡玛拉能直立，六年后能够直立行走。七年后学会40多个词语，相当于四岁儿童的水平。

(3)另一方面脑的成熟，也会影响经验。对脑成熟程度不同的儿童来说，同样的物理环境可能导致不同的经验，这在早期阶段表现得更为突出。在脑还不够成熟的时候，脑受言语训练等基本的环境影响较大，而随着脑的日益成熟，环境对脑的影响日益精细。

2.【参考答案】

(1)丁丁妈妈的做法可以用皮亚杰的道德认知发展理论来解释，幼儿园的儿童处于前道德发展阶段，不具有道德的意识，需要家长给予引导。丁丁妈妈耐心告诉孩子分辨是非，并且对行为进行指导，符合心理学发展理论。建议：妈妈不仅要在孩子的错误上指责，更要引导孩子面对问题和正确解决，给予一定的有意义的解释，帮助儿童形成良好的道德认知。

乐乐妈妈的做法可以用行为主义的强化理论来解释。好的行为给予表扬和奖励是正强化，会增加儿童良好行为出现的频次，不好的行为给予忽视或者惩罚，即使用负强化和惩罚。建议：家长需要及时强化儿童的行为，使孩子在主观上形成行为及结果的联系，以强化为主，避免使用惩罚。

(2)甜甜妈妈的做法可以用班杜拉的社会学习理论来解释。父母为甜甜提供观察学习的榜样，给予相应的强化。建议：父母自身可以树立良好的榜样，直接强化和间接强化同时使用，以确保良好的教育效果。

总之，在家庭教育中，不同的理论均有其合理性，在教育孩子时，要考虑到个体差异，选择方法要有所侧重，要选择符合儿童个性的方法，使其发挥出应有的价值。

3.【参考答案】

斯金纳将行为分为应答性行为和操作性行为。斯金纳把由可观察到的刺激引起的行为反应称作应答性行为，把任何没有能观察到的刺激引起的行为反应称为操作性行为。

行为的强化控制原理：强调塑造、强化与消退、及时强化

(1)强化作用是塑造行为的基础；

(2)强化在行为发展过程中起着重要的作用，行为不强化就会消退，即得不到强化的行为是易于消退的；

(3)斯金纳强调及时强化，认为强化不及时是不利于人的行为发展的；

(4)强化还可以分为积极强化(正强化)作用和消极强化(负强化)作用。

对于潘潘来说，被要求去做一些诸如扫地、擦桌子或摆放椅子之类的需要活动身体的事情是正强化物，是他所喜爱的。因此增加了他行为的频率。所以老师的惩罚反而使他更顽皮。老师不让他扫地等，是撤去了正强化物，对于他来说是惩罚，所以减少了他行为的频率，在教学中要正确运用惩罚和奖励。

4.【参考答案】

(1)该实验体现了观察学习的原理，所谓观察学习是指儿童通过观察他人(榜样)所表现出的行为及其结果而进行的学习。材料中儿童正是通过观察榜样的攻击性行为从而自己也做出了攻击行为。

(2)观察学习强调了榜样示范的作用，因此在儿童的行为塑造过程中，要充分发挥身边榜样的作用，利用榜样效应让儿童进行观察学习，榜样既可以是现实环境中的人，也可以是电影、电视、小说所描绘的人。①充分发挥家庭的榜样作用：家庭成员和家庭环境在儿童成长过程中起着非常重要的作用，儿童良好的生活、行为习惯的养成、儿童语言的文明程度都与他所接受的家庭教育和日常家庭生活密切相关，因此父母应该创设和谐的家庭氛围，示范良好的言行。②充分发挥教师的榜样作用：教师的言行也是学生易于观察的对象，儿童容易模仿老师的行为，因此，教师要发挥榜样的作用，培养学生良好的学习习惯；教师的言行应有较强的示范性，易于学生进行观察学习。③加强大众媒体榜样作用的监管。班杜拉的实验证明，观看媒体暴力将使儿童更容易表现攻击行为。因此相关政府部门应该加强对大众媒体的管理，加强对广播事业、出版业、网络等媒体的监管力度，发挥大众媒体在社会、政治、经济、文化多方位的信息传播和教育功能，传播积极向上、有文化内涵的榜样行为，教师与家长也应加强指导。

第三章 胎儿期的心理发展

第一节 胎儿神经生理和心理机能的发展

考点1 胎儿的发育

1.【解析】胚胎期是胎儿器官、四肢和其他生理系统分化、生成的最重要的时期，即关键期。如果某一器官或生理系统在这一阶段不能发生，那么将来再也不能形成和发展，胎儿出生后将形成永久性残疾。这一时期也是胎儿发育的最敏感期，放射性、药物、感染等因素都有可能导致胎儿畸形甚至是早产、流产。因此本题答案选C。

参考答案：C

2.【解析】胎儿在4个月时就对光线十分敏感，母亲日光浴时，胎儿对光线变化强弱都有所感觉，选项A错误。妊娠8个月时，胎儿能够听出音调的强弱与高低，能分出声音的种类且反应敏感，选项B错误。孕5个月时，脑的记忆功能开始工作，胎儿能够记住母亲的声音并产生安全感，选项C正确。妊娠32周，胎儿大脑，通过脑电波可以清楚分别出胎儿的睡眠状态和觉醒状态，这是胎儿意识的萌芽时期，选项D错误。综上所述，本题选C。

参考答案：C

3.【参考答案】

抓握反射是新生儿反射的一种，是指个体将手指放在婴儿手上，按压其手掌，婴儿会自动地去抓手指的现象。抓握反射是为婴儿自主的抓握行为做准备。

第二节 胎儿生理-心理发展的影响因素

考点1 胎儿发育的影响因素

1.【解析】本题主要考查遗传疾病：由基因决定的一些疾病的发生或高发生率，通常是由于基因或染色体的突变造成的。唐氏综合征是由于染色体异常引起的遗传疾病。因此本题选C

参考答案：C

2.【解析】本题旨在考查考生对心理发展的生物学基础的理解和掌握。细胞是身体最小的结构单位。每一个细胞的中央部位都有一个细胞核，细胞核内含有一些容易着色的线状结构叫作染色体。染色体是遗传物质的载体，遗传信息就是由染色体来存储和传递的。染色体由脱氧核糖核酸（DNA）构成，DNA是遗传物质。DNA所包含的更小的单位是基因，基因是遗传物质的最小的功能单位。合子就是受精卵。因此本题选A。

参考答案：A

3.【解析】胎儿的影响因素包括遗传因素、环境因素（物理因素、化学因素生物因素、地理因素）、母体因素（情绪、应激、营养、患病）。

参考答案：错误

第四章 婴儿期的心理发展（0~3岁）

第一节 婴儿的生理发展及其心理学意义

考点1 婴儿期的动作发展

1.【解析】本题从婴儿动作发展的规律进行解答。婴儿的动作发展是从整体性动作到分化性动作进行，大动作先于精细动作，选项A错误。婴儿的动作发展是从躯干到四肢，即从中心到边缘，选项C错误。婴儿抓握发展先出现尺骨抓握，后出现钳形抓握，选项D错误。因此本题选B。

参考答案：B

2.【解析】儿童的动作发展遵循一定的顺序，即整体到分化、上部到下部、大肌肉到小肌肉。

参考答案：C

第二节 婴儿的认知发展

考点1 婴儿感知觉发展的实验研究

1.【解析】"视觉悬崖"是用来探索婴儿深度知觉的方法，该实验说明婴儿已有深度知觉。因此本题选A。选项B：习惯化与去习惯化法用来探索婴儿知觉的差异。选项C：客体隐藏任务主要用来研究婴儿是否具有客体永久性。选项D：视觉偏爱法用来探索婴儿知觉的主动性和选择性。

参考答案：A

2.【解析】习惯化是一种由于重复或不断受到某种能导致个体选择性定向反应的刺激，而引发个体对该刺激反应的减少的现象。它是婴儿早期重要的学习形式，也是记忆发生的重要标志。给婴儿呈现一个新异刺激使得婴儿对该刺激的注视时间重新加长的现象叫作去习惯化。因此本题答案选D。

参考答案：D

3.【参考答案】

（1）视崖实验是证明婴儿深度知觉的一个著名的心理学实验，由吉布森和沃克发明。"视崖"是研究深度知觉的装置，设置为一张1.2米高的桌子，顶部是一块透明的厚玻璃。桌子的一半（浅滩）是用红白图案组成的结实桌面。另一半是同样的图案，但它在桌面下面的地板上（深渊）。在浅滩边上，图案垂直降到地面，虽然从上面看是直落到地上的，但实际上有玻璃贯穿整个桌面。在浅滩和深渊的中间是一块0.3米宽的中间板。视崖实验证明，6个月的婴儿已经具备了深度知觉，对于"悬崖感到害怕"，而小于6个月的婴儿已经开始注意到深与浅的差别，但并不害怕。

（2）其中自变量是"视崖和浅滩"，因变量是婴儿的反应"爬或者不爬"。

考点2 感知觉的发生发展

1.【解析】选项A，视觉系统要在胎儿出生后才真正发挥作用，1岁左右，婴儿才能达到成人的视力水平。选项B，胎儿4个月时，听觉系统建立，28周以后，胎儿听觉已经发育很好，8个月时，胎儿能听出音调的强弱与高低，能区别声音的种类且反应敏感。选项C，胎儿7~8个月时，嗅觉感受器已相当成熟且具有了初步的嗅觉反应能力。选项D，胎儿从30周开始，已经有了发达的味觉，对羊水味道有一定的鉴别力。综上所述，本题选A。

参考答案：A

2.【解析】本题考查婴儿感知觉的发展特点。婴儿可以将视觉通道接收的信息与不同的触觉感受相联系，体现了跨通道知觉整合，因此本题选D。

参考答案：D

第三节 婴儿言语的发展理论

考点1 婴儿言语的发展理论

1.【解析】转化生成说认为语法是生成的，婴儿先天具有一种普遍语法，语言获得过程就是由普遍语法向个别语法转化的过程，这一转化是由先天的语言获得装置（LAD）实现的。

参考答案：A

考点2 婴儿言语的发展阶段

1.【解析】婴儿19~21个月出现"语词爆炸现象"。

参考答案：C

2.【解析】本题考查婴儿语音的发展阶段。婴儿语言前期的语音发展分为三个阶段：简单发音阶段（0~3个月）、连续音节阶段（4~8个月）、学话萌芽阶段（9~12个月）。因此本题选D。

参考答案：D

第四节 婴儿的气质

考点1 婴儿的气质类型

1.【解析】托马斯、切斯等在对婴儿进行大量追踪研究的基础上，根据其确立的气质九维度标准，将婴儿的气质类型划分为容易型、困难型和迟缓型三种。其中，困难型突出的特点是时常大声哭闹，烦躁易怒，不易安抚。在饮食、睡眠等生理机能活动方面缺乏规律性，对新事物、新食物、新环境接受很慢。他们的情绪总是不好，在游戏中也表现得不很愉快。父母需要费很大的力气才能使他们接受爱抚，又很难得到婴儿的正面反馈。照料这样的孩子，父母往往感到十分烦恼，因而在养育过程中容易造成亲子关系疏远。

参考答案：C

2.【解析】巴斯和普罗敏根据婴儿在各种类型活动中的不同倾向性，将其划分为活动型、情绪型、社交型和冲动型等四种不同气质类型。因此本题选 ABCD。

参考答案：ABCD

考点2　气质的稳定性与可变性

1.【解析】本题从婴儿气质的特点进行解答。婴儿的气质具有稳定性和可变性。因此本题选 B。

参考答案：B

考点3　气质对早期教养和发展的意义

1.【解析】本题考查气质拟合度的含义。

参考答案：托马斯和切斯提出了气质拟合度，来描述气质和环境因素是怎样共同作用，认为气质类型形成的关键，在于父母的教养方式是否与儿童的气质特点相符合，符合的程度就称为气质拟合度。

第五节　婴儿情绪和社会性的发展

考点1　婴儿情绪的社会化

1.【解析】本题考查婴儿陌生人焦虑出现的时间。由陌生人的出现而引起婴儿恐惧、焦虑的现象叫作陌生人焦虑，也称为怯生，一般在 6~8 个月时发生，因此本题选 C。

参考答案：C

2.【解析】用表格形式简单总结婴儿微笑各个阶段的特点，助于大家区分每个阶段的时间和特点。由此可见，本题应该选 C。

时间	阶段	特点
出生~5周前	内源性微笑	大脑的兴奋，在睡眠中微笑
5周~3个月	无选择的社会性微笑	区分人和其他刺激，但是对任何人的微笑都是一样的
3个月以后	有选择的社会性微笑	不同人的报以不同的微笑，对熟悉的人微笑更多

参考答案：C

考点2　婴儿的依恋

1.【解析】婴儿的有差别的社会反应阶段发生在 3~6 个月，这时婴儿对人的反应有了区别，对人的反应有所选择，对母亲更为偏爱，对母亲和他所熟悉的人及陌生人的反应是不同。

参考答案：B

2.【解析】安全型依恋的婴儿在与母亲一起时，能安逸地独立游戏，并不是总依偎在母亲身旁，只通过偶尔靠近或眼神注视与母亲交流。母亲在场时，婴儿感到足够的安全，能在陌生的环境中进行积极的探索和操作，对陌生人的反应也比较积极；当母亲离开时，明显表现出苦恼、不安；但当母亲回来时，会立即寻求与母亲接触，很容易被安抚。

参考答案：C

3.【解析】回避型依恋的婴儿，对母亲在不在场都无所谓。当母亲离开时，他们并不表示反抗，很少有紧张、不安的表现。

参考答案：C

4.【解析】参考第 1 题。

参考答案：C

5.【解析】回避型依恋，这类婴儿对母亲在不在场都无所谓。母亲离开时，他们并不表示反抗，很少有紧张、不安的表现；当母亲回来时，也往往不予理会，表示忽略而不是高兴，自己玩自己的。

参考答案：A

6.【参考答案】

安全型依恋的这类婴儿在与母亲一起时，能安逸地独立游戏，并不是总依偎在母亲身旁，只通过偶尔靠近或眼神注视与母亲交流。母亲在场时，婴儿感到足够的安全，能在陌生的环境中进行积极的探索和操作，对陌生人的反应也比较积极；当母亲离开时，明显表现出苦恼，不安；但当母亲回来时，会立即寻求与母亲接触，很容易被安抚。

7.【参考答案】

(1)依恋是婴儿与主要抚养者（通常是母亲）之间的最初的社会性联结，也是情感社会化的重要标志，是指儿童（特别是婴儿）对成人（父母或其他看护者）之间所形成的持久的情感联系。

(2)对儿童智力发展的影响：儿童早期是接受教育最快、可塑性最大、智力发展速度最快的时期，所以这一时期儿童能与父母建立安全依恋，对促进智力的发展有着重要的作用。父母与儿童建立良好的依恋关系，儿童会把父母作为“安全基地”，积极而放心地去探索未知的世界，提高智力水平。安全依恋的建立，意味着父母平时对儿童精心照顾、关心、爱护，儿童从父母那里感受到温暖和爱意，他的生理和心理上都得到了满足，就会有安全感和快乐的情绪，同样也有利于儿童安心地学习语言。婴幼儿期是语言发展的最佳期，父母与孩子多交往，经常与他说话，有利于刺激婴儿调动各种感官感知父母语言，以一种愉快的心情积极模仿。游戏也能促进儿童智力的发展，父母经常陪孩子玩一些益智游戏，分享玩游戏获得的快乐，引导他一步步地探索发现。通过和孩子玩游戏，可以培养他们的观察力、思考力和解决问题的能力，从而促进儿童智力的发展。

(3)情绪是婴儿时期起着最重要作用的一种心理状态，早期持久的情绪经验对其一生情绪的发展至关重要。在婴儿期与父母建立良好的依恋关系，会使他们具有稳定而快乐的情绪。在这样的生活环境中成长，儿童更多地感受到父母的爱，从而也渐渐地学会对他人有爱和同情心。在日常生活中，父母会对儿童进行日常训练，让孩子学会各种知识、技能和礼仪规范，这些都能够提高孩子对环境的适应能力，在遇到困难的时候，不会一味地选择退缩和放弃。而那些缺乏安全依恋的儿童，会处于焦虑、恐惧、不安状态中，也有可能因为满足被延迟而遭受挫折感，产生失望、愤怒等不好的情绪，经常有这样的情绪的话，在以后会迁移到其他人身上，把所有的人都当作敌人，不利于儿童与同伴的交往。

(4)总之，早期依恋对儿童心理发展的影响是多方面的、深远的，为使儿童终生向更好的方向发展，父母养育者应关注儿童安全依恋感的培养，给予积极的、无条件的、关注性的关怀，在依恋形成阶段避免长久的分离，以防止焦虑对儿童个性产生持久性不良后果，使他在具有爱和快乐温暖的氛围中健康成长。

8.【参考答案】

(1)研究范式：陌生情境实验

(2)安斯沃斯等通过陌生情境研究法，根据婴儿在陌生情境中的不同反应，认为婴儿依恋存在三种类型。①安全型依恋：这类婴儿在与母亲一起时，能安逸地独立游戏，并不是总依偎在母亲身旁，只通过偶尔靠近或眼神注视与母亲交流，母亲在场时，婴儿感到足够的安全，能在陌生的环境中进行积极的探索和操作，对陌生人的反应也比较积极；当母亲离开时，明显表现出苦恼，不安；但当母亲回来时，会立即寻求与母亲接触，很容易被安抚。②回避型依恋：这类婴儿对母亲在不在场都无所谓。母亲离开时，他们并不表示反抗，很少有紧张、不安的表现；当母亲回来时，也往往不予理会，表示忽略而不是高兴，自己玩自己的。③反抗型依恋：这类婴儿在母亲要离开前就显得很警惕，当母亲离开时表现得非常苦恼、极度反抗，任何一次短暂的分离都会引出大喊大叫。但当母亲回来时，其对母亲的态度又是矛盾的，既寻求与母亲的接触，但同时又反抗与母亲的接触。

形成原因：

(1)抚养质量：养育者对婴儿有积极的态

度,敏感地回应他们的需要,与他们建立同步互动等,就可能会形成安全型依恋的儿童。

(2)婴儿气质:容易型婴儿气质容易形成安全型依恋类型,困难型容易形成抗拒依恋类型,迟缓型婴儿气质容易形成回避型依恋类型。

(3)抚养方式与气质的共同影响:依恋形成的抚养方式假说和气质假说都过于偏颇,安全型依恋是由于婴儿受到的抚养质量和他们自身的气质相吻合而产生的;而非安全型依恋的形成,可能是因为照料者无法适应婴儿的气质。

(3)婴儿依恋对心理发展的影响:

依恋是婴幼儿最早出现的心理模式之一,对未来心理的发展具有重要的影响。第一,依恋是幼儿出生后最早形成的人际关系,是成人后形成的人际关系的缩影。鲍尔贝认为个体早期与主要抚养者的生活体验会促使其对自我、世界以及自我和外界之间的关联产生期待和信念,形成心理表征即内部工作模型。所谓内部工作模型,指的是婴儿对接近与获得依恋对象的一系列期望,婴儿感受到的在面临困难时依恋对象为他提供支持的可能性,以及婴儿与依恋对象之间的互动等。这种表征为成为未来所有亲密关系的范型,并贯穿儿童期、青少年期以及成人期。第二,依恋影响未来的心理健康教育。大多数纵向研究发现,形成非安全型依恋的幼儿出现内化或外化的情绪、行为问题的比率远远超过了形成安全型依恋的幼儿。第三,依恋关系具有传递性,会影响到儿童成人后与自己孩子的抚养关系。研究发现,依恋具有传递性,幼儿早期与父母形成安全型依恋,在幼儿长大为人父母时,也更容易与自己的孩子形成安全型依恋,反之亦然。

考点3　父母教养方式

1.【参考答案】

(1)根据三个婴儿的特点,存在三种不同类型的依恋:当母亲离开实验室留她一个人在房间里时,琳琳号啕大哭。一位陌生人前来安慰,她很不情愿与之接近。母亲归来立即靠近,寻求接触,甚至带着眼泪做出微笑,情绪迅速平复好转,并主动与母亲一起玩要。体现了琳琳是安全型依恋,当母亲回来时,会立即寻求与母亲接触,很容易被安抚。佳佳对母亲离开时似乎无动于衷,对母亲在不在场都无所谓。母亲离开时,并不表示反抗,很少有紧张、不安的表现;当母亲回来时,也往往不予理会,表示忽略而不是高兴,自己玩自己的,佳佳的表现属于回避型依恋。当母亲回来时,兵兵对母亲的态度又是矛盾的,既寻求与母亲的接触,但同时又反抗与母亲的接触,属于反抗型依恋。

(2)安全型依恋的母亲对婴儿的需要敏感,态度积极;与婴儿经常有互动,与婴儿一起做相同的事,一起笑、一起做动作,为婴儿的活动提供情绪支持,并经常激励婴儿。回避型依恋的母亲对婴儿不敏感,表现消极,很少满足婴儿的需求;很少从与孩子的亲密接触中获得乐趣。或者,对待婴儿过分热情,刺激过度,经常对婴儿喋喋不休,强行给婴儿制造某些需要,让婴儿不堪其扰。反抗型依恋的母亲教养方式通常不一致。他们对婴儿时而热情时而冷淡。婴儿对母亲这样的态度和方式会感到绝望,为了获得关注,他们要么黏住母亲,要么哭闹,如果一切努力都无效的话,他们就会变得愤怒、怨恨。

(3)①安全型依恋的儿童,父母应该给孩子提供形成依恋的必要条件和环境,促进孩子安全型依恋的形成,父母要了解和满足孩子的需要。父母应多和他们接触,模仿他们的动作、声音和表情,多和他们说话,和他们做游戏,让孩子获得一种愉快的感受;在孩子需要的时候给他们拥抱和安慰,给孩子一种归属感和信任感。②回避型依恋的儿童:父母需要对孩子的需求更加敏感,积极地回应孩子的需要,充分满足孩子的需求,父母应该在日常生活中多和孩子进行亲密接触,适度进行刺激,减少不必要的照顾。③反抗型依恋的儿童:父母应该对孩子保持一致的关心和爱护的态度,始终对孩子给予关怀,对孩子的需要给予一定的关注,让孩子有安全感。

考点4　早期的同伴交往的发展阶段

1.【解析】本题考查婴儿同伴交往的发展阶段。婴儿同伴交往经历三个阶段:以客体为中心(6~8个月,指向玩具,单方面发起)、简单交往阶段(企图控制、有应答性质)、互补性交往阶段(合作游戏、互补和互惠行为)。由题目所述的时间和特点,描述的是以客体为中心阶段。因此本题选A。

参考答案:A

章节考点　综合训练

一、单选题

1.【解析】让婴儿对红色灯光习惯后,发生习惯化。给婴儿呈现绿色灯光,发生去习惯化。婴儿对绿色灯光的注视时间比红色灯光要长,说明婴儿知觉到刺激发生变化,可以分辨红色和绿色的差别,再次对绿色刺激感兴趣。

参考答案:C

2.【解析】6个月大的婴儿开始出现陌生人焦虑,选项A错误。

参考答案:A

3.【解析】安斯沃斯等通过陌生情境研究法,根据婴儿在陌生情境中的不同反应,将婴儿的依恋分为三种类型:安全型、回避型、反抗型。

参考答案:B

4.【解析】参考第3题。

参考答案:B

5.【解析】视崖实验是证明婴儿深度知觉的一个著名的心理学实验,由吉布森和沃克发明。

参考答案:D

6.【解析】婴儿的动作发展遵循以下规律:从整体性动作到分化性动作;从上身到下身(头尾原则);从大肌肉到小肌肉(大小原则);从躯干到四肢(近远原则)。头—颈—躯干—下肢属于头尾原则。

参考答案:A

7.【解析】容易型类的婴儿的吃喝睡等生理机能有规律,节奏明显,容易适应新环境,容易接受新事物和不熟悉的人,情绪一般积极愉快,爱玩,对成人的交往行为反应积极。由于他们生活规律、情绪愉快且对成人的抚养活动提供大量的积极反馈(强化),因而容易受到成人最大的关怀和喜爱。

参考答案:A

8.【解析】困难型的婴儿爱发脾气,不易安抚,时常大声哭闹。在饮食、睡眠等生理机能活动方面缺乏规律性,对食物、新事物、新环境接受很慢。这种孩子需要成人极大的耐心和宽容。成人需要费很大的力气才能使他们接受抚爱,很难得到他们的正面反馈。

参考答案:D

9.【解析】依恋是婴儿与主要抚养人之间的最初的社会性联结,也是情感社会化的重要标志。

参考答案:A

10.【解析】乔姆斯基认为语法是生成的,婴儿先天具有一种普遍语法,语言获得过程就是由普遍语法向个别语法转化的过程,这一转化是由先天的语言获得装置(LAD)实现的。

参考答案:A

11.【解析】本题旨在考查考生对婴儿心理学研究方法的理解和掌握。视觉偏爱法用来探究婴儿对哪些刺激物感兴趣,注视时间长,可研究婴儿的知觉能力。习惯化是指由于重复刺激所造成的反应强度的逐渐降低的现象。去习惯化是指新的刺激导致反应性增加的现象。通过对习惯化和去习惯化现象的观察可了解婴儿对某些事物的知觉能力、记忆能力。操作性条件反射法也可用于婴儿的研究,通过观察儿童是否能够使用手、脚、吸吮等婴儿已经掌握的动作获取听觉刺激等了解儿童的知觉能力、学习能力、记忆能力。陌生情境法主要用来研究婴儿的依恋现象。因此本题选A。

参考答案:A

12.【解析】范茨通过视觉偏好法发现,0至2、3个月的小婴儿喜欢看正常的人的面孔图像,也比较偏好看五官位置颠倒的人面图像,这说明他们的注视兴趣在于人面图像的特征,如图形的模式、大小、颜色对比等。

参考答案:D

13.【解析】依恋是婴儿与主要抚养者(通常是母亲)之间的最初的社会性联结,也是情感社会化的重要标志,是指儿童(特别是婴儿)对成人(父母或其他看护者)之间所形成的持久的情感联系,选项D没有体现婴儿与母亲的情感联系。

参考答案:D

14.【解析】出现咿呀学语行为说明听觉和与发声有关的脑区器官发育正常,但如果这时候咿呀学语行为没有得到抚养者积极的反馈,将会无法正常过渡到下一个阶段并逐渐消退。

参考答案:B

15.【解析】"视崖实验"是证明婴儿深度知觉的一个著名的心理学实验,由吉布森和沃克发明。

参考答案:D

16.【解析】由于婴儿在2~3、4个月时已开始理解言语活动中的某些交往信息,能和成人进行"互相模仿"式的发音游戏,因此最初出现的词主要是父母经常使用的。

参考答案:A

17.【解析】格赛尔认为,支配儿童心理发展的是成熟,其中,没成熟是由遗传决定的,学习是后天经验的获得和行为的变化。他认为,儿童生理上由不成熟变成成熟的过程,是为学习做准备的过程。在生理成熟之前训练儿童去学习和掌握某种技能,效果欠佳甚至是无效的,一旦"准备"好,学习就会生效。

参考答案:B

18.【解析】个体认知发展中最早发生也是最早成熟的心理过程是感知觉。

参考答案:A

19.【解析】选项A和B是皮亚杰发明的,选项C由吉布森和沃克发明。

参考答案:D

20.【解析】婴儿的动作发展是从躯干到四肢,即从中心到边缘。

参考答案:C

21.【解析】婴儿的特殊的情绪联结阶段发生在6个月~2岁,婴儿对母亲的存在更加关切,特别愿意与母亲在一起,与她在一起时特别高兴,而当她离开时则哭喊,不让离开,别人还不能替代母亲使婴儿快活。

参考答案:D

22.【解析】婴儿期是个体生理和心理发展最迅速的时期。

参考答案:C

23.【解析】回避型依恋,这类婴儿对母亲在不在场都无所谓。母亲离开时,他们并不表示反抗,很少有紧张、不安的表现;当母亲回来时,也往往不予理会,表示忽略而不是高兴,自己玩自己的。

参考答案:C

24.【解析】陌生人焦虑一般在婴儿6~8个月时发生,6~7个月时,婴儿见到陌生人开始感到害怕,8个月时,婴儿明显怯生。

参考答案:D

25.【解析】婴儿可以用手指、点头或回答,这属于直观-行动概括。

参考答案:A

26.【解析】1~1.5岁的儿童处于单词句阶段。

参考答案:C

27.【解析】有差别的社会反应阶段(3~6个月):这时婴儿对人的反应有了区别,对人的反应有所选择,对母亲更为偏爱,对母亲和他所熟悉的人及陌生人的反应是不同。

参考答案:D

28.【解析】本题考查自我的发展。观察动物是否具有自我意识的测试是镜子测试,就是在动物身上做一个没有气味的颜色标记,这个标记被实验动物自己看不到,只能在镜子里看到,然后让其照镜子,观察其能否通过照镜子找到自己身上的颜色标记。因此本题选C。

参考答案:C

29.【解析】本题考查教养方式的类型。鲍姆令德根据要求和反应性两个维度,将父母教养方式分为权威型、专制型、放纵型。依恋是婴儿情感社会化的重要标志。因此本题选C。

参考答案:C

30.【解析】本题考查婴儿大脑的形态发展。婴儿大脑从胚胎时期开始发育,出生时已重达350~400克,是成人脑重的25%。此后第一年内脑重增长最快,6个月时已达700~800克(约占成人脑重的50%),12个月时已达800~900克,24个月时增长到1050~1150克(约占成人脑重的75%),36个月时脑重接近成人脑重范围。此后发育速度变慢,15岁时才达到成人水平。因此本题选D。

参考答案:D

二、多选题

1.【解析】婴儿的动作发展遵循以下规律:从整体性动作到分化性动作;从上身到下身(头尾原则);从大肌肉到小肌肉(大小原则);从躯干到四肢(近远原则)。

参考答案:BCD

2.【解析】安斯沃斯等通过陌生情境研究法,根据婴儿在陌生情境中的不同反应,将婴儿的依恋分为三种类型,安全型、回避型、反抗型。其中,安全型依恋为良好、积极的依恋,而回避型和反抗性依恋又被称为不安全性的依恋,是消极、不良的依恋。

参考答案:ABC

3.【解析】婴儿的气质类型可以划分为容易型、困难型和迟缓型。

参考答案:ABC

三、名词解释

1.【参考答案】

陌生情境法是由安斯沃斯和其同事创立的,用于测量依恋的实验工具,它先安排母婴在一个完全陌生的环境中,然后让婴儿分别经历母亲离开、陌生人进入等情境。观察婴儿在与母亲分离和相聚的过程中,以及面对陌生人的过程中的表现,从而对婴儿的依恋类型进行判断。

2.【参考答案】

视崖实验是证明婴儿深度知觉的一个著名的心理学实验,由吉布森和沃克发明。"视崖"是研究深度知觉的装置,设置为一张1.2米高的桌子,顶部是一块透明的厚玻璃。桌子的一半(浅滩)是用红白图案组成的结实桌面。另一半是同样的图案,但它在桌面下面的地板上(深渊)。在浅滩边上,图案垂直降到地面,虽然从上面看是直落到地上的,但实际上有玻璃贯穿整个桌面。在浅滩和深渊的中间是一块0.3米宽的中间板。吉布森和沃克通过视崖实验发现,婴儿在6个月就具有深度知觉的能力。

3.【参考答案】

安斯沃斯等通过陌生情境研究法,根据婴儿在陌生情境中的不同反应,将婴儿的依恋分为三种类型,安全型、回避型、反抗型。

安全型依恋的婴儿在与母亲一起时,能安逸地独立游戏,并不是总依偎在母亲身旁,只通过偶尔靠近或眼神注视与母亲交流,母亲在场时,婴儿感到足够的安全,能在陌生的环境中进行积极的探索和操作,对陌生人的反映也比较积极;当母亲离开时,明显表现出苦恼、不安;但当母亲回来时,会立即寻求与母亲接触,很容易被安抚。

4.【参考答案】

内部工作模型是由英国心理学家鲍尔比(bowlby)提出,指的是婴儿对接近与获得依恋对象的一系列期望,婴儿感受到的在面临困难时依恋对象为他提供支持的可能性,以及婴儿与依恋对象之间的互动等。这种表征为成为未来所有亲密关系的范型,并贯穿儿童期、青少年期以及成人期。

5.【参考答案】

依恋是指婴儿与主要抚养者(通常是母亲)之间的最初的社会性联结,也是情感社会化的重要标志,是指儿童对成人之间形成的持久的情感联系。分离焦虑和怯生是依恋形成的两个重要标志。

四、简答题

1.【参考答案】

新生儿具有人类面部识别能力,可以采用视觉偏好范式进行验证。同时给予方格图片、黑色图片、面孔图片,测试新生儿对三种图片的注视反应时间。结果会发现,对面孔的注视时间会远高于其他对象。当增加真实面孔进行实验时,3个月大时婴儿能够对不同的面孔特征做出辨别。同时可以采用眼动仪观察新生儿的注意特点。

2.【参考答案】

卡根将婴儿划分为两种气质类型,即抑制型和非抑制型。抑制型婴儿的主要特征是拘束克制、谨慎小心和温和谦让;非抑制型婴儿则相反,他们无拘无束、自由自在、精力旺盛、自发冲动。婴儿的这些不同的行为反应主要并集中地体现在他们对"不确定性"的反应中。

3.【参考答案】

视崖实验是证明婴儿深度知觉的一个著名的心理学实验,由吉布森和沃克发明。"视崖"是研究深度知觉的装置,设置为一张1.2米高的桌子,顶部是一块透明的厚玻璃。桌子的一半(浅滩)是用红白图案组成的结实桌面。另一半是同样的图案,但它在桌面下面的地板上(深渊)。在浅滩边上,图案垂直降到地面,虽然从上面看是直落到地上的,但实际上有玻璃贯穿整个桌面。在浅滩和深渊的中间是一块0.3米宽的中间板。视崖实验证明6个月的婴儿已经具备了深度知觉,对于"悬崖感到害怕",而小于6个月的婴儿已经开始注意到深与浅的差别,但并不害怕。(用视觉偏爱法或者习惯化与去习惯化方法举例说明,描述清楚实验方法和结论即可。)

4.【参考答案】

(1)新生儿期指的是,从儿童出生后15~30分钟剪断脐带的时刻起到28~30天。

(2)新生儿期是儿童心理发生的时期,是作为个体的人的心理发展的起点。新生儿的脑结构虽已具有成人脑的规模,但重量、容积特别是脑机能的发展还很不够。出生后几天,大部分时间保持睡眠状态。新生儿期是儿童从胎内生活转到胎外生活的过渡阶段,儿童从生理上的寄居生活转变为脱离母体的独立生活,开始肺呼吸,独自摄取营养;开始需要自动调节体温,以适应外界较低的温度;各种感官也开始发挥作用,以适应变化多端的外界环境;能独立地进行各种生理活动,如饮食、防御、抓握、定向、眨眼、吞咽、喷嚏等。出生后两周,新生儿在醒着和舒适的时候,自发的整体性动作开始活跃起来,开始产生明显的条件反射。新生儿最初的条件反射形成速度慢,不稳定,不易分化,但这标志着儿童心理的发生。标志着作为个体的人的意识的最原始形态。

5.【参考答案】

该表述正确。自我意识发展的第一个飞跃在1~3岁,婴儿显示出客体我的自我认知,这主要表现在如下两个方面:①婴儿开始把自己作为客体来认知。2岁左右的婴儿已经能够意识到自己的独特特征,能从客体(如照片、录像)中认出自己,这表明婴儿已经具有明确的客体我的自我认知。②能运用人称代词"你、我、他"称呼自己和他人,如用"我"表示自己。客体我自我意识的出现是个体自我意识发展的第一次飞跃。

6.【参考答案】

(1)动作发展的规律:①婴儿各种运动、动作的发展是其活动发展的直接前提,也是其心理发展的外在表现。婴儿动作发展的顺序是:抬头、翻身、坐、爬、站、走、跑、跳、攀。②婴儿的动作发展遵循以下原则:从整体性动作到分化性动作、从上身到下身(头尾原则)、从大肌肉到小肌肉(大小原则)、从躯干到四肢(近远原则)。

(2)动作发展的意义:①个体心理的起源与动作密切相关。动作发展在个体思维、智力的发展过程中起着决定性的作用。②从个体心理的发展历程上看,个体的心理发展是由外逐步内化的,而动作在心理的内化过程中起着关键性的作用,即动作是个体不断内化的基础,并为个体内化的心理活动提供丰富的素材,使个体心理的内化过程得以持续进行。③从个体心理发展的生理基础以及心理各个具体方面的早期发展来看,动作作为主体能动性的基本表现形式,在个体早期心理发展中起着重要的构建作用,它使个体能够积极地构建和参与自身的发展。

7.【参考答案】

安斯沃斯等通过陌生情境研究法,根据婴儿在陌生情境中的不同反应,认为婴儿依恋存在三种类型:

(1)安全型依恋

这类婴儿在与母亲一起时,能安逸地独立游戏,并不是总依偎在母亲身旁,只通过偶尔靠近或眼神注视与母亲交流,母亲在场时,婴儿感到足够的安全,能在陌生的环境中进行积极的探索和操作,对陌生人的反应也比较积极;当母亲离开时,明显表现出苦恼、不安;但当母亲回来时,会立即寻求与母亲接触,很容易被安抚。

(2)回避型依恋

这类婴儿对母亲在不在场都无所谓。母亲离开时,他们并不表示反抗,很少有紧张、不安的表现;当母亲回来时,也往往不予理会,表示忽略而不是高兴,自己玩自己的。

(3)反抗型依恋

这类婴儿在母亲要离开前就显得很警惕,当母亲离开时表现得非常苦恼、极度反抗,任何一次短暂的分离都会引出大喊大叫。但当母亲回来时,其对母亲的态度又是矛盾的,既寻求与母亲的接触,但同时又反抗与母亲的接触。

其中,安全型依恋为良好、积极的依恋,而回避型和反抗性依恋又被称为不安全性的依恋,是消极、不良的依恋。

8.【参考答案】

婴儿动作发展的顺序是:抬头、翻身、坐、爬、站、走、跑、跳、攀。婴儿的动作发展遵循以下规律:从整体性动作到分化性动作;从上身到下身,即头尾原则;从大肌肉到小肌肉,即大小原则;从躯干到四肢,即近远原则。

①格赛尔认为,支配儿童心理发展的是成熟,其中,成熟是由遗传决定的,学习是后天经验的获得和行为的变化。他认为,儿童生理上由不成熟变成成熟的过程,是为学习做准备的过程。在生理成熟之前训练儿童去学习和掌握某种技能,效果欠佳甚至是无效的,一旦"准备"好,学习就会生效。②学习与教育:学习为个体提高必要的刺激与经验,对个体动作的发展有一定的刺激或阻碍作用。③营养与健康:营养不良或营养过剩对儿童生理上的影响直接表现在动作发展上。④环境因素:气候、文化背景等。

9.【参考答案】

婴儿气质类型与家长教养方式相互影响。研究者提出,安全型依恋可能从中起了保护作用,引导儿童将父母严苛的教养方式理解为亲切的教导,而不安全型依恋的儿童则可能会将其解释为威胁性因素。

(1)权威型父母教出的孩子往往很自信、独立而且积极热情。总体而言,这些儿童比其他三类儿童幸福得多,他们的问题更少,而且更加成功。

(2)宽容型父母或忽视型父母教出的孩子通常不够成熟,更容易冲动,依赖性更强,要求也更高。

(3)专制型父母教出的孩子通常容易焦虑,而且没有安全感。实际上,在一些案例中,专制型教养方式可能是导致儿童反社会行为的风险因素。

(4)对于不安全型依恋的个体而言,专制型父母的教养方式会增加他们日后产生反社会行为的风险,而且安全型依恋的儿童则能够不加反抗地容忍专制型父母的教养方式。

10.【参考答案】

关于儿童语言发展的三种理论取向包括

先天获得论、后天习得论以及相互作用论。

(1)先天获得论的代表人物是乔姆斯基，乔姆斯基提出转化生成说，认为语言是利用规则去理解和创造的，而不是通过模仿和强化得来的；语法是生成的，婴儿先天具有一种普遍语法，语言获得过程就是由普遍语法向个别语法转化的过程，这一转化是由先天的语言获得装置(LAD)实现的；每个句子都有其深层和表层结构，句子的深层结构(语义)通过转化规则变为表层结构(语音等)，从而被感知和传达。

(2)后天习得论的代表人物有斯金纳提出的强化说；奥尔波特、班杜拉和怀特赫斯特提出的模仿说。①斯金纳认为语言的获得就是条件反射的建立，而强化在这一过程中起着非常重要的作用。②奥尔波特认为婴儿语言只是对成人语言的模仿，是成人语言的简单翻版。③班杜拉认为，婴儿主要通过各种社会言语模式的观察学习而获得言语能力的。④怀特赫斯特提出选择性模仿，认为婴儿对成人语言的模仿是有所改造、有所选择的。

(3)相互作用论主要代表人物皮亚杰，皮亚杰认为语言是儿童的一种符号功能，语言源于智力并随认知结构的发展而发展。认知起因于主客体之间的相互作用，在这种相互作用的过程中，由于动作的发展与协调才产生了逻辑，由此才导致了语言的产生。近年来，语言发展的新理论强调内部经验和环境输入之间的相互作用，强调语言学习的社会环境。与他人交流的先天能力与丰富的语言、社会环境结合起来，帮助婴儿去发现语言的功能和规则

11.【参考答案】

儿童语言发展经历了以下几个阶段：

(1)前言语阶段：(0~12个月)：婴儿掌握言语之前的一个较长的言语发生的准备阶段，一般是从婴儿出生到第一个具有真正意义的词产生之前的这段时间。在4~6个月会出现牙牙学语。

(2)言语的发生(大约在1岁)：说出第一个具有真正意义的词，具有很强的场合约定性。

(3)单词句时期(1岁~1岁半)：主要发展对言语的理解，儿童往往用一个词代表一个句子。单词句含义通常不明确，发音也不清晰，例如“妈妈”可以表示“要妈妈抱”，也可以表示“妈妈我饿了”。

(4)简单句时期(1岁半~2岁)：词汇量迅速增加，能说出不完整的双词句或多词句(典型的会出现电报句，如“狗狗咬”表示小狗正在咬东西)。

(5)复合句时期(2~3岁)：20~30个月是婴儿基本掌握语法的关键期，简单句日渐完整，复合句开始发展。而到36个月时，婴儿已基本上掌握了母语的语法规则系统。

五、论述题

1.【参考答案】

(1)习惯化-去习惯化原理

习惯化-去习惯化是婴儿认知研究的重要范式之一。习惯化是指婴儿对一个重复出现的刺激逐渐熟悉，兴趣下降，表现为注视时间减少或吸吮频率恢复到基线水平；去习惯化是指当刺激发生变化时，婴儿再次对刺激物产生兴趣，注视时间增加或吸吮频率下降。该程序可用以揭示婴儿是否能够辨别刺激之间的差异。

(2)实验逻辑分析

如果婴儿认识到这一伸手动作是指向某一特定客体(带有某种意图的动作)，而不仅仅是一个具有特定时空形式的动作，则他们对新客体老动作事件的注视时间的去习惯化应高于对老客体新动作事件的去习惯化，因为新客体事件违背了基于动作意图的预期。而如果婴儿只对动作形式做出反应，则他们对老客体新动作事件的去习惯化要高于对新客体老动作事件的去习惯化，因为老客体事件违背了基于动作形式的预期。

(3)实验结果含义分析

结果显示，6个月的婴儿对新客体事件的去习惯化程度更高。说明6个月的婴儿已经认识到习惯化的事件是指向特定客体的伸手动作，即动作是带有特定意图的，而不仅仅是一个伸手动作。因此，当出现违背婴儿基于动作意图预期的事件时，他们表现出了更高的去习惯化程度。

2.【参考答案】

(1)习得(或经验)论：言语是通过学习获得的。强调家庭和社会环境对言语发展的重要作用。①强化说认为，认为言语的获得就是条件反射的建立，而强化在这一过程中起着非常重要的作用。强化说可以解释清楚某些低级言语的发生过程，如最初的语音和单个单词等。②模仿说认为，儿童是在没有强化的条件下通过观察、模仿而学习语言的。“大约1岁时，能说出被他人理解的词”，说明儿童在家庭和社会环境中，会观察学习模仿言语，逐渐获得言语产生的能力。

(2)先天论：语言能力是人类与生俱来的。①转化生成说认为，认为语言是利用规则去理解和创造的，而不是通过模仿和强化得来的；语法是生成的，婴儿先天具有一种普遍语法，语言获得过程就是由普遍语法向个别语法转化的过程，这一转化是由先天的语言获得装置(LAD)实现的；每个句子都有其深层和表层结构，句子的深层结构(语义)通过转化规则变为表层结构(语音等)，从而被感知和传达；“人工野孩”的研究公布之后，乔姆斯基对理论进行补充，认为作为言语获得基础的先天机制，后天必须及时地暴露于语言的刺激下而被激活，否则就会失败。②认知学说认为，认为语言是儿童的一种符号功能，语言源于智力并随认知结构的发展而发展。认知起因于主客体之间的相互作用，在这种相互作用的过程中，由于动作的发展与协调才产生了逻辑，由此才导致了语言的产生。“2岁末能说出词组；4~5岁能说出符合语法结构的句子”，说明儿童本身具有语言获得装置，由于认知结构的不断发展，导致了语言的产生。

3.【参考答案】

(1)依恋对婴儿心理发展的影响：依恋是婴幼儿最早出现的心理模式之一，对未来心理的发展具有重要的影响。第一，依恋是幼儿出生后最早形成的人际关系，是成人后形成的人际关系的缩影。鲍尔贝认为个体早期与主要抚养者的生活体验会促使其对自我、世界以及自我和外界之间的关联产生期待和信念，形成心理表征即内部工作模型。所谓内部工作模型，指的是婴儿对接近与获得依恋对象的一系列期望，婴儿感受到的在面临困难时依恋对象为他提供支持的可能性，以及婴儿与依恋对象之间的互动等。这种表征为成为未来所有亲密关系的范型，并贯穿儿童期、青少年期以及成人期。

第二，依恋影响未来的心理健康教育。大多数纵向研究发现，形成非安全型依恋的幼儿出现内化或外化的情绪、行为问题的比率远远超过了形成安全型依恋的幼儿。

第三，依恋关系具有传递性，会影响到儿童成人后与自己孩子的抚养关系。研究发现，依恋具有传递性，幼儿早期与父母形成安全型依恋，在幼儿长大为人父母时，也更容易与自己的孩子形成安全型依恋，反之亦然。

(2)入托或入园时，幼儿可能会产生分离焦虑，这是正常的心理现象。其主要原因可能有两个方面：一方面，幼儿对父母稳定的依恋情感，另一方面是幼儿对于陌生环境的本能的不安全感或恐惧感。两方面因素相互作用导致幼儿产生入托或入园初期的分离焦虑现象。如果幼儿长时期处于这种恐惧不安、沉默忧虑等消极情绪状态下，会严重影响到他们的身心健康。因此，帮助幼儿缩短适应期、较快地稳定情绪是非常重要的。因此当婴幼儿与抚养者分离时，如果有其他人陪伴，就能减轻他们对分离的焦虑，分离焦虑的反应强度也较低。老师是幼儿入托或入园后的“重要他人”和“权威人物”，幼儿对父母的依恋情感可以转移到老师身上，而这种依恋情感能否安全转

移，主要取决于老师对幼儿的照料态度和方式。如果老师能从不同依恋类型幼儿的不同特点入手来进行有针对性的教育，将更有利于幼儿依恋情感的转移。

4.【参考答案】

(1)最初的情绪反应

伊扎德认为人的原始情绪有5种，即惊奇、伤心、厌恶、最初步的微笑和兴趣。

儿童最初的这种情绪反应大多是先天性的，是遗传本能，且与儿童生理需要直接相关，即初生婴儿的情绪基本都是生理性的，是一种原始的、本能的反应。

(2)当婴儿哭泣的时候，立刻将他抱起来，具有非常重大的意义。

①婴儿会因为立刻被抱起来而感受到母亲的爱，同时享受心灵的滋润。

②婴儿会因为立刻被抱起来，而使得对于呼吸有帮助的特定反射神经进行作用，因此呼吸起来会更顺畅。以上这两项都与语言的发育有密不可分的关系。

(3)母亲对婴儿哭闹的反应直接影响婴儿依恋的形成，依恋是个体与主要抚养者(通常是母亲)间的最初的社会性联结，也是情感社会化的重要标志。婴儿是否同母亲形成依恋，及依恋性质如何，直接影响婴儿情绪情感、亲社会行为及对人际交往的基本态度。

因此，婴儿哭闹时应该立刻去安抚。

5.【参考答案】

(1)研究主题是依恋，研究手段是陌生情境研究法。

(2)A是安全型依恋，B是反抗型依恋。

(3)母亲的抚养方式和儿童自身的气质类型之间相互作用，共同影响儿童的依恋类型和依恋安全性。抚养方式会对婴儿的依恋类型形成影响，儿童自身的气质类型会通过改变父母的养育方式影响依恋类型的形成。例如，父母喜欢容易照看的婴儿，这类婴儿与养育者容易形成安全型的依恋类型，难以照看的婴儿给父母带来很多困扰，会影响父母的耐心，不利于形成安全型的依恋类型。

6.【参考答案】

(1)由于后天的环境使得婴儿的气质发生变化。

(2)卡根将婴儿划分为两种气质类型，即抑制型和非抑制型。抑制型婴儿的主要特征是拘束克制、谨慎小心和温和谦让；非抑制型婴儿则相反，他们无拘无束、自由自在、精力旺盛、自发冲动。婴儿的这些不同的行为反应主要并集中地体现在他们对“不确定性”的反应中。社会环境和后天的教养对婴儿气质的变化有着不可忽视的持续性影响。由于家庭间、同伴间和师生之间所存在的社会性相互作用网络的深刻的影响，婴儿气质大都会发生一定甚至较大的变化。卡根在研究中发现，一个在30个月时属于极端抑制型的男孩，由于家庭教养和后天环境的影响，到5岁时转变成为一个非抑制型儿童。卡根认为这主要是社会化所使然。

(3)气质对儿童认知发展、情绪控制和行为调节等方面发展均具有有效预测作用。婴儿气质对早期教养的影响主要体现在不同气质类型的婴儿对早期教养的适应性和要求不尽相同。①容易型婴儿各种教养方式都容易适应。②困难型婴儿的父母从一开始就面临着早期教养和亲子关系的问题，只有特别热情耐心、有爱心地对待这些孩子，全面考虑他们的气质特点，积极采取适合于其特点的措施，才是有效而科学的抚养方式。③迟缓型婴儿教养的关键，在于他们按照自己的速度和特点去适应环境，顺其自然。研究发现，气质会随着年龄的增长而变化，这说明环境并非总是支持某种气质类型。托马斯和切斯提出了拟合优度模式，来描述气质与环境因素是怎样相互作用，即气质类型的形成，关键在于父母的教养方式是否与儿童的气质特点相符合。父母教养和孩子的气质不一致，称为拟合劣化，它会助长孩子的抵抗性和充满冲突的人格。这个模型提示我们：每个婴儿都是带着独一无二的气质来到这个世界上的，气质无好坏之分，父母要做的就是提供适合儿童发展的成长环境，给他们成长的力量，帮助他们迎接成长的挑战。

第五章　幼儿的心理发展(3~6/7岁)

第一节　幼儿神经系统的发展

考点1　幼儿神经系统的发展

1.【解析】儿童大脑各区成熟的顺序是：枕叶—颞叶—顶叶—额叶。

参考答案：D

2.【解析】同第1题。

参考答案：A

3.【解析】本题考查儿童大脑结构的发展。幼儿期是儿童大脑发育最快的时期。3岁儿童平均脑重1011g，7岁儿童的平均脑重为1280g，基本接近成人的脑重。因此本题选C。

参考答案：C

第二节　幼儿的游戏

考点1　幼儿游戏理论

1.【解析】彪勒的机能快乐说，强调游戏是儿童从行为中获得机体愉快的手段。

参考答案：C

2.【解析】当代游戏理论的精神分析理论中，弗洛伊德认为游戏有潜意识的成分，游戏是补偿现实生活中不能满足的愿望和克服创伤性事件的手段。

参考答案：C

3.【参考答案】

早期游戏理论：(1)霍尔的复演说，认为游戏是远古时代人类祖先的生活特征在儿童身上的复演，不同年龄的儿童以不同形式重演祖先的本能特征。(2)席勒-斯宾塞的精力过剩说，将游戏看作儿童借以发泄体内过剩精力的一种方式。(3)彪勒的机能快乐说，强调游戏是儿童从行为中获得机体愉快的手段。(4)格罗斯的生活准备说，把游戏看作是儿童对未来生活的无意识的准备，是一种本能的练习活动。(5)拉扎鲁斯-帕特瑞克的娱乐放松说，认为游戏不是源于精力的过剩，而是来自放松的需要。(6)博伊千介克的成熟说，认为游戏不是本能，而是一般欲望的表现。(挑选5种游戏的理论进行介绍即可。)

考点2　游戏种类和发展

1.【解析】幼儿的年龄在3~6/7岁左右，根据皮亚杰对游戏的分类，幼儿处于象征性游戏阶段，儿童在这个阶段已经掌握了一定数量的语言，但不能完全依赖语言进行思维，主要通过表象来进行思维。幼儿的象征性游戏主要是能够以物代物、以人代人、以假想的情境或行动，将现实生活反映出来，如扮过家家、扮医生等。皮亚杰把象征性游戏称为“儿童游戏的高峰”。

参考答案：D

2.【解析】“过家家”属于象征性游戏。根据皮亚杰对游戏的分类，儿童在象征性游戏阶段已经掌握了一定数量的语言，但不能完全依赖语言进行思维，主要通过表象来进行思维。幼儿的象征性游戏主要是能够以物代物、以人代人、以假想的情境或行动，将现实生活反映出来，如扮过家家、扮医生等。皮亚杰把象征性游戏称为“儿童游戏的高峰”。

参考答案：C

3.【参考答案】

皮亚杰根据儿童认知发展阶段把游戏分为：练习游戏、象征性游戏和有规则游戏。

①练习性游戏阶段(0~2岁)

这是个体游戏发展的第一阶段，也称感觉运动游戏和机能性游戏阶段。儿童主要靠动作和感觉来认识客观事物，游戏的动力在于感觉器官和运动器官获得快感。儿童的游戏形式经常是反复性的动作，如绕着屋子里走或跑，反复地扔一个玩具等。

②象征性游戏阶段(假装游戏)(2~7岁)

皮亚杰把象征性游戏称为“儿童游戏的

高峰”。儿童在这个阶段已经掌握了一定数量的语言,但不能完全依赖语言进行思维。主要通过表象来进行思维。幼儿的象征性游戏主要是能够以物代物、以人代人、以假想的情境或行动,将现实生活反映出来,如扮过家家、扮医生等。

③规则游戏阶段(7~11、12岁)

当儿童的思维发展达到能破除“自我中心化”后,即儿童能站在他人的立场来看问题时,就能学会用别人的观点来校正自己的观点。在游戏中,儿童在同伴之间会遵守共同的游戏规则,如下棋、打球。

第三节　幼儿言语的发展

考点1　幼儿言语的发展

1.【解析】幼儿期句子的发展,儿童最初掌握的是陈述句,到幼儿期,所掌握的疑问句、祈使句和感叹句等也逐渐增加。

参考答案:B

2.【解析】20~30个月时,是婴儿基本掌握语法的关键期。而在36个月时,婴儿已经基本掌握了母语的语法规则体系,成为一个颇具表达力的“谈话者”。

参考答案:C

3.【参考答案】

幼儿言语发展有以下特点:

首先,幼儿词汇的发展的表现:儿童词汇的发展有先后顺序,而且对情境的依赖性较强;儿童词汇的发展不均衡,发展呈阶段性。幼儿的词汇发展主要表现如下:(1)词汇数量的增加,幼儿期是一生中词汇数量增加最快的时期,直线上升。(2)词汇内容不断丰富,随着年龄增长,幼儿词汇的概括性和抽象性在增加,对掌握的每个词的外延和内涵的理解也不断丰富和深化。(3)词类范围不断扩大,研究表明,幼儿先后掌握的是名词、动词、形容词等实词,但是虚词掌握较晚,没有明显增加。(4)积极词汇的增长,积极词汇是指儿童既能理解又能正确使用的词汇,消极词汇是指或者不能理解或者有些理解却不能正确使用的词汇。

其次,语法的掌握:儿童语法的发展通常从两个方面表现出来,即句子的长短和句子结构的完整性、复杂性。(1)从简单句到复合句:幼儿主要使用简单句。2岁前儿童虽已使用复合句,但比例相当小,随着年龄的增长,复合句所占比例逐渐增加。(2)从陈述句到多种形式的句子:儿童最初掌握的是陈述句,到幼儿期,所掌握的疑问句、祈使句和感叹句等也逐渐增加。(3)从无修饰句到修饰句:儿童最初的简单句是没有修饰语的,以后便出现了简单修饰语和复杂修饰语。

最后,口语表达能力的发展:从对话言语逐渐过渡到独白言语、从情境性语言过渡到连贯性语言、内部语言的发生发展。3岁前儿童与成人的言语交际,往往仅限于回答成人提出的问题,有时也向成人提出一些问题或要求,所以主要是对话言语。幼儿初期儿童言语表达具有情景性特点。

第四节　幼儿认知的发展

考点1　幼儿记忆的发展

1.【参考答案】

幼儿记忆发展有以下特点:

(1)记忆容量的增加,一般认为,儿童的记忆容量随年龄增长而增加。研究表明,成人短时记忆容量为7±2个信息单元(组块),而7岁儿童尚未达到这一标准。

(2)无意识记和有意识记的发展,幼儿初期的儿童无意识记占优势。凡是儿童感兴趣的、印象鲜明、强烈的事物就容易记住,让记忆服从于一定目的还有困难。在教育的影响下,幼儿晚期的儿童有意识记和追忆的能力逐步发展起来。有意识记的出现标志着儿童记忆发展上的一个质变。

(3)形象记忆和语词记忆的发展,整个幼儿期,形象记忆占主要地位。研究表明:无论哪个年龄阶段,形象记忆效果都优于语词记忆效果;儿童两种记忆效果都随年龄增长而提高,而语词记忆效果的发展速率要高于形象记忆。

(4)自传式记忆,自传式记忆是指对个人特别重要的回忆或经历。儿童对新异事物的记忆往往是非常好的,但婴幼儿对于事件的记忆非常容易被误导,他们会以为一些虚构的事件或强加在自己身上的事情是真的发生了。

(5)记忆策略和元记忆的形成,记忆策略的形成:记忆策略是人们为有效地完成记忆任务而采用的方法或手段。个体的记忆策略是不断发展的。0~5岁,无策略;5~7岁,不能主动运用策略;10岁以后,主动自觉运用策略。记忆策略的主要有复述和系统化两种。元记忆的形成:元记忆就是关于记忆过程的知识或认知活动。研究表明,即使是三四岁的儿童也知道人的思维是有限的,而且有些信息更容易学习和保存。

考点2　幼儿思维的发展

1.【解析】4岁儿童能掌握数的概念,包括理解,可以理解数的组成,并且掌握实物概念,因此能够借助实物操作类似“2+2=?”的加减法,选项A正确。根据皮亚杰思维发展理论,4岁儿童的思维属于前运算阶段,主要是表象性思维,选项B错误。前运算阶段思维的基本特点是相对具体性、不可逆性、自我中心性和刻板性,选项C和D错误。

参考答案:A

2.【解析】本题旨在考查考生对皮亚杰守恒实验的掌握。皮亚杰认为守恒概念的获得是儿童认知水平发展的一个重要标志。皮亚杰设计的守恒问题包括数量守恒、容量守恒、长度守恒、面积守恒等。皮亚杰认为处于前运算阶段的儿童还不能理解不变性原则,还没有获得思维的可逆性,他们的思维只能集中于问题的一个维度。随着儿童年龄的增加,逐渐意识到一个维度的变化总是伴随着另一个维度的改变。在几个选项中,容量守恒涉及的维度更多,因此本题选A。

参考答案:A

3.【参考答案】

(1)实验目的:皮亚杰用“三山实验”说明幼儿思维的自我中心性。

(2)实验过程:三座山以不同的颜色来区分,一座山上有一间房屋,另一座山顶上有一个红的十字架,还有一座山上覆盖着白雪。让儿童坐在桌子的一边,桌子放着这个模型。

实验一:问儿童“娃娃看到了什么”。

实验二:让儿童从不同角度的照片中挑选出娃娃所看见的照片。

实验三:给儿童三种硬纸板,按娃娃所见排列三座山。

(3)实验结论:皮亚杰用“三山实验”证明幼儿思维的自我中心性,即儿童仅从自己的角度去看问题,不认为别人和自己有不同的观点,相信任何人的观点、想法和情绪体验都和自己是一样的。

(4)后人认为三山实验难度太高,如果选材更为贴近儿童的认知水平,那么他们是可以完成的,例如博克设计的农场景观模型,设定为一个有小湖、森林、动物、建筑物和人的农庄,或者娃娃替换为儿童更熟悉的动画片的人物,3岁儿童即可完成这个任务,因此有研究者认为皮亚杰低估了幼儿思维的发展。

考点3　心理理论

1.【解析】本题旨在考查考生对幼儿心理发展理论的理解和掌握。心理理论是指对别人和自己的心理状态和心理经验的认识,并由此对相应的行为做出因果性的预测和解释。题目中,让幼儿对猎人的心理状态进行揣测,让其判断“猎人知不知道书袋里藏着狼”,考查的就是对心理理论的掌握情况。4岁左右,幼儿能认识到信念和愿望会决定行为,成功完成“错误信念任务”意味着心理状态的成熟;6岁以后,儿童才能正确理解“二级错误信念任务”(知道他人认为某人拥有某个信念错了)。题干中的问题就是在考查“二级错误信念任务”。因此本题选D。

参考答案:D

2.【参考答案】

(1)心理理论是指个体对自己或他人的

内在心理状态与外在行为的认识能力，即对自己或他人的信念愿望和意图的理解能力。一般认为，对心理状态的成熟认识是建立在“信念-愿望”系统之上，4岁左右开始形成，其标志是成功完成“错误信念”的任务。6岁以后儿童才能正确理解“二级错误信念任务”。错误信念是衡量儿童是否具有心理理论的重要指标。

(2)儿童心理理论发展的影响因素，首先是家庭。家庭是儿童最先接触的小社会，是儿童早期社会化的主要场所，而家庭中的父母作为儿童重要的抚养者，对于儿童各个方面的发展起着不可替代的作用。影响心理理论发展的家庭因素包括家庭规模、家庭假装游戏、家庭言语交流、父母教养态度和家庭背景等。

①家庭规模能较好预测儿童心理理论的发展水平。家庭规模大，家庭成员越多，与他人之间的交流机会越多，则将促进期心理理论的更好发展。

②假装游戏有助于儿童理解心理和现实的区别。家庭是儿童早期假装游戏的最重要的场所，儿童-兄弟姐妹的假装交流更能促进儿童心理理论的发展。

③家庭言语交流和儿童心理理论的发展存在着密切的关系。父母如果注意使用有关心理状态的术语，经常与儿童有意识地交流，将有助于儿童心理理论的发展。

④父母教养态度与儿童心理理论发展有一定关系，但要考虑到不同文化背景。

此外，随着儿童年龄的增长，同伴关系对儿童心理理论发展的影响越来越大。良好的同伴关系有助于儿童各种知识技能的获得，尤其是社会认知能力的发展。儿童与同伴间积极交往的频次越高、时间越多，越有利于儿童心理理论能力的获得和进一步发展，受欢迎儿童比被拒绝儿童能够更好地理解他人的心理状态。

第五节 幼儿个性的初步形成和社会性的发展

考点1 自我意识和自我调节的发展

1.【解析】幼儿自我评价的特点：从轻信成人的评价到自己独立评价；从对外部行为的评价到对内心品质的评价；从比较笼统的评价到比较细致的评价；从带有极大主观情绪性的自我评价到初步客观的评价；开始以道德行为的准则进行评价，还未有细致深刻性评价。

参考答案：ABC

2.【参考答案】

(1)自我概念的发展

幼儿的概念是“物理概念”，儿童对内在的心理体验和外在的物理体验不加区分。

(2)自我评价的发展

自我评价的能力在3岁儿童中还不明显，发生转折的年龄是3.5~4岁，5岁儿童绝大多数已能进行自我评价。

幼儿自我评价的特点：从轻信成人的评价到自己独立评价；从对外部行为的评价到对内心品质的评价；从比较笼统的评价到比较细致的评价；从带有极大主观情绪性的自我评价到初步客观的评价；开始以道德行为的准则进行评价。

(3)自我情绪体验的发展

自我情绪体验在3岁儿童中还不明显，发生转折的年龄在4岁，5~6岁儿童大多数已表现有自我情绪体验。其中最值得重视的是自尊，儿童在3岁左右产生自尊的萌芽。

(4)自我控制的发展

自我控制是对优势反应发抑制和对劣势反应的唤起的能力。

从缺乏自我控制能力到有自我控制的转折年龄是4~5岁。5~6岁儿童绝大多数都有一定的控制能力，但总的来说，幼儿自控能力较弱。

考点2 道德认知的发展

1.【解析】科尔伯格提出了三水平六阶段理论，其中习俗水平(10~13岁)是主要满足社会期望。包括阶段三，“好孩子”定向阶段：遵从陈规，帮助、取悦他人，避免他人不赞成，不喜欢。阶段四，维护权威和秩序的定向阶段：遵从法律权威，避免受到谴责。

参考答案：D

2.【解析】科尔伯格道德推理阶段包括前习俗阶段、习俗阶段和后习俗阶段。

参考答案：D

3.【解析】维护权威和秩序的定向阶段属于习俗水平。

参考答案：B

4.【解析】根据动机判断行为好坏，属于自律道德阶段。

参考答案：A

5.【参考答案】

(1)科尔伯格运用两难故事法，把道德研究扩展到成人，提出了三水平六阶段理论：①前习俗水平(4~10岁)：主要着眼于自身的具体结果。阶段一，服从与惩罚定向阶段：遵从规则以避免惩罚。阶段二，天真的利己主义阶段：遵从习惯以获得奖赏。②习俗水平(10~13岁)：主要满足社会期望。阶段三，“好孩子”定向阶段：遵从陈规，帮助、取悦他人，避免他人不赞成，不喜欢。阶段四，维护权威和秩序的定向阶段：遵从法律权威，避免受到谴责。③后习俗水平(13岁以后)：主要履行自己选择的道德准则。阶段五，社会契约定向阶段：遵从社会契约，维护公共利益。阶段六，普遍道德原则定向阶段：遵从良心式原则，避免自我责备。柯尔伯格认为，并不是每个人都会经历所有这些发展时期，有些人直到成年都没有超越寻求认可阶段或顺从权威阶段。

(2)评价：①贡献：科尔伯格将研究对象延伸到青少年，采用了包含更多道德规范要素的道德两难故事，运用了更多把握青少年思想的个别访谈法，因此，科尔伯格所概括的道德认知发展的阶段理论年龄适应面更广，是对皮亚杰的方法和理论的系统扩展。②不足之处：首先，在科尔伯格的模型中，不同的道德阶段遵循不变的发展次序，这种次序是不可逆的。但是有研究发现，跨越阶段的发展和向较低阶段退化的现象都是很频繁的。其次，科尔伯格认为儿童道德判断的成熟能预示其道德行为的成熟。有研究显示，儿童的诚实与欺骗多半有赖于情境，而不依赖其普遍的、一贯的道德特征。最后，科尔伯格的理论强调公正推理水平是道德发展的最好指标，他的早期研究也发现女性的道德推理水平一般低于男性。吉列根指出科尔伯格的理论建立在男性常模之上，这对擅长从人际关系、关怀的角度解释道德两难情境的女性是不公平的。

考点4 性别角色认同和性别化的发展

1.【解析】性别认同是一个人在基本生物学特征上属于男或女的认知和接受，即理解性别。性别刻板印象指人们对男性和女性的假想特征所抱有的信念。性别角色标准是社会成员公认的适合于男性或女性的动机、价值、行为方式和个性特征等，反映了文化或亚文化对不同性别成员行为适当性的期望。性别偏爱即性别角色偏爱，是指对与性别相联系的活动和态度的个人偏爱。

参考答案：A

2.【解析】性别角色标准社会成公认的适合于男性或女性的动机、价值、行为方式和性格特征等，反映了文化或亚文化对不同性别成员行为适当性的期望。如题干中提到的儿童会认为女性玩偶更多地从事做饭、缝衣服、玩娃娃等活动，而男性玩偶更多地从事打架、爬树、开卡车等活动。

参考答案：A

3.【解析】性别角色标准是指社会成员公认的适合于男性或女性的动机、价值、行为方式等的总和。

参考答案：A

4.【解析】科尔伯格性别认同阶段：(1)基本性别认同阶段：儿童大约3岁就能识别自己与他人的性别。(2)性别稳定性阶段：4岁时意识到性别不会随年龄的改变而改变，但仍认为改变服装等行为将会导致一个人转换性别。(3)性别恒常性阶段:7岁时认识到性别不可改变,性别恒常性的认识与认知守恒能力发展相关。

参考答案:D

5.【解析】美国心理学家贝姆于1974年发表了性别角色量表,这是第一个用来测量相互独立的性别角色的测验工具。BSRI根据被试自陈是否具有社会赞许的男性化或女性化性格特征来评价其男性化和女性化程度。这是一个7点量表,包括60个描述性格特征的形容词,男性化量表20个,女性化量表20个,中性20个。目前最常用的是用中位数分类法将人归于不同的性别角色组,男性化和女性化得分都很高,也就是能动性和交际性最高的人划分为双性化型,得分都低的划为未分化型。(桑标版)

参考答案:C

6.【参考答案】

科尔伯格认为要形成较为稳固的性别认同,个体往往要经历以下三个阶段:

(1)基本性别认同阶段:基本性别认同是指个体对自己及他人性别能予以准确地识别。科尔伯格认为,一般到3岁,个体才能获得基本的性别认同,确定自己是男孩还是女孩。

(2)性别稳定性阶段:大约4岁时,个体对性别的永恒性开始有了一个大概的把握,认识到性别不会随年龄的改变而改变这一事实,即男孩长大后必定是男人,女孩长大后必定是女人。但是,处于该阶段的个体获得的对性别稳定性的认识还不够牢固,会认为:改变发型、衣服等行为将会导致一个人转换性别。

(3)性别恒常性阶段:在学前阶段后期和学龄阶段早期(5~7岁)个体对性别的认识更趋成熟。他们了解到这样一个事实:外貌可以改变,但性别是恒定的,一个人的性别具有跨情景的一致性。

考点5　同伴关系和社会技能训练

1.【解析】本题主要考查同伴的类型。同伴提名法是发展心理学里的一种常用方法,主要程序为儿童对于自己喜欢和不喜欢的同伴进行提名,或者提名最能胜任某一任务的同伴。受到同伴正向和负向提名都较多的是矛盾的儿童,又称为有争议的儿童。

参考答案:C

章节考点　综合训练

一、单选题

1.【解析】幼儿期是指三岁至六七岁的儿童时期,儿童的主导活动对其心理发展的内容和性质具有决定性意义。游戏是幼儿期儿童的主导活动。游戏对幼儿心理发展具有重要意义。

参考答案:B

2.【解析】中国的教育家、心理学家陶行知、陈鹤琴认为游戏是适合幼儿特点的一种独特的活动形式,也是促进幼儿心理发展的一种最好的活动方式。首先,游戏具有社会性,是人类社会活动的一种初级模拟形式,反映了儿童周围的社会生活。其次,游戏是想象与现实生活的一种独特结合,它不是社会生活的简单翻版,而是对客观现实的一种特殊的反映。最后,游戏是幼儿有意识、有目的、主动参与、且伴有愉悦体验的活动。

参考答案:C

3.【解析】2~7岁的儿童处于象征性游戏阶段又称假装游戏阶段,儿童在这个阶段已经掌握了一定数量的语言,但不能完全依赖语言进行思维,主要通过表象来进行思维。这个年龄阶段对应前运算思维阶段。

参考答案:D

4.【解析】参考第3题。

参考答案:A

5.【解析】学前儿童是指三岁至六七岁的儿童时期,游戏是幼儿期儿童的主导活动。此时不同性别的儿童的最大区别在于对游戏方式的偏好。

参考答案:B

6.【解析】巴特森提出元交际理论。

参考答案:B

7.【解析】幼儿用积木搭建高楼、用橡皮泥做人偶、用纸折小船的活动都属于结构游戏。

参考答案:C

8.【解析】3~6岁被称为幼儿期。

参考答案:B

9.【解析】模仿是幼儿习得行为、社交技能、活动方式和操作经验等重要学习途径。

参考答案:C

10.【解析】幼儿概括的内涵往往不精确,有时失之过宽,有时失之过窄,这是幼儿概括的特点。

参考答案:D

11.【解析】幼儿思维的特点是具体形象性和不随意性占主导地位,抽象逻辑性和随意性初步发展。

参考答案:A

12.【解析】1~1.5岁,幼儿开始说出他们的第一批词,进入语言发展单词句阶段。

参考答案:C

13.【解析】第一逆反期的表现是幼儿要求行为活动自主和实现自我意志,反抗父母控制,这是发展中的正常现象。其年龄主要在3~4岁,因个体发展的需要会有所提前或延后。反抗的对象主要是父母,其次是其他养育者。

参考答案:C

14.【解析】根据科尔伯格的道德发展阶段理论,好孩子定向属于习俗水平。

参考答案:B

15.【解析】皮亚杰用对偶故事法研究儿童道德认知发展。

参考答案:D

16.【解析】习俗水平(10~13岁)中的"好孩子"定向阶段:遵从陈规,帮助、取悦他人,避免他人不赞成,不喜欢,儿童表现为寻求认可。

参考答案:C

17.【解析】科尔伯格认为遵从陈规,帮助、取悦他人,避免他人不赞成,不喜欢是处于好孩子定向。

参考答案:D

18.【解析】寻求认可阶段的儿童,认为所谓对的,就是应该扮演一个好角色,关心别人,珍惜别人的感情,与伙伴保持忠诚和信赖,激励遵守规则和期望。

参考答案:B

19.【解析】电报句,婴儿约从1.5~2岁开始出现了双词或三词组合在一起的语句。它在表达一个意思时,虽然比单词句明确,但表现形式却是断续、简略的,结构不完整。

参考答案:B

20.【解析】帕顿提出:2~3岁的孩子独自游戏、旁观、平行游戏较多。

参考答案:D

21.【解析】幼儿初期的儿童无意识记占优势。凡是儿童感兴趣的、印象鲜明、强烈的事物就容易记住,让记忆服从于一定目的还有困难。在教育的影响下,幼儿晚期的儿童有意识记和追忆的能力逐步发展起来。有意识记的出现标志着儿童记忆发展上的一个质变。

参考答案:A

22.【解析】本题考查不同游戏理论的观点。复演论强调游戏是远古时代人类祖先的生活特征在儿童身上的重演。认知动力说认为,游戏是儿童认识新的复杂客体和事件的手段,是巩固和扩大概念和技能的方法,是使思维和行为结合起来的手段。精神分析论强调游戏是够补偿现实生活中不能满足的愿望和克服创伤性事件的手段。觉醒-寻求理论认为游戏与中枢神经系统活动状态——觉醒有关,游戏是内部动机引起的行为,是由于有机体需要寻求刺激,以维持和调节中枢神经系统的觉醒水平。综上所述,本题选B。

参考答案:B

23.【解析】本题考查科尔伯格的道德发展理论。科尔伯格将道德发展划分为三水平六阶段,科尔伯格认为,幼儿的道德发展处于前习俗水平,此时幼儿尊重权威,目的是逃避来自严厉权威者的惩罚,同时出于自己的利益并考虑别人会如何回报他们的行动而服从、遵守规则。选项中,只有C选项属于前习俗水平,因此本题选C。

参考答案:C

24.【解析】本题考查性别化的理论观点。认知理论认为,儿童性别角色的发展部分依赖于儿童的认知发展。因此本题选C。

参考答案:C

25.【解析】本题考查考生对人类神经系统功能的掌握情况。大脑的偏侧化优势在新生儿期就有所表现。BCD均正确,因此不符合题意,故选A。

参考答案:A

26.【解析】本题考查科尔伯格道德发展阶段。根据题意所述,丹丹赞成海因兹偷药的原因是觉得一个好丈夫应该照顾好自己的妻子,这是遵守规则为了获得他人的肯定,属于好孩子定向阶段的典型特点。因此本题选C。

参考答案:C

27.【解析】本题考查皮亚杰的经典实验。①皮亚杰在著名的钟摆实验中,给8~9岁的孩子和13岁的孩子提供了不同长度及不同重量的钟摆,以及一个用于悬挂钟摆的架子,要求他们找出影响钟摆速度的因素。年龄较小的孩子在解决问题时,试图研究每个因素的影响,但不知道研究一个因素的作用的同时控制另一个因素。而较大的孩子,综合考虑了四个因素,每次实验时控制其中的三个因素,只改变一个变量,他们最终发现,绳子长度影响钟摆速度。因此,皮亚杰认为,具体运算阶段的儿童不会进行系统的假设演绎推理,而形式运算阶段的儿童就能进行形式化的运算和假设演绎推理。②皮亚杰通过守恒实验验证了前运算阶段的儿童具有不可逆性的特点,能否通过守恒是区分前运算阶段和具体运算阶段的标志。③皮亚杰通过三山实验验证了前运算阶段的儿童具有自我中心性的特点。③A非B错误是指如果婴儿在第一个隐藏位置A几次找到一个物体,然后看到它被移到第二个位置B,他们仍然在第一个隐藏位置A去搜索,这是婴儿在感知运动阶段会出现的现象。综上所述,本题选A。

参考答案:A

二、多选题

1.【解析】柯尔伯格道德推理阶段包括习俗前道德阶段、习俗道德阶段、后习俗道德阶段。

参考答案:BCD

2.【解析】本题旨在考查考生对发展心理学中道德发展理论的了解和掌握。柯尔伯格认为道德认知发展分为三个水平,每个水平又分成两个阶段。①前习俗水平,包括服从与惩罚的道德定向阶段和相对的功利主义的道德定向阶段。②习俗水平,包括人际和谐(或好孩子)的道德定向阶段和维护权威或秩序的道德定向阶段。③后习俗水平,包括社会契约的道德定向阶段和普遍原则的道德定向阶段。

参考答案:AD

三、名词解释

1.【参考答案】

心理理论是指个体对自己或他人的内在心理状态与外在行为的认识能力,即对自己或他人的信念愿望和意图的理解能力。一般认为,对心理状态的成熟认识是建立在"信念-愿望"系统之上,4岁左右开始形成,其标志是成功完成"错误信念"的任务。6岁以后儿童才能正确理解"二级错误信念任务"。错误信念是衡量儿童是否具有心理理论的重要指标。

2.【参考答案】

具体形象思维是幼儿主导的思维形式,所谓的具体形象性思维就是指儿童的思维主要是凭借事物的具体形象或表象,即凭借具体形象的联想进行的,而不是凭借对事物的内在本质和关系的理解。

3.【参考答案】

游戏复演说是早期的游戏理论,由霍尔提出,认为游戏是远古时代人类祖先的生活特征在儿童身上的重演。

四、简答题

1.【参考答案】

皮亚杰用"三山实验"证明幼儿思维的自我中心性,即儿童仅从自己的角度去看问题,不认为别人和自己有不同的观点,相信任何人的观点、想法和情绪体验都和自己是一样的。

实验过程:三座山以不同的颜色来区分,一座山上有一间房屋,另一座山顶上有一个红的十字架,还有一座山上覆盖着白雪。让儿童坐在桌子的一边,桌子放着这个模型。实验者把一个娃娃放在桌子周围的不同位置。首先让儿童(被试)从前后、左右不同方位观察这座模型,问儿童:"娃娃看到了什么?"幼儿很难回答。然后在第二个实验中,让儿童看四张从前后、左右四个方位所摄的沙丘的照片,让儿童指出和自己站在不同方位的另外一人(实验者或娃娃)所看到的沙丘情景与哪张照片一样。第三个实验则给儿童三张硬纸板,要儿童按娃娃所见把三座山排好。

实验结果发现8岁以下儿童一般不能成功完成任务。大多数6岁以下儿童选择的照片或搭建的模型,与他们个人的观察角度一致,而不是娃娃的。据此,皮亚杰认为幼儿在对事物进行判断时是以自我为中心的,不能采纳别人的观点。后来,也有一些研究者通过改进实验,提出当场景是儿童熟悉的,问题也容易让儿童理解时,幼儿是能够考虑到别人的观点的。

2.【参考答案】

处于前运算的儿童缺乏类包含的能力,类包含是指一类物体与其子类的关系。原则上,总类中物体的数量必然大于任一子类中物体的数量。皮亚杰认为前运算阶段的儿童缺乏这种推理能力。不能同时想到一个子类和整个一类。如他给儿童呈现一束由4朵红花和2朵白花组成的花束,问儿童"红花多还是花多",前运算阶段的儿童通常回答"红花多"。

而在这个研究中,对提问方式做了改动,第二种问法的正确率达到了48%,明显高于第一种的25%。说明措辞的变化改变了问题的难度,增加了儿童成功完成类包含任务的比例。

3.【参考答案】

(1)儿童的同伴关系是儿童在交往过程中建立和发展起来的一种儿童之间特别是同龄人之间的人际关系。儿童早期的友谊一般是脆弱的、易变的,很快形成,又很快破裂。幼儿的友谊多半建立在地理位置接近、有共同的兴趣和喜爱的活动以及拥有有趣的玩具的基础上。

(2)同伴可以满足儿童归属与爱的需要,以及尊重的需要;同伴交往为儿童提供了学习他人反应的机会。同伴的影响主要是通过强化、模仿和同化的机制实现的,同伴榜样在儿童行为和态度的改变上具有很大的作用;同伴是儿童特殊的信息渠道和参考框架;同伴既可以给儿童提供关于自我的信息,又可以作为儿童与他人比较的对象;同伴是儿童得到情感支持的一个来源。另外,早期的同伴关系不良将导致以后社会适应困难。

4.【参考答案】

(1)心理理论:个体对自己或他人的内在心理状态与外在行为的认识能力,即对自己或他人的信念愿望和意图的理解能力。

(2)错误信念任务是指,通过儿童对他人信念的认知来考察儿童心理理论的发展。实验程序:向被试呈现两个洋娃娃,一个叫萨莉(身边有一个篮子),一个叫安娜(身边有一个盒子)。萨莉把一个小球放到篮子里,然后用布将篮子盖起来后离开。安娜在萨莉走后,将小球从篮中取出放进身边的盒子里。过一会儿,萨莉回来,这时主试问儿童:"萨莉会到哪里去找小球呢?"研究表明,4岁以前儿童还不能认识到他人会有错误信念。

Perner和Wimmer(1985)编制了研究儿童二级错误信念的实验故事。

实验过程为:

实验者给儿童讲故事:约翰和玛丽在公园里玩,他们看到了一个人在卖冰激凌。玛丽想买冰激凌,但身上没有带钱。她就回家去取钱,约翰也回家去吃午饭了。而卖冰激凌的人在他们走后,也离开公园到学校去了。玛丽回家拿到钱后就往公园走,这时她看见卖冰激凌的人正往学校去。她问卖冰激凌的人要往哪里去，并说她要跟他去学校买一块冰激凌。约翰吃完午饭来到玛丽家找她，玛丽的母亲告诉他玛丽去买冰激凌了。约翰就离开玛丽家去找玛丽了。讲完故事后，实验者然后问儿童："约翰认为玛丽去哪里买冰激凌了？"

一般认为，对心理状态的成熟认识是建立在"信念-愿望"系统之上，4岁左右开始形成，其标志是成功完成"错误信念"的任务。6岁以后儿童才能正确理解"二级错误信念任务"。错误信念是衡量儿童是否具有心理理论的重要指标。

5.【参考答案】

（一）含义：性别认同是对一个人在基本生物学特性上属于男或女的认知和接受，即理解性别。包括：正确使用性别标签；理解性别的稳定性；理解性别的坚定性等。

（二）发展阶段

科尔伯格认为要形成较为稳固的性别认同，个体往往要经历以下三个阶段：

（1）基本性别认同阶段：基本性别认同是指个体对自己及他人性别能予以准确地识别。科尔伯格认为，一般到3岁，个体才能获得基本的性别认同，确定自己是男孩还是女孩。

（2）性别稳定性阶段：大约4岁时，个体对性别的永恒性开始有了一个大概的把握，认识到性别不会随年龄的改变而改变这一事实，即男孩长大后必定是男人，女孩长大后必定是女人。但是，处于该阶段的个体获得的对性别稳定性的认识还不够牢固，会认为改变发型、衣服等行为将会导致一个人转换性别。

（3）性别恒常性阶段：在学前阶段后期和学龄阶段早期（5~7岁），个体对性别的认识更趋成熟。他们了解到这样一个事实：外貌可以改变吗，但性别是恒定的，一个人的性别具有跨情景的一致性。

（三）影响因素

（1）生物因素

①激素水平：激素是高度特异化的化学物质，它能与接受激素信息并对其作出反应的细胞发生相互作用。胎儿期和青春期是受生物学因素影响较大的两个时期。

②大脑两半球功能的分化程度：脑的研究表明，行为在一定程度上决定于大脑两半球的组织方式。大脑左半球以空间信息加工为主，左半球则以言语信息加工为主。

（2）社会因素

①社会环境的强化

a. 父母的影响：父母很早就对儿童开始了性别角色的指导，他们积极地鼓励和强化儿童以适合性别的方式行动。

b. 学校的影响：学校也是影响儿童性别角色发展的重要环境，教师对待男孩与女孩的行为方式发挥着重要影响。

②对性别榜样的模仿和内化

模仿或观察学习是性别角色社会化的重要机制，儿童往往会追随或模仿同性别的成人榜样的行为，在观察学习的基础上获得了这些性别角色行为。

③媒体的作用

媒体对儿童性别化的发展具有普遍而深刻的影响，媒体容易增强儿童的性别刻板印象。

6.【参考答案】

2岁儿童能够按照自己的刻板印象给照片上的人贴上男或女的标签，然而还不能确定自己的性别。2.5~3岁儿童能正确说出自己是男孩或是女孩，但是不能认识到性别是不变的属性。3~5岁儿童还不能理解性别的稳定性，认为一个人只要换换衣服和发型就能变成另一性别的人。学前儿童对性别的认同缺乏灵活性，对于男孩和女孩应该怎样有着严格的想法。5岁前儿童对性别刻板印象的信念变得越来越强烈。父母都有一套性别角色标准，在孩子出生后，父母就把自己的性别角色标准以各种方式传递给子女。他们鼓励那些符合性别角色标准的行为，制裁那些不适当的行为。5~6岁儿童开始明确性别是永久的，也正在寻求男孩和女孩应该如何表现的行为准则。4~9岁的男女儿童对性别角色标准有了更多的了解，并且遵从这些社会要求。

7.【参考答案】

（1）皮亚杰设计的守恒问题包括数量守恒、液体守恒、长度守恒、重量守恒等。数量守恒实验是给儿童呈现两排砝码或糖果，前后排列一致，让他们回答两排砝码或糖果的数量是否一样多。幼儿一般回答说一样多，如果实验者把其中的一排扩大或缩小间距，改变其外在形态，然后让幼儿回答这两排的数量是否一样多。液体守恒实验是给儿童呈现两个一样的杯子，将水装至两杯子同一高度水平，让幼儿明白两杯子中的水一样多，然后将其中的一杯水倒入一个较高或一个扁平的杯子中，问幼儿两杯水是否一样多。长度守恒实验是先向幼儿呈现两根相等的直线，移动其中一根，然后问幼儿移动后的两根直线是否相等。重量守恒实验是先向幼儿呈现两个一样重量的泥球，改变其中一个泥球的形状，然后问幼儿两个泥球的重量是否相等。

（2）皮亚杰把儿童心理发展划分为四个阶段。①感知运动阶段（0~2岁）：这个时期的儿童主要凭感知运动手段反映外界刺激，协调并适应外界环境，其智力处于感知运动水平。形成客体永久性，对自我和他人的概念有了初步的了解。②前运算思维阶段（2~7岁）：从这个时期开始，儿童具有表象思维，有运用符号的能力，其智力活动处于表象水平。思维不可逆，自我中心，未掌握守恒，这个阶段的儿童思维不可逆，因此不能通过皮亚杰守恒实验的测试，表现出泛灵论。③具体运算阶段（7~12岁）：这个时期儿童的认知能力摆脱知觉的局限，获得概念的稳定性，达到守恒。这个阶段的儿童能正确回答守恒的测验。④形式运算阶段（12~15岁）：这个时期儿童的思维形式能够从具体内容中解放出来，能够提出假设，凭借演绎推理、归纳推理解决抽象问题。其智力活动达到抽象思维阶段。

8.【参考答案】

科尔伯格用道德两难故事通过研究将儿童、青少年道德认知发展分为三个水平，每个水平又包含两个特定的道德阶段：

（1）前习俗水平：关注行为引起的结果，着眼于从行动的具体结果及与自身的利害关系来判断是非，儿童无内在的道德标准。

阶段1：惩罚与服从取向阶段。这个阶段的儿童认为凡是权威人物的就是好的，遭到他们批评的就是坏的。他们道德判断的理由是根据是否受到惩罚或服从权力。

阶段2：相对功利取向阶段：这一阶段儿童在做有关道德判断时，仍会受行为结果的驱使，但也关注互惠性的想法。

（2）习俗水平：这一水平上的儿童不再根据直接的具体结果来看待行为，而能考虑到更多的社会性因素来做出道德问题的决定。

阶段3：寻求认可取向阶段。这个阶段的儿童认为一个人的行为正确与否，主要看他是否为别人所喜爱，是否对别人有帮助或受别人称赞。

阶段4：遵守法规取向阶段。这一阶段的儿童意识到了普遍的社会秩序，强调服从法律，使社会秩序得以维持。儿童遵守不变的法则和尊重权威，并要求别人也遵守。

（3）后习俗水平：这一水平上的认为不违背多数人的意愿、不损害多数人的幸福、不违反一般的道德原则的行为就是最好的行为。

阶段5：社会契约取向阶段。处于此阶段的青少年看待法律较为灵活，认识到法律、社会习俗仅是一种社会契约，是可以改变的，而不是固定不变的。

阶段6：普遍伦理取向阶段。这个阶段的青少年，能够依据自己选定的基本伦理原则和个人良心办事。在判断道德行为时，不仅考虑到适合法律的道德准则，同时也考虑到未成文的有普遍意义的道德准则。

对教育实践的指导价值：

我国目前的道德教育形式主要是德育课，但是德育课的上课数量和质量是不忍直视的，因此如何开展德育课是我国目前德育教育刻不容缓的工作。

(1)改变德育课的授课模式，培养学生的主动性。

科尔伯格的儿童道德认知发展理论重视学生的道德判断、推理与选择能力的培养，启发、诱导激励学生积极思维，使道德教育内容能真正被学生所接受、所领悟、所内化。因此，我们学校的道德教育也应提倡启发式教学。

(2)改变德育课的授课内容，侧重培养学生的价值观。

道德教育的关键在于促进学生道德判断能力的提升。因此，我国的德育课应在帮助学生明辨是非的基础上，促进学生形成正确的价值观念，并让学生在正确价值取向的指导下形成健康的人格。

(3)因材施教，重视学生的个性发展。

我们要根据学生个体发展的需要，由学生主动来寻求咨询的一种思想教育方式。学生的自主、自立、自强意识的日益强烈，也要求德育教师更多地采取咨询式的教育方式与方法。

(4)壮大德育课的教师队伍，提高教师的自身素质。

我们的德育课目前面临很多问题，要想改变德育课的授课模式、授课内容，这些都离不开授课教师，因为教师一个人便决定了整个课堂。在素质教育的大环境下，我们都在强调教师的转型，因此德育课的教师也不能例外。

(5)加强校园文化和班级文化建设

道德氛围会潜移默化地影响每一个在校的学生，很多例子告诉我们，如果一个学校对学生的文明礼貌，讲卫生要求得严格，学校里的老师也都做到位，那么这个学校里的大部分学生都会受其影响，在不知不觉中就构建了自己的德育建设。

9.【参考答案】

皮亚杰认为儿童的道德认知是从他律道德向自律道德转化的过程。他将儿童道德认知发展分为三个阶段：

①前道德阶段：婴儿时期，行为直接受行为结果的支配，没有道德感。这一阶段的儿童既不是道德的，也不是非道德的；

②他律道德阶段：幼儿时期，认为规则是绝对的，固定不变的，是由权威赋予的，按是否遵从权威来判断是非，判断行为的好坏完全根据行为的结果，而不是根据主观动机；

③自律道德阶段：幼儿晚期，这一阶段的儿童更多地根据动机而不是结果来判断行为的好坏，认识到规则是可以通过协商和讨论得以改变的，并形成了自己内化的道德标准。

五、论述题

1.【参考答案】

5岁的瞳瞳处于幼儿期，游戏是其主导活动，儿童的主导活动对其心理发展的内容和性质具有决定性意义。

游戏对儿童心理发展的意义在于：

首先，游戏可以促进儿童的认知发展。儿童在游戏中学习，在游戏中成长；通过各种游戏，使幼儿运动器官得到很好的发展。

其次，它和儿童的社会能力发展有关，尤其是想象性游戏。儿童可以在假想的情景里，按照自己的意愿扮演各种角色，体验各种角色的思想和情感。通过游戏还可教会儿童如何在游戏集体里发挥自己的作用，学会如何使自己的行为与自己扮演的角色以及别的儿童相协调，通过各种游戏，使幼儿认知和社会交往能力更快、更好发展。

第三，游戏孩子还在发展儿童的自我控制、活动方式以及改造儿童问题行为方面也起着重要作用。游戏可以帮助儿童学会表达和控制情绪，学会处理焦虑和内心冲突；儿童在成长的过程中要学会把攻击性行为与恰当的自我坚信区分开来，把冲动与有意义的行动区分开来，把自我中心与共享区分开来。一些儿童心理治疗家强调了游戏活动是使儿童表现这类课题并学会加以区分的重要方式，对培养良好的个性品质同样有重要作用。

2.【参考答案】

根据科尔伯格的儿童道德发展阶段，儿童的道德发展分为以下几个阶段：

(1)前习俗水平(4~10岁)：主要着眼于自身的具体结果。阶段一，服从与惩罚定向阶段：遵从规则以避免惩罚。阶段二，天真的利己主义阶段：遵从习惯以获得奖赏。

(2)习俗水平(10~13岁)：主要满足社会期望。阶段三，“好孩子”定向阶段：遵从陈规，帮助、取悦他人，避免他人不赞成，不喜欢。阶段四，维护权威和秩序的定向阶段：遵从法律权威，避免受到谴责。

(3)后习俗水平(13岁以后)：主要履行自己选择的道德准则。阶段五，社会契约定向阶段：遵从社会契约，维护公共利益。阶段六，普遍道德原则定向阶段：遵从良心原则，避免自我责备。

婴幼儿的道德发展处于前习俗水平，此时幼儿尊重权威，目的是逃避来自严厉权威者的惩罚，同时出于自己的利益并考虑别人会如何回报他们的行动而服从、遵守规则，从而形成他律的道德判断。幼儿认知思维具有自我中心的倾向，不可逆性以及缺乏灵活性，因此幼儿缺乏灵活的道德判断能力，而此时的儿童的主要依赖于父母的照顾，因此容易遵从权威的观点。

在整个小学阶段，儿童的品德发展表现出协调性的特点。儿童逐步形成系统的道德认识及相应的道德行为习惯，道德言行从比较协调到逐步分化，道德动机、道德观念、道德情感和道德行为都在迅速发展。在小学阶段，学习逐渐成为小学儿童的主导活动，儿童思维从以具体形象思维逐步过渡到抽象逻辑思维，各种推理能力以及思维的品质都在迅速发展。因此，儿童具备了学习道德行为规范的能力。儿童的自我意识更加深刻，逐步发展内化的行为准则来监督、调节、控制自己的行为。儿童的自我中心成分逐渐减少，对他人的认识也逐渐趋于客观和深刻，社会性交往的发展和范围的扩大，儿童的社会交往能力不断提高。这些认知和社会交往能力的发展，促进了儿童道德发展。

青少年期，个体道德推理的发展趋势是从前习俗推理向更为习俗化的推理转变。这是由于青少年逻辑思维得到发展，同时所面对的社会环境的复杂性，他们逐渐形成对家庭、同伴和更广泛的社会中不同的道德规范和要求的认识。

总之，道德发展的转变来自外界环境和个体发展的交互作用，一方面由于受到家庭和社会大环境的影响，通过观察模仿学习道德知识。另一方面，儿童的心智发展逐渐趋于成熟和稳定，开始遵从属于自己的道德评价。

3.【参考答案】

皮亚杰把儿童认知发展划分为三个阶段。①前道德阶段：婴儿时期，行为直接受行为结果支配，没有道德感。②他律道德阶段：幼儿时期，道德判断时受他自身以外的价值标准所支配的，儿童认为规则、规范是由权威人士制定的，并且不可改变，判断行为的好坏是根据行为的结果，而不是根据主观动机，因而具有从他性和情境性的特点。③自律道德阶段：幼儿晚期，根据动机判断行为好坏，规则可通过协商讨论而调整和改变，形成了自己的内化了的道德标准。

“儿童被撞，衣服划破，怕被责骂”的心理，根据皮亚杰的理论属于他律道德阶段。他律道德阶段的儿童认为规则、规范都是权威人士制定的，并且不可改变，判断行为的好坏是根据行为的结果，所以会担心自己的衣服划破，违反了父母制定的规则，产生了不好的行为。皮亚杰认为儿童的道德认知是从他律道德向自律道德转化的过程，而幼儿的道德认知发展正处于第二阶段，这种他律性实际是幼儿认知的自我中心和实在论的反映。

4.【参考答案】

(1)科尔伯格运用两难故事法，提出了三水平六阶段理论：①前习俗水平(4~10

岁):主要着眼于自身的具体结果。阶段一,服从与惩罚定向阶段:遵从规则以避免惩罚。阶段二,天真的利己主义阶段:遵从习惯以获得奖赏。②习俗水平(10~13岁):主要满足社会期望。阶段三,“好孩子”定向阶段:遵从陈规,帮助、取悦他人,避免他人不赞成,不喜欢。阶段四,维护权威和秩序的定向阶段:遵从法律权威,避免受到谴责。③后习俗水平(13岁以后):主要履行自己选择的道德准则。阶段五,社会契约定向阶段:遵从社会契约,维护公共利益。阶段六,普遍道德原则定向阶段:遵从良心式原则,避免自我责备。柯尔伯格认为,并不是每个人都会经历所有这些发展时期,有些人直到成年都没有超越寻求认可阶段或顺从权威阶段。

(2)第二阶段是天真的利己主义的阶段,遵从习惯以获得奖赏。这个阶段的儿童会认为:A并没有伤害药剂师,他最终会偿还的,他只是不想失去他的母亲,他应该去偷药。因此会赞同A偷窃。反对偷窃的儿童会说:药剂师并没有错,他只是跟其他人一样想获益,想赚钱而已。第三阶段是好孩子的定向阶段;这个阶段倾向于赞许、愉悦和帮助别人。维护良好关系的道德品质,评价别人时考虑到意向,为了免遭非难而遵从准则。处于这个阶段的儿童会认为:偷窃是不对的,但A母亲只是做了一个好儿子应该做的事情,不能因为他孝顺而指责他。因此会赞同A偷窃。反对偷窃的儿童会说:如果A的母亲死了,他也不应该受到指责,真正自私、没有良心的人是药剂师。第四个阶段是维护权利和社会秩序的道德取向:遵从法律权威,避免受到谴责。这个阶段赞同偷窃的儿童会说:A是去救他的母亲,但是不能破坏法律,他必须偿还药费,并受到由偷窃所带来的惩罚。反对偷窃的儿童会说:A想救他的母亲是很正常的,但是他的偷窃行为是错误的,不管你的情感处于什么特殊的情况,都必须遵守规则。

5.【参考答案】

(1)弗洛伊德有关儿童道德发展的理论强调超我的出现,道德发展是父母权威的内化。超我出现在前生殖器期(3~6岁)。当儿童出现欲望或需要时,自我会寻找现实手段去满足本我的需要。之后,儿童逐渐将父母的道德观念和规则内化为自己的,形成了超我。超我是一个内部审查机制,要求自我努力寻找符合社会要求的手段。

联系材料做分析:3岁时,平平的超我还未出现,当他想要玩玩具时,使用最直接的手段过去抢,快速满足本我的欲望。妈妈对他的行为给予了及时的批评。并在日后的教育中表明了对于分享行为的赞赏。平平逐渐将妈妈的这种道德观念和规则内化。5岁时,他选择了更被社会接受的手段与同伴分享和交换玩具,满足了自己想玩对方玩具的愿望。7岁时,平平表现出主动的亲社会行为,进一步反映了他的超我的发展。

(2)班杜拉的理论强调观察学习与替代强化的作用。观察学习是指通过观察别人(榜样)所表现的行为及其结果而进行的学习。在这一过程中,学习者不必直接做出反应,也不必亲自体验强化,而只要观察他人在一定环境中的行为及他人所接受的强化就能完成学习。

联系材料做分析:平平观察到了丽丽的分享行为,也观察到了这种行为受到了强化,即成人的表扬。平平受到了替代强化,学习到了这种行为,自己也将玩具与同伴分享。平平主动与福利院的孩子分享,进一步反映了替代性强化对道德行为塑造的结果。

(3)皮亚杰的道德发展理论强调儿童的认知发展与道德判断对道德行为的影响。最初,儿童是缺少规则意识的。到5岁时,儿童进入了他律道德阶段,有了规则意识,并且会努力在行为上遵守规则。

联系材料做分析:平平抢玩具的行为出现在3岁左右,还没有形成道德规则,他是按自己的意愿行事的,看到喜欢的玩具就去抢。但妈妈告诉平平不能抢、要和别人分享等,使平平逐渐建立起了规则意识。5岁时,他再遇到类似情境就学会了按规则行事。7岁时,随着思维水平的发展,平平在亲社会行为中逐渐有了自己的规则。

6.【参考答案】

(1)皮亚杰将儿童思维发展划分为以下几个阶段:①感知运动阶段(0~2岁):这个时期的儿童主要凭感知运动手段反映外界刺激,协调并适应外界环境,其智力处于感知运动水平。对自我和他人的概念有了初步的了解。形成客体永久性。②前运算思维阶段(2~7岁):从这个时期开始,儿童具有表象思维,有运用符号的能力,其智力活动处于表象水平。思维不可逆,未掌握守恒,具有泛灵论的特点;皮亚杰通过“三山实验”证明这一阶段的儿童思维具有自我中心性。③具体运算阶段(7~12岁):这个时期儿童的认知能力摆脱知觉的局限,获得概念的稳定性,达到守恒。对具体问题可以进行逻辑运算,思维具有可逆性。其智力活动处于获得概念稳定性,进行逻辑思维阶段。④形式运算阶段(12~15岁):这个时期儿童的思维形式能够从具体内容中解放出来,能够提出假设,凭借演绎推理、归纳推理解决抽象问题。其智力活动达到抽象思维阶段。

(2)①现有的研究结果表明,6个月的婴儿已能进行模仿,12个月以前已能利用工具解决问题,并获得了手段-目的分析策略,表明婴儿的表征能力在很早时候就已产生,推翻了“皮亚杰表象是感知运动阶段的最终成就的结论”。②皮亚杰通过“三山实验”证明了幼儿思维的自我中心性,但后来博克设计的农场景观模型,说明了儿童的非自我中心。皮亚杰认为守恒直到前运算阶段结束时才出现,但是,研究表明,儿童经过一定的训练和体验,便能学会正确回答守恒任务中的问题,此外,达森及其同事的研究表明,对幼儿守恒的训练结果与文化背景有关。③总类中物体的数量必然大于任一子类中物体的数量,皮亚杰认为前运算阶段的儿童缺乏这种推理能力,此外,皮亚杰还认为幼儿不能区分一个物体表面看起来像什么和真的是什么,不能进行因果推理,现有研究表明,皮亚杰的研究手段过多地靠言语呈现问题和推理判断,给幼儿理解问题本身带来了困难,实际上,如果问题以一种简化的方式呈现,内容是幼儿熟悉的,幼儿就能像学龄初期儿童那样进行较复杂的推理。综上所述,皮亚杰低估了儿童的能力。

7.【参考答案】

(1)题目所述表示幼儿园的小凯存在攻击性行为。影响攻击行为的可能因素包括:①生态学理论认为,人有基本的攻击本能,攻击行为是物种进化的结果;小凯年纪比较小,没有内化成人的社会规范,无法控制自己的攻击本能。②新行为主义者把攻击作为挫折的结果,攻击可以减轻挫折的痛苦。小凯有可能在跟小朋友的人际交往过程中,遇到了挫折,因此通过攻击来减轻挫折的痛苦。③社会学习论认为,攻击行为是通过直接强化或观察学习习得的,攻击行为具有工具性价值,是达到其他目的的有效手段,因此小凯的攻击行为有可能是通过观察身边人的攻击行为而习得的行为方式。

(2)干预攻击行为的方式:①消除对侵犯行为的奖赏和关注;例如,小凯有攻击性行为时,不予理睬。②榜样和认知训练策略;例如,对小凯表现良好的行为,给予奖励,或者当面赞赏那些表现良好的儿童行为。③移情训练;例如,当小凯采取攻击性行为时,可以问他“别人这样打你的时候,你有什么感受?是不是很痛”。④创造减少冲突的环境。例如,小凯争夺玩具而产生攻击性行为,可以购买足够多的玩具,或者将孩子分离在两个不同的房间,创造减少冲突的环境。

8.【参考答案】

(1)阶段排序:“兔兔”属于单词句阶段,大约处于1~1.5岁;“妈妈坐腿”属于电报句阶段,大约处于1.5~2岁;“爸爸穿新衣服”属于复合句阶段,主谓宾结构符合母语基本语法，大约在2~3岁之间开始产生；“你看我跳舞”也属于复合句，但复杂程度高于“爸爸穿新衣服”，主谓宾宾补结构，因此相对较晚出现。

(2)各阶段特点：婴幼儿言语发展主要经历五个阶段：①前言语阶段(0~12个月)，婴儿咿呀学语，前言语具有目的性、约定性、指代性；②言语发生阶段(10~14个月)，说出第一个具有真正意义的词，场合限制性较强；③单词句阶段(1~1.5岁)，一次只说单词，一个词代表一整句的意思；19个月时出现“词语爆炸”现象，单词学习的速度显著增长；④电报句阶段(1.5~2岁)，从单词句到双词句或多词句，但不连贯；⑤复合句阶段(2~3岁)，20~30个月是婴儿基本掌握语法的关键期。到36个月时，婴儿已基本上掌握了母语的语法规则系统；此后，幼儿词汇量快速增加，句子的完整程度和复杂程度逐渐提高，从无修饰句到修饰句，并从陈述句发展到多种形式的句子。

9.【参考答案】

(1)科尔伯格把道德研究扩展到成人，提出了三水平六阶段理论：①前习俗水平(4~10岁)：主要着眼于自身的具体结果。阶段一，服从与惩罚定向阶段：遵从规则以避免惩罚；阶段二，天真的利己主义阶段：遵从习惯以获得奖赏；②习俗水平(10~13岁)：主要满足社会期望。阶段三，“好孩子”定向阶段：遵从陈规，帮助、取悦他人，避免他人不赞成，不喜欢；阶段四，维护权威和秩序的定向阶段：遵从法律权威，避免受到谴责；③后习俗水平(13岁以后)：主要履行自己选择的道德准则。阶段五，社会契约定向阶段：遵从社会契约，维护公共利益；阶段六，普遍的伦理原则阶段：遵从良心式原则，避免自我责备。

(2)小明认为海因兹没有对药剂师做什么伤害行为，以后还可以把钱还给药剂师，如果他不想失去妻子，就应该去偷药，这种道德判断主要是遵从习惯以获得奖赏，因此小明的道德认知发展处于前习俗水平中天真的利己主义阶段。

(3)小华认为，海因兹想挽救妻子的生命是可以理解的，但采取偷窃的方法是不对的，不管什么情况下个体都应该遵守规则，这种道德判断主要是遵从法律权威，避免受到谴责，因此小华的道德认知发展处于习俗水平中的维护权威和秩序的定向阶段。

10.【参考答案】

(1)皮亚杰认为2~7岁儿童的思维属于前运算阶段，这一阶段儿童主要是表象性思维，思维的基本特点是相对具体性、自我中心性和不可逆性。

例如3岁小孩学熊爸爸熊宝宝的对话，这体现了学前期的儿童通过具体形象来进行思维；自己喜欢的也觉得妈妈会喜欢体现了儿童的自我中心性思维，即只站在自己的角度理解问题，认为别人的想法跟自己一样；4岁的孩子不能通过液体守恒的实验，这时候的儿童的思维具有不可逆性，注意的是事物表面的、明显的特征，儿童仅能关注事物的某一个方面，而不能同时关注多个方面。

(2)幼儿思维的特点：

①思维的具体形象性是主要特点。所谓的具体形象性思维就是指儿童的思维主要是凭借事物的具体形象或表象，即凭借具体形象的联想进行的，而主要不是凭借对事物的内在本质和关系的理解。

②抽象逻辑性开始萌芽。在整个幼儿期，儿童的思维水平是不断提高的。幼儿初期，儿童更多地运用直觉行动思维，在幼儿中期后，则开始出现抽象逻辑思维的萌芽。直觉行动思维、具体形象思维、抽象逻辑思维这三种思维形式并不是彼此孤立和相对立的，它们在幼儿思维中所占的地位随年龄增长而变化。

③言语在思维发展中作用日益增强。言语在幼儿思维中的作用最初只是行动的总结，然后能够伴随行动进行，最后才成为行动计划。思维活动起初主要依靠行动进行，后来主要依靠言语进行，并开始带有逻辑的性质。

第六章　小学儿童的心理发展(6、7岁~12、13岁)

第一节　小学儿童的学习

考点1　儿童的学习

1.【解析】本题考查小学生的学习活动。在小学生的学习动机中，外部动机始终占据主导地位，因此A选项错误。在学习兴趣上，儿童的学习兴趣从不分化到逐渐产生对不同学科内容的初步分化性兴趣；因此B选项错误。儿童对有关具体事实和经验的知识比较有兴趣，对有关抽象因果关系知识的兴趣在初步发展中；因此C选项正确。研究发现，小学生学习动机的总强度随年级的升高呈下滑态势，因此D选项错误。

参考答案：C

第二节　小学儿童思维的发展

考点1　儿童的思维

1.【解析】小学儿童思维发展的基本特点：逐步过渡到以抽象逻辑思维为主要形式，但仍带有很大的具体性；由具体形象思维到抽象逻辑思维的过渡，存在着明显的关键年龄(四年级，10~11岁)；思维结构趋于完整但有待完善；思维发展过程的不平衡性。

参考答案：C

2.【解析】参考第1题。

参考答案：D

3.【解析】参考第1题。

参考答案：B

4.【参考答案】

小学儿童思维发展有以下基本特点：(1)逐步过渡到以抽象逻辑思维为主要形式，但仍带有很大的具体性；(2)由具体形象思维到抽象逻辑思维的过渡，存在着明显的关键年龄(四年级，10~11岁)；(3)思维结构趋于完整但有待完善；(4)思维发展过程的不平衡性。

第三节　小学儿童个性和社会性的发展

考点2　小学儿童的社会性认知

1.【解析】10~12岁处于相互性角色采择阶段，能够同时考虑自己和他人的观点，并且认识到他人也可能这么做，能够以一个客观的旁观者的身份来解释和反应。

参考答案：C

2.【解析】自我反省角色采择(8~10岁)：认识到即使得到相同的信息，和他人的观点也会有冲突。他们已能考虑他人的观点，并预期他人的行为反应，但不能同时考虑自己和他人的观点。

参考答案：B

3.【解析】角色采择也称观点采择，是指儿童采取他人的观点来理解他人思想和行为的一种认知技能。

参考答案：B

考点3　小学儿童的人际关系

1.【参考答案】

(1)友谊对儿童的作用：友谊是和亲近的同伴、同学等建立起来的特殊亲密关系，对儿童的发展有重要影响，它提供了儿童相互学习社会技能、交往、合作和自我控制的机会，提供了儿童体验情绪和进行认识活动的源泉，为以后的人际关系提供了基础。友谊是安全感或社会支持的重要源泉，在人际交往中可以减轻儿童的情感压力和应对反应。

(2)塞尔曼儿童友谊发展的阶段：

①第一阶段(3~7岁)：没有友谊的概念，儿童间只是短暂的游戏同伴关系。对这个阶段的儿童来说，友谊就是一起玩，朋友往往与实利和物质属性以及时空上的接近相关联。认为朋友就是与自己一起玩的人，与自己住在一起的人。

②第二阶段(4~9岁)：单向帮助，这个阶段的儿童要求朋友能够服从自己的愿望和要求。如果顺从自己就是朋友，否则就不是朋友。

③第三阶段(6~12岁)：双向帮助，这个

阶段的儿童能互相帮助，但还不能共患难。儿童对友谊的交互性有了一定的了解，但仍具有明显的功利性特点。

④第四阶段（9~15岁）：亲密共享，儿童发展了朋友的概念，认为朋友之间是可以相互分享的，友谊是随时间推移而逐渐形成和发展起来的，朋友之间应相互信任和忠诚，同甘共苦。他们开始从品质方面来描述朋友，认为自己与朋友的共同兴趣是友谊的基础。儿童的友谊开始具有一定的稳定性。朋友之间可以倾诉秘密，讨论、制订计划，互相帮助。但这一阶段的友谊有强烈的排他性和独占性。

⑤第五阶段（12岁以后）：友谊发展的最高阶段，自主的共存阶段它以双方互相提供心理支持和精神力量，互相获得自我的身份为特征。由于择友更加严格，所以建立起来的朋友关系持续时间都比较长。

章节考点　综合训练

一、单选题

1.【解析】小学生的短时记忆的容量发展迅速。

参考答案：C

2.【解析】小学儿童的同伴关系具有一些基本特点，和学前儿童相比发生新变化，最易受同伴的影响。

参考答案：A

3.【解析】根据塞尔曼儿童友谊发展的第四阶段（9~15岁），儿童友谊的基础是亲密共享，儿童发展了朋友的概念，认为朋友之间是可以相互分享的，友谊是随时间推移而逐渐形成和发展起来的，朋友之间应相互信任和忠诚，同甘共苦。

参考答案：C

4.【解析】小学儿童攻击行为主要是身体攻击，其次是言语攻击和间接攻击。

参考答案：A

5.【解析】根据弗拉韦尔等人以5~11岁儿童为被试的研究，刺激物为一组图片，图片可以分为四类：动物、家具、交通工具和衣服。以归类作为策略考查不同年龄阶段被试的记忆效果，结果发现，10~11岁儿童基本上是自发应用归类策略以提高记忆效果的，其他年龄儿童则不能。

参考答案：D

6.【解析】不同文化背景下，同一种教养方式会导致孩子不同的个性特点，孩子的个性不仅与父母的教养方式有关，还与同伴交往、学校教育、社会因素有关。

参考答案：D

7.【解析】皮亚杰认为，儿童获得守恒观念的标志是思维表现出可逆性。

参考答案：C

8.【解析】塞尔曼运用两难故事法研究表明，社会信息阶段（6~8岁），即开始意识到他人有不同的观点，但不能理解原因。

参考答案：A

9.【解析】有意识记也叫随意识记，是指事先有一定识记意图和任务，并经过一定努力，运用一定的方法和策略所进行的识记，有意识记的目的明确、任务具体、方法灵活，又伴随着积极的思维和意志努力，因此它是一种主动而又自觉的识记活动，是儿童记忆能力发展的质变标志。

参考答案：A

二、名词解释

1.【参考答案】

观点采择也称角色采择，是指儿童采取他人的观点来理解他人思想和行为的一种认知技能。

2.【参考答案】

儿童的同伴关系是儿童在交往过程中建立和发展起来的一种儿童之间特别是同龄人之间的人际关系。

三、简答题

1.【参考答案】

角色采择也称观点采择，是指儿童采取他人的观点来理解他人思想和行为的一种认知技能。塞尔曼运用两难故事法研究表明，观点采择能力的发展存在以下几个阶段：

阶段0：自我中心的或无差别的观点（3~6岁）

不能认识到自己的观点与他人不同，因而往往根据自己的经验作出反应。

阶段1：社会-信息角色采择（6~8岁）

开始意识到他人有不同的观点，但不能理解差异的原因。认为他人所做到的即是其所想的，而不能了解他人行动前的思想。

阶段2：自我反省角色采择（8~10岁）

认识到即使得到相同的信息，和他人的观点也会有冲突。他们已能考虑他人的观点，并预期他人的行为反应，但不能同时考虑自己和他人的观点。

阶段3：相互性角色采择（10~12岁）

能够同时考虑自己和他人的观点，并且认识到他人也可能这么做，能够以一个客观的旁观者的身份来解释和反应。

阶段4：社会和习俗系统的角色替换（12~15岁）

能用社会系统和信息来分析、比较、评价他人的观点。

2.【参考答案】

（1）家庭

家庭是幼儿社会化最初的环境，父母、家长是幼儿最早的、最密切的接触者。家庭对幼儿早期的社会化起着不可替代的作用。以亲子关系为基础，父母、家庭在幼儿的社会化过程的影响是最深刻、最长久的。

（2）幼儿园

社会化最根本的途径是教育，而早期教育的实现离不开幼儿园。虽然幼儿园和学校的教育不能脱离家庭的影响，但是在校的师生互动、集体生活、同伴交往、激励机制等有着比家庭更丰富的机制和途径。

（3）社会

社会是幼儿成长的大环境。社会的影响渗透到幼儿成长的方方面面，如心理、行为、情感、价值取向等等。

（4）文化

社会文化和大众传媒对幼儿社会化的影响不容忽视。这方面的影响体现在文化认同上，文化认同有一种预定人的社会角色的功能，以确定人在文化群体和社会中的地位。其与幼儿的社会化有着非常密切的关系。

（5）自身因素

幼儿的一些自身因素也会影响其社会化发展，其中最主要的有幼儿的智力水平尤其是情商（情绪商数）、个性特征、气质类型等。有研究表明，幼儿的气质与其社会化发展有较显著的相关。

3.【参考答案】

（1）智力发育障碍

在发育期间儿童的智能显著低于同龄儿水平，同时伴有明显的社会生活适应能力障碍，儿童看上去很幼稚，表情呆滞。

（2）学习障碍

学习障碍儿童在认知、语言和思维方面存在明显的障碍，如视觉记忆受损、有空间定向障碍、听觉辨别能力很差、信息加工过程有障碍、语音意识方面有缺陷等。

（3）注意缺陷多动障碍

这类儿童智力正常，表现为不分场合的多动，但注意缺陷是实质问题，由于注意缺陷影响听课效果，所以学习成绩很差。

4.【参考答案】

（1）儿童的有意注意正在开始发展，而无意注意仍起着重要作用。由于在教学的影响下，教师不断地向儿童提出努力学习的要求，要求儿童有意地集中自己的注意到必要的对象上，有意注意逐渐发展。

（2）儿童逐渐发展对抽象材料的注意，而具体直观的事物仍起着重要作用。童年中期，儿童开始将注意指向并集中到与学习任务相关的方面，对自己所能理解的材料也会更加积极地注意，但同时一些直观、具体的事物比较容易吸引儿童的主要注意力。

（3）儿童的注意仍带有情绪色彩。童年中期的儿童和学前儿童一样，容易为一些新鲜刺激所激动而兴奋，注意的外部表现明显，与无意注意有关。

四、论述题

1.【参考答案】

（1）儿童记忆发展的基本规律

①有意识记逐渐占主导地位

儿童的无意识记和有意识记的效果会随年龄的增长而递增，有意识记的增长速度更为明显。一般来说，小学生入学时，无意识记占主导地位。随着年级的增长,有意识记效果赶上无意识记效果,最后有意识记的效果超过无意识记的效果,有意识记逐渐占主导地位。

②意义识记在逐步发展

一般来说,学前儿童和低年级小学生主要采取机械识记的方法,中高年级小学生比较多地采用意义识记的方法。小学低年级的学生由于知识经验比较贫乏,抽象逻辑思维欠缺,对学习材料不易理解,也不会进行信息加工,因而在学习功课时较多地运用机械识记。到了中高年级,由于他们知识经验日益丰富,抽象逻辑思维不断发展,在学习活动中运用意义识记的比例逐渐增大。

③在形象记忆的基础上抽象记忆迅速发展

小学低年级学生,由于第一信号系统活动占优势,在头脑中和第一信号系统相联系的事物的具体形象容易记住。到了中高年级,学生掌握的语词量不断增加,第二信号系统的活动逐渐占优势,所学课本的内容大多是些抽象的词、数字或符号,所以他们的抽象记忆也渐渐地占主导地位。

(2)任务匹配比较法又称为实验性分离

实验过程:①随机选取一年级到五年级的学生各10名,智力均为正常水平。

②给每位学生发放一份材料,要求被试在五分钟之内进行记忆,其中材料与各年级阶段的能力相匹配,且是被试之前未接触过的。

③五分钟后进行测验,询问并记录学生的记忆策略。

(3)采用方差分析,本实验采用单因素完全随机测验,得到五组平均数,方差分析适用于两组以上的平均数的差异性检验。

(4)①对于一、二年级的小学生,我们既要对他们不断提出有意记忆的要求,适应新的学习任务的需要,但也要顾及他们的无意记忆的特点。无意记忆是以事物本身的吸引力为基础的,这就需要教师选择色彩鲜艳的教具或者设计趣味性强的活动,使教学过程在学生心理上留下深刻印记。②可以适当引导学生进行复述策略加强知识的巩固。③针对低年级小学生理解力差的特点,教师多采用一些组织策略如分类别、编口诀,采用形象化的图示的方式加深记忆效果。

2.【参考答案】

(1)小学儿童思维发展有以下基本特点:逐步过渡到以抽象逻辑思维为主要形式,但仍带有很大的具体性;由具体形象思维到抽象逻辑思维的过渡,存在着明显的关键年龄(四年级,10~11岁);思维结构趋于完整但有待完善;思维发展过程的不平衡性。

(2)针对小学生的思维特点,即形象化、实物化;从易到难,循序渐进地来培养小学生的思维能力。从形象思维入手,引导小学生进行思维训练,借助图像、实物、符号、音响等形象材料,促使学生进行分析、综合。采用教具、学具、实物等直观手段来引导学生积极投入到形象思维的活动之中,提高学生形象思维能力;引导学生在操作学具时,把动手操作、动脑思考、动口表达结合起来,使"操作"与"思维"紧密结合,从而发展学生的语言表达能力,提高逻辑思维能力;根据学生的年龄特点,年级的增高,积极地引导学生由形象思维向抽象思维活动过渡;在形象思维和抽象思维能力培养的基础上,开始着重训练学生的创造性思维能力。

3.【参考答案】

儿童正处于感知觉发展的快速时期,过度使用电子产品依旧会对语言、动作、感官和人际交往等带来负面影响。首先,长时间使用电子产品会使儿童的视力下降。其次影响儿童的社会交往能力。儿童的发展需要与他人和环境的互动来学习,一味地沉迷电子产品,不利于儿童的社交发展。此外,儿童长时间坐着玩电子产品,会影响其运动能力的发展,不利于身体的健康发展。最后,电子产品中的暴力的影像会对大脑正在快速发育的儿童产生非常负面的影响,会增加暴力行为。

4.【参考答案】

校园欺凌指有意造成他人伤害的行为,这种伤害可能是身体上的或心理上的。例如,煽动他人恶意肢体攻击受欺凌者,不仅会给受欺凌者带来身体上的伤害,也会给让受欺凌者变得更加胆小、怕事。

校园欺凌现象的产生原因:

(1)个体自身的原因。从欺凌者的角度来看,许多欺凌者情绪起伏大,自尊心强,一点小矛盾就恼羞成怒,喜欢采用暴力的方式解决问题。从受欺凌者的角度来看,他们大多性格内向、敏感、懦弱,体型较弱,无要好的朋友,在人群中常常是被排挤、嘲笑的对象。他们反抗能力较弱,自我保护意识不强,遭受校园欺凌也不主动与家长、教师报告,导致身心受损,同时也使欺凌者的欺凌行为不断升级。

(2)家庭教育的失守。①教养方式的偏差。专制型的家长一般采取暴力的方式对待孩子,一些孩子模仿父母的攻击行为,习得暴力习惯,另一些孩子则习得了消极忍受的应对方式。在放任型的家庭中,父母过度溺爱,使一些孩子养成了自私自利、目无章法的性格特点,另一位孩子则缺乏自立能力,独立能力差。②家庭环境不和谐。欺凌者和被欺凌者的家庭一般缺乏温暖,忽视孩子感受,父母双方关系紧张,争吵多,缺少父母的教育,导致他们常常采取不恰当的方式解决问题。

(3)学校教育的缺位。①重智育而轻德育,部分学校轻视学生的品德培养,对学生的评价单一,当学习成绩好的学生参与校园霸凌,教师"睁一只眼闭一只眼",使得这些学生肆意妄为。对于学习成绩差的学生,老师很少重视他们,更难关注到他们因被霸凌而产生的变化。②缺乏相应的预防和惩戒机制。学校缺少预防机制,许多校园欺凌事件是在事情发生之后才引起重视。对于欺凌事件的处理,一些学校以"息事宁人"为主,常把校园欺凌和违规违纪混为一谈,对欺凌者多采取简单批评的方式,难以对被欺凌者产生威慑作用。③法制教育的效果不佳。学校在课程中虽体现了法治教育的思想,但并未完全展开,致使部分学生法律意识淡薄,欺凌者不懂严重后果,被欺凌者不知用法律保护自己。

(4)社会因素的影响。①社会风气的推动作用。整体社会生活节奏快,矛盾凸显,常发生因小事争吵衍生成大的暴力事件。在大众传媒中,常出现暴力元素,甚至推崇暴力行为,潜移默化地影响了学生的心理和行为发展。②法律惩罚力度不够。一些造成严重后果的校园欺凌事件,校园欺凌者因未达到年龄,可免于刑罚,使得他们有恃无恐。

应对校园欺凌现象的措施:

(1)正面进行情感教育,提高学生与人和谐相处的能力。开展情感教育,培养学生设身处地为他人着想的能力。学会日常处理激烈情绪的方法,控制好情绪,减少冲动行为。教授学生积极融入群体的人际交往技巧,指导学生掌握正确处理受霸凌的方式。

(2)加强家校育人,为学生健康成长提供良好的家庭环境。学校可以为家长提供科学育人的建议,加强与家长的沟通,把学生的成绩与在校的德育表现同时反馈给学生,与家长共同关注学生成长。增进亲子关系,家长积极主动关心学生,增加与学生沟通的时间,提高亲子关系的质量,为学生提供安全、温暖的家庭环境。

(3)把德育和法治教育摆在重要位置,加强对校园欺凌事件的监管。法治教育和德育教育、科学文化教育齐抓共管,引导学生敬畏法律,强化法律意识,遵守校纪校规。学会使用法律保护自己的合法权益。学校要重视校园欺凌事件,加强预警和警示,形成应对校园欺凌的有效措施,对欺凌者进行严惩,做好被欺凌者的身心安抚工作。

(4)弘扬正能量,塑造风清气正的社会好风气。传播积极正向的榜样力量,培育全社会积极向上的健康心态,人人友好相处的人际关系。抵制暴力行为，引导采用合理合法的解决问题的途径。对于校园欺凌事件，严管监督，在适当时机调整政策法规，形成对欺凌者的威慑作用。

5.【参考答案】

(1)儿童攻击性行为的发展特点：身体攻击在婴儿期就得以出现，在言语表达能力发展后出现言语攻击；2~4 岁个体身体攻击减少，言语攻击增多；进入小学阶段，攻击的总体发生频率下降，言语攻击频率最高，身体攻击其次，关系攻击发生频率最低。

(2)理论观点：①精神分析理论：认为侵犯是人的死亡本能对外宣泄。②生态学理论：侵犯本能是进化的结果，它保证了物种的生存和繁衍。③新行为主义：把侵犯行为作为挫折的结果，认为挫折总是导致侵犯行为，攻击可以减轻挫折的痛苦。④社会学习理论：把侵犯行为看成是通过直接强化或观察学习习得的。⑤社会信息加工理论：强调认知在侵犯行为中的作用，认为一个人对挫折或明显的挑衅的反应是取决于他怎样加工和解释这一信息。

(3)应对策略：①消除对侵犯行为的奖赏和关注。例如，儿童有攻击性行为时，不予理睬。②榜样和认知训练策略。例如，对儿童表现良好的行为，给予奖励，或者当面赞赏那些表现良好的儿童行为。③移情训练。例如，当儿童采取攻击性行为时，可以问他“别人这样打你的时候，你有什么感受？是不是很痛”。④创造减少冲突的环境。例如，孩子争夺玩具而产生攻击性行为，可以购买足够多的玩具，或者将孩子分离在两个不同的房间，创造减少冲突的环境。

6.【参考答案】

(1)儿童语言发展经历了以下几个阶段：①前言语阶段：(0~12 个月)：婴儿掌握言语之前的一个较长的言语发生的准备阶段，一般是从婴儿出生到第一个具有真正意义的词产生之前的这段时间。在 4~6 个月会出现牙牙学语。②言语的发生(大约在 1 岁)：说出第一个具有真正意义的词，具有很强的场合约定性。③单词句时期(1 岁~1 岁半)：主要发展对言语的理解，儿童往往用一个词代表一个句子。④简单句时期(1 岁半~2 岁)：词汇量迅速增加，能说出不完整的双词句或多词句(典型的会出现电报句)。⑤复合句时期(2~3 岁)：20~30 个月是婴儿基本掌握语法的关键期，简单句日渐完整，复合句开始发展。而到 36 个月时，婴儿已基本上掌握了母语的语法规则系统。

(2)主要影响因素：①生理因素的作用：正常的生理基础是语言发展的必要条件，如果负责语言的相应功能受损会导致语言正常功能的丧失；比如布洛卡区受损会导致失语症。此外，一般认为，7~8 岁前是语言学习最迅速、最关键的时期，如果错过这个关键期的语言学习，就会造成语言发展不足，以后再补偿将非常困难。②语言环境的作用：包括家庭环境和学校环境。父母或者主要照料者的行为都会影响儿童语言的习得和发展；学校环境创设着一个语言学习的大环境，包括学校的设备设施、教师的教学方法、师生间的互动、儿童间的交流等，都有助于提高儿童的言语能力。③认知发展的作用：言语的发生与智力水平的高低有着密切的关系。

7.【参考答案】

(1)讲座主题：如何增强孩子的自我控制能力？

(2)主要内容：

①举例说明现实情境中幼儿不自控的行为：疫情期间，小朋友们大部分都是居家学习。在居家学习过程中，低年级段的小朋友常常会出现这样的现象：他们只要打开电视或手机，根本就停不下来，任凭家长在旁边怎么催促他们去学习都无济于事。这种现象说明了处于低年级段的孩子大部分自律意识差，自控能力不强。

②介绍自控能力的含义：自我控制能力是指对外界诱惑及自身行为习惯能够进行控制的能力。

③介绍自控能力的重要性：

A. 自我控制能力更高的人更加健康和幸福；

B. 自律能力更强的学生成绩更好，考试分数更高，更有可能被一个竞争激烈的学术项目录取。研究还表明，在学业上的成功，自控力比智商更重要。

C. 童年时期被认为具有高度自我控制能力的人，在成年后仍然会保持着高度的身心健康。

D. 缺乏自控力，就不会形成良好的习惯行为，严重的会因为抵挡不住外界诱惑，走上犯罪道路。

④介绍如何增强幼儿的自控能力：

A. 提前计划。家长可以教孩子制作并履行自己的日常计划表，如果孩子没有较好地履行自己制作的计划表，家长也不要用负面语言去批评孩子。负面标签贴得越多，孩子的情绪就会更加紧张，失去完成各项任务的信心。我们可以尝试换一种表达方式，“如果……那么……”，心理学上称之为暗示法；如果你想对孩子说“你干什么呢，这么长时间作业还没写完？”那么可以换成：“孩子，这项任务你已经很好地完成了，妈妈觉得你做得很棒，下面我们再坚持把其他任务做完好么？”如果你想责骂孩子，那么就拥抱孩子。这种方式会让孩子觉得爸爸妈妈相信他可以做得更好，孩子也会相信自己可以很好地管理控制自己。

B. 避免诱惑。家长要尽量使孩子的学习环境远离那些容易对孩子产生诱惑的事物，并引导孩子做一些能让他暂时忘记那些诱惑的事情。

C. 练习自我控制。可以把自我控制想象成一块肌肉，虽然短期内繁重的工作可能会耗尽你的肌肉，但随着时间的推移，你的肌肉会越来越强壮。自我控制的练习方法主要有：经典游戏“红灯、绿灯”“冷舞”等。

(3)总结：在幼儿阶段，培养孩子的自控能力有着重要的作用，能够让孩子们合理安排自己的学习内容和活动内容，并学会对时间进行管理。

五、填空题

1.【解析】小学儿童的外部动机始终占据主导地位，内部动机还处在不断的发展过程中。

参考答案：外部

六、判断题

1.【解析】在小学阶段，儿童的重要他人慢慢由父母转变成小学教师。

参考答案：错误

2.【解析】3~6 岁是个体记忆策略发展的过渡阶段。幼儿在 5 岁之前基本没有记忆策略，在 5~6 岁时，能够在成人的指导下，运用视觉复述、复述和特征定位的记忆策略。

参考答案：错误

第七章　青少年的心理发展(11、12 岁~17、18 岁)

第一节　青少年的身心发展

考点 1　青少年的身心发展

1.【解析】青春期正处于身体生长发育的高峰，身高体重剧增。同时，青春期少年的心理活动往往处于矛盾状态，其心理水平呈现半成熟、半幼稚性。其成熟性主要表现为他们产生了对成熟的强烈追求和感受，这来自身体的快速发育及性成熟；其幼稚性主要表现在认知能力、思维方式、人格特点及社会经验少上。

参考答案：C

2.【解析】青春期少年的心理活动往往处于矛盾状态，包括反抗性与依赖性；闭锁性与开放性；勇敢和怯懦；高傲与自卑；否定童年与眷念童年。

参考答案：C

第二节 青少年的思维发展

考点1 青少年的思维发展

1.【解析】青少年的抽象逻辑思维是过渡型的，即处于由经验型向理论型的转化，在这个过程中，抽象逻辑思维获得了高度的发展。

参考答案：C

2.【解析】青少年思维发展的基本模式是由形象思维、抽象思维过渡到辩证思维，主要特点是思维逐步符号化。

参考答案：C

3.【解析】青少年自我中心思维的主要表现为，假想的观众和独特的自我。

参考答案：AC

4.【参考答案】

青少年思维发展的基本模式是由形象思维、抽象思维过渡到辩证思维，主要特点是思维逐步符号化。与具体运算阶段的儿童相比，他们发展了抽象的、科学的思维能力，具体表现为：思维的概括能力增强；能使用假设检验和更加一般的逻辑规则进行思考，不再借助于具体事物和事件；思维活动中的自我意识成分增多，思维的反省性和监控性明显提高；辩证思维能力增强，看问题不再那么绝对化；思维的创造性也迅速发展。

根据皮亚杰的观点，青少年处于形式运算阶段。这个阶段的主要特点是：在头脑中可以把事物的形式和内容分开，可以离开具体事物，根据假设来进行逻辑推演，能运用形式运算来解决诸如组合、包含、比例、排除等逻辑课题。

具体表现在：

(1)抽象逻辑思维：青少年的抽象逻辑思维是过渡型的，即处于由经验型向理论型的转化，在这个过程中，抽象逻辑思维获得了高度的发展。

(2)形式逻辑思维是个体抽象逻辑思维发展的初级形式。青少年形式逻辑思维的发展主要表现在其概念、推理和逻辑法则的运用能力这三个方面的发展特点上。

(3)辩证逻辑思维是个体抽象逻辑思维发展的高级形式。初中三年级时辩证逻辑思维处于迅速发展阶段，是一个重要的转折时期。这种思维方式在高中阶段迅速发展并开始占据优势地位，但形式逻辑思维的发展水平仍然高于辩证逻辑思维水平。青年晚期，辩证逻辑思维才发展为主要的思维形态。

(4)青少年思维监控的发展：青少年自我监控能力的发展速度比小学生快得多，其计划性、准备性、方法性和反馈性得到了很好的发展。青少年对自己思维的反思和监控是不断发展的。

(5)创造性思维的发展；青少年期个体的创造性思维处于高度发展阶段，高中二年级学生创造性思维发展迅速。

第三节 青少年个性、社会性的发展

考点1 自我意识的发展

1.【解析】同一性完成：此类青少年在经历同一性危机后，经过探索性选择后，把已经明确的价值观和目标付诸行动，他们心理健康，指导自己前进的方向。

参考答案：B

2.【解析】玛西亚按照危机（探索）和自我投入（承诺）两个维度，将自我同一性的发展划为四种主要方式：同一性扩散；同一性封闭；同一性延缓；同一性完成。

参考答案：B

3.【解析】同一性封闭：此类青少年还没有反复探索就对自己的生活做出了个人选择，但他们的人生选择往往由权威的父母、教师等做出，而不是自己探索得出的。

参考答案：A

4.【参考答案】

(1)青春期是自我意识发展的第二个飞跃期。基本特点如下：自我意识中独立意向的发展。青少年已经完全意识到自己是一个独立的个体，因此要求独立的愿望日趋强烈。自我意识成分的分化，青少年在心理上把自我分成了"理想自我"和"现实自我"两个部分。强烈地关心着自己的个性成长，青少年十分关心自己个性特点方面的优缺点，在对人、对己进行评价时，也将个性是否完善放在首要位置。自我评价的成熟，能独立地评价自己的内心品质，在一定程度上达到了主客观的辩证统一。有较强的自尊心，在其言行受到肯定和赞赏时，会产生强烈的满足感，反之，易产生强烈的挫折感。青春期的道德意识的也会高度发展。

(2)青少年自我意识的培养，需要学校、教师和家长三方合力，在尊重和理解青少年独立意识增强的基础上，从以下几个方面进行辅导：①培养积极的、多样化的自我概念，家长和教师可以通过成功教育成学识教育，培养青少年积极的学业自我概念。②培养青少年的自尊感，让青少年获得自我价值感，让青少年正视挫折，对理想自我和现实的自我建立客观的评价。③培养青少年的自我主义感，让青少年学会合理地归因，家长也可以通过言语劝说，或者用自身的成功经验，让青少年学会自我欣赏。④培养青少年自我调节和监控能力，通过团辅的形式，增强青少年对自我的调节和控制能力。

5.【参考答案】

自我概念是个体对自己的印象，包括对自己存在的认识和对自己身体、性格、态度、能力等方面的认识。

(1)学龄前期(2~6岁)：儿童出现类别自我即他们可以注意到人与人的某些差别，从自我感知到自我概念、自我评价的一个过渡阶段。

(2)学龄初期(7~11岁)：儿童对自己的描述由外部特征转向内部特征，自我概念更加概括，由于认知成熟，儿童采纳他人观点的能力增强，从而出现社会比较。

(3)青少年时期(12~18岁)：这一阶段的青少年用偏重于他们所知觉到的内部情绪和心理特点的抽象特征来定义自己，初中生的自我评价能力处于发展关键期，他们自我评价的独立性、抽象概括性和稳定性仍在不断增强。（张向奎版）

6.【参考答案】

初中时期自我的发展突出表现为自我意识的发展，青春期是自我意识发展的第二个飞跃期，具有如下特点：

①自我意识中独立意向的发展。青少年已经完全意识到自己是一个独立的个体，因此要求独立的愿望日趋强烈。②自我意识成分的分化。青少年在心理上把自我分成了"理想自我"和"现实自我"两个部分。③强烈地关心着自己的个性成长。青少年十分关心自己个性特点方面的优缺点，在对人、对己进行评价时，也将个性是否完善放在首要位置。④自我评价的成熟。能独立地评价自己的内心品质，在一定程度上达到了主客观的辩证统一。⑤有较强的自尊心。在其言行受到肯定和赞赏时，会产生强烈的满足感，反之，易产生强烈的挫折感。⑥青春期的道德意识的也会高度发展。

考点2 青少年的情绪特点

1.【解析】两个反抗期的儿童都出现成长和发展的超前意识，第一反抗期的儿童具有"长大感"，第二反抗期的儿童具有"成人感"。第二逆反期所要求的独立自主性是要求人格独立，要求社会地位平等，要求精神和行为自主，反抗父母或有关方的控制。这种内在需求和对环境的要求是发展性的需要，是必经的，但也由于发展现状的矛盾性给他们带来了许多不适宜和不适应，甚至困惑和危机。

参考答案：C

2.【解析】第一逆反期的表现是幼儿要求行为活动自主和实现自我意志，反抗父母控制，这是发展中的正常现象。其年龄主要在3~4岁，因个体发展的需要会有所提前或延后。反抗的对象主要是父母，其次是其他养育者。第二逆反期发生在小学末期至初中阶段的10~11岁至15~16岁，突出表现在青春发育期，是这阶段孩子普遍存在的一种心理特征，它表现为对一切外在强加的力量和父母的控制予以排斥的意识和行为倾向。两次叛逆期的出现都是儿童心理发展的正常现象。

参考答案：A

3.【参考答案】

(1)这是青春期的逆反心理现象。

(2)逆反心理产生的原因：①自我意识的突然高涨，这时他们更倾向于维护好自我形象，追求独立和自尊，但他们的某些想法及行为不能被现实接受，于是就产生过激想法认为其行动的障碍来自成人，便产生了反抗心理。②中枢神经系统的兴奋性过强，少年期个体中枢神经系统的活动性明显增强，而性腺的机能尚未成熟，两者不协调，中枢神经处于过分活跃的状态，使少年对于较弱的刺激也给予很强的反应。③独立意识增强，少年的独立要求很强烈，这使他们产生对成人社会地位的追求和自认为是成人的心理感觉，但往往他们自尊心难以得到满足，因而少年常遇到独立意识受挫的情况。

(3)主要表现：①态度强硬，举止粗暴，反抗行为发生得十分迅速，常使对方措手不及，当时的任何劝导都无济于事，但事态平息后，这种强烈的反抗情绪也将较快地随之消失。②漠不关心，冷淡相对，这种情况常出现于性格内向的青少年上。这种反抗态度和情绪不易随情景的变化而转移，具有固执性。③反抗的迁移性，迁移性是指当某个人的某一方面的言行引起他们的反感时，就倾向于将这种反感及排斥迁移到这个人的方方面面，甚至将这个人全部否定。

4.【参考答案】

(1)青少年情绪发展的特点：

青少年的情绪表现充分体现出半成熟半幼稚的矛盾性特点。青少年被称为“风暴期”“叛逆期”，情绪具有突出的不成熟和不稳定的特征。

①情绪表现为两极性：青少年情绪表现的两极性包括强烈、狂暴性和温存、细腻共存、情绪的可变性和固执性共存、内向性和表现性共存。

②心境的变化：青少年心境出现烦恼突然增多、孤独、压抑。

③出现反抗心理：由于自我意识的突然高涨、中枢神经系统的兴奋性过强、独立意识增强，青少年出现反抗心理。表现出态度强硬，举止粗暴、漠不关心，冷淡相对、反抗的迁移性等特点。

(2)青少年情绪发展的成因：

①生理是心理活动产生的基础，所以青少年的生理变化自然是其情绪变化的首要影响因素。青少年期的个体生理发育迅速，具体表现为：身体成长加速；生理机能发育加速；性的发育和成熟加速。

②青少年阶段是个体的生理发展已接近成熟，但心理水平还处在发展之中的特定时期。他们的前额叶皮质功能却尚未完善（额叶区涉及人的推理和计划功能）。这使得青少年与成年人相比，对情绪刺激的反应更加强烈，并且他们的情绪常常起伏不定，显得狂躁与骚动。

③青春期也是青少年自我意识的增强时期，他们的成人感过速发展，自主感、自信心和自尊心也有很大提高。他们一方面有着强烈的独立意识，渴望独立生活，希望社会承认并相信他们的独立生活的能力。同时由于受社会经验和认识习惯的局限，他们还无法完全依靠自己的力量来处理学习与生活中的一系列复杂问题。他们对家庭、学校和社会有明显依赖性，这种依赖性与迅速发展的独立性并存的特点，常使他们产生强烈的情绪冲突。

④青少年期飞速发展的抽象思维能力对情绪波动起了更主要的作用。青少年开始能由表及里地思考威胁自己将来生存与发展的长远性问题，不仅是青少年经历某一事件本身所造成的压力，更重要的是青少年如何体验和看待这些变化导致了情绪波动。

考点3　青少年的人际交往

1.【参考答案】

(一)青春期伴随着性的发育和成熟：性激素的增多、性器官的发育、性机能的发育。

(二)青少年心理发展的一般特点

生理变化对心理活动的冲击：

①由于身体外形的变化，使他们产生了成人感，因此，在心理上他们也希望能尽快进入成人的世界，希望摆脱童年时的一切，寻找到一种全新的行为准则，扮演一个全新的社会角色，获得一种全新的社会评价，重新体会人生的意义，就在这种新的追求中，他们感到种种困惑。

②由于性的成熟，对异性产生了好奇和兴趣，萌发了与性相联系的一些新的情绪情感体验，滋生了对性的渴望，但又不能公开表现这种愿望和情绪，所以，体会到一种强烈的冲击和压抑。

根据上述特点，青春期的孩子性成熟，所以对异性产生好奇，同时又觉得爱情是很神秘的东西，早恋现象的产生是正常现象，但是老师和父母要加以引导。异性间的健康交往，对青少年今后的成长与发展有重要的影响，从生理、心理、社会及个人发展角度有积极的意义：

①取长补短。除生理上的差异外，性格与气质方面，男性刚强、坚毅、豁达，女性端庄、文静、温柔。男性粗心、果断、有独立性、大胆决断，女性细心、敏捷、有耐性。因此，异性交往取长补短，互相提高。

②心情上愉悦，互相激励前进。异性交往中对异性产生神秘、好奇、向往的心理感受，同时，也自然产生接近异性的心理倾向，因此满足这种心理，会使人增加愉快、轻松、美好、和谐的关系，使双方精神焕发，感受到激荡心灵的愉悦感，从而激发内在的积极性和创造力。

③性格的培养与发展。生活中，既与同性交往，又与异性交往，则这个人的性格特点便会是豁达开朗，情感体验较为丰富，个人意志较为坚强。

第四节　青少年面临的心理社会问题

考点1　青少年面临的心理社会问题

1.【参考答案】

网络成瘾会打乱个体的睡眠习惯，上网时间不断占据就寝时间。睡眠的剥夺以及生物钟的紊乱导致成瘾者过度疲乏，削弱个体免疫系统对疾病的抵抗能力，长时间僵坐在电脑前使得个体缺乏适当锻炼，容易引起身体不良反应。此外，网络成瘾会减弱孩子的想象力、创造力；破坏书写、拼写和阅读能力；削弱语言和识字技能；分散孩子的注意力。总之，网络成瘾对儿童的学习和人际关系的危害是较大的。

建议：

①学校学习任务的压力会导致青少年产生情绪、认知、人际关系等方面的失调，因此他们就会借助网络来缓解压力，逃避现实中遇到困难。因此，学校应该适当减轻儿童的学习压力，通过各种措施帮助儿童更好地掌握学习知识，完成学习任务。

②在家庭中，父母应该与儿童建立良好的亲子关系，以“家庭温暖法”预防或戒除网瘾。父母要高度重视青少年网络成瘾问题，积极营造和谐美满平等的家庭氛围。

③社会环境应该禁止向儿童开放网络游戏，全社会应该高度重视儿童网络成瘾的危害，促进未成年人的健康成长。

2.【参考答案】

(1)青少年面临的心理社会问题主要有：①成瘾行为，包括吸烟成瘾、游戏成瘾、网络成瘾。②内部失调：焦虑和抑郁、青春期精神分裂症、自杀倾向。③反社会行为和青少年犯罪。

(2)首先，父母的教育是预防青少年犯罪的重要因素。培养、教育子女是父母应尽的责任和义务。一个和睦的家庭，父母教育方式得当，能够培养孩子养成良好的生活习惯，塑造正确的世界观和人生观，从而有效地防止其不良心理和行为的产生。其次，青少年的价值观的形成需要学校和教师的正确引导，教师要对处于逆反期的青少年提供必要的支持和心理疏导，避免因为心理上的消极导致行为上的混乱。最后，青少年自身要与行为端正的人做朋友，树立良好的道德观念，在心理不适时主动寻求帮助。

章节考点　综合训练

一、单选题

1.【解析】青少年由于生理发育成熟，知识、经验和活动能力随之增长，在自我意识的发展上也发生了重要变化。他们开始以具有独立人格的成人的目光来认识自己，考察自己与家庭的关系。要求从父母的保护和对父母的依赖关系中摆脱出来，并在家庭中占有平等和独立自主的地位。如果这种要求得不到父母的理解和支持，就会在两代人之间产生隔阂。青少年和父母之间在关系上的这种变化，霍林沃斯把它称之为心理性断乳。

参考答案：D

2.【解析】埃里克森将青少年期定义为一个人形成同一性的关键期，并且认为青少年经历了同一性对角色混乱这一心理冲突。

参考答案：B

3.【解析】具有较高认知水平及成熟的形式逻辑和辩证逻辑特点的青少年往往具有更适当、更稳定的自我概念，这个时期是个体自我概念成熟的关键期。

参考答案：D

4.【解析】埃里克森提出自我同一性概念，认为青年期的危机是自我同一感对同一感混乱，发展任务是建立同一感，防止同一感混乱，体验忠诚的实现。

参考答案：D

5.【解析】埃里克森提出自我同一性概念，认为青年期的危机是自我同一感对同一感混乱，发展任务是建立同一感，防止同一感混乱，体验忠诚的实现。

参考答案：D

6.【解析】青少年常常会有这样的想法："别人不能理解我正经历的一切""那种事不会发生在我身上""我能应付一切"，即个人神话。这是青少年自我中心的表现。

参考答案：B

7.【解析】由于观点采择能力的提高，青少年能够采取他人的观点来理解他人思想和行为，因此与父母或祖父母的冲突减少。

参考答案：D

8.【解析】个体出生后，身体发育的两个高峰期分别是婴儿期和青少年期。

参考答案：C

9.【解析】心理的第一发展快速期是婴儿期到幼儿期，即从出生到幼儿期。

参考答案：A

10.【解析】本题主要考查男女性成熟的早晚与个体发展的关系。研究表明，身体成熟的早晚对于男女青少年的影响是不完全相同的，甚至有可能是相反的。一般来说，早熟的男孩和晚熟的女孩在情感、人格和社会适应上处于一个相对有利的位置。

参考答案：B

11.【解析】本题考查高中生抽象逻辑思维的特点。高中生的抽象逻辑思维已具有充分的假设性、预计性和内省性，因此本题选 B。

参考答案：B

12.【解析】本题考查埃里克森的心理发展八阶段理论。埃里克森认为，青少年阶段的主要任务是实现自我同一性。因此本题选 A。

参考答案：A

13.【解析】本题考查自我同一性的四种状态。由题意描述可知，小健完全听从父母的建议，属于无探索有投入的状态，因此是同一性早期封闭，本题选 B。

参考答案：B

14.【解析】本题考查成年早期的发展特点。青年期在这段时间内，可以合法地延缓所必须承担的社会责任和义务，因此青年期又被称为"合法延缓期"，本题选 B。

参考答案：B

15.【解析】本题考查各个阶段的年龄划分。青少年期从 11 或 12 岁开始到 17 或 18 结束，分为少年期/青春期（12~15 岁：初中阶段）和青年期早期（15~18 岁：高中阶段）。选项 C 最符合。

参考答案：C

二、多选题

1.【解析】玛西亚按照危机（探索）和自我投入（承诺）两个维度，将自我同一性的发展划为四种主要方式：同一性扩散；同一性封闭（同一性早闭）；同一性延缓；同一性完成（同一性获得）。

参考答案：ABCD

2.【解析】青少年的情绪特点表现为两极性：强烈、狂暴性和温存、细腻共存；情绪的可变性和固执性共存；内向性和表现性共存。青少年思维发展的基本模式是由形象思维、抽象思维过渡到辩证思维，主要特点是思维逐步符号化。由于自我意识的突然高涨；中枢神经系统的兴奋性过强；独立意识增强，青少年会出现反抗心理。

参考答案：ABC

3.【解析】本题考查青春期自我意识的发展特点。青少年期自我意识发生了第二次飞跃，自我意识高涨，典型表现是常常将很多心智用于内省，以及主观上的偏执性（觉得别人总在用挑剔的眼光看待自己）；自我中心再度出现，表现为"独特自我"以及"假想观众"。C 选项是婴儿期自我意识产生的标志之一。因此本题 C 不符合题意，故选 ABD。

参考答案：ABD

4.【解析】高中生的抽象逻辑思维已具有充分的假设性、预计性（计划性）及内省性，因此 A、B 选项正确。抽象逻辑思维可分为形式逻辑思维和辩证逻辑思维，高中生的形式逻辑思维已获得了相当完善的发展，在其思维活动中占据主导地位，因此抽象逻辑思维的形式化也属于特征之一。

参考答案：ABD

三、名词解释

1.【参考答案】

心理断乳期指青少年由于他们身心的发展逐渐试图摆脱成人的监督，成为自己考虑判断和解决问题的独立的人的过程。

2.【参考答案】

成人感是指初中生感觉到自己已经成为大人，因而在一些行为活动、思维认识、社会交往等方面，表现出"成人"的样式，渴望参与成人的角色，渴望别人把他们看作大人，渴望得到尊重，要求独立。成人感的产生是初中生意识迅速发展的一个新的、重要的特征。

四、填空题

1.【解析】青春期少年的心理活动往往处于矛盾状态，其心理水平呈现半成熟、半幼稚性。

参考答案：半成熟、半幼稚性

五、判断题

1.【解析】青少年有四种同一性状态，在这四种同一性状态中，同一性混乱是最不成熟的状态，同一性获得是最成熟的状态。

参考答案：正确

2.【解析】婴幼儿长到 2~3 岁时，他们的大脑突触数量是成人的 2 倍，突触发生的过程从婴儿时期开始一直持续到青少年期。到成人以后这个过程虽然没有停止，但不发生很大的变化。

参考答案：错误

3.【解析】进入青春期以后，男孩和女孩的性器官都迅速发育，男性的睾丸和女性的卵巢都增加，并能够产生生殖细胞和分泌性激素。性激素能促进第二性征的出现，第二性征是指男女出现的除了性器官之外的性别差异，如男孩睾丸分泌的雄性激素使得男孩出现阴毛、腋毛、胡须以及喉结突出等，还出现声音变粗的变声现象等；女孩的卵巢分泌的雌性激素控制女性的第二性征，主要表现为出现阴毛、腋毛，乳房增大、骨盆宽大和乳腺发达以及声音变高变细等。

参考答案：正确

4.【解析】尽管初中阶段的学生已开始以抽象逻辑思维为主要形式，但水平还较低，处于从经验型向理论型的过渡时期，并且后来大量研究证明：学生达到形式运算阶段的年龄并不是那么早，大多数 9 年级的学生多属于具体运算思维或正从具体运算思维向形式运算思维过渡。

参考答案：错误

六、简答题

1.【参考答案】

自我同一性是指个体在特定环境中的自我整合和适应之感，是个体寻求内在一致性和连续性的能力，是对“我是谁”“我将来的发展方向”以及“我如何适应社会”等问题的主观感受和意识。青少年期是自我同一性形成的关键时期，健康的自我同一性有利于青少年人格的健康发展。

(1)自我同一性为青少年自我认识提供了基础。自我同一性为青少年解决“我是谁”的问题提供了基础，自我同一性发展较好的青少年自我意象、自尊和自我接纳的水平较高。成熟积极的自我同一性使他们对他人和社会有连带感和归属感，感到自己从属于某一个社会或集体。这有利于青少年了解社会的期望，并按照一定的社会角色规范去行事，与他人合作，在社会中找到自己的位置，并感受到自己的存在对社会和他人是有意义的。

(2)自我同一性有助于青少年追求价值观、信念和行为的内在一致性。自我同一性发展良好的青少年更倾向于相信自己能够把握自己的生活，具有较高的自觉性、组织性和计划性，能够努力追求自己的目标而不是自我放纵。

(3)自我同一性有助于培养青少年良好的价值感。良好的价值感是青少年健全人格的重要体现。自我价值感是指个体对自身的感受，认为自己重要，有价值，因而接纳自己、喜欢自己，是个体对自身的重要性价值的主观感受和情绪体验。

(4)自我同一性有助于青少年信任感的提升。自我同一性发展良好的青少年具有信任感，敢于希望，富于理想，具有强烈的未来定向，反之则不敢希望，时时担忧自己的需要得不到满足。

2.【参考答案】

青少年的人际交往有以下特点：

(1)逐渐克服了团伙的交往方式

超越了儿童期的团伙式交往方式，择优标准更加注重共同志向与相互理解，友谊关系稳定而持久。过去集体性交友转移到注意个人内在素质特征，交往内容逐渐从活动外部层面向内在认识和体验方面发展。

(2)朋友关系在青少年生活中日益重要

将对父母的依赖转移到同龄伙伴身上，结交知心朋友的高峰期。他们认为朋友之间应该同甘共苦，能够从对方那里得到支持和帮助。

(3)与异性朋友之间开始融洽相处

双方开始意识到了性别的问题，并彼此对对方逐渐产生了兴趣。但是，在最初阶段他们对于异性的兴趣是以一种相反的方式予以表达，或者在异性面前表现出一种漠不关心的态度。

(4)与父母关系的变化：情感上的脱离、行为上的脱离、观点上的脱离、父母的榜样作用削弱。

(5)与教师的关系

青少年的少年不再盲目接受任何一位老师，他们开始品评老师，开始用批判的眼光分析不同类型的老师。

3.【参考答案】

中学生处于青春期，其心理活动往往处于矛盾状态，其心理水平呈现半成熟、半幼稚性。其成熟性主要表现为他们产生了对成熟的强烈追求和感受，这来自身体的快速发育及性成熟；其幼稚性主要表现在认知能力、思维方式、人格特点及社会经验少上。

(1)反抗性与依赖性

因为成人感，进而产生独立意识，所以对一切都不愿意顺从，对人对事常处于与成人相抵触的状态中。

(2)闭锁性与开放性

青少年会将内心封闭起来，但又感到孤独和寂寞，不断地寻找朋友，一旦找到，就会推心置腹，毫不保留。

(3)勇敢和怯懦

青少年在某些情况下，能表现出很强的勇敢精神，但在另一些情况下，也表现较怯懦。

(4)高傲与自卑

几次甚至一次偶然的成功，就可以使他们沾沾自喜，几次偶然的失败，就会让他们极度自卑。

(5)否定童年与眷恋童年

青少年力图从各个方面对自己的童年加以否定；但是他们又留恋无忧无虑的童年，留恋童年那种简单明了的行为方式及宣泄情绪的方法等等。

4.【参考答案】

自我同一性是指个体在特定环境中的自我整合和适应之感，是个体寻求内在一致性和连续性的能力，是对“我是谁”“我将来的发展方向”以及“我如何适应社会”等问题的主观感受和意识。自我同一性四个方面的特征：①个体性：一种意识到的独特感，个体以一种不同的、独立的实体而存在。②整体性和整合感：一种内在整体感，产生于自我的潜意识整合作用，健康的自我能把零碎的表象整合为一种有意义的整体。③一致性和连续性：潜意识追求一种过去和未来之间的内在一致和连续感，感受到个体的生命的连贯性并朝着有意义的方向前进。④社会团结感：具有团体的理想和价值的一种内在团结感，感受到社会的支持和认可。

5.【参考答案】

随着青少年生理和智力所发生的一系列特殊的变化，他们在个性发展上也出现了许多新特点，表现在自我意识、情绪情感、日常心态以及与父母、同伴的关系等诸多方面。总体来说，青少年的个性特点有二：其一是不平衡性，其二是极端性或偏执性。

自我意识高涨，形成了相对稳定的自我概念和自我形象；情绪表现具有两极性，心境变化加剧，并产生了反抗心理；道德发展表现出从前习俗思维向更为习俗化的推理水平转变的趋势；与同伴和成人的关系发生变化。

6.【参考答案】

青少年人格发展处于埃里克森心理社会发展理论的第五阶段，即青年期，从12岁到18岁。这一阶段的发展任务是建立同一感和防止同一感混乱，体验着忠实的实现。

埃里克森提出了“合法延缓期”的概念，他认为这时的青年承继儿童期之后，自觉没有能力持久地承担义务，感到要做出的决断未免太多太快，因此，在做出最后决断以前要进入一种“暂停”的时期，用以千方百计地延缓承担的义务，以避免同一性提前完结的内心需要。虽然对同一性寻求的拖延可能是痛苦的，但它最后是能导致个人整合的一种更高级形式和真正的社会创新。

7.【参考答案】

(1)攻击行为主要理论：①精神分析理论认为人生来具有的死亡的本能，追求生命的终止，从事各种暴力和破坏性活动，是敌意的、攻击性冲动产生的根源。这种死亡本能有时也指向内部，如自我惩罚、自杀。②生态学理论，人有基本的侵犯本能，按照洛伦兹的观点，所有的本能都是进化的产物，它保证了物种的生存和繁衍。侵犯本能是进化的结果。③新行为主义把侵犯行为作为挫折的结果，认为挫折总是导致侵犯行为。攻击可以减轻挫折的痛苦。④社会学习理论：班杜拉把侵犯行为看成是通过直接强化或观察学习习得的，他认为内部状态也许促发了侵犯行为，但不是必需条件。侵犯行为既然是习得的，那么也可以矫正。⑤社会信息加工理论强调认知在侵犯行为中的作用，认为一个人对挫折生气或明显的挑衅的反应并不过多依赖于实际呈现的社会线索，而是取决于他怎样加工和解释这一信息。

(2)影响青少年攻击行为的因素：①家庭因素。导致孩子攻击行为的家庭因素有三个方面：一是家庭破裂；二是父母素质偏低，亲子沟通不足；三是家庭教育观念偏差，教育方式不对，产生攻击行为的青少年的父母更可能使用体罚的管教方式。②同伴因素。在青少年时期，同伴逐渐取代父母的影响，成为青少年攻击他人的重要影响因素。许多青少年的攻击行为都是在群体压力的情境下产生的。另外，同伴团体等亚文化群体对青少年的交往也有重大影响，有些群体会鼓励攻击行为甚至犯罪行为的发生。他们中较多人会被同龄群体排斥。③青少年自身因素。青少年时期的个体集众多矛盾于一身，表现为：渴望摆脱束缚，但又受到能力的限制，想得到他人的认同，但自我中心意识太强，想张扬个性，但又比较偏激。再加上这段时期心理发育还不成熟，情绪不稳定，逆反心理强，自尊心强，分辨是非能力较差，自我控制能力和心理承受力都较弱，这些特点很容易激化矛盾，使青少年无所适从。如果得不到正确的引导，青少年就会走上歧途，甚至违法犯罪。

8.【参考答案】

(1)青少年一般在下列具体情况下易出现反抗行为

①独立意识受到阻碍。青少年内心的独立要求很强烈，但父母没有适应这种情况，仍以过去那种关怀的态度对待他们，结果导致反抗行为。

②自主性被忽视或受到阻碍。父母不听取青少年的意见，将他们一味地置于支配、从属的地位。

③当个性伸展受到阻碍时，也将引起青少年的反感。

④当成人强迫青少年接受某种观点时，后者拒绝盲目接受，表现出对抗的倾向。

(2)降低反抗行为的方法：

①学校方面：学校可以多普及青春期的有关知识，让青少年意识到自己此时的心理状态是正常的，但要做到合理发泄；让家长理解青少年的普遍心理，多给青少年一些独立的空间，尊重青少年的想法。

②家庭方面：父母需要改变过去那种一味把青少年置于支配地位的看法，在一些涉及青少年利益的事情上，多耐心听取青少年自身的意见，充分发挥他们的自主性。

③社会方面：积极传播正能量，让青少年了解更多的渠道去发挥自己的个性，并逐渐提高自己各方面的能力，更加独立自信。

④青少年自身：学习各方面知识，不断充实自己；多参加课外活动，与不同个性的青少年进行沟通交流，学会恰当地处理青春期的问题。

(言之有理即可。)

9.【参考答案】

(1)青少年第二次反抗出现的原因：①自我意识的突然高涨：这时他们更倾向于维护好自我形象，追求独立和自尊，但他们的某些想法及行为不能被现实接受，于是就产生过激想法，认为其行动的障碍来自成人，便产生了反抗心理。②中枢神经系统的兴奋性过强：少年期个体中枢神经系统的活动性明显增强，而性腺的机能尚未成熟，两者不协调，中枢神经处于过分活跃的状态，使少年对于较弱的刺激也给予很强的反应。③独立意识增强：少年的独立要求很强烈，这使他们产生对成人社会地位的追求和自认为是成人的心理感觉，但往往他们自尊心难以得到满足，因而少年常遇到独立意识受挫的情况。

(2)反抗的特点：①态度强硬，举止粗暴：反抗行为发生得十分迅速，常使对方措手不及，当时的任何劝导都无济于事，但事态平息后，这种强烈的反抗情绪也将较快地随之消失。②漠不关心，冷淡相对：这种情况常出现于性格内向的青少年身上。这种反抗态度和情绪不易随情景的变化而转移，具有固执性。③反抗的迁移性：迁移性是指当某个人的某一方面的言行引起他们的反感时，就倾向于将这种反感及排斥迁移到这个人的方方面面，甚至将这个人全部否定。

10.【参考答案】

青少年这个时期由于生理和心理发展的特殊性，很容易出现青少年的心理社会问题，青少年的心理社会问题指的是青少年在发展过程中所表现出来的不符合或违反社会准则与行为规范，或不能良好地适应社会生活，从而给社会、他人或自身造成不良影响甚至危害的问题。青少年的心理社会问题分为成瘾行为、内部失调和外部失调等方面。成瘾行为主要涉及吸烟成瘾、游戏成瘾和网络成瘾等；内部失调主要是指向个体内部的问题，具体表现为认知或情绪上的烦恼、压力，如抑郁、焦虑、青春期精神分裂、自杀倾向等；外部失调主要是指向外部的问题，表现在行为方面，如反社会行为、青少年犯罪等。

11.【参考答案】

(1)初中生思维的基本特征：抽象逻辑思维占优势地位，但有时思维中的具体形象成分还起作用。

(2)抽象逻辑思维的发展特点：在少年期的思维中，抽象逻辑思维虽然开始占优势，但是在很大程度上还属于经验型，需要感性经验的直接支持。处于少年期的初中生，抽象逻辑思维的发展特点在其运用假设的能力上有所体现。初中生具有这种建设假设及检验假设的能力，他们的思想相对于童年期更具有深度、广度、精确性和灵活性。

(3)形式逻辑思维的发展特点：①概念的发展：大多数初中一年级学生是从公用性的定义或具体的描述水平，向接近本质的定义或具体的解释水平转化。大多数初中二、三年级学生达到接近本质的定义或具体的解释水平，或是由这两类水平向对概念做本质定义的水平转化。②推理能力：从初中一年级开始，青少年就开始具备各种逻辑推理能力。初中生逻辑推理能力的发展是不平衡的，总体来说，归纳推理的能力高于演绎推理的能力。

(4)辩证逻辑思维的发展特点：初中一年级学生已经开始掌握辩证逻辑思维，但水平较低，初中三年级学生的辩证逻辑思维处于迅速发展阶段。

12.【参考答案】

(1)生态系统理论由布朗芬布伦纳提出，强调发展中的个体嵌套于一系列相互影响的环境之中，在这些系统中，个体与系统相互作用并相互影响。①微观系统：是指对儿童产生最直接影响的环境，主要有家庭、学习、同伴及网络；②中间系统：是指个体与其所处的微系统及微系统之间的联系或过程。③外层系统：指那些个体并未直接参与但却对个人有影响的环境，如传媒、社会福利制度等。这些社会环境可以是正式的组织，如父母的工作场所，也可以是非正式的，如家长的人际网络。④宏观系统：是一个文化系统，涵盖社会的宏观局面，包括文化价值观、法律、习俗等；⑤时间系统：是模型中的时间维度，强调生态环境中的任何变化都会影响个体的发展，如历史事件和渐进的社会发展等方面。

(2)青少年网络游戏成瘾的心理机制：①微观系统：青少年正处于成长阶段，家庭环境、学校环境和同伴关系对青少年网络成瘾有显著影响。家庭内部冲突严重，孩子在家中倍感压力，因此通过网络舒缓情绪；父母专制型的父母教养方式，不尊重孩子的独立性，让青少年形成叛逆，通过网络环境宣泄。学校学业压力大，学业成就低，容易引起青少年通过网络逃避学业压力。为了跟同伴关系保持一致，建立归属感，导致从众上网。②中间系统：父母和学校没有建立联动效应，对青少年的心理状态没有及时了解和关注。③外层系统：网络环境监管不严，青少年上网缺乏限制。④宏观系统：网络文化盛行，青少年面对互联网上的新奇事物，无法辨别真伪优劣，加上叛逆和缺乏自制力，更容易误入歧途。

(3)青少年网络游戏成瘾的预防策略：①家长应改变不良的家庭教养方式，建立和谐的家庭氛围，多与孩子进行情感交流，让孩子体会到父母的关爱和家庭的温暖。②学校可以定期开展网络的健康教育讲座，加强青少年网络道德教育，帮助学生分辨网络上的不良信息，老师应该切实关爱学生，构建良好的班级氛围,建立团结互助的同学关系,还可以带领学生进行课外活动,减轻他们的学习压力。③政府应进一步完善相关法律法规,加强规范管理,为青少年提供健康有益的绿色上网空间。

七、论述题

1.【参考答案】

(1)初中生处于思维发展阶段的形式运算阶段,其主要特点是思维的抽象逻辑性,主要表现在以下几点。①运用假设:具备建立假设并检验假设的能力。②逻辑推理:初一学生已开始具备各种逻辑推理的能力,归纳推理能力高于演绎推理。③逻辑法则的运用:在对矛盾律、排中律、同一律的应用中,排中律发展最晚;思维的批判性和创造性日益增加的同时,片面性和表面性依然明显,自我中心再度出现(假想的观众,独特的自我)。

(2)在高中阶段,抽象逻辑思维进入成熟期,形式逻辑思维处于优势,辩证逻辑思维迅速发展。①形式逻辑思维主要表现在概念、推理、逻辑法则的运用能力上。②高中生辩证逻辑思维的发展,与其自身的实践活动有密切的关系。随着年龄的增长,需要他们用对立统一的观点去分析问题,需要发展辩证逻辑思维。

(3)初一学生已开始掌握辩证逻辑思维的各种形式,但水平比较低;初中三年级时辩证逻辑思维处于迅速发展阶段,是一个重要的转折期;进入高中后,辩证逻辑思维的发展占了优势地位。

2.【参考答案】

(1)个性和社会性发展

身体外型的"成人化"与新的社会角色扮演之间的矛盾,产生不适应感。此外,个性意识的产生和性成熟对情感体验的危机,产生压抑感。

(2)情绪和心理发展

①心理上的成人感与幼稚性之间的矛盾

成人感与幼稚性同时并存:渴望参与社会生活,得到社会尊重;但是思维方式具有片面性和表面性,情感缺乏深刻性与稳定性,意志不坚定,社会经验欠缺。

②心理结构的内部的不平衡性:

a. 反抗性与依赖性共存。

b. 闭锁性与开放性共存。

c. 勇敢与怯懦共存。

d. 高傲与自卑共存。

e. 否定童年但又眷恋童年。

(3)心理和行为偏差出现率高

青少年处于发展的特殊时期,种种因素相互作用,使他们面临一系列的心理社会问题,如各种成瘾问题、焦虑、抑郁、青春期精神分裂、自杀倾向以及反社会行为和犯罪等。

3.【参考答案】

青少年期是个体生理发展的加速期,身心发展的不平衡性带来了一系列的心理危机。

(1)生理上逐渐成熟,具有成人感,自我意识高涨,独立意识增强,跟父母的关系发生变化,逐渐在情感上、行为上和观点上脱离父母,跟教师的关系也发生变化,不再盲目接受任何一位教师,有自己的观点和看法,因此此时容易发生亲子冲突和师生冲突。当这种冲突发生时,青少年希望借助网络逃避现实的压力,这也很容易导致网络成瘾。

(2)网络本身具有匿名性、时间快、范围广、自由度高等特点,可以使人际交流具有很大的吸引性,同时不受现实生活交流方式的限制通过网络,青少年可以满足各种认知和情感的需要,其中包括对成年生活和外部世界的好奇心和探索欲,交往和减轻压力的需要。

(3)青少年时期,朋友关系在青少年生活中日益重要,青少年具有强烈的趋同于同伴的倾向,他们喜欢与同伴在思想、观念、行为上保持一致。在人际关系不如意时,他们尤其可能通过虚拟的网络世界来满足交往的需要。

(4)家庭和学校环境也容易导致网络成瘾:家庭和学习的压力会导致青少年产生情绪、认知、人际关系等方面的失调,因此他们会借助网络舒缓压力,逃避现实中遇到的困难。

(5)从自我同一性的发展来看,青少年处于自我同一性对角色混乱的危机期,他们需要通过积极的探索,建立稳定一致的自我意识,形成自我理想,包括形成特定的社会角色。上网为他们提供了尝试各种社会角色(大多以虚拟的形式)的机会。

4.【参考答案】

日记内容主要反映出初中生在青春期前后的自我意识和情绪情感两个方面的心理变化特点。(1)自我意识的发展。①自我评价的发展:自我评价的独立性增强,表现在有主见、注重同学和老师的评价;自我评价更加全面,从关注生理的自我(关注身高、外貌)向心理的自我转变(关注自己的烦恼、感受),更多关注自己内心世界。②自我体验的发展:成人感显著增强,感到自己已经长大成人,希望独立于父母,产生反抗心理;心理上出现闭锁性,很多事情难以启齿,无从倾诉;自我体验更复杂、深刻,日记显示该学生对于自我的思考更加深入。(2)情绪情感的特征。①两极性,如强烈、狂暴与温和、平静共存,从日记中的许多情绪描述如"欣喜若狂、垂头丧气"等可以看出。②内向性和表现性共存,从"难以启齿"和希望倾诉之间的矛盾可以看出。

5.【参考答案】

(1)据图1可知:

①青少年抑郁检出率的年龄差异:从总体趋势来看,青少年的抑郁检出率随年龄的增长而增大。在小学五年级和高三年级略有下降,但相较于同一年级段差异并不显著。

②发展趋势:总体而言,青少年的抑郁水平随年级的升高而升高。高中阶段的抑郁平均分最高,轻度、重度抑郁检出率最高;初中阶段的抑郁平均分次之,轻度、重度抑郁检出率居中;小学阶段的抑郁平均分最低,轻度、重度抑郁检出率最低。

③发病比例:

A. 在小学阶段,抑郁检出率约为10%,其中轻度抑郁的检出率为7.4%~9.8%,重度抑郁的检出率约为1.9%~3.3%;

B. 在初中阶段,抑郁检出率约为30%,其中轻度抑郁的检出率为16.5%~20.3%,重度抑郁的检出率为7.6%~8.6%;

C. 在高中阶段,抑郁检出率约为40%,其中轻度抑郁的检出率为25%~26.8%,重度抑郁的检出率为10.9%~12.5%。

④原因:

A. 学习压力。青少年在学校的压力主要来自学习,比如考试、升学等。尤其在高年级阶段,课业繁重,升学压力大,如果不能及时疏导与排解,很容易导致抑郁;

B. 心理因素。高年级的青少年正处于青春期,其心理水平呈现半成熟、半幼稚性,主要包括如下特点:a. 反抗性与依赖性;b. 闭锁性与开放性;c. 勇敢与怯懦;d. 高傲与自卑;e. 否定童年与眷恋童年。由于以上心理发展特点,正处于青春期的青少年(初、高中)容易陷入抑郁状态中;

C. 家庭因素。很多青少年的家长平时忙于工作,过高要求孩子,忽略了他们精神和心理上的需求。不和睦的家庭关系会反馈到青少年身上,导致青少年长期与家人缺乏沟通交流,最终诱发抑郁。

(2)据图2可知:

①青少年抑郁检出率的群体差异:女生总体的抑郁检出率高于男生,轻度、重度抑郁的比例也高于男生;非独生子女的抑郁检出率略高于独生子女,轻度、重度抑郁的比例也略高于独生子女。

②原因:

A. 女性抑郁检出率高于男性的原因:

a. 性激素影响。对于女性来说,性激素的激活作用与抑郁症的发病率升高相关,比如女性青春期更易患抑郁症;

b. 应对压力的方式不同。女性在应激事件下更容易罹患内化障碍(发生在个体内部的各种心境、情绪问题),而男性则更容易罹患外化障碍(各种行为问题)。

B. 非独生子女抑郁检出率高于独生子女的原因:

a. 家庭环境。相比独生子女家庭,非独生子女的家庭需要照看两个或多个孩子，如果父母不能公平地对待任一子女，将会对孩子产生很大影响。不好的家庭教育，严重的情况下，会毁掉一个孩子。

b 教育方式。父母若采用不恰当的教育方式教育子女，会对子女的性格、心理承受能力、在逆境中的抗压能力都产生不良影响，进而导致抑郁。

(3)提升青少年心理健康水平的方法：

①国家层面：加强心理健康服务的供给，加强对心理健康服务的规范建设；

②学校层面：加强对健康生活方式的倡导；及时建立心理健康数据库，定期对学生进行筛查和检测，并尽早对发现抑郁的学生进行干预。

③家庭层面：父母应创建和睦的家庭氛围和亲子关系，保持与子女的沟通和联系，多倾听青少年的烦恼，并帮助他们排解、疏导情绪。

④个体层面：保持良好的生活习惯和人际关系；适当参与运动。

第八章　成年早期个体的心理发展

第二节　成年早期自我的形成

考点 2　成年早期自我同一性的确立

1.【解析】成年早期的危机是亲密感对孤独感，发展任务是获得亲密感，避免孤独感，体验爱情的实现。

参考答案：C

2.【解析】成年早期的发展课题是获得亲密感以避免孤独感等。

参考答案：C

第九章　成年中期个体的心理发展

第一节　成年中期的发展任务

考点 1　成年中期发展任务的理论观点

1.【解析】本题从哈维格斯特的理论进行解答。哈维格斯特把成年中期的发展任务具体地归纳为七点：(1) 履行成年人的公民责任与社会责任；(2) 建立与维持生活的经济标准；(3) 开展成年期业余活动；(4) 帮助未成年的孩子成为有责任心的、幸福的成年人；(5) 同配偶保持和谐的关系；(6) 承受并适应中年人生理上的变化；(7) 与老年父母相适应。可以概括为：经济责任、生理活动、加三人(三人指的是配偶、孩子和父母)进行记忆。因此本题选 BC。

参考答案：BC

2.【解析】本题从成年中期的发展任务进行解答。成年中期(25~50 岁)的危机是繁殖对停滞，发展任务是获得产生感，避免停滞感，体验关怀的实现。因此本题选 B。

参考答案：B

第二节　成年中期的智力发展

考点 1　智力发展模式

1.【解析】卡特尔根据智力发展与生理和文化教育的关系，把智力区分为晶体智力和流体智力。晶体智力是通过掌握社会文化经验而获得的智力，如词汇、言语理解、常识等以记忆储存的信息为基础的能力。

参考答案：C

2.【解析】众多的成人智力发展研究表明：中年人的智力发展模式是晶体智力继续上升，流体智力缓慢下降，智力技能保持相对稳定，实用智力不断增长。

参考答案：A

3.【解析】青少年期以后，在成年阶段，流体智力缓慢下降，而晶体智力则保持相对稳定。

参考答案：D

4.【解析】晶态智力是通过掌握社会文化经验而获得的智力，可以一直处于发展上升中。

参考答案：C

考点 2　智力活动性质的变化

1.【解析】本题从沙伊的智力理论进行解答。沙伊认为，儿童期、青少年期智力发展的根本特征是获取信息和解决问题的技能。在成年早期，青年人开始从事工作，建立家庭。此时的主要任务就是为实现自己的理想和奋斗目标而努力工作。成年中期的智力发展是责任阶段，这个阶段不仅要承担家庭责任而且更主要的是承担社会责任，由承担一般社会责任到承担行政领导责任，取决于多种因素。到了老年期，老年人的智力活动的主要任务转向了自己的内心新世界，重新融合自己一生的经验。因此本题选 A。

参考答案：A

章节考点　综合训练

一、单选题

1.【解析】流体智力是以神经生理为基础，随神经系统的成熟而提高，相对地不受教育与文化的影响的能力，如知觉速度、识别图形关系等，是信息加工和问题解决工程中所表现出来的能力。

参考答案：A

2.【解析】卡特尔根据智力发展与生理和文化教育的关系，把智力区分为晶体智力和流体智力。

参考答案：A

3.【解析】青少年期以前，两种智力都随年龄而不断提高，青少年期以后，在成年阶段，流体智力缓慢下降，而晶体智力则保持相对稳定。

参考答案：A

二、多项选择题

1.【解析】晶体智力包括一个人所获得的知识以及获得知识的能力，它由语词、算术和一般知识测验来测定；流体智力是发现复杂关系和解决问题的能力，它由木块图、空间视觉等测验来测定。

【参考答案】ABCD

三、名词解释

1.【参考答案】

流体智力是以神经生理为基础，随神经系统的成熟而提高，相对地不受教育与文化的影响的能力，如知觉速度、识别图形关系等。

2.【参考答案】

成年中期处于人生的中段，个体面临家庭、社会中的多种任务，担任多种角色，需要瞻前顾后。社会角色的丰富对成年中期的生活产生重大影响，同时也给中年人带来巨大的压力与挑战。但是，由于个体拥有丰富的心理与社会资源，“中年危机”并不是大多数中年人所要面对的。成年中期是一个充满挑战的时期，同时也是一个充实自我、实现自我的黄金时期。

四、简答题

1.【参考答案】

卡特尔根据智力发展与生理和文化教育的关系，把智力区分为晶体智力和流体智力。晶体智力是通过掌握社会文化经验而获得的智力，如词汇、言语理解、常识等以记忆储存的信息为基础的能力；流体智力是以神经生理为基础，随神经系统的成熟而提高，相对地不受教育与文化的影响的能力，如知觉速度、识别图形关系等。两种智力都随年龄而不断提高，青少年期以后，在成年阶段，流体智力缓慢下降，而晶体智力则保持相对稳定。

2.【参考答案】

中年期是一生中的一个特殊时期，它不仅是个体对社会影响最大的时期，也是社会向个体提出最多、最大要求的时期。中年人是社会的中坚、家庭的核心，是物质财富和精神财富的主要创造者，因此，与人生历程其他阶段相比,中年人的家庭生活与职业活动显得更为重要。

家庭关系:中年人的夫妻关系多半会由亲密、和谐、热烈朝着较为冷静、现实的方向变化。中年人与未成年子女间的关系,以及中年人与老年父母的关系,均对个体心理发展及家庭生活质量产生巨大影响。

职业发展:中年人在集中于主要活动的时间慢慢衰退,维持巩固自己的实力以面对竞争,建立学习新的技能,辨识新问题并设法解决,接纳个人的局限。

五、判断题

1.【解析】流体智力指在信息加工和问题解决过程中所表现的能力,它较少地依赖于文化和知识的内容,而决定于个人的禀赋。

参考答案:错误

2.【解析】流体智力以神经生理为基础,随神经系统的成熟而提高,14 岁左右达到高峰,成年逐渐衰退。

参考答案:错误

第十章 成年晚期个体的心理发展

第一节 老龄、老化与发展

考点1 老龄与老化

1.【参考答案】

老化是指个体在成熟期后的生命过程中所表现出来的一系列形态以及生理、心理功能方面的退行性变化。

2.【参考答案】

关于认知老化的原因,不同的理论给出了解释:

(1)感觉功能理论:该理论把认知老化归之于老年人的各种感觉功能衰退的结果,比如上了年龄,耳朵聋了,听不太清楚别人说话,眼睛也花了,不能很快地认出物体。

(2)加工速度理论:该理论认为加工速度减慢是认知功能年老衰退的主要原因。比如做加减乘除的计算变得慢了。

(3)工作记忆理论:该理论认为工作记忆容量随增龄而变小是导致认知功能年老减退的一个主要原因。

(4)抑制功能理论:该理论认为老年人认知功能的减退往往就是由于不能有效地抑制无关信息所致;比如在计算的时候又会想着给孙子做饭。

(5)执行功能减退假说:神经生物学研究表明,额叶是老化最敏感的区域,认知功能的老化与额叶皮层功能的减退有密切关系。

第二节 成年晚期的认知

考点1 成年晚期感知觉发展的变化

1.【解析】本题从成年晚期感知觉发展的特点进行解答。认知活动的退行性变化是老年期的心理发展总趋势的一个特征,其中感知觉的退化最明显。因此本题选 A。

参考答案:A

考点2 成年晚期记忆发展的特点

1.【解析】本题从成年晚期记忆发展的特点进行解答。老年人的初级记忆好于次级记忆;日常生活记忆好于实验室记忆;再认成绩好于回忆成绩;理解记忆比机械记忆好。因此本题选 D。

参考答案:D

考点4 成年晚期智力发展的特点

1.【解析】本题从成年晚期的智力发展进行解答。人的流体智力在成年早期达到最高峰之后就逐渐减退,而晶体智力自成年以后不但不减退,反而有所增长,只是在七八十岁以后才略有减退,晶体智力是通过掌握社会文化经验而获得的智力。"老将出马,一个顶俩"说明的就是老年人晶体智力还在发展。因此本题选 C。

参考答案:C

2.【解析】本题从成年晚期认知活动的特点进行解答。

参考答案:一是退行性变化,即总的趋势是减退或老化而不是增长或发展。

二是持续性,即增长或发展并没有终止,而是在持续进行,如晶体智力。

三是差异性,表现在两个方面:其一,不同心理机能老化的早晚和速率不同;其二,不同个体之间存在差异。

第三节 成年晚期的情绪情感

考点1 成年晚期的情绪情感

1.【解析】本题从成年晚期的情绪情感进行解答。老年人比较容易产生消极情绪情感,体验深刻而持久,各种"丧失"是情绪体验的最重要的激发事件。因此本题选 B。

参考答案:B

第四节 成年晚期的心理卫生和长寿心理

考点1 死亡心理

【解析】罗斯研究发现临终前五个基本反应阶段,包括:否认死亡时期;愤怒情绪;讨价还价;沮丧情绪;接受死亡。

参考答案:ABCD

章节考点 综合训练

一、单选题

1.【解析】成年晚期认知活动具有退行性变化,即总的趋势是减退或老化。

参考答案:A

2.【解析】老年人与中年人一样均有性和情感需求。

参考答案:D

3.【解析】中老年在由机体的生理功能影响的流体智力方面的衰退比较明显,如知觉速度、识别图形关系等。

参考答案:A

4.【解析】本题旨在考查考生对老年期身体与认知发展规律的理解和掌握。老年期的身体、感觉能力、记忆能力等方面都会存在老化现象,但亦存在较大的个体差异。随着年龄的增长,受到个体感知觉、注意、身体老化等各方面因素的影响,老年人的动作反应速度的下降是最快的。因此本题选 C。

参考答案:C

二、简答题

1.【参考答案】

(1)成年早期(18~35 岁)心理上独立于父母,对自己的身体负责,意识到自身的个人生活史和时间限制,整合性体验;发展与伴侣保持亲密关系的能力,决定是否生育孩子,生育孩子以及个体与孩子的关系,与父母之间建立成人的关系,获得职业技能,选择一份职业,使用金钱以获得进一步发展,承担一定的社会角色,适应伦理和精神上的价值观。

(2)成年中期(35~60 岁)应对身体的变化或疾病,改变身体意向,对成年中期性生活的变化进行适应,接受时间的消逝,对衰老的适应,生活在父母以及同辈人的疾病和死亡中,面对死亡的现实,对配偶或伴侣关系的重新定义,与长大的子女和孙辈深化关系,维持长久的友谊并建立新友谊,巩固工作同一性,给年轻人传输技能和价值观,有效分配财务资源,接受社会责任,接受社会变化。

(3)成年晚期(60 岁以上)维持身体健康,适应身体的衰弱或永久性的损伤,随心所欲地支配时间,适应伴侣或朋友的逝去,保持以现在或未来为导向,不沉迷于过往,建立新的情感纽带,与子孙关系的逆转(由照顾者变为被照顾者),寻求和维持社会联系,继续进行有意义的工作或娱乐,为自己或他人明智地使用财务资源,适应退休并建立新的生活方式。

2.【参考答案】

老年期首先在生理上会发生一系列退行性的变化;感觉能力衰退明显;智力在总体上有所衰退,但并非全面衰退,流体智力呈衰退趋势,晶体智力保持相对稳定;记忆力随着年龄的增长而衰退,记忆力下降主要限于那些需要有意加工的任务,而无须意识参与的内隐记忆变化较小;语言生成能力有所下降,主要表现为老年人从长时记忆中搜索词变得困难;从总体上看,老年期的个性保持持续的稳定，但也有所变化，个性变化具有很大的个别差异；情绪、情感的变化更为明显，一方面容易产生消极的情绪、情感，另一方面情绪体验往往更深刻而持久。

3.【参考答案】

(1)婴儿期：3个月的婴儿就已具备了比较明显的问题解决能力。3个月以前，出现采用启发式搜索策略的问题解决行为；6个月，已能进行模仿；12个月，已能利用工具解决问题，并获得了手段-目的的分析策略。

(2)幼儿思维以直觉动作思维为主。

(3)小学儿童的思维是以从具体性向抽象逻辑性过渡为主要特征的。具体来讲：第一，抽象逻辑性在逐步发展，但仍带有很大的具体性；第二，从具体形象性向抽象逻辑性过渡中，存在着不平衡性；第三，从具体形象性为主逐渐向抽象逻辑性为主过渡中，会出现"飞跃"或"质变"。10岁左右是形象思维向抽象思维过渡的转折期，即小学四年级是转折的关键期。

(4)初中生思维的发展主要有：第一，抽象逻辑思维逐渐占据优势地位；第二，开始能初步理解矛盾对立统一的辩证思维规律；第三，抽象逻辑思维的发展进入关键期；第四，思维的独立性或批判性明显发展，但容易产生片面性和表面性的缺点。

(5)高中生的思维特点：第一，抽象逻辑思维已经具有假设性、预见性和内省性；第二，抽象逻辑思维进入成熟期；第三，形式逻辑思维处于优势，辩证逻辑思维迅速发展。

(6)中年期的思维主要体现在创造力上：自然科学和数学领域的创造力在青年期达到顶峰，人文科学领域的创造高峰在中年期甚至是老年期。

(7)老年期的思维：老年期的个体表现出更多的智慧。

4.【参考答案】

荣格的发展观主要涉及三个方面：

(1)提出前半生和后半生分期的观点，在生命周期的前半生和后半生，人格沿着不同的路线发展，25~40岁是分界的年限，前半生比后半生的人格要显得更向外展开，致力于外部世界。

(2)重视"中年危机"。大约40岁，个体曾经认为永远不变的目标和雄心壮志已经失去意义，于是个体开始感到压抑、呆滞和紧迫感。中年的标志是从关注外部世界到关注自己的内心。内心促使人们去听从意识，去开发自己的潜力。

(3)论述老年心理，特别是临终前的心理，老年人面临死亡时如何理解生命的性质。

5.【参考答案】

(1)老年传统观的观点：人自出生到机体成熟进入青春期，其心理活动的变化属于"发展期"，青春期过后进入稳定的成年期，然后便开始衰退；老年期各种心理机能处于衰退阶段，不再发展，年龄越老，心理活动的衰退越明显，这种变化只能称作"老化"而不能叫作"发展"。

(2)毕生发展观的观点：①个体发展贯穿一生，在人生的任何一个时期，都可能发生心理和行为的变化。②发展的形式具有多样性，发展的方向因心理和行为的种类不同而不同。③任何一种心理和行为的发展过程都是复杂的，发展不是简单地表现为增长，而总是由获得（增长）与丧失（衰退）两部分构成。发展是带有补偿性的选择性最优化的结果。选择是指个体对发展的方向性、目标和结果的趋避或回避。最优化是指获取、优化和维持有助于获得理想结果。补偿则是由资源丧失引起的一种功能反应。④心理发展具有很大的个体可塑性，由于个人生活条件和经验的变化，发展的形式可以是多样的。⑤心理发展是由多重影响系统共同决定的，个体发展的任何一个过程都是由年龄阶段、历史阶段、非规范事件三种影响系统相互作用的产物。

(3)两种发展观的比较：①两种老年心理发展观各有其理论和实际的根据，但也有各自的某种偏颇之处。②传统发展观认为人的心理随年龄的增长而发展、衰退，就个体心理变化的总的趋势来说，无疑是正确的。正视这一点对于发展心理研究和对老年工作实践都有重要的意义。但是，这种观点把人主要看作生物有机体，过于看重生物机体的变化和年龄对心理发展的影响，把心理发展看作是单向的、不可逆转的，以个体生物机体的成熟期作为心理发展或衰退的临界点，从而否定心理发展的连续性，这是不符合事实的，因而也是不可取的。③毕生发展观提出了一系列心理发展的基本观点，强调人到成年期以后，心理仍然继续发展，无疑是正确的、乐观的，应予以充分肯定。但同时，这种理论在强调心理发展贯穿于个体整个一生，即强调心理发展的连续性的同时，对人到成年期尤其是成年晚期，其心理变化的总趋势是衰退或下降这一事实，未能予以足够的重视。④我们应当吸取两种观点的合理"内核"，科学正确地看待成年晚期的心理变化与发展。

三、综合题

1.【参考答案】

(1)该研究采用的研究设计类型是聚合交叉设计（或纵横交叉研究）。

(2)从图中能得到的研究结论：

①在以25岁为起点的整个成年期，个体的某些能力逐渐下降而另一些能力则相对稳定，这反映了流体智力与晶体智力的发展趋势不同；个体25岁之后，流体智力（如归纳推理、空间定向、知觉速度）逐渐下降，而晶体智力（如言语能力）则保持稳定，甚至还略有上升。

②图中大部分认知能力随年龄增长而变化的趋势反映了认知老化现象；某些认知能力在60（或67）岁之前呈下降趋势，但下降的幅度小，而74岁之后，下降幅度较大，表现出明显的认知老化。

(3)解释认知老化的代表性观点（张向葵版）：

①感觉功能理论：把认知老化归因于各种感觉器官功能衰退的结果。

②加工速度理论：认为以记忆为主的信息加工速度的降低是老年人认知老化的主要原因。

③抑制理论：认为老年人认知功能减退是由于不能有效地抑制感官信息所致，表现为不能有效地抑制无关信息或干扰信息，从而导致加工速度减慢。

④工作记忆理论：认为工作记忆下降是导致老年人认知功能衰退的主要原因。

2.【参考答案】

(1)影响心理发展的因素：①遗传：遗传与生理发展是心理发展的物质前提，它们规定了发展的可能范围。通过《人生七年》的纪录片，我们可以发现，儿童在7岁，不同阶层的孩子就表现出了内容的差异，这主要是由于遗传的影响，而这些孩童时生活在不同阶层的人还是生活在原来的阶层，也说明了遗传规定了发展的可能范围。②环境和教育：在遗传和生理成熟所提供的可能范围内，环境和教育对儿童心理发展的现实水平起决定作用；儿童心理以遗传和生理发展为物质基础，但是在一定环境和教育的影响下，儿童可以通过自己的活动而积极能动地发展起来的。教育作为一种特殊的环境，对儿童的心理发展起主导作用。在《人生七年》的纪录片中，虽然大部分儿童还是生活在原来的阶层，但是依然有一位儿童从乡下的农庄通过接受教育，最终成为大学的教授，跨越了原来的阶层。这说明，环境和教育对儿童所产生的深刻影响。

(2)心理学有一个观点叫自证预言，自证预言是一种在心理学上常见的现象，意指人会不自觉地按已知的预言来行事，最终令预言发生；也指对他人的期望会影响对方的行为，使得对方按照期望行事。孩子在小时候对自己的预言可能会影响他之后对自己的判断和期望，最终不知不觉地按照自己的预言来安排自己的人生选择。

(3)现实意义：①这个纪录片让人们直观地看到，出生阶层确实存在且有延续性，但并不是牢不可破，依然可以有人跨越阶层，这对于深处社会底层的民众来说，也是一种鼓舞和激励。②这个纪录片让人去反思到底什么样的人生是成功的人生，就拿这14个孩子来说，来自不同阶层孩子的出生背景、成长环境大不相同，起点不同又何来用同样的终点来衡量他们的人生是否取得了成功？就算是同一阶层的孩子，因为他们与生俱来的差异性（比如智商、情商、性格等方面）及各种不可控客观因素，也无法用统一的标准进行成功的定义。③一个人如果想要过自己想要过的生活，实现自我潜能的最大化，需要有清晰的目标和长远的计划和持续的努力。从7岁儿童的回答到最终他们的人生走向可以发现，那些从小有清晰的目标，并且为了自己的目标制定长远的计划，持续为之努力的儿童，最终都过上了自己想要的生活。④通过这个纪录片，让人们意识到教育的重要性，纪录片中，那些受教育程度越高的儿童，相对机会较多，可以有更多的选择。（开放性问题，言之有理即可）

第四篇 教育心理学

第一章 绪 论

第一节 教育心理学概述

考点1 教育心理学的研究对象与学科属性

1.【答案】B

【解析】学习心理是教育心理学研究的核心内容。

2.【答案】错误

【解析】教育心理学是一门通过科学方法研究学与教相互作用的基本规律的科学,它是应用心理学的一个分支。教育心理学的知识正是围绕学习与教学相互作用的过程而组织的,包括学习心理、教学心理、学生心理和教师心理。

考点2 教育心理学的作用

1.【答案】B

【解析】教育心理学对教学实践具有描述、解释、预测和控制的作用。

第二节 教育心理学的发展

考点1 教育心理学的发展历程

1.【答案】A

【解析】1903年,美国心理学家桑代克(教育心理学之父)的《教育心理学》问世,这是西方第一本以"教育心理学"命名的专著,标志着教育心理学的诞生。

2.【答案】D

【解析】西方教育心理学的成熟期:20世纪60年代,布鲁纳进行课程改革运动。

章节考点 综合训练

一、单选题

1.【答案】C

【解析】学习过程是教育心理学研究的核心内容,如学习的实质、条件、动机、迁移以及不同种类学习的特点等。

2.【答案】A

【解析】1903年,美国心理学家桑代克(教育心理学之父)的《教育心理学》问世,这是西方第一本以"教育心理学"命名的专著,标志着教育心理学的诞生。

3.【答案】A

【解析】桑代克创立了完整的教育心理学体系,使教育心理学正式作为一门独立学科。他的教育心理学体系也是以学生学习为中心的教育心理学体系。

4.【答案】C

【解析】1903年,美国心理学家桑代克(教育心理学之父)的《教育心理学》问世,1913~1914年,发展成三卷本的《教育心理学》,内容包括《人的本性》《学习心理》《工作疲劳,个性差异及其原因》。

5.【答案】A

【解析】参考第2题。

6.【答案】B

【解析】1969年,加涅提出"教学心理学"这一概念。

二、判断题

1.【答案】正确

【解析】本题考查教育心理学的研究对象。教育心理学是一门通过科学方法研究学与教相互作用的基本规律的科学,它是应用心理学的一个分支。教育心理学的知识正是围绕学习与教学相互作用的过程而组织的,包括学习心理,教学心理,学生心理和教师心理。例如:学习与教学相互作用过程的模式;学习与教学因素;学习与教学过程。因此本题正确。

2.【答案】错误

【解析】西方教育心理学的奠基人是桑代克,1903年桑代克出版的《教育心理学》是西方第一本以教育心理学命名的专著。华生是行为主义学派的创始人。

第二章 学生心理

第一节 学生的认知发展

考点1 皮亚杰的认知发展理论

1.【参考答案】

(1)皮亚杰的认知发展阶段理论

①感知运动阶段(0~2岁),这一阶段的认知活动,主要是通过探索感知觉与运动之间的关系来获得动作经验,在这些活动中形成了一些低级的行为图式,以此来适应外部环境和进一步探索外界环境。

②前运算阶段(2~7岁),从这个时期开始,儿童具有表象思维,有运用符号的能力,其智力活动处于表象水平。思维不可逆,自我中心,未掌握守恒,泛灵论;皮亚杰通过"三山实验"证明这一阶段的儿童思维具有自我中心性。

③具体运算阶段(7~11岁),这个时期儿童的认知能力摆脱知觉的局限,获得概念的稳定性,达到守恒。对具体问题可以进行逻辑运算,思维具有可逆性。守恒是儿童思维成熟的最大特征,守恒是指某一物体或情境尽管表面上发生了变化但物体的固有属性仍保持不变的事实。

④形式运算阶段(11~16岁),这个时期儿童的思维形式能够从具体内容中解放出来,能够提出假设,凭借演绎推理、归纳推理解决抽象问题。其智力活动达到抽象思维阶段。

(2)其理论对教育实践的指导

①教育要促进儿童内部积极主动的建构过程。

皮亚杰认为学习在于建构新的认知图式。教育需要建构积极、主动的学习环境,促进学生内部的积极、主动的建构过程。

②教育应当适合儿童当前的发展阶段。

皮亚杰认为儿童的认知发展是以已有的认知结构为基础的,并以已有图式与环境相互作用而产生的认知需要为动力。因此,教师需要创设或提供这样一种教学情境,既能引起学生的认知不平衡,又不过分超越学生已有的认知水平和知识经验。

③儿童在认知发展过程中存在个体差异

教师要确定学生的不同认知发展水平,以保证所施的教学与学生的认知水平相匹配。

考点2 维果斯基的发展理论

1.【答案】C

【解析】在论述教学与发展的关系时,维果斯基提出了"最近发展区"的概念,即实际的发展水平与潜在的发展水平之间的差距。前者由独立解决问题的能力而定,后者则是指在成人的指导下或是与更有能力的同伴合作时解决问题的能力。

2.【参考答案】

维果斯基的理论主要包括文化历史发展论与心理发展观、教育与发展的关系和内化学说。其中对教学影响较大的是教育与发展的关系。在论述教学与发展的关系时,维果斯基提出了"最近发展区"的概念,最近发展区即实际的发展水平与潜在的发展水平之间的差距。前者由独立解决问题的能力而定,后者则是指在成人的指导下或是与更有能力的同伴合作时解决问题的能力。

维果斯基主张,教学应当走在儿童现有发展水平的前面,落在最近发展区内,带动发展。教学一方面使最近发展区变为现实,另一方面也创造着新的最近发展区。儿童的两种水平之间的差距是动态的。随着时间的推进,一些之前不能完成的任务逐渐被儿童掌握,取而代之的是更加复杂和困难的任务。

对教学的影响主要体现在以下几个方面:

(1)在维果斯基搭建支架的基础上发展出了支架式教学

教学者要给学生提供适当的指导和支持,这种指导和支持处于学生的最近发展区内,而且要随着儿童认知发展的变化进行调整。

(2)维果斯基阐释了在相互作用情境下学习的机制

教学者需要通过与学生的相互作用不断地获得学生发展的反馈,来调整给学生提供的学习任务,如交互式教学。

(3)维果斯基的理论对于合作学习也有一定的指导作用

教师要尽量组织、安排能力水平不同的学生进行合作学习。接受能力较强的同伴的指导,是促进儿童在最近发展区内发展的最有效的一种方式。

(4)维果斯基的理论在情境认知理论及其教学模式中也有一定的应用

教师在教学的过程中,要引导学生从旁观者逐渐转变为教学活动的参与者,在社会性互动中获得知识和技能。

第二节　学生的情感和个性发展

考点1　个性与社会化发展

1.【参考答案】

埃里克森把人的心理发展分为8个阶段:(1)信任对怀疑(0~1.5岁);(2)自主对羞怯(1.5~3岁);(3)主动感对内疚感(3~6、7岁);(4)勤奋感对自卑感(6、7~12岁);(5)角色同一性对角色混乱(12~18岁);(6)友爱亲密对孤独(18~30岁);(7)繁殖对停滞(30~60岁);(8)完美无憾对悲观绝望(60岁以后)。

启示:(1)帮助学生适应勤奋和自卑危机。

学校和教师可以向儿童提供他们参与社会所需的工具,设置有挑战性的任务,同时给予一定的帮助,让学生不断体验到成功,从而帮助学生通过这一危机。

(2)帮助学生适应同一性和角色混乱危机。

学校和教师可以为学生提供职业选择的榜样和其他成人角色,宽容对待他们的狂热与流行文化,为他们的自我和学业提供现实的反馈,帮助学生处理这种危机。

(3)由于青少年可能会拒绝教师权威,因此教师需要注意以下几点:①中学生绝不应该被当作"孩子"看待;②绝不应在其他同伴或其他有关的人面前轻视青少年;③给予明确任务并让其独立完成;④注意同伴影响。

考点2　自我意识、自我概念与自尊

1.【参考答案】

(1)自我意识是个体对自己的认识和态度,是人格的重要组成部分,是使人格各部分整合和统一起来的核心力量。同时,一切社会环境因素对人发生影响,都必须通过自我意识的中介,因而自我意识在人格的形成和发展中起着不可缺少的重要作用。

①自我意识的水平制约着个人对自己的人格形成和发展进行调节的能力。儿童的自我意识水平低,其人格发展主要受外部因素的制约。

②自我评价的性质决定人格发展的方向。若个体自认为品德高尚,就会在生活中自觉维护真理和正义,拒绝自以为不正义的事情。反之,个体自认为能力差,解决问题时就会优柔寡断,稍遇障碍便停滞不前。

③自我调控能力制约着人格的发展。个体的自我调控筛选环境的影响,他们主动接受环境的积极影响,拒绝环境的消极影响。同时,个体的自我调控制约人格发展目标的确定,并影响人格发展目标能否最终实现。

(2)①自我认识是自我意识的认知成分。教师应该引导学生正确看待学习和生活中的成功与失败,树立良好的人生观和价值观。②自我体验是自我意识在情感方面的表现,包括自尊和自信等。教师的反馈对学生的自尊有重要影响。任何惩罚和变相惩罚都有可能伤及学生的自尊。掌握学生特点,尽量从正面鼓励学生,有利于学生的成长和进步。③自我调节是自我意识的意志成分。教师可以在学生已有认知的基础上,通过榜样的示范作用和亲身体验,引导其学会在特定的场景中调控自己的言行,使之符合社会规范。

第三节　学生个体差异

考点1　个体的智力差异

1.【参考答案】

(1)美国心理学家加德纳认为,智力应该是在某一特定文化情境或社群中所展现出来的解决问题或制作生产的能力。人类至少存在8种智能,分别是:

①语言智能:对声音、节奏、单词的意思和语言具有不同功能的敏感性。

②逻辑-数学智能:能有效地运用数字、推理和假设。

③空间智能:能以三维空间的方式思考,准确地感觉视觉空间,并把所知觉到的表现出来,对色彩、线条、形状及空间关系敏感。

④肢体-动觉智能:能巧妙地运用身体来表达想法和感觉,能灵活地运用双手灵巧地生产或改造事物。

⑤音乐智能:能觉察、辨别、改变、欣赏、表达或创作音乐。

⑥人际智能:善于觉察并区分他人的情绪、动机、意向及感觉,能有效与人交往。

⑦内省智能:能正确建构自我,知道如何利用这些意识察觉做出适当的行为,并规划、引导自己的人生。

⑧自然观察智能:具备对生物的分辨观察力及对自然景物敏锐的注意力。

(2)多元智力理论对教学的启示:①学校在设置教学活动时需要考虑到学生的不同智能,保证学生的每一种智能都能得到发展和培养;②教育要以学生的智能为基础,同时要培养学生的特长智能。③学校在对学生的智力进行评估时,要从多方面进行考核评定,不能只依靠考试成绩;④教师在进行教学时,可以从多种智能途径增进学生对学科内容的理解。

考点2　个体的其他差异

1.【参考答案】

(1)学习风格是指人们在学习时所惯用或偏爱的方式。换句话说,就是学习者在完成学习任务时所表现出来的具有个人特色的方式。

(2)学习风格的差异对教学的启示:学生在学习风格上存在着巨大差异,这就要求教师针对不同的学习风格采取不同的教学策略。首先,必须帮助学生认识自己的学习认知风格;其次,教师要明确适应认知风格的两类教学策略——匹配和适配策略;最后,教师要调整自己的教学风格,提供多种模式的教学风格。

综合问题1　学生的个体差异

1.【参考答案】

(1)孔子向学生施教的心理学依据是学生的个体差异。

(2)学生在智力、学习风格、社会文化背景以及性别方面的差异均会对其学习产生一定的影响,如果教师忽视学生的个体差异,在教学过程中对于所有的学生只采用一种教学方法,其教学效果就会大打折扣。因此,教师必须理解学生的个体差异,在教学过程中针对不同的学生灵活地采用不同的教学方式,真正做到因材施教。材料中子路和冉有的性格是对立的,如果孔子对两个人都说遇事要三思而后行的话,就会使得本就畏缩的冉有更加不敢采取行动;而如果对两个人都说遇事立马行动的话,就会使得本就好胜的子路更加冲动,这对于两个人来说都是不利的。只有针对两个人的性格给予不同的指导,才能帮助其更好地发展。

章节考点　综合训练

一、单选题

1.【答案】A

【解析】维果斯基主张,教学应当走在儿童现有发展水平的前面,落在最近发展区内,带动发展。

二、名词解释

1.【参考答案】

最近发展区即实际的发展水平与潜在的发展水平之间的差距。前者由独立解决问题的能力而定,后者则是指在成人的指导下或是与更有能力的同伴合作时解决问题的能力。

2.【参考答案】

认知风格指个体感知、记忆、思维、问题解决、决策以及信息加工的典型方式。

三、简答题

1.【参考答案】

1. 皮亚杰的认知发展阶段理论

(1)感知运动阶段(0~2岁),这一阶段的认知活动,主要是通过探索感知觉与运动之间的关系来获得动作经验,在这些活动中形成了一些低级的行为图式,以此来适应外部环境和进一步探索外界环境。

(2)前运算阶段(2~7岁),从这个时期开始,儿童具有表象思维,有运用符号的能力,其智力活动处于表象水平。思维不可逆,自我中心,未掌握守恒,泛灵论;皮亚杰通过"三山实验"证明这一阶段的儿童思维具有自我中心性。

(3)具体运算阶段(7~11岁),这个时期儿童的认知能力摆脱知觉的局限,获得概念的稳定性,达到守恒。对具体问题可以进行逻辑运算,思维具有可逆性。守恒是儿童思维成熟的最大特征,守恒是指某一物体或情境尽管表面上发生了变化但物体的固有属性仍保持不变的事实。

(4)形式运算阶段(11~16岁),这个时期儿童的思维形式能够从具体内容中解放出来,能够提出假设,凭借演绎推理、归纳推理解决抽象问题。其智力活动达到抽象思维阶段。

2. 其理论对教学工作的启示。

(1)教育要促进儿童内部积极主动的建构过程

皮亚杰认为学习在于建构新的认知图式。教育需要建构积极、主动的学习环境,促进学生内部的积极、主动的建构过程。

(2)教育应当适合儿童当前的发展阶段

皮亚杰认为儿童的认知发展是以已有的认知结构为基础的,并以已有图式与环境相互作用而产生的认知需要为动力。因此,教师需要创设或提供这样一种教学情境,既能引起学生的认知不平衡,又不过分超越学生已有的认知水平和知识经验。

(3)儿童在认知发展过程中存在个体差异

教师要确定学生的不同认知发展水平,以保证所实施的教学与学生的认知水平相匹配。

2.【参考答案】

1. 学生的智力差异主要表现在以下几个方面:

(1)智力发展水平的差异

智力的发展是呈正态分布的,即智力超常和智力低常的人数极少,智力偏高和智力偏低的人数次之,智力中等的人数最多。

(2)智力发展速度的差异

智力的发展有早晚的差异。有的人天生聪慧,在很小的时候就表现出较高的智力水平。

(3)智力结构的差异

美国心理学家加德纳认为,智力应该是在某一特定文化情境或社群中所展现出来的解决问题或制作生产的能力。人类至少存在8种智能,分别是:

①语言智能:对声音、节奏、单词的意思和语言具有不同功能的敏感性。

②逻辑-数学智能:能有效地运用数字、推理和假设。

③空间智能:能以三维空间的方式思考,准确地感觉视觉空间,并把所知觉到的表现出来,对色彩、线条、形状及空间关系敏感。

④肢体-动觉智能:能巧妙地运用身体来表达想法和感觉,能灵活地运用双手灵巧地生产或改造事物。

⑤音乐智能:能觉察、辨别、改变、欣赏、表达或创作音乐。

⑥人际智能:善于觉察并区分他人的情绪、动机、意向及感觉,能有效与人交往。

⑦内省智能:能正确建构自我,知道如何利用这些意识察觉做出适当的行为,并规划、引导自己的人生。

⑧自然观察智能:具备对生物的分辨观察力及对自然景物敏锐的注意力。

2. 教师如何在教学中开发学生的智力:

(1)按能力分组

对学生按照其智力或学业成绩进行班级间分组、班级内分组或重新分组,然后教师可以根据学生的能力水平采取适合的教学方式。

(2)设置不同的教育目标

对智力超常学生的教育目标是进行多元智能的充分开发,对其进行高学历教育和个性优化教育。对轻度智力落后学生,教育目标是通过训练使其能够掌握较高的生活能力,较好地适应社会生活。对于中等智力落后学生,教育目标是通过训练使其能够掌握一些简单的生活技能和社交能力。对于重度智力落后学生,教育目标是通过训练使其掌握一些简单的生活技能。

(3)选择不同的教育方式

对智力超常学生的教育方式:提早入学或跳级;提供常规课程以外的课程;提供难度更大的学习材料和学习任务;提供更多的充满挑战的课外活动。

对智力落后学生的教育方式:给予他们更多的机会,让他们从简单的小事做起。以活动课程为主,激发学习兴趣,促进智力发展;激发学习动机,增强学习信心。

(4)针对智力结构的不同,教师应采取以下措施

①学校在设置教学活动时需要考虑到学生的不同智能,保证学生的每一种智能都能得到发展和培养;②教育要以学生的智能为基础,同时要培养学生的特长智能;③学校在对学生的智力进行评估时,要从多方面进行考核评定,不能只依靠考试成绩;④教师在进行教学时,可以从多种智能途径增进学生对学科内容的理解。

3.【参考答案】

(1)传统的四种类型气质说:①多血质:感受性较弱,反应性、兴奋性、平衡性很强,灵活性高,反应速度快。②胆汁质:感受性很弱,反应性、兴奋性强,不灵活,反应速度很快。③黏液质:感受性很弱,反应性很弱,主动性很弱,不灵活,反应速度缓慢。④抑郁质:感受性很强,反应性和主动性很弱,不灵活,反应速度缓慢。

(2)①多血质的学生容易缺少毅力,但是兴趣广泛,因此对这种学生加以培养,可以给他们一定的职务或任务,以此来提高责任感,教会他们学会坚持。②胆汁质的学生往往鲁莽,脾气暴躁,因此在教育上应该教他们采取行动之前,学会思考,避免冲动做事。③黏液质的学生反应较慢,但是很细心,因此需要多给予鼓励和肯定,建立良好的自我效能感。④抑郁质的学生反应性和主动性很弱,因此教师应当多和这类学生沟通,耐心指导与帮助。

四、论述题

1.【参考答案】

在论述教学与发展的关系时,维果斯基提出了"最近发展区"的概念,最近发展区即实际的发展水平与潜在的发展水平之间的差距。前者由独立解决问题的能力而定,后者则是指在成人的指导下或是与更有能力的同伴合作时解决问题的能力。

维果斯基主张,教学应当走在儿童现有发展水平的前面,落在最近发展区内,带动发展。教学一方面使最近发展区变为现实,另一方面也创造着新的最近发展区。儿童的两种水平之间的差距是动态的。随着时间的推进,一些之前不能完成的任务逐渐被儿童掌握,取而代之的是更加复杂和困难的任务。

对教学的启示主要体现在以下几个方面:

(1)在维果斯基搭建支架的基础上发展出了支架式教学

教学者要给学生提供适当的指导和支持,这种指导和支持处于学生的最近发展区内,而且要随着儿童认知发展的变化进行调整。

(2)维果斯基阐释了在相互作用情境下学习的机制

教学者需要通过与学生的相互作用不断地获得学生发展的反馈,来调整给学生

提供的学习任务,如交互式教学。

(3)维果斯基的理论对于合作学习也有一定的指导作用

教师要尽量组织、安排能力水平不同的学生进行合作学习。接受能力较强的同伴的指导,是促进儿童在最近发展区内发展的最有效的一种方式。

(4)维果斯基的理论在情境认知理论及其教学模式中也有一定的应用

教师在教学的过程中,要引导学生从旁观者逐渐转变为教学活动的参与者,在社会性互动中获得知识和技能。

2.【参考答案】

(1)美国心理学家加德纳认为,智力应该是在某一特定文化情境或社群中所展现出来的解决问题或制作生产的能力。人类至少存在8种智能,分别是:语言智能;逻辑-数学智能;空间智能;肢体-动觉智能;音乐智能;人际智能;内省智能;自然观察智能。

席慕蓉的语文成绩可以得满分,说明他擅长语言智能,但他对数学却是读天书,说明他不擅长逻辑-数学智能。

(2)多元智力理论对教学的启示:①学校在设置教学活动时需要考虑到学生的不同智能,保证学生的每一种智能都能得到发展和培养。②教育要以学生的智能为基础,同时要培养学生的特长智能。③学校在对学生的智力进行评估时,要从多方面进行考核评定,不能只依靠考试成绩。④教师在进行教学时,可以从多种智能途径增进学生对学科内容的理解。

3.【参考答案】

斯腾伯格认为人的智力是由分析能力、创造能力和实践能力三种相对独立的能力组成的。他还提出了成分亚理论、经验亚理论和情境亚理论分别解释这三种能力。

(1)成分亚理论解释的是影响智力水平的基本信息加工过程或成分,包括元成分、操作成分、知识获取成分。(2)经验亚理论将智力与经验关联起来,解释与信息加工成分相关的不同水平的先前经验(相对新异的情境和自动化)。(3)情境亚理论将智力与个体日常生活情境联系起来,解释个体与周围环境相互作用的基本方式。

斯腾伯格的三元智力理论为教学提供了很多启示。(1)教师需关注每一种学习行为对发展智力的三个方面的作用,使所有学生都能得到智力的全面发展。(2)教师需要帮助学生认识、利用并发挥自己的智力优势。

第三章　一般学习心理

第一节　学习心理导论

考点1　学习的概念

1.【答案】D

【解析】学习是个体在特定情境下由于练习或反复经验而产生的行为或行为潜能的比较持久的变化。模仿是婴儿学习的一种特殊方式。A和B都是动物的本能行为,C选项中病症导致的行为改变,通过治疗可以得到恢复,只是短暂的改变,因此不属于学习。

2.【答案】D

【解析】学习是个体在特定情境下由于练习或反复经验而产生的行为或行为潜能的比较持久的变化。模仿是学习的一种特殊方式。ABC选项的行为改变都是受外界因素导致的短暂的行为变化,因此并不属于学习。

3.【答案】C

【解析】学习是个体在特定情境下由于练习或反复经验而产生的行为或行为潜能的比较持久的变化。暗适应是本能行为不需要学习,习惯化是重复刺激所造成的反应强度逐渐降低,敏感化是新的刺激导致反应性增加。社会适应指个体逐渐地接受现有社会的道德规范与行为准则,是学习的结果。

4.【答案】ABD

【解析】学习是个体在特定情境下由于练习或反复经验而产生的行为或行为潜能的比较持久的变化。蜘蛛结网是生物本能的体现。而ABD则均是由经验引起的行为持久的变化。

5.【参考答案】

(1)学生的学习是以掌握间接知识经验为主的;

(2)学生的学习是在教师有目的、有计划、有组织地指导下进行的;

(3)学生学习的主要任务是掌握系统的科学知识、技能,形成科学的世界观和良好的道德品质;

(4)学生的学习是在学习班集体中进行的。

考点2　学习的分类

1.【答案】B

【解析】认知策略是学习者用以支配他自己的注意、学习、记忆和思维的,有内在组织的才能,这种才能使得学习过程的执行控制成为可能。认知策略是控制过程,能激活和改变其他学习过程。认知策略是学生利用概念和规则对内办事的能力。

2.【答案】B

【解析】正确使用三个人称代词,说明儿童以概念形式掌握了"你我他",属于加涅的智慧技能的一种。

3.【答案】A

【解析】加涅根据学习的复杂程度,将学习分为从低到高的八个层次,依次为信号学习、刺激-反应学习、连锁学习、言语联想学习、辨别学习、概念学习、规则学习和解决问题学习。

4.【参考答案】

外显学习是有意识的、明确需要付出心理努力并需按照规则做出反应的学习。

5.【参考答案】

加涅认为学习过程要经历八个阶段:

(1)动机阶段。把学习者的期望与实际学习活动联系起来,并激起学生的兴趣。

(2)了解阶段。在该阶段,学习者的心理活动主要是注意和选择性知觉。在知觉过程中,学习者会依据他的动机和预期对信息进行选择,并把注意放在那些和自己的学习目标有关的刺激上。

(3)获得阶段。在该阶段所学的东西进入了短时记忆,也就是对信息进行了编码与储存。

(4)保持阶段。经过获得阶段,已编码的信息将进入长时记忆的储存器,这种储存是永久的。

(5)回忆阶段。这一阶段也是信息检索阶段,这时,所学的东西作为一种活动表现出来。这一阶段,线索很重要,提供线索将会帮助人回忆起那些难以回忆的信息。

(6)概况阶段。学习者想要把获得的知识迁移到新的情境,首先要依赖于知识的概括,同时也依赖于提取知识的线索。

(7)操作阶段。也是反应的发生阶段,就是反应发生器把学习者的反应命题组织起来。使他们在操作获得中表现出来。

(8)反馈阶段。通过操作活动,学习者认识到自己的学习是否达到了教学目标。

第二节　行为学习理论

考点1　经典性条件作用理论

1.【答案】D

【解析】经典性条件反射,就是一种刺激替代过程,即由一个新的、中性的刺激替代了原先自然引发反应的无条件刺激。四个选项中,"望梅止渴""画饼充饥""谈虎色变"均属于经典性条件反射现象,只有"叶公好龙"不属于经典性条件反射现象。

2.【答案】AC

【解析】巴普洛夫提出经典性条件作用理论和泛化与分化,B是斯金纳提出的,D是桑代克提出的。

3.【答案】B

【解析】引起条件反射的刺激称为条件刺激,一般是指新的、中性的刺激。钱学长每次和食物一起出现,久而久之就变成了条件刺激。

4.【参考答案】
(1)巴甫洛夫的实验
把食物(无条件刺激)呈现给狗,并测量其唾液分泌(无条件反应)。随同食物呈现一个铃声(中性刺激),多次之后,只要铃声(条件刺激)出现,狗就会分泌唾液(条件反应)。
经典性条件作用:一个原是中性的刺激与一个原来就能引起某种反应的刺激相结合,而使动物学会对那个中性刺激做出反应,即一个新刺激替代另一个刺激与一个自发的生理或情绪反应建立联系。
(2)经典性条件作用的主要规律
①强化与消退
强化:中性刺激与无条件刺激在时间上的结合称为强化,强化的次数越多,条件反射就越巩固。
消退:条件作用形成后,由于没有无条件刺激的结合,机体对条件刺激的反应逐渐消失。条件作用的消退只是暂时联系受到了抑制。
②泛化与分化
泛化:条件作用形成后,机体对与条件刺激相似的刺激做出条件反应。
分化:只对条件刺激做出条件反应,而对其他相似的刺激不做出条件反应。
③高级条件作用
由一个已经条件化了的刺激来使另外一个中性刺激条件化的过程,叫作高级条件作用。可以建立二级条件作用、三级条件作用等等。
④两个信号系统
第一信号系统:凡是能引起条件反应的物理性的条件刺激叫作第一信号系统的刺激。
第二信号系统:凡是能够引起条件反应的、以语言符号为中介的条件刺激叫作第二信号系统的刺激,如谈虎色变。
人类学习与动物学习的本质区别就在于,有了以语言为主的第二信号系统。

考点2 操作性条件作用理论

1.【答案】D
【解析】强化和惩罚的本质区别在于强化是增加反应概率,惩罚是降低反应概率。"不做完作业不准玩电脑",这句话的目的是减少"不做完作业"这个行为,所以属于惩罚。而"不准玩电脑"是消除了其愉快刺激,因此属于负惩罚。
2.【答案】C
【解析】消退指消除强化从而消除或降低某一个行为,因此是无强化。
3.【答案】D
【解析】所谓塑造,就是通过小步反馈帮助学生达到目标,即采用连续接近的方法,对趋向于要塑造的反应的方向不断给予强化,直到引出所需要的新行为,因此塑造行为的关键是强化。
4.【答案】D
【解析】负强化,又叫"阴性强化",消除厌恶刺激,增加反应概率。题干中描述的是当徒弟做标准之后则让他进屋,是撤去厌恶刺激,增加其下次做对的概率,属于负强化。
5.【答案】C
【解析】斯金纳提出了操作性条件作用。
6.【答案】A
【解析】连续强化指给予每个反应强化,可以快速学习新行为,但习得行为也会快速消失,例如表扬和恭维。
7.【参考答案】
移去性惩罚就是消除愉快刺激而降低反应概率。
8.【参考答案】
强化是指凡是能增强反应概率的刺激和事件,可分为正强化和负强化。
9.【参考答案】
操作性条件反射是指在一定刺激情境中,如果动物的某种反应的后果能满足其某种需要,则以后它的这种反应出现的概率就会提高。操作性条件反射是有机体在后天生活过程中经学习而形成的一种反射形式。
10.【参考答案】
凡是能增强反应频率的刺激或事件都叫作强化物。强化分为正强化和负强化。正强化又称"阳性强化"。个体做出某种行为或反应,随后或同时得到某种奖励,从而使行为或反应强度、概率或速度增加的过程。负强化主要是通过消除或终止厌恶、不愉快刺激来增强反应频率。其实,负强化也被称为逃避制约或逃避惩罚的反应。当有机体做出某种反应后,呈现一个厌恶刺激,以消除或抑制此类反应的过程,叫作"惩罚"。
正强化和负强化都是为了增加反应的概率,其区别在于正强化是呈现愉快刺激,而负强化是消除厌恶刺激。
正强化、负强化和惩罚之间的区别在于,强化是为了增加反应的概率,而惩罚是为了降低反应的概率。
11.【参考答案】
(1)斯金纳认为,行为可分为应答性行为和操作性行为。相应地,条件作用也分为应答性条件作用(经典性条件作用)和反应型条件作用(操作性条件作用)。
(2)强化与惩罚:凡是能增强反应概率的刺激和事件都称为强化,强化可分为正强化(又叫"阳性强化",呈现愉快刺激,如给予表扬)和负强化(又叫"阴性强化",消除厌恶刺激,如免做家务);反应之后紧跟一个导致反应概率下降的刺激即为惩罚,惩罚可分为I型惩罚(呈现厌恶刺激,如关禁闭)和II型惩罚(消除愉快刺激,如禁用手机)。
强化还可划分为一级强化和二级强化两类。一级强化满足人和动物的基本生理需要,如食物等。二级强化是任何一个中性刺激与一级强化反复结合后,自身获得强化效力。二级强化可分为社会强化(微笑等)、代用券(钱等)和活动(旅游等)。
(3)强化程式。按照强化的时机和频次可以分为不同的强化程式(强化程序),包括连续强化程式、固定时距程式(定时强化程式)、固定比率程式(定比强化程式)、变化时距程式(变时强化程式)、变化比率程式(变比强化程式)。
(4)行为的学习:①新行为的塑造,所谓塑造,就是通过小步反馈帮助学生达到目标,即采用连续接近的方法,对趋向于要塑造的反应的方向不断给予强化,直到引出所需要的新行为。行为塑造技术包括顺向连锁塑造和逆向连锁塑造。②行为的消退与维持:消退指消除强化从而消除或降低某一个行为。维持是指减弱甚至停止强化之后行为的持续。③行为的分化与泛化:分化就是知觉到先前刺激的差异并对这种差异做出反应。泛化或概括化是指将所习得的行为、技能或概念从一个情境或任务迁移到另一个情境或任务中。

综合问题1 经典性条件作用和操作性条件作用的比较

1.【参考答案】
(1)经典条件反射是指一种刺激替代过程,即由一个新的,中性的刺激(称为条件刺激)替代了原先自然引发反应的无条件刺激。经典条件反射的主要规律包括①强化与消退;②泛化与分化;③高级条件作用;④两个信号系统。
(2)操作性条件反射是指在一定刺激情境中,如果动物的某种反应的后果能满足其某种需要,则以后它的这种反应出现的几率就会提高。操作性条件反射是有机体在后天生活过程中经学习而形成的一种反射形式。
(3)经典性条件反射与操作性条件反射之间的相同点
操作性条件反射和经典性条件反射的基本原理是相同的,它们都以强化和神经系统的正常活动为基本条件。
(4)经典性条件反射与操作性条件反射之间的不同点
①代表人物不同:经典性条件反射的代表人物是巴甫洛夫;操作性条件反射的代表人物是斯金纳。
②行为的性质不同:在经典性条件反射中,行为是无意的,情绪的,生理的;而在操作性条件反射中行为是有意的,它通过主动操作来达到一定的目的。
③行为发生的顺序不同:在经典性条件反射中,行为发生在刺激之后;在操作性条件反射中,行为发生在刺激之前。

④学习发生的机制不同:在经典性条件反射中,学习是由于中性刺激与无条件刺激的匹配而发生;在操作性条件反射中,学习是由于行为的后果而发生。

考点3 联结主义理论

1.【答案】ABC

【解析】桑代克的学习律包括以下方面。(1)准备律:学习者在学习开始时的预备定势。(2)练习律:一个学会了的反应的重复将增加刺激反应之间的联结。(3)效果律:如果一个动作跟随以情境中一个满意的变化,在类似的情境中这个动作重复的可能性将增加;但是,如果跟随的是一个不满意的变化,这个行为重复的可能性将减少。

2.【答案】B

【解析】桑代克提出的"尝试-错误"学习是一种操作性条件反射,即通过个体自己的某种活动或操作才能得到强化而形成的条件反射。

3.【参考答案】

桑代克的学习律包括以下方面。(1)准备律:学习者在学习开始时的预备定势。(2)练习律:一个学会了的反应的重复将增加刺激反应之间的联结。(3)效果律:如果一个动作跟随以情境中一个满意的变化,在类似的情境中这个动作重复的可能性将增加;但是,如果跟随的是一个不满意的变化,这个行为重复的可能性将减少。

4.【参考答案】

1. 桑代克的联结主义学习理论

桑代克将一只饿猫关在专门设计的实验迷箱中,箱门紧闭,箱子附近放着一条鲜鱼,箱内有一个开门的旋钮,碰到这个旋钮,门便会启开。开始,饿猫无法走出箱子,只是在里面乱碰乱撞,偶然一次碰到旋钮打开门,便得以逃出吃到鱼。经过多次尝试错误,猫学会了碰旋钮以开箱门的行为。桑代克认为,学习的实质在于形成刺激-反应联结(无须观念作媒介),学习的过程是通过盲目的尝试与错误的渐进过程,人和动物遵循同样的学习律。

2. 桑代克的学习律

(1)准备律:学习者在学习开始时的预备定势。

(2)练习律:一个学会了的反应的重复将增加刺激反应之间的联结。

(3)效果律:在一个情境中,如果一个动作被跟随一个满意的变化,在类似的情境中这个动作重复的可能性将增加;但是,如果跟随的是一个不满意的变化,这个行为重复的可能性将减少。

3. 对教育的启示

(1)效果律指导人们使用一些具体奖励,如小红花、口头表扬等;

(2)练习律指导人们通过大量重复、练习和操练来训练学生。

考点4 社会学习理论

1.【答案】A

【解析】班杜拉认为,观察学习经历注意过程、保持过程、动作再现过程、动机过程。

2.【答案】C

【解析】替代性强化,是指观察者因看到榜样受强化而受到的强化。

3.【答案】C

【解析】班杜拉说:"通过观察被示范的行为,人们在观念上获知了各组成动作应该怎样结合以及怎样按时间顺序形成新的行为模式。换句话说,被示范的行为在被执行之前大部分是以一个符号形式的整体而被习得的。反应生成主要是一个'观念-匹配过程'。"反应生成即复制过程。

4.【参考答案】

替代性强化,是指观察者因看到榜样受强化而受到的强化。

5.【参考答案】

动机过程:学习者因表现所观察到的行为而受到激励。

动机过程包括3种强化:①直接强化,是指在模仿行为之后直接给出的强化,为学习者提供信息和诱因。②替代性强化,是指观察者因看到榜样受强化而受到的强化;替代性强化还具有情绪反应的唤起的功能。③自我强化,指观察者依照自己的标准对行为做出判断后而进行的强化。自我强化依赖于社会传递的结果。

此外,班杜拉还提出了自我调节的概念,即人们能观察他们自己的行为,并根据自己的标准进行判断,并由此强化或惩罚自己。

6.【参考答案】

班杜拉提出了社会学习理论,后来又称为社会认知理论。

(1)社会认知理论:①交互决定观,交互决定论认为,个人、环境和行为是相互影响、彼此联系的,组成了相互作用的系统,三者影响力的大小取决于当时的环境和行为的性质。②学习与(操作)表现:班杜拉区分了新的学习和行为的操作表现。外在强化或者学习者对即将出现的后果的预期会影响表现,而不是影响学习。③参与性学习和替代性学习,参与性学习通过实际行动并体验行动后果而进行的学习,也就是直接经验的学习。替代性学习是通过观察别人而进行的学习。替代性学习的榜样来源包括现实生活中的、象征性的或者非人类的、电子产品或印刷品。

(2)观察学习:班杜拉认为,观察学习又称无尝试学习或替代学习,指通过观察别人的行为结果而习得新的反应,或改变原有的某种行为方式的过程。观察学习经历四个过程。

注意过程:学习者会注意和知觉榜样情境的各个方面。影响因素包括:①榜样的特征,观察者比较容易观察那些与他们自身相似的或者被认为是优秀的、热门的和有力的榜样,如明星;②观察者的特征,有依赖性的、自身概念低的或焦虑的观察者更容易产生模仿行为;③情境因素,强化的可能性或外在的期望。

保持过程:将观察的行为在记忆中以符号的形式表征(表象和言语)。

复制过程:学习者复制从榜样情境中所观察到的行为。包括两点:①选择和组织反应要素;②在信息反馈的基础上精炼自己的反应,即自我观察和矫正反馈。

动机过程:学习者因表现所观察到的行为而受到激励。动机过程包括3种强化:①直接强化,是指在模仿行为之后直接给出的强化,为学习者提供信息和诱因。②替代性强化,是指观察者因看到榜样受强化而受到的强化;替代性强化还具有情绪反应的唤起的功能。③自我强化,指观察者依照自己的标准对行为做出判断后而进行的强化。自我强化依赖于社会传递的结果。此外,班杜拉还提出了自我调节的概念,即人们能观察他们自己的行为,并根据自己的标准进行判断,并由此强化或惩罚自己。

(3)观察学习的应用:

①教授新行为、技能、态度和情感。

教师需要将所期望的行为、技能、态度和情感以明确外显的方式示范出来,或者树立理想的榜样,让学生观察得到,并对学生的模仿予以强化。

②监控学生习得行为的表现。

对于学生受到抑制的良好行为,教师需要利用去抑制效应。去抑制效应指个体看到榜样因做出自己原来抑制的行为而受到奖励时,加强这种反应的倾向。

对于学生的有些不良行为,教师需要利用抑制效应,即个体由于看见榜样得到惩罚的结果而引起的反应倾向减弱。

综合问题2 行为学习理论的比较

1.【参考答案】

(1)华生是典型的环境决定论者,他认为心理学研究行为而不研究意识,研究方法应该是客观观察而不是内省,心理学的任务是预测和控制人类的行为。他提出学习就是以一种刺激替代另一种刺激建立条件反射的过程,提出了刺激-反应学说。学习的实质就是形成习惯,习惯就是刺激与反应间的联结,主张学习遵循频因(多次)律和近因(近时)律。

(2)斯金纳传承了华生的行为主义观点,他认为行为可以分为应答性行为和操作性行为。

相应地,条件作用也分为应答性条件作用(经典性条件作用)和反应型条件作用

(操作性条件作用)。人的行为大部分是操作性的,行为的习得与及时强化有关,可以通过"强化"来塑造儿童的行为。

(3)班杜拉着重研究人的行为学习,他提出社会学习理论。认为个人、环境和行为是相互影响、彼此联系的,组成了相互作用的系统;外在强化或者学习者对即将出现的后果的预期会影响表现,而不是影响学习。人类行为的建立可以通过参与性学习,也可以通过替代学习来获得。参与性学习是通过实际行动并体验行动后果而进行的学习,也就是直接经验的学习。替代学习指通过观察别人而进行的学习。

(4)三者之间的相同点:

①他们都是在人的行为主义上进行研究,以影响人的发展、塑造人的行为为目标。

②他们的理论均影响广泛,给后世行为主义及儿童伤害发展、教育教学实践做出了重要的贡献。

(5)三种之间的不同点:

①华生的行为主义思想不注重中间环节,认为人类的行为都是后天习得的,环境决定一个人的行为模式,不管是正常的行为还是异常的行为都是通过学习习得的,也可以通过学习加以改变。他过分强调环境在个体发展中的作用,忽视遗传以及个体自主性的重要性。

②斯金纳的行为主义更加注重中间的连接环节,特别是"强化"。他认为人的行为的塑造或者学习的成功,关键点在于获得适当的强化。可以通过提供正强化物或者去掉负强化物的方式提高个体的行为频率,通过强化的组合,可以塑造更为复杂的行为。斯金纳的行为主义是一种较为激进的行为主义。

③班杜拉也注重中间环节,但他与斯金纳不同,他认为可以通过模仿习得行为而不一定要获得直接的强化,个体也可以通过自我强化保持一定的行为水平。斯金纳是从外部影响因素分析行为发展的,而班杜拉更注重从个体自身的特点来考虑行为的发展。

第三节 认知学习理论

考点1 早期的认知学习理论

1.【答案】D

【解析】苛勒指出:"真正的解决行为,通常采取畅快、一下子解决的过程,具有与前面发生的行为截然分开来而突然出现的特征。"这就是所谓顿悟,而顿悟学习的实质是在主体内部构建一种完形。

2.【参考答案】

苛勒通过黑猩猩抓香蕉的系列实验,证明了学习是一种顿悟,而不是试误。顿悟指通过对问题情境的观察,理解它的各个部分的构成及相互联系,分析出制约问题解决的各种条件,从而发现通向目标的途径。顿悟产生的原因有:分析当前问题情境的整体结构;心智能利用过去经验的痕迹和心智本身具有的组织的功能,填补缺口或缺陷。

3.【参考答案】

苛勒通过黑猩猩抓香蕉的系列实验,证明了学习是一种顿悟,而不是试误。

格式塔学习理论的主要观点有:(1)学习就是知觉的重新组织,是在头脑中构造和组织格式塔(或称为完形)的过程。(2)学习是顿悟的过程,而不是试误。顿悟产生的原因有:①分析当前问题情境的整体结构;②心智能利用过去经验的痕迹和心智本身具有的组织的功能,填补缺口或缺陷。(3)整体不等于各部分之和,而大于各部分之和。(4)强调学习者知识经验的整体性和知觉经验的组织作用,关注知觉和认知(解决问题)的过程。

4.【参考答案】

迷津学习实验:三组小鼠,A到达目的地给予食物强化;B始终没有食物强化;C前10天没有强化物,第11天开始有强化物。结果:B和C组的白鼠在没有得到强化时同样学会了迷津,只是在没有强化物时,学习效果没有表现在外显行为中。这种学习过程被托尔曼称为潜在学习。小鼠实验说明,三组白鼠的学习程度其实是相同的,没有得到强化的白鼠实际上也在学习,它们在获得外在强化之前也学习了迷宫的空间关系,领会了符号的意义,形成了认知地图。当到达目的箱没有获得强化的情况下,其学习结果没有明显出现,因此是"潜在学习",即强化并不是产生学习的必要条件,学习完全可以在无强化的情况下发生。

符号学习理论的基本观点:

(1)学习是有目的的行为,而不是盲目的;

(2)学习是对"符号-完形"的认知,是对情境整体的领悟,从而形成情境的"认知地图";

(3)学习的结果不是S与R的直接联结,而是S-O-R的过程,O为中间变量。

综合问题1 顿悟说与试误说的对比

1.【参考答案】

①试误是顿悟的前奏,顿悟是试误的结果。

②试误发生在学习过程的早期,顿悟发生在学习过程的中、晚期。

③试误取决于学习情境或学习内容的复杂性,对于简单的学习内容,试误时间短,顿悟一下子产生;对于复杂的学习内容,试误时间长,顿悟可能要经过很长时间才能产生。

考点2 认知-结构学习理论

1.【答案】C

【解析】布鲁纳认知结构理论也称为认知发现说。

2.【答案】D

【解析】布鲁纳认为学习就是要将学科的基本结构变成学生脑中的认知结构,他提倡发现学习。

3.【参考答案】

学习与教学的基本原则:注重知识结构。学习学科的基本结构的必要性在于以下4点:(1)促进理解;利于记忆;增强迁移;引导知识体系形成。(2)发展学习的准备性。(3)培养直觉思维。(4)激发内在动机。

考点3 认知同化学习理论

1.【答案】B

【解析】奥苏伯尔的认知同化理论认为,有意义学习是通过新信息与学生认知结构中已有的有关观念相互作用而发生的,这种相互作用导致了新旧知识有意义的同化。

2.【答案】C

【解析】上位学习是指当学生学习一种包摄性较广,可以把一系列原有概念从属于其下的新命题时,新学习的内容便与学生认知结构中已有概念产生了一种上位关系。"等边三角形"属于低层次的概念,"三角形"属于较高层次的概念,属于上位学习。

3.【答案】B

【解析】派生类属指新的学习内容仅仅是学生已有的、包容面较广的命题的一个例证,本题佩戴口罩就是亲社会行为的一个例子。

4.【答案】C

【解析】奥苏伯尔提出"先行组织者教学技术"。

5.【答案】B

【解析】奥苏贝尔提出有意义的接受学习理论,奥苏贝尔认为,接受学习是在教师指导下,学习者接受事物意义的学习。

6.【参考答案】

奥苏伯尔提出,有意义学习过程的实质就是符号所代表的新知识与学习者认知结构中已有的适当观念建立非任意的和实质性的联系。这也是机械学习与有意义学习的区分标准。

7.【参考答案】

下位学习也叫类属学习,是指将概括程度或包容范围较低的新概念或命题,归属到认知结构中原有的概括程度或包容范围较高的适当概念或命题之下,从而获得新概念或新命题的意义。

8.【参考答案】

先行组织者的类型之一,比较性组织者用于比较熟悉的学习材料,旨在比较新材料与已有认知结构中相类似的材料,从而增强新旧知识之间的可辨别性。

9.【参考答案】
(1)有意义学习的实质和标准:
奥苏伯尔提出,有意义学习过程的实质就是符号所代表的新知识与学习者认知结构中已有的适当观念建立非任意的和实质性的联系。
(2)有意义学习的类型:
①表征学习:学习单个符号或一组符号的意义,或者说学习它们代表什么。
②概念学习:掌握同类事物共同的关键特征。
③命题学习:掌握概念或事物之间的关系。

综合问题2 对比奥苏伯尔的接受学习与布鲁纳的发现学习

1.【答案】ABCD
【解析】接受学习和发现学习是两种教学方式,并无高低之分,奥苏伯尔的接受学习认为接受学习和发现学习都既可能是有意义的,也可能是机械的。
2.【参考答案】
布鲁纳提出发现学习理论,学生掌握学科的基本结构的最好方法是发现法。发现包括用自己的头脑亲自获得知识的一切形式。在发现学习中。教师要向学生提供材料,让学生亲自发现应得的结论或规律,使学生成为发现者。
奥苏泊尔提出有意义的接受学习理论,奥苏泊尔认为,接受学习是在教师指导下,学习者接受事物意义的学习。接受学习也是概念同化过程,是课堂学习的主要形式。学习者接受知识的心理过程表现为:首先,在认知结构中寻找同化新知识的有关观念;然后,找到新知识与起固定点作用的观念相同;最后,再找到新旧知识的不同点,使新概念与原有概念之间有清晰的区别、旧知识得到改善,新知识获得实际意义。
发现学习的优点:有利于激发学生的好奇心及探索未知事物的兴趣,有利于调动学生的内在动机和学习的积极性,最大限度地为学生提供自由回旋的余地,并有利于学生批判和创造性思维的发展。
发现学习的弊端:无视学生学习的特点,歪曲了接受学习的本意;对发现学习的界定缺乏科学性和严密性;发现学习浪费时间,不能保证学习的水平。
接受学习的优点:接受学习是掌握人类文化遗产即先进科学技术知识的主要途径;接受学习所获得的知识是系统的、完整的、精确的,而且便于储存和提取。
接受学习的弊端:接受学习适合于年龄较大、有丰富知识和经验的学习者;奥苏泊尔对接受学习的定义是模糊的,他并没有弄清楚学习的本质,对于接受学习的评价有夸大不实之处,也不是一种完备的科学理论。
3.【参考答案】
(一)布鲁纳的认知发现学习理论
(1)认知结构观
学习的实质在于主动地形成认知结构。布鲁纳十分强调学习的主动性和认知结构的重要性。他认为,学习的本质是使学生主动地形成认知结构,是主动地获取知识,并通过把新获得的知识和已有的认知结构联系起来,积极地构建其知识体系。
(2)发现学习法
布鲁纳认为"发现是教育儿童的主要手段",学生掌握学科的基本结构的最好方法是发现法。发现就是"用自己的头脑亲自获得知识的一切形式。"教学不应当使学生处于被动地接受知识的状态,而应让"学生自己把事物整理就绪,使自己成为发现者。"
(二)奥苏伯尔的认知接受学习理论
根据学习进行的方式,把学习分为接受学习和发现学习;又根据学习材料和学习者原有认知结构的关系,把学习分为机械学习和意义学习,并认为学生的学习主要是有意义的接受学习。
(1)意义学习
所谓有意义学习就是将符号所代表的新知识和学生认知结构中已有的适当观念建立非人为的和实质性的联系。实质性联系指新旧知识之间的联系是非字面的,是建立在具有逻辑关系基础上的联系,是一种内在的联系;非人为的联系指这种联系不是任意的或人为强加的,是新知识和原有的认知结构中的有关观念建立的某种合理的或逻辑基础上的联系。
(2)接受学习
奥苏贝尔认为,接受学习是在教师的指导下,学习者接受事物意义的学习。在接受学习中,所要学习的内容大多是现成的、已有定论的、科学的基础知识,通过教科书或教师的讲述,用定义的方式直接向学习者呈现,使学习者接受这些已有的知识,掌握他们的意义。接受学习绝不是被动学习,学习者仍然是主动的,在学习一种新知识时,学生在教师的指导下,尝试运用其既有的知识,从不同角度去吸收新知识,最后纳入他的认知结构中,成为他自己的知识。
在奥苏贝尔看来,接受学习还是发现学习都可能是机械的,也都可能是有意义的,那种认为接受学习必然是机械的,发现学习必然是有意义的观点是毫无根据的。如果教师教法得当,并不一定会导致机械地接受学习,任何学习只要符合意义学习的条件,就是有意义学习。此外,有意义学习和机械学习也不是绝对的,而是处在一个连续体的两端,学校的许多学习,经常是处在这两端之间的某一个点上。
奥苏伯尔的认知接受学习论与布鲁纳的认知发现学习论,实际上不矛盾。布鲁纳的发现法强调学生用自己的头脑亲自去获取知识,奥苏伯尔的接受学习强调原有的认知结构和同化作用。事实上,学生发现新知识,不是随意建立的,而是利用认知结构中原有的适当知识作为基础。学生同化新知识,也不是被动接受教师所传授的知识,而是通过自己头脑的积极主动的反映才实现的。应该说,发现学习和接受学习虽强调的侧重点不同,但都重视学生认知结构的作用,重视学生认知结构的构建。

考点4 学习的信息加工论

1.【答案】D
【解析】在加涅的理论中,学习的信息加工模式的主要结构成分是信息加工过程和执行控制过程。

第四节 建构主义与人本主义学习理论

考点1 建构主义思想渊源与基本观点

1.【答案】A
【解析】在知识观上,建构主义在一定程度上对知识的客观性和确定性的质疑,强调知识的动态性。建构主义者一般强调:
(1)知识并不是对现实的准确表征,它只是一种解释、一种假设,不是最终答案。
(2)知识并不能精确地概括世界的法则,在具体问题中,我们并不是拿来便用,一用就灵,而是需要针对具体情境进行再创造。
(3)尽管我们通过语言符号赋予了知识一定的外在形式,甚至这些命题还得到了较普遍的认可,但这并不意味着学生会对这些命题有同样的理解,因为这些理解只能由每个学生基于自己的经验背景而建构起来。
2.【答案】D
【解析】建构主义的思想渊源有皮亚杰的发生认识论、杜威的经验性学习、维果斯基的文化历史论、布鲁纳的发现学习以及认知心理学中的图式理论、新手-专家研究等。
3.【答案】BC
【解析】建构主义学习理论倡导情境学习和支架式教学。奥苏贝尔提出接受学习;格拉泽提出个别化教学。
4.【参考答案】
学习者的知识构建过程具有三个重要特征:学习的主动构建性、学习的社会互动性、学习的情境性。
(1)学习的主动建构性
建构主义认为,学习是由个体学习者基于自己的经验背景建构知识的过程,不是由教师向学生传递知识的过程。因此,学生是主动的信息构建者,不是被动的刺激接受者,要对外部信息做主动的选择和加工。

(2)学习的社会互动性

建构主义强调,学习是通过某种社会文化的参与内化相关的知识和技能、掌握有关的工具的过程,这一过程常常需要通过一个学习共同体的合作互动来完成。学习共同体是由学习者及助学者(包括教师、专家、辅导者等)共同构成的团体,他们经常在学习过程中进行沟通交流,分享各种学习资源,共同完成一定的学习任务,因而在成员之间形成了相互影响、相互促进的人际联系,形成了一定的规范和文化。

(3)学习的情境性

建构主义者提出了情境性认知的观点,强调学习、知识和智慧的情境性,认为知识是不可能脱离活动情境而抽象存在的,学习应该与情境化的社会实践活动结合起来。个体的学习应该与情境化的社会实践活动联系在一起。

5.【参考答案】

在知识观上,建构主义在一定程度上对知识的客观性和确定性的质疑,强调知识的动态性。建构主义者一般强调:

(1)知识并不是对现实的准确表征,它只是一种解释、一种假设,不是最终答案。

(2)知识并不能精确地概括世界的法则,在具体问题中,我们并不是拿来使用,一用就灵,而是需要针对具体情境进行再创造。

(3)尽管我们通过语言符号赋予了知识一定的外在形式,甚至这些命题还得到了较普遍的认可,但这并不意味着学生会对这些命题有同样的理解,因为这些理解只能由每个学生基于自己的经验背景而建构起来。

6.【参考答案】

1. 建构主义学习的核心特征

(1)积极的学习:建构主义学习应当是积极的学习,且这种积极性来自学习者的内心世界;

(2)生成式学习:知识的学习、意义的获得不能由教材决定,也不能由教师或学习者个人单独决定,意义的获得是教材、教师、学生三者通过互动、对话与交流实现的。

(3)累积而不是叠加的学习:新的学习不是凭空获得的,而是充分建立在从前学习的基础上或充分利用从前学习实现的。这里的累积不是知识的简单叠加,而是对原有知识的深化、突破、改造、重组和超越。

(4)目标指引的学习:建构主义的学习目标是来自学习者内在的,是学习者自己设定的;学习目标具有高度的生态化效应,也就是说学习目标来自真实的任务;目标本身也处于形成与建构中。

(5)诊断性与反思性学习:诊断与反思意味着学习者在学习中要实施自我监控、自我测验和自我检查等活动。以此来诊断和判断在学习中所追求的是否是自己所设定的目标,以便随时做出调整和校正。

2. 建构主义学习的二级特征

(1)探究定向的学习:在建构主义的学习中,学生自始至终都是积极的探索者,学生不是被动的、消极的接受者,而是主动的、积极的探索者。

(2)情境化学习:建构主义所倡导的是在真实情境中的学习,因此其知识表征具有多元化特征,同时又与多样化的情境相关联,因此它能够在真实情境中自由迁移与运用。

(3)问题定向学习:建构主义学习强调问题意识,强调在解决真实的问题中进行学习。

(4)基于案例的学习:案例学习的一个典型特征就是能够将语义表征与情节表征结合起来,使学习变得丰富、生动、真实;另一个典型特征,就是能够将学习者的感性与理性密切联系在一起,使理性认识建立在充分的感性材料的基础上;第三个特征,学习具有情境性、生动性,所以有利于激发学习者的内在动机、克服厌学情绪。

(5)社会性学习:强调在学习中意义的获得与生成,而这种意义的获得与生成不仅要靠个人的新旧经验的双向作用,而且要依赖他人经验的参与。

(6)内在驱动的学习:建构主义强调内在驱动的学习有两方面的意义:一是建构主义需要内在驱动才能获得意义。而是在建构主义学习中容易获得内在驱动的力量,因此强调真实的生动情境。

(考试时任意写5个特征即可,该知识点来自燕良轼《教育心理学》。)

考点3 社会建构主义理论

1.【答案】ABCD

【解析】社会建构主义倡导各种形式的文化参与、社会互动与合作学习,支架式教学、认知学徒制、同伴辅导和合作学习都是基于社会建构主义的理论提出的教学方式。

2.【参考答案】

(1)社会建构主义关注学习和知识建构背后的社会文化机制,其基本观点是:学习是一个文化参与过程,学习者通过借助定的文化支持参与某个学习共同体的实践活动来内化有关的知识,掌握有关的工具。知识不仅是在个体与物理环境的相互作用中建构的,社会文化互动更加重要,知识的建构过程常常需要通过学习共同体的合作互动来完成。学习者与其助学者(包括教师、专家、辅导者等)彼此之间经常在学习过程中进行沟通交流,分享各种学习资源,共同完成一定的学习任务,因而在成员之间形成了相互影响、相互促进的人际联系,形成了一定的规范和文化。这种建构主义主要是在维果斯基的思想的基础上发展起来的,同时也受到了当代科学哲学、社会学和人类学等的影响。

(2)社会建构主义学习理论以维果斯基的理论为基础,重视教学中教师与学生以及学生与学生之间的社会性相互作用。合作学习和交互式教学是社会建构主义学习理论在教学中的主要应用。合作学习是指由几个能力不同的学生组成小组共同学习,并强调学生之间的互动。交互式教学是指在示范的基础上,传授知识和技能的一种方法。此外还有认知学徒制强调让学生从事与专业领域有关的实践活动,让学生成为探究活动的主人,并重视对学生思维技能和反思能力的培养,对于提高学生的实践能力具有重要的借鉴意义。以及支架式教学,通过支架(教师或有能力的同伴的帮助)的协助,把管理学习的任务逐渐由教师转移给儿童自己,最后撤去支架。在实际教学中,只有根据儿童的最近发展区搭建的支架,对儿童的发展才是最有效的。因此,支架的重要功能就是帮助儿童顺利穿越最近发展区,以获得更进一步的发展。

考点4 人本主义学习理论

1.【参考答案】

罗杰斯主张取消教师这一角色,而代之以"学习的促进者"。

罗杰斯认为促进学生学习的关键不在于教师的教学技巧、专业知识、课程计划、视听辅导材料、演示和讲解、丰富的书籍等,而在于特定的心理气氛,这些因素存在于"促进者"与"学习者"的人际关系中。促进心理气氛的因素有以下三个:

①真诚一致:学习的促进者表现真我,没有任何矫饰、虚伪和防御。

②无条件积极关注:学习的促进者尊重学生的情感和意见,关心学生的方方面面,接纳作为一个个体的学生的价值观念和情感表现。

③同理心:学习的促进者能了解学生的内在反应,了解学生的学习过程。在这样一种心理气氛下进行的学习,是以学生为中心的,"教师"只是学习的促进者、协作者或者说伙伴、朋友,"学生"才是学习的关键,学习的过程就是学习的目的之所在。

第五节 学习动机

考点1 学习动机概述

1.【答案】B

【解析】当外在动机出现时,人们会将注意更多地放在外在动机的奖励上,而减少了对活动本身的享受和对满足感的关心。这种效应将人们的动机转化为外部的因素,而削弱了本来存在的内部动机。

2.【答案】C

【解析】附属内驱力是一个人为了保持长者们的赞许或认可而表现出来的把工作做好的一种需要。题中小明为了获得老师和家长的表扬,学习非常刻苦,她的学习动机表现为附属内驱力。

3.【答案】A

【解析】奥苏贝尔认为,学校情境中的成就动机至少应包括三方面的内驱力,即认知内驱力、自我提高内驱力、附属内驱力。

4.【答案】B

【解析】耶基斯-多德森的研究表明,动机水平与学习效果之间的关系是一种倒U型曲线关系,因此当动机强度适中时,效率最高。

5.【答案】A

【解析】奥苏贝尔将学习动机分为认知内驱力、自我提高内驱力、附属内驱力,其中认知内驱力属于内部动机。

6.【参考答案】

自我提高内驱力是个体因自己的胜任能力或工作能力而赢得相应地位的需要。

7.【参考答案】

学习动机是指激发学习行为,使之导向一定学业目标,并维持这一行为的动力倾向。学习动机具有引发作用、定向作用、维持作用和调节作用。

8.【参考答案】

耶克斯-多德森定律表明:学习效率随学习动机强度的增加而提高,直到达到最佳水平,之后则随学习动机强度的进一步增加而下降(倒U型曲线)。动机强度的最佳水平与学习者的个性、课题性质和课题材料的难易程度有关。动机强度的最佳水平会随学习活动的难易程度而有所变化。一般来说,简单的活动,最佳水平高;困难的活动,最佳水平低。

9.【参考答案】

学习动机是指激发学习行为,使之导向一定学业目标,并维持这一行为的动力倾向。学习动机对学习行为具有以下4方面的作用:

(1)引发作用:当学生对于某些知识或技能产生迫切的学习需要时,就会引发学习内驱力,唤起内部的激动状态,产生焦急、渴求等心理体验,并最终激起一定的学习行为。

(2)定向作用:学习动机以学习需要和学习期待为出发点,使学生的学习行为在初始状态时就指向一定的学习目标,并推动学生为达到这一目标而努力学习。

(3)维持作用:表现为学生在某项学习上的坚持时间、出现频次以及投入状态。

(4)调节作用:调节学习行为的强度、时间和方向。

考点2 学习动机理论

1.【答案】BCD

【解析】外部动机是指由学习结果或学习活动以外的因素作为学习的目标而引发的推动学生学习的动力。内部动机是指由学习活动本身作为学习目标而引发的推动学生学习的动力。选项BCD分别是为了“中华繁荣富强”“老师”“避免父母惩罚”而学习,均属于外部动机。

2.【答案】B

【解析】成功概率为50%的任务是高成就动机者最有可能选择的,因为这种任务能给他们提供最大的现实挑战,有助于他们通过努力来提高自尊、获得心理满足。

3.【答案】D

【解析】根据韦纳的归因模型,身体特征是稳定的归因。心情、努力和机遇是不稳定的归因。

4.【答案】A

【解析】韦纳在前人的基础上将活动成败的原因归结为六个因素:能力高低、努力程度、任务难易、运气好坏、身心状态、外界环境。这六个因素可归为三个维度,即内部归因和外部归因、稳定性归因和非稳定性归因、可控制归因和不可控归因。

5.【答案】A

【解析】努力属于不稳定、内在、可控因素。

6.【答案】C

【解析】能力属于稳定、内在、不可控因素。

7.【答案】A

【解析】掌握目标定向也称学习目标定向、任务卷入目标定向。掌握目标定向意在获取知识,增加能力,倾向内部动机激发,通过成绩来表现自己的能力,相信努力导致成功,表现为一种进取取向。因此该个体所持有的成就目标属于掌握目标。

8.【答案】D

【解析】掌握目标定向的个体持能力增长观,认为能力是可以改变的,通过努力和经验是可以提高的,因此持能力增长观的个体倾向于建立的成就目标是掌握目标。

9.【答案】A

【解析】德维克20世纪80年代提出,认为学习的学业目标取向可分为两类:掌握目标和成绩目标。

10.【答案】D

【解析】学生追求的目标是课程得高分,即成绩目标。

11.【参考答案】

成就动机是个体追求自认为重要的有价值的工作,并使之达到完美状态的动机,即一种以高标准要求自己力求取得活动成功为目标的动机。

12.【参考答案】

(1)班杜拉提出,自我效能感指人们对自己是否能够成功地从事某一成就行为的主观判断或者是指个人对自己是否具有完成某项任务能力的判断与信念。该理论认为,人总是愿意在自己有成功把握的事情上投入精力。当个体确信自己有能力进行某一活动时,他就会产生高度的“自我效能感”,并会实际去实施这活动。

(2)影响因素:①个人自身行为的成败经验(即直接经验):多次失败的经验会降低人的自我效能感;②替代性经验:学习者通过观察示范者的行为而获得的间接经验对自我效能感的形成也有重要影响;③言语劝说:这是试图凭借说服性的建议、劝告和自我引导,来改变人们自我效能感的一种方法,但这种方法形成的自我效能感不易持久;④情绪唤醒:情绪和生理状态也影响自我效能感,高度的情绪唤起、紧张的生理状态均会妨碍行为操作,降低对成功的预期水准。

13.【参考答案】

韦纳的归因理论提出,人们倾向于将成功和失败的原因归结为6个因素,即:能力高低、努力程度、任务难易、运气好坏、身心状态和外界环境,而学生在解释成败时的主要原因有能力、努力、任务难度和运气,并从控制点、稳定性和可控性3个维度分析了原因的结构。根据韦纳的归因理论,能力属于稳定、内在、不可控因素;运气属于不稳定、外在、不可控因素。

考点3 学习动机的培养与激发

1.【参考答案】

(1)韦纳的归因理论提出,人们倾向于将成功和失败的原因归结为6个因素,即:能力高低、努力程度、任务难易、运气好坏、身心状态和外界环境,而学生在解释成败时的主要原因有能力、努力、任务难度和运气,并从控制点、稳定性和可控性3个维度分析了原因的结构。

(2)小林将失败归因为能力不足,属于内部稳定不可控的因素;小杨将失败归因为努力不足,属于外部不稳定可控的因素;小张将成功归因为运气,属于外部不稳定不可控的因素。

(3)小林将失败归因为能力不足,属于内部稳定不可控的因素,因此她会放弃努力和改进,认为自己一直写不好作文;小杨将失败归因为努力不足,属于外部不稳定可控的因素,在接下来的学习中,她会更加努力地学习,并且在下次考试中期望获得成功;小张将成功归因为运气,属于外部不稳定不可控的因素,那么她以后对待写作文的态度并不会有太大的改变，作文成绩也不会有太大的提高。

2.【参考答案】

(1)班杜拉提出，自我效能感指人们对自己是否能够成功地从事某一成就行为的主观判断或者是指个人对自己是否具有完成某项任务能力的判断与信念。该理论认为，人总是愿意在自己成功把握的事情上投入精力。当个体确信自己有能力进行某一活动时，他就会产生高度的“自我效能感”，并会实际去实施这活动。自我效能感在个体的社会适应和心理健康中具有重要影响：①决定人们对活动的选择及对该活动的坚持性；②影响人们在困难面前的态度；③影响新行为的获得和习得行为的表现；④影响活动时的情绪。

(2)在教学中，教师要在多方面使得学生能获得正确的自我认知，经常性地鼓励孩子，让孩子时刻充满自信心，有利于建立自我效能感，而不是形成“习得性无助”，从而激发学习动机。在影响因素方面：学生自身行为的成败经验(即直接经验)会直接影响其自我效能感，成功经验的获得有利于培养学生的下次学习行为动机。此外，学生通过观察示范者的行为而获得的间接经验对自我效能感的形成也有重要影响，良好的榜样行为有利于学习动机的激发，因此教师需要做好示范作用。言语劝说是试图凭借说服性的建议、劝告和自我引导，来改变人们自我效能感的一种方法，但这种方法形成的自我效能感不易持久，所以教师要适度进行言语劝说。情绪和生理状态也影响自我效能感，高度的情绪唤起、紧张的生理状态均会妨碍行为操作，降低对成功的预期水准，不利于动机状态的保持，因此教师在教学过程中，要使学生保持适度的情绪，避免过度的紧张和焦虑，促进自我效能感的建立。

3.【参考答案】

学习动机是指激发学习行为，使之导向一定学业目标，并维持这一行为的动力倾向。在教学中可以通过以下措施来培养和激发学生的学习动机：

(1)教学吸引

①利用灵活的教学方式唤起学生的学习热情。教师在课堂教学中要采用灵活多样的教学方式，实施启发式教学，创设问题情境，形成悬念，以激起学生的好奇心和学习热情。比如，一位物理老师在讲光电效应之前，问学生：“马路边上的电灯怎样能够做到不用人管，天一黑就都亮了，天一亮就都灭了?”

②加强教学内容的新颖性，吸引学生的注意力。教师在教学中应该注意教学内容的新颖性，避免内容和形式上的格式化。比如，化学老师在教授化学反应的时候，先给学生讲授相应的原理，再让学生到实验室动手进行操作，让学生充分理解化学反应的原理和过程。

③充分调动学生在课堂练习中的积极性。教师在课堂中应该鼓励学生提问，指导学生大胆设想，提高课堂氛围。小孩子的想法是天马行空的，作为老师应该多多鼓励孩子们进行思考和提问，不能因为有时候孩子的提问可能会让我们尴尬，就扼杀了孩子的想象力。

(2)兴趣激发

①利用教师期望效应培养学生的学习兴趣。教师在教学中应该把每一个学生都看作是热爱学习、积极主动的人，而不要主观地认为某些学生就是不爱学习。

②利用已有的动机和兴趣形成新的学习兴趣。比如，老师让爱做手工的同学做几何模型，在做几何模型的过程中讲授相关的几何知识，从而让学生明白学好几何知识的重要性，从而对几何知识的学习产生兴趣。

③加强课外指导，发展学习兴趣。比如在学校里开展各种社团活动，如天文社、地质社等等，让学生在进行自己感兴趣的课外活动时，会主动地学习相关的科学知识，提高自己的学习动机。

(3)建立合理的动机信念

①建立正确的归因模式。引导学生尽量将成功归因于自己的能力和努力；将失败归因于内部的不稳定的因素，即努力不够。

②树立较高的成就动机水平。在教学中多布置一些中等难度的任务来提高学生的成就动机水平。

③设置合理的目标定向。教师要引导学生建立掌握目标，帮助学生设置明确、具体、近期可达到的学习目标。

(4)反馈和评定

学习结果的及时反馈能有效激发学生的学习动机和学习积极性。反馈要及时、具体和经常给予。

评定是指教师在分数的基础上进行的等级评价和评语。教师在学习评定时要避免直接以分数或者等级进行评定，而是以实质性的内容给予评定。

(5)奖励和惩罚

妥善进行奖惩，维护内部学习动机，注意学生的个别差异。

(6)合作与竞争

合理设置课堂环境，妥善处理竞争与合作。

(言之有理即可，可根据自己的参考教材上面的内容进行回答)

4.【参考答案】

(1)成就动机理论

麦克里兰认为，成就动机分为追求成功的倾向与避免失败的倾向。一个人如果追求成功的倾向强于避免失败的倾向，则将努力追求特定的目标(难度适中)；如果避免失败的倾向强于追求成功的倾向，则会尽可能选择减少失败机会的目标(要么很简单，要么很难)。

小辉的避免失败的倾向强于追求成功的倾向，其为了减少失败的机会，所以选择不学习，考试只做选择题等行为。

根据阿特金森的观点，成功率为中等可能性的任务会具有适当的挑战性，能提高学生的行为水平，导致学生的自豪感、自信心和满足感。因此在教学中，教师可以给小辉布置一些中等难度的任务来提高其成就动机水平。

(2)韦纳的归因理论

学生在解释成败时的主要原因有能力、努力、任务难度和运气，从控制点、稳定性和可控性3个维度来进行分析，能力属于内在、稳定且不可控的因素，努力属于外在、不稳定且可控的因素，任务难度属于外在、稳定且不可控的因素，运气属于外在、不稳定且不可控的因素。这3个维度的归因对个体的情绪反应、未来预期和行为产生影响。①控制点影响对成败的情绪体验；②稳定性影响情绪与对未来成败的预期；③可控性影响情绪反应和行为。

小辉可能将学习失败归因为自己的能力不够，觉得自己不论怎么学习都肯定学不好，因此放弃了学习。

教师要引导小辉进行正确的归因，将学习上的失败归因于内部的不稳定因素，即努力不够，促使小辉产生学习动机，努力学习并在下一次获得成功。

(3)自我效能感理论

班杜拉提出，自我效能感指人们对自己是否能够成功地从事某一成就行为的主观判断或者是指个人对自己是否具有完成某项任务能力的判断与信念。该理论认为，人总是愿意在自己成功把握的事情上投入精力。当个体确信自己有能力进行某一活动时，他就会产生高度的“自我效能感”，并会实际去实施这活动。

小辉可能由于多次的学习失败从而导致了习得性无助，认为自己没有能力去完成学习任务，因此选择了放弃努力。

教师在教学中首先应该引导小辉将学习失败归因于自己努力不够，并给予小辉更多的学习指导，帮助小辉取得学习成果，增加其自我效能感。

(4)成就目标理论

该理论是由德维克20世纪80年代提出，认为学习的学业目标取向可分为两类：学习目标和表现目标，对个体成就行为起着决定作用，他们认定的特定的占优势的成就目标定向会影响所给任务的绩效。

掌握目标定向的学生，其学习目的在于

提高自己的能力、技能以及对知识的理解和掌握，把困难看作挑战，有助于深加工策略的使用，拥有更多的自我描述。而成绩定向的个体把学习看成一种工具和手段，将困难看作失败的征兆，采用表面加工策略，对自己较多地消极描述。

小辉属于成绩目标定向的学生，认为学习失败是因为自己能力不够，且越努力越说明自己能力低下，从而放弃了努力学习。

教师应该引导小辉建立掌握目标，并且尽量避免在学习中进行排名等比较，引导小辉将注意力集中在所付出的努力大小和策略的运用上，集中于掌握知识本身，提高其学习动机。

章节考点　综合训练

一、单选题

1.【答案】C

【解析】学习是个体在特定情境下由于练习或反复经验而产生的行为或行为潜能的比较持久的变化。暗适应或明适应属于感觉适应，其行为变化是短暂的而不是持久的。

2.【答案】C

【解析】认知策略是学习者用以支配自己的注意、学习、记忆和思维的。

3.【答案】D

【解析】规则的学习：了解两个或两个以上概念之间的关系。解决问题的学习：也称高级规则的学习，在各种情况下，使用所学规则去解决问题。

4.【答案】A

【解析】"小孩子看见穿白大褂的护士就会表现出恐惧"说明儿童看到护士形成了条件反射，是信号学习。

5.【答案】B

【解析】"儿童看到医生带着针筒向自己走来，哇的一声哭了起来"说明儿童看到医生和针筒形成了条件反射，是经典性条件反射。

6.【答案】B

【解析】消极强化又称负强化，是指好的行为出现时，撤销或减弱原来存在的消极刺激以使这些行为发生的频率提高。孩子去医院看病不再发烧了，发烧是一个消极刺激，消极刺激消失，增加了下次孩子生病的时候去医院看病的行为概率。A选项属于替代强化；CD选项都属于惩罚。

7.【答案】B

【解析】负强化是通过消除或终止厌恶、不愉快刺激来增强反应频率。

8.【答案】D

【解析】教师批评犯错误的学生，运用了观察学习理论，指通过观察别人的行为结果而习得新的反应，或改变原有的某种行为方式的过程，因此也让没有犯错误的学生观察犯错误学生的结果，得到了"观察学习"的机会

9.【答案】B

【解析】"家长想用看电视作为强化物奖励儿童认真按时完成作业的行为"，说明家长想增加按时完成作业的行为出现的概率，因此该行为出现后再给予强化，即只有按时完成家庭作业后才能看电视。

10.【答案】A

【解析】顺应是皮亚杰认知发展观所强调的内容。即时强化、塑造、消退属于斯金纳的操作性条件反射理论所强调的内容。

11.【答案】A

【解析】班杜拉认为个体在观察别人行为而产生替代学习之外，也会经由自我观察而学到某种新的行为。他把观察学习四个阶段中的动机阶段的意义延伸，从而发展成他的自律行为养成的三阶段历程理论，即自我观察、自我评价、自我强化。

12.【答案】B

【解析】替代强化是指观察者因看到榜样受强化而受到的强化。

13.【答案】C

【解析】社会学习理论是对传统的行为主义的继承和发展。社会学习理论坚持行为主义的客观化立场，认为心理学研究的最终目的仍然在于说明、预测和控制行为，但同时，这一理论也超越了传统行为主义的局限性：它突破了传统行为主义的研究领域，探索认知和思维等心理活动在行为调节中的作用；强调行为与认知结合；突出主体的积极性与主动性，强调主体的自我调节作用。成为新行为主义的代表性理论。

14.【答案】D

【解析】社会学习理论的核心是观察学习。班杜拉认为人们可以通过观察他人的行为以及行为的后果而间接地学习，引导学习者做出相对应行为的过程，班杜拉称这种学习为观察学习（或替代学习）。

15.【答案】C

【解析】"杀鸡骇猴"运用了观察学习理论。选择适当的榜样行为并反复示范榜样行为，通过观察别人的行为结果而习得新的反应，或改变原有的某种行为方式的过程，以此减少不良行为，并促进学生不断进行自我调整。

16.【答案】A

【解析】托尔曼提出了内部强化的概念，即学习活动本身所带来的强化。

17.【答案】B

【解析】奥苏贝尔提出，有意义学习过程的实质就是将符号所代表的新知识和学生认知结构中已有的适当观念建立非人为的和实质性的联系。

18.【答案】C

【解析】奥苏贝尔认为有意义学习指符号所代表的新知识与学习者认知结构中已有的适当概念建立非人为的、实质性联系的过程。通过对单词的分解，建立起联系进行记忆，这是有意义学习。

19.【答案】A

【解析】"力"属于较高层次概念，"重力"属于较低层次概念，属于下位学习。派生类属学习指新学习内容仅仅是学生已有的、包容面较广命题的一个例证，或是能从已有命题中直接派生出来的，即新知识是原有知识的特例、例证、派生物，充实、证实了原有概念。

20.【答案】B

【解析】奥苏贝尔提出有意义的接受学习理论，奥苏贝尔认为，接受学习是在教师指导下，学习者接受事物意义的学习。

21.【答案】C

【解析】建构主义的学习观认为学习者的知识构建过程具有三个重要特征：学习的主动构建性、学习的社会互动性、学习的情境性，强调学习是由个体学习者基于自己的经验背景建构知识的过程，知识是不可能脱离活动情境而抽象存在的。

22.【答案】C

【解析】附属内驱力是一个人为了保持长者们的赞许或认可而表现出来的把工作做好的一种需要。它是一种外部的动机。

23.【答案】D

【解析】奥苏贝尔认为，学校情境中的成就动机至少应包括三方面的内驱力，即认知内驱力、自我提高内驱力、附属内驱力。

24.【答案】C

【解析】耶克斯-多德森定律表明，动机强度的最佳水平会随学习活动的难易程度而有所变化。一般来说，简单的活动，最佳水平高；困难的活动，最佳水平低。

25.【答案】D

【解析】自我决定理论由德西和瑞安提出，其基本假设是：人是积极自主的有机体，具有与生俱来的心理成长倾向，会努力地应对环境中的持续挑战，并将外部经验整合到自我概念中。自我决定行为源自自我高度整合的动机，包括内在动机以及高度内化的外部动机。而自我高度整合需要满足3种基本需要，分别是自主需要、能力需要和关系需要。这3种需要的满足能促进个体产生内部动机，还可以促进外部动机的内化。

26.【答案】C

【解析】成就动机理论源于默里的成就需要。其代表人物主要有麦克里兰和阿特金森。

27.【答案】C

【解析】成就动机分为追求成功的倾向与避免失败的倾向。一个人如果追求成功的倾向强于避免失败的倾向，则将努力追求特定的目标（难度适中）；如果避免失败的倾向强于追求成功的倾向，则会尽可能选择减少失败机会的目标（要么很简单，要么很难）。

28.【答案】D

【解析】韦纳的归因理论提出，人们倾向于将成功和失败的原因归结为6个因素，即：能力高低、努力程度、任务难易、运气好坏、身心状态和外界环境，而学生在解释成败时的主要原因有能力、努力、任务难度和运气，并从控制点、稳定性和可控性3个维度分析了原因的结构。其中努力属于不稳定、内在、可控因素。

29.【答案】B

【解析】根据韦纳的归因理论，可控性影响情绪反应和行为，努力属于不稳定、内在、可控因素，因此努力的归因可以增强成功的动机。

30.【答案】B

【解析】负强化指消除厌恶刺激以增强反应频率，因为撤销处分（厌恶刺激）使得学生良好行为增加（反应频率提升），是负强化。

31.【答案】A

【解析】自我价值理论是由美国心理学家科温顿提出。该理论认为人天生具有维护自尊和自我价值感的需要，当一个人的自尊和自我价值受到威胁时，他就需要各种措施来维护以保持自我的价值感和能力感，而学生同样有这种需要。自我价值感是个人追求成功的内在动力，人们把成功看作是能力的展现而不是努力的结果，如果成功难以追求，则以避免失败来维持自我价值。

32.【答案】D

【解析】"晓之以理"和"导之以行"说明需要榜样的作用，社会学习理论强调模仿学习。

33.【答案】A

【解析】桑代克提出学习即联结，心即联结系统，因此这种学习观属于行为主义。

34.【答案】A

【解析】认知学习理论认为，人是学习的主体，人类获取信息的过程是感知、注意、记忆、理解、问题解决的信息交换过程，人们对外界信息的感知、注意、理解是有选择性的。建构主义学习理论认为学习是一个积极主动的建构过程。学习者不是被动地接受外在信息，而是根据先前认知结构主动地和有选择性地知觉外在信息，建构当前事物的意义。

35.【答案】D

【解析】科温顿认为，成功的学生多半将其解释为自己能力的体现，因为努力人人可为，而能力唯我独有，这让学生体会到了更大的自我价值。

36.【答案】B

【解析】持有掌握目标的学生学习是为了自己的成长，自信心比较强，往往将自己的失败归因于内部、不稳定、可控的努力程度，将成功归因于自己的能力。

二、多选题

1.【答案】ABC

【解析】情境性学习理论认为，知识是在一定文化背景下的活动中产生的，不可能脱离活动情境而抽象地存在。

2.【答案】ACD

【解析】根据德韦克成就目标理论，在成就情境中，评价成功（或胜任力）的标准有三个：任务标准，主要看个体是否达到活动任务本身固有的要求；自我标准，主要看个体是否比自己以前做得好；他人标准，个体与群体中的其他人相比是否做得更好。

3.【答案】AD

【解析】A的条件反射和D的经验获得属于学习，B和C属于药物作用和疲劳产生的反应，不属于学习。

4.【答案】ABCD

【解析】经典性条件作用是一种低级的或简单的学习方式，在动物和人类身上都可以找到；经典性条件作用使狗在听到铃声后产生对食物的预期；经典性条件作用是由巴甫洛夫通过对狗进行训练而提出的。

5.【答案】BC

【解析】社会学习理论中的动机过程包括3种强化：①直接强化，是指在模仿行为之后直接给出的强化，为学习者提供信息和诱因。②替代性强化，是指观察者因看到榜样受强化而受到的强化；替代性强化还具有情绪反应的唤起的功能。③自我强化。其中直接强化和替代强化属于外部强化。

6.【答案】ABC

【解析】班杜拉提出观察学习。奥苏贝尔提出接受学习；托尔曼提出认知地图和潜在学习。

7.【答案】BCD

【解析】奥苏贝尔认为，学校情境中的成就动机至少应包括三方面的内驱力，即认知内驱力、自我提高内驱力、附属内驱力。

8.【答案】AD

【解析】内部动机：人所固有的一种追求新奇和挑战、发展和锻炼自身能力、勇于探索和学习的先天倾向。B和C属于外部动机。

9.【答案】BC

【解析】掌握目标定向的儿童持能力增长观，认为能力是可以改变的，通过努力和经验是可以提高的；成绩定向的儿童持能力实体观，认为能力是成功的原因，且能力是固定的，是不会随学习而改变的，有些个体甚至将高努力视为低能力的象征。成绩接近目标和成绩回避目标都属于成绩定向目标。

10.【答案】ABD

【解析】探究学习、情境学习与支架学习是建构主义理论所倡导的学习与教学方式，程序教学是行为主义理论所倡导的学习与教学方式。

三、名词解释

1.【参考答案】

班杜拉认为，观察学习又称无尝试学习或替代学习，指通过观察别人的行为结果而习得新的反应，或改变原有的某种行为方式的过程。观察学习经历四个过程：注意过程、保持过程、动作再现过程、动机过程。

2.【参考答案】

负强化主要是通过消除或终止厌恶、不愉快刺激来增强反应频率。其实，负强化也被称为逃避制约或逃避惩罚的反应。

3.【参考答案】

正强化又称"阳性强化"。个体做出某种行为或反应，随后或同时得到某种奖励，从而使行为或反应强度、概率或速度增加的过程。

4.【参考答案】

操作性条件反射是指在一定刺激情境中，如果动物的某种反应的后果能满足其某种需要，则以后它的这种反应出现的几率就会提高。操作性条件反射是有机体在后天生活过程中经学习而形成的一种反射形式。

5.【参考答案】

替代强化是指观察者因看到榜样受强化而受到的强化。自我强化是指人们能够自发地预测自己行为的结果，并依靠信息反馈进行自我评价和调节。人们倾向于做出自我满意的行为，拒绝那些个人厌恶的东西，这实际上是一种自我强化。

6.【参考答案】

尝试错误由桑代克提出，他认为学习的实质在于形成刺激-反应联结（无须观念作媒介），学习的过程是通过盲目的尝试与错误的渐进过程，人和动物遵循同样的学习律。

7.【参考答案】

经典条件反射就是一种刺激替代过程，即由一个新的，中性的刺激（称为条件刺激）替代了原先自然引发反应的无条件刺激。由于条件刺激引发的反应就称为条件反应。

8.【参考答案】

学习是个体在特定情境下由于练习或反复经验而产生的行为或行为潜能的比较持久的变化。

9.【参考答案】

所谓"先行组织者"，是先于学习任务本

身呈现的一种引导性材料,它的抽象、概括和综合水平高于学习任务,并且与认知结构中原有的观念和新的学习任务相关联。其目的在于为新的学习任务和旧知识之间搭建一座桥梁,为新的学习任务提供观念上的固着点,增加新旧知识之间的可辨别性,以促进学习的迁移。

10.【参考答案】

认知地图是在过去经验的基础上,产生于头脑中的,某些类似于一张现场地图的模型。

11.【参考答案】

上位学习指新概念、新命题具有较广的包容面或较高的概括水平。

12.【参考答案】

外部动机是指人们由外部诱因所引起的动机,动机的满足不在活动之内而在活动之外。

13.【参考答案】

自我效能感指人们对自己是否能够成功地从事某一成就行为的主观判断或者是指个人对自己是否具有完成某项任务能力的判断与信念。

四、填空题

1.【答案】班杜拉

【解析】班杜拉提出了社会学习理论,后来又称为社会认知理论。

2.【答案】替代性强化

【解析】替代性强化,是指观察者因看到榜样受强化而受到的强化。

五、判断题

1.【答案】错误

【解析】负强化与惩罚的区别:负强化——反应频率增加;惩罚——反应频率降低。

2.【答案】正确

【解析】班杜拉提出了社会学习理论认为,观察学习是人的学习的最重要的形式,人的社会行为和思想、情感不仅受直接经验的影响,更多地受观察学习的影响。

3.【答案】正确

【解析】学习效率随学习动机强度的增加而提高,直到达到最佳水平,之后则随学习动机强度的进一步增加而下降(倒U型曲线)。

4.【答案】正确

【解析】根据韦纳的归因理论,归因与成功的关系,追求成功的人把成功的原因归因于自己能力强,而把失败归因于自己的努力不够,认为只要努力学习总会提高。因此归因理论推崇努力。

5.【答案】错误

【解析】教师应指导学生将学业成败归因为内部可控制的因素,如努力。

6.【答案】正确

【解析】罗森塔尔效应表明。教师对学生的积极期望,会促使学生向好的方向发展;教师对学生的消极期望,可能使学生自暴自弃,学习表现越来越差。

7.【答案】错误

【解析】动机强度的最佳水平会随学习活动的难易程度而有所变化。一般来说,简单的活动,最佳水平高;困难的活动,最佳水平低。因此学生学习较困难的学习任务其学习动机的强度应该低一些。

六、简答题

1.【参考答案】

(1)加涅根据学习结果将学习分为以下五种:

①言语信息:学生掌握的是以言语信息传递的内容或学生的学习结果是以言语信息表达出来的。

②智慧技能:言语信息的学习帮助学生解决"是什么"的问题;而智慧技能的学习要解决"怎么做"的问题,以处理外界的符号和信息,又称过程知识。智慧技能是学生利用概念和规则对外办事的能力。

③认知策略是学习者用以支配他自己的注意、学习、记忆和思维的,有内在组织的才能,这种才能使得学习过程的执行控制成为可能。认知策略是控制过程,能激活和改变其他的学习过程。认知策略是学生利用概念和规则对内办事的能力。

④运动技能又称为动作技能,是能力的组成部分。

⑤态度是通过学习获得的内部状态,这种状态影响着个人对某种事物、人物及事件所采取的行动。

(2)加涅从学习结果对学习进行分类,对于教师帮助学生学习,更好地组织教学具有非常现实的意义。加涅认为,把学习结果作为教育目标有利于确定达到目标所需要的条件,而从学习条件中可以告诉老师怎么做。通过对学习结果的分析,为教学设计提供可靠的依据,从而为达到教学目标铺平道路。

2.【参考答案】

(1)学习是个体在特定情境下由于练习或反复经验而产生的行为或行为潜能的比较持久的变化。

(2)学习行为具有的特征:①学习的发生是由经验引起的;②学习导致行为或行为潜能的变化;③行为的变化并不等同于学习的存在;④学习与表现不能等同;⑤学习是一个广义的概念,它不仅是人类普遍具有的,也是动物所具有的。

3.【参考答案】

早期行为主义主要是指华生提出的行为主义。其学习理论的特点主要有以下几个方面:

(1)认为学习就是以一种刺激替代另一种刺激建立条件反射的过程,提出了刺激-反应学说。

(2)认为有机体的学习实质就是通过建立条件作用,形成刺激与反应之间联结的过程,从而形成习惯。

(3)习惯的形成遵循频因(多次)律和近因(近时)律。频因律即在其他条件相等的情况下,某种行为练习得越多,习惯形成得就越迅速。近因律即当反应频繁发生时,最新近的反应比较早的反应更容易得到强化。

4.【参考答案】

负强化:又叫"阴性强化",是指消除厌恶刺激导致行为反应出现的频率增加。

惩罚:是指反应之后紧跟一个导致反应概率下降的刺激。

两者的相同点:负强化和惩罚都是为了行为的塑造。

两者的不同点:(1)两者的目的不同:负强化的目的是使某一反应的频率增加;而惩罚是为了减弱或消除有机体的某种行为;

(2)两者的手段不同:负强化是通过消除一个厌恶刺激达到强化的目的;而惩罚是通过增加一个厌恶刺激或者剥夺一个愉快刺激来达到目的。

例如:一个孩子上课不好好听讲,老师罚他站着听课,这个属于惩罚;当这个孩子开始认真听课后,老师让他坐下听课,这个就属于负强化。

5.【参考答案】

(1)联结理论认为学习的实质在于形成刺激-反应联结。一定的联结需要通过试误而建立。动物的学习是盲目的,而人的学习是有意识的。桑代克提出学习律包括,准备律:指学习者在学习开始时的预备定势;练习律:指一个学会了的反应的重复将增加刺激反应之间的联结;效果律:如果一个动作跟随以情境中一个满意的变化,在类似的情境中这个动作重复的可能性将增加;但是,如果跟随的是一个不满意的变化,这个行为重复的可能性将减少。

(2)评价:联结理论是另一种形式的行为主义,强调学习是通过不断试误,从而获得新经验的过程,对学习心理问题提出了非常有价值的见解,许多理论至今仍在指导教育、学习实践活动。但是联结理论将人和动物等同起来是极端的,忽视了对学习的内在心理过程的深入分析,比较适合于解释动物的学习和人类的低层次学习。

6.【参考答案】

班杜拉认为,观察学习又称无尝试学习或替代学习,指通过观察别人的行为结果而习得新的反应,或改变原有的某种行为方式的过程。观察学习经历四个过程。

(1)注意过程:学习者会注意和知觉榜样情境的各个方面。影响因素包括:①榜样的特征,观察者比较容易观察那些与他们自身相似的或者被认为是优秀的、热门的和有力的榜样,如明星。②观察者的特征,有依赖性的、自身概念低的或焦虑的观察者更容易产生模仿行为;③情境因素,强化的可能性或外在的期望。

(2)保持过程:将观察的行为在记忆中以符号的形式表征(表象和言语)。

(3)复制过程:学习者复制从榜样情境中所观察到的行为。包括两点:①选择和组织反应要素;②在信息反馈的基础上精炼自己的反应,即自我观察和矫正反馈。

(4)动机过程:学习者因表现所观察到的行为而受到激励。动机过程包括3种强化:①直接强化,是指在模仿行为之后直接给出的强化,为学习者提供信息和诱因。②替代性强化,是指观察者因看到榜样受强化而受到的强化;替代性强化还具有情绪反应的唤起的功能。③自我强化,指观察者依照自己的标准对行为做出判断后而进行的强化。自我强化依赖于社会传递的结果。此外,班杜拉还提出了自我调节的概念,即人们能观察他们自己的行为,并根据自己的标准进行判断,并由此强化或惩罚自己。

7.【参考答案】

(1)班杜拉提出了社会学习理论,后来又称为社会认知理论。①交互决定观,交互决定论认为,个人、环境和行为是相互影响、彼此联系的,组成了相互作用的系统,三者影响力的大小取决于当时的环境和行为的性质。②学习与(操作)表现:班杜拉区分了新的学习和行为的操作表现。外在强化或者学习者对即将出现的后果的预期会影响表现,而不是影响学习。③参与性学习和替代性学习,参与性学是通过实际行动并体验行动后果而进行的学习,也就是直接经验的学习。替代性学习是通过观察别人而进行的学习。替代性学习的榜样来源包括:现实生活中的,象征性的或者非人类的,电子产品或印刷品。社会学习理论的核心是观察学习,指通过观察别人的行为结果而习得新的反应,或改变原有的某种行为方式的过程。观察学习经历四个过程,注意过程、保持过程、动作再现过程、动机过程。

(2)根据社会学习理论,个体、环境、行为相互作用,彼此联系,个体通过直接或间接经验进行品德的学习。因此社会、学校、家长需要通力合作共同促进儿童健康成长。首先应该控制源头引导社会为儿童提供积极健康的社会环境。其次家长、学校和社会要为儿童提供正面的榜样行为,提供观察学习的良好环境。最后引导学生形成健康的情感体验内化为道德品质促进自我强化的形成。

8.【参考答案】

(1)布鲁纳的认知-结构理论也称为认知发现说。布鲁纳认为人类的智慧生长经历了3种表征系统阶段:①动作表征:相当于皮亚杰的感觉运动阶段,在这个阶段儿童通过作用于事物来学习和再现它们,以后能通过合适的动作反应再现过去事物。②映象表征:相当于皮亚杰的前运算阶段的早期,儿童开始形成图像或表象,去表现他们的世界中所发生的事件。③符号表征:相当于皮亚杰的前运算阶段的后期以及以后的阶段。这时儿童能通过符号再现他们的世界,最重要的符号是语言。

(2)认知结构与学习:①学习的实质是主动形成认知结构,而不是被动形成刺激反应的联结。所谓认知结构就是编码系统,是“一组相互关联的,非具体性的类别”②学习者不是被动地接受知识,而是主动地获取知识,并通过把新获得的知识和已有的认知结构联系起来,积极地建构其知识体系。③学习包括知识的获得、转化和评价三个过程,这三个过程几乎是同时发生的。学生在学习任何一门学科时,总是由一系列情节组成的,每一个情节(或一个事件)总是涉及获得、转化和评价三个过程,由此可见,学生并不是被动的知识接受者,而是主动的信息加工者。

(3)学习与教学的基本原则:①注重知识结构。学习学科的基本结构的必要性在于以下4点:促进理解;利于记忆;增强迁移;引导知识体系形成。②发展学习的准备性培养直觉思维;③激发内在动机。

(4)发现学习,发现学习是指学习者用自己的头脑亲自获得知识的一切形式。①发现学习的教学阶段:提出问题;做出假设;验证假设;形成结论。②发现学习的作用:提高智力的潜力;使外部奖赏向内部动机转移;学会将来进行发现的最优方法和策略;帮助信息的保持和检索。

9.【参考答案】

(1)奥苏伯尔提出,有意义学习过程的实质就是符号所代表的新知识与学习者认知结构中已有的适当观念建立非任意的和实质性的联系。这也是机械学习与有意义学习的区分标准。

(2)有意义学习的条件:从客观条件看:材料必须具有逻辑意义,学生可以从心理上理解;材料应该是在学生学习能力范围之内的,符合学生的心理年龄特征和知识水平。从主观条件看:学习者要有有意义学习的心向或倾向性;学习者认知结构中必须具有适当的知识基础;学习者必须积极主动地使具有潜在意义的新知识与认知结构中有关的旧知识发生相互作用。

10.【参考答案】

(1)先行组织者:是指先于学习任务本身呈现的一种引导性材料,它要比学习任务本身具有更高的抽象、概括和综合水平,并且能清晰地与认知结构中原有的观念和新的学习任务关联。

(2)先行组织者的目的:为新的学习任务提供观念上的固定点,增加新旧知识之间的可辨别性,以促进类属性学习。

(3)先行组织者的作用:把学习者的注意引向即将呈现的概念之间的关系;集中概括即将呈现的概念之间的关系;提示学习者已有知识和即将遇到的新材料之间的关系。

(4)先行组织的分类:陈述性组织者(旨在为新的知识提供最适当的类属者,与新的知识产生一种上位关系)和比较性组织者(旨在比较新材料与已有认知结构中相类似的材料,从而增强新旧知识之间的可辨别性)。

11.【参考答案】

“不断分化”和“综合贯通”属于讲授教学的原则和技术,对应逐渐分化原则和整合协调原则。

(1)逐渐分化原则,是传授最一般的、包摄性最广的概念,然后根据具体细节对它们逐渐加以分化。在教学中。要以逐渐分化原则呈现教学内容,因为这种原则与人类习得认知内容的自然顺序相一致,而且也是与人类认知结构中表征、组织和储存知识的方式相吻合的。学生从已知的包摄性较广的整体知识中掌握分化的部分,比从已知的分化部分中掌握整体知识难度要低些。因此教学要从下位学习到上位学习逐渐开展。由于学生认知结构中对各门学科内容的组织,是按包摄性水平组成的。包摄最广的概念在这结构中占据最高层次,下面依包摄性程度下降而逐渐递减,所以先传授整体性知识有利于学生对分化知识的掌握。

(2)整合协调原则要求学生对认知结构中现有要素重新加以组合。奥苏贝尔认为,所有导致整合协调的学习,同样也会导致学生现有知识的进一步分化。因此,整合协调是在意义学习中发生的认知结构逐渐分化的一种形式。因此教学中要注重培养学生的整合协调学习,有利于学生原有知识的分化与应用。

12.【参考答案】

建构主义认为,由于知识的动态性和相对性以及学习的建构过程,教学不再是传递客观而确定的现成知识,而是激发出学生原有的相关知识经验,促进知识经验的“生长”,促进学生的知识建构活动,以促成知识经验的重新组织、转换和改造。教学要为学生创设理想的学习情境,激发学生的推理、分析、鉴别等高级的思维活动,同时给学生提供丰富的信息资源、处理信息的工具以及适当的帮助和支持，促进他们自身建构意义以及解决问题的活动。基于建构主义的观点，研究者提出了许多新的教学思路，如情境性教学、支架式教学以及合作学习等，这些教学模式对数学、科学和语言等领域的教学实践产生了巨大的影响。

13.【参考答案】

传统教学的弊端在于强调教师的传授性，以教师为中心进行教学。而在建构主义学习理论下，学习不是知识由教师向学生的简单传递，而是学生构建自己知识的过程。建构主义认为教学不是传递客观而确定的现成知识，而是激发学生原有的相关知识经验，促进知识经验的“生长”，促进学生的知识构建活动，以促成知识经验的重新组织、转换和改造。建构主义在一定程度上对知识的客观性和确定性提出了质疑，强调知识的动态性，认为知识不是客观存在的。学生不是被动的信息吸收者，而是意义的主动构建者，这种构建不可能由其他人代替。建构主义有助于促进学生对知识的主动建构，对外部信息做主动的选择和加工。

14.【参考答案】

成就目标定向理论是由德维克20世纪80年代提出，认为学习的学业目标取向可分为两类：学习目标和表现目标，对个体成就行为起着决定作用，他们认定的特定的占优势的成就目标定向会影响所给任务的绩效。

(1)两类成就目标定向：掌握目标定向和成绩目标定向

①掌握目标定向：也称学习目标定向、任务卷入目标定向。掌握目标定向意在获取知识，增加能力，倾向内部动机激发，通过成绩来表现自己的能力，相信努力导致成功，表现为一种进取取向。

②成绩目标定向：也称表现目标定向、自我卷入目标定向。成绩目标定向者靠外部动机激发学习兴趣，将学习视为通过成绩在他人面前展示和证明自己能力的手段，并极力回避可能导致失败或表现出能力不足的情境，表现为一种无助取向。

(2)不同目标定向的原因：两种不同的能力内隐观

①掌握目标定向的儿童持能力增长观，认为能力是可以改变的，通过努力和经验是可以提高的；

②成绩定向的儿童持能力实体观，认为能力是成功的原因，且能力是固定的，是不会随学习而改变的，有些个体甚至将高努力视为低能力的象征。

(3)成就目标定向与学习策略的关系

两者之间存在密切关系，目标定向是导致学习策略变化的因素之一。

①掌握目标定向的个体，其学习目的在于提高自己的能力、技能以及对知识的理解和掌握，把困难看作挑战，有助于深加工策略的使用，拥有更多的自我描述。

②成绩定向的个体把学习看成一种工具和手段，将困难看作失败的征兆，采用表面加工策略，对自己较多地消极描述。

15.【参考答案】

(1)韦纳的归因理论提出，人们倾向于将成功和失败的原因归结为6个因素，即：能力高低、努力程度、任务难易、运气好坏、身心状态和外界环境，而学生在解释成败时的主要原因有能力、努力、任务难度和运气，并从控制点、稳定性和可控性3个维度分析了原因的结构。根据韦纳的归因理论，赵明将失败归因为能力不足，王强将成功归因为努力的结果。

(2)对成功和失败的解释会对以后的行为产生重大的影响。赵明把考试失败归因为缺乏能力，而能力属于稳定、内在、不可控因素，那么以后的考试还会期望失败，因此赵明认为失败是注定的，就不会去尝试去理解，没有信心学习，影响对成败的预期，产生厌学的心理。而王强将成败归因为努力，努力是内部的、可以控制的、不稳定的因素，因此王强会不断刻苦学习，继续取得成功。

16.【参考答案】

(1)内部因素。学习动机既然是学习的内部动因，是客观的学习要求在学生头脑中的反映，那么，首先要看到，内部条件在学习动机形成中是最初要注意到的。外因通过内因而起作用。内部因素包括：①学生的自身需要与目标结构；②成熟与年龄特点；③学生的性格特征和个别差异；④学生的志向水平和价值观；⑤学生的焦虑程度。

(2)外部因素。外部因素包括：①家庭环境与社会舆论；②教师的榜样作用。

17.【参考答案】

根据动机产生的诱因来源不同分类，学习动机分为内部学习动机和外部学习动机。

(1)外部动机是指人们由外部诱因所引起的动机，动机的满足不在活动之内而在活动之外。

(2)内部动机是指人们对学习本身的兴趣所引起的动机。

(3)联系：外部动机使用不当会削弱内部动机；外部动机可以转化为内部动机。

18.【参考答案】

动机和学习效果的关系可以用耶克斯－多德森定律表明：

(1)学习效率随学习

动机强度的增加而提高，直到达到最佳水平，之后则随学习动机强度的进一步增加而下降(倒U形曲线)。

(2)动机强度的最佳水平与学习者的个性、课题性质和课题材料的难易程度有关，动机强度的最佳水平会随学习活动的难易程度而有所变化。一般来说，简单的活动，最佳水平高；困难的活动，最佳水平低。

七、论述题

1.【参考答案】

经典性条件作用是指一个原是中性的刺激与一个原来就能引起某种反应的刺激相结合，而使动物学会对那个中性刺激做出反应。即一个新刺激替代另一个刺激与一个自发的生理或情绪反应建立联系。

(1)经典性条件作用的主要原理

①强化与消退

强化：中性刺激与无条件刺激在时间上的结合称为强化，强化的次数越多，条件反射就越巩固。

消退：条件作用形成后，由于没有无条件刺激的结合，机体对条件刺激的反应逐渐消失。条件作用的消退只是暂时联系受到了抑制。

②泛化与分化

泛化：条件作用形成后，机体对与条件刺激相似的刺激做出条件反应。

分化：只对条件刺激做出条件反应，而对其他相似的刺激不做出条件反应。

③高级条件作用

由一个已经条件化了的刺激来使另外一个中性刺激条件化的过程，叫作高级条件作用。可以建立二级条件作用、三级条件作用等等。

④两个信号系统

第一信号系统：凡是能引起条件反应的物理性的条件刺激叫作第一信号系统的刺激；

第二信号系统：凡是能够引起条件反应的、以语言符号为中介的条件刺激叫作第二信号系统的刺激。如，谈虎色变。

人类学习与动物学习的本质区别就在于有了以语言为主的第二信号系统。

(2)利用经典性条件作用原理帮助学生更好地适应学校生活

①将快乐事件作为学习任务的无条件刺激

教师可以给学生提供一个温暖、舒适的课堂环境，让学生产生温馨和快乐的感觉，从而让学生在学习活动中也感觉到快乐。

②帮助学生克服学习时的一些窘境

如果学生是一个内向害羞的人，可以给他分配更多的社交任务，如收发作业；如果学生害怕课堂提问，可以先让他回答一些简单的问题，并及时给予鼓励强化，促使他积极回答问题。

③帮助学生摆脱考试焦虑

可以应用脱敏疗法来帮助学生摆脱考试焦虑。首先和学生一起建立焦虑等级表(从低到高)；然后让学生进行放松训练；

最后让学生一边放松一边想象最轻微的焦虑情境，直到不再感到焦虑。接着进行下一等级的训练。

2.【参考答案】

操作性条件作用的代表人物是斯金纳。操作性条件作用的行为是有意的，行为发生在刺激之前。学习的发生需要行为后果影响随后的行为。

(1)凡是能增强反应频率的刺激或事件都叫作强化物。强化分为正强化和负强化。正强化又称阳性强化。个体做出某种行为或反应，随后或同时得到某种奖励，从而使行为或反应强度、概率或速度增加的过程。负强化主要是通过消除或终止厌恶、不愉快刺激来增强反应频率。其实，负强化也被称为逃避制约或逃避惩罚的反应。

例如：正强化：儿童主动写作业，家长给予看电视的奖励来增加儿童主动写作业的频率。负强化：儿童主动写作业，家长就不再让儿童做家务，这样可以增强主动写作业的反应频率。

(2)消退：指消除强化从而消除或降低某一个行为。例如：儿童在课堂上讲话，教师不予理睬和关注，这种行为发生的频率就会下降，甚至消失。

当有机体做出某种反应后，呈现一个厌恶刺激，以消除或抑制此类反应的过程，叫作惩罚。例如：儿童哭闹，就惩罚他做家务，直到不再哭闹为止。

(3)当塑造良好行为时，用强化。减少不良行为时，用消退和惩罚。但是在实际的教学过程中，要慎用惩罚，任何惩罚和变相惩罚都有可能伤及学生的自尊，可以巧用强化和消退来塑造儿童的行为。

3.【参考答案】

(1)斯金纳认为，行为可分为应答性行为和操作性行为。相应地，条件作用也分为应答性条件作用(经典性条件作用)和反应型条件作用(操作性条件作用)。斯金纳的实验：他发明了一种学习装置叫作斯金纳箱，箱内装上一个操纵杆，操纵杆连接着一个供应食丸的装置。将饥饿的白鼠置于箱内，在这种缺乏明显的无条件食物刺激环境中，白鼠偶然踏上操纵杆，供丸装置自动送落一粒食丸。白鼠经过几次尝试后，就会不断按压杠杆，直到吃饱为止。在这一实验中，白鼠学会了按压杠杆而获取食物的反应，把强化(食物)与操作性反应联系起来，形成了操作性条件作用。按压杠杆变成了获取食物的手段或者工具，操作性条件作用故而又叫作工具性条件作用。操作性条件作用的行为是有意的，行为发生在刺激之前。学习的发生需要行为后果影响随后的行为。例如学生回答问题后受到表扬，学生回答问题的次数增加。

(2)应用：①程序教学：通过教学机器呈现程序化教材而进行自学的一种方法。它把一门课程学习的总目标分成几个单元，再把每个单元分成许多小步子。学生在学完每一步骤的课程后，就会马上知道自己的学习结果，即能得到及时强化，然后按顺序进入下一步的学习，直到学完一个单元。在学习过程中，学生可按自己的学习能力和学习习惯，自定学习步调，自主进行反应，逐步达到总目标。②行为矫正：指在操作性条件作用的范例中，不但能通过强化来控制行为，还可以通过操作性训练来塑造复杂行为。通过逐步强化可以塑造儿童的良好行为，通过消退则可以消除儿童的不良反应，即通过不予强化来减少此类行为出现的可能性。

4.【参考答案】

(1)这种观点是错误的。

(2)接受学习与发现学习是两种相对的学习方式，相互之间既有区别，又有密切的联系。主要的区别体现在①奥苏伯尔的接受学习认为有意义的接受学习是教学的主要模式，而布鲁纳的发现学习反对教师在教学中的系统讲解，主张学生自行发现其中的道理。②奥苏伯尔的接受学习认为发现学习只是比接受学习多了一个阶段——发现，其他并无不同。布鲁纳认为发现学习就是要使学生像科学家那样思考问题，通过参与探究活动发现基本的原理或规则。③奥苏伯尔的接受学习强调演绎过程，让学生的理解从一般到特殊。布鲁纳认为发现强调归纳过程，让学生由特殊发现一般。④奥苏伯尔的接受学习认为接受学习和发现学习都既可能是有意义的，也可能是机械的。而布鲁纳认为只有发现学习是有意义的，接受学习是机械的。二者的联系体现在：二者都重视学生学习的主动性；都强调新知识的学习对已有知识的依赖性；都强调认知结构对学习新知识的重要性，以及认知结构的可变性。

(3)接受学习与发现学习的关系在教学中的意义：①从总体上说，学校教学应以接受学习为主，发现学习为辅。发现学习有助于培养学生的探究精神，使学生掌握科学发现的方法等方面具有独特的功能，发现学习还是学生赖以理解抽象的、概括性知识的必经途径。②接受学习与发现学习在学校教学中的地位应随着教育层次的变化相应地有所变化。可以这样说，学生受教育的过程就是从接受走向发现的过程。③接受学习与发现学习在学校教学中的地位应随不同的教学科目以及学习阶段而相应地有所变化。④教师要根据具体的条件决定学习方式。

5.【参考答案】

传统教学观念认为，概括化的知识是学习的核心内容，这些知识可以从具体情境中抽象出来，让学生脱离具体物理情境和社会实践情境进行学习，而所习得的概括化知识可以自然地迁移到各种具体情境中。但是，情境总是具体的、千变万化的，抽象概念和规则的学习无法灵活适应具体情境的变化，因此，学生常常难以灵活应用在学校中获得的知识来解决现实世界中的真实问题，难以有效地参与社会实践活动。因而，建构主义者提出，知识是生存在具体的、情境性的、可感知的活动之中的。它不是一套独立于情境的知识符号(如名词术语等)，不可能脱离活动情境而抽象地存在。它只有通过实际情境中的应用活动才能真正被人所理解。学习应该与情境化的社会实践活动结合起来。

6.【参考答案】

韦纳的归因理论提出，人们倾向于将成功和失败的原因归结为6个因素，即：能力高低、努力程度、任务难易、运气好坏、身心状态和外界环境，而学生在解释成败时的主要原因有能力、努力、任务难度和运气，并从控制点、稳定性和可控性3个维度分析了原因的结构。其中能力属于稳定、内在、不可控因素；任务难度属于稳定、外在、不可控因素；努力属于不稳定、内在、可控因素；运气属于不稳定、外在、不可控因素。

当学生将成绩失败归因于能力低下时，会认为失败是注定的，就不会尝试去理解，学习动机降低，没有信心学习，影响对成败的预期，产生厌学的心理。因此正确指导结果归因，可以促使学生继续努力，激发学习动机。在学生完成某一学习任务后，教师应指导学生进行成败归因。尽量将成功归因于自己的能力和努力，激励学生下次继续努力，保持较强的学习动机；将失败归因于内部的不稳定的因素，即努力不够，促使学生加强学习动机。

7.【参考答案】

(1)①建构主义强调，学习是通过某种社会文化的参与内化相关的知识和技能、掌握有关的工具的过程，这一过程常常需要通过一个学习共同体的合作互动来完成。学习共同体是由学习者及助学者(包括教师、专家、辅导者等)共同构成的团体，他们经常在学习过程中进行沟通交流，分享各种学习资源，共同完成一定的学习任务，因而在成员之间形成了相互影响、相互促进的人际联系，形成了一定的规范和文化。建构主义者提出了情境性认知的观点，强调学习、知识和智慧的情境性，认为知识是不可能脱离活动情境而抽象存在的，学习应该与情境化的社会实践活动结合起来。个体的学习应该与情境化的社会实践活动联系在一起。

②联结理论认为学习的实质在于形成刺激-反应联结。一定的联结需要通过试

误而建立。动物的学习是盲目的，而人的学习是有意识的。桑代克提出学习律包括，准备律：指学习者在学习开始时的预备定势；练习律：指一个学会了的反应的重复将增加刺激反应之间的联结；效果律：如果一个动作跟随以情境中一个满意的变化，在类似的情境中这个动作重复的可能性将增加；但是，如果跟随的是一个不满意的变化，这个行为重复的可能性将减少。

③认知主义认为，学习不是外界刺激直接给予的，而是由外界刺激与认知主体内部相互作用的结果。例如奥苏贝尔认为，有意义学习是指符号所代表的新知识与学习者认知结构中已有的适当观念建立实质性的和非人为的联系。

(2)建构主义理论是联结理论、认知理论的进一步发展，但不同的是，建构主义在一定程度上对知识的客观性和确定性提出了质疑，强调知识的动态性，认为知识不是客观存在的。联结理论认为学习是被动形成刺激-反应的联结，而建构主义认为学生是主动建构的过程。除了学习的主动构建性，与认知学习理论相比，建构主义还强调学习的社会互动性、学习的情境性。因此，在建构主义学习理论下，学习不是知识由教师向学生的传递，而是学生构建自己知识的过程，学生不是被动的信息吸收者，而是意义的主动构建者，这种构建需要在社会互动中形成，并且不可能脱离活动情境而抽象存在。

8.【参考答案】

(1)桑代克以动物作为实验对象，得出学习是个体在刺激情境中所产生的刺激-反应的联结。个体所学到的就是一连串刺激-反应联结的组成。每个刺激-反应联结都是先是错误的反应多于正确的反应，而后逐渐变为正确的反应多于错误的反应，最后达到全部为正确的地步，也即联结-试误说。联结-试误说的主要内容：学习的实质在于形成刺激-反应联结。一定的联结需要通过试误而建立。动物的学习是盲目的，而人的学习是有意识的。桑代克提出学习律包括，准备律：指学习者在学习开始时的预备定势；练习律：指一个学会了的反应的重复将增加刺激反应之间的联结；效果律：如果一个动作跟随以情境中一个满意的变化，在类似的情境中这个动作重复的可能性将增加；但是，如果跟随的是一个不满意的变化，这个行为重复的可能性将减少。教师可以积极引导学生试误，倡导学生主动参与、乐于探究、勤于动手，改变接受学习、死记硬背、机械背诵的现象，培养学生思维能力的发展。教师在日常的教学活动中，引导学生形成积极的思维态度，帮助学生从失败中吸取成功的养分，养成良好的思维习惯。教师在课堂上可以有意识地设置一些“错误陷阱”，吸引学生的注意力，更有利于开发其他课堂教学资源。同时，根据练习律，教师要督促学生进行足够的练习，给予及时的反馈和强化，适当表扬或批评，加强学生的学习效果。

(2)社会建构主义学习理论以维果斯基的理论为基础，重视教学中教师与学生以及学生与学生之间的社会性相互作用。合作学习和交互式教学是社会建构主义学习理论在教学中的主要应用。合作学习是指由几个能力不同的学生组成小组共同学习，并强调学生之间的互动。交互式教学是指在示范的基础上，传授知识和技能的一种方法。此外还有认知学徒制强调让学生从事与专业领域有关的实践活动，让学生成为探究活动的主人，并重视对学生思维技能和反思能力的培养，对于提高学生的实践能力具有重要的借鉴意义。以及支架式教学，通过支架(教师或有能力的同伴的帮助)的协助，把管理学习的任务逐渐由教师转移给儿童自己，最后撤去支架。在实际教学中，只有根据儿童的最近发展区搭建的支架，对儿童的发展才是最有效的。因此，支架的重要功能就是帮助儿童顺利穿越最近发展区，以获得更进一步的发展。

9.【参考答案】

(1)①联结理论认为学习的实质在于形成刺激-反应联结。一定的联结需要通过试误而建立。动物的学习是盲目的，而人的学习是有意识的。桑代克提出学习律包括，准备律：指学习者在学习开始时的预备定势；练习律：指一个学会了的反应的重复将增加刺激反应之间的联结；效果律：如果一个动作跟随以情境中一个满意的变化，在类似的情境中这个动作重复的可能性将增加；但是，如果跟随的是一个不满意的变化，这个行为重复的可能性将减少。②认知理论认为学习是主动地在头脑内部构造完形、形成认知结构。学习不是通过练习与强化形成反应习惯，而是通过顿悟与理解获得期待。而以马斯洛、罗杰斯为代表的人本主义学习理论更多地关注个体情感和人格的健康成长，以及学生在学习过程中对知识的主动建构问题。③人本主义学习理论主要包括以下思想：自然人性论，认为人性来自自然，自然人性即人的本性；自我实现人格论及患者中心疗法，认为人的成长源于自我实现的需要；知情统一的教学目标观提出自由学习观和学生中心的教学观，自我潜能才是人性的种子；有意义的自由学习观提倡让学生进行有意义的学习；学生中心的教学观指出为学生提供各种学习资源。

(2)随着学习理论的深入发展，教育心理学家发现，仅关注行为改变的联结学习理论和只强调知识获得的认知学习理论，对于解释学生的全面发展具有很大的局限性。目前，教育心理学家越来越关注个体情感和人格的健康成长，以及学生在学习过程中对知识的主动建构问题。人本主义学习理论在这些方面有了很大的进展。罗杰斯等人本主义心理学家从他们的自然人性论、自我实现论及其“患者中心疗法”出发，在教育实际中倡导以学生经验为中心的“有意义的自由学习”，对传统的教育理论造成了冲击，推动了教育改革运动的发展。这种冲击和促进主要体现在突出情感在教学活动中的地位和作用，形成了一种以知情协调活动为主线、以情感作为教学活动的基本动力的新的教学模式；以学生的“自我”完善为核心，强调人际关系在教学过程中的重要性，认为课程内容、教学方法、教学手段等都维系于课堂人际关系的形成和发展，把教学活动的重心从教师引向学生，把学生的思想、情感、体验和行为看作是教学的主体，从而促进了个别化教学运动的发展。

(3)对教育教学改革启示：改变传统教学模式，倡导素质教育；尊重学生的发展；以学生为中心，发展学生潜能；引导学生运用策略组织知识，有意义地学习；改革教材死板的知识体系；从学校环境、家庭、社会各方面为学生提供充足的学习资源；发展学生个性，尊重学生差异。

10.【参考答案】

“自主，探究，合作”学习是建构主义的基本思想。

(1)在知识观上，建构主义在一定程度上对知识的客观性和确定性提出了质疑，强调知识的动态性。建构主义者一般强调：①知识并不是对现实的准确表征，它只是一种解释、一种假设，不是最终答案。②知识并不能精确地概括世界的法则，在具体问题中，我们并不是拿来便用，一用就灵，而是需要针对具体情境进行再创造。③尽管我们通过语言符号赋予了知识一定的外在形式，甚至这些命题还得到了较普遍的认可，但这并不意味着学生会对这些命题有同样的理解，因为这些理解只能由每个学生基于自己的经验背景而建构起来。

(2)学习者的知识构建过程具有三个重要特征：学习的主动构建性、学习的社会互动性、学习的情境性。①学习的主动建构性：建构主义认为，学习是由个体学习者基于自己的经验背景建构知识的过程，不是由教师向学生传递知识的过程。因此，学生是主动的信息构建者，不是被动的刺激接受者，要对外部信息做主动的选择和加工。②学习的社会互动性：建构主义强调，学习是通过某种社会文化的参与内化相关的知识和技能、掌握有关的工具的过程,这一过程常常需要通过一个学习共同体的合作互动来完成。学习共同体是由学习者及助学者(包括教师、专家、辅导者等)共同构成的团体,他们经常在学习过程中进行沟通交流,分享各种学习资源,共同完成一定的学习任务,因而在成员之间形成了相互影响、相互促进的人际联系,形成了一定的规范和文化。③学习的情境性:建构主义者提出了情境性认知的观点,强调学习、知识和智慧的情境性,认为知识是不可能脱离活动情境而抽象存在的,学习应该与情境化的社会实践活动结合起来。个体的学习应该与情境化的社会实践活动联系在一起。

(3)在教学观方面,建构主义认为学习不是知识由教师向学生的传递,而是学生构建自己知识的过程．学生不是被动的信息吸收者,而是意义的主动构建者,这种构建不可能由其他人代替。

11.【参考答案】

(1)教学吸引:

①利用灵活的教学方式唤起学生的学习热情。

②加强教学内容的新颖性,吸引学生的注意力。

③充分调动学生在课堂练习中的积极性。

(2)兴趣激发:

①利用教师期望效应培养学生的学习兴趣。

②利用已有的动机和兴趣形成新的兴趣。

③加强课外指导,发展学习兴趣。

(3)建立合理的动机信念:

①建立正确的归因模式。尽量将成功归因于自己的能力和努力;将失败归因于内部的不稳定的因素,即努力不够。另外在学习的初期将成功归因于努力,到后期将成功归因于能力。

②树立较高的成就动机水平。

③设置合理的目标定向。教师要引导学生建立掌握目标,帮助学生设置明确、具体、近期可达到的学习目标。

(4)反馈和评定:学习结果的及时反馈能有效激发学生的学习动机和学习积极性。反馈要及时、具体和经常给予。评定是指教师在分数的基础上进行的等级评价和评语。

(5)奖励和惩罚:妥善进行奖惩,维护内部学习动机,注意学生的个别差异。

(6)合作与竞争:合理设置课堂环境,妥善处理竞争与合作。

12.【参考答案】

(1)韦纳归因理论的基本观点:韦纳根据实证研究的结果发现,一般人通常把自己经历过的成败归结为六种原因:能力、努力、工作难度、运气、身体状况、其他。韦纳把六项因素归入三个维度:

①因素来源:能力、努力、身体三项属于内控,其他属于外控。

②稳定性:能力、工作难度是稳定的,其他不稳定。

③可控性:努力是可控的,其他各项是不可控的。

(2)韦纳归因理论在教育上的意义:

①通过学生的自我归因可预测此后的学习动机。

②学生的自我归因未必正确,却是重要的。

③长期消极的归因不利于学生个性成长。

④教师的反馈是影响学生归因的重要因素。

八、案例分析

1.【参考答案】

(1)王铚训练孔雀的方法所依据的心理学原理是经典性条件作用,经典性条件作用:一个原是中性的刺激与一个原来就能引起某种反应的刺激相结合,而使动物学会对那个中性刺激做出反应。即一个新刺激替代另一个刺激与一个自发的生理或情绪反应建立联系。

(2)经典性条件作用可以用来解释孔雀学习的现象,食物是孔雀的无条件刺激,随同食物呈现一个哨声,即中性刺激,多次结合之后,只有哨声出现,孔雀也会飞下台寻找食物,这时中性刺激与无条件刺激在时间上的结合,即强化,强化的次数越多,条件反射就越巩固。之后只有插红旗的地方才有食物,将一个已经条件化了的刺激(哨声)来使另外一个中性刺激(红旗)条件化,经过多次训练,孔雀就能够朝着一个方向飞去,这个过程是高级条件作用。

2.【参考答案】

(1)①学生是由于归因错误导致的不良状态。李小辉将自己的成绩失败归因于能力低下,会认为失败是注定的,努力不会改变失败的结果,因此就不愿意去尝试去理解,导致学习动机降低,没有信心学习,影响对成败的预期,产生自卑和厌学的心理。②学生由于处于青春期,被称为"风暴期"和"叛逆期",情绪表现充分体现出半成熟半幼稚的矛盾性特点,情绪具有突出的不成熟和不稳定的特征,例如李小辉在老师找回后经常痛哭流涕。几次偶然的失败,就会让他们极度自卑,不愿意再付出努力。

(2)提高李小辉的动机,首先可以充分利用反馈信息,适当进行表扬和批评。心理学研究表明,来自学习结果的种种反馈信息,对于学习效果有明显影响。表扬与奖励比批评与指责能更有效地激发学生的学习动机,因为前者能使学生获得成就感,增强自信心,而后者恰恰起到相反的作用。另外,需要正确指导结果归因,促使学生继续努力。在学生完成某一学习任务后,教师和父母应指导学生进行成败归因。一方面,要引导学生找出成功或失败的真正原因;另一方面,也应根据每个学生过去一贯的成绩的优劣差异,从有利于今后学习的角度进行归因,哪怕这时的归因并不真实。尽量将成功归因于自己的能力和努力,激励自己下次继续努力,保持较强的学习动机;将失败归因于内部的不稳定的因素,即努力不够,促使自己加强学习动机。

3.【参考答案】

(1)用耶克斯-多德森定律解释

耶克斯-多德森定律表明:学习效率随学习动机强度的增加而提高,直到达到最佳水平,之后则随学习动机强度的进一步增加而下降(倒U形曲线)。

动机强度的最佳水平与学习者的个性、课题性质和课题材料的难易程度有关。

动机强度的最佳水平会随学习活动的难易程度而有所变化。一般来说,简单的活动,最佳水平高;困难的活动,最佳水平低。

考研属于比较困难的活动,而该同学由于外部期望很高,导致其动机水平一直处于较高的水平,从而导致其学习效率较低,最终考研失败。

建议该同学周围的父母朋友及其学生不要给他这么大的压力和期望,不要因为其要考研而给予太多的特殊对待,尽量让其以平常心进行学习。

(2)用自我决定理论解释

自我决定理论由德西和瑞安提出,其基本假设是:人是积极自主的有机体,具有与生俱来的心理成长倾向,会努力地应对环境中的持续挑战,并将外部经验整合到自我概念中。但是这种内在的心理成长倾向取决于人先天固有的3种基本心理需要的满足。

自我决定理论认为,自我决定行为源自自我高度整合的动机,包括内在动机以及高度内化的外部动机。而自我高度整合需要满足3种基本需要,分别是自主需要、能力需要和关系需要。这3种需要的满足能促进个体产生内部动机,还可以促进外部动机的内化。

该同学最开始决定考研可能是自主决定的,这时其具有较高的内部动机,但是由于身边亲人朋友对其的期望和影响,特别是亲人朋友帮他做了所有的事情,其自主需要得不到满足,慢慢地导致其学习动机转变成外部动机,即为了不让亲人朋友失望,我一定要考研成功。从而导致其学习效率低下,最终考研失败。

建议:首先其家长朋友不要将自己的期望强加于该同学身上,给予其必要的帮助即可，没必要事事代劳。其次该生需要转变其想法，一方面将外部动机内化，另一方面提高自己的内部动机。

(大家也可以选择其他合适的原理进行解释，言之有理即可)

第四章 分类学习心理

第一节 知识的学习

考点1 知识的分类与表征

1.【答案】A

【解析】由于反映活动的形式不同，知识可以分为陈述性知识和程序性知识。

2.【答案】A

【解析】陈述性知识主要反映事物的状态、内容及事物发展变化的时间原因，主要指是什么、怎么样，也称描述性知识，一般可以用口头或书面语言进行清楚明白地表述。学生能将历史上各朝代的重要事件及其发生的时间匹配起来，说明掌握了陈述性知识。

3.【答案】A

【解析】图式是指有组织的知识结构；是关于某个主题的一个知识单元，它包括与某主题相关的一套相互联系的基本概念，构成了感知，理解外界信息的框架结构。儿童形成了对"狗"的基本理解，说明儿童形成了对狗的知识结构。

4.【答案】D

【解析】产生式包含了"如果某种条件满足，那么就执行某种动作"的知识，它表明了所要进行的活动以及发生这种活动的条件。具有自动激活的特点。产生式是程序性知识的主要表征方式。

5.【答案】ACD

【解析】心智技能的形成离不开陈述性知识的掌握。学生常常从学习陈述性知识开始，然后将陈述性知识与具体的任务目标联系起来，解决问题。

6.【参考答案】

知识是人对事物属性与联系的能动反映，是人与客观事物的相互作用而形成的。

7.【参考答案】

程序性知识是关于"怎么做"的知识，如怎样进行推理、决策或者解决某类问题等。

8.【参考答案】

陈述性知识是关于"是什么"的知识，是对事实、定义、规则和原理等的描述。

9.【参考答案】

知识的表征指的是知识在头脑中的表示形式和组织结构。知识是通过个体与信息甚至是整个情境互相作用而获得的，个体一旦获得知识，就会在头脑中用某种形式和方式代表其意义。

10.【参考答案】

(1)陈述性知识主要反映事物的状态、内容及事物发展变化的时间原因，主要指是什么、怎么样，也称描述性知识，一般可以用口头或书面语言进行清楚明白地表述。

(2)陈述性知识的教学策略包括：①动机激发策略，是指教师在教学过程中，运用各种手段和方法去激发学生的学习动机，使其明确新知识的重要性。②注意策略，运用故事性的教学活动，引起个人的或者感情因素的介入，指出目前的学习与其他学习任务的联系，并用划线、列表等方法引起注意。③精加工策略，通过把所学的新信息和已有的知识联系起来，寻求字面背后的深层次意义，或者以此来增加新信息的意义，从而帮助学习者将信息储存到长时记忆中去的学习策略。④组织者策略，整合所学新知识之间、新旧知识之间的内在联系，形成新的知识结构的策略。组织是学习和记忆新信息的重要手段，其方法是将学习材料分成一些小的单元，并把这些小的单元置于适当的类别之中，从而使每项信息和其他信息联系在一起。⑤认知结构优化策略，教师在教授新知识前，要帮助学生优化认知结构，增加学生的知识储备，激发学习者利用已有的知识来获得新知识。

11.【参考答案】

程序性知识是关于"怎么做"的知识，如怎样进行推理、决策或者解决某类问题等。程序性知识学习包括2种类型：模式识别学习和动作步骤学习。掌握程序性知识包括以下3个阶段：

(1)陈述性知识阶段，该阶段是掌握程序性知识的前提，是对以陈述性知识形态存在的程序性知识的学习。学习者首先要理解有关的概念、规则、事实和行动步骤等的含义，并以命题网络的形式把它们纳入个体的知识结构中。在教学过程中学生习得的程序性知识就是它的陈述性形式，其掌握过程与陈述性知识的掌握是一致的。学生通过这类陈述性知识形态的学习和理解获得该程序性知识的有关命题，但此时的程序性知识尚未在实际操作中转化为行为。

(2)转化阶段，该阶段是学生通过各种规则的变式练习，将程序性知识从规则的陈述性形式转化为可以表现到实际操作中的程序性形式。也就是说，该阶段是产生式系统的形成过程。在这一转化中问题解决是一条有效途径，并且通过大量的练习，使这一转化在准确性和速度上均有所提高，直到成为高度灵活的纯熟的技能、技巧、技艺。在这一转化阶段中，并非所有的陈述性知识都能转化为程序性知识，只有那些作为程序性知识前身的陈述性知识才能转化为程序性知识。

(3)自动化阶段，该阶段是程序性知识掌握和发展的最高阶段。在此阶段，人的行为在无意识状态下完全由规则支配，技能也相对达到自动化。如熟练掌握英语的人，不用有意识地去考虑就能随口说出符合时态规则的英语句子。在教学过程中，需要学生自觉地在日常学习生活中运用所学习的程序性知识，使技能得以自动化。

考点2 概念学习与概念转变

1.【答案】D

【解析】概念是代表一类享有共同特性的人、物体、事件或观念的符号。每一个概念包括外延和内涵两个部分，内涵是概念所反映的事物的本质属性，外延是概念的范围。因此，概念的内涵反映事物的本质特征。

2.【答案】B

【解析】概念的内涵与外延是反比关系。

3.【答案】C

【解析】概念转变的过程包括认知冲突的引发和认知冲突的解决。

4.【答案】B

【解析】概念的获得，实质上就是要理解一事物共同的关键属性，也就是说，使符号代表一类事物而不是特殊的事物。儿童获得概念的两种基本形式是概念形成和概念同化。概念形成是指人掌握同类客观事物或现象共同本质特征或属性及其内在联系的过程。概念同化，是利用学习者认知结构中原有的概念，以定义的方式直接给学习者提示概念的关键特征，从而使学习者获得概念的方式。

考点3 学习迁移

1.【答案】A

【解析】布鲁纳认为，基本概念、基本原理、基本方法和基本态度具有广泛的适用性，能运用于表面特征不同而结构特征相似的多种情境，这种迁移类型是一般迁移。

2.【答案】A

【解析】在内容和难度上相似的两种学习之间的迁移属于横向迁移，也叫水平迁移。

3.【答案】B

【解析】题中孩子语言的学习发生混淆，因此该迁移现象属于负迁移，即一种学习对另一种学习产生消极影响。

4.【答案】B

【解析】"会骑自行车有助于学习骑摩托车"说明起到积极的促进作用，即正迁移，指一种学习对另一种学习起到积极的促进作用。

5.【答案】B

【解析】根据迁移方向的不同，可分为顺向迁移与逆向迁移。

6.【答案】D

【解析】形式训练说假定人类大脑的许多区域代表了许多不同的官能,如注意、记忆、知觉、想象、推理和判断等。人的心智是由许多不同的官能组成的,不同的官能活动相互配合就构成各种各样的心理活动。各种官能可以像训练肌肉一样通过练习增加力量(能力),如记忆的官能通过记忆的训练而得到增强。由于对各种官能施加的训练不同,各种官能及其组成的活动之强弱也会不同,这种迁移的发生是一般迁移。

7.【答案】D

【解析】桑代克提出了五条学习副律。分别是:①多重反应律:某一反应不能导致令人满意的结果时,将进行另外的反应,直到有种反应最终导致满意的结果为止。②心向或意向律(定势律):学习者由于受自身条件的影响而具有的倾向性影响联结的形成。③选择反应律:对情境中的某些因素进行选择性反应。④类化反应律(类推反应律):在新情境中出现与最类似情境中相同的反应。这是一种迁移原理。经过迷笼实验的猫,在被放入不同的迷笼后,会注意新情境中与原先情境相似的成分,并利用这些相似的成分,做出适当的反应。桑代克在讨论类化反应时,曾假设过一种"相同要素说",也就是说,如果两种学习情境之间具有共同要素,便会发生迁移。⑤联结转移律:逐渐地变化情境中的刺激,直至使反应与新情境形成联结。

8.【答案】B

【解析】以贾德为代表,概括理论认为产生迁移的关键是学习者在前面的学习中概括出一般性原理,可以部分或全部应用于后继的学习活动中。它揭示了造成学习迁移的原因之一是两种学习遵循共同的原理。

9.【答案】ABCDE

【解析】知识迁移的理论主要有:概括化理论、共同因素说、形成训练说、认知结构迁移理论、迁移的产生式理论、策略迁移理论、转换-关系理论。

10.【参考答案】

负迁移是指一种学习对另一种学习的消极影响。

11.【参考答案】

逆向迁移是指后面的学习影响前面学习所形成的经验结构,使原有的经验结构发生一定的变化,即得到充实、修正、重组或重构等。

12.【参考答案】

认知结构是学生头脑中的知识结构,由两部分构成,一是知识经验本身,二是对知识经验的组织。学生原有的认知结构是实现学习迁移的最关键因素。

认知结构的特征与迁移:

①原有认知结构中已有观念的可利用性变量:认知结构中是否有适当的观念利用,是影响新的学习和迁移的最重要因素。

②认知结构中原有的观念和新知识的可辨别性变量:新知识与认知结构中原有的知识相似时,容易被旧知识所取代。

③认知结构中原有的知识的巩固性变量:原有的知识越稳定和清晰,越有利于新知识的掌握。

关于先行组织者的研究:先行组织者是指先呈现的引导性材料,这种材料要比新的学习任务有更高的抽象、概括和包容水平,它既与学生认知结构中已有的观念有关,又要和新的学习任务相关联。依据组织者的内容及作用,可以把组织者分为两类:一类是陈述性组织者它的作用是与新的学习产生一种上位关系,为新的学习提供最适当的类属者。另一类是比较性组织者,帮助学生认识认知结构中原有的观念与新的学习任务之间的相同点与不同点,增强新旧知识之间的可辨别性。

13.【参考答案】

(1)经验的概括程度:学生对学得的知识经验进行概括,就能反映同类事物、问题的共同特点和规律性的联系,因而对具体事物、问题的联系就越普遍。概括的程度越高,就越有利于学习迁移的发生。

(2)对学习情境的理解:任何知识经验的获得和应用都和一定的情境有着密切的关系,因此,应注意对情境中各种关系的理解,创设对知识应用有利的情境,引导学生运用所学的知识原理去解决各式各样的问题等。

(3)学习的心理准备状态:心理准备状态是在过去学习或活动过程中形成的,又对未来的学习或活动会产生影响,这种影响既可能是积极的,也可能是消极的。心理准备状态在迁移的研究中讨论较多的主要是学习定势。学习的心理准备状态还包括学习的心向和态度。

(4)认知结构的特点:认知结构是人们过去对外界事物进行感知、概括的一般方式或经验所构成的观念结构。奥苏贝尔主要从认知结构的可利用性、辨别性和巩固性三个特点出发,讨论已经形成的认知结构对迁移的影响。

(5)学习策略的水平:学习策略对迁移的影响,主要表现在认知策略与元认知策略对迁移的影响上。不同时期学生策略发展的水平都会影响知识学习、问题解决和迁移。

14.【参考答案】

(1)整合学科内容:教师要注意把各个独立的教学内容整合起来,即要注意各门学科的横向联系;

(2)加强知识联系:教师要重视简单的知识技能与复杂的知识技能、新旧知识技能之间的联系。教师要促使学生把已学过的内容迁移到新的学习内容中去;

(3)强调概括总结:教师在教学中要注意启发学生对所学内容进行概括总结。一方面,在教学中,教师要引导学生自己对原理进行概括,培养和提高其概括总结的能力,充分利用原理的迁移;另一方面,在讲解原理时,教师要在最大范围内列举各种变式,使学生正确把握其内涵和外延;

(4)重视学习策略:教师有意识地教学生学会如何学习,帮他们掌握概括化的认知策略和元认知策略;

(5)培养迁移意识:教师可以通过反馈和归因控制等方式使学生形成关于学习和学校的积极态度。

第二节　技能的学习

考点1　技能的概述

1.【参考答案】

动作技能,又称为运动技能和操作技能,是指由一系列的外部动作以合理的程序组成的操作活动方式,如书写。根据是否需要操纵工具,可分为操纵器具的动作技能和机体动作技能。

考点2　动作技能

1.【答案】B

【解析】在学生动作技能的形成中,练习到一定阶段往往出现进步暂时停顿现象,称之为高原现象。

2.【参考答案】

(1)练习量:过度练习是必要的,但不是越多越好,要防止疲劳、错误定型;

(2)练习方式:根据分配时间不同可分为:集中练习、分散练习;根据完整性不同可分为:整体练习、部分练习;根据练习的途径不同可分为:模拟练习、实际练习、心理练习。

(3)练习的高原现象:在学生动作技能的形成中,练习到一定阶段往往出现进步暂时停顿现象,称之为高原现象。它表现为练习曲线保持在-定的水平而不再上升,或者甚至有所下降。高原现象产生的原因主要有两个方面:一是当练习成绩已经达到一定水平时,继续进步需要改变现有的活动结构和完成活动的方式方法,而代之以新的活动结构和完成活动的新的方式方法;二是经过较长时间的练习,学生的练习兴趣有所下降,甚至产生厌倦情绪,或者身体疲劳等原因而导致练习成绩出现暂时停顿现象。

考点3　心智技能

1.【参考答案】

(1)心智技能,又称智慧技能或智力技能,是指借助于内部语言在人脑中进行的认知活动方式。

(2)加里培林提出心智技能形成过程的

五阶段模式:①活动定向阶段;②物质活动或物质化活动阶段;③有声的言语活动阶段;④无声的外部言语活动阶段;⑤内部言语活动阶段。

(3)教师进行心智技能培养的方式——心智技能的原型模拟。

心智活动是实践活动的反映,心智技能的培养,首先必须确定心智技能的实践模式或操作活动程序,即确定心智技能的"原型"。人们开发出了可以用来确立心智技能的"心理模拟法"。

所谓心理模拟法,就是模拟与人的心理功能平行的系统,找出能与心理的关键特征一一对应的物质系统。这类模拟是依据事物中普遍存在的同功异构的特点而确定的。包括两个步骤:模型的确立和模型的检验。

①模型的确立。对系统进行功能分析、结构分析,再将两者有机结合起来分析,作为创拟模型的基本方法。

②拟定假设性的操作原型后,应通过实验来检验这种原型的有效性。可以通过教学心理实验的方法和计算等方法进行检验。

心智技能的原型模拟就是指为了达到培养心智技能的目的,在生活中找到一个实际的操作活动,作为练习心智技能的模型,通过对模型的培养使得原型得到锻炼。

(4)心智技能培养中注意的问题:

①遵循智力活动按阶段形成的理论;

②根据心智技能的种类选择方法;

③积极创造应用心智技能的机会;

④注重思维训练。

第三节　问题解决的学习与创造性

考点1　问题解决的模式与过程

1.【参考答案】

(1)问题解决的过程:

①表征问题。首先通过长时记忆中的有关信息确认问题的关键特征和理解问题的结构关系,随后采用选择性重新编码、选择性组合和选择性比较来构建问题关系的心理表征,例如在求解数学题时,要理清已知数、未知数和条件。

②拟定计划。对问题的表征进行操纵,寻找出一条线路以顺利达到目标的过程。例如解答数学题时,需要寻找出已知数与未知数之间的联系。

③克服障碍。拟定计划中可能发生的主要障碍就是定势和功能固着,另外就是不能形成任何计划或程序。此时可以在长时记忆中搜索模式、类比物和比喻物,或者暂时放弃问题进行酝酿来克服障碍。例如,审题出现错误,需要重新制定计划。

④执行计划。监督自己对于所选策略的执行。

(2)问题解决的模式

①试误说(桑代克)

问题解决首先要通过一系列盲目的操作,不断地尝试错误,发现一种解决问题的方法,形成刺激反应的联结,然后不断重复这种联结,直至解决问题。

②顿悟说(苛勒)

认为人遇到问题时,会重组问题情境的当前结构,以弥补问题的缺口,达到新的完形,从而联想起一种可行的解决方案。

③信息加工观点

信息加工论者把问题解决看作信息加工系统对信息的加工,把最初信息转化为最终状态的信息。纽厄尔和西蒙认为问题一般包括三个方面:初始状态,目标状态,操作;这三个部分加起来也就构成了问题空间。问题解决就是从初始状态趋向目标状态的一系列转换操作。

④杜威的5阶段论:开始意识到难题的存在;识别出问题;收集材料并对之分类整理,提出假设;接受和拒绝试探性的假设;形成和评价结论。

⑤奥苏贝尔和鲁滨逊问题解决模式:呈现问题情境命题;明确问题与已知条件;填补空隙过程,包括提取背景命题、运用推理规则、采用一定策略和解答之后的检验这四个加工过程。

考点2　问题解决能力的培养

1.【参考答案】

1.鼓励质疑

教师要培养学生主动质疑的内在动机,鼓励学生在课堂上主动提问,减少这样那样的限制,形成一种自由探究的气氛。

2.设置难度适当的问题

教师给学生的问题要可解且有一定的难度。另外,教师要根据学生的个体差异提供个别化辅导。例如,教师在课堂练习中为不同的学生提供数量不等的难题。

3.帮助学生正确表征问题

学生用所学知识解释问题,或者画草图、列表、写方程式等,这对回忆相关信息都有很好的作用。

4.帮助学生养成分析问题的习惯

教师要帮助学生发展系统考虑问题的方式和系统分析的习惯。教师既不能采取放羊态度,让学生盲目试误,也不能直接将结论告知学生。教师要让学生主动投入解题过程,鼓励学生提出多种解法。并且在学生遇到困难时,给学生提供适当的线索或补充必要的知识。

5.辅导学生从记忆中提取信息

解决问题需要对原有知识、原则进行重新组合,教师要帮助学生从记忆中提取与解决问题有关的信息,鼓励学生进行类比。但是也要预防学生总是从过去的经验中寻找答案,避免造成思维定势。另外,教师要鼓励学生从不同的角度去看待问题。

6.训练学生陈述自己的假设及其步骤

有研究表明,试图将解决问题的计划以及选择这个计划的理由说出来或写下来,可帮助个体成功地解决问题。教师要培养学生从跟随别人的指导转变到自行指导思考,并能够自己用言语将指导步骤表达出来。

此外,教师要给学生提供充分的时间进行解答,鼓励学生验证解答,多做类比练习等。

考点3　创造性思维的培养

1.【参考答案】

创造性思维是思维活动的高级过程,是在个人已有经验的基础上,发现新事物、创造新方法,解决问题的思维过程。

1.创造性思维的影响因素

(1)智力,智力是创造性的必要不充分条件。

(2)大脑右半球的功能发展,大脑两半球单侧化的研究发现右半球与创造性有关。

(3)知识,思维必须以大量的信息为基础。关于创造性思维与知识的关系有两种观点,一种是张力观,认为创造性思维以特定数量的知识为基础,但是过多的经验又会导致思维定势,阻碍创新,因此知识与创造性思维之间呈倒U型曲线。另一种是地基观,认为知识与创造性呈正相关。

(4)动机和个性等因素。

(5)环境因素,如父母的管教方式、家庭气氛以及学校和整个社会的文化导向等都会对创造性产生影响。

2.创造性思维的培养

(1)改善教学环境,营造创造氛围

我们需要营造一种民主、宽松的教学环境,尊重学生的观点和想法,鼓励学生进行创造性学习。

(2)培养好奇心,激发求知欲

教师可以不断创设变化的、能激起新异感的学习环境,多创设适当的问题情境,或组织、引导学生去观察大自然、考察社会生活,启发他们自己发现问题和寻求答案。

(3)鼓励学生的独创行为

教师要注意培养学生的独创性,允许学生按照自己的猜想去探索问题,鼓励他们用超出书本的知识去创造性解决问题,按照自己的设想去进行实验。

(4)积极开展创造性活动

比如由学生自己办报纸、画刊,出诗集,亲自动手设计和制造各种模型与产品,撰写科技小论文等,这些活动均能有效地发展儿童青少年的创造才能。

(5)训练学生的发散思维

如通过"一题多解"和"一题多变"的练习,培养学生思维的灵活性和变通性;可通过学生自编应用题,以发展思维的独特性和新颖性；也可以通过班级集体讨论的方式培养发散思维。

(6)培养创造性的个性

要注意培养学生独立、勤奋、自信、有恒、谦虚、细致、好进取、好探究等有利于创造性的发展的个性。

(7)利用一些具体的训练技术

如脑激励法（大脑风暴法）、分合法、联想技术等来训练学生的创造性。

2.【参考答案】

创造性思维是思维活动的高级过程，是在个人已有经验的基础上，发现新事物、创造新方法，解决问题的思维过程。

创造性思维会受到智力、知识、动机、个性和环境等因素的影响。当人们知道他人会对自己的成功作出评估时，其动机水平和焦虑水平都增高了，从而抑制了其创造水平。

因此我们在培养学生的创造性思维时，应该多鼓励，少评价，具体可以从以下方面入手：

(1)改善教学环境，营造创造氛围

我们需要营造一种民主、宽松的教学环境，尊重学生的观点和想法，鼓励学生进行创造性学习。

(2)培养好奇心，激发求知欲

教师可以不断创设变化的、能激起新异感的学习环境，多创设适当的问题情境，或组织、引导学生去观察大自然、考察社会生活，启发他们自己发现问题和寻求答案。

(3)鼓励学生的独创行为

教师要注意培养学生的独创性，允许学生按照自己的猜想去探索问题，鼓励他们用超出书本的知识去创造性解决问题，按照自己的设想去进行实验。

(4)积极开展创造性活动

比如由学生自己办报纸、画刊，出诗集，亲自动手设计和制造各种模型与产品，撰写科技小论文等，这些活动均能有效地发展儿童青少年的创造才能。

(5)训练学生的发散思维

如通过"一题多解"和"一题多变"的练习，培养学生思维的灵活性和变通性；可通过学生自编应用题，以发展思维的独

特性和新颖性；也可以通过班级集体讨论的方式培养发散思维。

(6)培养创造性的个性

要注意培养学生独立、勤奋、自信、有恒、谦虚、细致、好进取、好探究等有利于创造性的发展的个性。

(7)利用一些具体的训练技术

如脑激励法（大脑风暴法）、分合法、联想技术等来训练学生的创造性。

第四节　学习策略

考点1　认知策略

1.【答案】C

【解析】常用的精细加工策略有如下几种：(1)记忆术；(2)充分利用背景知识；(3)做笔记；(4)自我提问；(5)生成性学习。

2.【参考答案】

认知策略是加工信息的一些方法和技术，能使信息有效地从记忆中提取出来。

3.【参考答案】

组织策略指整合所学新知识之间、新旧知识之间的内在联系，形成新的知识结构的策略。

4.【参考答案】

学习策略是学习者为了提高学习的效果和效率，有目的、有意识地制定的有关学习过程的复杂的方案。具有主动性、有效性、过程性和程序性的特点。

考点2　元认知策略与资源管理策略

1.【答案】D

【解析】根据弗拉维尔的观点，元认知是对认知的认知。

2.【参考答案】

根据弗拉维尔的观点，元认知是对认知的认知，具体地说，是关于个人自己认知过程的知识和调节这些过程的能力，是对思维和学习活动的认知和控制。

3.【参考答案】

元认知监控通常包括以下四个步骤：

(1)制定计划。即在认知活动开始之前，根据认知任务的性质、特点，制定完成任务的实际步骤，考虑可选择的策略，并预计执行的结果等。

(2)执行控制。即在认知活动过程中，及时评价、反馈认知活动中的有关信息，若与认知目标相一致，则继续下去逐渐逼近目标；若与认知目标相背离，则应及时修正、调整认知策略。

(3)检查结果。即根据认知目标评价自己的认知结果，是完全达到、部分达到，还是根本没有达到。

(4)采取补救措施。即根据对认知结果的检查，对存在的问题，采取可行的补救措施。

4.【参考答案】

(1)根据弗拉维尔的观点，元认知是对认知的认知，具体地说，是关于个人自己认知过程的知识和调节这些过程的能力，是对思维和学习活动的认知和控制。元认知具有两个独立但又相互联系的成分：①元认知知识，即对认知过程的知识和观念（存储在长时记忆中）；②元认知控制，即对认知行为的调节和控制（存储在工作记忆中）。

元认知策略是一种典型的学习策略，指学生对自己的认知过程及结果的有效监视及控制的策略。

(2)元认知策略可以分为计划策略、监察策略和调节策略三种。

①计划策略。即根据认知活动的特定目标，在一项认知活动之前计划各种活动，预计结果，选择策略，想出各种解决问题的方法，并预估其有效性。计划策略包括设置学习目标、浏览阅读材料、产生待回答的问题以及分析如何完成学习任务。

②监察策略。即在认知活动进行的实际过程中，根据认知目标及时评价、反馈认知活动的结果与不足，正确估计自己达到认知目标的程度、水平，根据有效性标准评价各种认知行动、策略的效果。监控策略包括阅读时对注意加以跟踪、对材料进行自我提问、考试时监视自己的速度和时间。两种具体的监察策略：领会监控和集中注意力。领会监控主要指的是学习者在头脑里有一个领会目标。随着这一策略的执行，如果找出了这个重要细节，会因达到目标而体验到一种满意感。但是，如果没有找到这个细节，则会产生一种挫折感，从而采取措施。

③调节策略。即根据对认知活动结果的检查，如果发现问题，则采取相应的补救措施；根据对认知策略的效果的检查，及时修正、调整认知策略。调节策略能帮助学生矫正他们的学习行为，使他们补救理解上的不足。

(3)培养元认知策略的具体途径：

①提高元认知学习的意识性。

②丰富元认知知识和体验。已有研究表明，学生元认知水平与其拥有的元认知知识有极大关系。因此教师在教学中要注意元认知知识的传授，并在学习活动中不断强化这些知识的应用。

③加强元认知操作的指导。根据学习过程特点，按阶段有针对性地进行元认知指导，会收到较好效果。在学习活动之前，着重指导学生对活动进行计划和安排，为学习活动做好各种具体准备。

④创设反馈的条件与机会。在教学过程中，教师应给学生提供一个和谐的、民主的反馈环境，每个人都可以自由地评价他人的学习方法与策略，也可以为他人畅所欲言地评价。

⑤注重引导学生对非智力因素的调控。对学习效果的影响不仅有智力因素，也有非智力因素，而且往往是两者协同作用的结果。因此，教师除了应注重培养学生对学习和认知活动进行调控外，也应重视引导学生对非智力因素的调控，使学生不仅能自发地调控智力因素，也能有效地调控非智力因素。

考点3　学习策略的促进

1.【参考答案】

提高学习策略教学的有效性的方法：

(1)直接教学：直接教学的方法与传统教学方法相似，由激发，讲演，练习，反馈和迁移等环节构成。在教学中，教师先向学生解释所选定学习策略的具体步骤和条件，在具体应用中不断给以提示，让其

口头叙述和明确解释所操作的每一个步骤,以及报告自己应用学习策略时的思维,通过不断重复,这种内部定向思维可加强学生对学习策略的感知与理解保持。同时,教师在教学中依据每种策略来选择许多恰当的事例来说明其应用的多种可能性,使学生形成对策略的概括化认识;提供的事例应从学生的认识水平出发,由简到繁,使学生从单一策略的应用发展到多种策略的综合应用,从而形成一种综合应用能力。

(2)交互式教学:主要用来帮助学习成绩差的学生阅读领会,它是由教师和一小组学生一起进行的。交互式教学要教学生这样四种策略:①总结,总结段落内容;②提问,提与要点有关的问题;③澄清,明确材料中的难点;④预测,预测下文会出现什么。

(3)脚本式合作:在这种学习活动中,两个学生一组,一节一节轮流向对方总结材料,当一个学生主讲时,另一个学生听着,纠正错误和遗漏。然后两个学生交换角色,直到学完所学材料为止。关于这种学习方法的一系列研究证明,以这种方式学习的学生比独自总结的学生 或简单阅读材料的学生,其学习和保持都有效得多。脚本式合作的两个参与者都能从这种学习活动中受益,而主讲者比听者获益更大。

第五节　品德的形成

考点1　品德心理概述

1.【参考答案】

品德或道德品质是指个人依据一定的道德行为准则行动时所形成和表现出来的某些稳固的特征。

章节考点　综合训练

一、单选题

1.【答案】C

【解析】陈述性知识是关于"是什么"的知识,是对事实、定义、规则和原理等的描述。程序性知识是关于"怎么做"的知识,如怎样进行推理、决策或者解决某类问题等。

2.【答案】C

【解析】"卡方检验的适用条件"是回答"是什么"的知识,属于陈述性知识。

3.【答案】D

【解析】受程序性知识指导的行为,激活速度快,能互相激活,不易遗忘,熟练掌握后具有自动化特征。

4.【答案】A

【解析】根据迁移的性质和不同效果的分类,分为正迁移和负迁移。

5.【答案】B

【解析】一种学习对另一种学习起干扰或抑制作用,被称为负迁移。

6.【答案】D

【解析】"温故而知新"说明起到积极的促进作用,即正迁移,同时体现了逆向迁移,即后面的学习影响前面学习所形成的经验结构,使原有的经验结构发生一定的变化,即得到充实、修正、重组或重构等。

7.【答案】B

【解析】会骑自行车的人在刚开始骑三轮车时会感到别扭,说明起到了干扰抑制作用,即负迁移,同时是前面的学习影响后面学习所形成的,因此是顺向负迁移。

8.【答案】B

【解析】不同难度、不同概括性的两种学习之间的相互影响称之为纵向迁移。

9.【答案】B

【解析】已有的知识经验对解决新问题的影响叫作迁移,即学习的迁移,是指已经获得的知识、技能、情感和态度等对新的学习的影响。

10.【答案】A

【解析】形式训练说强调官能的作用,不同的官能活动相互配合就构成各种各样的心理活动。

11.【答案】C

【解析】形式训练说假定人类大脑的许多区域代表了许多不同的官能,如注意、记忆、知觉、想象、推理和判断等。人的心智是由许多不同的官能组成的,不同的官能活动相互配合就构成各种各样的心理活动。各种官能可以像训练肌肉一样通过练习增加力量(能力),如记忆的官能通过记忆的训练而得到增强。由于对各种官能施加的训练不同,各种官能及其组成的活动之强弱也会不同。题中"学习拉丁语有助于改善记忆力,学习数学可提高推理能力"符合形式训练说。

12.【答案】B

【解析】共同要素说认为只有当原先的学习情景和新的学习情境有相同要素时,原先的学习才有可能迁移到新的学习中去。迁移的程度取决于这两种情境相同要素的多寡。

13.【答案】A

【解析】以贾德为代表,概括理论认为产生迁移的关键是学习者在前面的学习中概括出一般性原理,可以部分或全部应用于后继的学习活动中。它揭示了造成学习迁移的原因之一是两种学习遵循共同的原理。

14.【答案】B

【解析】语法知识的学习——是什么的学习,即陈述性知识;语言的表达——如何去做的学习,即程序性知识。"语法知识的学习促进了语言的表达。"说明陈述性知识对程序性知识的迁移。

15.【答案】D

【解析】元认知策略可以分为计划策略、监察策略和调节策略3种。A、B、C属于认知策略。

16.【答案】C

【解析】学习的迁移是指已经获得的知识、动作技能、情感和态度等对新的学习的影响。简单地说,一种学习对于另一种学习的影响,或者是将学得的经验有变化地运用于另一种情境。例如:举一反三、闻一知十、触类旁通。

17.【答案】A

【解析】学习迁移的产生式理论主要是由信息加工论心理学家安德森等人提出。

18.【答案】D

【解析】价值澄清策略的理论基础是人本主义,认为人需要通过辨别和分析才能形成清晰的价值观念并指导个体的道德行为。

二、名词解释

1.【参考答案】

陈述性知识是关于"是什么"的知识,是对事实、定义、规则和原理等的描述。

程序性知识是关于"怎么做"的知识,如怎样进行推理、决策或者解决某类问题等。

2.【参考答案】

正迁移指一种学习对另一种学习起到积极的促进作用。正迁移又分为横向迁移(两者难度类似)和竖向迁移(两者难度不同)。

3.【参考答案】

学习的迁移,是指已经获得的知识、技能、情感和态度等对新的学习的影响。简言之,就是一种学习对另一种学习的影响。如举一反三、触类旁通就属于知识的迁移。

4.【参考答案】

逆向迁移是指后面的学习影响前面学习所形成的经验结构,使原有的经验结构发生一定的变化,即得到充实、修正、重组或重构等。

5.【参考答案】

水平迁移即横向迁移,两者学习的难度类似的迁移为水平迁移。

6.【参考答案】

复述策略是指在工作记忆中为了保持信息而对信息进行多次重复的过程。它是信息由短时记忆进入长时记忆的关键。

7.【参考答案】

元认知是对认知的认知,具体地说,是关于个人自己认知过程的知识和调节这些过程的能力,是对思维和学习活动的认知和控制。

8.【参考答案】

功能固着是指一个人看到某个制品有一种惯常的用途后,就很难看出它的其他新用途。

三、判断题

1.【答案】错误

【解析】陈述性知识以概念、命题和命题网络、表象或图式表征。程序性知识的表征方式是产生式。

2.【答案】错误

【解析】定势是指由先前的活动所形成的并影响后继活动趋势的一种心理准备状态。变换一个概念的无关特征以突出关键特征的做法叫作变式。

3.【答案】正确

【解析】在知觉水平上运用概念是指运用已经获得的概念，帮助识别具体的同类事物并将其归入这一类型。

4.【答案】错误

【解析】定势是指由先前的活动所形成的并影响后继活动趋势的一种心理准备状态。定势在问题解决中有积极作用，也有消极影响。

5.【答案】错误

【解析】智慧技能属于陈述性知识，是指借助于内部语言在人脑中进行的认知活动方式。根据适用的范围，可分为专门心智技能和一般心智技能。

四、简答题

1.【参考答案】

(1)知识的迁移，即学习的迁移，是指已经获得的知识、技能、情感和态度等对新的学习的影响。简言之，就是一种学习对另一种学习的影响。如举一反三、触类旁通就属于知识的迁移。

迁移的影响因素：①学习材料的特点：材料之间的相同点和不同点，对它们进行辨别，是促进迁移的重要条件。

②经验的概括程度：学生对学得的知识经验进行概括，就能反映同类事物、问题的共同特点和规律性的联系，因而对具体事物、问题的联系就越普遍。概括的程度越高，就越有利于学习迁移的发生。

③对学习情境的理解：任何知识经验的获得和应用都和一定的情境有着密切的关系，因此，应注意对情境中各种关系的理解，创设对知识应用有利的情境，引导学生运用所学的知识原理去解决各式各样的问题等。

④学习的心理准备状态：心理准备状态是在过去学习或活动过程中形成的，又对未来的学习或活动会产生影响，这种影响既可能是积极的，也可能是消极的。心理准备状态在迁移的研究中讨论较多的主要是学习定势学习的心理准备状态还包括学习的心向和态度。

⑤认知结构的特点认知结构是人们过去对外界事物进行感知、概括的一般方式或经验所构成的观念结构。奥苏伯尔主要从认知结构的可利用性、辨别性和巩固性三个特出发，讨论已经形成的认知结构对迁移的影响。

⑥学习策略的水平：学习策略对迁移的影响，主要表现在认知策略与元认知策略对迁移的影响上。不同时期学生策略发展的水平都会影响知识学习问题解决和迁移。

(2)改善迁移的方法：①合理地安排课程与组织教材。首先应突出重点，以若干能够基本起到组织作用的材料为核心；其次，为了增强中小学生的学习兴趣和便于理解，在编写教材或组织呈现教学内容时，应尽量以浅近的文字或符号强调教材或方法的要点。教材的编写与提示应针对主要概念而叙述，要注意避免过分冗长而失落要义。最后，还应尽量将内容和要求相似的教学单元按由易到难、由简到繁排列。②提高概括水平，强调理解。概括化水平是影响学习迁移的重要因素，理解与熟练所学习内容同等重要。③课内和课外练习配合，提供应用机会。课外活动应尽量与课内学习配合，课内学习要有充分应用于课外的机会。④提供学习方法的指导。教学不仅要重视内容，而且应讲求如何学习教材。⑤培养良好的心理准备状态。学生的心理准备状态也影响迁移。

2.【参考答案】

(1)陈述性知识主要反映事物的状态、内容及事物发展变化的时间原因，主要指是什么、怎么样，也称描述性知识，一般可以用口头或书面语言进行清楚明白地表述。

(2)促进陈述性知识学习的一般条件：学习者对新知识能积极关注；学习者对相关旧命题(知识)能主动、有效地提取；学生能合理使用工作记忆的有限容量；学习者要进行充分的精细加工；学生要把新知识及时组织和系统化；必要的复习。

(3)陈述性知识的教学策略包括：①动机激发策略，是指教师在教学过程中，运用各种手段和方法去激发学生的学习动机，使其明确新知识的重要性。②注意策略，运用故事性的教学活动，引起个人的或者感情因素的介入，指出目前的学习与其他学习任务的联系，并用划线、列表等方法引起注意。③精加工策略，通过把所学的新信息和已有的知识联系起来，寻求字面背后的深层次意义，或者以此来增加新信息的意义，从而帮助学习者将信息储存到长时记忆中去的学习策略。④组织者策略，整合所学新知识之间、新旧知识之间的内在联系，形成新的知识结构的策略。组织是学习和记忆新信息的重要手段，其法是将学习材料分成一些小的单元，并把这些小的单元置于适当的类别之中，从而使每项信息和其他信息联系在一起。⑤认知结构优化策略，教师在教授新知识前，要帮助学生优化认知结构，增加学生的知识储备，激发学习者利用已有的知识来获得新知识。

3.【参考答案】

贾德通过水中打靶实验研究了原则和概括性的迁移，认为在经验中学到的原理原则是迁移发生的主要原因，对原理概括得越好，对新情境中学习的迁移越好，并揭示出概括化不是一个自动的过程，此外，如果在教学方法上注意如何概括，就能增加正迁移出现的可能，这对教学的启示如下：

(1)在教材内容的选择上，应把那些具有高度概括性的基本概念和原理放在教材的中心地位；

(2)在教材呈现的顺序上，最好是从一般到个别、遵循不断分化的认识路线；

(3)在教学过程中，注意引导学生将所掌握的知识经验提高到原理原则水平；

(4)不断变更概念的无关属性或规则的应用情境，为学生的概括提供条件；

(5)注意培养学生的概括能力。

五、论述题

1.【参考答案】

程序性知识主要反映活动的具体过程和操作步骤，说明做什么和怎么做，是一种实践性知识，主要用于实践操作，因此，也称作操作性知识、策略性知识和方法性知识。

提高练习的效果可以使用以下策略：

(1)从练习时间安排来看，练习的方式有集中练习和分散练习。集中练习是指长时间地连续练习直到掌握为止，而分散练习是将练习的时间分为多次进行。已有研究表明，分散练习的效果要优于集中练习，特别是对于较复杂技能的学习，需要多次练习。教师在设计练习形式时应注意形式的多样并合理地安排这些形式。开始时，练习的速度要比较缓慢，一次练习时间不应过长，采取分散练习较为合适。待学生对技能的掌握已完全程序化后，再加大练习量来加深，提高学生的掌握程度，这时练习形式要逐渐多样化，逐渐加大难度，以提高程序性知识的灵活性和熟练性。从是否把动作步骤加以分解进行练习来看，有整体练习和部分练习。整体练习是通过一次一次完整的动作序列的练习，直到学会为止。部分练习则是指把完整的动作序列分解成各个部分，分别进行练习。这两种练习方式各有优劣，对它们的选择应根据程序性知识的性质、学生的年龄、能力等多方面因素来综合确定。

(2)给学习者提供适当的反馈信息也是提高练习效果的有效方法。通过反馈学生能辨别动作的正误，知晓自己动作是否达到要求。一般来说，反馈有内部反馈和外部反馈、及时反馈与延时反馈之分。内部反馈是个体通过自身的视觉、听觉、触觉、动觉等获取反馈信息；外部反馈是教师、教练、示范者、录像和计算机等外部信息源对学习者的操作结果及其操作过程的反馈，它可以由学习者通过观察获得，也可以由指导者告知。内部反馈在技能形成中具有巨大的作用，而且随着练习的进行，学习者会越来越多地运用内部反馈来控制自己的行为。但是有效的内部反馈必须建立在正确的外部反馈的基础上。如果是连续的任务（如开车、滑冰），及时的外部反馈非常重要；如果是非连续的任务（如掷铅球），延时的外部反馈不会影响完成任务的效果。教师要根据具体情况，在学生的练习过程中或练习之后，提供不同形式的反馈信息。当然，反馈信息应侧重对行为操作过程的细节的详细解剖和分析，应该使学生明白错的原因是对条件项的判断失误，还是因为操作步骤重复、错漏或者运算出现了问题。

2.【参考答案】

创造性思维是思维活动的高级过程，是在个人已有经验的基础上，发现新事物、创造新方法，解决问题的思维过程。

1.创造性思维的影响因素

(1)智力，智力是创造性的必要不充分条件。

(2)大脑右半球的功能发展，大脑两半球单侧化的研究发现右半球与创造性有关。

(3)知识，思维必须以大量的信息为基础。关于创造性思维与知识的关系有两种观点，一种是张力观，认为创造性思维以特定数量的知识为基础，但是过多的经验又会导致思维定势，阻碍创新，因此知识与创造性思维之间呈倒U型曲线。另一种是地基观，认为知识与创造性呈正相关。

(4)动机和个性等因素。

(5)环境因素，如父母的管教方式、家庭气氛以及学校和整个社会的文化导向等都会对创造性产生影响。

2.创造性思维的培养

(1)改善教学环境，营造创造氛围

我们需要营造一种民主、宽松的教学环境，尊重学生的观点和想法，鼓励学生进行创造性学习。

(2)培养好奇心，激发求知欲

教师可以不断创设变化的、能激起新异感的学习环境，多创设适当的问题情境，或组织、引导学生去观察大自然、考察社会生活，启发他们自己发现问题和寻求答案。

(3)鼓励学生的独创行为

教师要注意培养学生的独创性，允许学生按照自己的猜想去探索问题，鼓励他们用超出书本的知识去创造性解决问题，按照自己的设想去进行实验。

(4)积极开展创造性活动

比如由学生自己办报纸、画刊，出诗集，亲自动手设计和制造各种模型与产品，撰写科技小论文等，这些活动均能有效地发展儿童青少年的创造才能。

(5)训练学生的发散思维

如通过“一题多解”和“一题多变”的练习，培养学生思维的灵活性和变通性；可通过学生自编应用题，以发展思维的独特性和新颖性；也可以通过班级集体讨论的方式培养发散思维。

(6)培养创造性的个性

要注意培养学生独立、勤奋、自信、有恒、谦虚、细致、好进取、好探究等有利于创造性的发展的个性。

(7)利用一些具体的训练技术

如脑激励法（大脑风暴法）、分合法、联想技术等来训练学生的创造性。

六、应用分析题

1.【参考答案】

(1)这个材料综合体现了教师的教育方式对学生的创造性的影响，材料中教师根据死答案给学生批作业恰恰体现了落后的教育观念，强调标准答案，从而导致所教的学生的创造力下降。

(2)创造性是个体利用一定外在条件，产生新颖、独特、有社会和个人价值产品的心理特性。个体创造性的发展会受到以下几个方面的影响：①生理基础：大脑皮质的性激活水平和大脑左右半球在结构和功能上的差异影响创造性的发展。此外，神经元精密的结构以及由大量神经细胞所形成的复杂的神经网络为创造性的产生提供了可能性，并影响个体创造性水平发展的高低。②知识经验：知识越多越有利于创造性的发展。个体的知识经验越丰富，那么是越有利于个体创造性的发展的。③个人心态、人格特征和认知习惯：对个体创造性发展起阻碍作用的因素还包括个人消极的心态、人格特征和认知习惯。④社会文化和教育观念的影响：社会文化和教育对个体创造性有巨大的影响。比如：倾向于保守封闭、排斥新观念的社会文化环境并不利于个体创造性的发展。

(3)可以从以下几个方面培养学生的创造性：①营造鼓励创造的环境。营造有利于学生创造性发展的学校是促进儿童、青少年创造性发展的必要条件：首先，应倡导民主式的教育和管理，放弃权威式的教育和管理，给学生思想和行为的自由，鼓励儿童积极探索并尝试用不寻常的方式理解事物，形成利于创造人才成长的气候与土壤；其次，改革考试制度，为学生创造宽松的学习环境，使有创造性的学生有时间干自己想干的事，有机会干自己爱干的事；再者，增加自主选择课程的机会和有针对性的课程设计。最后，为学生提供创造性人物的榜样，通过榜样人物的激励，使学生潜移默化地受到影响。②培养创造型的教师队伍。要培养学生的创造性，必须对教师进行有关创造性的培养和专门指导：A. 要转变教师的教育教学观念，使教师理解并鼓励学生的创造，把培养创造性作为一种教学目标等现代教育理念；B. 要教给教师必要的创造技法和思维策略，提高自身的创造意识和创造能力；C. 要为教师提供比较清晰的具有实际应用价值的关于创造性的操作定义、相应的评价标准和程序、有效的教学策略和技能；鼓励教师使用创造性的教学范例和模式。③培育创造意识，激发创造动机。创造意识和创造动机是创造活动的强大推动力。培养创造意识，主要就是增强创造的动机和欲望，养成自觉创造的思维习惯。关键是做到这几点：A. 破除创新对策神秘感；B. 激发创造热情；C. 磨砺创造意志；D. 培养创造勇气。④开设创造性课程，教给创造技法。开设创造性课程已成为国内外开发创造性的有效途径。创造性课程有以下几种：创造发明课、自我设计课、推测课、假设课、发散思维训练课。可以采用头脑风暴法、系统探求法、联想类比法、组合创新法、对立思考法、转换思考法等创造技法促进学生创造性发展。⑤发展和培养创造性思维。关于创造性思维的培养，霍尔曼建议：使学生主动地学习，自己发现问题，进行试验和提出假设；在班上形成相互合作的民主作风，避免权威态度；使学生不断接受新信息，鼓励过度学习；采用专门的创造性思维训练法，如鼓励回忆与自由联想；应推迟对学生意见的判断；促进智力灵活进步和成绩；培养对问题的敏感性；认真对待学生提出的问题；让学生与不同的事物积极接触；培养学生忍受挫折的能力；引导学生抓住事物的整体结构。⑥塑造创造性人格。创造性人格是创造性的重要组成部分，培养学生的创造性人格是培养创造性的重要内容。塑造学生的创造性人格，概括起来有这样几种：保护好奇心、解除对错误的恐惧心理、鼓励独创性与多样性。

附录　发展与教育专题

1.【参考答案】

(1)①自我意识的发展：处于青春期的初中生是自我意识发展的第二个飞跃期。青少年已经完全意识到自己是一个独立的个体，因此要求独立的愿望日趋强烈。自我意识成分开始分化，青少年在心理上把自我分成了"理想自我"和"现实自我"两个部分。强烈地关心着自己的个性成长，青少年十分关心自己个性特点方面的优缺点，在对人、对己进行评价时，也将个性是否完善放在首要位置。能独立地评价自己的内心品质，在一定程度上达到了主客观的辩证统一。有较强的自尊心，在其言行受到肯定和赞赏时，会产生强烈的满足感，反之，易产生强烈的挫折感。青春期的道德意识的也会高度发展。②自我概念的发展：由于身体外形上的特点，会影响青少年自我概念的积极程度或消极程度；具有较高认知水平及成熟的形式逻辑和辩证逻辑特点的青少年往往具有更适当、更稳定的自我概念；父母的概念倾向对青少年自我概念的影响是同向的；成功及失败经验的积累是影响自我概念性质的一个因素。青少年期是自我同一性形成的关键时期，健康的自我同一性有利于青少年人格的健康发展。③自我同一性的发展：埃里克森认为初中时期的危机是自我同一感对同一感混乱，发展任务是建立同一感，防止同一感混乱，体验忠诚的实现。

(2)首先由于中学生的自我意识较强，有较强的自尊心，家庭和学校要给予学生人格上的尊重，情感给予理解、行为给予鼓励，在充分信任的氛围下，学生会释放自己的能量，表达自己的思想感情，有利于自我概念的形成。其次，中学生在产生挫折感时，就会产生不良情绪，并对学习和生活造成一定的影响，需要父母和教师的多方面支持，要在理解的基础上，帮助学生接纳情绪，适应生活。

2.【参考答案】

(1)研究主题：儿童道德发展特征；

研究方法：聚合交叉设计

研究过程：通过对偶故事法，同一时间内比较2岁、3岁、4岁、5岁、6岁的儿童道德判断，了解各年龄阶段儿童道德的发展情况，然后进行3年的追踪，每一年再进行故事测试，根据3年的结果进行同一年龄的道德发展水平的横向比较，即可得出儿童的道德发展特征。

(2)儿童道德发展具有阶段性和连续性，针对不同年龄阶段的儿童，要采用不同的道德教育方法和道德教育内容。儿童的道德教育需要成人的引导和规则的约束，可以从身边的小事来培养良好的道德认识、道德情感和道德行为。另外，道德教育要针对学生的自身特点，结合学生的实际情况进行。

3.【参考答案】

遗传是儿童心理发展必要的物质前提。遗传素质的个别差异为儿童发展的个别差异提供了最初的可能性。儿童的生理发展在一定程度上制约儿童的心理发展。环境和教育在儿童心理发展上起决定的作用，其中，教育起主导作用。

遗传与环境因素对心理发展的作用是相互依存、相互渗透的。首先，正常的心理活动必须具备正常的生理基础和遗传素质。遗传是儿童心理发展的必要物质前提，并奠定了个体心理发展差异的先天基础，规定了发展的高低限度，但它不能限定发展的过程以及所达到的程度，遗传与生理成熟为个体的心理发展提供了可能性，而环境将这种可能性变成现实性。其次，环境对于某种心理特性或行为的发生发展所起的作用，往往有赖于这种特性或行为的遗传基础。由于个体心理发展的内部条件不同，环境的效应也就不同。第三，遗传和环境对心理发展的相对作用在个体发展的不同阶段和不同领域所产生的作用不一样。在发展的低级阶段，以及一些较简单的初级心理机能方面，遗传与成熟的制约性较大；而在发展的高级阶段，以及较复杂的高级心理机能方面，则更多地受环境和教育的制约。

4.【参考答案】

(1)早期教育的必要性：适宜的环境和教育可以促进个体的身心发展，为以后一生的发展打下良好的基础。滞后的教育可能错过儿童身心发展的关键时期，导致发展困难甚至不能发展。

早期教育的可行性：早期儿童的大脑生理结构及功能日趋完善，其他各种生理与心理功能正逐渐发展，具备了较好的适应环境变化的能力，具备了接受早期教育的生理和心理的基础。

虽然强调早期教育的重要性，但是早期教育不能忽视了教育与发展的辩证关系，从儿童身心发展的原有水平出发来确定教育方法与教育内容。

(2)皮亚杰认为儿童的智力的发展表现出阶段的特性，每一阶段中儿童思维具有特定的性质，这些特定的性质由不同的认知结构所决定。儿童的认知结构是在儿童(认识的主体)与环境对象(认识的客体)相互作用中不断建构的。因此我们要对儿童的认知结构和知识建构过程进行深入的分析，引导儿童主动探索，通过动作促进儿童的同化和顺应，从简单的图式发展为复杂的图式，促进儿童认知结构的发展。

(3)儿童早期是接受教育最快，可塑性最大，智力发展速度最快的时期，环境对儿童的影响主要是通过教育来发挥作用的。早期智力开发具有一定的促进作用。实验证明受过教育比没有受过教育者能力形成得快且早，特别是早期教育对儿童能力的发挥有重要影响。许多研究也指出，在四五岁时就开始教外国语，可以收到事半功倍的效果，并可终生不忘。

5.【参考答案】

牛牛处于幼儿期，游戏是其主导活动，儿童的主导活动对其心理发展的内容和性质具有决定性意义。

游戏对儿童心理发展的意义在于：首先，游戏可以促进儿童的认知发展。儿童在游戏中学习，在游戏中成长；通过各种游戏，使幼儿运动器官得到很好的发展。其次，它和儿童的社会能力发展有关，尤其是想象性游戏。儿童可以在假想的情景里，按照自己的意愿扮演各种角色，体验各种角色的思想和情感。通过游戏还可教会儿童如何在游戏集体里发挥自己的作用，学会如何使自己的行为与自己扮演的角色以及别的儿童相协调，通过各种游戏，使幼儿认知和社会交往能力更快、更好发展。第三，游戏孩子还在发展儿童的自我控制、活动方式以及改造儿童问题行为方面也起着重要作用。游戏可以帮助儿童学会表达和控制情绪，学会处理焦虑和内心冲突；儿童在成长的过程中要学会把攻击性行为与恰当的自我坚信区分开来，把冲动与有意义的行动区分开来，把自我中心与共享区分开来。一些儿童心理治疗家强调了游戏活动是使儿童表现这类课题并学会加以区分的重要方式，对培养良好的个性品质同样有重要作用。

因此游戏也是学习的一种方式。

6.【参考答案】

1. 情绪在儿童的发展过程中具有重要的价值，主要体现在以下几个方面：

(1)情绪是早期儿童适应生存的心理工具。婴儿与成人的相互作用最初凭借的是情绪性信息，喜怒哀乐表达了他们的生存需要。

(2)情绪是儿童适应社会生活的心理工具。婴儿的情绪可以影响抚育者的行为，如哭泣会引来抚育者，愤怒说明抚育者的行为让他不高兴等等，这些可以促进儿童与成人之间良好的社会交往，从而帮助他们适应社会生活。

(3)情绪是儿童组织心理活动的心理工具。情绪对于儿童的其他行为和心理过程起着引发、保持或干扰的作用。情绪对儿童心理活动的组织首先表现在其动力功能上，其次表现在对儿童认知活动的调节上。

2. 情绪能力包括情绪表达能力、情绪理解能力和情绪调节能力。

(1)情绪表达能力总体上呈现这样的发展趋势：①从情绪表现的形式看，是从外显的、外露的向不明显的、内隐的情绪表现发展；②从情绪表达的内容来看，是从生理需要到社会性需要。

(2)情绪理解总体上的发展趋势是先理解外部的情绪表现与单一的情绪，再能理解一些复杂的、不明显的情绪，然后发展到能对情绪进行归因。

(3)情绪调节能力总体上的发展趋势是从毫无控制地表现到有一定程度地控制的趋势。

3. 教育特别是家庭教育对于儿童的情绪发展具有重要的影响，作为家长除了要能够通过语言和指导帮助儿童学会情绪表达、情绪理解和情绪调节以外，还需要以身作则。

班杜拉的观察学习理论表明，儿童可以通过观察别人的行为结果而习得新的反应，或改变原有的某种行为方式。因此家长首先要自己做到正确地表达和处理情绪，让孩子在潜移默化中发展情绪能力。

(结合材料叙述，言之有理即可。)